Madigan · Martinko · Parker

Microbiologia de BROCK

10ª EDIÇÃO

Madigan · Martinko · Parker

Microbiologia de BROCK

10ª EDIÇÃO

Tradução e Revisão Técnica
Cynthia Maria Kyaw
Professora adjunta do departamento de biologia celular da UnB

Colaboração de **Andréa Queiroz Maranhão**
Professora adjunta do departamento de biologia celular da UnB

Pearson

3. Determinar se existem diferenças nos índices de produtividade da mão-de-obra, calculados a partir do número de funcionários e do número de homens-hora, segundo os dados que se seguem. Levantar hipóteses sobre as possíveis causas das diferenças.

Ano	1	2	3	4	5
Produção (unidades)	264.000	253.400	304.100	258.500	336.000
Nº de funcionários	125	150	147	146	161
Homens-hora (milhares)	240	225	291	296	258

4. A partir dos registros físicos de produção de quatro produtos *A*, *B*, *C* e *D* de uma mesma linha, determinar um índice agregado de produtividade, usando os preços de venda dos produtos como fator de agregação. Para os índices, tomar a base 100 em julho.

Mês		Julho	Agosto	Setembro	Outubro	Preços de venda (R$ 1.000)
Produção física	*A*	4.500	4.200	3.500	2.800	180
	B	1.130	1.500	1.500	1.600	250
	C	890	1.010	730	860	320
	D	240	240	240	240	650

5. Calcular a taxa média mensal (geométrica e aritmética) de variação da produtividade entre janeiro e julho, a partir dos dados seguintes:

Mês	Janeiro	Fevereiro	Março	Abril	Maio
Produção (R$ milhões)	18,2	18,9	20,4	22,3	17,1
Homens-hora	6.500	6.200	7.200	8.000	7.800
Índice de preços	100	103	105	106	109

Dica: consultar o Problema Resolvido nº 2

REFERÊNCIAS BIBLIOGRÁFICAS

BOURNE, M. et al. Designing, Implementing and Updating Performance Measurement Systems. *International Journal of Operations and Production Management*, v. 20, n. 7, p. 754, 2000.

BRINKERHOFF, R. O.; DRESSLER, D. E. *Productivity Measurement: A Guide for Managers and Evaluators*. Sage Publications, 1989.

FUCHS, V. R. *Productivity Trends in the Goods and Service Sectors, 1921-1961: A Preliminary Survey*. Nova York: National Bureau of Economic Research, 1964.

GREENBERG, L. *A Practical Guide to Productivity Measurement*. Nova York: Bureau of National Affairs, 1973.

HART, M. K.; HART, R. F. The Evaluation of a Measurement System. *Production and Inventory Management Journal*, v. 35, n. 4, p. 22-6, 1994.

JOHNSTON, D. A. et al. International Productivity Centres: Towards a National Productivity Center Strategy. *American Institute for Decision Sciences: Seventeenth Annual Meeting*, p. 265-267, 1985.

KAYDOS, W. *Operational Performance Measurement: Increasing Total Productivity*. Boca Raton, FL: CRC, 1998.

MOREIRA, D. A. *Produtividade Industrial Brasileira, 1950/84*. São Paulo, 1990. Tese (Livre-docência) Faculdade de Economia e Administração, Universidade de São Paulo.

_____. *Produtividade e Bem-Estar: O Complexo de Pollyanna*. Belo Horizonte: Associação Nacional dos Programas de Pós-Graduação em Administração, 1991a.

_____. *Medida da Produtividade na Empresa Moderna*. São Paulo: Livraria Pioneira Editora, 1991b.

_____. *Medida da Produtividade em Atividades de Serviços: Alguns Problemas e Soluções*. São Paulo: FEA (USP), 1992.

NEELY, A.; GREGORY, M.; PLATTS, H. Performance Measurement System Design. *International Journal of Operations and Production Management*, v. 15, n. 4, p. 80-116, 1995.

NEELY, A. (ed.). *Business Performance Measurement*. Cambridge University Press, 2002.

PRITCHARD, R. D. *Productivity Measurement and Improvement: Organizational Case Studies*. Praeger Publishers, 1995.

SARKIS, J.; SRINIVAS, T. Efficiency Measurement of Hospitals: issues and extensions. *International Journal of Operations and Production Management*, v. 22, n. 3, 2002, p. 306-13, 2002.

SUMANTH, D. J.; EINSPRUCH, N. G. Productivity Awareness in the US: A Survey of Some Major Corporations. *Industrial Engineering*, v. 12, n. 10, p. 84-90, out. 1980.

Diretor editorial: José Martins Braga
Editor: Roger Trimer
Gerente de produção: Heber Lisboa
Editora de texto: Vanessa Rodrigues
Revisão: Andréa Medeiros, Adriane Gozzo e Isabel Fernandes
Capa: Marcelo Françozo
Diagramação: Figurativa Arte e Projeto Editorial

Volume eletrônico (desenvolvimento de PDF interativo): Figurativa Arte e Projeto Editorial

Dados Internacionais de Catalogação na Publicação (CIP)
(Câmara Brasileira do Livro, SP, Brasil)

Madigan, Michel T.
Microbiologia de Brock / Michael T. Madigan, John M. Martinko, Jack Parker; tradução e revisão técnica Cynthia Maria Kyaw, -- São Paulo : Prentice Hall, 2004.

Título original: Brock biology of microorganisms.
ISBN do volume impresso: 978-85-879-185-12
ISBN do volume em CD: 85-87918-71-0

1. Microbiologia 2. Microrganismos
I. Martinko, John M.. II. Parker, Jack. III. Título IV. Título: Biologia dos microrganismos.

03-5970 CDD-579

Índices para catálogo sistemático:

1. Microbiologia 579
2. Microrganismos : Microbiologia 579

Direitos exclusivos cedidos à
Pearson Education do Brasil Ltda.,
uma empresa do grupo Pearson Education
Avenida Santa Marina, 1193
CEP 05036-001 - São Paulo - SP - Brasil
Fone: 19 3743-2155
pearsonuniversidades@pearson.com

Distribuição
Grupo A Educação
www.grupoa.com.br
Fone: 0800 703 3444

Dedicatória

Michael T. Madigan dedica este livro a quatro seres que partiram desta vida, em 2001. Primeiro, minha mãe Myrtle (28 de fevereiro de 2001). Ela foi uma mãe amorosa, que criou uma boa família e me encorajou freqüentar a faculdade em um período relativamente crítico de meu desenvolvimento. Segundo, Charles Maas, o Coronel (8 de março de 2001), meu melhor amigo por mais de 35 anos. (Como eu gostaria que você pudesse ter usufruído daqueles anos de aposentadoria, com os quais sonhamos em várias ocasiões, enquanto tomávamos cerveja.) Terceiro, meu sogro, Bart Spear (29 de junho de 2001), um homem com tantos talentos e que deixou lembranças tão agradáveis. E, finalmente, King, o cavalo maravilhoso (9 de novembro de 2001) — seu espírito e gosto pela vida foram inspiradores para qualquer um que o conhecesse. Eu sinto muita falta de vocês todos.

> *"Desejando que, de alguma forma, vocês estivessem aqui novamente; desejando que, de alguma forma, vocês estivessem perto. Algumas vezes parecia que, se eu apenas sonhasse, vocês estariam aqui."* Christine Daaé, *O fantasma da ópera*, Ato II, Cena 5.

John M. Martinko dedica este livro a sua mãe, Lottie Martinko. Lottie compartilhou comigo e com todos os seus filhos a lição mais importante para uma vida de sucesso. Seu intenso otimismo, bom humor, visão crítica, bom senso e, especialmente, sua persistência continuam a servir como inspiração e guia. Obrigado por seu exemplo de liderança e gentil encorajamento por mais de meio século.

Jack Parker dedica este livro a sua mãe, Ruth M. Parker, e à memória de seu pai, Hayden John Parker.

Sumário

Volume impresso

A abertura de cada capítulo traz sumário detalhado das seções e as páginas correspondentes.

Volume eletrônico

O CD traz um sumário interativo que permite a navegação por todas as seções.

Prefácio

A microbiologia é uma ciência biológica que consegue realmente unir o velho e o novo. Algumas das técnicas microbiológicas básicas, descobertas há mais de cem anos — como o isolamento de culturas puras —, são ainda realizadas rotineiramente nos laboratórios. Por outro lado, os microbiologistas da atualidade dispõem de ferramentas sofisticadas, que facilitam a análise molecular detalhada de células microbianas. Essas ferramentas vêm possibilitando novas descobertas, que estão tornando a microbiologia uma disciplina de grande importância em diferentes áreas, como medicina, agricultura e ecologia. É exatamente nesse período estimulante para pesquisadores, estudantes e professores que apresentamos *Microbiologia de Brock*, obra que reúne os princípios fundamentais (o velho) e o estado da arte dessa ciência (o novo), em um formato agradável aos leitores e eficiente para o aprendizado.

Diferente de qualquer outro livro no mercado, Brock é publicado parte como livro impresso e parte em formato CD-Book — um livro eletrônico interativo e de fácil navegação. Os dois volumes são completamente coloridos e compõem o livro mais completo e flexível de microbiologia disponível em português.

Organização

Esta obra está organizada em seis partes principais (compostas, ao todo, por 31 capítulos): I. "Princípios de microbiologia"; II. "Microbiologia evolutiva e diversidade microbiana"; III. "Diversidade metabólica e ecologia microbiana"; IV. "Imunologia, patogenicidade e respostas do hospedeiro"; V. "Doenças microbianas"; VI. "Microrganismos como ferramentas na indústria e na pesquisa". O volume impresso compreende as partes I e II, que incluem 17 capítulos, dois apêndices, o glossário completo e um detalhado índice remissivo. Já o volume eletrônico compreende as partes III a VI.

A divisão das partes foi feita de modo a facilitar o entendimento do aluno e auxiliar o professor a preparar aulas estimulantes. Chamamos a atenção para a Parte I, que representa o material básico que cada estudante deve aprender em microbiologia. O Capítulo 2, por exemplo, apresenta os principais grupos de microrganismos e suas relações evolutivas; como apresenta uma visão geral da diversidade microbiana, auxilia o professor que enfatiza os aspectos médicos ou moleculares da microbiologia. Outro trunfo desse capítulo é a descrição acessível de alguns dos aspectos básicos da estrutura/função celular. Para assimilar o conteúdo, basta ao aluno possuir um pequeno conhecimento prévio de química e biologia.

Outro capítulo que atende a um interesse crescente na área é o 10, que trata da genética bacteriana. O texto foi organizado a partir de dois pontos de vista básicos: a genética microbiana que ocorre naturalmente em um microrganismo (*in vivo*) e a genética microbiana praticada *in vitro*. Assim, esse capítulo reflete de maneira melhor e mais real a genética bacteriana do modo como vem sendo realizada atualmente — um misto de ciência *in vivo* e *in vitro*.

O Capítulo 15 aborda a revolução que vem ocorrendo na microbiologia por conta da genômica bacteriana. Os avanços nesses estudos têm permitido que os cientistas inspecionem, quase rotineiramente, toda a informação genética de um microrganismo e a comparem com as informações de outros organismos — desde os vírus até o homem. A genômica revelou a enorme unidade genética e a diversidade dos seres vivos, abrindo as portas a novos avanços em todas as disciplinas da biologia. Esse capítulo relata a história da genômica e vai muito além de meramente relacionar os organismos que já tiveram seu genoma seqüenciado. Além disso, explica: 1) o significado de genômica, 2) como a enorme quantidade de dados sobre seqüências de DNA que está sendo gerada pode ser utilizada e 3) o que a revolução genômica revelou até o momento em termos das capacidades genômicas e proteômicas de microrganismos-chave.

O volume eletrônico

O material que compõe o CD traz ao leitor alguns dos assuntos mais "quentes" da microbiologia atual: o Capítulo 18, por exemplo, trata da ecologia microbiana; o 22 e o 23, de imunologia; o 27, das doenças transmitidas por animais, artrópodes ou veiculadas pelo solo; o 28, do tratamento de esgotos, da purificação de águas e de doenças microbianas veiculadas pela água; o 29, da preservação de alimentos e das doenças veiculadas por alimentos.

Nos dias de hoje, em que as doenças veiculadas por alimentos e água correspondem a sérios problemas de saúde pública (mesmo em países desenvolvidos) e em que novas ameaças à saúde e à segurança, como o bioterrorismo, são fatos reais, os capítulos que abordam microbiologia e imunologia médicas podem servir como fonte de consulta sobre os princípios básicos e como uma referência de atualização sobre eventos discutidos na mídia.

Recursos pedagógicos

As ilustrações e fotografias têm papel crucial em qualquer livro-texto de biologia, e *Microbiologia de Brock* não tem paralelos nos dois itens. As ilustrações foram realizadas pela *Imagineering* de Toronto, Canadá. As fotografias e fotomicrografias foram fornecidas pelos melhores pesquisadores da área e muitas provêm das pesquisas dos próprios autores.

Os assuntos de cada capítulo são divididos em vários *tópicos numerados*, para ajudar o professor a determinar o material de leitura. Além disso, juntamente com o conceito de unidade que norteia a organização da obra, os tópicos numerados em cada capítulo são também agrupados em temas principais.

Diferentemente de outras publicações da área, que optam por apresentar um resumo e questões dos temas abordados somente *no final* de um capítulo, esta obra contém duas ferramentas de revisão — "Verificação de conceitos" e "Links de conceitos" — *diretamente inseridas* em cada capítulo. Cada "Verificação de conceitos" consiste em um pequeno resumo do assunto abordado no tópico numerado prévio, associado a uma série de questões que, em conjunto, revisam os pontos principais daquela seção. Os *links*, representados no livro pelo ícone, indicam as seções, figuras, tabelas e os quadros (de todos os capítulos) que tenham relação com o texto que está sendo lido naquele momento.

O CD também apresenta uma série de ícones a partir dos quais o aluno pode aprofundar o estudo:

- ● indica seções, figuras, tabelas e quadros pertencentes aos capítulos 1 a 17, que constam do volume impresso.
- ■ indica seções dos capítulos 18 a 31.
- ▶ faz a interação com figuras, tabelas e quadros, que o aluno acessa ao clicar sobre o ícone.

A riqueza de conteúdo faz com que o estudante que é levado a uma figura, tabela ou quadro por meio da interatividade seja muitas vezes "convidado" a ir para outra figura, ou outro quadro, ou tabela. Cada uma das telas que se abrem contém um ícone de volta, que remete o usuário à tela imediatamente anterior.

Além disso, os leitores encontram, tanto no volume *impresso* quanto no *eletrônico*, o popular "Glossário de trabalho" — um dicionário de termos essenciais —, no início de cada capítulo. O glossário é um apoio ao estudante no que se refere à linguagem utilizada em microbiologia e na compreensão daquilo que é essencial ao aprendizado dos conceitos. No volume eletrônico, basta clicar nos termos destacados para ver sua definição.

Cada capítulo é finalizado com uma série de questões de revisão e de aplicação, formuladas de maneira a verificar o grau de retenção de importantes conceitos e a capacidade do estudante de resolver problemas.

Materiais de apoio

No site de apoio do livro, em *www.prenhall.com/brock_br*, professores e estudantes encontram recursos adicionais para auxiliar no ensino e no aprendizado.

Os estudantes podem testar seus conhecimentos com os **Exercícios de múltipla escolha autocorrigíveis**, em português, e podem visualizar animações nos **Tutoriais**, em inglês. Os tutoriais abrangem vários tópicos conceituais desafiadores da microbiologia, incluindo processos básicos de biologia molecular, genética, microbiologia e imunologia médicas e metabolismo microbiano.

Para os professores, o site traz praticamente *todas* as ilustrações e fotos do livro em **Transparências**, apresentadas no formato Microsoft PowerPoint® para ajudá-los na preparação de apresentações utilizando computador, de acordo com as metas e objetivos de um curso específico.

Agradecimentos

Embora os autores tenham empreendido um grande esforço na organização desta edição de *Microbiologia de Brock*, este livro jamais teria sido realizado sem o auxílio de muitas outras pessoas. Entre elas estão a equipe da Editora Prentice Hall/Pearson, particularmente nosso editor, Gary Carlson, e sua assistente editorial, Susan Zeigler, além de nossa produtora editorial, Debra Wechsler. Gary ofereceu importante apoio editorial a este projeto, incluindo o recrutamento de vários revisores extremamente úteis. Susan manteve o projeto em andamento nas etapas críticas de revisão e foi de enorme ajuda no atendimento das solicitações dos autores. Debra, com sua maneira dedicada e profissional de sempre, é responsável, em grande parte, pela beleza alcançada no produto final. Graças aos esforços empreendidos por todos envolvidos na edição deste livro, os autores puderam ter mais liberdade para se dedicar a outros aspectos, como a organização, o conteúdo e os aspectos pedagógicos.

Os autores gostariam ainda de agradecer o enorme apoio dado pela editora de desenvolvimento, Carol Pritchard-Martinez (Orinda, CA). Carol analisou este projeto com seus olhos experientes e deu aos autores uma perspectiva crítica externa em vários aspectos editoriais e de produção. Somos gratos também a Jane Loftus (Clackamas, OR), pelo excelente apoio na edição do texto, a Steele/Katigbak (Amherst, MA), pela composição do índice, a Toni Huppert, da Southern Illinois University, pela assistência competente no processamento do texto, e a Deborah Jung, também da Southern Illinois University, por sua extrema habilidade na utilização do Photoshop®. Gostaríamos ainda de agradecer a todos aqueles que revisaram o primeiro manuscrito do livro ou que forneceram fotografias coloridas diretamente de suas pesquisas. Estamos extremamente agradecidos aos esforços de todos e relacionamos seus nomes a seguir. Agradecimentos especiais para Alex T. Nielsen, da Technical University of Denmark.

Quaisquer erros encontrados nesta obra, seja por alteração ou omissão, são, naturalmente, de total responsabilidade dos autores. Assim, fornecemos a lista de endereços para o envio de comentários, sugestões e correções que possam ser introduzidas em edições futuras, a fim de tornar este livro ainda melhor.

Michael T. Madigan *(madigan@micro.siu.edu)*
John M. Martinko *(martinko@micro.siu.edu)*
Jack Parker *(parker@cos.siu.edu)*

Nota dos editores brasileiros

Gostaríamos de agradecer aos professores Helvécio Cardoso Corrêa Póvoa, da Universidade Federal de Juiz de Fora/MG, e Eleonora Cano Carmona, da Universidade Estadual Paulista (Unesp), pela colaboração na avaliação e na configuração do projeto. Suas opiniões foram indispensáveis para que pudéssemos atingir a qualidade necessária na edição em português.

Agradecemos também as opiniões do seguintes professores:

Sérgio Luiz de Souza Salvador, *USP/Ribeirão Preto*
Gabriel Padilla Maldonado, *USP*
Manoel Armando Azevedo dos Santos, *USP*
Maria-Lucia Racz, *USP*
Beatriz Lieblich Fernandes, *USP*
Carlos Frederico Martins Menck, *USP*
Marilis do Valle Marques, *USP*
Beny Spira, *USP*
Heloiza Ramos Barbosa, *USP*

Agradecemos especialmente a dedicação da profa. Cynthia Maria Kyaw, que em meio a tempos turbulentos jamais esmoreceu e encetou todos os esforços para garantir que este livro viesse à luz com a melhor qualidade possível.

Informações sobre o volume eletrônico

O CD contém arquivos em formato PDF (Adobe Acrobat Reader) das partes III a VI de *Microbiologia de Brock*, que abrangem os capítulos 18 a 31.

Os requisitos mínimos para instalação são os seguintes:

- microcomputador padrão PC;
- 64 MB de memória RAM;
- unidade de CD-ROM, CD-RW ou DVD;
- Windows 98, ME, 2000 ou XP;
- Adobe Acrobat Reader versão 5 ou superior (programa gratuito que pode ser instalado a partir do próprio CD — necessário um espaço mínimo de 15Mb no HD).

Veja a seguir como consultar o volume eletrônico de *Microbiologia de Brock*.

1) Insira o CD na unidade de CD-ROM, DVD ou CD-RW do seu computador.
2) Caso o CD não inicie automaticamente (função autorun), clique no menu Iniciar do seu microcomputador e escolha a opção Executar.
3) Digite [letra da unidade]:Microbiologia de Brock.exe
4) Siga as instruções da tela inicial para instalar o Adobe Acrobat Reader, caso necessário.
5) Inicie a navegação do volume eletrônico.

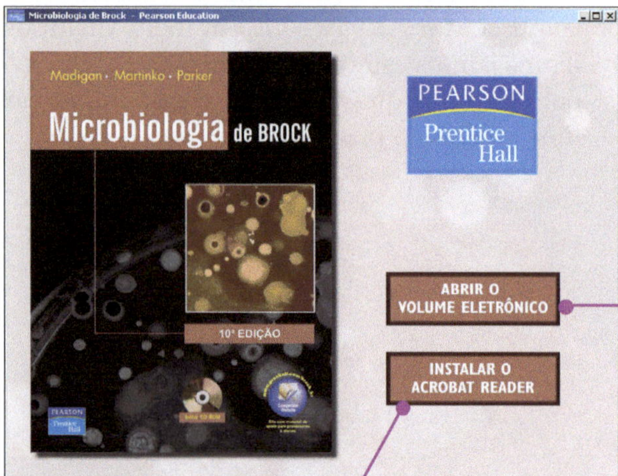

Clique para iniciar a navegação. Será aberta a tela do "Sumário interativo".

Caso necessário, clique para instalar o Adobe Acrobat Reader.

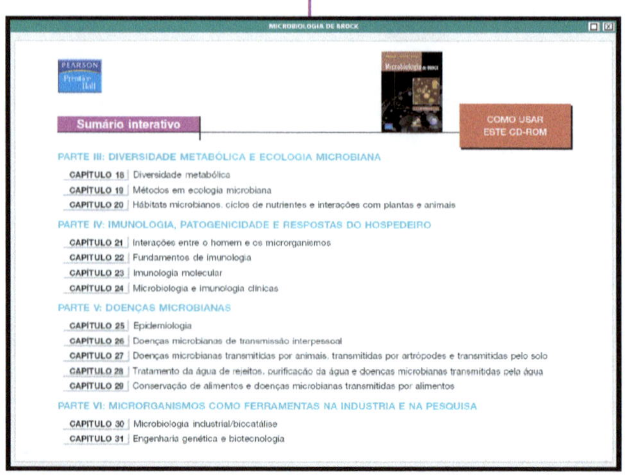

O **Sumário interativo** permitirá não só iniciar a navegação pelo volume eletrônico como também acessar o site de *Microbiologia de Brock*, onde professores e alunos encontram mais recursos para estudo.

Clicar sobre a capa do livro leva o usuário para o site de *Microbiologia de Brock*, que contém materiais de apoio ao estudo, como exercícios de múltipla escolha, tutoriais e transparências.

Clicando nos capítulos, abre-se a primeira tela (página) do capítulo desejado.

Ao clicar sobre este ícone, o usuário obtém informações mais detalhadas sobre a navegação no CD.

Na tela inicial de cada capítulo, o usuário encontra links diversos:

Este link permite que o professor ou estudante visualize os assuntos abordados no capítulo.

Clicando aqui, são acessadas as questões de revisão e de aplicação que, no volume impresso, finalizam cada capítulo.

Aqui o usuário pode localizar rapidamente o tema de seu interesse, fazendo uma busca por palavra-chave.

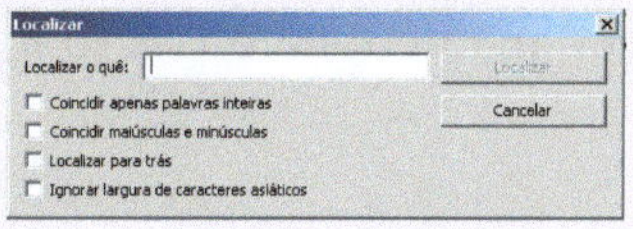

Na tela do "Sumário do capítulo", o usuário escolhe a seção que quer acessar. Clicando nela, é levado a um sumário ainda mais detalhado, que contém subseções numeradas:

O usuário escolhe a subseção, clica sobre o ícone ▸ e é diretamente levado ao conteúdo do assunto que selecionou.

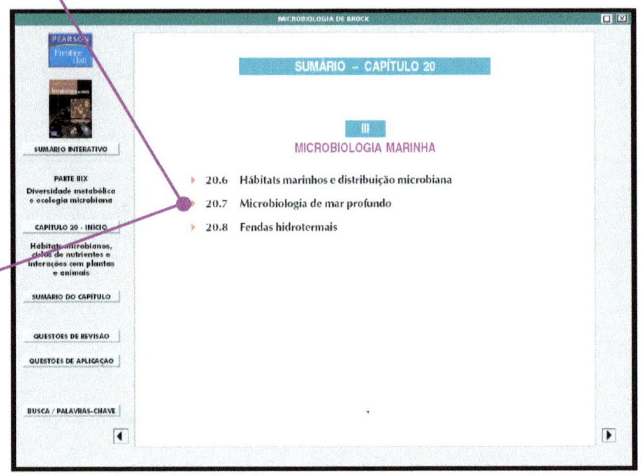

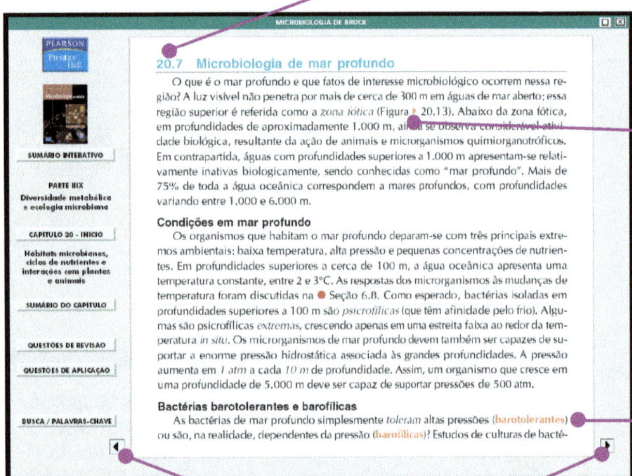

Clicando no ícone ▸, podem-se visualizar as figuras, tabelas e quadros mencionados no texto.

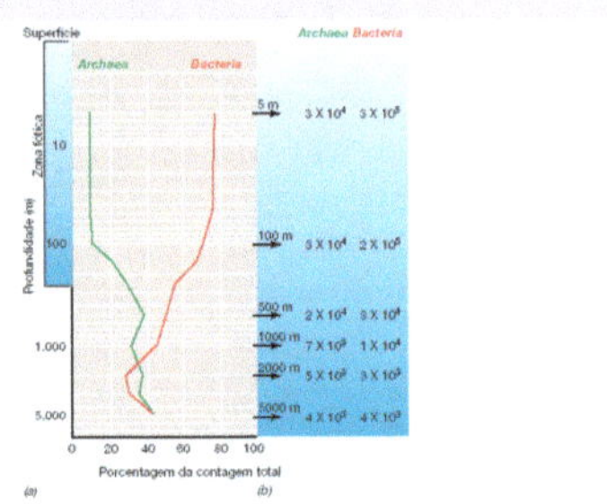

■ Figura 20.13 Porcentagem do total de procariotos pertencentes aos domínios *Archaea* ou *Bacteria* nas águas oceânicas do Pacífico Norte. (a) Distribuição de *Archaea* e *Bacteria*, de acordo com a profundidade. (b) Números absolutos de *Archaea* e *Bacteria*, de acordo com a profundidade (por ml). Adaptado de *Nature* 409:507-510 (2000).

O usuário pode avançar ou retornar nas páginas de texto clicando nas setas que se encontram nos cantos inferiores da tela.

Ao clicar sobre o termo em laranja, o usuário acessa o "Glossário de trabalho", obtendo o significado da palavra ou expressão destacada.

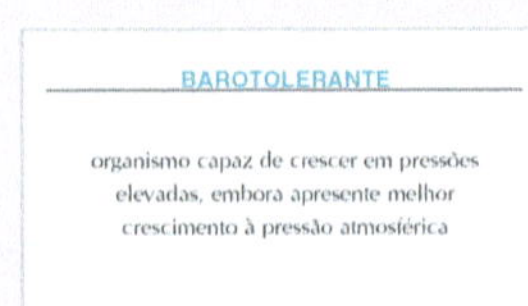

Em algumas situações, a legenda da figura que é acessada *convida* o usuário a abrir uma outra tela, em uma interação consecutiva. Todas as telas de figuras, tabelas e quadros (e também das explicações do "Glossário de trabalho") possuem o link *Voltar para a última visualização*. Isso significa que, em casos em que haja uma seqüência de interações, o usuário terá de voltar as telas uma a uma para chegar à página inicial, onde se encontra o texto que está sendo lido.

Na barra lateral, existe sempre a opção de retornar ao **Sumário interativo**, que permite o acesso a outros capítulos.

As áreas de atuação da Microbiologia ampliaram-se a partir dos estudos pioneiros de vários cientistas do passado, incluindo o grande microbiologista russo Sergei Winogradsky. Enquanto outros grandes nomes concentravam-se na importância dos microrganismos como agentes de doenças, Winogradsky estudava as bactérias associadas aos ciclos de nutrientes-chave na natureza. Suas ilustrações, de extrema precisão artística, como a das bactérias fototróficas sulfurosas púrpura, aqui apresentadas, auxiliaram cientistas de épocas mais recentes a compreender a vasta diversidade metabólica apresentada pelos microrganismos que, hoje sabemos, vivem na Terra.

1 MICRORGANISMOS E MICROBIOLOGIA

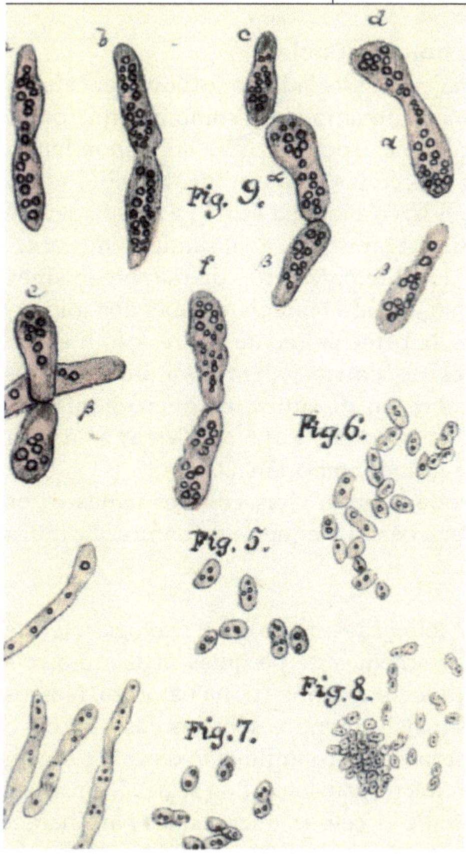

Glossário de trabalho

Célula a unidade fundamental da vida

Citoplasma porção fluida de uma célula, limitada pela membrana celular, sem considerar o núcleo (caso haja)

Cultura de enriquecimento método de isolamento de microrganismos a partir da natureza, utilizando meios de cultura e condições de incubação específicos

Cultura pura cultura contendo um único tipo de microrganismo

DNA ácido desoxirribonucléico, material responsável pela hereditariedade das células e de alguns vírus

Ecologia estudo dos organismos em seus ambientes naturais

Ecossistema conjunto dos organismos e de seu meio ambiente abiótico

Enzimas catalisadores protéicos que atuam aumentando a velocidade das reações químicas

Estéril ausência de todos os organismos vivos, inclusive vírus

Evolução alteração na linha de descendência ao longo do tempo, levando à produção de novas espécies ou variedades em uma espécie

Geração espontânea hipótese em que os organismos vivos poderiam ser originados a partir de matéria inanimada

Hábitat local onde populações microbianas são encontradas

Metabolismo todas as reações bioquímicas que ocorrem em uma célula

Microrganismo organismo microscópico que consiste em uma única célula ou em um grupo de células, incluindo também os vírus

Patógeno microrganismo causador de doença

Procarioto célula que não apresenta núcleo e outras organelas

RNA ácido ribonucléico envolvido na síntese de proteínas, na forma de RNA mensageiro, RNA de transferência e RNA ribossomal

Com este capítulo introdutório, iniciaremos nossa viagem pela microbiologia. Aqui, descobriremos o que são **microrganismos** e por que devemos estudá-los. Também dedicaremos um pouco do tempo para situarmos a ciência microbiologia na perspectiva histórica, ressaltando algumas das contribuições mais marcantes dos microbiologistas tanto antigos como atuais. Hoje a microbiologia é considerada uma ciência dinâmica, com ramificações, virtualmente, em todos os aspectos da vida humana, incluindo a medicina, agricultura e o meio ambiente. Assim, sejam todos bem-vindos ao estudo da microbiologia!

I INTRODUÇÃO À MICROBIOLOGIA

Nas quatro primeiras seções deste capítulo, introduziremos os assuntos: microbiologia, análise dos microrganismos como células, discussão de onde e como os microrganismos vivem na natureza e uma revisão do impacto que esses microrganismos tiveram, e ainda têm, na vida dos seres humanos.

1.1 Microbiologia

Microbiologia é a ciência que estuda os microrganismos — um grande e diverso grupo de organismos microscópicos —, que podem ser encontrados como células únicas ou em agrupamentos celulares. Dentre os microrganismos estão também incluídos os vírus — seres microscópicos, de natureza acelular. A partir dessas definições, os microrganismos podem ser diferenciados das células de origem animal ou vegetal, incapazes de sobreviver de forma unicelular na natureza, sendo sempre encontradas como parte de organismos multicelulares (Figura 1.1). Diferentemente dos organismos macroscópicos, os microrganismos são em geral capazes de realizar seus processos vitais de crescimento, geração de energia e reprodução, sem depender de outras células, sejam estas do mesmo tipo ou de tipos diferentes.

A microbiologia como ciência

A microbiologia está associada ao estudo das **células** vivas e ao seu funcionamento, bem como aos microrganismos, especialmente as bactérias, que correspondem a um grande grupo de células com um imenso significado básico e aplicado. A microbiologia estuda a diversidade e a **evolução** dos microrganismos, analisando como ocorreu o surgimento dos diferentes tipos de microrganismos e as razões para isso. Estuda também o papel dos microrganismos no mundo, principalmente em relação à sociedade humana, ao corpo humano, além dos animais e plantas. De uma maneira ou de outra, os microrganismos afetam todas as formas de vida na Terra; assim, a microbiologia tem grande importância.

Essa ciência pode abordar dois grandes temas — os aspectos de natureza básica e aqueles de natureza prática ou aplicada.

1. Como ciência biológica *básica*, a microbiologia oferece algumas das ferramentas de pesquisa mais acessíveis ao estudo dos processos biológicos na natureza. Nossos conhecimentos mais profundos sobre as bases físicas e químicas que permitiram o surgimento da vida provêm de estudos com microrganismos. Isso se deve, em grande parte, ao fato de as células microbianas partilharem muitas das propriedades bioquímicas observadas em organismos multicelulares. Indubitavelmente, *todas* as células apresentam muitas características em comum. Além disso, os microrganismos correspondem a interessantes modelos para o estudo das funções celulares de organismos superiores, uma vez que, a partir da utilização de meios de cultura laboratoriais, é possível a obtenção de culturas microbianas em altas densidades e a realização de análises genéticas e bioquímicas.
2. Como ciência biológica *aplicada*, a microbiologia lida com muitos problemas práticos da medicina, da agricultura e da indústria. Algumas das mais importantes doenças tanto do homem como de outros animais e plantas são causadas por microrganismos. Os micror-

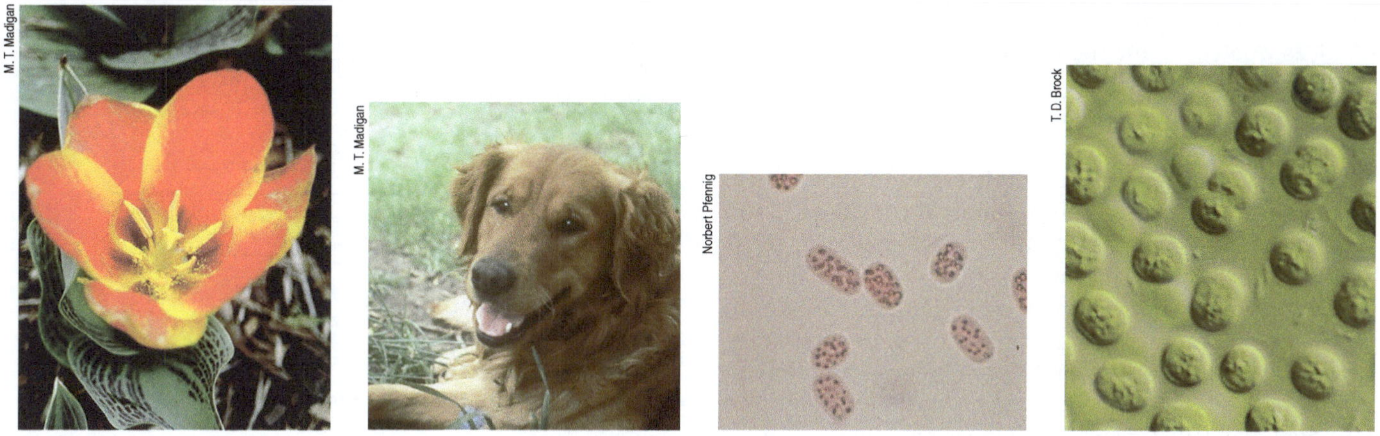

(a) (b) (c) (d)

■ **Figura 1.1** Os seres vivos são compostos por células. Plantas (a) e animais (b) são compostos por muitas células que se associam formando tecidos e, a partir destes, geram diferentes órgãos, ou seja, estes seres são *multicelulares*. Uma única célula de plantas ou de animais não sobrevive independentemente, isto é, cada célula é dependente de outras células. Os microrganismos (c, d) correspondem a células de vida livre. Uma única célula microbiana pode ter uma existência independente. São apresentadas fotomicrografias de microrganismos fotossintetizantes denominados *bactérias púrpuras* (c) e *cianobactérias* (d). As cianobactérias foram os primeiros organismos produtores de O_2 na Terra; portanto, as responsáveis pela oxigenação da atmosfera.

ganismos também são extremamente importantes na fertilização do solo e na produção, a partir de animais domésticos. Além disso, muitos processos biotecnológicos e industriais de larga escala — tais como a produção de antibióticos ou de proteínas humanas — são realizados por microrganismos.

A importância dos microrganismos

Ao longo deste livro, o papel central dos microrganismos nas atividades humanas e em toda a rede de vida na Terra irá tornar-se aparente. Veremos como, na ausência dos microrganismos, as formas de vida superiores nunca poderiam ter surgido e se mantido. Neste sentido, basta considerar que a maior parte do oxigênio que respiramos é resultante de atividades microbianas (Figura 1.1*d*). Veremos ainda como os homens, outros animais e plantas estão intimamente associados às atividades microbianas, tanto na reciclagem de nutrientes-chave como na degradação da matéria orgânica. Sem dúvida, nenhuma outra forma de vida tem tanta importância na sustentação e manutenção da vida na Terra como os microrganismos. Iremos também aprender como esses microrganismos existiam na Terra, há bilhões de anos, antes do surgimento de animais e plantas; como o conjunto de suas capacidades fisiológicas os tornaram os grandes químicos da Terra e como certos microrganismos estabeleceram relações com organismos superiores — o que pode ser muito benéfico ou extremamente maléfico.

Iniciaremos nossa viagem analisando os microrganismos como entidades celulares.

1.2 Microrganismos como células

A **célula** corresponde à unidade fundamental do ser vivo. Uma única célula corresponde a uma entidade, separada das outras células por uma membrana (e, algumas vezes, por uma parede celular), contendo uma variedade de compostos químicos e estruturas subcelulares em seu interior (Figura 1.2). A **membrana celular** corresponde a uma barreira que separa o interior da célula do meio externo. Internamente à membrana celular encontram-se várias estruturas e compostos químicos que permitem o funcionamento celular. Como estruturas-chave temos o **núcleo** ou **nucleóide**, onde a *informação genética*, o ácido desoxirribonucléico (**DNA**) — necessário à formação de novas células —, é armazenada. Há também o **citoplasma**, onde encontramos a *maquinaria* responsável pelo crescimento e funcionamento celular.

Todas as células são compostas por quatro componentes químicos: **proteínas**, **ácidos nucléicos**, **lipídeos** e **polissacarídeos**. Coletivamente, estes são denominados *macromoléculas*. A natureza química e o arranjo das macromoléculas em uma célula tornarão um organismo diferente de outro. Embora cada tipo de célula exiba es-

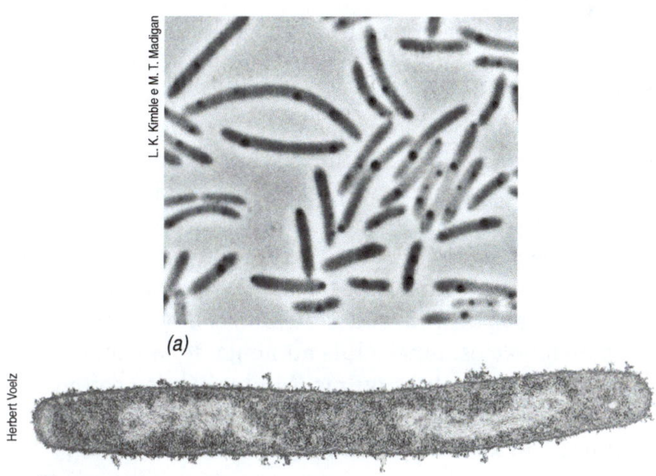

(b)

■ **Figura 1.2** Células. (a) Fotomicrografia de células bacterianas com forma de bastão, observadas ao microscópio óptico comum; uma única célula apresenta cerca de 1 μm de diâmetro. (b) Seção longitudinal de uma célula bacteriana observada ao microscópio eletrônico. As duas áreas mais claras correspondem ao nucleóide — regiões contendo o DNA condensado na célula.

trutura e tamanho definidos, as células são unidades dinâmicas que constantemente sofrem alterações e trocam seus componentes. Mesmo quando não está em processo de crescimento, uma célula pode estar captando e incorporando material a partir do meio ambiente. Simultaneamente, está eliminando produtos de excreção em seu meio ambiente. Dessa maneira, uma célula é considerada um *sistema aberto* — sempre sofrendo alterações —, mas geralmente mantendo-se a mesma.

De onde surgiram as primeiras células? De algum modo, a primeira célula originou-se a partir de uma estrutura de natureza acelular. Embora a evolução da primeira célula, há 3,8 bilhões de anos, tenha sido um evento improvável que deve ter levado centenas de milhões de anos para ocorrer, uma série de eventos altamente prováveis aconteceu a partir do seu surgimento. Estes incluíram o crescimento e a divisão celular, que originaram populações celulares, a partir das quais poderia haver uma seleção evolutiva quanto à presença de características mais adequadas e diversificação. Dessa maneira, ao longo de bilhões de anos de alterações evolutivas, surgiu a enorme diversidade de tipos celulares hoje existentes. Uma vez que as células são compostas pelas quatro classes básicas de macromoléculas mencionadas anteriormente, apresentando uma série de outras características em comum, há uma hipótese que postula todas as células terem-se originado de um ancestral comum — o *ancestral universal* de todos os seres vivos (Capítulo 11).

Características dos sistemas vivos

Quais são as características essenciais dos seres vivos? O que diferencia as células dos objetos inanimados? Nosso conceito do que é "vivo" restringe-se ao que podemos atualmente observar na Terra ou ao que podemos deduzir a partir dos registros fósseis. Entretanto, a partir dos conhecimentos biológicos acumulados até hoje, podemos identificar várias características comuns à maioria dos sistemas vivos, as quais se encontram resumidas na Figura 1.3.

Todos os organismos celulares correspondem a estruturas organizadas, que apresentam alguma forma de **metabolismo**. Ou seja, as células são capazes de captar substâncias químicas do meio ambiente, transformando-as, conservando parte da energia dessas substâncias, em uma forma que possa ser utilizada pela célula, e posteriormente excretando os produtos finais desse processo. Todas as células exibem algum processo de **reprodução**, ou seja, são capazes de realizar uma série de eventos bioquímicos que resultam em sua própria síntese. Como resultado dos processos metabólicos, uma célula aumenta de tamanho e se divide, originando duas outras. Muitas células sofrem o processo de **diferenciação**, pelo qual novas substâncias ou estruturas são formadas. A diferenciação celular freqüentemente corresponde a uma etapa do ciclo de vida celular, na qual a célula forma estruturas especializadas envolvidas na reprodução, dispersão ou sobrevivência.

As células respondem aos sinais químicos do ambiente, incluindo aqueles produzidos por outras células. São capazes de se **comunicar** e até mesmo avaliar sua própria

1. Metabolismo
Captação de compostos químicos a partir do meio ambiente, sua transformação no interior da célula e eliminação de produtos de excreção no meio. Assim, a célula corresponde a um sistema *aberto*.

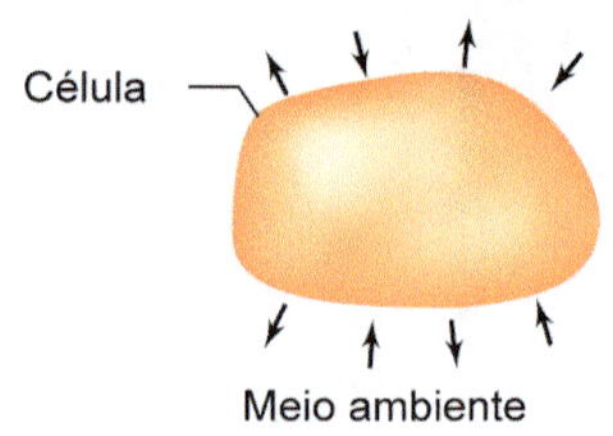

2. Reprodução (crescimento)
Os compostos químicos captados são transformados em novas células; o processo é dirigido pelas células preexistentes.

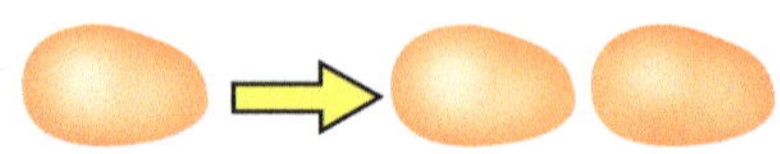

3. Diferenciação
Formação de uma nova estrutura celular tal qual um esporo, normalmente como parte do *ciclo de vida* celular.

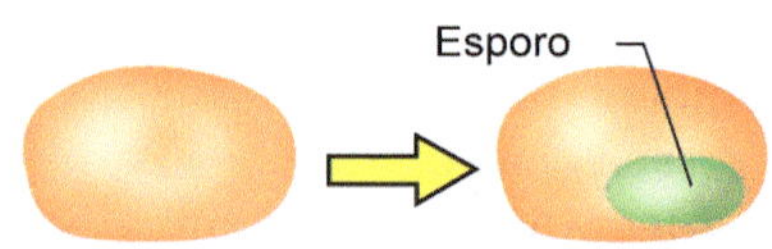

4. Comunicação
As células se comunicam ou interagem primariamente por meio de compostos químicos, liberados ou captados.

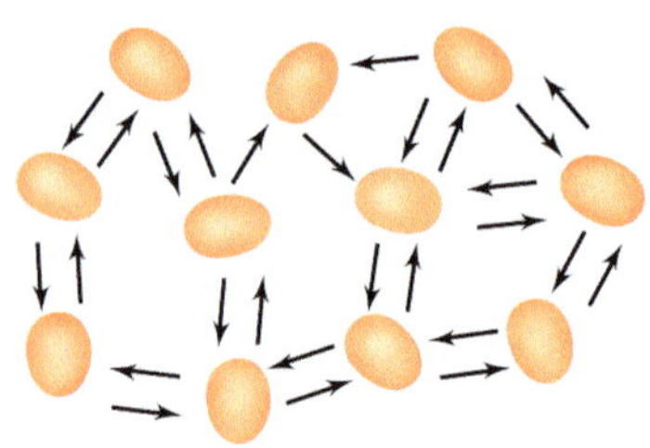

5. Movimentação
Os organismos vivos são, freqüentemente, capazes de realizar autopropulsão.

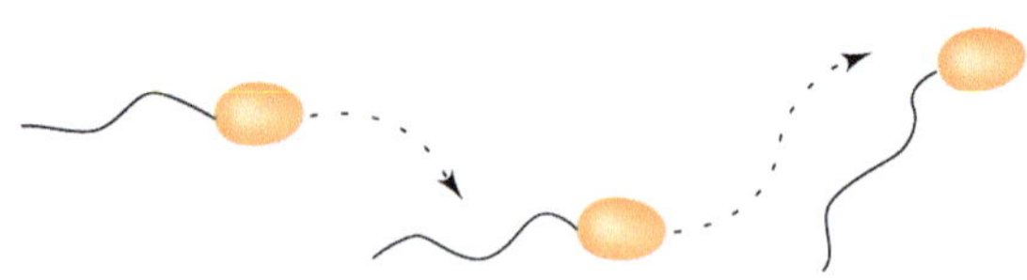

6. Evolução
As células *evoluem* apresentando novas propriedades biológicas. Árvores filogenéticas mostram as relações evolutivas entre as células.

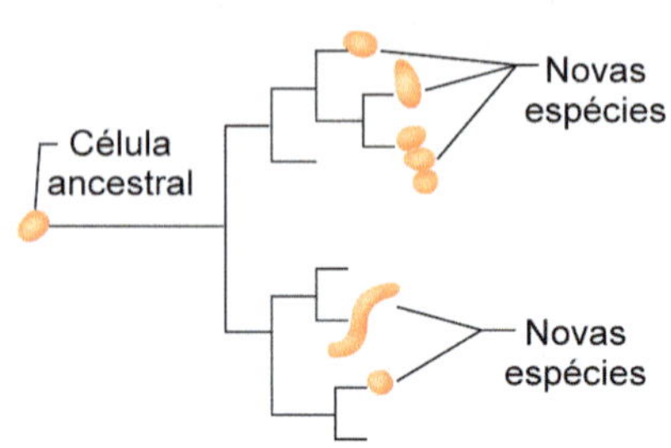

■ **Figura 1.3** Marcos da vida celular. A diferenciação e a motilidade não são propriedades de todas as células microbianas.

densidade populacional em um ambiente; este processo é mediado por pequenas moléculas difusíveis que trafegam entre as células. Organismos vivos freqüentemente são capazes de se **movimentar** por meio de mecanismos de autopropulsão, e, no mundo microbiano, veremos vários mecanismos que conferem motilidade às células. Finalizando, contrariamente às estruturas não-vivas, as células podem *evoluir*. Pelo processo de **evolução**, as células podem alterar permanentemente suas características, transmitindo-as aos seus descendentes.

Células como usinas e dispositivos codificantes

As células podem ser vistas de duas maneiras. Por um lado, podem ser consideradas *usinas químicas* que realizam transformações químicas confinadas aos limites de determinadas estruturas celulares. Os catalisadores desta usina química são as **enzimas**, proteínas capazes de acelerar signitivamente a velocidade de reações químicas específicas. Em contrapartida, as células podem ser consideradas *dispositivos codificantes*, análogos a computadores, que armazenam e processam a informação genética (DNA) eventualmente transmitida aos descendentes durante a reprodução (Figura 1.4). A replicação da informação genética armazenada e seu processamento serão abordados no Capítulo 7, no qual discutiremos detalhadamente as funções centrais celulares de *replicação* e *transcrição do DNA*, além da *tradução*.

Na realidade, as células correspondem tanto a usinas químicas como a dispositivos codificadores, sendo a ligação entre estes dois atributos celulares o *crescimento*. Quando em condições favoráveis, uma célula viável irá crescer e se dividir, originando duas células (Figura 1.4). Durante o processo ordenado que resulta na divisão celular, a quantidade de todos os constituintes celulares deve ser *duplicada*. Para tanto, é necessário que a maquinaria química da célula atue de maneira a fornecer energia e precursores para a biossíntese de macromoléculas. Entretanto, quando uma célula se divide, cada uma das duas células filhas deve conter toda a informação genética necessária à formação de outras células. Assim, durante o processo de crescimento é necessário que ocorra também a replicação do DNA (Figura 1.4). Desse modo, as funções de usina e codificadora de uma célula devem ser altamente coordenadas, para que esta se reproduza fielmente. Veremos mais adiante a veracidade desse fato pois, além de serem *coordenadas*, as funções geradora e codificadora estão também sujeitas à *regulação*, fazendo com que a célula sempre se encontre ajustada ao seu ambiente.

✓ 1.2 Verificação de conceitos

A célula apresenta uma barreira — a membrana citoplasmática — que separa o citoplasma do meio externo. Outras características das células incluem a presença de núcleo ou nucleóide, parede celular e citoplasma. Certas características-chave, tal como metabolismo e reprodução, estão associadas aos seres vivos, e as células podem ser consideradas conceitualmente como usinas químicas e dispositivos codificadores.

✓ Listar seis características associadas aos seres vivos. Por que cada uma dessas características é importante à sobrevivência de uma célula?

✓ Comparar as funções de usina química e dispositivo codificador de uma célula microbiana. Por que essas funções isoladamente não apresentam valor para a célula?

✓ Listar as quatro classes de macromoléculas celulares.

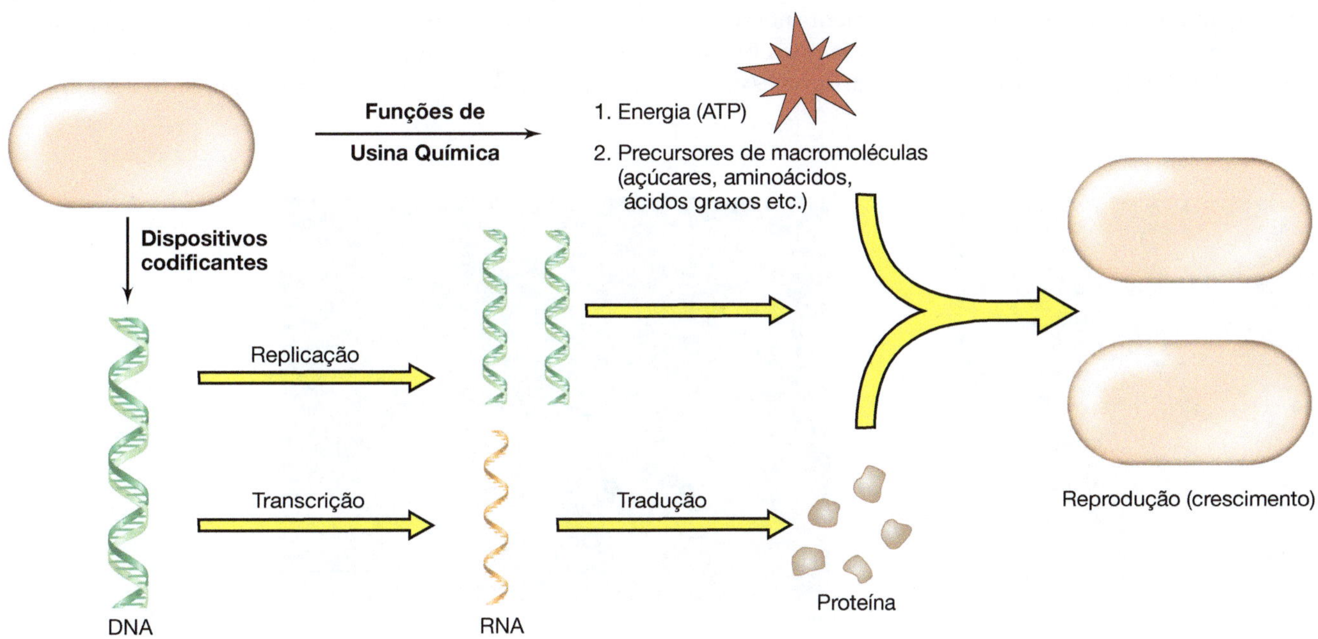

Figura 1.4 Funções de usina química e de dispositivo codificador de uma célula. Na reprodução de uma célula, deve haver um suprimento adequado de energia e de precursores para a biossíntese de macromoléculas. As informações genéticas devem ser replicadas de tal modo que, após a duplicação, cada célula receba uma cópia e os genes expressos (processos de transcrição e tradução), originando as quantidades apropriadas de proteínas e outras macromoléculas que formarão a nova célula.

1.3 Microrganismos e seus ambientes naturais

Na natureza, as células são encontradas associadas a outras células, formando grupos denominados **populações**. Essas populações são compostas por grupos de células relacionadas, geralmente oriundas de sucessivas divisões celulares a partir de uma única célula parental. A localização ambiental onde uma população microbiana vive é denominada **hábitat**. Estes hábitats microbianos podem corresponder tanto a locais familiares ao homem como a outros totalmente inóspitos, incluindo ambientes tão extremos que não permitem o desenvolvimento de formas superiores de vida. Na natureza, as populações microbianas raramente são encontradas de maneira isolada. Em vez disso, essas populações vivem e interagem com outras, formando as chamadas **comunidades microbianas** (Figura 1.5). Tais comunidades podem consistir em células de livre movimentação, quando em ambientes aquáticos, mas, muito freqüentemente, formam estruturas denominadas *biofilmes* em superfícies vivas ou inanimadas (Seção 20.3).

O efeito dos organismos em relação aos demais e aos seus hábitats

As populações que compõem as comunidades microbianas exibem diversos tipos de interações, que podem ser tanto benéficas quanto prejudiciais. Em muitos casos, as populações interagem e podem cooperar entre si, otimizando suas capacidades nutricionais, em que os produtos metabólicos finais de algumas células servem como nutrientes para outras. Os organismos também interagem com os ambientes físico e químico de um hábitat. Os hábitats apresentam grandes diferenças em suas características, de maneira que um hábitat favorável ao crescimento de um organismo pode ser extremamente nocivo a outro. Assim, a presença de uma comunidade microbiana em um hábitat é determinada, em grande parte, pelas condições físicas e químicas deste ambiente. Coletivamente, a associação entre os organismos vivos e seu meio ambiente é denominada **ecossistema**. Os principais ecossistemas microbianos correspondem aos aquáticos (oceanos, lagos, lagoas, rios, fontes termais), aos terrestres (solo, rochas) e aos organismos superiores, tanto animais como vegetais.

As propriedades de um ecossistema são controladas, em grande parte, pelas atividades microbianas. Por meio de suas atividades metabólicas, os organismos removem nutrientes do meio e os utilizam na biossíntese de novas células. Ao mesmo tempo, os organismos excretam uma série de produtos finais de metabolismo no meio. Assim, ao longo do tempo, um ecossistema microbiano pode gradualmente sofrer modificações químicas e físicas em decorrência dos processos metabólicos. O oxigênio gasoso pode ser utilizado como um bom exemplo deste processo. Veremos adiante que o oxigênio molecular, O_2, corresponde a um nutriente vital para muitos organismos, podendo ser letal para outros. Entretanto, as atividades metabólicas realizadas por um grupo de microrganismos levam ao consumo de oxigênio, podendo tornar o hábitat totalmente anóxico (sem O_2), agora adequado ao crescimento de organismos que previamente estavam impossibilitados de se desenvolver.

Uma vez que as células microbianas, isoladamente, são muito pequenas para serem observadas a olho nu, nosso conhecimento sobre os microrganismos na natureza só foi possível mediante a utilização de microscópios. O exame de materiais naturais, tais como solo ou água, sempre revela a presença de microrganismos. Embora estas células, tão pequenas, possam parecer "inconseqüentes", são capazes de se multiplicar rapidamente, produzindo numerosas populações e promovendo grandes efeitos em um hábitat. Assim, embora os microrganismos possam parecer componentes de menor importância da natureza, na realidade correspondem a uma parte extremamente importante de virtualmente todos os ecossistemas. Nos últimos capítulos, após estudarmos alguns dos detalhes de

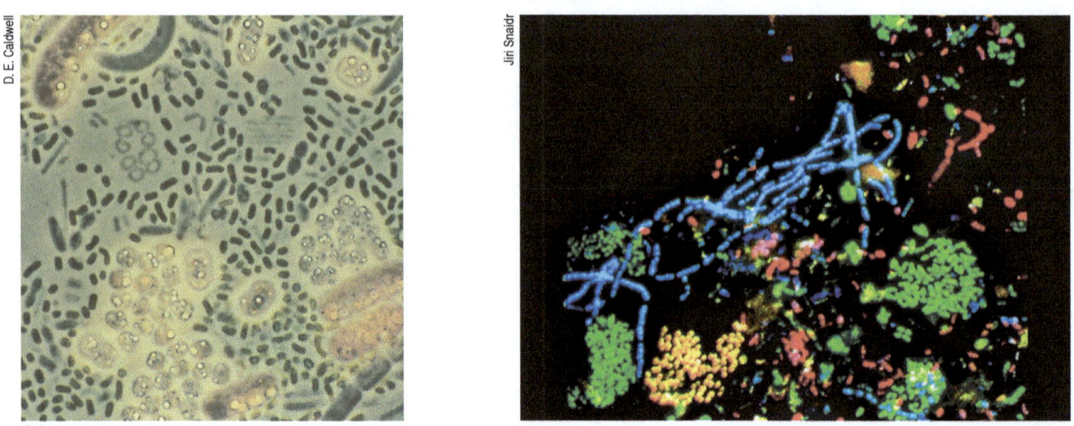

(a) (b)

■ **Figura 1.5** Exemplos de comunidades microbianas. (a) Fotomicrografia de uma comunidade bacteriana desenvolvendo-se no fundo de um pequeno lago (lago Wintergreen, Michigan), contendo células de diferentes tamanhos. (b) Comunidade bacteriana presente em uma amostra de sedimento de esgoto. A amostra foi corada com uma série de corantes, específicos para diferentes grupos bacterianos (Seção 19.4 e Figura 19.11*b* para mais detalhes sobre o processo de coloração). De Amann, R., Snaidr,, J., Wagner, M., Ludwig, W. e Schleifer, K.-H. *Journal of Bacteriology* 178: 3496-3500, Fig. 2b, 1996. © 1996 American Society for Microbiology.

estrutura e função, genética, evolução e diversidade microbianas, discutiremos novamente as maneiras pelas quais os microrganismos afetam as plantas, os animais e o ecossistema global.

A extensão da vida microbiana

Geralmente é muito fácil assumir que, como os microrganismos são tão pequenos, sua biomassa na Terra também deve ser muito pequena, quando comparada à dos organismos superiores. Entretanto, tal associação parece não ser verdadeira. Estimativas precisas do número total de células microbianas na Terra, especificamente do número de **procariotos** (também denominados **bactérias** — células pequenas que não apresentam núcleo —, sobre as quais discutiremos com maiores detalhes em capítulos posteriores) revelam que este pode ser da ordem de 5×10^{30} células. A quantidade total de carbono presente neste grande número de células diminutas é equivalente à quantidade de carbono exibida por todas as plantas da Terra. Em contrapartida, o conteúdo global de nitrogênio e fósforo de células procarióticas é cerca de dez vezes maior que toda a biomassa vegetal. Assim, as células procarióticas, mesmo sendo tão pequenas, constituem a *principal fração da biomassa na Terra* e são consideradas reservatórios-chave dos nutrientes essenciais à vida. Igualmente surpreendente foi a descoberta de que a maioria das células procarióticas não se encontra nas áreas superficiais do nosso planeta, mas em profundezas oceânicas e terrestres. Como estes hábitats são relativamente inexplorados, há muito ainda a ser descoberto e compreendido pelos microbiologistas a respeito das formas de vida que dominam a Terra.

✓ 1.3 Verificação de conceitos

Os microrganismos existem na natureza como populações que, ao interagirem com outras, originam as comunidades microbianas. As atividades das comunidades microbianas podem em muito afetar as propriedades físicas e químicas de seus hábitats. A maior parte da biomassa da Terra é de origem microbiana.

✓ O que é um *hábitat microbiano*?

✓ Como os microrganismos alteram as propriedades físicas e químicas de seus hábitats?

✓ Em que local da Terra a maioria dos procariotos são encontrados?

1.4 O impacto dos microrganismos nos seres humanos

Uma das metas do microbiologista é compreender como os microrganismos atuam e, a partir desse entendimento, desenvolver maneiras visando otimizar seus efeitos benéficos e minimizar suas atividades danosas. Os microbiologistas obtiveram grandes sucessos no cumprimento dessas metas, e a microbiologia desempenhou um importante papel nos avanços alcançados na saúde e bem-estar do homem. Uma visão geral do impacto dos microrganismos na vida do homem é apresentada na Figura 1.6.

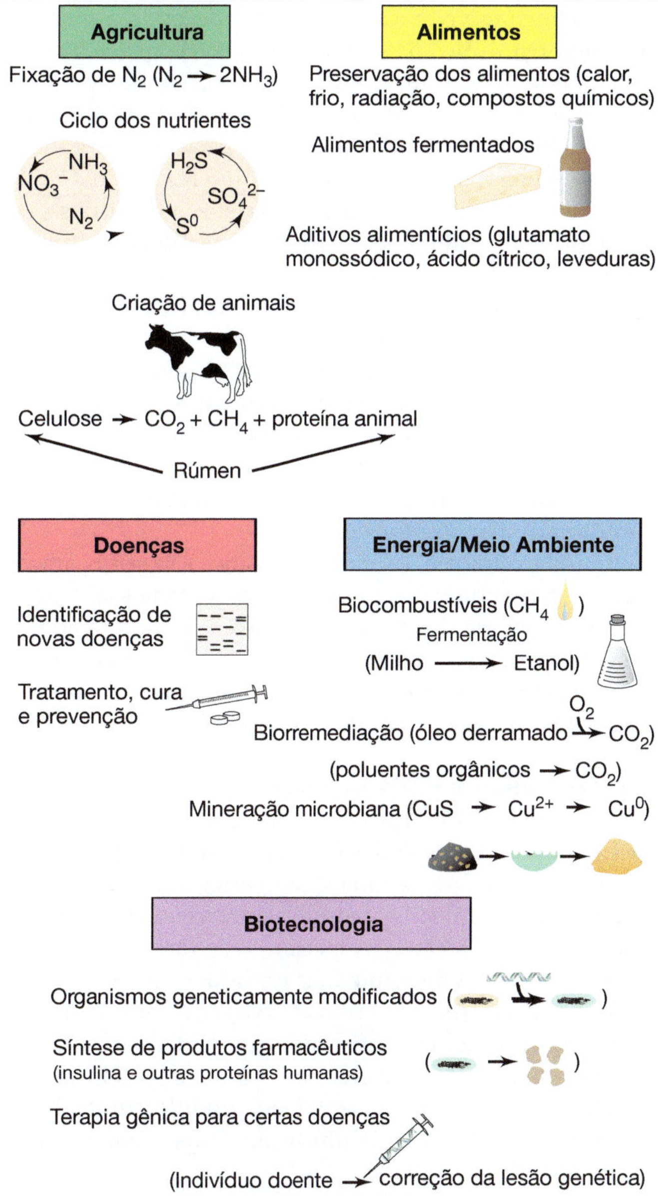

■ **Figura 1.6** O impacto dos microrganismos nas atividades dos seres humanos. Embora muitas pessoas pensem nos microrganismos apenas no contexto das doenças infecciosas, somente poucos são efetivamente causadores de doenças. Os microrganismos afetam nossas vidas de várias maneiras, além de desempenharem papel como agentes causadores de doenças.

Microrganismos como agentes causadores de doenças

Uma das medidas do sucesso obtido pelos microbiologistas refere-se ao controle dos microrganismos, conforme as estatísticas apresentadas na Figura 1.7, comparando as principais causas atuais de morte nos Estados Unidos com as de cem anos atrás. No início do século XX, as principais causas de morte correspondiam às doenças infecciosas; atualmente estas são de menor importância. O controle das doenças infecciosas tornou-se possível a partir de um conhecimento abrangente dos processos das doenças, da melhoria nas práticas sanitárias e do descobrimento e utilização de agentes antimicrobianos. Veremos, ainda neste capítulo, que a microbiologia — como ciência — teve seu início a partir do estudo das doenças infecciosas.

Atualmente vivemos em um mundo onde a maioria dos microrganismos patogênicos está sob controle. Entretanto, ainda hoje, muitos indivíduos morrem devido a infecções microbianas em conseqüência da Síndrome da Imunodeficiência Adquirida (AIDS); pacientes de câncer têm seu sistema imune devastado como resultado de tratamentos com drogas anticancerosas; e indivíduos são infectados com **patógenos** resistentes a múltiplas drogas. Assim, os microrganismos ainda são considerados uma das principais ameaças à sobrevivência humana. Além disso, as doenças microbianas constituem uma das principais causas de morte em países em desenvolvimento. Embora a erradicação da varíola seja um dos grandes triunfos da medicina, anualmente milhões de indivíduos ainda morrem de doenças amplamente disseminadas, tais como malária, tuberculose, cólera, doença africana do sono e síndromes diarréicas severas.

Indubitavelmente, os microrganismos são sérias ameaças à existência humana. Entretanto, gostaríamos de enfatizar que a maioria dos microrganismos *não* é nociva ao homem. Na verdade, ela é *benéfica*, pois realiza processos de enorme valor à sociedade humana. A seguir, passaremos a considerar alguns desses processos benéficos.

Microrganismos e a agricultura

Nosso sistema de *agricultura* depende, em muitos aspectos, das atividades microbianas. Muitos dos principais vegetais destinados à alimentação pertencem a um grupo de plantas denominadas **legumes**, que vivem em estreita associação com bactérias especiais, que formam estruturas em suas raízes denominadas **nódulos**. Nestes nódulos radiculares, o nitrogênio atmosférico (N_2) é convertido em compostos nitrogenados fixados, que podem ser utilizados pelas plantas em seu crescimento. Desse modo, as atividades das bactérias presentes nos nódulos radiculares reduzem a necessidade da utilização de fertilizantes agrícolas, que geralmente apresentam custos elevados. Outros microrganismos de grande importância na agricultura são aqueles essenciais aos processos digestivos nos ruminantes, tais como caprinos e bovinos. Estes animais apresentam um órgão digestivo especial, denominado **rúmen**, onde os microrganismos realizam processos digestivos. Na ausência dos microrganismos, os bovinos e caprinos não seriam capazes de digerir seu alimento, o que impossibilitaria seu crescimento a partir de dietas pobres em nutrientes, tais como o capim ou o feno. Os microrganismos também desempenham papéis-chave nos ciclos de elementos importantes na nutrição dos vegetais, particularmente carbono, nitrogênio e enxofre. As atividades microbianas que ocorrem no solo e na água convertem esses elementos em formas prontamente acessíveis às plantas. Além dos benefícios à agricultura, os microrganismos podem também apresentar efeitos nocivos. As doenças infecciosas que afetam as plantas e o animais têm um grande impacto econômico.

Microrganismos e os alimentos

Uma vez que plantas e animais destinados ao consumo alimentar são produzidos, estes devem ser comercializados ainda frescos. Os microrganismos desempenham papéis extremamente importantes na *indústria alimentícia*. Anteriormente, foi mencionado que a decomposição de alimentos resulta em enormes perdas econômicas anuais. As indústrias de alimentos enlatados, congelados e desidratados existem para preparar alimentos de tal maneira que não sofram a decomposição microbiana. As *doenças* transmitidas por alimentos devem também ser levadas em consideração. Uma vez que os alimentos utilizados para o consumo humano permitem o crescimento exuberante de diferentes microrganismos, esses devem ser preparados e monitorados de maneira adequada, visando impedir a transmissão de doenças.

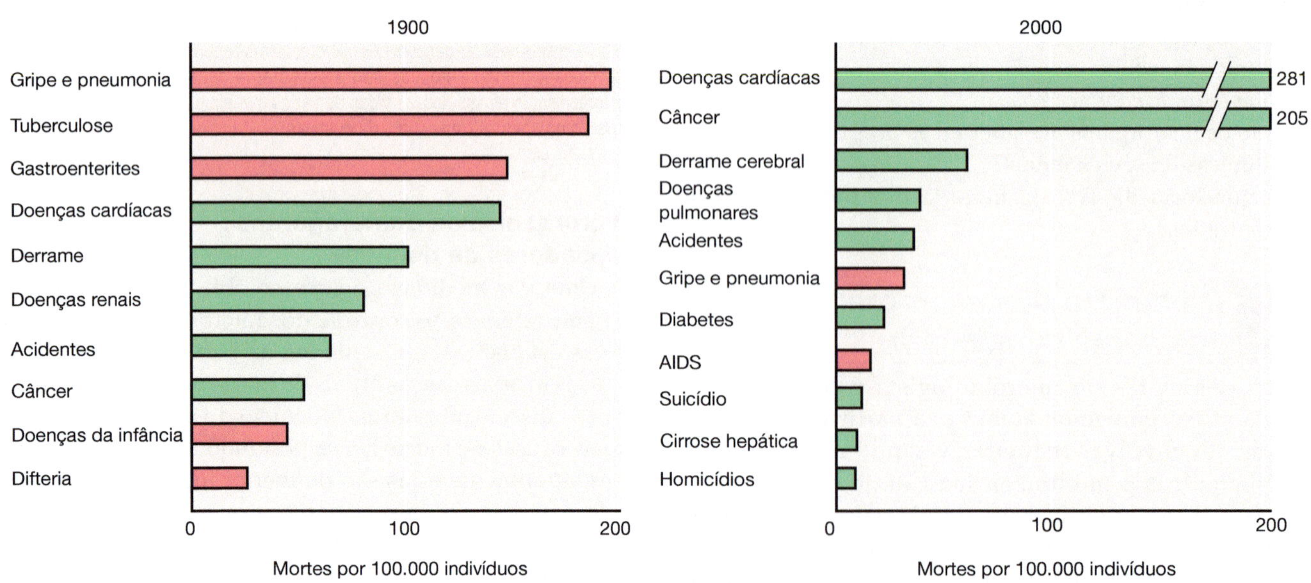

Figura 1.7 Taxas de mortalidade para as dez principais causas de morte nos Estados Unidos, em 1900 e em 2000. Em 1900, as doenças infecciosas correspondiam às principais causas de morte, enquanto atualmente têm menor importância. Doenças microbianas são apresentadas em vermelho e doenças não microbianas, em verde. Dados obtidos do Centro Nacional de Estatísticas de Saúde dos Estados Unidos.

Em contrapartida, nem todos os microrganismos apresentam efeitos danosos aos alimentos ou aos consumidores que deles se alimentam. Por exemplo, vários laticínios — tais como queijos, iogurtes e manteiga — são manufaturados, pelo menos em parte, a partir de processos microbianos. De modo semelhante, os picles, o chucrute e algumas salsichas são produtos originados a partir de atividades microbianas. Muitos alimentos assados são produzidos empregando-se leveduras (fermento). Ainda mais disseminadas em nossa sociedade são as bebidas alcoólicas, cuja produção é também dependente das atividades metabólicas de leveduras. Muitos desses tópicos serão abordados no Capítulo 30 deste livro.

Microrganismos, energia e o meio ambiente

Nos processos de geração de energia, os microrganismos desempenham papéis de extrema importância. A maior parte do gás natural (metano) é de origem bacteriana, proveniente das atividades metabólicas de bactérias metanogênicas. Microrganismos fototróficos podem absorver a energia luminosa, produzindo **biomassa** — energia armazenada em organismos vivos. A biomassa microbiana e os materiais orgânicos descartados, tais como lixo doméstico, excedentes da produção de grãos e produtos de excreção animal, podem ser convertidos em "biocombustíveis", tais como metanol e etanol, pelas atividades degradativas dos microrganismos.

Os microrganismos podem também ser utilizados na degradação de poluentes gerados pelas atividades do homem, a partir de um processo denominado *biorremediação*. Vários organismos isolados a partir da natureza apresentam a capacidade de consumir óleo, solventes, pesticidas e outros poluentes tóxicos ao ambiente, seja no próprio local onde ocorreu um vazamento ou posteriormente, após a penetração do material tóxico no solo ou em lençóis freáticos. Atualmente, a grande diversidade de microrganismos presentes na Terra vem sendo amplamente estudada, no sentido de melhor conhecer os vastos recursos genéticos que estes organismos apresentam, pois a partir desses achados novas soluções podem ser desenvolvidas para a limpeza do ambiente.

Microrganismos e o futuro

A **biotecnologia** envolve a utilização dos microrganismos em processos industriais de larga escala, geralmente empregando microrganismos geneticamente modificados capazes de sintetizar produtos específicos com alto valor comercial (Capítulo 31).

A biotecnologia é altamente dependente da **engenharia genética**, uma disciplina que envolve a manipulação artificial de genes e de seus produtos. Genes de qualquer origem podem ser fragmentados e modificados de diferentes maneiras, quando utilizamos microrganismos e suas enzimas como ferramentas moleculares. Pelas técnicas de engenharia genética, genes totalmente artificiais podem ser sintetizados. Uma vez que o gene desejado tenha sido selecionado ou sintetizado, este pode ser inserido em um microrganismo, onde poderá ser expresso, originando o produto gênico desejado. Dessa maneira, a insulina humana — hormônio que se encontra em baixas concentrações em indivíduos diabéticos — pode ser produzida microbiologicamente, a partir da clonagem deste gene em um microrganismo. Discutiremos a engenharia genética e a biotecnologia mais detalhadamente no Capítulo 31.

A enorme influência exercida pelos microrganismos na sociedade humana é evidente. Indubitavelmente, temos muitas razões para estudarmos os microrganismos e suas atividades (Figura 1.6). Como o eminente cientista francês Louis Pasteur, um dos pais da microbiologia, citou: "O papel dos infinitamente pequenos na natureza é infinitamente grande". Portanto, antes de iniciarmos o estudo mais profundo da microbiologia passaremos a considerar as contribuições que Pasteur e outros microbiologistas do passado realizaram.

✓ 1.4 Verificação de conceitos

Microrganismos podem ser tanto benéficos como nocivos aos seres humanos. Embora nossa tendência seja enfatizar a importância dos microrganismos prejudiciais (como agentes de doenças infecciosas), a maioria é benéfica.

- ✓ Qual a importância dos microrganismos na agricultura e na indústria alimentícia?
- ✓ Que tipos de combustíveis podem ser produzidos por microrganismos?
- ✓ O que se entende por biotecnologia e como esta pode melhorar as condições de vida dos seres humanos?

II CAMINHOS DOS DESCOBRIMENTOS EM MICROBIOLOGIA

Assim como qualquer outra ciência, a microbiologia moderna deve muito ao passado. Embora alguns autores defendam a idéia de que suas raízes são muito antigas, a microbiologia, como ciência, não apresentou grande desenvolvimento até o século XIX. A partir de então, a área teve um enorme crescimento, expandindo-se para muitos novos campos relacionados. Agora, passaremos a trilhar os principais caminhos dos descobrimentos em microbiologia.

1.5 As raízes históricas da microbiologia

Embora a existência de criaturas pequenas, invisíveis a olho nu, tenha sido especulada há muitos anos, sua descoberta está associada à invenção do microscópio. Robert Hooke descreveu estruturas de frutificação de bolores em 1664 (Figura 1.8), mas a primeira pessoa a observar os microrganismos em detalhes foi o holandês Antoni van Leeuwenhoek, um construtor amador de microscópios, em 1684, a partir de microscópios extremamente simples (Figura 1.9*a*). Os microscópios de Leeuwenhoek eram extremamente rudimentares se comparados aos atuais, mas, pela manipulação e focalização precisas, ele foi capaz de visualizar organismos pequenos, como as bactérias. Leeuwenhoek relatou suas observações em uma série de cartas enviadas à Sociedade Real de Londres, que as publicou, traduzidas para o inglês, em 1684. Alguns dos dese-

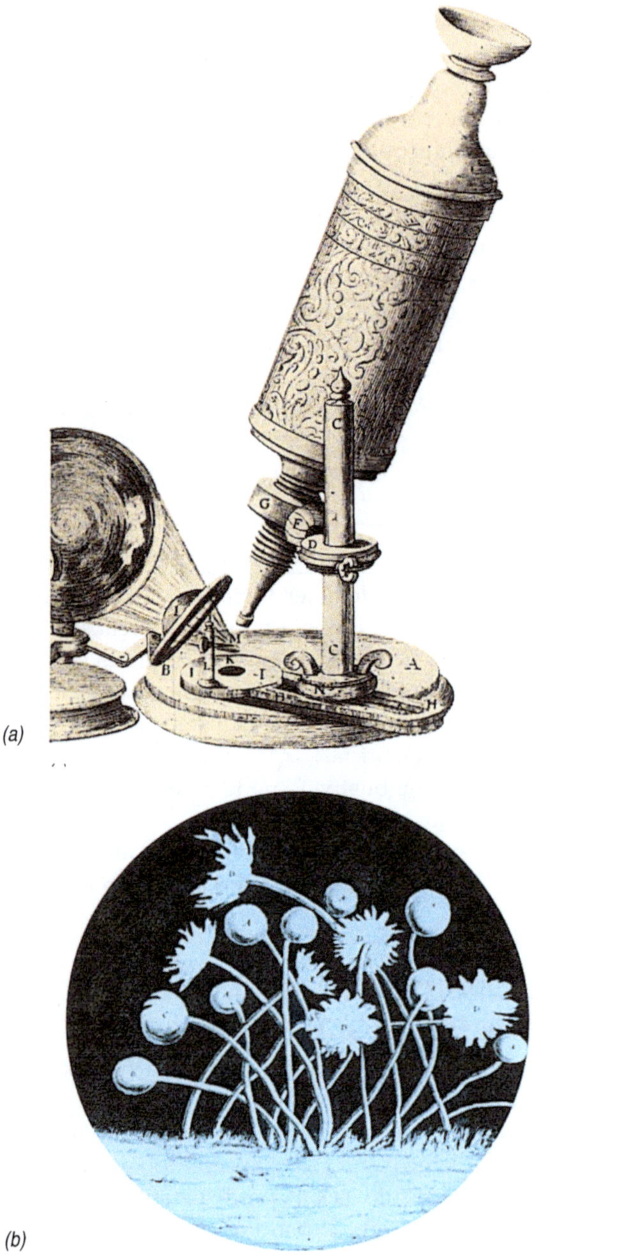

Figura 1.8 (a) O microscópio utilizado por Robert Hooke. As lentes objetivas eram ajustadas na extremidade do fole ajustável do aparelho (G), com a iluminação focalizada no espécime, a partir de uma única lente (1). (b) Desenho de Robert Hooke representando uma das primeiras descrições microscópicas dos microrganismos: um bolor azul crescendo na superfície do couro; as estruturas arredondadas contêm os esporos.

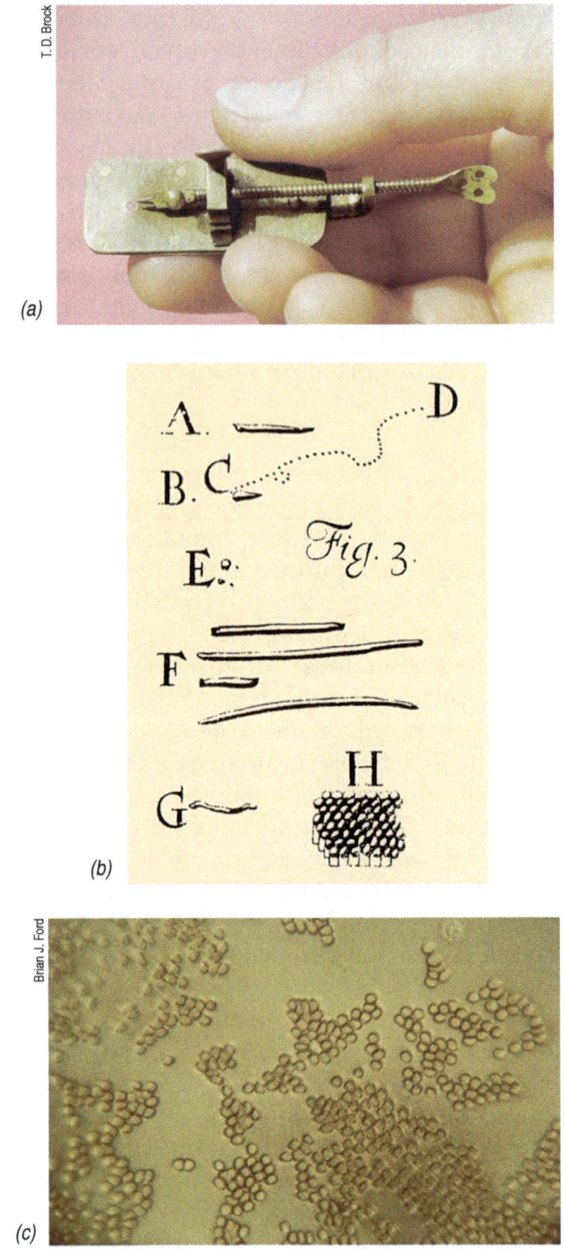

Figura 1.9 (a) Réplica do microscópio de Leeuwenhoek. A lente é montada na placa de bronze, adjacente à ponta do parafuso ajustável de foco. (b) Desenhos de Leeuwenhoek representando as bactérias, publicados em 1684. Mesmo a partir desses desenhos rudimentares, podemos reconhecer vários tipos morfológicos de bactérias comuns. Em A, C, F e G, bactérias em forma de bastonete; em E, bactéria esférica ou em forma de coco; em H, feixes de cocos (Figura 4.11). (c) Fotomicrografia de um esfregaço de sangue humano, tirada a partir de um microscópio de van Leeuwenhoek. As hemácias estão claramente aparentes.

nhos originais de Leeuwenhoek, com os "pequenos animálculos", podem ser observados na Figura 1.9*b*. Suas observações foram confirmadas por outros pesquisadores, mas o progresso no entendimento da natureza e a importância desses minúsculos organismos ocorreu lentamente. Somente no século XIX, com o aperfeiçoamento e a disseminação no uso dos microscópios, a extensão e a natureza das formas de vida microbiana se tornaram mais aparentes.

Ferdinand Cohn e a ciência bacteriologia

O desenvolvimento da microbiologia como ciência está diretamente correlacionado a dois aspectos fundamentais: o aperfeiçoamento dos microscópios, que permitiu a observação mais precisa de células bacterianas, e o desenvolvimento de técnicas laboratoriais, que tornou possível o estudo dos microrganismos. Duas questões biológicas, que deixavam os cientistas da época perplexos, levaram ao desenvolvimento dessas técnicas laboratoriais essenciais, no século XIX. Uma das questões referia-se à *geração espontânea*. Por séculos, diversos pensadores debateram a idéia de que materiais inanimados poderiam dar origem a seres vivos. A segunda questão envolvia a natureza das doenças infecciosas. Na época, os cientistas já haviam observado que as doenças infecciosas podiam ser transmitidas de um indivíduo para outro; entretanto, os mecanismos responsáveis por esta transmissão eram desconhecidos. Embora as respostas para as duas questões estejam sempre associadas a Louis Pasteur e Robert Koch, respectivamente, o cientista considerado o pai da bacteriologia (ciência que estuda as bactérias) é Ferdinand Cohn (1828–1898), um botânico alemão contemporâneo de Pasteur e Koch, o qual transformou a microbiologia em uma ciência verdadeira.

Cohn nasceu em 1828, em uma cidade atualmente conhecida como Wroclaw, na Polônia. Especializou-se em botânica, mas, por volta de 1850, interessou-se por microscopia, tendo a sorte de dispor dos melhores microscópios de sua época, passando então a estudar o crescimento e a divisão das células vegetais. Seu interesse em microscopia o levou a estudar "plantas" unicelulares, as algas, e posteriormente as formas de vida fotossintetizantes, as cianobactérias. Cohn acreditava que todas as bactérias, mesmo aquelas que não apresentavam pigmentos fotossintetizantes, eram membros do reino vegetal. Seus estudos de microscopia passaram a abranger, além das plantas e algas, uma grande variedade de bactérias, incluindo a grande bactéria sulfurosa *Beggiatoa* (Figura 1.10).

Cohn desenvolveu um interesse especial pelas formas bacterianas que exibiam resistência ao calor, levando-o a descobrir o gênero *Bacillus* e o processo de formação dos esporos. Hoje sabemos que os endósporos correspondem a estruturas extremamente termorresistentes, muitas vezes mais que as células microbianas conhecidas, excetuando-se aquelas que apresentam um ótimo crescimento em temperaturas muito elevadas. Cohn descreveu todo o ciclo de vida de *Bacillus* (célula vegetativa → endósporo → célula vegetativa; Seção 4.15), descobrindo também

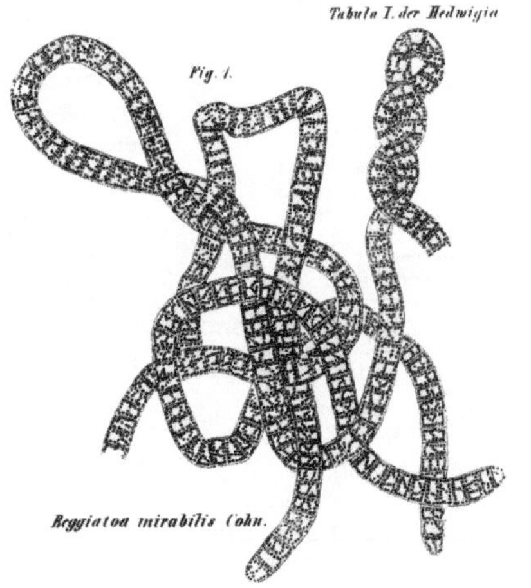

■ **Figura 1.10** Desenho feito por Ferdinand Cohn, em 1866, da bactéria filamentosa oxidante de enxofre, *Beggiatoa mirabilis*. Os pequenos grânulos presentes no interior da célula consistem em enxofre elementar, produzido a partir da oxidação do sulfeto de hidrogênio (H_2S). Cohn foi o primeiro a identificar os grânulos como enxofre.

que as células vegetativas, mas não os endósporos, morriam pela água em ebulição. Sem dúvida, os achados de Cohn ajudam a explicar por que os cientistas antigos, tais como John Tyndall, descreveram a água em ebulição como um método nem sempre eficiente de esterilização.

Cohn continuou seus trabalhos com bactérias até sua aposentadoria e, ao longo de muitos anos, trouxe várias contribuições ao desenvolvimento da bacteriologia, incluindo as bases de um esquema de classificação bacteriana e a criação de uma importante revista científica. Durante esse período, Cohn foi um grande defensor das técnicas e pesquisas desenvolvidas por Robert Koch, um dos pioneiros da microbiologia médica. A Cohn também se atribui a participação no desenvolvimento de metodologias simples e eficientes para impedir a contaminação de meios de cultura estéreis, tais como a utilização de buchas de algodão para fechar os frascos e tubos. Tais métodos foram posteriormente utilizados por Koch, resultando em um rápido progresso no isolamento e caracterização de várias bactérias causadoras de doenças (ver a seguir, nesta seção).

Pasteur e o fim da teoria da geração espontânea

No século XIX, a principal controvérsia existente envolvia a **teoria da geração espontânea**. A idéia básica da geração espontânea é facilmente entendida. Se um alimento for mantido em um ambiente aberto, após determinado período de tempo ele apodrecerá. Se esse alimento apodrecido for examinado ao microscópio, poderemos visualizar um enorme número de bactérias. De onde surgiram essas bactérias, visto que o alimento fresco não as continha? Algumas pessoas acreditavam que estas fossem provenientes de sementes ou que seriam germes que penetraram no alimento a partir do ar, enquanto outras defendiam a idéia de que essas bactérias surgiam espontaneamente, a partir do material inanimado.

O maior oponente à teoria da geração espontânea foi o químico francês Louis Pasteur (1822–1895), que abordou o tema desenvolvendo os trabalhos mais precisos e convincentes. De início, Pasteur demonstrou que o ar apresentava estruturas extremamente semelhantes às encontradas nos alimentos deteriorados. Também demonstrou que o ar apresenta, constantemente, uma grande variedade de células microbianas, as quais não podem ser diferenciadas dos organismos encontrados em grandes quantidades nos alimentos ou outros produtos deteriorados. Com isso, Pasteur concluiu que os organismos encontrados em materiais em decomposição eram provenientes do ar. Postulou que células estariam sendo constantemente depositadas em todos os objetos. Baseando-se em sua hipótese, Pasteur deduziu que, se um alimento fosse tratado de maneira a destruir todas as formas de vida, este não sofreria decomposição.

Como naquela época já havia sido estabelecido que o calor era um processo eficiente de eliminação de todos os seres vivos, Pasteur utilizou-o para matar os organismos contaminantes. De fato, outros pesquisadores haviam demonstrado que, se uma solução nutriente fosse acondicionada em um frasco selado e aquecida até a fervura, esta não apresentaria crescimento microbiano. Os defensores da geração espontânea criticavam tais experimentos, declarando que a presença de ar era necessária à geração espontânea. Para eles, o ar aprisionado no interior do frasco selado era afetado de alguma maneira pelo aquecimento, não permitindo a geração espontânea. Pasteur rebateu estas críticas realizando um experimento simples e brilhante a partir da confecção de um frasco com uma extremidade longa e afilada, semelhante ao pescoço de um cisne, atualmente denominado *frasco de Pasteur* (Figura 1.11). Neste tipo de frasco, as soluções podiam ser fervidas e, após seu resfriamento, o ar podia entrar livremente. Devido ao seu formato, as curvas impediam o contato das partículas contendo bactérias ou outros microrganismos com a porção principal do frasco, a qual continha os nutrientes. Assim, caldos nutrientes esterilizados nestes frascos não sofriam decomposição e não se observava o aparecimento de microrganismos enquanto o pescoço do frasco não tivesse contato com a solução **estéril**. Em contrapartida, se o frasco fosse inclinado, permitindo assim o contato do líquido com o pescoço (Figura 1.11*c*), haveria a decomposição, e o líquido ficaria repleto de microrganismos. Com esse experimento simples, a controvérsia sobre a teoria da geração espontânea teve seu fim.

O processo de eliminação de todas as bactérias ou de outros microrganismos presentes em objetos ou na superfície destes é atualmente denominado **esterilização.** Os processos empregados por Pasteur, Cohn e outros pesquisadores foram refinados e amplamente utilizados na pesquisa microbiológica. O fim da teoria da geração espontânea levou ao desenvolvimento de procedimentos de esterilização bastante eficientes, sem os quais a microbiologia não teria se desenvolvido como ciência. A ciência dos alimentos também deve muito a Pasteur, pois seus princípios ainda são aplicados no envasamento e preservação de diferentes tipos de alimentos.

Pasteur acumulou uma série de triunfos na microbiologia e na medicina. Dentre estes, temos o desenvolvimento de vacinas contra o antraz (carbúnculo), a cólera aviária e a raiva, durante um período extremamente produtivo, de 1880 a 1890. Tais marcos das ciências médica e veterinária foram altamente significativos por si só e auxiliaram a reforçar o conceito da *teoria das doenças causadas por germes*, cujos princípios estavam nascendo a partir dos estudos de Robert Koch, um contemporâneo de Pasteur.

Koch e a teoria das doenças causadas por germes

A comprovação de que os microrganismos podiam causar doenças deu um grande impulso no desenvolvimento da microbiologia como ciência. Já no século XVI acreditava-se que "algo" que induzisse doenças podia ser transmitido de um indivíduo doente para um indivíduo sadio. Muitas doenças, denominadas *contagiosas*, pareciam ser transmitidas nas populações; o agente desconhecido responsável pela disseminação era denominado *contagion*. Após o descobrimento dos microrganismos, passou-se a acreditar que estes fossem os agentes responsáveis pelas doenças contagiosas, embora não houvesse qualquer tipo de prova formal dessa suspeita. As descobertas de Ignaz Semmelweiss e Joseph Lister em relação a medidas de sanitização forneceram evidências indiretas da importância dos microrganismos como causadores de doenças humanas. Entretanto, somente após os trabalhos de Robert Koch (1843–1910) — um médico prático — *a teoria das doenças causadas por germes* tornou-se claramente conceituada a partir de evidências experimentais.

Em seu trabalho inicial, Koch estudou o *antraz* (carbúnculo) — uma doença do gado que ocasionalmente acomete seres humanos. O antraz, causado por uma bactéria formadora de esporo, denominada *Bacillus anthracis*, deixa o sangue do animal infectado repleto de células desta grande bactéria. A partir de análises microscópicas cuidadosas, Koch verificou que certas bactérias sempre se encontravam no sangue dos animais que estavam mor-

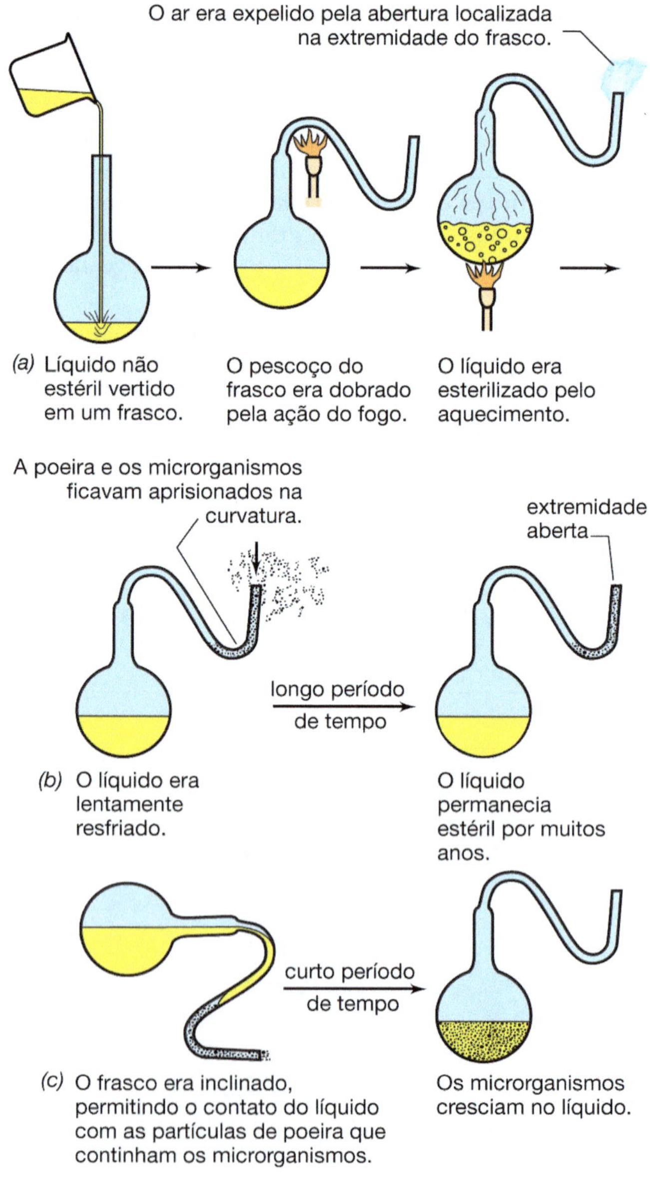

■ **Figura 1.11** Experimentos de Pasteur com o frasco pescoço de cisne. (a) O conteúdo do frasco era esterilizado. (b) Se o frasco permanecesse na posição vertical, não havia o crescimento microbiano. (c) Se os microrganismos aprisionados no pescoço atingissem o líquido estéril, havia o crescimento microbiano.

rendo da doença. Entretanto, a mera associação da bactéria com a doença não era suficiente para provar que esta era realmente *a causa* da doença, pois, contrariamente, poderia ser o *resultado* da doença. Koch demonstrou, em seguida, que coletando uma pequena quantidade de sangue de um camundongo doente, utilizado como animal experimental, e injetando-o em um outro camundongo este ficava doente e morria. Koch coletou sangue do segundo animal e, após injetá-lo em outro camundongo, novamente verificou os sintomas característicos da doença. A partir da realização de várias repetições desse mesmo experimento, Koch demonstrou, a partir de análises microscópicas, que o sangue de todos os animais doentes continham grandes quantidades da bactéria formadora de esporos.

Koch realizou outros experimentos adicionais. Observou que as bactérias podiam também ser cultivadas em fluidos nutrientes, fora do corpo dos animais. Após transferir várias dessas bactérias em meios de cultura, estas ainda eram capazes de causar doença quando reinoculadas em animais. As bactérias oriundas de animais doentes e dos meios de cultura provocavam os mesmos sintomas quando injetadas em animais sadios. Com base nesses e em outros experimentos, Koch formulou os seguintes critérios, atualmente denominados **postulados de Koch**, para provar que um tipo específico de microrganismo causa um tipo específico de doença.

Postulados de Koch

1. O organismo deve estar constantemente presente em animais que apresentam a doença e ausentes nos animais sadios.
2. O organismo deve ser cultivado em cultura pura, fora do corpo do animal.
3. Tal cultura, quando inoculada em animais suscetíveis, deve ser capaz de provocar os sintomas característicos da doença.
4. O organismo deve ser isolado a partir de animais experimentais e novamente cultivado em laboratório, apresentando características iguais às do organismo originalmente isolado.

Os postulados de Koch encontram-se resumidos na Figura 1.12. Estes postulados não forneciam apenas uma maneira de demonstrar que organismos específicos causavam doenças específicas, atuando também como catalisadores para o desenvolvimento da microbiologia como ciência, pela grande importância dada às culturas laboratoriais. Empregando os postulados de Koch como guia, outros pesquisadores descobriram a causa de muitas importantes doenças do homem e de outros animais. Tais descobertas levaram ao desenvolvimento de tratamentos eficazes para a prevenção e cura de várias doenças infecciosas e, em conseqüência, trouxeram grande progresso às bases científicas da medicina clínica.

Koch e as culturas puras

Para que determinado organismo fosse associado a um processo específico, tal como uma doença, deveria ser inicialmente isolado em uma cultura que, obrigatoriamente, fosse *pura*. Esse conceito encontra-se inserido nos postulados de Koch (Figura 1.12), que desenvolveu uma série de métodos engenhosos para obter bactérias em culturas puras (ver Quadro "Os meios sólidos, a placa de Petri e as culturas puras").

Na busca de métodos que permitissem a obtenção de culturas puras, Koch iniciou seus trabalhos de maneira rudimentar, utilizando nutrientes sólidos, tais como fatias de batata. Entretanto, rapidamente passou a desenvolver métodos mais confiáveis e adequados; vários ainda são utilizados atualmente. Koch observou que uma superfície sólida, tal como uma fatia de batata, quando exposta ao ambiente, muitas vezes permitia o desenvolvimento de diferentes colônias bacterianas, cada uma exibindo formas e cores características. O pesquisador inferiu sobre o possível surgimento de cada colônia a partir de uma única célula bacteriana que caiu na superfície sólida e, encontrando nutrientes adequados, passou a se multiplicar, isto é, cada colônia representaria uma **cultura pura**. Koch percebeu que sua descoberta correspondia a uma maneira simples de obtenção de culturas puras. No entanto, como nem todos os organismos crescem em fatias de batata, Koch passou a desenvolver soluções nutrientes mais uniformes e reprodutíveis, solidificadas pela adição de gelatina e, posteriormente, pelo ágar (ver o quadro). Nos dias de hoje, o ágar é amplamente utilizado em laboratórios de microbiologia como agente solidificante na obtenção e manutenção de culturas puras de vários microrganismos, especialmente bactérias.

Koch e a tuberculose

O maior feito de Koch na bacteriologia médica foi seu trabalho com a tuberculose. Quando iniciou seus trabalhos (1881), cerca de um sétimo das mortes era decorrente da tuberculose. Já naquela época, fortes evidências indicavam que a tuberculose era uma doença contagiosa, embora seu agente etiológico nunca houvesse sido detectado tanto em tecidos doentes como em meios de cultura. Nesse sentido, o principal objetivo de Koch era demonstrar a presença do agente e, para isso, empregou todos os métodos que havia previamente desenvolvido: microscopia, coloração de tecidos, isolamento em cultura pura e inoculação em animais.

Atualmente sabemos que o bacilo da tuberculose, *Mycobacterium tuberculosis*, é uma bactéria de difícil coloração devido à presença de grandes quantidades de lipídeos semelhantes à cera, localizados em sua superfície externa. Entretanto, Koch desenvolveu uma metodologia de coloração para *M. tuberculosis* em amostras de tecidos, empregando azul de metileno alcalino associado a um segundo corante (marrom de Bismark), que corava somente os tecidos (este método de Koch antecedeu a coloração de Ziehl-Nielsen, atualmente utilizada para corar bactérias ácidoresistentes como *M. tuberculosis*; Seção 12.23). Com essa nova metodologia de coloração, Koch foi capaz de observar células de *M. tuberculosis*, em forma de bastão, de coloração azul brilhante presentes nos tecidos infectados, que se coravam em marrom-

POSTULADOS DE KOCH:

1. O organismo patogênico suspeito deve estar presente em *todos* os casos da doença e ausente em animais sadios.

2. O organismo suspeito deve ser cultivado em cultura pura.

3. Células de uma cultura pura do organismo suspeito devem provocar a doença em um animal sadio.

4. O organismo deve ser isolado e caracterizado como o mesmo encontrado originalmente.

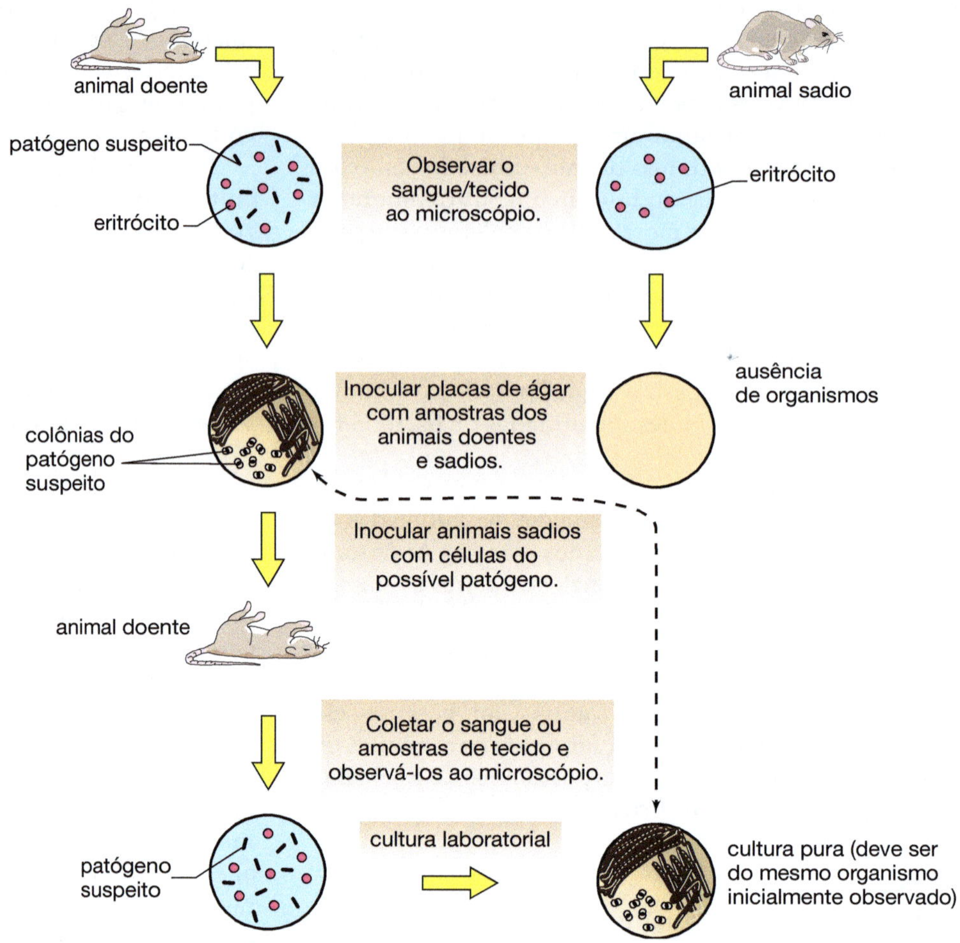

Figura 1.12 Postulados de Koch para provar que um microrganismo específico causa uma doença específica. Observe como é essencial que, após o isolamento do patógeno suspeito em cultura pura, a cultura laboratorial deve ser capaz tanto de iniciar a doença *como* ser recuperada do animal doente. É fundamental o estabelecimento das condições corretas para o crescimento do patógeno, pois do contrário este se perderá.

claro (Figura 1.13). Por outro lado, a partir de seus trabalhos prévios com antraz, Koch percebeu que a simples *identificação* de um organismo associado à tuberculose não era suficiente; era necessário o *cultivo* desse organismo, para provar que este realmente correspondia à causa específica da tuberculose.

A obtenção de culturas de *M. tuberculosis* não era uma tarefa simples, mas, eventualmente, Koch tinha sucesso na obtenção de colônias deste organismo em soro coagulado. Posteriormente, passou a utilizar ágar, que recentemente havia sido adotado como agente solidificante (ver o quadro). Quando cultivado em condições ideais, *M. tuberculosis* desenvolve-se lentamente em meios de cultura; no entanto, graças à sua persistência e paciência, Koch foi capaz de obter culturas puras desse organismo a partir de uma variedade de fontes humanas e animais. Daí em diante, foi relativamente fácil obter a prova definitiva de que o organismo por ele isolado era a verdadeira causa da tuberculose. Cobaias podem ser facilmente infectadas com *M. tuberculosis*, eventualmente morrendo de tuberculose sistêmica. Koch demonstrou que os animais doentes apresentavam massas de células de *M. tuberculosis* em seus tecidos e que culturas puras obtidas a partir dos animais estudados transmitiam a doença a animais não infectados. Dessa forma, Koch satisfez plenamente os quatro critérios de seus postulados (Figura 1.12) e a causa da tuberculose foi totalmente desvendada. Por suas contribuições nessa importante área, Koch foi agraciado com o Prêmio Nobel de fisiologia e medicina em 1905.

✓ 1.5 Verificação de conceitos

Ferdinand Cohn foi o criador da bacteriologia e descobridor dos endósporos bacterianos. Os trabalhos de Louis Pasteur em relação à geração espontânea levaram ao desenvolvimento de métodos para o controle do crescimento dos microrganismos. Robert Koch definiu critérios para o estudo de microrganismos infecciosos e desenvolveu os primeiros métodos para a obtenção de culturas puras de microrganismos.

✓ Como o famoso experimento de Pasteur refutou a teoria da geração espontânea?

✓ Como os postulados de Koch provam a causa e o efeito de uma doença?

✓ Quais as vantagens que os meios de cultura sólidos oferecem ao cultivo de microrganismos?

(a) (b) (c) (d)

■ **Figura 1.13** Desenhos de células de *Mycobacterium tuberculosis*, em tecidos e em meio de cultura laboratorial, feitos por Robert Koch. (a) Seção de um tubérculo oriundo de tecido pulmonar. As células de *M. tuberculosis* coram-se em azul, enquanto o tecido pulmonar é corado em marrom. (b) Células de *M. tuberculosis* em uma amostra de escarro, obtida de um paciente com tuberculose. (c, d) Crescimento de *M. tuberculosis* em cultura pura. (c) Crescimento em uma placa de vidro contendo soro coagulado no interior de uma caixa de vidro (com a tampa aberta). (d) Colônia de células de *M. tuberculosis* retiradas da placa (c), observadas microscopicamente, com aumento de 700x; as células aparecem como formas longas, semelhantes a "cordas" (comparar com a Figura 12.70*b*). Os desenhos originais foram publicados em Koch, R., 1884. "Die Aetiologie der Tuberkulose", *Mittheilungen aus dem Kaiserlichen Gesundheitsamte* 2:1-88.

Aprendendo com o passado — Os meios sólidos, a placa de Petri e as culturas puras

Robert Koch foi o primeiro a cultivar bactérias em meios de cultura sólidos. Inicialmente, Koch utilizou gelatina como agente solidificante dos vários fluidos nutrientes empregados no cultivo de bactérias patogênicas. Também desenvolveu uma técnica de preparo de "fatias" horizontais de meio sólido, que eram mantidas livres da contaminação e cobertas por uma redoma ou colocadas em uma caixa de vidro (ver Figura 1.13*c*).

A gelatina nutriente mostrou ser um excelente meio de cultura para o isolamento e estudo de várias bactérias, mas ao mesmo tempo apresentava uma série de limitações — a principal era o fato de esta se liquefazer à temperatura corpórea (37°C), temperatura ótima para o crescimento da maioria dos patógenos humanos. Assim, era necessária a utilização de um agente solidificante mais versátil, que acabou sendo o ágar.

O ágar é um polissacarídeo derivado de algas vermelhas, amplamente utilizado no século XIX, especialmente em países tropicais, como agente gelificante. Walter Hesse foi o primeiro a utilizar o ágar como agente solidificante de meios de cultura bacterianos. A idéia de utilizar ágar em vez de gelatina foi de Fannie Hesse, esposa de Walter. Ela o usava na preparação de geléias de fruta, e, quando o ágar foi empregado como agente solidificante em meios de cultura bacterianos, suas qualidades superiores foram imediatamente evidenciadas. Hesse escreveu a Koch sobre sua descoberta e o segundo prontamente passou a adotar o ágar em seus estudos, incluindo aqueles envolvendo o isolamento da bactéria *Mycobacterium tuberculosis*, o agente etiológico da tuberculose (ver a Figura 1.13).

Em 1887, Richard Petri publicou um pequeno artigo descrevendo uma modificação da técnica de placa reta de Koch. A adaptação proposta por Petri, que acabou tornando-se extremamente útil, era o desenvolvimento de duas placas redondas que se encaixavam e passaram a receber seu nome. A vantagem das placas de Petri é óbvia: elas podem ser facilmente empilhadas e esterilizadas individualmente. Após tal processo, o meio fundido pode ser vertido na placa menor, enquanto a maior atua como uma tampa, impedindo a contaminação. Assim, as colônias que se formam na superfície de um meio acondicionado em uma placa de Petri permanecem em contato com o ar e podem ser facilmente manipuladas para estudos posteriores. A idéia original de Petri foi mantida até hoje. Essas placas confeccionadas em vidro reutilizável e esterilizadas pelo calor, ou de plástico descartável, esterilizadas por óxido de etileno (um gás esterilizante), são o principal suporte de um laboratório de microbiologia.

Finalmente, deve observar-se também que Koch estava atento às implicações que seus métodos visando à obtenção de culturas puras apresentavam no estudo da sistemática microbiana. Koch observou que as diferentes formas das colônias (diferindo na coloração, morfologia, tamanho etc.; ver Figura 1) desenvolviam-se em meios sólidos expostos a um objeto contaminado. Essas formas coloniais mutiplicavam-se e podiam ser distinguidas por suas características. Células de diferentes colônias diferiam microscopicamente e, com freqüência, em relação às necessidades nutricionais ou térmicas. Koch percebeu que as diferenças entre os microrganismos preenchiam todos os requerimentos estabelecidos pelos taxonomistas quanto à classificação de organismos superiores, tais como espécies de plantas e animais. De acordo com Koch, "*todas as bactérias que mantêm as características que as diferenciam das demais, quando são cultivadas em um mesmo meio e nas mesmas condições, devem ser designadas como espécies, variedades, formas ou outra designação adequada*". A partir do estudo de culturas puras, Koch também percebeu ser possível demonstrar que organismos específicos apresentam efeitos específicos. Tal observação foi significativa na aceitação relativamente rápida da microbiologia como uma ciência biológica independente.

A descoberta dos meios de cultura sólidos por Koch e sua ênfase na microbiologia de culturas puras levou-o além dos limites da bacteriologia médica; seus achados forneceram as ferramentas criticamente necessárias ao desenvolvimento dos campos da taxonomia, da genética bacteriana e de várias outras disciplinas relacionadas. Certamente, todas as áreas da microbiologia devem muita gratidão a Koch e seus colaboradores, por sua intuição em relação à importância das culturas puras e pelo desenvolvimento da maioria dos métodos básicos utilizados em microbiologia. ■

■ **Figura 1** Fotografia colorida à mão de colônias formadas na superfície do ágar, tirada por Walter Hesse — colaborador de Robert Koch. Dentre as colônias, há aquelas originadas por fungos (bolores) e bactérias, obtidas durante os estudos iniciados por Hesse, sobre o conteúdo microbiológico do ar em Berlim, Alemanha, em 1882. De Hesse, W. "Ueber quantitative Bestimmung der in der Luft enthaltenen Mikrooganismen", em Struck (ed.), *Mittheilungen aus dem Kaiserlichen Gesundheitsamte.* August Hirschwald, 1884.

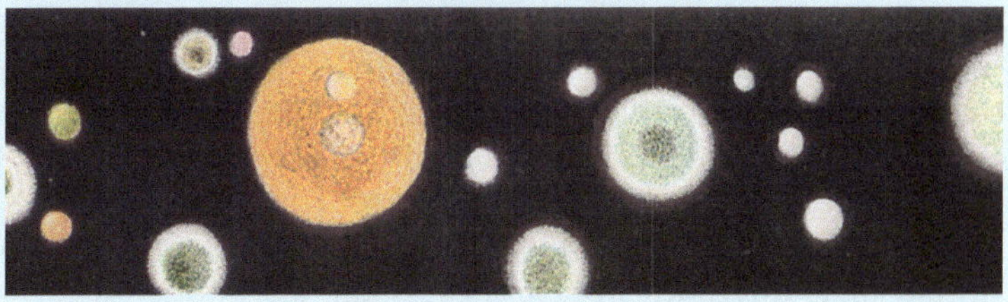

1.6 Diversidade microbiana e o advento da microbiologia molecular

Com o avanço da microbiologia a partir do século XIX, nosso entendimento acerca da diversidade microbiana foi aumentado significativamente, levando ao surgimento de várias subdisciplinas no campo da microbiologia, que resultou na era atual da "microbiologia molecular". Dois gigantes na área possibilitaram essa transição, o holandês Martinus Beijerinck e o russo Sergei Winogradsky. Esses dois antigos microbiologistas estavam interessados nas bactérias que habitavam o solo e a água e ambos são lembrados principalmente por suas contribuições na área da diversidade bacteriana.

Beijerinck e Winogradsky

Martinus Beijerinck (1851–1931) era professor na Escola Politécnica de Delft no final de sua vida (van Leeuwenhoek também era de Delft), mas foi originalmente treinado em botânica; iniciou sua carreira na microbiologia com o estudo da microbiologia das plantas. Talvez a principal contribuição de Beijerinck para a microbiologia tenha sido sua clara formulação do conceito de **cultura de enriquecimento**. Em vez de isolar os microrganismos da natureza empregando metodologias não seletivas, Beijerinck propôs a *seleção* de microrganismos específicos a partir de uma amostra natural, pela utilização de meios de cultura e condições de incubação específicos, que favoreciam o crescimento de somente um tipo ou um grupo de organismos fisiologicamente relacionados. A partir do uso da técnica de culturas de enriquecimento (ou "cultura seletiva", como ele denominou), Beijerinck isolou as primeiras culturas puras de muitos microrganismos aquáticos e de solo, incluindo as bactérias aeróbias fixadoras de nitrogênio (Figura 1.14), redutoras de sulfato, oxidantes de sulfato, fixadoras de nitrogênio presentes no nódulo radicular, espécies de *Lactobacillus*, algas verdes, dentre muitos outros. A partir de seus estudos sobre a doença do mosaico do tabaco, Beijerinck demonstrou, utilizando técnicas de filtração seletiva, que o agente infeccioso (um vírus) não era de natureza bacteriana e que, de alguma maneira, incorporava-se às células da planta hospedeira, necessitando de plantas vivas para se reproduzir. Em essência, Beijerinck descreveu os princípios básicos da virologia.

Sergei Winogradsky (1856–1953) tinha interesses similares aos de Beijerinck, obtendo sucesso no isolamento de várias bactérias de importância pela primeira vez. Winogradsky estava interessado nas bactérias do solo, particularmente naquelas envolvidas na reciclagem de compostos nitrogenados e sulfurosos (Figura 1.15). Nesse contexto, Winogradsky isolou culturas puras de bactérias nitrificantes, claramente demonstrando que o processo de nitrificação (oxidação de amônia a nitrato) era resultante da ação bacteriana. Além disso, estudou o processo de oxidação do sulfeto de hidrogênio pelas bactérias oxidantes de enxofre, diretamente em seus hábitats naturais.

Além de demonstrar que as bactérias podiam atuar como agentes biogeoquímicos, Winogradsky é também lembrado por suas inferências perspicazes sobre a *significância metabólica* desses processos. Por exemplo, a partir de estudos com as bactérias oxidantes de enxofre, Winogradsky propôs o conceito de *quimiolitotrofia*, que se refere à oxidação de compostos *inorgânicos* associada à liberação de energia (Seções 2.4, 5.14 e 18.8). A partir de seus estudos com as bactérias nitrificantes, Winogradsky concluiu que esses organismos obtinham seu carbono a partir do CO_2 presente na atmosfera, isto é, os organismos eram *autotróficos*. Embora nenhum dos conceitos tenha sido prontamente aceito na época, hoje sabemos que a quimiolitotrofia e a autotrofia bacterianas correspondem a processos extremamente importantes na Terra, permitindo o desenvolvimento dos organismos superiores (Seção 20.8). A partir da utilização da metodologia de enriquecimento, Winogradsky também isolou a primeira bactéria fixadora de nitrogênio (*Clostridium*

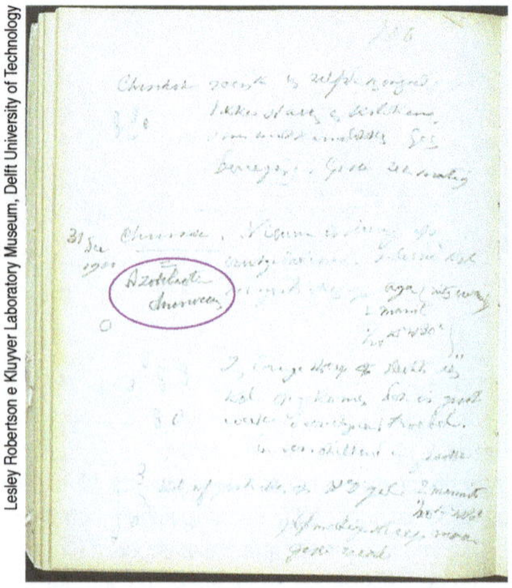

Lesley Robertson e Kluyver Laboratory Museum, Delft University of Technology

(a)

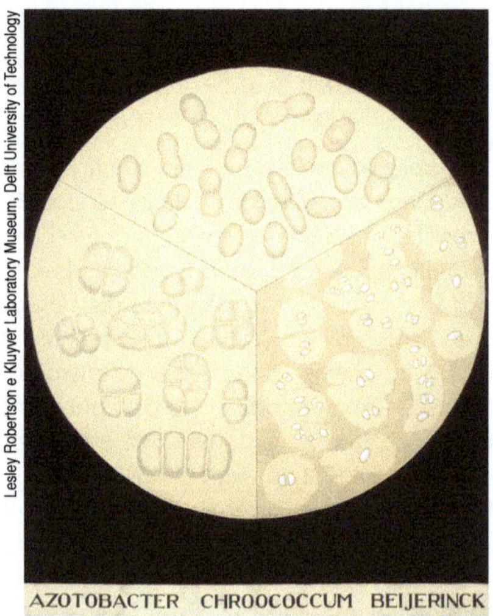

Lesley Robertson e Kluyver Laboratory Museum, Delft University of Technology

(b)

■ **Figura 1.14** Martinus Beijerinck e *Azotobacter*. (a) Uma página do protocolo de laboratório de M. Beijerinck, datada de 31 de dezembro de 1900, descrevendo suas observações sobre a bactéria aeróbia, fixadora de nitrogênio, *Azotobacter chroococcum* (nome indicado por um círculo). Nesta página, Beijerinck empregou o nome pela primeira vez. Comparar os desenhos de Beijerinck com os pares de *A. chroococcum* com a fotomicrografia de células de *Azotobacter* apresentada na Figura 12.19*a*. (b) Uma pintura, feita pela irmã de M. Beijerinck, Henriëtte Beijerinck, mostrando células de *Azotobacter chroococcum*. Beijerinck utilizou as pinturas para ilustrar suas aulas, pois em sua época não havia transparências, *slides* ou canhões de projeção, atualmente utilizados em aulas.

pasteurianum, uma bactéria anaeróbia) e com isso desenvolveu o conceito de fixação de N_2 por bactérias. Winogradsky viveu quase até os cem anos, publicando muitos artigos científicos juntamente com uma importante monografia, *Microbiologie du Sol* (*Microbiologia do Solo*). Sua última publicação, um verdadeiro marco na microbiologia, continha os desenhos originais de muitos dos microrganismos por ele isolados ou estudados pela cultura de enriquecimento, ou, ainda, amostras naturais por ele analisadas durante sua carreira (Figura 1.15).

A Tabela 1.1 sumariza algumas das importantes descobertas na microbiologia, desde van Leeuwenhoek até o presente.

Desenvolvimento das principais subdisciplinas da microbiologia

No século XX, a microbiologia desenvolveu-se rapidamente, seguindo duas direções distintas: a microbiologia aplicada e a microbiologia básica. Na microbiologia aplicada, os avanços práticos realizados por Koch levaram a extensivos progressos da *microbiologia médica* e *imunologia* na primeira metade do século XX. Estes resultaram na descoberta de vários novos patógenos bacterianos (Quadro "Descobridores dos principais patógenos bacterianos", Capítulo 26) e na determinação dos mecanismos por eles utilizados para infectar o organismo e tornarem-se resistentes às defesas do hospedeiro. Outros avanços práticos iniciais, reforçados pelas descobertas de Beijerinck e Winogradsky, deram-se no campo da *microbiologia agrícola*, que levaram ao entendimento dos processos microbianos no solo tanto benéficos como prejudiciais às plantações. No fim do século XX, os estudos envolvendo a microbiologia do solo conduziram ao descobrimento de importantes usos dos microrganismos, tais como na síntese de antibióticos e de compostos químicos de conveniência. O último levou ao desenvolvimento, após a Segunda Guerra Mundial, da *microbiologia industrial*.

Os avanços na microbiologia do solo também forneceram uma base sólida aos estudos sobre processos microbianos em corpos de água, tais como lagos, rios e oceanos, constituindo uma nova área, classificada como *microbiologia aquática*. Um dos ramos da microbiologia aquática lida com processos de tratamento de esgotos e fornecimento de água potável para consumo humano. Para que a água possa ser fornecida, vários processos foram desenvolvidos, visando à eliminação de bactérias nocivas na água de abastecimento, que passaram a ser aplicados em escala mundial. Com o aumento do interesse no estudo da biodiversidade e das atividades desempenhadas pelos microrganismos em seus ambientes naturais, a *ecologia microbiana* vem se tornando uma das principais áreas da microbiologia e atualmente está vivendo uma segunda "fase áurea" (Capítulos 19 e 20).

Além dos avanços nas áreas *aplicadas* da microbiologia, que resultaram em importantes avanços para a humanidade, o século XX testemunhou extensos desenvolvimentos nos conhecimentos sobre os princípios *básicos* das funções microbianas. Muitos tipos novos de microrganismos foram descobertos e classificados, resultando em um considerável refinamento da *sistemática microbiana*, por exemplo. O estudo dos nutrientes exigidos pelos microrganismos e dos produtos por estes sintetizados propiciou grandes avanços no campo da *fisiologia microbiana*. O entendimento mais profundo das estruturas física e química dos microrganismos (*citologia*) e a descoberta de novas enzimas microbianas e das reações químicas mediadas por estas (*bioquímica microbiana*) também influenciaram a maneira de abordar a microbiologia atual.

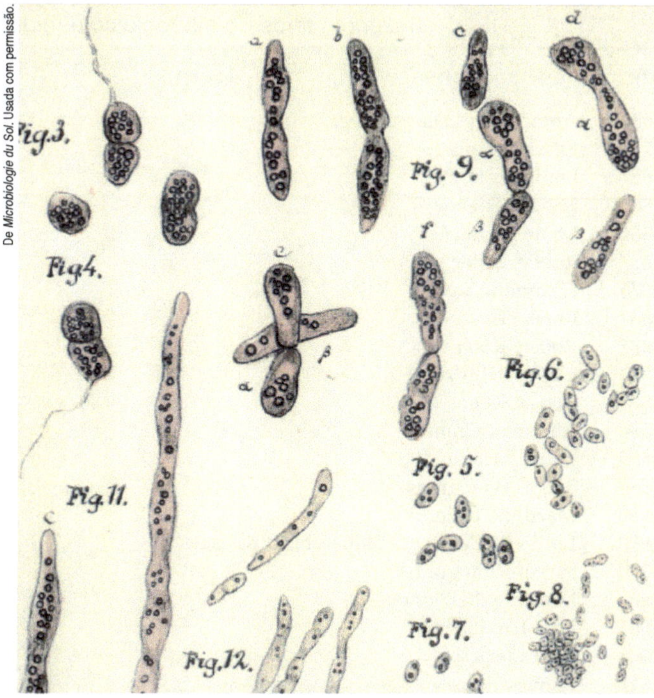

■ **Figura 1.15** Desenhos coloridos à mão de bactérias fototróficas púrpuras sulfurosas incluídos na monografia *Microbiologie du Sol*, de Sergei Winogradsky. Os desenhos originais foram feitos por Winogradsky por volta de 1887 e, então, copiados e coloridos à mão por sua esposa, Hélène, para serem publicados na monografia. Os desenhos incluem células do gênero *Chromatium*, tais como *C. okenii* (Figuras 3 e 4) e *C. vinosum* (Figuras 5–8). Essas espécies ainda são reconhecidas atualmente. Observar os proeminentes flagelos nas células de *C. okenii*. Comparar as Figuras 3 e 4 com a fotomicrografia de células vivas de *C. okenii*, apresentada na Figura 12.4*a* deste livro. Winogradsky, Sergei. *Microbiologie du Sol*, parte da prancha IV, Paris, Masson et Cie Editeurs, 1949. Reprodução com permissão de Dunod Editeur, Paris, França.

Uma área de suma importância na pesquisa básica, que rapidamente progrediu a partir da metade do século XX, foi o estudo da hereditariedade e das variações bacterianas abordadas pela *genética bacteriana*. Embora alguns aspectos da variação bacteriana já fossem conhecidos no início do século XX, somente a partir do descobrimento dos processos de transferência de genes em bactérias, por volta de 1950, a genética bacteriana realmente tornou-se uma das grandes áreas de estudo. A genética, a bioquímica e a fisiologia bacterianas tiveram seu maior desenvolvimento a partir dos anos 50, o que permitiu um melhor entendimento dos processos de síntese de DNA, RNA e proteínas, no início da década de 60. A *biologia molecular* surgiu como ciência, em grande parte, a partir dos estudos iniciais com bactérias.

O estudo dos vírus também floresceu no século XX. Embora Beijerinck tenha descoberto o primeiro vírus há

Tabela 1.1 Trezentos anos de microbiologia: algumas das publicações-chave em microbiologia, 1684-2000[a]

Ano	Investigador(es)	Descoberta
1684	Antoni van Leeuwenhoek	Descoberta das bactérias
1798	Edward Jenner	Vacina contra a varíola
1857	Louis Pasteur	Microbiologia da fermentação do ácido lático
1860	Louis Pasteur	Papel das leveduras na fermentação alcoólica
1864	Louis Pasteur	Fim da teoria da geração espontânea
1867	Robert Lister	Princípios de anti-sepsia nas cirurgias
1876	Ferdinand Cohn	Descoberta dos endósporos
1881	Robert Koch	Métodos para o estudo de bactérias em cultura pura
1882	Robert Koch	Descoberta da causa da tuberculose
1882	Élie Metchnikoff	Fagocitose
1884	Robert Koch	Postulados de Koch
1884	Christian Gram	Método de coloração de Gram
1885	Louis Pasteur	Vacina contra a raiva
1889	Sergei Winogradsky	Conceito de quimiolitotrofia
1889	Martinus Beijerinck	Conceito de vírus
1890	Emil von Behring e Shibasaburo Kitasato	Antitoxina diftérica
1890	Sergei Winogradsky	Crescimento autotrófico de quimiolitotróficos
1901	Martinus Beijerinck	Método da cultura de enriquecimento
1901	Karl Landsteiner	Grupos sangüíneos humanos
1908	Paul Ehrlich	Agentes quimioterápicos
1911	Francis Rous	Primeiro vírus oncogênico
1928	Frederick Griffith	Descoberta da transformação de pneumococos
1929	Alexander Fleming	Descoberta da penicilina
1931	Cornelius van Niel	H_2S (sulfeto) como aceptor de elétrons na fotossíntese anoxigênica
1935	Gerhard Domagk	Sulfas
1935	Wendall Stanley	Cristalização do vírus do mosaico do tabaco
1941	George Beadle e Edward Tatum	Hipótese de um gene–uma proteína
1943	Max Delbruck e Salvador Luria	Hereditariedade dos caracteres genéticos em bactérias
1944	Oswald Avery, Colin Macleod, Maclyn McCarty	Explicação do trabalho de Griffith — DNA é o material genético
1944	Selman Waksman e Albert Schatz	Descoberta da estreptomicina
1946	Edward Tatum e Joshua Lederberg	Conjugação bacteriana
1951	Barbara McClintock	Descoberta dos elementos transponíveis
1952	Joshua Lederberg e Norton Zinder	Transdução bacteriana
1953	James Watson, Francis Crick, Rosalind Franklin	Estrutura do DNA
1959	Arthur Pardee, François Jacob, Jacques Monod	Regulação gênica por uma proteína repressora
1959	Rodney Porter	Estrutura das imunoglobulinas
1959	F. Macfarlane Burnet	Teoria da seleção clonal
1960	François Jacob, David Perrin, Carmon Sanchez, Jacques Monod	Conceito de operon
1960	Rosalyn Yalow e Solomon Bernson	Desenvolvimento do radioimunoensaio (RIA)
1961	Sydney Brenner, François Jacob e Matthew Meselson	RNA mensageiro e ribossomos como sítios da síntese protéica
1966	Marshall Nirenberg e H. Gobind Khorana	Descoberta do código genético
1967	Thomas Brock	Descoberta de bactérias crescendo em fontes termais ferventes
1969	Howard Temin, David Baltimore, Renato Dulbecco	Descoberta dos retrovírus/transcriptase reversa
1969	Thomas Brock e Hudson Freeze	Isolamento de *Thermus aquaticus*, fonte de *Taq* (DNA polimerase)
1970	Hamilton Smith	Especificidade na ação das enzimas de restrição
1973	Stanley Cohen, Annie Chang, Robert Helling, Herbert Boyer	DNA recombinante
1975	Georges Kohler e Cesar Milstein	Anticorpos monoclonais
1976	Susumu Tonegawa	Rearranjo dos genes de imunoglobulinas
1977	Carl Woese e George Fox	Descoberta do domínio *Archaea*
1977	Fred Sanger, Steven Niklen, Alan Coulson	Métodos de seqüenciamento de DNA
1981	Stanley Prusiner	Caracterização de príons
1982	Karl Stetter	Isolamento do primeiro procarioto com ótimo de temperatura > 100ºC
1983	Luc Montagnier	Descoberta do HIV, agente causador da AIDS
1988	Kary Mullis	Descoberta da reação de polimerização em cadeia (PCR)
1995	Craig Venter e Hamilton Smith	Seqüenciamento completo de um genoma bacteriano
1999	Instituto de Pesquisa Genômica (TIGR) e outros	Mais de 100 genomas microbianos seqüenciados ou em andamento
2000	Edward Delong	Descoberta de *Archaea* marinha, proteorodopsina e outros aspectos das formas de vida procarióticas marinhas

a As principais fontes de referência incluem Brock, T. D. *Milestones in Microbiology*, Prentice Hall, Englewood Cliffs, NJ, 1961; Brock, T. D. *The Emergence of Bacterial Genetics*, Cold Spring Harbor Press, NY, 1990. O ano especificado é o da publicação da descoberta.

mais de cem anos, somente a partir da metade do século XX a verdadeira natureza dos vírus tornou-se conhecida. Muitos dos trabalhos envolviam o estudo de vírus que infectam bactérias, denominados *bacteriófagos*. Um importante desenvolvimento da área deu-se com a descoberta de que a infecção viral era análoga à transferência de genes, sendo muito do conhecimento sobre as relações entre os vírus e outros elementos genéticos resultante primariamente das pesquisas com bacteriófagos.

Na década de 70, nosso conhecimento sobre os processos básicos da fisiologia, da bioquímica e da genética bacterianas avançou de tal modo que se tornou possível a manipulação experimental do material genético e a utilização das bactérias como ferramentas. Também foi possível a introdução de material genético (DNA) a partir de fontes exógenas em bactérias, com o controle de sua replicação e de suas características. Com isso, surgiu uma nova área denominada *biotecnologia*. Embora a biotecnologia tenha surgido originalmente a partir de estudos envolvendo pesquisas básicas, seu uso visando ao bem-estar da humanidade exigiu a aplicação de princípios da fisiologia microbiana e da microbiologia industrial, um bom exemplo mostrando como as pesquisas básica e aplicada desenvolvem-se simultaneamente. Nessa mesma época, a metodologia de seqüenciamento de ácidos nucléicos foi desenvolvida e utilizada para melhor definir as relações filogenéticas (evolutivas) entre os procariotos, levando a conceitos novos e revolucionários no campo da classificação biológica e ao primeiro entendimento real da história evolutiva dos microrganismos. Agora, neste novo milênio, genomas inteiros podem ser rapidamente seqüenciados, e a era da análise genômica faz parte de nossa realidade. A enorme quantidade de informações genômicas que temos em nossas mãos serve como combustível para extraordinários avanços na medicina, na ecologia microbiana, na microbiologia industrial e em muitas outras áreas relacionadas. Desse modo, é fácil perceber que a microbiologia trilhou um vasto caminho nos últimos 300 anos, mas certamente o melhor ainda está por vir!

✓ 1.6 Verificação de conceitos

Diferentemente de Koch e Pasteur, Beijerinck e Winogradsky estudaram bactérias do solo e da água, desenvolvendo a técnica de cultura de enriquecimento para o isolamento específico de organismos representantes de vários grupos fisiológicos. A partir da segunda metade do século XX, a microbiologia básica e a aplicada atuaram lado a lado, anunciando a nova era, conhecida como microbiologia molecular.

- ✓ O que se entende por técnica de cultura de enriquecimento e por que esta se tornou uma nova metodologia de grande utilidade na microbiologia?
- ✓ Listar as subdisciplinas da microbiologia que enfocam os seguintes temas: metabolismo, enzimologia, síntese de ácidos nucléicos e de proteínas, microrganismos e seus ambientes naturais.

Questões de revisão

1. Listar seis propriedades-chave associadas ao ser vivo. Quais dentre estas são comuns a *todas* as células? Quais correspondem a propriedades comuns a *apenas alguns tipos* de células?
2. As células podem ser consideradas tanto usinas químicas como dispositivos codificadores. Explique como os dois atributos celulares podem ser diferenciados.
3. O que é necessário para que a célula realize o processo de tradução? Qual é o produto originado a partir do processo de tradução?
4. O que é um ecossistema? Os microrganismos são encontrados em cultura pura em um ecossistema? Que efeitos os microrganismos podem exercer em seus ecossistemas?
5. Como você poderia convencer um amigo de que os microrganismos são muito mais do que meros agentes causadores de doenças?
6. O que se entende por uma cultura pura e como esta pode ser obtida? Por que o conhecimento sobre como obter uma cultura pura foi importante no desenvolvimento da microbiologia como ciência?
7. Explique o princípio associado ao uso do frasco de Pasteur nos estudos sobre a geração espontânea.
8. Explique por que a invenção dos meios de cultura sólidos teve grande importância no desenvolvimento da microbiologia como ciência.
9. De que maneiras Ferdinand Cohn contribuiu com a bacteriologia?
10. O que são os postulados de Koch e de que maneira eles influenciaram o desenvolvimento da microbiologia?
11. Descreva uma das principais contribuições de Martinus Beijerinck para a microbiologia.
12. Usando a Tabela 1.1 como referência, diferencie os enfoques da microbiologia *antes* e *após* a Segunda Guerra Mundial.

Questões de aplicação

1. Observe os microrganismos apresentados na Figura 1.1. Descreva como as células apresentadas nas partes (a) e (b) diferenciam-se dos organismos apresentados em (c) e (d). Listar o maior número de diferenças possível.
2. Os experimentos de Pasteur sobre a geração espontânea foram de enorme importância para o avanço da microbiologia. Eles tiveram impacto nas metodologias empregadas em microbiologia, nas idéias sobre a origem da vida e na preservação de alimentos, apenas para citar alguns exemplos. Explique, resumidamente, como o impacto desses experimentos foi sentido em cada um dos tópicos listados.
3. Descreva as várias linhas de evidências que Robert Koch utilizou para associar definitivamente a bactéria *Mycobacterium tuberculosis* à tuberculose. Como sua prova poderia ser refutada se qualquer uma das ferramentas por ele desenvolvidas para o estudo das doenças bacterianas não estivesse disponível no seu estudo da tuberculose?

Cianobactérias, tais como o gênero *Oscillatoria* — a grande bactéria filamentosa apresentada na figura abaixo —, correspondem a bactérias fototróficas, cujo metabolismo promove a liberação de oxigênio. Esse tipo de metabolismo possibilitou o surgimento das formas de vida superiores na Terra. Tais organismos compõem uma linhagem evolutiva principal, a partir da qual os cloroplastos de eucariotos fototróficos — tais como algas e carvalhos — podem, eventualmente, terem-se desenvolvido. Os métodos moleculares abriram as portas para o estudo da diversidade microbiana, permitindo aos microbiologistas construir a árvore universal da vida e revelar as muitas relações ainda obscuras entre organismos altamente diversos.

2 UMA VISÃO GERAL DA VIDA MICROBIANA

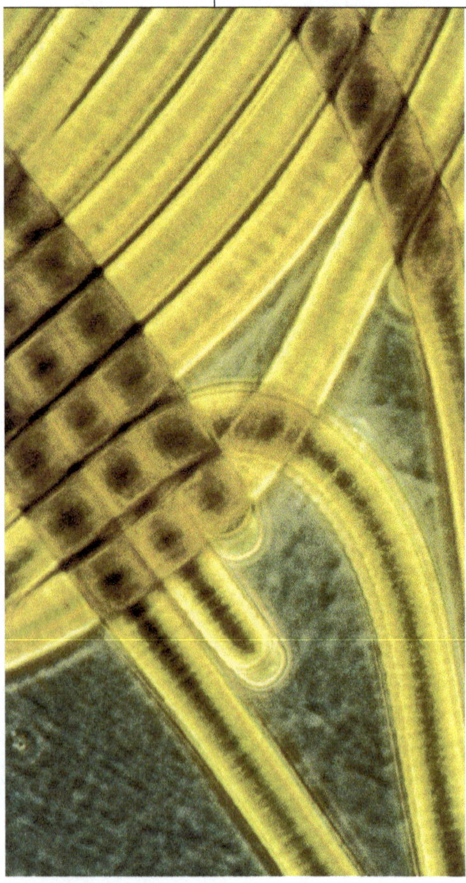

Glossário de trabalho

Archaea grupo de procariotos filogeneticamente relacionados, distinto dos membros do domínio *Bacteria*

Bacteria grupo de procariotos filogeneticamente relacionados, distinto dos membros do domínio *Archaea*

Citoplasma corresponde ao conteúdo celular presente no interior da membrana citoplasmática, excluindo o núcleo (caso haja)

Cromossomo elemento genético que carrega os genes essenciais às funções celulares

Domínio categoria mais elevada na classificação biológica

Endossimbiose processo pelo qual as mitocôndrias e os cloroplastos foram originados, a partir de descendentes do domínio *Bacteria*

Eucarioto célula apresentando núcleo envolto por membrana e normalmente outras organelas

Extremófilo organismo que apresenta ótimo de crescimento em uma ou mais condições ambientais extremas

Filogenia relações evolutivas entre os organismos

Fototrófico organismo que obtém sua energia a partir da radiação luminosa

Genoma conjunto dos genes de um organismo

Morfologia a forma celular

Núcleo estrutura envolta por membrana, que contém os cromossomos das células eucarióticas

Nucleóide massa condensada de DNA, correspondendo ao cromossomo das células procarióticas (*Bacteria* e *Archaea*)

Organela estrutura envolta por membrana, presente no citoplasma de células eucarióticas

Plasmídeo elemento genético extracromossomal, não essencial ao crescimento

Procarioto célula que não apresenta núcleo envolto por membrana e outras organelas

Quimiolitotrófico organismo que obtém sua energia a partir da oxidação de compostos inorgânicos

Quimiorganotrófico organismo que obtém sua energia a partir da oxidação de compostos orgânicos

Ribossomo partícula citoplasmática que realiza o processo de síntese protéica

I ESTRUTURA CELULAR E HISTÓRIA EVOLUTIVA

Este capítulo introduz os conceitos de estrutura e função celulares e de diversidade microbiana, os quais serão abordados ao longo deste do livro. Aqui, iremos comparar a arquitetura geral das células microbianas, diferenciar as células dos vírus, explorar as características essenciais da árvore evolutiva da vida e tecer considerações sobre alguns dos principais grupos de microrganismos que afetam nossas vidas e nosso planeta.

2.1 Elementos da estrutura celular e viral

O que se entende por estrutura de uma célula? Todas as células apresentam uma barreira que separa o conteúdo interno do meio externo, denominada *membrana citoplasmática* (celular) (Figura 2.1). Através da membrana celular, os nutrientes e outras substâncias necessárias à célula entram e através dessa mesma membrana o material de excreção e outros produtos saem. No interior da célula, delimitado pela membrana celular, encontramos o **citoplasma**, que corresponde a uma mistura de substâncias e estruturas. Estes materiais e estruturas podem estar dissolvidos ou suspensos em água e são os responsáveis pela realização das funções celulares.

Além da água, o citoplasma apresenta como principais componentes as *macromoléculas* (duas classes especialmente importantes são as *proteínas* e os *ácidos nucléicos*), os ribossomos, as pequenas moléculas orgânicas (principalmente os precursores de macromoléculas) e vários outros íons inorgânicos. Os **ribossomos**, fábricas de síntese protéica, são estruturas semelhantes a partículas, compostas por ácido ribonucléico (RNA) e várias proteínas, que interagem com diversas proteínas solúveis e com o RNA mensageiro no importante processo de *síntese protéica*.

A **parede celular** confere rigidez estrutural à célula. A parede celular é relativamente permeável e localiza-se ex-

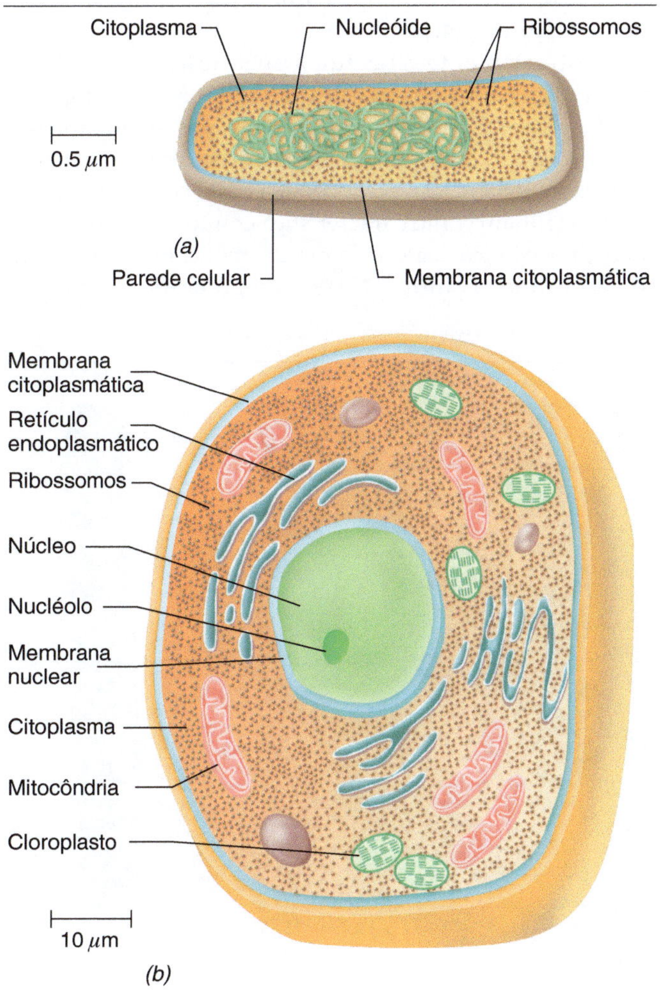

■ **Figura 2.1** Estrutura interna de células microbianas. (a) Diagrama de um procarioto. (b) Diagrama de um eucarioto.

ternamente à membrana (Figura 2.1*a*), correspondendo a uma camada muito mais resistente que a própria membrana. As células vegetais e a maioria dos microrganismos apresentam paredes celulares, enquanto as células animais, em sua grande totalidade, não apresentam tal estrutura. (Estas, contrariamente, são reforçadas por um arcabouço citoplasmático denominado *citoesqueleto*.)

Células procarióticas e eucarióticas

O exame cuidadoso da estrutura interna das células permite diferenciá-las em dois tipos estruturais: as *procarióticas* e as *eucarióticas* (Figura 2.1). As células eucarióticas são geralmente maiores e de maior complexidade estrutural que as procarióticas, exibindo como principal característica a presença de estruturas delimitadas por membrana, denominadas *organelas*, as quais estão ausentes em procariotos. Dentre as organelas, temos o *núcleo*, as *mitocôndrias* e os *cloroplastos* (presentes apenas em células fotossintetizantes) (Figura 2.1*b*). As mitocôndrias e os cloroplastos desempenham papéis específicos nos processos de geração de energia, como a respiração e a fotossíntese, respectivamente. Os microrganismos eucarióticos correspondem às **algas**, aos **fungos** e aos **protozoários** (Figuras 2.23 e 2.24). Todos os metazoários (plantas e animais) correspondem a células eucarióticas. Consideraremos as células eucarióticas em maior detalhe no Capítulo 14.

Contrariamente às células eucarióticas, as células procarióticas apresentam estrutura interna mais simples e são desprovidas de organelas envoltas por membrana (Figuras 2.1*a* e 2.2). Os **procariotos** consistem nas *Bacteria* e *Archaea* (Figura 2.2*a*, *b*). Embora as espécies de *Bacteria* e *Archaea* tenham como característica comum a estrutura celular procariótica, estas diferem dramaticamente em relação à história evolutiva. Neste livro, o termo *bactéria*, escrito com "b" (minúsculo), é utilizado como sinônimo de *procarioto*. Em contrapartida, o termo *Bacteria*, escrito com "B" (maiúsculo), refere-se a espécies de um grande grupo de procariotos evolutivamente relacionados e distintos de *Archaea*.

De maneira geral, as células microbianas são muito pequenas. Um procarioto em forma de bastonete geralmente apresenta cerca de 1 a 5 μm de comprimento e 1 μm de largura (um micrômetro equivale a 10^{-6} metros), sendo invisível a olho nu. Para termos noção de quanto uma bactéria é pequena, seriam necessárias 500 bactérias enfileiradas, cada uma com 1 μm de comprimento, para que o ponto (.) ao fim dessa frase fosse recoberto por elas. As células eucarióticas são normalmente muito maiores que as procarióticas, embora suas dimensões possam variar dramaticamente (Figura 2.3*c*). Este assunto, enfocando o tamanho celular, será novamente abordado em mais detalhes no Capítulo 4.

Os vírus

Os **vírus**, uma das principais classes de microrganismos, não apresentam natureza celular (Figura 2.3). São desprovidos de muitos dos atributos celulares, sendo o mais importante o fato de estes não corresponderem a sistemas dinâmicos, captando nutrientes e eliminando produtos de excreção. Em vez disso, uma partícula viral corresponde a uma estrutura estática, bastante estável, incapaz de modificar ou substituir suas partes. Somente quando infecta uma célula um vírus adquire o atributo-chave dos sistemas vivos, que corresponde à reprodução (Figura 1.3). Diferentemente das células, os vírus não apresentam atividades metabólicas independentes. Embora contenham seus próprios genes, não apresentam ribossomos, sendo, portanto, dependentes do aparato de síntese protéica das células.

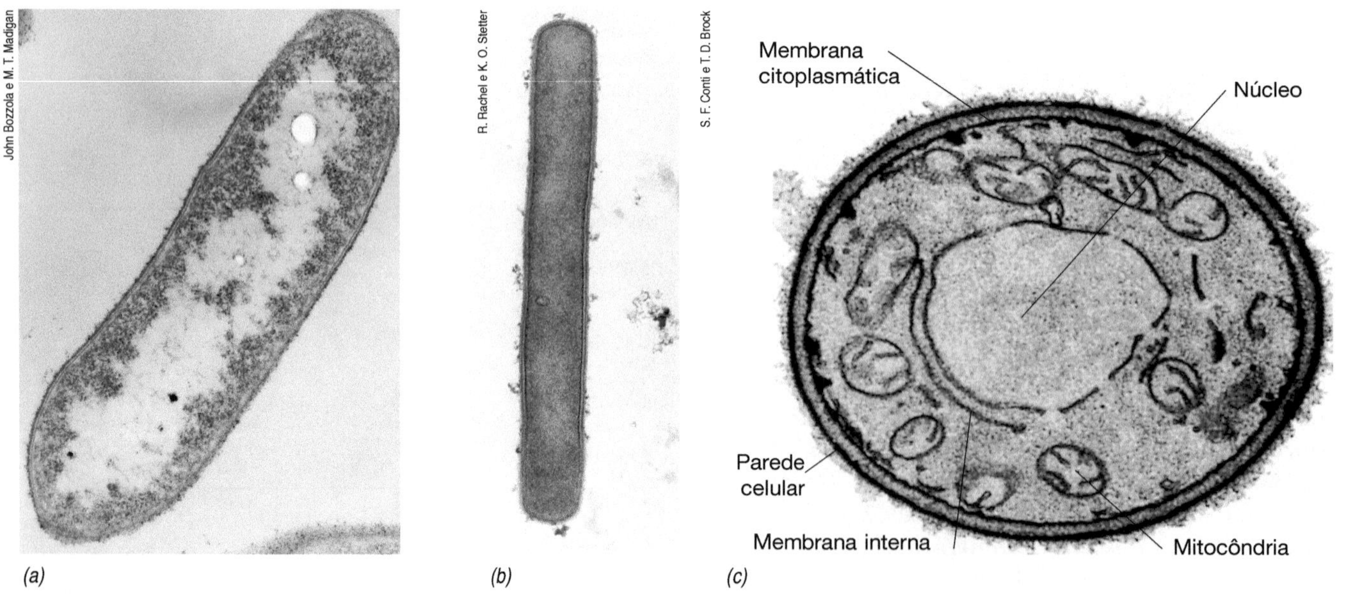

■ **Figura 2.2** Micrografias eletrônicas de seções celulares correspondentes a cada domínio dos seres vivos. (a) *Heliobacterium modesticaldum* (*Bacteria*); a célula mede 1 × 3 μm. (b) *Methanopyrus kandleri* (*Archaea*); a célula mede 0,5 × 4 μm. (Rachel, Reinhold e Stetter, Karl O. *Archives of Microbiology* 128:288-293, 1981. ©1981 Springer Verlag GmbH & KG.) (c) *Saccharomyces cerevisiae* (*Eukarya*); a célula apresenta 8 μm de diâmetro.

Erskine Caldwell

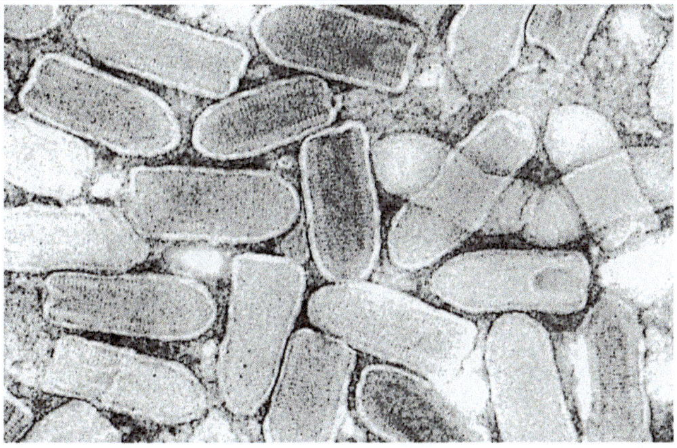

(a)

D. Kaiser

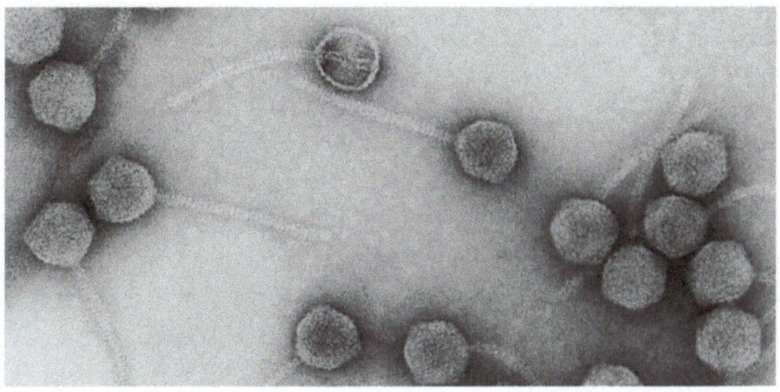

(b)

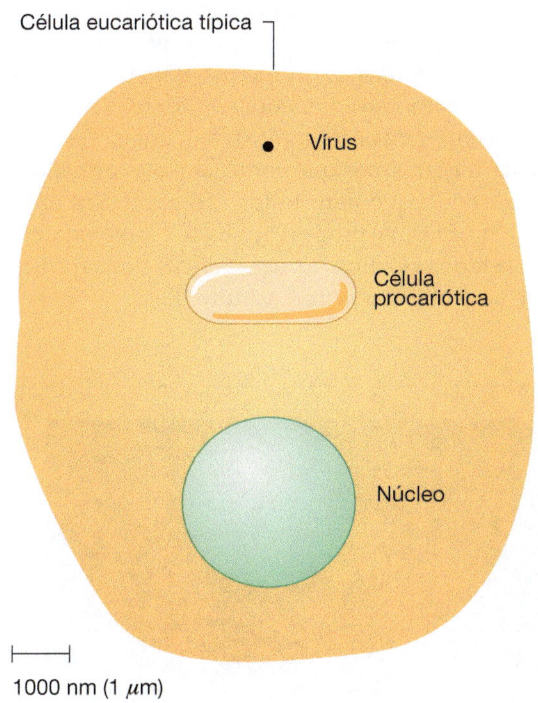

(c)

■ **Figura 2.3** Estrutura viral e comparações de tamanho dos vírus com as células. (a) Partículas de rabdovírus (vírus de células eucarióticas). Uma única partícula viral apresenta cerca de 65 nm (0,065 μm) de diâmetro. (b) Vírus lambda, que infecta células bacterianas (bacteriófago). A cabeça de cada partícula apresenta cerca de 65 nm de diâmetro. (c) Comparação entre o tamanho dos vírus apresentados em (a) e (b), em relação às células bacteriana e eucariótica.

Sabe-se que os vírus infectam todos os tipos de células, incluindo as microbianas. Muitos causam doenças nos organismos infectados, mas nem sempre a infecção viral promove quadros de doença. Veremos nos Capítulos 9 e 16 que, além de causarem doenças, os vírus podem exercer outros profundos efeitos nas células, incluindo alterações genéticas que podem aumentar as capacidades celulares. Os vírus são muito menores que as células e até mesmo muito menores que as células procarióticas. A Figura 2.3 ilustra os tamanhos relativos das células e dos vírus.

✓ 2.1 Verificação de conceitos

Todas as células microbianas apresentam estruturas básicas em comum, tais como a membrana citoplasmática, os ribossomos e (normalmente) uma parede celular. Duas categorias estruturais de células são reconhecidas: os procariotos e os eucariotos. Vírus não são células, mas dependem delas para exercer suas funções replicativas.

✓ Observando o interior de uma célula, como você poderia definir se esta é procariótica ou eucariótica?

✓ Qual importante função celular é desempenhada pelos ribossomos?

✓ Qual o comprimento típico de uma célula bacteriana em forma de bastonete? Quanto maior é você em relação a esta célula única?

2.2 A organização do DNA nas células microbianas

Os processos vitais de todas as células são governados por sua composição genética, ou seja, pelo conjunto de seus genes (genoma). Nas células, um gene pode ser definido como um segmento de DNA que codifica uma proteína (via RNA mensageiro) ou outra molécula de RNA, como o RNA ribossomal. No Capítulo 15 discutiremos os grandes avanços realizados no seqüenciamento e na análise de genomas de diferentes organismos, desde bactérias até humanos, os quais forneceram a imagem genética de centenas de organismos diferentes. Aqui, consideraremos apenas como os genomas são organizados nas células procarióticas e eucarióticas.

Núcleo *versus* nucleóide

Os genomas de células procarióticas e eucarióticas são organizados de maneira diferente. Em células procarióticas, o DNA está presente na forma de uma grande molécula de fita dupla, chamada *cromossomo bacteriano*, que se condensa formando uma massa visível denominada **nucleóide** (Figura 2.4). Veremos, no Capítulo 7, que o DNA é *circular* na maioria dos procariotos e que estes geralmente apresentam apenas *um único* cromossomo. Em decorrência disso, a maioria dos procariotos contém somente uma *única cópia* de cada gene, sendo, portanto, geneticamente *haplóides*. A maioria dos procariotos também apresenta pequenas quantidades de DNA extracromossomal, normalmente circulares, denominados **plasmídeos**. Tipicamente, os plasmídeos contêm genes que conferem propriedades especiais às células (tais como capacidades me-

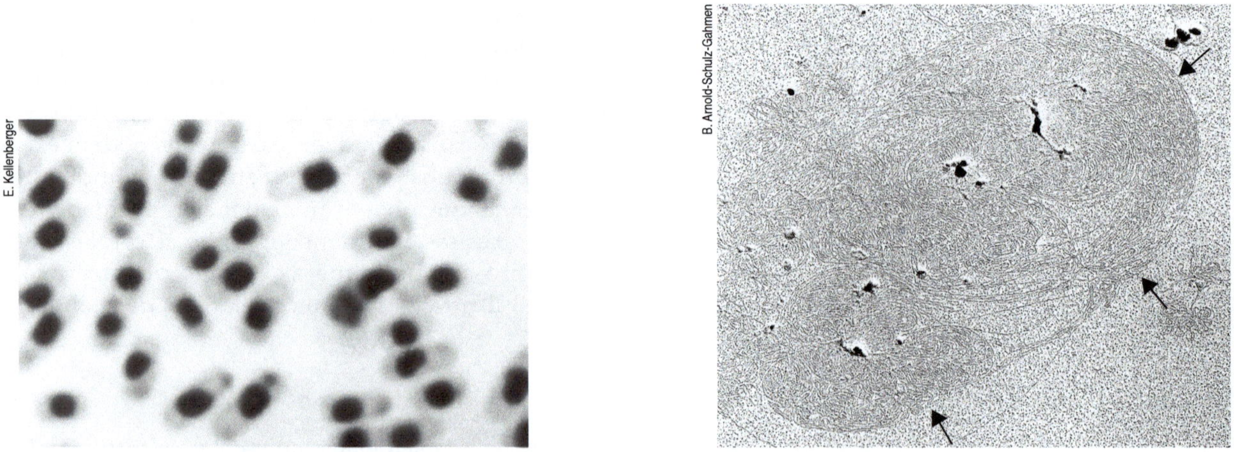

E. Kellenberger

B. Arnold-Schulz-Gahmen

(a) (b)

■ **Figura 2.4** O nucleóide. (a) Fotomicrografia óptica de campo claro de células de *Escherichia coli*, tratadas de modo a tornar o nucleóide visível. (b) Micrografia eletrônica de um nucleóide isolado, liberado por uma célula de *E. coli*. A célula foi submetida a um processo suave de lise, que permite a liberação do nucleóide altamente compactado, intacto. As setas indicam a extremidade das fitas de DNA. A maioria dos nucleóides bacterianos consiste em uma única molécula circular (o cromossomo bacteriano), embora genomas lineares também possam ser encontrados em certas espécies (Seção 7.4)

tabólicas únicas), em vez de conterem genes essenciais (*housekeeping*, "que mantém a casa", no inglês), necessários às funções básicas de sobrevivência e normalmente situados no cromossomo.

Em eucariotos, o DNA encontra-se na forma de moléculas lineares, presentes no interior do núcleo, empacotadas em um estado extremamente organizado, denominadas **cromossomos**. O número de cromossomos é variável nos diferentes organismos. Por exemplo, a levedura *Saccharomyces cerevisiae* (fermento de padeiro) apresenta 16 cromossomos organizados em 8 pares, enquanto as células humanas apresentam 46 (23 pares). Os cromossomos eucarióticos contêm outros elementos além do DNA, incluindo proteínas que auxiliam no seu dobramento e empacotamento, além de outras proteínas necessárias à expressão gênica. Uma diferença genética chave entre procariotos e eucariotos é o fato dos eucariotos tipicamente conterem *duas cópias* de cada gene, sendo, portanto, geneticamente *diplóides*. Durante a divisão celular dos eucariotos, o núcleo se divide (após a duplicação do número de cromossomos) pelo conhecido processo de **mitose** (Figura 2.5). Esse processo resulta na formação de duas células filhas idênticas, onde cada uma recebe um núcleo contendo um conjunto completo de genes.

O conjunto diplóide do material genético é dividido pela metade no processo de **meiose**, onde são formados os gametas haplóides, que participam da reprodução sexuada. A fusão de dois gametas durante o processo de formação do zigoto restaura o estado diplóide da célula. Esses processos serão discutidos mais detalhadamente no Capítulo 14.

Genes

Quantos genes e proteínas uma célula apresenta? *Escherichia coli*, uma bactéria típica, contém um único cromossomo com cerca de 4,6 milhões de pares de bases de DNA. Como o cromossomo de *E. coli* foi totalmente seqüenciado, sabemos também que este contém cerca de 4.300 genes. Algumas células bacterianas apresentam uma quantidade de genes cerca de três vezes maior, enquanto outras podem conter apenas cerca de um oitavo desse número. As células eucarióticas geralmente apresentam muito mais genes que os procariotos. Por exemplo, uma célula humana contém uma quantidade de DNA cerca de 1.000 vezes maior que *E. coli*, com um número de genes sete vezes maior (veremos, adiante, que uma grande porção do DNA de células eucarióticas não é codificadora). Uma única célula de *E. coli* contém aproximadamente 1.900 *tipos diferentes* de proteínas, com um *total* de cerca de 2,4 milhões de moléculas. Algumas proteínas são muito abundantes, outras moderadamente abundantes e outras estão presentes em apenas uma ou duas cópias. Assim, *E. coli* apresenta mecanismos que controlam a expressão de seus genes de modo que nem todos são expressos ao mesmo tempo e na mesma proporção. Essa é uma característica comum a todas as células, procarióticas e eucarióticas; este assunto será abordado no Capítulo 8.

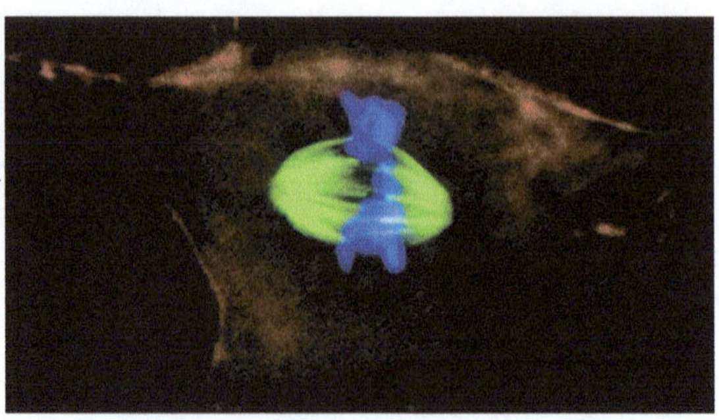

Le Ma, Harvard Medical School

■ **Figura 2.5** Mitose em células coradas de rato canguru. As células foram fotografadas durante a etapa de *metáfase*, na divisão mitótica. A proteína *tubulina*, importante no processo de separação dos cromossomos, encontra-se corada em verde (Seção 14.5). O corante azul tem a propriedade de ligar-se ao DNA, evidenciando os cromossomos. Embora a mitose seja um evento comum ao ciclo celular de eucariotos, tal processo não ocorre em células procarióticas.

✓ 2.2 Verificação de conceitos

Os genes determinam as propriedades das células, sendo o conjunto de genes de uma célula denominado genoma. O DNA se organiza nas células formando os cromossomos. Os procariotos geralmente apresentam apenas um único cromossomo circular, enquanto em eucariotos vários cromossomos lineares são encontrados.

✓ Diferenciar núcleo e nucleóide.

✓ Como os plasmídeos diferem dos cromossomos?

✓ Por que faz sentido uma célula humana apresentar mais genes que uma célula bacteriana?

2.3 A árvore da vida

Seria a estrutura celular uma função decorrente de relações evolutivas? A resposta para essa questão é tanto "sim" como "não". Os laços evolutivos entre as formas de vida são estudados pela ciência denominada **filogenia**. Por um lado, podemos dizer que todas as células procarióticas conhecidas são filogeneticamente distintas das células eucarióticas. No entanto, é evidente que nem todas as células procarióticas estão estreitamente relacionadas em um sentido evolutivo. Essa conclusão emergiu a partir de estudos sobre a evolução molecular dos procariotos — especificamente das relações filogenéticas deduzidas a partir da análise comparativa de seqüências de macromoléculas-chave. Por razões detalhadas no Capítulo 11, macromoléculas presentes nos ribossomos, em particular os *RNAs ribossomais*, são excelentes barômetros para a análise de relações evolutivas. Já que todos os organismos contêm ribossomos e, portanto, RNA ribossomal, essa molécula pode e foi utilizada para a construção de uma árvore filogenética de todas as formas de vida, procarióticas e eucarióticas. O primeiro a reconhecer o RNA ribossomal como ferramenta útil na construção de relações filogenéticas foi Carl Woese, um microbiologista americano. A tecnologia empregada nesses estudos tornou-se agora rotineira, sendo esboçada na Figura 2.6.

A partir da análise comparativa de seqüências de RNA ribossomal, três linhagens celulares filogeneticamente distintas foram identificadas; duas são compostas somente por procariotos, enquanto a terceira é constituída por eucariotos. Essas linhagens, designadas **domínios** evolutivos, foram denominadas ***Bacteria***, ***Archaea*** e ***Eukarya*** (Figura 2.7). Acredita-se que esses domínios divergiram a partir de um organismo ancestral comum, o "ancestral universal", no início da história da vida na Terra.

Além de mostrar de maneira clara que nem todos os procariotos são estreitamente relacionados filogeneticamente, a árvore filogenética revela outro fato evolutivamente importante: as espécies de *Archaea* estão mais estreitamente relacionadas aos eucariotos que às espécies de *Bacteria* (Figura 2.7). Essa conclusão surpreendente ganhou considerável sustentação a partir do estudo comparativo de várias outras macromoléculas de espécies pertencentes a cada um dos três domínios. Dessa maneira, a diversificação evolutiva a partir do ancestral universal seguiu, originalmente, em duas direções: *Bacteria versus* a "outra", que eventualmente divergiu em um momento posterior, originando os domínios independentes *Archaea* e *Eukarya*.

Visto que todas as células de animais superiores e de plantas são eucarióticas, conclui-se que os microrganismos eucarióticos foram os ancestrais dos organismos multicelulares. A árvore da vida claramente sustenta tal observação — como seria esperado, os eucariotos microbianos ramificaram-se precocemente na árvore, enquanto as plantas e os animais encontram-se próximos ao ápice (Figura 2.7). Além disso, aprendemos que as células eucarióticas contêm genomas de células oriundas de dois domínios de seres vivos. Além de conterem seu próprio genoma condensado nos cromossomos, no núcleo, algumas organelas (especificamente as mitocôndrias e os cloroplastos) de eucariotos contêm seu próprio DNA

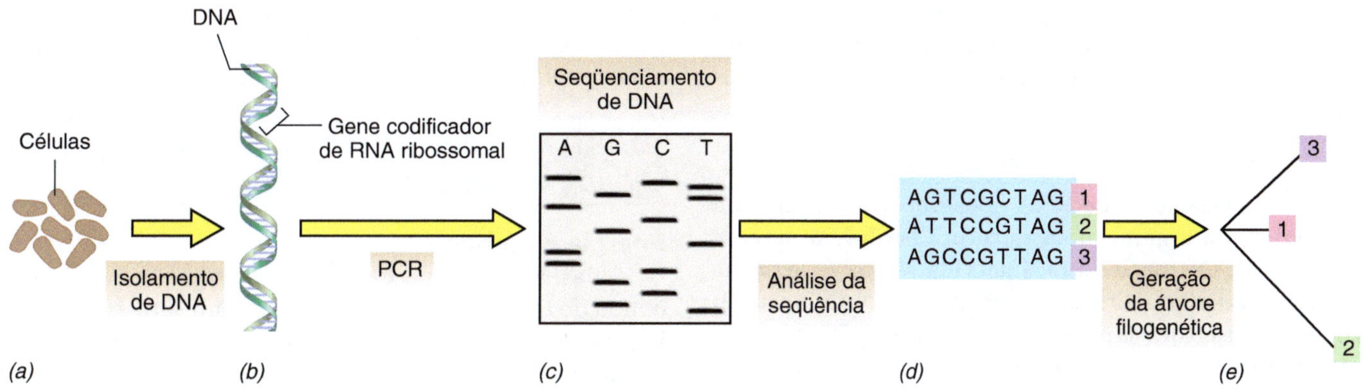

■ **Figura 2.6** Seqüenciamento de um gene de RNA ribossomal e filogenia. (a) Células de uma cultura pura ou de uma amostra ambiental são lisadas; (b) O gene codificador de RNA ribossomal é isolado e utilizado como molde para a produção de inúmeras cópias idênticas, pela técnica de reação de polimerização em cadeia (PCR); Seção 10.17. (c) O gene é seqüenciado (Seção 10.13) e (d) as seqüências obtidas são alinhadas com o auxílio de programas computacionais. Um algoritmo realiza comparações entre os diferentes pares de seqüências, gerando uma árvore (e) que representa as diferenças existentes nas seqüências de RNA ribossomal dos vários organismos analisados. Quando uma amostra ambiental é utilizada, os genes de RNA ribossomal isolados dos diferentes microrganismos presentes na amostra devem ser separados (clonados) antes da produção de novas cópias e da realização do seqüenciamento. Para mais detalhes acerca desses métodos, consultar as Seções 11.5 e 19.5.

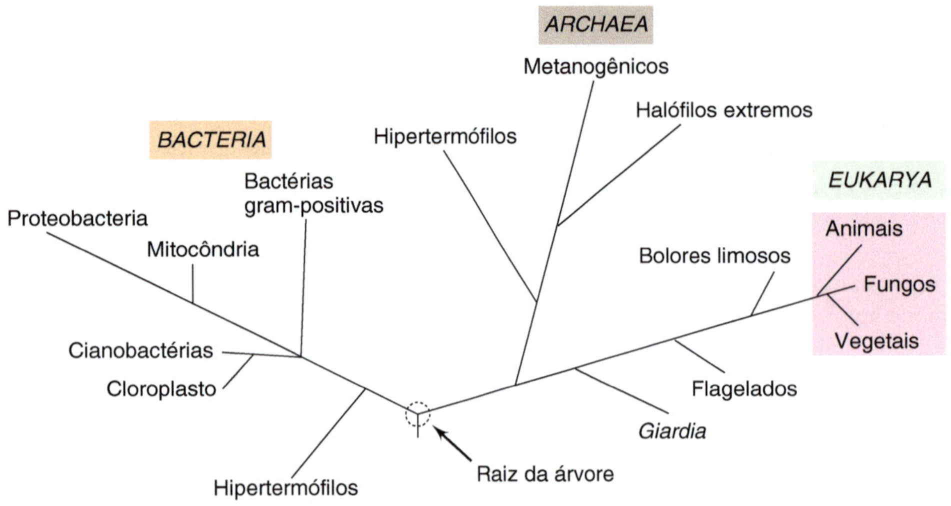

■ **Figura 2.7** A árvore filogenética da vida, definida a partir de comparações entre seqüências de RNA ribossomal. A árvore consiste em três domínios de seres vivos: *Bacteria* e *Archaea*, compostos por células procarióticas, e *Eukarya* (eucariotos). Somente alguns dos grupos de organismos de cada domínio são apresentados. Árvores mais detalhadas de cada domínio são apresentadas nas Figuras 2.9, 2.18 e 2.22, além das árvores filogenéticas discutidas nos Capítulos 11-14. Hipertermófilos correspondem a procariotos com melhor crescimento em temperaturas de 80°C ou superiores. O grupo sombreado em vermelho corresponde a seres macroscópicos. Todos os outros organismos apresentados na árvore da vida correspondem a microrganismos.

(normalmente circular, como observado em *Bacteria*) e ribossomos. Utilizando a tecnologia descrita na Figura 2.6, demonstra-se que essas organelas podem ser consideradas ancestrais, derivadas de linhagens específicas de *Bacteria* (Figura 2.7). Provavelmente, as organelas foram anteriormente células de vida livre que, talvez para sua proteção ou por razões metabólicas cooperativas, estabeleceram uma associação estável com células de *Eukarya* em épocas passadas. O processo pelo qual essa associação se desenvolveu passou a ser conhecido como *endossimbiose* (Seções 11.3 e 14.4).

Análises filogenéticas baseadas no RNA ribossomal revelaram as conexões evolutivas entre todas as células. Entretanto, mais importante é o fato dessa tecnologia ter permitido a criação de uma estrutura evolutiva dos procariotos — avanço crucial que a microbiologia não havia ainda realizado desde seu surgimento. A árvore universal (Figura 2.7) pode tornar-se cada vez mais detalhada a partir da adição de novas seqüências de RNA ribossomal às comparações já realizadas (ver Figura 2.9). Além disso, conforme iremos abordar posteriormente, as tecnologias desenvolvidas visando solucionar o problema da filogenia de procariotos foram de grande aplicação na ecologia microbiana e na microbiologia clínica. Tais desenvolvimentos serão discutidos em capítulos posteriores (Capítulos 18 e 24).

✓ 2.3 Verificação de conceitos

O seqüenciamento do RNA ribossomal revolucionou a microbiologia e gerou uma estrutura evolutiva para os procariotos. Os três domínios da vida são as *Bacteria*, as *Archaea* e os *Eukarya*. O seqüenciamento de RNA ribossomal também revelou que as principais organelas dos *Eukarya* apresentam raízes evolutivas com as *Bacteria*, além de fornecer novas ferramentas para o estudo da ecologia microbiana e a realização de diagnósticos.

- ✓ Que evidências suportam a idéia de que *Bacteria* e *Archaea* são diferentes? Em que aspectos esses domínios são semelhantes?
- ✓ Quais evidências moleculares sustentam a teoria de endossimbiose?

II DIVERSIDADE MICROBIANA

A diversidade microbiana é função da evolução dos microrganismos. Uma vez que a evolução moldou toda a vida na Terra, a diversidade estrutural/funcional que observamos atualmente nas células microbianas é resultado de bilhões de anos de experimentação evolutiva. A diversidade microbiana pode ser vista de várias maneiras; por exemplo, em relação às variações de tamanho e formas celulares (morfologia), às estratégias metabólicas, à motilidade, aos mecanismos de divisão celular, à biologia do desenvolvimento, à adaptação aos ambientes extremos e a muitos outros aspectos da biologia celular. Nas próximas seções, pintaremos um quadro da diversidade microbiana com um pincel largo. Retornaremos ao tema da diversidade microbiana mais detalhadamente nos Capítulos 12 a 14; mas, por enquanto, daremos apenas uma amostra do que está por vir. Iniciaremos nossa discussão sobre a diversidade microbiana com uma breve consideração sobre a diversidade metabólica, pois a diversidade microbiana foi dirigida, em grande parte, pela exploração de todas as formas possíveis de sobrevivência, de acordo com as leis da física e da química, realizada pelos microrganismos. A diversidade metabólica será abordada com maior profundidade nos Capítulos 5, 6 e 17.

2.4 Diversidade fisiológica dos microrganismos

Energia e carbono

Todas as células necessitam de energia. Esta pode ser obtida de três maneiras, que se encontram sumarizadas na Figura 2.8: a partir de compostos químicos *orgânicos*, de compostos químicos *inorgânicos* ou da energia *luminosa*.

Muitos dos milhares de compostos químicos distintos presentes na Terra podem ser utilizados por um ou outro microrganismo na obtenção de energia. Todos os compostos orgânicos naturais e a maioria dos sintéticos podem ser degradados por um ou mais microrganismos. A energia é obtida a partir da *oxidação* (remoção de elétrons) do composto, sendo conservada na célula na for-

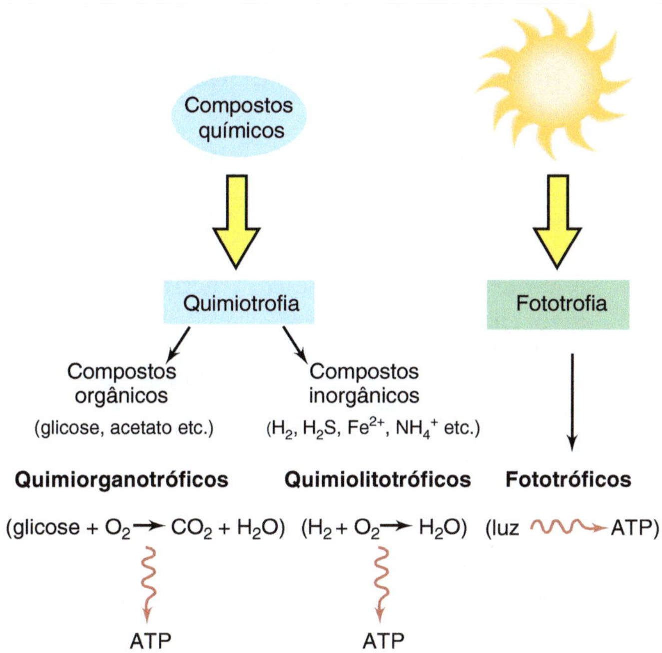

■ **Figura 2.8** Opções metabólicas para a obtenção de energia. Os compostos orgânicos e inorgânicos listados acima correspondem apenas a alguns poucos, dentre os vários utilizados pelos diferentes organismos quimiotróficos. A oxidação de compostos orgânicos ou inorgânicos leva à síntese de ATP em organismos quimiotróficos, enquanto a conversão da energia solar em energia química (novamente na forma de ATP) ocorre em organismos fototróficos.

ma de **adenosina trifosfato (ATP)**, um composto rico em energia (Figura 2.8). Alguns microrganismos podem obter sua energia a partir de compostos, somente quando na presença de oxigênio; estes são denominados **aeróbios**. Outros extraem a energia apenas na ausência de oxigênio (**anaeróbios**). Há, ainda, microrganismos que podem metabolizar compostos tanto na presença quanto na ausência de oxigênio. Os organismos capazes de obter energia a partir de compostos orgânicos são denominados **quimiorganotróficos** (Figura 2.8). A maioria dos organismos cultivados em laboratório são quimiorganotróficos.

Vários procariotos são capazes de utilizar a energia armazenada em *compostos inorgânicos*. Esse tipo de metabolismo é denominado *quimiolitotrofia*, realizado por organismos **quimiolitotróficos** (Figura 2.8). Esse tipo de metabolismo energético é encontrado somente em procariotos, sendo amplamente distribuído entre as espécies de *Bacteria* e *Archaea*. O espectro de diferentes compostos químicos inorgânicos utilizados é bastante amplo, mas, via de regra, um determinado procarioto é especializado na utilização de um ou de um grupo relacionado de compostos inorgânicos. Parece óbvio o porquê de a capacidade de obtenção de energia, a partir de compostos inorgânicos, ser vantajosa: tais organismos não competem com os quimiorganotróficos. Além disso, muitos dos compostos inorgânicos oxidados, tais como H_2 e H_2S, correspondem a *produtos de excreção* de organismos quimiorganotróficos. Assim, os quimiolitotróficos desenvolveram estratégias para a exploração e a utilização de recursos considerados não utilizáveis por outros organismos.

Microrganismos **fototróficos** são aqueles que contêm pigmentos que lhes permitem utilizar a luz como fonte de energia, correspondendo, assim, a células muito coloridas (ver Figura 2.10*a*). Diferentemente dos organismos quimiotróficos, os fototróficos não necessitam de compostos químicos como fontes de energia; o ATP é sintetizado à custa da energia solar. Tal propriedade obviamente é vantajosa, pois não há qualquer tipo de competição pela energia com os organismos quimiotróficos e também porque a luz encontra-se disponível em uma variedade de hábitats microbianos.

Todas as células necessitam de *carbono* como um dos principais nutrientes. As células microbianas podem ser ***heterotróficas***, quando requerem um ou mais compostos orgânicos como fonte de carbono, ou ***autotróficas***, quando o CO_2 corresponde à fonte de carbono para a célula. Os organismos quimiorganotróficos são sempre heterotróficos. Em contrapartida, muitos quimiolitotróficos e, virtualmente, todos os fototróficos são autotróficos. Os organismos autotróficos são também denominados *produtores primários*, pois sintetizam matéria orgânica a partir de CO_2, beneficiando a si mesmos e aos quimiorganotróficos. Os últimos alimentam-se diretamente dos produtores primários ou de seus produtos de excreção.

Tolerância aos ambientes extremos

Outro aspecto envolvendo a diversidade fisiológica dos microrganismos, particularmente dos procariotos, refere-se à extrema habilidade que algumas espécies têm de sobreviver em hábitats caracterizados por uma ou mais condições ambientais extremas. Da mesma maneira que o homem, há uma série de procariotos que cresce em ambientes com pH 7 e temperatura de 25°C; no entanto, outros podem ser encontrados em fontes termais ferventes, no gelo, em corpos de água extremamente salgados ou em solos e águas com pH próximo a zero ou superior a 12, por exemplo. Certamente, os procariotos que habitam esses ambientes definem os limites biológicos aos extremos fisiológicos. Em vez de *tolerarem* os extremos, tais procariotos, na realidade, *requerem* condições ambientais extremas para seu crescimento. Em virtude disso, foram denominados *extremófilos* (combinação com o sufixo "filia", que significa afinidade), a fim de enfatizar suas necessidades por condições ambientais extremas. Raramente encontramos no universo eucariótico esse tipo de exigência extrema para o crescimento, e quando ela existe geralmente é mais modesta. Dessa maneira, os hábitats extremos são aqueles onde os procariotos predominam. A Tabela 2.1 sumariza os principais "recordistas" dentre os procariotos extremófilos, listando os tipos de ambientes onde são encontrados.

✓ 2.4 Verificação de conceitos

Todas as células necessitam de fontes de carbono e energia. Os termos quimiorganotrófico, quimiolitotrófico e fototrófico referem-se às células que utilizam compostos químicos orgânicos, inorgânicos ou energia luminosa, respectivamente, como fonte de energia. Organismos autotróficos utilizam CO_2 como fonte de carbono. Muitos procariotos so-

Tabela 2.1 Classes e exemplos de extremófilos[a]

Extremo	Termo descritivo	Gênero/espécie	Domínio	Hábitat	Mínimo	Ótimo	Máximo
Temperatura							
Elevada	Hipertermófilo	*Pyrolobus fumarii*	*Archaea*	Quente, fendas hidrotermais marinhas	90°C	**106°C**	113°C
Baixa	Psicrófilo	*Polaromonas vacuolata*	*Bacteria*	Mares gelados	0°C	**4°C**	12°C
pH							
Baixo	Acidófilo	*Picrophilus oshimae*	*Archaea*	Fontes termais acídicas	–0,06	**0,7**[b]	4
Alto	Alcalifílico	*Natronobacterium gregoryi*	*Archaea*	Lagos contendo carbonato de sódio	8,5	**10**[c]	12
Pressão	Barofílico	MT41 (Fossas marianas-41)[d]	*Bacteria*	Sedimentos de profundezas oceânicas	500 atm	**700 atm**	>1000 atm
Sal (NaCl)	Halófilo	*Halobacterium salinarum*	*Archaea*	Salinas	15%	**25%**	32% (saturação)

a Em cada categoria, os organismos listados correspondem aos "recordistas" quanto à necessidade de uma condição extrema em particular, para seu crescimento.
b *P. oshimae* é também termófilo, com ótimo de crescimento a 60°C.
c *N. gregoryi* é também halófilo extremo, com ótimo de crescimento em 20% de NaCl.
d A linhagem MT41 ainda não apresenta um nome formal de gênero e espécie; é também psicrófila, com ótimo de crescimento em temperaturas inferiores a 10°C.

brevivem em condições ambientais consideradas extremas pelos seres humanos.

✓ Como você faria para diferenciar um microrganismo *fototrófico* de um *quimiotrófico*, apenas pela simples observação ao microscópio?

✓ O que são *extremófilos*?

2.5 Diversidade procariótica

Como discutimos anteriormente, os procariotos compõem dois domínios evolutivos: *Archaea* e *Bacteria* (Figura 2.7). Nessa seção, iremos galgar a árvore filogenética e tecer breves considerações sobre os principais organismos presentes nessa árvore. A maioria dos procariotos que se tornam familiares aos alunos dos cursos de microbiologia é encontrada no domínio *Bacteria*, abordado a seguir.

Bacteria

O domínio *Bacteria* compreende uma enorme variedade de procariotos. Todos os procariotos causadores de doenças (patogênicos) conhecidos pertencem ao domínio *Bacteria*, assim como as milhares de espécies não patogênicas. Uma grande variedade de tipos morfológicos e fisiológicos é encontrada nesse domínio. A maior divisão (filo) de *Bacteria* corresponde às ***Proteobacteria*** (Figura 2.9). Nessa divisão encontramos muitas bactérias quimiorganotróficas, tal como *Escherichia coli* — organismo-modelo nos estudos de fisiologia microbiana, bioquímica e biologia molecular. A divisão *Proteobacteria* apresenta também várias espécies fototróficas e quimiolitotróficas. Muitos organismos destes últimos grupos utilizam o sulfeto de hidrogênio (H_2S, o odor de ovos apodrecidos) em seu metabolismo, produzindo enxofre elementar, que é armazenado no interior ou fora da célula (Figura 2.10). O enxofre é um produto de oxidação do H_2S e pode ser ainda oxidado a sulfato (SO_4^{2-}). O sulfeto e o enxofre são oxidados para propiciar importantes funções metabólicas, tais como a fixação de CO_2 (autotrofia) ou a geração de energia (Figura 2.8).

A divisão *Proteobacteria* apresenta ainda vários outros procariotos comuns no solo e nas águas, além de espécies que vivem sobre ou no interior de plantas e animais como saprófitas, ou patogênicos. Esta divisão inclui espécies de *Pseudomonas*, muitas das quais são capazes de degradar compostos orgânicos complexos, naturais ou sintéticos, muitas vezes tóxicos, e de *Azotobacter*, uma bactéria fixadora de nitrogênio.

As propriedades tintoriais das bactérias serão discutidas no Capítulo 4. Neste momento é suficiente saber que algumas bactérias podem ser diferenciadas pelo uso do método de coloração de Gram. A linhagem gram-positiva

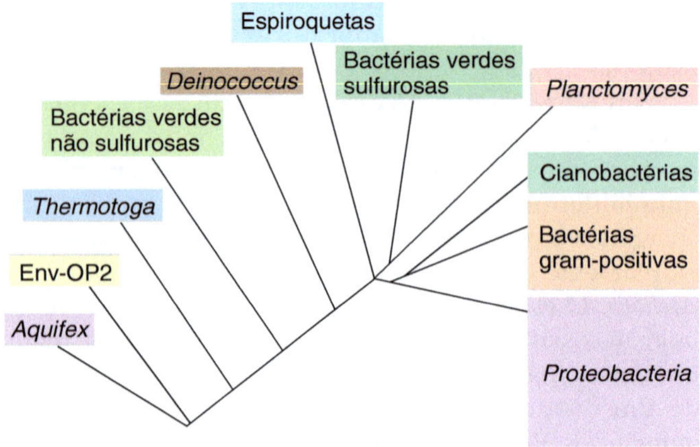

■ **Figura 2.9** Árvore filogenética detalhada do domínio *Bacteria*. Nem todos os grupos conhecidos de *Bacteria* são apresentados nesta árvore. Os tamanhos relativos dos quadrados coloridos indicam o número de gêneros e espécies em cada um dos grupos. A divisão Proteobacteria corresponde ao maior grupo de *Bacteria* conhecido até o momento. A linhagem denominada "Env" (ambiental, do inglês *Environmental*) não representa um organismo cultivado, sendo definida a partir de seqüências de genes de RNA ribossomal isolados de um organismo presente em uma amostra natural (ver texto). Embora não apresentadas, várias outras linhagens "Env" são conhecidas, localizando-se ao longo da árvore.

D. E. Caldwell

Hans-Dietrich Babenzien

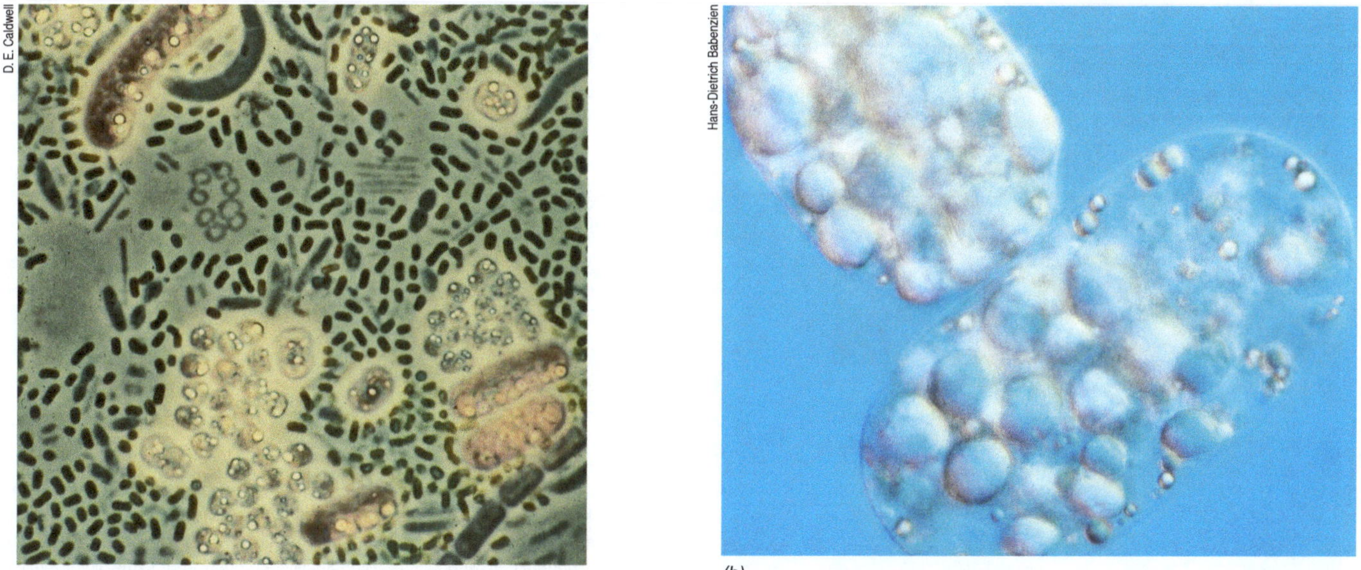

(a) (b)

■ **Figura 2.10** Proteobactérias fototróficas e quimiolitotróficas. (a) *Chromatium*, uma bactéria púrpura sulfurosa fotossintetizante (células grandes, bacilares, vermelhas, fotografadas a partir de uma comunidade microbiana natural). Cada célula apresenta cerca de 10 μm de diâmetro. (b) *Achromatium*, uma grande bactéria quimiolitotrófica, oxidante de enxofre. Cada célula apresenta cerca de 20μm de diâmetro. Glóbulos de enxofre elementar podem ser observados em ambas as células. Essas bactérias oxidam o sulfeto de hidrogênio (H_2S) produzido pelas bactérias redutoras de enxofre. As últimas correspondem a organismos quimiolitotróficos que oxidam compostos orgânicos ou H_2, acoplando esse processo à redução de sulfato (SO_4^{2-}) a H_2S, completando assim o ciclo de enxofre (Seção 20.13).

de *Bacteria* contém espécies que apresentam filogenia e estrutura de parede celular em comum. Nesse grupo, encontramos as bactérias formadoras de endósporo dos gêneros *Bacillus* (descoberto por Ferdinand Cohn, Seção 1.5) e *Clostridium*, além de outros procariotos relacionados, também formadores de esporos, tais como os produtores de antibióticos do gênero *Streptomyces*. Ainda nesse grupo encontramos as bactérias lácticas, habitantes comuns de materiais vegetais em decomposição e laticínios, que incluem organismos dos gêneros *Streptococcus* (Figura 2.11*b*) e *Lactobacillus*. Outros organismos gram-positivos interessantes são os micoplasmas. Esses procariotos são desprovidos de parede celular, apresentam genoma muito pequeno e freqüentemente são patogênicos; *Mycoplasma* é o principal gênero desse grupo de organismos de importância médica (Seção 12.21).

As **cianobactérias** (Figura 2.12) correspondem a um grupo filogeneticamente associado às bactérias gram-positivas (Figura 2.9); por serem organismos fototróficos oxigênicos, seu metabolismo gera oxigênio molecular (O_2) da mesma maneira que nas plantas. As cianobactérias desempenharam um papel crítico na evolução da vida, pois foram os primeiros organismos fototróficos oxigênicos a surgir na Terra (Figura 1.1), e sua produção de O_2 abriu o caminho para a evolução de procariotos capazes de respirar o oxigênio. O desenvolvimento de "organismos superiores", tais como plantas e animais, se deu em decorrência desses eventos.

Várias linhagens de *Bacteria* são constituídas por espécies apresentando morfologia única. Estas incluem o grupo aquático **Planctomyces**, caracterizado por células com uma haste típica, a qual permite a fixação dos organismos a um substrato sólido (Figura 2.13), além das células com morfologia helicoidal, denominadas **Espiroquetas** (Figura 2.14). Várias doenças, tais como a sífilis e a doença de Lyme (Seções 26.12 e 27.4), são causadas por espiroquetas.

Tiffany Full e M. T. Madigan

T. D. Brock

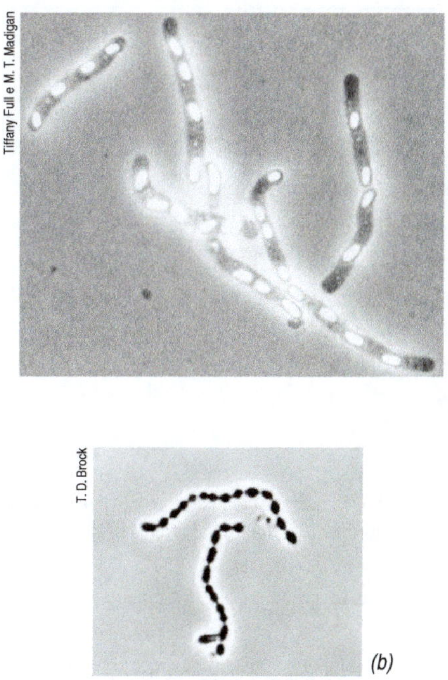

(a) (b)

■ **Figura 2.11** Bactérias gram-positivas. (a) Bactéria em forma de bastonete, formadora de endósporo, do gênero *Bacillus*, apresentada aqui como células em cadeia. Observe a presença de endósporos (estruturas brilhantes, refratárias) no interior das células. Os endósporos são altamente resistentes ao calor, a agentes químicos e à radiação. (b) *Streptococcus*, uma célula esférica, que se apresenta formando cadeias. Os estreptococos encontram-se amplamente distribuídos em laticínios; alguns são patógenos potentes.

■ **Figura 2.12** Cianobactérias filamentosas. (a) *Oscillatoria*, (b) *Spirulina*. Há várias eras, as cianobactérias produziram o oxigênio hoje presente na Terra. Muitos outros tipos morfológicos de cianobactérias são conhecidos, incluindo tipos unicelulares, coloniais e formadores de heterocistos. O último grupo apresenta estruturas especiais, denominadas *heterocisto*, que participam da fixação de nitrogênio (Seções 12.25 e 18.28).

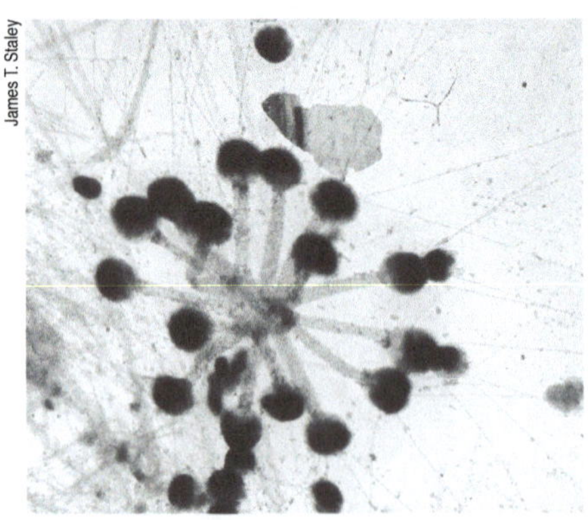

■ **Figura 2.13** *Planctomyces*, uma bactéria morfologicamente pouco comum, que possui hastes. A fotografia apresenta várias células unidas por suas hastes, formando uma roseta.

Duas outras linhagens principais de *Bacteria* são constituídas por organismos fototróficos: as **Bactérias verdes sulfurosas** e as **Bactérias verdes não sulfurosas** (grupo *Chloroflexus*) (Figura 2.15). As espécies de ambas as linhagens contêm pigmentos fotossintetizantes similares e podem crescer como autotróficos. O gênero *Chloroflexus* corresponde a um procarioto filamentoso, habitante de

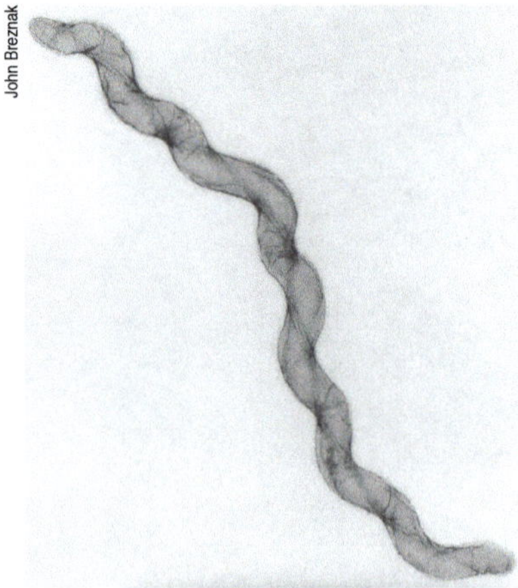

■ **Figura 2.14** Espiroquetas. Uma célula de *Spirochaeta zuelzerae*. Esses procariotos, morfologicamente distintos, são também filogeneticamente distintos (ver Figura 2.9). Os espiroquetas encontram-se amplamente distribuídos na natureza — alguns podem causar doenças como a sífilis e a doença de Lyme. Reproduzido com a permissão de Breznak, J. A. *CRC Critical Reviews of Microbiology* 2:457-489, 1973. Micrografias originais de Joseph, R. e Canale-Parola, E. *Archives of Microbiology* 81:146-168, 1972.

fontes termais e de enseadas marinhas rasas, formando emaranhados estratificados que contêm uma comunidade de microrganismos. O gênero é ainda digno de nota, pois se acredita que seja um importante elo na evolução da fotossíntese (Seções 12.35 e 18.7).

Outras importantes linhagens de *Bacteria* incluem os grupos **Chlamydia** e **Deinococcus** (Figura 2.9). O gênero *Chlamydia*, composto essencialmente por espécies patogênicas, pode causar uma variedade de doenças respiratórias e venéreas em seres humanos (Seções 12.27 e 26.13). As clamídias são *parasitas intracelulares obrigatórios*, isto é, organismos que vivem no interior das células de organismos superiores; neste caso, as células humanas. Vários outros procariotos patogênicos (por exemplo, espécies de *Rickettsia*, um membro da divisão Proteobacteria causador de doenças como o tifo e a febre macular das montanhas rochosas, ou de *Mycobacterium tuberculosis*, uma bactéria gram-positiva, causadora da tuberculose) também desenvolveram a estratégia de viver e se reproduzir no *interior* de células eucarióticas. A localização intracelular desses patógenos fornece uma maneira pela qual estes evitam sua destruição, mediada pela resposta imune do hospedeiro. A linhagem *Deinococcus* contém espécies que exibem uma parede celular incomum e resistência inata a altos níveis de radiação; *Deinococcus radiodurans* (Figura 2.16) corresponde à principal espécie desse grupo.

Por fim, várias linhagens de *Bacteria* ramificaram-se precocemente na árvore filogenética, muito próximo à raiz (Figura 2.9). Embora sejam filogeneticamente distintos entre si, esses grupos são unificados pela propriedade comum de crescimento em altas temperaturas (*termofilia*). Organismos como *Aquifex* (Figura 2.17) e *Thermotoga* crescem em ambientes cuja temperatura encontra-se próxima ao ponto de ebulição da água; como você pode imaginar, seus hábitats são as fontes termais. A característica de ramificação precoce dessas linhagens (Figuras 2.7 e 2.9) tem

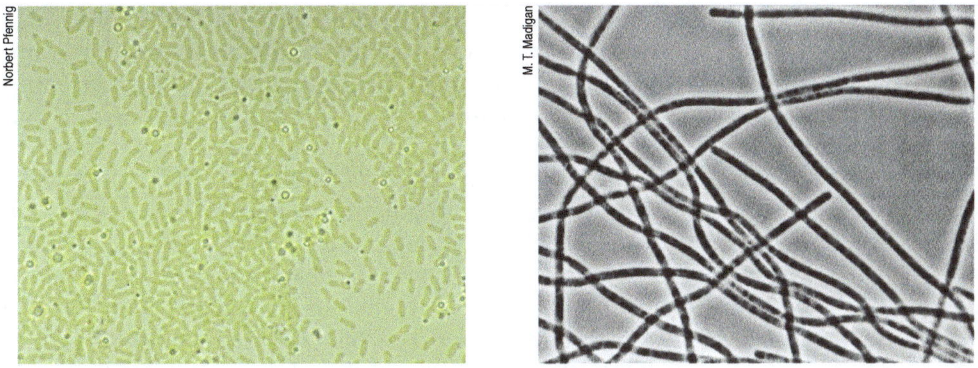

Norbert Pfennig (a) M. T. Madigan (b)

■ **Figura 2.15** Bactérias verdes fototróficas. (a) *Chlorobium* (bactérias verdes sulfurosas). (b) *Chloroflexus* (bactérias verdes não sulfurosas). Apesar de partilharem muitas características comuns, tais como presença de pigmentos e de estruturas membranosas (Seção 18.2), estes organismos são bastante distintos filogeneticamente.

muito sentido, já que há fortes suspeitas de que a Terra, no início de sua origem, correspondia a um ambiente muito quente (Seção 11.1). Assim, acredita-se que a vida tenha surgido inicialmente em um planeta muito quente, sendo *Aquifex* e outros organismos semelhantes considerados descendentes modernos de linhagens celulares muito antigas.

Archaea

O domínio *Archaea* (Figura 2.18) apresenta duas subdivisões principais de procariotos. Muitas *Archaea* são extremófilas, com espécies capazes de crescer nas maiores temperaturas e em extremos de pH em comparação a todos os organismos conhecidos (Tabela 2.1). Todas as *Archaea* são quimiotróficas, embora o gênero *Halobacterium* (a ser discutido) possa utilizar a luz para sintetizar ATP, mas não da maneira tipicamente observada nos organismos fototróficos. Algumas *Archaea* utilizam compostos orgânicos em seu metabolismo energético, enquanto muitas são quimiolitotróficas, utilizando o hidrogênio gasoso (H_2) como principal fonte de energia (Figura 2.8). Muitas *Archaea* crescem em temperaturas elevadas e, conforme vimos com *Aquifex* (Figura 2.17), essas espécies tendem a sofrer ramificação próximo à raiz do domínio (Figuras 2.9 e 2.18). A *Archaea Pyrolobus* (Figuras 2.18 e 2.19), por exemplo, corresponde ao organismo com maior afinidade por altas temperaturas, dentre todos os procariotos conhecidos (Tabela 2.1).

O outro principal ramo na árvore de *Archaea* (Figura 2.18) contém três grupos de organismos com características fisiológicas dramaticamente diferentes. Algumas espécies requerem O_2, enquanto outras não o toleram; muitas crescem nos extremos superiores e inferiores dos valores de pH (Tabela 2.1). Os *metanogênicos*, tais como *Methanobacterium*, são

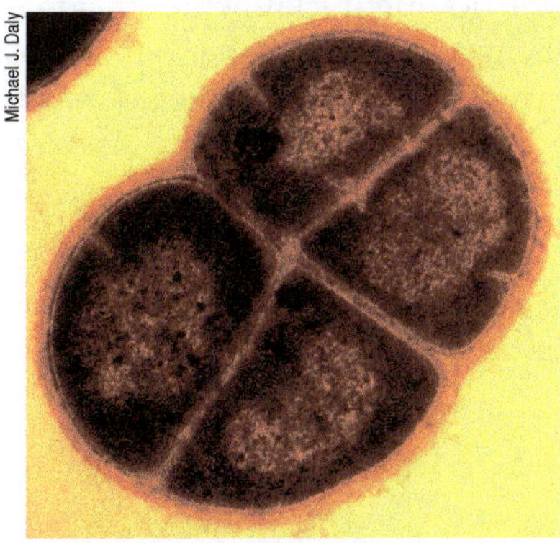

Michael J. Daly

■ **Figura 2.16** A bactéria *Deinococcus radiodurans* caracteriza-se por sua extrema resistência à radiação. Esse organismo suporta níveis de radiação muito acima das doses letais para o ser humano.

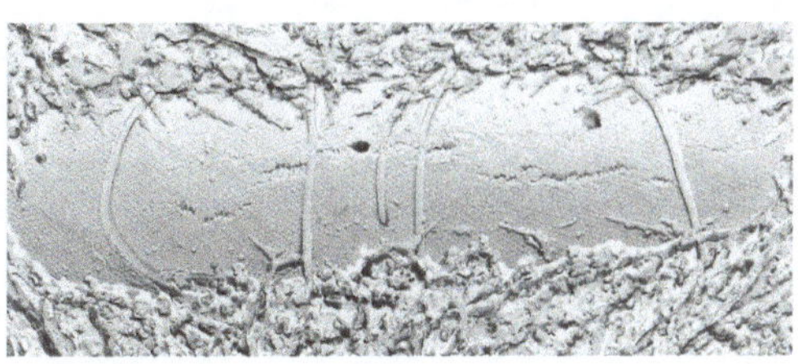

R. Rachel e K. O. Stetter

■ **Figura 2.17** *Aquifex*. Esta espécie de *Bacteria*, ramificada precocemente na árvore, é hipertermófila, com ótimo de crescimento em temperaturas acima de 80°C.

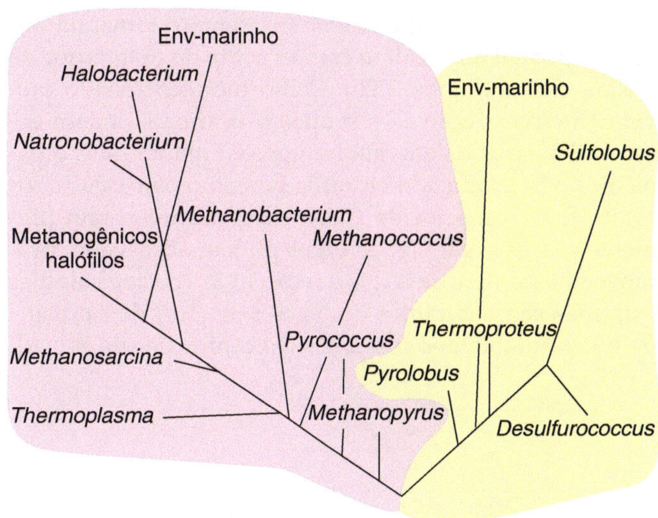

■ **Figura 2.18** Árvore filogenética detalhada de *Archaea*. Nem todos os grupos conhecidos de *Archaea* estão presentes nessa árvore. As *Archaea* apresentam dois subgrupos principais. Os organismos apresentados em amarelo correspondem primariamente a hipertermófilos, crescendo em temperaturas muito elevadas. Em vermelho são apresentados os metanogênicos, os halófilos extremos e os acidófilos. Cada grupo principal também possui sua própria linhagem "Env" (ver Figura 2.9), a maioria de origem marinha. De modo geral, há o mesmo número de espécies nos dois subgrupos de *Archaea*, embora o número total de *Archaea* cultivadas seja muito inferior se comparado ao domínio *Bacteria*.

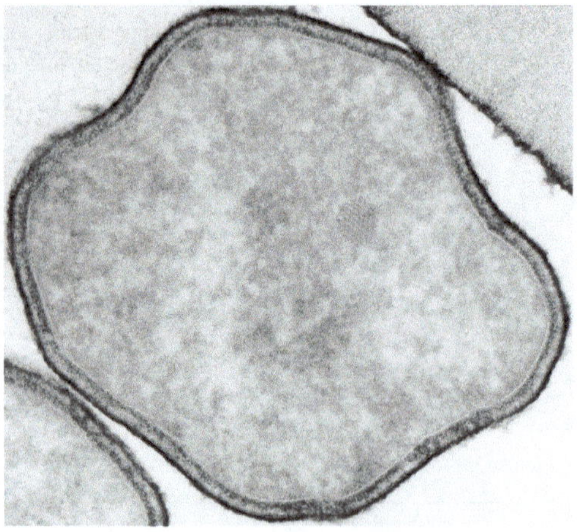

■ **Figura 2.19** *Pyrolobus.* Uma *Archaea* hipertermofílica que apresenta melhor crescimento em temperaturas acima de 100°C, o ponto de ebulição da água!

anaeróbios estritos. Seu metabolismo é único na biologia, pois a energia é obtida a partir da produção de gás natural (metano)! Os metanogênicos correspondem a procariotos de importância biológica na biodegradação da matéria orgânica na natureza (Seções 13.4, 18.17 e 20.10); a maioria, se não todo o gás natural encontrado na Terra, origina-se de seu metabolismo.

Os halófilos extremos têm parentesco com os metanogênicos (Figura 2.18), embora sejam fisiologicamente distintos destes. Diferentemente dos metanogênicos, que morrem em contato com o oxigênio, os halófilos extremos *requerem* oxigênio, sendo agrupados pela sua necessidade de grandes quantidades de sal (NaCl) para seu metabolismo e reprodução. Esses organismos são, portanto, denominados *halófilos* (amantes de sal). De fato, organismos como *Halobacterium* apresentam tamanha afinidade por sal que podem crescer sobre ou no interior de cristais de sal (Figura 2.20). Conforme mencionado previamente (ver Seção 2.4), muitos procariotos podem gerar ATP a partir da energia luminosa. Embora estes organismos não produzam clorofila tal como os verdadeiros fototróficos, espécies de *Halobacterium* apresentam pigmentos sensíveis à luz, os quais podem absorvê-la, promovendo a síntese de ATP (Seção 13.3). *Archaea* halófilas extremas são habitantes de lagos salgados, de salinas e de outros ambientes com altas concentrações de sal. Alguns halófilos extremos, tais como o *Natronobacterium*, são encontrados em lagos contendo carbonato de sódio — ambientes caracterizados pela presença de altas concentrações de sal e elevado pH. Estes organismos são denominados *alcalifílicos* e crescem no maior valor de pH já descrito para um ser vivo (Tabela 2.1).

Os últimos grupos de *Archaea* que iremos discutir são os termoacidófilos, como o gênero *Thermoplasma* (Figura 2.21). Esses organismos são desprovidos de parede celular (neste aspecto, semelhantes ao gênero *Mycoplasma*) e apresentam melhor crescimento em temperaturas ligeiramente elevadas e valores de pH extremamente baixos. O grupo inclui o gênero *Picrophilus*, o procarioto mais acidófilo já descrito (Tabela 2.1).

A fim de que não se tenha a noção incorreta de que todas as *Archaea* são extremófilas, vale ressaltar que muitas são encontradas em lagos, no solo e em oceanos. Infelizmente, a maioria ainda não foi cultivada em laboratório. Dessa maneira, como podemos afirmar que estas se encontram nestes hábitats? Sabemos porque podemos facilmente isolar os genes de RNA ribossomal de células presentes em uma amostra natural de solo, por exemplo. Visto que o velho ditado "onde há fumaça, há fogo" é um lugar-comum, se uma determinada amostra de solo ou de água contém RNA ribossomal, os organismos que o sintetizaram obviamente estavam presentes na amostra. Assim, podemos processá-la, seqüenciar os genes de RNA ribossomal e, então, adicionar um ramo na árvore filogenética, representando o organismo do qual os genes foram obtidos, mesmo que este nunca tenha sido cultivado (ver Figuras 2.9 e 2.18). A partir da utilização de metodologias de ecologia microbiana molecular, inicialmente desenvolvidas por Norman Pace, um microbiologista americano, hoje sabemos que a diversidade procariótica é muito maior do que inicialmente imaginávamos. Além disso, também passamos a saber que vários hábitats não extremos, tais como águas oceânicas (ver Figura 2.18), contêm uma enorme quantidade de *Archaea*.

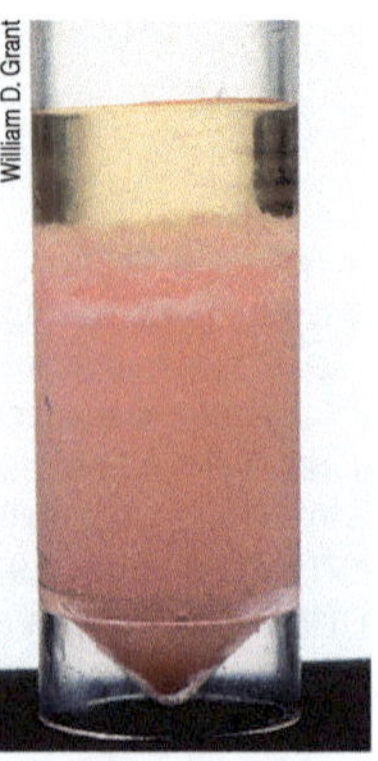

■ **Figura 2.20** Uma *Archaea* halófila extrema. Frasco de salmoura, no ponto de precipitação do NaCl, contendo células do halófilo extremo, *Halobacterium*. Esse organismo apresenta pigmentos que absorvem a luz, promovendo a síntese de ATP. Células de *Halobacterium* também podem ser encontradas no *interior* de cristais de sal (Quadro "Por quanto tempo um endósporo pode sobreviver?", no Capítulo 4).

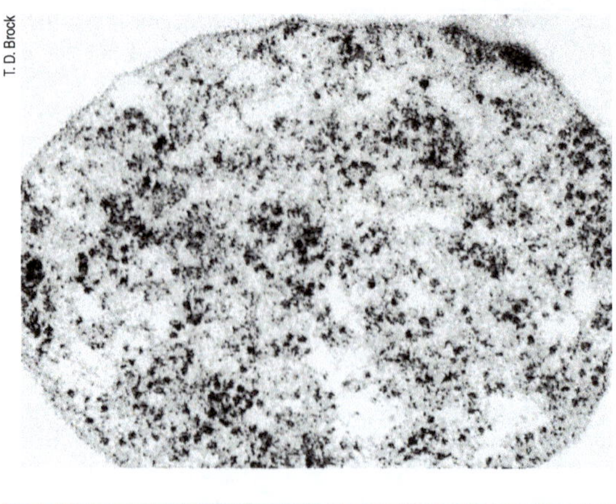

■ **Figura 2.21** *Thermoplasma*, *Archaea* desprovida de parede celular, e seu parente próximo, *Picrophilus* (ver Tabela 2.1), podem apresentar crescimento em temperaturas moderadamente elevadas e em pH extremamente baixo. Embora pertencendo ao domínio *Bacteria*, o gênero *Mycoplasma* também contém espécies desprovidas de parede celular. Os procariotos que não apresentam parede celular serão discutidos nas Seções 12.21 e 13.5.

Hoje, temos como desafio o entendimento da biologia das *Archaea*, para que possamos obtê-las em culturas laboratoriais.

✓ 2.5 Verificação de conceitos

Várias linhagens compõem os domínios *Bacteria* e *Archaea* e são representadas por uma enorme diversidade de tipos morfológicos e fisiológicos. O isolamento e a análise de genes de RNA ribossomal, a partir de células presentes em amostras naturais, demonstraram a existência de muitos procariotos filogeneticamente distintos na natureza, ainda não cultivados laboratorialmente.

✓ Que importante espécie bacteriana, habitante de seu intestino, é membro da divisão *Proteobacteria*?

✓ Por que se pode afirmar que as cianobactérias prepararam a Terra para a evolução das formas superiores de vida?

✓ O que há de pouco usual nas espécies do gênero *Halobacterium*?

✓ Como sabemos que uma linhagem particular de procariotos existe na natureza sem a necessidade de cultivar esses organismos em laboratório?

2.6 Microrganismos eucarióticos

Os microrganismos eucarióticos ou, falando filogeneticamente, os *Eukarya* são agrupados por apresentarem uma estrutura celular distinta (Figura 2.1) e por sua história filogenética. O domínio *Eukarya* (Figura 2.22) apresenta uma grande ramificação, culminando nos eucariotos mais recentes — as plantas e os animais. É interessante notar que, de acordo com sua localização filogenética na árvore da vida, os *Eukarya* de ramificação precoce correspondem a células eucarióticas estruturalmente simples, desprovidas de mitocôndrias e de outras organelas- chave. Tais células, como os diplomonadas — por exemplo, *Giardia* (Figura 2.22) —, parecem ser descendentes modernos das células eucarióticas primitivas, as quais não realizaram endossimbiose (Seções 2.3 e 11.3) ou que, por alguma razão, não se uniram permanentemente a um outro organismo. A maioria dos eucariotos antigos corresponde a células metabolicamente deficientes, sendo parasitas do homem e outros animais.

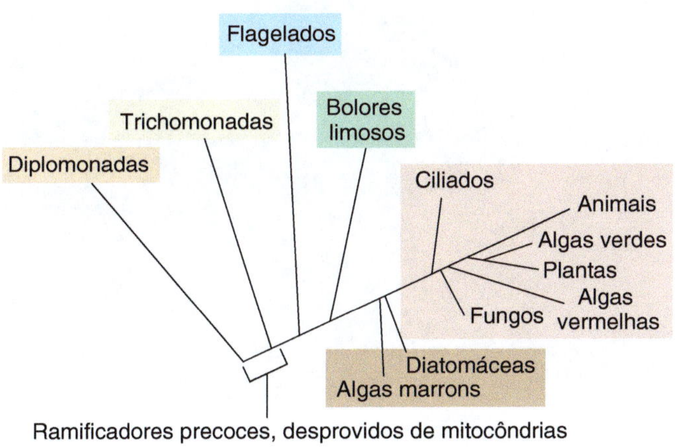

■ **Figura 2.22** Árvore detalhada de *Eukarya*. Nem todas as linhagens de *Eukarya* são apresentadas. Algumas espécies, de ramificação precoce, não exibem organelas, excetuando-se o núcleo. Observe como os "organismos superiores" (plantas e animais) ramificam-se próximo ao ápice da árvore.

Assim como nos procariotos, há uma enorme variedade de microrganismos eucarióticos. Alguns, como as algas (Figura 2.23*a*), são fototróficos que apresentam organelas ricas em clorofila, denominadas *cloroplastos*, podendo viver em ambientes contendo poucos minerais, CO_2 e luz. As algas podem ser encontradas tanto no solo como em hábitats aquáticos; são os principais produtores primários da natureza. Os fungos (Figura 2.23*b*) não apresentam pigmentos fotossintetizantes e podem ser unicelulares (leveduras) ou filamentosos (bolores). Os fungos são os principais agentes de biodegradação na natureza, correspondendo aos principais agentes de reciclagem de matéria orgânica nos solos e em outros ecossistemas.

Células de algas e fungos apresentam parede celular, enquanto os protozoários (Figura 2.23*c*) não possuem tal estrutura. A maioria dos protozoários é móvel, com diferentes espécies amplamente distribuídas na natureza — em ambientes aquáticos e como patógenos do homem e de outros animais. Diferentes protozoários são também encontrados dispersos ao longo da árvore filogenética dos *Eukarya*. Alguns, tais como os flagelados, correspondem a espécies de ramificação razoavelmente precoce, enquanto outros, como as espécies do ciliado *Paramecium* (Figura 2.23), apresentam maior derivação filogenética (Figura 2.22). Os *bolores limosos* assemelham-se a protozoários por apresentarem motilidade e serem desprovidos de parede celular. Em contrapartida, diferenciam-se dos protozoários filogeneticamente por suas células apresentarem um ciclo de vida em que células móveis se agregam, formando uma estrutura multicelular, denominada corpo de frutificação, capaz de produzir esporos que originam novas células móveis (Seção 14.11).

Os **liquens** correspondem a estruturas semelhantes a folhas, freqüentemente encontrados sobre rochas, árvores e outras superfícies (Figura 2.24). São exemplos de *mutualismo* microbiano, relação em que dois organismos vivem em conjunto e ambos são beneficiados. Os liquens consistem em um fungo associado a um organismo fototrófico, seja uma alga (eucarioto) ou uma cianobactéria. O organismo fototrófico atua como produtor primário, enquanto o fungo fornece um substrato de fixação e confere proteção ao produtor primário. Desse modo, os liquens podem ser considerados um organismo dinâmico, que desenvolveu uma estratégia bem-sucedida de interação mutualística entre dois organismos bastante distintos.

Essa viagem pela diversidade microbiana forneceu apenas uma ligeira visão geral da vida microbiana. A história é, sem dúvida, muito mais ampla e será retomada nos Capítulos 12 a 14. Observe que os vírus foram intencionalmente deixados de lado. Lembre-se de que os vírus não são seres celulares (ver a Seção 2.1), requerendo células para a realização de seus processos replicativos. As células de todos os domínios da vida podem ser parasitadas por vírus; a diversidade viral será abordada em capítulos posteriores (Capítulos 9 e 16). Devemos, entretanto, inicialmente nos familiarizarmos com as características moleculares das células, em especial dos procariotos. Ao longo dos estudos iremos aprender sobre a grande diversidade química exibida pelos seres vivos — um resultado direto da amplitude evolutiva das células analisadas neste capítulo.

✓ 2.6 Verificação de conceitos

Os microrganismos eucarióticos correspondem a um grupo diverso, que inclui algas, protozoários, fungos e bolores limosos. Algumas algas e fungos associam-se mutualisticamente, originando os chamados *liquens*.

✓ Listar pelo menos duas características que diferenciam as algas das cianobactérias.

✓ Listar pelo menos duas características que diferenciam as algas dos protozoários.

✓ Como os componentes dos liquens são beneficiados neste tipo de associação?

■ **Figura 2.23** Fotomicrografias de microrganismos do domínio *Eukarya*. (a) Algas; a alga verde colonial *Volvox* (Seção 14.11). Cada célula esférica contém vários cloroplastos, as organelas fotossintetizantes dos eucariotos fototróficos. (b) Fungos; as estruturas que contêm os esporos de um bolor típico. Cada esporo pode originar um novo fungo filamentoso (Seção 14.9). (c) Protozoários; o protozoário ciliado *Paramecium* (Seção 14.8). Os cílios atuam como remos de um barco, conferindo motilidade à célula.

■ **Figura 2.24** Liquens. (a) Líquen com pigmentação alaranjada crescendo sobre uma rocha e (b) Líquen com pigmentação amarela crescendo sobre o tronco de uma árvore morta no Parque Nacional de Yellowstone, EUA. Sua cor é proveniente do componente pigmentado (alga) da estrutura.

Questões de revisão

1. Por que uma célula necessita de uma membrana citoplasmática? Quais propriedades tal estrutura deve apresentar?
2. Quais domínios da vida apresentam células procarióticas? A estrutura das células procarióticas apresenta alguma correlação com as relações evolutivas?
3. De que maneira os vírus assemelham-se às células? Como estes podem ser diferenciados das células?
4. Qual o significado da palavra *genoma*? Como a organização do genoma dos procariotos pode ser diferenciada do genoma dos eucariotos?
5. Por que os processos de mitose e meiose ocorrem em células eucarióticas?
6. O que é a teoria da endossimbiose?
7. Qual o significado da palavra *filogenia*? Em sua opinião, por que a filogenia de procariotos teve que aguardar o desenvolvimento de ferramentas moleculares para o seu conhecimento?
8. Quantos genes um organismo como *Escherichia coli* apresenta? Que comparação pode ser feita entre seu número e a quantidade de genes existentes em uma de suas células?
9. Que termos são utilizados para descrever os três domínios da vida? Quais os dois domínios cujos membros apresentam maiores semelhanças *estruturais*? E em termos *filogenéticos*?
10. Estudos moleculares revelaram que muitas macromoléculas observadas em espécies de *Archaea* apresentam maior semelhança com macromoléculas de eucariotos, que com espécies de *Bacteria*. Explique tal observação.
11. Como os organismos *quimiorganotróficos* diferem dos *quimiolitotróficos* em relação ao metabolismo energético? Que fontes de carbono são utilizadas por esses organismos? Estes são considerados *heterotróficos* ou *autotróficos*?
12. O que pode ser considerado como característica pouco usual no organismo *Pyrolobus*?
13. Quais as similaridades e diferenças existentes entre os três organismos listados a seguir: *Pyrolobus*, *Halobacterium* e *Thermoplasma*?
14. Examine a Figura 2.18. Qual o significado da linhagem "Env-marinha"?

Questões de aplicação

1. Células procarióticas contendo plasmídeos podem freqüentemente ser "curadas" (processo de remoção permanente do plasmídeo), sem que sofram qualquer prejuízo, enquanto a remoção do cromossomo é, geralmente, letal. Explique o porquê disso.
2. Tem sido mencionado que o conhecimento sobre a evolução dos organismos macroscópicos precedeu enormemente o dos microrganismos. Por que, em teoria, a reconstrução da linhagem evolutiva dos cavalos, por exemplo, seria uma atividade muito mais simples que a reconstrução da linhagem evolutiva das bactérias?
3. Examine a árvore filogenética apresentada na Figura 2.6. Utilizando os dados de seqüência apresentados, descreva por que a árvore estaria incorreta se mantivesse a mesma forma, mas com as posições dos organismos 2 e 3 invertidas.
4. Os microbiologistas cultivaram uma grande diversidade de microrganismo e sabem que há uma diversidade ainda maior, apesar de estes organismos nunca terem sido vistos nem cultivados em laboratório. Explique.
5. Que dados apresentados neste capítulo poderiam ser utilizados para convencer um amigo quanto aos extremófilos não serem organismos simplesmente "pendentes" em seus respectivos hábitats?
6. Defenda a afirmação: Se as cianobactérias nunca tivessem surgido, a vida na Terra estaria confinada estritamente aos microrganismos.

As células consistem em arranjos altamente específicos de macromoléculas. Essas moléculas, quimicamente diversas, incluem os polissacarídeos, lipídeos, ácidos nucléicos e proteínas. Além de desempenharem papel estrutural, as proteínas, aqui apresentadas como modelos moleculares, freqüentemente atuam na célula como catalisadores denominados *enzimas*. A estrutura das macromoléculas define, em grande parte, sua função. Assim, o conhecimento da estrutura macromolecular é importante no entendimento de funções celulares chave, as quais serão descritas em capítulos posteriores.

3 MACROMOLÉCULAS

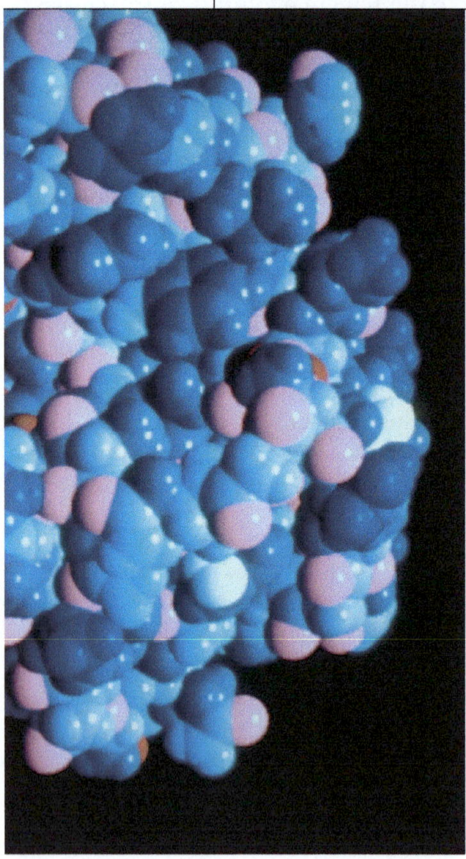

Glossário de trabalho

Apolar possuidor de características hidrofóbicas (que repelem água) de difícil dissolução em água

Desnaturação destruição das propriedades de dobramento de uma proteína, levando (usualmente) à perda de sua função biológica

Enantiômero uma das formas da molécula; corresponde à imagem especular de outra forma da mesma molécula

Estrutura primária corresponde à seqüência precisa de unidades monoméricas em uma macromolécula informacional, tal como um polipeptídeo

Estrutura quaternária corresponde ao número e ao arranjo de polipeptídeos individuais em uma molécula protéica final

Estrutura secundária corresponde ao padrão inicial de dobramento de um polipeptídeo, ou polinucleotídeo, geralmente ditado pelas possibilidades de formação de pontes de hidrogênio

Estrutura terciária corresponde à estrutura com dobramento final de um polipeptídeo, obtida a partir da estrutura secundária

Ligação covalente ligação química na qual elétrons são compartilhados por dois átomos

Ligação fosfodiéster tipo de ligação covalente que une nucleotídeos em um polinucleotídeo

Ligação glicosídica tipo de ligação covalente que conecta unidades de açúcar em um polissacarídeo

Ligação peptídica tipo de ligação covalente unindo aminoácidos em um polipeptídeo

Lipídeo glicerol ligado a ácidos graxos, ou a outras moléculas hidrofóbicas, por meio de ligações éster ou éter. Freqüentemente contém ainda outros grupos, tais como fosfato

Macromolécula polímero composto por unidades monoméricas ligadas covalentemente

Molécula dois ou mais átomos quimicamente ligados entre si

Nucleosídeo nucleotídeo desprovido de grupamento fosfato

Nucleotídeo monômero de ácido nucléico que contém uma base nitrogenada (adenina, guanina, citosina, timina ou uracil), uma molécula de fosfato e um açúcar — ribose (no RNA) ou desoxirribose (no DNA)

Polar possuidor de características hidrofílicas, geralmente solúvel em água

Polímero composto químico formado a partir da polimerização; consiste em unidades repetitivas denominadas monômeros

Polinucleotídeo polímero de nucleotídeos unidos por ligações fosfodiéster

Polipeptídeo polímero de aminoácidos unidos por ligações peptídicas

Polissacarídeo polímero de unidades de açúcar unidas por ligações glicosídicas

Ponte de hidrogênio ligação química fraca entre um átomo de hidrogênio e um elemento mais eletronegativo, geralmente um átomo de oxigênio ou de nitrogênio

Proteína polipeptídeo ou grupo de polipeptídeos que forma uma molécula com função biológica específica

I LIGAÇÕES QUÍMICAS E A ÁGUA NOS SISTEMAS VIVOS

Para entender microbiologia e como as células funcionam, é necessário algum conhecimento sobre as moléculas presentes e os processos químicos que ocorrem nas células. Moléculas, especialmente as *macromoléculas*, correspondem às "vísceras" de uma célula e são o assunto deste capítulo. Presume-se que o leitor possua algum conhecimento básico de química elementar, especialmente em relação à natureza química dos átomos e das ligações atômicas. Neste capítulo, iremos expandir seu conhecimento enfocando inicialmente as ligações químicas relevantes; na seqüência, apresentamos uma discussão detalhada da estrutura e função das quatro classes de macromoléculas: **polissacarídeos**, **lipídeos**, **ácidos nucléicos** e **proteínas**.

3.1 Ligações químicas fortes e fracas

Os principais elementos químicos encontrados nos seres vivos incluem hidrogênio, oxigênio, carbono, nitrogênio, fósforo e enxofre, que podem se ligar de várias maneiras para formar as moléculas da vida. O que é uma molécula? Uma **molécula** consiste em dois ou mais átomos ligados quimicamente entre si. Assim, dois átomos de oxigênio (O) podem se combinar, formando uma molécula de oxigênio (O_2). Os elementos químicos dos seres vivos são capazes de formar ligações fortes, nas quais os elétrons são compartilhados de maneira quase eqüitativa entre os átomos; são as denominadas **ligações covalentes**. Para visualizar uma ligação covalente, considere a formação de uma molécula de água a partir dos elementos que a compõem, O e H:

$$\ddot{\underset{\cdot\cdot}{\text{O}}} + 2\text{H}\cdot \longrightarrow \text{H}:\ddot{\underset{\cdot\cdot}{\text{O}}}:\text{H}$$

O oxigênio apresenta seis elétrons em sua camada mais externa de elétrons, enquanto o hidrogênio possui somente um elétron. Quando estes se combinam para formar H_2O, fazem-no por meio de ligações covalentes, que mantêm os três átomos fortemente associados. De modo similar, dependendo naturalmente dos elementos envolvidos, pode haver a formação de ligações covalentes duplas ou triplas, cuja força aumenta dramaticamente de acordo com seu número (Figura 3.1).

Pontes de hidrogênio e outras associações fracas

Além das ligações covalentes, uma variedade de ligações químicas muito mais fracas também desempenha importante papel nas moléculas biológicas. Primeiramente, temos as **pontes de hidrogênio**. Estas (Figura 3.2) formam-se entre átomos de hidrogênio e outros elementos mais eletronegativos, tais como oxigênio ou nitrogênio. Uma única ponte de hidrogênio é muito fraca. No entanto, quando muitas são formadas no interior e entre moléculas, a estabilidade dessas moléculas pode ser significativamente aumentada.

As moléculas de água têm uma forte tendência a formar pontes de hidrogênio (Figura 3.2*a*), o que contribui para a tão conhecida *polaridade* da água. Já que o átomo de oxigênio é mais eletronegativo (maior tendência de receber elétrons) que o átomo de hidrogênio, a ligação covalente entre o oxigênio e o hidrogênio é do tipo em que os elétrons compartilhados na camada mais externa orbitam ligeiramente mais próximos ao núcleo do oxigênio que do núcleo de hidrogênio. Como os elétrons possuem carga negativa, cria-

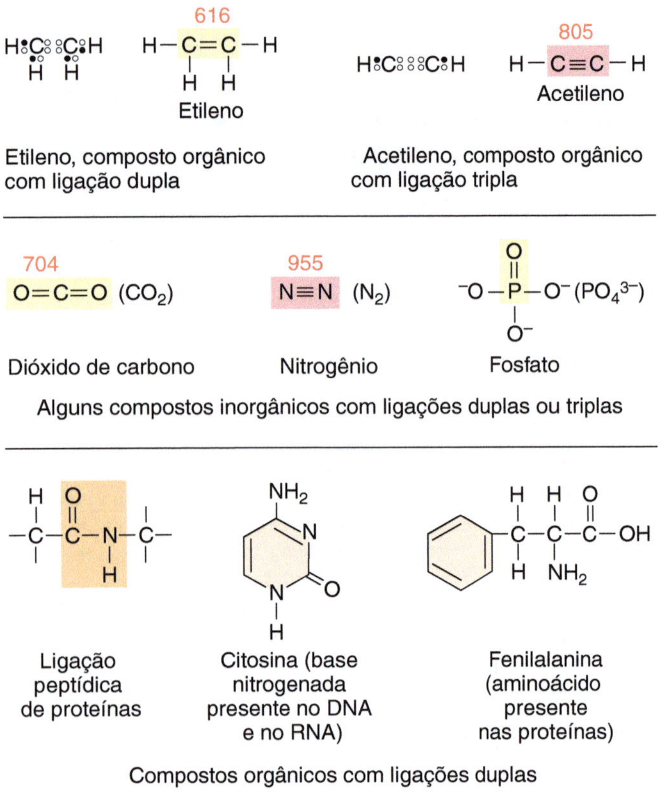

Figura 3.1 Ligações covalentes presentes em algumas moléculas biologicamente importantes, contendo ligações duplas ou triplas. Para o acetileno e o etileno, é apresentada a configuração eletrônica das moléculas. A força da ligação (em números vermelhos) é medida em unidades de kilojoules (kJ), que corresponde à quantidade de calor necessária para romper uma ligação.

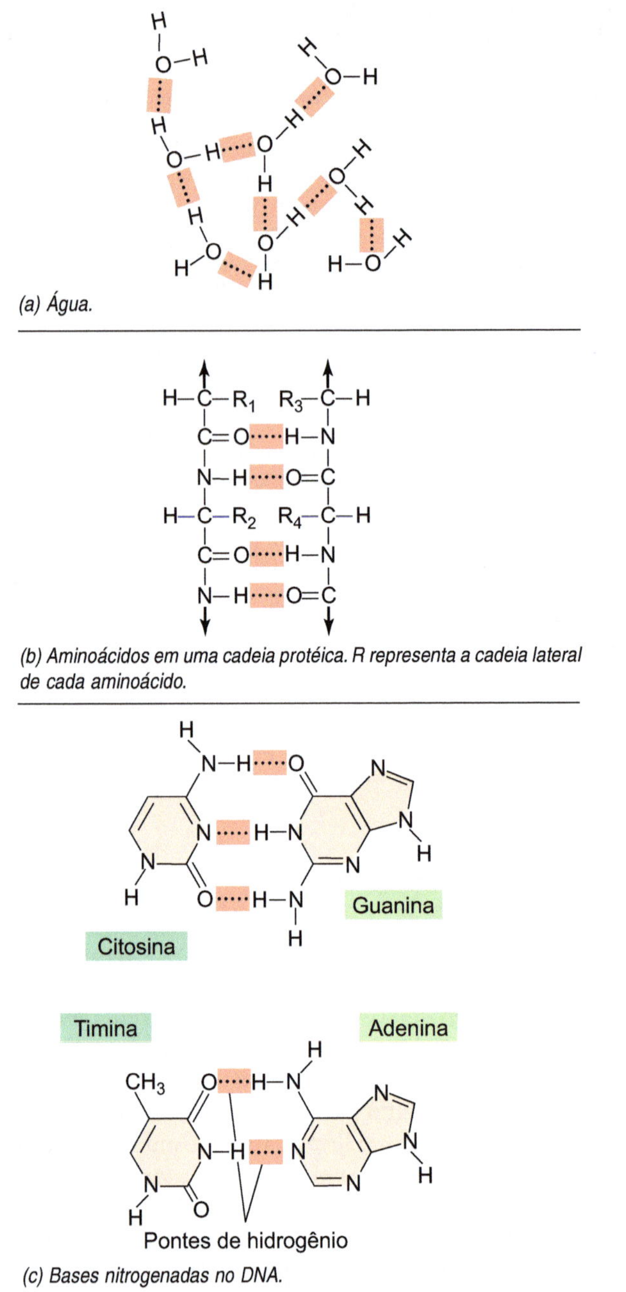

Figura 3.2 Pontes de hidrogênio. Nos ácidos nucléicos, são freqüentemente representadas por linhas em vez de pontos, havendo duas linhas entre os pares adenina/timina e três linhas entre os pares guanina/citosina (ver Figura 3.11).

se uma discreta separação de cargas, ficando a porção de oxigênio levemente negativa, enquanto a de hidrogênio, levemente positiva (Figura 3.2*a*). À medida que as moléculas de água se auto-orientam em solução, a carga ligeiramente positiva do átomo de hidrogênio pode formar ligações com as cargas negativas de dois átomos de oxigênio; essa ligação é denominada *ponte de hidrogênio*. Tais pontes de hidrogênio podem também ser formadas entre átomos presentes em macromoléculas (Figura 3.2*b* e *c*). Quando estas forças elétricas fracas se acumulam em uma grande molécula, tal como uma proteína, aumentam a estabilidade da molécula, podendo também afetar sua estrutura global. Veremos, posteriormente, que as pontes de hidrogênio desempenham um importante papel nas propriedades biológicas das macromoléculas, em especial nas proteínas (Figura 3.2*b*) e nos ácidos nucléicos (Figura 3.2*c*) (Seções 3.5, 3.7, 3.8).

As biomoléculas podem formar outros tipos de interações fracas. Dessa maneira, as *forças de van der Waals* são forças de atração fracas, que ocorrem entre átomos que se encontram a uma distância de 3-4 angstrons (Å). A ação das forças de van der Waals pode desempenhar um papel significativo na ligação dos substratos às enzimas (Seção 5.5) e nas interações entre proteínas e ácidos nucléicos.

Interações hidrofóbicas são também importantes nas biomoléculas. Estas ocorrem porque moléculas apolares (que repelem água) tendem a se agrupar em um ambiente aquoso. Por esse motivo, a maior parte das porções apolares de uma macromolécula tenderá a se associar. Interações hidrofóbicas podem desempenhar importante papel nos padrões de dobramento de proteínas e, juntamente com as interações de van der Waals, têm importante papel na ligação dos substratos às enzimas. Além disso, as interações hidrofóbicas freqüentemente controlam como as diferentes subunidades de uma proteína se associam entre si, originando uma molécula biologicamente ativa.

Padrões de ligação nas biomoléculas

O elemento **carbono** é um dos principais componentes de todas as macromoléculas. O carbono tem a propriedade de combinar-se não apenas consigo, mas também com muitos outros elementos, originando grandes estruturas de considerável diversidade e complexidade. Em diferentes compostos orgânicos (contendo carbono), várias combinações químicas são encontradas com alta freqüência, e o conhecimento dessas combinações será importante para o entendimento de nossa discussão posterior sobre a estrutura das macromoléculas, da fisiologia celular e da biossíntese. A Tabela 3.1 lista vários desses padrões de ligação e em quais moléculas ou macromoléculas são encontradas com maior freqüência. Cada um desses *grupos funcionais*, como são denominados, tem propriedades químicas próprias, as quais podem ser importantes para o desempenho de seu papel biológico na célula.

✓ 3.1 Verificação de conceitos

Ligações covalentes são ligações fortes que mantêm unidos os elementos de uma macromolécula. Ligações fracas — tais como pontes de hidrogênio, forças de van der Waals e interações hidrofóbicas — também afetam a estrutura macromolecular, porém, por meio de interações atômicas mais sutis. Uma variedade de grupos funcionais contendo átomos de carbono é comum em biomoléculas importantes.

✓ Por que as ligações *covalentes* são mais fortes do que as pontes de *hidrogênio*?

✓ Como uma ponte de hidrogênio pode desempenhar papel na estrutura molecular?

3.2 Uma visão geral das macromoléculas e da água como solvente da vida

Se você pudesse dissecar bioquimicamente uma célula procariótica — tal como a bactéria intestinal comum *Escherichia coli* —, o que encontraria? Você encontraria água como o principal componente, mas, após removê-la, iria deparar com grandes quantidades de *macromoléculas*, ou

Tabela 3.1 Grupos funcionais de importância bioquímica

Espécie química	Estrutura[a]	Relevância biológica
Ácido carboxílico	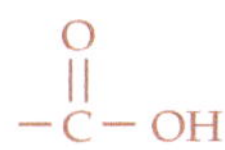	Ácidos orgânicos, aminoácidos, ácidos graxos; lipídeos; proteínas
Aldeído	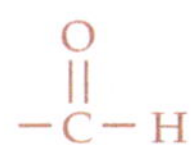	Grupo funcional de açúcares redutores, tais como glicose; polissacarídeos
Álcool	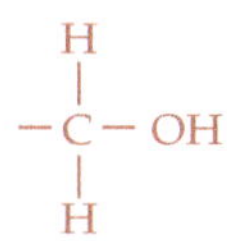	Lipídeos; carboidratos
Ceto		Piruvato; intermediários do ciclo do ácido cítrico
Éster	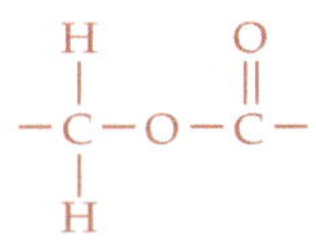	Lipídeos de *Bacteria* e *Eukarya*; ligação dos aminoácidos aos tRNAs
Éster fosfato	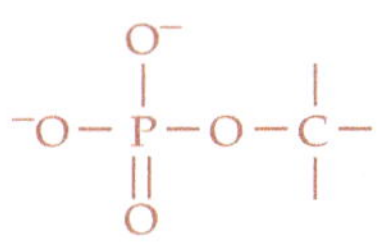	Ácidos nucléicos, DNA e RNA
Tioéster	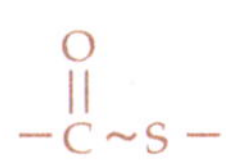	Metabolismo energético; biossíntese de ácidos graxos
Éter	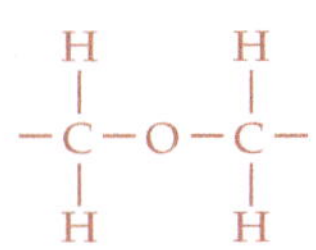	Lipídeos de *Archaea*; esfingolipídeos
Anidrido ácido	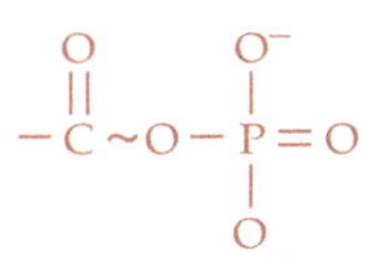	Metabolismo energético; por exemplo, acetilfosfato
Fosfoanidrido	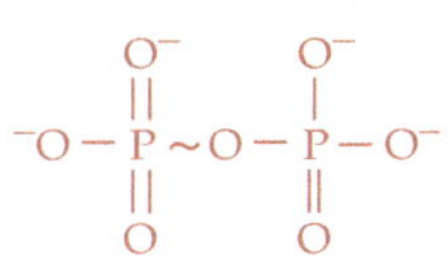	Metabolismo energético; por exemplo, ATP

a A ligação ondulada (~) indica uma ligação "de alta energia" (Seção 5.8).

quantidades menores de *monômeros* (os precursores das macromoléculas) e uma variedade de íons inorgânicos (Tabela 3.2). Na realidade, 96% do peso seco de uma célula consistem em macromoléculas e, dentre estas, as proteínas correspondem à classe mais abundante (Tabela 3.2). **Proteínas** são polímeros originados de monômeros denominados *aminoácidos*. As proteínas são encontradas por toda a célula, tanto com papel estrutural como catalítico (enzimático) (Figura 3.3*a*).

Ácidos nucléicos correspondem a polímeros de *nucleotídeos*, encontrados nas células sob duas formas, **RNA** e **DNA**. Após as proteínas, o ácido ribonucléico (RNA) corresponde à macromolécula mais abundante de uma célula procariótica em crescimento ativo (Tabela 3.2 e Figura 3.3*b*). Isso porque há milhares de ribossomos ("máquinas" que geram novas proteínas) em cada célula, compostos por RNA e proteínas. Além disso, quantidades menores de RNA estão presentes como RNAs mensageiro e transportador, que também desempenham papéis-chave na síntese protéica. Contrariamente, o DNA representa uma fração relativamente insignificante (por peso) da célula bacteriana (Tabela 3.2). No entanto, embora menos abundante, o DNA é, evidentemente, crucial às funções celulares, pois corresponde ao componente que armazena as informações genéticas necessárias à produção de novas células.

Tabela 3.2 Composição química de uma célula procariótica[a]

Molécula	Porcentagem do peso seco[b]	Número de moléculas por célula (diferentes tipos)
Macromoléculas totais	96	24.610.000 (~2500)
Proteína	55	2.350.000 (~1850)
Polissacarídeo	5	4.300 (2)[c]
Lipídeo	9,1	22.000.000 (4)[d]
Lipopolissacarídeo	3,4	1.430.000 (1)
DNA	3,1	2,1 (1)
RNA	20,5	255.500 (~660)
Total de monômeros	3,0	—[e] (~350)
Aminoácidos e precursores	0,5	— (~100)
Açúcares e precursores	2	— (~50)
Nucleotídeos e precursores	0,5	— (~200)
Íons inorgânicos	1	— (18)
Total	100%	—

a Dados de Neidhardt, F. C., et al. *Escherichia coli and Salmonella typhimurium—Cellular and Molecular Biology*, 2. ed, American Society for Microbiology, Washington, DC, 1996.

b Peso seco de uma célula de *E. coli* crescendo ativamente ≅ $2{,}8 \times 10^{-13}$ g; peso total (70% de água) = $9{,}5 \times 10^{-13}$g.

c Considerando o peptideoglicano e o glicogênio como os principais polissacarídeos presentes.

d Existem várias classes de fosfolipídeos, encontrados sob muitas formas, devido à variabilidade na composição dos ácidos graxos entre as espécies e às diferentes condições de crescimento.

e Não existem estimativas confiáveis sobre a composição de monômeros e de íons orgânicos.

Lipídeos possuem propriedades hidrofóbicas (que repelem água) e desempenham papéis cruciais na estruturação da membrana e como moléculas armazenadoras de carbono excedente (Figura 3.3*d*). **Polissacarídeos** são polímeros de *açúcares*, presentes principalmente na parede celular; no entanto, assim como os lipídeos, polissacarídeos como o glicogênio (ver a seguir neste capítulo) podem corresponder à principal forma de armazenamento de carbono e de energia na célula (Figura 3.3*c*).

Água como um solvente biológico

As macromoléculas, assim como todas as demais moléculas nas células, encontram-se imersas em água. Esta apresenta diversas propriedades químicas que a tornam o solvente biológico ideal; indubitavelmente, a água é um

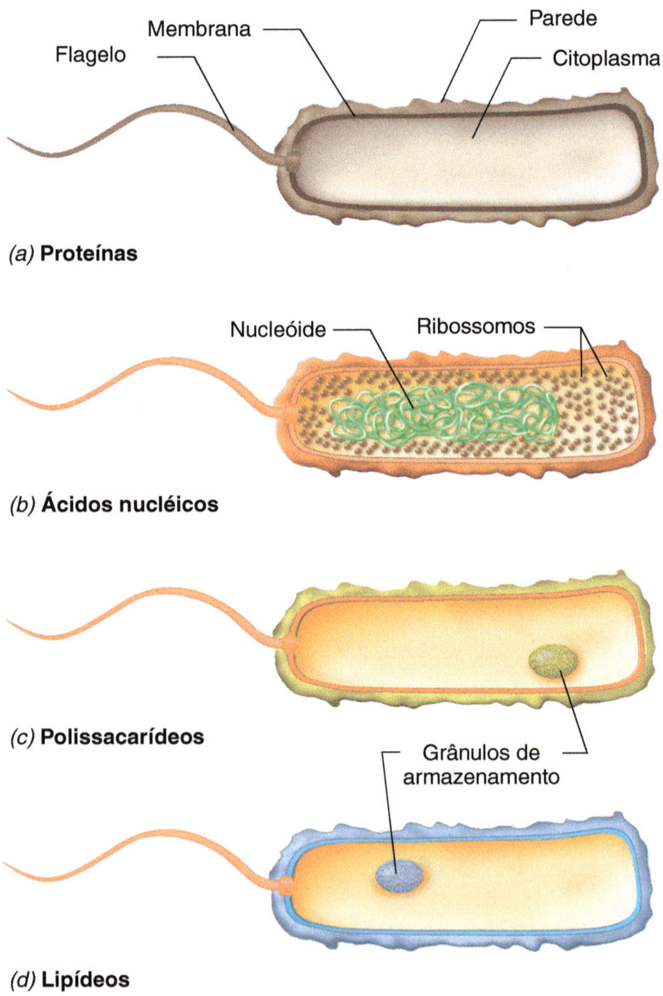

Figura 3.3 Localização das macromoléculas no interior da célula. (a) *Proteínas* (marrom) são encontradas por toda a célula, tanto como parte da estrutura celular quanto como enzimas. O flagelo é a estrutura envolvida na motilidade. (b) *Ácidos nucléicos.* O DNA (verde) é encontrado no nucleóide de células procarióticas e no núcleo de células eucarióticas. O RNA (laranja) é encontrado no citoplasma (mRNA, tRNA) e nos ribossomos (rRNA). (c) *Polissacarídeos* (amarelo) estão localizados na parede celular e, ocasionalmente, nos grânulos de armazenamento internos. (d) *Lipídeos* (azul) são encontrados na membrana citoplasmática, na parede celular e nos grânulos de armazenamento. Observe o esquema de cores aqui utilizado, pois essas mesmas cores serão empregadas para representar tais macromoléculas ao longo de todo o livro. Para mais informações sobre o DNA, consultar também a legenda da Figura 3.11.

pré-requisito necessário para a vida como a conhecemos. As propriedades químicas chave que tornam a água um solvente tão adequado são a *polaridade* e a *coesividade*.

As propriedades polares da água são de grande relevância, pois, como muitas das moléculas biologicamente importantes são polares, estas prontamente se solubilizam em água. Como veremos no Capítulo 4, substâncias em solução estão continuamente passando para dentro e fora da célula, por meio de diferentes mecanismos de transporte através da membrana citoplasmática (Seções 4.6 e 4.7). As propriedades polares da água também promovem a formação de pontes de hidrogênio. A água forma redes tridimensionais tanto entre suas moléculas (Figura 3.2*a*) como com macromoléculas, auxiliando dessa maneira o posicionamento dos átomos no interior de biomoléculas e possibilitando potenciais interações. A grande polaridade da água também é benéfica às células, pois tende a forçar substâncias *apolares* a se agregarem e permanecerem juntas. As membranas, por exemplo, contêm grandes quantidades de macromoléculas apolares, tais como lipídeos, que tendem a se agregar, impedindo o fluxo livre de moléculas polares para dentro e fora da célula.

Além de possibilitar a formação de pontes de hidrogênio, a natureza polar da água a torna altamente coesa, ou seja: as moléculas de água tendem a apresentar uma alta afinidade umas pelas outras, formando arranjos quimicamente ordenados, onde pontes de hidrogênio (Figura 3.2) estão constantemente se formando, rompendo-se e sendo novamente formadas. A natureza coesiva da água é responsável por várias de suas propriedades biológicas importantes, tais como a *alta tensão superficial* e o *alto calor específico* (calor necessário para elevar a temperatura em 1°C). O fato de a água se expandir ao congelar-se, originando uma forma sólida menos densa (gelo), exerce um profundo efeito nos seres vivos de ambientes aquáticos temperados e polares. Em um lago, por exemplo, o gelo da superfície isola a água encontrada abaixo, evitando seu congelamento e permitindo, desse modo, a sobrevivência de organismos aquáticos, apesar da camada de gelo presente na superfície.

A vida surgiu na água e, em qualquer lugar da Terra onde exista água em estado líquido, microrganismos poderão existir (veremos exemplos espetaculares desse fato na Seção 6.10 e no Capítulo 13). A seguir, descreveremos a estrutura das principais macromoléculas dos seres vivos (Tabela 3.2).

✓ 3.2 Verificação de conceitos

As proteínas correspondem à classe de macromoléculas mais abundantes de uma célula. As outras macromoléculas incluem os ácidos nucléicos (DNA e RNA), lipídeos, polissacarídeos e lipopolissacarídeos. A água é um excelente solvente para os seres vivos devido à sua polaridade e coesividade.

✓ Por que o RNA corresponde a uma proporção tão grande de uma célula em crescimento ativo?

✓ Por que a alta polaridade da água a torna útil como solvente biológico?

II MACROMOLÉCULAS

Agora passaremos a dissecar as macromoléculas listadas na Tabela 3.2 e a examinar seus componentes.

3.3 Polissacarídeos

Carboidratos (açúcares) são compostos orgânicos contendo carbono, hidrogênio e oxigênio na proporção de 1:2:1. A fórmula estrutural da glicose, o mais abundante dos açúcares, é $C_6H_{12}O_6$ (Figura 3.4). Os carboidratos de maior relevância biológica são aqueles contendo 4, 5, 6 e 7 átomos de carbono (denominados C_4, C_5, C_6 e C_7). Os açúcares C_5 (pentoses) apresentam significado especial pelo seu papel de esqueletos estruturais dos ácidos nucléicos. Da mesma maneira, os açúcares C_6 (hexoses) correspondem aos monômeros constituintes dos polímeros da parede celular e também a reservatórios de energia. A Figura 3.4 apresenta as fórmulas estruturais de alguns açúcares comuns.

Derivados de carboidratos simples podem ser originados pela substituição de um ou mais grupos hidroxila por

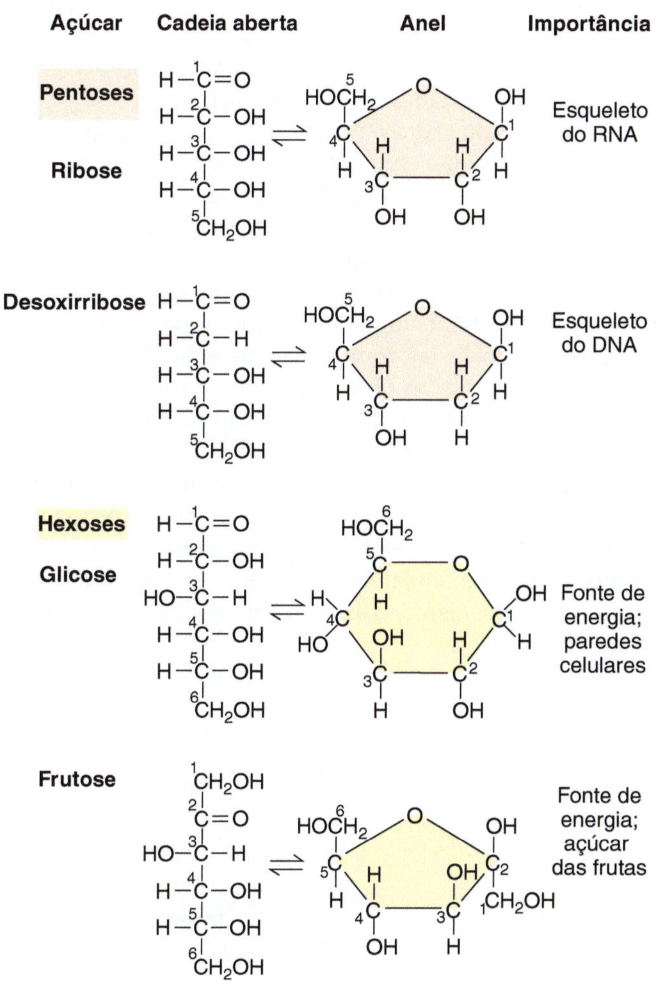

Figura 3.4 Fórmulas estruturais de alguns açúcares comuns. As fórmulas podem ser representadas de duas maneiras: cadeia aberta ou anel. A cadeia aberta é de visualização mais fácil, mas a forma em anel corresponde à estrutura usualmente empregada. Observe o sistema de numeração no anel.

outras espécies químicas. Por exemplo, o principal polímero da parede celular bacteriana, o **peptideoglicano** (Seção 4.8), contém N-acetilglicosamina (Figura 3.5), um derivado de glicose. Açúcares com a mesma fórmula *estrutural* podem apresentar diferentes *propriedades estereoisoméricas* (Seção 3.6). Desse modo, um grande número de diferentes açúcares encontra-se potencialmente disponível na célula, para a síntese de polissacarídeos.

A ligação glicosídica

Polissacarídeos são carboidratos contendo muitas unidades monoméricas (às vezes, centenas ou mesmo milhares) unidas por ligações covalentes, denominadas *ligações glicosídicas* (Figura 3.6). Quando dois açúcares (monossacarídeos) estão unidos por uma ligação glicosídica, a molécula resultante é denominada *dissacarídeo.* A adição de outro monossacarídeo origina um *trissacarídeo*, enquanto a adição de vários outros, um *oligossacarídeo*; uma cadeia extremamente longa é denominada **polissacarídeo.**

A ligação glicosídica pode ocorrer em duas orientações geométricas distintas, denominadas alfa (α) e beta (β) (Figura 3.6*a*). Polissacarídeos que apresentam uma estrutura repetitiva, composta por unidades de glicose unidas pelos carbonos 1 e 4 na orientação *alfa* (por exemplo, glicogênio e amido, Figura 3.6*b*), atuam como importantes reservatórios de carbono e energia em bactérias, plantas e animais. Em contrapartida, unidades de glicose conectadas por ligações *beta*-1,4 são encontradas na celulose (Figura 3.6*b*), um componente da parede celular de algas e de plantas rígidas. Assim, embora o amido e a celulose sejam formados exclusivamente por unidades de glicose, suas propriedades funcionais são totalmente distintas em decorrência das diferentes configurações, α ou β, de suas ligações glicosídicas. Polissacarídeos também podem se combinar a outras classes de macromoléculas, como proteínas ou lipídeos, formando polissacarídeos complexos como as **glicoproteínas** e os **glicolipídeos**. Esses compostos desempenham importante papel nas membranas celulares, como moléculas receptoras de superfície celular. Estes compostos se situam na superfície externa da membrana, onde mantêm contato com o meio ambiente. Os glicolipídeos também constituem a principal porção da parede celular de bactérias gram-negativas, conferindo aos organismos várias propriedades de superfície únicas (Seção 4.9).

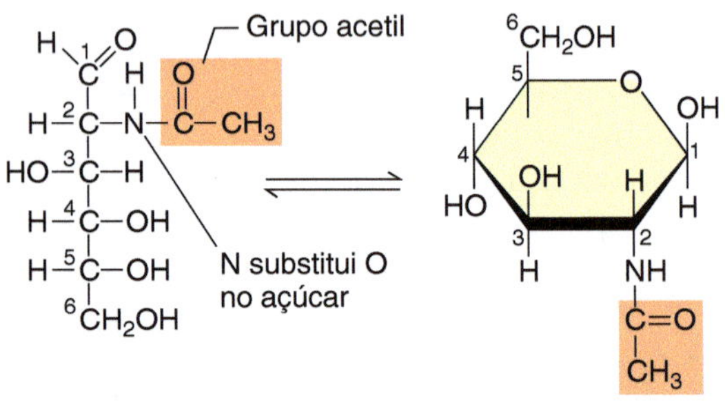

■ **Figura 3.5** N-acetilglicosamina, um derivado de açúcar.

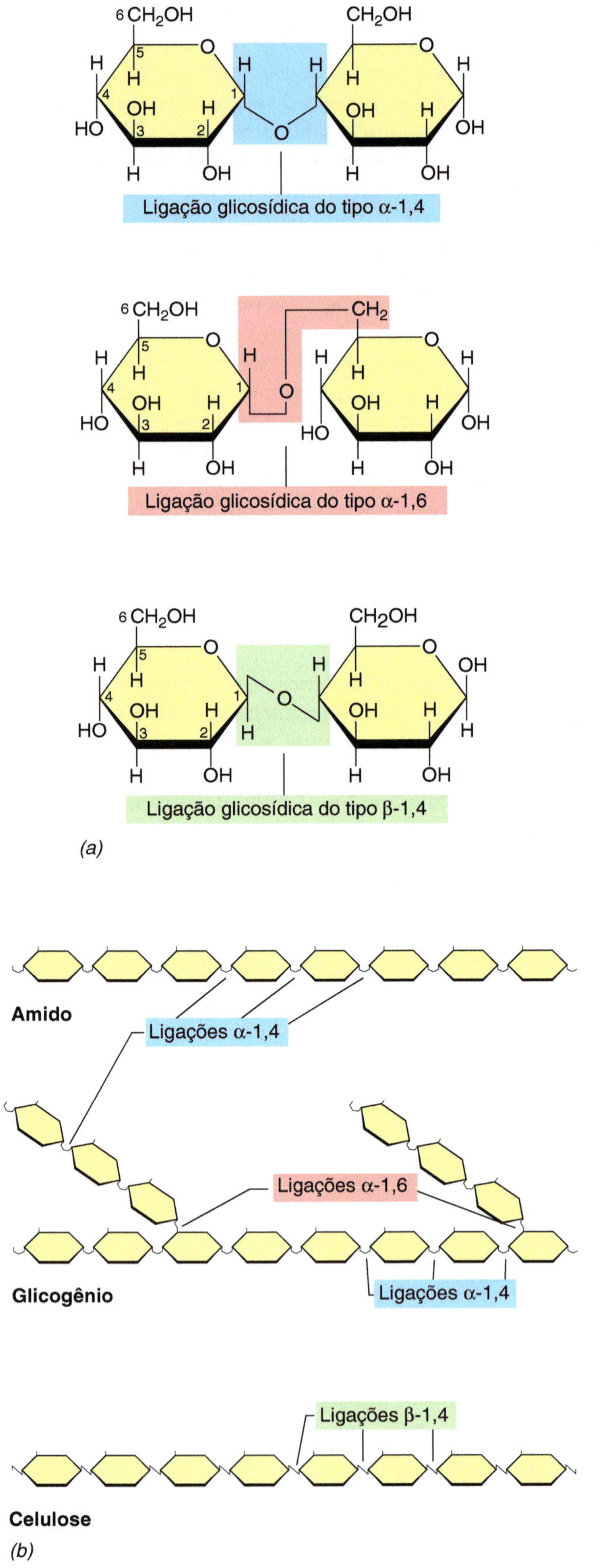

■ **Figura 3.6** Polissacarídeos. (a) Estrutura de diferentes ligações glicosídicas. Observe que tanto a *ligação* como a *geometria* (α ou β) da ligação podem variar na ligação glicosídica. (b) Estrutura de alguns polissacarídeos comuns. Compare os códigos de cores com (a).

✓ 3.3 Verificação de conceitos

Os açúcares se associam, formando longos polímeros denominados polissacarídeos. As duas diferentes orientações das ligações glicosídicas que unem resíduos de açúcares conferem diferentes propriedades às moléculas resultantes. Os polissacarídeos também podem conter outras moléculas, tais como proteínas ou lipídeos, originando polissacarídeos complexos.

✓ Como é possível o glicogênio e a celulose diferirem tanto em suas propriedades físicas, quando ambos consistem em 100% de glicose?

3.4 Lipídeos

Os **ácidos graxos** correspondem aos principais constituintes dos **lipídeos** de *Bacteria* e *Eukarya*. Os lipídeos de *Archaea*, ao contrário, são constituídos pela molécula hidrofóbica fitano (Seção 4.5). Os ácidos graxos possuem propriedades químicas interessantes, porque apresentam tanto regiões altamente hidrofóbicas como outras altamente hidrofílicas. O palmitato,* por exemplo (Figura 3.7), é um ácido graxo de 16 carbonos, composto por uma cadeia de 15 átomos de carbono saturados (completamente hidrogenados) e um único grupo carboxila. Outros ácidos graxos comuns encontrados em lipídeos incluem formas saturadas ou monoinsaturadas de C_{14} a C_{20} (Figura 3.7).

Triglicerídeos e lipídeos complexos

Lipídeos simples (gorduras) consistem em ácidos graxos ligados ao álcool C_3 *glicerol* (Figura 3.7). Os lipídeos simples são também denominados **triglicerídeos**, pois há três ácidos graxos ligados à molécula de glicerol.

Lipídeos complexos correspondem a lipídeos simples contendo elementos adicionais, como fósforo, nitrogênio, enxofre, ou pequenos compostos hidrofílicos de carbono, como açúcares, etanolamina (Figura 3.7), serina ou colina. Lipídeos que contêm um grupo fosfato são denominados **fosfolipídeos** e constituem uma importante classe de lipídeos complexos, pois desempenham papel estrutural fundamental na membrana citoplasmática (Seção 4.5).

As propriedades químicas dos lipídeos os tornam componentes estruturais ideais de membranas. Por serem *anfipáticos*, isto é, por apresentarem propriedades hidrofóbicas e hidrofílicas, os lipídeos agregam-se nas membranas, direcionando as porções hidrofílicas para o meio ambiente externo e interno (citoplasma) e mantendo suas porções hidrofóbicas afastadas do meio aquoso (Seção 4.5). Tais estruturas correspondem a barreiras de permeabilidade ideais, devido à incapacidade das substâncias hidrossolúveis passarem através das regiões lipídicas contendo ácidos graxos. Assim, a principal função da membrana citoplasmática é atuar como barreira à difusão de substâncias para dentro ou fora da célula.

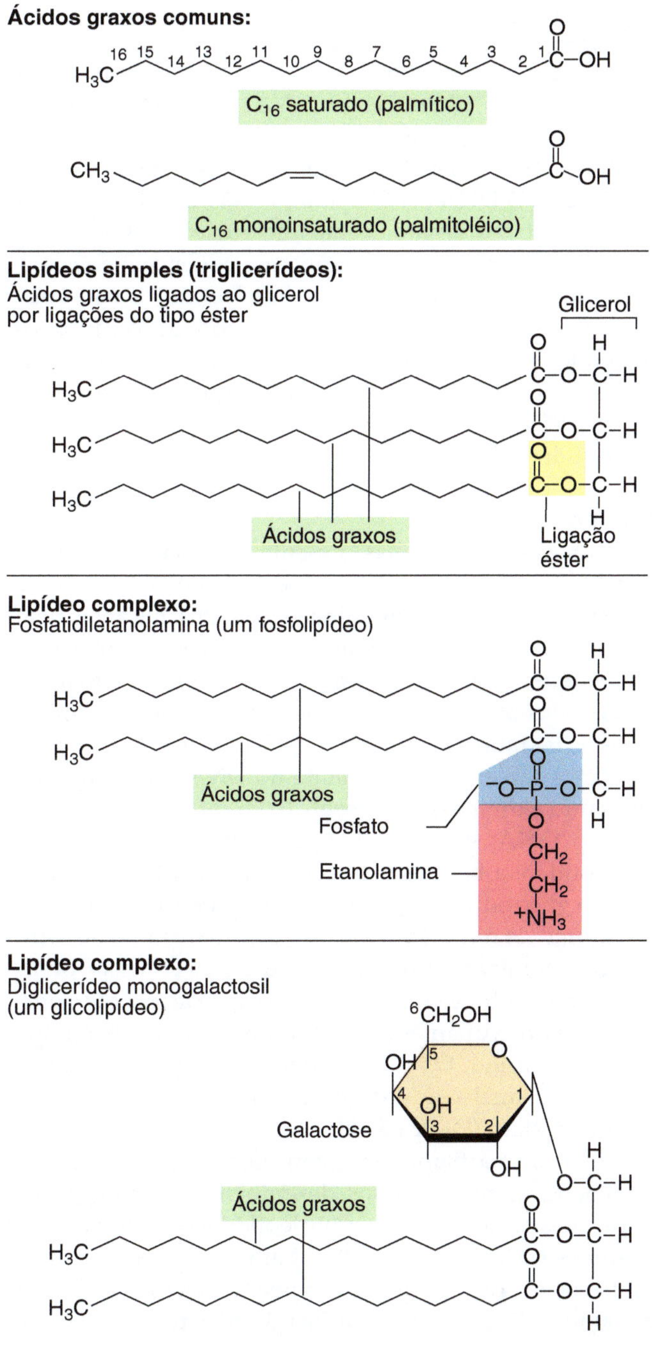

■ **Figura 3.7** Ácidos graxos, lipídeos simples (gorduras) e lipídeos complexos. Lipídeos simples são formados por uma reação de desidratação entre ácidos graxos e glicerol, originando uma ligação éster.

✓ 3.4 Verificação de conceitos

Os lipídeos contêm componentes tanto hidrofóbicos como hidrofílicos; suas propriedades químicas os tornam componentes estruturais ideais das membranas celulares.

✓ Qual parte de uma molécula de ácido graxo é hidrofóbica? Qual é hidrofílica?

✓ Como um *fosfolipídeo* se diferencia de um *triglicerídeo*?

✓ Desenhe a estrutura química do butirato, um ácido graxo C_4 totalmente saturado.

* Os ácidos graxos podem ser encontrados tanto na forma protonada (RCOOH) como na forma não protonada ($RCOO^-$), de acordo com o pH. Como em pH 7 os ácidos graxos encontram-se geralmente desprotonados, adiciona-se o sufixo *–ato* à raiz do termo utilizado para o ácido graxo. Assim, o ácido palmítico é representado por $C_{15}H_{31}COOH$, e o palmitato, por $C_{15}H_{31}COO^-$.

3.5 Ácidos nucléicos

Os ácidos nucléicos — ácido desoxirribonucléico (DNA) e ácido ribonucléico (RNA) — correspondem a macromoléculas compostas por monômeros denominados **nucleotídeos**. O DNA e o RNA são, portanto, **polinucleotídeos**. O DNA contém a impressão genética da célula, enquanto o RNA atua como uma molécula intermediária, que converte a informação em seqüências definidas de aminoácidos, na célula. Um nucleotídeo é composto por três unidades: um açúcar contendo cinco carbonos, podendo ser uma ribose (no RNA) ou uma desoxirribose (no DNA), uma base nitrogenada e uma molécula de fosfato, PO_4^{3-}. A Figura 3.8 apresenta a estrutura geral dos nucleotídeos de DNA e RNA.

Nucleotídeos

As bases nitrogenadas presentes nos ácidos nucléicos pertencem a uma de duas classes químicas. As bases *purínicas* — **adenina** e **guanina** — contêm dois anéis heterocíclicos (que possuem mais de um tipo de átomo) fundidos, enquanto as bases *pirimídicas* — **timina**, **citosina** e **uracil** — contêm um único anel heterocíclico, composto por seis membros (Figura 3.9). As bases guanina, adenina e citosina são encontradas tanto no DNA como no RNA, enquanto a timina está presente (com raras exceções) apenas no DNA, e o uracil, apenas no RNA. Em cada nucleotídeo, a base está ligada a uma pentose por uma ligação glicosídica entre o átomo de carbono 1 do açúcar e um átomo de nitrogênio da base, sendo o átomo de nitrogênio denominado 1 (nas pirimidinas) ou 9 (nas purinas). Quando uma base encontra-se associada ao açúcar, sem a presença do grupamento fosfato, a molécula é denominada **nucleosídeo**. Os nucleotídeos, por sua vez, correspondem a nucleosídeos contendo um ou mais grupamentos fosfato (Figura 3.10).

Além de participarem como monômeros dos ácidos nucléicos, os nucleotídeos desempenham ainda outros papéis nas células. Assim, os nucleotídeos — especialmente a adenosina trifosfato (ATP) (Figura 3.10) — atuam como fontes de energia química, pois liberam energia suficiente durante a clivagem de uma ligação fosfato, para promo-

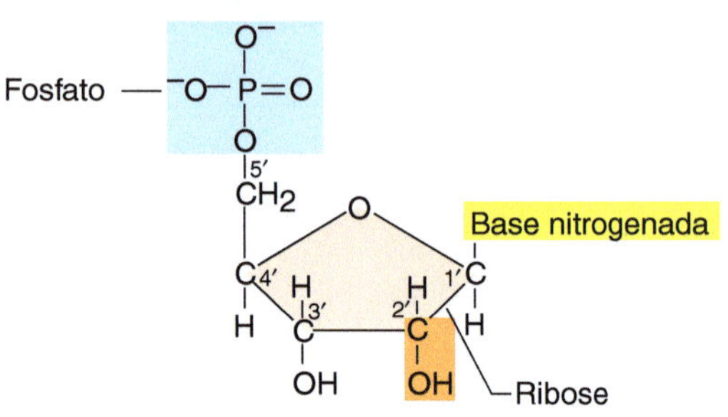

■ **Figura 3.8** Nucleotídeos. O esquema apresenta um *ribo*nucleotídeo, encontrado no RNA. Os *desoxirribo*nucleotídeos, encontrados no DNA, possuem um átomo de H em vez de um grupo OH, no carbono 2'. Os números na molécula de açúcar são seguidos de um apóstrofo ('), porque a estrutura em anel da base nitrogenada é também numerada (1, 2, 3 etc.) (ver Figura 3.9). Tanto os desoxirribonucleotídeos como os ribonucleotídeos contêm um grupamento fosfato associado ao C5'.

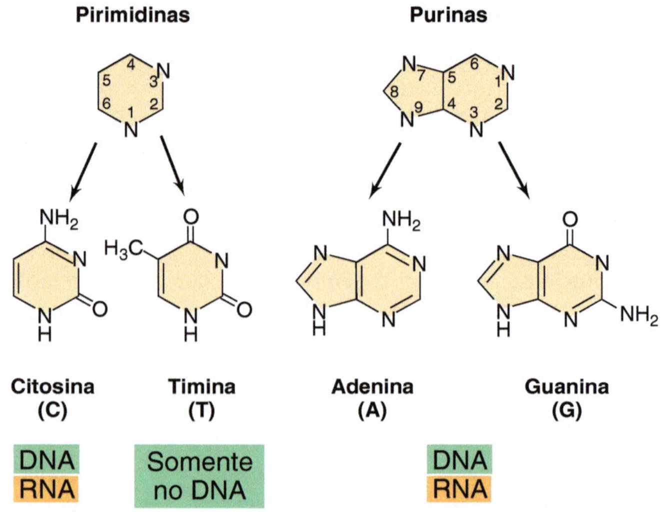

■ **Figura 3.9** Estrutura das bases nitrogenadas encontradas no DNA e no RNA. O uracil (U) não é apresentado, mas sua estrutura é idêntica à timina, exceto pela ausência do grupo metil no C-5. Observe o sistema de numeração dos anéis. Quando a base nitrogenada liga-se ao carbono 1' do açúcar fosfato, como mostrado na Figura 3.8, as pirimidinas são ligadas pelo N-1 do anel, enquanto as purinas o fazem pelo anel N-9.

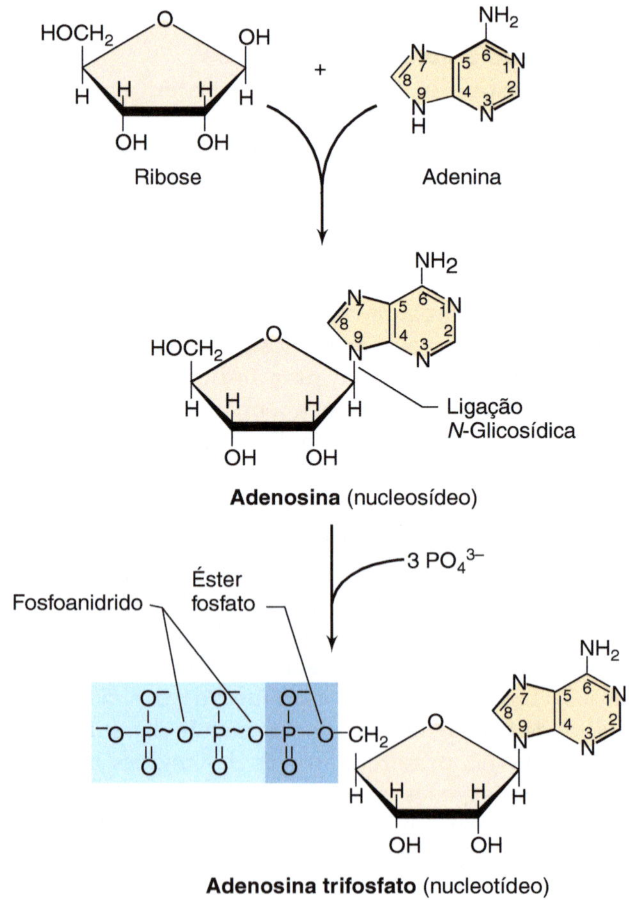

■ **Figura 3.10** Componentes da adenosina trifosfato — importante nucleotídeo. A energia liberada na hidrólise de uma ligação fosfoanidrido (apresentada como uma linha ondulada) é maior que a de uma ligação éster fosfato e terá importância no Capítulo 5 (Seção 5.8).

ver as reações que requerem energia em uma célula (Seção 5.8). Outros nucleotídeos, ou derivados, participam das reações de óxido-redução na célula (Seção 5.7), como carreadores de açúcares na biossíntese de polissacarídeos (Seção 5.15) e como moléculas reguladoras, inibindo ou estimulando a atividade de determinadas enzimas ou eventos metabólicos. Entretanto, aqui estamos apenas discutindo o papel de um nucleotídeo como um monômero de ácidos nucléicos, correspondente à principal função *informacional* dos nucleotídeos.

Ácidos nucléicos

O esqueleto dos ácidos nucléicos corresponde a um polímero, onde moléculas de açúcar e fosfato se alternam (Figura 3.11).

Os polinucleotídeos contêm nucleotídeos ligados covalentemente pela união do grupo fosfato associado ao carbono 3 [denominado carbono 3′ (3 linha)] de um açúcar ao carbono 5 (5′) do açúcar adjacente (Figura 3.11*a*). A ligação fosfato é quimicamente caracterizada como um **fosfodiéster**, uma vez que um único fosfato está conectado a dois açúcares por uma ligação éster.

A seqüência de nucleotídeos em uma molécula de DNA ou RNA é descrita como a *estrutura primária* da molécula. Como já discutimos, a seqüência de bases de uma molécula de DNA ou RNA é *informacional*, representando a informação genética necessária para reproduzir uma cópia idêntica do organismo. Veremos, posteriormente, que a replicação de DNA e a síntese de RNA são processos altamente complexos (Capítulo 7), sendo necessário um mecanismo virtualmente livre de erros para garantir a fidelidade na transferência das características genéticas de uma geração para outra.

DNA

Nas células, o DNA está presente sob a forma de fita dupla. Cada cromossomo contém duas fitas de DNA, em que cada uma é composta por vários milhões de nucleotídeos, unidos por ligações fosfodiéster. As fitas associam-se pela formação de pontes de hidrogênio entre os nucleotídeos presentes em cada uma das duas fitas. Quando posicionadas de forma adjacente, as bases púricas e pirimídicas podem formar pontes de hidrogênio (ver Figura 3.2*c*). As pontes de hidrogênio mais estáveis ocorrem quando a guanina (G) en-

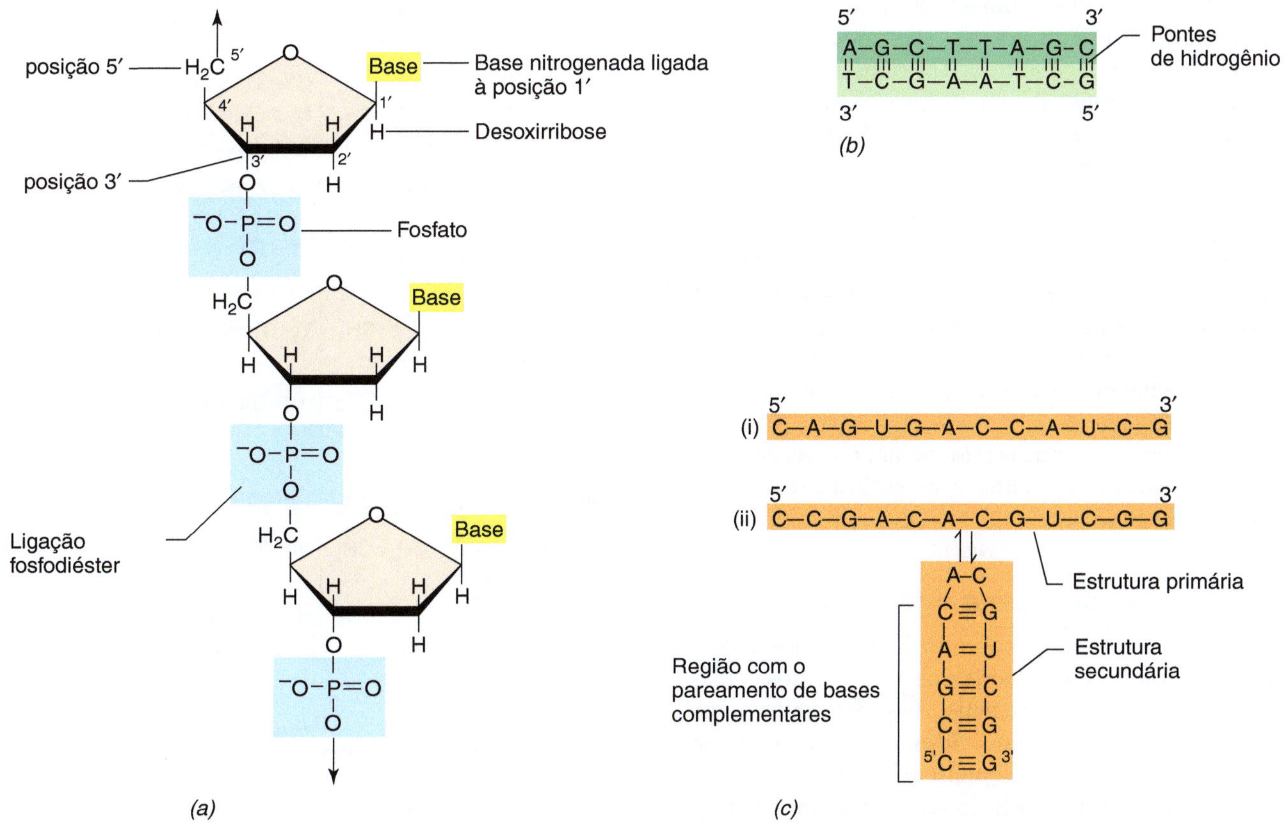

■ **Figura 3.11** DNA e RNA. (a) Estrutura de parte da cadeia de DNA. As bases nitrogenadas podem ser adenina, guanina, citosina ou timina. No RNA, um grupo OH está presente no carbono 2′ da pentose (ver Figura 3.8) e o uracil substitui a timina. (b) Estrutura simplificada de DNA, em que são apresentadas apenas as bases nitrogenadas. Observe como as duas fitas apresentam bases complementares (A=T; G≡C) ligadas por pontes de hidrogênio. Observe também como as duas fitas de DNA são mostradas em dois tons diferentes de verde; esta convenção será empregada por todo o livro. (c) RNA: (i) Seqüência apresentando apenas a estrutura primária; (ii) Seqüência cuja composição de bases possibilita a formação de uma estrutura secundária. No RNA, as estruturas secundárias são formadas quando surge a oportunidade de pareamento de bases intracadeia (localizadas na mesma fita), conforme apresentado. Em algumas moléculas de RNA muito grandes, como RNA ribossomal (Seções 7.15 e 11.4), algumas partes da molécula apresentam apenas estrutura primária, enquanto outras apresentam estruturas primária e secundária. Tal fato pode originar moléculas altamente torcidas ou retorcidas (Figura 11.8*c*), cuja função biológica depende significativamente de sua estrutura tridimensional final. O RNA é representado em laranja ao longo deste livro.

contra-se pareada com a citosina (C), e a adenina (A), com a timina (T) (ver Figura 3.2*c*). Quando há o pareamento específico de bases, A com T e G com C, diz-se que as duas fitas de DNA são *complementares* em relação à seqüência de bases. Assim, quando G é encontrada em uma fita, C é encontrada em outra, e onde T está presente em uma fita, sua fita complementar apresenta A (Figura 3.11*b*).

RNA

Com raras exceções, todos os ácidos ribonucléicos correspondem a moléculas de fita *simples*. No entanto, geralmente as moléculas de RNA se dobram em regiões onde é possível o pareamento de bases complementares, originando estruturas dobradas. Esse padrão de dobramento observado no RNA é referido como sua *estrutura secundária* (Figura 3.11*c*).

O RNA desempenha três papéis fundamentais na célula. O **RNA mensageiro** (mRNA) contém a informação genética do DNA, em uma molécula de fita simples, cuja seqüência de bases é *complementar* à seqüência encontrada em uma região do DNA. As moléculas de **RNA transportador** (tRNA) atuam como "adaptadores" na síntese protéica. Assim, os RNAs transportadores adaptam a informação genética da linguagem de nucleotídeos para a linguagem de aminoácidos — blocos que constituem as proteínas. Os **RNAs ribossomais** (rRNAs), dos quais se conhecem vários tipos diferentes, são importantes componentes estruturais e catalíticos dos ribossomos, um dos principais componentes do aparato de síntese protéica celular. Essas várias moléculas de RNA serão discutidas em detalhes nos Capítulos 7 e 11.

✓ 3.5 Verificação de conceitos

O conteúdo informacional de um ácido nucléico é determinado pela seqüência de bases nitrogenadas ao longo da cadeia de polinucleotídeos. O RNA e o DNA são macromoléculas informacionais. O RNA pode dobrar-se em várias configurações, originando uma estrutura secundária.

✓ O que é um *nucleotídeo*?

✓ O que diferencia um nucleo*sídeo* de um nucleo*tídeo*?

✓ Descreva a diferença entre a estrutura *primária* e a *secundária* do RNA.

3.6 Aminoácidos e a ligação peptídica

Os aminoácidos correspondem às unidades monoméricas das proteínas. A maioria dos aminoácidos consiste apenas em carbono, hidrogênio, oxigênio e nitrogênio; entretanto, dois dos 21 aminoácidos comumente encontrados nas células também contêm enxofre, e um possui selênio. Todos os aminoácidos contêm dois importantes grupos funcionais, um grupo *carboxila* (—COOH) e um grupo *amino* (—NH_2) (Tabela 3.1 e Figura 3.12). Esses grupos são funcionalmente importantes porque as ligações covalentes entre o carbono do grupo carboxila de um aminoácido e o nitrogênio do grupo amino do segundo aminoácido (com a eliminação de uma molécula de água) formam a **ligação peptídica** — um tipo de ligação covalente característica de proteínas (Figura 3.13).

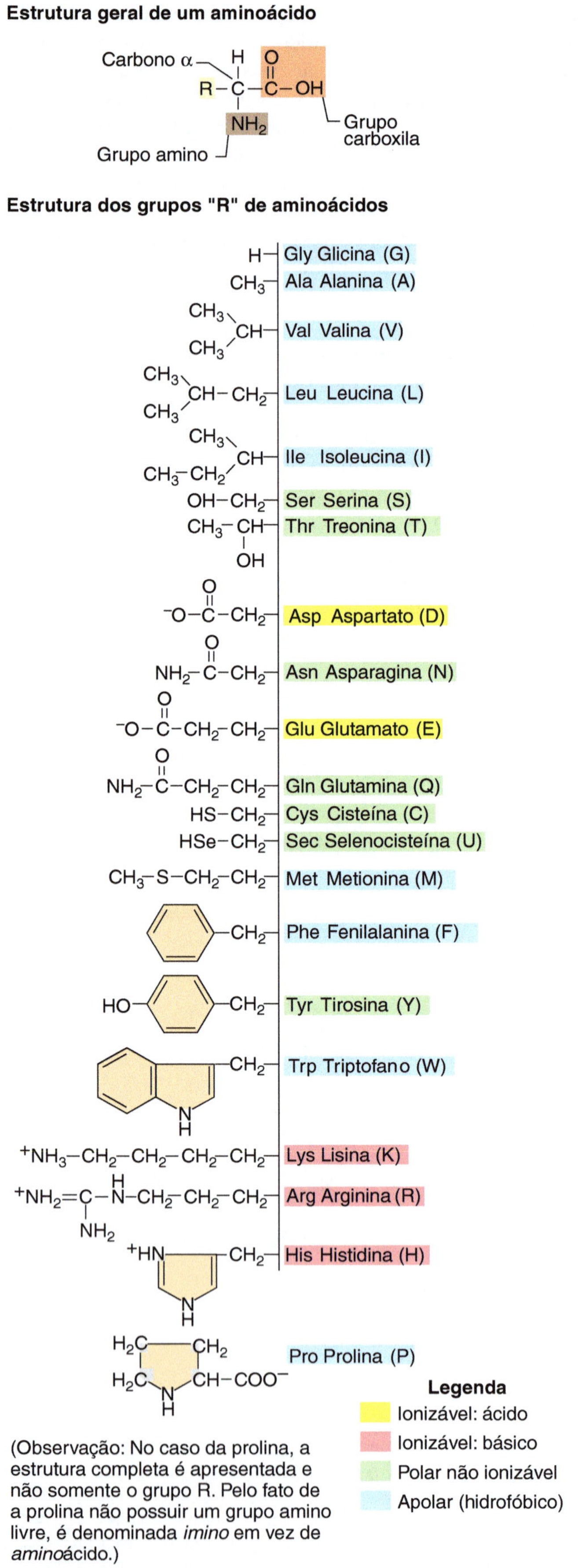

■ **Figura 3.12** Estrutura dos 21 aminoácidos comuns. A codificação de três letras para os aminoácidos fica à esquerda dos nomes, enquanto a codificação de uma letra entre parênteses situa-se à direita dos respectivos nomes.

Todos os aminoácidos apresentam a estrutura geral ilustrada na Figura 3.12. Estes diferem entre si quanto à natureza do grupo lateral (abreviado como R na Figura 3.12) ligado ao carbono α. O carbono α corresponde ao átomo de carbono *imediatamente adjacente* ao grupo carboxila. As cadeias laterais variam consideravelmente e podem ser compostas por um simples átomo de hidrogênio, como observado no aminoácido glicina, ou por estruturas mais complexas, como um anel aromático na fenilalanina (Figura 3.12). As propriedades químicas de um aminoácido são determinadas, principalmente, pela natureza da cadeia lateral; assim, aminoácidos que apresentam propriedades químicas similares podem ser agrupados em "famílias" de aminoácidos, conforme mostrado na Figura 3.12. Por exemplo, a cadeia lateral pode conter um grupo de ácido carboxílico, como aquele no ácido aspártico ou ácido glutâmico, que confere propriedades ácidas ao aminoácido. Por outro lado, vários aminoácidos contêm cadeias laterais hidrofóbicas, sendo agrupados como aminoácidos apolares. O aminoácido cisteína contém um grupo sulfidrila (—SH), que pode conectar duas cadeias de aminoácidos por meio de uma *ponte dissulfeto* (R—S— S—R). Assim, a diversidade de aminoácidos permite à célula produzir um enorme número de proteínas quimicamente distintas, com propriedades bioquímicas amplamente diferentes.

Isômeros

Duas moléculas podem possuir a mesma fórmula molecular, mas existir com formas estruturais diferentes. Essas moléculas relacionadas, mas não idênticas, são denominadas **isômeros**. Louis Pasteur, o famoso microbiologista que refutou a teoria de geração espontânea (Seção 1.5), iniciou sua carreira científica estudando uma classe de isômeros, denominados *isômeros ópticos*. A assimetria que Pasteur primeiramente descobriu em cristais de ácido tartárico (Figura 3.14) foi a fundamentação para seu trabalho posterior, que demonstrou serem os organismos vivos também capazes de produzir moléculas opticamente ativas (como aminoácidos e açúcares).

Muitos isômeros de açúcares comuns são encontrados como constituintes das paredes celulares de *Bacteria* e *Archaea* (Seção 4.8). Isômeros que contêm a mesma fórmula molecular e estrutural, exceto por um corresponder à "imagem especular" do outro — tal como a mão esquerda é a imagem especular da direita —, são denominados **enantiômeros**, recebendo as designações D e L (Figura 3.15*b*). D-Açúcares predominam em sistemas biológicos.

Do mesmo modo que os açúcares, os aminoácidos podem existir como enantiômeros D ou L. No entanto, no caso das proteínas, a vida evoluiu para o uso de L-aminoácidos em vez de D-aminoácidos (Figura 3.15*c*). Contudo, D-aminoácidos são ocasionalmente encontrados na natureza, mais comumente no peptideoglicano, o polímero da parede celular bacteriana (Seção 4.8), e em certos antibióticos peptídicos (Seção 17.9). Os procariotos são equipados para lidar com as conversões de D-aminoácidos para a forma L, ou dos L-açúcares para a forma D, por meio de enzimas que catalisam especificamente essa transformação. As células contêm enzimas denominadas **racemases**, cuja função é converter a forma não usual (L-açúcar ou D-aminoácido) para uma forma prontamente metabolizável (D-açúcar ou L-aminoácido).

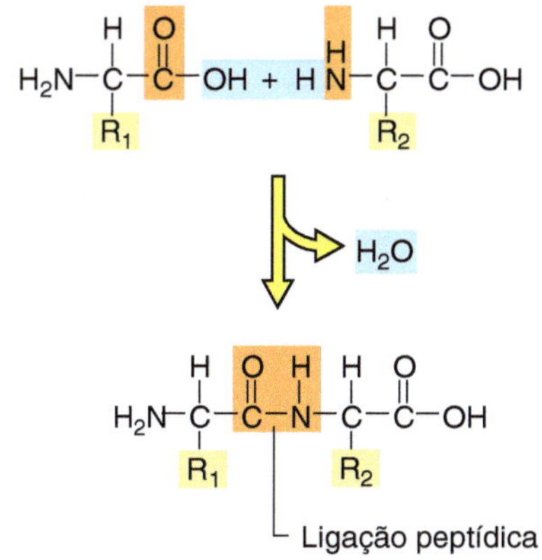

■ **Figura 3.13** Formação da ligação peptídica. R_1 e R_2 referem-se à porção variável (cadeia lateral) do aminoácido (ver Figura 3.12).

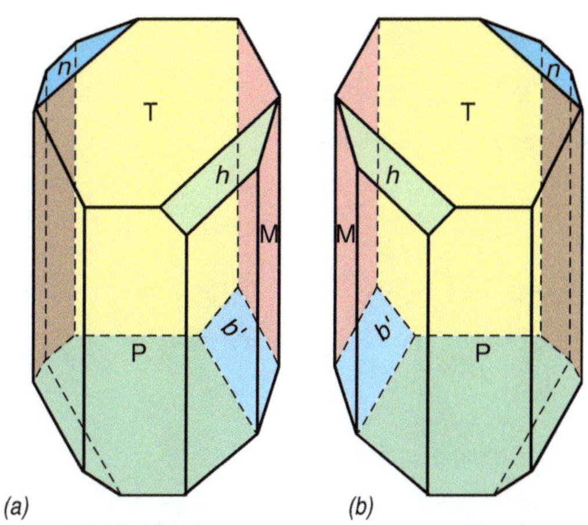

■ **Figura 3.14** Desenho de cristais de ácido tartárico ($C_4H_6O_6$) feito por Louis Pasteur e empregado para ilustrar seu famoso artigo sobre a atividade óptica. (a) Cristal levógiro (forma L). (b) Cristal dextrógiro (forma D). Observe que os dois cristais correspondem a imagens especulares (ou seja, são enantiômeros). As letras nas faces dos cristais correspondem à forma utilizada por Pasteur para identificar as imagens especulares nas faces dos dois cristais. Acrescentamos as cores para mostrar mais claramente as imagens especulares dessas faces.

✓ 3.6 Verificação de conceitos

Vinte e um aminoácidos comuns são encontrados nas células; estes podem se ligar uns ao outros por meio da *ligação peptídica*. Existem formas especulares (enantiômeros) de açúcares e aminoácidos, mas apenas um isômero óptico de cada é encontrado em polissacarídeos e em proteínas celulares, respectivamente.

✓ Por que se pode afirmar que todos os aminoácidos são estruturalmente similares e ao mesmo tempo diferentes?

✓ Desenhe a estrutura de um dipeptídeo contendo os aminoácidos alanina e tirosina. Assinale a ligação peptídica.

✓ Qual forma enantiomérica de açúcares e aminoácidos é comumente encontrada em organismos vivos? Por que o aminoácido *glicina* não apresenta diferentes enantiômeros?

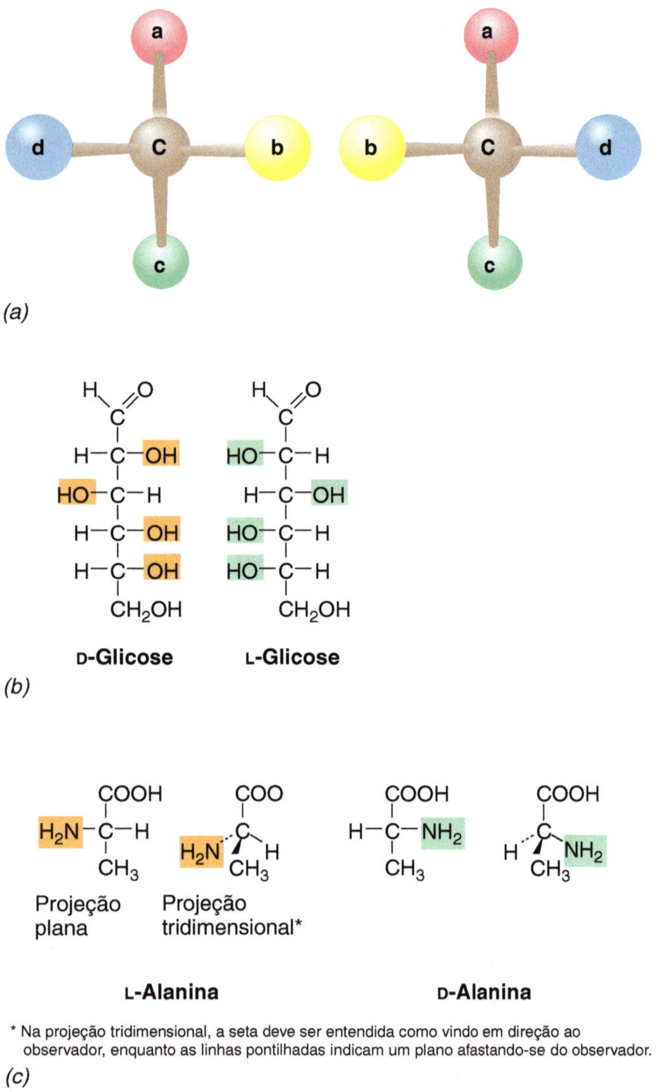

■ **Figura 3.15** Isômeros. (a) Modelo de bolas e bastões mostrando as imagens especulares. (b) Enantiômeros do aminoácido alanina. Observe que, independentemente da maneira que as imagens tridimensionais sejam giradas, as formas L e D nunca podem ser sobrepostas.

3.7 Proteínas: estruturas primária e secundária

As proteínas desempenham papéis-chave na função celular. As duas principais classes de proteínas são as *catalíticas* (enzimas) e as *estruturais*. As enzimas são os catalisadores de uma ampla variedade de reações químicas que ocorrem nas células (Capítulos 5 e 18). Em contrapartida, as proteínas estruturais correspondem àquelas que se tornam parte integral da estrutura celular nas membranas, paredes e componentes citoplasmáticos. Em essência, uma célula apresenta-se como é devido aos diferentes tipos e quantidades de proteínas que contém. Assim, o entendimento da estrutura das proteínas é essencial ao entendimento da função celular.

Estrutura primária

As proteínas correspondem a polímeros de aminoácidos ligados covalentemente por ligações peptídicas (Figura 3.13). Dois aminoácidos ligados constituem um *dipeptídeo*, três aminoácidos, um *tripeptídeo*, e assim por diante. Quando *muitos* aminoácidos estão ligados covalentemente por ligações peptídicas, constituem um **polipeptídeo**; as proteínas consistem em um ou mais polipeptídeos. O número de aminoácidos de uma proteína varia de uma proteína para outra. São conhecidas proteínas compostas por poucos aminoácidos, como 15, e outras por muitos, apresentando até 10.000 aminoácidos. Uma vez que as proteínas variam na composição, na seqüência e no número de aminoácidos, é fácil entender que uma enorme variação na estrutura protéica (e, conseqüentemente, na função) é possível.

A disposição linear de aminoácidos em um polipetídeo é conhecida como **estrutura primária**. A estrutura primária de um polipetídeo é muito importante, uma vez que determinada estrutura primária é compatível somente com certos tipos de dobramento. Por outro lado, a atividade biológica de um dado polipetídeo está estreitamente associada ao seu dobramento final. Assim, pode-se dizer que a estrutura primária de um polipetídeo determinará, em grande parte, suas propriedades biológicas.

Estrutura secundária

A justaposição dos grupos R de aminoácidos individuais em um polipeptídeo força a molécula a se torcer e a dobrar de uma maneira específica. Tal fato leva à formação da **estrutura secundária** da proteína (Figura 3.16). Pontes de hidrogênio — as fracas ligações não covalentes discutidas anteriormente (ver Seção 3.1) — desempenham importantes papéis no tipo de estrutura secundária obtida pela proteína. Um tipo de estrutura apresentada pelos polipeptídeos corresponde à *α-hélice*. Para visualizar uma hélice protéica, basta imaginar um polipeptídeo linear enrolado ao redor de um cilindro (Figura 3.16*a*). Nessas condições, os átomos de oxigênio e de nitrogênio de diferentes aminoácidos posicionam-se suficientemente próximos, na estrutura torcida, permitindo a formação de pontes de hidrogênio. Tal possibilidade de formação de pontes de hidrogênio (e a estabilidade inerente associada a elas) leva muitos polipeptídeos a assumirem uma estrutura secundária em α-hélice (Figura 3.16*a*).

Outros polipeptídeos assumem um diferente tipo de estrutura secundária, denominada *folha β pregueada*. Na folha β pregueada, a cadeia de aminoácidos do polipeptídeo dobra-se para trás e para a frente, sobre si mesma, em vez de formar uma hélice; esse tipo de dobramento expõe os átomos de hidrogênio, que podem participar da formação de pontes de hidrogênio (Figura 3.16*b*).

Muitos polipeptídeos contêm regiões de estrutura secundária tanto em α-hélice quanto em folha β pregueada, sendo o tipo de dobramento determinado pelas oportunidades disponíveis para a formação de pontes de hidrogênio e de interações hidrofóbicas. Visto que a estrutura secundária em folha β pregueada normalmente produz uma estrutura ligeiramente rígida, enquanto as estruturas secundárias em α-hélice são, em geral, mais flexíveis, a estrutura secundária de um dado polipeptídeo determina, de modo significativo, o papel funcional de

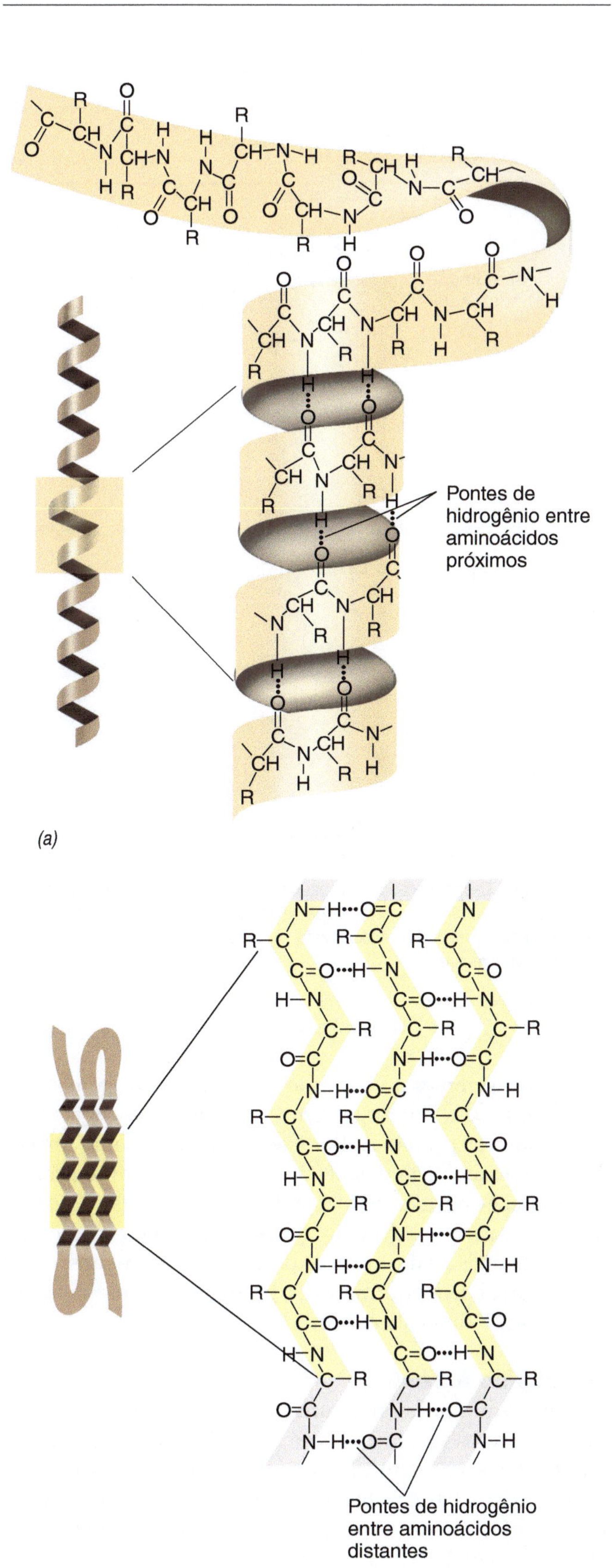

■ **Figura 3.16** Estrutura secundária de polipeptídeos. (*a*) Estrutura secundária em α-hélice. Observe que a ponte de hidrogênio não envolve os grupos R, ocorrendo entre os átomos das ligações peptídicas. (*b*) Estrutura secundária em folha β pregueada.

uma proteína na célula. Muitos polipeptídeos dobram-se em dois ou mais segmentos, cada um exibindo estrutura secundária em α-hélice ou em folha β pregueada (ver Figura 3.17). Esses segmentos, denominados *domínios*, correpondem a regiões do polipeptídeo que apresentam funções específicas na molécula protéica final.

3.8 Proteínas: maior organização estrutural e desnaturação

Uma vez que um polipeptídeo tenha assumido sua estrutura secundária, este continua a se dobrar, originando uma molécula ainda mais estável. Tal dobramento leva à formação da **estrutura terciária** da proteína. Assim como a estrutura secundária, a estrutura terciária é determinada principalmente pela estrutura primária, sendo também regida, pelo menos em parte, pela estrutura secundária da molécula. Como resultado da formação da estrutura secundária, a cadeia lateral de cada aminoácido do polipeptídeo posiciona-se de maneira específica. Se pontes de hidrogênio adicionais, ligações covalentes, interações hidrofóbicas ou outras interações atômicas puderem ser formadas, o polipeptídeo se dobrará para acomodá-las, adquirindo uma forma tridimensional única (Figura 3.17).

Freqüentemente, um polipeptídeo se dobra de tal maneira que grupos sulfidril de resíduos de cisteína adjacentes ficam expostos. Esses grupos –SH livres podem se ligar covalentemente, formando pontes dissulfeto entre os dois aminoácidos. Caso dois resíduos de cisteína estejam localizados em diferentes cadeias polipeptídicas de uma proteína, a ligação dissulfeto unirá fisicamente as duas moléculas (Figura 3.17*a*). Além disso, um único polipeptídeo pode dobrar-se de maneira espontânea e ligar-se covalentemente se dois resíduos de cisteína formarem uma ponte dissulfeto no interior da molécula. O dobramento terciário de um polipeptídeo, por fim, origina re-

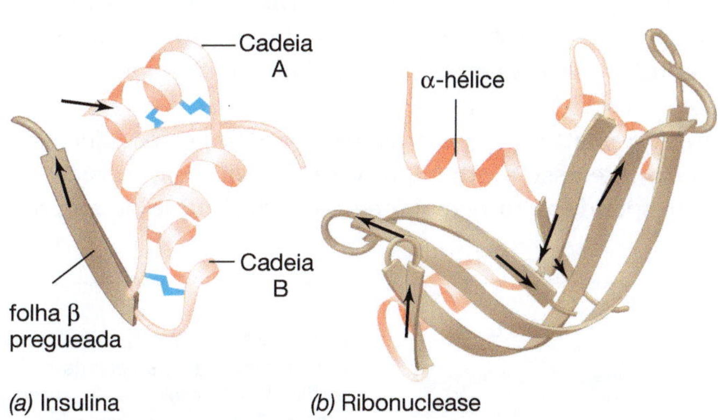

■ **Figura 3.17** Estrutura terciária de polipeptídeos, revelando onde regiões de estrutura secundária em α-hélice ou em folha β pregueada podem estar localizadas. (a) Insulina, uma proteína contendo duas cadeias polipeptídicas (Seção 31.9); observe como a cadeia B contém tanto estrutura secundária em α-hélice como em folha β pregueada e como as pontes dissulfeto (em azul) auxiliam na determinação dos padrões de dobramento (estrutura terciária). (b) Ribonuclease, uma proteína grande, com várias regiões de estrutura secundária em α-hélice e em folha β pregueada.

giões expostas ou sulcos na molécula (Figuras 3.17 e 3.18), freqüentemente importantes para a ligação a outras moléculas (por exemplo, na ligação de um substrato a uma enzima) (Seção 5.5).

Se uma proteína for composta por dois ou mais polipeptídeos — muitas proteínas o são —, o número e o tipo de polipeptídeos que originam a molécula protéica final serão conhecidos como **estrutura quaternária** (Figura 3.18). Nas proteínas que possuem estrutura quaternária, cada subunidade contém estruturas primária, secundária e terciária. Algumas proteínas contêm múltiplas cópias de uma única subunidade (uma proteína com duas subunidades idênticas será referida como um *homodímero*), enquanto outras contêm subunidades diferentes, cada qual presente em uma ou mais cópias. As subunidades são mantidas unidas por interações não covalentes (pontes de hidrogênio, forças de van der Waals ou interações hidrofóbicas) ou por ligações covalentes, em geral do tipo pontes dissulfeto entre as subunidades.

Desnaturação

Quando as proteínas são expostas ao calor, pH extremos, a certos compostos químicos ou a metais que afetam seu dobramento, diz-se que estas sofrem **desnaturação** (Figura 3.19). Em geral, as propriedades biológicas de uma proteína são perdidas quando esta sofre desnaturação; as ligações peptídicas (Figura 3.13), no entanto, não são afetadas. A desnaturação promove o desdobramento da cadeia polipeptídica, destruindo a estrutura de maior organização da molécula. O polipeptídeo desnaturado mantém sua estrutura primária porque seus aminoácidos são mantidos unidos pelas ligações covalentes (peptídicas). Dependendo da severidade das condições desnaturantes, poderá ocorrer o redobramento do polipeptídeo após a remoção do agente desnaturante (Figura 3.19). No entanto, o fato de a desnaturação de uma proteína estar geralmente associada à perda de sua atividade biológica demonstra que a atividade biológica não é inerente à estrutura primária da proteína, mas resultante do dobramento único da molécula (que, em última análise, é promovido pela estrutura primária). Dessa maneira, o dobramento de um polipeptídeo lhe confere uma forma única, compatível com uma função biológica *específica*.

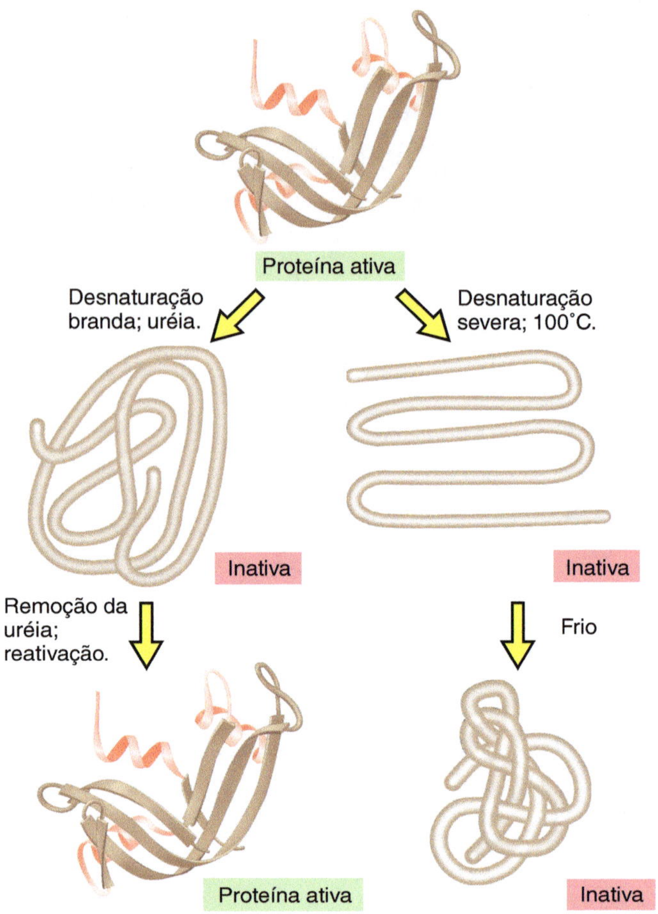

■ **Figura 3.19** Desnaturação da enzima ribonuclease (cuja estrutura foi discutida na Figura 3.17*b*). Observe como a desnaturação severa produz uma molécula permanentemente alterada (considerando-se a função biológica), em decorrência do dobramento impróprio.

A desnaturação de proteínas representa mais que um mero interesse acadêmico, uma vez que esse processo corresponde ao principal método de destruição de microrganismos. Veremos no Capítulo 17 como vários agentes químicos destroem microrganismos, graças à sua capacidade de desnaturar proteínas. Por exemplo, alcoóis, tais como o fenol e o etanol, são desinfetantes eficazes porque prontamente penetram nas células e desnaturam suas proteínas, de maneira irreversível. Tais agentes químicos são extremamente úteis na desinfecção de objetos inanimados, como superfícies, e têm enorme valor prático como desinfetantes de aplicação doméstica, hospitalar e industrial.

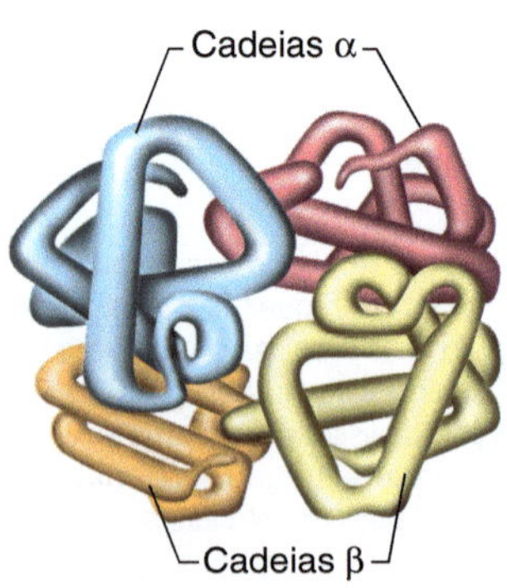

■ **Figura 3.18** Estrutura quaternária da hemoglobina. Há dois *tipos* de polipeptídeos na hemoglobina — cadeias α (mostradas em azul e vermelho) e cadeias β (mostradas em laranja e amarelo) —, mas um total de quatro polipeptídeos formando a molécula protéica final (α e β referem-se aos nomes das cadeias e não às estruturas polipeptídicas). Cores diferentes são utilizadas para distinguir as quatro cadeias distintas.

O caminho à frente

Agora que possuímos um maior domínio sobre a química dos seres vivos, passaremos ao Capítulo 4, que aborda as relações estruturais das células. Nesse capítulo, veremos como as diferentes macromoléculas, aqui revisadas, unem-se formando as principais estruturais celulares, incluindo a membrana, a parede, o flagelo e assim por diante. A partir desse ponto, consideraremos as propriedades metabólicas básicas das células, no Capítulo 5. Embora talvez ainda não evidente, os assuntos abordados nos Capítulos 4 e 5 são, na realidade, bastante relacionados, porque o metabolismo, a usina funcional de uma célula (Seção 1.2), comanda a síntese e a montagem das macromoléculas em estruturas celulares. O ponto culminante do processo corresponde ao crescimento celular (Capítulo 6).

À medida que avançamos pelo livro, é aconselhável retornar periodicamente ao Capítulo 3, para uma revisão dos princípios envolvendo a química dos seres vivos. Embora os microrganismos tenham evoluído de maneira a apresentar uma variedade de macromoléculas, com diversidades químicas quase ilimitadas, essa diversidade quase sempre se resume a variações dos temas estruturais das quatro classes de macromoléculas discutidas neste capítulo. Como é do conhecimento de qualquer microbiologista de sucesso, a compreensão dos conceitos da química e das propriedades das proteínas, dos lipídeos, dos ácidos nucléicos e dos polissacarídeos gera grandes dividendos no entendimento sobre os princípios básicos da microbiologia.

✓ 3.7 e 3.8 Verificação de conceitos

A estrutura primária de uma proteína é determinada pela seqüência de aminoácidos, mas é o dobramento (maior organização estrutural) dos polipeptídeos que determina qual a função de uma proteína na célula.

✓ Defina os termos *primário, secundário* e *terciário*, em relação à estrutura de proteínas.

✓ Como um *polipeptídeo* se diferencia de uma *proteína*?

✓ Que componentes estruturais secundários tendem a tornar as proteínas em folha β pregueada mais rígidas que as em α-hélices?

✓ Qual seria a estrutura quaternária de uma proteína *homodimérica*? E de uma proteína *heterodimérica*?

✓ Descreva os efeitos estruturais e biológicos da desnaturação de uma proteína. Qual o valor prático do conhecimento sobre a desnaturação protéica?

Questões de revisão

1. Quais os principais elementos encontrados nos seres vivos? Por que o oxigênio e o hidrogênio são particularmente abundantes nos organismos vivos?
2. Defina a palavra *molécula*. Quantos átomos há em uma molécula de hidrogênio gasoso? Quantos há em uma molécula de glicose?
3. Observe a estrutura da base nitrogenada *citosina*, apresentada na Figura 3.1. Desenhe essa estrutura e depois assinale as posições de todas as ligações duplas e triplas na molécula.
4. Compare e diferencie os termos *monômero* e *polímero*. Dê três exemplos de polímeros biologicamente importantes e liste os monômeros que os compõem.
5. Liste os componentes que formam um lipídeo simples. De que modo um triglicerídeo se diferencia de um lipídeo complexo?
6. Examine a estrutura do triglicerídeo e da fosfatidiletanolamina, mostrados na Figura 3.7. Como a substituição do fosfato e da etanolamina por um ácido graxo poderia alterar as propriedades químicas do lipídeo?
7. O RNA e o DNA são tipos similares de macromoléculas, embora também apresentem diferenças. Liste três maneiras pelas quais o RNA difere química ou fisicamente do DNA. Qual a função do DNA e do RNA na célula?
8. Por que os *aminoácidos* são assim denominados? Descreva a estrutura geral de um aminoácido. Qual a importância do grupo R na estrutura protéica final? Por que o aminoácido *cisteína* apresenta importância especial na estrutura protéica?
9. Quimicamente, que tipo de reação entre dois aminoácidos leva à formação da ligação peptídica? (Você pode rever a Figura 3.13 antes de responder.)
10. Desenhe a ligação peptídica. Agora, desenhe de novo essa estrutura na forma atômica (ver Figura 3.1), mostrando o arranjo de elétrons nos átomos da ligação peptídica.

Questões de aplicação

1. Observe a seguinte seqüência de nucleotídeos de RNA: (a) GUCAAAGAC, (b) ACGAUAACC. Alguma dessas moléculas de RNA pode apresentar estrutura secundária? Em caso afirmativo, desenhe a estrutura secundária em potencial.
2. Poucas proteínas solúveis (citoplasmáticas) contêm um alto teor de aminoácidos hidrofóbicos. De que maneira você poderia predizer como e por que essas proteínas se dobrarão formando suas estruturas terciárias?
3. Células do gênero *Halobacterium*, uma *Archaea* que vive em ambientes muitos salgados, apresentam concentrações superiores a 5 molar (M) de potássio (K^+) em seu citoplasma. Em decorrência do alto teor de K^+, muitas proteínas citoplasmáticas de *Halobacterium* são enriquecidas em dois aminoácidos específicos, presentes em proporções muito maiores nas proteínas de *Halobacterium* que em proteínas funcionais similares de *Escherichia coli* (que possui níveis muito baixos de K^+ no citoplasma). Quais aminoácidos são enriquecidos nas proteínas de *Halobacterium* e por quê? *Dica*: Que aminoácidos poderiam melhor neutralizar as cargas *positivas* decorrentes da presença de K^+?
4. Freqüentemente, proteínas que apresentam estrutura secundária em α-hélice são mais flexíveis do que proteínas com estrutura secundária em folha β pregueada. Discuta o porquê.
5. Quando um ovo é colocado em um béquer de água fervente, podem ocorrer alterações quase imediatas nele. Descreva o que acontece e por que os componentes de um ovo fervido diferem dos componentes de um ovo fresco.
6. Baseado em sua resposta anterior, explique como é possível certos procariotos, denominados *hipertermófilos*, prosperarem (e mesmo crescerem otimamente) em fontes termais. Como as proteínas de hipertermófilos diferem das proteínas do ovo?

Os microrganismos contêm várias estruturas que permitem sua coexistência com outros microrganismos e com organismos superiores. Uma dessas estruturas é o flagelo — dispositivo semelhante a uma hélice, que confere mobilidade à célula. Uma colônia da bactéria fototrófica, altamente móvel, *Rhodospirillum centenum*, é aqui apresentada. Como esses organismos podem perceber a luz (neste caso, incidindo a partir da direita), passam a arrastar a colônia inteira por meio de um mecanismo de motilidade ativa em direção à luz, uma resposta denominada *fototaxia*. A fototaxia e outras taxias são exemplos de respostas comportamentais, as quais demonstram claramente que mesmo organismos tão "simples" como as bactérias podem responder aos estímulos ambientais.

4 ESTRUTURA/FUNÇÃO CELULAR

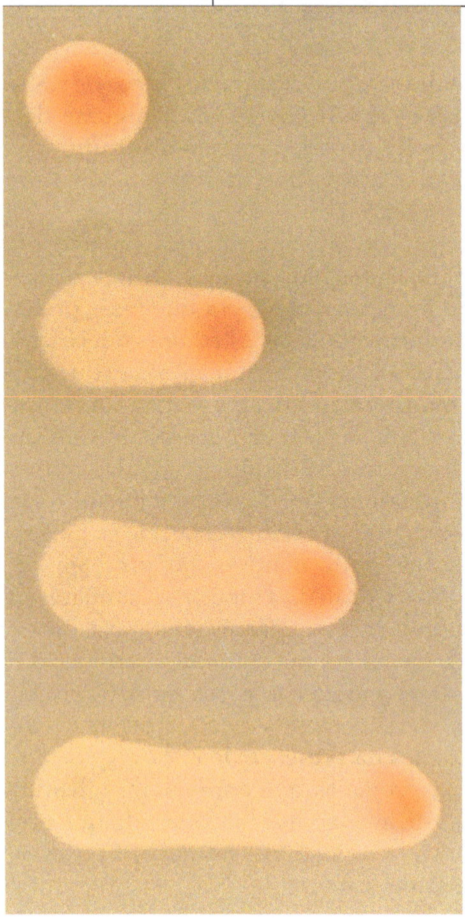

Glossário de trabalho

Endósporo célula diferenciada produzida por certas *Bacteria* gram-positivas, altamente resistente ao calor e cuja parede é espessa

Esteróis estruturas hidrofóbicas, com vários anéis, que fortalecem a membrana citoplasmática de células eucarióticas e de alguns procariotos

Flagelo apêndice celular longo e fino, capaz de realizar movimento rotatório em procariotos; é responsável pela motilidade celular

Fototaxia movimento de um organismo em direção à luz

Gram-negativa célula procariótica cuja parede celular contém quantidades relativamente pequenas de peptideoglicano; possui uma membrana externa composta por lipopolissacarídeos, lipoproteínas e outras macromoléculas complexas

Gram-positiva célula procariótica cuja parede celular consiste principalmente em peptideoglicano; não possui a membrana externa de células gram-negativas

Lipopolissacarídeo (LPS) combinação de lipídeo com polissacarídeo e proteína; constitui a maior parte da parede celular, em *Bacteria* gram-negativas

Magnetossomos partículas de magnetita (Fe_3O_4) organizadas em estruturas envoltas por membrana (diferente da membrana citoplasmática); são encontradas no citoplasma de *Bacteria* magnetotáticas

Membrana citoplasmática barreira de permeabilidade da célula que separa o citoplasma do ambiente; é composta por lipídeos e proteínas

Peptideoglicano polissacarídeo formado por unidades alternadas de acetilglicosamina e ácido acetilmurâmico; este último liga-se a camadas adjacentes por pequenos peptídeos

Periplasma região semelhante a um gel situada entre a superfície externa da membrana citoplasmática e a superfície interna da camada lipopolissacarídica de *Bacteria* gram-negativas

Peritríquio referente ao padrão de flagelação; flagelos localizados em vários pontos ao redor da superfície celular

Polar referente à flagelação; apresenta flagelos em um ou ambos os pólos da célula

Poli-β-hidroxibutirato (PHB) material de reserva comum de células procarióticas; consiste em um polímero de β-hidroxibutirato ou outro ácido β-alcanóico

Protoplasto célula osmoticamente protegida, cuja parede celular foi retirada

Quimiotaxia movimento de aproximação (positivo) ou de afastamento (negativo) de um organismo, em relação a um gradiente químico

Translocação de grupo processo de transporte dependente de energia no qual a substância transportada é quimicamente modificada durante o processo de transporte

Transportador ABC (cassete de ligação ao ATP) sistema de transporte de membrana que consiste em três proteínas — uma hidrolisa ATP como fonte de energia para promover o transporte, outra se liga ao substrato situado fora da célula e a última atua como um canal de transporte através da membrana

Vesículas de gás estruturas citoplasmáticas preenchidas por gás e envoltas por proteínas que conferem flutuabilidade à célula

I MICROSCOPIA E MORFOLOGIA CELULAR

Neste capítulo, descrevemos a estrutura básica e a função dos componentes que constituem a célula microbiana, especialmente as células procarióticas (*Bacteria* e *Archaea*). Reservamos o Capítulo 14 para uma discussão detalhada sobre a estrutura e a diversidade de células eucarióticas. Este capítulo está organizado em quatro seções, as quais abordam microscopia, membranas e paredes celulares, locomoção, estruturas da superfície celular e inclusões, respectivamente.

Assim como uma casa, as células são construídas pela união de simples blocos (tijolos) que, associados de diferentes maneiras, criam estruturas mais complexas. Monômeros (como aminoácidos e nucleotídeos) são utilizados para construir macromoléculas (proteínas e ácidos nucléicos). Essas macromoléculas formam complexos e originam estruturas com funções definidas, como ribossomos, membranas, paredes celulares, entre outras. Contudo, embora as macromoléculas exibam grande diversidade *química*, veremos que todas as células enfrentam problemas estruturais similares e os resolvem de maneiras semelhantes, do ponto de vista organizacional.

Começaremos com uma discussão sobre o microscópio. Historicamente, graças ao seu uso, os segredos da estrutura celular foram pela primeira vez revelados e, ainda hoje, este instrumento corresponde a uma poderosa ferramenta na biologia celular.

4.1 Microscopia óptica

O exame microscópico de microrganismos pode ser realizado pela utilização do **microscópio óptico** ou do **microscópio eletrônico**. Em geral, microscópios ópticos são utilizados na observação de células intactas, enquanto os eletrônicos são preferíveis na observação de estruturas internas ou detalhes das superfícies celulares.

Todos os microscópios baseiam-se no princípio de que lentes específicas ampliam a imagem de uma célula de tal maneira que os detalhes de sua estrutura tornam-se mais aparentes. Além do aumento, temos também a *resolução*, que corresponde à capacidade de individualizar dois pontos adjacentes. Embora, em tese, a ampliação possa ser aumentada sem limites, o mesmo não acontece com a resolução; esta última é determinada pelas propriedades físicas da luz. Desse modo, a definição dos limites daquilo que somos capazes de visualizar ao microscópio está diretamente associada à resolução, e não ao aumento propriamente dito. Começaremos nossa discussão com o microscópio óptico, cujo limite de resolução é de aproximadamente 0,2 μm [0,2 micrômetro ou 200 nanômetros (nm)], e, a seguir, descreveremos o microscópio eletrônico, cuja resolução é cerca de 1.000 vezes superior ao microscópio óptico.

Microscópio óptico composto

O microscópio óptico teve importância crucial no desenvolvimento da microbiologia como ciência, sendo até hoje considerado uma ferramenta básica na pesquisa microbiológica de rotina. Vários tipos de microscópios ópticos são comumente utilizados em microbiologia: de *campo claro*, de *contraste de fase*, de *campo escuro* e de *fluorescência*. O **microscópio de campo claro**, amplamente utilizado em cursos de biologia e microbiologia, é composto por dois conjuntos de lentes (objetivas e oculares) que atuam simultaneamente na resolução da imagem

(Figura 4.1). Com esse microscópio, os espécimes podem ser visualizados graças às diferenças de contraste existentes entre estes e o meio circundante. Essas diferenças de contraste ocorrem porque as células absorvem ou dispersam a luz em graus variáveis. Muitas células bacterianas são de difícil visualização ao microscópio de campo claro devido à ausência de contraste com o meio. Organismos pigmentados são uma exceção, uma vez que sua pigmentação adiciona contraste e otimiza a visualização da célula (Figura 4.2).

Magnificação e resolução

A magnificação total de um microscópio óptico composto corresponde ao produto do aumento obtido com as lentes objetiva e ocular (Figura 4.1*b*). Magnificações de aproximadamente 1500× estão próximas ao limite máximo obtido com um microscópio óptico composto. Esse limite é decorrente de uma propriedade das lentes denominada **resolução.** O poder de resolução é função do comprimento de onda da luz utilizada e de uma propriedade inata das lentes objetivas, conhecida como *abertura numérica* (uma medida da capacidade de concentrar luz). Geralmente, há uma correspondência entre o aumento de uma lente e sua abertura numérica: lentes de maior aumento, em geral, apresentam aberturas numéricas maiores (a abertura numérica de uma lente é gravada ao lado do aumento). O diâmetro do menor objeto que pode ser resolvido é igual a $0{,}5\lambda$/abertura numérica, onde λ corresponde ao comprimento de onda da luz utilizada. Com base nessa fórmula, a maior resolução é obtida quando a luz azul é empregada para iluminar um espécime e a objetiva possui grande abertura numérica.

Como mencionado, a maior resolução possível de um microscópio óptico composto é de aproximadamente 0,2 μm. Isso significa que dois objetos colocados a uma distância inferior a 0,2 μm não podem ser resolvidos como objetos distintos e separados. A maioria dos microscópios utilizados em microbiologia possui oculares de 10-15× e objetivas de 10-100× de aumento (Figura 4.1*b*); no aumento de 1000×, objetos de 0,2 μm de diâmetro encontram-se no limite de resolução. Quando a objetiva de 100x e outras objetivas de grande abertura numérica são utilizadas, deve-se aplicar uma gota de óleo de imersão de alta pureza entre o espécime e a objetiva. Lentes usadas com óleo são chamadas *lentes de imersão*. Quando o óleo de imersão é aplicado sobre um espécime, os raios emergentes do espécime, em ângulos maiores (os quais seriam perdidos pela lente objetiva), podem ser coletados, aumentando assim a quantidade de luz captada pela lente, melhorando a visualização da amostra.

Coloração: aumentando o contraste para a microscopia de campo claro

Como mencionado previamente, uma das limitações da microscopia de campo claro corresponde à insuficiência de contraste. As células podem ser submetidas a procedimentos de coloração, que aumentam seu contraste e facilitam, assim, sua visualização ao microscópio de campo claro. Corantes são compostos orgânicos de diferentes

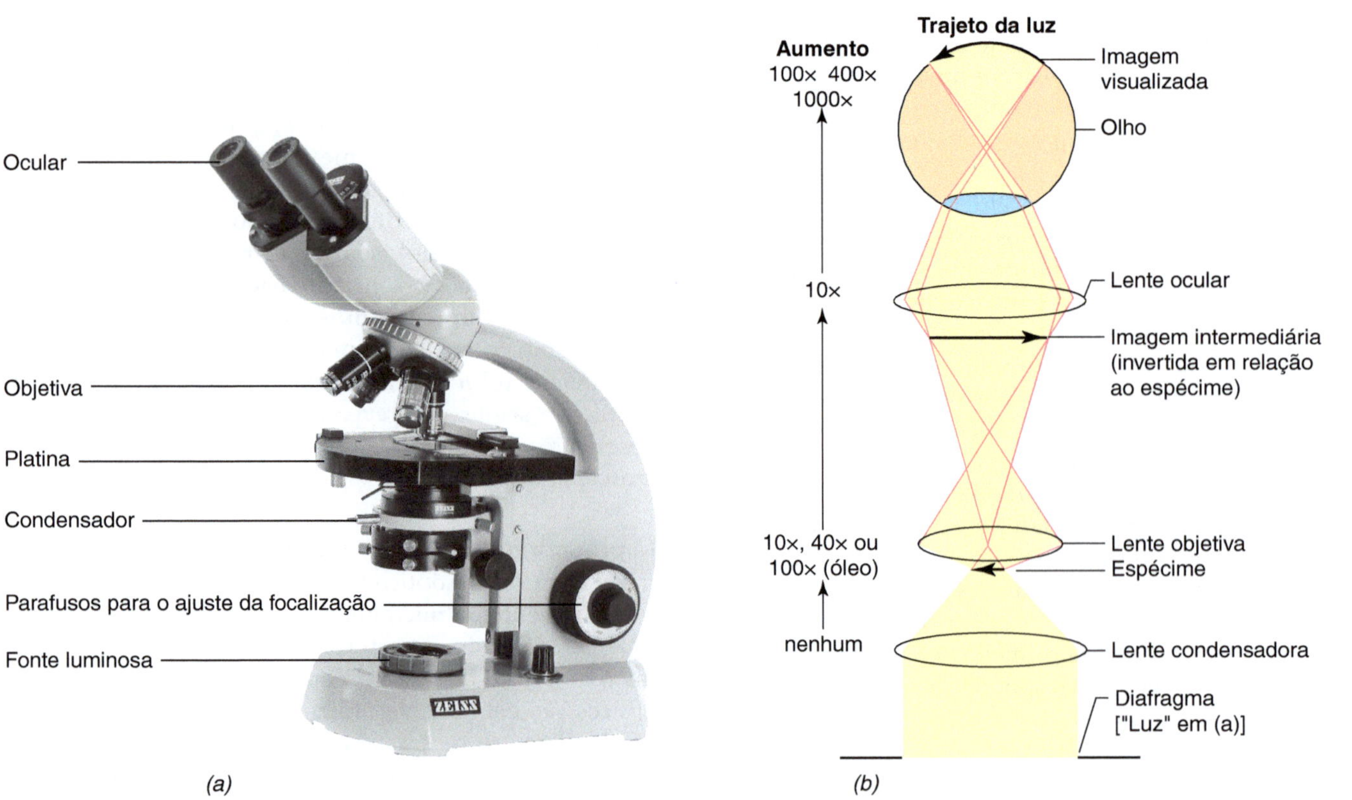

Figura 4.1 (a) Microscópio óptico composto. Algumas partes importantes do microscópio se encontram identificadas. (b) Percurso da luz através de um microscópio óptico composto. Além das oculares de 10×, existem outras lentes com aumentos de 15-30×.

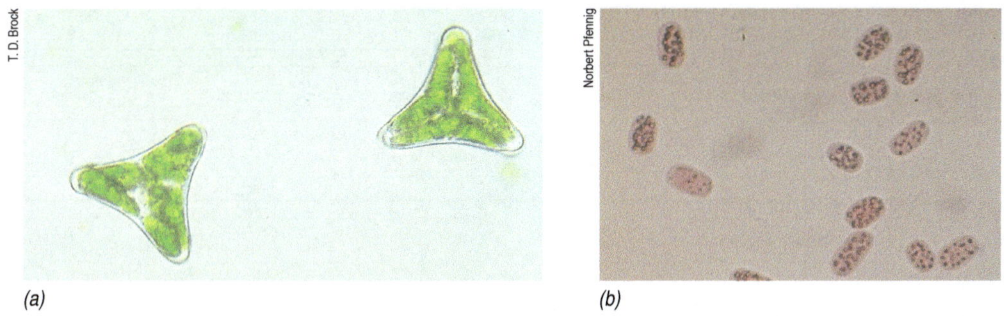

■ **Figura 4.2** Fotomicrografias de microrganismos pigmentados, em microscopia de campo claro. (a) Alga verde (eucarioto). (b) Bactéria fototrófica púrpura (procarioto). As células das algas apresentam aproximadamente 15 μm de diâmetro e as bactérias, 5 μm.

naturezas; cada classe apresenta afinidade específica por determinados compostos celulares. Muitos dos corantes comumente utilizados em microbiologia são carregados positivamente (catiônicos) e combinam-se fortemente aos constituintes celulares carregados negativamente, tais como ácidos nucléicos e polissacarídeos ácidos. Exemplos de corantes catiônicos incluem *azul de metileno*, *cristal violeta* e *safranina*. Visto que as superfícies celulares são em geral carregadas negativamente, esses corantes combinam-se às estruturas presentes na superfície, sendo, portanto, excelentes corantes de uso geral.

Os procedimentos de coloração mais simples são executados utilizando-se preparações secas (Figura 4.3). Uma lâmina contendo uma suspensão seca de microrganismos é recoberta com uma solução diluída de um corante, por um minuto ou dois, sendo então lavada várias vezes com água e seca ao ar. Geralmente, as preparações de bactérias secas e coradas são observadas com lentes de grande aumento (de imersão) (Figura 4.3).

Colorações diferenciais são assim denominadas porque correspondem a procedimentos que não coram igualmente todos os tipos de células. Uma importante coloração diferencial, amplamente utilizada em bacteriologia, é a *coloração de Gram* (Figura 4.4*a*). As bactérias podem ser divididas, com base em sua reação à coloração de Gram, em dois grupos principais: **gram-positivas** e **gram-negativas**. Após a coloração de Gram, as bactérias gram-positivas coram-se em roxo, enquanto as gram-negativas em vermelho (Figura 4.4*b*). Tal reação à coloração de Gram se deve às diferenças na estrutura da parede celular de células gram-positivas e gram-negativas (discutidas posteriormente), que permitem que o álcool descore as células gram-negativas, mas não as gram-positivas. (Figura 4.4). A coloração de Gram é um dos procedimentos de coloração mais úteis no laboratório de bacteriologia; é considerada essencial na identificação de uma bactéria desconhecida, pois permite a determinação inicial do caráter gram-positivo ou gram-negativo dessa bactéria. Dispondo de um microscópio de fluorescência (ver discussão sobre microscopia de fluorescência), a coloração de Gram pode ser reduzida a um procedimento de uma única etapa, em que células gram-positivas e gram-negativas fluorescem em cores diferentes (Figura 4.4*c*).

Microscopia de contraste de fase, de campo escuro e de fluorescência

O **microscópio de contraste de fase** foi desenvolvido para aumentar a diferença de contraste entre as células e o meio circundante, possibilitando a observação de células não coradas (Figura 4.5). A microscopia de contraste de fase baseia-se no princípio das células apresentarem índice de refração diferente do meio, levando-as a desviar parte dos raios luminosos que as atinge. Quando a luz atravessa um espécime com índice de refração diferente do meio, esta sofre um retardo. Este efeito é amplificado por um anel especial, colocado na lente objetiva, levando à formação de uma imagem escura em um fundo claro (Figura 4.5*b*). Esse tipo de microscópio é amplamente empregado

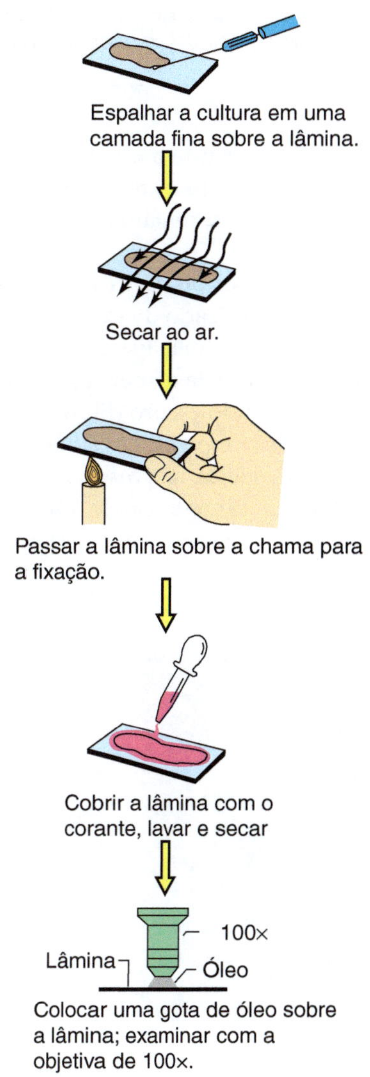

■ **Figura 4.3** Coloração de células para a observação microscópica.

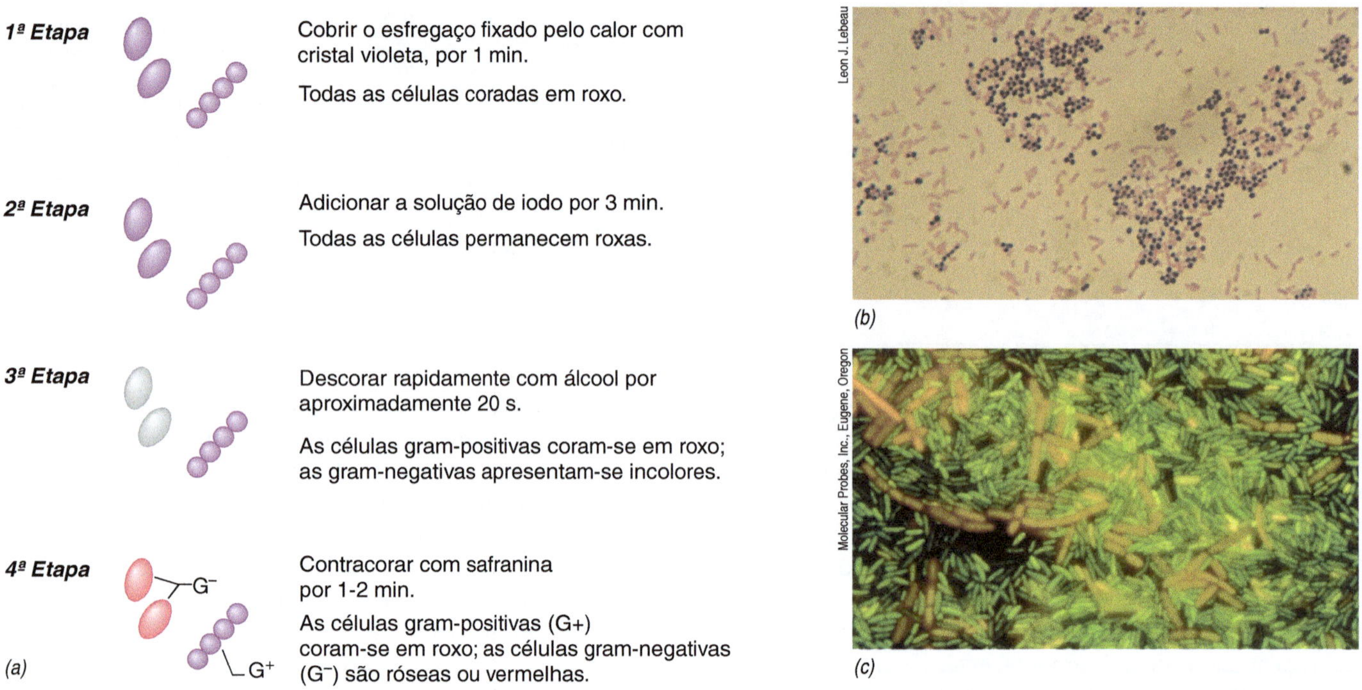

■ **Figura 4.4** Coloração de Gram. (a) Etapas do procedimento de coloração de Gram. (b) Fotomicrografia de *Bacteria* gram-positivas (azul-roxo) e gram-negativas (rosa-vermelho). As espécies são, respectivamente, *Staphylococcus aureus* e *Escherichia coli.* (c) Fotomicrografia de células de *Pseudomonas aeruginosa* (gram-negativas, em verde) e *Bacillus cereus* (gram-positivas, em laranja), submetidas ao método de coloração fluorescente de etapa única, **LIVE *Bac* Light**™. Esse método permite a diferenciação de células gram-positivas das gram-negativas em uma única etapa de coloração.

em pesquisas porque permite a observação de preparações a fresco (vivas). Embora as técnicas de coloração sejam amplamente utilizadas, matam as células e distorcem suas características.

O **microscópio de campo escuro** corresponde a um microscópio óptico modificado de tal modo que o espécime é atingido lateralmente pela luz. A única luz que atinge a lente corresponde àquela dispersa pelo espécime, que aparece claro em um fundo escuro (Figura 4.5*c*). A resolução do microscópio de campo escuro é bastante alta e permite a observação de objetos não resolvidos em microscópios de campo claro ou de contraste de fase. O microscópio de campo escuro é excelente para a observação de microrganismos móveis, uma vez que os feixes de flagelos são resolvidos por tal técnica (ver Figura 4.40*a*).

O **microscópio de fluorescência** é utilizado para visualizar espécimes que fluorescem, isto é, que emitem luz de uma cor quando iluminados com luz de outra cor (Figura 4.6). A fluorescência deve-se tanto à presença de substâncias naturalmente fluorescentes na célula — clorofila e outros componentes fluorescentes (*autofluorescência*) (ver Figura 4.6*a*, *b*) — como ao tratamento das células com corantes fluorescentes (Figuras 4.4*c* e 4.6*c*). A microscopia de fluorescência é amplamente utilizada no diagnóstico microbiológico clínico e em estudos de ecologia microbiana (Capítulos 20, 17 e 24).

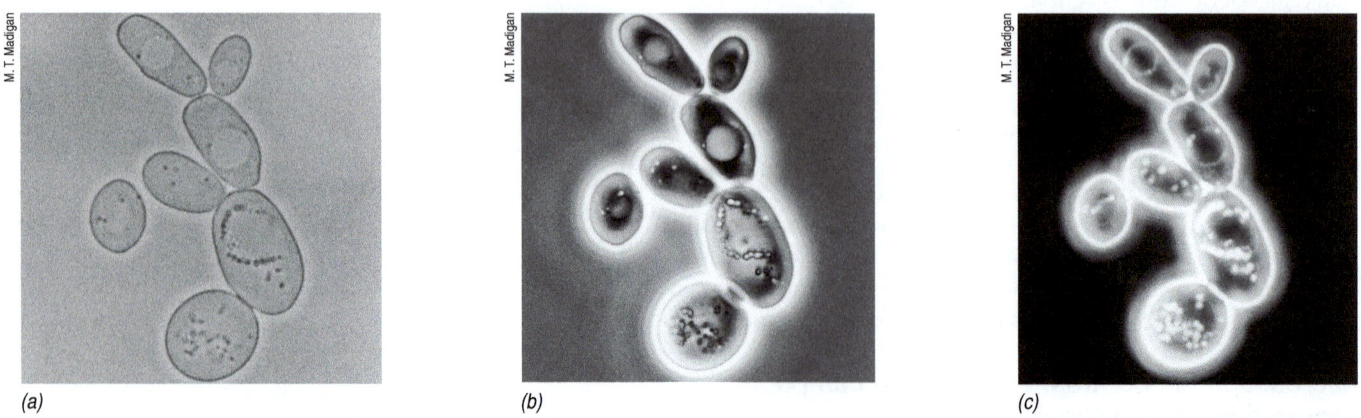

■ **Figura 4.5** Fotomicrografia de um mesmo campo de células da levedura *Saccharomyces cerevisiae*, observadas em diferentes tipos de microscópios ópticos. (a) Campo claro. (b) Contraste de fase. (c) Campo escuro. Diâmetro médio das células de 8-10 μm.

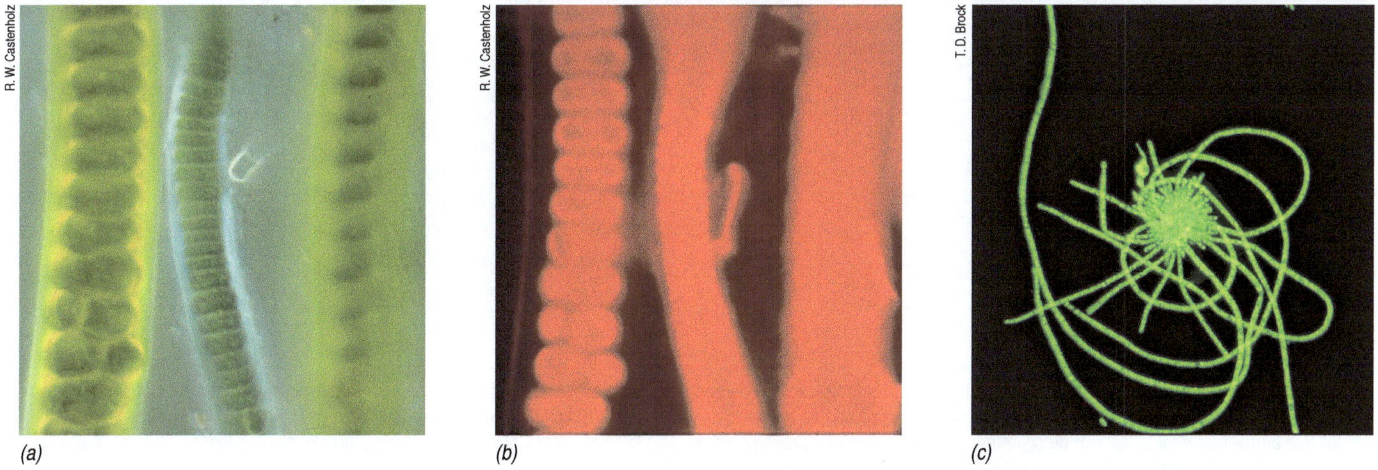

■ **Figura 4.6** Fotomicrografias de vários microrganismos observados em microscopia de fluorescência. (a, b) Cianobactérias. (a) Células observadas por microscopia de campo claro. (b) As mesmas células, observadas por fluorescência, utilizando luz de 546 nm. A cor vermelha deve-se à autofluorescência da clorofila e outros pigmentos. (c) Células da bactéria filamentosa *Leucothrix mucor*, coradas com o corante fluorescente laranja de acridina, que fluoresce em verde. As células apresentam 3 μm de diâmetro e podem atingir comprimentos superiores a 100 μm.

✓ 4.1 Verificação de conceitos

Os microscópios são essenciais aos estudos microbiológicos. Existem vários tipos de microscópios ópticos, incluindo os de campo claro, de contraste de fase e de fluorescência. Na microscopia de campo claro é necessária a utilização de corantes, pois estes aumentam o contraste.

✓ Defina o termo *resolução*.

✓ Qual o limite máximo de aumento de um microscópio óptico?

✓ Que técnicas de microscopia óptica podem, algumas vezes, aumentar a resolução?

✓ Qual a cor de uma bactéria gram-negativa após ter sido corada pelo método convencional de Gram?

4.2 Imagens tridimensionais: microscopia de contraste por interferência, de força atômica e *laser* de varredura confocal

Uma das desvantagens da microscopia óptica é o fato de a imagem obtida ser essencialmente bidimensional. Como essa limitação pode ser superada? Veremos na próxima seção que o microscópio eletrônico de varredura oferece uma solução para o problema. Certos tipos de microscopia óptica também o fazem; estes serão discutidos a seguir.

Microscopia de contraste por interferência diferencial

O **contraste por interferência diferencial (CID)** é um tipo de microscopia óptica que, ao empregar um polarizador, gera luz polarizada. A luz polarizada passa através de um prisma, originando dois feixes distintos que atravessam o espécime e penetram na lente objetiva, onde são recombinados em um único feixe. Como os feixes atravessam substâncias com pequenas diferenças no índice de refração, ao serem combinados não se encontram totalmente em fase, criando assim um efeito de interferência. Este efeito intensifica diferenças sutis na estrutura celular, e, desse modo, estruturas como o núcleo de células eucarióticas (Figura 4.7*a*), esporos, vacúolos, grânulos e outras adquirem um aspecto tridimensional nesse tipo de microscopia. A microscopia CID é particularmente útil na observação de células *não coradas*, por sua capacidade de revelar estruturas internas menos aparentes (ou mesmo invisíveis) por meio de técnicas de campo claro (compare as Figuras 4.5*a* e *b* com a Figura 4.7*a*).

Microscopia de força atômica

Outro tipo de microscopia útil na obtenção de imagens tridimensionais de estruturas biológicas corresponde à **microscopia de força atômica (MFA)**. Na microscopia de força atômica, uma pequena sonda é posicionada extremamente próxima ao espécime, estabelecendo forças atômicas repulsivas fracas entre a sonda e o espécime. Enquanto o espécime sofre uma varredura nas direções horizontal e vertical, a sonda percorre as saliências e reentrâncias, registrando constantemente suas interações com a superfície. O padrão é monitorado por uma série de detectores, que transferem as informações digitais a um computador, gerando uma imagem (Figura 4.7*b*). Apesar das imagens obtidas pelo microscópio de força atômica serem semelhantes às obtidas em um microscópio eletrônico de varredura (comparar a Figura 4.7*b* com a Figura 4.10*b*), a MFA tem a grande vantagem de aceitar espécimes preparados de maneira similar àquela utilizada para a microscopia óptica (isto é, fixadores ou agentes de impregnação não são necessários). A MFA permite também a visualização de espécimes vivos e hidratados, o que geralmente não é possível com os microscópios eletrônicos.

Microscopia *laser* de varredura confocal

A **microscopia *laser* de varredura confocal (MLVC)** utiliza um microscópio computadorizado, que acopla uma fonte de raio *laser* a um microscópio óptico; essa técnica permite a geração de imagens tridimensionais digitais de

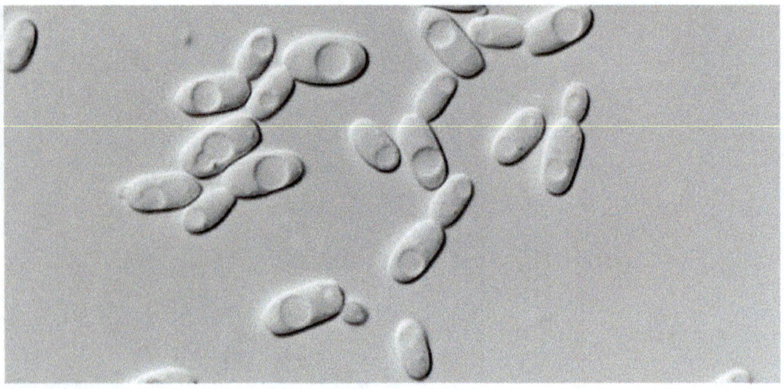

(a)

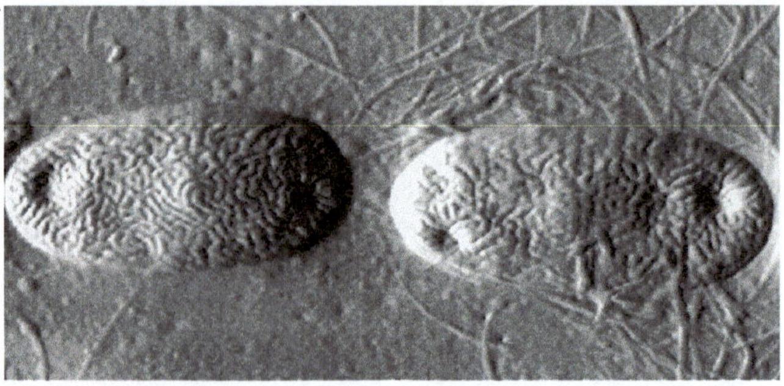

(b)

■ **Figura 4.7** Imagem tridimensional de células utilizando um (a) microscópio de contraste de interferência e (b) um microscópio de força atômica. As células de levedura em (a) tem aproximadamente 8 μm de diâmetro. Observe como o núcleo encontra-se claramente visível (compare a Figura 4.7*a* com a Figura 4.5*a*). As células bacterianas em (b) têm aproximadamente 2,2 μm de comprimento; a micrografia é proveniente de um biofilme natural, desenvolvido na superfície de uma lâmina de vidro imersa por 24 horas em um bebedouro de cães. A lâmina foi seca ao ar antes de ser examinada ao microscópio de força atômica.

microrganismos e de outros espécimes biológicos (Figura 4.8). Na MLVC, o feixe de *laser* é ricocheteado por um espelho, que o direciona através de um dispositivo de varredura. O *laser* passa, então, através de um pequeno orifício, o qual ajusta precisamente seu plano de foco nas diferentes camadas verticais do espécime. Ao iluminar precisamente, cada camada do espécime, a intensidade da iluminação acima e abaixo do plano focado diminui rapidamente, minimizando a dispersão de luz dos outros planos. Desse modo, em um espécime relativamente espesso, tal como um biofilme microbiano (Figura 4.8*a*), são visualizadas não somente as células da superfície do biofilme, como no caso da microscopia óptica convencional, mas também as células das demais camadas pelo ajuste do plano de foco do feixe de *laser*.

As preparações celulares para MLVC são freqüentemente tratadas com corantes fluorescentes, que as tornam mais visíveis (Figura 4.8*a*). Alternativamente, pelo ajuste do microscópio, imagens colorizadas podem ser geradas onde as diferentes camadas passam a apresentar cores distintas. O microscópio *laser* confocal é equipado com um programa computacional que organiza as imagens digitais e subseqüentemente as processa. Assim, as imagens obtidas das diferentes camadas podem ser armazenadas e digitalmente sobrepostas, originando uma imagem tridimensional do espécime completo (Figura 4.8*a*). A MLVC é amplamente utilizada em estudos de ecologia microbiana, especialmente na identificação de populações celulares filogeneticamente distintas, presentes em um hábitat microbiano (ver como exemplo a Figura 19.11*b*), podendo ser aplicada no exame interno de espécimes contendo microrganismos em diferentes profundidades.

✓ 4.2 Verificação de conceitos

Contraste por interferência (CID) e varredura confocal (MLVC) são tipos de microscopia óptica que permitem obter imagens de caráter tridimensional maior que os outros tipos de microscopia óptica. Além disso, a microscopia confocal permite a obtenção de imagens de espécimes espessos. O microscópio de força atômica gera imagens tridimensionais detalhadas de preparações vivas.

✓ Qual estrutura de células eucarióticas é mais facilmente visualizada pela microscopia CID?

✓ Como a MLVC é capaz de mostrar as diferentes camadas de uma preparação espessa?

4.3 Microscopia eletrônica

Microscópios eletrônicos são amplamente utilizados no estudo detalhado de estruturas celulares. Para o estudo das estruturas celulares internas, o **microscópio eletrônico de transmissão (MET)** é essencial. No MET, elétrons são utilizados em vez de raios luminosos, enquanto eletromagnetos atuam como lentes, com todo o sistema operando sob alto vácuo (Figura 4.9). O poder de resolução do microscópio eletrônico é significativamente maior que o do microscópio óptico, permitindo a visualização de estruturas tão pequenas quanto proteínas e ácidos

(a)

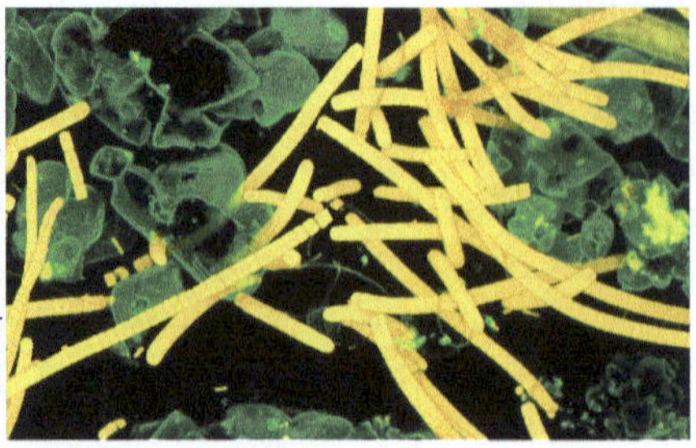

(b)

■ **Figura 4.8** Microscopia *laser* de varredura confocal. (a) Imagem confocal de um biofilme composto por uma comunidade microbiana mista, cultivada em laboratório. As células bacilares verdes correspondem a *Pseudomonas aeruginosa*, introduzidas experimentalmente no biofilme. As outras células, de colorações distintas, encontram-se em diferentes profundidades do biofilme. (b) Micrografia confocal de uma cianobactéria filamentosa crescendo em um lago rico em carbonato.

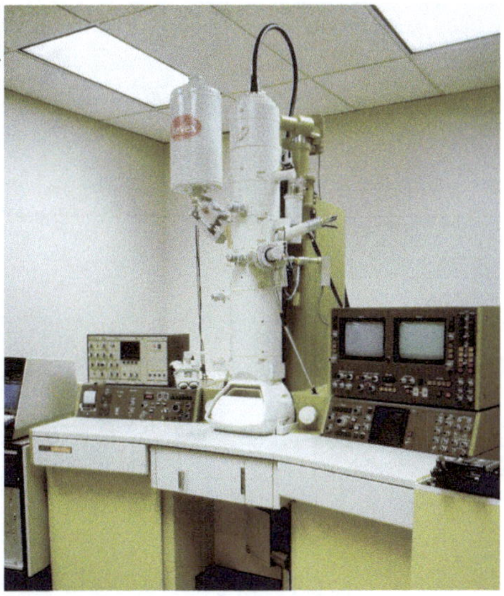

■ **Figura 4.9** Microscópio eletrônico. Este instrumento realiza as funções de microscópio eletrônico de transmissão e de varredura.

nucléicos (Figura 2.4*b*). No entanto, como os feixes de elétrons apresentam baixa penetrabilidade, uma única célula pode ser muito espessa para ser visualizada diretamente. Conseqüentemente, técnicas especiais de *cortes finos* são necessárias na preparação de espécimes a serem observados ao microscópio eletrônico. Uma única célula bacteriana, por exemplo, pode ser cortada em várias seções muito finas (20-60 nm), com a utilização de uma lâmina especial, sendo examinadas individualmente ao microscópio eletrônico (Figura 4.10*a*). Para obtenção de contraste suficiente, as preparações são tratadas com corantes especiais para microscópio eletrônico, tais como ácido ósmico, permanganato, sais de urânio, lantânio ou chumbo. Como essas substâncias apresentam átomos de alta massa atômica, dispersam bem os elétrons e conseqüentemente melhoram o contraste (Figura 4.10*a*).

Microscopia eletrônica de varredura

Caso se deseje somente observar as características *externas* de um organismo, cortes ultrafinos não são necessários; as células intactas ou componentes celulares podem ser observados diretamente por MET, utilizando-se uma técnica denominada *coloração negativa* (ver, por exemplo, Figura 4.39). Alternativamente, pode-se empregar o **microscópio eletrônico de varredura (MEV)** (Figuras 4.9 e 4.10*b*). Para a utilização deste equipamento, o espécime deve ser recoberto com uma fina camada de um metal pesado, como o ouro. O feixe de elétrons do MEV é direcionado para o espécime, percorrendo-o. Os elétrons dispersos pelo metal são coletados, ativando um "écran" que produz uma imagem (Figura 4.10*b*). Na MEV, até mesmo espécimes relativamente grandes podem ser observados, sendo a profundidade do campo bastante satisfatória. Uma grande faixa de aumentos pode ser obtida com o MEV, desde 15× até cerca de 100.000×; sendo a superfície do objeto visualizada. Todos os microscópios eletrônicos são equipados com uma câmera, que permite fotografar as imagens (*micrografias eletrônicas*).

✓ 4.3 Verificação de conceitos

Os microscópios eletrônicos apresentam poder de resolução muito maior que os microscópios ópticos, com limite de resolução de aproximadamente 0,2 nm. Dois principais

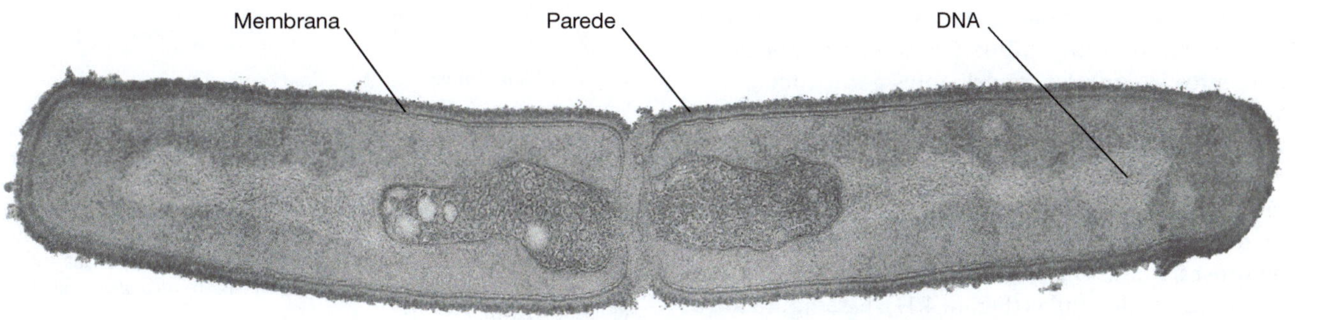

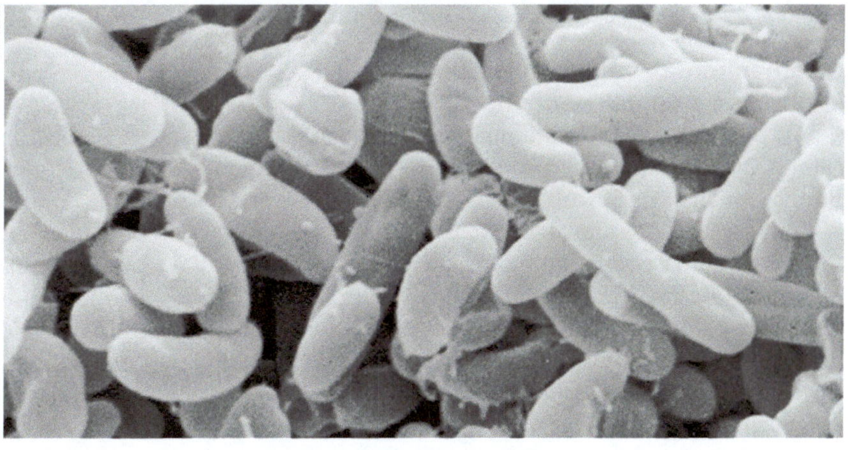

■ **Figura 4.10** Micrografias eletrônicas de células bacterianas observadas ao microscópio (a) de transmissão e (b) de varredura. (a) Seção fina de uma bactéria gram-positiva típica, *Bacillus subtilis*. A célula acabou de se dividir; duas estruturas envoltas por membrana estão ligadas à parede do septo. Observe a região clara central (DNA ou *nucleóide*). A célula tem aproximadamente 0,8 μm de diâmetro. (b) Células da bactéria fototrófica *Rhodovibrio sodomensis*. Cada célula tem aproximadamente 0,75 μm de largura. Observe como a MEV permite visualizar o campo em profundidade, proporcionando uma excelente imagem tridimensional.

tipos de microscopia eletrônica são realizados: a microscopia eletrônica de transmissão, para a observação de estruturas celulares internas, chegando ao nível molecular, e a microscopia eletrônica de varredura, útil na geração de imagens tridimensionais e no exame de superfícies.

✓ O que é uma *micrografia eletrônica*?

✓ Tendo em mente que fixadores químicos são necessários e que os microscópios eletrônicos devem operar sob alto vácuo, qual a principal *desvantagem* que estes apresentam, quando comparados aos microscópios ópticos?

✓ Que tipo de microscópio eletrônico você utilizaria para observar o nucleóide bacteriano?

4.4 Morfologia celular e a importância de ser pequeno

Em biologia, o termo morfologia refere-se à forma de um organismo. Vários tipos morfológicos são conhecidos entre os procariotos, existindo termos consagrados para descrevê-los. Passaremos a explorar esses termos e formas e, em seguida, discutiremos alguns dos benefícios biológicos das células pequenas.

Principais morfologias celulares

Exemplos esquemáticos de formas bacterianas típicas, juntamente com fotomicrografias de fase de exemplos reais, são apresentados na Figura 4.11. Uma bactéria de morfologia esférica ou ovalada é denominada **coco**. Bactérias com forma cilíndrica são denominadas **bacilos**. Alguns bacilos são curvos e freqüentemente assumem aspecto espiralado; portanto, são denominados **espirilos**. Em muitos procariotos, as células permanecem agrupadas após a divisão; esses arranjos são freqüentemente característicos de diferentes organismos. Por exemplo, cocos ou bacilos podem ser encontrados formando longas cadeias. Alguns cocos formam finas camadas de células, enquanto outros ocorrem como cubos tridimensionais ou em grupamentos irregulares, semelhantes a um cubo.

Vários grupos de bactérias são imediatamente reconhecidos por suas formas incomuns. Como exemplo, podemos citar os **espiroquetas** — bactérias altamente espiraladas; **bactérias apendiculadas**, que possuem extensões celulares na forma de longos tubos ou pedúnculos; e **bactérias filamentosas**, que correspondem a células longas e delgadas, ou a cadeias de células (Figura 4.11). Essa figura ilustra as morfologias representativas, embora muitas variações de tipos morfológicos básicos possam ser encontradas.

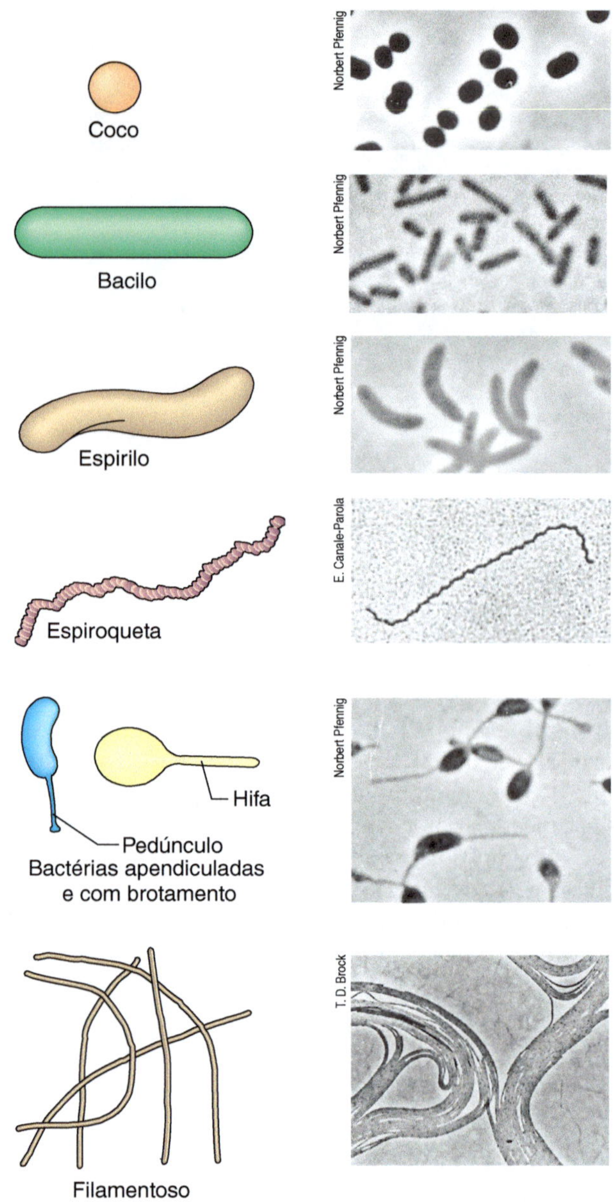

■ **Figura 4.11** Formas celulares (morfologia) representativas de procariotos. Observe que ao lado de cada diagrama há uma fotomicrografia de fase apresentando um exemplo da morfologia. Os organismos são: cocos, *Thiocapsa roseopersicina* (diâmetro de uma célula = 1,5 μm); bacilo, *Desulfuromonas acetoxidans* (diâmetro = 1 μm); espirilo, *Rhodospirillum rubrum* (diâmetro = 1 μm); espiroqueta, *Spirochaeta stenostrepta* (diâmetro = 0,25 μm); com brotamento e apendiculada, *Rhodomicrobium vannielii* (diâmetro = 1,2 μm); filamentoso, *Chloroflexus aurantiacus* (diâmetro = 0,8 μm).

O tamanho das células microbianas e a importância de ser pequeno

Os procariotos apresentam tamanhos variáveis, desde células muito pequenas, com diâmetro de 0,1-0,2 μm, até outras com mais de 50 μm de diâmetro. Alguns procariotos podem ser muito grandes, como, por exemplo, a bactéria *Epulopiscium fishelsoni,* simbionte do peixe-cirurgião (ou barbeiro) (Figura 4.12), que apresenta 50 μm de diâmetro e mais de 0,5 milímetro (mm) de comprimento.

No entanto, as dimensões médias de um procarioto em forma de bacilo, como, por exemplo, a bactéria *Escherichia coli,* correspondem a cerca de 1 × 3 μm (Figura 4.13). Comparativamente, células eucarióticas típicas podem apresentar de 2 a mais de 200 μm de diâmetro. Portanto, as células procarióticas são muito pequenas se comparadas às eucarióticas, sendo uma série de propriedades biológicas afetada por seu pequeno tamanho. Por exemplo, a velocidade com que nutrientes e produtos de excreção entram e saem de uma célula é *inversamente* proporcional ao seu tamanho, podendo afetar sobremaneira as taxas metabólicas e de crescimento. Isso ocorre, em parte, porque a velocidade de transporte é uma função da *área superficial da membrana*, e, se comparadas em relação ao volume celular, células pequenas apresentam uma superfície disponível

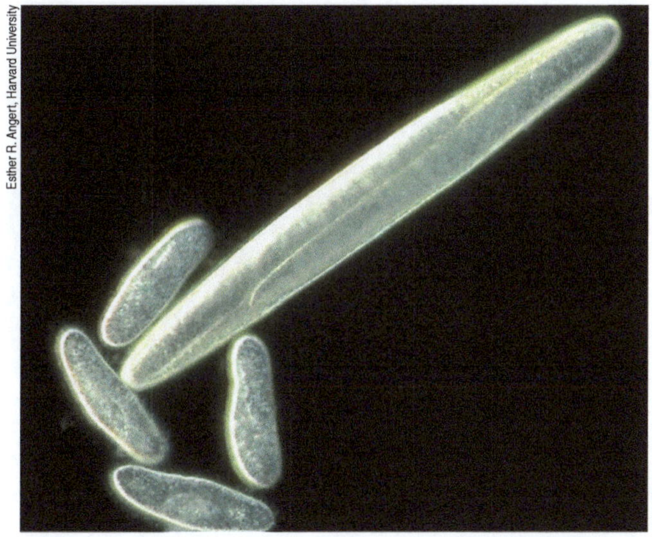

■ **Figura 4.12** Fotomicrografia de campo escuro de um procarioto gigante, *Epulopiscium fishelsoni*, simbionte do peixe-cirurgião. A célula bacilar de *E. fishelsoni* exibe aproximadamente 600 μm (0,6 mm) de comprimento, sendo apresentada ao lado de quatro células do protozoário (eucarioto) *Paramecium*, cada uma medindo aproximadamente 150 μm de comprimento. *E. fishelsoni* é um membro do domínio *Bacteria*, filogeneticamente relacionado às espécies de *Clostridium*.

maior que as células grandes. Este ponto pode ser facilmente visualizado no caso de uma esfera, onde o *volume* é uma função do raio elevado ao cubo ($V = \frac{4}{3}\pi r^3$), enquanto a *área superficial* é uma função do quadrado do raio ($AS = 4\pi r^2$). A razão superfície/volume (S/V) de uma esfera pode, assim, ser expressa como $3/r$ (Figura 4.14). Células com menores valores de r terão, portanto, razão S/V maior, podendo realizar a troca mais eficiente de nutrientes com o meio que as células grandes.

Em células de pequenas dimensões, a diferença na razão S/V se manifesta sob a forma de maior velocidade de crescimento, originando populações celulares maiores (por unidade de nutriente), que em células maiores. Esses parâmetros de crescimento rápido e de grande número de células podem, por sua vez, afetar a ecologia microbiana, pois a presença de um grande número de células, com alta atividade metabólica, pode promover alterações físico-químicas relevantes de um ecossistema em um curto período de tempo. As relações dos microrganismos com seus ambientes naturais serão novamente abordadas nos Capítulos 19, 20 e 26-29.

Alguns microbiologistas propuseram a existência de bactérias *extremamente* pequenas na natureza, denominadas *nanobactérias*. A maioria dos relatos sobre as nanobactérias sugere seu envolvimento na formação de precipitados e biofilmes (Seção 20.3) em diversos ambientes, tais como a superfície de minerais e tecidos humanos. O tamanho de prováveis nanobactérias cocóides é da ordem de 0,1 μm de diâmetro, o que corresponde a um tamanho extremamente pequeno para os padrões observados em procariotos. Oponentes da teoria que prega a existência das nanobactérias argumentam que estas seriam nada mais que simples artefatos, provenientes de reações químicas ou geoquímicas de materiais inertes, e

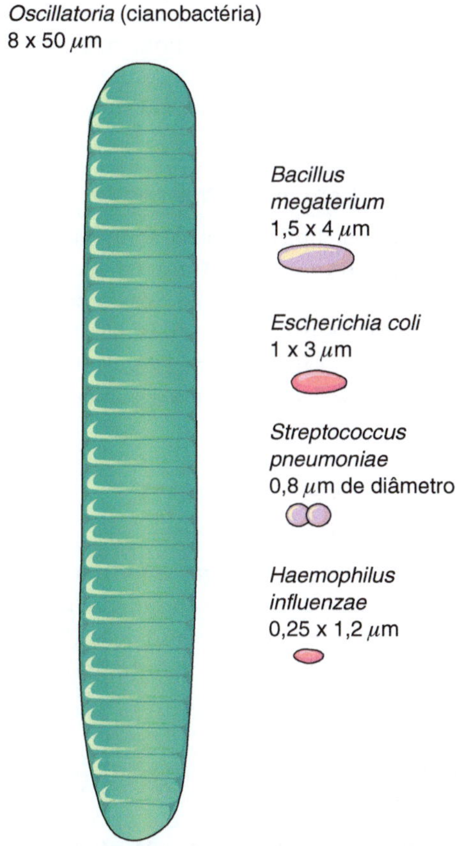

■ **Figura 4.13** Comparação dos tamanhos de vários procariotos. A maioria dos procariotos conhecidos apresenta diâmetro celular na faixa de 0,5-2 μm.

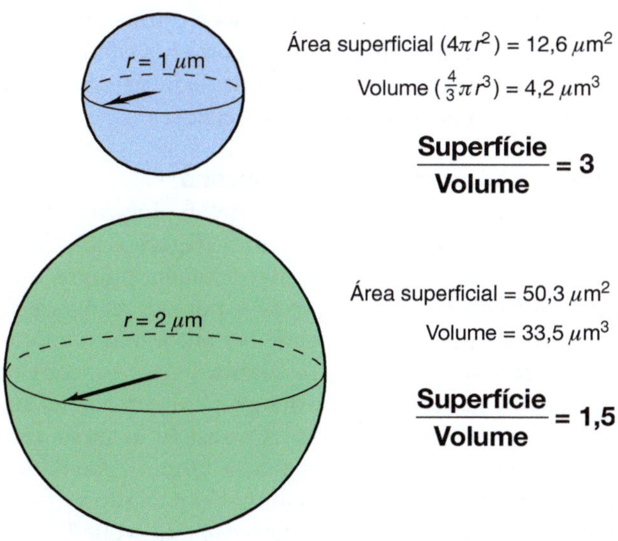

■ **Figura 4.14** Relações entre a área superficial e o volume nas células. À medida que o tamanho da célula *aumenta*, a razão área superficial/volume *diminui*.

que as menores bactérias conhecidas exibem dimensões significativamente maiores que as nanobactérias descritas. Também alegam que, considerando o espaço essencial para conter todas as biomoléculas necessárias à vida, seria altamente improvável uma estrutura de 0,1 μm ou menor possuir espaço suficiente para conter todas essas biomoléculas. Assim, o tema nanobactérias permanece ainda sem definição, mas, caso células tão pequenas realmente existissem, corresponderiam às menores estruturas vivas conhecidas.

✓ 4.4 Verificação de conceitos

Os procariotos são tipicamente menores que os eucariotos, podendo apresentar uma grande variedade de tipos morfológicos. O pequeno tamanho desses organismos tem reflexos em sua fisiologia, taxa de crescimento e ecologia.

✓ Liste três tipos morfológicos de procariotos.

✓ Que propriedade física da célula é aumentada à medida que a célula diminui?

II MEMBRANAS E PAREDES CELULARES

Passaremos a considerar duas importantes estruturas celulares: membrana e parede celular. Cada uma desempenha funções críticas e bem definidas na célula, incluindo o transporte de nutrientes (membrana) e a proteção contra a lise osmótica (parede).

4.5 Membrana citoplasmática: estrutura

A **membrana citoplasmática** corresponde a uma estrutura delgada que envolve completamente a célula. Essa estrutura vital, de aproximadamente 8 nm de espessura, atua como barreira que separa o interior da célula (citoplasma) de seu ambiente. Se a membrana for rompida, a integridade celular é destruída, havendo o extravasamento do conteúdo citoplasmático, que leva a célula à morte. A membrana citoplasmática é também uma *barreira altamente seletiva* que confere à célula a capacidade de concentrar metabólitos específicos e excretar dejetos.

Composição química da membrana

A estrutura geral das membranas biológicas corresponde a uma **bicamada fosfolipídica** (Figura 4.15). Como discutido na Seção 3.4, fosfolipídeos contêm porções altamente hidrofóbicas (ácidos graxos) e porções relativamente hidrofílicas (glicerol), podendo ser encontrados sob diferentes formas químicas, resultantes de variações na natureza dos ácidos graxos ou dos grupos contendo fosfato ligados ao esqueleto de glicerol. Os fosfolipídeos se agregam em solução aquosa e tendem a formar espontaneamente estruturas em bicamadas — os ácidos graxos direcionam-se para o interior da bicamada, voltados uns para os outros, originando um ambiente hidrofóbico, enquanto as porções hidrofílicas permanecem expostas ao ambiente aquoso externo (Figura 4.15). O caráter de bicamada da membrana provavelmente representa o arranjo mais estável de moléculas lipídicas em um ambiente aquoso.

Seções finas da membrana citoplasmática podem ser visualizadas ao microscópio eletrônico; um exemplo representativo é ilustrado na Figura 4.16*a*. À microscopia eletrônica de alta resolução, a membrana citoplasmática aparece como duas linhas claras, separadas por uma área mais es-

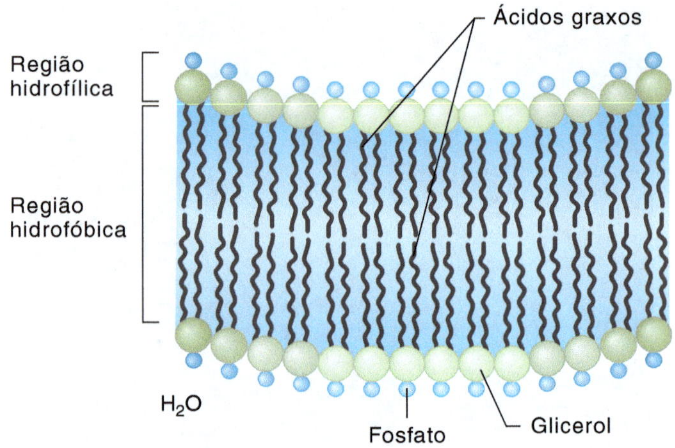

■ **Figura 4.15** Estrutura de uma bicamada fosfolipídica. A membrana citoplasmática tem aproximadamente 8 nm (80 Å) de espessura.

cura (Figura 4.16*a*). Essa **unidade de membrana**, como é denominada, consiste em uma bicamada fosfolipídica (Figura 3.7) contendo proteínas imersas (Figura 4.17). As principais proteínas da membrana celular geralmente apresentam porções bastante hidrofóbicas nas regiões em que atravessam a membrana e porções hidrofílicas expostas, tanto no interior como no exterior da célula (Figura 4.17). A estrutura global da membrana citoplasmática é estabilizada por pontes de hidrogênio e interações hidrofóbicas. Além disso, cátions como Mg^{2+} e Ca^{2+} também auxiliam na estabilização da membrana, por meio de associações iônicas com as cargas negativas dos fosfolipídeos.

Outras características da membrana citoplasmática

A superfície mais externa da membrana citoplasmática volta-se para o ambiente e, em certas bactérias, estabelece contato com várias proteínas de ligação a substratos ou proteínas que processam grandes moléculas, transportando-as para o interior da célula (proteínas periplasmáticas) (ver discussão nas Seções 4.7 e 4.9). A face interna da membrana citoplasmática está voltada para o citoplasma, interagindo com proteínas envolvidas em reações de produção de energia e em outras importantes funções celulares. Algumas proteínas, como aquelas encontradas no periplasma (região entre a membrana citoplasmática e a membrana externa de bactérias gram-negativas, ver Seção 4.9), e algumas proteínas citoplasmáticas podem se associar firmemente à superfície da membrana, atuando como se fossem proteínas da própria membrana. Embora tais proteínas não correspondam a proteínas integrais de membrana, em geral interagem diretamente com as proteínas de membrana, em vários processos celulares. Algumas das *proteínas periféricas de membrana*, como são denominadas, correspondem a lipoproteínas contendo uma cauda lipídica ligada à extremidade amino da proteína, ancorando-a à membrana.

Embora aparentando aspecto um tanto rígido quando ilustrada esquematicamente (Figuras 4.16 e 4.17), a membrana citoplasmática é, na realidade, muito fluida; as

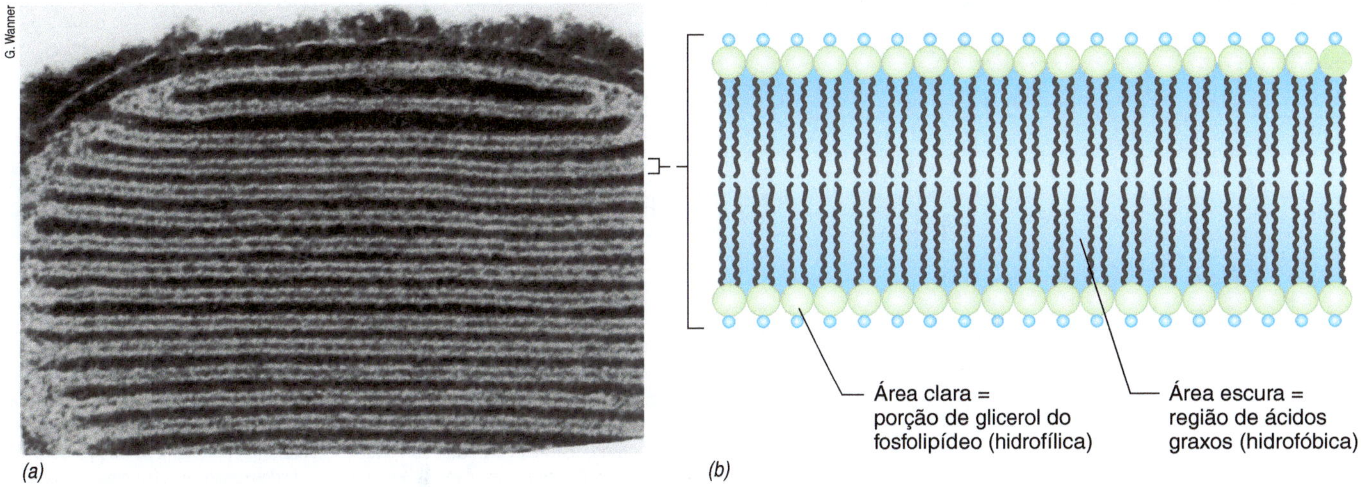

■ **Figura 4.16** Membrana citoplasmática. (a) Micrografia eletrônica de membranas fotossintéticas sobrepostas, derivadas da membrana citoplasmática da bactéria fototrófica *Halorhodospira halochloris*. Observe as distintas bicamadas lipídicas (unidades de membrana). Cada bicamada tem aproximadamente 8 nm de espessura. (b) Esquema ampliado de uma única unidade de membrana mostrada em (a).

moléculas de proteínas e fosfolipídeos têm liberdade de movimentação em sua superfície. Medidas de viscosidade indicam que as membranas têm viscosidade semelhante àquela apresentada por um óleo de baixa viscosidade. Assim, as membranas podem ser imaginadas como um *mosaico fluido*, no qual proteínas globulares especificamente orientadas atravessam a bicamada fosfolipídica altamente móvel, porém ordenada. Este arranjo confere às membranas várias propriedades funcionais importantes, que serão discutidas na próxima seção.

Agentes que conferem rigidez à membrana: esteróis e hopanóides

Uma das principais diferenças na composição química entre membranas de células eucarióticas e procarióticas corresponde à presença de **esteróis** em eucariotos (Figura 4.18*a, b*). Os esteróis estão ausentes nas membranas de quase todos os procariotos (bactérias metanotróficas e micoplasmas são as principais exceções, Seções 12.6 e 12.21). Dependendo do tipo de célula, os esteróis podem corresponder a 5-25% dos lipídeos totais de membranas eucarióticas. Os esteróis são moléculas planas e rígidas, enquanto os ácidos graxos são flexíveis. A associação de esteróis com a membrana estabiliza sua estrutura, tornando-a menos flexível. Moléculas similares aos esteróis, denominadas *hopanóides*, podem estar presentes em membranas de muitas *Bacteria*, onde talvez exerçam papel similar ao dos esteróis em células eucarióticas. Um hopanóide amplamente distribuído corresponde ao C_{30}, *diplopteno* (Figura 4.18*c*). Até o momento, a presença de hopanóides não foi descrita em espécies de *Archaea*.

Membranas de *Archaea*

Os lipídeos de *Archaea* são quimicamente singulares. Em contraposição aos lipídeos de *Bacteria* e *Eukarya*, onde os ácidos graxos são ligados ao glicerol por ligações *éster* (Figura 4.19*a*, Seção 3.4), os lipídeos de *Archaea* apresentam ligações *éter* entre o glicerol e suas cadeias laterais hidrofóbicas. Além disso, os lipídeos de *Archaea* não possuem ácidos graxos; as cadeias laterais são compostas por unidades

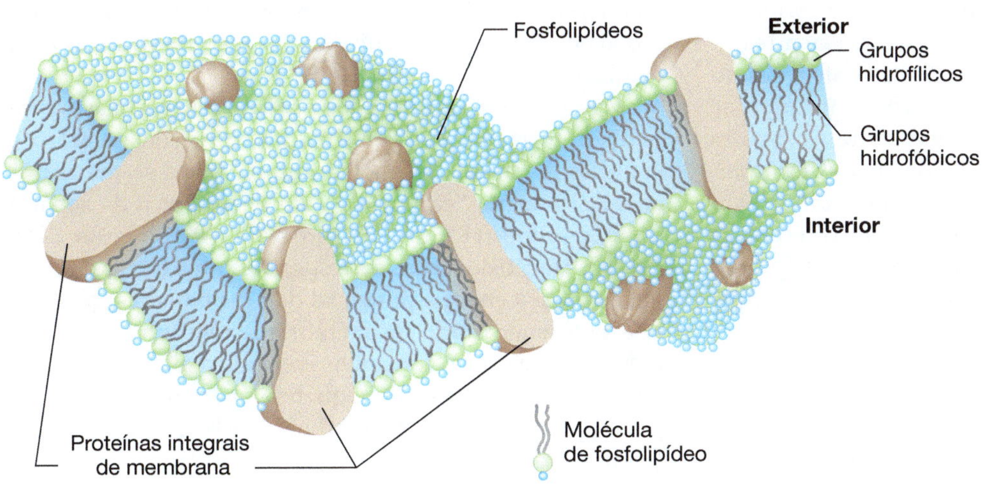

■ **Figura 4.17** Diagrama da estrutura da membrana citoplasmática; a superfície interna (interior) está voltada para o citoplasma, enquanto a superfície externa (exterior), para o ambiente. A matriz da unidade de membrana é composta de fosfolipídeos, com os grupos hidrofóbicos voltados para o interior e os grupos hidrofílicos, para o exterior, associando-se à água. Imersas na matriz, são encontradas proteínas que possuem porções hidrofóbicas nas regiões em que atravessam a bicamada de ácidos graxos. Proteínas hidrofílicas e outras substâncias carregadas, como íons metálicos, podem se ligar às superfícies hidrofílicas. Embora haja algumas diferenças químicas, a estrutura geral da membrana citoplasmática ilustrada é semelhante em procariotos e eucariotos (ver uma exceção do padrão de bicamada na Figura 4.20*d*).

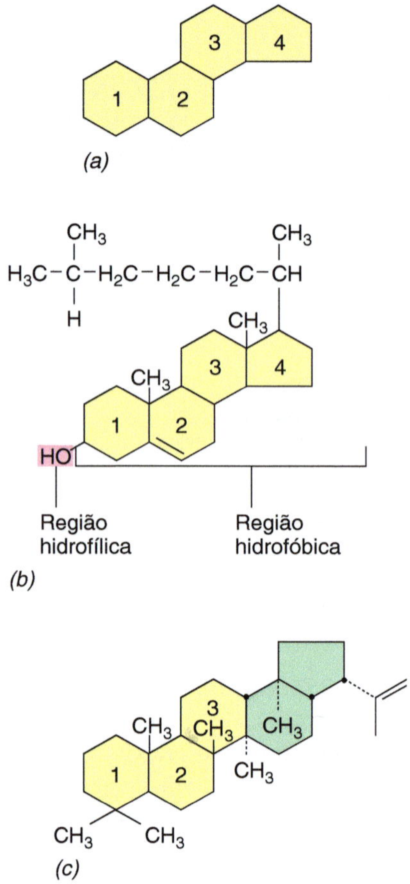

■ **Figura 4.18** Esteróis e hopanóides. (a) Estrutura geral de um esterol. Todos os esteróis possuem os mesmos quatro anéis, designados como 1, 2, 3 e 4. (b) Estrutura do colesterol. (c) Estrutura do hopanóide diplopteno. Observe a semelhança estrutural dos anéis 1 a 3 com o colesterol. Esteróis são encontrados na membrana de eucariotos, enquanto os hopanóides, na membrana de alguns procariotos.

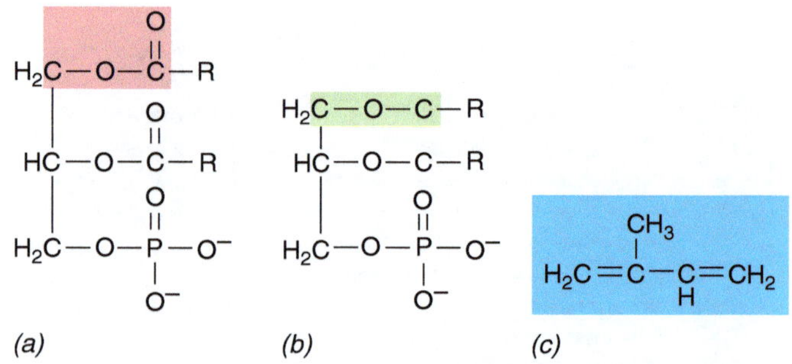

■ **Figura 4.19** Ligações químicas dos lipídeos. (a) Ligação *éster* encontrada nos lipídeos de *Bacteria* e *Eukarya*. (b) Ligação *éter* dos lipídeos de *Archaea*. (c) Isopreno, estrutura parental das cadeias laterais (R) hidrofóbicas dos lipídeos de *Archaea*. Em contraposição, R corresponde a ácidos graxos nos lipídeos de *Bacteria* e *Eukarya*.

repetitivas do hidrocarboneto de cinco carbonos, *isopreno* (Figura 4.19*c*). Contudo, a estrutura global das membranas lipídicas de *Archaea* é mantida apresentando superfícies hidrofílicas internas e externas, com o interior hidrofóbico.

As principais classes de lipídeos presentes em *Archaea* são o glicerol *diéter* e o glicerol *tetraéter* (Figura 4.20*a*, *b*). Observe que na molécula do tipo tetraéter as cadeias laterais de fitanil (quatro isoprenos associados) de cada molécula de glicerol encontram-se covalentemente ligadas (Figura 4.20*b*). Tal tipo de estruturação resulta na formação de uma *monocamada* lipídica em vez de uma bicamada (Figura 4.20*d*). Monocamadas lipídicas são bastante resistentes a rupturas e, desse modo, não é surpreendente que esse tipo de membrana seja muito freqüente entre as *Archaea* hipertermófilas, procariotos capazes de crescer em temperaturas extremamente elevadas (Seções 6.10 e 13.5-13.10). Várias outras características podem diferenciar *Bacteria* de *Archaea*, mas a composição química dos lipídeos de membrana corresponde à principal característica que define estes grupos filogenéticos.

✓ 4.5 Verificação de conceitos

A membrana citoplasmática atua como uma barreira de permeabilidade altamente seletiva, constituída por lipídeos e proteínas, que formam uma bicamada. As superfícies externa e interna são de natureza hidrofílica, enquanto o interior da bicamada é de natureza hidrofóbica. Outras moléculas, como os esteróis e os hopanóides, podem enrijecer a membrana. Proteínas integrais envolvidas no transporte e em outras funções atravessam a membrana. Contrariamente ao observado em *Bacteria* e *Eukarya*, os lipídeos de *Archaea* apresentam ligações do tipo éter; em algumas espécies, a membrana corresponde a uma monocamada em vez de uma bicamada.

✓ Desenhe a estrutura básica de uma bicamada lipídica.

✓ Por que compostos como esteróis e hopanóides atuam como bons estabilizadores da membrana citoplasmática?

✓ Compare a ligação entre o glicerol e a porção lipídica hidrofóbica em *Bacteria* e *Archaea*.

4.6 Membrana citoplasmática: função

A membrana citoplasmática é mais que uma simples barreira que separa o conteúdo celular do meio externo. A membrana desempenha vários papéis fundamentais nas funções celulares. Em primeiro lugar e acima de tudo, a membrana atua como *barreira de permeabilidade*, impedindo o extravasamento passivo dos constituintes citoplasmáticos (Figura 4.21). Além disso, essa membrana corresponde ao sítio de localização de várias proteínas. Destas, algumas são enzimas e outras estão envolvidas no transporte de substâncias para dentro e fora da célula.

Veremos no Capítulo 5 que a membrana citoplasmática também corresponde a um sítio celular de conservação de energia. A superfície da membrana pode se encontrar energeticamente "carregada", em decorrência da separação de prótons (H^+) dos íons hidroxila (OH^-) (Figura 4.21). Esta separação de cargas corresponde a uma forma de energia análoga à energia potencial de uma bateria carregada. O estado energizado da membrana, referido como *força próton motiva* (FPM), é responsável pela realização de muitas funções celulares que requerem energia, incluindo alguns tipos de transporte, motilidade e biossíntese de ATP (Figura 4.21).

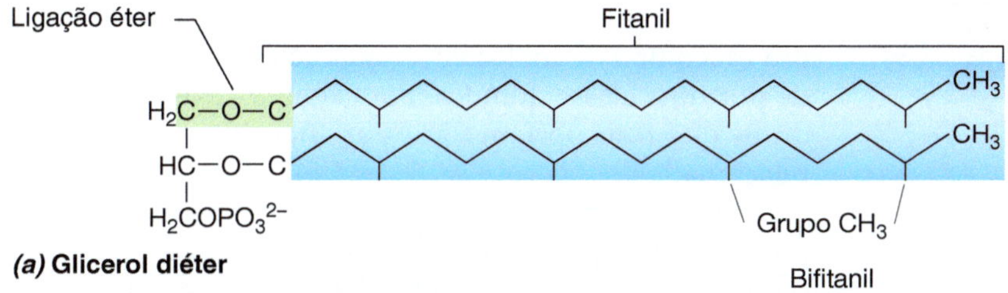

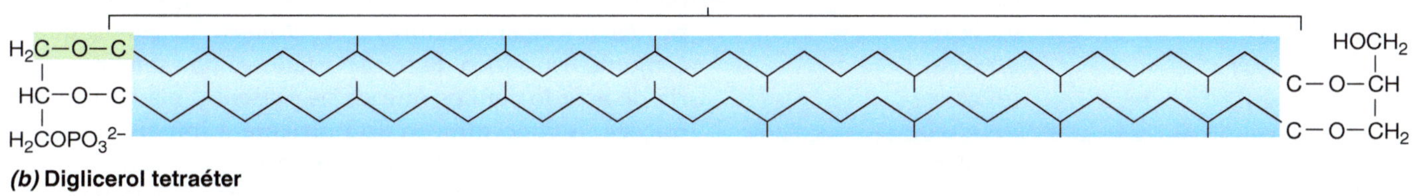

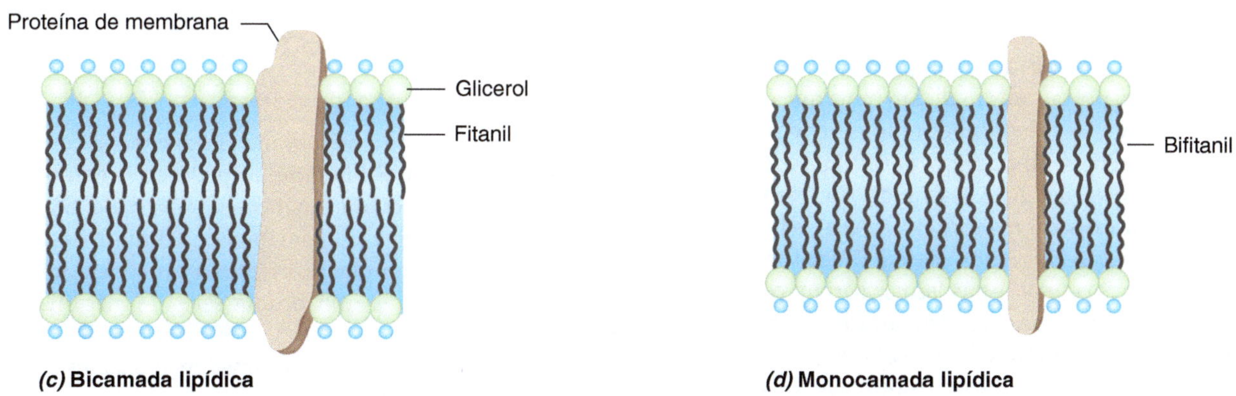

■ **Figura 4.20** Principais lipídeos de *Archaea* e a estrutura de suas membranas. (a) Glicerol diéter. (b) Diglicerol tetraéter. Observe que, em ambos os casos, o hidrocarboneto está ligado ao glicerol por ligações *éter*. O hidrocarboneto em (a) é fitanil (C_{20}), e em (b), bifitanil (C_{40}). (c, d) Estrutura de membrana de *Archaea*. (c) Bicamada lipídica. (d) Monocamada lipídica.

A membrana citoplasmática como barreira de permeabilidade

O interior da célula (citoplasma) consiste em uma solução aquosa de sais, açúcares, aminoácidos, vitaminas, coenzimas e de uma grande variedade de outros compostos solúveis. A natureza hidrofóbica da membrana citoplasmática torna-a uma forte barreira; contudo, algumas moléculas hidrofóbicas podem atravessá-la por difusão. Em contrapartida, moléculas carregadas e hidrofílicas não são capazes de atravessar a membrana espontaneamente, requerendo transportadores específicos. Mesmo substâncias tão pequenas como o íon hidrogênio (H^+) não se difundem através da membrana citoplasmática. A água é capaz de penetrar na membrana, sendo suficientemente pequena para passar entre as moléculas de fosfolipídeos. O transporte de água através da membrana pode, no entanto, ser acelerado pelas proteínas transportadoras de água, as *aquaporinas*. Essas proteínas, presentes em todos os seres vivos, formam canais que atravessam a membrana e transportam especificamente a água para dentro ou fora da célula. A aquaporina AqpZ de *Escherichia coli*, por exemplo, é uma proteína não essencial, cuja síntese aumenta significativamente em condições de baixa osmolaridade. Assim, é provável que a AqpZ atue principalmente como um exportador de água, em vez de um importador, impedindo que a célula sofra um choque osmótico.

A permeabilidade relativa de algumas substâncias biologicamente importantes é apresentada na Tabela 4.1. Pode-se observar que a maioria das substâncias não penetra passivamente na célula, sendo os processos de *transporte* críticos às funções celulares. Os dados da Tabela 4.1 devem também ser interpretados baseando-se no fato de que o fluxo de água em células procarióticas pode ser assistido por aquaporinas, não ocorrendo em sua totalidade por um processo de difusão através da membrana.

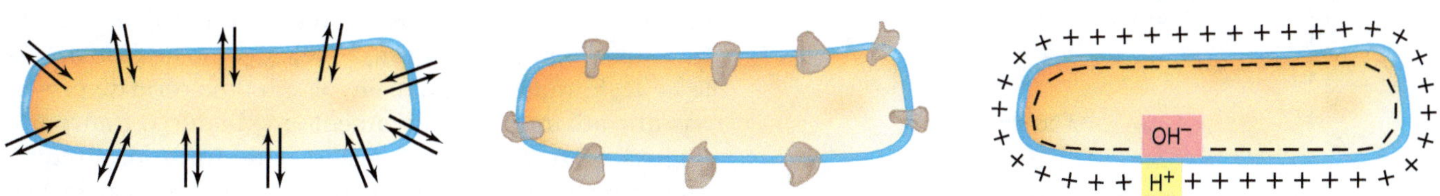

Barreira de permeabilidade — impede o extravasamento e atua como porta de entrada e saída de nutrientes

Ancoragem de proteínas — sítio de muitas proteínas envolvidas no transporte, na bioenergética e na quimiotaxia

Conservação de energia — sítio de geração e utilização da força próton motiva

■ **Figura 4.21** Principais funções da membrana citoplasmática.

Tabela 4.1 Permeabilidade comparativa da membrana às várias moléculas

Substância	Grau de permeabilidade[a]
Água	100
Glicerol	0,1
Triptofano	0,001
Glicose	0,001
Íon cloro (Cl^-)	0,000001
Íon potássio (K^+)	0,0000001
Íon sódio (Na^+)	0,00000001

a Escala relativa — O grau de permeabilidade em relação à permeabilidade da água é considerado 100. A permeabilidade da membrana à água pode ser afetada pelas aquaporinas (ver texto).

A necessidade de proteínas transportadoras

As proteínas transportadoras realizam mais que o mero transporte de substâncias; são também capazes de promover o acúmulo de solutos no interior da célula, *contra* um gradiente de concentração. A necessidade do transporte mediado por carreadores em microrganismos é de fácil entendimento. Se a difusão correspondesse à única forma de entrada de solutos nas células, estas jamais seriam capazes de apresentar as concentrações intracelulares necessárias às reações bioquímicas. Isso porque a velocidade de captação e a concentração intracelular de solutos difusíveis são proporcionais à concentração externa desses solutos (Figura 4.22). Na natureza, a concentração de nutrientes é freqüentemente muito baixa. Assim, as células necessitam de mecanismos que acumulem nutrientes em concentrações maiores que aquelas observadas na natureza — esta é a função dos sistemas de transporte. Além disso, contrariamente à difusão simples, o transporte mediado por carreadores exibe um *efeito de saturação;* se a concentração de substrato for suficientemente elevada para saturar o carreador, a velocidade de captação torna-se máxima e inalterada pela adição de mais substrato (Figura 4.22).

Os processos de transporte mediados por carreadores caracterizam-se pela natureza *altamente específica* do transporte. Muitas proteínas carreadoras reagem somente com um único tipo de molécula, enquanto outras têm afinidade por uma classe química. Por exemplo, existem carreadores que transportam vários aminoácidos ou açúcares relacionados.

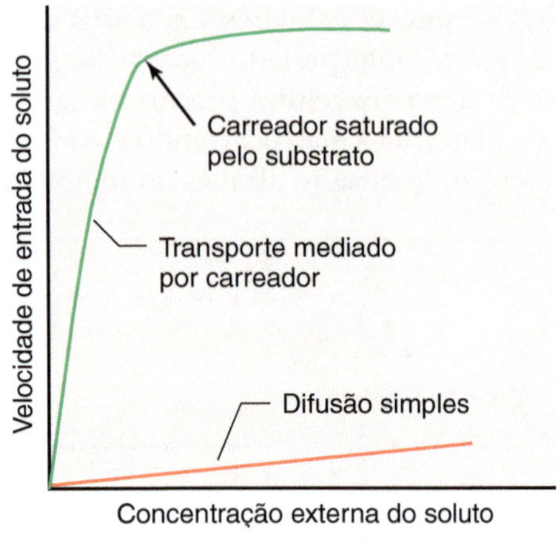

Figura 4.22 Relação entre a velocidade de captação e a concentração externa, na difusão e no transporte. Observe que no processo mediado por carreadores a velocidade de captação torna-se saturada em concentrações externas relativamente baixas.

Essa economia na captação diminui a necessidade de proteínas transportadoras distintas para cada aminoácido ou açúcar a ser transportado. Além disso, a síntese das proteínas transportadoras é *regulada* de tal modo que o conjunto específico de transportadores na membrana varia de acordo com os nutrientes presentes e suas concentrações. A concentração do nutriente é importante, pois muitas vezes um determinado nutriente, quando se encontra em baixas concentrações, é transportado por uma proteína específica, sendo transportado por outra proteína, quando em altas concentrações.

✓ 4.6 Verificação de conceitos

A principal função da membrana citoplasmática é atuar como barreira de permeabilidade, impedindo o extravasamento de metabólitos citoplasmáticos para o meio externo. A permeabilidade seletiva também impede a difusão da maioria dos solutos. Para acumular nutrientes contra um gradiente de concentração, a célula utiliza uma série de mecanismos de transporte específico.

✓ Além da permeabilidade, que outras funções a membrana citoplasmática exerce?

✓ Liste duas razões por que uma célula não pode depender da difusão como mecanismo de captação de nutrientes.

✓ Por que danos físicos à membrana citoplasmática correspondem a problemas mais sérios que os danos em outros componentes celulares?

4.7 Sistemas de transporte de membrana

Como acabamos de discutir, o transporte de nutrientes e a eliminação de produtos finais de metabolismo correspondem a eventos de grande importância em todas as células. Diferentes sistemas de transporte foram desenvolvidos em procariotos, cada um exibindo características próprias. Passaremos a discutir as principais classes de transportadores.

Estrutura e função de proteínas transportadoras de membrana

São conhecidas pelo menos três classes de sistemas de transporte de membrana: aqueles que envolvem somente um componente transmembrânico, os que envolvem componentes periplasmáticos de ligação e um componente transmembrânico e, por fim, aqueles, como no caso do sistema fosfotransferase, que envolvem uma série de proteínas que atuam cooperativamente mediando o transporte (Figura 4.23). Todos estes sistemas de transporte requerem energia, seja na forma da força próton motiva, de ATP ou de outro composto de alta energia.

As proteínas transmembrânicas de praticamente todos os sistemas de transporte bacterianos apresentam alto grau de homologia em suas estruturas primária e secundária, indicando suas origens evolutivas comuns.

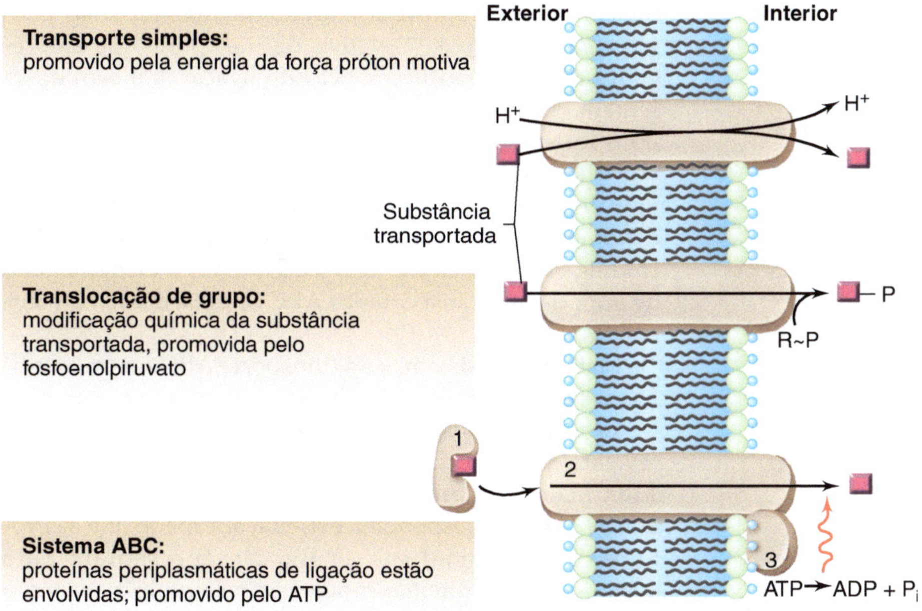

■ **Figura 4.23** As três classes de sistemas transportadores de membrana. Observe como os transportadores simples e o sistema ABC transportam substâncias *sem* modificá-las quimicamente, enquanto a translocação de grupo promove a modificação química (fosforilação) da substância transportada.

Estruturalmente, esses transportadores geralmente formam 12 α-hélices (Seção 3.7) que se dobram várias vezes na membrana e formam um canal pelo qual a substância transportada é conduzida à célula (Figura 4.24). Os eventos de transporte envolvem uma alteração conformacional da proteína após sua ligação ao substrato, a qual promove o transporte do composto através da membrana.

Os vários *tipos* de eventos que podem ocorrer no transporte estão também resumidos na Figura 4.24. *Uniportadores* são proteínas que transportam uma molécula, de maneira unidirecional, através da membrana. *Simportadores* são proteínas que transportam *conjuntamente* duas substâncias, sendo uma delas freqüentemente um próton (H^+). *Antiportadores* são proteínas que, como o nome indica, transportam uma substância em uma direção através da membrana, transportando simultaneamente uma segunda substância na direção *oposta* (Figura 4.24).

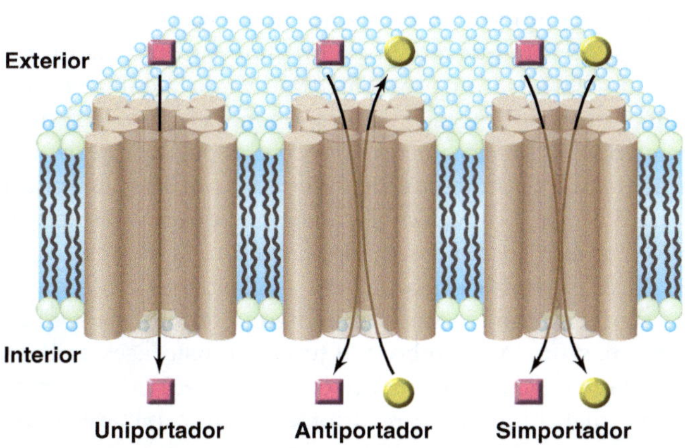

■ **Figura 4.24** Estrutura dos transportadores transmembrânicos e tipos de transporte. Em procariotos, os transportadores transmembrânicos tipicamente contêm 12 alfa-hélices alinhadas entre si, em um círculo, formando um canal através da membrana. Aqui são apresentados três transportadores individuais, cada um ilustrando um tipo diferente de transporte. No caso de antiportadores e simportadores, a molécula co-transportada encontra-se em amarelo.

Lac permease: um transportador simples

A bactéria *Escherichia coli* pode crescer na presença do dissacarídeo lactose, que é captado pelas células de *E. coli* por meio de um simportador denominado Lac permease. O transportador Lac permease é um exemplo típico de simportador, pois capta uma molécula de lactose juntamente com um próton. Esse processo é apresentado na Figura 4.25, onde a atividade do sistema é comparada a outros transportadores simples, incluindo uniportadores e antiportadores. Observe que, para cada molécula de lactose transportada pelo sistema Lac permease, a energia da força próton motiva é gradualmente diminuída pelo influxo de prótons na célula. Entretanto, a força próton motiva é restabelecida a partir de reações geradoras de energia, as quais serão descritas em capítulos posteriores (Capítulos 5 e 18). Como resultado final da atividade de um transportador simples, como Lac permease, há o acúmulo de um soluto, neste caso lactose, em concentrações suficientes para gerar energia, quando metabolizado.

Translocação de grupo

A **translocação de grupo** corresponde a um processo de transporte em que a substância transportada é *quimicamente alterada* durante sua passagem através da membrana. Os casos mais bem estudados de translocação de grupo envolvem o transporte dos açúcares glicose, manose e frutose, que são *fosforilados* durante o processo, mediado pelo **sistema fosfotransferase**.

O sistema fosfotransferase da bactéria *Escherichia coli* é composto por uma família de proteínas, sendo pelo menos quatro necessárias ao transporte de um determinado açúcar. Antes de o açúcar ser transportado para o interior da célula, as proteínas do sistema fosfotransferase são alternadamente fosforiladas e desfosforiladas em cadeia, até que a proteína transmembrânica denominada Enzima

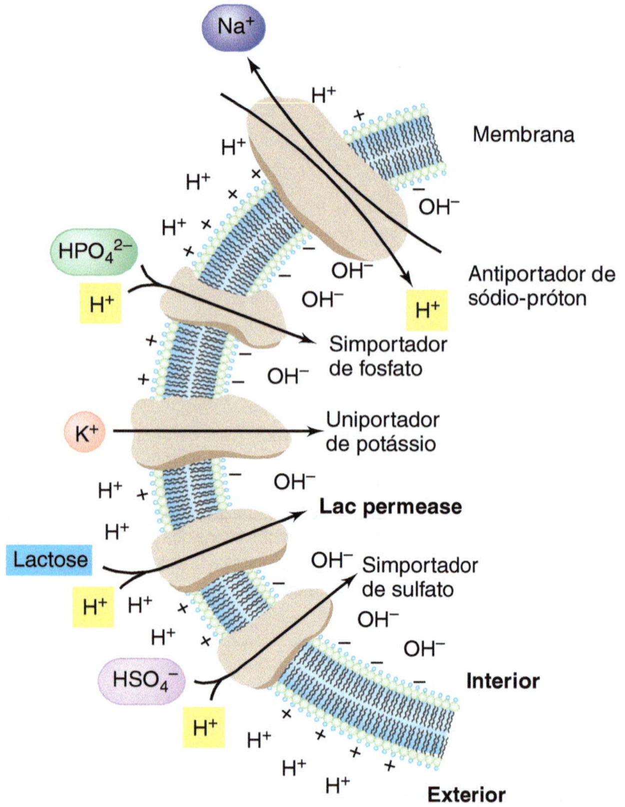

■ **Figura 4.25** Atividade do sistema Lac permease (um simportador) de *Escherichia coli* e de vários outros transportadores simples, já caracterizados. Embora, por uma questão de simplicidade, as proteínas transmembrânicas tenham sido desenhadas na forma globular, observe sua real estrutura, na Figura 4.24.

II, receba o grupo fosfato e fosforite o açúcar no momento do transporte (Figura 4.26). Uma pequena proteína denominada HPr, a enzima que a fosforila (Enzima I) e a Enzima II_a, são proteínas citoplasmáticas, enquanto a Enzima II_b localiza-se na face interna da membrana e a Enzima II_c corresponde a uma proteína integral de membrana (Figura 4.26). A proteína HPr e a Enzima I são componentes não específicos do sistema fosfotransferase e participam na captação de vários açúcares, enquanto as Enzimas II são específicas para cada açúcar.

A ligação fosfato de alta energia que fornece a energia para o sistema fosfotransferase é oriunda de um intermediário metabólico chave, denominado *fosfoenolpiruvato*. Entretanto, note que, embora a energia na forma de uma ligação fosfato seja consumida no processo de transporte de glicose (Figura 4.26), a fosforilação da glicose em glicose-6-P sempre ocorre em seu metabolismo intracelular (Seção 5.10). Assim, o sistema fosfotransferase prepara a glicose para sua imediata introdução em uma via metabólica central.

Transporte dependente de proteínas periplasmáticas de ligação: o sistema ABC

Na Seção 4.9 veremos que bactérias gram-negativas contêm um espaço entre a membrana citoplasmática e a membrana externa denominado *periplasma* (ver Figura 4.36). O periplasma contém várias proteínas, muitas das quais atuam no transporte, denominadas *proteínas periplasmáticas de ligação*. Sistemas de transporte que empregam proteínas periplasmáticas de ligação também apresentam componentes transmembrânicos que medeiam o transporte propriamente dito, além de um terceiro componente que fornece a energia necessária, obtida pela hidrólise de ATP. Esses tipos de transportadores foram denominados **sistemas de transporte ABC**, do inglês *A*TP-*b*inding-*c*assete (cassete de ligação ao ATP). O mecanismo de ação de um transportador ABC é apresentado na Figura 4.27.

Mais de 200 sistemas de transporte ABC foram identificados em procariotos. Análises estruturais de componentes de diferentes sistemas funcionalmente relacionados revelam a existência de uma *família* de proteínas relacionadas. Uma das propriedades interessantes dos sistemas do tipo ABC corresponde à extrema afinidade que as proteínas periplasmáticas de ligação apresentam pelo substrato. Tais proteínas movem-se pelo periplasma e são capazes de se ligar a substratos, mesmo que estes estejam em concentrações extremamente baixas; por exemplo, substratos em concentrações de 1 micromolar (10^{-6} M) ou inferiores podem ser ligados e transportados. Uma vez que o substrato se associa à proteína periplasmática, o complexo interage com sua respectiva proteína transmembrânica, sendo o transporte mediado pela energia liberada na hidrólise de ATP (Figura 4.27). Curiosamente, sistemas de transporte dependentes de proteínas de ligação foram detectados em bactérias gram-positivas, que não possuem periplasma. Em gram-positivos, essas proteínas específicas de ligação não são móveis, estando ancoradas à membrana citoplasmática. Entretanto, assim como nas bactérias gram-negativas, quando estas se ligam ao substrato, passam a interagir com o componente transmembrânico que, à custa de ATP, promove o transporte através da membrana.

Exportação de proteínas

Até o momento, nossa discussão sobre transporte concentrou-se em moléculas pequenas. No caso de moléculas grandes, como proteínas, de que maneira o transporte é realizado? Para que atuem adequadamente, muitas proteínas devem ser transportadas *para fora* da membrana ou, então, inseridas nesta estrutura, de maneira específica. A translocação protéica ocorre em células procarióticas pela ação de outras proteínas, denominadas *translocases*, sendo uma das mais importantes o sistema Sec (de secretório). Há uma translocase associada à membrana, denominada SecYEG, que pode exportar certas proteínas ou introduzi-las na membrana, especificamente orientadas, de acordo com suas funções. Embora algumas translocases exibam atividade bastante específica, o sistema SecYEG é amplamente distribuído em procariotos, sendo capaz de translocar uma grande variedade de proteínas distintas. O reconhecimento de proteínas destinadas ao transporte corresponde a um outro tema, que será discutido posteriormente (Seção 7.16).

A exportação de proteínas é importante para as bactérias, pois várias enzimas bacterianas atuam apenas quan-

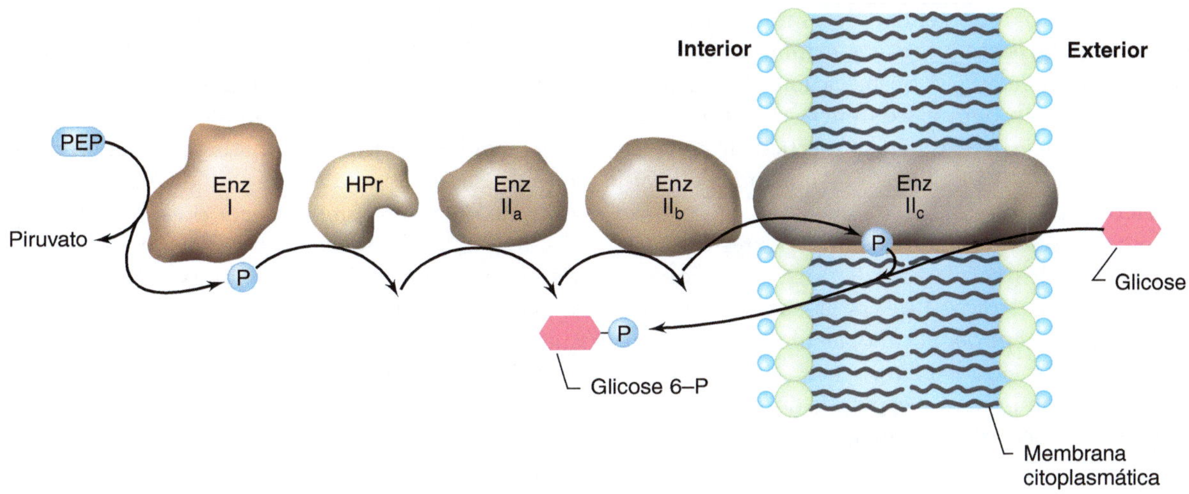

■ **Figura 4.26** Mecanismo do sistema fosfotransferase de *Escherichia coli*. Para a captação de glicose, o sistema utiliza cinco proteínas: Enzima (Enz) I, Enzimas II_a, II_b e II_c e HPr. O fosfato é transferido seqüencialmente do fosfoenolpiruvato (PEP), passando pelas proteínas até a Enzima II_c. Esta última realiza o transporte do açúcar e o fosforila.

do localizadas extracelularmente. Por exemplo, enzimas hidrolíticas, como amilase ou celulase, são excretadas diretamente no meio externo, onde clivam o amido ou a celulose (Figura 3.6*b*), originando glicose, que pode então ser utilizada pela célula como fonte de carbono ou de energia. Além disso, vários patógenos bacterianos secretam toxinas protéicas ou outras proteínas deletérias ao hospedeiro, durante a infecção. Todas as grandes moléculas devem atravessar a membrana citoplasmática, com as proteínas do tipo SecYEG auxiliando nestes eventos de transporte.

✓ 4.7 Verificação de conceitos

Pelo menos três tipos de transportadores são conhecidos: transportadores simples, transportadores do tipo fosfotransferase e sistemas ABC, contendo três componentes. O transporte requer energia, que pode ser originada a partir da força próton motiva ou do ATP.

✓ Diferencie as necessidades energéticas dos transportadores simples, do sistema fosfotransferase e do sistema de transporte ABC.

✓ Diferencie os três tipos de sistema de transporte, em termos das alterações químicas que ocorrem na molécula transportada.

✓ Que sistema de transporte é mais bem adaptado ao transporte de nutrientes presentes no meio, em concentrações extremamente baixas e por quê?

✓ Como proteínas são exportadas de uma célula?

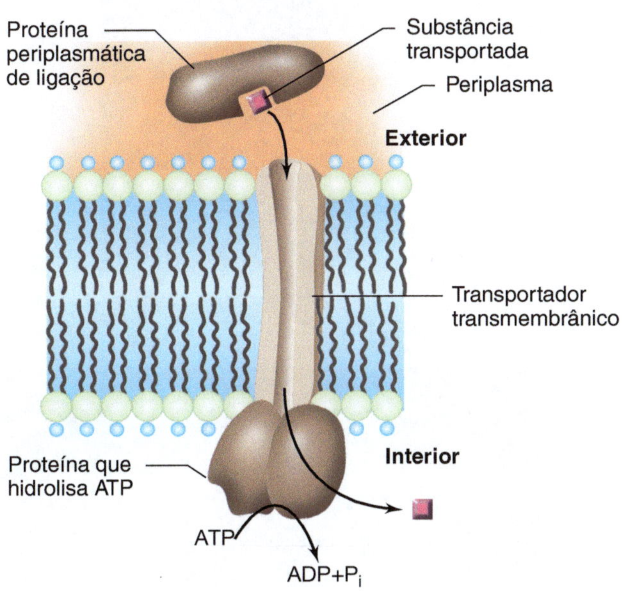

■ **Figura 4.27** Mecanismo do transportador do tipo ABC. A proteína periplasmática de ligação tem alta afinidade pelo substrato; a proteína transmembrânica corresponde ao canal de transporte, enquanto a proteína, que hidrolisa ATP fornece energia para o transporte. Em *Escherichia coli*, a maltose (um dissacarídeo) é transportada pelo sistema ABC.

4.8 A parede celular de procariotos: peptideoglicano e moléculas relacionadas

Devido à alta concentração de solutos dissolvidos no interior de uma célula bacteriana, é estabelecida uma pressão de turgor considerável, estimada em cerca de 2 atmosferas (atm), no caso de *Escherichia coli*, o que equivale à pressão de um pneu. Para suportar pressões dessa natureza, as bactérias apresentam **paredes celulares**, que também atuam conferindo rigidez e mantendo a forma da célula. A parede celular procariótica é de difícil visualização ao microscópio óptico, mas é prontamente observada a partir de seções celulares finas, ao microscópio eletrônico.

Os procariotos do domínio *Bacteria* podem ser divididos em dois grandes grupos, denominados **gram-positivos** e **gram-negativos**. Embora essa distinção tenha sido originalmente baseada em um procedimento especial de coloração — a *coloração de Gram* (ver Seção 4.1) —, as diferenças entre os dois grupos residem, essencialmente, na estrutura da parede celular. Paredes celulares de organismos gram-positivos e gram-negativos exibem acentuadas diferenças, como pode ser observado na Figura 4.28. A parede celular de gram-negativos corresponde a uma estrutura bastante complexa, formada por várias camadas, enquanto a parede celular de gram-positivos é normalmente mais espessa e consiste primariamente em um único tipo de molécula. A observação cuidadosa da Figura 4.28 revela também a existência de diferenças significantes em relação à textura da superfície de *Bacteria* gram-positivas e negativas, quando visualizadas ao microscópio eletrônico.

Nesta seção, apresentaremos os componentes polissacarídicos das paredes celulares dos dois domínios de procariotos, *Bacteria* e *Archaea*. Estes polissacarídeos incluem, em particular, o peptideoglicano, além de outros menos relacionados, encontrados em *Archaea*. Na Seção 4.9, descreveremos os componentes especiais da parede celular encontrados em *Bacteria* gram-negativas.

Peptideoglicano

As paredes celulares de *Bacteria* apresentam uma camada espessa, primariamente responsável pela rigidez dessa estrutura. *Bacteria* gram-negativas apresentam ainda camadas adicionais, localizadas externamente a essa camada rígida. A camada rígida presente em *Bacteria* gram-positivas e negativas apresenta composição química bastante similar, sendo denominada **peptideoglicano** (ou **mureína**). Cada camada de peptideoglicano é formada por uma fina lâmina, composta por dois derivados de açúcares, a *N-acetilglicosamina* e o *ácido N-acetilmurâmico*, além de um pequeno conjunto de aminoácidos, que consiste em L-alanina, D-alanina, ácido D-glutâmico e lisina, ou ácido diaminopimélico (DAP) (Figura 4.29). Os componentes se associam e originam uma estrutura repetitiva, o *tetrapeptídeo glicano* (Figura 4.30).

A estrutura básica do peptideoglicano pode ser definida como um arcabouço, onde as cadeias de glicano formadas pelos açúcares são interligadas por meio de *ligações peptídicas cruzadas*, formadas pelos aminoácidos. Embora as ligações glicosídicas que unem os açúcares da cadeia de

■ **Figura 4.28** Paredes celulares de *Bacteria*. (a, b) Diagramas esquemáticos de paredes celulares de organismos gram-positivos e gram-negativos. (c) Micrografia eletrônica apresentando a parede celular de uma bactéria gram-positiva, *Arthrobacter crystallopoietes*. (d) Bactéria gram-negativa, *Leucothrix mucor*. (e, f) Micrografias eletrônicas de varredura de *Bacteria* gram-positivas (*Bacillus subtilis*) e gram-negativas (*Escherichia coli*). Observe a textura de superfície das células apresentadas em (e) e (f). Uma única célula de *B. subtilis* ou de *E. coli* tem aproximadamente 1 μm de diâmetro.

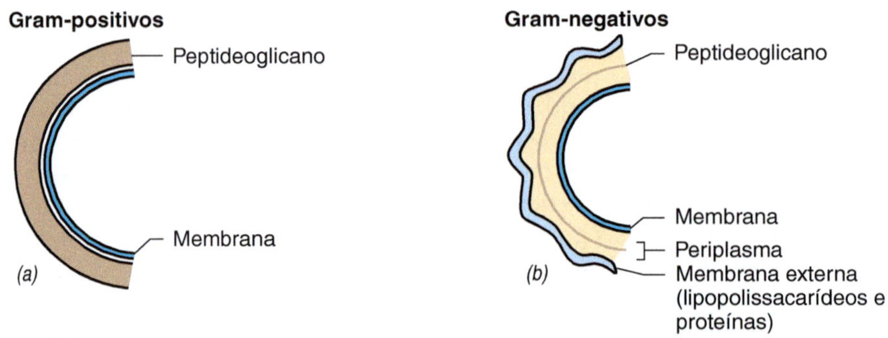

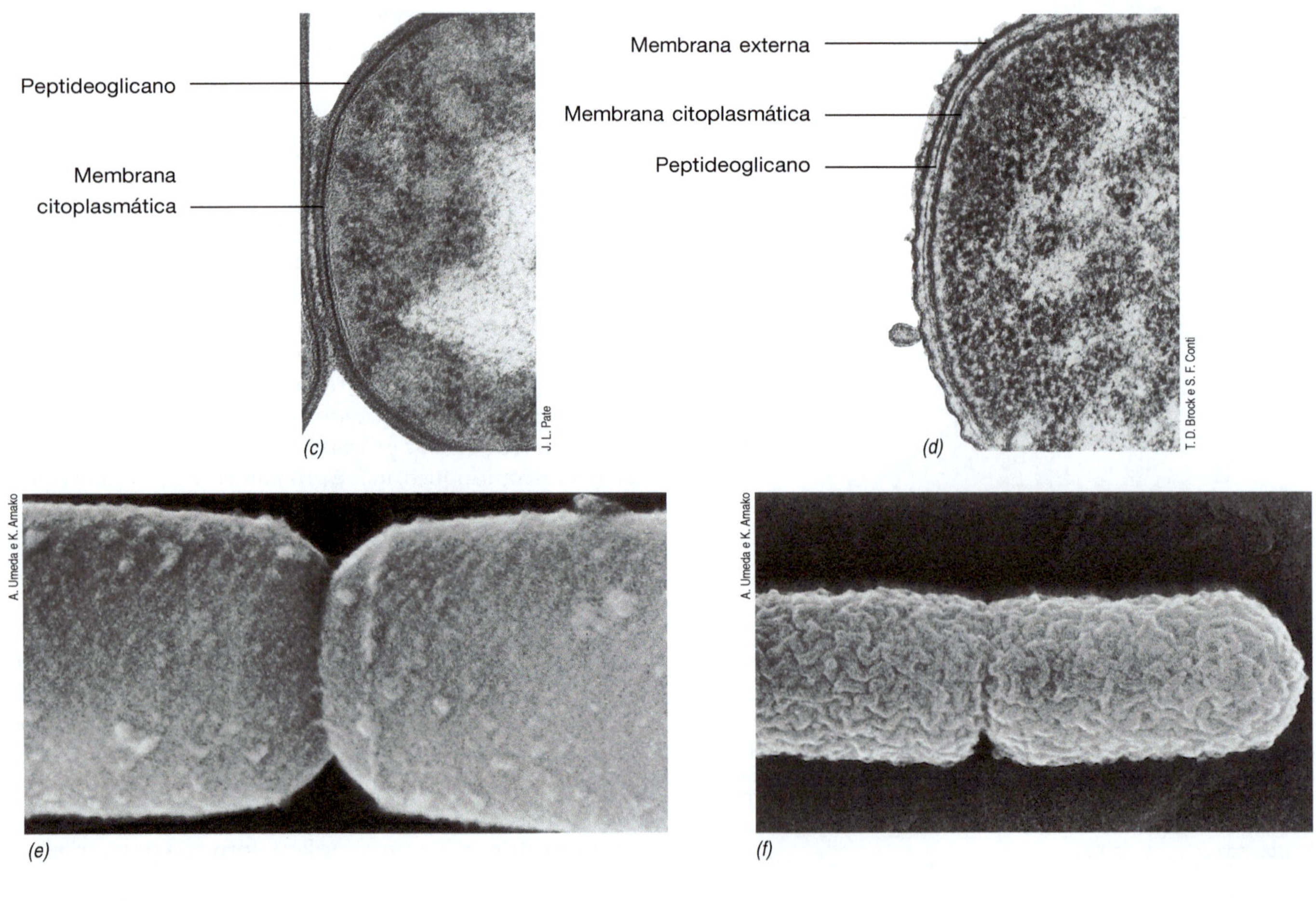

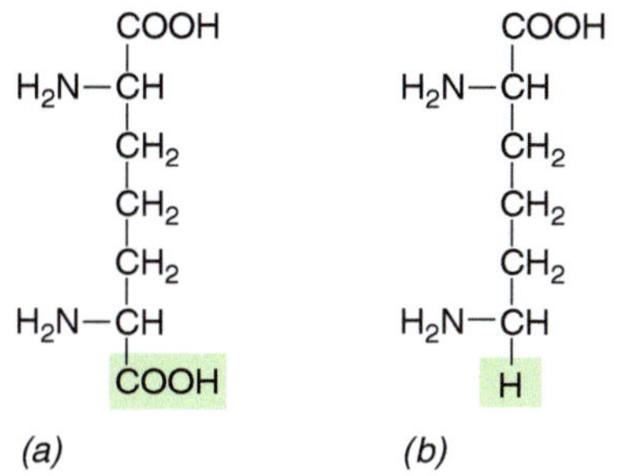

■ **Figura 4.29** (a) Ácido diaminopimélico. (b) Lisina. A única diferença entre as duas moléculas encontra-se salientada em verde.

glicano sejam bastante fortes, somente essas cadeias não são capazes de conferir a rigidez que o peptideoglicano apresenta, em todas as direções. A estrutura completa e funcional do peptideoglicano é adquirida somente quando as cadeias de glicano são interligadas pelos aminoácidos. As ligações cruzadas ocorrem em diferentes graus de extensão nas diferentes bactérias, com a maior rigidez decorrente da maior quantidade de ligações cruzadas. Em *Bacteria* gram-negativas, as ligações cruzadas são estabelecidas diretamente, pela ligação do grupo amino do ácido diaminopimélico ao grupo carboxil da D-alanina terminal (Figura 4.31*a*). Em *Bacteria* gram-positivas, a ligação cruzada geralmente ocorre por meio de uma ponte interpeptídica, sendo a natureza e o número de aminoácidos presentes nesta ponte variáveis, dependendo do organismo. Em *Staphylococcus aureus*, um organismo gram-positivo muito estudado, cada ponte interpeptídica consiste em cinco moléculas do aminoácido glicina, unidas entre si por ligações peptídicas (Figura 4.31*b*). A estrutura geral do peptideoglicano é apresentada na Figura 4.31*c*.

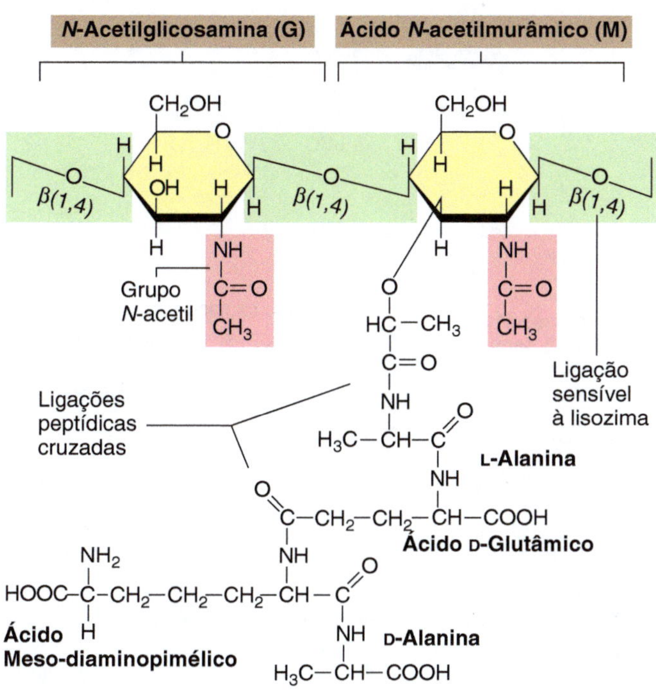

■ **Figura 4.30** Estrutura de uma unidade repetitiva de peptideoglicano, o tetrapeptídeo glicano, que compõe a estrutura da parede celular. A estrutura apresentada é encontrada em *Escherichia coli* e na maioria das outras *Bacteria* gram-negativas. Outros aminoácidos podem ser encontrados em algumas *Bacteria*.

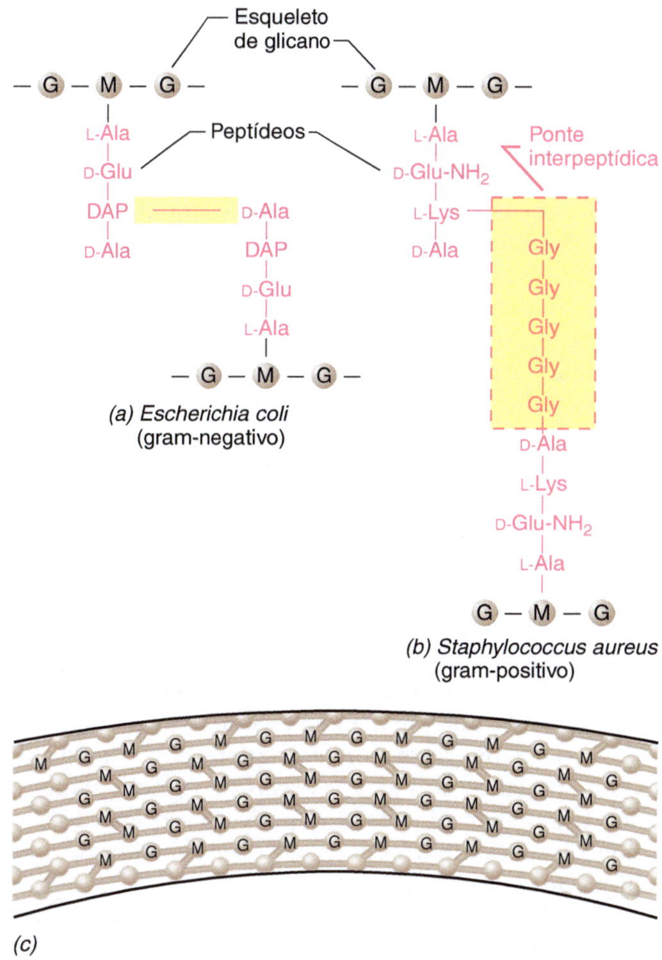

■ **Figura 4.31** Maneira pela qual as unidades de peptídeos e glicanos se associam, originando a camada de peptideoglicano. (a) Ausência de ponte interpeptídica em *Bacteria* gram-negativas. (b) Ponte interpeptídica de glicina, presente em *Staphylococcus aureus* (gram-positivo). (c) Estrutura geral do peptideoglicano. O diagrama apresenta várias fitas de peptideoglicano, unidas entre si por ligações cruzadas. Para visualizar uma única camada inteira de peptideoglicano, imagine as fitas com as ligações cruzadas estendendo-se a partir de um cilindro ou uma esfera, representando uma célula. G: *N*-acetilglicosamina; M: ácido *N*-acetilmurâmico.

Em *Bacteria* gram-positivas, cerca de 90% da parede celular corresponde ao peptideoglicano, embora outro tipo de constituinte, o ácido teicóico (discutido posteriormente), também seja normalmente encontrado em pequenas quantidades. Embora algumas bactérias apresentem uma única camada de peptideoglicano, muitas *Bacteria* — especialmente as gram-positivas — exibem várias camadas (até 25) desse polímero. Em *Bacteria* gram-negativas, apenas cerca de 10% da parede corresponde ao peptideoglicano, sendo a parede celular composta predominantemente pela membrana externa, discutida na Seção 4.9. Independentemente da quantidade de peptideoglicano, acredita-se que a morfologia das células gram-positivas e negativas seja determinada pelo comprimento das cadeias de peptideoglicano e pelos tipos e número de ligações cruzadas presentes entre as cadeias.

Diversidade de peptideoglicanos

Apenas espécies de *Bacteria* possuem peptideoglicano; o ácido *N*-acetilmurâmico e o aminoácido ácido diaminopimélico nunca são encontrados nas paredes celulares de *Archaea* ou *Eukarya*. Entretanto, nem todas as *Bacteria* apresentam o ácido diaminopimélico (DAP) em seu peptideoglicano. Esse aminoácido é encontrado em todas as *Bacteria* gram-negativas e em algumas espécies gram-positivas. A maioria dos cocos gram-positivos apresenta lisina em vez de DAP, enquanto algumas outras *Bacteria* gram-positivas exibem outros tipos de aminoácidos. Outra característica pouco usual da parede celular bacteriana refere-se à presença de dois aminoácidos na configuração D: a D-alanina e o ácido D-glutâmico. Como vimos no Capítulo 3, os aminoácidos que compõem as proteínas geralmente são encontrados na forma isomérica L (Seção 3.6).

Várias generalizações podem ser feitas em relação à estrutura do peptideoglicano. A porção glicana é uniforme, havendo somente a presença dos açúcares *N*-acetilglicosamina e ácido *N*-acetilmurâmico, sempre unidos por ligações glicosídicas do tipo β-1,4. O tetrapeptídeo da unidade repetitiva apresenta grande variação apenas em um aminoácido, que corresponde às alterações lisina-ácido diaminopimélico. Em alguns organismos, no entanto, o ácido D-glutâmico da posição 2 pode ser hidroxilado, enquanto em alguns outros podem ocorrer substituições nos aminoácidos das posições 1 e 3.

Mais de cem tipos diferentes de peptideoglicano são conhecidos; as maiores variações localizam-se nas pontes interpeptídicas. Qualquer um dos aminoácidos presentes no tetrapeptídeo pode também ser encontrado na ponte interpeptídica, embora vários outros possam estar presentes nesta estrutura, tais como glicina, treonina, serina e ácido aspártico. Em contrapartida, certos aminoácidos nunca são encontrados nas pontes interpeptídicas: aminoácidos de cadeia ramificada, aminoácidos aromáticos, aminoácidos contendo enxofre, histidina, arginina e prolina. Assim, podemos afirmar que, embora a composição química exata do peptideoglicano possa exibir variações, sua estruturação é a mesma em termos das moléculas constituintes: glicosamina e ácido murâmico formando o esqueleto, sendo as moléculas de ácido murâmico interligadas por meio de ligações peptídicas cruzadas.

Ácidos teicóicos e um resumo sobre a parede celular gram-positiva

Muitas bactérias gram-positivas apresentam polissacarídeos ácidos, denominados **ácidos teicóicos**, embebidos em sua parede celular. O termo *ácidos teicóicos* refere-se a todos os polímeros de parede celular, de membrana ou capsulares, contendo resíduos de glicerol fosfato ou ribitol fosfato. Esses polialcoóis estão conectados por ésteres fosfato e geralmente apresentam outros açúcares e D-alanina associados (Figura 4.32*a*). Como são carregados negativamente, os ácidos teicóicos são parcialmente responsáveis pela carga negativa global da superfície celular e podem auxiliar na passagem de íons através da parede. Certos ácidos contendo glicerol podem ligar-se aos lipídeos da membrana de células gram-positivas, sendo denominados *ácidos lipoteicóicos* devido à sua estreita associação com os lipídeos.

A Figura 4.32*b* sumariza a estrutura da parede celular de *Bacteria* gram-positivas, ilustrando o arranjo dos ácidos teicóicos e lipoteicóicos, em relação à estrutura global da parede.

Células desprovidas de parede

O peptideoglicano — molécula característica das espécies de *Bacteria* — pode ser destruído por certos agentes. Um deles corresponde à **lisozima**, uma enzima que cliva as ligações glicosídicas β-1,4 presentes entre a *N*-acetilglicosamina e o ácido *N*-acetilmurâmico do peptideoglicano (Figura 4.30), enfraquecendo, assim, a parede. A partir desse momento, pode haver a entrada de água na célula, que sofre um intumescimento, vindo eventualmente a se romper, um processo denominado **lise** (Figura 4.33*a*). A lisozima é encontrada nas secreções animais, incluindo lágrima, saliva e outros fluidos corpóreos, provavelmente atuando como uma das principais linhas de defesa contra infecções por *Bacteria*.

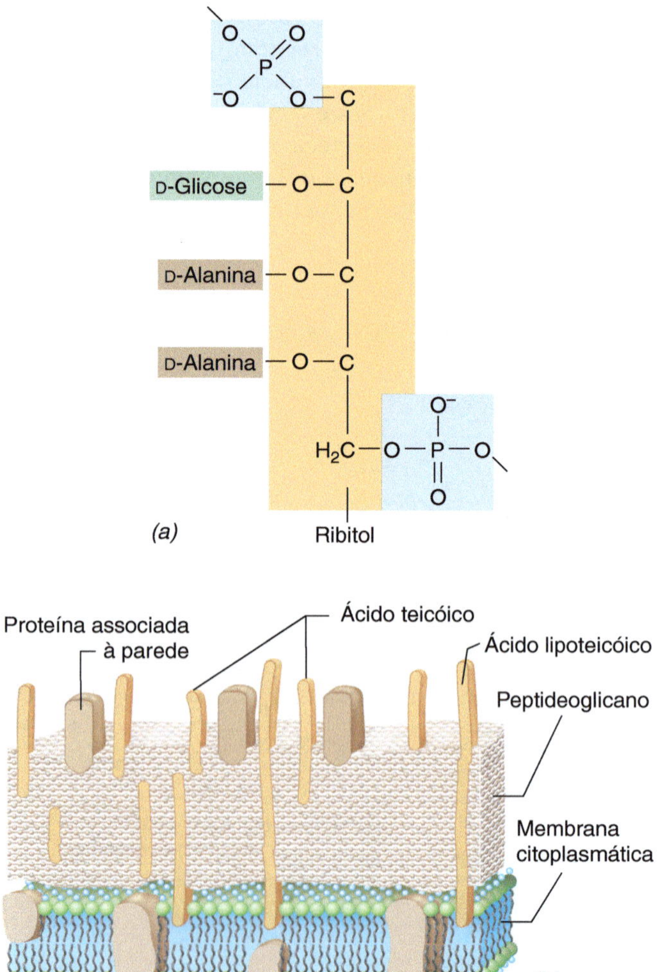

Figura 4.32 Ácidos teicóicos e a estrutura geral de uma parede celular de gram-positivos. (a) Estrutura do ácido teicóico contendo ribitol, de *Bacillus subtilis*. O ácido teicóico consiste em um polímero de unidades repetitivas de ribitol, apresentado nesta figura. (b) Diagrama resumido da parede celular de gram-positivos.

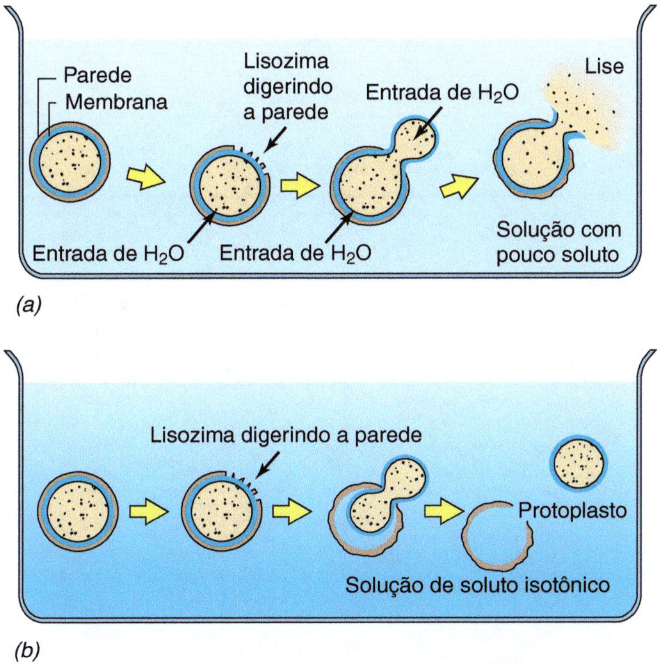

■ **Figura 4.33** Protoplastos. (a) Em uma solução diluída, a ruptura da parede celular libera um protoplasto, que imediatamente sofre lise devido à fragilidade da membrana citoplasmática. (b) Em uma solução contendo um soluto como a sacarose, em concentração isotônica, a água não penetra; o protoplasto permanece estável. A lisozima cliva as ligações glicosídicas β-1,4 do peptideoglicano (ver Figura 4.30).

Se um soluto incapaz de penetrar na célula, como a sacarose, for adicionado ao meio em concentrações adequadas, haverá o estabelecimento de um equilíbrio entre as concentrações externa e interna (condições isotônicas). Nessas condições, a lisozima é ainda capaz de digerir o peptideoglicano, sem haver a penetração de água na célula, levando à formação de um **protoplasto** (uma bactéria sem sua parede celular) (Figura 4.33*b*). Se tais protoplastos estabilizados pela sacarose forem colocados em água, imediatamente sofrerão lise. O termo *esferoplasto* é freqüentemente empregado como sinônimo de protoplasto, embora as duas palavras tenham significados ligeiramente distintos: os protoplastos são, em geral, livres de resíduos de compostos da parede celular, enquanto os esferoplastos geralmente apresentam porções da parede celular associadas à membrana que circunda essa estrutura.

Embora a maioria dos procariotos seja incapaz de sobreviver sem suas paredes celulares, vários exibem essa capacidade. Estes incluem os micoplasmas, um grupo que causa certas doenças infecciosas (Seção 12.21), e o grupo *Thermoplasma*, membros do domínio *Archaea*, naturalmente desprovidos de parede celular (Seção 13.5). Estes procariotos são encontrados como protoplastos de vida livre e são capazes de sobreviver sem a parede celular, seja porque possuem membranas extremamente rígidas ou porque se encontram em hábitats osmoticamente protegidos, como no interior de animais. Certos micoplasmas apresentam esteróis (ver Seção 4.5) em suas membranas citoplasmáticas, conferindo maior rigidez a estas estruturas.

Pseudopeptideoglicano e outras paredes celulares de *Archaea*

Algumas espécies de *Archaea* possuem paredes celulares compostas por um polissacarídeo muito semelhante ao peptideoglicano. Esse polímero é denominado *pseudopeptideoglicano* (Figura 4.34*a*). O esqueleto de pseudopeptideoglicano é formado por unidades repetitivas alternadas de *N*-acetilglicosamina e ácido *N*-acetiltalosaminurônico (o último substitui o ácido *N*-acetilmurâmico, do peptideoglicano) (compare as Figuras 4.30 e 4.34*a*). O esqueleto de pseudopeptideoglicano também diferencia-se do peptideoglicano pela presença de ligações glicosídicas do tipo β-1,3, em vez de β-1,4, encontradas no peptideoglicano verdadeiro (compare as Figuras 4.30 e 4.34*a*).

Paredes celulares de outras *Archaea* não apresentam peptideoglicano ou pseudopeptideoglicano, sendo compostas por polissacarídeos, glicoproteínas ou proteínas. Espécies de *Methanosarcina*, por exemplo, possuem espessas paredes polissacarídicas, constituídas por glicose, ácido glicorônico, galactosamina e acetato. *Archaea* halófilas extremas (com alta afinidade por sal), tais como *Halococcus*, apresentam paredes celulares semelhantes às de *Methanosarcina*, adicionadas de uma grande quantidade de resíduos de sulfato (SO_4^{2-}). No entanto, o tipo de parede celular mais comum nas *Archaea* corresponde a uma camada superficial paracristalina (camada S) (ver Seção 4.13 para uma discussão mais detalhada), de natureza protéica ou glicoprotéica, geralmente exibindo simetria hexagonal. Camadas S foram detectadas em espécies de todos os grupos de *Archaea*: halófilos extremos, metanogênicos e hipertermófilos. Várias espécies de *Bacteria* também possuem camadas S em sua superfície mais externa (Figura 4.34*b*).

Assim, podemos concluir que as espécies de *Archaea* apresentam uma enorme diversidade de tipos de parede celular, que variam desde moléculas extremamente semelhantes ao peptideoglicano até paredes celulares totalmente desprovidas de um componente polissacarídico. Entretanto, com raras exceções, todas as *Archaea* apresentam algum tipo de parede celular e, assim como em *Bacteria*, as paredes atuam mantendo a morfologia celular e protegendo a célula contra a lise osmótica. Além disso, por não apresentarem peptideoglicano em suas paredes celulares, as *Archaea* são naturalmente resistentes à ação da lisozima (anteriormente discutida) e da penicilina, que destroem esta molécula ou impedem sua síntese correta (Seção 6.2), respectivamente.

✓ 4.8 Verificação de conceitos

As paredes celulares de *Bacteria* contêm um polissacarídeo denominado peptideoglicano. Este é formado por cadeias que contêm repetições alternadas de *N*-acetilglicosamina e ácido *N*-acetilmurâmico. As diferentes cadeias são interligadas por meio de ligações peptídicas cruzadas, que unem os resíduos de ácido murâmico. As *Archaea* não apresentam peptideoglicano e possuem paredes celulares compostas por outros polissacarídeos ou proteínas. A enzima lisozima destrói o peptideoglicano, levando à lise celular.

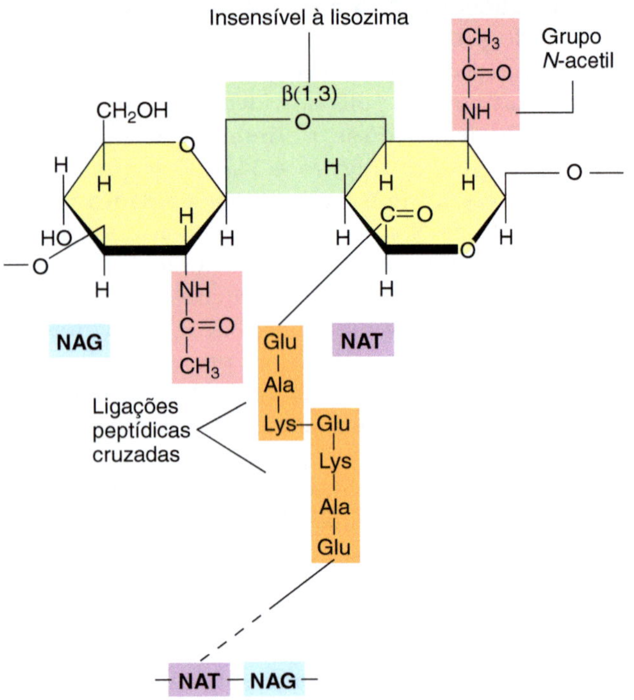

(a)

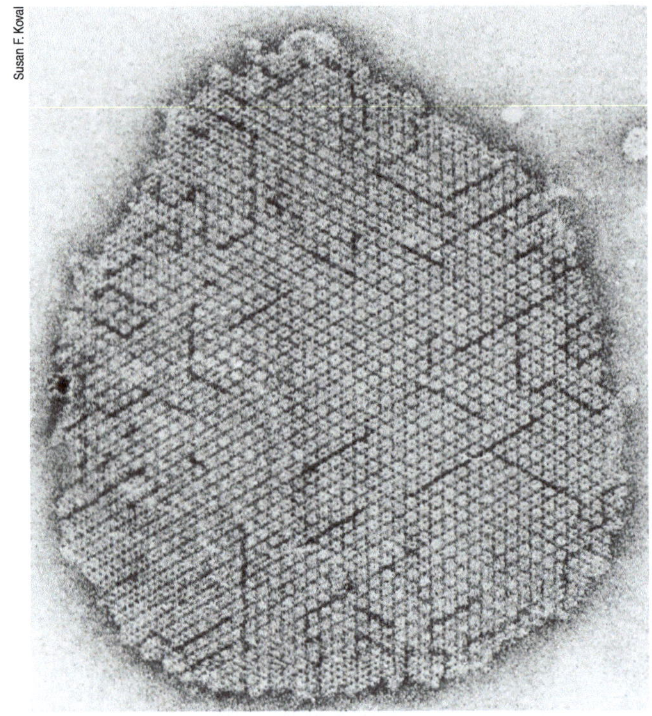

(b)

■ **Figura 4.34** Pseudopeptideoglicano e camadas S. (a) Estrutura do pseudopeptideoglicano — polímero presente na parede de espécies de *Methanobacterium*. Observe a semelhança com a estrutura do peptideoglicano apresentada na Figura 4.30, especialmente no que se refere às ligações peptídicas cruzadas, neste caso entre resíduos de ácido *N*-acetil talosaminurônico (NAT), em vez de ácido murâmico. NAG, *N*-acetilglicosamina. (b) Micrografia eletrônica de transmissão de parte de uma camada S, apresentando a natureza paracristalina dessa camada da parede celular. A camada S ilustrada é do procarioto *Aquaspirillum serpens* (membro do domínio *Bacteria*), exibindo simetria hexagonal, assim como muitas camadas S encontradas em *Archaea*.

- ✓ Liste os componentes monoméricos do peptideoglicano.
- ✓ Por que o peptideoglicano corresponde a uma macromolécula tão resistente?
- ✓ Como um protoplasto é gerado?
- ✓ Como algumas células sobrevivem sem a parede celular?
- ✓ Quais as semelhanças entre o pseudopeptideoglicano e o peptideoglicano? Quais as diferenças?

4.9 A membrana externa de *Bacteria* gram-negativas

Além do peptideoglicano, *Bacteria* gram-negativas contêm uma camada adicional de parede, composta por **lipopolissacarídeo**. Essa camada corresponde, efetivamente, a uma segunda bicamada lipídica, diferenciando-se da membrana citoplasmática por apresentar, além dos fosfolipídeos, polissacarídeos e proteínas. Os lipídeos e polissacarídeos encontram-se intimamente associados na camada externa da membrana externa, formando estruturas lipopolissacarídicas. Devido à presença de lipopolissacarídeo, a membrana externa é muitas vezes denominada **camada lipopolissacarídica**, ou simplesmente **LPS**. O termo **membrana externa** é também bastante utilizado para descrever essa estrutura.

Química do LPS

Embora complexa, a química do LPS de várias bactérias é atualmente bastante conhecida. Como se pode observar na Figura 4.35, o lipopolissacarídeo consiste em duas porções: o polissacarídeo interno e o polissacarídeo *O*. Em *Salmonella*, cujo LPS foi bem estudado, o polissacarídeo interno consiste em cetodesoxioctonato (CDO), açúcares contendo sete carbonos (heptoses), glicose, galactose e *N*-acetilglicosamina. O *polissacarídeo O* encontra-se associado ao polissacarídeo interno, normalmente contendo galactose, ramnose e manose (todos açúcares de seis carbonos), além de um ou mais dideoxi-açúcares pouco usuais, como abequose, colitose, paratose ou tivelose. Estes açúcares se associam, formando seqüências de cinco ou seis membros, geralmente exibindo ramificações. A grande molécula de polissacarídeo *O* é formada pela repetição dessas seqüências.

As relações que o polissacarídeo *O* apresenta com o restante da molécula de LPS são ilustradas na Figura 4.36. A porção lipídica do lipopolissacarídeo, denominada **lipídeo A** (Figura 4.35), não corresponde a um lipídeo de glicerol, apresentando ácidos graxos unidos a um dissacarídeo composto por N-acetilglicosamina fosfato, por meio de uma ligação do tipo éster amina (Figura 4.35). O dissacarídeo liga-se ao polissacarídeo interno pelo CDO (Figura 4.35). Os ácidos graxos comumente encontrados no lipídeo A incluem os ácidos capróico, láurico, mirístico, palmítico e esteárico. O LPS da membrana externa se associa a várias proteínas e forma a camada *externa* da estrutura em unidade de membrana. Um complexo **lipoprotéico** é encontrado na camada interna da membrana externa de várias espécies de *Bacteria* (Figura 4.36*a*). Essas lipoproteínas contêm pequenas proteínas, que atuam ancorando

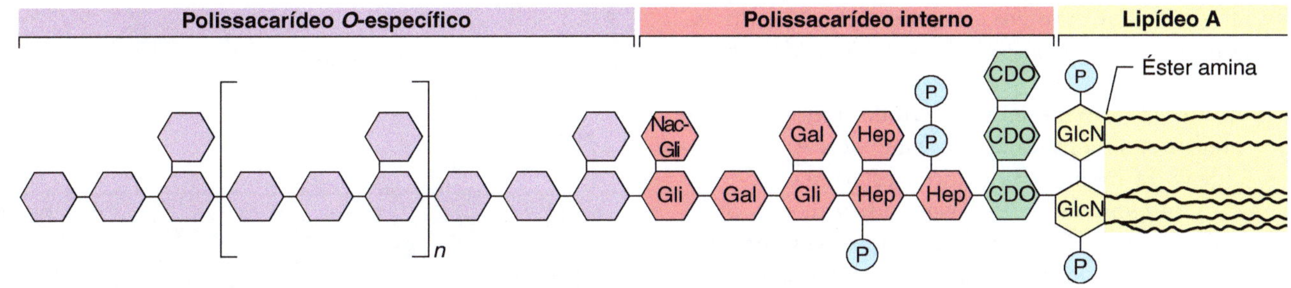

■ **Figura 4.35** Estrutura do lipopolissacarídeo de *Bacteria* gram-negativas. A composição química do lipídeo A e dos componentes polissacarídicos é variável nas diferentes espécies de gram-negativos, enquanto a seqüência dos principais componentes (lipídeo A-CDO-polissacarídeo interno-polissacarídeo *O*-específico) geralmente é uniforme. Os polissacarídeos *O*-específicos são variáveis nas diferentes espécies. CDO, cetodesoxioctonato; Hep, heptose; Gli, glicose; Gal, galactose; Nac-Gli, *N*-acetilglicosamina; GlcN, glicosamina; P, fosfato. A glicosamina liga-se ao lipídeo A por intermédio de uma ligação do tipo éster amina. A porção do lipídeo A do LPS pode ser tóxica aos animais, sendo conhecida como *complexo endotoxina* (Seção 21.12). Compare essa figura com as Figuras 4.36 e 4.37, observando os códigos de cores nas diferentes porções do LPS das Figuras 4.35 e 4.36.

a membrana externa ao peptideoglicano. Os fosfolipídeos são encontrados predominantemente na camada interna da membrana externa, enquanto na camada externa estes são substituídos pelo LPS (Figura 4.36*a*).

Endotoxina

Embora a principal função da membrana externa seja estrutural, também exibe uma importante propriedade biológica: ser tóxica aos animais. As *Bacteria* gram-nega-

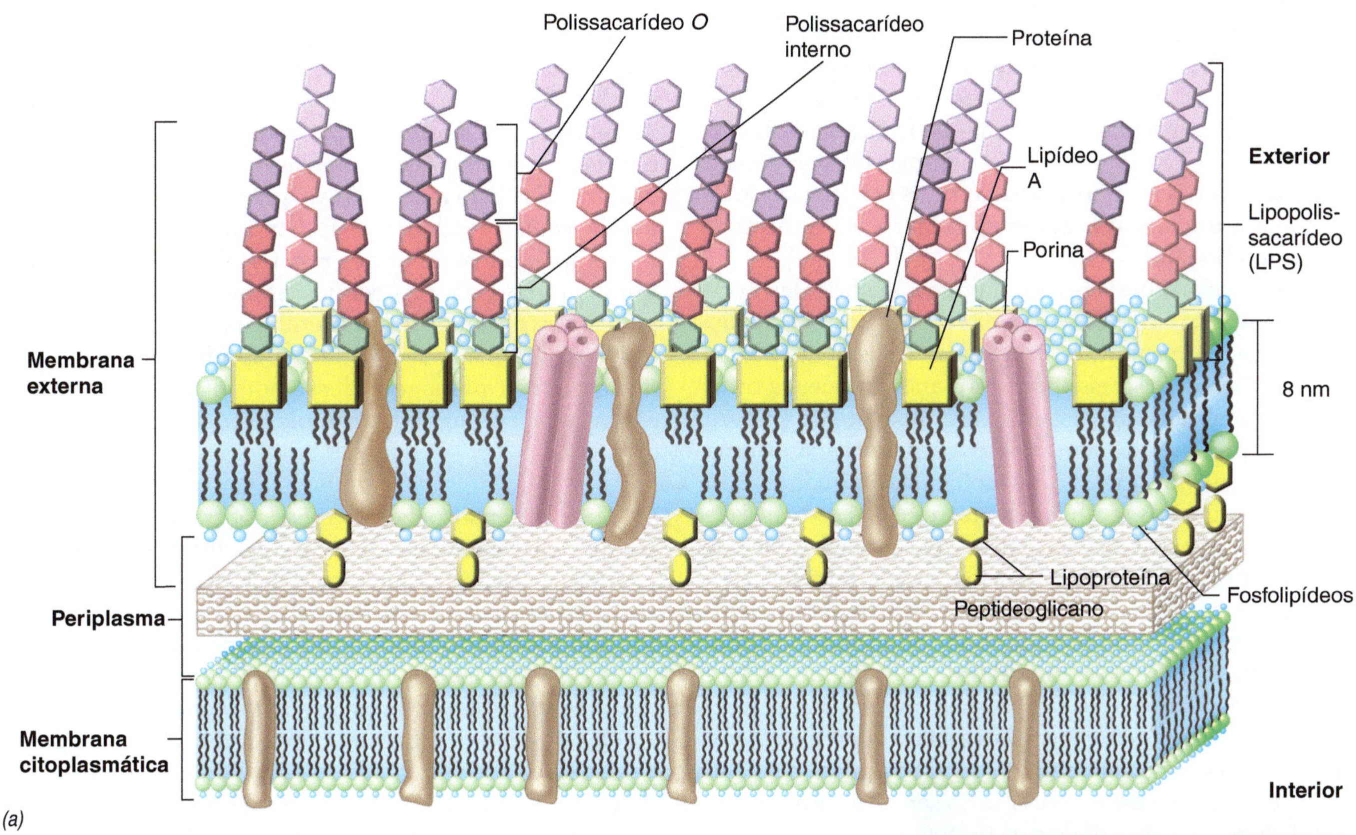

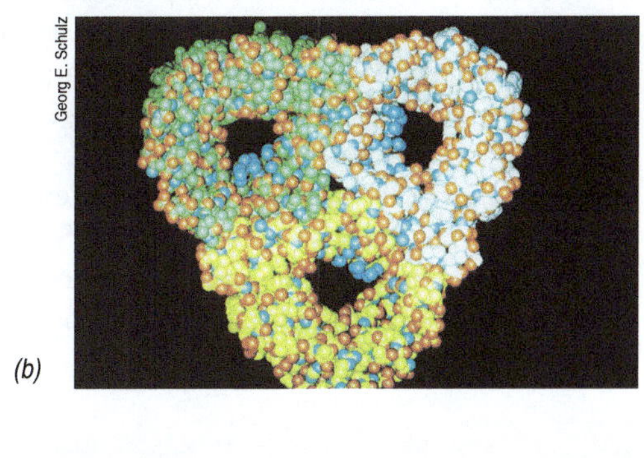

■ **Figura 4.36** Parede celular gram-negativa. Observe que, embora a membrana externa seja muitas vezes denominada "segunda bicamada lipídica", sua composição química e arquitetura diferem, em vários aspectos, da membrana citoplasmática. (a) Arranjo do lipopolissacarídeo, do lipídeo A, dos fosfolipídeos, das porinas e das lipoproteínas na membrana externa. Para maiores detalhes sobre a estrutura do LPS, consultar a Figura 4.35. O lipídeo A pode ser tóxico ao homem, sendo denominado endotoxina (Seção 21.12). (b) Modelo molecular de proteínas do tipo porinas. Observe os três poros presentes na estrutura; cada um é formado por uma das moléculas protéicas que compõem a porina. A visão corresponde ao plano perpendicular da membrana. Modelo baseado nos estudos de difração de raios X da porina de *Rhodobacter blasticus*.

tivas patogênicas ao homem e outros mamíferos incluem os gêneros *Salmonella, Shigella* e *Escherichia*, dentre outros.

Alguns dos sintomas elicitados por tais patógenos são decorrentes de sua membrana externa tóxica. As propriedades tóxicas da membrana externa estão associadas a uma região da camada lipopolissacarídica desses organismos, especificamente o lipídeo A. O termo **endotoxina** é utilizado como sinônimo deste componente, como veremos na Seção 21.11. Curiosamente, o LPS de várias bactérias não patogênicas também exibe atividade de endotoxina. Assim, mesmo organismos não patogênicos podem apresentar componentes tóxicos em sua parede celular.

Porinas e periplasma

Contrariamente à membrana citoplasmática, a membrana externa de *Bacteria* gram-negativas é relativamente permeável a pequenas moléculas, apesar de corresponder, basicamente, a uma bicamada lipídica. Sua maior permeabilidade deve-se à presença de proteínas denominadas **porinas**, localizadas na membrana externa das bactérias gram-negativas, que formam canais que permitem a entrada e a saída de substâncias hidrofílicas de baixa massa molecular (Figura 4.36). Existem vários tipos de porinas; estas podem ser classificadas como específicas ou não específicas. As porinas *não específicas* formam canais preenchidos por água, pelos quais pequenas substâncias podem passar. Em contrapartida, algumas porinas são altamente específicas, pois possuem sítios específicos de ligação para uma ou um grupo de substâncias estruturalmente relacionadas.

Estudos estruturais revelaram que a maioria das porinas é composta por *três* subunidades protéicas idênticas. As porinas correspondem a proteínas transmembrânicas (Figura 4.36*a*) que se associam, formando pequenos orifícios na membrana, de cerca de 1 nm de diâmetro (Figura 4.36*b*). A presença de porinas torna a membrana externa relativamente permeável às moléculas pequenas. Em contrapartida, a membrana externa é *impermeável* às enzimas e outras moléculas grandes. Na verdade, uma das principais funções da membrana externa é impedir a difusão de certas enzimas localizadas externamente à membrana citoplasmática. Tais enzimas são encontradas em uma região denominada **periplasma** (ver Figuras 4.36 e 4.37). Em *Escherichia coli*, o espaço situado entre a face externa da membrana citoplasmática e a face interna da membrana externa, que contém LPS, apresenta cerca de 12-15 nm de espessura e exibe consistência semelhante a um gel, devido à grande abundância de proteínas periplasmáticas (Figura 4.37). O periplasma contém vários tipos de proteínas, incluindo *enzimas hidrolíticas*, que promovem a degradação inicial dos nutrientes, *proteínas de ligação*, que iniciam os processos de transporte de substratos (ver Seção 4.7), e *quimiorreceptores*, que correspondem a proteínas envolvidas na resposta quimiotática (ver Seções 4.12 e 8.11). Como discutido anteriormente, a maioria das proteínas é transportada ao periplasma pelo sistema SecYEG (ver Seção 4.7).

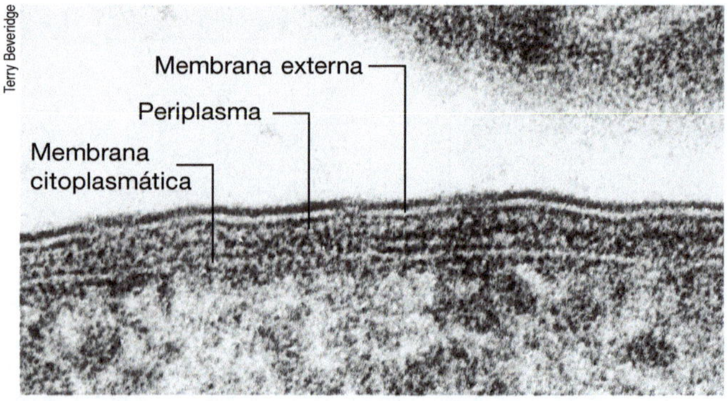

■ **Figura 4.37** Seção fina, em grande aumento, do envelope celular de *Escherichia coli*, apresentando o gel periplasmático envolto pela membrana externa e pela membrana citoplasmática. As grandes partículas escuras no citoplasma correspondem a ribossomos.

Relação entre a estrutura da parede celular e a coloração de Gram

As diferenças estruturais entre as paredes celulares de *Bacteria* gram-positivas e gram-negativas seriam responsáveis pelos resultados obtidos na coloração de Gram? Em uma coloração de Gram (ver Seção 4.1), há a formação de um complexo insolúvel de cristal violeta-iodo no interior da célula. Em células gram-negativas, o complexo é extraído pelo tratamento com álcool, enquanto em células gram-positivas esse complexo permanece no interior da célula. As células gram-positivas, que apresentam espessas paredes celulares com várias camadas de peptideoglicano, são desidratadas pelo álcool. Conseqüentemente, os poros da parede celular tendem a se fechar, impedindo a remoção do complexo insolúvel de cristal violeta-iodo da célula. Em contrapartida, nas células gram-negativas, o álcool penetra rapidamente na membrana externa, rica em lipídeos, sendo a fina camada de peptideoglicano incapaz de impedir a passagem desse solvente, promovendo, assim, a fácil remoção do complexo cristal violeta-iodo.

✓ 4.9 Verificação de conceitos

Além do peptideoglicano, as *Bacteria* gram-negativas apresentam uma membrana externa constituída por lipopolissacarídeos, proteínas e lipoproteínas. Proteínas denominadas porinas conferem maior permeabilidade à membrana externa. O espaço situado entre as membranas corresponde ao periplasma, que contém diferentes tipos de proteínas, envolvidas em várias importantes funções celulares.

- ✓ Quais os componentes da camada LPS de *Bacteria* gram-negativas?
- ✓ Qual a função das porinas e onde se localizam na parede celular de organismos gram-negativos?
- ✓ Que componente celular apresenta propriedades de endotoxina?
- ✓ Por que o álcool promove o rápido descoramento de células gram-negativas?

III LOCOMOÇÃO MICROBIANA

Muitas células são capazes de se mover. Embora a movimentação requeira gasto de energia, a capacidade de locomoção em um hábitat acarreta profundas conseqüências ecológicas para uma célula e pode representar a diferença entre viver e morrer. Nas próximas seções examinaremos os diferentes tipos de movimento celular, incluindo a natação e o deslizamento. A seguir, consideraremos como a capacidade de se aproximar ou de se afastar de determinados estímulos pode trazer benefícios às células.

4.10 Flagelos e motilidade

Diversos procariotos possuem a capacidade de se movimentar, e essa função geralmente está associada à presença de uma estrutura especial denominada **flagelo** (Figura 4.38). Certas células bacterianas são capazes de se mover sobre superfícies sólidas, por um processo denominado *deslizamento* (ver Seção 4.11). Alguns microrganismos aquáticos podem alterar sua localização em uma coluna de água, por intermédio de estruturas preenchidas por gás denominadas vesículas de gás (ver Seções 4.14 e 12.25). No entanto, a maioria dos procariotos móveis se locomove devido à presença de flagelos. A motilidade confere à célula a capacidade de migrar para diferentes regiões em seu ambiente. Na luta pela sobrevivência, a capacidade de locomoção em direção a novos ambientes pode oferecer à célula novos recursos e novas oportunidades. Entretanto, assim como qualquer outro processo físico, a movimentação celular está diretamente associada ao consumo de energia, e a movimentação flagelar não é uma exceção a essa regra. Passaremos a discutir os detalhes da motilidade mediada por flagelos, em procariotos.

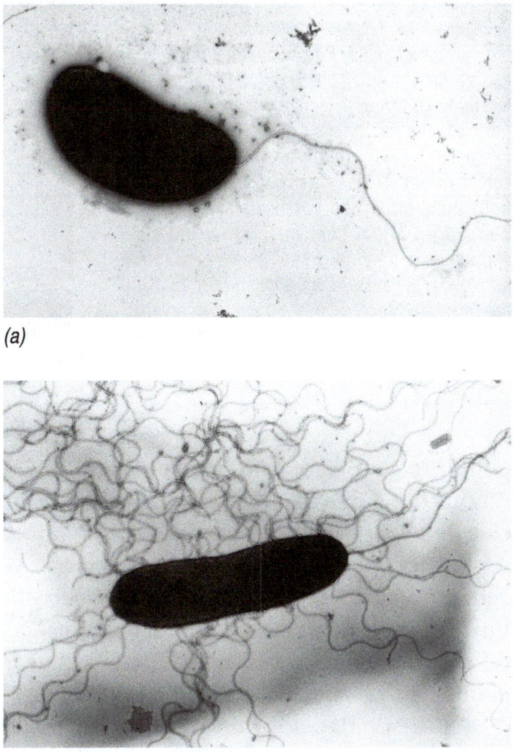
Carl E. Bauer

(a)

Carl E. Bauer

(b)

■ **Figura 4.39** Flagelos bacterianos corados negativamente e observados ao microscópio eletrônico de transmissão. (a) Flagelos polares. (b) Flagelos peritríquios. Nas duas micrografias são apresentadas células da bactéria fototrófica *Rhodospirillum centenum*. Geralmente, as células de *R. centenum* exibem flagelação polar, mas, quando incubadas sob certas condições de crescimento, suas células passam a apresentar um padrão de flagelação peritríquia, o qual origina células "expansivas". Ver também a Figura 4.48*b*.

Flagelos bacterianos

Os flagelos bacterianos correspondem a apêndices longos e finos, ligados à célula por uma de suas extremidades. Os flagelos são tão finos (cerca de 20 nm) que é impossível a visualização de um único destes ao microscópio óptico. Somente após procedimentos de coloração específicos para flagelos (que aumentam seu diâmetro) essas estruturas se tornam observáveis (Figura 4.38). Já pela microscopia eletrônica os flagelos podem ser observados com facilidade (Figura 4.39).

É possível encontrar flagelos em diferentes arranjos nas bactérias. Na **flagelação polar**, os flagelos encontram-se ligados a uma ou a ambas extremidades da célula (Figuras 4.38*b* e 4.39*a*). Ocasionalmente, um tufo (conjunto) de flagelos pode ser encontrado em uma das extremidades celulares, originando um arranjo denominado **lofotríquio** (*lofo* significa "tufo" e *tríquio* significa "pêlos") — veja a Figura 4.38*c*. Tufos de flagelos podem ser observados em células vivas, pela microscopia de campo escuro (ver Seção 4.1 e Figura 4.40*a*), em que os flagelos aparecem como estruturas claras associadas às células brilhantes contra um fundo escuro. Em procariotos extremamente grandes, também é possível observar tufos de flagelos por meio de microscopia de contraste de fase (Figura 4.40*b*). Na **flagelação peritríquia** (Figuras 4.38*a* e 4.39*b*), os flagelos encontram-se inseridos em vários pontos ao redor da célula bacteriana (*peri* significa "ao redor"). Além de conferir motilidade, os diferentes arranjos apresentados pelos flagelos — polar ou peritríquio — correspondem a uma das características utilizadas na classificação das bactérias.

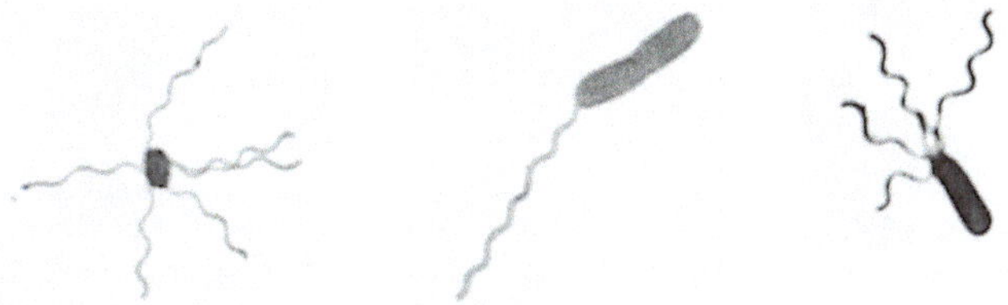
(a) (b) (c)

■ **Figura 4.38** Fotomicrografias ópticas de procariotos que apresentam diferentes arranjos flagelares. As células foram coradas pelo método de Leifson para coloração de flagelos. (a) Peritríquio. (b) Polar. (c) Lofotríquio.

Estrutura flagelar

Os flagelos não são retos, exibindo morfologia helicoidal; quando achatados, apresentam uma distância constante entre duas curvas adjacentes denominada *comprimento de onda*, que é característico para cada organismo (Figuras 4.38-4.40). O filamento dos flagelos bacterianos é composto por subunidades de uma proteína denominada **flagelina**. A forma e o comprimento de onda de um flagelo são determinados, em parte, pela estrutura da flagelina e

■ **Figura 4.40** Flagelos bacterianos observados em células vivas. (a) Fotomicrografia de campo escuro de um grupo de grandes bactérias em forma de bacilo, apresentando tufos de flagelos em cada um dos pólos. Cada célula apresenta cerca de 2 μm de largura. A microscopia de campo escuro é realizada por meio da iluminação horizontal, produzindo uma luz refletida (ver Seção 4.1 e Figura 4.5*c*). (b) Fotomicrografia de contraste de fase da grande bactéria púrpura fototrófica, *Rhodospirillum photometricum*. Cada célula mede cerca de 3 x 30 μm. Observe os flagelos lofotríquios, que se projetam a partir de um dos pólos.

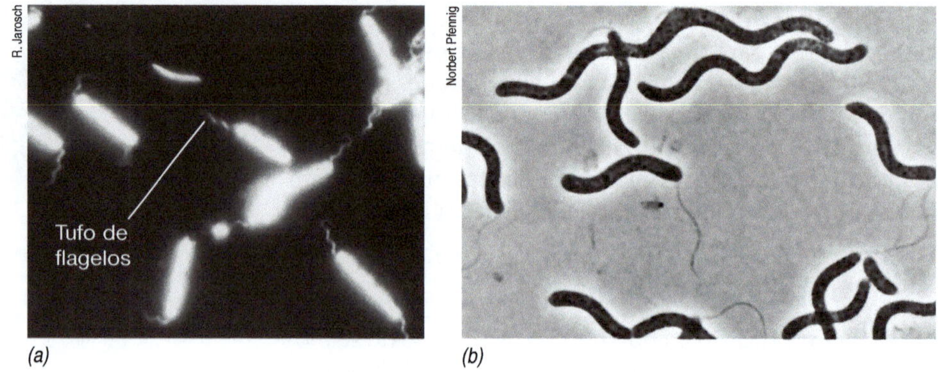

pela direção de rotação do filamento. A estrutura básica de um flagelo exibe pequenas diferenças nas várias espécies de *Bacteria*. Em *Archaea*, por outro lado, além de diferentes tipos de flagelina serem conhecidos, o flagelo exibe estrutura bastante distinta daquela observada em *Bacteria*. Em *Bacteria*, a flagelina é altamente conservada, sugerindo que a motilidade flagelar apresenta profundas raízes evolutivas neste domínio de procariotos.

A base do flagelo apresenta estrutura diferente daquela do filamento (Figura 4.41). A base do flagelo apresenta uma região mais larga denominada *gancho*. Este é composto por um único tipo de proteína, que tem como função conectar o filamento à região do motor flagelar. O *motor* encontra-se ancorado à membrana citoplasmática e à parede celular. O motor consiste em um pequeno bastão central que atravessa uma série de anéis. Em organismos gram-negativos, um anel externo encontra-se ancorado à camada lipopolissacarídica, enquanto outro está ancorado ao peptideoglicano; há, ainda, um anel interno associado à membrana citoplasmática (Figura 4.41). Em organismos gram-positivos, que não possuem a camada lipopolissacarídica, há apenas um par de anéis internos. Ao redor do anel central há um par de proteínas ancoradas à membrana citoplasmática denominadas Mot (Figura 4.41). Essas proteínas são responsáveis pela movimentação do motor, que, ao gerar um torque, promove a rotação do filamento. Finalmente, há um outro conjunto de proteínas denominadas Fli (Figura 4.41), que, em resposta a sinais intracelulares, alternam o sentido de movimentação do motor e levam a uma reversão do sentido de rotação do filamento.

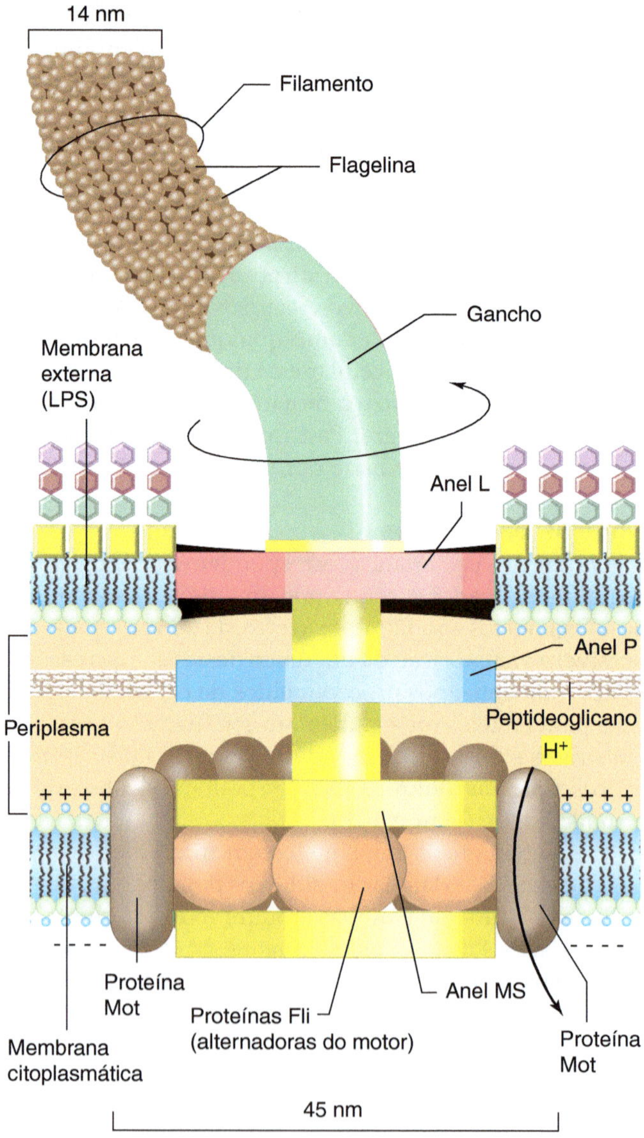

■ **Figura 4.41** Estrutura do flagelo procariótico e sua ligação à parede e à membrana, em *Bacteria* gram-negativas. O anel L encontra-se imerso no LPS, enquanto o anel P, no peptideoglicano. O anel MS encontra-se associado à membrana citoplasmática. Um estreito canal é formado no filamento, através do qual as moléculas de flagelina se difundem e atingem o sítio de síntese flagelar. As proteínas Mot têm papel de motor flagelar, enquanto as proteínas Fli atuam como alternadoras do motor. O motor flagelar apresenta um movimento de rotação que se propaga ao filamento, propelindo a célula através do meio.

Síntese flagelar

Vários genes são necessários à síntese dos flagelos e à subseqüente motilidade. Em *Escherichia coli* e em *Salmonella typhimurium*, organismos em que a maioria dos estudos foi realizada, verificou-se que mais de 40 genes são necessários à expressão da motilidade. Esses genes possuem as mais diversas funções, incluindo a codificação das proteínas estruturais do aparelho flagelar, a exportação dos componentes flagelares através da membrana e a regulação dos vários eventos bioquímicos envolvidos na síntese de novos flagelos.

Os flagelos crescem a partir de sua base, assim como os pêlos de um animal, e não a partir das pontas. O pri-

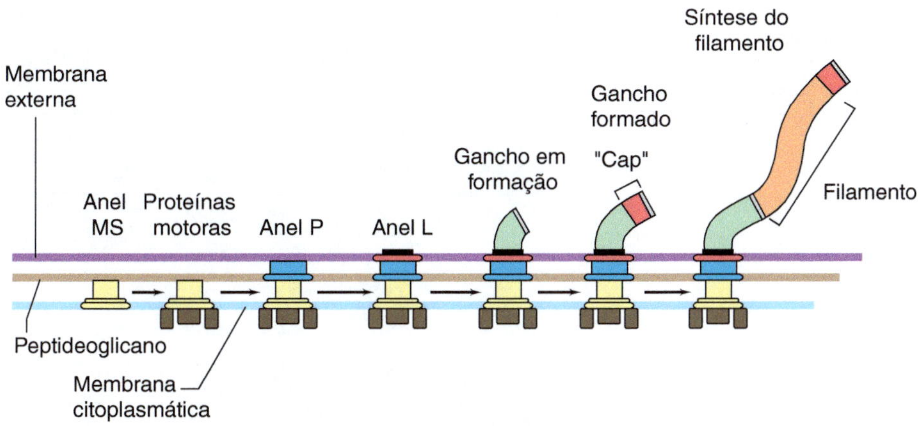

■ **Figura 4.42** Resumo das etapas envolvidas na biossíntese dos flagelos. A síntese é iniciada com a associação do anel MS na membrana. Em seguida, os outros anéis, o gancho e o "cap" são formados. A partir daí, a proteína flagelina (cerca de 20.000 cópias são necessárias na síntese do filamento) passa a se difundir através do gancho, originando o filamento. As moléculas de flagelina são posicionadas com o auxílio das proteínas "cap", que garantem a adequada síntese do filamento.

meiro componente a ser sintetizado corresponde ao anel MS, que se insere na membrana citoplasmática. Em seguida, outras proteínas de ancoragem são sintetizadas, juntamente com o gancho, antes da formação do filamento (Figura 4.42). As moléculas de flagelina sintetizadas no citoplasma passam através de um canal de 3 nm presente no interior do filamento, sendo adicionadas à ponta do flagelo em crescimento, originando a estrutura final. A extremidade do flagelo em crescimento possui uma proteína "cap", a qual auxilia na organização das moléculas de flagelina que estão se difundindo pelo canal, originando novas porções do filamento (Figura 4.42). O crescimento do flagelo ocorre de maneira relativamente contínua, até que a estrutura atinja seu comprimento final. Flagelos quebrados podem ainda girar e até mesmo serem reparados pela adição de novas unidades de flagelina, que são transportadas pelo canal do filamento, repondo as unidades perdidas.

Movimento flagelar

Como ocorre a movimentação flagelar? Na realidade, cada flagelo corresponde a uma estrutura semi-rígida que não sofre flexão e, conforme mencionado anteriormente, exibe movimento rotatório semelhante a uma hélice. Evidências visuais de tal fenômeno podem ser obtidas ao observar o comportamento de células móveis aderidas a lâminas de microscopia por meio de seus flagelos.

O movimento de rotação dos flagelos é transmitido a partir do motor. A energia necessária à rotação do flagelo é oriunda da força próton motiva (ver Seções 4.6 e 5.12). O movimento de prótons na membrana, passando através do complexo Mot (Figura 4.41), promove a rotação do flagelo; é necessária a translocação de cerca de 1.000 prótons para cada rotação flagelar.

Os flagelos não exibem velocidade de rotação constante, podendo aumentá-la ou diminuí-la de acordo com a intensidade da força próton motiva. A rotação dos flagelos pode impulsionar as bactérias em meios líquidos, com velocidades de até 60 comprimentos celulares/segundo (s). Embora tal velocidade corresponda apenas a cerca de 0,00017 km/h, quando comparada à velocidade alcançada por certos organismos superiores, corresponde a uma velocidade extremamente elevada. O animal mais veloz conhecido, o guepardo, é capaz de correr a 110 km/h, o que representa somente 25 comprimentos/s. Assim, quando os diferentes tamanhos dos organismos são levados em consideração, células procarióticas movendo-se cerca 50-60 comprimentos/s correspondem a organismos muito mais velozes que os organismos superiores.

A movimentação de organismos com flagelação polar ou lofotríquia é diferente daquela observada em peritríquios. Os últimos geralmente se movem em linha reta, de maneira lenta, mas firme. Organismos com flagelação polar, ao contrário, movem-se mais rapidamente, dando volteios e arremessos de um local para outro. As diferenças de comportamento observadas entre organismos de flagelação polar e peritríquia, incluindo as diferenças em relação à reversibilidade do flagelo, são ilustradas na Figura 4.43.

✓ 4.10 Verificação de conceitos

A motilidade de microrganismos normalmente está associada aos flagelos. Em procariotos, os flagelos correspondem a uma estrutura complexa, composta por várias proteínas, estando a maioria ancorada na parede celular ou membrana citoplasmática. O filamento flagelar, constituído por um único tipo de proteína, gira à custa da força próton motiva, que promove a rotação do motor flagelar.

- ✓ O que é *flagelina* e onde a encontramos?
- ✓ Como um flagelo bacteriano pode mover uma célula para a frente?
- ✓ Quais as diferenças entre a *flagelação polar* e a *peritríquia*?

4.11 Motilidade por deslizamento

Muitos procariotos são móveis, apesar de não possuírem flagelos. Essas bactérias são capazes de se movimentar sobre superfícies sólidas, por um processo denominado **deslizamento**. A motilidade por deslizamento é apresentada por vários membros de *Bacteria*; no entanto, é estudada somente em alguns poucos grupos. O movimento deslizante é consideravelmente mais lento — 10 μm/s para algumas bactérias, quando comparado às velocidades atingidas pelo movimento flagelar —, mas, mesmo assim, permite a locomoção das bactérias em seus hábitats.

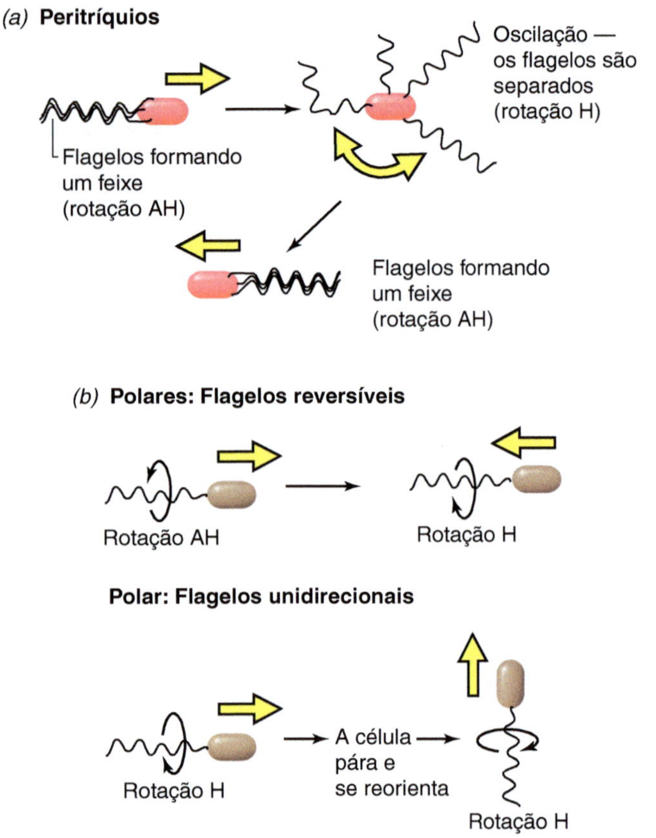

■ **Figura 4.43** Tipos de movimentação em procariotos com flagelação polar e peritríquia. (a) Peritríquios: a movimentação para a frente ocorre pela rotação de todos os flagelos organizados em feixe, no sentido anti-horário (AH). A rotação no sentido horário (H) interrompe a movimentação; a célula passa a oscilar e, quando retoma a rotação no sentido anti-horário, passa a se mover em uma nova direção. (b) Polares: as células mudam a direção pela reversão da rotação flagelar (o que puxa a célula, em vez de empurrá-la). No caso de flagelos unidirecionais, a direção é alterada por paradas periódicas seguidas de uma reorientação e movimentação para a frente, pela rotação do flagelo no sentido horário. As setas em amarelo indicam a direção de movimentação da célula.

Os procariotos deslizantes compreendem células filamentosas ou bacilares (Figura 4.44), e o processo de deslizamento requer o contato com uma superfície sólida. A morfologia colonial de bactérias deslizantes (colônias correspondem a massas de células bacterianas, originadas por sucessivas divisões celulares de uma única célula, Seção 5.3) é singular, já que as células deslizam, afastando-se do centro da colônia (Figura 4.44*c*). Provavelmente, as bactérias deslizantes mais bem conhecidas correspondam às cianobactérias filamentosas (Figura 4.44*a*, *b* e Seção 12.25), certas *Bacteria* gram-negativas, tal como *Myxococcus xanthus* e outras mixobactérias (Seção 12.17), além de espécies de *Cytophaga* e *Flavobacterium* (Figura 4.44*c*, *d* e Seção 12.31).

Mecanismos da motilidade por deslizamento

Embora até o momento nenhum mecanismo de deslizamento tenha sido comprovado, existem alguns modelos definindo o processo, além de evidências que sugerem a existência de mais de um tipo de mecanismo. Em cianobactérias (Figura 4.44*a*, *b*), à medida que as células deslizam, secretam um polissacarídeo limoso em sua su-

■ **Figura 4.44** Bactérias deslizantes. (a, b) A grande cianobactéria filamentosa *Oscillatoria princeps*. (a) Fotomicrografia. Uma célula apresenta cerca de 35 μm de largura. (b) Fotografia dos filamentos deslizando sobre a superfície de um meio sólido. As células movem-se por deslizamento sobre uma superfície sólida, ou um filamento pode deslizar utilizando um segundo filamento como superfície sólida. (c, d) Bactéria gram-negativa deslizante, *Flavobacterium johnsoniae*. (c) Massas celulares deslizando, afastando-se do centro da colônia (a colônia tem cerca de 2,7 mm). (d) Linhagem mutante, não deslizante, que apresenta morfologia colonial típica de bactérias não deslizantes (as colônias variam de 0,7-1 mm de diâmetro). Ver Figura 4.45 para explicações sobre o mecanismo proposto para o deslizamento de *F. johnsoniae*.

perfície externa. Aparentemente, o polissacarídeo estabelece o contato entre a superfície celular e a superfície sólida contra a qual a célula desliza. À medida que o polissacarídeo limoso excretado adere à superfície, a célula é gradativamente puxada. Essa hipótese é sustentada pela observação de poros excretores de compostos limosos na superfície de várias cianobactérias filamentosas.

A extrusão de compostos limosos claramente não corresponde ao mecanismo de deslizamento de bactérias não fototróficas deslizantes. Em *Flavobacterium johnsoniae* (Figura 4.45), por exemplo, provavelmente o mecanismo de deslizamento envolve a movimentação de proteínas na superfície celular. De acordo com tal modelo, proteínas específicas de motilidade, ancoradas nas membranas citoplasmática e externa, parecem propelir a célula para a frente por um mecanismo de cremalheira contínua (Figura 4.45). Ao que parece, o movimento das proteínas da membrana citoplasmática é promovido pela liberação de energia oriunda da força próton motiva (Seções 4.6 e 5.12), que, de alguma maneira, transmite energia às proteínas da membrana externa, localizadas ao longo de uma "pista de corrida" na superfície celular (Figura 4.45). Acredita-se que o movimento das proteínas da pista de corrida contra uma superfície sólida literalmente empurre a célula para a frente.

Assim como as outras formas de motilidade, o deslizamento apresenta grande relevância ecológica. Este movimento permite que a célula explore novos recursos ou interaja com outras células, de maneira benéfica. Nesse contexto, é interessante frisar que as mixobactérias, exemplos clássicos de bactérias deslizantes, apresentam um tipo de comportamento altamente social e cooperativo, com a motilidade por deslizamento apresentando importante papel nas relações intercelulares (Seção 12.17).

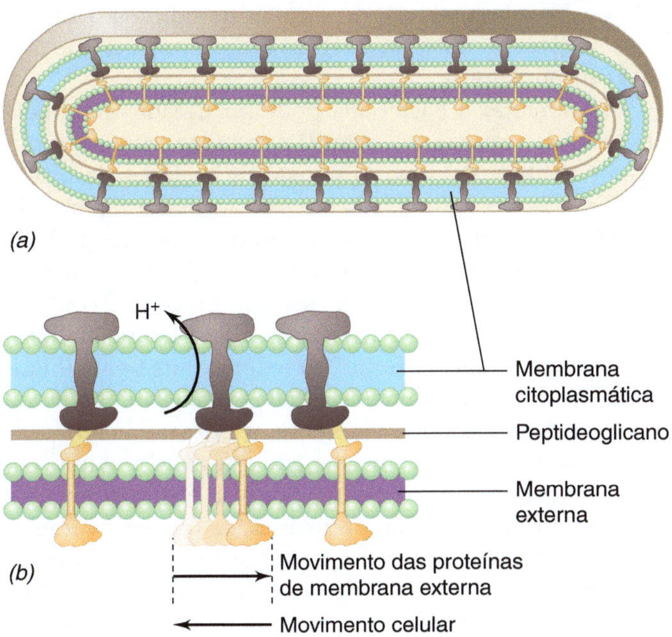

■ **Figura 4.45** Mecanismo proposto para a motilidade por deslizamento de *Flavobacterium johnsoniae* e de outras bactérias deslizantes (cortesia de Dr. Mark J. McBride). (a) Corte transversal de uma célula gram-negativa apresentando proteínas específicas de deslizamento nas membranas citoplasmática e externa. (b) Visão detalhada. Acredita-se que existam trilhas (em amarelo) no peptideoglicano conectando as proteínas citoplasmáticas (em marrom) às proteínas da membrana externa (em laranja), propelindo-as ao longo de uma superfície sólida. Observe a diferença de direção de movimento das proteínas de membrana externa em relação à célula.

4.12 Respostas comportamentais: quimiotaxia, fototaxia e outras taxias

Embora nem todos os procariotos sejam móveis, muitos exibem tal comportamento. Desse modo, é razoável considerar que a motilidade confere uma vantagem seletiva sob certas condições ambientais. Freqüentemente, os procariotos encontram *gradientes* físicos e químicos na natureza, com a maquinaria de motilidade respondendo de maneira positiva ou negativa a esses gradientes, promovendo a movimentação da célula na direção ou afastando-a da molécula sinalizadora, respectivamente. Tais tipos de movimentos direcionados são denominados *taxia*, havendo uma variedade dessas respostas em microrganismos. A **quimiotaxia** é uma resposta a agentes químicos, enquanto a **fototaxia** corresponde a uma resposta à luz; os dois processos são bastante conhecidos e serão discutidos a seguir.

O fenômeno da quimiotaxia foi bastante estudado em bactérias capazes de se locomover em meios líquidos (natatórias). A maneira pela qual os sinais químicos do meio externo são transmitidos ao aparelho flagelar é bastante conhecida em nível genético. Por essa razão, apenas tal tipo de bactérias será discutido nesta seção. Entretanto, algumas bactérias deslizantes exibem movimentos quimiotáticos, enquanto algumas cianobactérias filamentosas exibem movimentos fototáticos. Embora os mecanismos sejam desconhecidos, provavelmente as bactérias deslizantes possuem algum tipo de comunicação com seus sistemas de movimentação, assim como as bactérias natatórias.

Quimiotaxia

Para entendermos a quimiotaxia, podemos analisar o comportamento de uma única célula bacteriana frente a um gradiente químico de um agente atrativo (Figura 4.46). Contrariamente aos organismos maiores, os procariotos são muito pequenos para perceberem um gradiente ao longo de seu corpo. Estes necessitam, durante sua movimentação, comparar o estado físico ou químico de seu ambiente com aquele percebido há poucos segundos. Em outras palavras, as bactérias respondem a um *gradiente temporal* (em vez de *espacial*) de moléculas sinalizadoras, à medida que se movem.

Grande parte das pesquisas em quimiotaxia foi realizada com a bactéria peritríquia, *Escherichia coli*. Na ausência de um gradiente, as células de *E. coli* se movem de maneira aleatória, incluindo **corridas**, em que as células movem-se para a frente, com um percurso linear, e **oscilações**, em que as células param e permanecem bamboleando (Figura 4.46*a*). Após uma oscilação, a direção da próxima corrida é aleatória (Figura 4.46*a*). Assim, por intermédio de corridas e oscilações, a célula se move randomicamente

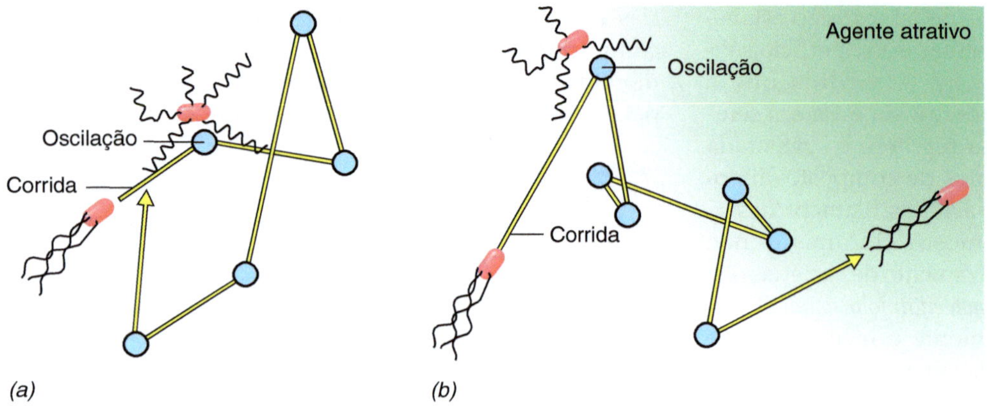

■ **Figura 4.46** Quimiotaxia em uma bactéria flagelada peritríquia, como *Escherichia coli.* (a) Na ausência de um agente atrativo, a célula se move de maneira randômica, dando voltas e mudando sua direção durante as oscilações. (b) Na presença de um agente atrativo, as corridas passam a ser influenciadas, e a célula se move em direção ao gradiente do atrativo.

por todo o ambiente, sem chegar a lugar algum. Entretanto, na presença de um gradiente químico de um agente atrativo, o movimento aleatório passa a ser influenciado pelo gradiente. À medida que o organismo percebe concentrações maiores do agente atrativo (pela amostragem periódica da concentração desse agente químico no meio), as corridas se tornam mais longas, e as oscilações, menos freqüentes. O resultado líquido de tal comportamento se reflete na movimentação do organismo em direção ao gradiente de concentração desse agente atrativo (Figura 4.46*b*). Se o organismo perceber a presença de um agente repelente, o mesmo mecanismo geral será acionado, exceto pelo fato de, neste caso, a *diminuição* da concentração do repelente (em vez do *aumento* na concentração do agente atrativo) promover as corridas. Em uma corrida, a movimentação para a frente ocorre quando o motor flagelar gira no sentido anti-horário. Quando os flagelos giram no sentido horário, o feixe de flagelos é separado, a movimentação para a frente é interrompida e a célula passa a oscilar (Figura 4.43).

A situação de células com flagelação polar apresenta diferenças. Muitas bactérias com flagelos polares, como as espécies de *Pseudomonas*, podem reverter a direção de rotação de seus flagelos da mesma maneira que as células peritríquias, invertendo a direção do movimento (Figura 4.43*b*). Em contrapartida, algumas bactérias com flagelação polar, como a bactéria fototrófica *Rhodobacter sphaeroides*, apresentam flagelos unidirecionais que giram apenas no sentido horário. Como essas células podem ser quimiotáticas e alterar a direção do movimento? Em *R. sphaeroides*, a rotação flagelar é interrompida periodicamente. Durante esse período, a célula se reorienta de maneira randômica, devido ao movimento browniano. Quando o flagelo volta a girar, a célula se move em outra direção (Figura 4.43*b*). Essa bactéria exibe alta atividade quimiotática para vários compostos contendo carbono e também responde ao oxigênio e à luz (ver posterior discussão sobre tais taxias). Embora *R. sphaeroides* não reverta o motor flagelar, seu processo quimiotático ocorre de modo similar ao observado em *E. coli*: o aumento na concentração de agentes atrativos tende a manter seu flagelo girando, enquanto um gradiente menor de atrativo ou um gradiente maior de repelente tende a interromper a movimentação, permitindo a reorientação celular.

Medida da quimiotaxia

Como as bactérias utilizam as alterações temporais na concentração de um composto químico para controlar a rotação flagelar? Esta é uma longa história, que envolve uma série de eventos regulatórios em níveis genéticos e bioquímicos. Assim, deixaremos a discussão detalhada sobre o mecanismo de quimiotaxia para o Capítulo 8 (Seção 8.11), que permitirá o entendimento em um contexto bioquímico-genético. Nesse momento, é suficiente comentarmos que o mecanismo molecular da quimiotaxia envolve proteínas sensoras localizadas na membrana, denominadas *quimiorreceptores*, que percebem o gradiente químico temporal e interagem com proteínas que afetam a direção do motor flagelar. Assim, uma vez que o sentido da rotação determina se a célula realizará corridas ou oscilações, a quimiotaxia pode ser interpretada como um *sistema sensorial de resposta*, dirigido quimicamente, que afeta a função flagelar.

A quimiotaxia bacteriana pode ser demonstrada pela imersão de um pequeno capilar de vidro, contendo um agente atrativo, em uma suspensão de bactérias desprovida desse agente. Um gradiente será formado a partir da ponta do capilar, com a concentração do agente gradualmente diminuindo quanto maior for a distância em relação à ponta do capilar (Figura 4.47*a*). Se o capilar contiver um agente atrativo, as bactérias se moverão em sua direção, formando um "enxame" ao redor de sua ponta (Figura 4.47*b*); subseqüentemente, muitas se encaminharão ao interior do capilar. Obviamente, algumas bactérias se direcionarão ao capilar mesmo que este contenha uma solução igual ao meio de cultura, devido a seus movimentos aleatórios (Figura 4.47*c*). Entretanto, se o agente atrativo estiver presente, a concentração de bactérias no interior do capilar será muitas vezes maior que no meio externo. Por outro lado, se o capilar contiver um repelente, a concentração bacteriana em seu interior será consideravelmente inferior à observada no meio externo (Figura 4.47*d*). Com esse método simples, é possível realizar uma avaliação de diferentes agentes químicos, testando sua natureza atrativa ou repelente para determinada bactéria.

A quimiotaxia também pode ser observada microscopicamente. Utilizando uma câmera de vídeo que capture a posição das células bacterianas durante determinado

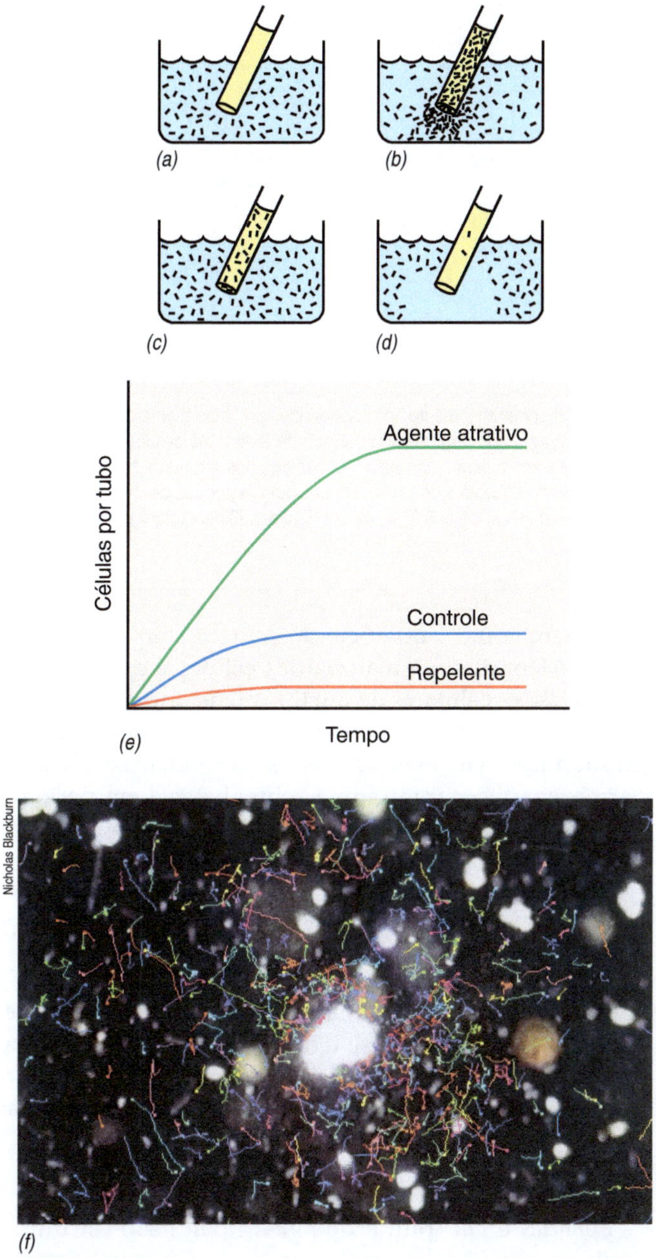

■ **Figura 4.47** Quimiotaxia. (a-e) Técnicas para a medida da quimiotaxia em bactérias. (a) Inserção de um capilar em uma suspensão bacteriana. Quando o capilar é inserido, forma-se um gradiente. (b) Acúmulo de bactérias em um capilar que contém um agente atrativo. (c) Capilar controle, com uma solução que não é atrativa nem repelente. A concentração celular no interior do capilar é equivalente à concentração no meio externo. (d) Repulsão de bactérias por um repelente. (e) Análise temporal do número de células em capilares que contêm diferentes agentes químicos. (f) Rastros de bactérias móveis na água do mar, movendo-se ao redor de uma célula de alga (grande ponto branco, ao centro), capturados por um sistema de câmera de vídeo acoplada a um microscópio. Observe que as células bacterianas respondem positivamente ao oxigênio (exibem *aerotaxia*) produzido pela alga, por fotossíntese. A velocidade média das células era de cerca de 25 μm/s. A alga tem aproximadamente 60 μm de diâmetro.

período de tempo e que posteriormente revele o trajeto percorrido por cada célula, é possível observar a quimiotaxia bacteriana (Figura 4.47*f*). Esse método foi adaptado aos estudos de quimiotaxia bacteriana em ambientes naturais. Acredita-se que, na natureza, os nutrientes excretados por células microbianas maiores, como protozoários ou algas (Figura 4.47*f*), ou por organismos macroscópicos vivos ou mortos correspondam aos principais agentes quimiotáticos bacterianos.

Fototaxia

Muitos microrganismos fototróficos se movem em direção à luz por um processo denominado *fototaxia*. Esta tem como vantagem permitir que organismos fototróficos se orientem de maneira mais adequada para a realização da fotossíntese. Esse fenômeno pode ser observado quando um espectro luminoso é incidido sobre uma lâmina de microscopia contendo bactérias fototróficas móveis; as bactérias se acumularão nos comprimentos de onda absorvidos por seus pigmentos fotossintéticos (Figura 4.48*a*; Seções 18.2 e 18.3 para uma discussão sobre os pigmentos fotossintéticos).

Dois tipos de taxia são observados em procariotos fototróficos. Um deles, denominado *escotofobotaxia*, observado somente ao microscópio, ocorre quando uma bactéria fototrófica move-se para fora do campo iluminado do microscópio, situando-se no escuro. A penetração em uma área escura afeta negativamente o estado energético da célula, atuando como sinal para a oscilação. Em seguida, a célula realiza uma reversão da rotação flagelar, promovendo uma nova corrida, permitindo seu retorno à área iluminada.

Além da escotofobotaxia, microrganismos fototróficos podem realizar a fototaxia propriamente dita, movendo-se em um gradiente luminoso, em direção às intensidades crescentes de luz. O processo é análogo à quimiotaxia, exceto pelo fato de o agente atrativo ser a luz em vez de algum composto químico. Em algumas espécies, como a bactéria fototrófica altamente móvel, *Rhodospirillum centenum* (ver Figura 4.39), *colônias inteiras* exibem fototaxia e movem-se simultaneamente em direção à luz (Figura 4.48*b*). Embora os aspectos moleculares da fototaxia não sejam conhecidos, há evidências de que vários componentes do sistema regulatório da quimiotaxia também estejam envolvidos na fototaxia. Estes incluem, especialmente, proteínas citoplasmáticas (proteínas Che) que controlam o sentido de rotação dos flagelos (Seção 8.11). Tais evidências surgiram a partir dos estudos de bactérias fototróficas mutantes, defectivas na fototaxia; estes mutantes freqüentemente também apresentam defeitos no sistema de quimiotaxia. Um *fotorreceptor*, análogo a um quimiorreceptor, mas capaz de perceber um gradiente de *luz* em vez de agentes químicos, é responsável pela orquestração da resposta fototática. Acredita-se que o fotorreceptor interaja com as proteínas que afetam a rotação flagelar, mantendo a célula em uma corrida, caso esta esteja se movendo em direção a intensidades luminosas crescentes.

Outras taxias

Outras taxias bacterianas, como o movimento em direção ou de afastamento do oxigênio (*aerotaxia*, ver Figura 4.47*f*), ou de condições de alta força iônica (*osmotaxia*), também estão começando a ser entendidas em termos moleculares, após a elucidação dos princípios gerais dos sistemas sensoriais de resposta. Na maioria dos casos, um

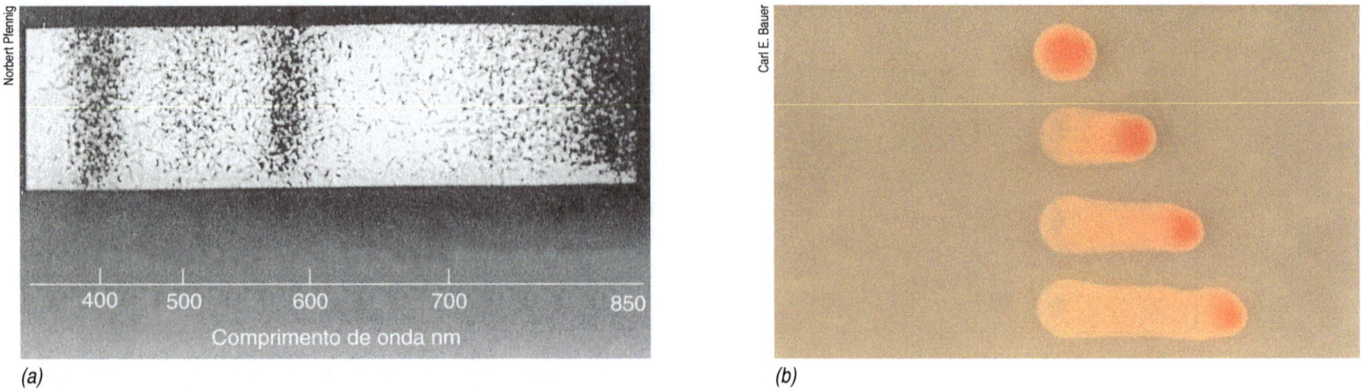

■ **Figura 4.48** Fototaxia. (a) Acúmulo escotofóbico da bactéria fototrófica *Thiospirillum jenense*, em comprimentos de onda absorvidos por seus pigmentos. Um espectro luminoso foi incidido sobre uma lâmina de microscopia contendo uma suspensão densa de bactérias. Após determinado período de tempo, as células se acumularam seletivamente quando a fotomicrografia foi tirada. Os comprimentos de onda em que as bactérias se acumularam correspondem aos pontos em que a bacterioclorofila *a* absorve (compare com a Figura 18.3*b*). (b) Fototaxia de uma colônia inteira da bactéria fototrófica púrpura *Rhodospirillum centenum*, por um período de duas horas (tempo zero, no topo). Essas células, fortemente fototáticas, movem-se simultaneamente em direção à fonte luminosa, situada à direita. Ver Figura 4.39 para micrografias eletrônicas de células de *R. centenum*.

mecanismo comum pode ser aplicado: as células periodicamente captam informações do meio ambiente e processam-nas por intermédio de uma via de transdução de sinal (Seção 8.11), que controla o sentido de rotação flagelar. Estas podem ser consideradas respostas comportamentais simples, e a razão fundamental para a elucidação dos mecanismos moleculares de taxia bacteriana visa ao melhor entendimento de respostas similares em organismos superiores, tais como a transmissão nervosa. Assim, do ponto de vista comportamental, os procariotos móveis encontram-se em sintonia com o estado químico e físico de seus ambientes, podendo mover-se em direção ou afastando-se de vários estímulos, provavelmente como uma forma remanescente de comportamento competitivo.

✓ 4.11 e 4.12 Verificação de conceitos

Algumas bactérias se movem por deslizamento, enquanto outras são capazes de se mover em meios líquidos (movimentos natatórios). As bactérias móveis respondem a gradientes químicos e físicos em seu meio ambiente. Nos processos de quimiotaxia e fototaxia, o movimento randômico de uma célula procariótica pode ser afetado, resultando tanto em sua aproximação como em seu afastamento de um agente químico (ou em direção à luz, no caso de um microrganismo fototrófico), pelo controle da freqüência de corridas ou oscilações. Estas são controladas pelo sentido de rotação do flagelo, que, por sua vez, é regulado por uma rede de proteínas sensoriais e de resposta.

- ✓ De que modo a motilidade por *deslizamento* se diferencia da motilidade *natatória*, em relação aos mecanismos e necessidades?
- ✓ Defina o termo *quimiotaxia*.
- ✓ O que promove uma *corrida* ou uma *oscilação*?
- ✓ Qual a diferença entre *escotofobotaxia* e *fototaxia*?

IV ESTRUTURAS DE SUPERFÍCIE E INCLUSÕES DE PROCARIOTOS

Além da parede celular e das camadas superficiais relacionadas, discutidas anteriormente neste capítulo, alguns procariotos apresentam outras camadas externas que atuam como superfície de contato com o meio ambiente. Além disso, a maioria das células é capaz de formar inclusões celulares de um tipo ou de outro. Geralmente, essas inclusões são compostas por nutrientes presentes em abundância no meio ambiente, que podem ser clivados e armazenados, garantindo a sobrevivência em períodos de carência nutricional. Examinaremos, agora, algumas dessas estruturas.

4.13 Estruturas de superfície e inclusões de células bacterianas

Os procariotos são capazes de produzir uma variedade de estruturas que se ligam ou que, de alguma maneira, projetam-se na superfície celular. Nem todas as bactérias contêm tais estruturas, sendo, portanto, referidas como *opcionais*.

Fímbrias e Pili

Fímbrias e *pili* (plural de *pilus* = pêlo) são estruturas similares aos flagelos, mas sem qualquer envolvimento na motilidade. As **fímbrias** são consideravelmente mais curtas e mais numerosas que os flagelos (Figura 4.49); porém, como os flagelos, consistem em proteínas. Embora as funções das fímbrias não sejam claramente conhecidas, fortes evidências sugerem que estas conferem capacidade de adesão microbiana às superfícies, incluindo tecidos animais no caso de algumas bactérias patogênicas ou de formação de películas ou biofilmes (Seção 20.3) em superfícies.

Os **pili** se assemelham estruturalmente às fímbrias, sendo em geral mais longos e presentes em uma ou poucas cópias, na superfície celular. Tais estruturas podem ser facilmente observadas ao microscópio eletrônico, pois, como são receptores de certos tipos de partículas virais, têm seu diâmetro aumentado quando se encontram revestidas pelos vírus (Figura 4.50). Fortes evidências indicam que os pili estão envolvidos no processo de conjugação em procariotos, como discutiremos na Seção 10.9. Os pili podem também participar dos processos de ade-

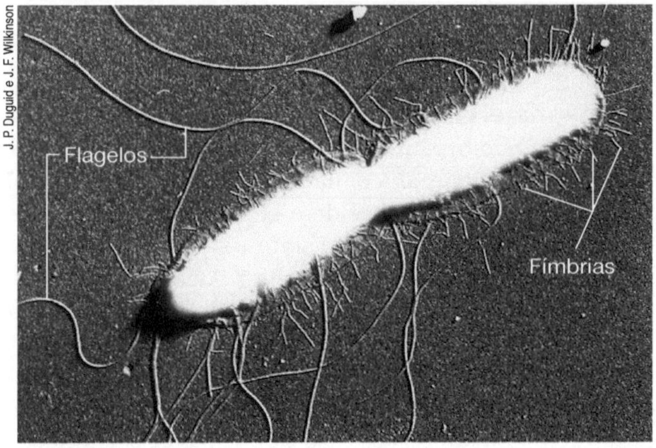

■ **Figura 4.49** Micrografia de uma célula de *Salmonella typhi* em divisão, apresentando flagelos e fímbrias. Uma única célula tem diâmetro de cerca de 0,9 μm.

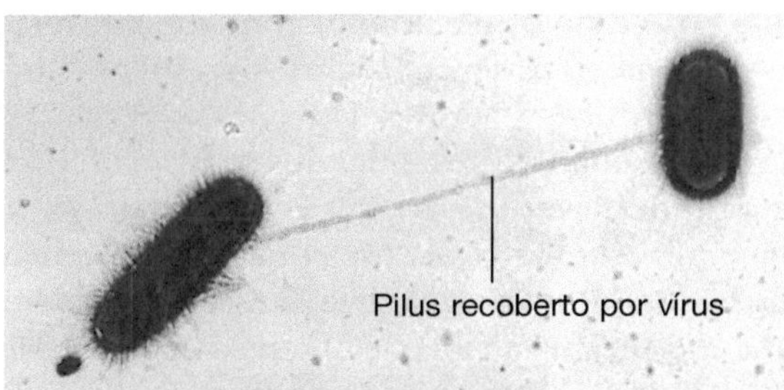

■ **Figura 4.50** A presença de pili em célula de *Escherichia coli*, revelada pela utilização de vírus, que especificamente se aderem ao pilus. A célula tem cerca de 0,8 μm de diâmetro.

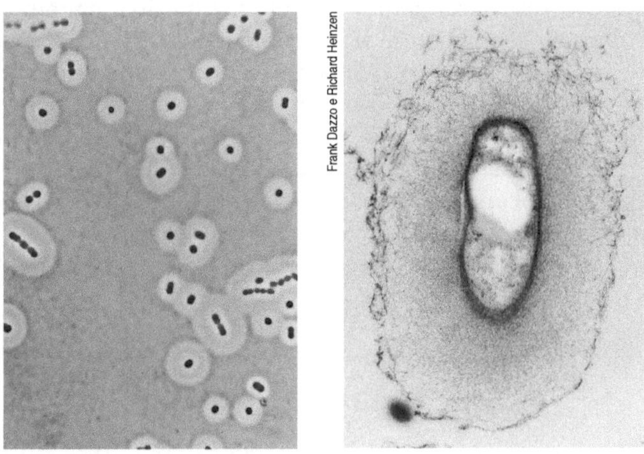

(a) (b)

■ **Figura 4.51** Cápsulas bacterianas. (a) Demonstração da presença de cápsula em espécies de *Acinetobacter*, por coloração negativa com tinta nanquim, observada ao microscópio de contraste de fase. A tinta nanquim não penetra na cápsula, revelando uma estrutura clara em um fundo escuro. (b) Micrografia eletrônica de uma seção fina de uma célula de *Rhizobium trifolii*, corada com vermelho de rutênio, revelando a cápsula. O diâmetro da célula (excluindo a cápsula) é de aproximadamente 0,7 μm. Embora a maioria das cápsulas seja de natureza polissacarídica, algumas bactérias possuem cápsulas protéicas. Células de *Bacillus anthracis* — organismo associado a doenças em animais e ao bioterrorismo (Seção 25.11) — apresentam cápsula contendo ácido poli-D-glutâmico, efetiva na proteção celular contra a destruição pelas defesas do hospedeiro.

rência a tecidos humanos por algumas bactérias patogênicas.

Camadas paracristalinas de superfície (camadas S)

Muitos procariotos apresentam uma camada de superfície composta por um arranjo bidimensional de proteínas. Essas camadas são denominadas *camadas S*, sendo encontradas em praticamente todos os grupos filogenéticos de *Bacteria*, além de serem amplamente distribuídas em *Archaea*. Em algumas espécies de *Archaea*, a camada S corresponde à própria parede celular (ver Seção 4.8). As camadas S exibem aspecto cristalino e apresentam várias simetrias, como hexagonal, tetragonal ou trimérica, dependendo do número e da estrutura das subunidades protéicas ou glicoprotéicas que as compõem (ver Figura 4.34*b* para uma micrografia eletrônica de uma camada S).

A principal função das camadas S não é conhecida. Por encontrar-se na superfície celular, como uma interface entre a célula e o meio externo, acredita-se que a camada S possa atuar como barreira de permeabilidade, permitindo a passagem de substâncias de baixa massa molecular e excluindo moléculas grandes. Existem evidências sugerindo que, em bactérias patogênicas (que causam doenças), essa estrutura poderia proteger os microrganismos contra mecanismos de defesa da célula hospedeira.

Cápsulas e camadas limosas: o glicocálix

Muitos organismos procarióticos secretam compostos limosos ou viscosos em suas superfícies (Figura 4.51). Várias dessas estruturas são de natureza polissacarídica, enquanto poucas têm natureza protéica. Os termos **cápsula** e **camada limosa** são freqüentemente empregados para descrever camadas polissacarídicas; o termo mais abrangente, **glicocálix**, é também utilizado. O glicocálix é definido como um material de natureza polissacarídica, depositado externamente à célula. Além da composição destas camadas ser muito variável nos diferentes organismos, estas podem ser espessas ou delgadas, rígidas ou flexíveis, de acordo com sua natureza química. As camadas rígidas são organizadas em uma matriz compacta, que exclui partículas como a tinta nanquim; tal forma é referida como *cápsula* (Figura 4.51*a*). Quando o glicocálix é mais frouxo, incapaz de excluir partículas e de visualização mais difícil, é referido como *camada limosa*. As camadas de glicocálix apresentam várias funções nas bactérias. Camadas polissacarídicas externas desempenham importante papel na *aderência* de certos microrganismos patogênicos a seus hospedeiros. Como ainda veremos (Seção 21.6), microrganismos patogênicos podem penetrar o corpo de animais por meio de vias específicas, sendo o processo mediado por reações de ligação entre componentes da superfície celular (como o glicocálix) e tecidos específicos do hospedeiro. O glicocálix desempenha ainda outros papéis. Algumas evidências indicam que bactérias capsuladas são mais dificilmente reconhecidas e destruídas por células fagocitárias do sistema imune (Seção 22.2). Além disso, como as camadas polissacarídicas externas provavelmente se associam a quantidades significativas de água, acredita-se que o glicocálix possa conferir certa resistência à dessecação.

Polímeros de armazenamento de carbono

Freqüentemente, grânulos ou outras inclusões são observados no interior das células. Embora sua natureza seja bastante variável, geralmente atuam no armazenamento de energia ou como reservatório de constituintes estruturais. As inclusões normalmente podem ser observadas por microscopia de contraste de fase, embora seu contraste possa ser aumentado com o emprego de corantes. As inclusões podem ser claramente visualizadas ao microscópio eletrônico (Figura 4.52). A maioria das inclusões celulares é envolta por uma fina *não unidade* de membrana, que consiste em lipídeos que separam a inclusão do conteúdo citoplasmático.

Em organismos procarióticos, um dos corpos de inclusão mais comuns consiste em **ácido poli-β-hidroxibutírico (PHB)** — um composto de natureza lipídica formado por unidades de ácido β-hidroxibutírico (Figura 4.52*a*). Os monômeros desse ácido são unidos por ligações do tipo éster e formam longos polímeros de PHB, que se agregam em grânulos (Figura 4.52*b*). Cada polímero pode apresentar uma quantidade variável de monômeros, desde C_4 até C_{18}, em certos organismos. Desse modo, o coletivo **poli-β-hidroxialcanoato (PHA)** é empregado para descrever essa classe de polímeros de armazenamento de carbono/energia. Uma grande variedade de procariotos, incluindo representantes de *Bacteria* e *Archaea*, produzem PHAs. Outro produto de armazenamento formado por procariotos é o **glicogênio**, que corresponde a um polímero de glicose (Seção 3.3 e Figura 3.6). Assim como os PHAs, o glicogênio é utilizado como reservatório de carbono e energia, sendo produzido quando há excesso de carbono no meio.

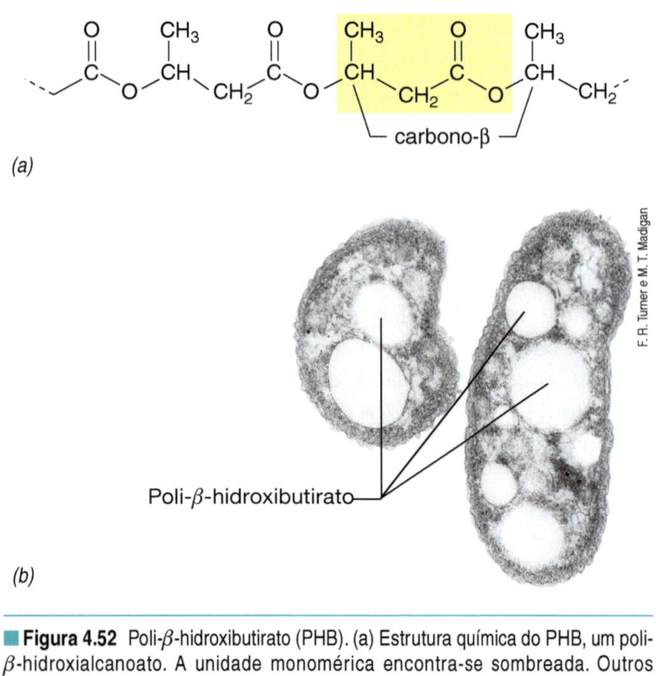

Figura 4.52 Poli-β-hidroxibutirato (PHB). (a) Estrutura química do PHB, um poli-β-hidroxialcanoato. A unidade monomérica encontra-se sombreada. Outros polímeros alcanoatos são sintetizados pela substituição das longas cadeias de hidrocarboneto por um grupo $-CH_3$, no carbono β. (b) Micrografia eletrônica de uma seção fina de células da bactéria fototrófica *Rhodovibrio sodomensis*, contendo grânulos de PHB.

Outros materiais de armazenamento e inclusões

Muitos microrganismos acumulam grandes quantidades de fosfato inorgânico, na forma de grânulos de **polifosfato**. Esses grânulos podem ser degradados e utilizados como fonte de fosfato na síntese de ácidos nucléicos e fosfolipídeos durante o crescimento. Além disso, diversos procariotos são capazes de oxidar compostos sulfurados reduzidos, tais como sulfeto de hidrogênio e tiossulfato. Estas oxidações estão associadas às reações do metabolismo energético (Seções 18.8 e 18.10) ou de biossíntese (Seção 18.6). Em ambos os casos, pode haver o acúmulo de **enxofre elementar** em grânulos grandes e visíveis no interior da célula (Figura 4.53). Os grânulos de enxofre elementar permanecem no interior da célula enquanto uma fonte de enxofre estiver presente. Entretanto, quando a fonte de enxofre reduzido se torna limitante, o enxofre presente nos grânulos é oxidado, normalmente a sulfato, com o desaparecimento gradual dos grânulos à medida que a reação ocorre.

Magnetossomos correspondem a partículas cristalinas de minério de ferro, magnetita, Fe_3O_4 (Figura 4.54). Os magnetossomos geram um dipolo magnético permanente na célula, permitindo-a reagir a um campo magnético. Bactérias que produzem magnetossomos (Figura 4.54*a*) exibem *magnetotaxia* — processo de orientação e migração ao longo das linhas de um campo geomagnético (Seção 12.14). Embora o sufixo *–taxia* seja utilizado na palavra *magnetotaxia*, não há evidências de que bactérias magnetotáticas empreguem os sistemas sensoriais utilizados pelas bactérias quimiotáticas ou fototáticas (ver Seções 4.12 e 8.11). Contrariamente, o alinhamento dos magnetossomos na célula parece simplesmente conferir propriedades magnéticas a esta, que pode, então, orientar-se em determinada direção no seu ambiente. Os magnetossomos foram descritos em uma variedade de *Bacteria* predominantemente aquáticas (Figura 4.54*a*). Como muitas crescem melhor em baixas concentrações de O_2, é provável que a principal função dos magnetossomos seja guiar células aquáticas em direção a sedimentos cuja concentração de O_2 é menor.

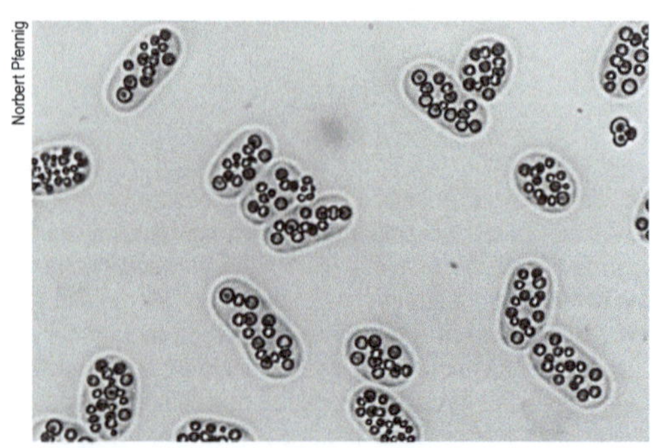

Figura 4.53 Fotomicrografia de campo claro de células da bactéria sulfurosa púrpura *Isochromatium buderi*. Observe os glóbulos de enxofre no interior das células. Uma célula mede aproximadamente 4 x 7 μm.

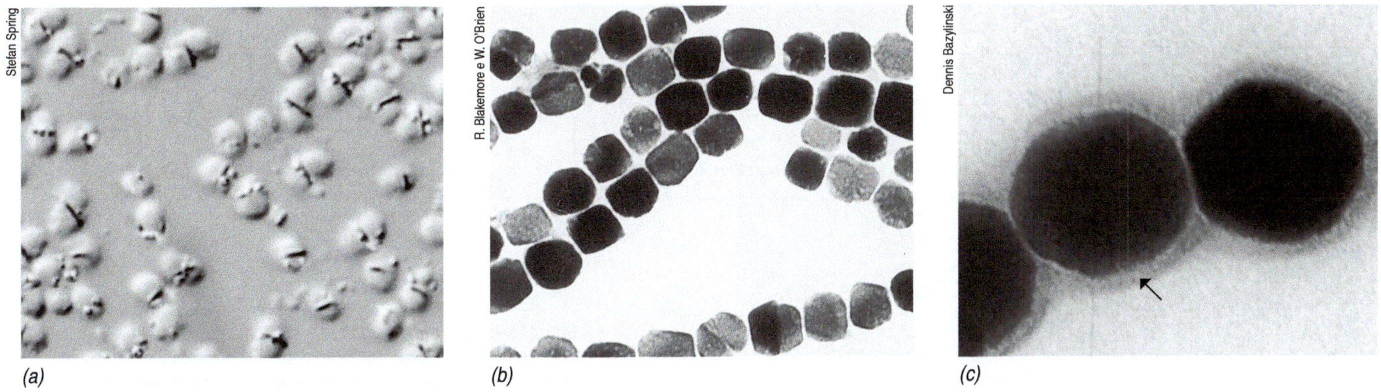

Figura 4.54 Bactérias magnetotáticas e magnetossomos. (a) Microscopia de contraste por interferência de bactérias cocóides magnetotáticas. Observe os magnetossomos. Uma célula tem aproximadamente 2,2 μm de diâmetro. (b) Magnetossomos isolados da bactéria magnetotática *Magnetosprillum magnetotacticum*. Cada partícula tem cerca de 50 nm de comprimento (Figura 12.32). (c) Micrografia eletrônica em maior aumento de magnetossomos de uma bactéria cocóide magnética. A seta aponta para a membrana que envolve cada magnetossomo. Um único magnetossomo apresenta cerca de 90 nm de largura. A membrana do magnetossomo, embora apresente lipídeos e proteínas — assim como a membrana de PHB (ver Figura 4.52) —, é do tipo monocamada; não é uma verdadeira unidade de membrana.

Magnetossomos são envoltos por uma membrana que contém fosfolipídeos, proteínas e glicoproteínas (Figura 4.54*b*, *c*). Essa membrana não corresponde a uma unidade de membrana, como a membrana citoplasmática (Figura 4.17), apresentando-se como uma monocamada, semelhante à observada ao redor dos grânulos de poli-β-hidroxibutirato (PHB, Figura 4.52). As proteínas da membrana do magnetossomo provavelmente auxiliam na precipitação de Fe^{3+} (chegando à célula em uma forma solúvel, pela ação de agentes quelantes) na forma de Fe_3O_4, em um magnetossomo em crescimento. A morfologia dos magnetossomos parece ser específica de cada espécie; em certas bactérias, assumindo formas de quadrado, retângulo ou afiladas, que se agrupam, originando cadeias (Figura 4.54).

✓ 4.13 Verificação de conceitos

Células procarióticas geralmente contêm várias estruturas que se projetam para fora ou se encontram em seu interior. Estas incluem fímbrias e pili, camadas S, cápsulas ou camadas limosas, polímeros de armazenamento de carbono ou outras substâncias, além dos magnetossomos. Entretanto, contrariamente às organelas de células eucarióticas, tais estruturas não são delimitadas por uma unidade de membrana.

- ✓ Como as fímbrias podem ser diferenciadas dos pili em termos estruturais e funcionais?
- ✓ O que é *poli-β-hidroxibutirato* e qual sua função na célula? Em que condições este composto é sintetizado?
- ✓ O que são *magnetossomos*, qual sua composição e que propriedade conferem às células?

4.14 Vesículas de gás

Vários organismos que vivem flutuando em lagos ou no mar produzem **vesículas de gás**, que conferem flutuabilidade às células. As vesículas de gás conferem um tipo de motilidade que permite às células ascenderem e descenderem em uma coluna de água, em resposta a fatores ambientais. Os exemplos mais dramáticos de flutuação promovida por vesículas de gás correspondem às cianobactérias, que formam grandes acúmulos (florescimento) em lagos (Figura 4.55). Células contendo vesículas de gás ascendem até a superfície de um lago, são empurradas pelos ventos e originam densas massas. Essas vesículas são também encontradas em bactérias fototróficas verdes e púrpuras (Seções 12.2 e 12.32) e em certas bactérias não fototróficas, encontradas em lagos e lagoas. Algumas espécies de *Archaea* também contêm vesículas de gás.

Estrutura das vesículas de gás

As vesículas de gás correspondem a estruturas fusiformes ocas e rígidas, compostas por proteínas, exibindo comprimento e diâmetro variáveis (Figura 4.56). As vesículas de gás dos diferentes organismos podem apresentar de 300 a mais de 1.000 nm de comprimento, com diâmetros variando de 45 a 120 nm; estas dimensões são relativamente constantes em cada tipo de organismo. São encontradas no citoplasma, variando de poucas a centenas por célula. A membrana da vesícula de gás, com cerca de 2 nm de espessura, é composta exclusivamente por proteínas; esta é impermeável à água e outros solutos e permeável aos gases. Assim, as vesículas de gás correspondem a estruturas preenchidas por gás, envoltas pelos constituintes citoplasmáticos (Figura 4.56). A presença de vesículas de gás pode ser determinada tanto por microscopia óptica (os grupos de vesículas aparecem como inclusões irregulares brilhantes) como por microscopia eletrônica (Figura 4.57).

Figura 4.55 Flutuação de cianobactérias com vesículas de gás a partir de um florescimento em um lago rico em nutrientes; Lago Mendota, Madison, Wisconsin.

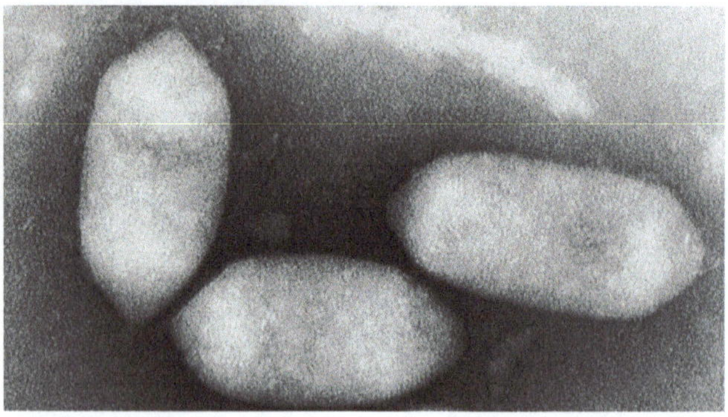

■ **Figura 4.56** Micrografia eletrônica de transmissão de vesículas de gás purificadas da bactéria *Ancyclobacter aquaticus*, examinadas em uma preparação corada negativamente. Cada vesícula tem cerca de 100 nm de diâmetro. Reproduzido com a permissão de Konopka, Allan E., Lara, J. C. e Staley, James T. *Archives of Microbiology* 112:133-140, 1977. ©1977 by Springer-Verlag GmbH & Co. KG.

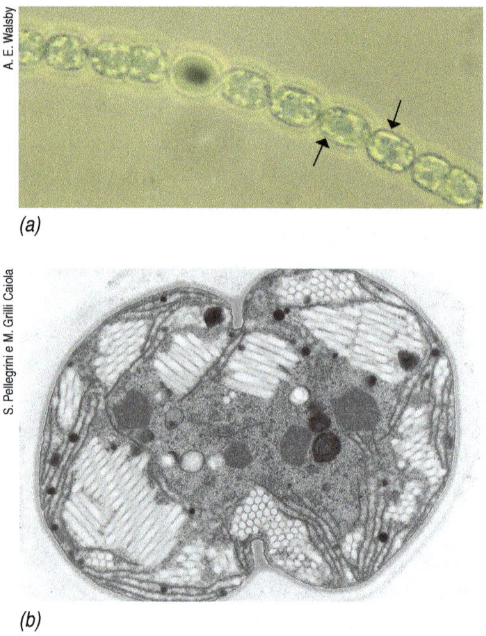

■ **Figura 4.57** Vesículas de gás das cianobactérias *Anabaena* e *Microcystis*. (a) *Anabaena flos-aquae*. A célula escura ao centro (um heterocisto) é desprovida de vesículas de gás. Nas outras células, as vesículas se agrupam como objetos brilhantes que dispersam a luz (setas). (b) Micrografia eletrônica de transmissão da cianobactéria *Microcystis*. As vesículas de gás se arranjam em feixes, aqui observadas em cortes longitudinais e transversais.

Estrutura molecular das vesículas de gás

As vesículas de gás contêm apenas dois tipos de proteínas (Figura 4.58). A principal proteína da vesícula, denominada GvpA, é pequena, altamente hidrofóbica e muito rígida. A rigidez da membrana da vesícula de gás é essencial na resistência às pressões externas. GvpA corresponde à proteína do envoltório e representa cerca de 97% do conteúdo protéico total da vesícula de gás. A segunda proteína, denominada GvpC, está presente em menores quantidades, reforçando o envoltório da vesícula de gás (Figura 4.58).

As vesículas de gás são constituídas por várias cópias da proteína GvpA, a qual se alinha como "traves" paralelas, criando uma superfície impermeável à água. Essas traves de GvpA são reforçadas por GvpC, que promove ligações cruzadas entre várias traves de GvpA e atua como um grampo (Figura 4.58). A morfologia final de uma vesícula de gás pode variar de longa e fina a curta e larga (comparar as Figuras 4.56 e 4.57*b*), dependendo de como as proteínas GvpA e GvpC estão arranjadas na vesícula intacta.

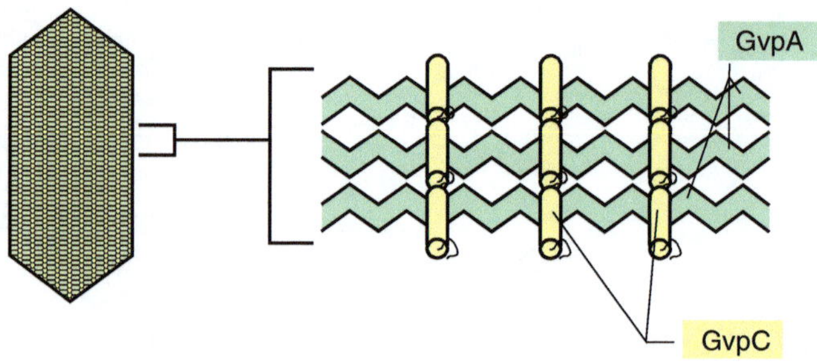

■ **Figura 4.58** Modelo apresentando como as duas proteínas que formam a vesícula de gás, GvpA e GvpC, interagem originando uma estrutura permeável ao gás e impermeável à água. GvpA, com estrutura em folha β-pregueada rígida, organiza-se como traves, enquanto GvpC, com estrutura em α-hélice, reforça essa estrutura por meio de ligações cruzadas (Seção 3.7 e Figura 3.16).

Como a membrana da vesícula de gás é permeável aos gases, a composição e a pressão do gás em seu interior são as mesmas do gás no qual o organismo está suspenso. Uma vez que as vesículas podem corresponder a 5-20% da densidade celular, estas reduzem a densidade final da célula, aumentando sua flutuabilidade. Organismos fototróficos aquáticos são particularmente beneficiados pelas vesículas de gás, pois estas possibilitam o ajuste vertical de seu posicionamento em uma coluna de água, dirigindo-os para regiões onde a intensidade luminosa é ótima à fotossíntese.

✓ 4.14 Verificação de conceitos

As vesículas de gás correspondem a pequenas estruturas preenchidas por gás, formadas por proteínas que conferem às células a capacidade de flutuar. Estas contêm duas proteínas diferentes, arranjadas de modo a formar uma estrutura permeável ao gás, porém impermeável à água.

✓ Como as vesículas de gás podem beneficiar as células fototróficas?

✓ De que modo as duas proteínas que compõem a vesícula de gás, GpvA e GpvC, são arranjadas, originando uma estrutura tão impermeável à água?

4.15 Endósporos

Certas espécies de *Bacteria* produzem estruturas especiais no interior de suas células, denominadas **endósporos** (Figura 4.59), durante um processo chamado *esporulação* (ver Figura 4.63). Os endósporos se diferenciam das células por apresentarem alta resistência ao calor e não serem destruídos facilmente, mesmo por produtos químicos fortes. As bactérias formadoras de endósporo são encontradas predominantemente no solo, que, virtualmente, sempre os apresenta. Os gêneros *Bacillus* e *Clostridium* correspondem às bactérias formadoras de endósporo mais bem estudadas.

A descoberta dos endósporos bacterianos teve imensa importância na microbiologia, pois, a partir do conheci-

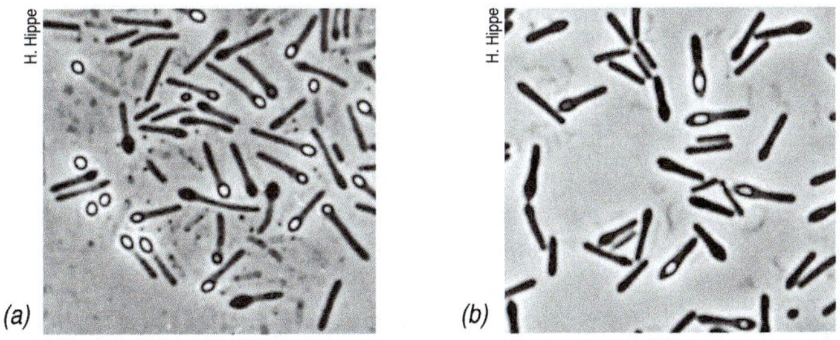

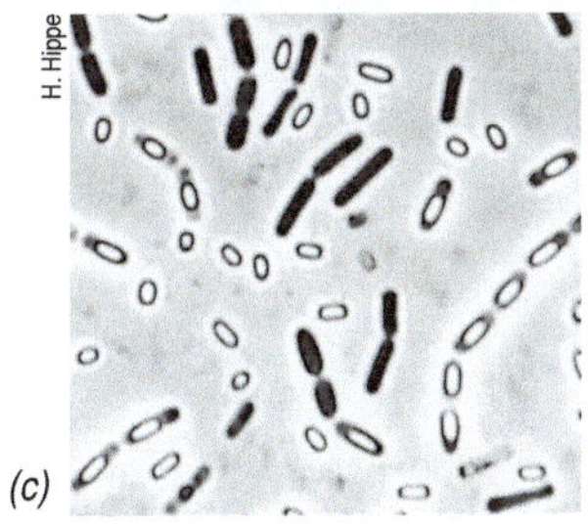

■ **Figura 4.59** Endósporos bacterianos. Fotomicrografias de contraste de fase ilustrando vários tipos morfológicos e localizações intracelulares dos endósporos. (a) Terminais. (b) Subterminais. (c) Centrais.

mento dessas formas extremamente termorresistentes, o desenvolvimento de métodos adequados de esterilização de meios de cultura, alimentos e outros produtos perecíveis tornou-se essencial. Embora, além das bactérias, outros organismos sejam capazes de formar esporos, os endósporos bacterianos são únicos no que se refere à resistência ao calor. São também resistentes a outros agentes nocivos, como dessecamento, radiação, ácidos e desinfetantes químicos, podendo permanecer dormentes por períodos de tempo extremamente longos (ver Quadro "Por quanto tempo um endósporo pode sobreviver?").

Estrutura do endósporo

Os endósporos (assim denominados porque são formados no *interior* da célula) são facilmente observados ao microscópio óptico como corpos altamente refringentes (ver Figura 4.59). Estes são bastante impermeáveis aos corantes e, ocasionalmente, observados como regiões não coradas no interior de células coradas com corantes básicos, como o azul de metileno. Para corar os endósporos especificamente, empregam-se processos especiais de coloração de esporos. Sua estrutura, quando observada à microscopia eletrônica, apresenta-se completamente distinta da estrutura de células vegetativas (Figura 4.60). O esporo é estruturalmente muito mais complexo, pois possui várias camadas ausentes nas células vegetativas. A camada mais externa, o **exospório**, corresponde a um envoltório fino e delicado, composto por proteínas. Abaixo do exospório são encontradas as camadas da capa do esporo, compostas por proteínas específicas do esporo (Figura 4.60*b*). Mais internamente há o córtex, contendo moléculas de peptideoglicano frouxamente associadas. Abaixo do córtex, há o **protoplasto** ou **núcleo do esporo**, contendo a parede celular (parede do núcleo), membrana citoplasmática, nucleóide e assim por diante (Seção 2.1 e Figura 2.1*a*). Desse modo, a principal diferença do esporo em relação a uma célula vegetativa reside, primariamente, nos tipos de estruturas *externas* à parede celular do núcleo do esporo.

Um composto químico, o **ácido dipicolínico**, é exclusivo de esporos; este não é encontrado em células vegetativas (Figura 4.61). Essa substância foi encontrada em todos os endósporos analisados, localizando-se no núcleo. Os esporos são também ricos em íons de cálcio, geralmente associados ao ácido dipicolínico. O complexo cálcio-ácido dipicolínico encontrado no núcleo representa cerca de 10% do peso seco de um endósporo.

Propriedades do núcleo do endósporo

O núcleo de um endósporo maduro difere consideravelmente da célula vegetativa que o originou. Além de apresentar dipicolinato de cálcio em abundância (Figura 4.61), o núcleo encontra-se em um estado de desidratação parcial. O núcleo de um endósporo maduro contém somente 10 a 30% da água encontrada em uma célula vegetativa, apresentando um citoplasma de consistência semelhante a um gel denso. A desidratação do núcleo, além de inativar as enzimas, aumenta significativamente a termorresistência do endósporo e confere resistência a agentes químicos como o peróxido de hidrogênio (H_2O_2).

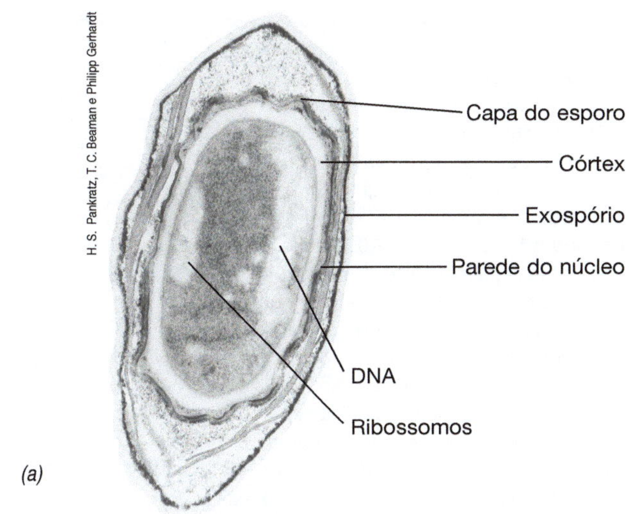

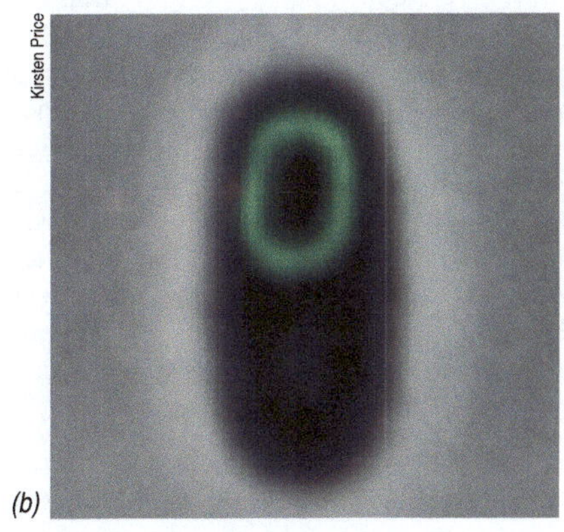

■ **Figura 4.60** O endósporo bacteriano. (a) Micrografia eletrônica de transmissão de um esporo maduro de *Bacillus megaterium*. (b) Fotomicrografia de fluorescência de uma célula de *Bacillus subtilis* em processo de esporulação. A área em verde deve-se a um corante, que cora especificamente uma proteína de esporulação presente na capa do esporo.

Enfocando... Por quanto tempo um endósporo pode sobreviver?

Neste capítulo, discutimos as propriedades de resistência e latência dos endósporos bacterianos, salientando sua capacidade de sobreviver por longos períodos em um estado de dormência. Entretanto, quanto duram esses períodos?

Relatos acerca da longevidade dos endósporos demonstraram que estes permanecem viáveis (isto é, são capazes de germinar e originar células vegetativas) por décadas ou, provavelmente, por muito mais tempo. Uma suspensão de esporos da bactéria *Clostridium aceticum* (Fig.1*a*), preparada em 1947, foi inoculada em um meio de cultura em 1981. Mesmo após 34 anos, em menos de 12 horas já era possível observar o crescimento celular, resultando em uma cultura vultosa. A bactéria *Clostridium aceticum* foi originalmente isolada pelo holandês K. T. Wieringa, em 1940. Acreditava-se que essa bactéria havia sido perdida até que um frasco com esporos de *C. aceticum* foi encontrado em um depósito na Universidade da Califórnia, em Berkeley, os quais foram capazes de germinar.[1]

Outros exemplos extremos da longevidade dos endósporos foram documentados. Bactérias do gênero *Thermoactinomyces* são termofílicas, formadoras de endósporos, amplamente distribuídas no solo, em restos vegetais e compostos vegetais em decomposição. O exame microbiológico de um sítio arqueológico romano, localizado no Reino Unido, datado de mais de 2.000 anos, revelou números significativos de esporos viáveis de *Thermoactinomyces* em vários fragmentos das ruínas. Além disso, esporos de *Thermoactinomyces* foram recuperados de frações de sedimento de um lago de mais de 7.000 anos, em Minnesota. Embora a contaminação seja sempre considerada uma possibilidade em estudos desse tipo, em ambos os casos as amostras foram processadas de maneira a, virtualmente, excluir a contaminação por esporos "recentes".[2]

Que fatores poderiam limitar a idade de um endósporo? As radiações cósmicas têm sido consideradas o principal fator, pois introduzem mutações no DNA.[2] Foi sugerido que, ao longo de milhares de anos, os efeitos cumulativos da radiação cósmica introduziriam tantas mutações no genoma de um organismo que, mesmo estruturas resistentes à radiação, como os endósporos, sucumbiriam devido ao dano genético. Entretanto, extrapolações de análises experimentais do efeito da radiação natural nos endósporos indicam que, se suspensões de esporos forem parcialmente protegidas da radiação cósmica, sendo, por exemplo, imersas em camadas de matéria orgânica, poderiam reter sua viabilidade por várias centenas de milhares de anos, ou até mais. Surpreendente, mas será esse o limite máximo?

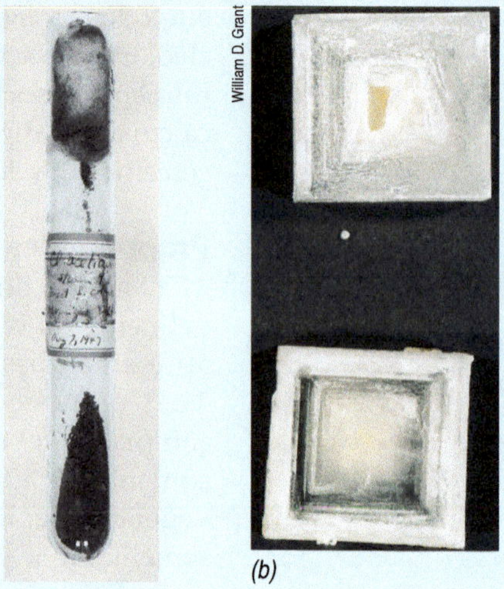

Gerhard Gottschalk

William D. Grant

(*a*) (*b*)

■ **Figura 1** Longevidade de endósporos. (a) Fotografia de um tubo contendo esporos da bactéria *Clostridium aceticum*, preparado em 7 de maio de 1947. Após permanecerem dormentes por mais de 30 anos, os esporos foram suspensos em um meio de cultura, no qual apresentaram crescimento em 12 horas.[1] (b) Bactérias halofílicas aprisionadas no interior de cristais de sal. Esses cristais (de aproximadamente 1 cm de diâmetro) foram cultivados em laboratório, na presença de células de *Halobacterium* (laranja), que permaneceram viáveis no interior dos cristais. Foram descritos cristais similares, da Era Permiana (≈ 250 milhões de anos), que continham bactérias halofílicas esporulantes viáveis.[4]

Em 1995, um grupo de cientistas relatou a recuperação de esporos de 25-40 milhões de anos.[3] Esses esporos, de acordo com os cientistas, encontravam-se preservados no trato gastrointestinal de uma abelha extinta, aprisionada em âmbar proveniente de uma era geológica conhecida. A presença de bactérias formadoras de endósporos nessas abelhas já era suspeita, visto que estudos de microscopia eletrônica do intestino desses insetos revelaram a presença de estruturas semelhantes a esporos. Além disso, moléculas de DNA semelhantes ao DNA de *Bacillus* foram recuperadas dos insetos. Inacreditavelmente, amostras de tecido das abelhas inoculadas em um meio de cultura estéril, rapidamente originaram colônias de bactérias formadoras de endósporo. Medidas rigorosas de precaução foram tomadas para comprovar que a bactéria isolada da abelha aprisionada no âmbar não era um contaminante dos dias atuais. Uma declaração ainda mais espetacular foi divulgada, relatando o isolamento de uma bactéria halofílica (que tem afinidade por sal) formadora de endósporo a partir de inclusões líquidas de cristais de sal da era Permiana, com mais de 250 milhões de anos.[4] Provavelmente, essas células se encontravam aprisionadas no interior do cristal (Figura 1*b*) — quando este foi formado, eras atrás —, as quais permaneceram viáveis por um quarto de bilhão de anos.

Esses relatos quase inacreditáveis sobre a longevidade dos endósporos são sustentados pela repetição desses resultados em laboratórios independentes (a confirmação é crucial para a comprovação de achados tão controvertidos). Desse modo, os endósporos armazenados em condições apropriadas podem permanecer viáveis indefinidamente. Este é um testemunho notável sobre o endósporo — uma estrutura que, indubitavelmente, surgiu para auxiliar as células a permanecerem viáveis por períodos relativamente curtos, que acabou se tornando uma estrutura tão bem formada que permitiu sua dormência por centenas de milhares, se não milhões, de anos. ■

1 Braun, M., Mayer, F. e Gottschalk, G. *Clostridium aceticum* (Wieringa), a microorganism producing acetic acid from molecular hydrogen and carbon dioxide, *Arch. Microbiol. 128:* 288-293, 1981.

2 Gest, H.e Mandelstam, J. Longevity of microorganisms in natural environments, *Microbiol. Sci. 4:* 69-71, 1987.

3 Cano, R. J. e Borucki, M. K. Revival and identification of bacterial spores in 25-to 40-million-year-old Dominican amber, *Science 268:* 1060-1064, 1995.

4 Vreeland, R. H., Rosenzweig, W. D. e Powers, D. W. Isolation of a 250 million-year-old halotolerant bacterium from a primary salt crystal, *Nature 407:* 897-900, 2000.

Além da pequena quantidade de água, o citoplasma do núcleo do esporo tem pH cerca de uma unidade abaixo do pH de uma célula vegetativa, apresentando também altas concentrações de proteínas específicas, denominadas *pequenas proteínas ácido solúveis de esporo* (PPASs). Estas são sintetizadas durante o processo de esporulação e possuem pelo menos duas funções. As PPASs ligam-se fortemente ao DNA do núcleo do esporo, protegendo-o contra potenciais danos causados pela radiação, dessecamento e calor seco. Além disso, podem ser utilizadas como fontes de energia e carbono no desenvolvimento de uma nova célula vegetativa a partir do en-

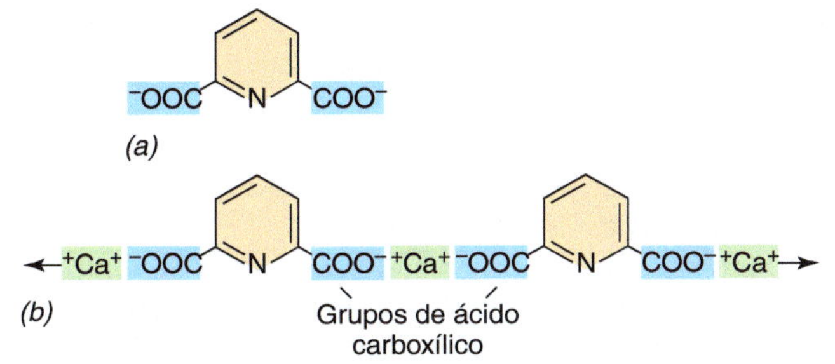

■ **Figura 4.61** Ácido dipicolínico (DPA). (a) Estrutura do DPA. (b) Maneira pela qual o Ca^{2+} se associa a moléculas de DPA, formando um complexo.

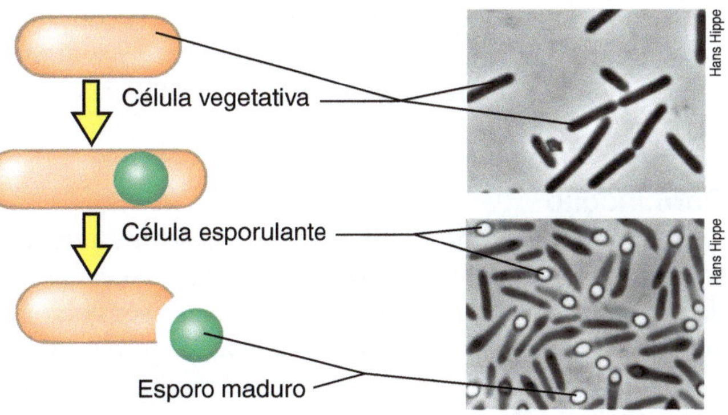

■ **Figura 4.62** Formação do endósporo. Fotomicrografias de contraste de fase de células de *Clostridium pascui.*

dósporo, processo denominado *germinação* (discutido posteriormente nesta seção).

Formação do endósporo

Durante a formação do endósporo, uma célula vegetativa é convertida em uma estrutura termorresistente, que não exibe crescimento (Figura 4.62). Como descrito previamente e sumarizado na Tabela 4.2, os endósporos exibem profundas diferenças se comparados às células vegetativas. A esporulação envolve uma série complexa de eventos de *diferenciação celular*. A esporulação bacteriana não ocorre em células que se dividem exponencialmente. Esta apenas ocorre quando há a interrupção do crescimento, devido à exaustão de um nutriente essencial. Assim, células de *Bacillus* — uma bactéria formadora de endósporo — param de crescer e iniciam a esporulação quando um nutriente-chave, como carbono ou nitrogênio, torna-se limitante.

Muitas alterações celulares determinadas geneticamente medeiam a conversão de células vegetativas durante a esporulação. As alterações estruturais que ocorrem em células de *Bacillus* durante a esporulação são apresentadas na Figura 4.63; o processo é dividido em vários estágios. Em *Bacillus subtilis*, no qual estudos detalhados sobre a esporulação foram realizados, o processo completo leva cerca de 8 horas. Estudos genéticos com mutantes de *Bacillus* — cada um apresentando bloqueio em um dos diferentes estágios da esporulação —, ilustrados na Figura 4.63, revelaram que cerca de 200 genes estão envolvidos no processo de esporulação. Este requer a interrupção da síntese de algumas proteínas envolvidas em funções da célula vegetativa com a concomitante ativação da síntese de proteínas específicas do esporo (ver Figura 4.60*b*). Para tanto, vários genes específicos do esporo são ativados, incluindo *spo*, *ssp* (que codifica as PPASs), além de outros genes, em resposta a um sinal ambiental de esporulação.

Tabela 4.2 Diferenças entre endósporos e células vegetativas

Característica	Célula vegetativa	Endósporo
Estrutura	Tipicamente gram-positiva; raras gram-negativas	Córtex espesso Capa do esporo Exospório
Aspecto microscópico	Não refringente	Refringente
Conteúdo de cálcio	Baixo	Elevado
Ácido dipicolínico	Ausente	Presente
Atividade enzimática	Elevada	Baixa
Metabolismo (captação de O_2)	Elevado	Baixo ou ausente
Síntese de macromoléculas	Presente	Ausente
mRNA	Presente	Baixo número ou ausente
Resistência ao calor	Baixa	Elevada
Resistência à radiação	Baixa	Elevada
Resistência a agentes químicos (por exemplo, H_2O_2) e ácidos	Baixa	Elevada
Capacidade de se corar	Presente	Presente, apenas com métodos especiais
Ação da lisozima	Sensível	Resistente
Conteúdo de água	Elevado, 80-90%	Baixo, 10-25% no núcleo
Pequenas proteínas solúveis em ácido (produtos dos genes *ssp*)	Ausentes	Presentes
pH citoplasmático	Na faixa de pH 7	Na faixa de pH 5,5-6 (no núcleo)

As proteínas codificadas por esses genes catalisam uma série de eventos, que transformam uma célula com metabolismo ativo e úmida em um endósporo seco, metabolicamente inerte e extremamente resistente (Tabela 4.2 e Figura 4.63).

Germinação

Um endósporo pode permanecer dormente por muitos anos (ver quadro) e voltar à forma de célula vegetativa de maneira relativamente rápida. O processo envolve três etapas: ativação, germinação e extrusão (Figura 4.64).

A *ativação* pode ser realizada mais facilmente pelo aquecimento de endósporos recém-formados por vários minutos, a uma temperatura elevada, porém subletal. Esporos ativados são, então, condicionados a germinar quando incubados na presença de nutrientes específicos. A *germinação* — geralmente um processo rápido (da ordem de minutos) — envolve a perda da refringência microscópica do esporo, o aumento na capacidade de ser corado e a perda da resistência ao calor e aos agentes químicos. Nesse estágio, os esporos perdem o dipicolinato de cálcio e os componentes do córtex, havendo também a degradação das PPASs. O próximo estágio, *extrusão*, envolve um intumescimento visível decorrente da captação de água e da síntese de novas moléculas de RNA, proteínas e DNA. A célula emerge a partir da capa do esporo rompida e eventualmente inicia um processo de divisão (Figura 4.64). A célula pode permanecer em crescimento vegetativo até perceber sinais ambientais, que novamente disparam o processo de esporulação.

Aspectos filogenéticos e diversidade na formação de endósporos

Quão ubíquo é o processo de formação de endósporos? Foi demonstrado que aproximadamente 20 gêneros de *Bacteria* são capazes de esporular (Tabela 12.25), embora o processo tenha sido estudado, em detalhes, em apenas algumas espécies de *Bacillus* e *Clostridium*. No entanto, muitos dos segredos da sobrevivência dos endósporos, como a formação de complexos de dipicolinato de cálcio (Figura 4.61) e a presença de genes específicos do esporo, parecem universais. Portanto, provavelmente os princípios gerais que orientam a sua formação são os mesmos em todos os organismos capazes de realizar esse processo.

A partir de uma perspectiva filogenética, a capacidade de produzir endósporos está ligada exclusivamente a uma sublinhagem particular de bactérias gram-positivas (Seções 2.5 e 12.21). Apesar disso, a fisiologia das bactérias formadoras de endósporos é bastante diversa, incluindo anaeróbios, aeróbios, fototróficos e quimiolitotróficos. Considerando tal diversidade fisiológica, os desencadeadores da formação de endósporos podem variar nas diferentes espécies, podendo incluir outros sinais além da mera carência nutricional, que corresponde ao principal

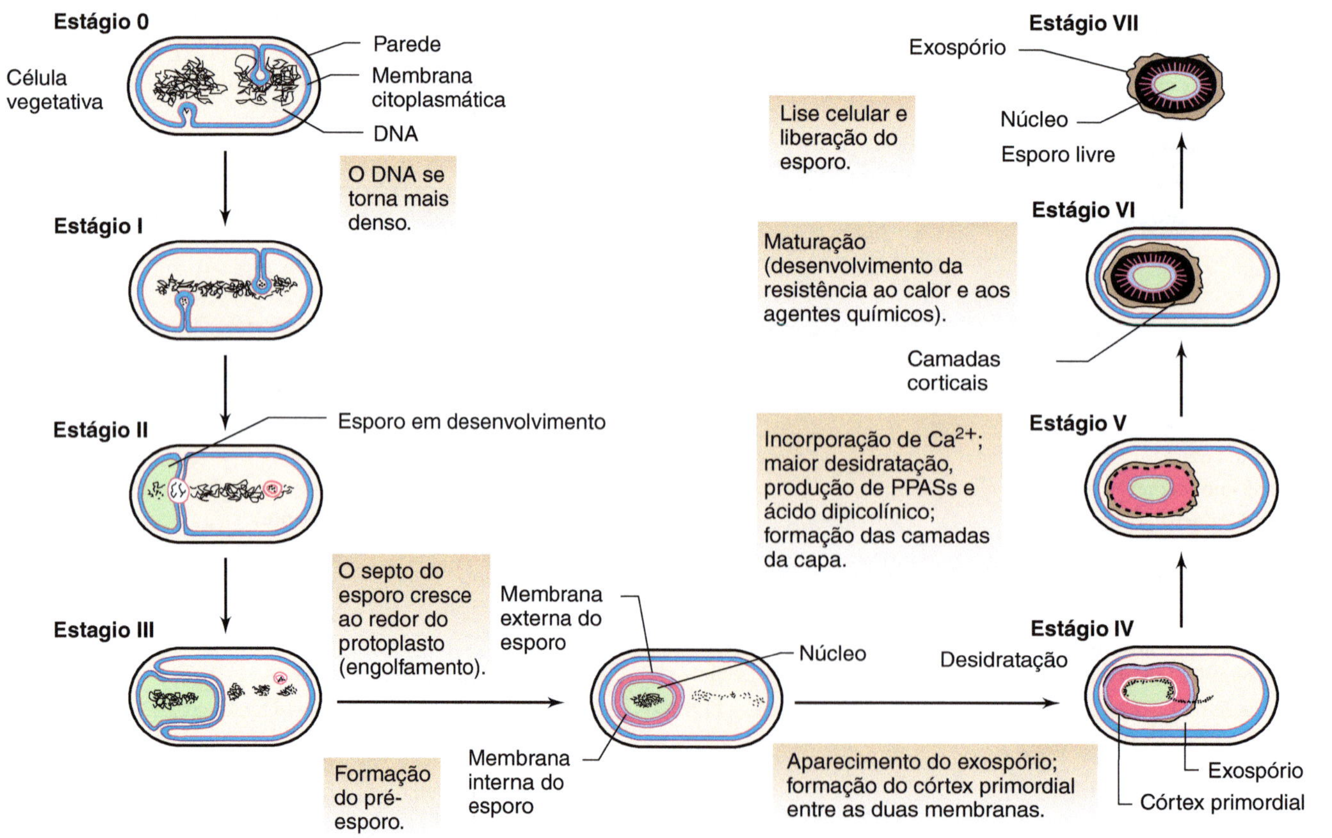

Figura 4.63 Estágios da formação de um endósporo. Os estágios listados (0 a VII) são definidos a partir de estudos genéticos e de análises microscópicas.

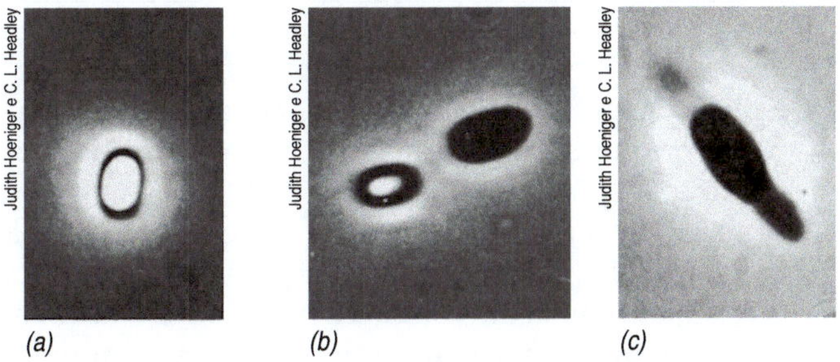

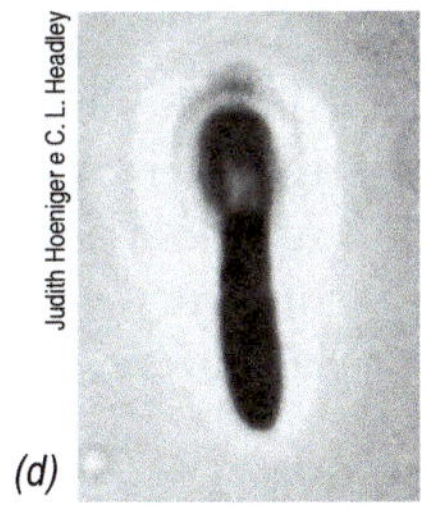

■ **Figura 4.64** Germinação de um endósporo em *Bacillus*. Conversão de um endósporo maduro (a) em uma célula vegetativa (d); fotomicrografias mostrando a seqüência de eventos iniciada com um esporo maduro altamente refringente. Em (b) (ativação), a refringência está sendo perdida, enquanto em (c) e (d) a nova célula vegetativa está emergindo (extrusão).

desencadeador da formação de endósporos em espécies de *Bacillus* e *Clostridium*. Curiosamente, até o momento não foram descritas espécies de *Archaea* capazes de realizar esporulação. Caso tal fato seja verdadeiro, supõe-se que a capacidade de formar endósporos surgiu *após* a divergência das principais linhagens de procariotos, bilhões de anos atrás (Seções 2.3 e 2.7).

✓ 4.15 Verificação de conceitos

O endósporo corresponde a uma célula bacteriana diferenciada, altamente resistente, produzida por certos tipos de *Bacteria* gram-positivas. A formação do esporo origina uma capa praticamente desidratada, contendo as macromoléculas essenciais e outras substâncias, como o dipicolinato de cálcio e as pequenas proteínas solúveis em ácido, ausentes em células vegetativas. Os esporos podem permanecer indefinidamente em estado de dormência; porém, na presença de um sinal apropriado, podem germinar rapidamente.

✓ O que é o *ácido dipicolínico* e onde é encontrado?
✓ O que são *PPASs* e qual sua função?
✓ O que ocorre quando um endósporo germina?

Questões de revisão

1. Qual a função da coloração na microscopia óptica? Por que corantes catiônicos são utilizados nos processos de coloração de uso geral?
2. Qual a vantagem do microscópio de *contraste por interferência diferencial* em relação ao microscópio de campo claro? E a vantagem de um microscópio de contraste de fase em relação ao microscópio de campo claro?
3. Qual a principal vantagem dos microscópios eletrônicos sobre os ópticos? Qual tipo de microscópio eletrônico deveria ser utilizado para a visualização dos aspectos tridimensionais de uma célula?
4. Quais são os principais tipos morfológicos de procariotos? Desenhe cada um dos tipos celulares listados.
5. Descreva, em uma única sentença, como a unidade de membrana é formada, a partir de moléculas de fosfolipídeo.
6. Explique, em uma única sentença, por que moléculas ionizadas não atravessam facilmente a membrana celular. Como esse tipo de molécula atravessa a membrana?
7. Descreva a principal diferença química entre as membranas de *Bacteria* e *Archaea*.
8. Em células de *Escherichia coli*, a lactose é captada pelo sistema Lac permease, enquanto a glicose é captada pelo sistema fosfotransferase, e a maltose, por um transportador do tipo ABC. Para cada um desses açúcares, descreva: (1) os componentes de seu sistema de transporte e (2) a fonte de energia que promove o transporte.
9. Por que a rígida parede celular bacteriana é denominada *peptideoglicano*? Quais as razões químicas para a rigidez que a estrutura do peptideoglicano confere à parede celular?
10. Visto que uma única molécula de peptideoglicano é muito delgada, explique, em termos químicos, como a espessa parede celular contendo peptideoglicano de *Bacteria* gram-positivas é formada.
11. Liste várias funções da membrana externa de *Bacteria* gram-negativas. Qual a composição química da membrana externa?
12. Explique (em duas ou três sentenças) por que a sacarose estabiliza as células bacterianas contra a lise pela lisozima.
13. Descreva a estrutura e a função do flagelo bacteriano. Qual a fonte de energia para a movimentação flagelar?
14. Como o mecanismo de motilidade por deslizamento de *Flavobacterium* difere da motilidade de *Escherichia coli*?
15. Explique, em poucas sentenças, como uma bactéria móvel é capaz de perceber a localização de um agente atrativo e mover-se em sua direção.
16. Que tipos de inclusões citoplasmáticas são formadas em procariotos? Quais as diferenças na composição e no papel metabólico entre as inclusões de ácido poli-β-hidroxibutírico (PHB) e os magnetossomos?
17. Qual a função das vesículas de gás? Como essas estruturas são formadas e de que maneira aprisionam o gás?
18. Explique, em poucas sentenças, como um endósporo bacteriano é diferenciado de uma célula vegetativa quanto à estrutura, composição química e resistência às condições ambientais extremas.
19. A descoberta dos endósporos bacterianos teve grande importância prática. Por quê?
20. Defina os termos a seguir: endósporo maduro, célula vegetativa e germinação.
21. Por quanto tempo os endósporos podem permanecer viáveis em um estado de "animação suspensa" e quais as evidências para tal fato?

Questões de aplicação

1. Calcule o tamanho do menor objeto que pode ser resolvido, quando um espécime é observado com uma luz de 600 nm, utilizando objetiva de imersão de 100×, com abertura numérica de 1,32. Como a resolução poderia ser melhorada, utilizando essa mesma lente?
2. Calcule a relação área superficial/volume de células esféricas de 15 μm e de 2 μm de diâmetro. Quais são as conseqüências destas diferenças nas relações área superficial/volume no que se refere às funções celulares?
3. Imagine um planeta onde a vida tenha surgido em um ambiente totalmente desprovido de água. As células nesse planeta apresentam citoplasma altamente hidrofóbico, sobrevivendo em ambientes sem água. Prediga e desenhe a estrutura das membranas citoplasmáticas que os organismos poderiam apresentar. Discuta por que tal tipo de membrana seria mais apropriado para esses organismos.
4. A partir de seus conhecimentos sobre a natureza da parede celular e da membrana, explique por que uma célula bacteriana com forma de bastonete torna-se esférica quando a parede é removida (em condições que não permitam a lise celular).
5. Suponha que você tenha recebido duas culturas: uma contendo uma espécie de *Bacteria* gram-negativa e outra, uma espécie de *Archaea*. Discuta pelo menos quatro maneiras diferentes de distinguir essas culturas, sem mencionar o seqüenciamento de RNA ribossomal (Seção 2.3).

O estudo dos microrganismos em laboratório normalmente requer seu cultivo (crescimento). Tal procedimento pode ser realizado de várias maneiras, incluindo a utilização de meios de cultura sólidos e as placas de Petri, como apresentado na figura a seguir. Células individuais, espalhadas na superfície de um meio sólido, irão crescer e se dividir, originando *colônias*. Embora alguns princípios nutricionais comuns possam ser aplicados a todos os organismos, muitos microrganismos exibem necessidades nutricionais e de cultivo especiais. Além disso, para que os processos básicos da vida sejam mantidos, todos os microrganismos precisam realizar uma ou várias séries de reações que conservem energia. Dessa maneira, conhecimentos sobre nutrição e bioenergética são necessários para que tenhamos um entendimento sobre como as células microbianas "vivem" em seus ambientes naturais.

5 NUTRIÇÃO, CULTIVO LABORATORIAL E METABOLISMO DOS MICRORGANISMOS

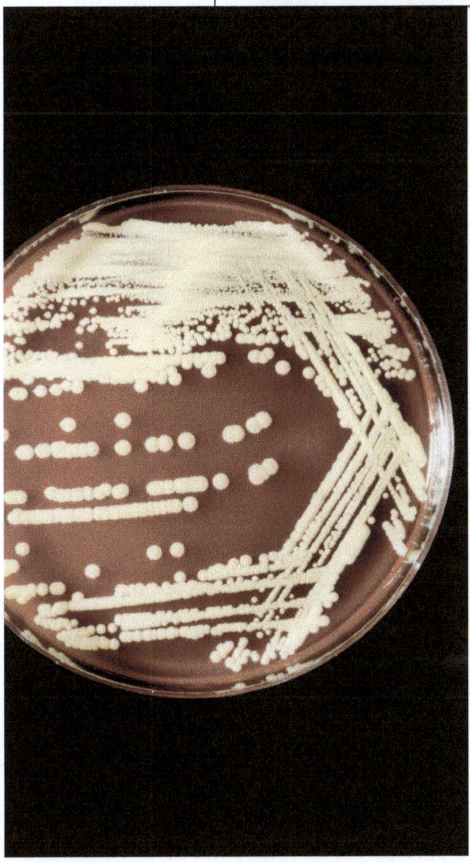

Glossário de trabalho

Aceptor de elétrons substância que pode receber elétrons de outras substâncias e que se torna reduzida no processo

Aeróbio microrganismo capaz de utilizar o O_2 na respiração

Anabolismo a soma total de todas as reações biossintéticas que ocorrem em uma célula

ATP sintase (ATPase) complexo enzimático multiprotéico, inserido na membrana, que catalisa a síntese de ATP acoplada à dissipação da força próton motiva

Autótrofo organismo capaz de realizar a biossíntese de todos os constituintes celulares, utilizando CO_2 como única fonte de carbono

Catabolismo conjunto de reações bioquímicas que produzem energia utilizável (geralmente ATP) pela célula

Catalisador composto que acelera a velocidade de uma reação química, sem ser consumido durante a reação

Ciclo do ácido cítrico série cíclica de reações que resulta na conversão de acetato em duas moléculas de CO_2

Coenzima molécula pequena, de natureza não protéica, que participa de uma reação catalítica como parte de uma enzima

Cultura pura cultura que contém apenas um único tipo de microrganismo

Doador de elétrons substância que pode doar elétrons para algum aceptor de elétrons, tornando-se oxidada no processo

Endergônico que requer energia

Energia de ativação energia necessária para levar os substratos ao estado reativo

Energia livre (G) energia disponível para realizar trabalho; $G^{0'}$ corresponde à energia livre em condições-padrão

Enzima proteína que tem a capacidade de aumentar a velocidade (catalisar) de uma reação química específica

Exergônico que libera energia

Fermentação catabolismo anaeróbio no qual um composto orgânico atua como doador e aceptor de elétrons, gerando ATP pela fosforilação em nível de substrato

Força próton motiva estado energizado presente ao longo da membrana, resultante da separação de cargas e dos elementos da água (H^+ *versus* OH^-)

Fosforilação em nível de substrato produção de ATP a partir da transferência direta de uma molécula de fosfato de alta energia, presente em um composto orgânico, para o ADP

Fosforilação oxidativa produção de ATP à custa da força próton motiva, originada durante o transporte de elétrons

Fotofosforilação produção de ATP a partir da força próton motiva originada de reações fotossintéticas

Glicólise via bioquímica na qual a glicose é fermentada, gerando energia (ATP) e vários produtos de fermentação. Também conhecida como via de Embden-Meyerhof

Meio complexo meio de cultura composto por substâncias químicas indefinidas digeridas, tais como extratos de carne e de leveduras

Meio de cultura solução aquosa, que contém vários nutrientes adequados ao crescimento de microrganismos

Meio definido meio de cultura cuja composição química precisa é conhecida

Potencial redutor (E_0') tendência inerente (medida em volts) de um composto doar elétrons; E_0' corresponde ao potencial redutor em condições-padrão

Quimioosmose teoria que descreve a conexão entre a síntese de ATP e a dissipação de uma força próton motiva

Respiração processo em que um composto é oxidado, com a participação do O_2 (ou outro substituto) que atua como aceptor terminal de elétrons, geralmente acompanhado da síntese de ATP, por fosforilação oxidativa

Sideróforos compostos quelantes de ferro capazes de o quelar mesmo quando este está presente em concentrações muito baixas

Técnica asséptica conjunto de procedimentos empregados para impedir a contaminação durante a manipulação de objetos estéreis ou de culturas microbianas

I NUTRIÇÃO E CULTIVO DE MICRORGANISMOS

Uma característica-chave dos microrganismos corresponde à sua capacidade de realizar reações químicas e de organizar as moléculas em estruturas específicas. A expressão final dessa organização resulta no crescimento (replicação). Antes que a replicação celular ocorra, uma variedade de reações químicas devem ser realizadas pela célula; o conjunto dessas reações químicas é denominado **metabolismo**. As reações metabólicas envolvem tanto a *liberação de energia*, denominadas **reações catabólicas**, como o *consumo de energia*, denominadas **reações anabólicas**. Várias classes de reações catabólicas e anabólicas ocorrem nas células; iremos examinar algumas reações-chave neste capítulo e em capítulos futuros.

Antes de considerarmos algumas das principais reações metabólicas, discutiremos como os microrganismos podem ser cultivados em laboratório. Indubitavelmente, grande parte do nosso conhecimento sobre as atividades metabólicas dos microrganismos foi obtido a partir do estudo de culturas microbianas realizadas em laboratório. De agora em diante, focalizaremos os *quimiorganotróficos* — organismos que utilizam compostos orgânicos diversos como fontes de carbono e energia (Seção 2.4). Posteriormente, discutiremos diferentes mecanismos de quimiorganotrofia, que também promovem a geração de energia. Organismos que empregam essas alternativas metabólicas podem também ser cultivados em laboratório. Muitos dos princípios básicos da nutrição e do cultivo celular que serão discutidos agora podem também ser aplicados a esses organismos.

5.1 Nutrição microbiana

No Capítulo 3, foi mencionado que as células consistem principalmente em macromoléculas e água; as macromoléculas são compostas por unidades menores, denominadas monômeros (Seção 3.2). Assim, a nutrição microbiana pode ser definida como um mecanismo que fornece às células as ferramentas químicas necessárias à síntese dos diversos monômeros. Essas ferramentas químicas correspondem aos **nutrientes**. Organismos distintos requerem diferentes conjuntos de nutrientes, sendo geralmente necessários sob uma ou outra forma específica. Nem todos os nutrientes são necessários nas mesmas quantidades; alguns, denominados *macronutrientes* (Tabela 5.1), são necessários em grandes quantidades. Em contrapartida, outros nutrientes, os *micronutrientes*, são requeridos em menores quantidades, muitas vezes apenas traços. Assim, passaremos a abordar os principais macronutrientes: *carbono* e *nitrogênio*.

Tabela 5.1 Macronutrientes encontrados na natureza e em meios de cultura

Elemento	Forma usual do nutriente, encontrada na natureza	Forma química, fornecida nos meios de cultura
Carbono (C)	CO_2, compostos orgânicos	Glicose, malato, acetato, piruvato, aminoácidos, centenas de outros compostos ou misturas complexas (extrato de levedura, peptona e assim por diante)
Hidrogênio (H)	H_2O, compostos orgânicos	H_2O, compostos orgânicos
Oxigênio (O)	H_2O, O_2, compostos orgânicos	H_2O, O_2, compostos orgânicos
Nitrogênio (N)	NH_3, NO_3^-, N_2, compostos orgânicos nitrogenados	*Inorgânica*: NH_4Cl, $(NH_4)_2SO_4$, KNO_3, N_2 *Orgânica*: aminoácidos, bases nitrogenadas dos nucleotídeos, muitos outros compostos orgânicos que contêm N
Fósforo (P)	PO_4^{3-}	KH_2PO_4, Na_2HPO_4
Enxofre (S)	H_2S, SO_4^{2-}, compostos orgânicos sulfurados, sulfetos metálicos (FeS, CuS, ZnS, NiS etc.)	Na_2SO_4, $Na_2S_2O_3$, Na_2S, cisteína, outros compostos orgânicos sulfurados
Potássio (K)	K^+ em solução ou em vários sais de K	KCl, KH_2PO_4
Magnésio (Mg)	Mg^{2+} em solução ou em vários sais de Mg	$MgCl_2$, $MgSO_4$
Sódio (Na)	Na^+ em solução, como NaCl, ou outros sais de Na	NaCl
Cálcio (Ca)	Ca^{2+} em solução, como $CaSO_4$, ou outros sais de Ca	$CaCl_2$
Ferro (Fe)	Fe^{2+} ou Fe^{3+} em solução, como FeS, $Fe(OH)_3$, ou muitos outros sais de Fe	$FeCl_3$, $FeSO_4$, várias soluções com ferro quelado (Fe^{3+}EDTA, citrato de Fe^{3+} e assim por diante)

Carbono e nitrogênio

Muitos procariotos requerem um composto orgânico como fonte de **carbono**. Estudos nutricionais demonstraram que as bactérias podem assimilar vários compostos orgânicos de carbono, utilizando-os na síntese de novos materiais celulares. Aminoácidos, ácidos graxos, ácidos orgânicos, açúcares, bases nitrogenadas, compostos aromáticos e outros inumeráveis compostos orgânicos podem ser utilizados por uma ou outra bactéria. Alguns procariotos são *autótrofos*, isto é, capazes de sintetizar todas as suas estruturas orgânicas a partir do dióxido de carbono (CO_2) — estes obtêm sua energia a partir da luz ou de compostos inorgânicos. Em termos de peso seco, uma célula típica consiste em cerca de 50% de carbono, sendo esse elemento o principal de todas as classes de macromoléculas.

Após o carbono, o elemento mais abundante nas células corresponde ao **nitrogênio**. Uma célula bacteriana típica é composta por cerca de 12% de nitrogênio (de seu peso seco), um importante elemento constituinte de proteínas, ácidos nucléicos e vários outros compostos celulares. O nitrogênio é encontrado na natureza tanto sob formas orgânicas quanto inorgânicas (Tabela 5.1). No entanto, a maior fonte de nitrogênio na natureza encontra-se na forma de *compostos inorgânicos*, como amônia (NH_3), nitrato (NO_3^-) ou N_2. A maioria das bactérias é capaz de utilizar a amônia como única fonte de nitrogênio, enquanto outras podem também utilizar o nitrato. Por outro lado, o nitrogênio gasoso (N_2) pode ser utilizado como fonte de nitrogênio apenas por certas bactérias — as *bactérias fixadoras de nitrogênio* —, cujas propriedades serão discutidas em detalhe, posteriormente (Seções 12.9, 18.28 e 20.12).

Outros macronutrientes: P, S, K, Mg, Ca, Na

O **fósforo** é encontrado na natureza na forma de fosfato orgânico ou inorgânico; este é necessário à célula primariamente para a síntese de ácidos nucléicos e fosfolipídeos. O **enxofre** é necessário devido ao seu papel estrutural nos aminoácidos cisteína e metionina (Seção 3.6) e também por estar presente em uma série de vitaminas, como tiamina, biotina, ácido lipóico, e na coenzima A. O enxofre sofre várias transformações químicas na natureza, muitas das quais realizadas exclusivamente por microrganismos (Seção 20.13), tornando-se disponível aos organismos sob várias formas. A maior parte do enxofre celular é proveniente de fontes inorgânicas, tais como sulfato (SO_4^{2-}) ou sulfeto (HS^-) (Tabela 5.1).

Todos os organismos requerem **potássio**. Uma variedade de enzimas, incluindo algumas envolvidas na síntese de proteínas, requerem especificamente potássio. O **magnésio** tem importante papel na estabilização de ribossomos, membranas celulares e ácidos nucléicos; também é necessário à atividade de muitas enzimas. O **cálcio** (que não corresponde a um nutriente essencial ao crescimento de muitos microrganismos) auxilia na estabilização da parede celular e desempenha papel-chave na termoestabilidade dos endósporos. O **sódio** é requerido por alguns, mas não todos os organismos, sendo sua necessidade freqüentemente um reflexo do hábitat de um determinado organismo, em particular. Por exemplo, a água do mar apresenta alto teor de sódio, e os microrganismos marinhos geralmente requerem sódio para seu crescimento, enquanto as espécies relacionadas, habitantes da água doce, são em geral capazes de crescer na ausência de sódio.

Ferro

O **ferro** desempenha papel-chave na respiração, além de ser um componente essencial dos citocromos e das proteínas contendo ferro e enxofre, as quais estão envolvidas no transporte de elétrons (ver Seção 5.11 e Tabela 5.2).

Tabela 5.2 Micronutrientes (elementos traços) necessários aos seres vivos[a]

Elemento	Função celular
Cromo (Cr)	Requerido por mamíferos no metabolismo da glicose; microrganismos não o necessitam
Cobalto (Co)	Vitamina B_{12}; transcarboxilase (bactérias que metabolizam ácido propiônico)
Cobre (Cu)	Respiração; citocromo *c* oxidase; fotossíntese; plastocianina e algumas superóxido dismutases
Manganês (Mn)	Ativador de muitas enzimas; presente em certas superóxido dismutases e na enzima que cliva a água, em fototróficos oxigênicos (Fotossistema II)
Molibdênio (Mo)	Certas enzimas contendo flavina; nitrogenase, nitrato redutase, sulfito oxidase, DMSO–TMAO redutases e algumas formato desidrogenases
Níquel (Ni)	Maioria das hidrogenases; coenzima F_{430} de metanogênicos; monóxido de carbono desidrogenase; urease
Selênio (Se)	Formato desidrogenase; algumas hidrogenases; no aminoácido selenocisteína
Tungstênio (W)	Algumas formato desidrogenases; oxotransferases de hipertermófilos
Vanádio (V)	Vanádio nitrogenase; bromoperoxidase
Zinco (Zn)	Anidrase carbônica; álcool desidrogenase; RNA e DNA polimerases e muitas proteínas de ligação ao DNA
Ferro (Fe)[b]	Citocromos; catalases; peroxidases; proteínas contendo ferro e enxofre; oxigenases; todas as nitrogenases

a Nem todos os micronutrientes listados são requeridos por todas as células; alguns dos metais listados são encontrados em enzimas de apenas alguns microrganismos específicos.

b Necessário em maiores quantidades que os outros metais traços.

Em condições anoxigênicas, o ferro geralmente é encontrado no estado de oxidação +2, no qual é solúvel. Entretanto, em condições oxigênicas, este se encontra geralmente no estado de oxidação +3, no qual origina vários minerais insolúveis. Para captar o ferro a partir desses minerais, as células precisam produzir agentes ligantes de ferro, denominados **sideróforos**, que exibem a capacidade de solubilizar e transportar esse íon para o meio intracelular. Um dos principais grupos de sideróforos consiste em derivados do ácido hidroxâmico, que quelam fortemente o íon férrico (Fe^{3+}) (Figura 5.1*a*). Uma vez que o complexo ferro-hidroxamato penetra na célula, o ferro é liberado e o hidroxamato sai da célula, podendo ser novamente utilizado para o transporte desse elemento. Bactérias como *Escherichia coli* e *Salmonella typhimurium* produzem sideróforos fenólicos estruturalmente complexos, denominados **enterobactinas** (Figura 5.1*b*). Esses sideróforos são derivados do composto aromático catecol e exibem uma afinidade de ligação extremamente elevada pelo ferro. Sem esses tenazes agentes ligantes de ferro, muitas bactérias patogênicas (causadoras de doenças) seriam incapazes de iniciar um processo infeccioso, devido à limitação de ferro (Seções 21.7 e 21.8).

Na água do mar, o ferro pode ser virtualmente indetectável (águas oceânicas superficiais contêm, tipicamente, alguns *picogramas* de ferro por mililitro). Foram descritas certas bactérias marinhas que produzem sideróforos estruturalmente complexos, capazes de seqüestrar o ferro presente nessas quantidades extremamente diminutas. Esses sideróforos apresentam uma cabeça contendo um peptídeo que se complexa ao Fe^{3+} e uma cauda lipídica, associada à membrana celular. Compostos como a *aquaquelina* (Figura 5.1*c*) ligam-se ao ferro e agregam-se em micelas do tipo lipídicas, transportando o ferro ligado para o interior da célula. Alguns procariotos são capazes de crescer em total ausência de ferro. Por exemplo, as bactérias *Lactobacillus plantarum* e *Borrelia burgdorferii* (esta última causadora da doença de Lyme, Seção 27.4) não apresentam ferro. Nessas bactérias, o ferro é substituído pelo Mn^{2+}, como componente metálico de enzimas que normalmente contêm Fe^{2+}.

Micronutrientes (elementos traços)

Embora necessários em pequeníssimas quantidades, os micronutrientes são, indubitavelmente, tão críticos às funções celulares como os macronutrientes. Os micronutrientes correspondem aos metais; muitos deles desempenham papel estrutural em várias enzimas. A Tabela 5.2 sumariza os principais micronutrientes encontrados nos seres vivos e fornece exemplos de enzimas nas quais esses micronutrientes têm papel.

Visto que a quantidade de elementos traços exigida é muito pequena, normalmente não é necessário adicioná-los aos meios de cultura laboratoriais. Entretanto, se um meio de cultura for confeccionado pela adição de compostos químicos altamente purificados e dissolvidos em água destilada altamente purificada, pode haver a deficiência de um ou mais elementos traços. Nesses casos, adiciona-se ao meio uma pequena quantidade de uma solução contendo os metais traços (Tabela 5.2), disponibilizando-os, assim, aos microrganismos.

Fatores de crescimento

Fatores de crescimento são definidos como compostos *orgânicos* que alguns tipos celulares necessitam em quantidades muito pequenas. Os fatores de crescimento incluem vitaminas, aminoácidos, purinas e pirimidinas. Embora a maioria dos microrganismos seja capaz de sintetizar todos esses compostos, alguns os requerem pré-formados, a partir do meio.

As vitaminas correspondem ao fator de crescimento mais comumente requerido. A maioria atua como parte de coenzimas (ver, por exemplo, Figuras 5.10, 5.12 e 5.15), sendo sumarizadas na Tabela 5.3. Muitos microrganismos

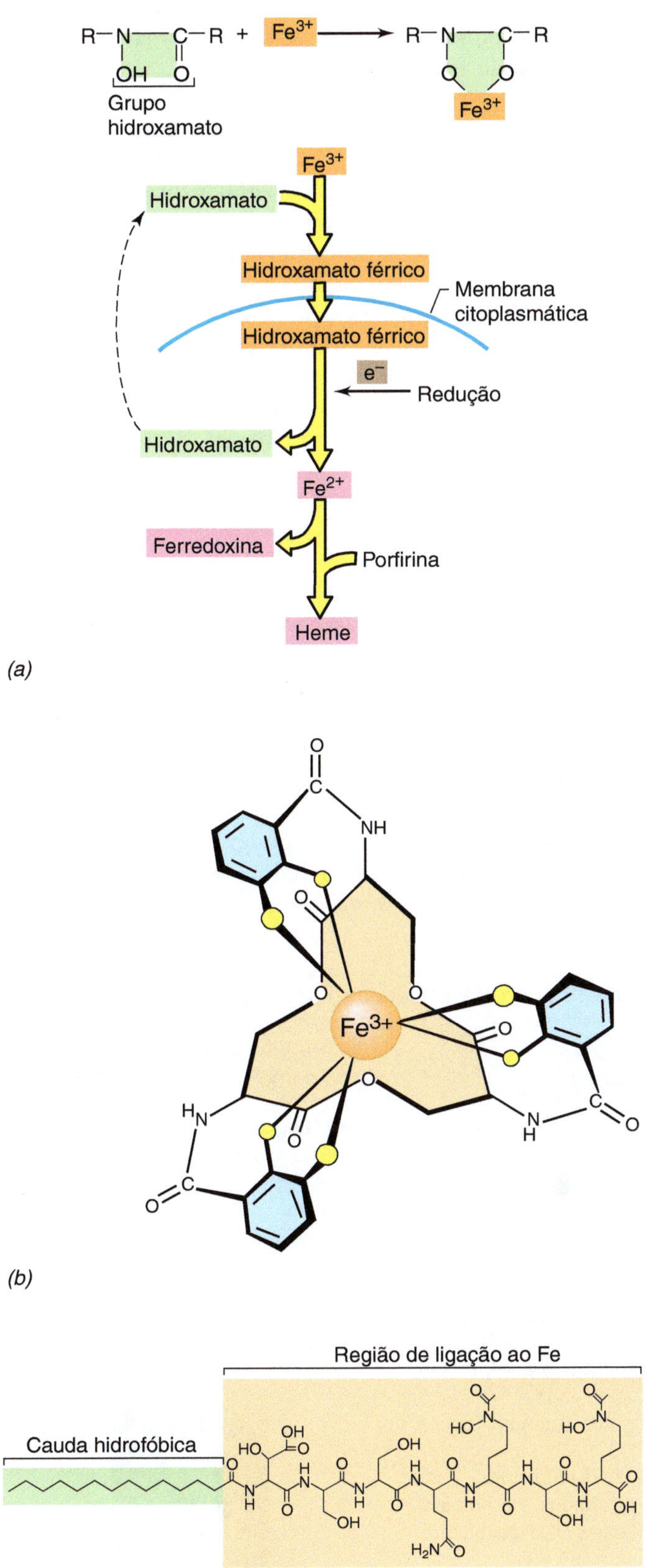

■ **Figura 5.1** Agentes quelantes de ferro produzidos por microrganismos. O ferro é ligado na forma de Fe^{3+}, o qual é liberado no interior da célula como Fe^{2+}. O hidroxamato então deixa a célula e repete o ciclo. (b) Enterobactina férrica de *Escherichia coli*. Os átomos de oxigênio de cada molécula de catecol estão apresentados em amarelo. (c) As regiões peptídica e da cauda do sideróforo aquaquelina.

Tabela 5.3 Fatores de crescimento: vitaminas e suas funções

Vitamina	Função
Ácido *p*-aminobenzóico	Precursor do ácido fólico
Ácido fólico	Metabolismo de um carbono; transferência de grupos metil
Biotina	Biossíntese de ácidos graxos; β-descarboxilações; algumas reações de fixação do CO_2
Cobalamina (B_{12})	Redução e transferência de fragmentos contendo um carbono; síntese de desoxirribose
Ácido lipóico	Transferência de grupos acil na descarboxilação do piruvato e do α-cetoglutarato
Ácido nicotínico (niacina)	Precursor de NAD^+ (ver Figura 5.10); transferência de elétrons nas reações de oxidação-redução
Ácido pantotênico	Precursor da coenzima A; ativação do acetil e de outros derivados de acil
Riboflavina	Precursor de FMN (ver Figura 5.15), FAD em flavoproteínas envolvidas no transporte de elétrons
Tiamina (B_1)	α-descarboxilações; transcetolase
Vitaminas B_6 (grupo piridoxal-piridoxamina)	Transformações de aminoácidos e cetoácidos
Grupo da vitamina K: quinonas	Transporte de elétrons; síntese de esfingolipídeos
Hidroxamatos	Compostos que se ligam ao ferro; solubilização e transporte de ferro para o interior da célula

são capazes de sintetizar todos os componentes de suas coenzimas, enquanto outros não exibem tal habilidade e necessitam receber certas frações dessas coenzimas sob a forma de vitaminas. As bactérias lácticas, que incluem os gêneros *Streptococcus*, *Lactobacillus*, *Leuconostoc* e outros (Seção 12.19), são conhecidas por sua complexa necessidade de vitaminas, que supera inclusive as necessidades dos seres humanos (ver Tabela 5.4)! As vitaminas mais requeridas são tiamina (vitamina B_1), biotina, piridoxina (vitamina B_6) e cobalamina (vitamina B_{12}).

✓ 5.1 Verificação de conceitos

As centenas de compostos químicos presentes em uma célula são formados a partir de materiais iniciais denominados nutrientes. Elementos requeridos em grandes quantidades são denominados macronutrientes, enquanto os metais e compostos orgânicos necessários em quantidades muito pequenas são denominados micronutrientes e fatores de crescimento, respectivamente.

✓ Quais as duas classes de macromoléculas que contêm a maior quantidade de *nitrogênio* de uma célula?

✓ Por que um elemento como o Co^{2+} é considerado um *micro*nutriente, enquanto um elemento como C é considerado um *macro*nutriente?

✓ Quais os papéis desempenhados pelo ferro no metabolismo celular?

✓ Qual(is) mecanismo(s) é(são) responsável(is) pelo seqüestro de ferro?

5.2 Meios de cultura

Resumiremos nossa discussão sobre nutrição microbiana examinando a composição química de vários meios de cultura (Tabela 5.4). **Meios de cultura** correspondem a soluções nutrientes utilizadas para promover o crescimento dos microrganismos em laboratório. Existem duas grandes classes de meios de cultura utilizados em microbiologia: os **quimicamente definidos** e os **indefinidos (complexos)**. Os meios quimicamente definidos são preparados pela adição de quantidades precisas de compostos químicos inorgânicos ou orgânicos altamente purificados a uma determinada quantidade de água destilada. Assim, a *composição química exata* de um meio definido é conhecida. Em muitos casos, no entanto, o conhecimento preciso da composição de um meio não é crítico. Nessas situações, os meios complexos podem ser suficientes ou até mesmo vantajosos, por várias razões. Os meios complexos freqüentemente empregam produtos da digestão de caseína (proteína do leite), de carne, de soja, de leveduras ou de várias outras substâncias altamente nutritivas (ainda que quimicamente indefinidas). Tais produtos de digestão encontram-se disponíveis comercialmente na forma de pós, que podem ser pesados e prontamente dissolvidos em água destilada, originando um meio de cultura. Entretanto, a principal limitação no uso de um meio complexo corresponde à perda de controle em relação à precisa composição de nutrientes.

Necessidades nutricionais e capacidade biossintética

A Tabela 5.4 apresenta três fórmulas de meios de cultura: dois definidos e um complexo. O meio complexo é mais facilmente preparado, permitindo o crescimento abundante dos dois microrganismos apresentados na tabela, a bactéria entérica *Escherichia coli* ou a bactéria láctica *Leuconostoc mesenteroides*, um organismo extremamente fastidioso (nutricionalmente exigente). O meio definido simples permite um excelente crescimento de *E. coli*, mas não de *L. mesenteroides*; o crescimento deste último em meios definidos requer a adição de vários nutrientes orgânicos e de fatores de crescimento não exigidos por *E. coli* (Tabela 5.4).

Com isso em mente, qual organismo — *E. coli* ou *L. mesenteroides* — apresenta maior capacidade *biossintética*? Obviamente, é *E. coli*, já que sua capacidade de crescer em um meio de cultura definido simples reflete sua capacidade de sintetizar *todos* os seus constituintes celulares orgânicos a partir de um único composto contendo carbono, nesse caso a glicose (Tabela 5.4). Contrariamente, *L. mesenteroides* requer vários fatores de crescimento, o que indica sua capacidade biossintética limitada. As necessidades nutricionais complexas de *L. mesenteroides* podem ser satisfeitas seja pela preparação de um meio definido, conforme apresentado na Tabela 5.4 (embora, nesse caso, tal procedimento

Tabela 5.4 Exemplos de meios de cultura para microrganismos com necessidades nutricionais simples e exigentes[a]

Meio de cultura definido para *Escherichia coli*	Meio de cultura definido para *Leuconostoc mesenteroides*	Meio de cultura complexo, tanto para *E. coli* como para *L. mesenteroides*
K_2HPO_4 7 g KH_2PO_4 2 g $(NH_4)_2SO_4$ 1 g $MgSO_4$ 0,1 g $CaCl_2$ 0,02 g Glicose 4-10 g Elementos traços (Fe, Co, Mn, Zn, Cu, Ni, Mo) 2-10 μg de cada Água destilada 1.000 ml pH 7	K_2HPO_4 0,6 g KH_2PO_4 0,6 g NH_4Cl 3 g $MgSO_4$ 0,1 g Glicose 25 g Acetato de sódio 20g Aminoácidos (alanina, arginina, asparagina, aspartato, cisteína, glutamato, glutamina, glicina, histidina, isoleucina, leucina, lisina, metionina, fenilalanina, prolina, serina, treonina, triptofano, tirosina, valina) 100–200 μg de cada Purinas e pirimidinas (adenina, guanina, uracila, xantina) 10 mg de cada Vitaminas (biotina, folato, ácido nicotínico, piridoxal, piridoxamina, piridoxina, riboflavina, tiamina, pantotenato, ácido *p*-aminobenzóico) 0,01-1 mg de cada Elementos traços (ver primeira coluna) 2-10 μg de cada Água destilada 1.000 ml pH 7	Glicose 15 g Extrato de levedura 5 g Peptona 5 g KH_2PO_4 2 g Água destilada 1.000 ml pH 7

(a)

(b)

a As fotos apresentam tubos contendo (a) o meio definido descrito e (b) o meio complexo. Observe como o meio complexo é colorido, em decorrência dos vários extratos orgânicos e produtos de digestão que contém. *Fotos gentilmente cedidas por Cheryl L. Broadie e John Versillo, Southern Illinois University, em Carbondale.*

demandaria certo tempo), seja pela utilização de um meio complexo (Tabela 5.4), que pode ser preparado rapidamente.

É importante lembrar que, quando fórmulas de meios de cultura são examinadas — como aquelas apresentadas na Tabela 5.4 —, os *diferentes microrganismos podem exibir exigências nutricionais extremamente distintas.* Assim, para obter sucesso no cultivo de determinado microrganismo, é necessário o conhecimento de suas exigências nutricionais, a fim de que os nutrientes essenciais sejam fornecidos de forma e em proporções adequadas a um meio de cultura. Se os meios de cultura forem preparados com cuidado, o cultivo laboratorial de diferentes tipos de microrganismos, em geral, torna-se uma tarefa relativamente fácil. Passaremos a discutir os procedimentos envolvidos no cultivo de microrganismos.

✓ 5.2 Verificação de conceitos

Os meios de cultura atendem às necessidades nutricionais dos microrganismos e podem ser quimicamente definidos ou indefinidos (complexos).

- ✓ Por que é mais fácil realizar uma cultura de rotina de *Leuconostoc mesenteroides* em um meio complexo que em um meio quimicamente definido?
- ✓ Em que tipo de meio — simples, definido ou complexo (apresentados na Tabela 5.4) — você acredita que *Escherichia coli* cresceria mais rapidamente? Por quê?

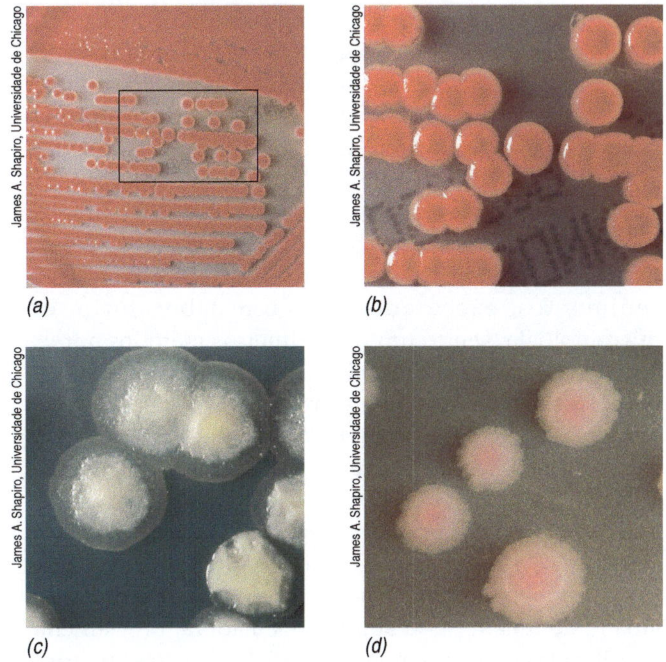

Figura 5.2 Exemplos de colônias bacterianas. Colônias correspondem a massas visíveis de células, originadas de sucessivas divisões de uma ou poucas células. O tamanho, forma, textura e cor de uma colônia bacteriana são dependentes do organismo que a originou. De acordo com o tamanho e o arranjo das células que a compõe, uma colônia pode apresentar um número muito variável de células; não é raro encontrarmos colônias que possuem mais de um *bilhão* de células. (a) *Serratia marcesens* desenvolvendo-se em ágar MacConkey. (b) Ampliação das colônias apresentadas em (a). (c) *Pseudomonas aeruginosa* desenvolvendo-se em ágar Trypticase-soja. (d) *Shigella flexneri* desenvolvendo-se em ágar MacConkey.

5.3 Cultivo laboratorial de microrganismos

Uma vez que um meio de cultura tenha sido preparado, este pode ser inoculado (isto é, acrescido de organismos) e incubado em condições que permitam o crescimento microbiano. Na maioria dos casos, o crescimento resultará em uma **cultura pura**, contendo um único tipo de microrganismo. Para obter ou manter uma cultura pura, é essencial que outros organismos não penetrem. Tais organismos indesejáveis, denominados *contaminantes*, são ubíquos (como Pasteur já havia descoberto há mais de 125 anos, Seção 1.5), havendo uma série de técnicas microbiológicas para evitá-los. Um dos principais métodos para a obtenção de culturas puras e avaliação de sua pureza corresponde à utilização de meios sólidos, especificamente de meios sólidos acondicionados em placas de Petri.

Meios sólidos *versus* meios líquidos

Até o momento consideramos apenas a preparação de meios líquidos, como os meios definido e complexo apresentados nos tubos da Tabela 5.4. No entanto, meios de cultura de consistência semi-sólida são freqüentemente preparados pela adição de um agente gelificante aos meios líquidos. Tais meios de cultura sólidos imobilizam as células e permitem que estas cresçam e originem massas isoladas, visíveis, denominadas *colônias* (Figura 5.2). As colônias bacterianas podem apresentar várias formas e tamanhos, dependendo do organismo, das condições de cultivo, dos nutrientes fornecidos (inclusive a quantidade de oxigênio presente), além de vários outros parâmetros fisiológicos. Algumas bactérias produzem pigmentos que tornam a colônia colorida (Figura 5.2). Independentemente de apresentarem ou não pigmentação, as colônias permitem ao microbiologista analisar a pureza da cultura; placas que contêm mais de um tipo colonial não são oriundas de uma cultura pura. Nesse sentido, o cultivo em meios sólidos, acondicionados em placas de Petri, tem sido utilizado como critério de avaliação da pureza de uma cultura há mais de cem anos (Seção 1.5).

Os meios de cultura sólidos são preparados da mesma maneira que os líquidos, exceto pela adição de ágar, como agente gelificante, normalmente a 1,5%, antes da esterilização do meio. Durante o processo de esterilização o ágar é fundido; o meio ainda líquido é vertido em placas de Petri plásticas, ou de vidro, aguardando sua solidificação para posterior uso (Figura 5.2).

Técnica asséptica

Visto que os microrganismos são ubíquos, os meios de cultura devem ser esterilizados antes do uso. Para a maioria dos meios de cultura, a esterilização é realizada pelo emprego de calor, tipicamente úmido, em uma grande panela de pressão denominada *autoclave*. Posteriormente, discutiremos a operação e os princípios da autoclave, juntamente com outros métodos de esterilização (Seção 17.1).

Uma vez que um meio de cultura estéril tenha sido preparado, este pode receber um inóculo de uma cultura pura previamente crescida, de maneira a reiniciar o processo de crescimento. Para tanto, é necessário o emprego de uma **técnica asséptica**. Essa técnica corresponde a uma série de procedimentos utilizados para impedir a contaminação durante a manipulação de culturas e de meios de cultura estéreis (Figuras 5.3 e 5.4). O domínio dessas técnicas é necessário para o sucesso nos diferentes procedimentos executados em um laboratório de microbiologia, sendo um dos primeiros métodos aprendidos pelo microbiologista iniciante. Contaminantes presentes no ar correspondem ao principal problema, pois o ar sempre contém partículas de poeira, que em geral apresentam uma grande comunidade de microrganismos. Quando recipientes são abertos, estes devem ser manipulados de maneira a impedir a entrada de ar contaminado (Figuras 5.3 e 5.4). A transferência asséptica de uma cultura de um tubo para outro normalmente é realizada com o auxílio de uma alça ou agulha inoculadora, previamente esterilizada em uma chama (Figura 5.3). Culturas que apresentam crescimento podem também ser transferidas para a superfície de meios sólidos (Figura 5.4), onde as colônias desenvolvem-se a partir do crescimento e divisão celular. A coleta e a semeadura por esgotamento de uma colônia isolada corresponde a um dos principais métodos na obtenção de culturas puras, a partir de comunidades microbianas que contêm diferentes microrganismos.

✓ 5.3 Verificação de conceitos

Os microrganismos podem ser cultivados em laboratório, em meios de cultura contendo os nutrientes necessários. O sucesso na obtenção de culturas puras de microrganismos requer a utilização de técnicas assépticas.

✓ Qual o significado da palavra *estéril*? O que aconteceria se meios de cultura recém-preparados não fossem esterilizados?

✓ Por que as técnicas assépticas são necessárias para o sucesso no cultivo de culturas puras em laboratório?

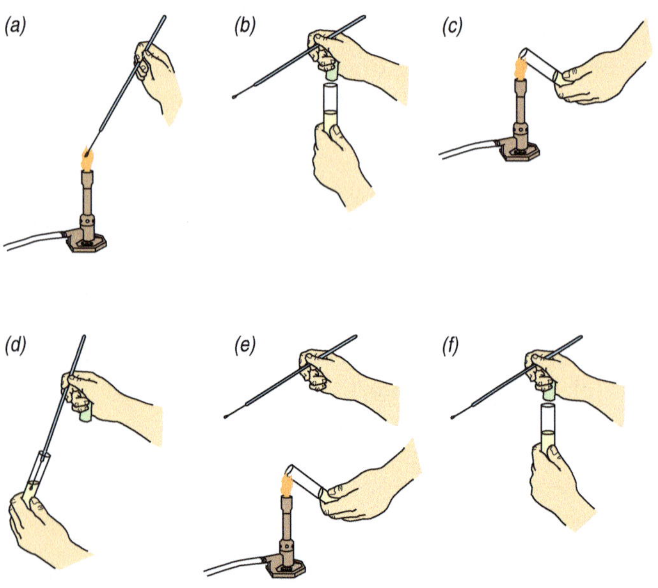

■ **Figura 5.3** Transferência asséptica. (a) A alça é aquecida até a incandescência, sendo rapidamente resfriada no ar. (b) O tubo é destampado. (c) A ponta do tubo é passada pela chama. (d) A amostra é coletada com a alça estéril. (e) Após a remoção da amostra, o tubo é novamente passado na chama, e a amostra, transferida para um meio estéril. (f) O tubo é fechado e a alça é novamente aquecida, antes de ser dispensada.

II ENERGÉTICA E ENZIMAS

No Capítulo 2, discutimos as diferentes classes de microrganismos em relação à forma de obtenção de energia: *quimiorganotróficos*, *quimiolitotróficos* e *fototróficos* (Seção 2.4). No entanto, independentemente de como um organismo vive, este deve ser capaz de obter energia, seja a partir de compostos químicos, seja a partir da luz, conservando-a na forma de ATP. Passaremos a discutir os princípios da conservação de energia, utilizando algumas leis simples da química e da física que guiarão nosso raciocínio. Em seguida, consideraremos a ação das enzimas como biocatalisadores celulares.

5.4 Bioenergética

A **energia** pode ser definida como a capacidade de realizar trabalho. Em microbiologia, a energia é mensurada em unidades de *quilojoules* (kJ) — medida de energia térmica. As reações químicas são acompanhadas por variações de energia. Embora em qualquer reação química parte da energia seja perdida na forma de calor, em microbiologia estamos interessados na **energia livre** (abreviada por **G**), definida como a energia liberada, *disponível para a realização de trabalho útil*. A variação na energia livre durante uma reação é expressa como $\Delta G^{0\prime}$, onde o símbolo Δ deve ser lido como "variação". O "0" e o "apóstrofo" significam que o valor de energia livre foi obtido em "condições-padrão": pH 7, 25ºC, com todos os reagentes e produtos inicialmente a 1 *M* de concentração.*

Se na reação

$$A + B \rightarrow C + D$$

o $\Delta G^{0\prime}$ for *negativo*, a reação ocorrerá com *liberação* de energia livre, que poderá ser conservada pela célula na forma de ATP. Tais tipos de reação, em que há liberação de energia, são denominadas **exergônicas**. Em contrapartida, se $\Delta G^{0\prime}$ for *positivo*, a reação *requer* energia para ocorrer; tais reações são denominadas **endergônicas**. Assim, para uma célula microbiana, as reações exergônicas *geram* energia, enquanto as endergônicas *requerem* energia.

* Os cálculos de energia livre utilizando condições-padrão correspondem a estimativas das variações de energia livre que realmente acontecem, quando uma reação ocorre na natureza, independentemente do fato de as concentrações de 1 *M* de nutrientes raramente serem observadas na natureza. Embora até o momento os cálculos de $\Delta G^{0\prime}$ correspondam a estimativas razoáveis, veremos adiante que a concentração real de produtos e reagentes pode ocasionalmente alterar a bioenergética de reações de maneiras microbiologicamente importantes (Seções 18.21 e 20.10). Esses temas serão também discutidos mais detalhadamente no Apêndice 1.

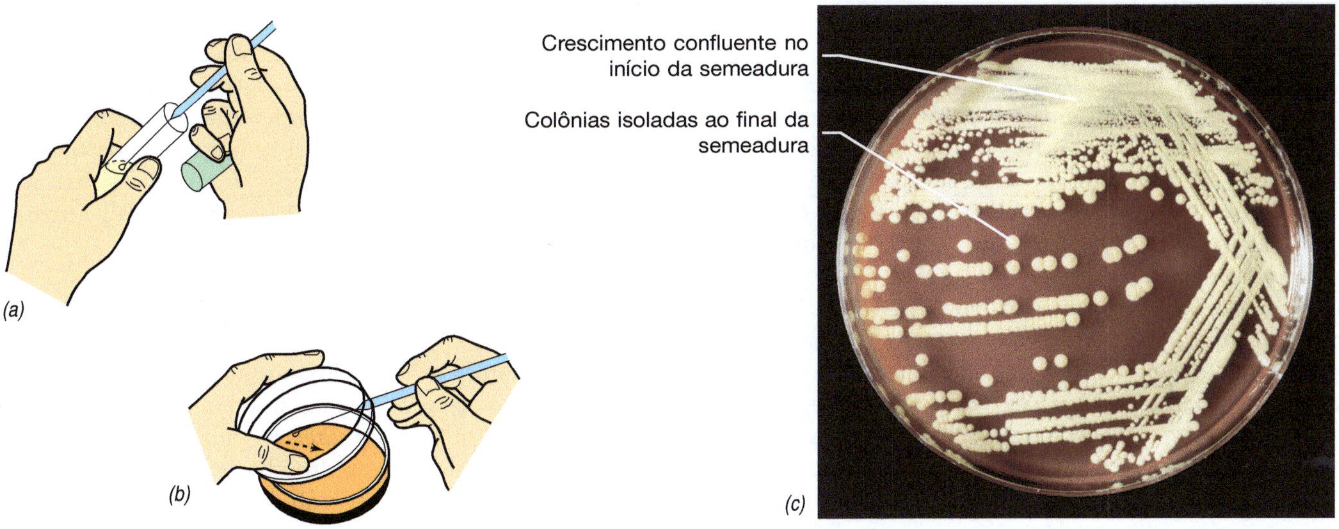

■ **Figura 5.4** Técnica de semeadura por esgotamento, para obtenção de culturas puras. (a) A alça é esterilizada e utilizada para coletar uma alíquota de inóculo a partir do meio de cultura. (b) A semeadura é realizada sobre um meio sólido estéril, em placa, pelo espalhamento dos organismos. Após a semeadura no setor inicial, semeaduras subseqüentes são realizadas, formando ângulos em relação à primeira; a alça é reesterilizada entre cada etapa. (c) Aspecto de uma placa semeada após a incubação. Colônias da bactéria *Micrococcus luteus* desenvolvendo-se em placas de ágar sangue. A partir das colônias isoladas, culturas puras podem ser obtidas.

Energia livre de formação e cálculo de $\Delta G^{0\prime}$

Para calcular a energia livre gerada em uma reação, é necessário conhecer a energia livre dos reagentes e produtos. Isso corresponde à *energia livre de formação*, energia gerada ou requerida para a *formação* de uma dada molécula a partir de seus elementos constituintes. Por convenção, a energia livre de formação (G^0_f) dos elementos (por exemplo, C, H_2, N_2) é igual a zero. Se a formação de um composto, a partir dos elementos, ocorrer de maneira exergônica, a energia livre de formação do composto será negativa (a energia é liberada); se a reação for endergônica (a energia é requerida), a energia livre de formação do composto será positiva.

Alguns exemplos de energias livres de formação são apresentados na Tabela 5.5. Para a maioria dos compostos, o G^0_f é negativo, refletindo o fato dos compostos tenderem a se formar espontaneamente a partir dos elementos. Em contrapartida, o G^0_f positivo para o óxido nitroso (+ 104,2 kJ/mol) indica-nos que essa molécula não se forma espontaneamente, tendendo a se decompor em nitrogênio e oxigênio. As energias livres de formação de uma variedade de compostos de interesse microbiológico são apresentadas no Apêndice 1.

A partir dos valores das energias livres de formação, é possível calcular a *variação* na energia livre que ocorre em uma dada reação. Em uma reação simples, do tipo A + B → C + D, o $\Delta G^{0\prime}$ é calculado pela subtração da soma das energias livres de formação dos reagentes (A e B) da soma das energias livres de formação dos produtos (C e D). Assim,

$$\Delta G^{0\prime} \text{ de } A + B \rightarrow C + D = G^0_f\,[C + D] - G^0_f\,[A + B]$$

A frase "produtos menos reagentes" engloba as etapas necessárias para o cálculo da variação de energia livre durante as reações químicas. Entretanto, é necessário inicialmente balancear a reação quimicamente, antes que os cálculos de energia livre sejam realizados. O Apêndice 1 traz os detalhes das etapas envolvidas no cálculo das energias livres para qualquer reação hipotética.

✓ 5.4 Verificação de conceitos

As reações químicas que ocorrem em uma célula são acompanhadas por variações na energia, sendo expressas em kJ. Uma reação química pode ocorrer com a liberação de energia livre (exergônica) ou o consumo de energia livre (endergônica).

✓ O que se entende por energia livre?

✓ As reações catabólicas são, geralmente, exergônicas ou endergônicas?

✓ Utilizando os dados apresentados na Tabela 5.5, calcule o $\Delta G^{0\prime}$ da reação $CH_4 + \frac{1}{2} O_2 \rightarrow CH_3OH$.

Tabela 5.5 Energia livre de formação de alguns compostos de interesse biológico

Composto	Energia livre de formação[a]
Água (H_2O)	–237,2
Dióxido de carbono (CO_2)	–394,4
Hidrogênio gasoso (H_2)	0
Oxigênio gasoso (O_2)	0
Amônio (NH_4^+)	–79,4
Óxido nitroso (N_2O)	+104,2
Acetato ($C_2H_3O_2^-$)	–369,4
Glicose ($C_6H_{12}O_6$)	–917,3
Metano (CH_4)	–50,8
Metanol (CH_3OH)	–175,4

a Os valores de energia livre de formação (G^0_f) estão em *kJ/mol*.

5.5 Catálise e enzimas

O cálculo de energia livre nos indica apenas se a energia é liberada ou consumida em determinada reação; ele não nos fornece qualquer informação sobre a *velocidade* da reação. Considere a formação de água a partir do oxigênio e hidrogênio gasosos. A energética dessa reação é bastante favorável: $H_2 + \frac{1}{2} O_2 \rightarrow H_2O$, $\Delta G^{0\prime} = -237$ kJ. Entretanto, se simplesmente misturássemos O_2 e H_2, não observaríamos a formação mensurável de água, mesmo após vários anos. Tal fato ocorre porque o rearranjo dos átomos de oxigênio e hidrogênio, na formação de água, requer inicialmente a quebra das ligações químicas dos reagentes. A quebra dessas ligações requer energia, sendo esta referida como **energia de ativação**, que corresponde à quantidade de energia necessária para levar todas as moléculas de uma reação química a um estado reativo. A Figura 5.5 apresenta um diagrama de uma reação que ocorre com liberação líquida de energia livre (isto é, uma reação exergônica).

Enzimas

A idéia de energia de ativação nos leva ao conceito de catálise. Um **catalisador** corresponde a uma substância que *diminui* a energia de ativação de uma reação, *aumentando,* assim, sua velocidade. Os catalisadores facilitam as reações, não sendo consumidos ou transformados durante tais reações. É importante notar que os catalisadores não interferem na energética ou o equilíbrio de uma reação, afetando somente a *velocidade* de ocorrência das reações.

A maioria das reações nos seres vivos não ocorreria com velocidades apreciáveis na ausência de catalisadores. Os catalisadores das reações biológicas são proteínas, denominadas **enzimas**. As enzimas são altamente específicas em relação às reações que catalisam. Isto é, cada enzima catalisa apenas um *único tipo* de reação química ou, no caso de certas enzimas, uma *classe* de reações intimamente relacionadas. Essa especificidade está relacionada à estrutura tridimensional precisa da molécula enzimática. Em uma reação catalisada por uma enzima, esta se combina temporariamente com o reagente, denominado **substrato** (S) enzimático, formando um **complexo enzima-substrato**. Assim, com o progresso da reação, o **produto** (P) é liberado e a enzima (E) retorna a seu estado original:

$$E + S \rightleftharpoons E{-}S \rightleftharpoons E + P$$

A enzima normalmente é maior que o(s) substrato(s) e sua combinação com o(s) substrato(s) depende, em geral, de ligações fracas, como pontes de hidrogênio, forças de van der Waals e interações hidrofóbicas (Seção 3.1), para associar a enzima ao substrato. A pequena porção da enzima à qual o substrato se liga é denominada **sítio ativo** da enzima.

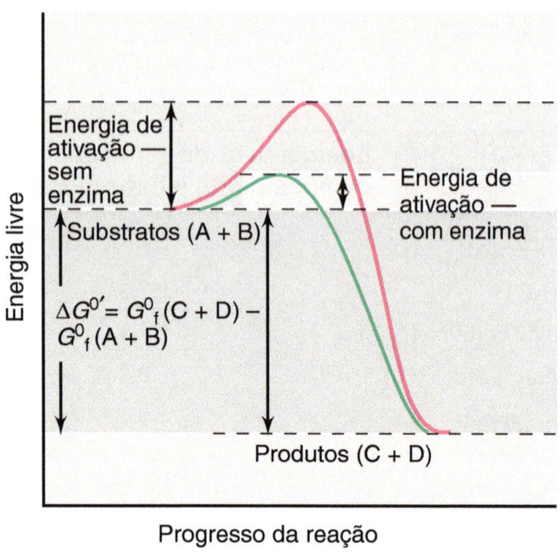

■ **Figura 5.5** Progresso de uma reação exergônica hipotética: A + B → C + D e o conceito de energia de ativação. As reações químicas podem não ocorrer espontaneamente, mesmo havendo liberação de energia, porque os reagentes devem ser primeiro ativados. Havendo a ativação, a reação ocorre espontaneamente. Catalisadores, como as enzimas, diminuem a energia de ativação requerida.

Catálise enzimática

O poder de catálise das enzimas é impressionante. As enzimas aumentam a velocidade de reações químicas de 10^8 a 10^{20} vezes quando comparada à velocidade de reação espontânea. Para catalisar uma reação específica, uma enzima deve exercer duas atividades: (1) ligar-se ao substrato correto e (2) posicionar o substrato em relação aos grupos cataliticamente ativos, no sítio ativo. A ligação do substrato à enzima origina o complexo enzima-substrato (Figura 5.6). Isso promove o alinhamento dos grupos reativos, introduzindo uma tensão em ligações específicas do(s) substrato(s). A formação do complexo enzima-substrato promove uma redução na energia de ativação necessária para que a reação ocorra (Figura 5.5), com a conversão do(s) substrato(s) em produto(s). Essas etapas estão resumidas no diagrama da Figura 5.6, no caso da enzima glicolítica, *frutose bifosfato aldolase* (ver Seção 5.10).

Observe que a reação ilustrada na Figura 5.5 é exergônica, pois a energia livre de formação do substrato é *maior* que a do produto, isto é, a formação do produto ocorre com liberação de energia. As enzimas também podem catalisar reações que requerem energia ao converterem substratos de baixa energia em produtos de alta energia. Nesse caso, é necessário que a barreira da energia de ativação seja transposta e que energia livre suficiente seja *introduzida* no sistema, de maneira a elevar o nível de energia dos substratos em relação aos produtos. Embora, em teoria, todas as enzimas apresentem uma ação reversível, na prática as enzimas catalisam reações altamente exergônicas ou endergônicas, as quais são essencialmente unidirecionais. Se uma reação exergônica em particular deve ser revertida durante o metabolismo celular, tal processo com freqüência é realizado por uma enzima totalmente distinta.

Estrutura das enzimas

Conforme mencionamos, enzimas são proteínas, ou seja, polímeros de aminoácidos (Seções 3.7-3.8). Cada enzima apresenta uma estrutura tridimensional específica. O arranjo linear dos aminoácidos (estrutura primária) dobra e torce a molécula em uma configuração específica,

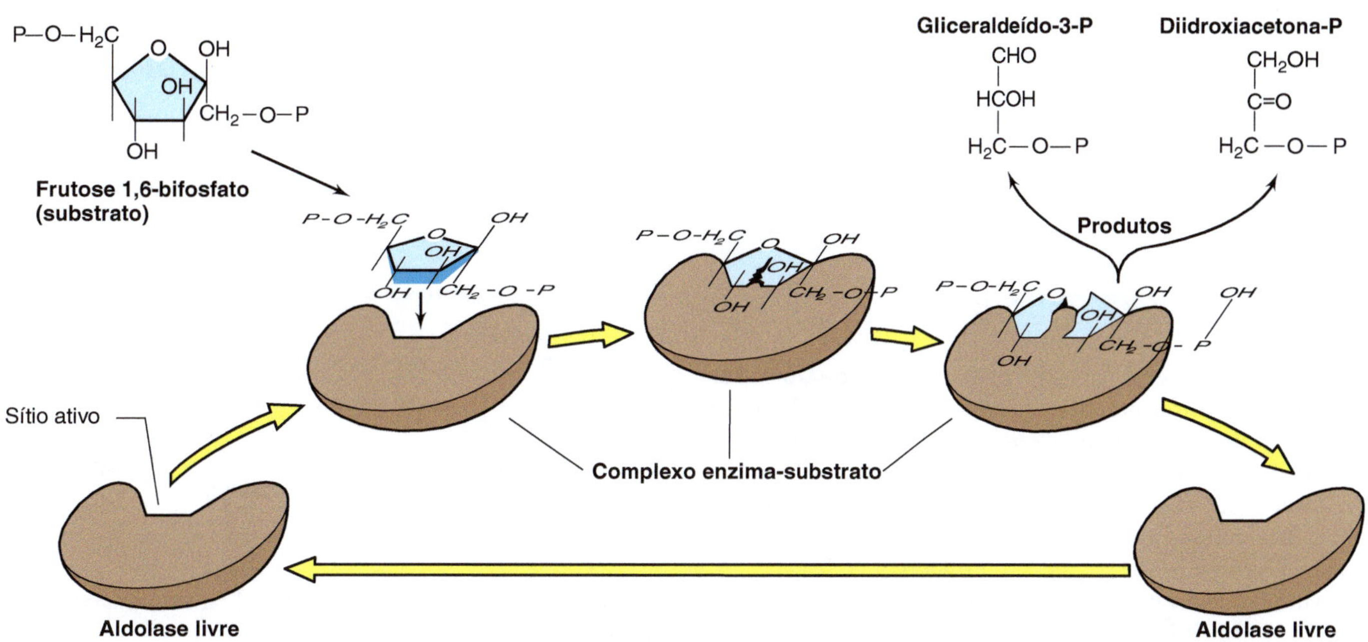

■ **Figura 5.6** O ciclo catalítico de uma enzima ilustrado para a frutose bifosfato aldolase. Esta enzima catalisa a reação: Frutose 1,6-bifosfato → gliceraldeído 3-fosfato + diidroxiacetona fosfato, na glicólise (ver Figura 5.14). Durante a formação do complexo enzima-substrato, após a ligação da frutose 1,6-bifosfato, a conformação da enzima é alterada de maneira a promover tensão em certas ligações do substrato, que se quebram, originando os dois produtos.

que passa a assumir as estruturas secundária e terciária. Assim, uma proteína apresentando dobramento específico assume propriedades físicas e ligantes específicas. A conformação precisa de uma enzima pode ser mais facilmente observada em um modelo computacional de preenchimento espacial (Figura 5.7). Nesse exemplo, a enzima *lisozima* (Seção 4.8), responsável pela clivagem do peptideoglicano, apresenta um grande sulco que corresponde ao sítio de ligação ao substrato (o sítio ativo).

Muitas enzimas contêm pequenas moléculas não protéicas que participam da função catalítica, mas que não são consideradas substratos no sentido usual. Essas pequenas moléculas associadas às enzimas são classificadas em duas categorias, com base na natureza de sua associação: os *grupos prostéticos* e as *coenzimas*. Os **grupos prostéticos** ligam-se fortemente às enzimas, em geral de modo permanente. O grupo heme, presente nos citocromos (que serão descritos em maior detalhe posteriormente), é um exemplo de grupo prostético. As **coenzimas** ligam-se mais fracamente às enzimas, e uma única molécula pode se associar a várias enzimas diferentes, em momentos distintos, durante o crescimento. As coenzimas atuam como carreadores intermediários de pequenas moléculas, de uma enzima para outra (ver Figura 5.11). A maioria das coenzimas é derivada de vitaminas (ver Tabela 5.3).

As enzimas são denominadas de acordo com o substrato ao qual se ligam ou à reação química por elas catalisada, com a adição do sufixo *–ase*. Assim, a celul*ase* é uma enzima que degrada a celulose, a glicose oxid*ase* é uma enzima que catalisa a oxidação da glicose e a ribonucle*ase* é uma enzima que decompõe ácido ribonucléico. Há um critério mais formal de nomenclatura, que emprega um sistema numérico específico, permitindo a classificação das enzimas com maior precisão.

✓ 5.5 Verificação de conceitos

Para que uma reação química ocorra, os reagentes devem primeiramente ser ativados, o que com freqüência requer um catalisador. Enzimas correspondem a proteínas catalíticas que aumentam a velocidade das reações bioquímicas. Estas são altamente específicas em relação às reações que catalisam; essa especificidade é uma função do padrão de dobramento do(s) polipeptídeo(s) presentes na proteína.

✓ Qual a função de um *catalisador*?
✓ A que classe de macromoléculas as enzimas pertencem?
✓ Em que local da enzima o substrato se liga?
✓ O que se entende por *energia de ativação*?

III OXIDAÇÃO-REDUÇÃO E COMPOSTOS DE ALTA ENERGIA

A conservação de energia nos sistemas biológicos envolve reações de oxidação-redução. A energia resultante

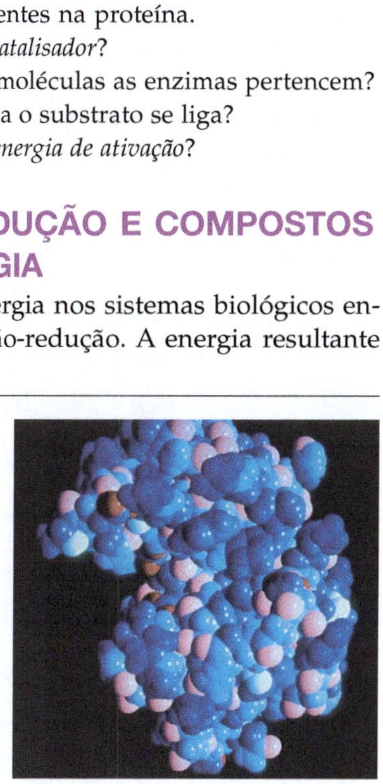

■ **Figura 5.7** Modelo computacional de preenchimento espacial da enzima lisozima. O sítio de ligação (sítio ativo) ao substrato (peptideoglicano) corresponde ao grande sulco, localizado à esquerda, no modelo (Seção 4.8).

liberada nessas reações permite a formação de compostos de *alta energia*, como o ATP. Passaremos a discutir as reações de oxidação-redução e os principais carreadores de elétrons, presentes tanto no citoplasma como na membrana citoplasmática. Finalmente, examinaremos a natureza dos compostos de alta energia que, de fato, conservam a energia liberada nas reações de oxidação-redução.

5.6 Oxidação-redução

Nos sistemas vivos, a conservação da energia oriunda das reações químicas envolve reações de **oxidação-redução (redox)**. Quimicamente, uma oxidação é definida como a *remoção* de um ou mais elétrons de uma substância. A redução, em contrapartida, corresponde à *adição* de um ou mais elétrons a uma substância. Em bioquímica — a química das células — as oxidações e reduções freqüentemente envolvem não somente a transferência de elétrons, mas também a transferência de átomos de hidrogênio. Um átomo de hidrogênio (H) consiste em um elétron e um próton. Quando seu elétron é removido, o átomo de hidrogênio torna-se um *próton* (ou íon hidrogênio, H^+). Em determinado momento, será necessário fazermos a distinção entre as reações de oxidação-redução em que há a transferência de elétrons daquelas que envolvem a transferência de átomos de hidrogênio; isso será feito oportunamente (ver Seções 5.11 e 5.12).

Doadores e aceptores de elétrons

As reações de oxidação-redução envolvem a transferência de elétrons, a partir de um doador, para um aceptor de elétrons. Por exemplo, o hidrogênio gasoso, H_2, pode liberar elétrons e íons hidrogênio (prótons), tornando-se oxidado.

$$H_2 \rightarrow 2e^- + 2H^+$$

Entretanto, os elétrons não podem permanecer livres, em solução; estes devem existir como parte de átomos ou moléculas. A maneira pela qual a equação foi descrita fornece apenas a informação química, não representando uma reação real. A reação descrita acima corresponde apenas a uma *meia reação* — um termo que implica a necessidade de uma segunda meia reação. Isso porque, para que uma reação de *oxidação* ocorra, é necessária a ocorrência simultânea de uma reação de *redução*. Por exemplo, a oxidação de H_2 pode ser acoplada à redução de várias substâncias diferentes, incluindo o O_2, em uma segunda reação:

$$\tfrac{1}{2}\,O_2 + 2e^- + 2H^+ \rightarrow H_2O$$

Essa meia reação, uma redução, quando acoplada à oxidação do H2 apresentada acima, origina a reação balanceada, descrita a seguir:

$$H_2 + \tfrac{1}{2}\,O_2 \rightarrow H_2O$$

Em reações desse tipo, iremos nos referir à substância *oxidada*, nesse caso o H_2, como o **doador de elétrons**, e à substância *reduzida*, nesse caso O_2, como o **aceptor de elétrons** (Figura 5.8). A chave para o entendimento das oxidações e reduções biológicas é analisar as meias reações:

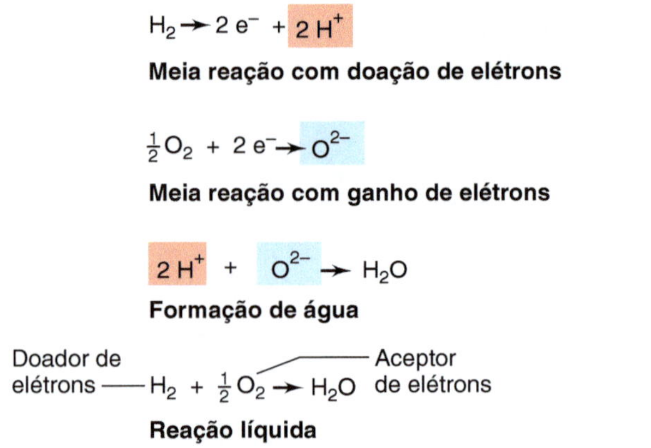

■ **Figura 5.8** Exemplo de uma reação de oxidação-redução: a formação de água a partir do doador de elétrons H_2 e do aceptor de elétrons O_2.

sempre deve haver uma reação envolvendo um *doador* de elétrons e outra, um *aceptor* de elétrons.

Potenciais redutores

As substâncias variam quanto à tendência de se tornarem oxidadas ou reduzidas. Essa tendência é expressa como o **potencial redutor** (E_0', condições-padrão) da substância. O potencial é medido eletricamente, em volts, em relação a uma substância-padrão, o H_2. Por convenção, os potenciais redutores são expressos para as meias reações, grafadas como *reduções*. Assim: forma oxidada + e^- → forma reduzida. Caso haja a participação de prótons na reação, o que geralmente acontece, o potencial redutor sofre certa influência da concentração de íons hidrogênio (pH). Convencionou-se, em biologia, que os potenciais redutores são avaliados em condições de neutralidade (pH 7), já que o citoplasma da maioria das células é neutro ou próximo a esse valor. Empregando tais convenções, em pH 7, o potencial redutor (E_0') de:

$$\tfrac{1}{2}\,O_2 + 2H^+ + 2e^- \rightarrow H_2O$$

é de +0,816 volts (V), enquanto na reação

$$2H^+ + 2e^- \rightarrow H_2$$

é de –0,421 V.

Pares de oxidação-redução e reações redox completas

A maioria das moléculas pode atuar como doadora ou como aceptora de elétrons, em diferentes circunstâncias, dependendo das substâncias com as quais reagem. O mesmo átomo, de cada lado da seta de uma meia reação, pode ser considerado representante de um *par redox*, tal como $2H^+/H_2$ ou $\tfrac{1}{2}\,O_2/H_2O$. Quando escrevemos um par redox, a forma oxidada sempre é posicionada à esquerda.

Quando reações completas de oxidação-redução são construídas a partir de suas meias reações constituintes, é mais fácil lembrar que a substância reduzida do par redox — cujo potencial redutor é mais negativo — *doa* elétrons à substância oxidada do par redox, cujo potencial é mais positivo. Dessa maneira, no par $2H^+/H_2$, cujo potencial é de –0,42 V, o H_2 apresenta maior tendência de *doar* elétrons. Em contrapartida, no par $\frac{1}{2}\ O_2/H_2O$, cujo potencial é de +0,82 V, o H_2O apresenta uma ligeira tendência de doar elétrons, enquanto o O_2 apresenta uma tendência maior de *receber* elétrons. Por conseguinte, em uma reação envolvendo H_2 e O_2, o H_2 será o *doador* de elétrons, tornando-se oxidado, e o O_2 será o *aceptor* de elétrons, tornando-se reduzido (Figura 5.8). Embora pela convenção química as duas meias reações sejam escritas como reduções, em uma reação redox real uma dessas meias reações deve ser escrita como uma oxidação, ocorrendo, portanto, na direção reversa. Observe que na reação apresentada na Figura 5.8 a oxidação de H_2 a $2H^+ + 2e^-$ encontra-se invertida em relação à meia reação formal, escrita como uma redução.

A torre eletrônica

Uma maneira conveniente de visualizar a transferência de elétrons em sistemas biológicos é imaginar uma torre vertical (Figura 5.9). A torre representa a faixa de potenciais redutores de pares redox, com o mais negativo no topo e o mais positivo na base. A substância reduzida, no par redox situado no topo da torre, apresenta a maior tendência a doar elétrons, enquanto a substância oxidada, no par situado na base da torre, apresenta maior tendência a receber elétrons.

À medida que os elétrons são doados pelo doador de elétrons no topo da torre, estes podem ser "capturados" pelos aceptores de diferentes níveis. A diferença de potencial entre duas substâncias é expressa na forma de $\Delta E_0'$. Quanto maior a distância de queda dos elétrons, a partir de um doador até sua captura por um aceptor, maior a quantidade de energia liberada, isto é, $\Delta E_0'$ *é proporcional* a $\Delta G^{0\prime}$ (Figura 5.9).

O O_2, situado na base da torre, corresponde ao aceptor de elétrons mais favorável utilizado pelos organismos. No meio da torre, os pares redox podem atuar tanto como doadores quanto como aceptores de elétrons. Por exemplo, o par $2H^+/H_2$ apresenta um potencial redutor de –0,42 V. O par fumarato-succinato tem potencial de +0,02 V. Assim, a oxidação do hidrogênio (o doador de elétrons) pode ser acoplada à redução do fumarato (o aceptor de elétrons):

$$H_2 + \text{fumarato}^{2-} \rightarrow \text{succinato}^{2-}$$

Em contrapartida, a oxidação do succinato a fumarato pode ser acoplada à redução de NO_3^-, ou $\frac{1}{2}\ O_2$

$$\text{succinato}^{2-} + NO_3^- \rightarrow \text{fumarato}^{2-} + NO_2^- + H_2O$$
$$\text{succinato}^{2-} + \tfrac{1}{2}\ O_2 \rightarrow \text{fumarato}^{2-} + H_2O$$

Dessa maneira, em condições de ausência de oxigênio (*anóxicas*) e na presença de H_2, o fumarato pode ser um aceptor de elétrons (produzindo succinato), enquanto em outras condições (anóxicas, na presença de NO_3^-, ou aeróbicas) o succinato pode ser um doador de elétrons (produzindo fumarato). Todas essas transformações envolvendo fumarato e succinato são realizadas por vários

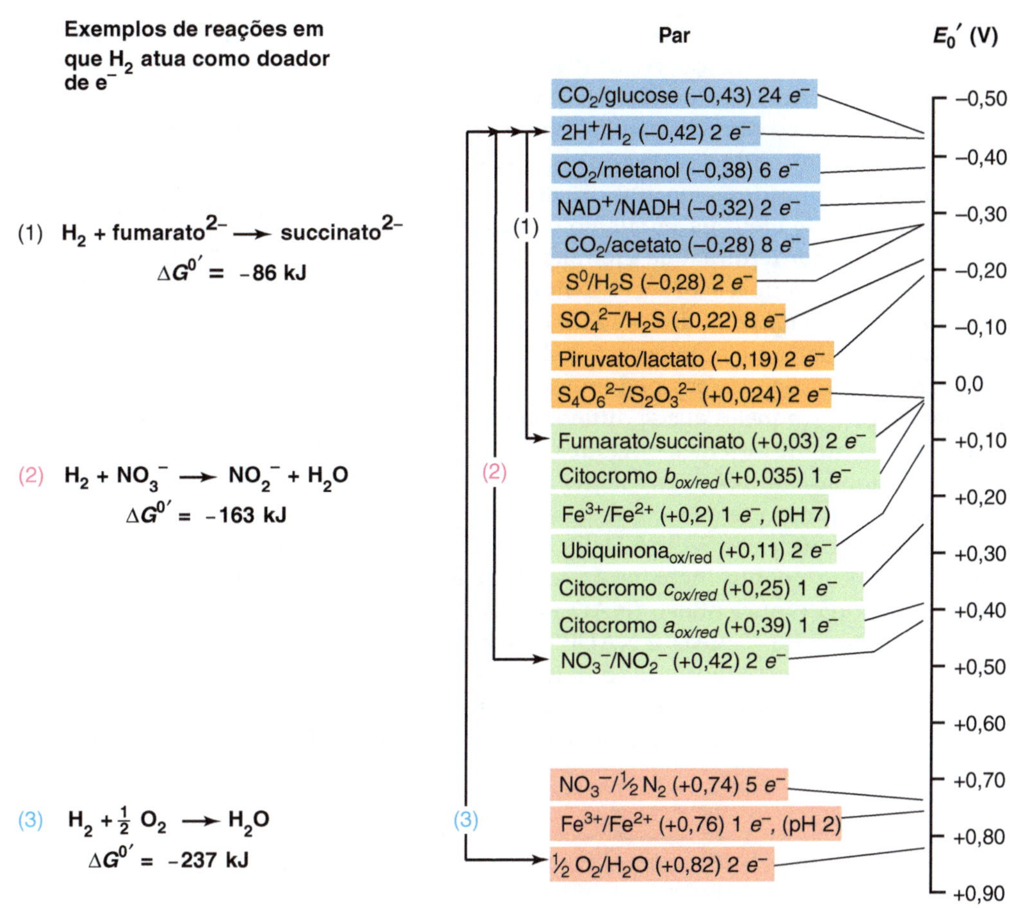

■ **Figura 5.9** A torre eletrônica. Os pares redox estão dispostos com os redutores mais fortes (potencial redutor negativo) situados no topo e os oxidantes mais fortes (potencial redutor positivo), na base. À medida que os elétrons são doados pelos compostos no topo da torre, estes podem ser "capturados" por aceptores em diferentes níveis. Quanto maior a distância de queda dos elétrons, a partir de um doador até sua captura por um aceptor, maior a diferença no potencial redutor entre o doador e o aceptor de elétrons e, conseqüentemente, maior a quantidade de energia liberada. Para exemplificar isso, a coluna da esquerda apresenta as diferenças na energia liberada, quando um único doador de elétrons, H_2, reage com um dos três diferentes aceptores de elétrons: fumarato, nitrato e oxigênio.

microrganismos, quando estes se encontram em determinadas condições nutricionais e ambientais.

Doador de elétrons ⇌ Fonte de energia

No catabolismo, o doador de elétrons é freqüentemente referido como **fonte de energia**. Muitos doadores de elétrons em potencial são encontrados na natureza (Capítulos 18 e 20), mas, no momento, é essencial entendermos que não é o doador de elétrons *per se* que contém energia, mas a *reação química* na qual o doador de elétrons é oxidado que libera, de fato, a energia. Como discutido no contexto da torre eletrônica, a quantidade de energia liberada em uma reação redox depende da natureza de *ambos* — o doador e o aceptor de elétrons: quanto maior a diferença entre os potenciais redutores das duas meias reações, mais energia será liberada quando estas ocorrerem (Figura 5.9) (ver também o Apêndice 1).

✓ 5.6 Verificação de conceitos

Reações de oxidação-redução, envolvidas na geração de energia nas células, implicam a transferência de elétrons de uma substância para outra. A tendência de um composto receber ou doar elétrons é expressa quantitativamente por seu potencial redutor.

- ✓ Na reação $H_2 + \frac{1}{2}\ O_2 \rightarrow H_2O$, quem é o *doador* de elétrons e quem é o *aceptor* de elétrons?
- ✓ Qual o E_0' do par $2H^+/H_2$?
- ✓ Por que o NO_3^- é um melhor aceptor de elétrons que o fumarato?

5.7 NAD como carreador de elétrons redox

Em uma reação de oxidação-redução em uma célula, a transferência de elétrons de um doador para um aceptor normalmente requer a participação de um ou mais intermediários, denominados **carreadores**. Quando tais carreadores são utilizados, o doador inicial é chamado de **doador primário de elétrons**, enquanto o aceptor final é chamado de **aceptor terminal de elétrons**. A variação líquida de energia em uma seqüência completa de reações é determinada pela *diferença* dos potenciais redutores entre o doador primário e o aceptor terminal.

Os carreadores de elétrons podem ser divididos em duas classes gerais: aqueles que se difundem livremente e os que se encontram fortemente ligados às enzimas, na membrana citoplasmática. Os carreadores fixos participam das reações de transporte de elétrons associadas à membrana, sendo discutidos na Seção 5.11. Os carreadores que se difundem livremente incluem as coenzimas nicotinamida adenina dinucleotídeo (NAD^+) e NAD-fosfato ($NADP^+$) (Figura 5.10). O NAD^+ e $NADP^+$ são carreadores de *átomos de hidrogênio*, transferindo dois átomos de hidrogênio ao próximo carreador de cadeia. Esse tipo de transferência de átomos de hidrogênio recebe o nome de desidrogenação.*

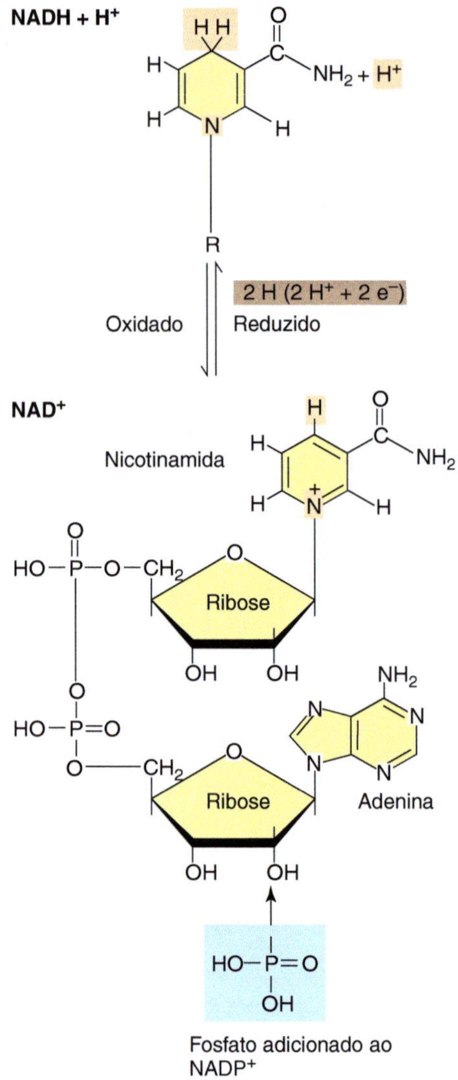

■ **Figura 5.10** Estrutura da coenzima de oxidação-redução, nicotinamida adenina dinucleotídeo (NAD^+). No $NADP^+$, um grupamento fosfato encontra-se presente, conforme indicado. O NAD^+ e o $NADP^+$ sofrem oxidação-redução, conforme apresentado; estes são carreadores de átomos de hidrogênio que apresentam livre difusão.

O potencial redutor do par $NAD^+/NADH$ (ou $NADP^+/NADPH$) é de –0,32 V, situando-o em uma posição elevada na torre eletrônica, isto é, NADH (ou NADPH) corresponde a um bom *doador* de elétrons. No entanto, embora os pares NAD^+ e $NADP^+$ apresentem os mesmos potenciais redutores, geralmente exibem diferentes capacidades em uma célula. O par $NAD^+/NADH$ está diretamente envolvido em reações geradoras de energia (catabólicas), enquanto o par $NADP^+/NADPH$ participa primariamente de reações biossintéticas (anabólicas).

Ciclo NAD/NADH

As coenzimas aumentam a diversidade das reações redox, permitindo que moléculas qumicamente distintas interajam como doador primário e aceptor terminal de elé-

* Estritamente falando, NAD^+ ou $NADP^+$ carreiam dois elétrons e um próton, sendo o segundo H^+ liberado na solução. Portanto, $NAD^+ + 2e^- + 2H^+$ originam $NADH + H^+$. Entretanto, para simplificar, escrevemos $NADH + H^+$ como NADH.

trons, sendo a coenzima um intermediário do processo. Como discutimos, a maioria das reações biológicas é catalisada por enzimas específicas, que reagem com apenas um ou um conjunto muito limitado de substratos. As reações de oxidação-redução podem ocorrer em três estágios: remoção dos elétrons a partir do doador primário de elétrons; transferência desses elétrons por um ou uma série de carreadores; e a adição desses elétrons ao aceptor terminal. Cada etapa dessas reações é catalisada por uma enzima diferente, onde cada uma se liga ao seu substrato e à sua coenzima específica. A Figura 5.11 apresenta um diagrama esquemático da atividade da coenzima NAD^+ em uma reação de duas etapas. Observe que, após a enzima ter realizado sua função em uma reação, esta pode difundir-se pelo citoplasma até colidir com outra enzima que a requeira nessa forma. Após a conversão da coenzima à sua forma original, todo o processo pode ser repetido (Figura 5.11).

✓ 5.7 Verificação de conceitos

Em uma célula, a transferência de elétrons de um doador para um aceptor freqüentemente envolve a participação de um ou mais carreadores de elétrons. Alguns desses carreadores de elétrons são encontrados ligados à membrana, enquanto outros, como NAD^+/NADH, difundem-se livremente e transferem elétrons de uma região da célula para outra.

✓ Qual a diferença entre um *elétron* e um átomo de *hidrogênio*?

✓ O NADH é melhor doador de elétrons que H_2? Justifique?

5.8 Compostos de alta energia e armazenamento de energia

A energia liberada como resultado das reações de oxidação-redução deve ser conservada, para que a célula realize suas funções. Nos seres vivos, a energia química liberada pelas reações redox é normalmente conservada na forma de **ligações fosfato de alta energia**; esses compostos atuam como fonte de energia, dirigindo-a às reações celulares que requerem energia.

Nos compostos fosforilados, os grupos fosfatos são ligados a átomos de hidrogênio por meio de ligações *éster* ou *anidrido*, conforme ilustrado na Figura 5.12. No entanto, nem todas as ligações fosfato correspondem a ligações de alta energia. A energia das ligações fosfato é expressa em termos de energia livre liberada, quando o fosfato é hidrolisado. Como é possível observar na Figura 5.12, o $\Delta G^{0'}$ da hidrólise da ligação fosfato na glicose 6-fosfato é de somente –13,8 kJ/mol, enquanto o $\Delta G^{0'}$ da hidrólise da ligação fosfato no fosfoenolpiruvato é de – 51,6 kJ, o que corresponde a cerca de quatro vezes mais que o da glicose 6-fosfato. Assim, o fosfoenolpiruvato — um fosfoanidrido (Tabela 3.1) — é considerado um *composto de alta energia*, enquanto a glicose 6-fosfato — um éster fosfato — não o é.

Adenosina trifosfato (ATP)

Nos seres vivos, o mais importante composto de alta energia contendo fosfato é a adenosina trifosfato (ATP). O ATP consiste em um ribonucleosídeo de adenosina, ao qual três moléculas de fosfato estão ligadas em série (Figura

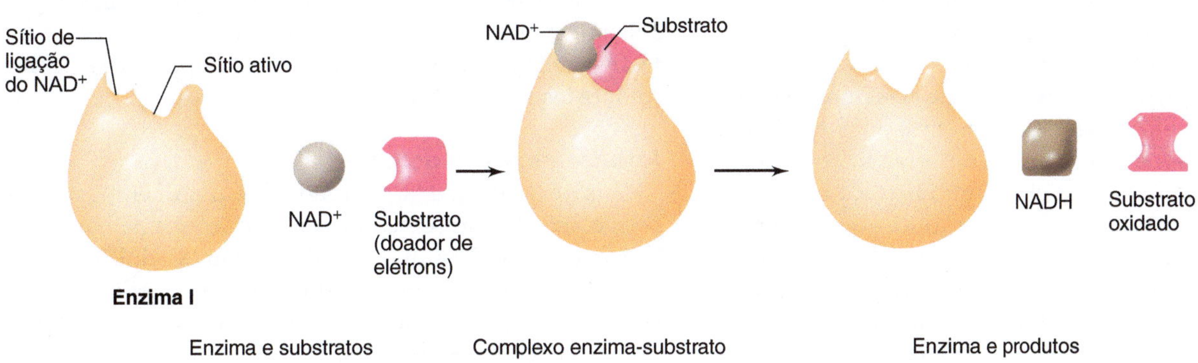

Reação 1. A enzima I reage com o substrato (doador de elétrons) e com a forma oxidada da coenzima, NAD^+.

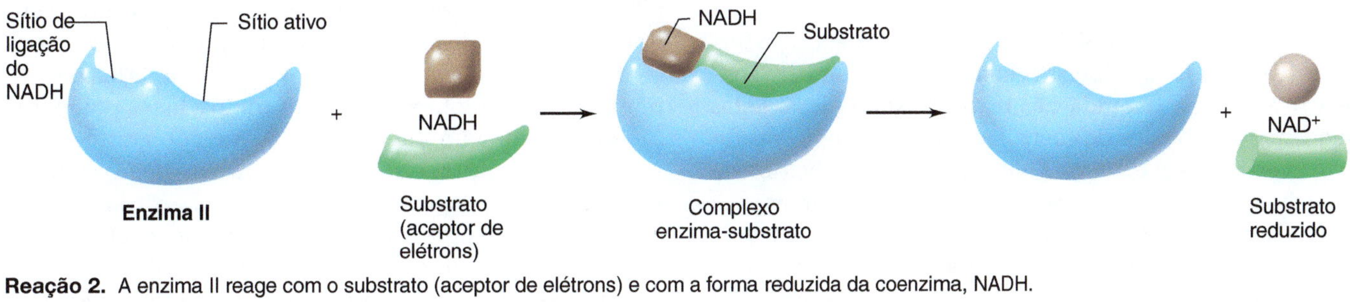

Reação 2. A enzima II reage com o substrato (aceptor de elétrons) e com a forma reduzida da coenzima, NADH.

■ **Figura 5.11** Exemplo esquemático de uma reação de oxidação-redução, envolvendo as formas oxidada e reduzida da coenzima nicotinamida adenina dinucleotídeo, NAD^+ e NADH.

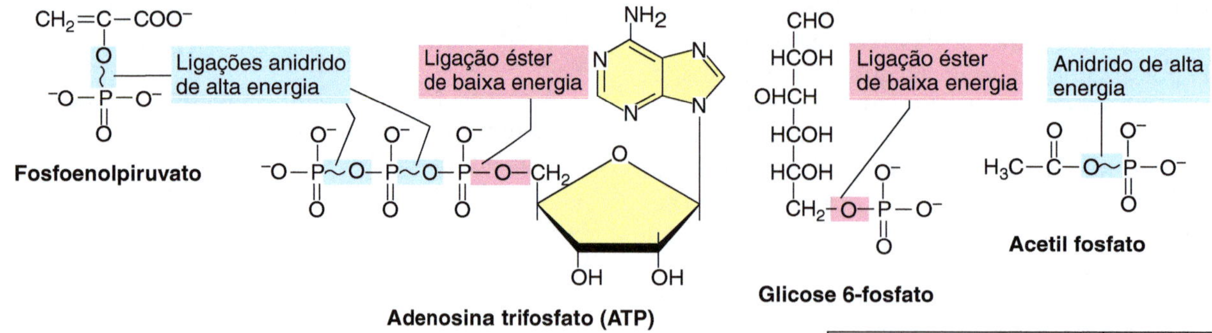

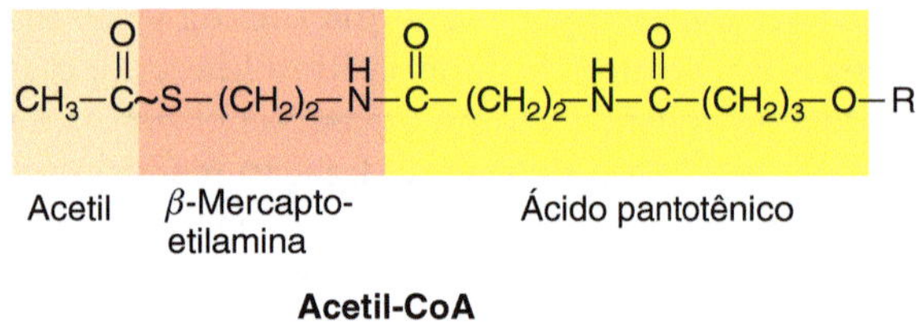

Composto	$G^{0'}$ kJ/mol
Alta energia	
Fosfoenolpiruvato	−51,6
1,3-Bifosfoglicerato	−52,0
Acetil fosfato	−44,8
ATP	−31,8
ADP	−31,8
Baixa energia	
AMP	−14,2
Glicose 6-fosfato	−13,8

Figura 5.12 Ligações de alta energia. A tabela apresenta a energia livre de hidrólise em alguns dos principais éster e anidrido fosfatos, indicando que algumas das ligações éster fosfato têm maior energia que outras. As estruturas de quatro desses compostos são apresentadas para indicar a posição das ligações de alta e de baixa energia. ATP contém três fosfatos, mas somente dois são de alta energia (apresentados em azul). ADP contém dois fosfatos, dos quais somente um é de alta energia. AMP não apresenta ligação fosfato de alta energia. A estrutura da coenzima Acetil-CoA é também apresentada. A ligação C-S, entre a porção acetil e a porção β-Mercapto-etilamina, é do tipo tioéster de alta energia (Tabela 3.1). O grupo "R" da acetil-CoA corresponde a um 3' fosfo-ADP.

5.12). O ATP atua como o principal carreador de energia nos seres vivos, sendo gerado durante reações exergônicas e utilizado para promover reações endergônicas. A partir da estrutura do ATP (Figura 5.12), verifica-se que duas das ligações fosfato são do tipo fosfoanidrido, apresentando assim, alta energia livre de hidrólise.

Deve ser enfatizado que, embora expressemos a energia das ligações fosfato de alta energia em termos de energia livre de hidrólise, é indesejável que essas ligações sejam hidrolisadas na ausência de uma segunda reação que possa utilizar a energia liberada. Caso contrário, a energia livre de hidrólise seria perdida pela célula na forma de calor. A energia livre das ligações fosfato de alta energia em geral é utilizada para promover reações biossintéticas e outros aspectos da função celular, por meio de processos precisamente regulados, nos quais a energia liberada na hidrólise de ATP é acoplada a reações que consomem energia.

Coenzima A

Além dos compostos de alta energia contendo *fosfato*, outros são produzidos pelas células e podem também conservar a energia liberada nas reações exergônicas. Estes incluem os derivados da coenzima A (por exemplo, acetil-CoA; ver sua estrutura na Figura 5.12). Os derivados da coenzima A contêm ligações *sulfo*anidrido (tioéster) em vez de *fosfo*anidrido (Figura 5.12), que geram energia livre de hidrólise suficiente para promover a síntese de uma ligação fosfato de alta energia (Tabela 3.1). Por exemplo, na reação: acetil-S-CoA + H_2O + ADP + P → acetato$^-$ + HS-CoA + ATP + H^+, a energia liberada da hidrólise da coenzima A é conservada na síntese de ATP. Os derivados da coenzima A (o acetil-CoA é apenas um dentre vários) são especialmente importantes na energética de microrganismos anaeróbios, em particular naqueles cujo metabolismo energético envolve a fermentação (Seções 5.10, 18.19 e 18.20); voltaremos a discutir a importância desses compostos no Capítulo 18.

Armazenamento de energia

A principal moeda energética de uma célula corresponde ao ATP, presente em concentrações relativamente baixas, cerca de 2 milimolar (mM), em uma célula em crescimento ativo. O ATP é continuamente clivado, promovendo as reações biossintéticas, sendo ressintetizado a partir das reações catabólicas. Para o armazenamento de energia, os microrganismos produzem polímeros insolúveis que podem ser posteriormente oxidados para a produção de ATP. Como exemplo, temos os polímeros de glicose: amido e glicogênio (Figura 3.6), o polímero lipídico poli-β-hidroxibutirato e outros polidroxialcanoatos (Figura 4.52), além do enxofre elementar, armazenado por muitos quimiolitotróficos sulfurados. Esses polímeros são depositados no interior da célula como grandes grânulos, que freqüentemente podem ser observados à microscopia óptica ou eletrônica (Seção 4.13). Na ausência de uma fonte externa de energia, a célula pode oxidar esses polímeros, sendo capaz de sintetizar novos compostos celulares ou simplesmente manter-se energeticamente, mesmo que substâncias geradoras de energia estejam temporariamente indisponíveis no ambiente.

✓ 5.8 Verificação de conceitos

A energia liberada nas reações de oxidação-redução é conservada na formação de certos compostos contendo ligações fosfato ou de enxofre de alta energia. O composto de alta energia mais comum é o ATP, que atua como principal carreador de energia na célula. O armazenamento de energia por longos períodos está associado a polímeros, que podem ser consumidos, gerando ATP.

✓ Por que ATP e ADP são considerados compostos de alta energia, enquanto AMP não o é?

✓ Após períodos de abundância de nutrientes, como as células podem preparar-se para os períodos de carência nutricional?

IV PRINCIPAIS VIAS CATABÓLICAS, TRANSPORTE DE ELÉTRONS E A FORÇA PRÓTON MOTIVA

Nas seções subseqüentes, analisaremos exemplos conhecidos e amplamente distribuídos de reações catabólicas em microrganismos. Compararemos os processos de fermentação e respiração, apresentando uma análise mais detalhada de cada processo, além de discutirmos a força próton motiva. Esse último tema é central não apenas na respiração clássica (isto é, *aeróbia*), mas também a vários processos metabólicos, incluindo as reações geradoras de energia da respiração anaeróbia, fotossíntese e quimiolitotrofia. A força próton motiva também promove outras funções celulares, como as reações de transporte e motilidades flagelar e deslizante (Seções 4.7 e 4.10-4.12).

5.9 Conservação de energia: opções

Os quimiotróficos — organismos que utilizam compostos químicos como doadores de elétrons no metabolismo energético — apresentam dois mecanismos conhecidos para a conservação de energia: **fermentação** e **respiração**. O resultado final em cada caso é o mesmo: a síntese de ATP, uma reação endergônica. Essa reação é acoplada a uma ou mais reações que liberam energia (exergônica), que ocorrem durante o catabolismo do doador de elétrons. Em termos de reações redox, a fermentação e a respiração diferem pelos seguintes aspectos: (1) Na *fermentação*, o processo redox ocorre na *ausência* de aceptores terminais de elétrons utilizáveis, enquanto (2) na *respiração* o oxigênio molecular ou outro aceptor atua como aceptor terminal de elétrons. Na fermentação, a oxidação está acoplada à redução de um composto gerado a partir do substrato inicial; dessa maneira não há o envolvimento de um aceptor de elétrons externo.

Além das diferenças que envolvem as reações redox, a fermentação e a respiração também diferem quanto ao mecanismo de síntese de ATP. Na fermentação, o ATP é produzido por um mecanismo de **fosforilação em nível de substrato**. Nesse processo, o ATP é sintetizado durante as etapas do catabolismo de um composto orgânico (Figura 5.13*a*). Este difere da **fosforilação oxidativa** (a ser discutida posteriormente), em que o ATP é produzido à custa da força próton motiva (Figura 5.13*b*). Um terceiro mecanismo de síntese de ATP, **fotofosforilação**, ocorre em organismos fotossintetizantes. O mecanismo básico é similar à fosforilação oxidativa, exceto pelo fato da luz, em vez de um composto químico, estar envolvida na condução das reações de oxidação-redução (Seção 18.2).

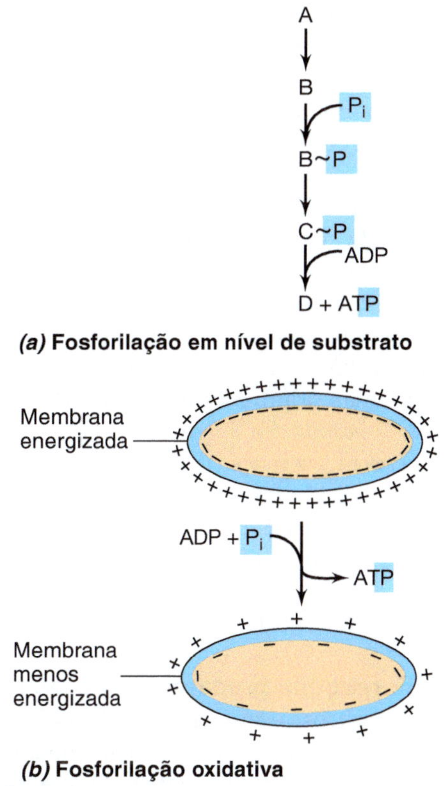

■ **Figura 5.13** Conservação de energia na fermentação e na respiração. (a) Na fermentação, a síntese de ATP ocorre como resultado de uma *fosforilação em nível de substrato*; um grupo fosfato é adicionado a algum intermediário da via bioquímica, tornando-se um grupo fosfato de "alta energia", que é eventualmente transferido ao ADP, dando origem ao ATP. (b) Na respiração, a membrana citoplasmática, energizada pela força próton motiva, dissipa parte da energia na formação de ATP, a partir de ADP e fosfato inorgânico (P_i), por um processo denominado *fosforilação oxidativa*. O acoplamento da força próton motiva à síntese de ATP é mediado por um complexo enzimático de membrana denominado ATP sintase (ATPase) (ver Seção 5.12 e Figura 5.21).

✓ 5.9 Verificação de conceitos

A fermentação e a respiração são dois mecanismos utilizados pelos quimiorganotróficos para conservar a energia liberada na oxidação de compostos orgânicos. Durante essas reações catabólicas, a síntese de ATP ocorre pela fosforilação em nível de substrato (fermentação) ou pela fosforilação oxidativa (respiração).

✓ Que mecanismo de síntese de ATP requer a participação direta da membrana citoplasmática?

✓ Como a fosforilação em nível de substrato se diferencia da fosforilação oxidativa?

5.10 A glicólise como exemplo de fermentação

A fermentação corresponde a uma reação de oxidação-redução internamente balanceada, em que alguns átomos do doador de elétrons (fonte de energia) tornam-se mais reduzidos, enquanto outros tornam-se mais oxidados, havendo a produção de energia pela fosforilação em nível de substrato. Uma via bioquímica comum de fermentação da glicose corresponde à **glicólise**, também denominada **via de Embden-Meyerhof**, em homenagem a seus principais descobridores. Vários outros tipos de fermentação são conhecidos; muitos serão discutidos no Capítulo 18.

A glicólise pode ser dividida em três estágios principais, cada um envolvendo uma série de reações enzimáticas individualmente catalisadas (Figura 5.14). O estágio I da glicólise envolve uma série de rearranjos preparatórios — reações que não envolvem oxidação-redução e não liberam energia, mas originam duas moléculas do intermediário-chave, *gliceraldeído 3-fosfato*, a partir da glicose. No estágio II, ocorre uma reação de oxidação-redução, sendo a energia conservada na forma de ATP, com a formação de duas moléculas de piruvato. No estágio III, ocorre uma segunda reação de oxidação-redução, com a formação dos *produtos de fermentação* (por exemplo, etanol e CO_2, ou ácido láctico) (Figura 5.14).

Estágios I e II: reações preparatórias e de redox

No estágio I, a glicose é fosforilada pelo ATP, originando a glicose 6-fosfato, que é, então, convertida a uma forma isomérica — a frutose 6-fosfato. Uma segunda fosforilação leva à produção de *frutose 1,6-bifosfato* — um produto intermediário chave da glicólise. Se outras hexoses diferentes de glicose forem fermentadas pela via de Embden-Meyerhof, estas serão convertidas em frutose 1,6-bifosfato. A enzima **aldolase** cliva a frutose 1,6-bifosfato em duas moléculas contendo três carbonos, o gliceraldeído 3-fosfato e seu isômero, diidroxiacetona fosfato (ver também a Figura 5.6).* Observe que, até o momento, nenhuma reação de oxidação-redução ocorreu e todas as reações, incluindo o consumo de ATP, foram realizadas sem a transferência de elétrons.

A primeira reação redox da glicólise ocorre no estágio II, durante a conversão do gliceraldeído 3-fosfato em ácido 1,3-bifosfoglicérico. Nessa reação (que ocorre duas vezes, uma para cada molécula de gliceraldeído 3-fosfato), uma enzima, cuja coenzima é o NAD^+, recebe dois átomos de hidrogênio e converte o NAD^+ em NADH; a enzima que catalisa essa reação é denominada **gliceraldeído 3-fosfato desidrogenase**.

Simultaneamente, cada molécula de gliceraldeído-3-P é fosforilada pela adição de uma molécula de fosfato inorgânico. Essa reação, em que um fosfato inorgânico é convertido à sua forma orgânica, propicia as condições para a conservação de energia pela fosforilação em nível de substrato; a formação de ATP é possível porque cada um dos fosfatos de uma molécula de ácido 1,3-bifosfoglicérico é de alta energia (ver Figura 5.12). A síntese de ATP ocorre quando cada molécula de ácido 1,3-bifosfoglicérico é convertida em ácido 3-fosfoglicérico e, em etapas posteriores da via, quando cada molécula de fosfoenolpiruvato é convertida em piruvato (Figura 5.14).

Na glicólise, *duas* moléculas de ATP são consumidas nas duas etapas de fosforilação da glicose, enquanto *quatro* moléculas de ATP são sintetizadas (duas de cada ácido 1,3-bifosfoglicérico convertido em piruvato). Assim, o organismo tem um ganho líquido de duas moléculas de ATP por molécula de glicose fermentada.

Estágio III: formação dos produtos de fermentação

Durante a formação das duas moléculas de ácido 1,3-bifosfoglicérico, duas moléculas de NAD^+ são reduzidas a NADH (ver Figura 5.14). Entretanto, a célula possui apenas uma pequena quantidade de NAD^+, e, se todo NAD^+ for convertido em NADH, a oxidação da glicose cessará; a oxidação contínua do gliceraldeído 3-fosfato apenas pode ocorrer se houver uma molécula de NAD^+ presente para receber os elétrons liberados. Essa "barreira" é transposta na fermentação pela oxidação de NADH, que origina NAD^+, por meio de reações envolvendo a redução do piruvato a algum dos vários **produtos de fermentação**. Nas leveduras, o piruvato é reduzido a etanol, com a liberação de CO_2. Nas bactérias lácticas, o piruvato é reduzido a lactato (ver a parte inferior da Figura 5.14). Muitas vias de redução do piruvato são conhecidas em vários procariotos fermentadores (Capítulos 12 e 18), embora o resultado líquido seja o mesmo; o NADH deve retornar ao estado oxidado, NAD^+, para dar continuidade às reações geradoras de energia da fermentação. Como o NADH é uma coenzima de difusão livre, pode desligar-se da gliceraldeído-3-fosfato desidrogenase e se ligar a uma enzima que catalise a redução do piruvato a ácido láctico (lactato desidrogenase). Em seguida, o NADH pode difundir-se e participar da redução do NADH a NAD^+, repetindo todo o ciclo novamente (ver a Figura 5.11 para maiores detalhes sobre esse mecanismo).

Em qualquer processo onde energia é gerada, a oxidação deve ser balanceada com a redução, havendo a necessidade de um aceptor para cada elétron removido. Nesse caso, a *redução* de NAD^+ em uma das etapas enzimáticas da glicólise é balanceada com sua *oxidação* em outra etapa do processo. Os produtos finais devem também apresentar um equilíbrio de oxidação-redução em relação ao substrato inicial glicose. Dessa maneira, os produtos aqui discutidos, etanol e CO_2, ou lactato mais prótons, encontram-se balanceados em termos eletrônicos e atômicos com o substrato inicial, glicose.

Fermentação da glicose: resultados líquidos e práticos

O resultado final da glicólise corresponde ao seu consumo, com a síntese líquida de dois ATPs e a formação de produtos de fermentação. Em termos de uma célula, o produto crucial corresponde ao ATP, utilizado em uma grande variedade de reações que consomem energia; os produtos de fermentação são meros produtos de excreção. Entretanto, estes últimos dificilmente são considerados

* Há uma enzima que catalisa a interconversão de diidroxiacetona fosfato a gliceraldeído 3-fosfato. Para simplificar, consideraremos apenas o gliceraldeído 3-fosfato, pois este é o composto que será posteriormente metabolizado.

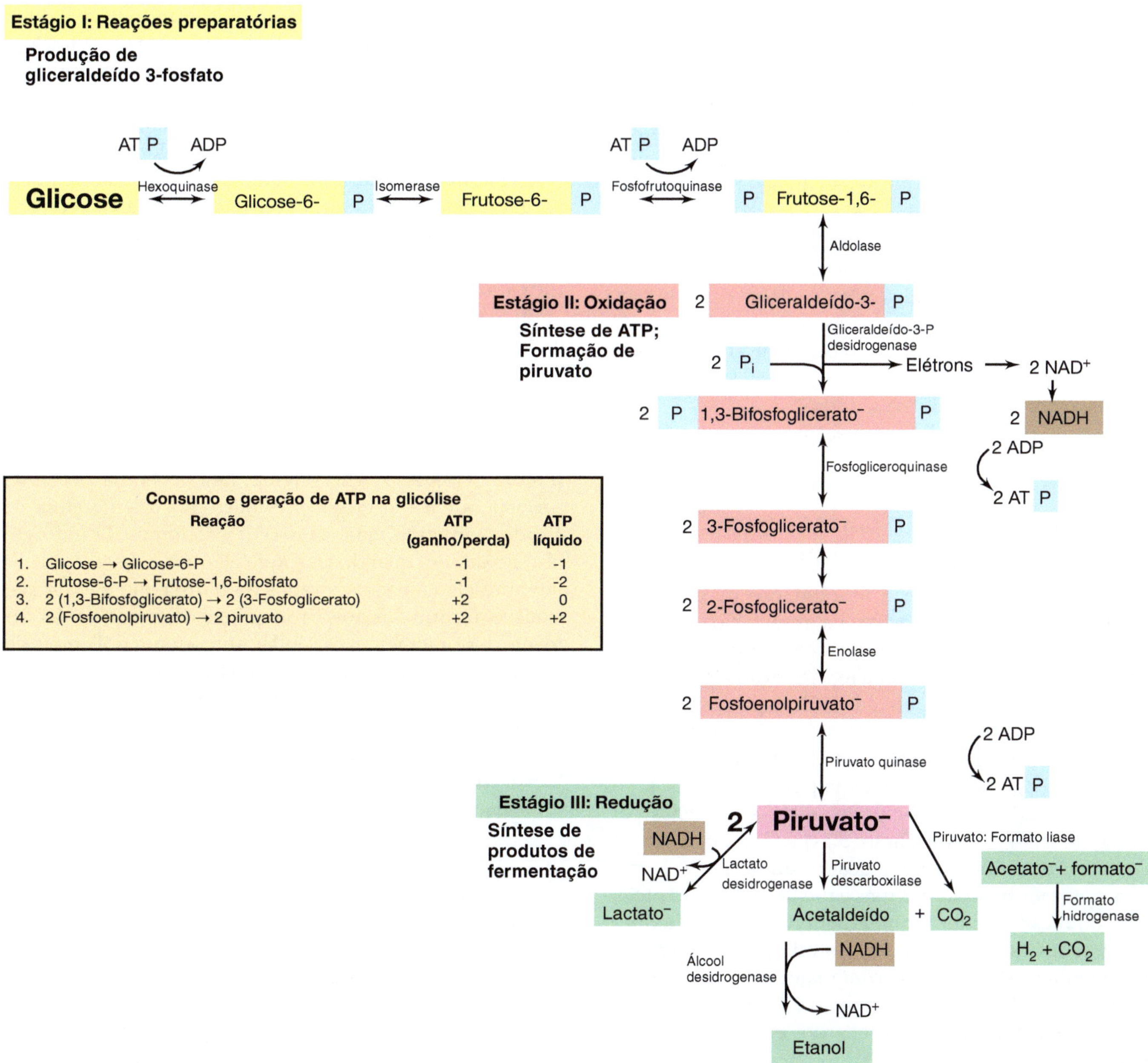

Consumo e geração de ATP na glicólise

	Reação	ATP (ganho/perda)	ATP líquido
1.	Glicose → Glicose-6-P	-1	-1
2.	Frutose-6-P → Frutose-1,6-bifosfato	-1	-2
3.	2 (1,3-Bifosfoglicerato) → 2 (3-Fosfoglicerato)	+2	0
4.	2 (Fosfoenolpiruvato) → 2 piruvato	+2	+2

Sumário da energética da glicólise

Exemplos da estequiometria geral	Organismos	Produção de energia livre:
(1) Glicose → 2 etanol + 2 CO_2	Leveduras	1. Etanol/CO_2: −238,8 kJ/mol de glicose/fermentada. Assumindo que o valor de energia para a ligação de alta energia no ATP é de −31,8 kJ/mol, −63,3 kJ são conservados no ATP, com uma eficiência de 27%.
(2) Glicose → 2 lactato$^-$ + 2 H$^+$	Bactérias lácticas	
(3) Glicose → 1 lactato$^-$ + 1 acetato$^-$ + 1 formato$^-$ + 3H$^+$	Bactérias entéricas	
(4) Glicose → 1 lactato$^-$ + 1 acetato$^-$ + H_2 + CO_2 + 2 H$^+$	Bactérias entéricas	2. Lactato: −196 kJ, com uma eficiência de 32%.

■ **Figura 5.14** Via de Embden-Meyerhof (glicólise), a seqüência de reações enzimáticas na conversão de glicose a piruvato e, em seguida, aos produtos de fermentação (as enzimas são apresentadas em caracteres menores). Os produtos da aldolase são, na realidade, o gliceraldeído 3-P e a diidroxiacetona P, mas a última é convertida em gliceraldeído 3-P. Observe como o piruvato corresponde ao "conector" central da glicólise — todos os produtos de fermentação são originados do piruvato. Apenas alguns exemplos são apresentados nesta figura.

produtos de excreção pelos destiladores, produtores de cerveja, de queijo, ou mesmo pelos padeiros (ver Quadro "Os produtos de fermentação originados pelas leveduras"). Assim, a fermentação é mais que um simples processo de obtenção de energia. Esta gera produtos naturais úteis aos seres humanos. A obtenção industrial de produtos de fermentação será discutida em mais detalhes no Capítulo 30.

✓ 5.10 Verificação de conceitos

A glicólise corresponde à principal via de fermentação, sendo amplamente distribuída nos seres vivos. Como resultado final da glicólise, temos a liberação de uma pequena quantidade de energia, conservada na forma de ATP, utilizada em várias funções celulares e na formação dos produtos de fermentação, derivados do intermediário-chave, piruvato. Os produtos de fermentação mais comuns originados a partir da glicose incluem etanol, ácido láctico, uma variedade de outros ácidos, alcoóis e substâncias gasosas, dependendo do organismo. Para cada molécula de glicose consumida na glicólise, são produzidas duas moléculas de ATP.

✓ Qual ou quais reações na glicólise envolvem oxidações e reduções?

✓ Qual o papel do NAD^+ na glicólise?

✓ Por que os produtos de fermentação são formados durante a glicólise?

5.11 Respiração e carreadores de elétrons associados à membrana

Acabamos de discutir a fermentação de glicose na glicólise — processo que ocorre na ausência de aceptores externos de elétrons. Uma quantidade relativamente pequena de energia é liberada na fermentação e poucas moléculas de ATP são sintetizadas. Essa pequena liberação de energia pode ser interpretada em termos dos princípios formais das reações de oxidação-redução. As fermentações geram pouca energia por duas razões: (1) os átomos de carbono do composto inicial são apenas parcialmente oxidados (ver Figura 5.14) e (2) a diferença nos potenciais de redução entre o doador primário de elétrons e o aceptor terminal de elétrons é pequena. No entanto, se o O_2, ou outro aceptor terminal, estiver presente, teoricamente todas as moléculas de substrato poderão ser completamente oxidadas a CO_2, com maior produção de ATP. O processo pelo qual um composto é oxidado utilizando O_2 como aceptor terminal de elétrons é denominado **respiração aeróbia**.

Nossa discussão sobre respiração aeróbia abordará tanto as transformações do carbono como as da energia: (1) as vias bioquímicas envolvidas na transformação do carbono orgânico a CO_2 e (2) de que forma os elétrons são transferidos dos compostos orgânicos para o aceptor terminal de elétrons, promovendo a síntese de ATP, mediada pela força próton motiva (Figura 5.13*b*). Iniciaremos discutindo o fluxo de elétrons.

Carreadores no transporte de elétrons

Os sistemas de transporte de elétrons são compostos por carreadores *associados à membrana*. Esses sistemas desempenham duas funções básicas: (1) receber os elétrons provenientes de um doador, transferindo-os a um aceptor de elétrons, e (2) conservar parte da energia liberada durante a transferência desses elétrons para a síntese de ATP.

Vários tipos de enzimas de oxidação-redução participam do transporte de elétrons: (1) NADH desidrogenases, que transferem átomos de hidrogênio a partir de NADH; (2) carreadores de elétrons contendo riboflavina, denominados genericamente flavoproteínas [que contêm flavina mononucleotídeo (FMN) ou flavina-adenina mononucleotídeo (FAD)]; (3) proteínas contendo ferro e enxofre; e (4) citocromos, proteínas que contêm um anel de ferro-porfirina denominado *heme*. Além disso, há ainda uma classe de carreadores *não protéicos* — as *quinonas* lipossolúveis. Estas podem difundir-se livremente através da membrana, geralmente transferindo elétrons das proteínas contendo ferro e enxofre para os citocromos. Passaremos agora a considerar, em maior detalhe, cada uma das classes de carreadores de elétrons.

NADH desidrogenases são proteínas ligadas à face interna da membrana citoplasmática. Tais proteínas recebem átomos de hidrogênio do NADH (Figura 5.10), gerados a partir de várias reações celulares, transferindo-os às flavoproteínas.

As **flavoproteínas** contêm um derivado de riboflavina (Figura 5.15). A porção flavina, ligada a uma proteína, corresponde a um grupo prostético que alterna entre os estados reduzido, quando recebe os átomos de hidrogênio, e oxidado, quando transfere elétrons. Observe que as flavoproteínas *recebem* átomos de hidrogênio e *doam* elétrons; o destino dos dois prótons será discutido posteriormente. Normalmente, as células apresentam dois tipos de flavina: a flavina mononucleotídeo (FMN) e a flavina-adenina dinucleotídeo, que corresponde à FMN ligada à ribose e à adenina por meio de um segundo grupo fosfato. A riboflavina, também denominada vitamina B_2, é um fator de crescimento para alguns organismos (ver Seção 5.2 e Tabela 5.3).

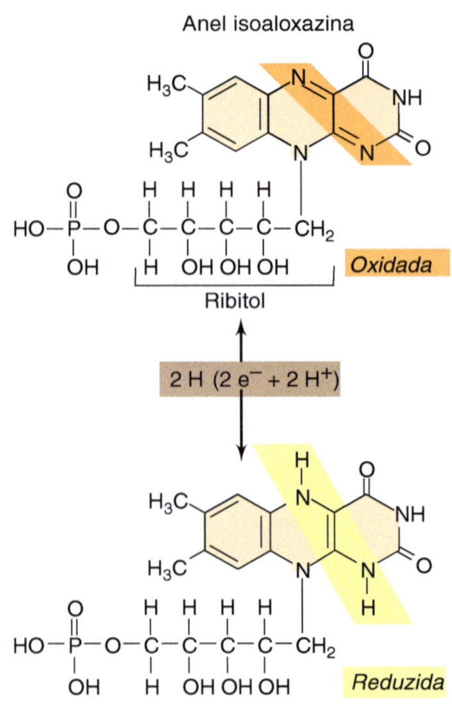

Figura 5.15 Flavina mononucleotídeo (FMN) (riboflavina fosfato — um carreador de átomos de hidrogênio). O sítio de oxidação-redução é o mesmo para FMN e flavina-adenina dinucleotídeo (FAD).

Técnicas & aplicações — Os produtos de fermentação originados pelas leveduras

Os processos aeróbios e anaeróbios de geração de energia podem parecer toscos e prosaicos; no entanto, representam a base de algumas das maiores descobertas da raça humana: os alimentos e bebidas fermentados (ver a fotografia).

Para a produção de pães e a maioria das bebidas alcoólicas, a levedura *Saccharomyces cerevisiae* é utilizada, produzindo etanol e CO_2. Encontradas em vários ambientes ricos em açúcar — como sucos de frutas e néctares —, as leveduras podem realizar os dois tipos opostos de metabolismo quimiorganotrófico, conforme discutido neste capítulo: a fermentação e a respiração. Na presença de oxigênio, as leveduras crescem eficientemente em substratos que contêm açúcar, duplicando-se e gerando CO_2 (este último oriundo do ciclo do ácido cítrico). Por outro lado, na ausência de oxigênio, as leveduras passam a realizar um metabolismo anaeróbio, que resulta em uma pequena taxa de reprodução, mas com produção de quantidades significativas de álcool e CO_2.

Todo produtor de vinho caseiro ou de cerveja é um microbiologista amador, talvez sem mesmo saber disso (Produção doméstica de cerveja, Capítulo 30). Quando as uvas são amassadas para a obtenção do suco, um pequeno número de leveduras, presentes nas uvas do vinhedo, são transferidas para o mosto. Durante os primeiros dias do processo de produção do vinho, essas leveduras crescem e consomem o O_2 na respiração, tornando o suco anóxico. Com a depleção do oxigênio, a fermentação passa a ocorrer, iniciando-se assim o processo de formação de álcool. A mudança de metabolismo aeróbio para anaeróbio é crucial; são necessários cuidados para garantir que o ar não penetre no tanque de fermentação. O vinho corresponde a apenas um dos muitos produtos sintetizados por leveduras. Temos, ainda, a cerveja e as bebidas destiladas, como conhaque, uísque, vodca e gim (ver Figura 1). Nas bebidas destiladas, o etanol produzido pelas leveduras — em quantidades relativamente pequenas (10 a 15% do volume) — é concentrado por destilação, originando bebidas que contêm 40 a 60% de álcool. O álcool utilizado como combustível é também produzido por leveduras em regiões do mundo onde o açúcar é abundante e o fornecimento de petróleo, escasso (como no Brasil). Nos Estados Unidos, a principal produção de álcool etílico para uso como solvente industrial é realizada a partir da fermentação do amido de milho. As leveduras também podem ser utilizadas como fermento de pães. Nesse caso, não é o *álcool* que tem importância, mas o CO_2 — outro produto originado durante a fermentação alcoólica (ver Figura 5.14). Discutiremos as leveduras e seus produtos no Capítulo 30.

Com isso, podemos apreciar como uma célula de levedura, forçada a assumir um estilo de vida fermentativo devido à ausência do oxigênio necessário à sua respiração, teve enorme impacto na vida nos seres humanos. Além de serem "produtos de excreção" da via glicolítica de leveduras, o etanol e CO_2 são ingredientes-chave nos produtos das indústrias de bebidas alcoólicas e panificadoras, respectivamente. ■

■ **Figura 1** Principais produtos em que a fermentação pela levedura *Saccharomyces cerevisiae* é crítica.

Os **citocromos** são proteínas que apresentam grupos prostéticos associados, contendo um anel de porfirina (heme) com ferro (Figura 5.16). Os citocromos sofrem oxidação e redução a partir da perda e ganho de um único elétron, pelo átomo de ferro localizado no centro da molécula:

$$\text{Citocromo} - Fe^{2+} \rightleftharpoons \text{Citocromo} - Fe^{3+} + e^-$$

Várias classes de citocromos são conhecidas; estas apenas diferem em relação aos potenciais redutores. Um citocromo pode transferir elétrons para um aceptor (heme, quinona, Fe/S), com potencial redutor mais positivo, e receber elétrons de um doador, com potencial redutor menos positivo. Os diferentes citocromos são designados por letras, como citocromo *a*, citocromo *b*, citocromo *c*, conforme o grupo heme que possuam. Os citocromos podem apresentar pequenas variações nos diferentes organismos, recebendo designações como citocromo a_1, citocromo a_2, citocromo aa_3, e assim por diante, para citocromos de uma mesma classe. Ocasionalmente, os citocromos podem formar complexos fortemente associados a outros citocromos ou a proteínas contendo ferro e enxofre. Um exemplo desse tipo de complexo é o complexo citocromo bc_1, que contém dois citocromos *b* diferentes e um citocromo *c*. Esses complexos desempenham importante papel no metabolismo energético (ver Seção 5.12 e Figura 5.20).

Além dos citocromos, em que o ferro está ligado ao grupo heme, várias **proteínas não heme, contendo ferro e enxofre (Fe/S)**, estão associadas às cadeias de transporte de elétrons. Essas proteínas podem apresentar vários arranjos de enxofre e ferro; os conjuntos Fe_2S_2 e Fe_4S_4 são os mais comuns (Figura 5.17). Os átomos de ferro ligam-se ao enxofre livre e à proteína por meio dos átomos de enxofre presentes nos resíduos de cisteína (Figura 5.17). A *ferredoxina* — uma proteína de ferro-enxofre comum nos sistemas biológicos — apresenta a configuração Fe_2S_2. Os potenciais redutores das proteínas de ferro-enxofre são muito variáveis, dependendo do número de átomos de ferro e enxofre presentes e de como os centros de ferro estão ligados à proteína.

Assim, as diferentes proteínas de ferro-enxofre podem atuar em pontos distintos do processo de transporte de elétrons. Essas proteínas de ferro-enxofre, assim como os citocromos, carreiam apenas elétrons e não átomos de hidrogênio.

As **quinonas** (Figura 5.18) são moléculas não protéicas, altamente hidrofóbicas, envolvidas no transporte de elétrons. Algumas quinonas encontradas em bactérias estão

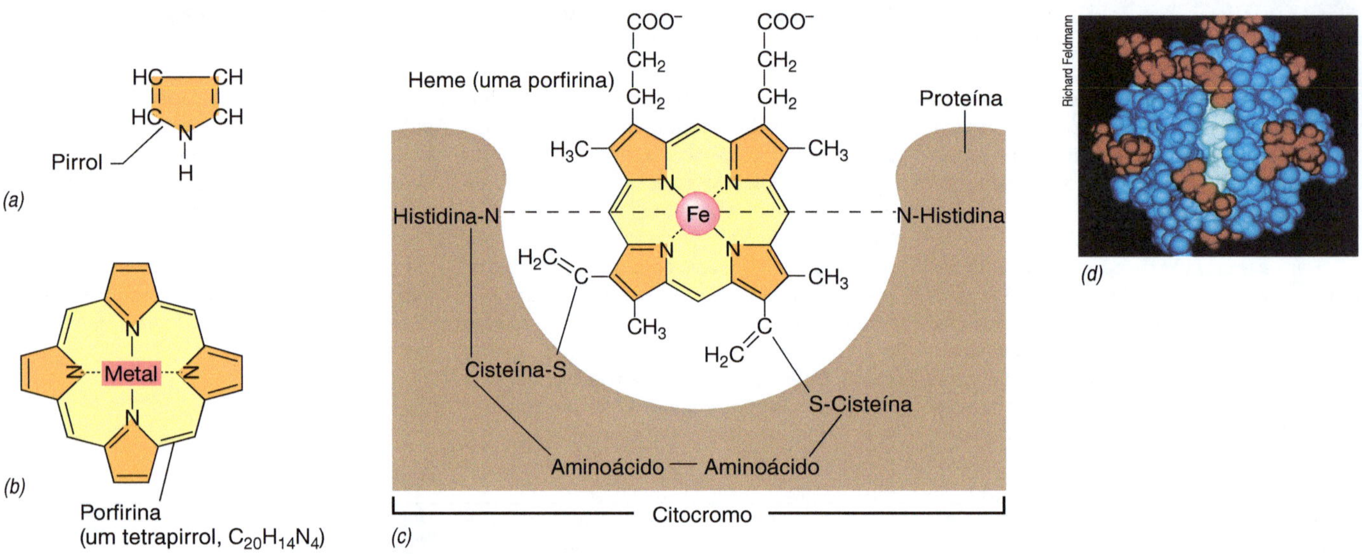

■ **Figura 5.16** Citocromo e sua estrutura. (a) Estrutura do anel pirrólico. (b) Quatro anéis pirrólicos são condensados, levando à formação do anel porfirínico. Vários metais podem ser incorporados ao sistema do anel de porfirina. Por exemplo, na clorofila, o metal é Mg^{2+} (Seção 18.2 e Figura 18.3); na vitamina B_{12}, é Co^{2+} (Seção 30.7 e Figura 30.12), enquanto em certas coenzimas porfirínicas o Ni^{2+} pode corresponder ao átomo metálico central (Seção 18.7 e Figura 18.42). (c) Em alguns citocromos, como o citocromo *c*, o anel de porfirina está ligado covalentemente a moléculas de cisteína, por meio de pontes dissulfeto. Observe a presença de ferro no centro do anel. (d) Modelo computacional do citocromo *c*. A proteína circunda totalmente o anel de porfirina (cor clara), no centro. Os citocromos carreiam apenas elétron e não átomos de hidrogênio; o sítio redox corresponde ao átomo de ferro, que pode alternar entre os estados de oxidação Fe^{2+} e Fe^{3+}.

relacionadas à vitamina K — um fator de crescimento para animais superiores. Assim como as flavoproteínas, as quinonas atuam como aceptores de *átomos de hidrogênio* e doadores de *elétrons*.

✓ 5.11 Verificação de conceitos

Os sistemas aeróbios de transporte de elétrons consistem em uma série de carreadores associados à membrana, que atuam de maneira integrada, transferindo elétrons de um doador para o oxigênio — o aceptor final (terminal) de elétrons.

✓ De maneira o ferro, presente nos citocromos, pode ser comparado a uma proteína como a ferredoxina?

✓ Qual a principal diferença que as quinonas apresentam em relação aos demais carreadores de elétrons associados à membrana?

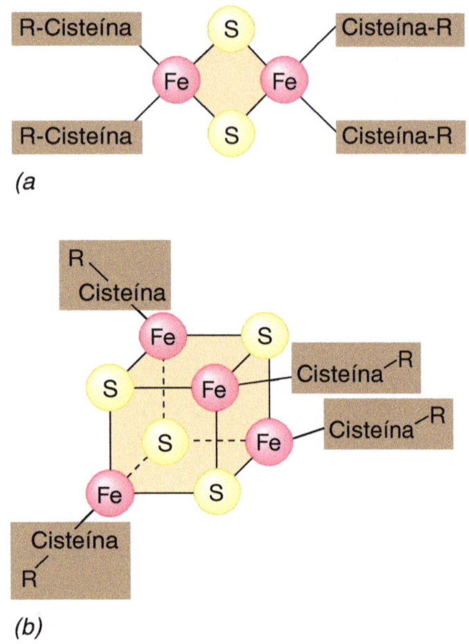

■ **Figura 5.17** Arranjo dos centros de ferro-enxofre de proteínas não heme contendo ferro e enxofre. (a) Centro Fe_2S_2. (b) Centro Fe_4S_4. As ligações de cisteína são oriundas da porção protéica da molécula. As proteínas contendo ferro e enxofre carreiam apenas elétrons.

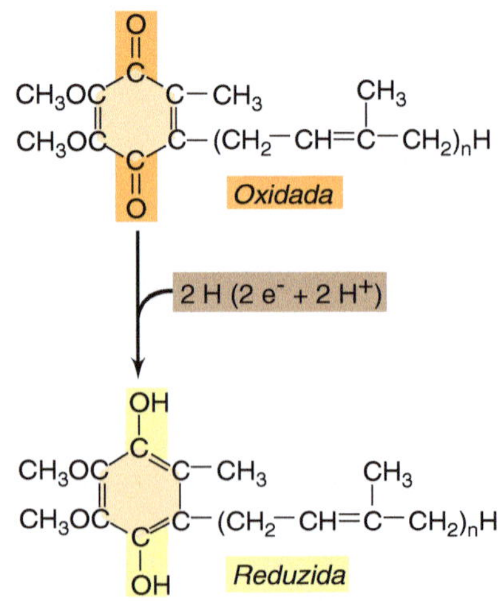

■ **Figura 5.18** Estrutura das formas oxidada e reduzida da coenzima Q — uma quinona. A unidade de cinco carbonos na cadeia lateral (um isoprenóide) pode repetir-se várias vezes. Em procariotos, o número mais comum de repetições é *n*=6; em eucariotos, *n*=10. Observe que a quinona oxidada requer dois átomos de hidrogênio (2 H) para tornar-se completamente reduzida. Uma forma intermediária, a semiquinona (que contém um H mais reduzido que a quinona oxidada), é originada durante a redução de uma quinona.

✓ Que carreadores de elétrons recebem apenas átomos de hidrogênio? Quais recebem apenas elétrons?

5.12 Conservação de energia a partir da força próton motiva

Os principais componentes das cadeias de transporte de elétrons são apresentados na Figura 5.19. Durante o transporte de elétrons, há a produção de ATP pelo processo de fosforilação oxidativa. A produção de ATP está diretamente associada ao estabelecimento de uma **força próton motiva** através da membrana. As reações de transporte de elétrons são responsáveis pelo estabelecimento desse estado energizado da membrana. Passaremos agora a discutir os detalhes desse processo.

A força próton motiva: quimioosmose

Para entender como o transporte de elétrons está associado à síntese de ATP, é necessário discutir, inicialmente, a maneira pela qual esse sistema de transporte de elétrons se orienta na membrana celular. A estrutura geral da membrana foi apresentada na Seção 4.5 (Figura 4.17). Mostrou-se que as proteínas encontram-se embebidas na bicamada lipídica das membranas e que a maioria destas se orienta de maneira a ter acesso tanto ao meio extra quanto intracelular (isto é, proteínas transmembrânicas).

Os carreadores de elétrons, anteriormente discutidos, orientam-se na membrana de tal maneira que promovem a separação de prótons e elétrons através da membrana, durante o processo de transporte. Os átomos de hidrogênio removidos de carreadores de hidrogênio, como NADH, são separados em prótons e elétrons. Os elétrons são transportados ao longo da cadeia por carreadores específicos, enquanto os prótons são bombeados para o meio extracelular (em procariotos gram-negativos, os prótons são bombeados para o periplasma), resultando em uma ligeira acidificação da superfície externa da membrana. No final da cadeia de transporte de elétrons, estes são transferidos para o aceptor terminal de elétrons (no caso da respiração aeróbia, o O_2), que é reduzido.

Para o O_2 ser reduzido a H_2O, há a necessidade de um H^+ citoplasmático para que a reação seja completada; esses prótons são oriundos da dissociação da água em H^+ e OH^-. A utilização de H^+ na redução do O_2 a H_2O, com a extrusão de H^+, resulta em um acúmulo líquido de OH^- na face *interna* da membrana. Apesar de seu pequeno tamanho, a presença de cargas nos íons H^+ e OH^- não permite sua passagem livre através da membrana, o que impede a restauração espontânea do equilíbrio. Assim, embora se considere que o transporte de elétrons ao O_2 produza água, na realidade os componentes da água, H^+ e OH^-, são acumulados em lados opostos da membrana. Como resultado líquido, um *gradiente de pH* e um *potencial eletroquímico* são gerados ao longo da membrana. O citoplasma torna-se alcalino e adquire carga elétrica negativa, enquanto a face externa da membrana torna-se ácida, com carga positiva. O gradiente de pH e o potencial eletroquímico energizam a membrana (como uma bateria), sendo parte dessa energia elétrica conservada pela célula.

Da mesma forma que o estado energizado de uma bateria é expresso em termos de força eletromotiva (volts), o estado energizado de uma membrana é expresso como força próton motiva (também em volts). O estado ener-

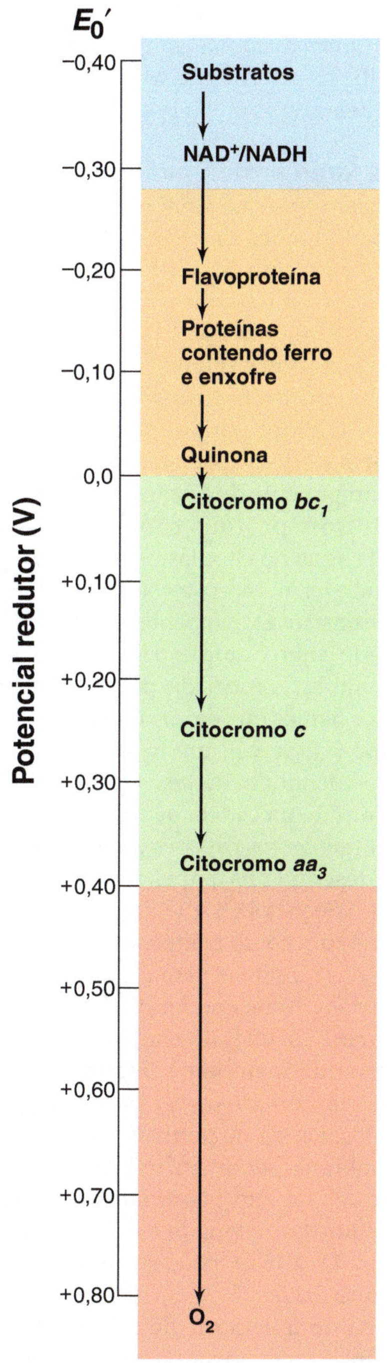

■ **Figura 5.19** Cadeias de transporte de elétrons e sua relação com E_0'. A figura apresenta apenas um exemplo de um sistema de transporte de elétrons, promovendo a transferência dos elétrons de um substrato ao O_2. A seqüência apresentada é típica da cadeia de transporte de elétrons das mitocôndrias de células eucarióticas e de algumas *Bacteria* (por exemplo, *Paracoccus denitrificans*). A cadeia de transporte de elétrons de *Escherichia coli* não contém os citocromos *c* e aa_3; os elétrons são transferidos diretamente do citocromo *b* para o citocromo *o* ou *d* (este último apresenta E_0' similar ao citocromo aa_3), que corresponde a uma oxidase terminal (Figura 18.37). O desmembramento de uma oxidação completa em uma série de etapas discretas possibilita a conservação de energia, devido à formação da força próton motiva, que leva à síntese de ATP. Compare o código de cores com aquele apresentado na Figura 5.9.

gizado da membrana, resultante dos processos de transporte de elétrons, pode ser utilizado diretamente na realização de trabalho útil, tal como o transporte iônico (Seção 4.7), a rotação flagelar (Seção 4.10), ou na formação de ligações fosfato de alta energia no ATP, como será descrito posteriormente. A idéia de um gradiente de prótons promovendo a síntese de ATP foi proposta inicialmente como a *teoria quimioosmótica*, em 1961, pelo cientista inglês Peter Mitchell; posteriormente, Mitchell foi agraciado com o Prêmio Nobel, graças à sua importante contribuição.

Geração da força próton motiva

As principais etapas na geração da força próton motiva envolvem as atividades das enzimas flavina, quinonas e do complexo citocromo bc_1 (Figura 5.20). A série de reações de oxidação-redução que ocorre durante o transporte de elétrons pode ser analisada pelo exame seqüencial de cada par de carreadores (Figura 5.20). Após a transferência de dois átomos de hidrogênio do NADH para FAD, dois H^+ são deslocados para o exterior da célula, quando FADH doa dois elétrons (somente) a uma proteína de ferro-enxofre, componente do Complexo I, como ilustrado na Figura 5.20. Dois prótons são captados a partir da dissociação da água no citoplasma, quando a proteína não heme, contendo ferro, reduz a coenzima Q. A coenzima Q transfere elétrons sucessivamente ao complexo citocromo bc_1, apresentado como Complexo III, na Figura 5.20. O complexo citocromo bc_1 é formado por várias proteínas contendo diversos hemes ou centros metálicos, tais como dois hemes do tipo *b* (b_L e b_H), um heme do tipo *c* (c_1) e uma proteína Fe/S (denominada *proteína de Rieske*). O complexo bc_1 é encontrado na cadeia de transporte de elétrons da maioria dos organismos capazes de respirar. Esse complexo também desempenha papel no fluxo de elétrons na fotossíntese (Seções 18.4 e 18.5).

A principal função do complexo citocromo bc_1 é transferir elétrons das quinonas para o citocromo *c*, associada à translocação dos prótons ao longo da membrana, que resulta no acúmulo de OH^- no citoplasma e prótons na superfície externa da membrana (Figura 5.20). Os elétrons deslocam-se do complexo bc_1 para uma molécula de citocromo *c*, localizada no periplasma ou ligada à face externa da membrana, sendo então transferidos ao complexo citocromo aa_3, de alto potencial (Complexo IV, Figura 5.20). Esse último corresponde à *oxidase terminal* do sistema, que reduz O_2 a H_2O, na etapa final do transporte de elétrons (Figura 5.20).

O esquema de transporte de elétrons ilustrado na Figura 5.20 corresponde apenas a uma das muitas seqüências de transporte conhecidas em diferentes microrganismos. Vários aspectos são característicos de todas as cadeias de transporte de elétrons e podem ser sumarizados como a seguir: (1) a presença de uma série de carreadores de elétrons associados à membrana, arranjados em ordem crescente de E_0' mais positivos; (2) uma alternância nos carreadores, entre os que transportam apenas elétrons e os que transportam apenas átomos de hidrogênio; (3) a geração de uma força próton motiva, resultante da separação de cargas ao longo da membrana, tornando o ambiente extracelular ácido, e o intracelular, alcalino. Como veremos a seguir, a força próton motiva é responsável pela formação de ATP.

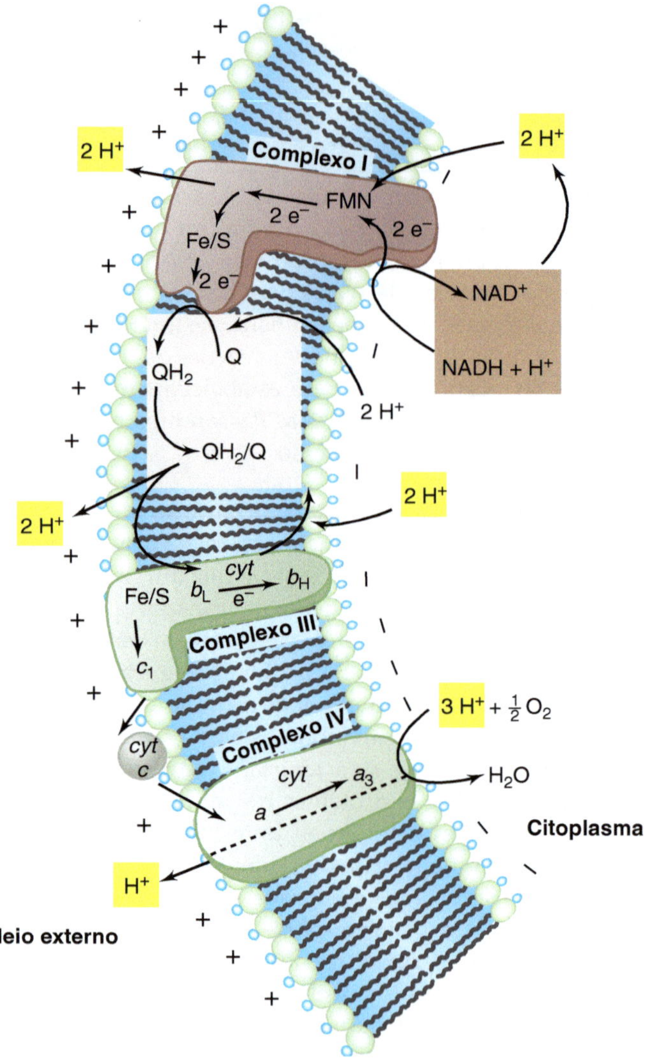

■ **Figura 5.20** Geração da força próton motiva durante a respiração aeróbia. A figura apresenta a orientação dos principais carreadores de elétrons na membrana de um organismo como *Paracoccus denitrificans* — um procarioto-modelo nos estudos de respiração. As cargas + e – ao longo da membrana representam H^+ e OH^-, respectivamente. Abreviações: FMN, flavoproteína; Q, quinona; Fe/S, proteína com ferro e enxofre; cyt *a*, *b*, *c*, citocromos (b_L e b_H, citocromos do tipo *b* de baixo e alto potencial, respectivamente). No sítio da quinona ocorre uma reciclagem dos elétrons durante o "ciclo Q". Isso porque os elétrons de QH_2 podem ser separados no complexo bc_1 (Complexo III), entre a proteína Fe/S e os citocromos do tipo *b*. Os elétrons que são transferidos reduzem Q (em duas etapas, cada uma com um elétron) a QH_2, aumentando assim o número de prótons bombeados no sítio Q-bc_1. Os elétrons que atingem Fe/S reduzem o citocromo c_1 e o citocromo *c* e, então, os citocromos do tipo *a* no Complexo IV eventualmente reduzem O_2 a H_2O (dois átomos de hidrogênio são necessários para promover a redução de $\frac{1}{2}$ O_2 a H_2O). Para facilitar, o Complexo II, complexo da succinato desidrogenase, não foi apresentado nesse esquema. Os números dos complexos foram determinados por uma convenção de cientistas que trabalham na área de bioenergética de membrana. Compare essa cadeia de transporte de elétrons com a de *Escherichia coli*, apresentada na Figura 18.37.

A força próton motiva e a formação de ATP

Como a força próton motiva promove a formação de ATP? Curiosamente, pode ser traçado um paralelo entre o mecanismo de síntese de ATP e o mecanismo do motor que promove a rotação do flagelo bacteriano (Seção 4.10).

O catalisador responsável pela conversão da força próton motiva em ATP é um grande complexo enzimático de membrana denominado **ATP sintase** ou **ATPase**. A ATPase é composta por duas partes principais: uma cabeça, que contém várias subunidades (denominada F_1), localizada na face citoplasmática da membrana, e um canal condutor de prótons (denominado F_0), que atravessa a membrana (Figura 5.21). O complexo F_1/F_0 catalisa uma reação *reversível* entre ATP e ADP + P_i (fosfato inorgânico), ilustrada na Figura 5.21.

A ATPase F_1/F_0 corresponde ao menor motor biológico conhecido. De acordo com o modelo de funcionamento proposto para a ATPase de *Escherichia coli*, a movimentação dos prótons através de uma das subunidades F_0 promove a rotação das proteínas c, gerando um torque que é transmitido a F_1 pelas subunidades $\gamma\varepsilon$ (Figura 5.21). Em essência, a energia é transferida a F_1 pela rotação acoplada das subunidades $\gamma\varepsilon$, promovendo alterações conformacionais nas subunidades β; esse processo representa trabalho realizado no sistema (energia potencial), que pode ser aproveitado na síntese de ATP.

Isso é possível porque as alterações conformacionais nas subunidades β permitem a ligação de ADP + P_I, que são convertidos a ATP quando as subunidades β retornam à sua conformação original. Analogamente ao motor flagelar (Figura 4.41), a função primária das subunidades $b_2\delta$ de F_1 é atuar como componente fixo (estator), impedindo a rotação das subunidades α e β juntamente com $\gamma\varepsilon$, o que poderia afetar as alterações conformacionais de β. Diferentemente do flagelo, a rotação da ATPase não é empregada na propulsão celular, sendo utilizada na síntese de ATP (Figura 5.21). A síntese de ATP, catalisada pela ATPase, é denominada **fosforilação oxidativa**, nos sistemas respiratórios, ou **fotofosforilação**, em organismos fototróficos. A medida da estequiometria entre o número de prótons consumidos por ATP produzido por uma dessas fosforilações, gera um número que varia entre 3 e 4.

O pequeno motor molecular F_1/F_0 pode ser revertido. A hidrólise de ATP fornece torque para a rotação de $\gamma\varepsilon$ na direção oposta e promove o bombeamento de prótons de dentro da célula para o exterior, através da subunidade a, *criando* uma força próton motiva em vez de *dissipá-la*. Essa reversibilidade explica por que organismos fermentativos, incapazes de realizar fosforilação oxidativa, contêm uma ATP sintase. Uma vez que muitas reações celulares, como motilidade e transporte, requerem a energia de uma força próton motiva (Seção 4.6), a ATPase em organismos que não respiram, tais como bactérias lácticas, atua unidirecionalmente, gerando uma força próton motiva que promove essas funções celulares.

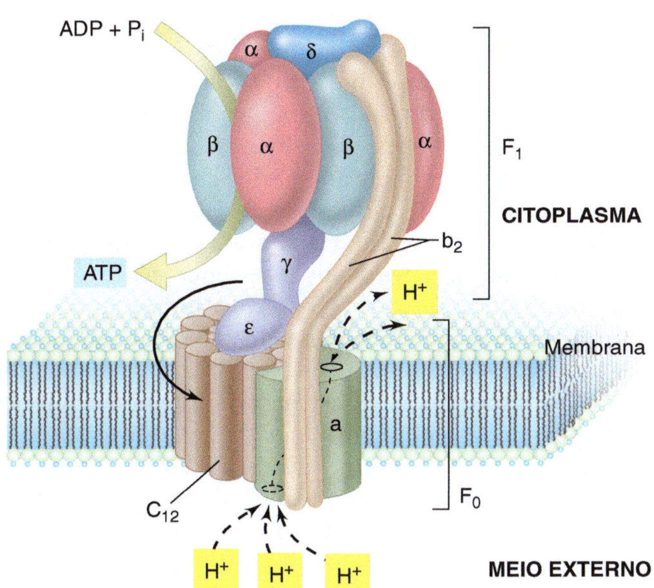

■ **Figura 5.21** Estrutura e função da ATP sintase (ATPase). F_1 consiste em cinco polipeptídeos diferentes, presentes como um complexo $\alpha_3\beta_3\gamma\varepsilon\delta$. F_1 corresponde ao complexo catalítico, responsável pela interconversão entre ADP + P_i e ATP. F_0 encontra-se integrado à membrana e consiste em três polipeptídeos, que formam um complexo ab_2c_{12}. A subunidade a é responsável pela canalização dos prótons através da membrana, enquanto a subunidade b se estende para fora da membrana, formando, juntamente com as subunidades b_2 e δ, o estator. À medida que os prótons entram, a dissipação da força próton motiva promove a síntese de ATP. O mecanismo de ação da ATPase é reversível, isto é, a hidrólise de ATP pode promover a formação de uma força próton motiva.

Inibidores e desacopladores

Os eventos que compõem o transporte de elétrons podem ser estudados pela adição de certos compostos químicos que afetam a fosforilação oxidativa. Duas classes desses compostos químicos são conhecidas: os *inibidores* e os *desacopladores*. Os inibidores bloqueiam o fluxo de elétrons e, com isso, o estabelecimento da força próton motiva. Como exemplos, temos o monóxido de carbono (CO) e o cianeto (CN^-), que se ligam fortemente a certos citocromos, impedindo seu funcionamento. Contrariamente, os desacopladores impedem a síntese de ATP *sem* afetar o transporte de elétrons. Essas substâncias lipossolúveis, como dinitrofenol e dicumarol, tornam as membranas porosas, destruindo a força próton motiva e sua capacidade de promover a síntese de ATP.

✓ 5.12 Verificação de conceitos

Quando os elétrons são transportados através de um sistema de transporte integrado à membrana, os prótons são enviados para fora da membrana, originando a força próton motiva. Os principais carreadores de elétrons incluem flavinas, quinonas, o complexo citocromo bc_1 e outros citocromos, conforme o organismo. A célula utiliza a força próton motiva para a síntese de ATP, pela rotação das ATPases.

- ✓ Como as reações de transporte de elétrons geram a força próton motiva?
- ✓ Qual estrutura celular converte a força próton motiva em ATP? Como essa estrutura funciona?

5.13 O fluxo de carbono na respiração: o ciclo do ácido cítrico

Passaremos a considerar os aspectos metabólicos do fluxo de carbono na respiração. As etapas iniciais na respiração de glicose envolvem as mesmas etapas bioquímicas descritas na glicólise (ver Figura 5.14). Como mencionamos, um dos principais intermediários da glicólise é o piruvato. Enquanto na fermentação o piruvato é convertido em produtos de fermentação, na respiração esse composto é completamente oxidado a CO_2. Uma das principais vias responsáveis pela completa oxidação do piruvato a CO_2 denomina-se **ciclo do ácido cítrico** (CAC), ilustrado na Figura 5.22.

Inicialmente, o piruvato é descarboxilado, levando à produção de uma molécula de NADH e uma de acetil acoplada à coenzima A (Acetil-CoA) (ver Figura 5.12). O grupo acetil da acetil-CoA combina-se ao composto de quatro carbonos (oxalacetato), originando ácido cítrico — um ácido orgânico de seis carbonos; a energia da ligação de alta energia do acetil-CoA (Figura 5.12) é utilizada para promover essa síntese. Em seguida, ocorrem reações de hidratação, descarboxilação e oxidação, com a liberação de duas moléculas adicionais de CO_2. Finalmente, o oxalacetato é regenerado e pode, de novo, atuar como aceptor de acetil, completando assim o ciclo.

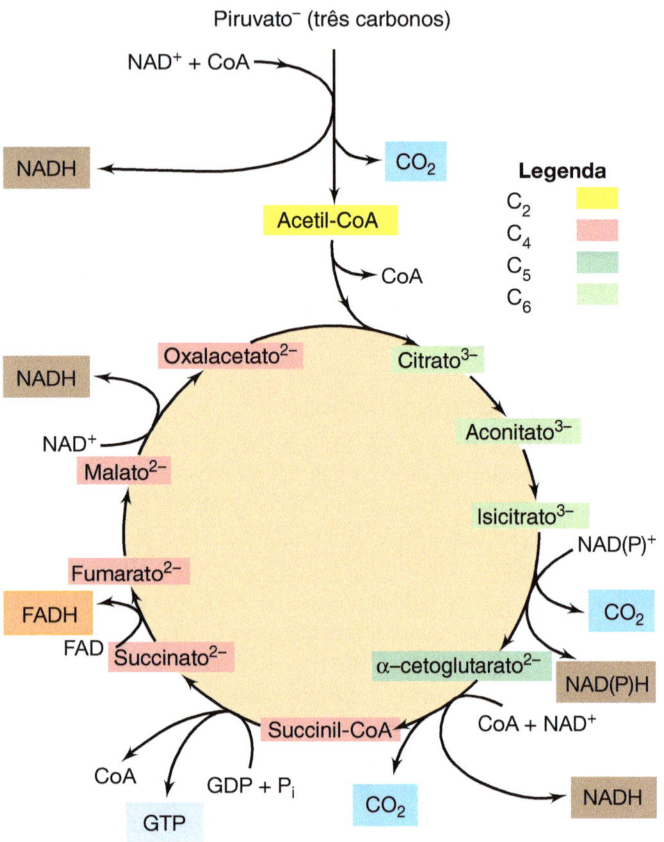

(a)

Reação global: Piruvato⁻ + 4 NAD⁺ + FAD → 3 CO_2 + 4 NADH + FADH

(1) Fosforilação em nível de substrato: GDP + P_i → GTP; GTP + ADP → GDP + ATP

(2) Transporte de elétrons / Fosforilação: 4 NADH ≡ 12 ATP; FADH ≡ 2 ATP } 15 ATP

(3) Soma: CAC mais glicólise → 38 ATP por molécula de glicose

(b)

■ **Figura 5.22** O ciclo do ácido cítrico (CAC). (a) O CAC é iniciado quando o composto de dois carbonos, acetil-CoA (formado a partir do piruvato), condensa-se ao oxalacetato — um composto de quatro carbonos —, originando citrato — um composto de seis carbonos. Mediante uma série de oxidações e transformações, esse composto de seis carbonos é novamente convertido a oxalacetato, contendo quatro carbonos, que inicia outro ciclo pela adição de outra molécula de acetil-CoA. (b) Balanço global do combustível (NADH/FADH) para a cadeia de transporte de elétrons e do CO_2, gerado no CAC. Compare com a Figura 5.14 e observe a grande diferença de energia gerada na fermentação e na respiração da glicose.

Liberação de CO_2 e combustível para o transporte de elétrons

Para cada molécula de piruvato oxidada no ciclo, três moléculas de CO_2 são liberadas; uma durante a formação de acetil-CoA, outra na descarboxilação do isocitrato e a última na descarboxilação do α-cetoglutarato (Figura 5.22). Assim como na fermentação, os elétrons liberados durante a oxidação dos intermediários do CAC são transferidos para as enzimas, que contêm NAD^+ ou FAD como coenzima. Em contrapartida, a respiração difere da fermentação na maneira pela qual NADH e FADH são oxidados. Na respiração, os elétrons do NADH, em vez de serem utilizados para reduzir um intermediário como piruvato, são transferidos para o oxigênio ou outros aceptores terminais de elétrons pela atividade do *sistema de transporte de elétrons*, descrito na Seção 5.12. Assim, contrariamente ao observado na fermentação, a presença de um aceptor de elétrons na respiração permite que a glicose seja totalmente oxidada a CO_2, com um rendimento energético muito maior.

Biossíntese e ciclo do ácido cítrico

Além de desempenhar papel-chave nas reações catabólicas, o ciclo do ácido cítrico também é importante nas reações biossintéticas da célula. Isso porque o ciclo é composto por vários intermediários-chave, que podem ser desviados para vias biossintéticas quando necessário. Nesse sentido, os intermediários α-cetoglutarato e oxalacetato, precursores de diversos aminoácidos (ver Seção 5.15), e succinil-CoA, necessário à formação do anel de porfirina dos citocromos, da clorofila e de vários outros compostos tetrapirrólicos (ver Figura 5.16), são de particular importância. O oxalacetato é também importante, pois pode ser convertido a fosfoenolpiruvato, um precursor de glicose (ver Figura 5.25). Além desses, o acetil-CoA fornece o material inicial para a biossíntese de ácidos graxos (ver Seção 5.15). Assim, o ciclo do ácido cítrico desempenha dois papéis principais na célula: bioenergético e biossintético. Parte dessa afirmação pode ser dita sobre a via glicolítica, já que intermediários dessa via podem também ser desviados para uma série de vias biossintéticas.

✓ 5.13 Verificação de conceitos

A respiração envolve a oxidação completa de um composto orgânico, com uma liberação muito maior de energia que na fermentação. O ciclo do ácido cítrico desempenha importante papel na respiração de compostos orgânicos.

✓ Quantas moléculas de CO_2 e pares de átomos de hidrogênio são liberados no ciclo do ácido cítrico, para cada acetato consumido?
✓ Quais os dois principais papéis que o ciclo do ácido cítrico e a glicólise têm em comum?

V DIVERSIDADE CATABÓLICA E UMA VISÃO GERAL DA BIOSSÍNTESE

Como enfatizamos no Capítulo 2, o coração da diversidade microbiana corresponde à *diversidade metabólica*, especialmente nas diferentes estratégias desenvolvidas pelos microrganismos para sintetizar ATP. Até o momento, este capítulo abordou apenas as reações realizadas pelos quimiorganotróficos. Passaremos a tecer breves considerações sobre os compostos orgânicos alternativos utilizados como fontes de energia e encerraremos o capítulo com uma visão geral das reações que geram os monômeros necessários à montagem das macromoléculas.

5.14 Alternativas catabólicas

A Figura 5.23 sumariza os métodos alternativos utilizados pelas células para gerar energia, além da fermentação e da respiração aeróbia. Estes incluem a respiração anaeróbia, a quimiolitotrofia e a fototrofia.

Respiração anaeróbia

Um mecanismo alternativo de geração de energia corresponde a uma variação da respiração, em que aceptores de elétrons *diferentes* do oxigênio são utilizados. Contrariamente à respiração aeróbia, esse processo é denominado **respiração anaeróbia**. Os aceptores de elétrons utilizados na respiração anaeróbia incluem nitrato (NO_3^-), ferro férrico (Fe^{3+}), sulfato (SO_4^{2-}), carbonato (CO_3^{2-}) e até mesmo certos compostos orgânicos. Devido às suas posições na torre eletrônica (nenhum desses aceptores apresenta E_0' tão eletropositivo como o par O_2/H_2O) (ver Figura 5.9), menos energia é liberada quando esses aceptores de elétrons são utilizados em substituição ao oxigênio. Em contrapartida, o uso desses aceptores alternativos permite aos microrganismos respirarem em ambientes nos quais há ausência de oxigênio. Como a solubilidade do O_2 na água é baixa e como o O_2 é altamente requerido como aceptor de elétrons, as respirações anaeróbias são de extrema importância ecológica. A respiração anaeróbia será discutida em mais detalhes na Seção 18.13.

Quimiolitotrofia

Um segundo mecanismo de geração de energia envolve a utilização de compostos químicos *inorgânicos*. Os organismos capazes de utilizar compostos inorgânicos como doadores de elétrons correspondem a um tipo de quimiotróficos denominados **quimiolitotróficos**. Como exemplos de doadores inorgânicos de elétrons temos o sulfeto de hidrogênio (H_2S), o hidrogênio gasoso (H_2), o ferro ferroso (Fe^{2+}) e a amônia (NH_3). O metabolismo quimiolitotrófico normalmente envolve processos de respiração aeróbia, como aqueles descritos neste capítulo, utilizando fontes de energia inorgânicas em vez de orgânicas (Figura 5.23). Os quimiolitotróficos apresentam componentes do sistema de transporte similares aos dos quimiorganotróficos, originando uma força próton motiva que promove a síntese de ATP. Uma importante distinção entre quimiolitotróficos e quimiorganotróficos refere-se às fontes de *carbono* utilizadas para a biossíntese. Geralmente, os quimiorganotróficos podem utilizar compostos como a glicose como fonte de carbono e também de energia, enquanto os quimiolitotróficos, obviamente, não podem utilizar seus doadores inorgânicos de elétrons como fonte de carbono. A maioria dos quimiolitotróficos utiliza o *dióxido de carbono* (CO_2) como fonte de carbono, sendo, portanto, **autotróficos**. As várias formas de quimiolitotrofia serão discutidas no Capítulo 18.

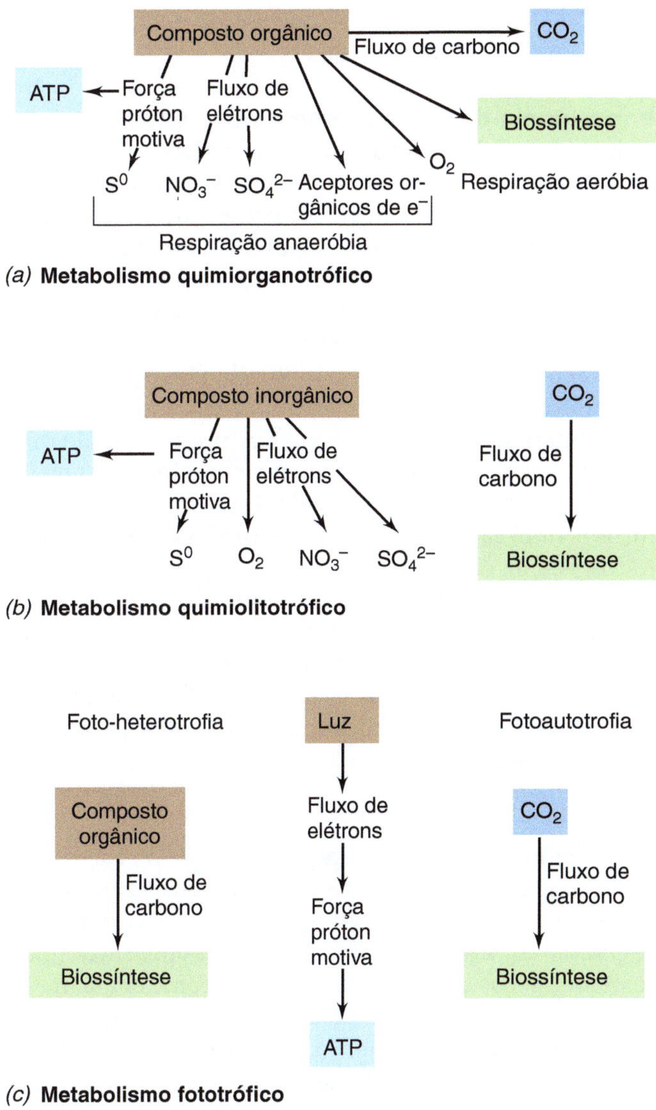

■ **Figura 5.23** Energética e fluxo de carbono no (a) metabolismo respiratório quimiorganotrófico, (b) metabolismo quimiolitotrófico e (c) metabolismo fototrófico. Observe como no metabolismo fototrófico o carbono necessário à biossíntese pode ser originado a partir do CO_2 (fotoautotrofia) ou de compostos orgânicos (foto-heterotrofia). Observe também a importância do transporte de elétrons na formação da força próton motiva, em cada caso.

Fototrofia

Um grande número de microrganismos, assim como as plantas verdes, é *fototrófico*, utilizando a luz como fonte de energia no processo de fotossíntese. Os mecanismos pelos quais a luz é utilizada como fonte de energia são singulares e complexos, embora o resultado final seja a geração de uma força próton motiva, que pode ser utilizada na síntese de ATP. A maioria dos fototróficos utiliza a energia conservada no ATP para assimilar dióxido de carbono, que será usado como fonte de carbono na biossíntese; estes são denominados **fotoautotróficos**. Entretanto, alguns fototróficos utilizam compostos orgânicos como fonte de carbono e são denominados **foto-heterotróficos** (Figura 5.23). Como veremos no Capítulo 18, a fotossíntese realizada por microrganismos apresenta algumas características e complicações especiais. Por exemplo, os microrganismos podem realizar dois tipos de fotossíntese, uma similar àquela realizada pelas plantas superiores, após o surgimento do O_2, e um outro tipo singular, encontrado apenas em determinados procariotos, independente da presença de O_2.

Importância da força próton motiva nas estratégias bioenergéticas alternativas

Deve estar claro que, em termos de metabolismo energético, os microrganismos apresentam uma diversidade surpreendente de estratégias bioenergéticas. Milhares de compostos orgânicos, muitos compostos inorgânicos e a luz podem ser utilizados como fonte de energia pelos microrganismos. No entanto, excetuando-se as fermentações, em que há a fosforilação em nível de substrato, a diversidade metabólica na respiração e na fotossíntese gira sobre o mesmo tema: a geração de uma *força próton motiva*. Independentemente dos elétrons serem originados a partir da oxidação de compostos orgânicos ou inorgânicos, ou, ainda, de processos fototróficos, todos percorrem uma cadeia de transporte de elétrons associada à membrana, que gera uma força próton motiva (Figura 5.20); a conservação de energia em todos os casos ocorre pela atividade da ATPase (Figura 5.21). No Capítulo 18, examinaremos alguns detalhes das diferentes estratégias bioenergéticas que resultam na geração da força próton motiva.

✓ 5.14 Verificação de conceitos

Aceptores de elétrons diferentes do oxigênio podem atuar como aceptores terminais de elétrons na geração de energia. Como o oxigênio está ausente, esse processo é denominado respiração anaeróbia. Os quimiolitotróficos utilizam compostos inorgânicos como doadores de elétrons, enquanto os fototróficos utilizam a luz para originar uma força próton motiva. A força próton motiva está envolvida em todas as formas de respiração e na fotossíntese.

✓ Em termos de doadores de elétrons, como os quimiorganotróficos podem ser diferenciados dos quimiolitotróficos?

✓ Qual é a fonte de carbono dos organismos autotróficos?

✓ Como os fotoautotróficos podem ser diferenciados dos foto-heterotróficos?

5.15 Biossíntese de monômeros-chave

Até o momento, discutimos o **catabolismo** — processos pelos quais os microrganismos obtêm energia a partir de compostos orgânicos. Passaremos a considerar brevemente a outra principal série de reações ocorrida na célula, o **anabolismo**, em que os microrganismos acumulam a grande variedade de substâncias químicas que os compõem.

A energia necessária ao anabolismo é fornecida pelo ATP ou pela força próton motiva, que correspondem a diferentes formas de energia química (Figura 5.24). A energia conservada durante as reações catabólicas, na forma de ATP ou de força próton motiva, é consumida tanto na síntese dos monômeros quanto em sua polimerização, originando as macromoléculas.

Nossa abordagem sobre as vias biossintéticas tenciona apenas oferecer uma visão geral da síntese de monômeros. A biossíntese das macromoléculas será discutida no Capítulo 7.

Monômeros de polissacarídeos: açúcares

Os polissacarídeos são importantes constituintes das paredes celulares de muitos microrganismos. O peptideoglicano, presente na parede celular de *Bacteria* (Seção 4.8), apresenta um esqueleto polissacarídico. Além disso, as células podem armazenar carbono e energia nos polissacarídeos *glicogênio* e *amido* (Seções 3.3 e 4.13). As unidades monoméricas desses polissacarídeos são os açúcares contendo seis carbonos, denominados *hexoses*, principalmente a glicose e seus derivados. Além das hexoses, açúcares de cinco carbonos, denominados *pentoses*, são comuns nas células. Estes incluem a ribose e a

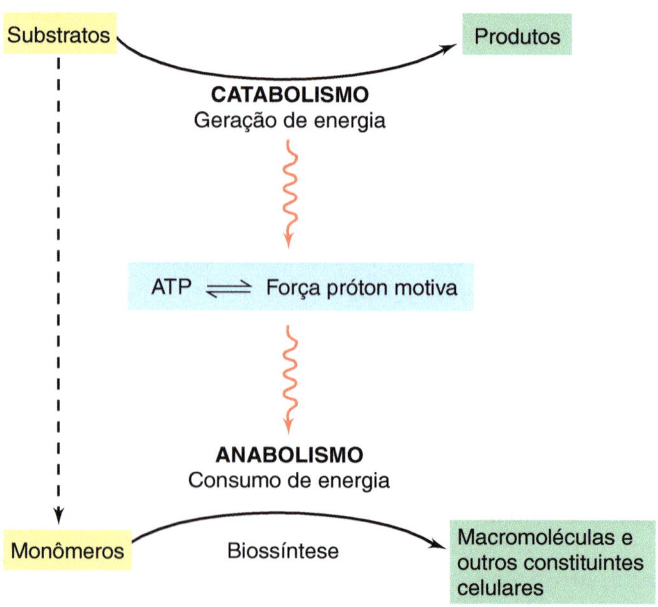

■ **Figura 5.24** Esquema do catabolismo e do anabolismo, indicando o papel-chave do ATP e da força próton motiva na integração dos processos. Os monômeros podem ser adquiridos pré-formados, a partir dos nutrientes presentes no ambiente ou a partir de vias catabólicas como a glicólise e o ciclo do ácido cítrico.

desoxirribose, presentes no esqueleto de RNA e DNA, respectivamente.

Nos procariotos, os polissacarídeos são sintetizados a partir de *uridina difosfoglicose* (UDPG, Figura 5.25*a*) ou de *adenosina difosfoglicose* (ADPG); ambas são formas *ativadas* de glicose. ADPG é precursor da biossíntese de glicogênio, enquanto UDPG é precursor de vários derivados de glicose, necessários à biossíntese de outros polissacarídeos celulares, tais como peptideoglicano e lipopolissacarídeo da membrana externa de gram-negativos (Seções 4.8 e 4.9).

Quando a célula está crescendo na presença de uma hexose — como glicose —, a obtenção de glicose para a síntese de polissacarídeos obviamente não representa um problema. Em contrapartida, quando a célula está crescendo na presença de outros compostos contendo carbono, a glicose deve ser sintetizada. Esse processo, denominado *gliconeogênese*, utiliza o *fosfoenolpiruvato*, um dos intermediários da glicólise, como substrato inicial (Figura 5.14). O fosfoenolpiruvato pode ser sintetizado a partir do oxalacetato, um intermediário do ciclo do ácido cítrico. Uma visão geral do metabolismo de hexoses é apresentada na Figura 5.25.

As pentoses são formadas pela remoção de um átomo de carbono de uma hexose, geralmente na forma de CO_2 (Figura 5.25*c*). As pentoses necessárias à síntese de ácidos nucléicos, ribose e desoxirribose, são formadas conforme apresentado na Figura 5.25*c*. A enzima *ribonucleotídeo redutase* converte a ribose em desoxirribose pela redução do carbono 2′ do anel. Curiosamente, essa reação ocorre *após*, e não antes, a síntese dos nucleotídeos, de maneira que os ribonucleotídeos são sintetizados e posteriormente alguns são reduzidos a desoxirribonucleotídeos, que são utilizados como precursores de DNA.

Monômeros de proteínas: aminoácidos

Organismos incapazes de obter alguns ou todos os seus aminoácidos pré-formados a partir do ambiente devem sintetizá-los a partir de outras fontes. Os aminoácidos podem ser agrupados em *famílias* estruturalmente relacionadas, que compartilham propriedades biossintéticas (Figura 5.26). Os esqueletos de carbono dos aminoácidos provêm quase exclusivamente dos intermediários da glicólise ou do ciclo do ácido cítrico (Figura 5.26).

O *grupamento amino* dos aminoácidos é freqüentemente derivado de alguma fonte ambiental de nitrogênio inorgânico, tal como a amônia (NH_3). Esta é incorporada na síntese dos aminoácidos *glutamato* ou *glutamina*, pelas enzimas *glutamato desidrogenase* ou *glutamina sintetase*, respectivamente (Figura 5.27*a*, *b*). Uma vez incorporada, a amônia pode ser transferida para formar outros compostos nitrogenados. Por exemplo, o glutamato pode doar seu grupo amino ao oxalacetato, em uma reação catalisada por uma *transaminase*, originando α-cetoglutarato e aspartato (Figura 5.27*c*). Alternativamente, a glutamina pode reagir com α-cetoglutarato e formar duas moléculas de glutamato em uma reação de *aminotransferase* (Figura 5.27*d*). O resultado final dessas reações corresponde à utilização da amônia em vários esqueletos, a partir dos quais outras reações

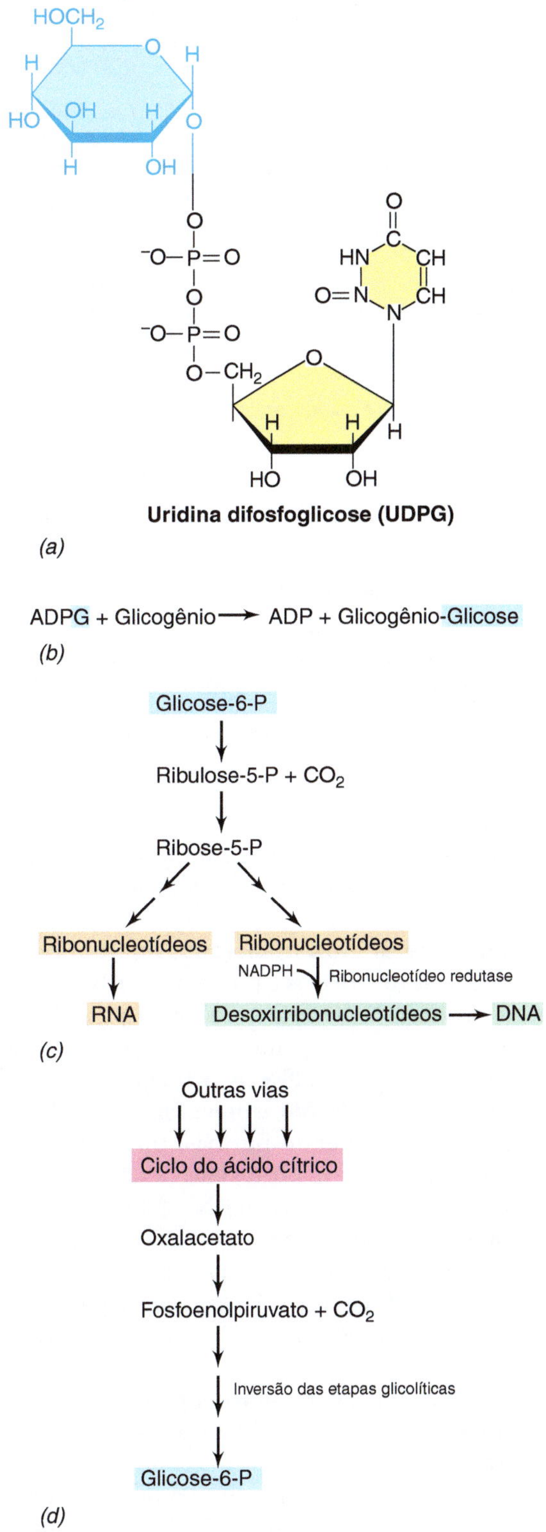

Figura 5.25 Metabolismo de açúcares. (a) Os polissacarídeos são sintetizados a partir de formas ativadas de hexoses, como UDPG, cuja estrutura é aqui apresentada. (b) O glicogênio é sintetizado a partir de adenosina-fosfoglicose (ADPG), pela adição seqüencial de moléculas de glicose. (c) As pentoses utilizadas na síntese de ácidos nucléicos são formadas pela descarboxilação de hexoses, como a glicose-6-fosfato. Observe como os precursores de DNA são produzidos a partir de precursores de RNA, pela ação da enzima ribonucleotídeo redutase. (d) Gliconeogênese. Quando há a necessidade de glicose, esta pode ser sintetizada a partir de outros compostos contendo carbono, em geral pela inversão de etapas da glicólise.

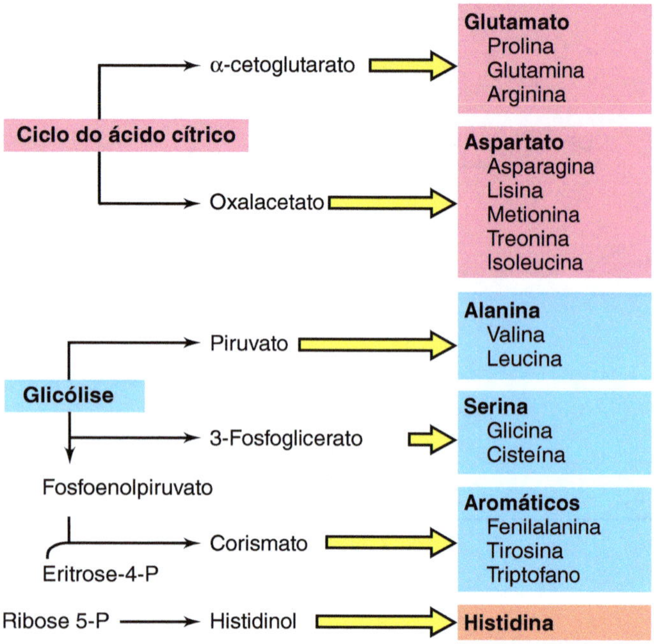

■ **Figura 5.26** Famílias de aminoácidos. Observe como os esqueletos de carbono na maioria dos aminoácidos são derivados do ciclo do ácido cítrico ou da glicólise. A síntese dos vários aminoácidos de uma família freqüentemente requerem muitas etapas distintas, enzimaticamente catalisadas, iniciadas a partir do aminoácido parental (apresentado em negrito).

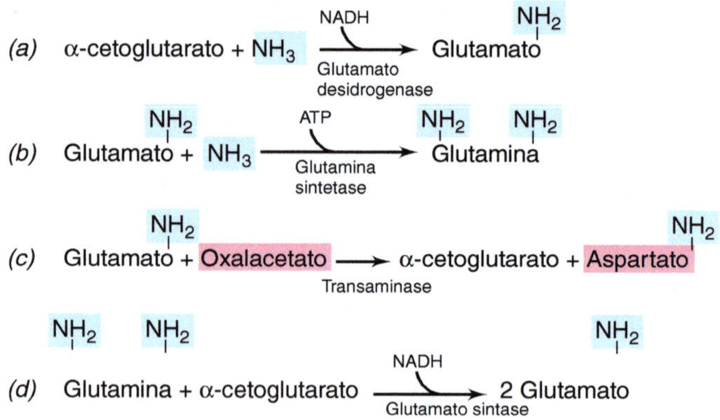

■ **Figura 5.27** Incorporação de amônia nas bactérias. A amônia livre e os grupos amino de todos os aminoácidos são apresentados em azul. As duas principais vias de assimilação de NH_3 nas bactérias são aquelas catalisadas pelas enzimas (a) glutamato desidrogenase e (b) glutamina sintetase. (c) As reações de transaminase simplesmente transferem um grupo amino de um aminoácido para um ácido orgânico. (d) Na reação catalisada pela glutamina sintase, dois glutamatos são formados a partir de uma glutamina e um α-cetoglutarato.

biossintéticas podem ocorrer, gerando todos os 20 aminoácidos necessários à síntese das proteínas.

Monômeros de ácidos nucléicos: nucleotídeos

A biossíntese de purinas e pirimidinas é bastante complexa. As purinas são literalmente construídas átomo por átomo, a partir de várias fontes de carbono e nitrogênio, incluindo CO_2 (Figura 5.28*a*). A primeira purina-chave, *ácido inosínico* (Figura 5.28*b*), é precursora de todos os outros nucleotídeos contendo purinas; uma vez que estes são sintetizados (na forma trifosfato), estão prontos para serem incorporados ao DNA ou RNA (Seções 7.5-7.11). Assim como o anel da purina, o anel das pirimidinas também é construído a partir de várias fontes (Figura 5.28*c*); a primeira pirimidina-chave é o *uridilato*, a partir do qual todas as outras pirimidinas são derivadas (Figura 5.28*d*).

Monômeros de lipídeos: ácidos graxos

Os ácidos graxos são necessários à biossíntese de lipídeos de *Bacteria* e *Eukarya* (Seções 3.4 e 4.5). A síntese de ácidos graxos ocorre com a participação de dois átomos de carbono em cada etapa, com o auxílio de uma pequena proteína, denominada *proteína carreadora de acil* (PCA). A PCA liga-se ao ácido graxo em crescimento durante sua síntese, liberando-o quando este atinge o comprimento necessário, como no caso do ácido graxo C_{16}, palmitato (Figura 5.29; Figura 3.7). Curiosamente, embora a cadeia de ácido graxo seja sintetizada pela adição seqüencial de *dois* carbonos, estes são doados por um composto contendo *três* carbonos (denominado *malonato*), que se liga à PCA, formando malonil-PCA; para cada resíduo de malonil doado, uma molécula de CO_2 é liberada (Figura 5.29).

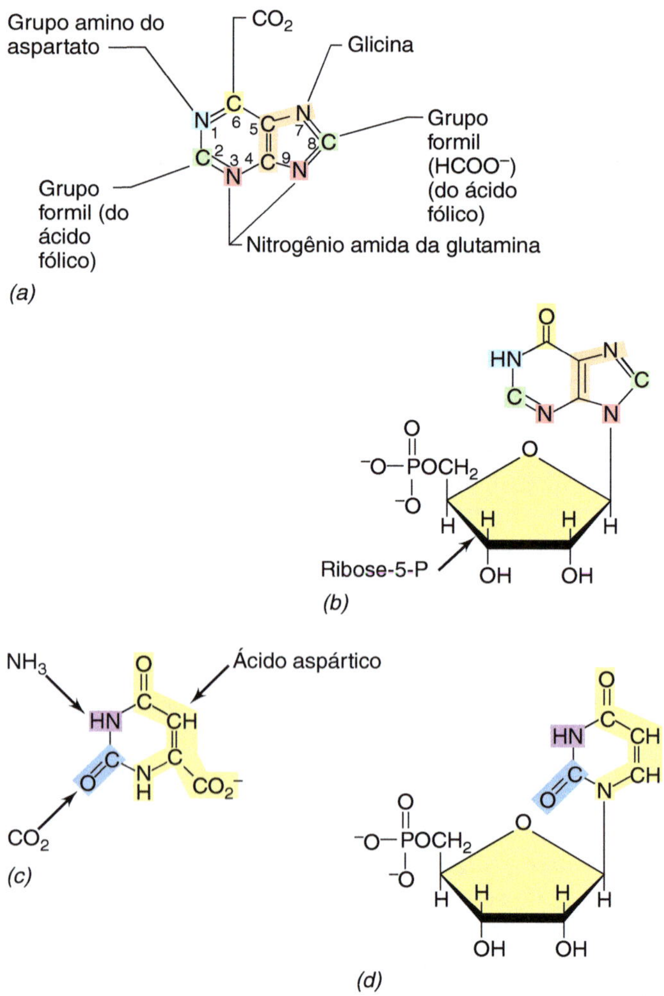

■ **Figura 5.28** Biossíntese de purinas e pirimidinas. (a) Os precursores do esqueleto da purina. (b) Ácido inosínico, precursor de todos os nucleotídeos contendo purinas. (c) O precursor do esqueleto de pirimidina — ácido orótico. (d) Uridilato, o precursor de todos os nucleotídeos contendo pirimidinas. O uridilato é formado a partir do oroato, após uma descarboxilação e a adição de ribose-5-fosfato.

A composição celular de ácidos graxos varia entre as diferentes espécies e pode, também, apresentar pequenas variações em uma mesma espécie, de acordo com a temperatura (o crescimento em baixas temperaturas favorece os ácidos graxos de cadeias mais curtas), embora os ácidos graxos C_{14}–C_{18} sejam os mais comumente encontrados em *Bacteria*. Além dos ácidos graxos saturados contendo número par de carbonos, há também ácidos graxos insaturados, ramificados, ou apresentando número ímpar de átomos de carbono. Ácidos graxos *insaturados* contêm uma ou mais duplas ligações na longa porção hidrofóbica da molécula. O número e a posição dessas duplas ligações freqüentemente são específicos de uma espécie ou grupo. Ácidos graxos de *cadeia ramificada* e com *número ímpar de carbonos* são sintetizados por meio de uma molécula iniciadora, que contém um ácido graxo de cadeia ramificada ou um grupo propionil (C_3), respectivamente.

A montagem final dos lipídeos em *Bacteria* e *Eukarya* envolve a adição de uma molécula de glicerol aos ácidos graxos. Nos triglicerídeos simples, os três carbonos do glicerol são esterificados com ácidos graxos, enquanto nos lipídeos complexos um dos carbonos do glicerol contém uma molécula do tipo fosfato, etanolamina, um açúcar ou outra substância polar (Figura 3.7). Em *Archaea*, os lipídeos contêm cadeias laterais de fitanil, em vez de ácidos graxos (Seção 4.5), mas assim como em *Bacteria* e *Eukarya*, o terceiro carbono do esqueleto de glicerol geralmente contém um grupo polar de qualquer natureza.

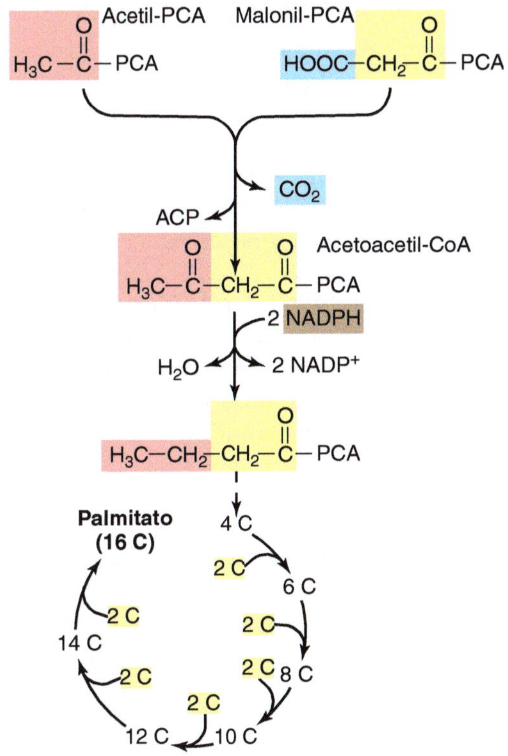

■ **Figura 5.29** Biossíntese de ácidos graxos; a figura apresenta a biossíntese do ácido graxo C_{16}, *palmitato* (Figura 3.7). A condensação de acetil-CoA e malonil-CoA forma acetoacetil-CoA. Cada adição sucessiva de uma unidade acetil é oriunda do malonil-CoA.

Biossíntese e crescimento

Discutimos os princípios básicos da biossíntese dos monômeros necessários à síntese das macromoléculas — os principais componentes de uma célula (Tabela 3.2). Entretanto, antes de considerarmos como a célula realiza a síntese de suas macromoléculas, em especial as macromoléculas informacionais, examinaremos o processo de crescimento celular. O crescimento (a multiplicação) é o resultado final de todas as reações catabólicas e anabólicas discutidas neste capítulo. Uma vez que dominarmos os princípios do crescimento microbiano e conhecermos os fatores ambientais que o controlam, estaremos prontos para estudar os detalhes do "fluxo informacional" e da genética, apreciando a coordenação que a célula procariótica apresenta na síntese de ácidos nucléicos e proteínas.

✓ 5.15 Verificação de conceitos

A biossíntese de monômeros, a partir dos nutrientes encontrados no ambiente ou de intermediários catabólicos, prepara a célula para a etapa final da biossíntese: a produção de macromoléculas. Uma variedade de sistemas enzimáticos e vias bioquímicas participa da biossíntese de açúcares, aminoácidos, nucleotídeos e ácidos graxos.

✓ Que formas ativadas de glicose estão envolvidas na síntese de polissacarídeos ou de outras hexoses?

✓ Qual a origem da maioria dos esqueletos de carbono na síntese de aminoácidos?

✓ Explique por que, na síntese de ácidos graxos, *dois* átomos de carbono são seqüencialmente adicionados aos ácidos graxos, se o doador imediato contém *três* átomos de carbono.

Questões de revisão

1. Defina os termos *quimiorganotrófico*, *quimiolitotrófico*, *fotoautotrófico* e *foto-heterotrófico*.
2. Por que o *carbono* e o *nitrogênio* são macronutrientes, enquanto o cobalto é um micronutriente?
3. O que são sideróforos e por que são necessários?
4. Por que o meio descrito a seguir *não* pode ser considerado quimicamente definido: glicose, 5 gramas (g); NH_4Cl, 1 g; KH_2PO_4, 1 g; $MgSO_4$, 0,3 g; extrato de levedura, 5 g; água destilada, 1 litro.
5. Descreva como calcular $\Delta G^{0\prime}$ para a reação: glicose + 6 $O_2 \rightarrow 6\ CO_2 + 6\ H_2O$. Se você soubesse que essa reação é altamente *exergônica*, qual seria o sinal (negativo ou positivo) esperado para $\Delta G^{0\prime}$ dessa reação?
6. Diferencie $\Delta G^{0\prime}$ de G^0_f.

7. Por que as células requerem enzimas?
8. Descreva por que uma enzima da bactéria *Escherichia coli* perde sua atividade catalítica após ser fervida.
9. Descreva a diferença entre uma *coenzima* e um *grupo prostético*.
10. Uma série de doadores e aceptores de elétrons acoplados é descrita abaixo. Utilizando os dados apresentados na Figura 5.9, ordene esta série, do maior para o menor gerador de energia. H_2/Fe^{3+}, H_2S/O_2, metanol/NO_3^- (produzindo NO_2^-), H_2/O_2, Fe^{2+}/O_2, NO_2^-/Fe^{3+}, H_2S/NO_3^-.
11. O que é um carreador de elétrons? Dê três exemplos, indicando suas formas oxidada e reduzida.
12. A reação glicose 6-fosfato + ADP → glicose + ATP é exergônica ou endergônica? (Consulte a Figura 5.12 para auxiliar na resposta dessa questão.)
13. Em que etapa da glicólise NADH é *produzido*? Onde NADH é *consumido*?
14. O ferro desempenha importante papel nos processos de geração de energia. Dê três exemplos em que o ferro atua como carreador de elétrons. De que forma o ferro é fornecido como nutriente nos meios de cultura?
15. Qual o significado do termo *força próton motiva* e por que esse conceito é tão importante em biologia?
16. Como a energia rotacional da ATPase é utilizada na produção de ATP?
17. O dinitrofenol e o cianeto atuam como venenos celulares, embora de maneiras bastante distintas. Compare e diferencie mecanismos de ação desses dois compostos químicos.
18. Apresente, de maneira simplificada, a equação da reação de oxidação-redução que ocorre na molécula de citocromo. Qual o possível papel das porções da molécula de citocromo *não* envolvidas na oxidação-redução?
19. A partir do conhecimento da função de uma cadeia de transporte de elétrons, você poderia imaginar um organismo sobrevivendo na ausência total de componentes (por exemplo, citocromos) necessários ao transporte de elétrons? (*Dica*: Concentre sua resposta no mecanismo da ATPase.)
20. Analise o balanço energético da fermentação e da respiração, levando em consideração todos os sítios de síntese de ATP. Os organismos podem obter cerca de 20 vezes mais ATP crescendo aerobicamente, na presença de glicose, que anaerobicamente. Escreva uma frase que explique essa diferença.
21. Por que se considera que o ciclo do ácido cítrico desempenha *dois* papéis principais na célula?
22. Quais são as semelhanças e as diferenças entre a respiração aeróbia de *Escherichia coli*, um quimiorganotrófico, e de *Thiobacillus thioparus*, um quimiolitotrófico que utiliza enxofre?
23. A Figura 5.26 indica que somente poucos compostos intermediários podem atuar como iniciadores da biossíntese de aminoácidos. Identifique o componente inicial e a partir de que via principal este é originado, para cada família de aminoácidos.
24. Descreva o processo de síntese do ácido graxo palmitato (C_{16} saturado).
25. Qual o significado do termo "técnica asséptica"? Descreva as etapas envolvidas na transferência de uma cultura pura, a partir de seu tubo, para um tubo contendo meio estéril.
26. Se você tivesse uma cultura líquida contendo três espécies diferentes de bactérias, como a utilização de uma placa de Petri poderia confirmar esse fato? Como o uso de uma placa de Petri poderia gerar culturas puras de cada organismo? Há outra maneira para detectar a contaminação em uma cultura? (*Dica*: Revise rapidamente o início do Capítulo 4 antes de responder.)
27. Observe o modelo da lisozima apresentado na Figura 5.7. Qual o substrato dessa enzima? (*Dica*: Uma rápida revisão da Seção 4.8 poderá ajudá-lo.) Onde o substrato se liga? Por que a lisozima é encontrada em secreções corpóreas naturais, como os fluidos que banham os olhos?
28. Por que se pode dizer que NADH é um "deslocador de elétrons"? Qual figura desse capítulo apresenta essa atividade?
29. Para uma reação gerar ATP, qual a quantidade mínima de energia que deve ser liberada para promover a síntese de ATP a partir de ADP? Na Figura 5.14, que reações enzimáticas liberam energia conservada na forma de ATP?
30. Qual a fonte de carbono para a maioria das bactérias quimiolitotróficas? Por que isso tem sentido, considerando a natureza de seus doadores de elétrons?

Questões de aplicação

1. Defina um meio de cultura para um organismo que cresce aerobicamente, utilizando acetato como fonte de carbono e energia. Certifique-se de que todas as necessidades nutricionais sejam atendidas e que os nutrientes se encontrem em proporções relativas corretas.
2. *Desulfovibrio* pode crescer anaerobicamente, utilizando H_2 como doador de elétrons e SO_4^{2-} como aceptor (o qual é reduzido a H_2S). Com base nessa informação e nos dados da Tabela A1.2 (Apêndice 1), indique quais componentes a seguir não podem participar da cadeia de transporte de elétrons desse organismo e por quê: citocromo *c*, ubiquinona, citocromo c_3, citocromo aa_3, ferredoxina.
3. Novamente utilizando os dados da Tabela A1.2 prediga a seqüência de carreadores de elétrons de um organismo que cresce aerobicamente e produz os carreadores de elétrons: citocromo aa_3, citocromo *b*, NADH, citocromo *c*, FAD.
4. Explique a observação: células de *E. coli* fermentando glicose crescem mais rapidamente quando NO_3^- é fornecido à cultura (NO_2^- é produzido); crescem ainda mais rápido (cessando a produção de NO_2^-) quando a cultura é fortemente aerada.
5. Aplicando seus conhecimentos sobre glicólise, ciclo do ácido cítrico e gliconeogênese, explique por que um mutante de *E. coli*, contendo uma malato desidrogenase defectiva (isto é, que não realiza a reação malato^{2-} + NAD^+ → oxalacetato^{2-} + NADH + H^+), é capaz de crescer na presença de glicose, mas não de acetato, enquanto uma *E. coli* não mutada (selvagem) pode crescer nos dois substratos.

A divisão celular corresponde a um processo em que duas células são geradas a partir de uma única célula. Nas bactérias em forma de bacilo, o processo ocorre por *fissão binária*, onde a célula sofre um aumento gradual, seguido de sua partição eqüitativa, originando duas células. A divisão celular envolve a participação de proteínas específicas, como a proteína de divisão *FtsZ*, que se encontra corada nas células apresentadas abaixo. Para iniciar um processo de divisão, cópias de FtsZ formam um anel ao longo do sulco central, identificando, desse modo, a região central da célula. Após esse processo, outras proteínas de divisão celular são ativadas, acionando uma série de eventos que culminam no processo de divisão propriamente dito.

6 CRESCIMENTO MICROBIANO

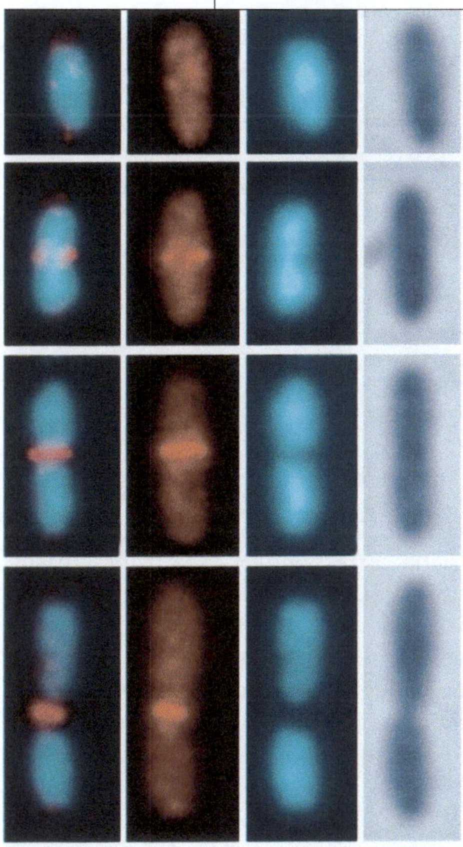

Glossário de trabalho

Acidófilo organismo que apresenta crescimento ótimo em pH baixo

Aeróbio organismo capaz de utilizar o O_2 na respiração; alguns organismos requerem O_2 para o crescimento

Alcalifílico organismo que apresenta crescimento ótimo em pH alto

Anaeróbio aerotolerante microrganismo incapaz de respirar oxigênio molecular (O_2); seu crescimento não é afetado pela presença de O_2

Anaeróbio organismo que não pode utilizar O_2 na respiração e cujo crescimento pode ser inibido por O_2

Autólise lise celular espontânea, normalmente decorrente da atividade de proteínas líticas, denominadas autolisinas

Crescimento exponencial crescimento de microrganismos, em que o número de células duplica em um determinado período de tempo

Crescimento aumento do número de células

Cultura em batelada sistema fechado de cultura microbiana, cujo volume é fixo

Divisomo complexo protéico envolvido nos processos de divisão celular de procariotos

Extremófilo organismo que apresenta ótimo de crescimento em uma ou mais condições químicas ou físicas extremas, como temperatura ou pH elevados ou baixos

Facultativo termo relativo ao O_2; organismo que pode crescer tanto na presença como na ausência de O_2

Fase estacionária período imediatamente subseqüente ao crescimento exponencial, em que a taxa de crescimento populacional cai para zero

Fase lag período que antecede a fase exponencial de crescimento, quando as células estão metabolicamente ativas, mas não se dividindo

Fissão binária divisão celular que ocorre após a célula dobrar de tamanho

FtsZ proteína-chave na divisão celular, a qual forma um anel ao longo do plano de divisão, para iniciar a elongação celular

Halófilo extremo microrganismo que requer para seu crescimento enormes quantidades de sal (NaCl), geralmente superiores a 10% e, em alguns casos, próximas à saturação

Halófilo microrganismo que requer NaCl para seu crescimento

Halotolerante organismo que não requer sal (NaCl) para seu crescimento, podendo crescer em sua presença e, em alguns casos, até mesmo em altas concentrações

Hipertermófilo microrganismo que apresenta temperatura ótima de crescimento de 80°C ou superior

Mesófilo organismo que apresenta crescimento ótimo em temperaturas entre 20 e 45°C

Microaerófilo organismo aeróbio que cresce apenas em tensões de oxigênio inferiores àquelas encontradas no ar

pH logaritmo negativo da concentração de íons hidrogênio (H^+) de uma solução

Psicrófilo organismo com temperatura ótima de crescimento de 15°C ou inferior e temperatura máxima de crescimento abaixo de 20°C

Psicrotolerante organismo capaz de crescer em baixas temperaturas, apesar de sua temperatura ótima de crescimento ser superior a 20°C

Quimiostato equipamento que permite a cultura contínua de microrganismos; a taxa de crescimento e o número de células podem ser controlados de maneira independente

Soluto compatível molécula que se acumula no citoplasma, envolvida no ajuste da atividade de água, sem provocar a inibição dos processos bioquímicos

Temperaturas cardeais temperaturas mínima, máxima e ótima para determinado organismo

Tempo de geração tempo requerido para uma população de células microbianas dobrar em número

Termófilo organismo cuja temperatura ótima de crescimento encontra-se entre 45 e 80°C

Transpeptidação formação de ligações peptídicas cruzadas entre os resíduos de ácido murâmico durante a síntese de peptideoglicano

Viável capaz de se reproduzir

Xerófilo organismo capaz de sobreviver, ou que sobrevive melhor em ambientes muito secos

I TEORIA E PRÁTICA DO CRESCIMENTO MICROBIANO

Até o momento, discutimos a estrutura das macromoléculas celulares (Capítulo 3), a função/estrutura celular (Capítulo 4) e os princípios gerais de nutrição e metabolismo microbianos (Capítulo 5). Antes de iniciarmos nosso estudo sobre a biossíntese das macromoléculas e a genética molecular dos microrganismos (Capítulo 7), consideraremos alguns aspectos do crescimento microbiano.

Em microbiologia, a palavra **crescimento** é definida como *um aumento no número de células*. O crescimento corresponde a um componente essencial da função microbiana, já que todas as células apresentam tempo de vida definido na natureza. Nesse sentido, as espécies apenas são mantidas devido ao crescimento contínuo das populações microbianas. Além do entendimento da ciência básica subjacente ao crescimento microbiano, muitas situações práticas demandam o *controle* desse crescimento microbiano. Assim, o conhecimento sobre como as populações microbianas podem rapidamente expandir-se é de grande utilidade no desenvolvimento de métodos de controle do crescimento microbiano; estes métodos serão abordados no Capítulo 17.

6.1 Crescimento celular e fissão binária

A célula bacteriana corresponde a uma usina biossintética, capaz de se duplicar. Os processos sintéticos do crescimento celular bacteriano envolvem cerca de 2.000 reações químicas, com uma ampla variedade de tipos. Algumas dessas reações envolvem transformações de energia, enquanto outras envolvem a biossíntese de pequenas moléculas — blocos constituintes das macromoléculas —, assim como os vários co-fatores e coenzimas necessários às reações enzimáticas. Entretanto, as principais reações de síntese celular correspondem a *reações de polimerização*, processos pelos quais polímeros (macromoléculas) são originados a partir de monômeros. A partir da formação dos polímeros, o cenário está preparado para os eventos finais do crescimento celular: organização das macromoléculas e formação de estruturas celulares, tais como parede celular, membrana citoplasmática, flagelos, ribossomos, corpos de inclusão, complexos enzimáticos, e assim por diante.

Fissão binária

Na maioria dos procariotos, o crescimento de uma célula individual ocorre até que esta se divida, originando duas novas células — processo denominado **fissão biná-**

ria (*binário* expressa o surgimento de *duas* células a partir de uma única célula). Quando bactérias em forma de bacilo — como *Escherichia coli* — encontram-se crescendo em uma cultura, as células se alongam até atingirem aproximadamente o dobro de seu comprimento, quando então formam uma partição, que eventualmente as separa em duas célula filha (Figura 6.1). Essa partição, referida como *septo*, é resultante do crescimento da membrana citoplasmática e da parede celular para o interior da célula, em direções opostas, até a individualização das célula filha.

Durante o ciclo do crescimento há um aumento no número de todos os constituintes celulares, de maneira que cada célula filha receba um cromossomo completo e cópias suficientes de todas as outras macromoléculas, monômeros e íons inorgânicos, garantindo assim sua existência como célula independente. A partição da molécula replicada de DNA entre as duas célula filha depende da ligação do ácido nucléico às membranas durante a divisão. A formação do septo promove a separação das cópias do cromossomo para cada uma das célula filha (Figura 6.1).

Em bactérias, o tempo necessário para que um ciclo completo de crescimento ocorra é altamente variável, pois depende de fatores tanto nutricionais quanto genéticos. A bactéria *Escherichia coli*, quando nas melhores condições nutricionais, pode completar o ciclo em cerca de 20 min; algumas bactérias podem crescer ainda mais rapidamente, enquanto outras o fazem de maneira mais lenta. Como ainda veremos, o controle da divisão celular é um processo complexo, aparentemente ligado de modo íntimo aos eventos da replicação cromossomal.

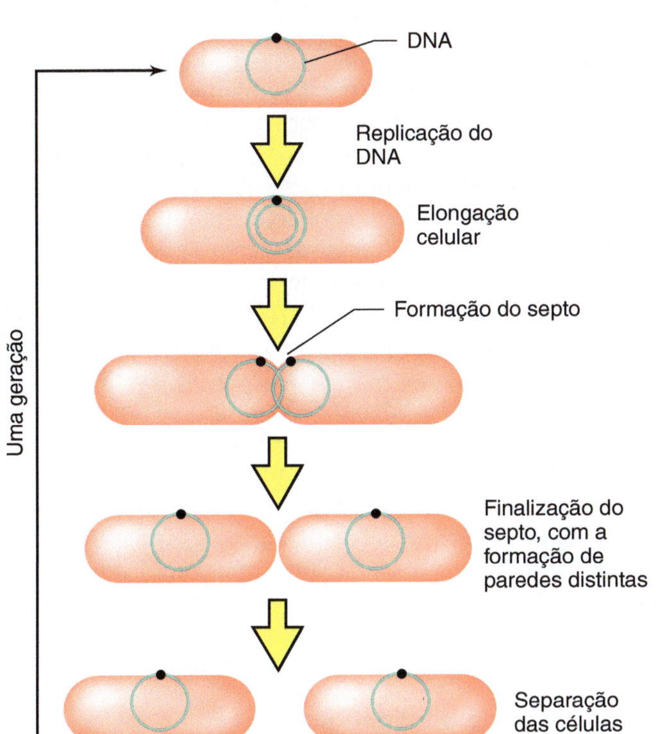

■ **Figura 6.1** Processo geral da fissão binária em um bacilo. Para simplificar, o nucleóide é ilustrado como um círculo verde.

Proteínas Fts e o plano de divisão celular

Foram identificadas várias proteínas importantes no processo de divisão celular em procariotos. Essas proteínas são essenciais à divisão normal, sendo denominadas **proteínas Fts** (Fts, de "*f*ilamentoso *t*ermos*s*ensível", termo que descreve as propriedades de células, exibindo mutações nos genes que codificam as proteínas Fts). FtsZ, a proteína mais importante desse grupo, foi extensivamente estudada em *Escherichia coli* e em várias outras bactérias. As proteínas Fts são universais, sendo encontradas em diferentes procariotos, incluindo as *Archaea*. Proteínas do tipo FtsZ foram também encontradas em mitocôndrias e cloroplastos, enfatizando ainda mais suas ligações evolutivas com o domínio *Bacteria* (Seções 2.3 e 14.5). Curiosamente, FtsZ apresenta similaridades estruturais com a tubulina — uma importante proteína da divisão celular de eucariotos (Seção 14.1).

As proteínas Fts interagem e formam um aparelho de divisão na célula denominado **divisomo**. A formação do divisomo é iniciada pela ligação das moléculas de FtsZ, originando um anel ao redor do cilindro celular, localizado na região central da célula (Figura 6.2); esse ponto define o plano de divisão celular. As moléculas de FtsZ se polimerizam, dando origem a um anel intacto, que passa a atrair outras proteínas Fts (Figura 6.2). Acredita-se que o

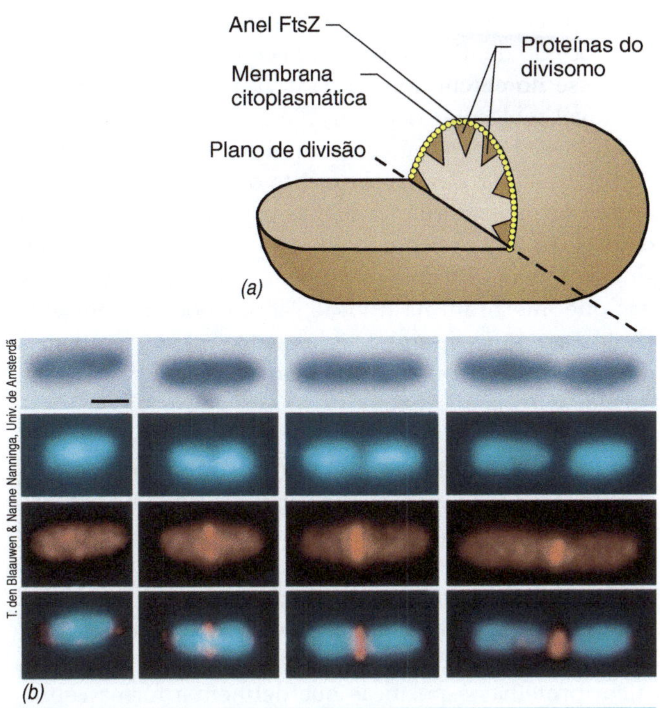

■ **Figura 6.2** O anel FtsZ e a divisão celular. (a) Visão em corte de uma célula em forma de bacilo, apresentando o anel de moléculas de FtsZ ao longo do plano de divisão. (b) Surgimento e desaparecimento do anel FtsZ durante o ciclo celular de *Escherichia coli*. Microscopia: primeira linha, contraste de fase; segunda linha, coloração do nucleóide; terceira linha, células coradas com um reagente específico para FtsZ; quarta linha, combinação das colorações de nucleóide e de FtsZ. Eventos da divisão celular: primeira coluna, o anel FtsZ ainda não está formado; segunda coluna, aparecimento do anel FtsZ e início da segregação dos nucleóides; terceira coluna, formação completa do anel FtsZ, à medida que a célula sofre elongação; quarta coluna, desaparecimento do anel FtsZ e divisão celular. Barra na foto superior à esquerda: 1 μm.

divisomo também contenha proteínas envolvidas na síntese de peptideoglicano (ver Seção 6.2). O processo real que leva à divisão celular a partir das atividades do divisomo é ainda uma área de intensas pesquisas. Entretanto, acredita-se que o divisomo coordene a síntese da nova membrana citoplasmática e da parede celular em ambas as direções, até que a célula atinja aproximadamente o dobro de seu comprimento original. Subseqüentemente, forma-se uma constrição, originando duas célula filha, como apresentado na Figura 6.1.

A replicação do DNA ocorre antes da deposição do anel FtsZ. O término da síntese de DNA parece ser o sinal para a formação do anel FtsZ, situado no espaço entre os nucleóides duplicados. A localização correta da porção central da célula por FtsZ parece ser assistida por uma série de proteínas denominadas Min, especialmente MinE, as quais interagem de alguma forma com os nucleóides duplicados. Em algum momento, à medida que a elongação celular está se processando, as duas cópias dos cromossomos são separadas e encaminham-se para cada uma das célula filha (Figura 6.1). Simultaneamente à constrição celular, o anel FtsZ começa a sofrer despolimerização, promovendo a invaginação dos componentes da parede celular, eventualmente separando as duas célula filha. FtsZ apresenta atividade enzimática, hidrolisando guanosina trifosfato (GTP) e gerando energia. Acredita-se que essa energia promova a polimerização e despolimerização do anel FtsZ (Figura 6.2).

As proteínas Fts correspondem a engrenagens cruciais no processo de divisão celular bacteriana. Há um grande interesse no entendimento da divisão celular bacteriana em nível molecular não somente como um tema de pesquisa básica mas também porque seu conhecimento poderá propiciar o desenvolvimento de novas drogas, cujos alvos corresponderiam a etapas específicas do processo de divisão. Assim como a penicilina — droga que afeta a síntese da parede celular bacteriana (ver Seção 6.2) —, drogas que interfiram na divisão celular podem apresentar efeitos específicos em bactérias patogênicas, sem causar danos ao homem ou outros animais, cujas células não produzem as proteínas Fts.

Morfologia celular e actina em procariotos

Embora FtsZ desempenhe papel principal no processo de *divisão* celular, que fatores afetam a *forma* de uma célula procariótica? Por muitos anos, acreditou-se que o peptideoglicano era sintetizado de tal maneira que definia, ou pelo menos auxiliava a definir, a morfologia de uma célula. Hoje em dia, está claro que os procariotos possuem proteínas específicas que definem a forma celular. Curiosamente, tais proteínas exibem homologia significativa com a proteína *actina*, um dos principais componentes do citoesqueleto de células eucarióticas (Seção 14.4).

A proteína de maior importância na determinação da morfologia de uma célula procariótica denomina-se MreB. Esta forma um citoesqueleto do tipo actina em espécies de *Bacteria* e, provavelmente, também de *Archaea*. MreB dá origem a faixas filamentosas espiraladas, localizadas internamente à célula e imediatamente abaixo da membrana citoplasmática. Provavelmente, o citoesqueleto de MreB define a forma celular, pois, de alguma maneira, gera uma tensão contra a membrana citoplasmática.

Curiosamente, bactérias em forma de coco (arredondadas) parecem ser desprovidas de MreB e do gene que a codifica. Isso sugere que a forma "padrão" de uma bactéria corresponderia a uma esfera, onde variações no arranjo dos filamentos de MreB, em células de espécies não esféricas, originariam os bacilos e demais tipos morfológicos de procariotos (Figura 4.11). Desse modo, a presença de FtsZ e MreB indica que as células procarióticas possuem proteínas estruturalmente similares à tubulina e actina, respectivamente. Tubulina e actina correspondem às proteínas eucarióticas chave envolvidas na divisão e no arcabouço de células eucarióticas. É interessante notar que as soluções biológicas para tais processos em eucariotos parecem ter raízes evolutivas nas células procarióticas.

✓ 6.1 Verificação de conceitos

O crescimento microbiano envolve um aumento do *número* de células em vez de um aumento no tamanho de células individuais. O crescimento da maioria dos microrganismos ocorre por fissão binária. A divisão celular e a replicação do cromossomo geralmente são reguladas de maneira coordenada, com as proteínas Fts desempenhando papel-chave nesses processos.

✓ Por que é essencial que o cromossomo bacteriano seja replicado antes da fissão binária ser iniciada?

✓ Qual a função da proteína FtsZ na divisão celular de procariotos?

✓ Qual o papel da proteína MreB em procariotos?

6.2 Síntese de peptideoglicano e divisão celular

Quando uma célula aumenta de tamanho, os compostos da parede celular devem ser sintetizados antes da divisão celular. Os novos materiais devem ser adicionados à parede preexistente, sem que esta perca sua integridade estrutural. Tal processo ocorre conforme ilustrado na Figura 6.3. *Autolisinas* — enzimas com função similar à lisozima (Seção 4.8) e presentes no interior do divisomo — criam pequenas aberturas na parede, na região do anel FtsZ (Figuras 6.2*a* e 6.3). Os novos componentes da parede são então adicionados através dessas aberturas (Figura 6.3*a*). A união do peptideoglicano antigo ao novo origina um sulco na superfície das células gram-positivas de *Bacteria* (Figura 6.3*b*), análogo a uma cicatriz. É essencial que o novo peptideoglicano seja fixado ao peptideoglicano preexistente *antes* da quebra das ligações deste último, a fim de impedir que a célula sofra uma ruptura no ponto de união das duas moléculas, devido à pressão de turgor do citoplasma. Na ausência desses eventos, a célula poderá sofrer lise espontânea, denominada **autólise**.

Biossíntese de peptideoglicano

A estrutura geral do peptideoglicano foi discutida no Capítulo 4 (Seção 4.8). A camada de peptideoglicano pode ser considerada um tecido resistente ao estresse,

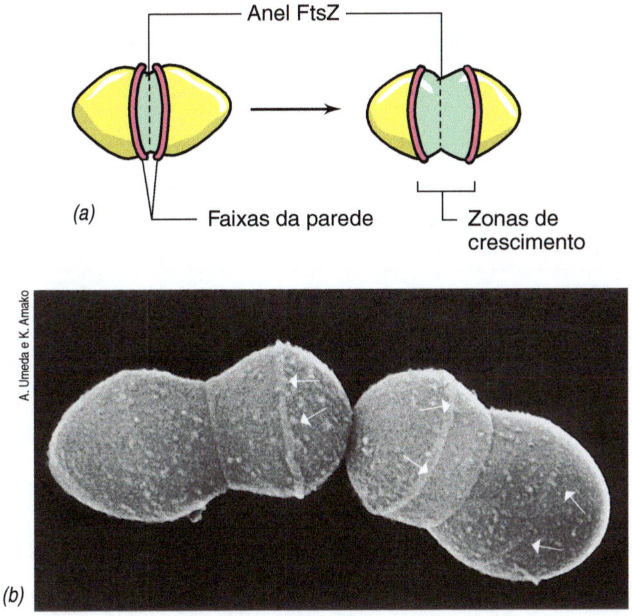

■ **Figura 6.3** Síntese de parede celular em *Bacteria* gram-positivas. (a) Localização de síntese da nova parede durante a divisão celular. Nos cocos, a síntese da nova parede (em verde) localiza-se em um único ponto. O anel FtsZ (ver Figura 6.2) define o plano de divisão celular. (b) Microscopia eletrônica de varredura de células de *Streptococcus hemolyticus*, apresentando as faixas na parede (setas). Cada célula possui cerca de 1μm de diâmetro.

semelhante a uma camada de borracha. A síntese do novo peptideoglicano, durante o crescimento celular, envolve a clivagem controlada do peptideoglicano preexistente por autolisinas e a simultânea inserção dos precursores desse polímero. Uma molécula carreadora, um lipídeo denominado **bactoprenol** (Figura 6.4), desempenha importante papel no processo. O bactoprenol é um álcool C_{55}, extremamente hidrofóbico, que se liga ao precursor de peptideoglicano composto por *N*-acetilglicosamina/ácido *N*-acetilmurâmico/pentapeptídeo (Figura 6.5*a*). O bactoprenol transporta os blocos constituintes do peptideoglicano através da membrana, tornando-os suficientemente hidrofóbicos e permitindo, assim, sua passagem pelo interior da membrana citoplasmática. Ao atingir o periplasma, o bactoprenol interage com as enzimas responsáveis pela inserção dos precursores no ponto de crescimento da parede celular e pela catálise da formação de uma ligação glicosídica (Figura 6.5*b*).

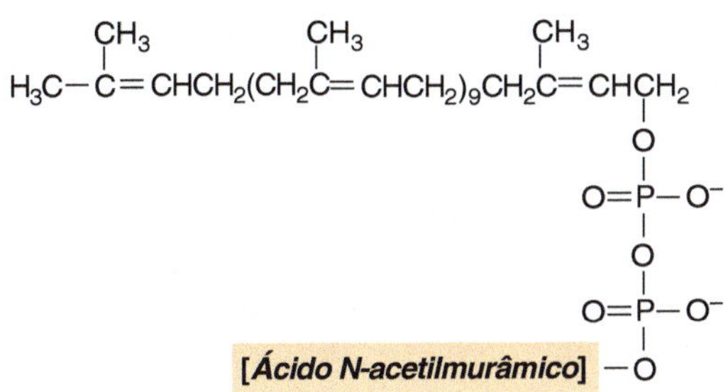

■ **Figura 6.4** Bactoprenol (undecaprenolfosfato) — carreador lipídico dos precursores do peptideoglicano da parede celular.

Transpeptidação: o alvo da penicilina

A etapa final na síntese da parede celular, um processo conhecido como **transpeptidação**, corresponde à formação das ligações peptídicas cruzadas entre os resíduos de ácido murâmico de cadeias adjacentes de glicano. A transpeptidação possui importância médica visto que corresponde à reação inibida pelo antibiótico *penicilina*.

Várias proteínas de ligação à penicilina foram identificadas no periplasma de *Bacteria* gram-negativas, sendo pelo menos uma destas uma proteína Fts (ver Seção 6.1); quando a penicilina se liga a tais proteínas, estas perdem sua atividade catalítica. Quando tais proteínas deixam de participar da síntese da nova parede celular, a ação contínua das autolisinas enfraquece a estrutura da parede, podendo promover a lise celular.

A transpeptidação envolve a formação de uma ligação peptídica de um entre vários aminoácidos distintos, conforme a estrutura da parede celular do organismo em questão. Em bactérias gram-negativas, a ligação cruzada geralmente ocorre entre o ácido diaminopimélico de um peptídeo e a D-alanina do peptídeo adjacente (Figura 6.5*b*). Inicialmente, são encontrados *dois* resíduos de D-alanina

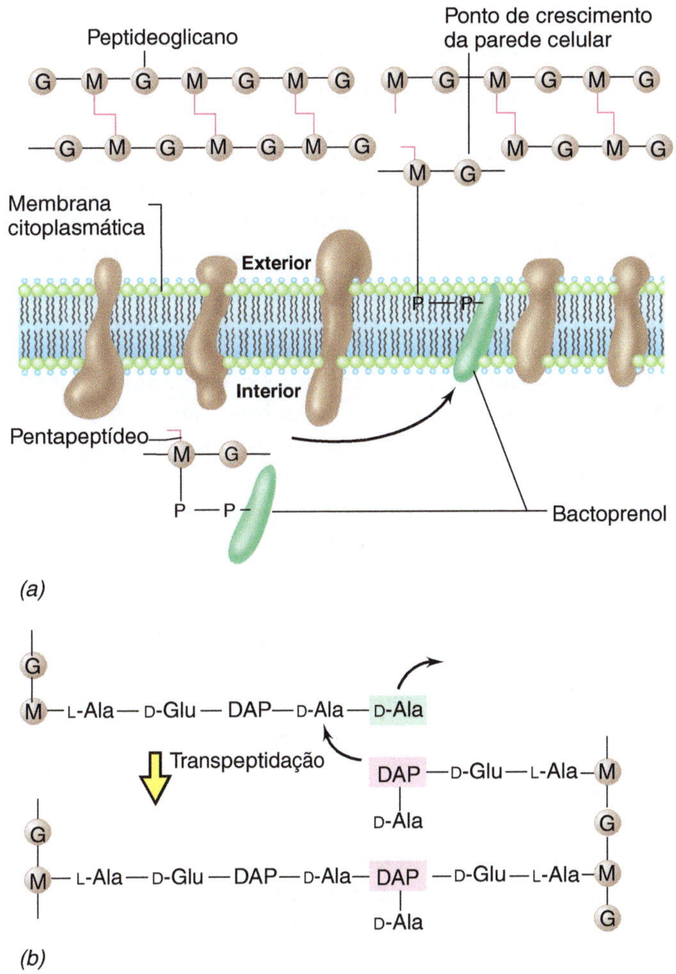

■ **Figura 6.5** Síntese de peptideoglicano. (a) Transporte dos precursores de peptideoglicano através da membrana citoplasmática para o ponto de crescimento da parede celular. (b) Reação de transpeptidação, que forma a ligação cruzada final entre duas cadeias de peptideoglicano. A penicilina inibe essa reação.

na extremidade do precursor de peptideoglicano; um deles é removido durante a reação de transpeptidação (Figura 6.5*b*) e fornece a energia necessária para que a reação ocorra (lembre-se de que as transpeptidações ocorrem externamente à membrana citoplasmática, onde o ATP não se encontra disponível). Em bactérias gram-positivas, em que é comum a presença de uma ponte de glicinas ligando os tetrapeptídeos (Seção 4.8 e Figura 4.31), a ligação cruzada geralmente ocorre entre uma L-lisina de um peptídeo e uma D-alanina do peptídeo adjacente.

✓ 6.2 Verificação de conceitos

Durante o crescimento bacteriano, novas porções de parede celular devem ser sintetizadas pela inserção de unidades de glicano à parede preexistente. Um álcool de cadeia longa, denominado bactoprenol, facilita o transporte das novas unidades de glicano através da membrana citoplasmática, as quais passam a fazer parte da parede celular em crescimento. A transpeptidação conecta os precursores à malha de peptideoglicano.

- ✓ O que são *autolisinas* e por que estas são necessárias?
- ✓ Qual a função do bactoprenol?
- ✓ O que se entende por *transpeptidação*? Por que esta é importante?

6.3 Crescimento populacional

Conforme mencionamos, o *crescimento* é definido como o aumento do *número* de células microbianas em uma população; este também pode ser medido em termos do aumento de *massa* microbiana. A **taxa de crescimento** corresponde à variação do número de células ou da massa celular *por unidade de tempo*. Durante o ciclo de divisão celular, todos os componentes estruturais de uma célula são duplicados. O intervalo em que uma célula origina duas novas é denominado **geração**, enquanto o tempo necessário para que isso ocorra recebe a denominação **tempo de geração** (ver Figura 6.1). Assim, o tempo de geração corresponde ao tempo necessário para uma população dobrar de número. Conseqüentemente, tal conceito pode também ser denominado *tempo de duplicação*. Observe que em uma única geração tanto o número de células como a massa são duplicados. Os tempos de geração variam muito nos diferentes organismos. Muitas bactérias apresentam tempo de geração de 1 a 3 h, embora sejam conhecidos organismos que se dividem a cada 10 min e outros que levam vários dias para se dividir. Além disso, o tempo de geração de determinado organismo depende, até certo ponto, do meio de cultura utilizado e das condições de incubação empregadas.

Crescimento exponencial

A Figura 6.6 apresenta um experimento de crescimento, iniciado com uma única célula, com tempo de geração de 30 min. O padrão de aumento populacional, em que o número de células é duplicado a cada período de tempo, é denominado **crescimento exponencial**. Em um experimento desse tipo, quando o número de células é plotado em um gráfico de coordenadas aritméticas, em função do tempo decorrido, obtém-se uma curva de inclinação constantemente crescente (Figura 6.6*b*). Entretanto, com esse tipo de gráfico, torna-se difícil obter informações sobre a taxa de crescimento. O gráfico da Figura 6.6*b*, que apresenta o número de células em uma escala logarítmica ($\log_{10}$) e o tempo decorrido de forma aritmética (um gráfico *semilogarítmico*), origina uma linha reta. Essa função linear é um indicador imediato de que as células estão crescendo exponencialmente. Gráficos semilogarítmicos são também convenientes e úteis para estimar os tempos de geração a partir de um conjunto de resultados. O tempo de duplicação pode ser consultado diretamente a partir do gráfico (ver as Figuras 6.7 e 6.12*b*).

Tempo (h)	Número total de células	Tempo (h)	Número total de células
0	1	4	256
0,5	2	4,5	512
1	4	5	1.024
1,5	8	5,5	2.048
2	16	6	4.096
2,5	32	.	.
3	64	.	.
3,5	128	10	1.048.576

(a)

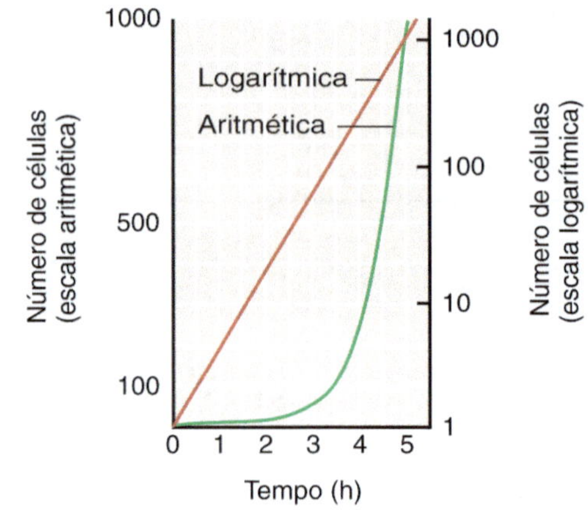

(b)

■ **Figura 6.6** Taxa de crescimento de uma cultura microbiana. (a) Dados de uma população que se duplica a cada 30 min. (b) Dados plotados em uma escala aritmética (ordenada à esquerda) e em uma escala logarítmica (ordenada à direita).

O crescimento exponencial caracteriza-se por apresentar inicialmente uma *taxa* lenta de aumento no número de células que, posteriormente, é acelerada. Com isso, observa-se um aumento explosivo do número de células nos estágios finais. Por exemplo, no experimento apresentado na Figura 6.6, a *taxa* de produção de células nos primeiros 30 min corresponde a uma célula a cada 30 min. Entretanto, entre 4 e 4,5 h de crescimento, a taxa de produção de células é consideravelmente maior — 256 células a cada 30 min. (Figura 6.6). O crescimento exponencial apresenta implicações práticas: quando um produto não estéril, como o leite, é mantido em condições cujo crescimento microbiano é favorecido, o crescimento durante as primeiras horas, ou seja, nos estágios iniciais do crescimento exponencial, não traz riscos à saúde. Por outro lado, a manutenção das cul-

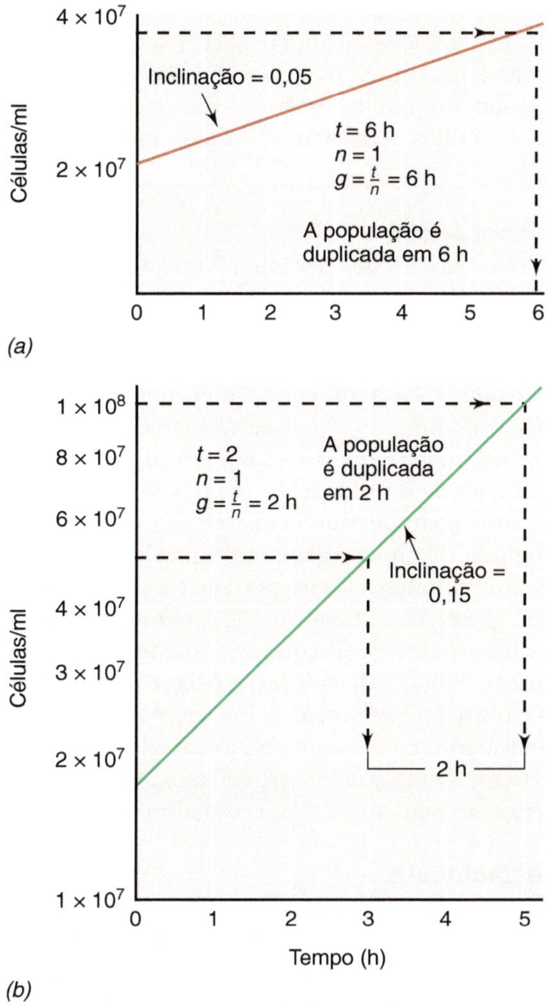

■ **Figura 6.7** Método para estimar os tempos de geração (g) de populações em crescimento exponencial, com tempos de geração de (a) 6 h e (b) 2 h, a partir de dados plotados em gráficos semilogarítmicos. A inclinação de cada reta é igual a $0{,}301/g$, onde n representa o número de gerações formadas em determinado intervalo de tempo, t. Todos os números estão expressos de acordo com a notação científica, isto é, 10.000.000 equivale a 1×10^7, 60.000.000 a 6×10^7, e assim por diante.

turas *pelo mesmo período de tempo* nos estágios finais do crescimento exponencial pode ser desastrosa.

Parâmetros de crescimento

O aumento no número de células durante o crescimento exponencial de culturas bacterianas ocorre em progressão geométrica, de quociente 2. Quando duas células se duplicam (originando quatro), esse crescimento pode ser expresso como $2^1 \rightarrow 2^2$. Quando quatro células geram oito, este pode ser expresso como $2^2 \rightarrow 2^3$, e assim por diante (Figura 6.6). Em virtude dessa progressão geométrica, uma relação direta entre o número de células inicialmente presentes em uma cultura e o número presente depois de determinado período de crescimento exponencial pode ser estabelecida:

$$N = N_0 2^n$$

onde N = número final de células, N_0 = número inicial de células e n = *número de gerações* formadas durante o período de crescimento exponencial. O tempo de geração g da população celular é calculado como t/n, onde t corresponde às horas ou minutos de crescimento exponencial. Assim, a partir do conhecimento dos números inicial e final de células em uma população em crescimento exponencial é possível calcular n e, a partir de n e do conhecimento de t, o tempo de geração g.

Para expressar a equação $N = N_0 2^n$ em termos de n, as seguintes transformações são necessárias:

$$\begin{aligned} N &= N_0 2^n \\ \log N &= \log N_0 + n \log 2 \\ \log N - \log N_0 &= n \log 2 \\ n = \frac{\log N - \log N_0}{\log 2} &= \frac{\log N - \log N_0}{0{,}301} \\ &= 3{,}3\,(\log N - \log N_0) \end{aligned}$$

Com n expresso em termos de quantidades prontamente mensuráveis, N e N_0, os tempos de geração podem ser calculados. Para exemplificar como o cálculo é efetuado, utilizamos os dados reais do gráfico inferior, ilustrado na Figura 6.7. O tempo de geração de 2 h, neste caso determinado diretamente a partir do gráfico, pode também ser derivado dos dados de $N = 10^8$, $N_0 = 5 \times 10^7$ e $t = 2$. Assim,

$$\begin{aligned} n &= 3{,}3\,[\log 10^8 - \log (5 \times 10^7)] = 3{,}3(8 - 7{,}69) \\ &= 3{,}3(0{,}301) = 1 \end{aligned}$$

Com isso, o tempo de geração $t/n = 2/1 = 2$h. O tempo de geração g também pode ser calculado a partir da inclinação da reta obtida no gráfico semilogarítmico de crescimento exponencial, onde a inclinação $= 0{,}301/g$.

Outro índice relacionado à taxa de crescimento corresponde à *constante de taxa de crescimento*, k. Essa constante de taxa de crescimento pode ser calculada como $k = \frac{\ln 2}{g} = \frac{0{,}693}{g}$, apresentando como unidade horas recíprocas (h^{-1}). Enquanto o termo g é uma medida do *tempo* necessário para uma população dobrar o número de células, k é uma medida do *número de gerações* formadas, por unidade de tempo, de uma cultura em crescimento exponencial.

De posse dos valores de n e t, calculam-se g e k para diferentes microrganismos, crescendo em diferentes condições culturais. Tais cálculos são úteis na otimização das condições de cultivo de determinado organismo e na avaliação tanto dos efeitos positivos quanto negativos de diferentes tratamentos das culturas bacterianas.

✓ 6.3 Verificação de conceitos

Populações microbianas apresentam um padrão de crescimento característico, denominado crescimento exponencial. Tal processo é mais bem observado pela confecção de um gráfico semilogarítmico, onde o número de células é plotado em relação ao tempo. Conhecendo-se os números inicial e final de células e a duração do crescimento exponencial, é possível calcular diretamente o tempo de geração de uma população.

✓ Diferencie os termos *taxa de crescimento* e *tempo de geração*.

✓ Por que o crescimento exponencial origina grandes populações celulares em curtos períodos de tempo?

✓ O que é um gráfico *semilogarítmico*?

6.4 O ciclo de crescimento

Os dados apresentados na Figura 6.6 refletem apenas uma parte do ciclo de crescimento de uma população microbiana, mais especificamente a parte denominada *crescimento exponencial*. O crescimento de microrganismos em um recipiente fechado — denominado *cultura em batelada* — permite a construção de uma *curva de crescimento* típica, ilustrada na Figura 6.8. Essa curva de crescimento pode ser dividida em várias fases distintas denominadas: **fase lag**, **fase exponencial**, **fase estacionária** e **fase de morte** (ou **de declínio**).

Fase lag

Quando uma população microbiana é inoculada em um novo meio de cultura, o crescimento geralmente não se inicia de imediato. Esse período corresponde à *fase lag*, que pode ser curta ou longa, dependendo do histórico da cultura e das condições de cultivo. Se uma cultura em crescimento exponencial for inoculada em um mesmo meio, nas mesmas condições de cultivo, a fase lag não ocorrerá, havendo o estabelecimento imediato de um crescimento exponencial. Entretanto, se um inóculo originado a partir de uma cultura antiga (em fase estacionária) for transferido para um mesmo meio de cultura, haverá uma fase lag, mesmo que todas as células do inóculo sejam *viáveis*, isto é, capazes de se reproduzir. Isso ocorre porque, geralmente nessas condições, as células encontram-se depletadas de vários constituintes essenciais e requerem tempo para sintetizá-los novamente. Uma fase lag também é observada quando o inóculo consiste em células que sofreram algum tipo de dano (mas ainda estão vivas) decorrente de tratamento térmico, radiações, ou de compostos químicos tóxicos, pois essas células também precisam de algum tempo para reparar os danos sofridos.

Quando uma cultura proveniente de um meio rico é transferida para um meio de cultura mais pobre, observa-se uma fase lag. Nesse caso, as células precisam sintetizar uma série de enzimas necessárias à biossíntese de metabólitos essenciais, os quais não são fornecidos pelo meio. Assim, quando transferidas para um novo meio de cultura, as células necessitam de algum tempo para sintetizar as novas enzimas.

Fase exponencial

A *fase exponencial* de crescimento foi anteriormente discutida. Como mencionado, esta é conseqüência da divisão da célula em duas, que se dividem originando outras duas novas células, e assim por diante. Células em crescimento exponencial geralmente se encontram nas condições mais "saudáveis". Por essa razão, células que se encontram na metade da fase exponencial de crescimento são freqüentemente utilizadas para estudos enzimáticos ou de outros componentes celulares.

A maioria dos microrganismos unicelulares apresenta crescimento exponencial, embora com taxas de crescimento bastante variáveis. A taxa de crescimento exponencial é influenciada pelas condições ambientais (temperatura, composição do meio de cultura) e pelas características genéticas do próprio organismo. Em geral, os microrganismos procarióticos crescem mais rapidamente que os eucarióticos, sendo que os organismos eucarióticos menores crescem mais rápido que os maiores.

Fase estacionária

Em uma cultura em batelada — como em um tubo ou um frasco —, o crescimento exponencial não pode ocorrer indefinidamente. Cálculos indicam que, se uma única bactéria, com tempo de geração de 20 min, apresentasse crescimento exponencial contínuo por 48 h, produziria uma população cujo peso seria cerca de 4.000 vezes maior que o peso da Terra! Esse dado é particularmente impressionante, pois uma única célula bacteriana pesa apenas cerca de um trilionésimo (10^{-12}) de um grama (Tabela 3.2).

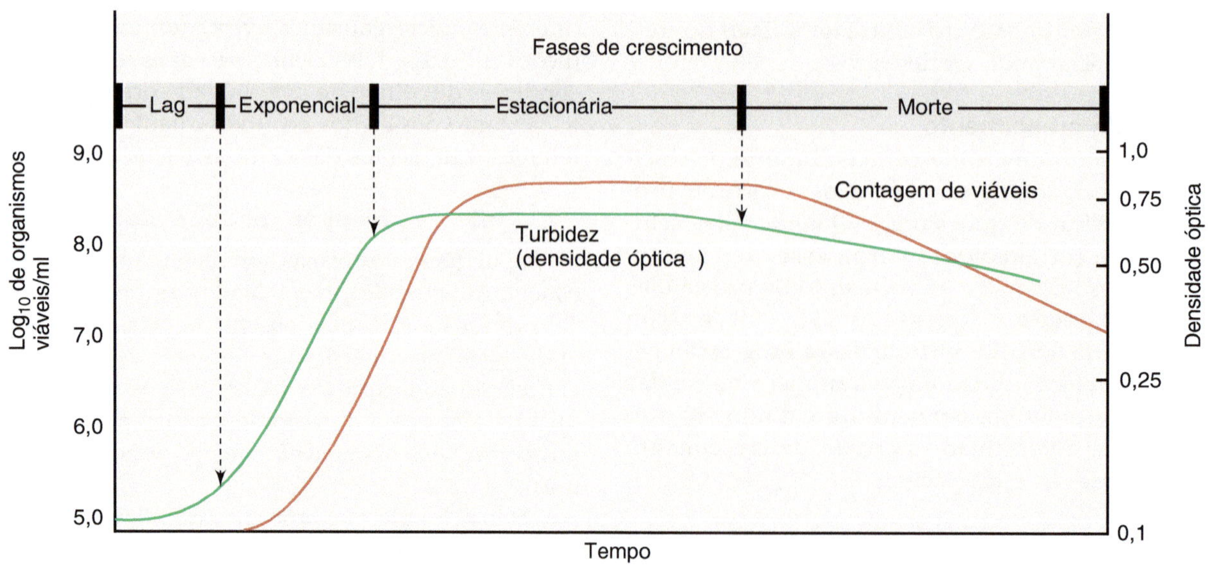

Figura 6.8 Curva de crescimento típica de uma população bacteriana. Consulte as Seções 6.5 e 6.6 para uma descrição dos métodos de contagem empregados.

Obviamente algo deve ocorrer, limitando o crescimento da população antes que tal fato aconteça. Normalmente, os eventos que ocorrem são (1) o consumo de um nutriente essencial presente no meio de cultura ou (2) a presença de algum produto de excreção que atinge uma concentração inibitória e promove a interrupção do crescimento exponencial — ou muitas vezes ambos. Nesse momento, a população atingiu a **fase estacionária**.

Na fase estacionária não se observam aumento ou diminuição líquidos no número de células. Embora normalmente não ocorra crescimento nessa fase, muitas funções celulares podem ainda estar ativas, inclusive o metabolismo energético e alguns processos biossintéticos. Em alguns organismos, pode haver um crescimento lento durante a fase estacionária; algumas células se dividem, enquanto outras morrem; os dois processos são equilibrados e não promovem alterações líquidas do número de células (esse fenômeno é denominado *crescimento críptico*).

Fase de morte (ou de declínio)

Se uma população que atingiu a fase estacionária permanecer nas mesmas condições de incubação, observaremos que as células poderão permanecer vivas (metabolizando) ou morrer. Se estas morrerem, podemos dizer que atingiram a **fase de morte**. Em alguns casos, a morte é acompanhada da **lise celular**. A Figura 6.8 indica que a fase de morte, no ciclo celular, é também exponencial; na maioria dos casos, no entanto, a taxa de morte celular é muito inferior à taxa de crescimento exponencial.

Para encerrar, reiteramos que as fases da curva de crescimento bacteriano apresentadas na Figura 6.8 refletem eventos que ocorrem em uma *população* de células e não em células individuais. Os termos *fase lag*, *fase exponencial*, *fase estacionária* e *fase de morte* não se aplicam a células individuais, mas apenas a *populações* de células.

Passaremos agora a discutir os métodos de determinação do número de células, em culturas microbianas.

✓ 6.4 Verificação de conceitos

Os microrganismos apresentam um padrão típico de crescimento, quando inoculados em um meio de cultura novo. Geralmente, há uma fase lag, seguida pelo início do crescimento de maneira exponencial. À medida que nutrientes essenciais são depletados ou que produtos tóxicos são sintetizados, o crescimento é interrompido e a população entra em fase estacionária. Caso a cultura continue sendo incubada, as células podem começar a morrer.

✓ Em que fase da curva de crescimento as células estão se dividindo de maneira regular e ordenada?

✓ Em que condições a fase lag *não* é observada?

✓ Por que as células entram em fase estacionária?

6.5 Medidas diretas do crescimento microbiano: contagem total e de viáveis

O crescimento populacional pode ser acompanhado pela análise das variações referentes ao número de células, peso de algum componente celular (por exemplo, proteínas) ou peso seco total das próprias células. Existem vários métodos que podem ser empregados na contagem do número total de células ou na mensuração da massa celular, os quais são adaptáveis a diferentes organismos ou situações.

Contagem de células totais

É possível medir o crescimento populacional por meio da contagem de uma alíquota da cultura ao microscópio — método denominado **contagem microscópica direta**. Dois tipos de contagem microscópica direta podem ser realizados: a partir de amostras secas em lâmina ou a partir de amostras líquidas. Para amostras líquidas, é necessária a utilização de *câmaras especiais de contagem*. Essas câmaras de contagem correspondem a uma lâmina de vidro que apresenta uma grade quadriculada (*grid*), onde os quadrados têm área conhecida (Figura 6.9).

Cada quadrado do *grid* comporta um volume muito pequeno, precisamente mensurado e conhecido. O número de células presentes em cada área do *grid* pode ser contado ao microscópio, possibilitando, assim, a determinação do número de células presentes no pequeno volume de líquido contido na câmara de contagem. Esse valor pode ser facilmente convertido para o número de células por

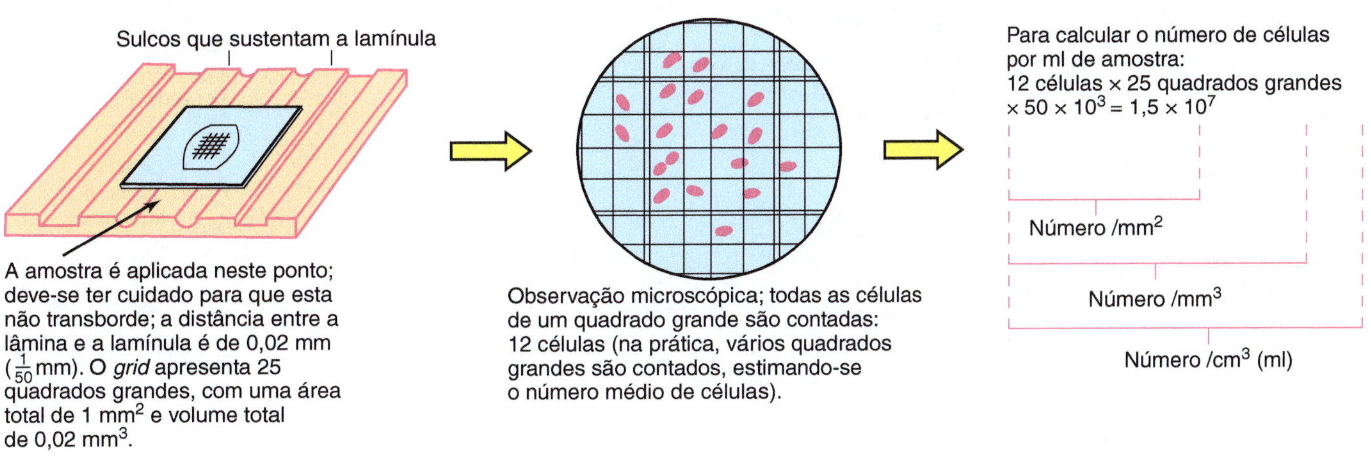

■ **Figura 6.9** Procedimento de contagem microscópica direta, utilizando a câmara de contagem de Petroff-Hausser.

mililitro de suspensão, pela simples multiplicação do valor obtido pelo fator de conversão, baseado no volume de amostra aplicada na câmara (Figura 6.9).

A contagem microscópica direta é uma maneira rápida de estimar o número de células microbianas. Entretanto, apresenta certas limitações: (1) Não é possível distinguir células mortas de células vivas. (2) Células pequenas são de difícil visualização microscópica e podem ser omitidas durante a contagem. (3) É uma técnica pouco precisa. (4) Quando a amostra não está corada, é necessária a utilização de um microscópio de contraste de fase. (5) O método não é adequado para a contagem de suspensões que contêm baixa densidade de células. No caso de bactérias, se a suspensão contiver menos de 10^6 células/mililitro (ml), serão observadas muito poucas ou nenhuma célula no campo microscópico. Suspensões diluídas podem ser previamente concentradas, permitindo sua contagem microscópica. (6) Células móveis devem ser imobilizadas previamente à contagem.

Contagem de viáveis

Na contagem microscópica direta, tanto células vivas como mortas são contadas. Em muitos casos, no entanto, temos interesse em avaliar somente o número de células vivas. Visando tal finalidade, foram desenvolvidos métodos de contagem de células **viáveis**. Uma célula viável é definida como aquela capaz de se duplicar, originando células filhas. A contagem de viáveis normalmente é realizada pela determinação do número de células capazes de formar *colônias* em um meio sólido adequado. Por essa razão, tal metodologia é também denominada **contagem em placa** ou **contagem de colônias**. Esse tipo de contagem pressupõe que *cada célula viável é capaz de originar uma colônia.*

A contagem em placa pode ser realizada de duas maneiras: pelo método de semeadura por espalhamento e pelo método de semeadura em profundidade (Figura 6.10). Na **semeadura por espalhamento**, um pequeno volume da cultura previamente diluída, que em geral não ultrapassa 0,1 ml, é espalhado na superfície de um meio sólido, com o auxílio de uma alça de vidro estéril. A placa é incubada até que haja o surgimento das colônias, que são então contadas. A superfície do meio de cultura deve estar seca, para que seja embebida pelo líquido inoculado. Volumes maiores que 0,1 ml são raramente utilizados, porque o excesso de líquido pode não ser absorvido, podendo promover a coalescência das colônias, dificultando sua contagem. No método de **semeadura em profundidade** (Figura 6.10), um volume conhecido da cultura (geralmente de 0,1 a 1,0 ml) é pipetado em uma placa de Petri estéril, à qual se adiciona o meio de cultura ainda fundido, promovendo-se sua homogeneização com a amostra. Como a amostra é misturada ao meio de cultura contendo ágar, volumes maiores podem ser utilizados. Em contrapartida, para a utilização dessa metodologia, os microrganismos a serem contados devem resistir à exposição rápida a 45°C, que corresponde à temperatura do ágar fundido.

Diluição das suspensões celulares antes do plaqueamento

Nas técnicas de semeadura por espalhamento e semeadura em profundidade, é importante que o número de colônias desenvolvidas nas placas não seja muito grande, porque, em placas muito populosas, algumas células podem não formar colônias ou estas podem fundir-se, levando a erros de contagem. Também é essencial que o número de colônias não seja muito pequeno, pois poderá comprometer a significância estatística da contagem. Normalmente, na prática, são contadas apenas placas que possuam entre 30 e 300 colônias.

Geralmente, a amostra a ser quantificada deve ser *diluída* para que se obtenha um número apropriado de colônias. Tendo em vista que raramente podemos prever o núme-

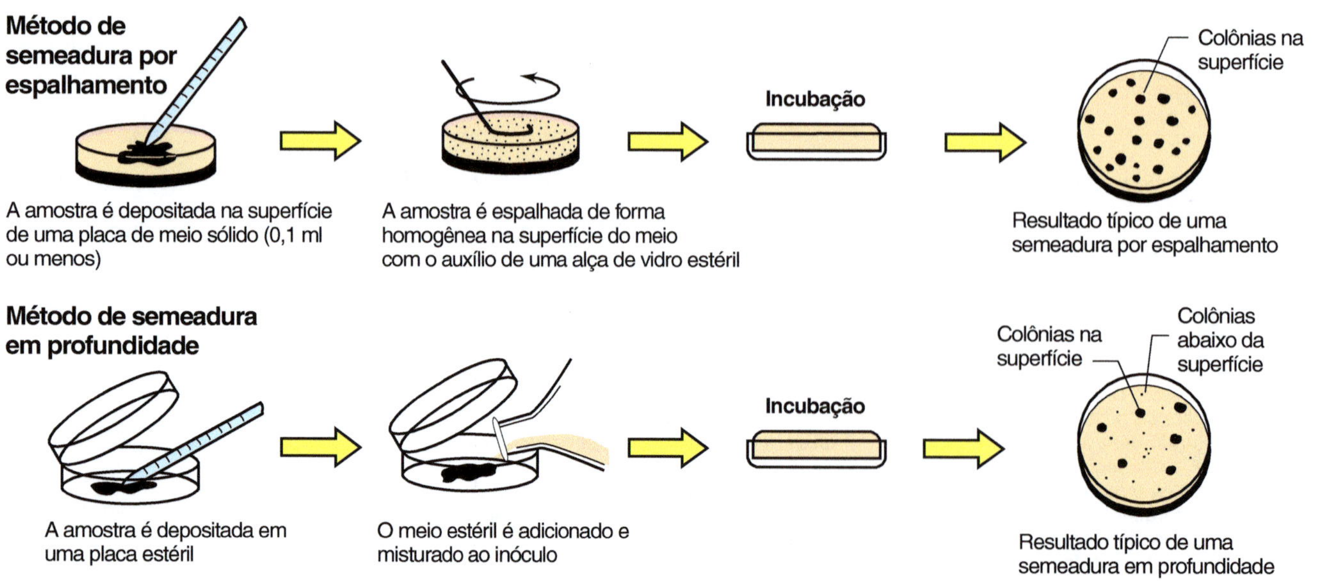

■ **Figura 6.10** Dois métodos para a realização da contagem de viáveis (contagem em placa). Em ambos os casos, a amostra geralmente deve ser diluída antes da semeadura.

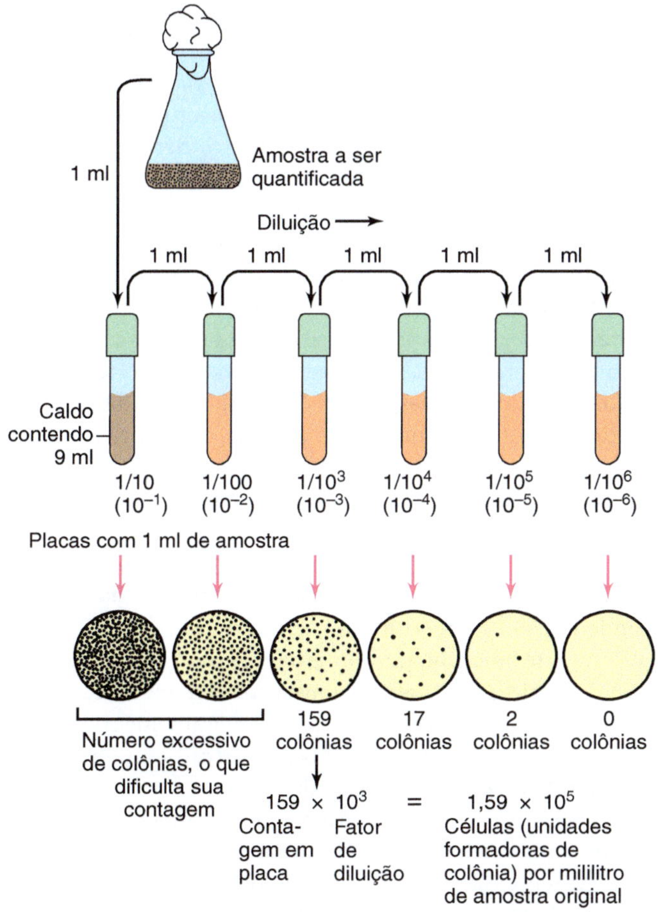

■ **Figura 6.11** Procedimento de contagem de viáveis por meio de diluições em série da amostra e o método de semeadura em profundidade. Embora o líquido estéril utilizado no preparo das diluições possa ser água, o emprego de uma solução balanceada de sais ou de um meio de cultura é mais conveniente, pois permite a recuperação de um maior número de células. O fator de diluição corresponde à recíproca da diluição. No caso de semeadura por espalhamento (Figura 6.10), diluições podem ser necessárias para a inoculação de amostras de 0,1 ml.

ro de viáveis, em geral é necessária mais de uma diluição. Freqüentemente, são empregadas várias diluições decimais (10^{-1}) da amostra (Figura 6.11). Para realizar uma diluição decimal, 0,5 ml da amostra é misturado a 4,5 ml do diluente, ou 1,0 ml da amostra a 9,0 ml do diluente. Se uma diluição centesimal (10^{-2}) for necessária, 0,05 ml da amostra deverá ser misturado a 4,95 ml do diluente, ou 0,1 ml a 9,9 ml de diluente. Alternativamente, uma diluição de 10^{-2} pode ser preparada a partir de duas diluições decimais sucessivas. Na maioria dos casos, essas *diluições em série* são necessárias, até que a diluição final desejada seja obtida. Assim, se uma diluição de 10^{-6} ($1/10^6$) for necessária, esta poderá ser obtida pela realização de três diluições sucessivas de 10^{-2} ($1/10^2$) ou por seis diluições sucessivas de 10^{-1} (Figura 6.11).

Fontes de erros da contagem em placa

O número de colônias obtidas na contagem de viáveis depende do tamanho do inóculo, da qualidade do meio de cultura e das condições de incubação, além do tempo de incubação. Se o período de incubação for pequeno, as células depositadas no meio sólido não originarão colônias a uma mesma velocidade, gerando um número abaixo do real. Além disso, freqüentemente as colônias apresentam tamanho variável. Havendo o desenvolvimento de colônias muito pequenas, estas poderão ser omitidas durante a contagem. Geralmente, as condições de incubação (meio de cultura, temperatura, tempo) que propiciam o melhor desenvolvimento das colônias são determinadas para cada organismo, sendo utilizadas ao longo do experimento. Uma vez que a contagem de viáveis está sujeita a erros, certos cuidados devem ser tomados (preparo de duas ou mais placas para cada diluição), quando contagens precisas são desejadas. Observe que duas ou mais células associadas formam uma única colônia, levando a resultados de contagem de viáveis inferiores ao real. A contagem de viáveis é freqüentemente expressa em termos de *unidades formadoras de colônia* obtidas em vez de número de *células viáveis* (uma unidade formadora de colônia pode conter uma ou mais células).

Apesar das dificuldades associadas à contagem de viáveis, o processo é amplamente utilizado, pois fornece as melhores informações sobre o número de células viáveis. Em microbiologia de alimentos, médica e aquática, a contagem de viáveis é rotineiramente empregada. A grande vantagem desse método reside em sua sensibilidade: amostras contendo poucas células podem ser quantificadas, permitindo a detecção de contaminação microbiana em produtos ou materiais. Além disso, a utilização de meios altamente seletivos (Seção 24.2) nos procedimentos de contagem de viáveis permite a quantificação de tipos particulares de células, em populações mistas de microrganismos.

A grande anomalia da contagem em placa

Embora seja uma técnica de grande sensibilidade, a contagem em placa pode ser pouquíssimo confiável, quando utilizada na avaliação do número total de células em amostras naturais, como solos e águas. A contagem microscópica direta desse tipo de amostras geralmente revela um número muito maior de organismos do que aquele obtido na contagem em placas, realizada com *qualquer* meio de cultura (Seções 19.3 e 19.4). Alguns microbiologistas referem-se a tal fenômeno como a "grande anomalia da contagem em placa". Por que a contagem em placa revela números inferiores aos observados por contagem microscópica direta? Provavelmente, em decorrência de uma combinação de fatores, que inclui o fato de a contagem microscópica direta não excluir células mortas, além das diferentes exigências nutricionais e ambientais dos microrganismos presentes nestas amostras (Capítulos 5, 18, 19 e 20). Embora as contagens de organismos específicos empregando meios altamente seletivos, como na análise microbiológica de esgotos ou alimentos, gerem dados bastante confiáveis (Seções 28.1 e 29.1), as "contagens de células totais" dos mesmos hábitats normalmente resultam em valores muito aquém do real.

✓ 6.5 Verificação de conceitos

O crescimento pode ser medido pela alteração no número de células, ao longo do tempo. Contagens realizadas microscopicamente fornecem o número total de células em uma população, enquanto a contagem de viáveis (contagem em placa) avalia apenas o número de células vivas em uma população.

✓ Por que a *contagem de viáveis* é mais sensível que a *contagem microscópica*?

✓ Qual a principal hipótese a ser levada em consideração quando se pretende relacionar os resultados obtidos na contagem em placa ao número de células?

✓ Descreva como preparar uma diluição de 10^{-7} de uma cultura bacteriana.

✓ O que se entende por "grande anomalia da contagem em placa"?

6.6 Medidas indiretas do crescimento microbiano: turbidez

Um método rápido e bastante útil para estimar o número de células baseia-se na *medida da turbidez*. Uma suspensão celular tem aspecto turvo porque as células dispersam a luz que atravessa a suspensão. Quanto maior o número de células presentes, maior a quantidade de luz dispersa e, portanto, mais turva a suspensão. A turbidez pode ser medida com o auxílio de um *fotômetro* ou de um *espectrofotômetro*, dispositivos que promovem a passagem de luz por uma suspensão celular, detectando a quantidade de luz emergente, não dispersa (Figura 6.12). Esses dois instrumentos apresentam como principal diferença o fato do fotômetro empregar um filtro simples para gerar luz incidente, de comprimento de onda relativamente estreito. Em contrapartida, o espectrofotômetro emprega um prisma, ou grade de difração, que gera luz incidente em uma faixa bastante estreita de comprimentos de onda, que atinge a amostra (Figura 6.12*a*). Os comprimentos de onda normalmente utilizados para medir a turbidez de culturas bacterianas são: 540 nm (verde), 600 nm (laranja) ou 660 nm (vermelho). Tanto os espectrofotômetros como os fotômetros medem apenas a luz não dispersa; as leituras são registradas em unidades fotométricas (por exemplo, "unidades Klett", no caso do fotômetro de Klett-Summerson) (Figura 6.12*b*) ou em unidades de densidade óptica (DO), para os espectrofotômetros.

Gerando uma curva-padrão

Para organismos unicelulares, as unidades fotométricas ou DOs são proporcionais (dentro de certos limites) ao número de células, e, dessa maneira, as leituras de turbidez podem ser usadas em substituição aos métodos de contagem direta. Entretanto, para que a turbidez possa ser utilizada como técnica de contagem do número de células, uma *curva-padrão* deve ser previamente construída para cada organismo estudado. Essa curva relaciona medidas diretas de número (contagem microscópica ou de viáveis) ou de massa (peso seco) de células, com medidas *indiretas*, obtidas a partir da turbidez (Figura 6.12*c*). As curvas-padrão podem conter dados referentes tanto ao número de células quanto de massa celular, permitindo a avaliação dos dois parâmetros a partir de uma única medida de turbidez (Figura 6.12*c*).

Em suspensões contendo alta densidade celular, a luz dispersa por uma célula e captada pela fotocélula pode sofrer nova dispersão ao colidir com outra célula (sendo registrada pela fotocélula como se nunca houvesse sido dispersa). Quando tal fenômeno ocorre, a correspondência unívoca entre o número de células e a turbidez perde a linearidade (Figura 6.12*c*). No entanto, dentro de certos limites, as medidas turbidimétricas podem ser consideradas razoavelmente precisas, tendo como vantagens a rápida e fácil execução. Além disso, podem ser realizadas sem destruir ou promover distúrbios significativos na amostra. Por essas razões, a turbidimetria é amplamente utilizada no acompanhamento da taxa de crescimento de culturas microbianas. Uma mesma amostra pode ser analisada repetidas vezes; as medidas são plotadas em um gráfico semilogarítmico, que associa os valores obtidos *versus* o tempo (Figura 6.12*b*), o que permite o cálculo do tempo de geração de uma cultura em crescimento.

✓ 6.6 Verificação de conceitos

Embora as medidas de turbidez sejam indiretas, correspondem a um método muito rápido e útil na avaliação do crescimento microbiano. No entanto, para que os valores turbidimétricos obtidos possam ser relacionados à contagem direta, uma curva-padrão deve ser primeiramente construída.

✓ Liste duas vantagens da utilização de turbidimetria, como medida de crescimento celular.

✓ Descreva como as medidas de turbidez podem ser utilizadas na avaliação do número de colônias a serem desenvolvidas, se uma cultura com determinada DO for inoculada em um meio sólido.

6.7 Cultura contínua: o quimiostato

Nossa discussão sobre crescimento microbiano abordou, até o momento, **culturas em batelada**. Estas correspondem a culturas que se desenvolvem em um volume fixo de meio de cultura, o qual continuamente sofre alterações em virtude das ações dos organismos, até que em determinado momento torna-se inadequado ao crescimento. Quando atingem os estágios iniciais de crescimento exponencial, as culturas em batelada encontram condições relativamente constantes. Por outro lado, nos estágios finais, em que o número de células está aumentado, o meio de cultura passa a sofrer alterações drásticas em sua composição química. Assim, dependendo da finalidade do estudo, muitas vezes é mais interessante que as culturas sejam mantidas em condições constantes, por longos períodos de tempo. Tal objetivo é alcançado pelo emprego de *culturas contínuas*. Uma cultura contínua corresponde a um sistema de fluxo ao qual um volume constante de meio fresco é continuamente adicionado, sendo o mesmo volume de meio usado removido. Quando o sistema atinge equilíbrio, o número de células e a quantidade de nutrientes permanecem *constantes*. Nesse momento, o sistema encontra-se em um estado denominado ***steady state*** ("estado de equilíbrio").

O quimiostato

Um dos equipamentos mais comumente utilizados para a obtenção de culturas contínuas é o **quimiostato** (Figura 6.13), que controla tanto a densidade populacional

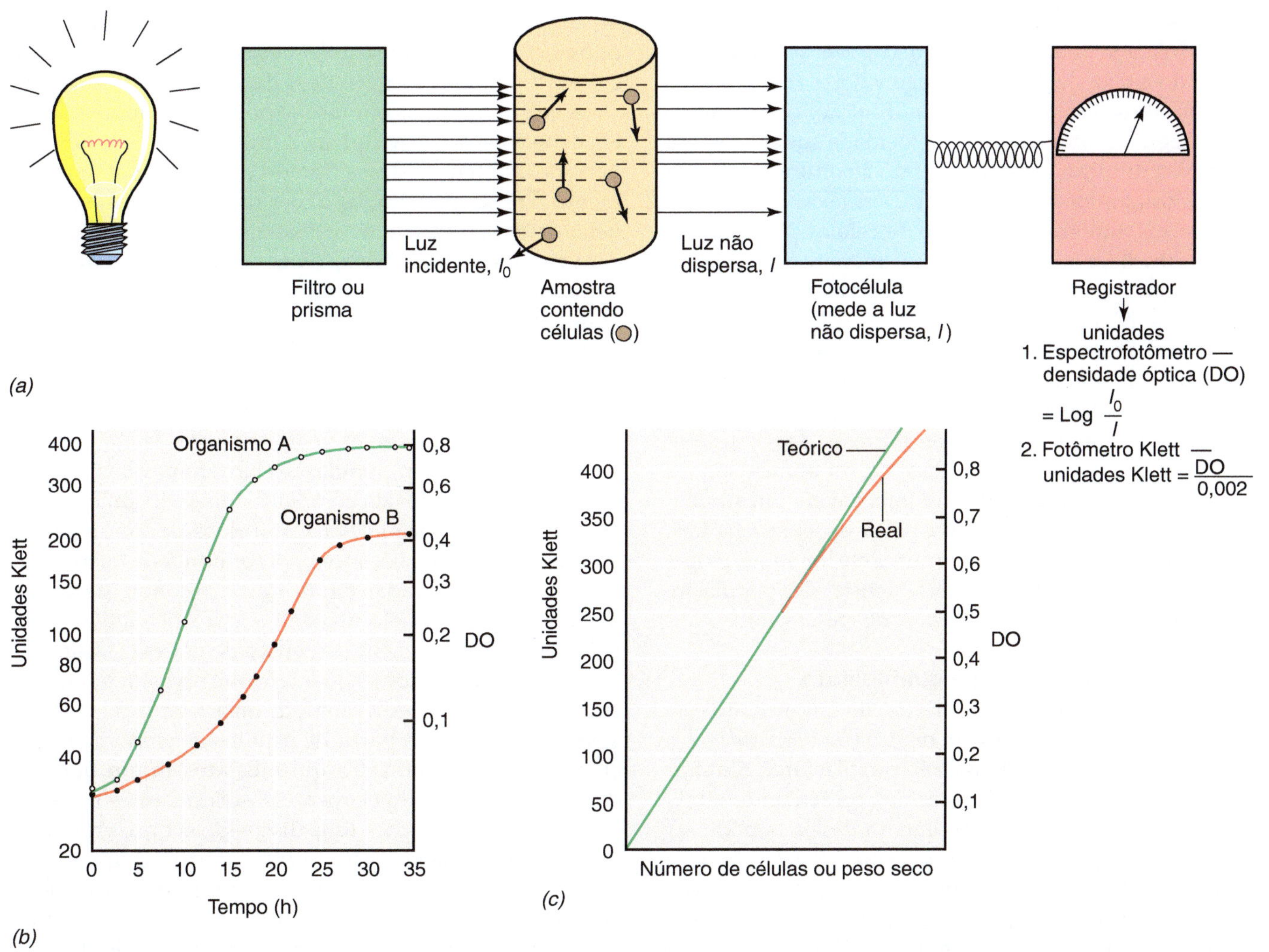

■ **Figura 6.12** Medidas turbidimétricas do crescimento microbiano. (a) A turbidez pode ser medida em um espectrofotômetro ou em um fotômetro. A fotocélula mede a luz incidente, não dispersa pelas células em suspensão, registrando-a como unidades fotométricas ou de densidade óptica. (b) Curva de crescimento típica, obtida em unidades Klett ou de densidade óptica (DO), de dois organismos que apresentam diferentes taxas de crescimento. Na prática, o tempo de geração (*g*) das duas culturas foi calculado pelo emprego da fórmula $n = 3{,}3\ (\log N - \log N_0)$, onde N e N_0 correspondem a dois valores Klett diferentes, obtidos em um intervalo de tempo *t*. Qual organismo está crescendo mais rapidamente, A ou B? (c) Relação entre o número de células, ou peso seco, com as medidas de turbidez. Observe que a correspondência unívoca dessas relações é perdida em altos valores de turbidez.

como a taxa de crescimento da cultura. Dois fatores são importantes no controle de um quimiostato: a *taxa de diluição* e a *concentração de um nutriente limitante*, como carbono ou nitrogênio. Em uma cultura em batelada, a concentração de nutrientes pode afetar a taxa e a eficiência de crescimento de um microrganismo (Figura 6.14). Quando um nutriente se encontra em concentrações muito baixas, a taxa de crescimento é reduzida, provavelmente porque seu transporte para o interior da célula não ocorre com velocidade suficiente para satisfazer a demanda metabólica. Em contrapartida, concentrações moderadas ou altas de nutrientes não afetarão as *taxas* de crescimento, enquanto o *número de células* for crescente (Figura 6.14). Contrariamente à cultura em batelada, a taxa e a eficiência de crescimento podem ser controladas de modo independente em um quimiostato, pelo ajuste da taxa de diluição e pela variação da concentração de um nutriente presente em concentrações limitantes, respectivamente.

Os efeitos da variação na taxa de diluição e concentração do nutriente limitante são apresentados na Figura 6.15.

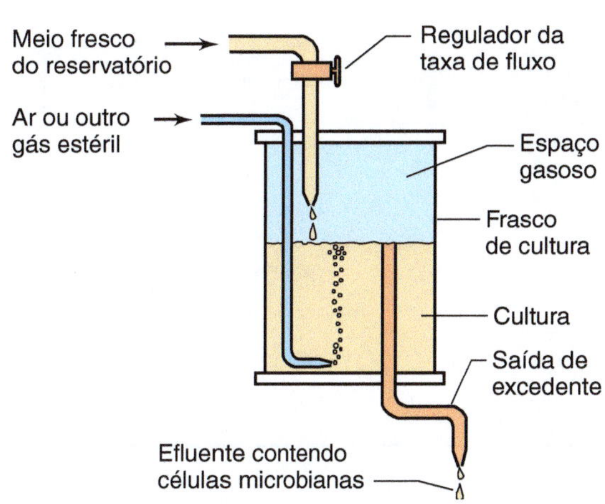

■ **Figura 6.13** Representação esquemática de um dispositivo de cultura contínua (quimiostato). Nesse tipo de equipamento, a densidade da população é controlada pela concentração do nutriente limitante no reservatório, enquanto a taxa de crescimento é controlada pela taxa de fluxo (ver Figura 6.15). Estes dois parâmetros podem ser ajustados pelo operador.

Observa-se que há uma ampla faixa onde a taxa de diluição controla a taxa de crescimento; o *steady state* é rompido quando a taxa de diluição atinge valores muito baixos ou muito altos. Em altas taxas de diluição, o organismo não consegue crescer com uma velocidade suficiente para manter sua diluição constante, sendo a cultura eliminada do quimiostato. No outro extremo, em taxas de diluição muito baixas, um grande número de células pode morrer por desnutrição, porque o nutriente limitante não está sendo adicionado com velocidade suficiente que permita a manutenção do metabolismo celular.

A *densidade celular* (células/ml) no quimiostato é controlada pela quantidade de nutriente limitante, do mesmo modo que o rendimento celular era controlado na cultura de batelada (Figura 6.14). Se a concentração desse nutriente, no meio que está sendo introduzido, for aumentada e a taxa de diluição permanecer constante, haverá um aumento na densidade celular. Assim, a partir de ajustes na taxa de diluição e na concentração do nutriente limitante, o operador pode obter uma variedade de densidades populacionais, crescendo com diferentes taxas de crescimento.

Usos experimentais de um quimiostato

Uma das principais vantagens de um quimiostato está em o operador poder controlar, de *maneira independente*, a taxa de crescimento e a densidade populacional. Conforme mostrado na Figura 6.15, mesmo apresentando faixas amplas, qualquer taxa de crescimento desejada pode ser obtida em um quimiostato, simplesmente pela variação da taxa de diluição. De modo similar, a densidade populacional pode ser ajustada pela variação da concentração de um único nutriente (nutriente limitante do crescimento) no meio de cultura presente no reservatório. O controle independente desses dois parâmetros cruciais de crescimento é impossível em culturas de batelada, porque estas representam um *sistema fechado* no que se refere às fontes nutricionais e à remoção dos produtos de excreção. Assim, em um sistema fechado, as condições de crescimento são constantemente alteradas ao longo do tempo.

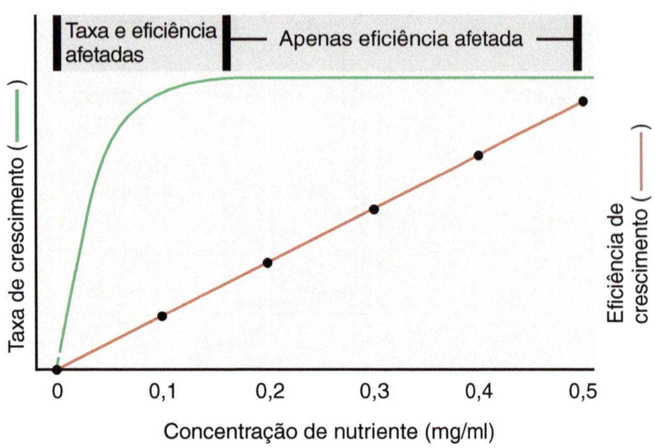

Figura 6.14 Relação entre concentração de nutriente, taxa de crescimento (curva verde) e eficiência de crescimento (curva vermelha) de culturas em batelada (sistema fechado). Quando o nutriente se encontra em baixas concentrações, a taxa e a eficiência de crescimento são afetadas.

Uma vantagem prática do quimiostato é o fato de a população poder ser mantida na fase exponencial de crescimento por longos períodos, desde dias até semanas. Uma vez que células em fase exponencial são desejáveis em experimentos fisiológicos, a utilização do quimiostato permite a obtenção desse tipo de células a qualquer momento. Dessa maneira, os experimentos podem ser planejados detalhadamente e realizados quando for mais conveniente. Além disso, os experimentos podem ser várias vezes repetidos, reproduzindo-se as condições previamente estabelecidas.

O quimiostato mostrou-se bastante útil nos estudos de ecologia microbiana. Por exemplo, como o quimiostato pode mimetizar situações de baixa concentração de substrato, o que em geral ocorre na natureza, é possível realizar estudos com populações bacterianas mistas, avaliando-se os aspectos da competitividade de um ou outro organismo em relação às concentrações de um nutriente em particular. Alterações em uma comunidade microbiana podem ser monitoradas em função das condições de um quimiostato, tanto pelo uso de métodos de cultivo como pelas ligações filogenéticas e busca de genes (Capítulo 19). Tais experimentos freqüentemente revelam interações entre componentes individuais de uma população, que não se mostram óbvias a partir de estudos de crescimento em culturas em batelada. Os quimiostatos foram também empregados no enriquecimento e isolamento de bactérias (Seções 1.5 e 19.1 para uma discussão sobre o enriquecimento e o isolamento de bactérias). A partir de um inóculo misto, uma população estável pode ser selecionada mediante a escolha de condições nutricionais e da taxa de diluição, aumentando-se lentamente essa taxa de diluição até que apenas um único tipo de organismo esteja presen-

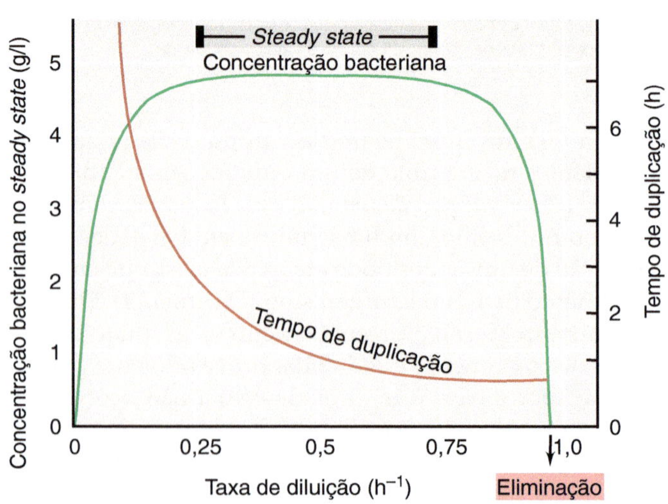

Figura 6.15 Relações em um quimiostato em *steady state*. A taxa de diluição é determinada pela taxa de fluxo e pelo volume do frasco de cultura. Assim, em um frasco de 1.000 ml, com uma taxa de fluxo de 500 ml/h, a taxa de diluição seria de 0,5 h^{-1}. Observe que, em altas taxas de diluição, o crescimento não é capaz de contrabalançar a diluição, e a população é eliminada. Observe também que, embora a densidade populacional permaneça constante durante o *steady state*, a taxa de crescimento (tempo de duplicação) é bastante variável. Desse modo, o operador pode obter populações com taxas de crescimento bastante variáveis, sem afetar a densidade populacional.

te. Nesse sentido, recentemente os microbiologistas isolaram uma bactéria apresentando tempo de geração de 6 min — a bactéria de crescimento mais rápido já descrita.

✓ 6.7 Verificação de conceitos

Dispositivos de cultura contínua (quimiostatos) permitem a manutenção de populações celulares em crescimento exponencial, por longos períodos de tempo. Em um quimiostato, a taxa de diluição da cultura determina a taxa de crescimento, enquanto o tamanho da população é determinado pela concentração do nutriente limitante de crescimento adicionado ao reservatório.

✓ Como os microrganismos presentes em um *quimiostato* diferem daqueles em uma *cultura em batelada*.

✓ O que ocorre em um quimiostato se a taxa de diluição exceder a taxa de crescimento máximo do organismo?

✓ A utilização de um quimiostato requer o emprego de culturas puras?

II EFEITOS AMBIENTAIS NO CRESCIMENTO MICROBIANO

Até o momento, descrevemos o crescimento de microrganismos em condições laboratoriais essencialmente ideais. Entretanto, as atividades microbianas são intensamente afetadas pelas condições químicas e físicas de seus ambientes. O entendimento das influências ambientais ajuda a explicar a distribuição dos microrganismos na natureza, tornando possível o desenvolvimento de métodos para o controle ou a otimização das atividades microbianas. Nesse sentido, muitos fatores ambientais podem ser considerados. Entretanto, *quatro* fatores principais foram identificados por desempenharem importantes papéis no controle do crescimento microbiano: temperatura, pH, disponibilidade de água e oxigênio. Cada um desses fatores será analisado detalhadamente a seguir.

6.8 Efeito da temperatura no crescimento

A temperatura é um dos fatores, se não *o* mais importante fator ambiental que afeta o crescimento e a sobrevivência dos microrganismos. Estes não são capazes de crescer em temperaturas muito frias ou muito quentes. Entretanto, os valores absolutos das temperaturas mínima e máxima variam de maneira ampla dentre os diferentes microrganismos, usualmente refletindo a variação térmica e a temperatura média de seus hábitats. Passaremos a examinar os efeitos da temperatura no crescimento microbiano.

Temperaturas cardeais

A temperatura pode afetar os seres vivos de duas maneiras opostas. À medida que a temperatura aumenta, as reações químicas e enzimáticas passam a ocorrer com maior velocidade. Entretanto, *acima* de uma certa temperatura, determinadas proteínas podem sofrer danos irreversíveis. A elevação da temperatura, até certos limites, leva ao aumento do crescimento e das atividades metabólicas até um ponto, a partir do qual as reações de inativação passam a atuar. Acima dessa temperatura, as funções celulares caem rapidamente para zero. Dessa maneira, pode-se concluir que cada organismo apresenta uma temperatura *mínima* (abaixo da qual é incapaz de crescer), uma temperatura *ótima* (em que o crescimento ocorre rapidamente) e uma temperatura *máxima* (acima da qual o crescimento torna-se impossível) (Figura 6.16). A temperatura ótima sempre se situa mais próxima à temperatura máxima do que à mínima. Essas três temperaturas, denominadas **temperaturas cardeais**, são geralmente características de cada tipo de organismo, embora não sejam fixas, já que fatores ambientais — como a composição do meio de cultura — podem promover ligeiras alterações em seus valores.

A temperatura máxima de crescimento de um organismo provavelmente corresponde ao ponto em que uma ou mais proteínas-chave da célula são inativadas. Por outro lado, os fatores que controlam a temperatura *mínima* de crescimento de um organismo são ainda pouco conhecidos. Como mencionado anteriormente (Seção 4.5), a membrana citoplasmática deve se encontrar em um estado fluido para que exerça suas funções adequadamente. Talvez a temperatura mínima de um organismo seja aquela a partir da qual a membrana citoplasmática sofra um "congelamento", deixando de atuar adequadamente no transporte de nutrientes ou na formação do gradiente de prótons. Esse tipo de explicação é sustentado por experimentos que indicam serem as alterações na composição lipídica da membrana resultantes da alteração da temperatura mínima de crescimento de certos organismos (ver Seção 6.9). Foi também observado que as temperaturas cardeais são extremamente variáveis nos diferentes microrganismos; alguns apresentam temperatura ótima de 4°C, enquanto outros, ótimo de 100°C ou mais. A faixa de temperatura que permite o crescimento é ainda mais ampla, variando de temperaturas inferiores à de congelamento

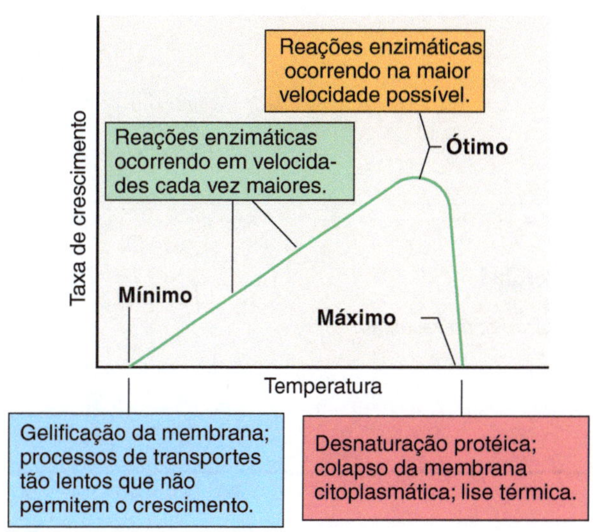

■ **Figura 6.16** Efeito da temperatura na taxa de crescimento e as conseqüências moleculares para a célula. As três temperaturas cardeais variam nos diferentes organismos.

até aquelas superiores à de ebulição. (A *Archaea Pyrolobus fumarii* apresenta máximo de 113°C!) No entanto, nenhum organismo é capaz de sobreviver ao longo de toda esta faixa, sendo considerada como faixa de temperatura típica para determinado organismo uma variação de cerca de 30°C entre a mínima e a máxima, embora para alguns esta possa ser um pouco mais extensa que para outros.

Classes térmicas de organismos

Embora os microrganismos exibam diferentes faixas de temperatura, estes podem ser classificados em quatro grandes grupos, no que se refere às temperaturas ótimas de crescimento: **psicrófilos**, com ótimo situado em baixas temperaturas, **mesófilos**, com ótimo em temperaturas medianas, **termófilos**, com ótimo em altas temperaturas e **hipertermófilos**, com ótimo correspondendo a temperaturas muito elevadas (Figura 6.17). Os mesófilos são encontrados em animais de sangue quente e em ambientes terrestres e aquáticos de latitudes tropicais. Psicrófilos e termófilos são encontrados em ambientes muito frios e muito quentes, respectivamente. Os hipertermófilos são encontrados em hábitats extremamente quentes, tais como fontes termais, gêiseres e fendas hidrotermais no fundo do mar (ver Seções 6.10 e 20.8).

As temperaturas cardeais de *Escherichia coli* — uma bactéria mesófila típica — foram precisamente determinadas a partir de estudos relacionando o crescimento à temperatura. Para essa bactéria, quando cultivada em um meio complexo, a temperatura ótima corresponde a 39°C, a máxima, a 48°C, e a mínima, a 8°C. Tais valores estão sujeitos a ligeiras alterações nas diferentes linhagens, e, geralmente, as temperaturas máxima e mínima exibem valores maiores quando as análises são realizadas em meios complexos em vez de meios definidos quimicamente.

✓ 6.8 Verificação de conceitos

A temperatura é o principal fator ambiental que controla o crescimento microbiano. As temperaturas cardeais descrevem as temperaturas mínima, ótima e máxima, nas quais cada organismo é capaz de se desenvolver. Os microrganismos podem ser agrupados de acordo com as faixas de temperatura que requerem para o seu crescimento.

- ✓ Quais são as temperaturas cardeais aproximadas de *Escherichia coli*? A qual classe térmica essa bactéria pertence?
- ✓ Como um *hipertermófilo* se diferencia de um *psicrófilo*?
- ✓ A bactéria *Escherichia coli* é capaz de crescer em temperaturas mais altas quando cultivada em um meio complexo do que quando em um meio definido. Por quê?

6.9 Crescimento microbiano em baixas temperaturas

Como o homem vive e realiza suas funções na superfície da Terra, onde as temperaturas geralmente são moderadas, é natural considerarmos os ambientes muito frios e muito quentes como "extremos". De fato, estes são extremos à vida humana, pois o homem rapidamente pereceria se fosse imerso em água fervente ou em água na temperatura de congelamento. Entretanto, os hábitats naturais de muitos microrganismos podem ser extremamente frios ou quentes — este grupo é denominado **extremófilo** (Seção 2.4 e Tabela 2.1) —, crescendo *otimamente* nessas con-

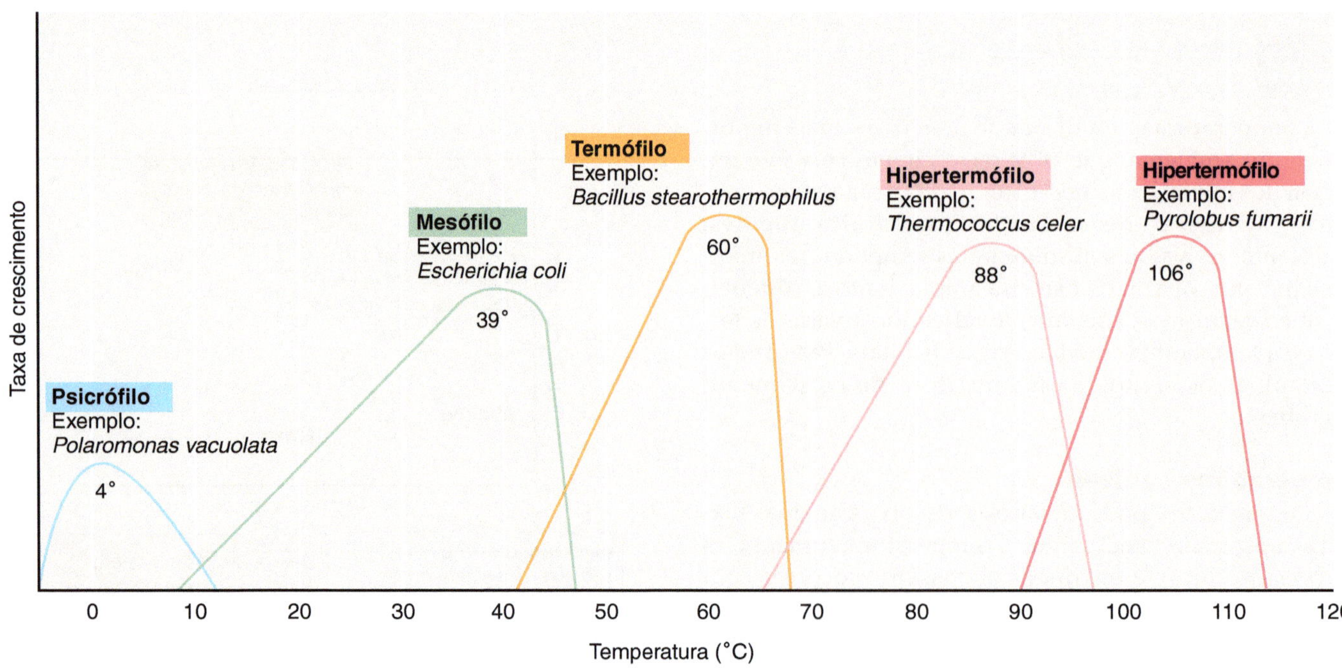

Figura 6.17 Relação da temperatura com as taxas de crescimento de um psicrófilo, um mesófilo típico, um termófilo típico e dois hipertermófilos diferentes. As temperaturas ótimas de cada tipo de organismo encontram-se exemplificadas no gráfico.

dições. Passaremos agora a considerar os organismos que crescem em temperaturas frias.

Ambientes frios

Grande parte da superfície terrestre encontra-se em temperaturas relativamente baixas. Os oceanos, que compõem cerca de metade da superfície da Terra, apresentam temperatura média de 5°C, enquanto as profundidades dos oceanos abertos apresentam temperaturas constantes de cerca de 1 a 3°C. Vastas áreas terrestres do Ártico e da Antártida encontram-se permanentemente congeladas; estas são descongeladas por apenas poucas semanas durante o verão (Figura 6.18*a*). Os ambientes frios não são estéreis, pois apresentam alguns microrganismos vivendo em qualquer temperatura em que a água, no estado líquido, seja encontrada. Até mesmo em materiais congelados encontramos microrganismos vivendo em bolsas microscópicas que contêm água líquida, permitindo assim seu metabolismo e crescimento.

É importante distinguir ambientes que são frios *durante o ano todo* daqueles frios *apenas* durante o inverno. Os últimos, característicos de climas continentais temperados, podem apresentar verões com temperaturas de até 40°C e invernos com temperaturas de –20°C ou inferiores. Tais tipos de ambientes altamente variáveis são muito menos favoráveis aos organismos adaptados ao frio se comparados aos ambientes constantemente frios, como as regiões polares, as elevadas altitudes ou as profundezas oceânicas.

Microrganismos psicrófilos e psicrotolerantes

Conforme mencionado anteriormente, os **psicrófilos** correspondem a um grupo de organismos cuja temperatura ótima de crescimento situa-se em baixas temperaturas. Um psicrófilo pode ser definido com um organismo cuja temperatura ótima de crescimento é de 15°C ou inferior, temperatura máxima situada abaixo de 20°C e mínima de 0°C ou inferior. Organismos capazes de crescer a 0°C, mas com ótimo entre 20 e 40°C, são denominados **psicrotolerantes**.

Os psicrófilos são encontrados em ambientes constantemente frios, como as regiões polares ou sedimentos marinhos; estes morrem rapidamente se submetidos, mesmo que por breves períodos de tempo, à temperatura ambiente. Por essa razão, seus estudos em laboratório requerem grandes cuidados, visando impedir seu aquecimento durante os procedimentos de coleta, transporte, isolamento e demais manipulações.

As algas que crescem originando densas massas no interior e sob o gelo de regiões polares estão entre os organismos psicrófilos mais bem estudados (Figura 6.18*b*). Algas psicrófilas são freqüentemente encontradas em grandes números na superfície de campos nevados e em geleiras, onde conferem coloração verde ou vermelha distintivas a essas superfícies (Figura 6.19*a*). A alga mais freqüentemente encontrada na neve é *Chlamydomonas nivalis*; seus esporos vermelhos e brilhantes são responsáveis pela coloração vermelha observada (Figura 6.19*b*). A alga verde cresce no interior do gelo, na forma de uma célula vegetativa de pigmentação verde, que então esporula. Com a dissipação do gelo — pelo descongelamento, erosão e vaporização — há a concentração dos esporos na superfície. As algas do gelo são observadas mais comumente em campos de neve permanentes, que do meio ao final do verão sofrem descongelamento; estas, no entanto, são especialmente ubíquas em áreas secas, ensolaradas, quando comparadas às áreas chuvosas de onde, provavelmente, são prontamente lavadas. Além das algas do gelo, várias bactérias psicrófilas quimiorganotróficas são também encontradas em ambientes gelados, como o oceano polar Antártico (Figura 6.18*a*). Algumas apresentam as menores temperaturas máximas de crescimento conhecidas para qualquer microrganismo já descrito.

Microrganismos **psicrotolerantes** apresentam distribuição muito mais ampla que os psicrófilos, podendo ser isolados de solos e águas de climas temperados, assim como de carnes, leite, laticínios, cidras, vegetais e frutas armazenados sob refrigeração (4°C). Como já mencionado, os microrganismos psicrotolerantes apresentam melhor crescimento em temperaturas que variam de 20 a 40 °C. Como os ambientes temperados se aquecem no verão, é fácil entendermos por que esses ambientes não permitem o desenvolvimento dos psicrófilos, sensíveis ao calor. O aquecimento desses ambientes atua essencialmente fornecendo uma pressão seletiva, que favorece as espécies psicrotolerantes e exclui as formas psicrófilas. Deve ser enfatizado que, embora os microrganismos psicrotolerantes sejam capazes de crescer a 0°C, seu cres-

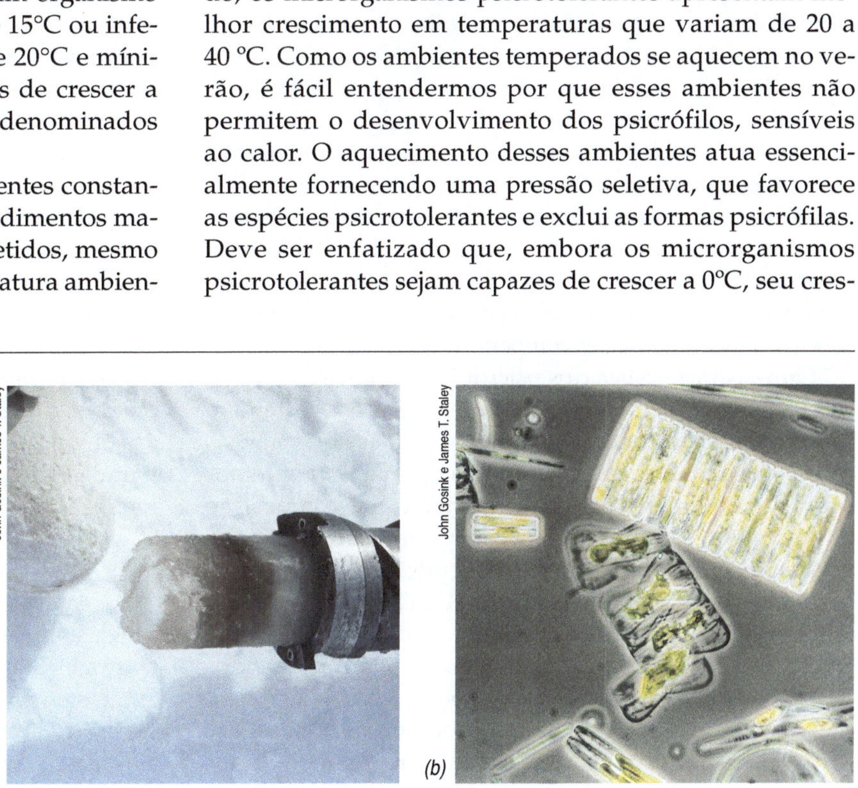

John Gosink e James T. Staley (a)

John Gosink e James T. Staley (b)

Figura 6.18 Microrganismos do oceano polar Antártico. (a) Um bloco de água do mar permanentemente congelada, em McMurdo Sound, na Antártida. Observe a densa coloração devido à presença de microrganismos pigmentados (a bota branca é apresentada para dar uma noção do tamanho do bloco de gelo). (b) Micrografia de contraste de fase de microrganismos fototróficos encontrados no bloco de gelo mostrado em (a). A maioria dos organismos corresponde a diatomáceas ou algas verdes (ambos microrganismos eucarióticos).

Katherine M. Brock

(a)

T. D. Brock

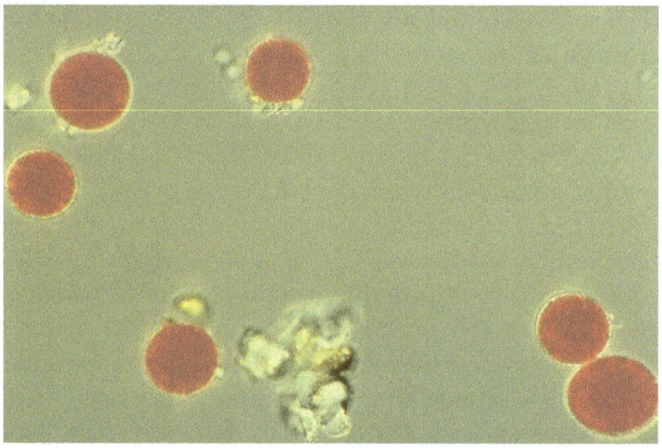

(b)

■ **Figura 6.19** Algas da neve. (a) Banco de neve em Sierra Nevada, Califórnia, cuja coloração vermelha é decorrente da presença de algas. Essa neve rósea é comum em bancos de neve de elevadas altitudes, durante o verão. (b) Fotomicrografia de esporos de pigmentação vermelha da alga *Chlamydomonas nivalis*. Os esporos germinam e originam as células móveis dessa alga verde. Espécies relacionadas apresentam diferentes pigmentos carotenóides (Seção 18.3), que geram campos de neve verdes, laranjas, marrons ou roxos.

cimento não ocorre da maneira usual, sendo necessário esperar várias semanas até que um crescimento visível seja detectado nos meios de cultura. Vários gêneros de *Bacteria*, fungos, algas e protozoários apresentam espécies psicrotolerantes.

Adaptações moleculares à psicrofilia

Os psicrófilos possuem enzimas que atuam otimamente no frio, sendo facilmente desnaturadas ou inativadas em temperaturas bastante moderadas. A base molecular desses fenômenos ainda não se encontra plenamente elucidada. Foi observado que, via de regra, enzimas ativas em baixas temperaturas apresentam maior quantidade de estruturas secundárias em α-hélice e menor em folhas β-pregueadas (Seção 3.7 e Figura 3.16), quando comparadas a enzimas inativadas pelo frio. Uma vez que as folhas β-pregueadas tendem a formar uma estrutura mais rígida, a presença de um elevado conteúdo de α-hélices confere a essas proteínas maior flexibilidade no frio. Essas enzimas também tendem a apresentar um número maior de aminoácidos polares e uma menor quantidade de aminoácidos hidrofóbicos, se comparadas às enzimas de mesófilos e termófilos, o que também pode auxiliar na manutenção da flexibilidade (atividade enzimática) em baixas temperaturas.

Outra característica dos psicrófilos refere-se ao fato de o transporte ativo ocorrer otimamente em baixas temperaturas, indicando que suas membranas citoplasmáticas são estruturadas de tal forma que o frio não interfere nos processos de membrana. Estudos acerca da composição das membranas citoplasmáticas de psicrófilos revelam que estas apresentam um elevado conteúdo de ácidos graxos *insaturados* (Seção 5.15), o que auxilia na manutenção de um estado semifluido, mesmo em baixas temperaturas (membranas compostas predominantemente por ácidos graxos saturados apresentariam consistência similar à cera, não sendo funcionais em baixas temperaturas). Os lipídeos de algumas bactérias psicrófilas também possuem ácidos graxos *poliinsaturados* e hidrocarbonetos contendo múltiplas ligações duplas. Um hidrocarboneto contendo nove ligações duplas ($C_{31:9}$) foi identificado em lipídeos de algumas bactérias da Antártida; também foi demonstrado que a bactéria *Psychroflexus* possui ácidos graxos contendo 4 e 5 ligações duplas.

Congelamento

Embora alguns organismos sejam capazes de crescer em baixas temperaturas, há um limite abaixo do qual a reprodução se torna impossível. A água pura congela-se a 0°C, e a água do mar, a –2,5°C. Entretanto, o congelamento não é contínuo, havendo a presença de bolsas microscópicas de água tanto nessas temperaturas quanto em temperaturas inferiores. Embora o congelamento impeça o crescimento microbiano, não necessariamente causa a morte microbiana. Além disso, o meio no qual as células se encontram afeta consideravelmente a sensibilidade ao congelamento. Líquidos hidrossolúveis, como glicerol e dimetilsulfóxido (DMSO), quando adicionados ao meio de cultura na concentração final de cerca de 10%, penetram nas células e as protegem por reduzir a severidade dos efeitos da desidratação e inibir a formação de cristais de gelo. De fato, a adição desses agentes, denominados *crioprotetores*, corresponde a um método usual de *preservação* de culturas microbianas em temperaturas muito baixas (geralmente de –70 a –196°C). Células congeladas, preparadas adequadamente, podem permanecer viáveis por longos períodos (várias décadas).

✓ 6.9 Verificação de conceitos

Organismos que apresentam temperaturas ótimas baixas são denominados *psicrófilos;* os exemplos mais extremos habitam ambientes permanentemente frios. Os psicrófilos apresentam biomoléculas que exibem maior atividade em temperaturas baixas, sendo extremamente sensíveis a temperaturas mais elevadas.

✓ Como os organismos *psicrotolerantes* diferem dos *psicrófilos*?

✓ Que adaptações moleculares a membrana citoplasmática de psicrófilos apresenta e por que estas são necessárias?

6.10 Crescimento microbiano em altas temperaturas

A vida microbiana floresce em ambientes de alta temperatura, inclusive em água fervente. Acima de 65°C, apenas formas de vida *procarióticas* sobrevivem, mas, mesmo nessa temperatura, uma enorme diversidade de *Bacteria* e *Archaea* é encontrada. Passaremos a considerar alguns desses ambientes quentes e os tipos de vida microbiana encontrados.

Ambientes termais

Lembre-se de que organismos cuja temperatura ótima é superior a 45°C são denominados **termófilos**, e aqueles cujo ótimo é superior a 80°C, **hipertermófilos** (Figura 6.17). Temperaturas tão elevadas são encontradas na natureza apenas em certas áreas restritas. Por exemplo, solos sujeitos a intensa irradiação solar freqüentemente atingem, ao meio-dia, temperaturas acima de 50 °C. Outros solos podem ser aquecidos até 70°C, embora a poucos centímetros abaixo da superfície a temperatura seja muito menor. Materiais em fermentação, como pilhas de esterco e silagem, geralmente atingem temperaturas entre 60 e 65°C. No entanto, os ambientes mais quentes encontrados na natureza estão associados a fenômenos vulcânicos.

Muitas fontes termais apresentam temperaturas próximas a 100°C, enquanto fendas de vapor (fumarolas) podem atingir de 150 a 500°C. Fendas hidrotermais localizadas no fundo do mar apresentam temperaturas de 350 °C ou superiores (Seção 20.8). Fontes termais são encontradas em todo o mundo, estando especialmente concentradas no oeste dos Estados Unidos, na Nova Zelândia, Islândia, Japão, Itália, Indonésia, América Central e centro da África. Entretanto, a área com a maior concentração local de fontes termais do mundo é o Parque Nacional de Yellowstone, em Wyoming (EUA). Embora algumas fontes termais apresentem temperaturas variáveis, outras são bastante constantes — com variações de somente 1 ou 2°C ao longo de muitos anos. Além disso, essas fontes possuem composições químicas e valores de pH variáveis, geralmente apresentando nutrientes que permitem o crescimento de populações de organismos quimiorganotróficos e quimiolitotróficos.

Hipertermófilos em fontes termais

Muitas fontes termais encontram-se à temperatura de ebulição para aquela determinada altitude (92-93°C em Yellowstone e 99-100°C em regiões onde as fontes localizam-se próximas ao nível do mar). Em fontes termais ferventes (Figura 6.20) uma variedade de hipertermófilos pode ser encontrada. O crescimento desse tipo de organismo pode ser estudado pela imersão de lâminas de microscopia nas fontes, as quais são removidas após alguns dias. O exame microscópico dessas lâminas revela a presença de colônias de organismos procarióticos (Figura 6.20*b*), originadas a partir de células bacterianas individuais que se aderiram e cresceram na superfície do vidro.

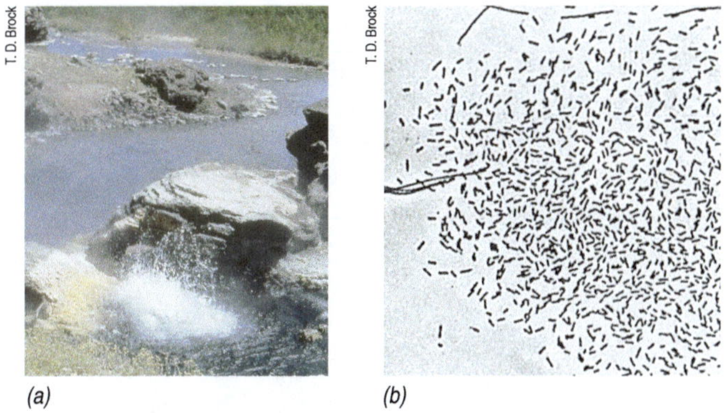

Figura 6.20 Crescimento de hipertermófilos em água fervente. (a) Fonte Boulder, uma pequena fonte fervente do Parque Nacional de Yellowstone. A fonte é superaquecida, apresentando temperatura de 1 a 2°C acima do ponto de ebulição. Os depósitos minerais ao redor da fonte consistem predominantemente em sílica e enxofre. (b) Fotomicrografia de uma microcolônia de procariotos desenvolvendo-se sobre uma lâmina de microscopia imersa em uma fonte fervente, como a apresentada em (a).

Estudos ecológicos dos organismos habitantes de fontes ferventes demonstraram que as taxas de crescimento são bastante rápidas, sendo registrados tempos de geração de 1 h. Culturas de muitos procariotos, compostas por uma variedade de tipos morfológicos e fisiológicos, foram obtidas (Capítulo 13). Estudos filogenéticos empregando o seqüenciamento de RNA ribossomal (Seções 2.3 e 11.5) demonstraram grande diversidade evolutiva destes hipertermófilos, que incluem vários membros do domínio *Bacteria* e, especialmente, *Archaea*. Alguns desses hipertermófilos apresentam temperaturas ótimas de crescimento *superiores a 100°C*, sendo cultivados em laboratório no interior de recipientes pressurizados para atingir temperaturas acima do ponto de ebulição.

Termófilos

Muitos termófilos (ótimos de 45 a 80°C) são encontrados em fontes termais e em outros ambientes quentes. Nas fontes termais, à medida que a água fervente extravasa e escorre para outros locais, sofre um resfriamento gradual, originando um *gradiente térmico*. Vários microrganismos crescem ao longo desse gradiente (Figura 6.21), com diferentes espécies se desenvolvendo nas diversas faixas de temperatura. A partir do estudo da distribuição das espécies ao longo de gradientes térmicos e pelo exame de fontes termais e outros hábitats termais com diferentes temperaturas ao redor do mundo, é possível determinar os limites superiores de temperatura para cada tipo de organismo (Tabela 6.1). A partir desses dados, concluímos que (1) organismos procarióticos, em geral, são capazes de crescer em temperaturas superiores àquelas que permitem o crescimento de eucariotos; (2) os procariotos mais

■ **Figura 6.21** Crescimento de cianobactérias termofílicas em uma fonte termal do Parque Nacional de Yellowstone. Padrão característico formado pelas cianobactérias, na temperatura máxima tolerada por fototróficos (70-74°C), em um gradiente térmico originado a partir de uma fonte termal fervente. Esse padrão é formado porque a água resfria mais rapidamente nas margens que no centro do canal. O curso da fonte direciona-se do fundo da foto em direção ao leitor. O ponto situado exatamente acima do local onde o pesquisador está agachado apresenta temperatura muito quente para as cianobactérias. A cor verde-clara é proveniente das células de *Synechococccus*. À medida que a água flui pelo gradiente, a quantidade de células aumenta e torna a cor verde mais intensa.

Tabela 6.1 Limites superiores de temperatura, conhecidos até o momento, para o crescimento de seres vivos

Grupo	Limites superiores de temperatura (°C)
Animais	
Peixes e outros vertebrados aquáticos	38
Insetos	45-50
Ostracóideos (crustáceos)	49-50
Plantas	
Plantas vasculares	45
Musgos	50
Microrganismos eucarióticos	
Protozoários	56
Algas	55-60
Fungos	60-62
Procariotos	
Bacteria	
Cianobactérias	70-74
Fototróficos anoxigênicos	70-73
Quimiorganotróficos/quimiolitotróficos	95
Archaea	
Quimiorganotróficos/quimiolitotróficos	113

termofílicos correspondem a certas espécies de *Archaea*; (3) organismos não fototróficos crescem em temperaturas mais altas que os fototróficos.

Procariotos termofílicos foram também encontrados em ambientes termais artificiais. O aquecedor de água doméstico ou industrial atinge temperaturas entre 55 e 80°C, sendo, portanto, um hábitat favorável ao crescimento de procariotos termofílicos. Organismos semelhantes a *Thermus aquaticus* — um termófilo comum em fontes termais — foram isolados de aquecedores de água. Usinas elétricas e outros ambientes termais artificiais também oferecem sítios onde os termófilos podem crescer, sendo facilmente isolados pelo emprego de técnicas apropriadas de enriquecimento.

Adaptações moleculares à termofilia

Como os termófilos e hipertermófilos são capazes de prosperar em altas temperaturas? Suas enzimas e outras proteínas apresentam termoestabilidade muito superior à de mesófilos, e suas macromoléculas, na verdade, atuam *otimamente* em altas temperaturas. Como essa termoestabilidade é alcançada? Surpreendentemente, estudos de várias enzimas termoestáveis demonstraram que estas freqüentemente apresentam poucas diferenças na seqüência de aminoácidos, quando comparadas a uma enzima que catalisa a mesma reação em um mesófilo. Acredita-se que a substituição de um aminoácido crítico, em um ou poucos locais na enzima, permita seu dobramento de forma consistente com a termoestabilidade. A termoestabilidade de proteínas de hipertermófilos é também aumentada como resultado de um maior número de pares iônicos (ligações iônicas entre as cargas positivas e negativas de vários aminoácidos) e pelo denso empacotamento dos interiores altamente hidrofóbicos das proteínas, que normalmente resistem à desnaturação no citoplasma aquoso. Finalmente, parece que certos solutos — como di-inositol fosfato, diglicerol fosfato e manosilglicerato — são produzidos em quantidades significantes e auxiliam na estabilização das proteínas contra a degradação térmica.

Além das enzimas e outros componentes celulares, as membranas citoplasmáticas de termófilos e hipertermófilos devem ser termoestáveis. Mencionamos anteriormente que os psicrófilos possuem lipídeos de membrana ricos em ácidos graxos *insaturados*, tornando a membrana fluida e funcional em baixas temperaturas. Contrariamente, os termófilos apresentam lipídeos ricos em ácidos graxos *saturados*, que estabilizam e tornam a membrana funcional em altas temperaturas. Ácidos graxos saturados geram ambientes mais fortemente hidrofóbicos que os insaturados, auxiliando na estabilidade da membrana. Hipertermófilos, em sua maioria *Archaea*, não possuem ácidos graxos em suas membranas, mas hidrocarbonetos C_{40}, constituídos por unidades repetitivas do composto contendo cinco carbonos isopreno (Figura 4.19*c*), unidas ao glicerol fosfato por ligações éter. Além disso, a estrutura geral dessas membranas corresponde a uma *monocamada lipídica* (Figura 4.20*d*), certamente exibindo maior termorresistência que a bicamada lipídica de *Bacteria* e *Eukarya*. Os detalhes dessa arquitetura exclusiva da membrana de *Archaea* hipertermofílicas foram discutidos na Seção 4.5. Outros aspectos da termoestabilidade de hipertermófilos, incluindo o DNA, serão considerados na Seção 13.11.

Aspectos biotecnológicos da termofilia

Microrganismos termófilos e hipertermófilos são interessantes não somente por questões biológicas básicas.

Esses organismos são extremamente vantajosos em processos industriais e biotecnológicos, muitos dos quais ocorrem com maior rapidez e eficiência em altas temperaturas. Enzimas de termófilos e hipertermófilos são capazes de catalisar reações bioquímicas em altas temperaturas (Seção 30.9 e Figura 30.15*b*), pois geralmente são mais estáveis que as enzimas de mesófilos, prolongando assim a durabilidade de preparações enzimáticas. Um exemplo prático de uma enzima termoestável de grande aplicação corresponde à DNA polimerase, isolada do termófilo *Thermus aquaticus*. Essa enzima, denominada *Taq polimerase*, é utilizada na *reação de polimerização em cadeia* (*PCR*, do inglês *polymerase chain reaction*) — um método extremamente importante para a amplificação de seqüências específicas de DNA (Seção 10.17). Várias aplicações de enzimas e outros produtos celulares termoestáveis são conhecidas, ou estão sendo desenvolvidas, visando sua utilização industrial.

✓ 6.10 Verificação de conceitos

Organismos que apresentam temperaturas ótimas entre 45 e 80°C são denominados *termófilos*, e aqueles com ótimos >80°C, *hipertermófilos*. Esses organismos habitam ambientes quentes, como fontes termais ferventes e fendas hidrotermais submarinas, que apresentam temperaturas superiores a 100°C. Termófilos e hipertermófilos produzem macromoléculas termoestáveis.

✓ Qual o limite máximo de temperatura descrito para um procarioto? O organismo capaz de crescer nessa temperatura pertence ao domínio *Bacteria* ou *Archaea*?

✓ Qual a estrutura das membranas citoplasmáticas de *Archaea* hipertermófilas e por que esta é importante no crescimento em altas temperaturas?

✓ O que é uma *Taq polimerase* e por que esta é útil em processos biotecnológicos?

6.11 Crescimento microbiano em pH baixo ou alto

A acidez ou alcalinidade de uma solução é expressa por seu **pH**, em uma escala onde a neutralidade corresponde a pH 7 (Figura 6.22). Valores de pH inferiores a 7 são referidos como *ácidos*, enquanto aqueles acima de 7 são *alcalinos* (ou *básicos*). É importante lembrar que o pH é uma *função logarítmica*, ou seja: a alteração de 1 unidade de pH representa uma variação de *10 vezes* na concentração de íons hidrogênio. Assim, o vinagre (pH próximo a 2) e a amônia doméstica (pH próximo a 11) diferem em um bilhão de vezes em relação à concentração de íons hidrogênio.

pH e crescimento microbiano

Cada organismo possui uma faixa de pH onde seu crescimento é possível, exibindo, no entanto, um pH ótimo bem definido. A maioria dos organismos tem uma faixa de pH que varia de 2 a 3 unidades. A maioria dos ambientes naturais apresenta valores de pH variando entre 5 e 9, sendo os organismos cuja faixa de pH corresponde a esses valores os mais comuns. Apenas algumas espécies são capazes de crescer em pHs inferiores a 2 ou superiores a 10.

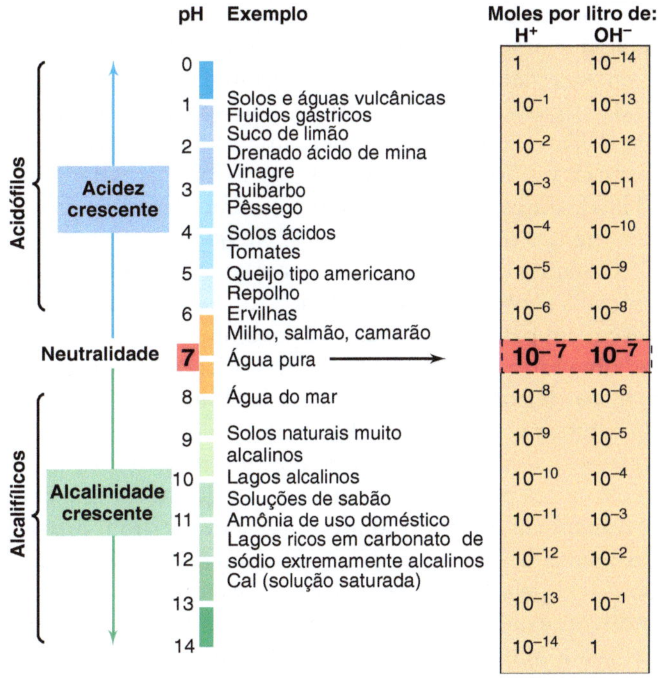

■ **Figura 6.22** A escala de pH. Observe que, embora alguns microrganismos sejam capazes de viver em pH muito baixo ou muito alto, o pH interno da célula permanece próximo à neutralidade.

Organismos que crescem em pHs baixos são considerados extremófilos, sendo denominados **acidófilos**. Os fungos, de maneira geral, tendem a ser mais tolerantes ao ácido que as bactérias. Muitos fungos apresentam crescimento ótimo em pH 5, ou inferior, enquanto outros crescem de modo abundante em pH 2. Várias bactérias são também acidófilas. Na realidade, algumas são acidófilas *obrigatórias*, incapazes de crescer em pH neutro. Dentre as diferentes bactérias acidófilas obrigatórias temos espécies de *Thiobacillus* (Seção 12.4) e vários gêneros de *Archaea*, como *Sulfolobus*, *Thermoplasma* e *Ferroplasma* (Seções 13.5 e 13.9).

O fator mais crítico para um acidófilo obrigatório corresponde à estabilidade da membrana citoplasmática. Quando o pH é levado à neutralidade, a membrana citoplasmática de bactérias extremamente acidófilas literalmente se dissolve e as células morrem em decorrência de sua lise, sugerindo que altas concentrações de íons hidrogênio são necessárias à estabilidade da membrana. Por exemplo, o procarioto mais acidófilo conhecido, *Picrophilus oshimae*, também termofílico (temperatura ótima de crescimento de 60°C), apresenta melhor crescimento em pH 0,7; acima de pH 4, as células sofrem lise! Esse procarioto habita solos quentes, extremamente ácidos, com atividade vulcânica.

Alguns extremófilos apresentam valores elevados de pH ótimo, o qual, às vezes, atinge o valor 10; estes são conhecidos como **alcalifílicos**. Microrganismos alcalifílicos são normalmente encontrados em hábitats muito básicos, como lagos ricos em carbonato de sódio e em solos contendo carbonato. Os procariotos alcalifílicos mais bem estudados são as bactérias aeróbias não marinhas e muitas espécies de *Bacillus*. Alguns procariotos alcalifílicos extremos são também halofílicos (que têm afinidade pelo sal) e, em sua maioria, membros do domínio *Archaea* (Seção 13.3). Alguns alcalifílicos apresentam aplicações industriais devido à produção de enzimas hidrolíticas, como proteases e lipases, as quais exibem maior atividade em pHs alcalinos, sendo empregadas como suplementos de detergentes domésticos (Seção 30.9).

Organismos alcalifílicos são também interessantes devido aos problemas bioenergéticos que enfrentam por viverem em pHs tão elevados. Por exemplo, como estabelecer uma força próton motiva (Seção 5.12), se a superfície externa da membrana se encontra tão alcalina? A partir de estudos com espécies alcalifílicas de *Bacillus*, demonstrou-se que há a formação de um gradiente de Na+ (em vez da força próton motiva usual), que gera a energia para o transporte e a motilidade. Em contrapartida, a força próton motiva também pode ser estabelecida, sendo responsável pela síntese de ATP durante a respiração. O mecanismo exato desse processo vem sendo intensamente abordado nas pesquisas com alcalifílicos.

pH intracelular

Embora alguns microrganismos necessitem de valores de pH específicos para seu crescimento, o pH ótimo representa apenas o pH do *meio externo*; o pH *intracelular* deve permanecer próximo à neutralidade, evitando, assim, a destruição de macromoléculas sensíveis aos ácidos ou bases. Em acidófilos ou em alcalifílicos extremos, o pH intracelular pode apresentar variações em muitas unidades em relação à neutralidade, mas, para a maioria dos microrganismos cujo ótimo de pH encontra-se entre pH 6 e 8 (organismos **neutrófilos**), o citoplasma permanece neutro ou próximo à neutralidade (Figura 6.22).

Em *P. oshimae*, o acidófilo previamente mencionado, o pH intracelular é de 4,6, enquanto em alcalifílicos extremos este pode atingir valores de 9,5. Se tais valores não corresponderem aos limites inferior e superior de pHs citoplasmáticos, devem estar muito próximos aos valores reais, uma vez que a estabilidade das macromoléculas estaria, muito provavelmente, comprometida em valores abaixo ou acima destes.

Tampões

Em culturas em batelada, o pH pode variar durante o crescimento, como resultado das atividades metabólicas que consomem ou produzem substâncias ácidas ou básicas. Por essa razão, compostos químicos denominados *tampões* são freqüentemente adicionados aos meios de cultura microbianos, visando manter o pH relativamente constante. Esses tampões geralmente atuam apenas em uma estreita faixa de pH; dessa maneira, diferentes tampões devem ser utilizados para tamponar soluções com diferentes valores de pH. Para faixas de pH próximas à neutralidade (pH 6-7,5), o fosfato — geralmente na forma de KH_2PO_4 — é um excelente tampão. Muitos outros tampões podem ser utilizados na formulação de meios de cultura e nos ensaios enzimáticos microbianos. O melhor sistema de tamponamento para um organismo ou uma enzima pode diferir acentuadamente de sistemas utilizados para outros organismos ou enzimas. Dessa maneira, o melhor tampão para uma situação em particular geralmente é determinado de maneira empírica. No caso de ensaios enzimáticos *in vitro*, tampões que apresentam bom desempenho em ensaios enzimáticos de um organismo geralmente podem ser utilizados para testar a mesma enzima de outros organismos.

✓ 6.11 Verificação de conceitos

A acidez ou alcalinidade de um ambiente pode afetar intensamente o crescimento microbiano. Alguns organismos evoluíram de modo a apresentar crescimento ótimo em pH baixo ou alto, embora a maioria cresça melhor em pH variando de 6 a 8. O pH intracelular deve estar relativamente próximo à neutralidade, apesar do pH do meio externo apresentar-se ligeiramente ácido ou alcalino.

✓ Qual o aumento da concentração de prótons (H^+) quando se altera o pH de 7 para 4?

✓ O que são *tampões* e por que são necessários?

6.12 Efeitos osmóticos no crescimento microbiano

A água é o solvente universal da vida. Todos os organismos precisam de água, e sua disponibilidade é um importante fator que afeta o crescimento dos microrganismos. A disponibilidade de água não depende somente do conteúdo aquoso do ambiente, isto é, quão úmido ou seco um hábitat microbiano sólido pode ser. Tal parâmetro é também função da concentração de solutos, como sais, açúcares e outros compostos dissolvidos na água, pois, como as substâncias em solução têm afinidade pela água, moléculas de água associadas aos solutos tornam-se indisponíveis aos microrganismos.

Atividade de água, osmose e halófilos

A disponibilidade de água é geralmente expressa em termos físicos como a **atividade de água**. A atividade de água (a_w) corresponde à razão entre a pressão de vapor do ar em equilíbrio com uma substância ou solução em relação à pressão de vapor da água pura. Dessa maneira, os valores de a_w podem variar de 0 a 1; alguns valores representativos são ilustrados na Tabela 6.2. As atividades de água em solos agriculturáveis geralmente encontram-se na faixa de 0,90 a 1.

No processo de *osmose*, a água se difunde a partir de uma região onde está em alta concentração (baixa concentração de soluto), para uma região de menor concentração (maior concentração de soluto). Na maioria dos casos, o citoplasma apresenta concentrações de soluto superiores às do meio externo, um estado denominado *equilíbrio aquoso positivo*, com a água tendendo a entrar na célula. No entanto, quando a célula se encontra em um ambiente de baixa atividade de água, esta tende a sair para o meio externo.

Na natureza, os efeitos osmóticos são de maior importância em ambientes com altas concentrações de sal. A água do mar contém cerca de 3% de cloreto de sódio

Tabela 6.2 Atividade de água de várias substâncias

Atividade de água (a_w)	Substância	Exemplos de organismos[a]
1,000	Água pura	*Caulobacter, Spirillum*
0,995	Sangue humano	*Streptococcus, Escherichia*
0,980	Água do mar	*Pseudomonas, Vibrio*
0,950	Pão	Maioria dos bacilos gram-positivos
0,900	Xarope de bordo, presunto	Cocos gram-positivos, como *Staphylococcus*
0,850	Salame	*Saccharomyces rouxii* (levedura)
0,800	Bolo de frutas, geléias	*Saccharomyces bailii, Penicillium* (fungo)
0,750	Lagos salgados, peixes salgados	*Halobacterium, Halococcus*
0,700	Cereais, balas, frutas secas	*Xeromyces bisporus* e outros fungos xerofílicos

a Exemplos selecionados de procariotos ou fungos capazes de crescer em meios de cultura ajustados às atividades de água apresentadas.

(NaCl), além de pequenas quantidades de outros minerais e elementos. Os microrganismos marinhos, que apresentam crescimento ótimo na atividade de água do mar, geralmente têm necessidades específicas de íon sódio (Figura 6.23). Tais organismos são denominados **halófilos**. Para que os halófilos se desenvolvam, requerem certas quantidades de NaCl, que variam nas diferentes espécies. Os termos *halófilo discreto* e *halófilo moderado* são utilizados para descrever organismos que requerem concentrações baixas (1-6%) e moderadas (6-15%) de NaCl, respectivamente (Figura 6.23).

A maioria dos microrganismos não é capaz de sobreviver em ambientes com atividade de água muito baixa, pois morrem ou sofrem desidratação em tais condições. Organismos **halotolerantes** suportam um certo grau de redução na a_w ambiental, geralmente com crescimento ótimo na ausência do soluto adicionado (Figura 6.23). Por outro lado, alguns organismos prosperam em ambientes com atividade de água muito baixa. Estes são interessantes não somente pelas adaptações desenvolvidas para a sobrevivência em tais ambientes mas também por questões de ordem prática, como por exemplo na indústria alimentícia, em que solutos como sais ou açúcares são adicionados como preservantes. Organismos capazes de crescer em ambientes com altíssimas concentrações de sal são denominados halófilos extremos (Figura 6.23), com algumas espécies requerendo de 15 a 30% de NaCl para um ótimo crescimento (Seção 13.3). Organismos capazes de sobreviver em ambientes ricos em açúcar são denominados **osmófilos**, enquanto os que crescem em ambientes muito secos, **xerófilos**. Exemplos desses organismos são apresentados na Tabela 6.2.

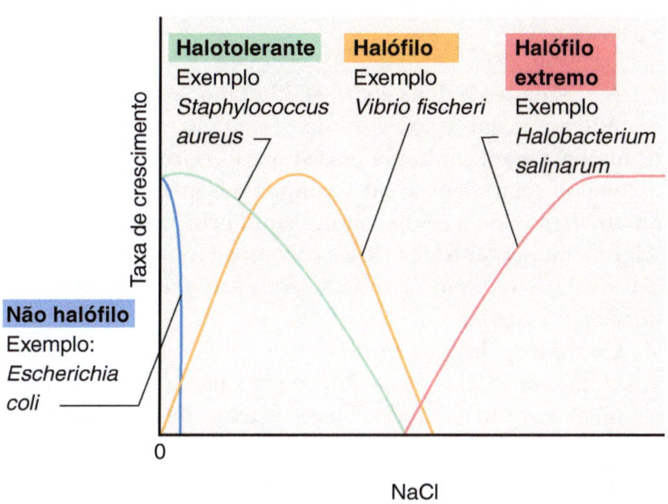

Figura 6.23 Efeito da concentração do íon sódio no crescimento de microrganismos com diferentes tolerâncias ou necessidades de sal. A concentração ótima de NaCl para microrganismos marinhos, como *V. fischeri*, é de aproximadamente 3%; para halófilos extremos varia de 15 a 30%, dependendo do organismo.

Solutos compatíveis

Como os organismos conseguem crescer em condições de baixa atividade de água? Quando um organismo cresce em um meio com baixa atividade de água, esta pode ser obtida do meio ambiente ou pelo aumento da concentração de solutos *internos*. O aumento da concentração de um soluto interno pode ser obtido tanto pelo bombeamento de íons inorgânicos para o interior da célula como pela síntese e concentração de um soluto orgânico. Muitos organismos empregam esses dois mecanismos, sendo vários exemplos apresentados na Tabela 6.3.

O soluto utilizado no interior da célula, para o ajuste da atividade de água citoplasmática, não deve ser inibitório aos processos químicos intracelulares; tais compostos são denominados **solutos compatíveis**. Diferentes solutos compatíveis podem ser encontrados nos microrganismos (Tabela 6.3 e Figura 6.24). Todas essas substâncias, extremamente hidrossolúveis, podem ser alcoóis de açúcares, outros alcoóis, aminoácidos ou derivados. No caso de *Archaea* halófilas extremas e poucas *Bacteria* halófilas extremas, os solutos compatíveis podem corresponder a íons potássio (a partir de KCl) (Tabela 6.3). Os solutos compatíveis podem ser sintetizados diretamente pelos microrganismos ou, em alguns casos (glicina betaína ou KCl), acumulados a partir do meio ambiente. A concentração intracelular dos solutos compatíveis depende do nível de solutos externos, e, em cada organismo, a quantidade máxima de solutos compatíveis sintetizados ou acumulados corresponde a uma característica geneticamente determinada, resultando em organismos com diferentes tolerâncias às várias faixas de potencial aquoso (Tabelas 6.2 e 6.3). Assim, microrganismos são definidos como não halotolerantes, halotolerantes, halófilos e halófilos extremos, sobretudo por sua capacidade genética de produzir ou acumular solutos compatíveis.

Os cocos gram-positivos do gênero *Staphylococcus* são notoriamente halotolerantes (um procedimento comum de isolamento desse gênero é realizado pela utilização de meios contendo 7,5% de NaCl), utilizando o aminoácido *prolina* como soluto compatível. *Glicina betaína* é um deri-

Tabela 6.3 Solutos compatíveis de microrganismos

Organismo	Principais solutos acumulados	a_w mínimo para crescimento
Bacteria não fototróficas	Glicina betaína, prolina (principalmente em gram-positivos), glutamato (principalmente em gram-negativos)	0,97-0,90
Cianobactérias de água doce	Sacarose, trealose	0,98
Cianobactérias marinhas	α-glicosilglicerol	0,92
Algas marinhas	Manitol, vários glicosídeos, prolina, dimetil-sulfoniopropionato	0,92
Cianobactérias de lagos salgados	Glicina betaína	0,90-0,75
Bacteria fototróficas halofílicas anoxigênicas (Espécies de *Ectothiorhodospira* / *Halorhodospira* e *Rhodospirillum*)	Glicina betaína, ectoína, trealose	0,90-0,75
Archaea halofílicas extremas (por exemplo, *Halobacterium*) e algumas *Bacteria* (por exemplo, *Haloanaerobium*)	KCl	0,75
Dunaliella (alga verde halofílica)	Glicerol	0,75
Leveduras xerofílicas	Glicerol	0,83-0,62
Fungos filamentosos xerofílicos	Glicerol	0,72-0,61

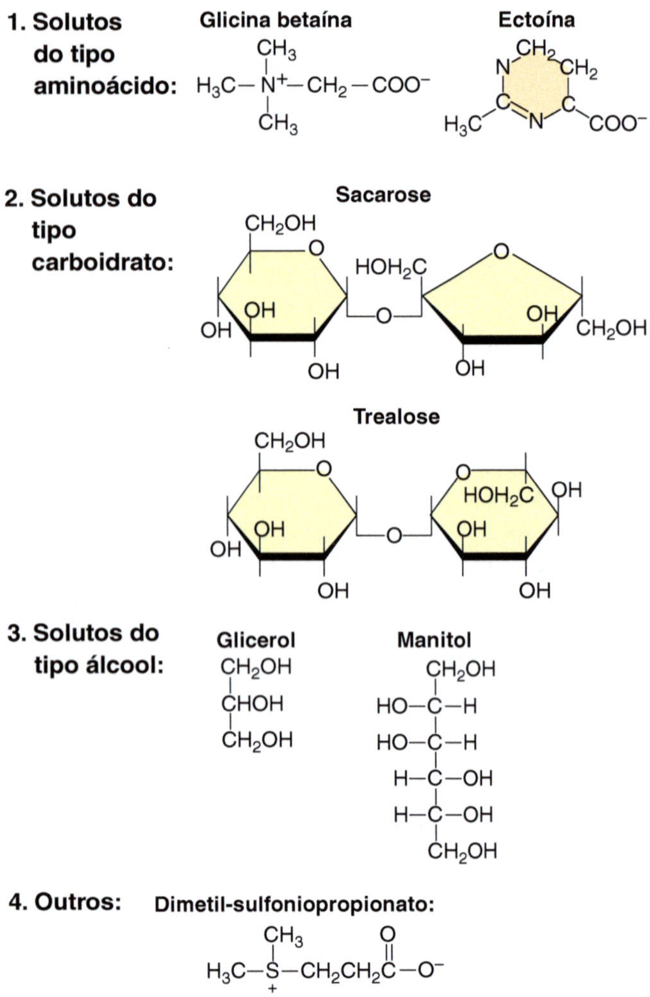

■ **Figura 6.24** Estruturas de alguns solutos compatíveis comuns em microrganismos. As estruturas do glutamato e da prolina (outros solutos comuns) foram apresentadas na Figura 3.12. O nome formal de ectoína é 1,4,5,6-tetraidro-2-metil-4-pirimidina carboxilato. Observe que todos os compostos aqui apresentados correspondem a moléculas muito polares (hidrossolúveis).

vado da glicina, na qual os prótons do grupo amino são substituídos por três grupos metil, deixando o átomo N com carga positiva permanente (Figura 6.24), o que aumenta sua solubilidade. Tal composto é amplamente utilizado como solúvel compatível, em especial por *Bacteria* halofílicas e cianobactérias (Tabela 6.3). Algumas bactérias halófilas extremas produzem um novo tipo de soluto compatível, denominado *ectoína* (Figura 6.24) — um derivado cíclico do aminoácido aspartato. Uma variedade de glicosídeos é produzida por algas marinhas, sendo geralmente acumulados em pequenas quantidades, pois essas células não são muito halofílicas. As leveduras xerofílicas e algas verdes halofílicas produzem glicerol como o principal soluto compatível. Outros exemplos de solutos compatíveis estão listados na Tabela 6.3, e suas estruturas, apresentadas na Figura 6.24.

✓ 6.12 Verificação de conceitos

A atividade de água torna-se limitante a um organismo quando a concentração de soluto dissolvido em seu ambiente aumenta. Para contrapor essa situação, os organismos produzem ou acumulam solutos compatíveis intracelulares, que atuam mantendo a célula em um equilíbrio aquoso positivo. Alguns microrganismos desenvolvem-se melhor em potencial de água reduzido e outros requerem altas quantidades de sal para crescer.

✓ Qual é a a_w da água pura?

✓ O que são *solutos compatíveis* e por que são necessários?

✓ Qual o soluto compatível para espécies de *Halobacterium*?

6.13 Oxigênio e crescimento microbiano

Visto que o ser humano necessita do oxigênio molecular (O_2) para sobreviver, para nós é fácil assumir que todas as formas de vida requerem O_2. Entretanto, tal fato não é verdadeiro, uma vez que muitos microrganismos podem (alguns necessitam) viver na ausência de O_2. O oxigênio é pouco solúvel em água e, devido às atividades respiratórias de microrganismos de ambientes aquáticos ou outros hábitats úmidos (especialmente aqueles contendo compostos orgânicos em abundância), o O_2 pode rapidamente ser exaurido. Assim, hábitats anóxicos (livres de O_2) são extremamente comuns na Terra, incluindo lodos e outros sedimentos, brejos e pântanos, solos encharcados, tratos intestinais de animais, esgotos, regiões subterrâneas e muitos outros ambientes. Nesses hábitats anóxicos, microrganismos, particularmente procariotos, prosperam.

Classes de microrganismos em relação ao oxigênio

Os microrganismos variam quanto suas necessidades ou tolerância ao oxigênio. Estes podem ser divididos em vários grupos, dependendo dos efeitos do oxigênio, conforme apresentado na Tabela 6.4. Espécies **aeróbias** são capazes de crescer em grandes tensões de oxigênio (o ar contém 21% de O_2) e muitas toleram concentrações ainda mais elevadas (oxigênio hiperbárico). Os **microaerófilos**, contrariamente, são aeróbios que utilizam o O_2 apenas quando este se encontra presente em níveis inferiores ao do ar, devido à sua capacidade limitada de respirar, ou pela presença de alguma molécula sensível ao oxigênio, como uma enzima. Muitos aeróbios são **facultativos**, isto é, em condições culturais e nutricionais apropriadas podem crescer *tanto na presença quanto na ausência* de oxigênio.

Alguns organismos não são capazes de respirar oxigênio (O_2), sendo denominados **anaeróbios**. Existem dois tipos de anaeróbios: **anaeróbios aerotolerantes**, que toleram e crescem na presença de oxigênio, embora sem utilizá-lo, e **anaeróbios obrigatórios** (ou **estritos**), que são inibidos ou mortos pelo oxigênio (Tabela 6.4). A razão pela qual os anaeróbios estritos são mortos pelo oxigênio é desconhecida, embora possa ser devido à incapacidade de detoxificar alguns dos produtos originados no metabolismo do oxigênio (ver discussão a seguir).

Até o momento, três grupos de microrganismos anaeróbios obrigatórios são conhecidos: uma grande variedade de procariotos, alguns fungos e alguns protozoários. Um dos grupos de *Bacteria* anaeróbias obrigatórias mais bem conhecido pertence ao gênero *Clostridium* — grupo de bacilos gram-positivos formadores de esporos. Os clostrídios encontram-se distribuídos nos solos, em sedimentos lacustres e tratos intestinais, sendo freqüentemente responsáveis pela deterioração de alimentos enlatados (Seções 12.21 e 29.2). Outros anaeróbios obrigatórios são encontrados no grupo dos metanogênicos, muitas outras espécies de *Archaea* (Capítulo 13), bactérias redutoras de sulfato e homoacetogênicas (Capítulos 12 e 13), além de várias bactérias que habitam o trato intestinal de animais (Seção 21.4). A sensibilidade ao oxigênio é extremamente variável entre os anaeróbios estritos; alguns organismos toleram traços de oxigênio, enquanto outros não.

Culturas microbianas e os efeitos do oxigênio

Para o cultivo de muitos aeróbios, o meio deve ser intensamente aerado. Isso porque o O_2 é pouco solúvel em água e porque a velocidade de difusão do ar não é suficiente para repor o O_2 consumido durante o crescimento. Dessa maneira, freqüentemente as culturas são submetidas à aeração forçada pela agitação vigorosa dos frascos em um agitador ou pela injeção de ar estéril através de um fino tubo de vidro ou disco poroso de vidro. Geralmente os aeróbios apresentam melhor crescimento quando incubados com aeração forçada, que pelo fornecimento de O_2 por difusão simples.

Para uma cultura anaeróbia, o problema está em *expulsar* o oxigênio e não o captar. Como o oxigênio está presente no ar, são necessários métodos especiais para cultivar microrganismos anaeróbios. Os anaeróbios apresentam diferentes graus de sensibilidade ao oxigênio, havendo vários procedimentos para reduzir o teor de O_2 nas culturas; alguns são simples e adequados para organismos menos sensíveis, enquanto outros, mais complexos, são necessários ao crescimento de anaeróbios estritos.

Tabela 6.4 Relações dos microrganismos com o oxigênio

Grupo	Relação com O_2	Tipo de metabolismo	Exemplo[a]	Hábitat[b]
Aeróbios				
Obrigatórios	Exigido	Respiração aeróbia	*Micrococcus luteus* (B)	Pele, poeira
Facultativos	Não exigido, mas com melhor crescimento em O_2	Respiração aeróbia, anaeróbia, fermentação	*Escherichia coli* (B)	Intestino grosso de humanos
Microaerófilos	Exigido, mas em níveis inferiores aos atmosféricos	Respiração aeróbia	*Spirillum volutans* (B)	Água de lagos
Anaeróbios				
Aerotolerantes	Não exigido, sem melhor crescimento na presença de O_2	Fermentação	*Streptococcus pyogenes* (B)	Trato respiratório superior
Obrigatórios	Nocivo ou letal	Fermentação ou respiração anaeróbia	*Methanobacterium formicicum* (A)	Lodo de digestores de esgoto, sedimentos de lagos anóxicos

a As letras entre parênteses indicam o *status* filogenético (B, *Bacteria*; A, *Archaea*). São conhecidos representantes de cada domínio de procariotos em todas as categorias. A maioria dos eucariotos é aeróbia obrigatória, embora sejam conhecidos aeróbios facultativos (por exemplo, leveduras) e anaeróbios obrigatórios (por exemplo, certos protozoários e fungos).

b São listados os hábitats típicos de cada organismo.

Frascos ou tubos preenchidos completamente com meio de cultura e fechados com tampas com alto poder de vedação propiciam condições anóxicas para organismos pouco sensíveis a baixas concentrações de oxigênio. Compostos químicos, denominados *agentes redutores*, podem também ser adicionados aos meios, onde interagem com o oxigênio e reduzem-no a H_2O. O *tioglicolato* é um agente redutor comumente utilizado para testar o comportamento de microrganismos frente ao O_2 (Figura 6.25). O tioglicolato reage com o oxigênio, permitindo sua penetração apenas na superfície do tubo, onde o meio está em contato com o ar. Aeróbios obrigatórios crescem apenas na superfície de tais tubos. Organismos facultativos crescem por toda a extensão do tubo, apresentando maior crescimento na região próxima à superfície. Microaerófilos se desenvolvem próximos à superfície, e os anaeróbios são encontrados somente no fundo do tubo, onde o oxigênio não é capaz de penetrar (Figura 6.25). Um corante indicador de redox, *resarzurina*, é adicionado ao meio e muda de cor quando na presença de oxigênio, indicando o grau de penetração desse gás no meio (Figura 6.25).

Para que todo o O_2 seja removido de uma cultura de anaeróbios, pode-se introduzir um gás que consuma o O_2 no recipiente em que os tubos ou placas são incubados. Um dos dispositivos mais simples para essa finalidade corresponde à *jarra de anaerobiose* — um frasco de paredes espessas, com uma tampa de vedação hermética, no qual tubos, placas e outros recipientes podem ser colocados (Figura 6.26*a*). O ar da jarra é substituído por uma mistura de H_2 e CO_2. Um catalisador químico consome o restante de O_2 presente no recipiente ou no meio de cultura, promovendo condições anóxicas.

Visto que anaeróbios estritos, como os metanogênicos (Seção 13.4), podem ser mortos por uma breve exposição ao oxigênio, todo o O_2 residual deve ser removido, sendo as culturas manipuladas constantemente em atmosferas anóxicas. Nesses casos, o meio de cultura é inicialmente fervido, tornando-se livre de oxigênio; um agente redutor, como H_2S, é adicionado, sendo a mistura vedada na presença de um gás livre de oxigênio. Enquanto os tubos ou frascos de meio estão abertos, todos os procedimentos são realizados sob um jato de hidrogênio ou nitrogênio, que expulsa o O_2 dos materiais. Compartimentos especiais selados, contendo luvas que permitem a manipulação dos objetos em seu interior, denominados *câmaras de anaerobiose* (*glove box*, "caixa com luvas" em inglês), permitem o trabalho com culturas abertas, em atmosferas totalmente anóxicas (Figura 6.26*b*).

Formas tóxicas de oxigênio

O oxigênio é um poderoso oxidante e um excelente aceptor de elétrons durante a respiração (Seção 5.11). Em seu estado fundamental normal, não excitado, o oxigênio é referido como **oxigênio tripleto ($^3O_2$)**. Entretanto, uma das principais formas tóxicas de oxigênio é denominada **oxigênio singleto ($^1O_2$)**, uma forma de maior energia na qual os elétrons da camada mais externa ao redor do núcleo tornam-se altamente reativos, sendo capazes de promover uma

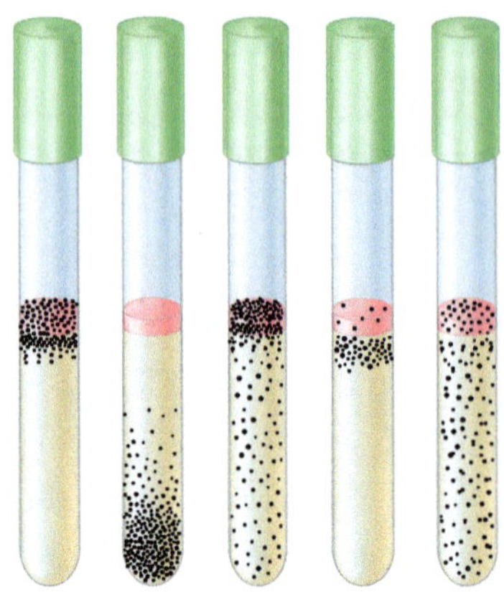

(a) (b) (c) (d) (e)

■ **Figura 6.25** Crescimento aeróbio, anaeróbio, facultativo, microaerófilo e anaeróbio aerotolerante, revelado pela posição do crescimento microbiano (ilustrado por pontos pretos) no interior de tubos de caldo tioglicolato. Uma pequena quantidade de ágar foi adicionada ao meio para torná-lo mais denso. O corante redox resarzurina, de coloração rósea (quando oxidado) ou transparente (quando reduzido), é adicionado como indicador redox. (a) Como o oxigênio penetra pouco no tubo, os aeróbios obrigatórios crescem somente na superfície. (b) Como os anaeróbios são sensíveis ao oxigênio, crescem somente no fundo. (c) Aeróbios facultativos são capazes de crescer tanto na presença como na ausência de oxigênio, por toda a extensão do tubo. Entretanto, o melhor crescimento ocorre próximo à superfície, pois esses organismos podem realizar respiração aeróbia. (d) Os microaerófilos se afastam da zona com maior quantidade de oxigênio. (e) Anaeróbios aerotolerantes crescem por toda a extensão do tubo. Entretanto, crescem pouco na superfície, uma vez que são fermentadores.

Deborah O. Jung e M. T. Madigan

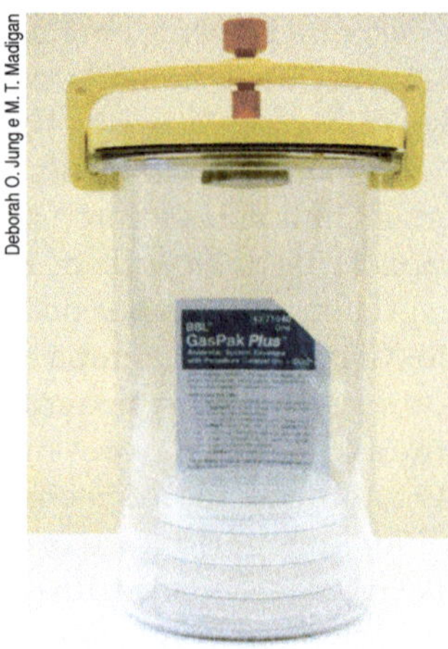

(a)

Coy Laboratory Products

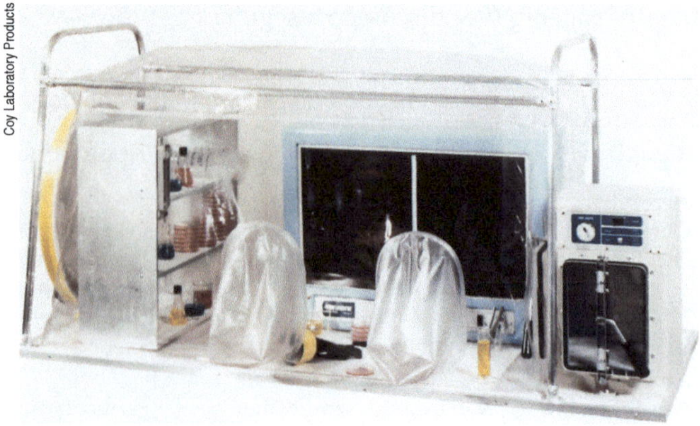

(b)

■ **Figura 6.26** Incubação em condições anóxicas. (a) Jarra de anaerobiose. O envelope acondicionado na jarra produz uma reação química que gera $H_2 + CO_2$. O H_2 reage com o O_2 da jarra, na superfície de um catalisador de paládio, originando H_2O. A atmosfera final gerada na jarra é composta por N_2, H_2 e CO_2. (b) Câmara de anaerobiose para manipulação e incubação de culturas em condições anóxicas. A câmara de ar situada à direita pode ser evacuada e preenchida com gás livre de oxigênio, servindo também como porta para colocação e remoção dos materiais da câmara.

série de oxidações espontâneas e indesejáveis na célula. O oxigênio singleto é produzido tanto fotoquimicamente quanto bioquimicamente — esta última pela ativação de várias enzimas do tipo peroxidase. Organismos que freqüentemente produzem o oxigênio singleto, como bactérias do ar e microrganismos fototróficos, normalmente apresentam pigmentos **carotenóides**, que convertem o oxigênio singleto em formas não tóxicas (Seção 18.3).

Outras formas altamente tóxicas de oxigênio incluem o **ânion superóxido (O2⁻)**, o **peróxido de hidrogênio (H_2O_2)** e o **radical hidroxil (OH•)**, todos subprodutos inadvertidamente formados na redução do O_2 a H_2O durante a respiração (Figura 6.27). Flavoproteínas, quinonas, tióis e proteínas contendo ferro e enxofre (Seção 5.11) também podem promover a redução de O_2 a O_2^-. O superóxido é bastante reativo e pode virtualmente oxidar qualquer composto orgânico da célula, incluindo as macromoléculas. Os peróxidos, como o H_2O_2, podem danificar componentes celulares, geralmente apresentando menor toxicidade que o superóxido e o radical hidroxil. Esse último corresponde à forma mais reativa de todas as espécies de oxigênio tóxico, podendo, assim como o superóxido, oxidar instantaneamente qualquer composto orgânico de uma célula. Os radicais hidroxil, no entanto, são espécies transientes na maioria das células, pois a principal fonte de OH• corresponde à radiação ionizante, à qual as células são raramente expostas. Pequenas quantidades de OH• podem também ser originadas a partir de H_2O_2 (Figura 6.27), mas como os peróxidos não são acumulados nas células (devido à ação da catalase, a ser discutida posteriormente) essa fonte de hidroxil é virtualmente eliminada. Veremos adiante que as várias espécies tóxicas de oxigênio podem ser produzidas por células imunes, sendo utilizadas para destruir os invasores microbianos (Seção 22.2).

Enzimas que destroem oxigênio tóxico

Os organismos apresentam enzimas que destroem os derivados tóxicos do oxigênio (Figura 6.28). A enzima mais comum dessa categoria é a **catalase**, que cliva o peróxido de hidrogênio; sua atividade é ilustrada nas Figuras 6.28*a* e 6.29. A **peroxidase**, outra enzima que destrói o peróxido de hidrogênio (Figura 6.28*b*), diferencia-se da catalase por requerer um redutor, geralmente NADH, originando água como produto final. O superóxido é destruído pela enzima **superóxido dismutase** (Figura 6.28*c*), que se combina a duas moléculas de superóxido e origina uma molécula de peróxido de oxigênio e uma molécula de oxigênio. A superóxido dismutase atua em conjunto com a catalase, convertendo o superóxido em oxigênio (Figura 6.28*d*).

Organismos aeróbios e facultativos geralmente contêm tanto a superóxido dismutase como a catalase, embora alguns aeróbios obrigatórios não possuam catalase. A superóxido dismutase é indispensável às células aeróbias. Por outro lado, acredita-se que sua ausência em anaeróbios estritos seja responsável pela sensibilidade desses organismos ao oxigênio.

Alguns anaeróbios aerotolerantes, como as bactérias lácticas, não possuem a superóxido dismutase, utilizando complexos de Mn^{2+} para realizar a dismutação de O_2^- para H_2O_2 e O_2. Esse tipo de reação deve ter agido como forma primitiva da superóxido dismutase em organismos primitivos. Essa hipótese é sustentada pelo fato de todas as superóxido dismutases conhecidas conterem um co-fator metálico, geralmente Mn^{2+}, ou também Fe^{2+} ou Cu^{2+} e Zn^{2+}, em seu sítio ativo.

$O_2 + e^- \rightarrow O_2^-$ **Superóxido**

$O_2^- + e^- + 2\,H^+ \rightarrow H_2O_2$ **Peróxido de hidrogênio**

$H_2O_2 + e^- + H^+ \rightarrow H_2O + OH\bullet$ **Radical hidroxil**

$OH\bullet + e^- + H^+ \rightarrow H_2O$ **Água**

Reação global: $O_2 + 4\,e^- + 4\,H^+ \rightarrow 2\,H_2O$

■ **Figura 6.27** Quatro reações de redução de O_2 a água pela adição seqüencial de elétrons. Todos os intermediários formados são reativos e tóxicos às células, exceto a água.

***(a)* Catalase:**
$H_2O_2 + H_2O_2 \rightarrow 2\,H_2O + O_2$

***(b)* Peroxidase:**
$H_2O_2 + NADH + H^+ \rightarrow 2\,H_2O + NAD^+$

***(c)* Superóxido dismutase:**
$O_2^- + O_2^- + 2\,H^+ \rightarrow H_2O_2 + O_2$

***(d)* Superóxido dismutase/catalase em conjunto:**
$4\,O_2^- + 4\,H^+ \rightarrow 2\,H_2O + 3\,O_2$

***(e)* Superóxido redutase:**
$O_2^- + 2\,H^+ + \text{cit}\ c_{reduzido} \rightarrow H_2O_2 + \text{cit}\ c_{oxidado}$

■ **Figura 6.28** Enzimas que destroem espécies tóxicas de oxigênio. (a) Catalases e (b) peroxidases são proteínas que contêm porfirina, embora algumas flavoproteínas possam também consumir espécies tóxicas de oxigênio. (c) As superóxido dismutases são proteínas contendo metal, como, por exemplo, cobre e zinco, manganês ou ferro. (d) Reação combinada de superóxido dismutase e catalase. (e) A superóxido redutase catalisa a redução de um elétron de O_2^- a H_2O_2 utilizando o citocromo *c* reduzido como doador de elétron.

T. D. Brock

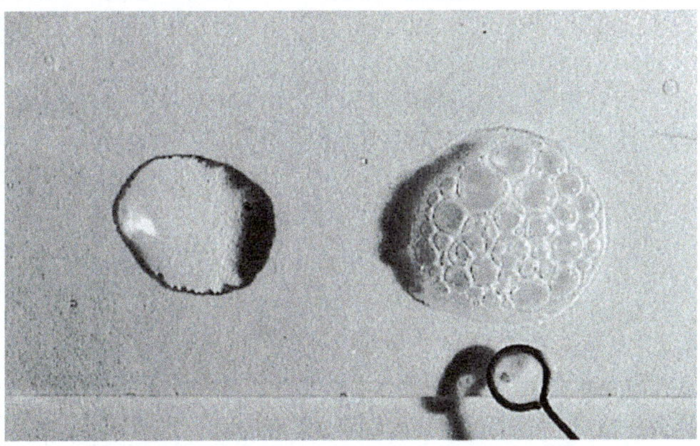

■ **Figura 6.29** Teste de uma cultura microbiana para a detecção de catalase. Uma alíquota de células crescidas em meio sólido foi misturada a uma gota de peróxido de hidrogênio, em uma lâmina de vidro. O aparecimento imediato de bolhas é indicativo da presença de catalase. As bolhas correspondem a O_2 produzido pela reação $H_2O_2 + H_2O_2 \rightarrow 2H_2O + O_2$.

Uma forma interessante de neutralização do superóxido foi descoberta em certos procariotos anaeróbios obrigatórios. Em *Pyrococcus furiosus* (uma *Archaea*), a superóxido dismutase não é encontrada, havendo uma enzima exclusiva, a *superóxido redutase*, responsável pela remoção de superóxido. Essa enzima reduz o superóxido a H_2O_2, *sem* a produção de O_2 (Figura 6.28*e*), evitando a exposição do organismo ao O_2. *P. furiosus* também não apresenta catalase, uma enzima que, como a superóxido dismutase, também gera O_2 (Figura 6.28*a*). Em *P. furiosus*, o H_2O_2 produzido pela superóxido redutase é degradado pela atividade de enzimas do tipo peroxidase, que geram H_2O como produto final (Figura 6.28*b*). A superóxido redutase parece ser amplamente distribuída nos anaeróbios obrigatórios, pois estudos de seqüenciamentos genômicos revelaram a presença de genes do tipo superóxido redutase em vários outros anaeróbios obrigatórios. Isso significa que tais organismos, previamente considerados anaeróbios estritos devido à ausência da superóxido dismutase, na verdade apresentam um mecanismo de degradação do ânion superóxido, altamente tóxico.

✓ 6.13 Verificação de conceitos

Os aeróbios requerem oxigênio para sua sobrevivência, enquanto os anaeróbios não; estes podem mesmo ser mortos pelo O_2. Várias formas tóxicas de oxigênio podem ser formadas na célula, sendo em sua maioria neutralizadas por diferentes enzimas. Técnicas especiais podem ser necessárias ao cultivo de bactérias aeróbias ou anaeróbias estritas.

✓ O que é um *aeróbio facultativo*?

✓ Como um agente redutor atua?

✓ De que maneira a superóxido dismutase protege uma célula?

✓ Como as atividades da superóxido dismutase e da superóxido redutase são diferenciadas?

Questões de revisão

1. Descreva os processos moleculares que ocorrem quando uma célula cresce e se divide, originando duas outras. Quais proteínas participam do processo de divisão celular?
2. De que modo células de *Escherichia coli* (um bacilo) apresentando mutações no gene que codifica a proteína MreB diferenciam-se microscopicamente de células selvagens (não mutadas)? Qual a razão para isso?
3. Como o antibiótico penicilina mata as células bacterianas?
4. Qual a diferença entre a constante de taxa de crescimento (k) de um organismo e seu tempo de geração (g)?
5. Qual a utilidade de se plotarem os dados de crescimento de uma cultura microbiana?
6. Descreva o ciclo de crescimento de uma população bacteriana a partir do momento em que esta é inoculada em um meio de cultura. Quais as diferenças observadas no padrão de crescimento quando este é medido pela contagem total e pela contagem de viáveis?
7. Descreva um método direto e um indireto para medir o crescimento microbiano. Certifique-se de que os métodos escolhidos estão de acordo com sua definição.
8. Descreva, resumidamente, como uma única célula origina uma colônia visível na superfície de um meio sólido. Com base nessa explicação, descreva o princípio do método de contagem de viáveis.
9. De que modo um quimiostato pode regular, de maneira independente, a taxa de crescimento e o número de células?
10. Examine o gráfico descrevendo a relação entre taxa de crescimento e temperatura (Figura 6.17). Explique, bioquimicamente, por que a temperatura ótima de um organismo é em geral mais próxima à máxima que à mínima.
11. Em relação ao pH do meio ambiente e da célula, como os acidófilos diferenciam-se dos alcalifílicos? Quais são suas semelhanças?
12. Explique, em termos moleculares, como um halófilo é capaz de *introduzir* moléculas de água em sua célula.
13. Liste três *classes químicas* de solutos compatíveis produzidos por microrganismos. Liste pelo menos duas características comuns a todos.
14. Compare um aerotolerante e um anaeróbio estrito em termos de sensibilidade e capacidade de crescer na presença de oxigênio (O_2). Como um anaeróbio aerotolerante pode ser diferenciado de um microaerófilo?
15. Compare e diferencie as enzimas *catalase*, *superóxido dismutase* e *superóxido redutase* quanto aos substratos, produtos de oxigênio, organismos que as contêm e papel na tolerância ao oxigênio.

Questões de aplicação

1. A partir de quatro células bacterianas por mililitro, em um meio de cultura rico, com uma fase lag de uma hora e tempo de geração de 20 min, quantas células existirão em 1 l dessa cultura, após 1 h? Após 2 h? Após 2 h, caso uma das células iniciais estivesse morta?
2. Calcule g e k em um experimento no qual um meio de cultura foi inoculado com 5×10^6 células/ml de *Escherichia coli* e, após uma fase lag de 1 h, cresceram exponencialmente por 5 h, originando uma população de $5{,}4 \times 10^9$ células/ml.
3. Volte ao Capítulo 3 e localize a figura que melhor descreve o que ocorre com enzimas de uma célula mesófila, como *Escherichia coli*, quando presentes em um meio de cultura a 80°C. Diferencie-a da figura do Capítulo 6 que melhor descreve o que ocorreria com células de *Pyrolobus fumarii* submetidas às mesmas condições. Descreva por que nenhum dos organismos seria capaz de crescer.
4. Você esperaria encontrar um microrganismo psicrófilo vivo em uma fonte termal? Por quê? Microrganismos termofílicos são freqüentemente isolados de ambientes aquáticos frios. Explique como.

O material genético de todas as células corresponde ao ácido desoxirribonucléico de fita dupla (DNA), cuja estrutura molecular encontra-se aqui apresentada. Para um organismo crescer e se reproduzir, a informação genética armazenada na dupla hélice deve ser precisamente replicada e utilizada na síntese de moléculas de ácido ribonucléico (RNA) e de proteínas específicas. Os processos utilizados na realização dessas funções foram inicialmente elucidados em microrganismos, embora os mecanismos básicos sejam muito similares em todos os organismos celulares, desde bactérias até o homem.

7 PRINCÍPIOS DE BIOLOGIA MOLECULAR MICROBIANA

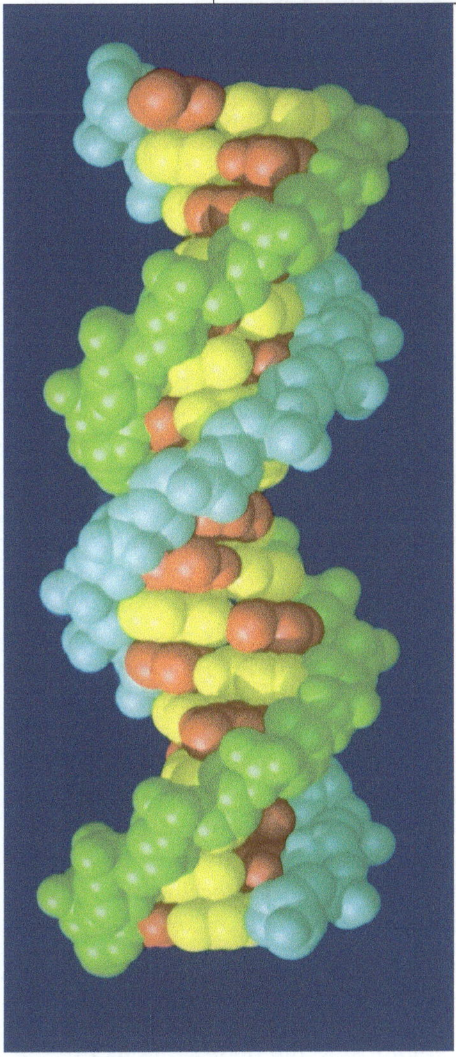

Glossário de trabalho

Aminoacil-tRNA sintetases grupo de enzimas em que cada uma catalisa a ligação do aminoácido correto ao tRNA

Anticódon seqüência de três bases presentes em uma molécula de RNA transportador (tRNA) que se pareia com o códon durante a síntese protéica

Antiparalelo termo que se refere à molécula de DNA de fita dupla, onde uma fita se orienta na direção 5'→ 3', e a outra, na direção 3'→ 5'

Chaperonas moleculares grupo de proteínas que auxilia o dobramento ou redobramento de outras proteínas, a partir de um estado desnaturado

Códon seqüência de três bases presentes em uma molécula de RNA mensageiro (mRNA) que codifica um aminoácido

Complementar seqüências de ácido nucléico que podem parear entre si

Cromossomo elemento genético, normalmente circular em procariotos e linear em eucariotos, que contém os genes essenciais às funções celulares

DNA girase enzima encontrada na maioria dos procariotos que introduz superenovelamentos negativos em um DNA

DNA polimerase enzima que sintetiza uma nova fita de DNA, na direção 5' → 3', utilizando uma fita antiparalela de DNA como molde

Éxon seqüências codificadoras de DNA presentes em um gene interrompido (comparar com íntron)

Gene segmento de DNA que especifica uma proteína (via mRNA), um tRNA ou um rRNA

Genoma conjunto total de genes contidos em uma célula ou em um vírus

Iniciador molécula (geralmente, um polinucleotídeo) à qual a DNA polimerase é capaz de adicionar o primeiro desoxirribonucleotídeo, durante a replicação do DNA

Íntron seqüências de DNA não codificador, intervenientes, presentes em um gene interrompido (comparar com éxon)

Operon conjunto de genes cuja expressão é controlada por uma única região operadora

Processamento de RNA processo em que há a conversão do RNA precursor em sua forma madura

Promotor sítio no DNA ao qual a RNA polimerase é capaz de se ligar e iniciar a transcrição

Replicação semiconservativa síntese de DNA que gera duas novas duplas hélices, cada uma consistindo em uma fita parental e outra recém-sintetizada

Replicação síntese de DNA a partir de uma fita de DNA como molde

Ribossomo partícula citoplasmática composta por RNA ribossomal e proteínas que compõe parte da maquinaria de síntese protéica de uma célula

Ribozima molécula de RNA capaz de catalisar reações químicas

RNA mensageiro (mRNA) molécula de RNA que contém a informação genética necessária à codificação de uma proteína em particular

RNA polimerase enzima que sintetiza moléculas de RNA, na direção 5' → 3', utilizando uma fita antiparalela de DNA como molde

RNA ribossomal (rRNA) tipos de RNA encontrados nos ribossomos; alguns participam ativamente no processo de síntese protéica

RNA transportador molécula adaptadora utilizada na tradução, apresentando especificidade tanto para um aminoácido em particular como para um ou mais códons

Spliceossomo complexo formado por várias proteínas e pequenos RNAs que participa do processo de remoção dos íntrons e da ligação de éxons adjacentes, originando uma molécula de RNA maduro em células eucarióticas

"Splicing" etapa do processamento de RNA onde os íntrons são removidos, e os éxons adjacentes, unidos

Telomerase enzima que contém um pequeno RNA molde e que atua replicando as extremidades (telômeros) de cromossomos eucarióticos

Tradução processo de síntese de proteínas que utiliza a informação genética contida no mRNA como molde

Transcrição síntese de RNA, utilizando uma fita de DNA como molde

Transcrito primário molécula de RNA não processada que corresponde ao produto direto da transcrição

O termo *biologia molecular* é tipicamente aplicado ao estudo da estrutura e função da grande variedade de **macromoléculas** encontradas nas células. Neste capítulo, examinaremos apenas as macromoléculas diretamente envolvidas no fluxo informacional dos microrganismos.

No Capítulo 1, caracterizamos as células como "usinas químicas" e "dispositivos codificadores" (Figura 1.4). No Capítulo 3, analisamos a estrutura básica das macromoléculas celulares. Neste capítulo, estudaremos como as células codificam a informação genética e os mecanismos pelos quais utilizam e processam a informação. No próximo capítulo, descreveremos como a expressão da informação genética é regulada. Capítulos subseqüentes abordarão aspectos sobre a informação genética de algumas formas acelulares, a transferência da informação genética e como a informação genética pode ser manipulada.

I VISÃO GERAL SOBRE GENES E EXPRESSÃO GÊNICA

A **genética** é a disciplina que estuda os mecanismos pelos quais as características são transmitidas de um organismo para outro e como são expressas. Uma vez que o fluxo de informação biológica é a base das funções celulares, a genética corresponde a uma das principais ferramentas de pesquisa. Associada à biologia molecular, a genética nos permite entender os mecanismos moleculares envolvidos nas diversas funções celulares. O estudo da genética, em nível molecular, é também central no entendimento da variabilidade dos organismos e na evolução das espécies.

O conhecimento de como a informação genética é transmitida nos sistemas biológicos apresenta também enormes aplicações práticas. Por exemplo, a genética nos fornece técnicas que permitem a modificação dos organismos, visando finalidades específicas. Muitos dos importantes avanços recentes na agricultura, indústria e medicina são dependentes da biologia molecular e da genética. A compreensão do fluxo informacional nas células possibilitou não só o conhecimento de como se dá o funcionamento normal dos organismos como também de que modo essas funções são alteradas em casos de doença. A partir desses conhecimentos, os cientistas vêm desenvolvendo métodos de controle de importantes doenças infecciosas, bem como de terapias genéticas para a cura de distúrbios metabólicos, antes considerados incuráveis.

Nos capítulos subseqüentes, teremos muito a dizer sobre a aplicação da genética (incluindo a genética de microrganismos) em assuntos de interesse do homem.

7.1 Macromoléculas e informação genética

Muitas das moléculas envolvidas no fluxo da informação genética são **macromoléculas**. Muito antes de conhecermos tais compostos, ou mesmo quais as etapas envolvidas no fluxo informacional, era claro que existia uma unidade funcional de informação genética, a qual posteriormente foi denominada **gene**.

O que é um gene e qual sua função?

A maioria dos genes corresponde a entidades que especificam a estrutura de um único polipeptídeo ou cadeia *protéica*. No Capítulo 3, discutimos a química de proteínas e verificamos que estas consistem em uma ou mais cadeias polipeptídicas. Um polipeptídeo é composto por uma série de aminoácidos, conectados por meio de ligações peptídicas. Cerca de 20 aminoácidos diferentes podem ser encontrados nas proteínas (Figura 3.12), sendo que cada molécula protéica apresenta tipicamente centenas de resíduos de aminoácidos (Seções 3.6-3.8). O gene corresponde ao elemento informacional que especifica a *seqüência* de aminoácidos que compõem cada proteína. Os genes representam a informação armazenada, enquanto as proteínas correspondem às entidades funcionais da célula.

Em todas as células, os genes são compostos por *ácido desoxirribonucléico* (DNA). A informação do gene encontra-se na forma de uma seqüência de bases no DNA. Essa informação armazenada no DNA especifica a seqüência de uma proteína apenas a partir de uma macromolécula intermediária, o *ácido ribonucléico* (RNA). O RNA atua como um verdadeiro intermediário informacional (mensageiro) ou, em alguns casos, como uma porção mais ativa da maquinaria celular. Uma vez que essas três moléculas — DNA, RNA e proteínas — contêm informações biológicas em suas seqüências, são freqüentemente denominadas **macromoléculas informacionais** (Seção 3.2).

Nas moléculas de DNA e RNA, a informação é codificada a partir da *seqüência de bases* púricas ou pirimídicas da cadeia polinucleotídica. Quando discutimos o conteúdo informacional de um ácido nucléico, estamos nos referindo às propriedades *codificadoras* dessa molécula. A seqüência de aminoácidos de um polipeptídeo é *codificada* a partir da seqüência de bases púricas ou pirimídicas presente no ácido nucléico. Essa função codificadora será discutida neste capítulo.

As etapas do fluxo informacional

Os processos moleculares subjacentes ao fluxo da informação genética podem ser divididos em três estágios, resumidos a seguir (Figura 7.1).

1. *Replicação*. A molécula de DNA (o material genético da célula) corresponde a uma **dupla hélice** de duas longas cadeias (Seção 3.5). Durante a replicação, o DNA é duplicado, havendo a produção de duas duplas hélices.
2. *Transcrição*. O DNA não participa diretamente da síntese protéica, havendo um intermediário de RNA. A transferência da informação para o RNA é denominada **transcrição**, enquanto a molécula de RNA que contém a informação que codifica uma proteína é denominada **RNA mensageiro** (mRNA). Na maioria dos casos, em qualquer localização do cromossomo, apenas uma das fitas do DNA é transcrita (Figura 7.1). Algumas regiões do DNA transcritas não codificam proteínas, mas outros tipos de RNA, tais como o **RNA transportador** (tRNA) e o **RNA ribossomal** (rRNA). Assim, é necessário expandir nossa definição de gene, incluindo também as regiões de DNA que codificam um desses tipos de RNA.
3. *Tradução*. A seqüência específica de aminoácidos em cada proteína é determinada por uma seqüência específica de bases no mRNA (transcrito a partir do DNA). Há uma correspondência linear entre a seqüência de bases de um gene e a seqüência de aminoácidos de um polipeptídeo (Figura 7.1). São necessárias *três bases* no mRNA para codificar um único aminoácido, sendo cada conjunto de três bases denominado **códon**. Este **código genético** é traduzido em proteínas por meio do sistema de síntese protéica. Tal sistema consiste em ribossomos (compostos por proteínas e rRNA), tRNA e várias enzimas.

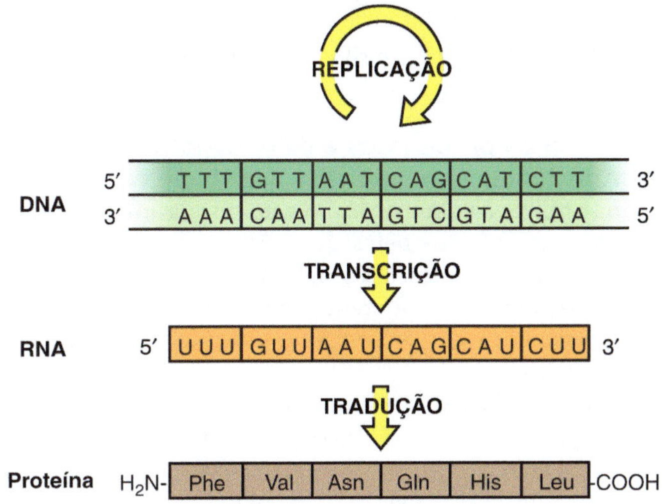

■ **Figura 7.1** Síntese dos três tipos de macromoléculas informacionais. Observe que, em qualquer região, apenas uma das duas fitas da dupla hélice de DNA é transcrita.

Nos processos de replicação, transcrição e tradução, a informação contida na seqüência de ácido nucléico pode especificar tanto uma seqüência de ácido nucléico quanto uma proteína. Entretanto, a transferência da informação contida na seqüência do ácido nucléico até a proteína é unidirecional, isto é, a seqüência de uma proteína **não** especifica a seqüência de um ácido nucléico. Tal transferência unidirecional da informação genética, partindo do ácido nucléico até a proteína, é muitas vezes denominada *dogma central da biologia molecular*, pois é válida para todas as formas de vida do nosso planeta.

As três etapas de transferência apresentadas na Figura 7.1 são aquelas utilizadas por todas as células. No Capítulo 9, veremos que a transferência da informação na reprodução de alguns vírus pode envolver dois outros processos. O primeiro corresponde à *replicação do RNA*, onde essa molécula é utilizada como molde na síntese de RNA. O segundo corresponde à *transcrição reversa*, onde a informação contida na seqüência de RNA é utilizada para especificar uma seqüência de DNA. Observe que, em ambos os casos, a transferência da informação se dá de ácido nucléico para ácido nucléico, sem violar, dessa maneira, o dogma central.

Genética de procariotos e de eucariotos

A replicação, a transcrição e a tradução ocorrem em todos os seres celulares. Há, no entanto, algumas diferenças nos mecanismos pelos quais esses processos se dão em procariotos e eucariotos. Tal fato decorre, pelo menos em parte, devido às diferenças na organização da informação genética e à presença de um núcleo em células eucarióticas.

No Capítulo 2, enfatizamos as diferenças básicas na organização do DNA de células procarióticas e eucarióticas. Resumidamente, um genoma procariótico típico consiste em uma única molécula de DNA circular, covalentemente fechada, encontrada no citoplasma da célula. Em eucariotos, o genoma consiste em várias moléculas lineares de DNA, presentes na forma de cromossomos individuais situados no núcleo.

Nas células procarióticas, não há uma estrutura membranosa separando o cromossomo do citoplasma (Seção 2.2). Nos eucariotos, os cromossomos localizam-se no interior do núcleo, enquanto os ribossomos são citoplasmáticos; portanto, há uma separação espacial entre os eventos de transcrição e tradução.

Para todos os tipos celulares, a definição de gene é a mesma: um segmento de DNA que especifica uma proteína (via mRNA), um tRNA ou um rRNA. Entretanto, em eucariotos, os genes que codificam proteínas são geralmente interrompidos, apresentando duas ou mais regiões codificadoras separadas por regiões não codificadoras. As regiões codificadoras são denominadas **éxons**, enquanto as não codificadoras, intervenientes, **íntrons**. Tanto os íntrons como os éxons são transcritos, originando um **transcrito primário** ou **pré-mRNA**, o qual originará o mRNA funcional após a subseqüente remoção das regiões não codificadoras. A Figura 7.2 apresenta um resumo diferenciando os fenômenos genéticos entre procariotos e eucariotos.

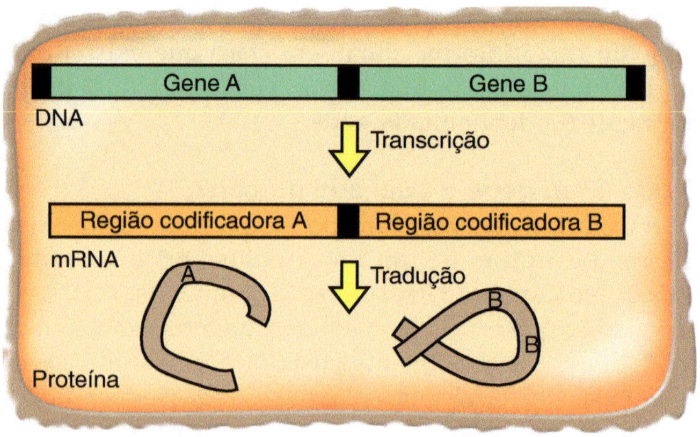

(a) **Procariotos**

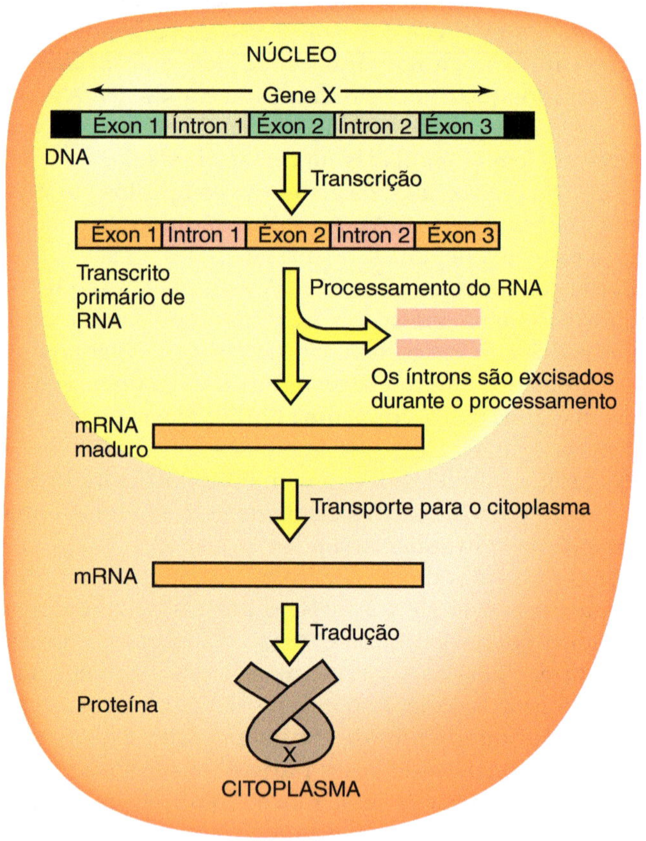

(b) **Eucariotos**

■ **Figura 7.2** Comparação entre os processos de transferência da informação em procariotos e eucariotos. (a) Procariotos. Um único mRNA freqüentemente apresenta mais de uma região codificadora (tais mRNAs são denominados *policistrônicos*). (b) Eucariotos. Regiões não codificadoras (íntrons) são removidas do transcrito primário de RNA antes da tradução. Os mRNAs de eucariotos são quase sempre *monocistrônicos*. Observe que as células não foram desenhadas em escala. Uma célula procariótica típica apresenta de 1 a 2 μm de diâmetro, enquanto uma célula eucariótica típica (de origem animal) tem cerca de 25 μm de diâmetro (Figura 2.3).

✓ 7.1 Verificação de conceitos

Os três processos-chave na síntese de macromoléculas correspondem à replicação do DNA; à transcrição, síntese de RNA a partir de um DNA molde; e à tradução, síntese de proteínas utilizando o mRNA como molde. Embora os processos básicos sejam os mesmos em procariotos e eucariotos, a organização da informação genética é mais complexa em eucariotos. Muitos genes eucarióticos apresentam regiões codificadoras (éxons) e não codificadoras (íntrons).

✓ Quais as três macromoléculas informacionais envolvidas no fluxo da informação genética?

✓ Todas as células apresentam três processos envolvidos no fluxo da informação genética. Quais são esses processos?

II ESTRUTURA DO DNA

No Capítulo 3, abordamos a estrutura geral dos ácidos nucléicos. Nas próximas seções deste capítulo, discutiremos a estrutura do DNA em detalhes, para que possamos entender a genética molecular e os tipos de elementos genéticos contendo DNA, que podem ser encontrados nas células. Com base nessas informações, poderemos então discutir como ocorre a replicação do DNA, sua transcrição, originando o RNA, e como este é traduzido, originando as proteínas.

7.2 Estrutura do DNA: a dupla hélice

A informação genética de todos os processos celulares encontra-se armazenada no DNA, na *seqüência* de bases ao longo da cadeia polinucleotídica. Conforme mencionado, apenas quatro diferentes bases de ácido nucléico são encontradas no DNA: adenina (A), guanina (G), citosina (C) e timina (T). Como apresentado na Figura 3.11, o esqueleto de uma cadeia de DNA consiste em unidades alternadas de fosfato e do açúcar *desoxirribose*, estando cada base ligada a um açúcar. É importante relembrar o sistema de numeração das posições dos átomos de carbono do açúcar e da base. O grupo fosfato, que conecta as duas moléculas de açúcar, liga-se ao carbono 3′ de um açúcar e ao carbono 5′ do açúcar adjacente (ver Figura 7.14). Em uma das extremidades da molécula de DNA, o açúcar apresenta um fosfato ligado à hidroxila 5′, enquanto na outra extremidade o açúcar apresenta um grupamento hidroxila livre na posição 3′.

O DNA como uma dupla hélice

Como discutiremos no Capítulo 9, os cromossomos de alguns vírus correspondem a moléculas de fita simples. No entanto, em todos os **cromossomos de organismos celulares**, o DNA é encontrado na forma de duas cadeias polinucleotídicas, cuja seqüência de bases é **complementar**. A complementaridade do DNA é decorrente do pareamento específico entre as bases púricas e pirimídicas: a adenina sempre se pareia com a timina, e a guanina, com a citosina (Figura 7.3). Assim, na molécula de **fita dupla** resultante, as fitas estão arranjadas em um padrão *antiparalelo* (ver Figura 7.4). Isso significa que as duas fitas encontram-se "de cabeça para baixo", uma em relação à outra. Na Figura 7.4, a fita da esquerda encontra-se na direção 5′ para 3′, de cima para baixo, enquanto a outra fita está na direção 5′ para 3′, de baixo para cima. As duas fitas se torcem uma sobre a outra, formando uma **dupla hélice** (Figura 7.5). Nessa dupla hélice são originados dois sulcos distintos — o *sulco maior* e o *sulco menor*. Dentre as muitas proteínas que interagem especificamente com o DNA (como veremos no Capítulo 8), a maioria o faz predominantemente com o sulco maior, onde o espaço é maior. Devido à regularidade da dupla hélice, alguns átomos das bases nitrogenadas sempre se encontram expostos no sulco maior (e alguns no sulco menor). Os átomos encontrados no sulco maior, que têm papel importante nas interações com proteínas, são apresentados na Figura 7.3.

O tamanho de uma molécula de DNA pode ser expresso em termos de sua massa molecular, mas, como a massa molecular de um único nucleotídeo é de aproximadamente 330 e uma vez que as moléculas de DNA apresentam

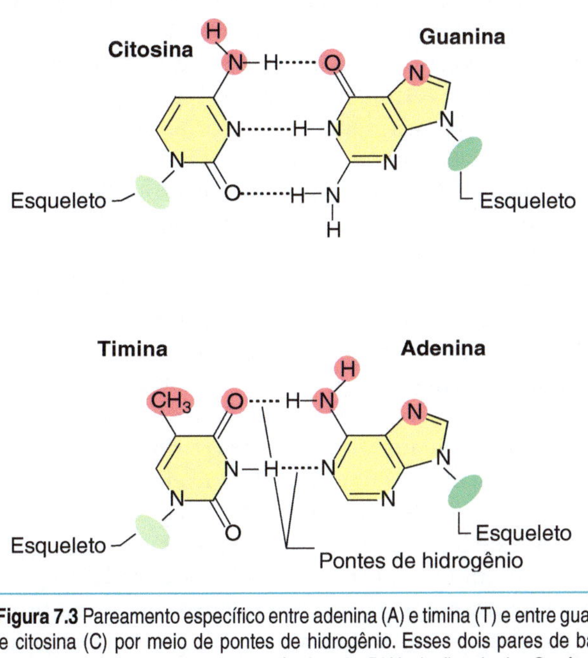

■ **Figura 7.3** Pareamento específico entre adenina (A) e timina (T) e entre guanina (G) e citosina (C) por meio de pontes de hidrogênio. Esses dois pares de bases são tipicamente encontrados em moléculas de DNA de fita dupla. Os átomos encontrados no sulco maior da dupla hélice, que interagem com as proteínas, encontram-se assinalados em vermelho. Os esqueletos de desoxirribose-fosfato das duas fitas encontram-se também indicados.

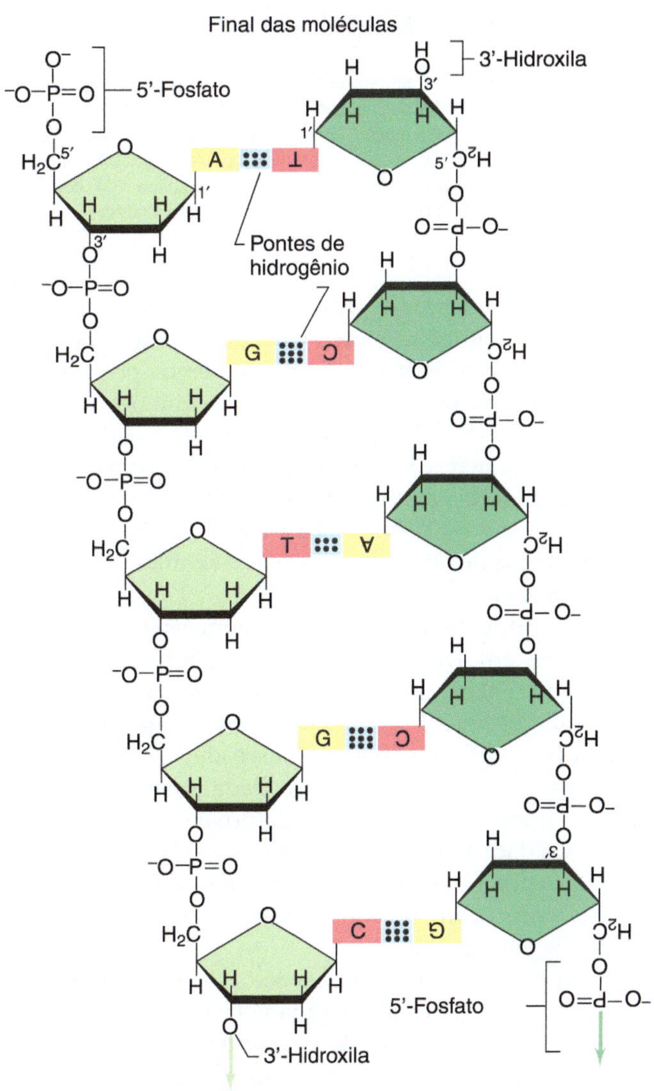

■ **Figura 7.4** Estrutura do DNA. Natureza complementar e antiparalela do DNA. Observe que uma das cadeias termina com o grupamento 5′-fosfato, enquanto a outra termina com 3′-hidroxila. As bases em vermelho representam as pirimidinas: citosina (C) e timina (T), enquanto as em amarelo representam as purinas: adenina (A) e guanina (G).

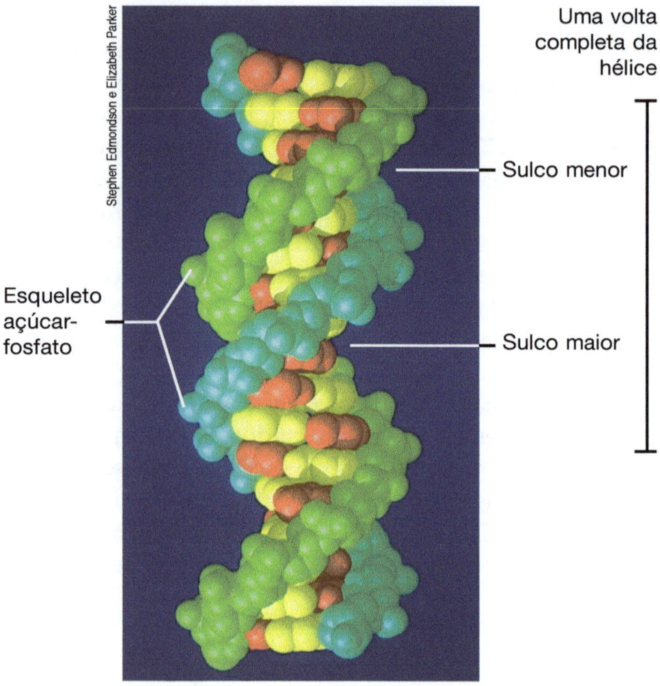

■ **Figura 7.5** Modelo computacional de um pequeno segmento de DNA apresentando o arranjo global de uma dupla hélice. Um dos esqueletos de açúcar-fosfato é mostrado em azul, e o outro, em verde. As pirimidinas são apresentadas em vermelho, e as purinas, em amarelo. Observe a localização dos sulcos maiores e menores. Esse modelo foi gerado com a utilização de um *software* do Laboratório de Computação Gráfica da Universidade da Califórnia, São Francisco.

muitos nucleotídeos, a expressão de seu tamanho em massa molecular atinge números infinitamente grandes. (Os ácidos nucléicos de vírus muito pequenos podem, por exemplo, atingir massas moleculares de milhões, enquanto o DNA de certas células pode atingir valores de bilhões.) Uma maneira mais conveniente para expressar o tamanho das moléculas de DNA é feita em termos de *número de milhares* de bases, ou pares de bases, por molécula. Assim, uma molécula de DNA com 1.000 bases contém 1 *quilobase* (1 kb, do inglês *kilobase*) de DNA. Se o DNA estiver na forma de dupla hélice, utiliza-se a nomenclatura *pares de quilobases* (kpb). Dessa forma, uma dupla hélice de DNA contendo 5.000 pares de bases teria um tamanho de 5 pares de quilobases. A bactéria *Escherichia coli* apresenta uma molécula de DNA contendo cerca de 4.600 pares de quilobases em seu cromossomo. Dada a enorme quantidade de informações que estão se tornando disponíveis a partir dos dados de seqüenciamentos genômicos, é muito útil falar em termos de *milhões* de pares de bases ou *pares de megabases*. Assim, o genoma de *E. coli* apresenta 4,6 pares de megabases (Mb).

Cada par de bases apresenta cerca de 0,34 nm de comprimento ao longo da hélice; cada volta completa da hélice contém 10 pares de bases. Assim, um DNA de 1 quilobase apresenta uma hélice com 100 voltas, medindo cerca de 0,34 μm de comprimento. Cálculos desse tipo podem ser muito interessantes, conforme veremos em breve.

Observe que, diferentemente da massa molecular (diretamente associada à massa), a mensuração dos ácidos nucléicos em número de bases ou pares de bases corresponde a uma medida relacionada ao seu *tamanho*. Enquanto uma molécula de ácido nucléico de fita simples pode apresentar menor estruturação que uma de fita dupla, cada uma dessas moléculas é melhor descrita em termos do número de bases de uma fita simples. Assim, os biologistas moleculares utilizam a abreviação kb para descrever tanto moléculas de fita simples como de fita dupla.

Características seqüência-específicas da estrutura do DNA

Nas regiões cromossomais que codificam proteínas, a seqüência do DNA encontra-se restrita, em grande parte, pela seqüência de aminoácidos das proteínas codificadas e pela natureza do código genético (ver Seção 7.13). Entretanto, freqüentemente são encontradas seqüências de bases no DNA, presentes não por suas propriedades codificadoras, mas porque influenciam a *estrutura secundária* do DNA, ou seja, a maneira pela qual o DNA interage com as proteínas.

Moléculas longas de DNA são bastante flexíveis, enquanto segmentos de DNA com menos de 100 pares de bases são muito mais rígidos. Alguns segmentos curtos de DNA podem ser dobrados pela sua interação com proteínas. Entretanto, certas seqüências podem, por si só, promover dobramentos no DNA. Seqüências desse **DNA curvo** freqüentemente envolvem várias repetições de cinco ou seis adeninas (em uma mesma fita), sendo cada uma separada por quatro ou cinco bases. Além disso, algumas seqüências contribuem para a capacidade de dobramento do DNA quando certas proteínas interagem com a molécula. O dobramento do DNA parece estar comumente envolvido na regulação da expressão gênica, como veremos no Capítulo 8.

Seqüências repetitivas curtas são freqüentemente encontradas nas moléculas de DNA. Muitas proteínas interagem com regiões de DNA contendo seqüências repetitivas (Capítulo 8) com orientações invertidas. Tais **repetições invertidas** dão à seqüência de DNA uma simetria "duplicada". Como mostrado na Figura 7.6, repetições invertidas próximas podem, em teoria, originar estruturas do tipo **haste-alça** (cruciformes) no DNA. (Observe que a haste da estrutura em haste-alça corresponde a uma pequena dupla hélice com pareamento normal de bases e com fitas antiparalelas.)

Examinando a Figura 7.6, podemos verificar que cada fita dessa região pode formar uma estrutura em haste-alça. Assim, algumas repetições invertidas encontradas no DNA transcrito podem ser importantes devido às estruturas de haste-alça observadas no RNA. Tal *estrutura secundária* (Seção 3.5), originada em decorrência do pareamento de bases de uma mesma fita de ácido nucléico, tem muita importância nas moléculas de RNA transportador (ver Seção 7.14) e de RNA ribossomal (Seção 11.4 e Figura 11.8).

As extremidades de moléculas lineares de DNA podem também apresentar seqüências interessantes, que promovem alterações em sua estrutura. Algumas moléculas de DNA apresentam regiões de fita simples em suas extremidades, as quais são complementares. Tal fato gera a possibilidade dessas duas fitas se encontrarem e se associarem,

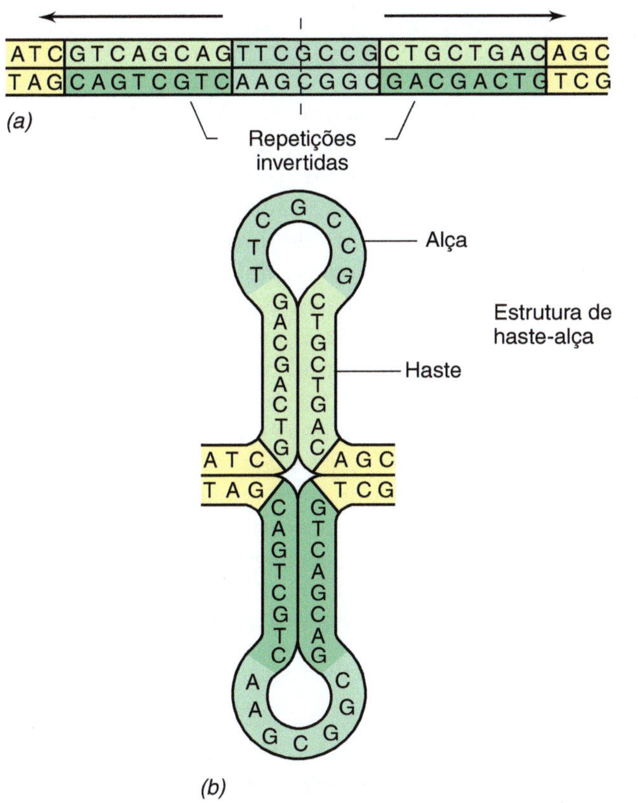

■ **Figura 7.6** Repetições invertidas e a formação de uma estrutura de haste-alça. (a) Repetições invertidas no DNA. As setas indicam a simetria ao longo de um eixo imaginário (linha pontilhada). (b) Formação de estruturas de haste-alça (cruciformes) pelo pareamento de bases complementares de uma *mesma* fita.

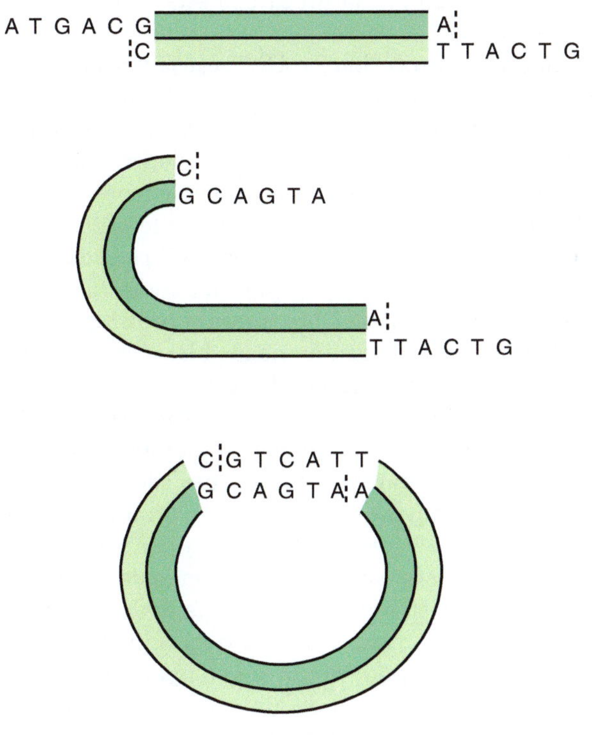

■ **Figura 7.7** Moléculas lineares de DNA, com extremidades em fita simples complementares ("extremidades coesivas"), podem se ciclizar a partir do pareamento dessas extremidades complementares.

pelo pareamento de bases complementares, conforme ilustrado na Figura 7.7, levando à formação de um círculo. O genoma do bacteriófago lambda se circulariza dessa maneira (Seção 9.10). Quando moléculas de DNA de fita simples apresentam seqüências complementares em suas extremidades, diz-se que estas apresentam "extremidades coesivas". Algumas moléculas lineares de DNA apresentam estruturas de **grampo** em suas extremidades. Um grampo é semelhante a uma estrutura de haste-alça, diferindo por quase não apresentar a alça. Os grampos podem ser originados em uma região de fita simples localizada na extremidade de uma molécula contendo uma repetição invertida, como apresentado na Figura 7.8. Outras importantes seqüências encontradas nas extremidades de moléculas lineares de DNA de cromossomos eucarióticos serão discutidas na Seção 7.7.

O efeito da temperatura na estrutura do DNA

Embora as pontes de hidrogênio entre os pares de bases sejam individualmente muito fracas (Seção3.1), um grande número destas mantém unidas as fitas de uma molécula de DNA. Pode haver milhões ou mesmo centenas de milhões de pontes de hidrogênio, dependendo do número de pares de bases existentes em uma molécula. Conforme ilustrado na Figura 7.3, cada par adenina-timina apresenta duas pontes de hidrogênio, enquanto o par citosina-guanina apresenta três pontes, tornando os pares GC mais fortes que os AT.

Quando isoladas das células e mantidas à temperatura ambiente, em concentrações fisiológicas de sal, as moléculas de DNA tendem a permanecer sob forma de fita dupla. Entretanto, se a temperatura for aumentada, as pontes de hidrogênio irão se romper, sem haver, no entanto, a quebra das ligações covalentes que mantêm os nucleotídeos unidos, resultando na separação das fitas de DNA. Esse processo é genericamente denominado *fusão*, podendo ser determinado experimentalmente, pois ácidos nucléicos de fita simples e de fita dupla diferem quanto à capacidade de absorver determinados comprimentos de onda de luz ultravioleta, mesmo quando estes apresentam a mesma seqüência (Figura 7.9). Moléculas de DNA contendo alto teor de pares GC exibem temperaturas de fusão superiores às observadas em moléculas similares,

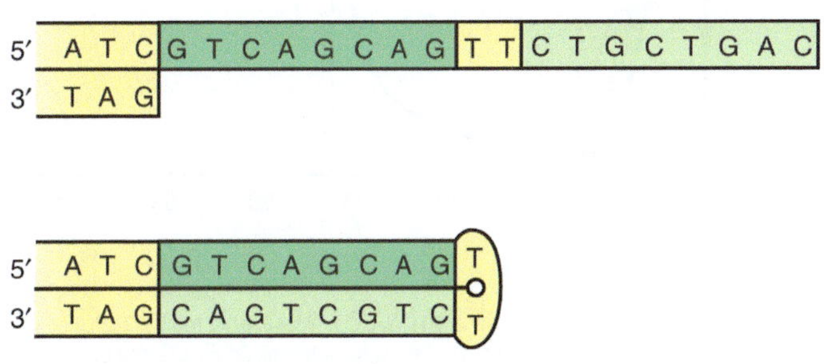

■ **Figura 7.8** Estrutura de grampo situada em uma das extremidades de uma molécula linear de DNA. Se o DNA linear assumisse a forma de uma molécula de fita dupla, as seqüências apresentadas em verde corresponderiam a repetições invertidas.

com alto teor de pares AT. Se um DNA previamente aquecido for resfriado de maneira lenta, a dupla hélice nativa poderá ser formada novamente. Esse processo pode ser empregado tanto para a reorganização de uma molécula nativa de DNA como também na obtenção de moléculas *híbridas*, cujas fitas originam-se de fontes distintas. A **hibridização**, ou seja, a construção artificial de um ácido nucléico de fita dupla a partir do pareamento de duas moléculas de fita simples, apresentando bases complementares, pode ser considerada uma técnica extremamente útil e poderosa (Seção 10.12).

✓ 7.2 Verificação de conceitos

O DNA geralmente se organiza como uma molécula de fita dupla e de configuração helicoidal. Este pode ser mensurado em termos de pares de bases. As duas fitas, na dupla hélice, orientam-se de forma antiparalela. As fitas de uma molécula de DNA de dupla hélice podem ser experimentalmente separadas mediante a utilização de calor, um processo denominado fusão.

✓ Explique qual o significado do termo antiparalelo em relação à estrutura de uma molécula de DNA de fita dupla.

✓ Defina "complementaridade", quando tal termo é empregado em relação às duas fitas de uma molécula de DNA.

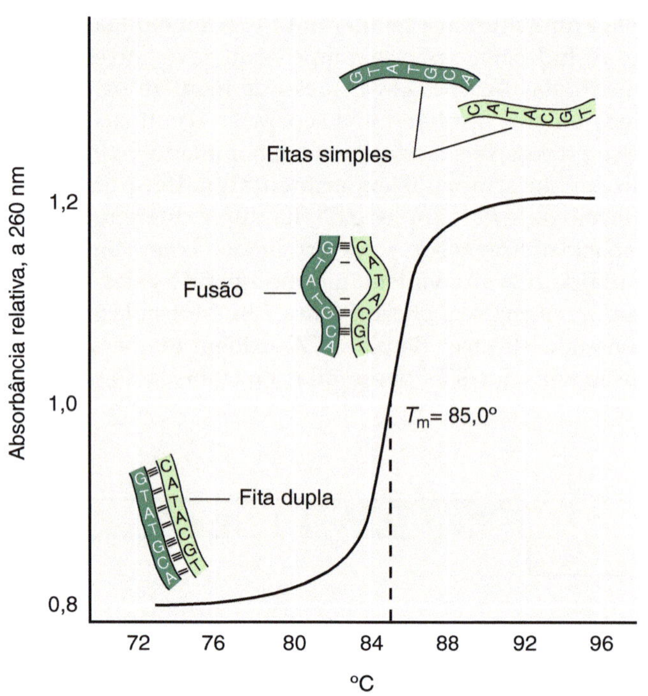

■ **Figura 7.9** Desnaturação térmica do DNA. O DNA absorve mais luz ultravioleta quando a dupla hélice encontra-se desnaturada. A transição é bastante abrupta, e a temperatura de fusão, T_m, está diretamente relacionada ao conteúdo de GC do DNA. Embora o DNA desnaturado possa ser renaturado pelo resfriamento lento, o processo não apresenta uma curva similar. A renaturação ocorre progressivamente, tornando-se mais completa em temperaturas abaixo da T_m, somente após um longo período de incubação.

7.3 Estrutura do DNA: o superenovelamento

Uma molécula *relaxada* de DNA é aquela que apresenta exatamente o número esperado de voltas da hélice, predito a partir do número de pares de bases que a compõem. Um exemplo é apresentado na Figura 7.10. Se considerarmos o comprimento de uma dupla hélice relaxada em relação ao tamanho das células microbianas e vírus que precisam acomodar este DNA, é evidente a necessidade de um nível organizacional superior, sem o qual seria impossível acomodar tal molécula no interior destes organismos. Por exemplo, se calcularmos o tamanho do DNA que compõe o cromossomo de *Escherichia coli*, veremos que este apresenta mais de 1 mm de comprimento, o que corresponde a um tamanho 500 vezes maior que a própria célula bacteriana! Tal problema de empacotamento também ocorre em relação ao DNA viral e das células eucarióticas. Como é possível acomodar tanto DNA em um espaço tão limitado? A solução: o *superenovelamento*.

DNA superenovelado

O superenovelamento corresponde a um estado em que as moléculas de DNA de fita dupla encontram-se mais torcidas. Os diagramas apresentados na Figura 7.10 mostram como tal processo pode ocorrer em uma molécula de DNA circular. O superenovelamento deixa a molécula de DNA em um estado de torção. O DNA pode ser superenovelado tanto no sentido *positivo* como no *negativo*. O **superenovelamento negativo** ocorre quando o DNA sofre torções ao longo de seu eixo, na direção *oposta* à da dupla hélice, que se enrola para a direita. Geralmente o DNA encontrado na natureza exibe tal tipo de superenovelamento.

Embora em procariotos o DNA esteja associado a proteínas, os cromossomos desses tipos celulares podem ser considerados moléculas "nuas" de DNA. O mesmo não ocorre com os cromossomos de células eucarióticas, onde grandes quantidades de proteínas são encontradas associadas ao DNA, com um padrão bastante regular. Como mencionado anteriormente (ver Seção 7.1), cada cromossomo eucariótico é composto por uma molécula linear de DNA de fita dupla. Esse DNA linear encontra-se enrolado ao redor de proteínas denominadas **histonas**, com um padrão muito regular, originando estruturas denominadas **nucleossomos** (Figura 7.11). Nos cromossomos eucarióticos, a formação dos nucleossomos introduz superenovelamentos negativos. As histonas são proteínas carregadas positivamente, capazes de neutralizar as cargas negativas do DNA (resultantes dos grupamentos fosfato). Os nucleossomos são espaçados ao longo da dupla hélice, em intervalos bastante regulares, mas podem se agregar, formando uma estrutura fibrosa denominada *cromatina*. Esta, por sua vez, pode ainda ser compactada por novos dobramentos e formação de alças, originando, eventualmente, uma estrutura muito densa. Tais estruturas compactas são claramente visíveis durante a divisão celular (ver Figura 7.23).

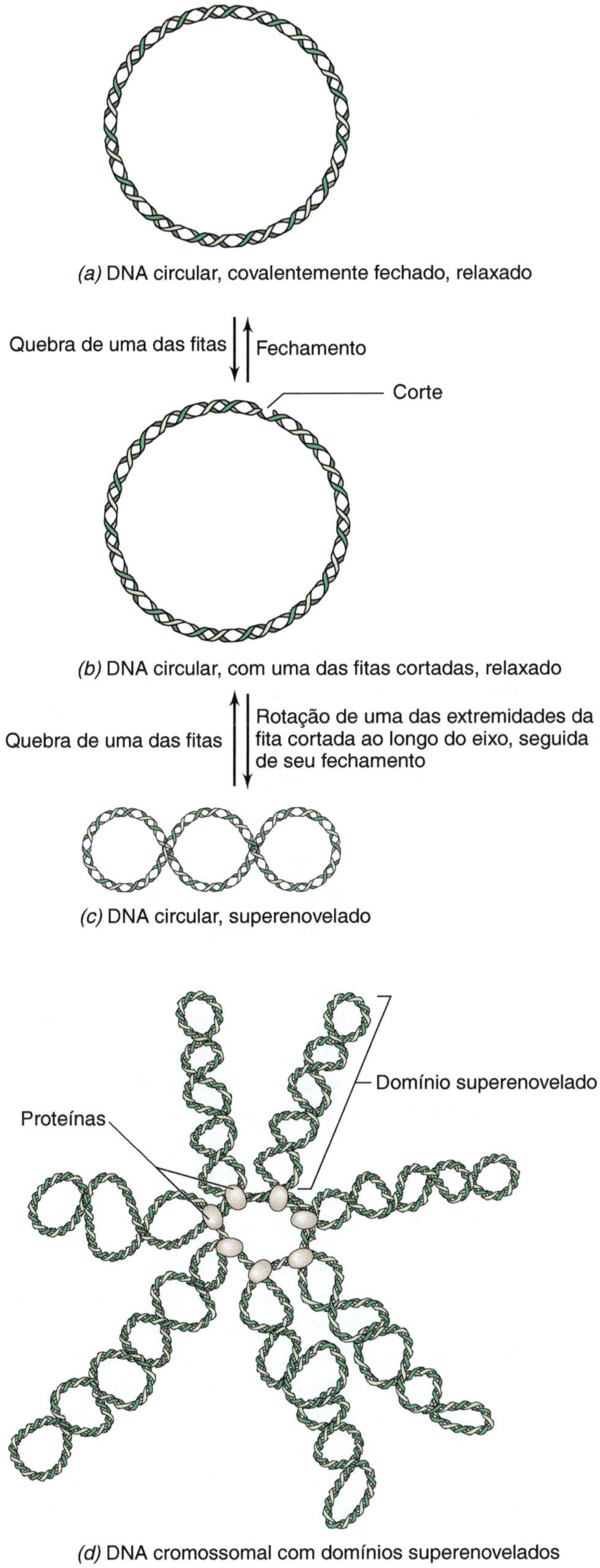

■ **Figura 7.10** DNA superenovelado. As partes (a), (b) e (c) apresentam as interconversões de DNA circular superenovelado e de DNA circular cortado, relaxado. Um corte corresponde à quebra de uma ligação fosfodiéster em uma das fitas. (d) Na realidade, o DNA de fita dupla do cromossomo bacteriano não se organiza como um DNA superenovelado, mas como vários *domínios superenovelados*, conforme apresentado na figura. Acredita-se que, em *Escherichia coli*, existam cerca de 50 domínios superenovelados, sendo cada um estabilizado pela ligação com proteínas específicas.

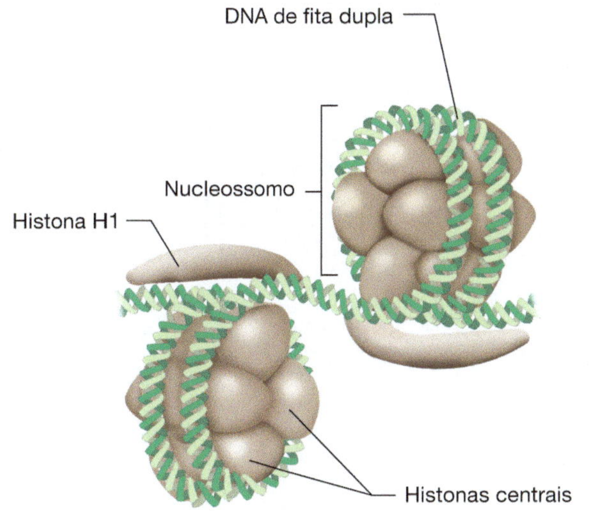

■ **Figura 7.11** Empacotamento do DNA em torno de um núcleo central composto por proteínas histonas, originando um nucleossomo. Os nucleossomos se organizam ao longo das fitas de DNA, assemelhando-se a um colar de contas. Essa organização é típica do DNA de células eucarióticas.

Topoisomerases

Em procariotos, o superenovelamento do DNA é realizado de maneira muito diferente da observada em eucariotos. Em *Bacteria* e na maioria de *Archaea* há uma enzima denominada **DNA girase**, que introduz superenovelamentos negativos. O processo pode ser dividido em várias etapas. Inicialmente, a molécula de DNA é torcida. Em seguida, ocorre uma quebra no local onde as duas cadeias se encontram, com o posterior fechamento da dupla hélice, no lado oposto à fita intacta (Figura 7.12). A DNA girase é uma *topoisomerase*, especificamente uma topoisomerase II. Repare na origem do nome *topoisomerase*. A *topologia* é uma das áreas da matemática que lida com as propriedades das figuras geométricas que permanecem inalteradas quando torcidas ou deformadas. Aqui, estamos lidando com a topologia do DNA; a topoisomerase é uma enzima que afeta essa topologia. É interessante notar que alguns antibióticos que atuam em *Bacteria* — como as quinolonas (por exemplo, o *ácido nalidíxico*), fluoroquinolonas (por exemplo, o *ciprofloxacin*) e a *novobiocina* — inibem a atividade da DNA girase. A novobiocina é também eficaz contra várias espécies de *Archaea*, inibindo a DNA girase.

Há outra enzima capaz de *reduzir* o grau de superenovelamento do DNA. Essa enzima, denominada *topoisomerase I*, introduz uma quebra em uma das fitas do DNA, promovendo a rotação de uma das fitas da dupla hélice sobre a outra. Conforme apresentado na Figura 7.10, uma quebra (**corte**) no esqueleto de uma das fitas permite que o DNA retorne ao estado relaxado. Tal processo é verdadeiro para superenovelamentos positivos e negativos. Essas enzimas são encontradas tanto em procariotos como em eucariotos. Moléculas lineares de DNA, como os cromossomos eucarióticos, não conseguem retornar ao estado relaxado devido à presença de proteínas a elas ligadas. O cromossomo bacteriano apresenta *domínios superenove-*

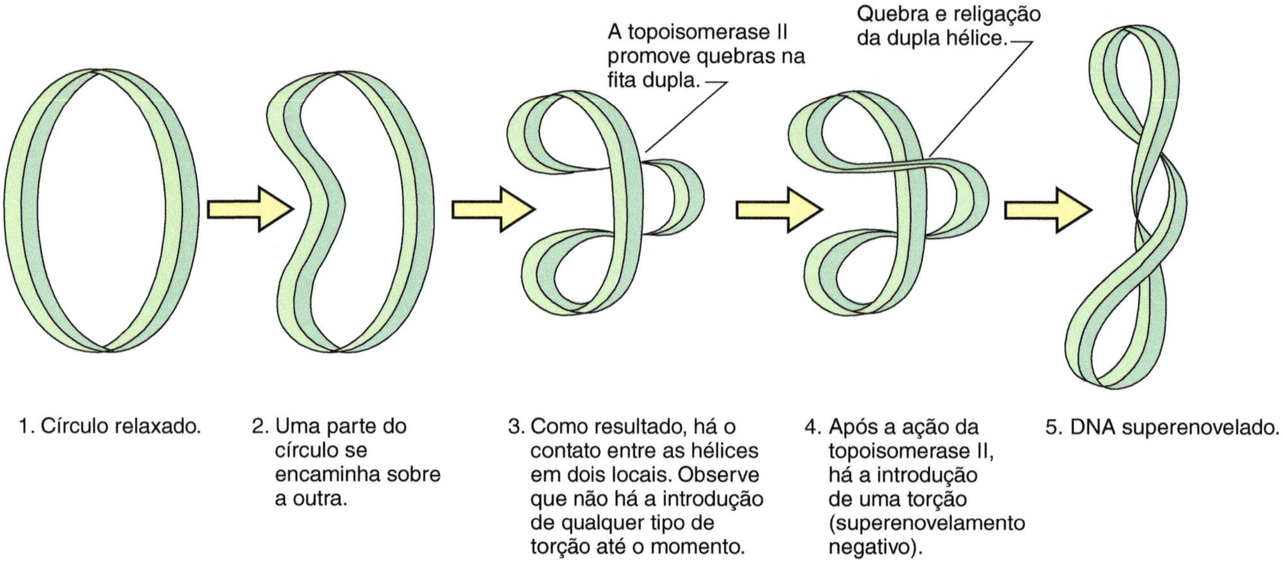

■ **Figura 7.12** Introdução de superenovelamento em uma molécula circular de DNA pela ação da enzima topoisomerase II, que origina quebras na fita dupla.

lados, evitando que todo o cromossomo bacteriano retorne ao estado relaxado, quando um corte é feito em uma das fitas (como ilustrado na Figura 7.10). Um corte no DNA de um desses domínios não promove o relaxamento do DNA de outros domínios. Os mecanismos pelos quais o DNA permanece ligado a esses domínios ainda não são conhecidos, mas, provavelmente, há a participação de proteínas.

A partir da ação dessas topoisomerases, a molécula de DNA pode alternar entre os estados relaxado e superenovelado. Uma vez que o superenovelamento é necessário ao empacotamento do DNA na célula, e o relaxamento, à replicação do DNA, esses dois processos complementares desempenham um importante papel no comportamento do DNA. Na maioria dos procariotos, o grau de superenovelamento negativo é resultante de um balanço entre as atividades da DNA girase e da topoisomerase I. Além disso, sabe-se que o superenovelamento afeta a expressão gênica. Certos genes são mais eficientemente transcritos quando o DNA encontra-se superenovelado, enquanto a transcrição de outros genes é inibida pelo superenovelamento excessivo.

Alguns procariotos possuem uma enzima denominada *girase reversa*, que introduz superenovelamentos *positivos* no DNA. Os organismos que contêm tal enzima são predominantemente espécies de *Archaea*, que vivem em ambientes com temperaturas extremamente elevadas (hipertermófilos, Seções 6.10 e 13.11). Nesses organismos, parte do DNA parece estar "relaxado", ou seja, sem exibir um superenovelamento positivo ou negativo. Tal fato pode ser decorrente do balanço entre as atividades da girase reversa e das proteínas do tipo histonas. Curiosamente, a *Archaea* hipertermófila *Methanothermus fervidus* apresenta estruturas semelhantes a nucleossomos, onde o DNA encontra-se enovelado positivamente (Seção 13.11).

O superenovelamento positivo, obtido pela ação da enzima girase reversa ou por outros meios, corresponde a um tipo de "torção adicional", podendo desempenhar importante papel na proteção do DNA contra a desnaturação térmica. No entanto, para que a informação do DNA possa ser utilizada, esta deve se tornar acessível à maquinaria celular. Assim, em todas as células, a estrutura do DNA parece ser muito dinâmica.

✓ 7.3 Verificação de conceitos

A longa molécula de DNA pode ser acomodada nas células devido ao seu superenovelamento. Na maioria dos procariotos, esse superenovelamento é mediado por enzimas denominadas topoisomerases. Nos cromossomos eucarióticos, o DNA se enrola ao redor de proteínas denominadas histonas, formando estruturas denominadas nucleossomos.

✓ Por que o superenovelamento é importante?

✓ Qual a função desempenhada pelas topoisomerases nas células?

7.4 Elementos genéticos

Antes de passarmos a descrever como as células replicam seu DNA, analisaremos os tipos de estruturas que devem ser replicadas. As estruturas contendo o material genético (DNA na maioria dos organismos e RNA em alguns vírus) podem ser denominadas *elementos genéticos*. O termo genoma corresponde ao conjunto total de genes de uma célula ou de um vírus. Embora o principal elemento genético seja o *cromossomo*, outros elementos genéticos são conhecidos e desempenham papéis importantes na função gênica, tanto de procariotos quanto de eucariotos (Tabela 7.1).

O cromossomo

Na Seção 2.2, discutimos o fato de as células procarióticas típicas apresentarem um único cromossomo, o qual contém todos os genes encontrados na célula (ou a maioria). Os eucariotos apresentam múltiplos cromossomos como parte de seu genoma. Além disso, o cromossomo típico de

Tabela 7.1 Tipos de elementos genéticos

Elemento	Descrição
Procariotos	
Cromossomo	Molécula de DNA de fita dupla, extremamente longa, geralmente circular
Plasmídeo	Molécula de DNA de fita dupla, em geral circular e relativamente pequena
Genoma viral	Molécula de DNA ou RNA, de fita simples ou dupla
Elemento transponível	Molécula de DNA de fita dupla, sempre encontrada no interior de outra molécula de DNA
Eucariotos	
Cromossomo	Molécula de DNA de fita dupla, linear, extremamente longa
Plasmídeo[a]	Molécula de DNA de fita dupla, linear ou circular, relativamente curta, extracromossomal
Mitocôndria ou cloroplasto	Moléculas de DNA de tamanho intermediário, geralmente circulares
Genoma viral	Moléculas de DNA ou RNA, de fita simples ou dupla
Elemento transponível	Molécula de DNA de fita dupla, sempre encontrada no interior de outra molécula de DNA

a Plasmídeos são muito raros em eucariotos.

células procarióticas corresponde a uma molécula circular de DNA, enquanto o DNA de todos os cromossomos eucarióticos conhecidos é linear. A Tabela 7.2 lista o número, o tamanho e a configuração de cromossomos de alguns microrganismos procarióticos e eucarióticos. Repare que o cromossomo da bactéria *Borrelia burgdorferi*, o agente etiológico da doença de Lyme (Seção 27.4), é linear. As extremidades desse cromossomo parecem apresentar repetições que formam grampos, semelhantes àqueles apresentados na Figura 7.8. Embora bastante incomum, cromossomos lineares são descritos em vários outros membros do domínio *Bacteria*. Assim, espécies do gênero *Streptomyces* também possuem cromossomos lineares, os quais apresentam proteínas covalentemente ligadas às suas extremidades. A importância de tais proteínas será discutida na Seção 7.7.

Os poucos exemplos de procariotos listados na Tabela 7.2 não foram escolhidos aleatoriamente. Estes incluem tanto espécies de *Archaea* como de *Bacteria*, além de exemplos dentre os menores e maiores cromossomos procarióticos conhecidos. Adiante, discutiremos por que alguns procariotos, como *Rhodobacter sphaeroides*, possuem mais de um cromossomo.

A Tabela 7.2 lista apenas alguns poucos exemplos de microrganismos eucarióticos, mas todos apresentam DNA linear e vários cromossomos, mesmo no estado haplóide. Estas duas condições são uma regra para que um dado organismo seja considerado eucariótico, independentemente de seu tamanho. Em leveduras (e provavelmente em muitos outros microrganismos eucarióticos), o comprimento da molécula de DNA de um único cromossomo é muitas vezes maior que o tamanho de um cromossomo procariótico aberto e linearizado. O genoma humano haplóide apresenta apenas alguns cromossomos a mais que as leveduras, mas contém cerca de 200 vezes mais DNA.

As moléculas lineares de DNA dos cromossomos eucarióticos apresentam uma seqüência especial em cada extremidade, denominada *telômero*, além de um *centrômero*, localizado entre os telômeros. Os centrômeros são importantes no processo de separação dos cromossomos durante a divisão celular. Como ainda veremos, os telômeros desempenham importante papel na replicação das moléculas de DNA (ver Seção 7.7). O número de cromossomos é constante em uma dada espécie, embora varie muito entre diferentes espécies.

Foi mencionado na Seção 7.3 que uma importante diferença estrutural entre os cromossomos de eucariotos e procariotos era o fato de o DNA eucariótico encontrar-se organizado em nucleossomos. Há também interessantes diferenças entre eucariotos e procariotos no que diz respeito à organização da seqüência de DNA.

Uma das diferenças corresponde ao fato de muitos genes codificadores de proteínas, em eucariotos, serem interrompidos ou separados por seqüências de DNA não codificadoras, presentes entre as seqüências que codificam um único polipeptídeo (ver Figura 7.2). Essas regiões intervenientes não codificadoras são denominadas **íntrons**, enquanto as seqüências codificadoras são denominadas **éxons**. O número de íntrons presentes em cada gene é variável, desde nenhum até mais de 50. Durante a transcrição, os íntrons e éxons são copiados; os íntrons são posteriormente excisados e removidos durante a etapa de processamento do RNA mensageiro.

Essencialmente, todos os genes codificadores de proteínas de eucariotos superiores, como mamíferos, apresentam íntrons; alguns são muito grandes, às vezes até maiores que os éxons. Os eucariotos inferiores apresentam um menor número de íntrons, geralmente de tamanhos menores. Cerca de 40% dos genes codificadores de proteínas da levedura *Schizosaccharomyces pombe* apresentam íntrons, enquanto apenas cerca de 4% dos genes codificadores de proteínas de *Saccharomyces cerevisiae* possuem íntrons. Íntrons também são descritos em genes codificadores de proteínas de procariotos, mas estes são muito raros, sendo removidos dos transcritos por um mecanismo distinto.

A outra principal diferença em relação à organização da seqüência refere-se ao fato de, geralmente, os eucariotos apresentarem uma quantidade de DNA por genoma muito superior ao necessário para codificar todas as proteínas requeridas às funções celulares. Por exemplo, no genoma humano, apenas cerca de 3% do total das seqüências de DNA são encontradas em genes, enquanto em *Bacteria* essa fração pode ultrapassar 90%. Este DNA "extra" de eucariotos é encontrado freqüentemente em seqüências repetitivas, sendo algumas repetidas por centenas de milhares de vezes. A função de tais seqüências é ainda desconhecida. Microrganismos eucarióticos inferiores parecem possuir uma maior densidade codificadora que eucariotos superiores. Um exemplo extremo disso corresponde à levedura *Saccharomyces cerevisiae*, na qual cerca de 70% do

Tabela 7.2 Tamanhos, formas e número de cromossomos em microrganismos selecionados de cada um dos domínios da vida

			Cromossomos	
Organismo	Comentários	Tamanho (Mb)[a]	Número	Geometria
Bacteria				
Mycoplasma genitalium	Menor genoma celular conhecido	0,58	1	○
Borrelia burgdorferi	Agente da doença de Lyme (Capítulo 27)	0,91[b]	1	~~~
Haemophilus influenzae	Gram-negativo, eventualmente patogênico (Capítulo 26)	1,83[c]	1	○
Rhodobacter sphaeroides	Gram-negativo, fototrófico	4,00[d]	2	○
Bacillus subtilis	Gram-positivo, modelo de estudos genéticos	4,21	1	○
Escherichia coli K-12	Gram-negativo, modelo de estudos genéticos	4,64[e]	1	○
Streptomyces coelicolor	Actinomiceto, produtor de antibióticos (Capítulo 12)	8,66	1	~~~
Archaea				
Methanococcus jannaschii	Metanogênico que cresce em altas temperaturas (Capítulos 6 e 13)	1,66	1	○
Pyrococcus abyssi	Cresce em altas temperaturas (Capítulos 6 e 13)	1,77	1	○
Halobacterium sp. NRC1	Cresce em altas concentrações de sal (Capítulos 6 e 13)	2,57[f]	3	○
Sulfolobus solfatarius	Cresce em altas temperaturas e elevada acidez (Capítulos 6 e 13)	2,99	1	○
Eukarya[g]				
Giardia lamblia	Protozoário flagelado causador de gastroenterite aguda (Capítulo 14)	12,00	4	~~~
Saccharomyces cerevisiae	Levedura, amplamente utilizada na indústria e na ciência (Capítulos 14 e 30)	12,06[h]	16	~~~
Dictyostelium discoideum	Bolor limoso celular, modelo para estudos de desenvolvimento (Capítulo 14)	34,0	6	~~~
Tetrahymena thermophila	Protozoário ciliado (Capítulo 14)	210,0	5	~~~

a Mb corresponde a pares de megabases. No caso de *Eukarya*, o tamanho dos genomas e o número de cromossomos referem-se à forma haplóide. (Todos os genomas procarióticos listados foram totalmente seqüenciados.)

b Válido para o cromossomo linear. O genoma desse organismo contém ainda pelo menos 17 plasmídeos circulares e lineares que, em conjunto, correspondem a um tamanho superior a 0,5 Mb.

c *Haemophilus influenzae* Rd foi o primeiro organismo celular a ter seu genoma totalmente seqüenciado.

d O cromossomo I apresenta 3,1 Mb, e o cromossomo II, 0,90 Mb. A linhagem seqüenciada apresenta ainda cinco plasmídeos.

e A seqüência relatada não inclui o plasmídeo F (Seção 10.8) ou o bacteriófago lambda (Seção 9.10), os quais poderiam estar presentes em uma linhagem típica de *E. coli* K-12.

f Há um grande cromossomo de 2,01 Mb e dois minicromossomos de 0,19 e 0,37 Mb.

g Todos os organismos listados são unicelulares.

h *Saccharomyces cerevisiae* foi o primeiro eucarioto a ter seu genoma completamente seqüenciado. O número dado não inclui o genoma mitocondrial e todas as cópias de algumas seqüências repetidas.

DNA codifica proteínas. Embora esta densidade gênica possa parecer alta, é ainda inferior à observada em qualquer procarioto conhecido.

Eucariotos normalmente apresentam várias cópias de certos genes, tais como aqueles que codificam RNAs transportadores e ribossomais. Estes últimos podem também ser repetidos em procariotos, embora com um número menor de cópias na maioria dos organismos. Em contrapartida, procariotos podem exibir seqüências de pequeno tamanho, altamente repetitivas. Por exemplo, *Escherichia coli* K-12 possui uma seqüência de 38 pares de bases que se repete 581 vezes, correspondendo a mais de 0,5% de seu genoma. De qualquer maneira, duas generalizações podem ser feitas: os genomas eucarióticos se caracterizam por apresentarem genes interrompidos e por possuírem seqüências repetitivas.

Elementos genéticos não cromossomais

Vários outros elementos genéticos são conhecidos. Embora alguns já tenham sido descritos como "cromossomos", estes são bastante distintos dos cromossomos celulares. Dessa maneira, optamos por denominá-los, coletivamente, *elementos genéticos não cromossomais*. A maioria desses elementos é encontrada apenas em células, embora isso não seja verdadeiro no caso de genomas virais.

Os **vírus** contêm um genoma, de DNA ou de RNA, que controla sua replicação e transferência de célula a célula. O genoma viral é também conhecido como cromossomo viral. Entretanto, como este possui genes essenciais ao vírus e não às células hospedeiras, é claramente distinto funcionalmente dos cromossomos celulares. (Uma característica interessante de alguns genomas virais é o fato de serem capazes de se integrar aos cromossomos celulares, Seções 9.10, 9.12 e 16.10.) São conhecidos genomas virais tanto lineares quanto circulares. Os vírus apresentam interesse especial, visto que freqüentemente (mas nem sempre) são responsáveis por diferentes doenças. Os vírus serão discutidos nos Capítulos 9 e 16, enquanto as doenças virais, nos Capítulos 26 e 27.

Os **plasmídeos** correspondem a pequenos elementos genéticos típicos, que existem e se replicam independentemente do cromossomo. A grande maioria dos plasmídeos é constituída por DNA de fita dupla e, embora a maior parte destes apresente geometria circular, alguns são lineares. Os plasmídeos diferem dos vírus em dois aspectos: (1) os plasmídeos não promovem dano às células (geralmente são benéficos) e (2) não exibem formas extracelulares, enquanto os vírus apresentam tais formas. Embora os plasmídeos sejam reconhecidos em um pequeno número de eucariotos, são encontrados na vasta maioria de espécies procarióticas. Os plasmídeos serão discutidos em maior detalhe no Capítulo 10.

Muitos procariotos parecem conter um ou mais plasmídeos, além de seu cromossomo. Alguns plasmídeos apresentam genes cujos produtos podem conferir propriedades importantes às células que os albergam, tais como a resistência a antibióticos. Em *Bacteria*, um cromossomo é definido como um elemento genético contendo genes, cujos produtos estão envolvidos em processos metabólicos essenciais, *sob todas as condições de crescimento*. Tais genes são muitas vezes denominados *housekeeping* ("que mantêm a casa", em inglês). Assim, um gene que codifica a DNA girase é sempre necessário à célula, enquanto um gene que permite à bactéria sobreviver na presença de um antibiótico é requerido apenas em certas condições (quando na presença desse antibiótico). Dessa maneira, para provar que um procarioto possui mais de um cromossomo, são necessárias evidências indicando que cada "cromossomo" contém cópias únicas de genes essenciais. Entretanto, mesmo utilizando uma definição tão estrita, foram descritos vários procariotos contendo mais de um cromossomo, como no caso de *Rhodobacter sphaeroides* e *Halobacterium* sp. NRC1 (ver Tabela 7.2), além de membros do gênero *Brucella*. Tal fato parece também ser verdadeiro para o espiroqueta *Borrelia burgdorferi* (ver Tabela 7.2), o qual apresenta um genoma complexo, contendo um grande cromossomo linear e vários plasmídeos lineares e circulares.

As **mitocôndrias** e **cloroplastos** contêm elementos genéticos não cromossomais, sendo encontrados em células eucarióticas. A mitocôndria corresponde ao sítio onde enzimas respiratórias são encontradas, desempenhando papel principal nos processos de geração de energia na maioria dos eucariotos (Seção 14.2). O cloroplasto é uma estrutura verde, contendo clorofila, que corresponde ao sítio de síntese fototrófica de ATP (Seção 14.3). Os cromossomos de mitocôndrias e cloroplastos podem ser interpretados como elementos genéticos de replicação independente. Essas organelas, no entanto, são muito mais complexas que plasmídeos e vírus, pois contêm, além de DNA, uma maquinaria completa de síntese protéica, incluindo ribossomos 70S, RNA transportador e todos os demais componentes necessários à tradução e síntese de proteínas funcionais. Embora os cromossomos de mitocôndrias e cloroplastos possam conter muitos genes e um aparato completo de síntese protéica, sua existência não independe dos cromossomos celulares, uma vez que muitas das proteínas dessas organelas não são codificadas por seu DNA, mas pelo DNA cromossomal da célula.

Elementos de transposição correspondem a fragmentos de DNA capazes de se mover para diferentes sítios, de um cromossomo para outro. Tais elementos são encontrados em eucariotos e procariotos, desempenhando importante papel em processos de variação genética. Os procariotos podem apresentar três tipos de elementos de transposição: as seqüências de inserção, os transposons e alguns vírus especiais. As *seqüências de inserção* correspondem aos elementos mais simples, sendo desprovidos de qualquer informação genética, além daquela necessária à sua mobilização para novos sítios. Os transposons são maiores e contêm outros genes. Estes dois tipos de elementos serão discutidos em maior detalhe no Capítulo 10. No Capítulo 16, abordaremos um vírus bacteriano, denominado Mu, que também corresponde a um elemento de transposição. A característica singular dos elementos de transposição corresponde ao fato de todos se replicarem como parte de alguma outra molécula de DNA.

✓ 7.4 Verificação de conceitos

Além do cromossomo, vários outros elementos genéticos podem ser encontrados nas células. Plasmídeos são moléculas de DNA que existem de maneira independente do cromossomo celular. As mitocôndrias e os cloroplastos contêm seu próprio DNA cromossomal. Os vírus apresentam um genoma, de DNA ou de RNA, que controla sua própria replicação. Elementos de transposição são encontrados como outros elementos genéticos.

- ✓ O que se entende por *genoma*?
- ✓ Qual o material genético encontrado em todos os cromossomos celulares?
- ✓ O que define um cromossomo em procariotos?

III REPLICAÇÃO DO DNA

No restante deste capítulo, examinaremos em maior detalhe as três etapas envolvidas no fluxo da informação biológica. A primeira delas corresponde à replicação do DNA. Em todos os seres vivos, a replicação do DNA é necessária para que as células se dividam, seja na reprodução, originando novos organismos, como no caso de procariotos, seja na produção de novas células em organismos multicelulares. O processo deve ser extremamente preciso, pois as novas células geradas deverão possuir, em essência, a mesma informação genética que as células parentais. Assim, a seqüência de bases de uma longa molécula de DNA de dupla hélice deve ser fielmente duplicada, gerando uma cópia da molécula original.

7.5 Replicação do DNA: moldes e iniciadores

A maneira pela qual o DNA é replicado tornou-se aparente quando sua estrutura em dupla hélice, com o *pareamento de bases complementares*, foi elucidada. Como já discutido anteriormente (ver Figura 7.3), a adenina pareia-se especificamente com a timina, e a guanina, com a citosina. Se a dupla hélice do DNA for aberta, uma nova fita

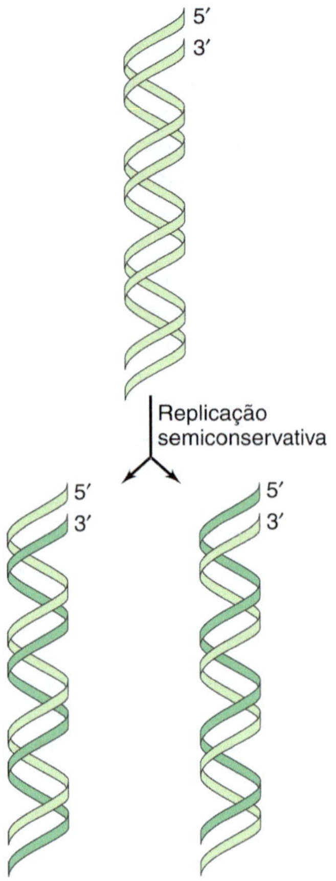

■ **Figura 7.13** A replicação do DNA é um processo semiconservativo, tanto em procariotos como eucariotos. Observe que as novas duplas hélices contêm uma fita filha e uma fita parental.

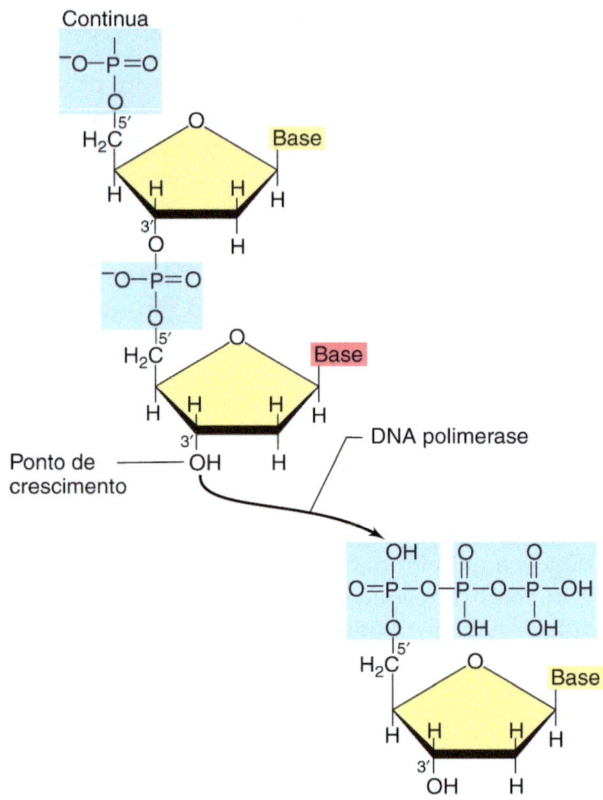

■ **Figura 7.14** Estrutura de uma fita de DNA e o mecanismo de polimerização em que há a adição de um desoxirribonucleosídeo trifosfato na extremidade 3′ da cadeia. O crescimento sempre se dá a partir do grupo 5′-fosfato, em direção à extremidade 3′-hidroxila. A enzima DNA polimerase catalisa a reação de adição. Os quatro desoxirribonucleotídeos que atuam como precursores são a desoxitimidina trifosfato (dTTP), a desoxiadenosina trifosfato (dATP), a desoxiguanosina trifosfato (dGTP) e a desoxicitidina trifosfato (dCTP). Os dois fosfatos terminais do trifosfato são clivados na forma de pirofosfato (PP_i). Assim, duas ligações de alta energia são consumidas na adição de um único nucleotídeo.

poderá ser sintetizada como complemento de cada uma das fitas parentais. Conforme apresentado na Figura 7.13, a replicação é um processo **semiconservativo**, em que cada uma das duas duplas hélices resultantes consiste em uma fita parental e uma fita recém-sintetizada.

A molécula de DNA que é copiada, originando uma fita complementar, é denominada fita **molde**. Dessa maneira, o molde corresponde a um padrão pré-formado, que é copiado. A *nova* molécula de DNA não se encontra covalentemente ligada à *velha*.

A química do DNA, a natureza de seus precursores e as atividades das enzimas envolvidas na replicação impõem algumas restrições à maneira pela qual a nova fita é sintetizada. O precursor de cada novo nucleotídeo a ser incorporado na cadeia corresponde a um nucleosídeo 5′-*tri*fosfato, do qual são removidos os dois fosfatos terminais, sendo o fosfato interno ligado covalentemente à desoxirribose da cadeia em crescimento (Figura 7.14). A adição do nucleotídeo à fita em crescimento requer a presença de um grupo hidroxila livre, que se encontra disponível apenas na extremidade 3′ da molécula. Essa restrição química leva a uma importante "lei", que corresponde à base de muitas facetas da replicação do DNA: *a replicação do DNA sempre ocorre a partir da extremidade 5′, em direção à extremidade 3′-hidroxila; o grupo 5′-fosfato do nucleotídeo a ser adicionado à cadeia é ligado ao grupo 3′-hidroxila do nucleotídeo previamente ligado.*

As enzimas que catalisam a adição dos nucleotídeos à cadeia são denominadas **DNA polimerases**. *Todas* as DNA polimerases sintetizam novos DNA na direção 5′ → 3′. *No entanto, nenhuma DNA polimerase conhecida é capaz de iniciar a síntese de uma nova fita. Todas essas enzimas somente são capazes de adicionar um nucleotídeo a um grupo 3′-OH de um nucleotídeo previamente adicionado.* Dessa maneira, para que uma *nova* fita seja sintetizada, é necessário haver um **iniciador**, que corresponde a um sítio onde a DNA polimerase é agora capaz de ligar o primeiro nucleotídeo. Na maioria dos casos, esse iniciador corresponde a um pequeno segmento de *RNA*.

Quando a dupla hélice é aberta, no início da replicação, ocorre primeiramente a ação de uma enzima de polimerização de RNA, resultando na síntese do RNA iniciador. Uma enzima específica, denominada *primase*, participa dessa etapa de síntese do iniciador, sintetizando um pequeno segmento de RNA. Ao final dessa molécula de RNA iniciador no ponto de crescimento, há um grupo 3′-OH ao qual a DNA polimerase pode adicionar o primeiro desoxirribonucleotídeo. A partir desse momento, a extensão da molécula ocorre na forma de *DNA* em vez de RNA. Assim, a nova molécula sintetizada apresenta uma estrutura semelhante àquela ilustrada na Figura 7.15. Even-

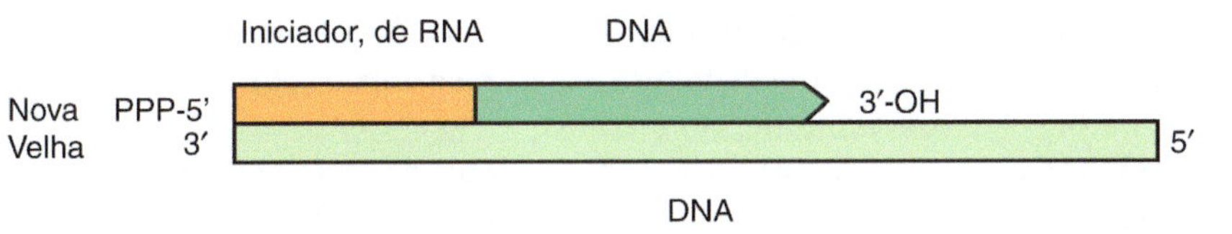

■ **Figura 7.15** Estrutura da combinação RNA-DNA, que resulta na iniciação da síntese de DNA.

tualmente, o iniciador deve ser removido, conforme veremos adiante.

✓ 7.5 Verificação de conceitos

As duas fitas da hélice de DNA atuam como molde na síntese de duas novas fitas. As duas duplas hélices resultantes contêm uma fita parental e uma fita filha. As fitas filhas são elongadas pela adição contínua de nucleotídeos à extremidade 3' da molécula. As DNA polimerases não são capazes de iniciar a síntese de fitas novas. Assim, sua síntese começa a partir de um iniciador, que normalmente corresponde a um segmento de RNA.

✓ A qual extremidade de uma fita de DNA recém-sintetizada a polimerase adiciona uma base?

✓ Por que há a necessidade de um iniciador na replicação do DNA?

7.6 Replicação do DNA: a forquilha de replicação

Para entender o processo completo de replicação de uma molécula de fita dupla de DNA, é mais fácil escolher um exemplo real e observar como esse processo ocorre. A maioria das informações de que dispomos hoje sobre o mecanismo de replicação do DNA foi obtida a partir de estudos realizados com a bactéria *Escherichia coli*. Dessa maneira, a discussão a seguir será baseada primariamente nos dados provenientes desse microrganismo.

Iniciação da síntese de DNA

Como na maioria dos procariotos, o cromossomo de *Escherichia coli* é uma molécula circular de DNA. Assim como na maioria dos membros do domínio *Bacteria*, a síntese de DNA é iniciada a partir de um único local no cromossomo, denominado **origem de replicação**. Esta consiste em uma seqüência específica, com cerca de 300 bases, reconhecida por proteínas de iniciação específicas. Na origem de replicação, a dupla hélice de DNA é aberta, dando início à replicação das duas fitas simples. À medida que a replicação avança, o sítio de replicação, denominado **forquilha de replicação**, parece mover-se ao longo do DNA.

Freqüentemente, a replicação é bidirecional, movendo-se a partir da origem de replicação, conforme apresentado na Figura 7.16. Dessa maneira, são observadas *duas* forquilhas de replicação, que se dirigem em sentidos opostos. Em DNAs circulares, a replicação bidirecional leva à formação de estruturas características, denominadas **estruturas teta**. A maioria das grandes moléculas de DNA, tanto de procariotos como de eucariotos, apresenta a replicação bidirecional a partir de origens fixas. Um único cromossomo eucariótico possui várias origens. Isso não ocorre simplesmente porque esse DNA apresenta maior tamanho, pois, como observamos, este não é sempre o caso (ver Seção 7.4). Uma possível explicação decorreria do fato de as DNA polimerases de eucariotos não serem capazes de promover a replicação com a mesma velocidade que as enzimas procarióticas. O processo de replicação do DNA é precisamente regulado, sendo a origem de replicação o sítio de regulação do processo.

Fitas líder e atrasada

As células de *Escherichia coli* apresentam cinco DNA polimerases diferentes, denominadas DNA polimerases I a V. A DNA polimerase III é a principal enzima da replicação encontrada nas forquilhas de replicação. No entanto, várias outras enzimas também participam do processo. Os detalhes dos eventos que ocorrem na forquilha

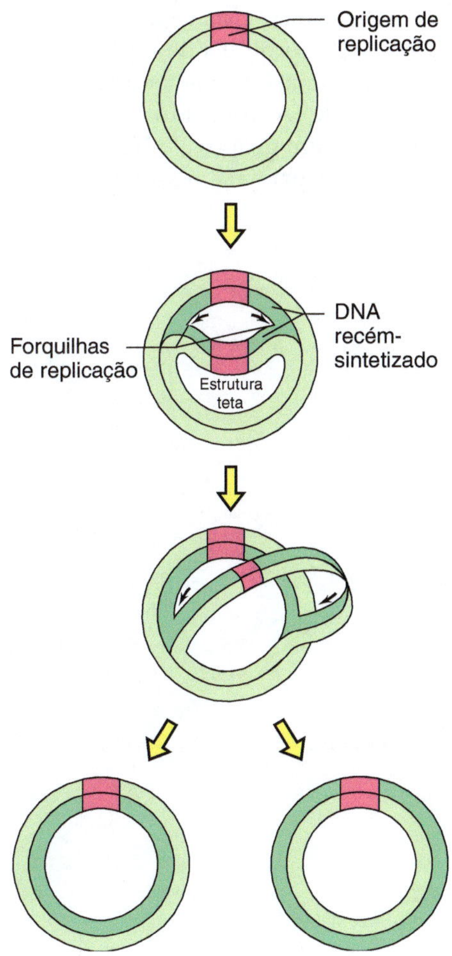

■ **Figura 7.16** Em DNAs circulares, a replicação bidirecional a partir de uma origem leva à formação de intermediários de replicação, semelhantes à letra grega teta (Θ).

de replicação são ilustrados na Figura 7.17. A dupla hélice de DNA se desenrola na forquilha de replicação, originando uma pequena região de fitas simples, pela ação de proteínas específicas, denominadas *helicases*. Estas são enzimas dependentes de ATP, hidrolisando-o à medida que se movem ao longo da hélice, antecedendo a forquilha de replicação (Figura 7.18). A região de fita simples originada é complexada a uma proteína especial, *proteína de ligação à fita simples*, que estabiliza o DNA na forma de fita simples, impedindo a formação de pontes de hidrogênio intracadeia.

Observe na Figura 7.17 uma importante diferença na replicação das duas fitas, que decorre do fato de a replicação do DNA sempre ocorrer a partir do 5′-fosfato em direção ao 3′-hidroxila (há sempre a adição de um *novo* nucleotídeo à extremidade 3′-OH da cadeia em crescimento). Na fita que está sendo polimerizada a partir do 5′-fosfato em direção ao 3′-hidroxila (fita líder), a síntese de DNA pode ocorrer *continuamente*, uma vez que sempre há uma extremidade 3′-OH livre na forquilha de replicação, à qual um novo nucleotídeo pode ser adicionado. Por outro lado, na fita oposta, denominada fita atrasada, a síntese de DNA deve ocorrer de maneira descontínua (porque não há, na forquilha de replicação, uma extremidade 3′-OH livre que receba um novo nucleotídeo). Nesse caso, onde se encontra a extremidade 3′-OH livre dessa fita? Esta se localiza na extremidade *oposta*, *distante* da forquilha de replicação. Por isso, é necessário que a primase promova a síntese de um pequeno iniciador de RNA (contendo 11 bases) na fita atrasada, fornecendo assim grupos 3′-OH livres. Após a síntese do iniciador, a primase é substituída pela DNA polimerase III, havendo então a adição dos desoxirribonucleotídeos até que a enzima atinja o segmento de DNA previamente sintetizado.

Nesse momento, cessa a atividade da DNA polimerase III. A próxima enzima a atuar — a *DNA polimerase I* — apresenta mais de uma atividade. Além de promover a síntese de DNA ao adicionar nucleotídeos na extremidade 3′-OH, a DNA polimerase I apresenta atividade de *exonuclease* 5′ → 3′, que remove o iniciador de RNA localizado à sua frente (Figura 7.19). Após a remoção do iniciador e sua substituição por DNA, a DNA polimerase I é liberada. A última ligação fosfodiéster é catalisada por uma enzima denominada *DNA ligase*. (Essa enzima sela os cortes feitos em moléculas de DNA que apresentem um 5′-fosfato e um 3′-OH. Juntamente com a DNA polimerase I, a DNA ligase participa de processos de reparo de DNA.)

Cada pequeno fragmento de DNA sintetizado pela DNA polimerase III na fita atrasada é denominado *fragmento de Okasaki*, apresentando tamanho de cerca de 1.000 bases. Para cada um desses fragmentos deve haver a síntese de um iniciador individual. Em contrapartida, na fita líder, a síntese do iniciador de RNA ocorre apenas uma vez, na origem da replicação. Devido à bidirecionalidade, duas forquilhas de replicação são formadas, movendo-se em sentidos opostos (ver Figura 7.16), indicando que, a partir da origem, são geradas duas fitas líder e duas fitas atrasadas (Figura 7.20).

À medida que a síntese de DNA ocorre na forquilha de replicação, alterações no estado de enovelamento do DNA estão também se processando, sendo mediadas por enzimas

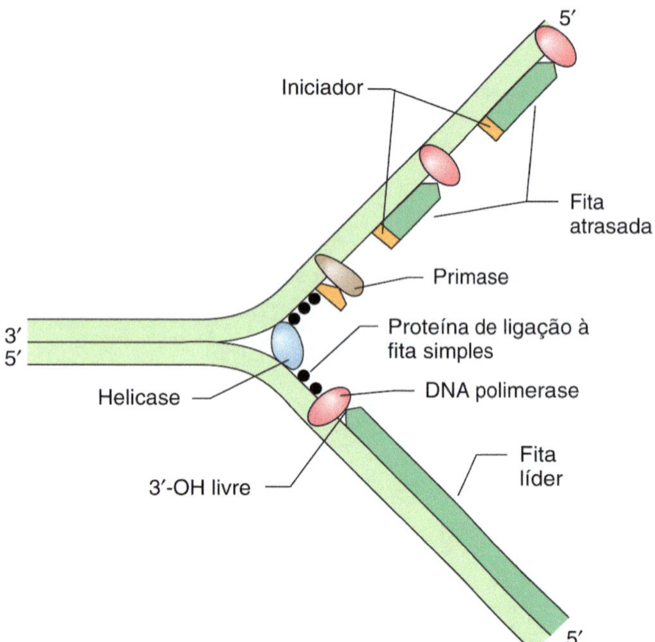

■ **Figura 7.17** Eventos que ocorrem na forquilha de replicação. Observe a natureza antiparalela e a polaridade das fitas de DNA. Os substratos da primase são os ribonucleotídeos trifosfato, enquanto para a DNA polimerase são os *desoxirri*bonucleotídeos trifosfato.

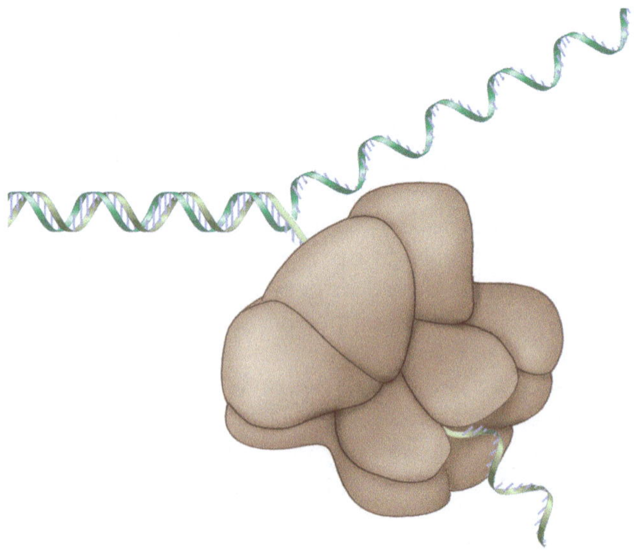

■ **Figura 7.18** Uma DNA helicase desenrolando uma dupla hélice. Essa figura é uma adaptação do trabalho de Smita S. Patel e apresenta um modelo da DNA helicase, com várias subunidades, movendo-se ao longo do DNA. O que torna a figura tão diferente dos diagramas apresentados nas Figuras 7.17, 7.19 e 7.21 é o fato de a proteína e das moléculas de DNA estarem desenhadas em escala. Freqüentemente, diagramas simples são utilizados para dar uma idéia dos eventos moleculares que ocorrem na célula, mas, em contrapartida, estes podem dar a falsa impressão de que a maioria das proteínas são relativamente pequenas, quando comparadas ao DNA. Esse modelo, em escala, mostra que a realidade muitas vezes não corresponde ao ilustrado.

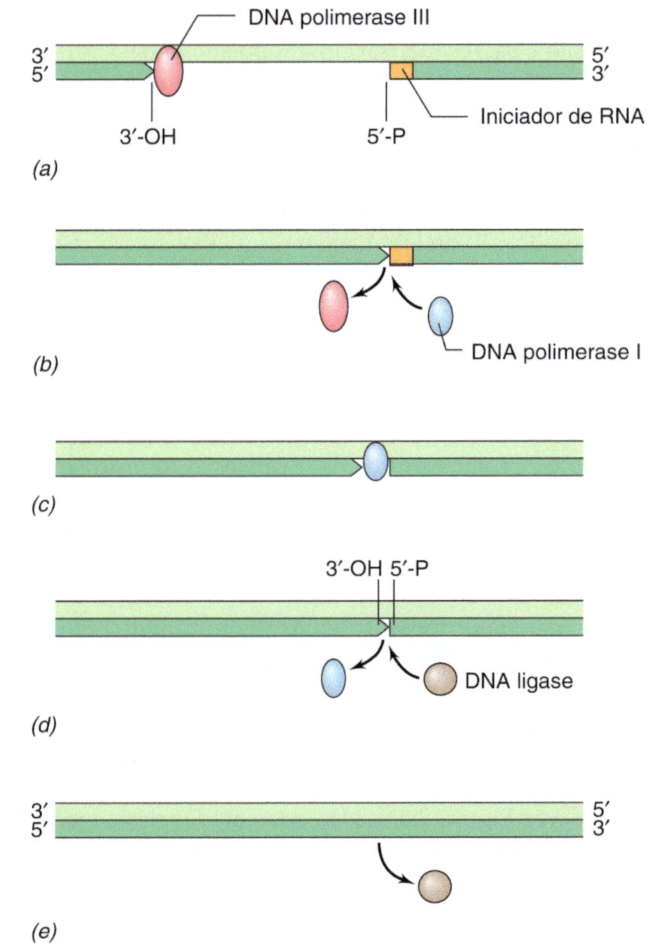

Figura 7.19 União de dois fragmentos de DNA, na fita atrasada. (a) A DNA polimerase III promove a síntese de DNA no sentido 5′ → 3′ em direção ao iniciador de RNA, presente em um fragmento previamente sintetizado na fita atrasada. (b) Ao alcançar esse fragmento, a DNA polimerase III é substituída pela DNA polimerase I. (c) A DNA polimerase I continua a síntese de DNA, à medida que retira o iniciador de RNA do fragmento. (d) A DNA ligase substitui a DNA polimerase I após a remoção do iniciador. (e) A DNA ligase une os dois fragmentos.

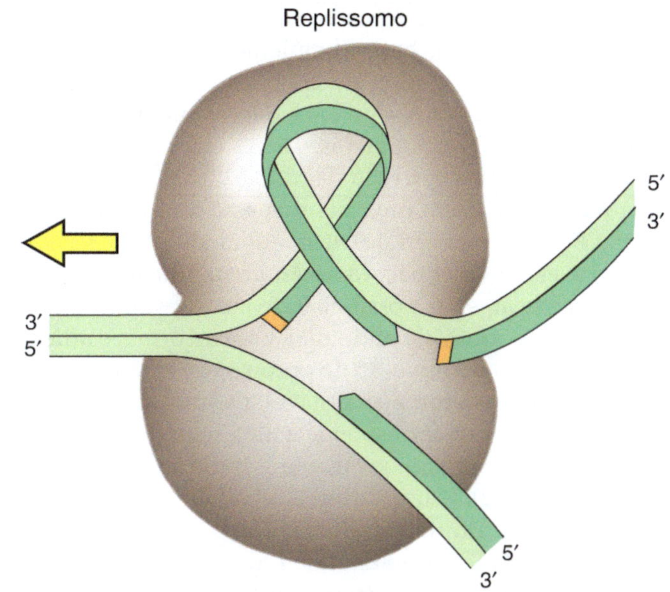

■ **Figura 7.21** Movimentação aparente do replissomo — complexo formado por proteínas e enzimas — envolvido na replicação do DNA, presente na dupla hélice. Todas as reações apresentadas na Figura 7.17 estão ocorrendo, mas é a formação de uma alça na fita atrasada que permite ao complexo se mover para a frente, de maneira suave, na forquilha de replicação.

de desenrolamento e por topoisomerases (ver Seção 7.13). O desenrolamento é, obviamente, uma etapa essencial na replicação, e, como o DNA encontra-se sob tensão, seu desenrolamento ocorre mais facilmente que em um DNA não superenovelado. Dessa maneira, regulando o grau de superenovelamento do DNA, as topoisomerases controlam o processo de replicação (e também de transcrição, como veremos a seguir).

A Figura 7.17 apresenta as diferenças existentes na replicação das fitas líder e atrasada, além das várias enzimas envolvidas no processo. A partir desse diagrama simplificado pode-se imaginar que a forquilha de replicação consista na DNA polimerase, movendo-se suavemente ao longo da molécula e realizando a síntese da fita líder, bem como da presença de uma ou mais polimerases "dando saltos" e realizando a síntese da fita atrasada. Na realidade, as duas fitas são sintetizadas por duas DNA polimerases. Tal processo torna-se possível pela formação de uma "alça" na fita atrasada, conforme ilustrado na Figura 7.21. O *replissomo* corresponde a um complexo que contém helicases, primase, duas moléculas de DNA polimerase III e outras proteínas associadas. O complexo da DNA polimerase encontra-se fixo, próximo à região central da célula, e atua como uma *usina de replicação*, puxando o DNA molde à medida que a replicação se processa. Dessa maneira, é o DNA que se move durante a replicação, não a DNA polimerase.

Fidelidade da replicação do DNA: correção

Erros durante a replicação introduzem mutações. As taxas de mutação em seres vivos são extremamente baixas, com cerca de 10^{-8} a 10^{-11} erros por par de bases inserido. Essa precisão é devida, em parte, ao fato de a DNA polimerase ter, na realidade, *duas* oportunidades para incorporar

■ **Figura 7.20** Duas forquilhas de replicação são iniciadas a partir de uma origem de replicação. Dessa maneira, as duas fitas líder devem conter um iniciador em direções opostas.

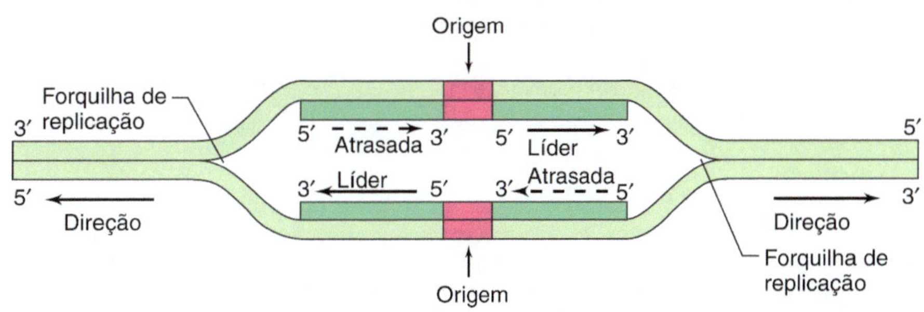

a base correta em determinado sítio. A primeira oportunidade se dá quando as bases complementares são inseridas a partir da regra: A com T e G com C, utilizando a fita molde como padrão. A segunda é decorrente de outra atividade que as DNA polimerases I e III exibem, conhecida como atividade de **correção** (Figura 7.22). Além de inserirem nucleotídeos em uma fita que está sendo replicada, estas DNA polimerases possuem atividade de *exonuclease* 3′ → 5′, responsável pela remoção de um nucleotídeo inserido erroneamente, possibilitando sua substituição pelo nucleotídeo correto. Quando uma base incorreta é adicionada à cadeia, há a ativação do processo de correção, visto que o pareamento torna-se instável. Dessa maneira, a atividade de correção corresponde a uma segunda oportunidade para a polimerase promover a inserção da base correta (Figura 7.22). (Observe que a atividade exonucleásica de correção se dá no sentido *contrário* da atividade de exonuclease da DNA polimerase I, que ocorre de 5′ → 3′, na etapa de remoção do iniciador que se encontra "na frente" da polimerase. Apenas a DNA polimerase I exibe tal tipo de atividade.)

O processo de correção por atividade exonucleásica ocorre nos sistemas de replicação de procariotos, eucariotos e em vírus. No entanto, muitos organismos apresentam outros mecanismos para reduzir a taxa de erros introduzidos durante a replicação do DNA. Alguns desses mecanismos serão discutidos no Capítulo 10.

Terminação da replicação

Os detalhes sobre o processo de terminação nas forquilhas de replicação ainda não são totalmente conhecidos, embora esteja bem estabelecido que as duas forquilhas não colidem, como trens desgovernados. Certas seqüências de DNA e proteínas específicas estão envolvidas na desaceleração das forquilhas, permitindo a terminação da replicação. Quando a replicação de uma molécula circular chega ao fim, as duas moléculas circulares encontram-se ligadas como elos de uma corrente. Sua separação é catalisada por uma topoisomerase.

Há ainda outro problema, o qual não será discutido em detalhes: a separação das duas hélices replicadas, nas células filhas. No Capítulo 6, apresentamos uma visão geral de como a síntese da parede celular está acoplada à divisão celular (Seção 6.2). Obviamente, é crítico que, após a replicação do DNA, as moléculas sejam segregadas de tal maneira que cada célula filha apresente uma cópia do cromossomo.

Esse processo foi investigado há muito tempo em eucariotos superiores, visto que grande parte do aparato celular envolvido é visível à microscopia óptica. Nas células eucarióticas, o núcleo se divide após a duplicação do número de cromossomos, pelo processo de **mitose**, que origina duas células, cada uma contendo um conjunto completo de cromossomos. Durante a mitose, os cromossomos eucarióticos apresentam-se com o maior grau de compactação (ver Seção 7.3), sendo facilmente visualizáveis (Figura 7.23). Pequenos tubos protéicos, denominados *microtúbulos*, desempenham papéis importantes no processo mitótico. Os microtúbulos e outras proteínas organizadas ligam-se a seqüências específicas nos cromossomos e formam o fuso mitótico, que corresponde à estrutura que move os cromossomos em direção aos pólos da célula em divisão (ver Figura 7.23). Há certas evidências sugerindo que, em células procarióticas, existam proteínas que se ligam a seqüências específicas no DNA, auxiliando na movimentação dos cromossomos em direção às células filhas.

✓ 7.6 Verificação de conceitos

A síntese de DNA inicia-se em um sítio único, denominado origem de replicação. A dupla hélice é desenrolada por helicases e estabilizada pelas proteínas de ligação a fitas simples. A síntese da nova molécula de DNA ocorre de maneira ininterrupta na fita líder e em várias etapas na fita atrasada. A maioria dos erros no pareamento das bases é corrigida pe-

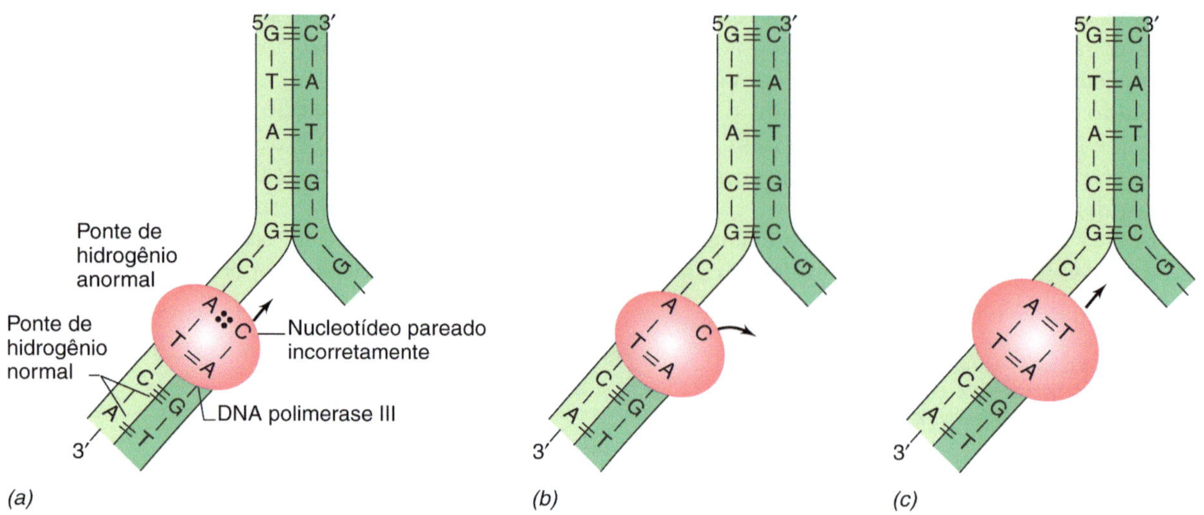

■ **Figura 7.22** Mecanismo de correção mediado pela atividade de exonuclease 3′ → 5′ da DNA polimerase III. (a) Um pareamento incorreto na base terminal induz a polimerase a realizar uma pausa, por um pequeno momento. Esse é o sinal para que o mecanismo de correção (b) promova a excisão do nucleotídeo incorreto. Em seguida, o nucleotídeo correto é inserido (c) pela atividade polimerásica da mesma enzima.

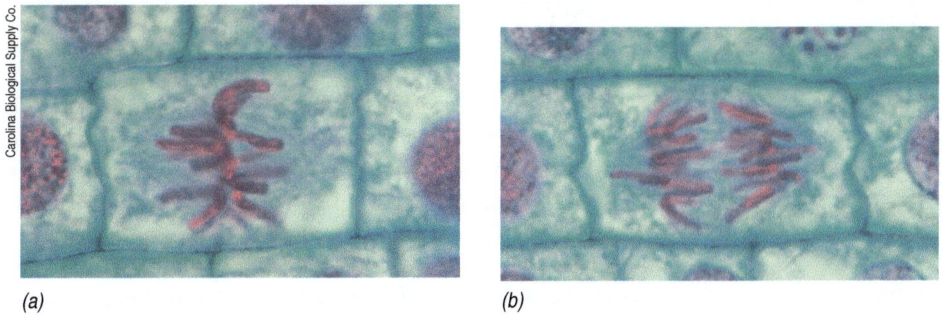

■ **Figura 7.23** Mitose observada ao microscópio óptico comum. Células da ponta da raiz de cebola foram coradas, revelando ácidos nucléicos e os cromossomos. (a) Metáfase. Os cromossomos encontram-se pareados, no centro da célula. (b) Anáfase. Os cromossomos estão sendo separados.

las funções de correção, associadas às atividades da DNA polimerase.

✓ Por que existe uma fita *líder* e outra *atrasada*?

✓ Por que o processo de correção é tão importante para a célula?

7.7 Replicação do DNA: elementos genéticos lineares

Moléculas circulares de DNA são comuns; a maioria dos cromossomos procarióticos é circular, assim como a maioria dos plasmídeos e alguns vírus. Quase todas as etapas da replicação são idênticas, independentemente de o cromossomo ser linear ou circular. Entretanto, há um problema na replicação de elementos genéticos lineares, que não ocorre com moléculas circulares. Tal problema refere-se ao final da extremidade 5′ de cada fita. Para entender esse problema, devemos retornar à Figura 7.15. Imagine que a extremidade esquerda do DNA seja, na realidade, o final de um cromossomo linear. Mesmo que o iniciador de RNA seja muito curto e haja uma enzima especial para removê-lo, não há uma DNA polimerase capaz de substituí-lo por DNA, já que *todas* as DNA polimerases requerem um iniciador. Dessa maneira, se nada fosse feito, a molécula de DNA se tornaria gradativamente menor, a cada replicação. Entretanto, sem sombra de dúvida, os elementos genéticos lineares resolveram esse problema!

Na verdade, há muitas soluções para este problema. Alguns vírus contendo cromossomos lineares são capazes de circularizá-los devido às suas extremidades coesivas, como ilustrado na Figura 7.7. Outros vírus apresentam repetições diretas em cada extremidade de seus cromossomos. Por um processo de recombinação (união de diferentes moléculas de DNA), esses elementos repetidos são utilizados para unir as moléculas de DNA, originando uma grande molécula, a partir da qual as cópias perfeitas são retiradas pela ação de endonucleases (Seção 9.9). Vários tipos de vírus e muitos plasmídeos lineares resolveram o problema da replicação de DNA linear utilizando um iniciador *protéico* em vez do iniciador de *RNA*. Embora todas as DNA polimerases sejam capazes de adicionar os nucleotídeos a um grupo -OH livre, algumas DNA polimerases podem adicionar a primeira base a um grupo -OH presente em proteínas específicas, que se ligam às extremidades desses cromossomos lineares (Figura 7.24). Estas são as proteínas são codificadas pelo plasmídeo ou vírus e capazes de reconhecer as extremidades dos cromossomos. Esses iniciadores protéicos não são removidos. Assim, tipos particulares de plasmídeos e vírus apresentam proteínas covalentemente ligadas às extremidades 5′ de seu DNA. Possivelmente, esse processo é empregado na replicação de alguns membros do domínio *Bacteria* que apresentam cromossomos lineares, tal como *Streptomyces lividans*.

Nenhum desses métodos de replicação de DNA linear é utilizado na etapa final de replicação das extremidades dos cromossomos eucarióticos (telômeros). Os telômeros de cromossomos eucarióticos contêm DNA repetitivo: uma pequena seqüência (em geral de seis pares de bases) repetida aleatoriamente por 20 a várias centenas de vezes (Figura 7.25*a*). Essas seqüências são bastante semelhantes nos diferentes organismos, sendo que uma das fitas sempre apresenta um grande número de guaninas. Esta seqüência rica em guaninas pode ser adicionada à extremidade 3′ de uma molécula de DNA, sendo o processo mediado por uma interessante enzima, denominada **telomerase** (ver Figura 7.25). Assim, as telomerases adicionam seqüências às extremidades 3′ de DNAs lineares. *Estas não requerem um DNA molde, porque apresentam um pequeno molde de RNA*

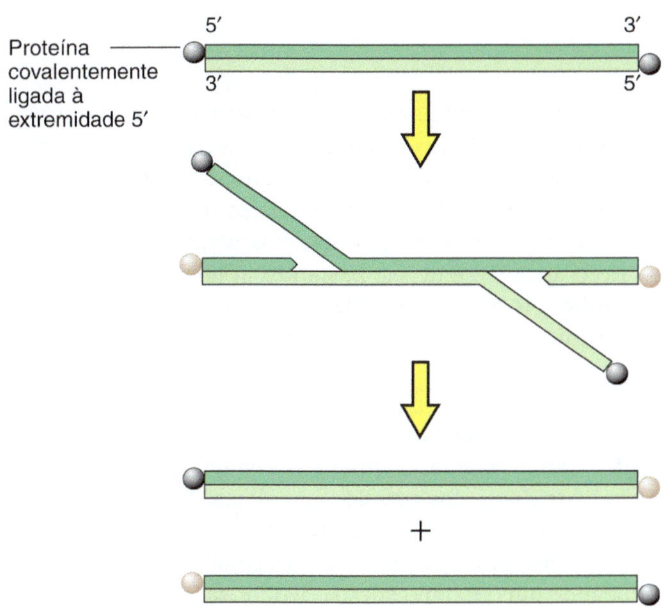

■ **Figura 7.24** Replicação de DNA linear utilizando iniciadores protéicos. As novas fitas de DNA são iniciadas por proteínas que se ligam covalentemente às extremidades 5′ da molécula.

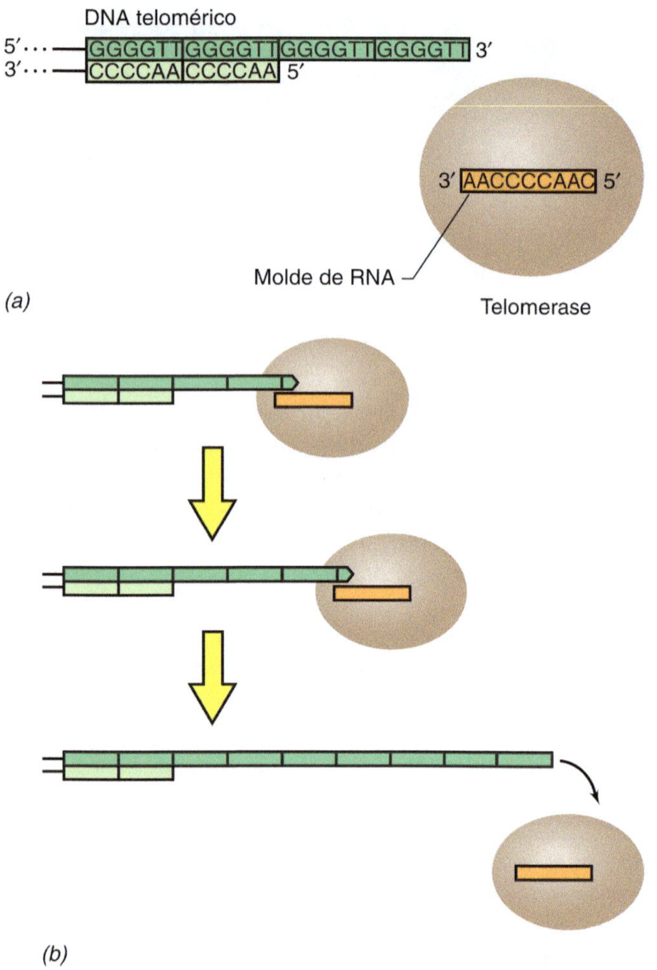

■ **Figura 7.25** Modelo ilustrando a ação da telomerase em uma extremidade de um cromossomo eucariótico. (a) Um diagrama da seqüência localizada na extremidade do DNA, em um telômero, com quatro repetições da seqüência rica em guanina. A enzima telomerase, contendo um pequeno molde de RNA. (b) Etapas da elongação da fita rica em guanina, catalisada pela telomerase. Após a telomerase atuar, a fita atrasada pode ser iniciada com um RNA, pela ação da primase (não apresentada); sua replicação é realizada pela DNA polimerase e pela ligase.

como co-fator. As telomerases podem atuar, repetidamente, realizando uma longa extensão na molécula. Uma vez que a extensão atinja dimensões suficientes, a outra fita pode ser iniciada por um RNA, da maneira convencional. Não é necessário que os telômeros se encontrem em um número preciso de repetições, bastando apenas apresentarem tamanho adequado, a fim de garantir que não ocorra perda da informação genética durante a replicação do DNA.

✓ 7.7 Verificação de conceitos

As extremidades dos elementos genéticos lineares apresentam um problema à maquinaria de replicação, inexistente no caso de elementos genéticos circulares. Alguns elementos lineares de procariotos resolveram o problema empregando um iniciador protéico. Os eucariotos solucionaram a questão utilizando uma enzima especial, denominada telomerase, que promove a extensão de uma das fitas do DNA.

✓ O que é um *iniciador protéico*?

✓ O que é uma *telomerase*?

IV SÍNTESE E PROCESSAMENTO DO RNA

O ácido ribonucléico (RNA) desempenha uma série de papéis importantes na expressão da informação genética de uma célula. São conhecidos três tipos principais de RNA: o **RNA mensageiro (mRNA)**, o **RNA transportador (tRNA)** e o **RNA ribossomal (rRNA)**. Todos são produtos da *transcrição* da informação contida no DNA de um organismo. Existem três diferenças básicas quando consideramos a química do RNA e do DNA: (1) o RNA apresenta o açúcar *ribose* em vez da *desoxirribose*; (2) o RNA apresenta a base *uracila* em vez de *timina*; (3) exceto para alguns vírus, o RNA não é encontrado na forma de fita dupla. A substituição da *desoxirribose* pela *ribose* afeta algumas das propriedades químicas de um ácido nucléico, e as enzimas que afetam de modo geral o DNA não exibem qualquer efeito no RNA, e vice-versa. A substituição da *timina* pela *uracila* não afeta o pareamento das bases, uma vez que as duas bases nucleotídicas pareiam-se com a adenina com a mesma eficiência.

Deve-se enfatizar que o RNA atua em dois níveis — genético e funcional. Em nível *genético*, o RNA pode conduzir a informação genética contida no DNA (mRNA) (no caso de vírus de RNA, desempenha uma função genética direta). Em nível *funcional*, o RNA atua como uma macromolécula que, por si só, desempenha papel estrutural e funcional nos ribossomos (rRNA) ou no transporte de aminoácidos durante a síntese protéica (tRNA). Alguns tipos de RNA podem ainda apresentar atividade catalítica (enzimática). Nesta seção, concentraremos nossa discussão em como o RNA é sintetizado.

7.8 Visão geral da transcrição

A transcrição da informação genética, do DNA para o RNA, é realizada pela enzima **RNA polimerase**, que catalisa a formação de ligações fosfodiéster entre ribonucleotídeos. A RNA polimerase requer o DNA como molde. Os precursores do RNA são os ribonucleosídeos trifosfato ATP, GTP, UTP e CTP. A química envolvida na síntese do RNA é muito semelhante à observada na síntese de DNA (ver Figura 7.14). Durante a elongação de uma fita de RNA, os nucleotídeos são adicionados ao grupo 3′ -OH da ribose do nucleotídeo precedente, os quais são polimerizados com a liberação de duas ligações fosfato de alta energia. Assim, na síntese do RNA (como na do DNA), o sentido geral do crescimento da cadeia se dá partir da extremidade 5′, em direção à extremidade 3′, com a fita *molde* antiparalela. Diferentemente da DNA polimerase, a *RNA polimerase pode iniciar a síntese das fitas* (o nucleotídeo inicial em uma fita de RNA permanece com os três fosfatos). A primeira base incorporada é quase sempre uma purina, seja adenina ou guanina.

Na maioria dos casos, o DNA molde para a RNA polimerase corresponde a uma molécula de DNA de fita dupla, embora apenas *uma* das fitas seja transcrita para qualquer gene. Embora esses princípios sejam válidos para as RNA polimerases de todos os organismos, estas enzimas apresentam grandes variações quando comparadas entre os membros dos domínios *Bacteria*, *Archaea* e *Eukarya*. Em *Bacteria* e *Archaea*, há apenas uma única RNA polimerase, enquanto o núcleo eucariótico apresenta três dessas enzimas: RNA polimerase I, II e III. Todas essas enzimas são compostas por mais de uma subunidade e todas possuem algumas subunidades evolutivamente conservadas (Figura 11.16). A discussão a seguir abordará somente a RNA polimerase de *Bacteria*, a qual apresenta estrutura mais simples (e mais conhecida).

Todas as RNA polimerases de *Bacteria* estudadas até o momento correspondem a enzimas complexas, apresentando estrutura composta por subunidades estreitamente relacionadas. A enzima de *Escherichia coli* possui quatro diferentes tipos de subunidades protéicas, denominadas β, β', α e σ (sigma); a subunidade α está presente em duas cópias. Essas subunidades interagem, formando a enzima ativa denominada *holoenzima*. Como o fator sigma não se encontra tão fortemente associado como as demais subunidades, este pode se dissociar facilmente, levando à formação de uma molécula denominada *núcleo da enzima* ($\alpha_2\beta\beta'$). (É interessante notar que as subunidades do núcleo da enzima são aquelas que exibem maior grau de conservação com as RNA polimerases de *Archaea* e *Eukarya*.) O núcleo da enzima pode, sozinho, catalisar a síntese de RNA, tendo a subunidade sigma o papel de *reconhecimento* do sítio apropriado de iniciação da transcrição no DNA. O processo de síntese de RNA, envolvendo a RNA polimerase e a subunidade sigma, é apresentado na Figura 7.26.

A RNA polimerase é uma proteína grande, que estabelece um contato com o DNA ao longo de várias bases, simultaneamente. Como mencionado anteriormente (ver Seção 7.2), as proteínas podem interagir de maneira específica

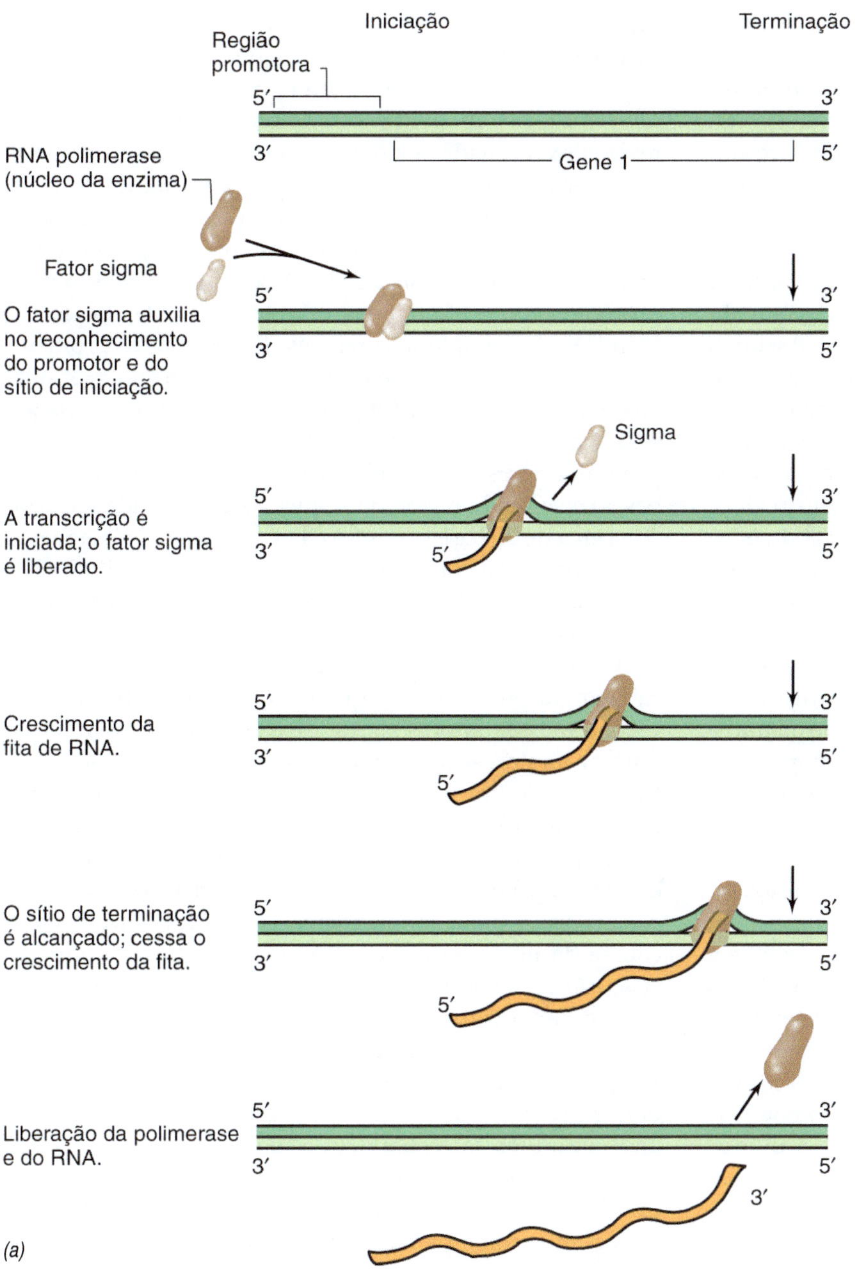

(a)

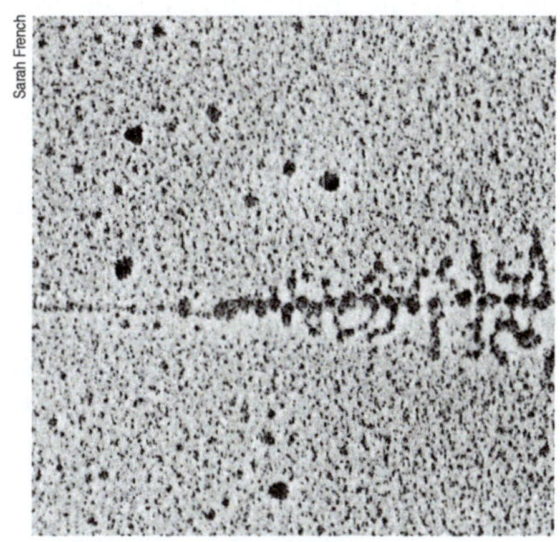

(b)

Figura 7.26 Transcrição. (a) Etapas da síntese do RNA. Os sítios de iniciação e terminação correspondem a seqüências nucleotídicas específicas no DNA. O fator sigma permite à polimerase reconhecer o sítio de iniciação (o promotor). O fator sigma é liberado durante a elongação. A RNA polimerase se move ao longo da fita de DNA, promovendo uma abertura temporária da dupla hélice, com a transcrição de uma das fitas do DNA. Quando o sítio de terminação é alcançado, cessa a polimerização da fita, e o mRNA e a polimerase são liberados. (b) Micrografia eletrônica de uma transcrição, ocorrendo em um gene do cromossomo de *Escherichia coli*. A região de transcrição ativa corresponde a cerca de dois pares de quilobases de DNA. A transcrição está ocorrendo da esquerda para a direita.

com o DNA, pois parte das bases encontra-se exposta nos sulcos maiores. Para que o *início* da síntese de uma fita de RNA ocorra corretamente, é necessário que a RNA polimerase reconheça uma região adequada no DNA. Esses sítios particulares no DNA, onde a RNA polimerase se liga, são denominados **promotores**. Lembre-se de que apenas *uma* fita da dupla hélice de DNA é transcrita. A determinação de qual fita será transcrita é dada pela orientação da seqüência promotora. A RNA polimerase "caminha" a partir da região promotora, sintetizando RNA à medida que se movimenta.

A partir do momento que a RNA polimerase se liga, inicia-se a transcrição. Nesse processo, a dupla hélice de DNA *se abre* na região do promotor, sendo esse evento mediado pela RNA polimerase (Figura 7.26). À medida que a RNA polimerase se move, o DNA vai se desenrolando, originando pequenos segmentos de fita simples. Esses segmentos são transcritos e em seguida se enovelam, com o fechamento da dupla hélice. Como resultado desse desenrolamento transiente, as bases da fita molde ficam *expostas*, podendo ser copiadas em uma fita de RNA complementar. Dessa maneira, o promotor *dirige* a RNA polimerase para uma ou outra direção. Quando uma região de DNA apresenta dois promotores próximos, com direções opostas, a transcrição a partir de um dos promotores ocorre em uma direção (em uma das fitas), enquanto a transcrição da outra fita ocorre na direção oposta (na outra fita) (Figura 15.4).

Após a síntese de uma pequena porção do RNA, o fator sigma se dissocia, sendo a maior parte da elongação realizada apenas pelo núcleo da enzima (Figura 7.26). Assim, o fator sigma está envolvido somente na formação do complexo inicial da RNA polimerase com o DNA. Quando o RNA recém-sintetizado se dissocia do DNA, a molécula que se encontrava aberta volta a se fechar, assumindo a forma de dupla hélice original. A terminação ocorre em regiões específicas, denominadas **terminadores transcricionais**.

Dessa maneira, diferentemente da replicação, que envolve a cópia de todo o genoma, a transcrição envolve, em geral, unidades de DNA muito menores que, com freqüência, correspondem a um único gene. Sendo assim, a célula é capaz de transcrever diferentes genes com freqüências muito distintas. Como veremos no Capítulo 8, a regulação da transcrição de genes específicos pode corresponder a um mecanismo muito eficiente de controle da expressão gênica.

✓ 7.8 Verificação de conceitos

Os três principais tipos de RNA são: RNA mensageiro (mRNA), RNA transportador (tRNA) e RNA ribossomal (rRNA). A transcrição do RNA a partir do DNA envolve a participação da enzima RNA polimerase, que adiciona bases às extremidades 3' das fitas em crescimento. Diferentemente da DNA polimerase, a RNA polimerase é capaz de iniciar a síntese de uma fita de RNA. Essa enzima reconhece um sítio de iniciação específico no DNA, denominado promotor. A síntese de RNA é encerrada quando um terminador transcricional é alcançado.

✓ O que é um *promotor*?

✓ O que é um *terminador transcricional*?

7.9 Promotores

Como mencionamos anteriormente, o promotor apresenta papel fundamental na iniciação da síntese do RNA. Os promotores correspondem a seqüências específicas de DNA, às quais a RNA polimerase é capaz de se ligar. A seqüência de um grande número de promotores de vários organismos já foi determinada. A Figura 7.27 apresenta a seqüência de alguns promotores de *Escherichia coli*. O fator sigma, uma das subunidades da RNA polimerase, está primariamente envolvido no reconhecimento desses promotores.

Um único organismo pode apresentar vários fatores sigma diferentes: *E. coli* possui sete, *Bacillus subtilis* possui 17. Esses fatores sigma alternativos permitem à RNA polimerase reconhecer vários tipos diferentes (seqüências) de promotores. Apesar disso, em uma dada bactéria, a maioria dos genes normalmente requer apenas um único tipo de fator sigma.

Todas as seqüências apresentadas na Figura 7.27 são reconhecidas pelo mesmo fator sigma, que corresponde ao principal fator sigma de *E. coli*. Se você examinar as seqüências, perceberá que estas não são idênticas. Entretanto, duas seqüências no interior da região promotora são *altamente conservadas* nos diferentes promotores, correspondendo às regiões reconhecidas pelo fator sigma. As duas seqüências precedem (estão a *montantes*) o sítio de iniciação da transcrição. Uma possui 10 bases e se localiza antes do sítio de iniciação da transcrição, sendo denominada região -10 (também chamada de *Pribnow box*). Observe que, embora cada promotor apresente ligeiras diferenças, muitas bases são idênticas. Ao comparar as regiões -10 de todos os promotores reconhecidos por esse fator sigma e determinando qual base ocorre com maior freqüência em cada posição, chega-se à *seqüência consenso* TATAAT. Em nosso exemplo, cada promotor apresenta de três a cinco coincidências para tais bases. A segunda região da seqüência conservada localiza-se a cerca de 35 bases do início da transcrição. Nessa região –35, a seqüência consenso corresponde às bases TTGACA. Novamente, a maioria das seqüências não é *exatamente* igual à seqüência consenso.

Embora *E. coli* possua sete fatores sigma diferentes, cada um reconhece uma seqüência consenso distinta. Dessa maneira, esses fatores sigma dirigem a RNA polimerase para promotores com seqüências diferentes daquelas ilustradas na Figura 7.27. A maioria destes está associada a genes diferentes (embora alguns genes apresentem mais de um promotor). Observe que na Figura 7.27 a seqüência de uma única fita é apresentada. Os geneticistas convencionaram que a fita a ser apresentada é aquela cuja orientação se dá no sentido da extremidade 5' a montante (ou seja, *não* corresponde à fita utilizada como molde para a RNA polimerase). A apresentação da seqüência de apenas uma das fitas do DNA é um recurso simples e prático para poupar o espaço que seria ocupado caso a outra fita também fosse redigida. No entanto, é essencial lembrar que os promotores correspondem a regiões de fita dupla; em outras palavras, a RNA polimerase reconhece e se liga a um DNA de fita dupla. Entretanto, apenas uma das fitas atua como molde para a transcrição.

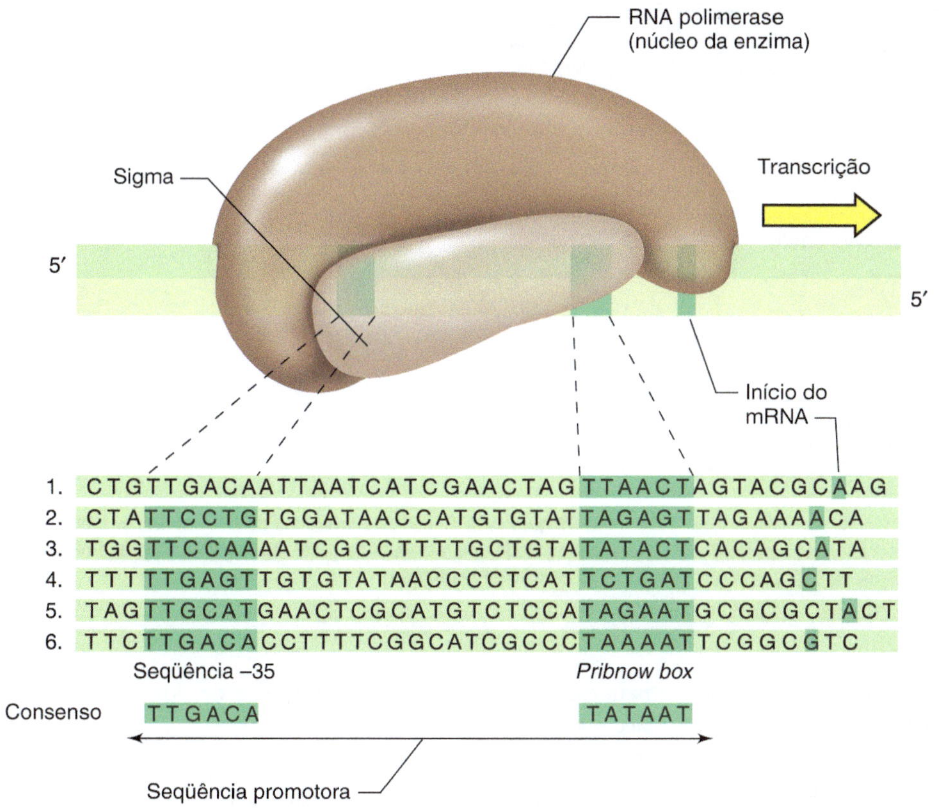

■ **Figura 7.27** Interação da RNA polimerase com o promotor. Na parte inferior do diagrama são apresentadas seis seqüências de diferentes promotores de *E. coli*, uma espécie de *Bacteria*. A figura mostra o contato da RNA polimerase com a seqüência –35 e com a *Pribnow box* (seqüência –10). A transcrição se inicia em uma única base, imediatamente a jusante à *Pribnow box*. Abaixo das seqüências reais das regiões –35 e da *Pribnow box* estão as seqüências consenso, derivadas de comparações realizadas entre muitos promotores.

Outros fatores sigma de outros organismos são muitas vezes mais específicos, havendo pequena liberdade de troca em relação às bases críticas reconhecidas. Em *E. coli*, os promotores que apresentam maior similaridade com o consenso são geralmente mais eficientes na ligação à RNA polimerase. Os promotores mais eficientes são chamados de *promotores fortes*, tendo considerável valor na engenharia genética, como será discutido no Capítulo 31.

Lembre-se de que o núcleo eucariótico apresenta três RNA polimerases diferentes. Cada uma dessas enzimas reconhece um tipo de promotor associado a uma classe particular de genes. A **RNA polimerase I** promove a *síntese da maioria dos tipos de rRNA*; a **RNA polimerase II** *sintetiza todos os mRNAs*; e a **RNA polimerase III** está envolvida na *síntese dos tRNAs* (e de um tipo de rRNA). A especificidade de cada uma das RNA polimerases está associada ao reconhecimento de promotores que ocorrem em classes particulares de genes. Em *Bacteria*, o promotor de um gene que codifica uma proteína pode ser idêntico ao promotor de um gene de tRNA, o que não ocorre em eucariotos. Assim como em *Bacteria*, a grande maioria dos genes eucarióticos que codificam proteínas é transcrita pela RNA polimerase II. As RNA polimerases eucarióticas também requerem fatores acessórios especiais para o reconhecimento de promotores específicos, mas, contrariamente ao observado em *Bacteria*, os fatores de iniciação eucarióticos (e os de *Archaea*) reconhecem os elementos do promotor independentemente e não como parte da holoenzima da polimerase. Embora os membros do domínio *Archaea* possuam uma única RNA polimerase, assim como em *Bacteria*, esta apresenta maior semelhança com as RNA polimerases de eucariotos.

✓ 7.9 Verificação de conceitos

Em *Bacteria*, os promotores são reconhecidos pela subunidade sigma da RNA polimerase. Promotores reconhecidos por um fator sigma específico apresentam seqüências muito similares. Em *Eukarya*, as principais classes de RNA são transcritas por diferentes RNA polimerases.

✓ O que é uma *seqüência consenso*?

✓ Em eucariotos, que tipo de RNA polimerase transcreve os genes que codificam proteínas?

7.10 Terminadores transcricionais

Tão importante quanto a iniciação é a *terminação* da transcrição. A **terminação** da síntese de RNA ocorre em uma seqüência específica de bases presentes no DNA. Em *Bacteria*, uma seqüência comum de terminação no DNA corresponde àquela contendo uma repetição invertida, com o segmento central não repetido (ver Seção 7.2 e Figura 7.6 para uma explicação sobre repetições invertidas). Quando esse tipo de DNA é transcrito, o RNA originado pode formar uma estrutura de haste-alça em decorrência do pareamento das bases intracadeia (Figura 7.28). Quando tais estruturas presentes *no RNA* são seguidas por várias uridinas, podem atuar como eficientes terminadores transcricionais. Outros sítios de terminação correspondem a regiões ricas em GC, seguidas por uma seqüência rica em AT. Esses tipos de seqüências levam à terminação, sem a adição de qualquer fator extra, sendo estas muitas vezes denominadas *terminadores intrínsecos*.

Descobriu-se que outros tipos de seqüências terminadoras requerem, para seu funcionamento, fatores protéicos específicos, além da RNA polimerase. Em *Escherichia coli*,

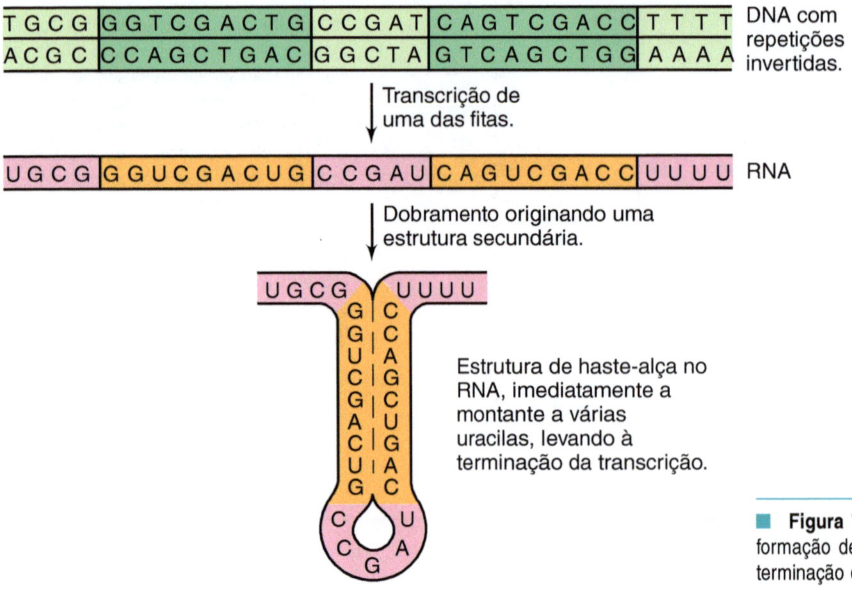

■ **Figura 7.28** Repetições invertidas no DNA transcrito promovem a formação de uma estrutura de haste-alça no RNA que pode resultar na terminação da transcrição.

há um tipo de terminador transcricional que requer uma proteína denominada *Rho*. A proteína Rho não se liga à RNA polimerase ou ao DNA, ligando-se fortemente ao RNA e movendo-se ao longo da fita, em direção ao complexo RNA polimerase-DNA. Uma vez que a RNA polimerase faz uma pausa ao encontrar o *sítio de terminação Rho-dependente*, a proteína promove a separação do RNA e da RNA polimerase do DNA, finalizando a transcrição. Outras proteínas envolvidas na terminação da transcrição são, assim como Rho, proteínas de ligação ao RNA. Em todos os casos, as seqüências que participam da terminação atuam em nível do RNA. Vale lembrar, no entanto, que o RNA é transcrito a partir do DNA, sendo a terminação da transcrição, em última análise, determinada por *seqüências específicas de nucleotídeos presentes no DNA*.

A terminação da transcrição em *Eukarya* e *Archaea* não foi tão bem estudada. Nos genes transcritos pela RNA polimerase II de eucariotos, parece haver uma conexão entre a terminação da transcrição e o processamento que ocorre na extremidade 3′ do mRNA (ver Seção 7.12).

Os sinais de terminação da transcrição em *Archaea* são ainda menos conhecidos, mas parece claro que, para alguns genes, há o envolvimento de regiões repetidas invertidas, seguidas de uma seqüência rica em AT, sendo estas muito similares às encontradas em vários terminadores transcricionais bacterianos. Em contrapartida, essas seqüências não são encontradas em outros genes de *Archaea*. Um outro possível tipo de terminador transcricional não apresenta repetições invertidas, mas segmentos repetitivos contendo Ts.

✓ 7.10 Verificação de conceitos

A RNA polimerase finaliza a transcrição em sítios específicos denominados terminadores transcricionais. Embora esses sinais sejam codificados pelo DNA, sua ação se dá em nível do RNA. Alguns correspondem a terminadores intrínsecos, não necessitando de proteínas acessórias, além da RNA polimerase. Em *Bacteria*, essas seqüências geralmente originam estruturas do tipo haste-alça, seguida por um segmento rico em Us.

✓ O que é um *terminador intrínseco*?

✓ O que é uma *estrutura em haste-alça*?

7.11 A unidade de transcrição

Os cromossomos se organizam em unidades delimitadas pelos sítios de iniciação e terminação da transcrição do DNA em RNA. Assim, pode-se assumir que cada unidade de transcrição inclui apenas um único gene. Embora tal suposição seja muito comum, nem sempre é verdadeira. Algumas unidades de transcrição podem conter dois ou mais genes. Esses genes são co-transcritos, originando uma única molécula de RNA.

Como vimos na Seção 7.1, a maioria dos genes codifica proteínas, embora outros codifiquem RNAs que não são traduzidos, como o RNA ribossomal (rRNA) e o RNA transportador (tRNA). Existem vários tipos diferentes de rRNA em um organismo (havendo uma cópia de cada tipo nos ribossomos; ver Seção 7.15). Os procariotos apresentam três tipos: rRNA 16S, rRNA 23S e rRNA 5S. Conforme ilustrado na Figura 7.29, existem conjuntos que contêm um gene para cada um desses RNAs, sendo os genes presentes em cada conjunto co-transcritos. Uma situação similar ocorre em eucariotos (embora haja um tipo de rRNA eucariótico não encontrado nesses tipos de associação). Dessa maneira, a unidade de transcrição da maioria dos rRNAs, em todos os organismos, contém mais de um gene. Em procariotos, os genes de tRNA são freqüentemente co-transcritos com outros genes de tRNA, como apresentado na Figura 7.29, ou com genes de rRNA. Todos esses transcritos devem ser processados antes que os tRNAs e rRNAs maduros sejam produzidos (ver Seção 7.12).

Lembre-se de que os genes que codificam proteínas o fazem por meio de um intermediário denominado RNA mensageiro (mRNA). A maioria dos mRNAs em procariotos e em eucariotos corresponde a moléculas instáveis,

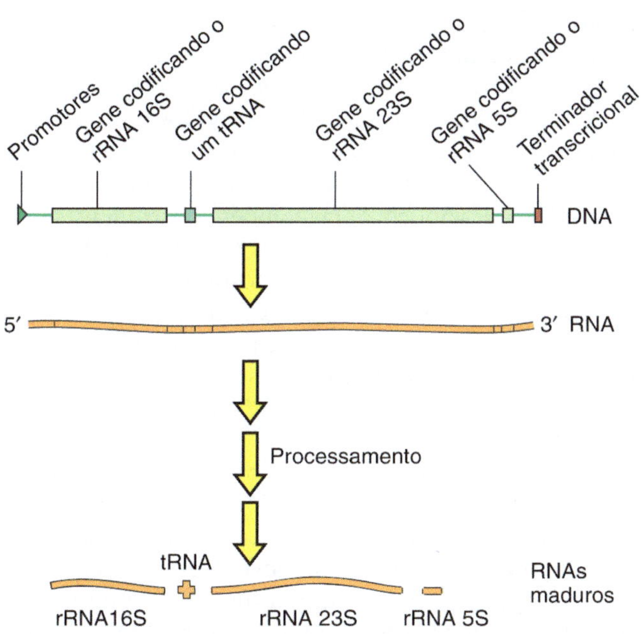

■ **Figura 7.29** Uma unidade de transcrição do rRNA ribossomal de *Bacteria*. Esse tipo de unidade transcricional é denominada "operon de rRNA". Em *Bacteria*, todos esses tipos de operons possuem os genes de rRNA na ordem: 16S, 23S e 5S (aqui, estes genes estão apresentados aproximadamente em escala). Observe que, nesse operon em particular, o "espaçador" entre os genes de rRNA 16S e 23S contém um gene de tRNA. Em outros operons, essa região pode conter mais de um gene de tRNA, e, freqüentemente, um ou mais genes de tRNA encontram-se após o gene do rRNA 5S, os quais são co-transcritos. A bactéria *Escherichia coli* possui sete desses operons. Em eucariotos, os RNAs não ribossomais não são encontrados nesses tipos de unidades.

sendo degradados por nucleases celulares. Tal característica não é observada com os rRNAs e tRNAs, denominados RNAs estáveis. Em procariotos, uma única molécula de mRNA freqüentemente codifica mais de uma proteína (ver Figura 7.2). Nos elementos genéticos *procarióticos*, os genes que codificam enzimas relacionadas são, em geral, agrupados em um conjunto (Figura 10.48). Nessas situações, a RNA polimerase move-se ao longo da fita e transcreve toda a série de genes, dando origem a uma única molécula longa de mRNA. O mRNA codificando um conjunto de genes co-transcritos é denominado **mRNA policistrônico** (Seção 10.10). Subseqüentemente, quando esse mRNA policistrônico participa da síntese protéica (ver Seção 7.15), os vários polipeptídeos codificados por um único mRNA podem ser sintetizados ao mesmo tempo.

A regulação da síntese do mRNA será discutida no Capítulo 8, mas, nesse momento, introduziremos o conceito de operon. Um **operon** corresponde a uma unidade completa de expressão gênica, normalmente envolvendo genes que codificam vários polipeptídeos em um mRNA policistrônico ou genes de rRNA. Em alguns casos, a transcrição do mRNA de determinado operon é controlada por uma região específica do DNA, o **operador**, situada adjacente à região codificadora do primeiro gene, no operon. Como veremos no Capítulo 8, a atividade do operador está relacionada à sua capacidade de ligação a certas proteínas regulatórias.

Na maioria dos casos, os eucariotos não apresentam mRNAs policistrônicos. Entretanto, tal fato é decorrente de diferenças existentes no processo de *tradução*, e não na transcrição. Discutiremos estas diferenças ainda nesse capítulo, após abordarmos as etapas adicionais, geralmente necessárias à conversão de um transcrito oriundo de um gene eucariótico codificador de proteína para uma forma de mRNA utilizável.

✓ 7.11 Verificação de conceitos

A unidade de transcrição freqüentemente possui mais de um único gene. A transcrição de vários genes em uma única molécula de mRNA pode ocorrer em procariotos, e, dessa maneira, o mRNA pode conter a informação para a síntese de mais de um polipeptídeo. Esses genes, transcritos em conjunto a partir de um único promotor, constituem um operon. Os genes de rRNA são co-transcritos tanto em procariotos como em eucariotos.

✓ O que é um *RNA mensageiro*?

✓ O que é um *mRNA policistrônico*?

7.12 Processamento do RNA e ribozimas

Como já discutido (ver Seção 7.8), a transcrição pode originar vários tipos de RNA: RNA mensageiro, RNA transportador e RNA ribossomal. Lembre-se de que cada um desses tipos de RNA apresenta importantes funções nas células. No entanto, para serem funcionais, muitos desses RNAs devem ser primeiramente processados, originando uma forma madura, após a transcrição. De fato, o único RNA funcional, produto direto da transcrição, corresponde ao mRNA em procariotos. Todos os outros RNAs requerem algum tipo de processamento. O **processamento do RNA** corresponde à conversão de um *precursor de RNA em um RNA maduro*. Existem muitos tipos diferentes de processamento.

Em procariotos e eucariotos, os tRNAs e os rRNAs são sintetizados, inicialmente, como longas moléculas precursoras que são clivadas, originando os RNAs maduros finais (ver Figura 7.29). Além disso, muitas das bases no tRNA são modificadas após a transcrição (ver Seção 7.14).

Em eucariotos e, muito mais raramente, em procariotos, o mRNA é resultante do processamento de um pré-mRNA. Como discutido na Seção 7.4, os genes de eucariotos são em geral interrompidos por regiões intervenientes não codificadoras (os *íntrons*), que separam as regiões codificadoras (os *éxons*). O *transcrito primário* de tal gene deve ser extensivamente processado, havendo a remoção das regiões não codificadoras antes que o processo de tradução possa ser iniciado. Apenas alguns poucos íntrons foram descobertos em genes codificadores de proteínas de procariotos e em certos bacteriófagos. A etapa do processamento em que há a remoção dos íntrons é denominada "splicing".

Embora íntrons sejam encontrados em diferentes tipos de genes, tanto em eucariotos como em procariotos, a maquinaria de "splicing", que remove os íntrons do pré-mRNA de eucariotos, é única. O processo envolve a participação de um complexo contendo várias ribonucleoproteínas diferentes (cada uma é composta por um pequeno RNA e várias proteínas), denominado ***spliceossomo***. Este corresponde a uma estrutura altamente complexa, capaz de remover os íntrons e unir os éxons adjacentes, originando um mRNA maduro. A Figura 7.30 ilustra as duas etapas da reação, onde um íntron é identificado no pré-mRNA eucariótico, sendo então removido, enquanto a molécula ainda se encontra no núcleo. Observe que há certas bases conservadas nas junções de "splicing", sendo o íntron removido como uma *estrutura "lariat"*. Esses íntrons excisados são degradados pela célula. Em eucariotos superiores, freqüentemente são encontrados vários íntrons em um único gene; dessa maneira, é importante não somente que estes sejam removidos como também que o processo ocorra na ordem correta. Alguns íntrons (particularmente aqueles encontrados em genes de tRNA e em genes de cloroplastos e mitocôndrias) são removidos por um processo distinto, envolvendo somente proteínas. Vários íntrons, inclusive aqueles encontrados em *Bacteria* e em bacteriófagos, são removidos por um processo de "auto-splicing" (ribozimas; ver a próxima subseção).

Duas outras etapas únicas ocorrem no processamento do mRNA eucariótico. Estas também ocorrem no núcleo, antes do transporte do mRNA maduro para o citoplasma. A primeira etapa é denominada "capping", ocorrendo antes do término da transcrição. O "capping" consiste na adição de um nucleotídeo de guanina metilado à extremidade 5′-fosfato. Ocasionalmente, outros nucleotídeos próximos à extremidade 5′ do mRNA eucariótico são também modificados.

A etapa restante de processamento consiste na redução da extremidade 3′ do pré-mRNA, com a concomitante adição de uma *cauda poli-A*. Essa etapa é denominada **poliadenilação** e, como discutido anteriormente (ver Seção 7.10), pode ocorrer simultaneamente à terminação. As três etapas que levam à formação do mRNA eucariótico são apresentadas na Figura 7.31.

Dessa maneira, nota-se que a síntese de um RNA maduro, funcional, é um processo dinâmico e complexo, envolvendo mais que a simples transcrição de um molde de DNA.

Ribozimas

No Capítulo 3, enfatizamos o papel das proteínas como catalisadores biológicos. Muitos importantes processos celulares requerem a participação de *ribonucleoproteínas*, com-

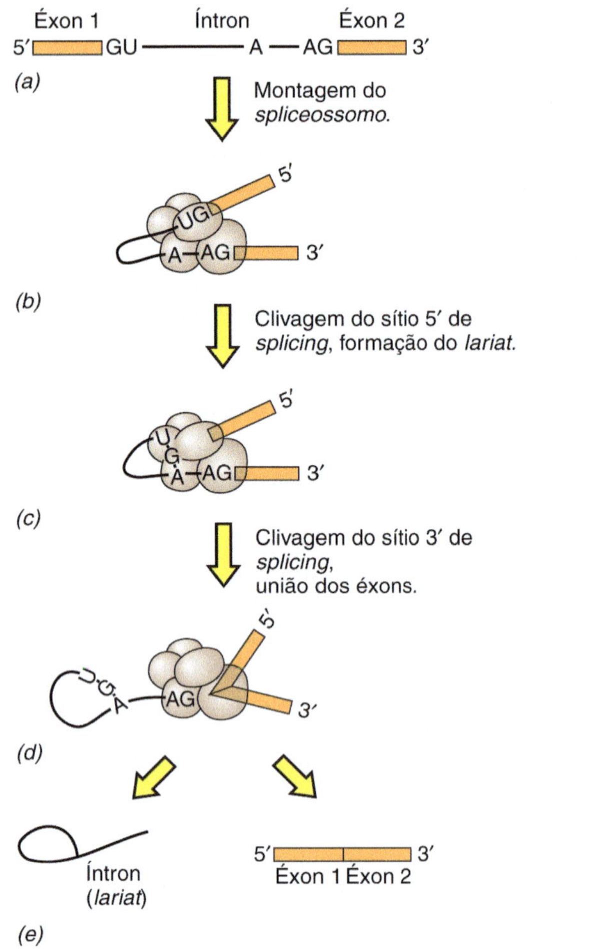

■ **Figura 7.30** Remoção de um íntron do transcrito primário, originado a partir de um gene codificador de proteína. (a) O pré-mRNA com um único íntron. A seqüência GU é conservada no sítio 5′ de "splicing", e a AG, no sítio 3′ de "splicing". Há também um A interno, que atua como ponto de ramificação. (b) Várias partículas pequenas de ribonucleoproteínas (em marrom) se organizam no RNA, formando um *spliceossomo*. Cada uma dessas partículas contém moléculas distintas de RNA envolvidas no mecanismo de "splicing". (c) O sítio 5′ de "splicing" foi clivado, com a formação simultânea de um ponto de ramificação. (d) O sítio 3′ de "splicing" foi clivado e os dois éxons foram unidos. Observe que um total de duas ligações fosfodiéster foram rompidas, havendo a formação duas outras novas. (e) Os produtos finais correspondem aos éxons unidos, ao mRNA e a um íntron excisado.

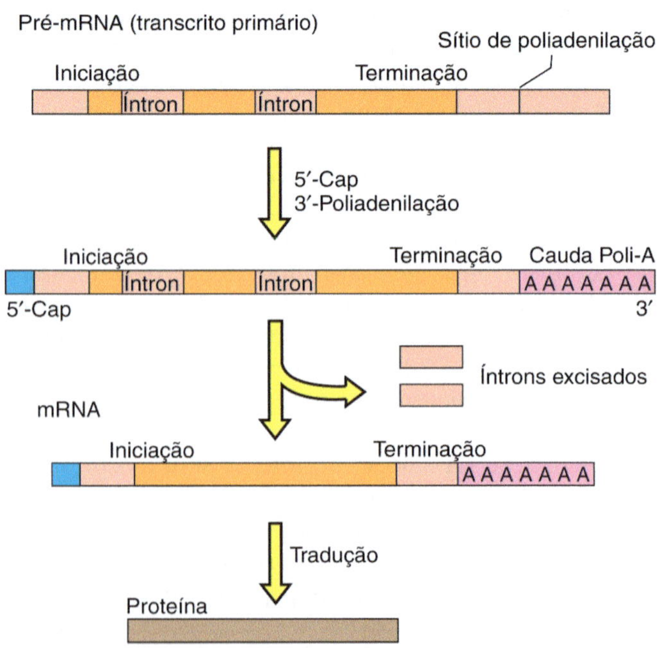

■ **Figura 7.31** Visão geral do processamento do pré-mRNA a RNA maduro, em eucariotos. As etapas de processamento incluem a adição do "cap" na extremidade 5′, a remoção dos íntrons, o encurtamento da extremidade 3′ do transcrito e a concomitante adição da cauda poli-A. Todas essas etapas ocorrem no núcleo. A localização dos códons de iniciação e terminação que serão utilizados na tradução é também indicada.

plexos contendo RNA e proteínas. *Acreditava-se* que o papel do RNA em tais complexos fosse meramente estrutural (um sítio de ligação para as proteínas), ou que este participasse no pareamento de bases com outros ácidos nucléicos. Como vimos, a enzima *telomerase* contém uma pequena molécula de RNA que atua como molde. Entretanto, atualmente sabemos que certos tipos de RNA podem também exercer funções *enzimáticas*. RNAs catalíticos, também referidos como **ribozimas**, estão envolvidos em várias reações celulares importantes. Enzimas de RNA comportam-se como enzimas protéicas, possuindo um "sítio ativo" que se liga ao substrato e catalisa a formação de um produto (Seção 5.5). As ribozimas são encontradas tanto em procariotos como em eucariotos e em organelas; algumas já foram sintetizadas em laboratório. Estudos revelam que moléculas muito pequenas de RNA, com apenas 19 bases, podem atuar como ribozimas.

A maioria das ribozimas corresponde a *íntrons de* "auto-splicing". Estes correspondem a *enzimas de "splicing" de RNA*, que promovem sua auto-remoção de uma molécula de RNA, unindo os éxons. Em um caso bem estudado de "splicing" de um RNA ribossomal de *Tetrahymena* (um eucarioto), um *íntron* de 413 nucleotídeos comporta-se como uma ribozima. Este se auto-excisa do grande precursor de rRNA, une os dois éxons, originando o rRNA final (Figura 7.32). O íntron ribozima atua como uma endorribonuclease seqüência-específica e, uma vez removido do rRNA precursor, circulariza-se, com a remoção adicional de um pequeno oligonucleotídeo (Figura 7.32). Íntrons que se auto-excisam são amplamente distribuídos na natureza, sendo o único tipo de íntron encontrado em *Bacteria* e em bacteriófagos. A comprovação final de que essas transformações mediadas pelas ribozimas ocorriam na ausência de proteínas específicas foi obtida a partir de experimentos nos quais o gene completo do precursor de rRNA de *Tetrahymena* foi transferido para *Escherichia coli*, a qual foi capaz de transcrevê-lo. O segmento transcrito realizou a reação de "splicing" na ausência completa das proteínas de *Tetrahymena*. Entretanto, há evidências de que proteínas desempenham algum papel na reação de "splicing" de certos tipos de íntrons auto-removíveis nas células.

Os íntrons de "auto-splicing" diferem da maioria das enzimas por normalmente catalisarem a reação apenas uma vez. Entretanto, há uma outra ribozima, a RNase P, que atua repetidamente em diferentes moléculas-substrato, porque esta não se autodigere durante a reação. A RNase P é uma ribonucleoproteína, cujo componente catalítico corresponde ao pequeno RNA (com 377 nucleotídeos, em *E. coli*) e não à proteína. Da mesma maneira que nas proteínas com atividade enzimática, todas as ribozimas precisam se encontrar com uma conformação adequada para exercerem sua atividade. Em alguns casos, essa conformação é determinada pela própria estrutura secundária do RNA. Em outros casos, como na RNase P, proteínas específicas auxiliam na manutenção do RNA na conformação ativa. A RNase P atua na célula, modificando os transcritos primários que codificam os RNAs transportadores (ver Seção 7.14).

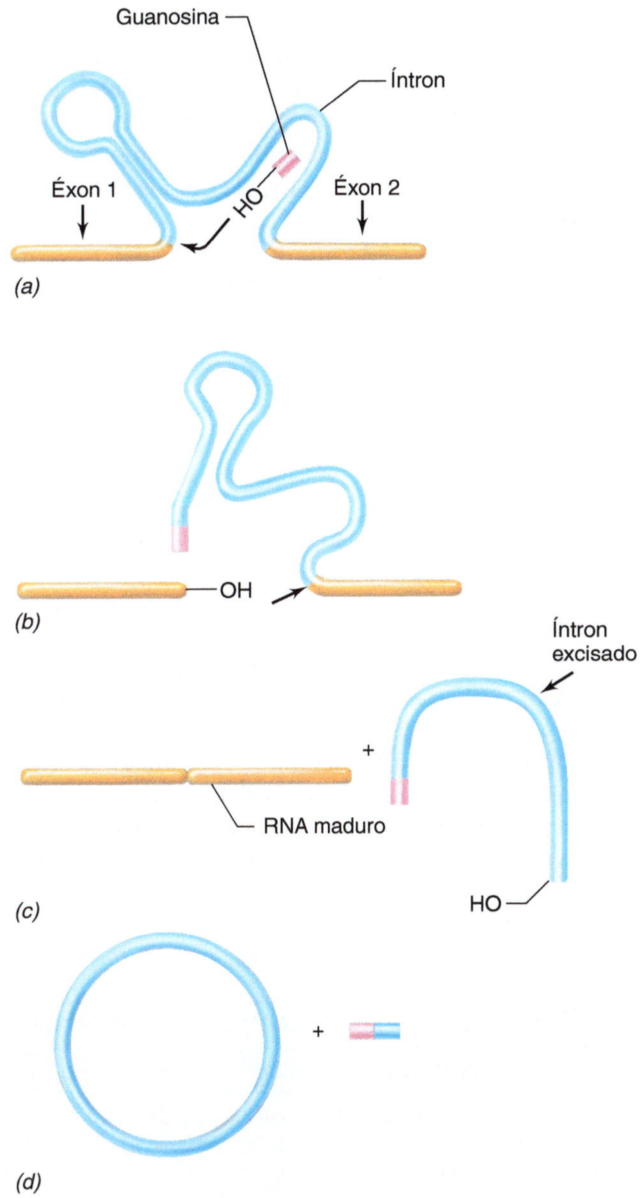

■ **Figura 7.32** Íntron de "auto-splicing", com atividade de ribozima, do protozoário *Tetrahymena*. Tais moléculas apresentam considerável estrutura secundária, crítica à reação de "splicing". (a) Um precursor de RNA ribossomal contém um íntron de 413 nucleotídeos. (b) Após a adição do nucleotídeo guanosina, o íntron se auto-remove e une os dois éxons. (c) O íntron é excisado. (d) O íntron se circulariza, com a perda de um fragmento de 15 nucleotídeos.

A descoberta das ribozimas levou a uma reavaliação dos outros processos celulares envolvendo moléculas de RNA. Por exemplo, hoje está claro que o RNA ribossomal tem papel ativo na síntese de proteínas, inclusive catalisando a formação das ligações peptídicas que conectam os aminoácidos em uma proteína (ver Seção 7.15). Certamente, a maioria das enzimas é de natureza protéica. Por que existem ribozimas? Foi proposto que as ribozimas corresponderiam a vestígios remanescentes de uma forma de vida mais simples, a "vida de RNA", que pode ter precedido a era das proteínas como principais catalisadores nas células. Esse conceito será discutido em mais detalhes no Capítulo 11.

✓ 7.12 Verificação de conceitos

As moléculas de RNA freqüentemente são modificadas após a transcrição, evento denominado processamento do RNA. Todos os tRNAs e rRNAs são resultantes do processamento de moléculas precursoras maiores. O processamento dos mRNAs eucarióticos é único e pode envolver três etapas distintas: o "splicing", o "capping" e a adição da cauda poli-A. Íntrons encontrados em certos transcritos são auto-removíveis; o próprio RNA catalisa essa reação. Moléculas de RNA exibindo atividade catalítica são denominadas ribozimas e desempenham um importante papel na célula.

✓ O que é o "splicing"?

✓ O que é uma *ribozima*?

V SÍNTESE DE PROTEÍNAS

As duas primeiras etapas na transmissão da informação biológica — a *replicação* e a *transcrição* — envolvem a síntese de ácidos nucléicos, empregando ácidos nucléicos como moldes. A última etapa, a *tradução*, envolve uma molécula de ácido nucléico como molde, mas, nesse caso, o produto final originado é uma proteína. As proteínas são compostas por resíduos de aminoácidos e não por bases. Dessa maneira, pode-se imaginar que a transferência da informação na tradução é consideravelmente mais complexa que um simples pareamento de bases. Nas próximas seções, discutiremos o processo de tradução.

7.13 O código genético

Antes de discutirmos o processo de tradução, analisaremos a correspondência entre o molde de ácido nucléico e a seqüência de aminoácidos presentes no produto protéico: o **código genético**.

Conforme mencionado na Seção 7.1, um conjunto de três bases, um **códon**, codifica um aminoácido específico. Convencionou-se apresentar o código genético na forma de mRNA em vez de DNA, já que o processo de tradução requer a participação do mRNA. Os 64 códons possíveis de mRNA estão apresentados na Tabela 7.3. Observe que, além dos códons que especificam os diferentes aminoácidos, há códons especiais para a iniciação (AUG) e terminação (UAA, UAG, UGA) da tradução.

Provavelmente, a característica mais interessante do código genético seja o fato de muitos aminoácidos serem codificados por vários códons diferentes, embora relacionados. Isso significa que, na maioria dos casos, não há uma correlação unidirecional entre o aminoácido e o códon — conhecer um aminoácido em uma determinada seqüência não implica que o respectivo códon seja conhecido.* A propriedade de os códons apresentarem ausência de correlação unidirecional com os aminoácidos é denominada **degeneração**.

Como veremos adiante (Seção 7.15), cada códon é *lido* na célula pelo pareamento das bases com uma seqüência de três bases presente no tRNA, denominada **anticódon**. Se o pareamento envolvido fosse sempre de acordo com a

Tabela 7.3 O código genético, expresso como conjuntos de três bases de mRNA[a]

Códon	Aminoácido	Códon	Aminoácido	Códon	Aminoácido	Códon	Aminoácido
UUU	Fenilalanina	UCU	Serina	UAU	Tirosina	UGU	Cisteína
UUC	Fenilalanina	UCC	Serina	UAC	Tirosina	UGC	Cisteína
UUA	Leucina	UCA	Serina	UAA	Nenhum (sinal de terminação)	UGA	Nenhum (sinal de terminação)
UUG	Leucina	UCG	Serina	UAG	Nenhum (sinal de terminação)	UGG	Triptofano
CUU	Leucina	CCU	Prolina	CAU	Histidina	CGU	Arginina
CUC	Leucina	CCC	Prolina	CAC	Histidina	CGC	Arginina
CUA	Leucina	CCA	Prolina	CAA	Glutamina	CGA	Arginina
CUG	Leucina	CCG	Prolina	CAG	Glutamina	CGG	Arginina
AUU	Isoleucina	ACU	Treonina	AAU	Asparagina	AGU	Serina
AUC	Isoleucina	ACC	Treonina	AAC	Asparagina	AGC	Serina
AUA	Isoleucina	ACA	Treonina	AAA	Lisina	AGA	Arginina
AUG (iniciação)[b]	Metionina	ACG	Treonina	AAG	Lisina	AGG	Arginina
GUU	Valina	GCU	Alanina	GAU	Ácido aspártico	GGU	Glicina
GUC	Valina	GCC	Alanina	GAC	Ácido aspártico	GGC	Glicina
GUA	Valina	GCA	Alanina	GAA	Ácido glutâmico	GGA	Glicina
GUG	Valina	GCG	Alanina	GAG	Ácido glutâmico	GGG	Glicina

a Os quadros dos códons foram coloridos de acordo com o esquema: — ácidos ionizáveis; — básicos ionizáveis; — polares não ionizáveis; — apolares (Figura 3.12).

b O códon AUG codifica uma *N*-formil-metionina, no início dos mRNAs de *Bacteria*.

* O inverso, no entanto, é verdadeiro. Conhecendo a seqüência de DNA do códon, define-se qual o aminoácido presente na proteína (assumindo que a fase de leitura correta é conhecida). Tal fato permite a determinação da seqüência de aminoácidos produzida a partir de uma seqüência de DNA.

regra A com U e G com C, poderíamos supor a existência de pelo menos um tRNA específico para cada códon, existindo vários tRNAs para certos aminoácidos. Por exemplo, *E. coli* apresenta seis tRNAs diferentes para o aminoácido leucina. No entanto, também é verdade que alguns tRNAs podem ler mais de um códon. Por exemplo, em *E. coli* há somente um tRNA que transporta lisina, podendo ler tanto AAA quanto AAG (ver Tabela 7.3). Isso é possível porque, em alguns casos, as moléculas de tRNA realizam pareamentos-*padrão* somente nas duas primeiras posições do códon, tolerando um pareamento incorreto na terceira posição. Esse fenômeno de pareamento aparentemente incorreto, denominado **oscilação**, encontra-se ilustrado na Figura 7.33. O pareamento entre G e U é permitido na posição oscilante.

Códons de iniciação e de terminação

Conforme apresentado na Tabela 7.3, alguns códons não correspondem a um aminoácido. Essas trincas (UAA, UAG, UGA) são denominadas **códons de terminação** (ou **sem sentido**), atuando como sinalizadores da terminação da tradução de genes que codificam proteínas (ver Seção 7.15).

Qual mecanismo permite que o *sítio de iniciação* da tradução seja corretamente encontrado? A mensagem é decodificada pela leitura do **códon de iniciação AUG** que, quando está localizado no início do mRNA, codifica o aminoácido *N*-formil-metionina (ou metionina, em *Eukarya* e *Archaea*). A importância da existência de um ponto de iniciação definido é rapidamente entendida pois, a partir do momento que cada trinca de bases codifica um aminoácido, é essencial que a tradução seja iniciada em um local correto. Caso contrário, toda a **fase de leitura** será alterada, podendo haver a síntese de uma proteína completamente diferente ou até mesmo ocorrer a interrupção de sua síntese. Convencionou-se que a fase de leitura "correta" — aquela que pode ser traduzida originando a proteína codificada pelo respectivo gene — corresponde à fase 0 (zero). Como pode ser observado na Figura 7.34, as outras duas fases de leitura possíveis (–1 e +1) não codificam a mesma seqüência de aminoácidos. Sendo assim, é crucial que o ribossomo seja capaz de localizar o *códon de iniciação correto*, a partir do qual passa a se mover ao longo do mRNA, sempre exatamente sobre três bases, a cada "passo".

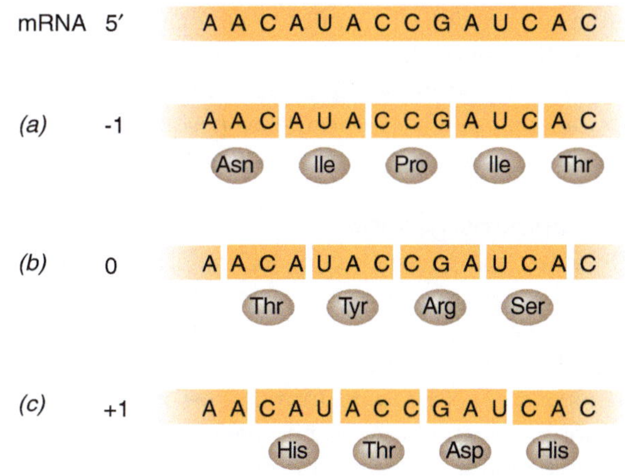

■ **Figura 7.34** Possíveis fases de leitura em um mRNA. Uma seqüência interna de um mRNA é apresentada. A fase de leitura "correta" (ou 0) é determinada pelo códon de iniciação no mRNA. (a) Seqüência de aminoácidos que seriam codificados por essa região do mRNA, se o ribossomo se encontrasse na fase de leitura –1. (b) Seqüência de aminoácidos que seriam codificados se o ribossomo se encontrasse na fase correta de leitura. (c) Seqüência de aminoácidos que seriam codificados se o ribossomo se encontrasse na fase de leitura +1.

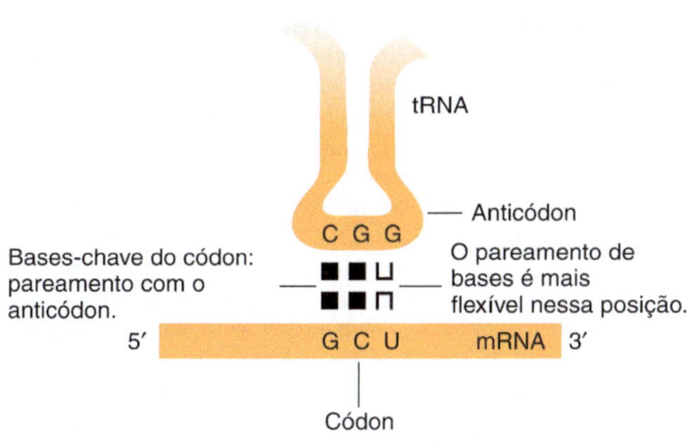

■ **Figura 7.33** O conceito de oscilação: o pareamento entre as bases é mais flexível em relação à terceira base do códon. Somente uma porção do tRNA é ilustrada (ver Figura 7.35).

Como discutiremos na Seção 7.15, os ribossomos de *Bacteria* reconhecem um AUG específico como códon de iniciação, graças ao auxílio de uma seqüência localizada a montante no mRNA, denominada seqüência de *Shine-Dalgarno*. Esse recurso adicional presente no sítio de iniciação explica por que alguns poucos mRNAs de *Bacteria* podem apresentar outros códons, por exemplo GUG como códons de iniciação. No entanto, mesmo esses códons de iniciação pouco usuais também codificam a *N*-formil-metionina.

Quadros de leitura aberta

Atualmente, genomas de muitos organismos (inclusive o humano) já foram seqüenciados, havendo ainda muitos outros em fase de seqüenciamento. Esses dados de seqüências seriam de pouca utilidade caso os cientistas não dispusessem de recursos que possibilitassem, de maneira simples, a determinação da localização dos genes que codificam as proteínas. Como isso pode ser determinado?

Um método comumente empregado consiste na análise de cada uma das fitas, no sentido de encontrar *quadros de leitura aberta* (mais comumente denominados *ORFs*, do inglês *open reading frames*). Lembre-se de que o mRNA é transcrito a partir do DNA; assim, se a seqüência de DNA é conhecida, a seqüência de RNA a ser transcrita é também conhecida. Caso esse RNA possa ser traduzido, obrigatoriamente deverá conter um **quadro de leitura aberta (ORF)**: um códon de iniciação (tipicamente AUG) seguido de um número variável de códons e, finalmente, um códon de terminação na mesma fase leitura do códon de iniciação. Um computador pode ser programado para realizar uma varredura em longas seqüências nucleotídicas em busca de quadros de leitura aberta. A busca de ORFs é muito útil em áreas como a genômica (Capítulo 15) e engenharia genética (Capítulo 31), quando fragmentos de DNA desconhecidos são isolados e seqüenciados, mas não se sabe se podem ou não codificar proteínas. A busca computacional de ORFs permite ao pesquisador identificar possíveis genes, previamente desconhecidos.

Outros códigos genéticos

Quando o código genético foi decifrado, na década de 60, verificou-se que todos os procariotos e eucariotos examinados utilizavam o mesmo código. Quando o mRNA de hemoglobina de mamíferos foi fornecido à maquinaria traducional de *Escherichia coli* (como ribossomos e tRNAs), a hemoglobina foi sintetizada. Dessa maneira, passou-se a acreditar que o **código genético** era **universal**, isto é, a mesma codificação era utilizada por todos os sistemas vivos. Essa visão foi alterada após a obtenção de uma série de seqüências de genes e de proteínas a partir de um grande número de fontes. Descobriu-se que algumas organelas e alguns tipos celulares utilizavam códigos genéticos com ligeiras variações em relação ao código genético "universal" (ver Quadro "Selenocisteína: o vigésimo primeiro aminoácido").

Esses códigos alternativos foram originalmente descobertos em genomas mitocondriais. Até o momento, sabe-se que apenas as mitocôndrias de plantas utilizam o código universal sem qualquer alteração. Outras organelas de plantas — os cloroplastos — também utilizam esse código-padrão. As mitocôndrias de todos os demais eucariotos utilizam códigos exibindo uma ou algumas poucas diferenças. Observe que não estamos nos referindo simplesmente a um código mitocondrial, embora haja alguns temas comuns, tais como o uso geral de UGA como códon para triptofano, em vez de códon de terminação. Também é evidente que esses códigos alternativos estão estreitamente relacionados ao código universal, e é bastante provável que sejam evolutivamente derivados deste. Hoje sabemos que várias células, como *Mycoplasma* (*Bacteria*) e *Paramecium* (*Eukarya*), possuem cromossomos que também utilizam códigos ligeiramente distintos. Todos esses códigos genéticos alternativos apresentam diferentes significados para os códons de terminação usualmente conhecidos. Esses organismos apresentam um número menor de códons sem sentido, uma vez que um ou dois destes são lidos como códons associados a um aminoácido.

Se todo códon está associado a um aminoácido, você pode imaginar a dificuldade em se alterar o código genético de um organismo. Por exemplo, a alteração do códon AUA, de isoleucina para metionina, implica que toda a proteína que antes apresentava isoleucina, codificada pelo AUA, passaria a apresentar uma metionina nessa posição. Tal proteína poderia deixar de exercer suas atividades normais. A alteração do significado de um códon pode não acarretar sérios problemas se o *uso preferencial de códons* não for aleatório. Após as análises bioquímicas do código genético e antes do seqüenciamento de qualquer gene, acreditava-se que os códons degenerados para um dado aminoácido poderiam ser utilizados com a mesma freqüência. Esta foi outra premissa que se mostrou incorreta após a obtenção de dados a partir do seqüenciamento de DNA! A utilização dos códons é altamente seletiva; esta seletividade é variável entre os diferentes

Enfocando... Selenocisteína: o vigésimo primeiro aminoácido

O código genético apresenta códons para os 20 aminoácidos incorporados às proteínas durante a tradução. Entretanto, muitas proteínas contêm outros aminoácidos. Na realidade, cerca de 100 aminoácidos diferentes podem ser encontrados em algumas poucas proteínas. Até recentemente, acreditava-se que esses aminoácidos "extras" originavam-se de modificações em um dos aminoácidos-padrão, *após* sua incorporação na proteína, por um processo denominado modificação *pós-traducional*. Entretanto, agora está claro que um desses aminoácidos "extras" é diretamente incorporado à proteína pela própria maquinaria traducional. Esta única exceção corresponde à *selenocisteína*.

A selenocisteína apresenta a mesma estrutura da cisteína, diferindo apenas pela presença de um átomo de selênio, em vez de cisteína, em sua molécula. Há algum tempo proteínas contendo esse aminoácido pouco comum são conhecidas. Por exemplo, *Escherichia coli* sintetiza duas enzimas formato desidrogenases diferentes, ambas contendo um único resíduo de selenocisteína. Quando o gene de uma dessas enzimas foi seqüenciado, verificou-se que o códon correspondente à selenocisteína era UGA. Normalmente, UGA corresponde a um eficiente códon de terminação em *E. coli*, mas agora temos a demonstração de que este pode ser traduzido como selenocisteína em certas moléculas de mRNA não apenas em *E. coli* como também em outros procariotos e eucariotos — incluindo o homem. Dessa maneira, a selenocisteína corresponde ao vigésimo primeiro aminoácido codificado pelo código genético.

De que modo um códon pode, algumas vezes, ser lido como um sinal de terminação e outras como um códon codificando um aminoácido *em um mesmo cromossomo*? A resposta está relacionada ao *contexto* em que esse códon é encontrado, ou seja, à seqüência de bases ao redor do códon UGA e sua estrutura secundária. Em determinados contextos, a maquinaria traducional interpreta UGA como "selenocisteína". Em todos os demais contextos, esse códon significa "terminação da tradução". A selenocisteína possui seu próprio tRNA (assim como todos os demais aminoácidos-padrão), além de um fator protéico que encaminha apenas esse tRNA ao ribossomo.

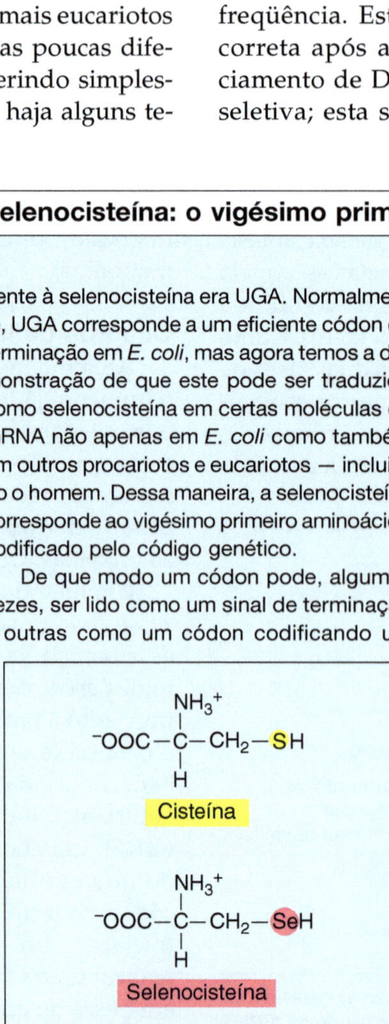

A selenocisteína é mais prontamente oxidada que a cisteína. Assim, enzimas contendo esse aminoácido devem ser protegidas do oxigênio. Foi proposto que o códon UGA seria, em algum momento, um códon normal, codificando somente a selenocisteína. O aumento da concentração de oxigênio no ambiente, decorrente da evolução da fotossíntese (Capítulo 11), passou a selecionar as proteínas contendo cisteína (cujos códons são UGU e UGC). Tal fato permitiu que o significado do códon UGA fosse alterado, exceto para alguns poucos casos especiais. ■

organismos. Assim, em *Escherichia coli*, por exemplo, somente um em cerca de 20 resíduos de isoleucina é codificado por AUA; os outros 19 são codificados por AUU e AUC. Acredita-se que uma das etapas que pode ter levado à alteração do significado de um códon seja o fato de este ser raramente utilizado em um genoma. Tal processo seria facilmente realizado nas mitocôndrias, por apresentarem genomas muito pequenos (Seção 15.7).

✓ 7.13 Verificação de conceitos

O código genético é expresso em termos de RNA, podendo um aminoácido ser codificado por vários códons diferentes, porém relacionados. Além dos códons de terminação, há também um códon de iniciação específico, que sinaliza o início do processo de tradução.

- ✓ Por que é importante que o ribossomo faça a leitura "em fase"?
- ✓ Descreva um *quadro de leitura aberta*.

7.14 RNA transportador

Na Seção 7.13 foi abordado que o anticódon do tRNA "lê" (pareia-se com) o códon. No entanto, o tRNA corresponde a muito mais que um simples anticódon (Figura 7.35). Além do tRNA exibir especificidade pelo códon no mRNA, também possui especificidade pelos aminoácidos adequados. O RNA transportador e seu aminoácido específico são associados por meio de enzimas específicas, que garantem a um determinado tRNA receber o aminoácido correto. Essas enzimas, denominadas **enzimas ativadoras de aminoácidos** ou **aminoacil-tRNA sintetases**, têm a importante função de reconhecer *ambos*: o aminoácido *e* o tRNA específico para aquele aminoácido.

Estrutura do tRNA

As células bacterianas possuem cerca de 60 diferentes tRNAs específicos, enquanto nas células de mamíferos esse número varia de 100 a 110. O RNA transportador corresponde a uma molécula curta, de fita simples, com comprimento variável (entre os diferentes tRNAs) de 73 a 93 nucleotídeos. Quando comparados entre si, observa-se que todos os tRNAs apresentam a mesma estrutura secundária, algumas bases em comum, havendo também regiões variáveis. As moléculas de tRNA ainda apresentam certas purinas e pirimidinas com ligeiras diferenças, quando comparadas às bases normais, encontradas no RNA, sendo quimicamente modificadas geralmente por metilações. Essas modificações são introduzidas após o processo de transcrição. Como exemplos dessas bases pouco usuais temos a pseudouridina, a inosina, a diidrouridina, a ribotimidina, a metilguanosina, a dimetilguanosina e a metil-inosina. As modificações nas bases, assim como outros tipos de processamento (ver Seção 7.12), são necessárias para tornar o tRNA funcional a partir do transcrito de um gene de tRNA. Embora o tRNA seja uma molécula de fita simples, apresenta extensas regiões de fita dupla no interior da molécula, resultantes do pareamento interno de bases, no momento em que a molécula está realizando seu dobramento.

A estrutura do tRNA pode ser representada como uma folha de trevo, conforme ilustrado na Figura 7.35*a*. Algumas regiões da estrutura secundária recebem designações

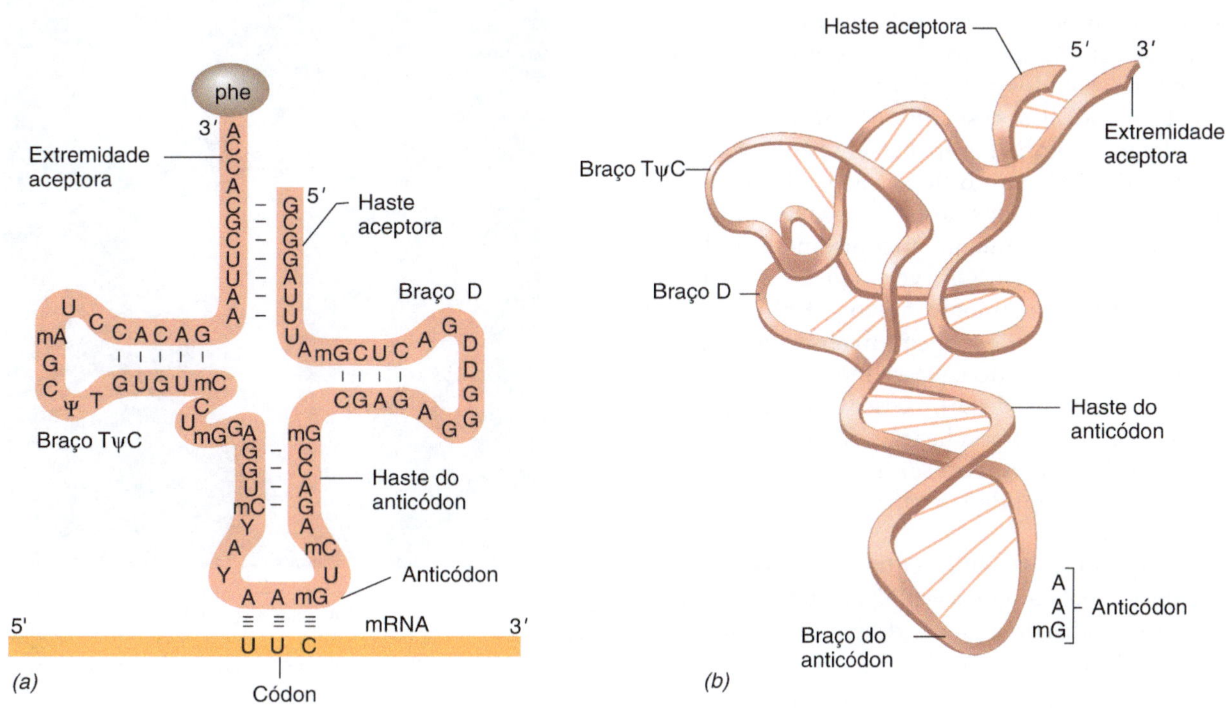

■ **Figura 7.35** Estrutura de um RNA transportador. (a) Estrutura convencional, em folha de trevo. O aminoácido liga-se à ribose do A terminal na extremidade aceptora. A, adenina; C, citosina; U, uracila; G, guanina; ψ, pseudouracila; D, diidrouracil; m, metil; Y, uma purina modificada. (b) Na realidade, a molécula se dobra de tal modo que os braços D e TψC se aproximam, associando-se por meio de interações hidrofóbicas.

relacionadas às bases mais encontradas naquela região (braço TψC e braço D) ou às suas funções específicas (braço do anticódon e aceptor). A estrutura tridimensional de uma molécula de tRNA é apresentada em maior detalhe na Figura 7.35*b*. Observe que as bases que aparecem muito distanciadas no modelo de folha de trevo estão, na realidade, muito próximas, quando observadas no modelo tridimensional. Isso significa que algumas das bases presentes nas "alças" encontram-se pareadas com bases de outros braços.

Uma das porções variáveis da molécula de tRNA contém o **anticódon**, o sítio que reconhece o códon no mRNA. O anticódon é encontrado no *braço do anticódon*, apresentado na Figura 7.35. Apenas *três* nucleotídeos no braço do anticódon estão especificamente envolvidos no processo de reconhecimento e no pareamento com o códon (ver Seção 7.13). Outras porções do tRNA interagem com o ribossomo (tanto com o rRNA quanto com as proteínas), com outros fatores protéicos e com a enzima ativadora. Na extremidade 3', ou **extremidade aceptora**, de todos os tRNA, existem três nucleotídeos não pareados, cuja seqüência é sempre a mesma: citosina-citosina-adenina (CCA). O aminoácido associado ao tRNA liga-se covalentemente à ribose do A terminal, por uma ligação do tipo éster. A partir dessa porção aceptora do tRNA, o aminoácido é transferido para uma cadeia polipeptídica presente no ribossomo, por um mecanismo que será descrito na próxima seção.

Reconhecimento, ativação e aminoacilação do tRNA

O reconhecimento do tRNA correto por uma aminoacil-tRNA sintetase envolve contatos específicos entre regiões-chave no ácido nucléico e aminoácidos específicos de sua respectiva sintetase (Figura 7.36). Conforme o esperado, o *anticódon*, por apresentar uma seqüência única, é importante no reconhecimento pela enzima. Entretanto, outros sítios de contato entre o tRNA e a sintetase são também importantes. Estudos da ligação do tRNA à aminoacil-tRNA sintetase, onde bases específicas foram alteradas por mutações, demonstraram que apenas um pequeno número de nucleotídeos-chave no tRNA, além da região do anticódon, estão envolvidos no reconhecimento. Os demais nucleotídeos geralmente encontram-se na haste aceptora da molécula de tRNA (ver Figura 7.35). Em alguns casos, o reconhecimento de um tRNA por sua sintetase cognata ocorre de maneira totalmente independente da região do anticódon. Nesse momento, devemos enfatizar que a fidelidade desse processo de reconhecimento é crucial pois, se houver a ligação de um aminoácido incorreto ao tRNA, este poderá ser inserido em um local inadequado no polipeptídeo, levando à síntese de uma proteína alterada.

A reação química específica entre o aminoácido e o tRNA, catalisada pela aminoacil-tRNA sintetase, envolve inicialmente a *ativação* do aminoácido por uma reação envolvendo a participação de ATP:

$$\text{Aminoácido} + \text{ATP} \rightleftharpoons \text{aminoacil-AMP} + \text{P-P}$$

O intermediário aminoacil-AMP formado normalmente permanece ligado à enzima até colidir com o tRNA apro-

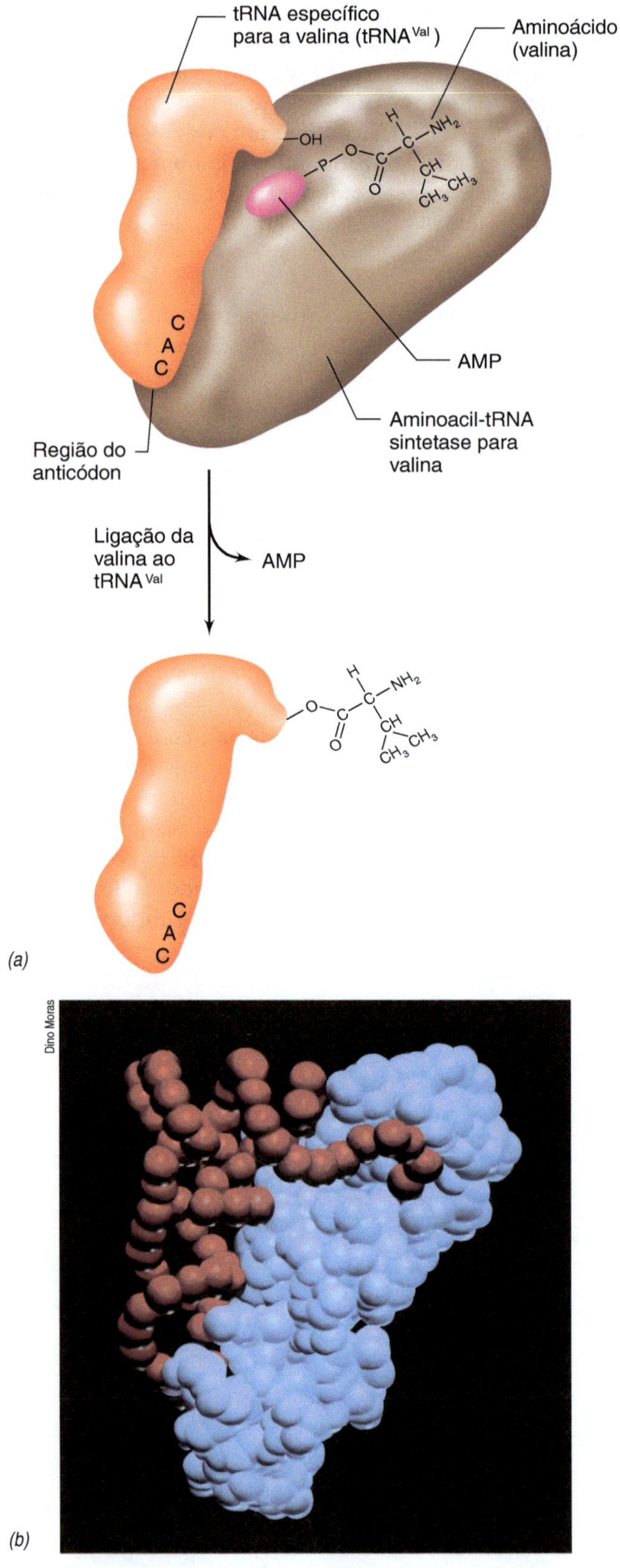

■ **Figura 7.36** Aminoacil-tRNA sintetases. (a) Ação de uma aminoacil-tRNA sintetase. O reconhecimento do tRNA correto por uma sintetase particular envolve contatos entre seqüências específicas de ácido nucléico e aminoácidos específicos da sintetase. Nesse diagrama é apresentada a valil-tRNA sintetase catalisando a etapa final da reação, em que ocorre a transferência da valina, na forma de valil-AMP, para o tRNA. (b) Modelo computacional apresentando a interação da glutaminil-tRNA sintetase (azul) com seu respectivo tRNA (vermelho). Reproduzido com a permissão de Ruff, M. et al. *Science* 252: 1682-1689, 1991. © 1991, AAAS.

priado, quando, conforme apresentado na Figura 7.36*a*, o aminoácido ativado é então transferido ao tRNA, originando a forma *carregada* (aminoacilada) do tRNA:

$$\text{Aminoacil-AMP} + \text{tRNA} \rightleftharpoons \text{aminoacil-tRNA} + \text{AMP}$$

O pirofosfato (P-P) formado na primeira reação é clivado pela pirofosfatase, originando duas moléculas de fosfato inorgânico. Uma vez que o ATP é utilizado, gerando AMP, é necessário um total de *duas* ligações fosfato de alta energia para a ativação de um aminoácido e a aminoacilação do tRNA. Uma vez ocorridos esses eventos, o aminoacil-tRNA (AA-tRNA) deixa a sintetase, sendo levado ao ribossomo por um fator protéico. O mecanismo de síntese protéica será discutido na próxima seção.

✓ 7.14 Verificação de conceitos

Há um ou mais RNAs transportadores para cada aminoácido encontrado em uma proteína. Enzimas denominadas aminoacil-tRNA sintetases atuam ligando um aminoácido ao tRNA. Uma vez que o aminoácido correto foi ligado ao seu respectivo tRNA, a especificidade adicional reside apenas na interação códon-anticódon.

✓ Qual a função do *anticódon* de um tRNA?

✓ Qual a função da *extremidade aceptora* de um tRNA?

7.15 Tradução: o processo de síntese protéica

A *seqüência* de aminoácidos determina a estrutura (e, em última análise, a função) de uma proteína final ativa. Assim, é de suma importância que o aminoácido correto seja adicionado na posição adequada de uma cadeia polipeptídica. Este corresponde ao papel da maquinaria de síntese protéica em uma célula.

Etapas na síntese protéica

Os **ribossomos** correspondem ao sítio da síntese protéica. Cada ribossomo é composto por duas subunidades. Em procariotos, as subunidades ribossomais apresentam 30S (unidades Svedberg) e 50S, originando ribossomos intactos 70S.* Cada subunidade corresponde a um complexo ribonucleoproteíco composto por RNAs ribossomais e proteínas específicas. A subunidade 30S contém o rRNA 16S e cerca de 21 proteínas, enquanto a subunidade 50S contém os rRNAs 5S e 23S, além de cerca de 34 proteínas (Tabela 7.4 e Figura 7.37*a*). Em *Escherichia coli*, são encontradas pelo menos 53 proteínas ribossomais diferentes, a maioria estando presente na forma de cópia única por ribossomo.

* Os números 30S, 50S e 70S referem-se às *unidades Svedberg*, que correspondem a unidades de coeficiente de sedimentação das subunidades ribossomais ou dos ribossomos intactos quando submetidos à força centrífuga em uma ultracentrífuga.

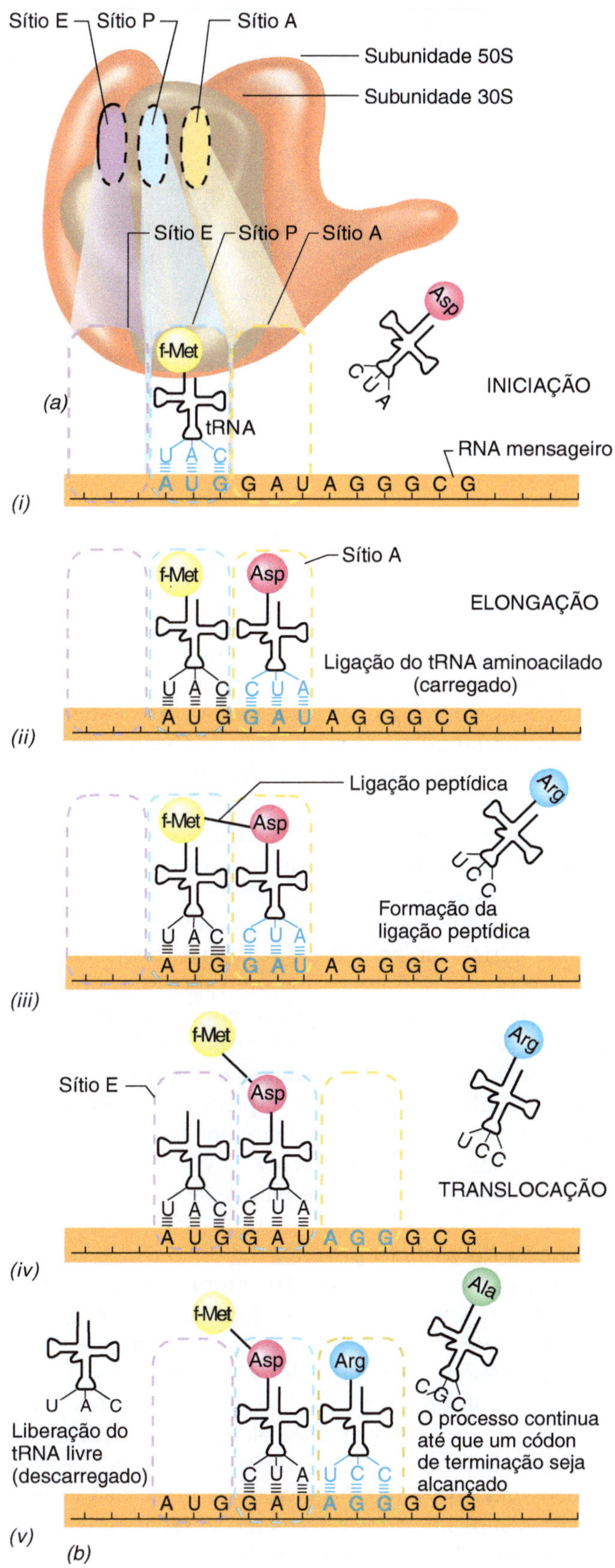

■ **Figura 7.37** (a) Estrutura de um ribossomo, apresentando a localização do sítio A, ou aceptor (à direita), sítio P, ou peptidil, e sítio E, ou de saída (do inglês *exit*). (b) Tradução da informação contida em um RNA mensageiro, em uma seqüência de aminoácidos de uma proteína. Apenas os sítios do ribossomo são apresentados. (i, ii) A interação entre o códon e o anticódon posiciona o tRNA carregado correto na posição apropriada — nesse caso, um tRNA iniciador e, em seguida, o tRNA transportando o segundo aminoácido. (iii) Formação de uma ligação peptídica entre os aminoácidos situados em moléculas adjacentes de tRNA. (iv) Translocação do ribossomo de um códon para o seguinte, com a liberação do tRNA agora livre de seu aminoácido a partir do sítio E. (v) O próximo tRNA carregado se liga ao sítio A.

Tabela 7.4 A estrutura do ribossomo[a]

Propriedade	Procariotos	Eucariotos
Tamanho geral	70S	80S
Subunidade menor	30S	40S
Número de proteínas	~ 21	~ 30
Tamanho do RNA (número de bases)	16S (1.500)	18S (2.300)
Subunidade maior	50S	60S
Número de proteínas	~ 34	~ 50
Tamanho do RNA (número de bases)	23S (2.900) 5S (120)	28S (4.200) 5,8S (160) 5S (120)

a Ribossomos de mitocôndrias e cloroplastos de eucariotos são similares aos ribossomos procarióticos (Seção 14.4).

Uma vez que o genoma de *E. coli* foi completamente seqüenciado e os ribossomos são estudados há algum tempo, poderíamos supor que dispomos do conhecimento preciso de quantas proteínas ribossomais existem no total e em cada subunidade. Entretanto, algumas proteínas encontram-se fortemente associadas aos ribossomos; outras, menos associadas; algumas encontram-se interagindo com as duas subunidades, enquanto outras, apenas com uma. Além disso, o ribossomo pode ser interpretado como uma estrutura dinâmica, que interage com muitas outras proteínas celulares. Existem fatores protéicos absolutamente essenciais à função ribossomal, interagindo com essas partículas sem serem considerados "proteínas ribossomais".

A síntese de uma proteína envolve um ciclo complexo, em que vários componentes ribossomais desempenham papéis específicos. Embora seja um processo contínuo, a síntese protéica pode ser dividida em algumas discretas etapas: **iniciação**, **elongação** e **terminação-liberação**. As duas primeiras etapas são ilustradas na Figura 7.37*b*. Além de mRNA, tRNA e ribossomos, o processo envolve a participação de várias proteínas, denominadas fatores de iniciação, de elongação e de terminação; a guanosina trifosfato fornece a energia necessária ao processo.

Iniciação da síntese protéica

Em procariotos, a iniciação sempre começa com a subunidade ribossomal 30S livre, havendo a formação de um **complexo de iniciação**, que consiste em uma subunidade ribossomal 30S, um mRNA, um tRNA formil-metionina e fatores de iniciação. A guanosina trifosfato é necessária para a realização dessa etapa. A subunidade 50S é adicionada a esse complexo de iniciação, dando origem ao ribossomo 70S ativo. Ao final do processo traducional, os ribossomos liberados novamente se separam em suas subunidades 30S e 50S. Imediatamente anterior ao códon de iniciação, há uma seqüência de três a nove nucleotídeos no mRNA (**seqüência de Shine-Dalgarno**) que está envolvida na ligação do mRNA ao ribossomo. Esse *sítio de ligação ao ribossomo*, localizado na extremidade 5′ do mRNA, é complementar à extremidade 3′ do RNA ribossomal 16S, e esse pareamento de bases garante a formação efetiva do complexo ribossomo-mRNA.

A presença do sítio de Shine-Dalgarno no mRNA e sua interação específica com o rRNA 16S possibilita aos ribossomos procarióticos utilizarem mRNAs *policistrônicos*, já que os ribossomos são capazes de encontrar cada um dos sítios de iniciação presentes na molécula de mRNA (ver Seção 7.11). Os ribossomos eucarióticos tipicamente reconhecem um mRNA a partir de sua estrutura 5′-*cap*, iniciando a tradução somente após encontrar o primeiro códon de iniciação possível. Assim, ribossomos eucarióticos normalmente não são capazes de traduzir mRNAs policistrônicos.

A iniciação sempre começa com a ligação de um aminoacil-tRNA iniciador especial ao **códon de iniciação** AUG. Em *Bacteria*, este sempre corresponde ao tRNA **formil-metionina**. Subseqüentemente, o grupo formil, localizado na extremidade N-terminal do polipeptídeo, é removido, sendo o aminoácido terminal da proteína completa é uma metionina. Uma vez que os sítios de Shine-Dalgarno (além de outras possíveis interações entre rRNA e mRNA) estão também envolvidos no direcionamento do ribossomo ao sítio de iniciação, RNAs mensageiros procarióticos algumas vezes apresentam códons de iniciação diferentes do AUG. O códon de iniciação alternativo mais utilizado é GUG. Quando empregado nessa forma não usual, o códon GUG requer o tRNA iniciador formil-metionina (e não o valina). Em *Eukarya* e *Archaea*, a iniciação começa com a metionina em vez de formil-metionina. (Embora todas as proteínas sejam iniciadas por uma metionina, normalmente esse aminoácido é removido pela ação de uma protease específica, após a tradução.)

Elongação e terminação

O mRNA associa-se ao ribossomo inicialmente pela sua ligação à subunidade 30S. O ribossomo contém outros sítios, com os quais o tRNA interage. Dois desses sítios localizam-se primariamente na subunidade 50S, sendo denominados sítio P e sítio A (ver Figura 7.37*b*). O sítio A, ou sítio **aceptor**, corresponde ao local onde o novo AA-tRNA primeiramente se liga. O sítio P, ou sítio **peptidil**, corresponde ao local onde o peptídeo crescente encontra-se ligado por um tRNA. Durante a formação da ligação peptídica, o peptídeo se move em direção ao tRNA localizado no sítio A, enquanto uma nova ligação peptídica é originada. Vários fatores de elongação solúveis (não ribossomais) são necessários à elongação, assim como moléculas adicionais de GTP (visando simplificar a Figura 7.37*b*, os fatores de elongação foram omitidos, apresentando-se apenas uma porção do ribossomo). O tRNA ligado ao peptídeo precisa agora ser deslocado (translocado) do sítio A para o sítio P, deixando o sítio A livre para receber um outro AA-tRNA.

A translocação requer um fator de elongação específico e uma molécula de GTP, para cada tRNA translocado. A cada etapa de translocação, o mRNA é avançado em três nucleotídeos, expondo um novo códon ao sítio A do ribossomo. A translocação empurra o tRNA, agora livre, para um outro sítio denominado sítio E (de saída). A partir do sítio de **saída**, o tRNA é liberado do ribossomo. A precisão da translocação é crítica à precisão da tradução.

Assim, o ribossomo deve mover-se exatamente sobre um códon, a cada passo. O ribossomo corresponde a uma estrutura dinâmica: tanto o mRNA como o tRNA se movem ao longo do ribossomo, enquanto este realiza cada um dos estágios da síntese protéica. Dessa maneira, os três sítios discutidos anteriormente não correspondem a locais meramente estáticos na superfície, mas a *partes móveis* de uma complexa maquinaria biomolecular.

Quando vários ribossomos traduzem simultaneamente uma única mensagem, o complexo recebe o nome de **polissomo** (Figura 7.38). Os polissomos aumentam a velocidade e a eficiência de tradução de um mRNA, e, como cada ribossomo atua independentemente dos demais, cada ribossomo de um complexo polissomal sintetiza um polipeptídeo completo. Observe na Figura 7.38 como os ribossomos mais próximos à extremidade 5′ (início) do mRNA apresentam polipeptídeos menores ligados a eles, uma vez que um número menor de códons foi lido, enquanto os ribossomos mais próximos à extremidade 3′ apresentam polipeptídeos praticamente prontos.

A **terminação** da síntese protéica ocorre quando um códon que não especifica qualquer AA-tRNA, um **códon de terminação**, é alcançado (ver Seção 7.13). Nenhum tRNA se liga a um códon de terminação; em vez disso, proteínas denominadas *fatores de liberação* reconhecem o sinal de terminação da síntese e clivam o polipeptídeo ligado ao tRNA terminal, liberando a proteína completa. Em seguida, o ribossomo se dissocia e libera suas subunidades, que podem então formar novos complexos de iniciação.

Papel do RNA ribossomal na síntese protéica

Os ribossomos são compostos por uma série de proteínas e RNAs ribossomais (ver Tabela 7.4). Há duas décadas, acreditava-se que as proteínas ribossomais provavelmente corresponderiam aos componentes funcionais dos ribossomos, enquanto o papel do RNA ribossomal seria predominantemente estrutural, ou seja, atuaria como um suporte para as proteínas ribossomais. Hoje em dia sabe-se que o rRNA desempenha papel *funcional* crítico em todos os estágios da síntese protéica, desde a iniciação até a terminação. O papel de muitas das proteínas presentes no ribossomo, embora ainda menos claro, parece ser atuar como facilitador da função ribossomal, estabilizando ou posicionando as seqüências funcionais chave dos vários RNAs ribossomais. Em procariotos, foi demonstrado que o rRNA 16S está envolvido na iniciação por meio de seu pareamento de bases com a seqüência de ligação ao ribossomo (seqüência de Shine-Dalgarno). Há fortes evidências indicando que as interações mRNA–rRNA também ocorrem durante a elongação.

Há ainda fortes evidências relacionando o rRNA à associação das subunidades, assim como com o posicionamento do tRNA, no momento do reconhecimento dos sítios ribossomais (A ou P, ver Figura 7.37*b*) ou mesmo na catálise da formação da ligação peptídica. Os tRNAs carregados que chegam ao ribossomo reconhecem o códon correto pelo pareamento códon:anticódon, embora também liguem-se fisicamente ao ribossomo por meio de interações entre a estrutura em haste-alça do anticódon com locais específicos do rRNA 16S. A extremidade aceptora do tRNA interage com o rRNA 23S.

A reação de peptidil transferase (a formação da real ligação peptídica, que ocorre na subunidade 50S do ribossomo), está associada ao rRNA 23S. Por um longo período de tempo, acreditou-se que essa reação fosse catalisada por uma combinação de proteínas. No entanto, foi demonstrado que a reação por si só é catalisada pela atividade de ribozima do próprio rRNA 23S (ver Seção 7.12). O rRNA 23S parece também desempenhar papel na translocação, sendo necessária a participação de fatores de elongação que interagem com esse rRNA. Finalmente, o rRNA 16S também participa da etapa de terminação, possivelmente interagindo com o mRNA ou por meio de interações com os fatores de liberação.

Dessa maneira, o RNA ribossomal desempenha importantes papéis na tradução. A função ribossomal é claramente dependente das principais espécies de RNA presentes.

Efeito dos antibióticos na síntese protéica

Um grande número de antibióticos inibe a síntese protéica por meio de sua interação com os ribossomos. Essas interações são bastante específicas, muitas envolvendo os rRNAs. Vários desses antibióticos são de importância médica, além de serem eficientes ferramentas de pesquisa, já que exibem especificidade por certas etapas da tradução. Assim, a *estreptomicina*, por exemplo, inibe a ini-

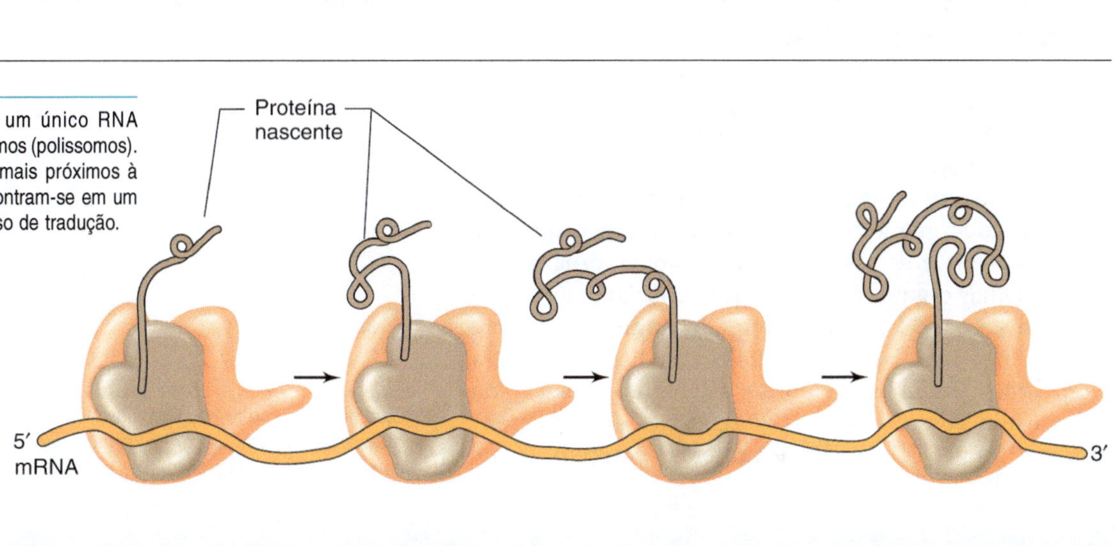

Figura 7.38 Tradução de um único RNA mensageiro por vários ribossomos (polissomos). Observe que os ribossomos mais próximos à extremidade 5′ do mRNA encontram-se em um estágio mais inicial do processo de tradução.

ciação, enquanto a *puromicina*, o *cloranfenicol*, a *cicloheximida* e a *tetraciclina* inibem a elongação.

Sua utilidade clínica é aumentada pelo fato de muitos antibióticos inibirem especificamente os ribossomos de organismos de apenas um ou dois domínios filogenéticos. Dos antibióticos listados acima, o cloranfenicol e a estreptomicina são específicos para os ribossomos de *Bacteria*, enquanto a cicloheximida o é para os ribossomos de *Eukarya*. Muitos desses antibióticos serão discutidos no Capítulo 17.

✓ 7.15 Verificação de conceitos

Os ribossomos desempenham um papel-chave no processo de tradução, associando-se ao mRNA e aos tRNAs carregados com os aminoácidos. Os ribossomos apresentam três sítios: o sítio aceptor, onde o tRNA carregado inicialmente se combina, o sítio peptidil, que sustenta a cadeia polipeptídica em crescimento, e um sítio de saída. Durante cada etapa da tradução, o mRNA se move sobre três nucleotídeos (um códon), e o tRNA se move do sítio aceptor para o sítio peptidil. A terminação da síntese protéica ocorre quando um códon de terminação, que não codifica qualquer aminoácido, é alcançado.

✓ Quais são os componentes de um ribossomo?

✓ Quais papéis funcionais o rRNA desempenha na síntese protéica?

7.16 Dobramento e secreção de proteínas

Até o momento, discutimos de que maneira a informação presente na seqüência de bases do DNA é replicada, transcrita em uma seqüência de bases de RNA e traduzida em uma seqüência de aminoácidos de uma proteína. Nossa discussão sobre o fluxo da informação biológica ainda não está encerrada, no entanto. Na Seção 7.1, mencionamos que as proteínas correspondem às "entidades funcionais" de uma célula; por exemplo, as enzimas protéicas catalisam a maioria das milhares de reações que ocorrem em uma célula típica. No entanto, para que uma proteína exiba atividade, é necessário que esta adquira uma conformação adequada, ou seja, que exiba um *dobramento* correto e esteja também no local correto. Aqui, discutiremos brevemente esses dois processos.

Dobramento de proteínas

Durante muito tempo se pensou que as proteínas se dobravam espontaneamente, adquirindo uma conformação ativa à medida que eram sintetizadas (Figura 7.38). Entretanto, hoje sabemos que muitas proteínas requerem o auxílio de outras, as **chaperonas moleculares**, para realizar seu dobramento correto ou para sua organização em complexos maiores. As chaperonas não se tornam parte das proteínas organizadas e estruturadas. Uma importante atividade das chaperonas é impedir a agregação imprópria de proteínas. Existem muitos tipos diferentes dessas chaperonas; algumas podem ser encontradas associadas até mesmo aos ribossomos. Outras são extremamente abundantes nas células. Essas proteínas parecem ser amplamente distribuídas nas células, exibindo elevado grau de conservação em nível de seqüências.

Um tipo de chaperona molecular, denominada *chaperonina*, encontra-se em provavelmente todos os seres vivos. A atividade de uma chaperonina é apresentada na Figura 7.39. A proteína ainda não dobrada, ou incorretamente dobrada, penetra na chaperonina molecular, onde sofre o dobramento adequado, sendo então liberada. A energia necessária ao dobramento é fornecida pela clivagem do ATP. Outras chaperonas celulares estão envolvidas no transporte da proteína não dobrada à chaperonina. Além de promover o dobramento da proteína recém-sintetizada, as chaperonas podem também promover o redobramento de proteínas parcialmente desnaturadas na célula. Tal tipo de desnaturação pode ocorrer quando um organismo é submetido temporariamente a altas temperaturas em seu ambiente. O redobramento nem sempre se faz com sucesso, e as células podem ainda conter proteases, que têm como alvo específico proteínas com dobramento incorreto, destruindo-as.

Secreção de proteínas

Muitas proteínas atuam em nível de membrana celular, ou mesmo *fora* da célula, e por isso devem migrar a partir do sítio de sua síntese nos ribossomos para a membrana ou mesmo atravessar esta estrutura. Em procariotos, enzimas periplasmáticas e extracelulares são secretadas, isto é, são proteínas *secretórias* (Seção 4.7). Em eucariotos, há um grande número de organelas delimitadas por membrana (tais como as mitocôndrias), para o interior das quais proteínas devem ser tansportadas, as-

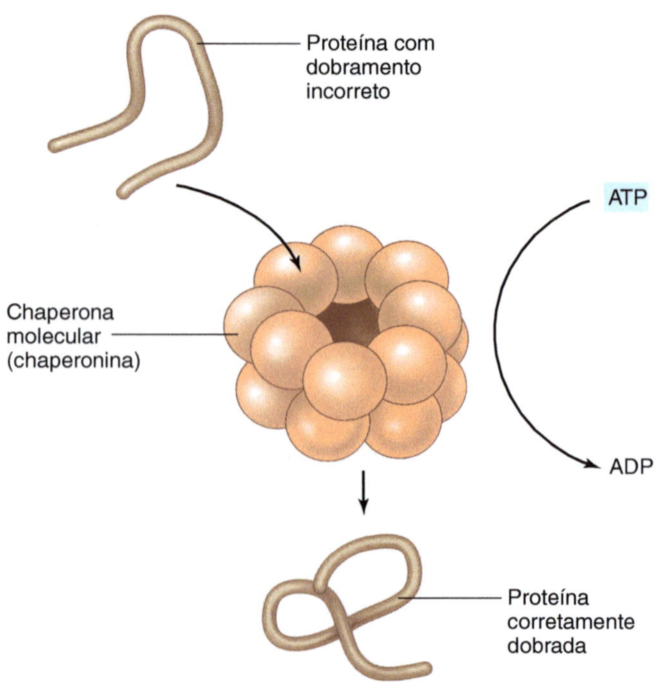

■ **Figura 7.39** Atividade de uma chaperona molecular. Uma proteína com dobramento incorreto é encaminhada à chaperonina, que possui estrutura semelhante a um barril. O ATP é utilizado para fornecer a energia necessária ao dobramento correto da proteína.

sim como existem proteínas que devem ser secretadas para fora da célula. Foi estimado que cerca de metade das proteínas de uma célula eucariótica típica são transportadas para o interior de uma membrana ou a atravessam.

Como é possível uma célula transferir seletivamente algumas proteínas através da membrana, enquanto a maioria permanece corretamente localizada no citoplasma? A maioria das proteínas que devem ser transportadas através de membranas é sintetizada apresentando uma seqüência peptídica N-terminal extra, com 15 a 20 aminoácidos de comprimento, denominada **seqüência sinal**. Tais seqüências sinal são muito variáveis, mas, tipicamente, apresentam alguns poucos resíduos de aminoácidos carregados positivamente no começo da seqüência, uma região central com resíduos hidrofóbicos seguida por uma região mais polar. A seqüência sinal atua auxiliando outras proteínas a reconhecer que a proteína em questão deve ser exportada, além de auxiliar no sentido de evitar que sua molécula sofra um dobramento completo. Uma vez que a seqüência sinal corresponde à primeira porção da proteína a ser sintetizada, as etapas iniciais de exportação podem ter início antes que a proteína seja totalmente sintetizada. Em eucariotos, o transporte está estreitamente associado à tradução, e, nesse caso, a proteína recém-sintetizada não é liberada dos ribossomos, não sendo encontrada livre no citoplasma. Os próprios ribossomos associam-se às membranas. Mesmo em procariotos, existem chaperonas associadas aos ribossomos, que participam desse processo.

O principal papel na seleção da maioria das proteínas a serem secretadas é realizado pela **partícula de reconhecimento de sinal** (**PRS** ou **SRP**, do inglês *signal recognition particle*). As SRPs são encontradas em todas as células. Em *Bacteria*, estas contêm uma única proteína e uma pequena molécula de RNA denominada RNA 4,5S. (Esse pequeno RNA não corresponde a um RNA transportador, a um RNA ribossomal ou a um RNA mensageiro. A maioria das células apresenta moléculas de RNA que não pertencem a essas classes principais.) A SRP reconhece proteínas que contêm a seqüência sinal, encaminhando-as para um complexo protéico especial de membrana (por exemplo SecYEG, Seção 4.7) onde, por meio de processos envolvendo o transporte através de um poro, a proteína é secretada. Como parte desse processo, a seqüência sinal é normalmente removida pela ação da enzima peptidase; esse é um exemplo do processo de **modificação pós-traducional**.

O estudo da secreção de proteínas tem implicações práticas importantes na engenharia genética (Capítulo 31). Quando bactérias são modificadas por engenharia genética com o objetivo de passarem a produzir proteínas exógenas, a seqüência sinal pode ser manipulada, a fim de que a proteína desejada seja secretada, facilitando assim os processos que visem seu isolamento e purificação.

✓ 7.16 Verificação de conceitos

As proteínas devem adquirir uma conformação apropriada, ou seja, devem ser dobradas corretamente para que possam exercer suas atividades biológicas. O dobramento pode se dar de maneira espontânea, mas pode também envolver a participação de outras proteínas — as chaperonas moleculares. Muitas proteínas também precisam ser transportadas para o interior de membranas ou mesmo atravessá-las. Tais proteínas são sintetizadas, apresentando uma seqüência sinal, a qual é reconhecida pelo aparelho de exportação celular e posteriormente removida.

✓ O que é uma *chaperona molecular*?

✓ Por que algumas proteínas apresentam uma *seqüência sinal*?

✓ O que é uma *partícula de reconhecimento de sinal*?

Neste capítulo, vimos como se dá o fluxo da informação biológica a partir do DNA para o RNA e, finalmente, para a proteína. Os mecanismos dessas três etapas principais de transferência da informação — replicação, transcrição e tradução — são bastante similares em procariotos e eucariotos. A informação contida em um gene pode ser precisamente replicada; assim, quando uma célula se divide, sua progênie apresenta a mesma informação genética. A informação contida em um gene também pode ser transcrita em RNA e, nos genes que codificam proteínas, a informação pode ainda ser traduzida em proteínas. Embora alguns RNAs exibam atividade catalítica, as proteínas correspondem aos componentes celulares que realizam as milhares de reações que compõem o metabolismo celular. Em seguida, voltaremos nossa atenção aos processos que explicam como as células promovem a regulação da expressão de determinado gene ou de um conjunto de genes.

Questões de revisão

1. Descreva o *dogma central* da biologia molecular.
2. Os genes foram descobertos antes que sua natureza química fosse conhecida. Defina um gene sem mencionar sua natureza química. Quais os componentes de um gene?
3. Repetições invertidas podem originar estruturas em haste-alça. Mostre isso apresentando a seqüência de um DNA de fita dupla contendo uma repetição invertida e indique como a transcrição dessa região pode originar uma estrutura em haste-alça.
4. A seqüência 5′ -GCACGGCACG- 3′ pode ser considerada uma repetição invertida? Justifique sua resposta.
5. Moléculas de DNA ricas em AT separam-se em duas fitas com maior facilidade que moléculas ricas em GC

quando há o aumento da temperatura. Explique essa observação, baseando-se nas propriedades do pareamento das bases A com T e G com C.

6. Uma estrutura freqüentemente observada durante a replicação de DNAs circulares é denominada *estrutura teta* (Θ). Desenhe um esquema do processo de replicação e mostre como uma estrutura teta pode ser originada.
7. Por que os erros durante a replicação do DNA são tão raros? Que atividade enzimática adicional (diferente da polimerização) está associada à DNA polimerase III e por que esta atua minimizando os erros?
8. O que são ribozimas e quais tipos de reações bioquímicas geralmente estão associadas a estas?
9. Há três etapas de processamento na obtenção da maioria dos mRNAs eucarióticos, ao passo que estas não são observadas para mRNAs de procariotos. Faça uma breve descrição sobre cada uma dessas três etapas.
10. O que são as aminoacil-tRNA sintetases e que tipos de reações essas enzimas realizam? Aproximadamente, quantos tipos diferentes dessas enzimas são encontrados em uma célula? Como uma sintetase reconhece seus substratos corretamente?
11. Os genes de tRNA apresentam promotores? Estes apresentam códons de iniciação? Justifique sua resposta.
12. Os sítios de iniciação e de terminação da síntese de mRNA (presentes no DNA) são diferentes dos sítios de iniciação e de terminação da síntese protéica (no mRNA). Explique.
13. A atividade que resulta na formação da ligação peptídica no ribossomo é denominada *peptidil transferase*. Que molécula catalisa essa reação, na célula?
14. Algumas vezes, proteínas que apresentam dobramento incorreto podem ser corretamente dobradas, embora algumas vezes isso não ocorra, sendo estas destruídas. Que tipo de proteínas estão envolvidas no redobramento de proteínas incorretamente dobradas? Que tipo de enzimas estão envolvidas na degradação de proteínas incorretamente dobradas?

Questões de aplicação

1. O genoma da bactéria *Neisseria gonorrhoeae* consiste em uma única molécula de DNA, de fita dupla, que contém 2.220 pares de quilobases. Calcule o comprimento dessa molécula de DNA em centímetros. Se 85% dessa molécula de DNA correspondessem a quadros de leitura aberta de genes que codificam proteínas e se o tamanho médio das proteínas fosse de 300 aminoácidos, quantos genes codificadores de proteína seriam encontrados em *Neisseria*? Que tipo de informação você imagina que estaria presente nesses 15% de DNA restantes?
2. Moléculas circulares de DNA, tais como as encontradas na maioria dos cromossomos bacterianos, contornam um problema encontrado na replicação de moléculas lineares de DNA. Qual é esse problema? Em contrapartida, possuir um cromossomo circular gera um novo problema: os dois cromossomos filhos ficam interligados após o término da replicação. Há algum tipo de enzima, discutida nesse capítulo, que poderia auxiliar na separação dessas moléculas, permitindo sua segregação?
3. Muitas moléculas de mRNA bacteriano são policistrônicas, ou seja, cada mRNA codifica mais de uma proteína. Imagine um mRNA codificando duas proteínas, contendo uma região interveniente, não codificadora, localizada entre as duas regiões codificadoras. A partir de seu entendimento sobre o processo de tradução, explique por que o produto final corresponderá a duas proteínas em vez de uma proteína híbrida (mista).
4. Qual seria o resultado (em termos de síntese protéica) se a RNA polimerase iniciasse a *transcrição* uma base a montante (acima) do sítio normal de iniciação? Por quê? Qual seria o resultado (em termos de síntese protéica) se a *tradução* fosse iniciada a uma base a jusante (abaixo) do sítio normal de iniciação? Por quê?
5. Na bactéria *Salmonella enterica*, a glutamil-fosfato redutase e a glutamato quinase — duas das enzimas envolvidas na síntese de prolina — aparentemente são traduzidas a partir de um único mRNA policistrônico. Faça um diagrama da região cromossomal que contém os dois genes dessas enzimas. Indique as posições relativas corretas, no DNA, das regiões que contêm os elementos a seguir: promotor(es), seqüência(s) de Shine-Dalgarno, códons de iniciação e de terminação e terminador(es) da transcrição. Você acredita que esses genes provavelmente contenham íntrons? Justifique.
6. Se os genes por você desenhados na questão 5 fossem, na verdade, dois genes que codificassem dois tRNAs diferentes, quais seriam as diferenças observadas no diagrama?

A maioria dos genes contém a informação que codifica uma única proteína. No entanto, para que essa proteína seja sintetizada, o gene deve ser expresso. Os organismos regulam a expressão gênica de tal maneira que as proteínas e as outras moléculas são sintetizadas nas quantidades corretas e nos momentos adequados do ciclo celular. A regulação da expressão dos genes pode ser influenciada pelo ambiente em que a célula se encontra. Essa regulação envolve, freqüentemente, interações muito precisas dos genes, presentes no DNA, com proteínas regulatórias específicas, conforme ilustrado a seguir. A figura ilustra a ligação da proteína repressora do bacteriófago lambda (uma proteína que regula a transcrição) ao DNA. A ligação de proteínas ao DNA corresponde a um dos mecanismos de "ligar" (ativar) ou "desligar" (reprimir) a expressão gênica.

8 REGULAÇÃO DA EXPRESSÃO GÊNICA

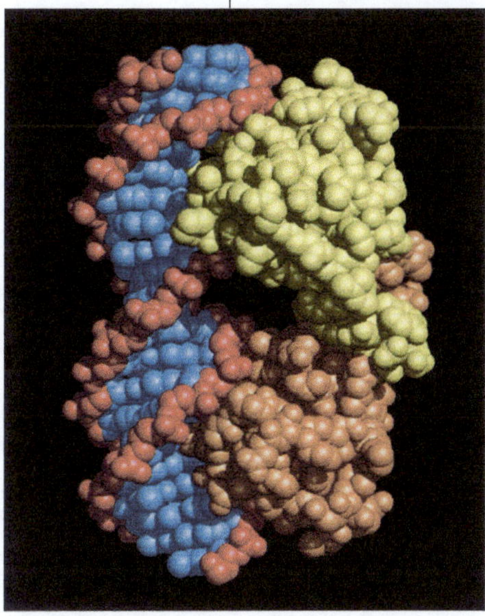

Glossário de trabalho

Atenuação mecanismo de controle da expressão gênica que promove a terminação da transcrição, após sua iniciação e antes que uma molécula completa de mRNA seja sintetizada

Controle negativo mecanismo de regulação da expressão gênica em que uma *proteína repressora* atua, impedindo a transcrição de um ou mais genes

Controle positivo mecanismo de regulação da expressão gênica em que uma *proteína ativadora* atua, promovendo a transcrição de um ou mais genes

Enzima alostérica enzima que apresenta dois sítios de ligação: o sítio ativo (onde o substrato se liga) e o sítio alostérico (onde uma molécula efetora se liga)

Inibição por retroalimentação (*feedback*) diminuição da atividade da primeira enzima de uma via metabólica, mediada pelo produto formado

Operon um ou mais genes transcritos como uma única molécula de RNA, que se encontram sob o controle de um único sítio regulatório. Termo geralmente utilizado para descrever uma unidade transcricional, que contém mais de um gene

Proteína ativadora proteína regulatória que se liga a sítios específicos no DNA, estimulando a transcrição; participa do controle positivo

Proteína quinase sensora um dos componentes de um sistema de dois componentes; quinase encontrada na membrana celular, que se autofosforila em resposta a um sinal externo, transferindo o grupo fosforil a uma proteína reguladora de resposta (ver proteína reguladora de resposta)

Proteína reguladora de resposta um dos componentes de um sistema de dois componentes; proteína regulatória que é fosforilada por uma proteína quinase sensora (ver proteína quinase sensora)

Proteína repressora proteína regulatória que se liga a sítios específicos no DNA, bloqueando a transcrição; participa do controle negativo

Quinase enzima que adiciona um grupo fosforil a um composto

Quorum sensing vias regulatórias de *Bacteria* que respondem à densidade populacional

Sistema de dois componentes sistema regulatório que contém uma proteína quinase sensora e uma proteína reguladora de resposta (ver proteína quinase sensora e proteína reguladora de resposta)

No capítulo anterior, vimos que a informação, armazenada na forma de uma seqüência de bases em um gene, pode ser transcrita em RNA e, então, traduzida, originando uma proteína específica. A maioria das proteínas corresponde a enzimas (Seção 5.5), que realizam uma série de reações responsáveis pelo metabolismo celular. Centenas de reações enzimáticas distintas ocorrem simultaneamente durante um único ciclo de crescimento celular. Os *micro*rganismos também têm a capacidade de responder prontamente às alterações ambientais, exibindo um grande número de vias complexas de desenvolvimento. Para garantir a eficiente coordenação dessas numerosas reações químicas em uma célula; para utilizar da melhor maneira possível os recursos disponíveis e realizar os processos associados ao desenvolvimento, as células devem ser capazes de *controlar* a expressão de sua informação genética.

I VISÃO GERAL DA REGULAÇÃO

Algumas enzimas, denominadas *constitutivas*, são necessárias, em concentrações semelhantes, em todas as condições de crescimento. As enzimas constitutivas são, geralmente, de grande importância no metabolismo celular. Como estas são necessárias ao crescimento em quaisquer condições nutricionais, são sintetizadas continuamente pelas células. Entretanto, na maioria dos casos, uma determinada reação enzimática é necessária apenas sob certas condições e não sob outras. Por exemplo, as enzimas necessárias à degradação da lactose são requeridas apenas quando o microrganismo se encontra em um ambiente que contém esse açúcar. A maioria dos microrganismos possui genes que codificam um número muito maior de proteínas que aquelas de fato presentes em uma célula, crescendo em determinada condição (Seção 2.2). Conseqüentemente, as células devem apresentar mecanismos de regulação da expressão gênica, que atuam tanto em resposta às alterações das condições de crescimento como em resposta aos diferentes processos responsáveis por seu desenvolvimento. Como esse tipo de regulação ocorre?

8.1 Principais mecanismos de regulação

Existem dois mecanismos básicos de regulação em uma célula. Um destes controla a *atividade* de uma enzima preexistente, enquanto o outro controla a *quantidade* (ou mesmo a presença ou ausência) de determinada enzima (Figura 8.1). A regulação da atividade enzimática, obviamente, ocorre *após* a proteína em questão ter sido sintetizada (isto é, pós-traducionalmente). Contrariamente, a regulação da quantidade de uma enzima pode ocorrer em nível transcricional (regulando a quantidade de RNA [mRNA] sintetizado) ou em nível traducional (permitindo ou não a tradução de determinado mRNA em proteína). A regulação da síntese de uma enzima corresponde a um nível mais rudimentar de controle que a regulação de sua atividade. A regulação da atividade enzimática geralmente se processa de maneira muito rápida (segundos ou menos), enquanto a regulação da síntese de uma enzima corresponde a um processo relativamente lento (cerca de alguns minutos). Caso a síntese de uma nova enzima seja necessária, obrigatoriamente haverá um intervalo de tempo até que esta seja sintetizada e se encontre em concentrações adequadas para que possa então afetar o metabolismo. Alternativamente, se a síntese enzimática for interrompida, um tempo maior será necessário para que as moléculas de enzima já sintetizadas se diluam a ponto de não mais afetar o metabolismo. A ação conjunta desses dois mecanismos resulta em um eficiente processo de regulação do metabolismo celular.

Os sistemas de controle que alteram o nível de *expressão* de determinados genes serão o tema principal deste capítulo. No entanto, vale ressaltar que o número de me-

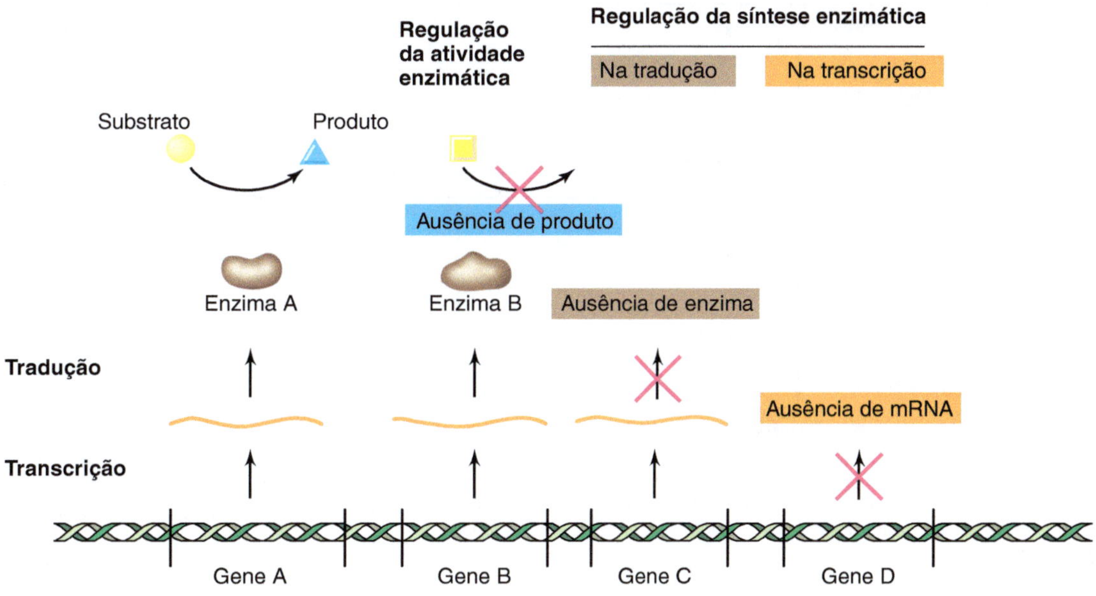

■ **Figura 8.1** Visão geral dos mecanismos que podem ser utilizados na regulação. O produto do gene A é a enzima A, sintetizada constitutivamente, catalisando sua reação. A enzima B é também sintetizada constitutivamente, mas sua *atividade* pode ser inibida. A *síntese* do produto do gene C pode ser bloqueada pelo controle em nível de tradução. A *síntese* do produto do gene D pode ser controlada em nível de transcrição.

canismos regulatórios distintos é extremamente vasto; a maioria dos genes é regulada por mais de um tipo de mecanismo. Iniciaremos discutindo brevemente como os processos envolvidos na regulação da *atividade* de enzimas pré-formadas são controlados.

✓ 8.1 Verificação de conceitos

A maioria dos genes codifica proteínas, e a maioria das proteínas corresponde a enzimas. A expressão desse tipo de gene pode ser regulada mediante o controle da atividade enzimática ou pelo controle da quantidade de enzimas sintetizadas.

✓ Quais etapas, na síntese de uma proteína, podem estar sujeitas à regulação?

✓ Qual mecanismo é, provavelmente, mais rápido: a regulação da atividade enzimática ou a regulação da síntese de uma enzima?

II REGULAÇÃO DA ATIVIDADE ENZIMÁTICA

Vários são os mecanismos de regulação pós-traducional. Em alguns casos, a enzima é sintetizada como parte de uma molécula precursora maior, inativa. Para que a enzima passe a exibir atividade, parte da molécula precursora deve ser removida (ver Quadro "Processamento de proteínas"). Outro mecanismo promove a redução do grau de atividade pela degradação das moléculas de enzima. Nas duas próximas seções, discutiremos as formas reversíveis e temporárias da regulação, envolvendo alterações menos drásticas nas moléculas enzimáticas.

8.2 Inibição da atividade enzimática

Como mencionamos anteriormente, algumas proteínas não exibem atividade enzimática enquanto não sofrerem algum tipo de processamento. No entanto, é mais comum que as proteínas sejam sintetizadas em suas formas ativas; essa atividade é subseqüentemente reduzida, ou *inibida*, pela ação de compostos celulares específicos. Tais compostos geralmente estão associados às vias metabólicas catalisadas por essas enzimas.

Um dos principais mecanismos de controle da atividade enzimática envolve o fenômeno de **inibição por retroalimentação** (*feedback*). Esse tipo de inibição ocorre principalmente na regulação de vias biossintéticas inteiras, tais como aquelas envolvidas na síntese de aminoácidos ou purinas. Conforme discutido previamente, essas vias normalmente apresentam uma série de reações enzimáticas em que o produto final, aminoácido ou nucleotídeo, é originado a partir do substrato inicial, após várias etapas (Seção 5.15). Assim, esse produto final pode vir a retroalimentar a primeira etapa da via, regulando sua própria biossíntese. Como?

Na inibição por retroalimentação, o aminoácido, ou outro produto final da via biossintética, inibe a atividade da *primeira* enzima da via. Dessa maneira, o aumento na concentração do produto final inibe sua síntese. No entanto, caso o produto final seja consumido, sua síntese pode ser restabelecida (Figura 8.2).

De que maneira o produto final pode inibir a atividade de uma enzima que tem como substrato um composto totalmente distinto? Tal processo ocorre devido a uma propriedade apresentada pela enzima, denominada **alosteria**. Uma enzima alostérica possui dois importantes sítios de ligação: o sítio *ativo*, no qual ocorre a ligação do substrato, e o sítio *alostérico*, onde o inibidor (algumas vezes denominado "efetor") se liga de maneira reversível. Quando o inibidor se liga ao sítio alostérico, em geral de forma não covalente, a molécula enzimática sofre uma alteração conformacional, reduzindo a eficiência de ligação do substrato ao sítio ativo (Figura 8.3). Quando há a diminuição na concentração do inibidor, o equilíbrio da reação tende a favorecer sua dissociação do sítio alostérico, promovendo a retomada da conformação original do sítio catalítico. Enzimas alostéricas são

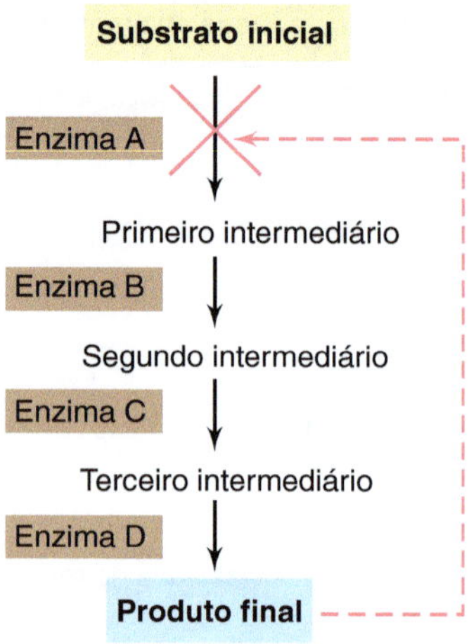

■ **Figura 8.2** Inibição da atividade enzimática por retroalimentação. A atividade da primeira enzima da via é inibida pelo produto final, controlando sua própria produção.

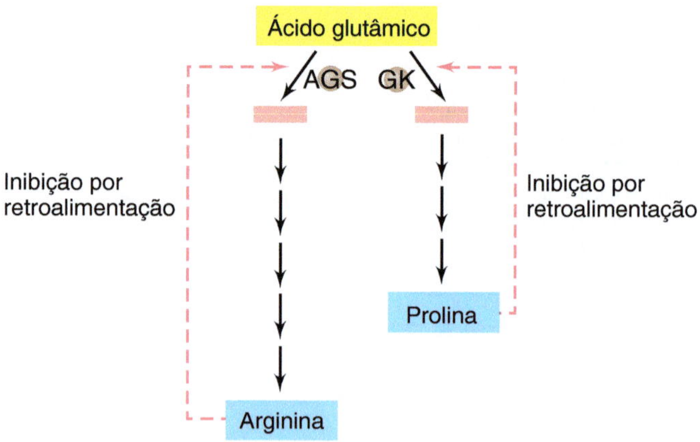

■ **Figura 8.4** Inibição de uma via biossintética ramificada por retroalimentação (linhas tracejadas em rosa). Um intermediário-chave de cada via é apresentado em rosa. As enzimas inibidas são a *N*-acetil-glutamato sintase (AGS) e a γ-glutamil quinase (GK).

muito comuns em vias anabólicas e catabólicas, sendo especialmente importantes em vias que exibem ramificações. Por exemplo, os aminoácidos prolina e arginina são sintetizados a partir de ácido glutâmico. A Figura 8.4 ilustra como esses dois aminoácidos podem controlar a primeira enzima, exclusiva de suas respectivas vias biossintéticas, sem afetar as demais. Assim, quando a prolina se encontra em excesso, por exemplo, esta não interfere na síntese de arginina.

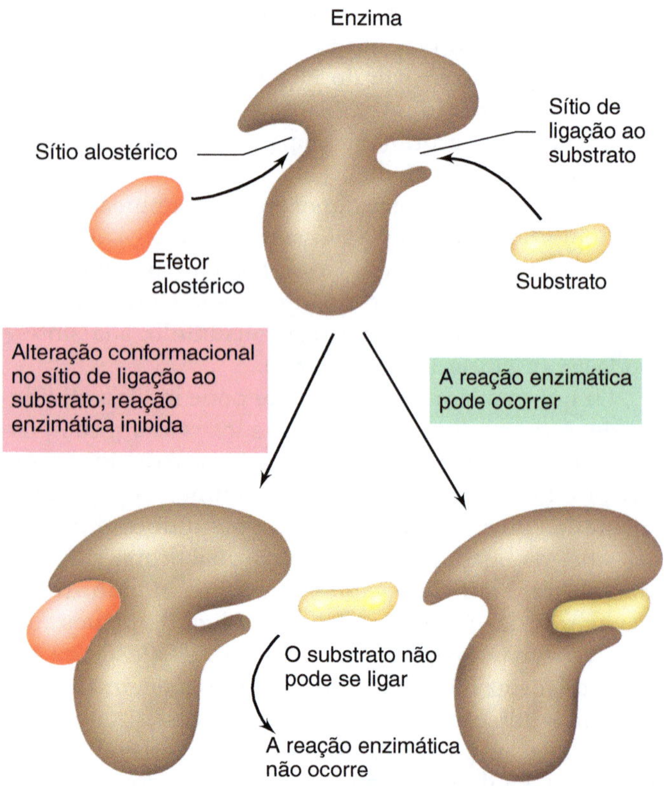

■ **Figura 8.3** Mecanismo de inibição enzimática mediada por um efetor alostérico. Quando o efetor se combina com o sítio alostérico, promove uma alteração conformacional da enzima, impedindo a ligação do substrato.

Além disso, algumas vias biossintéticas são reguladas pela utilização de **isoenzimas** (abreviação de enzimas isofuncionais — *iso* significa "igual" ou "constante"). Essas enzimas catalisam a mesma reação, embora sejam reguladas por mecanismos distintos. Como exemplo, temos a síntese de aminoácidos aromáticos (Figura 8.5; Figura 5.26). Três isoenzimas distintas catalisam a primeira reação dessa via, sendo cada uma regulada independentemente por cada um dos aminoácidos, ou seja, os produtos finais. Contrariamente aos exemplos anteriores de inibição por retroalimentação, em que os inibidores inibiam completamente a atividade enzimática, neste caso a atividade enzimática inicial vai sendo diminuída de maneira sucessiva, até atingir um valor zero, apenas quando os três produtos se encontrarem em excesso.

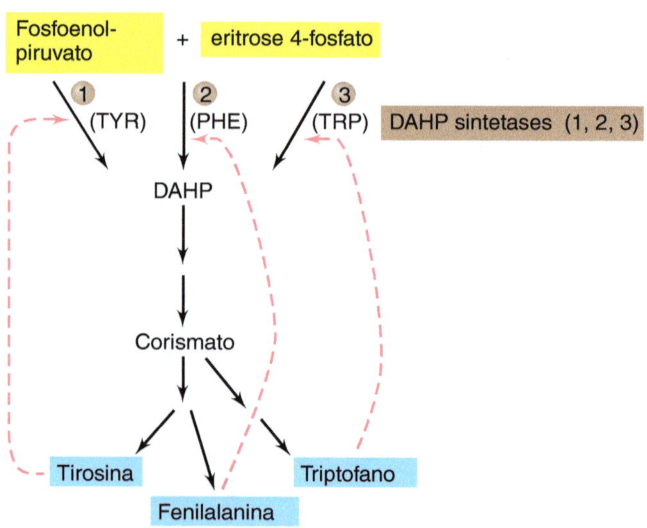

■ **Figura 8.5** A via geral de síntese de aminoácidos aromáticos contém três isoenzimas de DAHP sintetase (DAHP é a abreviação de 3-desoxi-*D-arabino*-heptulosonato 7-fosfato). Cada uma dessas enzimas é inibida especificamente por um dos aminoácidos aromáticos. Observe como o excesso de todos os três aminoácidos é necessário ao bloqueio total na síntese de DAHP.

O mecanismo de inibição por retroalimentação tem interesse não somente do ponto de vista acadêmico. Veremos no Capítulo 30 como o entendimento da bioquímica do mecanismo de inibição por retroalimentação permitiu aos microbiologistas industriais isolarem mutantes que haviam perdido a capacidade de inibir a síntese de determinados aminoácidos. Esses mutantes são ainda hoje empregados na produção comercial, em larga escala, de aminoácidos utilizados como suplementos alimentares (Seção 30.7 e Figura 30.13).

✓ 8.2 Verificação de conceitos

As reações metabólicas podem ser reguladas pelo controle da atividade das enzimas que as catalisam. Um importante mecanismo de regulação da atividade enzimática corresponde à inibição por retroalimentação, em que o produto final de uma via biossintética inibe a primeira enzima, exclusiva daquela via.

✓ O que se entende por *inibição por retroalimentação*?

✓ O que é uma *enzima alostérica*?

8.3 Modificação enzimática

Uma enzima pode ser regulada por intermédio de modificações covalentes, as quais, em geral, correspondem à adição ou deleção de pequenas moléculas orgânicas. Vários exemplos desse tipo de mecanismo são conhecidos em bactérias. Assim, como no caso de proteínas alostéricas, a ligação do grupo modificador promove alterações conformacionais na enzima que podem afetar dramaticamente sua atividade catalítica. A remoção do grupo modificador restaura a conformação ativa da enzima. São conhecidos muitos exemplos de sistemas regulatórios mediados por modificações covalentes. Dentre estes, os mais bem caracterizados correspondem às enzimas afetadas pela ligação do nucleotídeo adenosina monofosfato (AMP) ou adenosina difosfato (ADP), que se associam por meio do grupamento fosfato ou por metilação.

Um dos exemplos mais estudados corresponde à enzima alostérica glutamina sintetase (GS), regulada por adenililação (adição de AMP). Essa enzima tem importante papel no metabolismo celular de nitrogênio (Seção 5.15). Pelo menos oito compostos diferentes promovem uma inibição por retroalimentação da enzima GS, dentre eles vários aminoácidos e compostos envolvidos no metabolismo de nucleotídeos. A suscetibilidade da GS a esse tipo de inibição é significativamente aumentada, sendo sua atividade geral bastante reduzida quando as células são cultivadas em meios ricos em nitrogênio (glutamina). Tal fenômeno é decorrente da adenililação de GS (Figura 8.6). Cada molécula de GS possui 12 subunidades idênticas, cada uma podendo ser adenililada em um sítio em particular. Quando a enzima é totalmente adenililada, perde sua atividade; quando esta é parcialmente adenililada, exibe atividade parcial. Curiosamente, a enzima que adiciona ou remove AMP é também regulada por modificações covalentes.

O mecanismo de regulação enzimática por modificação covalente, como no caso da adenililação de GS, é prontamente reversível. Entretanto, nem todas as modificações pós-traducionais de proteínas exibem esse caráter. Em alguns casos, o polipeptídeo recém-traduzido deve sofrer extenso processamento, originando uma enzima ativa (ver Quadro "Processamento de proteínas").

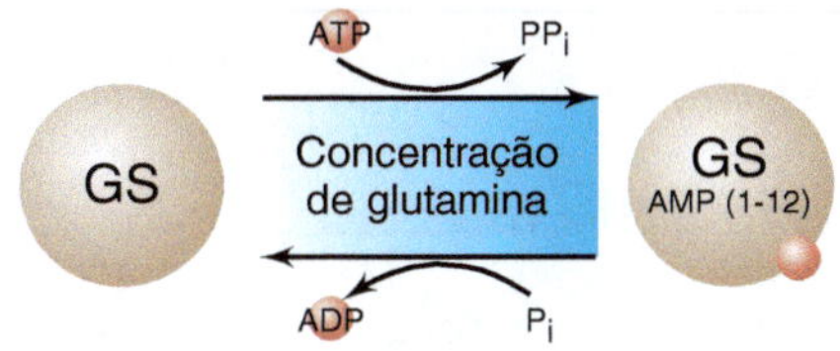

(a)

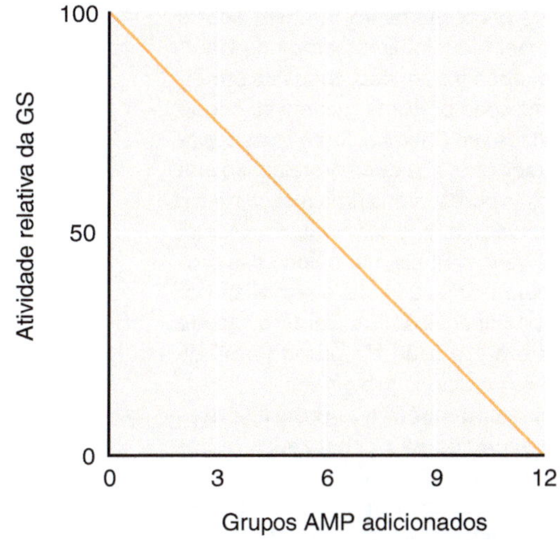

(b)

Figura 8.6 Regulação da glutamina sintetase, mediada por modificação covalente. (a) Quando as células são cultivadas em um meio rico em nitrogênio fixado, a glutamina sintetase (GS) sofre modificações covalentes, sendo progressivamente adenililada. Um total de 12 grupos adenil (AMP) pode ser adicionado. Quando o meio passa a apresentar carência de nitrogênio, os grupos são removidos, havendo a formação de ADP. (b) As subunidades adenililadas de GS são inativas; a atividade global de GS é *reduzida* quanto maior for o grau de adenililação. Qualquer subunidade não adenililada permanece ativa, exibindo, no entanto, maior sensibilidade à inibição por retroalimentação.

✓ 8.3 Verificação de conceitos

A modificação covalente corresponde a um mecanismo regulatório que altera temporariamente o grau de atividade enzimática. Enzimas reguladas por tal processo podem ser modificadas, sendo essa modificação subseqüentemente removida. Como exemplo de modificação covalente, temos a adenililação (adição de AMP).

✓ Qual o efeito de uma modificação covalente na atividade enzimática?

✓ De que maneira a modificação covalente afeta "temporariamente" uma enzima?

III REGULAÇÃO DA TRANSCRIÇÃO: CONTROLES NEGATIVO E POSITIVO

Os processos de controle da atividade enzimática, seja pela inibição por retroalimentação, seja pelas modificações covalentes, podem parecer suficientes na regulação da expressão gênica, mas tal suposição não é correta. Em-

Enfocando... Processamento de proteínas

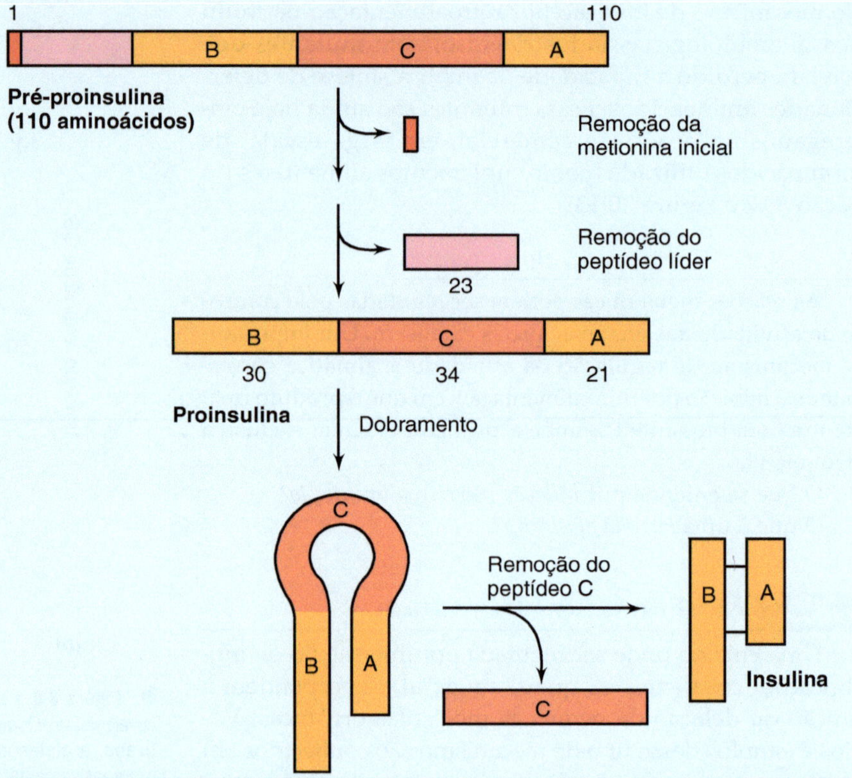

■ **Figura 1** Processamento da pré-proinsulina. A metionina inicial é clivada antes da síntese completa da molécula de pré-proinsulina. Após a remoção do peptídeo líder, a molécula de proinsulina sofre um dobramento, com a remoção do peptídeo C, restando apenas as cadeias A e B da insulina. Essas cadeias são interligadas por pontes dissulfeto (Seção 3.8).

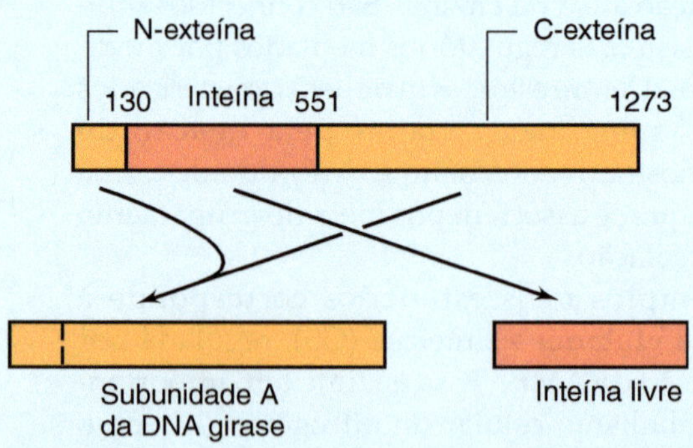

■ **Figura 2** "splicing" de proteínas. A proteína sintetizada a partir do mRNA *gyrA*, em *Mycobacterium leprae*, apresenta 1.273 resíduos de aminoácidos (sendo 10 vezes maior que a pré-proinsulina, apresentada na Figura 1). A N-exteína corresponde à exteína amino-terminal, enquanto a C-exteína, à carboxi-terminal. Os resíduos de 131 a 550 compreendem uma inteína que se auto-remove por um mecanismo de "auto-splicing", gerando a inteína livre e a subunidade A da DNA girase.

No Capítulo 7, discutimos o processamento de RNA (Seção 7.12). Mencionamos que *todos* os tRNAs e rRNAs são transcritos como parte de uma molécula maior de RNA, sendo clivados nos tamanhos corretos. O processamento também ocorre em proteínas. Mencionamos ainda no Capítulo 7 que, após a tradução, todas as proteínas são iniciadas por uma metionina, sendo esta formilada em *Bacteria*. Com isso, poderíamos supor que qualquer proteína isolada de uma célula apresentaria uma metionina em sua extremidade amino-terminal. Entretanto, isso não é verdade pois, na maioria das proteínas, essa metionina inicial é removida por uma enzima específica. (Em *Bacteria*, ocorre inicialmente a remoção do grupo formil da metionina em todas as proteínas.)

Discutimos também que proteínas destinadas à secreção são sintetizadas, apresentando uma seqüência líder, removida em uma das etapas do transporte (Seção 7.16). Em alguns casos, o produto final ativo é resultado de um extensivo processamento do produto original de tradução. Freqüentemente, tal situação é observada com hormônios peptídicos, sintetizados por organismos superiores. Um exemplo bastante simples corresponde ao hormônio insulina. A insulina tem importante papel na regulação do metabolismo de carboidratos em mamíferos, sendo utilizada no tratamento do diabetes. A insulina é derivada de uma proteína, denominada pré-proinsulina, contendo 110 resíduos de aminoácidos, conforme ilustrado na Figura 1. O peptídeo líder "pré" é removido durante a secreção, restando a proinsulina, que é, então, novamente clivada, originando a molécula final de insulina ativa, que possui uma cadeia A e uma cadeia B.

Alguns genes são traduzidos originando uma "poliproteína", ou seja, uma longa cadeia polipeptídica que sofre processamento e dá origem a vários produtos ativos distintos. Apresentaremos alguns exemplos quando discutirmos os poliovírus (Seção 16.7) e os retrovírus (Seção 9.12).

Quando os íntrons são removidos durante o processamento de RNA, as seqüências flanqueadoras (os éxons) são unidas, originando uma única molécula (Seção 7.12). Recentemente, vários exemplos vêm mostrando que as informações "extras" dos genes são removidas no nível das *proteínas* e não no nível dos RNAs. Esse processo recebeu a denominação "'splicing' de proteínas", sendo a porção polipeptídica removida denominada **inteína**. Tal tipo de processamento ocorre em proteínas específicas de *Archaea*, *Bacteria* e *Eukarya*. A Figura 2 apresenta o processamento sofrido pelo produto do gene *gyrA* da bactéria *Mycobacterium leprae*. Observe que as seqüências flanqueadoras, denominadas *exteínas*, são unidas e originam uma única proteína, neste caso, uma subunidade da DNA girase. Curiosamente, as inteínas apresentam "auto-splicing", sendo a própria inteína uma protease específica (uma enzima que cliva proteínas). Lembre-se de que muitos íntrons são também capazes de promover seu "auto-splicing" (Seção 7.12).

Muitas outras etapas de "processamento" podem ocorrer em proteínas, assim como no caso de RNAs. Mencionamos que o tRNA contém muitas bases modificadas,sendo essa modificação um evento pós-transcricional (Seção 7.14). De maneira similar, sabe-se que proteínas contêm muito mais aminoácidos que os 20 conhecidos (ou 21, Quadro "Selenocisteína: o vigésimo primeiro aminoácido", no Capítulo 7); estes resultam de modificações covalentes pós-traducionais. As modificações covalentes são algumas vezes reversíveis, correspondendo a importantes mecanismos de regulação da atividade enzimática (ver Seção 8.3). ■

bora a glutamina sintetase (GS) seja submetida a ambos os tipos de regulação, a quantidade da proteína GS pode ser aumentada ou diminuída em relação ao nível de nitrogênio no meio. No restante deste capítulo, discutiremos os mecanismos utilizados pelas células para controlar a *quantidade* de proteína sintetizada. Nossa discussão enfocará inicialmente o controle em nível transcricional. Para que a transcrição ocorra, é necessário que a RNA polimerase reconheça um promotor específico no DNA, a fim de iniciar sua atividade. A regulação da transcrição normalmente envolve proteínas capazes de se ligar ao DNA. Dessa maneira, antes de discutirmos os mecanismos específicos de regulação, analisaremos as proteínas que se ligam ao DNA.

8.4 Proteínas de ligação ao DNA

Freqüentemente, pequenas moléculas estão diretamente envolvidas na regulação da atividade protéica. Por exemplo, na situação ilustrada na Figura 8.4, os aminoácidos prolina e arginina se ligam diretamente à enzima, inibindo-a. Em contrapartida, a regulação da *síntese* enzimática corresponde a uma situação bastante distinta. Embora pequenas moléculas estejam envolvidas com freqüência na regulação da transcrição, raramente atuam de maneira direta. Tais moléculas influenciam a ligação de certas proteínas, denominadas *proteínas regulatórias*, a sítios específicos no DNA. Na realidade, essas proteínas regulatórias são responsáveis pela regulação da transcrição. Nesta seção, discutiremos algumas propriedades gerais de proteínas que se ligam ao DNA.

Interação de proteínas com ácidos nucléicos

As interações proteínas-ácidos nucléicos são centrais nos processos de replicação, transcrição e tradução, assim como em sua regulação. Dois tipos gerais de interações proteínas-ácidos nucléicos são descritos: aqueles não específicos, em que a proteína se liga a *qualquer* região do ácido nucléico, e as interações específicas, em que há a especificidade de ligação com relação a uma seqüência de DNA. Como exemplo de proteínas que *não* interagem de maneira seqüência-específica temos as **histonas** — proteínas extremamente importantes na estruturação do cromossomo eucariótico (Seção 7.3), embora menos importantes em procariotos. As histonas são proteínas relativamente pequenas, que possuem um grande número de aminoácidos carregados positivamente (arginina, lisina, histidina). O DNA, por sua vez, apresenta uma grande quantidade de grupos fosfato, carregados negativamente, voltados para a face externa da dupla hélice. Devido às cargas positivas, as histonas se combinam fortemente e de forma relativamente inespecífica ao DNA carregado negativamente. A associação das histonas ao DNA leva à formação dos nucleossomos — partículas fundamentais do cromossomo eucariótico (Seção 7.3). Esses nucleossomos sofrem nova compactação, originando estruturas com maior grau de organização, que tornam o DNA inacessível. Quando o DNA se encontra recoberto pelas histonas, outras proteínas, como a RNA polimerase, não são capazes de se ligar, impedindo a transcrição. Certas proteínas podem romper a estrutura condensada do DNA. Entretanto, a perda das histonas não promove, automaticamente, a transcrição; esta perda simplesmente permite que os genes possam ser ativados por outros fatores. Mesmo após a ligação da RNA polimerase eucariótica e o início da transcrição, essas enzimas requerem fatores protéicos específicos que possibilitam sua movimentação ao longo da molécula de DNA revestida por proteínas.

Há também várias proteínas que interagem com o DNA de forma *seqüência-específica*. Essas interações ocorrem pela associação das cadeias laterais dos aminoácidos tanto com as bases como com as moléculas de açúcar e de fosfato presentes no DNA. O sulco maior do DNA, devido ao seu tamanho, corresponde a um importante sítio de ligação protéica. A Figura 7.3 identifica vários dos átomos dos pares de bases encontrados no sulco maior, que sabidamente interagem com proteínas. Para que esse tipo de ligação tenha *especificidade*, as proteínas devem interagir, simultaneamente, com mais de uma base do ácido nucléico, em geral, interagindo com várias. Isso significa que uma proteína, com determinada seqüência de aminoácidos, irá interagir com uma seqüência específica de bases do DNA.

Recentemente, descrevemos uma estrutura presente no DNA, as *repetições invertidas* (Figura 7.6). Tais repetições invertidas estão localizadas com freqüência em regiões onde moléculas de proteínas interagem especificamente com o DNA (Figura 8.7). Observe que essas interações não envolvem a formação de estruturas cruciformes no DNA. As proteínas que interagem especificamente com o DNA geralmente formam *dímeros*, compostos por duas cadeias polipeptídicas idênticas. Cada cadeia polipeptídica possui uma região, *domínio*, que interage especificamente com uma região no sulco maior do DNA. Quando os dímeros interagem com as repetições invertidas, *cada um* dos polipeptídeos que compõem o dímero combina-se com uma das fitas do DNA (Figura 8.7). Como a proteína reconhece pontos de contato associados a pares de bases específicos, sua ligação é do tipo seqüência-específica.

Estrutura das proteínas de ligação ao DNA

Análises estruturais de várias proteínas que se ligam ao DNA, tanto de procariotos como de eucariotos, revelaram a existência de alguns tipos comuns de subestruturas protéicas que aparentemente desempenham importante papel na ligação de muitas dessas proteínas ao DNA. Uma dessas é denominada *motivo de hélice-volta-hélice* (do inglês *Helix-Turn-Helix*) (Figura 8.8). Essa estrutura consiste em uma região contendo aminoácidos que formam uma estrutura secundária do tipo α-hélice (ou hélice de reconhecimento, que interage com o DNA), seguida por um pequeno segmento contendo três aminoácidos; o primeiro geralmente é uma glicina, que atua promovendo uma "volta" na proteína (Figura 8.8*a*). A outra extremidade da "volta" está ligada a uma segunda hélice, que estabiliza a primeira por meio de interações hidrofóbicas além de participar do processo de dimerização. O reconhecimento de seqüências específicas no

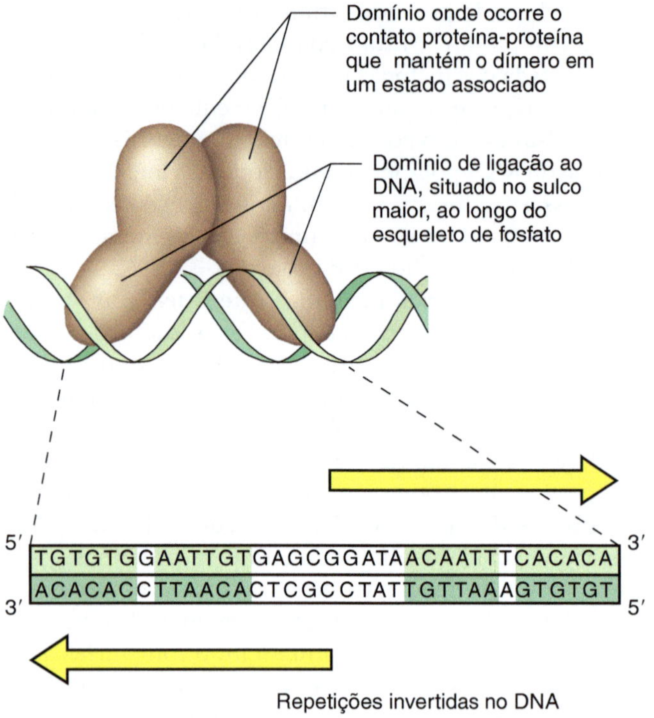

■ **Figura 8.7** Proteínas que se ligam ao DNA. Muitas dessas proteínas são dímeros que se combinam especificamente com *dois sítios* no DNA. As seqüências específicas de DNA que interagem com as proteínas correspondem a *repetições invertidas*. O esquema ilustra a seqüência nucleotídica do gene operador do operon lactose, apresentando as repetições invertidas, isto é: os sítios onde o repressor *lac* interage com o DNA, sombreadas no interior dos retângulos.

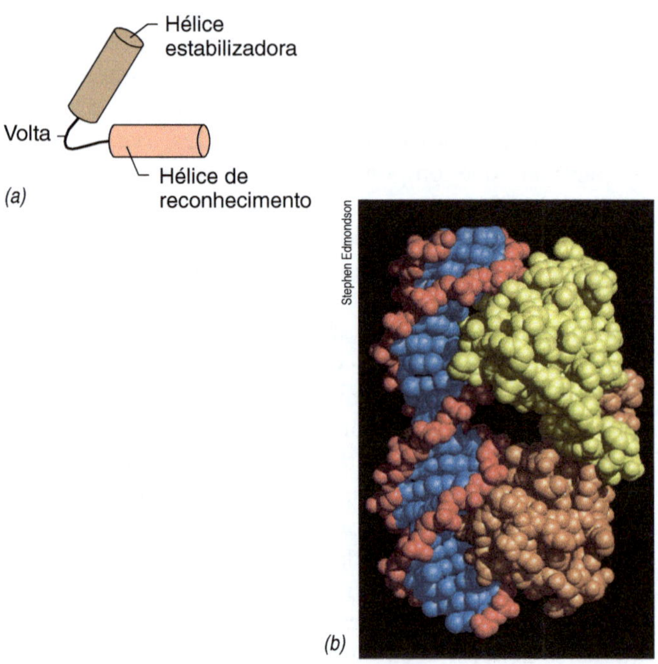

■ **Figura 8.8** Estrutura de *hélice-volta-hélice* apresentada por algumas proteínas que se ligam ao DNA. (a) Modelo simples dos elementos que compõem uma *hélice-volta-hélice*. (b) Modelo computacional do repressor do bacteriófago lambda, uma proteína *hélice-volta-hélice* típica, ligado ao seu gene operador. Uma subunidade do repressor dimérico é apresentada em marrom-escuro, e a outra, em amarelo-escuro. Cada subunidade contém uma estrutura em *hélice-volta-hélice*. As coordenadas utilizadas na geração dessa imagem foram obtidas do Banco de Dados de Proteínas de Brookhaven, NY.

DNA é realizado por meio de várias interações não covalentes, incluindo pontes de hidrogênio e interações de van der Waals (Seção 3.1) entre a proteína e os pares de bases no DNA. Muitas das diferentes proteínas de ligação ao DNA de *Bacteria* possuem a estrutura *hélice-volta-hélice*, incluindo uma série de proteínas repressoras, como o repressor do bacteriófago lambda (Figura 8.8*b*) e os repressores *lac* e *trp* de *Escherichia coli* (ver Seção 8.5). De fato, são conhecidas mais de 250 proteínas contendo esse motivo, que se ligam ao DNA para regular sua transcrição.

Dois outros tipos de subestruturas são comumente encontrados em proteínas que se ligam ao DNA. Uma dessas, os *dedos de zinco*, é encontrada freqüentemente em proteínas reguladoras eucarióticas que se ligam ao DNA. Os dedos de zinco, como o próprio nome indica, são motivos protéicos que se ligam ao íon zinco (Figura 8.9*a*). Acredita-se que a região formada pelos "dedos" de aminoácidos forme uma α-hélice, que interage com o sulco maior do DNA. Pelo menos dois desses dedos estão envolvidos na ligação ao DNA. A outra subestrutura comumente encontrada em proteínas de ligação ao DNA corresponde ao *zíper de leucina*. Essa estrutura é formada pelas cadeias laterais de resíduos de leucina encontrados com um espaçamento de sete aminoácidos, assemelhando-se a um zíper. Contrariamente à *hélice-volta-hélice* e aos dedos de zinco, o zíper de leucina propriamente dito parece não interagir diretamente com o DNA. Ao que parece, essa subestrutura sustenta e posiciona corretamente duas outras α-hélices que interagem com o DNA (Figura 8.9*b*).

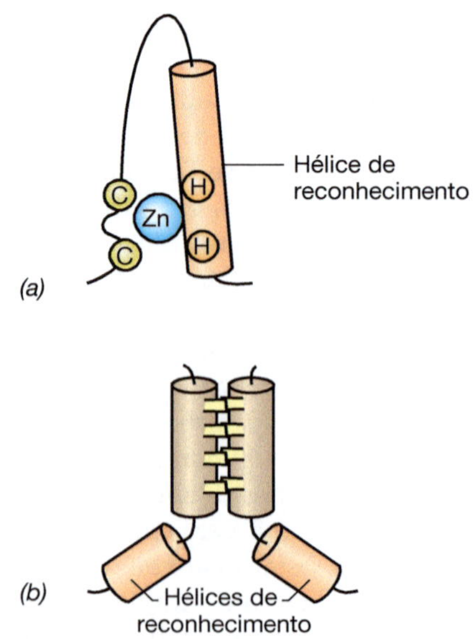

■ **Figura 8.9** Modelos simples de subestruturas protéicas encontradas em proteínas eucarióticas de ligação ao DNA. As α-hélices são representadas por cilindros. As hélices de reconhecimento correspondem aos domínios envolvidos na ligação ao DNA. (a) Estrutura de dedo de zinco. Dentre os aminoácidos que se ligam ao íon Zn^{2+}, pelo menos dois resíduos de cisteína (C) são sempre encontrados, sendo os demais resíduos de histidina (H). (b) Estrutura do zíper de leucina. Os resíduos de leucina (ilustrados em amarelo) sempre são encontrados com um espaçamento exato de sete aminoácidos. A interação das cadeias laterais das leucinas mantém as duas hélices unidas.

Uma vez que uma proteína se associa a um sítio específico no DNA, vários eventos podem ocorrer. Em alguns casos, a proteína corresponde a uma enzima com algum tipo de atividade no DNA, como a RNA polimerase, responsável pela síntese de RNA, utilizando o DNA como molde. Em outros casos, a proteína ligada pode *bloquear* a transcrição (regulação negativa, ver Seção 8.5) ou *ativá-la* (regulação positiva, ver Seção 8.6).

✓ 8.4 Verificação de conceitos

Certas proteínas podem ligar-se ao DNA por meio de interações específicas entre determinadas regiões da cadeia polipeptídica e regiões específicas na molécula de DNA. Em alguns casos, as interações não envolvem especificidade de seqüência, enquanto em outros, sim. Proteínas que se ligam a ácidos nucléicos podem ser enzimas que utilizam os ácidos nucléicos como substratos ou proteínas regulatórias, que afetam a função gênica.

✓ O que é um *domínio protéico*?

✓ Por que algumas interações com o DNA exibem especificidade por certas seqüências?

8.5 Controle negativo da transcrição: repressão e indução

A transcrição corresponde à primeira etapa no fluxo da informação biológica; é um ponto em que podem ocorrer processos que objetivam o aumento da expressão de um gene em relação a outro. Se um gene for transcrito com maior freqüência, haverá uma maior abundância de seus respectivos mRNAs e, por conseguinte, uma maior quantidade de seu produto protéico. Mesmo as proteínas constitutivas podem ser requeridas em diferentes concentrações. Altos níveis transcricionais podem ser resultantes da presença de genes contendo seu promotor muito próximo a uma *seqüência consenso* (Seção 7.9), enquanto altos níveis traducionais podem ser obtidos se a seqüência de Shine-Dalgarno no mRNA exibir extensa complementaridade com o rRNA 16S (Seção 7.15). Como essas seqüências não sofrem alterações significativas, permitem apenas o ajuste da expressão até determinado limite.

O restante deste capítulo não irá, no entanto, abordar a força relativa dos diferentes promotores ou a eficiência de iniciação da tradução de determinado mRNA. Em vez disso, passaremos a discutir como o nível transcricional de determinado gene pode ser alterado de maneira regulada.

Na Seção 8.2, consideramos como as células regulam a *atividade enzimática*. Agora, passaremos a discutir de que maneiras as células regulam a *síntese* enzimática.

As bactérias exibem vários mecanismos distintos de regulação da síntese enzimática, sendo a grande maioria influenciada pelo *ambiente* onde as células estão crescendo, especialmente em relação à presença ou à ausência de pequenas moléculas específicas. Essas moléculas podem interagir com proteínas específicas, como as de ligação ao DNA, controlando a transcrição, ou, mais raramente, a tradução.

Iniciaremos nossa discussão descrevendo os processos de repressão e indução, os mecanismos mais simples de regulação da expressão gênica em nível *transcricional*. Nessa seção, trataremos apenas do **controle negativo** da transcrição — um tipo de controle cujos mecanismos envolvem a interrupção da transcrição.

Repressão enzimática

Freqüentemente, as enzimas que catalisam a síntese de um produto específico não são sintetizadas se esse produto estiver presente no meio. Por exemplo, as enzimas envolvidas na síntese do aminoácido arginina são sintetizadas apenas quando esta se encontra *ausente* no meio de cultura; assim, o suprimento exógeno de arginina *reprime* a síntese dessas enzimas. Como pode ser observado na Figura 8.10, quando a arginina é incorporada a um meio de cultura que contém células em crescimento exponencial, a taxa de crescimento é mantida, e a síntese das enzimas envolvidas na biossíntese de arginina é bloqueada. Observe que tal fenômeno corresponde a um efeito *específico*, uma vez que a síntese das demais enzimas celulares permanece inalterada, com a mesma velocidade.

A repressão enzimática é um processo amplamente distribuído nas bactérias, ocorrendo como mecanismo de controle da síntese de uma grande variedade de enzimas envolvidas na biossíntese de aminoácidos, purinas e pirimidinas. Na maioria dos casos, o produto final de uma determinada via biossintética reprime as enzimas daquela via. Nesses casos, a repressão é bastante específica, pois o produto não exerce qualquer tipo de atividade em enzimas de outras vias biossintéticas. A importância da repressão enzimática para um organismo é óbvia, visto que corresponde a um mecanismo que evita, de maneira eficiente, o gasto de energia na síntese de enzimas que não serão necessárias naquele momento.

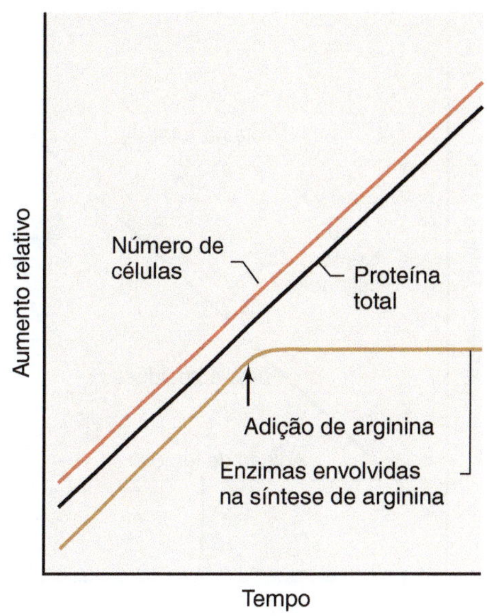

■ **Figura 8.10** Repressão de enzimas envolvidas na síntese de arginina, decorrente de sua adição ao meio. Observe que a taxa de síntese protéica permanece inalterada.

Indução enzimática

Um processo complementar à repressão corresponde à *indução enzimática*, onde a síntese de determinadas enzimas ocorre apenas quando seu substrato encontra-se presente. A Figura 8.11 ilustra esse processo que ocorre com a enzima β-galactosidase, envolvida na utilização do açúcar lactose. Se o meio não contiver lactose, a enzima não será sintetizada, sendo esse processo iniciado quase imediatamente, quando a lactose é adicionada ao meio. Enzimas envolvidas no catabolismo de carbono e de fontes de energia são freqüentemente induzíveis. Assim, novamente podemos perceber a importância desse mecanismo nos seres vivos, pois corresponde a uma forma de garantir que as enzimas sejam sintetizadas apenas quando necessário.

A substância que promove a indução de uma enzima é denominada **indutor**, enquanto aquela que reprime sua síntese é denominada **co-repressor**. Essas substâncias geralmente correspondem a pequenas moléculas — genericamente referidas como **efetores**. Nem todos os indutores e co-repressores são substratos ou produtos finais das enzimas envolvidas no processo. Por exemplo, *análogos* dessas substâncias podem promover a indução ou a repressão, mesmo não sendo substratos enzimáticos. O isopropiltiogalactosídeo (IPTG), por exemplo, é um indutor da β-galactosidase, mesmo não sendo hidrolisado por essa enzima. Na natureza, entretanto, indutores e co-repressores provavelmente correspondem a metabólitos celulares normais.

Mecanismo de repressão e indução

A repressão ou indução de enzimas ocorre em nível transcricional; a síntese enzimática é controlada nas etapas de iniciação ou terminação da síntese de mRNA para uma enzima ou um grupo de enzimas. Como os indutores e co-repressores afetam a transcrição de forma tão específica? Tal mecanismo é indireto, a partir de sua associação a proteínas regulatórias específicas, que afetam a síntese de mRNA. No caso de uma enzima reprimível, o co-repressor (por exemplo, arginina) associa-se a uma **proteína repressora** específica, o repressor de arginina, presente na célula (Figura 8.12). A proteína repressora é do tipo alostérica (ver Seções 8.2 e 8.4), sofrendo alterações conformacionais decorrentes da ligação do co-repressor. Essa proteína repressora alterada pode então se ligar a uma região específica do DNA, próxima ao promotor do gene, denominada **região operadora**. Essa região originou o termo **operon**, que, conforme discutido anteriormente (Seção 7.11), corresponde a um conjunto de genes cuja expressão é regulada por um único operador. Todos os genes de um operon são transcritos como uma única molécula de mRNA. O operador localiza-se adjacente ao promotor, onde a transcrição é iniciada. Quando um repressor se liga ao operador, a transcrição é bloqueada, pois a RNA polimerase é impedida de se ligar ou de se mover ao longo do DNA (dependendo da localização precisa do operador). Assim, a proteína ou as proteínas codificadas por essa molécula de mRNA deixam de ser sintetizadas. Se o mRNA for policistrônico, *todas* as proteínas codificadas nesse mRNA serão reprimidas.

A indução enzimática também pode ser controlada por um repressor. Nesse caso, a situação previamente descrita ocorre de maneira inversa. A proteína repressora específica encontra-se ativa na *ausência* do indutor, bloqueando completamente a síntese de mRNA. Em contrapartida, quando o indutor é adicionado, este se associa à proteína repressora, tornando-a inativa. A inibição da transcrição é então superada e permite a síntese de uma ou mais enzimas (Figura 8.13). Todos os sistemas que envolvem repressores apresentam o mesmo tipo de mecanismo básico, a *inibição* da síntese de mRNA, a partir da atividade de proteínas repressoras específicas, controladas, por sua vez, por pequenas moléculas de indutores ou repressores. Uma vez que os repressores têm papel inibitório, a regulação que envolve repressores é freqüentemente denominada *controle negativo*.

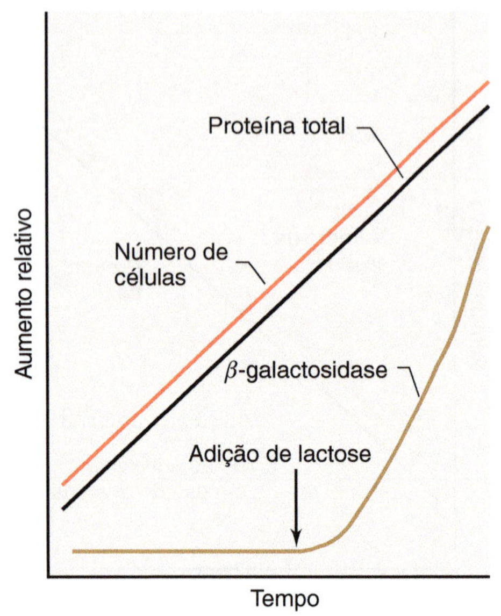

■ **Figura 8.11** Indução da enzima β-galactosidase pela adição de lactose ao meio. Observe que a taxa de síntese protéica permanece inalterada.

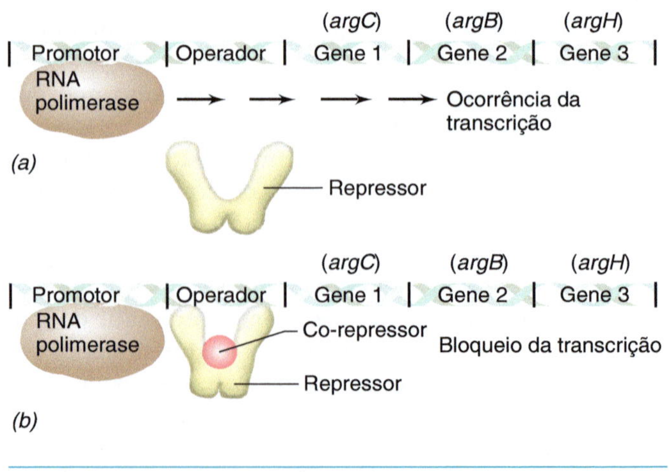

■ **Figura 8.12** Processo de repressão enzimática. (a) A transcrição do operon ocorre porque o repressor não é capaz de se ligar ao operador. (b) Após a ligação de um co-repressor (uma pequena molécula) ao repressor, o último é capaz de se ligar ao operador e bloquear a transcrição; não há a síntese de mRNA e das proteínas por ele codificadas. No caso do operon *argCBH*, o repressor corresponde ao repressor de arginina, e o co-repressor, ao aminoácido arginina.

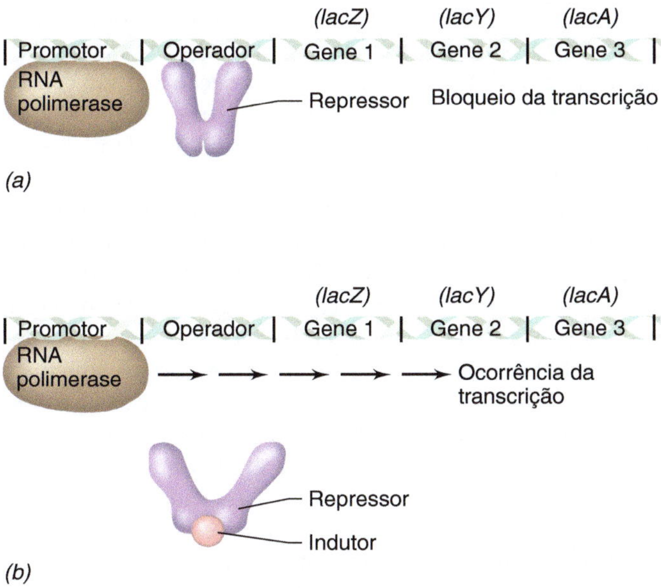

■ **Figura 8.13** Processo de indução enzimática, utilizando um repressor. (a) Uma proteína repressora se liga à região operadora, bloqueando a RNA polimerase. (b) Uma molécula indutora se liga ao repressor, tornando-o inativo e impedindo sua ligação ao operador. A transcrição é então liberada, havendo a síntese do mRNA correspondente àquele operon. No caso do operon *lac*, o repressor seria o repressor *lac*, e o indutor, a alolactose.

✓ 8.5 Verificação de conceitos

A quantidade de determinada enzima em uma célula pode ser controlada pelo aumento (indução) ou diminuição (repressão) da quantidade do mRNA que a codifica. Essa regulação transcricional envolve proteínas regulatórias, que se ligam ao DNA ou a pequenas moléculas denominadas efetores. No caso do controle negativo da transcrição, a proteína regulatória é denominada repressor, inibindo a síntese de mRNA.

✓ O que é o "controle negativo" da transcrição?

✓ Como um repressor inibe a síntese de um mRNA específico?

8.6 Controle positivo da transcrição

A repressão consiste em um tipo de regulação denominada **controle negativo**. O elemento controlador — a proteína repressora — promove a *repressão* da síntese de mRNA. Embora o repressor desempenhe papel negativo, um sistema contendo um repressor pode também controlar a indução enzimática, como vimos no caso da β-galactosidase. Entretanto, há ainda outro mecanismo de controle, o *controle positivo*. No **controle positivo** da transcrição, uma proteína reguladora *promove* a ligação da RNA polimerase, *aumentando* a síntese de mRNA. Passaremos agora a considerar um sistema de controle positivo: a regulação do catabolismo de maltose em *Escherichia coli*.

O regulon maltose

Em *Escherichia coli*, a síntese das enzimas necessárias à utilização do açúcar maltose ocorre apenas após esta ser adicionada ao meio de cultura. O padrão de indução dessas enzimas segue aquele descrito para a β-galactosidase, ilustrado na Figura 8.11; nesse caso, a maltose, em vez da lactose, corresponde à molécula indutora. A síntese das enzimas que catalisam a utilização de maltose é controlada em nível transcricional, por uma **proteína ativadora** e não por um repressor. A *proteína ativadora de maltose* não é capaz de se ligar ao DNA enquanto não se encontrar associada à maltose, que atua como um efetor. Quando a proteína ativadora se liga ao DNA, permite à RNA polimerase iniciar a transcrição (Figura 8.14). Os ativadores, bem como os repressores, reconhecem seqüências específicas no DNA. As seqüências reconhecidas e que atuam como sítio de ligação da proteína ativadora são denominadas *sítio de ligação do ativador* (e não operador). No entanto, os genes controlados por esse sítio de ligação do ativador *são* também descritos como um operon.

No controle negativo, o repressor liga-se ao operador e bloqueia a transcrição. Como uma proteína ativadora exerce sua atividade? Os promotores controlados positivamente apresentam seqüências nucleotídicas que não correspondem exatamente à seqüência consenso (Figura 7.27). Assim, mesmo possuindo um fator sigma correto, a RNA polimerase pode ter dificuldades em reconhecer esses promotores. Quando a proteína ativadora liga-se ao DNA, auxilia a RNA polimerase tanto no reconhecimento quanto na iniciação da transcrição. A proteína ativadora pode promover uma alteração na estrutura do DNA, talvez dobrando-o (Figura 8.15) e permitindo o contato correto da RNA polimerase com o DNA. A proteína ativadora pode também interagir diretamente com a RNA polimerase. Tal processo pode ocorrer quando o sítio de

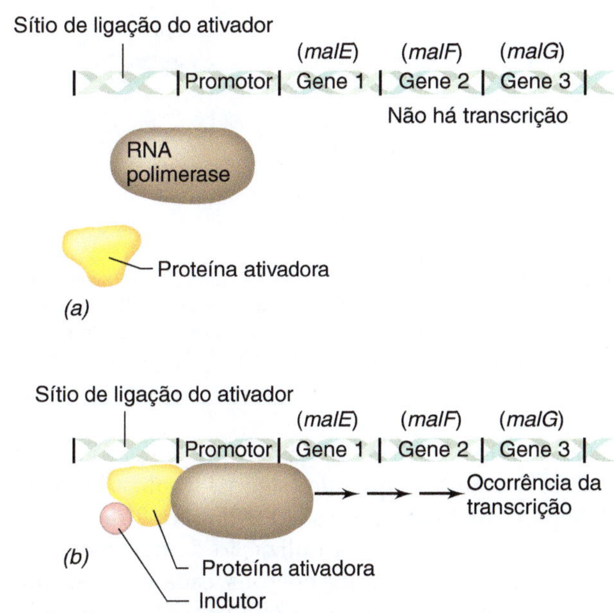

■ **Figura 8.14** Controle positivo da indução enzimática. (a) Na ausência de um indutor, nem a proteína ativadora nem a RNA polimerase são capazes de se ligar ao DNA. (b) A molécula indutora se liga à proteína ativadora que, por sua vez, se liga ao sítio de ligação do ativador. Isso permite à RNA polimerase ligar-se ao promotor e iniciar a transcrição. No caso do operon *malEFG*, a proteína ativadora poderia ser a proteína ativadora de maltose, enquanto o indutor seria o açúcar maltose.

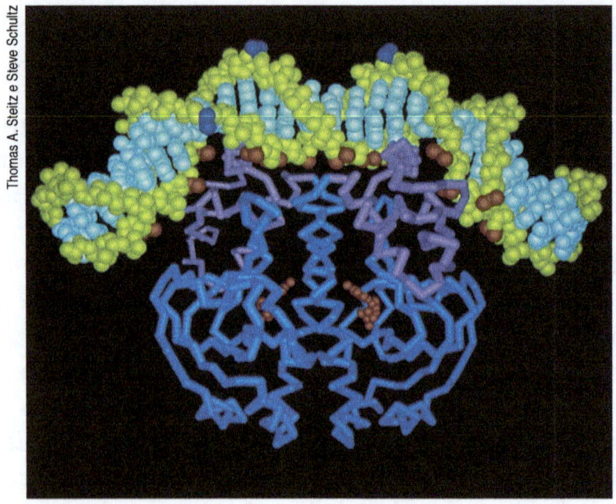

■ **Figura 8.15** Modelo computacional revelando as interações de uma proteína regulatória positiva com o DNA. Essa figura ilustra a proteína de ligação ao AMP cíclico, uma proteína regulatória envolvida no controle de vários operons. O esqueleto de α-carbono dessa proteína é apresentado em azul e roxo. Nessa imagem, a proteína está associada a uma dupla hélice de DNA, apresentada em amarelo e azul-claro. Observe que a ligação da proteína ao DNA promove uma curvatura no DNA de cerca de 90°. Reproduzido com a permissão de Schultz, S., Shields, G. e Steitz, T. *Science 253*:1001-1007, 1991. © 1991, AAAS.

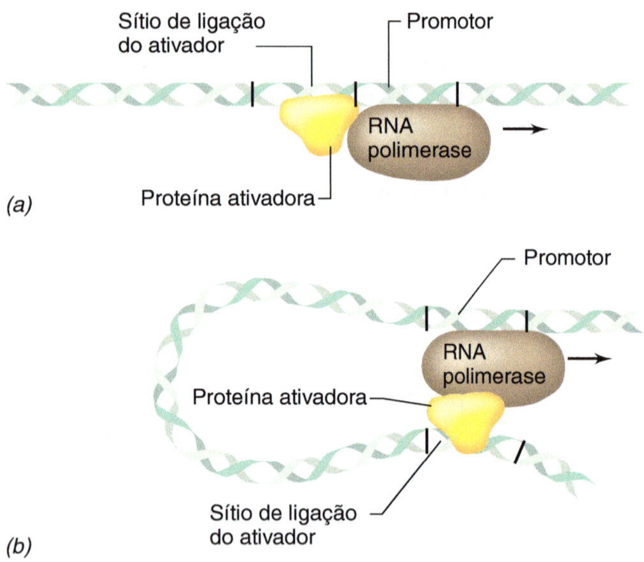

■ **Figura 8.16** Algumas proteínas ativadoras interagem com a RNA polimerase. (a) O sítio de ligação do ativador está próximo ao promotor. (b) O sítio de ligação do ativador encontra-se a centenas de pares de bases do promotor. Nesse caso, o DNA deve ser dobrado para permitir o contato entre a RNA polimerase e o ativador.

ligação do ativador se encontra próximo ao promotor (Figura 8.16*a*) e também quando este está localizado a centenas de pares de bases do promotor (Figura 8.16*b*).

Os genes necessários à utilização de maltose encontram-se dispersos em vários operons, cada um possuindo um sítio de ligação do ativador onde a proteína ativadora de maltose pode ligar-se. Assim, a proteína ativadora de maltose controla mais de um operon. Quando mais de um operon está sob o controle primário de uma mesma proteína regulatória, o conjunto dos operons regulados é denominado **regulon**. Dessa maneira, as enzimas envolvidas na utilização de maltose são codificadas pelo *regulon maltose*. São também descritos regulons compostos por operons que sofrem controle negativo. As enzimas envolvidas na biossíntese de arginina (ver Seção 8.5) são codificadas pelo *regulon arginina*, cujos operons estão sob controle da proteína repressora de arginina. Um desses operons foi apresentado na Figura 8.12.

Muitos genes de *Escherichia coli* possuem promotores controlados positivamente, havendo, no entanto, vários outros promotores sob controle negativo. Entretanto, existem outros tipos de regulação conhecidos. Além disso, muitos genes (talvez a maioria) podem apresentar promotores sujeitos a vários tipos de regulação ou possuir mais de um promotor, sendo cada um sujeito a determinado sistema de regulação! Em muitos casos, há "conjuntos" de mecanismos de controle, sendo a expressão gênica regulada tanto por efetores específicos, associados a determinada função daquele gene (como a resposta do regulon maltose à maltose), quanto por efetores mais gerais, que respondem a um aspecto mais global do metabolismo. Sem dúvida, tanto o operon lactose quanto o regulon maltose respondem a esse sistema regulatório global. Tal tipo de sistema será discutido na próxima seção.

✓ 8.6 Verificação de conceitos

Os reguladores positivos da transcrição são denominados proteínas ativadoras. Estas se associam aos sítios de ligação de ativadores no DNA, estimulando a transcrição pela RNA polimerase. A atividade de proteínas ativadoras, assim como no caso de proteínas repressoras, é modificada por efetores. No controle positivo da indução enzimática, os efetores promovem a ligação da proteína ativadora, estimulando a síntese de mRNA.

✓ Compare e diferencie as atividades das proteínas ativadoras e repressoras.

✓ Diferencie um *operon* de um *regulon*.

8.7 Controle global e o operon *lac*

Com freqüência, os organismos precisam regular vários genes diferentes simultaneamente, em resposta às alterações ambientais. Os mecanismos regulatórios que respondem aos sinais ambientais regulando a expressão de muitos genes são denominados *sistemas de controle global*.

Nossas discussões anteriores (Seções 8.5 e 8.6) não levaram em consideração a possibilidade do meio em que as células estão crescendo conter várias fontes distintas de carbono, utilizáveis pelas bactérias. Muitas bactérias, tais como *Escherichia coli*, podem utilizar diferentes fontes de carbono.

Seria extremamente dispendioso para a célula induzir as enzimas de utilização de lactose ou maltose se esta se encontrasse em um meio contendo uma fonte de carbono mais prontamente utilizável. De fato, uma das redes de regulação global — a **repressão catabólica** — evita esse tipo de problema.

Repressão catabólica

Na repressão catabólica, a síntese de várias enzimas não relacionadas, principalmente as catabólicas, é inibida quando as células se encontram em um meio contendo uma fonte de carbono mais facilmente utilizável, tal como a glicose. A repressão catabólica foi inicialmente denominada **efeito glicose**, porque a glicose foi a primeira substância com capacidade de iniciar a repressão enzimática descrita, embora em alguns organismos outras fontes de carbono possam também promover tal efeito. A repressão catabólica garante que o organismo utilizará primeiramente as fontes mais prontamente catabolizáveis de carbono e energia, como a glicose.

Uma das conseqüências da repressão catabólica é o fato de esta levar ao *crescimento diáuxico* se duas fontes de energia estiverem presentes simultaneamente no meio e se a enzima necessária à utilização de uma das fontes for sujeita à repressão catabólica. No **crescimento diáuxico**, o organismo cresce utilizando inicialmente uma das fontes de energia. Em seguida, há um período de parada do crescimento, o qual é novamente retomado pela utilização da outra fonte de energia. Esse fenômeno é ilustrado na Figura 8.17, que apresenta o crescimento de microrganismos em uma mistura de glicose e lactose. Embora a enzima β-galactosidase, responsável pela utilização de lactose, seja induzível, sua síntese é também controlada pela repressão catabólica. Assim, enquanto há glicose no meio, a β-galactosidase não é sintetizada, havendo o crescimento celular apenas a partir da utilização de glicose. Quando esta é consumida, a repressão catabólica deixa de exercer seu papel. Após um período em que não se detecta crescimento, a β-galactosidase é sintetizada, passando, então, a degradar a lactose. Observe na Figura 8.17 que as células crescem mais rapidamente quando utilizam glicose. Assim, a repressão catabólica garante que as células utilizarão, inicialmente, a *melhor* fonte de carbono disponível.

Como ocorre a repressão catabólica? Esse processo envolve o controle transcricional por meio de uma proteína ativadora (ver Seção 8.6), sendo, portanto, um tipo de controle positivo. No caso de enzimas catabólito-reprimíveis, a ligação da RNA polimerase ao DNA ocorre somente se outra proteína, a **proteína catabólito ativadora** (**PCA**), encontrar-se previamente ligada. A PCA, uma proteína alostérica, somente é capaz de se ligar ao DNA se estiver associada a uma pequena molécula — a *adenosina monofosfato cíclico* ou **AMP cíclico** (ver Figura 8.15). Por essa razão, alguns cientistas referem-se a essa proteína como *proteína receptora de cAMP* (*PRC*). Foi demonstrado que AMP cíclico (Figura 8.18) corresponde a um elemento-chave em uma variedade de sistemas de controle, não somente em bactérias como também em eucariotos. O AMP cíclico é sintetizado a partir de ATP pela enzima *adenilato ciclase*. Com a entrada de glicose na célula (Figura 4.26), a síntese de AMP cíclico é inibida, havendo o estímulo de seu transporte para o exterior da célula. Quando a glicose é transportada para o interior da célula, há uma diminuição da concentração intracelular de AMP cíclico, impedindo a ligação da RNA polimerase ao promotor. Dessa forma, a repressão catabólica é resultante de uma deficiência em AMP cíclico, podendo ser superada pela adição desse composto ao meio de cultura.

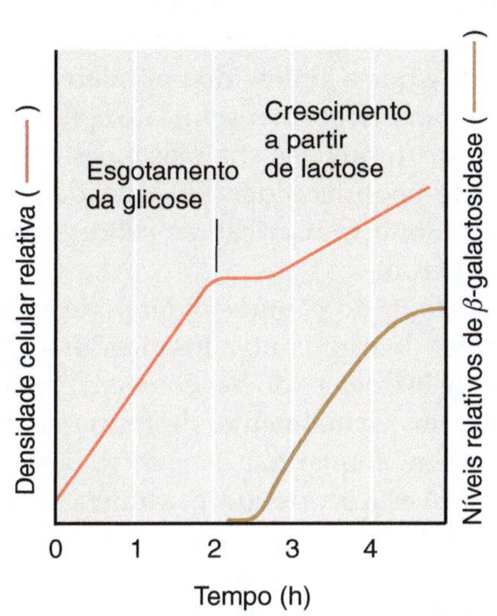

■ **Figura 8.17** Crescimento diáuxico em uma mistura de glicose e lactose. A glicose reprime a síntese da β-galactosidase. Com o esgotamento da glicose, há uma pequena fase do tipo "lag", até que a enzima β-galactosidase seja sintetizada, com a retomada do crescimento, agora com uma taxa mais lenta, a partir da utilização da lactose.

Embora esse processo possa ser interpretado como um simples sistema regulatório positivo (tal como o apresentado na Figura 8.14), cada um dos operons controlados pela PCA encontra-se também sob o controle de uma proteína regulatória específica. Assim, a repressão catabólica modula vários sistemas regulatórios não relacionados, sendo um excelente exemplo de controle global. Enquanto a glicose estiver presente no meio, a repressão catabólica impede a expressão de todos os demais operons catabólicos regulados por esse elemento controlador global. A região regulatória completa do operon lactose (operon *lac*) é ilustrada na Figura 8.19. Para que a transcrição possa ocorrer, dois requisitos devem ser cumpridos: (1) a concentração de AMP cíclico deve ser suficientemente alta para permitir a ligação da PCA ao sítio de ligação de PCA (controle positivo) e (2) um indutor, como a lactose, deve estar presente, de forma que o repressor de lactose não bloqueie a transcrição pela sua ligação ao operador (controle negativo).

✓ 8.7 Verificação de conceitos

Sistemas de controle global respondem a sinais ambientais, regulando simultaneamente a expressão de vários genes. A repressão catabólica corresponde a um sistema de controle global, auxiliando a célula a utilizar as fontes de carbono

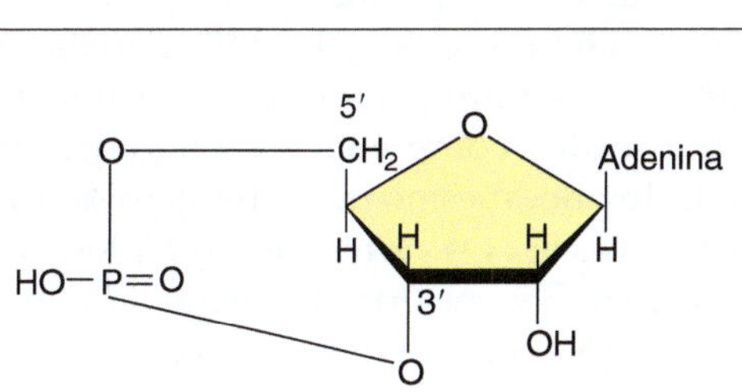

■ **Figura 8.18** Adenosina monofosfato cíclico (AMP cíclico, cAMP) é produzida a partir de ATP pela enzima adenilato ciclase.

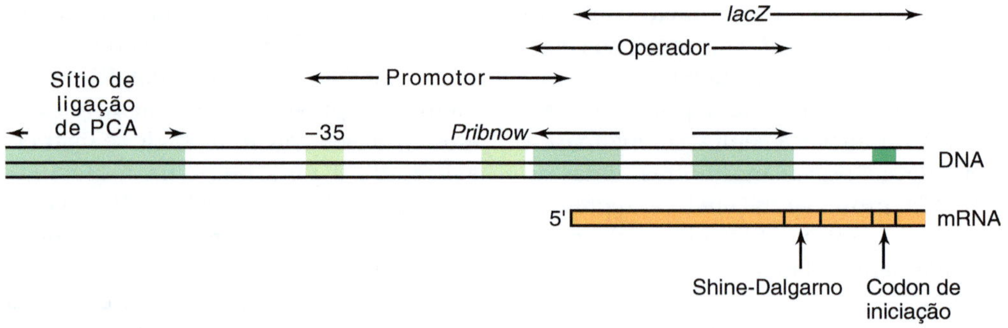

■ **Figura 8.19** Elementos genéticos envolvidos na regulação do operon lactose. O primeiro gene no operon (*lacZ*) codifica a enzima β-galactosidase, que degrada a lactose (ver Figura 8.13). Esse operon contém ainda dois outros genes também envolvidos no metabolismo de lactose. Essa figura apresenta a região desse operon que sofre o controle. As duas metades do operador (onde o repressor pode ligar-se) correspondem a repetições invertidas quase perfeitas. Há também repetições invertidas no sítio de ligação de PCA, embora estas não sejam tão perfeitas. O sítio de iniciação da transcrição localiza-se, no DNA, exatamente na extremidade 5' do mRNA. A localização da seqüência −35 e da *Pribnow box*, componentes do promotor (Figura 7.27), estão também indicadas. Além disso, a posição da região que codifica a seqüência de Shine-Dalgarno e o códon de iniciação da tradução estão também ilustradas. Essas duas seqüências têm papel na função do mRNA (Seção 7.13).

da maneira mais eficiente. O operon *lac* é controlado tanto pela repressão catabólica, quanto por seu sistema regulatório específico.

✓ Explique como a repressão catabólica pode envolver a participação de uma proteína ativadora.

✓ Explique como o operon *lac* é controlado tanto positiva quanto negativamente.

IV REGULAÇÃO DA TRANSCRIÇÃO: OUTROS MECANISMOS

Discutimos alguns dos principais mecanismos utilizados pelas células na regulação da transcrição gênica. Proteínas repressoras podem inibir a transcrição nos sistemas de controle negativo, enquanto as proteínas ativadoras podem ativar a transcrição nos sistemas de controle positivo. Vimos também que pode haver mais de um mecanismo de controle que regula a expressão de genes específicos. Nas próximas seções, discutiremos outros mecanismos utilizados na regulação transcricional.

8.8 Atenuação

Alguns sistemas de controle não envolvem a participação de proteínas com atividades regulatórias que se ligam ao DNA. O processo denominado **atenuação** é um exemplo de tal tipo de sistema. A palavra *atenuação* significa "redução das quantidades". Descrevemos previamente a regulação da transcrição em nível de sua *iniciação*, isto é, um repressor bloqueia a síntese de RNA enquanto um ativador a promove. Na atenuação transcricional, o controle é exercido *após* a iniciação da síntese de RNA e antes do término da transcrição. Com isso, o *número* de transcritos completos de um gene, ou de um operon, é reduzido, mesmo que o número de transcritos iniciados não o seja. Os primeiros exemplos de atenuação descritos envolvem, principalmente, a regulação de genes que controlam a biossíntese de certos aminoácidos em *Bacteria* gram-negativas. O primeiro exemplo conhecido foi o do operon triptofano de *Escherichia coli*, o qual será detalhado a seguir.

Atenuação do *operon* triptofano

O operon triptofano contém genes estruturais, codificando cinco proteínas da via biossintética desse aminoácido, além das seqüências promotora e regulatória, localizadas no início desse operon (Figura 8.20). Assim como muitos outros operons, o operon triptofano exibe mais de um tipo de regulação. A primeira enzima da via, antranilato sintetase (uma enzima contendo várias subunidades, codificada pelos genes *trpD* e *trpE*), é controlada por inibição pela retroalimentação de triptofano (ver Seção 8.2). Além disso, a transcrição do operon é regulada por um repressor, sendo uma das seqüências regulatórias o operador, ao qual o repressor de triptofano pode se ligar.

Além das regiões promotora (P) e operadora (O), há ainda uma seqüência denominada **seqüência líder**. Esta codifica um polipeptídeo que contém, próximo à sua porção final, sucessivos códons de triptofano, os quais exercem papel de **atenuador** (Figura 8.20). Havendo abundância de triptofano na célula, o peptídeo líder será sintetizado. Por outro lado, na carência de triptofano, o peptídeo líder, rico em resíduos de triptofano, *não* será sintetizado. O fato surpreendente é que a síntese do peptídeo líder provoca a *terminação* da transcrição do restante do operon *trp*, incluindo os genes estruturais das enzimas biossintéticas. Quando a síntese do peptídeo líder é bloqueada pela deficiência de triptofano, a transcrição se processa ao longo do restante do operon.

Como a *tradução* do peptídeo líder pode regular a *transcrição* dos genes de triptofano a jusantes? Isso pode ser explicado pela análise desses dois eventos em procariotos, uma vez que ocorrem, virtualmente, de forma simultânea (Figura 8.21). Assim, enquanto a *transcrição* das seqüências a jusantes de DNA está ocorrendo, as seqüências recém-transcritas estão sendo *traduzidas*. Isso porque, à medida que o mRNA é liberado do DNA, os ribossomos se ligam e iniciam a tradução. A atenuação ocorre (a RNA polimerase interrompe sua atividade) porque uma porção do mRNA recém-sintetizado dobra-se, originando uma dupla hélice seguida de uma série de uracilas, as quais sinalizam o bloqueio da atividade da RNA polimerase (Figura 7.28). As

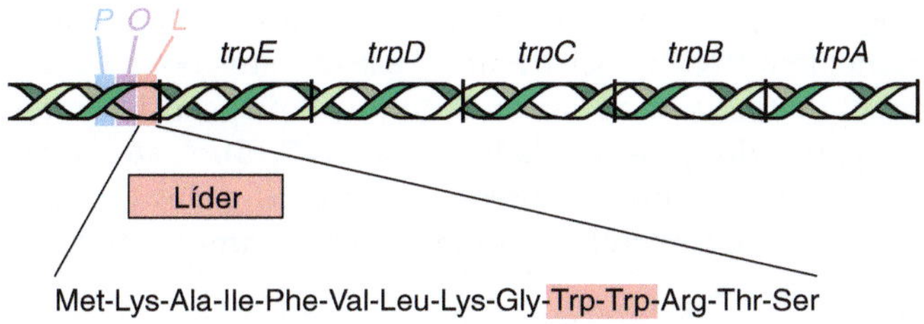

(a)

Treonina	Met-Lys-Arg-Ile-Ser-Thr-Thr-Ile-Thr-Thr-Thr-Ile-Thr-Ile-Thr-Thr-Gly-Asn-Gly-Ala-Gly
Histidina	Met-Thr-Arg-Val-Gln-Phe-Lys-His-His-His-His-His-His-His-Pro-Asp
Fenilalanina	Met-Lys-His-Ile-Pro-Phe-Phe-Phe-Ala-Phe-Phe-Phe-Thr-Phe-Pro

(b)

■ **Figura 8.20** Estrutura do operon triptofano e dos peptídeos líder de triptofano e de outros aminoácidos, em *Escherichia coli.* (a) Arranjo do operon triptofano. Observe que o líder (L) codifica um pequeno peptídeo, contendo dois resíduos de triptofano localizados próximos ao término da molécula (há um códon de terminação imediatamente adjacente ao códon Ser). O promotor é indicado por P, e o operador, por O. Os genes *trpE* a *trpA* codificam as enzimas envolvidas na biossíntese de triptofano. (b) Seqüência de aminoácidos de peptídeos líder, sintetizados por outros operons, responsáveis pela biossíntese de outros aminoácidos. Como a isoleucina é sintetizada a partir da treonina, corresponde a um importante componente do peptídeo líder de treonina.

estruturas em haste-alça formadas pelo mRNA são decorrentes da existência de duas regiões próximas, contendo nucleotídeos complementares, os quais podem parear-se. Quando o triptofano é abundante, o ribossomo traduz o peptídeo líder até atingir o códon de terminação. O restante do RNA líder pode, então, originar uma estrutura em haste-alça — um *sítio de pausa na transcrição* — seguida por uma seqüência rica em uracilas que, de fato, promove a terminação transcricional. Entretanto, na escassez de triptofano, o ribossomo realiza uma pausa no códon triptofano; a presença de um ribossomo "em espera" nessa *exata posição* permite a formação de uma estrutura alternativa em haste-alça (sítios 2 e 3, na Figura 8.21). Essa alça *não* corresponde a um sinal de terminação, impedindo efetivamente a formação da alça envolvida na real terminação (sítios 3 e 4, na Figura 8.21). Dessa maneira, a RNA polimerase é capaz de prosseguir ao longo do sítio de terminação, que não se encontra dobrado, iniciando a transcrição dos genes estruturais de triptofano. Assim, podemos perceber que a atenuação corresponde a um sistema altamente integrado, em que a transcrição e a tradução interagem, sendo a taxa de transcrição influenciada pela taxa de tradução.

No caso do operon triptofano, existem dois mecanismos distintos de regulação transcricional: a repressão e a atenuação. A repressão exerce efeitos significativos na taxa de síntese enzimática, enquanto a atenuação corresponde a um mecanismo que possibilita um controle mais sutil. A ação conjunta desses dois mecanismos permite a regulação precisa da síntese das enzimas biossintéticas de triptofano e, conseqüentemente, a biossíntese de triptofano. A atenuação também ocorre nas vias biossintéticas

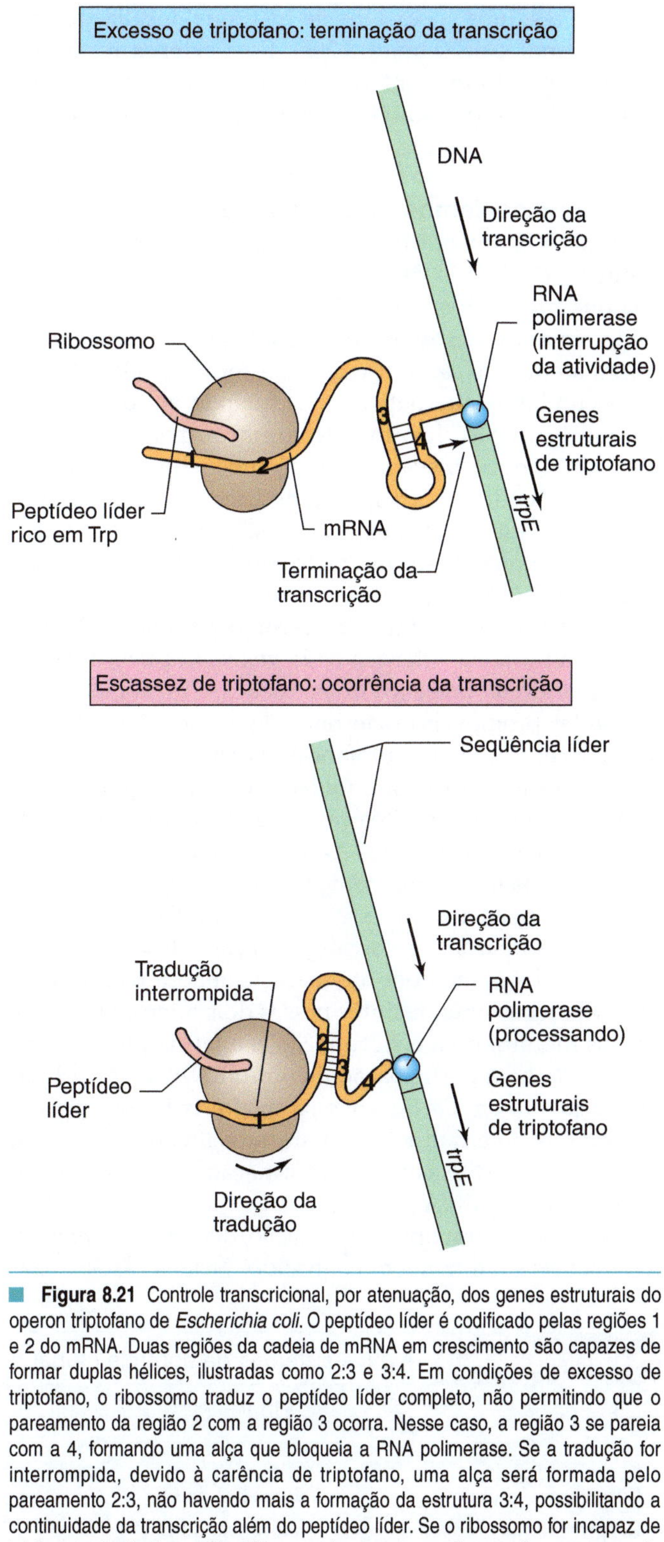

■ **Figura 8.21** Controle transcricional, por atenuação, dos genes estruturais do operon triptofano de *Escherichia coli.* O peptídeo líder é codificado pelas regiões 1 e 2 do mRNA. Duas regiões da cadeia de mRNA em crescimento são capazes de formar duplas hélices, ilustradas como 2:3 e 3:4. Em condições de excesso de triptofano, o ribossomo traduz o peptídeo líder completo, não permitindo que o pareamento da região 2 com a região 3 ocorra. Nesse caso, a região 3 se pareia com a 4, formando uma alça que bloqueia a RNA polimerase. Se a tradução for interrompida, devido à carência de triptofano, uma alça será formada pelo pareamento 2:3, não havendo mais a formação da estrutura 3:4, possibilitando a continuidade da transcrição além do peptídeo líder. Se o ribossomo for incapaz de iniciar a tradução do peptídeo líder, por alguma outra razão que não a escassez de triptofano, a alça 3:4 poderá ser formada, promovendo a terminação da transcrição.

de histidina, treonina-isoleucina, fenilalanina e de vários outros aminoácidos, além de certos metabólitos essenciais em *Escherichia coli*. Conforme apresentado na Figura 8.20*b*, o peptídeo líder de cada operon responsável pela síntese de determinado aminoácido é rico naquele aminoácido em particular. O operon *his* corresponde a um exemplo dramático nesse sentido, uma vez que seu peptídeo líder contêm *sete* resíduos sucessivos de histidina, localizados no final da molécula (Figura 8.20*b*). Essa extensa região de códons regulatórios confere à atenuação um maior efeito, o que pode compensar o fato de o operon *his* não ser controlado por um repressor.

Outros mecanismos de atenuação

Bacteria gram-positivas, como *Bacillus*, também possuem mecanismos de atenuação que regulam certos operons envolvidos na biossíntese de aminoácidos. Assim como em gram-negativos, os mecanismos também envolvem a atenuação da transcrição e a formação de estruturas secundárias alternativas que, quando em determinada configuração, levam à terminação transcricional. Entretanto, esses mecanismos são independentes da tradução, havendo a participação de uma proteína de ligação ao RNA em vez de um ribossomo. A ligação dessa proteína é resultante de sua interação com um *efetor*, em alguns casos um tRNA, enquanto em outras situações este pode ser o próprio aminoácido. No operon triptofano de *Bacillus subtilis*, a proteína é denominada *proteína de atenuação trp*, que, quando na presença do aminoácido triptofano, liga-se ao líder, promovendo a terminação transcricional. Quando a concentração de triptofano é limitante, a proteína não se liga, permitindo a continuidade da transcrição.

São conhecidos muitos casos de atenuação envolvendo genes não relacionados à biossíntese de aminoácidos, cujos mecanismos obviamente não envolvem a concentração de aminoácidos. Em *Escherichia coli* e *Bacillus subtilis*, alguns dos operons envolvidos na biossíntese de pirimidinas são regulados por atenuação. Embora os mecanismos sejam bastante distintos nesses dois microrganismos, ambos monitoram a concentração celular de pirimidinas. Em *E. coli*, há a participação de um mRNA líder traduzido, enquanto em *Bacillus* não há qualquer integração entre transcrição e tradução. Contrariamente, uma proteína de ligação ao RNA controla a formação de estruturas alternativas no mRNA.

Finalmente, um tipo de regulação, denominado *atenuação traducional*, é também conhecido. Nesses casos, a tradução do peptídeo líder impede a *tradução* do gene adjacente no mRNA policistrônico. Esse mecanismo aparentemente envolve a acessibilidade da seqüência de Shine-Dalgarno do gene regulado (Seção 7.15). A atenuação traducional regula a expressão de vários genes de resistência aos antimicrobianos em *Bacteria* gram-positivas.

✓ 8.8 Verificação de conceitos

A atenuação é um mecanismo em que a expressão gênica (tipicamente em nível transcricional) é controlada *após* a iniciação da síntese de RNA. A maioria dos mecanismos de atenuação envolve o acoplamento da transcrição e tradução, ocorrendo somente em procariotos.

- ✓ Por que sistemas de controle que acoplam a transcrição e a tradução podem ocorrer apenas em *procariotos*?
- ✓ Explique como a formação de uma estrutura em haste-alça no RNA pode bloquear a formação de outra dessas estruturas.

8.9 Outras redes de controle global

Na Seção 8.7, discutimos o fato de os organismos apresentarem *sistemas de controle global* que regulam muitos genes, simultaneamente, em resposta a sinais ambientais específicos. Nessa seção, discutimos a repressão catabólica em *Escherichia coli*. Entretanto, existem vários sistemas diferentes de controle global; alguns exemplos de *E. coli* são apresentados na Tabela 8.1.

Os sistemas de controle global freqüentemente incluem mais de um regulon (ver Seção 8.7). Algumas vezes, o termo *modulon* é utilizado para descrever um grupo de genes que responde a uma proteína regulatória em comum, mesmo que estes sejam membros de diferentes regulons (e, portanto, apresentam pelo menos um ou outro tipo de controle). O termo *estimulon* é algumas vezes empregado para descrever um grupo de genes que responde a um mesmo sinal ambiental. Tal grupo pode ser bastante extenso, podendo apresentar vias regulatórias muito complexas. Indubitavelmente, muitos genes pertencem a mais de um sistema de controle global.

Tabela 8.1 Alguns sistemas de controle global descritos em *Escherichia coli* [a]

Sistema	Sinal	Principal atividade da proteína regulatória	Número de genes regulados
Respiração aeróbia	Presença de O_{2+}	Repressor (ArcA)	50+
Respiração anaeróbia	Ausência de O_2	Ativador (FNR)	70+
Repressão catabólica	Concentração de AMP cíclico	Ativador (PCA)	300+
Choque térmico	Temperatura	Sigma alternativo (σ^{32})	36
Utilização de nitrogênio	Limitação de NH_3	Ativador (NR_I)/sigma alternativo (σ^{54})	12+
Estresse oxidativo	Agente oxidante	Ativador (OxyR)	30+
Resposta SOS	Danos ao DNA	Repressor (LexA)	20+

a Em muitos sistemas de controle global, a regulação é bastante complexa. Uma única proteína regulatória pode desempenhar mais de uma atividade. Por exemplo, a proteína regulatória da respiração aeróbia é um repressor de muitos promotores, ativando outros, enquanto a proteína regulatória da respiração anaeróbia ativa muitos promotores e reprime outros. A regulação pode também ser indireta ou requerer mais de uma proteína regulatória. Algumas dessas proteínas regulatórias são membros de sistemas de dois componentes (ver Seção 8.10). Muitos genes são regulados por mais de um sistema de controle global. (Para uma discussão sobre a resposta SOS, Seção 10.3.)

Tabela 8.2 Fatores sigma alternativos de *Escherichia coli*

Nome[a]	Função
σ^{70}	Para a maioria dos genes, principal fator presente durante o crescimento normal
σ^{54}	Assimilação de nitrogênio
σ^{38}	Principal fator durante a fase estacionária; reconhece também genes envolvidos em respostas oxidativas e osmóticas
σ^{32}	Resposta ao choque térmico
σ^{28}	Para genes envolvidos na síntese flagelar
σ^{24}	Resposta ao dobramento incorreto de proteínas periplasmáticas (Seção 4.8)
σ^{19}	Para certos genes envolvidos no transporte de ferro

a O número sobrescrito indica o tamanho da proteína, em quilodaltons. A maioria dos fatores pode apresentar outros nomes; por exemplo, o σ^{70} é também denominado σ^{D}.

Fatores sigma alternativos

Genes sujeitos a sistemas de controle global não utilizam as mesmas combinações de ativadores e repressores em sua regulação. Vários desses possuem *fatores sigma alternativos*, incluindo aqueles apresentados na Tabela 8.1. Nesses casos, a regulação é realizada pela alteração da quantidade ou pela atividade desses fatores.

Lembre-se de que o fator sigma corresponde à subunidade da RNA polimerase responsável pelo reconhecimento do promotor (Seção 7.8). A maioria dos genes de *Escherichia coli* requer o fator sigma denominado σ^{70} (o número 70 sobrescrito indica a massa molecular dessa proteína, 70 quilodaltons) para a transcrição, apresentando promotores semelhantes aos ilustrados na Figura 7.27. Os genes induzidos pelo aumento de temperatura (choque térmico) possuem promotores cuja seqüência é bastante diferente, com a RNA polimerase necessitando um fator sigma distinto (σ^{32}) para que estes sejam reconhecidos. A *quantidade* intracelular desse fator sigma alternativo é responsável pela regulação da *resposta ao choque térmico*. A quantidade de σ^{32} presente não é controlada por sua transcrição, mas por sua estabilidade, velocidade de tradução e atividade. Foram descritos sete fatores sigma diferentes em *E. coli* (Tabela 8.2). A maioria destes apresenta equivalentes em outros membros de *Bacteria*, como *Bacillus subtilis*. No entanto, *B. subtilis* apresenta ainda aproximadamente um mesmo número de outros fatores sigma alternativos, específicos do processo de formação do endósporo (Seção 4.15).

Resposta ao choque térmico

A maioria das proteínas exibe grande estabilidade; uma vez sintetizadas, passam a exercer suas funções, sendo transferidas às células filhas durante a divisão celular. Entretanto, outras proteínas são bastante instáveis. Estas são reconhecidas por enzimas denominadas **proteases**, sendo rapidamente degradadas. Em *E. coli*, o fator σ^{32} é normalmente degradado um a dois minutos após sua síntese. Em contrapartida, quando as células são submetidas a um choque térmico, esse processo de degradação é inibido. Isso significa que haverá uma maior quantidade de σ^{32}, que poderá então direcionar um número maior de RNA polimerases aos promotores de choque térmico. O fator σ^{32} é também *controlado em nível traducional* por um mecanismo ainda pouco conhecido, envolvendo seqüências em seu mRNA.

Os sistemas regulatórios globais devem possuir um mecanismo em comum para transmitir o sinal oriundo do meio para o(s) gene(s). Anteriormente discutimos como tal fenômeno ocorre na repressão catabólica. Contudo, no caso de uma resposta ao choque térmico, como a bactéria é capaz de definir a temperatura do ambiente onde se encontra? Ao que parece, esse processo envolve a participação de *proteínas de choque térmico*, incluindo uma proteína denominada DnaK.

A DnaK é essencial ao crescimento normal de *E. coli* em qualquer temperatura, embora sua concentração seja aumentada em situações de choque térmico (lembre-se de que genes submetidos aos sistemas de controle global geralmente apresentam outros mecanismos de regulação). A proteína DnaK é uma **chaperonina**, que pertence a um grupo de proteínas denominadas *chaperonas moleculares* (Seção 7.16). A DnaK auxilia outras proteínas a realizar um dobramento correto, atuando também na degradação de σ^{32}. Possivelmente, quando há um aumento de temperatura a atividade da DnaK é direcionada principalmente ao dobramento adequado das proteínas, tornando-a menos disponível às vias envolvidas na degradação de σ^{32}. (A proteína DnaK também inibe a *atividade* de σ^{32}.) Certamente, o aumento da temperatura pode influir na formação correta de estruturas secundárias e terciárias de proteínas ou mesmo promover uma ligeira desnaturação protéica (Seção 3.8). Tal processo pode resultar no aumento da concentração de σ^{32}, permitindo a transcrição dos genes que codificam proteínas de choque térmico. Entretanto, já que o aumento de DnaK é parte da resposta ao choque térmico, esta pode eventualmente se acumular e promover a degradação de σ^{32}, fazendo com que a célula retorne ao estado normal.

Sensor de quorum (*quorum sensing*)

Os sistemas de controle global permitem ao organismo responder de maneira eficiente aos sinais captados do meio ambiente. Um "sinal" bastante interessante corresponde à presença de outros organismos da mesma espécie. Foi descoberto que certos membros do domínio *Bacteria* apresentam vias regulatórias controladas em resposta à densidade celular presente em sua população. Esse tipo

■ **Figura 8.22** Bactérias bioluminescentes produzindo a enzima luciferase. Células da bactéria *Vibrio fischeri* foram semeadas em uma placa de Petri contendo ágar nutriente, sendo cultivadas por uma noite. Esta fotografia foi tirada utilizando apenas a luz gerada pelas bactérias.

de controle é denominado **sensor de quorum** (do inglês *quorum sensing*).

Todas as bactérias gram-negativas que apresentam esse mecanismo de regulação possuem uma enzima que sintetiza uma homoserina lactona acilada (AHL) específica. Essa molécula tem a capacidade de difundir-se para fora da célula. Entretanto, concentrações elevadas de AHL apenas são atingidas quando há um grande número de células nas proximidades, sintetizando o mesmo tipo de molécula. Essas AHLs atuam como indutores que se associam a proteínas ativadoras. O *quorum sensing* foi inicialmente descoberto como um mecanismo regulador da bioluminescência, em várias bactérias (Seção 12.12 e Figura 12.28). A Figura 8.22 apresenta colônias da bactéria *Vibrio fischeri*, luminescentes devido à produção de luciferase bacteriana. Os operons *lux* que codificam as proteínas envolvidas na bioluminescência são controlados pela proteína ativadora LuxR, sendo induzidos quando a *N*-3-oxo-

Enfocando... Ácidos nucléicos anti-senso

A regulação da síntese protéica freqüentemente envolve o controle transcricional. Embora menos freqüente, pode também haver a regulação da expressão gênica em nível traducional. A maioria das redes de controle, transcricionais ou traducionais, utiliza proteínas regulatórias. Sabe-se, no entanto, que em alguns casos há a participação de um *RNA* regulatório em vez de *proteínas* regulatórias.

Um tipo de RNA regulatório, o **RNA anti-senso**, é utilizado na regulação de vários genes bacterianos. O RNA anti-senso se pareia com uma fita complementar, ou senso, de RNA (Figura 1). Quando o RNA senso corresponde ao mRNA, a formação de uma estrutura em fita dupla pode impedir a tradução do mRNA. Em alguns sistemas regulatórios, esse RNA anti-senso é sintetizado a partir de um gene muito pequeno, cuja seqüência é essencialmente idêntica à do gene-alvo, sendo esta transcrita na direção oposta (ver Figura 1). Havendo a síntese do RNA anti-senso, este pode se parear com o mRNA, impedindo sua tradução. Observe que a síntese ou a estabilidade do RNA anti-senso devem, também, ser reguladas.

Os RNAs anti-senso não atuam somente na regulação da síntese de algumas proteínas. Em alguns plasmídeos, essas moléculas controlam a iniciação da síntese de DNA. Eucariotos apresentam um fenômeno denominado "silenciamento de RNA", em que pequenas moléculas de RNA de fita dupla são aparentemente dirigidas a alguns mRNAs, destruindo-os rapidamente. (Embora em eucariotos o mRNA também exiba menor estabilidade que os rRNAs e os tRNAs, este é geralmente muito mais estável que os mRNAs procarióticos.)

Ácidos nucléicos anti-senso podem ser especificamente definidos e sintetizados em laboratório, pelos cientistas, sendo então liberados no interior de células. Essas pequenas (15-25 nucleotídeos) cadeias sintéticas (oligonucleotídeos) são geralmente sintetizadas na forma de DNA em vez de RNA. Dependendo de sua seqüência, estas podem se ligar a um mRNA específico, impedindo sua tradução (ou permitindo o reconhecimento do mRNA por nucleases). Um ácido nucléico anti-senso pode também se ligar ao DNA presente no núcleo, impedindo a transcrição. Tal processo é possível porque alguns DNAs podem formar uma estrutura de *tripla hélice*! Essa fita "extra" (o oligonucleotídeo) interage especificamente com bases localizadas no sulco maior de uma dupla hélice normal, originando um **DNA triplo**. (Nem todas as seqüências de DNA podem formar triplas hélices, a menos que haja a participação de enzimas especiais.)

Oligonucleotídeos anti-senso sintéticos podem ser desenvolvidos, exibindo altíssima especificidade de ligação a uma região codificadora ou regulatória de um gene. Essa especificidade é decorrente do fato de uma seqüência de 20 nucleotídeos ser encontrada apenas uma vez, em um DNA "aleatório" contendo 10^{12} bases. Dessa maneira, é bastante improvável que um RNA anti-senso se ligue a uma seqüência diferente de sua seqüência-alvo específica, nas células. Essa especificidade torna tais moléculas uma possível classe nova de agentes antimicrobianos. Os ácidos nucléicos anti-senso podem ser utilizados contra vírus específicos ou, ainda, na regulação de determinados genes de organismos causadores de doenças (patogênicos) ou células tumorais. ■

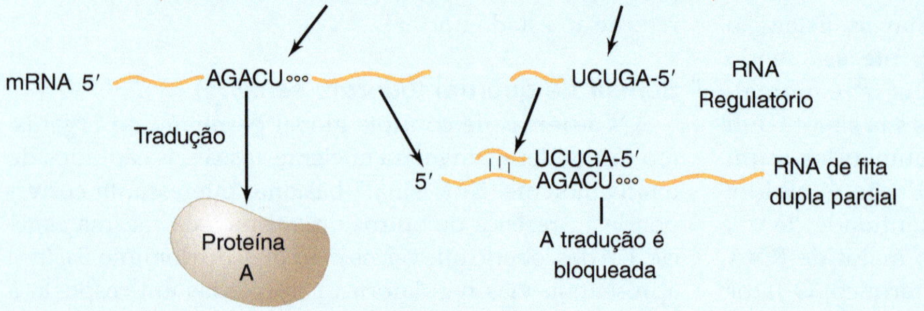

■ **Figura 1** O gene A é transcrito a partir de seu promotor (Seção 7.9), originando um mRNA que, ao ser traduzido, gera a proteína A. O gene X é pequeno, com seqüência idêntica à do gene A, porém apresenta o promotor na extremidade oposta. Assim, quando transcrito, o RNA resultante é complementar ao mRNA oriundo do gene A. Se houver o pareamento desses dois RNAs, a tradução será bloqueada.

hexanoil homoserina lactona encontra-se em concentrações elevadas. Essa AHL é sintetizada pela proteína codificada pelo gene *luxI*. Outros genes são também controlados por esse sistema. Em algumas bactérias, como *Pseudomonas aeruginosa*, foi demonstrado que o *quorum sensing* desempenha importante papel na resposta global, levando à expressão de muitos genes diferentes quando a densidade populacional atinge determinado patamar. Esse mecanismo medeia a formação de biofilmes de *P. aeruginosa* (Seção 20.3), um importante aspecto da patogênese desse microrganismo.

A patogenia de *Staphylococcus aureus* (Seções 25.7 e 26.9) envolve a produção e secreção de uma série de proteínas de superfície celular e de proteínas extracelulares que promovem dano às células e aos tecidos do hospedeiro, podendo, ainda, interferir com o sistema imune. Os genes que codificam os fatores de virulência são controlados por um sistema de *quorum sensing*, que responde a um peptídeo produzido por essas bactérias. A regulação desses genes é bastante complexa, envolvendo, em parte, uma *molécula de RNA regulatório*. Embora neste capítulo tenhamos discutido apenas as proteínas regulatórias, existem também moléculas de RNAs regulatórios (ver Quadro "Ácidos nucléicos anti-senso"). O sistema de *quorum sensing* de *S. aureus* também envolve proteínas regulatórias pertencentes a um sistema de dois componentes, que regulam a transdução de sinal. Esse tipo de regulação será discutido na próxima seção.

✓ 8.9 Verificação de conceitos

As células podem apresentar muitos sistemas de controle global distintos, que lhe permitem regular a expressão de vários genes em resposta às alterações ambientais. Essas alterações podem incluir fatores nutricionais, temperatura e até mesmo o número de bactérias presentes. Alguns desses sistemas regulatórios envolvem a participação de fatores sigma alternativos.

✓ O que é um *fator sigma alternativo*?

✓ Qual o significado de *quorum sensing*?

8.10 Transdução de sinal e sistemas regulatórios de dois componentes

As bactérias regulam o metabolismo celular em resposta a uma ampla variedade de flutuações ambientais, incluindo alterações de temperatura, de pH, disponibilidade de oxigênio, de nutrientes e até mesmo variações na densidade populacional. Dessa maneira, as bactérias devem possuir mecanismos regulados, que lhes permitam receber os sinais ambientais e transmiti-los aos alvos específicos. Vimos nas seções anteriores que alguns sinais podem corresponder a moléculas pequenas que penetram na célula (freqüentemente, por meio de mecanismos específicos de captação) e atuam como *efetores*. Por exemplo, no caso do regulon de maltose (ver Seção 8.6), a maltose liga-se à proteína ativadora de maltose, que, então, liga-se a seqüências específicas no DNA, ativando a transcrição. Entretanto, em muitos casos, o sinal externo não é diretamente transmitido à proteína regulatória. Em

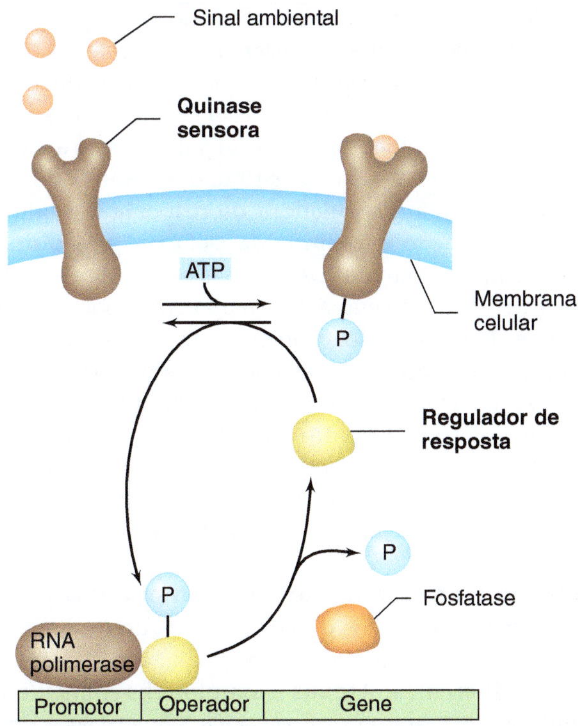

Figura 8.23 Controle da expressão gênica por um sistema de dois componentes. Os componentes principais do sistema incluem uma *quinase sensora*, localizada na membrana celular, que se autofosforila em resposta a um sinal ambiental. O grupo fosforil é a seguir transferido ao outro componente principal, o *regulador de resposta*. No esquema ilustrado nesta figura, o regulador de resposta fosforilado atua como um repressor. O sistema deve, ainda, apresentar uma fosfatase para promover a reciclagem do regulador de resposta.

vez disso, o sinal é primeiramente detectado por um sensor e, então, transmitido de forma alterada ao restante da maquinaria regulatória por um processo denominado **transdução de sinal**.

Quinases sensoras e reguladores de resposta

Muitos dos sistemas regulatórios utilizados pelas células na percepção e resposta aos sinais ambientais são denominados **sistemas de dois componentes**. Esses sistemas se caracterizam por serem compostos por duas proteínas distintas: (1) uma **proteína sensora** específica, localizada na membrana citoplasmática, e sua parceira, (2) uma **proteína reguladora de resposta**. A *proteína sensora* possui atividade de quinase, sendo geralmente referida como uma **quinase sensora**. As **quinases** são enzimas que fosforilam compostos. As quinases sensoras detectam um sinal ambiental a partir de suas superfícies externas e, em resposta a esse sinal, sofrem uma autofosforilação em um resíduo específico de histidina, localizado na sua superfície citoplasmática (ver Figura 8.23). Esse grupo fosforil é transferido a outra proteína intracelular, o *regulador de resposta*. Este corresponde a uma proteína que, tipicamente, liga-se ao DNA, regulando a transcrição.

Na Figura 8.23, o regulador de resposta fosforilado atua como uma proteína repressora, enquanto no estado desfosforilado não exibe a capacidade de se ligar ao DNA. Freqüentemente, no entanto, quando o regulador de resposta é fosforilado, atua como uma proteína ativadora. O mecanismo de controle transcricional utilizado pelo regulador de resposta depende do tipo de sistema de controle.

Para que o circuito regulatório seja completo, deve existir algum mecanismo que promova a terminação da transmissão do sinal ambiental. Em geral, tal processo é mediado por uma *fosfatase* — uma enzima que remove o grupo fosforil da proteína reguladora de resposta. Em alguns casos, essa reação é promovida pela própria quinase sensora, enquanto em outros sistemas há uma terceira proteína que realiza essa etapa. Dessa maneira, conclui-se que existem sistemas de "dois componentes" que, na realidade, são constituídos por três componentes! Na verdade, alguns sistemas apresentam um número ainda maior de componentes, como nas situações em que o processamento do sinal ocorre em várias etapas. Contudo, todos os sistemas de dois componentes apresentam uma quinase sensora e uma proteína reguladora de resposta.

Exemplos de sistemas de dois componentes

Atualmente sabemos que os sistemas de dois componentes regulam um grande número de genes em muitas bactérias diferentes. Alguns exemplos-chave incluem a assimilação de fosfato por *Escherichia coli*, a fixação de nitrogênio por *Klebsiella* e *Rhizobium* e a esporulação de *Bacillus* (que apresenta um sistema regulatório bastante complexo). Em *E. coli*, acredita-se que existam mais de 50 sistemas de dois componentes diferentes; alguns deles são listados na Tabela 8.3. Muitos desses sistemas envolvem a regulação global (ver também Tabela 8.1). Em *E. coli*, a osmolaridade do ambiente determina qual das duas proteínas (OmpC ou OmpF) será sintetizada como componente da membrana externa. O regulador de resposta desse sistema é a proteína OmpR. Quando OmpR é fosforilada, atua como um ativador transcricional do gene *ompC* e repressor do gene *ompF*.

Em alguns casos, há a participação de elementos regulatórios adicionais. Como exemplo, temos o *sistema Ntr*, que regula a assimilação de nitrogênio. Nesse sistema, o regulador de resposta é uma proteína ativadora, NR_I (Regulador de Nitrogênio I), que permite a transcrição de promotores reconhecidos pela RNA polimerase contendo o fator sigma alternativo, σ^{54} (ver Tabela 8.2). A quinase sensora NR_{II} (Regulador de Nitrogênio II), que exibe duplo papel, de proteína quinase e fosfatase, tem sua atividade regulada pelo estado de fosforilação de outra proteína, denominada P_{II}. Alguns sistemas são extremamente complexos. O sistema regulatório Nar envolve duas proteínas sensoras distintas e dois reguladores de resposta diferentes. Além disso, todos os genes regulados por esse sistema estão também sob o controle da proteína regulatória transcricional FNR, ativa em anaerobiose (ver Tabela 8.1). Sistemas de dois componentes muito semelhantes aos bacterianos são também detectados em microrganismos eucarióticos, como a levedura *Saccharomyces cerevisiae*. Eucariotos superiores também utilizam a fosforilação como mecanismo de transdução de sinal, para responder a alterações ambientais.

✓ 8.10 Verificação de conceitos

Os sistemas de transdução de sinal transmitem sinais ambientais para o interior da célula. Em procariotos, a transdução de sinal envolve tipicamente a participação de sistemas de dois componentes. Esses sistemas são compostos por uma proteína sensora, localizada na membrana, e uma proteína citoplasmática, reguladora de resposta. A proteína sensora corresponde a uma quinase que, dependendo do seu estado de fosforilação, regula a atividade da proteína reguladora de resposta.

✓ O que são *quinases* e qual seu papel nos sistemas regulatórios de dois componentes?

✓ Um regulador de resposta pode atuar como ativador ou repressor?

8.11 Regulação da quimiotaxia

Nem todos os reguladores de resposta atuam em nível transcricional. Discutimos previamente que várias bactérias têm a capacidade de se mover em direção ou se afastar de certos produtos químicos por um processo denominado *quimiotaxia* (Seção 4.12). Mencionamos também

Tabela 8.3 Alguns sistemas de dois componentes de *Escherichia coli* que regulam a transcrição

Sistema	Sinal ambiental	Quinase sensora	Regulador de resposta	Atividade do regulador de resposta[a]
Sistema *Arc*	O_2	ArcB	ArcA	Repressor/Ativador
Regulação anaeróbia de nitrato e nitrito (Nar)	Nitrato e nitrito	NarX e NarQ	NarL NarP	Ativador/Repressor Ativador/Repressor
Utilização de nitrogênio (Ntr)	NH_4^+	NR_{II}, o produto de *glnL*	NR_I, o produto de *glnG*	Ativa a RNA polimerase que reconhece promotores requerendo o σ^{54}
Regulon *Pho*	Fosfato inorgânico	PhoR	PhoB	Ativador
Regulação de porinas	Pressão osmótica	EnvZ	OmpR	Ativador/Repressor

a Observe que várias das proteínas reguladoras de resposta atuam tanto como ativadores quanto como repressores, dependendo dos genes que estão sendo regulados. Embora ArcA possa atuar não só como ativador mas também como repressor, esta geralmente exerce atividade repressora para a maioria dos operons regulados por esse sistema.

que as bactérias apresentam dimensões muito pequenas, impedindo a detecção de gradientes *espaciais* de um composto químico. Esses organismos são capazes de detectar um gradiente *temporal*, isto é, percebem a alteração da concentração de um produto químico presente no meio extracelular *ao longo do tempo*. As bactérias empregam um sistema de dois componentes para detectar as alterações temporais na concentração de um agente químico, regulando, assim, a movimentação flagelar.

Mecanismo de quimiotaxia: resposta a um sinal

O mecanismo de quimiotaxia é bastante complexo, envolvendo muitas proteínas diferentes. Várias *proteínas sensoras* são encontradas na membrana celular, tendo a propriedade de perceber a presença de atrativos ou repelentes. Essas proteínas conferem à célula a capacidade de detectar, ao longo do tempo, se a concentração de determinado composto aumenta ou diminui à medida que esta se locomove. Dessa maneira, a célula pode responder à *variação* de concentração em vez de responder à concentração *absoluta* do estímulo químico. As proteínas sensoras são denominadas *proteínas quimiotáticas aceptoras de metil* (*PQMs*), *proteínas receptoras transdutoras* ou, mais simplesmente, **transdutores**. Em *Escherichia coli*, foram detectadas cinco PQMs distintas, sendo todas proteínas transmembrânicas (Figura 8.24). Cada PQM pode perceber a presença de uma variedade de compostos. Por exemplo, o transdutor *Tar* de *E. coli* detecta a presença dos atrativos aspartato e maltose, além de repelentes do tipo metais pesados, como cobalto e níquel.

Geralmente, as PQMs ligam-se diretamente aos atrativos ou repelentes, embora, em alguns casos, essa ligação seja indireta e mediada por interações com proteínas periplasmáticas de ligação. A ligação de um atrativo ou repelente promove uma série de interações envolvendo proteínas citoplasmáticas que, eventualmente, afetam o movimento de rotação flagelar. Quando a rotação do flagelo ocorre no sentido *anti-horário*, a célula se mantém em movimento, executando uma corrida. Por outro lado, quando o flagelo gira no sentido *horário*, a célula passa a oscilar (Seção 4.11).

De acordo com o modelo proposto para o controle da rotação flagelar, os transdutores estão em contato com as proteínas citoplasmáticas CheW e CheA (Figura 8.24). CheA é uma *quinase sensora*. Quando um transdutor se liga a um agente químico, sofre alterações conformacionais e, juntamente com CheW, promove uma alteração na autofosforilação de CheA (originando CheA-P). Os agentes *atrativos* promovem uma *diminuição* na taxa de autofosforilação de CheA, enquanto os *repelentes aumentam* a taxa de fosforilação. Quando CheA é fosforilada (CheA-P), fosforila CheY (originando CheY-P), um *regulador de resposta*. CheA-P pode ainda fosforilar CheB, outro regulador de resposta, embora de maneira muito mais lenta, quando comparada à fosforilação de CheY. A atividade de CheB-P será discutida posteriormente.

CheY é uma proteína central no sistema porque atua como *regulador da resposta de quimiotaxia*, determinando o sentido de rotação flagelar. CheY-P interage com o motor flagelar, induzindo a rotação no sentido horário, que resulta nas oscilações (o alternador do motor é composto por proteínas codificadas pelos genes *fla*; Seção 4.10). Quando CheY se encontra no estado desfosforilado, perde a capacidade de se ligar ao motor flagelar, fazendo

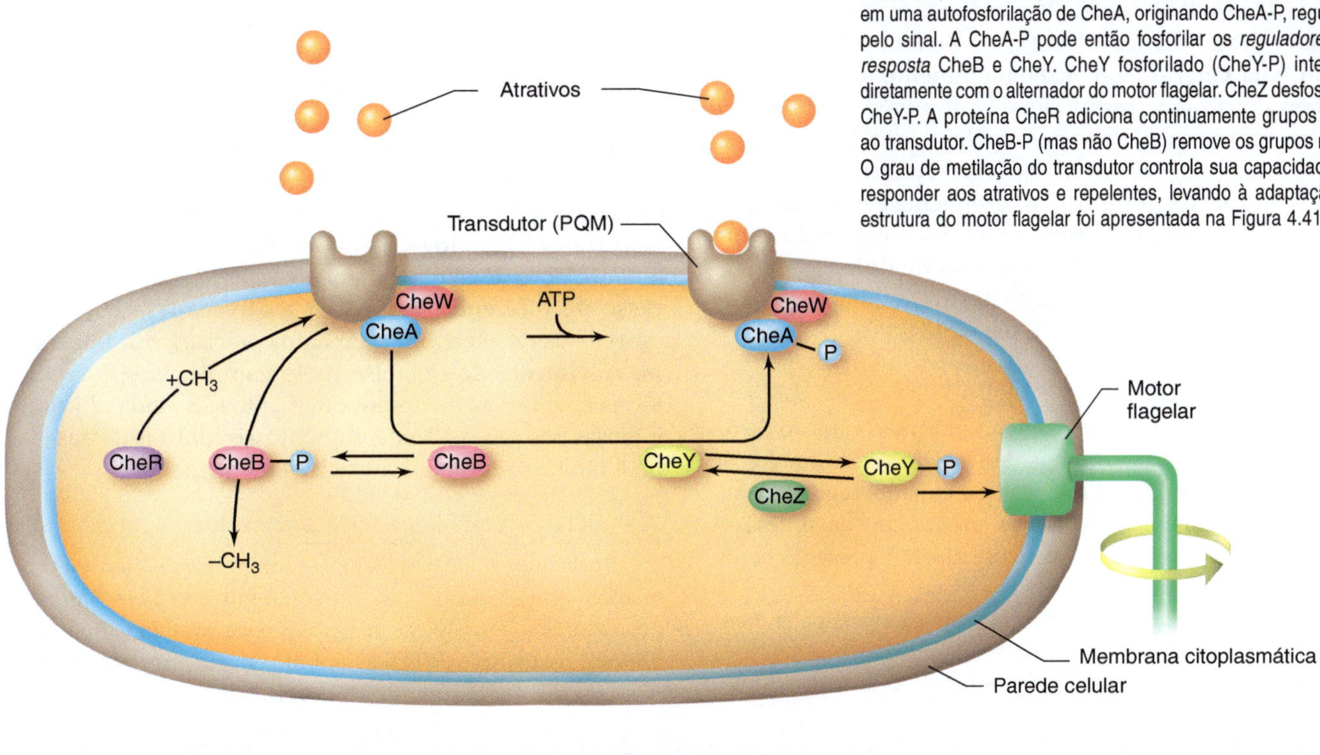

■ **Figura 8.24** Interação dos transdutores, das proteínas de quimiotaxia (Che) e do motor flagelar, na quimiotaxia bacteriana. O transdutor (PQM) forma um complexo com a *quinase sensora* CheA e a proteína acopladora CheW. Essa combinação resulta em uma autofosforilação de CheA, originando CheA-P, regulada pelo sinal. A CheA-P pode então fosforilar os *reguladores de resposta* CheB e CheY. CheY fosforilado (CheY-P) interage diretamente com o alternador do motor flagelar. CheZ desfosforila CheY-P. A proteína CheR adiciona continuamente grupos metil ao transdutor. CheB-P (mas não CheB) remove os grupos metil. O grau de metilação do transdutor controla sua capacidade de responder aos atrativos e repelentes, levando à adaptação. A estrutura do motor flagelar foi apresentada na Figura 4.41.

com que este permaneça girando no sentido anti-horário e promovendo, assim, a locomoção das células por meio de corridas. Outra proteína, denominada CheZ, desfosforila CheY, que, nesse estado, como mencionado anteriormente, promove as corridas em vez de oscilações. Uma vez que os repelentes aumentam os níveis de CheY-P, estes promovem as oscilações, enquanto os atrativos diminuem a concentração de CheY-P e induzem os movimentos natatórios.

Mecanismo de quimiotaxia: adaptação

Observe que o sistema descrito *sinaliza* que um composto químico foi ligado, passando a regular a rotação flagelar. Em contrapartida, tal sistema parece incapaz de perceber as alterações temporais no gradiente. Nesse sentido, a quimiotaxia possui um segundo componente, definido como **adaptação**.

Como o nome sugere, as PQMs podem ser metiladas. Há uma proteína citoplasmática, CheR (Figura 8.24), que continuamente adiciona um grupo metil às PQMs, de maneira lenta, utilizando a S-adenosilmetionina como doadora de metil. A forma fosforilada do regulador de resposta CheB tem papel de demetilase, removendo os grupos metil das PQMs. O grau de metilação das PQMs afeta sua conformação, controlando a adaptação ao sinal sensorial. Com isso, permite o ajuste do estado de sinalização do receptor, mesmo que a concentração do agente químico permaneça inalterada.

Se a concentração de um atrativo permanecer elevada, o grau de fosforilação de CheA (e, com isso, de CheY e CheB) permanecerá baixo, promovendo o movimento natatório da célula. Paralelamente, o grau de metilação das PQMs aumentará (pois não haverá quantidades suficientes de CheB-P para promover a demetilação). Entretanto, as PQMs perdem a capacidade de responder a um atrativo quando se encontram completamente metiladas. Assim, embora a concentração de atrativo seja elevada, o nível de CheA-P (e CheB-P) aumenta, fazendo a célula oscilar. Nesse momento, as PQMs podem sofrer demetilação pela CheB-P, e, conseqüentemente, os receptores podem novamente responder aos atrativos. A situação é totalmente oposta no caso dos repelentes (PQMs totalmente metiladas respondem melhor aos repelentes).

O controle da quimiotaxia certamente é bastante complexo, envolvendo uma série de sítios de regulação. Contrariamente a muitos outros sistemas de dois componentes, na quimiotaxia a transdução de sinal regula a atividade dos produtos gênicos e não a sua síntese.

✓ 8.11 Verificação de conceitos

A quimiotaxia apresenta um mecanismo complexo de regulação, envolvendo sistemas de transdução de sinal e de dois componentes. Esses sistemas, no entanto, regulam a atividade das proteínas envolvidas em vez de sua síntese. A adaptação permite que o sistema se ajuste à presença contínua de determinado sinal.

✓ Qual o principal *regulador de resposta* e a principal *quinase sensora* envolvidos na regulação da quimiotaxia?

✓ Por que a adaptação é importante?

V CONSIDERAÇÕES FINAIS SOBRE A REGULAÇÃO

Discutimos alguns dos mecanismos pelos quais as células controlam a atividade de uma proteína, além dos principais mecanismos que podem regular a síntese protéica. A maioria dos mecanismos de regulação da síntese protéica analisados opera em nível transcricional, envolvendo proteínas regulatórias. Entretanto, como mencionamos, pode também haver a participação de RNAs regulatórios (ver Quadro "Ácidos nucléicos anti-senso").

8.12 Diferenças entre a expressão gênica de eucariotos e procariotos

Embora muitos dos padrões regulatórios sejam comuns aos procariotos e eucariotos, há também muitas diferenças. Como os procariotos não apresentam a compartimentalização, os processos de transcrição e de tradução são *acoplados*. Além disso, freqüentemente os RNAs mensageiros de procariotos são policistrônicos, com mais de uma proteína sendo traduzida a partir de uma mesma mensagem.

Em eucariotos, ao contrário, a transcrição e a tradução ocorrem em compartimentos celulares distintos; não há a integração desses processos como em procariotos. De que maneira ocorrem os processos de indução e repressão em eucariotos? Embora muitos eucariotos apresentem mecanismos de repressão, poucas evidências sugerem a existência do mecanismo de controle negativo, exibido comumente por procariotos. Contudo, mecanismos de controle positivo são freqüentemente observados em eucariotos. Caso haja operons em eucariotos, estes envolvem o controle de enzimas únicas em vez de sistemas de controle multienzimáticos, tão comuns em procariotos. Além disso, não há evidências sugerindo a existência de moléculas de RNA policistrônico em eucariotos, excetuando-se alguns vírus, sendo estas traduzidas com pouca eficiência. As modificações protéicas pós-traducionais são bastante comuns em eucariotos. Esses organismos apresentam ainda mecanismos regulatórios envolvendo o "splicing" de RNA, processo de controle inexistente em procariotos.

A regulação da expressão gênica corresponde à base do *desenvolvimento* de organismos eucarióticos multicelulares, que começam a vida como seres unicelulares e se desenvolvem, transformando-se em organismos complexos, com diferentes tipos de células altamente especializadas. Esse processo de diferenciação requer a ativação de conjuntos específicos de genes em momentos precisos, durante o desenvolvimento do organismo. As complexas vias regulatórias envolvidas no desenvolvimento são ainda objeto de intensas pesquisas. O entendimento e o controle dessas vias poderão trazer grandes avanços à medicina.

✓ 8.12 Verificação de conceitos

Procariotos e eucariotos apresentam uma série de mecanismos regulatórios em comum. A regulação, nesses dois tipos celulares, envolve a participação de proteínas que reconhecem seqüências de DNA, embora em eucariotos o controle positivo seja mais comum. Em procariotos, a transcrição e a tradução podem ser acopladas, enquanto nos eucariotos esses processos ocorrem em compartimentos celulares distintos. Procariotos ainda apresentam RNAs mensageiros policistrônicos, não observados em eucariotos.

✓ Qual dentre os mecanismos de controle discutidos envolve o acoplamento da transcrição e tradução?

✓ O que é um mRNA policistrônico?

Questões de revisão

1. Se uma enzima pode ser eficientemente inibida pelo mecanismo de inibição por retroalimentação, por que as células necessitam de outros mecanismos que regulem sua síntese?
2. Compare o processamento da proinsulina e o produto do gene *gyrA* de *Mycobacterium leprae* (ver Quadro "Processamento de proteínas"). Em ambos os casos, há a remoção de um peptídeo "interno". Entretanto, somente no último exemplo tal processo é considerado um "splicing" protéico. Explique.
3. Compare e diferencie *íntrons* e *inteínas*.
4. Descreva por que uma proteína que se liga a uma seqüência específica de DNA de fita dupla provavelmente não se ligará à mesma seqüência de um DNA de fita simples.
5. Alguns operons são regulados por um operador, enquanto outros não o são. Explique.
6. Descreva a regulação de dois operons diferentes, onde um apresenta um efetor que atua como *indutor*, enquanto no outro o efetor age como um *co-repressor*.
7. O regulon maltose é induzível, sendo regulado por uma proteína ativadora. O operon lactose é induzível, sendo, no entanto, regulado por uma proteína repressora. Explique como a indução pode ser obtida tanto por um mecanismo de controle positivo (proteína ativadora) quanto pelo controle negativo (proteína repressora).
8. Na maioria dos casos, os operadores encontram-se muito próximos aos promotores por eles controlados, enquanto os sítios de ligação dos ativadores podem se encontrar distantes desses promotores. Explique as razões para essa observação.
9. Descreva o mecanismo da atenuação transcricional. O que está sendo, na realidade, "atenuado"? Por que tal processo, que controla as vias biossintéticas de vários aminoácidos distintos em *Escherichia coli*, nunca foi descrito em eucariotos?
10. Descreva o mecanismo pelo qual a proteína catabólito ativadora (PCA), que regula a repressão catabólica, atua. Utilize como exemplo o operon lactose. Nesse operon, a proteína PCA não atua como repressor. Descreva a região regulatória de um gene onde PCA *tenha* papel de repressor. (*Dica*: Pense na resposta dada à questão 8.)
11. Quais são os dois componentes que dão o nome à regulação da transdução de sinal em procariotos? Qual a função de cada um dos componentes?
12. Um dos membros de um sistema de dois componentes encontra-se localizado tipicamente na membrana celular. Qual a possível razão para essa localização?
13. Muitos genes são sujeitos a múltiplos sistemas de controle. O operon lactose apresenta uma regulação lactose específica, sendo também regulado por um mecanismo de controle global. Descreva o mecanismo de ação de cada um desses sistemas de controle do operon lactose. Por que esses dois sistemas são necessários?
14. A adaptação permite que o mecanismo de regulação da rotação flagelar seja reajustado. Descreva de que maneira tal processo ocorre.

Questões de aplicação

1. Os aminoácidos isoleucina e valina compartilham a maioria das etapas de sua via de biossíntese. Em *Escherichia coli*, a primeira etapa em comum pode ser inibida por retroalimentação de valina, mas não de isoleucina. Assim, para a maioria das linhagens, a adição de valina não leva à carência de isoleucina. Entretanto, em outras linhagens, tal fenômeno ocorre (isto é, a adição de valina promove o esgotamento de isoleucina, interrompendo o crescimento celular). Que explicação pode ser dada para a diferença de comportamento observada entre as linhagens normais "valina-resistentes" e aquelas cujo crescimento é sensível à adição de valina?
2. O que aconteceria com a regulação de um promotor sujeito ao controle negativo se a região onde as proteínas regulatórias se ligam fosse deletada? E se esse promotor fosse regulado por um mecanismo de controle positivo?
3. Promotores de *Escherichia coli* sujeitos à regulação por mecanismos de controle positivo exibem seqüências consenso diferentes das seqüências consenso típicas de *E. coli* (Seção 7.9). Por quê?
4. Curiosamente, o controle por atenuação de algumas das vias de biossíntese de purinas em *Escherichia coli* envolve o acoplamento da transcrição e da tradução. Você seria capaz de descrever um mecanismo pelo qual a célula poderia utilizar a tradução como processo auxiliar na mensuração dos níveis de nucleotídeos contendo pirimidinas?
5. A maioria dos sistemas regulatórios descritos nesse capítulo envolve a participação de proteínas regulatórias. Em contrapartida, são também conhecidos RNAs regulatórios. Descreva como o operon *lac* poderia ser controlado negativamente a partir de uma molécula de RNA regulatório.

Os vírus são agentes infecciosos que necessitam de células para sua reprodução. Assim como as células, os vírus apresentam um genoma viral contendo informações genéticas insuficientes para garantir sua replicação de maneira independente. Embora o material genético de muitos vírus corresponda ao ácido desoxirribonucléico (DNA) de fita dupla, em outros vírus o material genético é encontrado na forma de DNA de fita simples. Há, ainda, vírus cujo genoma é composto por ácido ribonucléico (RNA). A forma infecciosa de um vírus corresponde a uma partícula denominada *vírion* (sendo o vírion do papiloma humano apresentado na figura a seguir), contendo o material genético envolto por uma capa protéica.

9 FUNDAMENTOS DE VIROLOGIA

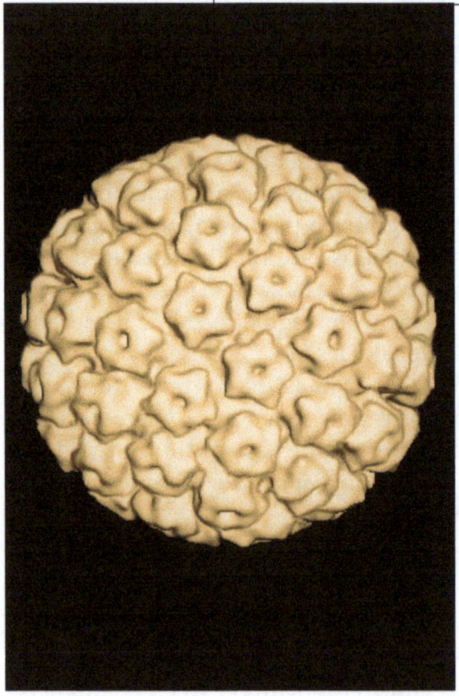

Glossário de trabalho

Ácido nucléico de fita mais (positiva) uma fita de RNA ou de DNA que tem o mesmo sentido que o mRNA de um vírus

Ácido nucléico de fita menos (negativa) uma fita de RNA ou de DNA que tem o sentido oposto (é complementar) ao mRNA de um vírus

Bacteriófago vírus que infecta células procarióticas

Ciclo lisogênico conjunto de etapas que ocorrem após a infecção viral e levam a um estado (lisogenia) no qual o genoma viral é replicado na forma de um profago, juntamente com o genoma da célula hospedeira

Ciclo lítico conjunto de etapas que ocorrem após a infecção viral e levam à replicação viral e à destruição (lise) da célula hospedeira

Lisógeno bactéria contendo um profago

Oncogene gene cuja expressão leva à formação de um tumor

Placa de lise zona de lise ou de inibição celular provocada por uma infecção viral em uma cultura confluente de células sensíveis

Príon agente infeccioso cuja forma extracelular pode não conter ácido nucléico

Proteínas precoces proteínas sintetizadas logo após a infecção viral

Proteínas tardias proteínas sintetizadas ao final da infecção viral

Provírus (profago) genoma de um vírus temperado quando está se replicando juntamente, e normalmente integrado, com o cromossomo da célula hospedeira

Retrovírus vírus cujo genoma de RNA apresenta um intermediário de DNA como parte de seu ciclo replicativo

Transcrição reversa processo de síntese de DNA a partir de RNA como molde

Transformação processo pelo qual uma célula normal se torna cancerosa (ver o uso alternativo do termo, no Capítulo 10)

Vírion partícula viral completa; corresponde ao ácido nucléico envolto por uma capa protéica e, em alguns casos, por outro material

Viróide molécula de RNA de fita simples, pequena e circular

Vírus elemento genético contendo RNA ou DNA que se replica em células, mas caracterizado por apresentar um estado extracelular

Vírus temperado vírus cujo genoma é capaz de se replicar juntamente com o genoma da célula hospedeira, sem causar sua morte, em um estado denominado lisogenia

Vírus virulento vírus que lisa ou mata a célula hospedeira após sua infecção; um vírus não temperado

Os vírus são elementos genéticos que podem se replicar independentemente do cromossomo de uma célula, mas não independentemente das próprias células (Seção 7.4). Para se multiplicar, os vírus precisam recrutar uma célula na qual possam se replicar. Tal tipo de célula é denominada *hospedeira*. Os vírus também se caracterizam por apresentarem uma forma infecciosa madura, tipicamente extracelular.

Os vírus, assim como os plasmídeos e alguns outros elementos genéticos (Seção 7.4), utilizam a maquinaria metabólica codificada pelos cromossomos da célula hospedeira. Assim como estes outros elementos genéticos, os vírus podem conferir importantes propriedades novas às suas células hospedeiras. Essas propriedades serão transmitidas às células descendentes se, no momento da divisão celular, as células filhas também receberem o genoma viral. Essas alterações freqüentemente não são danosas às células, podendo até mesmo ser benéficas. No entanto, os vírus, diferentemente de outros elementos genéticos tais como plasmídeos (Seções 7.4 e 10.8), apresentam uma forma extracelular, o que permite sua fácil transmissão de um hospedeiro a outro. Essa forma extracelular possibilitou a alguns vírus se replicar de modo a destruir as células hospedeiras. Esta replicação destrutiva é responsável pela característica virulenta de alguns vírus, os quais são agentes de doenças. Em muitos casos, o destino da infecção viral, no sentido desta provocar uma doença ou de promover alterações herdáveis, depende da célula hospedeira e das condições ambientais. Tendo em vista que os vírus apresentam uma forma independente das células, muitos indivíduos referem-se a esses agentes como "seres vivos" ou "formas de vida". Entretanto, como será discutido adiante, a forma extracelular dos vírus não apresenta algumas das propriedades características dos sistemas vivos (Seção 1.2). Assim, na ausência de células onde possam se replicar, os vírus não podem existir.

Neste capítulo, discutiremos algumas das maneiras pelas quais os vírus podem redirecionar o metabolismo da célula hospedeira, a fim de se replicarem. Este capítulo é dividido em quatro partes. A primeira introduz os conceitos básicos da estrutura viral. A segunda aborda a célula hospedeira e como os vírus podem ser quantificados. A terceira discute alguns dos aspectos básicos da biologia molecular envolvida na replicação viral. A quarta oferece uma visão geral de alguns dos vírus que infectam bactérias e animais (material adicional sobre vírus específicos pode ser encontrado no Capítulo 16). Essas discussões visam expandir os conceitos envolvendo a síntese de macromoléculas e a regulação gênica, abordados nos Capítulos 7 e 8.

Os vírus estão entre os "microrganismos" mais numerosos em nosso planeta, infectando todos os tipos de organismos celulares. Portanto, correspondem a interessantes modelos de estudo. No entanto, cientistas estudaram e continuam a estudar os vírus devido às informações que estes podem oferecer em relação à genética e à bioquímica do metabolismo celular, assim como, no caso de alguns vírus, em relação ao desenvolvimento de doenças. Além disso, como veremos nos Capítulos 10, 15 e 31, os vírus também correspondem a importantes ferramentas nas áreas de genética microbiana e engenharia genética.

I VÍRUS E VÍRION

9.1 Propriedades gerais dos vírus

Passaremos a descrever os estados extracelular e intracelular dos vírus. No estado **extracelular**, um vírus corresponde a uma partícula diminuta, contendo ácido nucléico envolto por proteínas e, ocasionalmente, dependendo do tipo de vírus, ainda outros componentes macromoleculares. Nesta forma extracelular típica, a **par-**

tícula viral, ou **vírion**, é metabolicamente inerte, não realizando as funções de respiração ou biossintéticas. O vírion corresponde à estrutura que transporta o **genoma viral** da célula em que foi produzido para outras células onde o ácido nucléico viral poderá ser introduzido. Uma vez no interior de uma nova célula, o **estado intracelular** é iniciado. Nesse estado intracelular ocorre a **replicação viral**: novas cópias do genoma viral são produzidas, e os componentes que formam o envoltório viral são sintetizados. Quando um genoma viral é introduzido em uma célula hospedeira e se reproduz, o processo é denominado **infecção**. Os vírus são capazes de infectar e de se replicar no interior de diferentes células, denominadas **hospedeiras**. Os genomas virais são de tamanho bastante limitado, codificando principalmente as funções que não podem ser realizadas pelas células hospedeiras. Assim, durante a replicação intracelular, os vírus dependem essencialmente de componentes estruturais e metabólicos da célula hospedeira. O vírus redireciona a maquinaria preexistente e as funções metabólicas da célula hospedeira no sentido de favorecer a replicação viral e a montagem de novos vírions. Dessa maneira, para a maioria dos vírus, os vírions podem também ser encontrados no interior da célula, ao final da infecção.

Genomas virais

Como já discutimos anteriormente (Seção 7.1), todas as células apresentam ácido desoxirribonucléico (DNA) de fita dupla como seu material genético. Os vírus, no entanto, podem apresentar tanto DNA quanto ácido ribonucléico (RNA) como material genético, podendo ser encontrados na forma de fita simples ou de fita dupla. Os vírus muitas vezes são divididos em dois grupos, de acordo com o tipo de ácido nucléico (DNA ou RNA) que exibem como material genético; *todos* os vírus contêm um ou outro, presente no vírion. No entanto, há ainda um terceiro grupo de vírus que emprega *ambos* (DNA e RNA) como material genético, ocorrendo em diferentes estágios de seu ciclo reprodutivo (Figura 9.1). Este último grupo inclui os retrovírus, que contêm genoma de RNA no vírion, mas cuja replicação ocorre por meio de um intermediário de DNA, e o vírus da hepatite B de humanos, que contém DNA no vírion e um intermediário de RNA durante a replicação. Essas classes podem ainda ser subdivididas dependendo se o ácido nucléico presente no vírion for de fita simples ou fita dupla (Figura 9.1). Uma classificação dos vírus baseada no tipo de ácido nucléico presente no vírion e nas estratégias associadas à replicação foi formalizada como o Sistema de Classificação de Baltimore, que será discutido na Seção 9.7.

Apesar da diversidade da estrutura genômica, os vírus obedecem ao *dogma central* da biologia molecular (Seção 7.1): toda a informação genética flui do ácido nucléico para a proteína. Além desse fato, os vírus utilizam a maquinaria de tradução celular e, dessa maneira, independentemente da estrutura genômica do vírus, deve haver a formação de moléculas de RNA mensageiro (mRNA) que possam ser traduzidas pelos ribossomos da célula hospedeira.

Hospedeiros virais e taxonomia

Os vírus também podem ser classificados de acordo com os hospedeiros que infectam. Assim, há vírus de animais, vírus de plantas e vírus bacterianos. Vírus bacterianos, às vezes denominados **bacteriófagos** (abreviado como *fago*, do grego *phagein*, que significa "comer"), foram os primeiros a ser estudados, uma vez que correspondem a convenientes modelos nas pesquisas de biologia molecular e genética da reprodução viral.

Muitos dos conceitos básicos de virologia foram inicialmente desenvolvidos a partir dos estudos com vírus bacterianos, sendo posteriormente aplicados aos vírus de organismos superiores. Devido à sua freqüente importância médica, os *vírus de animais* também têm sido amplamente estudados. Os dois grupos de vírus de animais mais estudados são aqueles que infectam insetos e os que infectam animais de sangue quente. Embora os *vírus de plantas* tenham grande importância na agricultura, estes foram menos estudados que os vírus de animais.

Finalmente, há também um sistema formal de taxonomia viral, que organiza os vírus em categorias taxonômicas hierárquicas: ordem, família (e subfamília), gênero e espécie. Embora algumas vezes esse sistema taxonômico formal possa parecer bastante arbitrário (sendo os nomes comuns ainda amplamente utilizados), tal sistema tem-se mostrado cada vez mais útil, devido ao acúmulo crescente de dados filogenéticos. A classificação em famílias mostra-se particularmente útil. Membros de uma família de vírus apresentam a morfologia do vírion, estrutura genética e/ou estratégia de replicação distintas. As famílias de vírus são denominadas incluindo-se o sufixo *-viridae* (como

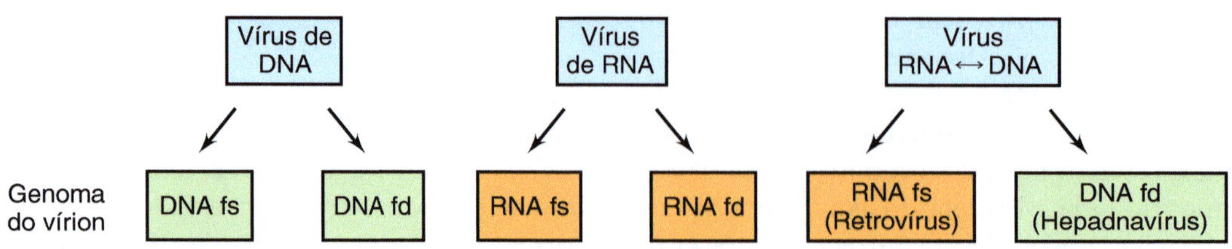

■ **Figura 9.1** Genomas virais. Os genomas dos vírus podem ser compostos por DNA ou RNA; alguns empregam ambos como material genético em diferentes estágios de seu ciclo de vida. No entanto, apenas um tipo de ácido nucléico é encontrado no vírion de qualquer tipo de vírus. Este pode ser de fita simples (fs), de fita dupla (fd) ou, como no caso dos hepadnavírus, de dupla fita parcial.

em *Poxviridae*), sendo algumas dessas discutidas no Capítulo 16.

✓ 9.1 Verificação de conceitos

O vírion corresponde à forma extracelular de um vírus e apresenta genoma de RNA ou DNA. O genoma dos vírus é introduzido em uma nova célula hospedeira, a partir da infecção. Os vírus redirecionam o metabolismo da célula hospedeira, favorecendo sua replicação. Os vírus são genericamente classificados de acordo com a estratégia de replicação e também pelo tipo de célula hospedeira.

✓ De que modo um *vírus* difere de um *plasmídeo*?

✓ De que modo um *vírion* difere de uma *célula*?

9.2 Natureza do vírion

Partículas virais (vírions) variam amplamente quanto ao tamanho e à forma. Os vírus são menores que as células e apresentam tamanhos variando de 0,02 a 0,3 μm. Uma unidade de medida normalmente utilizada para os vírus corresponde ao *nanômetro*, que equivale a um milésimo de 1 μm (1.000 vezes menor que 1 μm) e um milionésimo de 1 mm. O vírus da varíola, um dos maiores vírus conhecidos, tem diâmetro de cerca de 200 nm (um pouco menor que o tamanho da menor *Bacteria*); o vírus da poliomielite, um dos menores vírus descritos, possui diâmetro de apenas 28 nm (tamanho aproximado de um ribossomo).

Conforme mencionado anteriormente, alguns vírus contêm RNA, enquanto outros, DNA; essas moléculas podem ser de fita simples ou de fita dupla, dependendo do vírus. Os *genomas* virais são também menores que o genoma da maioria das células. A maioria dos genomas bacterianos contém entre 1.000 e 5.000 pares de quilobases, sendo 580 pares de quilobases o menor genoma bacteriano conhecido. (Curiosamente, as espécies de *Bacteria* com os menores genomas são, assim como os vírus, parasitas que se replicam no interior de outras células; Seções 12.13 e 12.27.) Por outro lado, o maior genoma viral conhecido, do bacteriófago G, apresenta 670 pares de quilobases. Este vírus, que infecta *Bacillus megaterium*, é, no entanto, um dos poucos vírus conhecidos cujo genoma é maior que um genoma celular. Outros tamanhos típicos de genomas virais são listados na Tabela 9.1. Alguns vírus apresentam genomas tão pequenos que podem conter apenas cinco genes. Como pode ser observado na tabela, o genoma de alguns vírus, tal como nos reovírus, é *segmentado* em mais de uma molécula.

As estruturas dos vírions são bastante diversas, variando amplamente quanto ao tamanho, forma e composição química. O ácido nucléico do vírion está sempre localizado no interior da partícula, sendo envolto por uma capa protéica denominada *capsídeo*. Os termos *capa*, *envoltório* e *capsídeo* são freqüentemente empregados de maneira intercambiável para referir-se a essa camada externa. A capa protéica é sempre formada por um número variável de moléculas protéicas individuais, denominadas *subunidades estruturais*, organizadas ao redor do ácido nucléico em um padrão altamente repetitivo e preciso (Figura 9.2). O pequeno tamanho do genoma viral presente na maioria dos vírus restringe o número de proteínas virais diferentes. Poucos vírus apresentam um único tipo de proteína em seu capsídeo, enquanto a maioria possui várias subunidades estruturais, quimicamente diversas, que se associam de forma específica, originando conjuntos maiores, denominados *capsômeros*. O capsômero é a unidade morfológica que pode ser visualizada ao microscópio eletrônico.

A informação para a adequada associação das subunidades estruturais no capsômero está contida na estrutura das próprias proteínas, e, por isso, o processo geral de mon-

Tabela 9.1 Alguns tipos de genomas virais[a]

Vírus	Hospedeiro	Genoma viral: Tipo de ácido nucléico no vírion	Estrutura	Número de moléculas	Tamanho
Parvovírus H-1	Animais	DNA de fita simples	Linear	1	5.176 bases
ϕX174	*Bacteria*	DNA de fita simples	Circular	1	5.386 bases
Vírus símio 40 (SV40)	Animais	DNA de fita dupla	Circular	1	5.243 pares de bases
Vírus da poliomielite	Animais	RNA de fita simples	Linear	1	7.433 bases
Vírus do mosaico da couve-flor	Plantas	DNA de fita dupla	Circular	1	8.025 pares de bases
Vírus do mosaico do feijão caupi	Plantas	RNA de fita simples	Linear	2 diferentes	9.370 bases (total)
Reovírus tipo 3	Animais	RNA de fita dupla	Linear	10 diferentes	23.549 pares de bases (total)
Bacteriófago lambda	*Bacteria*	DNA de fita dupla	Linear	1	48.514 pares de bases[b]
Vírus da herpes simples tipo I	Animais	DNA de fita dupla	Linear	1	152.260 pares de bases
Bacteriófago T4	*Bacteria*	DNA de fita dupla	Linear	1	168.903 pares de bases
Citomegalovírus de humanos	Animais	DNA de fita dupla	Linear	1	229.351 pares de bases

a O tamanho dos genomas virais selecionados nesta tabela é precisamente determinado, uma vez que tais genomas foram seqüenciados. No entanto, esta precisão pode apresentar incorreções, visto que somente uma linhagem ou isolado viral em particular foi seqüenciado. Assim, a seqüência e o número exato de bases de outros isolados podem apresentar ligeiras diferenças. Não se tencionou selecionar os maiores e menores vírus conhecidos, mas fornecer exemplos representativos do tamanho e estrutura de genomas virais contendo RNA e DNA de fita simples e de fita dupla.

b Dessa forma, o total inclui extensões de 12 nucleotídeos de fita simples em cada extremidade da forma linear do DNA (ver Seção 9.10).

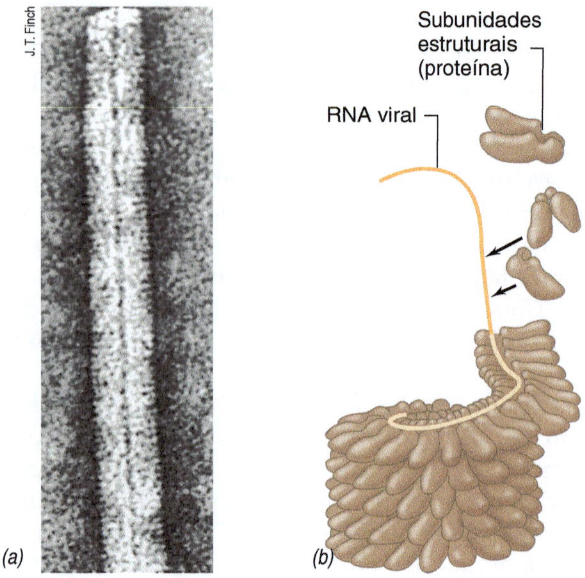

■ **Figura 9.2** Exemplo do arranjo apresentado pelo ácido nucléico e a capa protéica, em um vírus simples — o vírus do mosaico do tabaco. (a) Micrografia eletrônica de alta resolução de uma porção da partícula viral. (b) Montagem do vírion do mosaico do tabaco. O RNA assume uma configuração helicoidal, sendo circundado pelo capsídeo protéico. O centro da partícula é oco.

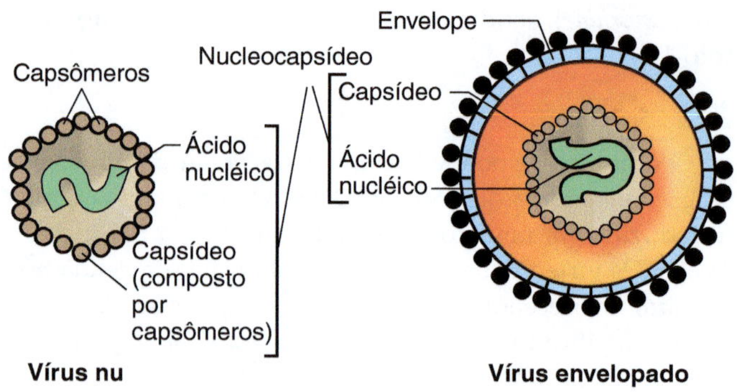

■ **Figura 9.3** Comparação entre vírus nus e envelopados, os dois tipos básicos de partículas virais.

tagem é denominado **automontagem**. Em muitos vírus, este processo de automontagem é assistido por *chaperonas moleculares*, proteínas que auxiliam no dobramento e na montagem, mas que não compõem a estrutura final (Seção 7.16). Um único vírion geralmente possui um grande número de unidades morfológicas. O complexo total formado pelo ácido nucléico e proteínas, organizado como uma partícula viral, é denominado **nucleocapsídeo** viral. Freqüentemente, uma ou mais *enzimas virais específicas* podem ser encontradas no interior do vírion. Tais enzimas desempenham, em geral, papel durante o processo de infecção e replicação, como discutiremos posteriormente neste capítulo.

Embora a estrutura viral descrita acima corresponda, com freqüência, à estrutura completa de uma partícula viral, alguns vírus podem apresentar estruturas mais complexas. Nos vírus *envelopados*, o nucleocapsídeo é envolto por uma membrana (Figura 9.3). (Vírus sem essa membrana são às vezes denominados vírus *nus*.) As *membranas virais* correspondem, geralmente, a bicamadas lipídicas (Seção 4.5), embora, com freqüência, as proteínas associadas a essas membranas sejam *específicas do vírus*.

Simetria viral

Os nucleocapsídeos virais são organizados de forma bastante simétrica. A simetria refere-se à maneira pela qual as unidades morfológicas protéicas estão arranjadas no envoltório viral. Quando uma estrutura simétrica é girada em torno de um eixo, a mesma forma é vista após o giro por um determinado número de graus. Dois tipos de simetria são reconhecidos nos vírus, correspondendo às duas principais formas — cilíndrica e esférica. Os vírus cilíndricos exibem simetria helicoidal, e os esféricos, simetria icosaédrica. Em todos os casos, a estrutura característica do vírus é determinada pela estrutura das subunidades protéicas que o compõem.

Um exemplo típico de vírus com **simetria helicoidal** corresponde ao vírus do mosaico do tabaco (TMV, do inglês *Tobacco Mosaic Virus*), ilustrado na Figura 9.2. Trata-se de um vírus em que as 2.130 subunidades protéicas idênticas estão arranjadas como uma hélice. As dimensões totais do vírion TMV são de 18 × 300 nm. O comprimento dos vírus helicoidais é determinado pelo comprimento do ácido nucléico, enquanto a largura da partícula viral helicoidal é determinada pelo tamanho e empacotamento das subunidades protéicas que o compõem.

Um **icosaedro** é uma estrutura simétrica, de forma ligeiramente arredondada, contendo 20 faces. A simetria icosaédrica corresponde ao arranjo mais eficiente de subunidades em um envoltório fechado, pois utiliza o menor número de unidades para construí-lo. O arranjo mais simples de unidades morfológicas corresponde a três por face, com um total de 60 unidades por partícula viral. As três unidades de cada face podem ser tanto idênticas quanto diferentes. A maioria dos vírus possui uma quantidade de ácido nucléico maior que aquela possível de ser empacotada em um envoltório contendo apenas 60 unidades. Nesse sentido, a próxima estrutura que permite o empacotamento contém 180 unidades, correspondendo ao envoltório presente em muitos vírus. Outras configurações conhecidas envolvem 240 e 420 unidades. A Figura 9.4*a* apresenta o modelo de um icosaedro. A Figura 9.4*b* mostra uma micrografia eletrônica de um vírus icosaédrico típico (papilomavírus de humanos; HPV, do inglês *human papilloma virus*) e a Figura 9.4*c* ilustra um modelo computacional desse mesmo vírus.

Vírus envelopados

Muitos vírus possuem estruturas membranosas complexas circundando o nucleocapsídeo (Figura 9.5*a*). Vírus envelopados são comuns em animais (por exemplo, influenzavírus), embora vírus envelopados de bactérias e plantas sejam também conhecidos. O envelope viral consiste em uma bicamada lipídica contendo proteínas, geralmente glicoproteínas. Os lipídeos da membrana são derivados das membranas da célula hospedeira, enquanto as proteínas são codificadas pelo vírus. A simetria dos ví-

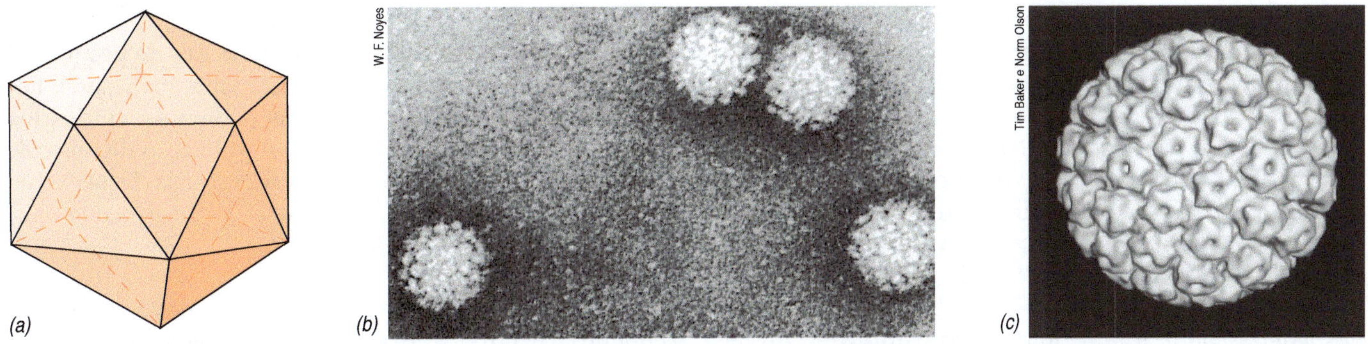

■ **Figura 9.4** Simetria icosaédrica. (a) Modelo de um icosaedro. (b) Micrografia eletrônica do papilomavírus de humanos, um vírus com simetria icosaédrica. As partículas individuais apresentam diâmetro de aproximadamente 55 nm. (c) Reconstrução tridimensional do papilomavírus de humanos, determinada a partir de imagens de vírions hidratados e congelados.

rus envelopados é expressa não em termos do vírion como um todo, mas em termos do nucleocapsídeo presente no interior da membrana viral.

Qual seria a função da membrana em uma partícula viral? Essa questão será abordada posteriormente em detalhes. Entretanto, observe que a membrana corresponde ao primeiro componente estrutural da partícula viral a interagir com a célula. A especificidade da infecção viral e alguns aspectos da penetração dos vírus são controlados, em parte, pelas características das membranas virais.

Vírus complexos

Alguns vírions são ainda mais complexos, sendo compostos por várias partes separadas, cada qual com forma e simetria distintas. Os vírus mais complexos, em termos de estrutura, correspondem aos vírus bacterianos que possuem cabeça icosaédrica e cauda helicoidal (Figura 9.5*b*). Em alguns vírus bacterianos, tal como o vírus T4 de *Escherichia coli*, a própria cauda possui uma estrutura complexa. Por exemplo, o fago T4 possui aproximadamente 20 proteínas diferentes na cauda, apresentando um número ainda maior na cabeça. Em vírus tão complexos, a montagem é também complexa. Assim, no fago T4, a estrutura completa da cauda é formada como um subcomponente, sendo posteriormente adicionado à cabeça, contendo DNA. Finalmente, as fibras da cauda, compostas por outra proteína, são adicionadas, originando a partícula viral infecciosa madura.

Enzimas em vírions

Mencionamos que os vírions não realizam processos metabólicos. Fora de uma célula hospedeira, um vírion é metabolicamente inerte. No entanto, alguns vírions contêm enzimas que desempenham importantes papéis no processo infeccioso. Algumas dessas enzimas são requeridas em eventos precoces no processo infeccioso. Por exemplo, vírions que infectam algumas bactérias possuem uma enzima, *lisozima* (Seção 4.8), que produz um pequeno orifício na parede celular bacteriana, permitido a entrada do ácido nucléico viral. (A lisozima é produzida em grandes quantidades nos estágios tardios da infecção, promovendo a lise da célula hospedeira e a liberação dos vírions.) Alguns vírus contêm suas próprias polimerases

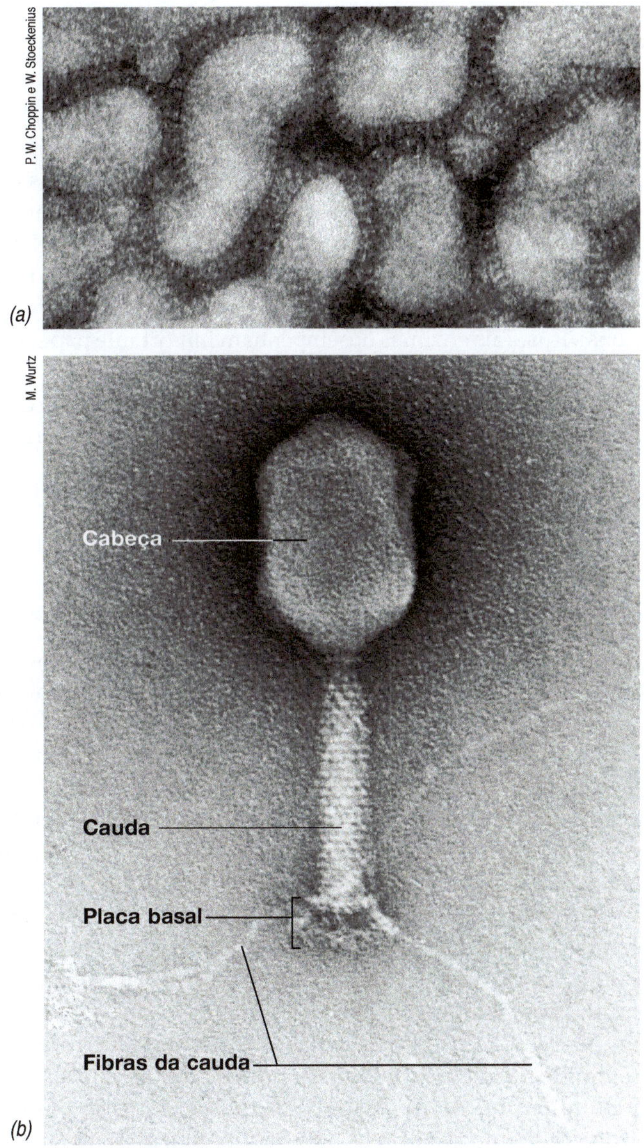

■ **Figura 9.5** Micrografias eletrônicas de vírus de animais e bacterianos. (a) Influenzavírus, um vírus envelopado. Cada partícula possui cerca de 80 nm de diâmetro, embora não apresente forma definida (Figura 16.15). Os influenzavírus serão discutidos na Seção 16.8. (b) Vírus bacteriano (bacteriófago) T4 de *Escherichia coli*. Observe a estrutura complexa. Os componentes da cauda estão envolvidos na ligação do vírion à célula hospedeira e na injeção do ácido nucléico (ver Figura 9.10). A cabeça tem diâmetro de aproximadamente 85 nm. O bacteriófago T4 será discutido em mais detalhes na Seção 9.9.

de ácido nucléico, que transcrevem o ácido nucléico viral em RNA mensageiro (sem o emprego de enzimas celulares), porque muitas vezes requerem uma enzima que a célula não possui. Por exemplo, os retrovírus são vírus de RNA que se replicam no interior da célula sob a forma de intermediários de DNA. Esses vírus possuem uma enzima, a DNA polimerase RNA dependente (denominada *transcriptase reversa*), que transcreve a informação presente no RNA em um intermediário de DNA. Outros vírus contêm enzimas que auxiliam na sua liberação das células hospedeiras onde foram produzidos. Um grupo de tais enzimas, denominadas *neuraminidases*, cliva as ligações glicosídicas de glicoproteínas e glicolipídeos presentes nos tecidos conectivos de células animais, auxiliando, dessa maneira, a liberação dos vírus.

✓ 9.2 Verificação de conceitos

O vírion de um vírus nu apresenta somente ácido nucléico (DNA ou RNA) e proteínas, estando o ácido nucléico envolto pelas proteínas; a unidade completa é denominada nucleocapsídeo. Os vírus envelopados possuem uma ou mais camadas lipoprotéicas circundando o nucleocapsídeo. Este é arranjado de maneira simétrica, com número e arranjo precisos de subunidades estruturais circundando o ácido nucléico viral. Embora os vírus sejam metabolicamente inertes, uma ou mais enzimas podem estar presentes nos vírions de alguns vírus. Tais enzimas desempenham importante papel nos estágios iniciais do processo infeccioso.

✓ Qual a diferença entre um vírus *nu* e um vírus *envelopado*?

✓ Que tipos de enzimas podem ser encontrados nos vírions de vírus específicos?

II CRESCIMENTO E QUANTIFICAÇÃO

9.3 O hospedeiro viral

Pelo fato de os vírus se replicarem apenas no interior de células vivas, seu estudo requer o emprego de hospedeiros apropriados. Dos três tipos de hospedeiros — bactérias, plantas e animais —, os vírus que infectam bactérias são mais facilmente cultivados em laboratório.

Para o estudo dos vírus bacterianos, são empregadas culturas bacterianas puras, em meios líquidos ou semi-sólidos (ágar). Como muitas bactérias podem ser facilmente cultivadas, o estudo dos vírus bacterianos torna-se uma tarefa relativamente simples, sendo este o motivo da disponibilidade de tão detalhado conhecimento a respeito da multiplicação de vírus bacterianos.

No caso de vírus de plantas, os estudos podem ser dificultados, uma vez que estes podem requerer o uso da planta inteira. Além disso, para que os vírus de plantas realizem a infecção, precisam, freqüentemente, promover uma ruptura na espessa parede de suas células hospedeiras. Algumas vezes esses vírus são analisados, promovendo-se um dano mecânico em uma folha da planta, com a subseqüente aplicação dos vírus na área danificada. No entanto, alguns vírus de plantas podem ser estudados empregando-se protoplastos (Seção 4.8) ou outras técnicas de cultura celular.

Embora, a princípio, um vírus de animal possa crescer em um animal suscetível ao vírus, para fins de pesquisa é desejável um hospedeiro mais facilmente manejável. Felizmente, muitos vírus de animais podem ser cultivados em *culturas de tecidos* ou *celulares*. A utilização de tais culturas facilitou significativamente a pesquisa destes vírus de animais.

Culturas celulares

Uma cultura celular é obtida ao promover-se o crescimento de células retiradas de um órgão de um animal experimental. Culturas celulares são geralmente obtidas por meio da remoção asséptica de partes do tecido em questão, seguida da dissociação das células pelo tratamento com enzimas que degradam a matriz intercelular; a suspensão resultante é espalhada no fundo de uma superfície plana, como uma garrafa ou uma placa de Petri. As células geralmente produzem e secretam compostos de natureza glicoprotéica, que permitem sua aderência à superfície do vidro. A fina camada de células aderidas ao vidro ou à placa plástica, denominada *monocamada*, é recoberta com um meio de cultura adequado, sendo então a cultura incubada. Os meios de cultura utilizados para culturas celulares são geralmente bastante complexos, contendo aminoácidos e vitaminas, sais, glicose e um sistema de tamponamento contendo bicarbonato. Para a obtenção de um melhor crescimento, normalmente é necessária a adição de uma pequena quantidade de soro sangüíneo, e, a fim de impedir a contaminação bacteriana, vários antibióticos também são geralmente adicionados. Um indicador colorido de pH é acrescentado para auxiliar na detecção desse tipo de contaminação.

Algumas culturas celulares, quando preparadas dessa maneira, crescem indefinidamente e podem ser estabelecidas como *linhagens celulares permanentes*. Tais culturas celulares são as mais convenientes na pesquisa dos vírus, uma vez que o material celular está continuamente disponível para essa finalidade. Em outros casos, o crescimento indefinido não ocorre, embora a cultura possa permanecer viva por alguns dias. Tais culturas, denominadas *culturas celulares primárias*, podem ainda ser úteis na pesquisa dos vírus, embora novas culturas deverão ser preparadas periodicamente a partir de fontes frescas.

Em alguns casos, não é possível a obtenção de monocamadas de culturas celulares; no entanto, órgãos inteiros ou partes de órgãos podem ser cultivados. Tais **culturas de órgãos** podem ser úteis em pesquisas de vírus, porque permitem o crescimento dos vírus sob condições laboratoriais relativamente controladas.

Há uma maior especificidade entre os vírus e os hospedeiros que a simples determinação do reino ou filo ao qual esse hospedeiro pertence. Em alguns casos, a especificidade é extrema; alguns vírus apenas são capazes de infectar e/ou multiplicar-se em uma única espécie, ou subespécie e, às vezes, em apenas alguns tecidos do hospedeiro. Em outros casos, no entanto, a especificidade é menor. Discutiremos algumas das razões para essa especificidade nas próximas seções e no Capítulo 16.

✓ 9.3 Verificação de conceitos

Os vírus são capazes de se replicar apenas em certos tipos de células ou organismos. Os vírus bacterianos revelaram-se um modelo de estudo extremamente útil, uma vez que as células hospedeiras são facilmente cultivadas e manipuladas em meios de cultura. Muitos vírus de animais podem ser cultivados em culturas celulares.

✓ O que é um organismo hospedeiro?

✓ Por que o emprego de culturas celulares é útil na pesquisa dos vírus?

9.4 Quantificação dos vírus

Para que qualquer entendimento significativo sobre a natureza dos vírus e sua replicação seja obtido, o número de partículas virais deve, de alguma maneira, ser *quantificado*. Os vírions geralmente são muito pequenos para serem visualizados ao microscópio óptico. Embora possam ser observados ao microscópio eletrônico, a preparação de amostras pode ser muito trabalhosa, inviabilizando seu emprego como metodologia de quantificação viral. Normalmente, os vírus são quantificados por meio da determinação de seus efeitos nas células hospedeiras que infectam. Nesse contexto, a *unidade infecciosa viral* corresponde à menor unidade capaz de provocar um efeito detectável, quando inoculada em um hospedeiro suscetível. A partir da determinação do número de unidades infecciosas por volume de fluido, pode-se obter uma medida da quantidade de vírus. Passaremos a discutir as várias abordagens que permitem a determinação das unidades infecciosas virais, restringindo nossa discussão aos vírus bacterianos e de animais.

Ensaio de formação de placas de lise

Quando um vírion inicia uma infecção em uma cultura confluente ou "tapete" de células hospedeiras crescendo em uma superfície plana, pode haver o aparecimento de uma zona de *lise* ou de *inibição de crescimento*, que resulta na formação de uma área clara no tapete de células hospedeiras. Essa zona clara recebe a denominação **placa de lise,** e convencionou-se que cada placa de lise é formada em decorrência dos eventos de replicação iniciados por um vírion.

As placas de lise correspondem, essencialmente, a "janelas" que surgem no tapete de células, exibindo crescimento confluente. No caso de vírus bacterianos, as placas de lise podem ser obtidas quando partículas virais são misturadas a uma fina camada de bactérias hospedeiras, espalhadas na forma de uma sobrecamada de ágar em um meio de cultura sólido (Figura 9.6*a*). Durante a incubação da cultura, as bactérias crescem, originando uma superfície turva, visível a olho nu. No entanto, em todas as re-

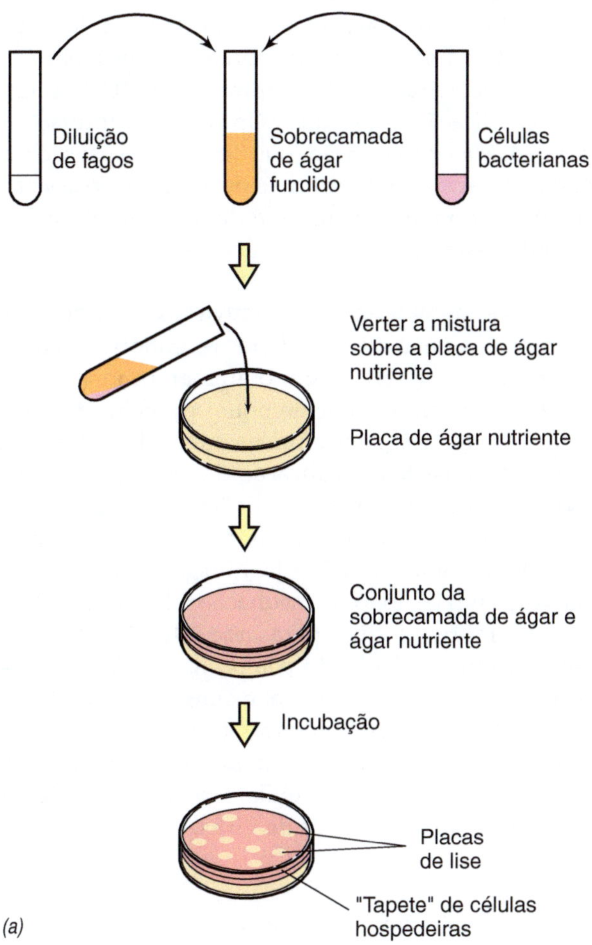

(a)

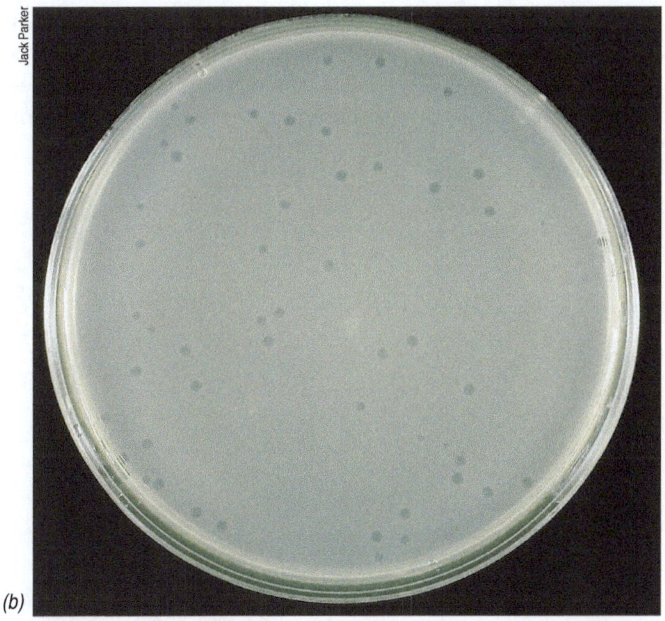

(b)

■ **Figura 9.6** Quantificação de vírus bacterianos utilizando o ensaio de formação de placas de lise pela técnica de sobrecamada de ágar. (a) Uma diluição da suspensão contendo os vírus é misturada a uma pequena quantidade de ágar fundido, contendo as bactérias hospedeiras sensíveis. A mistura é, então, vertida sobre a superfície de uma placa de ágar nutriente. As bactérias hospedeiras, distribuídas uniformemente pela camada de ágar, começam a crescer e, após a incubação por uma noite, formam um "tapete" de crescimento confluente. Cada partícula viral que se liga a uma célula e se reproduz pode promover a lise celular. As partículas virais liberadas podem infectar as células adjacentes, presentes no ágar, replicarem-se em seu interior, levando novamente à lise celular e, conseqüentemente, a uma nova liberação viral. O tamanho da placa de lise formada depende do vírus, do hospedeiro e das condições da cultura. (b) Fotografia de uma placa de meio sólido, apresentando as placas de lise formadas por um bacteriófago em um "tapete" de bactérias sensíveis. As placas ilustradas têm diâmetro variando entre 1-2 mm.

giões onde a infecção viral tenha sido iniciada com sucesso ocorrerá a lise das células, que resultará na formação de uma *placa de lise* (Figura 9.6*b*).

O ensaio de formação de placas de lise permite também o isolamento de linhagens virais puras, pois se uma placa surgiu a partir de um único vírion é provável que todos os vírions nessa placa sejam geneticamente idênticos. Alguns dos vírions dessa placa podem ser coletados e inoculados em uma nova cultura bacteriana, obtendo-se, assim, uma linhagem viral pura. O desenvolvimento do ensaio de formação de placas de lise foi importante para o avanço da virologia, do mesmo modo que o desenvolvimento dos meios sólidos, por Koch, o foi para a bacteriologia (Seção 1.5).

As placas podem ser obtidas com vírus de animais, utilizando culturas de células animais como hospedeiras. Uma monocamada de células animais em cultura é preparada em uma placa ou garrafa plana, às quais a suspensão viral é sobreposta. As placas de lise são reveladas como zonas de destruição das células animais (Figura 9.7).

Em alguns casos, os vírus podem, na realidade, não destruir as células, causando alterações morfológicas reconhecíveis ou afetando sua taxa de crescimento. Por exemplo, vírus tumorais podem não destruir as células, mas causar um crescimento mais acelerado que aquele observado em células não infectadas — fenômeno denominado **transformação.** Como salientamos, o arranjo geral das células em uma cultura de tecidos corresponde a uma monocamada. Isso porque o crescimento geralmente cessa quando as células, como resultado do crescimento, entram em contato umas com as outras (fenômeno conhecido como *inibição por contato*). As células transformadas sofrem alterações no controle de crescimento e passam a exibir um crescimento contínuo, podendo assim formar aglomerados que originam um pequeno *foco de crescimento* (denominado *foco de infecção*, quando a transformação foi causada por infecção viral). A partir da contagem de focos de infecção, é possível obter-se uma medida quantitativa dos vírus presentes.

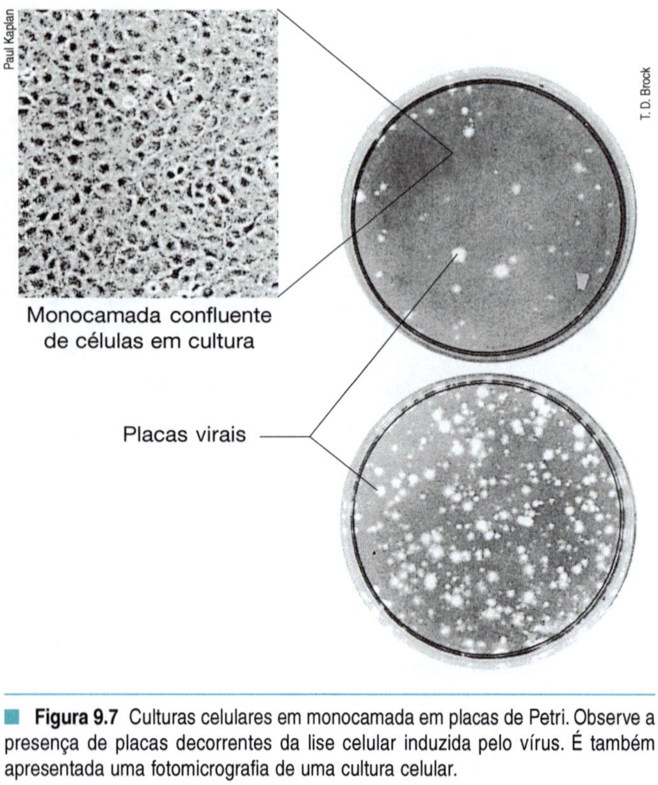

■ **Figura 9.7** Culturas celulares em monocamada em placas de Petri. Observe a presença de placas decorrentes da lise celular induzida pelo vírus. É também apresentada uma fotomicrografia de uma cultura celular.

Eficiência de plaqueamento

Um importante conceito na virologia quantitativa envolve a noção de *eficiência de plaqueamento.* As contagens obtidas no ensaio de formação de placa de lise são sempre inferiores à contagem realizada ao microscópio eletrônico. A eficiência com que os vírions infectam as células hospedeiras raramente alcança 100%, podendo muitas vezes ser consideravelmente menor. Isso não significa que os vírions que não causaram infecção estejam inativos, embora, em algumas situações, esse seja o caso. Isso pode simplesmente significar que, nas condições empregadas, as partículas virais não obtiveram sucesso na infecção. Embora a eficiência de plaqueamento de vírus bacterianos seja, com freqüência, acima de 50%, esta pode ser extremamente baixa no caso de certos vírus de animais, variando de 0,1 ou 1%. As causas responsáveis por essas variações na capacidade de infecção das partículas virais ainda não são bem entendidas. Em alguns casos, supõe-se que as condições utilizadas para a quantificação não tenham sido as ideais. Como o microscópio eletrônico não é empregado rotineiramente na contagem de vírions, a avaliação da real eficiência de plaqueamento torna-se algumas vezes prejudicada, embora esse conceito seja importante tanto na pesquisa quanto na prática médica. Uma vez que a eficiência de plaqueamento raramente se aproxima de 100%, sempre que a quantificação é realizada pelo ensaio de formação de placas de lise a concentração (ou *título*) da suspensão viral deve ser expressa como o número de *unidades formadoras de placa* em vez do número absoluto de unidades de vírions, conferindo assim maior precisão aos resultados.

Métodos de avaliação da infectividade em animais

Alguns vírus não causam efeitos reconhecíveis em culturas celulares, embora levem o animal à morte. Nesses casos, a quantificação somente pode ser realizada por algum tipo de titulação, nos animais infectados. O procedimento geral consiste na realização de uma série de diluições da amostra desconhecida (Seção 6.5), geralmente por meio de diluições decimais seriadas, seguidas da inoculação das amostras de cada diluição em animais sensíveis. Após um período de incubação adequado, a fração de animais mortos e vivos para cada diluição é tabulada, possibilitando o cálculo do *ponto final de diluição.* Este corresponde à diluição onde, por exemplo, *metade* dos animais inoculados morre. Embora tal método de diluições em série seja mais trabalhoso e menos preciso que os métodos empregando culturas celulares, este pode ser essencial ao estudo de certos tipos de vírus.

✓ 9.4 Verificação de conceitos

Embora apenas um vírion seja necessário para iniciar um ciclo infeccioso, nem todas as partículas virais são igualmente infecciosas. Uma das formas mais precisas para a mensuração da infectividade viral corresponde ao ensaio de formação de placas de lise. Placas de lise correspondem a zonas claras que se desenvolvem nas camadas ou "tapetes" de células hospedeiras, sendo cada placa decorrente da infecção por uma única partícula viral. A placa de lise é análoga a uma colônia bacteriana.

✓ Defina *eficiência de plaqueamento.*

✓ O que é uma *unidade formadora de placa?*

III REPLICAÇÃO VIRAL

9.5 Características gerais da replicação viral

O desafio básico na replicação viral pode ser simplesmente definido como: o vírus deve induzir uma célula hospedeira viva a sintetizar todos os componentes essenciais, necessários à produção de novas partículas virais. Esses componentes devem ser organizados em estruturas apropriadas, e os novos vírions devem escapar das células para infectarem outras. Em um bacteriófago, as várias fases do processo de replicação podem ser categorizadas em cinco etapas (Figura 9.8).

1. *Ligação* (adsorção) do vírion a uma célula hospedeira suscetível.
2. *Penetração* (injeção) do vírion ou de seu ácido nucléico na célula.
3. A *síntese de ácidos nucléicos e de proteínas* ocorre desde os estágios precoces até os tardios, durante a infecção. Precocemente na infecção, o vírus redireciona o metabolismo celular, favorecendo a síntese de novos ácidos nucléicos e de proteínas virais. Tardiamente na infecção são sintetizadas proteínas estruturais que correspondem às subunidades do envoltório viral.
4. *Montagem* das subunidades estruturais (e dos componentes de membrana, no caso de vírus envelopados) e empacotamento do ácido nucléico, originando novas partículas virais.
5. *Liberação* dos vírions maduros pela célula.

Esses estágios da replicação viral são reconhecidos quando partículas virais infectam células em cultura; a ilustração na Figura 9.9 exibe a chamada **curva de crescimento em etapa única**. Nos primeiros minutos após a infecção, diz-se que os vírus estão em fase de *eclipse*. O ácido nucléico viral encontra-se separado da capa protéica e, assim, mesmo que a célula hospedeira tenha-se rompido, o vírion não existe mais como entidade infecciosa. Embora o ácido nucléico viral possa ser infeccioso, sua infectividade é várias vezes menor que a de vírions completos, visto que a maquinaria necessária para conduzir o genoma viral para o interior da célula encontra-se ausente. Além disso, quando um ácido nucléico encontra-se fora de um vírion, torna-se vulnerável às atividades deletérias do meio ambiente, o que não ocorre quando este se encontra no interior da capa protéica.

O eclipse ocorre durante os estágios precoces da replicação viral. A maturação se inicia à medida que novas moléculas de ácido nucléico são empacotadas nas capas protéicas. Durante a fase de *maturação*, o título da atividade viral aumenta dramaticamente. O período de tempo no qual nenhum vírion infeccioso encontra-se presente é denominado de *período de latência*. Ao final da maturação, ocorre a *liberação* de vírions maduros resultante da lise celular ou de algum processo de brotamento ou de excreção. O número de vírions liberados, denominado *tamanho da população liberada*, depende do vírus e do hospedeiro em particular e pode variar de alguns poucos a milhares. A duração de um ciclo completo de replicação varia de 20-60 min para muitos vírus bacterianos e de 8-40 h para a maioria dos vírus de animais. Nas próximas duas seções, consideraremos em maiores detalhes alguns dos passos que compõem o ciclo de multiplicação viral.

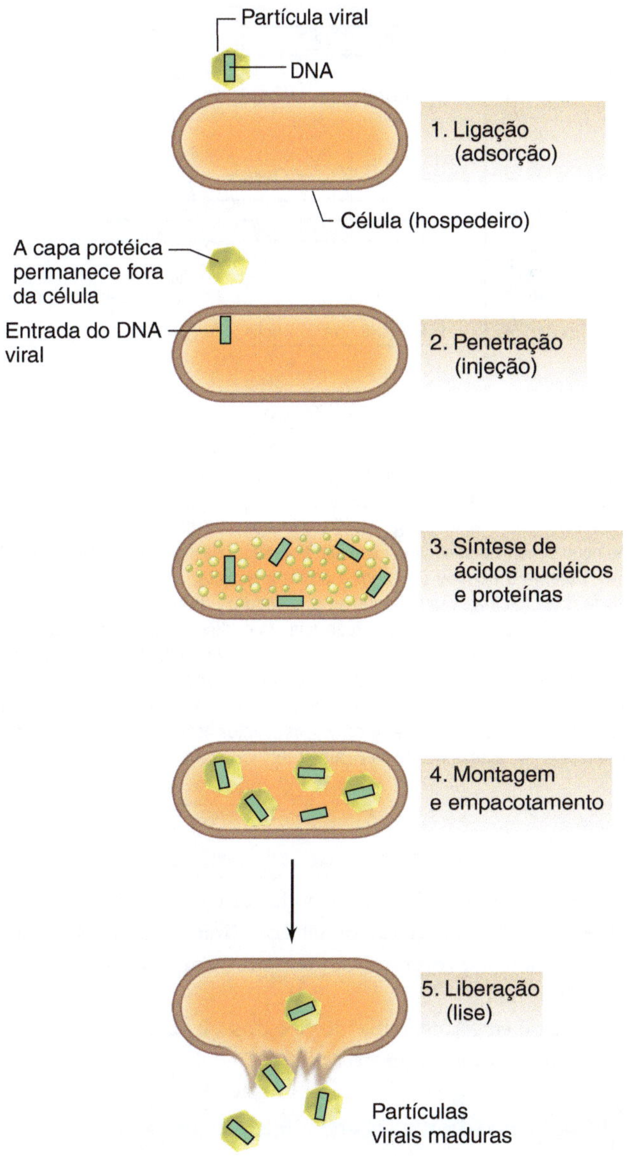

■ **Figura 9.8** Ciclo de replicação de um vírus bacteriano. São indicados os estágios gerais da replicação.

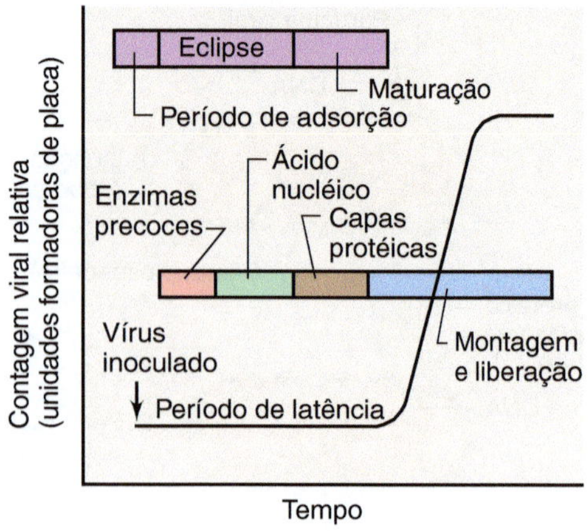

■ **Figura 9.9** Curva de crescimento, em etapa única, da replicação viral. O gráfico apresenta os resultados de um único ciclo de multiplicação viral em uma população de células. Após a adsorção, a infectividade das partículas virais desaparece — fenômeno denominado *eclipse*. Esse fato se deve ao desnudamento das partículas virais. Durante o *período de latência* ocorre a replicação do ácido nucléico e a síntese das proteínas virais. Segue-se o *período de maturação*, quando o ácido nucléico e as proteínas virais se organizam em partículas virais maduras. Nesse período, se as células forem rompidas, vírus ativos poderão ser detectados. Finalmente, ocorre a *liberação*, com ou sem lise celular. A duração de um ciclo de crescimento em etapa única varia de acordo com o vírus e o hospedeiro. Compare o quadro geral e o esquema de cores com os eventos específicos da replicação do bacteriófago T4, apresentados na Figura 9.15.

✓ 9.5 Verificação de conceitos

O ciclo de vida dos vírus pode ser dividido em cinco estágios: ligação (adsorção); penetração (injeção); síntese de ácidos nucléicos e proteínas; montagem e empacotamento; e liberação viral.

✓ O que é *empacotado* no interior dos vírions?

✓ A que se refere o termo *eclipse*?

9.6 Multiplicação viral: ligação e penetração

Nesta seção, discutiremos em mais detalhes a ligação e a penetração viral — os primeiros passos da multiplicação viral. Consideraremos, ainda, os mecanismos pelos quais algumas bactérias reagem à penetração do DNA viral.

Ligação (adsorção)

A interação do vírus com o hospedeiro caracteriza-se por apresentar alta especificidade. Essa especificidade pelo hospedeiro baseia-se, fundamentalmente, na etapa de ligação. A própria partícula viral (nua ou envelopada) possui, externamente, uma ou mais proteínas que interagem com os componentes da superfície celular (os *receptores*). Esses receptores de superfície celular correspondem a componentes superficiais normais do hospedeiro, tais como proteínas, carboidratos, glicoproteínas, lipídeos, lipoproteínas ou seus complexos, aos quais os vírions se ligam. Por exemplo, o receptor para o bacteriófago T1 é uma proteína captadora de ferro, enquanto o receptor do bacteriófago lambda está envolvido na captação de maltose. Receptores de vírus de animais podem incluir macromoléculas envolvidas no contato intercelular ou no sistema imunológico.

Vírus intimamente relacionados não compartilham, necessariamente, receptores intimamente relacionados. Por exemplo, o receptor para o bacteriófago T2 corresponde a uma proteína de membrana, enquanto o receptor para o bacteriófago intimamente relacionado, T4, corresponde a um componente polissacarídico da membrana celular externa (ver a seguir). Em contrapartida, alguns receptores podem ser reconhecidos por diferentes vírus.

Os receptores determinam quais células serão **suscetíveis** à infecção. Em organismos multicelulares, os receptores podem ser expressos apenas em certos tipos celulares. O receptor do influenzavírus corresponde a um carboidrato específico (o ácido siálico), encontrado na porção terminal de um oligossacarídeo ligado covalentemente a uma proteína de membrana. Esta glicoproteína é encontrada em vários tipos de células, inclusive hemácias, permitindo assim a ligação dos influenzavírus a várias células diferentes. Outros receptores são encontrados apenas em poucos tipos celulares, tal como a proteína CD4. Esta, utilizada como receptor pelo vírus da imunodeficiência humana (HIV), é encontrada somente em certos tipos de células do sistema imunológico, restringindo, portanto, os tipos celulares suscetíveis à infecção pelo vírus HIV.

Na ausência de um sítio receptor, o vírus não pode se adsorver, tornando-se incapaz de promover uma infecção. Se o sítio receptor for alterado, o hospedeiro poderá se tornar resistente à infecção pelo vírus. No entanto, mutantes virais podem se desenvolver, sendo capazes de se adsorver aos hospedeiros resistentes. Além disso, alguns vírus de animais são capazes de utilizar mais de um receptor, de modo que a perda de um receptor não impede sua ligação às células.

Penetração

A ligação de um vírus a uma célula promove alterações no vírus e/ou na célula que, por sua vez, culminam na *penetração* viral. Como os vírus se replicam apenas no interior das células, pelo menos o genoma viral deve ser capaz de penetrar em uma célula. No entanto, conforme mencionamos anteriormente (ver Seção 9.2), para que alguns vírus se repliquem, certas proteínas devem também penetrar na célula hospedeira. É importante ressaltar, no entanto, que a ligação e mesmo a penetração em uma célula suscetível não conduzem à multiplicação viral, caso a informação contida no genoma viral não possa ser decodificada. Uma célula que permite a multiplicação viral é referida como **permissiva** para aquele vírus.

Vírus distintos apresentam diferentes estratégias para a penetração. Em alguns vírus de animais, o vírus envelopado é desnudado na membrana celular. No caso de vários outros vírus de animais, o vírion inteiro penetra na célula por endocitose. Em tais casos, o vírus deve ser subseqüentemente *desnudado* (parcial ou completamente), de modo que o genoma tenha acesso à célula, e a replicação possa ser realizada. Em certos vírus, o desnudamento ocorre no citoplasma, enquanto em outros esse processo se dá na membrana nuclear.

Células com parede celular, como bactérias, são infectadas de maneira diferente das células animais, que não apresentam essa estrutura. Os mecanismos de penetração mais complexos foram observados em vírus que infectam bactérias. O bacteriófago T4, que infecta *Escherichia coli*, pode ser empregado como exemplo.

A estrutura do vírus bacteriano T4 foi ilustrada na Figura 9.5*b*. O vírion apresenta uma **cabeça**, onde o DNA viral se encontra dobrado, e uma **cauda** longa e complexa, em cuja extremidade há uma série de fibras da cauda. Durante o processo de adsorção, a ligação inicial dos vírions às células é mediada pelas fibras da cauda (Figura 9.10). As extremidades das fibras interagem especificamente com os polissacarídeos internos dos lipopolissacarídeos encontrados na membrana externa da parede celular de bactérias gram-negativas (Seção 4.8). As fibras da cauda sofrem uma retração, propiciando assim o contato entre a porção mais interna da cauda e a parede celular bacteriana. A ação de uma enzima semelhante à lisozima promove a formação de um pequeno orifício. A bainha da cauda se contrai e o DNA viral penetra no interior da célula, passando através de um orifício presente na ponta da cauda, enquanto a maior parte do envoltório protéico permanece fora da célula.

Restrição e modificação viral pela célula hospedeira

Animais multicelulares podem, freqüentemente, lidar com os vírus invasores, eliminando-os por intermédio de uma variedade de mecanismos de defesa imunológicos antes que a infecção se dissemine ou, algumas vezes, antes que os vírus penetrem nas células-alvo. Tais mecanismos serão discutidos nos Capítulos 21 e 22. As células procarióticas, ao contrário, carecem de tais defesas. Enquanto as paredes celulares extremamente espessas de fungos e plantas também oferecem alguma proteção, as paredes celulares de procariotos, relativamente mais finas, oferecem menor proteção. Contudo, os procariotos também possuem mecanismos que conferem resistência aos vírus.

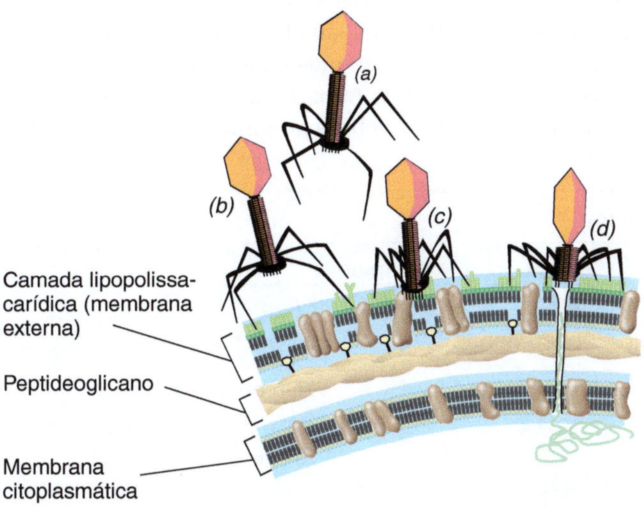

■ **Figura 9.10** Ligação do vírion do bacteriófago T4 à parede celular de *Escherichia coli* e a injeção de DNA: (a) Vírion não ligado. (b) Ligação à parede pela interação das longas fibras da cauda com o polissacarídeo interno do lipopolissacarídeo. (c) Contato entre os pinos da cauda e a parede celular. (d) Contração da bainha da cauda e injeção do DNA. Para uma descrição detalhada da parede celular gram-negativa, ver Seção 4.9.

Já vimos que um hospedeiro pode ser resistente a um vírus quando não apresenta sítios receptores em sua superfície celular. Outro tipo mais específico de resistência do hospedeiro é observado em procariotos, envolvendo a destruição do genoma de DNA de fita dupla de um vírus após sua injeção. Essa destruição é catalisada por enzimas do hospedeiro que clivam o DNA viral em um ou vários pontos, evitando assim sua replicação. Esse fenômeno é conhecido como **restrição**, sendo parte integrante de um mecanismo geral que impede a invasão de hospedeiros por ácidos nucléicos exógenos.

As enzimas que destroem o DNA são denominadas *endonucleases de restrição* ou, mais comumente, *enzimas de restrição*. Estas são altamente específicas, pois reconhecem apenas certas seqüências (geralmente, quatro ou seis pares de bases). Para que tal sistema seja eficiente, o hospedeiro deve possuir um mecanismo que proteja seu próprio DNA. Isso é realizado pela **modificação** específica de seu DNA nos sítios onde as enzimas de restrição atuam. A modificação do DNA do hospedeiro é obtida pela metilação das bases púricas ou pirimídicas (de tal forma que suas propriedades de pareamento não sejam alteradas). A modificação do DNA normalmente ocorre em bases específicas de cada fita. Durante a replicação semiconservativa (Seção 7.5), haverá um período em que apenas a fita molde será modificada. Um sistema enzimático de restrição/modificação específico reconhece este DNA como uma molécula que requer modificações adicionais, em vez de reconhecê-lo como um DNA que deva ser restrito.

As enzimas de restrição exibem especificidade por DNA de fita dupla; esse tipo de molécula é freqüentemente encontrado no genoma de bacteriófagos. Em conseqüência, enzimas de restrição são também amplamente distribuídas em procariotos. Discutiremos, posteriormente, a grande aplicação prática das enzimas de restrição na genética e na engenharia genética (Seção 10.12 e Capítulo 31).

Alguns vírus podem sobrepujar os mecanismos de restrição do hospedeiro pela introdução de modificações em seus ácidos nucléicos, tornando-os resistentes aos ataques enzimáticos. Dois tipos de modificação química no DNA viral foram descritos: *glicosilação* e *metilação*. Por exemplo, o DNA dos bacteriófagos T-pares (T2, T4 e T6) pode exibir diferentes graus de glicosilação, impedindo ou reduzindo significativamente sua clivagem por endonucleases. Verificou-se que muitos outros ácidos nucléicos virais são modificados por metilação, embora a glicosilação tenha sido observada apenas nos bacteriófagos T-pares. Deve-se enfatizar que a modificação dos ácidos nucléicos virais ocorre apenas após a replicação. Outros vírus, tais como os bacteriófagos T3 e T7, evitam a restrição codificando proteínas que inibem os sistemas de restrição do hospedeiro. Alguns hospedeiros possuem múltiplos sistemas de restrição e metilação que auxiliam a impedir a infecção por vírus capazes de sobrepujar somente um desses sistemas.

Contudo, nem todos os sistemas de restrição reconhecem o DNA não modificado. Foram descritos sistemas de restrição de hospedeiros que restringem apenas DNA *modificado*! Obviamente, hospedeiros que apresentam essa enzima *não* contêm a enzima de modificação. No entanto, esse tipo hospedeiro é protegido de infecções por vírus que tenham sido modificados durante sua reprodução em linhagens hospedeiras anteriores.

Os hospedeiros contêm ainda outras DNA metilases, além daquelas envolvidas na proteção contra suas próprias enzimas de restrição. Algumas dessas metilases podem estar envolvidas no reparo de DNA ou na regulação gênica, enquanto outras podem conferir proteção ao DNA do *hospedeiro*. Isso se deve ao fato de *alguns vírus codificarem sistemas de restrição próprios*.

✓ 9.6 Verificação de conceitos

A ligação de um vírion a uma célula hospedeira corresponde a um processo altamente específico que envolve a interação de proteínas superficiais da partícula viral com receptores localizados na superfície de uma célula hospedeira suscetível. O vírion, ou seu genoma, penetra na célula hospedeira somente após a etapa de ligação. A resistência do hospedeiro à infecção viral pode ocorrer de várias maneiras. Hospedeiros procarióticos podem conter sistemas de restrição-modificação que reconhecem e destroem o DNA exógeno.

✓ De que modo o processo de ligação contribui para a especificidade vírus-hospedeiro?

✓ Por que alguns vírus devem ser desnudados após a penetração, enquanto outros não?

9.7 Multiplicação viral: produção do ácido nucléico e das proteínas virais

Para que a multiplicação viral ocorra, são necessárias a replicação de novas cópias do genoma viral e a síntese de proteínas específicas do vírus. Tipicamente, a síntese de algumas proteínas virais é iniciada logo após a entrada do genoma viral na célula (e do desnudamento, se necessário). A produção dessas proteínas requer um RNA mensageiro específico do vírus. Em certos tipos de vírus de RNA, o próprio genoma pode atuar como mRNA. Entretanto, para a maioria dos vírus, o mRNA deve ser primeiramente sintetizado. Muitos vírus possuem genoma de DNA de fita dupla (assim como as células hospedeiras); as propriedades essenciais da produção de mRNA a partir de DNA de fita dupla já foram discutidas anteriormente (Seções 7.8 a 7.11).

No entanto, muitos vírus apresentam outros tipos de genoma, que incluem não somente DNA de fita simples como também RNA de fita simples e de fita dupla. Além disso, como já mencionamos, alguns vírus apresentam um tipo de ácido nucléico no vírion, embora utilizem outro como intermediário durante a replicação. Todos esses genomas "pouco usuais" trazem dificuldades para o entendimento da multiplicação viral, pois envolvem transferências de informação do tipo RNA para RNA e RNA para DNA, as quais não são realizadas pelas enzimas do hospedeiro.

Estratégias de replicação viral

O virologista David Baltimore, um dos agraciados com o Prêmio Nobel de Medicina, em 1975, pela descoberta dos retrovírus e da transcriptase reversa, desenvolveu um esquema de classificação de vírus que se baseia principalmente na relação entre o genoma viral e seu mRNA. De acordo com o esquema de Classificação de Baltimore (Tabela 9.2), os vírus de DNA de fita dupla (fd) são agrupados na Classe I. Nesses vírus, a síntese de mRNAs ocorre da mesma maneira que a síntese de mRNA a partir do genoma da célula hospedeira. No entanto, diferentes vírus empregam estratégias distintas para garantir que a produção de mRNA viral seja favorecida em relação à síntese de mRNA da célula hospedeira. Vírus da Classe II correspondem a vírus que contêm DNA de fita simples (fs). Nesse caso, antes do mRNA ser produzido, é necessário que uma fita complementar de DNA seja sintetizada, uma vez que a RNA polimerase reconhece apenas moléculas de DNA de fita dupla (Seções 7.8 e 7.9). Esses vírus apresentam intermediários de DNA de fita dupla durante a replicação, os quais são utilizados para a transcrição (Figura 9.11). A síntese de intermediários de DNA de fita dupla e sua subseqüente transcrição podem ser realizadas por enzimas celulares (embora proteínas virais possam tam-

Tabela 9.2 Sistema de classificação de vírus de Baltimore

Classe	Descrição do genoma e estratégia de replicação	Exemplos: Vírus bacterianos	Exemplos: Vírus de animais
I	Genoma de DNA de fita dupla	Lambda, T4	Herpesvírus, poxvírus
II	Genoma de DNA de fita simples	ϕX174	Vírus da anemia de galinhas
III	Genoma de RNA de fita dupla	ϕ6	Reovírus (Seção 16.9)
IV	Genoma de RNA de fita simples, de sentido mais	MS2	Vírus da poliomielite
V	Genoma de RNA de fita simples, de sentido menos		Influenzavírus, vírus da raiva
VI	Genoma de RNA de fita simples, cuja replicação envolve um intermediário de DNA		Retrovírus
VII	Genoma de DNA de fita dupla, cuja replicação envolve um intermediário de RNA		Vírus da hepatite B

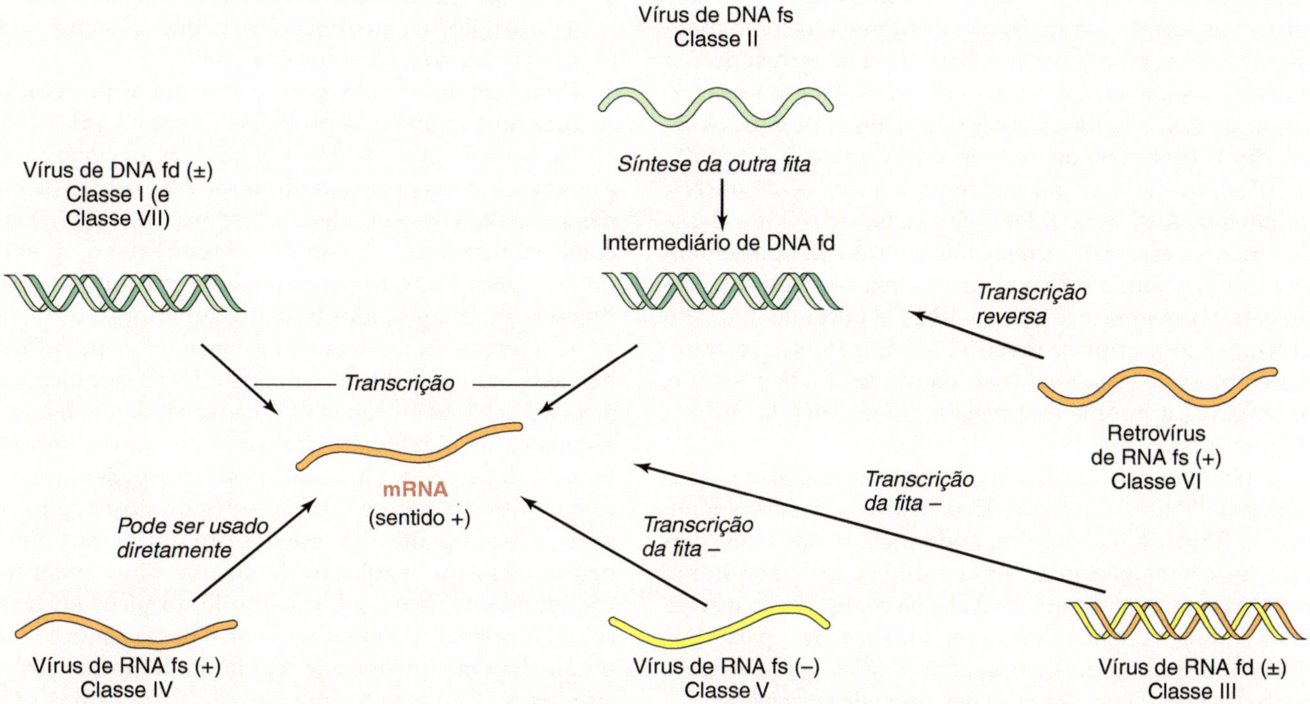

■ **Figura 9.11** Síntese de mRNA após a infecção celular por diferentes tipos de vírus. O sentido químico do mRNA é considerado como mais (+). Os sentidos dos vários ácidos nucléicos virais estão indicados como + se forem iguais ao mRNA, como – se forem complementares ou como ± se forem de fita dupla. Quase todos os vírus de DNA de fita simples são de sentido +, embora, aparentemente, tanto a fita + como a fita – podem ser empacotadas em alguns casos. Ainda não está totalmente esclarecido se um vírion de fita – pode ser infeccioso. As diferentes classes de vírus, de acordo com a Classificação de Baltimore, são apresentadas (ver Tabela 9.2).

bém estar envolvidas). A situação é bastante diferente nos vírus apresentando genoma de RNA (Classes III-VI).

Antes de discutirmos essas últimas classes em maiores detalhes, são necessários alguns conhecimentos sobre a nomenclatura relacionada à orientação da fita de ácido nucléico. Lembre-se de que o mRNA é complementar à fita de DNA empregada como molde e que o mRNA pode ser traduzido, originando proteínas (Capítulo 7). Por convenção, o mRNA é referido como sendo de configuração *mais* (+). Sua fita complementar é referida como sendo de configuração *menos* (–). Essa nomenclatura pode ser utilizada em relação à orientação de qualquer vírus de fita simples (RNA ou DNA), embora seja utilizada principalmente com os vírus de RNA. Um vírus que apresenta genoma de RNA de fita simples, com a mesma orientação de seu mRNA, é referido como vírus de *RNA de fita positiva*. Um vírus cujo genoma de RNA de fita simples seja complementar a seu mRNA é referido como vírus de *RNA de fita negativa*. (Observe que positivo e negativo não correspondem a termos absolutos, pois são empregados apenas em relação ao mRNA do vírus.)

Além disso, devemos considerar que as RNA polimerases celulares normalmente não catalisam a síntese de RNA a partir de RNA, utilizando em vez deste uma molécula de DNA como molde. Portanto, os vírus de RNA requerem uma RNA polimerase RNA-dependente. Passaremos a considerar tal necessidade frente aos tipos de genomas virais de RNA. O caso mais simples corresponde aos vírus de RNA de fita positiva (Classe IV), onde a única fita de RNA viral corresponde à fita mais, atuando diretamente como mRNA. Além de codificar todas as outras proteínas necessárias, este mRNA codifica uma RNA polimerase específica do vírus. Essa polimerase é responsável inicialmente pela síntese de fitas menos complementares, as quais são utilizadas como molde na produção de novas fitas mais. Nos vírus de RNA de fita negativa (Classe V) (cujos vírions contêm apenas a fita menos), ou em vírus de RNA de fita dupla (Classe III), a situação é mais complexa. Em nenhum dos casos o RNA atua como mRNA e, dessa maneira, o mRNA deve ser primeiramente sintetizado. No entanto, conforme mencionado anteriormente, as células tipicamente não possuem uma RNA polimerase capaz de catalisar tal tipo de reação. Para superar tal problema, esses vírus contêm esta enzima em seus vírions, a qual é injetada na célula juntamente com o RNA genômico. Assim, nesses casos, a fita mais complementar é sintetizada pela RNA polimerase RNA-dependente, sendo então utilizada como RNA mensageiro.

Os retrovírus (agentes causadores de certos tipos de câncer e da Síndrome da Imunodeficiência Adquirida, AIDS) correspondem a vírus de RNA que se replicam empregando um intermediário de DNA (Classe VI). O processo no qual a informação contida no RNA é convertida em DNA é denominado **transcrição reversa**, e, dessa maneira, tais vírus requerem uma enzima denominada **transcriptase reversa**. (A telomerase é um tipo de transcriptase reversa; Seção 7.7.) Embora o RNA dos retrovírus seja de fita mais, não é empregado como mensageiro, e por isso esses vírus devem apresentar a transcriptase reversa em seus vírions. Após a infecção, o vírion de RNA de fita simples é copiado em um DNA de fita dupla (por meio de um intermediário de DNA de fita simples), que atua como molde para a síntese de mRNA (assim temos, RNA fs → DNA fs → DNA fd). Outra classe de vírus, a classe VII, corresponde a vírus que apresentam DNA de fita dupla em seus vírions, mas se replicam empregando um intermediário de RNA e, portanto, também utilizam a transcriptase reversa (Seção 16.14). A estratégia empregada por esses vírus na produção de mRNA é, no entanto, a mesma empregada pelos vírus da classe I (Figura 9.11).

Embora essas situações aparentemente englobem todas as possibilidades, são conhecidos vírus que possuem genoma de RNA de fita simples, onde metade das moléculas está na orientação mais (podendo ser utilizada como mRNA), enquanto a outra metade, na configuração menos. Fitas complementares devem ser sintetizadas a partir das moléculas de sentido menos, antes que os genes possam ser traduzidos. Tais vírus são denominados *ambivírus*.

Apesar de essa discussão ter abordado principalmente a síntese de mRNA, parte da informação está relacionada à replicação do genoma propriamente dito (ver também Figura 9.11). Entretanto, algumas vezes os vírus empregam estratégias complexas de replicação que podem não se tornar claras a partir da simples análise do tipo de genoma que o vírus possui ou de como realiza a síntese mRNA. Algumas dessas estratégias de replicação serão abordadas em maior profundidade quando os vírus específicos forem analisados ainda neste capítulo e no Capítulo 16.

Tenha em mente que a Figura 9.11 ilustra uma visão simplificada de situações freqüentemente complexas. Por exemplo, embora alguns vírus possam ser bastante pequenos, quase todos codificam várias proteínas funcionais. Tal fato pode trazer um grau de complexidade adicional para os vírus de animais (ou de plantas), com genomas de RNA não segmentado, já que os ribossomos eucarióticos não são capazes de traduzir mRNAs policistrônicos (Seções 7.11 e 7.15). Dentre os vírus de RNA de fita positiva que infectam eucariotos, alguns superam essa dificuldade empregando estratégias diferentes. Por exemplo, o vírus da poliomielite traduz o mRNA como uma longa poliproteína, clivando-a em diferentes produtos funcionais (Seção 16.7). Vírus de RNA de fita negativa geralmente produzem mRNAs subgenômicos, isto é, são sintetizadas pequenas fitas a mais, que codificam proteínas únicas. Naturalmente, a fita mais de comprimento total deve ser sintetizada como parte da replicação genômica.

Proteínas virais

Uma vez que o mRNA tenha sido produzido, as proteínas virais (por exemplo, enzimas e subunidades estruturais) podem ser sintetizadas. As proteínas sintetizadas como resultado da infecção viral podem ser agrupadas em duas amplas categorias:

1. Proteínas (geralmente, enzimas) sintetizadas logo após a infecção, as **proteínas precoces,** necessárias à replicação do ácido nucléico viral.
2. Proteínas sintetizadas posteriormente, as **proteínas tardias**, que incluem as proteínas da capa viral.

De maneira geral, tanto o tempo de aparecimento como a quantidade das proteínas virais são regulados. As proteínas precoces correspondem a enzimas que, por atuarem como catalisadores, são sintetizadas em menor quantidade; já as proteínas tardias, geralmente estruturais, são produzidas em quantidades bastante superiores.

A infecção viral altera os mecanismos regulatórios do hospedeiro, devido a uma superprodução significativa de ácidos nucléicos e proteína virais na célula infectada. Em alguns casos, a infecção viral promove uma interrupção total da síntese de macromoléculas do hospedeiro, enquanto em outros a síntese dos produtos do hospedeiro prossegue concomitante à síntese dos produtos virais. Em ambos os casos, a regulação da síntese viral encontra-se predominantemente sob o controle do vírus em vez da célula hospedeira. Vários elementos desse controle são similares aos mecanismos de regulação do hospedeiro, discutidos no Capítulo 8, embora haja mecanismos reguladores exclusivos virais. Discutiremos vários mecanismos de regulação quando abordarmos os vírus individualmente, ainda neste capítulo.

✓ 9.7 Verificação de conceitos

Antes que a replicação do ácido nucléico viral possa ocorrer, são necessárias, freqüentemente, novas proteínas virais. Estas são codificadas por moléculas de RNA mensageiro produzidas pelo genoma viral. Em alguns vírus de RNA, o próprio RNA viral atua como mRNA. Em outros, o genoma viral atua como molde para a formação de mRNA viral, sendo certas enzimas essenciais encontradas no vírion.

✓ Por que alguns tipos de vírus contêm enzimas no vírion, a fim de que o mRNA possa ser produzido?

✓ Faça a diferenciação entre *vírus de RNA de fita positiva* e *vírus de RNA de fita negativa*.

IV DIVERSIDADE VIRAL

9.8 Visão geral dos vírus bacterianos

Existe uma grande diversidade de vírus bacterianos, também denominados bacteriófagos ou fagos. Vários tipos de vírus bacterianos são ilustrados na Figura 9.12. A maioria dos vírus bacterianos estudada detalhadamente infecta espécies de *Bacteria* do grupo entérico, como *Escherichia coli* e *Salmonella typhimurium*. No entanto, são conhecidos vírus que infectam uma variedade de procariotos, tanto *Bacteria* quanto *Archaea* e, como mencionamos, o vírus com o maior genoma conhecido, o bacteriófago G (de gigante), infecta *Bacillus megaterium* (ver Seção 9.2). A maioria dos bacteriófagos estudados contém genomas de DNA de fita dupla e acredita-se que esse tipo de bacteriófago corresponda ao tipo mais comum encontrado no meio ambiente. No entanto, certamente existem vários outros tipos conhecidos, incluindo aqueles com

Aprendendo com o passado | O Grupo Fago

Historicamente, os fagos T-pares forneceram material de estudo para as pesquisas iniciais do "Grupo Fago", um grupo constituído por pesquisadores de várias universidades e institutos de pesquisa que passavam seus verões trabalhando em conjunto no Laboratório de Cold Spring Harbor, em Long Island. Os principais membros do Grupo Fago, Max Delbrück, Salvador Luria e A. D. Hershey, foram posteriormente agraciados com o Prêmio Nobel, por seu trabalho pioneiro. Como exemplos dos importantes conceitos descobertos pelas pesquisas com os fagos T-pares, temos: apenas o ácido nucléico penetra na célula durante a infecção (descoberta que forneceu a base fundamental para a hipótese que postulava o papel do DNA como material genético); a existência de recombinação genética nos vírus; o fenômeno de restrição e modificação (que levou à descoberta das enzimas de restrição, tão importantes na engenharia genética); a presença de funções gênicas virais exclusivas nos vírus; a distinção entre as funções virais precoces e tardias. As primeiras hipóteses sobre como os vírus causavam a morte das células hospedeiras foram também desenvolvidas a partir das pesquisas com os fagos T-pares. A seleção desses fagos como modelo de estudo e a realização de trabalhos enfocando esse grupo foram responsáveis pelo marcante sucesso obtido pelo Grupo Fago. ■

genomas de RNA de fita simples, de RNA de fita dupla segmentado e de DNA de fita simples.

Poucos vírus bacterianos apresentam envelopes lipídicos; a maioria dos bacteriófagos é desprovida de tal componente. Em contrapartida, muitos vírus bacterianos são estruturalmente complexos. Todos os exemplos de bacteriófagos com genoma de DNA de fita dupla, mostrados na Figura 9.12, possuem cauda. As caudas dos bacteriófagos T2, T4 e Mu são contráteis, estando envolvidas no processo de penetração do ácido nucléico no hospedeiro (Figura 9.10). A cauda do bacteriófago lambda é flexível.

Embora esses vírus bacterianos tenham sido inicialmente estudados como *sistemas-modelo* para o entendimento das características gerais da multiplicação viral, alguns atualmente correspondem a ferramentas extremamente úteis na *engenharia genética* (Capítulo 31). Dessa maneira, o conhecimento sobre os vírus bacterianos não tem valor apenas como fundamento para a discussão sobre vírus de animais, sendo também essencial ao entendimento dos temas abordados nos capítulos sobre genética microbiana (Capítulo 10) e engenharia genética (Capítulo 31).

Nas próximas duas seções deste capítulo examinaremos, de maneira resumida, dois diferentes tipos de ciclos de vida viral: **virulento** e **temperado**. Vírus virulentos promovem a lise ou morte de seus hospedeiros após a infecção, enquanto vírus temperados são capazes de assumir um estado em que seu genoma é replicado com o genoma do hospedeiro, sem provocar a morte da célula hospedeira.

✓ 9.8 Verificação de conceitos

Existe uma grande diversidade de vírus bacterianos ou bacteriófagos. Os bacteriófagos mais bem estudados infectam espécies de *Bacteria* entéricas, como *Escherichia coli,* e apresentam estrutura bastante complexa.

✓ Que tipo de genoma é considerado o mais comum dentre os bacteriófagos?

9.9 Bacteriófago virulento: T4

Conforme mencionamos anteriormente, um vírus virulento é aquele cujo ciclo de replicação resulta na destruição celular que tipicamente ocorre por um processo de lise. Os primeiros vírus a serem estudados em todos os detalhes foram os bacteriófagos com genomas de DNA linear de fita dupla que infectam *Escherichia coli* e várias outras espécies relacionadas de *Bacteria*. Um grupo de cientistas adotou esses vírus como modelo de estudo, utilizando-os para estabelecer muitos dos princípios fundamentais da biologia

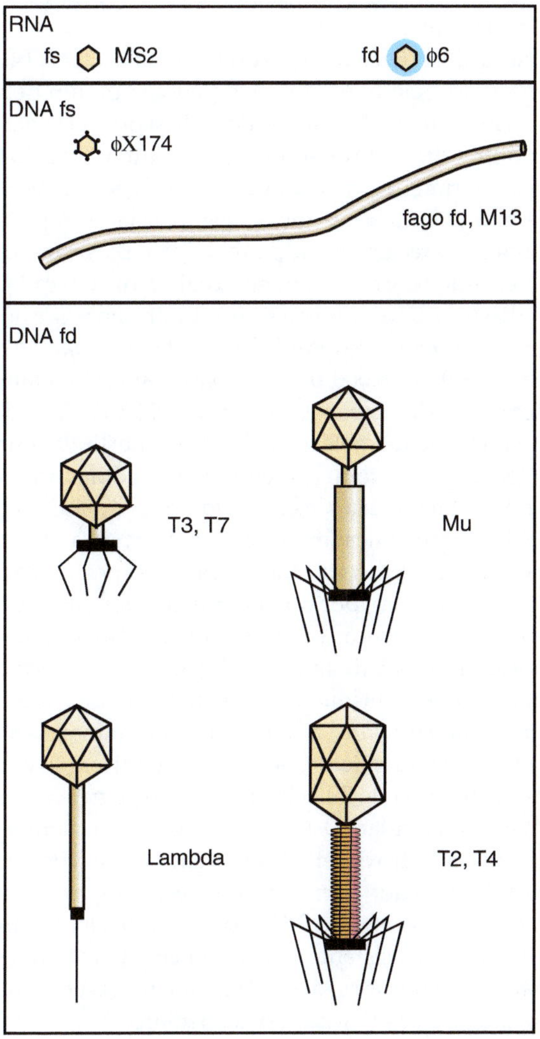

■ **Figura 9.12** Representações esquemáticas dos principais tipos de vírus bacterianos. Os fagos M13, ϕX174, MS2, T4, lambda, T7 e Mu são discutidos em detalhes. Os tamanhos estão em escala aproximada. O nucleocapsídeo de ϕ6 é circundado por uma membrana.

molecular e genética (ver Quadro "O Grupo Fago"). Esses fagos receberam designações T1, T2, e assim por diante, até T7. Neste capítulo, mencionamos brevemente como um dos vírus, o fago T4, liga-se ao hospedeiro e de que maneira seu DNA penetra na célula (ver Seção 9.6 e Figura 9.10). Nesta seção, discutiremos este vírus com mais detalhes, visando ilustrar o ciclo de replicação de vírus virulentos.

Embora os bacteriófagos T2, T4 e T6 sejam intimamente relacionados, o fago T4 é o mais estudado. O vírion do fago T4 é estruturalmente complexo (ver Figura 9.5*b*). Este consiste em uma cabeça icosaédrica alongada, com dimensões totais de 85 × 110 nm. Ligada à cabeça, há uma cauda complexa, que consiste em um tubo helicoidal (25 × 110 nm) ao qual estão conectados uma bainha, um "pescoço" com "colarinho" e uma placa basal complexa, à qual as fibras longas e articuladas da cauda se ligam (ver Figura 9.5*b*). A partícula viral completa apresenta mais de 25 tipos diferentes de proteínas.

O genoma do bacteriófago T4 corresponde a uma molécula de DNA linear, de fita dupla, com 168.903 pares de bases. Esse genoma codifica mais de 250 proteínas diferentes, e, embora nenhum vírus conhecido codifique seu próprio aparato de tradução, o fago T4 codifica vários tRNAs diferentes.

Apesar de a determinação do genoma do fago T4 revelar uma seqüência linear única, o genoma de um determinado vírion é, na realidade, distinto da seqüência encontrada em outro vírion. Primeiramente, a comparação do DNA de vários vírions T4 revela que essa molécula é *permutada circularmente*. Embora as moléculas associadas à permutação circular pareçam ter sido excisadas a partir de um círculo, a excisão ocorre em um ponto diferente em cada caso. Além disso, o DNA de cada vírion apresenta seqüências repetidas em cada extremidade (*repetições terminais*), que contêm de 3.000 a 6.000 pares de bases, aproximadamente. O mecanismo de empacotamento do DNA do fago T4 envolve a remoção de moléculas de DNA a partir de uma longa molécula precursora, contendo várias cópias adjacentes do genoma; tal molécula é conhecida como *concatâmero* (Figura 9.13). Esse concatâmero é clivado após a cabeça ser preenchida (este processo não apresenta especificidade em relação à seqüência), por um mecanismo denominado preenchimento de cabeça. Uma vez que a cabeça do fago T4 comporta um DNA de tamanho ligeiramente maior que o genoma, esse mecanismo de preenchimento da cabeça leva à permutação circular e à redundância terminal. Devido à permutação circular, temos a interessante situação em que, embora o genoma de T4 seja linear, o mapa genético desse organismo é circular. O DNA do fago T4 contém a base modificada 5-hidroximetilcitosina em vez de citosina (Figura 9.14). Visto que as citosinas correspondem aos resíduos glicosilados (ver Seção 9.6), moléculas de DNA com essa modificação são resistentes a virtualmente todas as enzimas de restrição conhecidas; dessa maneira, o DNA encontra-se bem protegido das defesas do hospedeiro.

Eventos durante a infecção por T4

Nos momentos iniciais da infecção, o fago T4 deve dirigir a síntese de RNA e, em seguida, de proteínas a partir de seu próprio genoma. Além disso, deve também replicar seu DNA, que contém uma base diferente daquelas encontradas no hospedeiro. Apesar de a síntese de DNA, de RNA e de proteínas ser interrompida um minuto após a ligação e a penetração do fago T4, este intervalo de tempo é suficiente para que haja a transcrição de determinados genes fágicos. A tradução dessas proteínas inicia-se logo em seguida, e, após cerca de 4 minutos, a replicação do DNA fágico é iniciada. O tempo de duração dos eventos que ocorrem durante a infecção por T4 é apresentado na Figura 9.15.

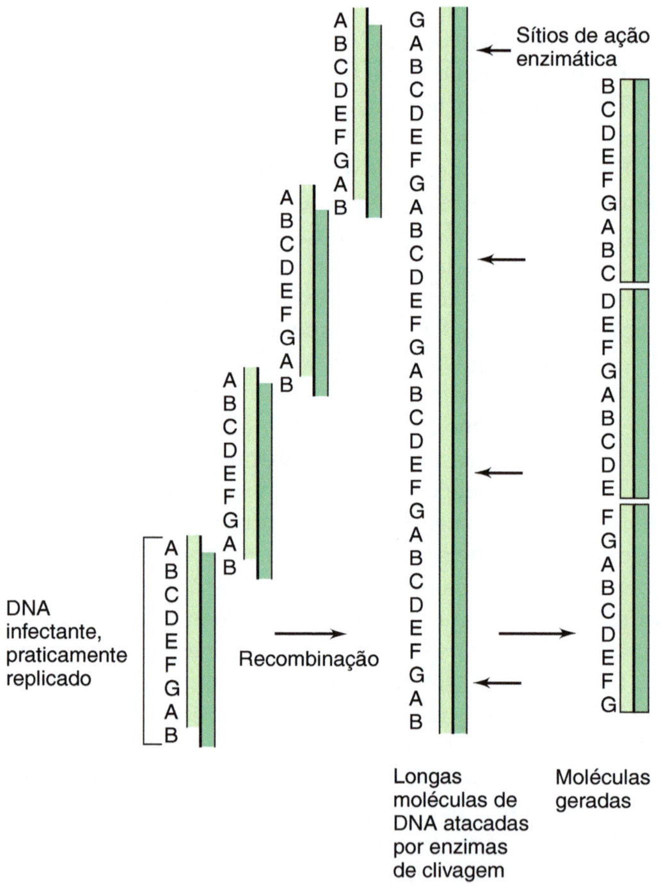

■ **Figura 9.13** Geração, no fago T4, de moléculas de DNA com comprimento aproximado do genoma viral, apresentando seqüências permutadas por uma enzima de clivagem que corta segmentos de DNA de comprimentos constantes independentemente de sua seqüência. À esquerda: cópias praticamente replicadas do genoma de T4 infectante, seta, recombinação (Seção 10.5); ao centro: setas, sítios de ataque enzimático; à direita: moléculas geradas.

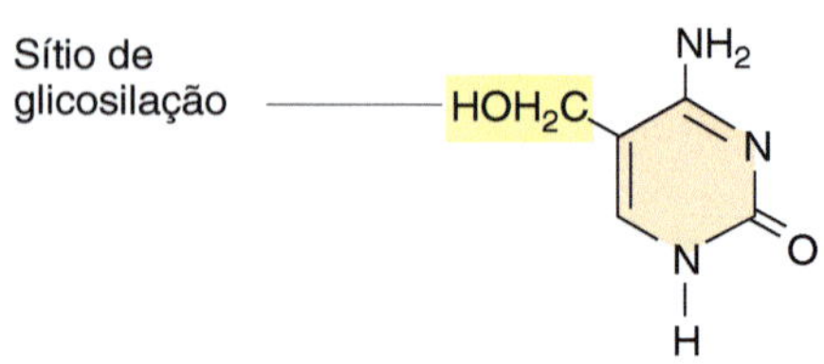

■ **Figura 9.14** A base exclusiva do DNA de bacteriófagos T-pares, 5-hidroximetilcitosina. O sítio de glicosilação encontra-se assinalado.

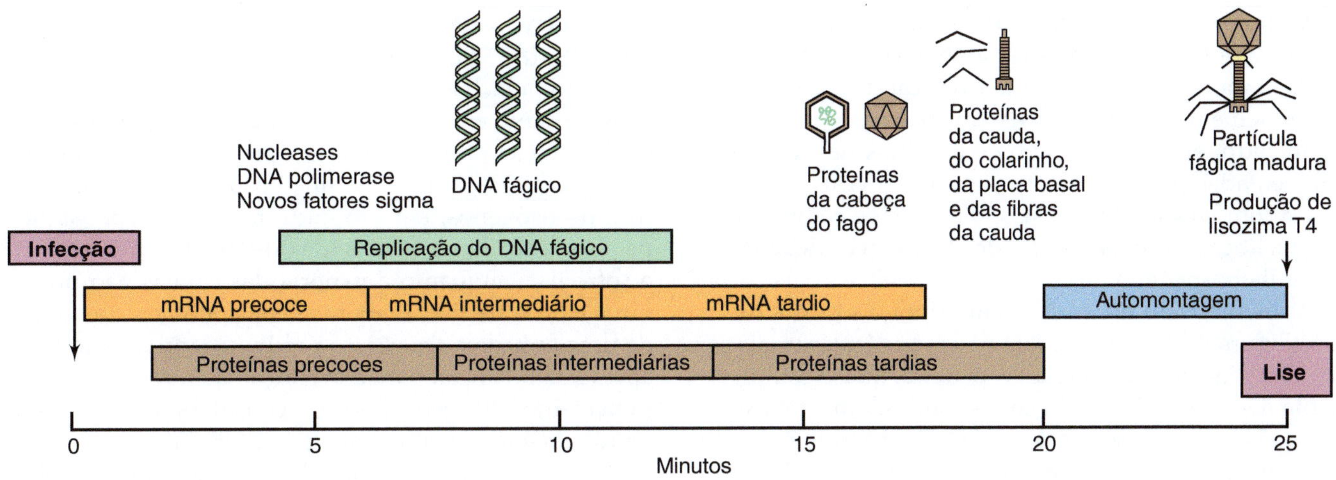

■ **Figura 9.15** Tempo de duração dos eventos que ocorrem na infecção pelo fago T4. Após a injeção de DNA, são produzidos os mRNAs precoces e intermediários, que codificam nucleases, a DNA polimerase, os novos fatores sigma específicos do fago e outras proteínas envolvidas na replicação de DNA. O mRNA tardio codifica as proteínas estruturais do vírion do fago e a lisozima T4, necessária à lise celular e à liberação das novas partículas fágicas.

De maneira geral, os genes de T4 podem ser divididos em três grupos: um codificando proteínas precoces; outro, proteínas intermediárias; e o último, proteínas tardias (Figura 9.15). As **proteínas precoces** e **intermediárias** correspondem às enzimas envolvidas na replicação e transcrição de DNA. As **proteínas tardias** correspondem às proteínas da cabeça e da cauda e às enzimas envolvidas na liberação das partículas fágicas maduras pelo hospedeiro.

Embora o fago T4 apresente um genoma muito longo, este não codifica sua própria RNA polimerase. O controle da síntese de mRNA pelo fago T4 envolve a produção de proteínas que modificam seqüencialmente a RNA polimerase do hospedeiro, de modo que esta passe a reconhecer os diferentes promotores fágicos. Os promotores precoces são reconhecidos diretamente pela RNA polimerase do hospedeiro, envolvendo a participação do fator *sigma* do hospedeiro. (Os primeiros genes de T4, os genes precoces, são também denominados *genes precoces imediatos*, para distingui-los dos *genes precoces tardios*, cuja transcrição requer a síntese de algumas proteínas fágicas, possivelmente envolvidas no bloqueio do término da transcrição normal.) Proteínas específicas do fago, sintetizadas a partir dos genes precoces, promovem modificações covalentes nas subunidades α da RNA polimerase do hospedeiro (Seção 7.8), enquanto outras proteínas codificadas pelo fago também se ligam à polimerase. Essas modificações alteram a especificidade da polimerase, que passa a reconhecer os promotores intermediários de T4. Uma dessas proteínas precoces, MotA, aparentemente reconhece uma seqüência particular de DNA nesses promotores. A transcrição a partir de promotores tardios requer um novo fator sigma, codificado pelo fago T4. Curiosamente, esta também requer a síntese de DNA de T4. A modificação seqüencial da RNA polimerase da célula hospedeira é empregada por muitos bacteriófagos na regulação da expressão gênica.

O fago T4 codifica mais de 20 novas proteínas, sintetizadas imediatamente após a infecção. Estas incluem enzimas envolvidas na síntese da base incomum 5-hidroximetilcitosina e em sua glicosilação, além de uma enzima que degrada o precursor, desoxicitidina trifosfato, presente no DNA normal. Além disso, o fago T4 codifica várias enzimas, cujas funções são similares às das enzimas de replicação de DNA da célula hospedeira. Uma vez que essas enzimas são sintetizadas em maiores quantidades, permitem a síntese mais rápida de DNA específico de T4.

Como mencionamos, o genoma de T4 codifica mais de 250 proteínas; cerca de um quarto destas desempenha algum papel na síntese ou no processamento do DNA fágico recém-replicado. (Muitas também correspondem a nucleases que degradam o DNA da célula hospedeira, visando à obtenção dos monômeros de DNA viral.) Lembre-se de que, durante o empacotamento, o DNA que irá compor cada vírion é cortado a partir de uma molécula precursora mais longa, de tal forma que o DNA empacotado seja linear, permutado circularmente, exibindo redundância terminal, sendo um pouco mais longo que o comprimento genômico mínimo. Tal arranjo não se trata simplesmente de uma complicação, sendo resultante de um mecanismo utilizado pelo fago T4 para replicar totalmente seu genoma linear.

Lembre-se de que quando discutimos a replicação de DNA, no Capítulo 7, mencionamos haver grande dificuldade para a replicação completa de moléculas lineares de DNA e que elementos genéticos lineares apresentam diferentes soluções para tal problema (Seção 7.7). Esse DNA redundante terminal de T4 infectando uma única célula hospedeira é inicialmente replicado como uma unidade, e, em seguida, essas unidades são recombinadas (a recombinação será discutida no Capítulo 10), originando um longo concatâmero (ver Figura 9.13). A partir desse concatâmero, novas moléculas de DNA são clivadas e, a seguir, empacotadas em novos vírions. Visto que os eventos de recombinação ocorrem nas seqüências repetidas localizadas nas extremidades da molécula, nenhuma informação é perdida. Abordaremos ainda outros mecanismos empregados por vírus com genomas de DNA linear para superar essa dificuldade (ver Seções 9.10, 16.4 e 16.5).

Muitos dos genes tardios codificam proteínas estruturais do vírion, incluindo os componentes da cabeça e da cauda. A montagem das cabeças e das caudas ocorre independentemente, sendo o DNA empacotado na cabeça já organizado, enquanto a cauda e as fibras da cauda são acrescentadas posteriormente. A saída do vírus da célula ocorre como resultado da lise celular. O fago codifica uma enzima lítica, a *lisozima T4*, que degrada o peptideoglicano da célula hospedeira.

Após um ciclo lítico, com uma duração média de 25 min (Figura 9.15), mais de cem novas partículas virais serão liberadas de uma célula hospedeira, quase completamente destruída. O fago T4 corresponde a um bom exemplo, embora não seja considerado um exemplo extremo de um vírus virulento. Agora, passaremos a examinar um vírus que apresenta outra opção em seu ciclo de vida.

✓ 9.9 Verificação de conceitos

Após um vírus virulento ligar-se e penetrar em uma célula hospedeira, a expressão dos genes virais é regulada de modo a redirecionar a maquinaria de síntese do hospedeiro, favorecendo a síntese de ácido nucléico e de proteínas virais. Novos vírions são então montados e liberados pela célula, tipicamente por lise celular. O fago T4 é um exemplo de bacteriófago virulento, com genoma de DNA de fita dupla.

✓ O que é um vírus virulento?

✓ Dê um exemplo de um mecanismo utilizado pelo fago T4 para garantir que seus genes sejam transcritos em vez dos genes do hospedeiro.

9.10 Bacteriófago temperado: lambda

Muitos vírus são **virulentos,** enquanto outros, embora capazes de matar as células, possuem um ciclo de vida diferente, apresentando efeitos mais sutis sobre o hospedeiro. Tais vírus são denominados **temperados.** Estes podem assumir um estado denominado **lisogenia,** em que a maioria dos genes virais não é expressa; o genoma viral é replicado em sincronia com o cromossomo da célula hospedeira.

O genoma de um fago temperado pode ser duplicado com o da célula hospedeira e, durante a divisão celular, transmitido de uma geração de bactérias à seguinte. Em determinadas condições, essas bactérias, denominadas **lisógenas,** podem espontaneamente produzir vírions desse vírus temperado. A lisogenia provavelmente apresenta importância ecológica, uma vez que a maioria das bactérias isoladas da natureza encontra-se em estado de lisogenia para um ou mais bacteriófagos. A lisogenia não se limita a bacteriófagos. Muitos vírus de animais mantêm tal tipo de relacionamento com seus hospedeiros.

Visão geral sobre o ciclo de vida de um fago temperado

A morte de uma célula hospedeira não é decorrente da presença nem mesmo da replicação do DNA viral, que conduz à produção de novos vírions. Na realidade, acredita-se que a *expressão* do genoma viral corresponda ao aspecto deletério. Poderíamos imaginar que as células hospedeiras seriam capazes de albergar genomas virais sem prejuízos, caso a expressão dos genes virais pudesse ser controlada. Esta corresponde à situação encontrada em lisógenos. No entanto, se este controle é perdido, o vírus inicia um ciclo lítico e produz novos vírions, promovendo, em seguida, a lise da célula hospedeira. Em uma cultura de lisógenos, em um dado momento, apenas uma pequena fração das células (de 0,1-0,0001%) produz vírus e sofre lise, enquanto a maioria das células não produz vírus nem sofre lise. Embora apenas raramente as células de uma linhagem lisogênica produzam vírus, cada célula apresenta potencial para a produção de novos vírus. Dessa maneira, a lisogenia pode ser considerada uma característica genética de uma linhagem bacteriana.

Uma visão geral do ciclo de vida de um bacteriófago temperado é apresentada na Figura 9.16. O vírus temperado não se encontra em seu estado maduro e infeccioso no interior da célula, estando em uma forma latente, denominada estado de **provírus** ou **profago.** No exemplo ilustrado na Figura 9.16, o profago está integrado ao cromossomo bacteriano. O profago se replica juntamente com a célula hospedeira, desde que os genes responsáveis pelo controle do ciclo lítico não sejam expressos. Esse controle é tipicamente mantido por uma proteína repressora codificada pelo fago (indicando que, no mínimo, esse gene está sendo expresso). A proteína repressora viral não controla apenas os genes líticos do profago, evitando também a ex-

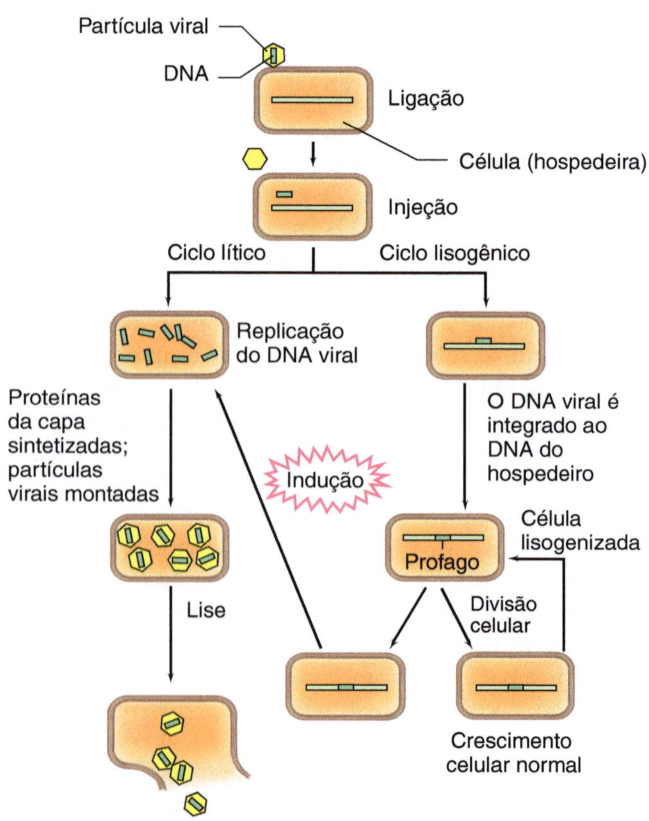

■ **Figura 9.16** As conseqüências de uma infecção por um bacteriófago temperado. As alternativas na infecção correspondem à replicação e liberação de vírus maduros (lise) ou à integração do DNA viral ao DNA do hospedeiro (lisogenização). A célula lisogênica também pode ser induzida a produzir vírus maduros, sofrendo lise.

pressão de quaisquer genomas do mesmo vírus. Isso resulta no fato de os lisógenos apresentarem **imunidade** à infecção pelo mesmo tipo de vírus.

No entanto, se esse repressor for inativado ou se sua síntese for impedida, há a indução do profago (Figura 9.16, ao centro). Essa indução resulta na produção de novos vírions e lise da célula hospedeira. Em alguns casos (como veremos posteriormente), a indução pode ser causada por condições ambientais. Se o vírus perder a capacidade de deixar o genoma do hospedeiro (devido a uma mutação), este se tornará um vírus críptico. Estudos de seqüências revelam que muitos cromossomos bacterianos contêm trechos de DNA que, evidentemente, eram parte de um genoma viral.

Observe que a Figura 9.16 indica que a infecção de uma célula normal por um vírus temperado poder levar tanto ao ciclo lítico quanto ao ciclo lisogênico. A seguir, discutiremos os fatores que favorecem um ou outro ciclo, durante as infecções pelo bacteriófago lambda.

O bacteriófago lambda

Um dos fagos temperados mais estudados corresponde ao bacteriófago lambda, que infecta *Eschirichia coli*, estando os conhecimentos sobre os mecanismos moleculares envolvidos nos processos de lisogenização e lítico nesse fago bastante avançados. Morfologicamente, as partículas do fago lambda são similares às de muitos outros bacteriófagos (ver Figuras 9.17 e 9.12).

O genoma do bacteriófago lambda consiste em uma molécula de DNA de fita dupla, linear, que apresenta uma cauda de 12 nucleotídeos de comprimento na extremidade 5′ de cada uma das fitas. Essas extremidades de fita simples são complementares (as extremidades de DNA são ditas *coesivas*). Assim, quando as duas extremidades de DNA encontram-se livres na célula hospedeira, associam-se e originam um genoma circular de fita dupla. Dessa forma, no caso do fago lambda, o problema envolvido na replicação de um DNA linear é resolvido de uma maneira distinta daquela observada no fago T4. Em sua forma circular, o DNA contém 48.502 pares de bases. Na Figura 9.18, temos a representação do mapa genético do fago lambda após sua circularização.

Antes de considerarmos a organização e expressão desses genes, observe que para o fago lambda, assim como para outros bacteriófagos, tanto o ciclo **lítico** como o **lisogênico** são opções disponíveis. O bacteriófago lambda realiza tipicamente um ciclo lítico (isto é, na maioria das situações, comporta-se como um vírus virulento). No entanto, a regulação da expressão gênica no fago lambda é tal que, algumas vezes, o ciclo lítico não é escolhido. Passaremos a discutir a infecção de uma célula por um fago lambda, analisando como as diferentes opções são apresentadas.

Infecção por lambda e o ciclo lítico

O vírion lambda se adsorve a uma proteína receptora específica situada na parede celular de *Escherichia coli* (ver Seção 9.6), quando então injeta seu DNA. Este é circularizado quase imediatamente, e, se a célula hospedeira não é um lisógeno para lambda (e, portanto, não imune), inicia-se a expressão do genoma do fago. As primeiras etapas da expressão gênica são as mesmas, independentemen-

D. Kaiser

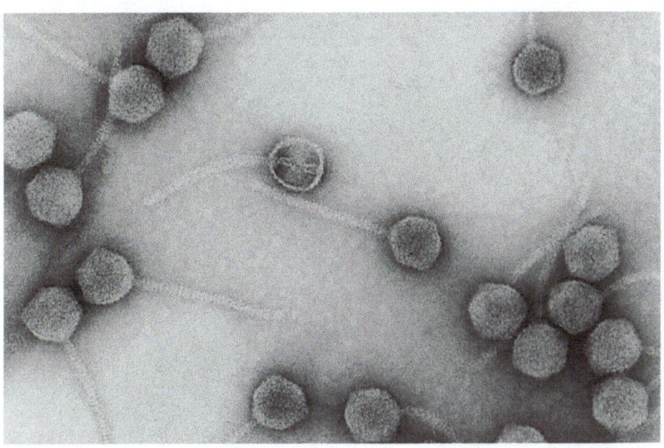

■ **Figura 9.17** Micrografia eletrônica de partículas do bacteriófago lambda coradas negativamente. A cabeça de cada partícula tem diâmetro de aproximadamente 65 nm.

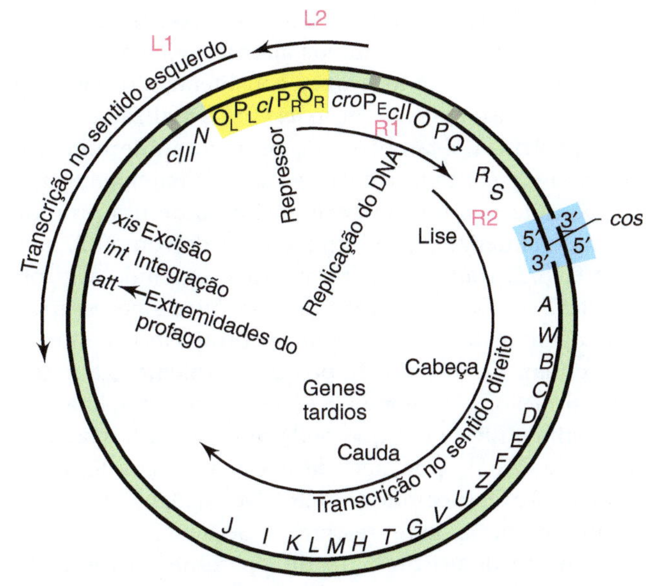

■ **Figura 9.18** Mapa genético e molecular do bacteriófago lambda. Os genes são designados por letras; *att*, sítio de ligação do fago ao cromossomo da célula hospedeira. Genes de especial interesse: *cI*, proteína repressora; O_R, operador direito; P_R, promotor direito; O_L, operador esquerdo; P_L, promotor esquerdo; *cro*, gene codificando o segundo repressor; N, regulador positivo que impede a terminação rho-dependente. J a U são genes que codificam as proteínas da cauda. Genes Z a A codificam as proteínas da cabeça. A região regulatória do genoma de lambda (assinalada em amarelo) está posicionada no topo do mapa circular. Esta é também conhecida como a região de imunidade e contém o gene *cI*. O sítio criado quando as extremidades coesivas do genoma de lambda se unem denomina-se *cos* (assinalado em azul). A transcrição precoce em lambda ocorre primariamente nos sentidos esquerdo (anti-horário), a partir de P_L, e direito (horário), a partir de P_R. O principal produto da transcrição no sentido esquerdo é identificado como L1, enquanto o principal produto precoce da transcrição do sentido direito é identificado como R1. Os três terminadores de transcrição afetados pela proteína N estão assinalados pelos quadrados cinza, no DNA. O produto tardio da transcrição no sentido direito, que codifica as proteínas da cabeça e da cauda e as proteínas envolvidas na função lítica, é identificado como R2, iniciando-se em um promotor próximo ao gene Q. O transcrito identificado como L2 corresponde a um transcrito regulado positivamente por P_E e que codifica a proteína repressora.

te do resultado final ser a lise celular ou o estado de lisogenia.

A síntese de RNA, empregando a RNA polimerase do hospedeiro, inicia-se em poucos promotores, dois dos quais, denominados P_L (promotor esquerdo) e P_R (promotor direito), localizam-se nas extremidades da região reguladora apresentada na Figura 9.18. Estes originam pequenos transcritos que são traduzidos, formando os produtos dos genes *N* e *cro*. As proteínas codificadas por tais genes estão envolvidas em eventos regulatórios. A proteína Cro (produto do gene *cro*) participa da seleção entre os ciclos lítico e lisogênico; sua função será discutida posteriormente. A proteína N corresponde a uma proteína *antiterminadora*, que permite à RNA polimerase transcrever através dos terminadores específicos (assinalados na Figura 9.18), tornando os transcritos de P_L e P_R mais longos. Os transcritos mais extensos podem ser traduzidos, originando um número maior de proteínas, incluindo os produtos dos genes *cII* e *cIII*. Como o antiterminador não atua de maneira plenamente eficiente no terminador localizado antes do gene *Q*, uma pequena quantidade da proteína Q é produzida.

A síntese precoce de DNA é bidirecional a partir de uma única origem, levando à formação dos típicos intermediários do tipo teta (Seção 7.5). Nesse estágio, é ainda possível que o fago lambda alterne a via para um ciclo lisogênico. No entanto, vamos considerar a situação que resultaria, caso essa alteração *não* fosse realizada.

A proteína Q é também uma proteína antiterminadora. Quando sua concentração torna-se suficientemente elevada, permite que um transcrito oriundo de um promotor próximo sintetize o produto identificado como R2, na Figura 9.18. O transcrito é traduzido, originando as proteínas tardias, todas as proteínas estruturais necessárias à montagem de um vírion, além das proteínas necessárias à lise celular. Ao mesmo tempo que a proteína Q atinge tal concentração, a proteína Cro (ver discussão acima) também atinge níveis em que pode bloquear a transcrição a partir de P_L e P_R, por meio de sua ligação a O_L (operador esquerdo) e O_R (operador direito). Dessa maneira, Cro atua como uma proteína repressora (Seção 8.5).

O mecanismo de ação da proteína Cro em O_R é esquematizado em maiores detalhes na Figura 9.19. Observe que há três sítios similares, mas não idênticos, nesse operador onde a proteína Cro pode se ligar. Essa ligação é realizada primeiro no sítio 3, em seguida, no sítio 2, e somente após os dois sítios estarem ocupados, no sítio 1. Observe que, apenas depois de se ligar ao sítio 1, a proteína Cro passa a bloquear P_R. Observe também que, com o bloqueio de P_L e P_R, cII e cIII não podem mais ser sintetizadas. Essas proteínas são necessárias para a sinalização de entrada no ciclo lisogênico (ver posteriormente). Assim, quando Cro é produzida em grandes quantidades, o fago lambda torna-se irreversivelmente comprometido com o ciclo lítico.

A inativação desses promotores também resulta em uma alteração na replicação do DNA de lambda. Nesse estágio, quando as proteínas tardias estão sendo produzidas, concatâmeros de DNA longos e lineares são sintetizados pelo processo de **replicação por círculo rolante**. Nesse mecanismo, a replicação ocorre em apenas uma direção, podendo originar cadeias muito longas de DNA replicado (Figura 9.20). Este é um eficiente mecanismo que promove a replicação extensa, rápida e relativamente não controlada de DNA. Dessa maneira, tal mecanismo é importante nos estágios tardios do ciclo de replicação fágica, quando são necessárias maiores quantidades de DNA para a formação dos vírions maduros. Os longos concatâmeros formados são, a seguir, seccionados em comprimentos correspondentes ao tamanho viral por uma enzima que cliva DNA. No caso do fago lambda (diferente de T4; ver Seção 9.9), a enzima que cliva o DNA promove cortes alternados em sítios *específicos* nas duas fitas, a uma distância de 12 nucleotídeos, originando as extremidades coesivas envolvidas no processo de circularização. Essas moléculas de DNA são empacotadas nas cabeças fágicas, sendo as caudas e outras proteínas adicionadas posteriormente. A célula então sofre lise pela ação de proteínas fágicas.

Embora existam muitas diferenças entre o ciclo lítico do fago lambda e de T4, os resultados finais correspondem à produção de novos vírions e lise celular. No entanto, no caso de uma infecção por lambda, o metabolismo da célula hospedeira não é subvertido precocemente e de maneira irreversível no processo, o que garante a possibilidade de lisogenização, caso os eventos a favoreçam.

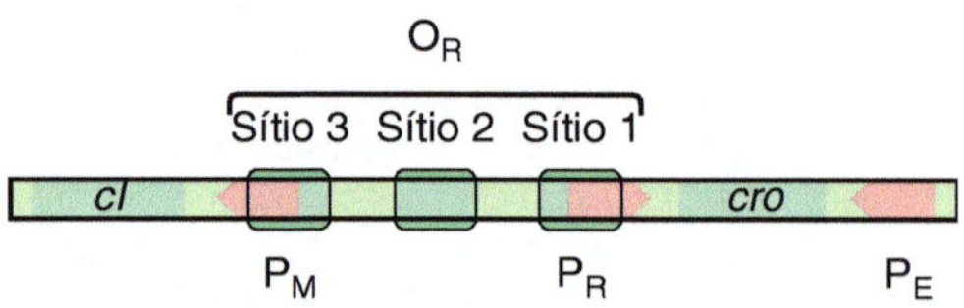

■ **Figura 9.19** As duas proteínas regulatórias — Cro e o repressor do fago lambda — ligam-se ao operador direito (O_R), no genoma desse bacteriófago, para realizar suas funções regulatórias. A proteína Cro (produto do gene *cro*) se liga aos três sítios, na ordem: sítio 3, sítio 2 e sítio 1. O repressor do fago lambda liga-se a esses sítios na ordem inversa. O promotor P_R é transcrito imediatamente após a entrada do fago na célula. A transcrição no sentido direito, a partir deste promotor, é necessária para a produção da proteína Cro e dos produtos de outros genes a jusantes (ver na Figura 9.18 o mapa completo do genoma de lambda). A transcrição no sentido esquerdo, a partir de qualquer um dos promotores, P_E ou P_M, é necessária para a síntese do repressor de lambda (produto do gene *cI*). Esses dois promotores devem ser ativados para que possam atuar.

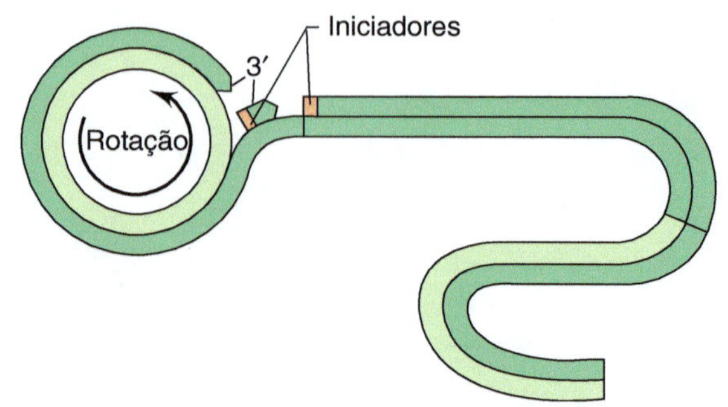

■ **Figura 9.20** Estágio tardio da replicação do fago lambda, pelo mecanismo de círculo rolante. Ambas as fitas de DNA estão sendo copiadas na forquilha de replicação, tendo ocorrido a síntese de duas cópias do genoma. Observe que essa síntese é *assimétrica*, visto que uma das fitas parentais continua servindo como molde, enquanto a outra é utilizada apenas uma vez.

Lise ou lisogenização?

Vimos que os genes fágicos são controlados de tal maneira que as proteínas e ácidos nucléicos virais são produzidos em quantidades e momentos apropriados. Para muitos vírus, os padrões de expressão sempre ocorrem da mesma forma programada. No entanto, no caso do fago lambda e de outros vírus temperados, há um *interruptor genético* que controla a ocorrência ou não-ocorrência de um ciclo lítico ou lisogênico. Até o momento, as etapas descritas para o fago lambda correspondem a um ciclo lítico. Passaremos agora a considerar como o interruptor genético pode ser alterado, levando à lisogenia.

Para que haja o estabelecimento da lisogenia, dois eventos devem ocorrer: a síntese de todas as proteínas tardias deve ser evitada e uma cópia do genoma de lambda deve ser integrada ao cromossomo da célula hospedeira. Para que a síntese de proteínas tardias seja bloqueada, o produto do gene *cI* deve ser produzido. Essa proteína corresponde ao **repressor do fago lambda**. Se o repressor for sintetizado, *reprimirá a síntese de todas as outras proteínas codificadas pelo fago lambda*. Este é o requisito necessário para o estabelecimento e a manutenção do estado lisogênico. O gene *cI* localiza-se entre os promotores P_L e P_R (ver Figura 9.18), orientados de tal forma que nenhum é capaz de transcrever o gene *cI*. O promotor capaz de sintetizar o mRNA a partir do gene *cI* durante a infecção é denominado P_E (promotor de estabelecimento), localizado no mapa ligeiramente à direita do gene *cro*, mas voltado na direção oposta à de P_R. Dessa maneira, a transcrição se dá na direção oposta daquela promovida por P_R (Figuras 9.18 e 9.19). Contrariamente aos promotores anteriormente citados, P_E deve ser *ativado*. Após sua ativação, a proteína repressora de lambda é sintetizada, havendo o estabelecimento de um ciclo lisogênico.

O produto do gene *cII* corresponde a uma *proteína ativadora* (Seção 8.6), que ativa o promotor P_E (e outro promotor, necessário à síntese de integrase). Embora a proteína cII seja sintetizada logo após a infecção, esta é tipicamente instável em *Escherichia coli*, uma vez que é degradada por uma protease do hospedeiro (uma enzima que degrada proteínas). Se a proteína cII for degradada, não há a possibilidade de opção pelo ciclo lisogênico. No entanto, essa proteína pode ser estabilizada pela proteína cIII, codificada pelo fago, caso a protease do hospedeiro não esteja em excesso (ou se houver excesso da proteína cIII). Se a proteína cII for estabilizada, ativará P_E, e a proteína repressora de lambda será sintetizada. Esse processo, relativamente complexo, monitora as condições no hospedeiro.

O repressor de lambda liga-se ao O_L e ao O_R, assim como a proteína Cro, embora essa ligação ocorra em sítios localizados entre estes operadores, em uma ordem oposta à realizada pela proteína Cro (ver Figura 9.19). Isto é, o repressor liga-se inicialmente ao sítio 1, desativando P_R (e P_L, por um mecanismo similar). Quando isso acontece, a síntese de outras proteínas do fago lambda é interrompida, não permitindo que este realize um ciclo lítico.

No entanto, na ausência da proteína cII, P_E deixa de atuar. Desse modo, para que o estado lisogênico seja mantido, é necessário haver outra maneira de transcrever o gene *cI*. Observe que a Figura 9.19 ilustra ainda outro promotor, P_M (promotor de manutenção). Esse promotor está direcionado para o gene *cI* (na mesma direção que P_E). Tal promotor é *ativado* quando o repressor de lambda liga-se ao sítio 1, sendo reprimido apenas quando o repressor de lambda encontra-se ligado aos três sítios. Dessa maneira, o repressor de lambda atua tanto como *repressor* quanto como *ativador* quando se liga ao sítio 1, reprimindo P_R e ativando P_M. Esse tipo de regulação continua a ocorrer, mesmo após a lisogenização. Apenas o repressor de lambda continua a ser sintetizado após o fago ser integrado como um profago.

Integração

A integração do DNA do fago lambda ocorre em um sítio único no cromossomo de *Escherichia coli*, sendo este evento necessário à lisogenia. A integração ocorre pela inserção do DNA viral no genoma da célula hospedeira (o que efetivamente aumenta o genoma do hospedeiro, pela adição do DNA viral). Conforme ilustrado na Figura 9.21, durante a etapa de injeção as extremidades coesivas do

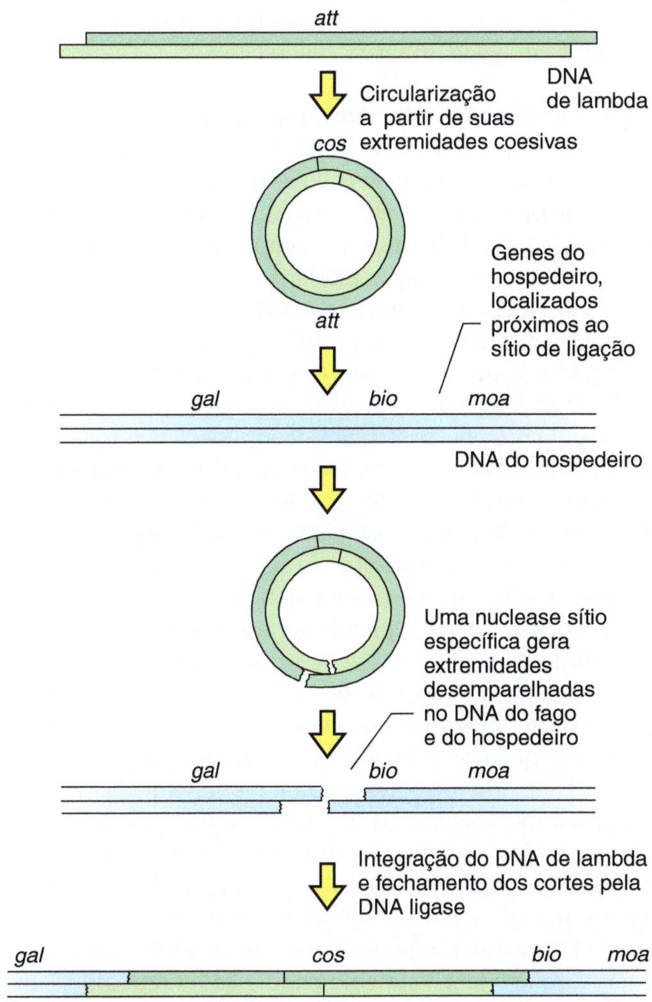

Figura 9.21 Integração do DNA do fago lambda ao DNA de uma célula hospedeira. Ver o mapa genético na Figura 9.18, para detalhes da ordem dos genes. A integração sempre ocorre em um sítio específico no DNA do hospedeiro, envolvendo um sítio de ligação específico (*att*) no fago. São apresentados alguns dos genes do hospedeiro, situados próximos ao sítio de ligação: operon *gal*, utilização de galactose; operon *bio*, biossíntese de biotina; operon *moa*, biossíntese de co-fatores de molibdênio. Uma enzima sítio-específica (integrase) está envolvida e, pelo pareamento específico das extremidades complementares, há a integração do DNA fágico.

DNA linear do fago lambda se unem, originando uma molécula circular de DNA, que então se integra ao genoma da célula hospedeira (o sítio criado quando essas extremidades se unem é denominado *cos*). Para que a lisogenia seja estabelecida, os genes *cI* e *int* (que codifica a *integrase*) devem ser expressos, de acordo com a nossa discussão anterior. O processo de integração requer a participação de uma integrase, que corresponde a uma topoisomerase sítio-específica que catalisa a recombinação entre os sítios de ligação fágicos e bacterianos (identificados como *att*, nas Figuras 9.18 e 9.21). O gene *int* possui um promotor que, assim como P_E, é ativado pela proteína cII.

Durante o crescimento celular, o sistema repressor de lambda impede a expressão de seus genes — com exceção do gene *cI*, que codifica o repressor de lambda. Durante a replicação do DNA da célula hospedeira, o DNA do fago integrado é replicado com o restante do genoma do hospedeiro, sendo transmitido à progênie celular. Havendo a liberação da repressão (ver posteriormente), o fago lambda pode então desencadear um ciclo lítico. Para que o DNA de lambda seja excisado do cromossomo da célula hospedeira, é necessário que a *excisionase* (produto do gene *xis*) e o produto do gene *int* sejam sintetizados.

Ciclo lítico após indução de lambda

Agentes que danificam o DNA geralmente podem induzir lisógenos de lambda (células que contêm lambda no estado de profago) a produzir fagos. Tais agentes incluem a radiação ultravioleta, raios X e compostos químicos que alteram o DNA, como o gás mostarda. Quando o DNA sofre danos, um mecanismo de defesa do hospedeiro, denominado SOS, é acionado (Seção 10.3). Um conjunto de genes bacterianos é ativado, alguns dos quais auxiliam na sobrevivência da bactéria à radiação. Em resposta a um dano ao DNA, uma proteína bacteriana, denominada RecA (normalmente envolvida na recombinação genética), converte-se em um tipo especial de protease, que participa na destruição do repressor de lambda. Em decorrência da degradação do repressor de lambda, a inibição da expressão dos genes líticos do fago é abolida. Devemos observar que a atividade proteolítica de RecA, originada por qualquer dano ao DNA, normalmente desempenha importante papel na resposta celular aos agentes nocivos ao DNA (Seção 10.3). A indução do bacteriófago lambda corresponde, dessa maneira, a uma conseqüência indireta da resposta de SOS.

Uma vez que o repressor de lambda tenha sido inativado, seu mecanismo de controle é abolido, possibilitando a iniciação de novos eventos de transcrição. Estes quase que inevitavelmente conduzem à lise, pois mesmo havendo uma nova síntese do repressor de lambda este é inativado. Raramente tal tratamento pode "curar" uma célula. Isto é, embora o profago tenha sido induzido, não foi replicado, sendo então perdido durante o crescimento subseqüente.

Outras estratégias empregadas por vírus temperados

O fago lambda corresponde a um dos exemplos mais estudados de como uma "decisão" é tomada em nível molecular. Este também representa uma importante ferramenta genética, sendo amplamente utilizado na engenharia genética como vetor de clonagem de DNA recombinante. Descreveremos as diferentes utilizações do fago lambda no Capítulo 10. Outros tipos de vírus temperados são descritos em bactérias e também vêm sendo amplamente estudados. O vírus P1 (que será também mencionado no Capítulo 10) corresponde a um vírus temperado, que se mantém em estado lisogênico, replicando-se no citoplasma como uma molécula circular de DNA, similar a um plasmídeo, e não como um profago integrado. Muitos vírus de animais podem também existir em um estado de provírus. Discutiremos brevemente os vírus de animais na próxima seção, antes de estudarmos os retrovírus em maiores detalhes. Os retrovírus inserem uma cópia do DNA no genoma do hospedeiro como parte de seu ciclo de replicação.

✓ 9.10 Verificação de conceitos

Vírus temperados, como o fago lambda, nem sempre causam a morte das células que infectam. As células infectadas algumas vezes sobrevivem, pois o genoma viral assume a condição de profago (replicando-se com o cromossomo do hospedeiro); os genes líticos do profago são controlados por um repressor codificado pelo próprio genoma viral. Muitas vezes esse sistema de controle é burlado, ocorrendo a indução do profago, que resulta na multiplicação viral e na lise da célula hospedeira. Células hospedeiras albergando bacteriófagos temperados são denominadas lisógenos.

✓ Quais são os dois ciclos possíveis para um vírus temperado?

✓ Descreva de que modo uma única proteína, como o repressor de lambda, pode atuar como ativador e também como repressor.

9.11 Visão geral dos vírus de animais

As seções iniciais deste capítulo dedicaram-se às propriedades gerais de todos os vírus, tendo sido citados apenas alguns aspectos sobre os vírus de animais. Agora, passaremos a discutir alguns dos atributos desses vírus, que servirão de base para a discussão sobre os retrovírus — um interessante grupo de vírus de animais, ao qual pertence o agente causador da *Síndrome da Imunodeficiência Adquirida* (AIDS). No Capítulo 16, discutiremos mais detalhadamente os vários tipos de vírus de animais.

Em nossas discussões sobre a reprodução viral, nas Seções 9.5 a 9.7, abordamos a questão do "hospedeiro" viral de maneira bastante ampla. No entanto, é importante recordar que, enquanto o hospedeiro para um bacteriófago corresponde a uma célula procariótica, para os vírus de animais este corresponde a uma célula eucariótica. As diferenças entre esses tipos celulares são responsáveis por algumas das diferenças observadas nas estratégias de replicação dos vírus que as infectam.

Diferenças entre procariotos e eucariotos que afetam a multiplicação viral

Discutimos previamente que, pelo fato de a maioria das espécies de *Bacteria* e plantas apresentar paredes celulares, enquanto em células animais tal estrutura encontra-se ausente, os processos de ligação e penetração viral (ver Seção 9.6) exibem diferenças nestes tipos celulares. Para muitos bacteriófagos, apenas o genoma e talvez uma ou duas proteínas penetram no citoplasma. Nos vírus de animais, no entanto, o vírion completo (ou no mínimo o nucleocapsídeo) normalmente penetra no citoplasma por meio de endocitose, sendo posteriormente desnudado. Em apenas alguns poucos bacteriófagos, como o fago envelopado $\phi6$ (ver Figura 9.12), o nucleocapsídeo completo também penetra na célula.

No entanto, as diferenças entre a replicação viral em células procarióticas e eucarióticas vão além dos mecanismos envolvidos no processo da penetração viral. Os procariotos não apresentam compartimentalização dos processos de biossíntese. O genoma de uma bactéria está diretamente associado ao citoplasma celular. A transcrição, em mRNA, pode levar diretamente à tradução, uma vez que os processos de transcrição e tradução não são realizados em compartimentos separados (Figura 7.2*a*). Em contrapartida, como as células animais são eucarióticas, estas apresentam compartimentalização. Os processos de replicação e de transcrição do genoma ocorrem no núcleo, enquanto a tradução se dá no citoplasma (Figura 7.2*b*). Essa compartimentalização influi na localização da replicação dos vírus de animais. Por exemplo, vírus de DNA que utilizam as DNA polimerases do hospedeiro devem se replicar no núcleo. Assim, podemos esperar diferenças nas estratégias de replicação entre os vírus que se multiplicam no núcleo (por exemplo, Herpesvírus, Seção 16.11) e aqueles que se multiplicam no citoplasma (por exemplo, Poxvírus, Seção 16.12). Além disso, os vírus que se replicam no núcleo devem ser, de algum modo, conduzidos para tal compartimento celular.

Os transcritos de genes eucarióticos devem ser processados e transportados para o citoplasma, antes que possam ser utilizados como mRNAs (Seção 7.12). Esse processamento geralmente envolve o "splicing" dos *íntrons*, assim como a adição da **cauda poli-A** (poliadenilação) à extremidade 3′ e de uma guanosina trifosfato metilada, denominada "cap", na extremidade 5′ da molécula. Esse "cap" é necessário para a ligação do mRNA ao ribossomo. As diferenças nos mecanismos pelos quais os ribossomos reconhecem as moléculas de mRNA permitem que as células procarióticas utilizem mRNAs policistrônicos, enquanto as eucarióticas utilizam mRNAs monocistrônicos (Seções 7.11 e 7.15).

Observe, portanto, que vírus de eucariotos apresentando *genomas* de RNA de fita positiva devem tipicamente, encontrar-se em um estado processado no vírion, de modo que seu RNA atue diretamente como mRNA. Na maioria dos casos, no entanto, a cauda poli-A de um genoma de vírus de RNA de fita positiva não é adicionada por um evento de processamento; na realidade, esta é codificada pelo próprio genoma viral. A adição do "cap" pode ser realizada de várias maneiras. Naturalmente, muitos RNAs virais têm o "cap"adicionado ainda no núcleo, durante sua síntese, a partir de um molde de DNA, de maneira similar ao processamento sofrido pelos mRNAs da célula hospedeira (Seção 7.12). Em contrapartida, quando mRNAs virais são sintetizados no citoplasma, a adição do "cap"é efetuada por proteínas codificadas pelo próprio vírus. É fascinante observar que os influenzavírus, cujo genoma de RNA é replicado no núcleo (Seção 16.8), possuem um mecanismo que permite o "furto" de "caps" de moléculas recém-sintetizadas de mRNA da célula hospedeira. O "splicing" de íntrons a partir do pré-mRNA eucariótico apenas pode ocorrer no núcleo, empregando a maquinaria da célula eucariótica (Seção 7.12). Além disso, toda a maquinaria de síntese protéica das células eucarióticas — ribossomos, moléculas de tRNA e componentes acessórios — encontra-se no citoplasma.

Classificação de vírus de animais

Vários tipos de vírus de animais são ilustrados na Figura 9.22. Os princípios pelos quais os vírus são classifica-

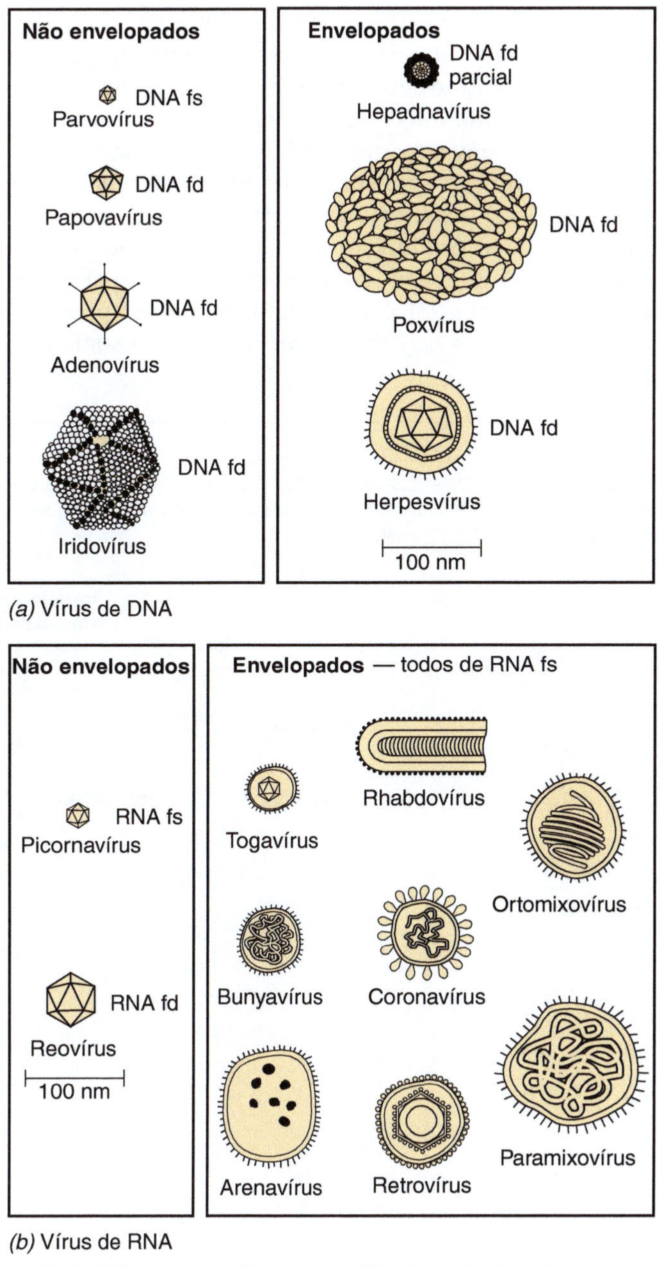

■ **Figura 9.22** Formas e tamanhos relativos de vírus de vertebrados, pertencentes aos principais grupos taxonômicos. O genoma do hepadnavírus apresenta uma fita de DNA completa e uma parte da fita complementar.

dos foram discutidos nas Seções 9.1, 9.2 e 9.7. Observe que há mais tipos de vírus de animais envelopados que vírus bacterianos envelopados (ver Seção 9.7). Esse fato, sem dúvida, relaciona-se às diferenças observadas nas estruturas de superfície das células hospedeiras. A maioria dos vírus de animais estudados em detalhe corresponde àqueles capazes de serem cultivados em células em cultura. Os vírus de animais são classificados segundo os mesmos esquemas empregados para os vírus bacterianos, incluindo o Sistema de Classificação de Baltimore (ver Tabela 9.2), que classifica os vírus com base no tipo de genoma e na estratégia de reprodução. São conhecidos vírus de animais em todas as categorias; muitos destes serão discutidos no Capítulo 16.

Conseqüências da infecção viral em células animais

Os vírus podem causar variados efeitos nas células. A **infecção lítica** resulta na destruição da célula hospedeira (Figura 9.23). Muitos outros efeitos podem surgir em decorrência de uma infecção viral em células animais. No caso de vírus envelopados, a liberação dos vírions, que ocorre por um processo similar ao brotamento, pode ser lenta sem levar à lise celular. A célula pode permanecer viva e continuar produzindo vírus por um longo período de tempo. Tais infecções são referidas como **infecções persistentes** (Figura 9.23). Os vírus também podem provocar **infecções latentes** no hospedeiro. Nas infecções latentes, há um intervalo de tempo entre a infecção pelo vírus e o aparecimento dos sintomas. As vesículas causadas pelo vírus da herpes simples (Seção 16.11) resultam de uma infecção viral latente; os sintomas reaparecem esporadicamente, quando os vírus saem do estado de latência. O estágio latente da infecção viral em células animais geralmente não se deve à integração do genoma viral ao genoma da célula animal, como observado nas infecções latentes por bacteriófagos temperados.

Vírus e câncer

Alguns vírus de animais participam de eventos que alteram uma célula normal, transformando-a em uma célula cancerosa ou tumoral (Figura 9.23 e Tabela 9.3). O **câncer** corresponde ao fenômeno de crescimento celular descontrolado. Muitas células de um animal maduro, embora vivas, deixam de se dividir intensamente, provavelmente devido à presença de fatores que inibem seu crescimento, impedindo o início da divisão celular. Esses fatores estão sob controle genético. Como observado na Seção 9.4, a infecção por determinados tipos de vírus de animais leva a um processo denominado **transformação**, em que o crescimento celular torna-se descontrolado. Células em rápido crescimento formam aglomerados empilhados, visíveis em culturas como **focos de infecção**. Células cancerosas em um organismo animal crescem profusamente, levando à formação de grandes massas celulares, denominadas *tumores*. O termo **neoplasma**

■ **Figura 9.23** Possíveis efeitos causados por vírus de animais nas células que infectam. Observe que, contrariamente aos bacteriófagos, nos vírus de animais o vírion completo é captado pela célula.

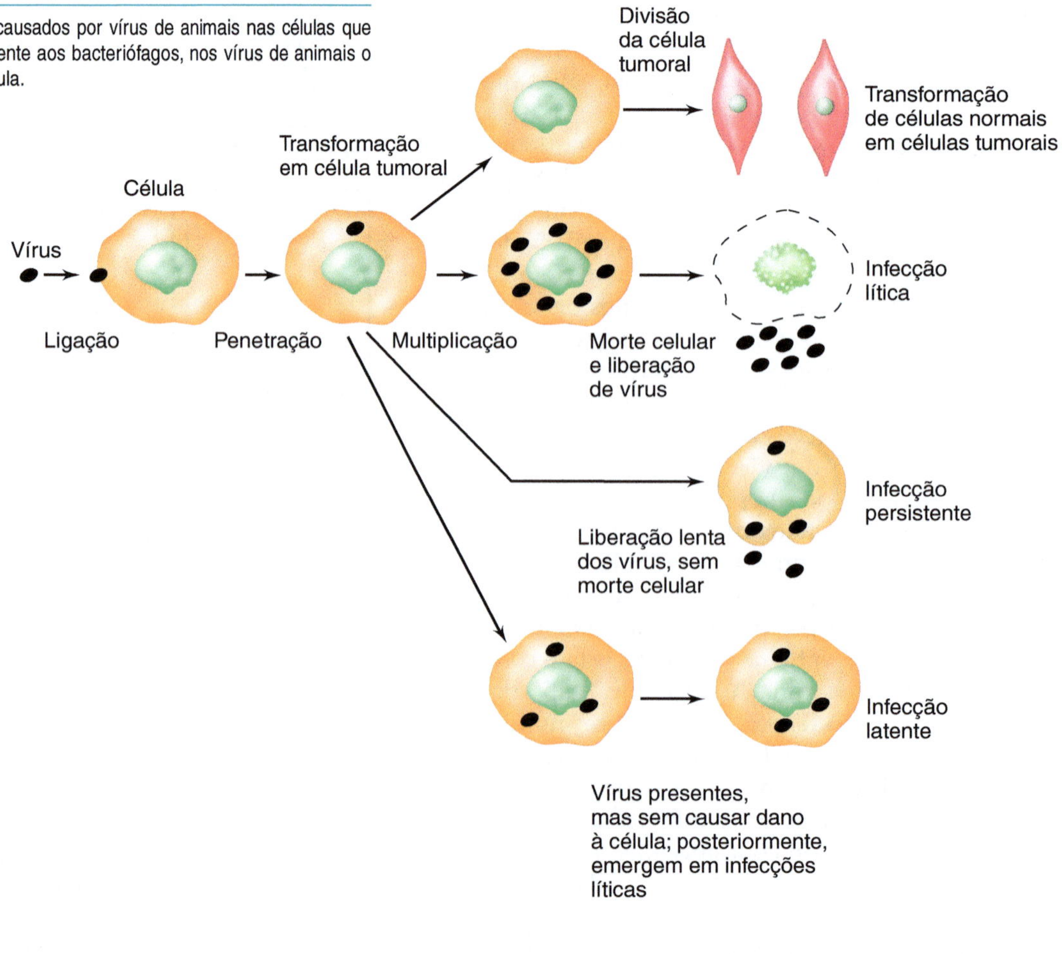

Tabela 9.3 Alguns tipos de câncer humano em que há a participação viral

Câncer	Vírus	Família	Genoma no vírion
Leucemia de células-T, em adultos	Vírus da leucemia de células–T humanas (tipo I)	*Retroviridae*	RNA
Linfoma de Burkitt	Vírus Epstein-Barr	*Herpesviridae*	DNA
Carcinoma nasofaríngeo	Vírus Epstein-Barr	*Herpesviridae*	DNA
Carcinoma hepatocelular (câncer de fígado)	Vírus da hepatite B	*Hepadnaviridae*	DNA
Cânceres de pele e de cérvix	Papilomavírus	*Papillomaviridae*	DNA

é freqüentemente empregado na literatura médica, para descrever tumores malignos.

Nem todos os tumores são gravemente lesivos. O organismo é capaz de circunscrever alguns tumores, impedindo sua disseminação; tais tumores não invasivos são referidos como **benignos**. Outros tumores, denominados **malignos**, invadem o organismo e destroem tecidos e órgãos normais. Em estágios avançados do câncer, tumores malignos podem desenvolver a capacidade de se disseminar para outras partes do corpo, iniciando novos tumores — processo denominado **metástase**.

Como uma célula normal torna-se cancerosa? O desenvolvimento do câncer é claramente um processo que envolve múltiplas etapas. Parece haver muitas causas diferentes para o câncer, incluindo mutações, tanto espontâneas quanto por exposição a certos agentes químicos, denominados *carcinogênicos* (Seção 10.4), ou ainda por estímulos físicos, como radiação ultravioleta ou raios X. Certos vírus também promovem alterações genéticas que resultam na formação de tumores.

Eventos que resultam em câncer fazem com que as células percam o controle de seu crescimento normal. O crescimento e divisão em células normais são controlados por, no mínimo, dois tipos de genes. Genes do primeiro tipo, denominados *proto-oncogenes*, promovem o crescimento e são controlados pelo segundo tipo, os *genes supressores de tumor*, que inibem o crescimento. Alterações em um ou ambos os tipos de genes podem levar a um crescimento celular descontrolado e, conseqüentemente, ao câncer.

Um dos eventos *iniciadores* pode ser a ativação de um proto-oncogene em **oncogene** (um gene que causa tumor) ou a inativação de um gene supressor de tumor. Uma vez ocorrida a iniciação, a célula cancerosa em potencial pode permanecer dormente, mas, sob certas circunstâncias, geralmente envolvendo alguma alteração ambiental, esta pode ser convertida em célula tumoral, um processo denominado **promoção**. Uma vez que a célula tenha sido promovida à condição cancerosa, a divisão celular contínua pode resultar na formação de um tumor.

Embora a capacidade dos vírus causarem tumores em animais tenha sido demonstrada há vários anos, a relação entre vírus e câncer em humanos é, em muitos casos, duvidosa. A origem viral de um câncer humano é de difícil demonstração, devido às dificuldades na realização dos experimentos necessários. Entretanto, foi demonstrado que certos tipos de tumores humanos estão fortemente associados a infecções por vírus específicos. Um resumo de cânceres humanos de origem viral comprovada é apresentado na Tabela 9.3. Em alguns casos, o papel desempenhado pelo vírus pode ser indireto; por exemplo, este pode aumentar a freqüência de um tipo particular de mutação ou interferir em processos celulares normais na célula infectada. Este é, quase certamente, o caso dos vírus Epstein-Barr e do linfoma de Burkitt. Além disso, há ainda o fato de alguns vírus infecciosos levarem, de maneira indireta, ao aumento do risco de câncer, aparentemente pela diminuição da capacidade de o sistema imunológico detectar e destruir células transformadas. Esta pode ser a razão pela qual a infecção pelo retrovírus causador de AIDS aumenta o risco do desenvolvimento de certos tipos de câncer.

✓ 9.11 Verificação de conceitos

A multiplicação de vírus de animais difere, de modo significativo, da multiplicação de vírus bacterianos. Muitas dessas diferenças surgem devido à compartimentalização da síntese macromolecular em eucariotos, contrariamente ao observado em procariotos. Nem todas as infecções de células animais hospedeiras resultam na lise ou morte celular. Em alguns casos, pode haver uma infecção latente, em que o vírus se mantém infeccioso, mas dormente, surgindo de maneira espontânea posteriormente. Alguns vírus causam transformação das células hospedeiras.

- ✓ Quais macromoléculas são normalmente sintetizadas no núcleo e quais são sintetizadas no citoplasma de células eucarióticas?
- ✓ Diferencie os mecanismos pelos quais os vírus de animais penetram nas células daqueles empregados pelos vírus bacterianos.

9.12 Retrovírus

Como mencionamos anteriormente, embora os **retrovírus** contenham genoma de RNA no vírion, replicam-se por meio de um intermediário de DNA (ver Seção 9.1). O termo *retro* significa "para trás", e a denominação dessa classe de vírus deve-se ao fato de transferirem as informações de maneira reversa, de RNA para DNA (Seção 7.1). Esses vírus utilizam a enzima **transcriptase reversa** para realizar esse interessante mecanismo de transferência da informação.

Os retrovírus são interessantes por várias outras razões. Por exemplo, foram os primeiros vírus definidos como causadores de câncer, tendo sido amplamente estudados devido às suas características carcinogênicas. Um retrovírus, o *vírus da imunodeficiência humana* (HIV), causa a AIDS e, embora tenha sido descrito apenas no início dos anos 80, tornou-se o principal problema de saúde pública mundial. Como o genoma do retrovírus pode integrar-se ao genoma do hospedeiro por meio de um intermediário de DNA, tal processo de integração vem sendo estudado como alternativa para a introdução de genes *exógenos* em um hospedeiro — processo denominado *terapia gênica*.

Algumas das propriedades dos retrovírus são similares às dos vírus de RNA, enquanto outras são similares às dos vírus de DNA. Os retrovírus são muito semelhantes aos elementos genéticos móveis; algumas vezes, são considerados *elementos de transposição que escaparam de uma célula* (Seção 10.11). Devemos observar que a utilização da transcriptase reversa pelos vírus não está restrita aos retrovírus, pois o vírus da hepatite B (um vírus de humanos) e o vírus do mosaico da couve-flor (um vírus de plantas) também utilizam a transcrição reversa em seus processos de replicação (Seção 16.14). Contrariamente aos retrovírus, no entanto, estes últimos encapsidam um genoma de DNA em vez de um genoma de RNA. Alguns elementos transponíveis de eucariotos, os *retrotransposons*, também codificam e utilizam a transcriptase reversa como parte de seu ciclo de replicação. Além disso, foram descobertas em algumas espécies de *Bacteria* transcriptases reversas capazes de produzir múltiplas cópias pequenas de DNA (ms DNA), utilizando RNA como molde.

Os retrovírus são vírus envelopados (Figura 9.24*a*). Várias proteínas são encontradas no envoltório viral, além de sete proteínas internas — quatro estruturais e três enzimáticas. As atividades enzimáticas associadas à partícula viral correspondem à *transcriptase reversa*, à DNA *endonuclease (integrase)* e a uma *protease*. O vírion também contém moléculas específicas de tRNA celular, utilizadas na *replicação* (ver posteriormente nesta seção).

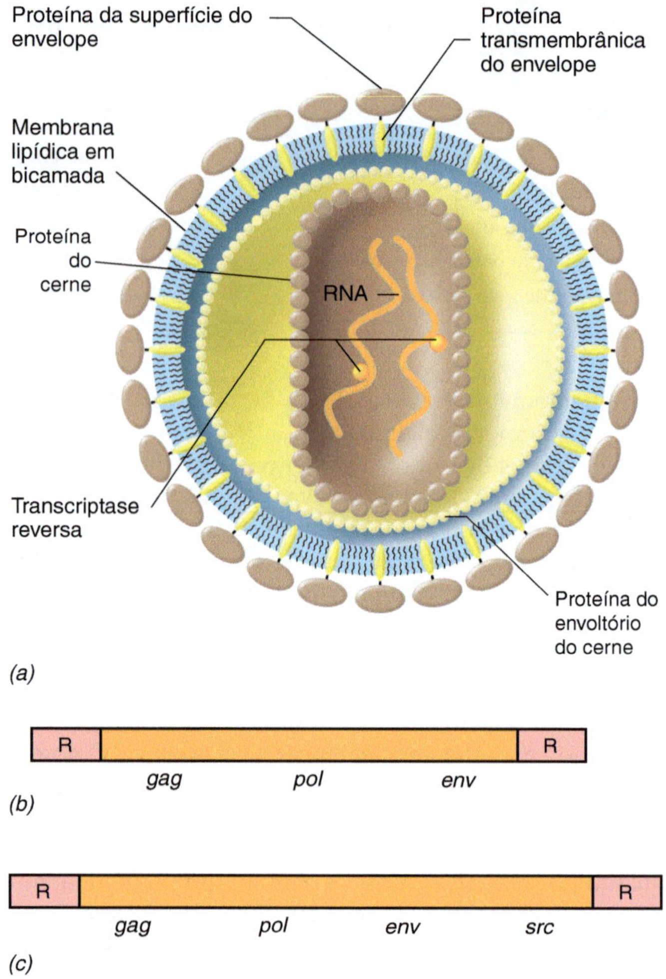

■ **Figura 9.24** Estrutura e função dos retrovírus. (a) Estrutura de um retrovírus. (b) Mapa genético do genoma típico de um retrovírus. (c) Mapa genético do vírus do sarcoma de Rous — retrovírus que causa tumores malignos em aves. As extremidades do RNA genômico contêm repetições diretas (R); este RNA também possui um "cap" e uma cauda poli-A nas extremidades 5' e 3', respectivamente. Ver o texto para maiores detalhes.

Propriedades genômicas e de replicação dos retrovírus

O genoma do retrovírus é singular. Este consiste em duas moléculas idênticas de RNA de fita simples de sentido mais, cada uma apresentando de 8,5-9,5 quilobases de comprimento. A extremidade 5' da molécula de RNA apresenta o "cap", e a extremidade 3' é poliadenilada, de modo que este RNA é capaz de atuar diretamente como mRNA, embora *não* seja utilizado como tal. O mapa genético de um retrovírus típico é apresentado na Figura 9.24*b*. Embora existam diferenças entre os mapas genéticos de diferentes tipos de retrovírus, todos contêm as seguintes regiões, na mesma ordem: *gag*, codificadora de proteínas estruturais internas; *pol*, codificadora da transcriptase reversa e da integrase; e *env*, codificadora das proteínas do envelope. Alguns, como o vírus do sarcoma de Rous, apresentam um quarto gene a jusante de *env*, envolvido na transformação celular e no câncer (Figura 9.24*c*). As repetições terminais, assinaladas no mapa, desempenham papel essencial no processo de replicação (ver a seguir).

O processo completo de replicação de um retrovírus pode ser resumido nas seguintes etapas (Figura 9.25):

1. **Entrada** na célula, por meio da fusão com a membrana celular, em sítios contendo receptores específicos.
2. **Desnudamento do vírion** na membrana, enquanto o genoma e as enzimas permanecem no interior da partícula cerne.
3. **Transcrição reversa** de *um* dos dois genomas de RNA em um DNA de fita simples, subseqüentemente convertido em um DNA de fita dupla linear pela transcriptase reversa que, em seguida, penetra no núcleo.
4. **Integração** da cópia de DNA no genoma do hospedeiro.
5. **Transcrição** do DNA viral, levando à formação de mRNAs virais e de moléculas filhas de RNA genômico.
6. **Encapsidação** do RNA viral em nucleocapsídeos, no citoplasma.
7. **Brotamento** de vírions envelopados na membrana citoplasmática e liberação pela célula.

Uma etapa bastante precoce, após a entrada do genoma de RNA na célula, corresponde à transcrição reversa: processo de conversão de RNA em uma cópia de DNA por meio de uma enzima transcriptase reversa presente

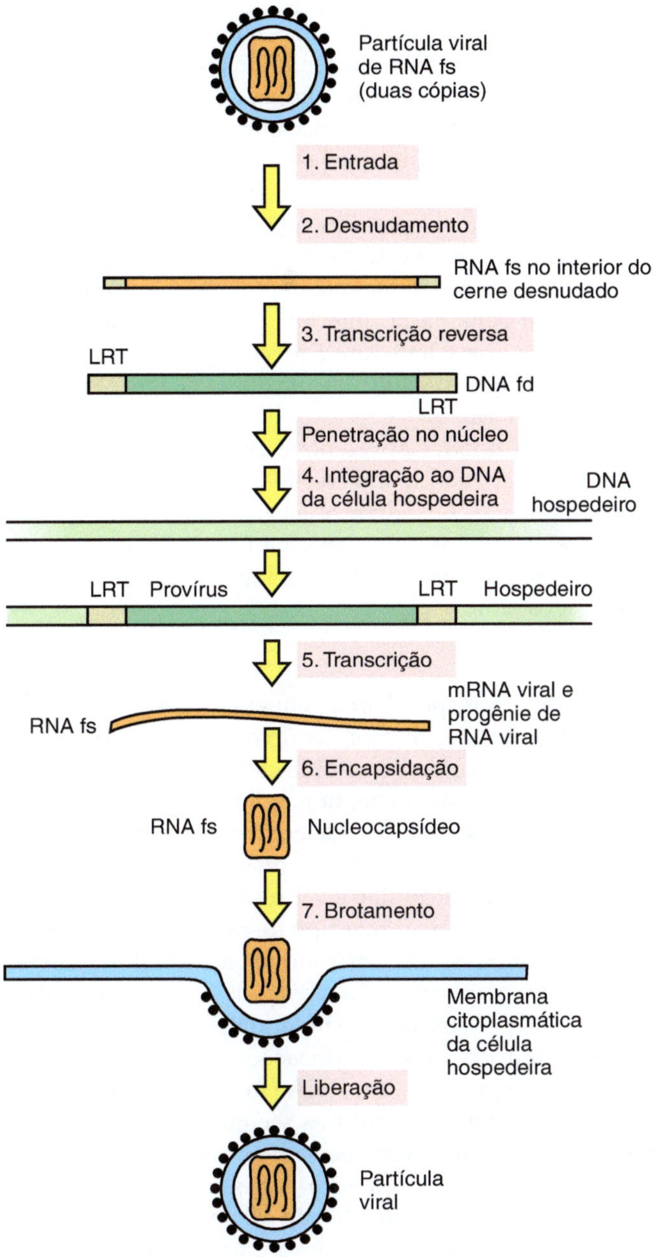

■ **Figura 9.25** Processo de replicação de um retrovírus. Para mais detalhes sobre a conversão de RNA em DNA (etapa 3), consultar a Figura 16.23.

no vírion. O DNA formado corresponde a uma molécula de fita dupla linear, a qual é sintetizada no citoplasma, no interior do núcleo da partícula viral desnudada.

Uma figura detalhada, ilustrando esse complexo processo, pode ser encontrada no Capítulo 16 (Figura 16.23). O processo depende das várias atividades distintas da transcriptase reversa (Seção 16.14). No entanto, a transcriptase reversa corresponde a uma DNA polimerase e, como todas as DNA polimerases, requer um iniciador (Seção 7.5). No processo de transcrição reversa dos retrovírus, o iniciador corresponde a um *RNA transportador celular* (tRNA). O tipo de tRNA utilizado como iniciador depende do tipo de vírus, sendo este tRNA fornecido ao vírion pela célula hospedeira previamente infectada. No caso do vírus do sarcoma de Rous, o tRNA utilizado corresponde ao tRNA *triptofano*.

O processo global resulta em um produto final que apresenta longas repetições terminais (LRTs), mais extensas que as LRTs do próprio genoma (Figura 9.24). A molécula completa de DNA de fita dupla, contendo o gene da proteína integrase, penetra no núcleo e é integrada ao DNA do hospedeiro. As LRTs contêm fortes promotores transcricionais, estando também envolvidas no processo de integração. A *integração* do DNA viral ao genoma da célula hospedeira é análoga à integração de um transposon bacteriano a um genoma bacteriano (Seção 10.11). A integração pode ocorrer em qualquer ponto do DNA celular, e, uma vez integrado, tal elemento, agora denominado *provírus*, corresponde a um elemento genético estável.

Se os promotores da LRT à direita forem ativados, haverá a transcrição do DNA proviral integrado por uma RNA polimerase celular, originando produtos que contêm o "cap" e a cauda poli-A. Esses RNAs podem tanto ser encapsidados em partículas virais quanto processados e traduzidos em proteínas virais. Algumas proteínas virais são produzidas inicialmente como uma grande proteína *gag* primária, clivada por ação proteolítica, nas proteínas do capsídeo. Ocasionalmente, a leitura ao longo da região *gag* (envolvendo a inserção de um aminoácido em resposta ao códon de terminação ou a alteração da fase de leitura pelo ribossomo) permite a tradução de *pol*, o gene da transcriptase reversa. Outras proteínas são sintetizadas a partir de transcritos que sofreram "splicing".

Quando as proteínas virais encontram-se em quantidades suficientes, pode ocorrer a montagem dos nucleocapsídeos. O processo de encapsidação conduz à formação de nucleocapsídeos, que se dirigem para a membrana citoplasmática, levando à montagem final das partículas virais envelopadas.

Nem todos os retrovírus causam câncer, embora retrovírus tumorigênicos sejam bastante comuns. A infecção por um desses vírus pode promover a transformação celular, levando à formação de um tumor. Por que esses vírus são tumorigênicos? Aparentemente, estes possuem um gene de transformação, ou *oncogene* viral, que codifica uma proteína que promove a transformação celular (ver Seção 9.11). Esse gene, conhecido no vírus do sarcoma de Rous como gene *src* (*src* indica sarcoma) (ver Figura 9.24*c*), codifica uma fosfoproteína com atividade de proteína quinase. As proteínas quinases realizam a fosforilação de proteínas — processo que corresponde a um mecanismo de regulação da atividade protéica (Seção 8.10).

Genes de transformação análogos a *src* foram também detectados em células cancerosas humanas. Curiosamente, genes similares também foram detectados em células *normais* (isto é, não cancerosas). Essas seqüências celulares correspondem a proto-oncogenes (ver Seção 9.11) e têm sido encontradas não somente em células de mamíferos, mas também em células de insetos e leveduras, sugerindo que essas seqüências tenham importância fundamental na regulação do crescimento celular. Retrovírus são capazes de incorporar tais seqüências normais, as quais são alteradas e expressas de maneira anormal. Os retrovírus são, portanto, agentes pelos quais tais genes são transferidos de célula para célula.

Como mencionado anteriormente, um retrovírus notável é o HIV, agente etiológico da AIDS. Esse vírus infecta um tipo específico de célula humana, um tipo de linfócito T (célula T-*helper*, "auxiliar" em inglês), vital para o funcionamento apropriado do sistema imunológico. Em capítulos posteriores, discutiremos os aspectos médicos e imunológicos da AIDS (Seções 25.6 e 26.14).

Pelo fato de os vírus não serem células, mas dependerem delas para sua replicação, as doenças virais trazem sérios problemas médicos; freqüentemente é difícil evitar que drogas antivirais acarretem danos às células hospedeiras. Apesar disso, certas estratégias quimioterápicas têm sido desenvolvidas para uso contra patógenos virais, inclusive os retrovírus. Tais abordagens serão discutidas em mais detalhes posteriormente, quando analisarmos a quimioterapia para outras doenças virais (Seção 17.10).

✓ 9.12 Verificação de conceitos

Retrovírus são vírus envelopados que apresentam ciclo de vida complexo, uma vez que são vírus de RNA que se replicam empregando um intermediário de DNA. O retrovírus denominado vírus da imunodeficiência humana causa a Síndrome da Imunodeficiência Adquirida. O vírion do retrovírus contém uma enzima (a transcriptase reversa) que copia a informação de seu genoma de RNA em DNA. O DNA integra-se ao cromossomo do hospedeiro do mesmo modo que um vírus temperado. O DNA retroviral pode ser transcrito para produzir mRNA (e novo RNA genômico) ou pode permanecer em estado latente.

✓ Por que esses vírus são denominados retrovírus?

✓ Como o ciclo de vida de um bacteriófago temperado difere do ciclo de vida de um retrovírus?

9.13 Viróides e príons

Neste capítulo, discutimos até o momento os princípios da reprodução viral, com ênfase nos vírus que infectam bactérias e naqueles que infectam animais. Os bacteriófagos representam um sistema genético modelo, infectando procariotos — organismos que são o principal foco desse texto. Os vírus de animais foram também discutidos, pois muitos provocam importantes doenças em humanos. Alguns vírus de plantas também causam doenças e trazem grande impacto em diversas atividades humanas. No entanto, não é possível abordar todos os vírus. No Capítulo 16, discutiremos outros vírus bacterianos e de animais, além de alguns vírus de plantas.

Os vírus que infectam fungos também não foram discutidos. Tais "vírus" não apresentam estágio extracelular em seu ciclo de vida. Embora alguns sejam empacotados em estruturas semelhantes ao vírion (algumas vezes referidas como "partículas tipo vírus"), essas partículas não são infecciosas quando liberadas por uma célula. Assim, torna-se difícil enquadrar esses elementos em nossa definição de vírus. Lembre-se de que, de acordo com nossa definição, um vírus corresponde a um elemento genético que subverte os processos celulares normais, favorecendo sua própria replicação e apresentando uma forma infecciosa madura, tipicamente extracelular. Embora esses "vírus" não sejam infecciosos pelos mecanismos similares aos de outros vírus, são transmitidos pela fusão intercelular. Esse método de transmissão pode ser atribuído ao fato de os fungos apresentarem paredes celulares bastante espessas ou por ser a fusão de células fúngicas um evento comum na natureza. Muitos desses elementos genéticos replicam-se de forma benigna no interior das células que os contêm. Sabe-se que a levedura *Saccharomyces cerevisiae* possui tanto elementos de RNA de fita dupla quanto elementos do tipo retroviral.

Poucas entidades apresentam propriedades distintas dessa definição, não sendo consideradas vírus pela maioria dos cientistas. No entanto, estas parecem estar intimamente relacionadas aos vírus, não sendo consideradas plasmídeos. As duas entidades mais importantes são os *viróides* e os *príons*.

Viróides

Viróides correspondem a pequenas moléculas circulares de RNA de fita simples, sendo os menores patógenos conhecidos (variando do viróide cadang-cadang do coco, com tamanho de 246 nucleotídeos, ao viróide da exocortis de cítricos, que possui 375 nucleotídeos). Os viróides causam importantes doenças em plantações de interesse agrícola. A forma extracelular do viróide corresponde a um RNA nu — não há qualquer tipo de capsídeo. Um aspecto ainda mais interessante corresponde ao fato *de a molécula de RNA não conter genes que codifiquem proteínas*, e, conseqüentemente, o viróide depende totalmente das funções do hospedeiro para sua replicação. Embora o RNA do viróide corresponda a um RNA circular de fita simples, pode assumir tantas estruturas secundárias, que se assemelha a uma pequena molécula de fita dupla, com extremidades fechadas (Figura 9.26). A molécula de um viróide parece ser replicada no núcleo da célula hospedeira, e sua estrutura, que de certa maneira mimetiza uma molécula DNA, aparentemente permite sua replicação pela RNA polimerase do hospedeiro.

Viróides são algumas vezes considerados íntrons que "escaparam" e, assim como íntrons de "auto-splicing" (Seção 7.12), parecem ser remanescentes do "Mundo de RNA" (ver a discussão sobre "O mundo de RNA" na Seção 11.2).

Príons

Os **príons** correspondem ao outro extremo em relação aos viróides. Apresentam uma forma extracelular distinta, embora esta aparente ser de natureza *totalmente protéica*.

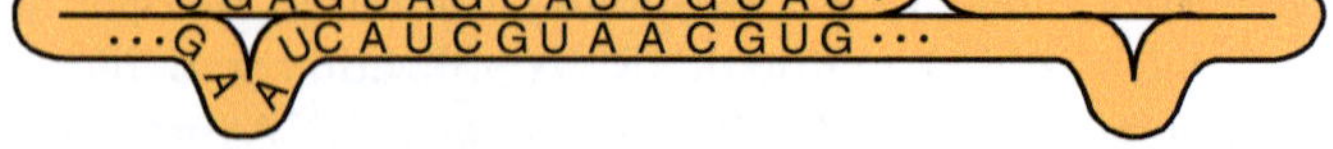

■ **Figura 9.26** Estrutura dos viróides ilustrando de que modo uma molécula circular de RNA de fita simples pode originar uma estrutura aparentando ser de fita dupla, pelo pareamento de bases de uma mesma fita.

Ao que parece, os príons não contêm qualquer tipo de ácido nucléico ou, caso contenham, a molécula não possui dimensões suficientes para codificar o único tipo de proteína que os compõe. No entanto, a partícula protéica do príon é infecciosa; são conhecidos vários príons causadores de uma variedade de doenças em animais, como a *scrapie* em ovinos, a encefalopatia espongiforme do gado bovino (EEB ou "mal da vaca louca") e as doenças de kuru e de Creutzfeldt-Jakob (DCJ), em humanos. Em 1996, partiram da Inglaterra informações indicando que o príon causador de EEB no gado poderia infectar humanos, resultando em uma variante da DCJ, denominada DCJ variante ou DCJv. Evidências subseqüentes parecem confirmar que o príon EEB "venceu" a barreira das espécies, embora sua transmissão pareça ser muito ineficiente. Apesar dessa transmissão ineficiente e do fato de relativamente poucos casos de infecção em humanos terem sido identificados, em apenas poucos anos a DCJv tornou-se uma preocupação de saúde em nível mundial, com grande impacto na indústria de produtos de origem animal em vários países.

Além de provocar doenças severas, a infecção por príons pode resultar na produção de mais cópias da proteína do príon. A não ser que príons contrariem o padrão central do fluxo da informação genética, discutido no Capítulo 7, essa proteína *deve* ser codificada por um ácido nucléico. De fato, foi descoberto que a célula hospedeira contém um gene cromossomal que codifica uma proteína muito similar à do príon. Esta é produzida normalmente, sendo encontrada principalmente em neurônios. Aparentemente, o príon, ao infectar, modifica essa proteína do hospedeiro durante ou após sua síntese. Essa modificação envolve um padrão de dobramento alternativo, fazendo com que a proteína perca sua função normal e torne-se parcialmente resistente às proteases, além de insolúvel. Dessa maneira, os príons não subvertem simplesmente as enzimas do hospedeiro, mas, de algum modo, levam um gene normal do hospedeiro a produzir mais cópias da proteína patogênica.

Em 1997, o cientista norte-americano Stanley B. Pruisner foi agraciado com o Prêmio Nobel por seu trabalho pioneiro sobre essas doenças e as proteínas de príons. Dispomos atualmente de um modelo de estudo das doenças causadas por príons, que permite análises de maneira mais simples que o acompanhamento dessas doenças em mamíferos. Esse modelo de estudo corresponde à levedura *Saccharomyces cerevisiae*.

Recentemente foi demonstrado que duas características da levedura parecem ser transmitidas por uma proteína "infecciosa", semelhante a um príon. Uma delas envolve o fenótipo PSI^+. Linhagens PSI^- (normais) de levedura sintetizam uma proteína denominada sup35, envolvida na síntese protéica correta. Nas linhagens PSI^+, essa proteína não atua corretamente, embora o gene seja normal. Nas linhagens PSI^+, a proteína apresenta um dobramento incorreto. Esse padrão de dobramento é promovido por uma proteína previamente dobrada de maneira incorreta (daí o caráter infeccioso do processo) e por uma chaperona molecular. Tal situação parece ser a mesma daquela encontrada nas doenças causadas por príons em mamíferos.

A descoberta de viróides e príons forçou a uma ampliação de nossa definição de vírus. Esses agentes revelam formas inesperadas pelas quais elementos genéticos podem se replicar e subverter as células hospedeiras. Naturalmente, também despertam interesse, por serem agentes causadores de doenças.

✓ 9.13 Verificação de conceitos

Viróides são moléculas de RNA de fita simples circular, que não codificam proteínas, sendo totalmente dependentes das enzimas codificadas pelo hospedeiro. Correspondem aos menores patógenos conhecidos. Diferentemente dos vírus, sua forma extracelular é idêntica à forma intracelular, sendo desprovidos de qualquer envoltório protéico. Príons apresentam uma forma extracelular que contém proteínas, mas não o ácido nucléico que as codifica. O gene que codifica a proteína do príon é encontrado na célula hospedeira, e o príon, de alguma maneira, modifica esse produto protéico.

Questões de revisão

1. Defina o termo *hospedeiro*, em relação aos vírus.
2. Defina *vírus*. Quais as características mínimas necessárias para atender sua definição?
3. Sob certas condições, é possível obter capas protéicas (*capsídeos*) virais, livres de ácido nucléico. Ao microscópio eletrônico, esses capsídeos se mostram muito similares a vírions completos. O que esse fato lhe diz sobre o papel do ácido nucléico viral no processo de montagem do vírus? Você esperaria que esse vírus fosse infeccioso? Por quê?
4. Escreva um parágrafo descrevendo os eventos que ocorrem em uma placa de meio sólido contendo uma cultura bacteriana confluente, quando uma única partícula de um bacteriófago promove a formação de uma *placa de lise*.
5. Por que a expressão unidades formadoras de placa (ufp)/ml é normalmente empregada em substituição à expressão vírus/ml?
6. Descreva de que modo uma *endonuclease de restrição* pode desempenhar papel na resistência à infecção por bacteriófagos. Por que uma endonuclease de restrição pode desempenhar tal papel, enquanto uma DNase não o pode?
7. O processo de replicação viral pode ser dividido em cinco etapas. Descreva os eventos associados a cada uma delas.

8. Enquanto algumas células podem ser *suscetíveis* à infecção por um vírus específico, estas podem não ser *permissivas* a esse vírus. Explique.
9. Especificamente, por que o ciclo de vida e o vírion de um vírus de RNA de fita positiva são mais simples que os de um vírus de RNA de fita negativa?
10. Muitos vírus de animais com genomas de DNA de fita dupla replicam seus genomas no núcleo da célula hospedeira. Por que esses vírus utilizam tal estratégia de replicação?
11. Uma bactéria desprovida da proteína de membrana externa responsável pela captação de maltose é *resistente* à infecção pelo fago lambda. Um lisógeno de lambda é *imune* à infecção por lambda. Descreva as diferenças funcionais entre resistência e imunidade. Explique de que forma essas condições ocorrem nos exemplos citados.
12. Muitos do vírus discutidos apresentam genes *precoces* e *tardios*. Qual o significado dessas classificações? Que tipos de proteínas tendem a ser codificadas por genes precoces? E por genes tardios? Descreva, nos casos dos três vírus discutidos, de que modo a expressão de genes tardios é controlada.
13. O genoma do bacteriófago T4 caracteriza-se por apresentar *permutação circular* e *redundância terminal*. Explique o significado dos dois termos.
14. O RNA transportador é tipicamente empregado na tradução. No entanto, também desempenha papel na replicação do ácido nucléico retroviral. Explique esse papel.
15. Os termos *provírus* e *profago* têm praticamente o mesmo significado. Defina esses termos. Quando os termos *provírus* e *profago* devem ser tipicamente empregados?
16. Quais as semelhanças e diferenças entre *príons*, *vírus* e *viróides*?

Questões de aplicação

1. Você é capaz de imaginar qual a vantagem dos vírus apresentarem um estágio extracelular metabolicamente inerte em vez de ativo?
2. O que impede o aumento das placas de lise desenvolvidas em uma cultura bacteriana?
3. Uma das características dos *bacteriófagos temperados* refere-se à sua capacidade de promover a formação de placas de lise turvas, em vez de transparentes, quando infectam culturas bacterianas confluentes. Qual seria uma possível explicação para tal fenômeno? (Lembre-se de como ocorre o processo de formação de placas de lise.)
4. Há três genes do fago lambda que, quando não funcionais, transformam esse fago de temperado a virulento. Descreva quais são os três genes e seu funcionamento normal.
5. A Figura 9.19 apresenta dois promotores, P_R e P_E, localizados nas extremidades do gene *cro*. Ambos transcrevem através do gene *cro*, mas apenas o transcrito de P_R pode ser traduzido, originando a proteína Cro. Explique.
6. A proteína cIII de lambda somente será produzida em quantidades relativamente altas por uma célula infectada, se esta for simultaneamente infectada por mais de um vírion de lambda (porque haverá múltiplas cópias do cromossomo de lambda sendo expressos simultaneamente). Altas quantidades da proteína cIII conduzem à lisogenia (você deve ser capaz de explicar como isso é realizado). Em termos do vírus, a "decisão" de optar pela via lisogênica, nessas condições, é favorável. Explique.
7. O conhecimento do tipo de RNA presente no genoma dos retrovírus poderia permitir uma previsão sobre a presença ou não de enzimas no vírion. Explique por que tal previsão poderia ser feita e por que, nesse caso, esta seria incorreta.
8. Os promotores de mRNAs codificando proteínas virais precoces muitas vezes apresentam seqüência muito diferente daquela encontrada em promotores de mRNAs codificando proteínas tardias, em um mesmo vírus. Explique por que tal fato pode ser verdadeiro. (*Dica*: Que tipo de RNA polimerase deve reconhecer os promotores "precoces"?)
9. Praticamente não existem *agentes quimioterápicos* para o combate da maioria das doenças virais. Baseado em seus conhecimentos sobre os estágios da multiplicação viral, explique a razão para tal fato.
10. As leveduras apresentam elementos genéticos exibindo a maioria das características virais, incluindo a formação de partículas semelhantes a vírus, as quais contêm o genoma do elemento. No entanto, tais elementos genéticos não apresentam um estágio extracelular em seu ciclo de vida, sendo transferidos pela fusão celular. Procure definir de maneira simples o termo "vírus", de modo a incluir esses elementos, mas sem incluir elementos como os plasmídeos. (Observe que os plasmídeos também podem ser transferidos de uma célula para outra, Seção 10.9.)

Os processos de crescimento, desenvolvimento e reprodução de um organismo apenas podem ser entendidos quando dispomos do conhecimento sobre o conjunto de genes apresentados por tal organismo, bem como suas funções. Para que tais informações sejam obtidas, é necessário que o material genético do organismo possa ser manipulado. Um grande número de técnicas, realizadas tanto no próprio organismo (*in vivo*) quanto em tubos de ensaio (*in vitro*), pode ser empregado no estudo da genética de procariotos. As mutações gênicas podem levar a uma série de alterações no organismo. Algumas mutações podem promover alterações das características de um organismo, sendo facilmente reconhecidas. Temos, por exemplo, a alteração da coloração de colônias de *Halobacterium* — um membro do domínio *Archaea* —, ilustrada na figura a seguir.

10 GENÉTICA BACTERIANA

Glossário de trabalho

Agentes mutagênicos agentes que promovem mutações

Auxotrófico organismo que desenvolveu determinada necessidade nutricional em decorrência de uma mutação

Clonagem molecular isolamento e incorporação de um fragmento de DNA em um vetor no qual o DNA possa ser replicado

Clonagem *shotgun* construção de uma biblioteca genômica pela clonagem de fragmentos aleatórios de DNA

Conjugação processo de transferência de genes de uma célula procariótica para outra, por meio de um mecanismo que envolve o contato intercelular e um plasmídeo

DNA sintético molécula de DNA obtida por um processo de síntese química em laboratório

Elemento de transposição elemento genético capaz de se mover (transpor) de um sítio para outro no cromossomo

Eletroporação emprego de um pulso elétrico para induzir células a captarem DNA livre

Enzima de restrição enzima que reconhece e promove quebras em locais específicos de moléculas de DNA de fita dupla

Fenótipo conjunto das características observáveis de um organismo

Genótipo composição genética precisa de um organismo

Hibridização formação de uma molécula de ácido nucléico de fita dupla, em que cada fita é derivada de fontes distintas, por meio do pareamento de bases complementares

Mapa genético arranjo dos genes em um cromossomo

Mutação alteração herdável na seqüência de bases do genoma de um organismo

Mutação pontual mutação que envolve um ou poucos pares de bases

Mutagênese sítio-dirigida técnica pela qual um gene contendo uma mutação específica pode ser sintetizado *in vitro*

Mutante organismo cujo genoma apresenta uma mutação

Plasmídeo elemento genético extracromossomal que não apresenta uma forma extracelular

Reação de polimerização em cadeia (PCR, do inglês *Polymerase Chain Reaction*) método que permite a amplificação de uma seqüência específica de DNA, *in vitro*, pela realização de ciclos repetidos de síntese, empregando iniciadores específicos e uma DNA polimerase

Recombinação processo pelo qual partes, ou moléculas inteiras de DNA, de origens distintas, são trocadas ou ligadas em uma única unidade

Ruptura gênica utilização de técnicas genéticas para inativar um gene por meio da inserção de um fragmento de DNA contendo uma marca de seleção facilmente detectável em seu interior. O fragmento inserido é denominado *cassete*; o processo de inserção é referido como *mutagênese por inserção de cassete*

Seleção incubação de organismos sob condições em que o crescimento daqueles que contêm determinado genótipo será favorecido

Sonda ver *Sonda de ácido nucléico*

Sonda de ácido nucléico fita de ácido nucléico que pode ser marcada e utilizada na hibridização com uma molécula complementar presente em uma mistura de ácidos nucléicos

Transdução processo de transferência de genes de uma célula hospedeira para outra, mediado por vírus

Transformação processo de transferência de genes bacterianos, envolvendo a participação de moléculas de DNA livre (ver significado alternativo no Capítulo 9)

Transposon tipo de elemento de transposição que contém outros genes, diferentes daqueles envolvidos na transposição

Varredura qualquer processo que permite a seleção de organismos pelo fenótipo ou genótipo, possibilitando, no entanto, o crescimento de todos os possíveis

Vetor de clonagem elemento genético no qual genes podem ser recombinados e replicados

Agora que os conceitos básicos da biologia molecular de células e vírus foram introduzidos, podemos passar à discussão dos aspectos específicos da genética microbiana.

Inicialmente, discutiremos a mutação e a recombinação genética e, em seguida, explicaremos como o material genético pode ser transferido de um organismo para outro. A transferência de genes de um organismo a outro pode ocorrer de diferentes maneiras em um microrganismo e, quando é acompanhada da recombinação genética, pode levar a profundas alterações no organismo. Finalmente, discutiremos algumas das técnicas básicas de manipulação de DNA *in vitro*, as quais revolucionaram os estudos genéticos de todos os seres vivos, de bactérias ao homem.

I MUTAÇÃO E RECOMBINAÇÃO

Mutações são definidas como alterações de natureza herdável, que ocorrem na seqüência de bases de um ácido nucléico contido no genoma de um organismo. A **recombinação genética** é o processo pelo qual os elementos genéticos contidos em dois genomas distintos são reunidos em uma unidade. Por meio desse mecanismo, novas combinações de genes podem surgir, mesmo não ocorrendo mutações. Uma vez que os elementos genéticos adquiridos podem conferir a um organismo novas capacidades, a recombinação genética pode favorecer a adaptação a ambientes que sofrem variações. Enquanto as mutações geralmente resultam em pequenas alterações genéticas de uma célula, a recombinação envolve, em geral, alterações mais significativas. Genes completos, conjuntos de genes ou mesmo cromossomos inteiros podem ser transferidos de um organismo para outro.

Os procariotos, contrariamente à maioria dos eucariotos, não apresentam qualquer tipo de reprodução sexuada (Seção 14.6). Entretanto, possuem mecanismos de troca genética que, embora consideravelmente diferentes daqueles envolvidos na reprodução sexuada de eucariotos, permitem tanto a transferência de genes quanto sua recombinação.

Para que a troca de genes entre dois organismos seja detectada, é necessária a utilização de *marcadores genéticos*, cuja transferência pode ser observada. Linhagens geneticamente alteradas são empregadas com essa finalidade, sendo a(s) alteração(ões) decorrente(s) de uma ou mais mutações no DNA do organismo. Essas mutações podem envolver alterações em apenas um ou poucos pares de bases ou corresponderem à inserção ou deleção de genes completos. Iniciaremos este capítulo de genética microbiana considerando os mecanismos moleculares das mutações e as propriedades apresentadas pelos microrganismos mutantes, como uma introdução à discussão sobre os mecanismos de transferência de genes.

10.1 Mutações e mutantes

Conforme mencionado previamente, uma *mutação* corresponde a uma alteração, transmitida geneticamente, na seqüência de bases no genoma de ácido nucléico de um organismo. Em todas as células, o genoma é composto por moléculas de DNA de fita dupla (Seção 7.1). Uma linhagem com tal tipo de alteração é denominada **mutante**. Um mutante, por definição, diferencia-se de sua linhagem parental quanto ao seu **genótipo**, que corresponde ao conjunto preciso de genes contidos em um organismo. Além disso, as propriedades observáveis do mutante (seu **fenótipo**) podem também apresentar-se alteradas em relação à linhagem parental. Tal fenótipo alterado pode, muitas vezes, ser descrito como um *fenótipo mutante*. Freqüentemente, as linhagens isoladas de ambientes naturais são denominadas linhagens *selvagens*. Os mutantes podem ser obtidos tanto a partir de linhagens selvagens quanto de linhagens derivadas das selvagens, como, por exemplo, de outro mutante.

Designações de genótipo e fenótipo

Dependendo da mutação, um mutante pode ou não apresentar fenótipo distinto de sua linhagem parental. Por convenção, definiu-se em genética bacteriana que o *genótipo* de um organismo é designado por três letras minúsculas, seguidas por uma letra maiúscula (todas grafadas em itálico), para indicar um gene em particular. Por exemplo, o gene *hisC* de *Escherichia coli* codifica uma proteína, conhecida como proteína HisC. Nesse caso, essa proteína (uma enzima da via biossintética de histidina) normalmente recebe a denominação histidinol-fosfato aminotransferase, a qual descreve sua atividade enzimática. Entretanto, algumas proteínas, tal como RecA (Seções 9.10, 10.3 e 10.5), não possuem outra denominação, uma vez que suas atividades enzimáticas são de difícil descrição, utilizando-se poucas palavras. As mutações no gene *hisC* podem ser designadas como *hisC1*, *hisC2*, e assim por diante; os números indicam a ordem seqüencial de isolamento dessas linhagens mutantes.

O *fenótipo* de um organismo normalmente é designado por uma letra maiúscula, seguida por duas letras minúsculas, adicionando-se um sinal de mais (+) ou de menos (–) sobrescrito para indicar a presença ou a ausência daquela propriedade. Por exemplo, uma linhagem His$^+$ de *E. coli* é capaz de sintetizar sua própria histidina, enquanto uma linhagem His$^-$ é desprovida dessa capacidade. Mutações no gene *hisC* podem levar a um fenótipo His$^-$, caso eliminem a função do produto gênico.

Isolamento de mutantes

Virtualmente, qualquer característica de um organismo pode ser modificada por meio de mutações. No entanto, algumas mutações são *selecionáveis*, conferindo algum tipo de vantagem ao organismo que a possui, enquanto outras mutações são *não selecionáveis*, mesmo que promovam claras alterações no fenótipo do organismo. Como exemplo de mutação não selecionável, podemos citar a perda de coloração em um organismo pigmentado (Figura 10.1*b*). As colônias não pigmentadas não conferem qualquer vantagem ou desvantagem a esses organismos, se comparados à linhagem parental, quando cultivados na superfície de um meio sólido (no entanto, é possível que, na natureza, organismos pigmentados exibam alguma vantagem sobre os despigmentados). Tais mutações podem ser detectadas pela simples observação visual das várias colônias em busca daquelas com aspecto "diferente" — processo denominado **varredura**. Observe que a coloração aparente de uma colônia nem sempre está diretamente associada à produção de pigmentos. Colônias mutantes de *Halobacterium*, desprovidas de vesículas de gás (Seção 4.14), transmitem a luz de maneira diferente que as colônias selvagens, adquirindo um aspecto totalmente distinto quando cultivadas na superfície de meios sólidos (Figura 10.1*c*).

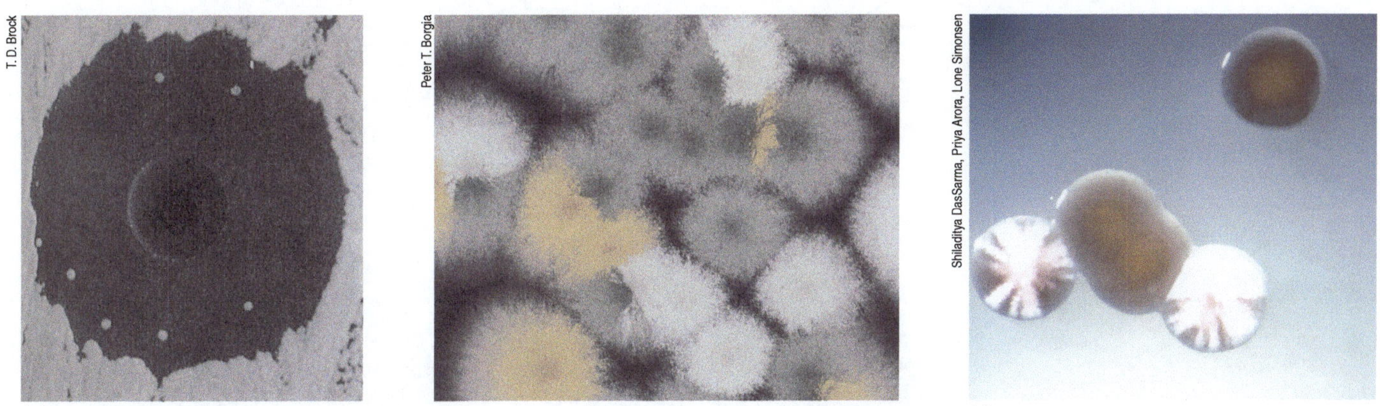

(a) *(b)* *(c)*

Figura 10.1 Observação de vários tipos de mutantes. (a) Desenvolvimento de mutantes resistentes a um antibiótico, crescendo no interior da zona de inibição, em um ensaio que emprega discos de antibióticos. (b) Mutantes pigmentados e não pigmentados do fungo *Aspergillus nidulans*. O tipo selvagem apresenta pigmentação verde. Os mutantes brancos ou incolores não sintetizam pigmentos, enquanto os mutantes amarelos não são capazes de converter o pigmento que sintetizam à coloração normal. (c) Colônias de espécies mutantes de *Halobacterium*, um membro do domínio *Archaea*. As colônias com aspecto branco correspondem ao tipo selvagem. As colônias laranjas/marrons são mutantes que perderam as vesículas de gás (Seção 4.14). As colônias que apresentam setores são decorrentes das atividades mutagênicas dos elementos de transposição (ver Seção 10.11).

Mutantes não selecionáveis podem ser detectados apenas por meio da varredura de grandes populações de organismos; muitas vezes, o fenótipo mutante não é tão facilmente reconhecível, como no caso das colônias pigmentadas e não pigmentadas. Uma mutação *selecionável*, em contrapartida, confere ao mutante alguma vantagem quando este se encontra sob determinadas condições ambientais, de maneira que sua progênie é capaz de crescer em abundância, podendo até mesmo substituir a linhagem parental. Como exemplo de mutação selecionável, temos a resistência às drogas. Assim, um mutante resistente a um antibiótico pode crescer em sua presença, mesmo em concentrações suficientes para inibir o desenvolvimento ou matar a linhagem parental (Figura 10.1*a*). Entretanto, o fenótipo de sensibilidade à penicilina não pode ser diretamente selecionado pela remoção do antibiótico do meio. A detecção e o isolamento de mutantes selecionáveis são processos relativamente simples, a partir da escolha de condições ambientais apropriadas. Desse modo, a **seleção** corresponde a uma ferramenta genética extremamente poderosa, porque permite o isolamento de um único mutante, em uma população de milhões, ou mesmo bilhões, de organismos parentais.

Embora os processos de varredura sejam geralmente mais trabalhosos que os processos de seleção, existem metodologias que permitem a varredura de grandes números de colônias exibindo determinados tipos de mutações. Nesse contexto, mutantes nutricionais podem ser detectados por meio da técnica de **plaqueamento de réplica** (Figura 10.2*a*). Mediante o emprego de um pedaço de veludo ou de papel

■ **Figura 10.2** (a) Método de plaqueamento de réplica para a detecção de mutantes nutricionais. (b) Mutantes nutricionais revelados pelo método de plaqueamento de réplica. A fotografia à esquerda apresenta a placa matriz. As colônias que não se desenvolveram na placa réplica estão indicadas por um X. Um nutriente (leucina) presente na placa matriz foi omitido na placa réplica. Assim, as colônias assinaladas com um X correspondem a organismos auxotróficos para leucina.

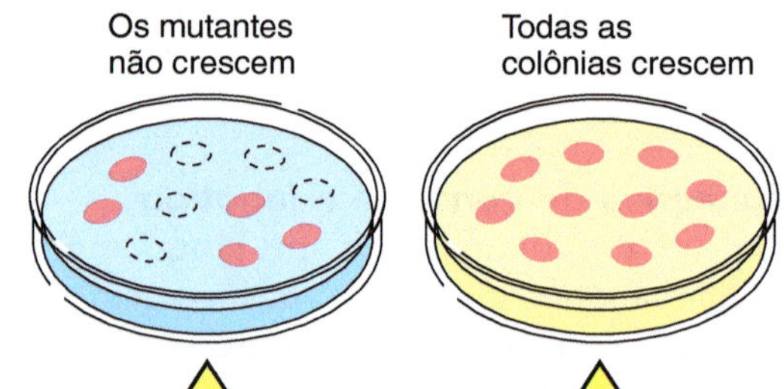

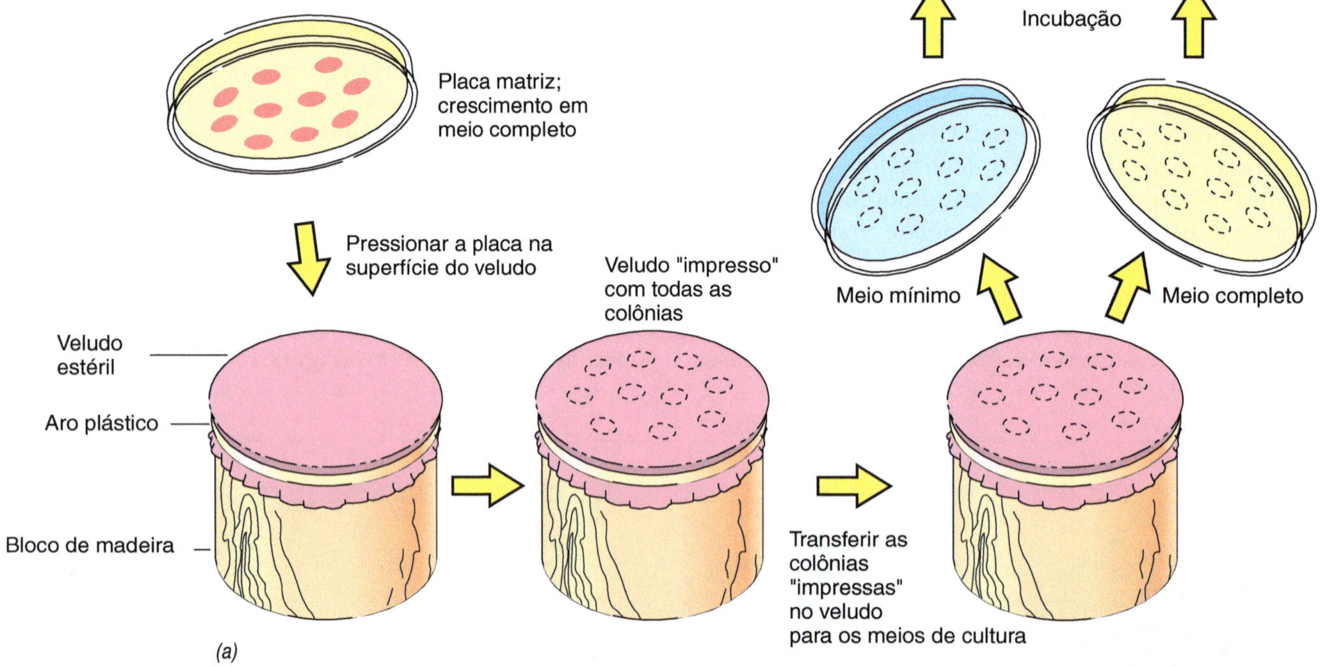

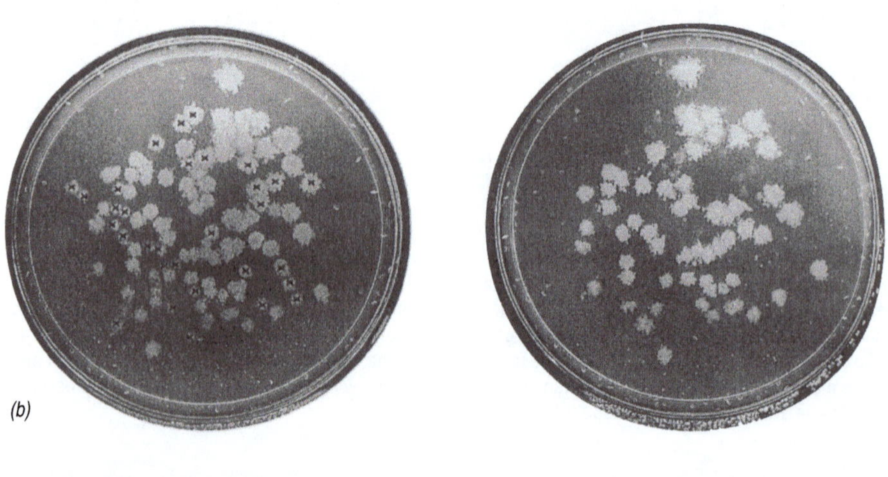

de filtro estéreis, pode-se obter uma réplica das colônias que estão crescendo na superfície de uma placa matriz, as quais serão inoculadas na superfície de um meio desprovido de determinado nutriente. As colônias da linhagem parental crescerão normalmente, enquanto as linhagens mutantes não se desenvolverão no meio carente daquele determinado nutriente. Assim, a incapacidade de uma colônia crescer na placa réplica (Figura 10.2*b*) indica que esta corresponde a um mutante. A colônia equivalente, crescendo na placa matriz, no local correspondente ao espaço vazio encontrado na placa réplica (Figura 10.2*b*), pode então ser coletada, purificada e caracterizada. Um mutante nutricional que requer algum fator de crescimento é denominado **auxotrófico**, enquanto a linhagem parental selvagem, da qual o auxotrófico foi originado, denomina-se **prototrófica**. Assim, mutantes de *Escherichia coli* com fenótipo His$^-$ são denominados *auxotróficos para histidina*. Embora muito útil, a técnica de plaqueamento de réplica corresponde a um procedimento de varredura, podendo o isolamento de mutantes por varredura ser um processo bastante laborioso.

Seleção pela penicilina

Um método bastante engenhoso e amplamente utilizado no isolamento de organismos auxotróficos corresponde à **metodologia de seleção pela penicilina**. De maneira geral, mutantes que requerem fatores de crescimento encontram-se em desvantagem quando competem com suas células parentais; conseqüentemente, não há um modo direto de isolá-los. No entanto, a penicilina tem atividade deletéria apenas em células que se encontram *crescendo ativamente*. Assim, se a penicilina for adicionada a uma população de células crescendo em um meio desprovido do fator de crescimento exigido pelos mutantes desejados, as células parentais serão mortas, enquanto as mutantes, que não se encontram em crescimento, não serão afetadas. Desse modo, após a incubação preliminar da cultura em um meio desprovido do fator de crescimento e adicionado de penicilina, as células restantes são lavadas para promover a remoção do antibiótico, sendo em seguida transferidas para placas com meio sólido que contêm o fator de crescimento. Entre as colônias capazes de se desenvolver (inclusive algumas células parentais que sobreviveram ao tratamento com penicilina), devem ser encontradas algumas mutantes para aquele determinado fator de crescimento. A seleção pela penicilina é um tipo de *seleção negativa* — técnica em que a seleção é feita não para o mutante, mas contra o tipo parental.

Alguns dos tipos mais comuns de mutantes e as metodologias empregadas para sua detecção encontram-se listados na Tabela 10.1.

Tabela 10.1 Tipos de mutantes

Fenótipo	Natureza da alteração	Detecção do mutante
Auxotrofia	Perda da enzima de uma via biossintética	Incapacidade de crescimento em meios desprovidos daquele nutriente
Sensibilidade ao frio	Alteração de uma proteína essencial, que passa a ser inativada em temperaturas baixas	Incapacidade de crescimento em temperaturas baixas (por exemplo, 20°C)
Resistência à droga	Alteração da permeabilidade celular à droga, modificação do alvo da droga ou mecanismos de detoxificação	Crescimento em meios contendo a droga em concentrações normalmente inibitórias ao crescimento
Ausência de cápsula	Perda ou modificação da cápsula	Surgimento de colônias pequenas e rugosas em vez de colônias lisas e grandes
Imóvel	Perda dos flagelos; flagelos não funcionais	Surgimento de colônias compactas em vez de colônias achatadas, com irradiação
Ausência de pigmentação	Perda de enzimas da via biossintética, levando à perda de um ou mais pigmentos	Desenvolvimento de novas cores ou ausência de coloração
Colônias rugosas	Perda ou modificação do lipopolissacarídeo da membrana externa	Surgimento de colônias granulosas irregulares em vez de colônias lisas e brilhantes
Fermentação de açúcar	Perda de enzimas de vias degradativas	Alteração ou perda de cor em meios contendo açúcar e um indicador de pH
Termossensibilidade	Alteração de uma proteína essencial, que passa a ser mais sensível ao aquecimento	Incapacidade de crescimento em temperaturas que normalmente permitiam o desenvolvimento (por exemplo, 40°C), mas ainda exibindo capacidade de crescimento em temperaturas inferiores (por exemplo, 30°C)
Resistência aos vírus	Perda do receptor viral	Capacidade de crescimento na presença de grandes quantidades de vírus

✓ 10.1 Verificação de conceitos

As mutações — alterações herdáveis no DNA — podem levar a alterações no fenótipo de um organismo. Mutações selecionáveis são aquelas que conferem ao mutante uma vantagem de crescimento em certas condições ambientais, sendo especialmente úteis nas pesquisas genéticas.

✓ Diferencie os termos *mutação* e *mutante*.

✓ Diferencie os termos *varredura* e *seleção*.

10.2 Bases moleculares das mutações

Conforme mencionado anteriormente, as mutações surgem nas células em decorrência de alterações na *seqüência de bases* do material genético de um organismo. Em muitos casos, as mutações promovem alterações fenotípicas no organismo e, na maioria das vezes, são prejudiciais ou neutras àquele organismo, embora em algumas ocasiões possam ocorrer alterações de caráter benéfico à célula.

As mutações podem ser espontâneas ou induzidas. As **mutações espontâneas** podem ser decorrentes da ação da radiação natural (raios cósmicos, por exemplo), que promove alterações nas bases do DNA. Mutações espontâneas também ocorrem durante a replicação, como resultado de erros durante o pareamento das bases, levando a alterações na molécula replicada de DNA.

Mutações que envolvem um (ou poucos) par de bases são algumas vezes referidas como **mutações pontuais**. Essas mutações pontuais podem resultar em *substituições de pares de bases* do DNA ou na inserção ou deleção de um par de bases (denominadas *microinserções* ou *microdeleções*). Assim como para todas as mutações, a alteração fenotípica decorrente de uma mutação pontual depende do local exato do gene onde ocorreu a mutação, de qual nucleotídeo foi alterado e qual o produto normalmente codificado por aquele gene.

Substituições de pares de bases

Quando uma mutação pontual ocorre em uma região codificadora de um gene de proteínas, qualquer alteração fenotípica apresentada pela célula será, quase certamente, resultante de uma alteração na *seqüência* de aminoácidos da proteína produzida. A Figura 10.3 esquematiza uma série de substituições de pares de bases que pode ocorrer em um curto segmento de DNA, em uma região de um gene que codifica uma proteína. O erro introduzido no DNA é transcrito em mRNA, e essa molécula defeituosa é, por sua vez, utilizada como molde na tradução da proteína. (Visto que apenas uma das fitas do DNA é utilizada como molde na síntese de mRNA, o par de bases AT não tem o mesmo significado que o par TA.) O conjunto de três nucleotídeos (códon), que dirige a inserção de um aminoácido mediada pelo tRNA, será incorreto. Quais são as conseqüências das substituições de pares de bases?

Quando os resultados de uma mutação são interpretados, o fato de o código genético ser degenerado deve sempre ser levado em consideração (Seção 7.13). Devido a essa degeneração, nem todas as mutações em genes que codificam proteínas resultam em moléculas protéicas alteradas.

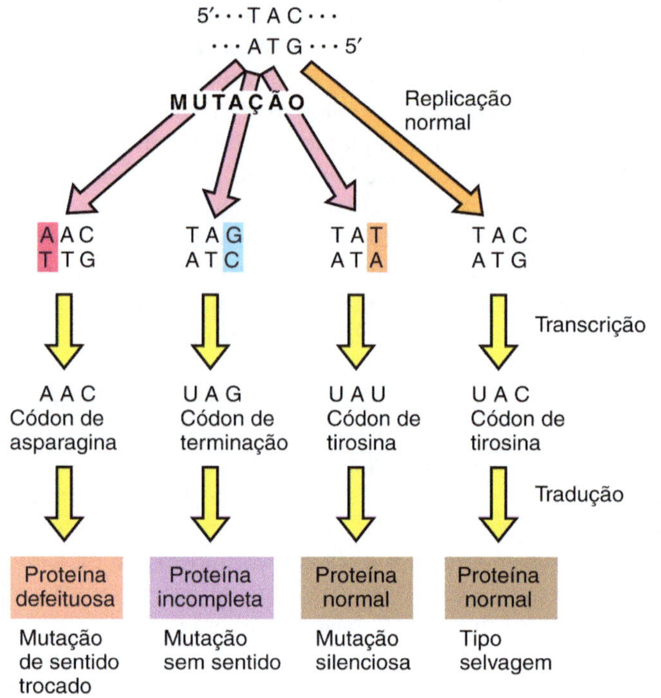

■ **Figura 10.3** Possíveis efeitos das substituições de pares de bases em um gene que codifica uma proteína: três diferentes produtos protéicos podem ser originados de alterações no DNA de um único códon.

Tal afirmação é ilustrada na Figura 10.3, que apresenta as várias possibilidades que podem ocorrer quando um único *códon de tirosina*, no DNA, sofre uma mutação. Conforme apresentado, uma alteração de UAC para UAU no mRNA não exibe qualquer efeito aparente, uma vez que UAU também corresponde a um códon de tirosina. Mutações que promovem tal tipo de alteração são denominadas **mutações silenciosas**. Observe que as mutações silenciosas, quando ocorrem em regiões codificadoras de DNA, geralmente estão localizadas na *terceira base* de um códon (os códons de arginina e leucina podem sofrer mutações silenciosas por substituições na primeira base). Conforme discutido no Capítulo 7 (Tabela 7.3), alterações na primeira ou segunda base de um códon freqüentemente promovem alterações significativas na proteína resultante. Por exemplo, a alteração de uma única base, de UAC para AAC (Figura 10.3), resulta em uma alteração de tirosina para asparagina, na proteína produzida. Esse tipo de alteração recebe a denominação **mutação de sentido trocado** (do inglês *missense*), porque o "sentido" químico (a seqüência de aminoácidos) no polipeptídeo gerado foi alterado. Se a alteração ocorrer em algum ponto crítico da cadeia polipeptídica, a proteína poderá ser sintetizada na forma inativa ou exibir atividade reduzida. Entretanto, nem todas as mutações que promovem alterações na seqüência de aminoácidos necessariamente originam proteínas não funcionais. O resultado final está diretamente associado à região do polipeptídeo que sofreu a substituição e de que modo tal alteração está afetando as propriedades de dobramento e a atividade catalítica da proteína. Uma mutação de sentido trocado pode levar à síntese de uma enzima termossensível. São conhecidos vários **mutantes termossensíveis** de bactérias, como por exemplo aqueles que exibem crescimento normal a 30°C, mas são incapazes de crescer a 40°C; o tipo selvagem, no entanto, é capaz de crescer nas duas temperaturas. Tais tipos de mutações são também denominadas **condicionalmente letais**, pois as bactérias não são capazes de crescer em uma condição, mas desenvolvem-se normalmente em outra. Fenótipos termossensíveis são observados com freqüência porque a proteína mutante pode manter sua conformação correta nas temperaturas mais baixas, tornando-se parcialmente desdobrada (desnaturada) nas temperaturas mais elevadas.

Outro resultado possível de uma substituição de pares de bases é a criação de um *códon de terminação*, que promove uma terminação prematura da tradução, originando uma proteína incompleta, provavelmente não funcional (Figura 10.3). Mutações desse tipo são denominadas **mutações sem sentido**, pois um códon de um aminoácido (com significado) é alterado, originando um códon de terminação (sem significado). A menos que as mutações sem sentido ocorram em regiões extremamente próximas ao final de um gene, a proteína incompleta resultante deverá ser totalmente inativa.

Mutações de alteração da fase de leitura

Uma vez que o código genético é interpretado a partir de uma das extremidades da molécula de ácido nucléico, pela leitura sucessiva de blocos contendo três bases (códon), qualquer deleção ou inserção de um par de bases resulta em uma **alteração da fase de leitura**, pois modifica completamente a tradução daquele gene (Figura 10.4). A restauração parcial da função gênica pode ser obtida pela inserção de outro par de bases, em uma região próxima àquela onde ocorreu uma deleção (este corresponde a um tipo de mutação supressora; ver posteriormente nesta seção). Após a correção, dependendo dos aminoácidos codificados pela região alterada e do papel dessa região na função da proteína, o produto sintetizado pode apresentar ainda alguma atividade biológica ou ser até mesmo normal.

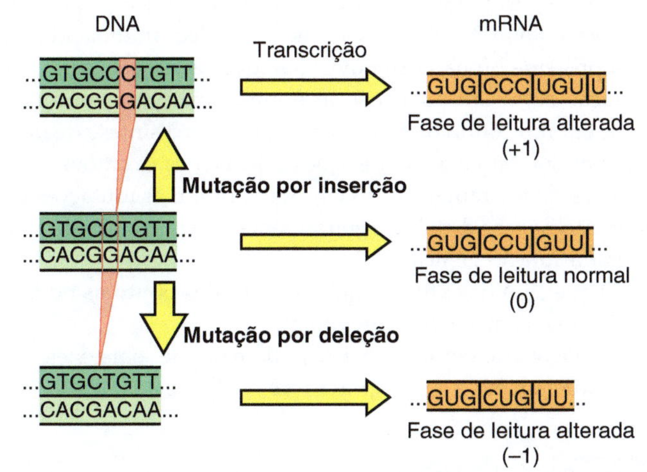

■ **Figura 10.4** Alterações na fase de leitura de um RNA mensageiro provocadas por mutação de inserção ou de deleção no DNA. A fase de leitura no mRNA é estabelecida pelo ribossomo, que inicia a leitura na extremidade 5' (acima da região apresentada à esquerda da figura) e se move ao longo de unidades compostas por três bases (códons, Seções 7.13 e 7.15). A fase normal de leitura é referida como fase zero (0), enquanto aquela em que houve a deleção de uma base é denominada −1, e a outra, em que uma base foi inserida, de +1. Para a determinação dos efeitos de uma mutação de alteração da fase de leitura, traduza os códons utilizando a Tabela 7.3.

Vale ressaltar que microinserções ou microdeleções correspondem a mutações que alteram a fase de leitura apenas se estas ocorrerem em uma região codificadora de um gene de proteína. Embora a inserção de um único par de bases em uma região promotora de um gene possa levar a uma alteração dramática na capacidade funcional desse gene (por um aumento ou diminuição de sua expressão ou por uma alteração em sua regulação), esta não pode ser considerada uma mutação de alteração de fase de leitura. (De maneira similar, as substituições de pares de bases localizadas fora da região codificadora de um gene não podem ser definidas como mutações de sentido trocado ou mutações sem sentido.)

Mutações reversas ou reversões

As mutações pontuais são reversíveis. Um *revertante* é operacionalmente definido como uma linhagem na qual o fenótipo selvagem perdido pelo mutante é restaurado. Os revertantes podem ser classificados em dois tipos. Nos *revertantes de mesmo sítio*, as mutações que restauram a atividade ocorrem no mesmo sítio onde a mutação original ocorreu. (Caso a mutação reversa não ocorra apenas no mesmo sítio, mas também restaure a seqüência selvagem, a linhagem é denominada *revertante verdadeira*.) Nos *revertantes de segundo sítio*, a mutação ocorre em um sítio distinto no DNA.

As mutações de segundo sítio podem levar à restauração do fenótipo selvagem devido à existência de uma série de **mutações supressoras**, que recuperam o fenótipo original. Mutações supressoras correspondem a novos eventos de mutações que compensam os efeitos gerados pelas mutações originais. São conhecidos vários tipos de mutações supressoras: (1) uma mutação em algum outro local do gene, que pode restaurar a função de uma enzima; (2) uma mutação em outro gene, que restaura tanto a função do gene originalmente mutado como recupera o fenótipo original; e (3) uma mutação em outro gene, que resulta na produção de outra enzima que pode substituir a enzima mutada, pela introdução de uma via metabólica distinta daquela onde a enzima mutada exercia sua atividade. Nesse último tipo, não há a síntese da enzima original, enquanto nos demais tal processo ocorre.

Mutações envolvendo muitos pares de bases

As **deleções** são mutações em que uma região do DNA é eliminada. Como discutimos anteriormente, as microdeleções — remoção de um ou poucos pares de bases (Figura 10.4) — freqüentemente correspondem a mutações que promovem alterações da fase de leitura, podendo levar à inativação de um gene. As deleções, no entanto, podem também envolver a perda de centenas ou milhares de pares de bases. Deleções de grandes segmentos de DNA podem resultar na completa perda de função de qualquer gene contido no fragmento de DNA eliminado. Algumas deleções podem ser tão extensas que englobam a remoção de vários genes (se qualquer um desses genes exercer uma função essencial à célula, a mutação será letal). Essas deleções não podem ser revertidas por novas mutações; o fenótipo é restaurado apenas mediante processos de recombinação gênica. Indubitavelmente, uma das maneiras de diferenciar as deleções extensas das mutações pontuais é o fato dessas últimas poderem ser revertidas pela introdução de novas mutações, enquanto nas primeiras tal fenômeno não é observado.

Inserções ocorrem quando novos pares de bases são adicionados ao DNA. Conforme discutido previamente, as inserções — assim como as deleções — podem envolver um único par de bases ou um conjunto de pares de bases. As microinserções e as microdeleções são resultantes de erros introduzidos durante o processo de replicação, enquanto as inserções de extensos segmentos de DNA são decorrentes de falhas ocorridas durante a recombinação genética. Muitas mutações por inserção se devem à inserção de seqüências específicas e identificáveis de DNA, contendo de 700 a 1.400 pares de bases, denominadas **seqüências de inserção**, as quais correspondem a um tipo de elemento de transposição (Seção 7.4). O comportamento dessas seqüências de inserção será discutido detalhadamente na Seção 10.11. Mutações por extensas inserções de DNA podem ser posteriormente revertidas caso ocorra uma deleção, removendo-as.

Outro tipo de mutação em larga escala parece estar associado ao rearranjo de DNA, decorrente de falhas durante a recombinação. Essas mutações incluem as **translocações**, em que os longos segmentos de DNA cromossomal são deslocados para outras regiões (em eucariotos, geralmente o segmento é transferido para outro cromossomo), e as **inversões**, em que a orientação de um segmento particular de DNA é invertida em relação ao DNA adjacente.

Taxas de mutação

As taxas de ocorrência dos diferentes tipos de mutação variam bastante. Enquanto alguns tipos ocorrem muito raramente, com sua detecção sendo quase impossível, outros são extremamente freqüentes e podem trazer dificuldades na manutenção de estoques de culturas geneticamente estáveis.

A freqüência de erros durante a replicação do DNA varia de 10^{-7} a 10^{-11} por par de bases durante um único ciclo de replicação. Como um gene típico apresenta cerca de 1.000 pares de bases, a freqüência de tal tipo de erro seria de 10^{-4} a 10^{-8} por geração. Assim, em uma cultura normal de organismos exibindo crescimento ativo, com cerca de 10^{8} células/ml, provavelmente vários mutantes poderão ser encontrados em cada mililitro dessa cultura.

Contudo, nem todas as mutações ocorrem com a mesma freqüência. Os eventos de transposição são mais freqüentes, com uma taxa de aproximadamente 10^{-4}. Em contrapartida, as mutações sem sentido são menos freqüentes, variando de 10^{-6} a 10^{-8}, porque existem poucos códons que, quando mutados, transformam-se em códons de terminação. Há também seqüências de DNA, geralmente envolvendo curtas repetições, que são *pontos quentes* de mutações, uma vez que a freqüência de erros da DNA polimerase nesses sítios pode ser bastante elevada.

A menos que um mutante seja selecionável, a detecção experimental desses raros eventos é bastante difícil; é necessária muita habilidade do geneticista microbiano no sentido de aumentar a eficiência na detecção dessas mutações. Como veremos na próxima seção, é possível aumentar significativamente a taxa de mutação pelo emprego de tratamentos mutagênicos. Além disso, veremos também que a taxa de mutação de um gene pode ser alterada em certas situações.

Mutações em genomas de RNA

Enquanto todas as células possuem *DNA* como material genético, alguns vírus possuem genomas de *RNA* (para exemplos, Seções 9.12, 16.1, 16.7-16.9 e 16.14). Esses genomas também podem sofrer mutações. É importante ressaltar que a taxa de mutações em genomas de RNA é cerca de *1.000 vezes maior* que em genomas de DNA. Algumas RNA polimerases apresentam atividade de *correção*, assim como as DNA polimerases (Seção 7.6). No entanto, embora existam vários sistemas de reparo de DNA, capazes de corrigir uma série de alterações antes que estas sejam perpetuadas como mutações (ver Seção 10.3), não há mecanismos comparáveis para o reparo de RNA. Essas elevadas taxas de mutação em vírus de RNA não apresentam interesse apenas acadêmico. Os genomas de RNA de vírus causadores de doenças podem mutar rapidamente, promovendo o surgimento de populações virais em constante alteração e evolução.

✓ 10.2 Verificação de conceitos

As mutações espontâneas ou induzidas surgem em decorrência de alterações na seqüência de bases do ácido nucléico do genoma de um organismo. Uma mutação pontual, que ocorre devido à alteração em um único par de bases, pode levar à substituição de um único aminoácido de uma proteína ou não promover qualquer alteração. Em uma mutação sem sentido, o códon é modificado, transformando-se em um códon de terminação, que leva à síntese de uma proteína incompleta. As deleções e inserções promovem alterações mais dramáticas no DNA, incluindo as mutações de alteração na fase de leitura, geralmente levando à perda completa da função gênica.

- ✓ O que significa afirmar que as mutações pontuais podem ser revertidas espontaneamente?
- ✓ Mutações de sentido trocado podem ocorrer em genes que codificam RNAs transportadores (tRNAs)?

10.3 Mutagênese

Enquanto a taxa de mutações espontâneas é muito baixa, existem vários agentes químicos, físicos ou biológicos que podem aumentar a freqüência de mutações; estes, portanto, são referidos como agentes capazes de *induzir* mutações. Tais agentes são também denominados **agentes mutagênicos**. Passaremos a discutir algumas das principais categorias de agentes mutagênicos e suas atividades.

Agentes mutagênicos químicos

Uma visão geral dos principais agentes químicos mutagênicos e de seus mecanismos de ação é apresentada na Tabela 10.2. Existem várias classes de mutagênicos químicos. Uma variedade destes corresponde aos **análogos de bases**, que possuem estrutura semelhante às bases púricas e pirimídicas de DNA, promovendo o pareamento incorreto das bases (Figura 10.5). Quando um desses análogos de bases é incorporado ao DNA, a replicação ocorre normalmente na maioria dos casos, embora em algumas situações haja o pareamento incorreto, resultando na incorporação de uma base inadequada na fita que está sendo sintetizada. Assim, durante o processo subseqüente de segregação, a mutação é revelada.

Alguns outros agentes químicos mutagênicos podem atuar diretamente no DNA e promover alterações químicas em uma ou mais bases, resultando em um pareamento incorreto ou em outras modificações (Tabela 10.2). *Agentes alquilantes*, como a nitrosoguanidina, por exemplo, são agentes mutagênicos poderosos que geralmente induzem mutações em freqüências superiores às induzidas pelos análogos de bases. Tais agentes químicos exibem atividades distintas daquelas exercidas pelos análogos de bases, já que, ao reagir com o DNA, podem introduzir diretamente alterações em moléculas de DNA que não se encontram em fase de replicação. Em contrapartida, os análogos de bases atuam somente após sua incorporação, durante o processo de replicação. Tanto os análogos de bases quanto os agentes alquilantes tendem a induzir substituições de pares de bases (ver Seção 10.2).

Um interessante grupo de agentes químicos (as acridinas) corresponde a moléculas planares que atuam como *agentes intercalantes*. Esses agentes mutagênicos se inserem entre dois pares de bases de DNA, afastando-os. Durante a replicação, essa conformação anormal pode levar a microinserções ou microdeleções em moléculas de DNA tratadas com acridina. Dessa maneira, as acridinas podem promover mutações de alteração da fase de leitura (ver Seção 10.2). O brometo de etídio, freqüentemente utilizado na detecção de DNA em procedimentos de eletroforese (ver Seção 10.12), é também um agente intercalante que atua como agente mutagênico.

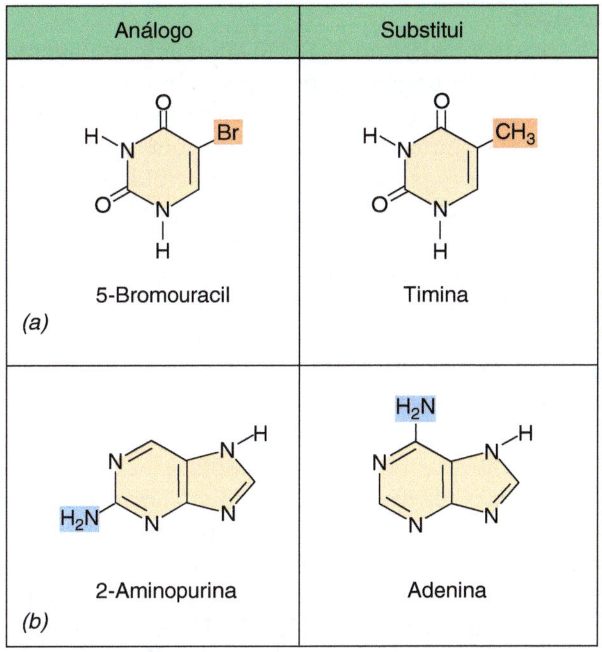

■ **Figura 10.5** Estrutura de dois análogos comuns de bases utilizados na indução de mutações, e as bases, normalmente encontradas em ácidos nucléicos, que são substituídas. (a) O 5-Bromouracil pode parear com a guanina e promover a substituição de AT por GC. (b) A 2-Aminopurina pode parear com a citosina e promover a substituição de AT por GC.

Tabela 10.2 Agentes mutagênicos químicos e físicos e seus mecanismos de ação

Agente	Ação	Resultado
Análogos de bases		
5-Bromouracil	Incorporado como T; ocasional pareamento incorreto com G	par AT → par GC Ocasionalmente GC → AT
2-Aminopurina	Incorporado como A; pareamento incorreto com C	AT → GC Ocasionalmente GC → AT
Agentes químicos que reagem com o DNA		
Ácido nitroso (HNO_2)	Desaminação de A e C	AT → GC e GC → AT
Hidroxilamina (NH_2OH)	Reage com C	GC → AT
Agentes alquilantes		
Monofuncionais (por exemplo, etil metano sulfonato)	Adiciona um grupo metil em G; pareamento incorreto com T	GC → AT
Bifuncionais (por exemplo, gás mostarda, mitomicina, nitrosoguanidina)	Ligações cruzadas no DNA; regiões incorretas excisadas pela DNase	Tanto mutações pontuais como deleções
Corantes intercalantes		
Acridinas, brometo de etídio	Inserção entre dois pares de bases	Microinserções e microdeleções
Radiação		
Ultravioleta	Formação de dímeros de pirimidina	O reparo pode levar a erros ou deleções
Radiação ionizante (por exemplo, raios X)	Radicais livres podem atacar o DNA, quebrando as fitas	O reparo pode levar a erros ou deleções

Radiação

Várias formas de radiação são altamente mutagênicas. As radiações mutagênicas podem ser divididas em duas categorias principais: ionizante e não ionizante (eletromagnética) (Figura 10.6). Embora os dois tipos de radiação sejam empregados em genética microbiana, as radiações *não ionizantes* têm utilização mais ampla; logo, serão discutidas inicialmente.

As bases púricas e pirimídicas dos ácidos nucléicos absorvem fortemente a radiação ultravioleta (UV), sendo o máximo de absorção para DNA e RNA a 260 nm (Figura 7.9). As proteínas também absorvem UV, embora apresentem um pico de absorção a 280 nm, devido à presença de aminoácidos aromáticos (triptofano, fenilalanina, tirosina). Atualmente, está bastante estabelecido que a morte celular pela radiação UV é devida, principalmente, à sua ação sobre o DNA, sendo a radiação UV a 260 nm a mais efetiva como agente letal. Embora vários efeitos sejam conhecidos, um deles corresponde à indução da formação de **dímeros de pirimidina** no DNA, estado em que duas pirimidinas adjacentes (citosina ou timina) ligam-se covalentemente. Dessa maneira, há um grande aumento na probabilidade de a DNA polimerase inserir um nucleotídeo incorreto durante a replicação.

A fonte de radiação UV mais freqüentemente utilizada para a mutagênese corresponde à lâmpada germicida, que emite grandes quantidades de radiação UV na faixa de 260 nm. São utilizadas doses de radiação UV que promovem de 90 a 95% de mortes na população celular (Seção 17.2), sendo os mutantes rastreados dentre os sobreviventes. Se doses muito mais elevadas de radiação forem empregadas, o número de células viáveis poderá ser muito pequeno, ao passo que, se doses muito baixas de radiação forem aplicadas, poderá haver a indução de danos insuficientes no DNA.

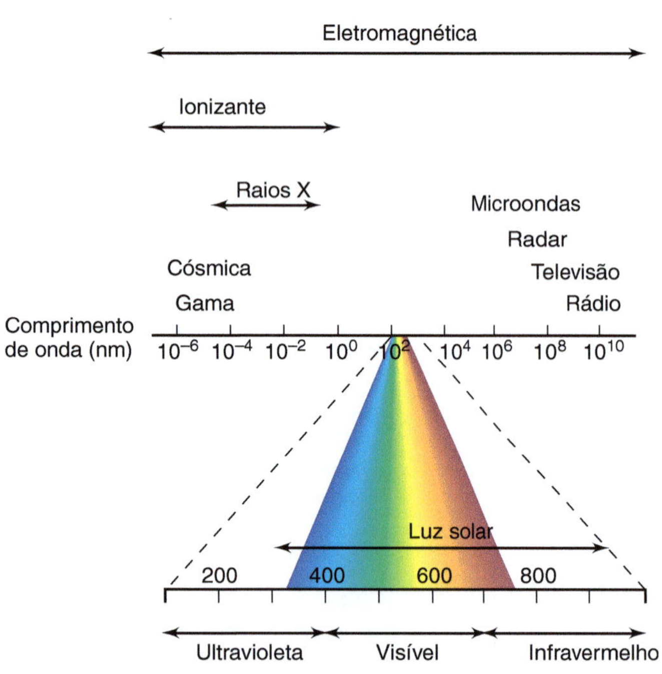

■ **Figura 10.6** Comprimentos de onda das radiações.

A radiação UV corresponde a uma ferramenta bastante útil no isolamento de mutantes a partir de culturas microbianas.

Radiação ionizante

A radiação ionizante corresponde à forma mais poderosa de radiação e inclui os raios de pequeno comprimento de onda, como os raios X, raios cósmicos e raios gama (Figura 10.6). Essas radiações provocam a ionização da água e de outras substâncias, sendo os efeitos mutagênicos decorrentes dessa ionização indiretos. Dentre as potentes espécies químicas originadas pela radiação ionizante, temos os radicais químicos livres, dos quais o radical hidroxil, OH•, é o mais importante. Os radicais livres reagem com macromoléculas celulares, inativando-as, sendo o DNA a mais importante. Provavelmente, o DNA não seja mais sensível à radiação ionizante que as demais macromoléculas, mas, por corresponder ao material genético, as alterações induzidas podem apresentar efeitos permanentes. Em baixas doses, a radiação ionizante promove pequenos danos no DNA, mas, se essas doses forem aumentadas, múltiplos danos ocorrerão, levando a célula à morte. Contrariamente à radiação UV, a radiação ionizante penetra prontamente através de vidro e outros materiais. Em virtude disso, a radiação ionizante é empregada com freqüência na indução de mutação em plantas e animais (seu poder de penetração permite que as células produtoras de gametas desses organismos sejam facilmente atingidas). Em contrapartida, a manipulação de radiação ionizante é mais perigosa e menos disponível, apresentando menor emprego em microrganismos (onde o uso de UV não traz problemas em relação à penetrabilidade).

Mutações decorrentes do reparo de DNA

Lembre-se de que uma mutação corresponde a uma alteração *herdável* do material genético. Assim, se um erro na síntese de DNA puder ser corrigido antes da divisão celular, não haverá mutação. Além disso, alguns danos no DNA não podem ser replicados e, portanto, não podem ser considerados mutações. Por exemplo, se uma molécula de DNA possuir dímeros de pirimidina, esta *não será* replicada e, conseqüentemente, não originará duas moléculas de DNA com dímeros de pirimidina. Se esse tipo de dano não puder ser reparado, a célula freqüentemente morre. A maioria das células apresenta uma série de processos distintos para o reparo de DNA, seja para corrigir erros, seja para reparar danos. Muitos desses sistemas de reparo de DNA não introduzem erros. Entretanto, alguns processos parecem ser propensos a erros, pois introduzem mutações decorrentes do próprio processo de reparo. Muitos tipos de mutações surgem devido a reparos incorretos de danos introduzidos em moléculas de DNA por alguns dos diferentes agentes discutidos anteriormente.

Com freqüência, o próprio dano ao DNA pode *induzir* os sistemas de reparo. Um mecanismo celular complexo — **sistema regulatório SOS** — é ativado em resposta a alguns tipos de dano ao DNA, iniciando uma série de processos de reparo. Entretanto, no sistema SOS, alguns reparos ocorrem na ausência de instruções fornecidas pelo molde, isto é, sem levar em consideração o pareamento de bases. Esse processo resulta na introdução de muitos erros e, conseqüentemente, em muitas mutações.

No sistema regulatório SOS, os danos ao DNA atuam como sinais de que a célula está em perigo e resultam na desrepressão (indução) coordenada de várias funções celulares envolvidas no reparo de DNA. Normalmente, o sistema SOS encontra-se reprimido por uma proteína denominada LexA. No entanto, essa proteína repressora é inativada por RecA, uma protease ativada quando moléculas de DNA sofrem danos (Figura 10.7). Uma vez que uma das atividades do sistema SOS de reparo de DNA é inerentemente propensa a erros, muitas mutações podem surgir. Assim, quando o mecanismo regulatório SOS atua no sentido de reparar danos no DNA decorrentes de radiações ou de agentes químicos, este pode levar à mutagênese. Muitos desses efeitos são devidos à DNA polimerase V, codificada pelos genes *umuC* e *umuD* (ver Figura 10.7). A DNA polimerase IV, também propensa a erros, é também induzida como parte da resposta SOS. Essas enzimas são muitas vezes referidas como **DNA mutases**.

Uma vez que o dano no DNA tenha sido reparado, o sistema SOS é inativado, cessando o surgimento de novas mutagêneses. Além desse efeito na taxa de mutações celulares, o sistema regulatório SOS desempenha papel central na regulação da replicação de vírus temperados (Seção 9.10).

Deve ser enfatizado que nem todos os reparos no DNA ocorrem na ausência de instruções fornecidas pelo molde. As células geralmente possuem muitos sistemas de reparo de DNA que requerem as instruções contidas no molde para realizarem suas atividades de maneira adequada. Esses sistemas aparentemente atuam na maior parte do tempo; no entanto, são insuficientes para reparar as grandes quantidades de danos introduzidos por alguns dos agentes mencionados previamente.

Alterações na taxa de mutação

A taxa de mutação de um organismo corresponde a um fenótipo sob pressão seletiva como outro qualquer. O fato de *Archaea* hipertermófilas (Capítulo 13) apresentarem aproximadamente a mesma taxa de mutações que as linhagens laboratoriais de *Escherichia coli* poderia ser interpretado como se essa pressão tivesse levado à seleção de organismos com as menores taxas possíveis de mutação. Entretanto, este não é o caso. São conhecidos mutantes de alguns organismos que são hiperprecisos. Nesses organismos, os mecanismos de correção ou reparo podem ter um custo metabólico tão elevado que o organismo passa a se encontrar em desvantagem. Certamente determinados organismos podem se beneficiar desses mecanismos, passando a ocupar certos nichos ambientais. Um bom exemplo é a bactéria *Deinococcus radiodurans* (Seção 12.34), 20 vezes mais resistente à luz ultravioleta e 200 vezes mais resistente à radiação ionizante que *E. coli*. Essa resistência, dependente em parte dos sistemas redundantes de reparo de DNA e de um mecanismo de exportação de nucleotídeos defeituosos, permite a sobrevivência do organismo em ambientes onde outros organismos são incapazes de sobreviver. Talvez ainda mais interessante seja o fato de o oposto também parecer ser verdadeiro, isto é, alguns organismos poderem tirar benefício de taxas *aumentadas* de mutação.

Os sistemas de reparo de DNA são codificados por genes e, portanto, também estão sujeitos a mutações. Por exemplo, a subunidade da DNA polimerase III envolvida nas atividades de correção (Seção 7.6) é codificada pelo gene *dnaQ*. Certas mutações nesse gene originam células ainda viáveis, mas com taxas de mutação aumentadas. Uma linhagem que exibe uma taxa de mutação aumentada é descrita como hipermutável ou **mutadora**. São conhecidas várias mutações que levam a um fenótipo mutador em vários sistemas de reparo de DNA. O fenótipo mutador é aparentemente selecionado em ambientes complexos que sofrem constantes alterações, uma vez que linhagens bacterianas com fenótipos mutadores são mais abundantes nessas condições. Provavelmente, qualquer desvantagem decorrente do aumento da taxa de mutações seja contrabalançada pela capacidade de gerar novas e úteis mutações nesse tipo de ambientes.

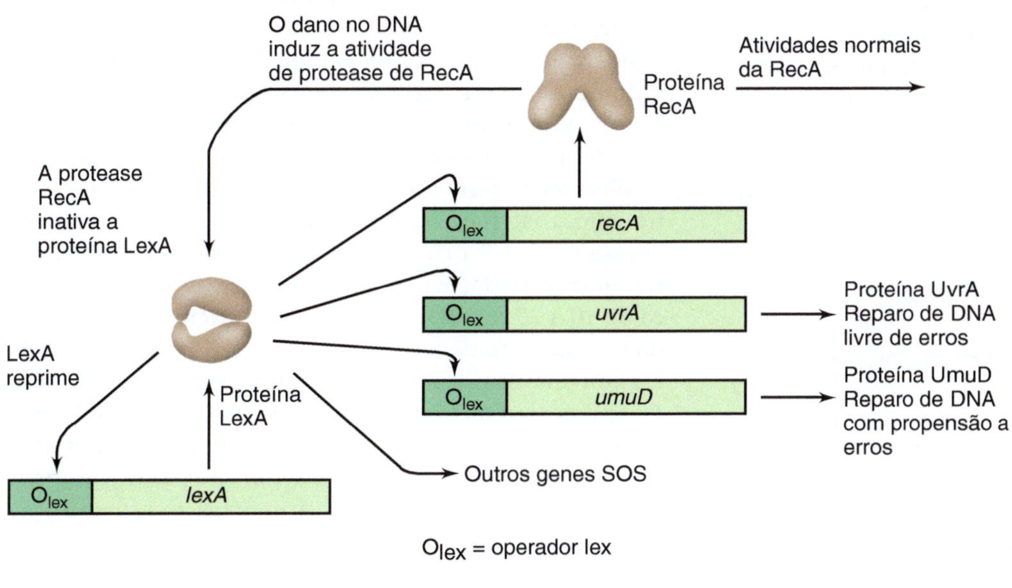

Figura 10.7 Mecanismo da resposta SOS. A introdução de danos no DNA promove a conversão da proteína RecA em uma protease, que cliva a proteína LexA. Normalmente, a proteína LexA reprime as atividades do gene *recA* e dos genes *uvrA* e *umuD*, envolvidos no reparo de DNA. (A proteína UmuD é um componente da DNA polimerase V.) Observe, no entanto, que a repressão não é total. Algumas moléculas da proteína RecA são produzidas mesmo na presença da proteína LexA. Quando a proteína LexA é inativada, esses genes se tornam ativos. Por ser uma protease, a proteína RecA também cliva a proteína repressora de lambda (Seção 9.10).

(Observe que, quando as condições ambientais se estabilizam ou retornam "ao normal", a vantagem das linhagens mutadoras é perdida.)

Como mencionamos anteriormente, um fenótipo mutador pode ser induzido em linhagens selvagens por situações de estresse, não porque as mutações ocorreram em genes envolvidos no reparo de DNA, mas em decorrência da regulação normal ou da função desses genes. Por exemplo, a resposta SOS induz ao reparo, com tendência a erros. Portanto, quando a resposta SOS é ativada, há um aumento na taxa de mutação. Embora em alguns casos tal fenômeno corresponda a um subproduto necessário ao mecanismo de reparo de DNA, em outros a taxa aumentada de mutação pode ser, por si só, interessante à célula. Isto é, o organismo pode originar *mutações adaptativas*. As **mutações adaptativas** conferem ao mutante um fenótipo que possibilita sua sobrevivência em uma condição particular de estresse.

Mutagêneses biológicas e sítio-dirigidas

Mutações podem ser introduzidas sem a utilização de agentes físicos ou químicos, por meio de processos de *mutagênese por transposons*. Os detalhes envolvidos na mutagênese por transposons serão discutidos ainda neste capítulo (ver Seção 10.11). Nesse momento, observe que a perda da função de um gene geralmente ocorre somente quando a inserção de um elemento de transposição se dá no *interior* desse gene (ver Figura 10.1*c*). Uma vez que os elementos de transposição podem se inserir em vários pontos do cromossomo, os transposons são amplamente utilizados em genética de microrganismos como agentes mutagênicos.

Até esse ponto, discutimos apenas as mutações aleatoriamente direcionadas ao genoma de uma célula microbiana. A partir da tecnologia do DNA recombinante e do uso de DNAs sintéticos, tornou-se possível a indução de mutações *específicas* em genes *específicos*. Os procedimentos envolvidos na indução de mutações em sítios específicos no genoma são genericamente denominados *mutagênese sítio-dirigida* e serão abordados com detalhes no final deste capítulo (ver Seção 10.18).

✓ 10.3 Verificação de conceitos

Agentes mutagênicos são agentes químicos, físicos ou biológicos que aumentam a freqüência de mutações. Esses agentes podem alterar o DNA de diferentes maneiras. Entretanto, alterações no DNA não são consideradas mutações se não forem transmitidas à geração seguinte. Alguns tipos de dano ao DNA podem levar a célula à morte, se não forem reparados.

- ✓ Como atuam os agentes mutagênicos?
- ✓ Diferencie mutação de dano ao DNA.

10.4 Mutagênese e carcinogênese: o teste de Ames

Linhagens bacterianas mutantes passaram a ter uma interessante aplicação prática na identificação da presença de agentes químicos potencialmente nocivos em um ambiente. Pelo fato de mutantes selecionáveis poderem ser detectados em grandes populações bacterianas, sendo este um processo bastante sensível, as bactérias podem ser utilizadas como agentes indicadores na análise do potencial mutagênico de compostos químicos. Tal observação é relevante, uma vez que foi demonstrado que vários agentes químicos mutagênicos também possuem potencial carcinogênico, isto é, são capazes de desenvolver câncer em animais ou no homem.

Há uma enorme variedade de compostos químicos, naturais e sintéticos, com os quais as populações humanas têm contato, tanto nas atividades de agricultura quanto nas industriais. Com isso, são necessários testes simples para avaliar a segurança de tais compostos. Há fortes evidências indicando que uma grande proporção dos cânceres humanos apresenta causas ambientais, provavelmente em decorrência da exposição a agentes químicos, o que torna urgente a detecção de carcinogênicos químicos. A relação direta entre um composto mutagênico e o desenvolvimento de câncer nem sempre é verdadeira. No entanto, esse tipo de correlação geralmente é bastante forte. Portanto, a identificação da atividade mutagênica de um composto em um sistema bacteriano corresponde a um alerta, indicando um perigo em potencial. Nesse sentido, o fato de um composto não exibir atividade mutagênica em um sistema bacteriano não significa que não seja carcinogênico, visto que os sistemas bacterianos não são capazes de detectar todos os compostos ativos em animais superiores. O desenvolvimento de testes bacterianos para a avaliação de potencial carcinogênico foi realizado inicialmente por um grupo da Universidade da Califórnia, em Berkeley, sob a direção de Bruce Ames. Em conseqüência, o teste de mutagenicidade que visa avaliar o potencial carcinogênico é muitas vezes denominado **teste de Ames** (Figura 10.8).

Protocolo de um teste de Ames

O procedimento-padrão para testar a mutagenicidade de compostos químicos corresponde à evidenciação de um aumento na taxa de *reversão* da mutação, em linhagens bacterianas auxotróficas para algum nutriente, devido à presença do provável agente mutagênico. É importante que a mutação original seja do tipo pontual, permitindo assim sua reversão. Quando células dessa linhagem auxotrófica são espalhadas em um meio desprovido do nutriente necessário (por exemplo, um aminoácido), não se observa crescimento. Mesmo quando grandes populações celulares são semeadas na placa, não se observa o desenvolvimento de colônias visíveis. Entretanto, caso haja células revertantes, estas serão capazes de crescer e originar colônias. Assim, se 10^8 células forem espalhadas na superfície de uma única placa, cerca de 10 a 20 revertantes poderão ser detectados a partir da visualização de 10 a 20 colônias. Se a taxa de reversão for aumentada por um agente químico mutagênico, o número de colônias revertantes também aumentará. Linhagens de *Salmonella enterica*, auxotróficas para histidina (Figura 10.8), e de *Escherichia coli*, auxotróficas para triptofano, correspondem às principais ferramentas na realização do teste de Ames.

T. D. Brock

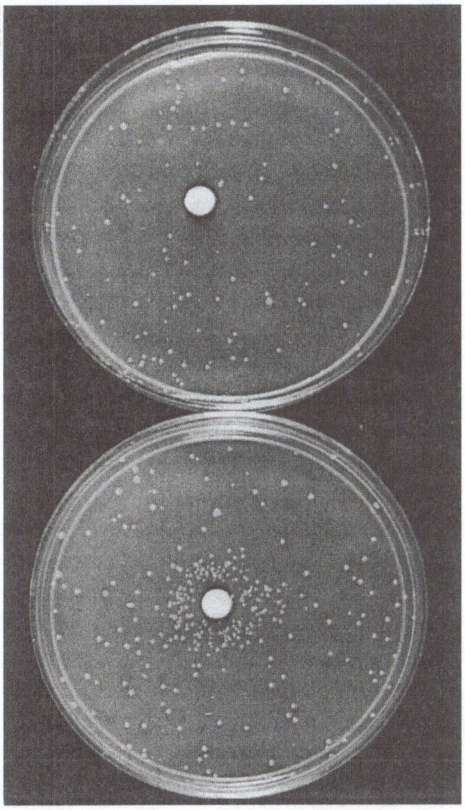

■ **Figura 10.8** O teste de Ames é empregado na avaliação da mutagenicidade de um composto químico. As duas placas foram inoculadas com uma cultura de um mutante de *Salmonella enterica*, que requer histidina para seu crescimento. O meio de cultura não contém histidina; conseqüentemente, apenas as células que reverteram ao estado selvagem são capazes de crescer. Revertantes espontâneos desenvolveram-se em ambas as placas, embora o agente químico presente no disco de papel de filtro na placa teste (embaixo) tenha promovido um aumento na taxa de mutação, o que pode ser evidenciado pelo grande número de colônias ao redor do disco. Revertantes não são observados muito próximos ao disco, porque a concentração do agente mutagênico é muito elevada, tornando-o letal.

Embora esse simples teste da mutagenicidade de compostos químicos em bactérias tenha sido realizado por muitos anos, duas modificações foram introduzidas no teste de Ames, tornando-o muito mais poderoso. A primeira corresponde ao uso de linhagens bacterianas que utilizam, quase exclusivamente, vias de reparo de DNA com propensão a introduzir erros (ver Seção 10.3). A segunda importante modificação no teste de Ames corresponde à utilização de preparações enzimáticas originadas de fígado, que convertem os compostos químicos em suas formas mutagênicas (e carcinogênicas) ativas. Foi bem estabelecido que muitos agentes carcinogênicos em potencial não são diretamente carcinogênicos ou mutagênicos, sendo essa característica decorrente de alterações químicas ocorridas em nosso organismo, que os transformam em compostos ativos. Essas alterações ocorrem principalmente no fígado, onde as enzimas (oxigenases de funções mistas), normalmente envolvidas na detoxificação, promovem a formação de epóxidos ou outras formas ativadas desses compostos, altamente reativas com o DNA.

No teste de Ames, uma preparação de enzimas de fígado de rato são utilizadas para ativar o composto. Em seguida, o complexo ativado é transferido para um disco de papel de filtro, o qual é posicionado no centro de uma placa contendo meio sólido, onde a cultura bacteriana adequada foi previamente semeada. Após a incubação por uma noite, a mutagenicidade do composto pode ser evidenciada pela formação de um halo de revertantes, situados ao redor do disco de papel (Figura 10.8). Esse teste sempre deve ser realizado empregando-se várias concentrações diferentes do composto e trabalhando-se com controles positivos e negativos apropriados, uma vez que os compostos variam quanto à atividade mutagênica, sendo letais em concentrações elevadas. Vários compostos químicos foram submetidos ao teste de Ames, que se tornou um dos ensaios prospectivos mais úteis na determinação do potencial carcinogênico de um composto.

✓ 10.4 Verificação de conceitos

O teste de Ames utiliza um sistema bacteriano sensível na detecção de agentes químicos mutagênicos presentes no ambiente.

✓ Por que o teste de Ames avalia a taxa de *reversões de mutação* em vez de avaliar a taxa de *mutação*?

✓ Qual a significância da detecção de agentes mutagênicos na prevenção do câncer?

10.5 Recombinação genética

A recombinação genética envolve a troca física de material genético entre elementos genéticos. Nesta seção, enfocaremos a **recombinação homóloga** (ou **geral**), que resulta na troca de seqüências *homólogas* de DNA a partir de duas origens distintas (apesar desse tipo de recombinação poder ocorrer entre seqüências homólogas de um mesmo cromossomo). Segmentos homólogos de DNA apresentam a mesma seqüência, ou seqüências praticamente idênticas; assim, permitem o pareamento das bases ao longo de uma extensão variável de duas moléculas de DNA. Esse tipo de recombinação está envolvido no processo denominado *crossing over* na genética clássica.

As recombinações homólogas são extremamente importantes em todos os organismos. Entretanto, correspondem a processos muito complexos. Mesmo na bactéria *Escherichia coli*, há a participação de pelo menos 25 genes. Além disso, a recombinação genética parece ser tão importante que várias vias redundantes são encontradas. Assim, caso uma via encontre-se inibida, ou em estado não funcional, outra pode ser ativada, fornecendo as funções necessárias à sua realização.

Eventos moleculares na recombinação homóloga

Os aspectos moleculares da recombinação foram estudados principalmente em procariotos e vírus. Em *Bacteria*, a recombinação homóloga envolve a participação de uma proteína específica, denominada RecA, codificada pelo gene *recA*. Foi demonstrado que a proteína RecA é essencial em quase todas as vias de recombinação homóloga. Proteínas do tipo RecA foram identificadas em todos os procariotos examinados, incluindo membros de *Archaea*, bem como nas leveduras e em *Eukarya* superiores.

Um esquema dos mecanismos moleculares da recombinação geral é ilustrado na Figura 10.9. O processo é iniciado pela introdução de um *corte* (normalmente promovido por uma nuclease) em uma das fitas de uma molécula de DNA. Essa fita cortada deve ser afastada da fita complementar, processo realizado por proteínas com atividade de helicase (Seção 7.6). Em algumas vias, enzimas especializadas, tais como a enzima RecBCD de *E. coli*, apresentam atividades tanto de nuclease quanto de helicase. Nesse momento, proteínas de ligação a fitas simples (Seção 7.6) associam-se ao segmento de fita simples resultante. Em seguida, a proteína RecA liga-se ao fragmento de fita simples, formando um complexo que facilita o anelamento dessa fita simples com uma seqüência complementar, situada em uma molécula de fita dupla adjacente, deslocando simultaneamente uma das fitas presente nessa outra molécula de DNA (Figura 10.9). Esse processo é com freqüência denominado *invasão de fita*. Conforme mencionado, a recombinação envolve o *pareamento* de longas extensões de moléculas de DNA. Após o pareamento, pode ocorrer a *troca* das moléculas homólogas de DNA, levando à formação de intermediários de recombinação que contêm extensas regiões de **heteroduplex**, onde cada fita é oriunda de um cromossomo diferente. Esse processo requer ainda a participação das enzimas DNA polimerase e DNA ligase. Essas regiões podem ser estendidas pela proteína RecA. Finalmente, as moléculas ligadas são *resolvidas* pelas nucleases e pela DNA ligase, que geram as duas moléculas recombinantes.

Esse mecanismo de formação de estruturas de DNA recombinante é completamente natural, ocorrendo com grande freqüência nas células. Tal processo levará à formação de novos genótipos se as duas moléculas envolvidas na recombinação apresentarem diferenças genéticas em regiões localizadas externamente àquela que está participando do evento de recombinação. Dentro de certos limites, a recombinação homóloga pode ser considerada uma ocorrência randômica ao longo do genoma. Assim, a probabilidade da recombinação ocorrer entre dois genes é proporcional à sua distância. Esse fato é útil no mapeamento genético. Por meio da análise de recombinantes, é possível mapear a posição dos genes nos cromossomos, já que, quanto *maior* a distância entre dois genes, maior a probabilidade de estes apresentarem recombinação.

Para que novos genótipos surjam em decorrência de um evento de recombinação geral, é essencial que as duas seqüências homólogas sejam geneticamente distintas. Esta corresponde à situação observada em uma célula eucariótica diplóide (Seção 14.6), que apresenta dois conjuntos de cromossomos — um de cada progenitor. Na reprodução sexuada, as duas moléculas distintas são unidas — processo que ocorre como parte do ciclo de vida regular da maioria dos organismos eucarióticos. Em procariotos, moléculas de DNA geneticamente distintas, porém homólogas, podem entrar em contato por diferentes mecanismos, sendo a recombinação genética um evento não menos importante. Esta pode também ser crítica ao ciclo de vida de alguns vírus. Nos Capítulos 9 e 16, discutimos como certos bacteriófagos, como T4 e T7 (Seções 9.9 e 16.4), requerem eventos de recombinação homóloga como uma das etapas de replicação do DNA.

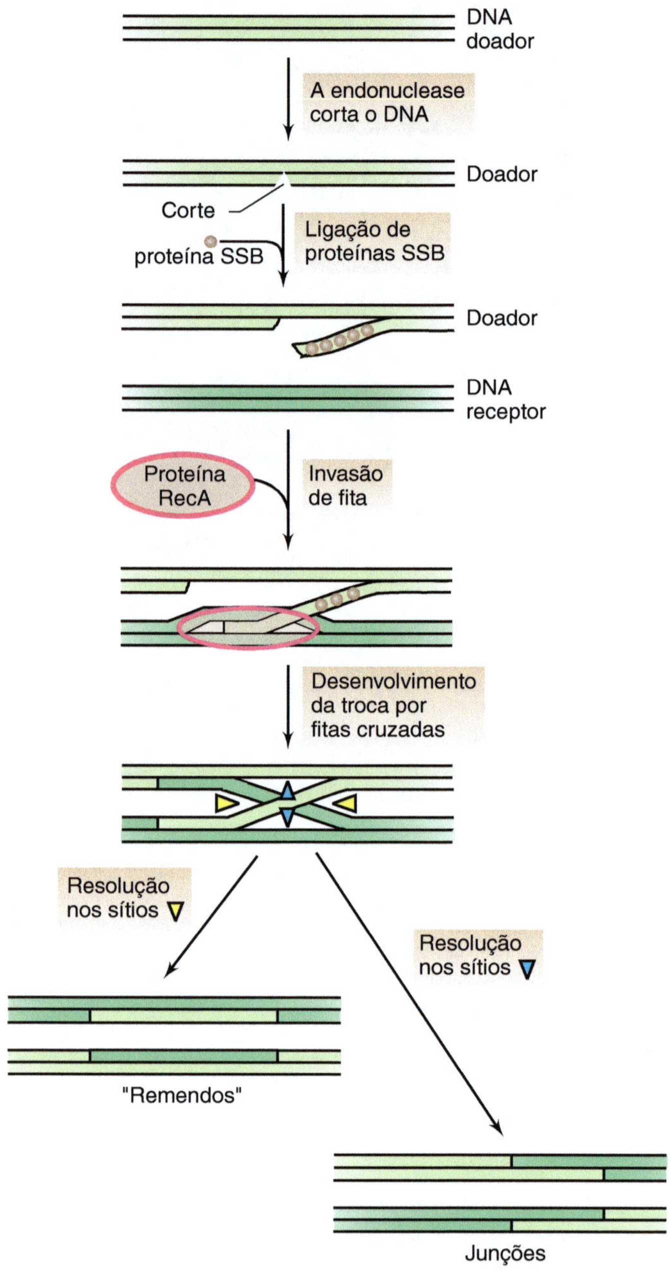

■ **Figura 10.9** Versão simplificada de um dos mecanismos moleculares de recombinação genética. Moléculas homólogas de DNA pareiam-se e trocam segmentos de DNA. O mecanismo envolve a quebra e posterior reunião de segmentos pareados. Duas das proteínas envolvidas — uma proteína de ligação à fita simples (SSB, do inglês *Single Strand Binding*) e a proteína RecA — são apresentadas. As outras proteínas foram omitidas. O diagrama não se encontra em escala: o pareamento pode ocorrer ao longo de centenas ou milhares de bases. A resolução ocorre pelo corte e ligação de moléculas cruzadas de DNA. Observe que há dois possíveis desfechos, dependendo de qual das fitas é cortada durante o processo de resolução. Em um dos possíveis desfechos, as moléculas recombinantes apresentam "remendos", enquanto na outra possibilidade as duas moléculas parentais parecem ter sido cortadas e reunidas novamente.

Em procariotos, a recombinação genética ocorre porque *fragmentos* de DNA homólogo, provenientes de um organismo doador, são transferidos a uma célula receptora por meio de um dos três processos: *transformação* (ver Seção 10.6), *transdução* (ver Seção 10.7) ou *conjugação* (ver Seção 10.9). *Após* ocorrer a transferência, quando o fragmento de DNA da célula doadora se encontra na célula receptora, pode haver o processo de recombinação homóloga. Visto que em procariotos apenas um fragmento do cromossomo é transferido, se não houver a recombinação homóloga este será perdido, pois não possui a capacidade de se replicar de maneira independente. Portanto, é importante lembrar que, em procariotos, a transferência corresponde apenas ao primeiro passo na obtenção de organismos recombinantes.

Detecção da recombinação

Para que a troca física de segmentos de DNA seja detectada, as células resultantes do processo de recombinação devem ser fenotipicamente diferentes, quando comparadas às células parentais. Em cruzamentos que envolvem microrganismos, geralmente são utilizadas linhagens receptoras que não apresentam alguma característica selecionável, a qual será exibida pelas células recombinantes. Por exemplo, a célula receptora pode ser incapaz de crescer em determinado meio, enquanto as recombinantes possuem tal capacidade. Vários tipos de marcadores selecionáveis e não selecionáveis (como resistência a drogas, necessidades nutricionais, e assim por diante) foram discutidos na Seção 10.1. A enorme sensibilidade do processo de seleção torna-se evidente pelo fato de que 10^8 ou um número ainda maior de células bacterianas podem ser semeadas em uma única placa e, se condições seletivas adequadas forem utilizadas, não haverá o desenvolvimento de colônias parentais, enquanto algumas células recombinantes formarão colônias (Figura 10.10). Para tanto, é unicamente necessário que a taxa de mutação *reversa* da característica selecionada seja baixa, visto que revertantes também poderão originar colônias. Esse problema normalmente é contornado pelo emprego de organismos duplo-mutantes, pois, nesses casos, a reversão de duas mutações em uma mesma célula corresponde a um evento bastante raro. Muito da habilidade que os geneticistas bacterianos apresentam refletese na escolha de mutantes apropriados e de meios seletivos, que possibilitem a eficiente detecção da recombinação genética. Pelo fato de a seleção ser tão poderosa e a possibilidade de realização de cruzamentos envolver bilhões de células individuais, a análise de processos de recombinação tornou-se uma ferramenta de grande importância ao geneticista microbiano.

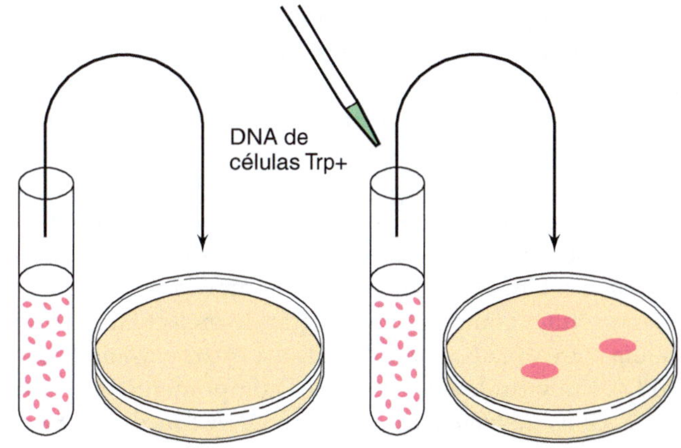

■ **Figura 10.10** Como um meio de cultura seletivo pode ser utilizado na detecção de recombinantes genéticos raros, presentes em uma grande população composta principalmente por organismos não recombinantes. No meio seletivo, apenas os recombinantes raros serão capazes de crescer, formando colônias. Procedimentos desse tipo, que oferecem alta resolução às análises genéticas, são normalmente usados apenas com microrganismos. O tipo de troca genética ilustrada corresponde à transformação, que será discutida na Seção 10.6.

✓ 10.5 Verificação de conceitos

A recombinação homóloga ocorre quando seqüências estreitamente relacionadas de dois elementos genéticos distintos são combinadas em um mesmo elemento. A recombinação é um processo evolutivamente importante, e as células apresentam mecanismos específicos que garantem sua ocorrência. Os mecanismos de recombinação que ocorrem em procariotos envolvem a transferência de DNA pelos processos de transformação, transdução e conjugação.

✓ Que proteína, encontrada em todos os procariotos, facilita o pareamento necessário à recombinação homóloga?

✓ Em eucariotos, a recombinação envolve cromossomos inteiros, embora tal fato não ocorra em procariotos. Explique.

II TÉCNICAS DE GENÉTICA BACTERIANA: *IN VIVO*

Para "fazer genética", o geneticista precisa realizar o cruzamento de linhagens de um organismo apresentando diferentes genótipos (e fenótipos) para então pesquisar a ocorrência de recombinantes. Em grande parte dos últimos 50 anos, o geneticista bacteriano que desejasse realizar esses cruzamentos dependia dos processos naturais, pelos quais as bactérias realizam a troca de material genético. Esses três processos, que ocorrem *in vivo*, são (1) **transformação**, que envolve a presença de DNA livre da célula doadora (ver Seção 10.6), (2) **transdução**, em que a transferência do DNA da célula doadora é mediada por um vírus (ver Seção 10.7), e (3) **conjugação**, em que a transferência envolve o contato entre as células e a presença de um *plasmídeo conjugativo* na célula doadora (ver Seção 10.9). Tais processos são comparados na Figura 10.11 e serão discutidos, em detalhes, nas seções a seguir.

10.6 Transformação genética

Conforme mencionamos, a transformação genética é um processo pelo qual o DNA na forma livre é incorporado por uma célula receptora, que pode passar a apresentar alterações genéticas. A descoberta da transformação genética em bactérias corresponde a um dos eventos marcantes na biologia, visto que levou aos experimentos que demonstraram ser o DNA o material genético (ver

Quadro "Origens da genética bacteriana"). Essa descoberta tornou-se a pedra fundamental da biologia molecular e da genética moderna.

Foi demonstrado que vários procariotos são naturalmente transformáveis, incluindo espécies tanto gram-positivas quanto gram-negativas de *Bacteria* e algumas espécies de *Archaea*. Entretanto, mesmo nos gêneros transformáveis, apenas algumas linhagens ou espécies são, de fato, transformáveis. Uma vez que o DNA de procariotos apresenta-se nas células como uma única grande molécula, quando a célula sofre uma lise branda, o DNA é extravasado (Figura 10.12). Em virtude de seu enorme comprimento (1.700 μm, em *Bacillus subtilis*), a molécula de DNA é facilmente rompida. Mesmo após uma extração cuidadosa, o cromossomo de *B. subtilis*, contendo 4,2 megabases, é convertido a fragmentos de aproximadamente 15 pares de quilobases. Como um gene corresponde, em média, a 1.000 nucleotídeos, cada um dos fragmentos purificados desse DNA contém, aproximadamente, 15 genes. Uma única célula normalmente incorpora apenas um ou poucos fragmentos de DNA, de maneira que apenas uma pequena proporção dos genes de uma célula são transferidos à outra, em um único evento de transformação.

Competência

Quando uma célula é capaz de captar uma molécula de DNA e ser transformada, esta é referida como **competente**. Apenas certas linhagens são competentes; ao que parece, essa capacidade é determinada geneticamente. A competência é regulada na maioria das bactérias naturalmente transformáveis, sendo que proteínas especiais desempenham papéis na captação e no processamento do DNA. Essas proteínas específicas de competência podem incluir uma proteína de ligação ao DNA, associada à membrana (uma autolisina da parede celular), além de várias nucleases. Uma das vias de competência natural de *Bacillus subtilis* envolve um sistema de *quorum sensing* (sistema regulatório que responde à densidade populacional, Seção 8.9), regulado por um sistema regulatório de dois componentes (Seção 8.10). As células produzem e secretam um pequeno peptídeo durante seu crescimento, tornando-se competentes quando esse peptídeo se encontra em concentrações elevadas. Esse processo envolve a participação de ComP, uma quinase sensora, e de ComA, uma proteína reguladora de resposta. A proteína ComA é uma proteína ativadora (Seção 8.6), que regula vários dos genes que afetam a transformação. Em *Bacillus*, cerca de 20% das células tornam-se competentes e permanecem nesse estado por várias horas. Entretanto, em *Streptococcus*, 100% das células tornam-se competentes, mas apenas por alguns poucos minutos, durante o ciclo celular.

Captação do DNA

As bactérias exibem diferenças em relação à forma do DNA captado, embora, em ambos os casos, apenas moléculas de DNA de fita simples penetrem no citoplasma. Em

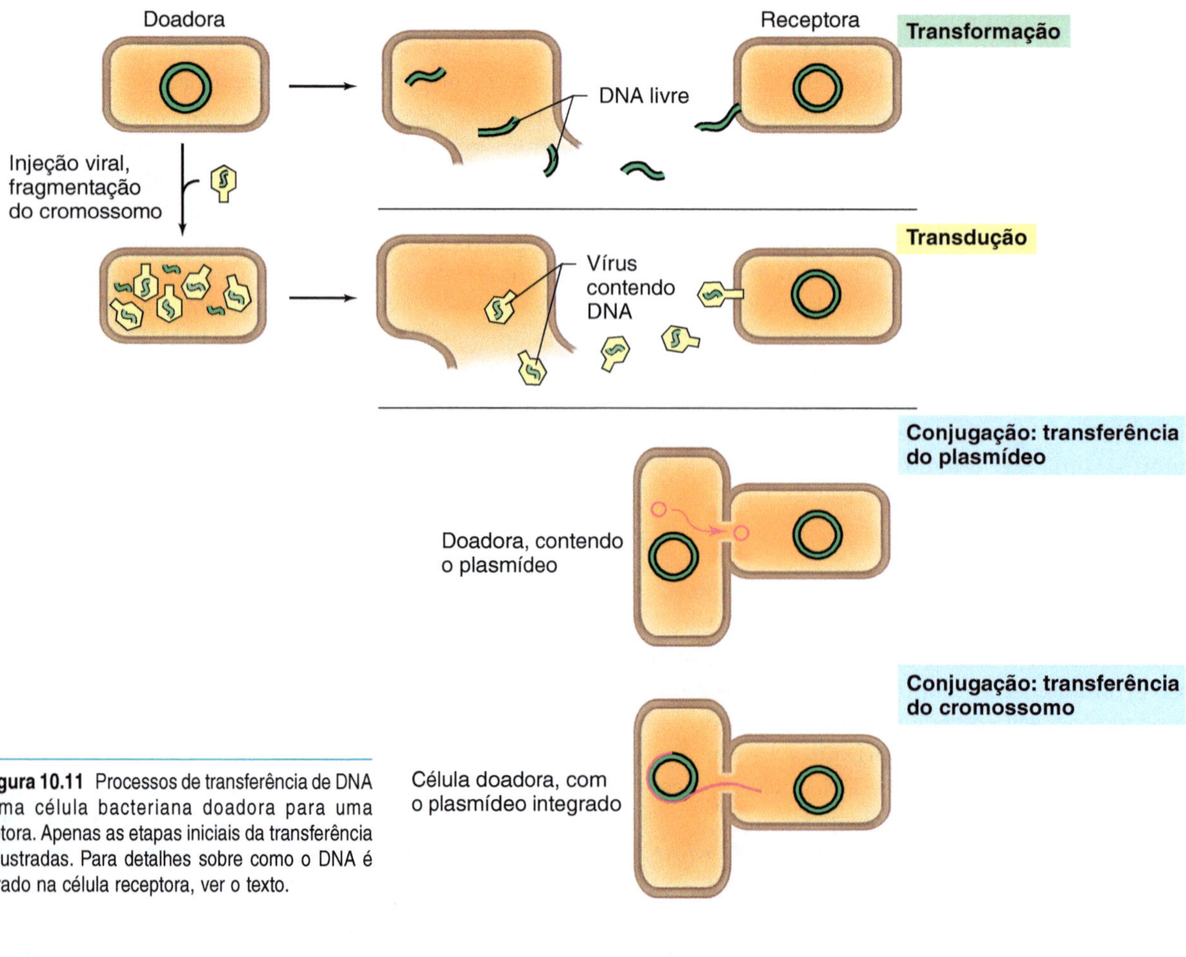

■ **Figura 10.11** Processos de transferência de DNA de uma célula bacteriana doadora para uma receptora. Apenas as etapas iniciais da transferência são ilustradas. Para detalhes sobre como o DNA é integrado na célula receptora, ver o texto.

Aprendendo com o passado — Origens da genética bacteriana

Embora a recombinação genética em eucariotos seja conhecida há muito tempo, a descoberta da recombinação genética em bactérias, pelos processos de transformação, transdução e conjugação, corresponde a um evento mais recente. Dentre os três processos, a descoberta da transformação teve maior significância, fornecendo as primeiras evidências diretas de que o DNA correspondia ao material genético. O primeiro indício sobre a transformação bacteriana foi obtido pelo cientista inglês Fred Griffith, no final da década de 20. Griffith estava desenvolvendo pesquisas com *Streptococcus pneumoniae* (pneumococo), uma bactéria que tem a capacidade de invadir nosso corpo devido, principalmente, à presença de uma cápsula polissacarídica. Mutantes desprovidos de cápsula podem ser isolados, não exibindo a capacidade de promover infecções em decorrência da perda da cápsula. Tais mutantes são denominados linhagens R, pois suas colônias apresentam aspecto rugoso, quando na superfície de um meio sólido. Contrariamente, colônias de linhagens capsuladas apresentam aspecto liso (S). Quando um camundongo é infectado com poucas células de uma linhagem lisa (S), este morre de infecção pneumocóccica um ou dois dias após a inoculação, enquanto injeções de grandes quantidades de células do tipo R não promovem a morte do animal. Griffith demonstrou que a injeção de células do tipo S, mortas pelo calor, associadas a células R vivas, provocava uma infecção fatal no animal. Quando amostras desse animal eram analisadas, revelavam a presença de células do tipo S. Uma grande variedade de cápsulas polissacarídicas são descritas em linhagens do tipo S de penumococos. Assim, foi possível realizar o mesmo experimento utilizando células S, mortas pelo calor, de um tipo diferente daquele do qual a linhagem R foi derivada. Uma vez que as células S vivas isoladas sempre apresentavam o mesmo tipo de cápsula presente nas células S, mortas pelo calor, as células R haviam sido transformadas em um novo tipo; este evento apresentava todas as propriedades de um evento genético. A explicação molecular para a transformação dos tipos de pneumococos foi dada por Oswald T. Avery e colaboradores, que trabalhavam no Instituto Rockefeller, em Nova York. Eles realizaram uma série de estudos durante a década de 30, os quais culminaram no artigo clássico de autoria de Avery, C. M. MacLeod e M. McCarthy, em 1944. Avery e colaboradores demonstraram que, em certas condições, o processo de transformação poderia ser realizado em um tubo de ensaio, em vez de um camundongo, e que um extrato acelular, oriundo de células S mortas pelo calor, poderia promover a transformação. A partir de uma longa série de experimentos bioquímicos complexos, a fração ativa dos extratos acelulares foi purificada, sendo sua natureza posteriormente demonstrada como DNA. A atividade transformante das preparações purificadas de DNA era bastante elevada, sendo necessárias apenas pequenas concentrações. Subseqüentemente, outros pesquisadores do Instituto Rockefeller demonstraram que os pneumococos podiam ser transformados, adquirindo outras características genéticas, além da capacidade de sintetizar a cápsula, como resistência a antibióticos e fermentação de diferentes açúcares.

Em 1953, James Watson e Francis Crick anunciaram seu modelo, descrevendo a estrutura do DNA, fornecendo, assim, um arcabouço teórico sobre como o DNA poderia atuar como material genético. Assim, dois tipos de estudos, os bacteriológicos e bioquímicos, realizados por Avery, e os físico-químicos, realizados por Watson e Crick, solidificaram a idéia de que o DNA correspondia ao material genético. Nos anos seguintes, esses trabalhos abriram o caminho para uma nova área, denominada genética molecular.

Embora a transformação bacteriana tenha sido descoberta de maneira essencialmente acidental, a conjugação foi demonstrada por Joshua Lederberg e E. L. Tatum em 1946, a partir de experimentos cuidadosamente delineados para determinar se bactérias realizavam processos sexuais. Como todos os indícios sugeriam que, se tal processo ocorresse, seria muito raro (não existiam quaisquer evidências microscópicas de acasalamento bacteriano, embora estas fossem facilmente observáveis em eucariotos), Lederberg desenvolveu uma metodologia baseada na utilização de mutantes nutricionais de *Escherichia coli*. Felizmente, esses mutantes eram derivados da linhagem K12, uma das poucas linhagens selvagens de *E. coli* que apresenta o plasmídeo F. O princípio da técnica baseava-se em misturar duas linhagens, uma destas requerendo biotina e metionina, enquanto a outra requeria treonina e leucina. A mistura era, a seguir, vertida em um meio mínimo de cultura, desprovido dos quatro fatores de crescimento. Dessa maneira, nenhum dos tipos parentais seria capaz de crescer nesse meio, enquanto as células recombinantes exibiriam tal capacidade. Quando cerca de 10^8 células foram semeadas, um número pequeno, porém significativo, de colônias foi obtido. Linhagens mutantes para dois tipos de nutrientes foram utilizadas para minimizar a ocorrência de mutações reversas espontâneas. Assim, a única explicação possível para tal fenômeno correspondia à ocorrência de algum tipo de recombinação genética. Já que tal processo poderia ter sido obtido por transformação, foram realizados experimentos para descartar essa hipótese. Assim, quando extratos da cultura eram filtrados ou separados por um disco de vidro permeável a macromoléculas, mas não às células, as células recombinantes não eram detectadas. Embora a conjugação parecesse, a princípio, um evento muito raro, no início da década de 50 o cientista italiano L. L. Cavalli-Sforza, que trabalhava no laboratório de Lederberg, isolou uma linhagem de *E. coli* que apresentava alta freqüência de recombinação. O médico inglês William Hayes, que havia isolado uma linhagem Hfr em um trabalho independente, demonstrou que a transferência genética durante o acasalamento entre uma célula Hfr e uma F^- era um evento unidirecional, com a célula Hfr atuando como doadora. Os experimentos de acasalamento interrompido e a demonstração do mapa genético circular de *E. coli* foram realizados por Elie Wollman e Francois Jacob, que trabalhavam com Jacques Monod no Instituto Pasteur, na França. A distinção entre células Hfr e F^+ foi realizada por Lederberg, que demonstrou o comportamento infeccioso das células F^+. Lederberg cunhou o termo *plasmídeo*, nos anos 50, para descrever um elemento genético, aparentemente extracromossomal, embora este não tivesse qualquer aplicação prática até os anos 70, quando a resistência

Cortesia de Rockefeller University Archives

O. T. Avery

Cortesia de Cold Spring Harbor Archives

E. L. Tatum (à esquerda) e J. Lederberg, em 1947

dos agentes infecciosos às drogas tornou-se um problema médico de grande relevância.

A transdução bacteriana foi descoberta pelo cientista americano Norton Zinder, quando ele ainda era um estudante de graduação, trabalhando com Lederberg na Universidade de Wisconsin, estudando a recombinação genética de *Salmonella typhimurium*. A motivação original para o desenvolvimento desses trabalhos era demonstrar que a conjugação ocorria em outros organismos, além de *Escherichia coli*, o que era realizado a partir de técnicas de isolamento de mutantes e quantificação da recombinação, pela observação de colônias se desenvolvendo em meios mínimos. Entretanto, embora os resultados obtidos sugerissem a ocorrência de recombinação, foi possível demonstrar que tais eventos *não* exigiam o contato intercelular. Embora tais eventos pudessem ser resultado de transformações, o processo não era afetado pelo tratamento do material com DNase, sugerindo que o agente responsável pela transferência de DNA era um bacteriófago. Tal agente podia ser purificado pelos mesmos métodos utilizados na purificação de partículas virais, e a transdução ocorria apenas em células receptoras que possuíssem receptores para o vírus em questão. Além disso, a atividade transdutora podia ser eliminada pelo tratamento de um lisado com substâncias capazes de promover a adsorção viral, como células sensíveis ou anticorpos. Assim, em todos os casos, as atividades transdutora e viral comportavam-se de maneiras similares. Zinder e Lederberg cunharam o termo *transdução* para descrever qualquer processo de recombinação genética que apresentasse caráter fragmentar e não envolvesse o contato entre células, na intenção de englobar os processos que envolvessem tanto as moléculas livres de DNA (transformação) quanto os fagos. Subseqüentemente, o termo transdução passou a ser empregado apenas para descrever processos de transferência genética mediados por vírus. ■

Haemophilus, um organismo gram-negativo, somente moléculas de DNA de fita dupla são captadas pela célula, embora apenas segmentos de fita simples sejam incorporados ao genoma, por meio da recombinação. Em *Bacteria* gram-negativas, há evidências indicando que o DNA de fita dupla é degradado à forma de fita simples no espaço periplasmático (Seção 4.9), sendo somente uma fita simples transportada ao citoplasma. Contrariamente, em espécies gram-positivas de *Bacteria*, como *Streptococcus* e *Bacillus*, o DNA é captado na forma de fita simples, enquanto a fita complementar é simultaneamente degradada durante o processo. Entretanto, em todos os casos, moléculas de DNA de fita dupla ligam-se com maior eficiência às células.

Durante a transformação, as células competentes ligam-se ao DNA de maneira reversível; essa ligação, em seguida, torna-se irreversível. Células competentes exibem a capacidade de se ligar a uma quantidade muito maior de DNA que as células não competentes — cerca de 1.000 vezes mais. Como mencionamos anteriormente, os tamanhos dos fragmentos transformantes são muito inferiores ao tamanho do genoma como um todo, sendo esse DNA ainda degradado durante o processo de captação. Em *Streptococcus pneumoniae*, cada célula é capaz de se ligar a apenas cerca de 10 moléculas de DNA de fita dupla, com 15 a 20 pares de quilobases cada. No entanto, à medida que vão sendo captadas, essas moléculas são convertidas a fragmentos de fita simples, com aproximadamente 8 quilobases. Os fragmentos de DNA presentes na mistura competem entre si no momento da captação, e, se um excesso de DNA desprovido de marcadores genéticos for adicionado, observaremos uma redução no número de células transformantes. Em preparações de DNA transformante, em geral apenas um dentre 100 a 200 fragmentos de DNA contém a marca que está sendo estudada. Assim, quando grandes concentrações de DNA são adicionadas, a competição entre as moléculas promove uma saturação do sistema que, mesmo nas melhores condições, não é capaz de transformar todas as células de uma população, de modo que cada uma receba aquela determinada marca genética. A freqüência máxima de transformação obtida até o momento corresponde a cerca de 20% da população; na realidade, os valores normalmente obtidos situam-se na faixa de 0,1 a 1,0%. A concentração mínima de DNA que permite a detecção de transformantes corresponde a 0,00001 μg (1 × 10^{-5} μg/ml), concentração esta indetectável quimicamente.

Curiosamente, para que um fragmento de DNA seja ligado irreversivelmente e captado por células de *Haemophilus influenza*, é necessário que este apresente uma seqüência particular de 11 pares de bases. Essa seqüência é encontrada com uma freqüência surpreendentemente elevada no cromossomo de *Haemophilus*. Evidências desse tipo, juntamente com a observação de que certas bactérias tornam-se competentes em seus ambientes naturais, sugerem que a transformação não corresponde a um mero artefato laboratorial, desempenhando importante papel na transferência de genes na natureza.

Integração do DNA transformante

O DNA transformante liga-se à superfície da célula por meio de uma proteína de ligação ao DNA. Em seguida, ou fragmento de dupla fita é captado, ou uma nuclease passa

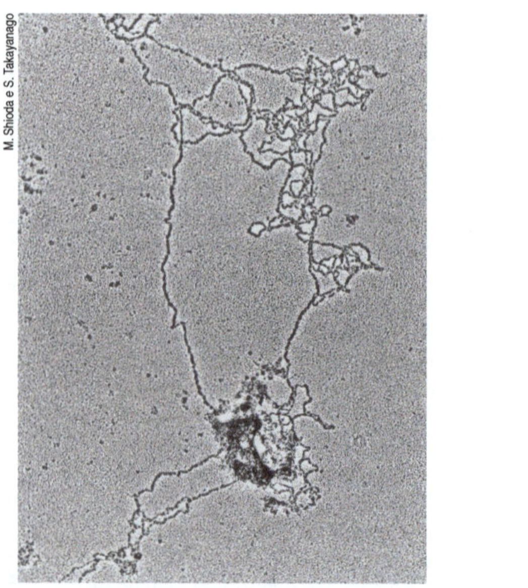

■ **Figura 10.12** O cromossomo procariótico, revelado ao microscópio eletrônico. Este corresponde ao cromossomo circular de *Sulfolobus*, um membro hipertermófilo de *Archaea* (Seção 13.9). Ver também a Figura 10.16.

a degradar uma das fitas, enquanto a fita restante é captada (Figura 10.13). Após a captação, o DNA associa-se a uma proteína específica de competência, que permanece ligada, provavelmente protegendo o DNA da degradação por nucleases, até que este atinja o cromossomo, quando a proteína RecA passa a participar do processo. O DNA é então integrado ao genoma da célula receptora por meio de processos de recombinação (ver Figuras 10.13 e 10.9). Durante a replicação desse DNA heteroduplex, são formadas uma molécula de DNA parental e uma molécula de DNA recombinante. Ao ocorrer a segregação, durante a divisão celular, a molécula de DNA recombinante estará presente na célula transformada, que passa a ser geneticamente alterada se comparada à célula parental. Toda essa discussão é pertinente apenas para os casos que envolvem pequenos fragmentos de DNA *linear*. Muitas *Bacteria* naturalmente transformáveis podem receber, com baixa eficiência, DNAs plasmidiais, que devem permanecer na forma circular e de fita dupla para sofrerem replicação.

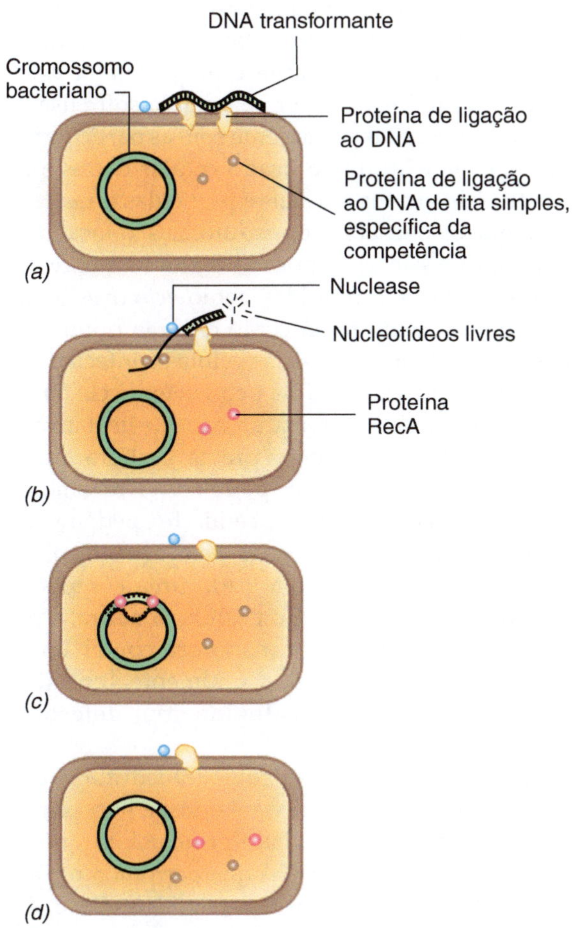

■ **Figura 10.13** Mecanismo de transferência de DNA por transformação, em uma bactéria gram-positiva. (a) Ligação da molécula livre de DNA de fita dupla, por uma proteína de ligação ao DNA associada à membrana. (b) Passagem de uma das duas fitas para o interior da célula, enquanto uma nuclease degrada a fita remanescente. (c) A fita única, ao penetrar na célula, associa-se a outras proteínas específicas, ocorrendo, em seguida, a recombinação com regiões homólogas do cromossomo bacteriano, sendo essa etapa mediada pela proteína RecA. (d) Uma célula transformada. Observe que, se não houver recombinação, o DNA que está sendo recebido não poderá sofrer replicação e será perdido pela célula.

Transfecção

As bactérias podem ser transformadas por um DNA extraído de um *vírus bacteriano*, em vez do DNA oriundo de outra bactéria, por meio de um processo denominado **transfecção**. Se esse DNA originar-se de um bacteriófago lítico, a transfecção levará à produção de vírus normais, que poderão ser quantificados pela técnica convencional de formação de placas de lise (Seção 9.4). A transfecção tornou-se uma ferramenta útil no estudo dos mecanismos envolvidos na transformação e na recombinação, pois o pequeno genoma dos fagos permite o isolamento de populações de moléculas de DNA praticamente homogêneas. Por outro lado, em um evento convencional de transformação, o DNA transformante geralmente corresponde a um conjunto aleatório de fragmentos de origem cromossomal, exibindo diferentes tamanhos, o que tende a dificultar os experimentos que visam ao estudo dos mecanismos envolvidos na transformação.

Competência artificialmente induzida

Apenas algumas bactérias realizam eventos de transformação natural com alta eficiência. Dentre estas, temos os gêneros facilmente transformáveis: *Acinetobacter*, *Azotobacter*, *Bacillus*, *Streptococcus*, *Haemophilus*, *Neisseria* e *Thermus*. Muitos procariotos são pouco transformáveis, ou não transformáveis, em condições naturais. A determinação das condições para induzir a competência nessas bactérias envolve uma série de estudos empíricos, que requerem a introdução de variações nos meios de cultura, temperatura e outros fatores. Entretanto, para que moléculas de DNA fossem transferidas para células, em experimentos de engenharia genética (ver, adiante, neste capítulo e Capítulo 31), foi necessário o desenvolvimento de técnicas que tornassem *Escherichia coli*, um organismo gram-negativo, competente. Foi observado que, quando células de *E. coli* eram tratadas com altas concentrações de íons cálcio e posteriormente incubadas em baixas temperaturas, estas se tornavam transformáveis, embora com baixa eficiência. As células tratadas dessa maneira são capazes de captar DNA, na forma de fita dupla, permitindo, assim, a introdução de plasmídeos nessas células, de modo relativamente eficiente. Embora o efeito exercido pelos íons cálcio nesse tipo de tratamento seja desconhecido, esse procedimento também se mostra eficiente com bactérias gram-positivas. Entretanto, tal tipo de técnica de indução artificial da competência vem sendo substituída por uma nova metodologia, denominada *eletroporação*.

Transferência de DNA por eletroporação

A **eletroporação** é uma técnica em que as células são submetidas a um pulso elétrico, que promove a formação de pequenos poros em suas membranas. Quando moléculas de DNA encontram-se presentes no ambiente extracelular durante a aplicação do pulso, podem entrar nas células, através dos poros formados. A eletroporação requer uma fonte elétrica sofisticada, uma vez que os pulsos devem ser cuidadosamente controlados, apresentando uma duração de milissegundos. Essa técnica vem sendo utilizada para a introdução de DNA em uma variedade de células procarióticas, tanto de *Archaea* quanto de *Bacteria*, assim como em células eucarióticas. Além disso, a eletroporação permite a transferência direta de plasmídeos de uma célula para outra, caso as duas estejam presentes durante o processo. Dessa maneira, a eletroporação permite tanto a entrada quanto a saída de pequenas moléculas de DNA. Esse tipo de "transformação" elimina as etapas envolvendo o isolamento de plasmídeos de uma linhagem, antes de sua introdução em uma outra linhagem.

✓ 10.6 Verificação de conceitos

Certos procariotos exibem a competência, um estado em que as células são capazes de captar moléculas livres de DNA, liberadas por outras bactérias. Esse processo é denominado transformação. Um número relativamente pequeno de espécies de procariotos pode ser transformado naturalmente. Entretanto, certos procedimentos laboratoriais foram desenvolvidos, tornando possível a introdução de DNA em organismos não relacionados. A eletroporação envolve a modificação da membrana citoplasmática por meio de tratamento elétrico, facilitando a captação de DNA.

✓ Em uma transformação, a célula doadora de DNA normalmente está morta. Explique.

✓ Mesmo em células naturalmente transformáveis, a competência é, em geral, induzida. Qual o significado dessa sentença?

10.7 Transdução

Na transdução, o DNA é transferido de uma célula para outra por meio da ação de vírus. A transferência de genes de uma célula hospedeira para um vírus pode ocorrer de duas maneiras. Na primeira, **transdução generalizada**, o DNA da célula hospedeira é derivado de, virtualmente, qualquer região do genoma. Esse DNA substitui o genoma viral na partícula viral madura. A segunda maneira, **transdução especializada**, ocorre apenas quando há a participação de alguns vírus temperados; o DNA de uma região específica do cromossomo da célula hospedeira integra-se ao genoma viral — geralmente substituindo alguns dos genes virais. A partícula viral transdutora, tanto na transdução generalizada quanto na especializada, em geral é *defectiva* como vírus, uma vez que genes bacterianos foram introduzidos, substituindo alguns dos genes virais necessários à partícula.

Na transdução generalizada, se os genes da célula doadora não realizarem recombinação homóloga com o cromossomo da célula receptora, serão perdidos. Estes não têm a capacidade de se replicar de maneira independente e também não correspondem a uma porção do genoma viral. Na transdução especializada, pode também haver um evento de recombinação homóloga. No entanto, pelo fato de o DNA da célula bacteriana doadora encontrar-se integrado ao genoma de um fago temperado, dois possíveis desfechos podem ocorrer: (1) o DNA pode ser integrado ao cromossomo da célula hospedeira durante a lisogenização (Seção 9.10) ou (2) o DNA pode ser replicado na célula receptora, como parte de uma infecção lítica.

A transdução ocorre em uma variedade de procariotos, incluindo algumas espécies das *Bacteria*: *Desulfovibrio*, *Escherichia*, *Pseudomonas*, *Rhodococcus*, *Rhodobacter*, *Salmonella*, *Staphylococcus* e *Xanthobacter*, assim como na *Archaea Methanothermobacter thermoautotrophicus*. Nem todos os fagos têm a capacidade de transduzir, assim como nem todas as bactérias sofrem tal processo. Em contrapartida, esse fenômeno é distribuído de maneira suficiente na natureza, provavelmente desempenhando um importante papel nos processos naturais de transferência de genes.

Transdução generalizada

Na transdução generalizada, virtualmente qualquer marcador genético pode ser transferido de uma célula doadora para uma receptora. A transdução generalizada foi descoberta e extensivamente estudada na bactéria *Salmonella enterica*, com o fago P22; esta também foi analisada em *Escherichia coli*, com o fago P1. A Figura 10.14 ilustra um exemplo de como as *partículas transdutoras* podem ser formadas. Quando a população de bactérias sensíveis é infectada pelo fago, os eventos de um ciclo lítico podem ser iniciados. Durante a infecção lítica, as enzimas responsáveis pelo empacotamento do DNA viral no bacteriófago podem, acidentalmente, empacotar o DNA da célula hospedeira. A partícula resultante é denominada *partícula transdutora*. No momento em que a célula sofre lise, essas partículas são liberadas juntamente com as partículas virais normais, de maneira que o lisado celular corresponde a uma mistura de vírions normais e partículas transdutoras. Uma vez que as partículas transdutoras são incapazes de iniciar uma infecção viral normal (estas não apresentam DNA viral), estas são referidas como *defectivas*. Quando esse lisado é utilizado na infecção de uma população de células receptoras, a maioria das células é infectada pelos vírus normais. Entretanto, uma pequena parcela da população recebe as partículas transdutoras, que injetam o DNA recebido da bactéria hospedeira prévia. Embora esse DNA não seja capaz de se replicar, pode sofrer recombinação genética com o DNA da nova célula hospedeira. Como apenas uma pequena fração das partículas do lisado é do tipo transdutora defectiva, cada uma contendo um pequeno fragmento de DNA da célula doadora, a probabilidade de uma partícula transdutora conter um gene em particular é bastante baixa. Geralmente, cerca de uma em 10^6 – 10^8 células é transduzida com determinado marcador genético.

Fagos formadores de partículas transdutoras podem ser tanto temperados quanto virulentos; é necessário que estes apresentem, como requisito principal, um mecanismo de empacotamento de DNA que permita o reconhecimento do DNA da célula hospedeira. Além disso, é também necessário que o empacotamento ocorra antes do genoma da célula hospedeira ser totalmente degradado. A detecção da transdução é mais garantida quando a multiplicidade de fagos em relação à célula hospedeira é baixa, pois oferece maiores chances dessa célula hospedeira ser infectada com apenas uma partícula viral. No caso de infecções múltiplas, a célula é normalmente morta pelos vírions normais, presentes no lisado.

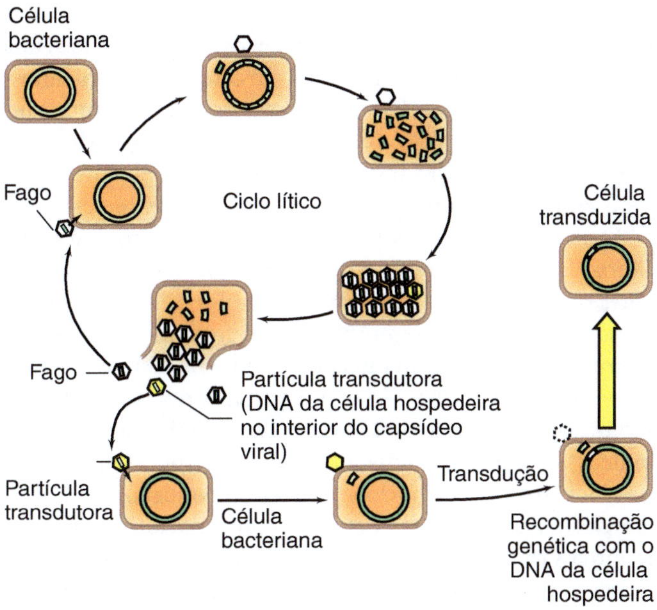

■ **Figura 10.14** Transdução generalizada: um possível mecanismo pelo qual as partículas virais (fagos), contendo DNA da célula hospedeira, podem ser formadas.

Transdução especializada

A transdução generalizada permite a transferência de DNA de uma bactéria para outra, com baixa freqüência. Em contrapartida, a transdução especializada permite uma transferência extremamente eficiente, possibilitando também que uma pequena região do cromossomo bacteriano seja replicada, independentemente do restante da molécula. O exemplo que utilizaremos para discutir a transdução especializada corresponde ao primeiro exemplo descrito, envolvendo a transdução de genes de galactose pelo fago temperado lambda, que infecta as células de *Escherichia coli*.

Como discutimos anteriormente (Seção 9.10), quando uma célula se encontra em estado de lisogenia com o fago lambda, o genoma viral integra-se ao DNA da célula hospedeira, em um sítio específico. A região onde o fago lambda se integra situa-se imediatamente adjacente ao conjunto de genes da célula hospedeira que controlam as enzimas envolvidas na utilização de galactose (Figura 9.21). A partir de sua integração, a replicação do DNA viral passa a ser controlada pela célula hospedeira. Havendo a indução (por exemplo, pela radiação ultravioleta), o DNA viral se separa do DNA da célula hospedeira por um processo inverso à integração (Figura 10.15). De maneira geral, quando uma célula em estado de lisogenia é induzida, o DNA do fago lambda é excisado como uma unidade. Por outro lado, em determinadas condições raras, o genoma do fago é excisado de maneira incorreta. Alguns dos genes bacterianos adjacentes (por exemplo, o operon galactose) são excisados juntamente com o DNA fágico. Simultaneamente, alguns genes do vírus permanecem integrados ao genoma bacteriano. Um tipo de partícula viral alterada, **lambda dgal** ou *λdgal* (*dgal* significa "defectivo, galactose"), é defectiva, já que alguns dos genes do vírus foram perdidos e esse fago não é mais capaz de originar fagos maduros. Por outro lado, um **fago auxiliador** (em inglês, *helper*) pode prover as funções perdidas pelas partículas defectivas. Esse "auxiliador" é idêntico ao lambda original. Assim, o lisado de cultura obtido contém algumas partículas virais *λdgal*, misturadas a um grande número de vírions lambda normais.

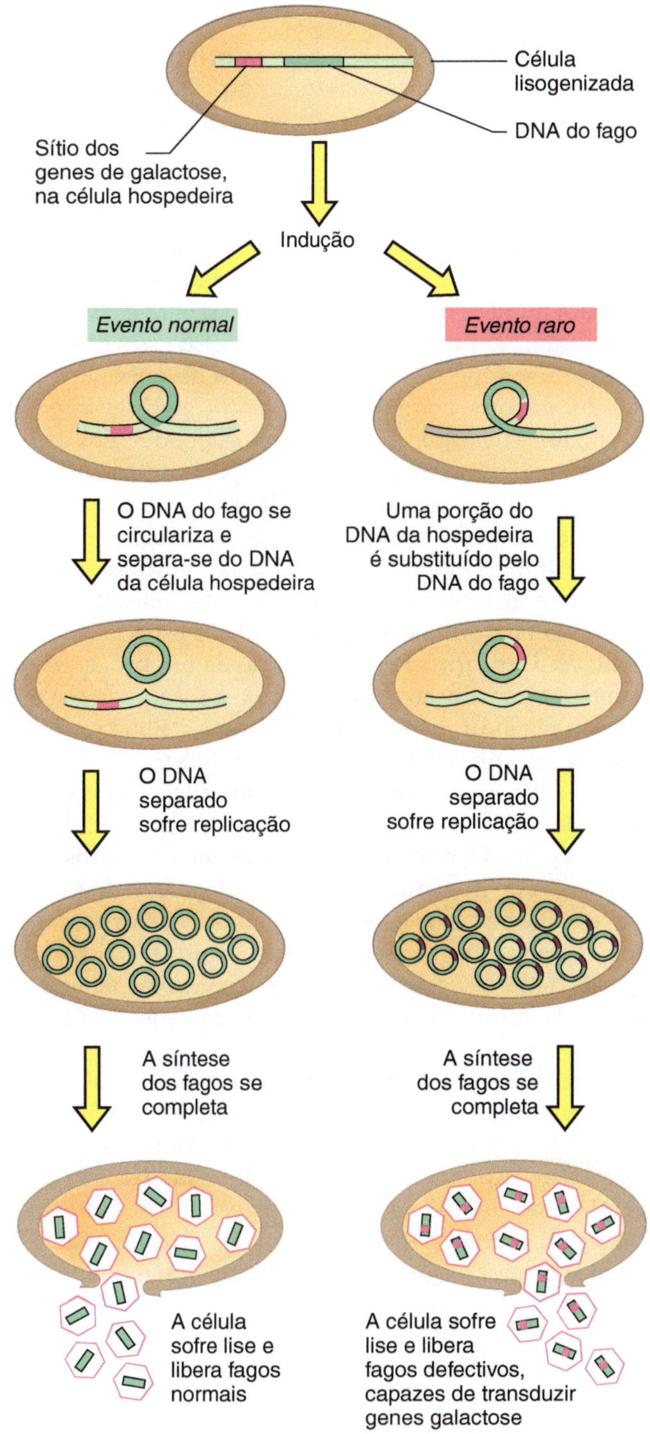

■ **Figura 10.15** Eventos líticos normais e a produção de partículas transdutoras dos genes galactose, em uma célula de *Escherichia coli* contendo um profago lambda.

Quando uma cultura bacteriana galactose negativa é infectada em grande escala com esse tipo de lisado e os transdutores *gal*$^+$ são selecionados, muitas das células correspondem a lisógenos duplos, albergando tanto o fago lambda quanto o *λdgal*. (Observe que, nesses casos, a bactéria se torna diplóide para a região *gal*. Tal fato terá significância na realização de testes de complementação em bactérias; ver Seção 10.10.) Quando um duplo lisógeno desse tipo é induzido, é produzido um lisado com quantidades equivalentes de lambda e de *λdgal*. Esse lisado pode transduzir células com grande eficiência, embora apenas a um grupo restrito de genes *gal*.

Para que um fago seja viável, há um limite máximo de DNA viral que pode ser substituído por DNA da célula hospedeira, pois é necessário haver uma quantidade suficiente de DNA do fago, garantindo assim a informação necessária à produção das proteínas do capsídeo e de proteínas necessárias à lise e à lisogenização. Entretanto, se um fago *helper* for utilizado juntamente com um fago defectivo em uma infecção mista, o fago defectivo necessitará de um número menor de informações para promover a transdução. Na presença de um fago *helper*, as seqüências absolutamente necessárias à produção de uma partícula transdutora correspondem à região *att* (do inglês *attachment*, que significa ligação), ao sítio *cos* (correspondente às extremidades coesivas, importantes no empacotamento) e à origem de replicação do genoma de lambda (ver o mapa genético de lambda, Figura 9.18 e Seção 9.10).

Uma importante distinção entre as transduções especializada e generalizada refere-se a como o lisado transdutor pode ser originado. Na transdução especializada, o lisado *deve* ser formado pela indução de um lisógeno, enquanto na transdução generalizada o lisado pode ser originado pela indução ou infecção de uma célula pelo fago, seguida da replicação viral e da lise celular.

Embora tenhamos discutido a transdução especializada apenas para o sistema lambda-*gal*, o fago lambda e o fago relacionado, ϕ80, foram amplamente utilizados para gerar fagos de transdução especializada, cobrindo muitas regiões específicas do genoma de *E. coli*. Além disso, fagos lambda transdutores especializados podem ser construídos a partir de técnicas de engenharia genética, de maneira a conter genes oriundos de qualquer organismo (ver Seção 10.16).

A transdução especializada em *Bacteria* é similar à situação discutida em relação aos retrovírus (Seção 9.12), onde certos genes da célula hospedeira podiam ser incorporados ao genoma retroviral, sendo então transmitidos (geralmente modificados) a novas células hospedeiras. Esses genes foram detectados em retrovírus pelo fato de serem *oncogenes* — genes envolvidos no desenvolvimento de câncer.

Conversão fágica

Há um fenômeno análogo, em alguns aspectos, à transdução especializada. Quando um fago temperado normal (isto é, não defectivo) lisogeniza uma célula e seu DNA é convertido em um estado de profago, o lisógeno torna-se imune a novas infecções pelo mesmo tipo de fago. Essa aquisição de imunidade pode ser considerada uma alteração fenotípica. Em certos casos, outras alterações fenotípicas podem ser detectadas em células lisogenizadas, aparentemente não relacionadas ao sistema de imunidade dos fagos. Tal tipo de alteração, decorrente de uma lisogenização por um fago temperado normal, é denominada **conversão fágica**.

Dois casos de conversão foram extensivamente estudados. Um deles envolve uma alteração na estrutura de um polissacarídeo presente na superfície celular de *Salmonella anatum* lisogenizada pelo fago ε^{15}. O segundo exemplo envolve a conversão de linhagens de *Corynebacterium diphtheriae* (a bactéria que causa a doença difteria), não produtoras de toxina, em produtoras de toxina (patogênicas), quando lisogenizadas com o fago β (Seção 26.3). Nessas situações, a informação para a produção dos novos compostos parece estar contida, como parte integral, no genoma viral, sendo esta transferida automática e exclusivamente pela infecção com o fago, seguida de lisogenização.

A lisogenia provavelmente possui uma grande importância seletiva para a célula hospedeira, pois confere resistência à infecção por vírus do mesmo tipo. A conversão fágica pode também apresentar importância evolutiva, uma vez que resulta em eficientes alterações genéticas das células hospedeiras. Muitas bactérias isoladas da natureza são lisógenas. Parece razoável concluir que, se a lisogenia corresponde a um estado natural, esta pode ser essencial à sobrevivência das células hospedeiras nos ambientes naturais.

✓ 10.7 Verificação de conceitos

A transdução envolve a transferência de genes de uma bactéria hospedeira para outras, sendo esse processo mediado por vírus. Na transdução generalizada, partículas virais defectivas incorporam, de maneira aleatória, fragmentos de DNA cromossomal da célula hospedeira; virtualmente, qualquer gene da célula doadora pode ser transferido, embora com baixa eficiência. Na transdução especializada, o DNA de um vírus temperado sofre uma excisão incorreta e traz consigo genes adjacentes da célula hospedeira; apenas genes situados próximos ao ponto de integração do vírus são transduzidos, embora com alta eficiência.

✓ Qual a importante diferença entre a transdução generalizada e a transformação?

✓ Na transdução especializada, o DNA da célula doadora pode se replicar no interior da célula receptora sem que haja qualquer tipo de recombinação homóloga. No entanto, tal fato não ocorre na transdução generalizada. Explique.

10.8 Plasmídeos

Antes de discutirmos o terceiro processo de transferência de genes, a **conjugação**, precisamos discutir os *plasmídeos*. **Plasmídeos** são elementos genéticos que se replicam independentemente do cromossomo da célula hospedeira (Seção 7.4).

Contrariamente aos vírus, os plasmídeos não apresentam uma forma extracelular, existindo no interior das células simplesmente como ácidos nucléicos. No entanto, muitas vezes a distinção entre vírus e plasmídeos torna-se difícil. Como discutimos anteriormente, a forma de profago de alguns vírus temperados, como o bacteriófago P1, replica-se independentemente do cromossomo da célula hospedeira, de forma análoga à replicação plasmidial (Seção 9.10).

Mencionamos previamente (Seção 7.4) que a distinção entre plasmídeos e o cromossomo de células procarióticas é possível em virtude de os plasmídeos não conterem genes necessários à célula sob todas as condições. Esse conceito é de difícil comprovação, e, muitas vezes, a distinção entre cromossomos e plasmídeos muito grandes torna-se extremamente difícil, em procariotos.

Apesar dessas dificuldades, literalmente cerca de milhares de plasmídeos diferentes são conhecidos. De fato, mais de 300 plasmídeos de ocorrência natural foram isolados somente de linhagens de *Escherichia coli*. Nesta seção, discutiremos as propriedades de alguns desses elementos.

Natureza física dos plasmídeos

Praticamente todos os plasmídeos conhecidos correspondem a moléculas de DNA de fita dupla. Em sua maioria, estes são circulares, embora vários plasmídeos lineares tenham sido descritos. Plasmídeos de ocorrência natural apresentam dimensões que variam de aproximadamente 1 a mais de 1.000 pares de quilobases. Um plasmídeo típico corresponde a uma molécula de DNA de fita dupla, com cerca de $\frac{1}{20}$ do tamanho do cromossomo (Figura 10.16). A maioria das moléculas de DNA plasmidial apresenta-se na configuração superenovelada, que corresponde à forma mais compacta encontrada no interior das células (Figura 7.10).

Via de regra, o isolamento de plasmídeos é facilmente realizado a partir das propriedades físicas que as moléculas superenoveladas de DNA apresentam. Embora os cromossomos também se encontrem em um estado superenovelado, o isolamento de DNA cromossomal geralmente leva a quebras nas fitas, com a conseqüente perda do estado enovelado. Devido a esse fato, a separação pode ser realizada por meio de várias técnicas diferentes, inclusive a ultracentrifugação e a eletroforese em géis de agarose (ver Seção 10.12).

Replicação dos plasmídeos

As enzimas envolvidas na replicação plasmidial são enzimas celulares normais, de maneira que os genes contidos no plasmídeo controlam sua replicação, atuando primariamente no controle do processo de iniciação e da segregação dos plasmídeos replicados entre as células filhas. Além disso, diferentes plasmídeos estão presentes nas células com um número determinado de moléculas por célula, o que é definido como *número de cópias*. Alguns plasmídeos estão presentes em apenas 1 a 3 cópias por célula, enquanto outros podem apresentar mais de 100 cópias. O número de cópias é controlado por genes plasmidiais e por interações entre o plasmídeo e a célula hospedeira.

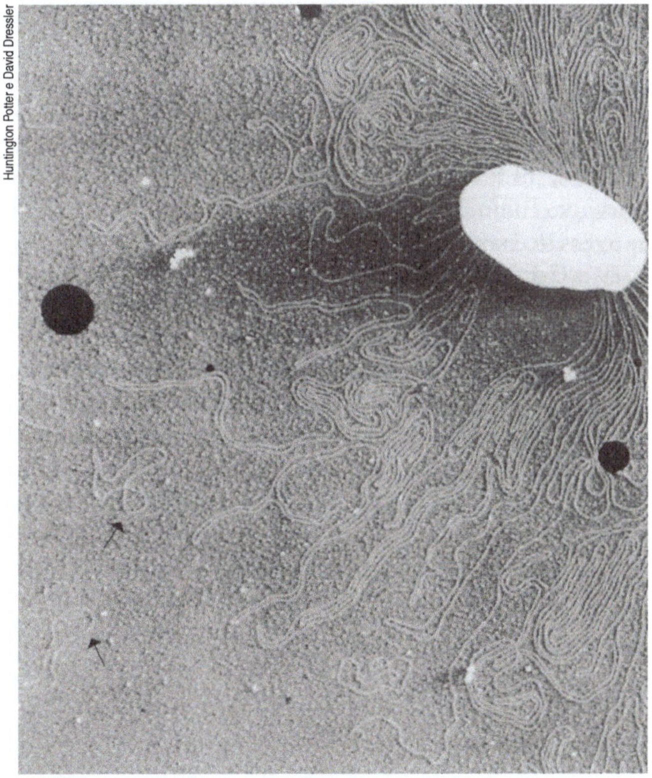

Huntington Potter e David Dressler

Figura 10.16 O cromossomo e os plasmídeos bacterianos revelados por microscopia eletrônica. Os plasmídeos (setas) são as estruturas circulares muito menores que o principal DNA cromossomal. A célula (estrutura grande, branca) foi rompida suavemente, deixando o DNA intacto.

A maioria dos plasmídeos de *Bacteria* gram-negativas replica-se de maneira similar àquela descrita para o cromossomo (Seção 7.6). Tal processo envolve a iniciação da replicação em uma origem, sendo o processo bidirecional ao longo do círculo, levando a formação dos intermediários *teta*. Em contrapartida, alguns plasmídeos apresentam um tipo de replicação *unidirecional*. Devido ao seu pequeno tamanho em relação ao cromossomo, a replicação plasmidial é um evento bastante rápido, levando cerca de $\frac{1}{10}$, ou ainda menos, do tempo necessário para um ciclo completo de divisão celular.

A maioria dos plasmídeos de *Bacteria* gram-positivas replicam-se por um mecanismo de círculo rolante, similar àquele utilizado pelo fago ϕX174 (Seção 16.2 e Figura 16.4). Como esse processo gera um intermediário de fita simples, tais plasmídeos são algumas vezes referidos como *plasmídeos de DNA de fita simples*. A maioria dos plasmídeos lineares conhecidos replica-se empregando um mecanismo que envolve a participação de uma proteína ligada à extremidade 5′ de cada fita, atuando como um iniciador da síntese de DNA (Figuras 7.24 e 16.22).

Algumas células bacterianas podem conter vários tipos de plasmídeos; por exemplo, *Borrelia burgdorferi* (o agente da doença de Lyme, Seção 27.4) contém 17 plasmídeos diferentes, sendo alguns circulares e outros lineares. A capacidade de dois plasmídeos se replicarem em uma mesma célula é controlada pelos genes plasmidiais envolvidos na regulação da replicação. Quando um plasmídeo é transferido a uma célula que já contém outro plasmídeo, geralmente esse segundo não se mantém, sendo perdido durante as replicações celulares subseqüentes. Nesses casos, tais plasmídeos são referidos como **incompatíveis**. Vários grupos de incompatibilidade (Inc) são conhecidos, onde plasmídeos de um grupo de incompatibilidade excluem outros do mesmo grupo, embora sejam capazes de coexistir com plasmídeos de grupos de incompatibilidade distintos. Plasmídeos de um mesmo grupo de incompatibilidade partilham um mesmo tipo de mecanismo de regulação da replicação; portanto, são *relacionados* uns aos outros. Dessa maneira, embora uma célula bacteriana possa albergar diferentes tipos de plasmídeos, estes não podem ser relacionados, uma vez que devem ser compatíveis entre si.

Alguns plasmídeos, os *epissomos*, têm a propriedade de se integrar ao cromossomo, e, nesse estado, sua replicação passa a ser controlada pelos genes cromossomais. Essa situação é extremamente semelhante à observada em muitos vírus que incorporam seu genoma ao genoma da célula hospedeira (para exemplos, Seções 9.10, 16.5, 16.10 e 16.14). Muitas vezes, os plasmídeos podem ser eliminados das células hospedeiras por meio de diferentes tratamentos. Esse processo, denominado **cura**, é aparentemente resultante da inibição da replicação plasmidial, sem que a replicação do cromossomo seja inibida. Com isso, à medida que a célula se divide, o número de plasmídeos vai sendo sucessivamente reduzido. A cura pode, algumas vezes, ser de natureza espontânea, embora seja drasticamente aumentada pelo uso de corantes do tipo acridina, que se inserem no DNA, ou por outros tratamentos que interfiram predominantemente na replicação plasmidial sem afetar a cromossomal. A eletroporação também pode ser utilizada para curar uma célula de plasmídeos (ver Seção 10.6).

Muitas dessas características são exemplificadas em um dos plasmídeos mais conhecidos, denominado *plasmídeo F*. Estes correspondem a uma molécula circular de DNA contendo 99.159 pares de bases. Células com o plasmídeo F podem ser facilmente curadas pelo tratamento com laranja de acridina. A Figura 10.17 apresenta o mapa genético do plasmídeo F. Uma das regiões do plasmídeo contém os genes envolvidos na regulação de sua replicação. Além disso, são encontrados vários elementos de transposição (ver Seção 10.11) envolvidos em sua capacidade de atuar como epissomo. Finalmente, é também encontrada uma extensa região de DNA, a região *tra*, contendo genes que permitem sua transferência de uma célula para outra.

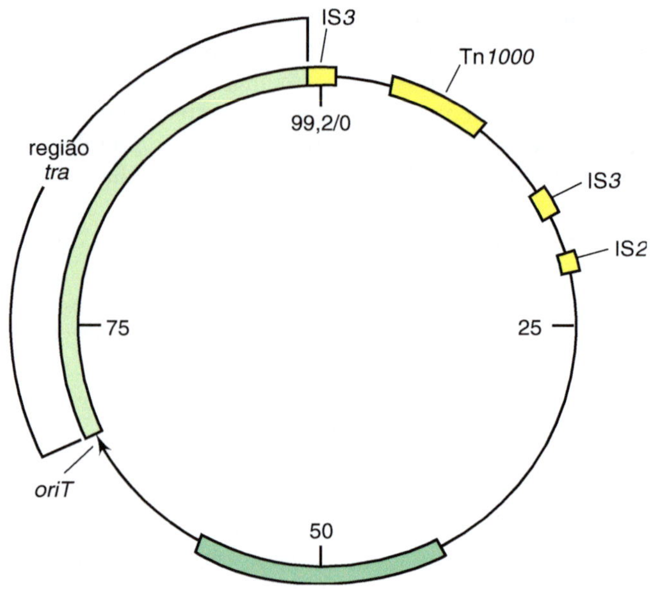

■ **Figura 10.17** Mapa genético do plasmídeo F (fertilidade) de *Escherichia coli*. Os números situados no interior do esquema referem-se ao tamanho do plasmídeo em pares de quilobases (o tamanho exato corresponde a 99.159 pb). A região assinalada em verde-escuro, na parte inferior do mapa, contém os genes primariamente responsáveis pela replicação e segregação do plasmídeo F, em células com crescimento vegetativo normal. A região em verde-claro, região *tra*, contém os genes envolvidos na transferência conjugativa. A seqüência *oriT* corresponde à origem de transferência, durante a conjugação. A seta indica a direção da transferência (a região *tra* é a última a ser transferida). As regiões assinaladas em amarelo correspondem aos elementos de transposição, que permitem a integração do plasmídeo F em regiões contendo elementos idênticos no cromossomo bacteriano, possibilitando, conseqüentemente, a formação de diferentes linhagens Hfr (ver Seção 10.9).

Transferência de plasmídeos de uma célula para outra

Uma vez que uma das características que define os plasmídeos corresponde à ausência de uma forma extracelular distinta, poderíamos imaginar que os plasmídeos são elementos quase exclusivamente restritos a serem transferidos apenas às células filhas, durante o processo de divisão celular. Como algumas células procarióticas são capazes de captar DNA na forma livre, presente no meio ambiente (ver Seção 10.6), é possível que, quando uma célula sofre lise, os plasmídeos entram em contato com um novo hospedeiro. No entanto, tal tipo de processo ocorre apenas em poucas espécies bacterianas, sendo pouco responsável pela transferência de plasmídeos a novas células. O principal mecanismo de transferência de plasmídeos para novas células corresponde à **conjugação**; esta capacidade é codificada pelos próprios plasmídeos. A conjugação é um processo replicativo que resulta em duas células apresentando cópias do plasmídeo (Figura 10.18).

Plasmídeos que governam sua própria transferência para outras células a partir do contato são denominados **conjugativos**, embora nem todos exibam tal propriedade. A transmissibilidade pela conjugação é controlada por um conjunto de genes plasmidiais, situados em uma região denominada *região tra*. Essa região possui genes que codificam proteínas envolvidas na transferência e replicação do DNA, além de genes cujos produtos participam na formação do par de acasalamento. A presença de uma região *tra* em um plasmídeo tem ainda outras conseqüências importantes quando o plasmídeo se integra ao cromossomo. Nesse caso, o plasmídeo pode *mobilizar* a transferência do DNA cromossomal de uma célula para outra. Linhagens bacterianas capazes de transferir grandes quantidades de DNA cromossomal durante a conjugação são denominadas *Hfr* (Sigla de *high frequency of recombination*, que signifi-

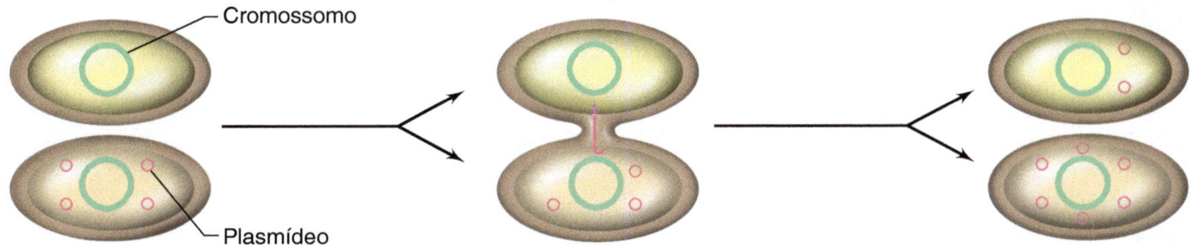

■ **Figura 10.18** Transferência de um plasmídeo, de uma célula para outra, durante a conjugação.

ca "alta freqüência de recombinação"). O emprego da conjugação na transferência de genes de uma célula hospedeira será discutido em maior detalhe na próxima seção.

Alguns plasmídeos conjugativos de *Pseudomonas* apresentam uma ampla variedade de hospedeiros, isto é, podem ser transferidos a uma grande variedade de outras *Bacteria* gram-negativas. Alguns plasmídeos conjugativos podem transferir informações genéticas entre organismos pouco relacionados. Foi demonstrado que plasmídeos conjugativos podem transferir genes entre *Bacteria* gram-negativas e positivas, entre *Bacteria* e plantas e entre *Bacteria* e fungos. Mesmo que o plasmídeo não seja capaz de se replicar na nova célula hospedeira, a própria transferência de DNA poderia apresentar importantes conseqüências evolutivas, bem como participar de processos patogênicos, caso se recombine com o genoma do novo hospedeiro.

Tipos de plasmídeos e sua significância biológica

Certamente, todos os plasmídeos precisam portar genes que garantam sua própria replicação. Entretanto, muito pouco se conhece sobre os genes contidos em uma grande variedade de plasmídeos. Esses são denominados *plasmídeos crípticos* e foram descobertos por procedimentos físicos (como a análise de extratos celulares por eletroforese em gel). De acordo com o que discutimos anteriormente, alguns plasmídeos também possuem genes necessários à conjugação, podendo ser detectados biologicamente a partir de suas funções associadas à transferência ou pela sensibilidade a alguns vírus (Seção 16.1). Embora os plasmídeos não contenham genes essenciais à célula hospedeira, a presença desses elementos pode exercer influência profunda no fenótipo celular. Em alguns casos, os plasmídeos conferem propriedades que consideramos fundamentais para a bactéria em questão, como, por exemplo, a capacidade de a bactéria *Rhizobium* interagir com as plantas (Seção 18.22). Foi demonstrado que alguns plasmídeos de *Pseudomonas* contêm genes envolvidos em vias bioquímicas de degradação de compostos orgânicos pouco usuais, como cânfora, octano e naftaleno.

Os plasmídeos podem conter uma grande variedade de genes. De fato, a única limitação nesse sentido refere-se ao fato de que tais genes não podem interferir na replicação plasmidial ou na sobrevivência da célula hospedeira. Como os plasmídeos podem ser grandes e eventualmente conter muitos genes diferentes, nem sempre sua classificação em categorias fenotípicas é uma tarefa simples. Como ainda veremos, um único plasmídeo pode conferir muitos fenótipos diferentes à sua célula hospedeira. Alguns dos fenótipos que os plasmídeos podem conferir às células procarióticas são listados na Tabela 10.3. Provavelmente, todos os grupos procarióticos possuem plasmídeos. No restante da seção, discutiremos alguns dos fenótipos que os plasmídeos podem conferir às células.

Plasmídeos de resistência

Dentre os grupos de plasmídeos mais estudados e amplamente distribuídos em células, temos os *plasmídeos de resistência* (*plasmídeos R*), que conferem resistência aos antibióticos e vários outros inibidores de crescimento. Os plasmídeos R foram descobertos no Japão, em linhagens de bactérias entéricas que adquiriram resistência a uma variedade de antibióticos (resistência múltipla). A partir dessa descoberta, esse tipo de plasmídeo passou a ser encontrado em diferentes locais do mundo. A emergência de bactérias resistentes a vários antibióticos tem grande importância médica, sendo correlacionada ao crescente uso de antibióticos no tratamento de doenças infecciosas. Assim que as linhagens resistentes foram isoladas, foi demonstrado que estas eram capazes de transferir a resistência para linhagens sensíveis, por meio do contato intercelular. A natureza infecciosa dos plasmídeos R permite a rápida disseminação dessa característica às populações microbianas.

Vários genes de resistência podem ser carreados por plasmídeos R. Geralmente, esses genes codificam proteínas que inativam o antibiótico ou interferem em sua captação pela célula. Por exemplo, o plasmídeo R100, com 94,3 pares de quilobases (Figura 10.19), contém genes que conferem resistência às sulfonamidas, à estreptomicina, à espectinomicina, ao ácido fusídico, ao cloranfenicol e à tetraciclina. O plasmídeo R100 contém ainda genes de resistência ao mercúrio (Seção 18.17). O R100 pode ser transferido para bactérias entéricas dos gêneros *Escherichia*, *Klebsiella*, *Proteus*, *Salmonella* e *Shigella*, não sendo transferido à bactéria não entérica do gênero *Pseudomonas*. São conhecidos plasmídeos R que contêm genes de resistência à maioria dos antibióticos. Uma vez que muitos dos elementos que conferem resistência às drogas, presentes em plasmídeos R, como o R100, correspondem a elementos transponíveis (ver Seção 10.11), além de muitos serem conjugativos, tais características tornam esses plasmídeos uma ameaça à terapia antimicrobiana tradicional.

Tabela 10.3 Alguns fenótipos que os plasmídeos podem conferir aos procariotos

Classe fenotípica[a]	Organismos[b]
Produção de antibióticos	*Streptomyces*
Conjugação	*Escherichia, Pseudomonas, Rhizobium, Staphylococcus, Streptococcus, Sulfolobus, Vibrio*
Funções fisiológicas	
Degradação de octano, cânfora, naftaleno	*Pseudomonas*
Degradação de herbicidas	*Alcaligenes*
Formação de acetona e butanol (Seção 30.11)	*Clostridium*
Utilização de lactose, sacarose ou uréia e fixação de nitrogênio	Bactérias entéricas
Nodulação e fixação simbiótica de nitrogênio (Seção 18.22)	*Rhizobium*
Produção de pigmentos	*Erwinia, Staphylococcus*
Resistência	
Resistência a antibióticos (Seção 17.12)	*Campylobacter*, Bactérias entéricas, *Neisseria, Staphylococcus*
Resistência a cádmio, cobalto, mercúrio, níquel e/ou zinco (Seção 18.16)	*Acidocella, Alcaligenes, Listeria, Pseudomonas, Staphylococcus*
Resistência à bacteriocina (e produção)	*Bacillus*, Bactérias entéricas, *Lactococcus, Propionibacterium*
Virulência	
Invasão da célula hospedeira	*Salmonella, Shigella, Yersinia*
Coagulase, hemolisina, enterotoxina (Seções 21.9 e 21.11)	*Staphylococcus*
Enterotoxina, antígeno K (Seções 12.11 e 21.11)	*Escherichia*
Tumorigenicidade em plantas (Seção 18.21)	*Agrobacterium*

a Apenas alguns dos fenótipos diretamente associados aos plasmídeos estão listados.
b Apenas alguns dos exemplos bem caracterizados estão listados. Todos os organismos citados pertencem ao domínio *Bacteria*, exceto *Sulfolobus*, que é um membro de *Archaea*.

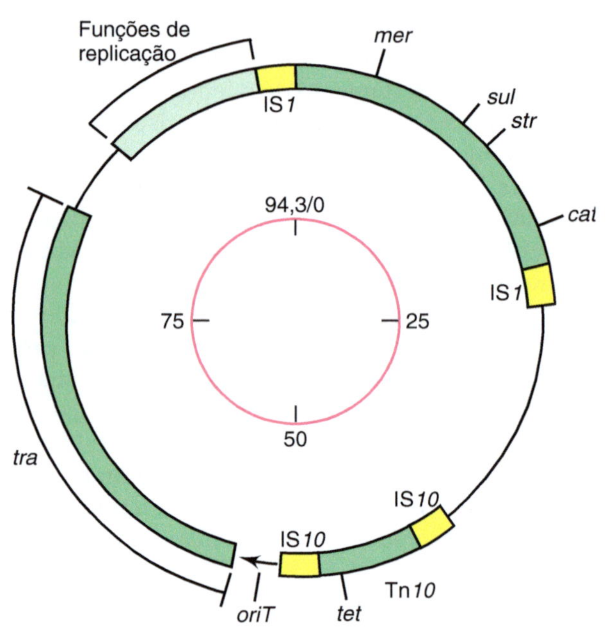

■ **Figura 10.19** Mapa genético do plasmídeo de resistência R100. O círculo interno apresenta o tamanho do plasmídeo, em pares de quilobases. O círculo externo indica a localização dos principais genes de resistência aos antibióticos, além de outras funções-chave: *cat*, resistência ao cloranfenicol; *oriT*, origem de transferência conjugativa; *mer*, resistência ao íon mercúrico; *sul*, resistência à sulfonamida; *str*, resistência à estreptomicina; *tet*, resistência à tetraciclina; *tra*, funções relacionadas à transferência. As localizações das seqüências de inserção (IS) e do transposon Tn*10* são também indicadas. Vários genes relacionados à replicação plasmidial são encontrados na região de 88 a 92 pares de quilobases.

Toxinas e outras características de virulência

Discutiremos no Capítulo 21 as características fisiológicas e genéticas dos microrganismos, que permitem colonizar os hospedeiros e desencadear os processos infecciosos, podendo resultar em dano às células. No presente contexto, abordaremos apenas as duas principais características envolvidas na virulência: (1) a capacidade de adesão dos microrganismos a sítios específicos da célula hospedeira, colonizando-a, e (2) a síntese de compostos (toxinas, enzimas e outras moléculas) que promovem danos no hospedeiro. Atualmente já está bem estabelecido que para várias bactérias patogênicas cada uma dessas características de virulência é codificada por genes plasmidiais. Por exemplo, linhagens enteropatogênicas de *Escherichia coli* são caracterizadas pela capacidade de colonizar o intestino delgado, onde produzem uma toxina que provoca os sintomas da diarréia. A colonização requer a presença de uma proteína de superfície celular denominada antígeno fator de colonização (CFA, do inglês *Colonization Factor Antigen*), codificada por um plasmídeo, que confere às bactérias a capacidade de se aderir às células epiteliais do intestino. Essas linhagens enteropatogênicas sintetizam pelo menos duas toxinas codificadas por genes plasmidiais: uma *hemolisina*, que promove a lise de hemácias, e uma *enterotoxina*, que induz a secreção intensa de água e sais, em direção ao lúmen intestinal. Essa enterotoxina é responsável pela indução da diarréia, como veremos no Capítulo 21. A patogênese do gênero *Yersinia*, o agente causador da peste bubônica

(Seção 27.6), requer a expressão e a secreção de proteínas externas (Yops) e do antígeno V. Essas proteínas exercem funções que permitem à bactéria subverter os sistemas de defesa da célula hospedeira. Os genes que codificam tais proteínas são encontrados em um plasmídeo de virulência.

Muitos fatores de virulência são codificados por genes plasmidiais, enquanto alguns são codificados por outros tipos de *elementos genéticos móveis*: transposons e bacteriófagos. São conhecidos vários exemplos de genes produtores de um tipo particular de infecção, que se localizam em diferentes elementos genéticos, em uma mesma célula. Por exemplo, os genes que codificam determinantes de virulência de linhagens de *E. coli* produtoras de toxina Shiga estão localizados no cromossomo, em um bacteriófago, e em um plasmídeo de virulência.

Bacteriocinas

Muitas bactérias produzem agentes que inibem ou matam espécies estreitamente relacionadas, ou mesmo linhagens diferentes da mesma espécie; esses agentes são denominados **bacteriocinas** para diferenciá-los dos antibióticos, que apresentam um espectro maior de atividade. As bacteriocinas correspondem a peptídeos sintetizados pelos ribossomos (embora vários necessitem de extensas modificações pós-traducionais para que exibam atividade). Tanto o gene estrutural das bacteriocinas quanto os genes que codificam as proteínas envolvidas no processamento e transporte dessas moléculas (e aqueles que conferem a imunidade contra sua ação) são freqüentemente encontrados em plasmídeos ou em um transposon. As bacteriocinas recebem denominações que se referem à espécie do organismo produtor. Assim, em *Escherichia coli*, temos as *colicinas*, codificadas por plasmídeos Col; em *Bacillus subtilis*, temos a *subtilisina*, e assim por diante.

Os plasmídeos Col de *Escherichia coli* codificam várias colicinas. As colicinas liberadas pela célula ligam-se a receptores situados na superfície das células suscetíveis. Os receptores de colicinas geralmente correspondem a entidades cujas funções normais estão associadas ao transporte de algumas substâncias, normalmente um fator de crescimento ou um micronutriente, através da membrana externa (camada lipopolissacarídica) da célula. As colicinas promovem a morte celular por inativar algumas funções críticas à célula. Muitas colicinas formam canais na membrana celular, permitindo o extravasamento de íons potássio e prótons, levando a célula a um estado em que esta perde a capacidade de gerar energia. No entanto, a colicina E2 atua como uma endonuclease de DNA, que cliva o DNA celular, enquanto a colicina E3 corresponde a uma nuclease que cliva um sítio específico no rRNA 16S, inativando os ribossomos. Os plasmídeos Col podem ser tanto conjugativos quanto não conjugativos.

As bacteriocinas, ou agentes do tipo bacteriocina, de bactérias gram-positivas, são bastante diferentes das colicinas, embora sejam também freqüentemente codificadas por plasmídeos, tendo algum valor comercial. Por exemplo, as bactérias lácticas produzem a bacteriocina Nisina A, que inibe intensamente o crescimento de uma grande variedade de bactérias gram-positivas, sendo utilizada como preservante na indústria alimentícia.

Plasmídeos modificados por engenharia genética

As técnicas de engenharia genética, discutidas posteriormente neste capítulo, tornaram possível a construção de um número ilimitado de plasmídeos novos, artificiais, em laboratório. A incorporação de genes das mais diversas fontes nesses plasmídeos possibilitou a transferência de material genético entre diversos organismos, vencendo assim a barreira entre as espécies. Essas técnicas também tornam possível a síntese de genes totalmente novos, os quais podem ser introduzidos em plasmídeos.

Passaremos agora a enfocar os detalhes da conjugação, discutindo como alguns plasmídeos podem atuar, mobilizando o cromossomo bacteriano, possibilitando assim a transferência de genes cromossomais de uma célula doadora para uma receptora.

✓ 10.8 Verificação de conceitos

A informação genética carreada pelos plasmídeos não é essencial às funções celulares sob todas as condições, podendo conferir vantagens seletivas de crescimento, em determinados ambientes. Dentre os diferentes exemplos, temos a resistência aos antibióticos, a síntese de enzimas de degradação de compostos orgânicos pouco usuais, e as vias metabólicas especiais. Plasmídeos estreitamente relacionados não podem se replicar em uma mesma célula. Alguns plasmídeos podem ser transferidos de uma célula para outra, por um mecanismo denominado conjugação.

- ✓ Dois plasmídeos incompatíveis tendem a ser muito similares ou muito diferentes?
- ✓ Os plasmídeos conjugativos tendem a ser grandes. Por quê?

10.9 Conjugação e mobilização do cromossomo

A conjugação bacteriana (acasalamento) é um processo de transferência de genes que envolve o contato entre duas células. Conforme discutimos previamente (ver Seção 10.8), a conjugação é um processo codificado por plasmídeos. Um plasmídeo conjugativo utiliza esse mecanismo para transferir uma cópia de seu DNA a um novo hospedeiro. Entretanto, algumas vezes pode haver a *mobilização* de outros elementos genéticos durante a conjugação. Tais elementos genéticos podem corresponder a outros plasmídeos ou ao cromossomo da célula hospedeira. De fato, a conjugação foi descoberta devido ao fato de o plasmídeo F de *Escherichia coli* (ver Figura 10.17) ser capaz de mobilizar o cromossomo da célula hospedeira. Embora os mecanismos de transferência conjugativa possam apresentar diferenças, dependendo do plasmídeo envolvido, a maioria dos plasmídeos de *Bacteria* gram-negativas parece empregar mecanismos similares aos descritos para o plasmídeo F.

A conjugação envolve uma célula *doadora*, que contém um tipo particular de plasmídeo conjugativo, e uma célula *receptora*, que não possui tal elemento. Em virtude de a conjugação ter sido descoberta a partir da realização de cruzamentos genéticos, as células doadoras foram designadas *machos*, enquanto as receptoras, *fêmeas*. Os genes que controlam a conjugação estão contidos na região *tra* do plasmídeo (ver Seção 10.8). Muitos genes da região *tra* estão envolvidos na formação do par de acasalamento, enquanto a maioria dos demais genes participa da síntese de uma estrutura de superfície, denominada **pilus sexual** (Figura 10.20). Somente as células doadoras apresentam esses pili, o que explica por que os bacteriófagos de RNA que se aderem a essas estruturas são denominados *macho-específicos* (Seção 16.1). Diferentes plasmídeos conjugativos podem apresentar regiões *tra* ligeiramente distintas, sendo os pili também diferentes. O plasmídeo F e outros plasmídeos relacionados codificam os *pili F*.

Os pili permitem que ocorra o pareamento específico entre uma célula doadora e uma receptora. Ao que parece, todos os eventos de conjugação em *Bacteria* gram-negativas requerem o pareamento intercelular, realizado pelos pili. Essas estruturas estabelecem o contato específico por meio de um receptor localizado na célula receptora, seguido de sua retração, aproximando as duas células. O contato entre as células doadoras e receptoras é estabilizado, provavelmente em decorrência da fusão das membranas externas, permitindo que o DNA seja transferido da célula doadora para a receptora.

Mecanismo de transferência de DNA durante a conjugação

Para que o DNA seja transferido, é necessário que este seja previamente sintetizado. Evidências sugerem que uma das fitas do DNA é derivada da célula doadora, enquanto a fita complementar é sintetizada pela célula receptora durante o processo de transferência. Alguns genes da região *tra* estão envolvidos na replicação e transferência do DNA. Um mecanismo de síntese de DNA que ocorre em certos bacteriófagos, a **replicação por círculo rolante**, é ilustrado nas Figuras 9.20 e 16.4. Esse modelo fornece a melhor explicação de como a transferência de DNA ocorre durante a conjugação; o possível mecanismo envolvido no processo é ilustrado na Figura 10.21. O conjunto de eventos é disparado pelo contato das duas células. Nesse momento, uma das fitas do DNA plasmidial circular parental é cortada, sendo então transferida. A enzima responsável pelo corte, TraI, necessária à iniciação do processo, é codificada pelo operon *tra* do plasmídeo F. Essa proteína, que também exibe atividade de helicase, está envolvida no desenovelamento da fita a ser transferida. À medida que a transferência está sendo processada, a síntese de DNA pelo mecanismo de círculo rolante repõe a fita transferida, na célula doadora. Uma fita complementar de DNA é também sintetizada pela célula receptora. Assim, ao final do processo, tanto a célula doadora quanto a receptora apresentarão um plasmídeo completo.

O processo de transferência de DNA plasmidial é muito eficiente, e, em condições adequadas, virtualmente todas as células receptoras que entram em contato com as doadoras adquirem um plasmídeo. Quando os genes plasmidiais podem ser expressos na célula receptora, esta passa a ser uma célula doadora, podendo transferir seus plasmídeos a outras células receptoras. Dessa maneira, os plasmídeos conjugativos têm a capacidade de se disseminar nas populações, comportando-se como um agente infeccioso. A natureza infecciosa desse fenômeno é de grande importância ecológica, uma vez que a introdução de um pequeno número de células portadoras de plasmídeos, contendo genes que conferem adaptação seletiva em uma população apropriada de células receptoras, converterá toda a população em células portadoras de plasmídeo, em um curto período de tempo. A ampla ocorrência do fenótipo de resistência às drogas, devido à presença de plasmídeos conjugativos (ver Seção 10.8), trouxe sérios problemas no tratamento das doenças infecciosas (Seção 17.12). Entretanto, como mencionado anteriormente, os plasmídeos podem ser perdidos pelas células, por um processo de *cura*. Tal evento pode ocorrer espontaneamente em populações naturais, quando não existem pressões seletivas que propiciem a manutenção dos plasmídeos. Por exemplo, plasmídeos que conferem resistência aos antibióticos podem ser perdidos, sem afetar a viabilidade celular, se o ambiente onde as células se encontram for desprovido de antibióticos.

C. Brinton

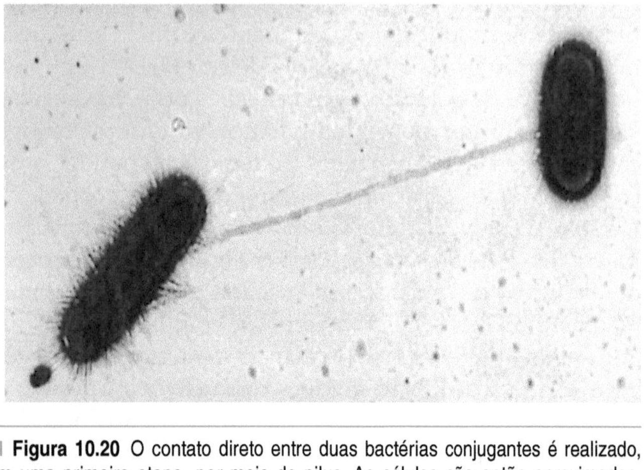

■ **Figura 10.20** O contato direto entre duas bactérias conjugantes é realizado, em uma primeira etapa, por meio do pilus. As células são então aproximadas, formando um par de acasalamento, para que ocorra a transferência do DNA. Esse processo ocorre pela retração (despolimerização) do pilus, no interior da célula doadora. Observe os bacteriófagos F-específicos, aderidos ao pilus (Seção 16.1).

Formação de linhagens Hfr e mobilização do cromossomo

O plasmídeo F de *Escherichia coli* (ver Seção 10.8) não é apenas conjugativo, apresentando também a capacidade de mobilizar o cromossomo e realizar sua transferência durante o contato intercelular. O plasmídeo F é um epissomo, ou seja, um plasmídeo capaz de se integrar ao cromossomo da célula hospedeira (ver Seção 10.8). Quando o plasmídeo encontra-se integrado ao cromossomo, a conjugação pode promover a transferência de grandes regiões do cromossomo hospedeiro, possibilitando a ocorrência de extensas recombinações genéticas entre as células doadora e receptora.

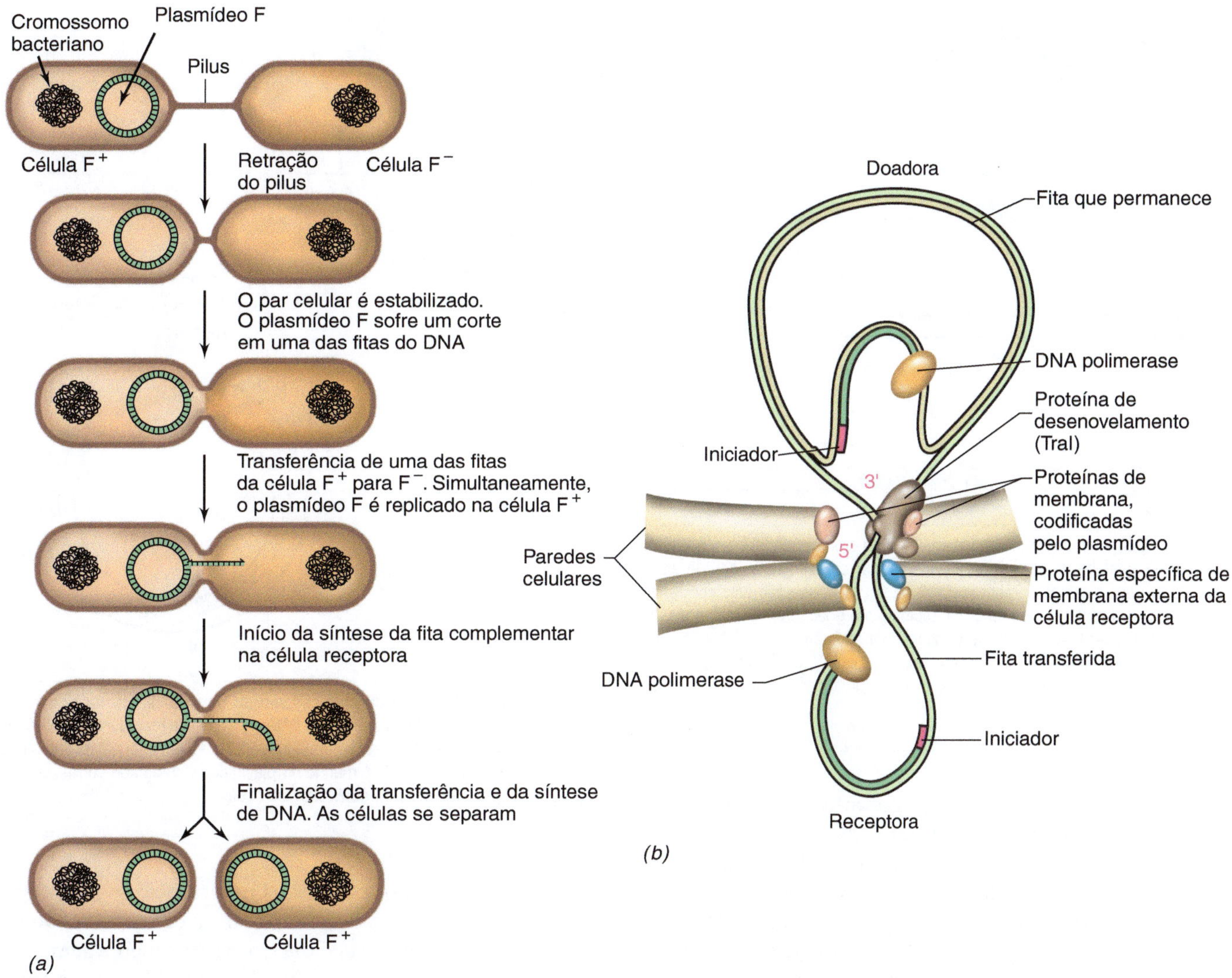

■ **Figura 10.21** Transferência de DNA plasmidial por conjugação. (a) Nesse exemplo, o plasmídeo F de uma célula F⁺ está sendo transferido a célula receptora, F⁻. Observe o mecanismo de replicação por círculo rolante (Figuras 9.20 e 16.4). (b) Detalhes dos processos de replicação e transferência.

Células que possuem um plasmídeo F não integrado são denominadas **F⁺**, enquanto aquelas que apresentam o plasmídeo integrado ao cromossomo são denominadas **Hfr**. Tanto as células F⁺ quanto as Hfr comportam-se como doadoras, embora a conjugação envolvendo células Hfr promova a transferência do cromossomo da célula hospedeira, uma vez que o plasmídeo está integrado, fazendo parte desse cromossomo. A integração do plasmídeo ocorre por um mecanismo bastante simples de mobilização de outros elementos genéticos. O termo "alta freqüência de recombinação" refere-se à recombinação entre o cromossomo da célula doadora e o cromossomo da célula receptora. Células desprovidas de um plasmídeo F são denominadas **F⁻**, atuando como receptoras. Geralmente, as células que contêm um plasmídeo conjugativo são fracas receptoras de plasmídeos iguais ou muito semelhantes. Tal fato ocorre porque a célula tem a capacidade de bloquear a entrada de um plasmídeo similar e não por haver qualquer tipo de incompatibilidade na replicação (ver Seção 10.8).

Dessa maneira, podemos concluir que a presença de um plasmídeo F pode promover três alterações distintas nas propriedades celulares: (1) capacidade de sintetizar o pilus F, (2) mobilização do DNA, que será transferido para outra célula, e (3) alteração dos receptores de superfície, de forma a tornar a célula incapaz de se comportar como receptora, em uma conjugação.

O plasmídeo F pode se integrar em vários sítios específicos, denominados IS (*seqüências de inserção*), presentes no cromossomo da célula hospedeira. Esses sítios correspondem a regiões que exibem homologia entre o DNA cromossomal e o DNA do plasmídeo F (ver a Seção 10.11 para uma discussão sobre seqüências de inserção). A Figura 10.22 ilustra a integração de um plasmídeo F, envolvendo a inserção em um desses elementos cromossomais. Na linhagem Hfr apresentada na figura, o sítio de integração está localizado entre os genes cromossomais *pro* e *lac*. Uma vez integrado, o plasmídeo perde o controle de sua replicação, embora o operon *tra* continue funcionando normalmente, induzindo a síntese de pili.

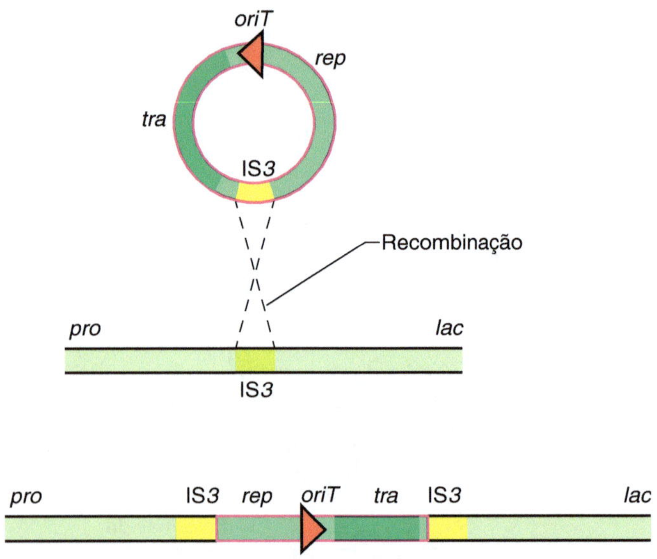

■ **Figura 10.22** Integração de um plasmídeo F no cromossomo, originando uma célula Hfr. A inserção do plasmídeo F pode ocorrer em uma variedade de sítios específicos, onde existem elementos IS. Nesta figura, a inserção está ocorrendo no IS*3*, localizado entre os genes cromossomais *pro* e *lac*. São ilustrados alguns genes do plasmídeo F. A seta indica a origem de transferência, *oriT*, onde tal seta corresponde à extremidade líder. Assim, nesta célula Hfr resultante, o gene *pro* corresponde ao primeiro gene cromossomal a ser transferido, enquanto o gene *lac* estará dentre os últimos.

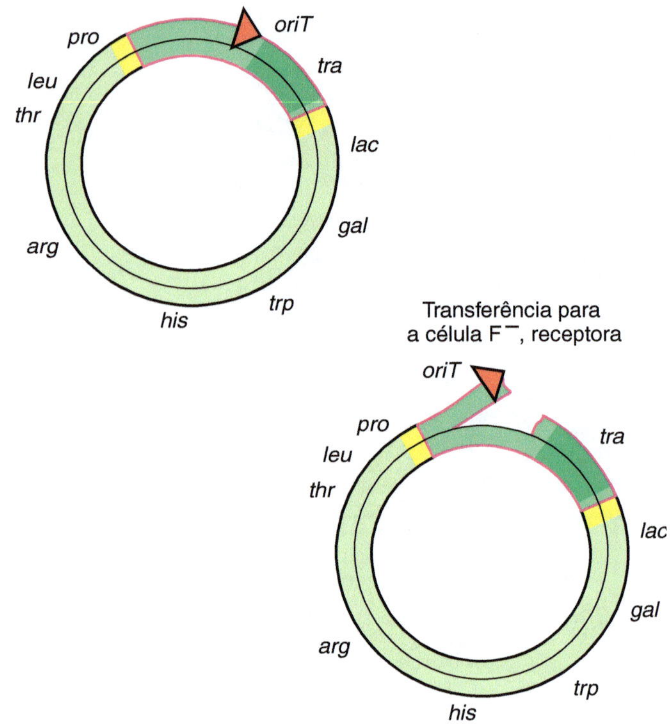

■ **Figura 10.23** Clivagem do cromossomo de uma célula Hfr na origem de transferência e início da transferência do DNA para a célula receptora. A replicação é realizada durante a transferência (ver Figura 10.21). Observe que esta figura não está desenhada em escala. O tamanho do plasmídeo F integrado corresponde a menos de 3% do cromossomo de *Escherichia coli*.

Quando essa célula estabelece contato com uma célula receptora, a conjugação é disparada, conforme descrito para células F^+, sendo a transferência de DNA iniciada a partir da *oriT*. Entretanto, como o plasmídeo está integrado ao cromossomo, após a transferência de parte do DNA plasmidial, os genes cromossomais começam a ser transferidos (Figura 10.23). (Assim como na conjugação envolvendo apenas o plasmídeo F, a transferência do DNA requer sua replicação. Desse modo, após a transferência, a linhagem Hfr permanece Hfr, pois retém uma cópia do material genético transferido.)

Assim, o cromossomo é *mobilizado*. Como mencionamos, a integração de um plasmídeo corresponde a um processo simples de mobilização. São conhecidos outros mecanismos de mobilização, que envolvem não apenas o cromossomo hospedeiro mas também outros plasmídeos. Um desses mecanismos corresponde à mobilização de plasmídeos, mediada por plasmídeos que contêm a seqüência *oriT*, como os plasmídeos F. Como um plasmídeo conjugativo pode suprir todos os produtos necessários à transferência, plasmídeos não conjugativos podem também ser transferidos em uma conjugação, se estiverem presentes em células albergando plasmídeos conjugativos.

Uma vez que vários sítios de inserção podem ser encontrados, diversas linhagens Hfr distintas podem ser originadas. Cada linhagem Hfr sempre transferirá os genes em uma mesma ordem, iniciando o processo sempre na mesma posição. Em contrapartida, linhagens Hfr de origens independentes transferem os genes em seqüências diferentes.

Em geral, apenas *parte* do cromossomo da célula doadora é transferida na conjugação, devido a quebras nas fitas de DNA durante o processo. Em virtude disso, esse cromossomo não é capaz de se replicar na célula hospedeira. Assim, os genes de uma célula doadora somente serão detectados se ocorrerem eventos de recombinação entre o fragmento recebido e o cromossomo da célula receptora.

Embora as linhagens Hfr transmitam genes cromossomais com alta freqüência, geralmente são incapazes de converter células F^- em F^+, ou em Hfr, pois a transferência do plasmídeo F completo corresponde a um evento bastante raro. Em contrapartida, células F^+ são extremamente eficientes na conversão de células F^- em F^+, já que nesses processos o plasmídeo F inteiro é transferido para a célula receptora.

Dependendo do sítio de inserção utilizado pelo plasmídeo F no momento da integração, a origem de transferência poderá estar voltada em uma direção ou na direção oposta. A orientação do plasmídeo F integrado determinará quais genes serão primeiramente transferidos para a célula receptora. As diversas possibilidades de geração das linhagens Hfr são ilustradas na Figura 10.24. A partir da utilização de várias linhagens Hfr, foi possível determinar o arranjo e a orientação de um grande número de genes cromossomais de *Escherichia coli*, conforme descreveremos na Seção 10.19.

Utilização de linhagens Hfr e o fenômeno do acasalamento interrompido

Assim como em qualquer sistema de transferência de genes, é possível realizar a **seleção** de recombinantes na

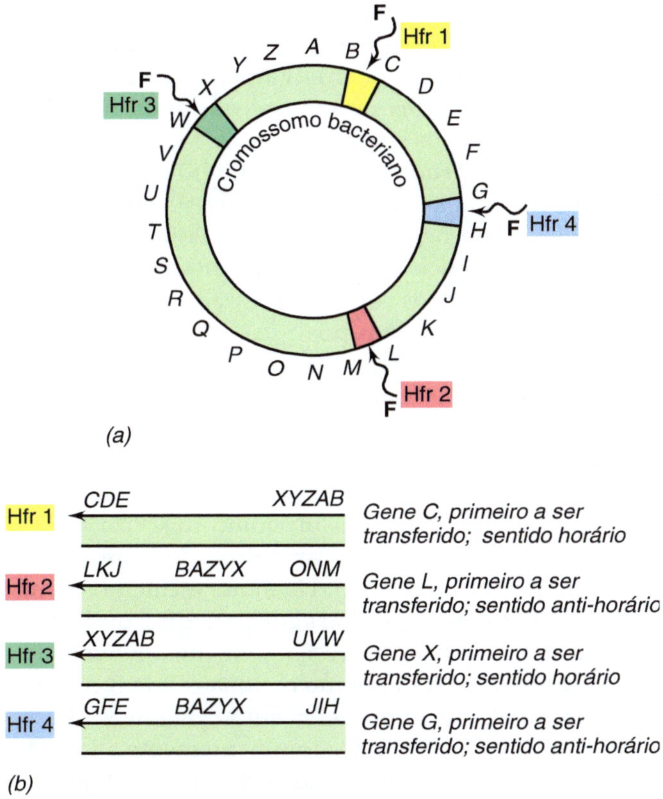

■ **Figura 10.24** Obtenção de diferentes linhagens Hfr que transferem genes em ordens diferentes, a partir de origens distintas. O cromossomo bacteriano corresponde ao círculo (a), que pode ser aberto a partir de diferentes seqüências de inserção, onde os plasmídeos F se integraram. As possíveis ordenações dos genes estão parcialmente descritas em (b).

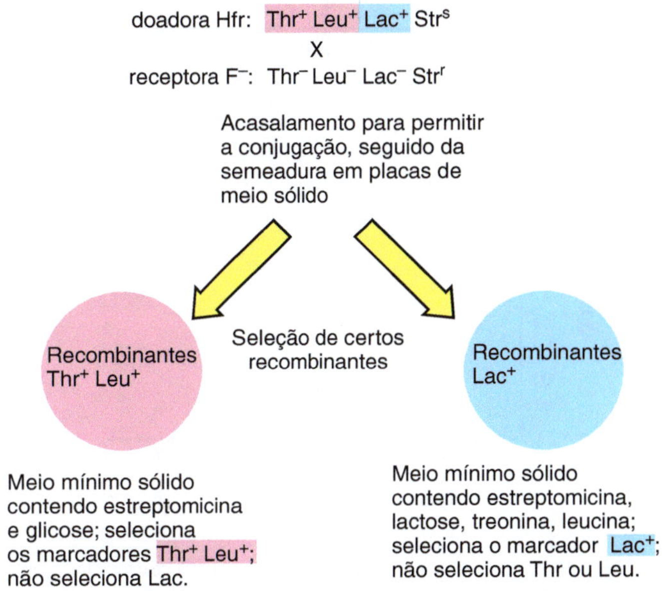

■ **Figura 10.25** Procedimento laboratorial para a detecção da conjugação. Thr, treonina; Leu, leucina; Lac, lactose; Str, estreptomicina. Observe que cada meio seleciona classes específicas de recombinantes. Como controles do experimento, semear amostras das células doadora e receptora antes que sejam misturadas. Nenhuma deve ser capaz de crescer nos meios seletivos empregados.

conjugação. Entretanto, contrariamente à transformação e à transdução, tanto a célula doadora quanto a receptora são viáveis na conjugação. Dessa maneira, é necessário que meios seletivos sejam escolhidos para permitir o crescimento das linhagens recombinantes desejadas, sem que as células parentais formem colônias. Normalmente, são utilizadas células receptoras que exibem resistência a um antibiótico, sendo ainda auxotróficas para alguma substância. A célula doadora, por sua vez, é sensível ao antibiótico e prototrófica para a mesma substância.

Por exemplo, no experimento de conjugação ilustrado na Figura 10.25, a célula Hfr doadora é sensível à estreptomicina (Str^S) e contém genes selvagens que codificam as enzimas necessárias à síntese dos aminoácidos treonina e leucina (Thr^+ e Leu^+) e à utilização de lactose como fonte de energia (Lac^+). A célula receptora é mutante para tais genes e apresenta resistência à estreptomicina (Str^r). O meio seletivo utilizado corresponde a um meio mínimo contendo estreptomicina, de modo que apenas células recombinantes são capazes de crescer. A composição de cada meio seletivo varia, dependendo de quais características genéticas são desejadas nas células recombinantes, como apresentado na Figura 10.25. A freqüência do processo é mensurada pela contagem das colônias que se desenvolvem no meio seletivo.

O entendimento do mecanismo envolvido na conjugação e o conhecimento de que linhagens Hfr correspondem a células contendo um plasmídeo F integrado ao cromossomo permitem concluir que a transferência dos genes cromossomais ocorrerá sempre em uma mesma ordem, a partir de um ponto fixo, para cada linhagem Hfr. A natureza orientada e fragmentada da transferência dos genes da célula hospedeira durante a conjugação foi demonstrada pela primeira vez por meio de um procedimento denominado **acasalamento interrompido**. A união entre os pares de acasalamento é fraca, podendo ser rompida pela agitação do sistema em um homogenizador ou vórtex. Se misturas contendo células Hfr e F^- forem agitadas em tempos diferentes, e os recombinantes, analisados em cada um desses tempos, veremos que quanto maior o tempo entre o pareamento e a agitação, maior o número de genes da célula Hfr presentes na célula F^- recombinante. Conforme apresentado na Figura 10.26, os genes mais próximos à origem de transferência serão os primeiros a penetrar na célula F^-, estando em uma porcentagem maior de recombinantes que os genes mais distantes da origem. Experimentos desse tipo, além de revelar que a transferência de genes entre uma célula doadora e uma receptora ocorre de maneira seqüencial, permitem a determinação da organização dos genes em um DNA bacteriano (mapeamento genético). O arranjo dos *loci* gênicos em um cromossomo é denominado **mapa genético** (ver Seção 10.19).

Assim como na transformação e na transdução, a recombinação genética entre genes Hfr e F^- envolve eventos de recombinação homóloga na célula receptora. Esse fato foi demonstrado pelo isolamento de linhagens F^- mutantes, incapazes de originar recombinantes quando acasaladas com células Hfr. Esses mutantes são Rec^- (recombinação menos), não apresentando a proteína RecA, devido a uma mutação no gene *recA* (ver Seção

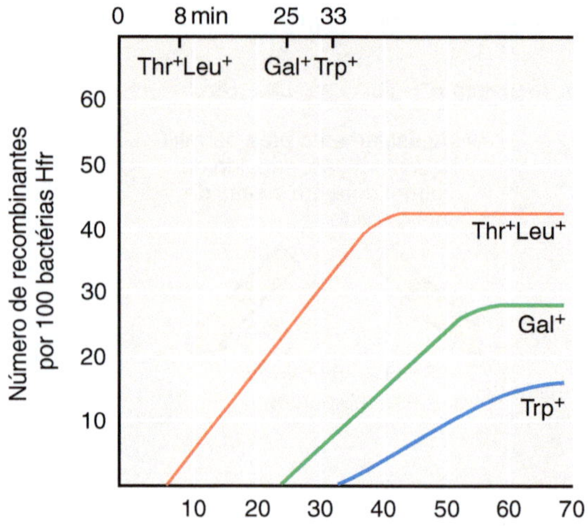

■ **Figura 10.26** Taxa de formação de recombinantes contendo diferentes genes, após a mistura de bactérias Hfr e F⁻, em um experimento de acasalamento interrompido. A localização dos genes ao longo do cromossomo Hfr é apresentada na parte superior esquerda do gráfico. Observe que os genes mais próximos à origem (0 min) são os primeiros a ser detectados nos recombinantes. O experimento é realizado por meio da mistura de células Hfr e F⁻ em condições nas quais praticamente todas as células Hfr encontrarão um par para acasalar. As células receptoras F⁻ eram resistentes à estreptomicina e auxotróficas para os marcadores em estudo. As células doadoras Hfr eram sensíveis à estreptomicina. Em diferentes tempos, amostras da mistura foram intensamente agitadas para promover a separação dos pares de acasalamento e, em seguida, semeadas em um meio seletivo, onde apenas os recombinantes são capazes de crescer e formar colônias.

10.5). Deve-se ter em mente que o termo recombinação não significa transferência de DNA. A transferência de DNA não é afetada em células Rec⁻, mesmo que não ocorra a recombinação nessas células, após a transferência do DNA.

Transferência de genes cromossomais para o plasmídeo F

Ocasionalmente, plasmídeos F integrados podem sofrer excisão, separando-se do cromossomo. Eventualmente, pode haver a incorporação de genes *cromossomais* no plasmídeo durante sua excisão. Tal processo pode ocorrer uma vez que tanto o plasmídeo F integrado quanto o cromossomo contêm várias IS idênticas, onde a recombinação pode acontecer. Esses plasmídeos, contendo genes cromossomais, são denominados *plasmídeos F′* (*F linha*). Os plasmídeos F′ diferem dos plasmídeos F normais por conterem genes cromossomais identificáveis, podendo transferi-los com alta freqüência às células receptoras. A transferência mediada por plasmídeos F′ é semelhante a uma transdução especializada, já que apenas um grupo restrito de genes cromossomais pode ser transferido. A partir da transferência de um plasmídeo F′ conhecido, é possível estabelecer células diplóides para uma região limitada do cromossomo (essas células diplóides parciais são denominadas *merodiplóides*). Tal tipo de procedimento é importante na realização dos testes de complementação (ver Seção 10.10).

Outros sistemas de conjugação

Embora nossa discussão sobre a conjugação tenha-se restringido quase exclusivamente às células de *Escherichia coli*, muitas outras *Bacteria* gram-negativas possuem plasmídeos conjugativos. De fato, plasmídeos conjugativos do grupo de incompatibilidade (ver Seção 10.8) IncP podem ser mantidos em praticamente todas as espécies gram-negativas, havendo assim a possibilidade de transferência de DNA entre diferentes espécies e gêneros. Plasmídeos conjugativos são também encontrados em *Bacteria* gram-positivas (por exemplo, em *Streptococcus*, *Enterococcus* e *Staphylococcus*). Via de regra, nas outras bactérias gram-negativas o mecanismo de conjugação é muito similar ao descrito para o plasmídeo F, enquanto em células gram-positivas a conjugação pode ser bastante diferente.

Alguns plasmídeos, assim como descrito para o plasmídeo F, podem mobilizar outros elementos genéticos com menor freqüência. Há ainda elementos denominados transposons *conjugativos*, que podem se autotransferir a partir do cromossomo de um hospedeiro doador para o cromossomo de uma célula receptora, podendo mobilizar outros elementos genéticos. Transposons conjugativos são predominantemente encontrados em *Bacteria* gram-positivas. Estes apresentam uma grande gama de hospedeiros, podendo mediar a transferência de genes entre bactérias de gêneros diferentes. O mecanismo de conjugação empregado por esses elementos não está plenamente estabelecido, mas parece envolver intermediários circulares, semelhantes a plasmídeos. Vários plasmídeos conjugativos foram também detectados em *Sulfolobus*, um gênero de *Archaea*. Muito pouco se conhece sobre a conjugação em *Sulfolobus*, embora esteja definida a necessidade de haver a formação de pares de acasalamento antes que haja a transferência do plasmídeo, sendo esta unidirecional. No entanto, com apenas uma exceção, os genes envolvidos parecem apresentar pequena similaridade com os genes de *Bacteria* gram-negativas. A exceção corresponde a um gene similar ao gene *traG*, cujo produto protéico parece estabilizar os pares de acasalamento na conjugação mediada pelo plasmídeo F. Dessa maneira, é provável que o mecanismo de conjugação em *Archaea* seja bastante diferente daquele observado em *Bacteria*.

✓ 10.9 Verificação de conceitos

A conjugação é um mecanismo de transferência de DNA em procariotos que requer o contato entre duas células. A conjugação é controlada por genes presentes em certos plasmídeos (como os plasmídeos F). Esse processo envolve, tipicamente, a transferência do plasmídeo de uma célula doadora para uma receptora. No entanto, outros elementos genéticos, incluindo o cromossomo da célula doadora, podem algumas vezes ser mobilizados e transferidos. A transferência do cromossomo da célula doadora raramente ocorre por completo, podendo ser utilizada para mapear a ordem dos genes.

✓ Como as células doadoras e receptoras entram em contato umas com as outras?

✓ Em uma conjugação envolvendo um plasmídeo F de *Escherichia coli*, como o cromossomo hospedeiro pode ser mobilizado?

10.10 Complementação

Os métodos de transferência de genes bacterianos discutidos nas seções anteriores abordavam a transferência de apenas uma *porção* do cromossomo da célula doadora. No entanto, se não ocorrer a recombinação com o cromossomo da célula receptora, o DNA exógeno será perdido, uma vez que não é capaz de se replicar de maneira independente. Em apenas duas situações, um estado de diploidia parcial pode ser mantido de maneira estável. Um dos casos ocorre quando um fago de transdução especializada transfere genes de uma célula doadora, os quais são mantidos como parte do genoma viral (ver Seção 10.7). O outro caso refere-se à utilização de plasmídeos F′, onde os genes de uma célula doadora tornam-se parte do genoma de um plasmídeo F (ver Seção 10.9). Visto que é possível a criação de fagos transdutores especializados ou de plasmídeos recombinantes por meio de técnicas de DNA recombinante (ver Seções 10.15 e 10.16), atualmente é possível inserir qualquer porção de um cromossomo bacteriano em um fago ou em um plasmídeo. Tal procedimento pode ser de grande utilidade em diferentes tipos de análises, tais como o *teste de complementação*.

O teste de complementação

Quando duas linhagens mutantes são cruzadas geneticamente (acasaladas), a recombinação homóloga pode gerar um recombinante do tipo selvagem, a menos que as mutações envolvam alterações nos mesmos pares de bases. Assim, se duas *Escherichia coli* Trp^- diferentes (linhagens que requerem a adição do aminoácido triptofano no meio de cultura) são cruzadas, originando recombinantes Trp^+, é evidente que as mutações não incluem os mesmos pares de bases, nas duas linhagens. No entanto, esse experimento não permite detectar se as mutações ocorreram no mesmo gene. Tal tipo de análise pode ser realizado por meio de um experimento denominado **teste de complementação**.

A complementação foi inicialmente utilizada em organismos eucarióticos *diplóides*. Em organismos diplóides, as células apresentam *pares* de cromossomos, sendo cada um originado de uma célula parental (Seção 14.6). Quando as duas mutações estão presentes em membros distintos de um par (isto é, cada mutação oriunda de uma das células parentais), são definidas como em configuração **trans**. Em contrapartida, se as duas mutações ocorrem no *mesmo* cromossomo (ambas oriundas da mesma célula parental), são descritas como em configuração **cis**. Como discutimos anteriormente, a diploidia verdadeira não existe em procariotos, embora um estado diplóide possa ocorrer em uma região do cromossomo, como resultado da transferência de um fragmento cromossomal de uma célula doadora. Entretanto, o princípio do teste e a nomenclatura (*cis* e *trans*) são os mesmos.

Se um dos genes de triptofano de uma das linhagens foi inativado por uma mutação, levando ao fenótipo Trp^-, a introdução de uma cópia do gene selvagem oriunda de outra linhagem nessa célula poderá restaurar seu fenótipo selvagem, isto é, a célula resultante, parcialmente diplóide, será Trp^+. (Isto será verdadeiro a menos que a mutação seja *dominante*.) Assim, pode-se dizer que o gene selvagem *complementou* a mutação.

Embora em procariotos apenas um fragmento cromossomal seja transferido, este normalmente apresenta tamanho suficiente para conter muitos genes. Lembre-se de que os genes para a biossíntese de triptofano encontram-se em um operon (Figura 8.20), que pode ser facilmente transferido a partir da célula doadora. Observe que, mesmo se o operon da célula doadora apresentar uma mutação, esta será complementada *se as duas mutações estiverem localizadas em genes diferentes*. Nesse caso, as duas mutações se *complementam*. Tal evento encontra-se esquematizado na Figura 10.27. As mutações podem ser complementadas porque os genes codificam proteínas capazes de se difundir pelo citoplasma da célula. (Mutações em sítios regulatórios, como promotores, não podem ser complementadas, uma vez que atuam em nível de DNA.) Se cada molécula homóloga de DNA contribuir com um gene necessário diferente, a célula apresentará todas as enzimas requeridas à síntese de triptofano. Observe que a complementação *não* envolve a recombinação. Para que o teste seja realizado, as mutações devem estar na configuração *trans*. (Se uma molécula apresentar as duas mutações, a outra molécula será do tipo selvagem, capaz de conferir o fenótipo selvagem, a menos que uma das mutações seja *dominante*. Portanto, as mutações em *cis* atuam como um controle.)

O cístron

Esse tipo de teste de complementação, denominado *teste cis-trans*, é empregado para definir se duas mutações encontram-se em uma mesma unidade genética (funcional). A unidade genética definida pelo teste cis-trans é muitas vezes denominada **cístron** (termo essencialmente equivalente a gene). Conforme mencionado, duas mutações em um *mesmo* cístron *não* podem se complementar. Assim, quando ocorre uma complementação, conclui-se que as mutações situavam-se em cístrons *diferentes* (isto é, em genes diferentes). O termo *cístron* é raramente empregado, exceto para descrever se um mRNA contém a informação genética de um gene (mRNA monocistrônico) ou de mais de um gene (mRNA policistrônico) (Seção 7.11).

✓ 10.10 Verificação de conceitos

Quando uma célula é manipulada de maneira a conter duas cópias de uma região de seu genoma, testes de complementação podem ser realizados para determinar se duas mutações encontram-se em um mesmo gene ou em genes diferentes. Esse tipo de abordagem é freqüentemente necessária, uma vez que mutações em genes distintos de uma mesma via podem originar um mesmo fenótipo. Os testes de complementação não envolvem o processo de recombinação.

✓ O que é um *diplóide parcial*?

✓ Os testes de complementação são também conhecidos como *testes cis-trans*. Explique.

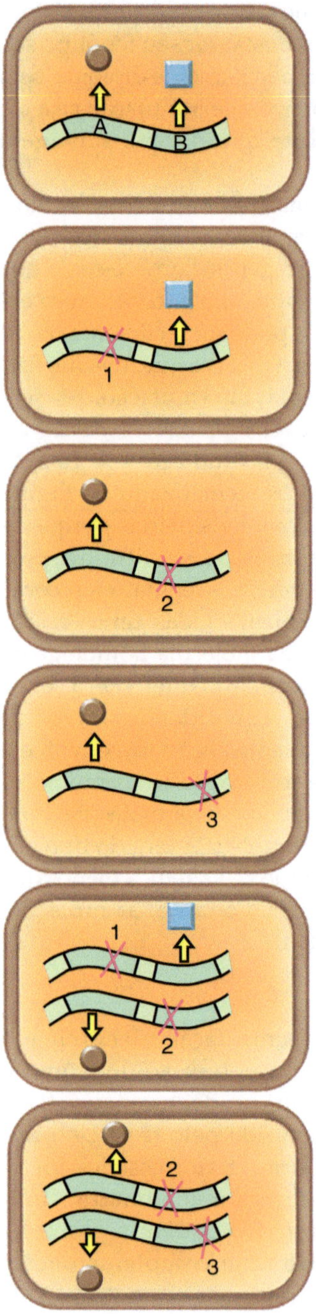

Célula selvagem: os dois genes são funcionais e a célula é Trp^+.

Mutante X: a célula contém a mutação 1, sendo Trp^- (requer triptofano para seu crescimento).

Mutante Y: a célula contém a mutação 2, sendo Trp^-.

Mutante Z: a célula contém a mutação 3, sendo Trp^-.

Teste trans para as mutações 1 e 2: há a complementação (a célula é Trp^+) indicando que as mutações estavam localizadas em genes diferentes.

Teste trans para as mutações 2 e 3: não há a complementação (a célula é Trp^-), indicando que as mutações estavam localizadas em um mesmo gene.

■ **Figura 10.27** Análise de complementação. Os produtos protéicos dos dois genes (A e B) são necessários à síntese de triptofano. As mutações 1, 2 e 3 originam o mesmo fenótipo — a necessidade de triptofano. A análise de complementação indica que as mutações 2 e 3 ocorrem em um mesmo gene, enquanto a mutação 1 se dá em um gene distinto.

10.11 Transposons e seqüências de inserção

A organização dos genes em um cromossomo bacteriano pode ser determinada por meio de técnicas de transferência de genes, assim como os genes de cromossomos eucarióticos podem ser mapeados por meio de experimentos de acasalamento. No entanto, o arranjo exato dos genes ao longo de um cromossomo não é necessariamente fixo; alguns genes são capazes de se mover em certas condições. Esse processo, em que um gene se move de um local para outro no genoma, é denominado **transposição**, sendo um processo importante na evolução e nas análises genéticas.

Devemos enfatizar que a transposição é geralmente um evento raro, ocorrendo com freqüências de 10^{-5} a 10^{-7} por geração. Dessa maneira, pode-se considerar que os genes dos seres vivos são relativamente estáveis.

Além disso, nem todos os genes são capazes de realizar a transposição. Esse processo está associado à presença de elementos genéticos especiais, denominados **elementos de transposição**.

A transposição foi originalmente descoberta no milho e, posteriormente, em *Bacteria*, graças à variedade de tipos de análises genéticas extremamente sensíveis, aplicáveis a esses organismos. Foi demonstrado que seqüências de DNA com propriedades de elementos de transposição são amplamente distribuídas na natureza. Entretanto, a transposição pode ser de difícil detecção (por ser um evento raro) em organismos com sistemas genéticos pouco caracterizados, que dificulta sua identificação como um elemento transponível.

Elementos transponíveis

Como previamente discutido (Seção 7.4), três tipos de elementos transponíveis podem ser encontrados em *Bacteria*: seqüências de inserção, transposons e alguns vírus especiais (tais como Mu) (Seção 16.5). Nesta seção, concentraremos nossa discussão principalmente nas seqüências de inserção e nos transposons. Esses dois elementos apresentam duas importantes características em comum: ambos contêm genes que codificam uma **transposase**, enzima necessária à transposição, e ambos possuem pequenas *repetições terminais invertidas* nas extremidades de seus DNAs (lembre-se de que essas "extremidades" são contínuas a qualquer DNA em que esses elementos se inserem). As repetições variam de cerca de 20 pares de bases, em elementos IS simples, a mais de 1.000 pares de bases, em alguns transposons; cada IS apresenta um número específico de pares de bases em suas repetições terminais. As repetições terminais invertidas estão envolvidas no processo de transposição (ver adiante). A Figura 10.28 ilustra o mapa genético de um elemento de inserção denominado IS2 e de um transposon denominado Tn*5*.

As seqüências de inserção correspondem ao elemento transponível mais simples, não carreando qualquer informação genética além daquela necessária à sua inserção em novos locais. As seqüências de inserção são segmentos curtos de DNA, contendo cerca de 1.000 nucleotídeos, que se integram em sítios específicos no genoma. Estas, abreviadas por IS, são encontradas tanto em DNA cromossomal quanto plasmidial e em certos bacteriófagos. Centenas de elementos IS distintos foram caracterizados; a maioria é designada por um número, que identifica seu tipo: IS*1*, IS*2*, IS*3*, e assim por diante. Como muitos elementos IS foram descobertos, alguns receberam designações relacionadas ao organismo em que foram inicialmente identificados. Por exemplo, o IS Mt*1* foi descoberto em *Mycobacterium tuberculosis*. Os ele-

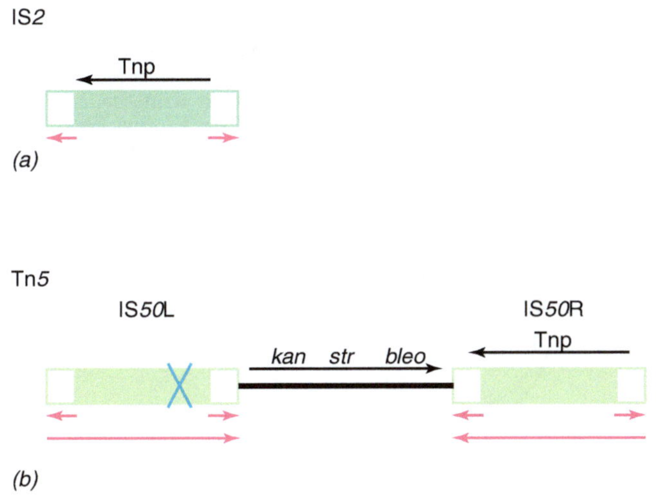

■ **Figura 10.28** Mapas dos elementos de transposição IS2 e Tn5. As setas vermelhas abaixo de cada mapa indicam as repetições invertidas. As setas acima dos mapas indicam a direção da transcrição dos genes presentes nos elementos. O gene *Tnp* codifica a transposase. Os genes de transposase desses dois elementos não são estreitamente relacionados. (a) IS2 é uma seqüência de inserção de 1.327 pares de bases, apresentando repetições invertidas de 41 pares de bases em suas extremidades. (b) Tn5 é um *transposon* composto, com 5,7 pares de quilobases, apresentando as seqüências de inserção IS50L e IS50R em suas extremidades esquerda e direita, respectivamente. O IS50L não é capaz de realizar uma transposição independente, visto que apresenta uma *mutação sem sentido* (ver Seção 10.2), assinalada por um "X" azul, em seu gene de transposase. Apesar disso, os dois elementos IS50 são praticamente idênticos. Observe que esses dois elementos IS50 são invertidos, um em relação ao outro. Os genes *kan*, *str* e *bleo* conferem resistência aos antibióticos kanamicina (e neomicina), estreptomicina e bleomicina. Curiosamente, a resistência à estreptomicina não é expressa em *Escherichia coli*.

mentos IS encontram-se distribuídos ao longo do cromossomo, variando em número e freqüência de acordo com a linhagem. Por exemplo, uma linhagem de *Escherichia coli* apresenta cinco cópias de IS2 e cinco de IS3. Muitos plasmídeos também apresentam essas seqüências de inserção (ver Figuras 10.17 e 10.19). A recombinação homóloga entre seqüências idênticas presentes no plasmídeo F e no cromossomo (*não sendo* transposição) permite que o plasmídeo F se integre ao cromossomo bacteriano, mobilizando-o (ver Seção 10.9). Alguns membros de *Archaea* possuem um grande número de elementos IS em seus cromossomos.

Os transposons são maiores que as seqüências de inserção e carreiam outros genes, alguns conferindo propriedades importantes ao organismo. Estes, com freqüência, incluem marcadores de resistência a drogas, além de outros genes facilmente selecionáveis. Como mencionamos anteriormente (ver Seção 10.9), existem ainda os transposons *conjugativos*. Estes possuem genes que, além de permitir sua mobilização para novos sítios em um genoma bacteriano, possibilitam sua transferência de uma bactéria para outra.

Alguns transposons correspondem a estruturas compostas contendo um gene ou um grupo de genes inserido entre duas seqüências de inserção idênticas. A existência desses transposons compostos indica que, provavelmente, novos transposons poderão ser originados em células que apresentem seqüências de inserção.

O mecanismo de transposição

Conforme mencionado, as repetições invertidas situadas nas extremidades de elementos transponíveis são essenciais à transposição. O outro componente essencial corresponde à enzima *transposase*, que reconhece as repetições. Essa enzima é normalmente codificada pelo elemento transponível, embora alguns elementos IS muito simples utilizem uma enzima codificada por outro elemento genético. Ao que parece, a transposase reconhece, cliva e eventualmente liga o DNA durante a transposição (Figura 10.29).

Quando um elemento transponível se insere em outro DNA (o DNA-alvo), ocorre uma duplicação em uma pequena seqüência localizada no sítio de integração do DNA-alvo. Essa seqüência do DNA-alvo não estava presente no elemento, sendo a replicação induzida pelo transposon durante o processo de inserção. A duplicação da seqüência-alvo ocorre devido à clivagem pela transposase, que origina fragmentos de fitas simples. O transposon então se liga às extremidades de fita simples geradas, sendo a duplicação resultante do reparo desses segmentos (ver Figura 10.30).

Certos elementos transponíveis preferem determinadas seqüências como sítios-alvo, enquanto outros, como o bacteriófago Mu, podem se inserir de maneira aleatória (para uma representação da inserção de Mu, ver Capítulo 16, Figura 16.9).

Dois mecanismos de transposição são conhecidos, denominados *conservativo* e *replicativo* (Figura 10.30). Na transposição conservativa, como ocorre com o transposon Tn5, o elemento transponível é excisado de um local do cromossomo e se insere em um segundo local. Com isso, o número de cópias de um transposon conservativo permanece sendo uma. Em contrapartida, os transposons replicativos, como o bacteriófago Mu (Seção 16.5), duplicam-se e inserem uma nova cópia em outro local. Assim, ao final da transposição, *uma* cópia do elemento *permanece* no sítio original e *outra cópia* é encontrada em um novo sítio. Durante esse processo de transposição, o transposon original *permanece* em seu sítio original; em nenhum momento o transposon original é encontrado livre na célula.

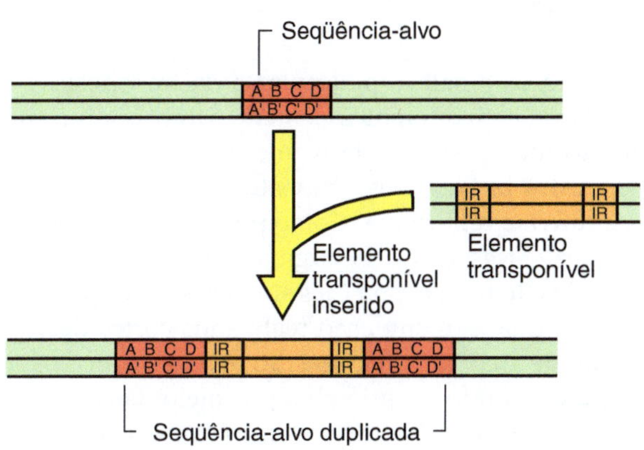

■ **Figura 10.29** Transposição. A inserção de um elemento transponível gera a duplicação da seqüência-alvo. Observe a presença de repetições invertidas (IRs) nas extremidades do elemento transponível. A Figura 10.30 apresenta modelos mais detalhados do mecanismo de transposição.

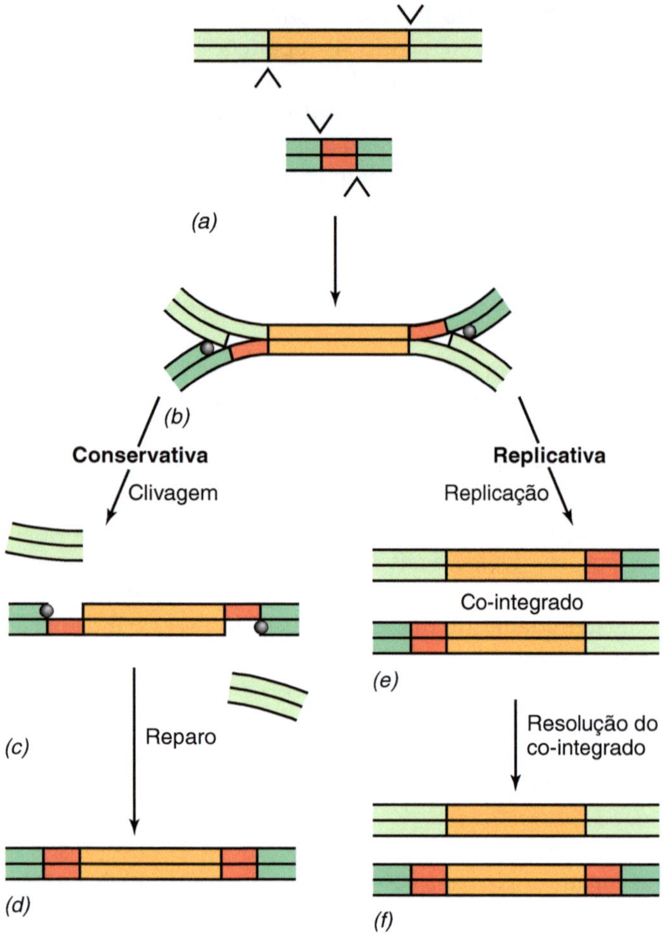

■ **Figura 10.30** Mecanismos de transposição. (a) Tanto na transposição conservativa quanto na replicativa, a transposase gera cortes (assinalados pelas setas) nas fitas de DNA, nas extremidades do elemento transponível (laranja) e no sítio-alvo (vermelho). O número e a localização dos cortes podem variar, dependendo do mecanismo. (b) O sítio-alvo liga-se ao elemento transponível. Os pontos pretos indicam as extremidades 3' das fitas de DNA onde a replicação pode ocorrer (Seção 7.5). (c) Na transposição conservativa, clivagens adicionais são realizadas antes da replicação/reparo do DNA, sendo o elemento transponível desligado do DNA doador. (d) O reparo leva à duplicação do sítio-alvo e à finalização da transposição em um novo sítio. (e) Na transposição replicativa, há a replicação sem a remoção do elemento transponível do sítio doador, levando à formação de duas cópias do elemento, como parte de um co-integrado. Observe, no entanto, que esse processo leva à união das moléculas de DNA doadora (verde-claro) e alvo (verde-escuro). (f) Essas moléculas são separadas (resolvidas) em uma reação posterior. A resolução dos co-integrados é apresentada, em maior detalhe, na Figura 10.31.

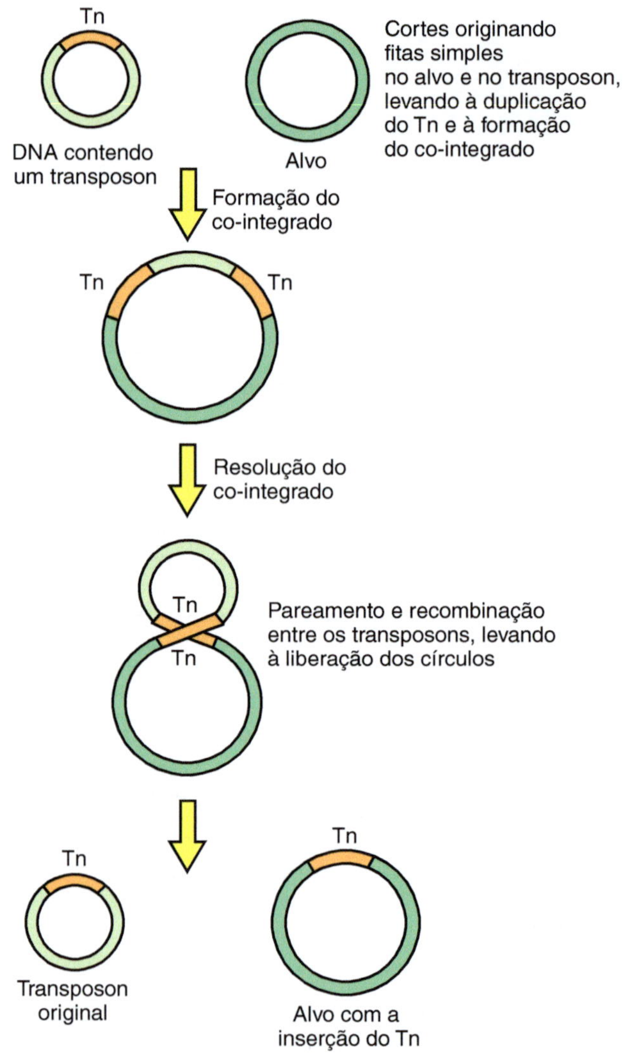

■ **Figura 10.31** Transposição replicativa. Após a formação dos cortes de fitas simples, uma estrutura co-integrada é gerada pela associação das duas moléculas (ver Figura 10.30). Após a recombinação, a resolução da estrutura co-integrada promove a liberação do transposon original e a duplicação deste na molécula-alvo.

Embora os detalhes moleculares da transposição não sejam claros, com diferentes elementos transponíveis apresentando mecanismos relativamente distintos, a Figura 10.30 ilustra os modelos propostos para a transposição conservativa e replicativa. Como pode ser observado, são realizados cortes, os quais originam fitas simples nas extremidades do transposon (nos sítios das repetições invertidas). Simultaneamente, são realizados cortes desemparelhados de fitas simples no sítio-alvo. O transposon é, em seguida, unido ao sítio-alvo por meio das extremidades de fita simples. Na transposição conservativa, o sítio doador é clivado e reparado pela replicação, que preenche as falhas da fita simples no sítio-alvo. Esse processo resulta na formação de *repetições diretas* no sítio-alvo, situadas nas extremidades do transposon. Na transposição replicativa, o reparo pela replicação ocorre enquanto o elemento transponível ainda está ligado aos sítios original e alvo. Isso leva à formação de uma estrutura composta, denominada *co-integrado*. O evento final dessa via corresponde à *resolução* da estrutura co-integrada, promovendo a liberação do transposon original e a presença de uma nova cópia do transposon no sítio-alvo (Figura 10.31).

A transposição é essencialmente um *evento de recombinação* que não ocorre entre seqüências homólogas e não utiliza o sistema geral de recombinação da célula. Tal processo utiliza a *transposase* em vez da proteína RecA, envolvida na recombinação geral. Como essa recombinação requer uma seqüência *específica* de bases, é denominada *recombinação sítio-específica* (contrariamente à recombinação homóloga, discutida no início do capítulo).

Mutagênese por elementos transponíveis

Quando o sítio de inserção de um elemento transponível está situado no *interior* de um gene, a inserção de um transposon promoverá a perda da continuidade linear desse gene, resultando em uma mutação (Figura 10.32). Assim, os transposons correspondem a um simples mecanismo de criação de mutações ao longo do cromossomo. O elemento mais conveniente de **mutagênese por transposon** é aquele que contém um gene de resistência a um antibiótico. Os clones que contêm o transposon podem ser selecionados pelo isolamento de colônias resistentes ao antibiótico. Se clones resistentes ao antibiótico forem selecionados em um meio rico, no qual todos os auxotróficos podem crescer, estes poderão ser subseqüentemente rastreados em meio mínimo suplementado com vários fatores de crescimento, para determinar se alguns desses fatores é requerido.

Os transposons são também úteis para a incorporação de marcadores genéticos auxotróficos em um organismo selvagem. Geralmente, recombinantes auxotróficos não podem ser isolados por procedimentos de seleção positiva. Entretanto, se o marcador auxotrófico a ser introduzido contiver um elemento transponível com um gene de resistência a antibióticos, os clones poderão ser selecionados a partir de sua resistência, um procedimento de seleção positiva, permitindo assim a obtenção automática de clones que incorporaram o marcador auxotrófico.

Dois transposons amplamente utilizados para a mutagênese são o Tn*5* (ver Figura 10.29), que confere resistência à neomicina e kanamicina, e o Tn*10*, que contém um marcador de resistência à tetraciclina (ver Figura 10.19).

O bacteriófago Mu (Seção 16.5) é também amplamente utilizado como um agente *mutagênico biológico*. Como o fago Mu integra-se em uma grande variedade de sítios, pode ser utilizado na indução de mutações em vários locais. O bacteriófago Mu pode também ser utilizado na introdução de genes oriundos de outros hospedeiros em uma célula, o que corresponde a uma forma de engenharia genética *in vivo*. Além disso, fagos Mu modificados foram desenvolvidos artificialmente, de modo a perder parte de suas funções líticas. Esses fagos, denominados Mini-Mu, apresentam porções significantes deletadas, possuindo as extremidades na orientação normal. Os fagos Mini-Mu são normalmente defectivos, incapazes de formar placas de lise, sendo sua presença detectada pela identificação dos genes transportados. Um conjunto de fagos Mini-Mu contendo o gene de β-galactosidase do hospedeiro (denominados Mu*d*-*lac*, onde *d* significa "defectivo") pode ser detectado no estado integrado se o gene *lac* estiver orientado adequadamente em relação ao promotor da célula hospedeira. Nessas condições, a célula hospedeira produzirá a enzima β-galactosidase, que pode ser detectada pela utilização de um indicador especial de cor. O desenvolvimento de colônias β-galactosidase positivas, oriundas de um hospedeiro β-galactosidase negativo, indica a ocorrência de uma infecção com o fago Mu*d*-*lac*.

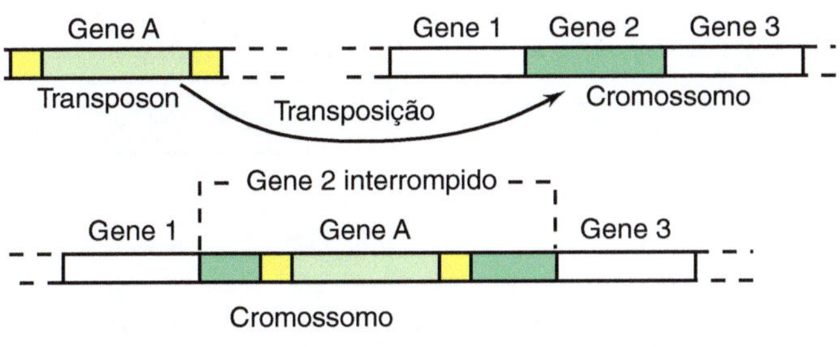

■ **Figura 10.32** Mutagênese por transposição. O transposon move-se para o meio do gene 2. O gene 2 é rompido pelo transposon, sendo inativado. O gene A do transposon será expresso nos dois locais.

Integrons

Como muitos transposons contêm genes que conferem resistência a antibióticos e apresentam a capacidade de se transpor para plasmídeos conjugativos, as terapias antimicrobianas tradicionais vêm sofrendo sérias conseqüências, em relação ao tratamento de infecções bacterianas. Alguns transposons contêm ainda outros elementos, denominados *integrons*, que os tornam ainda mais formidáveis. **Integrons** são elementos genéticos que capturam e expressam genes de outras fontes. Os integrons possuem um gene que codifica uma enzima denominada integrase, que catalisa um outro tipo de *recombinação sítio-específica*. Lembre que o genoma do fago lambda se integra em um sítio específico do genoma de *Escherichia coli*, por meio da ação da enzima integrase, codificada pelo vírus (Seção 9.10). O integron também contém uma seqüência de DNA específica, onde a integrase pode promover a integração de *cassetes gênicos* (localizados próximos a seqüências similares, em outros elementos), e um promotor, que permite a expressão do cassete recém-integrado.

Os integrons foram encontrados em um grande número de *Bacteria*, como, por exemplo, *Acinetobacter*, *Citrobacter*, *Escherichia*, *Klebsiella*, *Pseudomonas* e *Vibrio*, estando freqüentemente associados a isolados clínicos. Estes podem ocorrer em transposons, como o Tn*7*, em plasmídeos ou no cromossomo bacteriano. Alguns isolados podem apresentar até cinco diferentes cassetes gênicos. Mais de 40 diferentes genes de resistência a antibióticos foram identificados nesses cassetes, além de outros genes associados à virulência. A Figura 10.33 ilustra a estrutura de dois integrons de *Pseudomonas aeruginosa*. A

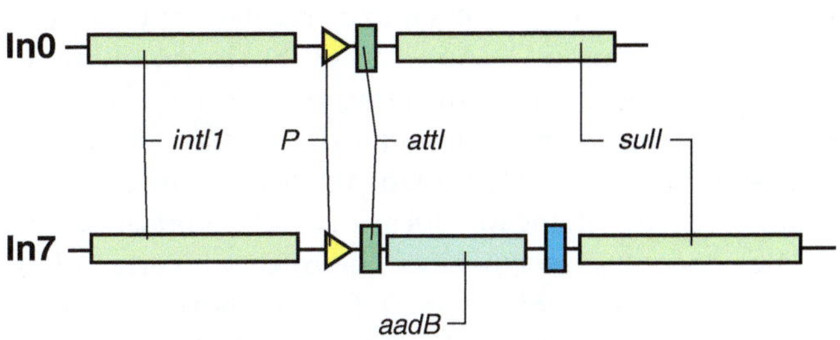

■ **Figura 10.33** Estrutura de dois integrons de ocorrência natural em *Pseudomonas*. O integron In0 contém o conjunto básico de genes: *intI1*, que codifica a integrase; *attI*, o sítio onde a integração sítio-específica pode ocorrer; P, o promotor; e *sulI*, um gene que confere resistência à sulfonamida e que contém seu próprio promotor. O integron In7 contém todos esses genes, além de um cassete gênico integrado. Todos os cassetes contêm um sítio (quadrado azul) de recombinação sítio-específica. Esse cassete contém o gene *aadB*, que confere resistência a certos antibióticos aminoglicosídeos.

importância clínica dos integrons e dos cassetes gênicos inseridos parece óbvia. Menos óbvia é a origem dos cassetes. Estes não são simples genes aleatórios capturados, mas, na realidade, correspondem a genes flanqueados por seqüências específicas de DNA, reconhecidas pela integrase. Aparentemente, tais genes não são expressos até que se tornem parte de um integron, sendo então transcritos pelo promotor presente no integron.

✓ 10.11 Verificação de conceitos

Transposons e seqüências de inserção são elementos genéticos que podem se mover de uma região para outra em um cromossomo, por um processo denominado transposição (um tipo de recombinação sítio-específica). A transposição pode ser tanto replicativa quanto conservativa. Freqüentemente, os transposons carreiam genes de resistência a antibióticos. Os transposons podem ser utilizados como agentes mutagênicos biológicos.

✓ Que características as seqüências de inserção e os transposons apresentam em comum?

✓ O que são integrons?

III TÉCNICAS DE GENÉTICA BACTERIANA: *IN VITRO*

Os três mecanismos de transferência de genes discutidos previamente — transformação (ver Seção 10.6), transdução (ver Seção 10.7) e conjugação (ver Seção 10.9) — podem ser utilizados na realização de cruzamentos bacterianos e na seleção de recombinantes, a fim de que seja construído um mapa genético de um organismo, para a obtenção de novas linhagens de um organismo, ou para o estudo específico da genética e da bioquímica do metabolismo de um organismo. Entretanto, a utilização dessas técnicas apresenta severas limitações quando associadas à realização dos cruzamentos *in vivo*. Muitas dessas limitações podem ser superadas pela manipulação do DNA *in vitro*, em um tubo de ensaio. Nas próximas seções deste capítulo, discutiremos algumas dessas técnicas *in vitro*.

10.12 Enzimas de restrição

No Capítulo 9, discutimos o fato de os procariotos apresentarem sistemas de restrição e de modificação, os quais parecem atuar protegendo as células contra DNAs exógenos, tais como DNAs virais (Seção 9.6). Embora esses sistemas sejam amplamente distribuídos em procariotos (tanto *Bacteria* quanto *Archaea*), são muito raros em eucariotos. De fato, os únicos sistemas de restrição e de modificação "eucarióticos" conhecidos são aqueles encontrados em vírus que infectam certas plantas unicelulares (Seção 16.6). (Alguns vírus procarióticos também apresentam seus próprios sistemas de restrição e de modificação.) Lembre-se de que as **enzimas de restrição** (endonucleases de restrição), componentes desses sistemas, têm como função reconhecer e clivar certas seqüências de DNA. Uma grande classe dessas enzimas, denominadas enzimas de restrição do tipo II, além de reconhecer seqüências específicas, promove uma clivagem da fita dupla nessas seqüências. Essas enzimas são extremamente importantes em muitas das técnicas de manipulação de DNA *in vitro*. Indubitavelmente, a descoberta de tais enzimas correspondeu ao início do que hoje é denominado *engenharia genética* (Capítulo 31).

Muitas das seqüências reconhecidas pelas enzimas de restrição do tipo II exibem simetria especular a partir de determinado ponto. A Figura 10.34 apresenta a seqüência reconhecida e clivada por uma endonuclease de restrição de *Escherichia coli*, denominada *Eco*RI.

Os sítios de clivagem são indicados pelas setas, e o eixo de simetria, por uma linha pontilhada. Observe que as duas fitas apresentam a mesma seqüência, se uma delas for lida a partir da esquerda, e a outra, da direita (ou, em termos de cadeias polinucleotídicas, se ambas forem lidas no sentido 5′ → 3′ ou 3′ → 5′). Esse tipo de estrutura é denominada **palíndromo**. (Um palíndromo é uma seqüência de caracteres que tem o mesmo significado, quando lida a partir da direita ou da esquerda; por exemplo, *Socorram-me subi no ônibus em Marrocos*. O termo palíndromo é derivado do grego, significando "fazer o caminho de volta".)

Muitas enzimas de restrição são compostas por duas subunidades polipeptídicas idênticas, onde subunidade reconhece e cliva a seqüência em uma das fitas. Uma vez que as seqüências reconhecidas pelas enzimas de restrição são relativamente curtas e freqüentemente palindrômicas, essas enzimas sempre realizam cortes nas *duas fitas*. Curiosamente, enzimas de restrição que reconhecem seqüências *não* palindrômicas clivam uma região próxima à seqüência em vez de clivar a seqüência.

As seqüências reconhecidas e os sítios de clivagem de algumas enzimas de restrição são apresentados na Tabela 10.4. Observe que os sítios de reconhecimento das enzimas citadas correspondem a 4, 6 e 8 pares de bases. Em uma molécula "aleatória" de DNA, estima-se que uma seqüência de 4 pares de bases possa ser encontrada a cada 256 pares de bases, com base na probabilidade de ¼ × ¼ × ¼ × ¼ (pressupondo que cada par de bases ocorra com a mesma probabilidade em um DNA). Dessa maneira, uma enzima que reconhece um sítio de restrição de 4 pares de bases poderá clivar uma longa molécula de DNA em muitos fragmentos específicos. Uma seqüência específica de 6 pares de bases pode ser encontrada a cada 4.096 pares de bases de uma molécula aleatória de DNA, enquanto uma seqüência de 8 pares de bases pode ser encontrada apenas a cada par

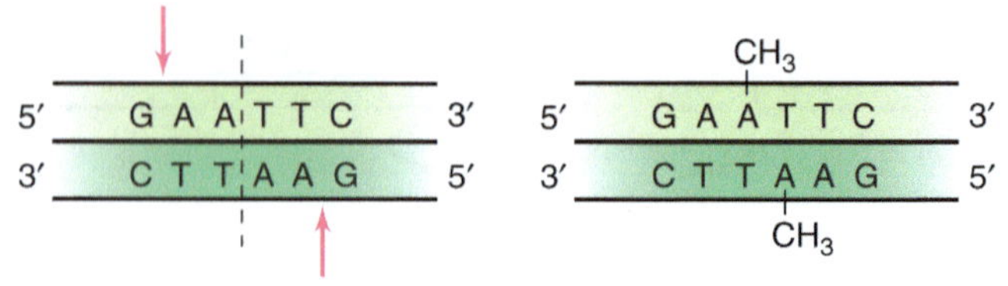

(a) (b)

■ **Figura 10.34** Restrição e modificação do DNA. (a) A seqüência de DNA reconhecida pela endonuclease de restrição *Eco*RI. As setas em vermelho indicam as ligações clivadas pela enzima. A linha pontilhada indica o eixo de simetria da seqüência. (b) A mesma seqüência, após a modificação pela *Eco*RI metilase. São apresentados os grupos metil adicionados por essa enzima.

Tabela 10.4 Seqüências reconhecidas por algumas endonucleases de restrição

Organismo	Nome da enzima	Seqüência reconhecida[a]
Bacillus subtilis	*Bsu*RI	GG ↓ C*C
Brevibacterium albidum	*Bal*I	TGG ↓ C*CA
Escherichia coli	*Eco*RI	G ↓ AA*TTC
Haemophilus haemolyticus	*Hha*I	GC*G ↓ C
Haemophilus influenzae	*Hind*II	GTPy ↓ PuAC*
Haemophilus influenzae	*Hind*III	A ↓ AGCTT
Nocardia otitidis-caviarum	*Not*I	GC ↓ GGC*CGC
Thermus aquaticus	*Taq*I	T ↓ CGA*

a As setas indicam os sítios de ataque enzimático. Os asteriscos indicam o sítio de metilação (modificação). G, guanina; C, citosina; A, adenina; T, timina; Pu, qualquer purina; Py, qualquer pirimidina. Apenas a seqüência 5' → 3' é apresentada.

de megabases. O cromossomo de *Escherichia coli*, com cerca de 4,6 pares de megabases, é clivado 21 vezes pela enzima *Not*I, que reconhece uma seqüência de 8 pares de bases, indicando que neste cromossomo a seqüência reconhecida por *Not*I está presente em uma freqüência ligeiramente maior que a predita.

São conhecidas mais de 2.000 enzimas de restrição, com mais de 200 especificidades distintas. Outras enzimas vêm sendo pesquisadas devido à sua grande importância nas pesquisas genéticas. Considere que a enzima *Eco*RI pode clivar *qualquer* DNA de fita dupla contendo a seqüência reconhecida. Essa propriedade permite que os cientistas cortem grandes moléculas de DNA em fragmentos menores. Esses fragmentos de extremidades definidas, criados em decorrência da atividade de enzimas de restrição específicas, podem ser utilizados de diversas maneiras. As enzimas de restrição são ferramentas tão importantes nas pesquisas de genética molecular atuais, que se tornaram amplamente disponíveis comercialmente. Diversas empresas realizam a purificação e a comercialização de enzimas de restrição com diferentes especificidades.

Modificação: proteção contra a restrição

Um componente integral do sistema celular de restrição-modificação corresponde à enzima de modificação, que **modifica** quimicamente seqüências específicas de seu *próprio* DNA, de maneira que essas seqüências não são atacadas pelas enzimas de restrição produzidas pela célula. Essas modificações geralmente envolvem a *metilação* de bases específicas situadas na seqüência reconhecida pela enzima, a qual não é mais capaz de exercer sua atividade. Assim, para cada enzima de restrição é necessária uma enzima de modificação, sendo ambas estreitamente associadas. Por exemplo, a seqüência reconhecida pela enzima *Eco*RI (ver Figura 10.34*a*) pode ser modificada pela metilação das duas adeninas mais internas (Figura 10.34*b*). A enzima que realiza essa modificação é denominada *Eco*RI metilase. Mesmo que apenas uma das fitas seja modificada, a seqüência deixa de ser um substrato para a enzima de restrição *Eco*RI.

Análise de DNA tratado com enzimas de restrição

Conforme mencionado, as enzimas de restrição promovem clivagens em seqüências específicas de uma molécula de DNA. Uma vez que as seqüências de bases reconhecidas por muitas enzimas de restrição variam de quatro a seis nucleotídeos, um número limitado dessas seqüências será encontrado em um segmento de DNA. Após a clivagem do DNA, os fragmentos gerados podem ser separados por meio de uma **eletroforese em gel**.

A eletroforese corresponde a um procedimento em que moléculas carregadas migram em um campo elétrico; a taxa de migração é determinada pela carga e tamanho da molécula. Na eletroforese, as moléculas são separadas em um gel, normalmente composto por agarose ou poliacrilamida. O gel é uma rede complexa de fibrilas, cujo diâmetro de poro, que controla a separação, pode ser ajustado pelo pesquisador. Ácidos nucléicos (carregados negativamente) migrarão ao longo do gel quando uma corrente elétrica for aplicada, sendo a taxa de migração dependente de sua forma e tamanho. Moléculas pequenas ou compactas migram mais rapidamente que moléculas grandes. Após um tempo de migração definido, o gel pode ser "corado" com um composto que se liga ao DNA. Se o brometo de etídio (ver Seção 10.3) for utilizado como corante, as bandas de DNA irão fluorescer sob luz ultravioleta.

Um gel de agarose típico é apresentado na Figura 10.35. Na linha A, uma digestão-padrão foi aplicada, sendo o tamanho de cada banda conhecido. As outras linhas contêm um DNA purificado (nesse caso, um plasmídeo), clivado por uma ou mais enzimas de restrição. Como cada enzima de restrição sempre cliva os mesmos sítios, o padrão de bandas é reprodutível. A utilização de um padrão permite que os tamanhos dos fragmentos sejam determinados. Essa técnica pode ser utilizada na confecção de um **mapa físico** do DNA, onde os sítios mapeados não correspondem a genes ou mutações, mas à localização dos sítios de reconhecimento de enzimas de restrição. A geração de mapas físicos utilizando esse procedimento envolve a realização de várias digestões com várias enzimas de restrição, individualmente ou em combinações, possibilitando assim a

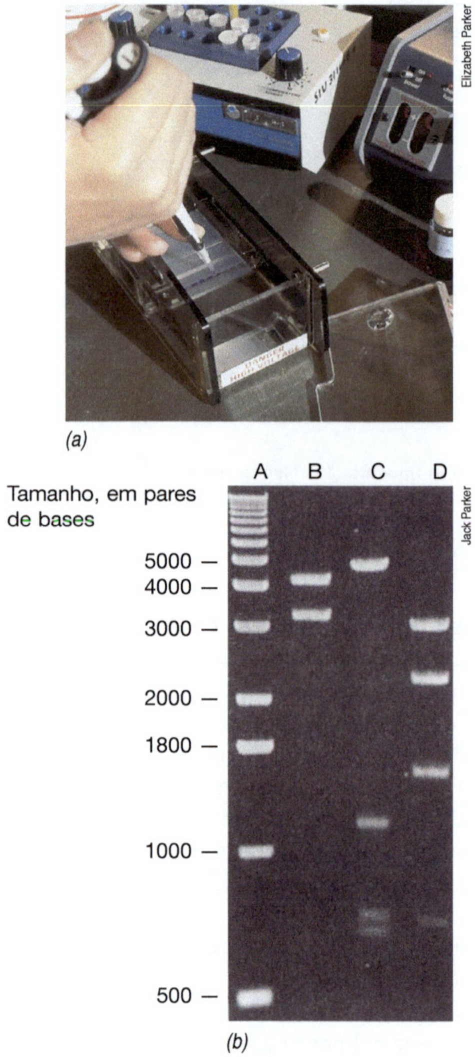

■ **Figura 10.35** Eletroforese de DNA em gel de agarose. (a) Amostras de DNA são aplicadas em poços, em um gel de agarose parcialmente submerso. (b) Fotografia de um gel de agarose corado. O DNA foi aplicado nos poços situados no topo do gel, conforme indicado. O pólo positivo do campo elétrico localiza-se na base do gel. A amostra aplicada no poço A é utilizada como padrão, sendo o tamanho dos fragmentos conhecido. Pela utilização de padrões é possível determinar o tamanho dos fragmentos aplicados nos outros poços. Embora em cada poço as bandas possam conter o mesmo número de moléculas fragmentadas, as bandas presentes na porção inferior do gel coram-se com menor intensidade, pois os fragmentos são menores, havendo, portanto, menos DNA a ser corado.

determinação da ordenação dos fragmentos, de maneira análoga à montagem de um quebra-cabeça. Cada linha do gel apresentado na Figura 10.35 contém milhões de fragmentos idênticos de DNA. Pela combinação da microscopia à digestão de uma única molécula de DNA por uma enzima de restrição, é possível obter diretamente um mapa de restrição por meio da observação dos cortes realizados nessa única molécula. Essa técnica, denominada *mapeamento óptico*, é apresentada na Figura 10.36.

Fragmentos de DNA também podem ser purificados a partir dos géis, permitindo sua utilização em alguns experimentos de clonagem (ver Seção 10.15). Entretanto, esses géis podem ser utilizados em outros procedimentos, como, por exemplo, em experimentos de *hibridização de ácidos nucléicos* ou, simplesmente, **hibridização**.

Mencionamos na Seção 7.2 que, quando um DNA é desnaturado (as duas fitas são separadas), este pode ser utilizado na formação de moléculas híbridas com outros DNAs (ou RNAs) de fita simples que apresentem seqüências complementares ou quase complementares. Estes últimos são denominados **sondas de ácido nucléico** ou, mais simplesmente, **sondas**. A hibridização pode ser muito útil na detecção de seqüências similares presentes em elementos genéticos diferentes ou na determinação da localização de um gene específico. E. M. Southern desenvolveu uma técnica em que sondas eram utilizadas na hibridização de fragmentos de DNA separados por eletroforese em gel. Os fragmentos de DNA presentes no gel são transferidos para uma membrana, onde são desnaturados. Essa membrana é, em seguida, exposta a uma sonda marcada, levando à formação de híbridos, caso esta seja complementar a qualquer um dos fragmentos (os fragmentos são fixados à membrana, impedindo a formação da dupla hélice original). Os sítios de hibridização podem ser detectados pela revelação da sonda marcada, ligada à membrana. Sondas podem ser marcadas radioativamente ou com diferentes agentes que originem produtos coloridos ou emitam luminescência. O procedimento de hibridização empregando DNA fixado à membrana e RNA ou DNA como sonda é denominado *Southern blot*, em homenagem ao cientista que desenvolveu tal técnica. Quando moléculas de RNA são fixadas à membrana e DNA ou RNA são

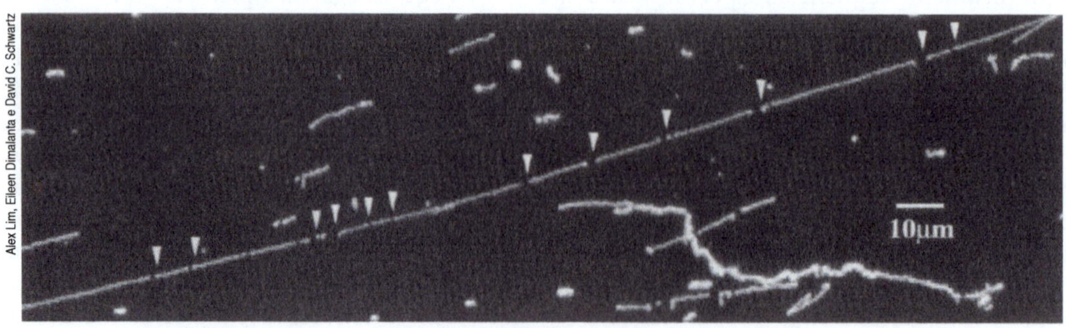

■ **Figura 10.36** Mapeamento óptico de fragmentos de restrição. A figura apresenta uma microscopia digital de fluorescência de uma região do cromossomo de *Escherichia coli*, digerida com a enzima *Xho*I (originalmente isolada de *Xanthomonas holica*). Os sítios clivados por essa enzima de restrição estão indicados pelas setas. A imagem foi construída a partir de uma série de imagens. O DNA do bacteriófago lambda (Seção 9.10) foi utilizado como padrão de tamanho. Esse sistema foi utilizado na criação dos mapas de restrição do cromossomo completo de *E. coli* e de outras *Bacteria*, como *Deinococcus radiodurans*.

utilizados como sonda, o procedimento é denominado *Northern blot*. (Um *Western blot*, ou *imunoblot*, envolve proteínas em um gel e uma sonda de anticorpo, Seção 24.12.) A Figura 10.37 ilustra como um Southern blot pode ser utilizado na identificação de fragmentos de DNA contendo uma região (ou gene) que hibridiza com a sonda.

✓ 10.12 Verificação de conceitos

Enzimas de restrição são enzimas celulares que reconhecem pequenas seqüências específicas no DNA, clivam cada uma das fitas e originam um corte na fita dupla de DNA. Os produtos de uma digestão podem ser separados por meio de eletroforese em gel.

✓ Por que as enzimas de restrição são úteis aos geneticistas?

✓ O que é um Southern blot?

10.13 Seqüenciamento e síntese de DNA

Outro avanço técnico que mudou o curso dos estudos genéticos foi o desenvolvimento de metodologias de seqüenciamento de DNA. Existem também procedimentos que permitem a síntese de moléculas de DNA com seqüências definidas, as quais podem ser utilizadas como sondas (ver Seção 10.12), no seqüenciamento de DNA, ou na construção de genes completos (Seção 31.5).

Seqüenciamento de DNA

Em meados da década de 70, dois procedimentos para o seqüenciamento de DNA foram desenvolvidos: o método de *Maxam e Gilbert* e o método *dideoxi de Sanger*. Segundo o princípio original, ambos os métodos geram diferentes fragmentos radioativos de DNA, podendo apresentar uma das quatro diferentes bases ao final de cada molécula. Esses fragmentos são, então, submetidos à eletroforese em gel, promovendo a separação de moléculas onde a diferença no comprimento corresponda a um nucleotídeo. Os dois procedimentos envolvem a aplicação do material em quatro poços separados, para cada seqüência a ser determinada. Cada poço refere-se aos fragmentos terminando em cada uma das quatro bases do DNA: adenina, guanina, citosina e timina. As posições dos fragmentos são determinadas por sua localização em uma auto-radiografia, permitindo a leitura da seqüência a partir do gel.

As diferenças entre os dois procedimentos correspondem à metodologia utilizada na geração de fragmentos aleatórios de DNA, com nucleotídeos conhecidos em suas extremidades. O método de Maxam e Gilbert emprega agentes químicos que quebram o DNA preferencialmente em cada um dos quatro nucleotídeos. No método dideoxi de Sanger, a seqüência é determinada pela síntese de uma *cópia* de uma fita simples do DNA, por meio da enzima *DNA polimerase*. Essa enzima utiliza desoxirribonucleosídeos trifosfato como substratos, adicionando-os a um *iniciador* (Seção 7.5). São adicionadas à mistura de incubação (quatro tubos de ensaio separados) pequenas quantidades de cada um dos análogos dideoxi dos desoxirribonucleosídeos trifosfato (ver Figura 10.38). Uma vez que o açúcar dideoxi não apresenta a hidroxila-3′, a elongação da cadeia de DNA é interrompida. Dessa maneira, o análogo dideoxi atua como um *reagente terminador de cadeia específico*. Com isso, são obtidos fragmentos de tamanho variável, dependendo das condições de incubação. Os fragmentos de ácido nucléico originados serão radioativos, uma vez que um iniciador ou um desoxirribonucleosídeo trifosfato radioativo são utilizados nas reações.

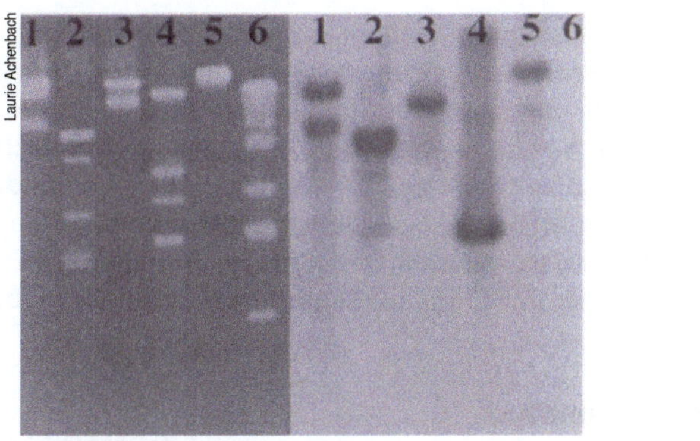

■ **Figura 10.37** Southern blot. (painel à esquerda) Eletroforese de moléculas de DNA em gel de agarose. Moléculas purificadas de DNA, oriundas de diferentes plasmídeos, foram tratadas com enzimas de restrição e submetidas à eletroforese. (Painel à direita) Southern blot do gel de DNA apresentado à esquerda. Após a transferência do DNA para a membrana, este foi hibridizado com uma sonda marcada radioativamente. As posições das bandas foram detectadas por uma auto-radiografia em um filme de raios X. Observe que apenas alguns dos fragmentos de DNA são complementares à sonda marcada. A linha 6 contém um DNA utilizado como marcador de tamanho, que não apresenta bandas hibridizadas com a sonda.

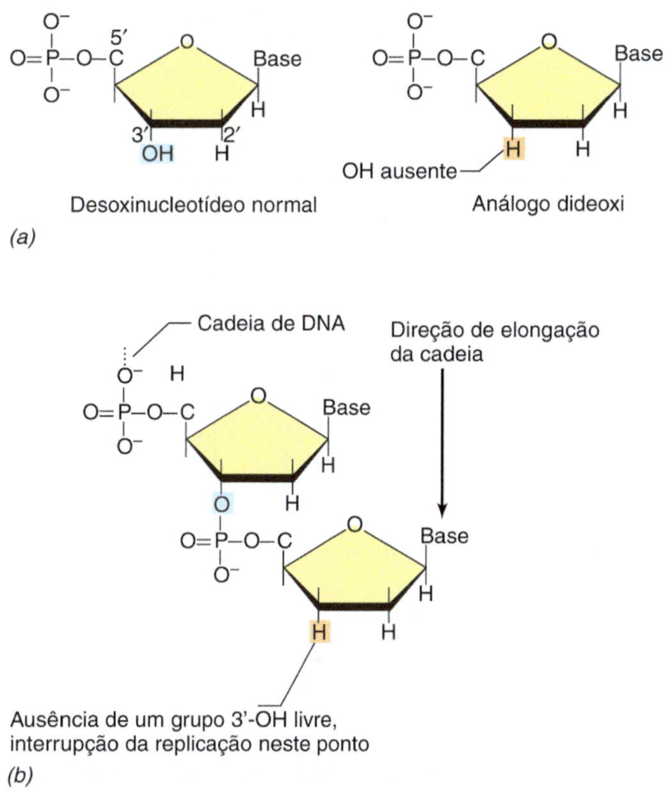

■ **Figura 10.38** Dideoxinucleotídeos e o seqüenciamento de Sanger. (a) Um desoxinucleotídeo normal possui um grupo hidroxila no carbono 3′, enquanto um dideoxinucleotídeo não possui. (b) A terminação da cadeia ocorrerá após a incorporação de um dideoxinucleotídeo.

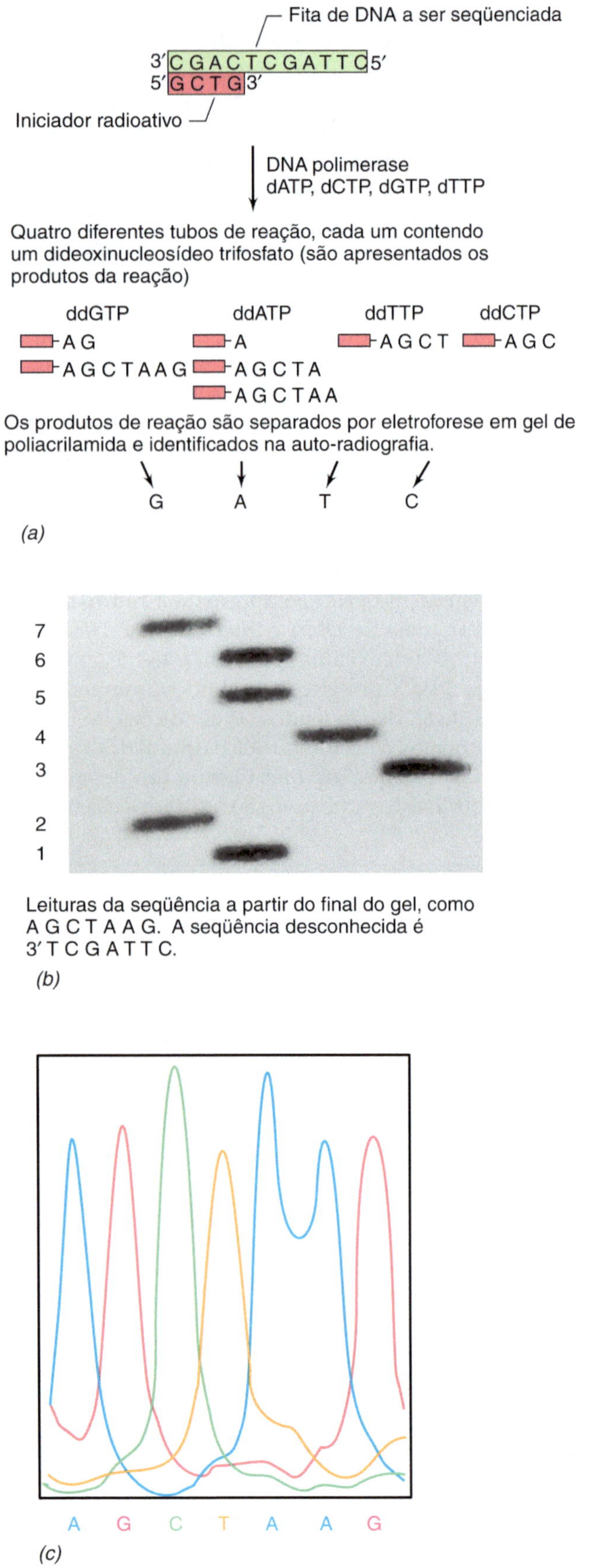

■ **Figura 10.39** Seqüenciamento de DNA utilizando o método de Sanger. (a) A fita de DNA molde corresponde ao DNA cuja seqüência será determinada. Observe que quatro reações diferentes devem ser realizadas, cada uma utilizando um dideoxinucleotídeo. (b) Parte de um gel contendo os produtos de reação de (a). (c) Resultado de seqüenciamento do mesmo DNA, como apresentado em (a) e (b), utilizando um seqüenciador automático e corantes fluorescentes.

Os fragmentos são submetidos à eletroforese, sendo a posição das bandas radioativas determinada pela auto-radiografia. Pelo alinhamento dos poços correspondentes aos quatro dideoxinucleotídeos e pela anotação da posição vertical de cada fragmento em relação ao seu vizinho, a seqüência da cópia do DNA pode ser lida diretamente a partir do gel (Figura 10.39).

Uma das principais vantagens do método de Sanger é o fato deste poder ser utilizado tanto no seqüenciamento de DNA quanto de RNA. Para o seqüenciamento de RNA, uma cópia de DNA de fita simples é sintetizada (o RNA é utilizado como molde) pela enzima transcriptase reversa. A realização da síntese do DNA de fita simples na presença de dideoxinucleotídeos gera fragmentos de DNA de diferentes tamanhos, os quais podem ser seqüenciados pelo método de Sanger. A partir da seqüência de DNA, a seqüência de RNA pode ser deduzida pela regra do pareamento de bases. A determinação da seqüência de DNA de uma longa molécula, tal como um gene, deve ser realizada em mais de uma etapa. Inicialmente, o DNA é clivado em pequenos fragmentos sobrepostos, sendo determinada a seqüência de cada um destes. Utilizando as sobreposições como referência, a seqüência da molécula completa pode ser deduzida.

O desenvolvimento de projetos envolvendo o seqüenciamento de genomas completos (Capítulo 15) levou à criação de sistemas de seqüenciamento automático de DNA. Nesses sistemas, as reações de seqüenciamento são ainda baseadas na metodologia que emprega dideoxinucleotídeos, diferenciando-se pelo uso de iniciadores (ou bases) fluorescentes, que permitem a fácil detecção das bandas. Os produtos são separados por eletroforese automatizada, e as bandas, detectadas por espectroscopia de fluorescência. Em um dos procedimentos, cada uma das quatro diferentes reações emprega um corante fluorescente distinto, de maneira que as quatro reações podem ser realizadas em um mesmo poço. Os resultados são analisados em um computador, e a seqüência é impressa em quatro cores, correspondendo a cada uma das bases (Figura 10.39*c*).

Observe que o seqüenciamento de Sanger requer um iniciador de seqüência conhecida. Em outras palavras, o iniciador deve ser complementar a uma região do DNA que está sendo seqüenciado. Esse obstáculo é facilmente superado se o DNA a ser seqüenciado for **clonado** (ver Seção 10.14); assim, a seqüência conhecida a ser empregada poderá ser oriunda do **vetor de clonagem** (ver Seções 10.15 e 10.16). O iniciador pode ser sintetizado quimicamente.

DNA sintético

Os procedimentos para a obtenção de **DNA sintético** podem ser completamente automatizados, permitindo a síntese de um oligonucleotídeo de 30 a 35 bases em poucas horas ou de até mesmo oligonucleotídeos com cerca de 100 bases, se necessário. Quando são requeridos polinucleotídeos maiores, os fragmentos de oligonucleotídeos podem ser ligados enzimaticamente pela DNA ligase.

O DNA é sintetizado por um *procedimento de fase sólida*, onde o primeiro nucleotídeo da cadeia é acoplado a um suporte poroso insolúvel (como um gel de sílica, com partículas de aproximadamente 50 μm de tamanho). O processo geral, cujos detalhes químicos não são pertinentes à presente discussão, é apresentado na Figura 10.40. Várias etapas são necessárias à adição de cada nucleotídeo. Ao final de cada etapa, as misturas de reação são eluídas do suporte sólido, repetindo-se a série de reações para a adição do nucleotídeo seguinte. Uma vez que a seqüência de comprimento desejado é obtida, o oligonucleotídeo é removido do suporte de fase sólida e purificado para eliminar subprodutos e contaminantes.

Moléculas de DNA sintético são amplamente utilizadas com diferentes finalidades. Além de seu emprego como iniciadores no seqüenciamento de DNA, estas são utilizadas como iniciadores na reação de polimerização em cadeia (ver Seção 10.17). Tais moléculas também podem ser utilizadas como sondas na detecção de seqüências específicas de DNA em experimentos de hibridização de ácidos nucléicos (Figura 10.37). Descreveremos, adiante (ver Seção 10.18), de que modo os DNAs sintéticos podem ser empregados em um procedimento denominado **mutagênese sítio-dirigida**, que origina mutações em locais específicos do genoma.

✓ 10.13 Verificação de conceitos

O DNA pode ser seqüenciado pelo método de Sanger, que envolve a duplicação do DNA a ser seqüenciado, empregando dideoxinucleotídeos terminadores de cadeia. Os produtos finais são separados por eletroforese, e a seqüência é lida. Os pequenos iniciadores de DNA necessários a esse método podem ser sintetizados quimicamente.

✓ Por que os métodos de seqüenciamento de DNA requerem a utilização de *quatro* reações diferentes?

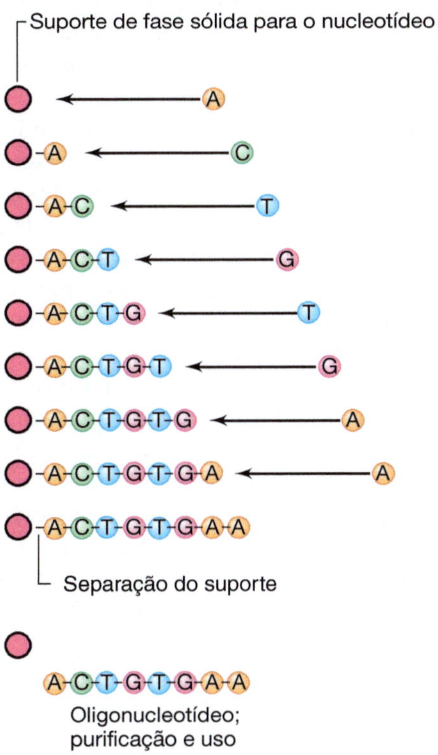

■ **Figura 10.40** Procedimento de fase sólida para a síntese de um fragmento de DNA de seqüência definida. A síntese química ocorre pela adição seqüencial de nucleotídeos à cadeia em crescimento.

10.14 Clonagem molecular

A **clonagem molecular** corresponde à base da maioria dos procedimentos de engenharia genética e facilitou expressivamente a análise de qualquer genoma. A clonagem molecular (ou *clonagem genética*) tem como finalidade o isolamento de grandes quantidades de genes específicos ou de fragmentos cromossomais puros. Embora o isolamento físico de fragmentos de DNA puros, contendo genes únicos, a partir da digestão de DNA cromossomal com enzimas de restrição, seja teoricamente possível (ver Seção 10.12), na prática tal abordagem é inviável. Mesmo em organismos geneticamente simples, como *Escherichia coli*, um gene representa um fragmento de 1 a 2 quilobases (kb) em um genoma de mais de 4.600 kb. Assim, um gene de *E. coli* corresponde, em média, a menos de 0,05% do DNA total da célula. Em seres humanos, o problema é ainda pior porque, embora as regiões codificadoras dos genes geralmente não sejam maiores que as de *E. coli*, o genoma é cerca de 1.000 vezes maior! Em contrapartida, o DNA do bacteriófago lambda apresenta somente 50 kb, e o DNA de alguns plasmídeos possui menos de 5 kb. Nesses elementos genéticos, um gene corresponde de 2 a 40% do DNA, em média.

Assim, a clonagem molecular tem como estratégia básica a transferência do gene ou da região desejada de um genoma grande e complexo para outro pequeno e mais simples. Felizmente, nossos conhecimentos sobre a química e enzimologia do DNA permitem a clivagem e a ligação de moléculas de DNA *in vitro*. Esse processo é conhecido como *recombinação in vitro*. Enzimas de restrição, DNA ligase (ver Seções 7.6 e 10.12) e DNA sintético são ferramentas importantes utilizadas na recombinação *in vitro*.

A clonagem molecular pode ser dividida em várias etapas:

1. Isolamento e fragmentação do DNA original. Este pode corresponder ao DNA genômico de um organismo de interesse, ao DNA sintetizado pela transcriptase reversa a partir de um molde de RNA (Seção 9.12), ao DNA originado por reações de polimerização em cadeia (ver Seção 10.17), ou mesmo ao DNA totalmente sintético, obtido *in vitro*. Quando o DNA original é de origem genômica, este é geralmente clivado com enzimas de restrição, gerando uma mistura de fragmentos.
2. Ligação dos fragmentos de DNA em um *vetor de clonagem* pela enzima DNA ligase. Os elementos genéticos pequenos de replicação independente, utilizados para replicar os genes inseridos, são conhecidos como **vetores de clonagem**; na maioria dos casos, são derivados de plasmídeos ou vírus. Os vetores de clonagem são geralmente projetados para permitir a recombinação de um DNA exógeno em um sítio de restrição

que clive o vetor de maneira a não afetar sua replicação. Se o DNA original e o vetor forem clivados com a mesma enzima de restrição, a ligação poderá ser mediada pelo anelamento das regiões de fita simples, denominadas "extremidades coesivas" (ver Seção 10.12 e Figura 7.7). "Extremidades abruptas", geradas por enzimas de restrição diferentes, também podem ser unidas. Extremidades coesivas distintas ou extremidades abruptas podem ser ligadas pelo emprego de DNAs sintéticos **adaptadores** ou ***linkers*** (que, em inglês, significa *de ligação*). As propriedades dos vetores de clonagem são discutidas nas Seções 10.15 e 10.16, bem como no Capítulo 31.

3. Introdução e manutenção em um organismo **hospedeiro**. A molécula de DNA recombinante criada em um tubo de ensaio é introduzida em um organismo hospedeiro, por exemplo, por transformação, (ver Seção 10.6), onde pode se replicar. A transferência de DNA para um hospedeiro geralmente origina uma mistura de clones. Algumas células contêm o gene desejado clonado, enquanto outros clones são gerados pela ligação do DNA original ao vetor. Essa mistura de clones é conhecida como **biblioteca de DNA** ou **biblioteca genômica**, uma vez que diferentes clones podem ser purificados dessa mistura, cada um contendo diferentes segmentos de DNA clonados a partir do organismo original. Quando uma biblioteca genômica é construída pela clonagem de fragmentos genômicos aleatórios, o processo é denominado **clonagem *shotgun***.

✓ 10.14 Verificação de conceitos

O isolamento de um gene específico ou de uma região cromossomal pela clonagem molecular geralmente é realizado pelo emprego de um plasmídeo ou de um vírus como vetor de clonagem. Enzimas de restrição e DNA ligase são utilizadas em processos de recombinação *in vitro*, produzindo moléculas híbridas de DNA. Quando introduzido em um hospedeiro adequado, o DNA-alvo pode ser obtido em grandes quantidades, sendo sua replicação controlada pelo vetor de clonagem.

✓ Qual a finalidade da clonagem molecular?

✓ Quais os papéis desempenhados pelos vetores de clonagem, enzimas de restrição e DNA ligase na clonagem molecular?

10.15 Plasmídeos como vetores de clonagem

Os plasmídeos replicam-se independentemente do cromossomo hospedeiro (ver Seção 10.8). Além de possuir os genes necessários à sua própria replicação, a maioria dos plasmídeos corresponde a vetores naturais, freqüentemente carreando genes que conferem importantes propriedades a seus hospedeiros. Tais genes podem ser adquiridos pela recombinação com o hospedeiro. Na engenharia genética, os geneticistas adicionam genes a um plasmídeo, em um tubo de ensaio.

Os plasmídeos exibem propriedades muito úteis como vetores de clonagem. Estas incluem (1) *pequeno tamanho*, que facilita o isolamento e a manipulação do DNA; (2) uma *origem de replicação independente*, que permite a replicação plasmidial independentemente do controle cromossomal; (3) *múltiplas cópias*, que permitem sua presença em várias cópias na célula, tornando possível a amplificação do DNA; (4) *marcas de seleção*, tais como genes de resistência a antibióticos que facilitam a detecção e a seleção de clones contendo o plasmídeo.

Embora na natureza os plasmídeos conjugativos sejam transferidos pelo contato entre duas células, os vetores de clonagem plasmidiais normalmente são modificados para impedir sua transferência conjugativa, possibilitando sua contenção biológica. Entretanto, sua transferência pode ser realizada por transformação ou eletroporação, em laboratório (ver Seção 10.6). Dependendo do sistema hospedeiro-plasmídeo, a replicação plasmidial pode encontrar-se sob forte controle celular, onde um pequeno número de cópias é sintetizado, ou sob um controle celular relaxado, onde um grande número de cópias é produzido. A obtenção de um grande número de cópias é freqüentemente importante na clonagem de genes. A seleção de sistemas hospedeiro-plasmídeo adequados e a manipulação da síntese de macromoléculas possibilitam a obtenção de milhares de cópias plasmidiais por célula.

O plasmídeo pBR322

Na Seção 10.9, discutimos como um plasmídeo F pode adquirir genes do cromossomo de *Escherichia coli in vivo*, tornando-se um plasmídeo F'. Assim, poderíamos vislumbrar a utilização de plasmídeos F *in vitro*. Entretanto, tais plasmídeos são muito grandes (cerca de 100 kb, ver Figura 10.17) para serem utilizados e, além disso, não apresentam marcas de seleção. Apesar dessas limitações, os primeiros plasmídeos utilizados como vetores de clonagem foram isolados de ambientes naturais. Estes, no entanto, foram rapidamente substituídos por plasmídeos originados a partir de manipulações *in vitro*. Um exemplo desses vetores plasmidiais de clonagem modificados corresponde ao pBR322, que se replica em *Escherichia coli* (Figura 10.41). O plasmídeo pBR322 apresenta uma série de características que o tornam um veículo de clonagem adequado:

1. Possui dimensões relativamente pequenas, contendo apenas 4.361 pares de bases.
2. É mantido de maneira estável pelo hospedeiro (*Escherichia coli*), com um número de cópias relativamente elevado, de 20 a 30 cópias por célula.
3. Pode ser amplificado, originando um alto número de cópias (1.000 a 3.000 cópias por célula, correspondendo a cerca de 40% do genoma!), pela adição de cloranfenicol, que inibe a síntese protéica celular.
4. É facilmente isolado na forma superenovelada, por meio de diferentes técnicas simples.
5. Permite a inserção de quantidades razoáveis de DNA exógeno, embora insertos superiores a 10 kb levem a uma instabilidade plasmidial.
6. A seqüência completa das bases desse plasmídeo é conhecida, tornando possível a localização dos sítios de enzimas de restrição.

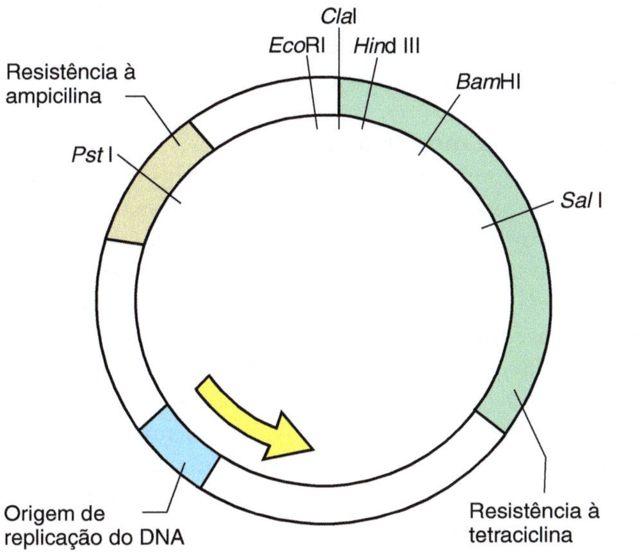

■ **Figura 10.41** Estrutura do plasmídeo pBR322, um dos primeiros e mais utilizados vetores de clonagem, ilustrando suas características essenciais. A seta indica a direção da replicação do DNA a partir da origem.

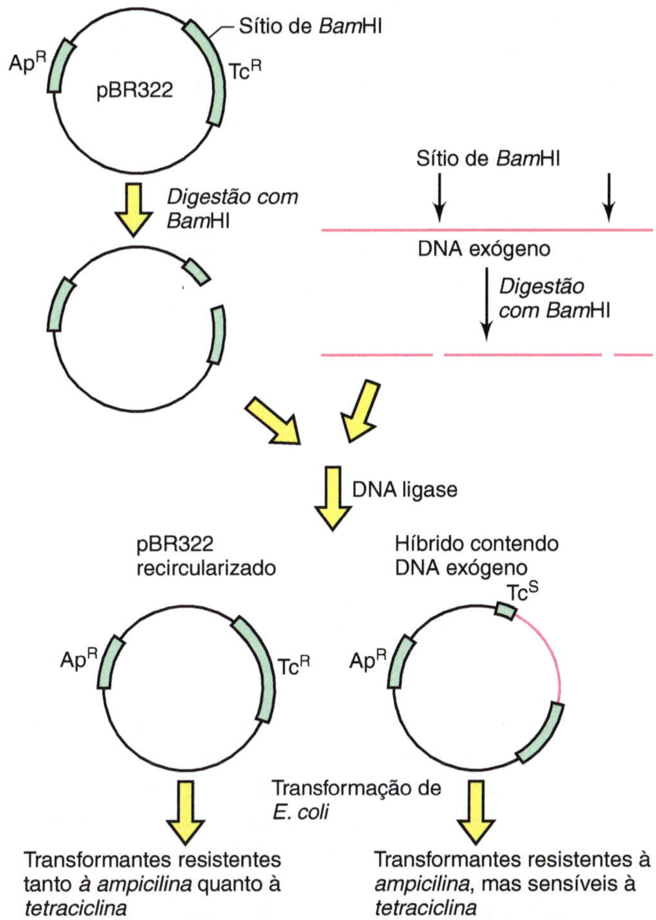

■ **Figura 10.42** Utilização do plasmídeo pBR322 como vetor de clonagem, indicando como a inserção de um DNA exógeno promove a inativação do gene de resistência à tetraciclina, permitindo a fácil identificação de transformantes contendo o fragmento de DNA clonado.

7. Existem sítios únicos de clivagem para várias enzimas, tais como *Pst*I, *Sal*I, *Eco*RI, *Hin*dIII e *Bam*HI. A existência de sítios únicos de clivagem, para pelo menos uma enzima de restrição, é importante, pois permite que o plasmídeo seja aberto e linearizado por essa enzima, sem ser fragmentado em vários segmentos.
8. Este possui genes que conferem ao hospedeiro a resistência à ampicilina e à tetraciclina. A presença desses genes permite a pronta seleção de hospedeiros contendo o plasmídeo. Os sítios reconhecidos por algumas das enzimas de restrição localizam-se no interior dos genes de resistência, facilitando a identificação de plasmídeos contendo o DNA clonado (ver adiante).
9. Esse vetor pode ser facilmente introduzido em células por transformação.

A utilização do plasmídeo pBR322 na clonagem de genes é ilustrada na Figura 10.42. Como pode ser observado, o sítio de *Bam*HI está situado no interior do gene de resistência à tetraciclina, enquanto o sítio de *Pst*I localiza-se no interior do gene de resistência à ampicilina. Quando um DNA exógeno é inserido em um desses sítios, a resistência ao antibiótico conferida pelo gene é perdida — fenômeno descrito como **inativação insercional**. A inativação insercional é utilizada para detectar a presença de DNA exógeno no plasmídeo. Assim, quando o pBR322 é digerido com *Bam*HI, ligado ao DNA exógeno, e os clones bacterianos transformados são isolados, os clones que forem resistentes à ampicilina e à tetraciclina não possuirão o DNA exógeno (o plasmídeo incorporado por essas células corresponde ao DNA do vetor recircularizado, sem captar o DNA exógeno). Em contrapartida, as células *resistentes* à ampicilina e *sensíveis* à tetraciclina *contêm* o plasmídeo com o DNA exógeno inserido. Uma vez que a resistência à ampicilina e à tetraciclina pode ser determinada independentemente em placas de meio sólido, o isolamento de bactérias contendo os clones desejados e a eliminação de células que não contêm o plasmídeo podem ser facilmente realizados.

O plasmídeo pBR322 representa uma das gerações mais antigas de vetores de clonagem construídos *in vitro*. Atualmente, existem gerações mais novas de vetores plasmidiais modificados geneticamente, apresentando características mais úteis e mais facilmente manipuláveis. Essas novas características geralmente incluem um **sítio múltiplo de clonagem** ou ***polilinker***, um pequeno segmento de DNA contendo vários sítios de restrição únicos. Esse *polilinker* normalmente se encontra em uma região codificadora de um gene onde a inativação insercional é facilmente detectada. Essas características são também encontradas em vetores bacteriófagos; um exemplo específico será discutido na Seção 15.1. Algumas vezes, a inativação insercional pode ser utilizada como seleção positiva. Por exemplo, há um protocolo que permite a seleção de bactérias que perderam a resistência à tetraciclina. Em alguns dos vetores recentemente desenvolvidos, o gene carreando o *polilinker* normalmente produz uma proteína letal à célula hospedeira. Portanto, apenas as células que possuem um plasmídeo onde esse gene foi *inativado* podem crescer.

A clonagem em plasmídeos corresponde a um processo geral e versátil, amplamente utilizado na engenharia genética, principalmente quando o fragmento a ser clonado é relativamente pequeno. Plasmídeos são empregados com freqüência como vetores de clonagem quando se deseja expressar o gene clonado (Seção 31.4).

✓ 10.15 Verificação de conceitos

Plasmídeos são vetores de clonagem úteis por serem facilmente isolados e purificados, sendo capazes de se multiplicar, atingindo um grande número de cópias nas células bacterianas. Genes de resistência a antibióticos presentes nos plasmídeos são utilizados na identificação de células bacterianas contendo esses elementos.

✓ Explique por que é mais interessante utilizar enzimas de restrição que clivem o plasmídeo em apenas uma região.

✓ O que se entende por *inativação insercional*?

10.16 O bacteriófago lambda como vetor de clonagem

Lembre-se de que durante a transdução especializada (ver Seção 10.7) alguns genes da célula hospedeira podem ser incorporados pelo genoma do bacteriófago. Um vírus utilizado como fago de transdução especializada corresponde ao bacteriófago lambda (Seção 9.10). Durante a transdução especializada, o fago lambda atua como vetor, havendo a recombinação em uma célula e não em um tubo de ensaio. No entanto, o fago lambda pode também ser utilizado como vetor de clonagem para a recombinação *in vitro*. Este é um vetor de clonagem particularmente útil, pois sua genética molecular é bastante conhecida. Esse fago é capaz de receber maiores quantidades de DNA, quando comparado à maioria dos plasmídeos; tal DNA é eficientemente empacotado em partículas fágicas, *in vitro*. Essas partículas podem ser utilizadas na infecção de células hospedeiras adequadas, sendo a infecção muito mais eficiente que uma transformação (transfecção). O fago lambda apresenta um mapa genético complexo (Figura 9.18), contendo grande número de genes. O terço central do genoma desse fago, situado entre os genes *J* e *N*, é de importância particular em sua utilização como vetor de clonagem, já que tal região não é essencial e pode ser substituída por um DNA exógeno.

Fagos lambda modificados

O fago lambda não é adequado como vetor de clonagem, por possuir muitos sítios de enzimas de restrição. Para contornar essa dificuldade, foram construídos fagos lambda modificados, os quais podem ser utilizados na clonagem. Em um conjunto de fagos lambda modificados, denominados fagos Charon, os sítios de restrição indesejáveis foram removidos por meio de mutações pontuais, deleções ou substituições. Nos variantes que apresentam um único sítio de restrição, um fragmento de DNA exógeno pode ser *inserido*, enquanto em variantes com dois sítios o DNA exógeno pode *substituir* um segmento específico do DNA de lambda. Esses últimos variantes, denominados **vetores de substituição**, são especialmente úteis na clonagem de grandes fragmentos de DNA.

A Figura 10.43 ilustra algumas das características essenciais de um fago lambda selvagem e de dois vetores Charon. Enquanto o lambda selvagem possui cinco sítios de *Eco*RI, Charon 4A contém três, e Charon 16, apenas um. O fago Charon 4A é utilizado como vetor de substituição; os dois pequenos fragmentos interiores são clivados e descartados durante a clonagem. No caso de Charon 16, o DNA a ser clonado é inserido no sítio único de *Eco*RI. Tanto o Charon 4A quanto o 16 contêm deleções (não apresentadas na figura) que, além de remover alguns dos sítios encontrados no lambda selvagem, tornam seu genoma menor. Isso permite a clonagem de fragmentos maiores de DNA.

Esses dois vetores também contêm mutações de substituição, ilustradas na Figura 10.43. Uma das substituições corresponde ao gene de β-galactosidase. Quando esses vetores se replicam em uma linhagem de *Escherichia coli* lactose negativa (Lac^-), a β-galactosidase é sintetizada pelo gene fágico; as placas de lise lactose positivas

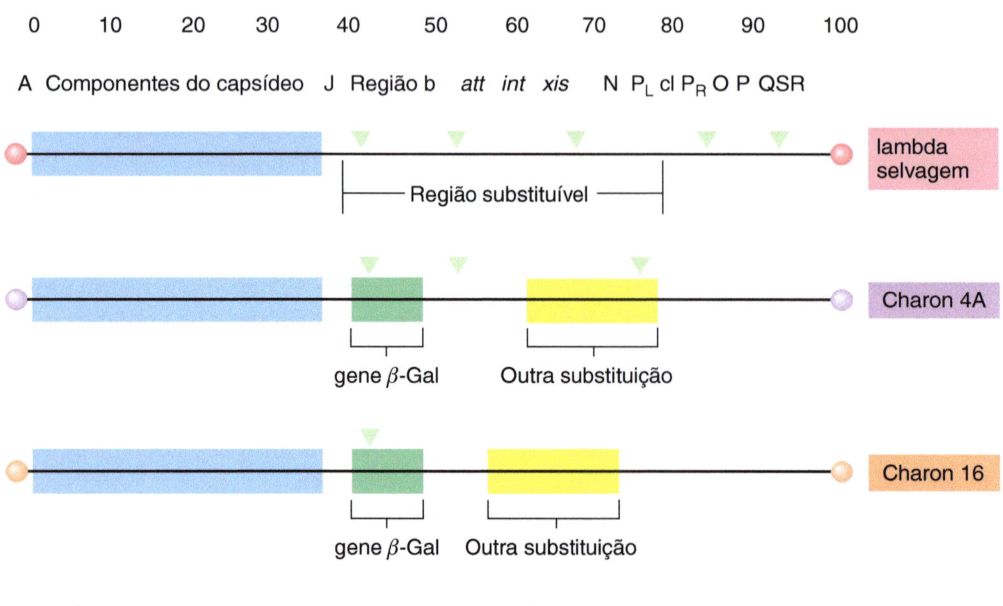

■ **Figura 10.43** Clonagem molecular utilizando o fago lambda. Mapa genético resumido do bacteriófago lambda, apresentando as extremidades coesivas como círculos (Figura 9.18). Os fagos Charon 4A e 16 são derivados de lambda e apresentam várias substituições e deleções na região não essencial. Uma das substituições, em ambos os casos, corresponde a um gene (β-Gal), codificando a enzima β-galactosidase, que permite a detecção de clones que possuem esse fago. Enquanto o genoma do fago lambda selvagem contém 48,5 pares de quilobases, o de Charon 4A tem 45,4 e o de Charon 16 possui 41,7 pares de quilobases. As setas (▼) acima dos mapas de cada fago indicam os sítios reconhecidos pela enzima de restrição *Eco*RI.

(Lac⁺) são detectadas pela utilização de um meio de cultura adicionado de um indicador de cor (Seção 15.1). Se um gene exógeno for *inserido* no gene de β-galactosidase, a característica Lac⁺ será perdida. Essas placas de lise Lac⁻ são prontamente identificadas como placas incolores, dispersas entre placas de lise coloridas.

Etapas da clonagem em fago lambda

A clonagem em vetores lambda de substituição envolve as seguintes etapas (Figura 10.44):

1. Isolamento do DNA do vetor a partir das partículas virais e digestão com uma enzima de restrição apropriada.
2. Ligação dos dois fragmentos de DNA do fago lambda ao DNA exógeno por meio da DNA ligase. As condições são determinadas de modo a originar moléculas de comprimento suficiente para o empacotamento nas partículas virais.
3. Empacotamento do DNA pela adição de extratos celulares contendo proteínas da cabeça e da cauda, o que permite a formação de partículas fágicas viáveis.
4. Infecção de *E. coli* e isolamento dos clones de fagos pela coleta das placas de lise formadas em uma linhagem hospedeira.
5. Verificação dos fagos recombinantes quanto à presença do DNA exógeno desejado por meio de procedimentos de hibridização de ácido nucléico ou pela observação das propriedades genéticas apresentadas.

A seleção de recombinantes é menos problemática com vetores lambda de substituição (como o Charon 4A) do que com plasmídeos, uma vez que (1) a eficiência na transferência do DNA recombinante do fago lambda para a célula é muito elevada e (2) os fragmentos de lambda que não receberem fragmentos de DNA exógeno são muito pequenos para serem incorporados nas partículas virais.

Embora o fago lambda seja um vetor de clonagem útil, há limitações em relação à quantidade de DNA a ser inserido. Quando o DNA exógeno corresponde a mais de 105% do DNA normal de lambda, as partículas exibem baixa viabilidade, e como alguns genes fágicos não são descartados a capacidade replicativa do vetor é mantida. Portanto, fragmentos muito longos de DNA (maiores de 20 kb) não podem ser eficientemente clonados.

Cosmídeos

Um tipo de vetor relacionado, que utiliza genes específicos de lambda, é denominado **cosmídeo**. Cosmídeos são vetores plasmidiais contendo DNA exógeno, além do sítio *cos* (extremidade coesiva) oriundo do genoma de lambda. Os sítios *cos* são necessários ao empacotamento do DNA nos vírions lambda. Os cosmídeos são construídos a partir de plasmídeos contendo o DNA clonado, pela ligação da região *cos* de lambda ao DNA plasmidial. O plasmídeo modificado pode então ser empacotado em vírions lambda *in vitro*, conforme descrito previamente, sendo as partículas utilizadas na transdução de *Escherichia coli*. A construção de cosmídeos elimina a necessidade de transformar as células de *E. coli*, que corresponde a um processo ineficiente (ver Seção 10.6).

Os cosmídeos têm como uma das principais vantagens permitirem a clonagem de grandes fragmentos de DNA. Assim, um menor número de clones é necessário para que seja obtida uma representação fidedigna do elemento genético completo. Os cosmídeos permitem ainda o armazenamento do DNA nas partículas virais, em vez dessas serem armazenadas em plasmídeos. Partículas fágicas são muito mais estáveis que plasmídeos, possibilitando a preservação do DNA recombinante por longos períodos de tempo.

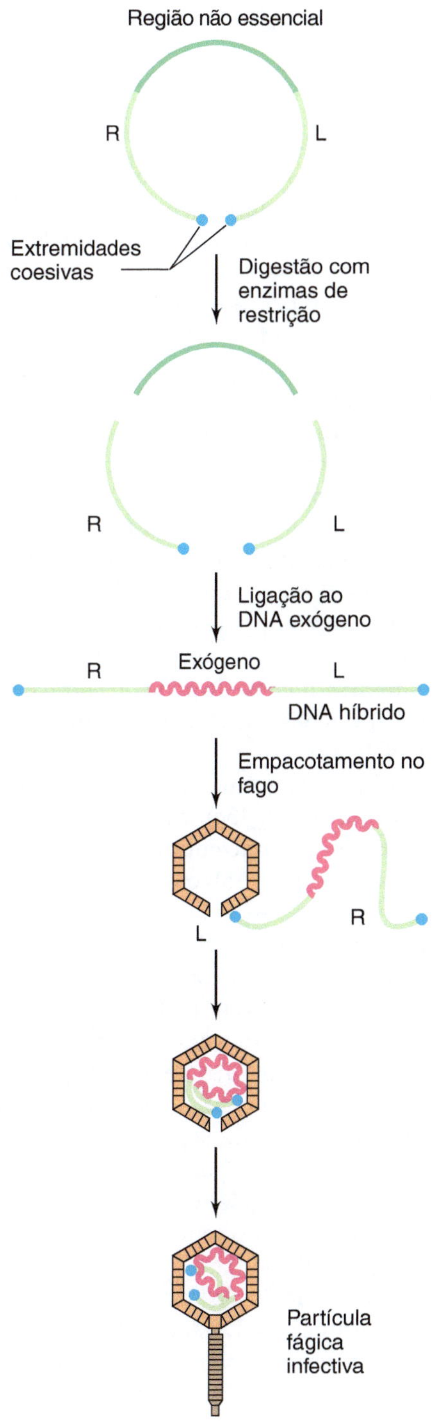

Figura 10.44 Utilização do bacteriófago lambda como vetor de clonagem (ver o texto para detalhes).

✓ 10.16 Verificação de conceitos

Bacteriófagos, como lambda, foram modificados, tornando-se úteis vetores de clonagem. O fago lambda permite que quantidades maiores de DNA sejam clonadas, quando comparados aos plasmídeos. Além disso, o DNA recombinante pode ser empacotado *in vitro*, sendo posteriormente transferido de maneira eficiente à célula hospedeira. Vetores plasmidiais contendo os sítios *cos* de lambda são denominados cosmídeos, podendo carrear grandes fragmentos de DNA exógeno.

✓ Por que a capacidade de empacotar DNA recombinante em um tubo de ensaio é útil?

✓ O que é um *vetor de substituição*?

10.17 Amplificação de DNA: a reação de polimerização em cadeia

Os métodos convencionais de clonagem molecular podem ser considerados ferramentas de amplificação de DNA *in vivo*. Entretanto, o desenvolvimento de DNAs sintéticos possibilitou o desenvolvimento de um novo método para a rápida amplificação de DNA *in vitro* — a **reação de polimerização em cadeia** (**PCR**, do inglês *Polymerase Chain Reaction*). A reação de polimerização em cadeia permite a multiplicação de moléculas de DNA em bilhões de vezes em um tubo de ensaio, originando grandes quantidades de genes específicos, os quais podem ser utilizados em experimentos de clonagem, seqüenciamento ou mutagênese. A PCR utiliza a enzima *DNA polimerase*, que sintetiza novas moléculas de DNA (Seção 7.5).

A técnica de PCR requer que a seqüência nucleotídica de parte do gene desejado seja conhecida. Isto é necessário porque, para a PCR ser efetiva, pequenos *iniciadores* complementares à seqüência do gene ou genes de interesse devem estar disponíveis. As etapas em uma amplificação de DNA por PCR são:

1. Dois iniciadores oligonucleotídicos, flanqueando o DNA-alvo (Figura 10.45*a*), são produzidos em um sintetizador de oligonucleotídeos e adicionados em grande excesso ao DNA-alvo desnaturado.
2. Quando a mistura é resfriada, o excesso de iniciadores complementares ao DNA-alvo garante que a maioria das fitas-alvo irá se anelar com um iniciador em vez de se parear umas com as outras (Figura 10.45*a*).
3. A DNA polimerase promoverá a extensão dos iniciadores, utilizando as fitas-alvo como moldes (Figura 10.45*b*).
4. Após um período de incubação adequado, a mistura é novamente aquecida para separar as fitas. Em seguida, a mistura é resfriada para permitir a hibridização dos iniciadores nas regiões complementares do DNA recém-sintetizado, sendo todo o processo novamente repetido (Figura 10.45*c-e*).

Dessa maneira, cada "ciclo" de uma PCR envolve: (1) a desnaturação térmica do DNA-alvo de fita dupla, (2) o resfriamento para permitir o anelamento dos iniciadores específicos no DNA-alvo e (3) a extensão dos iniciadores pela ação da DNA polimerase (Figura 10.45). Observe, na Figura 10.45, como os produtos de extensão de um iniciador atuam como molde para o outro iniciador no ciclo seguinte. A beleza da técnica de PCR consiste no fato de que, a cada ciclo, o conteúdo de DNA-alvo original é *duplicado*. Na prática, geralmente são realizados de 20 a 30 ciclos, promovendo um aumento de 10^6 a 10^9 vezes na quantidade da seqüência-alvo (Figura 10.45*f*).

PCR em altas temperaturas

A técnica original de PCR empregava a DNA polimerase de *Escherichia coli*, mas, devido às altas temperaturas necessárias para a desnaturação das fitas duplas de DNA sintetizadas, a polimerase era também desnaturada, sendo necessária sua reposição a cada ciclo. Essa situação, além de limitar o número de ciclos realizados, era bastante dispendiosa. Esse problema foi solucionado empregando-se uma DNA polimerase termoestável, isolada da bactéria termofílica *Thermus aquaticus*. A DNA polimerase de *T. aquaticus*, conhecida como *Taq polimerase*, é estável a 95°C, não sendo afetada durante a etapa de desnaturação, na reação de PCR. O uso da *Taq* DNA polimerase aumentou a *especificidade* da reação de PCR pelo fato de a síntese de DNA ocorrer a 72°C em vez de 37°C. Em altas temperaturas, raramente ocorre a hibridização dos iniciadores em regiões inespecíficas do DNA, tornando os produtos da *Taq* PCR mais homogêneos que aqueles obtidos com a enzima de *E. coli*.

Um problema associado à *Taq* polimerase é o fato de esta não apresentar a atividade de correção (Seção 7.6), levando, conseqüentemente, à introdução de mais erros que a enzima de *Escherichia coli*. A DNA polimerase da *Archaea Pyrococcus furiosus* (temperatura ótima de crescimento de 100°C) (Seções 6.10 e 13.6), denominada *Pfu* polimerase (ou *vent polimerase*), é também amplamente utilizada por apresentar maior termoestabilidade que a *Taq* polimerase. A *Pfu* polimerase exibe atividade de correção, o que a torna uma enzima particularmente útil quando a precisão é essencial.

Devido ao grande número de etapas repetitivas envolvidas na técnica de PCR, foram desenvolvidos equipamentos que podem ser programados de modo a realizar ciclos automáticos de aquecimento e resfriamento. Uma vez que cada ciclo requer apenas cerca de 5 min, o procedimento automático permite extensas amplificações em poucas horas (esse tipo de amplificação, utilizando técnicas de clonagem *in vivo*, requeriria vários dias). Para suprir a demanda de DNA polimerases termoestáveis nos crescentes mercados de PCR e seqüenciamento de DNA, os genes dessas enzimas foram clonados em *E. coli* e produzidos em larga escala. Os custos de uma PCR atualmente correspondem a uma fração do que eram, quando essa técnica foi introduzida.

Aplicações da PCR

A PCR corresponde a uma ferramenta poderosa, pois é de fácil realização, extremamente específica e eficiente. Lembre-se de que a cada ciclo de amplificação a quantidade de produtos *dobra*, levando a um aumento exponencial. Com isso, além de ser possível a obtenção de grandes quantidades de DNA amplificado em poucas horas, apenas um pequeno número de moléculas de DNA-alvo

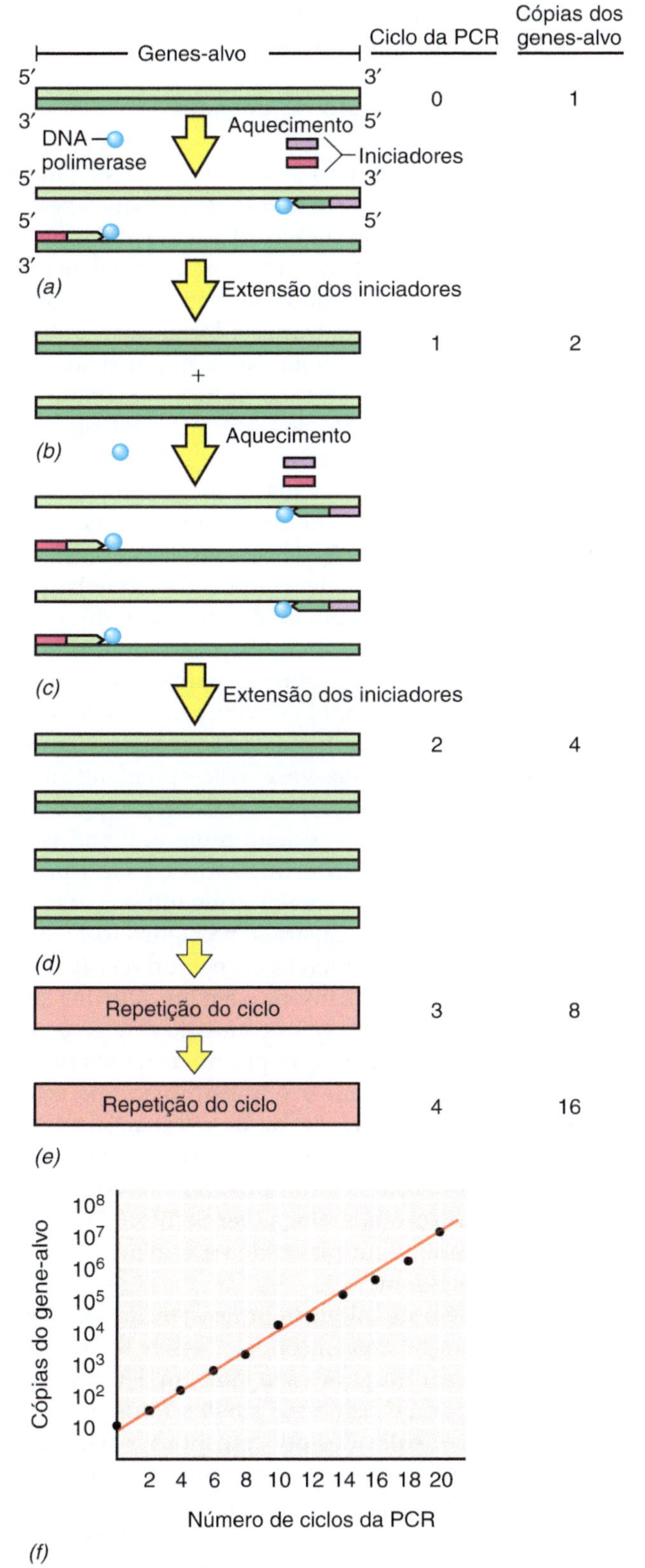

■ **Figura 10.45** Reação de polimerização em cadeia (PCR) para a amplificação de seqüências específicas de DNA. (a) O DNA-alvo é aquecido para promover a separação das fitas; a DNA polimerase e um grande excesso dos dois oligonucleotídeos iniciadores são adicionados, sendo um dos iniciadores complementar à fita-alvo, e o outro, à fita complementar. (b) Após o anelamento dos iniciadores, a extensão destes leva à formação de uma cópia do DNA de fita dupla original. (c) Uma nova etapa de aquecimento, anelamento e extensão dos iniciadores leva à formação de um segundo DNA de fita dupla. (d) O segundo DNA de fita dupla. (e) Dois ciclos adicionais de PCR geram 8 e 16 cópias da seqüência original de DNA, respectivamente. (f) Efeito da realização de 20 ciclos de PCR, em uma preparação de DNA contendo originalmente 10 cópias do gene-alvo. Observe que o gráfico é semilogarítmico.

é necessário na amostra, ao início da reação. A reação é tão específica que, utilizando-se iniciadores com 15 nucleotídeos e altas temperaturas de anelamento, a ocorrência de "anelamentos falsos" será muito baixa, levando à formação de produtos relativamente homogêneos.

Embora os termocicladores automáticos sejam, ainda, relativamente dispendiosos, a técnica apresenta uma grande variedade de aplicações, uma vez que os processos realizados por meio da PCR (e a análise do produto amplificado) podem ser finalizados em poucas horas. Anteriormente, tais processos requeriam vários dias, ou mesmo semanas, para sua realização em laboratório. Portanto, a PCR pode ser extremamente eficiente em termos de custos, sendo atualmente utilizada em uma infinidade de aplicações práticas.

A PCR é extremamente valiosa na obtenção de DNA para clonagem e seqüenciamento, uma vez que o gene ou genes de interesse podem ser facilmente amplificados se as seqüências flanqueadoras forem conhecidas. Como os iniciadores utilizados não necessitam ser perfeitamente complementares, a PCR é rotineiramente utilizada em estudos comparativos ou evolutivos a partir da amplificação de genes de diferentes origens, cujo DNA tenha sido clonado (e seqüenciado) em um organismo. Nesses casos, são confeccionados iniciadores referentes às regiões conservadas desse gene, possivelmente presentes em uma grande variedade de organismos. Devido à sensibilidade da PCR, esta tem sido utilizada na amplificação e clonagem de DNA de diferentes origens, como restos humanos mumificados ou mesmo amostras de plantas e animais extintos.

A PCR pode também ser utilizada na amplificação de quantidades muito pequenas de DNA presentes em uma amostra. Pela utilização de iniciadores apropriados, é possível identificar uma única célula bacteriana em uma amostra, mesmo que esta apresente um grande número de outras espécies. Observe que a amplificação de DNA de uma bactéria não requer o cultivo laboratorial do organismo. Portanto, graças à PCR, os cientistas vêm revelando a enorme diversidade microbiana, além de tornar claro que os microrganismos cultivados até o momento correspondem a uma pequena parcela dos microrganismos presentes no ambiente (Seção 17.5). Em virtude da capacidade de amplificar e analisar DNA, sem a necessidade de cultivo do microrganismo, a PCR passou a desempenhar um papel de grande importância na microbiologia diagnóstica (Seção 24.13). A PCR também tem sido utilizada no *fingerprinting* de DNA (impressão digital do DNA), uma poderosa ferramenta forense que permite a identificação de indivíduos ou de relações entre os indivíduos, a partir de pequenas amostras de seu DNA (Quadro "*Fingerprinting* de DNA", Capítulo 31). A PCR pode, ainda, ser associada à transcrição reversa, em um processo denominado RT-PCR. Essa técnica pode ser muito útil quando se deseja obter grandes quantidades de DNA, utilizando RNA como molde.

✓ 10.17 Verificação de conceitos

A reação de polimerização em cadeia, um procedimento de amplificação de DNA *in vitro*, utiliza uma DNA polimerase termoestável isolada de procariotos termofílicos. O calor é utilizado para desnaturar o DNA em duas moléculas de fita simples, sendo cada uma copiada pela polimerase. Ao iniciar o processo com um pequeno oligonucleotídeo que atua como um iniciador do DNA-alvo a ser amplificado, a polimerase sintetiza o DNA completo ao qual o iniciador está associado. Após um ciclo, as fitas duplas recém-formadas são novamente separadas pelo calor, iniciando-se um novo ciclo de síntese. A cada ciclo térmico, a quantidade de DNA-alvo é duplicada.

✓ Por que a PCR requer iniciadores?

✓ Por que um iniciador deve estar presente em cada 'extremidade' do DNA a ser amplificado?

10.18 Mutagênese *in vitro* e sítio-dirigida

Os métodos de manipulação de DNA *in vitro* abriram um campo totalmente novo na mutagênese. Enquanto os agentes mutagênicos convencionais (ver Seção 10.3) atuam de maneira aleatória, o uso de DNAs sintéticos e de técnicas de DNA recombinante tornaram possível a introdução de mutações em *sítios precisamente determinados* nos genes. Esse processo é denominado **mutagênese sítio-dirigida**. As proteínas sintetizadas por linhagens contendo essas mutações devem apresentar propriedades diferentes daquelas exibidas pelas proteínas selvagens. Em alguns casos, essas propriedades podem ser preditas a partir do conhecimento da estrutura protéica.

Mutagênese sítio-dirigida

As primeiras tentativas de mutagênese sítio-dirigidas incluíam o tratamento de bacteriófagos transdutores com agentes mutagênicos químicos, sendo então utilizados na infecção de bactérias e busca de mutantes. Essa estratégia promovia um aumento na taxa de mutações em uma região limitada do genoma. Atualmente, existem técnicas que propiciam uma especificidade muito maior; um par de bases específico de um gene pode ser substituído por outro par de bases. Algumas das técnicas são bastante simples e muito poderosas.

O procedimento básico consiste na síntese de um pequeno oligodesoxirribonucleotídeo contendo a alteração na base desejada, o qual é pareado com uma fita simples de DNA contendo o gene de interesse. O pareamento é completo, exceto na pequena região onde a base foi alterada. Esse pequeno fragmento de fita simples, correspondente ao oligonucleotídeo sintético, é estendido pela DNA polimerase, copiando o restante do gene. A molécula resultante de fita dupla é inserida em um hospedeiro de clonagem por meio de transformação, sendo os mutantes selecionados por um procedimento anteriormente descrito (ver Seção 10.6). O mutante obtido é, em seguida, utilizado na produção da proteína modificada (mutante).

Um dos procedimentos de *mutagênese sítio-dirigida* é ilustrado na Figura 10.46. Muitas vezes é conveniente iniciar o processo com o gene de interesse clonado em um vetor de DNA de fita simples. Um vetor amplamente utilizado na mutagênese sítio-dirigida corresponde ao bacteriófago M13 (Seção 16.3). A utilização de M13 como vetor será discutida no Capítulo 15.

Mutagênese por inserção de cassete e ruptura gênica

Devido ao grande número de enzimas de restrição comercialmente disponíveis e das inúmeras seqüências de DNA distintas que podem ser clivadas, em geral é possível detectar vários sítios de restrição em um gene de interesse. Quando sítios apropriados não são encontrados no gene, ou estes não se encontram na localização precisa, podem ser adicionados por mutagênese sítio-dirigida (ver Figura 10.46). Quando os sítios de restrição encontram-se muito próximos, o fragmento de DNA interveniente pode ser removido e substituído por um DNA sintético, no qual uma ou mais bases foram alteradas. Esses fragmentos sintéticos são denominados *cassetes*, e o processo é conhecido por **mutagênese por inserção de cassete**.

Mutações de inserção podem também ser geradas pela inserção de um cassete em um único sítio. Quando os cassetes são utilizados para substituir partes de um gene, geralmente apresentam o mesmo tamanho que os fragmentos de DNA selvagem. No entanto, os cassetes utilizados na introdução de mutações de inserção podem ser de qualquer tamanho, muitas vezes correspondendo a um gene inteiro. De fato, cassetes que codificam proteínas que conferem resistência do hospedeiro a um antibiótico em particular são normalmente utilizados. Esse tipo de mutagênese por cassete é empregado em um processo denominado **ruptura gênica**, ilustrado na Figura 10.47. Nesse caso, um fragmento contendo o gene de resistência à kanamicina, o cassete *kan*, é inserido em um sítio de restrição de um gene clonado. O vetor contendo esse gene mutante é linearizado pela clivagem por uma enzima de restrição diferente; o DNA linear é transformado na célula hospedeira, transportando o gene de resistência à kanamicina. Como o plasmídeo linearizado é incapaz de se replicar, as células resistentes são provavelmente originadas pela recombinação homóloga (ver Seção 10.5) entre o gene mutado presente no plasmídeo e o gene selvagem presente no cromossomo.

As células, além de adquirirem resistência à kanamicina, perdem a função do gene onde o cassete *kan* foi inserido. Portanto, essas mutações são também denominadas mutações de "nocaute", processo similar à busca de mutações de inserção realizadas por transposons (ver Seção 10.11), embora nesse caso seja possível escolher exatamente qual gene receberá a mutação. Observe que, em organismos haplóides, a ruptura gênica apenas produzirá células viáveis se o gene interrompido não for essencial. Experimentos de ruptura gênica vêm sendo utilizados para verificar se um gene é essencial. Foram desenvolvidos métodos de obtenção de genes interrompidos em organismos superiores, inclusive em camundongos.

✓ 10.18 Verificação de conceitos

Moléculas de DNA sintético contendo seqüências definidas podem ser sintetizadas *in vitro* e utilizadas na construção direta de genes mutados ou na substituição de pares de ba-

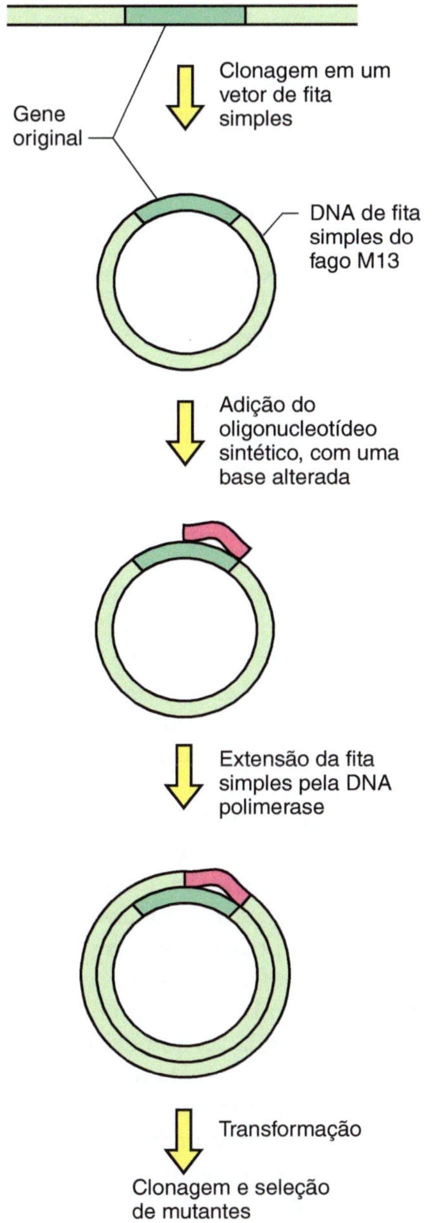

■ **Figura 10.46** Mutagênese sítio-dirigida utilizando pequenos fragmentos de um oligodesoxirribonucleotídeo sintético.

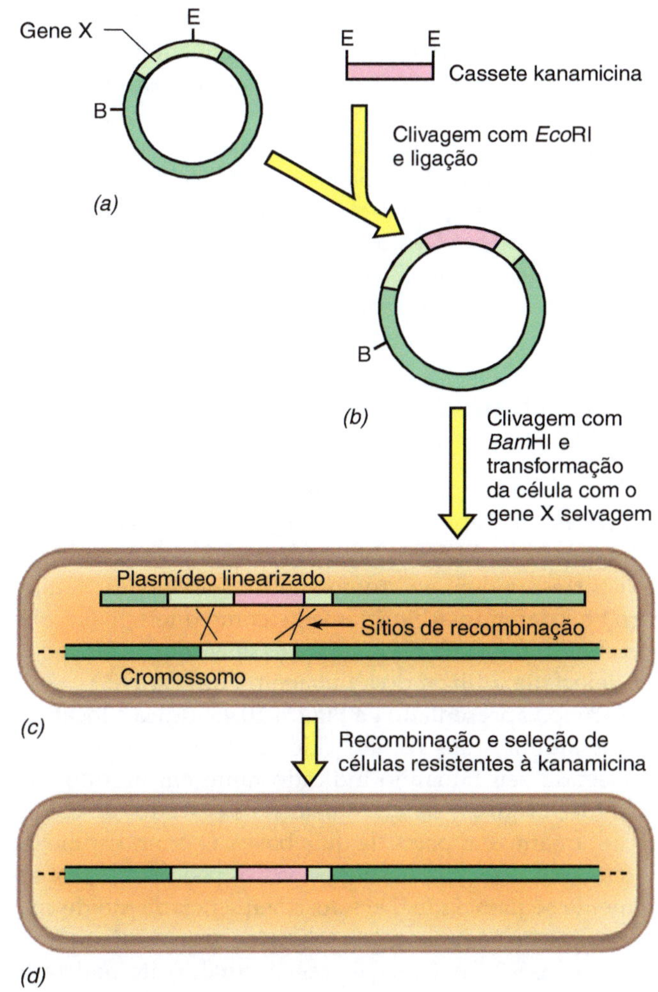

■ **Figura 10.47** Ruptura gênica utilizando mutagênese por inserção de cassete. (a) Um plasmídeo contendo uma cópia selvagem do gene X clonado é clivado com a enzima de restrição *Eco*RI e misturado a um fragmento de DNA (o cassete kanamicina) que contém o gene de resistência à kanamicina, obtido utilizando-se a mesma enzima de restrição. O plasmídeo clivado e o cassete são ligados. (b) O produto da ligação é um plasmídeo, agora contendo o cassete kanamicina como uma mutação de inserção no gene X. Esse novo plasmídeo é clivado por outra enzima de restrição, *Bam*HI, e transformado em uma célula com o gene X selvagem. (c) A célula transformada apresenta o plasmídeo linearizado contendo o gene X interrompido, além do gene X selvagem, presente em seu próprio cromossomo. Em algumas células, ocorre a recombinação homóloga entre as formas selvagem e mutante do gene X. (d) Células capazes de crescer na presença de kanamicina possuem o cassete recombinado em seu cromossomo, uma vez que o plasmídeo linearizado não se replica. Essas células apresentam agora uma única cópia do gene X interrompido. A ruptura gênica geralmente abole por completo a função do gene X.

ses específicos em um gene, por meio de mutagênese sítio-dirigida. Os genes também podem ser interrompidos pela inserção de fragmentos de DNA, denominados cassetes. O cassete inserido elimina a função do gene selvagem, normalmente conferindo um novo fenótipo, em geral selecionável, à célula.

✓ Por que a mutagênese sítio-dirigida pode ser útil?
✓ O que são *mutações de nocaute*?

IV O CROMOSSOMO BACTERIANO

Os três mecanismos de transferência genética descritos neste capítulo — transformação, transdução e conjugação — podem ser utilizados no mapeamento da localização de vários genes (na realidade, de mutações em genes) no cromossomo. Em *Escherichia coli*, os genes foram mapeados até determinada região do cromossomo, por meio de experimentos de conjugação. A utilização de linhagens Hfr, com origens em sítios distintos, permite mapear o conjunto completo dos genes bacterianos.

A conjugação não permite a ordenação de genes estreitamente associados. Portanto, a transdução generalizada foi utilizada no mapeamento estrutural mais refinado do cromossomo de *E. coli.* O bacteriófago P1 pode carrear fragmentos de DNA equivalentes a cerca de dois minutos do mapa, sendo muito útil no mapeamento de genes. As técnicas genéticas utilizadas foram escolhidas de acordo com a eficiência do processo de transferência de genes no organismo em estudo. Embora a transformação seja um processo bastante ineficiente em *E. coli*, é eficiente em outros organismos. Essa técnica mostrou-se bastante efetiva no mapeamento dos genes de *Bacillus*.

Embora todas essas técnicas "clássicas" sejam ainda úteis na caracterização e na construção de linhagens, foram suplantadas pela clonagem molecular (ver Seção 10.14), pelo mapeamento de restrição (ver Seção 10.12) e pelo seqüenciamento de DNA (ver Seção 10.13), que revolucionaram o estudo da organização genômica de procariotos (e eucariotos).

10.19 O mapa genético do cromossomo de *Escherichia coli*

Um mapa circular de referência da linhagem K-12 de *Escherichia coli* é apresentado na Figura 10.48. As distâncias no mapa são dadas em minutos de transferência, onde 100 min correspondem ao cromossomo completo. O "tempo zero" foi definido arbitrariamente como o tempo em que a primeira transferência genética (o operon *treonina*) pode ser detectada, utilizando a linhagem Hfr original.

O mapa apresentado na Figura 10.48 indica a localização de alguns sítios reconhecidos por enzimas de restrição, sendo seu tamanho indicado tanto em minutos (as unidades originais determinadas pelos estudos de conjugação) quanto em pares de quilobases. O cromossomo de *E. coli*, assim como o de muitos outros procariotos, foi totalmente seqüenciado. De fato, o seqüenciamento de cromossomos bacterianos relativamente "pequenos", contendo "apenas" 3 ou 4 megabases, é atualmente realizado pelo seqüenciamento automático de clones aleatórios ou *shotgun* (ver Seção 10.14). Devido à enorme quantidade de informações genéticas que o seqüenciamento tem fornecido, estas podem ser acessadas com maior eficiência por meio de bancos de dados em computadores (Capítulo 15).

Escherichia coli como um procarioto-modelo

Muitos fatores favoreceram a utilização de *Escherichia coli* como organismo-modelo em estudos de bioquímica, genética e fisiologia bacteriana. Como vimos nos Capítulos 9 e 16, até mesmo os vírus de *E. coli* serviram como sistemas-modelo de estudo. Embora o cromossomo de *E. coli* não tenha sido um dos primeiros cromossomos procarióticos a ser seqüenciado, essa bactéria corresponde a um dos microrganismos mais conhecidos. Além de seu importante papel como organismo-modelo, *E. coli* continua a ser o microrganismo de escolha nas pesquisas e aplicações da engenharia genética (Capítulo 31).

A linhagem MG1655 de *E. coli*, cujo cromossomo foi originalmente seqüenciado, é derivada de *E. coli* K-12, a linhagem tradicionalmente utilizada em estudos genéticos. A *E. coli* K-12 "selvagem" é lisógena para o bacteriófago lambda (Seção 9.10) e apresenta um plasmídeo F (ver Seção 10.8). Entretanto, a linhagem seqüenciada foi "curada" do fago lambda (por radiação) e do plasmídeo F (por tratamento com acridina, ver Seção 10.8). O cromossomo dessa linhagem contém 4.639.221 pares de bases. A análise da seqüência genômica revelou a presença de 4.288 *quadros de leitura aberta*, possivelmente funcionais (Seções 7.13 e 15.2), correspondendo a aproximadamente 88% do genoma. Cerca de 1% do genoma corresponde a genes codificando tRNAs e rRNAs, enquanto cerca de 0,5% corresponde a seqüências repetitivas não codificadoras (Seção 7.4). Os 10% restantes contêm todas as seqüências regulatórias: promotores, operadores, origens e terminações de replicação de DNA, e assim por diante.

Arranjo e expressão dos genes cromossomais de *E. coli*

Os primeiros experimentos de mapeamento e os estudos da regulação dos genes que controlam as enzimas de uma única via bioquímica revelaram que tais genes freqüentemente eram encontrados agrupados em conjuntos. No mapa genético da Figura 10.48, alguns desses conjuntos gênicos são ilustrados. Observe, por exemplo, o conjunto de genes *gal*, localizado a 18 min, o conjunto de genes *trp*, a aproximadamente 28 min, e o conjunto *his*, situado a 44 min. Cada um desses conjuntos corresponde a uma parte de um operon, sendo transcritos como um único mRNA *policistrônico* (Seção 7.11). Em contrapartida, genes de outras vias bioquímicas não são encontrados em conjuntos; por exemplo, os genes envolvidos na síntese de arginina (genes *arg*) estão dispersos ao longo do cromossomo, como parte do regulon *arg* (Seção 8.5). Devido à antiga descoberta dos operons multigênicos e de sua utilidade como modelos de estudo de regulação gênica — por exemplo, o operon *lac* (Seções 8.5 e 8.7) —, pode-se ter a impressão de que os operons correspondem a uma regra em procariotos. No entanto, a análise da seqüência do cromossomo de *E. coli* revelou que das 2.584 unidades transcricionais preditas ou conhecidas mais de 70% apresentam *um único* gene. Apenas cerca de 6% dos operons originam mRNAs policistrônicos, oriundos de quatro ou mais genes.

A transcrição de alguns operons ocorre ao longo do cromossomo, enquanto em outros operons esta ocorre na direção oposta. A direção da transcrição de alguns operons multigênicos é indicada por setas, na Figura 10.48. Como a transcrição sempre ocorre na direção 5′ → 3′ (Seção 7.8), isso implica que a transcrição ao longo de qualquer uma das fitas de DNA pode ocorrer. Evidências indicam que há um número equivalente de operons nas duas fitas. Previamente, foi definido que muitos genes altamente expressos em *E. coli* são orientados de maneira que sua transcrição ocorre na mesma direção que a forquilha de replicação do DNA. As duas forquilhas de replicação iniciam-se na origem (*oriC*), situada a aproximadamente 84 min no mapa apresentado na Figura 10.48, movendo-se bidirecionalmente (Seção 7.6) em direção ao ponto de terminação, localizado em aproximadamente 34 min no mapa. O seqüenciamento genômico confirmou esse fato, ao demonstrar que os sete operons de rRNA e 53 dos 86 genes de tRNA são transcritos na direção da replicação.

Mais de 2.000 proteínas ou genes codificadores de proteínas de *E. coli* foram identificados antes do seqüenciamento completo de cromossomo. Atualmente, sabemos

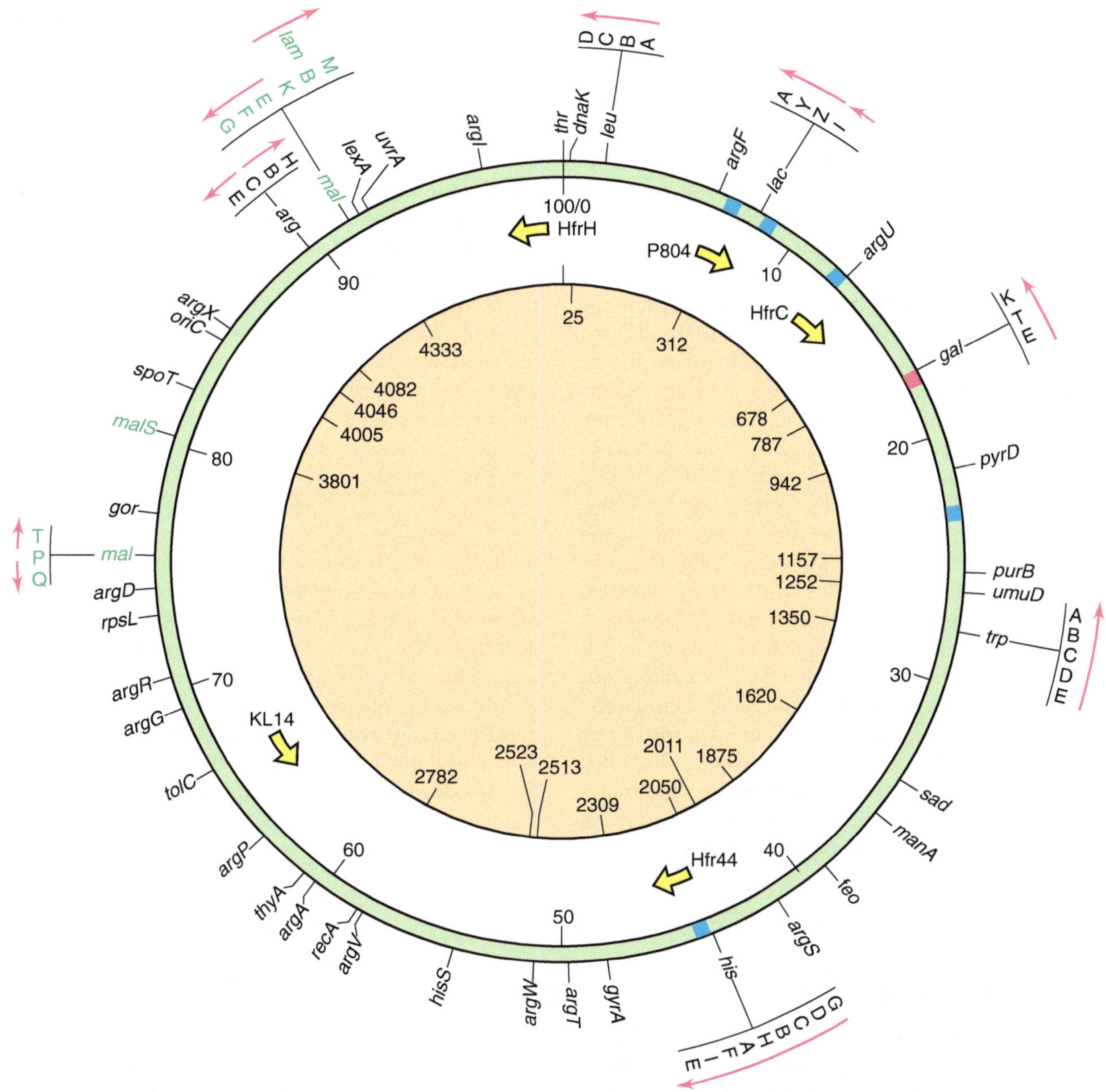

■ **Figura 10.48** Mapa circular de ligação do cromossomo da linhagem K-12 de *Escherichia coli*. Na borda externa do mapa estão assinaladas as localizações de alguns dos genes mapeados. Alguns operons são também apresentados, juntamente com a direção de sua transcrição. Ao longo da borda interna do mapa, os números de 0 a 100 referem-se à posição no mapa, em minutos. A origem de replicação do DNA é indicada por *oriC* (84,3 min); a replicação é bidirecional, tendo início a partir desse ponto (Seção 7.6 e Figuras 7.16-7.20). O círculo interno indica os locais, em pares de quilobases, das seqüências reconhecidas pela enzima de restrição *NotI*. Observe que o 0 min e o 0 par de quilobases estão situados, por convenção, no *locus thr*. As origens e as direções de transferência de algumas linhagens Hfr são também apresentadas (setas). As posições onde cinco cópias do elemento de transposição IS*3* foram localizadas, nessa linhagem, são assinaladas em azul. Esse elemento é também encontrado em duas cópias no plasmídeo F, estando envolvido na formação de células Hfr (ver Seção 10.9). A posição do sítio onde o profago do bacteriófago lambda se integra é apresentada em vermelho (Seção 9.10). Quando o profago está presente, há a adição de 48,5 pares de quilobases extras (equivalente a aproximadamente 1 min) ao mapa. Os genes do regulon maltose (Seção 8.6), o qual inclui vários operons, são apresentados em verde. Embora a maioria dos genes nesse regulon tenha abreviações iniciadas por *mal*, um dos genes é denominado *lamB*. Esse gene codifica uma proteína de membrana envolvida na captação de maltose pela célula, a qual também atua como receptor do bacteriófago lambda. O gene *rpsL* (73 min) codifica uma proteína ribossomal. Esse gene foi inicialmente denominado *str*, uma vez que mutantes desse gene tornavam-se resistentes à estreptomicina.

que cerca de 4.288 proteínas diferentes podem ser teoricamente codificadas por esse organismo, embora cerca de 38% destas sejam de função desconhecida e/ou simplesmente hipotéticas. Conforme o esperado, uma proteína "média" de *E. coli* contém pouco mais de 300 resíduos de aminoácidos, embora algumas sejam menores, e outras, muito maiores. O maior gene deve codificar uma proteína de 2.383 resíduos de aminoácidos, de função desconhecida, embora o gene seja similar a genes envolvidos na patogênese de organismos relacionados. Embora *E. coli* apresente poucos genes duplicados, muitos dos genes codificadores de proteínas parecem ter sido originados por duplicação gênica durante a história evolutiva. São encontradas algumas *famílias gênicas* grandes, grupos de genes com seqüências relacionadas e produtos funcionalmente relacionados. Por exemplo, há uma família de 70 genes, cujos produtos são proteínas de transporte através da membrana.

Outras características do cromossomo de *E. coli*

Apesar da linhagem de *E. coli* seqüenciada ter sido curada do fago lambda e do plasmídeo F, o cromossomo contém muitos outros elementos genéticos que se replicam como parte desse cromossomo. São encontradas cópias de 10 elementos IS diferentes, incluindo sete cópias de IS2 e cinco cópias de IS3 (ver Seção 10.11). Esses dois elementos são também encontrados no plasmídeo F, onde participam na formação de linhagens Hfr (ver Seção 10.9 e Figura 10.22). São ainda encontrados vários profagos crípticos, defectivos e diferentes (três dos quais relacionados ao fago lambda) no cromossomo de *E. coli*, além de vários genes que claramente compõem outros profagos praticamente perdidos por deleções. Além disso, provavelmente *E. coli* adquiriu parte de seu genoma por processos de *transferência horizontal de genes*, isto é, genes originários de outros organismos. Foi estimado que pelo menos 18% do genoma de *E. coli* K-12 são provenientes dessas transferências. Alterações genômicas em larga escala podem ainda ocorrer por tais mecanismos. Sabe-se que linhagens de *E. coli* contêm genes envolvidos na virulência, localizados em extensas regiões instáveis do cromossomo, denominadas *ilhas de patogenicidade*, as quais podem ser adquiridas por transferência horizontal. Curiosamente, a transferência horizontal de genes não resulta, necessariamente, em um genoma cada vez maior. Como muitos dos genes adquiridos dessa maneira não conferem qualquer vantagem seletiva, são perdidos por deleção.

A análise da seqüência completa de um genoma pode fornecer uma quantidade inacreditável de informações, limitada apenas pelas questões que o pesquisador tem em mente (Capítulo 15). O fato de a genética molecular de *E. coli.* ter sido intensamente explorada por várias décadas e de seu genoma ter sido totalmente seqüenciado implicam que as próximas análises serão realizadas principalmente por meios computacionais e que os estudos genéticos e bioquímicos tradicionais de *E. coli* estão encerrados? Longe disso! Embora a análise computacional de uma seqüência possa fornecer muitas informações, a compreensão da *função* dos genes e, particularmente, das seqüências regulatórias requerem com freqüência o isolamento de mutantes, o mapeamento dessas mutações e o emprego de análises bioquímicas e fisiológicas para a determinação de seus efeitos no organismo.

✓ 10.19 Verificação de conceitos

O cromossomo de *E. coli* foi mapeado pelo uso de técnicas de conjugação, transdução, clonagem molecular e seqüenciamento. Essa bactéria tem sido empregada como um organismo-modelo útil, fornecendo uma considerável quantidade de informações, tanto sobre a estrutura gênica quanto em relação à função e regulação gênicas.

✓ Mapas genéticos de cromossomos procarióticos são atualmente construídos pelo emprego da clonagem molecular pelo e seqüenciamento de DNA. Por que outros métodos foram também utilizados, no caso de *E. coli*?

Questões de revisão

1. Descreva, em uma frase, uma definição para o termo *genótipo*. Faça o mesmo para o termo *fenótipo*. O fenótipo de um organismo é automaticamente alterado quando ocorre uma alteração em seu genótipo? Justifique. O fenótipo pode ser alterado sem que haja uma alteração no genótipo? Nos dois casos, dê alguns exemplos que justifiquem sua resposta.
2. Explique por que uma linhagem de *Escherichia coli* His^- é auxotrófica, enquanto uma Lac^- não o é. (*Dica*: Pense sobre a importância da histidina e da lactose para *E. coli*.)
3. O que são mutações silenciosas e por que estas ocorrem? A partir de seus conhecimentos sobre o código genético, por que você acredita que a maioria das mutações silenciosas afeta a *terceira* posição de um códon?
4. Embora as microinserções ocorram em promotores, estas não correspondem a mutações que promovem alterações na fase de leitura. Defina os termos *microinserção*, *alteração da fase de leitura*, *mutação* e *promotor* (Seção 7.9). Explique como essa afirmação pode ser verdadeira.
5. Explique como é possível uma mutação que altera a fase de leitura de um gene precoce ser corrigida por outra mutação do mesmo tipo, em um gene distante do gene precoce.
6. Dê exemplos de um agente mutagênico biológico, um agente químico e um agente físico, descrevendo os mecanismos pelos quais cada um provoca uma mutação.
7. O que se entende por mutagênese sítio-dirigida? Como esse processo define genes-alvo específicos?
8. Como a recombinação homóloga pode ser diferenciada da recombinação sítio-específica?
9. Por que é difícil realizar a transferência de um grande número de genes para uma célula, em um experimento de transformação?
10. Explique por que na transdução generalizada utiliza-se a denominação *partícula* transdutora, enquanto na transdução especializada o termo utilizado é *vírus* transdutor (ou fago transdutor).
11. Explique por que a inserção de um transposon provoca uma mutação?
12. Os transposons de maior utilidade no isolamento de uma variedade de mutantes bacterianos são aqueles que contêm genes de resistência a antibióticos. Por que tais transposons são tão úteis para essa finalidade?
13. O que são enzimas de restrição? Qual a provável função de uma enzima de restrição na célula que a pro-

duz? Como uma enzima de restrição não promove a degradação do DNA de sua célula?

14. Quais são as características essenciais de um vetor de clonagem? Que características tornam os plasmídeos especialmente úteis como vetores de clonagem molecular? Que característica(s) torna(m) a utilização *in vitro* do plasmídeo F menos útil?

15. Se a inativação insercional de um gene de resistência a antibiótico é utilizada na detecção de plasmídeos contendo DNA exógeno, por que é desejável que um vetor plasmidial possua duas marcas de resistência a antibióticos?

16. Quais as vantagens da utilização de um vetor viral de clonagem em relação a um vetor plasmidial?

17. Descreva os princípios básicos da amplificação gênica pela utilização da reação de polimerização em cadeia (PCR). Como as bactérias termofílicas simplificaram o uso da PCR?

18. Quais são as similaridades e diferenças entre a *mutagênese por inserção de cassete* e a *mutagênese por transposons*?

19. Diferencie claramente os termos *genoma* e *cromossomo*, quando estes são utilizados em referência a procariotos. Em que situações as duas palavras possuem o mesmo sentido?

Questões de aplicação

1. Mutações no interior de um gene codificador de uma proteína podem, algumas vezes, ser suprimidas por uma mutação em outro gene. Um tipo de *mutação supressora* envolve uma alteração no tRNA. Desenhe um diagrama contendo as seqüências codificadoras e os aminoácidos, indicando como tal processo pode ocorrer.

2. Um mutante constitutivo corresponde a uma linhagem que produz continuamente uma proteína que, na linhagem selvagem, é induzível. Descreva duas maneiras pelas quais uma alteração em uma molécula de DNA poderia levar ao desenvolvimento de um mutante constitutivo. Como esses dois tipos de mutantes constitutivos são diferenciados geneticamente?

3. No Capítulo 7, mencionamos que a translocação precisa do ribossomo era crítica na manutenção da fase de leitura apropriada. No entanto, algumas vezes os ribossomos realizam erros de leitura. Compare o impacto na célula provocado por um ribossomo realizando erros periódicos de leitura em um mRNA de um determinado gene, com o impacto de uma mutação de alteração de fase de leitura no mesmo gene.

4. Embora um grande número de agentes químicos mutagênicos seja conhecido, não se conhece qualquer agente químico capaz de induzir mutações em um único gene (mutagênese gene-específica). A partir de seus conhecimentos sobre agentes mutagênicos, explique por que a descoberta de um agente químico mutagênico gene-específico é um evento improvável. Nesse sentido, explique como a mutagênese sítio-dirigida é realizada.

5. Fagos transdutores especializados defectivos podem ser replicados em uma célula que apresente um fago *helper* se replicando. No entanto, uma partícula de transdução generalizada não é capaz de se replicar, mesmo que a célula esteja infectada com um fago selvagem. Explique como um fago *helper* pode auxiliar o fago transdutor e por que isso não é possível no caso de uma partícula de transdução generalizada.

6. Elementos transponíveis provocam mutações quando inseridos no interior de um gene. Esses elementos interrompem a continuidade de um gene. Poderíamos dizer que os íntrons (Seção 7.12) também interrompem a continuidade de um gene, embora este permaneça funcional. Explique por que a presença de um íntron em um gene não o inativa, enquanto a inserção de um elemento de transposição o inativa.

7. Seqüências de inserção podem ser transpostas (um tipo de recombinação sítio-específica) em células com um gene *recA* defectivo. No entanto, a formação de uma linhagem Hfr a partir de uma linhagem F^+ não ocorre nesse tipo de célula, embora o evento envolva seqüências de inserção e recombinação. Explique como a formação de linhagens Hfr ocorre e por que a proteína RecA é essencial.

8. Os ácidos nucléicos podem ser separados em géis, de acordo com sua forma e tamanho. Estes não são estritamente diferenciados pela carga, uma vez que todos os fragmentos de DNA apresentarão, essencialmente, a mesma carga por unidade de massa. Explique.

9. Quando o vetor plasmidial pUC18 é utilizado, os fragmentos de DNA gerados pela digestão com a enzima *Bam*HI inativam o gene que codifica a β-galactosidase. Quando pBR322 é utilizado na clonagem dos mesmos fragmentos, o gene de resistência à tetraciclina é inativado. Os dois vetores contêm um gene de resistência à ampicilina, utilizado na seleção de transformantes após a produção de moléculas recombinantes. Explique por que a utilização de pUC18 como vetor de clonagem é muito mais eficiente que a de pBR322. (*Dica*: A maior eficiência está relacionada à detecção de células que contêm vetores com o DNA clonado.)

Embora saibamos que os procariotos são organismos antigos, conforme evidenciado por essas células microfósseis encontradas em rochas de aproximadamente 3,5 bilhões de anos, até vinte anos atrás os microbiologistas não dispunham de ferramentas eficazes para determinar suas relações evolutivas. Atualmente, estas podem ser realizadas de maneira quase rotineira, empregando-se métodos moleculares que envolvem a análise comparativa de seqüências de ácidos nucléicos. A história evolutiva dos procariotos reflete a história evolutiva da própria Terra. Atualmente, conforme realizado com os organismos multicelulares há vários anos, os microrganismos, em particular os procariotos, podem ser posicionados de maneira confiável na árvore filogenética da vida.

11 EVOLUÇÃO E SISTEMÁTICA MICROBIANAS

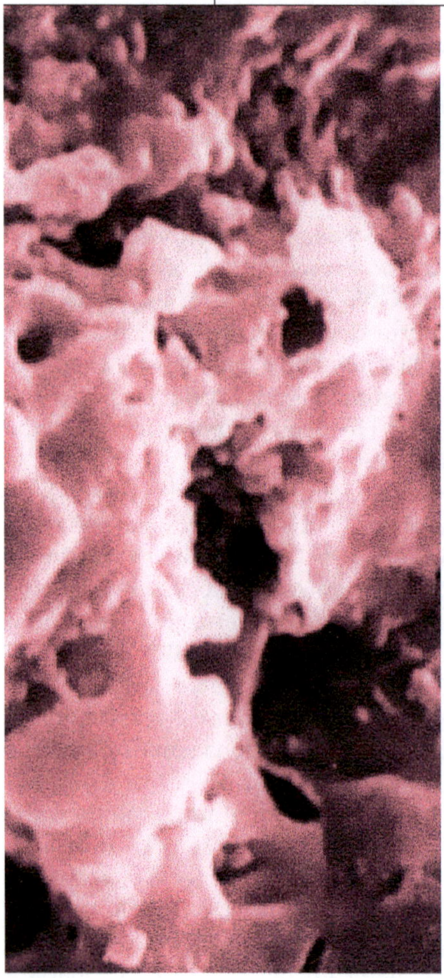

Glossário de trabalho

Archaea grupo de procariotos filogeneticamente relacionados, distintos de *Bacteria*

Árvore universal árvore filogenética que indica o posicionamento de representantes de todos os domínios de organismos vivos

Bacteria grupo de procariotos filogeneticamente relacionados, distintos de *Archaea*

Cronômetro evolutivo uma molécula, como o RNA ribossomal, cuja seqüência molecular pode ser empregada como medida comparativa da divergência evolutiva

Distância evolutiva nas árvores filogenéticas, corresponde à soma das distâncias físicas que separam os organismos em uma árvore; essa distância é inversamente proporcional à relação evolutiva.

Domínio em sentido taxonômico, corresponde ao nível mais elevado na classificação biológica

Ecotipo população de células geneticamente idênticas que partilham um recurso particular em um nicho ecológico

Endossimbiose teoria afirmando que as mitocôndrias e os cloroplastos correspondem a *Bacteria* originalmente de vida livre, que se fixaram em células eucarióticas primitivas, eventualmente originando as células eucarióticas atuais

Espécie em microbiologia, corresponde a um conjunto de linhagens que compartilham as mesmas características principais, diferindo em uma ou mais propriedades significativas, de outros conjuntos de linhagens

Estromatólitos massas microbianas laminares, tipicamente formadas por camadas de microrganismos filamentosos e de outros tipos que se tornaram fossilizados

Eukarya todas as células eucarióticas: células de algas, protozoários, fungos, bolores limosos, plantas e animais

Família na classificação biológica, corresponde a um nível intermediário da hierarquia taxonômica. Contém um ou mais gêneros, cada um consistindo em uma ou mais espécies

Filo a principal linhagem celular em um dos três domínios da vida

Filogenia história evolutiva dos organismos

Gênero conjunto de diferentes espécies, cada qual compartilhando uma ou mais (geralmente várias) das principais propriedades

HFIS hibridização fluorescente *in situ*

Hibridização genômica determinação experimental de similaridades genômicas, pela medida do grau de hibridização de um DNA genômico de um organismo em relação a outro

MEAG metil éster de ácido graxo

Metazoários organismos multicelulares

Organela estrutura envolta por uma unidade de membrana, com dimensões bacterianas, especializada em funções metabólicas, encontrada em células eucarióticas

Projeto Banco de Dados Ribossomais (RDP, do inglês *Ribossomal Database Project*) grande banco de dados que contém seqüências de RNA da subunidade ribossomal menor, as quais podem ser recuperadas eletronicamente e utilizadas em estudos comparativos de seqüências de RNA ribossomal

Proporção de bases GC referente ao DNA (ou RNA) de qualquer organismo; corresponde à porcentagem de ácido nucléico total, consistindo em bases guanina e citosina

Proteobactéria grande grupo de *Bacteria* gram-negativas filogeneticamente relacionadas

Ribotipagem método de identificação de microrganismos por meio da análise de fragmentos de DNA gerados pela digestão com enzimas de restrição, de genes codificadores do rRNA 16S

rRNA 16S polinucleotídeo extenso (~ 1.500 bases), componente da subunidade menor do ribossomo de procariotos; a partir de sua seqüência, podem estabelecer-se relações evolutivas; os eucariotos apresentam como equivalente o rRNA 18S

Seqüência assinatura pequenos oligonucleotídeos de seqüência definida encontrados no rRNA 16S ou 18S, característicos de organismos específicos ou de um grupo de organismos filogeneticamente relacionados, sendo útil na construção de sondas

Sistema binomial sistema criado por Linneaus para a nomenclatura de organismos vivos no qual se confere ao organismo um nome de gênero e um epíteto de espécie

Sonda filogenética um oligonucleotídeo, às vezes fluorescente pela associação de um corante de seqüência complementar a alguma seqüência assinatura de RNA ribossomal

Taxonomia ciência de identificação, classificação e nomenclatura

Transferência lateral (horizontal) de genes transferência de genes entre células de uma comunidade microbiana

Vida de RNA forma de vida desprovida de DNA e proteínas existente na Terra em época remota, quando o RNA possuía função catalítica e de codificador genético

I A TERRA NO PASSADO, A ORIGEM DA VIDA E A DIVERSIFICAÇÃO MICROBIANA

Um tema comum a toda a biologia corresponde à enorme diversidade de seres vivos na Terra. Esse fato é especialmente verdadeiro em relação aos microrganismos. Neste capítulo, viajaremos de uma época anterior à evolução celular até a célula eucariótica moderna. Aprenderemos que a química pré-biótica pode ter suprido os pré-requisitos necessários para a vida; que as "formas de vida" remotas auto-replicantes podem não ter sido celulares; que as fontes de energia remotas podem ter sido inorgânicas; e que a célula eucariótica corresponde a uma quimera genética, consistindo em pelo menos dois organismos.

11.1 A evolução da Terra e as primeiras formas de vida

A origem da Terra

A Terra tem cerca de 4,6 bilhões de anos, de acordo com a análise de dados geoquímicos. Nosso sistema solar formou-se pela explosão de uma estrela grande e muito aquecida, gerando uma nova estrela (nosso sol) e os demais componentes de nossa galáxia. Embora na Terra ainda não tenham sido descobertas rochas daquele período, possivelmente porque estas foram desgastadas pelas intempéries, rochas de aproximadamente 4 *bilhões* de anos foram encontradas em várias regiões do nosso planeta.

As rochas mais antigas descobertas até o momento são aquelas do complexo gnaisse Itsaq, no sudoeste da Groelândia, que datam de aproximadamente 3,86 bilhões de anos. Essas rochas são de três tipos: sedimentares, vulcânicas e carbonadas. As rochas sedimentares exibem particular interesse evolutivo pois, a partir do nosso conhecimento de como as rochas sedimentares atuais se formam, a existência de rochas sedimentares de 3,86 bilhões de anos sugere fortemente que naquela época havia *água em estado líquido*, na forma de oceanos ou grandes lagos. A presença de água em estado líquido, por sua vez, implica que as condições da Terra naquela época eram provavelmente compatíveis com a vida como a conhecemos. Outras rochas de origem remota incluem as séries Warrawoona, Formação Towers e os supergrupos Pilbara, na Austrália

Ocidental, e o supergrupo Suazilândia, no sul da África; todas essas formações rochosas têm cerca de 3,5 bilhões de anos (ver Figura 11.1).

Evidências de vida microbiana na Terra remota

As evidências de vida microbiana nas rochas mais antigas conhecidas são escassas, sendo baseadas nos restos fossilizados de matérias carbonáceas e no isótopo "leve" de carbono, abundante nessas rochas (discutiremos o emprego de análises isotópicas de carbono e enxofre como indicativo de processos de vida, na Seção 19.11). Algumas rochas antigas apresentam microfósseis semelhantes a formas bacterianas, geralmente como simples bacilos ou cocos (Figura 11.1). Existem formações microbianas, denominadas *estromatólitos*, com aproximadamente essa mesma idade (~3,5 bilhões de anos). **Estromatólitos** correspondem a massas microbianas fossilizadas, formadas por camadas de procariotos filamentosos e sedimentos aprisionados (Figuras 11.2*a* e *b*); discutiremos algumas das características de massas microbianas na Seção 19.11. Que tipos de organismos seriam essas antigas bactérias estromatolíticas? Comparando estromatólitos antigos com estromatólitos modernos, crescendo em bacias marinhas rasas (Figuras 11.2*c*-*e*) ou em fontes quentes (Figura 11.2*f*; Figura 19.18*a*), os cientistas concluíram que os estromatólitos antigos eram formados por bactérias fototróficas filamentosas, talvez relacionadas à bactéria verde não sulfurosa *Chloroflexus* (Seção 12.36).

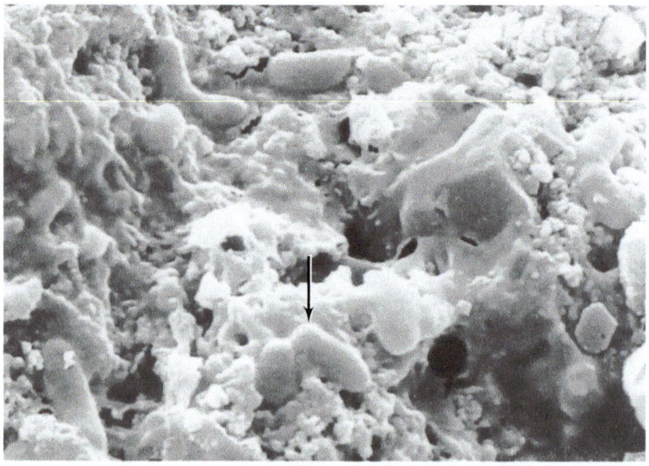

■ **Figura 11.1** Micrografia eletrônica de varredura de microfósseis procarióticos, em rochas de 3,45 bilhões de anos, localizadas em Barberton Greenstone Belt, África do Sul. Observe as bactérias em forma de bacilo (seta), ligadas a partículas de compostos minerais. As células têm diâmetro aproximado de 0,7 μm.

A Figura 11.3 apresenta fotomicrografias de seções finas de rochas mais recentes, contendo estruturas semelhantes a células, extremamente similares às bactérias filamentosas

■ **Figura 11.2** Estromatólitos antigos e modernos (a). O estromatólito mais antigo conhecido, encontrado em uma rocha de aproximadamente 3,5 bilhões de anos, do Grupo Warrawoona, Austrália Ocidental. É apresentada uma seção vertical de uma estrutura laminada semi-esférica, preservada nessa rocha. Escala de 10 cm. (b) Estromatólitos cônicos de uma rocha dolomítica de 1,6 bilhão de anos, da bacia de McArthur, no território do norte da Austrália. (c) Estromatólitos atuais em uma baía marinha de água morna, a Baía Shark, na Austrália Ocidental. (d) Outra visão dos grandes estromatólitos modernos da Baía Shark. Observe a semelhança com os estromatólitos antigos apresentados em (b). (e) Fotografia submarina de estromatólitos atuais, existentes na Baía Shark. O mergulhador serve como referência de escala. São apresentadas grandes colunas formadas por uma complexa comunidade de diatomáceas, cianobactérias e algas verdes, às quais várias algas macroscópicas estão aderidas. (f) Estromatólitos modernos compostos por cianobactérias termofílicas, crescendo em um lago termal no Parque Nacional de Yellowstone. Cada estrutura apresenta altura aproximada de 2 cm.

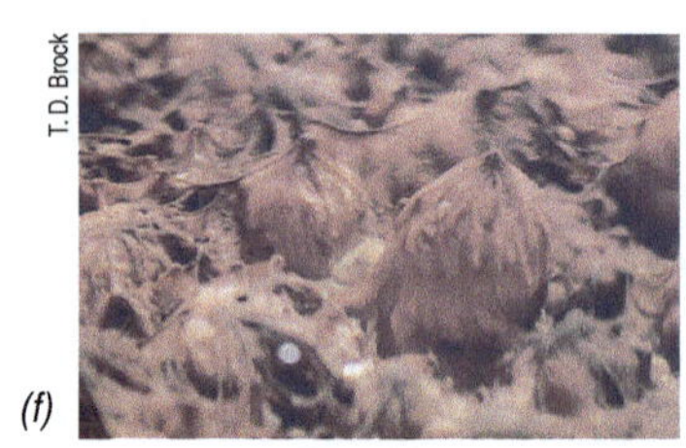

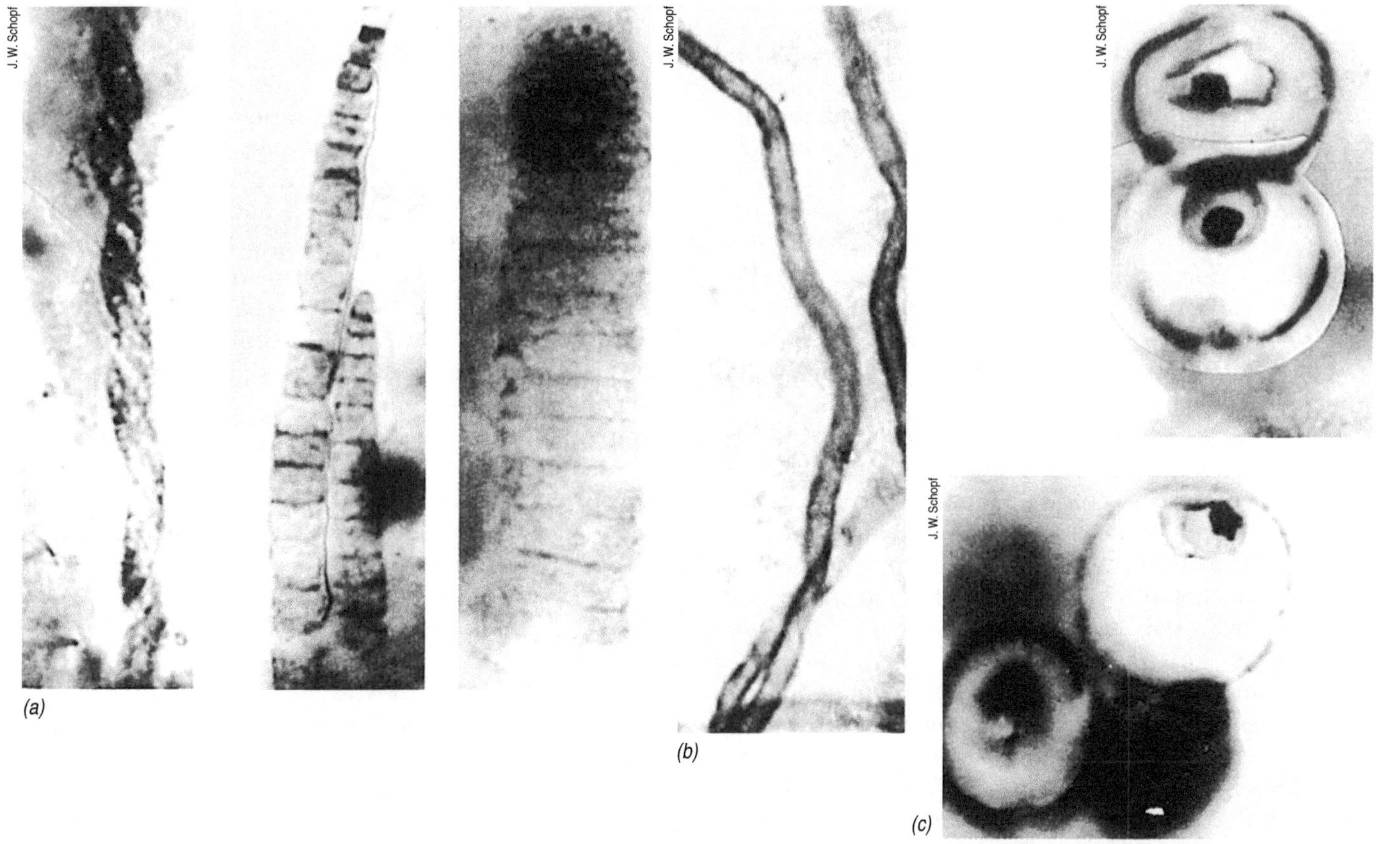

■ **Figura 11.3** Procariotos e eucariotos fósseis, localizados em rochas mais recentes que aquelas apresentadas na Figura 11.1. As fotografias em (a) (aumento de 2.000×) e (b) (aumento de 920×) ilustram microrganismos procarióticos fósseis, encontrados em Bitter Springs Formation — uma formação rochosa na região central da Austrália, com cerca de 1 bilhão de anos. Essas formas exibem grande semelhança com as atuais cianobactérias filamentosas, organismos fototróficos anoxigênicos ou quimiolitotróficos filamentosos sulfurosos (Capítulo 12). As duas fotografias em (c) (aumento de 2.000×) mostram microfósseis, possivelmente de uma alga eucariótica. A estrutura celular é extremamente semelhante a determinadas algas verdes modernas, como *Chlorella* sp. Esses microfósseis são oriundos da mesma formação rochosa que os organismos procarióticos.

e algas verdes atuais (Seção 14.12). Nos estromatólitos mais antigos, esses organismos possivelmente correspondiam mais a bactérias fototróficas anoxigênicas (não produtoras de oxigênio) (Seções 12.2, 12.21, 12.33 e 12.36) que a cianobactérias produtoras de O_2 (Seções 12.26 e 12.27), as quais dominam os estromatólitos modernos. Contudo, é evidente que os organismos procarióticos desenvolveram precocemente uma diversidade morfológica impressionante na história da vida na Terra.

Condições na Terra remota

A atmosfera da Terra em épocas remotas não apresentava quantidades significativas de O_2, constituindo-se, desse modo, em um ambiente *redutor*. Além de H_2O, vários gases estavam presentes, sendo os mais abundantes metano (CH_4), dióxido de carbono (CO_2), nitrogênio (N_2) e amônia (NH_3). Havia traços de monóxido de carbono (CO) e de hidrogênio (H_2), bem como quantidades consideráveis de sulfeto, como uma mistura de H_2S e FeS. É muito provavel que uma quantidade considerável de cianeto de hidrogênio (HCN) tenha sido produzida na Terra primitiva, quando NH_3 e CH_4 reagiram quimicamente, originando HCN. Estimativas geoquímicas da temperatura superficial da Terra remota também sugerem que esta teria sido um planeta bem mais quente que hoje em dia. Durante aproximadamente o primeiro meio bilhão de anos de sua existência, é provável que a temperatura superficial da Terra superasse os 100ºC, e que o planeta fosse bombardeado por meteoritos. Desse modo, provavelmente não havia água na forma livre, a qual teria se acumulado posteriormente, à medida que a Terra sofria resfriamento. A velocidade de resfriamento da Terra é desconhecida; no entanto, acredita-se que entidades autoreplicantes tenham surgido na Terra quando o planeta se apresentava mais quente que hoje em dia. Assim, as primeiras formas de vida celular eram provavelmente tolerantes ao calor, assemelhando-se, nesse aspecto, aos procariotos hipertermófilos que atualmente habitam ambientes termais (Seção 6.10 e Capítulo 13). Abordaremos as evidências que apóiam essa hipótese na Seção 11.8.

A origem da vida

Atualmente está definido que a síntese de moléculas biologicamente importantes pode ocorrer quando atmosferas redutoras contendo os gases citados anteriormente são submetidas a intensas fontes de energia. Dentre as fontes de energia disponíveis na Terra primitiva, a mais importante correspondia, provavelmente, à radiação ultravioleta (UV) proveniente do Sol, embora descargas de relâmpagos, radioatividade, calor proveniente do impacto de meteoritos e energia térmica oriunda de atividades vulcânicas também estivessem disponíveis. Quando misturas gasosas semelhantes àquelas provavelmente presentes na Terra primitiva são irradiadas com UV ou submetidas a descargas elétricas em laboratório, podem ser produzidas várias moléculas bioquimicamente importantes, como açúcares, aminoácidos, purinas, pirimidinas, diversos nucleotídeos, tioésteres e ácidos graxos. Moléculas bioquímicas críticas, como piruvato, também foram produzidas em condições de alta pressão e temperatura, características de fendas hidrotermais submarinas (Seção 20.8); por essa e outras razões, vários cientistas acreditam que as primeiras formas de vida originaram-se em tais fendas.

Em condições pré-biológicas, foi demonstrado que alguns desses blocos bioquímicos fundamentais se *polimerizam*, levando à formação de polipeptídeos, polinucleotídeos e outras importantes macromoléculas. Desse modo, podemos imaginar que, por algum motivo, uma mistura de compostos orgânicos eventualmente se acumulou na Terra primitiva, estabelecendo, assim, o cenário para a origem da vida.

Entretanto, como as *macromoléculas* espontaneamente se originaram a partir de constituintes monoméricos? Uma possibilidade considerada atualmente sugere que *superfícies expostas* relativamente anidras, como argilas, pirita ou vidros basálticos, atuaram como suporte para as reações de polimerização pré-bióticas. Tais superfícies podem ter fornecido um ambiente estável e relativamente seco para a síntese e o acúmulo de macromoléculas em filmes orgânicos, a partir dos quais estruturas primitivas e auto-replicantes poderiam ter emergido. Foi sugerido que a pirita (FeS_2) e a argila montmorillonita podem ter sido utilizadas, considerando-se o papel crucial da pirita em sistemas remotos de geração de energia (ver próxima seção) e a conhecida capacidade da argila montmorillonita de, seletivamente, absorver monômeros de ácido ribonucléico, originando oligômeros de RNA.

✓ 11.1 Verificação de conceitos

Acredita-se que a Terra tenha 4,6 bilhões de anos; a primeira evidência de vida microbiana é encontrada em rochas de aproximadamente 3,86 bilhões de anos. A Terra, em época remota, era anóxica e mais quente que nos dias de hoje. Os primeiros compostos bioquímicos foram produzidos por sínteses abióticas que estabeleceram o cenário para a origem da vida.

- ✓ De que modo a atmosfera da Terra em época remota se compara à atual?
- ✓ Como se formaram os compostos bioquímicos primitivos?

11.2 A vida primitiva: o mundo de RNA, codificação molecular e geração de energia

Como seria o primeiro *organismo* auto-replicante? Até o momento, essa pergunta é impossível de ser respondida, mas, baseado em nosso conhecimento sobre as formas de vida microbiana atuais, podemos pressupor que mesmo as entidades auto-replicantes mais simples necessitavam de um mecanismo para obtenção de energia e de algum tipo de hereditariedade a fim de produzirem suas cópias. No entanto, esse processo exigiria uma estrutura *celular*? É tentador imaginar o passado a partir do presente e postular que os primeiros organismos seriam similares às células modernas, contendo poucos genes, provavelmente exibindo capacidades transcricional e traducional limitadas. Ainda assim, uma estrutura desse tipo seria relativamente complexa — provavelmente bem mais complexa que as primeiras entidades auto-replicantes. Como seriam essas criaturas? Após a descoberta de que certos tipos de ácido ribonucléico (RNA) são catalíticos (Seção 7.12), vários cientistas atualmente acreditam que as formas de vida mais remotas eram desprovidas de DNA, apresentavam poucas proteínas ou nenhuma dessas moléculas, consistindo primariamente em RNA (Figura 11.4). Em outras palavras, esta correspondeu à era da **vida de RNA**, quando tal molécula atuava tanto como agente catalítico quanto como codificador genético.

A vida de RNA

Em um mundo de RNA, as moléculas de RNA teriam atuado simplesmente na sua própria replicação, possivelmente realizando apenas o número mínimo de reações catalíticas necessárias para atingir esse objetivo (Figura 11.4). Estudos de diversos RNAs catalíticos (ribozimas, Seção 7.12) demonstraram que várias reações diferentes podem ser catalisadas, inclusive a síntese de nucleotídeos a partir de um açúcar e uma base nitrogenada. Desse modo, a era da vida de RNA pode ter antecedido a vida celular. Essas formas de vida de RNA podem ter evoluído, originando as primeiras formas de vida *celular*, quando os RNAs auto-replicantes foram aprisionados em vesículas lipoprotéicas (Figura 11.4). Essas estruturas semelhantes a células podem ter surgido pela agregação espontânea de moléculas de lipídeos e proteínas, formando estruturas membranosas contendo os RNAs e outros precursores de biomoléculas-chave. Esse processo pode ter ocorrido em vão, inúmeras vezes, na Terra remota. Eventualmente, os constituintes apropriados e um conjunto de circunstâncias ocorreram simultaneamente, gerando um organismo celular primitivo. Embora ainda desprovida de DNA e possuindo apenas proteínas produzidas abioticamente, essa forma celular poderia ser semelhante à célula moderna; à medida que tais formas de vida se disseminaram, a seleção natural levou ao seu posterior desenvolvimento evolutivo.

Os bioquímicos afirmam que as proteínas exibem um maior grau de especificidade catalítica que os RNAs catalíticos. Desse modo, à medida que os organismos primitivos tornavam-se bioquimicamente mais complexos, houve uma pressão evolutiva no sentido de as *proteínas* tornarem-se o principal agente biocatalítico. Provavelmente, as proteínas surgiram gradativamente nas células, a princípio associadas ao RNA, e à medida que a evolução selecionava catalisadores bioquímicos cada vez mais precisos o RNA foi substituído pelas proteínas, como as principais enzimas celulares (Figura 11.4).

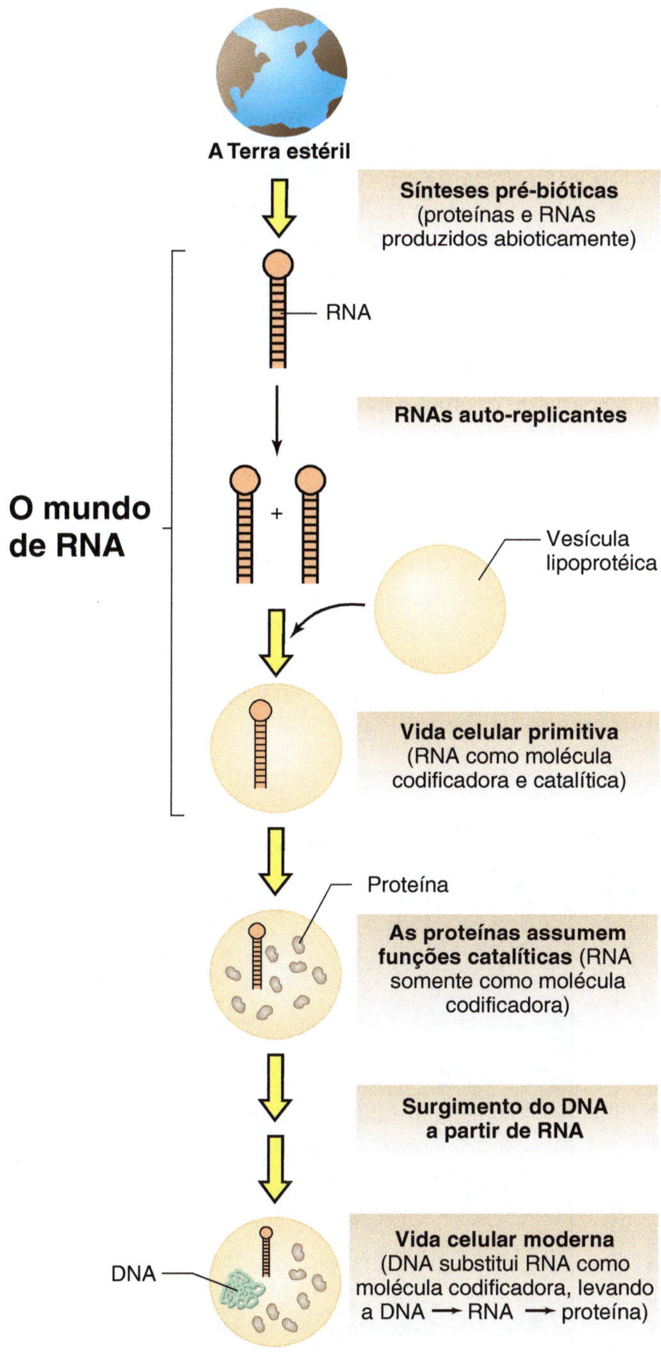

■ **Figura 11.4** Possível cenário para a evolução de formas de vida celular a partir de formas de vida de RNA. RNAs auto-replicantes podem ter-se transformado em entidades celulares, integrando-se de maneira estável a vesículas lipoprotéicas. Com o passar do tempo, as proteínas substituíram as funções catalíticas do RNA, e o DNA substituiu as funções de codificação do RNA.

A célula moderna: DNA → RNA → proteína

O estabelecimento do DNA como genoma celular pode ter resultado de uma pressão evolutiva, buscando maior eficiência e fidelidade na replicação da informação genética. (As DNA polimerases são mais precisas que as RNA polimerases, Seção 7.8.) Além disso, o armazenamento de toda a informação genética em um local da célula, sendo esta processada somente quando necessário, sob um conjunto de condições específicas (isto é, regulando-se a expressão gênica), permitiria às células economizar energia, aumentando seu potencial competitivo. Em algum momento, nos estágios precoces da evolução microbiana, o sistema de três partes — DNA, RNA e proteína — fixou-se nas formas de vida celular como a melhor solução no processamento das informações biológicas. O sucesso evolutivo de tal sistema é evidente nas células atuais, pois todas, até onde se conhece, contêm esses três tipos de macromoléculas.

O metabolismo de organismos primitivos

A vida corresponde a um processo altamente ordenado. Para transformar moléculas inerentemente desordenadas em uma máquina biológica complexa (a célula), foi necessária a presença de energia. Como essas entidades auto-replicantes primitivas atendiam sua demanda energética? Até o surgimento das cianobactérias, o oxigênio molecular não era encontrado em quantidades significativas na Terra (ver Figura 11.6). Desse modo, apenas os mecanismos de geração de energia ocorrendo sob condições *anóxicas* podiam ser explorados para atenderem às necessidades energéticas dos organismos primitivos. No entanto, como veremos no Capítulo 18, as condições anóxicas impõem algumas restrições à diversidade metabólica; uma variedade de mecanismos de geração de energia quimiorganotróficos e quimiolitotróficos, bem como uma série de variações de fotossíntese, ocorre anoxicamente. No entanto, uma simples reação química que envolva ferro ferroso (sabidamente abundante na Terra primitiva) pode ter correspondido a um método remoto pelo qual os organismos primitivos obtinham energia.

A reação

$$FeS + H_2S \rightarrow FeS_2 + H_2 \quad \Delta G^{0\prime} = -42kJ/\text{reação}$$

ocorre exergonicamente, com liberação de energia. Essa reação também produz H_2, levantando a hipótese de que esse H_2 poderia ter sido utilizado pelas células primitivas na geração de uma força próton motiva através membrana, a partir da qual uma ATPase primitiva poderia recuperar energia quimicamente útil na forma de ATP (Figura 11.5). Sendo H_2 o doador de elétrons, um aceptor de elétrons também seria necessário, podendo este corresponder ao enxofre elementar, S^0. Conforme apresentado na Figura 11.5, essa simples reação acoplada teria requerido poucas enzimas e corresponderia a uma forma ilimitada de conservação de energia, enquanto houvesse disponibilidade de FeS. Curiosamente, diversas *Archaea* hipertermofílicas (as quais correspondem aos organismos que exibem relações mais estreitas com os primeiros organismos da Terra, como veremos posteriormente neste capítulo) são capazes de realizar essa mesma reação. Outros tipos de metabolismo anóxico também podem ter ocorrido remotamente na Terra, incluindo as fermentações e diversas formas de respiração anaeróbia, provavelmente requerendo maior complexidade bioquímica e catalítica que aquela delineada na Figura 11.5.

Os organismos primitivos podem ter obtido o carbono a partir de várias fontes, incluindo carbono orgânico oriundo de sínteses abióticas ou mesmo CO_2, um gás abundante na Terra primitiva. O uso de dióxido de carbono deve

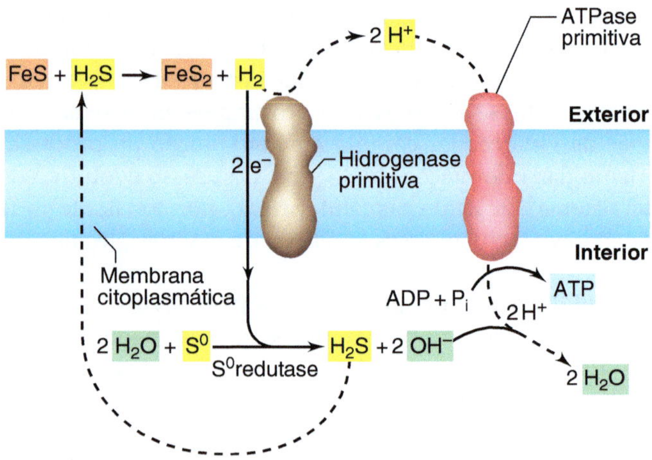

■ **Figura 11.5** Esquema hipotético de geração de energia em células primitivas. A formação de pirita leva à produção de H_2 e à redução de S^0, que alimenta uma ATPase primitiva. Observe como o H_2S desempenha apenas papel catalítico; os substratos líquidos corresponderiam a FeS e S^0. Observe também como são requeridas poucas proteínas. $\Delta G^{0'}$ da reação $FeS + H_2S \rightarrow FeS_2 + H_2 = -42$kJ.

ter sido subseqüente à evolução da autotrofia — processo no qual o CO_2 é convertido em todos os componentes celulares orgânicos (Seções 18.6 e 18.7). Uma hipótese de "autotrofia primitiva" tem sido sustentada pelos projetos de seqüenciamento de genomas microbianos (Capítulo 15), os quais demonstraram que a autotrofia ocorre em vários hipertermófilos contendo pequenos genomas e que se ramificam próximos à raiz da árvore evolutiva da vida (ver Figura 11.13).

Oxigenação da atmosfera

Independente do(s) mecanismo(s) empregado(s) na assimilação de carbono, um marco na história da Terra foi a evolução da *fotossíntese oxigênica*, em cianobactérias. Esses organismos possivelmente surgiram há 3 bilhões de anos, mas o O_2 por eles produzido não se acumulou na atmosfera em virtude da presença de substâncias redutoras (como FeS) que reagiam espontaneamente com O_2, produzindo H_2O. É bastante provável que as cianobactérias tenham evoluído de fototróficos anoxigênicos, pelo desenvolvimento de um fotossistema capaz de utilizar H_2O como doador de elétrons na redução fotossintética de CO_2, liberando, desse modo, O_2 como subproduto ($CO_2 + H_2O \rightarrow CH_2O + O_2$). Discutiremos a bioquímica da fotossíntese no Capítulo 18.

O surgimento da fotossíntese oxigênica trouxe grandes conseqüências ao ambiente da Terra, pois, à medida que o O_2 se acumulava, a atmosfera gradativamente se modificava, de anóxica para óxica (Figura 11.6). A disponibilidade de O_2 como aceptor de elétrons permitiu o surgimento de organismos aeróbios. Esses organismos obtinham maior quantidade de energia por meio da oxidação de compostos orgânicos se comparados aos anaeróbios (Capítulo 18), possibilitando o desenvolvimento de maiores densidades populacionais e aumentando as oportunidades para a evolução de novos tipos de organismos e vias metabólicas. Os registros fósseis indicam que, à época em que a atmosfera terrestre tornou-se oxidante, ocorreu uma grande explosão evolutiva, levando ao surgimento de microrganismos eucarióticos com organelas e, a partir destes, à rápida diversificação de metazoários (organismos multicelulares) e eventualmente de animais e plantas superiores (ver Figura 11.13 e Seção 11.8).

Outra importante conseqüência do surgimento de O_2 correspondeu à formação de ozônio (O_3) — substância que atua como uma barreira, evitando que a Terra seja atingida pela intensa radiação ultravioleta solar. Quando O_2 é submetido à radiação ultravioleta de comprimento de onda curto, é convertido em O_3, que absorve intensamente comprimentos de onda de até 300 nm. Até o desenvolvimento da camada de ozônio, a evolução poderia prosseguir apenas em ambientes protegidos da radiação solar direta, como sob rochas ou nos oceanos, uma vez que a intensa radiação UV causaria danos letais ao DNA. No entanto, após a produção fotossintética de O_2 e subseqüente desenvolvimento da camada de ozônio, os organismos foram capazes de se disseminar por toda a superfície da Terra, permitindo o surgimento de uma maior diversidade de seres vivos. Um resumo dos estágios que podem ter ocorrido na evolução biológica e na oxigenação da Terra é apresentado na Figura 11.6.

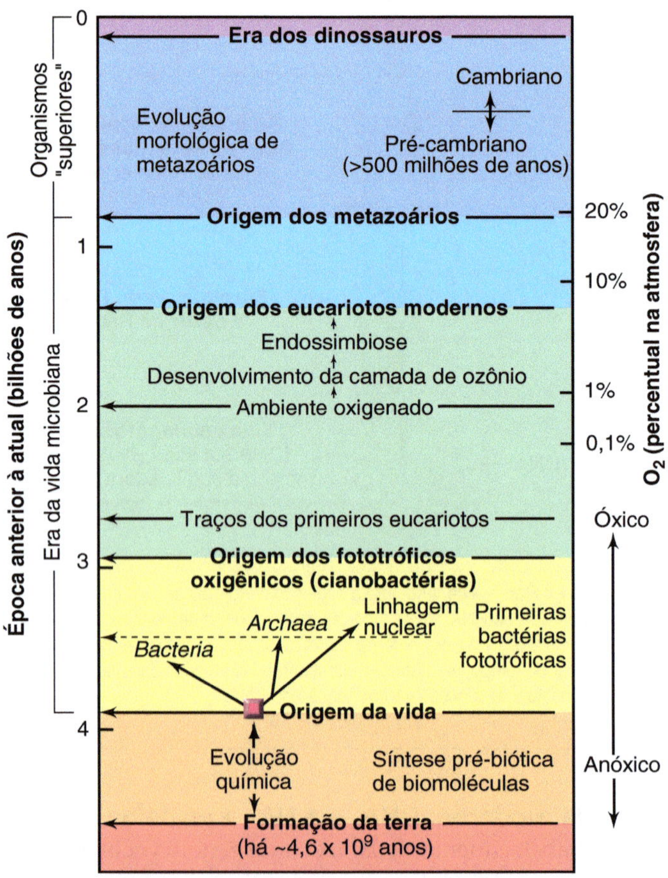

■ **Figura 11.6** Principais marcos da evolução biológica. O posicionamento das fases na escala de tempo é aproximado. Observe como a oxigenação da atmosfera, decorrente do metabolismo de cianobactérias, correspondeu a um processo gradual, que ocorreu por um período de aproximadamente 2 bilhões de anos. Observe também que durante a maior parte da história da Terra existiam apenas formas de vida microbianas. Apesar da ausência de evidências microfósseis, evidências microquímicas de células eucarióticas datam de 2,7 bilhões de anos.

✓ 11.2 Verificação de conceitos

As primeiras "formas de vida" podem ter sido RNAs autorreplicantes. Os primeiros organismos celulares provavelmente empregavam uma estratégia simples para a obtenção de energia. O metabolismo primitivo era anaeróbio e, possivelmente, quimiolitotrófico, explorando as abundantes fontes de FeS e H_2S presentes. A fotossíntese oxigênica levou ao desenvolvimento de um ambiente óxico e a grandes saltos na evolução biológica.

✓ Que evidência apóia o conceito de um período de "vida de RNA" e por que formas de vida de RNA não sobreviveram até o presente?

✓ De que modo as células primitivas podem ter obtido energia a partir de FeS + H_2S?

✓ Por que o surgimento das cianobactérias correspondeu a um estágio crucial na evolução?

11.3 Eucariotos e organelas: endossimbiose

O Capítulo 2 forneceu uma visão resumida da diversidade microbiana eucariótica (Seção 2.6). O Capítulo 14 examinará os microrganismos eucarióticos em maiores detalhes. Aqui, consideraremos como a célula eucariótica moderna adquiriu suas estruturas internas características: o núcleo envolto por membrana e as organelas.

A origem do núcleo

Células eucarióticas primitivas provavelmente correspondiam a células estruturalmente simples, semelhantes às atuais células procarióticas, por serem desprovidas de mitocôndrias, cloroplastos e de núcleo envolto por membrana. De fato, veremos no Capítulo 14 que exemplos de tais células ainda existem. À medida que as células da linhagem de descendência eucariótica se tornavam maiores, o núcleo e o aparato mitótico evoluíram, juntamente com a partição do DNA em unidades distintas (cromossomos). Os cromossomos podem ter surgido para garantir a replicação e a separação ordenada do DNA, à medida que os genomas primitivos aumentavam de tamanho, atingindo um ponto em que a replicação como molécula única (como no caso de procariotos) tornou-se inviável. O desenvolvimento de um núcleo eucariótico também beneficiou os imensos genomas, necessários aos grandes eucariotos microbianos (e, posteriormente, aos organismos multicelulares), tornando também possível a recombinação de genomas por meio da reprodução sexuada (Seções 2.2 e 14.6). Não há qualquer razão óbvia de eucariotos primitivos necessitarem de outras organelas, as quais provavelmente surgiram em um momento posterior. Como mencionado anteriormente, são conhecidos microrganismos eucarióticos desprovidos de mitocôndrias e cloroplastos (Seção 14.8) nos dias de hoje, indicando que essas organelas não são essenciais à função celular eucariótica.

Endossimbiose

Fortes evidências sugerem que as células eucarióticas modernas (contendo organelas) evoluíram em etapas, pela incorporação estável de simbiontes quimiorganotróficos e fototróficos do domínio *Bacteria* (Figura 11.7). Essa teoria, denominada **teoria endossimbiótica** (*endo* significa "dentro") da evolução eucariótica, postula que

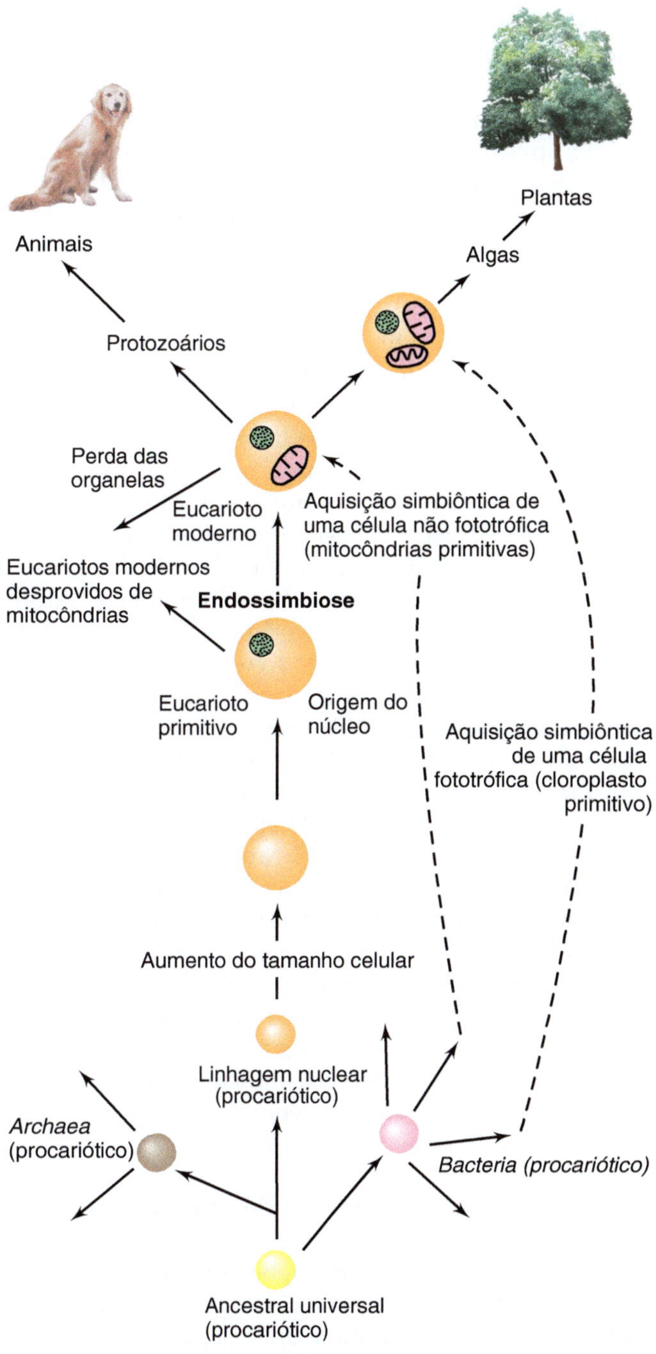

Figura 11.7 Origem dos eucariotos modernos por meio de eventos endossimbióticos. Observe como as organelas originaram-se de *Bacteria* e não de *Archaea*. Provavelmente, a endossimbiose não correspondeu a um evento único, tendo ocorrido em diferentes tipos celulares, descendentes da linhagem nuclear. Observe, no entanto, como alguns eucariotos primitivos não realizaram eventos endossimbióticos ou perderam seus simbiontes permanentemente, mantendo, em contrapartida, as propriedades básicas das células eucarióticas. Atualmente são conhecidos exemplos de tais eucariotos, todos microbianos (Capítulo 14). O aumento do tamanho celular nos descendentes da linhagem nuclear permitiu o surgimento de genomas maiores. Possivelmente, levou também à evolução do núcleo, afetando a replicação ordenada e a partição de tais genomas. Compare essa figura com a Figura 11.13, que indica de quais linhagens de *Bacteria* as organelas se originaram (Seção 14.4).

uma bactéria aeróbia se fixou no citoplasma de um eucarioto primitivo, fornecendo-lhe energia em troca de um ambiente protegido e de uma fonte prontamente disponível de nutrientes (Figura 11.7). Esse simbionte foi o precursor da mitocôndria moderna. De maneira similar, a aquisição de um organismo fototrófico oxigênico endossimbiôntico teria conferido propriedades fotossintéticas ao eucarioto primitivo, permitindo sua independência de compostos orgânicos para a produção de energia. Esse endossimbionte fototrófico foi o precursor dos cloroplastos atuais (Figura 11.7). Algumas células eucarióticas jamais incorporaram endossimbiontes, ou o fizeram e posteriormente os descartaram; de qualquer modo, essas linhagens permaneceram competitivas e originaram organismos atuais relacionados, exibindo núcleo envolto por membrana e desprovidos de organelas (Figura 11.7; Seção 14.8).

Que fortes evidências apóiam a noção de que mitocôndrias e cloroplastos foram anteriormente *Bacteria*, conforme postulado pela teoria da endossimbiose? Várias. Primeiro, tanto cloroplastos quanto mitocôndrias contêm ribossomos, os quais são de natureza procariótica (Tabela 7.4). Além disso, os ribossomos dessas organelas possuem seqüências de RNA ribossomal (ver Seção 11.5) características de *Bacteria* específicas, sendo sua função inibida pelos mesmos antibióticos que afetam as funções ribossomais de *Bacteria* de vida livre (Seção 14.5). Segundo, mitocôndrias e cloroplastos também contêm pequenas quantidades de DNA, organizado de forma circular, covalentemente fechada, típica de procariotos (Seção 2.2). Embora sejam conhecidas outras ligações entre organelas e *Bacteria* (Seção 14.5), sinais de uma forma de vida livre prévia estão claramente presentes em mitocôndrias e cloroplastos. Essas usinas de energia forneceram novas propriedades tão importantes às células eucarióticas, que tornaram possível uma explosão na diversidade biológica. De fato, no período abrangendo o último 1,5 bilhão de anos, podem-se observar o surgimento e a diversificação de microrganismos eucarióticos unicelulares e de metazoários, culminando nos animais e plantas superiores, estruturalmente complexos (ver Figuras 11.6, 11.7 e 11.13).

Evolução biológica e escalas de tempo geológico

O período compreendido entre a origem do primeiro metazoário e os dias atuais corresponde a cerca de um sexto do tempo total da existência da vida na Terra. Alternativamente, cinco sextos da história biológica da Terra restringiram-se à vida microbiana que, na maior parte desse período, foi exclusivamente procariótica (ver Figura 11.6). No entanto, como os metazoários deixaram um registro fóssil significativo e altamente diverso, nosso entendimento sobre a evolução biológica, desde o surgimento dos metazoários até o presente, supera nosso conhecimento sobre as relações evolutivas dos procariotos. No entanto, tal situação foi dramaticamente alterada nos últimos 20 anos, com o advento de métodos moleculares de inferência acerca da filogenia microbiana. Consideraremos esses métodos nas próximas seções.

✓ 11.3 Verificação de conceitos

O núcleo eucariótico e o aparato mitótico provavelmente surgiram pela necessidade de garantir a partição ordenada do DNA, em organismos contendo grandes genomas. Mitocôndrias e cloroplastos, as principais organelas produtoras de energia de eucariotos, surgiram pela associação simbiótica de procariotos do domínio *Bacteria* com células eucarióticas — processo denominado endossimbiose.

- ✓ Em que era geológica surgiram os primeiros eucariotos? E os metazoários?
- ✓ Qual evidência sustenta o conceito de que as organelas foram espécies de vida livre do domínio *Bacteria*?

II RELAÇÕES EVOLUTIVAS ENTRE MICRORGANISMOS

Agora abordaremos a **filogenia** dos microrganismos, deduzida a partir dos estudos moleculares de ácidos nucléicos. O principal tópico será o seqüenciamento comparativo de RNAs estruturais de ribossomos. Os resultados desses estudos forneceram o primeiro retrato verdadeiro da filogenia microbiana, originando novas ferramentas para as pesquisas em ecologia microbiana e diagnose clínica.

11.4 Cronômetros evolutivos

Atualmente, está claro que determinadas macromoléculas celulares correspondem a cronômetros evolutivos — medidas da alteração evolutiva. Foi demonstrado de maneira convincente que a **distância evolutiva** entre dois organismos pode ser medida pelas diferenças encontradas nas seqüências de nucleotídeos ou aminoácidos dos monômeros de macromoléculas *homólogas* deles isoladas. O número de diferenças encontradas na seqüência de uma molécula é proporcional ao número de alterações mutacionais estáveis, fixadas no DNA codificador daquela molécula, nos dois organismos. A evolução ocorre à medida que as mutações se fixam em diferentes populações, sendo a biodiversidade o resultado final.

Escolhendo o cronômetro correto

A determinação das verdadeiras relações evolutivas entre os organismos requer a seleção das moléculas corretas para os estudos de seqüenciamento. Tal fato é importante por várias razões. Primeiro, a molécula deve ser de *distribuição universal* no grupo escolhido para o estudo. Segundo, deve ser *funcionalmente homóloga* em cada organismo; comparações filogenéticas devem ser iniciadas com moléculas de função *idêntica*. Terceiro, é crucial que as duas moléculas possam ser *alinhadas* adequadamente, permitindo a identificação de regiões com homologia de seqüência, bem como variância de seqüência. Finalmente, a seqüência da molécula escolhida deve sofrer alterações em uma taxa comensurável em relação à distância medida. De fato, quanto maior a medida da distância filogenética, mais *lenta* a taxa de alterações apresentada pela seqüência; um grande número de alterações tende a confundir o registro evolutivo.

Várias moléculas foram testadas como cronômetros moleculares, sendo submetidas a estudos comparativos de seqüenciamento, visando a construção de árvores filogenéticas. Essas moléculas incluem diversos citocromos, proteínas de ferro-enxofre (como as ferredoxinas), genes codificadores de proteínas e RNAs ribossomais. No entanto, os genes codificadores de RNAs ribossomais, componentes-chave do sistema de tradução (Seções 7.13–7.16), de ATPase, um complexo enzimático associado à membrana capaz de sintetizar e hidrolisar ATP (Seção 5.12), e de RecA, proteína requerida para a recombinação genética (Seção 10.5), forneceram as melhores informações filogenéticas sobre os microrganismos. Possivelmente, todas essas moléculas eram essenciais, inclusive às células primitivas, e, desse modo, a variação nas seqüências de seus genes permite-nos pesquisar profundamente o registro evolutivo. Enfocaremos nossa discussão no cronômetro mais utilizado, o RNA ribossomal (Figura 11.8).

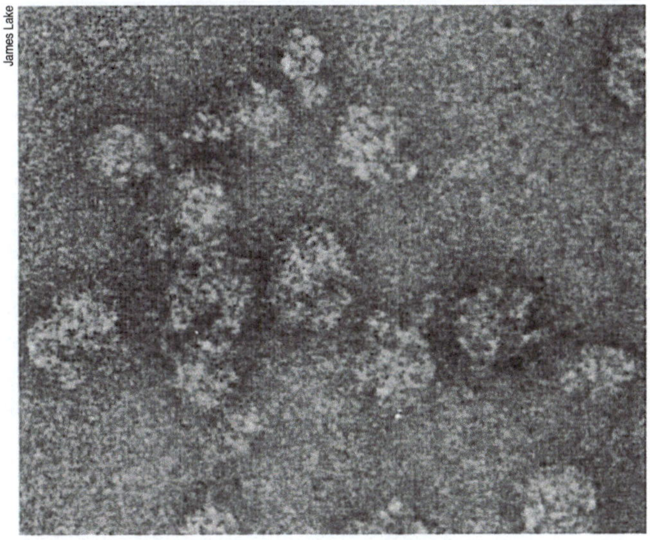

(a)

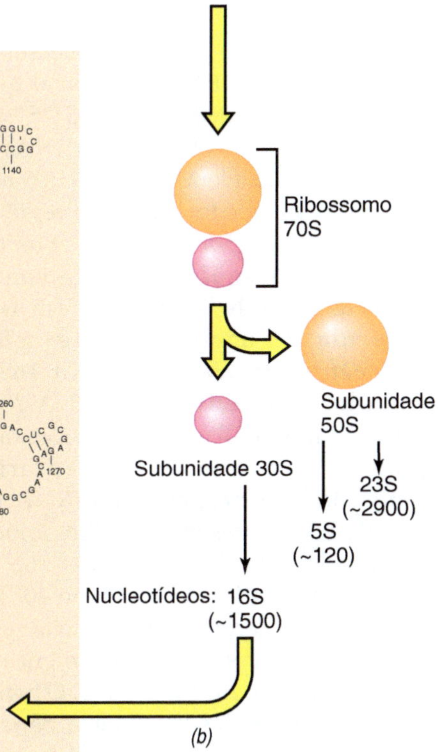

(b)

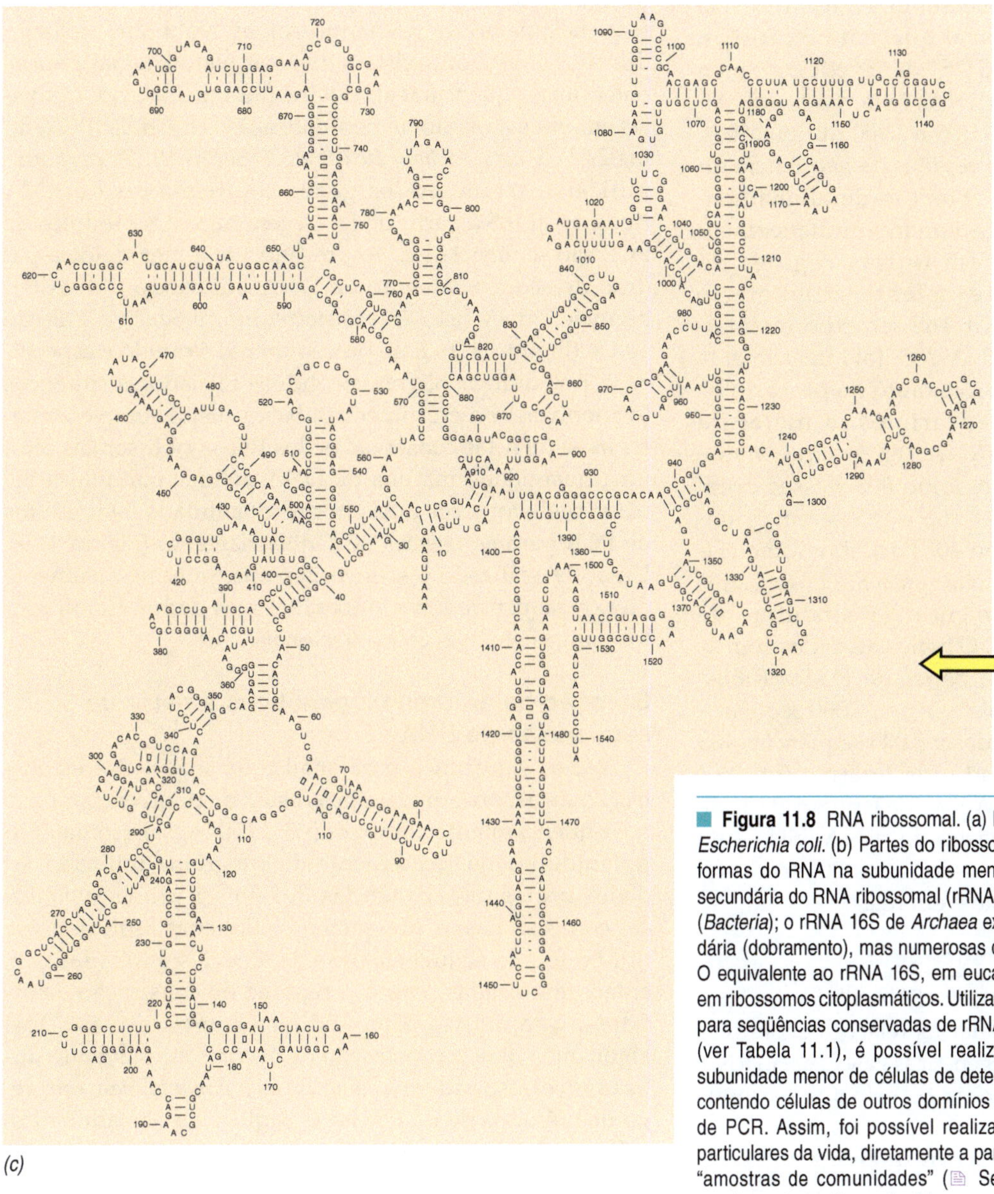

(c)

■ **Figura 11.8** RNA ribossomal. (a) Micrografia eletrônica de ribossomos 70S de *Escherichia coli.* (b) Partes do ribossomo; 5S, 16S e 23S referem-se às diferentes formas do RNA na subunidade menor do ribossomo. (c) Estruturas primária e secundária do RNA ribossomal (rRNA) 16S. Este é o rRNA 16S de *Escherichia coli* (*Bacteria*); o rRNA 16S de *Archaea* exibe similaridades gerais na estrutura secundária (dobramento), mas numerosas diferenças na estrutura primária (seqüência). O equivalente ao rRNA 16S, em eucariotos, corresponde ao rRNA 18S, presente em ribossomos citoplasmáticos. Utilizando iniciadores oligonucleotídicos específicos para seqüências conservadas de rRNA em organismos de um domínio ou de outro (ver Tabela 11.1), é possível realizar a amplificação específica de RNAs da subunidade menor de células de determinado domínio, presentes em uma mistura contendo células de outros domínios (ver Figura 11.9), pelo emprego de técnicas de PCR. Assim, foi possível realizar estimativas da diversidade de domínios particulares da vida, diretamente a partir de seus hábitats, por meio de técnicas de "amostras de comunidades" (Seção 19.5 e Figura 19.14). Além disso, o acoplamento de oligonucleotídeos específicos a corantes fluorescentes originou uma nova ferramenta para uso na ecologia microbiana (ver Figuras 11.11, 11.12 e 11.14).

RNAs ribossomais como cronômetros evolutivos

Em decorrência da provável antigüidade da maquinaria de síntese protéica e por diversas outras razões, os RNAs ribossomais correspondem a excelentes moléculas, na análise das relações evolutivas entre os organismos vivos. Os RNAs ribossomais são funcionalmente constantes, distribuídos de maneira universal e de seqüência moderadamente conservada ao longo de grandes distâncias filogenéticas. Além disso, pelo fato de longas moléculas, tais como os RNAs ribossomais, exibirem um grande *número* de possíveis seqüências distintas, a ocorrência de similaridade em duas seqüências sempre indica *alguma* relação filogenética. No entanto, é o *grau* de similaridade entre as seqüências de RNA ribossomal de dois organismos que indica sua relação evolutiva relativa. A partir de análises comparativas das seqüências, genealogias moleculares podem ser estabelecidas, originando árvores filogenéticas que indicam o posicionamento evolutivo mais provável dos organismos, uns em relação aos outros (Figura 11.13).

Lembre-se da estrutura do ribossomo (Figura 11.8). Há três moléculas de RNA ribossomal que, em procariotos, exibem tamanhos de 5S, 16S e 23S ("S" de "Svedberg", uma unidade de massa). Os grandes rRNAs bacterianos 16S (Figura 11.8*c*) e 23S (com cerca de 1.500 e 2.900 nucleotídeos, respectivamente) contêm várias regiões de seqüência altamente conservada, úteis na obtenção de alinhamentos precisos de seqüências, apresentando simultaneamente variabilidade suficiente em outras regiões da molécula, tornando-os um excelente cronômetro filogenético. Pelo fato de o RNA 16S ser experimentalmente mais manejável que o RNA 23S, foi intensamente utilizado nas análises filogenéticas tanto de procariotos quanto de eucariotos. (Em eucariotos, a molécula seqüenciada corresponde ao rRNA 18S, o equivalente do rRNA 16S, presente no ribossomo 80S desses organismos.) Pelo fato de os rRNAs 16S e 18S serem oriundos da *subunidade menor* (30S ou 40S) do ribossomo (Figura 11.8*b*), o acrônimo seqüenciamento *SSU* (do inglês *small subunit*, "subunidade menor") é sinônimo de seqüenciamento de 16S ou 18S. O banco de dados com as seqüências de rRNA do Projeto Banco de Dados Ribossomais (RDP) atualmente possui mais de 24.000 seqüências (16.000 seqüências 16S alinhadas e 8.000 seqüências 18S alinhadas), podendo ser acessado via Internet (http://rdp.cme.msu.edu/html/). Carl Woese, da Universidade de Illinois, foi o pioneiro na utilização de rRNA SSU como ferramenta filogenética, no início dos anos 70, sendo tal método amplamente utilizado hoje em dia.

✓ 11.4 Verificação de conceitos

Comparações entre seqüências de RNA ribossomal podem ser utilizadas para determinar as relações evolutivas entre os organismos. Árvores filogenéticas baseadas no RNA ribossomal foram construídas para os principais grupos procarióticos e eucarióticos.

- ✓ Por que o RNA ribossomal corresponde a um bom cronômetro evolutivo?
- ✓ O que é o RDP?

11.5 Seqüências de RNA ribossomal e evolução celular

Atualmente, os métodos empregados para a obtenção de seqüências de RNA ribossomal e geração de árvores filogenéticas são relativamente rotineiros, envolvendo a combinação da biologia molecular com análises computacionais. Novas seqüências geradas são comparadas a seqüências disponíveis no RDP e/ou com seqüências obtidas de outros bancos de dados, como GenBank (EUA), DDBS (Japão) ou EMBL (Alemanha). Em seguida, utilizando um programa de construção de árvores, várias árvores possíveis são geradas, selecionando-se a árvore "mais compatível" e que melhor resume a informação evolutiva inerente às seqüências.

Metodologia de seqüenciamento

Partimos do pressuposto de estarmos trabalhando com uma cultura pura de microrganismos, embora culturas puras não sejam necessárias ao seqüenciamento comparativo de rRNA SSU. Como a própria vida, os métodos de seqüenciamento de RNA ribossomal evoluíram ao longo dos anos, e, embora existam diversas metodologias para se obter uma seqüência real, atualmente a maioria dos cientistas emprega a reação de polimerização em cadeia (PCR, do inglês *Polymerase Chain Reaction*; Seção 10.17) para amplificar diretamente os genes codificadores de RNA ribossomal 16S a partir do DNA genômico. Os produtos da PCR são seqüenciados, empregando-se a metodologia-padrão de seqüenciamento de DNA utilizando dideoxirribunucleotídeos (isto é, *seqüenciamento de Sanger*, Seção 10.13) (Figura 11.9). Esse procedimento é rápido e específico e, por utilizar oligonucleotídeos iniciadores sintéticos (disponíveis comercialmente a baixo custo) complementares às seqüências conservadas dos RNAs ribossomais SSU, uma quantidade mínima de DNA de uma cultura microbiana pode fornecer uma enorme quantidade de produtos de PCR para as reações de seqüenciamento (Figura 11.9). Uma vez realizado o seqüenciamento, quer manualmente ou por seqüenciadores automáticos, os dados estão prontos para as análises computacionais.

Geração de árvores filogenéticas a partir de seqüências de RNA

Vários algoritmos para análise de seqüências e construção de árvores filogenéticas estão disponíveis para uso no seqüenciamento comparativo de RNA ribossomal. Entretanto, independentemente do programa utilizado, os dados brutos das seqüências devem ser primeiro *alinhados* com seqüências previamente alinhadas, utilizando-se um editor de seqüências. As seqüências alinhadas são, então, importadas para o programa de construção de árvores, que realizará as análises comparativas. Dois algoritmos para a construção de árvores amplamente utilizados correspondem à *distância* e *parcimônia*. Pelo emprego de métodos de distância, as seqüências são alinhadas, calculando-se uma **distância evolutiva** (E_D, do inglês *evolutionary distance*), onde o computador calcula cada posição no conjunto de dados em que haja alguma *diferença*

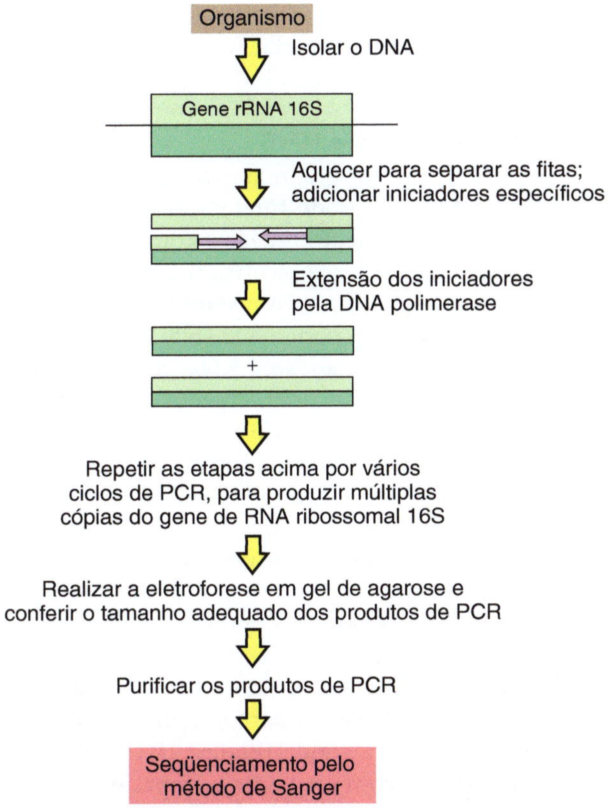

■ **Figura 11.9** Seqüenciamento de RNA ribossomal de uma cultura pura de um microrganismo, empregando a reação de polimerização em cadeia (PCR). O gene de rRNA 16S é amplificado e, em seguida, seqüenciado pelo método de Sanger (Seção 10.13). Os iniciadores adicionados são complementares a seqüências conservadas em um dos domínios do rRNA 16S (ver Figura 11.8*c*). Uma etapa de clonagem também pode ser empregada nesse procedimento para clonar o DNA codificador do rRNA 16S, após sua amplificação por PCR.

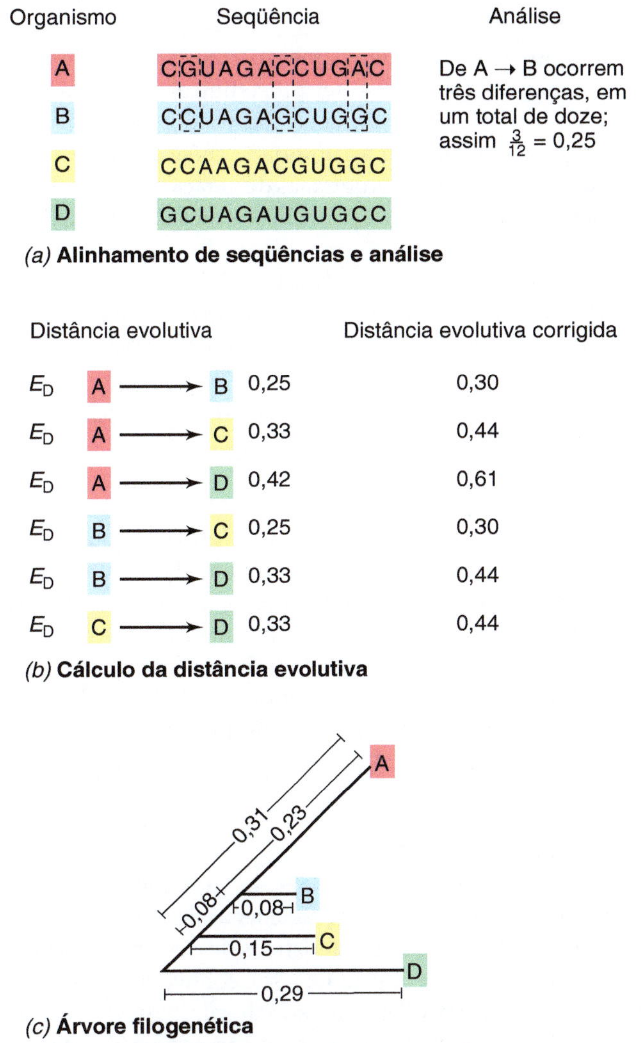

■ **Figura 11.10** Preparação de uma árvore de distâncias filogenéticas com base nas seqüências de RNA ribossomal 16S. A título de ilustração, são apresentadas somente seqüências curtas. A distância evolutiva (E_D) em (b) é calculada como a porcentagem de seqüências *não idênticas* entre os RNAs de quaisquer dois organismos. A E_D corrigida corresponde a uma correção estatística necessária, que leva em consideração a possível ocorrência de mutações de reversão ao genótipo original ou mutações adicionais no mesmo sítio. A árvore (c) é finalmente gerada por meio da análise computacional dos dados; a mais adequada é construída. O comprimento total dos ramos que separam quaisquer dois organismos é proporcional à distância evolutiva calculada para estes. Em análises reais, um processo estatístico denominado *bootstrapping* é tipicamente utilizado, a partir do qual são geradas centenas de versões da árvore, visando confirmar que a árvore final corresponde, de fato, àquela mais compatível ao conjunto de dados. Além disso, a inserção de vários nucleotídeos pode separar regiões com homologia de seqüência no rRNA de dois organismos; essas inserções são "mascaradas" (não consideradas) pelas análises reais.

(Figura 11.10). A partir desses dados, uma matriz das distâncias pode ser construída, revelando a E_D entre quaisquer duas seqüências do conjunto de dados. Em seguida, um fator de correção é introduzido na E_D, levando em conta a probabilidade de terem ocorrido alterações múltiplas em determinado sítio (Figura 11.10). Por exemplo, há uma baixa, mas estatisticamente significativa, probabilidade de que a base presente em determinado sítio em duas seqüências seja resultante de dois eventos mutacionais, nos quais um modificou a seqüência, enquanto o outro resultou no restabelecimento da base anterior. Essas possibilidades podem ser estimadas pelo fator de correção. Por fim, a árvore filogenética é gerada, sendo o comprimento das linhas proporcional às distâncias evolutivas (Figura 11.10).

A *parcimônia*, outro método popular de análise filogenética, gera árvores evolutivas pressupondo que apenas a quantidade mínima de alterações na seqüência, necessárias à divergência de duas linhagens a partir de um ancestral comum, tenha de fato ocorrido durante a divergência evolutiva destas. Assim como os programas que calculam a distância, esse método requer a somatória do número de diferenças encontradas nas seqüências de determinado conjunto de dados, embora o algoritmo realize a análise de maneira um tanto diferente. No entanto, árvores filogenéticas baseadas na parcimônia mostram-se similares àquelas baseadas na distância, embora a ordem de ramificação em uma árvore de parcimônia possa diferir daquela observada na árvore de distância gerada a partir do mesmo conjunto de dados. Assim, nenhuma árvore filogenética por si dita a "palavra final" referente às relações evolutivas dos organismos em questão. No entanto, as árvores filogenéticas correspondem à maior aproximação possível da real filogenia de um grupo.

✓ 11.5 Verificação de conceitos

Atualmente, o seqüenciamento comparativo de RNA ribossomal corresponde a um procedimento rotineiro, que envolve a amplificação do gene codificador do rRNA 16S, seu seqüenciamento e a análise da seqüência em relação a outras seqüências. Dois programas de geração de árvores amplamente utilizados correspondem aos métodos de distância e de parcimônia.

✓ O que é uma *distância evolutiva* (E_D)?

✓ Qual a utilidade da *reação de polimerização em cadeia* (PCR) no seqüenciamento comparativo de RNA ribossomal?

11.6 Seqüências assinatura, sondas filogenéticas e análises de comunidades microbianas

A próxima seção introduzirá o "grande quadro" da filogenia microbiana — a árvore universal da vida. No entanto, antes de abordarmos como o seqüenciamento de RNA ribossomal SSU revolucionou nossa visão da evolução celular nos três domínios da vida, discutiremos alguns métodos e aplicações dessa tecnologia. Estes incluem as seqüências assinatura e o desenvolvimento e uso de sondas de RNA ribossomal na ecologia microbiana e na medicina diagnóstica.

Seqüências assinatura

As análises computacionais de seqüências de RNA ribossomal revelaram as **seqüências assinatura** — pequenos oligonucleotídeos característicos de determinados grupos de organismos. Por exemplo, são conhecidas as seqüências assinatura específicas de cada domínio da vida celular (Tabela 11.1). Além disso, também são conhecidas assinaturas definindo um grupo específico em um domínio ou, em alguns casos, de um gênero em particular, ou mesmo de uma única espécie. Em decorrência de sua exclusividade, as seqüências assinatura apresentam várias aplicações práticas. Por exemplo, as assinaturas nos auxiliam a posicionar organismos recém-isolados, ou anteriormente classificados de modo inadequado, em seu grupo filogenético correto. No entanto, as seqüências assinatura são extensivamente utilizadas no desenvolvimento de sondas específicas de ácido nucléico, denominadas *sondas filogenéticas*.

Sondas filogenéticas e HFIS

Lembre-se de que uma sonda corresponde a uma fita de ácido nucléico que pode ser marcada e utilizada na hibridização com um ácido nucléico complementar, presente em uma mistura (Seção 10.12). As sondas podem ser genéricas ou específicas. Por exemplo, sondas universais de RNA ribossomal podem ser sintetizadas e se ligarão a seqüências conservadas do RNA ribossomal de todos os organismos, independentemente de seu domínio. Podem ser elaboradas sondas de maior especificidade, as quais reagirão apenas com células do domínio *Bacteria*, devido às assinaturas específicas em seu RNA (Tabela 11.1). Do mesmo modo, sondas específicas para *Archaea* ou *Eukarya* reagem apenas com espécies de *Archaea* ou de *Eukarya*, respectivamente. Mesmo os grupos superiores de um domínio, como gêneros ou famílias (ver Seção 11.11), podem ser alvo de sondas específicas.

A ligação das sondas aos ribossomos celulares pode ser observada microscopicamente, quando um corante fluorescente é ligado à sonda (Figura 11.11). Quando as células são tratadas com reagentes apropriados, as membranas tornam-se permeáveis, permitindo a penetração da mistura sonda/corante. Após a hibridização direta da sonda no RNA ribossomal, nos ribossomos, a célula torna-se uniformemente fluorescente, podendo ser observada ao microscópio de fluorescência (Figuras 11.11, 11.12 e 11.14). Essa técnica recebeu a denominação **HFIS** (de *h*ibridização *f*luorescente *in situ*), uma vez que pode ser aplicada diretamente em células em cultura ou em ambientes naturais.

A tecnologia de HFIS é amplamente utilizada na ecologia microbiana e na diagnose clínica. Na ecologia, a HFIS pode ser utilizada para a identificação microscópica e o rastreamento de organismos, diretamente a partir de seu meio ambiente. Desse modo, esses métodos fornecem uma visão geral da composição de comunidades microbianas e do papel desempenhado por um organismo específico ou um grupo de organismos relacionados

Tabela 11.1 Seqüências assinatura de rRNA 16S ou 18S, definindo os três domínios da vida

Oligonucleotídeos assinatura[a]	Localização aproximada[b]	Ocorrência em[c]		
		Archaea	*Bacteria*	*Eukarya*
CACYYG	315	0	> 95	0
AAACUCAAA	910	3	100	0
AAACUUAAAG	910	100	0	100
YUYAAUUG	960	100	< 1	100
CAACCYYCR	1.110	0	> 95	0
UCCCUG	1.380	> 95	0	100
UACACACCG	1.400	0	> 99	100
CACACACCG	1.400	100	0	0

a Y, qualquer pirimidina; R, qualquer purina.

b Ver na Figura 11.8*c* o esquema de numeração do rRNA 16S.

c Ocorrência refere-se à porcentagem de organismos examinados em qualquer domínio contendo aquela seqüência.

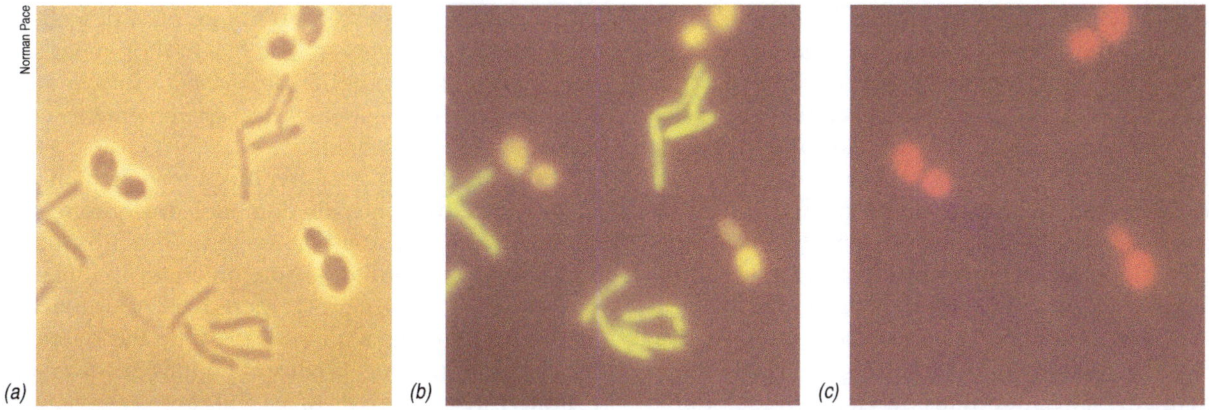

■ **Figura 11.11** Sondas de RNA ribossomal marcadas por fluorescência. (a) Fotomicrografia de contraste de fase (nenhuma sonda presente) de células de *Bacillus megaterium* (um membro do domínio *Bacteria*) e da levedura *Saccharomyces cerevisiae* (*Eukarya*). (b) Mesmo campo; células coradas com uma sonda universal de rRNA, corada em amarelo-esverdeado (essa sonda reage com espécies de qualquer domínio). (c) Mesmo campo; células coradas com uma sonda eucariótica (somente as células de *S. cerevisiae* reagem). As células de *B. megaterium* têm diâmetro aproximado de 1,5 μm, e as células de *S. cerevisiae*, de 6 μm.

em processos ecológicos na natureza (Figura 11.12 e Seção 19.4). Na diagnose clínica, a HFIS foi utilizada para a identificação rápida de patógenos específicos, em amostras colhidas de pacientes. A HFIS evita a necessidade do cultivo de um organismo, tornando possível o início do tratamento horas ou dias antes do que seria possível, se técnicas clássicas de isolamento e identificação fossem utilizadas.

Análise de comunidades microbianas

Não é necessário que os genes de RNA ribossomal amplificados por PCR sejam originados de culturas puras desenvolvidas em laboratório. Por meio de métodos descritos em detalhes no Capítulo 19, é possível realizar um estudo filogenético de uma comunidade microbiana natural, utilizando-se a PCR para amplificar os genes codificadores de RNA ribossomal SSU de todos os membros daquela comunidade. Tais genes podem ser ordenados, seqüenciados e alinhados, permitindo a construção de uma árvore filogenética a partir dessas seqüências "ambientais". A árvore revela os diferentes RNAs ribossomais presentes na comunidade, e, a partir dessas informações, é possível inferir quais os organismos presentes, mesmo que nenhum deles tenha sido cultivado ou identificado de outro modo. Tais *análises de comunidades microbianas*, como foram denominadas, correspondem atualmente ao principal estímulo para a pesquisa da ecologia microbiana, tendo revelado muitas propriedades-chave da estrutura de uma comunidade microbiana e das interações microbianas (Capítulo 19, que apresenta uma discussão detalhada sobre esse tópico).

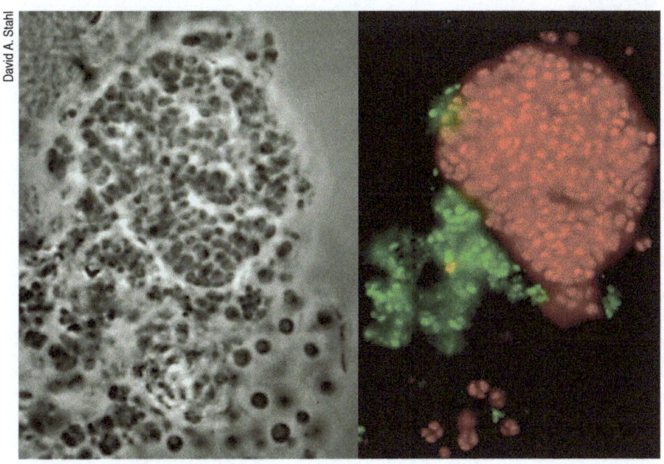

■ **Figura 11.12** Uso de corantes filogenéticos para tornar visíveis bactérias nitrificantes, presentes em um grânulo de lodo ativado de esgoto. (À esquerda) Fotomicrografia de fase. (À direita) Fotomicrografia colorida do mesmo campo, após a aplicação de corantes filogenéticos. A sonda fluorescente em vermelho é específica para uma seqüência assinatura (ver Tabela 11.1) do rRNA 16S de bactérias oxidantes de amônia, enquanto a sonda fluorescente em verde é específica para uma seqüência presente somente em bactérias oxidantes de nitrito. As bactérias oxidantes de amônia e as oxidantes de nitrito são membros do domínio *Bacteria* estreitamente relacionados (Seções 12.2 e 18.12), realizando uma série de reações quimiolitotróficas interdependentes (Seção 20.12).

✓ 11.6 Verificação de conceitos

Seqüências assinatura — pequenos oligonucleotídeos encontrados na molécula de RNA ribossomal — podem ser de grande importância diagnóstica de um organismo em particular, ou grupo de organismos relacionados. Seqüências assinatura podem ser utilizadas para gerar sondas filogenéticas específicas, úteis para a HFIS ou análises de comunidades microbianas.

✓ Utilizando as seqüências apresentadas na Tabela 11.1, escolha uma sonda filogenética específica que lhe permitiria distinguir uma célula de *Archaea* de uma de *Bacteria*.

✓ De que modo as sondas de oligonucleotídeos podem se tornar visíveis ao microscópio? Como se denomina essa técnica?

11.7 Filogenia microbiana derivada do seqüenciamento de RNA ribossomal

Passaremos a considerar o que o seqüenciamento de RNA ribossomal SSU revelou sobre a evolução microbiana. Anteriormente, os biologistas agrupavam os seres vivos em cinco reinos, com base nas similaridades estruturais entre os organismos, sendo apenas um desses composto por organismos procarióticos. Por outro lado, a filogenia molecular revelou que os cinco reinos não representavam cinco principais linhagens evolutivas. Ao contrário, como delineado no Capítulo 2, a vida celular na Terra evoluiu ao longo de apenas *três* linhagens principais, duas das quais exclusivamente microbianas, compostas apenas por células procarióticas. O terceiro ramo corresponde à linhagem eucariótica (Figura 11.13). Os dois ramos procarióticos correspondem às ***Bacteria*** e ***Archaea***. A linhagem eucariótica é denominada ***Eukarya*** (Figura 11.13). Esses termos definem os três **domínios** da vida, sendo domínio o táxon biológico mais elevado. Desse modo, plantas, animais, fungos e protozoários são reinos pertencentes ao domínio *Eukarya*.

A árvore universal da vida

A árvore filogenética universal (Figura 11.13) corresponde ao mapa da vida. Ela ilustra a história evolutiva de todos os organismos em relação aos demais, apresentando claramente os três principais grupos de organismos — os domínios filogenéticos. A *raiz* da árvore universal representa um ponto na história evolutiva em que toda a vida existente na Terra compartilhava um ancestral comum, o *Ancestral Universal*.

Os projetos de seqüenciamento de genomas microbianos (Capítulo 15) forneceram pistas sobre a natureza do Ancestral Universal. Seqüências genômicas completas confirmaram o conceito de *Archaea* — estes contêm centenas de genes que não apresentam equivalentes em *Bacteria* ou *Eukarya*. Igualmente importante foi a descoberta, por meio dos projetos genoma, de que muitos genes são compartilhados entre espécies de *Bacteria*, *Archaea* e *Eukarya*. De que modo essas descobertas, aparentemente conflitantes, podem ser conciliadas?

Uma hipótese sugere que precocemente na história da vida, antes dos principais domínios divergirem, a *transferência lateral (horizontal) de genes* era ubíqua; genes codificadores de proteínas que conferiam aptidões excepcionais (por exemplo, genes responsáveis pelas funções celulares centrais, como a transcrição e a tradução) eram transferidos promiscuamente entre as populações de organismos primitivos, derivados de uma célula ancestral comum. Caso essa hipótese fosse verdadeira, explicaria por que, de acordo com análises genômicas, *todas as células*, independentemente do domínio, compartilham vários genes-chave em comum, como esperado se todas as células possuíssem um ancestral comum (Figura 11.13). Então, como explicar as *diferenças* genéticas observadas nas seqüências genômicas completas? Existe a hipótese de que, com o tempo, desenvolveram-se barreiras impedindo o fluxo irrestrito de genes, talvez a partir da colonização seletiva de hábitats (gerando, assim, o isolamento evolutivo) ou como resultado de barreiras estruturais ou enzimáticas (por exemplo, a endonuclease de restrição) que, de alguma maneira, impediam a troca livre de genes. Como resultado, as populações previamente promíscuas geneticamente começaram, de maneira gradativa, a se agrupar, originando as linhagens primárias de descendência evolutiva (Figura 11.13). À medida que cada linhagem evoluiu, determinadas características biológicas únicas tornaram-se geneticamente

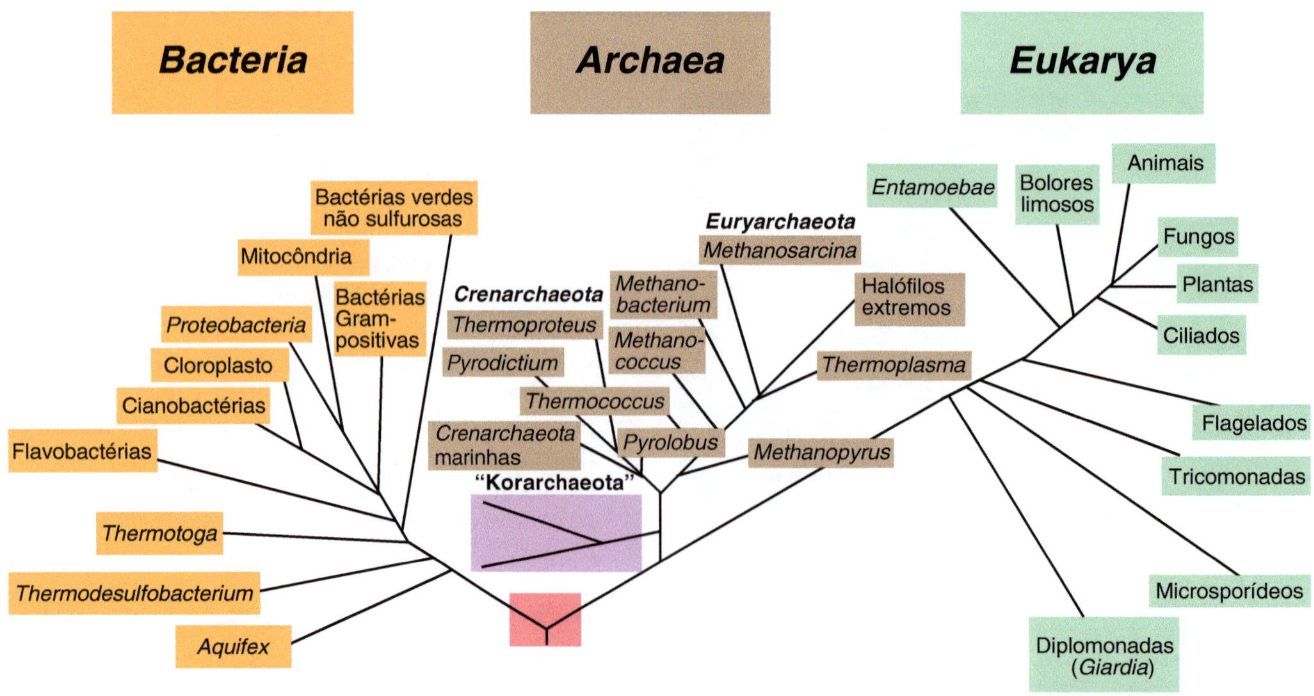

■ **Figura 11.13** Árvore filogenética universal, determinada pelo seqüenciamento comparativo de RNA ribossomal. São apresentados apenas alguns dos principais organismos ou linhagens de cada domínio. Ver nas Figuras 12.1, 13.1 e 14.11 as árvores detalhadas de cada domínio. Dos três domínios, dois (*Bacteria* e *Archaea*) contêm apenas representantes procarióticos. A região assinalada em vermelho corresponde à raiz hipotética da árvore, representando a posição do ancestral universal de todas as células.

fixas em cada grupo, e, desse modo, o que observamos atualmente, após cerca de 3,5 bilhões de anos de evolução microbiana, são três domínios de vida celular que por um lado compartilham diversas características comuns e, por outro, exibem sua própria história evolutiva distinta.

Organismos primitivos *versus* modernos

Um aspecto que merece ênfase é o fato de *nenhum* dos organismos vivos atualmente e ilustrados na árvore universal (Figura 11.13) serem *primitivos*. Todas as formas de vida existentes correspondem a organismos *modernos*, bem adaptados e bem-sucedidos em seus nichos ecológicos. Alguns desses organismos podem, de fato, ser fenotipicamente similares a organismos primitivos hipotéticos, sendo os procariotos hipertemofílicos (temperatura ótima de crescimento > 80ºC) um bom exemplo. Os organismos *Aquifex* e *Methanopyrus*, por exemplo, ramificam-se relativamente próximos à raiz da árvore (Figura 11.13). Esses dois organismos são capazes de crescer em temperaturas muito elevadas (Seções 12.38 e 13.6), provavelmente a condição enfrentada pelos organismos primitivos relacionados a esses gêneros, que cresciam em temperaturas muito mais altas na Terra em épocas passadas. Com base na árvore filogenética, aparentemente *Aquifex* e *Methanopyrus* estão mais estreitamente relacionados aos organismos primitivos que, por exemplo, às espécies de *Proteobacteria* (*Bacteria*) ou de halófilos extremos (*Archaea*) (Figura 11.13). No entanto, é preciso entender que esses organismos de ramificação precoce não são primitivos, correspondendo simplesmente a organismos modernos, menos derivados que os organismos que se ramificam tardiamente na árvore da vida.

Bacteria

No domínio ***Bacteria***, foram descobertas pelo menos 40 divisões (*filos*); muitos dos principais representantes são apresentados na árvore universal, na Figura 11.13. Muitos filos são definidos apenas pelas seqüências ambientais (ver Seção 11.6 e Figura 12.1). Algumas das linhagens do domínio *Bacteria* foram previamente distinguidas por propriedades fenotípicas, como morfologia ou fisiologia; os espiroquetas e as cianobactérias correspondem, respectivamente, a bons exemplos desse fato. No entanto, a maioria dos filos consiste em espécies que, embora especificamente relacionadas do ponto de vista filogenético, são desprovidas de forte semelhança fenotípica. O filo *Proteobacteria* corresponde a um bom exemplo, pois a variedade de fisiologias presentes nesse grupo abrange toda a gama da fisiologia microbiana conhecida (Capítulo 18). Esse fato indica de maneira clara que a fisiologia e a filogenia não estão necessariamente associadas.

Organelas eucarióticas foram claramente originadas do domínio *Bacteria*. Conforme apresentado na árvore universal, as mitocôndrias surgiram de um grupo principal de *Bacteria* denominado *Proteobacteria* (Figura 11.13), especificamente de organismos relacionados, como *Agrobacterium*, *Rhizobium* e riquétsias. Curiosamente, assim como as mitocôndrias, estes últimos organismos são também capazes de viver intracelularmente, tanto em plantas (Seções 20.21 e 20.22) quanto em animais (Seções 12.13 e 27.3). Os cloroplastos surgiram do filo das cianobactérias (Figura 11.13), de acordo com o esperado, uma vez que ambos realizam a fotossíntese oxigênica (Seção 18.5).

Archaea

Em uma perspectiva filogenética, o domínio ***Archaea*** consiste em três grandes filos — *Crenarchaeota*, *Euryarchaeota* e uma possível terceira linhagem, denominada "Korarchaeota" (Figura 11.13). Ramificando-se próximo à raiz da árvore estão os *Crenarchaeota* hipertermofílicos, como *Thermoproteus*, *Pyrolobus* e *Pyrodictium* (Figura 11.13). Estes são seguidos pelos *Euryarchaeota*, os procariotos produtores de metano (metanogênicos), e os halófilos extremos; *Thermoplasma*, uma célula procariótica desprovida de parede celular, acidófila e termofílica, se relaciona fracamente com esse último grupo (Figura 11.13).

Alguns ramos na linhagem *Crenarchaeota* (Figura 11.13 e Figura 13.1) foram definidos a partir da amostragem de genes ribossomais de comunidades ambientais (ver Seção 11.6), embora ainda não tenham sido obtidos de isolados cultivados. Curiosamente, no entanto, essas seqüências são oriundas de organismos que habitam mares abertos, incluindo as águas do oceano Antártico, onde as temperaturas são muito mais baixas que nas fontes quentes ou nas fendas hidrotermais profundas — hábitats de *Crenarchaeota* conhecidos —, e também de organismos de solos e águas lacustres. Discutiremos os *Crenarchaeota* adaptados ao frio, em mais detalhes, na Seção 13.8.

Assim como *Crenarchaeota* adaptados ao frio, um filo completo de *Archaea*, o "Korarchaeota", foi identificado a partir de análises de comunidades microbianas (ver Seção 11.6), nesse caso, de uma fonte quente específica (Lago Obsidian) no Parque Nacional de Yellowstone (Wyoming, EUA). Culturas mistas estáveis contendo "Korarchaeota" (identificáveis por meio de coloração filogenética, ver Figura 11.14) podem ser cultivadas em laboratório. Considerando os meios e as condições de incubação dessas culturas, podemos deduzir que "Korarchaeota" são hipertermofílicos,

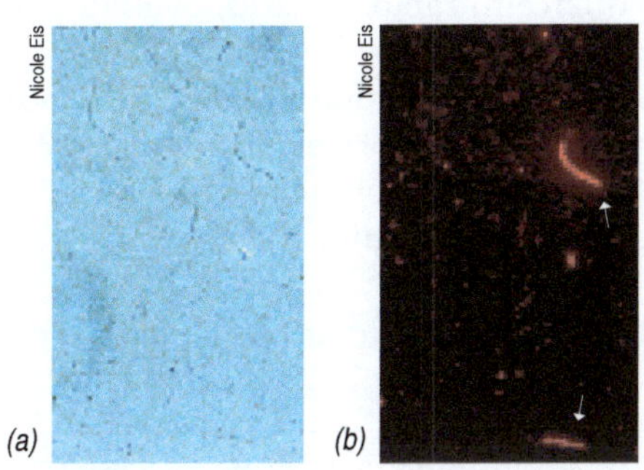

■ **Figura 11.14** Identificação de células de "Korarchaeota" pelo uso de corantes filogenéticos. (a) Micrografia de contraste de fase de uma cultura de enriquecimento contendo células de "Korarchaeota". (b) Fotomicrografia de fluorescência do mesmo campo apresentado em (a), tratado com um corante filogenético desenvolvido a partir de uma seqüência assinatura (ver Seção 11.6) do rRNA 16S de "Korarchaeota". Desse modo, as duas células vermelhas, neste campo, são "Korarchaeota".

que podem apresentar propriedades metabólicas similares às de *Crenarchaeota* hipertermofílicos (Seções 13.8-13.10). Abordaremos todos os filos de *Archaea*, em maiores detalhes, no Capítulo 13.

Eukarya

As árvores filogenéticas das espécies do domínio ***Eukarya*** são provenientes do seqüenciamento comparativo do rRNA 18S, o equivalente funcional do rRNA 16S dos ribossomos citoplasmáticos eucarióticos. Os eucariotos primitivos, provavelmente, assemelhavam-se aos microsporídeos e diplomonadas modernos. Esses organismos são todos parasitas obrigatórios, que vivem em associação com representantes de vários grupos de eucariotos, de microrganismos a humanos [por exemplo, o patógeno *Giardia* (Seção 28.7) é um membro do grupo diplomonadas]. Curiosamente, embora esses organismos possuam núcleo envolto por membrana, microsporídeos e diplomonadas são desprovidos de mitocôndrias. Nesse aspecto, assemelham-se ao primeiro tipo de célula que aceitou endossimbiontes estáveis (ver Figura 11.7 e Seções 14.5 e 14.8).

Os *Eukarya* de maior derivação filogenética incluem os organismos multicelulares (metazoários), culminando com as plantas e os animais — os maiores e estruturalmente mais complexos *Eukarya* (Figura 11.13). Quando o registro fóssil é comparado à árvore filogenética de *Eukarya*, a rápida radiação evolutiva pode ser datada em cerca de 1,5 bilhão de anos. Evidências geoquímicas sugerem que, nesse período, na história da Terra, níveis significativos de oxigênio se acumularam na atmosfera (Figura 11.6). Assim, é provável que o estabelecimento de condições óxicas e o desenvolvimento subseqüente de uma camada de ozônio (o que poderia ter expandido o número de hábitats superficiais disponíveis para colonização) também desencadearam a rápida diversificação de *Eukarya*. Abordaremos os principais grupos de *Eukarya* microbianos e sua biologia básica no Capítulo 14.

✓ 11.7 Verificação de conceitos

A vida na Terra evoluiu ao longo de três linhagens principais, denominadas domínios, sendo todas derivadas de um ancestral comum. Cada domínio contém vários filos. Dois dos domínios, *Bacteria* e *Archaea*, permaneceram procarióticos, enquanto o terceiro ramo, *Eukarya*, evoluiu para a célula eucariótica atual.

- ✓ De que modo a árvore universal apóia o conceito de que a Terra, em época remota, era muito quente?
- ✓ De que maneira a árvore universal apóia a hipótese da endossimbiose (ver Figura 11.7)?

11.8 Características dos domínios primários da vida

Embora os domínios primários — *Bacteria*, *Archaea* e *Eukarya* — sejam definidos com base no seqüenciamento comparativo de RNA ribossomal, cada domínio é também caracterizado por várias propriedades *fenotípicas*. Algumas dessas propriedades são exclusivas de um domínio, enquanto outras são apresentadas por dois dos três domínios. Aqui apresentamos uma visão geral das principais características fenotípicas de importância filogenética.

Paredes celulares

Virtualmente, todas as *Bacteria* exibem parede celular com *peptideoglicano* (Seção 4.8). As únicas exceções conhecidas correspondem aos membros do grupo *Planctomyces–Pirella* (Seção 12.29), cujas paredes celulares são compostas de proteína, e dos grupos *Mycoplasma–Chlamydia*, desprovidos de parede celular (Seções 12.22 e 12.28). Desse modo, o peptideoglicano pode ser considerado uma molécula "assinatura" para espécies de *Bacteria* (em testes para constatar a presença de peptideoglicano, na realidade detecta-se o *ácido murâmico* — componente exclusivo do peptideoglicano —, Tabela 11.3).

Eukarya e *Archaea* são desprovidos de peptideoglicano. Em eucariotos, as paredes celulares, quando presentes, são em geral compostas por celulose ou quitina (Capítulo 14). Em *Archaea*, conforme discutido anteriormente (Seção 4.8), vários tipos de parede celular são encontrados, variando de pseudopeptideoglicano, um análogo do peptideoglicano, às paredes celulares compostas por polissacarídeos, proteínas ou glicoproteínas. Desse modo, pode-se observar uma grande variedade na química das paredes celulares microbianas, embora a presença ou a ausência do peptideoglicano corresponda à característica de maior utilidade na distinção entre *Bacteria* de *Archaea*.

Lipídeos

A natureza química dos lipídeos de membrana possivelmente corresponde ao critério não genético de maior utilidade para a diferenciação de *Archaea* e *Bacteria*. *Bacteria* e *Eukarya* sintetizam lipídeos de membrana com um esqueleto consistindo em ácidos graxos unidos a uma molécula de glicerol por ligação *éster* (ver Figura 11.15). Embora a natureza do ácido graxo possa ser altamente variável, a *ligação éster* ao glicerol corresponde à característica-chave de definição. Contrariamente, lipídeos de *Archaea* consistem em moléculas unidas por *ligação éter* (Figura 11.15). Em lipídeos com ligações éster, os ácidos

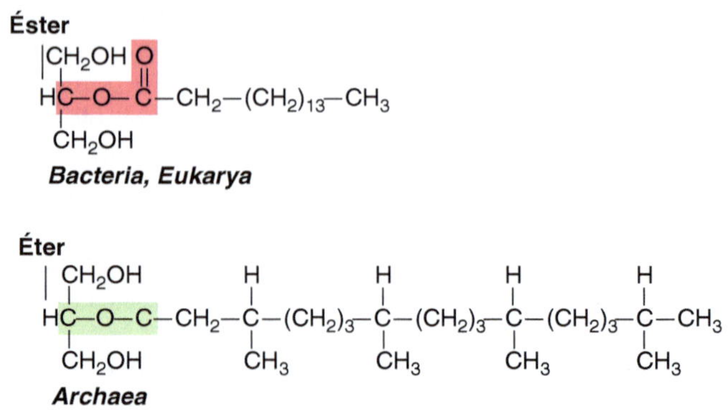

■ **Figura 11.15** Lipídeos de *Bacteria*, *Eukarya* e *Archaea*. Em *Bacteria* e *Eukarya*, os lipídeos contêm ácidos graxos (é apresentado o ácido palmítico) unidos ao glicerol por ligações *éster*. Em *Archaea*, as cadeias laterais correspondem a hidrocarbonetos ramificados (é apresentado o fitanil, C_{20}), unidos ao glicerol por ligações *éter*. O fitanil é sintetizado a partir do isopreno (Figura 4.19*c*).

graxos geralmente são moléculas de cadeia reta (linear), enquanto em *Archaea* são encontrados hidrocarbonetos ramificados e de cadeia longa (do tipo fitanil ou bifitanil), unidos ao glicerol por ligações éter, substituindo os ácidos graxos.

Em termos de estrutura geral da membrana, as membranas de algumas *Archaea*, principalmente espécies hipertermofílicas, formam uma *monocamada* lipídica em vez de uma *bicamada* lipídica (Seção 4.5 e Figura 4.20). Quando comparada a uma bicamada lipídica, uma monocamada tem menor probabilidade de sofrer desnaturação em altas temperaturas, onde organismos hipertermófilos são encontrados. A ligação éter entre o glicerol e as cadeias laterais hidrofóbicas (Figura 11.15), associada à estruturação da membrana em monocamada, protegem as membranas das *Archaea* extremofílicas contra as severas condições de seus hábitats.

RNA polimerase

Em todos os organismos, a transcrição é realizada por RNA polimerases DNA dependentes; o DNA atua como molde, e o RNA corresponde ao produto (Seção 6.7). As células de *Bacteria* contêm um único tipo de RNA polimerase de estrutura quaternária relativamente simples. Esta corresponde à RNA polimerase clássica, contendo *quatro* polipeptídeos, α, β, β' e σ, associados na polimerase ativa em uma proporção de 2:1:1:1, respectivamente (Figura 11.16) (Seção 7.8).

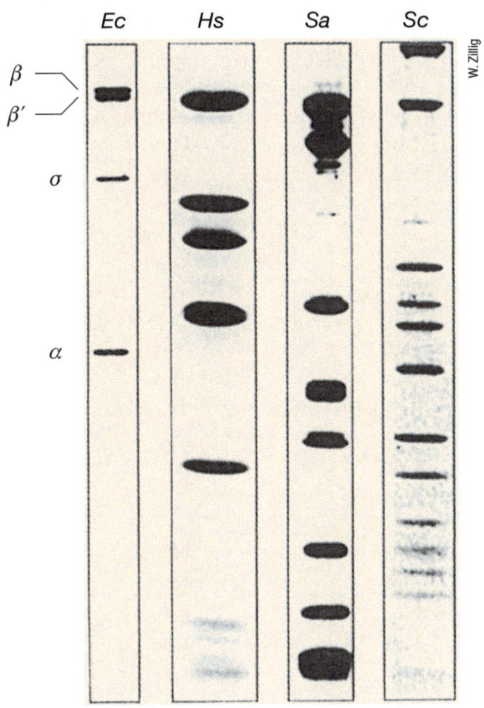

■ **Figura 11.16** RNA polimerases de representantes dos três domínios: *Ec*, *Escherichia coli* (*Bacteria*); *Hs*, *Halobacterium salinarum* (Euryarchaeota, *Archaea*); *Sa*, *Sulfolobus acidocaldarius* (Crenarchaeota, *Archaea*); e *Sc*, *Saccharomyces cerevisiae* (*Eukarya*). Os componentes purificados das RNA polimerases foram separados por eletroforese em gel de poliacrilamida. As subunidades polipeptídicas maiores estão localizadas no topo do gel, enquanto as subunidades menores, na porção inferior. Apenas os membros de *Bacteria* contêm a RNA polimerase simples (de quatro polipeptídeos).

As RNA polimerases de *Archaea* são estruturalmente mais complexas que as de *Bacteria*. As RNA polimerases de espécies de *Archaea* contêm *oito* ou mais polipeptídeos, mais semelhantes ao padrão de *Eukarya* (Figura 11.16). A principal RNA polimerase de eucariotos (existem três) contém de 10 a 12 polipeptídeos, cujos tamanhos relativos são muito semelhantes aos observados em espécies hipertermofílicas de *Archaea* (Figura 11.16). Desse modo, em termos de assinaturas filogenéticas, a polimerase ($\alpha_2\beta\beta'\sigma$) é altamente diagnóstica de *Bacteria*, enquanto as polimerases restantes são por demasiado complexas para serem filogeneticamente definitivas.

Características da síntese protéica

Em virtude das diferenças nas seqüências do RNA ribossomal e de diversos fatores da síntese protéica, não é surpreendente que determinados aspectos da maquinaria traducional sejam diferentes entre os representantes dos três domínios. Embora os ribossomos de *Archaea* e *Bacteria* exibam o mesmo tamanho (70S, quando comparados aos ribossomos 80S, presentes no citoplasma de eucariotos), várias etapas da síntese protéica de *Archaea* são mais semelhantes às de eucariotos que às de *Bacteria*. Lembre-se de que a tradução sempre se inicia em um códon único — o *códon de iniciação*. Em *Bacteria*, esse códon de iniciação (AUG) determina a incorporação de um tRNA iniciador, contendo um resíduo de metionina modificado, a *formil*metionina (Seção 7.15). Contrariamente, em eucariotos e *Archaea*, o tRNA iniciador carreia uma metionina *não modificada*.

A exotoxina produzida por *Corynebacterium diphtheriae* é um potente inibidor da síntese protéica eucariótica, pois promove uma ADP-ribosilação (adiciona um ADP) em um fator de elongação, necessário à translocação do ribossomo ao longo do mRNA; desse modo, o fator de elongação modificado é inativo (Seção 21.10). A toxina diftérica também inibe a síntese protéica de *Archaea*, mas não de *Bacteria*.

A maioria dos antibióticos que afetam especificamente a síntese protéica de *Bacteria* não interfere na síntese protéica de *Archaea* e de eucariotos. A sensibilidade de representantes dos três domínios a vários inibidores da síntese protéica é apresentada na Tabela 11.2 (Seção 7.15), na qual diversos antibióticos estão agrupados de acordo com seu mecanismo de ação no bloqueio da síntese protéica, em organismos dos diferentes domínios.

Coletivamente, esses resultados sugerem que as proteínas ribossomais de células de *Archaea* e *Eukarya* são funcionalmente mais similares entre si que em relação às proteínas ribossomais de *Bacteria* e, além disso, sustentam o posicionamento dos domínios na árvore universal (Figura 11.13).

Outras propriedades que definem os domínios

Por meio de pesquisas microbiológicas, foram descobertas diversas propriedades fisiológicas que podem ser utilizadas na diferenciação de organismos em nível de domínio; um resumo é apresentado na Tabela 11.3. Ao examinar essa tabela, deve-se entender que nem todas

Tabela 11.2 Sensibilidade de representantes dos três domínios aos vários inibidores da síntese protéica[a]

Antibióticos	Mecanismo de ação	*Archaea*: Euryarchaeota *Methanobacterium thermoautotrophicum*	*Archaea*: Crenarchaeota *Sulfolobus acidocaldarius*	*Bacteria*: *Escherichia coli*	*Eukarya*: *Saccharomyces cerevisiae*
Ácido fusídico, esparsomicina	Inibe etapas da elongação	+	–	+	+
Anisomicina, narciclasina	Inibe a transferência do peptidil	+	–	–	+
Cicloheximida	Bloqueia a iniciação	–	–	–	+
Eritromicina, estreptomicina, cloranfenicol	Aumenta a freqüência de erros e outros efeitos	–	–	+	–
Virginiamicina, pulvomicina	Inibe etapas da elongação	+	–	+	–
Neomicina, puromicina	Promove a terminação precoce	+	+	+	+
Rifamicina	Inibe a subunidade β da RNA polimerase	–	–	+	–

a O sinal + indica que a síntese protéica (e o crescimento) é inibida.

Tabela 11.3 Resumo das principais características distintivas de *Bacteria*, *Archaea* e *Eukarya*[a]

Característica	*Bacteria*	*Archaea*	*Eukarya*
Morfológica e genética			
Estrutura celular procariótica	Sim	Sim	Não
Presença de DNA na forma circular e covalentemente fechada	Sim	Sim	Não
Presença de proteínas histonas	Não	Sim	Sim
Núcleo envolto por membrana	Ausente	Ausente	Presente
Parede celular	Presença de ácido murâmico	Ausência de ácido murâmico	Ausência de ácido murâmico
Lipídeos de membrana	Ligação éster	Ligação éter	Ligação éster
Ribossomos (massa)	70S	70S	80S
tRNA iniciador	Formilmetionina	Metionina	Metionina
Íntrons na maioria dos genes	Não	Não	Sim
Operons	Sim	Sim	Não
Adição de "cap" e cauda poli-A no mRNA	Não	Não	Sim
Plasmídeos	Sim	Sim	Raros
Sensibilidade do ribossomo à toxina diftérica	Não	Sim	Sim
RNA polimerases (ver Figura 11.16)	Uma (4 subunidades) cada)	Várias (8–12 subunidades cada)	Três (12–14 subunidades
Necessidade de fatores de transcrição (Seção 7.10)	Não	Sim	Sim
Estrutura do promotor (Seção 7.9)	Seqüências –10 e –35 (*Pribnow box*)	TATA *box*	TATA *box*
Sensibilidade a cloranfenicol, estreptomicina e kanamicina	Sim	Não	Não
Fisiológica			
Metanogênese	Não	Sim	Não
Redução dissimilativa de S^0 ou SO_4^{2-} a H_2S, ou Fe^{3+} a Fe^{2+}	Sim	Sim	Não
Nitrificação	Sim	Não	Não
Denitrificação	Sim	Sim	Não
Fixação de nitrogênio	Sim	Sim	Não
Fotossíntese baseada em clorofila	Sim	Não	Sim (em cloroplastos)
Metabolismo energético baseado em rodopsina	Sim	Sim	Não
Quimiolitotrofia (Fe, S, H_2)	Sim	Sim	Não
Vesículas de gás	Sim	Sim	Não
Síntese de grânulos de armazenamento de carbono, compostos por poli-β-hidroxialcanoatos	Sim	Sim	Não
Crescimento acima de 80ºC	Sim	Sim	Não

a Observe que algumas propriedades são apresentadas apenas por determinados representantes do domínio.

as propriedades estão presentes universalmente em um determinado domínio. Por exemplo, a fotossíntese baseada em clorofila é característica apenas de alguns representantes de *Bacteria* e *Eukarya* (e, nesse último caso, somente em decorrência de *Bacteria* fotossintéticas endossimbióticas). No entanto, outras características distintivas, como a presença de peptideoglicano nas paredes celulares de *Bacteria*, podem ser universais ou quase universais.

✓ 11.8 Verificação de conceitos

Embora os três domínios dos seres vivos tenham sido originalmente definidos com base no seqüenciamento do RNA ribossomal, estudos subseqüentes mostraram que estes também diferem em vários outros aspectos. Em particular, *Bacteria* e *Archaea* diferenciam-se significativamente em relação à parede celular e química de lipídeos, assim como por suas propriedades de transcrição e de síntese protéica.

✓ De que modo os lipídeos de *Bacteria* e *Eukarya* diferem daqueles de *Archaea*?

✓ Organismos de qual domínio de procariotos sintetizam RNAs polimerases mais semelhantes às de *Eukarya*? Que evidência filogenética suporta tal observação?

III TAXONOMIA MICROBIANA E SUA RELAÇÃO À FILOGENIA

Uma das principais áreas da microbiologia corresponde à classificação microbiana (taxonomia). A classificação permite aos microbiologistas observar as relações entre os diferentes microrganismos e estabelecer o arcabouço necessário ao desenvolvimento de uma taxonomia natural (evolutiva) desses organismos. Consideraremos os aspectos básicos da taxonomia bacteriana nas próximas quatro seções.

11.9 Taxonomia clássica

Taxonomia é a ciência da classificação e compõe-se de duas principais subdisciplinas — *identificação* e *nomenclatura*. É importante diferenciar a *taxonomia* bacteriana do principal assunto deste capítulo até este ponto, a *filogenia* bacteriana, pois esses termos têm significados diferentes. A taxonomia bacteriana tradicionalmente empregou análises *fenotípicas* — levando em conta a aparência do organismo, seu metabolismo energético, suas enzimas etc. — como base para a classificação. No entanto, pelo fato de as bactérias serem tão pequenas e fornecerem relativamente poucas pistas de suas raízes evolutivas, a filogenia de procariotos apenas emergiu após análises *genotípicas*, conforme discutido nas seções anteriores. No entanto, as análises fenotípicas tradicionalmente desempenharam importante papel na identificação e classificação bacteriana, especialmente em situações aplicadas onde a identificação é por si a finalidade, como, por exemplo, na microbiologia clínica diagnóstica. Nesta seção, discutimos a taxonomia bacteriana clássica, enquanto na próxima resumiremos alguns dos métodos moleculares úteis na classificação bacteriana.

Na taxonomia bacteriana clássica, várias características são avaliadas, e, em seguida, essas propriedades são utilizadas para reunir os organismos ao longo da escada taxonômica, de espécie a domínio (ver Tabelas 11.5 e 11.6). Características de importância taxonômica amplamente utilizadas incluem vários aspectos da morfologia, nutrição, fisiologia e hábitat. A Tabela 11.4 separa essas principais categorias em tópicos específicos de valor taxonômico.

Para identificar um organismo, os taxonomistas clássicos aplicam uma série de critérios, de gerais a específicos. Um exemplo que utiliza critérios morfológicos e fisiológicos é apresentado na Figura 11.17 (ver também Tabela 11.5). Utilizando uma chave dicotômica e testando diversas características individuais de um isolado, a lista de organismos possíveis estreita-se, até permitir uma identificação positiva (Figura 11.17).

A determinação do conteúdo de guanina e citosina no DNA genômico do organismo, geralmente referido como *proporção de GC*, pode ser utilizada na taxonomia bacteriana clássica. A proporção de bases do DNA é expressa por:

$$\frac{G + C}{A + T + G + C} \times 100\%$$

As proporções de GC podem ser determinadas de várias maneiras, incluindo a análise da temperatura de desnaturação (Seção 7.2), por 'Southern blotting' (Seção 10.12) ou por métodos cromatográficos.

As proporções de GC apresentam uma ampla faixa de variação, desde valores tão baixos, como 20%, ou altos, próximos a 80%, em procariotos. Esta é uma faixa relativamente mais ampla que a observada em eucariotos (Fi-

Tabela 11.4 Algumas características fenotípicas de importância taxonômica

Categoria principal	Componentes
I. Morfologia	Forma; tamanho; reação de Gram
II. Motilidade	Motilidade por flagelos; motilidade por deslizamento; motilidade por vesículas de gás; imóveis
III. Nutrição e fisiologia	Mecanismo de conservação de energia (fototrofia, quimiorganotrofia, quimiolitotrofia); relação com o oxigênio; exigência/tolerância à temperatura, pH e sal; capacidade de utilizar várias fontes de carbono, nitrogênio e enxofre
IV. Outros fatores	Pigmentos; inclusões celulares ou camadas superficiais; patogenicidade; sensibilidade a antibióticos

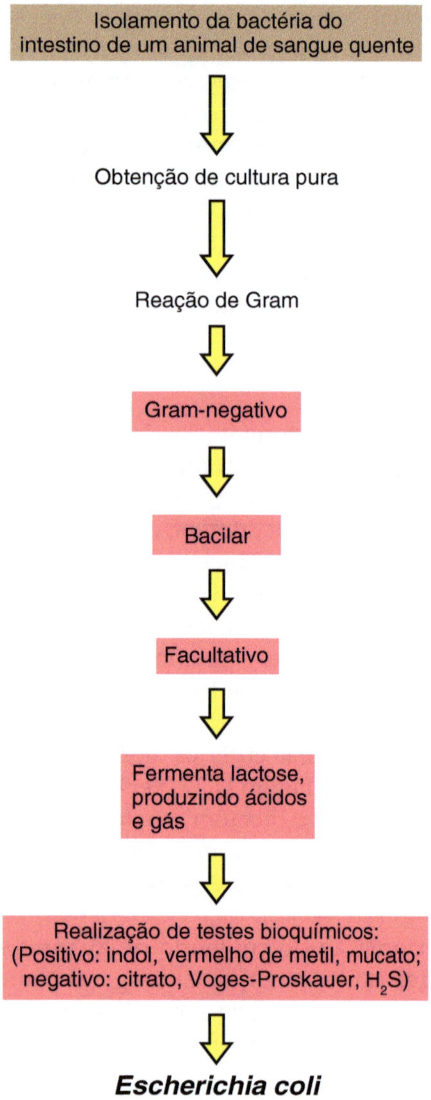

■ **Figura 11.17** Exemplo de métodos que podem ser utilizados na identificação de uma bactéria entérica recém-isolada, empregando métodos microbianos clássicos (o exemplo apresentado ilustra os procedimentos que seriam utilizados na identificação de *Escherichia coli*). Observe que a maioria das análises aqui apresentadas requer culturas puras do organismo para que critérios somente fenotípicos sejam utilizados na identificação. A descrição dos testes bioquímicos pode ser encontrada no Capítulo 24 (Seção 24.2, Tabela 24.3 e Figura 24.7).

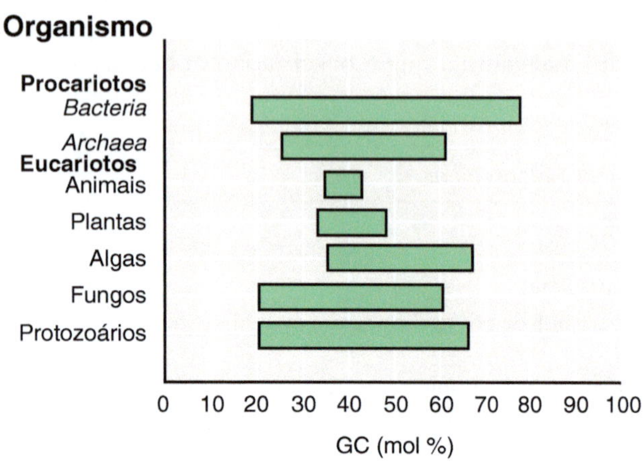

■ **Figura 11.18** Faixa de variação da composição de bases do DNA de vários organismos. Observe que a maior faixa é encontrada em *Bacteria*.

gura 11.18). A composição de bases do DNA de vários organismos já foi determinada. O conhecimento da proporção de GC de um organismo pode ocasionalmente ser útil na sua identificação, embora raramente seja definitiva. Isso porque dois organismos podem apresentar proporções de GC idênticas e não serem relacionados (tanto taxonômica quanto filogeneticamente), uma vez que a *seqüência* de bases pode ser extremamente variável nos diferentes DNAs. Assim, embora as proporções de GC possam ser ocasionalmente úteis nos estudos taxonômicos, geralmente apresentam pouca importância na caracterização taxonômica global de um organismo.

✓ 11.9 Verificação de conceitos

A taxonomia bacteriana convencional enfatiza acentuadamente as análises descritivas das propriedades fenotípicas do organismo. A determinação da proporção de bases guanina e citosina (G + C) do DNA do organismo pode ser parte desse processo.

✓ Que propriedades fenotípicas podem ser utilizadas na distinção de bactérias?

✓ Como é possível dois organismos apresentarem proporções de GC muito similares e, no entanto, compartilharem apenas poucos genes em comum?

11.10 Taxonomia molecular

A taxonomia molecular ou *quimiotaxonomia*, como também é chamada, emprega análises moleculares de uma dentre as várias biomoléculas presentes na célula. Os principais procedimentos dentre os métodos quimiotaxonômicos correspondem à *hibridização DNA:DNA*, à *ribotipagem* e às *análises lipídicas*.

Hibridização DNA:DNA

A proporção de bases GC descreve a porcentagem de cada nucleotídeo presente no DNA genômico de uma determinada espécie, embora não forneça qualquer informação sobre a *seqüência* desses nucleotídeos. Certamente, as seqüências são críticas, pois se dois organismos apresentam muitas seqüências nucleotídicas iguais em seus DNAs estes provavelmente contêm vários genes altamente similares (se não idênticos). Desse modo, seria esperado que dois DNAs *hibridizassem* entre si, proporcionalmente às similaridades de suas seqüências gênicas. A hibridização genômica avalia o grau de similaridade entre seqüências, sendo útil na diferenciação de organismos estreitamente relacionados.

Discutimos a teoria e a metodologia de hibridização de ácidos nucléicos na Seção 10.12. Em um experimento de hibridização, o DNA isolado de um organismo é marcado radioativamente com ^{32}P ou ^{3}H, fragmentado a um tamanho relativamente pequeno, aquecido para desnaturar e misturado a um excesso de DNA não marcado ("frio") de um segundo organismo, preparado da mesma maneira (Figura 11.19). A mistura de DNA é, em seguida, resfriada, para permitir seu reanelamento, sendo o DNA de fita dupla separado de todo o DNA não hibridizado. Após esse procedimento, a quantidade de radioatividade presente no DNA hibridizado é determinada e comparada a um controle, definido como sendo 100% (Figura 11.19). Além da radioatividade, uma variedade de marcadores não radioativos de DNA foi recentemente introduzida, com a vantagem do experimento de hibridização não gerar lixo radioativo.

Não há uma convenção definindo qual a taxa de hibridização, entre dois DNAs, necessária para posicionar dois organismos na mesma classe taxonômica. Entretanto, recomenda-se um valor de hibridização de 70% ou superior para que dois isolados sejam considerados de uma mesma *espécie*, enquanto um valor de no mínimo 20-30% é requerido para posicionar dois organismos no mesmo *gênero* (ver na Seção 11.11 as definições de gênero e espécie bacterianos); a hibridização de DNAs inferior a 10% indica que os organismos não apresentam qualquer relação (Figura 11.19).

A hibridização DNA:DNA corresponde a um método sensível que revela diferenças sutis na composição genética de dois organismos; portanto, é uma técnica útil na diferenciação de organismos estreitamente relacionados. De fato, uma aplicação usual da hibridização genômica em estudos taxonômicos consiste em testar dois organismos suspeitos de pertencerem a espécies diferentes, embora o seqüenciamento do RNA ribossomal SSU (ver Figura 11.22) e as análises fenotípicas não tenham revelado diferenças significativas entre estes.

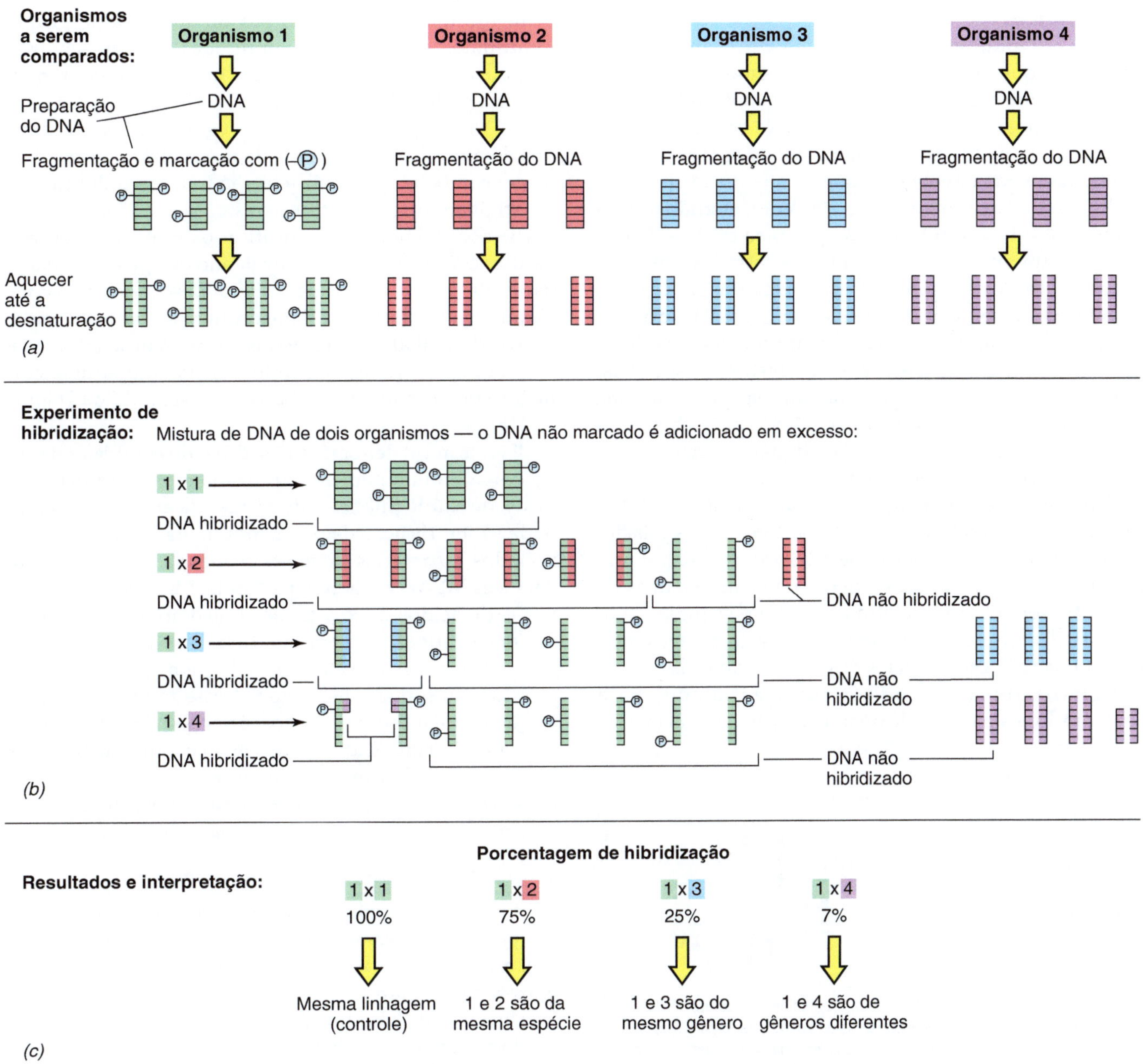

■ **Figura 11.19** A hibridização genômica como ferramenta taxonômica. (a) O DNA é isolado de organismos-teste. Um dos DNAs é marcado (mostrado aqui como fosfato radioativo no DNA do organismo 1). (b) Um experimento real de hibridização. Todas as combinações são testadas, sendo acrescentado em cada experimento um excesso de DNA não marcado, para impedir o reanelamento do DNA marcado. Após a hibridização, o DNA hibridizado é separado do DNA não hibridizado, antes da quantificação da radioatividade no DNA hibridizado. (c) Resultados. A radioatividade presente no controle é considerada 100% de hibridização.

Certamente, os seqüenciamentos genômicos completos poderão tornar desnecessárias as análises de hibridização. Quando o genoma de determinada bactéria é seqüenciado, seu conjunto completo de genes pode ser comparado ao de qualquer outra bactéria (Capítulo 15). Atualmente, havendo apenas cerca de 100 genomas procarióticos totalmente seqüenciados, as comparações em larga escala ainda não são possíveis. Entretanto, quando chegar esse momento, e não será em um futuro distante, os microbiologistas disporão da ferramenta final da taxonomia molecular. Até que esta possa se basear em comparações de seqüências genômicas completas, a hibridização continuará sendo útil para uma rápida estimativa da similaridade gênica e, conseqüentemente, da relação taxonômica.

Ribotipagem

A **ribotipagem** é uma técnica de identificação bacteriana que emprega alguns dos métodos discutidos anteriormente nas caracterizações filogenéticas baseadas em RNA ribossomal (ver Seção 11.5). No entanto, contrariamente aos métodos de *seqüenciamento* comparativo, a ribotipagem não envolve o seqüenciamento, avaliando o padrão único gerado quando o DNA de determinado organismo é submetido à digestão por uma enzima de restrição; os fragmentos são separados e testados com uma sonda de RNA ribossomal (Figura 11.20). Uma vez que diferenças nas seqüências de RNA ribossomal de dois organismos podem resultar na presença ou ausência de sítios de clivagem de uma enzima de restrição específica, o padrão de restrição de determinada espécie bacteriana é único (Figura 11.20); de fato, o método é tão específico que foi denominado "impressão digital molecular" (do inglês *molecular fingerprinting*).

Na prática, a ribotipagem é iniciada quando o DNA total ou o DNA codificando o rRNA 16S e genes relacionados, presentes no operon de RNA ribossomal, é amplificado por PCR, tratado com uma ou mais enzimas de restrição, separado por eletroforese e, em seguida, sondado (Capítulos 7 e 10 para a discussão desses métodos). O padrão gerado pelos fragmentos de DNA no gel é digitalizado, utilizando-se um computador para compará-lo aos padrões de organismos de referência existentes no banco de dados (Figura 11.20). A ribotipagem corresponde a um método de identificação bacteriana tanto *rápido* (não requer o seqüenciamento, o alinhamento das seqüências e as análises requeridas pelos métodos de seqüenciamento de RNA ribossomal) quanto *específico* e, por essas razões, apresenta diversas aplicações no diagnóstico clínico e nas análises microbianas de alimentos, água e bebidas.

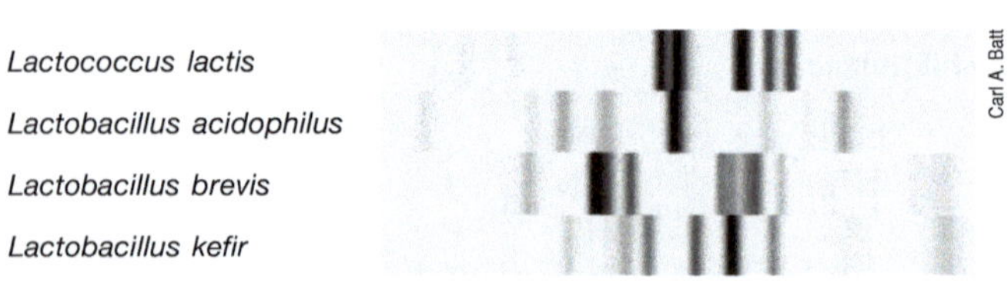

■ **Figura 11.20** Ribotipagem. Resultados da ribotipagem de quatro diferentes bactérias lácticas. O padrão dos fragmentos de DNA, gerado pela digestão por enzimas de restrição do DNA coletado de uma colônia de cada bactéria, em seguida sondado com genes de rRNA 16S, é único para uma espécie ou mesmo linhagens de uma espécie. Os padrões gerados em um gel por organismos conhecidos são digitalizados e arquivados em um banco de dados; em seguida, são comparados e utilizados na identificação de isolados clínicos ou ambientais. As variações na *posição* e na *intensidade* das bandas são importantes para a identificação.

Análises de ácidos graxos: MEAG

Outro método popular de identificação bacteriana é realizado pela caracterização dos tipos e proporções de ácidos graxos, presentes nos lipídeos de membrana e de membrana externa (bactérias gram-negativas, Seção 4.9). Pelo fato de a composição dos ácidos graxos de procariotos ser tão variável, sendo estas diferenças relacionadas ao comprimento da cadeia, à presença ou ausência de grupos insaturados, anéis, cadeias ramificadas ou grupos hidroxi (Figura 11.21*a*), o perfil de ácidos graxos de determinada bactéria pode ser útil do ponto de vista diagnóstico.

Na realização dessas análises, os ácidos graxos extraídos de hidrolisados celulares de uma cultura desenvolvida em condições padronizadas são tratados quimicamente, originando seus metil ésteres correspondentes. Esses derivados voláteis são identificados por cromatografia gasosa. Um cromatograma revelando os tipos e as quantidades de ácidos graxos da bactéria desconhecida é comparado em um banco de dados contendo perfis de ácidos graxos de milhares de bactérias de referência, cultivadas nas mesmas condições, sendo selecionado aquele com maior similaridade ao da bactéria desconhecida (Figura 11.21*b*).

Essa técnica, denominada ***MEAG*** (de *m*etil *é*ster de *á*cido *g*raxo), foi amplamente utilizada em laboratórios clínicos, de saúde pública e de análise de alimentos e água, onde a identificação de patógenos ou de outros riscos associados a bactérias deve ser realizada rotineiramente. Análises MEAG requerem padronização rígida, já que os perfis de ácidos graxos de um único organismo podem variar em função da temperatura, fase de crescimento (exponencial *versus* estacionária) e, em menor grau, de acordo com o meio de cultura. Desse modo, para a obtenção de melhores resultados, é necessário cultivar o organismo desconhecido em um meio e a uma temperatura específicos, a fim de comparar seu perfil de ácidos graxos com os perfis de outros organismos cultivados nas mesmas condições existentes no banco de dados.

✓ 11.10 Verificação de conceitos

A taxonomia molecular inclui análises moleculares de componentes celulares específicos. Estas incluem a hibridização DNA:DNA, a ribotipagem e as análises de ácidos graxos, dentre outras.

- ✓ Uma taxa de hibridização inferior a 10% entre o DNA de dois organismos indica que estes são ______________.
- ✓ Como a ribotipagem se diferencia do seqüenciamento de genes do RNA ribossomal 16S?
- ✓ O que é a análise MEAG?

Classes de ácidos graxos em *Bacteria*

Classe	Exemplo
Saturado	ácido tetradecanóico
Insaturado	ácido hexadecanóico *ômega-7-cis*
Ciclopropano	ácido hexadecanóico *cis 7-8* metileno
Ramificado	ácido 13-metiltetradecanóico
Hidroxi	ácido 3-hidroxitetradecanóico

Estrutura do exemplo

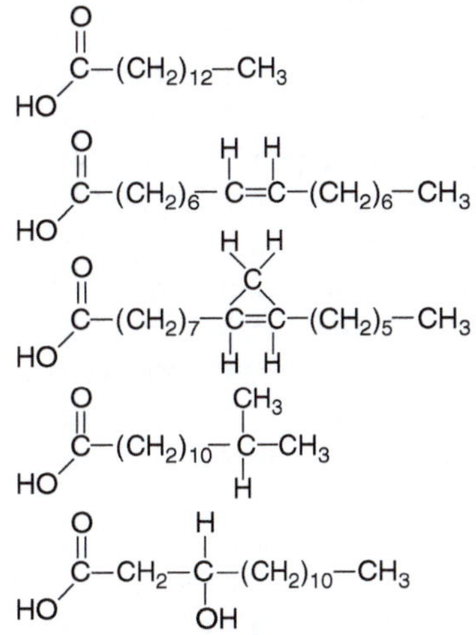

(a)

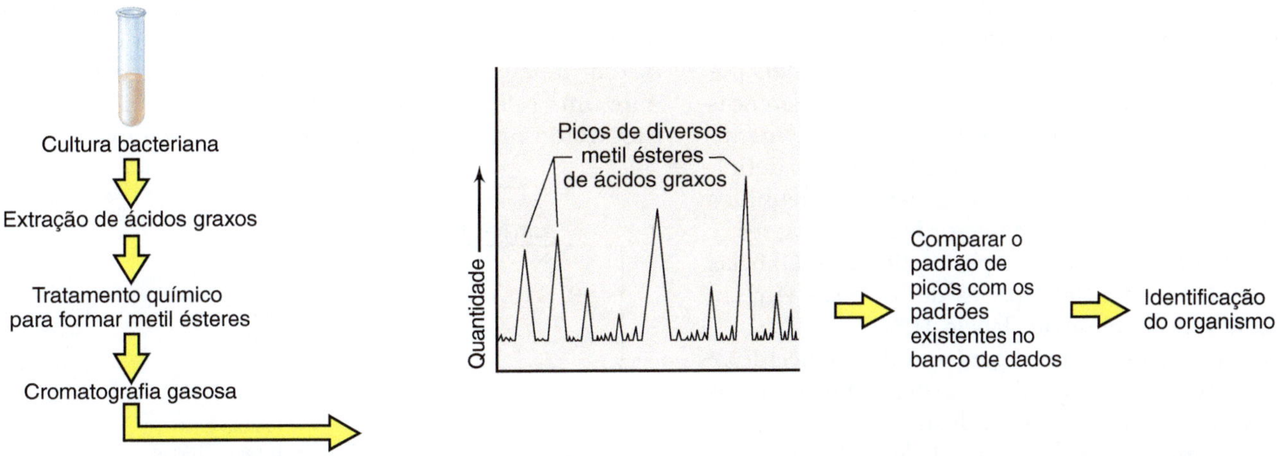

(b)

■ **Figura 11.21** Análise de metil éster de ácido graxo (MEAG) na identificação bacteriana. (a) Classes de ácidos graxos em *Bacteria.* É apresentado apenas um exemplo para cada classe, embora mais de 200 ácidos graxos diversos tenham sido descobertos em diferentes bactérias. Um metil éster contém um grupo metil (CH_3) no lugar do próton do grupo ácido carboxílico (COOH) do ácido graxo. (b) Procedimento. Cada pico da cromatografia gasosa corresponde a um metil éster de um ácido graxo em particular; a altura do pico é proporcional à sua quantidade.

11.11 Conceito de espécie em microbiologia

No mundo das plantas e animais, considera-se espécie uma população de indivíduos capaz de realizar cruzamentos, em condições naturais, gerando uma prole fértil, reprodutivamente isolada de outras populações. No entanto, essa definição não é adequada para procariotos. Estes são haplóides e se reproduzem assexuadamente, de modo que o conceito "a geração de prole fértil" perde o significado. Tradicionalmente, os microbiologistas referem-se às "espécies" de bactérias empregando um nome formal, geralmente conferindo aos novos isolados bacterianos um nome de gênero e espécie. Assim, o que *é* uma espécie bacteriana? Embora o conceito de espécie procariótica esteja evoluindo, os microbiologistas atualmente vêm adotando uma combinação de métodos — a *taxonomia polifásica* — para diferenciar as espécies procarióticas em bases tanto genéticas quanto fenotípicas. Em termos dos critérios genéticos, a taxonomia polifásica inclui, particularmente, o seqüenciamento do RNA ribossomal SSU e a hibridização genômica.

Espécies bacterianas e táxons superiores

Foi proposto que um procarioto cuja seqüência de RNA ribossomal 16S apresente mais de 3% de diferenças, quando comparada à de outros organismos (ou seja, a similaridade da seqüência quando comparada a qualquer outra seqüência do banco de dados é inferior a 97%), deve ser considerado uma nova espécie. Essa proposta é reforçada pela observação de que DNAs de duas bactérias, cujas seqüências de rRNA 16S apresentem menos de 97% de similaridade, tipicamente apresentam taxas de hibridização inferiores a 70% — o valor mínimo para que dois organismos sejam considerados da mesma espécie (ver Seção 11.8 e Figura 11.19). Essa situação é apresentada na Figura 11.22. Tal figura também ilustra como o seqüenciamento de 16S não apresenta o poder de resolução da hibridização do DNA genômico na diferenciação de organismos em nível de espécie. Embora uma seqüência 16S diferindo em mais de 3%, quando comparada a todos os organismos conhecidos, possivelmente corresponda a uma nova espécie (conforme definido pelo critério de taxa de hibridização de DNA inferior a 70%), alguns organismos com seqüências de RNA ribossomal muito similares possuem genomas pouco relacionados (Figura 11.22). Desse modo, novas espécies podem ser omitidas se apenas o seqüenciamento 16S for utilizado como marcador taxonômico; assim, em nível de espécie, uma abordagem polifásica é freqüentemente necessária. No entanto, o seqüenciamento 16S corresponde a uma ferramenta poderosa na classificação de procariotos *acima* da categoria taxonômica de espécie.

Uma nova espécie é geralmente definida pela caracterização de diversas linhagens. O conceito de espécie é importante na microbiologia, pois fornece uma identidade taxonômica formal ao conjunto de linhagens. Grupos de espécies são reunidos em **gêneros.** A classificação de um gênero por critérios moleculares é uma questão mais polêmica que a classificação de espécies, embora diferenças superiores a 5-7% nas seqüências 16S (93-95% de identidade) tenham sido consideradas um critério para a definição de um novo gênero. Grupos de gêneros são reunidos em **famílias**; famílias, em **ordens**; ordens, em **classes**, e assim por diante, até o táxon superior, **domínio** (Tabelas 11.4 e 11.5). Mais de 5.200 espécies de *Bacteria* e *Archaea* são reconhecidas atualmente (Tabela 11.5).

Na identificação de um organismo desconhecido, é essencial que este satisfaça todos os critérios taxonômicos das categorias situadas *acima* da designação de espécie. Assim, no exemplo fornecido na Tabela 11.4, que apresenta a hierarquia taxonômica da bactéria *Allochromatium warmingii*, todas as espécies do gênero *Allochromatium* devem ser *Bacteria* gram-negativas, bacilares, púrpuras sulfurosas. Caso um desses critérios não seja atendido, o organismo não é considerado uma espécie de *Allochromatium*. Em outras palavras, à medida que se desce na hierarquia taxonômica, do nível de domínio ao nível de espécie, os critérios utilizados para distinguir dois organismos tornam-se menos gerais e mais específicos (Tabela 11.4).

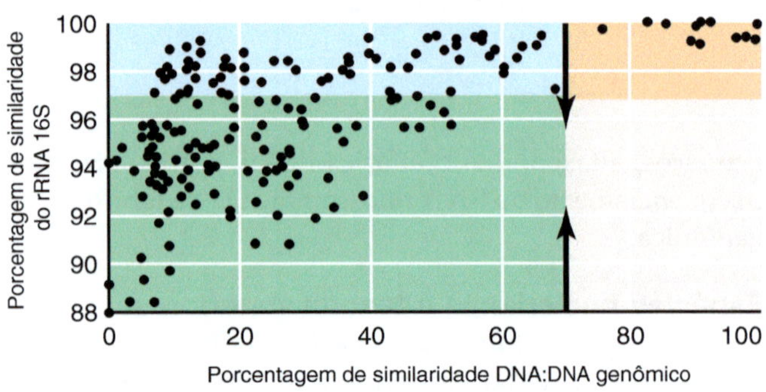

■ **Figura 11.22** Relação entre a similaridade da seqüência do RNA ribossomal 16S e da hibridização do DNA genômico entre diferentes pares de organismos. Esses resultados provêm de diversos experimentos independentes, realizados com várias espécies do domínio *Bacteria*. Os pontos nos retângulos laranja representam combinações em que a similaridade da seqüência de 16S e a hibridização genômica foram bastante elevadas; assim, em cada caso, os dois organismos testados claramente pertenciam à mesma espécie. Contrariamente, os pontos nos retângulos verdes representam combinações indicando que os dois organismos testados eram de espécies diferentes, sendo este fato mostrado pelos dois métodos. Os pontos nos retângulos azuis indicam que os dois organismos testados eram de espécies diferentes, conforme medido pela hibridização do DNA genômico, mas não pelo seqüenciamento 16S. Observe que, em taxas de hibridização de DNA superiores a 70%, não se observa similaridade de 16S na região abaixo de 97%. Dados copiados de Rosseló-Mora, R. e R. Amann. *FEMS Microbiol. Revs.* *25*:39-67, 2001.

Especiação bacteriana

Como surgem as novas espécies bacterianas? Para analisar essa questão, imagine uma população de células originadas a partir do crescimento de uma única célula ocupando um nicho ecológico em particular. Se as células dessa população partilharem um recurso em particular (por exemplo, um nutriente-chave), essa população de células pode ser denominada *ecotipo*. Diferentes ecotipos podem coexistir em um hábitat; cada um é bem-sucedido em seu próprio nicho, naquele hábitat. A ocorrência de uma mutação adaptativa em determinado ecotipo permite uma seleção periódica, na qual o ecotipo antigo é descartado por uma população do novo ecotipo (Figura

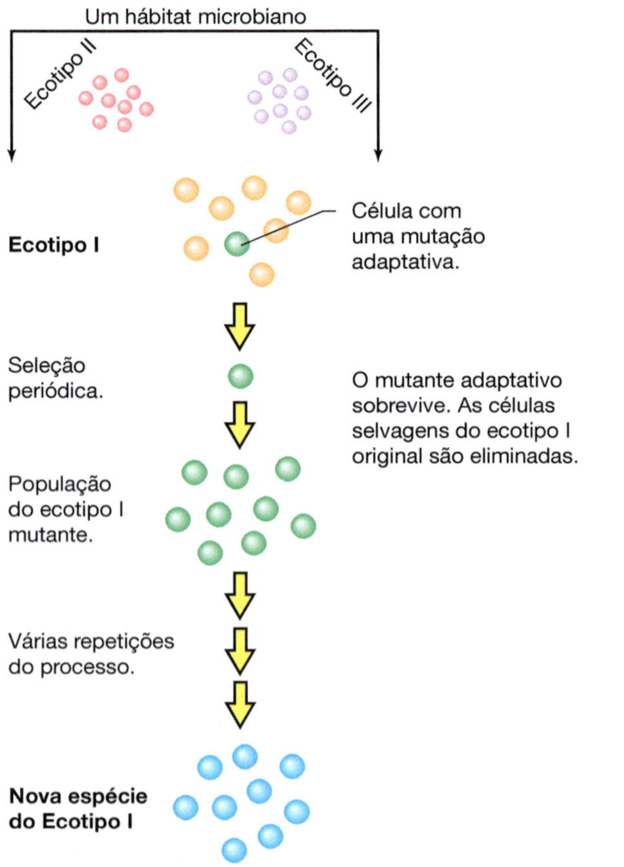

■ **Figura 11.23** Possível mecanismo de especiação bacteriana. Vários ecotipos podem coexistir em um único hábitat microbiano, cada um ocupando seu próprio nicho ecológico. Quando uma mutação benéfica ocorre em um ecotipo, a célula contendo a mutação adaptativa pode eventualmente formar uma população que substituirá o ecotipo original. À medida que esse processo ocorre repetidamente em determinado ecotipo, surge uma população geneticamente distinta, representando uma nova espécie. Visto que outros ecotipos não competem pelos mesmos recursos, não são afetados pelos eventos genéticos e de seleção que ocorrem fora de seu ecotipo.

Tabela 11.5 Hierarquia taxonômica da bactéria púrpura sulfurosa *Allochromatium warmingii*

Divisão taxonômica	Nome	Propriedades	Confirmado por
Domínio	*Bacteria*	Células procarióticas; Seqüências de RNA ribossomal típicas de *Bacteria*	Microscopia; seqüenciamento de RNA ribossomal 16S; presença de biomarcadores exclusivos, como, por exemplo, peptideoglicano
Filo	*Proteobacteria* gama	Seqüência de RNA ribossomal típica de *Proteobacteria*	Seqüenciamento de rRNA 16S
Classe	*Zymobacteria*	Bactérias gram-negativas	Coloração de Gram, microscopia
Ordem	*Chromatiales*	Bactérias púrpuras fototróficas	Pigmentos característicos (Figura 18.3)
Família	*Chromatiaceae*	Bactérias púrpuras sulfurosas	Capacidade de oxidar H_2S e armazenar S^0 no interior das células; observação microscópica da cultura para detecção da presença de S^0 (ver foto)
Gênero	*Allochromatium*	Bactérias púrpuras sulfurosas bacilares	Microscopia (ver foto)
Espécie	*warmingii*	Células de 3,5-4,0 μm × 5-11 μm; armazenam enxofre, principalmente nos pólos celulares (ver foto)	Mensuração das células ao microscópio, utilizando um micrômetro; verificação da localização celular dos glóbulos de S^0 (ver foto)

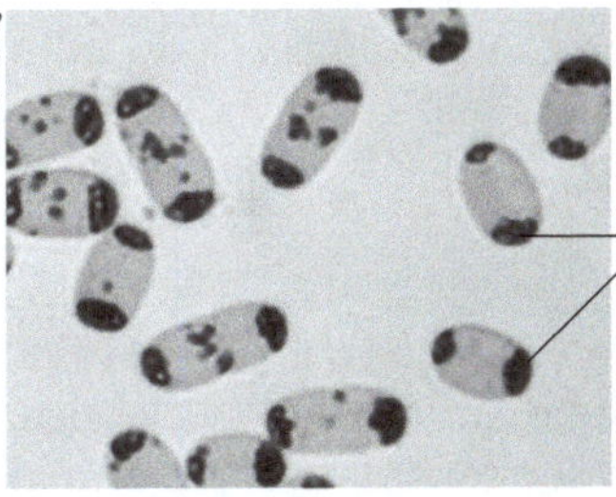

■ Fotografia de células de *Allochromatium warmingii.*

11.23). Desse modo, populações celulares eventualmente se afastam umas das outras, e ciclos repetidos de mutação e seleção podem conduzir a um ecotipo geneticamente distinto do ecotipo original, a ponto de ser reconhecido como uma nova espécie (Figura 11.23). Essa série de eventos em um ecotipo não tem efeito em outros, uma vez que estes não competem pelos mesmos recursos (Figura 11.23).

A especiação bacteriana é também afetada pelo fluxo lateral (horizontal) de genes — a transferência de genes entre espécies por conjugação, transdução e transformação (Capítulo 10). Como sabemos, os procariotos são sexualmente promíscuos, podendo transferir genes a ramos filogenéticos distintos. Desse modo, uma nova capacidade genética pode surgir em um ecotipo em decorrência de genes obtidos de células de outro ecotipo, em vez dessa ser resultante de eventos de mutação e seleção. Entretanto, acredita-se que a especiação seja principalmente decorrente de mutações e seleções periódicas de genes, que da obtenção de novos genes por transferência lateral. Contrariamente ao conjunto principal de genes de um organismo, os genes obtidos por transferência lateral geralmente se encontram em pequeno número, conferindo com freqüência apenas algum benefício temporário ao nicho do organismo, sendo muitas vezes perdidos quando a pressão seletiva é reduzida.

As espécies procarióticas que reconhecemos atualmente são o resultado de cerca de 4 bilhões de anos de evolução bacteriana (ver Figura 11.6). É consenso entre os microbiologistas que não se sabe precisamente quantas espécies procarióticas existem. Já são conhecidas milhares (Tabela 11.6) e suspeita-se da existência de outras milhares, talvez entre 100.000–200.000 (ou até mais, segundo algumas estimativas). Em quaisquer circunstâncias, o universo da diversidade procariótica é, de fato, enorme.

Tabela 11.6 Categorias taxonômicas e número de espécies procarióticas conhecidas[a]

Categoria	*Bacteria*	*Archaea*	Total
Domínios	1	1	2
Filos	23	3[a]	26
Classes	32	8	40
Ordens	77	12	89
Famílias	182	21	203
Gêneros	871	69	941
Espécies	5.007	217	5.224

a Os números representam gêneros e espécies de *Bacteria* e *Archaea* com denominação válida em 2001. 'Korarchaeota' corresponde a um filo provisório.
Referências: Garrity, G. M., Boone, D. R. e R.W. Castenholz (ed.), 2001. *Bergey's Manual of Systematic Bacteriology*, 2. ed., v. 1, Springer, Nova York.

✓ 11.11 Verificação de conceitos

O conceito de espécie aplica-se tanto a procariotos quanto a eucariotos; existe uma hierarquia taxonômica similar, com o domínio correspondendo ao táxon mais elevado. A especiação bacteriana pode ocorrer em decorrência de seleções periódicas repetidas, visando a uma característica favorável em um ecotipo.

✓ Se determinado gênero inclui diversas ____________, uma ____________ inclui diversos gêneros.

✓ O que é um ecotipo?

11.12 Nomenclatura e o *Manual de Bergey*

De acordo com o **sistema binomial** de nomenclatura utilizado em biologia, os procariotos recebem epítetos de gênero e espécie. Os nomes são geralmente derivações, em latim ou grego latinizado, de alguma propriedade descritiva apropriada para a espécie, sendo impressos em *itálico*. Por exemplo, foram descritas mais de 100 espécies do gênero *Bacillus*, incluindo *Bacillus (B.) subtilis*, *B. cereus*, *B. stearothermophilus* e *B. acidocaldarius*. Esses epítetos de espécie significam "esguio", "seroso", "com afinidade pelo calor" e "ácido-térmico", respectivamente, e em cada caso referem-se a traços morfológicos, fisiológicos ou ecológicos chave, característicos de cada organismo.

Coleções de culturas e publicação de novos táxons

Quando um novo organismo é isolado e caracterizado como único, deve ser decidido se este é suficientemente diferente das outras espécies para ser considerado original ou, talvez mesmo, suficientemente diferente de todos os gêneros descritos, justificando sua descrição como um novo gênero (nesse caso, uma espécie é automaticamente criada). Para a obtenção de uma classificação taxonômica formal como novo gênero ou espécie, uma descrição detalhada do isolado, juntamente com o nome proposto, é publicada; uma cultura viável do organismo é depositada em duas coleções de culturas, como a American Type Culture Collection (ATCC, Manassas, Virginia, EUA) ou o Deutsche Sammlung von Mikroorganismen und Zellkulturen (DSMZ, Coleção Alemã de Microrganismos, Braunschweig, Alemanha) (📄 Seção 30.1). A linhagem depositada torna-se a *linhagem-padrão* da nova espécie, servindo como parâmetro de comparação com outras linhagens supostamente iguais a esta.

As coleções de culturas preservam a cultura depositada geralmente pelo congelamento em temperaturas bastante baixas (–80° a –196°C) ou por liofilização. Essa prática difere da abordagem botânica ou zoológica. Tais disciplinas empregam espécimes (mortos) preservados (tanto na forma de herbários secos ou espécimes animais fixados quimicamente) como base de comparação com as novas espécies propostas. Os microbiologistas contam com uma *linhagem-padrão viva*, que pode ser distribuída na comunidade científica, cultivada e estudada. Essa abordagem permite comparações mais detalhadas e reprodutíveis, especialmente em nível molecular.

Quando a descrição de um novo organismo é publicada em um periódico diferente do *International Journal of Systematic and Evolutionary Microbiology (IJSEM)* (Revista Internacional de Microbiologia Sistemática e Evolutiva) — publicação oficial para registro da taxonomia e classificação de procariotos e leveduras —, uma cópia do artigo publicado deve ser submetida a esse periódico para a validação do nome, antes que este seja formalmente aceito como um novo táxon microbiológico. Em cada fascículo, o *IJSEM* publica uma relação de nomes aprovados, formalizando os nomes recentemente propostos; este é o primeiro requisito para sua inclusão no *Bergey's Manual of Systematic Bacteriology* (Manual de Bergey de Bacteriologia Sistemática) (Figura 11.24), o principal tratado taxonômico de procariotos.

Manual de Bergey e *Os Procariotos*

Embora nenhuma publicação seja reconhecida como *oficial* no campo da taxonomia microbiana, o *Bergey's Manual of Systematic Bacteriology* corresponde à referência de escolha. Amplamente utilizado, o *Manual de Bergey* (Figura 11.24) é um compêndio contendo informações gerais e moleculares sobre todas as espécies de procariotos reconhecidas até o momento de sua publicação, possuindo inúmeras tabelas, figuras e outras informações sistemáticas úteis para a identificação. A segunda edição do *Manual de Bergey*, a ser publicada em cinco volumes a partir de 2001, incorporou diversos conceitos que emergiram dos estudos de seqüenciamento do RNA ribossomal, associados a uma riqueza de informações de taxonomia clássica. Uma segunda importante referência coresponde a um tratado, de vários volumes, denominado *The Prokaryotes* (Os Procariotos). Esse tratado, que possui mais de 4.100 páginas em sua segunda edição (1992), atualmente encontra-se disponível em uma edição *online* (http://www.prokaryotes.com) a qual é revisada periodicamente, refletindo a velocidade com que surgem novas informações na taxonomia e filogenia procariótica. Em conjunto, o *Manual de Bergey* e *Os Procariotos* ofere-

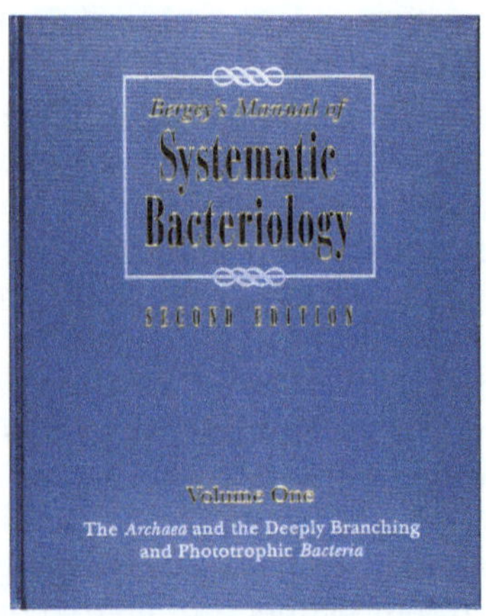

■ **Figura 11.24** *Manual de Bergey de Bacteriologia Sistemática*, segunda edição. Em cinco volumes, essa publicação descreve as principais propriedades de todos os procariotos conhecidos, tanto de *Bacteria* quanto de *Archaea*.

cem aos microbiologistas os fundamentos e os detalhes da taxonomia e da filogenia microbianas como conhecemos atualmente, sendo as primeiras referências pesquisadas por taxonomistas na caracterização de novos isolados procarióticos.

✓ 11.12 Verificação de conceitos

Os procariotos recebem nomes descritivos de gênero e epítetos de espécie. O reconhecimento formal de uma nova espécie procariótica requer o depósito de uma amostra do organismo em um centro de coleção de cultura, além da publicação oficial do nome e descrição da nova espécie. *Bergey's Manual of Systematic Bacteriology* é a principal compilação taxonômica de *Bacteria* e *Archaea*.

✓ O que se entende por *IJSEM* e qual a função taxonômica que desempenha?

✓ Por que células vivas são de maior utilidade na taxonomia que os espécimes preservados?

Questões de revisão

1. Qual a idade do planeta Terra? Qual a idade dos microfósseis mais antigos conhecidos?
2. Quais as principais características que os organismos primitivos deveriam apresentar a fim de se replicarem e por quê?
3. Discuta que papel os compostos de ferro e enxofre e o H_2 podem ter desempenhado nos processos de vida antigos.
4. Por que a evolução das cianobactérias foi tão importante para a posterior evolução da vida na Terra?
5. Que propriedades do RNA poderiam tornar possível uma era de vida de RNA? Se formas de vida de RNA existiram, que remanescentes destas podem existir atualmente?
6. Quais seriam as vantagens da substituição da vida de RNA pela vida celular baseada em DNA, RNA e proteínas?
7. Por que os RNAs ribossomais são moléculas melhores para os estudos filogenéticos que proteínas como ferredoxina, citocromos ou enzimas específicas?
8. O que são seqüências assinatura e qual sua importância filogenética? Como as seqüências assinatura são diferenciadas?
9. O que é a tecnologia de HFIS? Dê um exemplo de sua utilização.
10. Descreva os métodos envolvidos na obtenção de seqüências de rRNA 16S. Qual o papel desempenhado pela reação de polimerização em cadeia (PCR) na filogenia molecular?
11. O que é *amostragem de comunidade microbiana* e que informação esse método fornece sobre o grau de diversidade microbiana em determinado hábitat?
12. Que importante achado evolutivo surgiu a partir dos estudos de seqüências de RNA ribossomal? De que forma este modificou a visão clássica da evolução? De que modo essa descoberta apoiou crenças prévias sobre a origem de organismos eucarióticos?
13. Quais as principais propriedades fisiológicas e bioquímicas que as *Archaea* compartilham com *Eukarya*? E com *Bacteria*?
14. Quais são as principais propriedades fenotípicas utilizadas pela taxonomia bacteriana clássica para agrupar os organismos? Quais dessas propriedades podem apresentar valor filogenético preditivo?
15. Por que as proporções de bases GC não são úteis nas determinações filogenéticas? Em que situações as proporções de bases GC têm utilidade em estudos taxonômicos?
16. De que modo a ribotipagem diferencia-se do seqüenciamento 16S como ferramenta de identificação?
17. O que é medido pela análise MEAG?
18. Examine o seguinte nome bacteriano: *Pseudomonas aeruginosa*. Qual parte corresponde ao epíteto de *espécie*? A que se refere o outro nome? Em relação à hierarquia taxonômica, qual dos dois nomes pode apresentar outros nomes listados *abaixo?*
19. Como se supõe que ocorra o surgimento de uma nova espécie bacteriana?

Questões de aplicação

1. Compare e diferencie as condições existentes na Terra, quando a vida surgiu, com as condições existentes atualmente. Do ponto de vista fisiológico, discuta pelo menos duas razões pelas quais os *animais* não poderiam existir na Terra em época remota.
2. Por que é altamente improvável que a vida poderia ser originada atualmente como ocorreu há bilhões de anos?
3. Imagine-se debatendo com alguém que argumenta contra a teoria da endossimbiose. Cite cinco evidências que você utilizaria para convencer seu oponente de que a endossimbiose ocorreu. (Você pode rever a Seção 14.4 antes de responder.)
4. Com base nas seguintes seqüências, calcule a distância evolutiva entre estes três organismos e prediga quais os dois mais estreitamente relacionados.
   Organismo 1: AGGUACGUUA
   Organismo 2: UGCCACGGUU
   Organismo 3: AGGUACGGUA
   Desenhe uma árvore filogenética apresentando as relações evolutivas aproximadas desses três organismos.
5. Imagine que você está realizando análises lipídicas de dois procariotos, de acordo com os dados apresentados na Figura 11.21. Os resultados obtidos com a cultura A revelam uma abundância de ácidos graxos insaturados de cadeia curta. Análises das células da cultura B revelam a presença de lipídeos fitanil com ligações éter. Com

base nessas informações, a qual domínio filogenético os organismos A e B pertencem? Se você fosse ainda informado de que os dois organismos são extremófilos (Seção 2.4), sendo um proveniente de uma fonte termal fervente, e o outro, de um oceano polar marinho, qual corresponderia à cultura A e qual à B? Finalmente, com base em suas análises lipídicas e conhecendo a localização celular da maioria dos lipídeos (Seção 3.4 e Figura 3.3), descreva como as substâncias detectadas poderiam auxiliar na sobrevivência de cada organismo em seu ambiente extremo. (Você pode rever as Seções 6.8-6.10 antes de responder.)

6. Determine a proporção de GC do seguinte fragmento de DNA:
   TAAGCCTGCAAGCTTAGCTA
   ATTCGGACGTTCGAATCGAT
7. Qual publicação de referência você consultaria, em sua biblioteca, para verificar informações sobre a taxonomia e filogenia de procariotos? Se sua biblioteca possuir as duas publicações, compare seus índices. Qual dá maior ênfase à classificação e nomenclatura? E ao enriquecimento, isolamento e cultura?

A árvore filogenética de *Bacteria* contém cerca de 20 filos com representantes cultivados e outros 20 a 30 filos já descritos, sem qualquer organismo cultivado até o momento. As espécies de *Bacteria* exibem enorme diversidade em termos de morfologia, fisiologia e história evolutivas. A bactéria sulfurosa gigante *Achromatium*, aqui ilustrada, corresponde a um gênero quimiolitotrófico, ou seja, procariotos que utilizam compostos *inorgânicos* como doadores de elétrons, no metabolismo energético. Vários outros tipos fisiológicos de quimiolitotróficos, assim como inumeráveis quimiorganotróficos e um grande grupo de fototróficos (as bactérias púrpuras), encontram-se distribuídos nos subgrupos de *Proteobacteria* — o principal filo de *Bacteria*.

12 DIVERSIDADE PROCARIÓTICA:

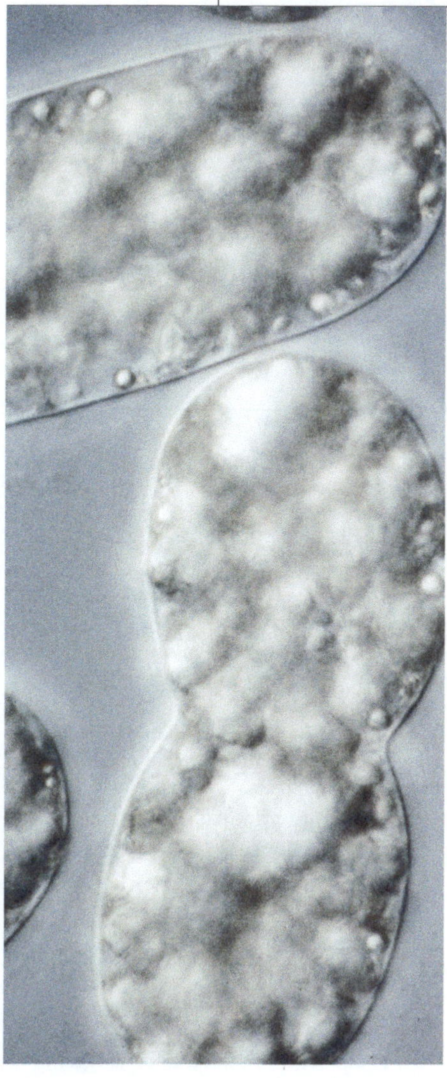

Glossário de trabalho

Acidorresistência propriedade de espécies de *Mycobacterium* onde células coradas com fucsina básica resistem ao descoramento por álcool ácido

Bactérias entéricas grande grupo de *Bacteria* bacilares gram-negativas, caracterizadas por apresentarem metabolismo anaeróbio facultativo

Bactérias nitrificantes quimiolitotróficos capazes de realizar a transformação $NH_3 \rightarrow NO_2^-$ ou $NO_2^- \rightarrow NO_3^-$

Bactérias púrpuras não sulfurosas grupo de procariotos fototróficos contendo bacterioclorofilas *a* ou *b* que apresentam melhor crescimento como foto-hetrotróficos, exibindo tolerância relativamente baixa ao H_2S

Bactérias púrpuras sulfurosas grupo de procariotos fototróficos contendo bacterioclorofilas *a* ou *b* caracterizadas pela capacidade de oxidar H_2S e armazenar enxofre elementar no interior das células (no caso do gênero *Ectothiorhodospira*, fora da célula)

Bactérias redutoras de sulfato grande grupo de *Bacteria* anaeróbias que utilizam SO_4^{2-} como aceptor de elétrons na respiração anaeróbia, produzindo H_2S

Bactérias verdes organismos fototróficos anoxigênicos contendo clorossomos e bacterioclorofila *c*, c_s, *d* ou *e* como clorofilas que absorvem luz

Carboxissomos inclusões celulares poliédricas contendo ribulose bifosfato carboxilase (RubisCo) cristalina — uma enzima-chave do ciclo de Calvin

Cianobactérias organismos procarióticos fototróficos oxigênicos que contêm clorofila *a* e ficobilinas, não apresentando clorofila *b*

Clorossomos estruturas cilíndricas, limitadas por uma não unidade de membrana, contendo as bacterioclorofilas (*c*, *d* ou *e*) captadoras de luz, em bactérias verdes e *Chloroflexus*

Consórcio associação de dois ou mais procariotos geralmente vivendo em simbiose íntima

Espiroqueta procarioto gram-negativo delgado, altamente espiralado, caracterizado por apresentar endoflagelos, utilizados na motilidade

Heliobactérias organismos fototróficos anoxigênicos, contendo bacterioclorofila *g*

Heterocisto célula diferenciada de cianobactérias capaz de realizar a fixação de nitrogênio, mas não a fotossíntese oxigênica

Heterofermentativo termo referente às bactérias lácticas capazes de originar mais de um produto de fermentação

Hipertermófilo organismo cuja temperatura ótima de crescimento é superior a 80°C

Homofermentativo termo referente às bactérias lácticas; capaz de produzir somente ácido láctico como produto de fermentação

Metanotrófico organismo capaz de oxidar metano (CH_4) como doador de elétrons no metabolismo energético

Metilotrófico organismo capaz de oxidar compostos orgânicos que não contêm ligações carbono-carbono; se for capaz de oxidar CH_4, é também metanotrófico

Proclorófita procarioto fototrófico oxigênico contendo clorofilas *a* e *b*, sendo desprovido de ficobilinas

Prosteca extrusão citoplasmática envolta pela parede celular, freqüentemente formando um apêndice distinto

Proteobacteria principal linhagem de *Bacteria* que contém grande número de bacilos e cocos gram-negativos

Pseudomonadas membro pertencente ao gênero *Pseudomonas* — um grande grupo de *Bacteria* gram-negativas, de metabolismo obrigatoriamente respiratório (nunca fermentativo)

Quimiolitotróficos organismos capazes de oxidar compostos inorgânicos (tais como H_2, Fe^{2+}, S^0 ou NH_4^+) como fontes de energia (doadores de elétrons)

Reação de Stickland fermentação de um par de aminoácidos em que um atua como doador de elétrons, e outro, como aceptor de elétrons

I A FILOGENIA DAS BACTÉRIAS

No capítulo anterior, enfatizamos as relações evolutivas entre os microrganismos. Neste e nos próximos dois capítulos, expandiremos esses conceitos, discutindo as propriedades dos principais grupos microbianos. Não poderemos, obviamente, abordar todas as milhares de diferentes espécies de microrganismos conhecidas. Assim, tendo a árvore filogenética como base para nossa discussão, examinaremos particularmente as espécies cultivadas e bastante conhecidas, além daquelas em que um grande número de informações fenotípicas encontra-se disponível. Para informações mais detalhadas sobre a diversidade procariótica, o estudante deverá consultar os livros *Bergey's Manual of Systematic Bacteriology* e *The Prokaryotes* (Seção 11.10). Neste capítulo, enfocamos as espécies de *Bacteria*, e nos dois capítulos seguintes, *Archaea* e *Eukarya* microbianos, respectivamente.

12.1 Visão geral da filogenia de *Bacteria*

Pelo menos 17 linhagens principais (filos) de *Bacteria* são conhecidas a partir de estudos de culturas laboratoriais; muitas outras são identificadas pela recuperação e seqüenciamento de genes de RNA ribossomal de *Bacteria* coletadas a partir de hábitats naturais. A Figura 12.1 fornece uma visão geral da filogenia de *Bacteria*. O filo mais antigo (com menor derivação) em termos filogenéticos contém o gênero *Aquifex* e outros organismos relacionados, sendo todos hipertermófilos, quimiolitotróficos, oxidantes de H_2. Outros filos próximos, tais como *Thermodesulfobacterium*, *Thermotoga* e bactérias verdes não sulfurosas (o grupo *Chloroflexus*), também contêm espécies termofílicas.

Na seqüência, após as bactérias verdes não sulfurosas, temos os deinococos e organismos relacionados; os espiroquetas exibindo morfologia singular; as bactérias verdes sulfurosas fototróficas; os grupos quimiorganotróficos *Flavobacteria* e *Cytophaga*; o grupo *Planctomyces-Pirella*, que exibe brotamento; os grupos *Verrucomicrobium*, *Chlamydia* e os gêneros *Nitrospira* e *Defferibacter* (Figura 12.1). Cada um desses grupos será discutido em detalhes neste capítulo.

Os demais filos de *Bacteria* cultivadas correspondem ao tema central deste capítulo. Nesses filos estão incluídas as bactérias gram-positivas, as cianobactérias e as proteobactérias. Cada um desses grandes grupos apresenta vários gêneros, correspondendo a membros do domínio *Bacteria* sobre os quais muitas informações fenotípicas encontram-se disponíveis. As bactérias gram-positivas podem ser divididas em dois subgrupos, denominados de *baixo conteúdo* de GC e de *alto conteúdo* de GC. Tais termos referem-se ao fato de essas espécies tenderem a apresentar proporções de bases GC no DNA (ver Seção 11.9) muito abaixo ou muito acima de 50%, respectivamente. As bactérias gram-positivas correspondem a um grande grupo de *Bacteria*, contendo organismos predominantemente quimiorganotróficos, discutidos em detalhes nas Seções 12.19-12.24. As cianobactérias são procariotos fototróficos oxigênicos, com raízes evolutivas próximas às de *Bacteria* gram-positivas; esses organismos serão abordados nas Seções 12.25 e 12.26.

O último filo na árvore de *Bacteria* corresponde às *Proteobacteria* (Figura 12.1). Este corresponde ao maior grupo de *Bacteria*, exibindo também maior diversidade filogenética (ver Seções 12.2-12.18). *Proteobacteria* contêm cinco grupos, sendo cada um composto por vários gêne-

■ **Figura 12.1** Árvore filogenética das principais linhagens (filos) de *Bacteria*, construída pelas comparações das seqüências de RNA ribossomal 16S.

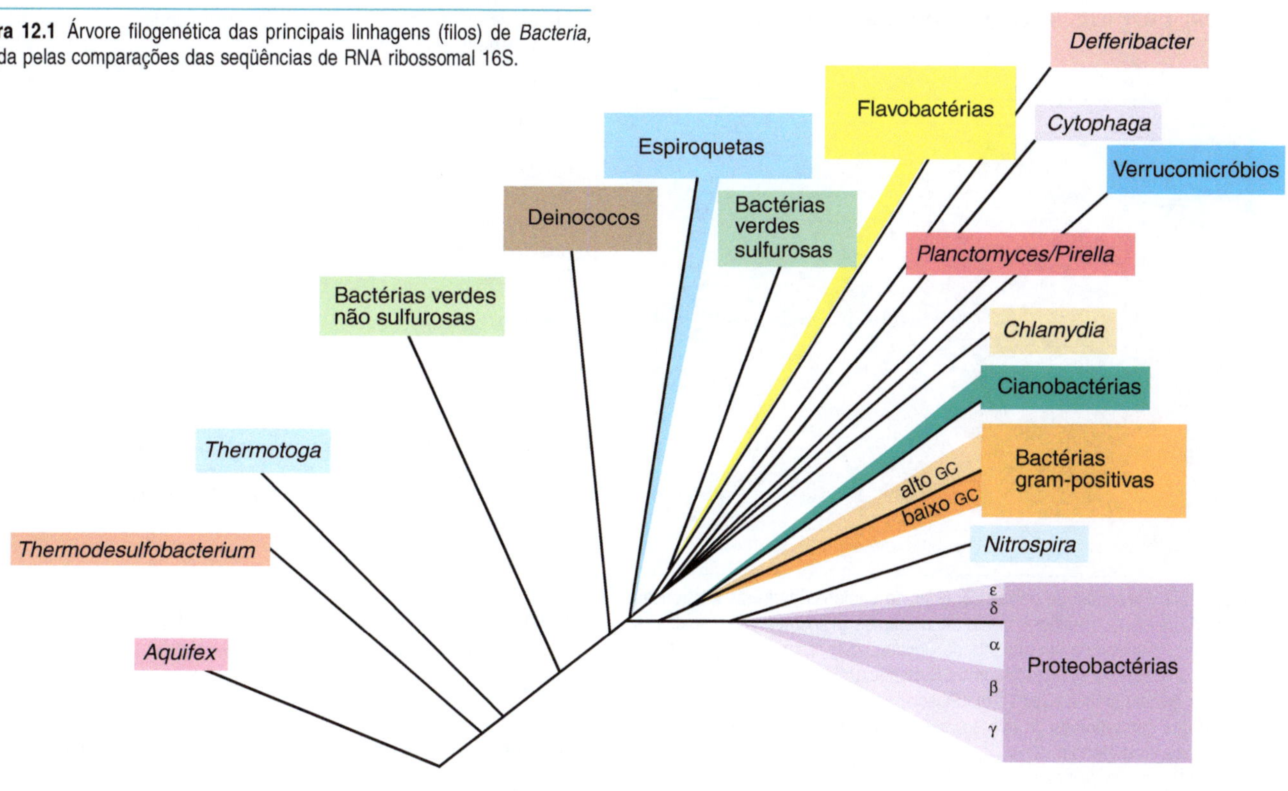

ros, denominados pelas letras gregas *alfa*, *beta*, *gama*, *delta* e *epsilon* (ver Tabela 12.1). Do ponto de vista fisiológico, as proteobactérias podem ser fototróficas, quimiolitotróficas ou quimiorganotróficas. De fato, veremos no Capítulo 18 a grande diversidade de mecanismos geradores de energia, característicos desse grupo.

Após essa introdução à filogenia do domínio *Bacteria*, passaremos a descrever cada um dos filos. Iniciaremos com o maior grupo conhecido de *Bacteria*: as proteobactérias.

II FILO 1: *PROTEOBACTERIA*

A Tabela 12.1 relaciona alguns dos principais gêneros do filo *Proteobacteria*. Como grupo, esses organismos são todos gram-negativos, apresentam grande diversidade metabólica e correspondem à maioria das bactérias gram-negativas conhecidas, tendo importância médica, industrial e agrícola. Iniciamos nossa discussão com as proteobactérias *fototróficas* — as bactérias púrpuras.

12.2 *Bacteria* púrpuras fototróficas

Principais gêneros

Chromatium
Ectothiorhodospira
Rhodobacter
Rhodospirillum

As bactérias púrpuras fototróficas realizam fotossíntese *anoxigênica* onde, diferentemente das cianobactérias (ver Seção 12.25), não há o envolvimento de O_2. As bactérias púrpuras contêm pigmentos de clorofila denominados *bacterioclorofilas* e apresentam um dentre uma variedade de pigmentos *carotenóides*. Em conjunto, esses pigmentos conferem às bactérias púrpuras sua espetacular coloração, em geral púrpura, vermelha ou marrom (Figura 12.2).

Norbert Pfennig

■ **Figura 12.2** Fotografia de culturas líquidas de bactérias púrpuras fototróficas ilustrando as cores das espécies contendo diferentes pigmentos carotenóides. A cultura azul corresponde a um mutante de *Rhodospirillum rubrum*, desprovido de pigmentos carotenóides, revelando como a bacterioclorofila *a* é, na realidade, azul. A cultura na garrafa mais à direita (*Rhodobacter sphaeroides* da linhagem G) não possui um dos carotenóides do tipo selvagem e, conseqüentemente, apresenta coloração mais esverdeada.

Tabela 12.1 Principais gêneros do filo *Proteobacteria*[a]

Subdivisão	Gênero
Alfa	
Acetobacter	*Nitrobacter*
Agrobacterium	*Paracoccus*
Alcaligenes	*Rhodospirillum*
Azospirillum	*Rhodopseudomonas*
Beijerinckia	*Rhodobacter*
Bradyrhizobium	*Rhodomicrobium*
Brucella	*Rhodovulum*
Caulobacter	*Rhodopila*
Ehrlichia	*Rhizobium*
Gluconobacter	*Rickettsia*
Hyphomicrobium	*Sphingomonas*
Methylocystis	*Zymomonas*
Beta	
Aquaspirillum	*Oxalobacter*
Bordetella	*Ralstonia*
Burkholderia	*Rhodocyclus*
Chromobacterium	*Rhodoferax*
Gallionella	*Sphaerotilus*
Leptothrix	*Spirillum*
Methylophilis	*Thiobacillus*
Neisseria	*Zoogloea*
Nitrosomonas	
Gama	
Acetobacter	*Photobacterium*
Acinetobacter	*Pseudomonas*
Azotobacter	*Methylococcus*
Chromatium	*Methylobacter*
Escherichia	*Nitrosococcus*
Ectothiorhodospira	*Thiobacillus*
Erwinia	*Thiomicrospira*
Francisella	*Thiospirillum* e outras bactérias púrpuras sulfurosas
Halomonas	*Salmonella* e outras bactérias entéricas
Halorhodospira	*Vibrio*
Legionella	*Xanthomonas*
Leucothrix	
Methylomonas	
Oceanospirillum	
Delta	
Acinetobacter	*Geobacter*
Aeromonas	*Halomonas*
Bdellovibrio	*Moraxella*
Desulfuromonas	*Myxococcus* e outras mixobactérias
Desulfovibrio e outras bactérias redutoras de sulfato	*Pelobacter*
Francisella	*Syntrophobacter*
Epsilon	
Campylobacter	*Thiovulum*
Helicobacter	*Wolinella*
Thiomicrospira	

a Essa tabela não pretende ser inclusiva, pois lista apenas os gêneros bem caracterizados de *Proteobacteria*. Uma relação completa do filo *Proteobacteria* e dos gêneros de outras linhagens de *Bacteria* é apresentada no Apêndice 2.

Examinaremos a estrutura desses pigmentos e como estes atuam na geração de energia mediada pela luz (por meio de um processo denominado *fotofosforilação*), no Capítulo 18. As bactérias púrpuras correspondem a um grupo morfologicamente diverso, sendo a taxonomia desses organismos estabelecida a partir de suas características filogenéticas, morfológicas e fisiológicas.

As bactérias púrpuras sintetizam sistemas membranosos fotossintéticos intracitoplasmáticos, nos quais seus pigmentos são inseridos. Essas membranas podem apresentar morfologia diversa (Figura 12.3), embora, em todos os casos, sejam originadas de invaginações da membrana citoplasmática. Essas membranas internas permitem às bactérias púrpuras aumentarem seu conteúdo de pigmentos específicos, propiciando uma melhor utilização da luz disponível. Quando essas células crescem em altas intensidades luminosas, há uma pequena quantidade de membranas internas com um baixo conteúdo de pigmentos. Em contrapartida, quando são submetidas a baixas intensidades luminosas, o interior das células torna-se preenchido pelas membranas e fotopigmentos.

Bacteria púrpuras sulfurosas

As bactérias púrpuras que utilizam sulfeto de hidrogênio (H_2S) como doador de elétrons, na redução de CO_2, na fotossíntese, são conhecidas como bactérias *púrpuras sulfurosas* (Tabela 12.2). O sulfeto de hidrogênio é oxidado a enxofre elementar (S^0), sendo este armazenado em glóbulos no interior das células (Figura 12.4); posteriormente, o enxofre desaparece à medida que é oxidado a sulfato. Muitas bactérias púrpuras sulfurosas também podem utilizar outros compostos de enxofre reduzido como doadores de elétrons; o tiossulfato ($S_2O_3^{2-}$) é o principal compos-

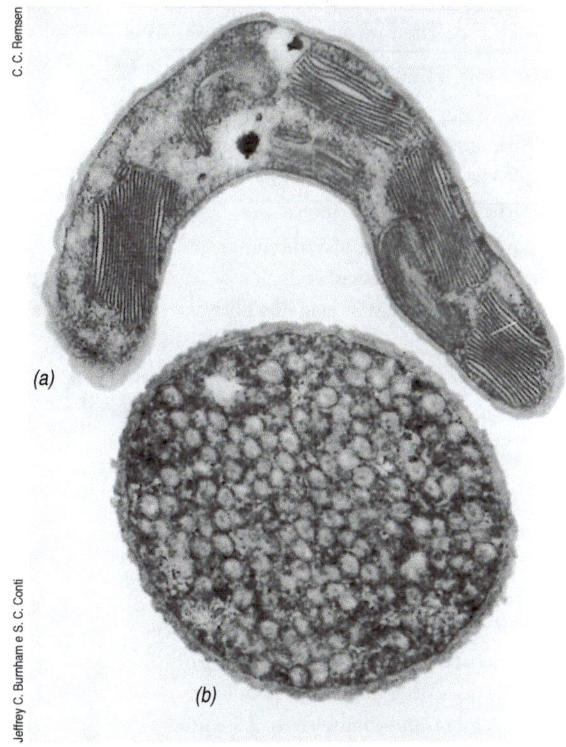

■ **Figura 12.3** Sistemas membranosos de bactérias púrpuras fototróficas reveladas ao microscópio eletrônico. (a) A bactéria púrpura fototrófica *Ectothiorhodospira mobilis* apresenta as membranas fotossintéticas em camadas achatadas (lamelas). (b) *Allochromatium vinosum*, outra bactéria púrpura fototrófica, apresenta membranas na forma de vesículas esféricas individuais.

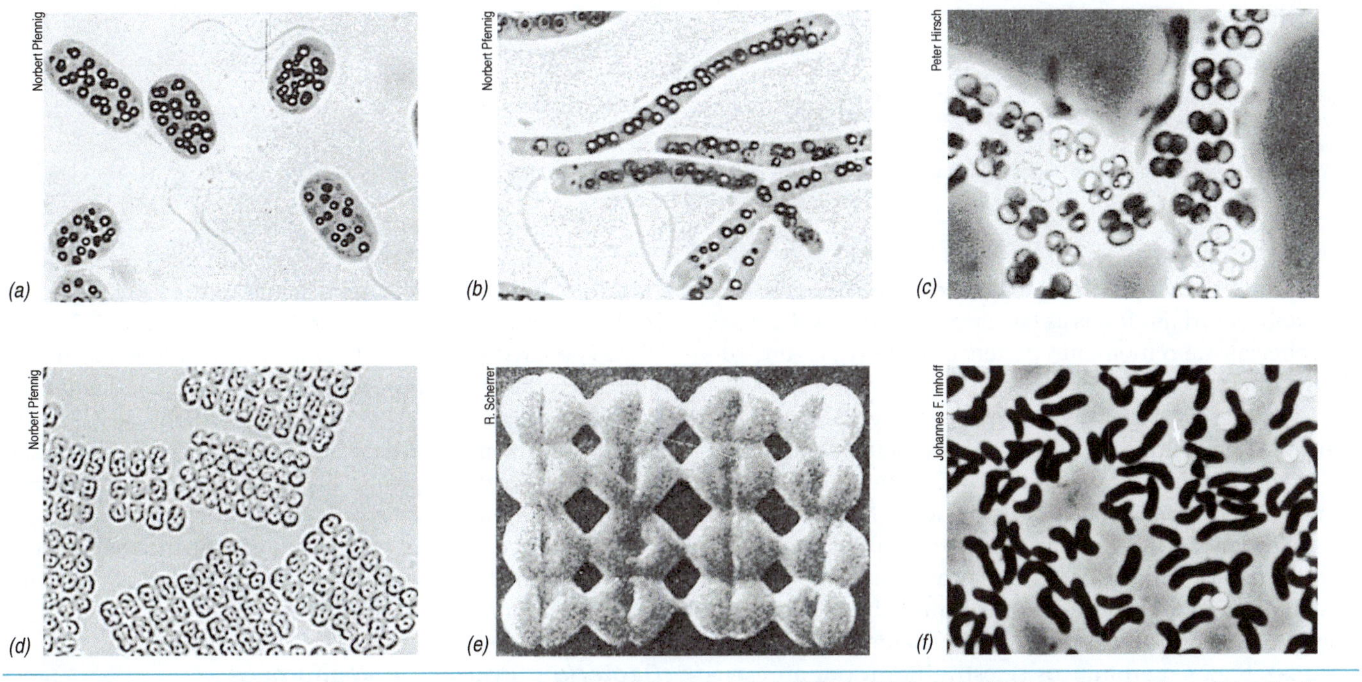

■ **Figura 12.4** Fotomicrografias de campo claro de bactérias púrpuras sulfurosas (consultar também a Tabela 12.2). (a) *Chromatium okenii*; as células têm largura aproximada de 5 μm. Observe os glóbulos de enxofre elementar no interior das células. (b) *Thiospirillum jenense*, uma grande célula espiralada que apresenta flagelação polar; as células têm comprimento aproximado de 30 μm. Observe os glóbulos de enxofre. (c) *Thiocapsa*; as células têm largura aproximada de 2 μm. (d) *Thiopedia rosea*; as células têm largura aproximada de 1,5 μm. (e) Micrografia eletrônica de varredura de uma camada composta por 16 células de *Thiopedia rosea*, revelando os principais planos de divisão. (f) Micrografia de fase apresentando células de *Ectothiorhodospira mobilis*. As células têm largura aproximada de 0,8 μm. Observe os glóbulos externos de enxofre (seta). Compare a foto de *Chromatium okenii* com os desenhos de bactérias púrpuras sulfurosas feitos pelo grande microbiologista russo Sergei Winogradsky há mais de 115 anos (Seção 1.6 e Figura 1.15). Embora Winogradsky não tenha obtido culturas puras desses organismos, ele estudou sua história natural e a transformação de compostos sulfurados.

Tabela 12.2 Gêneros e características de bactérias púrpuras sulfurosas[a]

Características	Gênero	Número de espécies	DNA (mol % GC)
Enxofre depositado externamente			
Espirilos, flagelos polares	*Ectothiorhodospira*	9	62-67
Espirilos, alcalifílicos extremos	*Thiorhodospira*	1	57
Espirilos, halófilos extremos	*Halorhodospira*	3	50-69
Enxofre depositado internamente			
Desprovidos de vesículas de gás			
Ovais ou bacilares, flagelos polares	*Chromatium*	23	48-70
	Allochromatium		
	Halochromatium		
	Rhabdochromatium		
	Thermochromatium		
	Isochromatium		
	Marichromatium		
Esféricos, alcalifílicos	*Thioalkalicoccus*	1	64
Esféricos, contendo bacterioclorofila *b*	*Thioflavicoccus*	1	66
Esféricos	*Thiorhodococcus*	1	67
Esféricos, diplococos, tétrades, imóveis; células com diâmetro de 1,2-3 μm	*Thiocapsa*	5	63-70
Esféricos ou ovais, flagelos polares; células com diâmetro de 2,5-3 μm	*Thiocystis*	4	61-68
Esféricos, com diâmetro de 1,5-2,5 μm	*Thiohalocapsa*	1	66
Esféricos, com diâmetro de 1-2 μm	*Thiorhodococcus*	1	67
Esféricos, com diâmetro de 1,2-1,5 μm	*Thiococcus*	1	69
Grandes espirilos, flagelos polares	*Thiospirillum*	1	45
Pequenos espirilos	*Thiorhodovibrio*	1	61-62
Apresentando vesículas de gás			
Esféricos irregulares, ovais, imóveis	*Amoebobacter*	4	63-65
Esféricos irregulares formando conjuntos de 4-16 células	*Thiolamprovulum*	1	
Bacilos	*Lamprobacter*	1	64
Esféricos, ovais, flagelos polares	*Lamprocystis*	1	64
Bacilos, imóveis; formando malhas irregulares	*Thiodictyon*	2	65-66
Esféricos, imóveis; formando camadas achatadas de tétrades	*Thiopedia*	1	62-64

a Do ponto de vista filogenético, todos são membros da subdivisão gama de *Proteobacteria* (Figura 12.1).

to utilizado para o crescimento desses organismos em culturas laboratoriais. Todas as bactérias púrpuras sulfurosas descobertas até o momento pertencem ao grupo gama de *Proteobacteria*.

As bactérias púrpuras sulfurosas são geralmente encontradas em regiões anóxicas e iluminadas de lagos ou em outros hábitats aquáticos onde há acúmulo de H_2S, assim como em "fontes sulfurosas", onde o H_2S produzido geoquímica ou biologicamente pode promover seu florescimento (Figura 12.5). Os lagos mais propícios ao desenvolvimento de bactérias púrpuras sulfurosas correspondem aos lagos *meromíticos* (permanentemente estratificados). Lagos meromíticos se estratificam por apresentarem águas mais densas (geralmente salina) no fundo e menos densas (em geral água doce) próximas à superfície. Na presença de quantidades suficientes de sulfato que permitam sua redução, o sulfeto produzido nos sedimentos se difunde, atingindo as águas profundas, anóxicas, onde as bactérias púrpuras sulfurosas passam a produzir florescimentos extensos, geralmente em associação com bactérias verdes sulfurosas fototróficas (Figura 12.5*c*).

Os gêneros *Ectothiorhodospira* e *Halorhodospira* apresentam interesse especial porque, diferentemente das outras bactérias púrpuras sulfurosas, esses organismos oxidam H_2S e produzem S^0 *externamente* à célula (Figura 12.4*f*) e também porque algumas espécies são extremamente halofílicas (amantes de sal) — estão entre os procariotos mais halofílicos conhecidos. Esses organismos são encontrados em ambientes marinhos, lagos salgados, lagos ricos em carbonato e salinas.

Bacteria púrpuras não sulfurosas

Tais bactérias receberam a denominação de "não sulfurosas", pois acreditava-se que fossem incapazes de utilizar o sulfeto como doador de elétrons na redução de CO_2 a compostos celulares. No entanto, o sulfeto *pode* ser utilizado pela maioria das espécies, embora os níveis utilizados de maneira inócua pelas bactérias púrpuras

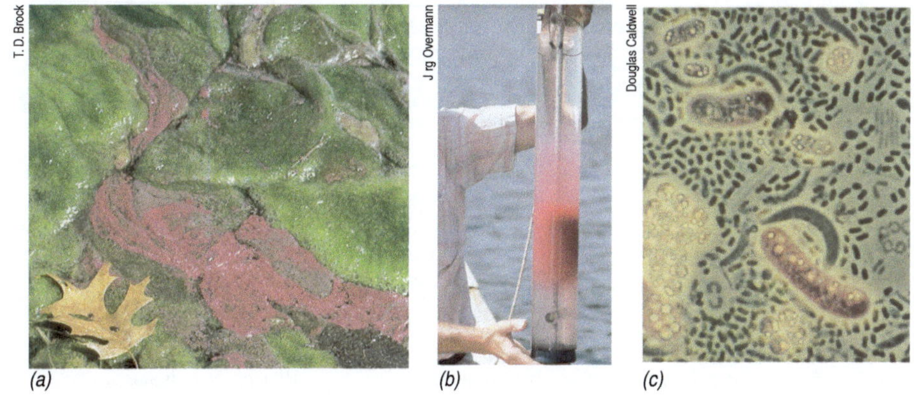

■ **Figura 12.5** Florescimentos de bactérias púrpuras sulfurosas. (a) *Thiopedia roseopersicinia* em uma fonte sulfurosa em Madison, Wisconsin. As bactérias crescem próximas ao fundo da lagoa, flutuando para a superfície (esse movimento é mediado pelas vesículas de gás) quando perturbadas. A coloração verde é decorrente da presença de células da alga eucariótica *Spirogyra*. (b) Amostra de água obtida a 7 m de profundidade do Lago Mahoney, na Colúmbia Britânica. O principal organismo presente corresponde à espécie *Amoebobacter purpureus*. (c) Fotomicrografia de contraste de fase de camadas de bactérias púrpuras sulfurosas coletadas de um pequeno lago estratificado em Michigan. As bactérias púrpuras incluem as espécies *Chromatium* (bacilos grandes) e *Thiocystis* (pequenos cocos).

sulfurosas sejam tóxicos à maioria das bactérias *não sulfurosas*. Algumas bactérias púrpuras não sulfurosas podem também crescer de forma anaeróbia na ausência de luz, empregando metabolismo fermentativo ou respiratório anaeróbio, enquanto a maioria pode crescer de forma aeróbia na ausência de luz, pela respiração. Nessas condições, o doador de elétrons pode ser um composto orgânico ou, em algumas espécies, até mesmo um composto inorgânico, tal como H_2. No entanto, a grande habilidade desse grupo realizar a *foto-heterotrofia* (a luz corresponde à fonte de energia, e um composto orgânico, à fonte de carbono, Figura 18.1) provavelmente justifica seu sucesso competitivo na natureza. As bactérias púrpuras não sulfurosas tipicamente apresentam diversidade nutricional, empregando ácidos graxos, ácidos orgânicos ou aminoácidos; açúcares; alcoóis e até mesmo compostos aromáticos (tal como benzoato) como fontes de carbono. A maioria pode também crescer de maneira fotoautotrófica a partir de (CO_2 + H_2) ou de (CO_2 + baixos teores de H_2S).

O enriquecimento e o isolamento de bactérias púrpuras não sulfurosas são procedimentos simples, que requerem o emprego de um meio contendo sais minerais, suplementado com um ácido orgânico, como fonte de carbono. Tais meios, quando inoculados com amostras de lodo, águas de lagos ou esgoto, se incubados na presença de luz e ausência de oxigênio, invariavelmente tornam-se seletivos para as bactérias púrpuras não sulfurosas. Culturas de enriquecimento podem ainda ser mais seletivas, omitindo-se do meio as fontes de nitrogênio fixado (por exemplo, NH_4^+) ou de nitrogênio orgânico (por exemplo, extrato de levedura ou peptona), sendo este insuflado com uma fonte de N_2 gasoso. Como virtualmente todas as bactérias púrpuras não sulfurosas são capazes de fixar N_2 (Seção 18.28), quando cultivadas nessas condições, estas prosperarão e em geral crescerão mais abundantemente que os demais organismos.

A diversidade morfológica de bactérias púrpuras não sulfurosas é semelhante à observada em relação às bactérias púrpuras sulfurosas (Tabela 12.3 e Figura 12.6); trata-se claramente de um grupo bastante heterogêneo nesse sentido. Todas as bactérias púrpuras não sulfurosas isoladas até o momento pertencem aos grupos alfa ou beta de *Proteobacteria* (Figura 12.1).

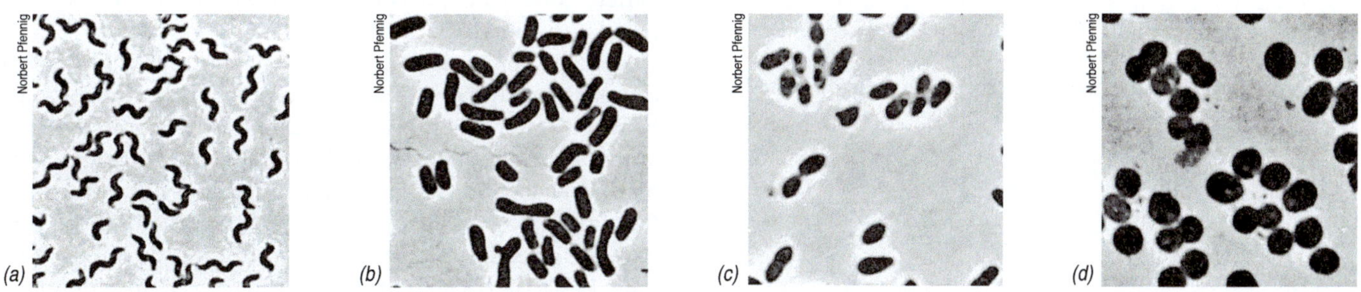

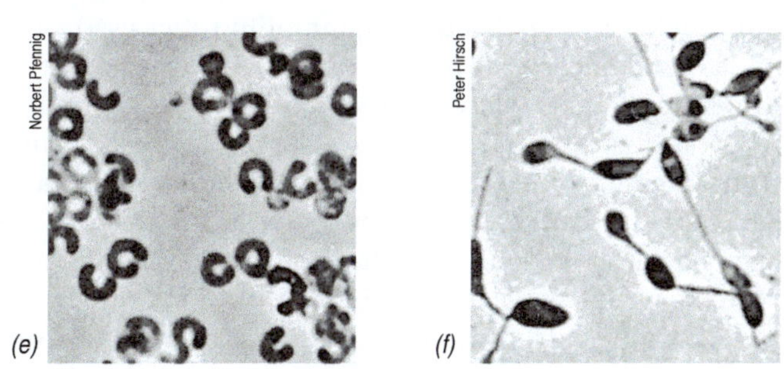

■ **Figura 12.6** Representantes de vários gêneros de bactérias púrpuras não sulfurosas (ver também Tabela 12.3). (a) *Phaeospirillum fulvum*; as células têm comprimento aproximado de 3 μm. (b) *Rhodopseudomonas acidophila*; as células têm comprimento aproximado de 4 μm. (c) *Rhodobacter sphaeroides*; as células têm largura aproximada de 1,5 μm. (d) *Rhodopila globiformis*; as células têm largura aproximada de 1,6 μm. (e) *Rhodocyclus purpureus*; as células têm diâmetro aproximado de 0,7 μm. (f) *Rhodomicrobium vannielii*; as células têm largura aproximada de 1,2 μm. Foi demonstrado que todas as bactérias púrpuras não sulfurosas são capazes de apresentar crescimento aeróbico na ausência de luz, além do crescimento fototrófico (anóxico, com presença de luz), embora algumas espécies, como *P. fulvum*, respirem apenas em baixas tensões de oxigênio (isto é, em condições microaerofílicas, Seção 6.13).

Tabela 12.3 Gêneros e características de bactérias púrpuras não sulfurosas

Características	Gênero	Número de espécies	Grupo rRNA 16S[a]	DNA (mol%GC)
Espirilos, flagelação polar	*Rhodospirillum*	15	Alfa	62-68
	Phaeospirillum			
	Rhodovibrio			
	Rhodothalassium			
	Roseospira			
	Rhodospira	1	Alfa	66
	Roseospirillum	1	Alfa	71
Bacilos, flagelação polar; divisão por brotamento	*Rhodopseudomonas*	15	Alfa	64-72
	Rhodoplanes	2	Alfa	66-69
	Rhodobium	2	Alfa	61-65
Bacilos; divisão por fissão binária	*Rhodobacter*	8	Alfa	62-71
Células ovóides a bacilares	*Rhodovulum*	4	Alfa	64-68
Ovais, flagelação peritríquia; crescimento por brotamento e formação de hifas	*Rhodomicrobium*	1	Alfa	61-63
Esferas grandes, acidófilas (pH 5 ótimo)	*Rhodopila*	1	Alfa	66
Esferas pequenas, alcalifílicas (pH 9 ótimo)	*Rhodobaca*	1	Alfa	59
Formato de anel ou espirilos	*Rhodocyclus*	3	Beta	64-66
Bacilos curvos	*Rubrivivax*	1	Beta	70-72
Bacilos curvos	*Rhodoferax*	2	Beta	59-60

a Todos são membros do filo *Proteobacteria* (ver Figura 12.1 e Tabela 12.1).

✓ 12.2 Verificação de conceitos

As bactérias púrpuras são organismos fototróficos anoxigênicos, que crescem fototroficamente e obtêm carbono a partir de CO_2 + H_2S (bactérias púrpuras sulfurosas) ou de fontes orgânicas (bactérias púrpuras não sulfurosas). Algumas bactérias púrpuras não sulfurosas exibem grande diversidade fisiológica e coletivamente podem apresentar grande importância ecológica nas atividades fotoautotróficas. Estas pertencem às subdivisões alfa, beta e gama do filo *Proteobacteria*.

- ✓ Qual o significado do termo *anoxigênico*?
- ✓ Explique a principal razão da fotossíntese, em bactérias púrpuras não sulfurosas, não ocorrer em condições aeróbias.
- ✓ As bactérias púrpuras podem crescer na ausência de luz?

12.3 *Bacteria* nitrificantes

Principais gêneros

Nitrosomonas
Nitrobacter

Discutiremos no Capítulo 18 a base conceitual da quimiolitotrofia. As bactérias quimiolitotróficas são agrupadas fisiologicamente por sua capacidade de utilizar doadores de elétrons *inorgânicos* como fonte de energia. A maioria dos quimiolitotróficos é capaz de crescer autotroficamente e, desta forma, compartilha uma importante característica fisiológica com as bactérias fototróficas e as cianobactérias. Os quimiolitotróficos mais bem estudados correspondem às bactérias capazes de oxidar compostos reduzidos de nitrogênio e de enxofre e as bactérias que oxidam hidrogênio; nesta seção e nas duas seguintes, esses grupos serão abordados.

Nitrosificantes e nitrificantes

Bactérias capazes de crescer quimiolitotroficamente, à custa de compostos reduzidos de nitrogênio inorgânico, são denominadas **bactérias nitrificantes**. Vários gêneros são conhecidos, com base na morfologia e nas etapas específicas das reações de oxidação que realizam. (Tabela 12.4). Embora morfologicamente heterogêneas, estas bactérias exibem estreita relação filogenética, com exceção do gênero *Nitrospira*, que constitui seu próprio filo de *Bacteria* (ver Figura 12.1 e Seção 12.38).

Não se conhece qualquer organismo quimiolitotrófico capaz de promover a oxidação completa da amônia, originando nitrato. Assim, na natureza, a **nitrificação** é resultante da ação seqüencial de dois grupos distintos de organismos: as **bactérias que oxidam amônia — nitrosificantes** (Figura 12.7) — e as **bactérias que oxidam nitrito** — as verdadeiras bactérias **nitrificantes** (produtoras de nitrato) (Figura 12.8). As bactérias nitrosificantes recebem a denominação de gênero, iniciando-se por "Nitroso", enquanto nas verdadeiras nitrificantes a denominação de gênero geralmente é iniciada por "Nitro". Os gêneros *Nitrosomonas* e *Nitrobacter* correspondem aos principais gêneros de bactérias nitrificantes (Tabela 12.4). Historicamente, as bactérias nitrificantes foram os primeiros organismos onde o crescimento quimiolitotrófico foi observado. Winogradsky demonstrou que estas bactérias eram capazes de produzir matéria orgânica e massa celular quando CO_2 era provido como única fonte de carbono (Quadro "O legado de Winogradsky", Capítulo 18).

Tabela 12.4 Características de bactérias nitrificantes

Características	Gênero	Grupo filogenético[a]	DNA (mol% GC)	Hábitats
Oxidam amônia:				
Bacilos curtos ou longos, gram-negativos, móveis (flagelos polares) ou imóveis; sistemas membranosos periféricos	*Nitrosomonas*	Beta	45-53	Solo, esgotos, água doce, água do mar
Grandes cocos, móveis; membranas vesiculares ou periféricas	*Nitrosococcus*	Gama	49-50	Água doce, água do mar
Espiralados, móveis (flagelos peritríquios); ausência de sistemas membranosos evidentes	*Nitrosospira*	Beta	54	Solo
Células pleomórficas, lobulares, compartimentadas; móveis (flagelos peritríquios)	*Nitrosolobus*	Beta	54	Solo
Bacilos curvos e delgados	*Nitrosovibrio*	—	54	Solo
Oxidam nitrito:				
Bacilos curtos, reproduzem-se por brotamentos, ocasionalmente móveis (flagelo único subterminal); sistema membranoso arranjado como "revestimento" polar	*Nitrobacter*	Alfa	59-62	Solo, água doce, água do mar
Bacilos longos e delgados, imóveis; ausência de sistemas membranosos evidentes	*Nitrospina*	Delta	58	Água do mar
Cocos grandes, móveis (um ou dois flagelos subterminais); sistema membranoso organizado na forma de tubos aleatórios	*Nitrococcus*	Gama	61	Água do mar
Células de helicoidais a vibrióides, imóveis; sem membranas internas	*Nitrospira*	Grupo Nitrospira	50	Água do mar, solo

a Filogeneticamente, todas as bactérias nitrificantes examinadas até o momento pertencem ao filo *Proteobacteria*, exceto *Nitrospira*, que constitui sua própria linhagem filogenética (Figura 12.1).

Muitas espécies de bactérias nitrificantes apresentam sistemas membranosos internos, de grande complexidade e similares, em muitos aspectos, às membranas internas encontradas em bactérias púrpuras fototróficas — um grupo intimamente relacionado (ver Seção 12.2) — e em bactérias que oxidam metano (metanotróficas) (ver Seção 12.6). Essas membranas correspondem ao sítio onde está localizada a enzima-chave na oxidação de NH_3, *amônia mono-oxigenase* — uma enzima que oxida NH_3 a hidroxilamina, sendo esta última oxidada a NO_2^- pelas bactérias nitrosificantes (Figura 12.9). Discutiremos a bioquímica desse processo, em maiores detalhes, na Seção 18.24. O NO_2^- gerado nessa reação é oxidado a NO_3^- pelas bactérias nitrificantes (Tabela 12.4 e Figura 12.9).

S. W. Watson

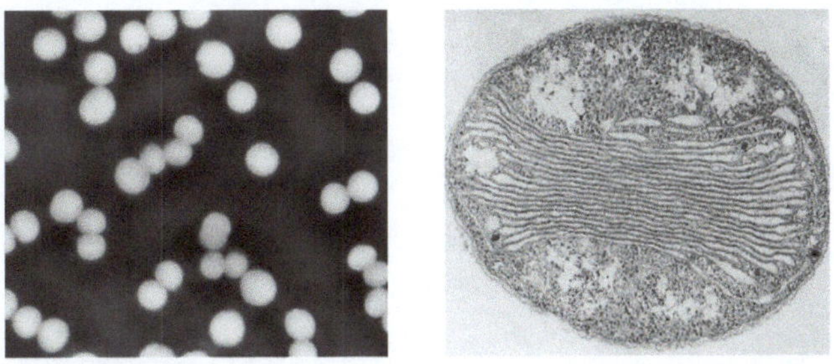

■ **Figura 12.7** Fotomicrografia de contraste de fase (à esquerda) e micrografia eletrônica (à direita) da bactéria nitrosificante *Nitrosococcus oceani*. Uma única célula tem diâmetro aproximado de 2 μm.

S. W. Watson

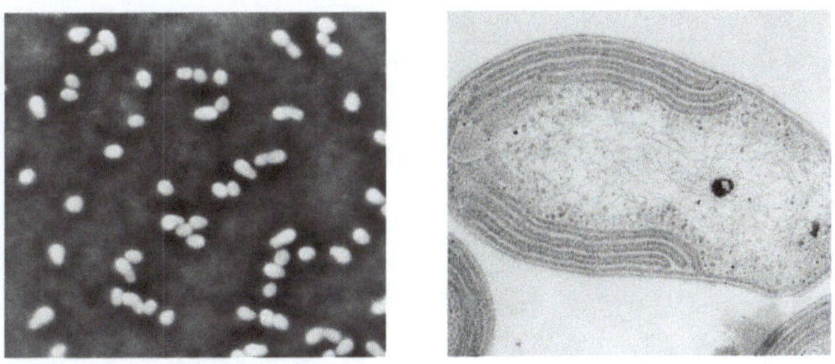

■ **Figura 12.8** Fotomicrografia de contraste de fase (à esquerda) e micrografia eletrônica (à direita) da bactéria nitrificante *Nitrobacter winogradskyi*. Uma célula tem diâmetro aproximado de 0,7 μm.

Ecologia, isolamento e cultura

As bactérias nitrificantes estão amplamente disseminadas no solo e na água. Estas se encontram em maiores números em hábitats onde há quantidades consideráveis de amônia, tais como locais de intensa decomposição protéica (amonificação), e em estações de tratamento de esgotos (Seção 28.2). As bactérias nitrificantes desenvolvem-se de maneira especialmente abundante em lagos e córregos que recebem esgotos ou outros dejetos, uma vez que estes contêm, com freqüência, altas concentrações de amônia.

Culturas de enriquecimento de bactérias nitrificantes são prontamente estabelecidas pela utilização de meios de cultura contendo sais minerais, adicionados de amônia ou nitrito, como doadores de elétrons, e bicarbonato (HCO_3^-) como única fonte de carbono. Em decorrência da baixa eficiência de crescimento desses organismos (Seção 18.12), não há a formação de turvação visível, mesmo após intensa nitrificação. Assim, um modo simples de moni-

Bactérias nitrosificantes

1. $NH_3 + O_2 + 2\,e^- + 2\,H^+ \rightarrow NH_2OH + H_2O$
2. $NH_2OH + H_2O + \frac{1}{2}\,O_2 \rightarrow NO_2^- + 2\,H_2O + H^+$

Soma: $NH_3 + 1\frac{1}{2}\,O_2 \rightarrow NO_2^- + H_2O$

$\Delta G^{0\prime} = -275$ kJ/reação

Bactérias nitrificantes

$NO_2^- + \frac{1}{2}\,O_2 \rightarrow NO_3^-$

$\Delta G^{0\prime} = -74{,}1$ kJ/reação

■ **Figura 12.9** Reações envolvidas na oxidação de compostos inorgânicos contendo nitrogênio, realizadas pelas bactérias nitrificantes quimiolitotróficas (Figuras 18.32 e 18.33).

toração do crescimento pode ser realizado pela avaliação da produção de nitrito (a partir de amônia como doador de elétrons) ou do desaparecimento de nitrito ou produção de nitrato (a partir de nitrito como doador de elétrons). A maioria das bactérias nitrificantes é quimiolitotrófica obrigatória. Espécies de *Nitrobacter* correspondem a uma exceção, pois são capazes de crescer de maneira quimiorganotrófica, utilizando acetato ou piruvato como única fonte de carbono e energia.

12.4 *Bacteria* oxidantes de enxofre e ferro

Principais gêneros

Thiobacillus
Achromatium
Beggiatoa

A capacidade de crescer quimiolitotroficamente a partir de compostos de enxofre reduzido corresponde a uma propriedade de um grupo diverso de proteobactérias (Tabela 12.5). Duas amplas classes ecológicas de bactérias oxidantes de enxofre podem ser reconhecidas: aquelas que vivem em pH neutro e as que vivem em pH ácido. Dentre os acidófilos existem aqueles que também têm a capacidade de crescer quimiolitotroficamente, utilizando ferro ferroso (Fe^{2+}) como doador de elétrons. Discutiremos a biogeoquímica de bactérias oxidantes de enxofre e ferro nas Seções 20.13-20.16, e a bioquímica desses processos, nas Seções 18.10 e 18.11.

Thiobacillus e Achromatium

O gênero *Thiobacillus* é composto por várias bactérias bacilares gram-negativas, morfologicamente indistinguíveis da maioria dos outros bacilos gram-negativos (Figura 12.10*a*), correspondendo ao grupo quimiolitotrófico que utiliza o enxofre mais bem estudado. Filogenetica-

Tabela 12.5 Características fisiológicas de procariotos quimiolitotróficos oxidantes de enxofre

Gênero e/ou espécies	Doador inorgânico de elétrons	Faixa de pH para o crescimento	Grupo filogenético	DNA (mol% GC)
Espécies de *Thiobacillus* com crescimento pobre ou ausente em meios orgânicos				
T. thioparus	H_2S, sulfetos, S^0, $S_2O_3^{2-}$	6-8	Beta	61-66
T. denitrificans[b]	H_2S, S^0, $S_2O_3^{2-}$	6-8		63-68
T. neapolitanus	S^0, $S_2O_3^{2-}$	6-8		52-56
T. thiooxidans	S^0	2-4		51-53
T. ferrooxidans	S^0, sulfetos metálicos, Fe^{2+}	2-4		55-65
Espécies de *Thiobacillus* com crescimento exuberante em meios orgânicos				
T. novellus	$S_2O_3^{2-}$	6-8	Beta	66-68
T. intermedius	$S_2O_3^{2-}$	3-7		64
Quimiolitotróficos sulfurosos filamentosos				
Beggiatoa	H_2S ,$S_2O_3^{2-}$	6-8	Gama	37-51
Thiothrix	H_2S	6-8	Gama	52
Thioploca[c]	H_2S, S^0	—	Gama	—
Outros gêneros				
Achromatium[c]	H_2S	—	Gama	—
Thiomicrospira[a]	$S_2O_3^{2-}$, H_2S	6-8	Gama	36-44
Thiosphaera[d]	H_2S, $S_2O_3^{2-}$, H_2	6-8	Alfa	66
Thermothrix[a]	H_2S, $S_2O_3^{2-}$, SO_3^-	6,5-7,5	Beta	—
Thiovulum	H_2S, S^0	6-8	Epsilon	—

a Uma de suas espécies é capaz de utilizar NO_3^- de forma anaeróbia.
b Aeróbios facultativos; utilizam NO_3^- como aceptor de elétrons de forma anaeróbia.
c Até o momento, não há culturas puras disponíveis.
d *Thiosphaera pantotropha* apresenta exatamente a mesma seqüência de rRNA 16S que *Paracoccus denitrificans*.

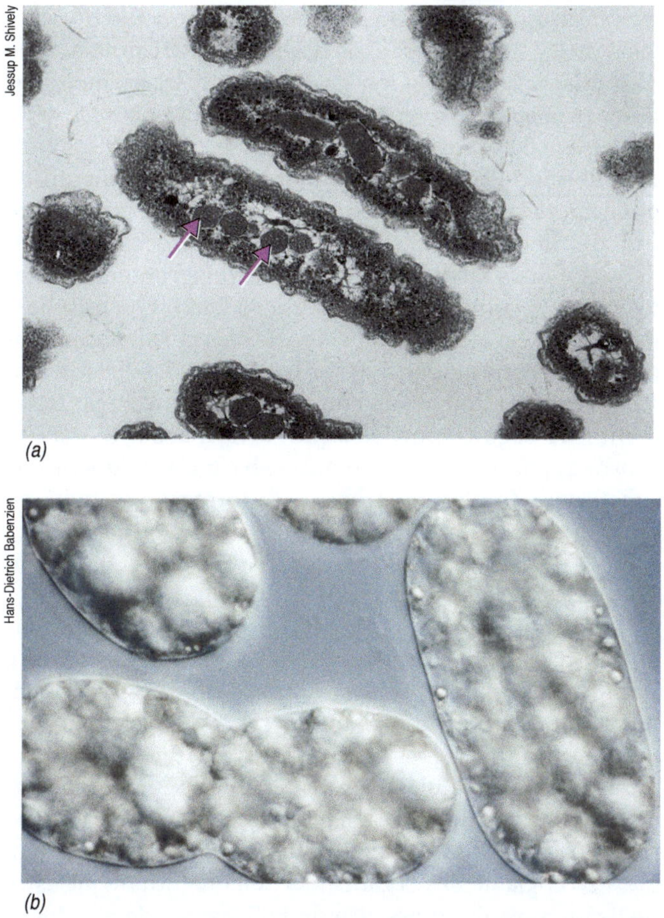

■ **Figura 12.10** (a) Quimiolitotróficos sulfurosos não filamentosos. Micrografia eletrônica de transmissão de células de *Thiobacillus neapolitanus*. Uma única célula tem diâmetro aproximado de 0,5 μm. Observe os corpos poliédricos (carboxissomos) distribuídos ao longo da célula (setas). (b) *Achromatium*. Células isoladas de um pequeno lago na Alemanha, fotografadas por microscopia luminosa de Nomarski. As pequenas estruturas globulares próximas à periferia das células correspondem a enxofre elementar, enquanto os grandes grânulos são compostos por carbonato de cálcio. Uma célula de *Achromatium* tem diâmetro aproximado de 25 μm.

mente, as espécies de *Thiobacillus* estão distribuídas no filo *Proteobacteria* com diferentes espécies enquadradas nas subdivisões alfa, beta e gama. Os compostos de enxofre mais usualmente utilizados como doadores de elétrons no metabolismo quimiolitotrófico nas espécies de *Thiobacillus* correspondem ao H_2S, S^0 e $S_2O_3^{2-}$; as reações produtoras de energia são descritas abaixo:

$$H_2S + 2\,O_2 \rightarrow SO_4^{2-} + 2\,H^+ \qquad \Delta G^{0\prime} = -798 \text{ kJ/reação}$$

$$S^0 + H_2O + 1\,O_2 \rightarrow SO_4^{2-} + 2\,H^+ \qquad \Delta G^{0\prime} = -587 \text{ kJ/reação}$$

$$S_2O_3^{2-} + H_2O + 2\,O_2 \rightarrow 2\,SO_4^{2-} + 2\,H^+ \qquad \Delta G^{0\prime} = -818 \text{ kJ/reação}$$

A liberação de grandes quantidades de energia nessas reações é obvia, e na Seção 18.10 veremos que parte dessa energia pode ser armazenada na forma de ATP, por meio de reações de transporte de elétrons, gerando uma força próton motiva. Essas reações também geram grandes quantidades de ácido sulfúrico, e assim várias espécies de *Thiobacillus* são acidófilas. Uma espécie acidófila, *T. ferrooxidans*, também pode crescer quimiolitotroficamente pela oxidação de ferro ferroso, correspondendo ao principal agente biológico responsável pela oxidação desse metal (Seção 20.14). A pirita de ferro (FeS_2) corresponde à principal fonte de Fe^{2+} (bem como de enxofre) sendo que sua oxidação, especialmente em atividades de mineração, pode ser tanto benéfica, uma vez que a lixiviação do minério libera o Fe do sulfeto mineral, quanto ecologicamente desastrosa, devido à acidificação do ambiente e liberação de outros metais pesados associados à pirita (Seções 20.14 e 20.16).

O gênero *Achromatium* corresponde a um organismo quimiolitotrófico esférico, oxidante de enxofre, comum em sedimentos de água doce contendo sulfeto. As células de *Achromatium* correspondem a grandes cocos, com diâmetro de 10-100 μm (Figura 12.10*b*). Análises filogenéticas de populações naturais (Seções 11.6 e 18.5) de *Achromatium* demonstraram a possível existência de várias espécies (provavelmente cada uma de tamanho diferente), embora ainda não tenham sido obtidas culturas puras desses organismos. Filogeneticamente, o gênero *Achromatium* pertence à subdivisão gama de *Proteobacteria*, sendo especificamente relacionado às bactérias púrpuras, tal como com seu equivalente fototrófico, *Chromatium* (ver Seção 12.2). Assim como observado em *Chromatium*, as células de *Achromatium* também armazenam enxofre elementar internamente (Figura 10.12*b*); posteriormente, os grânulos desaparecem à medida que o enxofre é oxidado a sulfato. As células de *Achromatium* também armazenam grandes grânulos de calcita ($CaCO_3$) em seu interior (Figura 12.10*b*), possivelmente como fonte de carbono para o crescimento.

Cultura

Alguns quimiolitotróficos sulfurosos são quimiolitotróficos obrigatórios, aprisionados em um tipo de vida que utiliza compostos inorgânicos, ao invés de orgânicos, como doadores de elétrons. Quando crescem desse modo, são também autotróficos, convertendo CO_2 a compostos celulares por meio de reações do ciclo de Calvin (Seção 18.6). Outros quimiolitotróficos são *quimiolitotróficos facultativos*, no sentido de poderem crescer quimiolitotrófica (além de autotróficos) ou quimiorganotroficamente (Tabela 12.5). Há, no entanto, organismos tais como *Beggiatoa*, em que a maioria das espécies pode obter energia por meio da oxidação de compostos sulfurosos inorgânicos. Entretanto, como não possuem as enzimas do ciclo de Calvin, estas requerem compostos orgânicos como fontes de carbono. Tal tipo de comportamento nutricional é denominado *mixotrofia*.

Beggiatoa

Os organismos desse gênero correspondem a bactérias filamentosas, deslizantes e oxidantes de enxofre, longas e com grandes diâmetros, que consistem em várias células curtas, ligadas de uma extremidade a outra no filamento (Figura 12.11). Os filamentos se dobram e torcem, promovendo o entrelaçamento de vários, originando um tufo complexo. As espécies de *Beggiatoa* são encontradas na

Michael Richard

T. D. Brock

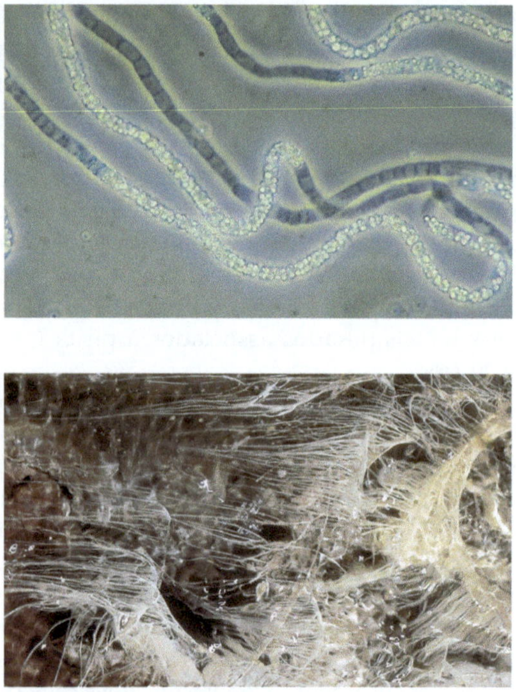

(a)

(b)

■ **Figura 12.11** Bactérias filamentosas oxidantes de enxofre. (a) Fotomicrografia de contraste de fase de uma espécie de *Beggiatoa*, isolada de uma estação de tratamento de esgoto. Observe a abundância de grânulos de enxofre elementar em algumas células. (b) Bactérias oxidantes de enxofre em um pequeno ribeirão. As células filamentosas se torcem, formando espessos feixes; a coloração branca é decorrente da grande quantidade de enxofre elementar contido nas células.

natureza, principalmente em hábitats ricos em H_2S, como fontes sulfurosas (Figura 12.11*b*), sedimentos ricos em algas em decomposição, camadas de lodo lacustre e águas poluídas por esgotos; nesses hábitats, os filamentos de *Beggiatoa* apresentam-se em geral preenchidos por uma grande quantidade de grânulos de enxofre (Figura 12.11*a*). Células de *Beggiatoa* também são comumente encontradas em fendas hidrotermais (Seção 20.8). A partir de estudos com espécies de *Beggiatoa*, Winogradsky demonstrou, pela primeira vez, que um organismo vivo era capaz de oxidar H_2S em S^0 e depois em SO_4^{2-}, levando-o a formular o conceito da quimiolitotrofia (Quadro "O legado de Winogradsky", Capítulo 18). Embora poucas linhagens de *Beggiatoa* sejam verdadeiramente quimiolitotróficas autotróficas, a maioria destas cresce melhor mixotroficamente, utilizando compostos reduzidos de enxofre como doadores de elétrons e compostos orgânicos como fonte de carbono.

Um interessante hábitat de *Beggiatoa* corresponde à rizosfera de plantas (arroz, "cattails" — tipo de planta da família das Tifáceas — e outras plantas de pântanos) crescendo em solos alagadiços e, por isso, anóxicos. Tais plantas bombeiam oxigênio para suas raízes, originando uma interface óxica/anóxica bem definida entre a raiz e o solo. As células de *Beggiatoa* (e provavelmente outras bactérias sulfurosas) desenvolvem-se nessa fronteira, desempenhando um papel benéfico para a planta em decorrência da oxidação (e conseqüente detoxificação) de H_2S.

Espécies de *Beggiatoa* e outras bactérias filamentosas, como *Sphaerotilus* (ver Seção 12.15), podem causar problemas de sedimentação em estações de tratamento de esgotos e em lagoas de despejo de dejetos industriais, tais como de indústrias de enlatados, gráficas, destilarias e moinhos. Esses problemas são geralmente referidos como *formação de massas* e ocorrem quando as bactérias filamentosas crescem de modo exuberante, superando o crescimento da microbiota normal do sistema de despejo, originando frouxos flocos de detritos em vez dos flocos normais, densos e mais facilmente sedimentáveis, contendo organismos tais como *Zoogloea* (Seção 28.2). Quando há a formação de massas, as águas residuais permanecem impropriamente tratadas, porque o efluente descartado ainda apresenta alto teor de compostos orgânicos; no tratamento de esgoto, por exemplo, a formação de massas ocorre quando *Beggiatoa* ou outras bactérias filamentosas substituem *Zoogloea* no processo de formação do lodo ativado (Seção 28.2).

Thioploca e *Thiothrix*

Como representantes de outras bactérias filamentosas oxidantes de enxofre, temos os gêneros *Thioploca* e *Thiothrix*. O gênero *Thioploca* é composto por grandes células quimiolitotróficas, filamentosas, oxidantes de enxofre, que formam feixes circundados por uma bainha comum a todas as células (Figura 12.12). Espessos "tapetes" de espécies marinhas de *Thioploca* foram encontrados no fundo oceânico nas costas do Chile e do Peru. Estudos sobre a ecologia desses organismos demonstraram que estes realizam a oxidação anóxica de H_2S, associada à redução de nitrato (NO_3^-), presumivelmente até N_2 (denitrificação) (Seções 18.14 e 20.12). Curiosamente, foi observado que as células de *Thioploca* podem acumular enormes quantidades intracelulares de nitrato, o qual pode prover longos períodos de respiração anaeróbia, a partir da utilização de H_2S como doador de elétrons. Postula-se que tais aglomerados de *Thioploca* marinhas fixem grandes quantidades de CO_2, desempenhando, ainda, importante papel nos ciclos de enxofre e nitrogênio. Aglomerados similares, consistindo principalmente em células de *Beggiatoa*, são encontrados próximos a fendas hidrotermais (Seção 20.8), embora, nesse caso, a conexão com a respiração de nitrato não tenha sido plenamente determinada.

M. Hüttel

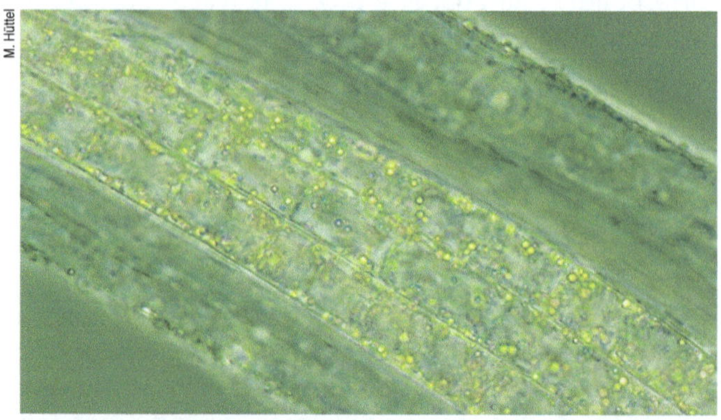

■ **Figura 12.12** Células de uma grande espécie marinha de *Thioploca*. As células contêm grânulos de enxofre (em amarelo) e têm largura aproximada de 40-50 μm.

O gênero *Thiothrix* é composto por organismos filamentosos oxidantes de enxofre, onde os filamentos se associam a partir de suas extremidades por meio de um gancho, formando rosetas (Figura 12.13). Fisiologicamente, as células de *Thiothrix* são mixotróficas aeróbias obrigatórias, assemelhando-se, neste e em muitos outros aspectos, à *Beggiatoa*.

12.5 *Bacteria* oxidantes de hidrogênio

Principais gêneros

Ralstonia
Alcaligenes

Uma ampla variedade de bactérias é capaz de crescer utilizando H_2 como único doador de elétrons e O_2 como aceptor de elétrons, empregando as reações de "knallgas" (no inglês, *mistura de hidrogênio e oxigênio*), uma redução de O_2 associada a H_2, em seu metabolismo energético:

$$H_2 + \tfrac{1}{2}O_2 \rightarrow H_2O \qquad \Delta G^{0\prime} = -237 \text{ kJ}$$

Muitos, mas não todos, desses organismos podem também crescer autotroficamente (utilizando as reações do ciclo de Calvin para incorporarem CO_2), sendo aqui agrupados como *bactérias oxidantes de hidrogênio*, quimiolitotróficas. São conhecidas bactérias oxidantes de hidrogênio tanto entre as gram-positivas como entre as gram-negativas; as mais estudadas são classificadas nos gêneros *Ralstonia* (Figura 12.14), *Pseudomonas*, *Paracoccus* e *Alcaligenes* (Tabela 12.6). Todas as bactérias oxidantes de hidrogênio contêm uma ou mais enzimas *hidrogenases*, que atuam ligando H_2 e utilizam-no na produção de ATP ou como agente redutor para o crescimento autotrófico.

Quase todas as bactérias oxidantes de hidrogênio são *quimiolitotróficas facultativas*, ou seja, são também capazes de crescer quimiorganotroficamente, utilizando compostos orgânicos como fonte de energia. Esta é a principal diferença entre quimiolitotróficos de hidrogênio e várias bactérias quimiolitotróficas de enxofre ou nitrificantes; a maioria dos representantes desses dois últimos grupos é *quimiolitotrófica obrigatória* — o crescimento não ocorre na ausência da fonte inorgânica de energia. Contrariamente, os quimiolitotróficos oxidantes de hidrogênio podem alternar entre o metabolismo quimiolitotrófico ou quimiorganotrófico, realizando tal processo na natureza, presumivelmente como um mecanismo de segurança em decorrência das condições nutricionais.

Fisiologia e ecologia de *Bacteria* oxidantes de hidrogênio

A maioria das bactérias oxidantes de hidrogênio apresenta melhor crescimento em condições microaeróbias, quando se desenvolvem de maneira quimiolitotrófica a partir de H_2, uma vez que as hidrogenases são enzimas sensíveis ao oxigênio. Tipicamente, concentrações de oxigênio na faixa de 5-10% permitem um melhor crescimen-

■ **Figura 12.13** *Thiothrix.* (a) Uma fonte artesiana contendo sulfeto, localizada na Flórida (EUA). A porção externa da fonte é recoberta por um "tapete" de células de *Thiothrix*. (b) Fotomicrografia de contraste de fase de uma roseta de células de *Thiothrix*, isoladas dessa fonte e cultivadas em cultura pura. Observe os glóbulos de enxofre internos produzidos pela oxidação de sulfeto.

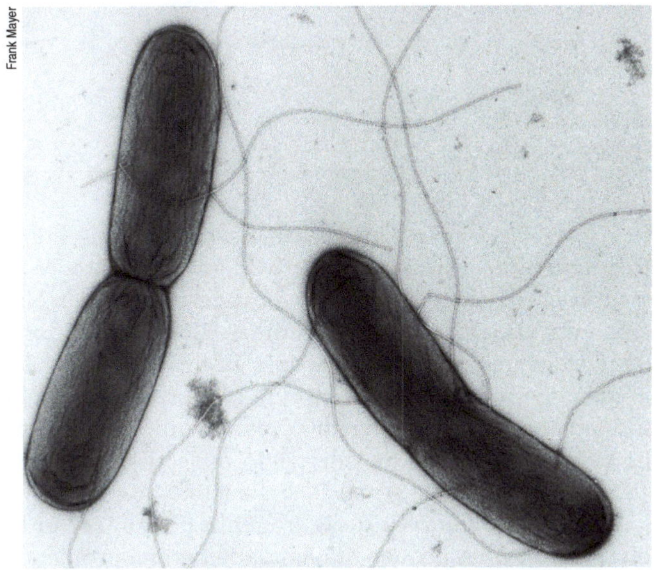

■ **Figura 12.14** Micrografia eletrônica de transmissão de células da bactéria quimiolitotrófica oxidante de hidrogênio, *Ralstonia eutropha*, coradas negativamente. Uma célula tem diâmetro aproximado de 0,6 μm e possui vários flagelos.

Tabela 12.6 Características diferenciais de espécies de bactérias oxidantes de hidrogênio

Gênero e/ou espécie	Denitrificação	Crescimento em frutose	Motilidade	Grupo filogenético[a]	DNA (mol % GC)	Outras características
Gram-negativos						
Acidovorax facilus	–	+	+	Beta	64	Hidrogenase ligada à membrana
Ralstonia eutropha[a]	+	+	+	Beta	66	Hidrogenases ligadas à membrana e citoplasmáticas
Alcaligenes xylosoxydans	–	+	+	Beta	—	Hidrogenases ligadas à membrana e citoplasmáticas
Aquaspirillum autotrophicum	–	–	+	Beta	61	Apenas hidrogenase ligada à membrana
Pseudomonas carboxydovorans	–	–	+	Gama	60	Apenas hidrogenase ligada à membrana
Hydrogenophaga flava	–	+	+	Beta	67	Colônias amarelas brilhantes
Seliberia carboxydohydrogena	–	?	+	Alfa	58	Também oxida CO
Paracoccus denitrificans	+	+	–	Alfa	66	Apenas hidrogenase ligada à membrana; forte denitrificador
Aquifex pyrophilus	+	–	+	Grupo aquifex[b]	65	Hipertermófilo; crescimento microaerófilo ou anaeróbio (NO_3^-), quimiolitotrófico obrigatório; também usa S^0 ou $S_2O_3^{2-}$ como doador de elétron
Hydrogenobacter thermophilus	–	–	–	Grupo aquifex[b]	37-46	Similar a *Aquifex*, mas aeróbio obrigatório (microaerófilo)
Gram-positivos						
Bacillus schlegelii	–	–	+	Gram-positivo de baixo GC[c]	66	Produz endósporos, termófilo; também usa CO ou $S_2O_3^{2-}$ como doador de elétron
Arthrobacter sp.	–	+	–	Gram-positivo de alto GC[d]	70	Apenas hidrogenase ligada à membrana
Mycobacterium gordonae	–	?	–	Gram-positivo de alto GC[e]	—	Ácidorresistente; colônias de amarelo a laranja

a Bactérias oxidantes de hidrogênio aeróbicas são proteobactérias, exceto pelas indicadas.
b Ver Seção 12.37.
c Ver Seção 12.20.
d Ver Seção 12.22.
e Ver Seção 12.23.

to. A presença de *níquel* no meio é essencial ao crescimento quimiolitotrófico de bactérias oxidantes de hidrogênio, visto que, virtualmente, todas as hidrogenases contêm Ni^{2+} como um co-fator metálico. Algumas bactérias oxidantes de hidrogênio também são capazes de fixar N_2 molecular e, quando crescem na presença de N_2, esses organismos tornam-se sensíveis ao oxigênio, pois a enzima nitrogenase, necessária à redução de nitrogênio molecular (Seção 18.28), é uma enzima sensível ao oxigênio.

Bactérias oxidantes de hidrogênio podem ser enriquecidas se uma pequena quantidade de meio contendo sais minerais, adicionado de traços metálicos (Ni^{2+} e Fe^{2+}), for inoculada com terra ou água e incubada em um grande frasco selado, contendo uma atmosfera composta por 5% de O_2, 10% de CO_2 e 85% de H_2. Quando o meio líquido torna-se turvo, placas com o mesmo meio são semeadas e incubadas em uma jarra de vidro com essa mesma mistura gasosa (essa etapa requer cuidados, pois misturas de O_2 e H_2 são potencialmente explosivas).

Oxidação de CO

Algumas bactérias oxidantes de hidrogênio podem crescer utilizando monóxido de carbono (CO) como fonte de energia, com os elétrons oriundos da oxidação de CO em CO_2 participando da cadeia de transporte de elétrons e promovendo a síntese de ATP. Bactérias oxidantes de CO denominadas *carboxidotróficas* crescem autotroficamente, utilizando as reações do ciclo de Calvin (Seção 18.6) para fixar o CO_2 gerado na oxidação de CO. O CO é oxidado a CO_2 pela ação de uma enzima denominada *desidrogenase de monóxido de carbono*, que corresponde a uma enzima contendo molibdênio. O molibdênio contido na desidrogenase de CO liga-se a um pequeno co-fator, que consiste em uma estrutura em múltiplos anéis, denominada *pterina*, de maneira similar à situação que ocorre com a enzima nitrato redutase (Seção 18.14).

O consumo de CO pelas bactérias carboxidotróficas corresponde a um importante processo ecológico. Embora a maior quantidade de CO seja gerada por fontes humanas ou outras, os níveis de CO na atmosfera não sofreram elevação significativa por muitos anos, sendo o consumo microbiano de CO a provável causa. Pelo fato de as liberações de CO mais significativas (principalmente pelos escapamentos de automóveis, pela combustão incompleta de combustíveis fósseis e pelo catabolismo de lignina) ocorrerem em ambientes óxicos, a presença de bactérias carboxidotróficas nas camadas superficiais do solo provavelmente representa o principal escoadouro de CO na natureza. Dentre as bactérias carboxidotróficas mais bem estudadas temos as espécies *Pseudomonas carboxydovorans*, *Bacillus schlegelii* e *Alcaligenes carboxydus* (Tabela 12.6). Pelo menos uma carboxidobactéria é capaz de crescer anaerobicamente na presença de CO, tendo nitrato como aceptor de elétrons, embora tal propriedade não seja amplamente distribuída no grupo. Da mesma maneira que em bactérias oxidantes de hidrogênio, todos os isolados de bactérias carboxidotróficas crescem tanto em CO quanto quimiorganotroficamente a partir de substratos orgânicos.

✓ 12.3–12.5 Verificação de conceitos

Quimiolitotróficos são procariotos capazes de oxidar doadores inorgânicos de elétrons e, em muitos casos, utilizar CO_2 como única fonte de carbono.

✓ Compare e diferencie as bactérias nitrificantes com as oxidantes de enxofre, ferro e hidrogênio no que se refere aos doadores inorgânicos de elétrons utilizados, fontes de carbono, E_0' de doadores de elétrons (Capítulo 18) e hábitats.

✓ Qual a principal via de assimilação de CO_2 presente em muitos quimiolitotróficos?

12.6 Metanotróficos e metilotróficos

Principais gêneros

Methylomonas
Methylobacter

O metano, CH_4, é largamente encontrado na natureza. Este é produzido em ambientes anóxicos pelas *Archaea* metanogênicas (Seções 13.4 e 18.17), correspondendo ao principal gás encontrado em lodos anóxicos, pântanos (Figura 13.5), zonas anóxicas de lagos, no rúmen e no trato intestinal de mamíferos. O metano é o principal constituinte do gás natural, estando também presente em formações carvoeiras. O metano corresponde a uma molécula relativamente estável; no entanto, uma variedade de bactérias, as **metanotróficas**, oxidam-no prontamente, utilizando o metano e outros poucos compostos de um carbono como doadores de elétrons para a geração de energia e também como única fonte de carbono. Todas essas bactérias são aeróbias, amplamente distribuídas na natureza, no solo e água. Estas exibem morfologia diversa, estando relacionadas tanto filogeneticamente como em relação à capacidade de oxidar metano.

Metabolismo de C_1

Além do metano, outros compostos contendo um carbono (C_1) podem ser utilizados por microrganismos. Uma relação desses compostos é apresentada na Tabela 12.7. Do ponto de vista bioquímico, esses compostos compartilham uma característica-chave: *não contêm ligações carbono-carbono*. Assim, todas as ligações carbono-carbono celulares devem ser novamente sintetizadas. Organismos capazes de crescer utilizando apenas compostos orgânicos de um carbono são denominados **metilotróficos**. Muitos metilotróficos, mas não todos, são também metanotróficos. No entanto, os metanotróficos são singulares não apenas por sua capacidade de crescer em alguns dos compostos de carbono mais oxidados como também em metano. Os metanotróficos possuem uma enzima, a *metano monoxigenase*, que introduz um átomo de oxigênio em uma molécula de metano, levando à formação de metanol (Seção 18.24). A necessidade de O_2 como reagente na oxigenação inicial do metano explica por que todos os metanotróficos são aeróbios obrigatórios. Todos os metanotróficos, aparentemente, são também utilizadores *obrigatórios* de C_1, sendo incapazes de utilizar compostos contendo ligações

Tabela 12.7 Substratos utilizados por bactérias metilotróficas[a]

Substratos utilizados para o crescimento	Substratos oxidados, mas não utilizados para o crescimento
Metano, CH_4[b]	Amônio, NH_4^+
Metanol, CH_3OH	Etileno, $H_2C=CH_2$
Metilamina, CH_3NH_2	Clorometano, CH_3Cl
Dimetilamina, $(CH_3)_2NH$	Bromometano, CH_3Br
Trimetilamina, $(CH_3)_3N$	Hidrocarbonetos maiores (etano, propano)
Tetrametilamônia $(CH_3)_4N^+$	
N-óxido de trimetilamina, $(CH_3)_3NO$	
Trimetilsulfônio, $(CH_3)_3S^+$	
Formato, $HCOO^-$	
Formamida, $HCONH_2$	
Monóxido de carbono, CO	
Dimetil éter, $(CH_3)_2O$	
Dimetil carbonato, $CH_3OCOOCH_3$	
Dimetil sulfóxido, $(CH_3)_2SO$	
Dimetilsulfeto, $(CH_3)_2S$	

a Um único isolado não utiliza todos os compostos listados, mas foi descrito que cada um desses compostos é oxidado por pelo menos uma bactéria metilotrófica.

b Metilotróficos capazes de oxidar metano são denominados *metanotróficos*.

carbono-carbono. Contrariamente, muitos metilotróficos não metanotróficos são capazes de utilizar ácidos orgânicos, etanol e açúcares.

Bactérias oxidantes de metano são únicas entre os procariotos, por apresentarem grandes quantidades de **esteróis**. Como discutimos na Seção 4.5, esteróis são encontrados em eucariotos como parte funcional do sistema de membranas, mas estão ausentes na maioria dos procariotos. Nos metanotróficos, os esteróis podem corresponder a uma fração essencial do complexo sistema de membranas internas (ver posteriormente) envolvido na oxidação de metano.

Classificação dos metanotróficos

Uma visão geral da classificação dos metanotróficos é apresentada na Tabela 12.8. Essas bactérias foram inicialmente descritas com base na morfologia e na formação das estruturas de dormência, embora posteriormente tenha sido constatado que estas poderiam ser divididas em dois grupos principais, com base na sua estrutura celular interna e nas vias de assimilação de carbono. Organismos do *Tipo I* assimilam compostos de um carbono por uma via singular, o **ciclo da ribulose monofosfato**, enquanto os organismos do *Tipo II* assimilam intermediários de C_1 pela **via da serina**. Discutiremos os detalhes bioquímicos dessas vias na Seção 18.24.

Ambos os grupos de metanotróficos possuem extensos sistemas membranosos internos, aparentemente relacionados à sua capacidade de oxidar metano. Os metanotróficos do Tipo I caracterizam-se por apresentar membranas organizadas como feixes de vesículas discóides, distribuídas por toda a célula (Figura 12.15*b*), enquanto os organismos do Tipo II apresentam membranas emparelhadas, localizadas ao longo da periferia celular (Figura 12.15*a*). Os metanotróficos do Tipo I também se caracterizam pela ausência de um ciclo do ácido cítrico completo (a enzima *α-cetoglutarato desidrogenase* está ausente), enquanto os organismos do Tipo II apresentam o ciclo completo. A ausência de um ciclo do ácido cítrico completo (Figura 5.22) diminui acentuadamente a capacidade do organismo crescer quimiorganotroficamente. Não havendo a possibilidade de essas reações serem realizadas como um ciclo, não há a geração de NADH, evitando, portanto, o crescimento à custa de compostos orgânicos metabolizáveis pelo ciclo do ácido cítrico.

Ecologia e isolamento

Os metanotróficos estão amplamente distribuídos em ambientes aquáticos e terrestres, sendo encontrados principalmente onde fontes estáveis de metano estejam presentes. O metano produzido nas regiões anóxicas de lagos ascende ao longo da coluna de água, havendo geralmente uma concentração de organismos metanotróficos em uma estreita faixa da termóclina, onde o metano oriundo da zona anóxica encontra-se com o oxigênio proveniente da zona óxica. As bactérias oxidantes de metano desempenham, desse modo, importante papel no ciclo de carbono, convertendo o metano derivado da decomposição anóxica em compostos celulares (e CO_2).

Para o enriquecimento de metanotróficos é necessário apenas um meio de sais minerais mantido em uma atmosfera contendo 80% de metano e 20% de ar. Uma vez obtido um crescimento satisfatório, a purificação é realizada por repetidas semeaduras em placas de ágar contendo sais minerais, incubadas em uma jarra com a mistura de ar e metano. As colônias presentes nas placas podem ser de dois tipos: quimiorganotróficos comuns, crescendo a partir de traços de matéria orgânica presen-

Tabela 12.8 Algumas características das bactérias metanotróficas

Organismo	Morfologia	Grupo rRNA 16S[a]	Estrutura de dormência	Membranas internas[b]	Ciclo de ácido cítrico[c]	Via de assimilação de carbono[d]	Fixação de N_2	DNA (mol % GC)
Methylomonas	Bacilo	Gama	Semelhante a um cisto	I	Incompleto	Ribulose monofosfato	Não	50-54
Methylomicrobium	Bacilo	Gama	Nenhum	I	Incompleto	Ribulose monofosfato	Não	49-60
Methylobacter	Coco a elipsóide	Gama	Semelhante a um cisto	I	Incompleto	Ribulose monofosfato	Não	50-54
Methylococcus	Cocos	Gama	Semelhante a um cisto	I	Incompleto	Ribulose monofosfato	Sim	62-64
Methylosinus	Bacilo ou vibrióide	Alfa	Exosporo	II	Completo	Serina	Sim	63
Methylocystis	Bacilo	Alfa	Exosporo	II	Completo	Serina	Sim	63
Methylocella[e]	Bacilo	Alfa	Exosporo	II	—	Serina	Sim	61

a Todos pertencem ao filo *Proteobacteria*.

b Membranas internas: Tipo I, feixes de vesículas em forma de disco, distribuídas por todo o organismo; Tipo II, membranas emparelhadas ao longo da periferia celular. Ver Figura 12.15.

c Os organismos com o ciclo do ácido cítrico incompleto não apresentam a enzima α-cetoglutarato desidrogenase e, por isso, não são capazes de oxidar acetato a CO_2.

d Ver as Figuras 18.59 e 18.60. Contrariamente aos demais metilotróficos, as espécies de *Methylococcus* possuem enzimas do ciclo de Calvin

e Acidofílico, ótimo de crescimento em pH 5.

D. W. Ribbons

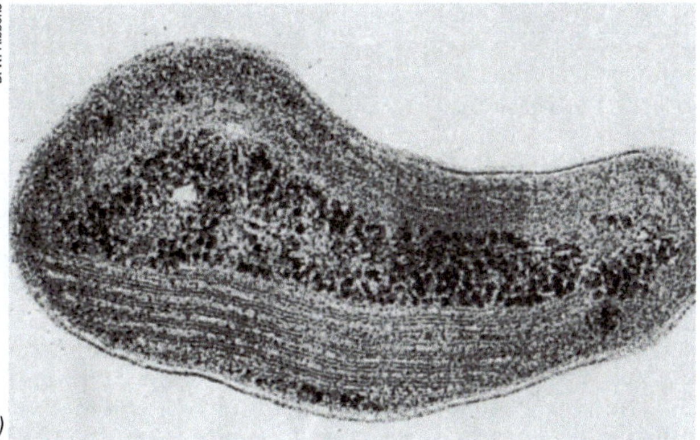

(a)

D. W. Ribbons

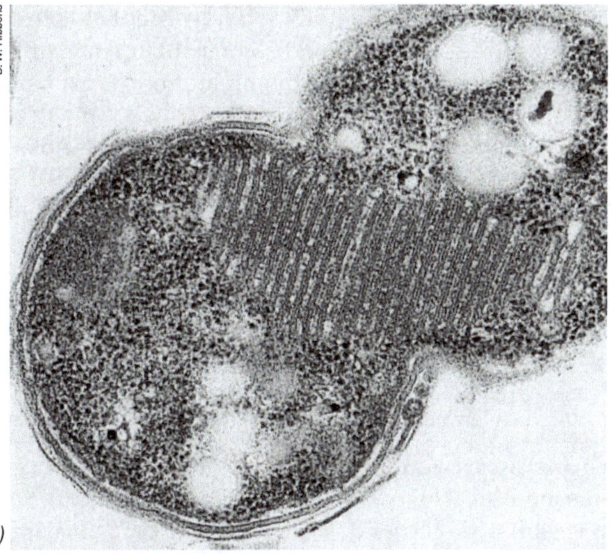

(b)

■ **Figura 12.15** Micrografias eletrônicas de organismos metanotróficos. (a) Uma espécie de *Methylosinus* ilustrando um sistema de membrana do Tipo II. As células têm diâmetro aproximado de 0,6 μm. (b) *Methylococcus capsulatus* ilustrando um sistema de membrana do Tipo I. As células têm diâmetro aproximado de 1 μm.

tes no meio, que surgem em 1-2 dias, e metanotróficos, que surgem após cerca de uma semana. As colônias dos organismos metanotróficos apresentam coloração rosa decorrente da produção de vários pigmentos carotenóides, sendo seu isolamento facilitado por tal característica.

Bacteria metanotróficas e nitrosificantes

Os metanotróficos são capazes de oxidar metano, embora não possam crescer quimiorganotroficamente utilizando a amônia como único doador de elétrons. Além da oxidação de metano, a metano monoxigenase também atua na oxidação de amônia, ocorrendo uma interação competitiva entre os dois substratos. Por essa razão, a amônia é geralmente tóxica aos metanotróficos, sendo o nitrato a fonte preferencial de nitrogênio. Tem sido especulado que as bactérias metanotróficas poderiam ter evoluído a partir das bactérias nitrosificantes por meio de mutações, convertendo a amônia monoxigenase em metano monoxigenase. O fato de os dois grupos possuírem elaborados sistemas de membranas (ver Seção 12.3) e serem bastante relacionados fisiologicamente sustenta tal teoria. Em contrapartida, as bactérias metano*tróficas* contêm alguns dos genes e algumas das proteínas presentes em procariotos metano*gênicos* (produtores de metano), os quais filogeneticamente correspondem a membros do domínio *Archaea* (Seção 13.4). Veremos nas Seções 18.17 e 18.24 de que modo os contrastantes processos de metanogênese e de metanotrofia estão relacionados nesse aspecto.

Metanotróficos simbiontes de animais

A ocorrência de uma associação simbiótica entre bactérias metanotróficas e mexilhões marinhos e certos tipos de esponjas marinhas é um fato bastante conhecido. Os mexilhões vivem em regiões próximas a nascentes ricas em hidrocarbonetos, onde há substancial liberação de metano. Mexilhões intactos, bem como tecidos isolados de brânquias de mexilhões, consomem altas taxas de metano na presença de O_2.

Um grande número de bactérias cocóides (Figura 12.16*a*) é encontrado nos tecidos das brânquias de mexilhões. Os simbiontes bacterianos contêm conjuntos de membranas intracitoplasmáticas empilhadas (Figura 12.16*b*), típicas de metanotróficos do Tipo I. Esses simbiontes são encontrados em vacúolos, no interior das células animais, próximos à superfície das brânquias, e possivelmente garantem a efetiva troca gasosa com a água do mar. Acredita-se que o metano assimilado pelos metanotróficos encontre-se disseminado em todos os animais, devido à excreção de com-

Charles R. Fisher

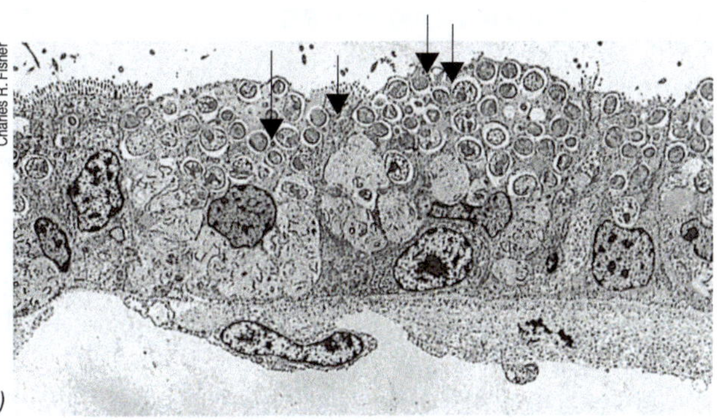

(a)

Charles R. Fisher

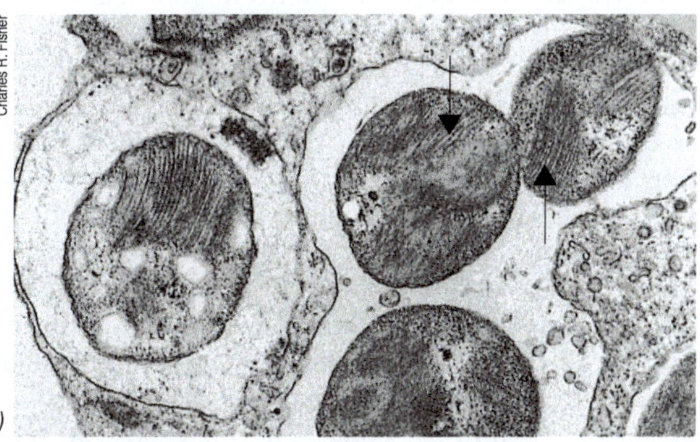

(b)

■ **Figura 12.16** Metanotróficos simbiontes de mexilhões marinhos. (a) Micrografia eletrônica de pequeno aumento de uma fina seção de tecido branquial de mexilhão marinho vivendo próximo a fontes de hidrocarbonetos, no Golfo do México. Observe os metanotróficos simbióticos (setas) nos tecidos. (b) Imagem em grande aumento do tecido brânquial, apresentando metanotróficos do Tipo I. Observe os feixes de membranas (setas). Os metanotróficos têm diâmetro aproximado de 1μm.

postos de carbono pelos metanotróficos. A simbiose metanotrófica é, desse modo, conceitualmente similar à simbiose estabelecida entre quimiolitotróficos oxidantes de sulfeto e tubelários de fendas hidrotermais e moluscos gigantes, discutida na Seção 20.8. As associações simbióticas do tipo animal-bactéria, tal como a simbiose entre metanotróficos e mexilhões/esponjas, ou entre os oxidantes de sulfeto e animais de fendas hidrotermais revelam, portanto, que células procarióticas podem ocasionalmente constituir a base de uma cadeia alimentar de etapa única.

✓ 12.6 Verificação de conceitos

Os metilotróficos são procariotos capazes de crescer utilizando compostos de carbono que não apresentem ligações carbono-carbono. Alguns metilotróficos são também metanotróficos, capazes de crescer a partir de CH_4. São conhecidas duas classes de metanotróficos, cada uma apresentando estruturas e propriedades bioquímicas em comum. Os metanotróficos são encontrados na água e no solo, mas podem também existir como simbiontes de mariscos marinhos.

✓ Qual a diferença entre um *metanotrófico* e um *metilotrófico*?

✓ Quais as características que diferenciam os metanotróficos do Tipo I daqueles do Tipo II?

✓ Que tipos de animais abrigam simbiontes metanotróficos e de onde provém o metano necessário à sobrevivência desses simbiontes?

12.7 *Pseudomonas* e pseudomonadas

Principais gêneros

Pseudomonas
Burkholderia
Zymomonas
Xanthomonas

Todos os gêneros desse grupo correspondem a bacilos retos ou levemente curvos, quimiorganotróficos e aeróbios, que apresentam flagelação polar (Figura 12.17*b*). Os importantes gêneros *Pseudomonas*, *Commamonas*, *Ralstonia* e *Burkholderia* serão discutidos em alguns detalhes nesta seção. Os demais gêneros incluem *Xanthomonas*, um patógeno primariamente de plantas, responsável por grande número de lesões necrosantes nas plantas infectadas, caracterizado por seus pigmentos amarelos; *Zoogloea*, que se caracteriza pela formação de um polímero extracelular fibrilar, responsável pela agregação das células em flocos típicos (esse organismo corresponde a um dos componentes dominantes do lodo ativado de esgotos) (Seção 28.2); *Gluconobacter*, caracterizado pela oxidação incompleta de açúcares ou alcoóis a ácidos, tal como a oxidação de glicose a ácido glucônico ou de etanol a ácido acético (este organismo será discutido resumidamente com outras bactérias acéticas na Seção 12.8). Filogeneticamente, os vários gêneros do grupo pseudomonadas estão distribuídos no filo *Proteobacteria* (ver Tabela 12.1).

Características dos pseudomonadas

As características distintivas do grupo pseudomonadas são apresentadas na Tabela 12.9. Nesta tabela constam tam-

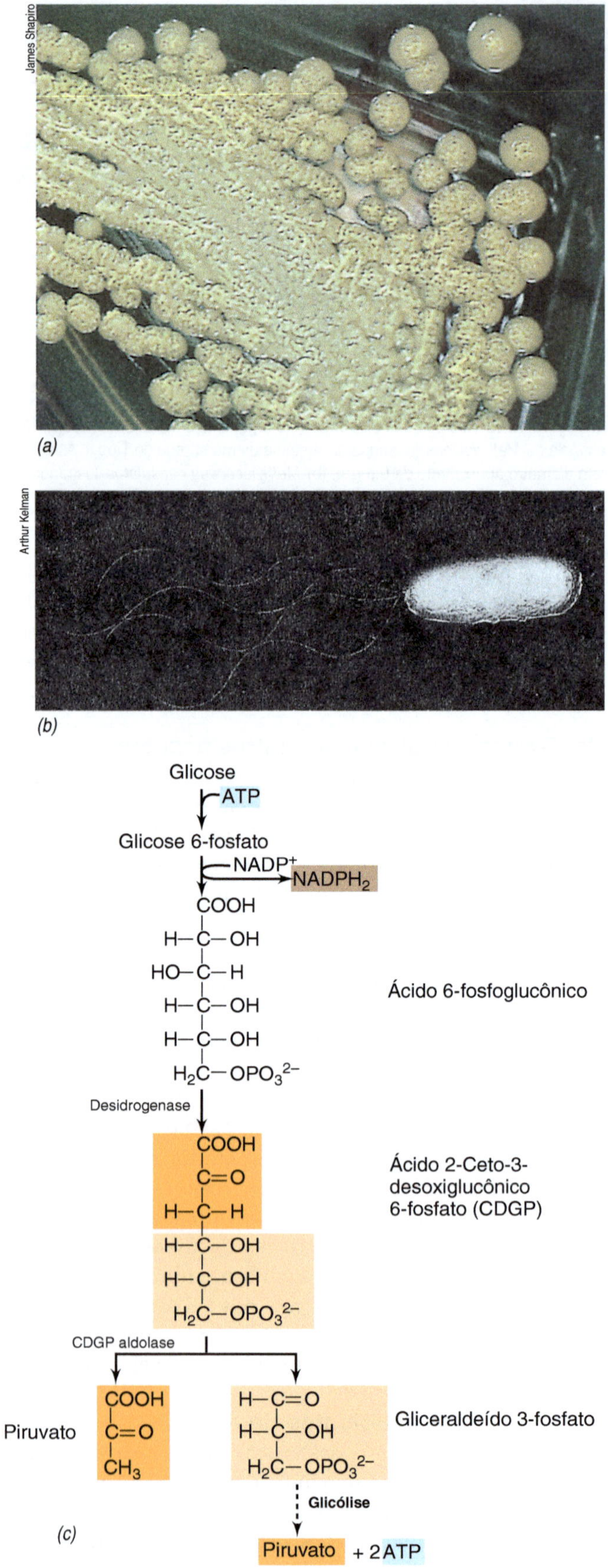

■ **Figura 12.17** Típica colônia de pseudomonadas, morfologia celular e uma via bioquímica comum em pseudomonadas. (a) Fotografia de colônias de *Burkholderia cepacia* desenvolvendo-se em meio sólido. (b) Preparação por sombreamento, para microscopia eletrônica de transmissão, de uma espécie de *Pseudomonas*. A célula tem diâmetro aproximado de 1 μm. (c) Via de Entner-Doudoroff — a principal forma de catabolismo de glicose em pseudomonadas.

Tabela 12.9 Características dos pseudomonadas

Características gerais:

Correspondem a bacilos retos ou curvos, mas não vibrióides; com tamanho de 0,5-1,0 μm por 1,5-4,0 μm; sem esporos; gram-negativos; flagelos polares: único ou múltiplos; sem bainhas, apêndices ou brotos; metabolismo respiratório, nunca fermentativo, embora alguns produzam, aerobicamente, pequenas quantidades de ácido a partir da glicose; utilizam compostos orgânicos de baixa massa molecular, não utilizam polímeros; alguns são quimiolitotróficos, utilizam H_2 ou CO como único doador de elétrons; alguns podem utilizar nitrato anaerobicamente como aceptor de elétrons; alguns utilizam arginina anaerobicamente como fonte de energia.

Características mínimas para a identificação:

Células gram-negativas, retilíneas ou levemente curvas; sem esporos; móveis (sempre); flagelos polares (coloração de flagelos); meio oxidativo e fermentativo contendo glicose: com o tubo aberto, produção de ácido; com o tubo selado, sem produção de ácido; não produzem gás a partir de glicose (diferenciando-as facilmente de bactérias entéricas e *Aeromonas*); oxidase quase sempre positiva (bactérias entéricas são oxidase negativas); catalase sempre positiva; ausência de pigmentos fotossintéticos (diferenciando-as de bactérias púrpuras não sulfurosas); indol negativo; vermelho de metil negativo; Voges-Proskauer negativo (ver na Seção 24.2 a discussão sobre várias dessas provas bioquímicas)

bém as características mínimas necessárias para identificar um organismo como pseudomonada. As principais características de identificação correspondem à ausência da formação de gás a partir da glicose e o teste de oxidase positivo, ambos auxiliando na distinção entre pseudomonadas e bactérias entéricas (ver Seção 12.11).

As espécies do gênero *Pseudomonas* são definidas com base na filogenia, bem como em várias características fisiológicas, conforme ilustrado nas Tabelas 12.10 e 12.11. Os pseudomonadas apresentam necessidades nutricionais bastante simples e crescem quimiorganotroficamente em pH neutro e em temperaturas na faixa mesofílica. Uma das propriedades notáveis de muitas espécies de pseudomonadas corresponde à variedade de compostos orgânicos empregados como fontes de carbono. Algumas espécies utilizam mais de *100* compostos diferentes, enquanto apenas poucas utilizam menos de 20. Como exemplo dessa versatilidade, uma única linhagem de *Burkholderia cepacia* pode utilizar diferentes açúcares, ácidos graxos, ácidos dicarboxílicos, ácidos tricarboxílicos, alcoóis, poli-alcoóis, glicóis, compostos aromáticos, aminoácidos e aminas, além de vários outros compostos orgânicos não pertencentes às categorias descritas acima. Em contrapartida, os pseudomonadas geralmente são desprovidos das enzimas hidrolíticas necessárias à decomposição de polímeros em monômeros. Esses pseudomonadas que exibem grande versatilidade nutricional contêm numerosos operons induzíveis (Seção 8.5), uma vez que o catabolismo de substratos orgânicos pouco comuns freqüentemente requer a atividade de várias enzimas diferentes. Os pseudomonadas correspondem a organismos de importância ecológica no solo e na água, sendo provavelmente responsáveis pela degradação de vários compostos solúveis, derivados da degradação de substratos vegetais e animais em hábitats óxicos.

Diversos pseudomonadas, como também uma variedade de outras *Bacteria* gram-negativas, metabolizam a glicose pela via de Entner-Doudoroff (Figura 12.17*c*). As duas principais enzimas da via de Entner-Doudoroff correspondem à *6-fosfogluconato desidrogenase* e à *2-ceto-3-desoxiglicosefosfato aldolase* (Figura 12.17*c*). Uma análise da presença dessas enzimas em diferentes bactérias demonstrou que estas eram ausentes em espécies gram-positivas de *Bacteria* (exceto em alguns isolados de *Nocardia*), estando geralmente presentes em bactérias dos gêneros *Pseudomonas, Rhizobium, Agrobacterium, Zymomonas* e outras *Bacteria* gram-negativas.

Pseudomonadas patogênicos

Alguns membros do grupo pseudomonadas são patogênicos (Tabela 12.11). Entre os pseudomonadas fluorescentes, a espécie *Pseudomonas aeruginosa* está freqüentemente associada a infecções dos tratos urinário e respiratório em humanos. As infecções por *Pseudomonas aeruginosa* são também comuns em pacientes submetidos a tratamento de queimaduras severas ou outras lesões traumáticas de pele, bem como em indivíduos portadores de fibrose cística. No entanto, a espécie *Pseudomonas aeruginosa* não é considerada um parasita obrigatório, mas um organismo oportunista, que inicia infecções em indivíduos que apresentam baixa resistência. Além de infecções urinárias, esse organismo pode também causar infecções sistêmicas, geralmente em indivíduos que sofreram extensas lesões de pele. Essa espécie é naturalmente resistente a diversos dos antibióticos utilizados; o tratamento com antimicrobianos é freqüentemente difícil. A resistência deve-se em geral à presença de *plasmídeos de resistência transferíveis* (*plasmídeos R*) (Seções 10.8 e 17.12), que correspondem a plasmídeos contendo genes que codificam diferentes sistemas de detoxificação de vários antibióticos. Amostras de *Pseudomonas aeruginosa* são normalmente encontradas em ambientes hospitalares, podendo facilmente infectar pacientes submetidos a tratamentos para outras doenças (Seção 25.7). O antibiótico polimixina não é normalmente utilizado no tratamento de humanos, devido à sua toxicidade; no entanto, é eficaz contra *P. aeruginosa,* devendo ser empregado com muita cautela.

Certas espécies de *Pseudomonas, Ralstonia* e *Burkholderia* e o gênero *Xanthomonas* são patógenos de plantas (fitopatógenos) bastante conhecidos (ver Tabela 12.11). Em muitos casos, esses organismos encontram-se tão bem adaptados ao ambiente vegetal que passam a ser raramente isolados de outros hábitats, inclusive do solo. Os fitopatógenos freqüentemente colonizam plantas não hospedeiras (onde os sintomas não são aparentes), sendo então transmitidos às plantas hospedeiras, iniciando uma infecção. Os sintomas variam consideravelmente, dependendo do fitopatógeno em particular e da planta hospedeira, em decorrência da liberação de toxinas, enzimas líticas, fatores de crescimento e outras substâncias pela bactéria, que destroem ou alteram os tecidos vegetais. Em

Tabela 12.10 Características de subgrupos e espécies dos gêneros *Pseudomonas*, *Commamonas*, *Ralstonia* e *Burkholderia*

Grupo	Grupo filogenético[a]	Características	DNA (mol % GC)
Subgrupo Fluorescente	Gama	**A maioria produz pigmentos verde-amarelados fluorescentes, solúveis em água; não formam poli-β-hidroxibutirato; grupo único de homologia de DNA**	
Pseudomonas aeruginosa		Produção de piocianina, crescimento em até 43°C; flagelo polar, capaz de realizar denitrificação	67
Pseudomonas fluorescens		Não produz piocianina nem cresce a 43°C; tufo de flagelos polares	59-61
Pseudomonas putida		Similar a *P. fluorescens*, mas não liquefaz gelatina nem cresce em benzilamina	60-63
Pseudomonas syringae		Ausência de arginina dihidrolase, oxidase-negativa, patogênica para plantas	58-60
Pseudomonas stutzeri		Saprófita de solo, forte denitrificante e não fluorescente	62
Subgrupo acidovorans	Beta	**Não pigmentado, produz poli-β-hidroxibutirato, tufo de flagelos polares, não utiliza carboidratos; grupo único de homologia de DNA**	
Commamonas acidovorans		Utiliza ácido mucônico como única fonte de carbono e doador de elétrons	67
Commamonas testosteroni		Utiliza testosterona como única fonte de carbono	62
Subgrupo pseudomallei-cepacia	Beta	**Pigmentos não fluorescentes, tufo de flagelos polares, forma poli-β-hidroxibutirato, grupo único de homologia de DNA**	62
Burkholderia cepacia		Extrema versatilidade nutricional; algumas linhagens são patogênicas às plantas	67
Burkholderia pseudomallei		Causa melioidose em animais; versatilidade nutricional	69
Burkholderia mallei		Causa mormo em animais; imóvel; nutricionalmente restrita	69
Subgrupo diminuta-vesicularis	Alfa	**Flagelo único de comprimento de onda muito curto, requer vitaminas (pantotenato, biotina, B_{12})**	
Pseudomonas diminuta		Não pigmentada, não utiliza açúcares	66-67
Pseudomonas vesicularis		Pigmento carotenóide, utiliza açúcares	66
Subgrupo Ralstonia	Beta		
Ralstonia solanacearum		Patogênica para plantas	66-68
Ralstonia saccharophila		Cresce quimiolitotroficamente em H_2, digere amido	69
Ralstonia maltophilia		Requer metionina, não utiliza NO_3^- como fonte de N, oxidase-negativa	67

a Todos os pseudomonadas são membros do filo *Proteobacteria* (ver Tabela 12.1).

muitos casos, a partir dos sintomas, é possível diagnosticar o tipo de pseudomonada fitopatogênica; por exemplo, *Pseudomonas syringae* é freqüentemente isolada de folhas que apresentam lesões cloróticas (amareladas), enquanto *P. marginalis* corresponde a um típico patógeno de "apodrecimento mole", infectando caules e brotos e apenas raramente, as folhas.

Zymomonas

O gênero *Zymomonas* é composto por bacilos gram-negativos grandes, que realizam intensa fermentação de açúcares, originando etanol. Embora estritamente fermentativo, o gênero *Zymomonas* apresenta relação filogenética com os pseudomonadas, também apresentando as enzimas da via Entner-Doudoroff (Figura 12.17*c*). As espécies de *Zymomonas* correspondem a organismos habitualmente envolvidos na fermentação alcoólica de várias seivas vegetais e, em muitas regiões tropicais das Américas do Sul e Central, da África e da Ásia, têm papel relevante na indústria de bebidas fermentadas, da mesma forma que *Saccharomyces cerevisiae* o tem na América do Norte e na Europa. Membros do gênero *Zymomonas* participam do processo de fermentação alcoólica de agave, no México, produzindo *pulque*, e da seiva de palmeiras em diversas áreas tropicais. Estes realizam também a fermentação alcoólica de garapa e mel. Espécies de *Zymomonas* raramente correspondem ao único organismo envolvido nesses processos de fermentação alcoólica, mas ao organismo dominante, sendo provavelmente responsáveis pela produção da maior parte do etanol presente nessas bebidas. Tais bactérias são ainda responsáveis pela deterioração de sucos de frutas, como sidra de maçã e mosto de peras, além de ser um dos componentes da microbiota bacteriana de cervejas deterioradas.

O gênero *Zymomonas* diferencia-se de *Pseudomonas* por seu metabolismo fermentativo, natureza microaerofílica a anaeróbia, oxidase negativa e outras características de taxonomia molecular. Este também se assemelha às bactérias acéticas (ver Seção 12.8), sendo freqüentemente encontrado na natureza, associadas a esses organismos. Esse fato é de interesse pois, assim como as leveduras, espécies

Tabela 12.11 Espécies patogênicas de *Pseudomonas*, *Burkholderia*, *Ralstonia* e *Xanthomonas*

Espécie	Relação com enfermidades
Patógenos de animais	
P. aeruginosa	Patógeno oportunista, sobretudo em hospitais; em pacientes com enfermidades metabólicas, hematológicas ou malignas; infecções hospitalares (nosocomiais) adquiridas em cateterismos, traqueotomias, punções lombares e infusões intravenosas; em pacientes sob longo tratamento com agentes imunossupressores, corticosteróides, antibióticos e radiação; pode contaminar feridas cirúrgicas, abscessos, queimaduras, infecções de ouvido, pulmões de pacientes sob tratamento com antibióticos; fibrose cística; organismo primariamente do solo
P. fluorescens	Raramente patogênico por não crescer bem a 37°C; pode contaminar e crescer em sangue e derivados sangüíneos sob refrigeração
P. maltophilia	Organismo ubíquo, de vida livre, comumente um patógeno nosocomial
B. cepacia	Causa apodrecimento de bulbos de cebola; também foi isolado de humanos e em fontes ambientais de importância médica
B. pseudomallei	Causa melioidose, doença endêmica de animais e humanos no sudeste asiático
B. mallei	Causa mormo, doença de cavalos, ocasionalmente transmitida a humanos
P. stutzeri	Freqüentemente isolado de humanos e de fontes ambientais; pode viver como saprófita em nosso corpo
Patógenos de plantas	
R. solanacearum	Causa o definhamento de várias plantas cultivadas (por exemplo, batata, tomate, tabaco, amendoim)
P. syringae	Ataca folhagens, causando clorose e lesões necrosantes nas folhas; raramente encontrado livremente no solo
P. marginalis	Causa apodrecimento mole em várias plantas; espécie pectinolítica ativa
X. campestris	Causa lesões necrosantes em folhagens, caules e frutas; também promove o definhamento e o apodrecimento de tecidos; raramente encontrado livre no solo

de *Zymomonas* fermentam glicose a etanol, enquanto as bactérias acéticas oxidam etanol a ácido acético. Desse modo, as bactérias acéticas provavelmente dependem da atividade de leveduras e de *Zymomonas* para a produção de seu próprio substrato de crescimento, o etanol. No entanto, diferentemente das leveduras que fermentam glicose a etanol pela via glicolítica, as espécies de *Zymomonas* empregam a via de Entner-Doudoroff.

12.8 *Bacteria* acéticas

Principais gêneros

Acetobacter
Gluconobacter

De acordo com a definição original, as *bactérias acéticas* englobam um grupo de bacilos móveis, aeróbios, gram-negativos, que realizam a oxidação *incompleta* de alcoóis e açúcares, levando ao acúmulo de ácidos orgânicos como produtos finais. Havendo *etanol* como um substrato, o *ácido acético* é produzido; esta é a razão dessas bactérias receberem tal denominação. Outra propriedade desse grupo corresponde à tolerância relativamente alta a condições ácidas — a maioria das linhagens é capaz de crescer adequadamente em pH abaixo de 5. Essa tolerância ácida é, evidentemente, essencial para um organismo produtor de grandes quantidades de ácido. As bactérias acéticas correspondem a um grupo de organização heterogênea, incluindo organismos com flagelação tanto peritríquia quanto polar. Os organismos que apresentam *flagelação polar* são classificados no gênero *Gluconobacter*, enquanto as espécies com *flagelação peritríquia* estão agrupadas no gênero *Acetobacter*. Todas as bactérias acéticas conhecidas pertencem, filogeneticamente, ao grupo alfa de *Proteobacteria* (ver Tabela 12.1).

Além da flagelação, o gênero *Acetobacter* diferencia-se de *Gluconobacter* por sua capacidade de ainda oxidar o ácido acético produzido a CO_2. Essa diferença na capacidade de oxidação do ácido acético está relacionada à presença de um ciclo do ácido cítrico completo. Em contrapartida, os membros do gênero *Gluconobacter*, que não dispõem de um ciclo do ácido cítrico completo, são incapazes de oxidar o ácido acético, enquanto as espécies de *Acetobacter*, que possuem todas as enzimas do ciclo, podem oxidá-lo.

Ecologia e usos industriais

As bactérias acéticas são freqüentemente encontradas associadas a sumos alcoólicos. Muitas vezes, podem ser isoladas de sumos alcoólicos de frutas, como sidras ou vinhos brutos ou de cerveja. Colônias de bactérias acéticas podem ser identificadas em placas de meio ágar-$CaCO_3$ contendo etanol, uma vez que o ácido acético produzido promove a dissolução e clareamento do $CaCO_3$, normalmente insolúvel (Figura 12.18). Culturas de bactérias acéticas são empregadas na produção comercial de vinagre (Seção 30.10).

Além do etanol, esses organismos realizam a oxidação incompleta de compostos orgânicos, como alcoóis de cadeia maior e açúcares. Por exemplo, a glicose é oxidada apenas a ácido glucônico, galactose a ácido galactônico, arabinose a ácido arabônico, e assim por diante. Essa propriedade de "suboxidação" é explorada na produção de ácido ascórbico (vitamina C). Assim, embora o ácido ascórbico possa ser produzido a partir de sorbose, esta é de difícil síntese química. No entanto, a sorbose pode ser convenientemente obtida pelas atividades metabólicas das bactérias acéticas, que oxidam sorbitol (um açúcar de ál-

T. D. Brock

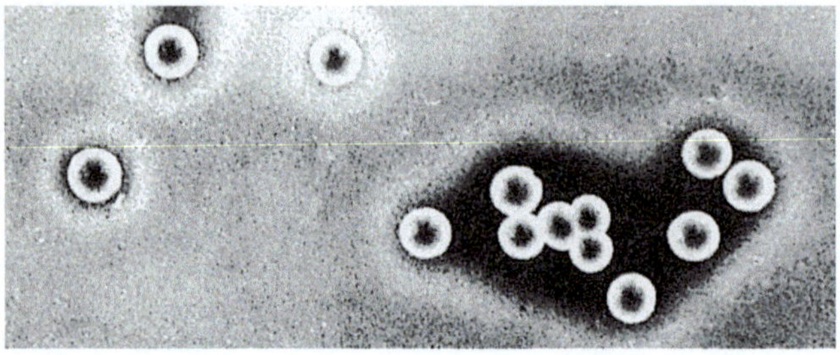

■ **Figura 12.18** Fotografia de colônias de *Acetobacter aceti* em ágar carbonato de cálcio contendo etanol como fonte de energia. Observe o clareamento ao redor das colônias, decorrente da dissolução do carbonato de cálcio pelo ácido acético produzido pelas bactérias.

H. L. Sadoff

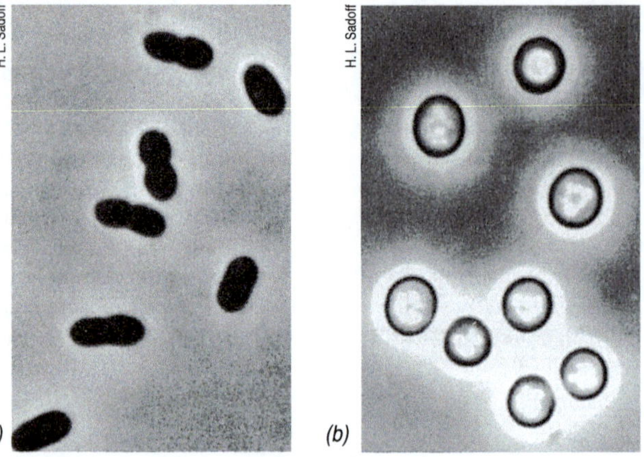

■ **Figura 12.19** *Azotobacter vinelandii*: (a) células vegetativas e (b) cistos, visualizados por microscopia de contraste de fase. Uma célula tem diâmetro aproximado de 2 μm e um cisto, em torno de 3 μm. Compare com a Figura 1.14*b*.

cool prontamente disponível) em sorbose, por um processo denominado *bioconversão* (Seção 30.8).

Outra interessante propriedade de algumas bactérias acéticas refere-se à sua capacidade de sintetizar *celulose*. A celulose formada não difere significativamente da celulose vegetal, exceto pelo fato de esta celulose bacteriana ser pura, não estando associada a outros polímeros, tais como hemiceluloses, pectina ou ligninas, e ser sintetizada como uma matriz, localizada externamente à parede, onde as bactérias se embebem nessa massa entrelaçada de microfibras de celulose. Quando essas espécies de bactérias acéticas crescem em um frasco não submetido à agitação, formam uma película superficial de celulose, onde se desenvolvem. Uma vez que essas bactérias são aeróbias obrigatórias, a capacidade de formar tal película corresponde à maneira pela qual esses organismos podem permanecer na superfície do líquido, onde o oxigênio encontra-se prontamente disponível.

12.9 *Bacteria* aeróbias de vida livre, fixadoras de nitrogênio

Principais gêneros

Azotobacter
Azomonas

Uma variedade de organismos que vivem principalmente no solo é capaz de fixar N_2 *aerobicamente* (Tabela 12.12). O gênero *Azotobacter* é constituído por bacilos gram-negativos, grandes, aeróbios obrigatórios e capazes de fixar N_2 de forma não simbiótica (Figura 12.19). A primeira espécie desse gênero foi descoberta pelo microbiologista holandês M. W. Beijerinck, no início do século XX, empregando uma técnica aeróbia de enriquecimento de cultura com um meio contendo N_2 (ar) e destituído de uma fonte de nitrogênio combinado. A maioria das bactérias fixadoras de nitrogênio de vida livre pertence às subdivisões alfa ou gama do filo *Proteobacteria*.

Taxonomia

As principais bactérias fixadoras de nitrogênio de vida livre estudadas correspondem aos gêneros *Azotobacter*, *Azospirillum* e *Beijerinckia*. As células de *Azotobacter* são grandes, com diâmetros de 2-4 μm ou superiores, com muitos isolados apresentando tamanho próximo ao de leveduras. O polimorfismo é comum, tendo sido descrita uma variedade de tamanhos e formas celulares. Algumas linhagens são móveis, possuindo flagelos peritríquios. Quando em meios contendo carboidratos, as bactérias fixadoras de nitrogênio de vida livre produzem espessas cápsulas ou camadas limosas (Figura 12.20; Figura 18.71). Apesar de as espécies de *Azotobacter* serem aeróbias obrigatórias, sua nitrogenase, uma enzima que catalisa a fixação biológica de N_2 (Seção 18.28), é sensível ao O_2. Acredita-se que a alta taxa respiratória, característica de *Azotobacter*, e a abundância do limo capsular proteja a nitrogenase contra o O_2. As espécies do gênero *Azotobacter* são capazes de crescer em uma variedade de carboidratos, alcoóis e ácidos orgâ-

Tabela 12.12 Gêneros de bactérias fixadoras de nitrogênio, de vida livre

Gênero	Número de espécies	Grupo filogenético[a]	Características	DNA (mol % GC)
Azotobacter	9	Gama	Grandes bacilos; produzem cistos; encontrados principalmente em solos com pH variando de neutro a alcalino	63-67
Azomonas	3	Gama	Bacilos grandes; ausência de cistos; principalmente aquáticos	52-59
Azospirillum	4	Alfa	Bacilos microaerofílicos; associam-se a plantas	69-71
Beijerinckia	4	Alfa	Bacilos em forma de pêra com grandes corpos lipídicos nas extremidades; produzem muito limo; vivem em solos ácidos	54-59
Derxia	1	Alfa	Bacilos; formam colônias rugosas e pregueadas	69-73

a Todas as espécies são membros do filo *Proteobacteria* (Figura 12.1).

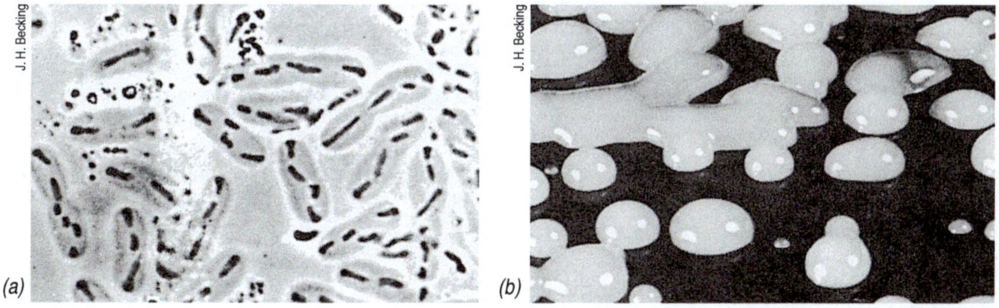

■ **Figura 12.20** Exemplos da produção de compostos limosos por bactérias fixadoras de nitrogênio, de vida livre. (a) Células de *Derxia gummosa* revestidas pela substância limosa. As células têm largura aproximada de 1-1,2 μm. (b) Colônias de uma espécie de *Beijerinckia* crescendo em meio contendo carboidratos. Observe o aspecto elevado e brilhante das colônias, decorrente da abundância dos compostos limosos da cápsula.

nicos. O metabolismo de compostos de carbono é estritamente oxidativo, sendo ácidos ou outros produtos de fermentação raramente produzidos. Embora todos os membros desse gênero fixem nitrogênio, o crescimento também ocorre a partir da utilização de formas simples de nitrogênio combinado: amônia, uréia e nitrato.

Espécies de *Azotobacter* podem formar estruturas de dormência, denominadas *cistos*. Assim como os endósporos bacterianos, os *cistos* de *Azotobacter* (Figura 12.19*b*) apresentam respiração endógena insignificante, sendo resistentes à dessecação, desintegração mecânica e radiações ultravioleta e ionizante. Contrariamente aos endósporos, no entanto, os cistos *não* são especialmente resistentes ao calor, nem completamente dormentes, uma vez que oxidam de maneira rápida fontes exógenas de energia.

Os demais gêneros de bactérias de vida livre, fixadoras de nitrogênio, incluem *Azomonas* — um gênero de grandes bactérias bacilares que se assemelham a *Azotobacter*, exceto pelo fato de não formarem cistos e serem principalmente aquáticas; *Beijerinckia* e *Derxia* (Figura 12.21), dois gêneros que apresentam bom crescimento em solos ácidos; e *Azospirillum*, uma bactéria fixadora de nitrogênio em forma de espirilo que forma associações simbióticas não específicas com diversas plantas, em particular com o milho.

Azotobacter e nitrogenases alternativas

Na Seção 18.28 estudaremos o importante processo de fixação biológica de N_2. Iremos também aprender a importância central dos metais molibdênio (Mo) e ferro (Fe)

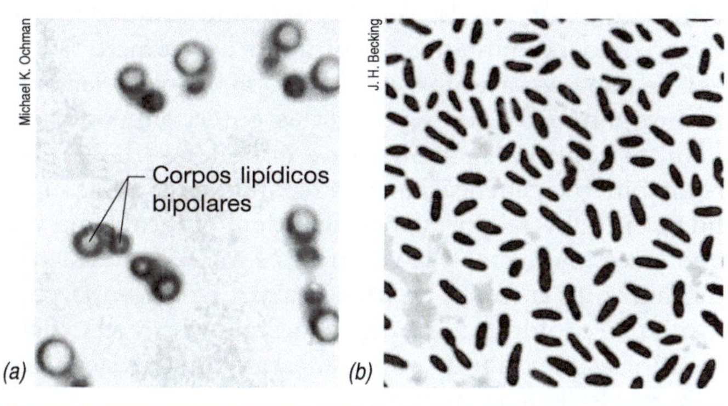

■ **Figura 12.21** Fotomicrografias de contraste de fase de dois gêneros de bactérias fixadoras de nitrogênio, de vida livre e tolerantes ao ácido. (a) *Beijerinckia indica*. As células apresentam formato de pêra, com diâmetro ao redor de 0,8 μm e contêm um grande glóbulo de poli-β-hidroxibutirato (Seção 4.13) em cada extremidade. (b) *Derxia gummosa*. As células têm diâmetro aproximado de 1 μm.

para a enzima nitrogenase. A espécie *Azotobacter chroococcum* foi a primeira bactéria fixadora de nitrogênio onde se observou a capacidade de crescimento a partir de N_2, na *ausência* de molibdênio. Em *A. chroococcum* foi demonstrado pela primeira vez que, em substituição à nitrogenase de Mo, duas "nitrogenases alternativas", contendo vanádio (V) e Fe ou apenas Fe podem ser sintetizadas em determinadas condições de crescimento; investigações subseqüentes com bactérias fixadoras de nitrogênio mostraram que esses sistemas de nitrogenases "sobressalentes", que atuam na ausência de molibdênio, são amplamente distribuídos em procariotos fixadores de nitrogênio, inclusive *Archaea*, onde algumas espécies fixam N_2.

✓ 12.7–12.9 Verificação de conceitos

Os pseudomonadas incluem muitos bacilos gram-negativos, aeróbios, quimiorganotróficos; muitas espécies fixadoras de N_2 são filogeneticamente relacionadas, sendo capazes de reduzir N_2 a NH_3 pelo processo de fixação de nitrogênio. As bactérias acéticas são também relacionadas filogeneticamente aos pseudomonadas; caracterizam-se pela capacidade de oxidar etanol a acetato aerobicamente.

✓ Compare e diferencie pseudomonadas, *Azotobacter* e bactérias acéticas em termos das exigências de O_2 e nitrogênio, dos doadores de elétrons, de sua patogenicidade e hábitats.

✓ Compare e diferencie *Acetobacter* de *Acetobacterium* (ver Seção 18.16) de tantas formas quantas você se julgar capaz.

12.10 *Neisseria, Chromobacterium* e relacionados

Principais gêneros

Neisseria
Chromobacterium

Esse grupo de proteobactérias beta e gama inclui uma grande diversidade de organismos relacionados tanto filogeneticamente como também pela coloração de Gram, morfologia, ausência de motilidade e metabolismo aeróbio. Os gêneros *Neisseria*, *Moraxella*, *Branhamella*, *Kingella* e *Acinetobacter* são diferenciados de acordo com as características descritas na Tabela 12.13.

No gênero *Neisseria*, as células sempre apresentam morfologia cocóide (Figura 26.28), enquanto as células dos outros gêneros são bacilares, tornando-se cocóides apenas na fase estacionária do crescimento. Esse fato levou à denominação desses organismos como **cocobacilos**.

Tabela 12.13 Características dos gêneros de cocos gram-negativos[a]

Características	Gênero	Número de espécies	Grupo filogenético[a]	DNA (mol % GC)
I. Oxidase positiva, sensibilidade à penicilina:				
Cocos; nutrição complexa, utilizam carboidratos, aeróbios obrigatórios	*Neisseria*	24	Beta	49-55
Bacilos ou cocos; geralmente não requerem fatores de crescimento; em geral não utilizam carboidratos; não possuem flagelos, embora algumas espécies exibam mobilidade "pulsante"; muitos são comensais ou patógenos de animais	*Moraxella*	8	Gama	—
	Branhamella	10	Beta	40-47
	Kingella	2	Beta	47-55
II. Oxidase negativa, resistência à penicilina:				
Algumas linhagens podem utilizar uma faixa restrita de açúcares, algumas exibem motilidade "pulsante"; saprófitas de solo, água e esgotos	*Acinetobacter*	7	Gama	38-47

a Todos pertencem ao filo *Proteobacteria*.

Os organismos dos gêneros *Neisseria*, *Kingella* e *Moraxella* são comumente isolados de animais, sendo alguns patogênicos, enquanto os organismos do gênero *Acinetobacter* correspondem a organismos do solo e água, embora ocasionalmente possam ser encontrados como parasitas de animais ou envolvidos em certas infecções nosocomiais. Algumas linhagens de *Moraxella* e *Acinetobacter* apresentam a interessante propriedade de *motilidade pulsante*, expressa como curtos movimentos de translocação ou saltos, cobrindo uma distância de aproximadamente 1-5 μm. A microbiologia clínica de *Neisseria gonorrhoeae* será discutida na Seção 24.1, e a patogenia da gonorréia, na Seção 26.12.

O gênero *Chromobacterium* está filogeneticamente relacionado ao gênero *Neisseria*, embora apresente morfologia bacilar, assemelhando-se aos pseudomonadas e às bactérias entéricas. A espécie mais conhecida corresponde a *C. violaceum* — organismo com pigmentação violácea (Figura 12.22) encontrado no solo e na água e, ocasionalmente, em infecções purulentas de seres humanos e outros animais. *Chromobacterium violaceum* e algumas outras cromobactérias produzem um pigmento violeta, denominado *violaceína* (Figura 12.22), insolúvel em água, com propriedades antibióticas e produzido apenas em meios contendo o aminoácido triptofano. O gênero *Chromobacterium* corresponde a um organismo aeróbio facultativo, com crescimento fermentativo a partir de açúcares e aeróbio a partir de diversas fontes de carbono.

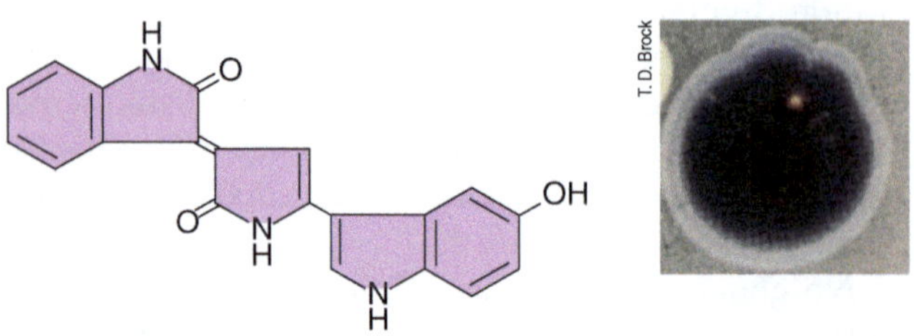

■ **Figura 12.22** *Chromobacterium.* Uma grande colônia de *Chromobacterium violaceum* é apresentada ao lado da estrutura do pigmento violaceína, produzido por essas bactérias.

12.11 *Bacteria* entéricas

Principais gêneros

Escherichia
Salmonella
Proteus
Enterobacter

As **bactérias entéricas** correspondem a um grupo relativamente homogêneo, do ponto de vista filogenético, de proteobactérias gama, caracterizadas fenotipicamente conforme descrito a seguir: bacilos não esporulantes gram-negativos, imóveis ou móveis por flagelação peritríquia (Figura 12.23*a*), aeróbios facultativos, oxidase negativos, com exigências nutricionais relativamente simples, fermentando açúcares e originando uma variedade de produtos finais. As características fenotípicas para diferenciar as bactérias entéricas de outras bactérias de morfologia e fisiologia similar são apresentadas na Tabela 12.14.

Dentre as bactérias entéricas, são encontradas várias linhagens patogênicas ao homem, a outros animais ou plantas, como também linhagens de importância industrial. Indubitavelmente, o conhecimento a respeito de *Escherichia coli* é superior ao de qualquer outra espécie de bactérias (Seção 10.12).

Devido à importância médica das bactérias entéricas, um grande número de isolados têm sido estudado e caracterizado, permitindo a definição de um número razoável de gêneros distintos. Apesar do marcante relacionamento genético entre as bactérias entéricas, conforme demonstrado pelas análises de homologia de DNA e recombinação genética, gêneros separados são ainda mantidos, em especial por razões de ordem prática. Uma vez que esses organismos são cultivados a partir de estados mórbidos, uma forma de identificação é necessária para facilitar o rápido tratamento, e, assim, as características fenotípicas têm grande importância na diferenciação dos gêneros de *Bacteria* entéricas.

Padrões de fermentação em *Bacteria* entéricas

Uma das principais características taxonômicas que distingue os vários gêneros de bactérias entéricas cor-

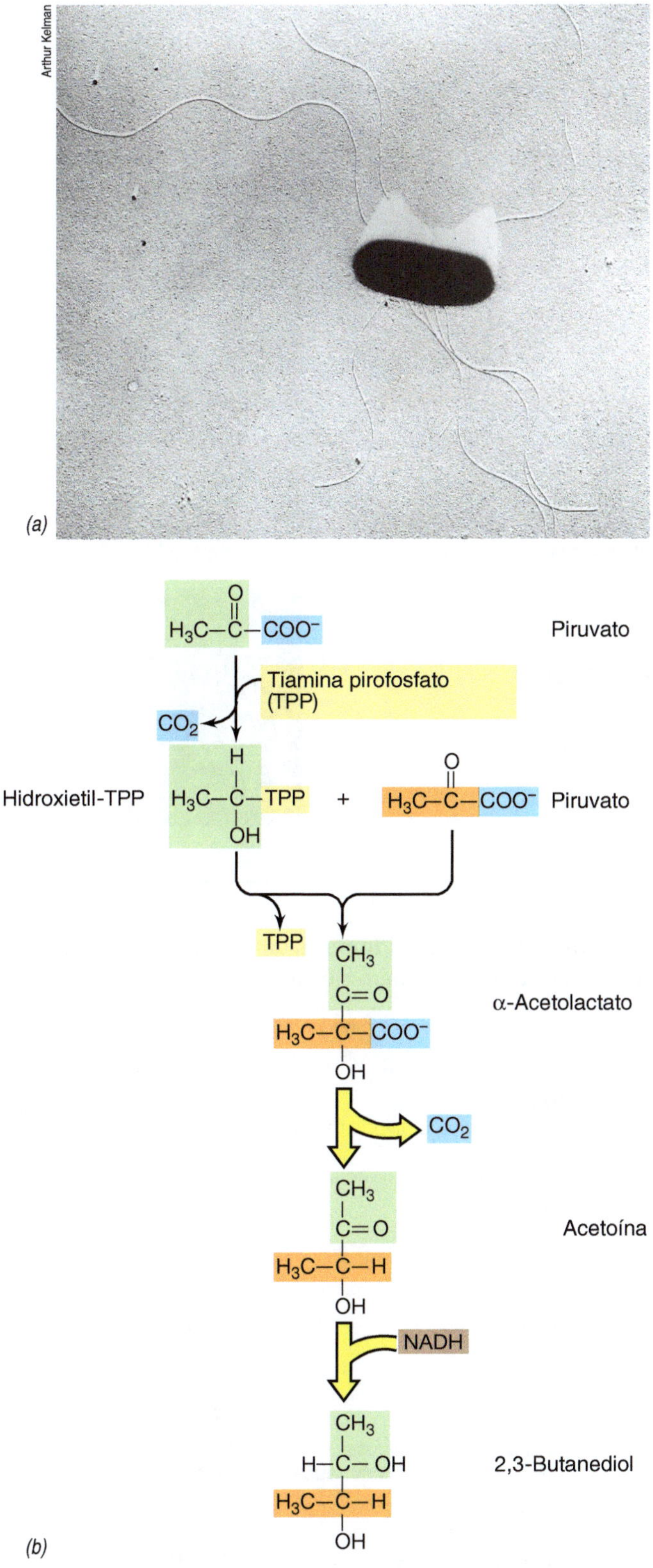

■ **Figura 12.23** (a) Micrografia eletrônica de uma preparação por sombreamento de células da bactéria entérica produtora de butanediol, *Erwinia carotovora*. As células têm largura aproximada de 0,8 μm. Observe os flagelos em arranjo peritríquio (Seção 4.10). (b) Via bioquímica de formação de butanediol, a partir de duas moléculas de piruvato, por organismos fermentadores de butanediol.

Tabela 12.14 Características diferenciais de bactérias entéricas

Características gerais:

Bacilos retilíneos gram-negativos; móveis por flagelação peritríquia ou imóveis; não esporulantes; aeróbios facultativos, produzindo ácido a partir de glicose; sódio não exigido e não exibindo atividade estimulatória; catalase positivos; oxidase negativos; usualmente reduzindo nitrato a nitrito (não a N_2); rRNA 16S característico de proteobactérias gama (ver Tabela 12.1).

Principais testes para diferenciar bactérias entéricas de outras bactérias de morfologia similar[a]:

Testes de oxidase, bactérias entéricas sempre negativas — diferencia as bactérias entéricas de bactérias oxidase positivas dos gêneros *Pseudomonas*, *Aeromonas*, *Vibrio*, *Alcaligenes*, *Achromobacter*, *Flavobacterium* e *Cardiobacterium*, que podem apresentar morfologia similar; redução de nitrato a apenas nitrito (ensaio de nitrito após o crescimento) — diferencia as bactérias entéricas de bactérias que reduzem nitrato a N_2 (detecção da produção de gás), como *Pseudomonas* e outras bactérias oxidase positivas; capacidade de fermentar glicose — diferencia as bactérias entéricas de bactérias aeróbias obrigatórias.

a Ver Seção 24.2 e Figura 24.7.

responde ao tipo e proporção de *produtos de fermentação* originados a partir da fermentação anaeróbia da glicose. Dois amplos padrões podem ser identificados: a **fermentação ácida mista** e a **fermentação de 2,3-butanediol** (Figura 12.24). Na fermentação ácida mista, *três* ácidos são formados em quantidades significativas — acético, láctico e succínico, sendo também produzidos etanol, CO_2 e H_2, mas *não* butanediol. Na fermentação de butanediol, quantidades *menores* de ácidos são formadas, sendo butanediol, etanol, CO_2 e H_2 os principais produtos. Como resultado da fermentação ácida mista, são produzidas quantidades *iguais* de CO_2 e H_2, enquanto na fermentação de butanediol a produção de CO_2 é consideravelmente *maior* que a de H_2. Isto porque os organismos que realizam fermentação ácida mista produzem CO_2 somente a partir de ácido fórmico; o processo é mediado pelo sistema enzimático *formato hidrogênio liase*:

$$HCOOH \rightarrow H_2 + CO_2$$

sendo que essa reação promove a formação de quantidades iguais de CO_2 e H_2. Os fermentadores de butanediol também produzem CO_2 e H_2 a partir do ácido fórmico, gerando duas moléculas adicionais de CO_2 durante a formação da cada molécula de butanediol (Figura 12.23*b*).

Uma variedade de testes diagnósticos e meios de cultura diferenciais são empregados na separação dos vários gêneros contidos nos dois amplos grupos de bactérias entéricas, sendo estes descritos nas Tabelas 24.2 e 24.3. Com base nestes e em outros testes, os gêneros podem ser definidos, conforme ilustrado nas Tabelas 12.15 e 12.16.

Uma vez que as bactérias entéricas apresentam estreita relação do ponto de vista genético, sua identificação positiva pode ser consideravelmente dificultada. Em laboratórios clínicos, a identificação freqüentemente é baseada na análise computacional de um grande número de testes diagnósticos, realizados com o emprego de "kits" miniaturizados contendo meios de diagnóstico rápido, além da utilização de sondas imunológicas e de ácidos nucléicos (Figura 24.1), levando-se em consideração as reações

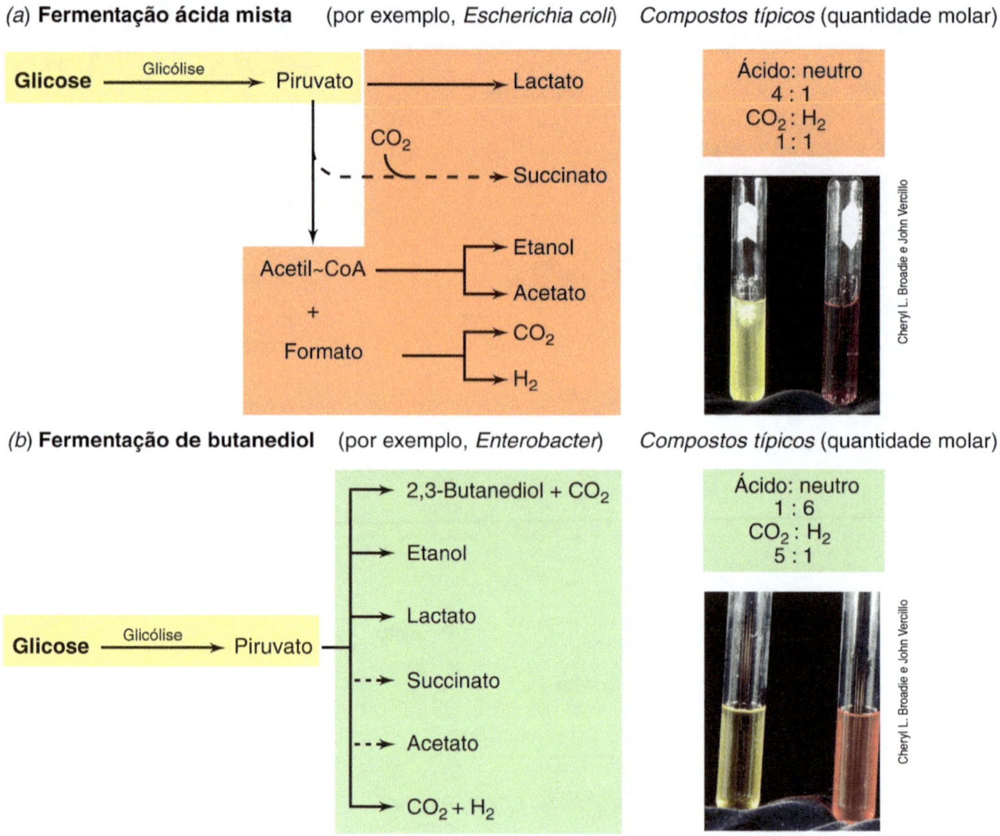

■ **Figura 12.24** Diferenciação entre a fermentação (a) ácida mista e de (b) butanediol em bactérias entéricas. As setas contínuas indicam as reações que originam os principais produtos. As setas pontilhadas indicam produtos menos importantes. A foto superior revela a produção de ácido (coloração amarela) e gás (em tubo invertido) por uma cultura de *E. coli* (o tubo roxo não foi inoculado). A foto inferior revela a coloração rósea-avermelhada originada no teste de Voges-Proskauer (VP), que indica a produção de butanediol após o crescimento de *Enterobacter aerogenes*. O tubo à esquerda (amarelo) não foi inoculado. Observe a principal diferença na produção de CO_2 pelas duas vias, onde a produção de butanediol leva a quantidades significativamente maiores de CO_2.

variáveis apresentadas excepcionalmente por algumas linhagens especiais. Desse modo, a separação de gêneros apresentada nas Tabelas 12.15 e 12.16 deve ser considerada aproximada, pois sempre é possível isolar uma linhagem que não apresente uma ou outra característica normalmente considerada positiva para o gênero como um todo. Tendo em mente essas limitações, um esquema simplificado de separação dos principais gêneros é apresentado na Figura 12.25. Esse protocolo permite decidir, de maneira rápida, em que *gênero* um novo isolado deve ser classificado. Consideraremos, a seguir, algumas das propriedades dos principais gêneros.

Escherichia, *Salmonella* e *Shigella*

Os membros do gênero *Escherichia* são considerados membros praticamente universais do trato intestinal de humanos e outros animais de sangue quente, embora não correspondam aos organismos dominantes nesses hábitats. Espécies de *Escherichia* podem desempenhar um papel nutricional no trato intestinal, pela síntese de vitaminas, particularmente a vitamina K. Devido à sua natureza aeróbia facultativa, esse organismo provavelmente também auxilia no consumo de oxigênio, tornando o intestino grosso anóxico. Linhagens selvagens de *Escherichia* raramente apresentam exigências em relação a qualquer fator de crescimento, sendo capazes de crescer a partir de uma grande variedade de fontes de carbono e energia, como açúcares, aminoácidos, ácidos orgânicos e outros. Algumas linhagens de *Escherichia* são patogênicas. Estas últimas estão envolvidas em diarréias de crianças; ocasionalmente, ocorrem em proporções epidêmicas em berçários ou alas obstétricas, podendo também causar infecções do trato urinário

	Teste de diagnóstico	Ir para número
1	VM+; VP – (fermentadores ácidos mistos)	2
	VM –; VP + (produtores de bretanediol)	7
2	Urease +	*Proteus*
	Urease –	3
3	H_2S (TSI) +	4
	H_2S (TSI) –	6
4	KCN +	*Citrobacter*
	KCN –	5
5	Indol +; citrato –	*Edwardsiella*
	Indol –; citrato +	*Salmonella*
6	Gás a partir de glicose	*Escherichia*
	Gás a partir de glicose: ausente	*Shigella*
7	Imóvel; ornitina –	*Klebsiella*
	Móvel; ornitina +	8
8	Gelatina+; DNAse +	*Serratia* (pigmento vermelho)
	Gelatina lenta; DNAse –	*Enterobacter*

Legenda
Fermentadores ácidos mistos
Produtores de butanediol

■ **Figura 12.25** Guia simplificado para a separação dos principais gêneros de bactérias entéricas. São ilustrados apenas os gêneros mais comuns. Ver no texto as precauções para o emprego desse guia. Os testes diagnósticos para uso com esta figura são indicados na Tabela 24.3. Outras características dos gêneros são apresentadas nas Tabelas 12.14-12.16. A codificação de cores é a mesma da Figura 12.24.

Tabela 12.15 Principais reações diagnósticas para a separação dos vários gêneros de bactérias entéricas[a]

Gênero	H_2S (TSI)	Urease	VP[b]	Indol	Motilidade	Gás de glicose[b]	β-Galactosidase
Escherichia	–	–	–	+	+ ou –	+	+
Enterobacter	–	–	+	–	+	+	+
Shigella	–	–	–	+ ou –	–	–	+ ou –
Edwardsiella	+	–	–	+	+	+	–
Salmonella	+	–	–	–	+	+	+ ou –
Klebsiella	–	+	+ ou –	–	–	+	+
Arizona	+	–	–	–	+	+	+
Citrobacter	+ ou –	–	–	–	+	+	+
Proteus	+ ou –	+	–	+ ou –	+	+ ou –	–
Providencia	–	–	–	+	+	–	–
Yersinia	–	+	–	–	+[c]	–	+
Hafnia	–	–	+	–	+	+	+ ou –

Gênero	KCN	Citrato	Utilização de mucato	Vermelho de fenil-metil	Utilização de tartarato	Alanina desaminase	DNA (mol % GC)
Escherichia	–	–	+	+	+	–	48-52
Enterobacter	+	+	+	–	–	–	52-60
Shigella	–	–	–	+	–	–	50
Edwardsiella	–	–	–	+ ou –	–	–	53-59
Salmonella	–	+ ou –	+ ou –	+	+ ou –	–	50-53
Klebsiella	+	+	+	–	+ ou –	–	53-58
Arizona	–	+	+ ou –	+	–	–	50
Citrobacter	+ ou –	+	+	+	+	–	50-52
Proteus	+	+ ou –	–	+	+	+	38-41
Providencia	+	+	–	+	+	+	39-42
Yersinia	–	–	–	+	–	–	46-50
Hafnia	+	+	–	+	–	–	48-49

a Ver na Tabela 24.1 os procedimentos para essas reações diagnósticas.
b Ver na Figura 12.24 a foto dessa reação.
c Móvel à temperatura ambiente; imóvel a 37°C.

Tabela 12.16 Principais reações diagnósticas utilizadas na diferenciação dos vários gêneros de produtores de 2,3-butanediol[a]

Gênero	Ornitina descarboxilase	Hidrólise de gelatina	Temperatura ótima (°C)	Pigmentação	Motilidade	Lactose	DNase	Sorbitol	DNA (mol% GC)
Klebsiella	–	–	37-40	Ausente	–	+	–	+	53-58
Enterobacter	+	Lenta	37-40	Amarela (ou ausente)	+	+	–	+	52-60
Serratia	+	+	37-40	Vermelha (ou ausente)	+	–	+	–	52-60
Erwinia[b]	–	+ ou –	27-30	Amarela (ou ausente)	+	+ ou –	–	+	50-58
Hafnia	+	–	35	Ausente	+	–	–	–	48-49

a Ver na Tabela 24.3 a descrição desses testes diagnósticos.
b Ver Figura 12.23*a*.

rio de idosos ou em indivíduos que apresentem baixa resistência, em decorrência de tratamento cirúrgico ou exposição à radiação iônica. Linhagens enteropatogênicas de *E. coli* têm sido implicadas, com maior freqüência, em infecções do tipo disentéricas e em febres generalizadas (Seções 21.6, 21.9 e 29.7). Como mencionado nestas seções, tais linhagens possuem um *antígeno K*, que permite a adesão e colonização do intestino delgado, além de produzirem uma *enterotoxina* responsável pelos sintomas da diarréia.

Os gêneros *Salmonella* e *Escherichia* são intimamente relacionados; os dois gêneros apresentam cerca de 50% de homologia, a partir de análises de hibridização de DNA:DNA (Seção 11.9). No entanto, contrariamente à maioria das linhagens de *Escherichia*, os membros do gênero *Salmonella* são geralmente patogênicos tanto para humanos quanto para outros animais de sangue quente. Em humanos, as doenças mais comuns causadas por salmonelas são a *febre tifóide* e as *gastroenterites* (Seções 28.8 e 29.6). As salmonelas se caracterizam imunologicamente com base em três antígenos de superfície celular: o antígeno O, ou de parede celular (somático); o antígeno H, ou flagelar; e o antígeno Vi (camada polissacarídica externa), encontrado principalmente em linhagens causadoras de febre tifóide. O antígeno O são componentes lipopolissacarídicos presentes na camada mais externa da membrana externa desses organismos (Seções 4.9 e 21.12). A estrutura química dos lipopolissacarídeos foi discutida na Seção 4.9 (Figuras 4.35 e 4.36). O gênero *Salmonella* contém mais de 1.000 sorotipos diferentes, que exibem diferentes especificidades antigênicas em seu antígeno O. Subdivisões antigênicas adicionais baseiam-se na especificidade dos antígenos flagelares (H). Existe pequena ou nenhuma correlação entre o tipo antigênico de uma linhagem de *Salmonella* e os sintomas que esta provoca, embora a tipagem imunológica permita a caracterização de uma única linhagem envolvida em uma epidemia.

As shigelas também exibem estreita relação genética com o gênero *Escherichia*. Análises de homologia de DNA demonstram a presença de linhagens de *Shigella* apresentando de 70 a quase 100% de homologia de DNA com *Escherichia coli*; no entanto, as espécies de *Shigella* são geralmente patogênicas para o homem, provocando uma gastroenterite grave, usualmente denominada *disenteria bacilar*. A espécie *Shigella dysenteriae* é transmitida por alimentos e águas contaminadas, sendo capazes de invadir as células epiteliais do intestino (Seção 29.10). Uma vez estabelecida, essa bactéria produz uma endotoxina e uma neurotoxina que exibe efeitos enterotóxicos.

Proteus

O gênero *Proteus* caracteriza-se pela rápida motilidade (Figura 12.26) e pela produção da enzima *urease*. Com base na homologia de DNA, esse gênero apresenta uma relação apenas distante com *Escherichia coli*. As bactérias do gênero *Proteus* são freqüentemente causadoras de infecções do trato urinário em humanos, provavelmente beneficiando-se de sua capacidade de degradar a uréia. Em decorrência da rápida motilidade das células de *Proteus*, colônias crescendo em placas de ágar apresentam, com freqüência, um característico fenômeno **expansivo** (Figura 12.26*b*). As células, nas bordas da colônia apresentam motilidade mais rápida que aquelas no centro da colônia; as primeiras afastam-se ligeiramente da colônia como uma massa de células, quando então reduzem sua motilidade até ficarem imóveis e passarem a se dividir, originando um novo conjunto de células móveis, que novamente se expandem. Como resultado, a colônia madura apresenta uma série de anéis concêntricos, exibindo áreas de maior concentração de células alternadas com áreas de menor concentração (Figura 12.26*b*).

D. E. Snyder

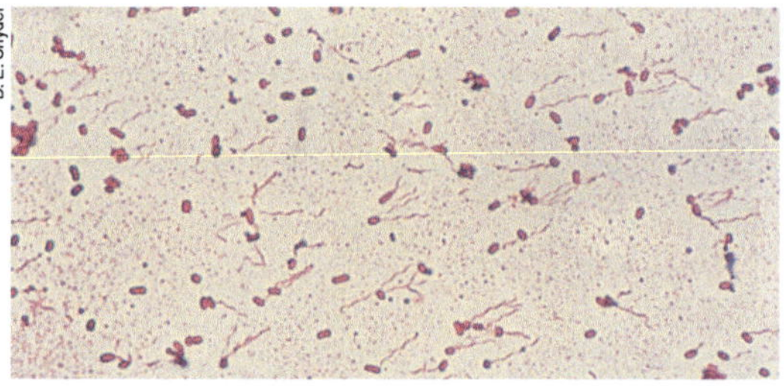

(*a*)

James Shapiro

(*b*)

■ **Figura 12.26** Crescimento expansivo de *Proteus*. (a) Células de *Proteus mirabilis*, coradas com um corante flagelar: os flagelos peritríquios de cada célula agrupam-se em um feixe. (b) Foto de uma colônia expansiva de *Proteus vulgaris*. Observe os anéis concêntricos.

Fermentadores de butanediol: *Enterobacter*, *Klebsiella* e *Serratia*

Os fermentadores de butanediol exibem maior relação genética entre si do que com os fermentadores ácidos mistos, uma descoberta que está de acordo com as diferenças fisiológicas observadas. Sua composição de bases de DNA é mais alta, apresentando de 53-58% GC, sendo uma classificação usual desse grupo é apresentada na Tabela 12.16.

Enterobacter aerogenes é uma espécie comumente encontrada em águas e esgotos, bem como no trato intestinal de animais de sangue quente, sendo um patógeno ocasional em infecções do trato urinário. Uma espécie de *Klebsiella* (*K. pneumoniae*) ocasionalmente provoca pneumonias em humanos, embora esse gênero seja mais comumente encontrado na água e no solo. A maioria das linhagens de *Klebsiella* também é capaz de fixar N_2 (Seção 18.28), uma propriedade não descrita para as outras enterobactérias. O gênero *Serratia* produz uma série de pigmentos vermelhos contendo pirrol, denominados **prodigiosinas** (Figura 12.27). Este pigmento é produzido na fase estacionária de crescimento, como um metabólito secundário (Seção 30.2), sendo de interesse porque contém o anel pirrólico também encontrado em pigmentos envolvidos em processos de transferência de energia: porfirinas, clorofilas e ficobilinas (Seções 18.2 e 18.3). No entanto, não há evidências sugerindo que a prodigiosina desempenhe qualquer papel na transferência de energia; sua real função é desconhecida. Espécies *Serratia* podem ser isoladas da água

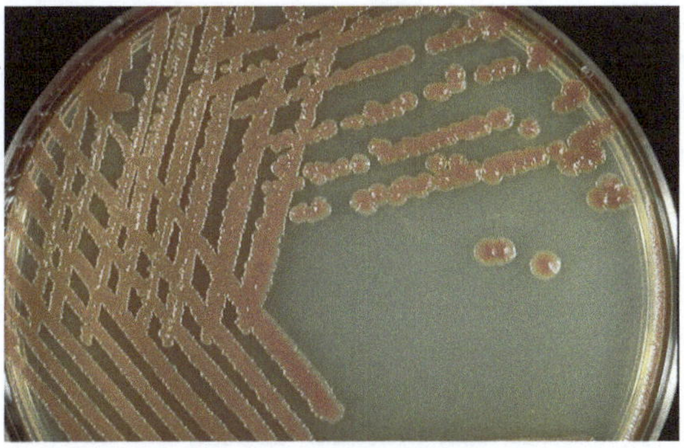

John Vercillo e Cheryl Broadie

■ **Figura 12.27** Colônias de *Serratia marcesens*. A pigmentação laranja-avermelhada é decorrente de um pigmento contendo pirrol, a *prodigiosina*.

e do solo, como também do intestino de vários insetos e vertebrados e, ocasionalmente, do intestino do homem.

12.12 *Vibrio e Photobacterium*

Principais gêneros

Vibrio
Photobacterium

O grupo *Vibrio* contém bacilos gram-negativos aeróbios facultativos e bacilos curvos que apresentam metabolismo fermentativo. A maioria dos membros do grupo *Vibrio* apresenta flagelos polares, embora alguns apresentem flagelos peritríquios. Uma diferença-chave entre o grupo *Vibrio* e as enterobactérias corresponde ao fato de o grupo *Vibrio* ser oxidase *positivo* (Tabela 24.3), enquanto as enterobactérias são oxidase *negativas*. Embora os membros do gênero *Pseudomonas* também apresentem flagelos polares e sejam oxidase positivos, estes *não* são fermentadores e, por conseguinte, podem ser diferenciados dos vibrios por testes de fermentação de açúcares. Os gêneros mais conhecidos do grupo *Vibrio* incluem *Vibrio* e *Photobacterium*.

Embora a maioria dos vibrios e bactérias relacionadas sejam aquáticos, tanto de água doce quanto salgada, um importante organismo (*Vibrio cholerae*) é patogênico ao homem. *Vibrio cholerae* corresponde ao agente etiológico da *cólera* em humanos (Seções 21.11 e 28.6); normalmente, esse organismo não infecta outros hospedeiros. A cólera é uma das doenças infecciosas humanas mais comuns, ocorrendo em países subdesenvolvidos e com um longo histórico. Tal bactéria é transmitida quase exclusivamente pela água; estudos de sua distribuição, realizados no século XIX, desempenharam papel-chave na demonstração da importância do tratamento da água em áreas urbanas (Quadro "*Snow* na cólera", Capítulo 25). Discutiremos a patogênese de *V. cholerae* na Seção 21.11.

Vibrio parahemolyticus é um organismo marinho. Essa espécie corresponde à principal causa de gastroenterites no Japão (devido ao grande consumo de peixe cru), além de estar envolvida em surtos de gastroenterites em outras regiões do mundo, inclusive nos Estados Unidos. Esse organismo pode ser freqüentemente isolado da água do mar, bem como de mariscos e crustáceos. Seu hábitat primário provavelmente corresponde aos animais marinhos, sendo as infecções humanas decorrentes de um desenvolvimento secundário (Seção 28.1).

Photobacterium e bioluminescência

Alguns bacilos gram-negativos com flagelos polares apresentam a interessante propriedade de emissão de luz (luminescência). A maioria dessas bactérias foi classificada no gênero *Photobacterium*; no entanto, alguns isolados de *Vibrio* são também luminescentes (Figura 12.28). A maioria das **bactérias bioluminescentes** é marinha, geralmente estando associada a peixes. Alguns peixes possuem um órgão especial onde as bactérias bioluminescentes crescem (Figura 12.28*c-f*). Outras bactérias marinhas bioluminescentes vivem como saprófitas em peixes mortos, ocasionalmente formando colônias visíveis na superfície do pei-

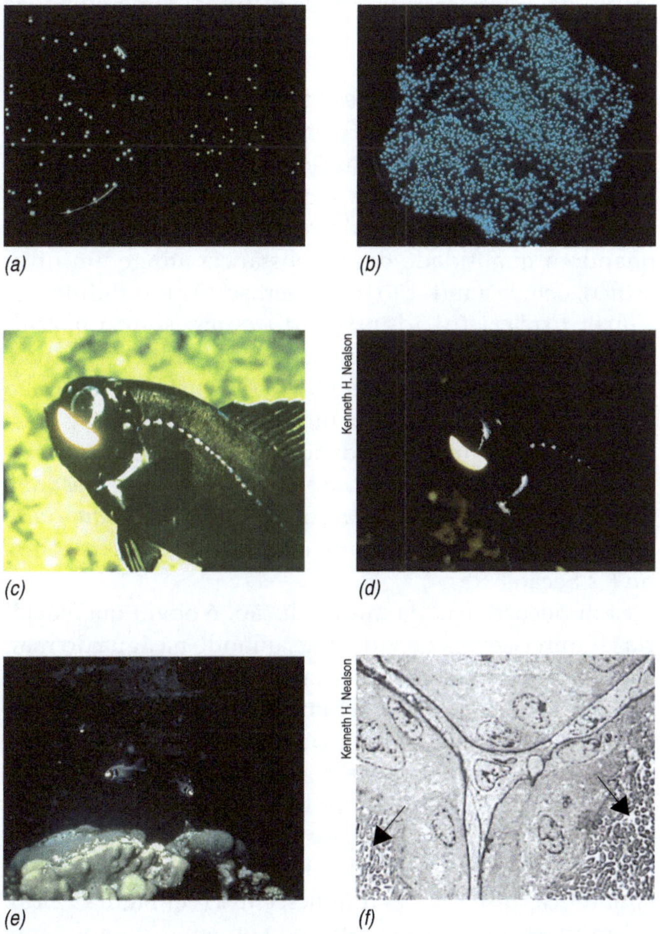

Kenneth H. Nealson

(a) (b) (c) (d) (e) (f)

■ **Figura 12.28** Bactérias bioluminescentes e seu papel como órgãos de luz no peixe lanterna.(a) Duas placas de meio sólido contendo bactérias luminescentes, fotografadas a partir de sua própria emissão de luz. Observe as diferentes cores. À esquerda, a linhagem MJ-1 de *Vibrio fischeri* emitindo luz azul, e à direita, a linhagem Y-1 de *V. fischeri* emitindo luz verde. (b) Colônias de *Photobacterium phosphoreum* fotografadas utilizando sua própria luminescência. (c) O peixe lanterna *Photoblepharon palpebratus*; a área brilhante corresponde ao órgão de luz contendo as bactérias bioluminescentes. (d) O mesmo peixe fotografado utilizando sua própria luz. (e) Fotografia submarina de *P. palpebratus*, tirada à noite, nos recifes de coral do Golfo de Eilat. (f) Micrografia eletrônica de uma seção fina do órgão emissor de luz de *P. palpebratus*, revelando a densa população de bactérias bioluminescentes (setas).

xe. (Para uma melhor visualização da bioluminescência, o espécime deve ser observado em um ambiente totalmente escuro, após a visão estar adaptada a essas condições; Figura 12.28*a*, *b*.)

Embora os isolados de *Photobacterium* sejam aeróbios facultativos, estes são luminescentes apenas na presença de O_2. Vários componentes são necessários para a bioluminescência: a enzima **luciferase** e um aldeído alifático de cadeia longa (por exemplo, *dodecanal*); a flavina mononucleotídeo reduzida ($FMNH_2$) e O_2 também estão envolvidos. O principal doador de elétrons é o NADH, sendo os elétrons transferidos por meio da luciferase. A reação pode ser expressa como

$$FMNH_2 + O_2 + RCHO \xrightarrow{\text{Luciferase}} FMN + RCOOH + H_2O + \text{Luz}$$

O sistema gerador de luz constitui uma rota alternativa que desvia os elétrons de $FMNH_2$ ao O_2, sem o envolvimento de outros carreadores de elétrons, como quinonas e citocromos.

Regulação da bioluminescência

A enzima luciferase apresenta um tipo singular de síntese regulada: a **auto-indução.** As bactérias luminosas produzem uma substância específica, o *auto-indutor*, que se acumula no meio de cultura durante o crescimento e, quando a quantidade dessa substância atinge um nível crítico, ocorre a indução da luciferase. O auto-indutor de *Vibrio fischeri* foi identificado como sendo a *N*-β-cetocaproilhomoserina lactona. Assim, culturas de bactérias luminosas quando em baixa densidade celular não são luminosas, tornando-se luminescentes quando o crescimento atinge uma densidade suficientemente alta, permitindo o acúmulo e ação do auto-indutor — mecanismo referido como ***quorum sensing*** (sensor de *quorum*), devido à natureza densidade-dependente desse fenômeno (Seção 8.9).

Em decorrência da auto-indução, é óbvio que bactérias luminescentes de vida livre, quando na água do mar, não exibem luminescência, uma vez que o auto-indutor não pode ser acumulado; a luminescência é induzida apenas quando as condições são favoráveis ao desenvolvimento de altas densidades populacionais (Figura 12.28). Embora não esteja claro por que a luminescência é dependente da densidade populacional em bactérias de vida livre, tal dependência está clara no caso de linhagens simbióticas de bactérias luminescentes (ver Figura 12.28): a luminescência desenvolve-se somente quando uma densidade populacional suficientemente alta é atingida no órgão de luz do peixe, permitindo, assim, um lampejo luminescente. A genética do *quorum sensing*, utilizando a bioluminescência como sistema experimental, tem sido ativamente explorada. Ao que parece, tal tipo de sistema de sensoriamento não está limitado às bactérias bioluminescentes, sendo também uma característica regulatória geral, presente em diferentes bactérias, em fenômenos em que uma densidade celular mínima é exigida (Seção 8.9).

✓ 12.11–12.12 Verificação de conceitos

As enterobactérias correspondem a um grande grupo de bacilos aeróbios facultativos de grande importância na medicina e na biologia molecular. As espécies de *Vibrio* e *Photobacterium* são marinhas; muitas são bioluminescentes.

- ✓ Com base nas características fisiológicas, como *Escherichia coli* se diferencia de *Enterobacter aerogenes*?
- ✓ Descreva duas das principais propriedades de espécies de *Proteus* que as diferenciem de outras enterobactérias.
- ✓ O que é necessário para que um organismo como *Photobacterium* produza luz visível?

12.13 Riquétsias

Principais gêneros

Rickettsia
Wolbachia

As riquétsias correspondem a proteobactérias pequenas, gram-negativas, cocóides ou bacilares, com largura entre 0,3-0,7 μm e comprimento de 1-2 μm. Todas são, com apenas uma exceção, *parasitas intracelulares obrigatórios* (Figura 12.29*a*), ainda não cultivadas na ausência de células hospedeiras. As riquétsias são agentes causadores de doenças em humanos, como febre tifóide, febre maculosa das Montanhas Rochosas e febre Q (Seção 27.3). Micrografias eletrônicas de seções finas de riquétsias

Willy Burgdorfer

G. Devauchelle

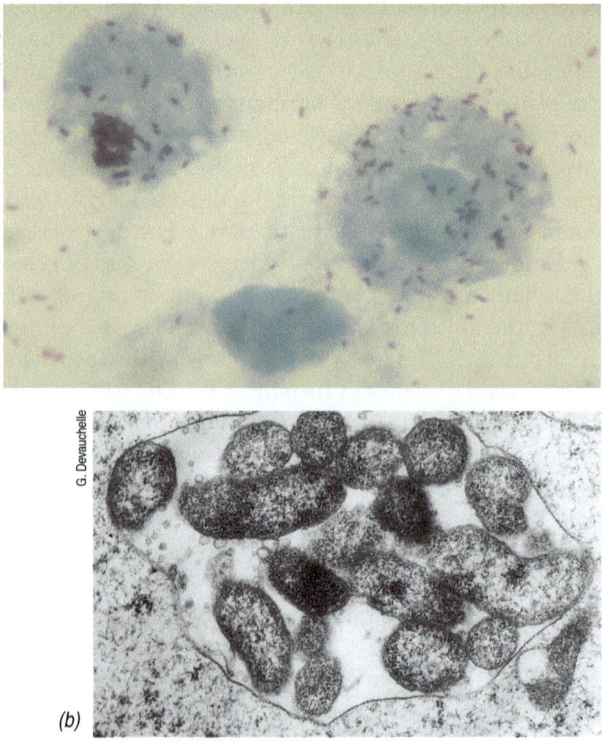

(a) (b)

Figura 12.29 Riquétsias em crescimento no interior de células hospedeiras.(a) *Rickettsia rickettsii* infectando células da túnica vaginal do rato silvestre, *Microtus pennsylvanicus*. As riquétsias têm diâmetro aproximado de 0,3 μm. (b) Micrografia eletrônica de células de *Rickettsiella popilliae* no interior de uma célula sangüínea de seu hospedeiro — o besouro *Melolontha melolontha*. Observe que as bactérias estão crescendo no interior de um vacúolo, na célula hospedeira.

revelam células com morfologia bacteriana normal (Figura 12.29*b*); tanto a parede como a membrana celular são visíveis. A parede celular contém ácidos murâmico e diaminopimélico. São também encontradas moléculas de RNA e DNA. As riquétsias dividem-se pelo processo normal de fissão binária, com tempo de duplicação de aproximadamente 8h. A penetração de uma célula hospedeira por uma célula de riquétsia é um processo ativo, que requer que ambas estejam vivas e metabolicamente ativas. Uma vez no interior da célula fagocitária hospedeira, a bactéria se multiplica, principalmente no citoplasma, prosseguindo com sua replicação até que a célula hospedeira esteja repleta de parasitas (ver Figuras 12.29 e 27.3) e se rompa, liberando as bactérias no fluido circundante. São conhecidos vários gêneros de riquétsias; as propriedades dos quatro gêneros principais estão apresentadas na Tabela 12.17.

Metabolismo e patogenia

Muita atenção tem sido dada às atividades metabólicas e vias bioquímicas das riquétsias, na tentativa de explicar o motivo de estas serem parasitas intracelulares obrigatórios. Muitas riquétsias possuem um metabolismo energético altamente diferenciado, sendo capazes de oxidar apenas glutamato ou glutamina e incapazes de oxidar glicose ou ácidos orgânicos. No entanto, *Coxiella burnetii* é capaz de utilizar tanto a glicose como o piruvato como doadores de elétrons. As riquétsias apresentam uma cadeia respiratória completa, com citocromos, sendo capazes de realizar fosforilação associada ao transporte de elétrons, utilizando NADH como doador de elétrons. Estas também são capazes de sintetizar algumas das pequenas moléculas necessárias à síntese macromolecular e ao crescimento, obtendo o restante de seus nutrientes da célula hospedeira.

As riquétsias não conseguem sobreviver por muito tempo fora de seus hospedeiros, e esse fato pode explicar por que precisam ser transmitidas de animal para animal, por meio de vetores artrópodes. Quando o artrópode se alimenta do sangue de um vertebrado infectado, as riquétsias presentes no sangue são diretamente inoculadas no artrópode, onde penetram nas células epiteliais do trato gastrointestinal, multiplicam-se e surgem posteriormente nas fezes. Quando um artrópode se alimenta de um indivíduo não infectado, transmite as riquétsias diretamente por meio de suas peças bucais ou pela contaminação do local da picada com suas fezes. No entanto, o agente etiológico da febre Q — *Coxiella burnetii* (Seção 27.3) — também pode ser transmitido ao sistema respiratório por meio de aerossóis. Dentre as riquétsias, *Coxiella burnetii* corresponde ao organismo mais resistente aos danos físicos, provavelmente devido à formação de uma estrutura de resistência semelhante a um esporo, o que poderia explicar sua capacidade de sobrevivência no ar. *Rochalimaea* é uma riquétsia atípica, pois pode ser cultivada, não sendo, assim, um parasita intracelular obrigatório. Além disso, quando cultivadas em culturas de tecido, as células de *Rochalimaea* crescem na *superfície externa* das células eucarióticas hospedeiras em vez de crescerem no citoplasma ou no núcleo. *Rochalimaea quintana* é o agente causador da febre das trincheiras — doença que dizimou tropas na Primeira Guerra Mundial.

Espécies do gênero *Ehrlichia* provocam doenças em humanos e outros animais, duas das quais — a *ehrlichiose*, em humanos, e a *febre Potomac*, em cavalos — podem ser bastante graves e debilitantes (Seção 27.3).

Tabela 12.17 Características das riquétsias

Espécie	Grupo de riquétsia	Hospedeiro alternativo	Localização celular	DNA (mol % GC)	Grupo filogenético[b]	Hibridização de DNA com o DNA de *R. rickettsii* (%)[a]
Rickettsia						
R. rickettsii	Febre maculosa	Carrapato	Citoplasma e núcleo	32-33	Alfa	100
R. prowazekii[c]	Tifo	Piolho	Citoplasma	29-30		53
R. typhi	Tifo	Pulga	Citoplasma	29-30		36
Rochalimaea						
R. quintana	Febre das trincheiras	Piolho	Epicelular	39	Alfa	30
R. vinsonii	—	Rato silvestre	Epicelular	39		30
Coxiella						
C. burnetii	Febre Q	Carrapato	Vacúolos	43	Gama	—
Ehrlichia						
	Ehrlichiose (humanos); Febre Potomac (cavalos)	Carrapatos ou animais domésticos	Leucócitos mononucleares	—	Alfa	—
Wolbachia[d]	—	Artrópodes	Citoplasma	30	Alfa	—

a Para uma discussão sobre hibridização de DNA:DNA, ver Seção 11.9.

b Todos pertencem ao filo *Proteobacteria*.

c O genoma desse organismo foi seqüenciado e apresenta várias similaridades com o genoma mitocondrial.

d Não patogênico para humanos ou outros animais.

Wolbachia

O gênero *Wolbachia* contém espécies de proteobactérias bacilares, que são parasitas intracelulares de insetos artrópodes (Figura 12.30). O gênero *Wolbachia*, filogeneticamente relacionado às riquétsias, pode promover vários efeitos em seus hospedeiros insetos, inclusive a indução da partenogênese (desenvolvimento de ovos não fertilizados), a morte de machos e a feminização (a conversão de insetos machos em fêmeas).

Wolbachia pipientis corresponde à espécie mais estudada desse gênero. As células colonizam os ovos de insetos (Figura 12.30), multiplicando-se nos vacúolos das células hospedeiras, circundadas por uma membrana oriunda do hospedeiro original. Células de *W. pipientis* são transmitidas por fêmeas infectadas à sua prole, por meio desses ovos. A partenogênese induzida por *Wolbachia* ocorre em várias espécies de vespas. Nesses insetos, os machos normalmente são gerados de ovos não fertilizados (que contêm apenas um conjunto de cromossomos), enquanto as fêmeas são geradas de ovos fertilizados (que contêm dois conjuntos de cromossomos). No entanto, em ovos não fertilizados, infectados por *Wolbachia*, esse organismo de alguma maneira desencadeia a duplicação do número de cromossomos, gerando, portanto, apenas vespas fêmeas. A necessidade da presença de células de *Wolbachia* para a ocorrência desse fenômeno foi demonstrada ministrando-se, em insetos fêmeas, antibióticos que matam as células de *Wolbachia*; nessas fêmeas, a partenogênese deixa de ocorrer. Em certas espécies de tatuzinhos (bichos de conta) é encontrada uma espécie de *Wolbachia* que promove a transformação de indivíduos machos em fêmeas. Esse fenômeno ocorre porque as células de *Wolbachia* infectantes promovem danos nas glândulas produtoras de hormônio masculino. Em outros insetos, tais como certas joaninhas e borboletas, a infecção por *Wolbachia* leva apenas à morte de machos, mas não da prole feminina. Além dessas anomalias reprodutivas, em alguns insetos, a infecção por *Wolbachia* pode ser na realidade *essencial* à sobrevivência. Por exemplo, em nematóides que causam a elefantíase e a oncocercose, o tratamento com antibióticos mata os vermes, aparentemente pela morte de seus simbiontes, as células de *Wolbachia*.

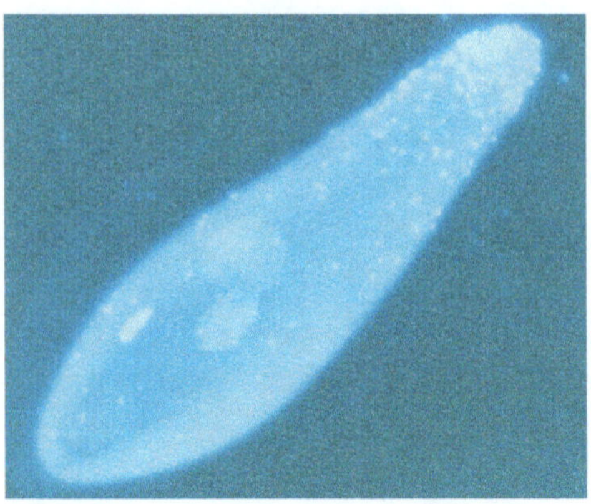

■ **Figura 12.30** Fotomicrografia de um ovo de vespa parasitóide, *Trichogramma kaykai*, infectado por *Wolbachia pipientis*, que induz a partenogênese, corado com dihidrocloreto de 4',6-diamina-2' fenilindol (DAPI; Seção 19.13). As células de *W. pipietis* localizam-se principalmente na extremidade mais estreita do ovo.

Assim como as outras riquétsias, *W. pipientis* apresenta um genoma pequeno (cerca de 1,5 mB), o qual foi recentemente seqüenciado. Embora este aparente parasita não cause doenças em hospedeiros vertebrados ou invertebrados, seus vários efeitos reprodutivos despertaram um interessante questionamento: se esse organismo teria sido capaz de afetar a especiação em uma classe principal de insetos (os artrópodes correspondem a 70% de todos os insetos conhecidos). Entretanto, pelo fato de a associação entre *Wolbachia* e insetos ser tão comum, poderíamos supor que os efeitos reprodutivos seriam secundários a uma simbiose verdadeira entre *Wolbachia* e insetos, em que as células de *Wolbachia* disporiam de um pronto acesso às fontes de nutrientes e a um ambiente protegido, enquanto os insetos se beneficiariam de modo ainda desconhecido.

✓ 12.13 Verificação de conceitos

As riquétsias são parasitas intracelulares obrigatórios, muitas das quais causam doenças. As riquétsias apresentam deficiências em diversas funções metabólicas, obtendo os principais metabólitos de seus hospedeiros.

- ✓ Cite o nome de uma doença causada por alguma espécie de *Rickettsia*.
- ✓ Qual o significado da expressão "parasita intracelular obrigatório"?
- ✓ Que efeitos as espécies de *Wolbachia* podem provocar nos insetos hospedeiros?

12.14 Espirilos

Principais gêneros

Spirillum
Bdellovibrio
Campylobacter

Os **espirilos** são proteobactérias gram-negativas, móveis, espiraladas, que apresentam uma ampla variedade de atributos fisiológicos. Alguns dos principais critérios taxonômicos utilizados correspondem à forma celular, ao tamanho, ao tipo de flagelação polar (único ou múltiplo), a relações com o oxigênio (aeróbio obrigatório, microaerofílico, facultativo), ao relacionamento com plantas (como simbiontes ou patógenos) ou animais (como patógenos), à capacidade fermentativa, além de outras características fisiológicas (capacidade de fixar nitrogênio, natureza halofílica, natureza termofílica). Os gêneros a serem abordados estão apresentados na Tabela 12.18.

Spirillum, Aquaspirillum, Oceanospirillum e *Azospirillum*

Estes são bacilos curvos, helicoidais, móveis por meio de flagelos polares (geralmente, apresentam tufos em ambos os pólos) (ver Figura 12.31). O número de voltas na hélice pode variar de menos de uma volta completa (quando o organismo se assemelha a um vibrião) a várias voltas. Espirilos que apresentam muitas voltas podem assemelhar-se de maneira superficial aos espiroquetas (ver

Tabela 12.18 Características dos gêneros de bactérias espiraladas[a]

Gênero	Grupo filogenético[b]	Características	DNA (mol % GC)
Spirillum	Beta	Diâmetro celular de 1,7 μm; microaerofílico; água doce	36-38
Aquaspirillum	Alfa ou beta	Diâmetro celular de 0,2-1,5 μm; aeróbio; água doce	49-66
Magnetospirillum	Alfa	Formato de vibrião a espiralado; diâmetro celular de aproximadamente 0,3 μm; contém magnetossomos; microaerofílico	65
Oceanospirillum	Gama	Diâmetro celular de 0,3-1,2 μm; aeróbio; marinho (requer 3% de NaCl)	42-51
Azospirillum	Alfa	Diâmetro celular de 1 μm; microaerofílico; solo e rizosfera; capaz de fixar N_2	68-70
Herbaspirillum	Beta	Diâmetro celular de 0,6-0,7 μm; microaerofílico; solo e rizosfera; capaz de fixar N_2	66-67
Campylobacter	Epsilon	Diâmetro celular de 0,2-0,8 μm; microaerofílico a anaeróbio; patogênico ou comensal de humanos e animais; flagelo polar único	30-38
Helicobacter	Epsilon	Diâmetro celular de 0,5-1 μm; tufo de flagelos polares; associado a úlceras pilóricas em humanos	36-38
Bdellovibrio	Delta	Diâmetro celular de 0,25-0,4 μm; aeróbio; predador de outras bactérias; flagelo polar único, possuem bainha	33-52
Ancyclobacter	Alfa	Diâmetro celular de 0,5 μm; bacilos curvos formando anéis; imóvel; aeróbio; algumas vezes com vesículas de gás	66-69

a Todas são gram-negativas e respiratórias, mas não fermentativas.
b Todas pertencem ao filo *Proteobacteria*.

Seção 12.33), embora sejam distintos filogeneticamente e não apresentem bainha externa e endoflagelos, possuindo flagelos tipicamente bacterianos.

Alguns espirilos apresentam-se como bactérias muito grandes e foram visualizados por antigos microscopistas. Provavelmente, Antoni van Leeuwenhoek tenha sido o primeiro a observar uma espécie de *Spirillum*, por volta de 1670 (Seção 1.5); o gênero foi criado pelo protozoologista Ehrenberg, em 1832. O organismo observado por esses pesquisadores é atualmente denominado *Spirillum volutans* — uma bactéria relativamente grande (Figura 12.31*a*). *Thiospirillum* é um organismo fototrófico, semelhante a *S. volutans* (ver Figura 12.4*b*). *Spirillum volutans* é microaerofílico, requer O_2, sendo inibido por concentrações normais desse gás. Outra característica marcante de *S. volutans* corresponde à formação de grânulos (grânulos de volutina), que consistem em polifosfato (ver Figura 12.31*a* e Seção 4.13).

■ **Figura 12.31** (a) *Spirillum volutans*, visualizado ao microscópio de campo escuro, ressaltando os feixes de flagelos e grânulos de volutina (polifosfato). As células medem, aproximadamente, 1,5 x 2,5 μm. (b) Micrografia eletrônica de varredura de um espirilo intestinal. Observe os tufos de flagelos polares e a estrutura espiralada da superfície celular. (c) Micrografia eletrônica de varredura de células de *Ancyclobacter linguale*. As células têm diâmetro aproximado de 0,5 μm.

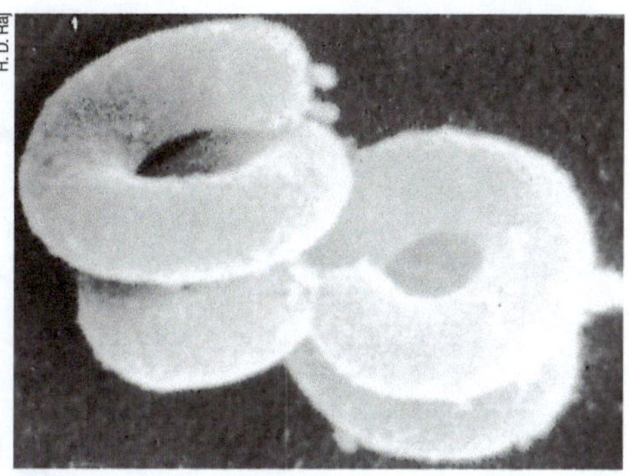

(c)

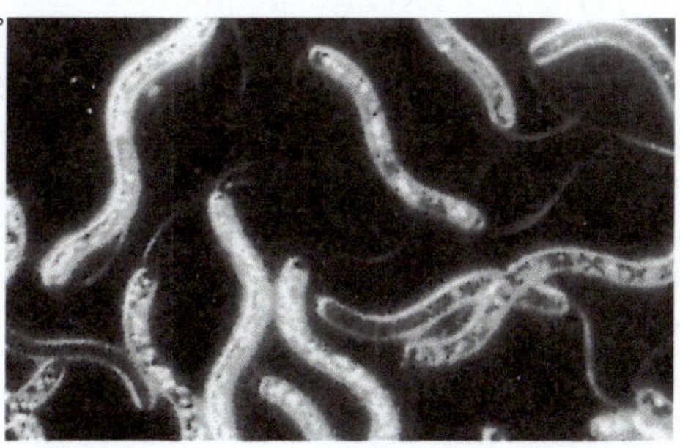

(a)

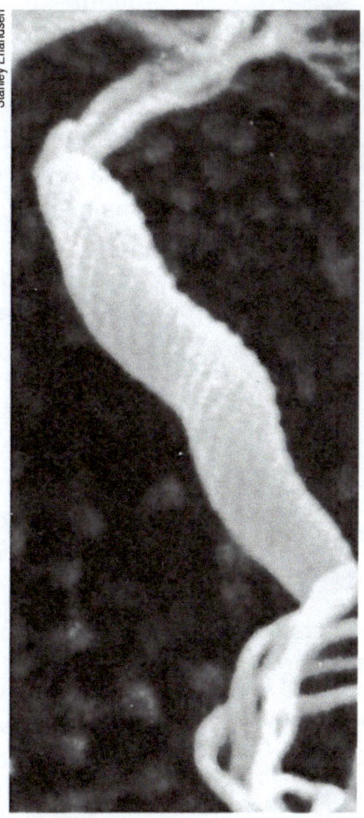

(b)

Azospirillum lipoferum é um organismo fixador de nitrogênio, originalmente descrito e denominado *Spirillum lipoferum* por Beijerinck, em 1922. Essa espécie tornou-se bastante interessante nos últimos anos porque foi verificado que tal bactéria participa de associações simbióticas com certas gramas tropicais e alguns grãos (Seção 20.28). Os espirilos de pequeno diâmetro (que não são microaeróbios) foram separados em dois gêneros: *Aquaspirillum* e *Oceanospirillum*, sendo o primeiro para as formas de água doce, e o segundo para as formas marinhas, requerendo NaCl para o crescimento (Tabela 12.18). Numerosas espécies de *Aquaspirillum* e *Oceanospirillum* foram descritas, sendo as várias espécies separadas de acordo com sua fisiologia. Esses organismos, sem dúvida, desempenham importante papel na reciclagem da matéria orgânica em ambientes aquáticos.

Espirilos magnetotáticos

Espirilos magnéticos aerofílicos, altamente móveis, foram isolados de hábitats de água doce. Esses organismos apresentam intensa movimentação direcionada em um campo magnético, referida como **magnetotaxia**. Em um campo magnético artificial, os espirilos rapidamente orientam seu extenso eixo ao longo do momento magnético norte-sul presente no campo. No interior das células (Figura 12.32), são encontradas cadeias de 5-40 partículas magnéticas, que consistem em magnetita (Fe_3O_4) e greigita (Fe_3S_4), denominadas **magnetossomos** (Seção 4.13 e Figura 4.54).

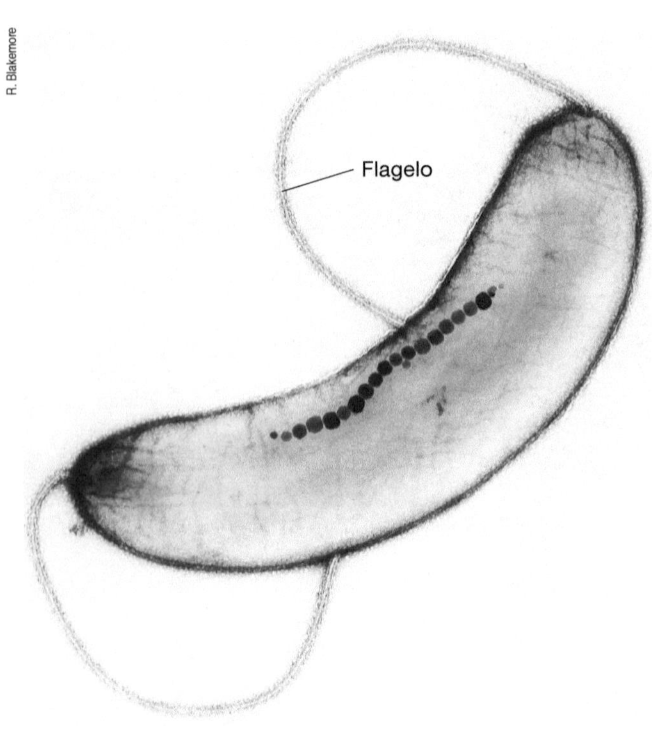

■ **Figura 12.32** Micrografia eletrônica de um espirilo magnetotático, *Magnetospirillum magnetotacticum*, corado negativamente. A célula mede 0,3 x 2 μm. Essa bactéria contém partículas de Fe_3O_4 (magnetita), denominadas magnetossomos (Figura 4.54), organizadas em uma cadeia; as partículas alinham a célula ao longo das linhas geomagnéticas. O organismo foi isolado de uma estação de tratamento de águas em Durham, New Hampshire.

Estes atuam como magnetos internos que orientam as células ao longo de um campo magnético específico. Bactérias magnéticas podem apresentar uma das duas polaridades magnéticas, dependendo da orientação dos magnetossomos no interior da célula. Em células que habitam o hemisfério norte, o pólo direcionado para norte, no magnetossomo, está localizado à frente em relação ao flagelo, conseqüentemente, movem-se em direção ao norte. Células localizadas no hemisfério sul apresentam polaridade oposta, movendo-se em direção ao sul. Embora o papel ecológico dos magnetos bacterianos não esteja ainda definido, foi sugerido que a capacidade de se orientar em um campo magnético corresponda a uma vantagem seletiva na manutenção desses organismos microaerofílicos em zonas de baixa concentração de O_2, próximo à interface óxica/anóxica. O espirilo *Magnetospirillum magnetotacticum* (Figura 12.32 e Tabela 12.18) corresponde ao principal organismo desse grupo.

Bdellovibrio

Esses pequenos organismos vibrióides apresentam a propriedade incomum de capturar outras bactérias utilizando os componentes citoplasmáticos de seus hospedeiros como nutrientes. Esses predadores bacterianos correspondem a pequenas células, que exibem grande motilidade e se aderem à superfície das células capturadas. Em decorrência dessa última propriedade, estas bactérias receberam a denominação *Bdellovibrio* (*bdello* é uma forma combinada que significa "sanguessuga"). Outras bactérias predatórias foram isoladas e receberam denominações sugestivas, tais como *Vampirococcus*. Entretanto, *Bdellovibrio* apresenta um tipo de singular ataque, desenvolvendo-se no periplasma. Após a célula de *Bdellovibrio* se aderir à presa, o predador penetra através da parede da presa, replicando-se no espaço situado entre a parede e a membrana (espaço periplasmático), eventualmente formando uma estrutura esférica denominada **bdelloplasto**. Os estágios de ligação e penetração são apresentados, em micrografias eletrônicas, na Figura 12.34. Uma grande variedade de *Bacteria* gram-negativas podem ser atacadas por uma única espécie de *Bdellovibrio*; as células gram-positivas não são atacadas.

O gênero *Bdellovibrio* é composto por organismos aeróbios obrigatórios, que obtém sua energia a partir da oxidação de aminoácidos e acetato. Além disso, as células de *Bdellovibrio* assimilam nucleotídeos, ácidos graxos e até mesmo proteínas inteiras, em alguns casos, diretamente a partir de seu hospedeiro, sem inicialmente clivá-las. Dessa maneira, fica claro que a existência predatória envolveu o desenvolvimento de processos bioquímicos interessantes e incomuns em *Bdellovibrio*. No entanto, além de apresentar um modo de vida predatório, foram descritos isolados derivados de linhagens predatórias de *Bdellovibrio*, que são independentes de presa, demonstrando que a atividade predatória não é obrigatória. Tais linhagens independentes da presa podem crescer em meios complexos contendo extrato de levedura e peptona.

Filogeneticamente, os bdelovíbrios enquadram-se na subdivisão delta do filo *Proteobacteria* (Figura 12.1), con-

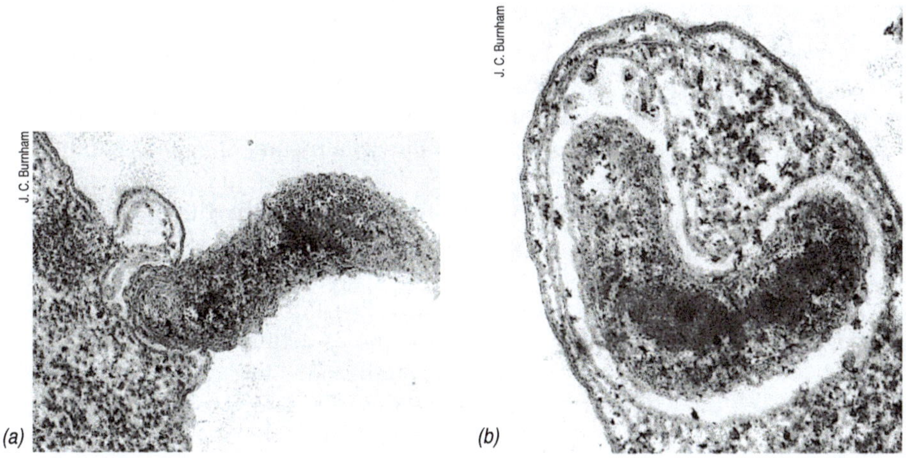

■ **Figura 12.33** Estágios de ligação e penetração de *Bdellovibrio* em uma célula capturada. Uma célula de *Bdellovibrio* tem diâmetro aproximado de 0,3 μm. (a, b) Micrografias eletrônicas de seções finas de *Bdellovibrio* atacando *Escherichia coli*; (a) Início da penetração; (b) Penetração completa. A célula de *Bdellovibrio* está contida em um envoltório membranoso, oriundo da célula da presa (o bdelloplasto), replicando-se no espaço periplasmático situado entre a parede e a membrana (ver Figura 12.34).

tendo um genoma com aproximadamente metade do tamanho do genoma de *E. coli*. Taxonomicamente, três espécies de *Bdellovibrio* são reconhecidas e confirmadas por análises de hibridização de DNAs genômicos (Seção 11.9).

Os membros do gênero *Bdellovibrio* são amplamente disseminados no solo e na água, inclusive em ambientes marinhos. Sua detecção e isolamento requerem métodos reminescentes daqueles empregados no estudo de vírus bacterianos (Seção 9.4). As bactérias presas são semeadas na superfície de uma placa de meio sólido, de modo a crescer confluentemente; a superfície do meio é inoculada com uma pequena quantidade de uma suspensão de solo, previamente submetida à filtração em membrana filtrante; esse tipo de membrana retém a maioria das bactérias, mas permite a passagem das pequenas células de *Bdellovibrio*. Após a incubação da placa de meio sólido, placas de lise (análogas às produzidas por bacteriófagos) são formadas nos locais onde as células de *Bdellovibrio* estão crescendo. No entanto, ao contrário do que ocorre com as placas de lise, que aumentam apenas enquanto o hospedeiro bacteriano está crescendo, as placas de *Bdellovibrio* continuam aumentando mesmo após as presas terem interrompido o crescimento, resultando em grandes placas na superfície do ágar. Culturas puras de *Bdellovibrio* podem ser isoladas a partir dessas placas. Culturas de *Bdellovibrio* foram obtidas a partir de uma grande variedade de solos, sendo esses organismos considerados membros habituais da microbiota do solo.

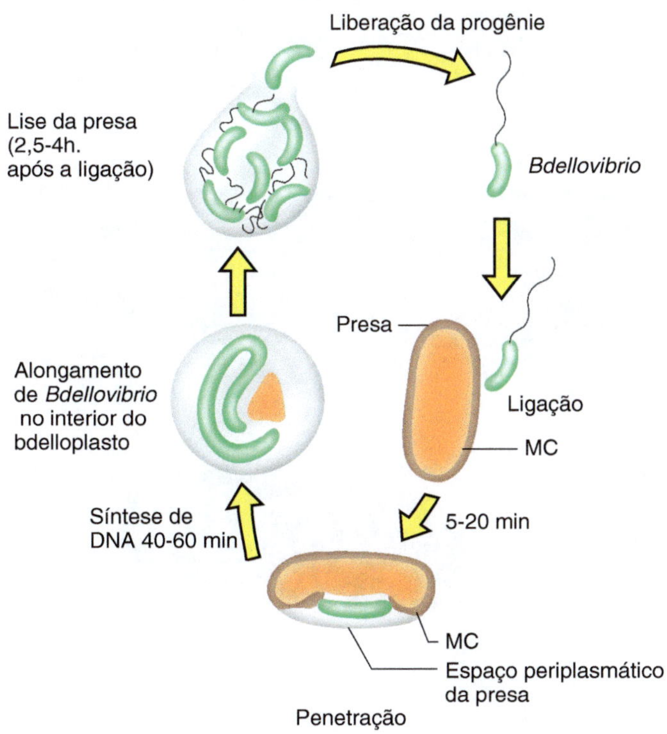

■ **Figura 12.34** Ciclo de desenvolvimento do predador bacteriano, *Bdellovibrio bacteriovorus*. Após o contato inicial entre a célula de *Bdellovibrio*, exibindo alta motilidade, e uma bactéria gram-negativa, ocorre a ligação e penetração no espaço periplasmático da presa. Uma vez no interior, o *Bdellovibrio* alonga-se e, em um período de 4h, a progênie celular é liberada. O número de células liberadas varia de acordo com o tamanho da presa bacteriana. Por exemplo, 5-6 células de *Bdellovibrio* são liberadas de cada célula de *Escherichia coli* infectada, e 20-30 de uma célula maior, tal como uma espécie *Spirillum*. MC: membrana citoplasmática da presa.

Ancyclobacter

Membros do gênero *Ancyclobacter* correspondem a bactérias em forma de anel, imóveis, quimiorganotróficas, de nutrição extremamente diversificada (Figura 12.31*c*). Estes se assemelham a víbrios muito espiralados, amplamente distribuídos em ambientes aquáticos. O organismo fototrófico equivalente a *Ancyclobacter* corresponde à bactéria púrpura não sulfurosa, *Rhodocyclus purpureus* (ver Figura 12.6*e*).

Campylobacter e *Helicobacter*

Estes dois gêneros correspondem aos principais representantes da subdivisão *epsilon* do filo *Proteobacteria*. São espirilos gram-negativos móveis, sendo a maioria das espécies patogênica para o homem e outros animais. *Campylobacter* e *Heliobacter* são microaerofílicos, sendo cultivados a partir de espécimes clínicos, em meios incubados em baixas tensões de O_2 (3-15%) e altas tensões de CO_2 (3-10%). Espécies *Campylobacter* provocam enterites agudas, levando (usualmente) a diarréias sanguinolentas; sua patogenia decorre de vários fatores, incluindo uma enterotoxina semelhante à toxina colérica (Seção 21.11). *Helicobacter pylori* está intimamente relacionado às espécies de *Campylobacter*, sendo o agente etiológico de gastrites agudas e crônicas, levando à formação de *úlceras pépticas*. Discutiremos as doenças causadas por *Campylobacter* e *Helicobacter*, inclusive as formas de transmissão e sintomatologia, em maiores detalhes, na Seção 29.8.

✓ 12.14 Verificação de conceitos

Os espirilos são procariotos quimiorganotróficos, espiralados, amplamente distribuídos em ambientes aquáticos. Os gêneros *Helicobacter* e *Campylobacter* são espirilos patogênicos. Os espirilos são distribuídos entre as subdivisões alfa, beta, gama, delta e epsilon do filo *Proteobacteria*.

✓ O que é um *grânulo de volutina*?

✓ Quais as características singulares apresentadas pelos espirilos *Bdellovibrio* e *Magnetospirillum*?

12.15 Proteobactérias com bainha: *Sphaerotilus* e *Leptothrix*

Principais gêneros

Sphaerotilus
Leptothrix

Bactérias com bainha são proteobactérias pertencentes à subdivisão beta (Tabela 12.1), que exibem ciclo de vida singular, envolvendo a formação de células flageladas expansivas, localizadas no interior de um tubo longo ou bainha. Em determinadas condições (geralmente desfavoráveis), as células expansivas passam a se locomover, dispersando-se em um novo ambiente e deixando para trás a bainha vazia. Em condições favoráveis, ocorre o crescimento vegetativo no interior do filamento, originando longas bainhas com células em seu interior. Bactérias com bainha são comuns em hábitats de água doce, ricos em matéria orgânica, tais como ribeirões poluídos, ou filtros-prensa e digestores de lodo ativado, em estações de tratamento de esgoto (Seção 28.2), sendo encontradas principalmente em locais de água corrente. Em hábitats onde compostos reduzidos de manganês e ferro são encontrados, as bainhas podem ser revestidas por hidróxido férrico ou óxido de manganês (Figura 18.29). A precipitação de ferro é provavelmente decorrente de reações químicas, embora algumas bactérias com bainha apresentem a capacidade bioquímica de oxidar íons de manganês em óxido de manganês. Nesse contexto, dois gêneros correspondem aos principais organismos: *Sphaerotilus*, em que não ocorre a oxidação de manganês, e *Leptothrix*, cujos membros oxidam Mn^{2+}.

Sphaerotilus

O filamento de *Sphaerotilus* é composto por uma cadeia de células bacilares de extremidades arredondadas, envolvidas por uma bainha fortemente associada. Essa bainha fina e transparente é de difícil visualização quando preenchida por células; no entanto, em um estado parcialmente esvaziado, pode ser facilmente visualizada ao microscópio de contraste de fase (Figura 12.35*a*) ou pelo emprego de técnicas de coloração. As células no interior da bainha dividem-se por fissão binária (Figura 12.35*b*), sendo as novas células empurradas em direção à extremidade contendo porções de bainha recém-sintetizadas. Assim, a bainha é sempre formada a partir das *pontas* do filamento. Cada célula mede de 1-2 μm de largura e 3-8 μm de comprimento, corando-se negativamente pela coloração de Gram. Eventualmente, as células são liberadas da bainha, provavelmente quando a disponibilidade de nutrientes encontra-se baixa. Essas células livres são ativamente móveis, estando os flagelos organizados de maneira lofotríquia (formando um feixe em um dos pólos) (Figura 12.35*c*). Provavelmente, os flagelos são sintetizados antes que as células deixem a bainha, podendo, neste caso, auxiliar na liberação celular. Acredita-se que as células expansivas em seguida migrem, liguem-se a alguma superfície sólida e cresçam, iniciando a formação do precursor de um novo filamento. A bainha, desprovida de ácido murâmico ou outros componentes do peptideoglicano da parede celular, corresponde a um complexo proteína-polissacarídeo-lipídeo,

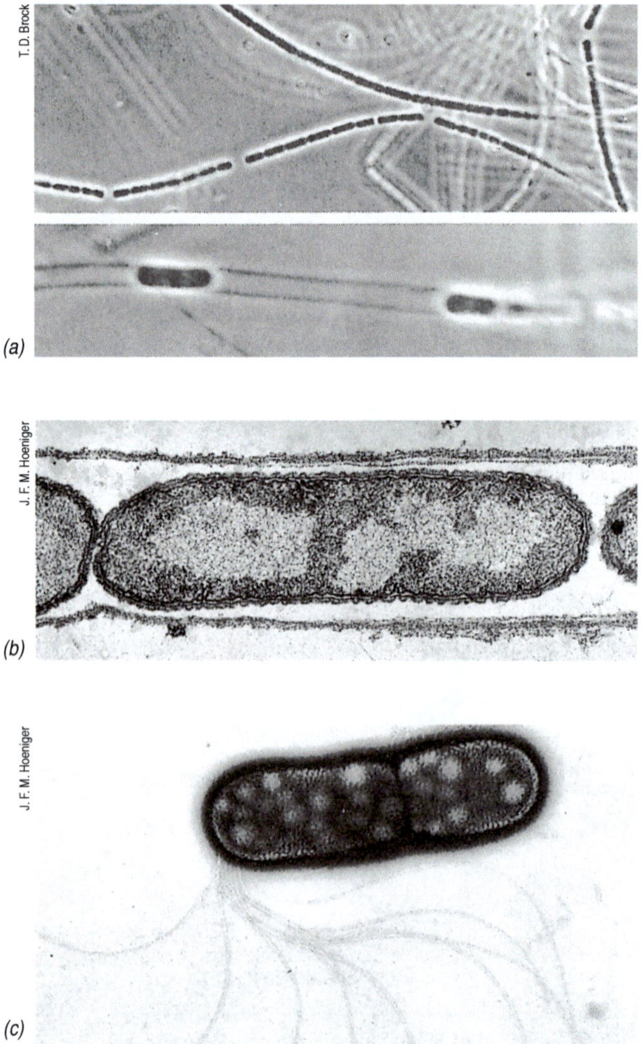

■ **Figura 12.35** *Sphaerotilus natans*. Uma única célula tem largura aproximada de 2 μm. (a) Fotomicrografia de contraste de fase de uma amostra coletada de um ribeirão poluído. Estágio de crescimento ativo (acima) e células expansivas deixando a bainha. (b) Micrografia eletrônica de uma seção fina de um filamento. (c) Micrografia eletrônica de uma célula expansiva, corada negativamente. Observe o tufo de flagelos polares.

possivelmente análogo às cápsulas formadas por várias espécies de *Bacteria* gram-negativas, diferenciando-se por originar uma estrutura linear.

Culturas de *Sphaerotilus* são nutricionalmente versáteis, sendo capazes de utilizar uma grande variedade de compostos orgânicos simples como fontes de carbono e energia, utilizando fontes inorgânicas de nitrogênio. Condizente com seus hábitats em águas correntes, as espécies de *Sphaerotilus* são aeróbias obrigatórias. Florescimentos de *Sphaerotilus* ocorrem freqüentemente no outono, em ribeirões e córregos, quando a decomposição de folhas promove um aumento temporário no conteúdo orgânico da água. Seus filamentos correspondem ao principal componente de um complexo microbiano denominado "fungo de esgoto" pelos engenheiros sanitaristas. Este corresponde a um limo filamentoso, encontrado em rochas de ribeirões que recebem esgotos poluídos. Em áreas de lodo ativado, em estações de tratamento de água (Seção 28.2), o crescimento de *Sphaerotilus*, bem como o de *Beggiatoa* (ver Seção 12.4), é freqüentemente responsável por uma condição detrimental denominada "formação de massas". As massas de filamentos entrelaçados de *Sphaerotilus* aumentam de tal modo a massa de lodo que impedem sua sedimentação adequada, dificultando, portanto, seu clareamento.

Leptothrix

A capacidade de *Sphaerotilus* e *Leptothrix* precipitarem óxidos de ferro em suas bainhas é um fato bem estabelecido; essas bainhas incrustadas com ferro são freqüentemente encontradas em águas ricas em ferro (Figura 12.36). A precipitação de ferro geralmente ocorre quando o ferro, ligado a compostos orgânicos, tais como ácido húmico ou tânico, é metabolizado; o ferro se precipita na bainha, enquanto os constituintes orgânicos podem ser utilizados como fontes de carbono e energia.

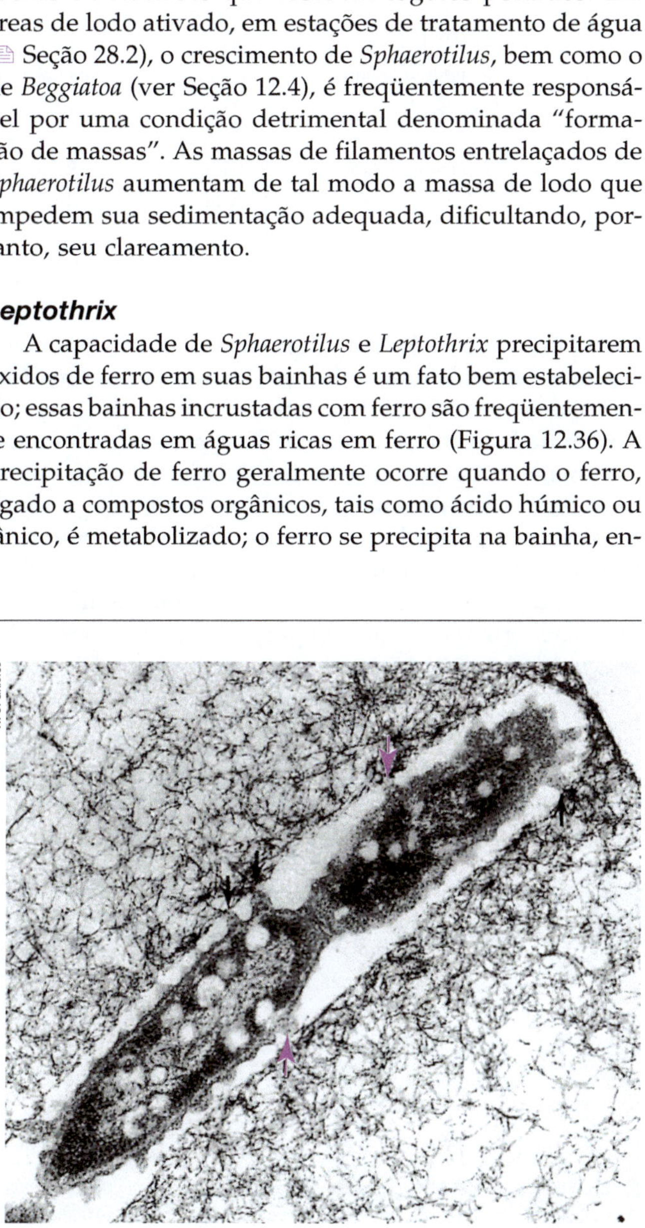

Figura 12.36 Micrografia eletrônica de transmissão de uma seção fina de uma espécie de *Leptothrix* presente em um filme de ferromanganês em um pântano de Ithaca, Nova York. Uma célula tem diâmetro aproximado de 0,9 μm. Observe as protuberâncias do envoltório celular, as quais mantêm contato com a bainha (setas).

Além da oxidação de Fe^{2+}, espécies de *Leptothrix* são capazes de oxidar Mn^{2+} a Mn^{4+}. A reação que ocorre:

$$Mn^{2+} + \tfrac{1}{2}\,O_2 + H_2O \rightarrow MnO_2 + 2H^+ \quad \Delta G^{0\prime} = -68\ kJ$$

é exergônica; evidências sugerem que a oxidação de Mn^{2+} está ligada a reações de produção de energia. O gene que codifica a proteína de oxidação de manganês foi isolado de *Leptothrix* e, por meio de estudos bioquímicos, foi demonstrado que essa proteína localiza-se na bainha e não no interior das células. A razão pela qual espécies de *Leptothrix* oxidam Mn^{2+} não está totalmente definida, havendo as hipóteses de que tal tipo de reação traria benefícios energéticos, ou pelo fato de o Mn^{4+} produzido reagir com os ácidos húmico e fúlvico, liberando assim nutrientes orgânicos para o crescimento.

12.16 *Bacteria* com brotamento e prosteca/pedúnculo

Principais gêneros

Hyphomicrobium
Caulobacter

Esse grande e relativamente heterogêneo grupo de proteobactérias contém organismos que formam diferentes tipos de extrusões citoplasmáticas: *pedúnculos*, *hifas* ou *apêndices* (Tabela 12.19). Extrusões desse tipo, com diâmetro menor que uma célula madura, contendo citoplasma e ligadas pela parede celular, são denominadas **prostecas** (Figura 12.37). De considerável interesse nesse grupo é o fato de a divisão celular ocorrer como resultado de um *crescimento celular desigual*. Contrariamente à divisão celular típica de bactérias, que ocorre por *fissão binária*, resultando na formação de duas células equivalentes (Figura 12.38), a divisão celular em bactérias pedunculadas ou com brotamento envolve a formação de uma célula filha, com a célula mãe mantendo sua identidade após o processo da divisão celular ter-se completado (Figura 12.38). Os gêneros apresentados na Tabela 12.19 que realizam esse processo de divisão celular desigual estão ilustrados na Figura 12.38.

Uma diferença fundamental entre esses organismos e as bactérias convencionais não corresponde à formação de brotos ou pedúnculos, mas à formação de uma nova parede celular a partir de um *único ponto* (crescimento polar), e não ao longo de toda a célula (crescimento intercalar). Vários gêneros normalmente não considerados bactérias com brotamento apresentam crescimento polar sem a diferenciação de tamanho celular (Figura 12.38). Uma importante conseqüência do **crescimento polar** é o fato de estruturas internas, tais como complexos membranosos, não estarem envolvidas no processo de divisão celular, permitindo, assim, a formação de estruturas internas mais complexas que as observadas em células que sofrem o crescimento intercalar. Nesse sentido, muitas bactérias, particularmente as espécies fototróficas, contêm extensos sistemas de membranas internas.

Tabela 12.19 Características das bactérias pedunculadas, apendiculadas (prosteca) e com brotamento

Características	Gênero	Grupo filogenético[a]	DNA (mol % GC)
Bactérias pedunculadas:			
Pedúnculo como extensão citoplasmática, envolvido na divisão celular	*Caulobacter*	Alfa	62-67
Células fusiformes, com pedúnculo	*Prosthecobacter*	Alfa	54-60
Com pedúnculo, sendo esse produto de excreção não contém citoplasma			
Pedúnculo com depósitos de ferro, célula vibrióide	*Gallionella*	Beta	55
Pedúnculo gelatinoso, excretado lateralmente, sem depósitos de ferro	*Nevskia*	Gama	60
Bactérias apendiculadas (prosteca):			
Prosteca única ou dupla	*Asticcacaulis*	Alfa	55-61
Prostecas múltiplas			
Prosteca curta, multiplicação por fissão, algumas com vesículas de gás	*Prosthecomicrobium*	Alfa	64-70
Células planas, em forma de estrela, algumas com vesículas de gás	*Stella*	Alfa	69-74
Prosteca longa, multiplicação por brotamento, algumas com vesículas de gás	*Ancalomicrobium*	Alfa	70-71
Bactérias com brotamento:			
Fototróficas, produzem hifas	*Rhodomicrobium*	Alfa	61-63
Fototróficas, brotamento sem hifas	*Rhodopseudomonas*	Alfa	64-72
Quimiorganotróficas, células bacilares	*Blastobacter*	Alfa	59-66
Quimiorganotróficas, com brotamento nas extremidades de hifas delgadas			
Hifa única a partir da célula parental	*Hyphomicrobium*	Alfa	59-65
Hifas múltiplas a partir da célula parental	*Pedomicrobium*	Alfa	62-67

a Todas pertencem ao filo *Proteobacteria*.

Bactérias com brotamento: *Hyphomicrobium*

As duas bactérias com brotamento mais estudadas correspondem aos gêneros *Hyphomicrobium*, quimiorganotróficas, e *Rhodomicrobium*, fototróficas; ambos os organismos estão intimamente relacionados do ponto de vista filogenético, liberando brotos a partir das extremidades de hifas longas e finas. A hifa corresponde a uma extensão celular direta (Figuras 12.39 e 12.40*b*), contendo parede celular, membrana citoplasmática, ribossomos e, ocasionalmente, DNA. O processo de reprodução em *Hyphomicrobium* é ilustrado na Figura 12.39. A célula mãe, geralmente ligada a um substrato sólido pela base, forma uma fina protuberância que se alonga, tornando-se uma hifa em cuja extremidade forma-se um broto. Esse broto aumenta, forma um flagelo, desprende-se da célula mãe e se afasta por meio de movimentos natatórios. Posteriormente, a célula filha perde seu flagelo e, após um período de maturação, forma uma hifa, originando novos brotamentos. Outros brotos podem ainda ser formados na ponta da hifa da célula mãe, originando um conjunto de células conectadas

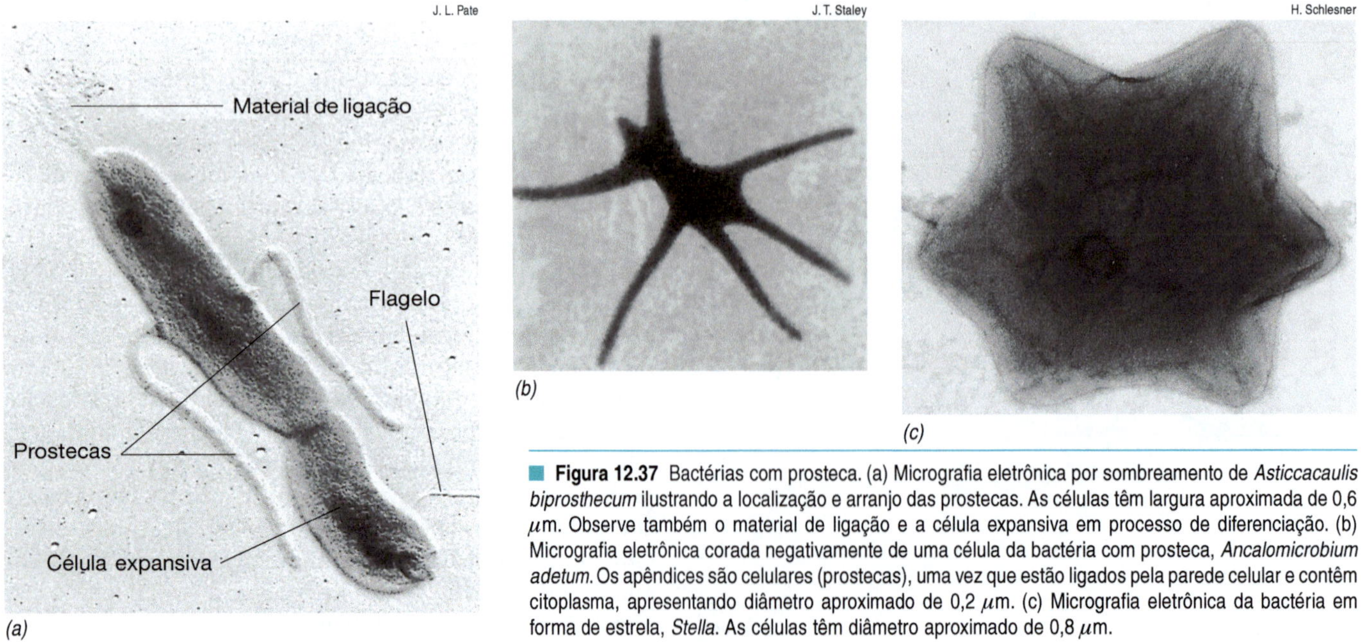

■ **Figura 12.37** Bactérias com prosteca. (a) Micrografia eletrônica por sombreamento de *Asticcacaulis biprosthecum* ilustrando a localização e arranjo das prostecas. As células têm largura aproximada de 0,6 μm. Observe também o material de ligação e a célula expansiva em processo de diferenciação. (b) Micrografia eletrônica corada negativamente de uma célula da bactéria com prosteca, *Ancalomicrobium adetum*. Os apêndices são celulares (prostecas), uma vez que estão ligados pela parede celular e contêm citoplasma, apresentando diâmetro aproximado de 0,2 μm. (c) Micrografia eletrônica da bactéria em forma de estrela, *Stella*. As células têm diâmetro aproximado de 0,8 μm.

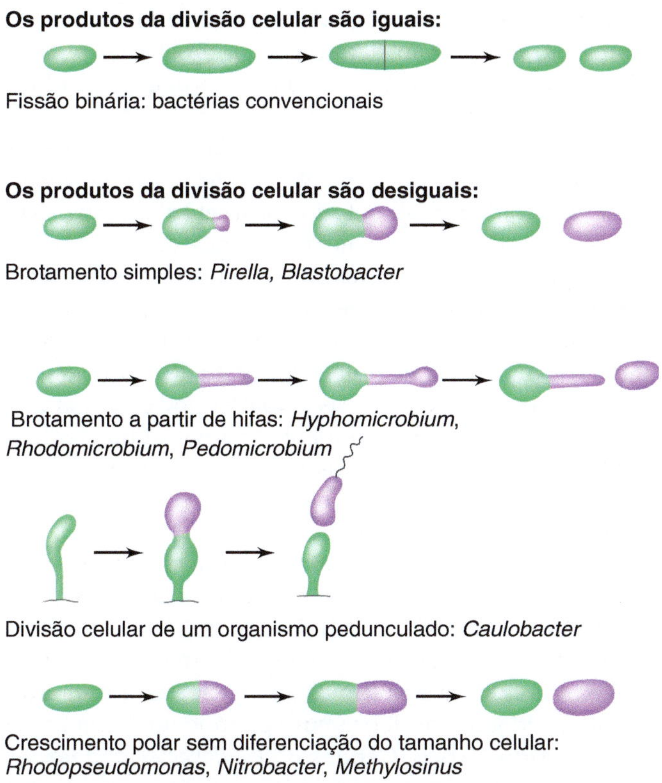

■ **Figura 12.38** Diferenças entre a divisão celular de bactérias convencionais e de bactérias com brotamento e pedunculadas.

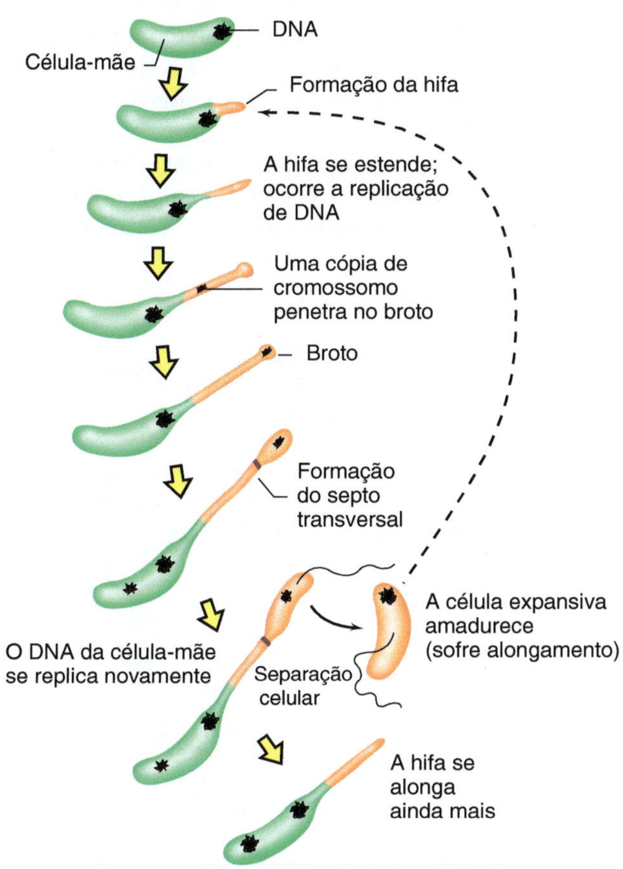

■ **Figura 12.39** Estágios do ciclo celular de *Hyphomicrobium*. O cromossomo único de *Hyphomicrobium* é circular.

pelas hifas (Figura 12.40*a*). Em alguns casos, um broto começa a se formar diretamente a partir da célula mãe, sem ocorrer a formação de uma hifa, enquanto em outros casos uma única célula forma hifas em cada uma de suas extremidades (Figura 12.40*a*).

Os eventos de replicação do nucleóide durante um ciclo de brotamento são bastante interessantes (Figura 12.39). O DNA da célula mãe replica-se e, uma vez formado o broto, uma cópia do cromossomo circular move-se ao longo da hifa, penetrando no broto. Forma-se então um septo transversal, separando o broto ainda em desenvolvimento da hifa e da célula mãe.

Hyphomicrobium é uma bactéria metilotrófica (ver Seção 12.6). As fontes preferenciais de carbono correspondem aos compostos contendo *um carbono* tais como metanol, metilamina, formaldeído e formato. O crescimento em acetato, etanol ou compostos alifáticos maiores é geralmente lento, sendo pobre em açúcares e na maioria dos aminoácidos. Uréia, amidas, amônia, nitrito e nitrato podem ser utilizados como fontes de nitrogênio; vitaminas não são requeridas. Espécies de *Hyphomicrobium* encontram-se disseminadas em hábitats de água doce, marinhos e terrestres. Culturas de enriquecimento iniciais podem ser preparadas pela inoculação de amostras naturais em meios contendo sais minerais, desprovidos de carbono e nitrogênio orgânicos. Após algumas semanas de incubação, a película superficial formada é semeada em meio sólido, contendo metilamina ou metanol como fontes de carbono. As colônias são, em seguida, analisadas ao microscópio, verificando-se a morfologia celular característica de *Hyphomocrobium*. Um procedimento de enriquecimento relativamente específico para *Hyphomicrobium* utiliza metanol

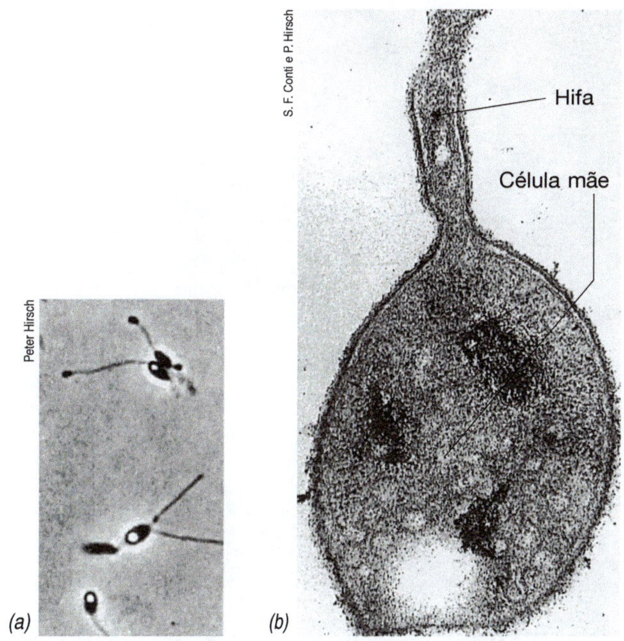

■ **Figura 12.40** *Hyphomicrobium*. (a) Micrografia de fase de células de *Hyphomicrobium*. As células têm largura aproximada de 0,7 μm. (b) Micrografia eletrônica de uma seção fina de uma única célula de *Hyphomicrobium*. A hifa tem largura aproximada de 0,2 μm.

como doador de elétrons e nitrato como aceptor, em condições anóxicas. Uma vez que virtualmente o único organismo denitrificante que utiliza metanol corresponde a *Hyphomicrobium*, esse procedimento permite a seleção desta bactéria a partir de uma ampla variedade de ambientes.

Bacteria com prosteca e com pedúnculo

Bactérias com prosteca e pedúnculo (Figuras 12.37 e 12.41) são organismos apendiculados, aeróbios, quimiorganotróficos, que se ligam a materiais particulados, componentes vegetais ou a outros microrganismos, em ambientes aquáticos. Embora a principal função desses apêndices seja, indubitavelmente, a ligação, estes também aumentam de maneira significativa a razão superfície/volume da célula. Relembrando o Capítulo 4, uma elevada relação entre superfície/volume em células pequenas como as bactérias confere um aumento na sua capacidade de captarem nutrientes e expelirem dejetos. A morfologia peculiar das bactérias apendiculadas (Figura 12.37) favorece intensamente esse aspecto, podendo corresponder a uma adaptação evolutiva para a vida em águas oligotróficas (pobre em nutrientes) onde esses organismos são geralmente encontrados. O isolamento seletivo de bactérias com prosteca/pedúnculo pode ser realizado misturando-se um inóculo em uma solução de nutrientes bastante diluída — por exemplo, peptona a 0,01% — deixando-a em repouso. Após poucos dias, desenvolve-se uma película superficial que contém bactérias com prosteca e pedunculadas, sendo possível seu isolamento pela semeadura em placas contendo meio sólido.

Outra função das prostecas pode estar envolvida na diminuição da taxa de sedimentação em ambientes aquáticos. Foi demonstrado em laboratório que a centrifugação de células com prosteca requer maior força centrífuga que de células sem prosteca. Essa tendência inerente de resistir à sedimentação provavelmente é decorrente da presença de prostecas, podendo conferir vantagens para tais tipos celulares, em seus hábitats naturais. Pelo fato de esses organismos serem aeróbios estritos, as prostecas podem evitar que as células afundem em sedimentos ou em outras regiões anóxicas, onde estariam impossibilitadas de respirar.

Caulobacter e *Gallionella*

Duas bactérias pedunculadas comumente observadas são *Caulobacter* (Figura 12.41) e *Gallionella* (ver Figura 12.43). As primeiras são quimiorganotróficas e formam pedúnculos preenchidos por citoplasma, isto é, uma prosteca, enquanto as últimas são bactérias quimiolitotróficas, oxidantes de ferro, cujo pedúnculo é composto por hidróxido férrico. Células de *Caulobacter* podem ser freqüentemente observadas na superfície de ambientes aquáticos, com os pedúnculos de várias células ligados, formando *rosetas* (Figura 12.41*a*). Na extremidade do pedúnculo há uma estrutura denominada *gancho*, pelo qual o pedúnculo se liga a uma superfície.

O ciclo da divisão celular de *Caulobacter* (Figura 12.42) apresenta especial interesse, pois envolve um processo de *fissão binária desigual*; várias pesquisas têm sido realizadas com o objetivo de compreender os eventos da divisão celular e do desenvolvimento. A divisão de uma célula pedunculada ocorre pelo alongamento da célula, seguido da fissão, formando-se um flagelo único no pólo oposto ao pedúnculo. A célula flagelada recém-formada, deno-

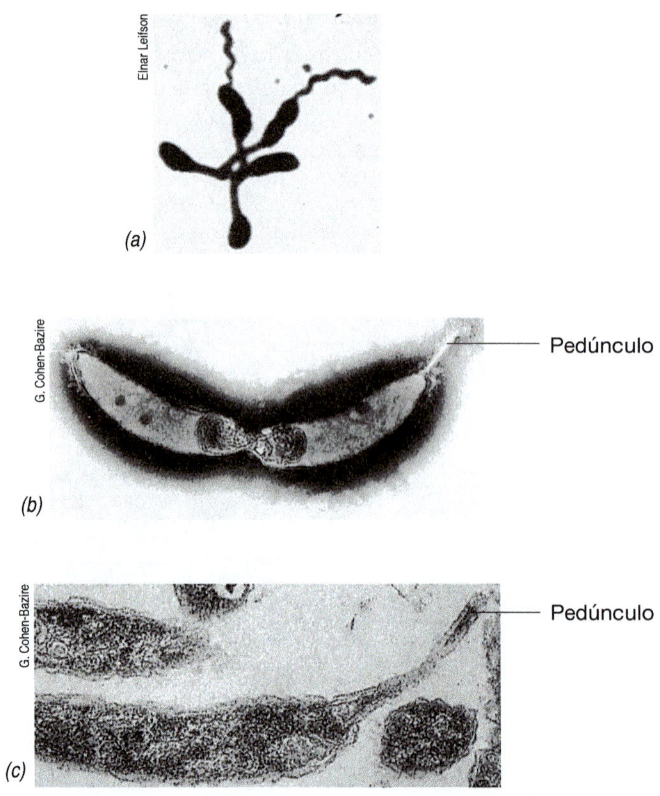

■ **Figura 12.41** Bactérias pedunculadas. (a) Uma roseta de *Caulobacter*. Uma única célula tem largura aproximada de 0,5 μm. As cinco células ligam-se por seus pedúnculos (prostecas). Duas células se dividiram e as células filhas formaram flagelos. (b, c) Micrografias eletrônicas de células de *Caulobacter*. (b) Preparação corada negativamente de uma célula em divisão. (c) Uma seção fina. Observe que constituintes citoplasmáticos estão presentes na região do pedúnculo.

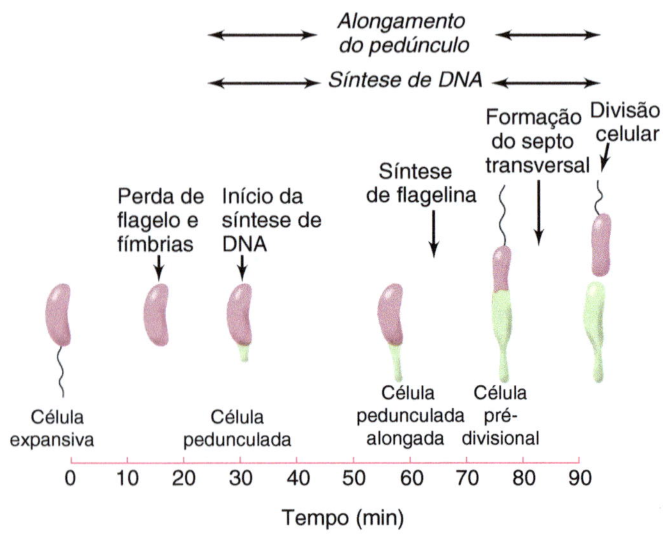

■ **Figura 12.42** Estágios do ciclo celular de *Caulobacter*, iniciando com uma célula expansiva.

minada *expansiva*, separa-se da célula mãe não flagelada, movimenta-se nas proximidades e liga-se a uma nova superfície, formando um novo pedúnculo no pólo flagelado; em seguida, o flagelo é perdido (Figura 12.42). A formação do pedúnculo corresponde a um precursor necessário à divisão celular, sendo esta coordenada com a síntese de DNA (Figura 12.42). A divisão celular em *Caulobacter* é, desse modo, mais complexa que a simples fissão binária, uma vez que células com pedúnculo e expansivas são estruturalmente diferentes, e o ciclo de crescimento deve incluir essas duas formas.

Outro interessante organismo pedunculado corresponde à *Gallionella*, que origina um pedúnculo retorcido, que contém óxido férrico (Figura 12.43). No entanto, o pedúnculo de *Gallionella* não corresponde a uma parte integral da célula, sendo *excretado* a partir da superfície celular. Este é composto por uma matriz orgânica, onde o óxido férrico se acumula. Células de *Gallionella* são freqüentemente encontradas em áreas pantanosas, onde há drenagem de águas, fontes ferrosas e outros hábitats que possuem ferro ferroso (Fe^{2+}), geralmente em associação com bactérias contendo bainha, como *Sphaerotilus*. As espécies de *Gallionella* são autotróficas quimiorganotróficas que possuem as enzimas do ciclo de Calvin (Seção 18.6), as quais realizam a incorporação de CO_2 em compostos celulares, utilizando Fe^{2+} como doador de elétrons.

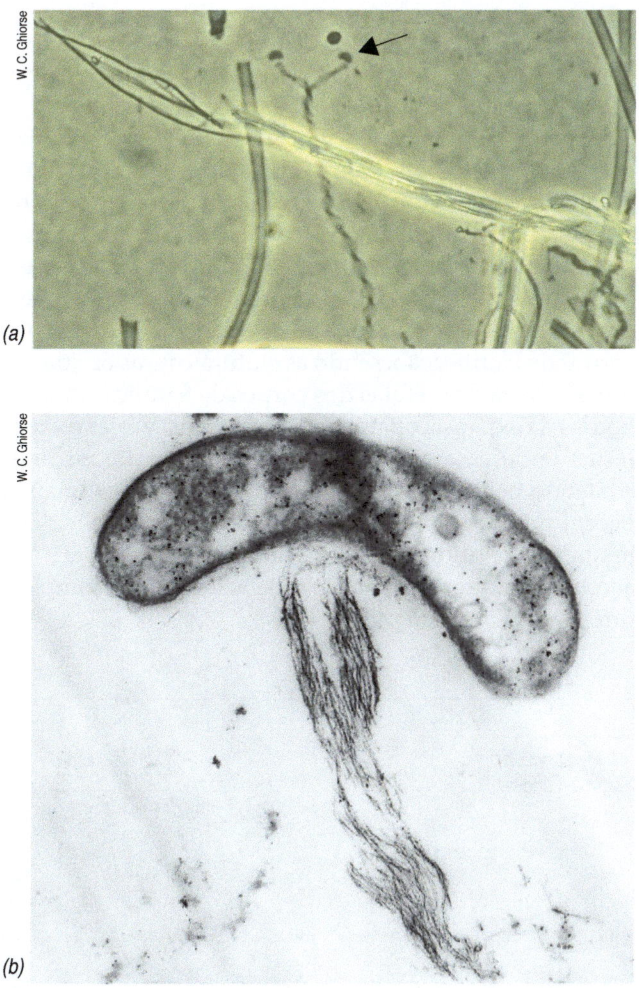

■ **Figura 12.43** *Gallionella ferruginea.* (a) Fotomicrografia de células de uma fonte ferrosa próxima a Ithaca, Nova York. Observe o pedúnculo retorcido das duas células riniformes (seta) (b) Micrografia eletrônica de transmissão de uma seção fina de uma célula. As células têm largura aproximada de 0,6 μm. Observe, em ambas as fotos, o pedúnculo retorcido de hidróxido férrico originando-se a partir do centro da célula.

✓ 12.15–12.16 Verificação de conceitos

As bactérias com bainha correspondem a proteobactérias filamentosas, onde células individuais formam cadeias no interior de uma camada externa, denominada bainha. Bactérias com brotamento e com prosteca são células apendiculadas que formam pedúnculos ou prostecas utilizados para a ligação a superfícies, ou absorção de nutrientes, sendo principalmente encontradas em ambientes aquáticos.

✓ Fisiologicamente, qual a propriedade singular apresentada pela bactéria com bainha, *Leptothrix*?

✓ De que modo a divisão por brotamento difere da fissão binária?

✓ Qual a vantagem apresentada por um organismo com prosteca, em ambientes bastante pobres em nutrientes?

12.17 Mixobactérias deslizantes

Principais gêneros

Myxococcus
Stigmatella

Uma variedade de procariotos exibe um tipo de motilidade denominado *deslizamento*. Discutimos o processo de motilidade por deslizamento na Seção 4.11. Microrganismos deslizantes, geralmente bacilos longos ou filamentosos, não possuem flagelos, mas são capazes de se movimentar quando em contato com superfícies. Um grupo de bactérias deslizantes — as mixobactérias frutificantes — apresenta a interessante propriedade de formar estruturas multicelulares, denominadas **corpos de frutificação**, que exibem um ciclo de vida complexo, envolvendo a comunicação intercelular (ver Figura 12.47). Filogeneticamente, as mixobactérias são membros da subdivisão *delta* do filo *Proteobacteria* (Tabela 12.20).

As mixobactérias frutificantes exibem o mais complexo padrão de comportamento e ciclo de vida, dentre todos os organismos procariotos conhecidos. Em concordância com tal complexidade, o cromossomo de algumas mixobactérias é bastante longo. *Myxococcus xanthus*, por exemplo, apresenta um único cromossomo circular, com 19.500 pares de quilobases, o dobro do tamanho do cromossomo de *Escherichia coli* (Seção 10.12). De fato, este corresponde a dois terços do tamanho do genoma completo da levedura *Saccharomyces cerevisiae*, que contém 16 cromossomos (Seção 14.6). As células vegetativas de mixobactérias frutificantes correspondem a bacilos gram-negativos simples, não flagelados (Figura 12.44*a*), que deslizam pelas superfícies, obtendo nutrientes principalmente pela lise de outras bactérias. Em condições adequadas, expansões de células vegetativas agregam-se e formam *corpos de frutificação*, dentro dos quais algumas das células são convertidas em estruturas de dormência, os **mixósporos** (Figura 12.44*b*).

Tabela 12.20 Classificação de mixobactérias frutificantes[a]

Características	Gênero	DNA (mol % GC)
Células vegetativas afiladas		
Mixósporos ovais ou esféricos, corpos de frutificação geralmente macios e limosos sem esporângios ou pedúnculos bem definidos	*Myxococcus*	68-71
Mixósporos bacilares:		
Mixósporos não contidos em esporângios, corpos de frutificação sem pedúnculos	*Archangium*	67-68
Mixósporos embebidos em envelope limoso:		
Corpos de frutificação sem pedúnculos	*Cystobacter*	68
Corpos de frutificação com pedúnculos, esporângio único	*Melittangium*	—
Corpos de frutificação com pedúnculos, esporângios múltiplos	*Stigmatella*	68-69
Corpos de frutificação formando cachos marrons, escuros, consistindo em pequenos esporângios esféricos ou em forma de disco, com ou sem parede externa	*Angiococcus*	—
Células vegetativas não afiladas (extremidades retas ou arredondadas); mixósporos semelhantes a células vegetativas; esporângios sempre produzidos		
Corpos de frutificação sem pedúnculos; mixósporos bacilares	*Polyangium*	69
Corpos de frutificação sem pedúnculos; mixósporos ovais; intensamente celulolíticos	*Sorangium*	—
Corpos de frutificação sem pedúnculos; mixósporos cocóides	*Nannocystis*	70-72
Corpos de frutificação com pedúnculos	*Chondromyces*	69-70

a Filogeneticamente, os espécimes analisados enquadram-se na subdivisão delta de *Proteobacteria* (ver Tabela 12.1).

Os corpos de frutificação de mixobactérias variam de simples massas de mixósporos globulares, envoltos por material limoso frouxo, a formas complexas, apresentando parede e pedúnculo (Figura 12.45). Os corpos de frutificação freqüentemente apresentam coloração intensa (Figuras 12.45 e 12.46). Em geral estes podem ser observados com o auxílio de uma lente, ou lupa, a partir de espécimes contendo porções úmidas de madeira ou outros compostos vegetais em decomposição. Os corpos de frutificação de mixobactérias geralmente se desenvolvem sobre grãos de esterco (por exemplo, fezes de coelhos), após terem sido incubados por alguns dias em uma câmara úmida. Outra forma de isolamento de mixobactérias frutificantes consiste na preparação de placas de Petri contendo ágar água (1,5% de ágar em água destilada, sem a adição de nutrientes), sobre as quais são semeadas densas suspensões de, virtualmente, qualquer bactéria. Também se devem adicionar, na região central da placa uma pequena quantidade de solo, cascas de árvore em decomposição ou outro composto natural. As mixobactérias presentes no inóculo adicionado promovem a lise das células bacterianas, utilizando os compostos liberados por estas como nutrientes; à medida que as mixobactérias crescem, passam a se expandir pela placa, a partir do sítio de inoculação. Após um período que varia de alguns dias a uma semana, as placas são examinadas com o auxílio de uma lupa, para a verificação da presença das expansões de mixobactérias ou dos corpos de frutificação, sendo as culturas puras obtidas pela transferência das células dos corpos de frutificação, ou das bordas da expansão, para meios orgânicos. Várias mixobactérias podem ser cultivadas em laboratório, em meios contendo peptona ou hidrolisado de caseína, os quais fornecem nutrientes orgânicos na forma de aminoácidos ou pequenos peptídeos. Esses organismos são tipicamente aeróbios, apresentando o ciclo de ácido cítrico completo e um sistema de citocromos.

■ **Figura 12.44** (a) Micrografia eletrônica de uma seção fina de uma célula vegetativa de *Myxococcus xanthus*. Uma célula tem largura aproximada de 0,75 μm. (b) Mixósporo de *M. xanthus* revelando a parede externa em multicamadas. Os mixósporos têm diâmetro aproximado de 2 μm.

Herbert Voelz

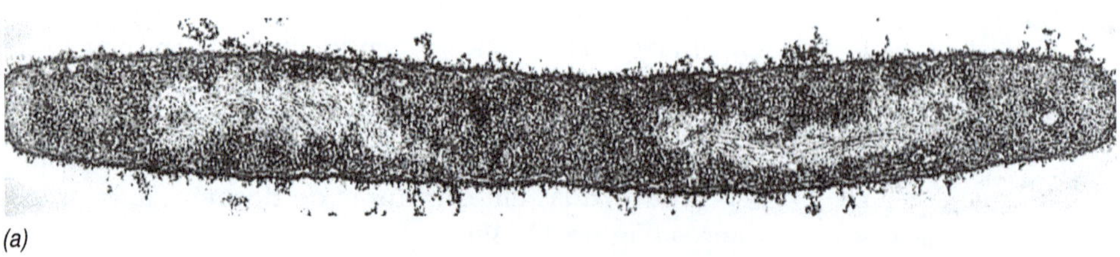

(a)

Herbert Voelz

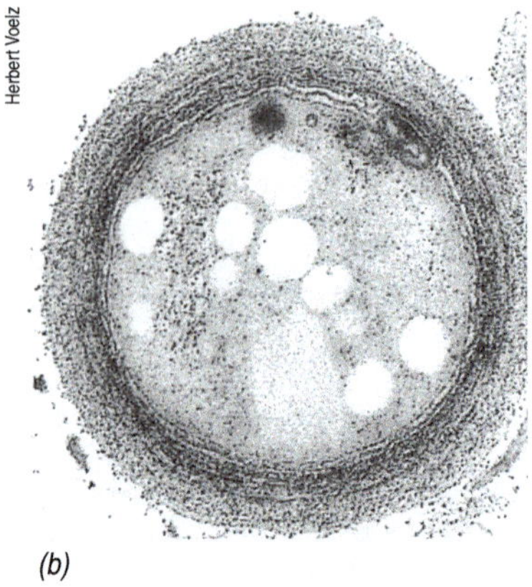

(b)

■ **Figura 12.45** *Stigmatella aurantiaca*. (a) Fotografia colorida de um corpo de frutificação. A estrutura tem altura aproximada de 150 μm. (b) Micrografia eletrônica de varredura de um corpo de frutificação crescendo em um pedaço de madeira. Observe as células individuais, visíveis em cada estrutura de frutificação.

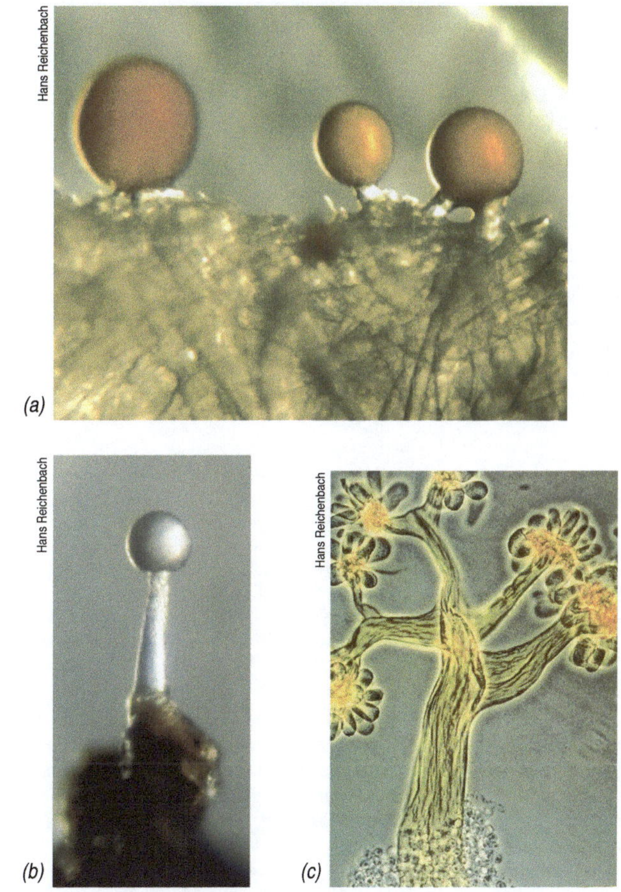

■ **Figura 12.46** Corpos de frutificação de quatro espécies de mixobactérias frutificantes. (a) *Myxococcus fulvus* (125 μm de altura). (b) *Myxococcus stipitatas* (170 μm de altura). (c) *Mellitangium erectum* (50 μm de altura).

Ciclo de vida de uma mixobactéria frutificante

O ciclo de vida de uma mixobactéria frutificante típica é apresentado na Figura 12.47. Geralmente, as células vegetativas secretam compostos limosos e, à medida que se deslocam sobre uma superfície sólida, deixam um rastro limoso (Figura 12.48*a*). Esse rastro é preferencialmente utilizado por outras células durante a expansão, de forma que um padrão radial é rapidamente criado, com as células migrando ao longo das trilhas limosas (Figura 12.48*b*). O corpo de frutificação totalmente formado (Figuras 12.45 e 12.46) corresponde a uma estrutura complexa, produzida pela diferenciação de células localizadas na região do pedúnculo e na cabeça que contém os mixósporos.

Os corpos de frutificação não são formados enquanto o meio apresentar nutrientes adequados ao crescimento vegetativo. Em contrapartida, havendo uma exaustão nutricional, as células vegetativas expansivas começam a

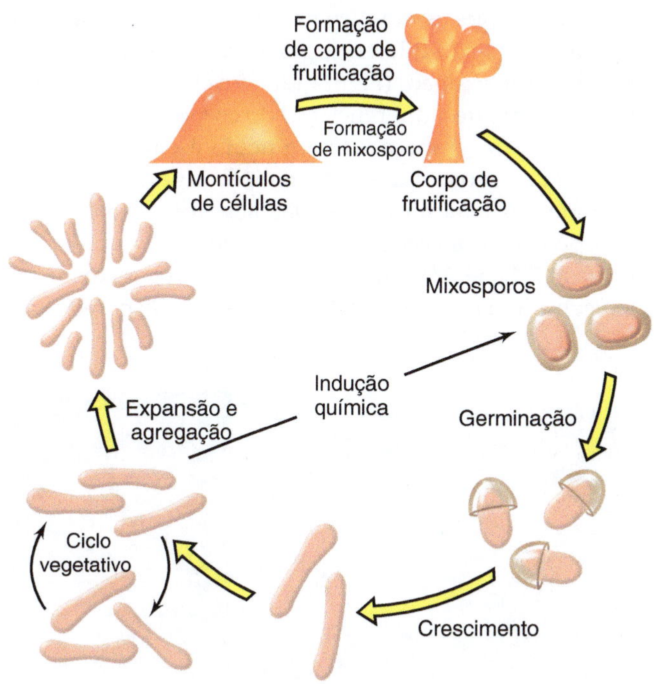

■ **Figura 12.47** Ciclo de vida de *Myxococcus xanthus*. A agregação tem como finalidade organizar as células vegetativas para a formação dos corpos de frutificação. As células vegetativas sofrem morfogênese, transformando-se em células de dormência, denominadas mixósporos. Estes, quando em condições nutricionais e físicas favoráveis, germinam, originando células vegetativas. Tais células vegetativas podem ser convertidas diretamente em mixósporos, sem a formação de corpos de frutificação, pela ação de determinados indutores químicos, especialmente glicerol em altas concentrações. Observe a fotografia dos corpos de frutificação de *Myxococcus* nas Figuras 12.45 e 12.46.

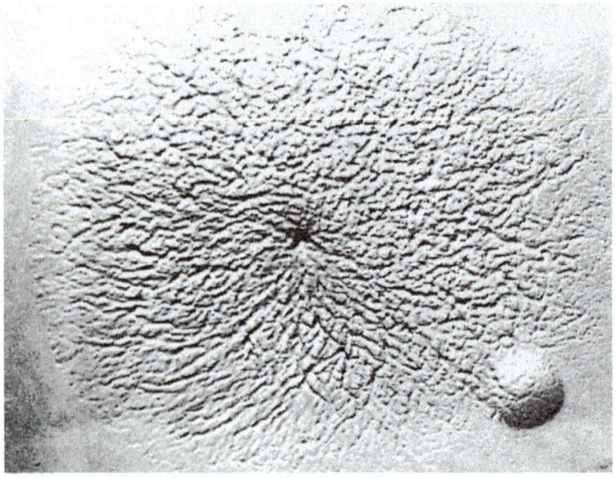

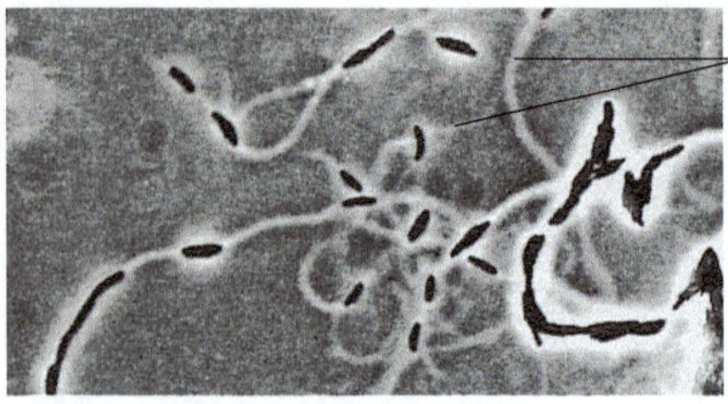

■ **Figura 12.48** (a) Fotomicrografia de uma colônia expansiva (9 mm de diâmetro) de *Myxococcus xanthus* em um meio sólido. (b) Células individuais de *Myxococcus fulvus*, oriundas de uma colônia ativamente deslizante, apresentando os característicos rastros limosos sobre o meio sólido. Uma célula de *M. fulvus* tem diâmetro aproximado de 0,8 μm.

frutificar. Essas células passam a se agregar, possivelmente por meio de uma resposta quimiotática, aproximando-se e formando montículos ou pilhas (Figura 12.49); um único corpo de frutificação pode conter 10^9 ou mais células. À medida que os montículos celulares tornam-se mais elevados, inicia-se a diferenciação do corpo de frutificação em pedúnculo e cabeça (Figura 12.49*b* e *c*). A Figura 12.49*d* ilustra claramente a diferenciação do corpo de frutificação em pedúnculo e cabeça. O pedúnculo é composto pela substância limosa, podendo conter algumas células imiscuídas. A maioria das células acumula-se na cabeça do corpo de frutificação, diferenciando-se em *mixósporos* (Figuras 12.44-12.47). Em alguns gêneros, os mixósporos estão contidos em grandes estruturas contendo parede, denominadas **cistos**. Quando comparados às células vegetativas, os mixósporos exibem maior resistência à dessecação, às vibrações sônicas, à radiação UV e ao calor; a resistência ao calor é menor que a de endósporos bacterianos. Provavelmente, a principal função dos mixósporos contidos em cistos consista em capacitar o organismo a resistir à dessecação durante a dispersão ou durante a desidratação do hábitat. Havendo a disseminação em ambiente apropriado ou a restauração das condições adequadas de crescimento, o mixósporo eventualmente germina a partir de uma ruptura localizada na cápsula, com o crescimento e emergência de um bacilo vegetativo típico.

As mixobactérias normalmente exibem coloração, devido à presença de pigmentos carotenóides (ver Figuras 12.45*a* e 12.46) — os principais são os glicosídeos carotenóides. A síntese de pigmentos é promovida pela luz, sendo uma das funções dos pigmentos a fotoproteção. Uma vez que na natureza as mixobactérias geralmente formam corpos de frutificação na presença de luz, a presença de pigmentos fotoprotetores é facilmente entendida. No gênero *Stigmatella* (Figura 12.45), a luz estimula intensamente a formação de corpos de frutificação e catalisa a produção de um feromônio lipídico denominado 2,5,8-trimetil-8-hidroxi-nonano-4-ona, que promove a iniciação do estágio de agregação. As mixobactérias frutificantes são correntemente classificadas, sobretudo com base na morfologia, considerando as características das células vegetativas, dos mixósporos e da estrutura do corpo de frutificação (Tabela 12.20).

✓ 12.17 Verificação de conceitos

As mixobactérias frutificantes são bactérias bacilares deslizantes, que se agregam formando massas celulares complexas denominadas *corpos de frutificação*. As mixobactérias são também bactérias quimiorganotróficas de solo, que vivem do consumo de matéria orgânica ou de outras células bacterianas mortas.

- ✓ O que desencadeia a formação de corpos de frutificação em mixobactérias?
- ✓ O que é um *mixósporo* e de que modo este pode ser comparado a um *endósporo*.
- ✓ A qual grupo filogenético específico as mixobactérias pertencem?

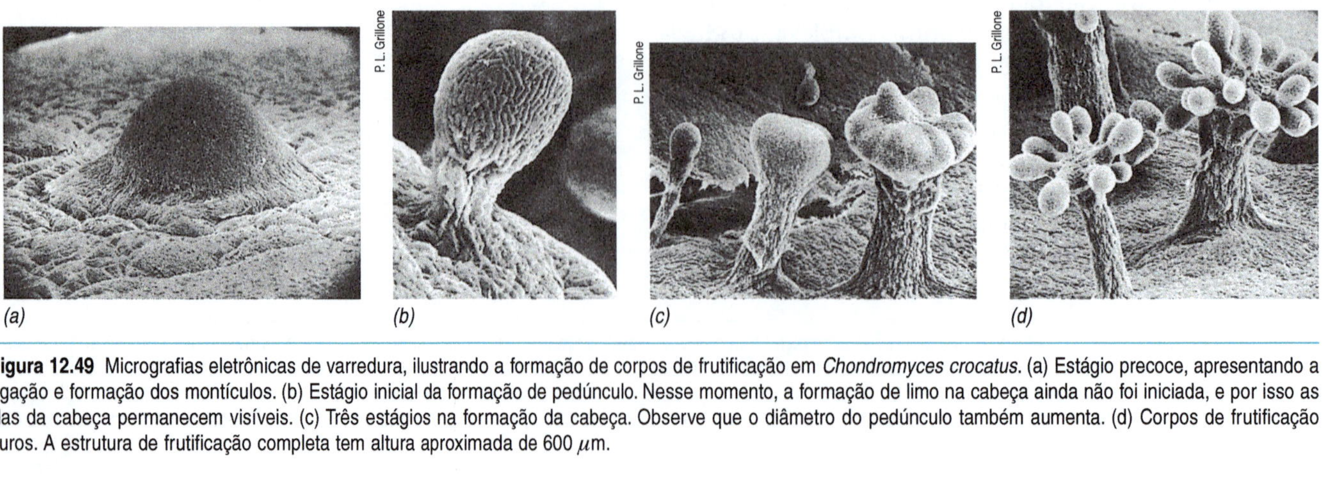

■ **Figura 12.49** Micrografias eletrônicas de varredura, ilustrando a formação de corpos de frutificação em *Chondromyces crocatus*. (a) Estágio precoce, apresentando a agregação e formação dos montículos. (b) Estágio inicial da formação de pedúnculo. Nesse momento, a formação de limo na cabeça ainda não foi iniciada, e por isso as células da cabeça permanecem visíveis. (c) Três estágios na formação da cabeça. Observe que o diâmetro do pedúnculo também aumenta. (d) Corpos de frutificação maduros. A estrutura de frutificação completa tem altura aproximada de 600 μm.

12.18 Proteobactérias redutoras de sulfato e enxofre

Principais gêneros

Desulfovibrio
Desulfobacter
Desulfuromonas

Sulfato (SO_4^{2-}) e enxofre (S^0) atuam como aceptores de elétrons, em condições anóxicas, para um grande grupo de proteobactérias delta que utilizam compostos orgânicos ou H_2 como doadores de elétrons; o sulfeto de hidrogênio (H_2S) é o produto da redução tanto de SO_4^{2-} quanto de S^0. Mais de 20 gêneros desses organismos são conhecidos, coletivamente denominados bactérias *dissimilativas redutoras de sulfato ou enxofre*; os principais gêneros são apresentados na Tabela 12.21. Os gêneros do grupo I — como *Desulfovibrio* (Figura 12.50*a*), *Desulfomonas*, *Desulfotomaculum* e *Desulfobulbus* (Figura 12.50*c*) — utilizam lactato, piruvato, etanol e certos ácidos graxos como doadores de elétrons, reduzindo sulfato a sulfeto de hidrogênio. Os gêneros do grupo II — como *Desulfobacter* (Figura 12.50*d*), *Desulfococcus*, *Desulfosarcina* (Figura 12.50*e*) e *Desulfonema* (Figura 12.50*b*) — especializaram-se na oxidação de ácidos graxos, particularmente *acetato*, reduzindo sulfato a sulfeto. As bactérias redutoras de sulfato são, em sua maioria, anaeróbias obrigatórias, sendo necessária a utilização de técnicas anóxicas estritas para seu cultivo.

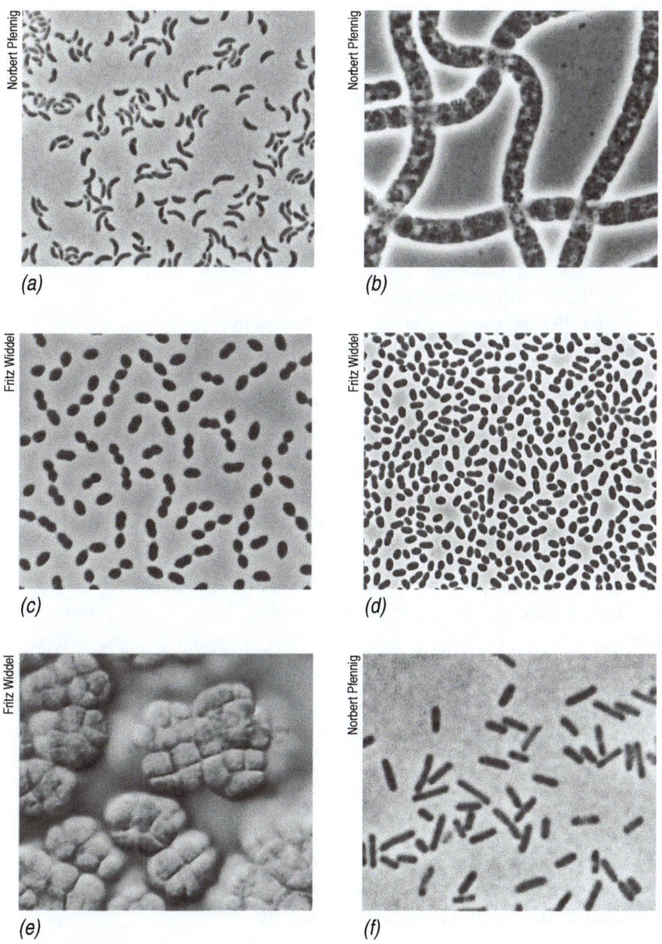

■ **Figura 12.50** Micrografias de contraste de fase de (a-e) bactérias redutoras de sulfato representativas e (f) bactérias redutoras de enxofre. (a) *Desulfovibrio desulfuricans*; diâmetro celular de aproximadamente 0,7 μm. (b) *Desulfonema limicola*; diâmetro celular de 3 μm. (c) *Desulfobulbus propionicus*; diâmetro celular de aproximadamente 1,2 μm. (d) *Desulfobacter postgatei*; diâmetro celular de aproximadamente 1,5 μm. (e) *Desulfosarcina variabilis* (microscopia de contraste por interferência); diâmetro celular de aproximadamente 1,25 μm. (f) *Desulfuromonas acetoxidans*; diâmetro celular de aproximadamente 0,6 μm.

As bactérias redutoras de sulfato são amplamente disseminadas em ambientes aquáticos e terrestres que se tornam anóxicos em decorrência de processos de decomposição microbiana. O gênero mais estudado corresponde a *Desulfovibrio* (Figura 12.50*a*), comum em ambientes aquáticos ou em solos encharcados contendo matéria orgânica em abundância e concentrações suficientes de sulfato. *Desulfotomaculum*, filogeneticamente considerado um membro de *Bacteria* gram-positivas, compreende bacilos formadores de esporos, encontrados principalmente no solo. O crescimento e a redução de sulfato por *Desulfotomaculum* em determinados alimentos enlatados causa um tipo de deterioração denominado *sulfide stinker* (mau cheiro oriundo de sulfetos). Os demais gêneros de organismos redutores de sulfato são nativos de ambientes de água doce ou marinha anóxicos; ocasionalmente, podem ser isolados dos intestinos de mamíferos.

Redução de enxofre

Os organismos dissimilativos redutores de enxofre podem reduzir enxofre elementar a sulfeto, mas são incapazes de reduzir sulfato a sulfeto. Membros do gênero *Desulfuromonas* (Figura 12.50*f*) podem crescer anaerobicamente, associando a *oxidação* de substratos, como acetato ou etanol, à *redução* de enxofre elementar a sulfeto de hidrogênio. No entanto, a capacidade de reduzir enxofre elementar, bem como outros compostos sulfurosos do tipo tiossulfato, sulfito ou dimetil sulfóxido (DMSO), é uma propriedade comum a várias bactérias quimiorganotróficas, geralmente anaeróbias facultativas (por exemplo, *Proteus*, *Campylobacter*, *Pseudomonas* e *Salmonella*). As espécies de *Desulfuromonas* diferem dessas últimas pelo fato de serem anaeróbias obrigatórias e utilizarem *apenas* enxofre como aceptor de elétrons (ver Tabela 12.21). Bactérias dissimilativas redutoras de enxofre, como *Desulfuromonas*, podem ser encontradas nos mesmos hábitats que as bactérias redutoras de sulfato, freqüentemente associadas a bactérias que oxidam H_2S a S^0, tal como as bactérias verdes sulfurosas (ver Seção 12.33). O enxofre produzido é novamente reduzido a H_2S durante o metabolismo do organismo redutor de enxofre, completando um ciclo anaeróbio de enxofre bastante abreviado (Seção 20.13).

Fisiologia de bactérias redutoras de sulfato

A variedade de doadores de elétrons utilizados pelas bactérias redutoras de sulfato é muito ampla. H_2, lactato e piruvato são utilizados quase universalmente, enquanto muitas espécies do grupo I utilizam malato, sulfonatos e certos alcoóis primários (por exemplo, metanol, etanol, propanol e butanol). Algumas linhagens de *Desulfotomaculum* utilizam glicose, embora este seja um evento raro entre os redutores de sulfato. Redutores de sulfato do gru-

Tabela 12.21 Características de bactérias redutoras de sulfato e enxofre[a]

Gênero	Características	DNA (mol % GC)
Redutores de sulfato grupo I: não oxidantes de acetato		
Desulfovibrio	Bacilos curvos com flagelação polar, sem esporos; gram-negativos; contêm desulfoviridina; doze espécies, uma termofílica	46-61
Desulfomicrobium	Bacilos móveis, sem esporos; gram-negativos; desulfoviridina ausente; três espécies	52-57
Desulfobotulus	Vibriões; gram-negativos; móveis; desulfoviridina ausente; uma espécie	53
Desulfofustis	Bacilos móveis, especializados na degradação de glicolato e glioxalato	56
Desulfotomaculum	Bacilos retos ou curvos; móveis por flagelação peritríquia ou polar; gram-negativos; desulfoviridina ausente; forma endósporos; quatro espécies, uma termofílica; uma espécie capaz de utilizar acetato como fonte de energia	37-46
Desulfomonile	Bacilos; realiza a descloração redutora de 3-clorobenzoato a benzoato (Seção 18.18)	49
Desulfobacula	Células ovais a cocóides, marinhos; capazes de oxidar vários compostos aromáticos, incluindo o hidrocarboneto aromático tolueno a CO_2; uma espécie	42
Archaeoglobus	*Archaea*; hipertermófila, temperatura ótima, 83°C; contém algumas coenzimas únicas de bactérias metanogênicas, produzem pequenas quantidades de metano durante o crescimento; H_2, formato, glicose, lactato e piruvato são doadores de elétrons, SO_4^{2-}, $S_2O_3^{2-}$ ou SO_3^{2-} são aceptores de elétrons; duas espécies (Seção 13.7)	41-46
Desulfobulbus	Células ovóides ou em forma de limão; sem esporos; gram-negativas; desulfoviridina ausente; quando móveis, por flagelo polar único; utilizam propionato como doador de elétrons, com acetato + CO_2 como produtos; três espécies	59-60
Desulforhopalus	Bacilos curvos, com vacúolos de gás, psicrófilos; utilizam propionato, lactato ou alcoóis como doadores de elétrons	48
Thermodesulfobacterium	Pequenos bacilos gram-negativos; desulfoviridina presente; termofílicos, crescimento ótimo a 70°C; membros de *Bacteria*, embora contenham lipídeos com ligações éter (ver Seção 12.36)	34
Redutores de sulfato grupo II: oxidantes de acetato		
Desulfobacter	Bacilos; sem esporos, gram-negativos; desulfoviridina ausente; quando móveis, por flagelo polar único; utilizam apenas acetato como doador de elétrons, oxidando-o a CO_2, pelo ciclo do ácido cítrico; quatro espécies	45-46
Desulfobacterium	Bacilos, alguns com vesículas de gás, marinhos; capazes de crescimento autotrófico pela via do acetil-CoA; três espécies	41-59
Desulfococcus	Células esféricas; imóveis; gram-negativas; desulfoviridina presente, sem esporos; utilizam ácidos graxos C_1 a C_{14} como doadores de elétrons, oxidando-os totalmente a CO_2; capazes de crescimento autotrófico pela via do acetil-CoA; duas espécies	57
Desulfonema	Grandes bactérias filamentosas deslizantes; gram-positivas, sem esporos; desulfoviridina presente ou ausente; utilizam ácidos graxos C_2 a C_{12} como doadores de elétrons, oxidando-os totalmente a CO_2; capazes de crescimento autotrófico pela via do acetil-CoA (H_2 como doador de elétron); duas espécies	35-42
Desulfosarcina	Células em cubos (arranjo em sarcina); gram-negativos; sem esporos; desulfoviridina ausente; utilizam ácidos graxos C_2 a C_{14} como doadores de elétrons, oxidando-os totalmente a CO_2; capazes de crescimento autotrófico pela via do acetil-CoA (H_2 como doador de elétron); uma espécie	51
Desulfoarculus	Vibriões; gram-negativos; móveis; desulfoviridina ausente; utilizam apenas ácidos graxos C_1 a C_{18} como doadores de elétrons	66
Desulfacinum	Células de cocóides a ovais; gram-negativas; utilizam ácidos graxos C_1 a C_{18}, grande diversidade nutricional, capazes de crescimento autotrófico; termofílicos	64
Desulforhabdus	Bacilos; sem esporos; gram-negativos; imóveis; utilizam ácidos graxos com total oxidação a CO_2	52
Thermodesulforhabdus	Bacilos móveis gram-negativos; termofílicos; utilizam ácidos graxos até C_{18}	51
Dissimilativos redutores de enxofre		
Desulfuromonas	Bacilos retos, flagelo único lateral; sem esporos; gram-negativos; não reduzem sulfato; acetato, succinato, etanol ou propanol utilizados como doadores de elétrons; aeróbios obrigatórios; quatro espécies, pelo menos uma realiza a descloração redutiva de tricloroetileno (Seção 18.18)	50-63
Desulfurella	Bacilos curtos, móveis; gram-negativos; requerem acetato; termofílicos	31
Sulfurospirillum	Pequenos vibriões, reduzem S^0 com H_2 como doador de elétrons	—
Campylobacter	Bacilos vibrióides curvos; flagelos polares; gram-negativos; sem esporos, incapazes de reduzir sulfato; podem reduzir enxofre, sulfeto, tiossulfato, nitrato ou fumarato anaerobicamente, usando acetato ou uma variedade de outras fontes como doadores de carbono e elétrons; aeróbios facultativos	40-42

a Filogeneticamente, a maioria de bactérias redutoras de sulfato e enxofre pertence à subdivisão delta do filo *Proteobacteria*.

po I oxidam sua fonte de energia ao nível de acetato e excretam esse ácido graxo como produto final. Organismos do grupo II diferem daqueles do grupo I por sua capacidade de oxidar totalmente ácidos graxos, lactato, succinato e até mesmo benzoato, originando, em alguns casos, CO_2. *Desulfosarcina, Desulfonema, Desulfobacterium, Desulfotomaculum* e certas espécies de *Desulfovibrio* são peculiares dentre os redutores de sulfato por sua capacidade de crescer quimiolitotrófica e autotroficamente utilizando H_2 como doador de elétrons, sulfato como aceptor de elétrons e CO_2 como fonte de carbono.

Além de utilizar sulfato como aceptor de elétrons, muitas bactérias redutoras de sulfato podem crescer utilizando nitrato (NO_3^-) como aceptor de elétrons, reduzindo NO_3^- a NH_3, ou ainda sulfonatos, tais como isetionato ($HO–CH_2–CH_2–SO_3^-$) ou enxofre elementar (S^0), ambos reduzidos a H_2S. Esses organismos podem também utilizar certos compostos orgânicos para a geração de energia, por vias fermentativas, na total ausência de aceptores de elétrons terminais. O composto fermentável mais comum corresponde ao *piruvato*, convertido a acetato, CO_2 e H_2 por meio de uma reação fosforoclástica, (Figura 18.51). Embora há muito tempo as bactérias redutoras de sulfato sejam descritas como anaeróbias *obrigatórias*, a literatura relata o isolamento de amostras oriundas de massas microbianas, que coexistiam com cianobactérias produtoras de O_2, relativamente tolerantes ao oxigênio e que, na realidade, respiram utilizando O_2 como aceptor de elétrons. No entanto, a respiração aeróbia não sustenta o crescimento, correspondendo, provavelmente, a uma forma de remoção de O_2 de um ambiente até então adequado ao crescimento de bactérias redutoras de sulfato.

Isolamento

O enriquecimento de *Desulfovibrio* é um procedimento relativamente simples, pelo emprego de um meio de lactato-sulfato anóxico adicionado de ferro ferroso. Agentes redutores, como o tioglicolato ou ascorbato, são também acrescentados para a obtenção de um E_0' mais baixo. Quando as bactérias redutoras de sulfato crescem, o sulfeto originado a partir da redução de sulfato combina-se com o ferro ferroso, formando sulfeto ferroso, negro e insolúvel. Esse enegrecimento não indica apenas a redução de sulfato, uma vez que o ferro também se liga e detoxifica o sulfeto, tornando possível o crescimento de um número maior de células. Após o crescimento de um certo número de células, evidenciado pelo enegrecimento do meio, a purificação é realizada por meio da semeadura em tubos contendo internamente uma fina camada de meio sólido (do inglês *roll tubes*, "tubos de semeadura rotatória", onde o meio sólido, ainda fundido, é solidificado nas paredes do tubo enquanto este é rodado), ou em placas de Petri, em uma câmara de anaerobiose. Alternativamente, a purificação pode ser realizada utilizando-se tubos contendo ágar. Nessa metodologia, uma pequena quantidade da solução de enriquecimento original é adicionada a um tubo contendo o meio de cultura com o ágar ainda fundido, sendo então misturada de maneira enérgica e seqüencialmente diluída em uma série de tubos contendo ágar fundido (Seção 19.1 e Figura 19.3*b*). Após a solidificação, as células individuais distribuídas no ágar originam colônias negras, que podem ser removidas assepticamente; todo o processo é repetido até a obtenção de culturas puras.

✓ 12.18 Verificação de conceitos

Bactérias redutoras de sulfato e de enxofre correspondem a um grande grupo de proteobactérias da subdivisão delta. Estas apresentam em comum o processo fisiológico de redução tanto de SO_4^{2-} como de S^0 a H_2S, em condições anaeróbias. São conhecidos dois subgrupos fisiológicos de bactérias redutoras de sulfato e de enxofre: o grupo I, incapaz de oxidar acetato a CO_2, e o grupo II, capaz de realizar tal oxidação.

✓ Qual substrato deve ser utilizado para enriquecer e isolar um redutor de sulfato do grupo I a partir de amostras naturais?

✓ Em relação às bactérias redutoras de sulfato capazes de crescimento quimiolitotrófico e autotrófico: (1) qual o doador de elétrons, (2) qual o aceptor de elétrons e (3) qual a fonte do carbono celular?

✓ Fisiologicamente, de que modo *Desulfuromonas* pode ser diferenciada de *Desulfovibrio*?

III FILO 2: BACTÉRIAS GRAM-POSITIVAS

12.19 *Bacteria* gram-positivas não esporulantes, com baixo conteúdo de GC: bactérias lácticas e relacionadas

Principais gêneros

Staphylococcus
Micrococcus
Streptococcus
Lactobacillus

Como mencionado na introdução deste capítulo, *Bacteria* gram-positivas enquadram-se em duas principais subdivisões filogenéticas: aquelas contendo "baixo GC" e "alto GC". Nesta seção, abordaremos os gêneros *Staphylococcus, Sarcina* e *Micrococcus*, uma vez que são bastante similares do ponto de vista morfológico, embora o gênero *Micrococcus* seja, na realidade, um membro do grupo "alto GC", juntamente com as *Bacteria* lácticas, um grupo clássico de bacilos e cocos gram-positivos não esporulantes. Uma visão geral das propriedades desses organismos é apresentada na Tabela 12.22.

Staphylococcus e *Micrococcus*

Staphylococcus (Figura 12.51) e *Micrococcus* são ambos organismos aeróbios, com metabolismo respiratório típico. Todos são catalase positivos, sendo este um teste que os diferencia de *Streptococcus* e de alguns outros gêneros de cocos gram-positivos. Cocos gram-positivos são relativamente resistentes a potenciais de água reduzidos, exi-

Tabela 12.22 Características diferenciais dos principais cocos gram-positivos

Gênero	Motilidade	Arranjo celular	Crescimento a partir de fermentação	DNA (mol % GC)	Grupo filogenético[a]	Outras características
Micrococcus	–	Cachos, tétrades	–	66-73	Alto GC	Aeróbio estrito
Staphylococcus	–	Cachos, pares	+	30-39	Baixo GC	Único gênero desse grupo que contém ácido teicóico na parede celular
Stomatococcus	–	Cachos, pares	+	56-60	Grupo actinobacteriano uma cápsula	Único gênero desse grupo que contém
Planococcus	+	Pares, tétrades	–	39-52	Baixo GC	Primariamente marinho
Sarcina	–	Arranjos cubóides com oito ou mais células	+	28-31	Baixo GC	Extremamente tolerante a ácidos; celulose na parede celular
Ruminococcus	+	Pares, cadeias	+	39-46	Baixo GC encontrado no rúmen, ceco e intestino grosso de vários animais	Anaeróbio obrigatório;
Peptococcus fermenta peptona, mas não açúcares	–	Cachos, pares	+	50-51	Baixo GC	Anaeróbio obrigatório;
Peptostreptococcus	–	Feixes, cadeias curtas	+	28-37	Baixo GC	Anaeróbio obrigatório; fermenta peptona; organismo comum da microbiota normal do homem, encontrado na pele, intestino e vagina; também isolado de secreções vaginais e purulentas

a Todos são membros de *Bacteria* gram-positivas (ver Figura 12.1), exceto *Stomatococcus*.

bindo tolerância ao dessecamento e às condições de alta salinidade. Sua capacidade de crescer em meios com alto teor de sal permite seu isolamento seletivo. Por exemplo, se um inóculo apropriado for semeado em uma placa de meio sólido enriquecido contendo 7,5% de NaCl, incubada em condições de aerobiose, as colônias predominantes freqüentemente corresponderão a cocos gram-positivos. Em geral esses organismos são pigmentados, propriedade que também auxilia na seleção de cocos gram-positivos. Os dois gêneros, *Micrococcus* e *Staphylococcus*, podem ser facilmente diferenciados com base no teste de oxidação-fermentação (O/F) (Tabela 24.3). Os membros do gênero *Micrococcus* são aeróbios obrigatórios e produzem ácidos, apenas aerobicamente a partir da glicose, enquanto as espécies de *Staphylococcus* são aeróbias facultativas, produzindo ácido a partir da glicose tanto aeróbica como anaerobicamente.

A. Umeda

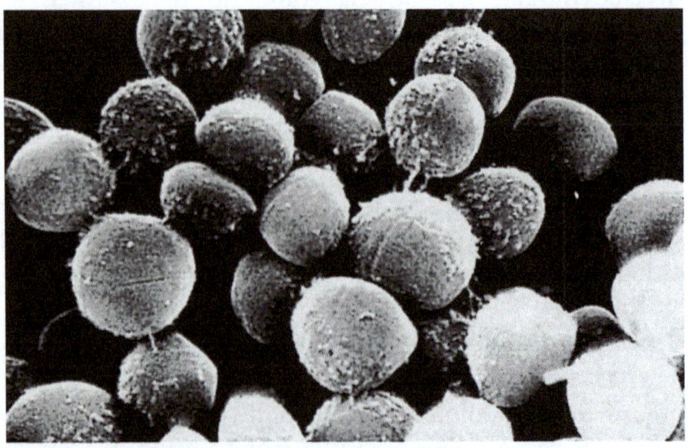

■ **Figura 12.51** Eletromicrografia de varredura de células típicas de *Staphylococcus* revelando o arranjo irregular das massas celulares. Células individuais têm diâmetro aproximado de 0,8 μm.

Staphylococcus são parasitas comuns de humanos e animais, ocasionalmente causando infecções graves. Em humanos, são reconhecidas duas espécies principais: *Staphylococcus epidermidis* — um organismo não pigmentado, não patogênico, normalmente encontrado na pele ou nas membranas mucosas — e *Staphylococcus aureus* — uma espécie com pigmentação amarela, mais comumente associada a condições patológicas, incluindo furúnculos, acne, pneumonia, osteomielite, meningite e artrite. Discutiremos a patogenia de *S. aureus* no Capítulo 21 e as doenças causadas por estafilococos nos Capítulos 26 e 29. Espécies de *Micrococcus* também podem ser isoladas da pele, embora sejam mais comuns em objetos inanimados, partículas de poeira e no solo.

Sarcina

O gênero *Sarcina* contém espécies de bactérias que se dividem em três planos perpendiculares, produzindo arranjos com oito ou mais células (Figura 12.52*a*). Os membros do gênero *Sarcina* são anaeróbios obrigatórios e extremamente tolerantes a ácidos, capazes de fermentar açúcares e crescer em meios com pH de até 2. As células de uma das espécies (*Sarcina ventriculi*) possuem uma espessa camada fibrosa de celulose circundando a parede celular (Figura 12.52*b*). As camadas de celulose de células adjacentes associam-se, atuando como cimento intercelular, mantendo unidos os "pacotes" de células de *S. ventriculi*. Espécies de *Sarcina* podem ser isoladas do solo, lama, fezes e conteúdo estomacal. Em decorrência de sua extrema tolerância a ácidos, *S. ventriculi* é uma das raras bactérias capazes de crescer no estômago do homem e de outros animais monogástricos. O rápido crescimento de *S. ventriculi* pode ser observado no estômago de seres humanos que sofrem de certas condições gastrointestinais patológicas (como úlceras pilóricas) que retardam o fluxo dos alimentos para o intestino.

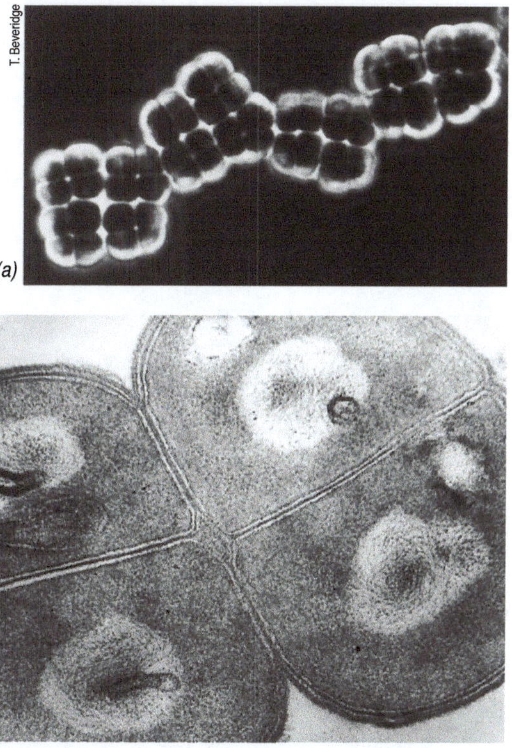

■ **Figura 12.52** (a) Fotomicrografia de contraste de fase de células de *Sarcina* sp., um coco gram-positivo típico. Uma célula tem diâmetro aproximado de 2 μm. (b) Micrografia eletrônica de uma seção fina. A camada celular mais externa consiste em celulose.

Bactérias lácticas e fermentações de ácido láctico

As bactérias lácticas correspondem a bacilos e cocos gram-positivos que produzem ácido láctico como principal ou único produto de fermentação. Os membros do grupo são desprovidos de porfirinas e citocromos, não realizam a fosforilação associada à transferência de elétrons e, assim, obtêm energia apenas pela *fosforilação em nível de substrato*. Todas as bactérias lácticas crescem anaerobicamente. No entanto, contrariamente aos vários organismos anaeróbios, a maioria das bactérias lácticas não é sensível ao O_2, podendo crescer tanto em sua presença quanto em sua ausência; desse modo, são **anaeróbias aerotolerantes.** A maioria das bactérias lácticas obtém energia somente a partir do metabolismo de açúcares, estando restrita a hábitats onde haja presença de açúcares. Geralmente exibem capacidade biossintética limitada, e suas complexas exigências nutricionais incluem a necessidade de aminoácidos, vitaminas, purinas e pirimidinas (Tabela 5.4).

Uma importante diferença entre os subgrupos das bactérias lácticas está relacionada à natureza dos produtos formados durante a fermentação dos açúcares. Um grupo, denominado **homofermentativo**, gera um único produto de fermentação, o *ácido láctico*, enquanto o outro grupo, denominado **heterofermentativo**, gera outros produtos, principalmente *etanol* e CO_2, bem como lactato (Tabela 12.23). As vias de fermentação da glicose empregadas por organismos homo e heterofermentativos são apresentadas, de maneira resumida, na Figura 12.53. As diferenças observadas nos padrões de fermentação são determinadas pela presença ou ausência da enzima **aldolase** — a enzima-chave da *glicólise* (Figura 5.14). Os heterofermentadores, desprovidos de aldolase, não são capazes de clivar a frutose bifosfato em triose fosfato. Em vez disso, oxidam a glicose 6-fosfato a 6-fosfogliconato, que, a seguir, é descarboxilado, gerando pentose fosfato, clivada pela enzima **fosfocetolase**, originando triose fosfato e acetilfosfato (Figura 12.53).

Tabela 12.23 Diferenciação dos principais gêneros de bactérias lácticas[a]

Gênero	Formato e arranjo celular	Fermentação	DNA (mol % GC)
Streptococcus	Cocos em cadeias	Homofermentativo	34-46
Leuconostoc	Cocos em cadeias	Heterofermentativo	38-41
Pediococcus	Cocos em tétrades	Homofermentativo	34-42
Lactobacillus	(1) Bacilos, geralmente em cadeias (2) Bacilos, geralmente em cadeias	Homofermentativo Heterofermentativo	32-53 34-53
Enterococcus	Cocos em cadeias	Homofermentativo	38-40
Lactococcus	Cocos em cadeias	Homofermentativo	38-41

a Filogeneticamente, todos os organismos são membros da subdivisão de baixo GC de *Bacteria* gram-positivas.

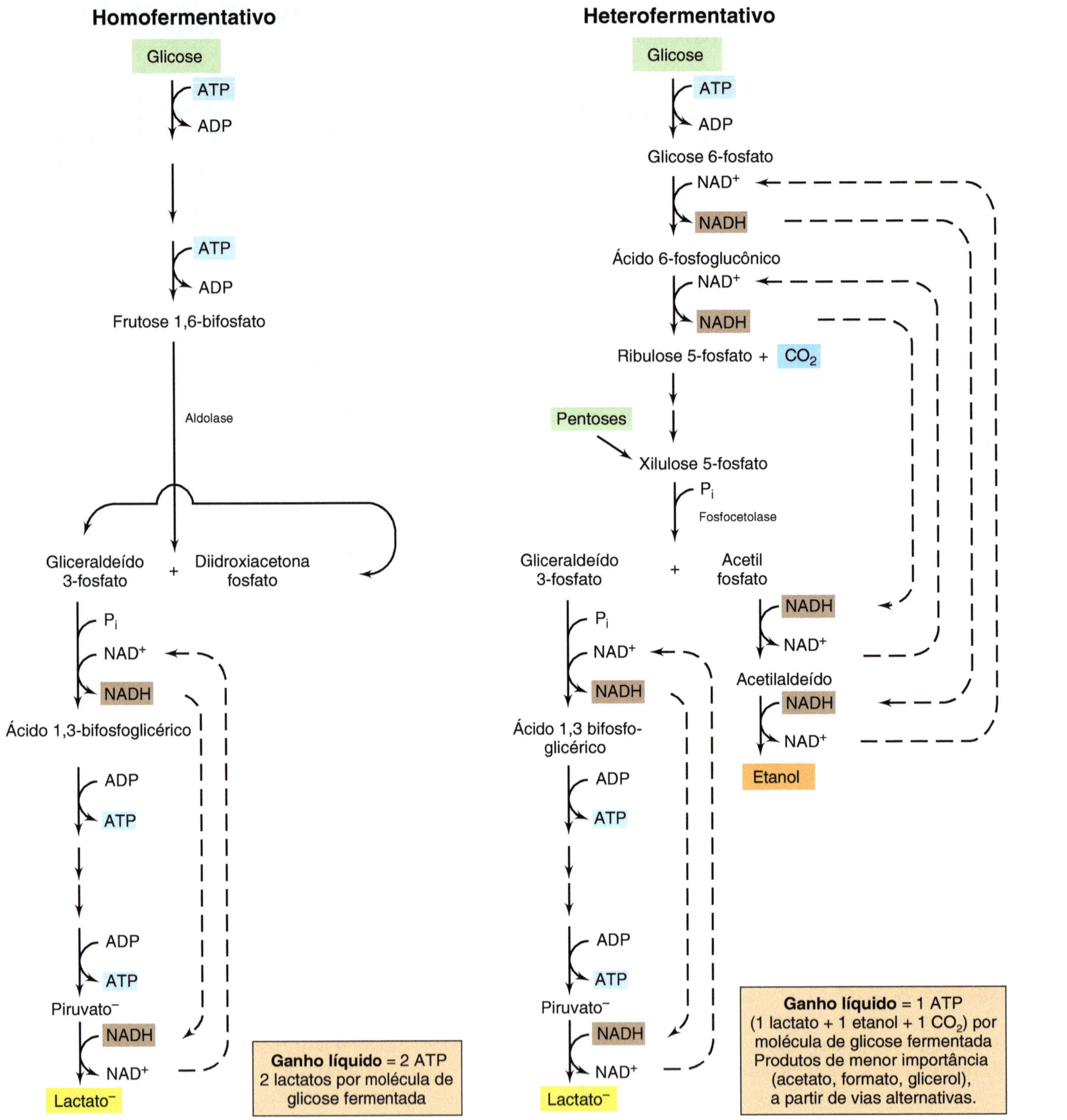

■ **Figura 12.53** A fermentação de glicose por bactérias lácticas homofermentativas e heterofermentativas. Observe que não há produção de ATP nas reações que levam à formação de etanol. Na presença de oxigênio, várias bactérias lácticas heterofermentativas podem reduzir o oxigênio com o NADH (por meio da enzima flavina e intermediários), formando água; há, então, a formação de acetato em vez de etanol, permitindo a produção de um ATP adicional.

Nos heterofermentadores, a triose fosfato é convertida a ácido láctico, com a produção de 1 mol de ATP, enquanto o acetilfosfato recebe os elétrons do NADH gerado durante a produção de pentose fosfato, sendo, então, convertido a etanol *sem* a produção de ATP. Por esse motivo, os heterofermentadores produzem somente 1 *mol* de ATP a partir da glicose, em vez dos 2 moles produzidos pelos homofermentadores. Pelo fato de os heterofermentadores descarboxilarem o 6-fosfogliconato, estes produzem CO_2 como produto da fermentação, enquanto os homofermentadores produzem pouco ou nenhum CO_2; assim, uma forma simples para detectar um heterofermentador em culturas em laboratório consiste em avaliar a produção de CO_2.

Os diferentes gêneros de bactérias lácticas foram definidos com base na morfologia celular, na composição de bases do DNA e no tipo de metabolismo fermentativo, conforme ilustrado na Tabela 12.23. Os membros dos gêneros

Streptococcus, *Enterococcus*, *Lactococcus*, *Leuconostoc* e *Pediococcus* apresentam proporções na composição de bases de DNA relativamente similares, havendo pouca variação entre as linhagens. O gênero *Lactobacillus*, em contrapartida, possui membros que apresentam composições de DNA bastante diversas e, desse modo, não constituem um grupo homogêneo.

Streptococcus e outros cocos

O gênero *Streptococcus* (Figura 12.54) contém uma grande variedade de espécies homofermentativas, com hábitats distintos e considerável importância prática para os seres humanos. Alguns membros são patogênicos ao homem e aos animais (Seção 26.2). Como os produtores de ácido láctico, certos estreptococos desempenham importante papel na produção de manteiga, silagem e outros produtos fermentados (Seção 29.2), enquanto determinadas espécies têm papel fundamental na formação das cáries dentais (Seção 21.3). Para diferenciar os estreptococos não patogênicos das espécies patogênicas para humanos, três gêneros são reconhecidos. O gênero *Lactococcus* contém aqueles estreptococos importantes para a indústria de laticínios, enquanto o gênero *Enterococcus* inclui os estreptococos primordialmente de origem fecal.

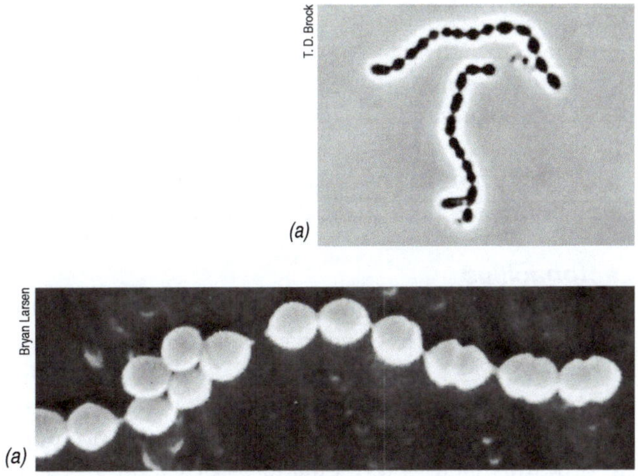

■ **Figura 12.54** Micrografias (a) de contraste de fase e (b) eletrônica de varredura de espécies de *Streptococcus*. (a) *Streptococcus lactis*. (b) *Streptococcus* sp. Em ambos os casos, as células apresentam diâmetro de 0,5-1 μm.

Os organismos do gênero *Streptococcus* foram divididos em dois grupos de espécies relacionadas, com base nas características enumeradas na Tabela 12.24. O padrão de hemólise em ágar-sangue apresenta considerável importância para a subdivisão do gênero. Colônias de linhagens que produzem estreptolisina O ou S são circundadas por uma grande área de hemólise total de hemácias — uma condição denominada β **hemólise** (Figura 21.17*a*). Em contrapartida, muitos estreptococos, bem como os lactococos e enterococos, não produzem hemolisinas, promovendo a formação de uma área esverdeada ou marrom ao redor das colônias, decorrente não de uma real hemólise, mas sim da descoloração e perda de potássio por parte das hemácias. Esse tipo de reação tem sido classicamente referido como α **hemólise**. Estreptococos e cocos relacionados são também divididos em grupos *imunológicos*, com base na presença de carboidratos, que correspondem a antígenos específicos. Esses grupos antigênicos (ou **grupos Lancefield**, como são comumente conhecidos por terem sido denominados em homenagem a Rebecca Lancefield, pioneira da taxonomia de *Streptococcus*) são designados por letras; atualmente, são conhecidos grupos de A até O. Os estreptococos β hemolíticos encontrados em seres humanos geralmente contêm o antígeno do grupo A, enquanto os enterococos contêm o antígeno do grupo D. Estreptococos do grupo B, geralmente encontrados em associação com animais, são agentes causadores de mastites em vacas, tendo sido também implicados em infecções humanas. Os lactococos pertencem ao grupo antigênico N, não sendo patogênicos.

O gênero *Leuconostoc* é composto por cocos heterofermentativos. Linhagens de *Leuconostoc* também produzem os compostos aromatizantes diacetil e acetoína a partir da degradação de citrato, tendo sido empregadas como culturas iniciadoras na fermentação de laticínios. Algumas

Tabela 12.24 Características diferenciais de estreptococos, lactococos e enterococos

Grupo	Grupos antigênicos (Lancefield)	Espécies representativas	Tipo de hemólise em ágar-sangue	Bom crescimento a 10°C	Bom crescimento a 45°C	Sobrevivência a 60°C, por 30 min	Crescimento em Leite com 0,1% de azul de metileno	Crescimento em Caldo com 40% de bile	Hábitat
Estreptococos									
Subgrupo pyogenes	A, B, C, F, G	*Streptococcus pyogenes*	Lise (β)	–	–	–	–	–	Trato respiratório, sistêmico
Subgrupo viridans	—	*Streptococcus mutans*	Viridante (esverdeada) (α)	–	+	–	–	–	Cavidade oral, intestino
Enterococos	D	*Enterococcus faecalis*	Lise (β), viridante (esverdeada) (α), ou nenhuma	+	+	+	+	+	Intestino, vagina, plantas
Lactococos	N	*Lactococcus lactis*	Nenhuma	+	–	+	+	+	Plantas, laticínios

linhagens de *Leuconostoc* produzem grandes quantidades de polissacarídeos do tipo dextrana (α-1,6-glicano) quando cultivadas em sacarose (Figura 18.64); alguns desses polissacarídeos são utilizados como diluentes de plasma em transfusões sangüíneas. Outras linhagens de *Leuconostoc* produzem outros polímeros de polissacarídeos, tais como polímeros de frutose, denominados *levanos*.

Lactobacillus

Os lactobacilos são tipicamente bacilares, variando de longos e finos a curtos e encurvados (Figura 12.55). A maioria das espécies é homofermentativa, embora algumas sejam heterofermentativas. Os lactobacilos são comuns em laticínios; algumas linhagens são empregadas no preparo de produtos lácteos fermentados. Por exemplo, *Lactobacillus delbrueckii* (Figura 12.55*c*) é utilizado na fabricação de iogurte, *L. acidophilus* (Figura 12.55*a*), na produção de leite acidificado, e outras espécies, na produção de chucrute, silagem e picles (Seção 29.2). Os lactobacilos são geralmente mais resistentes às condições ácidas que as outras bactérias lácticas, sendo capazes de crescer em valores baixos de pH, como 4. Por esse fato, tais bactérias podem ser seletivamente isoladas de amostras naturais pelo emprego de meios ácidos, ricos em carboidratos, tais como o ágar suco de tomate-peptona. A resistência a ácidos permite aos lactobacilos continuarem a crescer durante a fermentação láctica natural, quando o pH cai, atingindo valores demasiadamente baixos para o crescimento das outras bactérias lácticas; conseqüentemente, os lactobacilos são responsáveis pelos estágios finais na maioria dos processos de fermentação do ácido láctico. Os lactobacilos raramente são patogênicos.

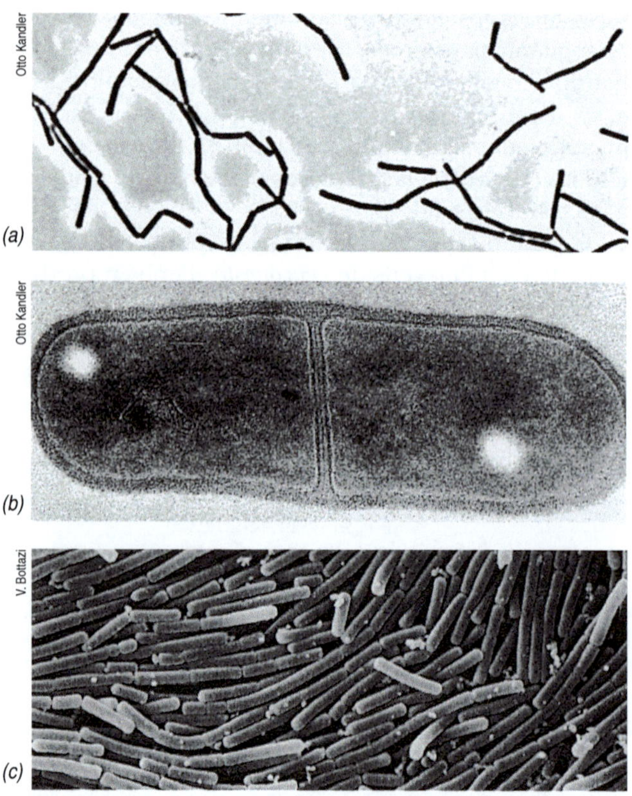

■ **Figura 12.55** Micrografias eletrônicas e de contraste de fase de espécies de *Lactobacillus*. (a) *Lactobacillus acidophilus*. As células têm largura aproximada de 0,75 μm. (b) Micrografia eletrônica de transmissão de *Lactobacillus brevis*. As células medem aproximadamente 0,8 x 2 μm. (c) Micrografia eletrônica de varredura de *Lactobacillus delbrueckii*. As células têm diâmetro aproximado de 0,7 μm. São conhecidas tanto espécies heterofermentativas quanto homofermentativas de *Lactobacillus* (ver Figura 12.53).

Listeria

O gênero *Listeria* é composto por cocobacilos gram-positivos que tendem a formar cadeias de três a cinco células. As espécies de *Listeria* exibem relação filogenética com as espécies de *Lactobacillus* e, sendo bactérias lácticas, produzem ácido a partir da glicose, mas não gás. Porém, contrariamente às verdadeiras bactérias lácticas — organismos capazes de crescer em condições estritamente anóxicas e desprovidos da enzima catalase —, as espécies *Listeria* requerem condições de crescimento que variam de microaeróbias a aeróbias, além de produzirem catalase. Embora sejam conhecidas várias espécies de *Listeria*, a espécie *L. monocytogenes* é a mais notável, por causar uma das principais doenças transmitidas por alimentos, a *listeriose* (Seção 29.9). Esse organismo é transmitido por alimentos contaminados, em geral aqueles prontos para consumo (o veículo mais comum corresponde ao queijo), os quais podem provocar diferentes manifestações, desde processos infecciosos brandos até um tipo fatal de meningite.

12.20 *Bacteria* gram-positivas esporulantes, com baixo conteúdo de GC: *Bacillus*, *Clostridium* e relacionadas

Principais gêneros

Bacillus
Clostridium
Sporosarcina
Heliobacterium

Vários gêneros de bactérias formadoras de endósporos foram reconhecidos (Tabela 12.25), sendo diferenciados com base na morfologia celular, na forma e localização celular do endósporo (Figura 12.56), em seu comportamento em relação ao O_2 e metabolismo energético; todos os formadores de endósporos exibem vínculo filogenético com *Bacteria* gram-positivas de "baixo GC". Os dois gêneros mais freqüentemente estudados são *Bacillus*, cujas espécies são aeróbias ou aeróbias facultativas, e *Clostridium*, que contém as espécies estritamente anaeróbias, fermentativas. Um grupo de esporulantes, as *heliobactérias*, é, na realidade, fototrófico (a palavra *helio* significa "sol" em grego). A estrutura e termorresistência do endósporo bacteriano, bem como o processo de esporulação, foram discutidos na Seção 4.15.

Embora haja considerável heterogeneidade genética entre os organismos formadores de endósporos — por exemplo, as taxas de GC nas espécies de *Bacillus* varia em torno de aproximadamente 40% —, todas as bactérias

Tabela 12.25 Principais gêneros de bactérias esporulantes[a]

Características	Gênero	DNA (mol % GC)
Bacilos		
Aeróbio ou facultativo, produz catalase	*Bacillus*	32-69
	Paenibacillus	40-54
Microaerofílico, catalase ausente; homofermentativo, produtor de ácido láctico	*Sporolactobacillus*	46-47
Anaeróbios:		
Redutor de sulfato	*Desulfotomaculum*	38-50
Não reduz sulfato, fermentativo	*Clostridium* (ver Figura 12.56)	21-54
Termofílico, temperatura ótima 65-70°C, fermentativo	*Thermoanaerobacter*	31-39
Gram-negativo; pode crescer como homoacetogênico, em $H_2 + CO_2$	*Sporomusa*	41-49
Halófilo, isolado do Mar Morto	*Sporohalobacter*	31
Produz até cinco esporos por célula; fixa N_2	*Anaerobacter*	29
Acidófilo, pH ótimo 3	*Alicyclobacillus*	52-60
Alcalifílico, pH ótimo 9	*Amphibacilus*	36-38
Fototrófico	*Heliobacterium*, *Heliophilum*	50-58
Sintrófico, degrada ácidos graxos, mas somente em co-cultura com uma bactéria que utilize H_2 (Seção 18.21)	*Synthrophospora*	37
Descloração redutiva de clorofenóis (Seção 18.18)	*Desulfitobacterium*	46
Cocos (geralmente em arranjos de tétrades ou "pacotes"), aeróbios	*Sporosarcina* (ver Figura 12.60)	40-41

a Filogeneticamente, todos os organismos são membros da subdivisão de baixo GC de *Bacteria* gram-positivas.

esporulantes são *ecologicamente* relacionadas, uma vez que, na natureza, são encontradas principalmente no solo. Mesmo aquelas espécies patogênicas para o homem ou outros animais são primordialmente organismos saprófitas de solo, que infectam seus hospedeiros apenas acidentalmente. De fato, a capacidade de formação de endósporos deve ser vantajosa para um organismo de solo, visto que o solo corresponde a um ambiente altamente variável em termos de quantidade de nutrientes, temperatura e atividade de água. Desse modo, uma estrutura resistente ao calor e à dessecação, capaz de permanecer dormente por longos períodos (talvez milhões de anos, Seção 4.15), deve apresentar grande valor para a sobrevivência desses organismos na natureza.

Organismos esporulantes podem ser seletivamente isolados do solo, alimentos, poeira e outros materiais, pela exposição da amostra a 80°C por 10 min (pasteurização) — um tratamento que efetivamente mata células vegetativas, enquanto os esporos presentes permanecem viáveis. A semeadura das amostras tratadas pelo calor em placas contendo meios apropriados e sua incubação em condições de aerobiose ou anaerobiose permitem a obtenção de espécies de *Bacillus* ou *Clostridium*, respectivamente.

Bacillus

Espécies de *Bacillus* geralmente crescem bem em meios definidos contendo uma dentre as várias fontes de carbono. Muitos bacilos produzem enzimas hidrolíticas extracelulares que degradam polímeros complexos, como polissacarídeos, ácidos nucléicos e lipídeos, permitindo aos organismos utilizarem esses produtos como fontes de carbono e doadores de elétrons. Vários bacilos produzem antibióticos como, por exemplo, bacitracina, polimixina, tirocidina, gramicidina e circulina. Na maioria dos casos, a produção de antibióticos está relacionada ao processo de esporulação, sendo o antibiótico liberado quando a cultura entra em fase estacionária de crescimento e após a célula estar comprometida com o processo de esporulação. Uma visão geral da subdivisão do gênero *Bacillus* é apresentada na Tabela 12.26.

Várias espécies de *Bacillus*, especialmente *B. popilliae* e *B. thuringiensis*, produzem larvicidas de insetos. *Bacillus popilliae* provoca uma condição fatal, a *doença leitosa* em larvas do besouro japonês e em larvas de besouros intimamente relacionados da família Scarabaeidae. *Bacillus thuringiensis* causa uma doença fatal em larvas de diferentes grupos de insetos, embora linhagens individuais

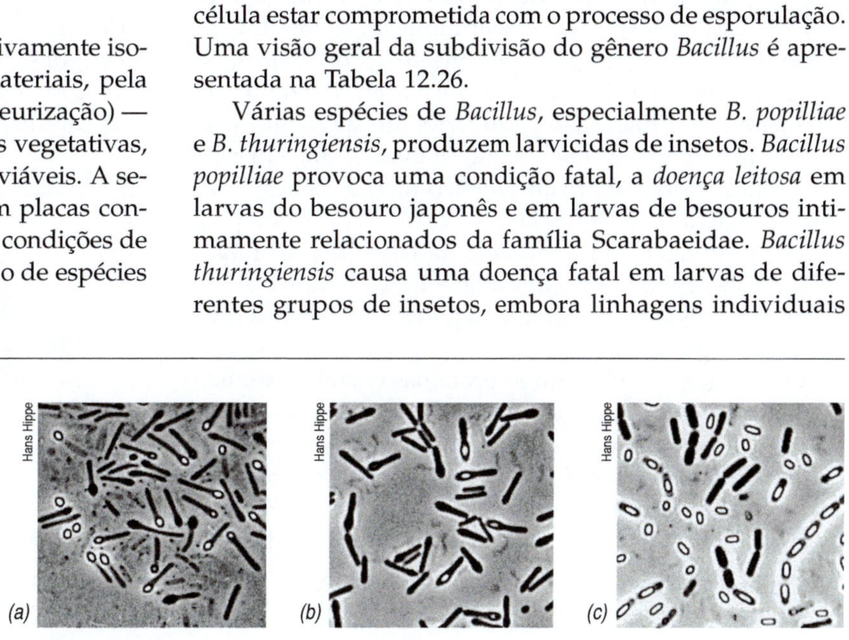

■ **Figura 12.56** Fotomicrografias de contraste de fase de várias espécies de *Clostridium*, revelando as diferentes localizações do endósporo. (a) *Clostridium cadaveris*, esporos terminais. As células têm largura aproximada de 0,9 μm. (b) *Clostridium sporogenes*, esporos subterminais. As células têm largura aproximada de 1 μm. (c) *Clostridium bifermentans*, esporos centrais. As células têm largura aproximada de 1,2 μm.

Tabela 12.26 Características de espécies representativas do gênero *Bacillus*

Características	Espécie	Posição do esporo	DNA (mol % GC)
I. Esporos ovais ou cilíndricos, aeróbios facultativos, hidrolisam caseína e amido, esporângios não dilatados, parede do esporo fina			
Termófilos e acidófilos	*B. coagulans*	Central ou terminal	47
	B. acidocaldarius	Terminal	60
Mesófilos	*B. licheniformis*	Central	46
	B. cereus	Central	35
	B. anthracis	Central	33
	B. megaterium	Central	37
	B. subtilis	Central	43
Patógenos de insetos	*B. thuringiensis*	Central	34
Esporângios distintamente dilatados, parede do esporo espessa			
Termófilos	*B. stearothermophilus*	Terminal	52
Mesófilos	*B. polymyxa*	Terminal	44
	B. macerans	Terminal	52
	B. circulans	Central ou terminal	35
Patógenos de insetos	*B. larvae*	Central ou terminal	—
	B. popilliae	Central	41
II. Esporos esféricos, aeróbios obrigatórios, caseína e amido não hidrolisados			
Esporângios dilatados	*B. sphaericus*	Terminal	37
Esporângios não dilatados	*B. pasteurii*	Terminal	38

sejam específicas quanto ao hospedeiro afetado. Há linhagens específicas para lepidópteros, tais como o bicho-da-seda, a larva do repolho, a lagarta da borboleta *Malacosoma* californicum e a traça egípcia. Algumas linhagens matam dípteros como mosquitos e moscas negras. Outras linhagens matam coleópteros como o escaravelho da batateira. Foram também descobertas linhagens de *B. thuringiensis*, tóxicas aos besouros japoneses. Preparações derivadas de *B. thuringiensis* e *B. popilliae* encontram-se disponíveis comercialmente como inseticidas biológicos.

A doença causada por *Bacillus popilliae* corresponde a uma septicemia, enquanto a doença causada por *B. thuringiensis* corresponde, essencialmente, a uma intoxicação. Esses dois patógenos de insetos produzem uma proteína cristalina durante a esporulação, denominada *corpo paraesporal*, depositada no interior do esporângio, mas fora do esporo propriamente dito (Figura 12.57). No caso de *B. thuringiensis*, o cristal protéico (corpo paraesporal) corresponde a uma protoxina, convertida em toxina pela clivagem proteolítica no intestino da larva. A toxina liga-se às células epiteliais do intestino e induz à formação de poros, promovendo a perda de líquido pelas células hospedeiras, seguida de lise.

Os genes que codificam as proteínas cristal foram isolados de diversas linhagens de *B. thuringiensis*. Os genes da proteína cristal (conhecida comercialmente por "toxina Bt") de *B. thuringiensis* foram introduzidos em plantas, tornando-as "naturalmente" resistentes a insetos. Essa estratégia mostrou-se eficaz em situações controladas; diversas toxina Bt geneticamente modificadas estão sendo desenvolvidas por engenharia genética numa tentativa de aumentar sua toxicidade e reduzir a resistência apresentada pelos insetos (Seção 31.7).

Clostridium

Os clostrídios não possuem um sistema de citocromos nem um mecanismo de fosforilação associado ao transporte de elétrons; desse modo, diferentemente das espécies de *Bacillus*, este obtêm ATP *somente* pela fosforilação em nível de substrato. São conhecidos vários mecanismos anaeróbios de geração de energia em clostrídios (a diversidade fermentativa será discutida na Seção 18.20); de fato, a separação do gênero em subgrupos é baseada principalmente nessas propriedades e na natureza do substrato fermentável utilizado (Tabela 12.27).

Alguns clostrídios fermentam açúcares e produzem *ácido butírico* como principal produto final. Alguns desses também produzem *acetona* e *butanol*, sendo que a fermentação

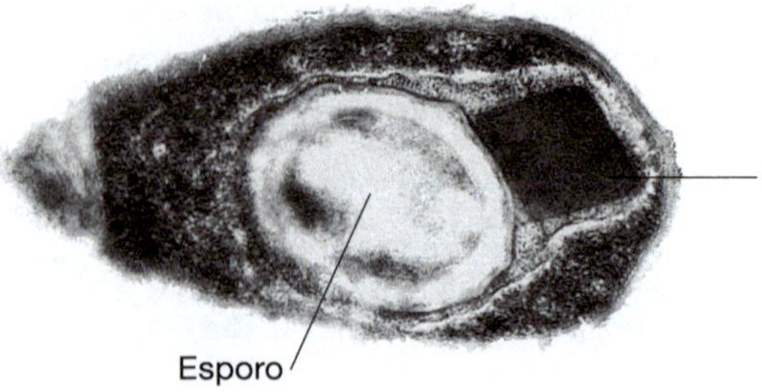

Figura 12.57 Formação de cristal paraesporal, tóxico para insetos, no patógeno *Bacillus thuringiensis*. Micrografia eletrônica de uma seção fina de uma célula esporulante. A proteína cristalina (toxina Bt) é tóxica para determinados insetos, promovendo a lise das células intestinais.

Tabela 12.27 Características de alguns grupos do gênero *Clostridium*

Características principais	Outras características	Espécie	DNA (mol % GC)
I. Fermentam carboidratos			
Fermentam celulose	Produtos de fermentação: acetato, lactato, succinato, etanol, CO_2, H_2	*C. cellobioparum*	28
		C. thermocellum	38-39
Fermentam açúcares, amido e pectina	Produtos de fermentação: acetona, butanol, etanol, isopropanol, butirato, acetato, propionato, succinato, CO_2, H_2; alguns fixam N_2	*C. butyricum*	27-28
		C. acetobutylicum	28-29
		C. pasteurianum	26-28
		C. perfringens	24-27
		C. thermosulfurogenes	33
Fermentam açúcares, principalmente ácido acético	Síntese total de acetato a partir de CO_2; presença de citocromos em algumas espécies	*C. aceticum*	33 em
		C. thermoaceticum	54
		C. formicoaceticum	34
Fermenta apenas pentoses ou metilpentoses	Células em forma de anel, formando cadeias helicoidais levógiras; produtos de fermentação: acetato, propionato, *n*-propanol, CO_2, H_2	*C. metylpentosum*	46
II. Fermentam aminoácidos	Produtos de fermentação: acetato, outros ácidos graxos, NH_3, CO_2, às vezes H_2; alguns também fermentam açúcares em butirato e acetato; podem produzir exotoxinas (Seções 21.10, 27.8 e 29.5)	*C. sporogenes*	26
		C. tetani	25-26
		C. botulinum	26-28
		C. tetanomorphum	25-28
	Fermenta aminoácidos de três carbonos (por exemplo, alanina) em propionato, acetato e CO_2	*C. propionicum*	35
III. Fermenta carboidratos ou aminoácidos	Produtos de fermentação da glicose: acetato, formato, pequenas quantidades de isobutirato e isovalerato	*C. bifermentans*	27
IV. Fermentadores de purina	Fermenta ácido úrico e outras purinas, originando acetato, CO_2 e NH_3	*C. acidurici*	27-30
V. Fermentação de etanol a ácidos graxos	Produz butirato, caproato e H_2; requer acetato como aceptor de elétrons; não utiliza açúcares, aminoácidos ou purinas	*C. kluyveri*	30

de acetona e butanol por clostrídios já teve grande importância industrial, por ter sido a principal fonte comercial desses produtos. Alguns clostrídios do tipo acetona-butanol fixam N_2; *Clostridium pasteurianum*, o mais vigoroso fixador de N_2, corresponde, provavelmente, ao principal responsável pela fixação anaeróbia de N_2 no solo. Um grupo de clostrídios fermenta celulose, com a formação de ácidos e alcoóis — provavelmente, os principais organismos que decompõem, anaerobicamente, a celulose no solo.

As etapas bioquímicas de formação de ácido butírico e butanol a partir de açúcares são bastante conhecidas (Figura 12.58). A glicose é convertida a piruvato pela via de Embden-Meyerhof, onde o piruvato é clivado em acetil-CoA, CO_2 e hidrogênio (ferredoxina reduzido) por meio de uma reação fosforoclástica (Seção 18.19 e Figura 18.51). O acetil-CoA é, em seguida, reduzido a produtos de fermentação, utilizando o NADH derivado das reações glicolíticas. A proporção dos vários produtos é influenciada pela duração e condições da fermentação. Durante os estágios iniciais, os ácidos butírico e acético são os produtos predominantes, mas, à medida que o pH do meio diminui, a síntese de ácidos é interrompida, iniciando-se o acúmulo dos compostos neutros, acetona e butanol. No entanto, caso o pH seja mantido neutro, pela adição de $CaCO_3$, uma pequena quantidade de compostos neutros é formada, e os produtos da fermentação consistirão em cerca de três partes de ácido butírico e uma parte de ácido acético. Esse fato é coerente do ponto de vista fisiológico porque, diferentemente da formação de compostos neutros, a produção de ácidos permite a síntese adicional de ATP (Figura 12.58).

Outro grupo de clostrídios obtém sua energia pela fermentação de *aminoácidos*. Algumas espécies fermentam aminoácidos individuais, enquanto outras somente fermentam *pares* de aminoácidos. Nesse caso, um dos aminoácidos atua como *doador* de elétrons, sendo *oxidado*, enquanto o outro atua como *aceptor* de elétrons, sendo *reduzido*. Esse tipo de decomposição associada é conhecida como **reação de Stickland**. Por exemplo, *Clostridium sporogenes* cataboliza uma mistura de glicina e alanina, conforme esquematizado na Figura 12.59. Diversos aminoácidos que podem atuar como doadores e aceptores de elétrons nas reações de Stickland encontram-se também listados na Figura 12.59. Os produtos resultantes da oxidação de Stickland são sempre NH_3, CO_2 e um ácido carboxílico contendo um átomo de carbono *a menos* que o aminoácido oxidado (Figura 12.59).

Os aminoácidos que podem ser individualmente fermentados são alanina, cisteína, glutamato, glicina, histidina, serina ou treonina. Os produtos são geralmente

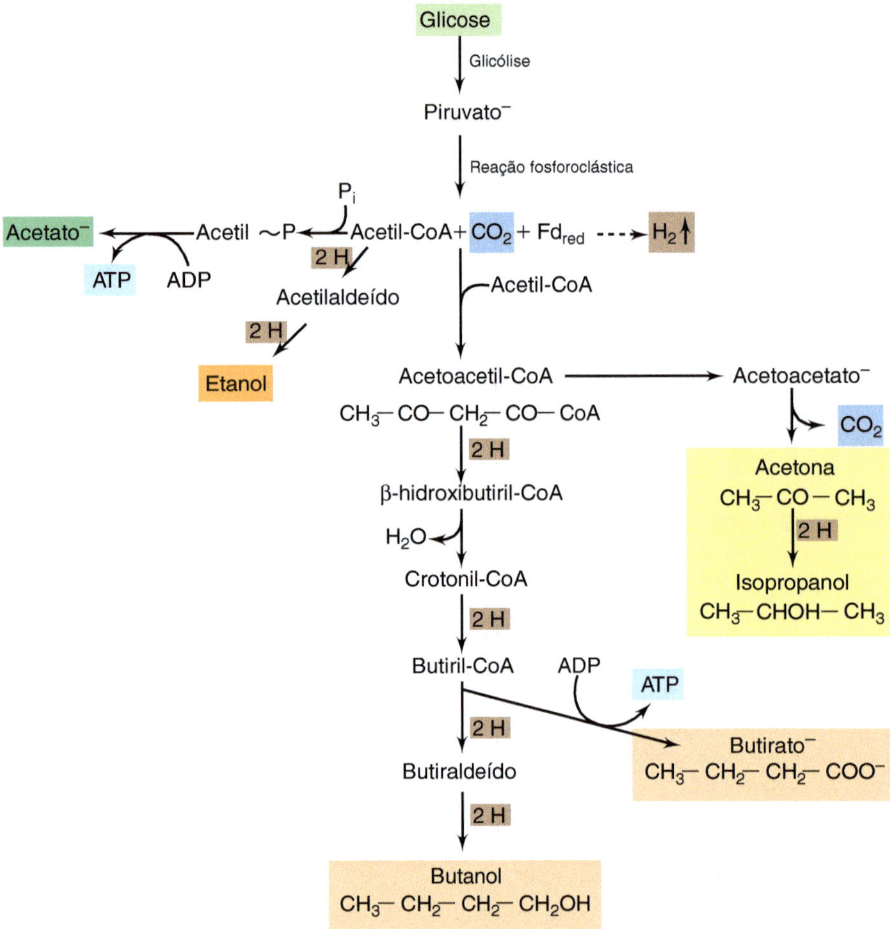

■ **Figura 12.58** Via de formação de produtos de fermentação pelos clostrídios do grupo ácido butírico. O termo "2H" representa dois elétrons oriundos de uma molécula de NADH. Observe como a produção de acetato e butirato leva à formação de um ATP adicional pela fosforilação em nível de substrato (Seção 18.19). Em contrapartida, a formação de butanol e acetona (esses produtos são encontrados na razão 1:1, pois a formação de butanol requer dois NADH, enquanto a formação de acetona não requer nenhum) reduz a quantidade de ATP produzido, uma vez que a etapa de conversão de butiril-CoA a butirato não é realizada.

acetato, butirato, CO_2 e H_2. Vários produtos da fermentação de aminoácidos por clostrídios correspondem a substâncias fétidas, sendo o odor resultante da putrefação uma conseqüência, sobretudo, da ação de clostrídios. Além do ácido butírico, outros compostos odoríficos produzidos são ácido isobutírico, ácido isovalérico, ácido capróico, sulfeto de hidrogênio, metilmercaptano (a partir de aminoácidos contendo enxofre), cadaverina (a partir da lisina), putrescina (a partir da ornitina) e amônia.

O principal hábitat dos clostrídios é o solo, onde vivem sobretudo em "bolsões" que se tornam anóxicos, pela degradação dos vários compostos orgânicos presentes, por organismos facultativos. Além disso, alguns clostrídios adaptaram-se ao ambiente anóxico do trato intestinal de mamíferos. Conforme discutido na Seção 21.8, diversos clostrídios são capazes de causar doenças em humanos, em condições especiais. O botulismo é causado por *Clostridium botulinum*; o tétano, por *C. tetani*; e a gangrena gasosa, por *C. perfringens* e outros clostrídios fermentadores tanto de açúcares como de aminoácidos. Embora esses clostrídios patogênicos não sejam, de maneira alguma, metabolicamente incomuns, são diferenciados dos demais pelo fato de produzirem toxinas específicas ou, como no caso daqueles que causam a gangrena gasosa, um grupo de toxinas (Seção 21.10 e Tabela 21.4). *C. perfringens* e espécies relacionadas podem também causar gastroenterites no homem e em animais domésticos (Seção 29.5). O botulismo pode ocorrer em ovelhas, patos e diversos outros animais. Uma questão ecológica ainda não decifrada corresponde ao papel que essas toxinas desempenham no hábitat natural desses organismos.

Sporosarcina

O gênero *Sporosarcina* é singular entre os formadores de endósporos, uma vez que as células são *cocos* em vez de bacilos. Os membros do gênero *Sporosarcina* correspondem a células de morfologia esférica a oval, estritamente aeróbias, que se dividem em dois ou três planos perpendiculares, originando tétrades ou "pacotes" de oito ou mais células (Figura 12.60). São conhecidas duas espécies de *Sporosarcina*: *S. ureae* e *S. halophila*. *Sporosarcina ureae* (Figura 12.60) pode ser facilmente enriquecida a partir de amostras de solo, por meio da semeadura de diluições de amostras de solo pasteurizado em ágar nutriente, suplementado com 8% de uréia, sendo as placas incubadas em condições de aerobiose. A maioria das bactérias do solo é fortemente inibida por baixas concentrações, até mesmo de 2%, de uréia. No entanto, *S. ureae* decompõe ativamente a uréia em CO_2 e NH_3, podendo, desse modo, aumentar significativamente o pH de meios não tamponados (*S. ureae* é notavelmente alcalino-tolerante, crescendo em meios com pH variando entre 10-11). Células de *Sporosarcina ureae* estão normalmente presentes no solo, e os estudos de sua distribuição sugerem que essas bacté-

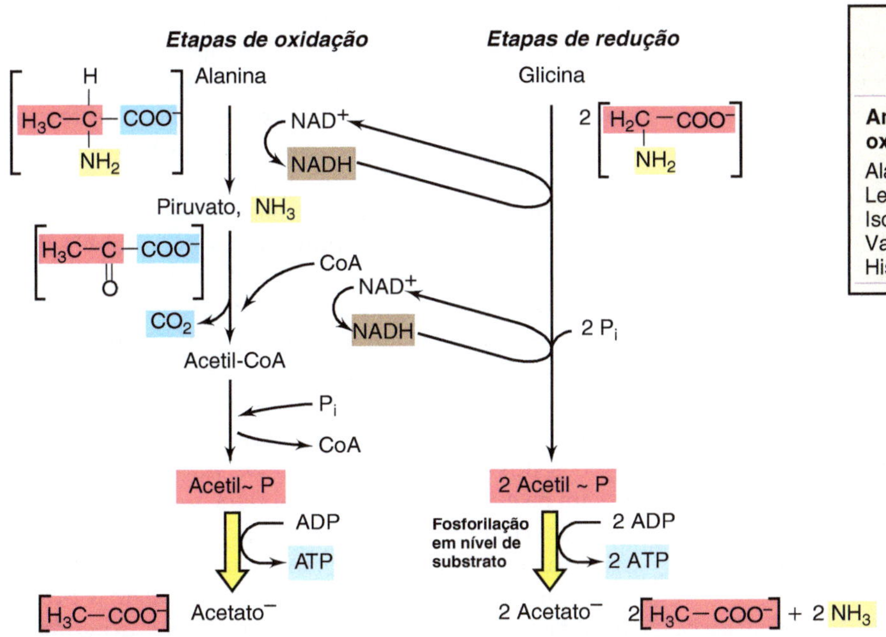

Reação global: Alanina + 2 Glicina + 2 H_2O + 3 ADP + 3 P_i ⟶ 3 Acetato$^-$ + CO_2 + 3 NH_4^+ + 3 ATP

Aminoácidos que participam da fermentação associada (reação de Stickland)

Aminoácidos oxidados:	**Aminoácidos reduzidos:**
Alanina	Glicina
Leucina	Prolina
Isoleucina	Hidroxiprolina
Valina	Triptofano
Histidina	Arginina

■ **Figura 12.59** Reação de oxidação-redução associada (reação de Stickland) entre alanina e glicina, realizada por *Clostridium sporogenes*. São apresentadas as estruturas dos principais substratos, intermediários e produtos (entre colchetes) para facilitar o acompanhamento da química da reação. Observe como na reação apresentada a alanina corresponde ao *doador* de elétrons, enquanto a glicina, ao *aceptor* de elétrons.

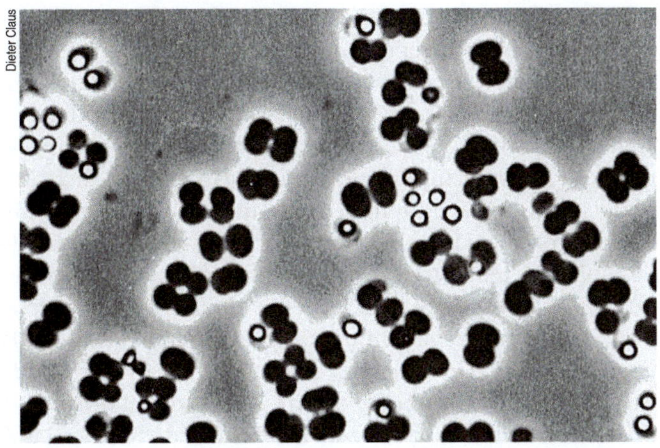

■ **Figura 12.60** Fotomicrografia de contraste de fase de células de *Sporosarcina ureae*. Uma única célula tem largura aproximada de 2 μm. Observe os endósporos brilhantes e refringentes. A maioria dos conjuntos contém oito células.

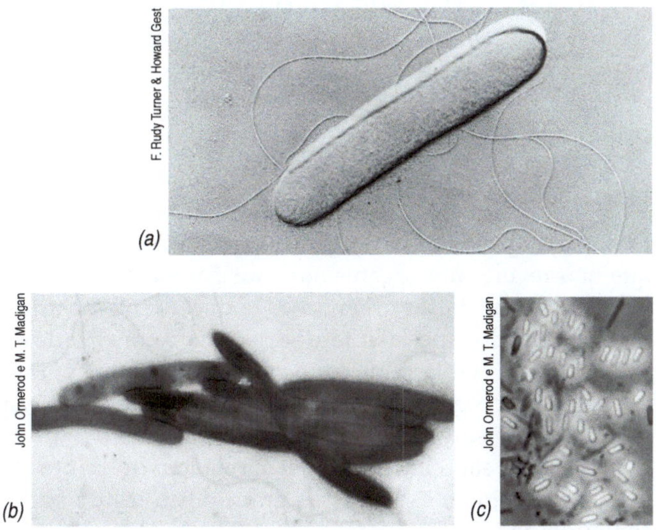

■ **Figura 12.61** Células e endósporos de heliobactérias. (a) Micrografia eletrônica de *Heliobacillus mobilis*, uma espécie com flagelação peritríquia. (b) *Heliophilum fasciatum*, feixes observados ao microscópio eletrônico. (c) Micrografia de fase de esporos de *Heliobacterium gestii*.

rias encontram-se em maior número em solos que recebem cargas de urina (uma fonte de uréia), como solos onde animais urinam periodicamente. Uma vez que organismos de solo são relativamente sensíveis à uréia, esses resultados sugerem que *S. ureae* têm importância ecológica, como principal agente degradador de uréia na natureza.

Heliobactérias

Heliobactérias são bactérias gram-positivas *fototróficas*, com baixo conteúdo de GC. Elas são fototróficas anoxigênicas e produzem uma forma estrutural única de bacterioclorofila (Seção 18.2). Esse grupo contém quatro gêneros: *Heliobacterium*, *Heliophilum*, *Heliorestis* e *Heliobacillus*. Todas as heliobactérias conhecidas são bacilares, com células tanto curtas quanto longas, freqüentemente apresentando extremidades afiladas (Figura 12.61). O gênero *Heliophilum* é especialmente interessante, pois suas células bacilares formam feixes (Figura 12.61*b*), movimentando-se como uma unidade. As heliobactérias são anaeróbias estritas e, além de exibirem crescimento fototrófico anaeróbio, podem também crescer quimiotroficamente na ausência de luz, pela fermentação de piruvato (da mesma forma que vários clostrídios intimamente relacionados às heliobactérias). Assim como os endósporos de espécies de *Bacillus* ou *Clostridium*, os endósporos de heliobactérias (Figura 12.61*c*) contêm concentrações elevadas de Ca^{2+}, além da molécula característica do endósporo — o *ácido dipicolínico* (Seção 4.15). As heliobactérias vivem no solo, especialmente em solos macios, onde sua intensa atividade de fixação de N_2 pode beneficiar a produção de arroz.

✓ 12.19–12.20 Verificação de conceitos

Bacteria gram-positivas de "baixo GC" correspondem a um grande grupo filogenético, contendo bacilos e cocos com espécies esporulantes e não esporulantes. A produção de endósporos é uma característica dos principais gêneros: *Bacillus* e *Clostridium*. Bactérias gram-positivas correspondem aos principais agentes de degradação da matéria orgânica no solo, sendo poucas as espécies patogênicas.

✓ Quais as principais características que diferenciam *Staphylococcus* de *Bacillus*?

✓ Como é possível diferenciar uma bactéria láctica *heterofermentativa* de uma *homofermentativa*?

✓ Qual a principal diferença fisiológica entre as espécies de *Bacillus* e *Clostridium*?

✓ Dentre os gêneros esporulantes, qual a característica singular em relação às heliobactérias?

12.21 *Bacteria* gram-positivas, desprovidas de parede celular, com baixo conteúdo de GC: os micoplasmas

Principais gêneros

Mycoplasma
Spiroplasma

Os micoplasmas são organismos sem parede celular que não revertem a organismos com parede. São, provavelmente, os menores organismos com crescimento autônomo, exibindo especial interesse evolutivo em virtude de sua estrutura celular simples e pequenos genomas. Embora estes não sejam corados positivamente na coloração de Gram por serem desprovidos de parede celular, os micoplasmas são claramente relacionados, do ponto de vista filogenético, às bactérias gram-positivas de baixo conteúdo de GC.

Propriedades dos micoplasmas

A ausência de paredes celulares nos micoplasmas, observada ao microscópio eletrônico, foi confirmada por meio de análises químicas, as quais revelaram que os principais componentes: peptideoglicano, ácidos murâmico e diaminopimélico, estão ausentes. No Capítulo 4, discutimos os protoplastos e mostramos como essas estruturas podem ser formadas a partir da ação de enzimas celulares que digerem a parede, em células que se encontram em meio osmoticamente protegido. Quando o estabilizador osmótico é removido, os protoplastos absorvem água e sofrem uma dilatação, que resulta em seu rompimento (Figura 4.33). Os micoplasmas assemelham-se aos protoplastos quanto à ausência de parede celular, embora sejam mais resistentes à lise osmótica, sendo capazes de sobreviver em condições em que os protoplastos sofreriam lise. A capacidade de resistir à lise osmótica é determinada, pelo menos parcialmente, pela presença de esteróis na membrana citoplasmática dos micoplasmas, tornando-a mais estável que a de outros procariotos. De fato, alguns micoplasmas requerem esteróis em seu meio de crescimento; essa exigência é a base para a separação dos micoplasmas em dois grupos (Tabela 12.28).

Além de esteróis, alguns micoplasmas possuem compostos denominados **lipoglicanos** (ver Tabela 12.28). Lipoglicanos são heteropolissacarídeos de cadeia longa, ligados covalentemente a lipídeos de membrana e embebidos na membrana citoplasmática de muitos micoplasmas. Os lipoglicanos são similares aos lipopolissacarídeos (LPSs) de *Bacteria* gram-negativas (Seção 4.9), exceto pelo fato de não apresentarem um esqueleto de lipídeo A e o fosfato, típicos dos LPSs bacterianos. Os lipoglicanos também atuam na estabilização da membrana, sendo também identificados como agentes facilitadores da adesão dos micoplasmas aos receptores de superfície das células animais. Assim como os LPSs, os lipoglicanos estimulam a produção de anticorpos, quando injetados em animais experimentais.

Cultivo de micoplasmas

As células de micoplasmas são pequenas e altamente pleomórficas, uma conseqüência da ausência de parede celular e, conseqüentemente, de rigidez. Uma cultura simples pode apresentar pequenos elementos cocóides, formas dilatadas maiores e formas filamentosas de diversos comprimentos, em geral altamente ramificadas (Figura 12.62).

Os pequenos elementos cocóides (0,2-0,3 μm) correspondem à menor unidade de micoplasma capaz de exibir crescimento independente. Elementos celulares com diâmetro próximo a 0,1 μm podem ser vistos ocasionalmente em culturas de micoplasmas, embora não sejam capazes de crescer. Nesse sentido, a menor unidade reprodutiva, de 0,2-0,3 μm, provavelmente representa a menor célula de *vida livre*. Além disso, o tamanho do genoma de micoplasmas é também menor que o da maioria dos procariotos, apresentando, em muitos casos, de 500 a 1.100 pares de quilobases de DNA (Tabela 12.28), comparável ao genoma dos parasitas obrigatórios clamídias e riquétsias (ver Seções 12.13 e 12.27) e correspondendo, aproximadamente, de um quinto a um quarto do genoma de *Escherichia coli*. O genoma de pelo menos uma das espécies de *Mycoplasma*, *M. genitalium*, possui 580 pares de quilobases, os quais foram completamente seqüenciados (Seção 15.3). Acredita-se que esse genoma tão pequeno encontre-se no limite inferior da quantidade de DNA necessária para uma célula realizar os processos da vida.

O tipo de crescimento de micoplasmas difere quando se encontram em culturas líquidas ou em meios sólidos. Em meios sólidos, há uma tendência dos organismos crescerem de modo a ficarem embebidos no meio, conferindo às colônias desses organismos um aspecto característico de "ovo frito", com um núcleo central denso que penetra no ágar, circundado por uma área disseminada, de coloração mais clara (Figura 12.63). Conforme esperado, o crescimento de micoplasmas não é inibido por penicilina, cicloserina ou outros antibióticos que inibem a síntese da parede celular. Em contrapartida, esses organismos são tão

Tabela 12.28 Principais características dos micoplasmas[a]

Gênero	Número de espécies	Propriedades	DNA (mol % GC)	Tamanho do genoma (pares de quilobases)	Presença de lipoglicanos
Requerem esteróis					
Mycoplasma	110	Muitos são patogênicos; requerem esteróis; aeróbios facultativos (ver Figura 12.62)	23-41	600-1.350	+
Anaeroplasma	4	Podem ou não requerer esteróis; anaeróbios obrigatórios, degradam amido, produzindo ácidos acético, láctico e fórmico, além de etanol e CO_2; inibidos por acetato de tálio; encontrados no rúmen de ovinos e bovinos	29-33	1.500-1.600	+
Spiroplasma	33	Células com forma de espiralada a saca-rolha; associados a várias condições fitopatogênicas (doenças de plantas) (ver Figura 12.64)	25-30	940-2.200	–
Ureaplasma	6	Células cocóides; ocasionalmente agrupadas em massas e em pequenas cadeias; crescimento ótimo em pH 6; forte reação de urease; associados a certas infecções do trato urinário em humanos; inibidos por acetato de tálio	27-30	750	–
Entomoplasma	5	Aeróbios facultativos; associados a insetos e plantas	27-29	790-1.140	?
Não requerem esteróis					
Acholeplasma	16	Aeróbios facultativos	27-36	1.500	+
Asteroleplasma	1	Anaeróbios obrigatórios; isolados do rúmen de bovinos ou ovinos	40	1.500	+
Mesoplasma	12	Filogenética e ecologicamente relacionados a *Entomoplasma*	27-30	870-1.100	?

a Filogeneticamente, todos os micoplasmas conhecidos são membros de *Bacteria* gram-positivas, de "baixo GC".

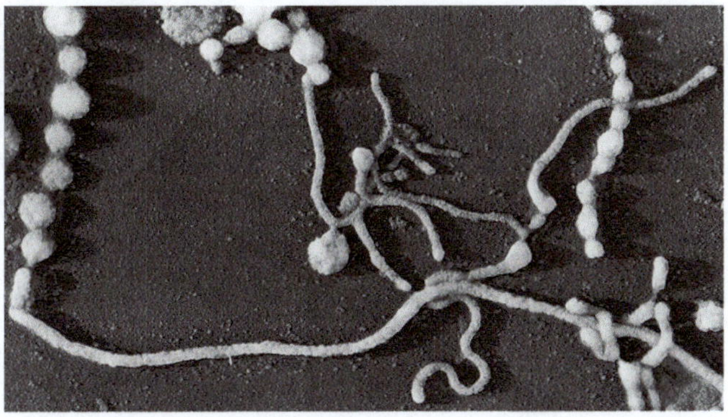

Alan Rodwell

■ **Figura 12.62** Eletromicrografia, por sombreamento metálico, de uma preparação de *Mycoplasma mycoides*. Observe os elementos cocóides e semelhantes a hifas. O diâmetro médio das células nas cadeias é de cerca de 0,5 μm.

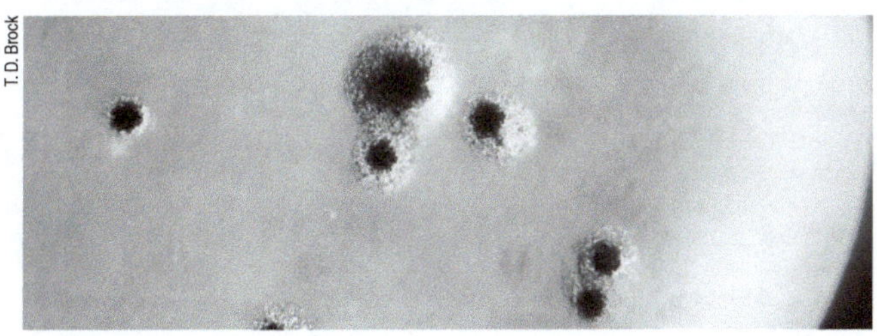

T. D. Brock

■ **Figura 12.63** Aspecto típico de "ovo frito", apresentado pelas colônias de micoplasmas em meios sólidos. As colônias têm diâmetro aproximado de 0,5 mm.

sensíveis quanto outras *Bacteria* a antibióticos que atuam em outros alvos que não a parede celular.

Os meios de cultura utilizados para o cultivo de micoplasmas são, em geral, relativamente complexos. Para muitas espécies, o crescimento é escasso ou até ausente mesmo em meios complexos, contendo extrato de levedura, peptona e infusão de coração bovino, a menos que soro fresco ou fluido ascítico sejam adicionados; estes últimos fornecem ácidos graxos insaturados e esteróis. No entanto, alguns micoplasmas podem ser cultivados em meios relativamente simples, tendo sido desenvolvidos meios específicos para algumas linhagens. A maioria dos micoplasmas utiliza carboidratos como fonte de energia, requerendo vitaminas, aminoácidos, purinas e pirimidinas como fatores de crescimento. O metabolismo energético dos micoplasmas é variável, mas não único, uma vez que algumas espécies são estritamente respiratórias, enquanto outras são anaeróbias facultativas ou mesmo obrigatórias (Tabela 12.28).

Spiroplasma

O gênero *Spiroplasma* consiste em células helicoidais ou espiraladas (Figura 12.64). Embora desprovidas de parede celular e flagelos, essas células são móveis, por meio de movimentos rotatórios (em parafuso) ou de lentas ondulações. Foi demonstrada a presença de fibrilas intrace-

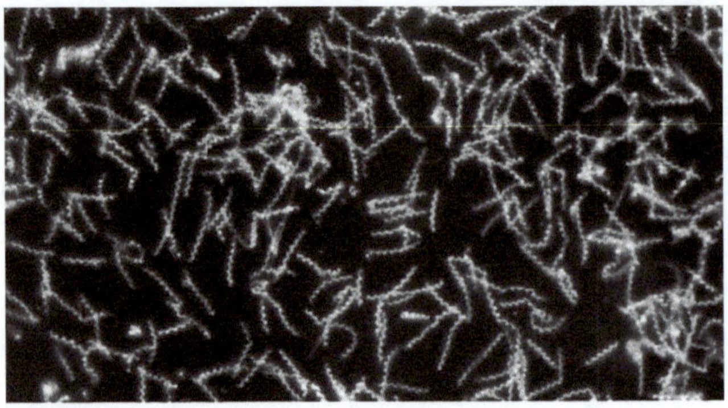

■ **Figura 12.64** Micrografia de campo escuro de espiroplasmas de "definição sexual", coletados da hemolinfa da mosca *Drosophila pseudoobscura*. Moscas fêmeas infectadas por espiroplasmas de "definição sexual" geram somente progênie feminina. Células individuais dos espiroplasmas têm diâmetro aproximado de 0,15 μm.

lulares que, aparentemente, desempenham papel na motilidade. Esse organismo foi isolado de carrapatos, de hemolinfa (Figura 12.64), de intestino de insetos, de fluidos de plantas vasculares e dos insetos que se alimentam desses fluidos, além da superfície de flores e de outras partes de plantas. *Spiroplasma citri* foi isolado das folhas de plantas cítricas, onde causa uma doença denominada "Stubborn dos citros" e de pés de milho, apresentando o quadro de enfezamento pálido. Alguns outros corpos semelhantes a micoplasmas foram detectados, por microscopia eletrônica de amostras de plantas doentes, indicando a possível existência de um grande grupo de micoplasmas associados às plantas. São reconhecidas quatro espécies de *Spiroplasma* que causam uma variedade de doenças em animais, como a espiroplasmose de abelhas, a catarata de camundongos lactentes e a doença da "letargia", no besouro *Melontha*.

✓ 12.21 Verificação de conceitos

O grupo micoplasma é constituído por organismos desprovidos de parede celular, contendo genoma muito pequeno. Muitas espécies requerem esteróis para enrijecer suas membranas; várias são patogênicas ao homem e outros animais.

✓ Por que os micoplasmas devem possuir membranas celulares mais rígidas que outros procariotos?

✓ Filogeneticamente, onde se enquadram os micoplasmas?

✓ Compare e diferencie os gêneros *Mycoplasma* e *Acholeplasma* em termos de exigências para o crescimento, tamanho do genoma e metabolismo.

12.22 *Bacteria* gram-positivas com alto conteúdo de GC: corineformes e bactérias propiônicas

Principais gêneros

Corynebacterium
Arthrobacter
Propionibacterium

Bacteria gram-positivas com alto conteúdo de GC correspondem a procariotos com morfologia tipicamente bacilar ou filamentosa, predominantemente aeróbios, comuns no solo e em matérias vegetais. Em sua maioria, são comensais inofensivos, sendo as espécies de *Mycobacterium* (por exemplo, *Mycobacterium tuberculosis*) uma importante exceção. Alguns membros desse grupo apresentam grande valor econômico na produção de antibióticos ou de produtos lácticos fermentados. Iniciaremos com os representantes de morfologia bacilar.

Corinebactérias

As bactérias corineformes são organismos bacilares gram-positivos, aeróbios, imóveis e com a característica de formarem arranjos celulares de formato irregular, em clava ou em "V", durante o crescimento normal. Grupos celulares em forma de "V" surgem como resultado de um movimento de separação incompleta, que ocorre logo após a divisão celular (denominado movimento de ruptura pós-fissão ou simplesmente *divisão com separação incompleta*) (Figura 12.65). Demonstrou-se que a **divisão com separação incompleta** ocorre em uma espécie porque a parede celular consiste em duas camadas; apenas a camada interna participa da formação da parede transversal, e, assim, após a formação da parede transversal, as duas células filhas permanecem ligadas pela camada externa da parede celular. A ruptura localizada dessa camada externa, em um dos lados, resulta em um dobramento e distanciamento das duas células, no lado onde ocorreu a ruptura (Figura 12.66), levando ao desenvolvimento das formas em "V".

Os principais gêneros de bactérias corineformes são *Corynebacterium* e *Arthrobacter*. O gênero *Corynebacterium* consiste em um grupo extremamente diverso de bactérias, incluindo não só patógenos de animais e plantas como também organismos saprófitas. Algumas espécies, como *C. diphtheriae*, são patogênicas (difteria, Seção 26.3). O gênero *Arthrobacter* consiste principalmente em organismos de solo, distinguindo-se de *Corynebacterium* por um ciclo de desenvolvimento que envolve a conversão da forma bacilar em esférica, que novamente assume a forma bacilar (Figura 12.67). No entanto, algumas corinebactérias são pleomórficas, originando elementos cocóides durante o crescimento, e, desse modo, a diferenciação entre os dois gêneros, baseada no ciclo de vida, não é absoluta. As célu-

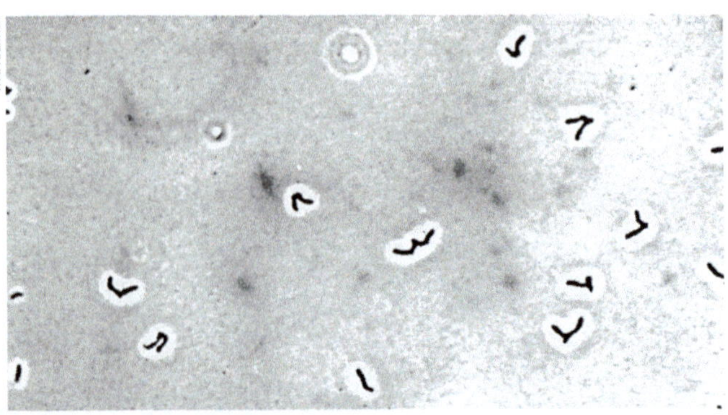

■ **Figura 12.65** Fotomicrografia dos grupos celulares em "V", característicos de *Arthrobacter crystallopoietes*, resultantes da divisão com separação incompleta. As células têm diâmetro aproximado de 0,9 μm.

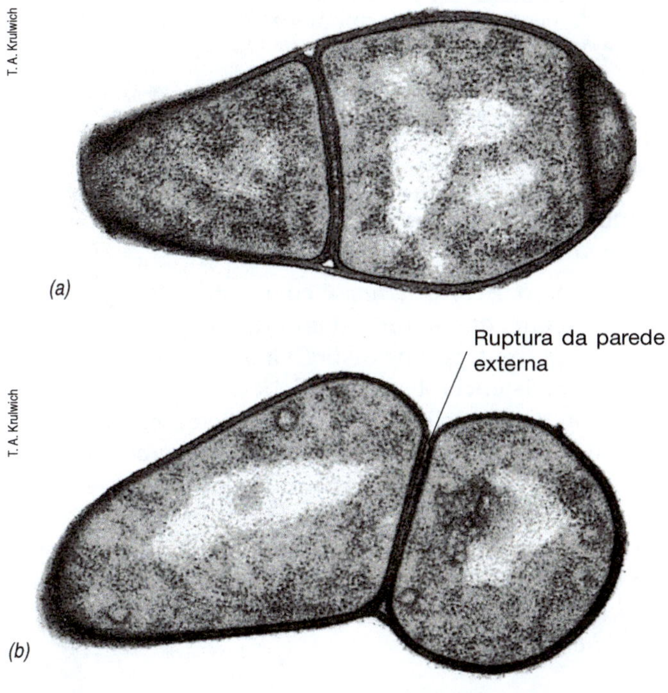

■ **Figura 12.66** Micrografia eletrônica da divisão celular de *Arthrobacter crystallopoietes*, ilustrando como ocorre a divisão com separação incompleta e a formação de grupos celulares em forma de "V". (a) Antes da ruptura da camada externa da parede celular. (b) Após a ruptura da camada externa, em um dos lados. As células têm diâmetro de 0,9-1 μm.

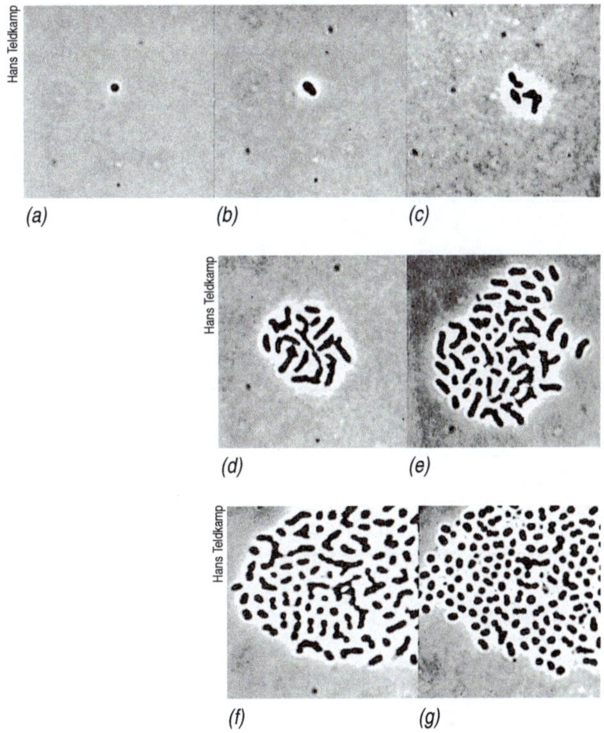

■ **Figura 12.67** Estágios do ciclo de vida de *Arthrobacter globiformis* observados em uma cultura em lâmina: (a) Elemento cocóide único; (b-e) conversão à forma bacilar e crescimento de uma microcolônia, consistindo principalmente em bacilos; (f-g) conversão dos bacilos às formas cocóides. As células têm diâmetro aproximado de 0,9 μm.

las de *Corynebacterium* freqüentemente possuem uma extremidade dilatada, assumindo um aspecto de clava (por isso o nome do gênero: *koryne*, que corresponde à palavra "clava", em grego), enquanto as células de *Arthrobacter* apresentam essa forma de clava com menor freqüência.

Organismos do gênero *Arthrobacter* estão entre as bactérias de solo mais comuns. São altamente resistentes à dessecação e à carência nutricional, apesar de não formarem esporos ou outras estruturas de dormência. As artrobactérias correspondem a um grupo heterogêneo, exibindo considerável versatilidade nutricional; foi descrito o isolamento de linhagens com capacidade de decompor herbicidas, cafeína, nicotina, fenóis e outros compostos orgânicos incomuns.

Bactérias propiônicas

As bactérias propiônicas (gênero *Propionibacterium*) foram inicialmente descobertas como habitantes de queijos suíços (Emmental), onde a produção de CO_2 decorrente das atividades fermentativas leva à formação dos orifícios característicos, sendo a presença de ácido propiônico pelo menos parcialmente responsável pelo sabor peculiar desse queijo. Embora esse ácido seja produzido por outras bactérias, sua produção em grandes quantidades por bactérias propiônicas corresponde a uma característica distintiva desse gênero. As bactérias deste grupo são gram-positivas, anaeróbias e fermentam ácido láctico, carboidratos e poliidróxi-alcoóis, produzindo, sobretudo, ácidos propiônico, acético e CO_2. Suas exigências nutricionais são complexas, geralmente apresentando crescimento relativamente lento.

As reações enzimáticas de degradação da glicose a ácido propiônico estão ilustradas na Figura 12.68. O catabolismo inicial da glicose em piruvato segue a via de Embden-Meyerhof, como nas bactérias lácticas; entretanto, o NADH formado é oxidado como parte de um ciclo em que o *ácido propiônico* é formado. O piruvato recebe um grupo carboxil do metilmalonil-CoA, por uma reação de transcarboxilase, levando à formação de oxalacetato e propionil-CoA. Este último composto reage com succinato em uma etapa catalisada pela CoA transferase, originando succinil-CoA e propionato. O succinil-CoA sofre uma isomerização, sendo convertido a metilmalonil-CoA, completando assim o ciclo (Figura 12.68). A oxidação de NADH ocorre nas etapas entre oxalacetato e succinato, restaurando o equilíbrio de oxidação-redução.

Membros do gênero *Propionibacterium* também fermentam lactato com a produção de propionato, acetato e CO_2. A fermentação anaeróbia de ácido láctico a propionato desperta interesse, uma vez que o próprio ácido láctico corresponde a um produto final de fermentação de muitas bactérias (ver Seção 12.19). As bactérias propiônicas são, desse modo, capazes de obter energia anaerobicamente a partir de um produto de fermentação produzido por outras bactérias; essa estratégia metabólica recebeu a denominação *fermentação secundária*.

A fermentação de lactato a propionato tem importância na manufatura de queijos suíços. A cultura inicial consiste em uma mistura de estreptococos e lactobacilos homofermentativos, além de bactérias propiônicas. A fer-

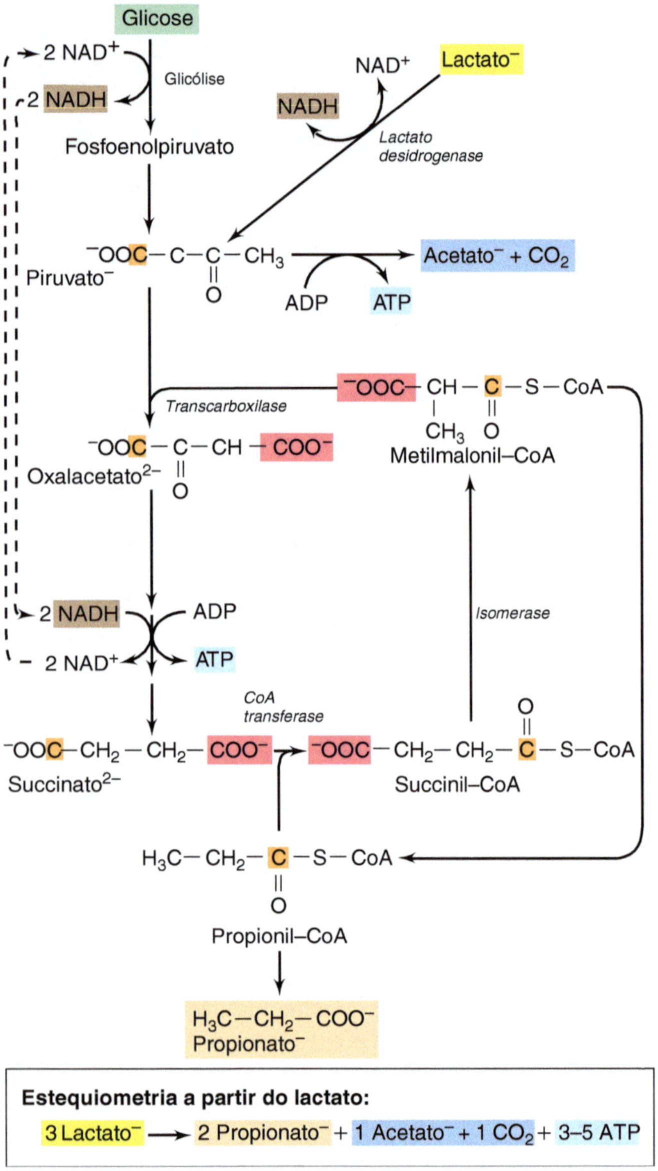

■ **Figura 12.68** Formação de ácido propiônico por *Propionibacterium*. Tanto o lactato produzido pelas atividades fermentativas de outras bactérias quanto a glicose podem ser fermentados na fermentação de propionato. A síntese de ATP está associada às reações de transporte de elétrons que ocorrem durante a formação de succinato, ou pela fosforilação em nível de substrato, na produção de acetato.

mentação inicial da lactose em ácido láctico, durante a formação do coalho, é realizada pelos organismos homofermentativos. Após o coalho (proteína e gordura) ter sido drenado, as bactérias propiônicas desenvolvem-se rapidamente, sendo os orifícios característicos do queijo suíço formados pelo acúmulo de CO_2. O gás difunde-se através do coalho, unindo-se em regiões onde este exibe maior fragilidade. Na fermentação, o lactato é oxidado a piruvato, o qual é convertido a propionato, conforme ilustrado na Figura 12.68.

O propionato é também formado pela fermentação de succinato, pela bactéria *Propionigenium*. Esse organismo não apresenta relações filogenéticas ou ecológicas com o gênero *Propionibacterium*; no entanto, certos aspectos de sua fermentação exibem considerável interesse. Discutiremos o mecanismo de fermentação em *Propionigenium* na Seção 18.20.

12.23 *Bacteria* gram-positivas com alto conteúdo de GC: *Mycobacterium*

Principal gênero

Mycobacterium

O gênero *Mycobacterium* é composto por organismos bacilares que, em algum estágio de seu ciclo de crescimento, apresentam uma distintiva propriedade tintorial, a **acidorresistência**. Essa propriedade deve-se à presença de componentes lipídicos de superfície singulares (**ácidos micólicos**), encontrados apenas no gênero *Mycobacterium*. Descoberta por Robert Koch durante seus estudos pioneiros da tuberculose (Seção 1.5), essa propriedade tintorial singular permitiu a identificação do organismo em lesões tuberculosas; subseqüentemente, revelou grande valor taxonômico na definição do gênero *Mycobacterium*.

Acidorresistência (coloração de Ziehl-Neelsen)

Nesse processo de coloração é empregada uma mistura de fucsina básica e fenol, sendo o corante introduzido nas células por meio de aquecimento lento, por 2-3 minutos, do esfregaço, até que a solução comece a emitir vapor. O fenol tem como função aumentar a penetração da fucsina através dos lipídeos de superfície. Após ser lavada em água destilada, a preparação é descorada pelo tratamento com álcool-ácido; após uma segunda lavagem, a preparação é submetida à etapa de coloração de fundo (ou contraste), com azul de metileno. Organismos acidorresistentes coram-se em *vermelho*, enquanto o fundo e os organismos não acidorresistentes coram-se em *azul*.

Como mencionado, o principal componente responsável pela acidorresistência corresponde à presença de uma fração lipídica peculiar nas células micobacterianas denominada *ácido micólico*. Este corresponde, na realidade, a um grupo complexo de hidroxi-lipídeos de cadeia ramificada, apresentando a estrutura geral ilustrada na Figura 12.69*a*; na coloração de organismos acidorresistentes, o grupo carboxílico do ácido micólico reage com a fucsina (Figura 12.69*b*). O ácido micólico liga-se covalentemente ao peptideoglicano da parede micobacteriana, e esse complexo deixa a superfície celular com uma consistência cerosa e hidrofóbica. As micobactérias não se coram prontamente pelo método de Gram em decorrência do alto conteúdo lipídico superficial, mas, se a porção lipóide da célula for removida com etanol alcalino, a célula intacta remanescente deixa de exibir a acidorresistência, comportando-se como uma célula gram-positiva.

Características das micobactérias

As micobactérias são relativamente pleomórficas, podendo exibir formas ramificadas ou filamentosas. No entanto, contrariamente ao que ocorre em actinomicetos (ver Seção 12.24), os filamentos das micobactérias fragmentam-se em bacilos ou elementos cocóides ao menor distúrbio, não havendo a formação de um verdadeiro

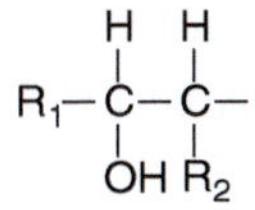

(a) Ácido micólico; R1 e R2 correspondem a cadeias longas de hidrocarbonetos alifáticos

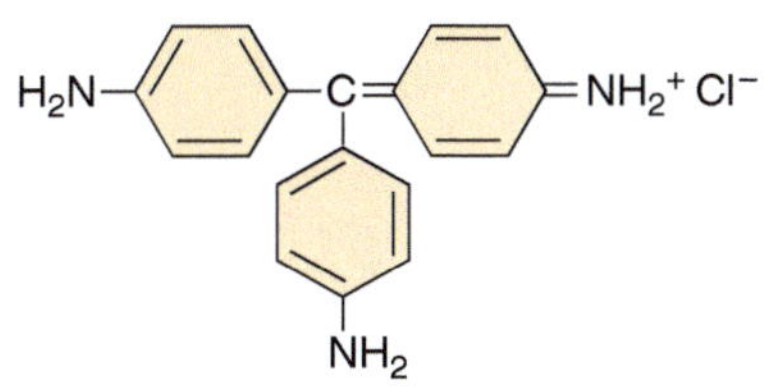

(b) Fucsina básica

■ **Figura 12.69** Estrutura de (a) ácido micólico e (b) fucsina básica, o corante empregado na coloração de organismos acidorresistentes. A fucsina combina-se com o ácido micólico por intermédio de ligações iônicas entre os grupos COO^- e NH_2^+.

micélio. De modo geral, as micobactérias podem ser divididas em dois principais grupos: de *crescimento lento* e de *crescimento rápido* (Tabela 12.29). *Mycobacterium tuberculosis* é um típico organismo de crescimento lento, havendo o desenvolvimento de colônias visíveis, a partir de inóculos diluídos, somente após dias ou semanas de incubação. (O sucesso obtido por Koch no primeiro isolamento de *M. tuberculosis* deve-se ao fato de o cientista ter esperado tempo suficiente após a inoculação do meio; Seção 1.5.) Quando crescendo em meios sólidos, as micobactérias formam colônias densas, compactas e freqüentemente rugosas, com os organismos se empilhando em uma massa em vez de se disseminarem sobre a superfície do ágar (Figura 12.70*a*). Essa formação provavelmente é decorrente do alto teor lipídico e da natureza hidrofóbica da superfície celular.

Em sua maioria, as micobactérias exibem exigências nutricionais relativamente simples. Em geral, o crescimento ocorre em meios simples de sais minerais, tendo amônia como fonte de nitrogênio e glicerol ou acetato como única fonte de carbono e doador de elétrons, sendo este incubado em aerobiose. O crescimento de *Mycobacterium tuberculosis* é estimulado por lipídeos e ácidos graxos. Freqüentemente, acrescenta-se gema de ovo (uma boa fonte de lipídeos) ao meio de cultura, para a obtenção de crescimento mais abundante. Um meio contendo glicerol e ovos (meio Lowenstein-Jensen) é freqüentemente empregado no isolamento primário de *M. tuberculosis* a partir de espécimes patológicos. Talvez devido ao alto teor lipídico de sua parede celular, *M. tuberculosis* é capaz de resistir a agentes químicos como álcalis e fenol por consideráveis períodos de tempo, sendo essa propriedade utilizada para o isolamento seletivo do organismo a partir de escarro e outros materiais intensamente contaminados. O escarro é inicialmente tratado com NaOH 1 *N* por 30 min, e, então, neutralizado e inoculado em um meio de isolamento.

Uma característica apresentada por muitas micobactérias corresponde à capacidade de formar pigmentos carotenóides amarelos (Figura 12.70*c*). Com base na pigmentação, as micobactérias podem ser classificadas em três grupos: não pigmentadas (incluindo *Mycobacterium tuberculosis*, *M. bovis*); aquelas que formam pigmentos somente quando cultivadas na luz, uma propriedade denominada *fotocromogênese* (incluindo *M. kansasii*, *M. marinum*); e aquelas que formam pigmentos mesmo quando cultivadas na ausência de luz, uma propriedade denominada *escotocromogênese* (incluindo *M. gordonae*, *M. paraffinicum*). A foto-indução de carotenóides envolve raios luminosos de pequeno comprimento de onda (azul), ocorrendo apenas na presença de O_2. Evidências indicam que o fator crítico na foto-indução corresponde a uma oxidação catalisada pela luz, e, aparentemente, uma das enzimas precoces da biossíntese de carotenóides é foto-induzida. Da mesma maneira que em outras bactérias que possuem carotenóides, foi sugerido que estes protegem as micobactérias contra danos oxidativos envolvendo oxigênio singleto (Seção 6.13).

A virulência de culturas de *Mycobacterium tuberculosis* foi correlacionada à formação de estruturas longas, semelhantes a cordões (Figura 12.70*b*), em meios sólidos ou líquidos, decorrentes da agregação lateral e entrelaçamento das longas cadeias de bactérias. O crescimento na forma de cordão reflete a presença de um lipídeo característico

Tabela 12.29 Algumas características de espécies representativas de micobactérias

Espécie	Crescimento em 5% de NaCl	Redução de nitrato	Crescimento a 45°C	Patógeno de humanos	Pigmentação
Espécies de crescimento lento					
Mycobacterium tuberculosis	–	+	–	+	Ausente
Mycobacterium avium	–	–	–	+	Colônias velhas pigmentadas (ver Figura 12.70*c*)
Mycobacterium bovis	–	–	+	+	Ausente
Mycobacterium kansasii	–	+	–	+	Fotocromogênica
Espécies de crescimento rápido					
Mycobacterium smegmatis	+	+	+	–	Ausente
Mycobacterium phlei	+	+	+	–	Pigmentada
Mycobacterium chelonae	+	–	–	+	Ausente
Mycobacterium parafortuitum	+	+	–	–	Fotocromogênica

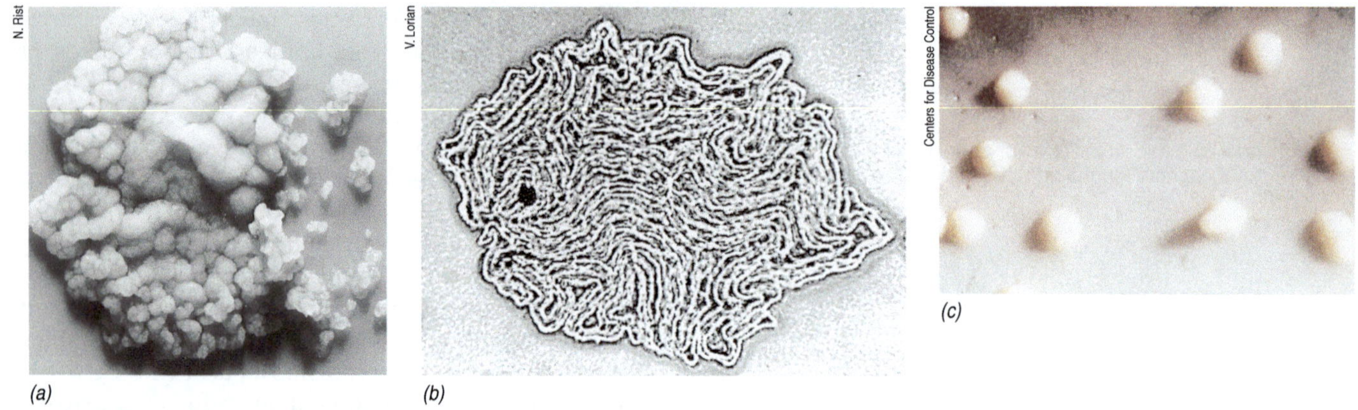

■ **Figura 12.70** Morfologia colonial característica de micobactérias. (a) *Mycobacterium tuberculosis*, apresentando a aparência compacta e rugosa da colônia. A colônia tem diâmetro aproximado de 7 mm. (b) Estágio inicial de uma colônia de *M. tuberculosis* virulento, apresentando o característico crescimento em cordão. As células individuais têm diâmetro aproximado de 0,5 μm. (Ver também os desenhos históricos de *M. tuberculosis* feitos por Robert Koch, Figura 1.13). (c) Colônias de *Mycobacterium avium* de uma linhagem isolada como patógeno oportunista de um paciente portador de AIDS.

na superfície celular — o **fator corda**, de natureza glicolipídica (Figura 12.71). A patogênese da tuberculose será discutida em detalhes na Seção 26.5.

✓ 12.22–12.23 Verificação de conceitos

Bacteria gram-positivas, de "alto GC" incluem organismos como *Corynebacterium*, *Arthrobacter*, *Propionibacterium* e *Mycobacterium*. São principalmente saprófitas inofensivos de solo, embora *M. tuberculosis* seja o agente etiológico da tuberculose. As células de *M. tuberculosis* possuem uma camada superficial externa cerosa e rica em lipídeos, requerendo procedimentos especiais de coloração (coloração para organismos acidorresistentes) para sua observação microscópica.

✓ O que é divisão com separação incompleta e em que organismo ocorre?

✓ Qual organismo está envolvido na maturação do queijo suíço e que compostos químicos produz, de modo a favorecer o sabor do queijo e originar os orifícios característicos?

✓ O que é ácido micólico, que organismo o produz e qual propriedade confere às células que o produzem?

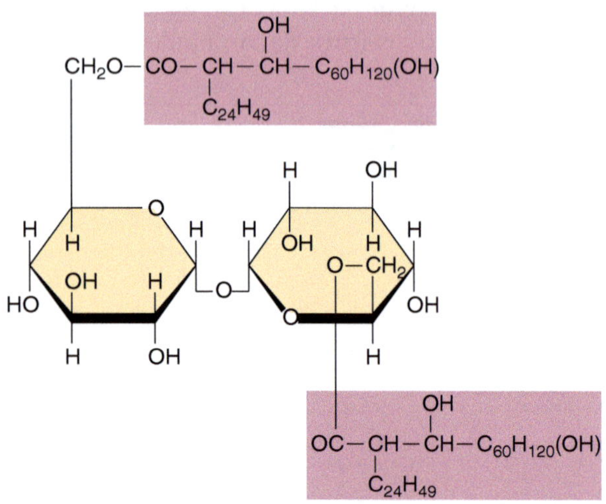

■ **Figura 12.71** Estrutura do fator corda — um glicolipídeo micobacteriano: 6,6'-dimicoliltrealose. Os dois grupos idênticos de diálcool de cadeia longa estão assinalados em roxo.

12.24 *Bacteria* gram-positivas filamentosas, com alto conteúdo de GC: *Streptomyces* e outros actinomicetos

Principais gêneros

Streptomyces
Actinomyces

Os actinomicetos correspondem a um grande grupo de *Bacteria* gram-positivas filamentosas que formam filamentos ramificados. Como resultado de um crescimento abundante e ramificado, há a formação de uma rede de filamentos com ramificações denominada *micélio* (Figura 12.72). Embora de dimensões bacterianas, o micélio é, em vários aspectos, similar ao micélio formado por fungos filamentosos (Figura 14.19). A maioria dos actinomicetos forma esporos; a forma de esporulação varia, sendo empregada na classificação dos subgrupos, conforme ilustrado na Tabela 12.30. A composição de bases de DNA da maioria dos membros dos actinomicetos enquadra-se na faixa de 63-78% de GC, e os organismos com os valores mais altos dessa faixa apresentam o percentual mais elevado de GC dentre todas as bactérias conhecidas. Filogeneticamente, os actinomicetos filamentosos formam um grupo coerente; assim, as propriedades de formação de micélio e esporos têm importância tanto filogenética quanto taxonômica. Na presente discussão, enfocaremos o gênero *Streptomyces*.

Streptomyces

Streptomyces é um gênero representado por um grande número de espécies e variedades. São conhecidas mais de 500 espécies, embora as proporções de bases de GC estejam agrupadas entre 69 e 73 mol%. Os filamentos de *Streptomyces* em geral apresentam diâmetro de 0,5-1,0 μm, tendo comprimento indefinido, sendo geralmente despro-

Tabela 12.30 Actinomicetos e gêneros relacionados (todos gram-positivos)[a]

Principais grupos	DNA (mol % GC)
Grupo de bactérias corineformes: bacilos, geralmente em forma de clava, com morfologia variada; não acidorresistentes ou filamentosos; divisão celular com separação incompleta	
Corynebacterium: segmentos de coloração irregular, às vezes com presença de grânulos; freqüentemente dilatados, em forma de clava; patógenos de plantas e animais, também saprófitas de solo	51-65
Arthrobacter: morfogênese coco-bacilo; organismos de solo	59-70
Cellulomonas: morfologia corineforme; digere celulose; aeróbio facultativo	71-73
Kurthia: bacilos com extremidades arredondadas, formando cadeias; posteriormente cocóides	36-38
Brevibacterium: morfogênese coco-bacilo; queijo, pele	60-67
Bactérias propiônicas: de anaeróbias a aerotolerantes; bacilos ou filamentos, ramificantes	
Propionibacterium: imóveis; de anaeróbios a aerotolerantes; produzem ácidos propiônico e acético; laticínios (queijo suíço); pele, podem ser patogênicos	53-68
Eubacterium: anaeróbios obrigatórios; produzem uma mistura de ácidos orgânicos, incluindo ácidos butírico, acético, fórmico e láctico; intestino, infecções de tecidos moles, solo; podem ser patogênicos; provavelmente o membro predominante da microbiota intestinal	26-48
Anaeróbios obrigatórios	
Bifidobacterium: microcolônia lisa, sem filamentos; células corineformes comuns; encontrados no trato intestinal e nas crianças em amamentação	55-67
Acetobacterium: homoacetogênico; sedimentos e esgotos	39-43
Butyrivibrio: bacilos curvos; rúmen	36-42
Thermoanaerobacter: bacilos, termofílicos, encontrados em fontes termais	37-39
Actinomicetos: filamentosos, freqüentemente ramificados; altamente diversos	
Grupo I. Actinomicetos: não álcool-ácido resistentes; aeróbios facultativos; não formam micélios; filamentos ramificados podem ser produzidos; células bacilares, cocóides ou corineformes	
Actinomyces: anaeróbios a aeróbios facultativos; microcolônia filamentosa, mas com filamentos transitórios que se fragmentam em células corineformes; podem ser patogênicos ao homem ou animais; encontrados na cavidade oral	57-69
Outros gêneros: *Arachnia, Bacterionema, Rothia, Agromyces*	
Grupo II. Micobactérias: acidorresistentes, filamentos transitórios	
Mycobacterium: patógenos, saprófitas; aeróbios obrigatórios; alto conteúdo lipídico nas células e paredes celulares; ceras, ácidos micólicos; nutrição simples; crescimento lento; tuberculose, lepra, granulomas, tuberculose aviária; também organismos de solo; oxidantes de hidrocarbonetos	62-70
Grupo III. Actinomicetos fixadores de nitrogênio: simbiontes fixadores de nitrogênio de plantas; micélio verdadeiro produzido	
Frankia: Forma nódulos de dois tipos em raízes de várias plantas; provavelmente microaerofílico; cresce lentamente; fixa N_2	67-72
Grupo IV. Actinoplanes: produz micélio verdadeiro; forma esporos, contidos no interior de esporângios	
Actinoplanes, Streptosporangium	69-71
Grupo V. Grupo dermatófilo: filamentos miceliais dividem-se transversalmente e, em pelo menos dois planos longitudinais, formando massas de elementos cocóides móveis; ausência de micélio aéreo; ocasionalmente responsável por infecções epidérmicas	
Dermatophilus, Geodermatophilus	56-75
Grupo VI. Nocárdias: filamentos miceliais comumente fragmentam-se, originando elementos cocóides ou alongados; ocasionalmente produz esporos aéreos; às vezes, acidorresistentes; conteúdo lipídico de células e paredes celulares bastante elevado	
Nocardia: organismos comuns de solo; aeróbios obrigatórios; utilizadores de muitos hidrocarbonetos	61-72
Rhodococcus: saprófitas de solo, também comuns no intestino de vários insetos; utilizam hidrocarbonetos	59-69
Grupo VII. Estreptomicetos: o micélio permanece intacto, micélio aéreo abundante e longas cadeias de esporos	69-75
Streptomyces: Aproximadamente 500 espécies conhecidas, muitas produzem antibióticos	
Outros gêneros (morfologicamente diferenciados): *Streptoverticillium, Sporichthya, Kitasatoa, Chainia*	67-73
Grupo VIII. Grupo micromonosporas: o micélio permanece intacto, formação de esporos únicos, em pares ou em cadeias curtas; vários termofílicos; saprófitas encontrados no solo, restos de plantas em decomposição; uma espécie produz endósporos	
Micromonospora, Microbispora, Thermobispora, Thermoactinomyces, Thermomonospora	54-79

a Filogeneticamente, todas as espécies (exceto *Acetobacterium, Butyrivibrio* e *Thermoanaerobacter*) enquadram-se na subdivisão de "alto GC" de *Bacteria* gram-positivas.

vidos de paredes transversais, na fase vegetativa. O crescimento ocorre a partir da ponta dos filamentos, sendo freqüentemente acompanhado pela formação de ramificações, de modo que a fase vegetativa consiste em uma matriz complexa, fortemente entrelaçada, originando um micélio compacto e convoluto e, subseqüentemente, uma colônia. À medida que a colônia envelhece, formam-se filamentos aéreos característicos, denominados *esporóforos*, que se projetam acima da superfície da colônia (Figura 12.73). Os esporos de *Streptomyces*, ou **conídios**, não têm qualquer relação com esporos de *Bacillus* e *Clostridium*, uma vez que os esporos dos estreptomicetos são produzidos simplesmente pela formação de paredes transversais no esporóforo multinucleado, seguido pela separação das células individuais, na forma de esporos (Figura 12.74). As diferenças na forma e arranjo dos filamentos aéreos e das estruturas contendo os esporos das várias espécies encontram-se dentre as características fundamentais utilizadas para a classificação dos grupos de *Streptomyces* (Figura 12.75). Os conídios e esporóforos são geralmente pigmentados, contribuindo para uma coloração específica da colônia madura (Figura 12.76*a*). A aparência pulverulenta das colônias maduras, sua natureza compacta e coloração tornam relativamente simples a identificação de colônias de *Streptomyces* em placas de meio sólido (Figura 12.76*b*).

Ecologia e isolamento de *Streptomyces*

Embora alguns estreptomicetos possam ser encontrados em hábitats aquáticos, estes correspondem, primordialmente, a organismos do *solo*. De fato, o odor característico de terra é decorrente da produção de uma série de metabólitos, denominados *geosminas*, pelos estreptomicetos. Essas substâncias correspondem a compostos de sesquiterpenóide, compostos de carbono, oxigênio e hidrogênio, com anel insaturado. Uma geosmina comum corresponde ao trans-1,10-dimetil-trans-9-decalol. As geosminas são também produzidas por algumas cianobactérias (ver Seção 12.26).

Solos alcalinos e neutros são mais favoráveis ao desenvolvimento de *Streptomyces* que os solos ácidos. Um maior número de *Streptomyces* pode ser encontrado em solos bem drenados (como solos calcários arenosos ou solos recobrindo rochedos calcários); há evidências sugerindo que bactérias do gênero *Streptomyces* requerem, para seu crescimento, potencial de água menor que várias outras bactérias de solo. O isolamento de *Streptomyces* do solo é relativamente simples: uma suspensão de solo em água estéril é diluída e semeada em um meio sólido seletivo, sendo as placas incubadas a 25°C (Figura 30.7*a*). Os meios seletivos para *Streptomyces* freqüentemente contêm o sortimento usual de sais inorgânicos, aos quais são adicionados amido, asparagina ou malato de cálcio, como fonte de carbono, e caseína não digerida ou nitrato de potássio, como fonte de nitrogênio. Após a incubação no ar por 5-7 dias, as placas são examinadas, verificando-se a presença de colônias características de *Streptomyces* (Figuras 12.76 e 12.77). Os esporos das colônias de interesse podem, em seguida, ser inoculados, visando o isolamento de culturas puras.

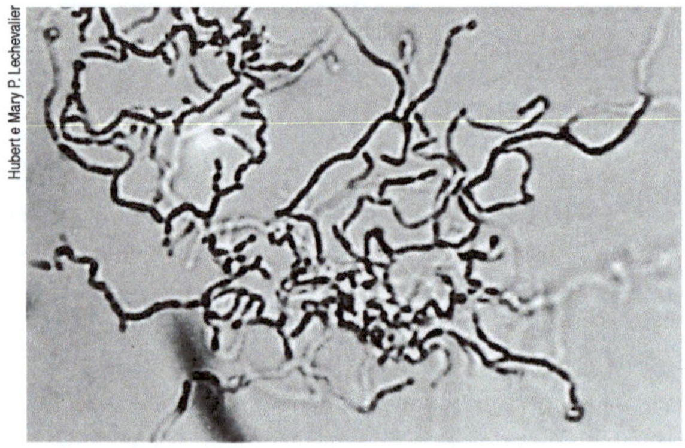

■ **Figura 12.72** Uma colônia jovem de um actinomiceto do gênero *Nocardia* apresentando a estrutura celular filamentosa típica (micélio). Cada filamento tem diâmetro de aproximadamente 0,8-1 μm.

■ **Figura 12.73** Fotomicrografias de várias estruturas contendo esporos, de actinomicetos. (a) *Streptomyces*, um tipo monoverticilado. (b) *Streptomyces*, um tipo em espiral. Os filamentos têm largura aproximada de 0,8 μm em ambos os casos.

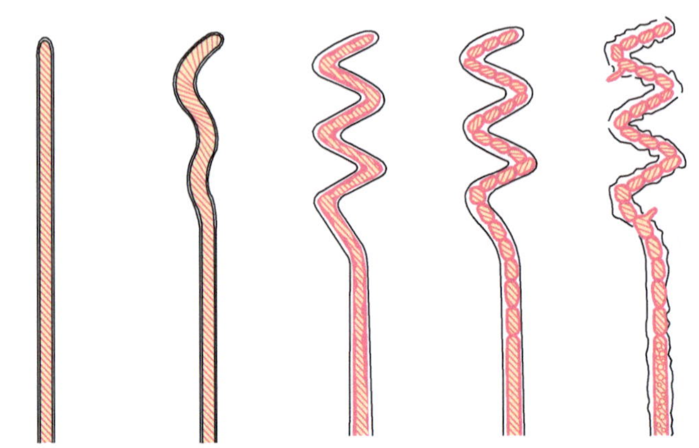

■ **Figura 12.74** Diagrama dos estágios de conversão de uma hifa aérea de um estreptomiceto (esporóforo) em esporos (conídios).

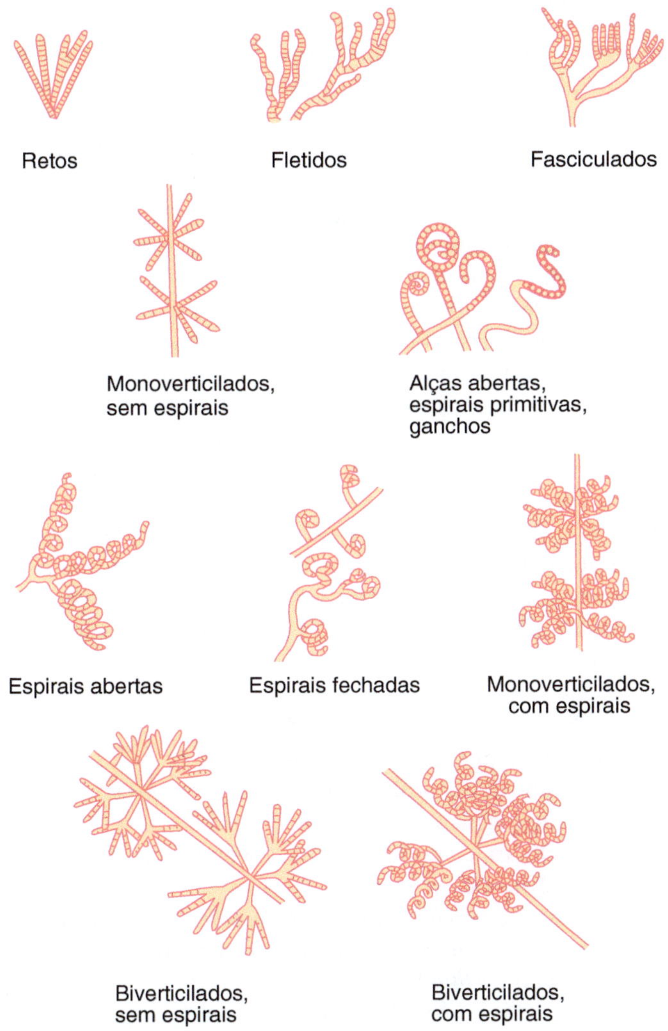

Figura 12.75 Vários tipos de estruturas contendo esporos, em estreptomicetos.

Nutricionalmente, os estreptomicetos são relativamente versáteis. A necessidade de fatores de crescimento é rara, com uma grande variedade de fontes de carbono tais como açúcares, alcoóis, ácidos orgânicos, aminoácidos e alguns compostos aromáticos podendo ser utilizada. A maioria dos isolados produz enzimas hidrolíticas extracelulares que permitem a utilização de polissacarídeos (amido, celulose, hemicelulose), proteínas e gorduras, enquanto algumas linhagens podem utilizar hidrocarbonetos, lignina, tanino ou até mesmo borracha. Isolados de *Streptomyces* podem ser freqüentemente obtidos pela semeadura de uma amostra diluída de solo em um meio de ágar alcalino, contendo polímeros como a caseína e o amido (Figura 12.76*a*). Um único isolado pode ser capaz de degradar mais de 50 fontes de carbono distintas. Os estreptomicetos são aeróbios estritos, cujo crescimento em culturas líquidas é intensamente estimulado pela aeração forçada. A esporulação usualmente não ocorre em culturas líquidas, apenas ocorrendo quando o organismo desenvolve-se na superfície de uma placa contendo ágar ou outro substrato sólido; no entanto, esta pode ocorrer quando os organismos formam uma película na superfície de uma cultura líquida não submetida à agitação.

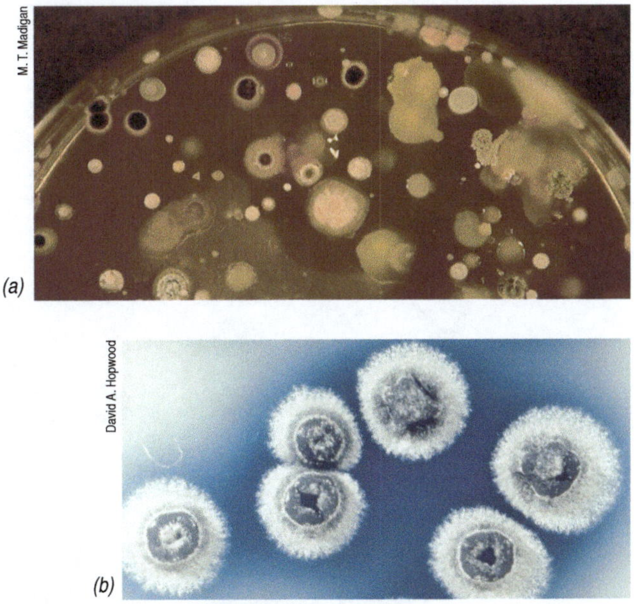

■ **Figura 12.76** *Streptomyces*. (a) Colônias de *Streptomyces* e de outras bactérias de solo, oriundas da inoculação de uma amostra diluída de solo em uma placa de meio sólido contendo amido e caseína. As colônias de *Streptomyces* exibem colorações variadas (várias colônias negras de *Streptomyces* são observadas no primeiro plano) e podem ser facilmente identificadas por sua morfologia opaca, rugosa e não disseminante. (b) "Close-up" de colônias de *Streptomyces coelicolor*.

Antibióticos de *Streptomyces*

Possivelmente, a propriedade mais notável dos estreptomicetos corresponda à intensa produção de **antibióticos** (Tabela 12.31). Evidências da produção de antibióticos podem freqüentemente ser observadas em placas de meios sólidos, empregadas no isolamento inicial de *Streptomyces*: as colônias adjacentes de outras bactérias exibem zonas de inibição (Figuras 12.76*a* e 12.77*a*, Figura 30.7*a*). Em alguns estudos, cerca de 50% de todos os *Streptomyces* isolados demonstraram ser produtores de antibióticos. Considerando a significativa importância econômica e médica dos diversos antibióticos de estreptomicetos, um grande número de trabalhos tem sido realizado com esses organismos. Foi demonstrado que mais de 500 antibióticos diferentes são produzidos por estreptomicetos, suspeitando-se de que esse número possa ser ainda maior (Seção 30.6), sendo vários destes identificados quimicamente (Figura 12.77*b*). Alguns organismos produzem mais de um antibiótico, e freqüentemente os diferentes tipos produzidos por um organismo não são quimicamente relacionados. Um mesmo antibiótico pode ser produzido por diferentes espécies, disseminadas mundialmente. Embora um organismo produtor de antibióticos seja resistente a seus próprios antibióticos, geralmente permanece sensível aos antibióticos produzidos por outros estreptomicetos.

Mais de 60 antibióticos de estreptomicetos exibem aplicação prática na medicina, veterinária, agricultura e indústria. Alguns dos antibióticos mais comuns produzidos por diferentes espécies de *Streptomyces* estão relacionados na Tabela 12.31. Estes se encontram agrupados em classes, de acordo com a estrutura química de sua molécula

© Eli Lilly & Co. Usado com permissão

David A. Hopwood

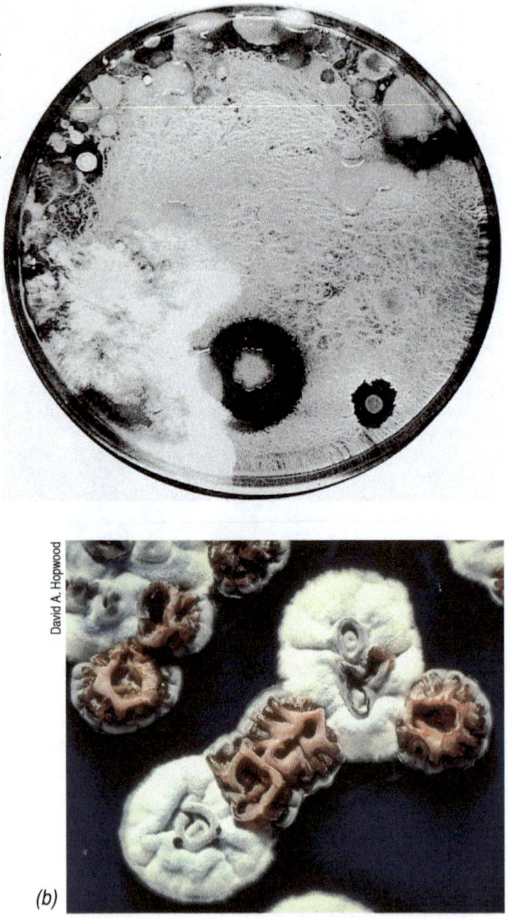

(a) (b)

■ **Figura 12.77** Antibióticos produzidos por *Streptomyces*. (a) Ação antibiótica de microrganismos de solo em uma placa com alta densidade populacional. As colônias menores, circundadas por zonas de inibição, correspondem aos estreptomicetos; as colônias maiores e disseminadas são de espécies de *Bacillus*. (b) O antibiótico de coloração vermelha, undecilprodigiosina, está sendo excretado pelas colônias de *Streptomyces coelicolor*.

parental. A pesquisa por novos antibióticos de estreptomicetos prossegue, visto que várias doenças infecciosas não são ainda controladas adequadamente pelos antibióticos existentes. Além disso, o desenvolvimento de linhagens resistentes aos antibióticos exige a contínua descoberta de novos agentes. Ironicamente, no entanto, apesar dos extensos trabalhos com estreptomicetos produtores de antibióticos e da indústria de antibióticos tratar-se de um empreendimento multibilionário, a ecologia de *Streptomyces* permanece, ainda, pouco compreendida. A razão ecológica para a produção de antibióticos não é muito clara. No entanto, uma hipótese que procura explicar a produção de antibióticos por espécies de *Streptomyces* sugere que a produção de antibióticos, relacionada à esporulação (processo desencadeado pelo esgotamento nutricional), corresponderia a um mecanismo visando inibir o crescimento de outros organismos, os quais competiriam pelos nutrientes limitados com as células de *Streptomyces* em diferenciação. Esse fato permitiria aos *Streptomyces* completarem a esporulação, formando, assim, uma estrutura dormente, com maiores chances de sobrevivência.

✓ 12.24 Verificação de conceitos

Os estreptomicetos correspondem a um grande grupo de *Bacteria* gram-positivas filamentosas, que formam esporos nas extremidades de filamentos aéreos. Diversos antibióticos com aplicação clínica, como tetraciclina e neomicina, são originados de espécies de *Streptomyces*.

✓ De que modo os esporos e o processo de esporulação em uma espécie de *Streptomyces* diferenciam-se de uma espécie de *Bacillus*?

✓ Em que classe energética de organismos *Streptomyces* se enquadra e a partir de que compostos esses organismos obtêm sua energia?

✓ Por que a produção de antibióticos poderia ser vantajosa para os estreptomicetos?

Tabela 12.31 Alguns antibióticos comuns sintetizados por espécies de *Streptomyces*

Classe química	Nome comum	Produzido por	Ativo contra[a]
Aminoglicosídeos	Estreptomicina	*S. griseus*	Maioria de *Bacteria* gram-negativas
	Espectinomicina	*Streptomyces* spp.	*M. tuberculosis*, *N. gonorrhoeae*, produtores de penicilinase
	Neomicina	*S. fradiae*	Amplo espectro, geralmente utilizado topicamente devido à sua toxicidade
Tetraciclinas	Tetraciclina	*S. aureofaciens*	Amplo espectro, *Bacteria* gram-positivas e gram-negativas, riquétsias e clamídias, *Mycoplasma*
	Clortetraciclina	*S. aureofaciens*	Idem à tetraciclina
Macrolídeos	Eritromicina	*S. erythreus*	Maioria de *Bacteria* gram-positivas, freqüentemente utilizado em substituição à penicilina, *Legionella*
	Clindamicina	*S. lincolnensis*	Eficaz contra anaeróbios obrigatórios, especialmente *Bacteroides fragilis*
Polienos	Nistatina	*S. noursei*	Fungos, especialmente em infecções por *Candida*
	Anfocetina B	*S. nodosus*	Fungos
Nenhuma	Cloranfenicol	*S. venezuelae*	Amplo espectro, droga de escolha para a febre tifóide

a A maioria dos antibióticos é eficaz contra várias *Bacteria* diferentes. As informações nessa coluna referem-se à aplicação clínica mais usual para um dado antibiótico. As estruturas e mecanismos de ação desses antibióticos serão discutidos nas Seções 17.7-17.9.

IV FILO 3: CIANOBACTÉRIAS E PROCLORÓFITAS

12.25 Cianobactérias

Principais gêneros

Synechococcus
Oscillatoria
Nostoc

As cianobactérias compreendem um grande grupo de *Bacteria* fototróficas, morfologicamente heterogêneas. As cianobactérias diferem de maneira fundamental das anoxifototróficas púrpuras e verdes, principalmente por serem fototróficas *oxigênicas*. As cianobactérias representam um dos principais reinos de *Bacteria*, exibindo relações distantes com *Bacteria* gram-positivas (ver Figura 12.1). A importância evolutiva das cianobactérias foi discutida na Seção 11.1, e, possivelmente, estas foram os primeiros organismos fototróficos emissores de oxigênio na Terra, responsáveis pela conversão da atmosfera terrestre de anóxica para óxica.

Estrutura e classificação das cianobactérias

A diversidade morfológica das cianobactérias é impressionante (Figura 12.78). São conhecidas tanto formas unicelulares quanto filamentosas, com variações consideráveis entre esses tipos morfológicos. As cianobactérias podem ser divididas em cinco grupos morfológicos: tipos unicelulares, dividindo-se por fissão binária (ver Figura 12.78*a*); unicelulares, dividindo-se por fissão múltipla (colonial) (ver Figura 12.78*b*); filamentosas, contendo células diferenciadas, denominadas heterocistos, que atuam na fixação de nitrogênio (ver Figuras 12.78*d* e 12.80); filamentosas, sem a formação de heterocistos (ver Figura 12.78*c*); e filamentosas com ramificação (ver Figura 12.78*e*). A Tabela 12.32 relaciona os principais gêneros atualmente conhecidos em cada grupo. As células de cianobactérias variam quanto ao tamanho, desde o típico tamanho bacteriano (diâmetro de 0,5-1 μm) até células grandes, com diâmetro de 40 μm (na espécie *Oscillatoria princeps*, Figura 4.44*a*).

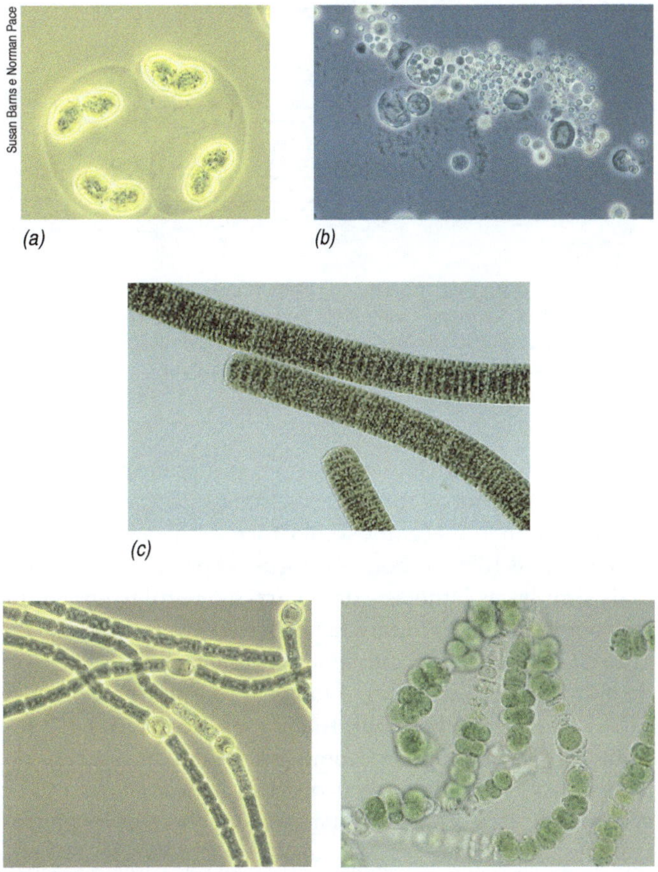

■ **Figura 12.78** Diversidade morfológica entre as cianobactérias: os cinco principais tipos morfológicos de cianobactérias. (a) Unicelular, *Gloeothece*, contraste de fase; uma célula individual tem diâmetro de 5-6 μm; (b) colonial, *Dermocarpa*, contraste de fase; (c) filamentosa, *Oscillatoria*, campo claro, uma célula individual tem largura aproximada de 15 μm; (d) filamentosa, com heterocistos, *Anabaena*, contraste de fase; uma célula individual tem largura aproximada de 5 μm; (e) filamentosa, com ramificação, *Fischerella*, campo claro.

A estrutura da parede celular de algumas cianobactérias é similar à de *Bacteria* gram-negativas, estando o peptideoglicano presente nas paredes (Figura 12.79). Muitas cianobactérias produzem extensos envelopes mucilaginosos, ou bainhas, que promovem a associação de gru-

Tabela 12.32 Gêneros e grupos de cianobactérias

Grupo	Gênero	DNA (mol % GC)
Grupo I. Unicelular: células individuais ou agregados	*Gloeothece* (Figura 12.78*a*), *Gloeobacter, Synechococcus, Cyanothece, Gloeocapsa, Synechocystis, Chamaesiphon, Merismopedia*	35-71
Grupo II. Pleurocapsaleano: reproduzem-se pela formação de pequenas células esféricas denominadas baeócitos, produzidas pela fissão múltipla	*Dermocarpa* (Figura 12.78*b*), *Xenococcus, Dermocarpella, Pleurocapsa, Myxosarcina, Chroococcidiopsis*	40-46
Grupo III. Oscilatoriano: células filamentosas que se dividem por fissão binária, em um único plano	*Oscillatoria* (Figura 12.78*c*), *Spirulina, Arthrospira, Lyngbya, Microcoleus, Pseudanabaena*	40-67
Grupo IV. Nostocaleano: células filamentosas que produzem heterocistos	*Anabaena* (Figura 12.78*d*), *Nostoc, Calothrix, Nodularia, Cylindrosperum, Scytonema*	38-46
Grupo V. Ramificantes: células dividem-se, formando ramificações	*Fischerella* (Figura 12.78*e*), *Stigonema, Chlorogloeopsis, Hapalosiphon*	42-46

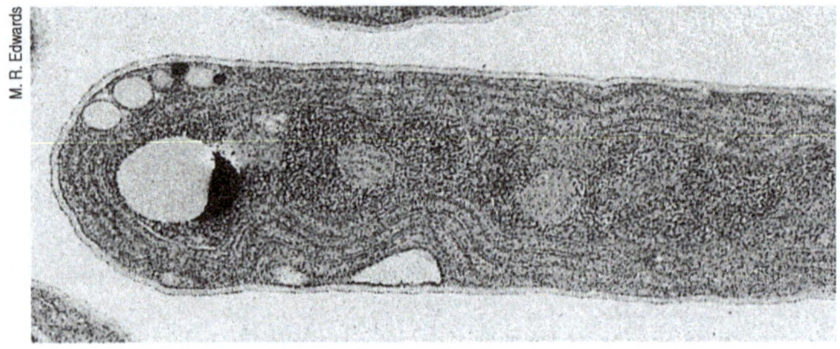

■ **Figura 12.79** Micrografia eletrônica de uma seção fina da cianobactéria *Synechococcus lividus*. Uma célula tem diâmetro aproximado de 5 μm. Observe as membranas tilacóides, situadas paralelamente à parede celular.

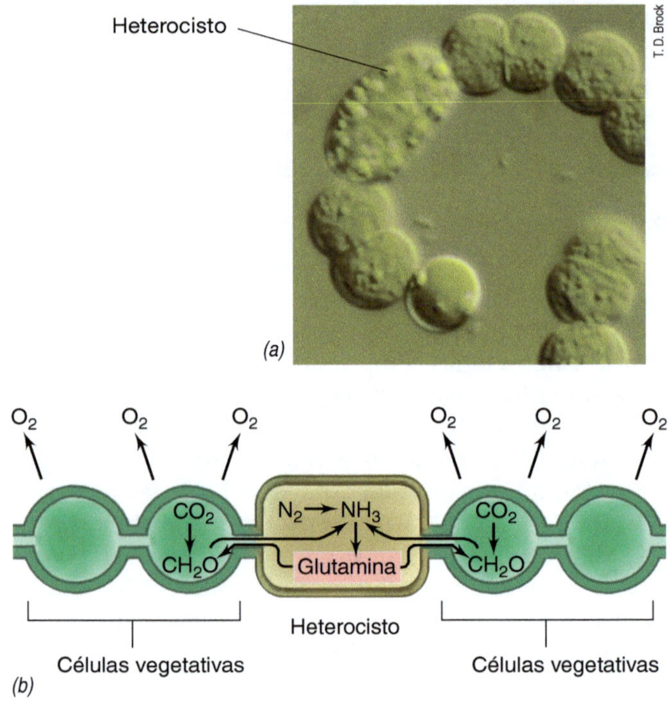

■ **Figura 12.80** Heterocistos. (a) Heterocistos na cianobactéria *Anabaena*. Os heterocistos correspondem ao único sítio de fixação de nitrogênio em cianobactérias heterocísticas. Este não possui a capacidade de produzir oxigênio (Fotossistema II, Seção 18.5), obtendo o redutor necessário para a fixação de nitrogênio a partir da matéria orgânica produzida pelas células vegetativas adjacentes. A glutamina corresponde à forma de nitrogênio fixado, transportado dos heterocistos para as células vegetativas.

pos de células ou filamentos (ver, por exemplo, Figura 12.78*a*). O sistema de membranas fotossintéticas lamelares é freqüentemente complexo, na forma de multicamadas (Figura 18.10*b*), embora em algumas das cianobactérias mais simples as lamelas exibam arranjo regular, em círculos concêntricos, ao longo da periferia citoplasmática. (Figura 12.79). As cianobactérias apresentam somente um tipo de clorofila (a clorofila *a*), e todas apresentam pigmentos característicos do tipo biliproteína, as **ficobilinas** (Figura 18.10*a*), que atuam como pigmentos acessórios na fotossíntese. Uma classe de ficobilinas, as *ficocianinas*, é azul e, em conjunto com a clorofila *a* verde, elas são responsáveis pela coloração verde-azulada das bactérias. No entanto, algumas cianobactérias produzem *ficoeritrina*, uma ficobilina rubra, com as espécies contendo esse pigmento exibindo coloração avermelhada ou marrom.

Variações estruturais: vesículas de gás e heterocistos

Dentre as estruturas citoplasmáticas observadas em muitas cianobactérias estão as **vesículas de gás** (Seção 4.14), especialmente comuns em espécies que vivem em águas abertas (espécies planctônicas). Sua função consiste na regulação da flutuabilidade da célula, de modo que esta possa manter o posicionamento na coluna de água onde a intensidade luminosa seja ótima para a fotossíntese. Algumas cianobactérias filamentosas formam **heterocistos** — células arredondadas, aparentemente ocas, distribuídas em geral de maneira regular ao longo do filamento ou em uma extremidade de um filamento (Figura 12.80*a*). Os heterocistos desenvolvem-se a partir da diferenciação de células vegetativas e correspondem aos únicos sítios de *fixação de nitrogênio* (redução de N_2 a NH_3, Seção 18.28) em cianobactérias heterocísticas. Em *Anabaena*, uma cianobactéria heterocística bem estudada, ocorre um complexo rearranjo genético no interior do heterocisto, originando um conjunto contíguo de genes *nif*, que podem ser expressos como uma unidade (os genes *nif* codificam a nitrogenase, Seção 18.28).

Os heterocistos apresentam conexões intercelulares com as células vegetativas adjacentes, havendo a troca mútua de compostos entre essas células e com os produtos da fotossíntese deslocando-se das células vegetativas para os heterocistos, e os produtos da fixação de nitrogênio movendo-se dos heterocistos para as células vegetativas (Figura 12.80*b*). Os heterocistos apresentam baixo teor de pigmentos ficobilinas e são *desprovidos* do fotossistema II — o fotossistema produtor de oxigênio que gera poder redutor a partir de H_2O (Seção 18.5). Na ausência do fotossistema II, essas células são incapazes de fixar CO_2 e com isso não apresentam o doador de elétrons necessário para reduzir N_2 a NH_3; o heterocisto importa o carbono fixado de uma célula vegetativa adjacente, resolvendo assim esse problema (Figura 12.80*b*).

Os heterocistos são circundados por uma espessa parede celular contendo grandes quantidades de glicolipídeos que retardam a difusão de O_2 para o interior da célula. Em virtude da sensibilidade da enzima nitrogenase ao oxigênio (Seção 18.29), acredita-se que o heterocisto, por manter um ambiente anóxico, estabilize o sistema de fixação de nitrogênio em organismos que não são apenas aeróbios mas também produtores de oxigênio. De fato, algumas cianobactérias filamentosas desprovidas de heterocistos produzem nitrogenase e fixam nitrogênio em células vegetativas normais, quando cultivadas em anaerobiose, com vigoroso borbulhamento em N_2, que promove a remoção de O_2.

Cianoficina e outras estruturas

Uma estrutura, a **cianoficina**, pode ser observada em micrografias eletrônicas de várias cianobactérias. Essa estrutura corresponde a um co-polímero de ácido aspártico e arginina:

Asp — Asp — Asp — Asp — Asp —
| | | | |
Arg — Arg — Arg — Arg — Arg

Podendo constituir até 10% da massa celular. Em muitas cianobactérias, a cianoficina é um produto de armazenamento de nitrogênio, e quando o nitrogênio no ambiente torna-se deficiente esse polímero é clivado e utilizado. A cianoficina também corresponde a uma reserva de energia nas cianobactérias. A arginina, derivada da cianoficina, pode ser hidrolisada, produzindo ornitina, com a produção de ATP pela ação da enzima arginina diidrolase, com carbamil fosfato (Seção 18.19) como um intermediário:

$$\text{Arginina} + \text{ADP} + P_i + H_2O \rightarrow \text{Ornitina} + 2NH_3 + CO_2 + \text{ATP}$$

A arginina diidrolase está presente em muitas cianobactérias e pode atuar como fonte de ATP, com o propósito de manutenção durante períodos de ausência de luz.

Muitas cianobactérias exibem motilidade deslizante; verdadeiros flagelos rotatórios nunca foram observados. O deslizamento apenas ocorre quando a célula ou filamento encontra-se em contato com uma superfície sólida ou outra célula ou filamento. Em algumas cianobactérias, o deslizamento não corresponde a um simples movimento translacional, sendo acompanhado por rotações, reversões e flexões dos filamentos. A maioria das espécies deslizantes exibe movimentação direcionada para a luz (fototaxia), também podendo ocorrer a quimiotaxia (Seção 4.12).

Entre as cianobactérias filamentosas, freqüentemente é observada a fragmentação dos filamentos devido à formação de **hormogônios** (Figura 12.81*a* e *b*) que se rompem do filamento e deslizam. Em algumas espécies são formados esporos de dormência ou **acinetos** (Figura 12.81*c*), que protegem o organismo em períodos de escuridão, dessecamento ou congelamento. Os acinetos correspondem a células com paredes externas espessadas; estes germinam pela ruptura da parede externa e crescimento de um novo filamento vegetativo. No entanto, mesmo as células vegetativas de várias cianobactérias são relativamente resistentes ao dessecamento ou a baixas temperaturas.

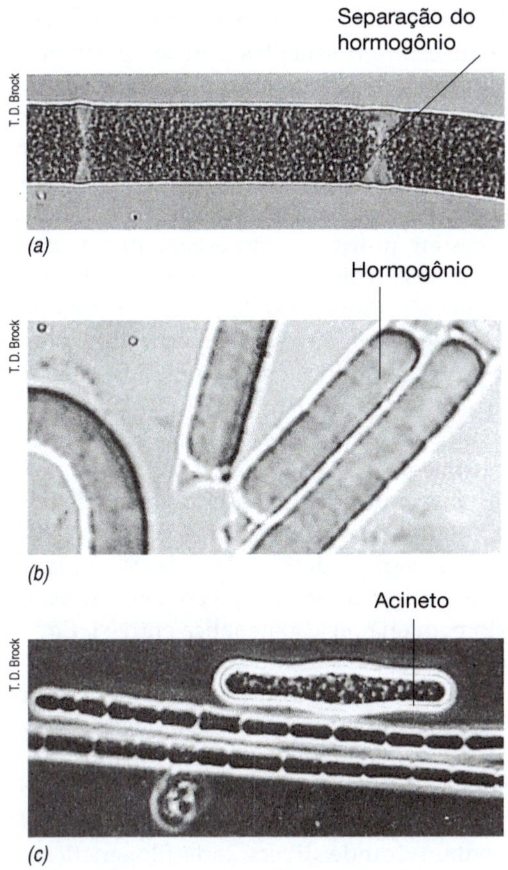

■ **Figura 12.81** Diferenciação estrutural em cianobactérias filamentosas. (a) Estágio inicial da formação do hormogônio em *Oscillatoria*. Observe os espaços vazios onde o hormogônio está se separando do filamento. (b) Hormogônio de uma espécie menor de *Oscillatoria*. Observe que as duas células apresentam as extremidades arredondadas. Microscopia de contraste por interferência de Nomarski. (c) Acineto (esporo de dormência) de *Anabaena* em microscopia de contraste de fase.

Fisiologia das cianobactérias

A nutrição das cianobactérias é simples. As cianobactérias não requerem vitaminas, utilizando nitrato ou amônia como fontes de nitrogênio. Espécies fixadoras de nitrogênio são comuns. A maioria das espécies testadas é fototrófica obrigatória, sendo incapaz de crescer a partir de compostos orgânicos, na ausência de luz. Entretanto, algumas cianobactérias podem assimilar compostos orgânicos simples, como glicose e acetato, na presença de luz (foto-assimilação). No entanto, algumas cianobactérias (sobretudo as espécies filamentosas) podem crescer na ausência de luz a partir de glicose ou outros açúcares, utilizando a matéria orgânica como fonte de carbono e de energia.

Diversos produtos metabólicos de cianobactérias apresentam considerável importância prática. Muitas cianobactérias produzem potentes neurotoxinas, e durante florescimentos aquáticos, quando densos acúmulos de cianobactérias podem desenvolver-se, a ingestão dessa água por animais pode levá-los à morte. Muitas cianobactérias são também responsáveis pelo odor e sabor de terra na água doce e, quando tais águas são utilizadas como fontes de água potável, podem surgir problemas de natureza estética. O principal composto produzido corresponde à *geosmina* (trans-1,10-dimetil-trans-9-decalol). Essa substância é também produzida por vários actinomicetos (ver discussão na Seção 12.24), sendo responsável pelo característico odor "terroso" de solos úmidos, recém-revolvidos.

Ecologia e filogenia de cianobactérias

As cianobactérias encontram-se amplamente distribuídas na natureza, em hábitats terrestres, de água doce e marinhos. Em geral, são mais tolerantes a extremos ambientais que as algas e correspondem ao organismo fototrófico oxigênico dominante ou único em fontes termais (Tabela 6.1), lagos salgados ou outros ambientes extremos. Muitos membros são encontrados em superfícies de rochas ou em solo e, ocasionalmente, até mesmo no interior de rochas (Figura 14.29). Em solos desérticos, sujeitos à intensa irradiação solar, as cianobactérias freqüentemente formam extensas crostas na superfície, permanecendo dormentes a maior parte do ano, crescendo durante o breve período de chuvas, no inverno e primavera. Em baías marinhas rasas, com águas em temperaturas relativamente quentes, podem ser formados aglomerados consideravelmente espessos de cianobactérias. Em lagos de água doce, em especial aqueles razoavelmente ricos em nutrientes, florescimentos de cianobactérias podem desenvolver-se (Figura 20.10*b*). Poucas cianobactérias são simbiontes de plantas hepáticas, samambaias e cicadáceas; algumas são encontradas como o componente fototrófico de liquens. No caso da samambaia aquática *Azolla* (Seções 18.28 e 20.22), foi demonstrado que a cianobactéria endofítica (uma espécie de *Anabaena*) fixa nitrogênio, que se torna disponível para a planta.

A composição de bases de DNA de uma variedade de cianobactérias foi determinada. Aquelas de formas unicelulares variam de 35 a 71% de GC, uma faixa tão ampla, sugerindo que esse grupo contém vários membros exibindo pequena relação genética entre si. Em contrapartida, a variação entre as cianobactérias formadoras de heterocistos é menor, de 38 a 46% de GC. Filogeneticamente, as cianobactérias agrupam-se, na maioria dos casos, em ramos morfológicos. Espécies filamentosas, heterocísticas ou não, formam grupos distintos, bem como as formas ramificantes. No entanto, as cianobactérias unicelulares apresentam grande diversidade filogenética, com diferentes representantes exibindo relações filogenéticas nos diferentes grupos morfológicos.

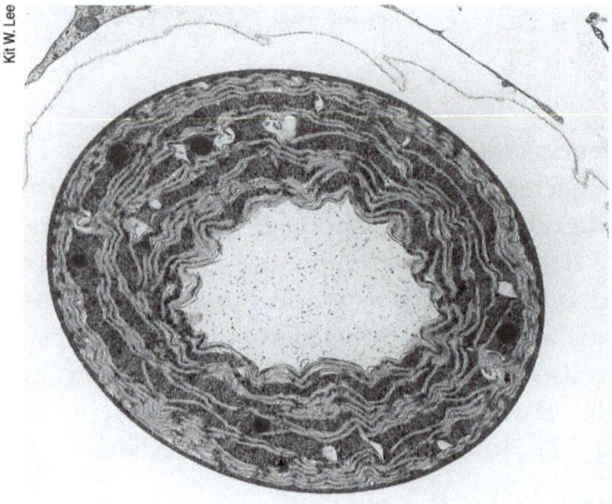

Kit W. Lee

■ **Figura 12.82** Micrografia eletrônica do proclorófita *Prochloron*. Observe as extensas membranas intracitoplasmáticas (tilacóides). As células têm diâmetro aproximado de 10 μm.

12.26 Proclorófitas e cloroplastos

Principais gêneros

Prochlorococcus
Prochloron
Prochlorothrix

Proclorófitas são organismos fototróficos oxigênicos que contêm clorofila *a* e *b*, mas *desprovidos* de ficobilinas. Desse modo, os proclorófitas assemelham-se tanto às cianobactérias (porque são procariotos e produzem clorofila *a*) quanto aos cloroplastos de plantas verdes/algas (porque contêm clorofila *b* em vez de ficobilinas). Filogeneticamente, no entanto, diferentes proclorófitas apresentam relações específicas com as cianobactérias, indicando que esses dois grupos possuem, claramente, um ancestral comum.

Prochloron

Prochloron foi o primeiro proclorófita descoberto. Esse organismo é encontrado na natureza como simbionte de invertebrados marinhos (ascídias didemnídeas), não tendo sido ainda cultivado em laboratório (todos os estudos realizados com esse organismo, até o momento, utilizaram materiais coletados de amostras naturais). Células de *Prochloron*, isoladas das cavidades de tecidos de didemnídeas, apresentam morfologia esférica (Figura 12.82), com diâmetro variando de 8-10 μm. Eletromicrografias de seções finas (Figura 12.82) revelam que as células de *Prochloron* possuem um extenso sistema de membranas tilacóides, similar àquele observado em cloroplastos (Figura 14.6). Outra evidência de que *Prochloron* corresponde a um membro de *Bacteria* refere-se à presença de ácido murâmico na parede celular, indicando a existência de peptideoglicano (Seção 4.8). Os carotenóides de *Prochloron* são similares aos de cianobactérias, sendo predominantemente do tipo β-caroteno e zeaxantina. A proporção de C + G de diferentes amostras de *Prochloron*, isoladas de diferentes ascídias, varia de 31 a 41%, indicando uma pequena heterogeneidade genética. Assim, provavelmente existam diferentes espécies de *Prochloron*, mas, para que esse fato seja confirmado, deve-se aguardar a obtenção de culturas laboratoriais seguidas de estudos de linhagens puras.

Prochlorothrix e *Prochlorococcus*

Prochlorothrix é um proclorófita filamentoso (Figura 12.83) que pode ser obtido em cultura pura. Assim como as células de *Prochloron*, *Prochlorothrix* contém clorofila *a* e *b* e é desprovido de ficobilinas, embora as membranas tilacóides sejam menos desenvolvidas que em *Prochloron* (compare as Figuras 12.82 e 12.83*b*).

Um proclorófita recém-descrito, *Prochlorococcus*, habita a zona eufótica de mares abertos. As células desses organismos fototróficos correspondem a pequenos cocos, com diâmetro inferior a 1 μm (Figura 20.11*a*). Assim como outros proclorófitas, as células de *Prochlorococcus* contêm clorofila *b*. No entanto, as células de *Prochlorococcus* são desprovidas da verdadeira clorofila *a*, produzindo uma forma modificada de clorofila *a*, denominada *divinil clorofila a*. As células de *Prochlorococcus* também contêm α-caroteno (em vez de b-), um pigmento até então desconhecido em procariotos. Considerando sua incidência relativamente alta nos oceanos (10^4-10^5 células/ml), proclorófitas como *Prochlorococcus* apresentam considerável importância ecológica como produtores primários de águas oceânicas abertas. Vários outros proclorófitas foram isolados, incluindo o gênero *Acaryochloris* (Figura 12.83*c*), que contém clorofila *d* como principal pigmento, estando presente em uma variedade de algas (células eucarióticas; Seção 14.12).

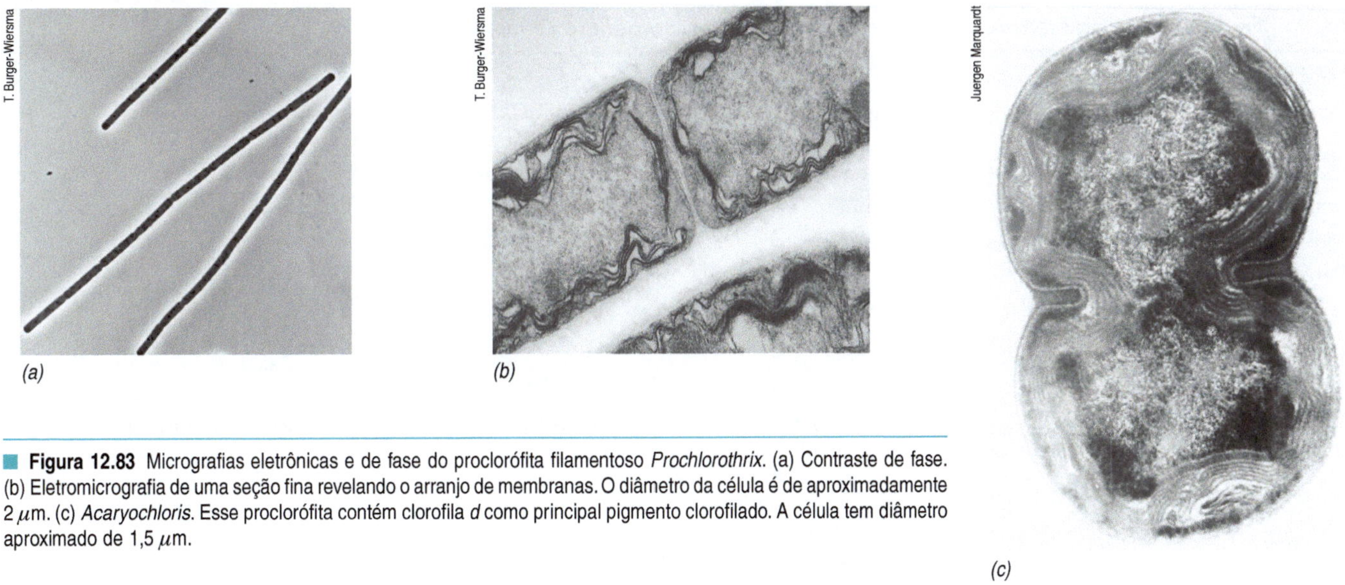

■ **Figura 12.83** Micrografias eletrônicas e de fase do proclorófita filamentoso *Prochlorothrix*. (a) Contraste de fase. (b) Eletromicrografia de uma seção fina revelando o arranjo de membranas. O diâmetro da célula é de aproximadamente 2 μm. (c) *Acaryochloris*. Esse proclorófita contém clorofila *d* como principal pigmento clorofilado. A célula tem diâmetro aproximado de 1,5 μm.

Proclorófitas, cloroplastos e evolução

Tomando como base nossa discussão sobre endossimbiose (Seções 2.6, 11.3 e 14.5), a importância evolutiva dos proclorófitas torna-se evidente. Até a descoberta dos proclorófitas, supunha-se que o cloroplasto originava-se da associação simbiótica entre *cianobactérias* e uma célula eucariótica primitiva. No entanto, essa hipótese jamais se mostrou cientificamente satisfatória, no mínimo, por uma razão principal: De que maneira o cloroplasto de plantas verdes passou a apresentar o conjunto pigmentar que possui atualmente se foi originado de uma endossimbiose com *cianobactérias* que contêm *ficobilinas* em vez de clorofila *b*? A hipótese de que os *proclorófitas*, em vez das cianobactérias, correspondam aos ancestrais de cloroplastos de plantas verdes elimina esse principal ponto de controvérsia. No entanto, análises filogenéticas demonstram não ser *Prochloron*, *Prochlorococcus* ou *Prochlorothrix* os ancestrais imediatos dos cloroplastos de plantas verdes. Ao contrário, proclorófitas, cianobactérias e cloroplastos de plantas verdes *compartilham* um mesmo ancestral.

Uma hipótese que leva em consideração todas essas observações propõe que cianobactérias e proclorófitas evoluíram de ancestrais contendo ficobilinas e outras clorofilas, além da clorofila *a*, *b* ou *d*. A partir desse ponto, linhagens de cianobactérias evoluíram e perderam as clorofilas acessórias, enquanto as linhagens de proclorófitas descartaram as ficobilinas. Assim, o conjunto pigmentar encontrado atualmente em cada grupo possivelmente representa a melhor combinação de pigmentos fotossintéticos para a sobrevivência em seus hábitats particulares.

✓ 12.25–12.26 Verificação de conceitos

Cianobactérias e proclorófitas são procariotos fototróficos oxigênicos. Proclorófitas diferem claramente de cianobactérias por conterem clorofila *b* ou *d* e serem desprovidos de ficobilinas. Acredita-se que o oxigênio presente na atmosfera terrestre tenha-se originado da atividade fotossintetizante de cianobactérias.

✓ Descreva pelo menos três características que diferenciam cianobactérias de bactérias púrpuras.

✓ O que é um *heterocisto* e qual sua função?

✓ De que modo cianobactérias, proclorófitas e cloroplastos do milho se assemelham e de que modo podem ser diferenciados?

✓ Qual a importância ecológica de *Prochlorococcus*?

V FILO 4: *CHLAMYDIA*

12.27 As clamídias

Principal gênero

Chlamydia

Os organismos do gênero *Chlamydia* são bactérias parasitas obrigatórias, com pequena capacidade metabólica, que formam um filo distinto (ver Figura 12.1). São conhecidas três espécies de *Chlamydia* (Tabela 12.33): *C. psittaci*, o agente causador da *psitacose*; *C. trachomatis*, o agente causador de *tracoma* e de outras doenças em humanos; e *C. pneumoniae*, causador de uma variedade de síndromes respiratórias (Tabela 12.33). A **psitacose** é uma doença epidêmica de aves, ocasionalmente transmitida a humanos, apresentando sintomas semelhantes à pneumonia. O **tracoma** é uma doença ocular debilitante, caracterizada pela vascularização e cicatrização da córnea. Essa doença corresponde à principal causa de cegueira em humanos. Outras linhagens de *C. trachomatis* infectam o trato genitourinário; atualmente, as infecções por clamídias correspondem a uma das principais doenças sexualmente transmitidas (Seção 26.13). Uma comparação entre as características de *C. psittaci*, *C. trachomatis* e *C. pneumoniae* e as doenças que causam é apresentada na Tabela 12.33.

Tabela 12.33 Características diferenciais de espécies do gênero *Chlamydia*

Características	*C. trachomatis*	*C. psittaci*	*C. pneumoniae*
Hospedeiros	Humanos	Pássaros, mamíferos, ocasionalmente humanos	Humanos
Sítio usual de infecção	Membranas mucosas	Sítios múltiplos	Mucosas do trato respiratório
Transmissão entre humanos	Comum	Rara	Provável
Mol % GC de DNA	42-45	39-43	40
Percentual de homologia com DNA de *C. trachomatis*, por hibridização DNA:DNA[a]	100	10	10
DNA, pares de quilobases/genoma (*Escherichia coli* = 4.600)	1.000	550	~1.000
Doenças no homem	Tracoma, otite média, uretrite não-gonocócica (em homens), inflamação uretral (em mulheres), linfogranuloma venéreo, cervicite	Psitacose	Síndromes respiratórias
Doenças em animais domésticos	—	Clamidiose de aves (papagaios, periquitos), pneumonia, artrite de tecido sinovial ou conjuntivite (filhotes de gatos, cordeiros, bezerros, leitões, potros)	—

a Ver, na Seção 11.9, a discussão sobre hibridização DNA:DNA.

Propriedades moleculares e metabólicas

Além do fato de causarem enfermidades, as clamídias são fascinantes pelos aspectos biológicos, evolutivos e metabólicos que exibem. Estudos bioquímicos revelam que as clamídias possuem paredes celulares do tipo gram-negativo e contêm DNA e RNA, ou seja, são células, não vírus. A microscopia eletrônica de seções finas de células infectadas mostra claramente formas sofrendo fissão binária (Figura 12.84). A capacidade biossintética das clamídias é ainda mais limitada que a de riquétsias — o outro grupo de parasitas intracelulares obrigatórios conhecido dentre *Bacteria* (ver Seção 12.13). De fato, acreditava-se que as clamídias fossem "parasitas energéticos", os quais obtinham de seus hospedeiros não apenas os intermediários biossintéticos, como o fazem as riquétsias, mas também ATP. No entanto, essa hipótese passou a ser questionada após o seqüenciamento do genoma de *C. trachomatis* (Seção 15.3). O cromossomo de *C. trachomatis*, de aproximadamente 1 Mb, contém genes para a síntese de ATP facilmente identificáveis, contendo também genes codificadores da função biossintética de peptideoglicano, indicando que esse organismo pode conter o polímero, embora as análises de sua presença tenham sido negativas. Contudo, as clamídias provavelmente apresentam as atividades bioquímicas mais simples dentre os organismos celulares conhecidos, sendo um resumo destas apresentado na Tabela 12.34.

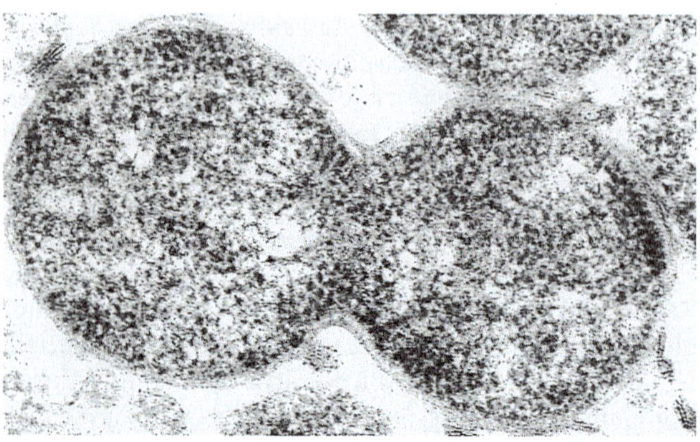

Figura 12.84 Eletromicrografia de uma seção fina de uma célula de *Chlamydia psittaci* em divisão (corpo reticulado, ver Figura 12.85), um membro do grupo psitacose, em uma cultura de células de tecido de camundongo. Uma célula individual de clamídia tem diâmetro aproximado de 1 μm.

Outra interessante característica do cromossomo de *C. trachomatis* inclui o fato deste não possuir um gene codificador da proteína FtsZ — proteína-chave envolvida na formação do septo, durante a divisão celular (Seção 6.1), que vinha sendo considerada como indispensável ao crescimento de todos os procariotos, tanto *Archaea* quanto *Bacteria*. Além disso, há a presença de genes com "características eucarióticas", sugerindo que *C. trachomatis* selecionou alguns genes da célula hospedeira que poderiam codificar as funções que auxiliam em seu estilo de vida patogênico (Tabela 12.33; Seções 21.7 e 26.13).

Ciclo de vida de *Chlamydia*

O ciclo de vida de um típico membro do gênero *Chlamydia* é apresentado na Figura 12.85. Dois tipos celulares podem ser observados em um ciclo de vida típico: uma célula pequena e densa, denominada **corpo elementar**, relativamente resistente à desidratação, que corres-

Tabela 12.34 Comparação entre parasitas intracelulares obrigatórios: riquétsias, clamídias e vírus

Propriedade	Riquétsias	Clamídias	Vírus
Estrutural			
Ácido nucléico	RNA e DNA	RNA e DNA	Ou RNA ou DNA (de fita simples ou dupla), nunca ambos
Ribossomos	Presentes	Presentes	Ausentes
Parede celular	Presença de peptideoglicano	Presença de peptideoglicano[a]	Sem parede
Integridade estrutural durante a multiplicação	Mantida	Mantida	Perdida
Capacidades metabólicas			
Síntese macromolecular	Realizada	Realizada	Somente com o uso da maquinaria do hospedeiro
Sistema de geração de ATP	Presente	Presente (?)[a]	Ausente
Capacidade de oxidar glutamato	Positiva	Negativa	Negativa
Sensibilidade a antibióticos antibacterianos	Sensível	Sensível (exceto à penicilina)	Resistente
Filogenia	*Proteobacteria* alfa	Filo Clamídia	Não celular

a O genoma de uma espécie de clamídia, *C. trachomatis*, foi totalmente seqüenciado (Seção 15.3), estando presentes os genes envolvidos na síntese de peptideoglicano e de ATP. No entanto, a ausência de sensibilidade à penicilina em clamídias gera dúvidas quanto ao fato de peptideoglicano ser sintetizado.

ponde à forma de *dispersão* do agente, e uma célula maior e menos densa, denominada **corpo reticular**, que se divide por fissão binária e corresponde à forma *vegetativa*. Os corpos elementares são células que não se multiplicam, especializadas na transmissão do organismo, enquanto os corpos reticulares são formas não infecciosas, especializadas na multiplicação intracelular. Diferentemente das riquétsias (ver Seção 12.13), as clamídias não são transmitidas por artrópodes, sendo principalmente invasoras do sistema respiratório *transmitidos por via aérea* — conseqüentemente, a importância da resistência dos corpos elementares ao dessecamento. Quando um vírus infecta uma célula, este perde sua integridade estrutural e libera o ácido nucléico. No entanto, quando um corpo elementar penetra uma célula, embora altere sua forma, este se mantém como

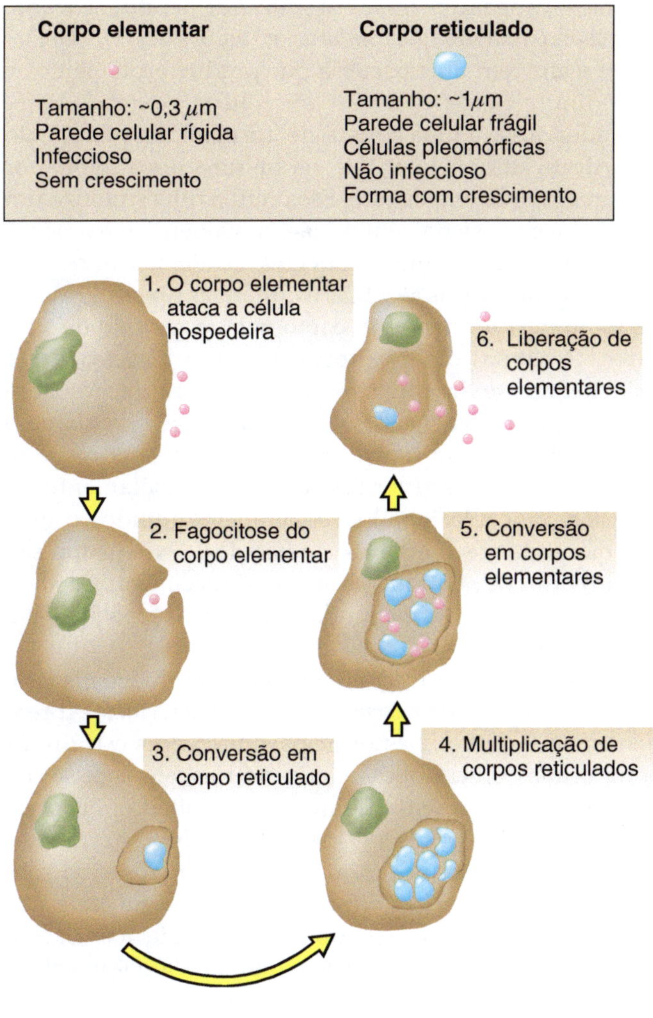

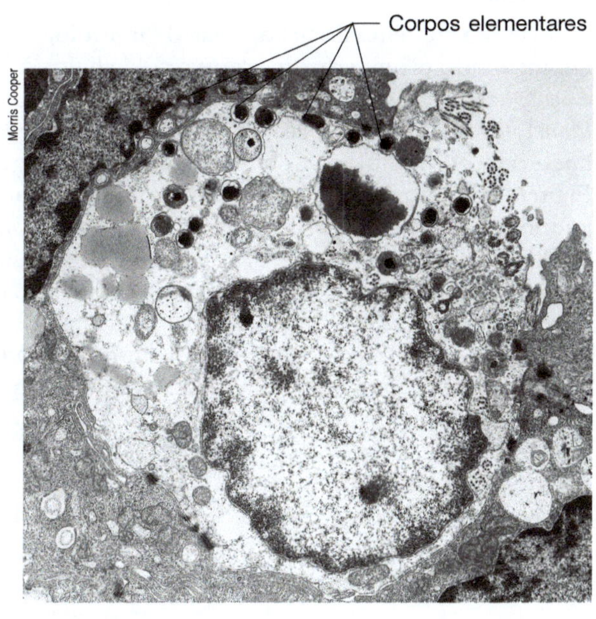

■ **Figura 12.85** Ciclo infeccioso de clamídias. (a) Diagrama esquemático do ciclo: o ciclo completo dura cerca de 48 h. (b) Infecção clamidial no ser humano. Uma célula infectada da trompa de falópio está se rompendo, liberando corpos elementares maduros.

uma unidade estrutural, aumentando de tamanho e sofrendo fissão binária. A Figura 12.84 apresenta um corpo reticulado. Após algumas divisões, as células vegetativas são convertidas em corpos elementares, que são liberados quando a célula hospedeira se desintegra, podendo infectar outras células. Foram calculados tempos de geração de 2-3 h em corpos reticulados, tempo este consideravelmente menor que aquele observado em riquétsias.

De maneira resumida, as clamídias parecem ter desenvolvido uma eficiente e efetiva estratégia de sobrevivência, parasitando inclusive os recursos do hospedeiro (Tabela 12.34) e produzindo formas celulares resistentes para sua transmissão. Assim, não é surpreendente que as clamídias estejam associadas a tantas síndromes diferentes (Tabela 12.33; Seção 26.13).

✓ 12.27 Verificação de conceitos

O gênero *Chlamydia* é composto por pequenas bactérias parasitárias, causadoras de várias doenças em humanos. *Chlamydia* apresenta um genoma bastante pequeno, deficiente em muitas funções metabólicas.

- ✓ Utilizando os dados da Tabela 12.34 como guia, de que maneira as clamídias podem ser diferenciadas das riquétsias? E de vírus?
- ✓ Qual é a diferença entre um corpo *elementar* e um corpo *reticulado*?
- ✓ Que surpresas surgiram com o seqüenciamento do genoma de clamídias?

VI FILO 5: *PLANCTOMYCES/PIRELLULA*

12.28 *Planctomyces*: uma bactéria pedunculada, filogeneticamente singular

Principais gêneros

Planctomyces
Pirellula
Gemmata

Este filo contém várias bactérias de morfologia singular, incluindo os gêneros *Planctomyces, Pirellula, Gemmata* e *Isosphaera*. O gênero mais estudado corresponde a *Planctomyces* (Figura 12.86). Na Seção 12.16 abordamos bactérias pedunculadas, como *Caulobacter*. O gênero *Planctomyces* também corresponde a uma bactéria pedunculada; no entanto, diferentemente do observado em *Caulobacter*, o pedúnculo de *Planctomyces* é composto por proteínas e não possui parede celular ou citoplasma (compare a Figura 12.86 com a Figura 12.41). Embora o pedúnculo de *Planctomyces* possivelmente atue na aderência, este se apresenta como uma estrutura muito mais estreita e fina que o pedúnculo prostecal de *Caulobacter*.

Outras características do grupo

O gênero *Planctomyces* e relacionados também despertam interesse, pois são desprovidos de peptideoglicano; suas paredes celulares são do tipo camada S (Seção 4.8), compostas por grandes quantidades de cisteína (na forma de cistina) e prolina. Como esperado em organismos desprovidos de peptideoglicano, esses organismos são resistentes a antibióticos como penicilina e cefalosporina — drogas que inibem a síntese de peptideoglicano. Da mesma maneira que *Caulobacter* (Figura 12.41), *Planctomyces* é também uma bactéria que produz brotamentos e exibe um "ciclo de vida" em que células expansivas móveis aderem-se a uma superfície, formam um pedúnculo a partir do sítio de ligação e geram uma nova célula por brotamento no pólo oposto. Essa célula filha sintetiza um flagelo, separa-se da célula mãe, novamente iniciando o ciclo. Fisiologicamente, espécies de *Planctomyces* são quimiorganotróficas aeróbias facultativas típicas, crescendo tanto pela fermentação como pela respiração de açúcares. O hábitat dos membros do reino *Planctomyces* é principalmente aquático — tanto de água doce quanto marinho, sendo o gênero *Isosphaera* uma bactéria filamentosa, deslizante, de fontes termais. Da mesma maneira que em *Caulobacter* (ver Seção 12.16), o isolamento de *Planctomyces* e relacionados requer meios diluídos, e, uma vez que todos os membros conhecidos desse grupo são desprovidos de peptideoglicano, enriquecimentos podem ser realizados de forma ainda mais seletiva pela adição de penicilina.

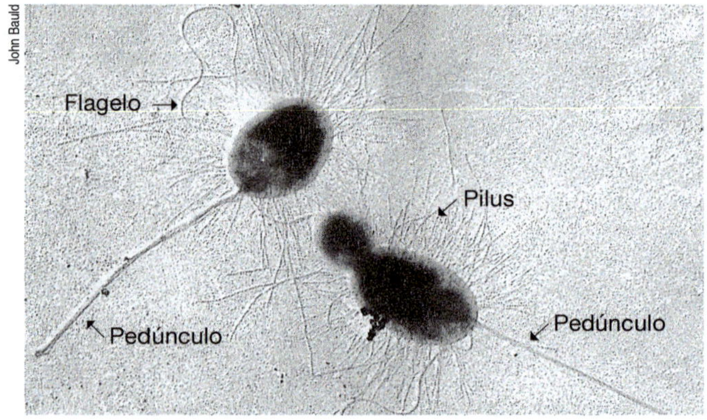

■ **Figura 12.86** Eletromicrografia de sombreamento metálico de uma preparação *Planctomyces maris.* Uma célula individual tem comprimento aproximado de 1-1,5 μm. Observe a natureza fibrilar do pedúnculo. Os pili são também abundantes. Observe também os flagelos (apêndices ondulados) em cada célula e o broto, que está se desenvolvendo no pólo não pedunculado de uma das células.

Uma das características mais incomuns do filo planctomicetos corresponde à *compartimentalização celular*. Aprendemos no Capítulo 2 as principais diferenças estruturais entre células procarióticas e eucarióticas, em especial no que se refere à presença de núcleo delimitado por membrana, em eucariotos (Seção 2.2). No entanto, os planctomicetos são únicos quando comparados a todos os procariotos conhecidos, por apresentarem extensas estruturas celulares internas, sendo uma destas, inclusive, considerada como estrutura nuclear delimitada por membrana. Por exemplo, na bactéria *Gemmata* (Figura 12.87), o nucleóide é circundado por um envelope nuclear. O DNA de *Gemmata* mantém-se em uma forma covalentemente fechada, circular e superenovelada, típica de procariotos (Seção 7.3), embora seja altamente condensado e iso-

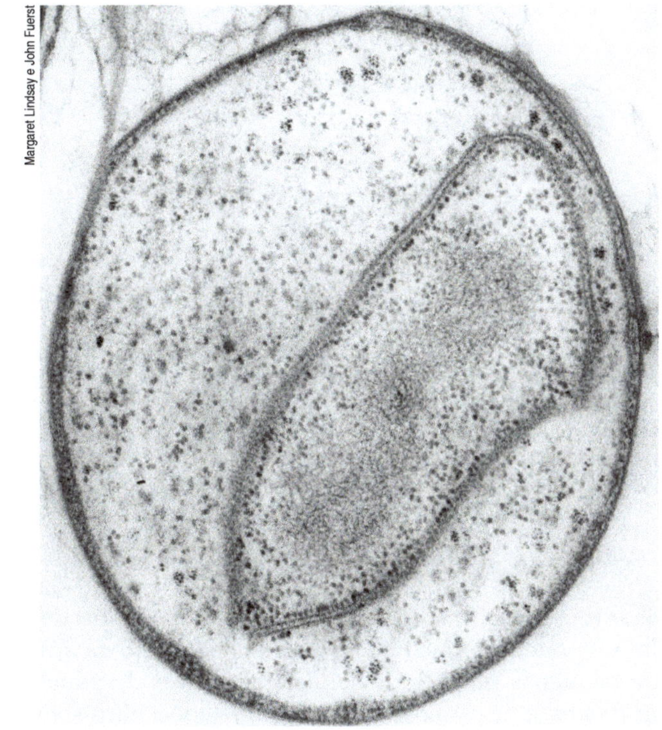

■ **Figura 12.87** Micrografia eletrônica de transmissão de uma seção fina de uma célula de *Gemmata obscuriglobus* apresentando o nucleóide circundado por um envelope nuclear. A célula tem diâmetro aproximado de 1,5 μm.

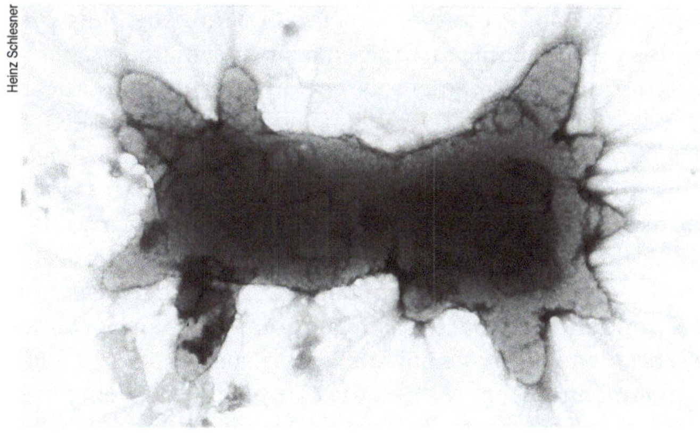

■ **Figura 12.88** Eletromicrografia de transmissão, corada negativamente, de uma célula de *Verrucomicrobium spinosum* em processo de divisão. Observe a prosteca verrucosa. Uma célula individual tem diâmetro aproximado de 1 μm.

lado do citoplasma restante por uma verdadeira unidade de membrana (Figura 12.87).

Todas as espécies de planctomicetos analisadas em relação a essa característica revelaram conter compartimentos celulares internos de um tipo ou de outro. Alguns compartimentos são desprovidos de DNA, apresentando, portanto, outras funções (por exemplo, funções metabólicas, Seção 18.12). Em nenhum outro grupo de procariotos conhecidos existem compartimentos que se assemelhem tanto aos das células eucarióticas. De fato, a compartimentalização singular observada nas células de planctomicetos tende a obscurecer a distinção entre procariotos e eucariotos. No entanto, os planctomicetos distinguem-se por outras características, além das estruturas celulares, incluindo, em particular, a específica posição filogenética central que ocupam no domínio *Bacteria* (Figura 12.1).

VII FILO 6: OS VERRUCOMICRÓBIOS

12.29 *Verrucomicrobium* e *Prosthecobacter*

Este filo de bactérias compartilha, com as proteobactérias pedunculadas (ver Seção 12.16), a formação de apêndices citoplasmáticos denominados *prostecas*. Os gêneros *Verrucomicrobium* e *Prosthecobacter* produzem duas ou mais *prostecas* por célula (Figura 12.88). Também, diferentemente do observado em células de *Caulobacter* (Figura 12.41), que contêm uma única prosteca e produzem células expansivas, flageladas e desprovidas de prosteca (ver Seção 12.16), as espécies de *Verrucomicrobium* e *Prosthecobacter* dividem-se simetricamente, e tanto a célula mãe como a célula filha contêm prosteca durante a divisão celular. A denominação do gênero *Verrucomicrobium* é derivada do radical grego que significa "verrucoso", sendo a aparência das células de *V. spinosa*, com suas múltiplas prostecas se projetando (Figura 12.88), condizente com o nome.

Membros dos verrucomicróbios compartilham com as outras bactérias que possuem prosteca a presença de peptideoglicano em suas paredes celulares, variando de bactérias aeróbias a aeróbias facultativas, capazes de fermentar vários açúcares. Os verrucomicróbios estão amplamente disseminados na natureza, sendo encontrados em ambientes de água doce e marinho, bem como em solos de florestas e agricultáveis. Do ponto de vista filogenético, naturalmente, os verrucomicróbios diferenciam-se de todas *Bacteria* conhecidas (Figura 12.1). O grupo exibe alguma afinidade filogenética com os filos *Planctomyces* e *Chlamydia* (Figura 12.1), embora seja suficientemente distinto desses dois grupos, de modo a formar sua própria linhagem separada.

VIII FILO 7: AS FLAVOBACTÉRIAS

Este filo de *Bacteria* contém uma variedade de tipos fisiológicos, de aeróbios obrigatórios a anaeróbios obrigatórios, unificados por um traço filogenético comum. Os organismos habitam diferentes tipos de ambientes; os dois principais gêneros do grupo serão enfocados nesta seção.

12.30 *Bacteroides* e *Flavobacterium*

Principais gêneros

Bacteroides
Flavobacterium

O gênero *Bacteroides* contém espécies anaeróbias obrigatórias, não esporulantes, sacarolíticas, que fermentam açúcares, com acetato e succinato, como principais produtos de fermentação. Os membros do gênero *Bacteroides* são normalmente comensais, encontrados no trato intestinal de humanos e de outros animais (Seções 20.11 e 21.4). De fato, as espécies de *Bacteroides* correspondem às bactérias numericamente dominantes no intestino grosso de humanos, onde mensurações indicaram a presença de 10^{10}–10^{11} células por grama de fezes. No entanto, algumas espécies de *Bacteroides* podem também ser patogênicas, correspondendo às bactérias anaeróbias mais importantes associadas a infecções em humanos. Espécies de *Bacteroides* são também incomuns quando comparadas às demais espécies de *Bacteria*, por corresponderem a um dos poucos grupos de organismos que sintetizam *esfingolipídeos* — grupo heterogêneo de lipídeos caracterizados pela presença do amino-álcool de cadeia longa, *esfingosina*, em substituição ao glicerol (Figura 12.89). Esfingolipídeos tais como esfingomielina, cerebrosídeos e gangliosídeos são comuns em tecidos de mamíferos, no cérebro e em outros tecidos nervosos.

Contrariamente às espécies de *Bacteroides*, as espécies de *Flavobacterium* são encontradas principalmente em hábitats aquáticos, tanto de água doce quanto marinho, bem como em alimentos e indústrias de processamento de alimentos. As colônias de *Flavobacterium* freqüentemente exibem pigmentação amarela, e, fisiologicamente, esses organismos são relativamente restritos, utilizando glicose como fonte de carbono e energia, além de outros poucos compostos de carbono. As flavobactérias raramente são patogênicas; no entanto, uma espécie, *F. meningosepticum*, foi associada a casos de meningite infantil.

Outros importantes gêneros desse grupo são psicrófilos ou psicrotolerantes (Seção 6.9). Estes incluem particularmente os gêneros *Polaribacter* e *Psychroflexus*. Vários outros gêneros desse grupo são também capazes de crescer em temperaturas abaixo de 20°C.

IX FILO 8: O GRUPO *CYTOPHAGA*

Principais gêneros

Cytophaga
Sporocytophaga
Flexibacter

12.31 *Cytophaga* e relacionados

Organismos do grupo *Cytophaga* são bacilos longos e delgados, freqüentemente apresentando extremidades afiladas, que se movem por deslizamento (Figura 12.90*a, b*). O gênero relacionado, *Sporocytophaga*, é similar a *Cytophaga* quanto às características morfológicas e fisiológicas, embora seja capaz de originar estruturas de dormência esféricas, *microcistos* (Figuras 12.90*c, d*), similares àquelas produzidas por algumas mixobactérias frutificantes (ver Seção 12.17). Esses organismos encontram-se amplamente disseminados no solo e na água, com freqüência presentes em grande número. Muitas citofagas degradam polissacarídeos como a celulose (Figura 12.90*c*),

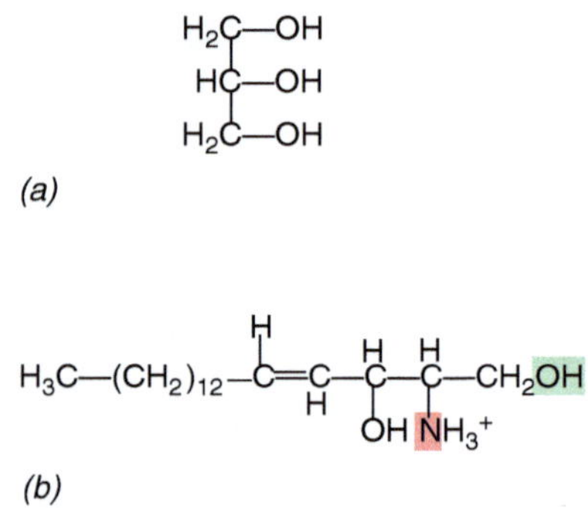

■ **Figura 12.89** Comparação entre (a) glicerol e (b) esfingosina. Dentre os esfingolipídeos, característicos de espécies de *Bacteroides*, a esfingosina é o álcool esterificante; um ácido graxo é ligado por ligação peptídica do átomo de N (assinalado em vermelho), enquanto o grupo –OH terminal (assinalado em verde) pode conter uma variedade de compostos, incluindo fosfatidilcolina (esfingomielina) ou vários açúcares (cerebrosídeos e gangliosídeos).

ágar (Figura 12.90*a*) ou quitina. Os decompositores de celulose podem ser facilmente isolados por meio da adição de pequenas porções de solo a fragmentos de papel de filtro à base de celulose, previamente depositados sobre a superfície de um meio sólido contendo sais minerais. As bactérias aderem-se e digerem as fibras de celulose, originando colônias disseminantes (Figura 12.90*c*). As citofagas não produzem enzimas extracelulares solúveis que degradam a celulose (celulases); suas celulases permanecem ligadas ao envelope celular — propriedade, provavelmente, responsável pela necessidade das células se aderirem às fibras de celulose, para então digeri-las. Quando em culturas puras, espécies de *Cytophaga* podem ser cultivadas em meios sólidos contendo fibras de celulose, sendo a presença do organismo indicada por um clareamento que ocorre à medida que a celulose é digerida (ver Figuras 12.90*c* e 18.62).

Espécies de *Cytophaga* e *Sporocytophaga* são aeróbias obrigatórias, provavelmente responsáveis por grande parte da digestão de celulose por procariotos, em ambientes óxicos. Várias espécies de *Cytophaga* são também patogênicas para peixes, podendo trazer sérios problemas às atividades associadas à psicultura. Duas das principais doenças são a *columnariose* (doença da boca de algodão ou da cauda comida), causada por *C. columnaris*, e a *doença da água fria*, causada por *C. psychrophila*. Ambas afetam principalmente peixes estressados, como aqueles encontrados em águas que recebem descargas de poluentes ou vivendo em situação de denso confinamento tais como berçários de peixes e demais procedimentos de aqüicultura. Peixes infectados apresentam destruição tecidual, freqüentemente ao redor das guelras, possivelmente em decorrência do fato das espécies de *Cytophaga* isoladas em peixes infectados serem em geral proteolíticas.

O gênero *Flexibacter* difere das citofagas pelo fato de as espécies usualmente requererem meios complexos para um bom crescimento e por não serem celulolíticas. As células de algumas espécies de *Flexibacter* também sofrem alterações na morfologia celular, variando de filamentos

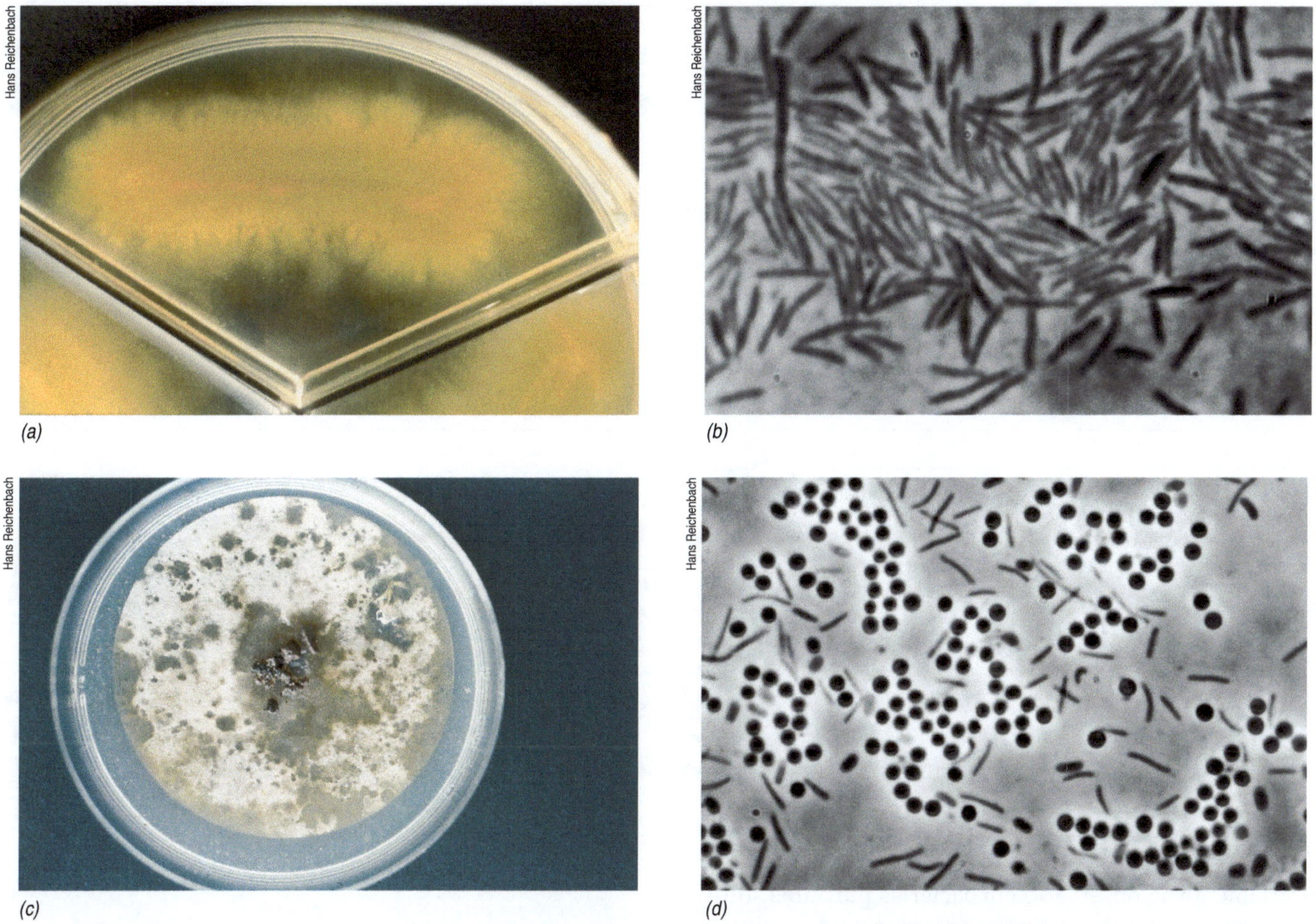

■ **Figura 12.90** *Cytophaga* e *Sporocytophaga*. (a) Semeadura de uma espécie marinha, agarolítica, de *Cytophaga*, hidrolisando o ágar de um meio sólido em placa de Petri. (b) Fotomicrografia de contraste de fase de células de *C. hutchinsonii*, cultivadas em papel de filtro de celulose (as células têm diâmetro aproximado de 1,5 μm). (c) Colônias de *Sporocytophaga* crescendo em celulose. Observe as zonas de clareamento onde a celulose foi degradada. (d) Fotomicrografia de contraste de fase de células bacilares e microcistos esféricos de *Sporocytophaga myxococcoides* (as células têm diâmetro de cerca de 0,5 μm, e os microcistos, de 1,5 μm).

finos, longos, deslizantes e desprovidos de paredes transversais a bacilos curtos e imóveis. Muitas espécies são pigmentadas em decorrência da presença de carotenóides localizados na membrana citoplasmática ou de pigmentos relacionados, denominados *flexirrubinas*, localizados na membrana externa gram-negativa. Espécies de *Flexibacter* são saprófitas comuns de solo e de água doce; até o momento, nenhuma das espécies foi identificada como patógena.

✓ 12.28–12.31 Verificação de conceitos

O grupo *Planctomyces* é composto por bactérias com brotamento e pedunculadas, enquanto as flavobactérias contêm uma variedade de *Bacteria* gram-negativas, móveis por flagelos ou por deslizamento, associadas a animais, alimentos e solo. Membros do grupo verrucomicróbios distinguem-se por suas células com múltiplas prostecas.

✓ Qual a singularidade em relação à parede celular e ao arranjo de DNA em *Planctomyces*?

✓ De que modo o pedúnculo de *Planctomyces* difere do pedúnculo de *Caulobacter*?

✓ Na natureza, onde pode ser encontrado um grande número de células de *Bacteroides*?

✓ Descreva um método para o isolamento de espécies de *Cytophaga*, na natureza.

X FILO 9: BACTÉRIAS VERDES SULFUROSAS

12.32 *Chlorobium* e outras bactérias verdes sulfurosas

Principais gêneros

Chlorobium
Prosthecochloris
"Chlorochromatium"

As bactérias verdes sulfurosas correspondem a um grupo filogeneticamente distinto, composto por bactérias fototróficas anoxigênicas imóveis, contendo apenas espécies anaeróbias obrigatórias e fototróficas dentre os isolados cultivados. Esse grupo é morfologicamente diverso, incluindo bacilos curtos e longos (Tabela 12.35 e Figura 12.91). De modo similar às bactérias púrpuras sulfurosas, estas utilizam H_2S como doador de elétrons, oxidando-o inicialmente a S^0 e posteriormente a SO_4^{2-}. No entanto, con-

Tabela 12.35 Gêneros e características de bactérias sulfurosas verdes fototróficas

Características	Gênero	Cor das culturas	Número de espécies	DNA (mol % GC)
Sem vesículas de gás:				
Bacilos retos ou curvos, imóveis (ver Figura 12.91*a*)	*Chlorobium*	Verde ou marrom	8	49-58
Esféricos ou ovais, imóveis, formam prostecas (apêndices)	*Prosthecochloris*	Verde ou marrom	2	50-56
Com vesículas de gás:				
Bacilos imóveis, ramificantes, formando redes irregulares, frouxas (ver Figura 12.91*b*)	*Pelodictyon*	Verde ou marrom	4	48-58
Esferas com prostecas	*Ancalochloris*	Verde	1	–
Bacilos, deslizantes	*Chloroherpeton*	Verde	1	47

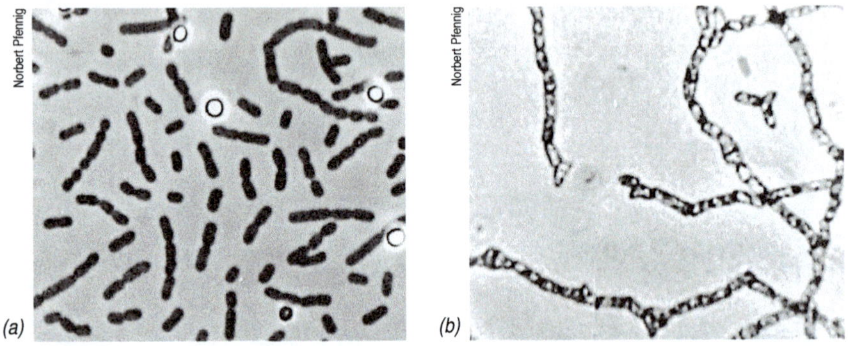

■ **Figura 12.91** Bactéria verde sulfurosa fototrófica. (a) *Chlorobium limicola*; as células têm largura aproximada de 0,8 μm. Observe os grânulos de enxofre depositados extracelularmente. (b) *Pelodictyon clathratiforme*, uma bactéria que forma uma rede tridimensional; as células têm largura aproximada de 0,8 μm.

trariamente ao observado em bactérias púrpuras sulfurosas, o enxofre produzido pelas bactérias verdes sulfurosas localiza-se *externamente* à célula (Figura 18.17*b*). A maioria das espécies é também capaz de assimilar alguns compostos orgânicos, na presença de luz (isto é, exibem *foto-heterotrofia*, Seção 18.4). A autotrofia estrita, no entanto, não é baseada nas reações do ciclo de Calvin, como ocorre nas bactérias púrpuras, mas sim em uma reversão das etapas do ciclo do ácido cítrico (Seção 18.7, ciclo do ácido cítrico reverso), um tipo singular de autotrofia entre os organismos fototróficos.

Pigmentos e ecologia

As bacterioclorofilas encontradas nas bactérias verdes sulfurosas incluem a bacterioclorofila *a*, além da bacterioclorofila *c*, *d* ou *e*. Esses últimos pigmentos atuam somente em reações de captação de luz (Seção 18.2), estando localizados em uma estrutura peculiar denominada **clorossomo** (Figura 12.92). Os clorossomos são corpos oblongos, ricos em bacterioclorofilas, circundados por uma não-unidade de membrana fina, associados à membrana citoplasmática na periferia celular (Figura 12.92; ver também Figura 18.7). Estudos dos processos de transferência de energia em bactérias verdes sulfurosas (Seção 18.2) mostraram que a energia luminosa absorvida pelas bacterioclorofilas *c*, *d* ou *e* nos clorossomos é direcionada à bacterioclorofila *a*, localizada na membrana citoplasmática, onde ocorre a conversão fotossintética da energia e a síntese de ATP (Figura 18.7). São conhecidas espécies de bactérias verdes sulfurosas tanto de coloração verde quanto marrom, com as espécies de coloração marrom

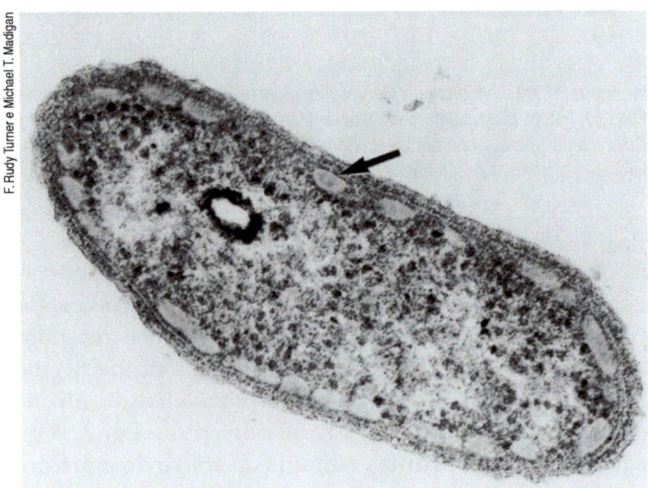

■ **Figura 12.92** Eletromicrografia de uma seção fina da bactéria verde sulfurosa *Chlorobium tepidum*. Observe os clorossomos (seta) na periferia celular. Uma célula tem largura aproximada de 0,7 μm.

contendo a bacterioclorofila *e* e carotenóides que conferem essa coloração às células (Figura 12.93; Figura 18.9).

Assim como as bactérias púrpuras sulfurosas, as bactérias verdes sulfurosas vivem em ambientes aquáticos anóxicos, especialmente onde há abundância de H_2S (de modo geral, as bactérias verdes sulfurosas são mais tolerantes ao sulfeto que as bactérias púrpuras). Como o clorossomo é uma estrutura extremamente eficiente na absorção de luz, as bactérias verdes sulfurosas requerem pouca luz para a realização das atividades fotossintéticas;

■ **Figura 12.93** Amostras de *Chlorobium* verdes e marrons. Tubos de cultura de (a) *Chlorobium tepidum* e (b) *Chlorobium phaeobacteroides*. As células de *C. tepidum* contêm bacterioclorofila *c* e uma série de carotenóides verdes, enquanto as células de *C. phaeobacteroides* contêm bacterioclorofila *e* e isorenieirateno, um carotenóide marrom. Ver na Figura 18.9 as estruturas específicas dos carotenóides verdes e marrons.

estas são encontradas nas maiores profundidades de lagos, quando comparadas a outros organismos fototróficos. Uma espécie do gênero *Chlorobium*, *C. tepidum* (Figura 12.92), é termofílica e forma densas massas microbianas em fontes termais com altos teores de sulfeto. *C. tepidum* é também notável, pois seu genoma (2,1 megabases) foi totalmente seqüenciado, o primeiro genoma seqüenciado de um fototrófico anoxigênico, e por crescer rapidamente e ser de fácil manipulação genética, tanto por conjugação como por transformação.

Consórcios de bactérias verdes sulfurosas

Certas bactérias verdes sulfurosas podem formar uma estreita associação com uma bactéria quimiorganotrófica, onde cada organismo beneficia o outro; tais associações recebem a denominação de **consórcio**. O componente fototrófico, denominado *epibionte*, encontra-se ligado fisicamente ao componente não fototrófico (Figura 12.94), embora o mecanismo responsável pela ligação não esteja ainda definido. A denominação "*Chlorochromatium aggregatum*" foi utilizada para descrever um desses consórcios, embora esse nome não se baseie na taxonomia procariótica formal, visto que se refere a dois organismos em vez de um.

O consórcio "*C. aggregatum*" exibe coloração verde pois os epibiontes — bactérias verdes sulfurosas que contêm bacterioclorofilas *c* ou *d* e carotenóides verdes — circundam uma célula central não fototrófica. Uma forma estruturalmente similar, referida como "*Pelochromatium roseum*", exibe coloração marrom. Outros consórcios são também conhecidos, onde as células epibiontes apresentam forma de meia-lua (Figura 12.94*b*, *c*); desse modo, uma variedade de tais consórcios provavelmente seja encontrada na natureza.

Alguns consórcios bacterianos verdes foram cultivados em laboratório. Em geral, o consórcio "*C. aggregatum*" (Figura 12.94) contém cerca de 12 epibiontes por célula central, enquanto o consórcio "*P. roseum*" contém cerca de 20. Além de evidências moleculares, há ainda

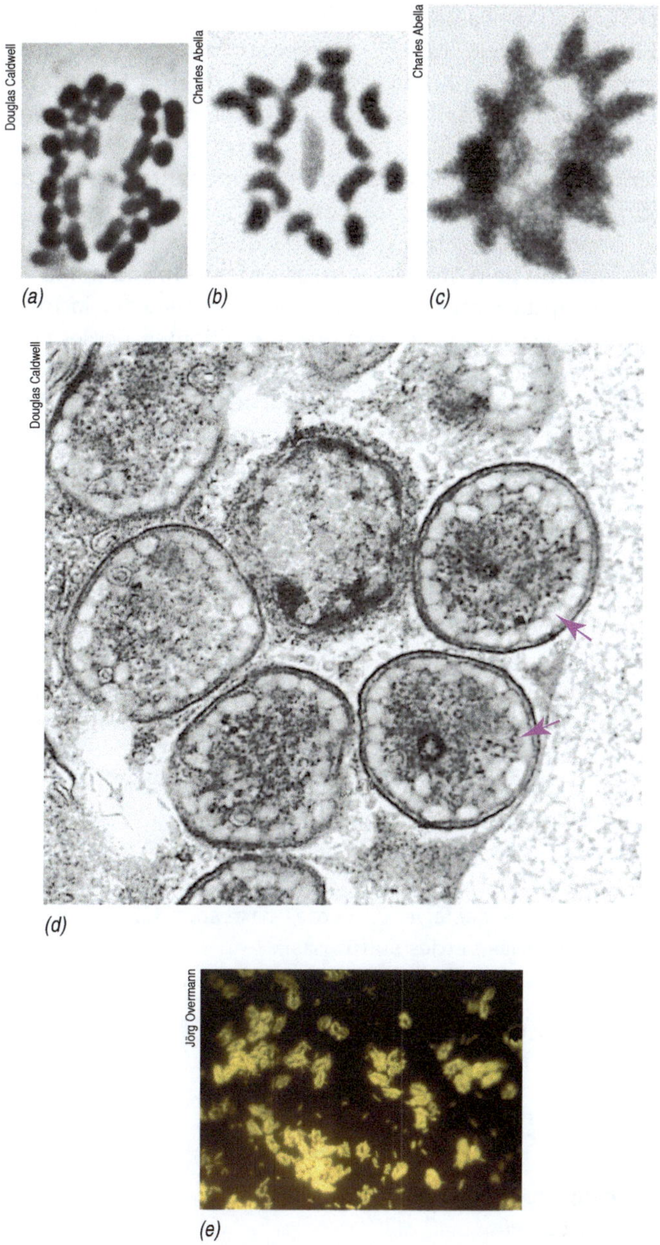

■ **Figura 12.94** Consórcio de bactérias verdes sulfurosas. (a-c) Micrografias de contraste de fase e (d) eletromicrografia de transmissão dos consórcios bacterianos verdes ou marrons "*Chlorochromatium aggregatum*" ou "*Pelochromatium*". Em (a-c), o organismo central não fototrófico exibe coloração bem mais clara que as bactérias fototróficas pigmentadas. Observe os clorossomos (setas) em (d). O consórcio total mede cerca de 3 x 6 μm. (b, c) Epibiontes em forma de meia-lua em um consórcio *Pelochromatium* de um lago estratificado de Wisconsin. A célula central incolor, em ambas as fotos, tem comprimento aproximado de 2 μm. (e) Coloração filogenética (Seção 19.4) de "*Chlorochromatium aggregatum*". O corante amarelo é composto por uma sonda de ácido nucléico, específica para bactérias verdes sulfurosas. Observe que apenas os epibiontes estão corados. O número de epibiontes varia de 10 a 20 por célula central (não fototrófica). Observe o contato íntimo entre os epibiontes e a célula central em (d). Tal contato pode facilitar a comunicação intercelular no consórcio, necessária para o controle de possíveis respostas quimio e fototáticas.

sólidas evidências sugerindo que os epibiontes correspondam a bactérias verdes sulfurosas, pois seções finas de epibiontes revelam a presença de clorossomos visíveis (Figura 12.94*d*). Consórcios tratados com uma sonda de oligonucleotídeo fluorescente, específica para o rRNA 16S de bactérias verdes sulfurosas (tecnologia de FISH, Seções 11.6 e 19.4), revelam a fluorescência de epibiontes, mas não da célula central (Figura 12.94*e*). Estudos de culturas laboratoriais também demonstraram que os epibiontes e a célula central se dividem em sincronia, sugerindo que os dois componentes exibem algum tipo de intercomunicação.

Embora a razão fundamental quanto ao porquê e o mecanismo pelo qual essas associações se formam não estejam ainda claros, estudos laboratoriais associados a estudos de campo sugerem que os epibiontes, nesses consórcios, estão adaptados a um estreito regime de intensidades luminosas e de concentrações de sulfeto, podendo a grande célula central atuar como veículo para esses organismos fototróficos imóveis posicionarem-se em uma coluna de água onde as condições para a fotossíntese sejam ótimas.

✓ 12.32 Verificação de conceitos

As bactérias verdes sulfurosas são organismos fototróficos anoxigênicos, anaeróbios obrigatórios, que produzem estruturas singulares, denominadas *clorossomos*. Esses organismos podem crescer em intensidades luminosas extremamente baixas e são capazes de oxidar H_2S a S^0 e SO_4^{2-}.

✓ Que pigmentos são encontrados nos clorossomos?

✓ Qual a peculiaridade em relação à autotrofia em *Chlorobium* (Seção 18.7)?

✓ Que evidências apóiam a idéia de que os epibiontes de consórcios bacterianos verdes correspondam realmente às bactérias verdes sulfurosas?

XI FILO 10: OS ESPIROQUETAS

12.33 Espiroquetas

Principais gêneros

Spirochaeta
Treponema
Cristispira
Leptospira
Borrelia

Os espiroquetas são *Bacteria* gram-negativas, móveis, intensamente espiralados, tipicamente delgados e flexíveis (Figura 12.95). Esses procariotos de morfologia singular constituem uma das principais linhagens filogenéticas de *Bacteria* (ver Figura 12.1). Os espiroquetas encontram-se amplamente disseminados em ambientes aquáticos e em animais; alguns causam doenças, inclusive a sífilis — uma importante doença humana, sexualmente transmitida (Seção 26.12).

As células de espiroquetas são constituídas por um "cilindro protoplasmático", consistindo em regiões delimitadas pela parede celular e membrana (Figura 12.96). A motilidade é conferida por um ou vários flagelos que emergem de cada pólo (Figura 12.96). No entanto, contrariamente aos flagelos bacterianos típicos (Seção 4.10), os flagelos de espiroquetas dobram-se sobre o cilindro protoplasmático, a partir de cada pólo, permanecendo no periplasma celular; por esse motivo, recebem a denominação de *endoflagelos*. Tanto os endoflagelos quanto o cilindro protoplasmático são circundados por uma membrana flexível, de multicamadas, denominada *bainha externa* (Figura 12.96).

Motilidade de espiroquetas

Cada endoflagelo está ancorado a uma das extremidades e estende-se por aproximadamente dois terços do comprimento celular. Os endoflagelos giram de maneira rígida, da mesma forma que os flagelos bacterianos típicos (Seção 4.10). No entanto, como o cilindro protoplasmático é também rígido, enquanto a bainha externa é flexível, quando os endoflagelos giram em uma mesma direção, o cilindro protoplasmático gira na direção oposta, promovendo uma torção na célula, conforme ilustrado na Figura 12.96*b*. Em um ambiente líquido, esse processo faz com que as células de espiroquetas se movimentem por meio de flexões ou chicoteios, em decorrência do torque produzido pelos endoflagelos em rotação, nas extremidades do cilindro protoplasmático (Figura 12.96*b*). Assim, embora os endoflagelos de espiroquetas não se projetem para fora da célula, estando, ao contrário, localizados no interior da membrana celular externa, a rotação dessas estruturas confere motilidade, de modo irregular e espasmódico, em vez de um suave movimento natatório, como aquele conferido pelos flagelos de outros procariotos.

Classificação

Os espiroquetas são classificados em oito gêneros, principalmente com base no hábitat, patogenicidade, seqüências de RNA ribossomal e características morfofisiológicas. A Tabela 12.36 relaciona os principais gêneros e suas características.

■ **Figura 12.95** Dois espiroquetas, observados com a mesma magnificação, ilustrando a grande variedade de tamanhos desse grupo. (a) *Spirochaeta stenostrepta* em microscopia de contraste de fase. Uma célula individual apresenta diâmetro de 0,25 μm. (b) *Spirochaeta plicatilis*. Uma célula individual tem diâmetro de 0,75 μm e pode atingir 250 μm (0,25 mm) de comprimento.

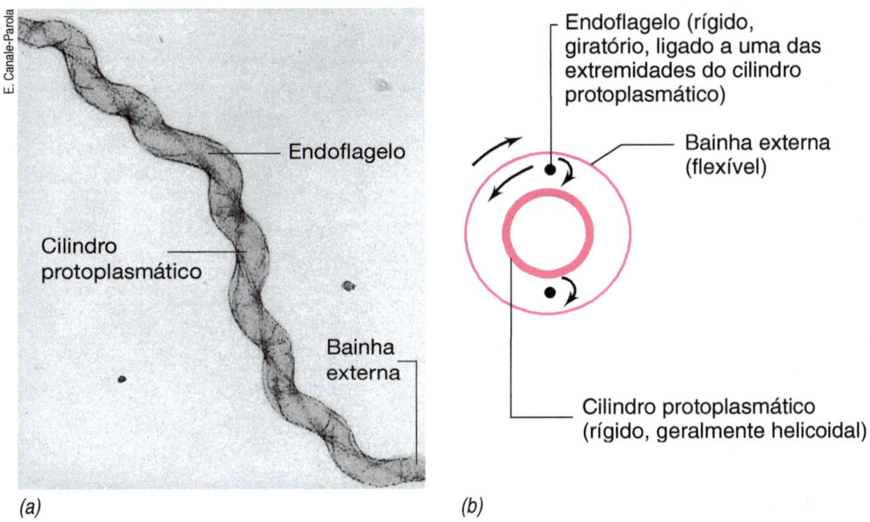

■ **Figura 12.96** (a) Eletromicrografia de uma preparação corada negativamente de *Spirochaeta zuelzerae*, indicando o posicionamento do endoflagelo. Uma célula tem diâmetro aproximado de 0,3 μm. (b) Seção transversal de uma célula de espiroqueta apresentando o arranjo do cilindro protoplasmático, endoflagelos e bainha externa, como também a maneira pela qual a rotação do endoflagelo rígido pode promover a rotação do cilindro protoplasmático e (na direção oposta) a rotação da bainha externa. Se a bainha estiver livre, a célula girará ao longo de seu eixo longitudinal, movendo-se ao longo deste. Se a bainha estiver em contato com uma superfície sólida, a célula irá se arrastar para frente.

Spirochaeta e *Cristispira*

O gênero *Spirochaeta* inclui espiroquetas de vida livre, anaeróbios e aeróbios facultativos. Esses organismos são comuns em ambientes aquáticos, como água e lodo de rios, pequenos lagos, lagoas e oceanos. Uma espécie de *Spirochaeta*, *S. plicatilis* (Figura 12.95*b*), corresponde a uma célula relativamente grande, encontrada em hábitats de água doce e marinha contendo H_2S, sendo provavelmente anaeróbia. Os endoflagelos de *S. plicatilis* arranjam-se em um feixe que se enrola ao redor do cilindro protoplasmático espiralado. Cerca de 18 a 20 endoflagelos estão inseridos em cada pólo desse espiroqueta. Outra espécie, *Spirochaeta*

Tabela 12.36 Gêneros de espiroquetas e suas características

Gênero	Dimensões (μm)	Número de espécies conhecidas	Características gerais	Número de endoflagelos	DNA (mol % GC)	Hábitat	Doenças
Cristispira	30-150 × 0,5-3,0	1	3-10 espirais completas; feixe de endoflagelos, visíveis por microscopia de contraste de fase	>100	—	Trato digestivo de moluscos; ainda não cultivado	Nenhuma conhecida
Spirochaeta	5-250 × 0,2-0,75	14	Anaeróbio ou aeróbio facultativo; com espirais compactas ou frouxas	2-40	50-65	Aquático, de vida livre, água doce e marinha	Nenhuma conhecida
Treponema	5-15 × 0,1-0,4	20	Microaerofílico ou anaeróbio; espiral plana ou helicoidal, com amplitude de até 0,5 μm	2-32	25-53	Comensal ou parasita de humanos, outros animais	Sífilis, bouba, disenteria suína, pinta
Borrelia	8-30 × 0,2-0,5	31	Microaerofílico; 5-7 espirais com amplitude de aprox. 1 μm	7-20	46	Humanos e outros mamíferos, artrópodes	Febre recorrente, doença de Lyme, borreliose de ovinos e bovinos
Leptospira	6-20 × 0,1	13	Aeróbio, intensamente espiralado, com extremidades fletidas ou em gancho; requer ácidos graxos de cadeia longa	2	33-43	De vida livre ou parasitas de humanos, outros mamíferos	Leptospirose
Leptonema	6-20 × 0,1	1	Aeróbio; não requer ácidos graxos de cadeia longa	2	54	Vida livre	Nenhuma conhecida
Brachyspira	7-10 × 0,35-0,45	8	Anaeróbio	8-28	25-27	Intestino de animais de sangue quente	Causa diarréia em galinhas e suínos
Brevinema	4-5 × 0,2-0,3	1	Microaerófilo, pelo seqüenciamento de rRNA 16S, constitui um ramo precoce na linhagem espiroqueta (ver Figura 12.1)	2	34-36	Sangue e tecidos de ratos e musaranhos	Infeccioso para camundongos de laboratório

stenostrepta, já cultivada, é apresentada na Figura 12.95*a*. Trata-se de um organismo anaeróbio obrigatório, comumente encontrado em lamas negras, ricas em H_2S, que fermenta açúcares pela via glicolítica a etanol, acetato, lactato, CO_2 e H_2. A espécie *Spirochaeta aurantia* é aeróbia facultativa, com pigmentação laranja, fermentando açúcares pela via glicolítica em condições anaeróbias e oxidando açúcares aerobicamente, originando principalmente CO_2 e acetato.

Um espiroqueta metabolicamente incomum pode ser isolado da porção final do intestino de cupins. Esse ambiente é altamente celulolítico, uma vez que os cupins vivem predominantemente na madeira e em produtos de madeira, produzindo grandes quantidades de H_2 e CO_2 a partir da fermentação da glicose oriunda da celulose. Um espiroqueta isolado da porção final do intestino de cupins é capaz de converter H_2 e CO_2 em acetato, ou seja, trata-se de um organismo *homoacetogênico* (Seção 18.16 que discute a homoacetogênese), sendo esta a primeira descrição desse tipo de metabolismo energético em um grupo filogenético de bactérias não pertencente ao grupo de clostrídios e relacionados (ver Seção 12.20). Esse espiroqueta é também capaz de fixar nitrogênio molecular (fixação de N_2, Seção 18.16), uma propriedade não observada anteriormente em espiroquetas.

O gênero *Cristispira* (Figura 12.97) contém organismos com uma distribuição singular, sendo encontrados na natureza principalmente no estilete cristalino de certos moluscos, como mariscos e ostras. O estilete cristalino corresponde a um bastão flexível, semi-sólido, localizado em uma bolsa, que, ao se movimentar contra uma superfície dura do trato digestivo, atua misturando e moendo as pequenas partículas de alimentos. Por serem grandes espiroquetas, os cristispiras podem ser prontamente observados ao microscópio no interior no estilete do molusco, girando de maneira rápida para a frente e para trás, de modo similar a um saca-rolha. Células de *Cristispira* podem ser encontradas em moluscos de água doce e marinhos, mas não em todas as espécies de moluscos. Infelizmente, os membros do gênero *Cristispira* não foram ainda cultivados, e com isso a razão fisiológica para sua restrição a esse hábitat peculiar não é conhecida.

A. Ryter

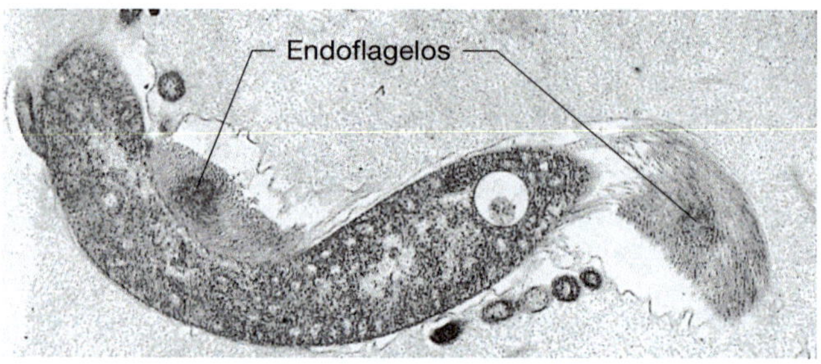

■ **Figura 12.97** Micrografia eletrônica de uma seção fina de *Cristispira*, um grande espiroqueta. Uma célula tem diâmetro aproximado de 2 μm. Observe os numerosos endoflagelos.

Treponema

Os espiroquetas anaeróbios, associados a hospedeiros, comensais ou parasitas de humanos e animais, são classificados no gênero *Treponema*. *Treponema pallidum*, o agente etiológico da sífilis (Seção 26.12), é a espécie mais conhecida de *Treponema*. Esta difere morfologicamente de outros espiroquetas; a célula não é helicoidal, apresentando uma forma ondulada, achatada. A célula de *T. pallidum* é extremamente delgada, com diâmetro aproximado de 0,2 μm. Células vivas podem ser facilmente visualizadas ao microscópio de campo escuro ou após coloração com anticorpos fluorescentes; há muitos anos, a microscopia de campo escuro vem sendo empregada no exame de exsudatos de prováveis lesões sifilíticas (Figura 26.28). Na natureza, *T. pallidum* está restrito aos humanos, embora infecções artificiais tenham sido estabelecidas em coelhos e macacos. Embora nunca cultivadas em laboratório, verificou-se, por meio de estudos em animais, que células virulentas de *T. pallidum* (purificadas de infecções em coelhos) possuem um sistema de citocromos e são, de fato, microaerofílicas. O isolamento de tais células também forneceu DNA suficiente, possibilitando, assim, o seqüenciamento completo do genoma de *T. pallidum* (1,14 megabases) (Seção 15.3).

Outras espécies do gênero *Treponema* são organismos comensais, comuns na cavidade oral de humanos, os quais podem ser normalmente observados a partir de raspados interdentais e de amostras coletadas do sulco gengival. Foram descritas três espécies (*Treponema denticola*, *T. macrodentium* e *T. oralis*), que se diferenciam por características morfológicas e fisiológicas. *T. denticola* fermenta aminoácidos, como cisteína e serina, originando acetato como principal ácido da fermentação, além de CO_2, NH_3 e H_2S. Os espiroquetas são também encontrados no rúmen — órgão digestivo de animais ruminantes (Seção 20.11). *Treponema saccharophilum* (Figura 12.98) é um grande espiroqueta *pectinolítico*, encontrado no rúmen bovino. *Treponema saccharophilum* é um anaeróbio obrigatório que fermenta pectina, amido, inulina e outros polissacarídeos de plantas. Este e outros espiroquetas podem desempenhar importante papel na conversão de polissacarídeos vegetais em ácidos graxos voláteis, utilizáveis como fon-

B. J. Paster e E. Canale-Parola

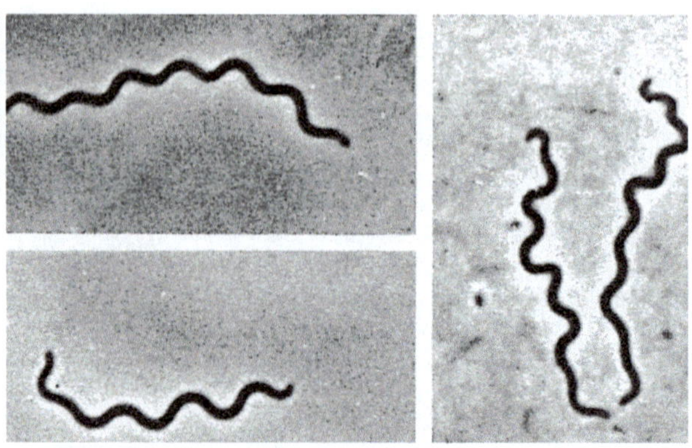

■ **Figura 12.98** Fotomicrografias de contraste de fase de *Treponema saccharophilum*, um grande espiroqueta pectinolítico do rúmen bovino. Uma célula tem diâmetro aproximado de 0,4 μm. À esquerda, células espiraladas de forma regular; à direita, células irregularmente espiraladas.

tes de energia pelos ruminantes (Seção 20.11). Embora o gênero *Treponema* corresponda a uma unidade filogenética, a verdadeira relação entre *T. pallidum* e outras espécies de *Treponema* pode ser distante, pois a proporção de bases GC em *T. pallidum* é de cerca de 53%, enquanto em outras espécies desse gênero a proporção encontra-se entre 38 e 40% ou 25 e 26%.

Leptospira e *Leptonema*

Os gêneros *Leptospira* e *Leptonema* contêm espiroquetas *aeróbios* estritos, que utilizam ácidos graxos de cadeia longa (por exemplo, ácido oléico) como doadores de elétrons e fontes de carbono. Com raras exceções, estes correspondem aos únicos substratos utilizados pelas leptospiras no seu crescimento. As células de leptospiras são delgadas, finamente espiraladas, em geral dobradas nas extremidades, formando ganchos semicirculares. Atualmente, são reconhecidas várias espécies neste grupo; algumas são de vida livre e muitas parasitárias. As duas principais espécies de *Leptospira* são: *L. interrogans* (parasita) e *L. biflexa* (de vida livre). Linhagens de *L. interrogans* são parasitas de humanos e animais. Os roedores são hospedeiros naturais da maioria das leptospiras, embora cães e porcos também correspondam a importantes portadores de certas linhagens. A síndrome mais comum causada por leptospiras em humanos é a *leptospirose*; nessa enfermidade, o organismo localiza-se nos rins, podendo levar à falência renal e à morte.

As leptospiras usualmente penetram no organismo através das membranas mucosas ou a partir de rupturas na pele. Após a multiplicação transiente em várias partes do corpo, o organismo localiza-se nos rins e no fígado, causando nefrite e icterícia. A seguir, o organismo é eliminado pela urina que, em contato com outros indivíduos, pode transmitir o agente infeccioso. A terapia com penicilina, estreptomicina ou tetraciclinas é possível, embora sejam necessários tratamentos extensos para que o microrganismo seja eliminado dos rins. Animais domésticos, como cães, podem ser vacinados contra a **leptospirose** com uma linhagem virulenta morta, presente na vacina combinada contra a cinomose-leptospirose-hepatite. Em humanos, a prevenção torna-se efetiva principalmente pela eliminação da doença nos animais.

Borrelia

A maioria das espécies do gênero *Borrelia* são patógenas de animais ou humanos. *Borrelia recurrentis* é o agente causador da **febre recorrente** em humanos, transmitida por um inseto vetor, geralmente um piolho. A febre recorrente caracteriza-se por uma febre alta e dores musculares generalizadas, que duram de 3-7 dias, seguidas de um período de recuperação de 7-9 dias. Se não tratada, a febre retorna por mais dois ou três ciclos (daí a denominação febre recorrente), podendo provocar a morte de até 40% dos indivíduos infectados. Felizmente, o organismo é relativamente sensível à tetraciclina e, se a doença for diagnosticada de maneira correta, o tratamento é simples. Outras borrélias têm importância veterinária, provocando doenças no gado, em ovinos, cavalos e pássaros. Na maioria das doenças, o organismo é transmitido por carrapatos. *Borrelia burgdorferi* é o agente etiológico da *doença de Lyme* — doença transmitida por carrapatos e que infecta humanos e animais. A doença de Lyme será discutida na Seção 27.4. A espécie *Borrelia burgdorferi* também desperta interesse, pois, até o momento, corresponde a um dos únicos procariotos conhecidos que possui um cromossomo *linear* (contrário a um *circular*). O genoma relativamente pequeno de *B. burgdorferi* (1,44 megabases) foi totalmente seqüenciado (Seção 15.3).

✓ 12.33 Verificação de conceitos

Espiroquetas são procariotos helicoidais, fortemente espiralados, móveis, contendo espécies tanto de vida livre como patogênicas.

- ✓ Como os endoflagelos de espiroquetas se comparam aos flagelos de *Escherichia coli*?
- ✓ Cite duas doenças causadas por espiroquetas no homem.
- ✓ Qual o hábitat do espiroqueta *Cristispira*?

XII FILO 11: DEINOCOCOS

12.34 *Deinococcus/Thermus*

Principais gêneros

Deinococcus
Thermus

Este filo de *Bacteria* contém apenas três gêneros, sendo *Deinococcus* e *Thermus* os mais estudados. Este último gênero é composto por bactérias quimiorganotróficas termofílicas, incluindo *Thermus aquaticus*, o organismo a partir do qual é obtida a enzima *Taq* DNA polimerase. Devido à sua elevada termoestabilidade, esta é a principal enzima utilizada na técnica de reação de polimerização em cadeia (PCR) para a amplificação de DNA, conforme discutido na Seção 10.17. As espécies de *Thermus* coram-se gram-negativamente e contêm uma rara forma de peptideoglicano, onde a ornitina está presente, substituindo o ácido diaminopimélico nas ligações cruzadas entre as unidades de ácido murâmico (Seção 4.8). Curiosamente, o gênero *Deinococcus* também contém ornitina. Algumas espécies de *Thermus* foram descritas e todas crescem aerobicamente, a partir do catabolismo de açúcares, aminoácidos e ácidos orgânicos ou de várias misturas complexas. No restante dessa discussão enfocaremos o gênero *Deinococcus*.

O gênero *Deinococcus* é composto por quatro espécies de cocos gram-positivos; *D. radiodurans* corresponde à espécie mais estudada. A parede celular de *D. radiodurans* apresenta estrutura complexa, consistindo em várias camadas, além de uma membrana externa (Figura 12.99), normalmente presente apenas em bactérias gram-negativas (Seção 4.9). No entanto, contrariamente à membrana externa de bactérias gram-negativas, como *Escherichia coli*, a membrana externa de *D. radiodurans* é desprovida de lipídeo A. Fisiologicamente, a espécie *D. radiodurans* é quimiorganotrófica aeróbia, normalmente cultivada em meios complexos.

Resistência à radiação

A maioria dos deinococos exibe coloração vermelha ou rosa, decorrente da variedade de carotenóides presentes nesses organismos; muitas linhagens são altamente resistentes à radiação ultravioleta e à dessecação. A resistência à radiação pode ser útil no isolamento de deinococos. Esse notável organismo pode ser isolado do solo, de carnes moídas, da poeira e de ar filtrado, após a exposição da amostra à intensa radiação ultravioleta (ou mesmo gama), seguida de inoculação em um meio rico contendo triptona e extrato de levedura. Como muitas linhagens de *Deinococcus radiodurans* são mais resistentes à radiação que os endósporos bacterianos, o tratamento de amostras com fortes doses de radiação efetivamente esteriliza a amostra em relação a outros organismos, diferentes de *D. radiodurans*, tornando o isolamento de deinococos relativamente simples. Por exemplo, células de *D. radiodurans* podem sobreviver à exposição de até 30.000 Gy de radiação ionizante (1 Gy = 100 rad), dose suficiente para romper o cromossomo do organismo em centenas de fragmentos (como comparação, um ser humano pode ser morto pela exposição a menos de 5 Gy).

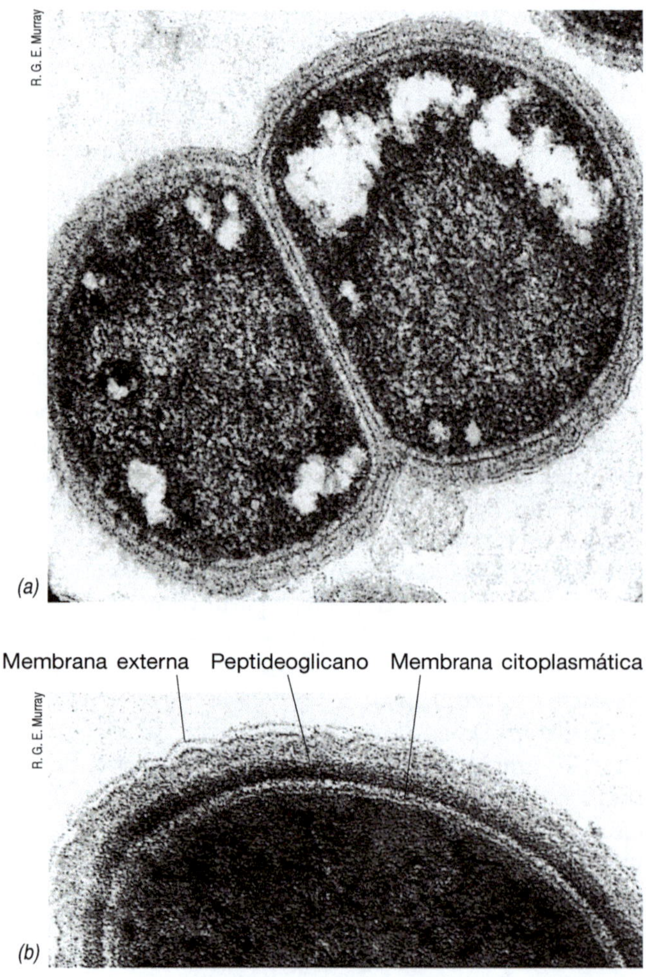

■ **Figura 12.99** Coco resistente à radiação, *Deinococcus radiodurans*. Uma célula individual tem diâmetro aproximado de 2,5 μm. (a) Eletromicrografia de transmissão de *D. radiodurans*. Observe a camada correspondente à membrana externa. (b) Micrografia, em maior aumento, da camada correspondente à parede.

As células de *Deinococcus* possuem uma poderosa maquinaria de reparo de DNA, capaz de reparar o cromossomo do organismo mesmo a partir de uma condição fragmentada. Em conformidade com o fato de *D. radiodurans* ser uma bactéria extremamente resistente à radiação, linhagens desse organismo foram isoladas de locais próximos a reatores atômicos e de outras fontes potencialmente letais de radiação.

Além da impressionante resistência à radiação, *Deinococcus radiodurans* é resistente aos efeitos mutagênicos de vários outros agentes mutagênicos. Estudos sobre a mutabilidade de *D. radiodurans* mostraram que esse organismo é altamente eficiente no reparo de DNA danificado. *D. radiodurans* dispõe de várias enzimas de reparo de DNA diferentes, as quais promovem o reparo de rupturas em DNA de fita simples ou dupla, além da excisão e reparo de dímeros de timina gerados pela ação da luz ultravioleta. Os únicos mutagênicos químicos que atuam sobre *D. radiodurans* são agentes tais como a nitrosoguanidina, que tende a promover *deleções* no DNA; essas deleções aparentemente não são reparadas de maneira tão eficiente nesse organismo como as mutações pontuais, e, desta forma, mutantes de *D. radiodurans* podem ser isolados.

XIII FILO 12: BACTÉRIAS VERDES NÃO SULFUROSAS

Principais gêneros

Chloroflexus
Thermomicrobium

Este filo de *Bacteria* é filogeneticamente distinto e contém somente poucos gêneros — o mais conhecido é o fototrófico anoxigênico *Chloroflexus*; todos os representantes cultivados são termofílicos. *Thermomicrobium*, um membro quimiotrófico desse grupo, é um bacilo gram-negativo estritamente aeróbio, com crescimento ótimo em meios complexos, a 75ºC. Além de sua originalidade filogenética, o gênero *Thermomicrobium* é também interessante por seus lipídeos de membrana. Como mencionamos anteriormente, os lipídeos de *Bacteria* e *Eukarya* contêm ácidos graxos esterificados de glicerol (Seções 3.4 e 4.5). Ao contrário, os lipídeos de *Thermomicrobium* contêm 1,2-dialcoóis em vez de glicerol e não apresentam ligações éster *nem* éter (Figura 12.100). Além disso, as células de *Thermomicrobium* são incomuns como espécies de *Bacteria*, uma vez que são desprovidas de peptideoglicano — o polímero característico da parede celular desse domínio de procariotos (Seção 11.8).

12.35 *Chloroflexus* e *Heliothrix*

Chloroflexus e a maioria das demais bactérias verdes não sulfurosas são procariotos filamentosos que formam espessas massas microbianas em fontes termais, de neutras a alcalinas (Figura 12.101; ver também Figura 19.18*a*). Organismos do tipo *Chloroflexus* foram também encontrados em massas microbianas marinhas não termais. Embora de comportamento fototrófico anoxigênico, o gênero *Chloro-*

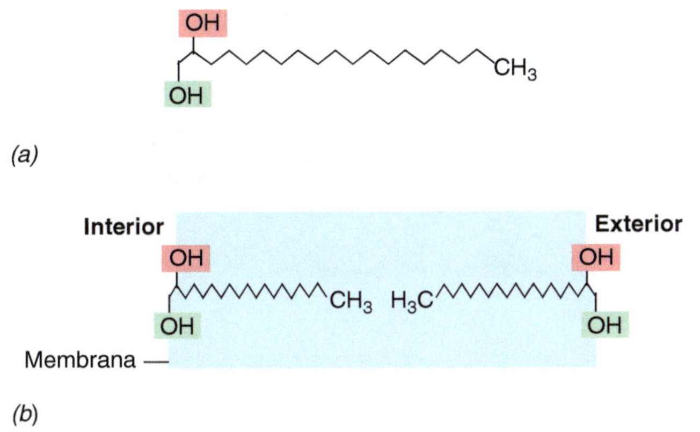

■ **Figura 12.100** Os lipídeos incomuns de *Thermomicrobium*. (a) Lipídeos de membrana de *T. roseum*, contendo dióis, conforme ilustrado (13-metil-1,2 nonadecanediol). Observe que, diferentemente do lipídeos de outras *Bacteria* ou de *Archaea* (Seção 4.5), não estão presentes cadeias laterais com ligação éster ou éter. (b) Para que uma membrana em bicamada seja formada, acredita-se que as moléculas de diálcool se posicionem de maneira oposta, em relação aos grupos metil, com os grupos OH correspondendo às superfícies hidrofílicas interna e externa. Pequenas porções dos dióis apresentam ácidos graxos esterificados no grupo –OH secundário (assinalado em vermelho), enquanto o grupo –OH primário (assinalado em verde) pode ligar-se a uma molécula hidrofílica, como o fosfato.

flexus corresponde a um fototrófico "híbrido", uma vez que sua maquinaria fotossintética apresenta propriedades características tanto de bactérias púrpuras como de bactérias verdes sulfurosas. Assim como estas últimas, *Chloroflexus* possui bacterioclorofila *c* e clorossomos (ver Figura 12.92, eletromicrografia de clorossomos). No entanto, a bacterioclorofila *a*, localizada na membrana citoplasmática de células de *Chloroflexus*, é organizada de modo a formar um centro de reação fotossintético estruturalmente similar ao de bactérias púrpuras (o centro de reação em bactérias verdes sulfurosas é estruturalmente diferente, Figura 18.18). Por esse motivo, foi proposto que os membros modernos do gênero *Chloroflexus* correspondam a um vestígio de uma forma fototrófica muito antiga (ver também a discussão posterior referente à autotrofia e filogenia desse organismo), que talvez tenha desenvolvido um centro de reação fotossintético e, posteriormente, recebido genes específicos de clorossomos por processos de transferência lateral.

Fisiologicamente, as células de *Chloroflexus* assemelham-se a bactérias púrpuras não sulfurosas, uma vez que a fotoautotrofia poder ser mantida por ($H_2S + CO_2$) ou ($H_2 + CO_2$). No entanto, em *Chloroflexus*, o crescimento fototrófico ocorre melhor na presença de compostos orgânicos como fontes de carbono (foto-heterotrofia). As células de *Chloroflexus* também apresentam bom crescimento quimiorganotrófico na ausência de luz, realizando respiração aeróbia. Curiosamente, e esse fato deve ser considerado sob a luz do posicionamento evolutivo de *Chloroflexus* como o mais antigo dos fototróficos anoxigênicos (ver Figura 12.1), do ponto de vista filogenético a autotrofia em *Chloroflexus* baseia-se em uma via de incorporação de CO_2 — o ciclo de hidroxipropionato —, peculiar a esse organismo (Figura 18.24*b*). Consideraremos a bioquímica dessa nova via autotrófica na Seção 18.7.

Outras bactérias verdes não sulfurosas

Além de *Chloroflexus*, outras bactérias verdes não sulfurosas fototróficas incluem as termofílicas do gênero *Heliothrix* e as grandes células mesofílicas de *Oscillochloris* (Figura 12.101*b*) e *Chloronema* (Figura 12.101*c*). O gênero *Heliothrix* desperta interesse por ser filogenética e fenotipicamente similar a *Chloroflexus*, exceto por não apresentar bacterioclorofila *c* e os clorossomos desse organis-

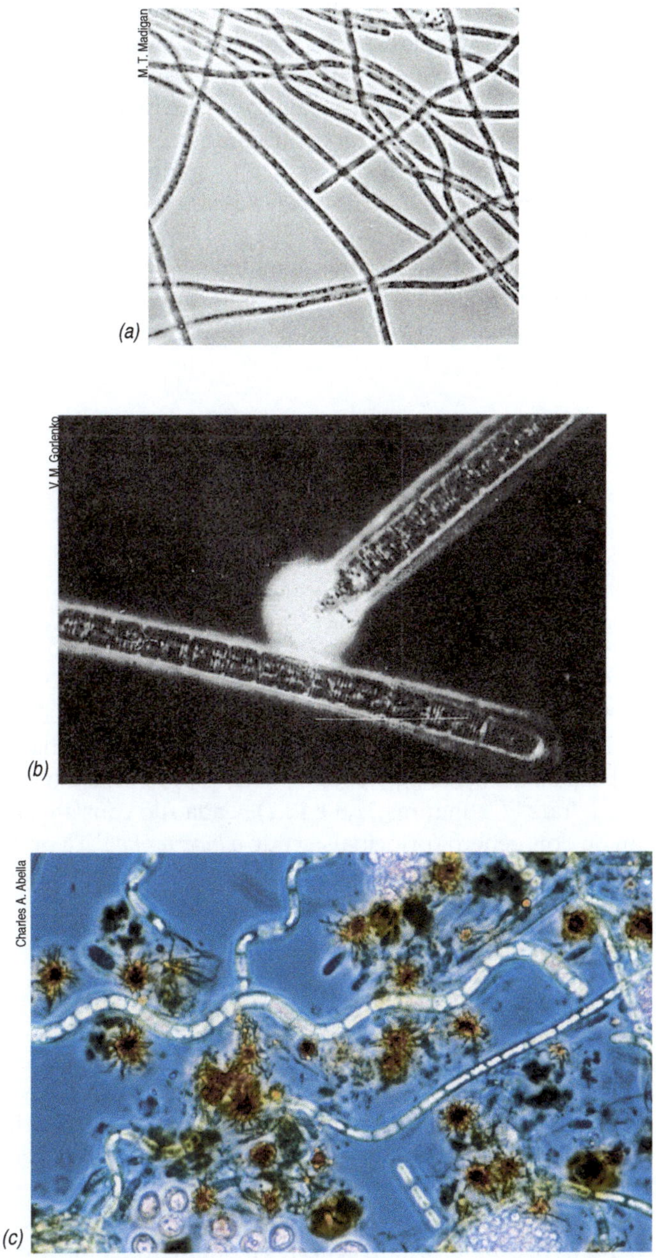

■ **Figura 12.101** Bactérias verdes não sulfurosas. (a) Fotomicrografia de fase do organismo fototrófico termofílico, *Chloroflexus aurantiacus*. As células têm diâmetro aproximado de 1 μm. (b) Micrografia de fase do grande organismo fototrófico *Oscillochloris*. As células têm largura aproximada de 5 μm. O material exibindo contraste brilhante corresponde a um composto empregado na adesão. (c) Fotomicrografia colorida de filamentos de uma espécie de *Chloronema* crescendo em um lago estratificado de Michigan. As células de *Chloronema* possuem filamentos ondulados e têm diâmetro em torno de 2,5 μm. Embora classificadas como bactérias "não sulfurosas", todas as espécies são capazes de oxidar H_2S como um doador fotossintético de elétrons. Além disso, o gênero *Chloroflexus* pode crescer quimiorganotroficamente, na ausência de luz, por meio da respiração aeróbia.

mo. *Oscillochloris* e *Chloronema* são incomuns, pois correspondem a células relativamente grandes, com largura de 2-5 μm, podendo atingir centenas de micrômetros de comprimento (Figura 12.101*c*). Esses organismos desenvolvem-se em lagos de água doce contendo baixos teores de sulfeto, juntamente com outras espécies de bactérias verdes sulfurosas ou púrpuras sulfurosas.

✓ 12.34–12.35 Verificação de conceitos

Deinococcus e *Chloroflexus* correspondem, cada um, a um gênero-chave de importantes linhagens principais de *Bacteria*. *Deinococcus radiodurans* é, dentre todos os organismos conhecidos, o mais resistente à radiação, e *Chloroflexus*, um organismo fototrófico anoxigênico que exibe propriedades fotossintéticas características tanto de bactérias púrpuras quanto de bactérias verdes.

✓ De que maneira *Deinococcus radiodurans* evita a morte por altos níveis de radiação?

✓ De que maneira *Chloroflexus* se assemelha a um organismo como *Chlorobium*? E a um organismo como *Rhodobacter*?

✓ Qual a singularidade em relação ao organismo *Thermomicrobium*?

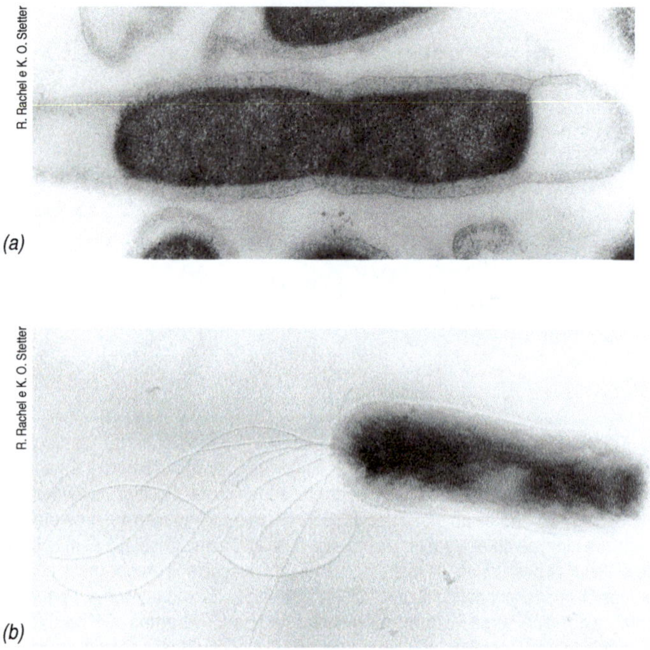

■ **Figura 12.102** *Bacteria* hipertermofílicas. (a) *Thermotoga maritima* — temperatura ótima de 80°C. Observe o revestimento externo da célula (a "toga"). (b) *Aquifex pyrophilus* — temperatura ótima de 85°C. As células de *Thermotoga* (uma seção fina) medem 0,6 x 3,5 μm; as células de *Aquifex* (micrografia eletrônica de criofratura) medem 0,5 x 2,5 μm. Tanto *Thermotoga* como *Aquifex* formam suas próprias linhagens filogenéticas na árvore de *Bacteria* (ver Figura 12.1).

XIV FILOS 13 E 14: BACTÉRIAS HIPERTERMÓFILAS DE RAMIFICAÇÃO PRECOCE

Principais gêneros

Thermotoga
Thermodesulfobacterium
Aquifex
Thermocrinus

Estes três filos de *Bacteria* formam um grupo situado na base da árvore filogenética de *Bacteria*, próximo à hipotética "raiz" (Figuras 11.3 e 12.1). Cada filo consiste em um ou dois gêneros principais, sendo a *hipertermofilia* a principal característica fisiológica da maioria, isto é, crescimento ótimo em temperaturas *acima* de 80°C (Seção 6.10).

12.36 *Thermotoga* e *Thermodesulfobacterium*

Thermotoga corresponde a um bacilo hipertermófilo capaz de crescer em temperaturas de até 90°C (ótimo a 80°C). As células de *Thermotoga* apresentam um envoltório semelhante a uma bainha (a "toga", ver Figura 12.102*a*), coram-se gram-negativamente e são não esporulantes. O gênero *Thermotoga* é anaeróbio, quimiorganotrófico fermentativo, catabolizando açúcares e polímeros como amido, produzindo lactato, acetato, CO_2 e H_2 como produtos de fermentação. Espécies de *Thermotoga* foram isoladas de fontes termais terrestres, bem como de fendas hidrotermais marinhas.

Thermodesulfobacterium

Thermodesulfobacterium (Figura 12.103*a*) é uma bactéria termofílica, redutora de sulfato, posicionada entre *Thermotoga* e *Aquifex* na árvore filogenética (Figura 12.1). Embora não seja uma hipertermófila verdadeira, pois sua temperatura ótima de crescimento é de apenas 70°C, *Thermodesulfobacterium* corresponde à bactéria mais termofílica dentre as *Bacteria* redutoras de sulfato conhecidas (*Archaeoglobus*, uma *Archaea* redutora de sulfato, é verdadeiramente hipertermofílica, Seção 13.7). Assim como os outros redutores de sulfato do "grupo I" (ver Seção 12.18), *Thermodesulfobacterium*, um organismo anaeróbio estrito, não pode utilizar acetato como doador de elétrons em seu metabolismo energético; utilizando compostos como lactato, piruvato e etanol, reduzindo SO_4^{2-} a H_2S.

Uma propriedade bioquímica incomum de espécies de *Thermodesulfobacterium* corresponde à presença de *lipídeos com ligação do tipo éter*. Lembre-se de que estes são característicos de *Archaea*, onde um hidrocarboneto C_{20} poli-isoprenóide (fitanil) substitui os ácidos graxos nas cadeias laterais desses lipídeos de *Archaea* (Seções 4.5 e 11.8). Uma situação bastante interessante ocorre com os lipídeos com ligação éter de *Thermodesulfobacterium*, uma vez que as cadeias laterais de glicerol não correspondem a grupos fitanil, mas a um hidrocarboneto C_{17} peculiar, associado a alguns ácidos graxos (Figura 12.103*b*). Desse modo, observamos que *Thermodesulfobacterium* corresponde a uma linhagem filogenética de ramificação precoce, apresentando um perfil lipídico que associa características de *Archaea* e de *Bacteria* (Figura 12.103*b*). No entanto, a bactéria *Ammonifex* — membro termofílico de *Bacteria* gram-positivas, com baixo conteúdo de GC que cresce anaerobicamente pela oxidação de H_2 associada à redução de NO_3^- a NH_3 — também contém lipídeos similares àqueles de *Thermodesulfobacterium*; desse modo, lipídeos de ligação

Fritz Widdel

(a)

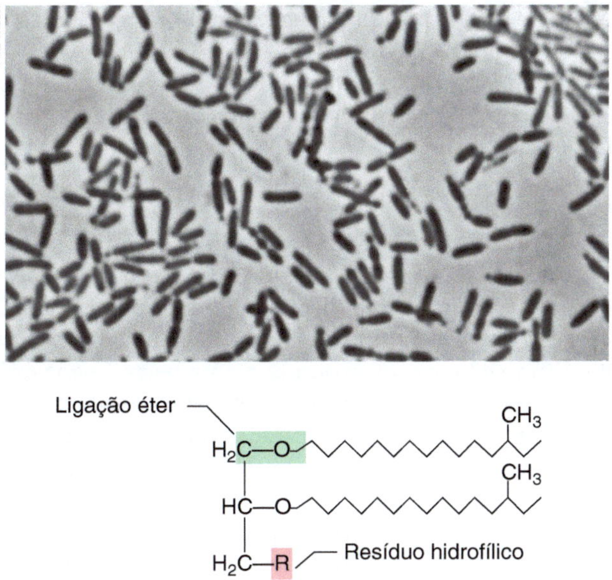

(b)

■ **Figura 12.103** *Thermodesulfobacterium.* (a) Fotomicrografia de fase de células de *T. mobile*. (b) Estrutura de um dos lipídeos de *T. mobile*. Observe que, embora as duas cadeias laterais hidrofóbicas apresentem ligações do tipo éter, estas *não* correspondem a unidades fitanil, como observado em *Archaea* (Seção 4.5). A letra "R" refere-se a um resíduo hidrofílico, tal como um grupo fosfato.

éter podem ser mais comuns entre os membros do domínio *Bacteria* do que se acreditava anteriormente.

12.37 *Aquifex, Thermocrinus* e relacionados

O gênero *Aquifex* (Figura 12.102*b*) é composto por organismos hipertermófilos autotróficos, quimiolitotróficos obrigatórios, sendo o gênero mais termofílico dentre todas as *Bacteria*. Várias espécies de *Aquifex* utilizam H_2, S^0 ou $S_2O_3^{2-}$ como doadores de elétrons e O_2 ou NO_3^- como aceptores de elétrons, crescendo em temperaturas de até 95°C (85°C, ótima). Somente baixas concentrações de O_2 são toleradas por *Aquifex*, embora esta seja (juntamente com alguns membros de *Archaea*, Seções 13.5 e 13.9) um dos poucos hipertermófilos *aeróbios* conhecidos. Estudos nutricionais de espécies de *Aquifex* revelam que estas são totalmente incapazes de crescer quimiorganotroficamente, a partir de compostos orgânicos, inclusive misturas complexas, tais como extrato de levedura ou de carne. *Hydrogenobacter* — um organismo relacionado a *Aquifex* — exibe as mesmas propriedades que *Aquifex*, sendo no entanto, aeróbio obrigatório.

A autotrofia em *Aquifex* é realizada por enzimas do ciclo do ácido cítrico reverso, uma série de reações anteriormente descritas no domínio *Bacteria*, como exclusivas de bactérias verdes sulfurosas (ver Seções 12.32 e 18.7). A seqüência genômica completa de *Aquifex aeolicus* foi determinada (Seção 15.3), sendo sua forma de vida quimiolitotrófica/autotrófica totalmente sustentada por um genoma incrivelmente pequeno, de apenas 1,55 megabase (um terço do tamanho do genoma de *E. coli*). Esse fato foi previamente discutido na Seção 11.2, que aborda as propriedades fisiológicas de formas primitivas de vida. A descoberta de que muitos hipertermófilos, tanto espécies de *Archaea* quanto de *Bacteria*, como *Aquifex*, são quimiolitotróficos de H_2, associada ao fato de estas se ramificarem como linhagens precoces em suas respectivas árvores filogenéticas (Figuras 11.13, 12.1 e 13.1), sugere que o H_2 tenha sido o principal doador de elétrons para os organismos vivos, quando a Terra ainda apresentava condições primitivas. A Figura 11.5 apresenta um modelo simples de utilização de H_2 na geração de uma força próton motiva e, com isso, energia utilizável na forma de ATP.

Thermocrinus

Um interessante gênero relacionado a *Aquifex* e *Hydrogenobacter* corresponde a *Thermocrinus* (Figura 12.104). Esse organismo é quimiolitotrófico hipertermofílico (temperatura ótima de 80°C), capaz de oxidar H_2, tiossulfato ou enxofre como doadores de elétrons utilizando O_2 como aceptor de elétrons. *Thermocrinus ruber*, a única espécie conhecida, cresce em escoadouros de determinadas fontes termais no Parque Nacional de Yellowstone, onde origina "serpentinas" róseas, consistindo em um arranjo filamentoso de células aderidas a estalactites siliciosas (Figura 12.104*a*). Em culturas estáticas, as células de *T. ruber* cres-

Michael T. Madigan

(a)

Reinhard Rachel e Karl O. Stetter

(b)

■ **Figura 12.104** *Thermocrinus.* (a) Células de *Thermocrinus ruber* crescendo como serpentinas filamentosas (seta) associadas às estalactites siliciosas no escoadouro (85°C) da fonte "Octopus", no Parque Nacional de Yellowstone. A coloração rósea é decorrente de um pigmento carotenóide. (b) Eletromicrografia de varredura de células bacilares de *T. ruber* cultivadas em uma lamínula revestida com silício. Uma célula de *T. ruber* tem diâmetro aproximado de 0,4 μm e comprimento de 1 a 3 μm.

cem como células bacilares individuais (Figura 12.104*b*). No entanto, quando cultivadas em um sistema de fluxo, onde o meio de cultura é gotejado sobre uma superfície sólida de vidro à qual as bactérias podem se aderir, as células de *Thermocrinus* assumem um arranjo de serpentina idêntico àquele observado em seu hábitat natural, ou seja, em constante movimentação (Figura 12.104*a*).

A espécie *Thermocrinus ruber* tem importância histórica na microbiologia, porque foi um dos organismos estudados na década de 60 por Thomas Brock — um pioneiro no campo da termobiologia. A descoberta realizada por Brock, revelando que as serpentinas róseas (Figura 12.104*a*) continham proteínas e ácidos nucléicos, indicou claramente que estas correspondiam a organismos vivos e não apenas a restos minerais. Além desse fato, a presença de serpentinas em escoadouros de fontes termais a 80-90ºC, e não em temperaturas inferiores, sustentou a hipótese de Brock quanto às formas de vida microbiana em fontes termais na realidade *requererem* altas temperaturas para seu crescimento, podendo estar presentes até mesmo em águas ferventes. Essas conclusões foram subseqüentemente confirmadas pela descoberta de, literalmente, dezenas de gêneros de procariotos hipertermófilos habitando fontes termais, fendas hidrotermais e outros ambientes termais (Seções 6.10, 12.37 e 12.38, 13.4-13.10 e 20.8).

XV FILOS 15 E 16: *NITROSPIRA* E *DEFFERIBACTER*

12.38 *Nitrospira*, *Defferibacter* e relacionados

Embora tenhamos abordado diversos filos de *Bacteria* neste capítulo, vários outros foram identificados a partir do seqüenciamento do RNA ribossomal; estes, no entanto, ainda são pouco conhecidos. Dois desses filos são definidos pelos organismos *Nitrospira* e *Defferibacter*, respectivamente (Figura 12.1). Fisiologicamente, esses organismos são quimiolitotróficos ou quimiorganotróficos, variando de mesofílicos a termofílicos.

Assim como os membros nitrificantes do filo *Proteobacteria* (ver Seção 12.3), *Nitrospira* oxida NO_2^- a NO_3^- e cresce autotroficamente. Apesar dessa estreita relação fisiológica com as clássicas bactérias nitrificantes (por exemplo, membros do gênero *Nitrobacter* e seus relacionados, ver Seção 12.3, Tabela 12.4 e Figura 12.1), *Nitrospira* encontra-se relativamente distante destas do ponto de vista filogenético. Além disso, as células de *Nitrospira* são desprovidas das extensas membranas internas, encontradas em espécies nitrificantes de *Proteobacteria* (ver Figuras 12.7 e 12.8). No entanto, o grupo *Nitrospira* pode ser encontrado nos mesmos ambientes que *Proteobacteria* nitrificantes, sugerindo que suas capacidades fisiológicas possam ter sido transferidas por um fluxo genético lateral a partir dessas *Proteobacteria* nitrificantes; possivelmente esse mecanismo de aquisição de características fisiológicas tenha sido amplamente explorado no mundo dos procariotos (Seção 11.7).

Outros gêneros do grupo *Nitrospira* incluem *Leptospirillum* — um quimiolitotrófico oxidante de ferro, responsável pela maior parte da drenagem de minas ácidas, associada à mineração de carvão e ferro (Seção 20.16) — e *Thermodesulfovibrio* — uma bactéria termofílica redutora de sulfato, presente em massas microbianas de fontes termais (Seção 19.10).

Defferibacter

O gênero *Defferibacter* também forma sua própria linhagem distinta (Figura 12.1), sendo composto por espécies especializadas no metabolismo energético anaeróbio. Outros gêneros desse grupo incluem *Geovibrio* e *Flexistipes;* este último gênero corresponde a uma bactéria anaeróbia obrigatória e fermentativa. *Defferibacter* e *Geovibrio* são extremamente versáteis na respiração anaeróbia, utilizando uma variedade de aceptores de elétrons, incluindo os metais Fe^{3+} e Mn^{2+}. Discutiremos a respiração anaeróbia no Capítulo 18, mostrando que o processo pode estar ligado a diferentes aceptores terminais de elétrons. Membros do grupo *Defferibacter* são incomuns pela grande variedade de aceptores de elétrons alternativos que são capazes de utilizar e por serem anaeróbios obrigatórios. A maioria dos organismos capaz de crescer por respiração anaeróbia utilizando nitrato ou metais como aceptores de elétrons é aeróbia facultativa, capaz de crescer tanto aerobicamente quanto por respiração anaeróbia (Seção 18.13).

✓ 12.36–12.38 Verificação de conceitos

Thermotoga, *Thermodesulfobacterium* e *Aquifex* crescem em altas temperaturas, com cada um liderando uma linhagem principal de *Bacteria*. *Aquifex* é um quimiolitotrófico oxidante de H_2, enquanto *Thermotoga* e *Thermodesulfobacterium* são quimiorganotróficos anaeróbios. *Nitrospira* e *Defferibacter* formam, cada um, seu próprio filo.

- ✓ Compare o metabolismo catabólico de *Thermotoga* e *Thermodesulfobacterium*.
- ✓ Qual a singularidade em relação aos lipídeos de *Thermodesulfobacterium*?
- ✓ Do ponto de vista genômico, por que é surpreendente o fato de *Aquifex* ser capaz de crescer a partir de $H_2 + CO_2 + O_2$?
- ✓ Diferencie as propriedades metabólicas de *Nitrospira* e *Defferibacter*.

Questões de revisão

1. Dentre todos os filos de *Bacteria* estudados neste capítulo, qual contém os grupos com fisiologia mais diversa? Exemplifique, com base nas exigências de O_2, as fontes de carbono utilizadas e o metabolismo energético.
2. Dê exemplos de como a reação de Gram pode ter valor filogenético preditivo.
3. Qual a similaridade entre cianobactérias e proclorófitas? E com cloroplastos? Qual a relação filogenética que se acredita haver entre estes?
4. Que características as espécies de *Planctomyces* compartilham com *Archaea*? E com as células eucarióticas?
5. Como *Chlorobium* e *Chloroflex* são similares? Como se diferenciam?
6. Descreva a principal característica fisiológica que diferencia as *Bacteria* relacionadas a seguir: *Acetobacter, Methanococcus, Azotobacter, Desulfovibrio, Lactobacillus, Nitrobacter, Oscillatoria.*
7. Descreva a principal característica morfológica que diferencia cada uma das seguintes *Bacteria*: *Streptococcus, Spirillum, Streptomyces, Verrucomicrobium* e *Spirochaeta.*
8. Quais as principais características que podem ser empregadas para a diferenciação dos seguintes gêneros de *Bacteria* gram-positivas: *Bacillus, Mycoplasma* e *Mycobacterium*?
9. Que características há em comum entre clamídias e riquétsias? De que maneira estas se diferenciam?
10. Qual a principal característica fisiológica que une as espécies de *Thermotoga, Aquifex* e *Thermocrinus*?
11. Compare e diferencie o metabolismo, morfologia e filogenia de bactérias púrpuras não sulfurosas e verdes não sulfurosas.
12. Cite um doador de elétrons para o metabolismo energético de cada uma das seguintes *Bacteria*, informando se o organismo é aeróbio ou anaeróbio: *Thiobacillus, Nitrosomonas, Ralstonia eutrophus, Methylomonas, Acetobacter, Gallionella* e *Propionibacterium.*

Questões de aplicação

1. Defenda a seguinte afirmação, empregando argumentos filogenéticos, estruturais e fisiológicos: "*Escherichia coli* é uma bactéria muito mais evoluída que *Thermodesulfobacterium*".
2. Defenda ou refute a seguinte afirmação: "A morfologia celular não apresenta qualquer valor para a predição filogenética".

Embora algumas espécies de *Archaea* habitem ambientes relativamente inócuos, como o intestino de animais de sangue quente, as *Archaea* são predominantemente encontradas em ambientes extremos. A figura a seguir apresenta o florescimento de uma *Archaea* haloalcalifílica que se desenvolveu em um lago rico em carbonato no Egito. A coloração vermelha deve-se a pigmentos carotenóides que esses organismos produzem para se defenderem dos efeitos danosos da intensa luz solar. Haloalcalifílicos são procariotos extremófilos que evoluíram de maneira a crescer otimamente em condições de alta salinidade e alto pH.

13 DIVERSIDADE PROCARIÓTICA: *ARCHAEA*

Glossário de trabalho

Acetotrófico consumidor de acetato. Empregado para descrever um organismo metanogênico — organismo capaz de clivar acetato em CH_4 e CO_2

Bacteriorodopsina proteína de membrana contendo retinal, produzida por certos organismos halófilos extremos, envolvida na geração da força próton motiva mediada pela luz

Crenarchaeota filo de *Archaea* que contém procariotos tanto hipertermofílicos quanto habitantes de baixas temperaturas

DNA girase reversa proteína presente universalmente em organismos hipertermofílicos que introduz superenovelamentos positivos em um DNA circular

Euryarchaeota filo de *Archaea* que contém principalmente organismos metanogênicos, halófilos extremos e *Thermoplasma*

Fitanil hidrocarboneto de cadeia ramificada contendo 20 átomos de carbono, comumente encontrado nos lipídeos de *Archaea*

Halófilo extremo organismo cujo crescimento depende de altas concentrações de NaCl (geralmente > 10%)

Halorodopsina bomba de cloro dirigida pela luz, que promove o acúmulo de Cl^- no interior do citoplasma

Hipertermófilo procarioto que apresenta um ótimo de temperatura de 80°C ou superior

"Korarchaeota" filo de *Archaea* hipertermófilas, ramificando próximo à raiz da árvore filogenética

Metanogênico procarioto produtor de metano; CH_4 é produzido pela redução de CO_2 com a participação de H_2 ou de certos compostos orgânicos

Solfatara ambiente quente, rico em enxofre, em geral ácido, comumente habitado por membros hipertermofílicos do domínio *Archaea*

Solutos compatíveis substâncias orgânicas ou inorgânicas acumuladas no citoplasma de organismos halofílicos, visando manter a pressão iônica

Termossomo chaperonina de choque térmico que, em organismos hipertermofílicos, dobra novamente proteínas parcialmente desnaturadas pelo calor

Via do Acetil-CoA (Ljungdahl-Wood) via de fixação autotrófica de CO_2, amplamente encontrada em bactérias anaeróbias estritas, incluindo metanogênicas, homoacetogênicas e redutoras de sulfato

I FILOGENIA E METABOLISMO GERAL

Passaremos a seguir a considerar o domínio *Archaea*. No Capítulo 11, enfatizamos as profundas diferenças filogenéticas e fenotípicas entre *Bacteria* e *Archaea*. Aqui, passaremos a examinar os organismos propriamente ditos. Algumas das principais características (descritas na Tabela 11.3) de *Archaea* incluem a ausência de peptideoglicano nas paredes celulares, a ocorrência de lipídeos com ligações éter e de RNAs polimerases complexas. No entanto, veremos que, apesar dessas propriedades em comum, as *Archaea* exibem uma enorme diversidade fenotípica, que será discutida neste capítulo. Assim como no Capítulo 12, abordando *Bacteria*, iniciaremos com uma visão geral da filogenia para ilustrar as relações evolutivas no domínio *Archaea*.

13.1 Visão geral da filogenia de *Archaea*

A árvore filogenética de *Archaea* é apresentada na Figura 13.1. A árvore bifurca-se em dois filos principais, denominados ***Crenarchaeota*** e ***Euryarchaeota***. Um terceiro filo, ***"Korarchaeota"***, ramifica-se próximo à raiz da árvore (Figura 13.1). Dentre os representantes cultivados, os *Crenarchaeotas* contêm principalmente espécies hipertermófilas, incluindo aquelas capazes de crescer nas mais altas temperaturas, se compararmos todos os organismos conhecidos. Muitos hipertermófilos são quimiolitotróficos autotróficos e, por seus hábitats serem privados de formas de vida fotossintéticas, esses organismos correspondem aos únicos produtores primários em ambientes inóspitos.

Os Crenarchaeotas hipertermofílicos tendem a se agrupar de maneira muito próxima, ocupando ramos curtos na árvore da vida, com base na seqüência do RNA ribossomal 16S (Figuras 11.13 e 13.1). Esse fato sugere que tais organismos apresentam "relógios evolutivos lentos"' e pouco evoluíram a partir do hipotético ancestral universal da vida. Desse modo, tais organismos devem corresponder a bons modelos para o estudo da vida primitiva na Terra — tema que será retomado no fim deste capítulo (ver Seção 13.12). Em contrapartida, foram identificados organismos relacionados aos Crenarchaeota hipertermofílicos habitando ambientes com baixas temperaturas, a partir da análise de amostras de comunidades de águas oceânicas (Seções 19.5 e 20.6). Do ponto de vista filogenético, estes organismos mostram-se mais evoluídos, ocupando, assim, ramificações mais longas da árvore (Figura 13.1). O filo Crenarchaeota será discutido mais detalhadamente nas Seções 13.8-13.10.

O filo Euryarchaeota compreende um grupo fisiologicamente diverso de *Archaea*; muitos de seus membros, bem como os crenarchaeotas, habitam ambientes extremos, de um tipo ou de outro. Neste filo, encontramos as *Archaea* metanogênicas — procariotos cujo metabolismo está ligado à produção de metano (CH_4) — relacionadas a vários gêneros de procariotos extremamente halofílicos, as "halobactérias" (Figura 13.1). Estudos fisiológicos comparativos revelam que os organismos metanogênicos são todos anaeróbios obrigatórios, correspondendo aos mais estritos de todos os anaeróbios, enquanto os halofílicos extremos são, em sua maioria, aeróbios obrigatórios. Outros grupos de euryarchaeotas incluem os organismos hipertermófilos *Thermococcus* e *Pyrococcus* e o organismo metanogênico *Methanopyrus*, que se ramificam próximos à raiz (Figura 13.1), além do procarioto desprovido de parede celular, *Thermoplasma* — um organismo fenotipicamente similar aos micoplasmas, em relação à ausência de parede (Seção 12.22). Finalizando, há um grande grupo de euryarchaeotas marinhos, não cultivados até o momento, situados nas extremidades de longos ramos, próximos ao topo da árvore filogenética (Figura 13.1). O filo Euryarchaeota será discutido com mais detalhes nas Seções 13.3-13.7.

Membros do filo "Korarchaeota" (Figura 13.1) foram inicialmente descobertos a partir de amostras de comunidades de uma fonte termal singular de Yellowstone

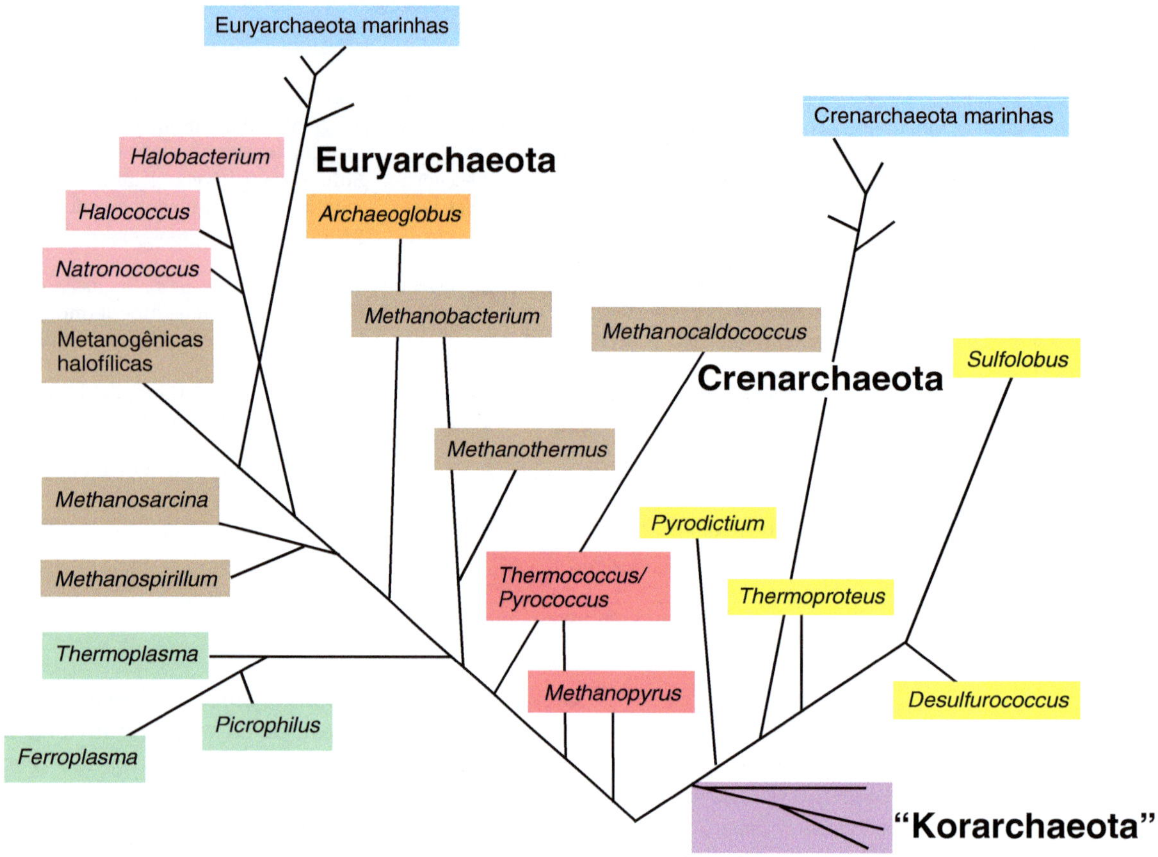

■ **Figura 13.1** Árvore filogenética detalhada de *Archaea*, baseada na comparação de seqüências de RNA ribossomal 16S. Até o momento, as Euryarchaeota marinhas e Crenarchaeota marinhas são conhecidas apenas por meio de amostras de comunidades (Seções 11.6, 19.4 e 19.5).

(Seções 11.6 e 19.5), embora atualmente já existam em culturas laboratoriais (ver Seção 13.12 e Figura 13.24). O filo "Korarchaeota", um grupo ainda não reconhecido oficialmente na taxonomia, ramifica-se próximo à raiz da árvore de *Archaea*, e, por esse motivo, suas propriedades biológicas podem revelar interessantes características de organismos remotos.

Após essa visão geral da filogenia de *Archaea*, seguiremos com uma breve descrição das propriedades metabólicas desses organismos e, posteriormente, com a descrição das principais propriedades de representantes cultivados.

13.2 Conservação de energia e autotrofia em *Archaea*

O metabolismo energético dos metanogênicos, um dos principais grupos de *Archaea*, difere daquele de qualquer outro grupo de procariotos, tanto *Bacteria* quanto *Archaea*. Reservamos a discussão de muitas dessas propriedades inéditas da metanogênese para o Capítulo 18; enfocaremos aqui o metabolismo de *Archaea* não metanogênicas.

Várias *Archaea* são quimiorganotróficas e, portanto, utilizam compostos orgânicos como fonte de energia para o crescimento. O catabolismo da glicose é realizado pela via de Entner-Doudoroff (E-D), com discretas modificações (Seção 12.7 para a descrição dessa via em *Bacteria*), ou pela via glicolítica (Seção 5.10). Em *Archaea*, a oxidação de acetato a CO_2 ocorre pelo ciclo do ácido cítrico (Seção 5.13) ou por ligeiras variações dessa série de reações, ou ainda pela via do acetil-CoA (Seção 18.16). Pouco se conhece a respeito da biossíntese de aminoácidos ou de outros precursores macromoleculares em *Archaea*, mas acredita-se que monômeros-chave sejam produzidos pelos intermediários biossintéticos centrais, discutidos anteriormente em *Bacteria* (Seção 5.15).

Cadeias de transporte de elétrons, incluindo citocromos dos tipos *a*, *b* e *c*, estão presentes em algumas *Archaea*. Empregando estes e outros carreadores de elétrons, o metabolismo quimiorganotrófico da maioria das *Archaea* provavelmente ocorre pela introdução de elétrons, oriundos de doadores orgânicos (em uma cadeia de transporte), levando à redução de O_2, S^0 ou de algum outro aceptor de elétrons, com o concomitante estabelecimento de uma força próton motiva que conduz a síntese de adenosina trifosfato (ATP) por meio de ATPases associadas à membrana (Seção 5.12, para a descrição da função das ATPases). A quimiolitotrofia também está bastante estabelecida em *Archaea*, com H_2 correspondendo a um doador de elétrons comum. O metabolismo quimiolitotrófico de *Archaea* hipertermofílicas será examinado, posteriormente, neste capítulo (ver Seção 13.8).

A autotrofia é amplamente disseminada entre as *Archaea*, ocorrendo de diferentes maneiras. Em metanogênicas e possivelmente na maioria das hipertermófilas quimiolitotróficas, o CO_2 é incorporado pela via do acetil-CoA ou por alguma variação dessa via (Seção 18.16). Em outros hipertermófilos, a fixação se dá pela via do ciclo do ácido cítrico reverso, uma série de reações que atuam da mesma maneira que a via autotrófica de bactérias verdes sulfurosas (Seções 12.33 e 18.7), ou pelo ciclo de Calvin, a via mais difundida entre as *Bacteria* e eucariotos (Seção 18.6). Nesse contexto, genes codificadores de enzimas RubisCO funcionais, altamente termoestáveis (RubisCO catalisa a primeira etapa do ciclo de Calvin), foram caracterizados na espécie metanogênica *Methanocaldococcus jannaschii* e em uma espécie de *Pyrococcus*, ambas hipertermofílicas.

Desse modo, podemos observar que diversas seqüências catabólicas e anabólicas de *Archaea* são familiares, tendo em vista nosso estudo sobre esses processos em várias *Bacteria*, enfatizando o fato de o metabolismo apresentar uma longa história evolutiva. Com esse cenário, iniciamos nosso estudo da diversidade nesse interessante domínio da vida.

✓ 13.1–13.2 Verificação de conceitos

O domínio *Archaea* é composto por três filos principais: Euryarchaeota, Crenarchaeota e "Korarchaeota". Com exceção das metanogênicas, o metabolismo bioenergético e intermediário de espécies de *Archaea* é bastante similar ao de *Bacteria*.

✓ Qual organismo apresentado na Figura 13.1, *Halobacterium* ou *Methanopyrus*, apresenta o "relógio evolutivo" mais lento e como você pode sabê-lo?

✓ Quais as vias autotróficas encontradas em *Archaea*?

II FILO EURYARCHAEOTA

13.3 *Archaea* halofílicas extremas

Principais gêneros

Halobacterium
Haloferax
Natronobacterium

As ***Archaea*** **halofílicas extremas** correspondem a um grupo diverso de procariotos, que habita ambientes altamente salinos, como tanques de produção de sal por evaporação solar (evaporadores), lagos salinos naturais ou hábitats salinos artificiais, tais como a superfície de alimentos salgados, como certos peixes e carnes. Tais ambientes são freqüentemente denominados *hipersalinos*. O termo halófilo *extremo* é empregado para indicar que esses organismos não são apenas halofílicos, mas que requerem concentrações *extremamente elevadas* de sal, em alguns casos, chegando próximo ao nível de saturação. Um organismo halofílico extremo é aquele que requer, no mínimo, 1,5 *M* (cerca de 9%) de NaCl para seu crescimento; a maioria das espécies requer 2-4 *M* de NaCl (12-23%) para o crescimento ótimo. Virtualmente, todos os halófilos extremos são capazes de crescer em 5,5 *M* de NaCl (32%, o limite de saturação para o NaCl), embora algumas espécies apenas cresçam lentamente nessa salinidade.

Ambientes hipersalinos

Embora ambientes hipersalinos sejam comuns ao redor do mundo, hábitats *extremamente* hipersalinos são relativamente raros. A maioria desses ambientes é encontrada em regiões quentes e secas do mundo. Lagos salgados podem variar consideravelmente quanto à composição iônica. A predominância de determinados íons em um lago hipersalino depende, em grande parte, da topografia e geologia locais, além das condições climáticas gerais. Por exemplo, o lago Great Salt, em Utah (EUA) (Figura 13.2*a*), corresponde essencialmente à água do mar concentrada, uma vez que as proporções relativas dos vários íons são equivalentes às da água do mar, embora a concentração global de íons seja muito mais alta. O sódio corresponde ao cátion predominante no lago Great Salt, enquanto o cloro é o ânion predominante; concentrações significativas de sulfato estão também presentes, com um pH ligeiramente alcalino (Tabela 13.1). Em contrapartida, outra bacia hipersalina, o Mar Morto, apresenta concentrações relativamente baixas de sódio e altos níveis de magnésio (Tabela 13.1). A química da água de lagos ricos em carbonatos assemelha-se à de lagos salgados, como Great Salt. Entretanto, pela presença de *carbonatos* nas rochas circundantes, o pH de lagos ricos em carbonatos é relativamente mais elevado; valores de pH de 10-12 são comuns nesses ambientes (Tabela 13.1 e Figura 13.2*c*). Além disso, íons Ca^{2+} e Mg^{2+} estão virtualmente ausentes, visto serem precipitados em ambientes de pH e concentrações de carbonato elevados (Tabela 13.1).

Embora aparentando condições relativamente inóspitas, os lagos salgados podem corresponder a ecossistemas altamente produtivos. As *Archaea* não são os únicos microrganismos encontrados. A alga eucariótica *Dunaliella* corresponde ao principal, talvez único, organismo fototrófico oxigênico presente na maioria dos lagos salgados. Nos lagos ricos em carbonatos, altamente alcalinos, onde *Dunaliella* não é encontrada, predominam as bactérias púrpuras fototróficas anoxigênicas dos gêneros *Ectothiorhodospira* e *Halorhodospira* (Seção 12.2). A matéria orgânica originada da produção primária pelos orga-

Tabela 13.1 Composição iônica de alguns ambientes extremamente salinos[a]

Íon	Concentração (g/l) Lago Great Salt[b]	Mar Morto	Lago Zugm[c]
Na^+	105	40,1	142
K^+	6,7	7,7	2,3
Mg^{2+}	11	44	< 0,1
Ca^{2+}	0,3	17,2	< 0,1
Cl^-	181	225	155
Br^-	0,2	5,3	—
SO_4^{2-}	27	0,5	23
HCO_3^-	0,7	0,2	67
pH	7,7	6,1	11

a Para comparação, a água do mar contém (gramas por litro): Na^+, 10,6; K^+, 0,38; Mg^{2+}, 1,27; Ca^{2+}, 0,4; Cl^-, 19; Br^- 0,065; SO_4^{2-}, 2,65; HCO_3^-, 0,14; pH 8.

b Ver Figura 13.2*a*.

c Wadi El Natroun, Egito (ver Figura 13.2*c*).

■ **Figura 13.2** Hábitats hipersalinos de *Archaea* halofílicas. (a) Lago Great Salt, em Utah, um lago hipersalino cuja proporção de íons é similar à da água do mar, embora as concentrações absolutas sejam cerca de 10 vezes maiores daquelas encontradas na água do mar. A coloração verde é decorrente, principalmente, da presença de células da alga verde halofílica *Dunaliella salina*. (b) Vista aérea de uma região próxima à Baía de São Francisco, Califórnia, apresentando uma série de evaporadores. A coloração vermelho-púrpura é predominantemente decorrente da presença de bacterioruberinas e bacteriorodopsinas nas células de *Halobacterium*. (c) Lago Hamara, em Wadi El Natroun, Egito. Um florescimento de organismos haloalcalifílicos pigmentados crescendo nesse lago rico em carbonatos, com pH 10. Observe os depósitos de trona (Na_2CO_3) ao redor das margens do lago. (d) Eletromicrografia de varredura de procariotos halofílicos, incluindo bactérias quadradas, presentes em uma salina na Espanha.

nismos fototróficos oxigênicos ou anoxigênicos estabelece o cenário para o desenvolvimento de *Archaea* halofílicas extremas, sendo todas quimiorganotróficas. Além disso, algumas *Bacteria* quimiorganotróficas, anaeróbias, halófilas extremas, como *Haloanaerobium* e *Halobacteroides*, desenvolvem-se em tais ambientes.

Salinas marinhas são também hábitats de procariotos halofílicos extremos. Estas correspondem a pequenas bacias fechadas, preenchidas por água do mar, que permanecem expostas para a evaporação, visando à produção solar de sal marinho (Figura 13.2*b*, *d*). À medida que as salinas se aproximam dos limites mínimos de salinidade para os organismos halofílicos extremos, a água assume uma coloração púrpura-avermelhada, resultante do crescimento intenso (*florescimento*) de *Archaea* halofílicas (a coloração vermelha presente nas Figuras 13.2*b* e *c* deve-se à presença de carotenóides e outros pigmentos, que serão discutidos posteriormente). Com freqüência, procariotos morfologicamente incomuns estão presentes em salinas, inclusive bactérias quadradas (Figura 13.2*d*)! Halófilos extremos também foram encontrados em alimentos salgados, como certas salsichas, peixes marinhos ou carnes de porco.

Taxonomia e fisiologia de *Archaea* halofílicas extremas

A Tabela 13.2 relaciona as espécies reconhecidas de *Archaea* halofílicas extremas. O seqüenciamento do ácido ribonucléico ribossomal (rRNA) 16S e outros critérios definiram dez gêneros de halófilos extremos (Tabela 13.2). *Archaea* halofílicas extremas são com freqüência referidas coletivamente como "halobactérias", porque o gênero *Halobacterium* (Figura 13.3) foi o primeiro a ser descrito, sendo ainda o representante mais bem estudado desse grupo. *Natronobacterium*, *Natronomonas* e organismos relacionados diferem de outros halófilos extremos por serem extremamente *alcalifílicos* e halofílicos. Em conformidade com seu hábitat, lagos ricos em carbonatos (ver Tabela 13.1 e Figura 13.2*c*), o crescimento de natronobactérias é ótimo em concentrações muito baixas de Mg^{2+} e altos pHs (9-11).

Archaea halófilas extremas coram-se gram-negativamente, reproduzem-se por fissão binária e não formam esporos ou outras estruturas de dormência. A maioria das halobactérias é imóvel, embora algumas linhagens sejam fracamente móveis pela presença de flagelos. A organização genômica de *Halobacterium* e *Halococcus* é singular, devido à presença de grandes plasmídeos, contendo cerca de 25 a 30% do DNA celular. Além disso, o conteúdo de bases GC desses plasmídeos (57-60% GC) difere significativamente daquele observado para o DNA cromossomal (66-68% GC). Os plasmídeos de organismos halófilos extremos estão entre os maiores plasmídeos de ocorrência natural conhecidos (Seção 10.8).

As *Archaea* halófilas extremas são quimiorganotróficas; a maioria das espécies é *aeróbia* obrigatória. Muitas halobactérias utilizam aminoácidos ou ácidos orgânicos como fontes de energia e requerem uma grande quantidade de fatores de crescimento (principalmente vitaminas) para seu crescimento ótimo. Algumas espécies de *Halobacterium* oxidam carboidratos, sendo esta capacidade relativamente rara. Cadeias de transporte de elétrons contendo citocromos *a*, *b* e *c* estão presentes em *Halobacterium*, sendo a energia conservada durante o crescimento aeróbio por meio da força próton motiva, originada de eventos quimiosmóticos mediados pela membrana. Foi demonstrado que algumas *Archaea* halofílicas crescem anaerobicamente. Certas linha-

Tabela 13.2 Gêneros de Archaea halofílicas extremas

Gênero	Morfologia	Número de espécies	DNA (mol % GC)	Hábitat
Halófilos extremos				
Halobacterium	Bacilos	1	66-71	Peixes salgados; peles (couros); lagos hipersalinos; salinas
Halorubrum	Bacilos	7	62-71	Mar Morto; salinas
Halobaculum	Bacilos	1	70	Mar Morto
Haloferax	Discos achatados	4	60-66	Mar Morto; salinas
Haloarcula	Discos irregulares	7	63-65	Piscinas de sal; Vale da Morte, CA; salinas marinhas
Halococcus	Cocos	3	59-66	Peixes salgados; salinas
Halogeometricum	Bacilos	1	59-60	Salinas solares
Haloterrigena	Bacilos, ovais	1	59-60	Solos salinos
Haloalcalifílicos				
Natronobacterium	Bacilos	1	65	Lagos ricos em carbonatos, altamente salinos
Natrinema	Bacilos	2	70	Peixes salgados; peles (couros)
Natrialba	Bacilos	2	60-63	Lagos ricos em carbonatos; areia de praia
Natronomonas	Bacilos	1	61-64	Lagos ricos em carbonatos
Natronococcus	Cocos	2	63-64	Lagos ricos em carbonatos
Natronorubrum	Células achatadas	2	59-60	Lagos ricos em carbonatos

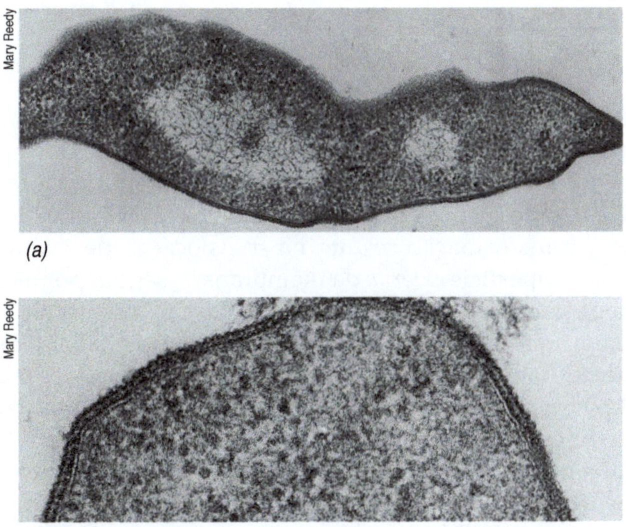

■ **Figura 13.3** Eletromicrografias de seções finas do halófilo extremo *Halobacterium salinarum*. Uma célula tem diâmetro aproximado de 0,8 μm. (a) Seção longitudinal. (b) Eletromicrografia em grande aumento, mostrando a estrutura da subunidade glicoprotéica da parede celular.

gens crescem de maneira anóxica a partir da fermentação de açúcares e da respiração anaeróbia (Seção 18.13), sendo essas atividades associadas à redução de nitrato ou fumarato.

Equilíbrio aquoso em halófilos extremos

Archaea halofílicas extremas requerem grandes quantidades de sódio para seu crescimento. No caso de *Halobacterium*, no qual foram realizados estudos detalhados de salinidade, a exigência de Na^+ não pode ser satisfeita pela reposição com outro íon, nem mesmo o íon relacionado quimicamente, K^+. Vimos na Seção 6.12 que certos microrganismos podem resistir às forças osmóticas associadas à vida em um ambiente com grande quantidade de solutos pelo acúmulo ou síntese *intracelular* de compostos orgânicos; esses compostos são referidos como **solutos compatíveis**. Tais compostos contrapõem a tendência da célula se desidratar, quando em condições da alta força osmótica, mantendo-a em um equilíbrio aquoso positivo em relação ao ambiente. Atuando como um soluto compatível, células de *Halobacterium* bombeiam grandes quantidades de K^+ do meio externo para o citoplasma, tornando a concentração *intracelular* de K^+ consideravelmente maior que a concentração *extracelular* de Na^+ (Tabela 13.3).

A parede celular de *Halobacterium* (Figura 13.3*b*) é composta por glicoproteínas, sendo estabilizada por íons sódio. Estes ligam-se à superfície externa da parede e são absolutamente essenciais para a manutenção da integridade celular; na presença de concentrações insuficientes de Na^+, a parede celular rompe-se, havendo a lise celular. Esse fenômeno é decorrente do teor excepcionalmente alto dos aminoácidos *ácidos* (de carga negativa) aspartato e glutamato, presentes na glicoproteína que compõe a parede celular de *Halobacterium*. As cargas negativas conferidas pelos grupos carboxil desses aminoácidos são protegidas pelos íons Na^+; quando os íons Na^+ encontram-se diluídos, as regiões protéicas carregadas negativamente tendem a se repelir, levando à lise celular.

Tabela 13.3 Concentração de íons em células de *Halobacterium salinarum*

Íon	Concentração no meio (*M*)	Concentração na célula (*M*)
Na^+	3,3	0,8
K^+	0,05	5,3
Mg^{2+}	0,13	0,12
Cl^-	3,3	3,3

Componentes citoplasmáticos halofílicos

Assim como as proteínas da parede celular, as proteínas citoplasmáticas de *Halobacterium* são também altamente ácidas, requerendo íons K^+, em vez de Na^+, para suas atividades. Naturalmente, tal fato não é surpreendente, uma vez que K^+ corresponde ao cátion predominante nas células de *Halobacterium* (Tabela 13.3). Além de serem compostas por um grande número de aminoácidos ácidos, as proteínas citoplasmáticas de halobactérias contêm, tipicamente, quantidades muitos pequenas de aminoácidos *hidrofóbicos* e de lisina (um aminoácido *básico*), quando comparadas às proteínas de organismos não halofílicos. Esse fato tem sentido, visto que em um citoplasma fortemente iônico proteínas de alta polaridade tendem a permanecer em solução, enquanto moléculas apolares tenderiam a se agregar, talvez perdendo a atividade. Os ribossomos de *Halobacterium* também requerem altas concentrações de K^+ para sua estabilidade (ribossomos de organismos não halofílicos não exibem exigências em relação aos íons K^+).

Desse modo, as *Archaea* halofílicas extremas encontram-se interna e externamente adaptadas à vida em ambientes altamente iônicos. Os componentes celulares expostos ao meio ambiente externo requerem altas concentrações de Na^+ para sua estabilidade, enquanto os componentes internos requerem altos teores de K^+. Exceto por alguns membros de *Bacteria* extremamente halofílicos, que também utilizam K^+ como soluto compatível, em nenhum outro grupo de procariotos encontramos essa necessidade única de quantidades tão elevadas de cátions específicos.

Bacteriorodopsina e síntese de ATP mediada pela luz

Determinadas espécies de *Archaea* halofílicas extremas são capazes de realizar a síntese de ATP *mediada pela luz*, sem o envolvimento de clorofilas (*não* correspondendo, portanto, a uma fotossíntese). A natureza fortemente pigmentada de *Archaea* halófilas extremas pode ser verificada na Figura 13.2. A pigmentação é decorrente da presença de carotenóides vermelhos e alaranjados, principalmente carotenóides C_{50}, denominados *bacterioruberinas*, como também de pigmentos induzíveis, envolvidos no metabolismo energético. Em condições de baixa aeração, *Halobacterium salinarum* e determinadas halófilas extremas sintetizam e inserem em suas membranas uma proteína denominada **bacteriorodopsina**. A bacteriorodopsina recebeu essa denominação por sua similaridade estrutural e funcional com o pigmento visual dos olhos, *rodopsina*. Conjugada à bacteriorodopsina, há uma molécula de *retinal*, semelhante a um carotenóide, capaz de absorver a luz e catalisar a formação de uma força próton motiva (Figura 13.4). O retinal confere à bacteriorodopsina uma tonalidade púrpura, e, quando células de *Halobacterium* cultivadas em condições de forte aeração são transferidas para meios com limitação de oxigênio (o sinal que dispara a síntese de bacteriorodopsina), estas gradualmente alteram sua coloração de laranja ou vermelha para uma coloração mais púrpura-avermelhada, à medida que sintetizam e inserem a bacteriorodopsina na membrana citoplasmática.

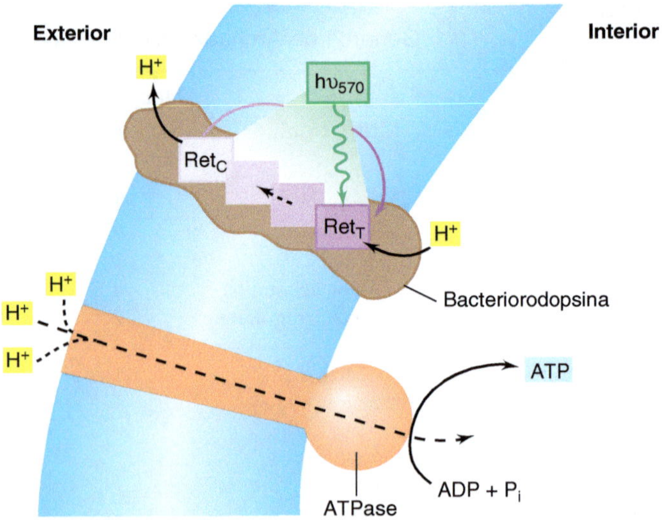

■ **Figura 13.4** Modelo do mecanismo de ação da bacteriorodopsina. Raios luminosos de comprimentos de onda próximos a 570 nm ($h\upsilon_{570}$) convertem a forma protonada do retinal da bacteriorodopsina da forma *trans* (Ret_T) para a forma *cis* (Ret_C), juntamente com a translocação de um próton para a superfície externa da membrana, estabelecendo uma força próton motiva. A atividade de ATPase (Seção 5.12) é dirigida pela força próton motiva.

A bacteriorodopsina absorve intensamente a luz da região verde do espectro, com cerca de 570 nm. Após a absorção da luz, o retinal da bacteriorodopsina, normalmente presente na configuração *totalmente trans*, torna-se excitado e converte-se para a forma *cis* (Figura 13.4). Essa transformação resulta na translocação de prótons para a superfície *externa* da membrana. A seguir, por meio da captação de um próton do citoplasma, a molécula de retinal retorna à sua forma isomérica mais estável totalmente trans, no escuro, completando, desse modo, o ciclo (Figura 13.4). À medida que os prótons se acumulam na superfície externa, a força próton motiva (Seção 5.12) aumenta, até que a membrana se apresente suficientemente "carregada" para conduzir a síntese de ATP através de uma ATPase translocadora de prótons (Figura 13.4).

Foi demonstrado que a síntese de ATP mediada pela luz em *Halobacterium salinarum* é capaz de sustentar o crescimento anaeróbio lento desse organismo, em condições nutricionais onde outras reações de geração de energia não ocorrem, sendo a luz capaz de manter a viabilidade de culturas anóxicas de *Halobacterium*, incubadas na ausência de fontes orgânicas de energia. Quando estimulada pela luz, a bomba de prótons de *H. salinarum* também atua, bombeando íons Na^+ para fora da célula por meio de um sistema antiportador de Na^+ / H^+ (Seção 4.6), além de dirigir a captação de uma variedade de nutrientes, inclusive K^+, necessários ao equilíbrio osmótico. A captação de aminoácidos por *H. salinarum* é indiretamente dirigida pela luz, uma vez que o transporte de aminoácidos ocorre juntamente com a captação de Na^+ por meio de um simportador de aminoácido-Na^+ (Seção 4.6). A captação contínua depende da remoção de Na+, efetuada pelo antiportador Na^+ / H^+ (sendo este dirigido pela luz).

Outras rodopsinas

Pelo menos três outras rodopsinas, além da bacteriorodopsina, estão presentes nas membranas de *Halobacterium salinarum*. A **halorodopsina** corresponde a uma bomba que bombeia cloro (Cl^-) para o interior da célula, atuando como um contra-íon para o K^+. O retinal da halorodopsina liga-se ao Cl^-, transferindo-o para o interior da célula. Duas **rodopsinas sensoriais** estão presentes em *H. salinarum*. Estas correspondem a sensores de luz que controlam a fototaxia (o movimento em direção à luz, Seção 4.12) nesse organismo. Por meio da interação de uma cascata de proteínas, similar àquela que dirige a quimiotaxia (Seções 4.12 e 8.11), as rodopsinas sensoriais afetam a rotação flagelar, movimentando as células de *H. salinarum* em direção à luz, onde a bacteriorodopsina pode atuar na síntese de ATP (Figura 13.4).

Em nossa discussão sobre microbiologia marinha (Seção 20.6), veremos que espécies de *Bacteria* vivendo em águas de mar aberto contêm proteínas similares à bacteriorodopsina, denominadas *proteorodopsinas*. Até onde se conhece, a proteorodopsina atua como a bacteriorodopsina, exceto pela existência de diferentes formas espectrais, sendo cada uma adaptada para a absorção de raios luminosos de diferentes comprimentos de onda. O papel da proteorodopsina como mecanismo de conservação de energia em procariotos marinhos tem sentido ecológico, uma vez que a concentração de matéria orgânica dissolvida no mar é normalmente muito baixa (Seção 20.6), e, desse modo, a quimiolitotrofia estrita corresponderia a um difícil estilo de vida.

✓ 13.3 Verificação de conceitos

Archaea halofílicas extremas são procariotos que requerem grandes quantidades de NaCl para seu crescimento. Esses organismos bombeiam grandes quantidades de KCl para seu citoplasma, que atua como soluto compatível. Esses sais afetam a estabilidade da parede celular e as atividades enzimáticas. A bacteriorodopsina — uma bomba de prótons mediada pela luz — auxilia os halófilos extremos na síntese de ATP.

✓ Qual a principal diferença fisiológica entre os organismos *Halobacterium* e *Natronobacterium*?

✓ Se as células de *Halobacterium* requerem altas concentrações de Na^+, por que essa afirmação não é também verdadeira para as *enzimas citoplasmáticas* de *Halobacterium* (ver Tabela 13.3)?

✓ Que benefícios a bacteriorodopsina confere a uma célula de *H. salinarum*?

13.4 *Archaea* produtoras de metano: metanogênicas

Principais gêneros

Methanobacterium
Methanocaldococcus
Methanosarcina

Um grande número de membros do filo Euryarchaeota produz metano (CH_4) como parte integral de seu metabolismo energético. Tais organismos são denominados *metanogênicos*, e o processo de formação de metano recebe a denominação *metanogênese*. O metano foi primeiramente descoberto como um tipo de "ar combustível" pelo físico italiano Alessandro Volta, que recolheu o gás de sedimentos pantanosos e demonstrou que este era inflamável (o "Experimento de Volta" pode ser facilmente reproduzido se o metano aprisionado em sedimentos de água doce for recolhido e *cuidadosamente* inflamado) (Figura 13.5). Em capítulos posteriores, aprenderemos o processo bioquimicamente peculiar e surpreendentemente complexo da formação de metano (Seção 18.17) e depois aprenderemos de que modo a metanogênese corresponde à etapa final da biodegradação de matéria orgânica em diversos hábitats anóxicos, na natureza, como o pântano apresentado na Figura 13.5 (Seção 20.10). As principais fontes de metano estão relacionadas na Tabela 13.4.

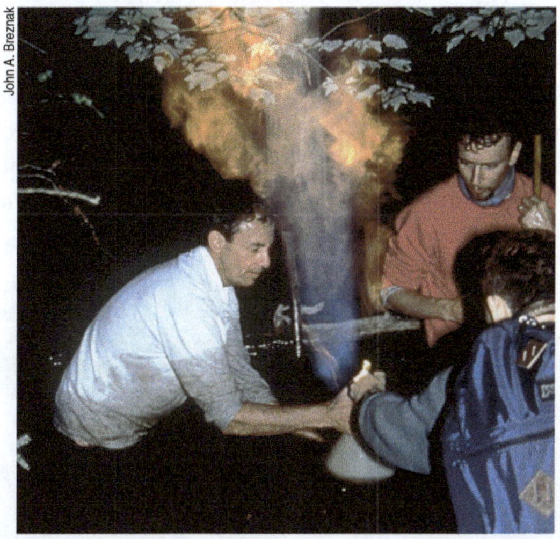
John A. Breznak

■ **Figura 13.5** O "Experimento de Volta", demonstrado no Curso de Verão Sobre a Diversidade Microbiana, em Woods Hole, Massachusetts. Um grande funil invertido foi colocado sobre sedimentos de água doce, onde ocorria um processo de decomposição anaeróbia, em Cedar Swamp, Woods Hole. Após a água ter deslocado o ar do funil, este foi recoberto, e os sedimentos foram misturados com um bastão, permitindo que as bolhas de metano aprisionadas fossem recolhidas no funil invertido. Imediatamente após a remoção da cobertura do funil, uma chama foi mantida próxima à saída desse funil, promovendo a combustão do metano. O experimento foi realizado há mais de 200 anos pelo físico Alessandro Volta, levando-o a descrever o metano como "ar combustível".

Tabela 13.4 Hábitats de metanogênicos

I. Sedimentos anóxicos: sedimentos de charcos, pântanos (ver Figura 13.5) e lagos, campos encharcados, aterros úmidos (Seção 20.10)
II. Trato digestivo de animais: (a) Rúmen de animais ruminantes, como gado bovino, ovelhas, alces, veados e camelos (Seção 20.11) (b) Ceco de animais, tais como cavalos e coelhos (Seção 20.11) (c) Intestino grosso de animais monogástricos, como humanos, porcos e cães (Seção 21.4) (d) Porção final do intestino de insetos celulolíticos (por exemplo, cupins)
III. Fontes geotermais de $H_2 + CO_2$: fendas hidrotermais (Seção 20.8)
IV. Usinas de biodegradação artificial: digestores de lodo de esgotos (Seção 28.2)
V. Endossimbiontes de vários protozoários anaeróbios (Figura 20.26)

Diversidade e fisiologia de metanogênicos

Uma grande variedade de tipos morfológicos foi descrita para os metanogênicos (Figura 13.6 e Tabela 13.5). Sua taxonomia baseia-se em análises tanto fenotípicas quanto filogenéticas (seqüenciamento comparativo de rRNA 16S) (Tabela 13.5), com o estabelecimento de várias ordens (em taxonomia, uma ordem contém grupos de famílias relacionadas, cada qual contendo um ou mais gêneros; Tabela 11.6). Estruturalmente, os organismos metanogênicos correspondem a células procarióticas que exibem uma diversidade química de paredes celulares. Esta inclui as paredes que possuem pseudopeptideoglicano, em espécies de *Methanobacterium* e relacionadas (Figura 13.7*a*), as paredes de metanocondroitina (assim denominada por sua similaridade estrutural com a condroitina — o polímero de tecidos conectivos de animais vertebrados) de *Methanosarcina* e relacionados (Figura 13.7*b*) —, as paredes de proteína ou de glicoproteína de espécies de *Methanocaldococcus* (Figura 13.8*a*) e de *Methanoplanus*, respectivamente, e as paredes do tipo camada S, de *Methanospirillum* (Figura 13.6; Seção 4.8).

Fisiologicamente, os metanogênicos são anaeróbios obrigatórios, sendo necessárias técnicas anóxicas estritas para o seu cultivo. Dependendo da espécie, culturas de metanogênicos podem ser estabelecidas em meios de sais minerais, incubados sob atmosfera de H_2 e CO_2 (na proporção 4:1; ver, posteriormente, a apresentação dessa reação) ou em meios complexos. A maioria dos metanogênicos conhecidos é mesofílica, embora tenham sido descritas espécies "extremofílicas", com crescimento ótimo em temperaturas muito altas (ver Figuras 13.8 e 13.13) ou muito baixas, ou em concentrações muito elevadas de sal.

Substratos para a metanogênese

Foi demonstrado que pelo menos 11 substratos são convertidos em metano por culturas puras de células metanogênicas (Tabela 13.6). Curiosamente, esses substratos *não* incluem compostos comuns como glicose, ácidos orgânicos ou aminoácidos (exceto acetato e piruvato). Isto não significa que um composto, como a glicose, nunca possa ser convertido em metano. Discutiremos no Capítulo 20 a maneira pela qual, em reações cooperativas envolvendo organismos metanogênicos e outras bactérias anaeróbias, virtualmente qualquer composto orgânico pode ser convertido em metano e CO_2 (Seção 20.10).

Três classes de compostos formam a relação dos 10 substratos metanogênicos apresentados na Tabela 13.6;

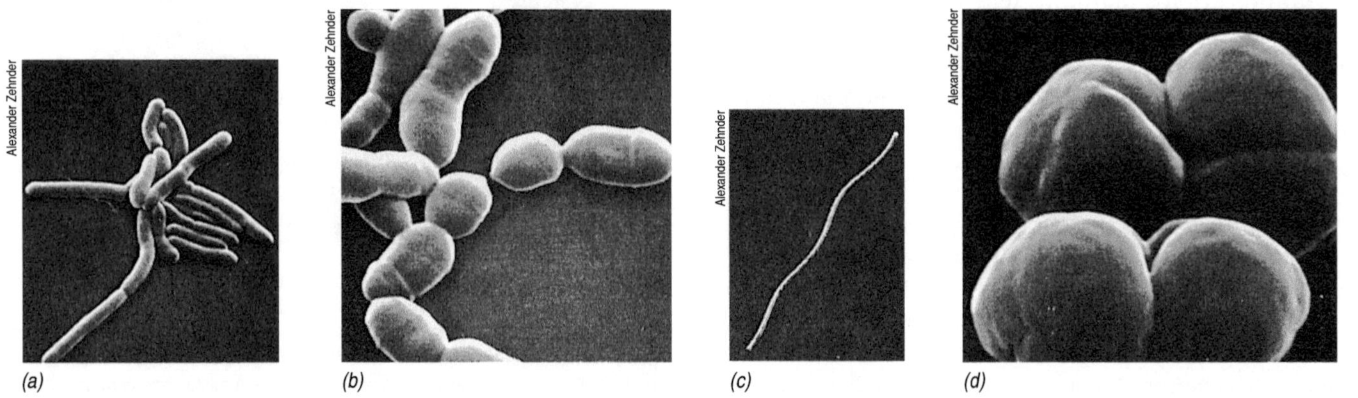

■ **Figura 13.6** Eletromicrografias de varredura de células de *Archaea* metanogênicas revelando a grande diversidade morfológica. (a) *Methanobrevibacter ruminantium*. Uma célula tem diâmetro aproximado de 0,7 μm. (b) *Methanobrevibacter arboriphilus*. Uma célula tem diâmetro aproximado de 1 μm. (c) *Methanospirillum hungatii*. Uma célula tem diâmetro aproximado de 0,4 μm. (d) *Methanosarcina barkeri*. Uma célula tem diâmetro aproximado de 1,7 μm.

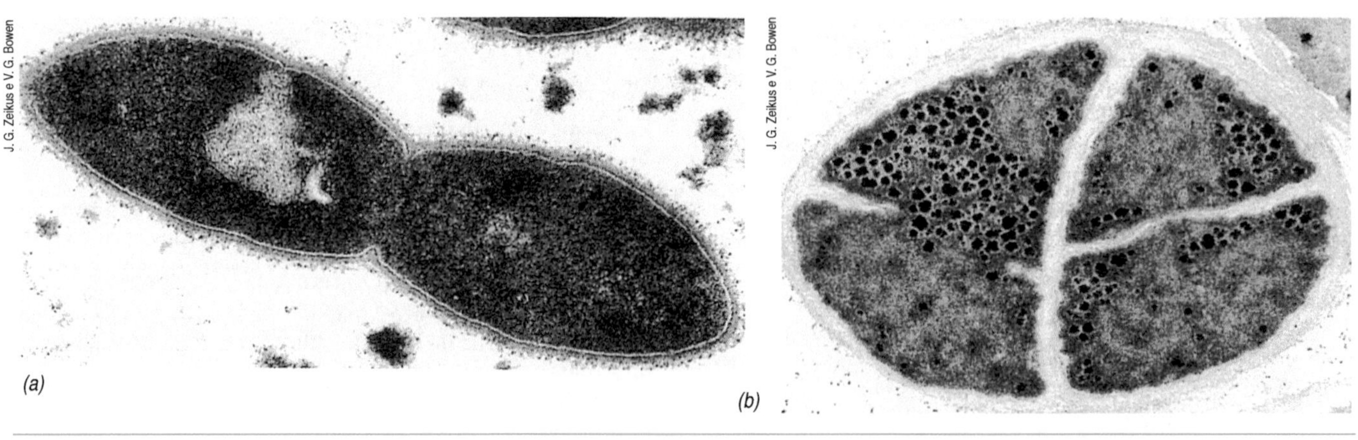

Figura 13.7 Micrografias eletrônicas de transmissão de seções finas de *Archaea* metanogênicas. (a) *Methanobrevibacter ruminantium*. Uma célula tem diâmetro de 0,7 μm. (b) *Methanosarcina barkeri*, apresentando a espessa parede celular e a maneira pela qual ocorre a segmentação celular e a formação da parede transversal. Uma célula tem diâmetro de 1,7 μm. A parede celular de *M. ruminantium* contém pseudopeptideoglicano (Figura 4.34*a*), enquanto a parede celular de *M. barkeri* consiste em proteínas e polissacarídeos.

Tabela 13.5 Características de *Archaea* metanogênicas[a]

Gênero	Morfologia	Número de espécies	Substratos para a metanogênese	DNA (mol % GC)
Methanobacteriales				
Methanobacterium	Bacilos longos	8	$H_2 + CO_2$, formato	30-55
Methanobrevibacter	Bacilos curtos	7	$H_2 + CO_2$, formato	27-31
Methanosphaera	Cocos	2	Metanol + H_2 (ambos necessários)	23-26
Methanothermus	Bacilos	2	$H_2 + CO_2$; também capaz de reduzir S^0; hipertermófilo	33
Methanothermobacter	Bacilos	6	$H_2 + CO_2$, formato, termófilos	32-61
Methanococcales				
Methanococcus	Cocos irregulares	3	$H_2 + CO_2$, piruvato + CO_2, formato	29-35
Methanothermococcus	Cocos	1	$H_2 + CO_2$, formato	31-34
Methanocaldococcus	Cocos	4	$H_2 + CO_2$	31-33
Methanotorris	Cocos	1	$H_2 + CO_2$	31
Methanomicrobiales				
Methanomicrobium	Bacilos curtos	1	$H_2 + CO_2$, formato	49
Methanogenium	Cocos irregulares	4	$H_2 + CO_2$, formato	47-52
Methanospirillum	Espirilos	1	$H_2 + CO_2$, formato	45-50
Methanoplanus	Células discóides achatadas — como discos finos com bordas agudas	3	$H_2 + CO_2$, formato	39-50
Methanocorpusculum	Cocos irregulares	4	$H_2 + CO_2$, formato, alcoóis	48-52
Methanoculleus	Cocos irregulares	6	$H_2 + CO_2$, alcoóis, formato	49-61
Methanofollis	Cocos irregulares	2	$H_2 + CO_2$, formato	54-60
Methanolacinia	Bacilos irregulares	1	$H_2 + CO_2$, alcoóis	38-45
Methanosarcinales				
Methanosarcina	Grandes cocos irregulares, em "pacotes"	5	$H_2 + CO_2$, metanol, metilaminas, acetato	36-43
Methanolobus	Cocos irregulares agregados	5	Metanol, metilaminas	39-46
Methanohalobium	Cocos irregulares	1	Metanol, metilaminas; halofílico	37
Methanococcoides	Cocos irregulares	2	Metanol, metilaminas	42
Methanohalophilus	Cocos irregulares	3	Metanol, metilaminas, metil sulfetos; halófilo	39-41
Methanosaeta	De bacilos longos a filamentos	2	Acetato	52-61
Methanosalsum	Cocos irregulares	1	Metanol, metilaminas, dimetilsulfeto	38-40
Methanopyrales				
Methanopyrus	Bacilos em cadeias	1	$H_2 + CO_2$; hipertermófilo, crescimento a 110°C	60

a As ordens taxonômicas encontram-se apresentadas em negrito.

estas incluem os *substratos do tipo* CO_2, *substratos metil* e *substratos acetotróficos*. A primeira classe inclui o importante substrato CO_2, um substrato reduzido a metano, empregando H_2 como doador de elétrons:

$$CO_2 + 4\,H_2 \rightarrow CH_4 + 2\,H_20 \qquad \Delta G^{0\prime} = -131\text{ kJ}$$

Outros substratos incluem formato (que corresponde simplesmente a uma forma combinada de $CO_2 + H_2$) e CO, monóxido de carbono.

A segunda classe de substratos metanogênicos corresponde a substâncias contendo o grupo metil (Tabela 13.6). Utilizando CH_3OH como um modelo de substrato contendo metil, a formação de CH_4 pode ocorrer de duas formas. Primeiro, o CH_3OH pode ser reduzido, utilizando um doador externo de elétrons, tal como H_2:

$$CH_3OH + H_2 \rightarrow CH_4 + H_2O \qquad G^{0\prime} = -113\text{ kJ}$$

Alternativamente, na ausência de H_2, parte do CH_3OH pode ser reduzido a CO_2, visando gerar os elétrons necessários à redução das outras moléculas de CH_3OH a CH_4:

$$4\,CH_3OH \rightarrow 3\,CH_4 + CO_2 + 2\,H_2O \qquad G^{0\prime} = -319\text{ kJ}$$

O processo metanogênico final corresponde à clivagem de acetato em CO_2 e CH_4, denominada reação *acetotrófica*:

$$CH_3COO^- + H_2O \rightarrow CH_4 + HCO_3^- \qquad G^{0\prime} = -31\text{ kJ}$$

Tabela 13.6 Substratos convertidos em metano, por diversas *Archaea* metanogênicas

I. Substratos do tipo CO_2
- Dióxido de carbono, CO_2 (com elétrons derivados do H_2, certos álcoois ou piruvato)
- Formato, $HCOO^-$ Monóxido de carbono, CO

II. Substratos metil
- Metanol, CH_3OH
- Metilamina, $CH_3NH_3^+$
- Dimetilamina, $(CH_3)_2NH_2^+$
- Trimetilamina, $(CH_3)_3NH^+$
- Metilmercaptano, CH_3SH
- Dimetilsulfeto, $(CH_3)_2S$

III. Substratos acetotróficos
- Acetato, CH_3COO^-
- Piruvato, CH_3COCOO^-

Somente alguns poucos metanogênicos são acetotróficos (Tabela 13.5), embora medições experimentais da formação de metano em hábitats metanogênicos, como lodos de esgotos, tenham revelado que cerca de dois terços do metano produzido são originados de acetato e um terço de $H_2 + CO_2$; assim, embora carecendo de informações sobre sua diversidade, os metanogênicos acetotróficos exibem grande importância ecológica na natureza.

Como pôde ser verificado pela análise de cada uma das reações descritas anteriormente, todas são exergônicas, podendo, desse modo, ser utilizadas na síntese de ATP. Embora a descrição dos detalhes bioquímicos da metanogênese seja abordada apenas no Capítulo 18, observe que o processo está associado à geração de uma força próton motiva e à síntese de ATP, por meio de mecanismos quimiosmóticos normais (Seção 5.12). A fosforilação em nível de substrato, típica de bactérias fermentativas, aparentemente não ocorre em metanogênicos.

Methanocaldococcus jannaschii como metanogênico — uma *Archaea*-modelo

Como discutiremos na Seção 15.3, a seqüência completa do genoma da *Archaea* metanogênica hipertermofílica, *Methanocaldococcus jannaschii* (Figura 13.8*a*), foi determinada. O genoma circular de 1,66 megabase de *M. jannaschii* contém cerca de 1.700 genes e, pela análise da seqüência, foram identificados genes codificadores de enzimas envolvidas na metanogênese, além de outras funções celulares chave. Curiosamente, em *M. jannaschii*, a maioria dos genes codificadores de funções tais como vias metabólicas centrais e divisão celular é similar àqueles de *Bacteria*, enquanto a maioria dos genes codificadores de processos moleculares centrais, como transcrição e tradução, asse-

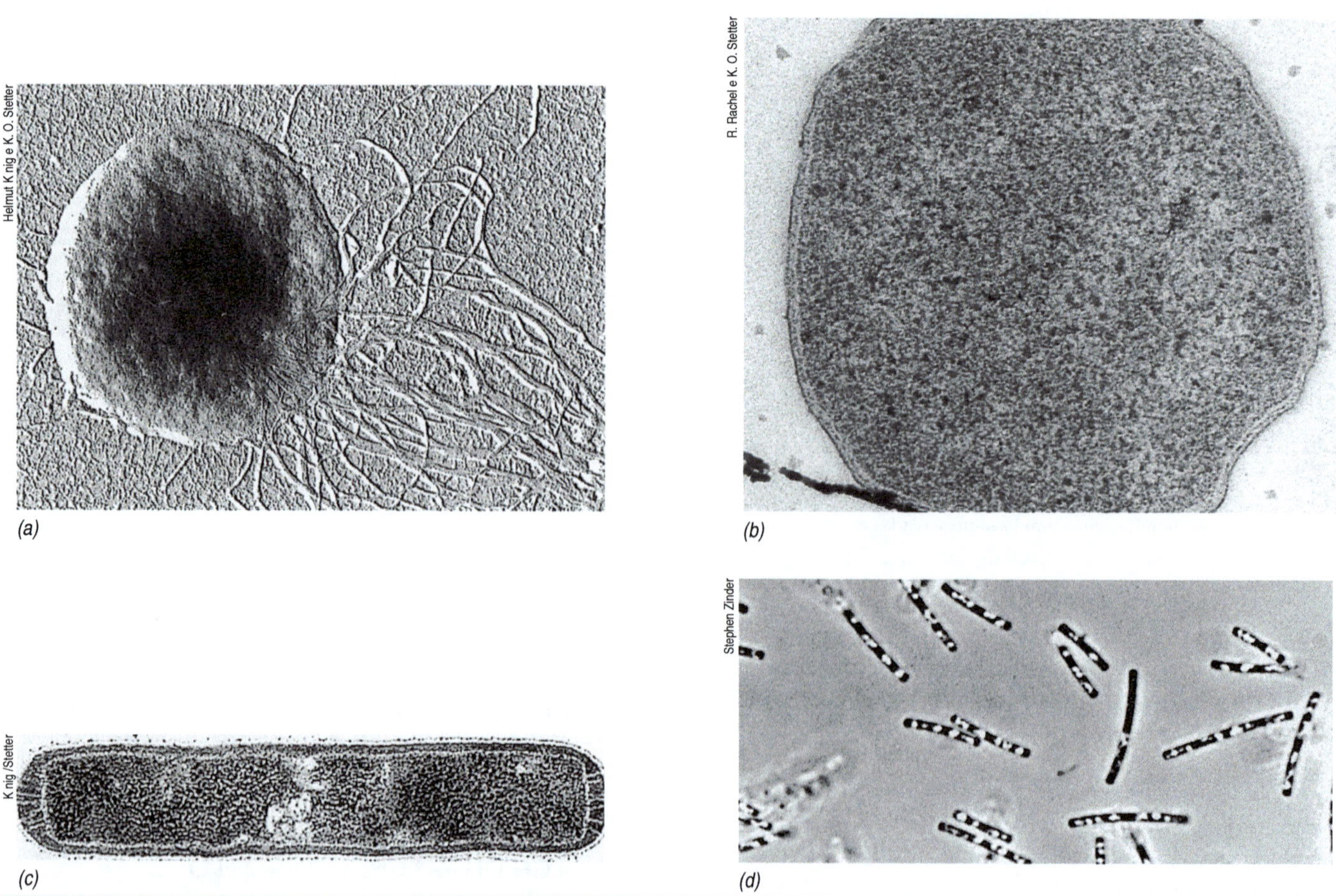

■ **Figura 13.8** Metanogênicos hipertermofílicos e termofílicos. (a) Eletromicrografia de sombreamento metálico de *Methanocaldococcus jannaschii* (temperatura ótima, 85°C). Uma célula tem diâmetro aproximado de 1 μm. (b) Seção fina de *Methanotorris igneus* (temperatura ótima, 88°C) Uma célula tem diâmetro aproximado de 1 μm. (c) Eletromicrografia de uma seção fina de *Methanothermus fervidus* (temperatura ótima, 88°C). Uma célula tem diâmetro aproximado de 0,4 μm. (d) Micrografia de contraste de fase de *Methanosaeta thermophila* (temperatura ótima, 60°C). Uma célula tem diâmetro aproximado de 1 μm. Os corpos refringentes no interior das células correspondem às vesículas de gás.

melham-se aos genes de eucariotos. Esses achados sustentam a árvore evolutiva da vida, mostrando o domínio *Archaea* posicionado *entre* os domínios *Bacteria* e *Eukarya* (Seção 11.7 e Figura 11.13). No entanto, análises de seqüências também mostraram que cerca de 50% dos genes de *M. jannaschii* não correspondem a qualquer gene conhecido de *Bacteria ou Eukarya*, sugerindo que possam existir novas funções celulares, ainda não descobertas, codificadas no DNA de *Archaea*.

✓ 13.4 Verificação de conceitos

Archaea metanogênicas são procariotos anaeróbios estritos, cujo metabolismo está ligado à produção de metano (CH_4).

✓ O que foi demonstrado pelo Experimento de Volta?

✓ Quais os principais substratos para a metanogênese?

13.5 Thermoplasmatales: *Thermoplasma, Ferroplasma* e *Picrophilus*

Principais gêneros

Thermoplasma
Picrophilus

Um ramo filogeneticamente distinto de *Archaea* contém três procariotos termofílicos e extremamente acidofílicos: *Thermoplasma, Ferroplasma* e *Picrophilus* (Figura 13.1). Esses organismos estão entre os mais acidofílicos quando comparados a todos os procariotos conhecidos e, no caso de *Picrophilus*, capazes de crescer em pHs abaixo de 0! Esses gêneros também compõem sua própria *ordem* de procariotos no filo Euryarchaeota, a ordem Thermoplasmatales. Iniciaremos com uma descrição do gênero *Thermoplasma*, um organismo semelhante aos micoplasmas.

Thermoplasma e *Ferroplasma*: *Archaea* desprovidas de parede celular

O gênero *Thermoplasma* (Figura 13.9*a*) é composto por organismos quimiorganotróficos, que crescem otimamente a 55°C e pH 2 em meios complexos; duas espécies foram descritas: *T. acidophilum* e *T. volcanium*. As espécies de *Thermoplasma* são aeróbias facultativas, crescendo tanto aerobicamente como anaerobicamente a partir da respiração de enxofre. Do ponto de vista morfológico, as células de *Thermoplasma* assemelham-se aos micoplasmas (Seção 12.22), por serem desprovidas de parede celular. A maioria das linhagens de *Thermoplasma* foi obtida de pilhas de refugo de carvão auto-aquecidas (Figura 13.10). Esses refugos de carvão contêm fragmentos de carvão, pirita e outros compostos orgânicos extraídos do carvão e, quando despejados em pilhas nas operações de mineração de carvão, tendem a se auto-aquecer por combustão espontânea (Figura 13.10). Essa situação estabelece o cenário para o crescimento de *Thermoplasma* que, aparentemente, metaboliza compostos orgânicos lixiviados do refugo de carvão aquecido. Uma segunda espécie de *Thermoplasma* (*T. volcanium*) foi isolada de solfataras, localizadas em várias partes do mundo; essa espécie é altamente móvel pela presença de múltiplos flagelos (Figura 13.9*b*).

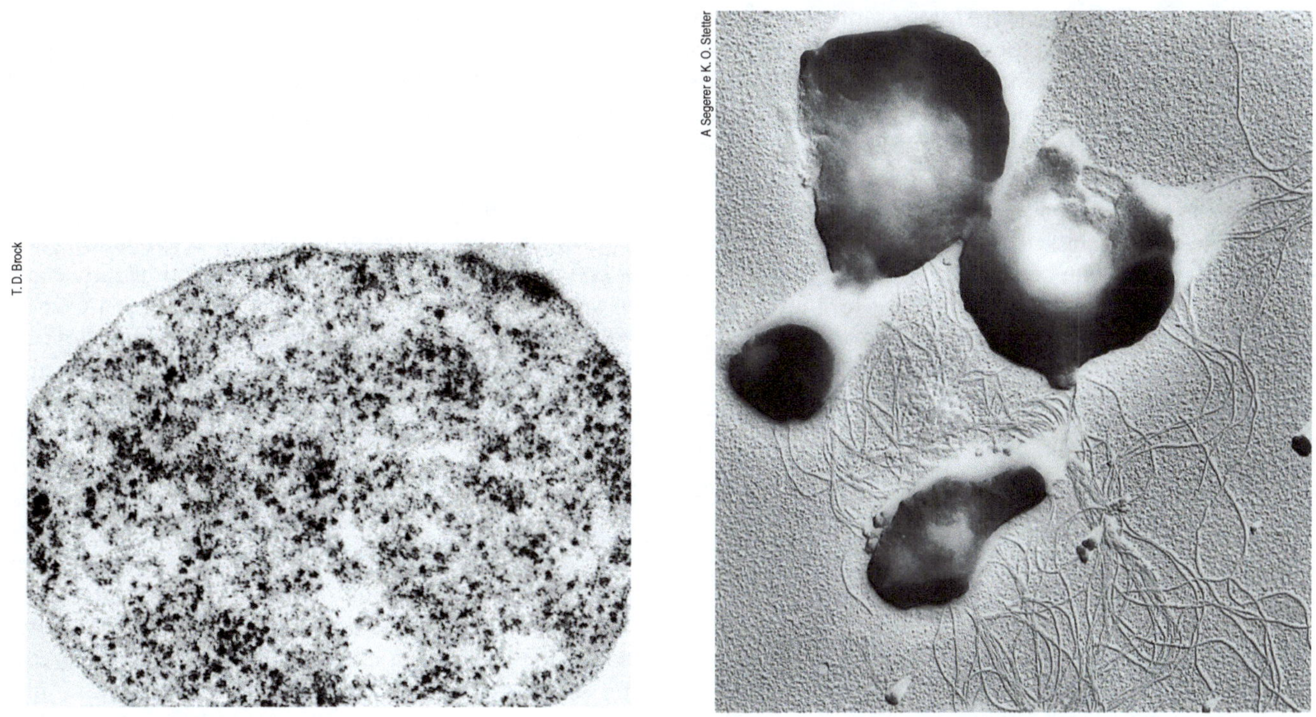

(*a*) (*b*)

■ **Figura 13.9** Espécies de *Thermoplasma*. (a) *Thermoplasma acidophilum* — uma *Archaea* termofílica acidófila, semelhante a um micoplasma. Eletromicrografia de uma seção fina. O diâmetro das células é bastante variável, de 0,2 a 5 μm. A célula apresentada tem diâmetro aproximado de 1 μm. (b) Preparação sombreada de células de *Thermoplasma volcanium* isoladas de fontes termais. As células têm diâmetro de 1-2 μm. Observe a abundância de flagelos.

Figura 13.10 Uma típica pilha de refugo de carvão auto-aquecida — hábitat de *Thermoplasma*. (a) A produção espontânea de calor pode promover a combustão da vegetação próxima. (b) Foto de uma grande pilha aquecida de refugo.

T. D. Brock

(a)

T. D. Brock

(b)

Para sobreviver ao estresse osmótico resultante da ausência da parede celular e resistir aos extremos ambientais de baixo pH e altas temperaturas, os membros do gênero *Thermoplasma* desenvolveram uma membrana celular de estrutura química singular. A membrana contém um composto semelhante a um lipopolissacarídeo (referido como lipoglicano, em micoplasmas) (Seção 12.22), que consiste no lipídeo *tetraéter*, com unidades de manose e glicose (Figura 13.11). Essa molécula constitui a principal fração da composição lipídica total das células de *Thermoplasma*. A membrana também contém glicoproteínas, sendo desprovida de esteróis. Em conjunto, essas e outras moléculas conferem estabilidade à membrana de *Thermoplasma* em condições ácidas e altas temperaturas.

O genoma de *Thermoplasma* é interessante. Assim como outros micoplasmas (Seções 12.22 e 15.3), *Thermoplasma* possui um genoma pequeno (1,5 mB). Além desse fato, o DNA encontra-se associado a uma proteína de ligação ao DNA, extremamente básica, que organiza o DNA em partículas globulares, semelhantes aos nucleossomos de células eucarióticas (Seção 7.3, que discute o arranjo do DNA em eucariotos). Essa proteína é homóloga às histonas — proteínas básicas de células eucarióticas. Proteínas de ligação ao DNA semelhantes a histonas foram encontradas em vários Euryarchaeotas hipertermofílicos (ver Seção 13.11).

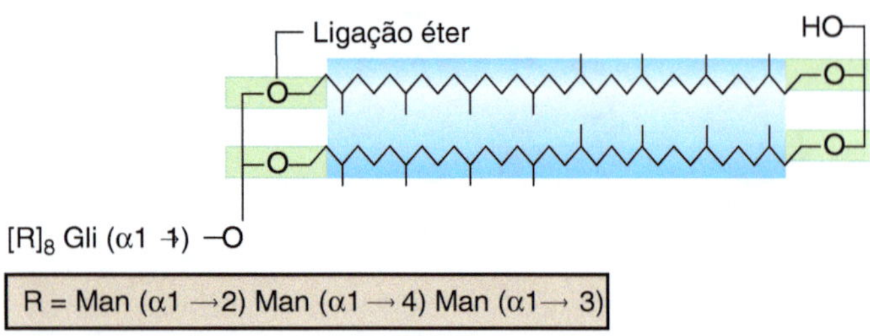

■ **Figura 13.11** Estrutura do lipoglicano tetraéter de *Thermoplasma acidophilum*. Gli = glicose; Man = manose. Observe as ligações éter (assinaladas em verde) (Figura 4.20*b* para comparação).

Ferroplasma é um organismo quimiorganotrófico relacionado a *Thermoplasma*. Assim como *Thermoplasma*, esse gênero é desprovido de parede celular e exibe um estilo de vida acidofílico, mas não termofílico, crescendo otimamente a 35°C. As células de *Ferroplasma* (Figura 20.38) oxidam Fe^{2+} a Fe^{3+} para obtenção de energia (essa reação produz ácido; Seção 20.4 e legenda da Figura 13.5) e utilizam CO_2 como fonte de carbono (autotrofia). *Ferroplasma* cresce em detritos oriundos de atividades de mineração contendo pirita (FeS), sua fonte de energia. A acidofilia extrema de *Ferroplasma* permite que este reduza o pH de seu hábitat a valores extremamente baixos. Acredita-se que, após a geração de um grau de acidez moderada, pela oxidação de Fe^{2+} por organismos tais como *Thiobacillus ferrooxidans* e *Leptospirillum ferrooxidans*, as células de *Ferroplasma* tornem-se ativas, subseqüentemente gerando valores mais baixos de pH, típicos de drenados ácidos de minas (Figura 20.38 e Seções 20.14 e 20.15).

Picrophilus

Um organismo filogeneticamente relacionado a *Thermoplasma* e *Ferroplasma* corresponde a *Picrophilus*. Embora *Thermoplasma* e *Ferroplasma* sejam acidófilos extremos, *Picrophilus* é ainda mais acidófilo, crescendo otimamente em pH 0,7 e sendo capaz de crescer em pH tão baixo quanto –0,06! O gênero *Picrophilus* difere ainda de *Thermoplasma* e *Ferroplasma* por possuir parede celular (uma camada S, Seção 4.13) e apresentar uma proporção muito inferior de bases GC. Duas espécies de *Picrophilus* foram isoladas de solfataras ácidas no Japão e, assim como *Thermoplasma*, ambas crescem heterotroficamente em meios complexos. A fisiologia de *Picrophilus* é de evidente interesse como um modelo de estudo da tolerância aos ácidos. Estudos sobre sua membrana citoplasmática sugerem um arranjo incomum de lipídeos, originando uma membrana impermeável, extremamente ácida, em valores ótimos de pH. Em contrapartida, quando em ambientes com pHs apenas moderadamente ácidos, como pH 4, as membranas celulares de *Picrophilus* tornam-se rapidamente porosas, sofrendo desintegração, o que indica claramente que esse organismo evoluiu para sobreviver em ambientes altamente ácidos.

✓ 13.5 Verificação de conceitos

Thermoplasma, *Ferroplasma* e *Picrophilus* são organismos termófilos extremamente acidofílicos que formam sua própria família filogenética de *Archaea*, habitando pilhas de refugo de carvão e solfataras extremamente ácidas. As células de *Thermoplasma* e *Ferroplasma* são desprovidas de parede celular e, nesse sentido, assemelham-se aos micoplasmas.

✓ De que maneira *Thermoplasma* e *Picrophilus* se assemelham? E como diferem?

✓ De que modo *Thermoplasma* enrijece sua membrana celular, a fim de sobreviver sem a presença de uma parede celular?

✓ Como *Ferroplasma* obtém a energia para seu crescimento?

13.6 Euryarchaeota hipertermofílicos: Thermococcales e *Methanopyrus*

Principais gêneros

Thermococcus
Pyrococcus
Methanopyrus

Poucos euryarchaeotas vivem em ambientes termais, embora alguns sejam extremamente termofílicos; aqueles com temperatura ótima de crescimento acima de 80°C são denominados *hipertermófilos*. Nesta seção, abordaremos três euryarchaeotas hipertermofílicos que se ramificam muito próximos à raiz da árvore filogenética de *Archaea* (Figura 13.1). Dois desses organismos, *Thermococcus* e *Pyrococcus*, exibem propriedades fenotípicas muito similares às descritas para membros do filo Crenarchaeota, os quais serão discutidos nas Seções 13.8-13.10, e compõem uma ordem distinta: os Thermococcales (ver Tabela 13.9). O outro organismo, *Methanopyrus*, embora seja um metanogênico muito similar aos demais metanogênicos (ver Seção 13.4 e Tabela 13.5), é, no entanto, incomum por sua necessidade extrema de calor e por seu posicionamento filogenético, diferente dos outros metanogênicos (Figura 13.1).

Thermococcus e *Pyrococcus*

Thermococcus é um euryarchaeota hipertermofílico esférico, naturalmente encontrado em águas termais anóxicas, em vários locais ao redor do mundo. As células esféricas contêm um tufo de flagelos polares, sendo assim altamente móveis (Figura 13.12*a*). *Thermococcus* é um organismo quimiorganotrófico anaeróbio obrigatório que cresce utilizando proteínas e outras misturas orgânicas complexas (inclusive alguns açúcares), com S^0 como aceptor de elétrons, em temperaturas de 70-95°C.

Pyrococcus é morfologicamente similar a *Thermococcus* (Figura 13.12*b*). *Pyrococcus* (a derivação do latim significa, literalmente, "bola de fogo") difere de *Thermococcus* principalmente por exigir temperaturas mais elevadas; as células de *Pyrococcus* crescem entre 70 e 106°C, com temperatura ótima de 100°C. *Thermococcus* e *Pyrococcus* são também metabolicamente similares: proteínas, amido ou maltose são oxidadas como doadores de elétrons, enquanto S^0 corresponde ao aceptor terminal, sendo reduzido a H_2S. Outras propriedades de *Thermococcus* e *Pyrococcus* estão descritas nas Tabelas 13.8 e 13.9.

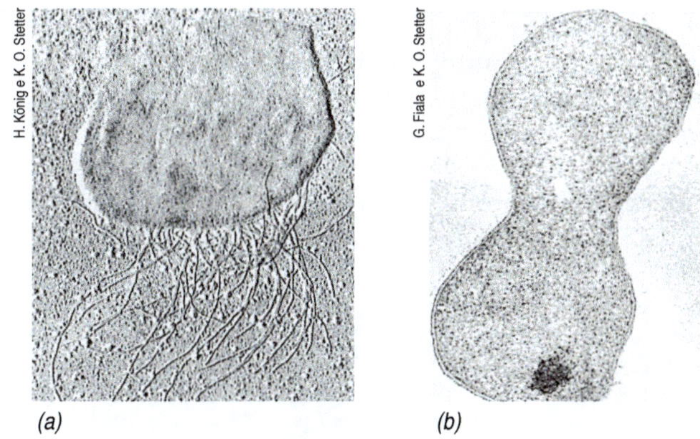

Figura 13.12 *Archaea* hipertermofílicas esféricas de regiões vulcânicas submarinas. (a) *Thermococcus celer*. Eletromicrografia de células sombreadas (observe os tufos de flagelos). (b) Célula de *Pyrococcus furiosus* em processo de divisão. Eletromicrografia de uma seção fina. As células de ambos os organismos têm diâmetro aproximado de 0,8 μm.

Methanopyrus

Methanopyrus é um organismo metanogênico hipertermofílico, em forma de bacilo (Figura 13.13), isolado de sedimentos próximos a fendas hidrotermais submarinas e paredes de respiradouros de fendas hidrotermais do tipo "fumarolas negras" (Seção 20.8, para a discussão sobre fendas termais). O gênero *Methanopyrus* ocupa uma posição filogenética singular na árvore de *Archaea* (Figura 13.1); corresponde a um dos mais antigos representantes (com menor derivação) entre todas as *Archaea* hipertermofílicas conhecidas e compartilha propriedades fenotípicas com os hipertermófilos (temperatura máxima de crescimento de 110 °C) e com os metanogênicos (realiza a reação $4\ H_2 + CO_2 \rightarrow CH_4 + 2\ H_2O$).

Methanopyrus produz metano somente a partir de $H_2 + CO_2$ e cresce rapidamente (tempo de geração menor que 1 h) quando em temperatura ótima de 100°C. No entanto, diferentemente dos metanogênicos mesofílicos, as células de *Methanopyrus* possuem grandes quantidades dos derivados glicolíticos, 2,3-difosfoglicerato cíclico, dissolvidos em seu citoplasma. Acredita-se que esse composto, presente em concentrações acima de 1 *M* em *Methanopyrus*, atue como agente termoestabilizante, evitando a desnaturação de enzimas e do DNA no interior da célula (ver Seção 13.11). Além disso, *Methanopyrus* contém um tipo de lipídeo de membrana não encontrado em qualquer outro organismo vivo conhecido; esse lipídeo apresentando ligações éter corresponde a uma forma insaturada do dibifitanil tetraéter, encontrado em outros hipertermófilos, normalmente na forma saturada (Figura 13.13*b*; Seção 4.5 e Figura 4.20).

A descoberta de *Methanopyrus* pode explicar a origem de compostos semelhantes a hidrocarbonetos em sedimentos oceânicos quentes, que sempre foram considerados muito quentes para permitir a metanogênese biogênica. Além disso, à profundidade em que *Methanopyrus* foi encontrado, aproximadamente 2.000 m, a água permanece em estado líquido, com temperaturas de até 350°C, sugerindo a possível existência de outros organismos metanogênicos hipertermofílicos capazes de crescer a 110°C ou talvez em temperaturas ainda mais altas.

R. Rachel e K. O. Stetter

(a)

(b)

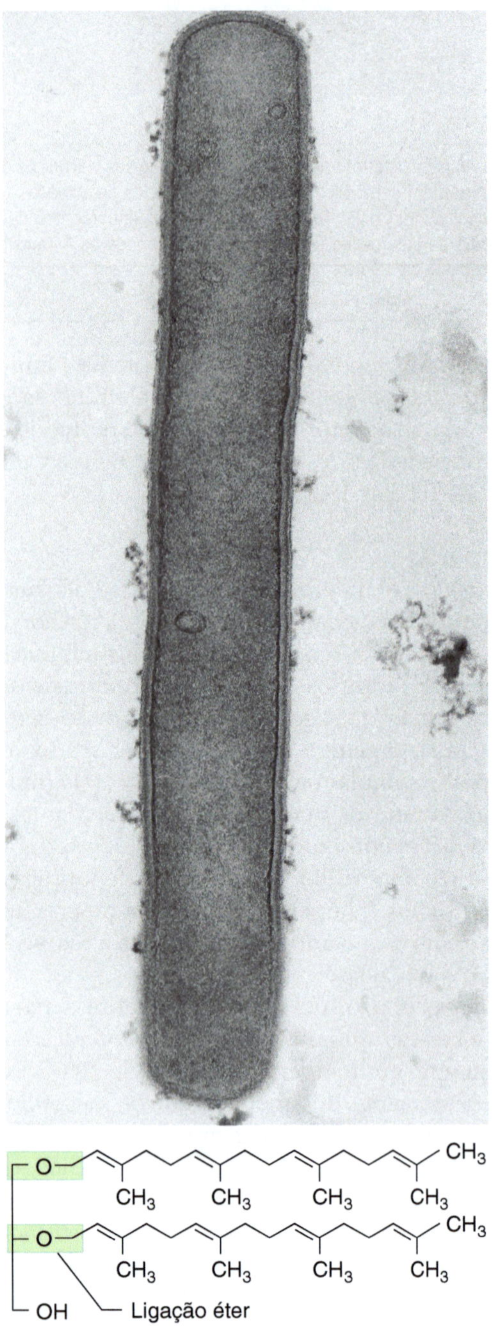

■ **Figura 13.13** *Methanopyrus. Methanopyrus* cresce otimamente a 100°C produzindo CH_4 somente a partir de $CO_2 + H_2$. (a) Eletromicrografia de uma célula de *Methanopyrus kandleri*, o mais termofílico dentre todos os metanogênicos conhecidos (limite superior de temperatura de 110°C). Essa célula mede 0,5 × 8 μm. (b) Estrutura do lipídeo singular de *M. kandleri*. Este corresponde ao lipídeo com ligações éter comum de *Archaea* (Seção 4.5), exceto pelo fato de as cadeias laterais corresponderem a uma forma *insaturada* de fitanil, denominada *geranilgeraniol*. Acredita-se que esse lipídeo incomum tenha precedido o surgimento de lipídeos de fitanil saturado e, portanto, *Methanopyrus* corresponderia a um descendente de uma linhagem muito remota de *Archaea*; os dados apresentados na Figura 13.1 sustentam essa hipótese.

13.7 Euryarchaeota hipertermofílicos: Archaeoglobales

Principais gêneros

Archaeoglobus
Ferroglobus

Veremos, posteriormente, que vários Crenarchaeota hipertermofílicos realizam respiração anaeróbia, onde o S^0 é utilizado como aceptor de elétrons, sendo reduzido a H_2S (ver Tabela 13.8). Curiosamente, nenhum desses organismos é *redutor de sulfato*, ou seja, capaz de reduzir SO_4^{2-} a H_2S. No entanto, um euryarchaeota hipertermofílico, *Archaeoglobus*, corresponde a um verdadeiro redutor de sulfato, formando uma linhagem filogeneticamente distinta, no filo Euryarchaeota (Figura 13.1).

Archaeoglobus e seu genoma

Células de *Archaeoglobus* foram isoladas de sedimentos marinhos quentes, próximos a fendas hidrotermais, sendo capaz de associar a oxidação de H_2, lactato, piruvato, glicose ou compostos orgânicos complexos à redução de sulfato em sulfeto. As células de *Archaeoglobus* correspondem a cocos irregulares (Figura 13.14*a*), e as culturas crescem otimamente a 83°C. No entanto, uma das propriedades mais marcantes de *Archaeoglobus* refere-se à sua relação com organismos metanogênicos. Discutiremos no Capítulo 18, a bioquímica singular associada à metanogênese. Resumidamente, esta envolve a utilização de coenzimas novas como Fator-420, coenzima M e outras; até o momento, essas biomoléculas pouco usuais foram encontradas somente em células de organismos metanogênicos (Seção 18.17). Surpreendentemente, no entanto, *Archaeoglobus* contém traços dessas coenzimas, e culturas desse organismo realmente produzem pequenas quantidades de metano durante o crescimento. Assim, *Archaeoglobus*, que também exibe relações filogenéticas relativamente próximas com os metanogênicos (Figura 13.1), pode representar um tipo de organismo de transição evolutiva dentre as *Archaea*, formando uma ponte entre os processos de geração de energia por redução de enxofre e a metanogênese.

Outras informações sobre a metanogênese em *Archaeoglobus* surgiram a partir do seqüenciamento completo do genoma desse organismo. O seqüenciamento revelou que, embora *Archaeoglobus* possa produzir metano, é desprovido dos genes codificadores da principal enzima responsável pela metanogênese de metanogênicos, a *metil-CoM redutase* (Seção 18.17). Assim, a pequena quantidade de metano produzida por *Archaeoglobus* não é decorrente da ação dessa enzima, sendo sua origem exata desconhecida. O genoma de *Archaeoglobus* contém cerca de 2.400 genes e, curiosamente, esse gênero compartilha alguns genes com espécies de metanogênicos (ver Seção 13.4). No entanto, o seqüenciamento de *Archaeoglobus* também revelou a presença de alguns genes específicos. Esse fato sugere que a diversidade genética em *Archaea* é relativamente extensa, e a análise do genoma de *Archaea* repetirá os achados dos projetos genoma de várias *Bacteria*: cada novo organismo seqüenciado

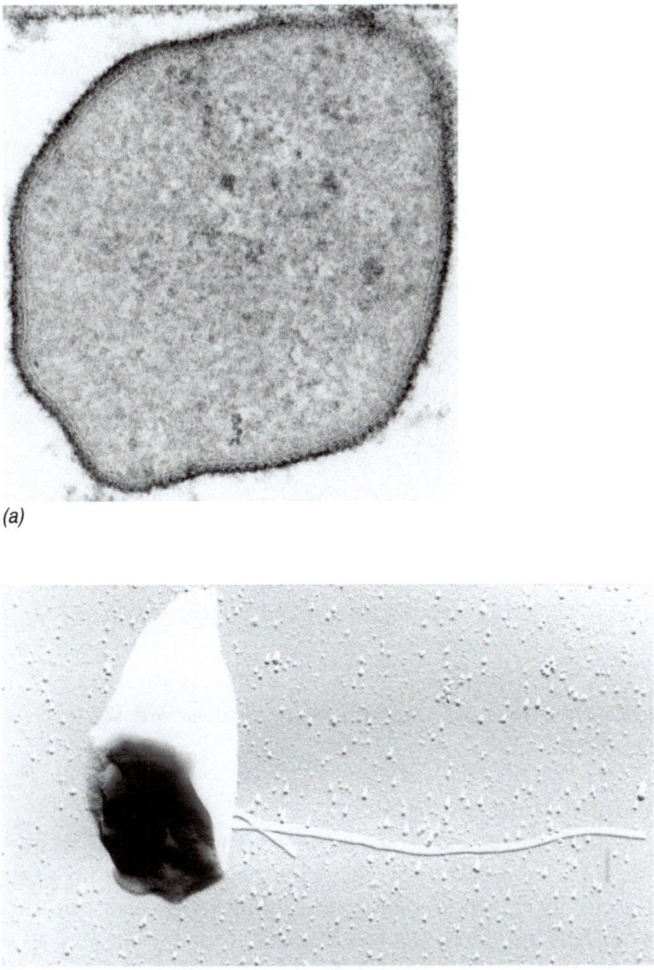

R. Rachel e K. O. Stetter

(a)

R. Rachel e K. O. Stetter

(b)

■ **Figura 13.14** Archaeoglobales. (a) Micrografia eletrônica de transmissão do organismo hipertermófilo redutor de sulfato, *Archaeoglobus fulgidis*. A célula apresenta diâmetro de 0,7 μm. (b) Micrografia eletrônica de uma preparação de criofratura de *Ferroglobus placidus*, um hipertermófilo oxidante de ferro ferroso e redutor de nitrato. As células têm diâmetro aproximado de 0,8 μm.

exibe aproximadamente um quarto de seus genes como genes específicos jamais encontrados em outros organismos (Seção 15.3).

Ferroglobus

Ferroglobus (Figura 13.14*b*) é relacionado a *Archaeoglobus*; no entanto, não corresponde a uma bactéria redutora de sulfato. Contrariamente, *Ferroglobus* é um organismo quimiolitotrófico autotrófico, oxidante de ferro, que conserva a energia da oxidação de Fe^{2+} a Fe^{3+}, associada à redução de NO_3^- a NO_2^- e NO (ver Tabela 13.8). *Ferroglobus* também pode utilizar H_2 ou H_2S como doadores de elétrons em seu metabolismo energético. O gênero *Ferroglobus* foi isolado de fendas hidrotermais marinhas pouco profundas, exibindo crescimento ótimo a 85°C. *Ferroglobus* desperta interesse por várias razões, em especial por sua capacidade de produzir Fe^{3+} a partir de Fe^{2+}, em condições anóxicas. O mecanismo de formação de Fe^{3+} em rochas primitivas, até então supostamente decorrente da oxidação de Fe^{2+} pelo O_2 produzido por cianobactérias (Seção 11.1), é atualmente questionado em virtude da descoberta da existência de vias anóxicas para a produção de Fe^{3+}, resultante das atividades de organismos como *Ferroglobus* e certas bactérias fototróficas anoxigênicas (Seção 18.11).

✓ 13.6–13.7 Verificação de conceitos

Os Euryarchaeotas hipertermofílicos incluem Thermococcales, Archaeoglobales e *Methanopyrus*. Todos os organismos desse grupo apresentam temperatura ótima de crescimento acima de 80°C.

✓ De que maneira o metabolismo de *Thermococcus* difere do de *Methanopyrus*?

✓ Qual Euryarchaeota hipertermofílico corresponde a um verdadeiro redutor de sulfato?

✓ De que modo o metabolismo de *Ferroglobus* difere do de *Archaeoglobus*?

III FILO CRENARCHAEOTA

Os crenarchaeotas distinguem-se filogeneticamente de Euryarchaeotas e contêm representantes que vivem na natureza em ambos os extremos térmicos: água fervente e água em ponto de congelamento. A maioria dos crenarchaeotas cultivados é hipertermófilo (temperatura ótima de crescimento acima de 80°C), sendo que para alguns a temperatura ótima está, na realidade, *acima* do ponto de ebulição da água. Iniciaremos com uma visão geral sobre os hábitats e o metabolismo energético dos crenarchaeotas e, em seguida, descrevemos as propriedades dos principais gêneros.

13.8 Hábitats e metabolismo energético de crenarchaeotas

Um resumo dos hábitats de membros do filo Crenarchaeota é apresentado na Tabela 13.7. Estes incluem ambientes muito quentes ou muito frios. A maioria das *Archaea* hipertermofílicas foi isolada de solos aquecidos geotermicamente ou de águas contendo enxofre elementar e sulfetos (Figura 13.15), sendo a maioria das espécies capaz de metabolizar enxofre de um modo ou outro. Vários ambientes terrestres como fontes ricas em enxofre, lamas ferventes e solos podem exibir temperaturas de até 100°C, de moderada a extremamente ácidos, devido à produção de ácido sulfúrico (H_2SO_4) pela oxidação biológica de H_2S e S^0 (Seções 18.10 e 20.13). Tais ambientes quentes e ricos em enxofre são denominados **solfataras**, podendo ser encontrados em vários locais do mundo (Figura 13.15); extensas solfataras são encontradas na Itália, Islândia, Nova Zelândia e no Parque Nacional de Yellowstone, no Wyoming (EUA). Dependendo da geologia local, as solfataras podem variar de levemente alcalinas a moderadamente ácidas, com pH 5-8, ou extremamente ácidas (não sendo incomum valores de pH abaixo de 1). Organismos hipertermófilos foram obtidos nesses dois tipos de ambientes, embora a maioria destes viva em hábitats neutros ou moderadamente ácidos. Além desses hábitats naturais, *Archaea* hipertermofílicas também são encontradas em hábitats termais artificiais, particularmente no escoadouro de usinas de energia geotérmica.

Tabela 13.7 Hábitats de Crenarchaeota

Característica	Região termal[a] — Terrestre	Região termal[a] — Marinha	Região não termal[b]
Localização	Solfataras (fontes quentes, fumarolas, fendas lodosas, solos aquecidos por vapor); usinas de energia geotérmica; profundamente, na crosta terrestre	Fontes quentes submarinas, sedimentos e fendas quentes ("fumarolas negras"), reservatórios profundos de petróleo	Planctônicos, em oceanos ao redor do mundo; águas antárticas próximas à costa e profundas; gelo marinho; simbiontes de esponjas marinhas
Temperatura	Na superfície até 100°C; abaixo da superfície, superior a 100°C	Até 400°C (fumarolas)	–2 a + 4°C
Salinidade/pH	Geralmente abaixo de 1% de NaCl; pH 0,5-9	Moderada, cerca de 3% de NaCl; pH 5-9	3-8% de NaCl; pH 7-9
Gases e outros nutrientes	CO_2, CO, CH_4, H_2, H_2S, S^0, $S_2O_3^{2-}$, SO_4^{2-}, NH_4^+, N_2	Idem ao terrestre	CO_2, N_2, O_2; substratos quimiolitotróficos, como NH_4^+

a Ver Figuras 13.10 e 13.15 (Figuras 20.19-20.21).
b Ver Figura 13.16.

Membros hipertermofílicos do filo Crenarchaeota também vivem em fontes quentes submarinas, as *fendas hidrotermais*. Discutiremos a geologia e a microbiologia desses hábitats na Seção 20.8; no momento, é suficiente observar que águas profundas podem ser, e geralmente são, mais quentes que águas superficiais, pois se encontram sob pressão. De fato, todos os hipertermófilos com temperatura ótima de crescimento acima de 100°C originam-se de fontes submersas. Estas incluem tanto fendas em águas rasas (2-10 m), como aquelas encontradas na costa de Vulcano, Itália, ou fendas profundas (2.500-4.000 m), próximas a centros de expansão oceânica (Seção 20.8). As últimas correspondem aos hábitats mais quentes onde organismos vivos são encontrados conhecidos até o momento.

Crenarchaeotas vivendo em ambientes com temperaturas baixas

Contrariamente aos hipertermófilos, foram identificados crenarchaeotas vivendo em baixas temperaturas (Tabela 13.7), isolados a partir de amostras de genes de RNA ribossomal, obtidos de comunidades que habitam diferentes ambientes não termais. Empregando sondas filogenéticas fluorescentes (Seções 11.6 e 19.4), esse tipo de crenarchaeotas foi detectado em águas salgadas de vários locais do mundo (Figura 13.16*b*). Em total contraste aos hipertermófilos, os crenarchaeotas marinhos vivem até mesmo em águas muito geladas, como na Antártica (Figura 13.16*a*). Esses organismos são planctônicos (vivendo livremente em suspensão ou associados a partículas em suspensão na coluna de água), ocorrendo em número significativo (~10^4/ml), em se tratando de águas pobres em nutrientes e muito frias. Embora sua fisiologia seja ainda um mistério, análises lipídicas de crenarchaeotas marinhos filtrados da água do mar revelaram a existência de lipídeos que apresentam ligações éter, uma característica de *Archaea* (Seção 4.5). A ecologia dos crenarchaeotas marinhos será discutida na Seção 20.6.

Metabolismo energético

Com poucas exceções, os crenarchaeotas hipertermofílicos são anaeróbios obrigatórios. Seu metabolismo gerador de energia pode ser quimiorganotrófico ou quimiolitotrófico (ou ambos, como, por exemplo, em *Sulfolobus*) e envolve uma ampla variedade de doadores e aceptores de elétrons (Tabela 13.8). A fermentação é rara, e a maioria das estratégias bioenergéticas envolve a respiração aeróbia ou anaeróbia (Tabela 13.8). A conservação de energia durante esses processos respiratórios ocorre pelos mesmos mecanismos gerais encontrados em *Bacteria*: transferência de elétrons na membrana citoplasmática, levando à formação de uma força próton motiva por meio da qual ocorre a produção de ATP com ATPases que translocam prótons (Seção 5.12).

Vários crenarchaeotas hipertermofílicos podem crescer quimiolitotroficamente em condições anóxicas, utilizando H_2 como doador de elétrons e S^0 ou NO_3^- como aceptores de elétrons; alguns são também capazes de oxidar H_2 aerobiamente (Tabela 13.8). A respiração de H_2 utilizando o ferro férrico (Fe^{3+}) como doador de elétrons pode também ocorrer em vários hipertermófilos (Tabela 13.8). Outros estilos de vida quimiolitotrófica incluem a oxidação aeróbica de S^0 e Fe^{2+} ou anaeróbica de Fe^{2+}, com NO_3^- como aceptor (Tabela 13.8). Apenas um hipertermofílico redutor de enxofre é conhecido (o euryarchaeota *Archaeoglobus*). Aparentemente, a única opção bioenergética não realizada corresponde à fotossíntese. O organismo fototrófico mais termofílico conhecido é capaz de crescer a cerca de 70°C (Tabela 6.1) — muito frio para maioria dos hipertermófilos (ver Tabela 13.9)!

De posse do conhecimento básico sobre os hábitats e o metabolismo energético dos crenarchaeotas hipertermofílicos, passaremos a abordar os organismos representantes.

■ **Figura 13.15** Hábitats de *Archaea* hipertermofílicas. (a) Uma solfatara típica, no Parque Nacional de Yellowstone. Colunas de vapor rico em sulfeto de hidrogênio emergem na superfície terrestre. Em virtude do calor e da acidez, são encontrados somente organismos procarióticos. (b) Fonte termal, rica em enxofre, um hábitat contendo densas populações de *Sulfolobus*. A acidez em solfataras e fontes de enxofre é decorrente da oxidação de H_2S e S^0 a H_2SO_4 (ácido sulfúrico) por *Sulfolobus* e procariotos relacionados. (c) Uma típica fonte fervente de pH neutro no Parque de Yellowstone; Geiser Imperial. Várias espécies de *Archaea* hipertermofílicas podem ser encontradas em tal hábitat [$Fe^{3+} + 3\ H_2O \rightarrow Fe(OH)_3 + 3\ H^+$].

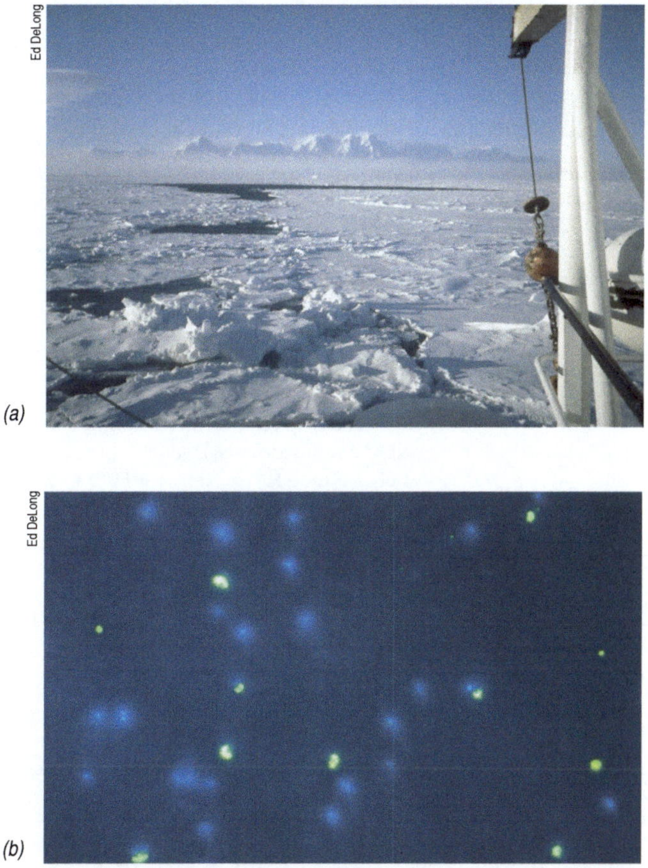

■ **Figura 13.16** Crenarchaeotas vivendo em ambiente com baixas temperaturas. (a) Foto da Península Antártica tirada a bordo de um barco. As águas geladas situadas abaixo da camada de gelo aqui apresentada correspondem a típicos hábitats de crenarchaeotas de baixas temperaturas. (b) Fotomicrografia de fluorescência da água do mar tratada com um corante filogenético composto por um corante fluorescente verde, ligado a um oligonucleotídeo complementar à seqüência conservada do rRNA 16S de espécies de Crenarchaeota (Seção 11.6 para a descrição dos métodos utilizados). As células azuis estão coradas com DAPI, um corante que cora todas as células (Seção 19.3 e Figura 19.6) Portanto, as células coradas em verde correspondem a Crenarchaeota que vivem em baixas temperaturas. Ver Seção 20.6 e Figura 20.13 para a descrição de *Bacteria* e *Archaea* em águas de mar aberto.

13.9 Hipertermófilos de hábitats vulcânicos terrestres: Sulfolobales e Thermoproteales

Principais gêneros

Sulfolobus
Acidianus
Thermoproteus

Os hábitats vulcânicos podem apresentar temperaturas de até 100°C, sendo, portanto, adequados para as *Archaea* hipertermofílicas. Dois organismos relacionados filogeneticamente foram isolados desses ambientes — *Sulfolobus* e *Acidianus*. Esses gêneros correspondem à base de uma ordem denominada Sulfolobales (Tabela 13.9).

Sulfolobales

O gênero *Sulfolobus* cresce em fontes quentes, ricas em enxofre (Figura 13.15*b*), com temperaturas de até 90°C e

Tabela 13.8 Reações de geração de energia em *Archaea* hipertermofílicas

Classe nutricional	Reação de geração de energia	Tipo metabólico[a]	Exemplos
Quimiorganotrófico	Compostos orgânicos + $S^0 \rightarrow H_2S + CO_2$	AnR	*Thermoproteus, Thermococcus, Desulfurococcus Thermofilum, Pyrococcus*
	Compostos orgânicos + $SO_4^{2-} \rightarrow H_2S + CO_2$	AnR	*Archaeoglobus*
	Compostos orgânicos + $O_2 \rightarrow H_2O + CO_2$	AeR	*Sulfolobus*
	Compostos orgânicos $\rightarrow CO_2 + H_2$ + ácidos graxos	F	*Staphylothermus, Pyrodictium*
	Piruvato $\rightarrow CO_2 + H_2$ + acetato	F	*Pyrococcus*
Quimiolitotrófico	$H_2 + S^0 \rightarrow H_2S$	AnR	*Acidianus, Pyrodictium, Thermoproteus, Stygiolobus, Ignicoccus*
	$H_2 + NO_3^- \rightarrow NO_2^- + H_2O$ (em algumas espécies, NO_2^- é reduzido a N_2)	AnR	*Pyrobaculum*
	$4\,H_2 + NO_3^- + H^+ \rightarrow NH_4^+ + 2\,H_2O + OH^-$	AnR	*Pyrolobus*
	$H_2 + 2\,Fe^{3+} \rightarrow 2\,Fe^{2+} + 2\,H^+$	AnR	*Pyrobaculum, Pyrodictium, Archaeoglobus*
	$2\,H_2 + O_2 \rightarrow 2\,H_2O$	AeR	*Acidianus, Sulfolobus, Pyrobaculum*
	$2\,S^0 + 3\,O_2 + 2\,H_2O \rightarrow 2\,H_2SO_4$	AeR	*Sulfolobus, Acidianus*
	$2\,FeS_2 + 7\,O_2 + 2\,H_2O \rightarrow 2\,FeSO_4 + 2\,H_2SO_4$	AeR	*Sulfolobus, Acidianus, Metallosphaera*
	$2\,FeCO_3 + NO_3^- + 6\,H_2O \rightarrow 2Fe(OH)_3 + NO_2^- + 2HCO_3^- + 2\,H^+ + H_2O$	AnR	*Ferroglobus*
	$4\,H_2 + SO_4^{2-} + 2\,H^+ \rightarrow 4\,H_2O + H_2S$	AnR	*Archaeglobus*
	$4\,H_2 + CO_2 \rightarrow CH_4 + 2\,H_2O$	AnR	*Methanopyrus, Methanocaldococcus, Methanothermus*

a AnR — respiração anaeróbia; AeR — respiração aeróbia; F — fermentação.

valores de pH de 1-5.* *Sulfolobus* (Figura 13.17*a*) é um organismo quimiolitotrófico aeróbio que oxida H_2S ou S^0 a H_2SO_4 e fixa CO_2 como única fonte de carbono. *Sulfolobus* é também capaz de crescer quimiorganotroficamente. As células de *Sulfolobus* são relativamente esféricas, embora formem lobos distintos (Figura 13.17*a*). As células aderem-se firmemente aos cristais de enxofre, onde podem ser visualizadas microscopicamente com o uso de corantes fluorescentes (Figura 18.26*b*). Além da respiração de enxofre ou de compostos orgânicos, os membros do gênero *Sulfolobus* podem também oxidar Fe^{2+} a Fe^{3+}, propriedade esta que vem sendo aplicada na lixiviação de minérios de ferro ou cobre, em altas temperaturas (Seção 20.16).

Um organismo aeróbio facultativo, similar a *Sulfolobus*, é também encontrado em fontes solfatáricas ácidas. Esse organismo, *Acidianus* (Figura 13.17*b*), diferencia-se nitidamente de *Sulfolobus* por sua capacidade de crescer anaerobicamente. De maneira Notável, *Acidianus* é capaz de utilizar S^0 em seu metabolismo aeróbio e anaeróbio. Em condições aeróbias, utiliza S^0 como *doador* de elétrons, oxidando S^0 a H_2SO_4. Anaerobicamente, *Acidianus* utiliza S^0 como *aceptor* de elétrons (com H_2 como doador de elétrons), originando H_2S como o produto reduzido. Assim, o destino metabólico de S^0 em culturas de *Acidianus* depende da presença ou ausência de O_2. Assim como *Sulfolobus*, *Acidianus* exibe morfologia grosseiramente esférica, embora não seja lobulado (Figura 13.17*b*). Esse gênero cresce em temperaturas a partir de 65ºC, até um máximo de 95ºC, com a temperatura ótima na faixa de 90ºC.

* Nota histórica: O gênero *Sulfolobus* foi descoberto por Thomas Brock e colaboradores, em 1970, sendo formalmente descrito em 1972. A descoberta de *Sulfolobus*, juntamente com o isolamento prévio de *Thermus aquaticus* (fonte da enzima extremamente termoestável, DNA *Taq* polimerase, Seção 10.17), é usualmente considerada a iniciadora do campo da microbiologia de hipertermofílicos. Thomas Brock foi o principal autor das primeiras sete edições desse livro. Dos anos 80 até o presente, Karl Stetter e colaboradores, na Alemanha, expandiram significativamente o campo da microbiologia de hipertermofílicos, com a descoberta de novos gêneros e espécies.

Thermoproteales

Os gêneros *Thermoproteus* e *Thermofilum* consistem de células *bacilares*, que habitam fontes quentes, de neutras a levemente ácidas. As células de *Thermoproteus* correspondem a bacilos rígidos, com diâmetro em torno de 0,5 m e comprimento bastante diverso, variando de células curtas, de 1-2 m, até filamentos com 70-80 m (Figura 13.18*a*). Os filamentos de *Thermofilum* são mais finos, alguns com largura de 0,17-0,35 m e comprimento de até 100 m (Figura 13.18*b*). Tanto *Thermoproteus* quanto *Thermofilum* são anaeróbios estritos, que realizam respiração anaeróbia baseada em S^0 (Tabela 13.8). Diferentemente da maioria de hipertermófilos, a sensibilidade ao oxigênio de *Thermoproteus* e *Thermofilum* é extrema, comparável à dos organismos metanogênicos (ver Seção 13.4); desse modo, precauções cuidadosas devem ser tomadas em sua cultura. A maioria das amostras isoladas de *Thermoproteus* é capaz de crescer quimiolitotroficamente a partir de H_2 ou quimiorganotroficamente a partir de substratos complexos de carbono, como extrato de levedura, pequenos peptídeos, amido, glicose, etanol, malato, fumarato ou formato (ver Tabela 13.8). *Thermoproteus* e *Thermofilum* apresentam proporções similares de bases GC (56-58% GC), embora por análises de hibridização de ácidos nucléicos sejam filogeneticamente distintos (Seção 11.9).

Tabela 13.9 Propriedades de Crenarchaeota hipertermofílicos

Grupo/ Gênero[a]	Morfologia	Número de espécies	Relação com O_2[b]	DNA (mol % GC)	Temperatura (°C) Mínima	Temperatura (°C) Ótima	Temperatura (°C) Máxima	pH Ótimo
Sulfolobales								
Sulfolobus	Cocos lobulados	6	Ae	37	55	75	87	2-3
Acidianus	Cocos	3	Fac	31	60	88	95	2
Metallosphaera	Cocos	2	Ae	45	50	75	80	2
Stygiolobus	Cocos lobulados	1	An	38	57	80	89	3
Aeropyrum	Cocos	1	Ae	56	70	95	100	7
Stetteria	Cocos	1	An	65	68	95	102	6
Sulfophobococcus	Discóides	1	An	54-56	70	85	95	7,5
Thermosphaera	Cocos	1	An	46	67	85	90	7
Thermoproteales								
Thermoproteus	Bacilo	2	An	56	60	88	96	6
Thermophilum	Bacilo	1	An	57	70	88	95	5,5
Pyrobaculum	Bacilo	3	Fac	46	74	100	102	6
Caldivirga	Bacilo	1	An	43	60	85	92	4
Thermocladium	Bacilo	1	An	52	60	75	80	4,2
Desulfurococcales								
Desulfurococcus	Cocos	2	An	51	70	85	95	6
Staphylothermus	Cocos em cachos	1	An	35	65	92	98	6-7
Pyrodictium	Discóides, com filamentos	3	An	62	82	105	110	6
Pyrolobus	Cocos lobulados	1	Fac	53	90	106	113	5,5
Thermodiscus	Discóide	1	An	49	75	90	98	5,5
Ignicoccus	Cocos irregulares	2	An	35	65	90	103	5
Hyperthermus	Cocos irregulares	1	An	56	75	102	108	7
Sulfurisphaera	Cocos	1	Fac	33	63	84	92	2
Sulfurococcus	Cocos	2	Ae	43-46	40	75	85	2,5
Archaeoglobales[c]								
Archaeoglobus	Cocos	3	An	46	64	83	95	7
Ferroglobus	Cocos irregulares	1	An	43	65	85	95	7
Thermococcales[c]								
Thermococcus	Cocos	14	An	38-57	70	88	98	6-7
Pyrococcus	Cocos	4	An	38	70	100	106	6-8

a As denominações de grupos terminando em "ales" referem-se à denominação da ordem (Seção 11.10).
b Ae — aeróbio; An — anaeróbio; Fac — facultativo.
c Filogeneticamente, os gêneros dessas ordens de hipertermófilos são membros do filo Euryarchaeota (ver Seções 13.6 e 13.7).

13.10 Hipertermófilos de hábitats vulcânicos submarinos: Desulfurococcales

Principais gêneros

Pyrodictium
Pyrolobus
Ignicoccus
Staphylothermus

Agora nos voltaremos para a microbiologia de hábitats vulcânicos submarinos, morada das mais termofílicas dentre todas as *Archaea* conhecidas. Esses hábitats incluem tanto fontes termais de águas rasas quanto fendas hidrotermais de águas profundas. A geologia desses fascinantes hábitats microbianos será discutida na Seção 20.8. Os organismos a serem aqui descritos constituem uma ordem de *Archaea* denominada Desulfurococcales (Tabela 13.9).

Pyrodictium e *Pyrolobus*

Pyrodictium, *Pyrolobus* e *Pyrobaculum* são interessantes exemplos de procariotos, cujo ótimo de temperatura é de 100°C ou acima, sendo o ótimo para *Pyrodictium* de 105°C, e para *Pyrolobus*, de 106°C. As células de *Pyrodictium* apresentam morfologia discóide irregular e, quando em culturas, crescem e originam uma camada semelhante a um micélio, aderida a cristais de enxofre elementar; a massa celular consiste em uma rede de fibras, às quais as células individuais estão aderidas (Figura 13.19*a*, *b*). As fibras são ocas, consistindo em proteínas em um arranjo similar ao de flagelos bacterianos (Seção 4.10). Os filamentos não atuam na motilidade, mas como órgãos de aderência (ver Figura 13.22); as paredes

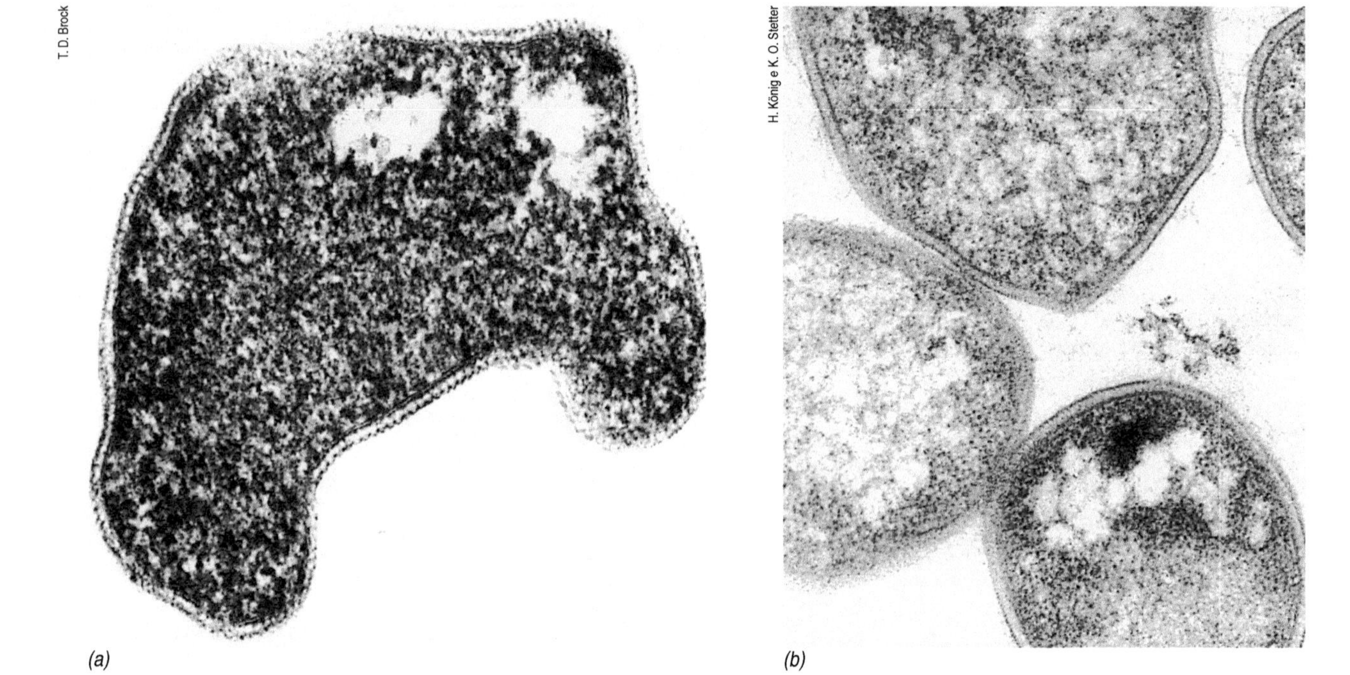

■ **Figura 13.17** *Archaea* hipertermofílicas acidofílicas, os Sulfolobales. (a) *Sulfolobus acidocaldarius*. Micrografia eletrônica de uma seção fina. (b) *Acidianus infernus*. Micrografia eletrônica de uma seção fina. O diâmetro das células, em ambos os organismos, varia de 0,8 a 2 μm.

celulares de *Pyrodictium* são compostas por glicoproteínas. Fisiologicamente, *Pyrodictium* corresponde a um anaeróbio estrito, que cresce quimiolitotroficamente a partir de H_2, utilizando S^0 como aceptor de elétrons, ou quimiorganotroficamente, em misturas complexas de compostos orgânicos (ver Tabela 13.8).

A espécie *Pyrolobus fumarii* (Figura 13.19*c*) atualmente detém o recorde, sendo o organismo mais termofílico dentre todos os seres vivos conhecidos — sua temperatura de crescimento máxima é de 113°C (Tabela 13.9) (notadamente, *P. fumarii* é incapaz de crescer abaixo de 90°C, por ser muito frio!). *Pyrolobus* habita as paredes dos respiradouros de fendas hidrotermais do tipo "fumarolas negras" (Seção 20.8 e Figura 20.20), onde, por suas habilidades autotróficas, possivelmente corresponda à principal fonte de produção primária nesse ambiente inorgânico. As células de *Pyrolobus* exibem forma bacilar (Figura 13.19*c*), e sua parede celular é composta por proteínas. Esse organismo é quimiolitotrófico obrigatório de H_2, crescendo à custa da oxidação de H_2 associada à redução de NO_3^- (a NH_4^+), $S_2O_3^{2-}$ (a H_2S) ou a concentrações muito baixas de O_2 (a H_2O). Além de sua natureza extremamente termofílica, *Pyrolobus* também é resistente a temperaturas substancialmente superiores à sua temperatura máxima de crescimento. Por exemplo, culturas de *P. fumarii* sobrevivem à autoclave (121°C) por 1 h, uma condição à qual nem mesmo os endósporos bacterianos (Seção 4.15) conseguem resistir. Considerando o hábitat desse organismo, em fendas hidrotermais, onde mudanças de temperatura podem ocorrer regularmente, a resis-

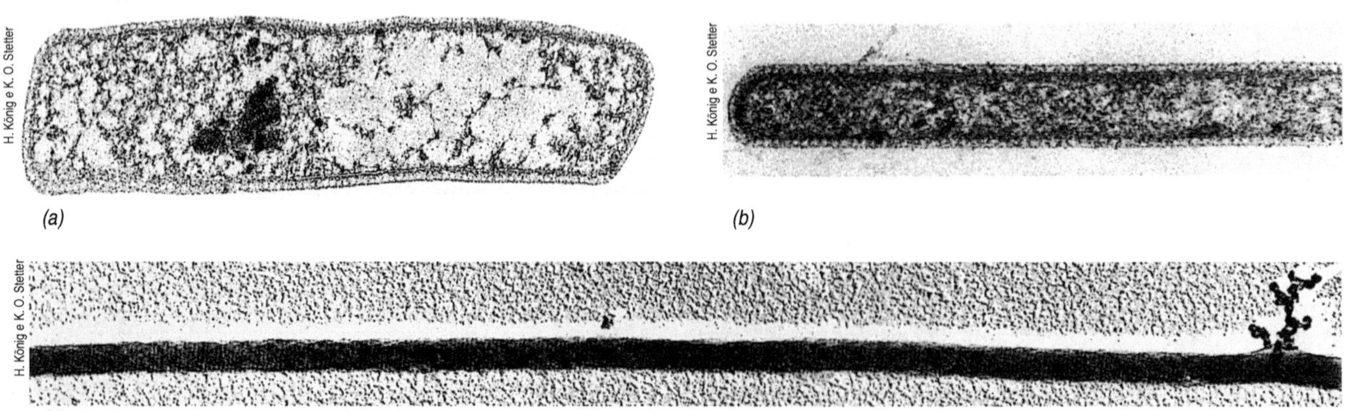

■ **Figura 13.18** *Archaea* hipertermofílicas bacilares: Thermoproteales. (a) *Thermoproteus neutrophilus*. Micrografia eletrônica de uma seção fina. Uma célula tem diâmetro aproximado de 0,5 μm. (b) *Thermofilum librum*. Uma célula tem diâmetro aproximado de apenas 0,25 μm. Micrografia eletrônica de células sombreadas. (c) *Thermofilum librum*. Micrografia eletrônica de uma seção fina.

H. König e K. O. Stetter

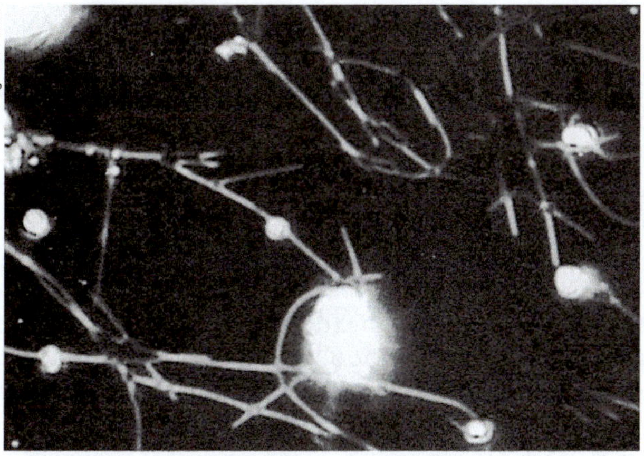

(a)

H. König e K. O. Stetter

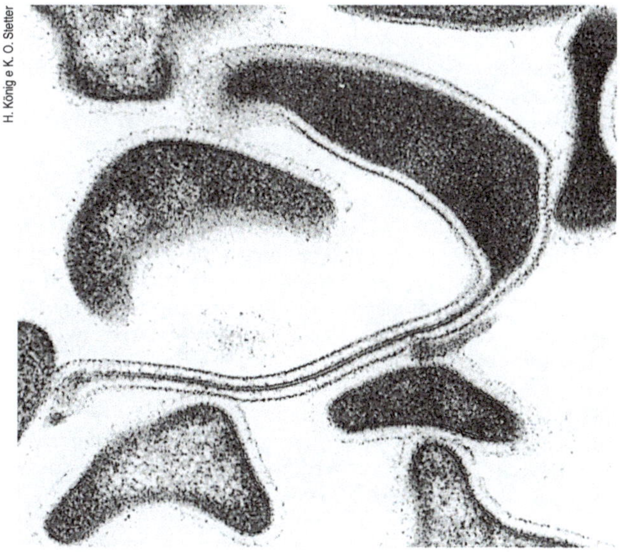

(b)

R. Rachel e K. O. Stetter

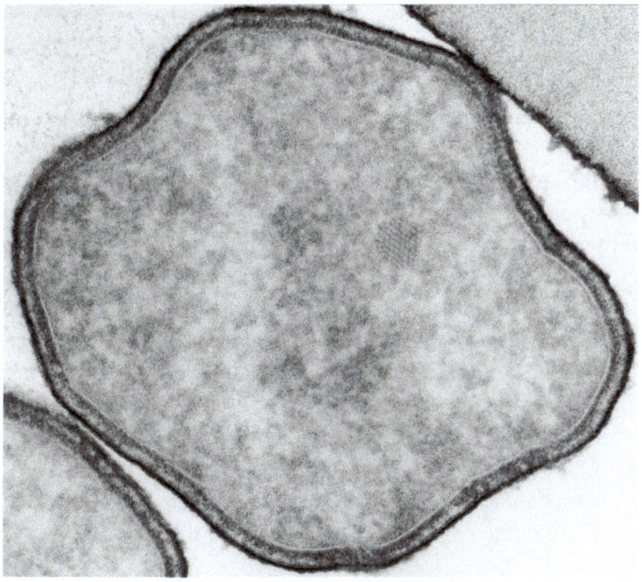

(c)

■ **Figura 13.19** Desulfurococcales com ótimo de temperatura de crescimento > 100°C. (a) Micrografia de campo escuro de *Pyrodictium occultum* (ótimo de temperatura de crescimento de 105°C). (b) Eletromicrografia de uma seção fina de *P. occultum*. As células têm diâmetro variando de 0,3 a 2,5 μm. (c) Seção fina de uma célula de *Pyrolobus fumarii*, o mais termofílico de todos os procariotos conhecidos (ótimo de temperatura de crescimento de 106°C); uma única célula tem diâmetro aproximado de 1,4 μm.

tência ao calor intenso é de grande importância para sua sobrevivência.

Desulfurococcus, Ignicoccus e *Pyrobaculum*

Outros membros notáveis desse grupo de hipertermófilos incluem *Desulfurococcus*, o gênero que deu nome à ordem (Figura 13.20*b*). *Desulfurococcus* é um organismo redutor de S^0, estritamente anaeróbio como *Pyrodictium*, mas diferencia-se desse organismo pelo fato de ser menos termofílico e crescer otimamente em temperaturas na faixa de 85°C. *Pyrobaculum* (Figura 13.20*a*) é uma *Archaea* hipertermofílica, fisiologicamente singular. Algumas espécies são capazes de realizar tanto a respiração aeróbia como a respiração anaeróbia, utilizando NO_3^-, Fe^{3+} ou S^0 quanto aceptores de elétrons e H_2 como doador de elétrons (ou seja, crescimento quimiolitotrófico e autotrófico), enquanto outras espécies crescem anaerobicamente, empregando doadores orgânicos de elétrons, reduzindo S^0 a H_2S. A temperatura ótima de crescimento de *Pyrobaculum* corresponde ao ponto de ebulição da água ao nível do mar (100°C), com espécies desse organismo isoladas tanto de fontes quentes terrestres como de fendas hidrotermais.

Ignicoccus (Figura 13.20*c*) corresponde a um novo organismo hipertermófilo que pode apresentar uma verdadeira membrana externa, similar à membrana externa encontrada em *Bacteria* (Seção 4.9). No entanto, a membrana externa de *Ignicoccus* é incomum pelo fato de se formar a alguma distância do citoplasma; esse arranjo origina um grande e incomum periplasma (Figura 13.20*c*). De fato, o volume do *periplasma* de *Ignicoccus* é 2-3 vezes maior que seu *citoplasma*, contrastando com *Bacteria* gram-negativas, cujo volume periplasmático corresponde a 25% do volume citoplasmático. O periplasma de *Ignicoccus* também apresenta vesículas ligadas à membrana (Figura 13.20*c*), que podem atuar na exportação de substâncias para fora da célula. A temperatura ótima de crescimento do gênero *Ignicoccus* corresponde a 90°C; seu metabolismo é baseado em H_2/S^0, como o de várias *Archaea* hipertermofílicas (Tabela 13.8). A função desse periplasma incomum de *Ignicoccus* ainda não está claramente definida, sendo necessários estudos químicos sobre sua membrana externa, a fim de determinar se esta contém um componente polissacarídeo similar ao de *Bacteria* (Seção 4.9). No entanto, independentemente do resultado de tais estudos, *Ignicoccus* destaca-se dentre as *Archaea* hipertermofílicas (e, de fato, dentre todos os procariotos conhecidos) por sua estrutura singular.

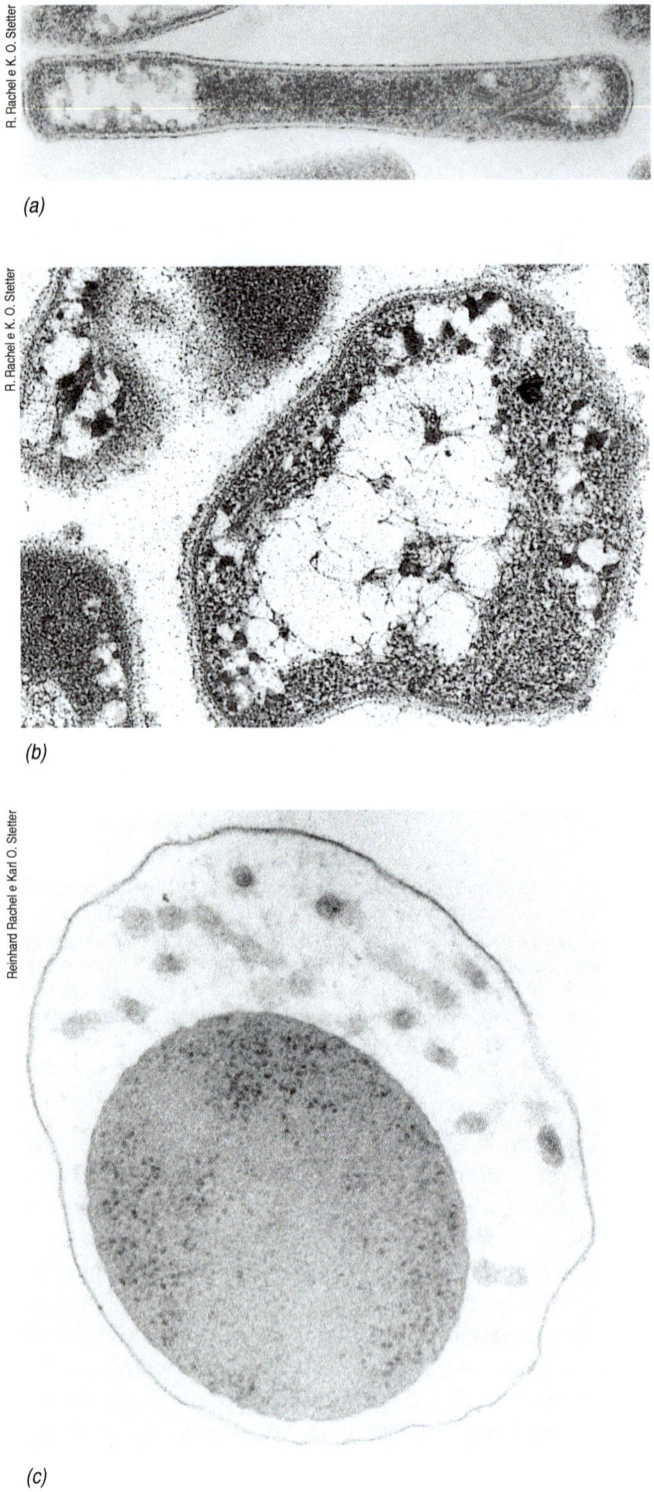

■ **Figura 13.20** Exemplos de Desulfurococcales com temperatura ótima de crescimento abaixo do ponto de ebulição. (a) Eletromicrografia de transmissão de uma seção fina de *Pyrobaculum aerophilum*; uma célula mede 0,5 x 3,5 μm. (b) Seção fina de uma célula de *Desulfurococcus saccharovorans*; uma célula tem diâmetro de 0,7 μm. (c) Seção fina de uma célula de *Ignicoccus islandicus*. A célula é circundada por um periplasma extremamente grande (Seção 4.9). O diâmetro da célula é de aproximadamente 1μm, enquanto o diâmetro da célula, juntamente com o periplasma, é de 1,4 μm.

Staphylothermus

Um membro morfologicamente incomum da ordem Desulfurococcales corresponde ao gênero *Staphylothermus*. As células de *Staphylothermus* são esféricas, com diâmetro em torno de 1 m, as quais originam massas de até 100 células, similar ao observado no gênero *Staphylococcus* (compare as Figuras 13.21 e 4.4*b*). *Staphylothermus* é um organismo quimiorganotrófico que cresce otimamente a 92°C; a energia é obtida pela fermentação de peptídeos, produzindo ácidos graxos como acetato e isovalerato, como produtos da fermentação (Tabela 13.8). Isolados de *Staphylothermus* foram obtidos tanto de fendas marinhas rasas quanto de fendas hidrotermais do tipo fumarola negra, indicando que esse organismo encontra-se amplamente distribuído em regiões termais submarinas, podendo, por isso, corresponder ecologicamente a um importante consumidor de compostos protéicos nesses ambientes.

✓ 13.8–13.10 Verificação de conceitos

Os Crenarchaeota hipertermofílicos são encontrados nos hábitats mais quentes já descritos para organismos vivos. São também conhecidos organismos relacionados filogeneticamente, que vivem em baixas temperaturas. Uma variedade de tipos morfológicos de Crenarchaeotas é conhecida; diferentes estratégias metabólicas são empregadas para seu crescimento.

✓ Quais são as principais diferenças entre os organismos *Sulfolobus* e *Pyrolobus*? E entre *Staphylothermus* e *Ignicoccus*?

✓ Qual a característica incomum nas propriedades metabólicas de *Acidianus*, no que se refere ao enxofre elementar (S^0)?

✓ Qual a classe energética de organismos que utilizam H_2 como doador de elétrons? Quais Crenarchaeota utilizam H_2 e, nesse caso, qual é o aceptor de elétrons?

IV EVOLUÇÃO E VIDA EM ALTAS TEMPERATURAS

Archaea hipertermofílicas crescem em temperaturas muito superiores àquelas de outros procariotos. Qual a natureza da tolerância ao calor extremo e quais são os limites de temperatura, além dos quais a vida é impossí-

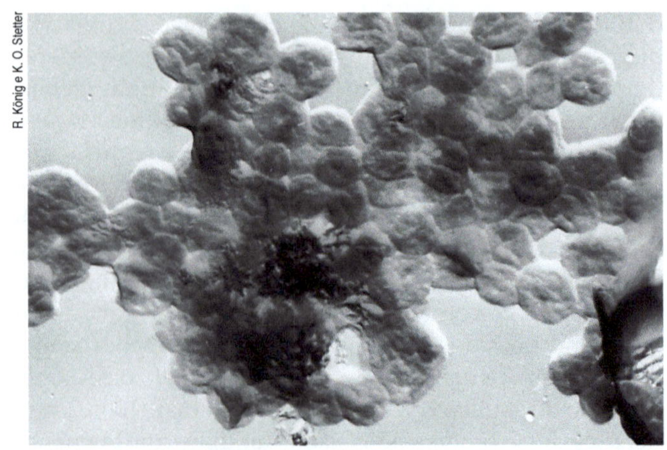

■ **Figura 13.21** O organismo hipertermofílico *Staphylothermus marinus* (temperatura ótima de crescimento 92°C). Eletromicrografia de células sombreadas. Uma célula tem diâmetro aproximado de 1 μm.

vel? Além disso, o que os procariotos hipertermofílicos podem nos dizer sobre a história remota da Terra? Nesta seção, examinaremos resumidamente estes assuntos.

13.11 Termoestabilidade de biomoléculas

A estabilidade de proteínas e de DNA em organismos hipertermofílicos é crucial para sua sobrevivência em altas temperaturas. A maioria das proteínas se desnatura em altas temperaturas, e, por isso, várias pesquisas têm sido realizadas para identificar as propriedades das proteínas termoestáveis. A composição de aminoácidos em proteínas termoestáveis de hipertermófilos não é particularmente incomum. De fato, as enzimas de hipertermófilos freqüentemente contêm as mesmas características estruturais principais que as correspondentes termolábeis de bactérias mesofílicas. No entanto, as proteínas termoestáveis tendem a apresentar núcleos altamente hidrofóbicos, o que provavelmente diminui sua tendência de se desdobrar, além de geralmente apresentarem maior interação iônica em suas superfícies. Em última análise, no entanto, a resistência térmica de uma proteína está diretamente associada ao seu *dobramento*; desse modo, alterações sutis na seqüência de aminoácidos aparentemente são suficientes para conferirem termoestabilidade a proteínas antes consideradas termolábeis.

Como todas as células, os organismos hipertermófilos produzem proteínas especiais denominadas *chaperoninas* (proteínas de choque térmico, Seção 7.16), que atuam no redobramento de proteínas parcialmente desnaturadas. Em células de *Pyrodictium* (Figura 13.22), a principal chaperonina denomina-se *termossomo*. Essa proteína atua de modo a manter as demais proteínas apropriadamente dobradas e funcionais, podendo ajudar as células a sobreviverem em temperaturas acima de sua temperatura máxima de crescimento; por exemplo, células de *Pyrodictium* podem sobreviver por 1 h em autoclave (121°C).

Estabilidade do DNA

Como o DNA permanece intacto em altas temperaturas, sem que haja a separação da molécula, originando duas fitas simples? Vários mecanismos podem estar envolvidos. O citoplasma de organismos metanogênicos hipertermofílicos contém grandes quantidades de 2,3-difosfoglicerato cíclico de potássio. Esse soluto impede danos químicos, tais como a desnaturação, que podem ocorrer ao DNA em altas temperaturas. No entanto, nem todos os hipertermófilos produzem essa substância; logo, há a suspeita da existência de outros mecanismos para a estabilização do DNA. Nesse aspecto, foi verificado que todos os hipertermófilos produzem uma forma singular de DNA topoisomerase denominada *DNA girase reversa* (Seção 7.3). A girase reversa introduz superenovelamentos *positivos* no DNA (em contraste ao superenovelamento *negativo* introduzido pela DNA girase "normal", Seção 7.3) que estabilizam significativamente o DNA contra a desnaturação térmica.

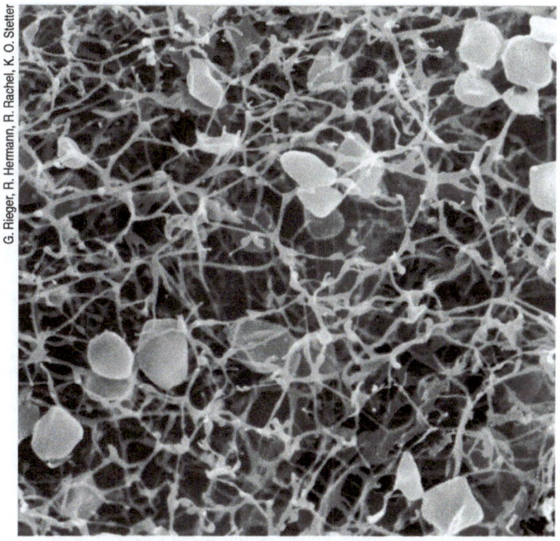

G. Rieger, R. Hermann, R. Rachel, K. O. Stetter

Figura 13.22 Eletromicrografia de varredura de *Pyrodictium abyssi*. O gênero *Pyrodictium* foi estudado como um modelo da estabilidade macromolecular em altas temperaturas. As células encontram-se embebidas em uma matriz glicoprotéica viscosa, que as mantém juntas.

Além dos sais e da DNA girase, outras proteínas de hipertermófilos atuam na manutenção da integridade do DNA na forma de fita dupla. Por exemplo, uma pequena proteína termoestável de ligação ao DNA, denominada *Sac7d*, foi encontrada em células de *Sulfolobus*, ligando-se inespecificamente ao sulco menor do DNA e aumentando sua temperatura de desnaturação em cerca de 40°C. A proteína Sac7d promove uma torção no DNA, podendo, assim, estar envolvida também na regulação gênica. Embora as proteínas do tipo Sac7d estejam limitadas às espécies de crenarchaeotas, os euryarchaeotas também contêm proteínas de ligação ao DNA. Porém, diferentemente de Sac7d, essas proteínas são fortemente básicas, exibindo grande homologia de seqüência de aminoácidos com as histonas centrais de *Eukarya* (Seção 7.3). Essas histonas de *Archaea* foram particularmente bem estudadas no organismo metanogênico hipertermofílico *Methanothermus fervidus*, onde se enrolam e compactam o DNA, originando estruturas semelhantes a nucleossomos (Figura 13.23) (Seção 7.3), que mantêm o DNA na forma de fita dupla em temperaturas muito elevadas.

Estabilidade lipídica

E quanto aos lipídeos celulares? De que maneira os hipertermófilos evitam que suas membranas se rompam em altas temperaturas? Virtualmente, todos os hipertermófilos contêm lipídeos construídos segundo o modelo dibifitanil tetraéter (Seção 4.5 para a estrutura de tais lipídeos). Os lipídeos dibifitanil tetraéter são naturalmente resistentes ao calor, uma vez que as ligações covalentes entre as unidades de fitanil originam uma membrana citoplasmática do tipo *monocamada* lipídica em vez da *bicamada* lipídica usual (Seção 4.5 e Figura 4.20); essa estrutura resiste ao efeito provocado pelo calor de romper a bicamada lipídica formada por ácidos graxos.

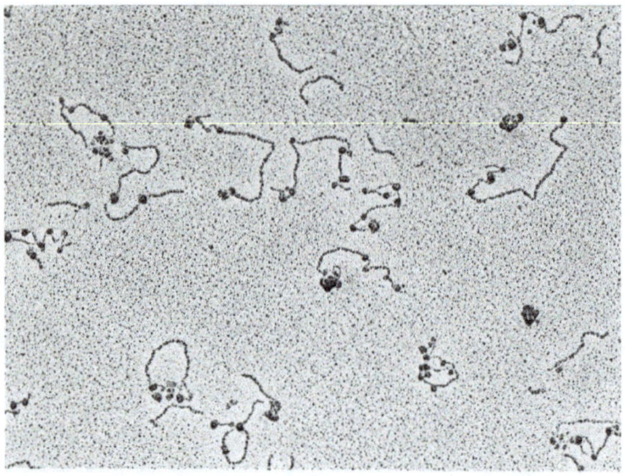

Figura 13.23 Histonas de *Archaea* e nucleossomos. Eletromicrografia de um DNA plasmidial linearizado, enrolado ao redor de cópias da histona Hmf de *Archaea* (do organismo metanogênico hipertermofílico *Methanothermus fervidus*, ver Figura 13.8*c*), formando estruturas semelhantes a nucleossomos, grosseiramente esféricos, coradas em escuro. Compare esta micrografia com a ilustração de histonas e nucleossomos de *Eukarya*, apresentada na Figura 7.11.

Estabilidade de monômeros

Além da estabilidade das *macromoléculas*, a termolabilidade de *monômeros* é importante na definição dos limites superiores da temperatura de crescimento em bactérias hipertermofílicas. Não importa quão estáveis sejam as macromoléculas, a vida torna-se impossível se as unidades precursoras fundamentais forem instáveis. Portanto, a termoestabilidade de pequenas moléculas, em vez das macromoléculas, pode determinar a temperatura superior para a vida, e, mesmo em temperaturas "baixas" como 120ºC, algumas importantes moléculas pequenas são destruídas em taxas significativas. Por exemplo, duas moléculas-chave no metabolismo energético, ATP e NAD^+, são rapidamente hidrolisadas nessas temperaturas; sua meia-vida é inferior a 30 min quando a 120ºC, sendo dramaticamente reduzida em temperaturas superiores a esta. Tendo esse fato em mente, qual seria a temperatura máxima para a vida?

Os limites para a vida microbiana

Pelo fato de a vida, como a conhecemos, depender de água em estado líquido, hábitats microbianos com temperaturas acima de 100ºC são encontrados apenas em ambientes sob *pressão*, como o fundo do mar. De fato, todas as *Archaea* hipertermofílicas capazes de crescer acima de 100ºC aparentemente estão restritas a esses ambientes superaquecidos (ver Tabela 13.9). Porém, quão quentes esses ambientes podem ser, de maneira a ainda permitir o desenvolvimento da vida?

Uma resposta para essa pergunta foi vislumbrada a partir dos estudos de fendas hidrotermais do tipo fumarolas negras, localizadas em grandes profundidades marinhas, tidas como modelos de ambientes naturais superaquecidos. As fumarolas emitem fluidos a 250-350ºC e formam estruturas metálicas verticais, denominadas *chaminés* (ou respiradouros), a partir de sulfetos metálicos presentes no fluido (▹ Figura 20.19). Embora hipertermófilos tenham sido isolados das paredes de chaminés de fumarolas (que exibem um gradiente de temperatura de 250ºC internamente a 2ºC externamente), estudos da água a 250ºC revelam que esta se encontra estéril; esse resultado está de acordo com as análises laboratoriais que mostram claramente a destruição instantânea de importantes biomoléculas em temperaturas tão altas.

Experimentos laboratoriais sugerem que os processos da vida seriam mantidos em temperaturas altas, de até 140-150ºC, enquanto acima dessas temperaturas os organismos provavelmente seriam incapazes de sobrepujar a termolabilidade das biomoléculas essenciais para a vida. Por exemplo, se existirem organismos capazes de crescer em temperaturas tão "baixas" como 150ºC, sua produção de energia teria que ser baseada, quase certamente, em algo diferente de ATP— a moeda energética de todas as outras formas de vida, visto que o ATP é instável nessa temperatura. Desse modo, se "super" hipertermófilos, capazes de crescer a ou acima de 150ºC, forem descobertos, estes provavelmente apresentarão novos princípios fundamentais de biologia e bioquímica.

13.12 *Archaea* hipertermofílicas e evolução microbiana

Um interessante questionamento em relação às *Archaea* refere-se a por que tantos habitam ambientes extremos. Embora sondagens moleculares de ambientes não extremos (como solo e água) indiquem que as *Archaea* são encontradas em toda parte, um tema corrente pesquisado em representantes cultivados de *Archaea* corresponde à *adaptação a extremos ambientais*. Como vimos neste capítulo, são conhecidas várias espécies que crescem acima do ponto de ebulição ou em extremos de pH ou de salinidade. Será isso uma mera coincidência ou um reflexo da história evolutiva da Terra?

Ambientes extremos de vários tipos existiam nos primórdios da Terra, como existem ainda hoje, e possivelmente a vida surgiu nesses ambientes. Considera-se praticamente estabelecido que, por ocasião do surgimento de formas de vida celulares, a Terra apresentava temperatura muito superior à atual (▹ Seção 11.1), e os hipertermófilos, em particular, se sobressaem como os organismos mais relacionados às formas de vida existentes nos tempos remotos da Terra. O que a árvore filogenética de *Archaea* nos diz sobre esses hipertermófilos?

Hipertermófilos e seu lento relógio evolutivo

O seqüenciamento molecular de moléculas de rRNA sugere que maioria das *Archaea* evoluiu de maneira mais lenta que a maioria de *Bacteria* ou de *Eukarya*. Esse fato é particularmente verdadeiro em relação às *Archaea* hipertermofílicas, tanto euryarchaeotas como crenarchaeotas (ver Figura 13.1). O mesmo pode ser afirmado sobre *Bacteria* hipertermofílicas, como *Thermotoga* e *Aquifex* (▹ Figura 12.1). Essa conclusão origina-se a partir de análises das árvores evolutivas; os ramos correspondentes aos hipertermófilos são relativamente curtos, ramificando-se próximos à raiz (▹ Figura 12.1; ver também Figura 13.1).

Não se sabe o motivo pelo qual as *Archaea* termófilas apresentariam "relógios evolutivos" tão lentos, embora uma hipótese sugira que isto seria conseqüência do fato de esses organismos habitarem ambientes tão extremos. Organismos que vivem em altas temperaturas podem estar sob pressões evolutivas fortes e incomuns, a fim de manter aqueles genes determinantes das características fenotípicas vitais para a vida nestes ambientes. Isto é, após uma determinada condição, a sobrevivência de hipertermófilos não poderia ser promovida por alterações genéticas adicionais. Se essa hipótese estiver correta, as *Archaea* corresponderiam, de fato, a relíquias vivas de primitivas formas de vida, e seu estudo continuado pode revelar importantes princípios sobre a biologia da Terra em épocas remotas.

"Korarchaeota"

O conceito de "relógio lento" pode ser mais bem explorado no filo "Korarchaeota", ilustrado na árvore filogenética da Figura 13.1, considerado o filo de menor derivação dentre todas as *Archaea*. Infelizmente, pouco conhecemos sobre esse grupo. Representantes de "Korarchaeota" somente foram identificados, até o momento, em uma única fonte quente, a "Obsiedian Pool", no Parque Nacional de Yellowstone; esse grupo não é reconhecido taxonomicamente (por isso, o uso do nome entre aspas). No entanto, existem culturas laboratoriais mistas de "Korarchaeota" (Figura 13.24), indicando claramente que esses organismos são hipertermófilos, como esperado para procariotos localizados próximos à raiz da árvore de *Archaea* (Figura 13.1). Muitos progressos são esperados em relação a este interessante grupo, talvez possibilitando a elucidação de segredos sobre as condições primordiais da Terra e sobre as formas de vida primitivas.

Hidrogênio como fonte de energia primitiva

Antes de concluirmos este capítulo, queremos destacar a freqüência com que o *metabolismo de* H_2 está presente no cenário metabólico; muitas *Archaea* crescem anaerobicamente, utilizando H_2 como doador de elétrons e um ou mais dos aceptores de elétrons, S^0, NO_3^- e Fe^{3+} (ver Tabela 13.8). Possivelmente, o metabolismo de H_2 corresponde a uma relíquia fisiológica de esquemas metabólicos remotos (Figura 11.5, que apresenta um exemplo) surgidos nos organismos primitivos, considerando-se a pronta disponibilidade desses compostos inorgânicos em seus ambientes primordiais. A atual diversidade de *Archaea* (e *Bacteria*, Seções 12.5 e 12.37) hipertermofílicas oxidantes de H_2, somada ao fato de tantas *Bacteria* mesofílicas (distantemente relacionadas aos hipertermofílicos oxidantes de H_2, Figura 12.1) também utilizarem H_2, atesta a evolução da oxidação de H_2 como um evento metabólico bem-sucedido. De fato, a utilização de H_2 por hipertermófilos e por vários grupos de procariotos que vivem profundamente na Terra (Seção 20.4) corresponde aos principal exemplo dessa estratégia metabólica. Foi sugerido que tanto as fendas hidrotermais, hábitat de vários dos hipertermófilos mais extremos, como o quente e profundo subsolo da Terra correspondam ao tipo de meio ambiente em que a vida teria surgido. Esses ambientes apresentam abundância de doadores e aceptores de elétrons inorgânicos e estão livres da exposição à radiação ultravioleta. Desse modo, é possível que os organismos hipertermofílicos discutidos neste capítulo sejam realmente relíquias de épocas remotas da Terra.

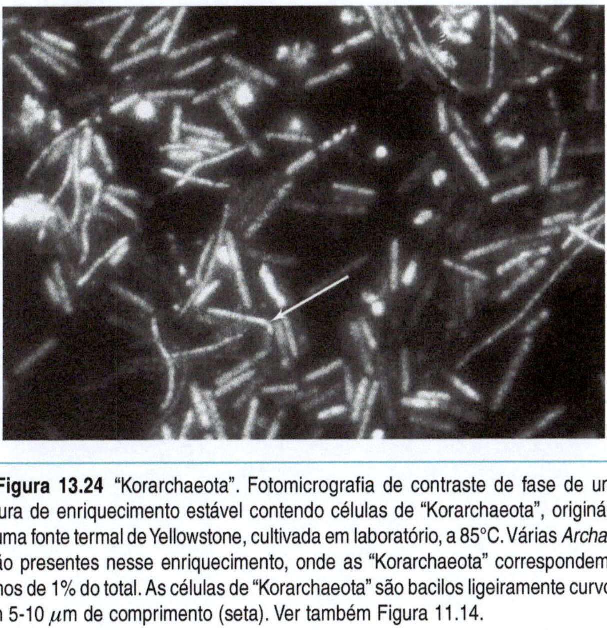

Nicole Eis

■ **Figura 13.24** "Korarchaeota". Fotomicrografia de contraste de fase de uma cultura de enriquecimento estável contendo células de "Korarchaeota", originária de uma fonte termal de Yellowstone, cultivada em laboratório, a 85°C. Várias *Archaea* estão presentes nesse enriquecimento, onde as "Korarchaeota" correspondem a menos de 1% do total. As células de "Korarchaeota" são bacilos ligeiramente curvos, com 5-10 μm de comprimento (seta). Ver também Figura 11.14.

✓ 13.11–13.12 Verificação de conceitos

Embora hipertermófilos vivam em temperaturas muito altas, acima do ponto de ebulição da água em alguns casos, há limites de temperatura além dos quais nenhum organismo é capaz de viver. Esse limite, provavelmente, situa-se em torno de 140-150°C.

- ✓ De que maneira os hipertermófilos impedem que importantes macromoléculas, como proteínas e DNA, sejam destruídas pelo calor intenso?
- ✓ Cite pelos menos duas razões da existência indubitável de um limite máximo de temperatura para a vida.
- ✓ Que evidências sugerem a existência de hipertermófilos muito similares a organismos remotos?
- ✓ Qual tipo de metabolismo energético possivelmente corresponderia à principal forma de produção de energia em organismos remotos?

Questões de revisão

1. Quais são algumas das características que todas as *Archaea* têm em comum?
2. Qual organismo, *Pyrodictium*, *Thermoplasma* ou *Methanosarcina*, relaciona-se mais intimamente com o organismo halófilo extremo *Halobacterium*? (*Dica*: A resposta encontra-se na Figura 13.1.)
3. De que modo organismos como *Halobacterium* conseguem viver em ambientes com alta salinidade, enquanto um organismo como *Escherichia coli* não é capaz?
4. Diferencie as funções da bacteriorodopsina, halorodopsina e rodopsina sensorial em *Halobacterium salinarum*.
5. Qual o doador de elétrons, na metanogênese, quando CO_2 é reduzido a CH_4?
6. Qual a principal característica que unifica todos os membros de Thermoplasmatales? Por que esta lhes permite colonizar, com sucesso, os escoadouros de minas?
7. Qual a singularidade fisiológica de *Methanopyrus* quando comparado a outro organismo metanogênico como *Methanobacterium*?
8. Qual a principal razão que justifica a "fama" do organismo *Pyrolobus fumarii*?
9. O que é uma *girase reversa* e qual sua importância em hipertermófilos?

Questões de aplicação

1. Utilizando os dados da Figura 13.1 como guia, discuta por que a bacteriorodopsina possivelmente corresponde a uma "invenção" evolutiva tardia.
2. Defenda ou refute a seguinte afirmação: O limite máximo de temperatura para a vida não está relacionado à estabilidade de macromoléculas, como proteínas ou ácidos nucléicos.

As células eucarióticas incluem tanto formas microbianas quanto plantas e animais. A alga verde *Spirogyra*, aqui ilustrada, contém as organelas típicas de uma célula eucariótica fototrófica, incluindo um núcleo envolto por membrana, mitocôndrias e cloroplastos. Outros eucariotos microbianos incluem protozoários, fungos e bolores limosos. Todos esses organismos correspondem a quimeras genéticas, uma vez que contêm genes oriundos de duas fontes. Estes incluem, naturalmente, os genes nucleares como também os genes localizados nos cloroplastos e nas mitocôndrias. Estes últimos são remanescentes dos genomas de *Bacteria* de vida livre que estabeleceram relações estáveis com eucariotos microbianos há eras, por um processo de *endossimbiose*.

14 BIOLOGIA CELULAR EUCARIÓTICA E MICRORGANISMOS EUCARIÓTICOS

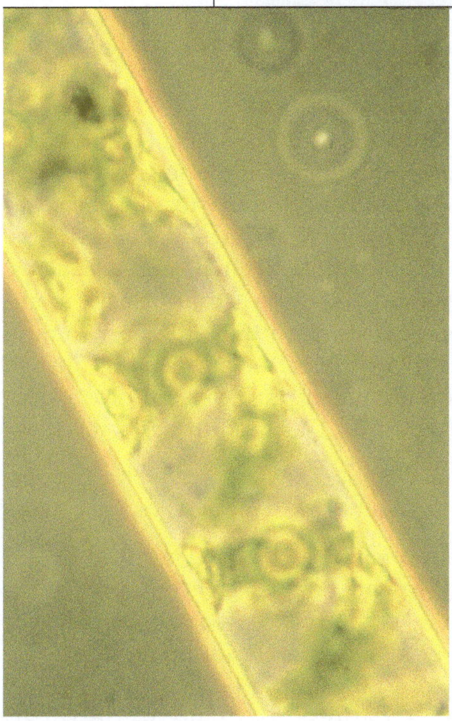

Glossário de trabalho

Algas microrganismos eucarióticos fototróficos
Bolores limosos microrganismos eucarióticos não fototróficos, desprovidos de parede celular e que se agregam formando estruturas de frutificação (bolores limosos celulares) ou massas de protoplasma (bolores limosos acelulares)
Bolores fungos filamentosos
Ciliados grupo de protozoários caracterizados pela rápida motilidade, dirigida por numerosos apêndices curtos denominados cílios
Citoesqueleto arcabouço celular, típico de células eucarióticas, onde um conjunto de microfilamentos define a forma das células
Cloroplasto a organela fotossintética de eucariotos fototróficos
Cogumelos fungos filamentosos que produzem estruturas grandes, freqüentemente comestíveis, denominadas corpos de frutificação
Conídios esporos assexuados de fungos
Endossimbiose teoria que preconiza terem as principais organelas das células eucarióticas sido originadas pela internalização e manutenção intracelular de *Bacteria* de vida livre
Esporozoários protozoários parasitas imóveis
Eukarya todos os organismos eucarióticos
Fagocitose mecanismo de ingestão de partículas alimentares, em que uma porção da membrana celular circunda a partícula e a conduz para o interior da célula
Flagelados grupo de protozoários caracterizados por se locomover pelo movimento em chicoteio de um ou mais apêndices longos e finos denominados flagelos
Fungos microrganismos eucarióticos não fototróficos que contêm parede celular rígida
Hidrogenossomo organela de origem endossimbiôntica, presente em certos microrganismos eucariotos anaeróbios, que oxida o piruvato a H_2, CO_2 e acetato, juntamente com a produção de uma molécula de ATP
Leveduras fungos unicelulares
Meiose processo de divisão nuclear que ocorre durante a formação de gametas, quando o número diplóide de cromossomos é reduzido ao número haplóide presente nos gametas
Mitocôndria organela respiratória de organismos eucariotos
Mitose processo pelo qual os cromossomos são replicados e transmitidos a cada célula filha durante a divisão celular de células eucarióticas
Movimento amebóide tipo de motilidade em que o fluxo citoplasmático movimenta o organismo para frente
Protozoário microrganismo eucariótico, unicelular, não fototrófico e desprovido de parede celular
Quitina polímero de *N*-acetilglicosamina comumente encontrado nas paredes celulares de algas e fungos
Tilacóides conjunto de membranas, normalmente empilhadas, que contêm os pigmentos fotossintéticos presentes em cloroplastos

Neste capítulo consideraremos a estrutura, filogenia e diversidade dos microrganismos eucarióticos. Esses organismos eucarióticos foram abordados brevemente no Capítulo 2, enquanto no Capítulo 7 discutimos algumas das propriedades moleculares peculiares desse grupo, como a presença de íntrons nos genes e as complexas exigências transcricionais. Aqui veremos que, enquanto alguns microrganismos eucarióticos se assemelham a procariotos em sua estrutura interna, outros são estruturalmente mais complexos. Os princípios básicos da biologia celular eucariótica serão abordados neste capítulo, e este material será útil, em um sentido prático, posteriormente, quando discutirmos os tópicos referentes às interações entre hospedeiros e parasitas, imunologia e doenças, os quais estão intimamente associados às atividades desempenhadas pelas células eucarióticas.

I ESTRUTURA CELULAR EUCARIÓTICA/ FUNÇÕES E GENÉTICA

As seis seções a seguir exploram a estrutura da célula eucariótica, o elo ancestral entre organelas e *Bacteria*, e a genética de eucariotos, empregando a levedura *Sacharomyces cerevisiae* como modelo de estudo.

14.1 Estrutura da célula eucariótica e o núcleo

A célula eucariótica típica é estruturalmente mais complexa que a célula procariótica (Figura 14.1). Enquanto o DNA de organismos procarióticos não se encontra isolado no interior da célula (embora a Seção 12.29 apresente uma exceção), as células eucarióticas contêm um *núcleo envolto por membrana*. A maioria dos eucariotos possui ainda outros tipos de estruturas intracelulares — um conjunto de estruturas, dependendo do organismo. Por exemplo, as mitocôndrias são praticamente universais nas células eucarióticas, enquanto os cloroplastos são encontrados somente em células fototróficas. As células eucarióticas podem apresentar parede celular (células vegetais, algas, fungos) ou serem desprovidas dessa estrutura (células animais, protozoários). Outras estruturas internas, como o complexo de Golgi, microssomos, retículo endoplasmático e microtúbulos, estão também presentes em uma célula eucariótica típica (Figura 14.1), cujas funções serão resumidamente abordadas.

Núcleo

O núcleo contém o genoma celular (Figura 14.2). Em eucariotos, o DNA presente no núcleo encontra-se na forma de cromossomos (o complexo processo de empacotamento do DNA, necessário para a formação dessas estruturas, foi descrito no Capítulo 7). Em muitas células eucarióticas, o núcleo apresenta diâmetro de vários micrômetros, sendo visível ao microscópio óptico, mesmo sem qualquer tipo de coloração (Figura 4.7*a*). No entanto, em eucariotos menores, procedimentos especiais de coloração são geralmente necessários para tornar o núcleo visível.

A membrana nuclear consiste em um *par* de unidades de membrana, separadas por um espaço de espessura variável. A membrana interna geralmente corresponde a um simples saco, enquanto a membrana mais externa encontra-se presente em vários locais, sendo contínua com o retículo endoplasmático. Esse arranjo de dupla membrana facilita a especificidade funcional; as membranas interna e mais externa são especializadas nas interações com o nucleoplasma e o citoplasma, respectivamente.

A membrana nuclear contém poros (Figura 14.2), constituídos por orifícios localizados em ambas as unidades

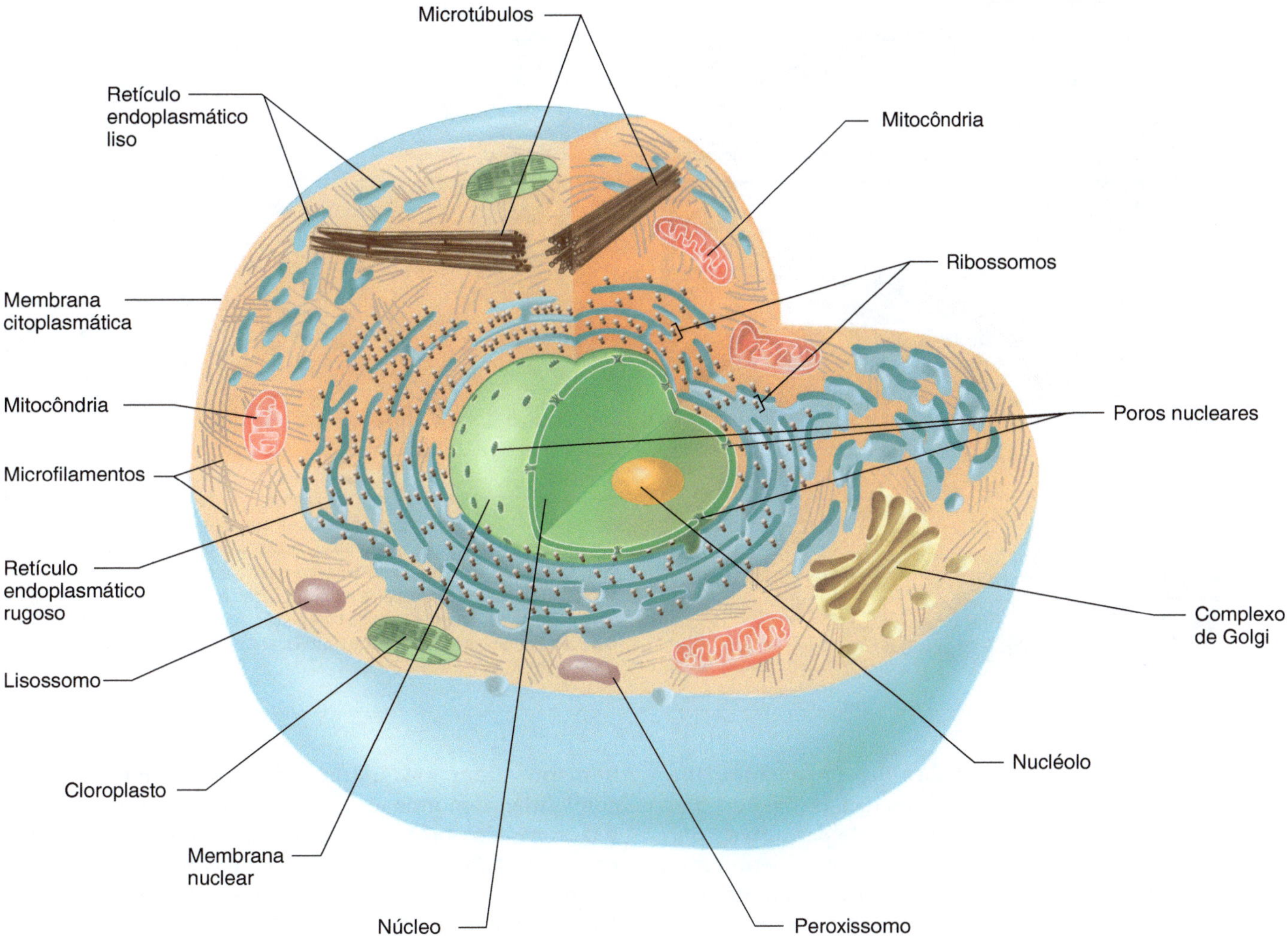

■ **Figura 14.1** Ilustração esquemática de um corte de uma célula eucariótica. Embora todas as células eucarióticas contenham núcleo, nem todas as organelas ou outras estruturas estão presentes.

de membrana, nos locais onde estas se unem. Os poros consistem em um complexo formado por várias proteínas, cuja função envolve a importação e a exportação de substâncias para dentro e para fora do núcleo. Da mesma maneira que o transporte através do citoplasma, o transporte nuclear requer energia, a qual provém da hidrólise de guanosina trifosfato (GTP).

Uma estrutura freqüentemente visível no interior do núcleo corresponde ao *nucléolo*, uma região rica em RNA, constituindo-se no sítio de síntese de RNA ribossomal. As proteínas ribossomais, sintetizadas no citoplasma, são transportadas para o interior do núcleo, onde se combinam com o RNA ribossomal, originando as subunidades menor e maior do ribossomo eucariótico. Estas são, então, exportadas para o citoplasma, onde se associam e originam o ribossomo intacto, que atua na síntese protéica.

14.2 Organelas respiratórias: a mitocôndria e o hidrogenossomo

A mitocôndria e o hidrogenossomo são organelas especializadas no metabolismo energético quimiotrófico. Aqui enfocamos essas organelas respiratórias, enquanto os cloroplastos serão discutidos na próxima seção.

Mitocôndrias

Em células eucarióticas aeróbias, os processos de respiração e fosforilação oxidativa (um mecanismo de síntese de ATP) (Seções 5.11 e 5.12) ocorrem em organelas envoltas por membrana, denominadas **mitocôndrias**. Estas têm dimensões equivalentes às células procarióticas e podem apresentar morfologia bacilar ou quase esférica (Figura 14.3). Uma célula animal típica pode conter mais de 1.000 mitocôndrias, mas este número depende do tipo e do tamanho da célula; uma célula de levedura pode apresentar um número muito menor de mitocôndrias por célula (ver Figura 14.2). A membrana mitocondrial, desprovida de esteróis, é menos rígida que a membrana citoplasmática da célula eucariótica, a qual contém esteróis. Assim, as mitocôndrias apresentam considerável plasticidade, tornando sua forma altamente variável, como pode ser observado em micrografias eletrônicas (Figura 14.3*b*, *c*).

A membrana mitocondrial apresenta estrutura similar às demais unidades de membrana: uma bicamada de

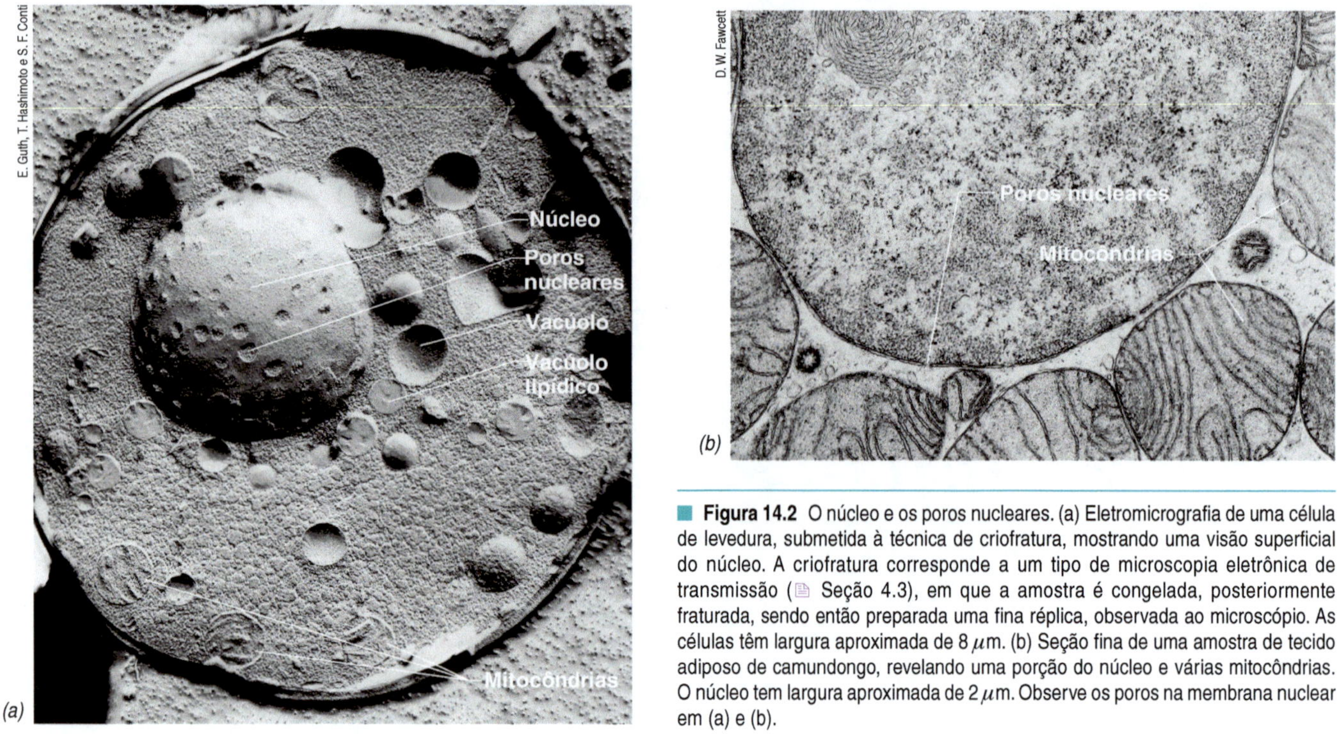

■ **Figura 14.2** O núcleo e os poros nucleares. (a) Eletromicrografia de uma célula de levedura, submetida à técnica de criofratura, mostrando uma visão superficial do núcleo. A criofratura corresponde a um tipo de microscopia eletrônica de transmissão (Seção 4.3), em que a amostra é congelada, posteriormente fraturada, sendo então preparada uma fina réplica, observada ao microscópio. As células têm largura aproximada de 8 μm. (b) Seção fina de uma amostra de tecido adiposo de camundongo, revelando uma porção do núcleo e várias mitocôndrias. O núcleo tem largura aproximada de 2 μm. Observe os poros na membrana nuclear em (a) e (b).

fosfolipídeos com proteínas embebidas. No entanto, diferentemente da membrana citoplasmática (Seção 4.5), a membrana mitocondrial é relativamente permeável, pois apresenta numerosos canais diminutos que permitem a passagem de íons e de pequenas moléculas orgânicas. Através desses canais, o ATP produzido no interior das mitocôndrias move-se para o citoplasma, onde é utilizado em reações que requerem energia. As mitocôndrias também possuem um sistema de membranas internas convolutas, denominadas *cristas*. Essas membranas internas, formadas pela invaginação da membrana externa, correspondem ao sítio das enzimas envolvidas na respiração e na produção de ATP. As cristas também contêm proteínas específicas de transporte que regulam a passagem de metabólitos para dentro e para fora da *matriz* mitocondrial (Figura 14.3*a*). A matriz contém várias enzi-

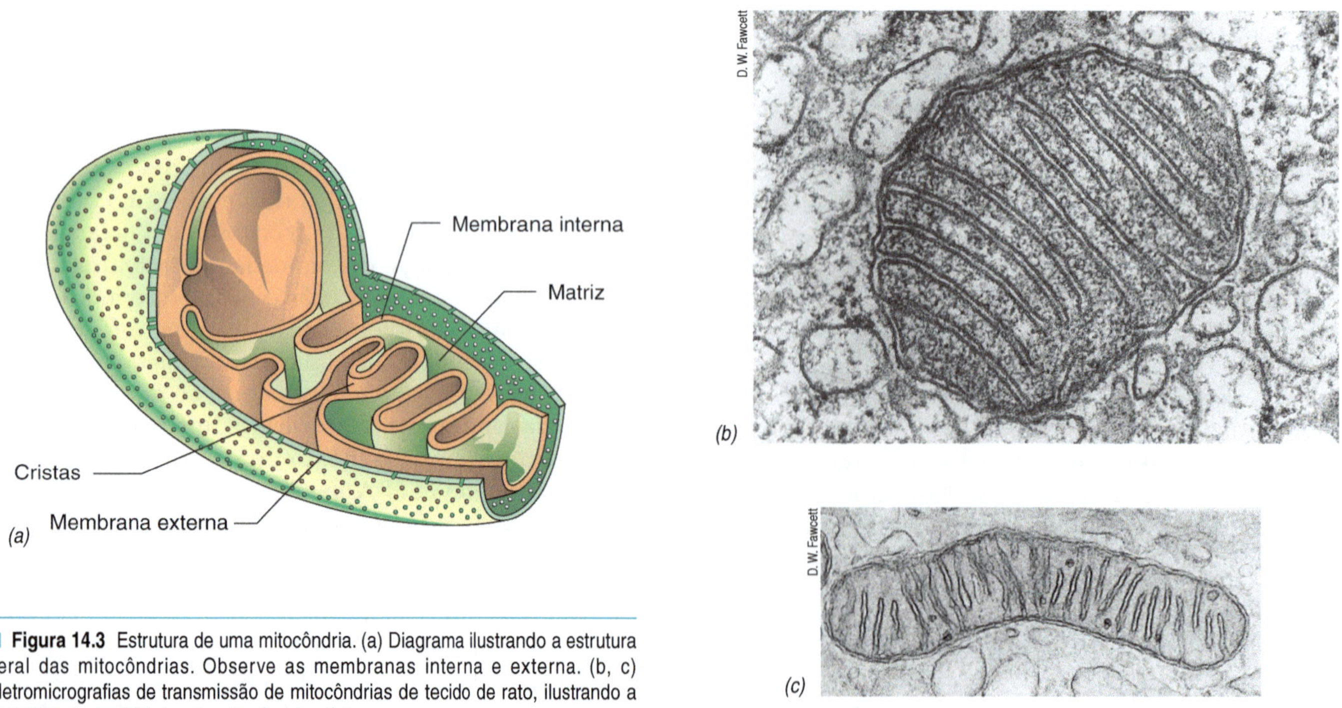

■ **Figura 14.3** Estrutura de uma mitocôndria. (a) Diagrama ilustrando a estrutura geral das mitocôndrias. Observe as membranas interna e externa. (b, c) Eletromicrografias de transmissão de mitocôndrias de tecido de rato, ilustrando a variabilidade morfológica de mitocôndrias típicas.

mas envolvidas na oxidação de compostos orgânicos; em particular, as enzimas do ciclo do ácido cítrico (Seção 5.13).

O hidrogenossomo

Alguns organismos eucariotos são desprovidos de mitocôndrias, contendo, em vez delas, uma organela respiratória circundada por membrana denominada **hidrogenossomo**, que difere das mitocôndrias tanto na estrutura quanto na função (Figura 14.4*a*). Embora de tamanho semelhante ao das mitocôndrias, o hidrogenossomo é desprovido de cristas e das enzimas do ciclo do ácido cítrico, presentes nessas organelas. Vários microrganismos eucarióticos contêm hidrogenossomos, todos de comportamento anaeróbio ou aerotolerante obrigatório, apresentando metabolismo estritamente fermentativo. Dentre esses microrganismos temos vários parasitas, como o organismo flagelado *Trichomonas* e protozoários ciliados que habitam o rúmen de animais ruminantes (Seção 20.11), bem como lodos e sedimentos anóxicos.

As reações bioquímicas que ocorrem no hidrogenossomo envolvem a oxidação de piruvato para produzir H_2 + CO_2 e acetato (Figura 14.4*b*). O piruvato é oxidado ao intermediário de alta energia, acetil-CoA (a partir do qual ATP adicional é produzido, durante a formação de acetato), juntamente com H_2 e CO_2 (Figura 14.4*b*). No citoplasma de alguns eucariotos anaeróbios (Figura 20.26*b*, *c*) são encontrados procariotos simbióticos consumidores de H_2, como os organismos metanogênicos, que consomem o H_2 e CO_2 produzidos pelo hidrogenossomo, originando metano. Pelo fato de os hidrogenossomos serem desprovidos de uma cadeia de transporte de elétrons e do ciclo do ácido cítrico, não são capazes de oxidar o acetato produzido pela oxidação do piruvato, como as mitocôndrias o fazem, e, por isso, o acetato é excretado no citoplasma da célula hospedeira (Figura 14.4*b*).

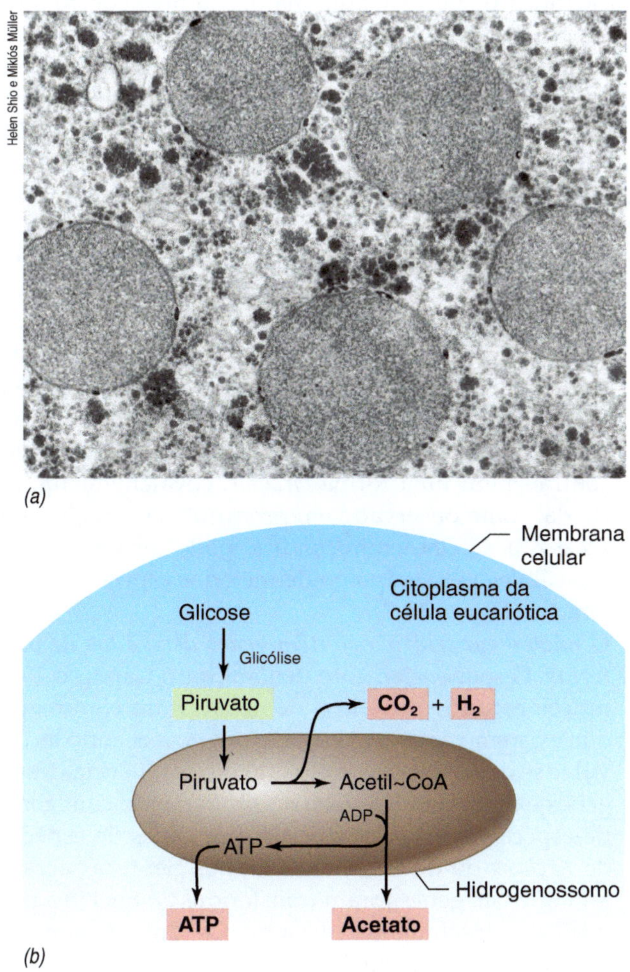

Figura 14.4 O hidrogenossomo. (a) Eletromicrografia de uma seção fina de uma célula de *Trichomonas vaginalis* (um organismo flagelado anaeróbio) revelando cinco hidrogenossomos. (b) Bioquímica do hidrogenossomo. O piruvato é captado pelo hidrogenossomo, sendo produzidos H_2, CO_2, acetato e ATP. As enzimas-chave do hidrogenossomo são a *piruvato:ferredoxina oxidoredutase* e a *hidrogenase*. Organismos metanogênicos endossimbiontes (Seção 13.4) freqüentemente estão presentes no citoplasma de eucariotos contendo hidrogenossomos, onde produzem metano a partir de H_2 + CO_2 (Figura 20.26*c*).

✓ 14.2 Verificação de conceitos

A mitocôndria e o hidrogenossomo são as organelas respiratórias de células eucarióticas. As mitocôndrias estão envolvidas na respiração aeróbia, enquanto o hidrogenossomo, encontrado somente em determinados eucariotos anaeróbios, fermenta piruvato, produzindo H_2 + CO_2, acetato e ATP.

- ✓ A membrana mitocondrial permite a passagem de que substâncias e por quê?
- ✓ Compare e diferencie o destino metabólico do piruvato nas mitocôndrias e no hidrogenossomo.

14.3 Organela fotossintética: o cloroplasto

Cloroplastos são organelas contendo clorofila, encontradas em eucariotos capazes de realizar a fotossíntese (algas, plantas). Os cloroplastos de várias algas são relativamente grandes e visíveis ao microscópio óptico (Figura 14.5). O tamanho, formato e número de cloroplastos por célula variam acentuadamente e, contrastando com as mitocôndrias, os cloroplastos são tipicamente maiores que as bactérias.

Assim como as mitocôndrias, os cloroplastos apresentam uma membrana externa permeável, uma membrana interna menos permeável e um espaço intermembranoso. A membrana interna circunda o lúmen do cloroplasto (*estroma*) e não apresenta cristas como a membrana interna das mitocôndrias. Ao contrário, a clorofila e todos os outros componentes necessários para a fotossíntese estão localizados em uma série de discos membranosos achatados denominados **tilacóides** (Figura 14.6). A membrana tilacóide é altamente impermeável a íons e outros metabólitos, uma vez que atua estabelecendo a força próton motiva, necessária à síntese de ATP (Seção 5.12). Em algas verdes e plantas verdes, os tilacóides geralmente estão associados, formando pilhas de unidades estruturais discretas, denominadas *grana* (Figura 18.5).

O estroma dos cloroplastos contém grandes quantidades da enzima *ribulose bifosfato carboxilase*, abreviada como *RubisCO*. Esta corresponde à enzima-chave do *ciclo de*

T. D. Brock

T. D. Brock

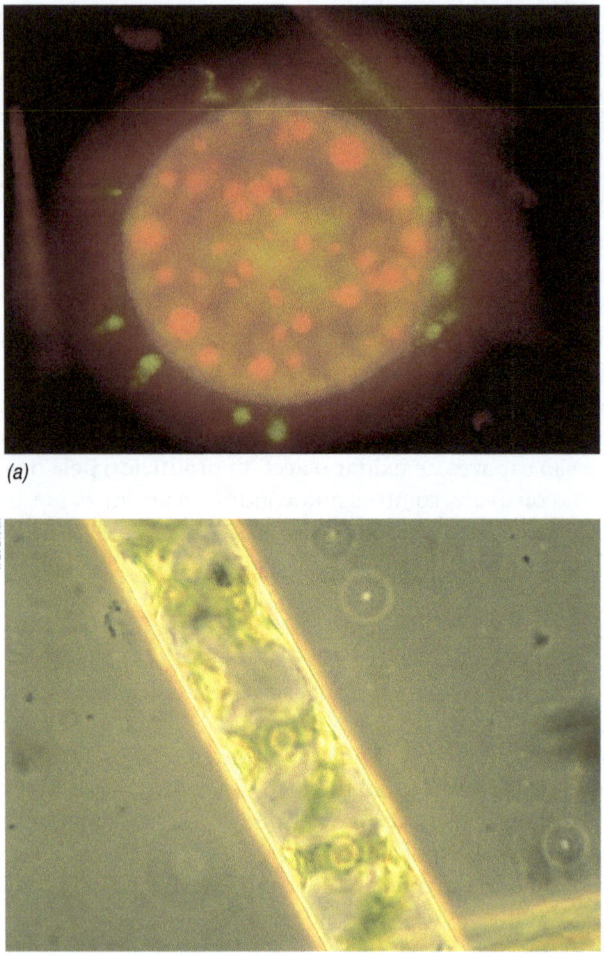

(a)

(b)

■ **Figura 14.5** Fotomicrografias de células de algas ilustrando os cloroplastos. (a) Fotomicrografia de fluorescência da diatomácea *Stephanodiscus.* A clorofila presente nos cloroplastos absorve a luz e fluoresce com uma coloração vermelha. (b) Fotomicrografia de contraste de fase de *Spirogyra*, revelando os cloroplastos em espiral, característicos desse organismo fototrófico.

Calvin, uma série de reações pelas quais a maioria dos organismos fotossintéticos converte CO_2 a uma forma orgânica (Seção 18.6). As moléculas de RubisCO correspondem a mais de 50% das proteínas totais do cloroplasto e catalisam a formação do ácido fosfoglicérico — um composto-chave na biossíntese da glicose (Seções 5.10 e 5.15). A permeabilidade da membrana externa do cloroplasto permite que a glicose e o ATP produzidos durante a fotossíntese se difundam no citoplasma, onde podem ser utilizados na síntese de novos compostos celulares.

T. Slankis e S. Gibbs

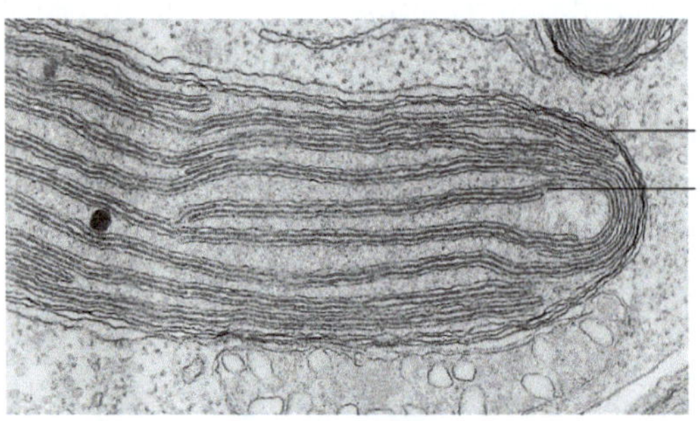

■ **Figura 14.6** Micrografia eletrônica de transmissão, apresentando cloroplasto da alga marrom-dourada *Ochromonas danica*. Observe os tilacóides.

✓ 14.3 Verificação de conceitos

Os cloroplastos correspondem ao sítio de produção da energia fotossintética e da fixação de CO_2 em eucariotos fototróficos.

✓ Diferencie o *estroma* de *tilacóides*.

✓ Qual a função da enzima RubisCO e onde esta é encontrada?

14.4 Relações entre mitocôndrias e cloroplastos com *Bacteria*

Com base em sua relativa autonomia e semelhança morfológica com bactérias, há muito tempo foi sugerido que as mitocôndrias e os cloroplastos seriam descendentes de antigos organismos procariotos. Tal teoria de *endossimbiose* (endo significa "dentro") afirma que os eucariotos surgiram do englobamento de uma célula procariótica por uma célula maior ("o hospedeiro") (Seção 11.3). Essa teoria preconiza que uma célula eucariótica corresponde a uma quimera genética, contendo DNA de duas origens distintas: do endossimbionte e da célula hospedeira. Várias linhas de evidências moleculares confirmam essa afirmação e os aspectos gerais da teoria da endossimbiose, os quais encontram-se resumidos a seguir:

1. ***Mitocôndrias e cloroplastos contêm DNA***. Embora a maior parte de suas funções seja codificada por genes nucleares, alguns componentes dessas organelas são codificados pelos genes presentes na própria organela. Estes incluem o RNA ribossomal, RNAs de transferência e determinadas proteínas da cadeia respiratória. Além disso, o DNA mitocondrial e de cloroplastos encontra-se em uma forma *circular*, covalentemente fechada, como observado em procariotos (Seções 2.2, 7.2 e 7.3). O DNA mitocondrial pode ser visualizado nas células pelo emprego de métodos especiais de coloração (Figura 14.7).
2. ***O núcleo eucariótico contém genes derivados de bactérias***. O seqüenciamento genômico (Capítulo 15) e outros estudos genéticos demonstraram claramente que existem vários genes nucleares governando as atividades das organelas. Pelo fato de a seqüência desses genes exibirem maior grau de similaridade com genes de espécies de *Bacteria* do que com genes de espécies de *Archaea* ou de eucariotos, muitos cientistas acreditam que tais genes foram transferidos ao núcleo a partir dos endossimbiontes bacterianos, durante a evolução das organelas atuais.
3. ***Mitocôndrias e cloroplastos contêm seus próprios ribossomos***. Ribossomos, as estruturas celulares envolvidas na síntese protéica (Seção 7.15), podem estar presentes em sua forma maior [80 unidades Svedberg (S)], típica do citoplasma de células eucarióticas, ou em uma forma menor (70S), típica de procariotos. As mitocôndrias e os cloroplastos contêm ribossomos de 70S, como nos procariotos.

Jian-Ming Li e Nancy Martin

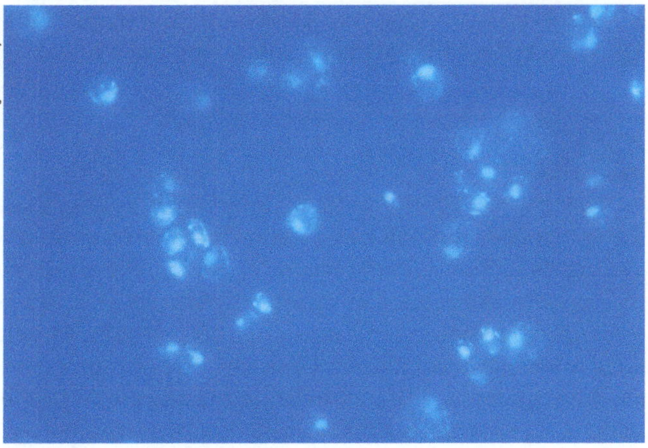

■ **Figura 14.7** Células da levedura *Saccharomyces cerevisiae* coradas com 4'6-diamina-2'-fenilindol (DAPI) (Seção 19.3), revelando o DNA mitocondrial. Cada mitocôndria apresenta de dois a quatro cromossomos circulares, que se coram em azul com o corante fluorescente utilizado.

4. ***Especificidade aos antibióticos.*** Diversos antibióticos (a estreptomicina é um exemplo) matam ou inibem *Bacteria*, interferindo especificamente na função do ribossomo 70S; os mesmos antibióticos também inibem a síntese protéica de mitocôndrias e cloroplastos.
5. ***Filogenia molecular.*** Estudos filogenéticos empregando análises comparativas de seqüências de RNA ribossomal (Seções 11.4–11.8) indicam, de maneira convincente, que as mitocôndrias e os cloroplastos estão intimamente relacionados às *Bacteria*. Esses estudos assinalam claramente que a atual célula eucariótica surgiu da associação de dois organismos, supostamente por endossimbiose (Seção 11.3 e Figura 11.7).

Foram encontradas evidências sugerindo que os hidrogenossomos também correspondem a endossimbiontes. Por exemplo, foram identificados hidrogenossomos contendo DNA e ribossomos no protozoário ciliado anaeróbio *Nyctotherus ovalis*, que vive na porção final do intestino de cupins (Seção 20.10). Além disso, o núcleo de eucariotos, apresentando hidrogenossomos, contém genes codificadores de proteínas específicas, de origem comprovadamente bacteriana. Assim, os hidrogenossomos provavelmente se originaram pela endossimbiose de uma bactéria fermentadora de piruvato (como espécies de *Clostridium*) com um eucarioto microbiano anaeróbio, supostamente como uma maneira de obter mais energia a partir de um tipo de vida estritamente fermentativo (Figura 14.4*b*). Caso este cenário seja verdadeiro, as mitocôndrias e os hidrogenossomos podem ser vistos como organelas relacionadas funcionalmente, as quais simplesmente exibem padrões metabólicos distintos.

Em resumo, várias evidências indicam que as organelas surgiram da captação endossimbiôntica de *Bacteria* de vida livre por células eucarióticas hospedeiras. Com essa associação íntima, as células hospedeiras obtiveram parceiros especializados na geração de energia, enquanto os simbiontes receberam um ambiente estável, que favorecia seu crescimento. O fato de a endossimbiose corresponder a um sucesso evolutivo é comprovado pela presença, com raras exceções, de organelas produtoras de energia, como as mitocôndrias e os cloroplastos, nas células eucarióticas atuais.

✓ 14.4 Verificação de conceitos

As organelas metabólicas chave em eucariotos correspondem ao cloroplasto, envolvido na fotossíntese, e à mitocôndria e ao hidrogenossomo, envolvidos na respiração e fermentação. Provavelmente essas organelas foram originalmente *Bacteria* que estabeleceram uma moradia permanente no interior de outra célula (endossimbiose).

✓ Resuma as evidências moleculares que sustentam a relação de organelas com *Bacteria*.

✓ Por que é possível um organismo como *Nyctotherus* estar mais adaptado aos hidrogenossomos que às mitocôndrias?

14.5 Outras organelas e estruturas celulares eucarióticas

Uma variedade de outras estruturas citoplasmáticas encontra-se tipicamente presente em células eucarióticas, incluindo o retículo endoplasmático, complexo de Golgi, lisossomos e peroxissomos. Ao contrário das mitocôndrias e cloroplastos, no entanto, essas estruturas são desprovidas de DNA e de ribossomos, não apresentando origem simbiôntica.

Retículo endoplasmático e complexo de Golgi

O **retículo endoplasmático** corresponde a uma rede de membranas, contíguas à membrana nuclear. São conhecidos dois tipos de retículo endoplasmático (RE): *rugoso*, que apresenta ribossomos associados à membrana, e *liso*, que não os contém. O RE liso participa da síntese de lipídeos e em alguns aspectos do metabolismo de carboidratos. O RE rugoso, por meio das atividades de seus ribossomos, corresponde ao principal produtor de glicoproteínas, produzindo também novos componentes de membrana que são transportados por toda a célula a fim de aumentar os vários sistemas membranosos (ver Figura 14.1) antes que a divisão celular ocorra.

O **complexo de Golgi** consiste em um conjunto de membranas empilhadas (Figura 14.1) que atua juntamente com o RE. No complexo de Golgi, os produtos do RE são quimicamente modificados e classificados naqueles que serão secretados, como, por exemplo, hormônios ou enzimas digestivas, e naqueles que atuam em outras estruturas membranosas na célula.

Lisossomos e peroxissomos

Lisossomos (Figura 14.1) correspondem a sacos envoltos por membrana, contendo diversas enzimas digestivas utilizadas pela célula para digerir macromoléculas como proteínas, gorduras e polissacarídeos. O pH interno do lisossomo apresenta valores na faixa 5, o que corresponde a duas unidades abaixo do pH citoplasmático; as enzimas hidrolíticas presentes no lisossomo atuam otimamente nesse pH mais baixo. Por apresentarem atividades inespecíficas, as enzimas lisossomais poderiam promover a degradação de macromoléculas celulares chave, caso não se encontrassem contidas em um compartimento. Desse modo, o lisossomo corresponde à estrutura que permite a realização da atividade lítica fora do citoplasma propriamente dito. Após a hidrólise das macromoléculas no lisossomo, os monômeros resultantes passam dessa organela para o citoplasma, sendo utilizados como nutrientes celulares.

O **peroxissomo** é uma estrutura envolvida por membrana (Figura 14.1), cuja função está associada à produção de peróxido de hidrogênio (H_2O_2) a partir da redução de O_2 por vários doadores de hidrogênio, incluindo alcoóis e ácidos graxos de cadeia longa. O H_2O_2 produzido no peroxissomo é degradado a H_2O e O_2 pela ação da enzima catalase (Seção 6.13). Os peroxissomos também desempenham outros papéis, como a síntese de sais biliares, que auxiliam na absorção e digestão de gorduras. Os peroxissomos são originados nas células a partir da incorporação de suas proteínas e lipídeos do citoplasma, eventualmente tornando-se uma entidade envolta por membrana, que pode aumentar e dividir-se em sincronia com a célula.

Microfilamentos e microtúbulos

O grande tamanho das células eucarióticas e sua capacidade de movimentação requerem um reforço estrutural. Essa sustentação é conferida por proteínas que se organizam em estruturas filamentosas, denominadas *microfilamentos* e *microtúbulos*. Os microfilamentos, com cerca de 8 nm de diâmetro, correspondem a polímeros compostos por subunidades da proteína *actina*. Essas fibras formam arcabouços distribuídos ao longo de toda a célula, definindo e mantendo a morfologia celular (Figura 14.1). Os microtúbulos são filamentos maiores, com diâmetro aproximado de 25 nm, compostos pela proteína *tubulina*. Os microtúbulos auxiliam os microfilamentos na manutenção da estrutura celular, além de desempenharem importante papel na motilidade celular, tanto na movimentação das estruturas celulares internas (por exemplo, na separação dos cromossomos durante a divisão celular) como na locomoção do próprio organismo (por exemplo, na movimentação do flagelo em células eucarióticas flageladas). Em conjunto, o sistema de microfilamentos e microtúbulos é denominado **citoesqueleto celular**. Já discutimos, em um capítulo anterior, que as células procarióticas apresentam homólogos de actina e tubulina na forma das proteínas MreB e FtsZ, respectivamente (Seção 6.1). Assim, o citoesqueleto eucariótico exibe profundas raízes evolutivas.

✓ 14.5 Verificação de conceitos

Além das principais organelas eucarióticas, várias outras estruturas, com funções definidas, estão presentes no citoplasma. Estas incluem o retículo endoplasmático, sítio de ribossomos e da síntese lipídica; o aparato de Golgi, envolvido na secreção; lisossomos, que desempenham papel na digestão macromolecular; e o peroxissomo, uma organela envolvida na produção de H_2O_2. Além disso, diversos tubos protéicos, denominados microfilamentos e microtúbulos, estão presentes, formando o citoesqueleto celular.

✓ De que modo o RE liso difere do RE rugoso?

✓ Por que as atividades que ocorrem no lisossomo devem ser isoladas do citoplasma?

✓ Além de atuar como um arcabouço celular, que outras funções são apresentadas pelos microtúbulos?

14.6 Visão geral da genética eucariótica

Nesta seção, abordaremos resumidamente algumas das idiossincrasias da genética de eucariotos, utilizando a levedura de padeiro, *Saccharomyces cerevisiae*, como organismo-modelo. As células eucarióticas realizam reprodução sexuada, com machos e fêmeas doando, cada um, gametas para a formação do zigoto. Uma vez que este processo é fundamentalmente diferente daquele unidirecional, observado em procariotos (Capítulo 10), tais eventos serão enfocados em nossa discussão.

Mitose e meiose

Do ponto de vista genético, as células eucarióticas podem existir sob duas formas: haplóides ou diplóides. Células diplóides exibem um par de cada cromossomo, enquanto células haplóides exibem apenas um exemplar de cada. As células de *S. cerevisiae* podem viver indefinidamente em um estágio haplóide (vegetativo) (com 16 cromossomos). No entanto, ocasionalmente, duas células de levedura haplóides podem fundir-se (acasalar), produzindo uma célula diplóide (com 32 cromossomos) (Figura 14.8). Esse processo não deve ser confundido com os eventos que ocorrem nas células de metazoários, como plantas e animais. Nestes organismos, a fase diplóide corresponde ao próprio organismo, enquanto a fase haplóide é encontrada apenas nos gametas.

Lembre-se de que a **mitose** corresponde ao processo subseqüente à replicação do DNA em uma célula, onde os cromossomos se condensam, se dividem e se separam em dois conjuntos, sendo cada um destes transferido para uma célula filha (Seção 2.2). Em células haplóides de *S. cerevisiae* (Figura 14.8), a mitose ocorre antes de cada divisão celular, a fim de manter os 16 cromossomos por célula. A **meiose** corresponde a um processo em que ocorre a conversão do estágio diplóide para haplóide. A meiose envolve duas divisões. Na primeira divisão meiótica, os cromossomos homólogos são segregados em células separadas, alterando o estado genético de diplóide para haplóide. A segunda divisão meiótica é essencialmente igual à mitose, uma vez que as duas células haplóides se dividem, originando um total de quatro gametas haplóides (ascósporos, Figura 14.8).

O processo de acasalamento em leveduras: tipos de acasalamento

As leveduras apresentam dois tipos diferentes de células haplóides, denominados *tipos de acasalamento* (o termo *mating type*, em inglês, é amplamente utilizado para descrever essas células); as células haplóides podem ser consideradas como análogas aos gametas macho e fêmea. No acasalamento de tipos opostos, há a formação de uma célula diplóide. A partir de uma única célula diplóide, é formada uma estrutura contendo quatro gametas — dois de cada tipo de acasalamento. A célula onde os gametas

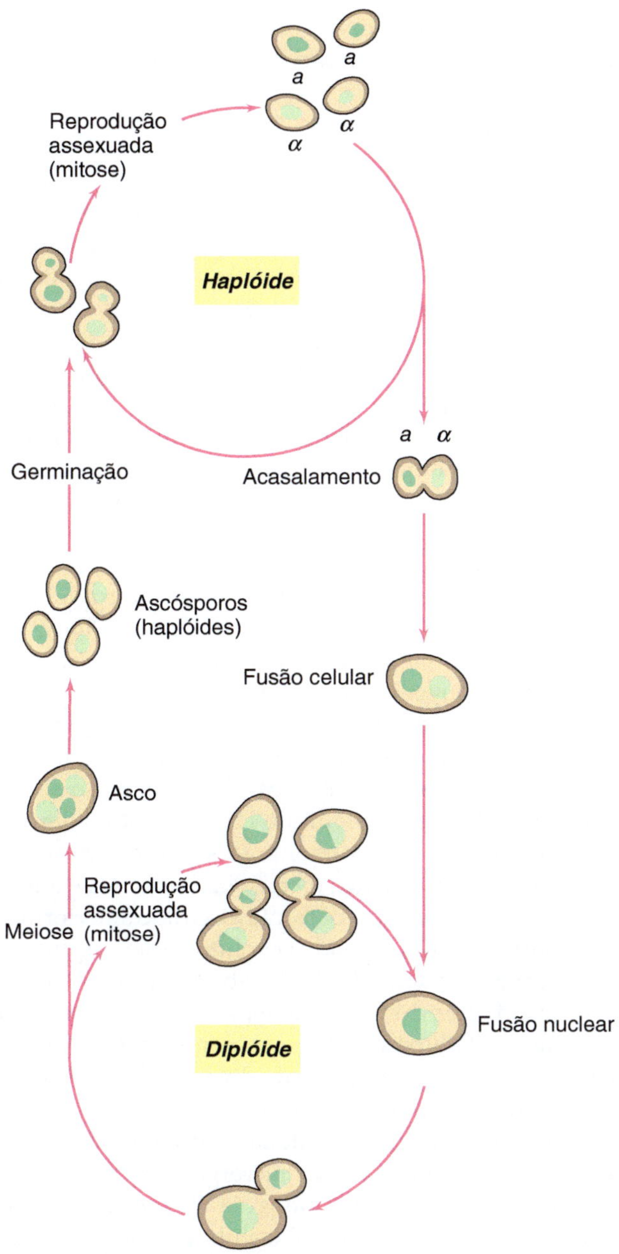

■ **Figura 14.8** Ciclo de vida de uma levedura típica, *Saccharomyces cerevisiae*. Uma célula haplóide de *S. cerevisiae* contém 16 cromossomos.

são formados é denominada *asco*, enquanto as células no interior do asco, *ascósporos* (Figura 14.8).

Os dois tipos de acasalamento de *Saccharomyces cerevisiae* são denominados α e *a*. As células do tipo *a* somente acasalam-se com células do tipo α, sendo a definição dos tipos de acasalamento, *a* ou α, determinada geneticamente. Algumas linhagens haplóides de *S. cerevisiae* permanecem *a* ou α, enquanto outras linhagem são capazes de *alternar* seu tipo de acasalamento, de um para outro. A alternância nos tipos de acasalamento é provocada pela inserção de um gene, sendo o fenômeno ilustrado na Figura 14.9.

Há uma única região em um dos cromossomos de *S. cerevisiae*, denominada *locus* MAT (do inglês *mating type*), onde apenas um gene *a* ou α pode ser inserido. Neste *locus*, o promotor MAT controla a transcrição de qualquer um dos genes presentes; se um gene *a* for inserido neste *locus*, a célula será do tipo de acasalamento *a*; em contrapartida, se for um gene α, a célula será do tipo de acasalamento α. Cópias dos genes *a* e α podem ser encontradas em outras regiões do genoma da levedura; entretanto, esses genes não são expressos. Estas *cópias silenciosas* correspondem à fonte dos genes inseridos. Quando ocorre a alternância (Figura 14.9), o gene apropriado, *a* ou α, é copiado a partir de seu sítio silencioso, sendo então inserido no *locus* MAT, *substituindo* o gene presente. O gene do tipo de acasalamento antigo é removido e descartado, enquanto o novo gene passa a ocupar tal *locus*. Esse processo foi denominado *mecanismo de cassete*, por considerar os genes *a* e α análogos a fitas cassete; neste sentido, qualquer que seja o gene inserido no *locus* MAT, este corresponderá ao gene transcrito.

Os genes α e *a* de *S. cerevisiae* são genes reguladores. Dentre outras atividades, regulam a produção dos hormônios peptídicos, *fator* α ou *fator a*, excretados pelas células de levedura em processo de acasalamento. Esses hormônios ligam-se às células do tipo de acasalamento oposto, promovendo modificações em sua superfície celular, a fim de permitir a fusão (Figura 14.10). Uma vez que células de tipos de acasalamento opostos tenham-se associado, ocorre a fusão de ambas as células e de seus núcleos, resultando na formação de um zigoto diplóide (Figura 14.10). A partir

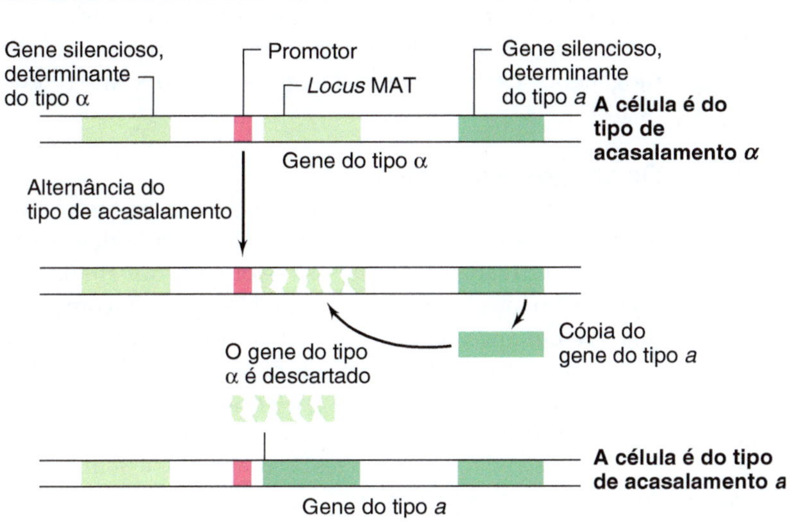

■ **Figura 14.9** O mecanismo de cassete envolvido na alternância dos tipos de acasalamento, de α para *a*, em leveduras, e retorno ao tipo inicial. Dependendo do "cassete" inserido no *locus* ativo ("cabeçote" de leitura), o tipo de acasalamento é determinado. O processo apresentado é reversível, de modo que o tipo *a* também pode reverter ao tipo α.

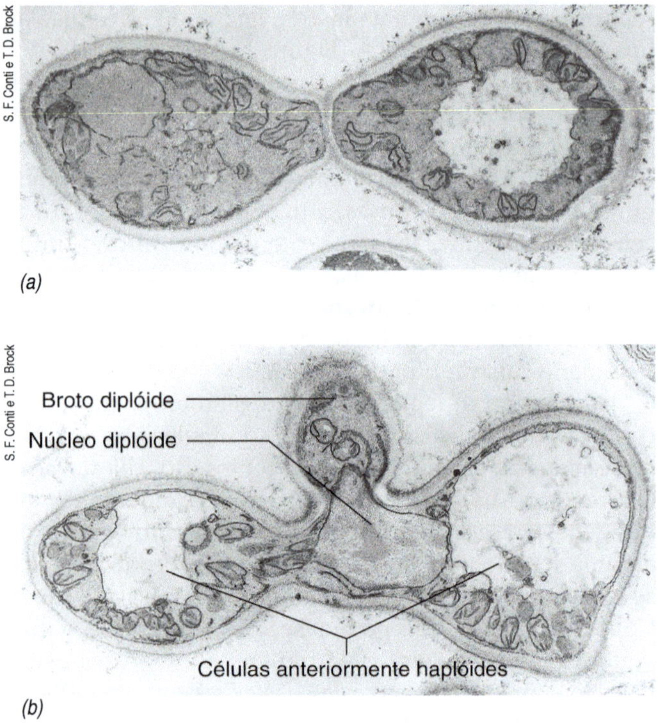

■ **Figura 14.10** Eletromicrografias do processo de acasalamento em uma levedura, *Hansenula wingei*. (a) Duas células fundiram-se a partir do ponto de contato, emitindo protuberâncias, sendo cada uma direcionada à outra célula. (b) Estágio tardio do acasalamento. Os núcleos das duas células fundiram-se, dando origem a um broto diplóide, situado à direita do tubo de conjugação. Esse broto eventualmente se separa, tornando-se o precursor de uma linhagem de células diplóides. Uma célula de *Hansenula* tem cerca de 10 μm de diâmetro.

deste último, a meiose restaura a forma vegetativa haplóide, completando o ciclo de vida (Figura 14.8).

✓ 14.6 Verificação de conceitos

Organismos eucarióticos podem se acasalar e permutar DNA durante a reprodução sexuada. A mitose garante a segregação apropriada dos cromossomos durante a divisão celular assexuada. As células haplóides formadas pela meiose podem fundir-se e originar um zigoto diplóide. Existem dois tipos de acasalamento em leveduras; estes organismos são capazes de realizar a alternância de um tipo para outro.

✓ Qual microrganismo eucariótico foi considerado organismo-modelo para o estudo da genética eucariótica?

✓ Se o número de cromossomos de uma célula diplóide humana é 46, quantos cromossomos estão presentes em um espermatócito humano?

✓ Explique de que maneira uma *única* célula haplóide de *Saccharomyces* pode, eventualmente, originar uma célula diplóide.

II DIVERSIDADE DOS MICRORGANISMOS EUCARIÓTICOS

Passaremos agora a explorar os diversos grupos de microrganismos eucarióticos. Estes incluem os protozoários, os fungos, os bolores limosos e as algas. Iniciaremos nossa viagem tecendo algumas considerações filogenéticas sobre estes organismos, quando aprenderemos que alguns eucariotos são altamente derivados do ponto de vista filogenético, enquanto outros, aparentemente, mantiveram propriedades-chave de eucariotos remotos.

14.7 Visão geral da filogenia de *Eukarya*

A filogenia de *Eukarya* foi abordada, no contexto da árvore filogenética universal, na Figura 11.13. Naquele momento, aprendemos que os *Eukarya* formam seu próprio domínio filogenético, estando como grupo mais intimamente relacionados às *Archaea* que às *Bacteria*. A filogenia de *Eukarya* é deduzida a partir das análises comparativas de seqüências de RNA ribossomal 18S, obtidas de ribossomos citoplasmáticos (Seção 11.5). No entanto, antes de examinarmos o assunto, consideraremos brevemente o quadro clássico da diversidade filogenética.

Cinco reinos ou três domínios?

Tradicionalmente, os *Eukarya* foram agrupados em quatro *reinos* de organismos: *plantas, animais, fungos* e os demais *Eukarya* microbianos, denominados *protistas*. Antes da era da filogenia molecular, os quatro grupos, juntamente com todos os procariotos (que foram simplesmente reunidos em uma unidade filogenética), formavam os chamados *cinco reinos dos seres vivos*. No entanto, o seqüenciamento molecular (Capítulo 11) demonstrou que o sistema de cinco reinos aumentava significativamente a importância evolutiva dos metazoários (plantas e animais multicelulares). De fato, conforme discutido anteriormente (Capítulos 11-13), o quadro evolutivo que surgiu a partir do seqüenciamento de RNAs ribossomais, propondo a existência de três domínios de vida celular, difere significativamente da hipótese de cinco reinos, particularmente por revelar que a maior parte da diversidade evolutiva na Terra reside no mundo *microbiano*.

A Figura 14.11 apresenta detalhes do domínio *Eukarya*. Podemos observar que vários microrganismos eucarióticos situam-se em ramos profundos da árvore, enquanto os metazoários (organismos multicelulares) correspondem a organismos altamente derivados — observação sustentada pelo aparecimento relativamente tardio de metazoários em registros fósseis (Seção 11.1). As algas estão distribuídas ao longo da árvore eucariótica (principalmente em linhagens relativamente recentes), enquanto os fungos (com exceção dos Oomycetos) compõem uma unidade filogenética bastante coesa e relativamente recente (Figura 14.11).

Os antigos eucariotos

Um assunto de grande interesse para os microbiologistas atualmente corresponde à identidade dos eucariotos evolutivamente "remotos" — organismos atuais que sejam os menos derivados (evoluídos) quando comparados aos seus ancestrais remotos. A árvore baseada no RNA ribossomal apresentada na Figura 14.11 identifica claramente diplomonadas (como *Giardia*), microsporídeos (*Encephalitozoon*) e tricomonadas (*Trichomonas*) como "eucariotos antigos". Como esses organismos assemelham-se aos eucariotos primitivos?

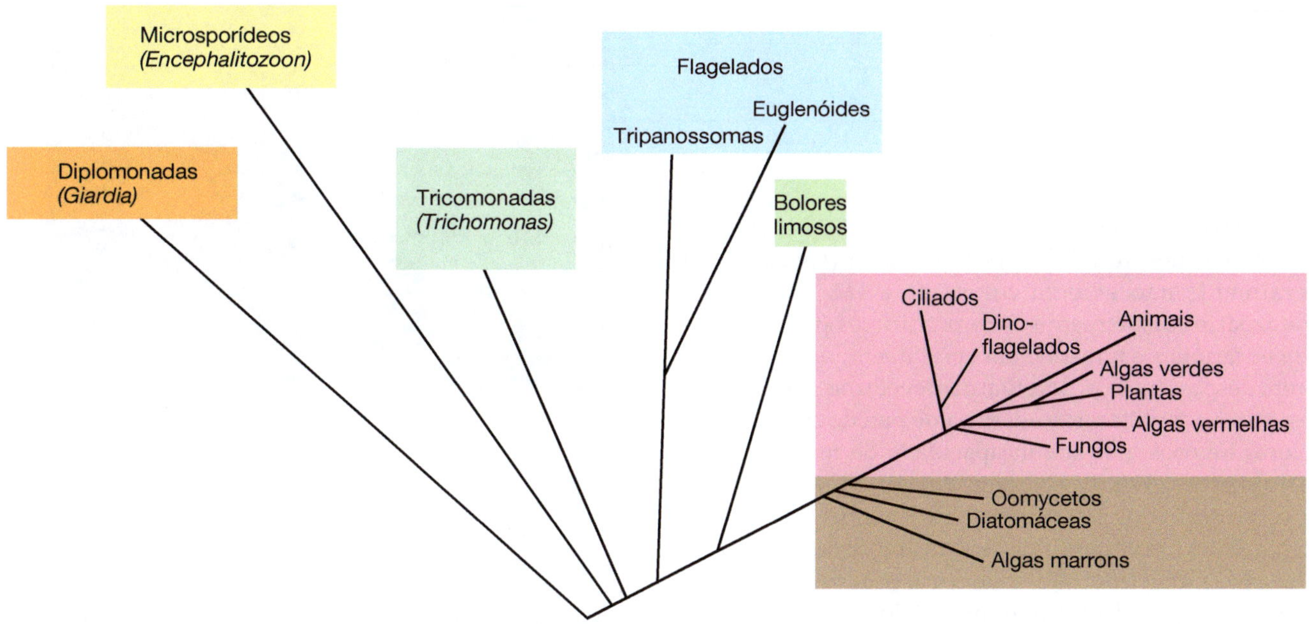

■ **Figura 14.11** Árvore filogenética de *Eukarya* baseada em análises comparativas de seqüências de RNA ribossomal 18S. A Figura 11.3 situa a árvore eucariótica no contexto da árvore universal. Há dúvidas quanto ao posicionamento filogenético de microsporídeos, como *Encephalitozoon* (ver texto).

Giardia, *Trichomonas* e *Encephalitozoon* são todos eucariotos *amitocondriais*: todos possuem núcleo envolto por membrana; no entanto, são desprovidos de mitocôndrias. Alguns desses organismos, como *Trichomonas*, contêm hidrogenossomos (Figura 14.4), enquanto outros não apresentam tal organela. Seriam esses eucariotos correspondentes a relíquias modernas dos eucariotos antigos, que nunca sofreram endossimbiose? Esta é uma possibilidade, embora estudos genéticos não sustentem tal hipótese. A partir do emprego de metodologias sensíveis de identificação por meio de ácidos nucléicos, foi demonstrado que eucariotos amitocondriais contêm em seu núcleo genes originados de *Bacteria*, da mesma maneira que os genes mitocondriais permanecem hoje no núcleo de eucariotos aeróbios (ver Seção 14.4). Este fato sugere que organismos, como *Trichomonas*, abrigaram endossimbiontes em algum momento e que por algum motivo os descartaram posteriormente, permanecendo apenas traços de sua existência prévia, na forma de genes específicos de *Bacteria*, no núcleo.

Os microsporídeos correspondem a um enigma evolutivo. Esses organismos são desprovidos de todas as organelas, inclusive o complexo de Golgi e hidrogenossomos, apresentando genomas muito pequenos (o genoma de *Encephalitozoon*, por exemplo, apresenta somente 2,9 megabases, sendo 1,5 megabase menor que o de *Escherichia coli*). De fato, os microsporídeos exibem todas as características esperadas para um "eucarioto antigo". No entanto, pelo fato de esse grupo ter, aparentemente, sofrido uma rápida evolução (o que pode ser observado pela longa linha na árvore apresentada na Figura 14.11), seu posicionamento filogenético é de difícil determinação, unicamente pelo emprego de métodos de seqüenciamento de RNA ribossomal. Indubitavelmente, o seqüenciamento molecular de outros genes e proteínas de microsporídeos fornecem-nos um cenário completamente diferente. O estudo do seqüenciamento molecular coletivo sugere fortemente que os microsporídeos estão relacionados aos fungos (eucariotos altamente derivados, Figura 14.11), embora exibam diversas propriedades possivelmente "primitivas". Trabalhos adicionais a respeito do posicionamento filogenético desse interessante grupo de eucariotos microbianos vêm sendo realizados.

A questão permanece: existiriam hoje organismos modernos, relacionados aos eucariotos, que nunca realizaram endossimbiose? Se tais organismos existirem, acredita-se que estes sejam desprovidos de organelas e de genes derivados de bactérias em seus núcleos. Além disso, é bastante provável que tenham sofrido ramificação, na árvore filogenética de RNA ribossomal de eucariotos, antes dos "eucariotos antigos" conhecidos (Figura 14.11). Há dúvidas quanto à existência de tais tipos celulares; este é o principal desafio para os cientistas que hoje estudam a diversidade microbiana em eucariotos.

✓ 14.7 Verificação de conceitos

As células eucarióticas formam sua própria linhagem principal de descendência evolutiva (os *Eukarya*). Alguns microrganismos eucarióticos, como *Giardia* e *Trichomonas*, correspondem a espécies com ramificação precoce, enquanto a "coroa" da árvore eucariótica contém as plantas e os animais multicelulares.

- ✓ A partir de uma perspectiva *celular*, qual o erro contido na hipótese que agrupa os organismos eucarióticos em cinco reinos?
- ✓ Resuma as evidências que sugerem estar o organismo *Giardia* mais proximamente relacionado aos eucariotos primitivos que a uma célula humana.

14.8 Protozoários

Principais gêneros

Amoeba
Paramecium
Trypanosoma

Os protozoários são microrganismos eucarióticos unicelulares desprovidos de parede celular (Figura 14.12). Geralmente não exibem coloração e são móveis. Os **protozoários** distinguem-se dos procariotos por sua natureza eucariótica e tamanho em geral maior; das algas, por serem desprovidos de clorofila; das leveduras e outros fungos, por sua motilidade e ausência de parede celular; e dos bolores limosos, por sua incapacidade de formar corpos de frutificação. Além disso, como mencionado anteriormente, os protozoários são filogeneticamente diversos, estando presentes em várias linhagens da árvore de *Eukarya* (Figura 14.11). Os protozoários são encontrados em diversos hábitats de água doce e marinha; vários são parasitas de animais, inclusive humanos, enquanto alguns crescem no solo ou em hábitats aéreos, como a superfície de árvores.

A maioria dos protozoários nutre-se pela ingestão de compostos particulados, geralmente outras células, por **fagocitose**, um processo em que uma porção da membrana flexível envolve uma partícula alimentar, englobando-a e conduzindo-a para o interior da célula. Alguns protozoários são literalmente capazes de engolir células bacterianas ou pequenas células eucarióticas pela ação de uma estrutura especial denominada citóstoma (ver Figura 14.16).

Em consonância com sua capacidade de "capturar" seu próprio alimento, a maioria dos protozoários exibe motilidade. De fato, seus mecanismos de locomoção correspondem a características-chave empregadas para sua classificação em grupos taxonômicos (Tabela 14.1). Os protozoários que se locomovem por movimentos amebóides são denominados Sarcodina; aqueles que utilizam flagelos, Mastigophora; e aqueles que utilizam cílios, Ciliophora. Os Apicomplexa, um quarto grupo, são geralmente imóveis e parasitas de animais superiores.

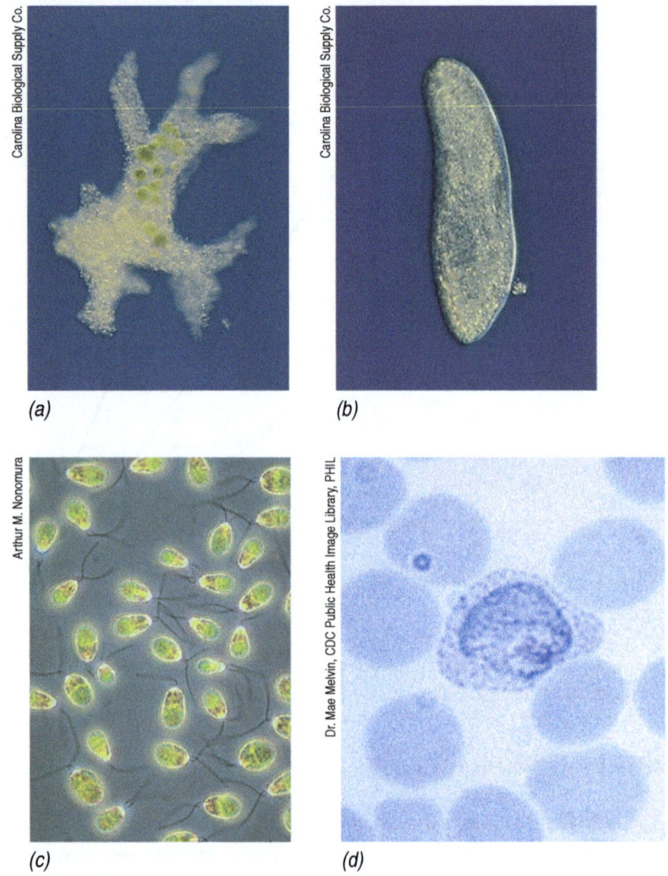

■ **Figura 14.12** Protozoários típicos. (a) *Amoeba*. (b) *Paramecium*, um ciliado típico. (c) *Dunaliella*, um flagelado (este contém cloroplastos e, conseqüentemente, pode também ser considerado uma alga). (d) *Plasmodium vivax*, um esporozoário apicomplexa, crescendo em uma hemácia humana.

Mastigophora: os flagelados

Os membros desse grupo de protozoários são móveis pela ação de flagelos (Figuras 14.12*c* e 14.13). Embora muitos protozoários flagelados sejam organismos de vida livre, alguns são parasitas e/ou patogênicos para animais, inclusive humanos. Os Mastigophoras patogênicos mais

Tabela 14.1 Características dos principais grupos de protozoários

Grupo	Nome comum	Representantes típicos	Hábitats	Doenças comuns
Mastigophora	Flagelados	*Trypanosoma, Giardia, Leishmania, Trichomonas*	Água doce; parasitas de animais	Doença do sono africana, giardíase, leishmaniose
Euglenóides[a]	Flagelados fototróficos	*Euglena*	Água doce; alguns são marinhos	Nenhuma conhecida
Sarcodina	Amebas	*Amoeba, Entamoeba*	Águas doce e salgada; parasitas de animais	Disenteria amebiana (amebíase)
Ciliophora	Ciliados	*Balantidium, Paramecium*	Águas doce e salgada; parasitas de animais; rúmen	Disenteria
Apicomplexa	Esporozoários	*Plasmodium, Toxoplasma*	Principalmente parasitas de animais; insetos (vetores de doenças parasitárias)	Malária, toxoplasmose

a Este grupo também é considerado com as algas (ver Seção 14.11 e Tabela 14.3).

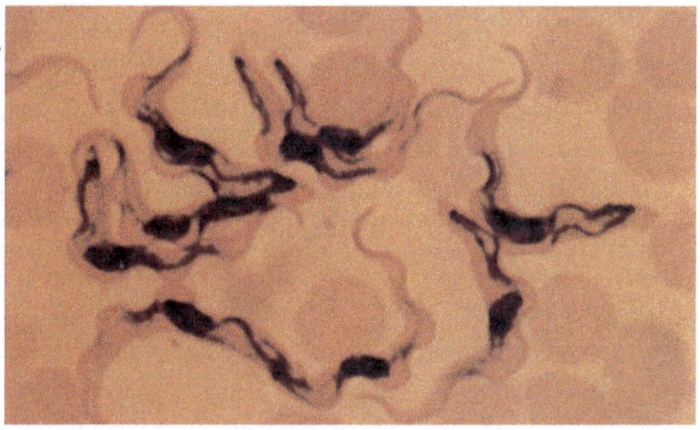

■ **Figura 14.13** Fotomicrografia do protozoário flagelado *Trypanosoma gambiense* — o agente etiológico da doença do sono africana, em um esfregaço sangüíneo.

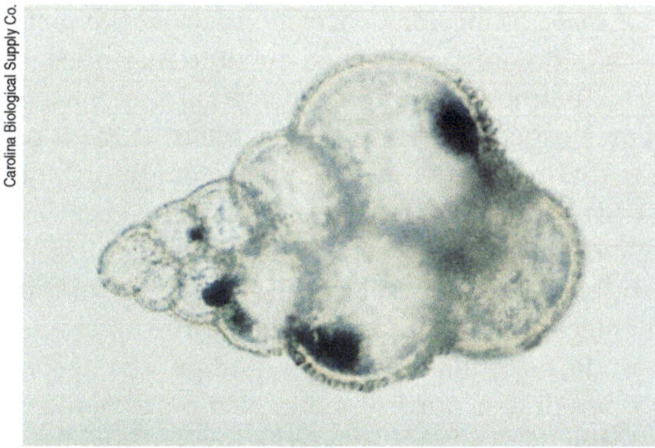

■ **Figura 14.14** Amebas com conchas: foraminíferos. Observe a testa ornada e multilobada.

importantes são os *tripanossomas*. Esses organismos provocam várias doenças sérias no homem e em animais vertebrados, inclusive a temida *doença do sono africana*. Dentre os *Trypanosoma* — gênero que infecta humanos —, os protozoários são relativamente pequenos, com aproximadamente 20 μm de comprimento, finos e em forma de meia-lua. Estes apresentam um único flagelo, que se origina no corpo basal e se dobra para trás, lateralmente, através da célula, onde é preso por uma aba na superfície da membrana (Figura 14.13). Tanto o flagelo quanto a membrana participam na propulsão do organismo, o que torna possível uma movimentação eficaz mesmo no sangue, relativamente viscoso. *Trypanosoma gambiense* é a espécie causadora de uma enfermidade crônica e geralmente fatal — a doença do sono africana. Em humanos, o organismo vive e cresce principalmente na corrente sangüínea, enquanto em estágios tardios da doença há a invasão do sistema nervoso central, levando a uma inflamação do cérebro e da medula espinhal, responsável pelos sintomas neurológicos característicos. O parasita é transmitido de hospedeiro a hospedeiro pela mosca tsé-tsé, *Glossina sp.* — uma mosca hematófaga encontrada apenas em determinadas regiões da África. O parasita se prolifera no trato intestinal da mosca e invade as glândulas salivares e peças bucais, de onde pode ser transmitido a um novo hospedeiro humano pela picada da mosca.

Descreveremos os flagelados *fototróficos* na Seção 14.11. Estes correspondem aos *euglenóides*, flagelados contendo cloroplastos, o que permite o crescimento fotossintético. No entanto, na ausência de luz, as células de *Euglena* (ver Figura 14.27*a*) — um euglenóide típico — são capazes de sobreviver e crescer como quimiorganotróficos, tornando-os fenotipicamente indistinguíveis dos demais protozoários. Diversos euglenóides são conhecidos; são organismos exclusivamente aquáticos, que habitam principalmente a água doce. Contrariamente aos outros protozoários flagelados, os euglenóides não são patogênicos.

Sarcodina: as amebas

Os sarcodinas são compostos por organismos tais como *Amoeba*, que sempre se apresentam nus na fase vegetativa (ver Figura 14.12*a*), e os foraminíferos, amebas que secretam uma concha durante o crescimento vegetativo (Figura 14.14). Diversas amebas nuas são parasitas de humanos e outros vertebrados, sendo a cavidade oral ou o trato intestinal é o seu hábitat usual. As amebas são capazes de se locomover nesses hábitats por meio de *movimentos amebóides* (Figura 14.15) — mecanismo também empregado por bolores limosos acelulares (ver Seção 14.10). *Entamoeba histolytica* (Figura 28.13) corresponde a um bom exemplo de ameba parasita. Em muitos casos, a infecção não provoca sintomas evidentes, embora em alguns indivíduos produza ulcerações no trato intestinal, resultando em uma condição diarréica denominada *disenteria amebiana* (amebíase). O organismo é transmitido na forma de um cisto, de pessoa para pessoa, a partir da contaminação fecal da água ou de alimentos. A etiologia e patogênese da disenteria amebiana serão discutidas na Seção 28.8.

Os sarcodinas com conchas apresentam uma variedade de interessantes tipos morfológicos. As formas com con-

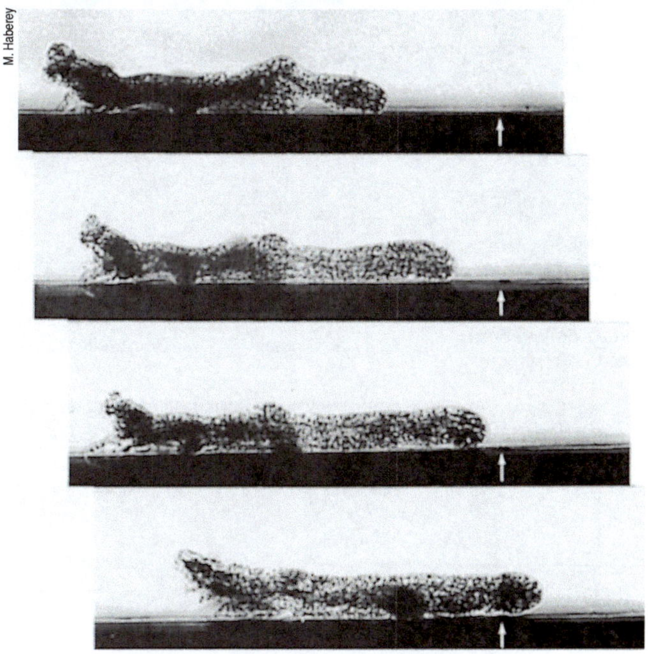

■ **Figura 14.15** Visão lateral de uma ameba se locomovendo, *Amoeba proteus*, a partir de um filme; o intervalo entre os quadros é de 2s. As setas assinalam um ponto fixo na superfície. Uma célula tem diâmetro aproximado de 80 μm.

cha mais conhecidas correspondem aos *foraminíferos*. Estes são organismos exclusivamente marinhos, que vivem principalmente em águas costeiras. As conchas de diferentes espécies, denominadas *testas*, exibem características distintivas, sendo freqüentemente ornadas (Figura 14.14). As testas são compostas em geral por carbonato de cálcio. A célula não se liga firmemente à testa e pode estender-se parcialmente para fora da concha, durante a alimentação. No entanto, pelo fato de a testa ser relativamente pesada, as células em geral afundam. Em decorrência disso, acredita-se que esses organismos alimentem-se de depósitos particulados presentes nos sedimentos, principalmente bactérias e detritos. As conchas dos foraminíferos são relativamente resistentes à deterioração, fossilizando-se prontamente (os Penhascos Brancos em Dover, Inglaterra, são formados, em grande extensão, por conchas de foraminíferos). Por esses organismos fornecerem excelentes registros fósseis, temos maior conhecimento de sua distribuição ao longo das eras geológicas, quando comparados a, virtualmente, qualquer outro protozoário.

Ciliophora: os ciliados

Os ciliados são aqueles protozoários que, em algum estágio de seu ciclo de vida, apresentam cílios (Figura 14.16). Estes são também singulares entre os protozoários pelo fato de exibirem *dois tipos* de núcleo: o *micronúcleo*, envolvido somente com a hereditariedade e a reprodução sexuada, e o *macronúcleo*, envolvido apenas na produção de ácido ribonucléico mensageiro (mRNA), responsável por vários aspectos do crescimento e das funções celulares (ver Figura 14.17).

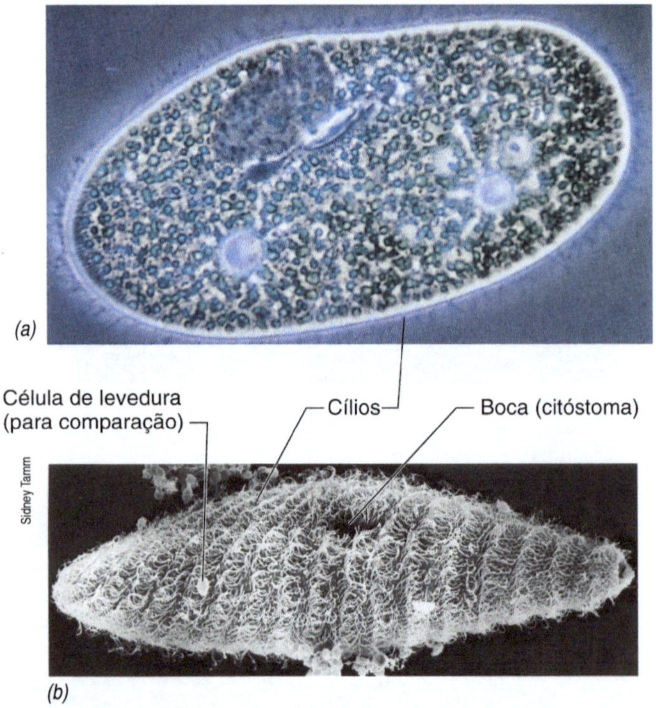

■ **Figura 14.16** *Paramecium*, um protozoário ciliado. (a) Fotomicrografia de fase. (b) Eletromicrografia de varredura. Observe os cílios em ambas as micrografias. Uma célula de *Paramecium* tem diâmetro aproximado de 60 μm.

Provavelmente, o ciliado mais conhecido e de maior distribuição corresponda ao gênero *Paramecium* (Figura 14.16), que será utilizado como exemplo desse grupo. A maioria dos ciliados obtém seu alimento pela ingestão de material particulado, por meio de uma região oral distinta ou vestíbulo ciliado, conectada ao citóstoma, situado em uma posição inferior (Figura 14.16*b*). Uma vez em seu interior, as partículas de alimento são conduzidas do citóstoma até o citoplasma, onde são englobadas em um vacúolo alimentar, estrutura na qual as enzimas digestivas são secretadas. Além dos cílios que atuam na motilidade, muitos ciliados apresentam *tricocistos*, que correspondem a filamentos longos e finos, de natureza contrátil, ancorados na superfície da camada celular externa. Estes permitem que o protozoário se ligue a uma superfície e podem também auxiliar na defesa, sinalizando à célula que esta está sendo atacada por um predador, estimulando, assim, as defesas celulares. No caso de ciliados predadores, como *Didinium*, os tricocistos apreendem e paralisam a presa como um prelúdio para a ingestão.

Diversas espécies de *Paramecium* (como também de outros protozoários) são hospedeiras de bactérias endossimbiontes que vivem no citoplasma ou no macronúcleo. Em alguns casos, há evidências de que esses endossimbiontes desempenhem papel nutricional para o hospedeiro, sintetizando vitaminas ou outros fatores de crescimento que, de outro modo, teriam que ser obtidos do ambiente. Discutimos previamente como os organismos metanogênicos, endossimbiontes de protozoários habitantes do intestino de cupins, removem o H_2 produzido pela oxidação do piruvato nos hidrogenossomos (Figura 14.4), produzindo CH_4, liberado na atmosfera (Seção 20.10 e Figura 20.26*b*, *c*).

Embora alguns ciliados sejam parasitas de animais, essa forma de existência é menos freqüente nos ciliados que em outros grupos de protozoários. A espécie *Balantidium coli* (Figura 14.17) parasita principalmente animais domésticos e ocasionalmente infecta o trato intestinal de humanos, causando sintomas de disenteria intestinal similares àqueles causados por *Entamoeba histolytica*. Além disso,

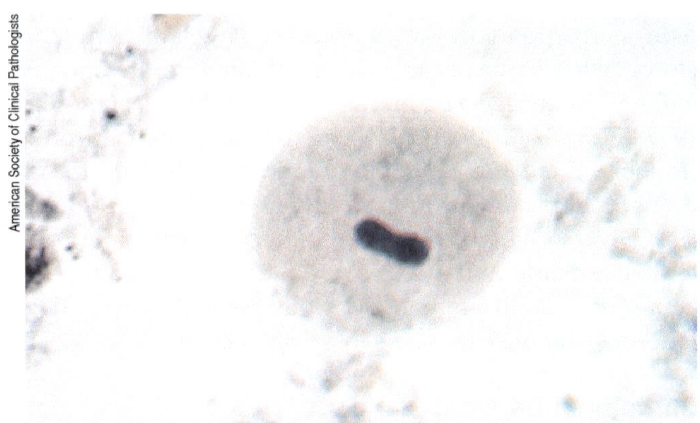

■ **Figura 14.17** *Balantidium coli*, um protozoário ciliado causador de uma doença disentérica em humanos. A estrutura corada em azul-escuro corresponde ao macronúcleo.

normalmente uma microbiota característica de ciliados *anaeróbios obrigatórios* é encontrada no rúmen — a primeira cavidade estomacal de animais ruminantes (Seção 20.11); tais protozoários desempenham um papel benéfico nos processos digestivo e fermentativo naquele local.

Apicomplexa (esporozoários)

Os apicomplexa ou *esporozoários* (Figura 14.12*d*) englobam um grande grupo de protozoários parasitas obrigatórios. Estes caracterizam-se pela *ausência* de estágios adultos móveis e por um comportamento nutricional em que o alimento é absorvido de forma solúvel, por meio do envoltório externo, tal como ocorre em procariotos e fungos. Embora a denominação esporozoário implique na formação de esporos, esses organismos não formam esporos verdadeiros, como aqueles de bactérias, algas e fungos, produzindo estruturas análogas, denominadas *esporozoítos*, que estão envolvidos em sua transmissão para um novo hospedeiro. Vários tipos de vertebrados e invertebrados são hospedeiros de esporozoários; em alguns casos, há uma alternância de hospedeiros, com alguns estágios da vida acontecendo em um hospedeiro e outros estágios em um novo hospedeiro. Os membros mais importantes de esporozoários correspondem aos coccídeos, geralmente parasitas de aves, e os plasmódios (parasitas causadores da malária) (Figura 14.12*d*), que infectam aves e mamíferos, inclusive o homem. Pelo fato de a malária ser uma das principais doenças de humanos, especialmente em países em desenvolvimento, reservamos espaço para uma discussão profunda sobre esta doença, bem como as propriedades dos parasitas causadores, na Seção 27.5.

✓ 14.8 Verificação de conceitos

Protozoários são *Eukarya* microbianos, unicelulares, desprovidos de parede celular e geralmente móveis por meio de diferentes mecanismos. Diversos protozoários são patogênicos ao homem e a outros animais.

✓ Cite pelo menos duas importantes diferenças que o protozoário *Paramecium* apresenta em relação ao protozoário *Trypanosoma*.

✓ Como os esporozoários se diferenciam de todos os outros protozoários?

✓ Por que a alga *Euglena* é também considerada um protozoário?

14.9 Fungos

Principais gêneros
Penicillium
Aspergillus
Saccharomyces
Candida

Contrastando com os protozoários, os fungos contêm parede celular e produzem esporos, dentre várias outras diferenças; a maioria das espécies descritas forma um grupo filogenético relativamente coeso (Figura 14.11). São reconhecidos três principais grupos de fungos: os *bolores*, as *leveduras* e os *cogumelos*.

Os fungos apresentam hábitats relativamente diversos. Alguns são aquáticos — vivem principalmente em água doce, embora também sejam conhecidos alguns fungos marinhos. A maioria dos fungos, no entanto, vive em hábitats terrestres, no solo ou em matéria vegetal morta, geralmente desempenhando papel crucial na mineralização do carbono orgânico na natureza. Um grande número de fungos é parasita de plantas terrestres. Sem dúvida, os fungos são responsáveis pela maioria das doenças de vegetais economicamente importantes (Tabela 14.2). Poucos fungos são parasitas de animais, inclusive de humanos, embora, no geral, os fungos correspondam a patógenos de animais de menor importância que as bactérias e vírus (Seção 27.7 para a discussão sobre fungos patogênicos).

Paredes celulares e metabolismo

As paredes celulares dos fungos assemelham-se estruturalmente, mas não quimicamente, às paredes celulares de vegetais. Embora a celulose esteja presente na parede de determinados fungos, a maioria exibe paredes não celulósicas. A **quitina**, um polímero de *N*-acetilglicosamina, um derivado de glicose (Figura 3.5), é um constituinte comum das paredes celulares de fungos. A quitina apresenta-se disposta como feixes microfibrilares, como a celulose; outros glicanos, como mananas, galactosanas e quitosanas, às vezes substituem a quitina em algumas paredes celulares fúngicas. As paredes celulares de fungos são geralmente compostas por 80-90% de polissacarídeos com proteínas, lipídeos, polifosfatos e íons inorgânicos formando a matriz de cimentação da parede. O entendimento da química da parede celular fúngica é importante, dado o extenso emprego biotecnológico dos fungos (Capítulo 30), além do fato de esta ser útil na classificação desses organismos, tanto com finalidades de pesquisa quanto industriais.

Os fungos são organismos quimiorganotróficos, que geralmente apresentam exigências nutricionais simples. Várias espécies podem crescer em ambientes de pH extremamente baixo ou com altas temperaturas (até 62°C). Esse fato, associado à natureza ubíqua dos esporos fúngicos, torna-os organismos contaminantes, comumente isolados de produtos alimentícios, meios de cultura microbianos e da maioria das superfícies. Em contrapartida, os bolores e leveduras não são classificados a partir de bases fisiológicas, mas por seus diferentes padrões de ciclo de vida, incluindo a formação de uma variedade de esporos sexuais (ver Tabela 14.2).

Fungos filamentosos: bolores

Os bolores são *fungos filamentosos*. Estes se encontram amplamente disseminados na natureza, sendo comumente observados em pães, queijos ou frutas velhos. Cada filamento cresce principalmente na extremidade, pela extensão da célula terminal (Figura 14.18). Um único filamento recebe a denominação de *hifa*. As hifas geralmente crescem em conjunto, ao longo de uma superfície, formando tufos compactos, sendo este conjunto denominado *micélio*, que pode ser facilmente visualizado sem o auxílio de um microscópio. O micélio surge porque as hifas

Tabela 14.2 Classificação e principais propriedades dos fungos[a]

Grupo	Nome comum	Hifas	Representantes típicos	Tipo de esporo sexual	Hábitats	Doenças comuns
Ascomicetos	Fungos com estrutura em forma de saco	Septadas	*Neurospora, Saccharomyces, Morchella* ("moráceas")	Ascósporo	Solo, matéria vegetal em decomposição	Doença do olmo holandês, praga da castanha, ferrugem das gramíneas, apodrecimento
Basidiomicetos	Fungos com estrutura em forma de clava, cogumelos	Septadas	*Amanita* (cogumelo venenoso) *Agaricus* (cogumelo comestível)	Basidiósporo	Solo, matéria vegetal em decomposição	Haste negra, ferrugem do trigo, alforra do milho
Zigomicetos	Bolores de pão	Cenocíticas	*Mucor*, *Rhizopus* (bolor comum de pão)	Zigósporo	Solo, matéria vegetal em decomposição	Deterioração de alimentos; raramente envolvido em doenças parasitárias
Oomicetos	Bolores de água	Cenocíticas	*Allomyces*	Oósporo	Aquático	Praga da batata, certas doenças em peixes
Deuteromicetos	Fungos imperfeitos	Septadas	*Penicillium, Aspergillus, Candida*	Nenhum conhecido	Solo, matéria vegetal em decomposição, superfície de corpos de animais	Murchamento de plantas, infecções de animais como tínea, pé-de-atleta, infecções superficiais ou sistêmicas (*Candida*)

a Com exceção dos Oomicetos, que são filogeneticamente distintos, os outros grupos de fungos estão estreitamente relacionados.

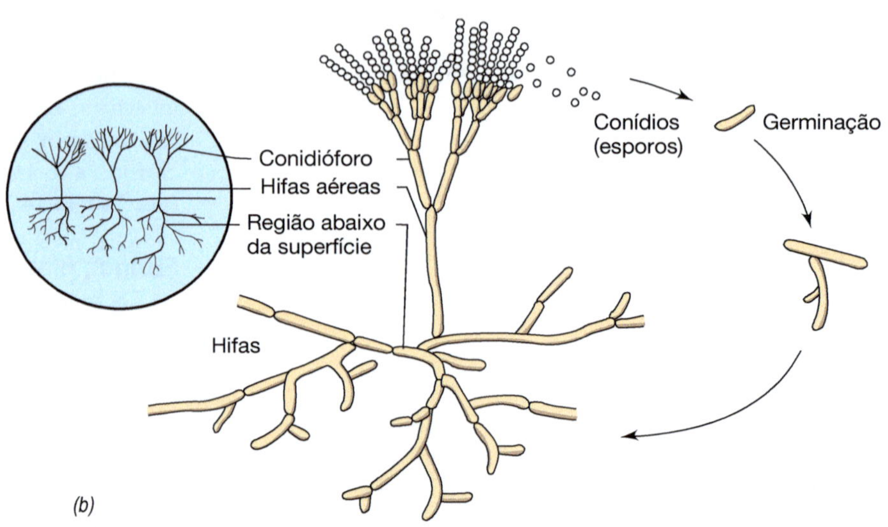

■ **Figura 14.18** Estrutura e crescimento de bolores. (a) Fotomicrografia de um bolor típico. Os conídios correspondem às estruturas esféricas, localizadas nas extremidades das hifas aéreas. (b) Diagrama do ciclo de vida de um bolor.

individuais, ao crescerem, formam ramificações que se entrelaçam, resultando em uma massa compacta. Na maioria dos casos, a célula vegetativa de uma hifa fúngica contém mais de um núcleo — freqüentemente, centenas de núcleos estão presentes. Desse modo, uma hifa típica corresponde a um tubo nucleado, contendo citoplasma (sendo referido como *cenocítico*).

A partir do micélio fúngico, outras ramificações das hifas podem atingir o ar acima da superfície, e, nessas ramificações aéreas, são formados esporos denominados **conídios** (Figura 14.18*a*). Os conídios correspondem a esporos *assexuados* (sua formação *não* envolve a fusão de gametas), sendo com freqüência altamente pigmentados (Figura 14.19; Figura 10.1*a*) e resistentes ao dessecamento, atuando na dispersão do fungo para outros hábitats. Quando os conídios são formados, a coloração branca do micélio se altera, assumindo a cor dos conídios, que pode ser preta, azul-esverdeada, vermelha, amarela ou marrom. A presença de tais esporos confere à camada micelial um aspecto pulverulento (Figura 14.19*a*).

Alguns bolores também produzem esporos *sexuais*, originados da reprodução sexuada (Tabela 14.2). Estes são resultantes da fusão de gametas unicelulares ou de hifas especializadas, denominadas *gametângios*. Alternativamente, esporos sexuados podem ser originados pela fusão de duas células haplóides, a fim de produzirem uma célula diplóide que, por sua vez, sofre meiose e mitose para produzir esporos individuais. Dependendo do grupo ao qual um fungo em particular pertença (ver Tabela 14.2), são produzidos diferentes tipos de esporos sexuais. Esporos produzidos no interior de um saco fechado (*asco*) são denominados *ascósporos* (ver Figura 14.8), enquanto aqueles produzidos na extremidade de uma estrutura claviforme (*basídio*) são denominados *basidiósporos* (Tabela 14.2). Os *zigósporos*, produzidos por fungos zigomicetos como *Rhizopus* — o bolor comum do pão —, são estruturas visíveis macroscopicamente e resultam da fusão de hifas que realizam trocas genéticas. Eventualmente, o zigósporo amadurece e produz esporos assexuados, que se dispersam pelo ar e germinam, originando novos micélios fúngicos.

Esporos sexuais de fungos são geralmente resistentes à desidratação, ao aquecimento, ao congelamento e a alguns agentes químicos. No entanto, os esporos sexuais fúngicos são menos resistentes ao calor que os endósporos bacterianos (Seção 4.15). Tanto um esporo fúngico assexual como um sexual é capaz de germinar e desenvolver-se, originando uma nova hifa e micélio.

A principal atividade ecológica da maioria dos fungos, especialmente os basidiomicetos (ver Tabela 14.2), corresponde à decomposição da madeira, de papel, de tecido e de outros produtos derivados de fontes naturais. Os basidiomicetos que atacam esses produtos são capazes de utilizar a celulose ou a lignina dos produtos como fontes de carbono e energia. A lignina é um polímero complexo, constituído por compostos fenólicos. Esta corresponde a um importante constituinte de plantas lenhosas e, associada à celulose, confere a rigidez aos vegetais. Na natureza, a decomposição da lignina é decorrente quase exclusivamente da ação de determinados basidiomicetos, denominados *fungos que apodrecem a madeira*. São conhecidos dois tipos de podridão em madeiras: *podridão parda*, em que a celulose é atacada preferencialmente e a lignina permanece inalterada, e a *podridão branca*, em que a celulose e a lignina são decompostas. Os fungos da podridão branca exibem considerável interesse ecológico por desempenharem importante papel na decomposição de materiais lenhosos em florestas.

Fungos macroscópicos: cogumelos

Cogumelos correspondem a basidiomicetos filamentosos, que formam grandes *corpos de frutificação* — a porção comestível do cogumelo (Figura 14.20*a-c*). Discutiremos na Seção 30.14 a produção comercial de cogumelos como fonte alimentar. Durante a maior parte de sua existência, o cogumelo vive como um simples micélio, crescendo no solo, em restos de folhas, ou troncos em decomposição. No entanto, quando as condições ambientais tornam-se favoráveis, geralmente após períodos de clima úmido e frio, os corpos de frutificação se desenvol-

Cheryl L. Broadie

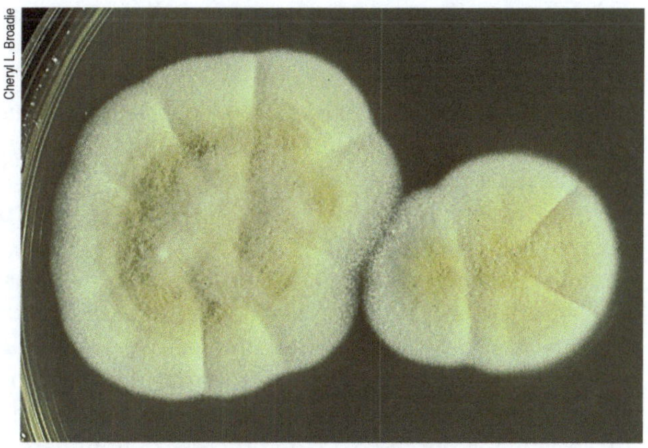

(a)

Centers for Disease Control Public Health Image Library, PHIL

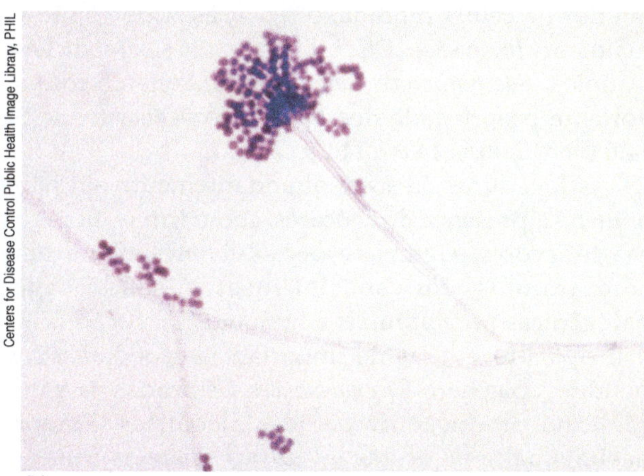

(b)

Figura 14.19 Fungos. (a) Colônias de uma espécie de *Aspergillus*, crescendo em placa de meio sólido. Observe a aparência das massas de células filamentosas (o micélio) e dos esporos assexuais (ver Figura 14.18*b*), que confere às colônias um aspecto pulverulento e emaranhado. (b) Conidiósporos e conídios de *Aspergillus fumigatus*.

vem, inicialmente como uma estrutura pequena, em forma de botão, abaixo da superfície, que depois se expande, formando o corpo de frutificação totalmente desenvolvido, que observamos acima do solo (Figura 14.20*c*). Esporos sexuais, denominados **basidiósporos** (Figura 14.20*d*) são formados na face inferior do corpo de frutificação, em regiões achatadas denominadas **lamelas**, que se encontram ligadas ao píleo do cogumelo (Figura 14.20*b,c*). Os basidiósporos dos cogumelos são dispersos pelo vento e, eventualmente, pousam em solos úmidos e ricos em matéria orgânica, iniciando um novo ciclo (Figura 14.20*b*).

Fungos unicelulares: leveduras

As leveduras são *fungos unicelulares*, sendo a maioria classificada como ascomiceto. As células de levedura são geralmente esféricas, ovais ou cilíndricas, e a divisão celular geralmente ocorre por brotamento (Figura 14.21). No processo de brotamento, uma nova célula é formada como uma pequena protuberância da célula antiga; o broto geralmente aumenta de tamanho e então se separa (Figuras 14.21 e 14.22). Embora a maioria das leveduras reproduza-se apenas como células individuais, algumas leveduras podem formar filamentos, sob certas condições. Nessas espécies, determinadas características somente podem ser expressas pela forma filamentosa. Por exemplo, a fase filamentosa é essencial para a patogenicidade de *Candida albicans*, uma levedura capaz de causar infecções vaginais, orais ou pulmonares e, em pacientes com a síndrome da imunodeficiência adquirida (AIDS), danos teciduais sistêmicos (Seção 26.14).

As células de leveduras são muito maiores que as células bacterianas, podendo ser distinguidas microscopicamente das bactérias por suas dimensões e pela evidente presença de estruturas celulares internas, tal como o núcleo (Figura 14.22). Algumas leveduras realizam a reprodução sexuada por meio de um processo denominado *acasalamento*, em que ocorre a fusão de duas células. No interior da célula fundida, o *zigoto*, ascósporos são eventualmente formados. Discutimos o ciclo sexual da levedura típica, *Saccharomyces cerevisiae*, juntamente com a importante propriedade dos *tipos de acasalamento*, na Seção 14.6 (ver Figuras 14.8 e 14.9).

As leveduras crescem abundantemente em hábitats onde há a presença de açúcares, como frutas, flores e cascas de árvores. Algumas espécies vivem simbioticamente com animais, em especial insetos, sendo espécies patogênicas para animais e humanos (Seção 27.7). As principais leveduras de importância econômica correspondem ao gênero *Saccharomyces*, utilizadas na panificação e na produção de bebidas alcoólicas. Embora os hábitats naturais dessas leveduras sejam as frutas e sucos de frutas, as leveduras comerciais atualmente utili-

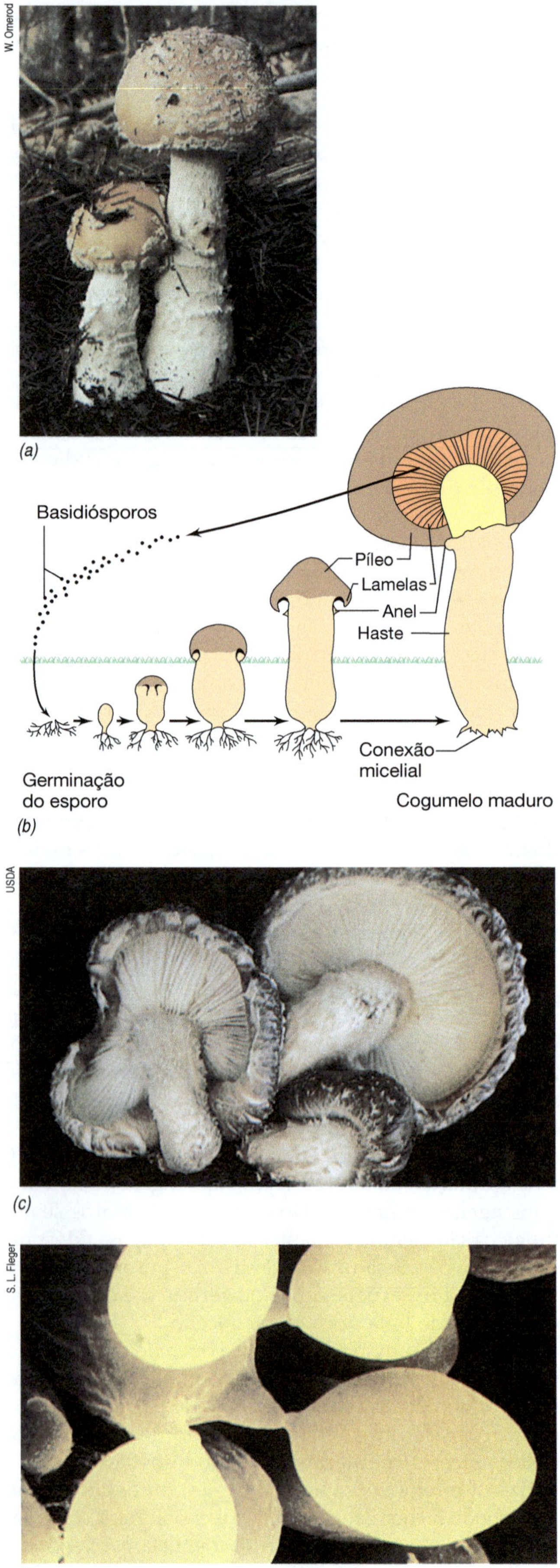

■ **Figura 14.20** Cogumelos. (a) *Amanita*, um cogumelo altamente venenoso. (b) Ciclo de vida de um cogumelo típico. (c) As lamelas, presentes na face inferior do corpo de frutificação do cogumelo, contêm basídios albergando esporos. (d) Eletromicrografia de varredura de basidiósporos liberados dos basídios de cogumelos. A produção de cogumelos como fonte de alimento será abordada na Seção 30.14.

J. Forsdyke

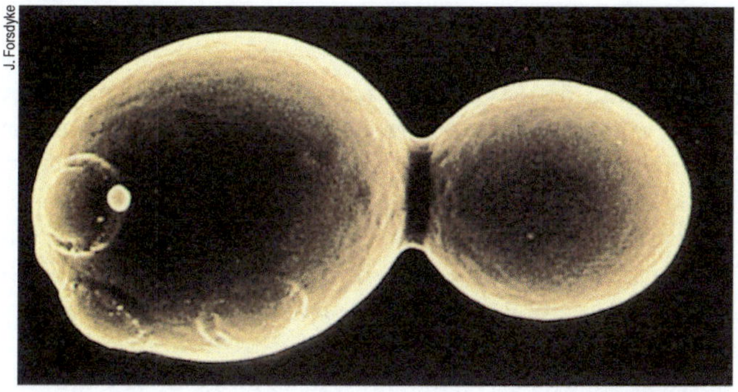

■ **Figura 14.21** Micrografia eletrônica de varredura da levedura comumente utilizada na panificação e fermentação de bebidas alcoólicas, *Saccharomyces cerevisiae*. Observe a divisão por brotamento e as cicatrizes de brotamentos prévios. Uma célula tem diâmetro de aproximadamente 8 μm.

T. D. Brock

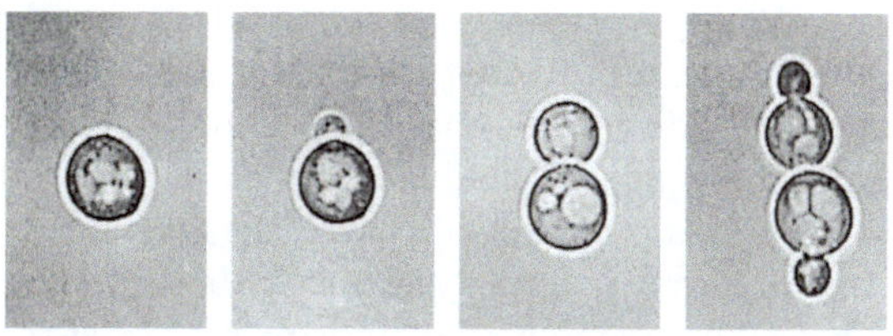

Figura 14.22 Crescimento por brotamento em *Saccharomyces cerevisiae*. Observe o núcleo pronunciado. Micrografia de contraste de fase. Uma célula de *S. cerevisiae* tem diâmetro aproximado de 8 μm.

zadas são relativamente diferentes das linhagens selvagens, visto que foram aperfeiçoadas ao longo dos anos por cuidadosa seleção e manipulação genética realizadas por microbiologistas industriais. De fato, *S. cerevisiae* tem sido estudada, por muitos anos, como um organismo eucarioto modelo (ver Seção 14.6), sendo o primeiro eucarioto a ter seu genoma completamente seqüenciado (Seção 15.6).

✓ 14.9 Verificação de conceitos

Os fungos incluem bolores e leveduras e, como grupo, diferem dos protozoários pela presença de uma parede celular rígida, produção de esporos, ausência de motilidade e posicionamento filogenético. Cogumelos são fungos macroscópicos, freqüentemente comestíveis, que produzem corpos de frutificação contendo basidiósporos.

✓ Como os *bolores* se diferenciam de *leveduras*?

✓ O que é *quitina* e qual sua função nos fungos?

✓ Nos bolores, como os *conídios* se diferenciam de *ascósporos*?

14.10 Bolores limosos

Principais gêneros

Dictyostelium

Physarum

Bolores limosos são microrganismos eucarióticos que exibem similaridade fenotípica com fungos e protozoários. Assim como os fungos, os bolores limosos apresentam um ciclo de vida e produzem esporos. No entanto, assim como os protozoários, os bolores limosos são móveis, sendo capazes de se locomover sobre uma superfície sólida com relativa rapidez (ver Figuras 14.23–14.25). De uma perspectiva filogenética, os bolores limosos são mais antigos que os fungos e alguns protozoários (como os ciliados); no entanto, são mais derivados que protozoários flagelados e seus predecessores evolutivos (Figura 14.11).

Os bolores limosos podem ser divididos em dois grupos: os *bolores limosos celulares*, cujas formas vegetativas são compostas por células únicas do tipo amebóides, e os *bolores limosos acelulares*, cujas formas vegetativas correspondem a massas de protoplasma de tamanho e forma indefinidos, denominadas *plasmódios* (Figura 14.23).

Os bolores limosos vivem principalmente em matéria vegetal em decomposição, como restos de folhas, troncos e solo. Seus nutrientes consistem principalmente em outros microrganismos, em especial bactérias, as quais são internalizadas por fagocitose. Bolores limosos podem manter-se em um estado vegetativo por longos períodos, embora eventualmente formem estruturas diferenciadas do tipo esporo que germinam e geram de novo o estado amebóide ativo.

Bolores limosos acelulares

Na fase vegetativa, os bolores limosos acelulares, como *Physarum*, apresentam-se como uma massa de protoplasma de tamanho indefinido (Figura 14.23). Essa estrutura é ativamente móvel, por meio de *movimentos amebóides*; o plasmódio flui sobre a superfície do substrato engolfando partículas de alimento à medida que se move. O movimento amebóide resulta da corrente citoplasmática. O citoplasma flui para a frente porque a ponta do plasmódio é menos contraída e viscosa, e, desse modo, o citoplasma direciona-se para a região de menor resistência. Em células eucarióticas, a corrente citoplasmática é facilitada pelos microfilamentos, que formam uma fina camada logo abaixo da membrana citoplasmática das células eucarióticas (ver Seção 14.4 e Figura 14.1). Nos bolores limosos acelulares, a corrente citoplasmática ocorre em faixas definidas, sendo cada uma circundada por uma fina membrana citoplasmática (Figura 14.23). A corrente citoplasmática, por si só, corresponde a um mecanismo de distribuição de metabólitos celulares.

Carolina Biological Supply Co.

■ **Figura 14.23** Bolores limosos. Plasmódios do bolor limoso acelular *Physarum*, crescendo na superfície de um meio sólido.

O plasmódio de bolores limosos acelulares (Figura 14.23) é geneticamente diplóide. A partir dessa massa protoplasmática, o esporângio e os esporos haplóides podem ser produzidos. Em condições favoráveis, os esporos germinam, originando células haplóides expansivas. A fusão de duas células expansivas regenera o plasmódio diplóide (Figura 14.23).

Bolores limosos celulares: *Dictyostelium*

Dictyostelium discoideum, um bolor limoso celular, apresenta um notável ciclo de vida em que as células vegetativas se agregam, migram como uma massa celular e eventualmente produzem corpos de frutificação, nos quais as células diferenciam-se e formam esporos (Figuras 14.24 e 14.25). À medida que as células de *Dictyostelium* tornam-se nutricionalmente carentes, passam a se agregar, formando um *pseudoplasmódio* — uma estrutura em que perdem sua individualidade, mas não se fundem (Figuras 14.24 e 14.25). Essa agregação é desencadeada pela produção de dois compostos: a *forma cíclica de adenosina monofosfato* (cAMP, do inglês *Cyclic Adenosine Monophosphate*) e uma glicoproteína específica, ambas atuando como agentes quimiotáticos (discutimos o envolvimento de cAMP em diversos sistemas regulatórios de procariotos na Seção 8.7). As primeiras células a produzir esses compostos tornam-se centros de atração para outras células vegetativas, levando à agregação de um grande número de células, que se unem a fim de formarem uma massa limosa migratória, referida como *lesma* (em inglês, *slug*) (Figura 14.24).

A formação do corpo de frutificação inicia-se quando a lesma interrompe sua migração, passando a se orientar verticalmente (Figuras 14.24 e 14.25). O corpo de frutificação, em seguida, diferencia-se em talo e cabeça; as células da extremidade anterior da lesma tornam-se células do talo, enquanto aquelas da extremidade posterior tornam-se esporos. As células que compõem o talo começam a secretar celulose, que confere rigidez a essa estrutura. As células da porção posterior da lesma migram ao longo do talo até atingir sua ponta e formar a cabeça. A maioria dessas células posteriores diferencia-se em esporos. Na maturação da cabeça, os esporos são liberados e dispersos. Cada esporo então germina, tornando-se uma ameba vegetativa.

O ciclo da formação do corpo de frutificação e de esporos em *Dictyostelium* corresponde a um processo *assexual*. No entanto, esporos *sexuais*, denominados *macrocistos*, podem também ser produzidos. Os macrocistos são formados por agregados de amebas envoltas por uma parede de celulose. Após a conjugação de duas amebas, uma grande ameba é originada, a qual fagocita as amebas restantes. Neste momento, forma-se uma espessa parede de celulose ao redor dessa ameba gigante, resultando no macrocisto maduro, que pode permanecer dormente por longos períodos. Eventualmente, o núcleo diplóide sofre meiose, formando núcleos haplóides que se integram a novas amebas, podendo reiniciar o crescimento vegetativo (Figura 14.24).

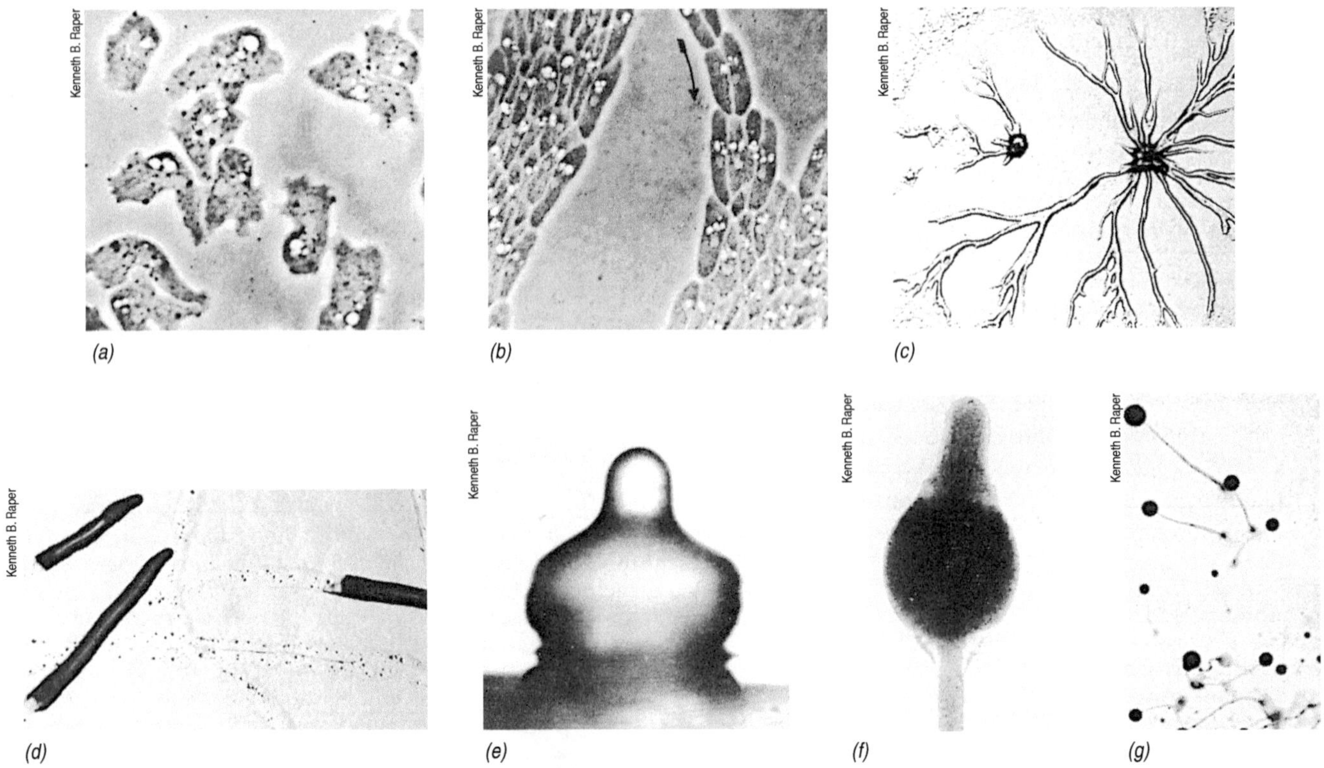

■ **Figura 14.24** Fotomicrografias de diferentes estágios do ciclo de vida do bolor limoso celular *Dictyostelium discoideum*. (a) Amebas em estágio de pré-agregação. Observe o formato irregular e a ausência de orientação. (b) Amebas em agregação. Observe o formato regular e a orientação. As células estão se movimentando em uma direção, em correntes. (c) Visão em pequeno aumento de amebas em agregação. (d) Pseudoplasmódios migratórios (lesmas) movendo-se sobre a superfície de um meio sólido, deixando rastros limosos em seu percurso. (e, f) Estágio precoce do corpo de frutificação. (g) Corpos de frutificação maduros. Ver a Figura 14.25, que apresenta as dimensões dessas estruturas.

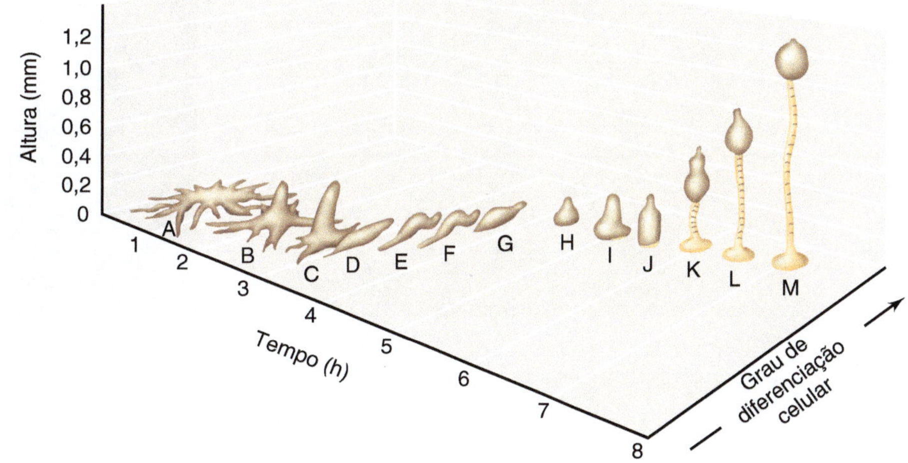

■ **Figura 14.25** Estágios da formação do corpo de frutificação no bolor limoso celular *Dictyostelium discoideum.* (A-C) Agregação das amebas; (D-G) migração da lesma originada a partir da agregação das amebas; (H-L) culminação e formação do corpo de frutificação; (M) corpo de frutificação maduro. O corpo de frutificação contém esporos que podem regenerar células vegetativas, iniciando um novo ciclo de vida.

✓ 14.10 Verificação de conceitos

Bolores limosos acelulares correspondem a massas móveis de protoplasma, enquanto os bolores limosos celulares correspondem a massas de células individuais que se agregam, formando corpos de frutificação, que liberam esporos.

✓ De que modo os bolores limosos assemelham-se aos *fungos* e de que modo assemelham-se aos *protozoários*?

✓ O que é um *macrocisto*?

14.11 Algas

Principais gêneros
Chlamydomonas
Euglena
Gonyaulax

As **algas** compõem um grande e diverso grupo de organismos eucarióticos (Figuras 14.26 e 14.27) que contêm *clorofila* e realizam a fotossíntese oxigênica (Seção 18.5). As algas não devem ser confundidas com as *cianobactérias*, que também são fototróficas oxigênicas, pertencentes ao domínio *Bacteria* e, desse modo, bastante distintas evolutivamente das algas (Seção 12.26). Embora a maioria das algas apresente tamanho microscópico, correspondendo claramente a microrganismos, algumas formas são macroscópicas, com algumas algas marinhas podendo atingir mais de 30 m de comprimento.

Diversidade das algas

As algas podem ser unicelulares (Figuras 14.26*a* e *c*) ou coloniais, sendo as últimas correspondentes a agregados celulares (Figura 14.26*b*). Quando as células assumem um arranjo linear, a alga é denominada filamentosa (Figura 14.26*d*). Dentre as formas filamentosas, ocorrem filamentos não ramificados e filamentos ramificados mais intricados. As algas contêm clorofila e, conseqüentemente, exibem coloração verde. No entanto, alguns tipos de algas comuns não são verdes, exibindo coloração marrom ou vermelha devido à presença de outros pigmentos tais como xantofilas, além da clorofila, os quais mascaram a coloração verde. As células de algas contêm um ou mais **cloroplastos** — estruturas membranosas que armazenam os pigmentos fotossintéticos (ver Seção 14.3). Os cloroplastos podem freqüentemente ser reconhecidos microscopicamente no interior das células de algas por sua coloração verde distinta (Figura 14.26). A estrutura geral e as propriedades dos cloroplastos foram discutidas na Seção 14.3, enquanto sua filogenia foi abordada nas Seções 12.27 e 14.4.

A Figura 14.11 revela que as algas constituem um grupo filogeneticamente heterogêneo. Embora as algas verdes (Clorophyta, Tabela 14.3) e, em menor extensão, as algas vermelhas (Rodophyta, Tabela 14.3) exibam relações relativamente próximas às plantas verdes, outros grupo de algas, como as algas marrons e as diatomáceas, constituem linhagens mais precoces (Figura 14.11). Ainda menos derivados são os euglenóides, como a alga *Euglena* (Figura 14.27*a*). Os euglenóides estão filogeneticamente relacionados aos protozoários flagelados (Figura 14.11), e, de fato, células de *Euglena* podem espontaneamente perder seus cloroplastos, passando a se comportar como um organismo totalmente heterotrófico (ver Seção 14.8). As algas vermelhas (Figura 14.27*b*) são notáveis, uma vez que seus cloroplastos contêm *ficobiliproteínas* — os principais pigmentos captadores de luz de cianobactérias (Seção 18.3). Por isso, não é surpreendente que os cloroplastos de algas vermelhas, obviamente um endossimbionte (ver Seção 14.4), exibam estreita afinidade filogenética com as cianobactérias (Seção 12.25); suas células hospedeiras, ao contrário, formam um ramo distinto de *Eukarya* (ver Figura 14.11).

Dinoflagelados são algas flageladas, principalmente marinhas, estreitamente relacionadas aos protozoários ciliados (Figura 14.11). Alguns dinoflagelados são de vida livre (Figura 14.27*f*), enquanto outros vivem simbioticamente com animais que formam recifes de coral, obtendo assim um hábitat abrigado e protegido, fornecendo em troca de carbono fotossinteticamente fixado, como fonte alimentar para o recife.

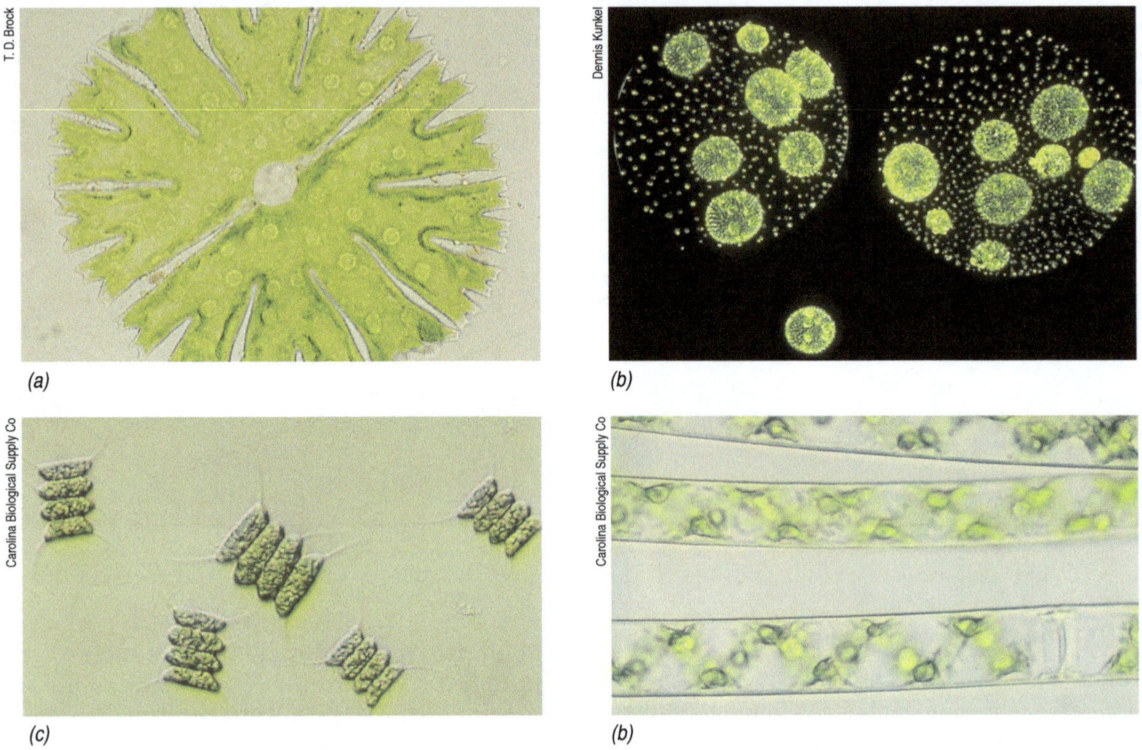

Figura 14.26 Micrografias de campo claro de representantes de algas verdes. (a) *Micrasterias*. Uma célula única. (b) Colônia de *Volvox* contendo grande número de células. (c) *Scenedesmus*. Pacotes de quatro células. (d) *Spirogyra*, uma alga filamentosa. Observe os cloroplastos em forma de espiral.

Dinoflagelados tóxicos

Dinoflagelados, como o gênero *Gonyaulax*, ocasionalmente crescem e originam densas suspensões denominadas *florescimentos*, que exibem coloração vermelha devido à presença de pigmentos acessórios, as xantofilas. Esses florescimentos correspondem às clássicas "marés vermelhas" (Figura 14.28*a*), ocasionalmente formadas em águas costeiras, mornas e em geral poluídas. Estas freqüentemente estão associadas à mortandade de peixes e ao envenenamento de humanos devido ao consumo de água ou de mariscos contaminados. A toxicidade é decorrente de uma potente neurotoxina produzida por *Gonyaulax*, suficientemente tóxica para matar peixes em concentrações de nanogramas.

Pfiesteria corresponde a outro gênero de dinoflagelado tóxico. Embora capaz de realizar a fotossíntese, esse organismo é mais notável como um patógeno de peixes e, ocasionalmente, de humanos. Esporos tóxicos de *P. piscicida* (Figura 14.28*b*) infectam peixes, eventualmente levando-os à morte, devido à produção de neurotoxinas que afetam a motilidade e destroem a pele dos animais infectados. As lesões formam-se em áreas onde a pele foi removida, permitindo assim o desenvolvimento de patógenos bacterianos oportunistas (Figura 14.28*c*). Os peixes mortos por *P. piscicida* servem de alimento à forma amebóide de *Pfiesteria*, um saprófita inofensivo. No total, são conhecidos mais de 20 diferentes "estágios" no ciclo de vida de *Pfiesteria*, sendo que somente um destes, o de esporos tóxicos, parece ser capaz de provocar a doença. Evidências sugerem que a presença do peixe desencadeia, de alguma maneira, o desenvolvimento do estágio tóxico no ciclo de vida de *Pfiesteria*. Por esta razão, seriam os peixes o principal alvo da infecção. *P. piscicida* pode provocar a mortandade maciça de peixes (Figura 14.28*c*). Por exemplo, mais de 1 bilhão de peixes foram mortos devido a um surto de *Pfiesteria* no Estuário Nuese, na Carolina do Norte, em 1991, havendo, ainda, a suspeita da ocorrência de outros surtos ao longo da costa leste dos Estados Unidos.

Os seres humanos podem também sofrer danos em decorrência do contato com *P. piscicida*; os indivíduos afetados exibem sintomas aparentemente não relacionados, os quais incluem problemas respiratórios, cefaléias, dores articulares e musculares, desorientação e perda de memória. Como citado anteriormente, para outros dinoflagelados tóxicos como *Gonyaulax*, a doença em humanos ocorre pelo contato ou ingestão de água ou peixes contaminados, em especial mariscos. Entretanto, tal via de contaminação não é observada nas doenças causadas por *Pfiesteria*. Ao contrário, esse organismo produz uma neurotoxina volátil que provoca os sintomas, mesmo sem haver o contato direto com o material contaminado. A água contaminada é também um veículo de transmissão da doença, embora mariscos coletados de águas contaminadas por *Pfiesteria* aparentemente não transmitam a doença. Desse modo, *Pfiesteria* corresponde a uma "alga" muito interessante e complexa que, ecologicamente, pode se comportar predominantemente como patógeno de peixes que como organismo fototrófico.

Pigmentos, metabolismo energético e polímeros de reserva

Diversas características são utilizadas para a classificação das algas, incluindo a natureza da(s) clorofila(s)

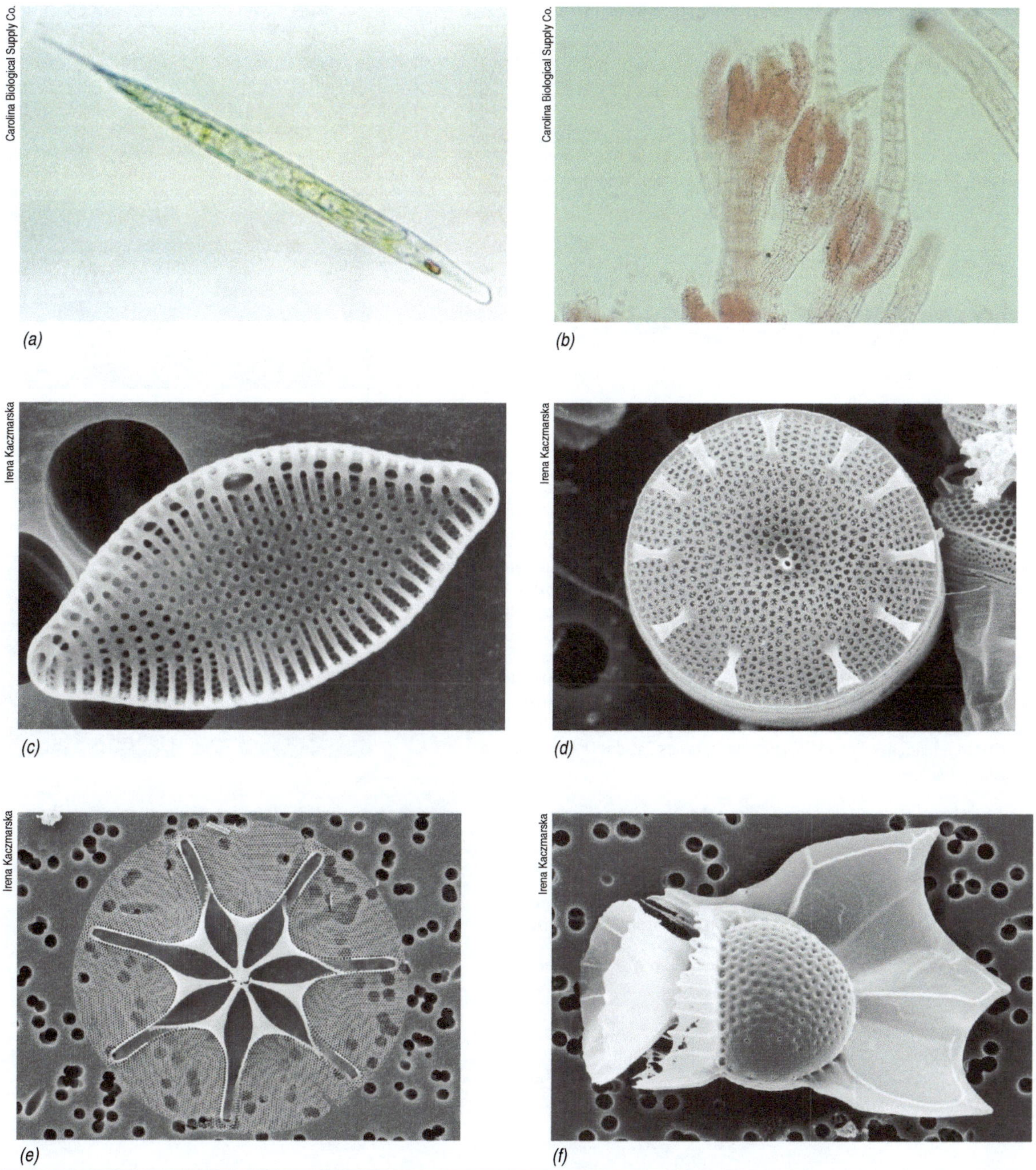

■ **Figura 14.27** Outras algas, distintas das algas verdes (Clorophyta). (a-b) Micrografias ópticas. (a) *Euglena*, um membro de Euglenophyta. Este organismo é muito menos derivado filogeneticamente que as algas verdes (ver Figura 14.11), pois compartilha outras propriedades com protozoários flagelados (ver texto). (b) *Polysiphonia*, uma alga vermelha marinha (Rodophyta), que cresce aderida à superfície de plantas marinhas. (c-f) Micrografias eletrônicas de varredura. (c) Frústula da diatomácea. marinha *Nitzschia*, apresentando simetria pinulada. (d) Frústula da diatomácea marinha *Thalassiosira*, apresentando simetria radial. (e) Frústula da diatomácea *Asteriolampra*, apresentando simetria radial. (f) Célula do dinoflagelado marinho *Ornithocercus magnificus*. A célula propriamente dita corresponde à estrutura globular central; as estruturas ornadas são denominadas *listas*.

presente(s), os polímeros de reserva de carbono (por exemplo, amido e vários derivados de amido), a estrutura da parede celular e o tipo de motilidade. Todas as algas contêm clorofila *a*. Algumas, no entanto, contêm outras clorofilas que diferem pouco da clorofila *a*. A presença dessas clorofilas adicionais é característica de um determinado grupo de algas. A distribuição de clorofilas e outros pigmentos fotossintéticos nas algas está resumida na Tabela 14.3.

Todas as algas realizam a fotossíntese produtora de oxigênio (oxigênica), utilizando H_2O como doador de elétrons (Seção 18.5). Em contrapartida, algumas algas realizam a fotossíntese *sem* a produção de oxigênio, utilizando H_2 como doador de elétrons. Diversas algas são fototróficas obrigatórias e, desse modo, incapazes de crescer, na ausência de luz, a partir de compostos de carbono. No entanto, algumas espécies são capazes de crescer quimiorganotroficamente, catabolizando açúcares simples ou ácidos orgânicos, na ausência de luz. Um dos compostos orgânicos mais utilizados pelas algas corresponde ao acetato, que pode ser utilizado como única fonte de carbono e energia por vários flagelados e clorofitas. Além disso, algumas algas podem assimilar compostos orgânicos

(a)

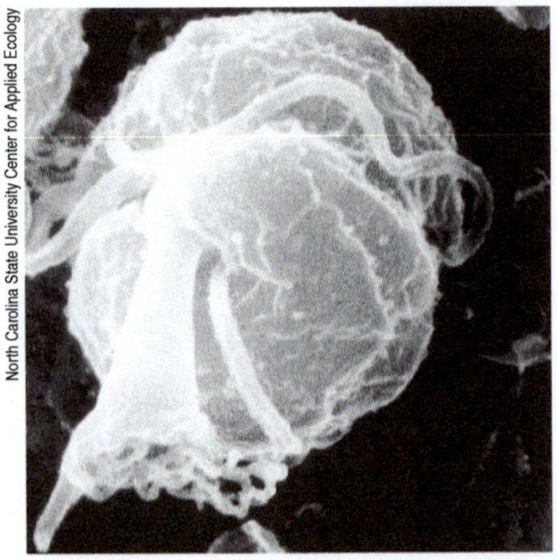

(b)

(c)

■ **Figura 14.28** Dinoflagelados tóxicos. (a) Fotografia de uma "maré vermelha", causada pelo crescimento maciço de dinoflagelados produtores de toxina, como o gênero *Gonyaulax*. A toxina é excretada na água, sendo também acumulada por mariscos que se alimentam de dinoflagelados. Embora a toxina seja inofensiva para os mariscos, a ingestão de mariscos infectados pode provocar o envenenamento de peixes e do homem. (b-c) *Pfiesteria* tóxica. (b) Micrografia eletrônica de varredura de um esporo tóxico de *P. piscicida*. (c) Peixe morto por *P. piscicida*. Observe as lesões, com deterioração da pele. Nos últimos anos, foram registradas mortandades maciças de peixes ao longo da costa dos Estados Unidos relacionadas ao gênero *Pfiesteria*.

Tabela 14.3 Propriedades dos principais grupos de algas

Grupo de algas	Nome comum	Morfologia	Pigmentos	Representante típico	Compostos de reserva de carbono	Parede celular	Principais hábitats
Clorophyta	Algas verdes	Unicelular a folhosa	Clorofilas *a* e *b*	*Chlamydomonas*	Amido (α-1, 4-glicano), sacarose	Celulose	Água doce, solos, poucas marinhos
Euglenophyta[a]	Euglenóides	Unicelular flagelada	Clorofilas *a* e *b*	*Euglena*	Paramilo (β-1, 2 glicano)	Ausência de parede	Água doce, poucos marinhos
Dinoflagellata	Dinoflagelados	Unicelular flagelada	Clorofilas *a* e *c*, xantofilas	*Gonyaulax Pfiesteria*	Amido (α-1, 4-glicano)	Celulose	Principalmente marinhos
Chrysophyta	Algas marrom-douradas; diatomáceas	Unicelular	Clorofilas *a* e *c*	*Nitzschia*	Lipídeos	Dois componentes sobrepostos, compostos por sílica	Água doce, marinhos, solos
Phaeophyta	Algas marrons	Filamentosa a folhosa, ocasionalmente maciça e similar a plantas	Clorofilas *a* e *c*, xantofilas	*Laminaria*	Lammarina (β-1,3- glicano), manitol	Celulose	Marinhos
Rhodophyta	Algas vermelhas	Unicelular, filamentosa a folhosa	Clorofilas *a* e *d*, ficocianina, ficoeritrina	*Polysiphonia*	Amido das floríde-as (α-1,4- e α-1,6-glicano)	Celulose	Marinhos

a Este grupo também é considerado com os protozoários (ver Seção 14.8).

simples, na presença da luz (foto-heterotrofia; Figura 18.1 e Seção 18.4), embora não sejam capazes de crescer utilizando-os como única fonte de energia.

Uma das principais características empregadas na classificação de grupos de algas corresponde ao **polímero reserva** sintetizado, como resultado da fotossíntese. As algas da divisão Clorophyta produzem amido (moléculas de glicose unidas por ligações α-1,4) de maneira muito similar à observada em plantas superiores. Contrariamente, algas de outros grupos produzem uma variedade de compostos de reserva, alguns de natureza polimérica e outros na forma de monômeros livres; os principais estão relacionados na Tabela 14.3.

Parede celular de algas

As algas exibem considerável diversidade na estrutura e composição química de suas paredes celulares. Em muitos casos, a parede celular é composta por uma rede de fibrilas de celulose, geralmente modificada pela adição de outros polissacarídeos como pectina, xilanas, mananas, ácidos algínicos ou acido fucínico. Em algumas algas, a parede é reforçada pela deposição de carbonato de cálcio; tais formas são freqüentemente denominadas algas "calcárias" ou "coralinas" (semelhantes a corais). Às vezes, a quitina (um polímero de *N*-acetilglicosamina; Figura 3.5) também se encontra presente na parede celular. Em células de euglenóides, a parede celular está ausente.

Em diatomáceas (Figura 14.27*c-e*), a parede celular é composta por *sílica*, à qual são adicionados proteínas e polissacarídeos. Mesmo após a morte da célula e o desaparecimento dos compostos orgânicos, a estrutura externa, denominada *frústula* (Figura 14.27*c-e*), freqüentemente permanece, comprovando que o componente silicoso é responsável pela rigidez da célula. Em decorrência da extrema resistência das frústulas à decomposição, estas permanecem intactas por longos períodos, constituindo um dos melhores fósseis já encontrados de algas. A partir desse excelente registro fóssil, sabe-se que as diatomáceas surgiram na Terra há cerca de 200 milhões de anos. Essas diatomáceas tipicamente exibem frústulas com alguma tipo de simetria morfológica. Exemplos de simetria incluem pinulada (com regiões similares localizadas em lados opostos de um eixo) (Figura 14.27*c*) e radial (Figura 14.27*d, e*).

As paredes celulares das algas contêm poros, alguns com diâmetro de 3-5 nm, os quais permitem apenas a passagem de substâncias de pequena massa molecular, como água, íons inorgânicos, gases e outras pequenas moléculas de nutrientes, necessárias para o metabolismo e crescimento. Desse modo, as atividades fagocitárias não são possíveis, e, nesse aspecto, as algas diferenciam-se dos protozoários e bolores limosos, que correspondem a células que realizam fagocitose.

Motilidade e ecologia das algas

Algumas algas são móveis, em geral pela ação de flagelos; as algas não apresentam cílios. Formas flageladas simples, como *Euglena* (ver Figura 14.27*a*), geralmente possuem um único flagelo polar, enquanto representantes flagelados de Clorophyta exibem dois ou quatro flagelos polares. Os dinoflagelados (Figura 14.27*f*) possuem dois flagelos de comprimentos diferentes e com pontos de inserção distintos na célula. O flagelo transversal liga-se lateralmente, enquanto o flagelo longitudinal origina-se no sulco lateral da célula, estendendo-se ao longo do comprimento. Em muitos casos, as algas no estado vegetativo são imóveis, formando gametas móveis apenas durante a reprodução sexuada.

As algas são abundantes na natureza, em hábitats aquáticos tanto de água doce como marinha. As algas são também encontradas em hábitats aquáticos artificiais, como tanques de peixes e poças de água formadas pelas chuvas. Estas são também comuns na maioria dos solos, enquanto poucas espécies vivem em solos secos ou extremamente secos, onde o potencial de água (Seção 6.12) pode ser bastante baixo. Freqüentemente, as algas também correspondem ao microrganismo fototrófico dominante, ou único, em hábitats ácidos; em pHs abaixo de 4-5, as cianobactérias estão ausentes, mas várias espécies de algas florescem.

Comunidades de algas endolíticas

Foram encontradas espécies de algas vivendo no *interior* de rochas. Esses organismos endolíticos (*endo* significa "dentro") são encontrados em rochas porosas, como, por exemplo, aquelas contendo quartzo (Figura 14.29*a*), geralmente em camadas próximas à superfície. Comunidades fototróficas endolíticas são mais comuns em ambiente secos, como os desertos (Figura 14.29), ou em ambientes frios e secos, como a Antártica. Por exemplo, nos Vales Secos da Antártica, onde a temperatura e a umidade são muito baixas, a vida no interior das rochas apresenta vantagens. As rochas são aquecidas pelo Sol, e a água proveniente do derretimento da neve pode ser absorvida e retida por longos períodos, suprindo a umidade necessária ao crescimento. Além disso, a água absorvida pelas rochas porosas torna-as mais transparentes, fornecendo, dessa maneira, mais luz para as camadas que contêm algas.

Uma grande variedade de organismos fototróficos pode formar comunidades endolíticas, incluindo as cianobactérias (Figura 14.29*b*) e diversas algas verdes. Além de fototróficas de vida livre, algas verdes e cianobactérias coexistem com fungos, em comunidades endolíticas de liquens (Seção 20.20, para a discussão da simbiose que origina os liquens). O metabolismo e crescimento dessas comunidades no interior das rochas promovem seu lento desgaste, levando ao desenvolvimento de fissuras, por onde a água pode penetrar, congelar e descongelar e, eventualmente, produzir fendas, gerando novos hábitats para a colonização microbiana.

✓ 14.11 Verificação de conceitos

Algas são *Eukarya* fototróficas que contêm pigmentos fotossintéticos no interior de estruturas denominadas cloroplastos.

✓ Como as *algas* se diferenciam das *cianobactérias*?
✓ Qual a singularidade em relação às algas vermelhas?
✓ Qual o principal hábitat das algas?

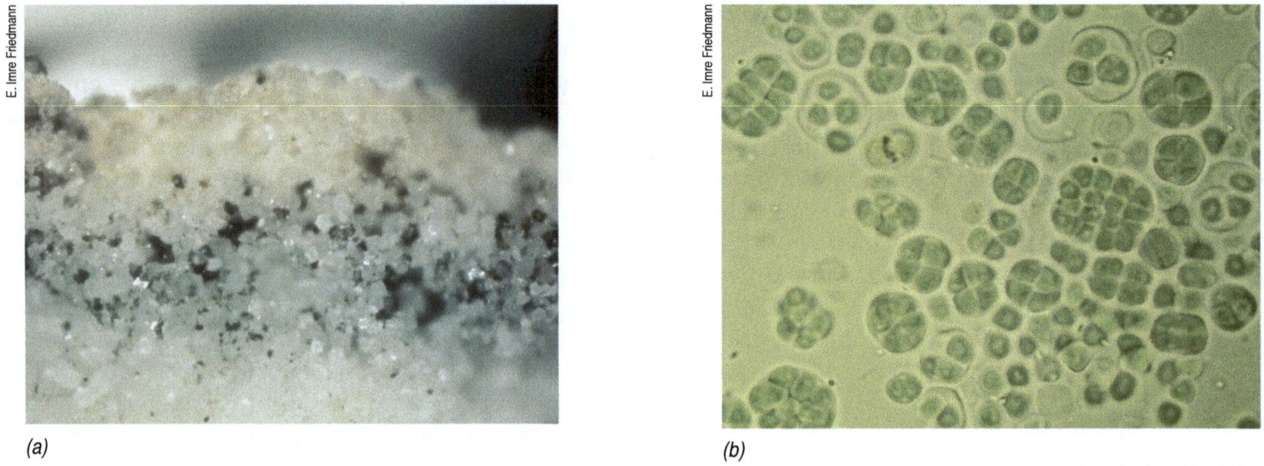

Figura 14.29 Cianobactérias endolíticas. (a) Fotografia de uma rocha calcária em Makhtesh Gadol, deserto de Negev, Israel, mostrando uma camada de células da cianobactéria *Chroococcidiopsis*. (b) Fotomicrografia de células de *Chroococcidiopsis* isoladas de uma rocha de arenito no Deserto de Negev.

Questões de revisão

1. Cite pelo menos três características das células eucarióticas que claramente as diferenciam das células procarióticas.
2. De que modo a mitocôndria e o hidrogenossomo são estruturalmente similares? De que maneira estes se diferenciam? Metabolicamente, como se diferenciam?
3. O conhecimento de que um antibiótico, tal como a estreptomicina, bloqueia a síntese protéica em organelas permite que tipo de inferência sobre sua relação com *Bacteria*?
4. Quais as diferenças químicas entre *microfilamentos* e *microtúbulos*? Essas estruturas estão realmente ausentes em células procarióticas? (Se necessário, consultar a Seção 6.1 antes de responder à questão.)
5. Compare e diferencie os processos da *mitose* e da *meiose*. Qual processo é absolutamente necessário para o crescimento de *Saccharomyces cerevisiae* e por quê?
6. De que maneira o tipo de acasalamento de uma célula de levedura é determinado?
7. Quais os nomes comuns de alguns dos principais grupos de protozoários?
8. Compare e diferencie protozoários em relação a fungos e algas, citando pelo menos duas formas que permitem a diferenciação de um membro de um grupo em relação a outro grupo. Qual desses grupos assemelha-se mais aos bolores limosos e por quê?
9. Quais as principais diferenças entre os organismos *Physarum* e *Dictyostelium*?
10. Quais as propriedades incomuns dos dinoflagelados?
11. Examine a Figura 14.29*a*. Por que a zona de crescimento localiza-se muito próxima à superfície da rocha? (*Dica*: Lembre-se do *metabolismo* das cianobactérias. Este é muito similar ao das algas verdes.)

Questões de aplicação

1. Se organelas como mitocôndrias e cloroplastos originalmente correspondessem a células *eucarióticas* de vida livre, quais seriam as diferenças nas propriedades moleculares das organelas relacionadas na Seção 14.4?
2. No próximo capítulo, aprenderemos que os genomas de células eucarióticas são, em geral, bem maiores que os das células procarióticas. Cite três razões para explicar por que tal fato não é surpreendente.

O conhecimento da seqüência completa do genoma de um organismo, além de revelar seu conjunto de genes, fornece-nos informações sobre as atividades desempenhadas por esse organismo e sua história evolutiva. As seqüências genômicas também permitem a fácil realização de estudos sobre a *expressão gênica*. Tradicionalmente, os estudos sobre a expressão gênica tinham como abordagem a análise de um gene ou de um grupo de genes relacionados. No entanto, as análises genômicas são tão poderosas que permitem, a partir de um único experimento, o estudo da expressão do conjunto completo de genes de um organismo. Os chips de DNA, ilustrados abaixo, facilitam a análise da expressão gênica, revelando rapidamente quais genes são transcritos em células cultivadas sob determinadas condições. Pela comparação dos padrões de expressão gênica, é possível se determinarem quais proteínas celulares são necessárias ao crescimento, quando as células são cultivadas sob diferentes condições.

15 GENÔMICA MICROBIANA

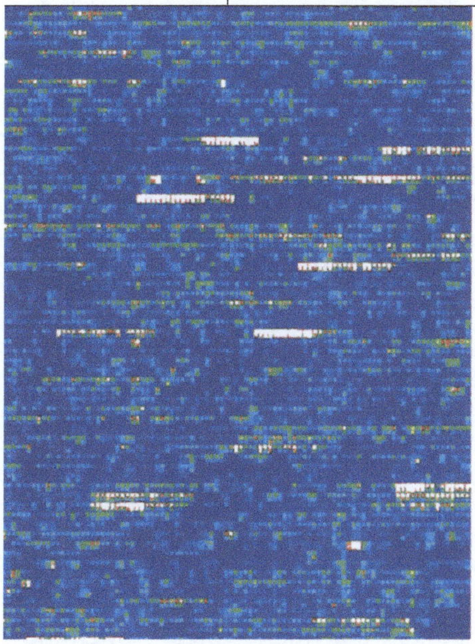

Glossário de trabalho

Bionformática utilização de programas computacionais para analisar, armazenar e acessar seqüências de DNA e de proteínas

Cromossomos artificiais vetores de clonagem que podem albergar insertos muito grandes de DNA exógeno, os quais existem na célula de maneira similar a um cromossomo. Os mais utilizados correspondem aos cromossomos artificiais de bactérias (CABs) e cromossomos artificiais de leveduras (CALs)

Edição de RNA modificações no transcrito de RNA de um gene codificador de proteína por um processo diferente do "splicing", conferindo à molécula as propriedades codificadoras

Família gênica genes cujas seqüências são relacionadas às de outros genes, em um organismo

Genoma conjunto total de genes de uma célula ou vírus

Genômica disciplina que envolve o mapeamento, seqüenciamento e análise de genomas

In silico utilização de computadores, na realização de análises sofisticadas

Ortólogos genes encontrados em um organismo, similares àqueles de outro organismo, mas que apresentam diferenças em decorrência da especiação (ver também *Parálogos*)

Parálogos genes de um mesmo organismo, cuja similaridade é decorrente da duplicação gênica em algum momento da evolução do organismo

Proteoma conjunto total de proteínas presentes, em determinado momento, em uma célula, tecido ou organismo

Proteômica estudo em larga escala, ou em escala genômica, da estrutura, função e regulação das proteínas de um organismo

Quadro de leitura aberta (*ORF*, do inglês *Open Reading Frame*) seqüência de DNA que, se transcrita, pode ser traduzida, originando uma proteína de comprimento e composição conhecidos. Uma ORF *funcional* é aquela que realmente codifica uma proteína na célula

Transferência horizontal de genes presença de um gene em um organismo, oriundo de outro organismo

Como discutimos no Capítulo 10, em meados da década de 40, os cientistas passaram a empregar uma variedade de técnicas genéticas para estudar os genes microbianos. Tais estudos envolviam o mapeamento gênico, bem como análises da função e regulação gênicas. A partir do início da década de 70, surgiram novas técnicas para o estudo da genética de muitos organismos a partir da manipulação do DNA *in vitro* (Seções 10.12-10.18). Enquanto os cientistas, individualmente, procuravam estudar pequenas regiões de um genoma, ou até mesmo simples genes, o objetivo científico global correspondia ao entendimento dos organismos como um todo. O poder das técnicas de clonagem molecular e seqüenciamento de DNA (Seções 10.13 e 10.14) tornou possível o seqüenciamento e a análise de **genomas** completos, o conjunto total de genes de um organismo (Seção 7.4). Em meados da década de 80, o termo **genômica** foi cunhado para descrever uma disciplina envolvida no mapeamento, seqüenciamento e análise de genomas.

O primeiro genoma a ser seqüenciado, em 1976, foi um RNA de 3.569 nucleotídeos, correspondendo ao genoma do vírus MS2 (Seção 16.1). O primeiro genoma de DNA a ser seqüenciado correspondeu à seqüência de 5.386 nucleotídeos do pequeno vírus de DNA de fita simples, ϕX174 (Seção 16.2), em 1977. Este feito foi realizado por um grupo liderado por Frederick Sanger (Seção 10.13). O primeiro genoma celular a ser seqüenciado foi o cromossomo de *Haemophilus influenzae*, contendo 1.830.137 pb, sendo tal trabalho publicado em 1995 por Hamilton O. Smith, J. Craig Venter e colaboradores. Na primavera de 2000, um "primeiro rascunho" foi descrito para a seqüência haplóide do genoma humano, contendo aproximadamente 3 bilhões de pb.

O seqüenciamento e a análise de genomas tão complexos não seriam possíveis se, paralelamente, não houvesse ocorrido melhorias nas tecnologias disponíveis. Uma das principais otimizações corresponde à automação do seqüenciamento (Seção 10.13). Outra, foi o desenvolvimento e a utilização de programas computacionais na análise, armazenamento e acesso das seqüências de DNA e proteínas — uma área atualmente conhecida como **bioinformática**. Neste capítulo, discutiremos alguns dos genomas microbianos e as técnicas utilizadas em sua análise.

I TÉCNICAS DE CLONAGEM GENÔMICA

A maioria das técnicas discutidas nesta seção corresponde a modificações ou expansões das técnicas *in vitro* estudadas no Capítulo 10. Os princípios dessas tecnologias *in vitro* são os mesmos, embora, neste caso, os estudos tenham como objetivo a análise do genoma completo de um organismo.

15.1 Vetores para a clonagem e seqüenciamento genômico

Discutimos previamente alguns dos vetores plasmidiais e virais utilizados na clonagem molecular (Seções 10.15 e 10.16). Embora os vetores anteriormente descritos — como pBR322 e os fagos Charon derivados do bacteriófago lambda — tenham sido extensivamente utilizados em experimentos de clonagem e seqüenciamento, incluindo aqueles de análises genômicas, outros vetores mais especializados também foram desenvolvidos. Estes incluem o bacteriófago M13 e os cromossomos artificiais de bactérias e leveduras.

Vetores derivados do bacteriófago M13

M13 corresponde a um fago filamentoso contendo DNA de fita simples, que se replica sem promover a morte da célula hospedeira (Seção 16.3). As partículas maduras de M13 são liberadas pela célula hospedeira por meio de um processo de brotamento, sendo é possível se obterem culturas infectadas que atuam como fontes contínuas de DNA viral. Uma importante característica do fago M13 corresponde ao seu DNA de fita simples. Tal tipo de molécula é necessária ao processo de seqüenciamento de DNA pelo método de Sanger (Seção 10.13), de modo que DNAs clonados em M13 podem ser empregados diretamente no seqüenciamento (embora DNAs de fita simples possam também ser originados por meio da desnaturação). Além disso, moléculas de DNA de fita simples podem ser utilizadas como sondas na detecção de outras seqüências de ácidos nucléicos, em processos onde estes são transferidos para membranas, como nas análises por Southern blot. Nesse sentido, o fago M13 permite a produção imediata dessas sondas de DNA de fita simples (Seção 10.12).

Entretanto, para que M13 seja empregado na clonagem, seu DNA deve encontrar-se na forma de fita dupla, uma vez que as enzimas de restrição apenas reconhecem este tipo de moléculas de DNA. A obtenção de DNA de M13 na forma de fita dupla é possível, pois, quando esse fago infecta as células, realiza sua multiplicação como uma *forma replicativa* de fita dupla (Seção 16.3).

A maior parte do genoma de fagos M13 selvagens contém informações essenciais à replicação viral. Há, no entanto, uma pequena região denominada seqüência intergênica, que pode ser utilizada como sítio de clonagem. Moléculas de comprimentos variáveis de DNA exógeno, de até 5 pares de quilobases (kpb), podem ser clonadas sem afetar a viabilidade do fago — à medida que o genoma é aumentado, o vírion torna-se maior. O fago M13mp18 (um derivado de M13) apresenta modificações na região intergênica que facilitam a clonagem. Um mapa desse vetor é apresentado na Figura 15.1*a*.

Uma das modificações corresponde à inserção de um fragmento funcional do gene *lacZ* de *Escherichia coli*, que codifica a enzima β-galactosidase. Assim, quando as células são infectadas pelo fago M13mp18, podem ser facilmente detectadas a partir de sua coloração em meios de cultura indicadores (Figura 15.1*b*). O gene *lacZ* foi tam-

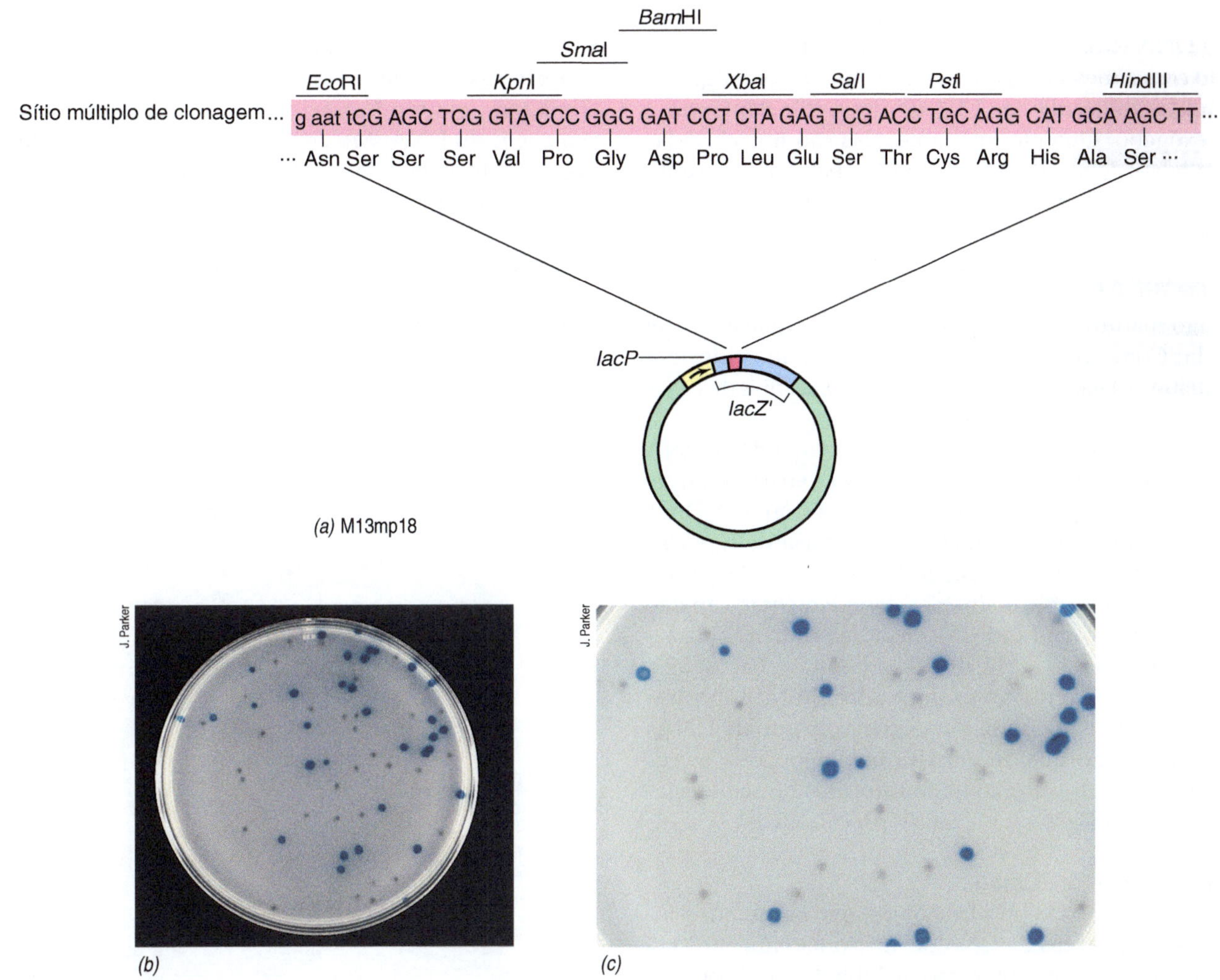

■ **Figura 15.1** (a) Mapa parcial do fago M13mp18 (um derivado de M13), utilizado como vetor de clonagem. O vetor contém o promotor *lac* e o gene *lacZ'*, que codifica uma parte funcional da β-galactosidase. No início do gene é encontrado um sítio múltiplo de clonagem (*polilinker*), contendo vários sítios de restrição e mantendo a fase de leitura adequada. São apresentados os aminoácidos codificados pelo *polilinker*. A clonagem da maioria dos fragmentos de DNA no *polilinker* promove uma ruptura do gene *lacZ'*, abolindo a atividade da β-galactosidase. (b) Um placa de meio sólido contendo placas de lise formadas pelo M13mp18 e pelos clones originados desse vetor, em um tapete de bactérias sensíveis cultivadas em um meio contendo o composto químico 5-bromo-4-cloro-3-indolil-β-D-galactopiranosídeo, denominado X-gal. Quando a β-galactosidase hidrolisa o X-gal, há a liberação de um corante azul, relativamente insolúvel. Muitas placas de lise presentes neste meio de cultura são azuis, indicando a presença do vetor desprovido de qualquer DNA exógeno clonado. Em contrapartida, muitas placas são incolores, indicando inserção do DNA exógeno no vetor, promovendo a ruptura do gene *lacZ'*. (c) Uma ampliação de parte da placa de meio sólido.

bém modificado de modo a conter um fragmento de 54 pares de bases, denominado *sítio múltiplo de clonagem* (ou *polilinker*). Este contém vários sítios únicos de restrição, que podem ser utilizados na clonagem em M13. O *polilinker* é inserido no início da região codificadora do gene *lacZ*. Esta pequena inserção, contendo os 18 aminoácidos adicionais, foi realizada de modo a manter a fase correta de leitura, sem afetar a atividade enzimática. Entretanto, a inserção de um fragmento adicional de DNA no *polilinker* durante a clonagem inativa o gene. Assim, fagos contendo insertos adicionais de DNA originam placas de lise incolores, facilitando sobremaneira a identificação dos clones (Figuras 15.1*b* e *c*). Construções similares são realizadas nos vetores de clonagem lambda e plasmidiais, permitindo a identificação das células que contêm o DNA clonado.

Utilização de M13 na clonagem molecular

Para a clonagem de DNA nos vetores M13, o DNA replicativo de fita dupla deve ser isolado do hospedeiro infectado, sendo então tratado com uma enzima de restrição. O DNA exógeno, também na forma de fita dupla, é tratado com a mesma enzima de restrição. Após a ligação, são obtidas moléculas de M13 de fita dupla contendo o DNA exógeno. Quando tais moléculas são introduzidas em um hospedeiro por transformação, passam a se replicar, produzindo bacteriófagos maduros contendo somente moléculas de DNA de fita simples. Apenas uma das fitas do DNA é empacotada no fago maduro. A seleção de qual das duas fitas exógenas de DNA será empacotada pelo fago maduro depende da *orientação* na qual a fita foi inserida. Como o DNA exógeno pode ser inserido (em fagos distintos) nas duas orientações, *ambas* as fitas de DNA exógeno podem ser clonadas.

Este DNA de fita simples de M13 contendo o DNA exógeno pode então ser utilizado no seqüenciamento de DNA. Uma vez que a seqüência de bases onde o DNA exógeno foi inserido é conhecida (com base na especificidade da enzima de restrição utilizada), é possível utilizar um oligonucleotídeo sintético complementar à região como iniciador, permitindo, assim, a determinação da seqüência completa do DNA situado a jusante (abaixo) desse ponto. Nesse contexto, os derivados de M13 mostraram-se extremamente úteis no seqüenciamento de DNAs exógenos, mesmo que de grandes tamanhos. Os vetores M13 foram empregados como ferramentas no seqüenciamento de muitos genomas virais e procarióticos.

Cromossomos artificiais

Vetores como M13 ou plasmídeos, que permitem a inserção de fragmentos de DNA de aproximadamente 2 kb, são bastante úteis na construção de bibliotecas genômicas (Seção 10.14), visando o seqüenciamento genômico de procariotos. Entretanto, algumas vezes, os fagos lambda podem ser utilizados, sendo capazes de comportar fragmentos de 20 kb ou mais (Seção 10.16). Contudo, à medida que o tamanho do genoma a ser seqüenciado aumenta, maior o número de clones necessários à obtenção da seqüência completa. Assim, para a construção de bibliotecas de DNA de microrganismos eucarióticos ou de eucariotos superiores, tais como do homem, é importante dispormos de vetores capazes de comportar segmentos muito extensos de DNA. Esses vetores permitem que o tamanho inicial da biblioteca seja limitado. Tais vetores foram desenvolvidos, sendo denominados **cromossomos artificiais**.

Discutimos que muitas *Bacteria* contêm grandes plasmídeos, que se replicam de maneira estável (Seção 7.4). O plasmídeo F de *Escherichia coli* é um exemplo desse tipo de plasmídeos (Seção 10.8). Este é replicado de maneira estável em *E. coli*, enquanto seus derivados naturais, os plasmídeos F', são capazes de carrear grandes quantidades de DNA cromossomal (Seção 10.9). O plasmídeo F foi utilizado na construção de vetores de clonagem denominados **cromossomos artificiais de bactérias** (ou **CABs**). O CAB ilustrado na Figura 15.2 apresenta 6,7 kb em vez dos 99,2 kb do plasmídeo F original. Este vetor contém apenas alguns genes do plasmídeo F, incluindo *oriS* e *repE*, necessários à replicação e *sopA* e *sopB*, que mantêm o número de cópias bastante baixo (Seção 10.8). Foram ainda inseridos nesse plasmídeo o gene *cat*, que confere resistência ao cloranfenicol, e uma região de clonagem, contendo vários sítios de restrição para a clonagem do DNA. Moléculas de DNA exógeno maiores que 300 kb podem ser inseridas e mantidas de maneira estável nos vetores CAB. As células hospedeiras de CABs contendo DNA clonado são tipicamente linhagens mutantes de *E. coli* que não expressam os sistemas normais de restrição e modificação (Seção 9.6). Freqüentemente, as linhagens são também defectivas para algumas vias de recombinação (Seção 10.5), dificultando assim a recombinação e rearranjos do DNA clonado.

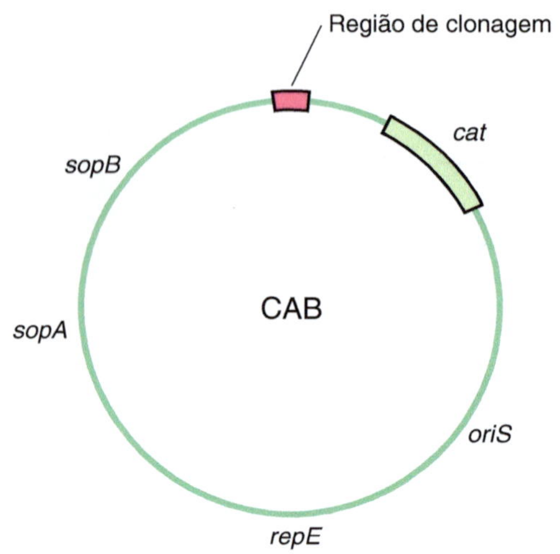

■ **Figura 15.2** Mapa genético de um cromossomo artificial de bactérias. Os CABs são derivados do plasmídeo F de *Escherichia coli*. O CAB ilustrado apresenta 6,7 kb. Na parte superior do mapa há uma região de clonagem, contendo vários sítios únicos de enzimas de restrição. O gene *cat* confere resistência ao antibiótico cloranfenicol. Os outros genes assinalados estão envolvidos na replicação plasmidial. No plasmídeo F, com 99,2 kb (Figura 10.17), todos os genes estão contidos em uma região de replicação relativamente compacta. Portanto, o CAB contém apenas uma pequena fração do plasmídeo F.

O termo cromossomo artificial é originado a partir do desenvolvimento de **cromossomos artificiais de levedura**, ou **CAL**, em vez de terem sido inicialmente construídos a partir de bactérias. Esses vetores foram planejados visando sua replicação nas leveduras como cromossomos normais, apresentando, adicionalmente, sítios que permitissem a inserção de DNA. Para que atuem como cromossomos eucarióticos normais, os CALs devem possuir uma *origem de replicação de DNA*, *telômeros* nas extremidades (Seção 7.7) e um *centrômero* (região do cromossomo necessária à segregação, durante a mitose). Estes também devem conter um sítio de clonagem e um gene que possa ser utilizado na seleção, após a transformação da célula hospedeira. A Figura 15.3 apresenta um diagrama de um vetor CAL, no qual um DNA exógeno foi clonado. Os vetores CALs apresentam cerca de 10 pares de quilobases, mas podem comportar insertos de DNA variando de 200 a 800 pares de quilobases. Após a identificação de uma determinada região de um DNA clonado em um CAB ou CAL, esta pode ser *subclonada* em um plasmídeo ou bacteriófago para análises mais detalhadas ou para experimentos de seqüenciamento. Embora os CALs possam albergar insertos de DNA maiores que os CABs, os eventos de recombinação e rearranjo do DNA geram maiores problemas com insertos clonados em leveduras que em *E. coli*. Por essa razão, os CABs são atualmente mais utilizados que os CALs.

✓ 15.1 Verificação de conceitos

Vetores de clonagem especializados foram construídos, sendo de grande utilidade no estudo de genomas. Alguns, tais como os derivados de M13, são muito empregados no seqüenciamento de DNA. Outros, como os cromossomos artificiais, são úteis na clonagem de fragmentos muito grandes de DNA, contendo cerca de um megabase.

✓ Qual propriedade de M13 o torna útil no seqüenciamento de DNA?

✓ Os cromossomos artificiais de levedura comportam-se como cromossomos normais em uma célula de levedura. O que torna o fato possível?

15.2 Clonagem e mapeamento de genomas

A análise de um genoma inicia-se com a clonagem molecular dos fragmentos de DNA que o compõem (Seção 10.14), os quais são posteriormente seqüenciados (Seção 10.13). Entretanto, a metodologia pode ser bastante distinta quando se deseja uma seqüência genômica completa em vez de uma seqüência de um simples gene ou de uma região em particular (assim como as metodologias podem ser diferentes quando se deseja a obtenção de um produto gênico específico; Capítulo 31).

Clonagem *shotgun* de DNA bacteriano

Um método de seqüenciamento de genomas completos, denominado *seqüenciamento mapa-dirigido*, consiste no desenvolvimento de uma biblioteca ordenada de clones moleculares sobrepostos ou contíguos, os **contigs**. Estes têm seu mapa físico determinado pelo uso de enzimas de restrição (que também determinam o procedimento de clonagem), sendo então seqüenciados. Para a obtenção do conjunto original de clones, um vetor como lambda pode ser utilizado. A partir dos clones obtidos são originados *subclones* em vetores do tipo M13, que permitem o fácil seqüenciamento do DNA. (As reações típicas de seqüenciamento geram cerca de 500 nucleotídeos, enquanto o vetor lambda pode conter muitos pares de quilobases de DNA clonado.) A construção dos mapas de restrição e a ordenação dos clones em uma biblioteca genômica podem ser atividades bastante laboriosas, requerendo um grande tempo para sua execução. Contudo, assim que uma biblioteca ordenada é obtida (em plasmídeos, fagos ou cromossomos artificiais), o seqüenciamento torna-se um procedimento direto e simples. A utilização do seqüenciamento mapa-dirigido torna relativamente fácil a determinação da ocorrência de lacunas na seqüência, as quais podem ser localizadas retornando-se ao mapa cromossomal total.

Outro método, o *seqüenciamento shotgun*, foi desenvolvido a partir das técnicas de seqüenciamento automático, robótica e de poderosos programas computacionais. Este envolve a clonagem *shotgun* (Seção 10.14) do genoma inteiro, seguida do seqüenciamento aleatório dos clones obtidos. Isto é, os clones são seqüenciados sem o conhecimento prévio da ordenação ou orientação do DNA clonado, podendo uma região ser seqüênciada mais de uma vez. As seqüências obtidas serão analisadas por um programa computacional, que realizará a busca de seqüências sobrepostas (e de seqüências oriundas de cada uma das fitas do DNA), gerando, ao final do processo, a seqüência correspondente ao genoma completo. Para garantir que todas as seqüências foram obtidas (um processo essencialmente estatístico), é necessário o seqüenciamento de um grande número de clones, muitos dos quais podem ser idênticos ou bastante semelhantes. Geralmente são geradas de 7 a 10 seqüências de cada região do genoma. Essa

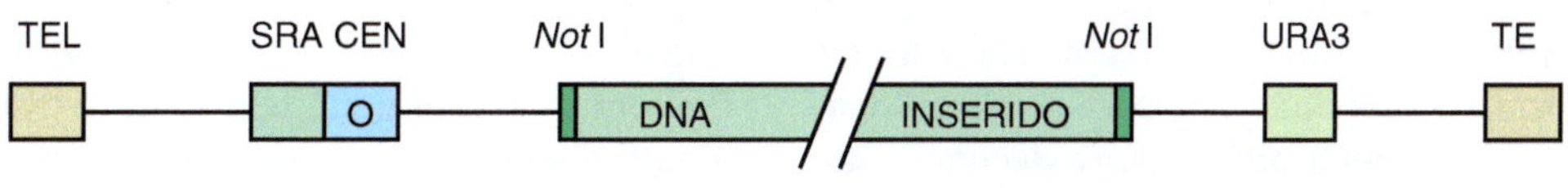

Figura 15.3 Diagrama de um cromossomo artificial de levedura (CAL) contendo DNA exógeno. O DNA exógeno foi clonado no vetor em um sítio de restrição de *Not*I. Os telômeros estão abreviados por TELs, e o centrômero, por CEN. A origem de replicação é assinalada por SRA (que significa seqüência de replicação autônoma). O gene utilizado na seleção é denominado URA3. O hospedeiro utilizado na transformação apresenta uma mutação neste gene (Ura⁻), tornando-o dependente, para seu desenvolvimento, da adição de uracil ao meio de cultura. Células hospedeiras contendo o CAL tornam-se Ura⁺. O diagrama não se encontra em escala; o DNA inserido apresentaria, normalmente, de 200 a 800 pares de quilobases, enquanto o vetor, cerca de 10 pares de quilobases.

cobertura de 7 a 10 vezes também elimina, ou reduz significativamente, os erros de seqüenciamento.

Para que o seqüenciamento *shotgun* seja eficiente, é essencial que a clonagem também seja eficiente (é necessário um grande número de clones), originando o maior número possível de clones aleatórios de DNA. Embora os sítios de restrição não sejam randômicos, a digestão parcial do DNA com uma enzima que reconheça seqüências nucleotídicas curtas (comuns no DNA) permite a obtenção de fragmentos próximos ao randômico. Para que estes sejam obtidos com maior precisão, o DNA pode ser submetido à fragmentação mecânica.

A descoberta do DNA como material genômico das células demorou tantos anos porque sempre que estas moléculas eram isoladas aparentavam ser muito pequenas. Por outro lado, foi demonstrado que, surpreendentemente, as ligações fosfodiéster de uma longa molécula de DNA em solução podiam ser rompidas por meio de forças mecânicas, durante o processo de purificação, tais como a pipetagem ou a agitação vigorosa das soluções. Para evitar essas quebras, foram introduzidos procedimentos de purificação de DNA por meio de tratamentos brandos, tornando possível o isolamento de moléculas maiores. Atualmente, no entanto, os cientistas tiram vantagem das forças mecânicas para gerar fragmentos clivados aleatoriamente (isto é, sem qualquer especificidade de seqüência), forçando a passagem das moléculas de DNA através de um *nebulizador*. Este é um equipamento que contém uma pequena abertura, que reduz a solução a um *spray*, promovendo a fragmentação do DNA. Se necessário, os fragmentos gerados podem então ser purificados com base em seu tamanho, por meio de eletroforese em gel; em seguida, são clonados em um vetor e transformados em uma célula hospedeira.

O procedimento de coleta de colônias também pode ser automatizado, facilitando a identificação e coleta das células contendo o vetor com o DNA inserido. Tal processo pode ser realizado pela *seleção* se o vetor empregado na clonagem contiver um gene de resistência a antibióticos e um sítio de clonagem situado no interior de um gene cujo produto seja letal à célula, a menos que haja a inserção de um DNA exógeno neste gene (Seção 10.15). Observe que o sistema *lacZ*, tal como nos vetores M13 (ver Figura 15.1), torna simples a *varredura* dos plasmídeos contendo inserto, mas não a sua *seleção*.

Os seqüenciadores automáticos modernos podem seqüenciar vários fragmentos simultaneamente e, uma vez que diferentes corantes fluorescentes são utilizados para cada base (Figura 10.39), não há a necessidade de se realizarem as reações separadamente. Algumas vezes, a clonagem *shotgun* e o seqüenciamento randômico não geram uma seqüência completa, isto é, às vezes serão encontradas lacunas na seqüência. Nessas situações, deve-se tentar identificar clones que provavelmente preencham as lacunas. Para tanto, podem ser realizadas reações de PCR (Seção 10.17) no DNA genômico total em busca de (e posterior clonagem) fragmentos que tenham sido perdidos.

Os cientistas não estão primariamente interessados na seqüência propriamente dita, mas nos genes presentes, bem como em suas funções e regulação. A próxima etapa no mapeamento de um genoma corresponde à identificação dos possíveis genes e de outras regiões funcionais, por um procedimento denominado *anotação*.

Localizando prováveis genes

Lembre-se de que a maioria dos genes de um organismo codifica proteínas e, para a maioria dos genomas microbianos, a maior porção do genoma corresponde a seqüências codificadoras. Como os organismos microbianos apresentam poucos íntrons (estes são praticamente ausentes em procariotos), os genomas microbianos normalmente consistem em **quadros de leitura aberta** (ou **ORFs**, do inglês *Open Reading Frames*) ininterruptos (Seção 7.13). Uma *ORF funcional* corresponde àquela que realmente codifica uma proteína celular. Geralmente, uma ou poucas das proteínas de um determinado organismo foram seqüenciadas antes do seqüenciamento de seu DNA correspondente. Assim, a maneira mais simples de localizar genes codificadores de proteínas, ou potenciais genes dessa natureza, é realizada pela busca computacional de ORFs, a partir de uma seqüência genômica.

Em uma célula, os ribossomos estabelecem uma fase de leitura, iniciando a tradução no códon de iniciação, em geral um AUG (Seção 7.13). Os ribossomos prosseguem ao longo do mRNA até atingirem um códon de terminação na mesma fase de leitura (Seção 7.13). A identificação de possíveis ORFs funcionais é, normalmente, mais complexa que a mera busca de códons de iniciação e terminação em uma fase de leitura, uma vez que estes são encontrados aleatoriamente, com uma freqüência relativamente alta.

Uma indicação de que uma determinada ORF é funcional está relacionada ao seu tamanho. A maioria das proteínas contém 100 ou mais aminoácidos, de maneira que a maioria das ORFs funcionais apresenta mais de 100 códons. Entretanto, se um computador for programado para ignorar ORFs com menos de 100 códons, muitos genes funcionais poderão ser omitidos. Pelo fato de a maioria dos organismos apresentar preferências em relação aos códons sinônimos (Seção 7.13), esta *utilização preferencial de códons* pode também fornecer indícios sobre a funcionalidade de uma ORF. Lembre-se também de que os ribossomos procarióticos não iniciam a tradução no primeiro possível códon de iniciação (aquele localizado mais próximo à extremidade 5'), mas naquele imediatamente após uma seqüência de Shine-Dalgarno no mRNA (Seção 7.15). Portanto, a busca de possíveis seqüências Shine-Dalgarno em um genoma procariótico pode auxiliar no estabelecimento tanto da funcionalidade de uma ORF como do possível códon de iniciação que é utilizado. A Figura 15.4*a* ilustra uma seqüência de DNA contendo o tipo de ORF pesquisado por um programa computacional. Embora qualquer gene seja sempre transcrito a partir de uma fita simples, em todos os genomas (exceto os menores genomas plasmidiais ou virais) as duas fitas são transcritas em alguma parte do genoma. A Figura 15.4*b* apresenta um diagrama de uma região do genoma onde um gene é transcrito a partir de uma fita, enquanto outro gene é transcrito a partir de uma fita complementar.

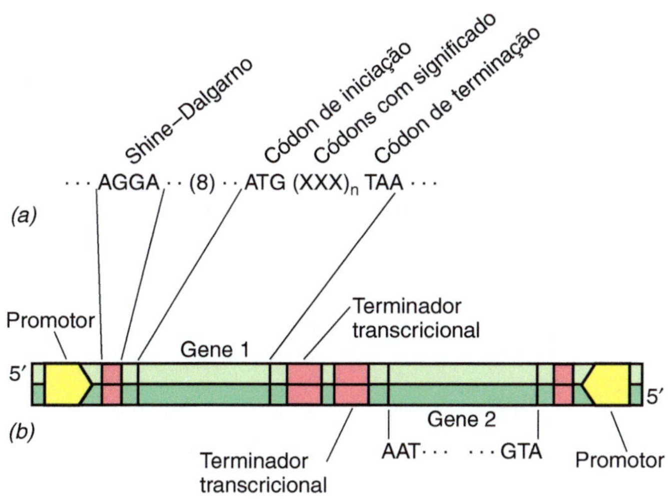

■ **Figura 15.4** Localização de possíveis quadros de leitura aberta (ORFs) funcionais. (a) A seqüência de uma das fitas apresenta as bases correspondentes a uma possível seqüência de Shine-Dalgarno (AGGA), separadas de um códon de iniciação por cerca de 8 bases. Após as bases que codificam o códon de iniciação, são encontrados cerca de 100 códons com significado e um códon de terminação (UAA corresponde ao códon de terminação mais utilizado). (b) A molécula de DNA com a ORF descrita em (a) como Gene 1. Observe que a montante (acima) dessa ORF é encontrado um promotor, e, a jusante (abaixo), um terminador transcricional. Nesse fragmento de DNA é apresentado outro gene, contendo os mesmos componentes, mas que é transcrito na direção oposta. As seqüências de Shine-Dalgarno, códons de iniciação, códons com significado e códons de terminação só apresentam funcionalidade em nível de RNA: nesta figura, ilustramos também as bases (pares de bases) que codificam estas seqüências funcionais.

Evidentemente, alguns genes codificam RNAs transportadores e ribossomais, não sendo reconhecidos por programas que identificam apenas ORFs. Os genes de tRNAs e rRNAs podem normalmente ser identificados nas seqüências genômicas, devido ao seu alto grau de conservação (Seções 7.14 e 11.5-11.7).

Em geral, considera-se uma ORF como provavelmente funcional se sua seqüência for similar a seqüências de ORFs obtidas a partir do genoma de outros organismos (independentemente destas codificarem ou não proteínas) ou se parte dessa ORF apresentar uma seqüência codificando um domínio protéico funcional conhecido. O computador também pode ser utilizado na busca de tais seqüências. Seria praticamente impossível realizar a montagem da seqüência de genomas, mesmo procarióticos, e localizar os genes e outras seqüências de DNA funcionalmente importantes sem o emprego de programas computacionais sofisticados, que permitem a manipulação de enormes bancos de dados. Algumas vezes, o uso de computadores na realização de análises complexas é referido como o desenvolvimento de técnicas *in silico*, termo similar a *in vivo* e *in vitro*, que significam na "matéria viva" e "em vidro", respectivamente. A Figura 15.5 apresenta um mapa construído a partir de um programa computacional utilizando a seqüência completa de *Mycobacterium tuberculosis*, o agente causador da tuberculose (Seção 26.5). Nesse caso, as ORFs encontram-se indicadas, bem como os genes codificadores de tRNA e rRNA, além de algumas outras seqüências.

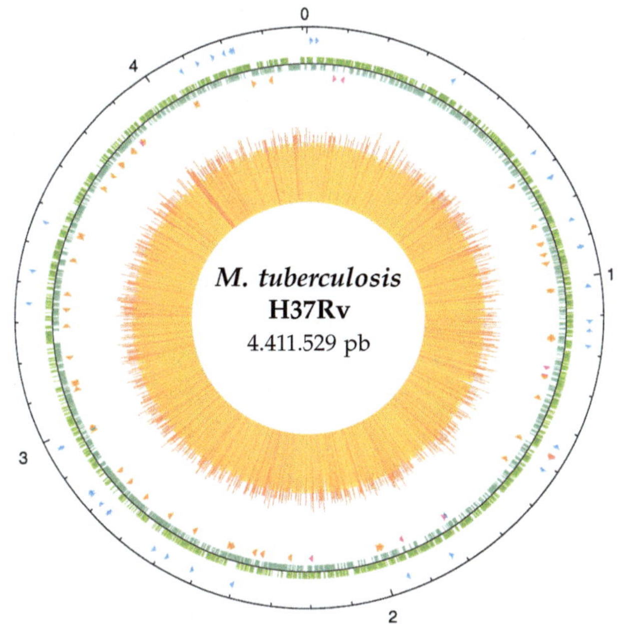

■ **Figura 15.5** Mapa do cromossomo de *Mycobacterium tuberculosis*. O círculo externo indica o tamanho do cromossomo, em megabases (Mb); o 0 corresponde à origem de replicação do DNA. Abaixo, há um anel indicando as localizações dos genes de tRNA (em azul) e o único operon de rRNA (em laranja). O círculo seguinte apresenta as ORFs transcritas no sentido horário (em verde-escuro) e no senti anti-horário (em verde-claro). Abaixo do círculo há um anel indicando a localização de alguns elementos repetitivos de DNA, incluindo as seqüências de inserção (em laranja). O histograma no centro apresenta o conteúdo regional de G + C (Seção 11.9), onde os raios amarelos indicam regiões com menos de 65% de G + C, e os laranjados, acima de 65% de G + C. A figura foi gerada pelo programa DNASTAR, sendo reproduzida, com permissão, do periódico *Nature 393*:537-544 (1998). ©Macmillan Magazines Ltd. Para uma discussão adicional sobre *Mycobacterium tuberculosis*, ver a Seção 12.23, e, para a tuberculose, a Seção 26.5.

✓ 15.2 Verificação de conceitos

A clonagem *shotgun*, seguida do seqüenciamento randômico dos clones, corresponde a um dos métodos utilizados na obtenção de seqüências de genomas microbianos. Após a montagem das seqüências por meio de programas computacionais, outros programas realizam a busca de ORFs e de genes codificadores de tRNAs e rRNAs, como parte do processo de anotação.

✓ Em relação às análises genômicas, não é comum realizar o seqüenciamento direto de DNAs clonados em um vetor lambda. Por quê?

✓ O que é um *quadro de leitura aberta* (*ORF*)?

II GENOMAS MICROBIANOS

Muitos genomas microbianos foram seqüenciados, sendo seu número tão grande que dificulta a análise de cada um. Nesta parte do capítulo, discutiremos alguns dos genomas seqüenciados e que informações podem ser extraídas destes.

15.3 Genomas procarióticos

Mais de 100 genomas procarióticos foram totalmente seqüenciados, enquanto vários outros se encontram em progresso. A Tabela 15.1 relaciona 20 desses genomas, tanto de *Archaea* quanto de *Bacteria*. (A Tabela 7.2 também apresenta alguns dos procariotos cujos genomas foram completamente seqüenciados.) Esta lista não é aleatória, assim como a escolha dos genomas a serem seqüenciados também não o é. Embora o seqüenciamento de genomas procarióticos esteja se tornando cada vez mais rápido e rotineiro, o seqüenciamento e análise de um genoma completo correspondem, ainda, a um grande empreendimento, existindo uma série de razões científicas e/ou sociais para a realização de tamanhos esforços.

Observe que a lista da Tabela 15.1 contém nove organismos patogênicos, causadores de doenças severas e amplamente disseminadas. Os três hipertermófilos da lista

Tabela 15.1 Cromossomos procarióticos[a]

Organismo[b]	Tamanho (pares de bases)[c]	ORFs[d]	Comentários
Mycoplasma genitalium (B)	580.070	470	Menor genoma celular conhecido (Seção 12.21)
Mycoplasma pneumoniae (B)	816.394	677	Causador de pneumonia (Seção 12.21)
Borrelia burgdorferi (B)	910.725	853	Um espiroqueta contendo um cromossomo linear[e], causador da doença de Lyme (Seções 12.33 e 27.4)
Chlamydia trachomatis (B)	1.042.519	894	Parasita intracelular obrigatório, patógeno humano comum (Seções 12.27 e 26.13)
Rickettsia prowazekii (B)	1.111.523	834	Parasita intracelular obrigatório, causador do tifo epidêmico (Seções 12.13 e 27.3)
Treponema pallidum (B)	1.138.006	1.041	Espiroqueta, causador da sífilis (Seções 12.33 e 26.12)
Methanocaldococcus jannaschii (A)	1.664.976	1.738	Metanogênico (Seção 13.4)
Helicobacter pylori (B)	1.667.867	1.590	Causador de úlceras pépticas (Seção 26.10)
Pyrococcus horikoshii (A)	1.738.505	2.061	Hipertermófilo (Seção 13.10)
Methanothermobacter thermoautotrophicus (A)	1.751.377	1.855	Metanogênico (Seção 13.4)
Thermotoga maritima (B)	1.860.725	1.877	Hipertermófilo (Seção 12.36)
Archaeoglobus fulgidus (A)	2.178.400	2.436	Hipertermófilo (Seção 13.7)
Staphylococcus aureus (B)	2.814.816	2 593	Principal causador de infecções nosocomiais (Seções 12.19 e 25.7)
Synechocystis sp. (B)	3.573.470	3.168	Cianobactéria (Seção 12.25)
Caulobacter crescentus (B)	4.016.942	3.767	Ciclo de vida complexo (Seção 12.16)
Bacillus subtilis (B)	4.214.810	4.100	Modelo genético de organismos gram-positivos (Seção 12.20)
Mycobacterium tuberculosis (B)	4.411.529	3.924	Causador da tuberculose (Seções 12.23 e 26.5)
Escherichia coli (B)	4.639.221	4.288	Modelo genético de organismos gram-negativos (Seção 12.11)
Pseudomonas aeruginosa (B)	6.264.403	5.570	Patógeno oportunista, metabolicamente versátil (Seção 12.7)
Streptomyces coelicolor (B)	8.667.507	7.846	Apresenta um cromossomo linear[e], produtor de antibióticos (Seção 12.24)

a Muitas vezes, a palavra "genoma" é utilizada como sinônimo de cromossomo procariótico. Embora em alguns casos tal terminologia esteja correta, lembre-se de que o genoma, na realidade, inclui *todos* os genes encontrados em um organismo, mesmo aqueles presentes em plasmídeos e vírus. Em alguns casos, esses elementos podem não ser encontrados e, outras vezes, podem ser muito pequenos ou apresentarem genes sem importância no metabolismo geral do organismo. Entretanto, nem sempre este é o caso. Por exemplo, *Borrelia burgdorferi* apresenta 17 plasmídeos diferentes, consistindo em um total de 533 pares de quilobases (Tabela 7.2).

b Os parênteses após o nome das espécies indicam se o organismo é membro do domínio *Archaea* (A) ou *Bacteria* (B).

c Informações sobre estes e outros genomas podem ser encontradas no Banco de Dados Microbianos TIGR (www.tigr.org/tdb/mdb/mdbcomplete.html), um "site" da internet mantido pelo Instituto de Pesquisas Genômicas (TIGR, *The Institute for Genomic Research*), em Rockville, MD — um instituto de pesquisas sem fins lucrativos.

d Quadros de leitura aberta (ORFs). As ORFs são relatadas, pois fornecem uma predição do número total de proteínas que um organismo poderia codificar. Portanto, as restrições são descritas como sendo ORFs. Obviamente, os genes que codificam proteínas conhecidas estão incluídos, bem como todas as ORFs que poderiam codificar proteínas com mais de 100 resíduos de aminoácidos. ORFs menores normalmente não são incluídas, a menos que exibam similaridade com genes de outro organismo ou se os códons preferencialmente utilizados forem típicos do organismo em estudo.

e Todos os cromossomos dessa lista são circulares, exceto aqueles de *Borrelia burgdorferi* e *Streptomyces coelicolor*.

podem ter importantes aplicações biotecnológicas, uma vez que suas enzimas são termoestáveis (Seções 6.10, 10.17 e 13.11). De fato, as necessidades das indústrias biomédicas e biotecnológicas são de considerável relevância, gerando interesses e possibilidade de financiamento para o seqüenciamento de tais genomas. No entanto, a lista também inclui organismos como *Bacillus subtilis* e *Escherichia coli*, ainda amplamente utilizados como modelos em estudos genéticos, além de *Caulobacter crescentus* — um sistema-modelo para o estudo da diferenciação celular (Seção 12.16).

Tamanhos dos genomas procarióticos

A análise de seqüências genômicas permite que tenhamos respostas para algumas questões biológicas fundamentais. Por exemplo, a análise de pequenos genomas, como o de *Mycoplasma genitalium* e *Mycoplasma pneumoniae*, revela que todos os 470 quadros de leitura aberta (ORFs) presentes em *M. genitalium* são também encontrados em *M. pneumoniae*. Pela busca de genes similares em outros organismos e pela determinação de quais genes não são essenciais, por meio de técnicas de mutagênese empregando transposons (Seção 10.11), os cientistas foram capazes de estimar que cerca de 265 a 350 genes codificadores de proteínas podem ser suficientes para manter uma existência celular. Talvez algum dia encontraremos, ou *construiremos*, um organismo contendo tal genoma mínimo! (A construção de um organismo desse tipo não corresponde a um desafio insuperável, pela utilização das ferramentas genéticas discutidas no Capítulo 10.) Observe que *Methanocaldococcus jannaschii* é um organismo *autotrófico* (Seções 13.4 e 18.17), contendo apenas 1.738 ORFs. Esse número é, no entanto, suficiente para possibilitar que o organismo seja de vida livre, capaz de sintetizar todos os seus componentes orgânicos a partir de CO_2 (Seção 13.4).

Não é por acaso que a Tabela 15.1 apresenta vários genomas relativamente pequenos. As estratégias de seqüenciamento são mais simples em casos de genomas pequenos, de modo que houve uma tendência de realizar o seqüenciamento de pequenos genomas, nos primeiros projetos genoma realizados. Observe que o genoma de *Mycoplasma genitalium* é menor que os genomas dos vírus de *Chlorella* (Seção 16.6) e do Bacteriófago G (Seção 9.2). Em contrapartida, *Pseudomonas aeruginosa* possui quase tantas ORFs quanto a levedura *Saccharomyces cerevisiae* — uma célula eucariótica (ver Seção 15.6). A bactéria *Streptomyces coelicolor*, um representante típico do gênero *Streptomyces*, possui um cromossomo linear com mais de 8 Mb, contendo 7.846 ORFs, cerca de 1.800 a mais que *S. cerevisiae*. Existem genomas procarióticos ainda maiores, como o cromossomo de 9,5 Mb de *Myxococcus xanthus*, o qual não foi ainda seqüenciado. Em resumo, os procariotos exibem genomas com tamanhos variando desde aqueles similares aos grandes genomas virais até os genomas eucarióticos muito pequenos.

Análise genômica

Sem o auxílio da bioinformática, a análise e comparação de genomas seria impossível. Uma das primeiras etapas na análise genômica corresponde à comparação da seqüência obtida com genomas previamente seqüenciados e com seqüências de genes de função conhecida. Esse procedimento auxilia na determinação da função de um gene e na identificação de possíveis genes essenciais a um organismo em particular. Poderíamos imaginar, por exemplo, que organismos como *Treponema pallidum*, um parasita obrigatório (Seção 26.12), poderia requerer poucos genes para a síntese de aminoácidos, uma vez que todos os aminoácidos necessários ao seu desenvolvimento podem ser supridos por seus hospedeiros. Na realidade, esse fato é verdadeiro, pois o genoma de *T. pallidum* é desprovido de genes envolvidos na biossíntese de aminoácidos, embora esse organismo codifique várias proteases que convertem os peptídeos captados do hospedeiro em aminoácidos livres. Contrariamente a *T. pallidum*, *Escherichia coli* possui 131 genes envolvidos na biossíntese e no metabolismo de aminoácidos, enquanto *B. subtilis*, uma bactéria do solo, possui mais de 200 genes.

Análises comparativas, como as descritas anteriormente, são úteis na busca de genes que codificam enzimas provavelmente existentes em um organismo, devido às propriedades fenotípicas exibidas por este. Por exemplo, *Thermotoga maritima*, um hipertermófilo encontrado em sedimentos marinhos aquecidos, é capaz de metabolizar uma grande variedade de açúcares. O diagrama apresentado na Figura 15.6 ilustra algumas das vias metabólicas e sistemas de transporte de *T. maritima*, derivados das análises de seu genoma. Conforme esperado, o genoma é bastante rico em genes envolvidos no transporte, particularmente de carboidratos e aminoácidos. Uma grande porção do genoma do organismo (7%) também está envolvida no metabolismo de açúcares simples e complexos. Estes dados sugerem que *T. maritima* habite locais ricos em matéria orgânica.

Algumas informações acerca da divisão dos genes e das atividades em procariotos são fornecidas pela Tabela 15.2. Informações similares podem ser encontradas para todos os organismos cujos genomas foram seqüenciados.

Embora sejam observadas diferenças entre os organismos, na maioria dos casos o número de genes identificados corresponde a cerca de 60%, ou menos, das ORFs detectadas. (Uma ORF cujo produto não apresenta similaridade com qualquer proteína conhecida é algumas vezes denominada *URF*, do inglês *Unidentified Reading Frame*, isto é, um quadro de leitura não identificado.) Tais achados não significam que essas ORFs não identificadas não correspondam a genes codificadores de proteínas. Na realidade, tais observações podem refletir o quanto ainda desconhecemos sobre os genomas procarióticos. A busca em bancos de dados genômicos visando a descoberta de novos genes ou de novas funções é denominada "garimpagem", a qual pode resultar em descobertas pouco usuais e excitantes (ver Seção 15.5). O número de genes identificados vem aumentando à medida que o conhecimento acerca de aspectos particulares da biologia celular aumenta. Nesse sentido, é curioso notar que em *E. coli*, uma bactéria extensivamente estudada, foram definidas funções para cerca de 2.700 genes, em um total de 4.300. Foram identificados muitos genes envolvidos em proces-

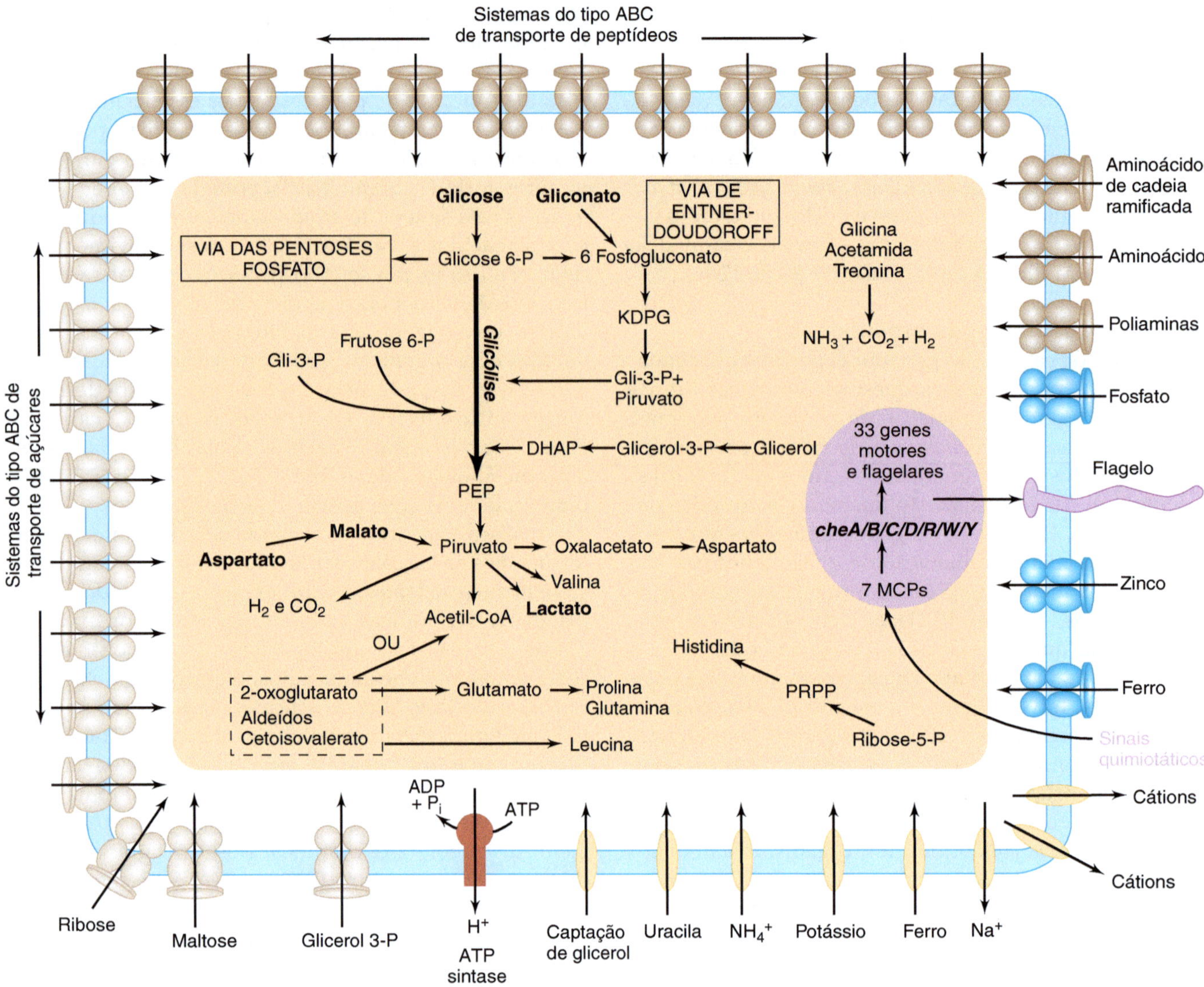

■ **Figura 15.6** Visão geral de algumas vias metabólicas e sistemas de transporte de *Thermotoga maritima*, um membro do domínio *Bacteria*. A figura apresenta uma visão global das capacidades metabólicas desse organismo. Estas incluem algumas das vias envolvidas na geração de energia e no metabolismo de certos compostos orgânicos, bem como de proteínas envolvidas no transporte, identificadas a partir da análise da seqüência genômica. Os nomes dos genes não foram apresentados. Este genoma contém uma série de sistemas de transporte do tipo ABC (Seção 4.7). Dentre estes, existem 12 para carboidratos, 14 para peptídeos e aminoácidos e outros para íons. Estes são ilustrados como estruturas com mais de uma subunidade, nesta figura. Outros tipos de proteínas de transporte foram também identificadas e esquematizadas como estruturas elipsóides. O flagelo é apresentado havendo sete transdutores (MCPs) e vários genes de quimiotaxia (*che*) nesse organismo (Seção 8.11), bem como vários genes envolvidos na montagem do flagelo (Seção 4.10). Alguns aspectos do metabolismo de açúcares são apresentados. A figura foi adaptada de um artigo publicado pelo Instituto de Pesquisas Genômicas (TIGR).

sos de biossíntese de macromoléculas e no metabolismo central, essencial ao crescimento dessas células. Assim, à medida que as funções de URFs forem caracterizadas, estas provavelmente corresponderão, em sua maioria, a genes não essenciais, reduzindo a porcentagem de genes de *E. coli* envolvidos em funções-chave da síntese de macromoléculas ou no metabolismo central (Tabela 15.2).

As análises genômicas também fornecem dados novos sobre a ecologia de um organismo. Por exemplo, *Helicobacter pylori* codifica uma proteína que contém o dobro de resíduos dos aminoácidos básicos arginina e lisina (Seção 3.6), que as proteínas típicas de outros procariotos. Possivelmente, tais proteínas auxiliem na sobrevivência das células de *H. pylori* no ambiente estomacal ácido. Além disso, muitos dos genomas já seqüenciados de patógenos, como *Borrelia burgdorferi*, *Mycobacterium tuberculosis* e *Treponema pallidum*, apresentam famílias gênicas (não relacionadas) que codificam proteínas provavelmente envolvidas na variação antigênica, protegendo esses organismos do sistema imune das células hospedeiras (por exemplo, sífilis, Seção 26.12). Em *B. burgdorferi*, estes genes estão localizados em plasmídeos. A informação derivada da genômica pode ser crítica no desenvolvimento de novas estratégias visando a proteção do homem e outros animais contra esses patógenos. A capacidade de comparar milhares de genes resultou em um conjunto con-

Tabela 15.2 Funções gênicas de genomas bacterianos

Categorias funcionais	Porcentagem de genes cromossomais[a] em cada categoria		
	Escherichia coli	*Haemophilus influenzae*	*Mycoplasma genitalium*
Metabolismo	21,0	19,0	14,6
Estrutural	5,5	4,7	3,6
Transporte	10,0	7,0	7,3
Regulação	8,5	6,6	6,0
Tradução	4,5	8,0	21,6
Transcrição	1,3	1,5	2,6
Replicação	2,7	4,9	6,8
Outras, conhecidas	8,5	5,2	5,8
Desconhecidas	38,1	43,0	32,0

a Para informações sobre o tamanho dos cromossomos de cada uma das espécies e o número de quadros de leitura aberta que cada um contém, ver a Tabela 15.1.

siderável de informações sobre o metabolismo dos organismos relacionados na Tabela 15.1. No entanto, ainda hoje temos várias questões não respondidas. Por exemplo, a comparação entre os genomas seqüenciados de organismos hipertermófilos não permitiu a dedução de "regras" óbvias que ditariam o dobramento de uma proteína, de maneira a torná-la termoestável.

✓ 15.3 Verificação de conceitos

Os genomas procarióticos seqüenciados apresentam de 0,58 Mb a 8,7 Mb. Os menores genomas procarióticos têm tamanhos equivalentes aos maiores vírus, enquanto os maiores genomas procarióticos apresentam mais genes que alguns organismos eucarióticos. Muitos genes podem ser identificados a partir da similaridade de suas seqüências com genes descritos para outros organismos. Entretanto, uma grande porcentagem de genes seqüenciados tem função desconhecida. A bioinformática, além de auxiliar na análise dos genes presentes, também permite a caracterização tanto do metabolismo apresentado pelo organismo como de seu ambiente ecológico.

✓ Compare uma *ORF* com uma *URF*.

✓ Que tipo de informação permite a realização de predições sobre o ambiente onde um organismo está presente?

15.4 Evolução e famílias gênicas

Conforme mencionamos anteriormente, a primeira prioridade da genômica corresponde à determinação do número e da função dos genes de um organismo. Entretanto, a genômica está envolvida em outras atividades, além da mera contagem de genes e do entendimento das relações do organismo com seu ambiente. A genômica comparativa também nos permite entender as relações evolutivas entre os diferentes organismos. A reconstrução das relações evolutivas auxilia-nos a distinguir entre características biológicas primitivas e derivadas. Esse conhecimento será relevante no entendimento das formas de vida primitivas e, eventualmente, na obtenção de respostas em relação à questão da origem da vida (Seção 11.11).

Duplicação gênica e famílias gênicas

Quando descrevemos o cromossomo de *E. coli* (Seção 10.19), discutimos o fato de este conter **famílias gênicas,** isto é, genes relacionados a outros genes em um mesmo organismo. A presença de famílias gênicas é observada na maioria dos organismos relacionados na Tabela 15.1. Embora a ocorrência de grandes famílias gênicas não seja uma regra, a genômica comparativa demonstrou que vários genes originaram-se da duplicação de outros genes já existentes. Por exemplo, 47% dos genes de *Bacillus subtilis* estão relacionados a um ou mais dos outros genes cromossomais. Esses tipos de genes são denominados **parálogos,** ou seja, genes cuja similaridade é resultante da duplicação de um outro gene previamente existente, durante o processo evolutivo de um organismo. (Genes encontrados em um organismo, similares a genes de outro organismo e cujas diferenças são decorrentes da especiação, são denominados **ortólogos**.) O estudo de genes que exibem similaridade de seqüência corresponde a um dos aspectos mais importantes e de maior complexidade na genômica comparativa. Uma vez que diversos cromossomos procarióticos foram seqüenciados, tais comparações podem gerar informações sobre os eventos precoces ocorridos na evolução celular. Nesse sentido, é interessante ressaltar que, conforme o esperado a partir dos estudos de seqüenciamento de RNAs (Capítulo 11), os genes de *Archaea* envolvidos na replicação de DNA, na transcrição e na tradução são mais similares aos genes equivalentes de *Eukarya* que de *Bacteria*. No entanto, inesperadamente, muitos dos genes restantes de *Archaea* exibem maior similaridade com aqueles de *Bacteria* que de *Eukarya*. (Obviamente, quando analisados em conjunto, os genes de *Archaea* têm maior similaridade com genes dos demais membros desse domínio.) Estes resultados fornecem maior sustentação ao quadro filogenético da vida, deduzido originalmente a partir das análises comparativas de seqüências de RNA ribossomal (Seção 11.5), sugerindo que muitos dos genes de todos os organismos apresentam raízes evolutivas comuns.

Transferência horizontal de genes

Os argumentos evolutivos sugerem a presença de ancestrais comuns e a ocorrência de uma série de eventos em épocas muito remotas. Ao que parece, a *transferência horizontal (lateral) de genes* corresponde a um fenômeno que continua a acontecer, dificultando assim os estudos evolutivos (Seção 11.17). Conforme mencionado anteriormente (Seção 10.19), a **transferência horizontal de genes** é um evento em que, aparentemente, um gene é captado de um organismo diferente. Para que este processo seja detectável, as diferenças entre os organismos devem ser relativamente grandes. Por exemplo, vários genes de origem eucariótica foram detectados em *Chlamydia* (ver Seção 15.3). A bactéria *Thermotoga maritima* possui mais de 400 genes (mais que 20% de seu genoma), aparentemente oriundos de *Archaea*, sendo destes localizados 81 em discretos conjuntos, não sendo encontrados dispersos ao longo do genoma. Esse dado sugere que tais genes foram adquiridos por transferência horizontal, a partir de espécies termofílicas de *Archaea* encontradas no mesmo ambiente ocupado por *Thermotoga*, não sendo originados evolutivamente, a partir de um ancestral comum.

Dois organismos relacionados na Tabela 15.1 são patógenos intracelulares obrigatórios: *Chlamydia trachomatis* (Seção 12.27) e *Rickettsia prowazekii* (Seção 12.13). Seus genomas não apresentam muitos dos genes cujos produtos poderiam estar envolvidos na biossíntese de compostos que podem ser fornecidos por um hospedeiro. Conforme observado, vários dos genes encontrados no cromossomo de *C. trachomatis* parecem ser oriundos de processos de transferência horizontal, a partir de um organismo *eucariótico*. Essa situação é oposta àquela, em que genes presentes no núcleo eucariótico parecem ter sido transferidos de um ancestral da mitocôndria — uma organela encontrada em células eucarióticas, derivada evolutivamente de uma bactéria endossimbiôntica (Seção 11.3; ver também Seção 15.7). O gênero *Rickettsia* está relacionado ao domínio *Bacteria*, sendo provavelmente o ancestral das mitocôndrias. O genoma de *R. prowazekii* parece estar sofrendo um processo de redução similar àquele que resultou nos genomas mitocondriais muito pequenos. Muitas das funções mantidas pelo genoma das riquétsias estão envolvidas na produção de energia — uma função associada às mitocôndrias. Curiosamente, 24% do genoma de *R. prowazekii* não é codificador, a maior porção não codificadora já encontrada nos genomas de procariotos examinados até hoje. Provavelmente, essas seqüências correspondem a remanescentes de genes funcionais, os quais não foram ainda eliminados do genoma.

Considerações evolutivas também apresentam um componente prático. A capacidade de se identificarem genes claramente procarióticos (os genomas eucarióticos também vêm sendo seqüenciados, ver Seção 15.6) ou, particularmente, genes característicos de bactérias patogênicas poderá levar ao desenvolvimento de agentes terapêuticos altamente poderosos e extremamente específicos, a serem utilizados nas práticas de medicina clínica.

✓ 15.4 Verificação de conceitos

A genômica pode ser empregada no estudo da história evolutiva de um organismo. Geralmente os organismos apresentam famílias gênicas, que correspondem a genes de seqüências relacionadas. Quando estes surgem em decorrência da duplicação de genes previamente existentes, são denominados parálogos. Os organismos podem adquirir genes de outros indivíduos presentes em seu ambiente por meio de um processo denominado transferência horizontal de genes.

✓ Diferencie genes *parálogos* de *ortólogos*.

✓ Descreva um mecanismo pelo qual a *transferência horizontal de genes* poderia ocorrer em um procarioto.

15.5 "Garimpagem" genômica

Como discutimos anteriormente, a análise genômica fornece uma série de informações extremamente valiosas sobre o metabolismo de um organismo e a natureza de seu meio ambiente. No entanto, freqüentemente a análise indica que um ou mais genes, normalmente associados a uma via, parecem estar ausentes. Esse achado poderia significar que o organismo utiliza uma nova via ou que, pelo menos, um novo tipo de reação está envolvido. Neste sentido, seria interessante a busca de um gene que codificasse uma proteína que pudesse estar realizando a função perdida.

A busca em bancos de dados que contenham a seqüência completa do genoma de um organismo, visando a detecção de um novo gene, é denominada **"garimpagem" genômica**. A busca da DNA polimerase da cianobactéria *Synechocystis* corresponde a um bom exemplo de tal abordagem.

Todos os membros de *Bacteria* contêm uma DNA polimerase similar à DNA polimerase III de *Escherichia coli*, utilizada como principal polimerase na replicação do DNA (Seção 7.6). Esta é uma enzima complexa, que possui várias subunidades distintas; a subunidade responsável pela ação catalítica da reação de polimerização é a proteína DnaE, produto do gene *dnaE*. Como as DNA polimerases correspondem a proteínas altamente conservadas e de suma importância às células, poderíamos esperar que a análise do genoma de *qualquer* membro de *Bacteria* resultasse na detecção de um gene com seqüência similar (um gene *ortólogo*) ao gene *dnaE* de *E. coli*. Curiosamente, no entanto, a busca originalmente realizada no genoma de *Synechocystis* (ver Tabela 15.1) não identificou tal tipo de gene. Ao contrário, foram descritos dois quadros de leitura aberta (ORFs) que, se combinados, originavam um gene similar ao *dnaE*. Essas ORFs, no entanto, situavam-se a uma distância de 700.000 pb no cromossomo de *Synechocystis*, localizando-se em fitas opostas de DNA, indicando que sua transcrição ocorria em direções opostas. Poderiam as duas ORFs serem parte do gene *dnaE*?

A análise cuidadosa da seqüência dessas duas ORFs revelou que ambas também codificam porções complementares de uma **inteína**, uma proteína de "auto-splicing" (Quadro "Processamento de proteínas" no Capítulo 8). As duas ORFs de *Synechocystis* foram então clonadas, tendo sido demonstrado que estas podem ser transcritas e traduzidas. A inteína cindida é capaz de catalisar uma rea-

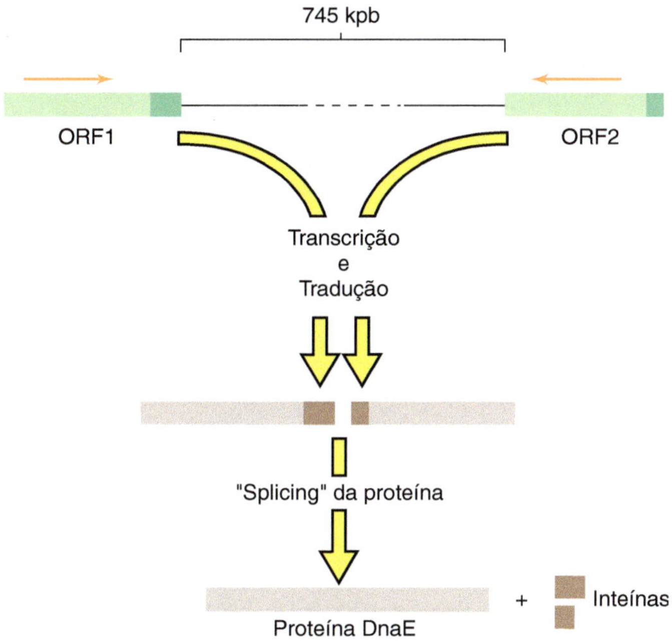

■ **Figura 15.7** O gene cindindo *dnaE* de *Synechocystis.* As duas ORFs são transcritas em direções opostas, conforme assinalado pelas duas setas laranja. Os produtos protéicos de cada uma das ORFs contêm parte de uma inteína (observe que o produto protéico da ORF2 foi desenhado com a região amino terminal padrão na orientação da extremidade carboxi terminal).

ção de "splicing" envolvendo as duas porções da DnaE, originando a proteína completa (Figura 15.7) e, provavelmente, uma DNA polimerase funcional. Acredita-se que tal tipo de reação também ocorra nas células de *Synechocystis*.

Por que as células de *Synechocystis* apresentariam o gene *dnaE* arranjado de maneira fragmentada? Até o momento existem algumas suposições; uma das hipóteses postula o envolvimento de eventos regulatórios. Uma vez que o número de moléculas de DNA polimerase III presentes em uma célula de crescimento rápido, como *E. coli*, é pequeno, provavelmente este número será ainda *muito menor* em uma célula de crescimento mais lento, como *Synechocystis*. Assim, talvez o sistema pouco usual de codificação do gene *dnaE* de *Synechocystis* auxilie, de alguma maneira, na regulação da concentração dessa enzima crucial. Certamente, é também possível que esse gene fragmentado/sistema de inteína *dnaE*/DnaE seja meramente fortuito, vindo a ser identificado em outros procariotos. Somente a partir do seqüenciamento completo de outros genomas será possível confirmar essa hipótese. De qualquer maneira, é difícil imaginar como esse mecanismo poderia ser descoberto se não tivéssemos a capacidade de analisar e comparar seqüências genômicas completas, como realizamos rotineiramente. A "garimpagem" de genomas possivelmente nos trará ainda muitas surpresas e poderá ainda levar a descobertas que apresentem aplicações práticas.

✓ 15.5 Verificação de conceitos

Freqüentemente é necessária a realização de buscas criteriosas em bancos de dados genômicos quando se deseja identificar um determinado gene em particular — processo descrito como "garimpagem" genômica. Tal metodologia pode ser utilizada na detecção de novos genes ou na identificação de genes supostamente presentes em um organismo.

✓ Como uma inteína é diferenciada de um íntron de auto-"splicing"?

15.6 Genomas de microrganismos eucarióticos

Vários microrganismos são eucarióticos (Capítulo 14). Embora muitos destes sejam bastante conhecidos e estudados, todos os genomas eucarióticos seqüenciados e publicados até o momento (como aqueles da mosca das frutas, *Drosophila melanogaster*, e da planta, *Arabidopsis*) foram obtidos de organismos multicelulares, exceto o genoma da levedura *Saccharomyces cerevisiae*, que corresponde a um organismo extremamente importante devido à sua ampla utilização industrial (Capítulo 30) e ao seu uso como organismo-modelo nos estudos de bioquímica e biologia celular de eucariotos. Este organismo foi extensivamente estudado sob os pontos de vista genético e bioquímico.

O genoma da levedura *Saccharomyces cerevisiae*

O genoma haplóide da levedura contém 16 cromossomos, variando de 220 kb, para o cromossomo I, a 2.352 kb, para o cromossomo XII. O genoma nuclear total da levedura (excluindo as mitocôndrias e alguns elementos genéticos do tipo plasmídeos e vírus) apresenta aproximadamente 13.392 kb. Você poderia imaginar por que as palavras "aproximadamente" ou "cerca de" são utilizadas, apesar desse genoma ter sido completamente seqüenciado. As leveduras, bem como muitos outros eucariotos, apresentam grandes quantidades de DNA repetitivo (Seção 7.4). Quando o genoma desta levedura foi publicado em 1997, nem todas as repetições "idênticas" foram seqüenciadas. O seqüenciamento de segmentos extensos de DNA contendo seqüências muito parecidas ou idênticas é um processo extremamente difícil. O cromossomo XII da levedura possui segmentos de aproximadamente 1.260 kb, com 100 a 200 repetições do operon rRNA desse organismo (Seção 7.11), também denominado rDNA. Outra seqüência repetida é encontrada adjacente a essa longa série de repetições de rDNA. Como a região inteira não foi totalmente seqüenciada, o tamanho preciso do genoma não é conhecido.

A Tabela 15.3 compara certos aspectos do genoma da levedura com outros genomas eucarióticos seqüenciados; neste caso, todos oriundos de organismos multicelulares. Embora o genoma da levedura seja consideravelmente menor quando comparado aos demais genomas relacionados, este não representa o menor genoma eucariótico conhecido, como discutiremos a seguir.

Além de possuir 100 a 200 cópias idênticas dos operons rRNA, o genoma nuclear da levedura contém 275 genes de tRNAs (somente alguns são idênticos) e 80 genes de outros tipos de RNAs não codificadores (Seção 7.16). Embora as predições originais sugerissem a existência de 6.340 possíveis genes codificadores de proteínas, análises

Tabela 15.3 Genomas nucleares eucarióticos[a]

Organismo	Comentários	Tamanho do genoma	Número de cromossomos	Genes codificadores de proteínas[b]
Saccharomyces cerevisiae	Esta levedura corresponde a um organismo de importância industrial (Seções 30.12 e 30.13), que também é utilizado como modelo de estudos genéticos e bioquímicos	13 Mb	16	5.570
Caenorhabditis elegans	Este nematelminto é um importante modelo no estudo do desenvolvimento animal	97 Mb	6	19.099
Drosophila melanogaster	A mosca das frutas é um organismo-modelo intensamente estudado	180 Mb	4	13.601
Arabidopsis thaliana	Esta planta corresponde a um organismo-modelo de estudos genéticos	125 Mb	5	25.498
Homo sapiens	O genoma humano encontra-se disponível apenas na forma de um rascunho	3.000 Mb	23	25.000 – 35.000[c]

a Todos os dados referem-se aos genomas nucleares haplóides desses organismos.

b O número de genes que codificam proteínas é, em todos os casos, estimado com base no número de genes conhecidos e nas seqüências que provavelmente codifiquem proteínas funcionais.

c Há uma controvérsia quanto ao número de genes presentes no genoma humano, apesar da divulgação de uma "primeira versão" das seqüências por dois grupos diferentes. O número de genes pode chegar a 60.000.

mais detalhadas reduziram o limite superior hipotético para as diferentes proteínas codificadas pela levedura para 5.570. Dessas, cerca de 3.400 genes codificariam proteínas conhecidas, isto é, proteínas cujas funções são verdadeiramente conhecidas ou proteínas/genes estreitamente relacionados a outros, encontrados em organismos distintos. O grande conjunto de técnicas genéticas e bioquímicas disponível para o estudo da levedura resultou em avanços significantes no entendimento das funções de suas proteínas.

Outro procedimento que permite o estudo das funções de diferentes proteínas envolve a obtenção de mutações de nocaute (Seção 10.18), ou seja, mutações que tornam um gene não funcional. Via de regra, essas mutações não podem ser realizadas em genes essenciais à viabilidade celular em um organismo haplóide. No entanto, as leveduras podem ser cultivadas em um estado diplóide (Seção 14.6). Pela obtenção de tais mutantes no estado diplóide, seguida da investigação da viabilidade celular no estado haplóide, pode-se determinar se um gene em particular é essencial à viabilidade das células. Pela utilização dessas técnicas foi possível demonstrar que pelo menos 877 das ORFs da levedura são essenciais, enquanto 3.121 claramente não o são. Observe que o número de genes essenciais é consideravelmente maior que aqueles 300 considerados como número mínimo aproximado, necessário à existência celular de organismos procarióticos (ver Seção 15.3).

Dentre os genes codificadores de proteínas na levedura são encontrados apenas 225 íntrons. A maioria dos genes que possuem íntrons apresenta somente um único íntron pequeno, situado próximo à extremidade 5′ do gene. Essa situação é muito distinta daquela observada nos outros genomas eucarióticos, apresentados na Tabela 15.3. Em *Caenorhabditis elegans*, os genes possuem em média 5 íntrons, enquanto em *Drosophila* cada gene possui cerca de 4 íntrons. Os íntrons são também muito comuns em *Arabidopsis*, que também apresenta 5 éxons por gene e cerca de 75% dos genes contendo íntrons. No homem, praticamente todos os genes que codificam proteínas contêm íntrons, não sendo rara a ocorrência de 10 ou mais em um único gene, os quais podem ser muito maiores que os éxons.

Outros microrganismos eucarióticos

Os genomas de alguns outros microrganismos eucarióticos foram também seqüenciados: os patógenos *Plasmodium falciparum*, *Encephalitozoon cuniculi* e *Ustilago maydis*. *P. falciparum* é o agente etiológico da malária (Seção 27.5), sendo o seqüenciamento de seu genoma decorrente de um esforço internacional. O genoma de 27 Mb consiste em 14 cromossomos, variando de 0,7 a 3,4 Mb. *E. cuniculi* é um patógeno intracelular de humanos e outros animais. Esse organismo não possui mitocôndrias e, embora seu genoma haplóide apresente 11 cromossomos, tem um tamanho de somente 2,9 Mb, tornando-o menor que muitos genomas procarióticos (ver Tabela 15.1). *U. maydis* corresponde a um fungo fitopatogênico, com um genoma de aproximadamente 20 Mb. Este provoca a doença denominada carvão do milho, de grande impacto econômico.

Progressos consideráveis foram realizados no seqüenciamento de genomas de outros microrganismos eucarióticos, incluindo aqueles dos patógenos *Leishmania major*, *Candida albicans* (Seção 27.7), *Entamoeba histolytica* (disenteria amebiana; Seção 14.9), *Giardia lamblia* (giardíase; Seção 28.6) e *Pneumocystis carinii* (pneumonia associada à AIDS; Seção 26.14).

As seqüências de alguns genomas não são imediatamente publicadas. O conhecimento sobre o genoma de um patógeno pode ser útil no desenvolvimento de novas drogas específicas. Essas aplicações podem apresentar considerável valor comercial. Exatamente por esta razão, algumas empresas comerciais optam por não publicar os dados obtidos com o seqüenciamento, pelo menos por determinado período de tempo.

✓ 15.6 Verificação de conceitos

A seqüência genômica completa da levedura *Saccharomyces cerevisiae* foi determinada. Essa levedura codifica até 5.777 proteínas, das quais apenas 877 são essenciais à viabilidade. Um número relativamente pequeno de genes que codificam proteínas possui íntrons.

✓ Descreva como pode ser demonstrado que um gene é essencial.

✓ Quais circunstâncias poderiam justificar a não-divulgação de uma seqüência genômica para o público em geral?

15.7 Genomas de organelas

Nas seções prévias deste capítulo, discutimos algumas das propriedades dos genomas procarióticos e dos genomas nucleares de microrganismos eucarióticos. Nos Capítulos 9 e 16, os genomas de alguns vírus foram também discutidos. Agora, passaremos a enfocar brevemente os genomas de organelas encontradas em células eucarióticas: cloroplastos e mitocôndrias. Estes são algumas vezes denominados *genomas extranucleares*.

Essas duas organelas originaram-se de células procarióticas, por um processo de endossimbiose (Seções 11.3, 14.2 e 14.3). Portanto, o fato de as proteínas codificadas por estes genomas estarem mais estreitamente relacionadas (em termos de seqüência) àquelas de procariotos que de *Eukarya* não deve ser surpreendente.

Cloroplastos

O cloroplasto corresponde a uma organela que realiza a fotossíntese, encontrada nas plantas verdes (Seção 14.3). Neste momento, não estamos interessados em discutir o cloroplasto, mas seu genoma. Todos os genomas conhecidos de cloroplastos correspondem a moléculas circulares de DNA, e, embora possam ser encontradas várias cópias em cada cloroplasto, cada uma contém um conjunto completo de genes. O genoma típico dos cloroplastos apresenta de 120 a 160 kb, contendo duas repetições invertidas de 6 a 76 kb (Figura 15.8). Vários genomas de cloroplastos foram totalmente seqüenciados; alguns são apresentados na Tabela 15.4. O protozoário flagelado *Mesostigma viride* pertence à linhagem de divergência mais precoce de plantas verdes. Seu cloroplasto contém mais genes codificadores de proteínas e de tRNAs que qualquer outro conhecido; sua estrutura genômica típica é ilustrada na Figura 15.8.

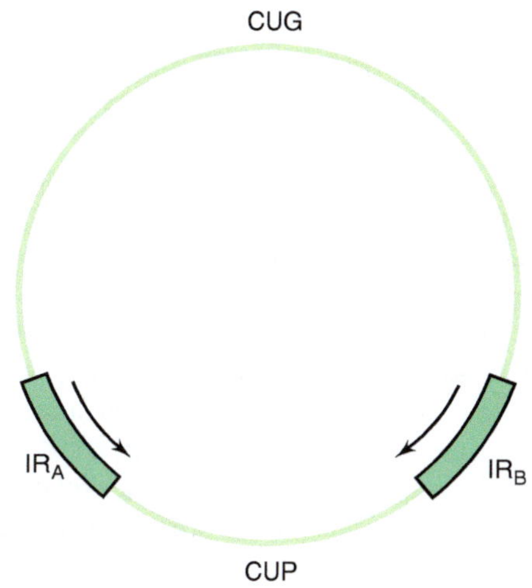

■ **Figura 15.8** O mapa de um genoma típico de cloroplasto. Os genomas de cloroplastos correspondem a moléculas circulares de DNA de fita dupla. A maioria contém duas regiões de repetições invertidas (RI$_A$ e RI$_B$) que formam as extremidades de uma região de cópia única pequena (CUP) e de uma região de cópia única grande (CUG).

Muitos dos genes do genoma de cloroplastos codificam proteínas envolvidas na fotossíntese. Entretanto, tal genoma também codifica os rRNAs utilizados pelos ribossomos dos cloroplastos, os tRNAs utilizados pela maquinaria traducional e algumas das proteínas utilizadas na transcrição e tradução, além de outras proteínas distintas. São conhecidos genomas de remanescentes de cloroplastos em algumas plantas parasíticas, os quais perderam muitos dos genes necessários à fotossíntese.

Tabela 15.4 Alguns genomas de cloroplastos[a]

Organismo		Tamanho (pb)	Genes codificando: Proteínas[c]	tRNA	rRNA[d]	Repetições invertidas[b]
Chlorella vulgaris	Alga verde	150.613	77	31	1	Ausentes
Euglena gracilis	Protozoário	143.170	67	27	3	Ausentes
Mesostigma viride	Protozoário	118.360	92	37	2	Presentes
Pinus thunbergii	Pinheiro negro	119.707	72	32	1	Presentes[e]
Oryza sativa	Arroz	134.525	70	30	2	Presentes
Zea mays	Milho	140.387	70	30	2	Presentes

a Todos os genomas de cloroplastos correspondem a DNAs circulares de fita dupla (Seção 14.4).
b Ver Figura 15.8.
c Estes incluem genes que codificam proteínas de funções conhecidas e ORFs que podem ser funcionais.
d Cada unidade corresponde a um operon de rRNA contendo genes que codificam cada um dos rRNAs (Seção 7.11)
e Embora as repetições invertidas estejam presentes, são geralmente truncadas.

Os íntrons são muito mais comuns em genes de cloroplastos que em genes procarióticos; no entanto, é importante lembrar que tais íntrons não são do mesmo tipo daqueles encontrados nos genes eucarióticos que codificam proteínas (Seção 7.12). Embora alguns cloroplastos não apresentem íntrons, no protozoário *Euglena* (Seção 14.11) essas organelas apresentam 155 íntrons, correspondendo a 38% de seu genoma.

Que informações, além das evidências sustentando a teoria do endossimbionte, as análises dos genomas de cloroplastos nos forneceram? Primeiro, tais análises auxiliaram-nos a descrever as relações evolutivas das plantas. Além disso, alguns genomas de cloroplastos revelaram conter genes com seqüências muito similares aos genes de *Escherichia coli*, cujos produtos protéicos estão envolvidos nos processos de divisão celular, sugerindo que a divisão nessas organelas possa exibir mecanismos semelhantes aos observados em *Bacteria*. De maneira similar, os genes envolvidos no transporte de proteínas através de membranas estão também relacionados aos genes de *Bacteria*.

Mitocôndrias

As mitocôndrias estão envolvidas na produção de energia, sendo encontradas em praticamente todos os organismos eucarióticos. Na Seção 15.3, mencionamos que o parasita intracelular *Rickettsia prowazekii* pertence à mesma linhagem filogenética que o ancestral das mitocôndrias.

Os genomas mitocondriais codificam proteínas envolvidas na fosforilação oxidativa e, assim como no caso dos genomas de cloroplastos, também codificam seus rRNAs e tRNAs, além de algumas proteínas envolvidas na tradução (na maioria dos casos, as organelas dependem do núcleo, no que se refere a todas as proteínas necessárias à transcrição). A maioria dos genes mitocondriais codifica menos proteínas que os cloroplastos. Cerca de 200 genomas mitocondriais foram seqüenciados. O maior genoma mitocondrial possui 62 genes codificadores de proteínas, enquanto os demais conhecidos codificam entre 3 e 37 proteínas. As mitocôndrias de quase todos os animais codificam apenas 13 proteínas (além de 22 tRNAs e 2 rRNAs), enquanto em *Saccharomyces cerevisiae* são encontradas apenas 8 proteínas. Assim, esses genomas são normalmente muito menores que os genomas de cloroplastos. Os grandes genomas mitocondriais apresentam quantidades significativas de DNA não codificador, não correspondendo a genes. A mitocôndria que apresenta um maior número de genes codificadores de proteínas é encontrada no protozoário *Reclinomonas americana*, com apenas 69.034 pb. Além disso, enquanto os cloroplastos utilizam o código genético "universal", lembre-se de que as mitocôndrias usam códigos ligeiramente diferentes e mais simples (Seção 7.13). Tal fato parece ser resultante de pressões seletivas visando genomas menores. O conjunto-padrão de 22 tRNAs mitocondriais é insuficiente para ler o código genético, mesmo a partir do pareamento "flutuante" padrão (Seção 7.13), utilizado por todos os outros sistemas de tradução. Portanto, o pareamento entre as bases do anticódon e códon é ainda mais flexível nas mitocôndrias (Figura 7.33).

Não é fácil discutir um genoma mitocondrial "típico". Contrariamente aos genomas de cloroplastos, todos compostos por uma única molécula circular de DNA, os genomas mitocondriais são bastante diversos. Embora pareça provável que a maioria dos genomas mitocondriais seja composto por uma molécula circular de DNA de fita dupla, atualmente são conhecidos vários organismos que possuem genomas mitocondriais lineares, incluindo algumas algas, protozoários e fungos. Em alguns casos, como na levedura *Saccharomyces cerevisiae*, embora o mapeamento genético e de restrição tenha indicado a natureza circular do genoma mitocondrial, parece que a principal forma *in vivo* corresponde à linear (lembre-se de que o bacteriófago T4 apresenta uma estrutura genômica geneticamente circular e fisicamente linear, Seção 9.9). Alguns organismos apresentam, inclusive, mais de um cromossomo mitocondrial.

Os genomas mitocondriais de animais contêm tipicamente apenas 13 genes, codificadores de proteínas. A Figura 15.9 apresenta um mapa do genoma mitocondrial humano, com 16.569 pb, seqüenciado em 1981. O genoma mitocondrial da levedura é maior (85.779 pb), contendo apenas 8 genes codificadores de proteínas. Externamente

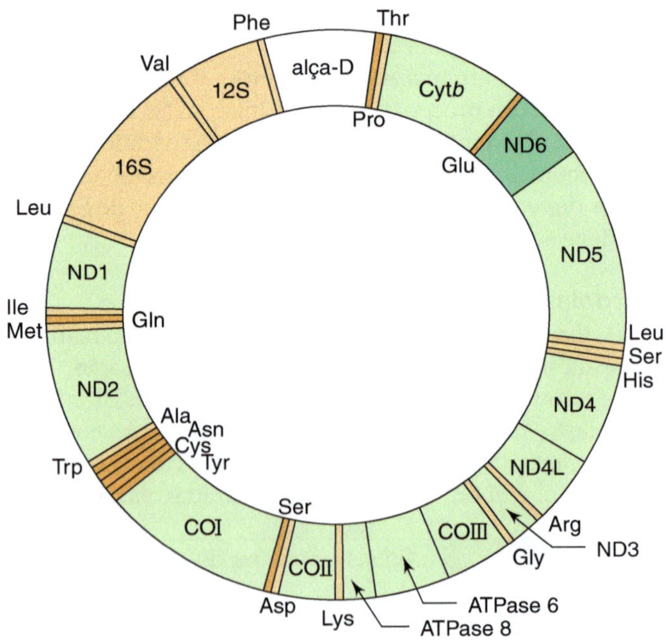

■ **Figura 15.9** Mapa do genoma mitocondrial humano. O genoma circular da mitocôndria humana contém 16.569 pb. Este genoma codifica os rRNAs 16S e 12S (correspondendo aos rRNAs procarióticos 23S e 16S) e 22 tRNAs. Os genes são codificados em dois tons de laranja: os laranja-escuros são os genes transcritos no sentido anti-horário, de acordo com a diagramação do mapa, e os laranja-claros, transcritos no sentido horário. (As denominações dos aminoácidos relativos aos tRNAs também estão situados externamente ao círculo, para os genes transcritos no sentido anti-horário, e internamente, para aqueles transcritos no sentido horário.) Os 13 genes codificadores de proteínas são apresentados em verde (novamente, em verde-escuro, os genes transcritos no sentido anti-horário e, em verde-claro, os transcritos no sentido horário). Esses genes codificam: Cit*b*, citocromo *b*; ND1-6, componentes do complexo NADH desidrogenase; COI-III, subunidades do complexo citocromo oxidase; ATPase 6 e 8, polipeptídeos do complexo de ATPase mitocondrial. Os dois promotores localizam-se na região denominada alça-D, uma região também envolvida na replicação do DNA.

aos genes que codificam os RNAs e proteínas, o genoma mitocondrial da levedura contém extensos segmentos de DNA ricos em A + T que não possuem qualquer função aparente.

Finalmente deve ser observado que, em vários organismos, as mitocôndrias podem conter pequenos plasmídeos além de seu "cromossomo", o que torna a análise de genomas mitocondriais ainda mais complexa. Uma complicação adicional, no caso de alguns genomas mitocondriais, refere-se ao fato de muitas vezes ser difícil identificar um gene de uma determinada proteína, mesmo quando as seqüências da proteína e do DNA são conhecidas. Esse fato é decorrente do processo de edição de RNA, o próximo tema a ser discutido.

Edição de RNA

No Capítulo 7, discutimos o fato de certos genes apresentarem regiões codificadoras separadas por regiões não codificadoras denominadas íntrons. Lembre-se de que os íntrons são removidos após a transcrição, durante uma etapa de processamento que origina o mRNA denominada "splicing" (Seção 7.12). Tal fato é verdadeiro mesmo para os tipos de íntrons encontrados nas mitocôndrias e cloroplastos, embora estes sejam diferentes daqueles presentes em genes nucleares que codificam proteínas (Seção 7.12). (Em certos casos, a própria proteína sofre processamento; Quadro "Processamento de proteínas" no Capítulo 8.) Há um fenômeno, descrito principalmente nos genomas das organelas, que corresponde quase ao oposto do "splicing": a *edição de RNA*. A **edição de RNA** envolve tanto a deleção quanto a inserção programadas de nucleotídeos na molécula final de mRNA, os quais não se encontravam presentes no DNA transcrito, ou a modificação de uma base no mRNA, promovendo sua alteração.

Nas mitocôndrias de tripanossomatídeos e protozoários relacionados (Seção 14.8), alguns transcritos apresentam grandes quantidades (centenas, em alguns casos) de uridilatos adicionados ou, mais raramente, deletados. Um exemplo desse tipo de edição de RNA é ilustrado na Figura 15.10. Tal edição é precisamente controlada por pequenas seqüências de RNA "guias", as quais estão presentes nas mitocôndrias, direcionando a maquinaria enzimática envolvida. Obviamente, tal processo deve ser controlado de maneira bastante precisa. A inserção de bases de mais ou de menos pode levar a um produto com a fase de leitura alterada, provavelmente não funcional.

O outro tipo de edição, a alteração de uma base por outra, é relativamente comum nas mitocôndrias e cloroplastos de plantas superiores. Em sítios específicos de alguns transcritos, ocorrerá a conversão de C em U por uma desaminação oxidativa (a alteração oposta é mais rara). Existem pelo menos 25 sítios de conversão do C para U no cloroplasto do milho. Embora encontrado mais freqüentemente em genomas de organelas, um exemplo de conversão programada de C para U é também conhecido em um gene nuclear de mamíferos.

A edição de RNA pode tornar muito difícil a predição de quais proteínas são codificadas por uma seqüência de DNA. Entretanto, este não foi um grande obstáculo na

Proteína	...Leu Cys Phe Trp Phe Arg Phe Phe Cys...
mRNA	...uuG uGu UUU UGG uuu AGG uuu uuu uGu...
DNA	... G G TTT TCC AGG G ...
	... C C AAA AGG TCC C ...

Figura 15.10 Edição de RNA. A parte superior da figura apresenta uma região com uma seqüência de aminoácidos referente à subunidade III da enzima citocromo oxidase do protozoário *Trypanosoma brucei* (Seção 14.8). Essa proteína é codificada pelas mitocôndrias. Abaixo da seqüência de aminoácidos encontra-se a seqüência do RNA mensageiro (mRNA) relativa a esta região. As bases em letras maiúsculas são aquelas transcritas a partir do gene, que se encontra ilustrado abaixo. As bases no mRNA, em letras minúsculas, foram inseridas no transcrito de mRNA por meio do processo de edição de RNA. Embora o DNA apresente muitas *lacunas informacionais*, não existem lacunas reais na molécula propriamente dita. Os espaços assinalados entre os pares de bases visam apenas facilitar a visualização.

análise dos genomas mitocondriais e de cloroplastos, talvez pelo pequeno número e alto grau de conservação das proteínas codificadas por tais genomas.

Organelas e o genoma nuclear

Cloroplastos e mitocôndrias requerem mais proteínas que aquelas codificadas por seus genomas. Nas duas organelas, um número muito maior de proteínas está envolvido na tradução. Conforme mencionado, as mitocôndrias não codificam qualquer uma das proteínas necessárias à transcrição. Os genomas das organelas são também desprovidos de muitos genes que codificam proteínas estruturais necessárias. Nas mitocôndrias, até mesmo algumas das proteínas envolvidas na fosforilação oxidativa não são codificadas por essas organelas.

Estima-se que a mitocôndria da levedura possua mais de 400 proteínas distintas e, como discutimos anteriormente, apenas 8 são codificadas pela organela. Isto significa que quase todas as proteínas necessárias à mitocôndria da levedura são codificadas por genes nucleares. Embora possa parecer razoável imaginar que os mesmos genes (e proteínas) que desempenham essas funções no núcleo/citoplasma eucarióticos poderiam ser utilizados pelas organelas, isto não corresponde à verdade. Enquanto os genes que codificam as proteínas das organelas são encontrados no núcleo (sendo transcritos neste local e traduzidos no citoplasma celular), seus produtos são especificamente utilizados pelas organelas, devendo ser transportados para tais estruturas.

Dentre as primeiras proteínas mitocondriais a serem estudadas estavam aquelas envolvidas na tradução, estando claro que as proteínas mitocondriais codificadas por genes nucleares estavam estreitamente relacionadas a proteínas equivalentes de *Bacteria* em vez de *Eukarya*. Parecia provável que a maioria dos genes codificadores de proteínas mitocondriais havia sido transferida, para o núcleo a partir das mitocôndrias.

Até o advento da genômica, era difícil obter-se qualquer informação adicional sobre essa situação. Necessitava-se de uma seqüência do genoma nuclear da célula hospedeira, uma seqüência oriunda de *Bacteria* que fosse estreitamente relacionada ao genoma mitocondrial, além de seqüências genômicas de outras *Bacteria* para que análises comparativas pudessem ser realizadas. Não era necessário conhecer o genoma mitocondrial propriamente dito (uma vez que este codifica apenas poucas proteínas), sendo necessário o conhecimento sobre as proteínas que se encontravam presentes nas mitocôndrias. Todas essas exigências foram cumpridas no caso de *Saccharomyces cerevisiae*, sendo a análise realizada. Surpreendentemente, dos 400 genes nucleares codificadores de proteínas mitocondriais, somente cerca de 50 apresentavam-se estreitamente relacionadas à linhagem filogenética de *Bacteria* que originou as mitocôndrias. Outros 150 estavam claramente relacionadas a proteínas de *Bacteria*. Entretanto, os 200 restantes eram codificados por genes que aparentemente não apresentavam homólogos no domínio *Bacteria*. As proteínas "bacterianas" estavam principalmente envolvidas em processos de conversão energética, tradução e biossíntese, enquanto as proteínas "eucarióticas" encontravam-se predominantemente associadas às membranas, à regulação e ao transporte. Assim, a genômica demonstrou que a evolução das mitocôndrias é mais complicada que o inicialmente esperado.

✓ 15.7 Verificação de conceitos

Cloroplastos e mitocôndrias apresentam pequenos genomas, independentes dos genomas nucleares. Esses genomas codificam rRNAs e tRNAs, além de várias proteínas. O genoma de cloroplastos codifica proteínas envolvidas na fotossíntese, enquanto o genoma mitocondrial codifica proteínas envolvidas na fosforilação oxidativa. Embora os genomas das organelas sejam independentes do genoma nuclear, as organelas não o são. Muitos genes nucleares codificam proteínas necessárias à função das organelas.

✓ Descreva a estrutura dos genomas das organelas.

✓ Descreva como genes que codificam funções mitocondriais podem ter se tornado parte do genoma nuclear.

III FUNÇÃO E REGULAÇÃO GÊNICAS

15.8 Proteômica

Os estudos genômicos não têm por finalidade a simples análise do conjunto de genes de um organismo, mas visam também à determinação de quais genes são expressos (e sob quais condições), bem como a função de seus produtos protéicos. Na seção anterior, descrevemos o conjunto total de proteínas encontradas na mitocôndria da levedura *Saccharomyces cerevisiae*. Esse conjunto poderia ser denominado *proteoma mitocondrial da levedura*. Um **proteoma** corresponde a todas as proteínas presentes em uma célula, em um determinado momento. Observe que o proteoma não corresponde a "todas as proteínas codificadas pelo genoma de um organismo". Embora os genes de um organismo estejam constantemente presentes, sendo relativamente fixos, sua expressão é regulada (Capítulo 8). Por essa razão, o número e tipos de proteínas presentes estão sempre variando, seja em resposta ao ambiente ou ao estágio de desenvolvimento do organismo. O estudo em larga escala, ou em escala genômica, da estrutura, função e regulação das proteínas de um organismo é denominado **proteômica** ou **genômica funcional**.

Uma das primeiras abordagens da proteômica envolvia o emprego de *eletroforese bidimensional em gel de poliacrilamida* para separar, identificar e quantificar todas as proteínas presentes em uma amostra celular (de uma cultura, no caso de microrganismos). Assim como nos outros tipos de eletroforese, a separação é baseada na carga apresentada pela molécula. Uma eletroforese bidimensional separando as proteínas de *Escherichia coli* é apresentada na Figura 15.11. Na primeira dimensão (a dimensão horizontal, na figura), as proteínas são separadas com base em seus pontos isoelétricos, isto é, as proteínas migram em um gradiente de pH até que a carga líquida de cada proteína em particular seja 0 (zero). Na segunda dimensão, as proteínas são desnaturadas, de forma que cada resíduo de aminoácido possua uma carga fixa. Conseqüentemente, as proteínas serão separadas por seu tamanho (semelhante ao que ocorre na separação de moléculas de DNA por seu tamanho; Figura 10.35). Na década de 70, Frederick C. Neidhardt e colaboradores iniciaram um intenso estudo sobre as proteínas de *E. coli*, analisando também sua regulação. Várias centenas de proteínas foram identificadas por técnicas bioquímicas e genéticas, sendo sua regulação analisada sob diferentes condições. Para que tais estudos sejam realizados, métodos bioquímicos de separação e análise, como cromatografia e espectroscopia de massa, técnicas genéticas como a mutagênese por transposons, ou mutagênese sí-

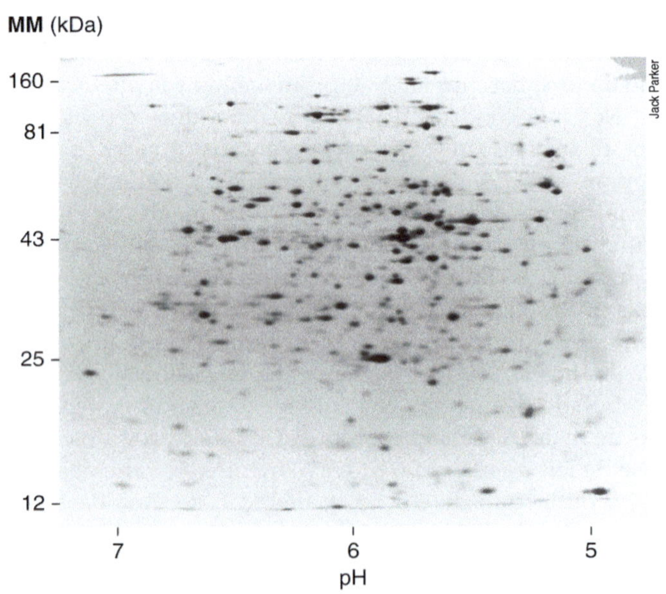

Figura 15.11 Eletroforese bidimensional de proteínas, em gel de poliacrilamida. A figura apresenta um autoradiograma das proteínas de uma cultura de *Escherichia coli*. Cada ponto no gel corresponde a uma determinada proteína. As proteínas foram marcadas com metionina radioativa durante o crescimento da cultura, permitindo assim sua visualização e quantificação. As proteínas foram inicialmente separadas pela focalização isoelétrica, em condições desnaturantes, concentrando-se na faixa de pH entre 5 e 7, onde a maioria das proteínas de *E. coli* são encontradas (as proteínas ribossomais básicas foram perdidas nessa separação). A segunda dimensão separa as proteínas desnaturadas pelas diferenças em suas massas (MM; em kilodaltons), com as proteínas maiores localizando-se na porção superior do gel.

tio-dirigida (Seções 10.11 e 10.18) e a construção de bibliotecas de fusões gênicas (Seção 31.4), correspondem a importantes ferramentas. A proteômica ainda requer experimentação, além de extensivas análises computacionais dos resultados obtidos.

Embora importantes informações sobre as funções de uma proteína possam ser obtidas pelas análises *in silico*, cerca de metade dos genes de qualquer organismo seqüenciado não apresenta função conhecida, sendo muitos desses genes específicos daquele organismo em questão (uma situação que poderá sofrer alterações à medida que mais genomas forem seqüenciados).

Genômica funcional e estrutural

Embora a proteômica geralmente necessite de etapas intensivas de experimentação, não podemos deixar de ressaltar a importância das técnicas *in silico*. Após a obtenção da seqüência do genoma de um organismo, são realizadas análises iniciais de comparação dessa seqüência com aquelas de outros organismos, visando localizar e identificar genes conhecidos. Neste contexto, a "seqüência" de maior importância refere-se à seqüência de aminoácidos da proteína. Devido à degeneração do código genético (Seção 7.13), as diferenças na seqüência de DNA podem não levar necessariamente a diferenças na seqüência de aminoácidos (Figura 15.12).

Há fortes evidências indicando que proteínas, cujas seqüências possuem mais de 50% de identidade, geralmente exibem funções similares. Entretanto, são conhecidas exceções à regra. Por exemplo, em *Pseudomonas* são conhecidas duas proteínas que apresentam 98% de identidade, mas que catalisam reações bastante distintas. Um importante indício sobre a possível função de uma proteína corresponde à identificação de regiões na seqüência codificadora que estejam presentes em outras proteínas, codificando domínios de funções conhecidas, como domínios de ligação a metal ou de ligação a GTP. Embora esses domínios apresentem seqüências específicas, sua *funcionalidade* é conferida, principalmente, por sua estrutura tridimensional (Seção 3.8).

A **genômica estrutural** corresponde à determinação das estruturas tridimensionais das proteínas que representem o conjunto de estruturas e funções protéicas encontradas em um organismo. Em última análise, esta área tem como finalidade construir um corpo de informações estruturais que permitirão às técnicas *in silico* predizer a provável estrutura e função em potencial de praticamente qualquer proteína, a partir do conhecimento de sua seqüência codificadora.

A associação entre a proteômica e a genômica fornecerá importantes informações que nos permitirão começar a entender claramente como um único organismo integra a expressão de seu genoma inteiro, sendo capaz de se desenvolver e replicar. Concomitantemente, poderemos também compreender como esse organismo responde aos estímulos ambientais. As perspectivas para a ciência básica são enormes. Entretanto, muito do ímpeto originalmente observado nos estudos de genômica funcional de vários organismos estava relacionado às possíveis aplicações que tais resultados poderiam propiciar. Estas incluem, por exemplo, a busca de novos alvos terapêuticos em potencial, visando o desenvolvimento de novos antibióticos.

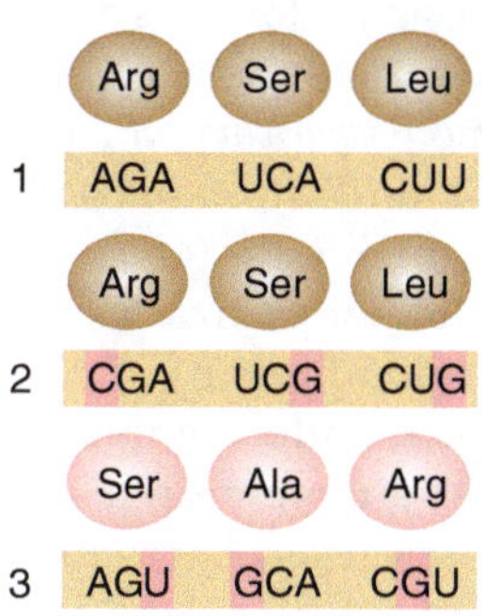

■ **Figura 15.12** Comparação da similaridade de seqüências de ácidos nucléicos e aminoácidos. Três seqüências nucleotídicas diferentes são ilustradas (apresentadas na forma de RNA, por conveniência). As seqüências 2 e 3 diferem da seqüência 1 em apenas três posições. Entretanto, as seqüências de aminoácidos, codificadas pelas seqüências 1 e 2, são idênticas, enquanto a codificada por 3 é bastante distinta das outras duas.

✓ 15.8 Verificação de conceitos

Um proteoma corresponde ao conjunto de proteínas presentes em um organismo, em um determinado momento. A proteômica tem como finalidade estudar as proteínas, visando conhecer sua estrutura, função e regulação.

✓ Um organismo pode apresentar mais de um proteoma?

15.9 Microarranjos

Embora as genômicas funcional e estrutural sejam ainda atividades trabalhosas, estas foram auxiliadas sobremaneira pelas rápidas modernizações tecnológicas. Uma das finalidades da proteômica corresponde ao estudo da regulação da expressão gênica. Lembre-se de que a expressão gênica é freqüentemente regulada em nível transcricional (Capítulo 8). A partir do desenvolvimento de uma nova e poderosa técnica, os *microarranjos*, foi possível realizar a análise da transcrição de um genoma inteiro.

Para que um gene seja expresso, este deve ser transcrito. O conhecimento das condições em que um gene é transcrito pode também fornecer informações sobre sua função. Por exemplo, o gene específico envolvido no metabolismo de maltose em *Escherichia coli* estará dentre aqueles expressos quando essa bactéria for cultivada na presença de maltose, mas não de glicose (Seção 8.6).

No Capítulo 10, discutimos como as técnicas de hibridização de ácidos nucléicos auxiliam na localização de genes, em fragmentos específicos de DNA (Seção 10.12). As técnicas de hibridização foram também extensivamente utilizadas na análise da expressão de genes, pela hibridização de mRNA a fragmentos específicos de DNA. Essa técnica foi radicalmente otimizada a partir do desenvolvimento dos *microarranjos*, ou *chips de DNA*, em que os genes, ou parte dos genes representando o genoma completo, são arranjados espacialmente sobre um pequeno suporte sólido. Esses genes (ou fragmentos de genes) podem ser hibridizados utilizando-se uma variedade de sondas, sendo posteriormente esquadrinhados e analisados por um computador.

Existem diferentes métodos para a confecção de tais microarranjos; um destes é apresentado na Figura 15.13. A figura também ilustra como um desses microarranjos pode ser utilizado. A Figura 15.14 apresenta uma parte de

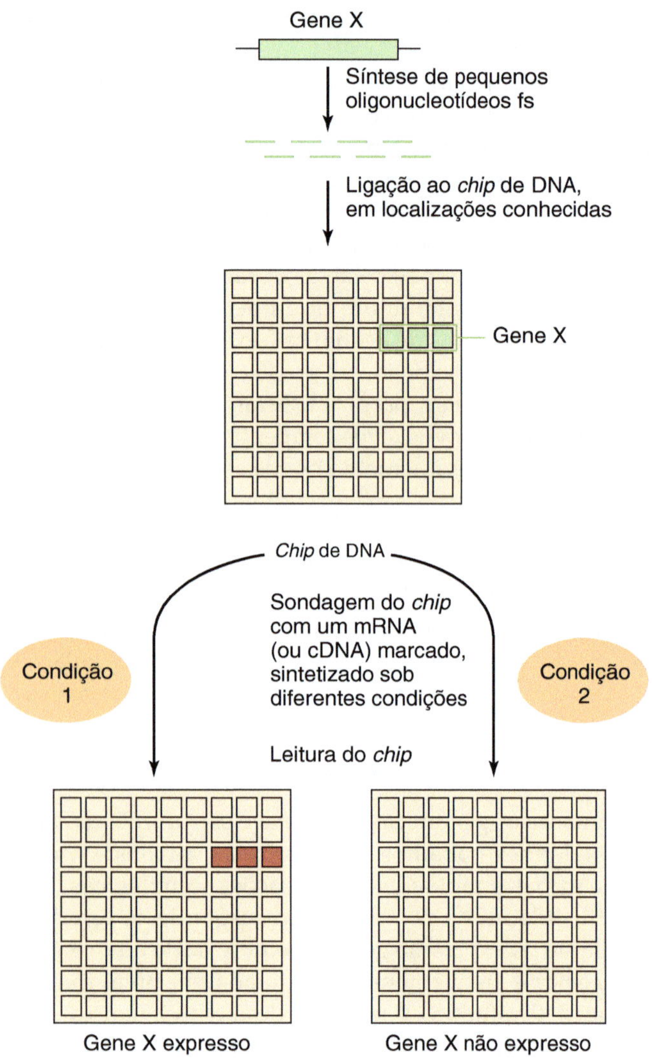

■ **Figura 15.13** Confecção e utilização de *chips* de DNA. Pequenos oligonucleotídeos de fita simples (fs), correspondentes a todos os genes de um organismo, são individualmente sintetizados (Seção 10.13) e aplicados em locais conhecidos e identificáveis, criando-se um *chip* de DNA, ou microarranjo. Nesta figura, temos um exemplo de um único gene. Esses *chips* de DNA são analisados empregando-se sondas marcadas, obtidas do organismo em questão, submetido a uma variedade de condições, para se determinarem os padrões de expressão gênica.

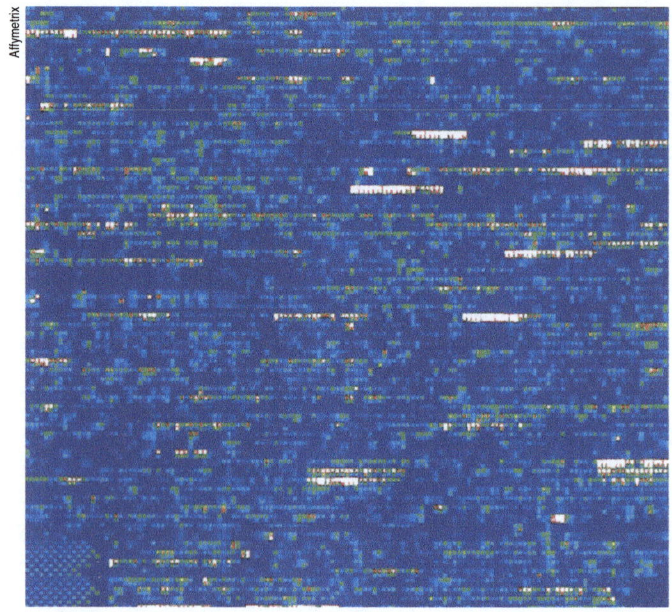

■ **Figura 15.14** *Chips* de DNA e sua utilização na análise da expressão gênica. A foto apresenta fragmentos, correspondendo a um quarto do genoma completo de *Saccharomyces cerevisiae*, fixados a um *chip* de sílica. Cada gene encontra-se em várias cópias, sendo sondado com mRNAs marcados com um corante fluorescente, obtidos a partir das células da levedura cultivadas sob uma determinada condição. O fundo do *chip* é azul. Os locais onde o mRNA se hibridizou ao DNA são indicados por uma gradação de cores, até o máximo de hibridização, indicado pela cor branca. Como a localização dos diferentes genes no *chip* é conhecida, após sua leitura o próprio *chip* revelará quais genes específicos estão sendo expressos.

um *chip* real, utilizado na análise da expressão do genoma de *Saccharomyces cerevisiae*. Esse *chip*, em particular, foi confeccionado pela tecnologia do *chip* de sílica.

No início da década de 90, foi descoberto que o mesmo processo utilizado na produção de *chips* de computadores (fotolitografia) podia ser adaptado, permitindo a produção de *chips* de sílica, cada um contendo milhares de fragmentos diferentes de DNA. Normalmente, centenas de milhares de fitas distintas de DNA, com seqüências conhecidas, podem ser sintetizadas e aplicadas em um *chip* de sílica de 1 a 2 cm (ver Figura 15.13). Os *chips* de DNA foram confeccionados de maneira a conter múltiplas seqüências, representando os 5.600 genes codificadores de proteínas da levedura *Saccharomyces cerevisiae*, sendo sua localização espacial conhecida. Esses *chips* de DNA podem, então, ser hibridizados com sondas, tanto de DNA como de RNA, marcadas com um corante fluorescente ou outro tipo de composto. O DNA ou RNA marcado liga-se apenas aos alvos que apresentam seqüência complementar. O *chip* é então "lido" por meio de um raio *laser*, e as informações resultantes são analisadas por um computador. Serão observados padrões distintos de hibridização, dependendo de quais seqüências de DNA ou RNA, complementares às sondas, estão presentes na amostra.

Discutimos anteriormente a hibridização, utilizando uma única sonda, visando a identificação do gene correspondente (Seção 10.12). No caso dos *chips* de DNA, podem-se empregar sondas bastante complexas. Por exemplo, podemos definir quais, dentre os mais de 5.000 genes de *Saccharomyces cerevisiae*, estão sendo expressos sob uma determinada condição, empregando a população total de mRNA como sonda. Obviamente, é também possível realizar a análise comparativa da expressão de diferentes genes, em diferentes condições. A possibilidade de realizar, de maneira relativamente fácil, análises quantitativas e qualitativas sobre a expressão simultânea de milhares de genes apresenta um potencial enorme. Esta poderá nos auxiliar a entender a complexidade extrema do metabolismo em um organismo tão "simples" como *Escherichia coli*, que contém 4.000 genes, ou em organismos tão complexos como o homem, com 25.000 a 35.000 genes diferentes.

Os *chips* de DNA podem também ser utilizados na *identificação* de organismos. Pode-se empregar o DNA genômico fragmentado de um determinado organismo como sonda, sendo as linhagens estreitamente relacionadas caracterizadas a partir das diferenças observadas nos padrões de hibridização. Essa metodologia permite a rápida identificação de vírus ou de bactérias patogênicos, bem como a detecção de linhagens específicas ou mutantes destes organismos. Essa tecnologia é também útil na identificação e quantificação de organismos específicos presentes em comunidades microbianas ambientais — uma das metas dos ecologistas microbianos (Capítulo 20).

✓ 15.9 Verificação de conceitos

Microarranjos correspondem a genes ou fragmentos de genes ligados a um suporte sólido, em uma ordem conhecida e identificável. Esses arranjos podem ser utilizados na hibridização de sondas, seguida da análise e determinação dos padrões de expressão gênica. Os arranjos são grandes e densos o suficiente, permitindo a análise do padrão de transcrição do genoma inteiro.

✓ Como os microarranjos podem ser utilizados na monitoração da expressão de um gene?

✓ Por que poderia ser útil se conhecer a expressão gênica do genoma inteiro, em resposta a uma determinada condição?

Questões de revisão

1. Alguns projetos de seqüenciamento genômico são "mapa direcionados", enquanto outros baseiam-se em metodologias do tipo *shotgun*. Explique as diferenças entre esses dois métodos.
2. Em *Bacteria* e *Archaea*, o acrônimo ORF é quase sempre sinônimo do termo "gene". Entretanto, em eucariotos superiores tal fato nem sempre é verdadeiro. Explique.
3. Os organismos relacionados na Tabela 15.1 estão apresentados de maneira ascendente, em relação ao tamanho do cromossomo. Entretanto, o tamanho de um cromossomo nem sempre pode ser considerado um reflexo preciso do tamanho do genoma. Explique.
4. O gene que codifica a subunidade beta (β) da RNA polimerase de *Escherichia coli* é considerado um ortólogo do gene *rpoB* de *Bacillus subtilis*. Qual o significado dessa afirmativa, em termos da relação entre os dois genes? Que tipo de proteína você imagina que o gene *rpoB* de *Bacillus subtilis* codifica? Os genes que codificam os diferentes fatores sigma (Tabela 8.2) de *Escherichia coli* são parálogos. Qual o significado dessa afirmativa, em termos da relação entre os genes?
5. Explique como a transferência horizontal de genes pode dificultar os estudos evolutivos.
6. Os genes nucleares podem codificar proteínas que atuam nas mitocôndrias ou nos cloroplastos. Como essas proteínas chegam a certas organelas (Seção 7.16)?
7. Diferencie os termos genoma, genômica, proteoma e proteômica.

Questões de aplicação

1. Quando enzimas de restrição são utilizadas na tentativa de se clonar fragmentos "aleatórios", uma das estratégias envolve a digestão parcial com uma enzima de restrição que, teoricamente, possui muitos sítios de reconhecimento no DNA do organismo em questão. Em relação aos sítios de reconhecimento e do DNA do organismo em questão, quais propriedades são importantes na predição da freqüência com a qual esses sítios de reconhecimento estarão presentes no DNA (Seção 10.12)?
2. Uma das estratégias utilizadas na obtenção de fragmentos randômicos de DNA corresponde à digestão parcial com uma enzima de restrição. Para que fragmentos "aleatórios" de DNA, com cerca de 10 kb, sejam obtidos, por que seria mais interessante o uso de uma enzima que reconheça uma seqüência de 4 pb em vez de uma que reconheça uma seqüência de 6 ou 8 pb?
3. Assuma que você clonou um fragmento de DNA obtido da digestão do sítio de *Bam*HI de M13mp18 com a enzima *Bam*HI. No caso de um clone individual, a orientação da fita de DNA clonado, encontrada no fago maduro de fita simples, dependerá da orientação do fragmento clonado. Explique tal fenômeno, utilizando diagramas.
4. Quando um seqüenciamento do tipo *shotgun* é realizado, é possível que "lacunas" sejam encontradas na seqüência. Descreva como seria possível preencher essas lacunas pela utilização de bibliotecas contendo clones de CABs.
5. A seqüência do genoma nuclear da levedura foi publicada, embora, na realidade, a seqüência completa nunca tenha sido totalmente determinada. Mostrou-se que o seqüenciamento preciso dos genomas mitocondriais da levedura é de difícil realização. Descreva, para ambos os casos, as dificuldades práticas encontradas no seqüenciamento.
6. Como poderia ser realizado um estudo experimental determinando quais proteínas de *Escherichia coli* são reprimidas (Seção 8.5) quando a cultura é transferida de um meio mínimo, que contém uma única fonte de carbono, para um meio rico, contendo uma grande quantidade de aminoácidos, bases e vitaminas?

Os vírus infectam todos os tipos de organismos, de bactérias ao homem. Os vírus bacterianos (bacteriófagos) são freqüentemente utilizados como modelos de estudo de processos moleculares que ocorrem em organismos celulares. Os vírus que infectam plantas são normalmente estudados devido ao seu impacto na agricultura, enquanto os vírus que infectam o homem são estudados pela sua importância nas questões de saúde humana. Alguns dos grandes flagelos da Humanidade, como a varíola e a poliomielite (um modelo computacional do vírus da poliomielite é apresentado abaixo), são causados por vírus. Freqüentemente, no entanto, vários vírus apresentam estratégias de replicação muito distintas. Uma das principais maneiras de classificar os vírus baseia-se em seus processos de replicação.

16

VÍRUS DE BACTÉRIAS, PLANTAS E ANIMAIS

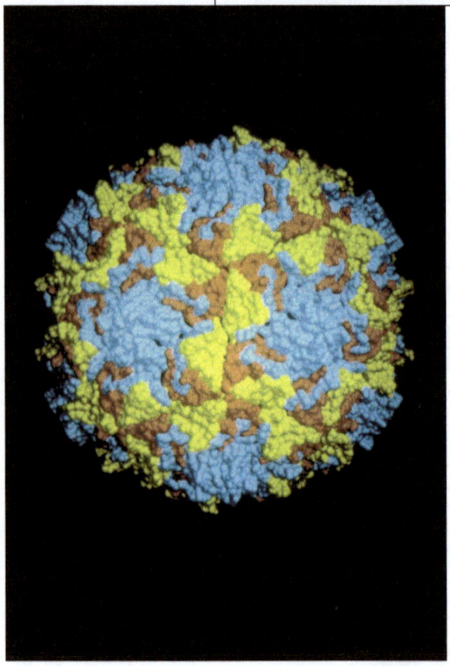

Glossário de trabalho

Ácido nucléico de fita mais (positiva) uma fita de RNA ou de DNA que tem o mesmo sentido que o mRNA de um vírus

Ácido nucléico de fita menos (negativa) uma fita de RNA ou de DNA que tem sentido oposto (é complementar) ao mRNA de um vírus

Bacteriófago vírus que infecta células procarióticas

Forma replicativa molécula de DNA de fita dupla que atua como intermediário na replicação de vírus de DNA de fita simples

Retrovírus vírus cujo genoma apresenta um intermediário de DNA como parte do seu ciclo de replicação

Transcrição reversa processo de síntese de DNA que utiliza RNA como molde

Vírion partícula viral completa; corresponde ao ácido nucléico envolto por uma capa protéica e, em alguns casos, por outro material

Vírus elemento genético contendo RNA ou DNA que se replica em células, mas que se caracteriza por apresentar um estado extracelular

Este capítulo sobre vírus faz parte da unidade que discute a diversidade microbiana. Ele complementa o Capítulo 9, no qual os princípios de virologia foram introduzidos. Entretanto, naquele capítulo, foram dadas informações detalhadas apenas sobre alguns dos diferentes tipos de vírus conhecidos. Assim, neste capítulo, discutiremos os vários e diferentes tipos de vírus.

Os demais capítulos dessa unidade exploraram a enorme diversidade existente em *Bacteria* e *Archaea*, abordando também, de maneira mais superficial, a diversidade de *Eukarya*. Na próxima unidade, veremos como essa riqueza genética manifesta-se por meio de uma grande variedade de estratégias metabólicas e hábitats. Antes de prosseguirmos com o capítulo, é importante lembrar que os vírus não apresentam metabolismo independente e que seu hábitat reprodutivo corresponde a uma célula viva. Tal fato, entretanto, não sugere a inexistência de diversidade entre os vírus: a realidade é muito diferente disso. Diversos vírus, que infectam a maioria dos tipos de organismos (hospedeiros, Seção 9.3), são conhecidos, tendo se adaptado aos diferentes "estilos" de vida apresentados por seus hospedeiros. No entanto, talvez a área mais interessante envolvendo a diversidade dos vírus esteja relacionada à diversidade de seus genomas. Enquanto todas as células apresentam moléculas de DNA de fita dupla como seu material genético, os vírus podem apresentar RNAs de fita simples, RNAs de fita dupla, DNAs de fita simples ou, ainda, DNAs de fita dupla como material genético (Seção 9.1). De fato, a Classificação de Baltimore sobre vírus baseia-se nos tipos de genomas virais e suas estratégias de replicação para separar os vírus em várias classes (Seção 9.7). Neste capítulo, ilustraremos a diversidade viral discutindo os tipos particulares de vírus, de acordo com as várias classificações. Iremos também dividir nossa discussão entre os vírus que infectam células procarióticas e aqueles que infectam células eucarióticas. As diferenças existentes entre os dois tipos celulares freqüentemente apresentam reflexos nos ciclos de vida dos vírus que as infectam (Seção 9.11).

I VÍRUS DE PROCARIOTOS

Sabe-se que muitos vírus infectam *Bacteria* e, atualmente, é cada vez maior o número de vírus conhecidos que infectam *Archaea*. No entanto, restringiremos nossa discussão aos poucos tipos de vírus que infectam *Bacteria*. No Capítulo 9 foi mencionado que a maioria dos bacteriófagos conhecidos apresenta genoma composto por DNA de fita dupla (Seção 9.8). Entretanto, há muitos bacteriófagos que apresentam outros tipos de genomas, os mais simples sendo compostos por RNA.

16.1 Bacteriófagos de RNA

Muitos bacteriófagos apresentam genoma de RNA na configuração positiva. Curiosamente, os bacteriófagos de RNA que infectam o grupo das bactérias entéricas somente o fazem quando as células bacterianas apresentam um tipo de plasmídeo denominado *plasmídeo conjugativo* (Seção 10.9), que permite à bactéria atuar como uma célula *doadora* (às vezes, também denominada *macho*) em um tipo de processo de transferência de genes (o interessante conceito de bactérias macho e fêmea é discutido no Capítulo 10). Essa restrição às células bacterianas macho é decorrente do fato desses vírus infectarem as bactérias, ligando-se aos *pili* (Figura 16.1), que são codificados por genes plasmidiais. Uma vez que tais *pili* estão ausentes em células que não apresentam o plasmídeo, estes RNAs vírus são incapazes de se ligar às células e de iniciar a infecção em células fêmea.

Os vírus bacterianos de RNA são todos bastante pequenos, com 26 nm aproximadamente, apresentando simetria icosaédrica, com 180 cópias da proteína da capa por partícula viral. São conhecidas as seqüências nucleotídicas completas de vários genomas de fagos de RNA. O genoma do fago de RNA MS2, que infecta *Escherichia coli*, apresenta 3.569 nucleotídeos. A fita de RNA do vírion atua diretamente como mRNA, ao penetrar na célula (Figura 9.11).

O mapa genético do MS2 é apresentado na Figura 16.2*a*, e a seqüência de eventos na multiplicação de MS2, na Fi-

R. C. Valentine

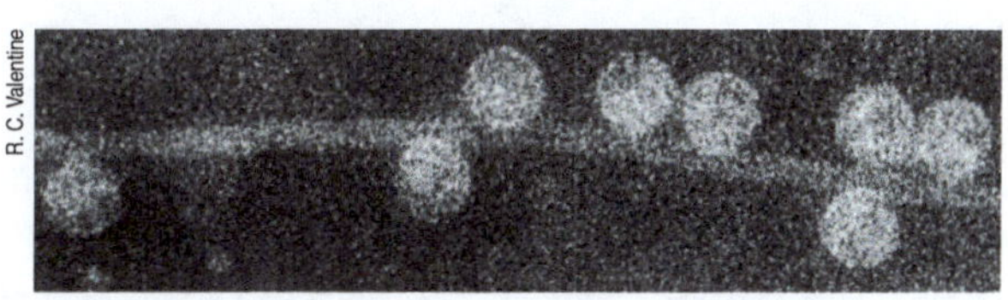

■ **Figura 16.1** Micrografia eletrônica do *pilus* de uma célula bacteriana *macho* de *Escherichia coli* mostrando vírions de um pequeno fago de RNA ligado a essa estrutura.

gura 16.2*b*. O pequeno genoma codifica apenas quatro proteínas. Estas são a **proteína de maturação** (presente na partícula viral madura como cópia única), a **proteína de capa**, a **proteína de lise** (envolvida no processo de lise que resulta na liberação de partículas virais maduras) e uma subunidade da **RNA replicase** — a enzima responsável pela replicação do RNA viral. Curiosamente, a RNA replicase é uma proteína composta, formada parcialmente pelo polipeptídeo codificado pelo vírus e parcialmente por polipeptídeos da célula hospedeira. As proteínas da célula hospedeira envolvidas na formação da replicase viral ativa são componentes da maquinaria normal de tradução da célula. Desse modo, aparentemente, o vírus emprega proteínas da célula hospedeira que normalmente possuem funções totalmente distintas, utilizando-as para produzir a replicase viral ativa.

Como observado, o RNA viral é de sentido mais, podendo, portanto, ser imediatamente traduzido. Após a RNA replicase ser sintetizada, ela pode sintetizar RNA de sentido menos, empregando o RNA infectante como molde (ver Figura 9.11). Após a síntese de RNA menos, outros RNAs mais são produzidos, enquanto o RNA menos atua como molde. As fitas de RNA mais recém-sintetizadas atuam como mensageiras, na síntese contínua das proteínas virais. O gene da proteína de maturação localiza-se na extremidade 5′ do RNA. A tradução do gene codificador da proteína de maturação (necessária em apenas uma cópia por partícula viral) ocorre somente a partir da forma nascente do RNA de fita mais, à medida que o processo de replicação ocorre. Desse modo, a quantidade necessária de proteína de maturação é limitada. O RNA viral é dobrado em uma forma complexa, apresentando extensa estrutura secundária. Dentre os quatro sítios de iniciação AUG, o mais acessível ao processo de tradução corresponde àquele para a proteína da capa, onde a tradução é precocemente iniciada. O mRNA da replicase é também traduzido precocemente. À medida que o número das moléculas de proteína da capa aumenta na célula, estas se combinam com o RNA ao redor do sítio AUG de iniciação da proteína replicase, interrompendo efetivamente a síntese da replicase. A principal proteína viral sintetizada corresponde à proteína da capa, necessária em maiores quantidades.

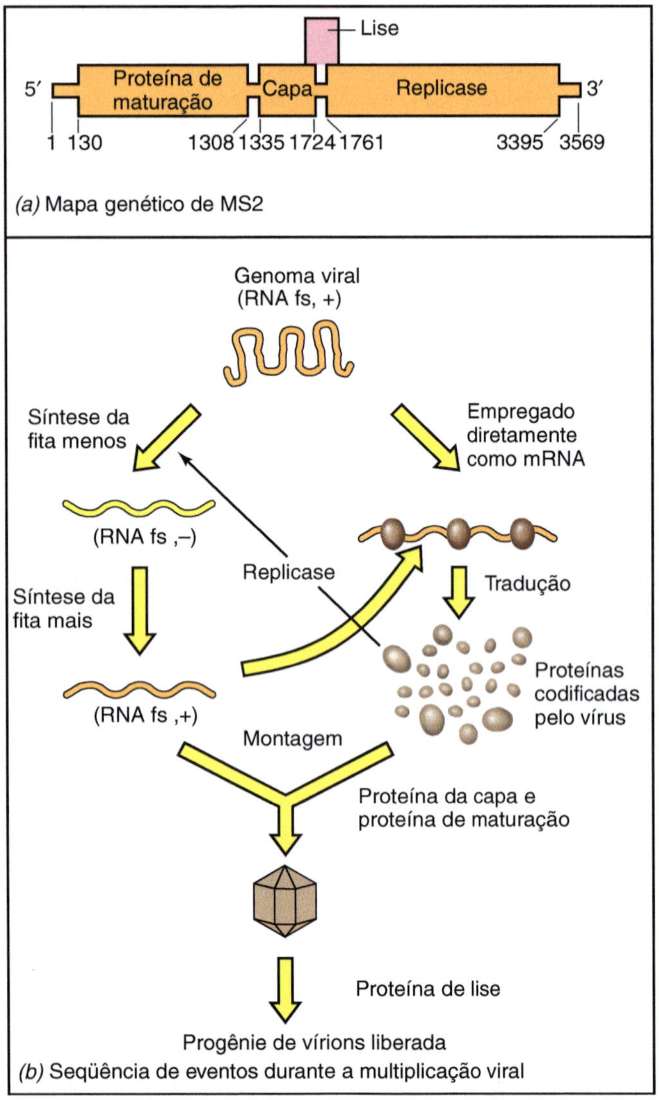

Figura 16.2 (a) Mapa genético do bacteriófago de RNA, MS2. (b) Seqüência de eventos durante a multiplicação. Os números em (a) referem-se à posição dos nucleotídeos no RNA.

Outra característica interessante do bacteriófago MS2 é o fato de a quarta proteína viral, a proteína de *lise*, ser codificada por um gene *sobreposto* tanto ao gene da proteína da capa quanto ao gene da replicase (ver mapa genético na Figura 16.2*a*). O fenômeno de **genes sobrepostos** é bastante comum em genomas muito pequenos (ver Seção 16.2). Deve-se notar que, embora o emprego de genes sobrepostos torne possível o uso mais eficiente da informação genética, esse fenômeno complica seriamente o processo evolutivo, uma vez que uma mutação na região de sobreposição gênica pode afetar dois genes simultaneamente. O códon de iniciação do gene de lise não é facilmente acessível aos ribossomos devido à estrutura secundária encontrada no RNA. Quando o ribossomo finaliza a síntese da proteína da capa, a estrutura secundária nesta região é rompida e, algumas vezes, permite que um ribossomo inicie a leitura do gene de lise. Essa forma de restrição da eficiência de tradução provavelmente evita a lise prematura da célula. Somente após as proteínas da capa terem sido sintetizadas em um número de cópias suficiente para a montagem das partículas virais maduras a lise pode ser iniciada.

Finalmente, a montagem do fago é realizada, e os vírions são liberados como resultado da lise celular. As características da replicação desses vírus de RNA simples são, na verdade, bastante simples. O próprio RNA viral atua como mRNA, e a regulação ocorre, primariamente, pelo controle do acesso dos ribossomos aos sítios de iniciação apropriados no RNA viral.

Embora sejam conhecidos diversos bacteriófagos de RNA de fita positiva, até o momento não foi identificado nenhum bacteriófago com genoma de RNA de fita negativa. São conhecidos, no entanto, alguns bacteriófagos que apresentam como seu material genético o RNA de fita dupla segmentado. Destes, o mais estudado corresponde ao $\phi 6$, que infecta *Pseudomonas syringae*. Esse vírus, que é envelopado (Figura 9.12), parece ser bastante relacionado aos reovírus (ver Seção 16.9), que infectam eucariotos.

✓ 16.1 Verificação de conceitos

São conhecidos diversos vírus de RNA que infectam bactérias. O pequeno genoma de RNA desses vírus bacterianos atua diretamente como mRNA e codifica somente poucas proteínas.

✓ Qual a diferença entre vírus de RNA de fita positiva e vírus de RNA de fita negativa? Explique.

✓ Descreva o significado de *genes sobrepostos*.

16.2 Bacteriófagos de DNA de fita simples: vírions icosaédricos

São conhecidos vários bacteriófagos, cujos vírions contêm genoma de DNA de fita simples. Estes correspondem aos vírus da Classe II do Sistema de Classificação de Baltimore. Antes que tal genoma possa ser transcrito, uma fita complementar de DNA deve ser sintetizada (Seção 9.7 e Figura 9.11). Todos os bacteriófagos da Classe II empacotam apenas o DNA de fita positiva (isto é, não são conhecidos bacteriófagos de DNA de fita negativa). Nesta seção, discutiremos um desses fagos, o ϕX174, que foi importante nos estudos de replicação do DNA. Na seção seguinte, discutiremos o bacteriófago de DNA de fita simples M13, que corresponde a uma importante ferramenta na engenharia genética e cujo ciclo de vida é muito diferente daquele de ϕX174.

O bacteriófago ϕX174, um vírion icosaédrico, é um dentre inúmeros vírus similares, com genoma de DNA de fita simples circular. Esses vírus são muito pequenos, com cerca de 25 nm de diâmetro, apresentando como principal bloco construtor da capa protéica uma única proteína presente em 60 cópias (o menor número possível de subunidades protéicas em um vírus icosaédrico). Várias outras proteínas estão ligadas aos vértices do icosaedro, produzindo estruturas semelhantes a espículas (Figura 9.12). Estes pequenos vírus de DNA possuem apenas uma quantidade limitada de informação genética em seus genomas, sendo a maquinaria de replicação de DNA da célula hospedeira utilizada na replicação do DNA viral.

O genoma do fago ϕX174

O fago ϕX174 infecta células de *Escherichia coli*. Seu genoma consiste em uma molécula de fita simples circular, com 5.386 resíduos de nucleotídeos. O DNA de ϕX174 foi o primeiro a ser completamente seqüenciado; uma conquista notável, realizada por Frederick Sanger e colaboradores, em 1977. Atualmente, o seqüenciamento de DNA é um procedimento rotineiro (Seção 10.13). O fago ϕX174 também apresenta interesse especial, uma vez que foi o primeiro elemento genético onde *genes sobrepostos* (ver também Seção 16.1) foram demonstrados. Em vírus muito pequenos, como ϕX174, a quantidade de DNA é insuficiente para codificar todas as proteínas específicas do vírus, a menos que determinadas regiões da seqüência de nucleotídeos virais sejam lidas mais de uma vez, em diferentes fases de leitura (Figura 16.3).

Como observado no mapa genético do ϕX174, as seqüências dos genes D e E se sobrepõem; o gene E está completamente contido no *interior* do gene D. Além disso, o códon de terminação do gene D se sobrepõe ao códon de iniciação do gene J. Várias outras situações de sobreposição de genes ocorrem no genoma de ϕX174 (Figura 16.3). Adicionalmente, uma pequena proteína, denominada proteína A*, é sintetizada pelo *reinício da tradução* (não trans-

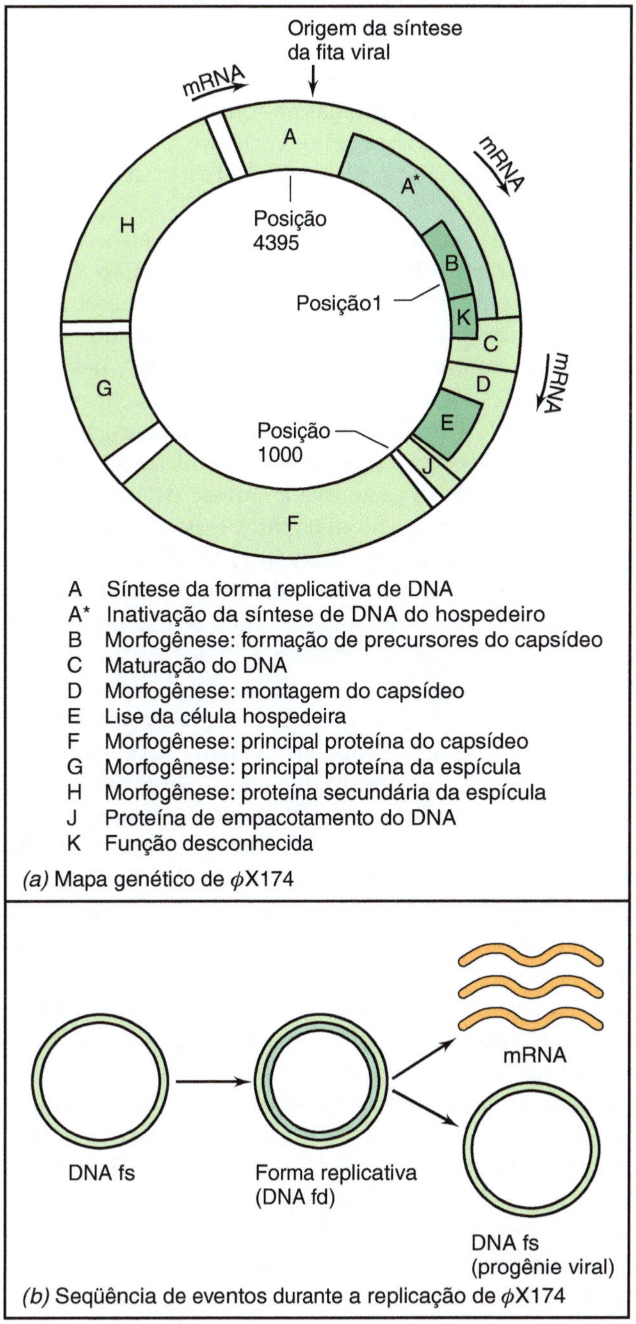

■ **Figura 16.3** Bacteriófago ϕX174, um fago de DNA de fita simples. (a) Mapa genético. Observe as regiões de sobreposição gênica (A/B, K/B, K/C, K/A, A/C e D/E). As regiões intergênicas não estão coloridas. A proteína A* é formada utilizando-se apenas parte da seqüência codificadora do gene A, pelo reinício da tradução (ver texto). (b) Seqüência de eventos na multiplicação de X174. A produção da progênie de DNA fs a partir da forma replicativa de DNA fd envolve replicação por círculo rolante, sendo apresentada em mais detalhes na Figura 16.4.

crição), no interior do mRNA do gene A; a proteína A* é lida e terminada na mesma fase de leitura que a proteína A, iniciando-se em um códon de iniciação distinto.

Replicação do DNA pelo mecanismo de círculo rolante

O processo de replicação de moléculas circulares de DNA de fita simples é extremamente interessante, uma vez que o DNA celular é sempre replicado na forma de fita dupla (Seção 7.5). O DNA de fagos de DNA de fita simples encontra-se no sentido mais. Na infecção, essa fita de DNA é separada da capa protéica e, ao penetrar na célula, é convertida em uma forma de fita dupla denominada DNA de **forma replicativa** (FR) (Figura 16.3*b*). Proteínas celulares envolvidas na conversão do DNA viral em DNA FR incluem as enzimas *primase, DNA polimerase, ligase* e *girase*. Nenhuma proteína viral está envolvida nesse processo.

Nas células, a replicação da fita atrasada envolve a síntese de pequenos *RNAs iniciadores*, pela ação de uma enzima denominada *primase* (Seção 7.5). Esses RNAs iniciadores são produzidos a intervalos na fita atrasada e, em seguida, removidos e substituídos por DNA, pela DNA polimerase (Figura 7.19). A situação que ocorre com o DNA de ϕX174 é similar, embora esse DNA corresponda a uma fita simples circular fechada. Para iniciar a replicação do DNA, a primase promove a síntese de um pequeno RNA iniciador, em um ou mais sítios específicos de iniciação. O DNA é, então, sintetizado pela DNA polimerase III, e o iniciador, removido e substituído por DNA, pela DNA polimerase I, exatamente como no caso de uma fita atrasada. A partir desse processo, há a formação do DNA FR completo, circular e de fita dupla.

Uma vez originada a FR, a replicação de DNA ocorre por meio da replicação semiconservativa convencional, envolvendo intermediários do tipo teta (Figura 7.16), originando novas moléculas de DNA FR. No entanto, a formação de genomas virais de fita simples envolve um tipo diferente de mecanismo de replicação, denominado **replicação por círculo rolante** (Figura 16.4). O círculo rolante surge porque uma fita é clivada, sendo a extremidade 3′ desse corte utilizada para iniciar a síntese da nova fita. A rotação contínua do círculo leva à síntese de uma estrutura linear, de fita simples. Observe que a síntese é assimétrica, pois apenas uma das fitas atua como molde. Compare esse processo com aquele que ocorre no fago lambda, onde as duas fitas são replicadas tardiamente na infecção, pelo mecanismo de círculo rolante (Figura 9.20). Em ϕX174, a síntese é iniciada quando a proteína codificada pelo gene A, denominada proteína *do gene A*, cliva a fita mais da FR. Quando a fita viral em crescimento atinge o comprimento final (5.386 resíduos), a proteína do gene A cliva a fita simples recém-sintetizada, ligando suas extremidades e originando um DNA de fita simples circular.

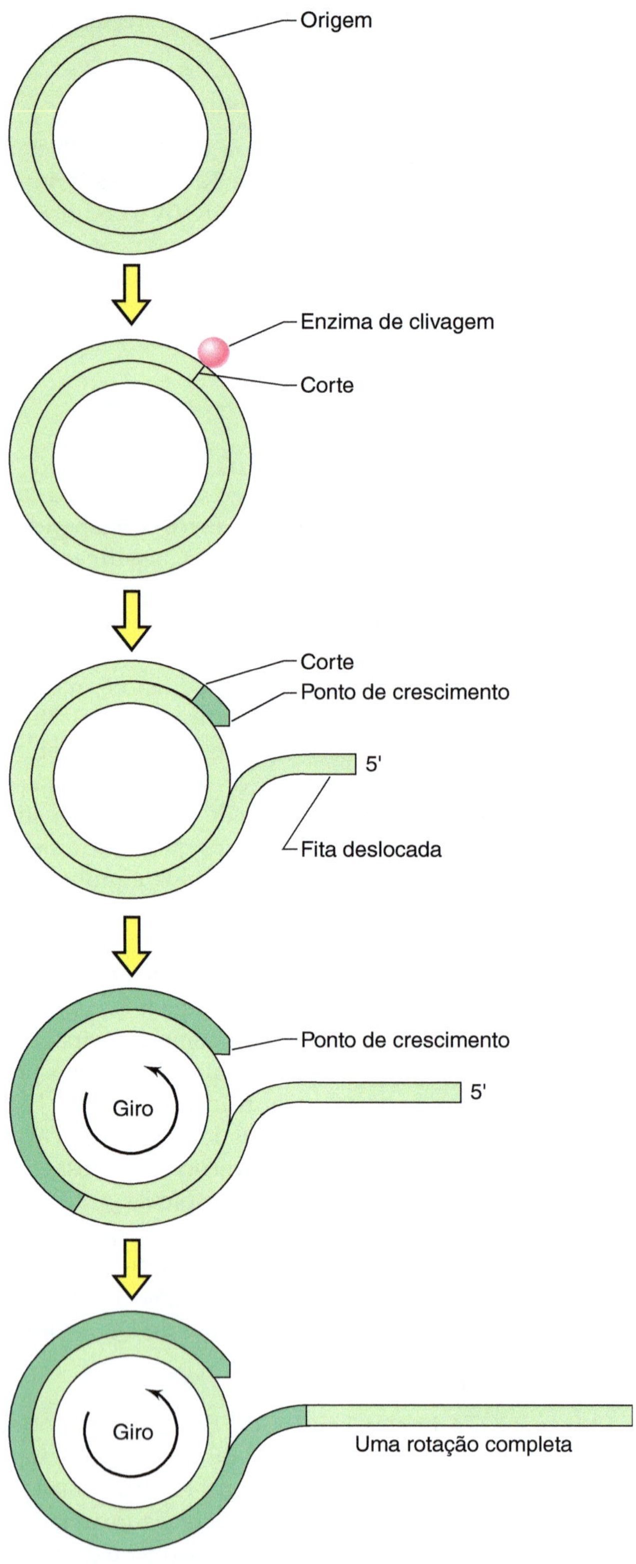

Figura 16.4 Replicação por círculo rolante. A replicação é iniciada na origem, pela clivagem de uma das fitas do DNA (em X174, a fita clivada corresponde à fita *mais*, sendo o corte efetuado pela proteína codificada pelo gene A). Após a síntese de uma nova fita progênie (uma rotação do círculo), a proteína do gene A cliva a nova fita, ligando suas extremidades.

Transcrição e tradução em ϕX174

A síntese de mRNA viral é conduzida pelo DNA FR. A síntese de mRNA inicia-se em vários promotores principais e termina em vários sítios (ver mapa, Figura 16.3). As moléculas de mRNA policistrônico (Seção 7.11) são, então, traduzidas, originando as várias proteínas do fago. Conforme mencionado, várias proteínas são produzidas por transcritos de mRNA originados de diferentes fases de leitura de uma mesma seqüência de DNA (genes sobrepostos). Pode-se ficar realmente impressionado pela eficiência com que um pequeno genoma, como o do ϕX174, pode exibir múltiplos usos.

Finalmente, as partículas virais maduras são montadas. A liberação dos vírions ocorre como resultado da lise celular, que envolve a participação da proteína codificada pelo gene E. Curiosamente, a proteína E atua inibindo a atividade de uma das enzimas envolvidas na síntese de peptideoglicano da parede celular. A célula sofre lise em decorrência da fragilidade da parede celular recém-sintetizada.

✓ 16.2 Verificação de conceitos

O genoma de DNA de fita simples do vírus ϕX174 é tão pequeno, que somente a presença de genes sobrepostos permite a codificação de todas as suas proteínas essenciais. A descoberta de genes sobrepostos foi realizada neste vírus. A produção do DNA da progênie viral envolve um mecanismo de círculo rolante.

- ✓ Se o genoma de ácido nucléico de X174 corresponde a uma fita simples na configuração mais, por que esta não pode ser empregada diretamente como mRNA?
- ✓ Como a forma replicativa do ácido nucléico viral difere da forma encontrada no vírion?

16.3 Bacteriófagos de DNA de fita simples: vírions filamentosos

Os fagos filamentosos de DNA, muito diferentes de ϕX174, apresentam simetria helicoidal em vez de icosaédrica. O membro mais estudado desse grupo corresponde ao fago M13, que infecta *Escherichia coli*, além dos fagos relacionados, fl e fd. Da mesma maneira que os pequenos bacteriófagos de RNA, esses fagos filamentosos de DNA infectam somente células macho, penetrando após se ligarem ao *pilus* específico de células macho (Seção 10.9). Embora esses fagos apresentem formas lineares (filamentosas), possuem DNA de fita simples *circular*. O DNA, no entanto, não é autocomplementar, de modo que as duas metades adjacentes da molécula que percorrem a extensão da partícula viral formam alças nas extremidades, exibindo pouco ou nenhum pareamento de bases. O fago M13 apresenta amplo uso como vetor de clonagem e veículo de seqüenciamento de DNA, na engenharia genética (Seção 15.1). O vírion de M13 apresenta diâmetro de 6 nm e comprimento de 860 nm. Os fagos filamentosos de DNA apresentam a interessante propriedade adicional de serem liberados *sem* matar a célula hospedeira. Conseqüentemente, a célula infectada pelo fago M13 pode continuar crescendo enquanto libera partículas virais. A infecção viral promove um retardo no crescimento celular, sendo a célula capaz de coexistir com o vírus. Desse modo, as placas de lise são observadas somente como áreas de crescimento celular reduzido, no tapete bacteriano.

Muitos aspectos da replicação de DNA em fagos filamentosos são similares aos de ϕX174. A propriedade de liberação sem a morte celular ocorre por um processo de brotamento, onde a liberação da partícula viral é sempre iniciada pela extremidade contendo a proteína A (Figura 16.5). Não há acúmulo de partículas virais intracelulares; a montagem de vírions maduros ocorre na superfície interna da membrana citoplasmática, sendo a montagem dos vírus associada ao processo de brotamento.

Diversas características desses fagos os tornam úteis como veículos de clonagem e de seqüenciamento de DNA. Primeiro, estes possuem DNA de fita simples, permitindo o seqüenciamento pelo método de dideoxinucleotídeos de Sanger (Seção 10.13). Segundo, enquanto as células infectadas forem mantidas em estado de crescimento, podem ser mantidas indefinidamente com o DNA clonado, tornando-se uma fonte contínua desse DNA clonado. Terceiro, há uma região intergênica que não codifica proteínas, a qual pode ser substituída por quantidades variáveis de DNA exógeno.

✓ 16.3 Verificação de conceitos

Alguns vírus de DNA de fita simples, como o M13, correspondem a vírions filamentosos. Esses vírus são de grande utilidade como ferramenta para o seqüenciamento de DNA. Estes também apresentam a interessante propriedade de se reproduzir e serem liberados sem matar a célula hospedeira.

- ✓ Como o M13 pode ser liberado sem matar a célula hospedeira infectada?

16.4 Bacteriófagos de DNA de fita dupla: T7

Os bacteriófagos de DNA de fita dupla estão entre os organismos mais estudados. Dois destes, T4 e lambda (

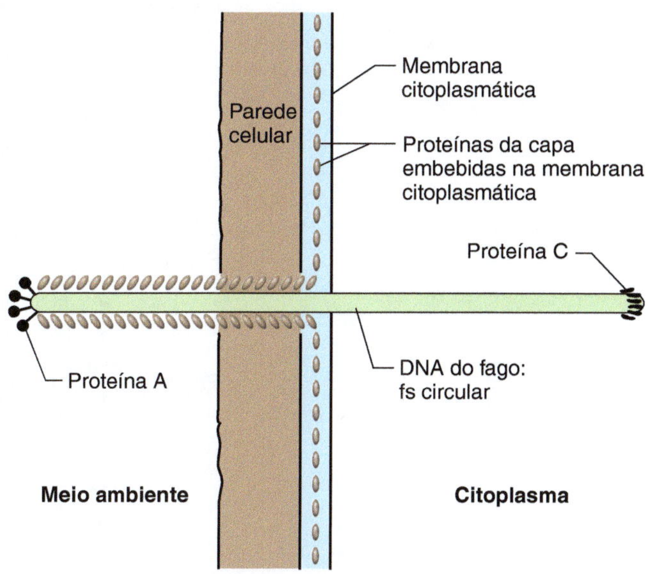

■ **Figura 16.5** Ilustração da forma pela qual o vírion de um fago filamentoso de fita simples (como M13 ou fd) é liberado de uma célula infectada, sem promover sua lise. Inicialmente, a proteína A passa através da membrana, em um sítio onde as moléculas da proteína da capa foram previamente embebidas. O DNA circular intracelular é revestido por dímeros de uma outra proteína do fago, os quais são removidos pela proteína de capa, à medida que o DNA atravessa a membrana citoplasmática intacta.

Seções 9.9 e 9.10), já foram discutidos. Devido à sua importância como modelos nos estudos de biologia molecular e regulação gênica, discutiremos outros dois exemplos, T7 nesta seção e Mu na seção seguinte.

Replicação do bacteriófago T7

O bacteriófago T7 e o fago T3, um fago estreitamente relacionado, são vírus de DNA relativamente pequenos que infectam *Escherichia coli.* (Algumas linhagens de *Shigella* e *Pasteurella* são também hospedeiras do fago T7.) O vírion possui uma cabeça icosaédrica e uma cauda muito pequena (Figura 9.12).

O genoma de T7 corresponde a uma molécula linear de DNA de fita dupla, que possui 39.936 pares de bases. Cerca de 92% do DNA de T7 codificam proteínas. A sobreposição gênica também ocorre no genoma de T7, assim como outras estratégias traducionais, tais como a reiniciação traducional interna e as alterações internas na fase de leitura de certos genes, todas aparentemente visam maximizar a economia genética.

O mapa genético de T7 é apresentado na Figura 16.6. A ordem dos genes no cromossomo de T7 influencia a regulação da multiplicação viral. Quando o vírion se liga à célula bacteriana, o DNA é injetado na forma linear, sendo os genes da "extremidade esquerda" do mapa genético os primeiros a penetrar na célula. Vários genes da extremidade esquerda do DNA são imediatamente transcritos pela RNA polimerase celular, utilizando três promotores extremamente próximos. Uma dessas proteínas precoces inibe o sistema de restrição da célula hospedeira. Observe que a proteína é sintetizada antes que o genoma de T7 penetre totalmente na célula. Outra dessas proteínas precoces corresponde a uma RNA polimerase viral, denominada T7 RNA polimerase. Outras duas moléculas de mRNA precoce codificam proteínas que bloqueiam a atividade da RNA polimerase da célula hospedeira, suspendendo, assim, a transcrição de genes precoces e a transcrição dos genes da célula hospedeira. Desse modo, a RNA polimerase da célula hospedeira é empregada apenas para transcrever os primeiros genes e sintetizar o mRNA que codifica a RNA polimerase específica do fago e algumas outras proteínas. A RNA polimerase específica do fago é, então, responsável pelos principais processos de transcrição do fago. Esta T7 RNA polimerase reconhece apenas os promotores específicos do fago, que estão distribuídos ao longo das porções de centro-esquerda e centrais do genoma (ver Figura 16.6). A T7 RNA polimerase é muito específica para esses promotores (cuja seqüência não está relacionada aos promotores típicos de *Escherichia coli*), sendo também uma enzima extremamente eficiente. (Engenheiros ge-

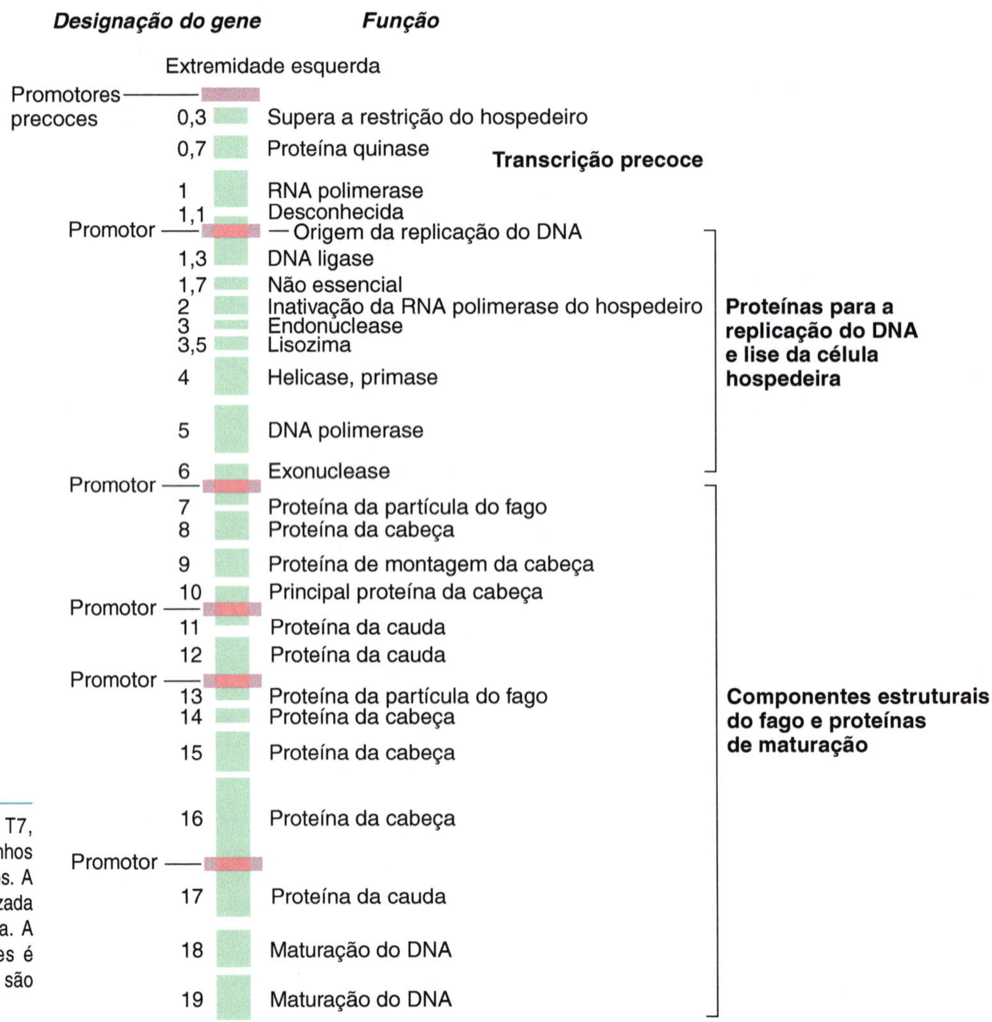

■ **Figura 16.6** Mapa genético do fago T7, apresentando a numeração dos genes, tamanhos aproximados e funções dos produtos gênicos. A transcrição dos promotores precoces é realizada pela RNA polimerase da célula hospedeira. A transcrição de todos os outros promotores é realizada pela T7 RNA polimerase. Os genes são designados por números.

néticos aproveitaram-se desse fato para construírem genes que podem ser altamente expressos; Seção 31.4.) Observe que a situação é diferente daquela em T4, que utiliza a RNA polimerase da célula hospedeira e uma RNA polimerase modificada durante todo o processo de infecção (Seção 9.9).

A replicação do DNA de T7 inicia-se em uma única origem de replicação (apresentada na Figura 16.6) e prossegue *bidirecionalmente* a partir dessa origem (Figura 16.7). Moléculas de DNA de T7 em replicação podem ser reconhecidas ao microscópio eletrônico por suas características estruturais. Uma vez que a origem da replicação encontra-se próxima à extremidade esquerda, freqüentemente são observadas moléculas em forma de Y, enquanto nas etapas iniciais da replicação são encontradas moléculas em forma de bolhas (Figura 16.7). Várias proteínas virais participam na replicação do DNA de T7, contrariamente à situação descrita para a ϕX174 (ver Seção 16.2).

Uma característica estrutural do DNA de T7, importante em sua replicação, corresponde à presença de uma *repetição terminal direta*, com 160 pares de bases, nas extremidades da molécula. Para que o DNA seja replicado na região próxima à extremidade 5′, as moléculas de RNA iniciador devem ser removidas antes que a replicação seja finalizada. Desse modo, o DNA de T7 apresenta uma região não replicada na extremidade 5′ de cada fita (ver parte inferior da Figura 16.7*a*). Conforme discutido na Seção 7.7, elementos genéticos com genomas lineares de DNA possuem uma variedade de estratégias para resolver o problema em relação à replicação do DNA. A estratégia empregada por T7 é similar àquela utilizada por T4, que envolve a seqüência repetida em suas extremidades (Seção 9.9). As fitas simples 3′ opostas nas duas moléculas separadas de DNA, por serem complementares, podem se parear com as fitas 5′, originando uma molécula de DNA com o dobro do comprimento em relação ao DNA original de T7 (Figura 16.7*b*). As porções não replicadas dessa estrutura bimolecular podem então ser completadas pela ação da DNA polimerase e da DNA ligase, resultando em uma *bimolécula linear*, denominada *concatâmero*. A replicação e recombinação contínuas podem originar concatâmeros de tamanho considerável, os quais são clivados em sítios específicos por uma endonuclease, resultando na formação de moléculas lineares com repetições terminais, de tamanho correspondente ao vírus (Figura 16.7*c*). Uma vez que, assim como o fago lambda e contrariamente ao T4, o fago T7 cliva o DNA a ser empacotado em seqüências específicas, a seqüência de DNA empaco-

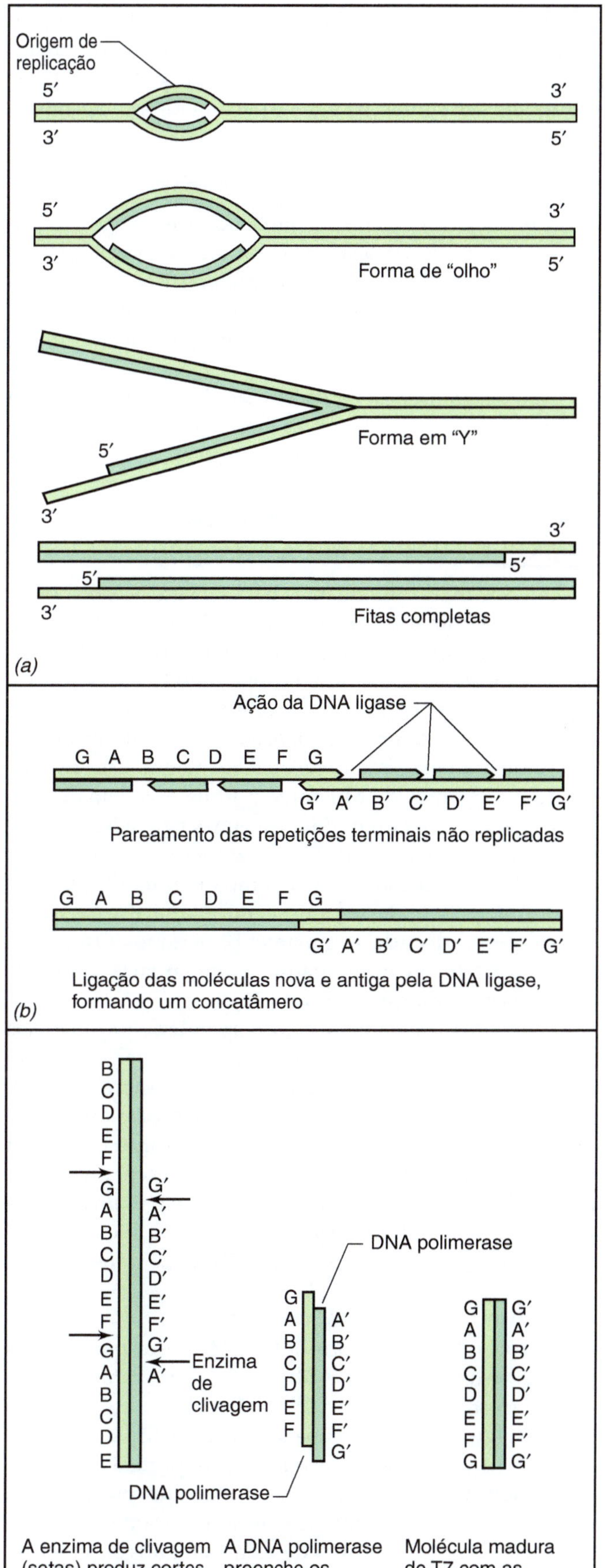

■ **Figura 16.7** Replicação do genoma linear de DNA de fita dupla do bacteriófago T7. (a) A replicação bidirecional de DNA origina formas intermediárias de "olho" e em "Y". (b) Formação de concatâmeros pela união de moléculas de DNA nas extremidades terminais não replicadas. A designação dos genes é arbitrária. (c) Produção de moléculas maduras de DNA viral a partir dos concatâmeros de T7, produzidos pela enzima de clivagem (uma endonuclease). À esquerda: A enzima introduz cortes em seqüências específicas (setas), nas fitas simples; ao centro: A DNA polimerase preenche as extremidades das fitas simples; à direita: A molécula madura de T7, com as repetições terminais. O bacteriófago T4 também utiliza a recombinação para auxiliar na replicação de seu genoma linear; compare a Figura 16.7*c* com a Figura 9.13.

tada é sempre a mesma. Lembre-se de que o fago T4 promove uma clivagem utilizando um mecanismo de preenchimento de cabeça. Assim, seu DNA, além de apresentar redundância terminal, é também permutado circularmente (Seção 9.9).

✓ 16.4 Verificação de conceitos

O genoma de DNA de fita dupla do bacteriófago T7 sempre penetra na célula hospedeira na mesma orientação. Os genes tardios de T7 são transcritos por uma RNA polimerase viral. A estratégia de replicação do genoma linear de T7 envolve a participação de repetições terminais e de eventos de recombinação.

✓ Qual a significância da penetração do genoma de T7 em uma célula se dar sempre na mesma orientação?

✓ Qual o significado da expressão *repetições terminais*?

16.5 Bacteriófagos de DNA de fita dupla: um vírus transponível

Um dos mais interessantes bacteriófagos corresponde àquele denominado **Mu**. Este vírus é temperado, assim como o fago lambda, embora apresente a propriedade incomum de se replicar como um elemento transponível (Seções 7.4 e 10.11). Esse fago recebe a denominação Mu porque se trata de um fago *mutador*, induzindo mutações no genoma do hospedeiro ao qual se integra. Essa propriedade mutagênica de Mu surge porque o genoma do vírus pode se inserir no interior de genes hospedeiros, promovendo sua inativação (e, desse modo, o hospedeiro infectado por Mu comporta-se como um mutante). O fago Mu é útil, pois pode ser empregado na fácil geração de uma ampla variedade de mutantes bacterianos. O fago Mu também pode ser empregado na engenharia genética, como discutiremos no Capítulo 31.

Elementos transponíveis correspondem a seqüências de DNA que exibem a habilidade de se mover, como elementos discretos, de um local a outro no genoma do hospedeiro. Estes são encontrados tanto em procariotos como em eucariotos, onde desempenham importantes papéis na variação genética (Seção 10.11, que apresenta uma discussão detalhada sobre a transposição). Mu é um elemento transponível bastante grande, mas muito eficiente. Trata-se de um vírus que replica seu DNA por transposição.

Estrutura e mapa genético de Mu

Estruturalmente, o bacteriófago Mu corresponde a um grande vírus de DNA de fita dupla, apresentando uma cabeça icosaédrica, uma cauda helicoidal e seis fibras da cauda (Figura 16.8). O mapa genético de Mu é ilustrado na Figura 16.9*a*. Observa-se que a maior parte da informação genética está envolvida na síntese das proteínas da cabeça e da cauda, enquanto genes importantes, envolvidos na replicação e imunidade, estão situados em cada extremidade. A molécula de DNA encontrada no vírion possui cerca de 39 pares de quilobases, mas apenas 37,2 pares de quilobases correspondem ao genoma real de Mu. Isto porque ambas as extremidades dessa molécula de DNA contêm DNA do hospedeiro. Na extremidade esquerda do DNA de Mu encontram-se 50-150 pares de bases de DNA do hospedeiro, e na direita há 1-2 quilobases de pares de DNA do hospedeiro. Essas seqüências de DNA do hospedeiro não são únicas, correspondendo ao DNA adjacente ao local onde Mu foi inserido no genoma de seu hospedeiro anterior. Quando uma partícula do fago Mu é formada, uma extensão de DNA contendo o genoma de Mu, grande o suficiente para preencher a cabeça do fago, é excisada do hospedeiro, sendo o processo iniciado na extremidade esquerda. O DNA é enovelado até que a cabeça seja preenchida, enquanto o sítio de clivagem do DNA na extremidade direita varia nas diferentes partículas virais. Por essa razão, conforme ilustrado no mapa genético, há uma seqüência variável de DNA do hospedeiro na extremidade direita do fago (à direita do sítio *attR*), correspondendo ao DNA do *hospedeiro* empacotado na cabeça do fago. Cada vírion oriundo de uma única célula infectada apresentará uma quantidade diferente de DNA do hospedeiro. Os vírions originados de uma mesma célula possuirão seqüências diferentes de DNA hospedeiro.

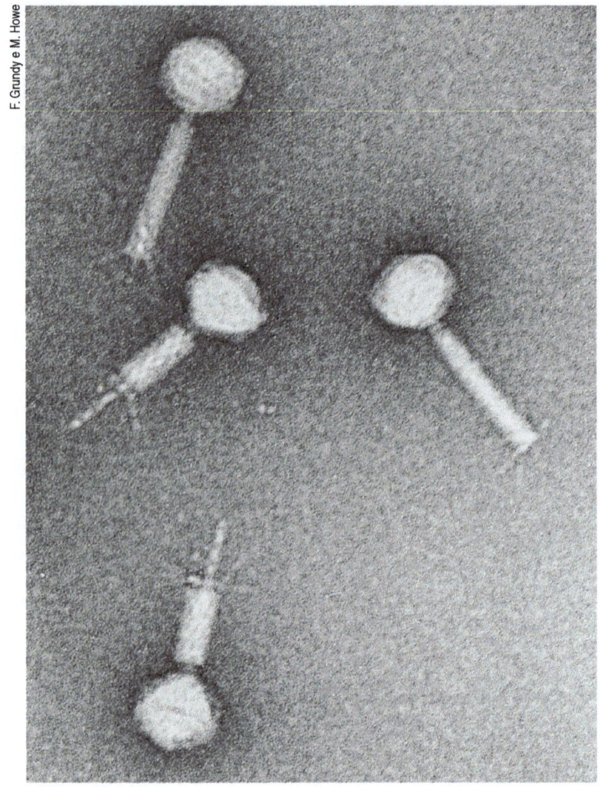

■ **Figura 16.8** Micrografia eletrônica de vírions do bacteriófago Mu, o fago mutador.

Observe que os bacteriófagos contendo genomas de DNA de fita dupla já discutidos, T4 (Seção 9.9), T7 (ver Seção 16.4), lambda (Seção 9.10) e Mu, embora apresentem genomas lineares, empregam três estratégias distintas na replicação de suas extremidades (Seção 7.7). Os fagos T4 e T7 apresentam repetições terminais e utilizam eventos de recombinação para formar concatâmeros; o fago lambda circulariza seu genoma após a infecção, enquanto Mu é sempre replicado como parte de uma molécula maior de DNA.

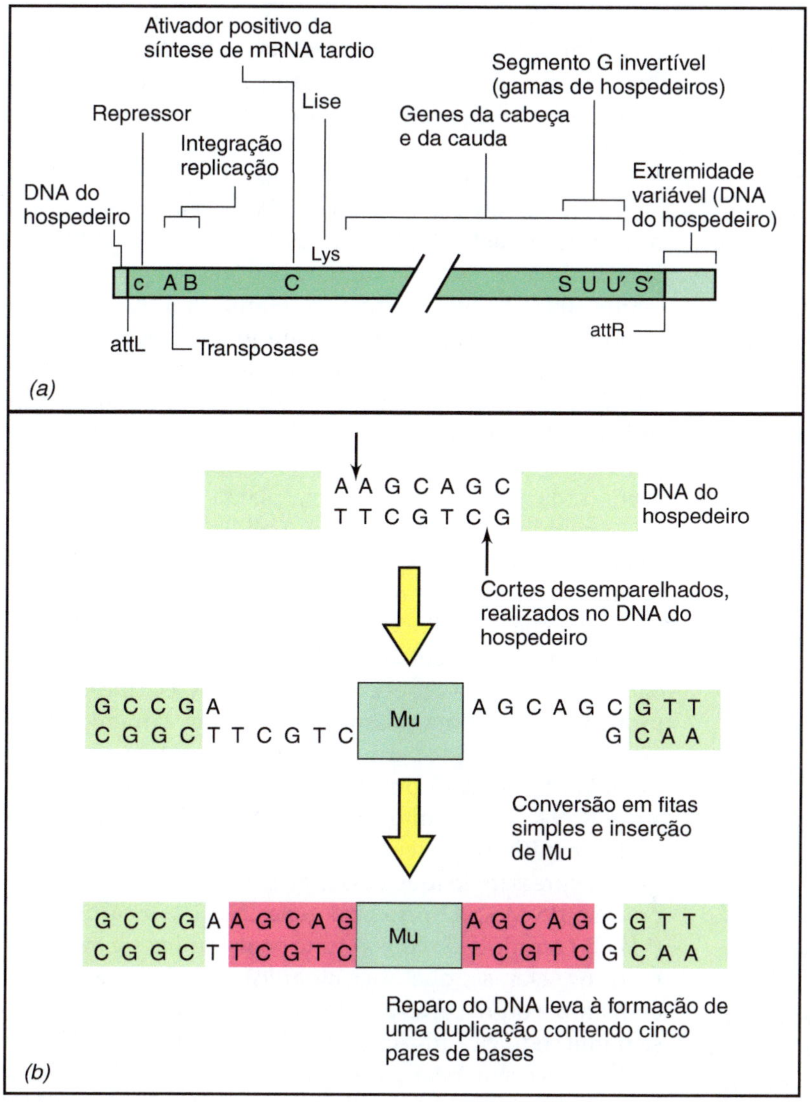

■ **Figura 16.9** Bacteriófago Mu. (a) Mapa genético de Mu. Ver texto para detalhes. Observe que há um gene *c*, escrito em minúsculo, que codifica um repressor, e um gene *C*, escrito em maiúsculo, que codifica uma proteína ativadora. A região contendo os genes que codificam a cabeça e a cauda não está desenhada em escala. (b) Integração de Mu no DNA do hospedeiro, apresentando a geração de uma duplicação do DNA do hospedeiro, contendo cinco pares de bases.

Conforme ilustrado no mapa genético (Figura 16.9), um segmento específico do genoma de Mu, denominado G (diferente do gene G), é *invertível* e pode estar presente tanto na orientação denominada G^+ quanto na orientação inversa, G^-. A orientação desse segmento determina o tipo de fibras de cauda produzidas pelo fago. Uma vez que a adsorção à célula hospedeira é controlada pela especificidade das fibras de cauda, os hospedeiros de Mu serão definidos pela orientação desse segmento invertível presente no fago. Quando o segmento G apresentar a orientação denominada G^+, a partícula do fago infectará a linhagem K12 de *Escherichia coli*. Se o segmento G estiver na orientação G^-, a partícula do fago irá infectar a linhagem C de *Escherichia coli* ou várias outras espécies de bactérias entéricas. As duas proteínas das fibras da cauda são codificadas em fitas opostas desse pequeno segmento G. À esquerda do segmento G, há um promotor que dirige sua transcrição. Na orientação G^+, o promotor que promove a transcrição de S e U está ativo, enquanto na orientação G^- um promotor diferente dirige a transcrição dos genes S' e U', na fita oposta. Processos de regulação envolvendo o rearranjo de seqüências de DNA são conhecidos em outros vírus, bem como em células procarióticas e eucarióticas.

Replicação de Mu

Quando uma célula hospedeira é infectada por Mu, o DNA é injetado e protegido do sistema de restrição do hospedeiro por um sistema de modificação, onde cerca de 15% de resíduos de adenina são acetoamidados. Contrariamente ao fago lambda, a integração do DNA de Mu no genoma hospedeiro é essencial aos ciclos lítico e lisogênico. A integração requer a atividade do produto do gene A, que corresponde a uma enzima transposase. No sítio onde o DNA de Mu se integra, surge uma duplicação do DNA do hospedeiro contendo cinco pares de bases, localizados no sítio-alvo. Conforme apresentado na Figura 16.9*b*, esta duplicação do DNA hospedeiro surge porque são gerados cortes desemparelhados no DNA, no local onde Mu se inseriu. Os segmentos de fita simples resultantes são convertidos em fita dupla, como parte do processo de integração. A duplicação de pequenos segmentos de DNA hospedeiro é típica em processos de inserção de um elemento transponível (Seção 10.11).

O ciclo lítico de Mu pode ocorrer na fase inicial da infecção se o repressor de Mu (o produto do gene *c*) não for formado ou se ocorrer a indução por um lisógeno. Em ambos os casos, a replicação do DNA de Mu envolve transposições repetidas de Mu em múltiplos sítios no genoma da célula hospedeira. Inicialmente, apenas os genes precoces de Mu são transcritos, mas, após a expressão da proteína codificada pelo gene C, um ativador positivo da transcrição de RNAs tardios, ocorre a síntese das proteínas da cabeça e da cauda de Mu. Eventualmente, a expressão da função lítica ocorre, sendo as partículas virais maduras liberadas.

✓ 16.5 Verificação de conceitos

O bacteriófago Mu é um vírus temperado e também um elemento transponível. Tanto nos ciclos lítico como lisogênico, seu genoma é integrado ao cromossomo da célula hospedeira. Mesmo em um ciclo lítico, seu genoma é replicado como parte de uma molécula maior de DNA. O genoma é empacotado no vírion de tal forma que são encontradas pequenas seqüências de DNA do hospedeiro em cada extremidade.

- ✓ O que é um elemento transponível?
- ✓ Qual o mecanismo utilizado por Mu para assegurar a completa replicação das extremidades de seu genoma linear?

II VÍRUS DE EUCARIOTOS

As diferenças entre as células procarióticas e eucarióticas impõem algumas restrições aos vírus que as infectam. Por exemplo, em procariotos a transcrição e a tradução podem estar associadas. Em eucariotos, ao contrário, a transcrição (e replicação do DNA) ocorre no núcleo, enquanto a tradução se dá no citoplasma. Alguns desses assuntos foram discutidos no Capítulo 9, quando apresentamos uma visão geral dos vírus de animais (Seção 9.11). Naquele capítulo, no entanto, discutimos de maneira bastante resumida alguns tipos de vírus e, dentre estes, apenas aqueles que infectam animais. Nosso interesse em vírus de animais surge, em parte, pelo papel que desempenham nas doenças de seres humanos. Discutiremos outros vírus de animais no restante deste capítulo. No entanto, nem todos os eucariotos são animais e na próxima seção discutiremos, resumidamente, os vírus de plantas.

16.6 Vírus de plantas

Apesar das paredes celulares das plantas serem extremamente espessas e resistentes, existem diversos vírus capazes de infectar plantas e, em plantas multicelulares, estes se disseminam a partir da célula infectada, atingindo as células vizinhas. A maioria dos vírus de plantas conhecidos corresponde a vírus de RNA de fita positiva; foi postulado que esses pequenos genomas facilitam a transferência entre as células da planta.

Vírus do mosaico do tabaco

Em 1892, o cientista russo Dmitri Ivanovsky demonstrou que o agente causador da doença do mosaico do tabaco era capaz de atravessar filtros que retinham bactérias. Em 1898, o microbiologista holandês Martinus Beijerink (Seção 1.6) demonstrou que este agente, além de ser filtrável, também exibia muitas das propriedades de um organismo vivo. Esse agente, o primeiro vírus a ser reconhecido, era o vírus do mosaico do tabaco (TMV, do inglês *Tobacco Mosaic Virus*). O TMV apresenta um vírion com simetria helicoidal (Seção 9.2) e contém 2.130 cópias de uma proteína da capa e uma única cópia do genoma de RNA de fita positiva (Figura 9.2). A partir dos estudos com o TMV, foi demonstrado que o RNA poderia corresponder ao material genético, da mesma maneira que o DNA em outros vírus e nas células. O TMV é ainda um sério problema na agricultura, pois é capaz de infectar tanto tomateiros quanto o tabaco (onde linhagens resistentes são encontradas). A infecção de uma planta pelo TMV requer que a parede celular de alguma(s) célula(s) da planta apresente danos, permitindo assim a penetração do vírion. O desnudamento ocorre no interior da célula.

O genoma do TMV contém 6.395 nucleotídeos; um mapa do genoma é apresentado na Figura 16.10. Assim como o bacteriófago MS2 (ver Seção 16.1), o TMV codifica quatro proteínas. O genoma possui um "cap" na extremidade 5′ (Seção 7.12), o que permite sua tradução, enquanto a extremidade 3′ dobra-se originando uma estrutura semelhante a um tRNA. No entanto, os eucariotos não são capazes de traduzir mRNAs policistrônicos (Seção 7.11), de modo que a expressão de todos esses genes é mais complexa que no caso de MS2. O primeiro gene codifica uma proteína (MTH) com dois domínios funcionais: um corresponde à metil transferase, que atua na adição do "cap" ao RNA, enquanto o outro corresponde a uma RNA helicase. O gene seguinte codifica a RNA polimerase RNA dependente, que o vírus deve sintetizar para promover a replicação de uma cópia de fita negativa, a partir da qual novas cópias do RNA genômico podem ser sintetizadas. Essa proteína é sintetizada somente como parte de uma poliproteína que inclui os domínios de MTH e apenas quando um ribossomo lê através do códon de terminação ao final do gene MTH. Como isso ocorre de maneira relativamente rara, essa grande proteína é produzida em menores quantidades. Os dois genes restantes codificam a proteína de movimentação (PM)

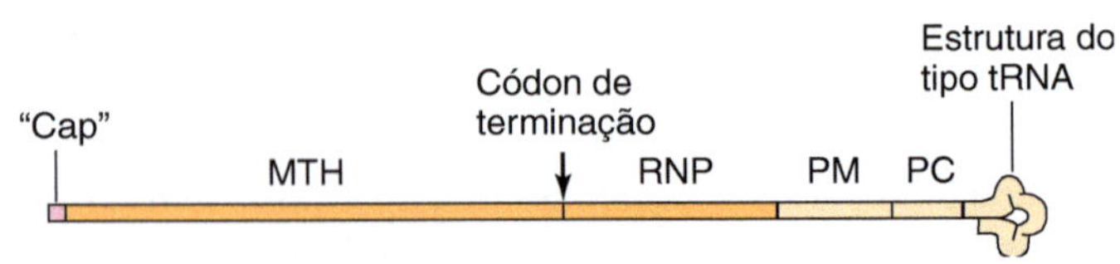

Figura 16.10 Mapa genético do vírus do mosaico do tabaco. O genoma corresponde a um RNA de fita positiva, que apresenta um "cap" em sua extremidade 5′ e uma estrutura semelhante a um tRNA (desenhada em escala maior) na sua extremidade 3′. O gene MTH codifica uma proteína com atividade tanto de metiltransferase quanto de RNA helicase. O gene RNP codifica uma RNA polimerase RNA dependente que é apenas traduzida na forma de uma poliproteína, por ribossomos que lêem através do códon de terminação seguinte ao gene MTH. O gene PM codifica uma proteína de movimentação, enquanto o gene PC codifica a proteína da capa. Essas duas proteínas são traduzidas a partir de RNAs subgenômicos sintetizados, empregando o RNA de fita negativa após este ter sido produzido durante a infecção.

e a proteína da capa (PC). Como os ribossomos eucarióticos não traduzem mRNAs policistrônicos, os dois genes não são diretamente traduzidos a partir do RNA genômico. Contrariamente, dois mRNAs subgenômicos são produzidos do RNA de fita negativa, sendo cada um traduzido de maneira a originar essas proteínas. Assim como as proteínas da capa de outros vírus, as do TMV são essenciais para a formação do vírion, o qual é essencial para a infecção de novas plantas. No entanto, a capacidade do TMV infectar as células vizinhas de uma planta infectada é conferida pela proteína de movimentação.

As células de plantas possuem estruturas denominadas *plasmodesmos*, que correspondem a conexões intercelulares que atravessam as paredes celulares, conectando as células da planta. Os plasmodesmos apresentam canais bastante estreitos e tão delgados que dificultam a passagem do vírion TMV e de RNA livre. A PM liga-se ao novo RNA genômico, formando um complexo extremamente delgado (2,5 nm), capaz de atravessar os plasmodesmos.

Como mencionamos anteriormente, são conhecidos muitos vírus de plantas contendo RNA de fita positiva, assim como vírus com RNA de fita positiva que infectam *Bacteria* (ver Seção 16.1) e animais (ver Seção 16.7). A análise de seqüências indica que alguns desses vírus são estreitamente relacionados, sendo todas as suas RNA polimerases RNA dependentes bastante similares. Apesar desse fato, esses vírus apresentam estratégias de replicação ligeiramente diferentes, freqüentemente relacionadas às diferenças nas células hospedeiras.

Vírus de *Chlorella*

Freqüentemente pensamos nos vírus de plantas como vírus que infectam plantas de importância agrícola ou outras grandes plantas multicelulares. No entanto, nosso meio ambiente contém inúmeras plantas unicelulares, sendo as algas unicelulares as mais difundidas (Seção 14.11). Dentre estas temos *Chlorella* — um gênero de alga verde amplamente distribuído. A maioria das espécies de *Chlorella* é de vida livre, embora algumas algas semelhantes a *Chlorella* sejam endossimbiontes de animais de água doce ou marinhos, incluindo protozoários tais como *Paramecium* (Seção 14.8). Muitas dessas últimas podem, no entanto, ser cultivadas em laboratório, independentes do organismo no qual em geral crescem. São conhecidos diversos vírus que infectam algas "ex-simbióticas" semelhantes a *Chlorella*, embora estes não sejam capazes de infectar a forma endossimbiótica. Estes vírus são freqüentemente referidos como vírus de *Chlorella*. O mais estudado destes corresponde ao *Paramecium bursaria* chlorella vírus 1 (PBCV-1).

Esses vírus correspondem a grandes vírions icosaédricos (Figura 16.11), contendo genomas de DNA de fita dupla. Os vírions possuem um componente lipídico essencial à infectividade, localizado no interior do capsídeo, e, desta forma, o vírion não é envelopado. Os genomas dos vírus de *Chlorella* são extremamente grandes: todos apresentam mais de 300 kb (para uma comparação com outros vírus, ver Tabela 9.1). Em muitos casos, o DNA é também extensivamente metilado, com cerca de 45% das citosinas presentes na forma de 5-metilcitosina e mais de 20% das adeninas, como 6-metiladenina. Entretanto, no PBCV-1 as bases modificadas correspondem, cada uma, a menos de 2% das formas não modificadas. O genoma de PBCV-1 foi totalmente seqüenciado. Esse genoma de 330.742 pb codifica mais de 370 proteínas diferentes e 10 RNAs transportadores. As extremidades do genoma correspondem a alças do tipo grampo, com pareamento de bases incompleto (Figura 7.8), muito similar àquelas encontradas em poxvírus (ver Seção 16.12).

Tais vírus penetram nas células de forma similar aos bacteriófagos. Estes se ligam especificamente à parede celular de seu hospedeiro, quando pelo menos cinco enzimas diferentes presentes no vírion digerem a parede celular no ponto de contato. O DNA viral é então liberado no interior da célula, deixando um capsídeo vazio na superfície celular.

Assim como observado na maioria dos vírus eucarióticos com DNA de fita dupla, o DNA de PBCV é replicado no núcleo, onde o RNA é sintetizado. O PBCV-1 codifica diversas enzimas envolvidas na replicação de DNA, incluindo uma DNA polimerase, e, embora este codifique alguns fatores de transcrição, não codifica sua própria RNA polimerase ou qualquer das subunidades do núcleo da enzima (Seção 7.8). Poucos genes do PBCV-1 contêm íntrons, os quais devem ser processados (Seção 7.12). O mRNA viral apresenta um "cap", sendo algumas das enzimas envolvidas no processo de origem viral. Os mRNAs precoces, mas não os mRNAs tardios, possuem caudas poli-A. Assim como o bacteriófago T4, o PBCV-1 codifica vários tRNAs. Contrariamente a qualquer outro tipo conhecido de vírus (e presumivelmente, assim como outros vírus de *Chlorella*), o PBCV-1 codifica um fator elongação utilizado na tradução.

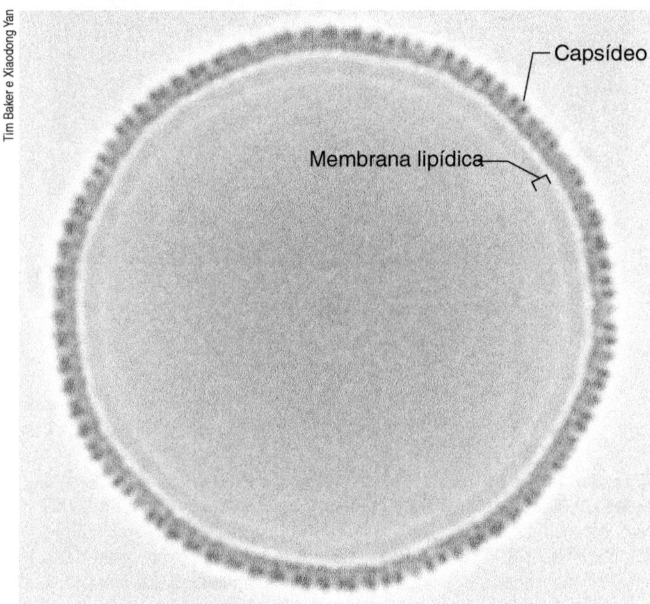

Figura 16.11 Seção transversal de mapas de reconstrução de densidade do vírion do vírus PBCV-1 de *Chlorella* (algas verdes; Seção 14.11). Uma membrana do tipo bicamada lipídica é visível sob o capsídeo. O vírion apresenta diâmetro de aproximadamente 170 nm.

Embora atualmente os hospedeiros conhecidos para esses vírus sejam apenas ex-simbiontes isolados em laboratório, estes vírus são de ampla distribuição na natureza. Portanto, deve existir um grande número de hospedeiros naturais. Além disso, os vírus de *Chlorella* são relacionados a outros vírus que infectam algas. Todos estes últimos apresentam grandes genomas de DNA de fita dupla, embora alguns desses genomas sejam circulares.

Há outro fato extremamente interessante a ser comentado sobre os vírus de *Chlorella*: estes codificam vários sistemas de enzimas de restrição e modificação (Seções 9.6 e 10.12). De fato, correspondem à única fonte de enzimas de restrição além dos procariotos.

✓ 16.6 Verificação de conceitos

A maioria dos vírus de plantas apresenta genoma de RNA de fita positiva. Um exemplo desse tipo de vírus corresponde ao vírus do mosaico do tabaco (TMV) — o primeiro vírus descoberto. Embora estes vírus penetrem na célula através de rupturas na parede celular da planta, os genomas podem mover-se da célula infectada para as células vizinhas por meio de conexões intercelulares que atravessam as paredes celulares. Outros tipos de vírus de plantas são também conhecidos, incluindo os vírus de *Chlorella*, que apresentam grandes genomas de DNA de fita dupla.

- ✓ A maioria dos vírus de RNA que infectam plantas codifica uma *proteína de movimentação*. Qual o seu papel na infecção?
- ✓ Embora o genoma de TMV seja empregado como um RNA mensageiro, nem todas as proteínas codificadas pelo vírus podem ser traduzidas a partir deste. Explique.

16.7 Vírus de animais com RNA de fita positiva

Assim como são conhecidos vários bacteriófagos e vírus de plantas com RNA de fita positiva, há vários tipos diferentes de vírus de animais com genoma de RNA de fita positiva. Um importante grupo de vírus de animais com RNA de fita positiva corresponde à *família dos picornavírus*, que contém importantes vírus que infectam humanos, como os *poliovírus*; os *rhinovírus*, que causam o resfriado comum; e o *vírus da hepatite A*. O primeiro vírus de animal descoberto, o vírus da febre aftosa, também é um picornavírus. Estes são denominados *picornavírus* porque são muito pequenos (diâmetro de 30 nm) (*pico* significa "pequeno") e contêm RNA de fita simples. A partícula viral apresenta uma estrutura icosaédrica simples, com 60 unidades morfológicas por vírion, cada unidade consistindo em quatro proteínas distintas (Figura 16.12*a*).

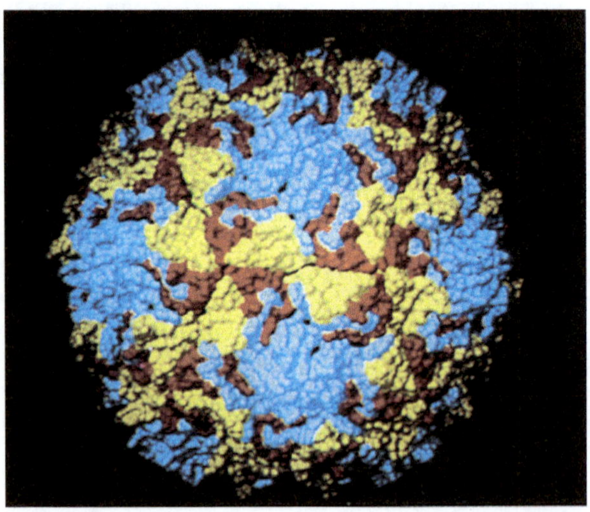

Arthur J. Olson

(a)

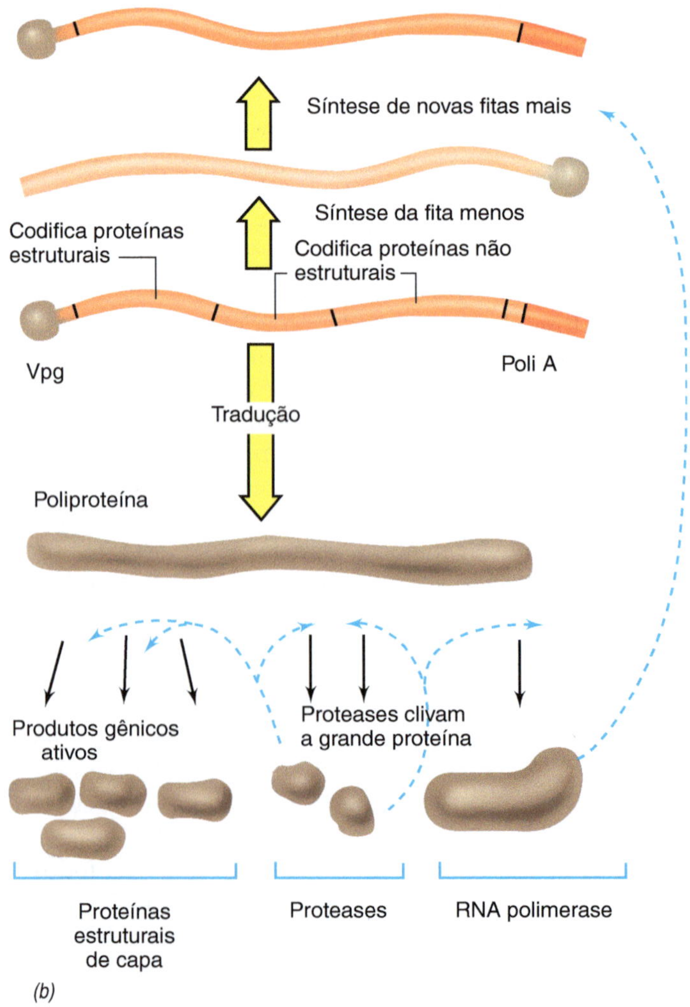

(b)

■ **Figura 16.12** (a) Partícula do poliovírus. Este modelo computacional é baseado na análise da difração de elétrons de cristais de vírus. As várias proteínas estruturais são apresentadas em cores distintas. (b) A reprodução do poliovírus. O RNA de fita simples do vírus é traduzido diretamente como um RNA mensageiro, com a produção de uma grande molécula protéica. A proteína é clivada, o que leva à produção das proteínas virais ativas, incluindo as proteínas estruturais da capa e a RNA polimerase que realiza a replicação do RNA viral. Em seguida, ocorre a montagem dos poliovírus intactos, a partir da associação das moléculas protéicas da capa ao RNA. A tradução de um mRNA, gerando uma poliproteína subseqüentemente clivada, corresponde a uma estratégia também empregada por outros vírus (ver Seção 16.14).

Nos poliovírus, o RNA corresponde a uma molécula linear, com aproximadamente 7.500 bases (Tabela 9.1). Na extremidade 5' do RNA viral há uma proteína denominada *proteína VPg*, ligada covalentemente ao RNA. Na extremidade 3'do RNA há uma cauda poli-A.

Uma visão geral da multiplicação do poliovírus é ilustrada na Figura 16.12*b*. O RNA viral atua diretamente como RNA mensageiro. Curiosamente, isso ocorre apesar de o RNA não apresentar o "cap" (Seção 7.12). A extremidade 5'do RNA do vírus apresenta uma seqüência longa que pode se dobrar, originando várias estruturas do tipo haste alça (Seção 7.10). De alguma maneira, estas permitem a ligação dos ribossomos eucarióticos. O RNA viral é monocistrônico, codificando todas as proteínas do vírus em uma única *poliproteína*, que é posteriormente clivada, originando as proteínas individuais. Todo o processo de replicação ocorre no citoplasma.

Nas etapas iniciais da infecção, a partícula viral liga-se a um receptor específico, localizado na superfície de uma célula suscetível, realizando, em seguida, a penetração. Uma vez no interior da célula, a partícula viral é desnudada, e o RNA livre associa-se aos ribossomos. O RNA viral é, então, traduzido a partir de um único códon de iniciação, originando a grande poliproteína citada anteriormente. Essa proteína gigante (aproximadamente 2.200 resíduos de aminoácidos) sofre autoclivagem, originando aproximadamente 20 proteínas menores (incluindo intermediários de clivagem), dentre as quais se encontram: as quatro *proteínas estruturais* da partícula viral, a *proteína VPg* de ligação ao RNA, uma *RNA polimerase* responsável pela síntese de RNA de fita menos e, ainda, uma *protease viral*, responsável pelo processo de clivagem. O processo de clivagem, ou *clivagem pós-traducional*, ocorre em uma ampla variedade de vírus de animais, bem como no metabolismo celular normal de células animais (Quadro "Processamento de proteínas", Capítulo 8).

Replicação do poliovírus

A replicação do RNA viral inicia-se pouco tempo após a infecção, sendo catalisada pela RNA polimerase RNA dependente (replicase) sintetizada no processo descrito no parágrafo anterior. A replicase transcreve o RNA viral, de complementaridade mais, em uma molécula de RNA de complementaridade menos. A fita menos atua como molde para a transcrição repetida de uma progênie de fitas mais. Algumas dessas fitas mais podem novamente ser transcritas em fitas menos, e, assim, cerca de 1.000 fitas menos podem ser encontradas na célula. A partir dessas fitas menos, cerca de um milhão de fitas mais podem ser formadas. Tanto as fitas mais quanto as fitas menos ligam-se covalentemente à pequena proteína VPg (contendo apenas 22 aminoácidos), que pode atuar como iniciador da transcrição.

Uma vez iniciada a multiplicação viral, a síntese de RNA e de proteínas do hospedeiro é inibida. A síntese protéica do hospedeiro é inibida devido à destruição de uma proteína do hospedeiro, a proteína de ligação ao "cap", requerida para a tradução de mRNAs com "cap" (Seção 7.12).

Em uma determinada época, a poliomielite era uma das principais doenças infecciosas dos seres humanos, mas o desenvolvimento de uma vacina eficaz (Seção 22.11) tem mantido a doença quase que completamente controlada. A Organização Mundial de Saúde tem um programa de vacinação destinado a erradicar esta doença e, ao final do ano 2000, o vírus foi notificado apenas em poucos países da África e no subcontinente índico.

✓ 16.7 Verificação de conceitos

Em pequenos vírus de RNA, como os poliovírus, o RNA viral atua diretamente como um único RNA mensageiro, levando à produção de uma poliproteína longa, clivada por enzimas em numerosas proteínas menores, necessárias à multiplicação do ácido nucléico e à montagem do vírus.

✓ O que é um "cap" e qual sua função habitual?

✓ Como o RNA do poliovírus pode ser sintetizado no citoplasma, enquanto o RNA do hospedeiro deve ser sintetizado no núcleo?

16.8 Vírus de animais com RNA de fita negativa

Em alguns vírus de animais contendo RNA, o RNA não atua diretamente como mensageiro, sendo transcrito em um complemento que atua como o mRNA. Como discutido na Seção 9.7, é convencional expressar-se a configuração do mRNA como *mais*; dessa forma, se o RNA genômico viral é de complementaridade oposta, é denominado *menos*. Esse grupo de vírus é, então, denominado de fita menos ou *vírus de RNA de fita negativa*, pertencendo à Classe V da Classificação de Baltimore (Tabela 9.2). Dois importantes vírus de fita negativa serão discutidos: os rhabdovírus, incluindo o vírus da raiva, e os ortomixovírus, incluindo o influenzavírus. O vírus Ebola — um patógeno humano responsável por uma doença infecciosa emergente (Seção 25.10) — é também um vírus de RNA de fita negativa.

Rhabdovírus

Um dos patógenos humanos mais importantes, um vírus de RNA de fita negativa, corresponde ao vírus da raiva — causador da importante doença raiva em animais e em seres humanos (Seção 27.1). O vírus da raiva é denominado *rhabdovírus* (*rhabdo* significa "bastão", referindo-se ao formato da partícula viral). Outro rhabdovírus intensivamente estudado corresponde ao vírus da estomatite vesicular (VSV, do inglês *Vesicular Stomatitis Virus*) (Figura 16.13) — um vírus causador da *estomatite vesicular* no gado bovino, em porcos, cavalos e, às vezes, em seres humanos. Muitos rhabdovírus, como o vírus do nanismo amarelo da batata, infectam tanto insetos como plantas, podendo causar sérios problemas agrícolas. (Não se conhece nenhum bacteriófago de RNA de fita negativa.)

Os rhabdovírus são vírus envelopados, com um extenso e complexo envelope lipídico circundando o nucleocapsídeo (Figura 16.13). Em rhabdovírus de animais, a partícula viral apresenta formato de bala, com cerca de

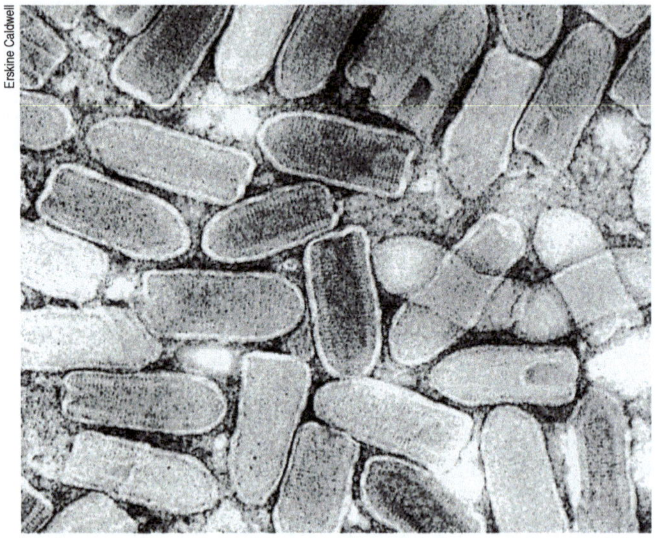

■ **Figura 16.13** Micrografia eletrônica de um rhabdovírus (vírus da estomatite vesicular). Uma partícula apresenta diâmetro de aproximadamente 65 nm.

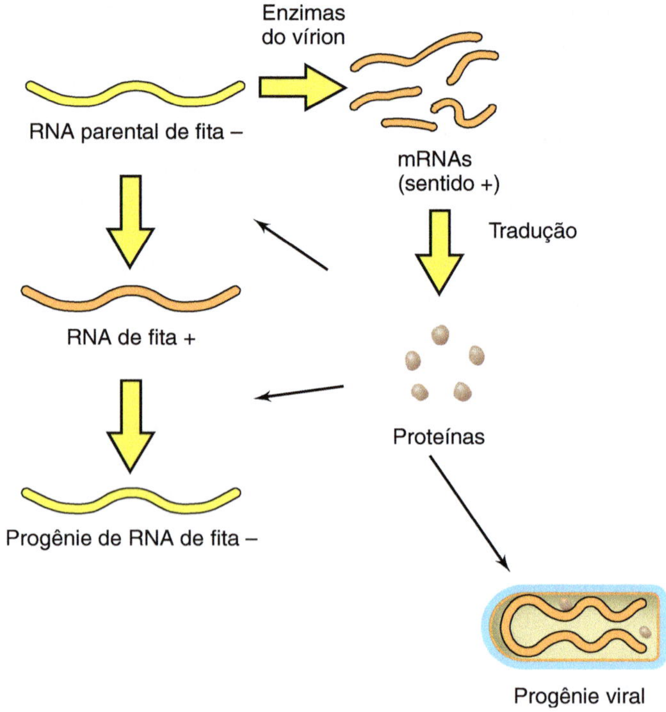

■ **Figura 16.14** Seqüência de eventos durante a multiplicação de um vírus de RNA de fita negativa.

70 nm de diâmetro e 175 nm de comprimento. O nucleocapsídeo apresenta simetria helicoidal, correspondendo a apenas uma pequena fração do peso da partícula viral (cerca de 2-3% do vírion correspondem a RNA). O vírion contém várias enzimas essenciais para o processo infeccioso. Uma destas é uma *RNA polimerase RNA dependente.* Como discutido na Seção 9.7, a presença da RNA polimerase é essencial, uma vez que o genoma desses vírus de fita negativa não pode atuar diretamente como mensageiro, devendo ser primeiro transcrito na fita complementar mais, visto que não existem enzimas hospedeiras capazes de transcrever RNA em RNA.

O RNA de rhabdovírus é transcrito no citoplasma celular, em dois tipos distintos de RNA (Figura 16.14). O primeiro tipo de síntese de RNA resulta em uma série de RNAs mensageiros produzidos a partir dos vários genes virais (o VSV possui cinco). O segundo corresponde a um RNA de fita mais, que é uma *cópia* do genoma viral completo (o genoma do VSV apresenta 11.162 nucleotídeos). Esses longos RNAs de fita mais atuam como moldes para a síntese de moléculas de RNA de *fita negativa*, as quais correspondem aos genomas da progênie de vírions. Cada mRNA é monocistrônico, codificando uma única proteína. Após o mRNA da RNA polimerase viral ser produzido no processo primário de transcrição, a síntese da RNA polimerase viral pode iniciar-se, levando à formação de várias moléculas de RNA de fita mais, tanto mensageiros quanto moldes completos para o RNA genômico (viral).

A tradução dos mRNAs virais promove a síntese das proteínas da capa viral. A montagem de um vírus envelopado é consideravelmente mais complexa que a de uma partícula viral simples. Dois tipos de proteínas da capa são formados. As *proteínas do nucleocapsídeo* e as *proteínas do envelope*. O nucleocapsídeo é o primeiro a ser formado, pela associação de moléculas de proteínas do nucleocapsídeo ao redor do RNA viral.

As proteínas do envelope, que possuem seqüências-líder de aminoácidos hidrofóbicos em suas extremidades aminoterminais (Seção 7.16), são sintetizadas em complexos ribossomais associados às membranas. À medida que essas proteínas são sintetizadas, resíduos de açúcar são adicionados, levando à formação de *glicoproteínas*. Tais glicoproteínas, características de proteínas associadas a membranas, são transportadas para a membrana citoplasmática (e as seqüências-líder são removidas), onde substituem as proteínas de membrana do hospedeiro. Os nucleocapsídeos migram para as áreas na membrana citoplasmática onde as glicoproteínas específicas do vírus estão presentes, reconhecendo-as com grande especificidade. Os nucleocapsídeos se alinham com as glicoproteínas, brotando através destas e sendo revestidos por elas durante o processo. O resultado final corresponde a um vírion envelopado, com um nucleocapsídeo central e uma membrana circundante, cujo lipídeo é derivado da célula hospedeira, mas cujas proteínas de membrana são codificadas pelo vírus. O processo de brotamento não causa dano detectável à célula, que pode continuar a liberar vírions por um período de tempo considerável. (O hospedeiro pode sofrer danos causados por fatores desconhecidos.)

Influenzavírus e outros ortomixovírus

Outro grupo de vírus de fita negativa de grande importância corresponde ao grupo denominado *ortomixovírus*, que contém o importante vírus de humanos, o *influenzavírus*. O termo *mixo* refere-se ao fato de esses vírus interagirem com o *muco* das superfícies celulares. No caso do influenzavírus, o muco se encontra na membrana mucosa do trato respiratório, uma vez que esses vírus são transmitidos principalmente por via respiratória (Seção 26.8). O termo *orto* foi adicionado ao grupo influenzavírus para distingui-lo de outro grupo de vírus de fita negativa, o *grupo paramixovírus*. Os paramixovírus, que incluem importantes vírus de humanos como aqueles que causam a caxumba e o sarampo são, na realidade similares aos rhabdovírus em sua biologia molecular. Os ortomixovírus foram extensivamente estudados por muitos anos, desde os trabalhos pioneiros durante e após a pandemia de gripe em 1918, que causou a morte de milhões de pessoas ao redor do mundo (Seção 26.8).

Os ortomixovírus são vírus envelopados, nos quais o RNA viral está presente no vírion na forma de várias porções separadas. O genoma dos ortomixovírus é, portanto, denominado **genoma segmentado**. No caso do influenzavírus A, o genoma é segmentado em *oito* moléculas de fita simples linear, variando de 890 a 2.341 nucleotídeos. O nucleocapsídeo do influenzavírus apresenta simetria helicoidal, com cerca de 6-9 nm de diâmetro e 60 nm de comprimento. O nucleocapsídeo é embebido em um envelope, contendo várias proteínas específicas do vírus, bem como lipídeos derivados do hospedeiro (Figura 16.15).

P. W. Choppin e Stoeckenius

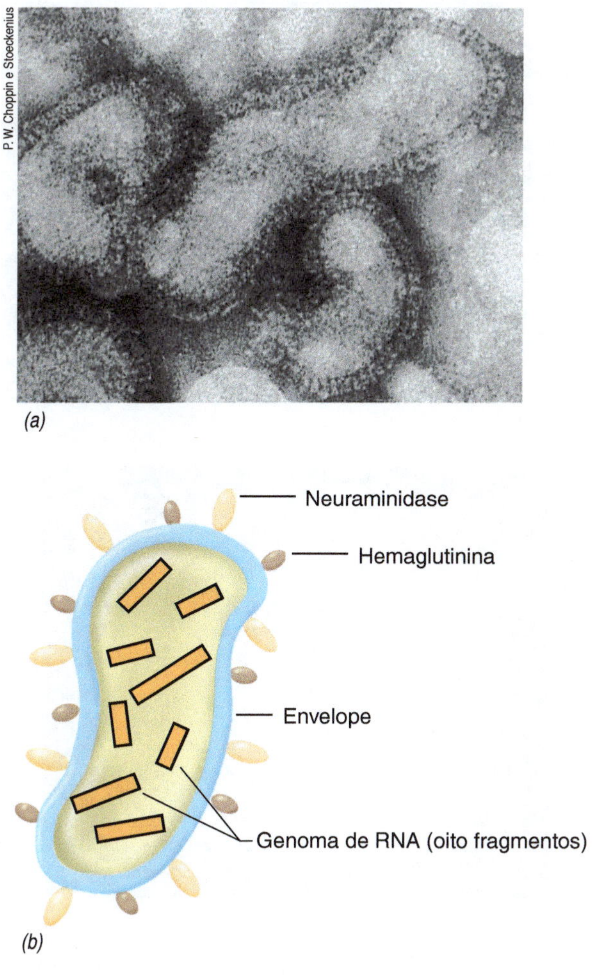

■ **Figura 16.15** Estrutura do vírion de influenza. (a) Micrografia eletrônica. (b) Diagrama apresentando alguns dos componentes.

Em decorrência da maneira como o influenzavírus brota à medida que deixa a célula, o vírus não apresenta uma forma definida, sendo, portanto, referido como *polimórfico* (Figura 16.15*a*). Há espículas na face externa do envelope que interagem com a superfície da membrana da célula hospedeira. Uma das espículas é denominada *hemaglutinina* porque causa a aglutinação de hemácias. (Aglutinação é o processo pelo qual as células se agregam quando misturadas a um anticorpo ou a outra molécula protéica ou polissacarídica que se combina especificamente com uma substância na superfície celular; Seção 24.8). Se as células submetidas à aglutinação forem hemácias, o processo é denominado *hemaglutinação*. (*Hema* é um radical referente a *sangue*.) As hemácias não correspondem ao tipo de célula hospedeira normalmente infectada pelo vírus, embora contenham em sua superfície o mesmo tipo de componente de membrana (quimicamente caracterizado como *ácido siálico*) que as células da membrana mucosa do trato respiratório. Assim, as hemácias são meramente um tipo de célula conveniente para a avaliação da atividade de aglutinação. Uma importante característica da hemaglutinina do influenzavírus é o fato de anticorpos dirigidos contra essa hemaglutinina *impedirem* que o vírus infecte uma célula. Desse modo, o anticorpo dirigido contra a hemaglutinina *neutraliza* o vírus, sendo este o mecanismo pelo qual a imunidade contra a gripe é adquirida durante o processo de imunização (Seções 22.11 e 26.8).

Um segundo tipo de espícula presente na superfície viral corresponde a uma enzima denominada *neuraminidase* (ver Figura 16.15). A neuraminidase cliva o componente de ácido siálico da membrana citoplasmática, o qual é um derivado do ácido neuramínico. Ao que parece, a neuraminidase atua primariamente no processo de montagem do vírus, destruindo o ácido siálico da membrana da célula hospedeira que, de outro modo, bloquearia a montagem ou seria incorporada à partícula viral madura.

Além da neuraminidase, o vírus possui duas outras enzimas, a *RNA polimerase RNA dependente*, que está envolvida na conversão de uma fita negativa em positiva (como já discutido nos rhabdovírus), e uma *RNA endonuclease*, que cliva o iniciador de precursores de mRNA contendo "cap".

A partícula viral penetra pelo processo de *endocitose*. Uma vez no citoplasma, o nucleocapsídeo separa-se do envelope e migra para o núcleo. A replicação do ácido nucléico viral ocorre no núcleo. O desnudamento promove a ativação da RNA polimerase viral. As moléculas de mRNA são, então, transcritas no núcleo a partir do RNA viral, empregando oligonucleotídeos iniciadores clivados das extremidades 5′ dos mRNAs celulares, contendo "cap", recém-sintetizados. Desse modo, os mRNAs virais possuem "caps" 5′. As caudas poli-A dos mRNAs virais são adicionadas, e as moléculas de mRNA viral encaminham-se para o citoplasma.

Embora o RNA do influenzavírus seja replicado no núcleo, suas proteínas são sintetizadas no citoplasma. *Dez* proteínas virais são codificadas pelos *oito* segmentos do genoma viral. Os mRNAs são transcritos de seis segmentos, cada um codificando uma única proteína, enquanto os dois outros segmentos codificam, cada um, duas proteínas. Esse processo não é mediado por mRNAs policistrônicos verdadeiros, como observado em procariotos, visto que os ribossomos eucarióticos reconhecem apenas o códon AUG mais próximo à extremidade 5′ do mRNA como códon de iniciação (Seção 7.15). Desse modo, estes podem produzir apenas uma proteína a partir de um determinado RNA. Os mRNAs originais de comprimento total, transcritos a partir dos dois segmentos, são ambos traduzidos, originando uma proteína. Em cada caso, uma proteína adicional é traduzida a partir desses mensageiros, após seu processamento pela maquinaria de "splicing" de RNA da célula hospedeira. Assim como os genes sobrepostos, este é outro exemplo de como os vírus de RNA otimizam o aproveitamento de seus pequenos genomas.

Algumas dessas proteínas estão envolvidas na replicação do RNA viral, enquanto outras são proteínas estruturais do vírion. A estratégia geral da síntese de RNA viral é similar à de rhabdovírus, com a transcrição primária resultando na formação de moldes de fita *mais* para a formação de uma progênie de moléculas de fita *menos*. Os detalhes da montagem são, ainda, pouco conhecidos. A formação da partícula viral envelopada completa ocorre por um processo de brotamento, como descrito para os rhabdovírus.

O genoma segmentado do influenzavírus apresenta algumas conseqüências práticas importantes. O influenzavírus e outros vírus dessa família apresentam um fenômeno denominado **alteração antigênica,** onde porções do genoma do RNA de duas linhagens geneticamente distintas que infectaram a mesma célula se rearranjam. O processo resulta em uma modificação dos antígenos de superfície (proteínas da membrana) do vírus, tornando-o resistente aos anticorpos produzidos como resultado de um processo de imunização (Seção 26.8). A alteração antigênica permite que vírus recém-formados infectem hospedeiros cuja linhagem parental não poderia infectar. Acredita-se que a alteração antigênica seja responsável pelas grandes epidemias de gripe.

✓ 16.8 Verificação de conceitos

Em alguns vírus de RNA, denominados vírus de fita negativa, o RNA viral não atua diretamente como mensageiro, sendo copiado em um mRNA por uma RNA polimerase RNA dependente presente no vírion. Um importante vírus de fita negativa corresponde ao influenzavírus.

✓ Por que é essencial que os vírus de fita negativa possuam uma enzima em seus vírions?

✓ O que é um *genoma segmentado*?

16.9 Vírus de RNA de fita dupla: reovírus

Os reovírus (ou *Reoviridae*), uma importante família de vírus de animais, apresentam um genoma que consiste em *RNA de fita dupla.* O nome reovírus é um acrônimo derivado dos termos *r*espiratório, *e*ntérico e *ó*rfão. O termo *órfão* foi utilizado porque os primeiros vírus desse grupo, isolados em humanos, não estavam associados a qualquer síndrome específica. No entanto, *rotavírus*, um membro da família dos reovírus, corresponde provavelmente à causa mais comum da diarréia em crianças entre 6 e 24 meses. Os rotavírus são também conhecidos como causadores de diarréias em animais jovens.

Como mencionado, o RNA dos reovírus possui fita dupla. Este corresponde ao maior grupo de vírus de animais com RNA de fita dupla; a maioria dos outros grupos de vírus de RNA (inclusive todos aqueles apresentados na Figura 9.22) possui RNA de fita simples. São ainda conhecidos reovírus que infectam plantas e, como mencionamos anteriormente, parece que o bacteriófago $\phi 6$ está estreitamente relacionado aos reovírus (ver Seção 16.1).

A partícula de um reovírus consiste em um nucleocapsídeo não envelopado, de 60-80 nm de diâmetro, com um envoltório *duplo* de simetria icosaédrica (Figura 16.16). Acredita-se que os vírus de RNA de fita dupla contenham no vírion as enzimas virais necessárias à síntese do RNA.

O genoma dos reovírus consiste em 10-12 moléculas de RNA de fita dupla. O desenovelamento de RNAs de fita dupla impõe maior dificuldade que em DNAs de fita dupla. A replicação do RNA ocorre por um método assimétrico. Inicialmente, uma fita é utilizada como mol-

Tim Baker e Norm Olson

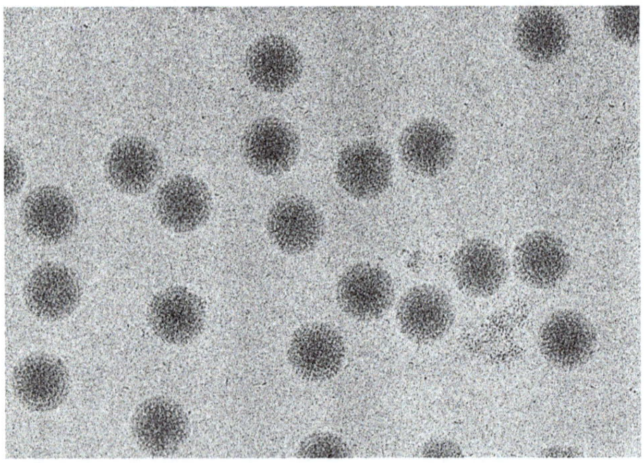

(a)

Tim Baker e Norm Olson

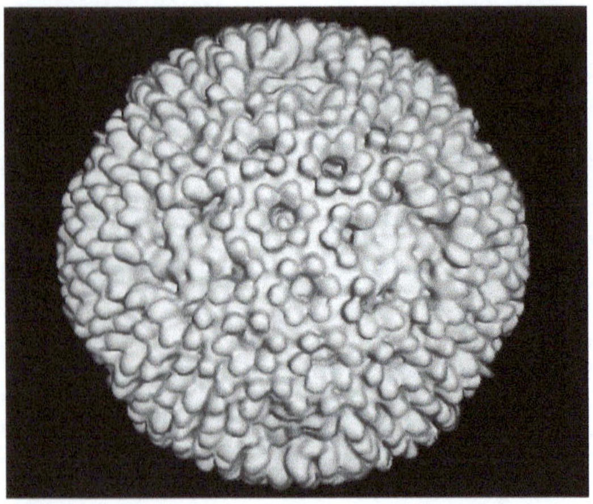

(b)

■ **Figura 16.16** (a) Micrografia eletrônica mostrando vírions individuais de reovírus (cada um com o diâmetro aproximado de 70 nm). (b) Reconstrução tridimensional de um vírion de reovírus, definida a partir de imagens de vírions congelados-hidratados.

de, enquanto a fita simples resultante atua como molde para a formação de uma dupla hélice. A dificuldade no desenovelamento do RNA de fita dupla e a suscetibilidade de RNAs de fita simples à clivagem no interior da célula limitam significativamente o tamanho de uma molécula de fita dupla. A segmentação do genoma em várias moléculas parece ser uma adaptação para contornar esses problemas.

A replicação do RNA dos reovírus ocorre exclusivamente no citoplasma da célula hospedeira. O RNA de fita dupla é inativo como mRNA, e a primeira etapa na replicação do reovírus corresponde à transcrição utilizando a fita menos como molde na síntese de mRNA. Em geral, cada molécula de RNA no genoma codifica uma única proteína, embora, em alguns casos, a proteína formada seja clivada, gerando o produto final. No entanto, um dos mRNAs produzidos codifica duas proteínas, e o RNA *não* precisa ser modificado para fazê-lo. Aparentemente, um ribossomo, às vezes, "perde" o códon de iniciação do primeiro gene nesta mensagem, locomovendo-se até o códon de iniciação do segundo gene. Desse modo, existem exceções na generalização de que ribossomos eucarióticos iniciam a tradução no primeiro códon AUG no mRNA.

A replicação do reovírus parece ocorrer no interior de um equivalente intracelular do cerne viral, denominado *partícula subviral*, que permanece intacto na célula. Cada um dos 10 RNAs de fita simples mais com "cap" é montado no interior dessa estrutura sintetizadora de RNA de fita dupla. Os RNAs de fita simples mais com "cap" atuam como molde para a síntese da progênie de RNAs genômicos menos, originando uma progênie de RNAs virais de fita dupla. Essa progênie é posteriormente encapsidada, e, quando há um número suficiente de proteínas de capsídeo viral, os vírions maduros são montados.

Na etapa inicial do processo infeccioso, o vírion liga-se a uma proteína celular. Uma vez ocorrida a ligação, o vírus penetra na célula, sendo transportado para os lisossomos. No lisossomo, o envoltório externo da partícula viral é modificado pela remoção de duas proteínas, e clivagem de uma terceira, por enzimas lisossomais. Este processo de desnudamento ativa a RNA polimerase RNA dependente viral, iniciando, assim, o processo de replicação viral.

✓ 16.9 Verificação de conceitos

Os reovírus correspondem a um grande grupo de vírus cujo genoma consiste em RNA de fita dupla segmentado. Assim como os vírus de fita negativa, os vírus de RNA de fita dupla contêm uma RNA polimerase RNA dependente no vírion.

✓ Por que os vírus com genomas de RNA de fita dupla também podem apresentar genomas segmentados?

16.10 Replicação de vírus de animais com DNA de fita dupla

No Sistema de Classificação de Baltimore (Seção 9.7), os vírus de DNA de fita dupla são agrupados na Classe I, enquanto os vírus de DNA de fita simples estão na Classe II. São conhecidos vários diferentes bacteriófagos da Classe II (ver Seções 16.2 e 16.3), além de alguns vírus de plantas, sendo relativamente pequeno o número de vírus que infectam animais. A maior família de vírus de animais da Classe II é a *Parvoviridae* (parvovírus), alguns dos quais infectam vertebrados e outros, insetos. Em contrapartida, há um grande número de vírus da Classe I que infecta animais.

Dentre esses vírus de DNA de fita dupla há várias famílias com membros capazes de infectar seres humanos. Estas incluem a *Polyomaviridae* e *Papillomaviridae* (estas duas famílias eram anteriormente conhecidas como *Papoviridae*), *Herpesviridae* (herpesvírus), *Poxviridae* (poxvírus) e *Adenoviridae* (adenovírus). Destes, todos replicam no núcleo, exceto os poxvírus, que se replicam no citoplasma. Nesta e nas seções seguintes discutiremos resumidamente a replicação de cada uma das famílias.

Poliomavírus: SV40

Alguns vírus da família poliomavírus induzem tumores em animais; de fato, *oma* significa tumor. Um desses vírus tumorais de DNA foi isolado pela primeira vez de macacos, sendo por isso denominado vírus símio 40 ou SV40 (do inglês *simian virus*). (Nos anos 50, milhões de pessoas foram inadvertidamente inoculadas com o SV40, um contaminante nas primeiras preparações da vacina contra a poliomielite. Felizmente, parece que não surgiram complicações médicas decorrentes desse fato.) Este foi um dos primeiros elementos genéticos a ser estudado pelas técnicas de engenharia genética, tendo sido extensamente empregado como *vetor* na introdução de genes em células eucarióticas (Seção 31.4).

O vírion SV40 corresponde a uma partícula simples, não envelopada, de 45 nm de diâmetro e com cabeça icosaédrica contendo 72 subunidades protéicas. O vírion não apresenta enzimas. No entanto, além das proteínas do capsídeo, são encontradas *histonas* derivadas do hospedeiro complexadas ao DNA viral. Mencionamos as histonas em nossa discussão sobre a estrutura do cromossomo (Seção 7.3), observando que estas desempenham papel na neutralização da carga negativa originada dos fosfatos do DNA e auxiliam no empacotamento do DNA em configurações mais compactas.

O genoma de SV40 consiste em uma molécula de DNA de fita dupla de 5.243 pares de bases. O DNA é circular (Figura 16.17), encontrado superenovelado no interior do vírion. A seqüência completa de bases de SV40 foi determinada, e um mapa genético é mostrado na Figura 16.18.

O ácido nucléico é sintetizado no núcleo, enquanto as proteínas são sintetizadas no citoplasma. A montagem final da partícula viral ocorre no núcleo. A replicação desses vírus pode ser dividida em dois estágios distintos: *precoce* e *tardio*. Durante o estágio precoce, a *região precoce* do DNA viral é transcrita (Figura 16.18). Uma única molécula de RNA, o transcrito primário, é sintetizado pela RNA polimerase celular, sendo processado em *duas espécies de mRNA*, uma grande e uma pequena. O DNA do SV40 apresenta *íntrons* que são excisados do transcrito primário de RNA. No citoplasma, o mRNA viral é traduzido e origina

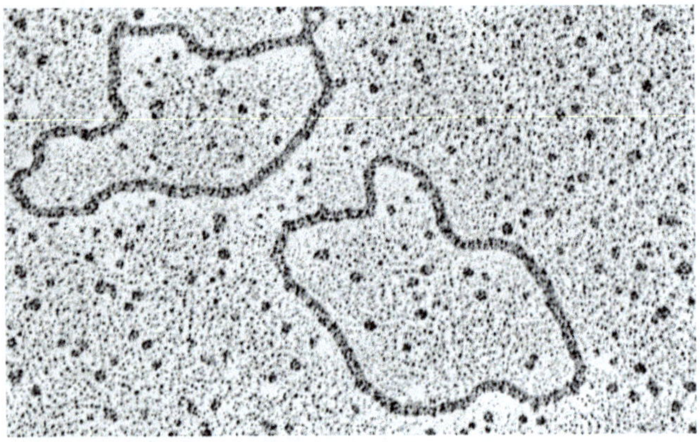

Alexander Eb and Jerome Vinograd

■ **Figura 16.17** Micrografia eletrônica do DNA circular de um vírus tumoral. As circunferências medem aproximadamente 1,5 m.

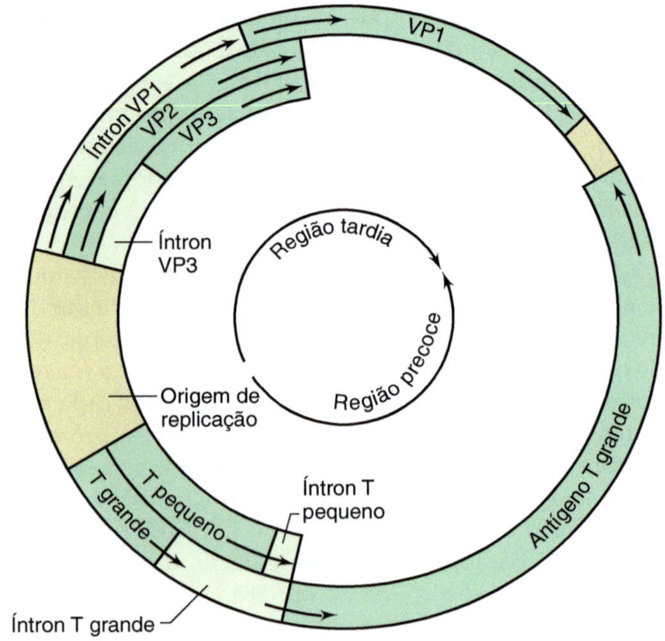

■ **Figura 16.18** Mapa genético do papovavírus SV40. VP1, VP2 e VP3 são os genes que codificam as três proteínas que compõem a capa do SV40. As setas indicam a direção da transcrição.

duas proteínas. Uma dessas proteínas, o antígeno T, liga-se à *origem de replicação* no DNA parental.

O DNA de SV40 é muito pequeno para codificar suas próprias DNA polimerases; as DNA polimerases da célula hospedeira são utilizadas. A replicação ocorre de modo bidirecional (denominada replicação *teta*, Figura 7.16), a partir de uma única origem de replicação. O processo envolve os mesmos eventos já descritos para a replicação do DNA da célula hospedeira (Seções 7.5 e 7.6).

As moléculas de mRNA tardio de SV40 são sintetizadas a partir de uma fita complementar à empregada na síntese do mRNA precoce (ver Figura 16.18). A transcrição inicia-se em um promotor próximo à origem de replicação. Este RNA tardio é processado por "splicing" e poliadenilado, originando múltiplas formas de mRNA que correspondem às três proteínas da capa. Esses genes se sobrepõem; uma porção da seqüência nucleotídica contém informações para as três proteínas. As moléculas de mRNA tardio são transportadas para o citoplasma e traduzidas, originando as proteínas da capa viral. Estas proteínas são transportadas de volta ao núcleo, onde ocorre a montagem do vírion.

Quando um vírus do grupo poliomavírus infecta uma célula hospedeira, a replicação pode ocorrer de duas maneiras, dependendo do tipo da célula hospedeira. Em alguns tipos de hospedeiros, conhecidos como células *permissivas*, a infecção viral resulta na formação de novos vírions, com a lise da célula hospedeira. Em outros tipos de hospedeiros, conhecidos como *não permissivos*, a multiplicação eficiente não ocorre, embora o DNA viral seja integrado em algumas das células hospedeiras, criando, assim, novas células geneticamente alteradas. As células apresentam com freqüência a perda da inibição de crescimento, sendo denominadas células *transformadas* ou tumorais.

Em hospedeiros não permissivos, a transformação pode ocorrer se as proteínas precoces puderem ser expressas, embora o DNA viral não seja replicado de maneira independente. Em vez disso, em uma célula transformada, o DNA viral integra-se ao DNA da célula hospedeira de maneira estável (Figura 16.19). A integração pode

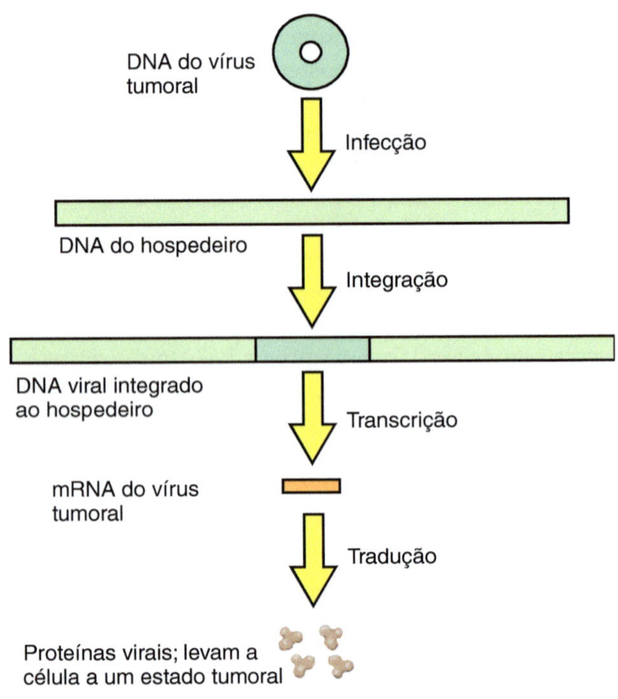

■ **Figura 16.19** Esquema geral dos eventos moleculares envolvidos na transformação celular por um vírus de DNA tumoral como SV40. O DNA viral total ou partes dele são incorporados ao DNA da célula hospedeira. Os genes virais que codificam a informação transformante são transcritos e processados, originando moléculas de mRNA viral que são transportadas para o citoplasma. Estas são, então, traduzidas, produzindo proteínas transformantes ou antígenos T, que codificam as funções que convertem células hospedeiras em células cancerosas.

ocorrer em muitos sítios do genoma celular e viral. Na forma integrada, duas proteínas virais são sintetizadas, sendo essenciais à manutenção da estabilidade do DNA viral integrado, apesar de nenhuma proteína estrutural viral ser sintetizada. Algumas células transformadas podem ser convertidas em células capazes de produzir vírus — um processo que provavelmente envolve a excisão do genoma viral do genoma da célula hospedeira.

Um estudo da replicação do vírus SV40 forneceu importantes dados sobre a maneira pela qual os vírus originam o estado canceroso nas células hospedeiras. Entretanto, observamos que vírus de DNA de outros grupos podem também causar transformações cancerosas, como, por exemplo, o papilomavírus humano — um membro da família intimamente relacionada, *Papillomaviridae.* Da mesma forma, a importante família de vírus, os *retrovírus*, corresponde também a vírus tumorais, embora apresente uma forma de replicação totalmente diferente (ver Seção 16.14).

✓ 16.10 Verificação de conceitos

A maioria dos vírus de animais com DNA de fita dupla se replica no núcleo. Alguns vírus causadores de câncer e outras condições em células animais são vírus de DNA de fita dupla. Em um hospedeiro permissivo, o vírus pode promover a morte e a lise, enquanto em um hospedeiro não permissivo pode promover a transformação da célula hospedeira infectada em uma célula tumoral.

✓ Por que não é esperado que um vírus como o SV40 apresente enzimas no vírion?

✓ Como é possível um transcrito originar mais de um mRNA?

16.11 Vírus com DNA de fita dupla: herpesvírus

Os herpesvírus (ou *Herpesviridae*) correspondem a um grande grupo de vírus com DNA de fita dupla, responsável por uma grande variedade de doenças em seres humanos e animais, incluindo vesículas febris (herpes simples), herpes venéreo, varicela, herpes zoster e mononucleose infecciosa; algumas dessas doenças são discutidas no Capítulo 26. Uma das características mais interessantes de alguns herpesvírus corresponde à sua capacidade de permanecerem *latentes* no organismo por longos períodos, tornando-se ativos em condições de estresse. Tanto o *vírus herpes simplex*, que causa as *vesículas febris*, quanto o *vírus varicella-zoster*, causador de *varicela* e *herpes zoster*, são capazes de permanecer latentes nos neurônios de gânglios sensoriais, de onde podem emergir, provocando infecções de pele.

Um importante grupo de herpesvírus é tumorigênico, causando formas clínicas de câncer. Um herpesvírus tumorigênico corresponde ao *vírus Epstein-Barr*, uma das causas subjacentes do *linfoma de Burkitt* — um tumor comum em crianças na África Central e Nova Guiné. O linfoma de Burkitt foi um dos primeiros cânceres humanos a ser associado à infecção viral (Tabela 9.3).

Biologia molecular dos herpesvírus

A *partícula do herpesvírus* é estruturalmente complexa, consistindo em quatro unidades morfológicas distintas. No herpes simples do tipo I, um vírus envelopado, com diâmetro aproximado de 150 nm (Figura 16.20*a*), o centro do

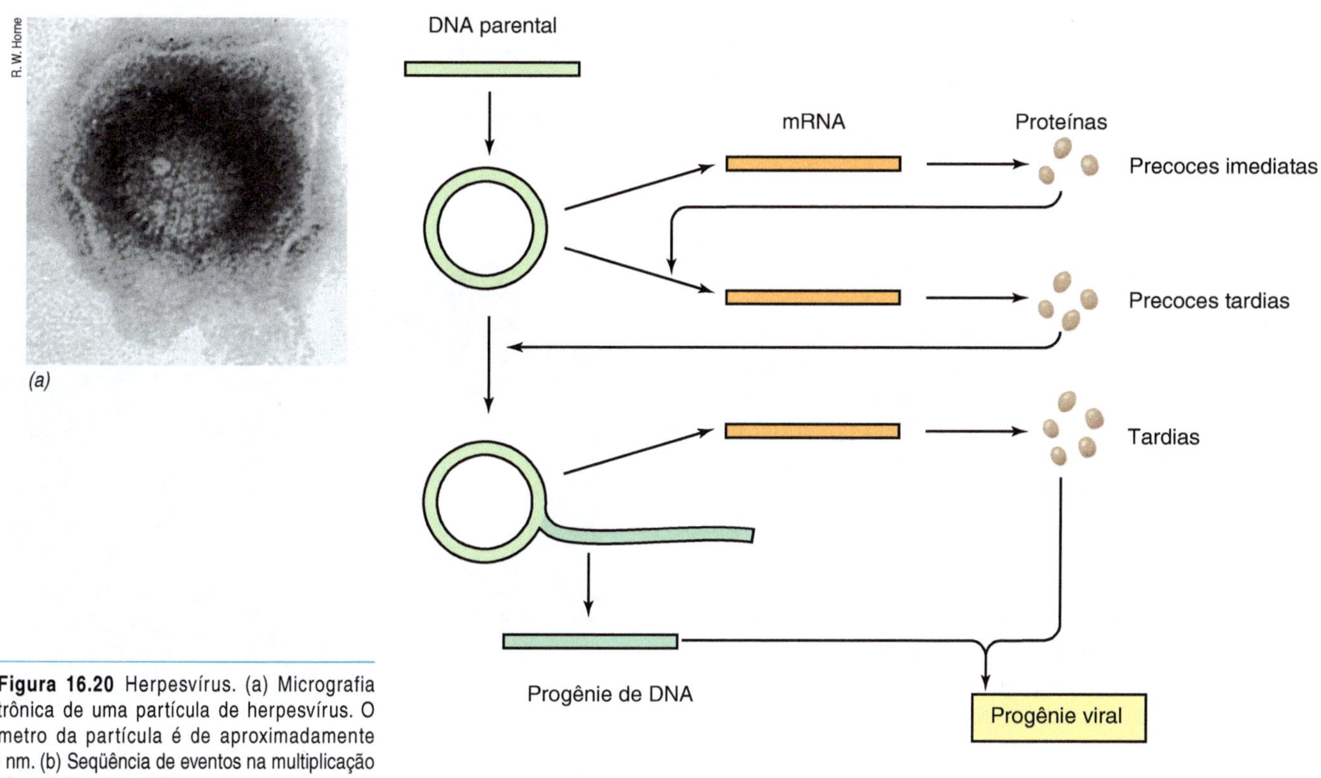

■ **Figura 16.20** Herpesvírus. (a) Micrografia eletrônica de uma partícula de herpesvírus. O diâmetro da partícula é de aproximadamente 150 nm. (b) Seqüência de eventos na multiplicação do vírus do herpes simples.

vírus corresponde a um *cerne* eletrondenso, que consiste em DNA de fita dupla. Ao redor desse cerne encontra-se o nucleocapsídeo de simetria icosaédrica, composto por 162 capsômeros, sendo cada um composto por um número distinto de proteínas. Externamente ao nucleocapsídeo, há uma camada amorfa, denominada *tegumento*, uma estrutura fibrosa exclusiva dos herpesvírus. Circundando o tegumento há um *envelope*, cuja superfície externa contém uma série de pequenas *espículas*. Um grande número de proteínas diferentes está presente no interior do vírion, embora estas ainda não tenham sido totalmente caracterizadas.

O genoma do vírus do herpes simples tipo I consiste em uma grande molécula linear de DNA de fita dupla, com 152.260 pares de bases (cerca de 30 vezes maior que o genoma de SV40, codificando pelo menos 84 proteínas distintas).

A infecção ocorre pela ligação das partículas virais a receptores celulares específicos, e, após a fusão da membrana citoplasmática com o envelope viral, o nucleocapsídeo é liberado no interior da célula. Os nucleocapsídeos são transportados ao núcleo, onde o DNA viral é desnudado. Os componentes da partícula viral inibem a síntese macromolecular do hospedeiro.

Há *três classes de RNAs mensageiros*: precoce imediato (também denominado alfa, α), que codifica cinco proteínas regulatórias; precoce tardio (também denominado beta, β), que codifica proteínas de replicação do DNA, incluindo a timidina quinase e a DNA polimerase; e tardio (também denominado gama, γ), que codifica as proteínas da partícula viral (Figura 16.20*b*). Durante o *estágio precoce imediato*, cerca de um terço do genoma viral é transcrito por uma RNA polimerase da célula hospedeira. O mRNA precoce codifica determinadas proteínas regulatórias positivas que aparentemente estimulam a síntese das proteínas precoces tardias. O segundo estágio, *precoce tardio*, ocorre somente após a síntese das proteínas precoces. Durante esse estágio, cerca de 40% do genoma viral é transcrito. Dez proteínas do estágio precoce tardio foram caracterizadas e dentre estas estão a *DNA polimerase*, enzimas envolvidas na síntese de desoxirribonucleotídeos e uma *proteína de ligação ao DNA*. Todas estas enzimas estão envolvidas no processo de replicação do DNA viral.

A síntese do DNA de herpesvírus ocorre no núcleo. Após a infecção, o genoma do herpesvírus aparentemente sofre uma circularização (extremamente similar ao bacteriófago lambda) (Seção 9.10), replicando-se pelo mecanismo de círculo rolante (Figura 9.20). Entretanto, três origens parecem estar envolvidas. São formados longos concatâmeros, os quais são processados e originam moléculas de DNA de comprimento viral durante o processo de montagem (de maneira similar àquela descrita para os bacteriófagos de DNA) (Seções 9.9 e 16.4).

Os nucleocapsídeos virais são montados no núcleo, e a aquisição do envelope viral ocorre por um processo de brotamento através da *membrana interna do núcleo*. Os vírions maduros são subseqüentemente liberados através do retículo endoplasmático, para fora da célula. Desse modo, a montagem deste vírus de DNA envelopado difere significativamente daquela observada em vírus de RNA envelopados, os quais são montados na *membrana citoplasmática* em vez de na membrana nuclear.

✓ 16.11 Verificação de conceitos

Inúmeros herpesvírus são conhecidos; muitos causam doenças no homem. Como no caso do bacteriófago lambda, a grande molécula de DNA de fita dupla desses vírus se circulariza, sendo aparentemente replicada por um mecanismo de círculo rolante. Também como o bacteriófago lambda, esses vírus podem, às vezes, permanecer em um estado latente no hospedeiro.

- ✓ Com que finalidade os herpesvírus circularizam seu DNA antes da replicação?
- ✓ Onde é realizada a montagem do nucleocapsídeo de um herpesvírus?

16.12 Vírus de DNA de fita dupla: poxvírus

Os poxvírus estão entre os mais complexos e maiores vírus de animais conhecidos (Figura 16.21), apresentando algumas características que os aproximam das células primitivas. No entanto, os poxvírus, assim como todos os vírus, não são capazes de metabolizar, sendo dependentes do hospedeiro para a obtenção de uma maquinaria completa de síntese protéica. Esses vírus são praticamente únicos, visto que correspondem a vírus de DNA que se replicam no *citoplasma*. (Os iridovírus, outro grupo de vírus de DNA de fita dupla, alguns dos quais apresentam genomas ainda maiores que os poxvírus, também se replicam no citoplasma.) Assim, uma célula hospedeira infectada por um poxvírus realiza a *síntese de DNA fora do núcleo*, evento que normalmente ocorre apenas em organelas intracelulares tais como as mitocôndrias.

Propriedades gerais dos poxvírus

Os poxvírus apresentam importância tanto do ponto de vista médico quanto histórico. O vírus da varíola foi o

D. Dales and F. Fenner

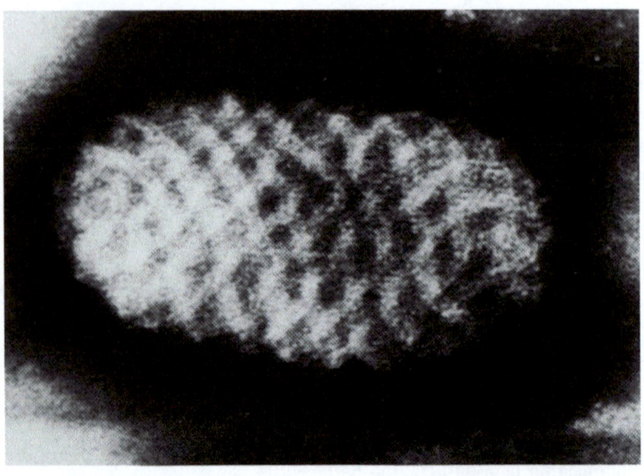

■ **Figura 16.21** Micrografia eletrônica de um vírion do vírus vaccínia corado negativamente. O vírion tem aproximadamente 400 nm (0,4 m) de comprimento.

primeiro vírus a ser estudado em detalhes, sendo o primeiro vírus para o qual foi desenvolvida uma vacina (descrita por Edward Jenner, em 1798). Pela aplicação diligente dessa vacina em escala mundial, a varíola foi *erradicada* na natureza, sendo a primeira doença a ser eliminada dessa maneira. Outros poxvírus de importância correspondem ao *vírus da varíola bovina* e ao *vírus da mixomatose de coelhos* — um importante agente infeccioso de coelhos empregado intencionalmente na Austrália na tentativa de controlar a população de coelhos (Seção 25.5). Alguns poxvírus podem também causar tumores.

Os poxvírus são muito grandes, tão grandes que, na realidade, podem ser vizualizados ao microscópio óptico. Muitas pesquisas têm sido realizadas com o *vírus da vaccínia* — a fonte da vacina contra a varíola. O vírion da vaccínia corresponde a uma estrutura em forma de paralelepípedo, com tamanho aproximado de 400 × 240 × 200 nm. A superfície externa do vírion é recoberta por túbulos ou filamentos arranjados em um padrão do tipo membrana, embora o vírion não possua membrana lipídica, uma vez que o envelope externo é composto por proteínas. No interior do vírion há dois corpos laterais de composição desconhecida e um cerne, o *nucleocapsídeo*, que contém DNA ligado por uma camada de subunidades protéicas.

O genoma do poxvírus consiste em um DNA de fita dupla. O genoma do vírus da vaccínia possui aproximadamente 185 pares de quilobases, contendo 150 a 200 genes. O DNA dos poxvírus é interessante porque as duas fitas da dupla hélice apresentam ligações cruzadas nas extremidades, decorrentes da formação de ligações fosfodiéster entre fitas adjacentes, de maneira similar ao que ocorre na estrutura de grampo, ilustrada na Figura 7.8. As extremidades do DNA de poxvírus são, desse modo, muito similares às extremidades dos vírus de *Chlorella* (ver Seção 16.6).

Replicação de poxvírus

Os vírions da vaccínia são captados pelas células por um processo fagocitário, a partir do qual os cernes são liberados no citoplasma. Curiosamente, o desnudamento do genoma viral requer a ação de uma nova proteína, sintetizada após a infecção. Essa proteína é codificada pelo DNA viral, sendo seu gene transcrito por uma RNA polimerase presente *no interior* da partícula viral. Além desse gene envolvido no desnudamento, outros genes virais são transcritos. Os transcritos primários são convertidos em mRNAs pela adição do "cap" e poliadenilação enquanto estes ainda se encontram no cerne viral.

Quando o DNA do vírus da vaccínia se encontra totalmente desnudado, inicia-se a formação de *corpos de inclusão* no citoplasma. No interior desses corpos de inclusão ocorre a transcrição, replicação e encapsidação da progênie de partículas virais. Cada vírion infectante inicia seu próprio corpo de inclusão, de modo que o número de inclusões depende da multiplicidade da infecção. A progênie de moléculas de DNA forma um *pool* (uma mistura) a partir do qual moléculas individuais são incorporadas nos vírions. Os vírions maduros acumulam-se no citoplasma. Ao que parece, não existe um mecanismo específico de liberação, sendo a maioria dos vírions liberada apenas quando a célula infectada é desintegrada.

Poxvírus e vacinas recombinantes

O vírus da vaccínia foi utilizado como hospedeiro de proteínas geneticamente alteradas, oriundas de outros vírus, permitindo a construção de vacinas por meio de técnicas de engenharia genética. Como veremos no Capítulo 22, uma vacina corresponde a uma substância capaz de elicitar uma resposta imune em um animal, protegendo-o contra futuras infecções pelo mesmo agente. Os vírus da vaccínia não provocam malefícios à saúde humana, sendo, no entanto, fortemente imunogênicos. Métodos de clonagem molecular foram utilizados para expressar as proteínas virais chave do influenzavírus, do vírus da raiva, do vírus do herpes simples tipo I e do vírus da hepatite B em vírions de vírus vaccínia. Estes foram, então, utilizados no desenvolvimento de uma vacina (Seção 31.6).

Um sistema similar de produção de vacinas empregando adenovírus (ver próxima seção) como veículo foi desenvolvido porque os adenovírus, assim como os vírus da vaccínia, não trazem conseqüências à saúde dos seres humanos.

✓ 16.12 Verificação de conceitos

Os poxvírus, contrariamente aos outros vírus de DNA discutidos, realizam sua replicação inteiramente no citoplasma. Estes correspondem a vírus muito grandes, cujos vírions contêm várias enzimas. Esses vírus são também responsáveis por várias doenças em seres humanos, embora uma campanha de vacinação tenha erradicado o vírus da varíola na natureza.

✓ Por que é notável o fato de os poxvírus replicarem seu DNA no citoplasma?

16.13 Vírus com DNA de fita dupla: adenovírus

Os adenovírus (ou *Adenoviridae*) correspondem a uma das principais famílias de vírus icosaédricos com DNA. O termo *adeno* é derivado da expressão latina "glândula" e refere-se ao fato de esses vírus terem sido primeiramente isolados das tonsilas e glândulas adenóides de seres humanos. Os adenovírus provocam infecções respiratórias geralmente brandas em seres humanos, sendo alguns desses vírus isolados de indivíduos aparentemente saudáveis.

Os genomas dos adenovírus consistem em DNA linear de fita dupla, com aproximadamente 36 pares de quilobases. Ligado covalentemente à extremidade 5′ do DNA, encontra-se um componente protéico essencial à infectividade do DNA. O DNA apresenta repetições terminais invertidas de 100-1.800 pares de bases (este comprimento varia de acordo com a linhagem viral).

A replicação do DNA viral ocorre no núcleo (Figura 16.22). Após o transporte da partícula viral para o núcleo, o cerne viral é liberado e convertido em um complexo histona-DNA viral. A transcrição precoce é realizada por uma RNA polimerase do hospedeiro, originando alguns transcritos primários. Os transcritos são processados, pelo

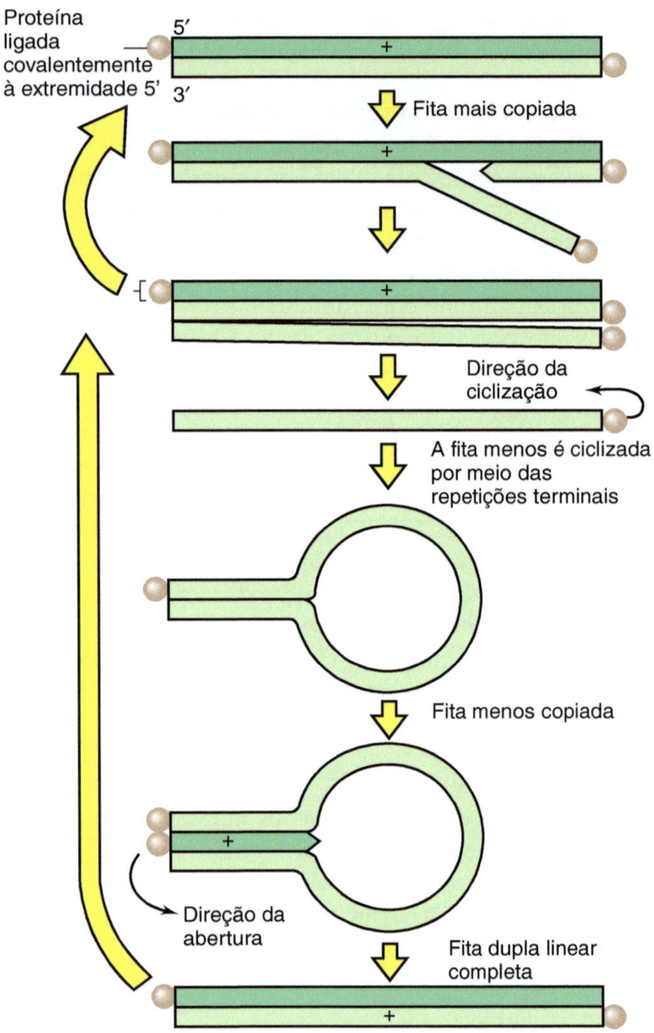

■ **Figura 16.22** Replicação do DNA de adenovírus. Ver texto para detalhes.

"splicing", adição do "cap" e pela poliadenilação, gerando vários mRNAs diferentes.

As proteínas precoces estão envolvidas na regulação da replicação do DNA; as proteínas tardias correspondem às proteínas da capa viral. A replicação do DNA viral utiliza uma *proteína* viral como iniciador e outra proteína viral como DNA polimerase. Para a replicação de uma molécula de DNA de fita dupla linear, como a do adenovírus, a iniciação da replicação pode ocorrer em uma ou ambas as extremidades, simultaneamente (Figura 7.24). No caso dos adenovírus, a replicação é iniciada em *ambas* as extremidades, sendo as duas fitas replicadas de forma não sincronizada. Os produtos de um ciclo de replicação correspondem a moléculas de fita dupla e de fita simples. As últimas são ciclizadas, sendo o processo mediado pelas repetições terminais invertidas, havendo a síntese de uma nova fita complementar, que se inicia na extremidade 5' e origina como produto outra molécula de fita dupla (Figura 16.22). Esse mecanismo de replicação é interessante porque não envolve a formação de fragmentos de DNA descontínuos na fita atrasada, como ocorre na replicação convencional do DNA (Seção 7.6).

✓ 16.13 Verificação de conceitos

Diferentes vírus de animais com DNA de fita dupla apresentam diferentes estratégias de replicação do DNA. A estratégia dos adenovírus envolve iniciadores protéicos e um mecanismo de replicação que não envolve a síntese de uma fita atrasada.

✓ Descreva como os adenovírus replicam seu genoma sem a síntese de uma fita atrasada.

16.14 Vírus que utilizam a transcriptase reversa

Na Seção 9.12 discutimos os retrovírus — um grupo de vírus que se replica utilizando a enzima transcriptase reversa. Os retrovírus (família *Retroviridae*) correspondem a um dentre os vários elementos genéticos que empregam a transcriptase reversa na replicação. Naquela seção mencionamos que existem elementos genéticos encontrados em algumas células eucarióticas, denominados retrotransposons, os quais correspondem a transposons que utilizam a transcriptase reversa (Seção 9.12). Além disso, alguns "vírus" fúngicos (que não possuem estágio extracelular), como os elementos Ty1 e Ty3 da levedura *Saccharomyces cerevisiae*, replicam-se de modo bastante similar aos retrovírus. Existem ainda elementos genéticos em *Bacteria*, tais como o *retron*, encontrado em mixobactérias e em *Escherichia coli*, que se replicam utilizando a transcriptase reversa.

Essencialmente, existem dois tipos diferentes de vírus que utilizam a transcriptase reversa, os quais são mais facilmente diferenciados pelo tipo de ácido nucléico presente no genoma de seus vírions. Os retrovírus são considerados vírus da Classe VI no Sistema de Baltimore, por apresentarem *genomas de RNA* em seus vírions. Entretanto, há também vírus da Classe VII, que se replicam empregando a transcriptase reversa, mas com genomas de DNA em seus vírions. Estes são exemplificados pelos hepadnavírus (*Hepadnaviridae*) de animais (Figura 9.22) e *Caulimoviridae* de plantas (dos quais o mais estudado corresponde ao vírus do mosaico da couve-flor). Nesta seção abordaremos de maneira resumida tanto os vírus de RNA como os vírus de DNA que realizam a transcrição reversa.

Vírus de RNA que realizam a transcrição reversa: retrovírus

Estas informações têm por objetivo complementar a Seção 9.12. Lembre-se de que os retrovírus apresentam vírions envelopados, contendo *duas* cópias do genoma de RNA (Figura 9.24). O vírion também contém várias enzimas, incluindo a transcriptase reversa, e um tRNA específico. Essas enzimas são necessárias porque, embora o genoma dos retrovírus seja de sentido mais e contenha o "cap" e a cauda poli-A, este *não* é empregado diretamente como RNA mensageiro. Em vez disso, uma das cópias do genoma é convertida a DNA pela transcriptase reversa, sendo integrada ao genoma do hospedeiro. Apesar de a replicação retroviral ter sido abordada na Seção 9.12 (Figura 9.25), poucos detalhes foram fornecidos.

O DNA formado corresponde a uma molécula linear de fita dupla, sendo sintetizada no citoplasma, no interior de uma partícula cerne desnudada. Um esquema da transcrição reversa do RNA viral em DNA é apresentado na Figura 16.23.

A enzima transcriptase reversa é essencialmente uma RNA polimerase, embora apresente *três* atividades enzimáticas: (1) síntese de DNA utilizando RNA como molde (transcrição reversa), (2) síntese de DNA utilizando DNA como molde e (3) atividade de ribonuclease H

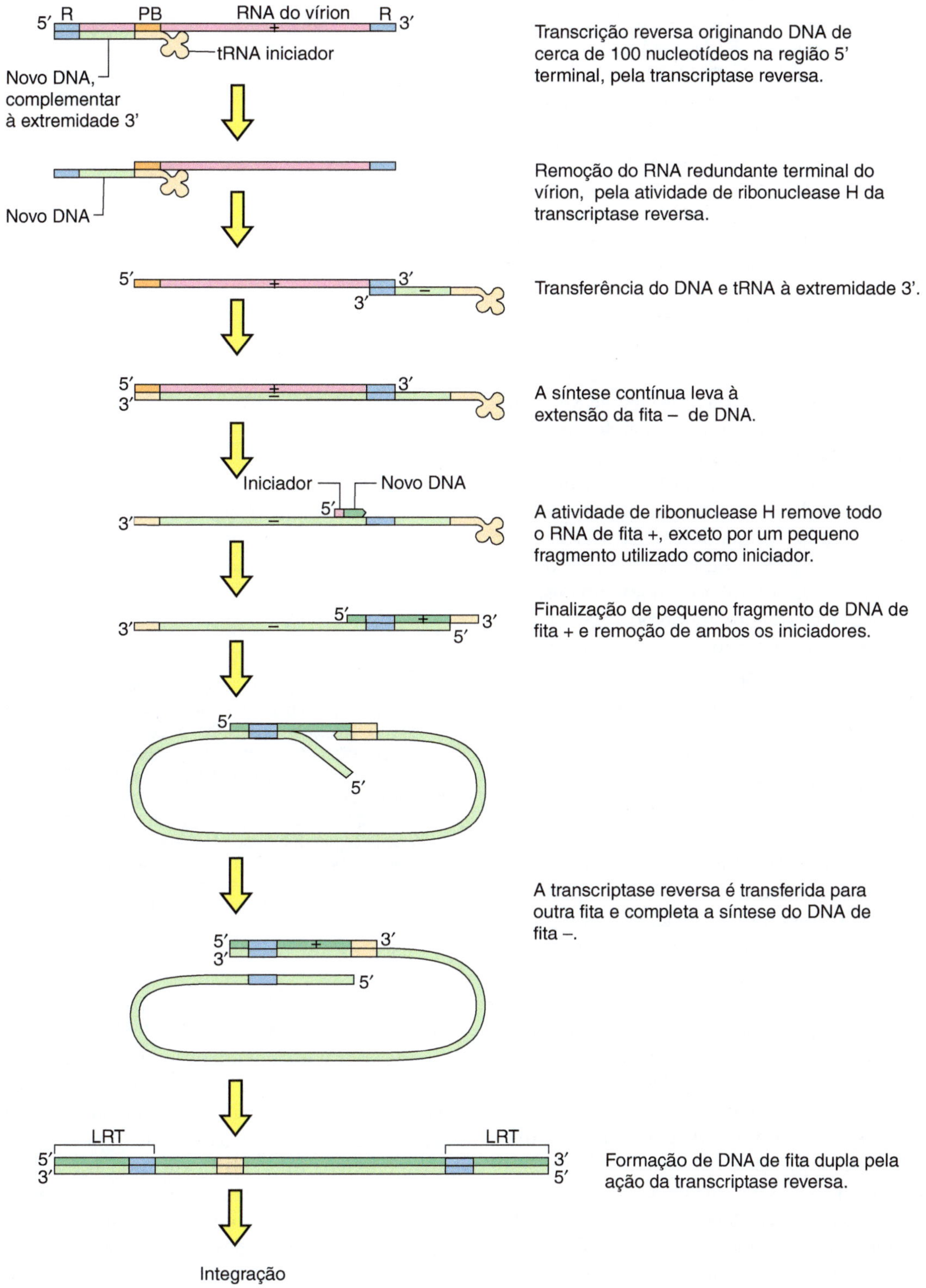

■ **Figura 16.23** Etapas gerais na formação de DNA de fita dupla a partir do RNA de fita simples do retrovírus. As seqüências assinaladas por R, no RNA, correspondem a repetições diretas encontradas em ambas as extremidades. A seqüência assinalada por PB corresponde ao ponto onde o iniciador (tRNA) se liga. Observe que o processo de síntese de DNA originou repetições diretas maiores no DNA que aquelas originalmente presentes no RNA. Estas são denominadas *longas repetições terminais (LRTs).*

(uma atividade que degrada a fita de RNA de um híbrido RNA:DNA). Assim como todas as DNA polimerases, a transcriptase reversa requer um iniciador para a síntese de DNA. O iniciador para a transcrição reversa dos retrovírus corresponde a um *RNA transportador celular* (*tRNA*) específico. O tipo de tRNA utilizado como iniciador depende do vírus, sendo incorporado no vírion a partir da célula hospedeira anterior.

Utilizando o iniciador de tRNA, cerca de 100 nucleotídeos próximos à extremidade 5' do RNA são submetidos à transcrição reversa, originando DNA. Quando a transcrição atinge a extremidade 5' do RNA, o processo é interrompido. Um diferente mecanismo é utilizado para que o restante do RNA, que corresponde à principal porção do RNA viral, seja copiado. Inicialmente, as seqüências terminais redundantes localizadas na extremidade 5' da molécula de RNA são removidas pela ação transcriptase reversa, que passa a exibir outra atividade enzimática, atuando como *ribonuclease H*. Esse processo leva à formação de uma pequena fita simples de DNA, complementar ao segmento de RNA localizado na *outra extremidade* do RNA viral. Esse pequeno fragmento de DNA de fita simples é, então, hibridizado à outra extremidade da molécula de RNA viral, dando continuidade à cópia das seqüências de RNA viral. Como resumido na Figura 16.23, a ação contínua da transcriptase reversa e ribonuclease H leva à formação de uma molécula de DNA de fita dupla com longas repetições terminais (LRTs) em cada extremidade. Estas LTRs contêm promotores fortes e estão envolvidas no processo de integração. A *integração* do DNA viral no genoma do hospedeiro é análoga à integração de Mu (ver Seção 16.5) ou à integração de um transposon bacteriano no genoma bacteriano. A integração pode ocorrer em qualquer local do DNA celular, e uma vez integrado, o elemento agora denominado *provírus* corresponde a um elemento genético estável. Como um provírus, sua informação genética pode ser expressa ou permanecer em estado latente, não sendo expressa.

Se os promotores na LRT à direita forem ativados, o DNA proviral integrado será transcrito por uma RNA polimerase celular, originando transcritos que apresentam "cap" e cauda poli-A. Estes transcritos de RNA podem ser tanto encapsidados, originando as partículas virais, ou processados e traduzidos, originando proteínas virais.

A Figura 9.24 apresenta mapas genéticos simplificados de dois retrovírus diferentes; já discutimos brevemente a expressão gênica na Seção 9.12. Todos os retrovírus funcionais possuem pelo menos três genes: *gag*, *pol* e *env*, nesta ordem. A transcrição de uma cópia do DNA integrado origina um RNA genômico de tamanho completo, o qual é adicionado do "cap" e cauda poli-A, podendo ser utilizado como mRNA ou empacotado em novos vírions.

A tradução e o processamento de tal mRNA de um retrovírus simples são apresentados na Figura 16.24. Observe que o "gene" *gag* na extremidade 5' do mRNA na realidade codifica várias proteínas pequenas. Estas são sintetizadas como uma poliproteína, subseqüentemente processada por uma protease (sendo esta parte da poliproteína). Estas proteínas originam o capsídeo (sendo a protease empacotada no vírion). O gene *pol* vem em seguida, sendo traduzido como uma poliproteína com as proteínas *gag*. Curiosamente, esta é sintetizada em pequenas quantidades porque, dependendo do retrovírus, um ribossomo que traduz o gene *pol* deve ler através do códon de terminação ao final do gene *gag* ou realizar uma alteração precisa na fase de leitura, nesta região. (Quase todos os elementos genéticos que codificam uma transcriptase reversa fazem-no em pequenas quantidades e como parte de uma poliproteína.) Essa proteína deve também ser processada a fim de ser removida das proteínas *gag*. O gene *pol* codifica tanto a transcriptase reversa quanto uma proteína integrase, envolvida na integração de DNA (que também é empacotada no vírion). Para que o gene *env* seja traduzido, o mRNA de comprimento total é processado como apresentado. Observe que, do ponto de vista do gene *env*, a região *gag* e *pol*

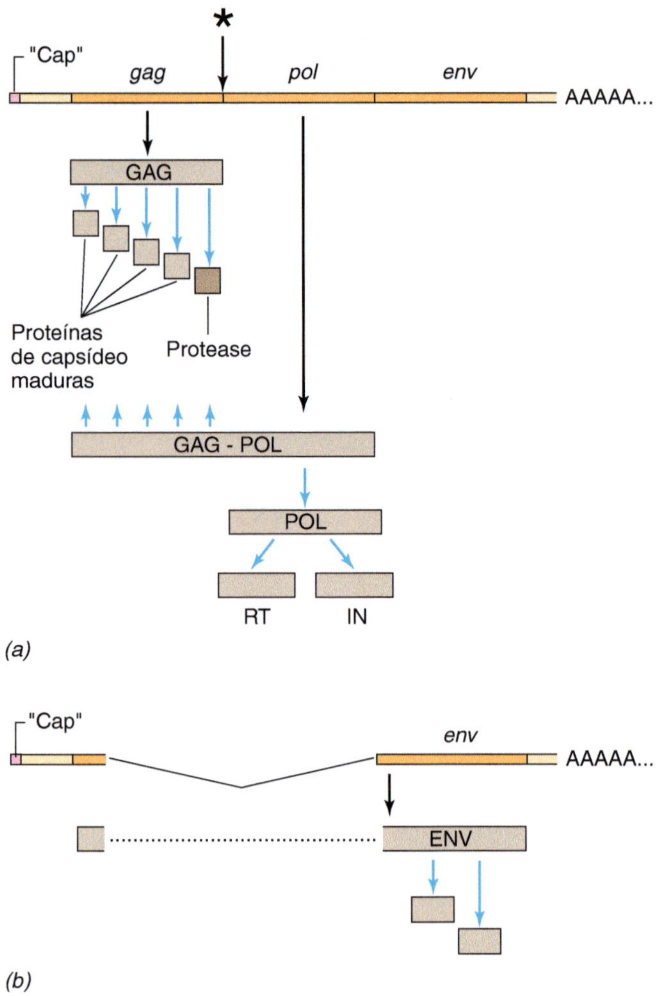

■ **Figura 16.24** Tradução do mRNA retroviral e processamento das proteínas. (a) O mRNA de comprimento total contendo os três genes *gag*, *pol* e *env* é apresentado na porção superior. O asterisco assinala o sítio onde um ribossomo deve fazer a leitura através de um códon de terminação ou realizar uma alteração precisa na fase de leitura para sintetizar a poliproteína GAG-POL. As setas pretas indicam a tradução, e as setas azuis indicam os eventos do processamento protéico. Um dos produtos do gene *gag* corresponde a uma protease. O produto de POL é processado, originando a transcriptase reversa (RT, do inglês *Reverse Transcriptase*) e a integrase (IN). (b) O mRNA foi processado para a remoção da maior parte da região *gag-pol*. Esta mensagem reduzida é traduzida, originando a poliproteína ENV, que é clivada nas duas proteínas do envelope.

corresponde a um íntron! O produto do gene *env* é processado, originando duas proteínas do envelope.

Embora esse padrão possa parecer complexo, trata-se do padrão de um retrovírus "simples". O genoma do vírus 1 da imunodeficiência humana (HIV-1, do inglês *Human Immunodeficiency Virus 1*) é bastante complexo, incluindo vários outros genes pequenos. Sua expressão não envolve apenas o extenso processamento protéico por proteases, mas também padrões complexos de "splicing" alternativo dos íntrons. No entanto, em todos esses vírus, muitas etapas catalisadas por proteases estão envolvidas na formação de proteínas maduras. Assim, inibidores específicos de proteases estão sendo utilizados no tratamento de infecções retrovirais, incluindo infecções pelo HIV-1.

Vírus de DNA que realizam a transcrição reversa: hepadnavírus

Os ciclos de vida dos vírus contêm uma variedade de estruturas genômicas e mecanismos de transferência de informações inesperados. Muitas são exemplificadas pelos hepadnavírus, como o vírus da hepatite B humana. Os genomas desses vírus fascinantes estão entre os menores conhecidos para um vírus, embora seu ciclo de vida seja bastante complexo. Assim como os retrovírus, tais vírus empregam a transcriptase reversa em seu ciclo de vida. No caso dos hepadnavírus, o genoma no vírion corresponde ao DNA, embora o DNA seja replicado empregando um intermediário de *RNA* — situação oposta àquela observada nos retrovírus.

O DNA genômico dos hepadnavírus é *parcialmente* composto por uma fita dupla (Figura 16.25). Uma fita é incompleta e ambas as fitas apresentam quebras ou lacunas, embora sejam mantidas na forma circular por meio de pontes de hidrogênio. Uma vez no citoplasma, uma polimerase viral presente no vírion finaliza a replicação dessa molécula. (Essa polimerase corresponde a uma proteína bastante versátil; apresenta atividades de DNA polimerase e de transcriptase reversa, além de ser a proteína iniciadora para a síntese de uma das fitas de DNA.) A figura que apresenta o mapa genético revela o incrível grau de compactação do genoma. Apesar de seu pequeno tamanho (3.200 pares de bases em média), o genoma codifica várias proteínas. Além dos genes apresentarem-se sobrepostos, cada base é parte de um códon para pelo menos uma proteína!

A replicação desse genoma envolve a transcrição pela RNA polimerase do hospedeiro (no núcleo), originando um transcrito com repetições terminais. (Essas repetições ocorrem porque a polimerase movimenta-se mais de uma vez ao redor da molécula circular.) A polimerase viral produz cópias de DNA de modo similar à replicação de retrovírus, embora, neste caso, o DNA seja empacotado nas novas partículas virais.

Notavelmente, o vírus da hepatite B humana corresponde a um "vírus helper" para o *agente delta*. O agente delta corresponde a um "subvírus" e requer que o vírus da hepatite B forneça as proteínas necessárias à sua capa. Assim, o agente delta corresponde a um parasita de um parasita! O agente delta apresenta um genoma circular de RNA de fita negativa, contendo 1.679 bases. Assim como os viróides (Seção 9.13), este parece ser capaz de formar pares de bases, originando uma estrutura semelhante a uma haste, que pode ser transcrita pela RNA polimerase do hospedeiro. Entretanto, contrariamente à situação observada nos viróides, o transcrito do agente delta codifica, pelo menos, uma proteína — a proteína de ligação ao RNA presente no vírion do agente delta. Inacreditavelmente, esse RNA também atua como ribozima (Seção 7.12), capaz de se autoclivar. Essa autoclivagem pode estar envolvida na formação de mRNA.

"Vírus" muito pequenos podem ser bastante interessantes. Os hepadnavírus e o agente delta empregam várias estratégias diferentes para otimizar a informação genética contida em seus diminutos genomas.

✓ 16.14 Verificação de conceitos

Os retrovírus contêm genomas de RNA no vírion, mas empregam a transcriptase reversa para sintetizar uma cópia de DNA durante seu ciclo de vida. Os hepadnavírus contêm genomas de DNA no vírion, mas empregam a transcriptase reversa para sintetizar esse DNA a partir de uma cópia de RNA. Os dois tipos de vírus apresentam padrões complexos de expressão gênica.

✓ Por que os inibidores de protease são efetivos na limitação da multiplicação dos retrovírus?

✓ Descreva as diferentes moléculas utilizadas pelos retrovírus e hepadnavírus como iniciadoras na síntese de DNA.

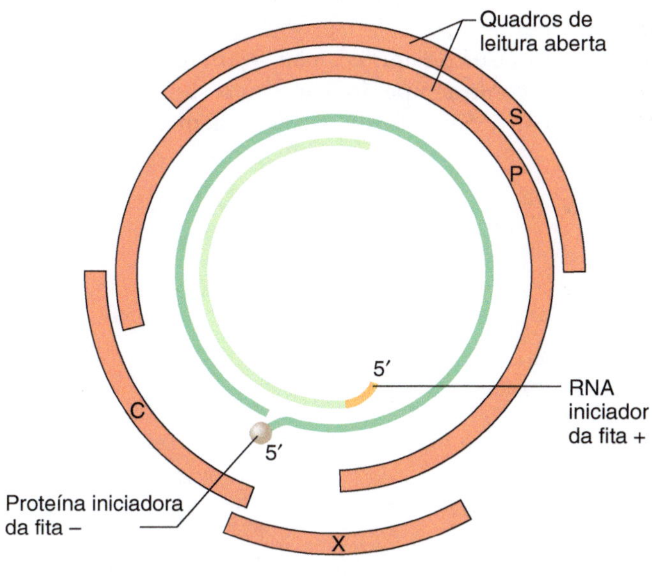

■ **Figura 16.25** O genoma de fita dupla parcial do vírus da hepatite B humana é apresentado em verde. Observe que a fita positiva não é completa. Os tamanhos dos quadros de leitura aberta C, P, S e X são também apresentados. Observe que todos os genes se sobrepõem e se estendem por todas as bases do genoma.

Questões de revisão

1. Descreva os tipos de genoma encontrados nos vírus. Dê um exemplo de pelo menos um vírus (ou grupo de vírus) para cada tipo de genoma.
2. O que são genes *sobrepostos*? Dê exemplos de vírus que apresentam genes sobrepostos.
3. São conhecidos vírus de RNA de fita positiva de *Bacteria*, plantas e animais. Quais são as importantes diferenças entre a expressão gênica nesses vírus, particularmente entre aqueles que infectam *Bacteria* e os que infectam eucariotos?
4. A Figura 16.17 apresenta um DNA circular com circunferência de 1,5 μm. Quantos pares de bases são encontrados nessa molécula de DNA (Seção 7.2)?
5. Muitos bacteriófagos apresentam genoma de DNA de fita simples. Descreva como os genes presentes nesses vírus podem ser transcritos e traduzidos.
6. Uma das extremidades do genoma de T7 sempre é o primeiro a penetrar na célula durante a infecção. Isto é necessário para que o processo infeccioso prossiga. Explique.
7. Os rhabdovírus apresentam uma estrutura genômica incomum. Qual é a natureza de seu genoma e por que o vírion *deve* conter uma enzima envolvida em sua replicação?
8. Os vírus de *Chlorella* apresentam um mecanismo incomum para infectar as células, quando comparados a outros vírus de eucariotos. Como estes infectam as células e que outros tipos de vírus empregam tal mecanismo?
9. Embora vírus de animais não sejam normalmente referidos como temperados, como o são alguns bacteriófagos (Seção 9.10), vários podem estabelecer infecções latentes. Descreva dois exemplos desse tipo de vírus em animais.
10. Diversos vírus com DNA de fita dupla apresentam genomas lineares. Descreva, para três desses vírus, o mecanismo utilizado para garantir que as extremidades 5′ de suas fitas de DNA sejam replicadas.
11. Em relação à expressão dos genes retrovirais, o que torna a replicação viral sensível aos inibidores de protease?

Questões de aplicação

1. Nem todas as proteínas são sintetizadas na mesma quantidade a partir do genoma de RNA do bacteriófago MS2. Você pode explicar por quê? Uma das proteínas atua de modo muito similar a um repressor (Seção 8.5), embora atue em nível traducional. Qual é essa proteína e como atua?
2. A maioria dos vírus conhecidos que infectam plantas multicelulares corresponde a vírus de RNA. Por quê?
3. Explique mecanisticamente por que os genomas de vírus de RNA de fita dupla devem ser segmentados.
4. O mecanismo de replicação de ambas as fitas de DNA, em alguns vírus, como adenovírus, é contínuo. Mostre como isso pode ocorrer sem violar a "regra" descrita no Capítulo 7, onde a síntese de todos os DNAs ocorre na direção 5′ → 3′.
5. A maioria dos elementos genéticos que expressa a transcriptase reversa o faz em pequenas quantidades e/ou como parte de uma poliproteína. Você é capaz de explicar a(s) razão(ões) que justifique(m) tal fato?

O controle dos microrganismos corresponde a um dos principais objetivos dos microbiologistas experimentais e clínicos, bem como uma batalha diária nos lares, hospitais, restaurantes e qualquer outro local onde a higienização seja necessária. Existem inúmeros meios físicos e químicos para o controle microbiano, os quais incluem desinfetantes químicos e anti-sépticos, enquanto para o uso *in vivo* dispomos de diversas drogas antimicrobianas muito potentes. No entanto, a principal forma de controle do crescimento microbiano corresponde à esterilização, que geralmente se dá pelo emprego de métodos físicos como vapor e calor sob pressão, empregados na autoclave aqui ilustrada.

17 CONTROLE DO CRESCIMENTO MICROBIANO

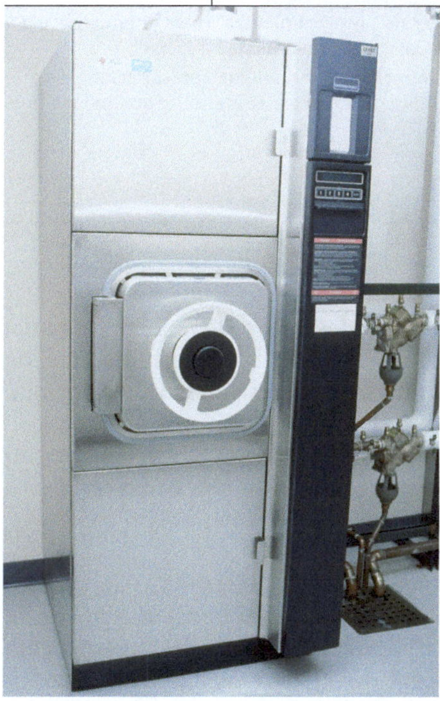

Glossário de trabalho

Agente antimicrobiano composto químico que mata ou inibe o crescimento de microrganismos

Agente bactericida agente que mata bactérias

Agente bacteriostático agente que inibe o crescimento bacteriano

Agente fungicida agente capaz de matar fungos

Agente fungistático agente que inibe o crescimento fúngico

Agente quimioterápico agente antimicrobiano que permite o uso interno

Agente viricida agente que bloqueia a replicação e as atividades virais

Agente viristático agente que inibe a replicação viral

Aminoglicosídeos grupo de antibióticos que inclui a estreptomicina, contendo aminoaçúcares unidos por ligações glicosídicas

Análogo de fator de crescimento agente químico que é relacionado bloqueia a captação de um fator de crescimento

Antibiótico substância química produzida por um microrganismo, que mata ou inibe o crescimento de outro microrganismo

Antibiótico de amplo espectro antibiótico que age em organismos gram-positivos e gram-negativos do domínio *Bacteria*

Antibióticos β-lactâmicos grupo de antibióticos, como a penicilina, que contém em sua estrutura o anel β-lactâmico heterocíclico de quatro membros

Anti-sépticos agentes antimicrobianos, suficientemente atóxicos para serem aplicados em tecidos vivos

Autoclave equipamento de esterilização que destrói os microrganismos pela ação conjunta da alta temperatura e do vapor sob pressão

CMI Concentração Mínima Inibitória — a menor concentração de uma substância necessária para impedir o crescimento microbiano

Descontaminação tratamento que torna seguro para o manuseio um objeto ou superfície inanimada

Desinfecção processo de eliminação de praticamente todos os patógenos, mas não todos os microrganismos, de objetos ou superfícies

Desinfetante agente antimicrobiano utilizado apenas em objetos inanimados

Esterilização processo de remoção ou morte de todos os organismos vivos e seus vírus, de um meio de cultura

Inibição redução do crescimento microbiano devido a um decréscimo no número de organismos presentes ou a alterações no meio ambiente microbiano

INNTR Inibidor Não Nucleosídico da Transcriptase Reversa

Interferons proteínas antivirais hospedeiro-específicas produzidas por células infectadas por vírus que impedem a infecção viral de células vizinhas

INTR Inibidor Nucleosídico da Transcriptase Reversa

IP Inibidor de Protease

Lise perda da integridade celular, com liberação do conteúdo citoplasmático

Pasteurização destruição de todos os microrganismos causadores de doenças ou redução do número de microrganismos deteriorantes

Penicilina semi-sintética penicilina natural, modificada quimicamente

Quinolonas compostos antibacterianos sintéticos que interagem com a DNA girase, impedindo o superenovelamento do DNA bacteriano

Resistência a drogas antimicrobianas capacidade adquirida por um microrganismo de crescer na presença de uma droga antimicrobiana à qual este normalmente é sensível

Tetraciclina antibiótico caracterizado pela presença de um anel naftaceno, de quatro membros

Este capítulo traz uma mudança em nosso enfoque sobre os microrganismos. A partir desta seção, abordaremos as relações entre os microrganismos e o homem. Iniciaremos destacando os agentes e os métodos empregados no controle do crescimento microbiano.

De modo geral, o controle pode ser exercido pela limitação do crescimento microbiano, um processo de **inibição**, ou pela destruição dos organismos pela **esterilização**, a morte ou remoção de todos os organismos viáveis do meio de cultura. Agentes que destroem ou matam bactérias são **bactericidas**. Na prática, freqüentemente a esterilidade não é alcançável, mas, em muitos casos, podemos inibir o rápido crescimento dos organismos empregando métodos de descontaminação e de desinfecção. Agentes que inibem o crescimento bacteriano são denominados **bacteriostáticos**.

Medidas de controle microbiano incluem a **descontaminação, desinfecção** e **esterilização**. Aplicamos continuamente métodos de descontaminação para inibir o crescimento microbiano. Por exemplo, o ato casual de limpar a mesa após a refeição remove nutrientes microbianos em potencial, bem como os micróbios contaminantes, evitando assim o crescimento microbiano. Medidas antimicrobianas mais diretas incluem a desinfecção por agentes químicos ou físicos especializados, visando à inibição do crescimento microbiano ou sua destruição. Por exemplo, rotineiramente empregamos desinfetantes químicos, tais como o álcool, para limpar e desinfetar ferimentos. Finalmente, quando necessário, empregamos métodos de esterilização controlada para destruir todos os microrganismos. A esterilização, embora difícil de ser obtida, impede totalmente a contaminação e o crescimento de microrganismos. Tais medidas são necessárias, por exemplo, no preparo de meios microbiológicos ou de instrumentos cirúrgicos. Todos esses procedimentos têm como objetivo a redução da *carga microbiana* ou o número de microrganismos viáveis presentes.

O controle microbiano *in vivo*, no entanto, é uma questão diferente: agentes bactericidas ou bacteriostáticos de utilidade clínica devem reduzir ou impedir o crescimento microbiano, sem causar qualquer dano à célula hospedeira. Essa meta é alcançada por uma grande variedade de agentes quimioterápicos naturais e sintéticos.

Neste capítulo, iremos examinar primeiramente os métodos de controle microbiano empregados *in vitro*. Em seguida, discutiremos as drogas antimicrobianas empregadas *in vivo*, em humanos.

I CONTROLE ANTIMICROBIANO POR AGENTES FÍSICOS

Métodos físicos são freqüentemente utilizados para promover a descontaminação microbiana, a desinfecção e a esterilização. Os métodos-padrão empregados para destruir ou remover microrganismos indesejáveis correspondem ao calor, à radiação e à filtração. Discutiremos aqui os mecanismos de ação e forneceremos alguns exemplos práticos do uso desses métodos na prevenção do crescimento microbiano ou na descontaminação de áreas ou materiais contendo micróbios.

17.1 Esterilização pelo calor

Talvez o método de controle do crescimento microbiano mais difundido corresponda à aplicação de calor.

Cinética da esterilização pelo calor

Para todos os microrganismos existe uma temperatura máxima para o crescimento, acima da qual ocorrem efeitos letais. Em temperaturas muito elevadas, virtualmente todas as macromoléculas perdem sua estrutura e capacidade funcional — um processo conhecido como *desnaturação*. Conforme ilustrado na Figura 17.1, a morte pelo aquecimento é uma função exponencial (de primeira ordem), que ocorre mais rapidamente à medida que a temperatura se eleva. A relação de primeira ordem apresentada na Figura 17.1 indica que a taxa de mortalidade é proporcional, em qualquer instante, à concentração de organismos naquele momento, isto é, o tempo necessário para que uma fração definida (por exemplo 90%) de células seja morta independe da concentração inicial. Esses fatos levam a conseqüências práticas importantes. Se desejarmos *esterilizar* uma população microbiana, levaremos mais tempo em temperaturas baixas que em temperaturas mais elevadas. Assim sendo, é necessário o ajuste do tempo e da temperatura para promover a esterilização, em cada conjunto específico de condições. A natureza do calor é também importante: o calor úmido tem maior poder de penetração que o calor seco, produzindo uma redução maior do número de organismos vivos, a uma determinada temperatura.

O tempo necessário para uma redução da densidade populacional em 10 vezes, a uma determinada temperatura, é denominado *tempo de redução decimal* ou *D*, que corresponde à forma mais útil para caracterizar a esterilização pelo calor. Nas faixas de temperatura utilizadas no preparo de alimentos (isto é, cozimento e envasamento), a relação entre *D* e a temperatura é essencialmente exponencial. Assim, quando o logaritmo de *D* é plotado em função da temperatura, obtém-se uma linha reta (Figura 17.2). A inclinação da reta nos fornece uma medida da sensibilidade do organismo ao calor, nas condições empregadas. O gráfico pode ser utilizado para calcular o tempo necessário de processamento para que se promova uma esterilização, por exemplo, em operações de envasamento (Seção 29.2).

A determinação dos tempos de redução decimal é um procedimento relativamente longo, que exige várias contagens do número de viáveis (Seção 6.5). Um modo mais fácil de caracterizar a sensibilidade de um organismo ao calor consiste na determinação do seu *tempo de morte térmica*, o tempo necessário para matar todas as células em uma determinada temperatura. Esse processo pode ser realizado simplesmente se aquecendo amostras de uma suspensão celular por diferentes períodos de tempo, sendo as suspensões aquecidas misturadas a um meio de cultura e incubadas. Se todas as células forem mortas, não será observado crescimento nas amostras incubadas. O tempo de morte térmica depende do tamanho da população testada, uma vez que é necessário um maior tempo para matar todas as células de uma população grande em comparação a uma pequena. Quando o número de células é padronizado, é possível se confrontar a sensibilidade de diferentes organismos ao calor comparando seus tempos de morte térmica, conforme ilustrado graficamente na Figura 17.1.

Esporos e esterilização pelo calor

A resistência que as células vegetativas e os endósporos bacterianos de um mesmo organismo apresentam ao calor varia consideravelmente. Por exemplo, na autoclave (ver em seguida), normalmente se atinge a temperatura

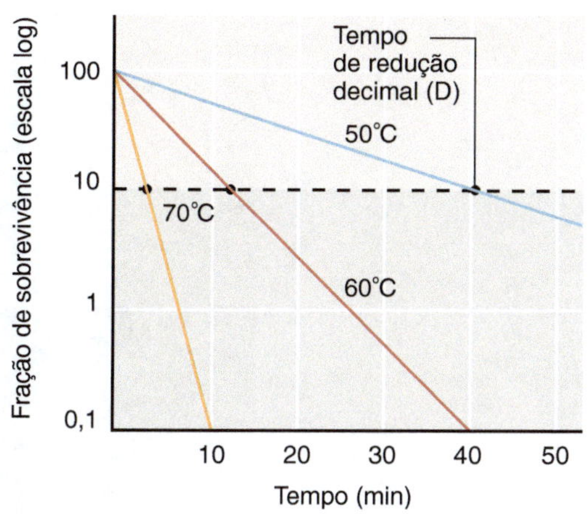

■ **Figura 17.1** O efeito da temperatura na viabilidade de uma bactéria mesofílica. O tempo de redução decimal, *D*, foi obtido para o mesmo organismo mesofílico em três temperaturas diferentes. *D* corresponde ao período de tempo em que apenas 10% da população original de organismos permanecem viáveis, a uma determinada temperatura. A 70°C, *D* = 3 min; a 60°C, *D* = 12 min; a 50°C, *D* = 42 min.

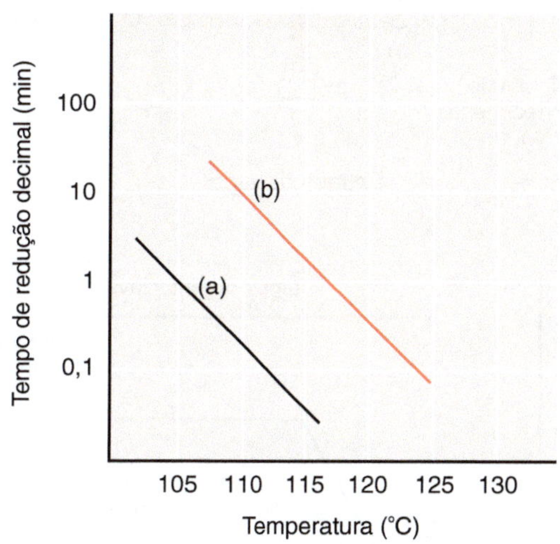

■ **Figura 17.2** A relação entre a temperatura e a taxa de morte, conforme indicado pelo tempo de redução decimal de dois microrganismos diferentes. Os dados foram obtidos a partir dos tempos de redução decimal, *D*, em diversas temperaturas, como na Figura 17.1. Para o organismo (a), um mesofílico típico, a exposição a 110°C por menos de 20 s resultou em uma redução decimal, enquanto para o organismo (b), um termofílico, foram necessários 10 min para se alcançar uma redução decimal.

de 121°C. Nessas condições, os endósporos podem requerer de 4-5 min para uma redução decimal, enquanto as células vegetativas necessitam somente de 0,1-0,5 min a 65°C. Desse modo, procedimentos de esterilização pelo calor são eficazes na destruição de endósporos.

Os endósporos bacterianos (Seção 4.15) são as estruturas mais termorresistentes conhecidas: são capazes de sobreviver a temperaturas que rapidamente matariam as células vegetativas da mesma espécie. O principal fator na resistência ao calor corresponde à quantidade e ao estado da *água* no interior do endósporo. Durante a sua formação, o protoplasma é reduzido a um volume mínimo como resultado do acúmulo de Ca^{2+}, de *pequenas proteínas ácido solúveis de Esporo* (PPASs) e da síntese de acido dipicolínico, levando à formação de uma estrutura de consistência similar a um gel. Neste estágio, forma-se um espesso córtex ao redor do núcleo do protoplasto. A contração do córtex origina um protoplasto encolhido e desidratado, com teor de apenas 10-30% de água, quando comparado a uma célula vegetativa. O conteúdo de água do protoplasto, associado à concentração de PPASs, determina a resistência do esporo ao calor. Quando endósporos possuem baixa concentração de PPASs e alto teor de água, apresentam baixa resistência ao calor; em contrapartida, quando possuem alta concentração de PPASs e baixo teor de água, apresentam alta resistência ao calor. A água movimenta-se livremente para dentro e para fora dos esporos, de modo que a exclusão da água não é decorrente da impermeabilidade do revestimento do esporo, mas devido à presença do material semelhante a um gel, presente no protoplasto do esporo.

A natureza do meio onde o aquecimento é realizado também influencia na morte, tanto de células vegetativas como de esporos. A morte microbiana é mais rápida em pH ácido, sendo alimentos ácidos, como tomates, frutas e picles, mais facilmente esterilizados que alimentos de pH neutro, como milho e feijão. A alta concentração de açúcares, proteínas e gorduras diminui a penetração do calor, geralmente aumentando a termorresistência do organismo, enquanto as altas concentrações de sais podem tanto aumentar como diminuir a resistência ao calor, dependendo do organismo. Células desidratadas (e esporos) são mais resistentes ao calor que as úmidas; conseqüentemente, a esterilização de objetos secos sempre requer temperaturas mais elevadas e tempos mais longos que a esterilização de objetos úmidos.

A autoclave

A **autoclave** é um dispositivo selado que permite a entrada de vapor sob pressão (Figura 17.3). A morte de

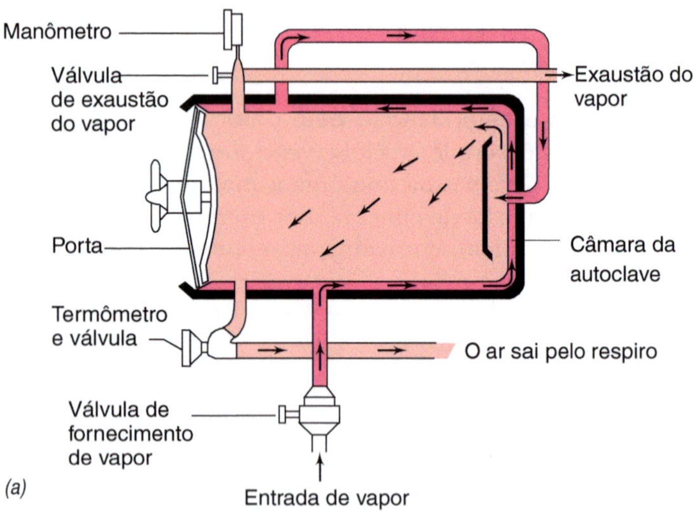

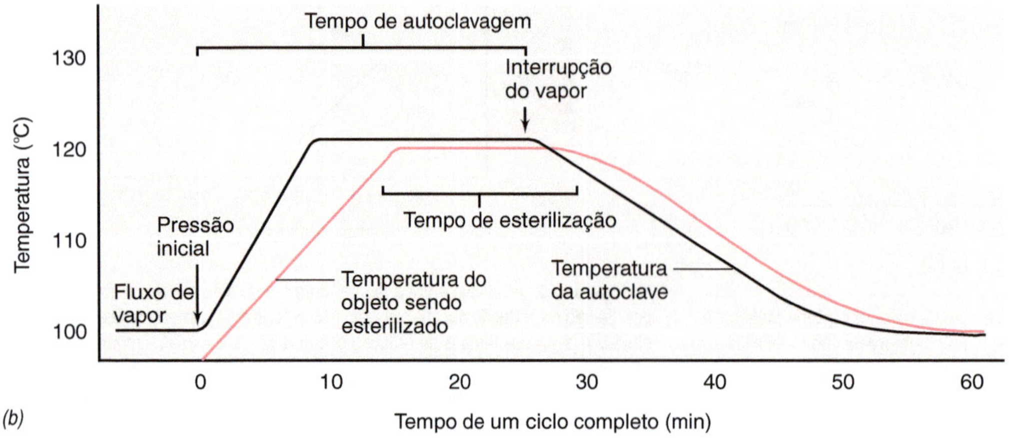

■ **Figura 17.3** Utilização da autoclave para a esterilização. (a) Fluxo do vapor através de uma autoclave. (b) Um ciclo típico de autoclavagem. É apresentada a esterilização de um objeto relativamente volumoso. A temperatura do objeto aumenta mais lentamente que a temperatura da autoclave. (c) Autoclave moderna, utilizada em pesquisas. Observe a porta de travamento por pressão e os controles de ciclo automático no painel à direita. Os ajustes para a entrada de vapor e de exaustão localizam-se na lateral direita da autoclave.

Aprendendo com o passado | A origem da pasteurização

O nome de Pasteur permanecerá eternamente associado ao processo de pasteurização. O desenvolvimento do processo de pasteurização foi bem discutido por René Dubos, em seu livro sobre a vida de Pasteur.[1] Deste livro, transcrevemos:

"A demonstração de que micróbios não são gerados espontaneamente estimulou o desenvolvimento de técnicas para destruí-los, impedindo ou minimizando a contaminação subseqüente. De imediato, esses avanços provocaram profundas alterações tecnológicas no preparo e conservação de produtos alimentícios e, subseqüentemente, em outros processos industriais. (...)

"Rapidamente foi descoberto que a introdução de microrganismos em produtos biológicos pode ser minimizada por um inteligente e rigoroso controle dos processos tecnológicos, embora esta não possa ser completamente impedida. O problema, portanto, consistia em inibir o desenvolvimento desses organismos, após terem sido introduzidos no produto. Para atingir esse objetivo, Pasteur primeiramente tentou adicionar uma variedade de anti-sépticos, mas seus resultados foram medíocres, e, após grande hesitação, ele considerou a possibilidade de empregar o calor como um agente de esterilização.

"Os primeiros estudos de Pasteur sobre a utilização do calor como agente preservante foram realizados com vinho. Pasteur cresceu em uma das regiões produtoras dos melhores vinhos na França e como *connoisseur* da bebida ficava bastante perturbado com a idéia de que o aquecimento pudesse alterar seu sabor e buquê. Por essa razão, prosseguiu com bastante cautela e eventualmente se convenceu de que o aquecimento a 55°C não alteraria de modo significativo o buquê do vinho. (...) Essas considerações levaram ao processo de esterilização parcial, que logo se tornou conhecido mundialmente como 'pasteurização', tendo se mostrado aplicável ao vinho, cerveja, sidra, vinagre, leite e incontáveis bebidas, além de alimentos e produtos orgânicos perecíveis.

"Uma das características de Pasteur era não se satisfazer apenas com a formulação da base teórica da esterilização por calor, que despertou nele um grande interesse em desenhar um equipamento industrial adaptado para o aquecimento de grandes volumes de líquido, a um baixo custo. Seus tratados sobre vinagre, vinho e cerveja são ilustrados com desenhos e fotografias desse tipo de equipamento e descrevem com detalhes as operações envolvidas no processo. A palavra 'pasteurização' corresponde, certamente, a um símbolo da sua vida científica; ela relembra o papel que ele desempenhou no estabelecimento das bases teóricas da teoria dos germes e o esforço fenomenal devotado para torná-la útil aos seres humanos. Ela também nos relembra sua conhecida afirmação: 'Não existe ciência pura e aplicada — existe tão-somente a ciência e a aplicação da ciência'."

1 René Dubos, *Pasteur and modern science*, Science Tech, Madison, WI, 1988.

endósporos termorresistentes requer o aquecimento acima da temperatura de ebulição e o uso de vapor sob pressão (Figura 17.3*a*). O procedimento usual consiste em aquecer o vapor a uma pressão de 1,1 quilograma/centímetro quadrado (kg/cm^2) [15 libras/polegada quadrada (lb/pol^2)], o que gera uma temperatura de 121°C. A 121°C, o tempo necessário para promover uma esterilização é usualmente de 10-15 min (Figura 17.3*b*). Se objetos volumosos forem submetidos à esterilização, a transferência de calor para seu interior será lenta, devendo o tempo de aquecimento ser suficientemente longo para que o objeto *por inteiro* atinja 121°C por um período de 10-15 min. Tempos maiores são também necessários quando grandes volumes de líquidos estão sendo autoclavados, pois grandes volumes requerem maior tempo para atingir a temperatura de esterilização. Observe que não é a *pressão* da autoclave que mata os microrganismos, mas a *alta temperatura* que pode ser atingida pelo vapor sob alta pressão.

Pasteurização

A **pasteurização** é um processo que reduz a população microbiana do leite e de outros alimentos sensíveis ao calor. O processo recebeu essa denominação em homenagem a Louis Pasteur, o primeiro a utilizar o calor no controle da deterioração do vinho (ver Quadro "A origem da pasteurização"). A pasteurização não é sinônio de esterilização, uma vez que nem todos os organismos são mortos. Originalmente, a pasteurização do leite era empregada para matar bactérias patogênicas, especialmente os organismos causadores da tuberculose, brucelose, febre Q e febre tifóide, embora o tempo de prateleira (validade) do leite também aumentasse após a pasteurização. Embora em países desenvolvidos esses patógenos já não sejam comuns nos alimentos, a pasteurização impede a disseminação de patógenos, como espécies de *Salmonella* e *Escherichia coli* O157:H7 a partir de fontes habituais, como o leite e sucos. A pasteurização também impede o crescimento de organismos deteriorantes, aumentando dramaticamente o tempo de prateleira de líquidos perecíveis (Seções 29.1 e 29.2).

A pasteurização do leite é geralmente realizada por meio de sua passagem através de um trocador de calor. O leite é vertido em um tubo que está em contato com uma fonte de calor. O controle cuidadoso do fluxo do leite, bem como da temperatura e do tamanho da fonte de calor, promove a elevação da temperatura do leite para 71°C durante 15 s. O leite é, em seguida, rapidamente resfriado. O processo completo recebe, apropriadamente, a denominação *pasteurização rápida*. O leite também pode ser aquecido em grandes tonéis, a 63-66°C por 30 min. No entanto, esse método de *pasteurização lenta* não é tão satisfatório, pois o leite se aquece e esfria lentamente, devendo ser mantido em altas temperaturas por maior tempo. A pasteurização rápida promove menores alterações de sabor e mata os organismos termorresistentes com maior eficiência, sendo normalmente realizada por fluxo contínuo. O método de pasteurização rápida é mais adaptável às operações em larga escala de laticínios, sendo rotineiramente utilizado pelas indústrias modernas de laticínios, freqüentemente empregando tempos ainda menores de exposição e temperaturas mais elevadas.

✓ 17.1 Verificação de conceitos

A esterilização é um processo que promove a morte de todos os organismos. A aplicação de calor corresponde ao método mais amplamente utilizado para a esterilização. A temperatura de esterilização pelo calor é selecionada de modo a eliminar do material os organismos mais resistentes ao calor, geralmente endósporos bacterianos. Na esterilização rotineira utiliza-se uma autoclave; esse procedimento permite a aplicação de vapor quente sob pressão, em temperatura acima do ponto de ebulição da água. A pasteurização mata a maioria dos microrganismos patogênicos, reduz a carga microbiana e o crescimento de microrganismos deteriorantes, aumentando acentuadamente o tempo de prateleira (validade).

✓ Por que o calor é um agente eficaz de esterilização?

✓ Quais as etapas necessárias para esterilizar materiais que podem conter endósporos bacterianos?

17.2 Esterilização por radiação

Uma maneira eficaz de promover a esterilização ou a redução da carga microbiana em praticamente qualquer substância consiste no uso de radiação eletromagnética; o calor é somente um exemplo. Microondas, radiação ultravioleta (UV), raios X, raios gama (raios γ) e elétrons são formas de radiação eletromagnética (Seção 10.3) capazes de controlar o crescimento microbiano. No entanto, cada tipo de radiação atua por meio de mecanismos específicos. Por exemplo, a atividade antimicrobiana das microondas é decorrente, pelo menos em parte, dos efeitos térmicos. A radiação UV, normalmente com comprimento de onda entre 220 e 300 nm, age por um mecanismo diferente. As ondas UV possuem energia suficiente para promover quebras no DNA, levando o organismo exposto à morte (Seção 10.3). Essa luz "quase visível" é útil na desinfecção de superfícies, do ar e de outros materiais, como água, que não absorvem as ondas UV. Por exemplo, fluxos laminares laboratoriais são equipados com lâmpadas UV "germicidas" para promover a descontaminação de sua superfície após o uso (Figura 17.4). A radiação ultravioleta não penetra em superfícies sólidas, opacas e que absorvem luz; conseqüentemente, sua utilidade limita-se à desinfecção de superfícies expostas.

Radiação ionizante

A radiação ionizante corresponde a um tipo de radiação eletromagnética, com energia suficiente para produzir íons e outras espécies moleculares reativas a partir de moléculas com as quais as partículas de radiação colidem. A radiação ionizante produz elétrons, (e^-), radicais hidroxil OH•) e radicais hidrido (H•). Cada uma destas moléculas reativas é capaz de degradar e alterar biopolímeros, como o ácido desoxirribonucléico (DNA) e proteínas. Além disso, a radiação ionizante pode interagir diretamente com o DNA, promovendo quebras nesse polímero. A ionização e subseqüente degradação de moléculas biologicamente importantes, como o DNA e as proteínas enzimáticas, levam as células irradiadas à morte. Diversas fontes de radiação são potencialmente úteis na esterilização.

A unidade de radiação, denominada *roentgen*, corresponde a uma medida da energia de radiação liberada por uma fonte. O padrão para aplicações biológicas, tais como a esterilização, corresponde à *dose de radiação absorvida*. A *dose absorvida* é expressa em rad (100 erg/g) ou gray (1 Gy = 100 rad). Certos microrganismos são muito mais resistentes à radiação que outros. A Tabela 17.1 apresenta a dose de radiação necessária para reduzir em 10 vezes o número de alguns microrganismos ou suas funções biológicas.

Em geral, os microrganismos são mais resistentes à radiação ionizante que os organismos multicelulares. Por exemplo, a quantidade de energia necessária para reduzir uma carga bacteriana em 10 vezes é de, no mínimo, 200 Gy. Contrariamente, a dose *letal* de radiação para humanos é considerada como de 10 Gy ou menos! Observe que as doses apresentadas na Tabela 17.1 são aquelas que promovem uma redução logarítmica no crescimento de um determinado organismo. A *D10*, ou *valor de redução decimal*, fornece informações similares àquelas obtidas com o tempo de redução decimal, na esterilização pelo calor (ver Seção 17.1). A relação entre a fração de sobrevivência, plotada em uma escala semilogarítmica, *versus* a dosagem de radiação em grays é essencialmente linear (Figura 17.5). Uma dose de *mortalidade padrão*, em processos de esterilização por radiação corresponde àquela requerida para 12 *D*10. Por exemplo, para a destruição dos endósporos de *Clostridium botulinum* resistentes à radioatividade, são necessários 39.600 Gy (Tabela 17.1).

Uso prático da radiação

Várias fontes de radiação ionizante estão disponíveis, incluindo aparelhos de raios X, tubos de raios catódicos e nuclídeos radioativos. Essas fontes produzem raios X ou raios-γ, ambas com energia e poder de penetração suficientes para inibir de maneira eficiente o crescimento microbiano em meios líquidos e sólidos. As principais fontes de radiação ionizante de utilização comercial são os nuclídeos radioativos que emitem raios-γ. Os dois radioisótopos mais empregados são o ^{60}Co e o ^{137}Cs, ambos subprodutos da fissão nuclear, de custo relativamente baixo.

Hoje em dia, a radiação é rotineiramente utilizada em processos de esterilização e descontaminação nas indústrias de suprimentos médicos e de produtos alimentícios. Nos Estados Unidos, o *Food and Drug Administration*

J. Martinko

■ **Figura 17.4** Fluxo laminar com uma fonte de radiação ultravioleta (UV) (lâmpada de vapor de mercúrio), utilizada para a descontaminação das superfícies internas.

N. da T. Órgão governamental que fiscaliza a fabricação e comercialização de produtos de uso médico e alimentar.

Tabela 17.1 Sensibilidade de microrganismos e funções biológicas à radiação

Espécie ou função	Tipo de microrganismo	D10[a] (Gy)
Clostridium botulinum	*Bacteria* gram-positivas, anaeróbias, esporulantes	3.300
Clostridium tetani	*Bacteria* gram-positivas, anaeróbias, esporulantes	2.400
Bacillus subtilis	*Bacteria* gram-positivas, aeróbias, esporulantes	600
Salmonella typhimurium	*Bacteria* gram-negativas	200
Lactobacillus brevis	*Bacteria* gram-positivas	1.200
Deinococcus radiodurans	*Bacteria* gram-negativas, resistentes à radiação	2.200
Aspergillus niger	Bolor	500
Saccharomyces cerevisiae	Levedura	500
Febre aftosa	Vírus	13.000
Coxsackie	Vírus	4.500
Inativação enzimática	—	20.000-50.000
Desinfestação de insetos	—	1.000-5.000

a *D*10 corresponde à quantidade de radiação necessária para reduzir a população inicial, ou o nível de atividade, em 10 vezes (uma unidade logarítmica). Gy = grays. 1 gray = 100 rads.

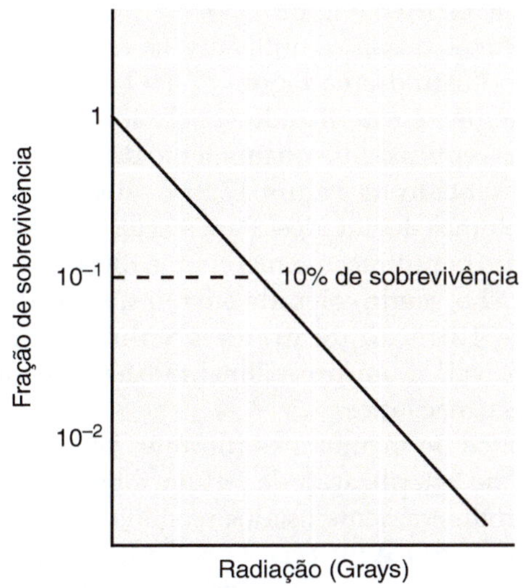

■ **Figura 17.5** Relação entre a fração de sobrevivência e a dose de radiação. A *D*10, ou dose de redução decimal, pode ser interpolada a partir dos dados, conforme apresentado. A dose em Grays difere significativamente para cada organismo.

aprovou o uso da radiação na esterilização dos mais diversos itens, como suprimentos médicos, materiais descartáveis de laboratório e até mesmo tecidos para enxertos (Tabela 17.2). No entanto, em virtude dos custos e dos riscos inerentes ao equipamento de radiação, esse tipo de esterilização limita-se a operações industriais de larga escala ou a laboratórios altamente especializados. Alimentos e produtos alimentícios são rotineiramente irradiados (Seção 29.2). Além da esterilização, a pasteurização e a desinfestação de insetos podem ser promovidas pelo ajuste adequado da dosagem de radiação aplicada. A Organização Mundial de Saúde aprovou o uso da radiação como medida de descontaminação em alimentos particularmente suscetíveis à contaminação microbiana, especialmente especiarias e produtos derivados de carne fresca, tais como hambúrgueres e frango, sendo aprovada nos Estados Unidos para a descontaminação da carne moída (Seção 29.2). A utilização de radiação para todas essas finalidades corresponde a uma tecnologia estabelecida e aceita em muitos países, embora sua aceitação em outros tenha sido lenta, devido ao receio da possível contaminação radioativa, alteração do valor nutritivo, geração de produtos tóxicos ou cancerígenos e perda das características organolépticas dos alimentos irradiados.

✓ 17.2 Verificação de conceitos

Em condições apropriadas, a radiação eletromagnética controla de maneira eficaz o crescimento microbiano. A radiação ultravioleta é útil na descontaminação de superfícies e de materiais que não absorvem luz, como o ar e a água. A utilização da radiação ionizante é útil quando é necessário penetrar materiais sólidos ou que absorvem a luz. A radiação ionizante é muito eficaz na esterilização e descontaminação.

✓ Defina a dose de redução decimal para a radiação.

✓ Por que a radiação ionizante é mais eficiente que a radiação ultravioleta, na esterilização de produtos alimentícios?

17.3 Esterilização por filtração

Conforme discutimos na Seção 17.1, o calor corresponde à forma mais comum e eficaz de esterilização de líquidos no entanto, a *filtração* pode ser utilizada na esteriliza-

Tabela 17.2 Produtos médicos e laboratoriais esterilizados por radiação

Tecidos para enxertos	Drogas	Suprimentos médicos e laboratoriais
Cartilagem	Cloranfenicol	Materiais de laboratório descartáveis
Tendão	Ampicilina	Meios de cultura
Pele	Tetraciclina	Seringas
Válvula cardíaca	Atropina	Equipamentos cirúrgicos
	Vacinas	Suturas
	Pomadas	

ção de gases ou líquidos sensíveis ao calor. Os filtros correspondem a dispositivos contendo poros de dimensões muito pequenas, que impedem a passagem de microrganismos, mas suficientemente grandes para permitir a passagem de líquidos ou gases. A variação no tamanho das partículas envolvidas em um processo de esterilização é relativamente grande. Algumas das maiores células microbianas possuem diâmetro superior a 10 μm, enquanto no menor extremo da escala encontram-se algumas bactérias com diâmetro inferior a 0,3 μm. Historicamente, métodos de filtração seletiva foram utilizados para definir e isolar partículas infecciosas menores que bactérias. Essas partículas infecciosas, que atualmente sabemos se tratar de vírus, são muito pequenas, com diâmetros variando entre 28 nm e 200 nm (Seção 9.2).

Tipos de filtros

Os três principais tipos de filtros são ilustrados na Figura 17.6. O *filtro de profundidade* é um dos tipos mais antigos de filtro. Este corresponde a uma lâmina ou camada fibrosa, confeccionada por um conjunto aleatório de papéis, asbesto ou fibras de vidro sobrepostos (Figura 17.6*a*). Nesse processo de filtração, as partículas são retidas à medida que atravessam o trajeto tortuoso criado ao longo da espessura da estrutura. Pelo fato de serem relativamente porosos, os filtros de profundidade são freqüentemente utilizados como *pré-filtros*, na remoção das partículas grandes de uma solução, a fim de que não ocorram obstruções durante o processo final de esterilização por filtração. Estes também são empregados na esterilização do ar, em processos industriais (Seção 30.4).

Em microbiologia, o tipo mais comum de filtro utilizado na esterilização corresponde à *membrana filtrante* (Figura 17.6*b*). Membranas filtrantes são compostas por polímeros que suportam altas tensões, tais como acetato de celulose, nitrocelulose ou polissulfona, produzidos de forma a apresentarem inúmeros orifícios pequenos. Pelo ajuste das condições de polimerização durante a manufatura, o tamanho dos orifícios presentes na membrana (e, desse modo, o tamanho das moléculas que poderão atravessá-los) pode ser precisamente controlado. A membrana filtrante diferencia-se de um filtro de profundidade, pois atua predominantemente como um crivo, captando muitas das partículas na superfície do filtro. Cerca de 80 – 85% da área superficial das membranas consistem em poros abertos. Esse grau de abertura permite um fluxo relativamente alto de fluido.

O terceiro tipo de filtro utilizado corresponde ao **filtro de trilhas de nucleação (Nucleopore).** Esses filtros são originados pelo tratamento de filmes muito finos de policarbonato (espessura de 10 μm) com radiação nuclear, os quais são, em seguida, cauterizados com um produto químico. A radiação promove danos localizados no filme, enquanto a cauterização química amplia esses pontos danificados, originando os orifícios. O tamanho dos orifícios pode ser precisamente controlado por meio da intensidade da solução de cauterizante e do tempo de cauterização. Um filtro Nucleopore típico apresenta orifícios uniformes, dispostos quase que verticalmente, através do filme delgado (Figura 17.6*c*). Os filtros Nucleopore são comumente utilizados em microscopia eletrônica de varredura. Um organismo pode ser removido de um líquido e concentrado em um único plano, no topo do filtro, onde pode ser prontamente observado ao microscópio (Figura 17.7).

Membranas filtrantes utilizadas na esterilização de líquidos são ilustradas na Figura 17.8. O aparato de filtração é geralmente esterilizado separado do filtro, sendo montado assepticamente no momento da filtração. O conjunto apresentado na Figura 17.8*a* é adequado para pequenos volumes de líquidos. Para a esterilização de grandes volumes por filtração, a membrana filtrante é acoplada a um cartucho, sendo colocada em um suporte de aço inoxidável. A filtração de grandes volumes de fluidos termossensíveis é um procedimento bastante comum na indústria farmacêutica.

Conjuntos de membranas filtrantes pré-esterilizadas, utilizadas na esterilização de volumes pequenos ou médios, são rotineiramente usados na maioria dos laboratórios (Figura 17.8*b*). A filtração é realizada com o auxílio de uma seringa, compressor ou bomba de vácuo, que forçam a passagem do líquido através do aparato de filtração, até um recipiente coletor estéril.

✓ 17.3 Verificação de conceitos

A esterilização por filtração envolve a *remoção* dos microrganismos vivos de líquidos. Membranas filtrantes são amplamente utilizadas em laboratórios, na esterilização de líquidos sensíveis ao calor.

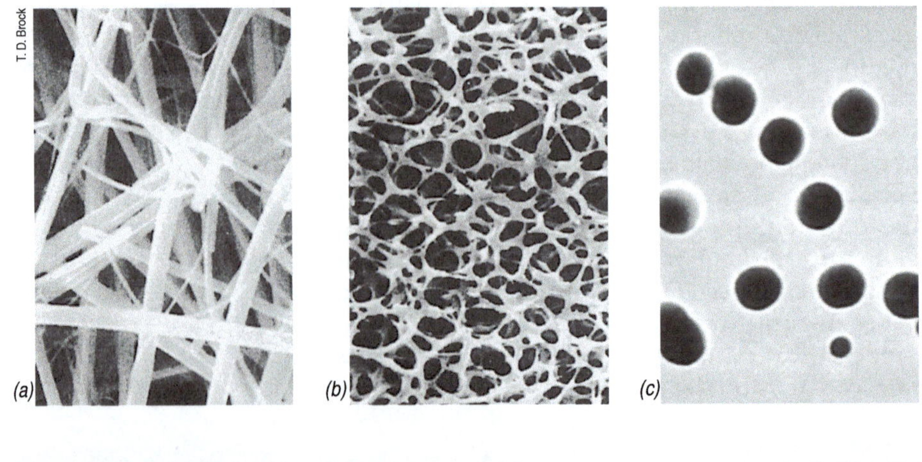

■ **Figura 17.6** Estrutura de (a) um filtro de profundidade, (b) uma membrana filtrante convencional e (c) um filtro Nucleopore. Filtros de profundidade são utilizados como pré-filtros e na filtração de líquidos contendo grande quantidade de partículas em suspensão. Membranas filtrantes são amplamente utilizadas em laboratórios e indústrias, uma vez que são comercializadas, apresentando uma grande variedade de tamanhos e de porosidade. Essas membranas são econômicas e aplicáveis em praticamente todas as necessidades de filtração. Os filtros Nucleopore, ou de trilhas de nucleação, são úteis no isolamento de espécimes para microscopia, pois o material filtrado é capturado em um único plano, na superfície do filtro.

Carlos Pedrós-Alió e T. D. Brock

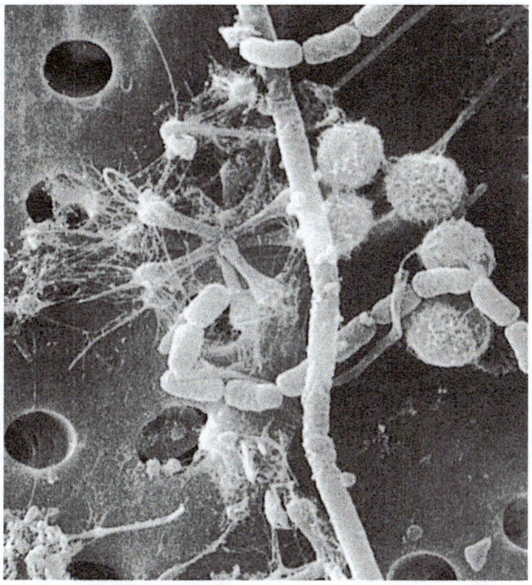

■ **Figura 17.7** Micrografia eletrônica de varredura de bactérias e algas aquáticas retidas em um filtro Nucleopore. O tamanho do poro é de 5 μm.

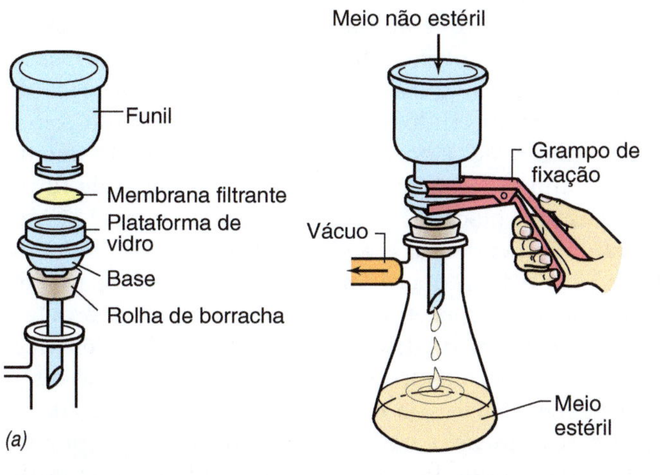

J. Martinko

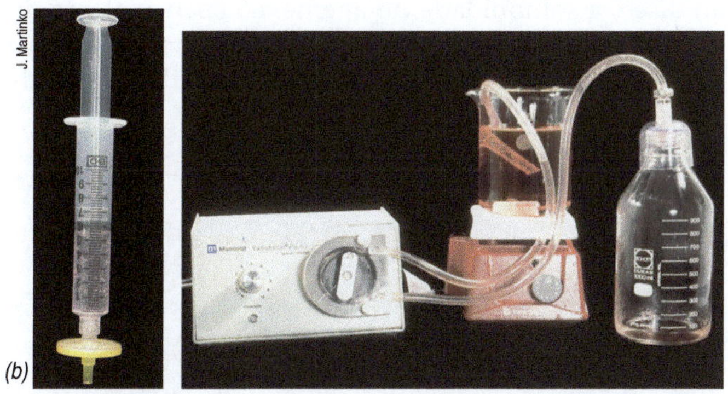

■ **Figura 17.8** Membranas filtrantes. (a) Montagem de um aparato de filtração reutilizável contendo uma membrana filtrante. (b) Unidades de membranas filtrantes descartáveis, pré-esterilizadas e montadas. À esquerda, um sistema de filtração projetado para pequenos volumes. À direita, um sistema de filtração projetado para volumes maiores.

✓ Por que os filtros de profundidade não são amplamente utilizados em processos de esterilização?

✓ Qual a vantagem da membrana filtrante em relação ao filtro de nucleação, na esterilização?

II CONTROLE ANTIMICROBIANO POR AGENTES QUÍMICOS

Utilizamos uma variedade de produtos químicos para controlar o crescimento microbiano em situações rotineiras, nos lares e no trabalho. Os detergentes e sabões utilizados na lavagem de roupas e no banho têm como finalidade, pelo menos em parte, reduzir a carga microbiana ou a morte dos microrganismos presentes nas roupas ou na superfície da pele. Na cozinha, utilizamos uma variedade de produtos químicos para inibir ou destruir microrganismos nas louças, superfícies de trabalho e utensílios. Em um laboratório de microbiologia, assim como nos equipamentos industriais, agentes químicos são rotineiramente utilizados no controle do crescimento indesejado de microrganismos. Aqui, classificamos e discutimos os mecanismos de ação de alguns produtos químicos empregados no controle de microrganismos em nosso meio ambiente.

17.4 Controle do crescimento por agentes químicos

Um **agente antimicrobiano** corresponde a um produto químico natural ou sintético que mata ou inibe o crescimento de microrganismos. Agentes que matam organismos são freqüentemente denominados *agentes "cidas"*, sendo o termo associado a um prefixo que indica o tipo do organismo morto. Assim, temos agentes **bactericidas**, **fungicidas** e **viricidas**. Um agente bactericida mata bactérias e pode ou não matar outros tipos de microrganismos. Agentes que não matam, mas apenas inibem o crescimento, são denominados *agentes "státicos"*, e podemos nos referir a agentes **bacteriostáticos, fungistáticos** e **viristáticos**.

Agentes antimicrobianos variam quanto à *toxicidade seletiva*. Alguns atuam de forma relativamente não seletiva, provocando efeitos similares em todos os tipos de células. Outros são muito mais seletivos e tóxicos aos microrganismos que aos tecidos animais. Agentes antimicrobianos que possuem toxicidade seletiva são especialmente úteis no tratamento de doenças infecciosas, uma vez que podem ser utilizados para matar os microrganismos causadores de doenças *in vivo*, sem causar danos ao hospedeiro. Estes serão descritos, posteriormente, neste capítulo.

Efeitos dos agentes antimicrobianos no crescimento

Três efeitos distintos podem ser observados quando um agente antimicrobiano é adicionado a uma cultura bacteriana em crescimento exponencial: bacteriostático, bactericida e bacteriolítico (Figura 17.9). Um efeito *bacteriostático* é observado quando o crescimento é inibido, sem que haja a morte das células (Figura 17.9*a*). Agentes bacteriostáticos freqüentemente inibem a síntese protéica em decorrência de sua ligação aos ribossomos. No entanto, como essa ligação não é forte, quando a concentração do agente é diminuída, este se desliga do ribossomo, e o crescimento é restabelecido. Muitos antibióticos atuam por esse mecanismo, os quais serão discutidos nas Seções 17.6-17.9. Agentes *bactericidas* matam as células sem que haja a lise ou ruptura celular (Figura 17.9*b*). Estes correspondem a uma classe de agentes químicos que em geral se ligam fortemente a seus alvos celulares, não sendo removidos pela diluição. Agentes *bacteriolíticos* induzem à morte pela **lise** celular, a ruptura da célula, que pode ser observada como uma diminuição do número de células ou da turbidez, após a adição do agente (Figura 17.9*c*). Agentes bacteriolíticos incluem antibióticos que inibem a síntese da parede celular, como a penicilina (Seção 4.8; e ver Seção 17.8), bem como agentes químicos que danificam a membrana citoplasmática.

Medida da atividade antimicrobiana

A atividade antimicrobiana é medida determinando-se a menor quantidade de agente necessária para inibir o crescimento de um organismo teste; esse valor é denominado **concentração mínima inibitória (CMI)**. Para a determinação da CMI, uma série de tubos de cultura é preparada pela adição de uma concentração diferente do agente em cada tubo, os quais são, posteriormente, inoculados. Após a incubação, os tubos são inspecionados, verificando-se a ocorrência de um crescimento visível (turbidez). O tubo contendo a *menor concentração de agente capaz de inibir completamente o crescimento do organismo teste define a CMI* (Figura 17.10). Esse procedimento simples e eficiente é freqüentemente denominado *técnica de diluição em tubos*. A CMI não é constante para um determinado agente, uma vez que pode ser afetada pela natureza do organismo teste utilizado, tamanho do inóculo, composição do meio de cultura, tempo e condições de incubação, tais como temperatura, pH e aeração. Quando todas as condições são rigorosamente padronizadas, é possível comparar diferentes agentes antimicrobianos, determinando-se qual o mais eficaz contra um determinado organismo, ou realizar a avaliação da atividade de um único agente contra uma variedade de organismos. Esse método não diferencia um agente "cida" de um "stático", pois o agente está presente no meio de cultura durante todo o período de incubação.

Outro procedimento habitualmente utilizado para o estudo da ação antimicrobiana corresponde ao *método de difusão em ágar* (Figura 17.11). Prepara-se uma placa de Petri com meio sólido, uniformemente inoculada com o organismo teste. Concentrações conhecidas do agente microbiano são adicionadas a discos de papel de filtro, os quais são colocados sobre a superfície do meio sólido. Durante a incubação, o agente difunde-se do papel de filtro para o ágar; quanto maior a distância do papel de filtro, menor a concentração do agente. Em uma determinada distância do disco, a CMI é alcançada. Além desse ponto o crescimento ocorre, embora próximo ao disco o crescimento não seja observado. Desse modo, cria-se uma *zona de inibição*; o diâmetro dessa zona é proporcional à quantidade de agente antimicrobiano adicionado ao disco, à solubilidade do agente, ao coeficiente de difusão e à eficácia geral do agente. Esse método é utilizado rotineiramente nos testes de sensibilidade de patógenos a antibióticos (Seção 24.3).

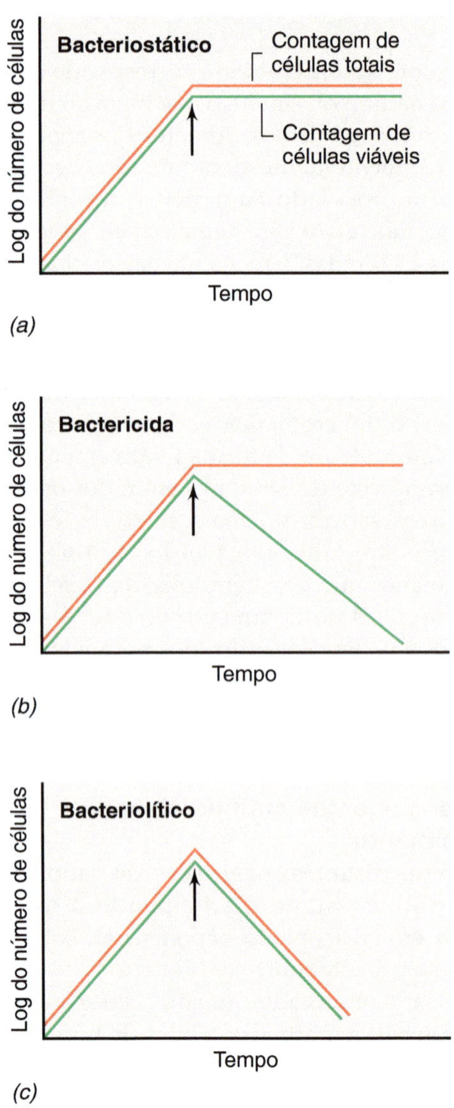

■ **Figura 17.9** Três tipos de ação de agentes antimicrobianos. No tempo indicado pela seta, uma concentração inibitória de crescimento foi adicionada à cultura em crescimento exponencial. Observe as relações entre as contagens de células totais e viáveis.

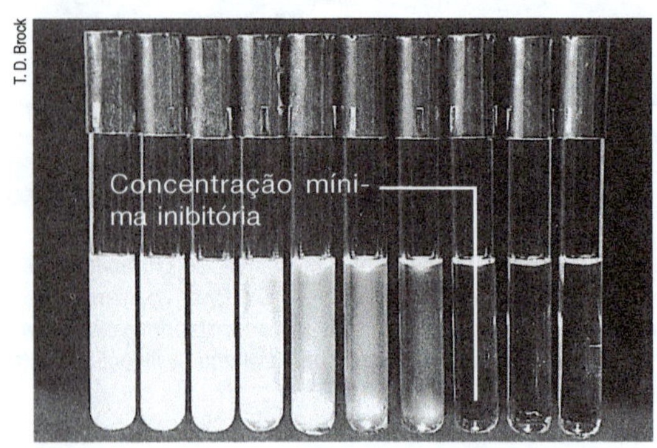

■ **Figura 17.10** Avaliação antibiótica pela diluição em tubos que permite determinar a *concentração mínima inibitória* (CMI). Uma série de concentrações crescentes do antibiótico é preparada no meio de cultura. Cada tubo é inoculado e, em seguida, incubado. O crescimento (turbidez) ocorre nos tubos onde as concentrações do antibiótico estão abaixo da CMI.

✓ 17.4 Verificação de conceitos

Produtos químicos são freqüentemente utilizados no controle do crescimento microbiano. Agentes químicos que matam organismos são denominados agentes "cidas"; aqueles que inibem o crescimento são denominados agentes "státicos". A eficácia de um agente químico antibacteriano é avaliada por meio da determinação da concentração mínima necessária para inibir completamente o crescimento bacteriano.

✓ Em relação aos agentes antibacterianos, qual o significado de *toxicidade seletiva*?

✓ Descreva como se determina a *concentração mínima inibitória* de um agente antibacteriano.

17.5 Anti-sépticos, desinfetantes e esterilizantes

Anti-sépticos são agentes químicos que matam ou inibem o crescimento de microrganismos, sendo suficientemente atóxicos para serem aplicados em tecidos vivos. A maioria dos compostos que se enquadram nessa categoria é utilizada na limpeza das mãos e no tratamento de ferimentos superficiais (Tabela 17.3). Em determinadas circunstâncias, alguns anti-sépticos são desinfetantes eficazes.

Desinfetantes são produtos químicos que matam microrganismos, sendo utilizados em objetos inanimados. Agentes *esterilizantes* correspondem a desinfetantes que, em circunstâncias apropriadas, são capazes de matar toda a vida microbiana, sendo utilizados na esterilização de superfícies e objetos inanimados. Agentes químicos desinfetantes, freqüentemente referidos como *germicidas*, exibem ampla utilidade em situações em que o emprego de calor (ver Seção 17.1) ou radiação (ver Seção 17.2) na descontaminação ou esterilização é inviável. Por exemplo, hospitais e laboratórios devem ser capazes de descontaminar pisos, mesas, bancadas, paredes, e assim por diante. Na indústria alimentícia, pisos, paredes e superfícies dos equipamentos devem ser freqüentemente tratados com germicidas para reduzir a carga microbiana, tornando as superfícies seguras para a manipulação. Hospitais e laboratórios também devem ser capazes de esterilizar materiais sensíveis ao calor, como termômetros, instrumentos com lentes, tubos de polietileno, catéteres e equipamentos médicos reutilizáveis, como respirômetros. Geralmente, algum tipo de *esterilização a frio* é utilizado para alcançar esse propósito. A esterilização a frio é realizada em equipamentos fechados, semelhantes a autoclaves, empregando um agente químico como óxido de etileno, formaldeído, ácido peracético ou peróxido de hidrogênio. A água potável é freqüentemente desinfetada com cloro ou compostos de cloro, a fim de se eliminarem organismos potencialmente danosos (Tabela 17.3).

Diversos fatores afetam a eficiência dos vários procedimentos anti-sépticos e desinfetantes. Por exemplo, muitos germicidas são neutralizados pela matéria orgânica, inibindo sua capacidade de matar microrganismos devido à efetiva redução da concentração germicida. Além disso, organismos patogênicos freqüentemente se encontram contidos em partículas ou crescem em grandes números, originando *biofilmes*, que revestem a superfície de tecidos, formando várias camadas de células microbianas (Seção 20.3). Com isso, a penetração dos agentes químicos nas células viáveis pode ser retardada ou mesmo completamente impedida. Em muitos casos, os endósporos bacterianos são bem mais resistentes aos germicidas que as células vegetativas, devido à sua baixa disponibilidade de água e metabolismo reduzido (ver Seção 17.1 e Seção 4.15). Determinadas células vegetativas, como as de *Mycobacterium tuberculosis* (o agente causador da tuberculose), são resistentes à ação de germicidas em virtude da natureza complexa de sua parede celular (Seções 12.24 e 26.5). Como resultado, nem sempre ocorre a eliminação total de patógenos (esterilização) pelo tratamento com germicidas. Na prática, a eficácia de um germicida pode ser determinada somente nas condições reais de uso. Um resumo dos germicidas mais utilizados e de seus mecanismos de ação é apresentado na Tabela 17.3.

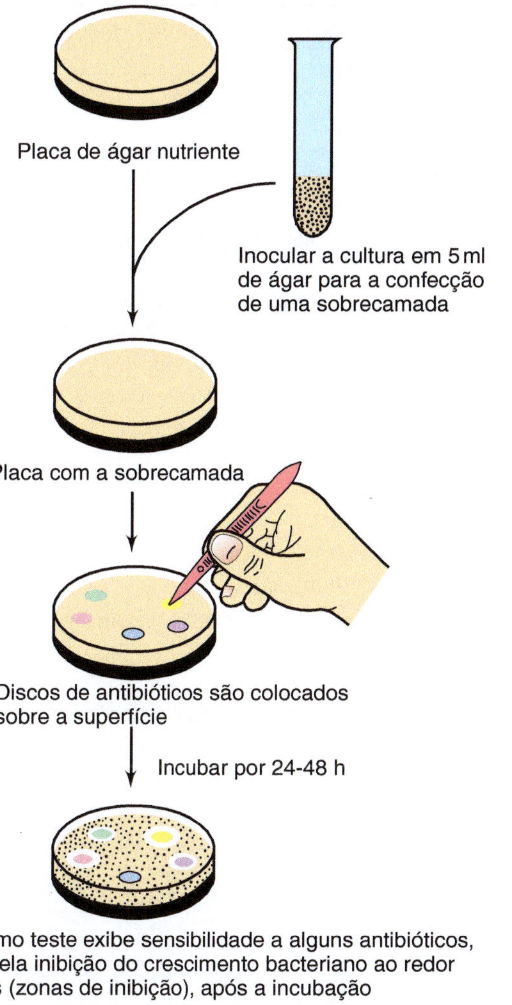

Figura 17.11 Método de difusão em ágar para a avaliação da atividade antibiótica.

Agentes químicos anti-sépticos e desinfetantes apresentam muitas aplicações industriais, sendo utilizados para impedir a deterioração microbiana de vários compostos orgânicos. Em algumas indústrias, o uso de agentes antimicrobianos é rotineiro e bastante intenso. Tal prática freqüentemente está associada à produção de lixos tóxi-

Tabela 17.3 Anti-sépticos, desinfetantes e esterilizantes

Agente	Uso	Modo de ação
Anti-sépticos		
Álcool (etanol ou isopropanol 60-85%, diluídos em água)[a]	Pele	Solvente de lipídeos e desnaturante de proteínas
Compostos contendo fenol (hexaclorofeno, triclosan, cloroxilenol, clorexidina)	Sabões, loções, cosméticos, desodorantes corporais	Rompem a membrana celular
Detergentes catiônicos, especialmente os compostos quaternários de amônio (cloreto de benzalcônio)	Sabões, loções	Interagem com os fosfolipídeos de membrana
Peróxido de hidrogênio[a] (solução a 3%)	Pele	Agente oxidante
Compostos iodóforos, contendo iodo em solução[a] (Betadine®)	Pele	Iodinam resíduos de tirosina das proteínas, agente oxidante
Nitrato de prata	Olhos de recém-nascidos, para evitar a cegueira decorrente da infecção por *Neisseria gonorrhoeae*	Precipitação de proteínas
Desinfetantes e esterilizantes		
Álcool (etanol ou isopropanol 60-85%, em água)[a]	Desinfetante e esterilizante de instrumentos médicos, superfícies laboratoriais	Solvente de lipídeos e desnaturante de proteínas
Detergentes catiônicos (compostos quaternários de amônio)	Desinfetante de instrumentos médicos, equipamentos de indústrias de alimentos e laticínios	Interagem com fosfolipídeos
Cloro gasoso	Desinfetante para a purificação de redes distribuidoras de água	Agente oxidante
Compostos de cloro (cloraminas, hipoclorito de sódio, dióxido de cloro)	Desinfetante de equipamentos das indústrias de laticínios e alimentícia, redes distribuidoras de água	Agente oxidante
Sulfato de cobre	Algicida em piscinas, redes distribuidoras de água (desinfetante)	Precipitação de proteínas
Óxido de etileno (gás)	Esterilizante de materiais de laboratório sensíveis à temperatura, como plásticos	Agente alquilante
Formaldeído	Solução a 3%-8%, utilizada como desinfetante de superfícies, a 37% (formalina) ou vapor, utilizado como esterilizante	Agente alquilante
Glutaraldeído	Solução a 2%, utilizada como desinfetante de alto nível ou esterilizante	Agente alquilante
Peróxido de hidrogênio[a]	Vapor utilizado como esterilizante	Agente oxidante
Compostos de iodóforos contendo iodo[a] (Wescodyne®)	Desinfetante de instrumentos médicos, superfícies laboratoriais	Iodinação de resíduos de tirosina
Dicloreto mercúrico[b]	Desinfetante de superfícies laboratoriais	Combinação com grupos -SH
Ozônio	Desinfetante de água potável	Forte agente oxidante
Ácido peracético	Solução a 0,2%, utilizada como desinfetante de alto nível ou esterilizante	Forte agente oxidante
Compostos fenólicos[b]	Desinfetante de superfícies laboratoriais	Desnaturante de proteínas

a Alcoóis, peróxido de hidrogênio e iodóforos contendo iodo podem agir como anti-sépticos, desinfetantes ou mesmo esterilizantes, dependendo da concentração, tempo de exposição e da forma de liberação.

b Compostos de metal pesado (mercúrio) e compostos fenólicos originam produtos nocivos ao meio ambiente.

Tabela 17.4 Usos industriais de desinfetantes

Indústria	Produtos químicos	Uso
Papel	Compostos mercuriais orgânicos, fenóis	Impedir o crescimento microbiano durante a manufatura
Couro	Metais pesados, fenóis	Agentes antimicrobianos estão presentes no produto final
Plástico	Detergentes catiônicos	Impedir o crescimento de bactérias em dispersões aquosas de plásticos
Têxtil	Metais pesados, fenóis	Impedir a deterioração microbiana de tecidos expostos ao meio ambiente, como toldos e tendas
Madeira	Fenóis	Impedir a deterioração de estruturas de madeira
Metalúrgica	Detergentes catiônicos	Impedir o crescimento de bactérias em emulsões aquosas de corte
Petróleo	Mercúrio, fenóis, detergentes catiônicos	Impedir o crescimento de bactérias durante a recuperação e armazenamento de petróleo e derivados de petróleo
Ar-condicionado	Cloro, fenóis	Impedir o crescimento de bactérias (por exemplo, *Legionella*) em torres de refrigeração
Energia elétrica	Cloro	Impedir o crescimento de bactérias em condensadores e torres de refrigeração
Nuclear	Cloro	Impedir o crescimento de bactérias resistentes à radiação em reatores nucleares

cos, quando grandes quantidades de agentes antimicrobianos, como mercúrio e outros metais pesados (na indústria de papéis) ou fenóis (preservantes de madeiras), são lançadas no ambiente. A Tabela 17.4 resume algumas das aplicações industriais dos desinfetantes utilizados no controle do crescimento microbiano.

✓ 17.5 Verificação de conceitos

Anti-sépticos podem ser utilizados na descontaminação de tecidos vivos. Desinfetantes são compostos químicos utilizados na descontaminação ou esterilização de materiais inanimados. Esses compostos apresentam diversas aplicações comerciais, sanitárias e industriais.

✓ Diferencie um anti-séptico de um desinfetante.

✓ Quais desinfetantes são utilizados na esterilização da água?

III AGENTES ANTIMICROBIANOS UTILIZADOS *IN VIVO*

Inúmeros agentes antimicrobianos, tanto sintéticos quanto naturais, são utilizados no tratamento de infecções microbianas *in vivo*. Esses compostos revolucionaram o tratamento das doenças infecciosas.

17.6 Drogas antimicrobianas sintéticas

A seção anterior abordou os agentes químicos utilizados na inibição do crescimento microbiano *fora* do corpo humano. A maioria dos agentes químicos mencionados é muito tóxica para ser utilizada em humanos, embora os anti-sépticos possam ser aplicados sobre a pele. Para o controle de doenças infecciosas, são essenciais compostos químicos que possam ser de uso interno. Estes compostos são denominados **agentes quimioterápicos**, desempenhando importante papel na medicina clínica e veterinária, bem como na agricultura.

Agentes quimioterápicos são classificados de acordo com sua estrutura (Figura 17.12) e mecanismo de ação (Figura 17.13). A cada ano, mais de 500 toneladas métricas de diferentes tipos de quimioterápicos são fabricados e utilizados em todo o mundo (Figura 17.14). A principal propriedade para que um agente quimioterápico tenha sucesso refere-se à *toxicidade seletiva*, isto é, a capacidade do composto inibir bactérias ou outros agentes patogênicos sem provocar efeitos adversos no hospedeiro (ver Quadro "A microbiologia e as 'balas mágicas'"). Cada agente possui um espectro de ação antimicrobiana característico (Figura 17.15). Os agentes quimioterápicos são classificados em duas categorias gerais: os *agentes sintéticos* e os *antibióticos*. Aqui iremos nos concentrar nos agentes sintéticos. Discutiremos os antibióticos nas próximas três seções.

Análogos de fatores de crescimento

Na Seção 5.1, definimos fatores de crescimento como substâncias químicas específicas, cuja presença no meio é *necessária*, uma vez que os organismos não são capazes de sintetizá-las. Uma substância similar a um fator de crescimento, mas que impede sua utilização, é conhecida como **análogo de fator de crescimento.** Os análogos de fatores de crescimento são compostos sintéticos, estruturalmente similares aos fatores de crescimento em questão. Sutis diferenças estruturais nos análogos impedem que estes atuem como fatores naturais de crescimento na célula. Além dos análogos de fatores de crescimento bacterianos que serão agora discutidos, existe uma variedade de análogos de fatores de crescimento eficazes no tratamento de infecções virais e fúngicas que serão discutidos nas Seções 17.10 e 17.11.

Sulfas

As *sulfas* foram os primeiros análogos de fatores de crescimento amplamente utilizados na inibição específica do

Classificação de antibióticos	Subclassificação	Exemplo
I. Compostos contendo carboidrato	Açúcares puros Aminoglicosídeos Ortosomicinas *N*-glicosídeos *C*-glicosídeos Glicolipídeos	Nojirimicina Estreptomicina Everninomicina Estreptotricina Vancomicina Moenomicina
II. Lactonas macrocíclicas	Antibióticos macrolídeos Antibióticos polienos Ansamicinas Macrotetrolídeos	Eritromicina Candicidina Rifampina Tetranactina
III. Quinonas e compostos relacionados	Tetraciclinas Antraciclinas Naftoquinonas Benzoquinonas	Tetraciclina Adriamicina Actinorhodina Mitomicina
IV. Aminoácidos e análogos de peptídeos	Derivados de aminoácidos Antibióticos β-lactâmicos Antibióticos peptídicos Cromopeptídeos Depsipeptídeos Peptídeos formadores de quelatos	Cicloserina Penicilina, ceftriaxona Bacitracina Actinomicina Valinomicina Bleomicina
V. Compostos heterocíclicos contendo nitrogênio	Antibióticos nucleosídicos	Polioxinas
VI. Compostos heterocíclicos contendo oxigênio	Antibióticos poliéter	Monensina
VII. Derivados alicíclicos	Derivados de cicloalcano Antibióticos esteróides	Cicloheximida Ácido fusídico
VIII. Compostos aromáticos	Derivados de benzeno Aromáticos condensados Éteres aromáticos	Cloranfenicol Griseofulvina Novobiocina
IX. Compostos alifáticos	Compostos contendo fósforo	Fosfomicina
X. Compostos de quinolona	4-Quinolona Fluoro-4-quinolonas	Ácido nalidíxico Ciprofloxacina
XI. Oxazolidonas	Lactona cíclica	2-Oxazolidinona

Representação estrutural

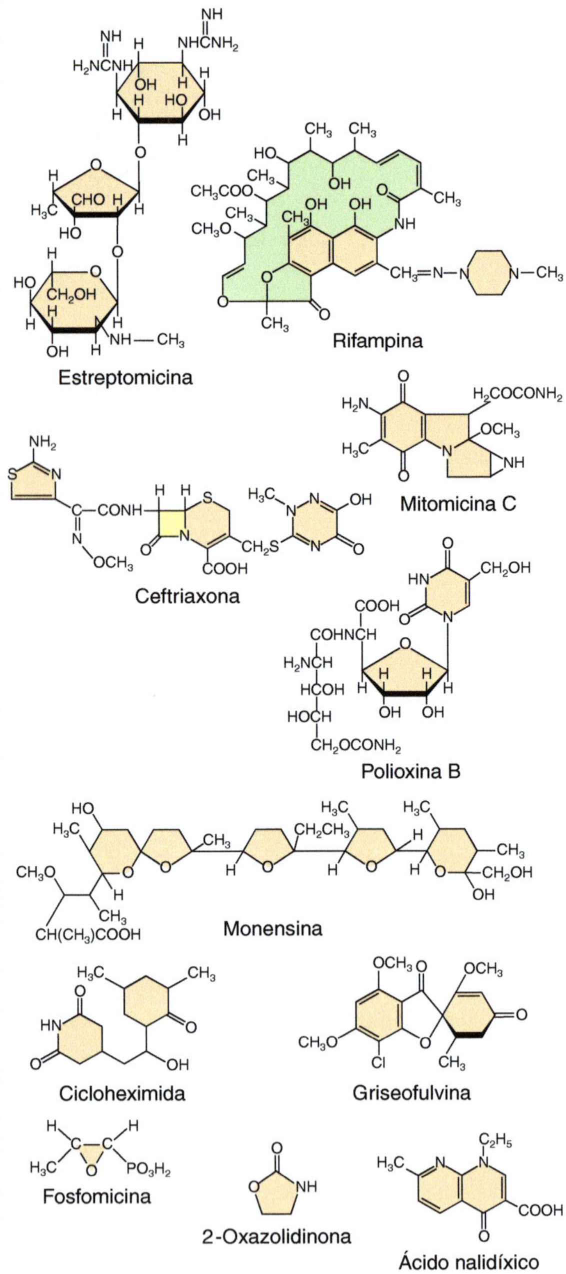

■ **Figura 17.12** Classificação dos agentes quimioterápicos antibacterianos, de acordo com a estrutura química. Um exemplo representativo de cada grupo é apresentado.

crescimento bacteriano (ver quadro). A sulfa mais simples corresponde à *sulfanilamida* (Figura 17.16*a*). A sulfanilamida é um análogo do ácido *p*-aminobenzóico (Figura 17.16*b*), um componente da vitamina ácido fólico (Figura 17.16*c*). A sulfanilamida bloqueia a síntese do ácido fólico, um precursor de ácidos nucléicos. Esse composto é ativo contra *Bacteria*, mas não contra animais superiores, pois os membros do domínio *Bacteria* são capazes de sintetizar seu próprio ácido fólico, enquanto os animais superiores o obtêm da dieta. A resistência aos derivados da sulfanilamida (as sulfonamidas) é geralmente muito comum, porque certas espécies de *Bacteria* resistentes desenvolveram a capacidade de utilizar fontes exógenas de ácido fólico pré-formado (Seção 17.12).

Outros análogos de fatores de crescimento

São conhecidos análogos de várias vitaminas, aminoácidos, purinas, pirimidinas e outros compostos. Estes análogos são semelhantes a compostos encontrados em uma grande variedade de organismos, incluindo muitos eucariotos e vírus. Um importante exemplo de um análogo de fator de crescimento de grande utilidade clínica corresponde à *isoniazida* (🖹 Figura 26.5). A isoniazida apresenta um espectro de ação bastante estreito (Figura 17.15), sendo eficaz apenas contra *Mycobacterium tuberculosis*, aparentemente interferindo com a síntese do ácido micólico — um componente de parede celular específico das micobactérias. Esse composto sintético, um análogo da nicotinamida (vitamina), foi a única droga de maior eficiência no controle e

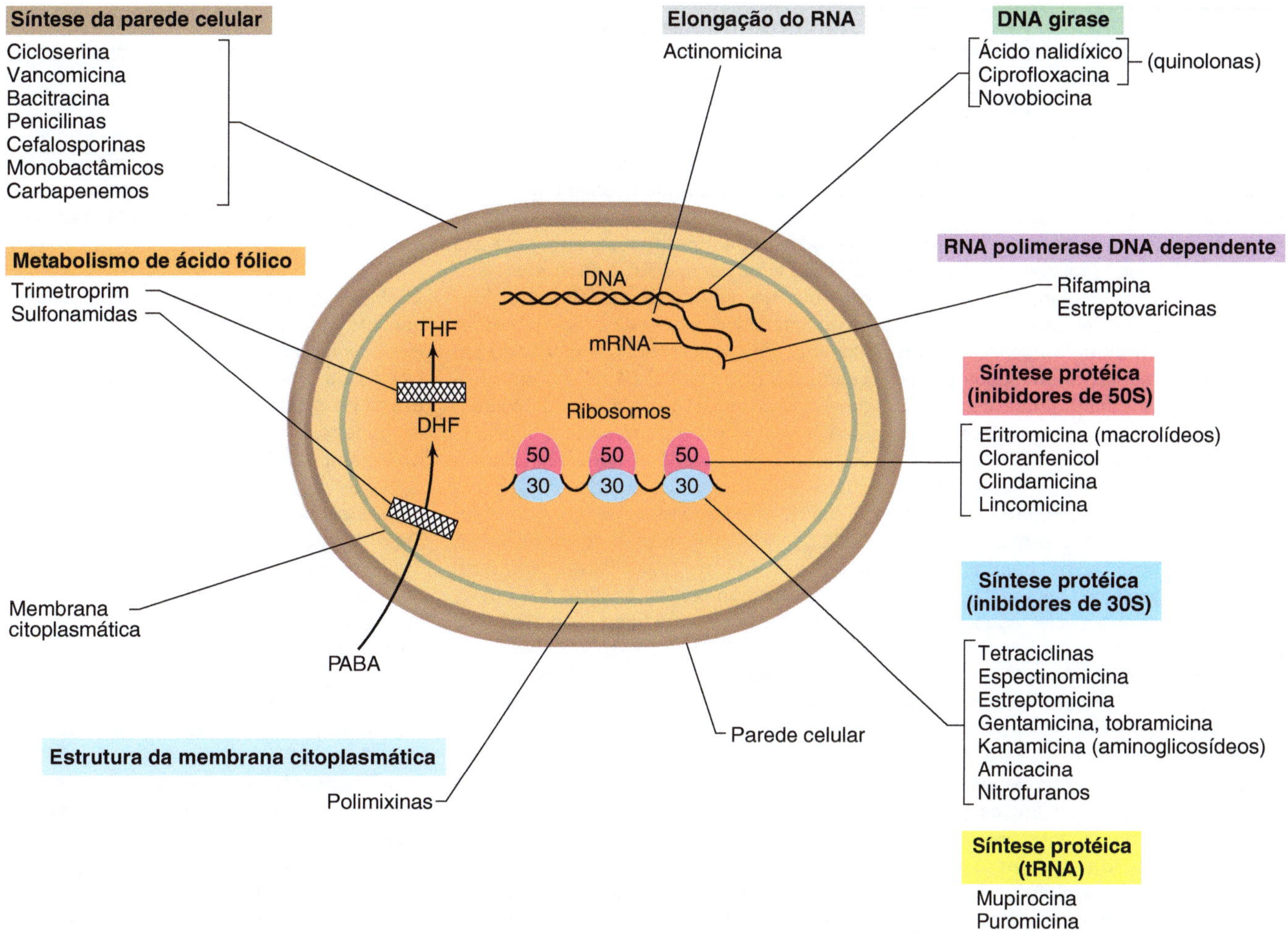

■ **Figura 17.13** Mecanismo de ação da maioria dos agentes quimioterápicos antimicrobianos. THF, Tetraidrofolato; DHF, Diidrofolato; mRNA, RNA mensageiro; tRNA, RNA transportador.

tratamento da tuberculose (Figura 17.15, Seção 26.5). Nos exemplos apresentados na Figura 17.17, os análogos foram originados pela adição de um átomo de flúor ou bromo. O flúor corresponde a um átomo relativamente pequeno, que não altera a forma global da molécula. Em contrapartida, este modifica as propriedades químicas da molécula, alterando sua atividade normal no metabolismo celular. O fluorouracil assemelha-se à base uracil, encontrada nos ácidos nucléicos, enquanto o bromouracil é similar à timina. Análogos de fatores de crescimento semelhantes a ácidos nucléicos são utilizados no tratamento de infecções virais e fúngicas, além de serem empregados como agentes mutagênicos (ver Seções 17.10 e 17.11, Seção 10.3).

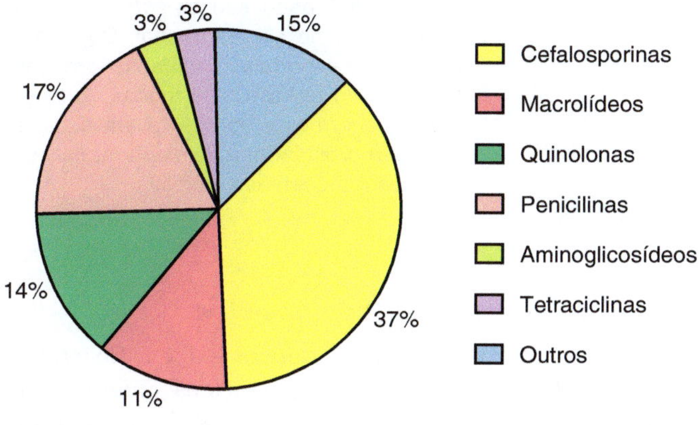

■ **Figura 17.14** Produção mundial anual e utilização de antibióticos. A cada ano são produzidas mais de 500 toneladas métricas de agentes quimioterápicos.

Quinolonas

As quinolonas não são análogos de fatores de crescimento, mas correspondem a uma classe de compostos antimicrobianos sintéticos que interagem com a DNA girase bacteriana, impedindo que a girase realize o superenovelamento do DNA bacteriano, necessário para o empacotamento do DNA na célula bacteriana (Seção 7.3). O ácido nalidíxico é a quinolona protótipo (Figuras 17.12 e 17.13). Derivados fluoroquinolonas de ácido nalidíxico, como norfloxacina e ciprofloxacina (Figura 17.18), são utilizados rotineiramente no tratamento de infecções do trato urinário em humanos. A ciprofloxacina é também a droga de escolha no tratamento de infecções causadas por linhagens de *Bacillus anthracis* resistentes à penicilina — o agente causador do antraz (Seção 25.11). Pelo fato de a DNA

Aprendendo com o passado | A microbiologia e as "balas mágicas"

Os trabalhos com agentes quimioterápicos antimicrobianos foram iniciados pelo cientista alemão Paul Ehrlich. No início do século XX, Ehrlich desenvolveu o conceito de toxicidade seletiva. Esse cientista iniciou seus trabalhos estudando a coloração de microrganismos e observou que alguns corantes tingiam os microrganismos, mas não os tecidos animais. Ele supôs que, se um corante não corava um tecido, suas moléculas eram incapazes de se combinar aos constituintes celulares. Ehrlich imaginou que, se tal corante apresentasse propriedades tóxicas, não afetaria as células animais devido à sua incapacidade se combinar a estas. Em um animal infectado, agentes químicos desse tipo se comportariam como "balas mágicas", atingindo os microrganismos sem afetar o hospedeiro. Ehrlich testou a seletividade de vários agentes químicos e descobriu os primeiros agentes quimioterápicos, como o Salvarsan (a mais famosa) — uma droga contendo arsênico e utilizada no tratamento da sífilis (ver Figura 1).

Entretanto, até a década de 30 não foram descobertos agentes químicos que afetassem a maioria dos agentes infecciosos, quando Gerhard Domagk descobriu as sulfas. A descoberta das sulfas resultou de uma pesquisa em larga escala de agentes químicos com atividade contra doenças infecciosas em animais experimentais. Domagk, que trabalhava na Indústria Química Bayer (na Alemanha), testou uma grande variedade de compostos orgânicos sintéticos, principalmente corantes, quanto à sua capacidade de curar camundongos infectados por estreptococos. O primeiro composto ativo descoberto foi o Prontosil, que exibia atividade nos camundongos, mas era inativo em culturas de estreptococos *in vitro*. Domagk descobriu que, *in vivo*, o Prontosil era clivado, originando a sulfanilamida, que corresponde ao agente ativo. Um programa de síntese, baseado na estrutura da sulfanilamida, originou um grande número de drogas ativas. D. D. Woods, na Inglaterra, demonstrou que o ácido *p*-aminobenzóico se contrapunha especificamente à atividade inibitória da sulfanilamida, demonstrando também que os estreptococos requeriam o ácido *p*-aminobenzóico para o crescimento. Esses resultados levaram à criação do conceito de *análogos de fatores de crescimento*, o que permitiu aos químicos dedicarem-se à síntese de uma variedade de agentes químicos antimicrobianos.

Embora as sulfas tenham controlado as infecções por estreptococos, a maioria das doenças infecciosas não se encontrava sob controle. No entanto, a descoberta do primeiro antibiótico, a penicilina, por Alexander Fleming, um médico escocês envolvido em pesquisas no Hospital St. Mary (em Londres), levou os pesquisadores a buscarem uma nova fonte de compostos antimicrobianos. Os antibióticos correspondiam a compostos novos, nunca antes detectados na natureza. Aparentemente, visando competir por fontes limitadas de nutrientes e energia, muitos microrganismos produzem e secretam compostos tóxicos aos outros microrganismos competidores, presentes no ambiente (Seção 12.24). O primeiro artigo de Fleming descrevendo a penicilina, publicado em 1929, inicia-se como a seguir:

> "Trabalhando com variantes de estafilococos, várias culturas em meio sólido foram depositadas na bancada do laboratório e examinadas periodicamente. Para o exame, essas placas eram necessariamente expostas ao ar, sendo contaminadas com vários microrganismos. Observou-se que ao redor de uma grande colônia de um bolor contaminante as colônias de estafilococos tornavam-se transparentes, obviamente resultado de um processo de lise. Subculturas desse bolor e experimentos foram realizados, visando descobrir as propriedades da substância bacteriolítica formada pela cultura do bolor, que se difundiu para o meio circundante."

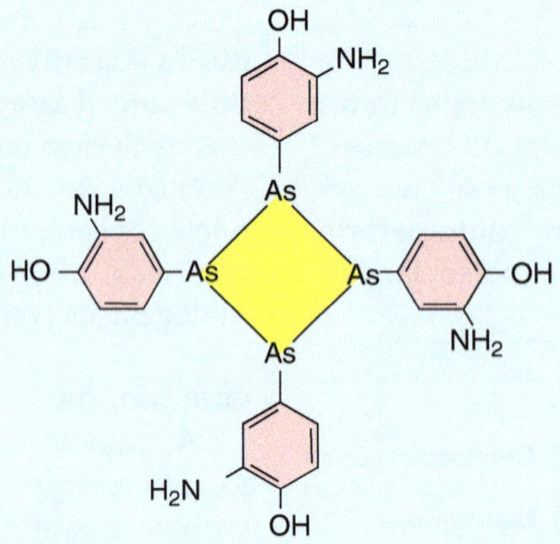

Figura 1 Salvarsan.

Fleming caracterizou o produto e, como este era produzido por um fungo do gênero *Penicillium*, denominou-o *penicilina*. Os trabalhos de Fleming não incluíram um processo de produção em larga escala e não demonstraram que a penicilina era eficaz no tratamento de doenças infecciosas. Sua eficácia foi comprovada por um grupo de cientistas britânicos da Universidade de Oxford, liderados por Howard Florey, em 1939, motivados em parte pela iminência da II Guerra Mundial e pelo fato de as doenças infecciosas serem a principal causa da morte dos soldados no campo de batalha. Florey e colaboradores desenvolveram métodos para a análise e teste da penicilina, bem como sua produção em larga escala. Eles deram continuidade aos testes da eficácia da penicilina contra infecções bacterianas em humanos. A penicilina mostrava-se dramaticamente efetiva no controle das infecções estafilocóccicas e pneumocóccicas, sendo também mais eficiente que as sulfas nas infecções estreptocóccicas. Com a intensificação da guerra na Europa, Florey levou culturas do fungo produtor de penicilina para os Estados Unidos, em 1941. Ele persuadiu o governo americano a criar um programa de pesquisas em larga escala, resultando em um esforço conjunto da indústria farmacêutica, do laboratório do departamento americano de agricultura, em Peoria (Illinois), além de várias universidades. Ao final da Segunda Guerra Mundial, a penicilina já era comercializada para uso tanto civil quanto militar. Assim que a guerra terminou, companhias farmacêuticas iniciaram a produção comercial da penicilina em bases competitivas e deram início à pesquisa por outros antibióticos. O sucesso foi rápido e dramático; seu impacto na medicina foi próximo ao fenomenal. De fato, a morbidade e mortalidade infantis foram extremamente reduzidas, e muitas doenças, que anteriormente apresentavam altas taxas de mortalidade, atualmente nada mais são que curiosidades médicas.

girase ser encontrada em todas as espécies *Bacteria*, as fluoroquinolonas são eficazes no tratamento de infecções causadas por bactérias tanto gram-positivas como gram-negativas (Figura 17.15). As fluoroquinolonas são, ainda, muito utilizadas nas indústrias frigorífica e avícola, na prevenção de doenças respiratórias.

✓ 17.6 Verificação de conceitos

Agentes quimioterápicos sintéticos exibem toxicidade seletiva para *Bacteria*, sendo seguros para o uso interno. Análogos de fatores de crescimento, como a sulfanilamida, são inibidores metabólicos sintéticos. As quinolonas inibem a ação de DNA girase em *Bacteria*.

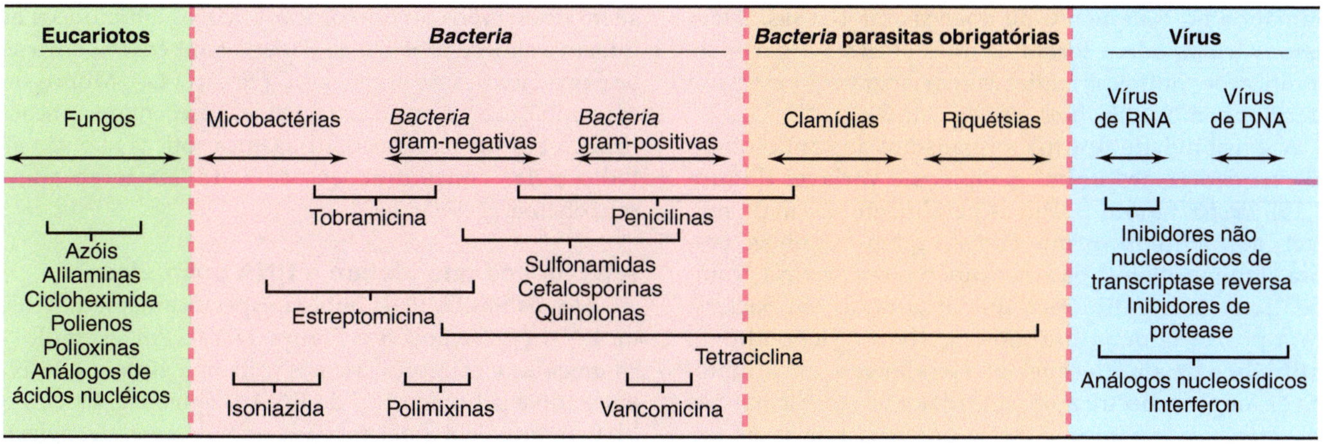

■ **Figura 17.15** Espectro de ação antimicrobiano de uma seleção de agentes quimioterápicos.

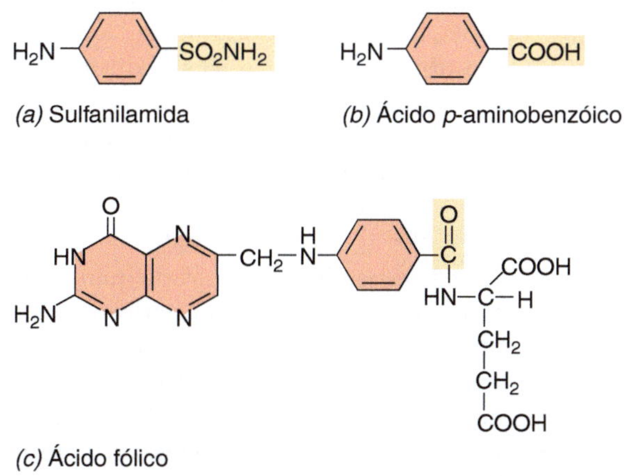

■ **Figura 17.16** (a) Sulfanilamida, a sulfa mais simples. (b) A sulfanilamida é um análogo do ácido *p*-aminobenzóico, um componente do (c) fator de crescimento, ácido fólico (Seção 5.1, que discute os fatores de crescimento).

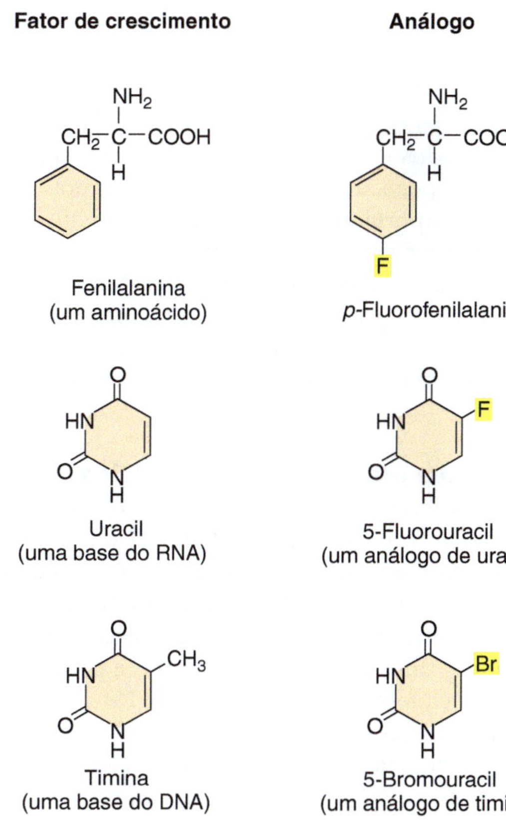

■ **Figura 17.17** Fatores de crescimento e análogos estruturalmente similares.

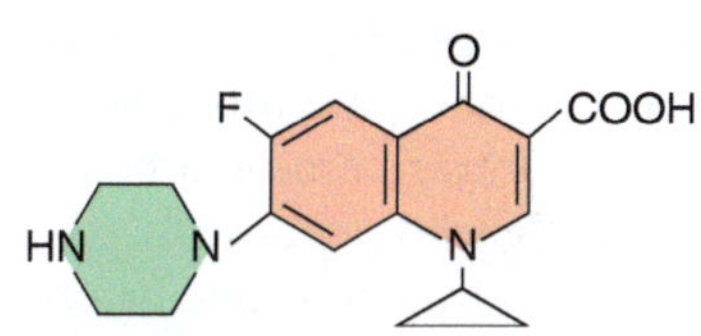

■ **Figura 17.18** Estrutura da ciprofloxacina, uma quinolona. Os derivados fluorinados do ácido nalidíxico (Figura 17.12) são mais solúveis que o ácido nalidíxico, atingindo níveis clinicamente terapêuticos no sangue e tecidos. A ciprofloxacina é utilizada no tratamento de infecções do trato urinário e do antraz, causado por *Bacillus anthracis*, resistente à penicilina.

✓ Cite no mínimo duas propriedades que diferenciem os agentes quimioterápicos sintéticos de anti-sépticos e desinfetantes.

✓ O que é *toxicidade seletiva*?

17.7 Drogas antimicrobianas naturais: antibióticos

Os **antibióticos** são compostos químicos produzidos por microrganismos, que inibem ou matam outros microrganismos. Os antibióticos diferenciam-se dos análogos de fatores de crescimento por serem produtos naturais (produtos da atividade microbiana) em vez de compostos químicos sintéticos. Os antibióticos correspondem a uma das classes mais importantes de substâncias produzidas por processos microbianos em larga escala. A produção industrial de antibióticos será discutida no Capítulo 30.

Alvos dos antibióticos

Embora inúmeros antibióticos tenham sido descobertos, menos de 1% apresenta valor prático na medicina. Em contrapartida, os antibióticos úteis tiveram um impacto dramático no tratamento de doenças infecciosas. Além disso, vários podem tornar-se mais eficazes a partir de modificações químicas realizadas em laboratório; estes são referidos como *antibióticos semi-sintéticos*.

A sensibilidade dos microrganismos aos antibióticos e a outros agentes quimioterápicos é variável (Figura 17.15). *Bacteria* gram-positivas geralmente são mais sensíveis aos antibióticos que *Bacteria* gram-negativas, embora alguns antibióticos atuem apenas em *Bacteria* gram-negativas. Um antibiótico que atua tanto em *Bacteria* gram-positivas quanto gram-negativas é denominado **antibiótico de amplo espectro**. Geralmente, um antibiótico de amplo espectro apresenta maior uso medicinal que um *antibiótico de pequeno espectro*, que atua apenas em um único grupo de organismos. No entanto, um antibiótico de espectro limitado pode ser útil no controle de microrganismos que não respondem a outros antibióticos. Como exemplo temos a vancomicina, um agente bactericida glicopeptídico, que atua contra *Bacteria* gram-positivas dos gêneros *Staphylococcus*, *Bacillus* e *Clostridium* (Figuras 17.12, 17.13 e 17.15).

Os antibióticos e outros agentes quimioterápicos podem ser agrupados com base em sua estrutura química (Figura 17.12) ou por seu mecanismo de ação (Figura 17.13). Em *Bacteria*, os importantes alvos da ação antibiótica são a parede celular (por exemplo, vancomicina), a membrana citoplasmática (polimixinas) e os processos biossintéticos de síntese protéica (macrolídeos e tetraciclinas) e de ácidos nucléicos (rifampina). Aqui discutiremos resumidamente os mecanismos de inibição da síntese protéica e da transcrição.

Antibióticos que afetam a síntese protéica

Muitos antibióticos inibem a síntese protéica devido à sua interação com os ribossomos (Figura 17.13). Essas interações são relativamente específicas e muitas envolvem o rRNA. Diversos desses antibióticos apresentam utilidade médica e muitos correspondem a ferramentas de pesquisa eficientes, uma vez que são específicos para etapas individuais da síntese protéica (Seção 7.15). Por exemplo, a estreptomicina inibe a *iniciação* da cadeia protéica, enquanto a puromicina, o cloranfenicol, a cicloheximida e a tetraciclina inibem a *elongação* protéica. Mesmo quando dois antibióticos inibem uma mesma etapa da síntese protéica, os mecanismos de inibição podem ser relativamente diferentes. Por exemplo, a puromicina liga-se ao sítio A do ribossomo, sendo a cadeia polipeptídica em crescimento transferida para a puromicina em vez de deslocar-se para o complexo aminoácido-RNA transportador. O complexo puromicina-peptídeo é, então, liberado do ribossomo, interrompendo prematuramente a elongação. O cloranfenicol, ao contrário, inibe a elongação, bloqueando a formação da ligação peptídica.

Muitos antibióticos inibem especificamente os ribossomos de organismos pertencentes apenas a um ou dois domínios filogenéticos. Por exemplo, o cloranfenicol e a estreptomicina são específicos para ribossomos de *Bacteria*, enquanto a cicloheximida afeta somente ribossomos de *Eukarya*. Visto que as mitocôndrias e os cloroplastos possuem ribossomos do tipo procariótico, os antibióticos que inibem a síntese protéica de *Bacteria* também inibem a síntese protéica dessas organelas (Seção 14.4). Muitos desses antibióticos, como a tetraciclina, apresentam aplicação médica porque as mitocôndrias eucarióticas não são afetadas pelas concentrações utilizadas na terapia antimicrobiana.

Antibióticos que afetam a RNA polimerase

Alguns antibióticos inibem especificamente a síntese de RNA (Seção 7.8 e Figura 17.13). Por exemplo, as rifamicinas e estreptovaricinas inibem a síntese de RNA, atacando a subunidade β da RNA polimerase. Esses antibióticos possuem especificidade para *Bacteria*, cloroplastos e mitocôndrias. A actinomicina inibe a síntese de RNA por meio de sua ligação ao DNA, impedindo a elongação do RNA. A actinomicina liga-se mais fortemente aos pares de bases guanina-citosina do DNA, acoplando-se ao sulco maior da fita dupla, onde o RNA é sintetizado.

Alguns dos antibióticos mais úteis são dirigidos contra componentes estruturais como as paredes celulares, que são específicas de procariotos. Discutiremos alguns desses antibióticos e seus alvos na próxima seção.

✓ 17.7 Verificação de conceitos

Os antibióticos correspondem a um grupo quimicamente diverso de compostos bactericidas ou bacteriostáticos, sendo produzidos por uma variedade de microrganismos. A maioria dos antibióticos atua pela inibição da síntese protéica, da transcrição ou da síntese da parede celular nos organismos-alvo. Embora muitos antibióticos possam apresentar aplicações clínicas, outros não são úteis para humanos ou animais.

✓ Diferencie *antibióticos* de *análogos de fatores de crescimento*.

✓ O que é um *antibiótico de amplo espectro*?

17.8 Antibióticos β-lactâmicos: penicilinas e cefalosporinas

Um dos principais grupos de antibióticos, tanto do ponto de vista histórico quanto médico, corresponde ao grupo dos β-lactâmicos. Os **antibióticos β-lactâmicos** incluem as penicilinas, cefalosporinas e cefamicinas; todos são antibióticos com aplicação médica. Estes têm em comum a presença de um componente estrutural característico, o anel β-lactâmico (Figura 17.19). Em conjunto, as penicilinas e as cefalosporinas correspondem a mais da metade de todos os antibióticos produzidos e utilizados no mundo (Figura 17.14). A penicilina é produzida pelo fungo *Penicillium chrysogenum*, enquanto a cefalosporina é produzida pelo fungo *Cephalosporium* sp. (Seção 30.6).

Tipos de penicilina

O primeiro antibiótico β-lactâmico descoberto — a *penicilina G* (Figura 17.19) — é ativo principalmente contra *Bacteria* gram-positivas. Sua ação restringe-se principalmente a *Bacteria* gram-positivas, pois *Bacteria* gram-negativas são impermeáveis a esse antibiótico. No entanto, **penicilinas semi-sintéticas** vêm sendo constantemente

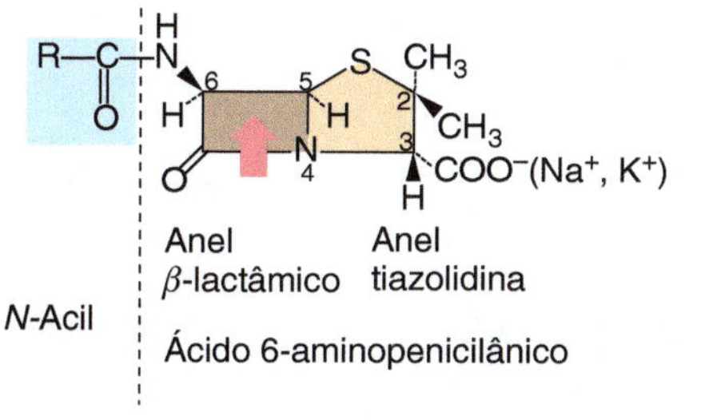

Denominação	Grupo *N*-Acil
PENICILINA NATURAL	
Benzilpenicilina (penicilina G) atividade contra gram-positivos, sensível à β-lactamase	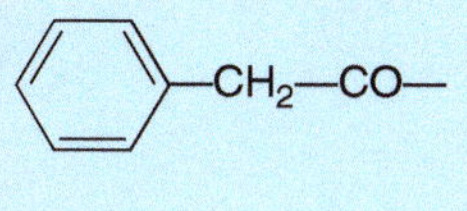
PENICILINAS SEMI-SINTÉTICAS	
Meticilina estabilidade ácida, resistente à β-lactamase	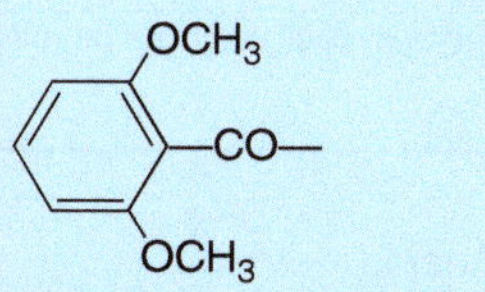
Oxacilina estável em meio ácido, resistente à β-lactamase	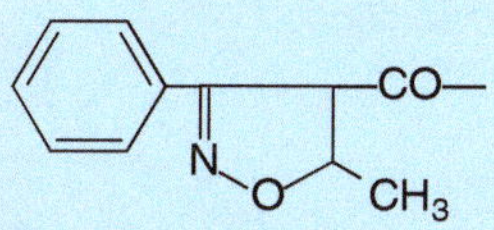
Ampicilina espectro de ação aumentado (especialmente ativa contra bactérias gram-negativas), estável em meio ácido, resistente à β-lactamase	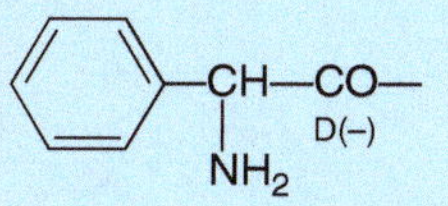
Carbenicilina espectro de ação aumentado (especialmente contra *Pseudomonas aeruginosa*), estável em meio ácido, mas ineficaz oralmente, sensível à β-lactamase	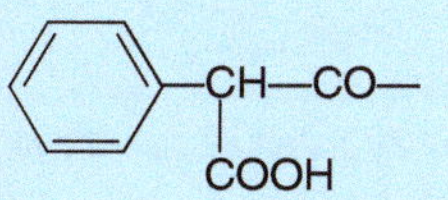

■ **Figura 17.19** Estruturas de algumas penicilinas importantes. A seta vermelha (painel superior) corresponde ao sítio de ação da maioria das β-lactamases.

desenvolvidas e introduzidas no mercado, muitas das quais são relativamente eficazes contra *Bacteria* gram-negativas.

A Figura 17.19 ilustra as complexas estruturas de algumas destas novas penicilinas. As modificações na estrutura básica da penicilina G alteram significativamente as propriedades dos antibióticos resultantes. Por exemplo, a ampicilina e a carbenicilina são penicilinas semi-sintéticas que apresentam espectro de atividade antibiótica mais amplo, incluindo algumas *Bacteria* gram-negativas. As diferenças estruturais nos grupos *N*-acil destas penicilinas semi-sintéticas permitem que estas sejam transportadas através da membrana externa gram-negativa (Seção 4.9), onde inibem a síntese da parede celular. Observe também que a penicilina G é sensível à β-lactamase, uma enzima produzida por algumas *Bacteria* resistentes à penicilina (ver Seção 17.12). As penicilinas semi-sintéticas oxacilina e meticilina são úteis por serem resistentes à β-lactamase.

Mecanismos de ação

Os antibióticos β-lactâmicos são potentes inibidores da síntese da parede celular. Conforme discutimos nas Seções 4.8 e 6.2, uma importante característica da síntese da parede celular corresponde à reação de transpeptidação, que resulta na ligação cruzada de duas cadeias peptídicas unidas ao glicano. As enzimas que realizam essa atividade (as transpeptidases) são também capazes de se ligar à penicilina ou a outros antibióticos contendo um anel b-lactâmico. Assim, as transpeptidases são conhecidas como *proteínas de ligação à penicilina* (PBPs, do inglês *Penicillin Binding Proteins*). As PBPs ligam-se fortemente à penicilina, deixando de catalisar a reação de transpeptidação. Embora a parede celular continue a ser formada, como não há a ocorrência das ligações cruzadas esta se torna progressivamente mais fraca, à medida que o esqueleto de peptideoglicano é incorporado. Além disso, o complexo antibiótico-PBP estimula a liberação de autolisinas, que digerem a parede celular existente. Como resultado, temos uma parede celular fragilizada e, eventualmente, degradada. Em circunstâncias normais, as diferenças de pressão osmótica entre os meios extracelular e intracelular promovem a lise da célula. Em contrapartida, a vancomicina — um glicopeptídeo (Figura 17.12) — não se liga às PBPs, atuando diretamente no peptídeo D-alanil-D-alanina terminal presente nos precursores do peptideoglicano (Seção 6.2), bloqueando, assim, a reação da transpeptidase. Pelo fato de a parede celular e seus mecanismos de síntese serem específicos de *Bacteria*, os antibióticos β-lactâmicos são altamente específicos e atóxicos às células hospedeiras. No entanto, devido à configuração estrutural complexa desses antibióticos, alguns indivíduos desenvolvem processos alérgicos severos aos compostos β-lactâmicos individuais, após ciclos repetidos de terapia antibiótica. Estas respostas alérgicas podem trazer riscos à vida (Seção 22.13).

Cefalosporinas

As cefalosporinas correspondem a outro grupo de antibióticos clinicamente importantes contendo o anel β-lactâmico. Estas se diferenciam estruturalmente das penicilinas por apresentarem um anel diidrotiazina de seis membros em vez do anel tiazolidina de cinco membros. As cefalosporinas exibem o mesmo mecanismo de ação das penicilinas, isto é, ligam-se irreversivelmente às PBPs, impedindo a ligação cruzada do peptideoglicano. As cefalosporinas de importância clínica correspondem aos antibióticos semi-sintéticos que geralmente apresentam espectro de atividade antibiótica mais amplo que as penicilinas, sendo freqüentemente mais resistentes à ação das enzimas que destroem os anéis β-lactâmicos — as β-lactamases. Por exemplo, a ceftriaxona (Figura 17.12), uma cefalosporina amplamente utilizada, é altamente resistente às β-lactamases, tendo atualmente suplantado a penicilina como droga de escolha no tratamento de infecções causadas por *Neisseria gonorrhoeae* (ver Seção 17.12, Seção 26.12), devido ao surgimento de muitas linhagens de *N. gonorrhoeae* produtoras de β-lactamases que clivam os anéis β-lactâmicos da penicilina.

✓ 17.8 Verificação de conceitos

Os compostos β-lactâmicos correspondem aos antibióticos de maior importância clínica. Esse grupo inclui as penicilinas e as cefalosporinas. Esses antibióticos são específicos para as enzimas envolvidas na síntese da parede celular de *Bacteria* e, como grupo, apresentam toxicidade muito baixa ao hospedeiro e uma atividade de amplo espectro.

✓ Desenhe a estrutura do anel β-lactâmico.

✓ Como os antibióticos β-lactâmicos atuam?

17.9 Antibióticos de procariotos

Muitos antibióticos ativos contra procariotos são também produzidos por procariotos. Estes incluem os aminoglicosídeos, os macrolídeos e as tetraciclinas. Muitos desses antibióticos exibem importante aplicação clínica, e, por isso, passaremos a discutir suas propriedades gerais.

Antibióticos aminoglicosídeos

Os antibióticos **aminoglicosídicos** contêm aminoaçúcares unidos por ligações glicosídicas (Seção 3.3) a outros aminoaçúcares. Dentre os antibióticos aminoglicosídeos de aplicação clínica temos a *estreptomicina* (Figura 17.12) e seus relacionados, a *kanamicina* (Figura 17.20), a *gentamicina* e a *neomicina*. Os aminoglicosídeos interagem com a subunidade 30S do ribossomo, inibindo a síntese protéica (Figura 17.13). Os antibióticos aminoglicosídicos são empregados clinicamente contra *Bacteria* gram-negativas. A estreptomicina foi também amplamente utilizada no tratamento da tuberculose. Historicamente, o uso da estreptomicina no tratamento da tuberculose correspondeu a um dos principais avanços médicos, pois foi o primeiro antibiótico capaz de controlar essa doença infecciosa. No entanto, nenhum dos antibióticos aminoglicosídicos é amplamente utilizado nos dias de hoje, e, em conjunto, os aminoglicosídeos correspondem apenas a cerca de 3% do total de todos os antibióticos produzidos e utilizados (Figura 17.14). A estreptomicina foi suplantada por vários produtos químicos sintéticos no tratamento da tuberculose devido aos seus diversos e sérios efeitos colaterais e ao rápido desenvolvimento de linhagens bacterianas resistentes. O uso de aminoglicosídeos no tratamento de infecções gram-negativas diminuiu a partir do desenvolvimento das penicilinas semi-sintéticas (ver Seção 17.8) e das tetraciclinas (ver posteriormente nesta Seção). Atualmente, os antibióticos aminoglicosídicos são considerados antibióticos-reserva, utilizados principalmente quando outros antibióticos falham.

Antibióticos macrolídeos

Os antibióticos **macrolídeos** contêm grandes anéis de lactona ligados a resíduos de açúcares (Figura 17.21). São conhecidas variações tanto no anel macrolídeo quanto nos resíduos de açúcares, originando uma grande variedade de antibióticos macrolídeos. O antibiótico macrolídeo mais conhecido corresponde à *eritromicina*, embora outros macrolídeos incluam a *oleandomicina*, *espiramicina* e *tilosina*. Em conjunto, os antibióticos macrolídeos representam 11% da produção e uso mundiais (Figura 17.14). A eritromicina atua inibindo a síntese protéica em nível da subunidade 50S do ribossomo (Figura 17.13). A eritromicina é comumente utilizada em substituição à penicilina, em pacientes alérgicos à penicilina e a outros antibióticos β-lactâmicos. A eritromicina tem sido particularmente útil no tratamento de casos de legionelose (Seção 28.7), devido à sensibilidade de *Legionella pneumophila* ao antibiótico.

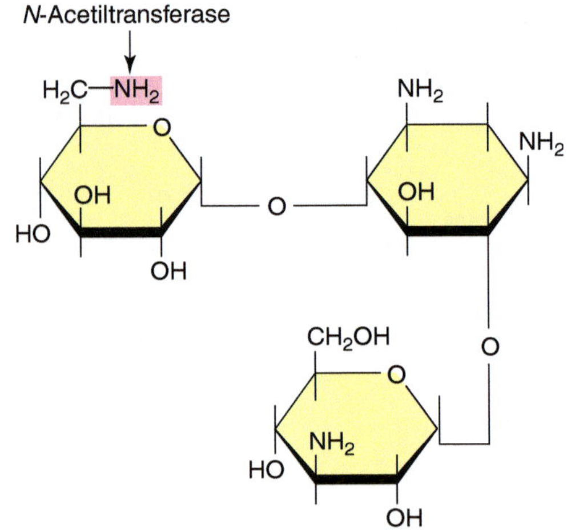

■ **Figura 17.20** Estrutura da kanamicina — um antibiótico aminoglicosídico. Os aminoaçúcares encontram-se assinalados em amarelo. O sítio modificado pela *N*-acetiltransferase, codificada por um plasmídeo de resistência, está indicado.

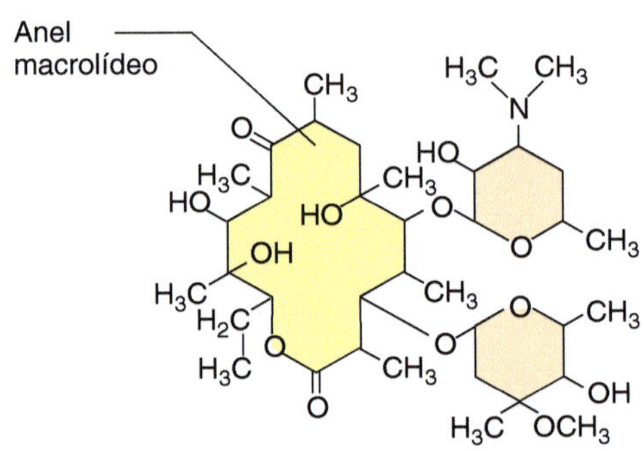

■ **Figura 17.21** Estrutura da eritromicina — um antibiótico macrolídeo.

Tetraciclinas

As **tetraciclinas** correspondem a um importante grupo de antibióticos que apresenta amplo uso medicinal em humanos. Estas foram um dos primeiros antibióticos de amplo espectro, inibindo quase todas as *Bacteria* gram-positivas e gram-negativas. A estrutura básica das tetraciclinas consiste em um sistema de anel naftaceno (Figura 17.22). A estrutura básica do anel naftaceno pode ser substituída em várias posições, originando novos análogos de tetraciclina. Por exemplo, a *clortetraciclina* possui um átomo de cloro, enquanto a *oxitetraciclina* apresenta um grupo hidroxila (OH) e nenhum cloro (Figura 17.22). Esses três antibióticos são produzidos microbiologicamente, embora também existam tetraciclinas semi-sintéticas que apresentam substituições sintéticas no sistema do anel naftaceno. Assim como a eritromicina e os antibi-

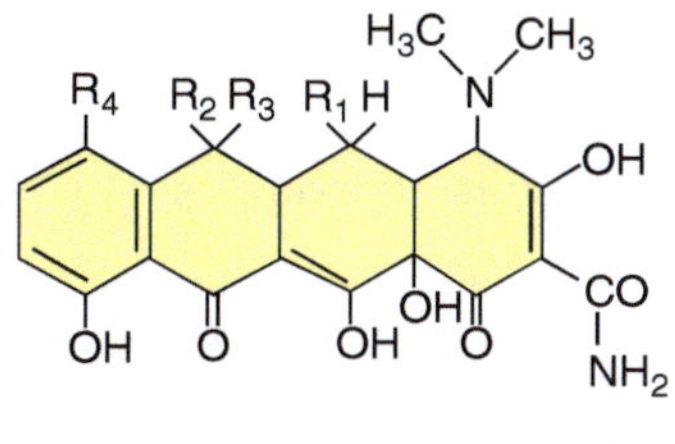

Análogos de tetraciclina	R_1	R_2	R_3	R_4
Tetraciclina	H	OH	CH_3	H
7-Clortetraciclina (aureomicina)	H	OH	CH_3	Cl
5-Oxitetraciclina (terramicina)	OH	OH	CH_3	H

■ **Figura 17.22** Estrutura da tetraciclina e de importantes análogos semi-sintéticos.

óticos aminoglicosídicos, a tetraciclina é um inibidor da síntese protéica, interferindo na função da subunidade ribossomal 30S (ver Figura 17.13).

As tetraciclinas e os antibióticos β-lactâmicos correspondem aos dois grupos mais importantes de antibióticos na medicina. As tetraciclinas também são úteis na medicina veterinária, sendo empregadas, em alguns países, como suplemento nutricional para aves domésticas e suínos. A vasta utilização dos antibióticos clinicamente importantes em outras áreas além da medicina resultou em uma ampla disseminação de linhagens resistentes aos antibióticos. Portanto, esse tipo de prática é atualmente desencorajada (ver Seção 17.12).

✓ 17.9 Verificação de conceitos

Os antibióticos aminoglicosídicos, macrolídeos e as tetraciclinas são moléculas estruturalmente complexas, produzidas por procariotos, sendo ativos contra outros procariotos. A eritromicina e as várias tetraciclinas são amplamente utilizadas na medicina clínica.

✓ Quais as fontes biológicas dos antibióticos aminoglicosídicos, da tetraciclina e dos macrolídeos?

✓ Qual o mecanismo de ação de cada uma dessas classes de antibióticos?

IV CONTROLE DE VÍRUS E PATÓGENOS EUCARIÓTICOS

As drogas que controlam o crescimento de vírus e de patógenos eucarióticos, como os fungos, freqüentemente afetam as células hospedeiras eucarióticas. Como resultado, apenas os compostos que afetam preferencialmente as vias metabólicas ou componentes estruturais específicos do patógeno são úteis no tratamento dessas infecções. Existe um número limitado de drogas, e, a partir de agora, passaremos a discutir os mecanismos de ação de algumas delas.

17.10 Drogas antivirais

Os vírus utilizam seus hospedeiros eucarióticos para se reproduzir e realizar suas funções metabólicas (Capítulo 9). Pelo fato de o hospedeiro e o vírus utilizarem as mesmas vias reprodutivas e metabólicas, bem como as mesmas estruturas, as tentativas de controle viral por meio de drogas freqüentemente resultam em toxicidade para o hospedeiro. Entretanto, vários agentes são mais tóxicos aos vírus que ao hospedeiro; existem, ainda, alguns agentes produzidos pelo hospedeiro que atingem especificamente os vírus.

Agentes quimioterápicos antivirais

Pelo fato de as estruturas e funções virais estarem tão integradas às funções da célula hospedeira o sucesso terapêutico alcançado contra bactérias, com o uso de agentes bacterianos extremamente seletivos, não foi obtido em procedimentos similares, utilizando agentes antivirais. No entanto, em decorrência dos esforços empenhados na busca de medidas eficazes para o controle da AIDS (Seção 26.14), algumas conquistas importantes têm sido realizadas no controle de vírus com o uso de agentes químicos (Tabela 17.5).

Os agentes de maior sucesso e mais comumente utilizados na quimioterapia antiviral correspondem aos análogos nucleosídicos (Tabela 17.5). O primeiro composto a obter aceitação universal nessa categoria foi a zidovudina ou azidotimidina (AZT). O AZT inibe os retrovírus, tais como o vírus da imunodeficiência humana (HIV), o agente causador da AIDS (Figura 26.38). A azidotimidina é quimicamente relacionada à timidina, embora corresponda a um derivado dideoxi, desprovido do grupo 3'-hidroxila. O AZT inibe a multiplicação dos retrovírus, bloqueando a síntese do intermediário de DNA (transcrição reversa) e inibindo de maneira eficaz a multiplicação do HIV. Vários outros análogos nucleosídicos que apresentam mecanismos similares foram desenvolvidos para o tratamento do HIV, conforme apresentado na Tabela 17.5. Praticamente todos os análogos nucleosídicos, ou *inibidores nucleosídicos da transcriptase reversa* (**INTR**), atuam por um mesmo tipo de mecanismo, inibindo a elongação da cadeia do ácido nucléico viral, em nível da polimerase de ácido nucléico da célula hospedeira. Uma vez que a função de replicação do ácido nucléico da célula hospedeira normal pode também ser um alvo, essas drogas quase sempre exibem algum grau de toxicidade para o hospedeiro. Com o tempo, muitas drogas perdem sua potência antiviral devido ao surgimento de vírus resistentes à droga (Seção 26.14). O *análogo nucleotídico* cidofovir atua da mesma forma (Tabela 17.5).

Outros produtos químicos atuam em nível da polimerase viral. Estes incluem a nevirapina — um inibidor não nucleosídico da transcriptase reversa —, que se liga diretamente à transcriptase reversa, inibindo sua atividade; o ácido fosfonofórmico, que atua como análogo de pirofosfato inorgânico, inibindo a ligação normal entre os nucleotídeos; e a rifamicina, um antibiótico que se liga e inibe a RNA polimerase.

Uma classe relativamente nova de drogas antivirais corresponde aos **inibidores de protease (IP)** (Tabela 17.5). Tais drogas são particularmente eficazes no tratamento de HIV. Impedem a infecção por meio de sua ligação ao sítio ativo de protease do HIV, inibindo o processamento de polipeptídeos virais e a maturação do vírus (Seções 26.14 e 17.13).

Tabela 17.5 Compostos quimioterápicos antivirais

Categoria/droga	Mecanismo de ação	Vírus afetado
Análogos nucleosídicos		
Aciclovir	Inibidores da polimerase viral	Herpesvírus, *Varicella zoster*
Ganciclovir		Citomegalovírus
Trifluridina		Herpesvírus
Valaciclovir		Herpesvírus
Vidarabina		Herpesvírus, vaccínia, vírus da hepatite B
Didanosina (dideoxiinosina ou ddI)	Inibidores da transcriptase reversa	HIV[a]
Lamivudina (3TC)		HIV, vírus da hepatite B
Estavudina (d4T)		HIV
Zalcitabina (ddC)		HIV
Zidovudina (AZT) (Figura 26.28)		HIV
Ribavirina	Bloqueia o "capping" do RNA viral	Vírus sincicial respiratório, influenza A e B, febre de Lassa
Aminas sintéticas		
Amantadina	Bloqueia o desnudamento do vírus	Influenza A
Rimantadina		Influenza A
Análogo nucleotídico		
Cidofovir	Inibidor da polimerase viral	Citomegalovírus, herpesvírus
Análogo de pirofosfato		
Ácido fosfonofórmico (Foscarnet)	Inibidor da polimerase viral	Herpesvírus, HIV, vírus da hepatite B
Inibidor não nucleosídico da transcriptase reversa (INNTR)		
Nevirapina	Inibidor da transcriptase reversa	HIV
Inibidor da RNA polimerase		
Rifamicina	Inibidor da RNA polimerase	Vaccínia, poxvírus
Inibidores de protease		
Indinavir (Figura 17.27)	Inibidores de protease	HIV
Ritonavir		HIV
Saquinavir (Figura 17.27)		HIV
Nelfinavir		HIV
Abacivir		HIV
Lopinavir		HIV
Interferons		
Interferon α	Induz proteínas que inibem a replicação viral	Amplo espectro (hospedeiro-específicos)
Interferon β		
Interferon γ		

a Vírus da imunodeficiência humana adquirida.

Interferon

Interferons são substâncias antivirais produzidas por várias células animais, em resposta à infecção por determinados vírus. São proteínas de baixa massa molecular (17.000 MM) que impedem a multiplicação viral em células normais, estimulando a produção de proteínas antivirais. Interferons produzidos por células infectadas por vírus interagem com receptores de células não infectadas, promovendo a síntese de proteínas antivirais que impedem infecções virais subseqüentes. Existem três tipos moleculares: IFN-α, produzido por leucócitos; IFN-β, produzido por fibroblastos; e IFN-γ, produzido por células do sistema imune conhecidas como linfócitos (Seção 23.10). Os três tipos correspondem a inibidores virais muito eficazes. Estes foram descobertos no decorrer de estudos sobre a interferência viral — um fenômeno em que a infecção por um vírus interfere na infecção subseqüente por um outro vírus, daí a denominação *interferon*. Os interferons são produzidos em resposta aos vírus vivos, ácidos nucléicos virais, bem como a vírus inativados por radiação. O interferon é produzido em quantidades maiores por células infectadas por vírus de baixa virulência, enquanto a produção contra vírus de alta virulência é pequena. Aparentemente, os vírus de alta virulência inibem a síntese protéica celular antes que o interferon possa ser produzido. O interferon é, também, induzido por uma variedade de moléculas de RNA de fita dupla, tanto naturais quanto sintéticas. Uma vez que o RNA de fita dupla não está presente em células não infectadas, existindo apenas como forma replicativa em células infectadas por vírus de RNA, o RNA de fita dupla pode servir como sinal da infecção viral na célula animal, estimulando, assim, o sistema de síntese de interferon.

Os interferons não são vírus-específicos, mas *hospedeiro*-específicos. O interferon produzido por um membro de uma espécie reconhece apenas os receptores específicos de células da mesma espécie. Conseqüentemente, o interferon produzido por um tipo de animal (por exemplo, galinhas) em resposta ao influenzavírus inibe a multiplicação de outros vírus na mesma espécie, mas não apresenta efeito na multiplicação de qualquer vírus em outra espécie animal.

Interferons têm potencial como possíveis agentes antivirais e anticancerígenos. Atualmente, vários preparados de interferons recombinantes aprovados encontram-se disponíveis no mercado. Entretanto, o uso de interferons como agentes quimioterápicos gerais não é disseminado, uma vez que este deve ser liberado localmente em altas concentrações, a fim de estimular a produção de proteínas antivirais em células hospedeiras não infectadas. Assim, a utilidade clínica desses agentes antivirais depende da nossa capacidade de promover a liberação do interferon em áreas localizadas do hospedeiro, por meio de injeções ou aerossóis. Alternativamente, sinais apropriados de estimulação de interferons (isto é, estimulação com nucleotídeos virais, vírus não virulentos ou, até mesmo, nucleotídeos sintéticos) fornecidos às células hospedeiras antes da infecção viral podem atingir o mesmo objetivo.

✓ 17.10 Verificação de conceitos

Os vírus utilizam a maquinaria metabólica da célula hospedeira para se replicarem. Entretanto, diversas enzimas e processos específicos do vírus podem ser bloqueados por agentes quimioterápicos que interrompem a replicação viral. Agentes antivirais clinicamente eficazes incluem os análogos nucleosídicos que inibem as polimerases nucleotídicas virais. Outros agentes, como os inibidores de protease, interferem nos estágios de maturação viral. As células hospedeiras também produzem proteínas antivirais, denominadas *interferons*, que bloqueiam a replicação viral.

✓ Por que existem tão poucos agentes quimioterápicos antivirais eficazes?

✓ Que etapas do processo de maturação viral são inibidas por análogos nucleosídicos? E pelos inibidores de protease? E por interferons?

17.11 Drogas antifúngicas

Assim como os vírus, os fungos correspondem a um problema especial para uma quimioterapia bem-sucedida. Como os fungos pertencem ao domínio *Eukarya*, a maior parte de sua maquinaria celular é a mesma daquela presente em animais e humanos, e, desse modo, os agentes quimioterápicos que afetam as vias metabólicas dos fungos freqüentemente afetam as vias correspondentes das células hospedeiras, resultando em uma droga tóxica. Assim, diversas drogas antifúngicas podem ser utilizadas apenas em aplicações tópicas (superficiais). Entretanto, algumas drogas são seletivamente tóxicas para fungos. Drogas para o tratamento fúngico estão se tornando mais importantes à medida que as infecções fúngicas em indivíduos imunodeprimidos tornam-se mais prevalentes (Seções 26.14 e 27.7). Abordaremos detalhadamente a toxicidade seletiva de várias classes de produtos químicos eficazes contra fungos.

Inibidores de ergosterol

Dois dos principais compostos antifúngicos interagem com o ergosterol ou inibem sua síntese (Tabela 17.6). Na maioria dos fungos, o ergosterol substitui o colesterol, encontrado nas membranas celulares de eucariotos superiores (Seção 4.5). O primeiro grupo inclui os *polienos* — um grupo de antibióticos produzidos por espécies de *Streptomyces*. Os polienos ligam-se ao ergosterol, alterando as funções da membrana e, eventualmente, promovendo a permeabilização da membrana e morte celular (Figura 17.23). Um segundo grupo principal de compostos antifúngicos inclui os *azóis* e as *alilaminas* — agentes que inibem seletivamente a biossíntese do ergosterol e, por isso, exibem atividade antifúngica de amplo espectro. O tratamento com azóis resulta na incapacidade de produzir uma membrana normal, o que leva a danos na membrana e a alterações críticas em suas funções, como o transporte de nutrientes. As alilaminas também inibem a biossíntese do ergosterol; no entanto, estas são apenas úteis quando aplicadas topicamente, pois não são prontamente captadas por células e tecidos animais.

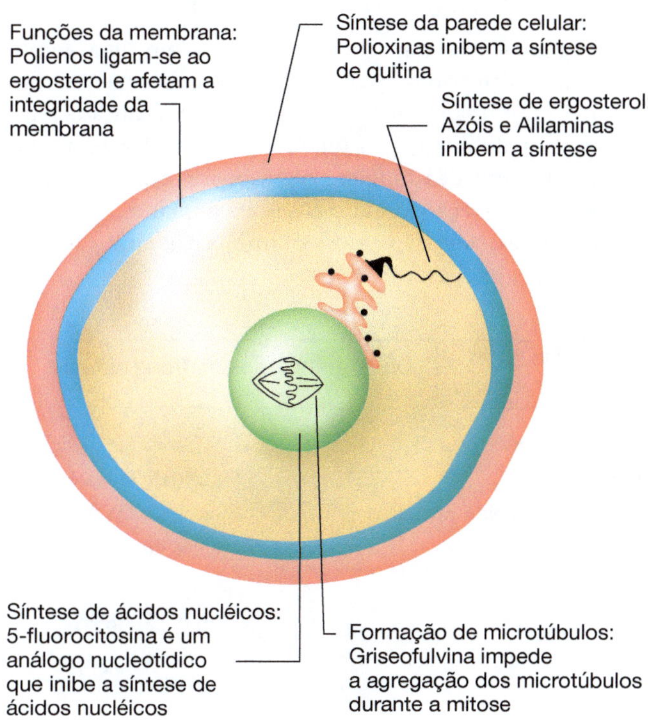

Figura 17.23 Sítios de ação de alguns agentes quimioterápicos antifúngicos. Pelo fato de os fungos serem células eucarióticas, os antibióticos antibacterianos geralmente são ineficazes.

Outros agentes antifúngicos

Várias outras drogas antifúngicas interferem em estruturas e funções específicas de fungos (Tabela 17.6). Por exemplo, a maioria das paredes celulares de fungos contém *quitina*, um polímero de *N*-acetilglicosamina, encontrada somente em fungos e insetos (Seção 18.25). Diversas *polioxinas* inibem a síntese da parede celular, interferindo na biossíntese da quitina. Embora as polioxinas sejam utilizadas como fungicidas agrícolas, nenhum dos inibidores da síntese de quitina é usado clinicamente. Outras drogas inibem a biossíntese de folato, interferem na topologia do DNA durante a replicação ou, como a *griseofulvina*, bloqueiam a agregação dos microtúbulos durante a mitose (Seção 7.6). O análogo de ácido nucléico *5-fluorocitosina* é um potente inibidor da síntese de ácidos nucléicos em fungos. Algumas drogas antifúngicas bastante eficientes exibem outras aplicações biológicas. Por exemplo, *vincristina*, *vinblastina* e *toxol* são agentes antifúngicos eficazes, apresentando conhecidas propriedades antineoplásicas.

Infelizmente, o uso de drogas antifúngicas, de maneira previsível, resultou no surgimento de populações de fungos resistentes, bem como de "novos" fungos patogênicos. Por exemplo, espécies de *Candida*, em geral não patogênicas, atualmente provocam doenças em indivíduos que foram tratados com drogas antifúngicas. Tais *Candida* patogênicas, resistentes à droga, não podem ser tratadas com qualquer um dos agentes antifúngicos de uso corrente.

À medida que a utilização de agentes quimioterápicos, tanto antibacterianos quanto antifúngicos, aumenta, também aumentam as possibilidades de infecções fúngicas oportunistas, bem como a necessidade correspondente de agentes específicos para o controle fúngico.

✓ 17.11 Verificação de conceitos

Os agentes antifúngicos enquadram-se em uma ampla variedade de categorias químicas. Da mesma forma que com os vírus, a toxicidade seletiva é difícil de ser alcançada, embora existam alguns agentes quimioterápicos eficazes. O tratamento de infecções fúngicas corresponde a uma questão emergente em relação à saúde dos seres humanos.

✓ Por que existem tão poucos antibióticos antifúngicos clinicamente eficazes?

✓ Que fatores estão contribuindo para o aparente aumento de infecções fúngicas?

V RESISTÊNCIA ÀS DROGAS ANTIMICROBIANAS E A DESCOBERTA DE DROGAS

A resistência às drogas antimicrobianas corresponde a um dos principais problemas em relação a muitos dos microrganismos patogênicos comuns. Passaremos a explorar algumas das razões para a resistência às drogas e apresentaremos diversas estratégias para superar essa resistência.

17.12 Resistência às drogas antimicrobianas

A **resistência às drogas antimicrobianas** é definida como a capacidade adquirida por um organismo de resistir a um agente quimioterápico ao qual este é normalmente suscetível. A maioria das resistências antimicrobianas envolve *genes de resistência*, que são transferidos por meio de trocas genéticas. A fim de se proteger, os organismos produtores de antibióticos desenvolvem mecanismos de resistência para neutralizar ou destruir seus próprios antibióticos; os genes codificadores desses mecanismos de resistência podem ocasionalmente ser transferidos a outros organismos.

Mecanismos de resistência

Nem todos os antibióticos atuam contra todos os microrganismos. Alguns microrganismos são *naturalmente resistentes* a alguns antibióticos. Existem diversas razões para que os microrganismos possam apresentar uma resistência inerente a um antibiótico. (1) O organismo pode ser desprovido da estrutura inibida por um antibiótico. Por exemplo, algumas bactérias, como micoplasmas, são desprovidas de uma parede celular bacteriana típica, sendo resistentes às penicilinas. (2) O organismo pode ser impermeável ao antibiótico. Por exemplo, a maioria das *Bacteria* gram-negativas é impermeável à penicilina G. (3) O organismo pode ser capaz de modificar o antibiótico, que passa a apresentar uma forma inativa. Muitos estafilococos produzem β-lactamases que clivam o anel β-

Tabela 17.6 Drogas antifúngicas (fungicidas)

Categoria	Alvo	Exemplos	Uso
Polienos	Síntese de ergosterol	Anfotericina B	Oral
Análogos de ácido nucléico	Síntese de DNA	5-fluorocitosina	Oral
Polioxinas	Síntese de quitina	Polioxina A	Agrícola
		Polioxina B	Agrícola
Azóis	Síntese de ergosterol	Fluconazol	Oral
		Itraconazol	Oral
		Cetoconazol	Oral
		Clotrimazol	Tópico
		Miconazol	Tópico
		Voriconazol	Oral
Alilaminas	Síntese de ergosterol	Terbenafina	Oral

lactâmico da maioria das penicilinas (Figura 17.24). (4) O organismo pode modificar o *alvo* do antibiótico. (5) Por transferências genéticas, pode ocorrer uma alteração na via metabólica anteriormente bloqueada pelo agente antimicrobiano. Assim, o organismo desenvolve uma via bioquímica resistente. Por exemplo, muitos patógenos desenvolvem resistência às sulfonamidas (ver Seção 17.6 e Figura 17.16). As sulfonamidas inibem a produção de ácido fólico em *Bacteria*, enquanto as *Bacteria* resistentes modificam seu metabolismo, de modo a captarem ácido fólico pré-formado do meio ambiente, evitando a necessidade de realizar a via bloqueada pelas sulfonamidas. (6) O organismo pode ser capaz de bombear para fora um antibiótico que está entrando na célula (efluxo). Alguns exemplos específicos de resistência bacteriana aos antibióticos são apresentados na Tabela 17.7.

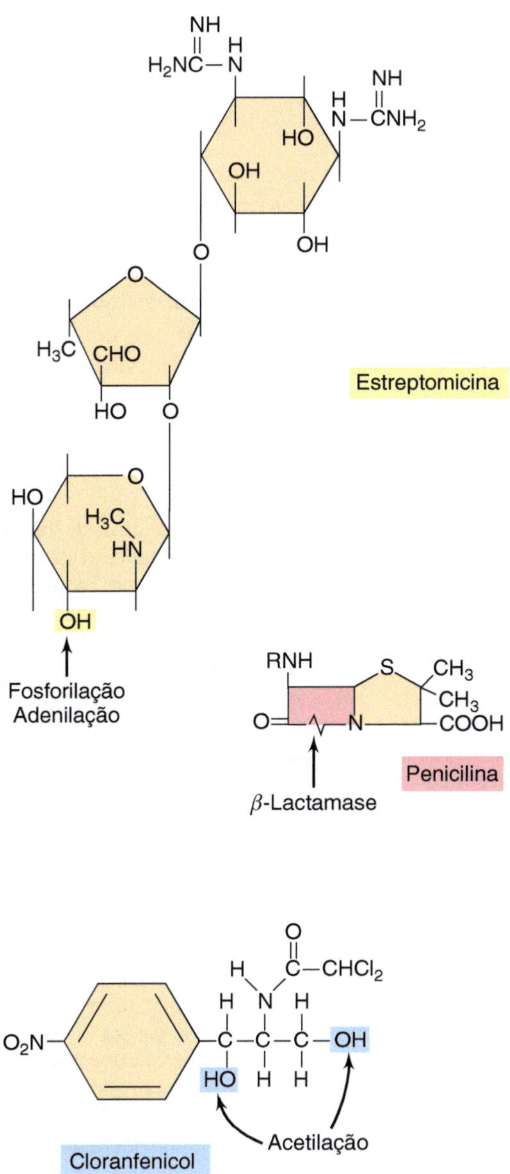

■ **Figura 17.24** Sítios onde os antibióticos são atacados por enzimas codificadas por genes presentes em plasmídeos R. Antibióticos aminoglicosídicos relacionados à estreptomicina, apresentando um grupo amino livre, podem ser inativados por uma *N*-acetilação (ver também Figura 17.20).

Conforme discutido na Seção 10.8, a resistência aos antibióticos pode ser codificada geneticamente pelo microrganismo, tanto em nível cromossomal quanto plasmidial, nos denominados *plasmídeos de resistência* (*fatores R*); tipos específicos de resistência têm, tipicamente, uma base genética em um local ou outro (Tabela 17.7). Em decorrência do desenvolvimento da resistência aos antibióticos, bactérias isoladas de espécimes clínicos devem ser submetidas aos testes de sensibilidade aos antibióticos, os quais devem ser realizados utilizando-se os métodos da concentração mínima inibitória (CMI) ou da difusão em ágar (Seção 17.4 e Figuras 17.10 e 17.11). Os detalhes dos testes de isolados clínicos quanto à sensibilidade aos antibióticos são descritos na Seção 23.3.

Mecanismos de resistência mediados por plasmídeos R

Em *laboratório*, freqüentemente são isoladas células resistentes a antibióticos a partir de culturas que anteriormente se mostravam predominantemente sensíveis a estes. A resistência desses isolados é, em geral, decorrente de mutações nos genes *cromossomais*. Em contrapartida, a maioria das bactérias resistentes a drogas, isoladas de *pacientes*, contém os genes de resistência em plasmídeos R. O mecanismo de resistência do plasmídeo R é diferente daquele da resistência cromossomal. Na maioria dos casos, a resistência a antibióticos mediada por genes cromossomais surge em decorrência de uma modificação no *alvo* da ação antibiótica (por exemplo, um ribossomo).

Contrariamente, a resistência do plasmídeo R é, na maioria dos casos, decorrente da presença de genes que codificam novas enzimas que *inativam* a droga (Figura 17.24) ou de genes que codificam enzimas que impedem a captação da droga ou a bombeiam ativamente para fora. Por exemplo, vários antibióticos conhecidos apresentam estrutura química similar, contendo unidades aminoglicosídicas. Dentre os antibióticos aminoglicosídicos estão a estreptomicina, neomicina, kanamicina e espectinomicina. Linhagens apresentando plasmídeos R que conferem resistência contêm enzimas que modificam quimicamente os antibióticos por fosforilação, acetilação ou adenilação. A droga modificada perde, então, a atividade antibiótica. No caso das penicilinas, a resistência do plasmídeo R é decorrente da síntese de penicilinase (β-lactamase), que cliva o anel β-lactâmico. A resistência ao cloranfenicol, mediada por um plasmídeo R, surge devido à presença de uma enzima que acetila o antibiótico. Muitos plasmídeos R podem conferir resistência a múltiplos antibióticos, pois um único plasmídeo R pode conter diferentes genes, cada um codificando uma diferente enzima que inativa o antibiótico.

Origem dos plasmídeos de resistência

Embora não haja uma evidência específica quanto à origem da resistência dos plasmídeos R a múltiplas drogas, diversas evidências circunstanciais sugerem que os plasmídeos R já existiam antes da era dos antibióticos. A ampla utilização de antibióticos forneceu condições seletivas e possibilitou a disseminação de plasmídeos R com

Tabela 17.7 Mecanismos de resistência bacteriana aos antibióticos

Mecanismo de resistência	Exemplo de antibiótico	Base genética da resistência	Mecanismo presente em:
Redução da permeabilidade	Penicilinas	Cromossomal	*Pseudomonas aeruginosa* *Bacteria* entéricas
Inativação do antibiótico (por exemplo, penicilinase; enzimas modificadoras do tipo metilases, acetilases e fosforilases e outras)	Penicilinas	Plasmidial e cromossomal	*Staphylococcus aureus* *Bacteria* entéricas *Neisseria gonorrhoeae*
	Cloranfenicol	Plasmidial e cromossomal	*Staphylococcus aureus*
	Aminoglicosídeos	Plasmidial	*Bacteria* entéricas
Alteração do alvo (por exemplo, RNA polimerase, rifamicina; ribossomo, eritromicina e estreptomicina; DNA girase, quinolonas)	Eritromicina Rifamicina Estreptomicina Norfloxacin	Cromossomal	*Staphylococcus aureus* *Bacteria* entéricas *Bacteria* entéricas *Bacteria* entéricas *Staphylococcus aureus*
Desenvolvimento de uma via bioquímica resistente	Sulfonamidas	Cromossomal	*Bacteria* entéricas *Staphylococcus aureus*
Efluxo (bombeamento para fora da célula)	Tetraciclinas	Plasmidial	*Bacteria* entéricas
	Cloranfenicol	Cromossomal	*Staphylococcus aureus* *Bacillus subtilis*

um ou mais genes de resistência a antibióticos (ver o Quadro "Usos não medicinais de antibióticos"). Por exemplo, uma linhagem de *Escherichia coli*, congelada e desidratada em 1946, continha um plasmídeo com genes conferindo resistência à tetraciclina e à estreptomicina, embora nenhum desses antibióticos tenha sido utilizado clinicamente, a não ser anos mais tarde. Além disso, foi comprovada a existência de linhagens apresentando genes de resistência a penicilinas semi-sintéticas em plasmídeos R antes destas terem sido sintetizadas. Possivelmente, o fato de maior importância ecológica tenha sido a descoberta de plasmídeos R que conferiam resistência a antibióticos em algumas *Bacteria* gram-negativas de solo não patogênicas. No solo, os plasmídeos de resistência podem conferir vantagens

Enfocando... **Usos não medicinais de antibióticos**

Os antibióticos são largamente utilizados nos Estados Unidos e em outros países desenvolvidos, com finalidades não medicinais, como suplementos de crescimento em rações animais. A adição de pequenas quantidades de antibióticos à ração estimula o crescimento do animal, diminuindo o período necessário para a introdução do animal no mercado. Por exemplo, a adição de 25 miligramas (mg) de penicilina por libra de ração, para frangos, economiza 900 milhões de kg (2 bilhões de lb) de ração a cada ano, devido ao maior ganho de peso e à eficiência na alimentação. Provavelmente, os antibióticos inibem infecções inaparentes, reduzindo a inflamação epitelial intestinal resultante, permitindo uma captação mais eficiente dos nutrientes. Os estudos em animais livres de germes confirmam esse conceito; o crescimento desses animais não é acelerado pelo uso de rações acrescidas de antibióticos.

Infelizmente, estas pequenas quantidades de antibióticos presentes na ração animal selecionam microrganismos resistentes aos antibióticos, devido à constante exposição a estes. Estudos moleculares com *Salmonella*, isoladas de aves domésticas, demonstraram que a resistência é rapidamente transferida entre diferentes espécies bacterianas e mesmo entre diferentes gêneros, no intestino. Em outro estudo, mais de 80% das linhagens de *Salmonella* isoladas de carnes de supermercados mostraram-se resistentes a pelo menos um antibiótico; as linhagens mais resistentes adquiriram, no mínimo, três genes de resistência. Estudos com microrganismos isolados de trabalhadores de criadouros de animais mostraram que muitas linhagens infectantes de humanos adquiriram resistência às drogas antimicrobianas utilizadas nas rações animais. Assim, o uso de antibióticos em rações animais aumenta o grupo de microrganismos resistentes que infectam o homem.

Outro estudo indica que algumas linhagens de *Enterococcus faecacium*, já resistentes à maioria dos antibióticos, adquiriram resistência ao Synercid, uma droga relativamente nova para uso humano, empregada seletivamente no tratamento de infecções resistentes a antibióticos, após dois anos de sua aprovação pelo *Federal Drug Administration*. Os pesquisadores especulam que as linhagens resistentes surgiram no gado ao qual foi ministrado um análogo de Synercid nos últimos vinte e cinco anos!

Infelizmente, estudos de longo prazo com animais previamente alimentados com antibióticos e depois com rações sem antibiótico demonstraram que as bactérias resistentes aos antibióticos não são rapidamente eliminadas do intestino. Os genes de resistência integram-se a plasmídeos estáveis ou cromossomos da microbiota intestinal e, na ausência de pressões seletivas contrárias, estes serão mantidos por algum tempo, mesmo com a interrupção do uso de rações acrescidas de antibiótico. Desse modo, o uso não medicinal de antibióticos reforçou uma simples lição da ecologia microbiana: o meio ambiente seleciona as espécies mais bem adaptadas.

No entanto, na esperança de reduzir a disseminação da resistência a antibióticos na Europa, alguns países europeus aboliram o uso de antibióticos clinicamente eficazes em rações animais. A Organização Mundial da Saúde também planejou uma política visando desencorajar o uso de antibióticos em rações animais. Nos Estados Unidos, grandes quantidades de antibióticos continuam a ser utilizadas por criadores de bovinos, aves domésticas e suínos.

seletivas, uma vez que os principais organismos produtores de antibióticos (*Streptomyces*, *Penicillium*) são também organismos de solo. Assim, aparentemente, os plasmídeos R não correspondem a um fenômeno recente, tendo existido na população microbiana natural antes mesmo de os antibióticos terem sido descobertos e utilizados tanto na medicina quanto na agricultura. Posteriormente, o uso em larga escala dos antibióticos, na medicina e na agricultura, forneceu as condições seletivas para a rápida disseminação desses plasmídeos R. Desse modo, os plasmídeos R correspondem a um resultado previsível de seleção natural. Estes restringem o uso contínuo de qualquer antibiótico único, como agente quimioterápico eficaz.

Disseminação da resistência às drogas antimicrobianas

O uso extensivo e inapropriado de drogas antimicrobianas está conduzindo ao rápido desenvolvimento de resistência específica à droga nos microrganismos causadores de doenças. A descoberta e o uso clínico de vários antibióticos conhecidos é concomitante ao surgimento de bactérias que resistem à sua ação. Existem inúmeros exemplos do uso excessivo de antibióticos e do desenvolvimento simultâneo de resistência. A Figura 17.25*a* apresenta uma correlação entre o número de toneladas de antibióticos usados e a porcentagem de bactérias resistentes a cada antibiótico.

De forma crescente, a prescrição de uma droga para o tratamento de uma infecção, em particular, tem sido alterada devido ao aumento da resistência do microrganismo causador da doença. Um exemplo clássico corresponde ao desenvolvimento de resistência à penicilina por *Neisseria gonorrhoeae* — a bactéria causadora da gonorréia (Figura 17.25*b*). A penicilina não é mais um antibiótico eficaz no tratamento da gonorréia, visto que uma grande porcentagem dos isolados clínicos produzem β-lactamase, sendo resistentes a esse antibiótico. Virtualmente, todas as linhagens resistentes desenvolveram-se a partir de 1980. A atual droga de escolha é a ceftriaxona, embora novas modalidades de tratamento sejam recomendadas a cada ano, apenas para limitar os efeitos do rápido surgimento de genes de resistência (Seção 26.12).

Vários estudos realizados ao redor do mundo sugerem que os antibióticos são utilizados na prática clínica muito além do necessário. Os dados indicam que o tratamento com antibióticos justifica-se em 20% dos indivíduos atendidos devido a doenças infecciosas. No entanto, os antibióticos são prescritos em quase 80% dos casos. Além disso, em cerca de 50% dos casos as doses recomendadas ou a duração do tratamento não são corretas. Esses fatos somam-se à desobediência do paciente: muitos interrompem o uso da medicação, especialmente dos antibióticos, tão logo se "sentem melhor". Por exemplo, o surgimento da tuberculose resistente à isoniazida está relacionada à falha do paciente em tomar a medicação oral por um período de 6 a 9 meses, conforme a prescrição (Seção 26.5). Desse modo, patógenos virulentos freqüentemente são submetidos a doses subletais de antibióticos, por curtos períodos de tempo, promovendo o surgimento seletivo de organismos resistentes. Principalmente devido a essas falhas no uso e no monitoramento adequados da terapia antibiótica, quase todos os microrganismos patogênicos desenvolveram resistência a algum agente quimioterápico, desde o início do uso disseminado da quimioterapia antimicrobiana, nos anos 50 (Figura 17.26). As penicilinas e sulfas, os primeiros agentes quimioterápicos largamente utilizados, atualmente não apresentam amplo uso, visto que muitos patógenos desenvolveram alguma resistência a estas. Mesmo os organismos que ainda são uniformemente sensíveis à penicilina, como *Streptococcus pyogenes*

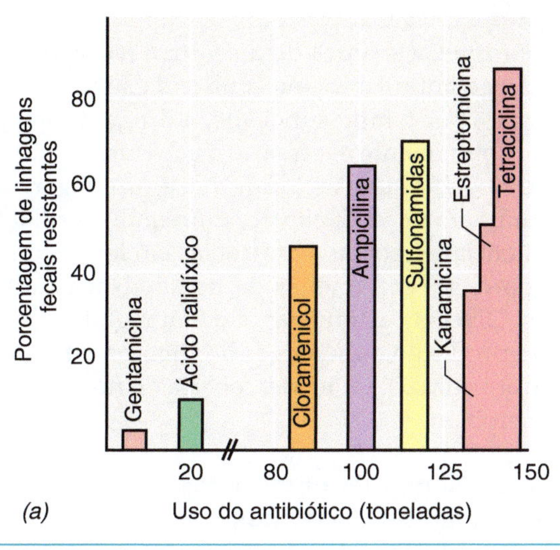

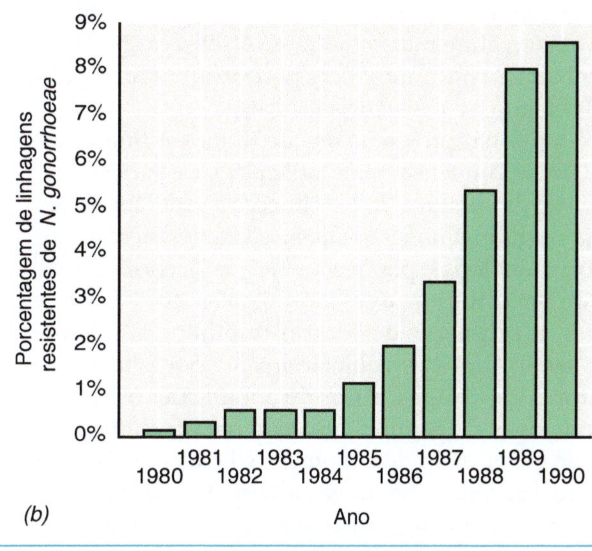

■ **Figura 17.25** Surgimento de bactérias resistentes às drogas antimicrobianas. (a) Relação entre o uso do antibiótico e a porcentagem de bactérias resistentes ao antibiótico, isoladas de pacientes diarréicos. Os agentes utilizados em maior quantidade, conforme indicado pela quantidade produzida comercialmente, correspondem àqueles aos quais linhagens resistentes à droga são mais freqüentes. (b) Porcentagem de casos relatados de gonorréia causada por linhagens resistentes às drogas. O número real de casos de resistência às drogas relatados em 1985 foi de 9.000. Esse número aumentou para 59.000 em 1990. Mais de 95% dos casos de resistência às drogas relatados são decorrentes de linhagens de *Neisseria gonorrhoeae* produtoras de penicilinase. Desde 1990, a penicilina não é mais recomendada para o tratamento da gonorréia, em virtude do surgimento da resistência a essa droga. (*Fonte*: Centro de Controle de Doenças, Atlanta, GA).

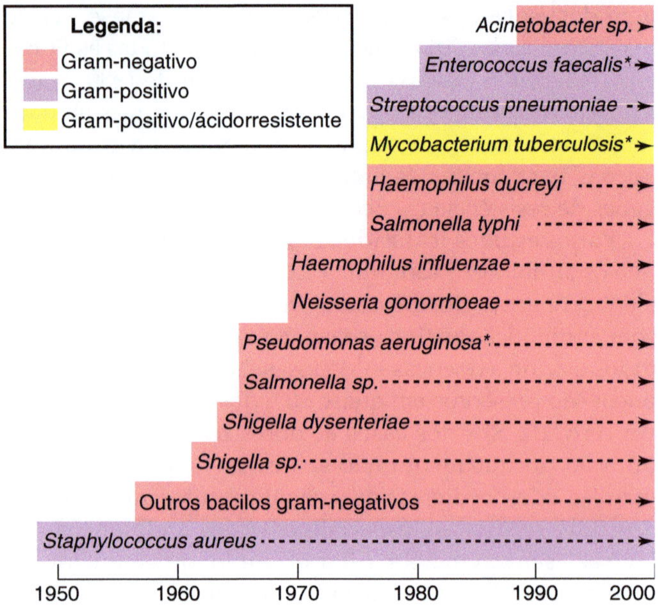

■ **Figura 17.26** Surgimento da resistência a drogas antimicrobianas em alguns patógenos humanos. O símbolo * indica que algumas linhagens resistentes a múltiplas drogas não podem ser tratadas com drogas antimicrobianas atualmente conhecidas.

(bactéria causadora da faringite estreptocóccica, escarlatina e febre reumática; Seção 26.2), atualmente requerem uma dosagem de penicilina significativamente maior para um tratamento bem-sucedido, quando comparado há uma década.

Outros usos indiscriminados e não essenciais de antibióticos contribuem para o surgimento de linhagens resistentes. Por exemplo, os antibióticos são utilizados na agricultura tanto como substâncias promotoras de crescimento nas rações animais quanto como profiláticas (no sentido de prevenir a ocorrência de doenças em vez de tratar alguma já existente). O uso de antibióticos em rações animais tem sido responsabilizado por surtos de diversas infecções alimentares recentes. A sobrecarga de diversos ambientes com antibióticos pode resultar no rápido desenvolvimento de resistência às drogas.

Por exemplo, há aproximadamente 10 anos as fluoroquinolonas têm sido intensamente utilizadas na agricultura, como agentes promotores de crescimento e profiláticos. No entanto, já surgiram linhagens *Campylobacter jejuni* resistentes a fluoroquinolonas, possivelmente em decorrência da prática de se tratarem aves domésticas com fluoroquinolonas na prevenção de doenças respiratórias. Diretrizes estão sendo adotadas voluntariamente por avicultores e produtores de drogas a fim de monitorar o uso de fluoroquinolonas de segunda geração na agricultura, na tentativa de evitar o rápido surgimento de resistência. Esta pode ser minimizada se as drogas forem utilizadas apenas no tratamento de doenças suscetíveis, sendo ministradas em doses suficientemente altas e por período de tempo suficiente, a fim de que a população microbiana seja reduzida antes que os mutantes tenham a oportunidade de surgir. Esse problema pode ser eliminado por meio da educação de médicos e pacientes. A resistência também pode ser minimizada pelo uso combinado de dois agentes quimioterápicos não relacionados, visto ser provável que uma linhagem mutante resistente a um dos antibióticos permaneça sensível ao outro. No entanto, com o aumento da prevalência dos fatores R, conferindo resistência a múltiplas drogas em bactérias patogênicas, a terapia utilizando múltiplos antibióticos tem se mostrado menos atraente como estratégia terapêutica eficaz.

Alguns relatos sugerem que, se o uso de um antibiótico em particular for interrompido, com o tempo a resistência àquele antibiótico será revertida. Essa informação implica que a resistência é reversível e a eficácia de alguns antibióticos pode ser restabelecida interrompendo-se seu uso por algum tempo, seguido de um uso cuidadosamente monitorado. Finalmente, como discutiremos a seguir, novos agentes quimioterápicos estão sendo constantemente produzidos, com o emprego de diversos métodos para descobrir e desenvolver novas drogas.

✓ 17.12 Verificação de conceitos

Um importante efeito colateral do uso de agentes quimioterápicos antimicrobianos corresponde ao desenvolvimento de resistência por parte dos microrganismos-alvo. Em muitos casos, a resistência resulta da seleção de genes de resistência existentes, em decorrência do uso inadequado e indiscriminado das drogas antimicrobianas. Muitos agentes antimicrobianos, anteriormente úteis, atualmente não são eficazes devido à resistência às drogas: alguns poucos organismos desenvolveram resistência a todas as drogas antimicrobianas conhecidas, semeando o receio de que se retorne à era pré-antibiótica, quando as doenças infecciosas não eram tratáveis.

✓ Por que ocorre a resistência aos antibióticos?
✓ Que medidas práticas devem ser adotadas para retardar o desenvolvimento da resistência aos antibióticos?

17.13 A pesquisa por novas drogas antimicrobianas

Conforme acabamos de discutir, a resistência a qualquer droga antimicrobiana conhecida surge se houver a exposição, por tempo suficiente, à droga. Como resultado, é absolutamente necessário o uso conservador e apropriado dos antibióticos a fim de se prolongar sua vida útil, do ponto de vista clínico. Entretanto, a solução para a resistência microbiana às drogas, em longo prazo, consiste no desenvolvimento de novas drogas antimicrobianas. Diversas estratégias são empregadas na identificação e produção de análogos de componentes existentes que sejam eficazes ou na descoberta de novos compostos antimicrobianos.

Novos análogos de compostos antimicrobianos existentes

A produção de novos análogos de compostos microbianos existentes é direta e geralmente produtiva, especialmente porque os novos compostos, por serem imitações daqueles mais antigos, exibem um mecanismo de ação previsível. Em diversos casos, os parâmetros, como solubilidade e afinidade, podem ser alterados pela introdução de pequenas modificações na estrutura química da droga, sem alterar as estruturas críticas à atividade. O novo composto pode, na realidade, ser mais potente que o composto original, e, uma vez que a resistência se baseia no reconhecimento estrutural, o novo composto pode não ser reconhecido pelos fatores de resistência. Por exemplo, a Figura 17.22 ilustra a estrutura básica da tetraciclina e de dois derivados bioativos. Utilizando a tetraciclina como um *composto líder*, substituições químicas sistemáticas podem ser realizadas nos quatro sítios do grupo R, originando uma série quase infinita de análogos de tetraciclina. Utilizando essa estratégia básica, novos antibióticos β-lactâmicos (ver Seção 17.8), novos compostos relacionados à tetraciclina (ver Seção 17.9) e novos análogos da vancomicina (Figura 17.12), alguns até 100 vezes mais potentes que o composto original, são rotineiramente sintetizados e testados.

A aplicação de métodos de química robótica automatizada na descoberta de drogas aumentou dramaticamente nossa capacidade de gerar de maneira rápida novos compostos antimicrobianos potenciais. Os métodos robóticos automatizados, referidos como *química combinatória*, aplicam modificações sistemáticas em um produto antimicrobiano conhecido, gerando inúmeros novos análogos. Por exemplo, a partir da utilização de métodos de química combinatória automatizada e da tetraciclina como componente líder (Figura 17.22), cinco reagentes diferentes podem ser utilizados para introduzir modificações nos quatro diferentes grupos R da tetraciclina. Os sítios substituídos originarão 5 × 5 × 5 × 5 (cinco derivados em cada um dos quatro sítios), ou 725 diferentes derivados da tetraciclina, a partir de apenas seis reagentes diferentes, em poucas horas! Esses compostos são então testados quanto à atividade biológica *in vitro*, em diferentes microrganismos. A síntese automatizada e os processos de esquadrinhamento reduziram dramaticamente o tempo para a descoberta de drogas, aumentando o número de candidatos a novas drogas em 10 vezes ou mais, a cada ano.

De acordo com estimativas da indústria farmacêutica, cerca de 7 milhões de compostos candidatos devem ser triados para a produção de uma única droga útil. Conforme acabamos de discutir, esse processo inicia-se com a síntese, isolamento e seleção de compostos candidatos. A seleção envolve testes *in vitro*, utilizados para avaliar a suscetibilidade antibiótica (ver Seção 17.4). Drogas eficazes em laboratório devem, então, ser testadas quanto à eficácia e toxicidade em animais e, finalmente, em testes clínicos com humanos. Os testes com animais duram vários anos e requerem provas múltiplas para que haja garantia de que a droga candidata é eficaz e segura para o uso. Pelas mesmas razões, testes clínicos para cada droga também demandam vários anos para serem completados. A descoberta e o desenvolvimento de novas drogas demandam, tipicamente, de 10 a 25 anos até a aprovação para o uso clínico. O custo do descobrimento e desenvolvimento é estimado em cerca de 500 milhões de dólares, para cada nova droga aprovada.

Desenvolvimento de drogas por computador

Compostos antimicrobianos verdadeiramente novos são muito mais difíceis de ser identificados que os análogos de drogas existentes, visto que os novos compostos antimicrobianos devem atuar em sítios únicos do metabolismo e da biossíntese ou serem diferentes dos compostos existentes a fim de evitar a resistência existente. Para que esses novos compostos sejam identificados, as drogas candidatas devem ser isoladas de fontes naturais e sistematicamente triadas quanto à atividade antimicrobiana. No entanto, recentes avanços na tecnologia computacional e estrutural gráficas tornaram possível o desenvolvimento de drogas que interagem com estruturas microbianas conhecidas e específicas. Atualmente, a descoberta de drogas pode ser iniciada em um computador, em que novas drogas podem ser rapidamente "criadas" e "testadas" quanto à ligação e toxicidade em um ambiente virtual, com custos relativamente baixos (Seções 30.4 e 26.8). Um dos sucessos mais dramáticos e recentes no desenvolvimento de novas drogas por computador corresponde ao desenvolvimento do saquinavir — um inibidor de protease utilizado para retardar o crescimento do vírus da imunodeficiência humana (HIV) em indivíduos infectados (Figura 17.27). A protease do HIV cliva uma proteína precursora codificada viral, produzindo o cerne viral maduro e ativando a transcriptase reversa, necessária à replicação (Seção 16.14). O saquinavir foi projetado em computador, de modo a se acoplar ao sítio ativo da protease do HIV a partir do conhecimento da estrutura tridimensional do complexo protease-substrato; essa droga é um análogo peptídico que desloca a proteína precursora do HIV, inibindo a maturação do vírus e desacelerando seu crescimento no hospedeiro humano. Existem outros inibidores de protease desenvolvidos por computador (como o saquinavir) sendo utilizados como drogas quimioterápicas no tratamento da AIDS (Tabela 17.5, Figura 17.27 e Figura 26.38). Como demonstrado nesse exemplo, o desenvolvimento computacional, baseado na modelagem estrutural e bioquímica, corresponde a um método prático para o desenvolvimento de drogas antimicrobianas, além de ser rápido e econômico.

✓ 17.13 Verificação de conceitos

Novos compostos antimicrobianos estão sendo constantemente descobertos e desenvolvidos a fim de combater organismos resistentes às drogas e aumentar nossa capacidade de tratar doenças infecciosas. No entanto, a descoberta e desenvolvimento consomem tempo e são processos dispendiosos. O desenvolvimento de drogas por meio de computadores corresponde a uma nova e importante ferramenta para a descoberta das drogas.

✓ Os análogos de drogas existentes são freqüentemente desenvolvidos para serem utilizados como novas gerações de compostos antimicrobianos. Explique as vantagens e desvantagens dessa estratégia no tratamento de doenças infecciosas.

✓ De que modo o desenvolvimento de drogas por meio de computadores pode economizar tempo e dinheiro na pesquisa para novas drogas?

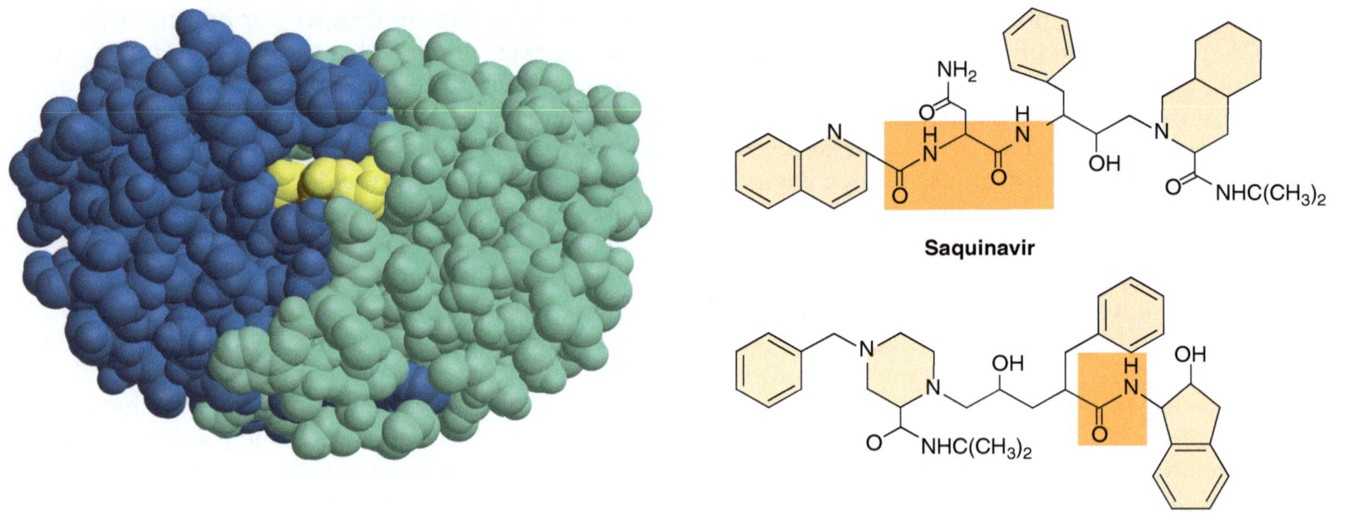

(a) (b0) Indinavir

Figura 17.27 Drogas antivirais geradas por computador. (a) O homodímero da protease do HIV. As cadeias polipeptídicas individuais estão ilustradas em verde e azul. Um peptídeo (em amarelo) é ligado ao sítio catalítico. Essa protease cliva uma proteína precursora do HIV — etapa necessária à maturação viral (Seção 16.14). O bloqueio do sítio da protease pelo peptídeo apresentado inibe o processamento do precursor e a maturação do HIV. Essa estrutura é derivada de informações contidas no Banco de Dados de Proteínas. (b) Essas drogas antivirais são análogos de peptídeos, desenvolvidos computacionalmente para bloquear o sítio ativo da protease do HIV. As regiões destacadas em laranja apresentam as regiões análogas às ligações peptídicas. A ligação desses compostos pela protease do HIV impede o processamento do precursor do HIV e a maturação viral. Esses compostos são representantes de uma classe de drogas terapêuticas conhecidas como inibidores não nucleotídicos da transcriptase reversa (INNTR). A concentração desses compostos em células infectadas pelo HIV, associada a sua forte afinidade pela transcriptase reversa do HIV, torna-os potentes inibidores competitivos pelos sítios ativos da transcriptase, evitando a replicação viral. Esses inibidores de protease são amplamente utilizados no tratamento de infecções pelo HIV (ver Tabela 17.5 e Seção 26.14).

Questões de revisão

1. Por que o tempo de redução decimal (*D*) é importante na esterilização pelo calor? De que modo a presença de endósporos bacterianos pode afetar *D*?
2. Descreva, em nível molecular, os efeitos da radiação ionizante letal.
3. Quais são as principais vantagens do uso de membranas filtrantes em vez de filtros de profundidade?
4. Por que os filtros Nucleopore são particularmente úteis no isolamento de espécimes para microscopia?
5. Descreva o procedimento para a obtenção da concentração mínima inibitória (CMI) de um agente químico que seja bactericida para *Escherichia coli*.
6. Diferencie a ação de desinfetantes e de anti-sépticos. Por que os desinfetantes normalmente não podem ser utilizados em tecidos vivos?
7. Os análogos de fatores de crescimento geralmente diferenciam-se dos antibióticos por um único importante critério. Explique.
8. A maioria dos antibióticos é produzida por determinados grupos de organismos. Essa afirmação é verdadeira? Que grupos de organismos produzem antibióticos?
9. Descreva os mecanismos de ação que caracterizam um antibiótico β-lactâmico.
10. Diferencie o mecanismo de ação de, no mínimo, três antibióticos inibidores da síntese protéica.
11. Por que as drogas antivirais geralmente apresentam toxicidade para o hospedeiro?
12. Defina os alvos fúngicos específicos que conferem uma toxicidade seletiva aos agentes quimioterápicos para fungos.
13. Descreva os principais mecanismos responsáveis pela resistência aos antibióticos.
14. Qual a principal origem dos genes bacterianos de resistência aos antibióticos?
15. Partindo de um composto original, descreva os métodos de *química combinatória* utilizados na produção de novos análogos de drogas.

Questões de aplicação

1. Descreva, em um gráfico, os resultados experimentais que você esperaria obter para um tempo de redução decimal de um organismo muito sensível ao calor. De que modo esse gráfico seria afetado se as células vegetativas fossem sensíveis ao calor, mas o organismo produzisse endósporos resistentes ao calor?
2. Quais são alguns dos possíveis inconvenientes decorrentes do uso de radiação na preservação de alimentos? Você acredita que tais inconvenientes podem representar danos à saúde? Justifique. Como você faria a diferenciação entre os alimentos danificados por radiação e aqueles contaminados por radiação?
3. A filtração corresponde a uma forma aceitável de pasteurização para alguns líquidos. Projete um sistema

para a pasteurização de um líquido sensível ao calor. Por que um sistema de filtração seria mais indicado que um sistema de pasteurização por calor?

4. Planeje um experimento para distinguir um agente "cida" e um "stático". Você poderia utilizar o teste da concentração mínima inibitória (CMI) em seu experimento? Explique.
5. Que testes você realizaria para decidir se um agente químico pode ser utilizado como anti-séptico? E como desinfetante? Alguns produtos químicos atendem aos dois objetivos. Descreva as propriedades de tal produto químico e dê um exemplo.
6. Embora os análogos de fatores de crescimento possam inibir o metabolismo microbiano, somente poucos desses agentes exibem utilidade prática. Muitos dos agentes em potencial e alguns dos que são amplamente utilizados, como a azidotimidina (ver Tabela 17.5), apresentam toxicidade significante para a célula hospedeira. Descreva um análogo de fator de crescimento que seja eficaz e que apresente baixa toxicidade para as células hospedeiras. Por que a toxicidade do agente que você escolheu é baixa? Descreva também um análogo de fator de crescimento que seja eficaz contra doenças infecciosas, mas que exiba toxicidade para as células hospedeiras. Por que é possível um agente tóxico como o AZT ser utilizado, em determinadas circunstâncias, no tratamento de doenças infecciosas? Que precauções você tomaria para limitar os efeitos tóxicos de tal droga, se sua atividade terapêutica fosse maximizada? Explique sua resposta.
7. Menos de 1% de todos os antibióticos conhecidos apresenta valor prático, tanto em pesquisas quanto no uso clínico. Explique esse fato. Você acredita ser importante expandir e prosseguir nas pesquisas por novos antibióticos? Que tratamentos alternativos ao uso de antibióticos estão ou poderiam estar disponíveis para o tratamento de doenças microbianas em seres humanos?
8. Planeje um experimento visando identificar possíveis microrganismos produtores de novos antibióticos. Que grupo ou grupos de microrganismos você escolheria? Onde você poderia encontrar e isolar esses organismos, em um meio ambiente natural? Que vantagem a produção de um antibiótico forneceria para esses organismos na natureza? Que métodos *in vitro* você utilizaria para testar a eficácia de seus novos antibióticos em potencial? (Você pode rever a matéria das Seções 12.24 e 30.5 antes de responder.)
9. Embora os antibióticos β-lactâmicos possuam evidente toxicidade seletiva para *Bacteria*, vários grupos de *Bacteria* apresentam resistência inata a seus efeitos. Sem invocar genes de resistência bacterianos, explique por que *Bacteria* gram-negativas são resistentes aos efeitos da maioria dos antibióticos β-lactâmicos. Explique, ainda, por que alguns antibióticos β-lactâmicos são eficazes contra esses organismos.
10. Que vantagens em potencial aminoglicosídeos, macrolídeos e tetraciclinas podem apresentar, na quimioterapia, em relação à penicilina G? Explique.
11. Relacione as propriedades de uma droga antiviral ideal, especialmente em relação à toxicidade seletiva. Tal droga existe? Que fatores podem limitar seu uso ?
12. Assim como os vírus, os fungos apresentam problemas quimioterápicos especiais. Explique os problemas inerentes à quimioterapia em ambos os grupos e explique por que você concorda ou não com a afirmação acima. Dê exemplos específicos, sugerindo no mínimo um grupo de agentes quimioterápicos que possa ter como alvo os dois tipos de agentes infecciosos.
13. Explique a base genética da resistência adquirida aos antibióticos β-lactâmicos em *Staphylococcus aureus*. Planeje um conjunto de experimentos para reverter a resistência aos antibióticos β-lactâmicos. Você acredita ser possível? Seu experimento pode ser realizado "no campo" para promover a eliminação de organismos resistentes a antibióticos? Explique.
14. Desenvolva uma droga para a inibição da atividade da protease do HIV, com base na estrutura ilustrada na Figura 17.27. Use um mecanismo *diferente* da inibição competitiva no sítio ativo da enzima.

A informação contida no Apêndice 1 tem por finalidade auxiliar os estudantes no cálculo das variações de energia livre que ocorrem nas reações químicas realizadas pelos microrganismos. O Apêndice inicia-se com as definições dos termos necessários à realização de tais cálculos e prossegue indicando como o conhecimento do estado redox, equilíbrio atômico e de cargas, além de outros fatores, é necessário para o correto cálculo dos problemas envolvendo energia livre.

Definições

1. ΔG^0 = variação padrão da energia livre de uma reação, à pressão de 1atm e concentrações de 1 *M*; ΔG = variação da energia livre em condições especificadas; $\Delta G^{0\prime}$ = alteração da energia livre de uma reação em condições padrão, em pH 7.
2. Cálculo de ΔG^0 de uma reação química, a partir da energia livre de formação, G_f^0, dos produtos e reagentes:

   $$\Delta G^0 = \Sigma\, \Delta G_f^0 \text{ (produtos)} - \Sigma\, \Delta G_f^0 \text{ (reagentes)}$$

   Isto é, somar o ΔG_f^0 dos produtos, somar o ΔG_f^0 dos reagentes e subtrair o segundo do primeiro.
3. Para reações que geram energia, envolvendo H^+, converter as condições-padrão (pH 0) para as condições bioquímicas (pH 7):

   $$\Delta G^{0\prime} = \Delta G^0 + m\Delta G'_f(H^+)$$

   onde *m* corresponde ao número líquido de prótons na reação (*m* é negativo quando mais prótons são consumidos que formados) e $\Delta G'_f(H^+)$ corresponde à energia livre de formação de um próton em pH 7 = –39,83 kJ, a 25ºC.
4. Efeito das concentrações no ΔG: com substratos solúveis, as proporções na concentração dos produtos formados a partir de substratos exógenos utilizados são geralmente iguais ou maiores que 10^{-2}, no início do crescimento, e iguais ou menores que 10^{-2}, ao final do crescimento. A partir da relação entre ΔG e a constante de equilíbrio (ver item 8), pode ser calculado que o ΔG da liberação de energia livre em situações práticas difere da liberação de energia em condições-padrão, no máximo em 11.7 kJ, uma quantidade relativamente pequena, de maneira que, para uma primeira aproximação, as liberações de energia livre padrão podem ser utilizadas na maioria das situações. Entretanto, sendo H_2 um produto, as bactérias consumidoras de H_2 presentes podem manter a concentração de O_2 tão baixa que a liberação de energia livre será significativamente afetada. Assim, na fermentação de etanol a acetato e H_2($C_2H_5OH + H_2O \rightarrow C_2H_3O_2^- + 2H_2 + H^+$), o $\Delta G^{0\prime}$ a 1 atm de H_2 é de +9,68 kJ, enquanto a 10^{-4} atm de H_2, é de –36,03 kJ. Portanto, na presença de bactérias consumidoras de H_2, a fermentação de etanol torna-se útil. (Ver também item 9.)
5. Potenciais de redução: por convenção, as equações eletrodóticas são escritas na direção, oxidante + $ne^- \rightarrow$ redutor (isto é, como reduções), onde *n* corresponde ao número de elétrons transferidos. O potencial-padrão (E_0) do hidrogênio eletrodótico, $2H^+ + 2e^- \rightarrow H_2$, é ajustado, por definição, a 0,0 V a 1,0 atm de pressão do gás H_2 e 1,0 *M* de H^+, a 25ºC. E_0' corresponde ao potencial de redução padrão, em pH 7. Ver também a Tabela A1.2.
6. Relação da energia livre com o potencial de redução:

   $$\Delta G^{0\prime} = -nF\Delta E_0'$$

   onde *n* corresponde ao número de elétrons transferidos, *F*, à constante de Faraday (96,48 kJ/V), e $\Delta E_0'$ corresponde ao E_0' do par aceptor de elétrons menos o E_0' do par doador de elétrons.
7. Constante de equilíbrio, *K*. Para a reação geral $aA + bB \rightleftharpoons cC + dD$,

   $$K = \frac{[C]^c}{[A]^a}\ \frac{[D]^d}{[B]^b}$$

   onde A, B, C e D representam os reagentes e produtos; *a*, *b*, *c* e *d* representam o número de moléculas de cada; as chaves indicam as concentrações. Isso é verdadeiro apenas quando o sistema químico está em equilíbrio.
8. Relação entre a constante de equilíbrio, *K*, e a variação de energia livre. Em condições de temperatura, pressão e pH constantes,

   $$\Delta G = \Delta G^{0\prime} + RT \ln K$$

   onde *R* é uma constante (8,29 J/mol/ºK) e *T* é a temperatura absoluta (em ºK)
9. Em uma reação redox, duas substâncias podem reagir mesmo que os potenciais padrão sejam desfavoráveis, se as concentrações forem favoráveis.

Assumir que, normalmente, a forma reduzida de A doa elétrons para a forma oxidada de B. Entretanto, se a concentração da forma reduzida de A for baixa e a concentração da forma reduzida de B for elevada, é possível que a forma reduzida de B doe elétrons à forma oxidada de A. Assim, a reação ocorreria na direção oposta àquela predita pelos potenciais padrão. Um exemplo prático dessa situação corresponde à utilização de H^+ como aceptor de elétrons, na produção de H_2. Normalmente, a produção de H_2 pelas bactérias fermentativas não é intensa, uma vez que H^+ é um fraco aceptor de elétrons; o E_0' do par $2H^+/H_2$ é de –0,41 V. Entretanto, se a concentração de H_2 for mantida baixa por sua contínua remoção (um processo realizado por procariotos metanogênicos, que utilizam $H_2 + CO_2$ na produção de metano, CH_4, ou por muitos outros anaeróbios capazes de consumir o H_2 anaerobicamente), o potencial será mais positivo e o H^+ atuará como um aceptor de elétrons adequado.

Estado ou número de oxidação

1. O estado de oxidação de um elemento em uma substância elementar (por exemplo H_2, O_2) é zero.
2. O estado de oxidação de um íon de um elemento é igual à sua carga (por exemplo $Na^+ = +1$, $Fe^{3+} = +3$, $O^{2-} = -2$).

Tabela A1.1 Energias livres de formação, G^0_f, de algumas substâncias (kJ/mol)[a]

Composto contendo carbono	Metal	Não metal	Composto contendo nitrogênio
CO, –137,34	Cu^+, +50,28	H_2, 0	N_2, 0
CO_2, –394,4	Cu^{2+}, +64,94	H^+, 0 em pH 0;	NO, +86,57
CH_4, –50,75	CuS, –49,02	–39,83 em pH 7	NO_2, +51,95
H_2CO_3, –623,16	Fe^{2+}, –78,87	(–5,69 por unidade de pH)	NO_2^-, –37,2
HCO_3^-, –568,85	Fe^{3+}, –4,6	O_2, 0	NO_3^-, –111,34
CO_3^{2-}, –527,90	$FeCO_3$, –673,23	OH^-, –157,3 em pH 14;	NH_3, –26,57
Acetato, –369,41	FeS_2, –150,84	–198,76 em pH 7;	$NH4^+$, –79,37
Alanina, –371,54	$FeSO_4$, –829,62	–237,57 em pH 0	N_2O, +104,18
Aspartato, –700,4	PbS, –92,59	H_2O, –237,17	
Ácido benzóico, –245,6	Mn^{2+}, –277,93	H_2O_2, –134,1	
Butirato, –352,63	Mn^{3+}, –82,12	PO_4^{3-}, –1026,55	
Caproato, –335,96	MnO_4^{2-}, –506,57	Se^0, 0	
Citrato, –1168,34	MnO_2, –456,71	H_2Se, –77,09	
Crotonato, –277,4	MnSO4, –955,32	SeO_4^{2-}, –439,95	
Cisteína, –339,8	HgS, –49,02	S^0, 0	
Etanol, –181,75	MoS_2, –255,42	SO_3^{2-}, –486,6	
Formaldeído, –130,54	ZnS, –198,60	SO_4^{2-}, –744,6	
Formato, –351,04		$S_2O_3^{2-}$, –513,4	
Frutose, –915,38		H_2S, –27,87	
Fumarato, –604,21		HS^-, +12,05	
Gluconato, –1128,3		$S2^-$, +85,8	
Glicose, –917,22			
Glutamato, –699,6			
Glicerato, –658,1			
Glicerol, –488,52			
Glicina, –314,96			
Glicolato, –530,95			
Guanina, +46,99			
Lactato, –517,81			
Lactose, –1515,24			
Malato, –845,08			
Manitol, –942,61			
Metanol, –175,39			
Oxalato, –674,04			
Fenol, –47,6			
n-Propanol, –175,81			
Propionato, –361,08			
Piruvato, –474,63			
Ribose, –757,3			
Succinato, –690,23			
Sacarose, –370,90			
Uréia, –203,76			
Valerato, –344,34			

a Valores de energia livre de formação de vários compostos podem ser obtidos em Dean, J. A. *Lange's Handbook of Chemistry*, 11 ed., McGraw Hill, Nova York, 1973. Garrels, R. M. e Christ, C. L. *Solutions, Minerals, and Equilibria*. Harper and Row, Nova York, 1965. Burton, K. Em Krebs, H. A. e H. L. Kornberg, Energy transformations in living matter, *Ergebnisse der Physiologie* (apêndice), Springer-Verlag, Berlin, 1957; e Thauer, R. K., Jungermann, K. e Decker, H. Energy conservation in anaerobic chemotrophic bacteria, *Bacteriol. Rev. 41*:100-180, 1977.

3. A soma dos números de oxidação de todos os átomos em uma molécula neutra é igual a zero. Assim, H_2O é neutro porque possui dois H, de valor +1 cada, e um O de valor –2.
4. Em um íon, a soma dos números de oxidação de todos os átomos é igual à carga do íon. Assim, no íon OH^-, O(–2) + H(+1) = –1.
5. Em compostos, o estado de oxidação do O é virtualmente sempre –2, enquanto do H é +1.
6. Em compostos simples de carbono, o estado de oxidação do C pode ser calculado somando-se átomos H e O presentes e utilizando os estados de oxidação destes elementos, como mencionado no item 5, porque em um composto neutro a soma de todos os números de oxi-

dação deve ser igual a zero. Assim, o estado de oxidação do carbono no metano, CH_4, é –4 (4 H com valor +1 cada, = +4); no dióxido de carbono, CO2, o estado de oxidação do carbono é +4 (2 O com valor –2 cada, = –4).

7. Em compostos orgânicos contendo mais de um átomo de C, pode não ser possível atribuir um número de oxidação específico a cada átomo de carbono, embora seja útil o cálculo do estado de oxidação do composto como um todo. As mesmas convenções são utilizadas. Assim, o estado de oxidação do carbono na glicose, $C_6H_{12}O_6$, é zero (12 H com valor +1 = 12; 6 O com valor –2 = –12) e o estado de oxidação de cada carbono no etanol, C_2H_6O, é –2 (6 H com valor +1 = +6; um O com valor –2).
8. Em todas as reações de oxidação-redução há um equilíbrio entre os produtos oxidados e reduzidos. Para calcular um balanço de oxidação-redução, o número de moléculas de cada produto é multiplicado por seu estado de oxidação. Por exemplo, no cálculo do balanço de oxidação-redução na fermentação alcoólica são geradas duas moléculas de etanol, cada uma com valor –4 = –8, e duas moléculas de CO_2, cada uma com valor +4 = +8, de forma que o balanço líquido é zero. Na construção de reações modelo, o cálculo dos balanços redox é útil para verificar se a reação é possível.

Cálculo da liberação de energia livre em reações hipotéticas

As liberações de energia podem ser calculadas tanto a partir das energias livres de formação de reagentes e produtos, como das diferenças dos potenciais de reação das reações parciais que doam e recebem elétrons.

Cálculos a partir da energia livre

As energias livres de formação são fornecidas na Tabela A1.1. O procedimento utilizado no cálculo das liberações de energia das reações deve ser feito como a seguir.

1. *Reações de balanceamento.* Em todos os casos, é essencial garantir que a reação acoplada de oxidação-redução esteja balanceada. O balanceamento envolve três aspectos: (*a*) o número total de cada tipo de átomo deve ser idêntico nos dois lados da equação; (*b*) deve haver um balanço iônico de forma que, quando íons positivos e negativos são adicionados à equação da direita, a carga iônica total (seja positiva, negativa ou neutra) esteja exatamente equilibrada com a carga iônica da equação à esquerda; (*c*) deve haver um balanço de oxidação-redução de maneira que todos os elétrons removidos de uma substância devam ser transferidos a outra substância. Geralmente, quando reações balanceadas são construídas, estas são realizadas na ordem inversa das três etapas listadas acima. Normalmente, se as etapas (*c*) e (*b*) foram realizadas adequadamente, a etapa (*a*) torna-se automaticamente correta.
2. *Exemplos*: (*a*) Qual a reação balanceada para a oxidação de H_2S a SO_4^{2-}, com a produção de O_2? Primeiro defina quantos elétrons estão envolvidos na oxidação de H_2S a SO_4^{2-}. Isso pode ser facilmente calculado a partir dos estados de oxidação dos compostos, utilizando as regras anteriormente citadas. Como H tem um estado de oxidação de +1, o estado de oxidação de S em H_2S é –2. Como O tem um estado de oxidação de –2, o estado de oxidação de S em SO_4^{2-} é +6 (como este é um íon, utilizar as regras descritas nos itens 4 e 5 da seção anterior). Assim, a oxidação de H_2S a SO_4^{2-} envolve a transferência de oito elétrons (de –2 a +6). Como cada átomo O pode receber dois elétrons (o estado de oxidação de O em O_2 é zero, mas no H_2O é –2), isso significa que duas moléculas de oxigênio molecular, O_2, são necessárias para fornecer a capacidade de captação de elétrons suficientes. Assim, neste momento, sabemos que a reação requer 1 H_2S e 2 O_2 na equação à esquerda e 1 SO_4^{2-} na equação à direita. Para se obter um balanço iônico, devemos ter duas cargas positivas na equação à direita para balancear as duas cargas negativas do SO_4^{2-}. Assim, 2 H^+ devem ser adicionados à equação à direita, originando a reação global

$$H_2S + 2\,O_2 \rightarrow SO_4^{2-} + 2\,H^+$$

Analisando essa equação, podemos observar que esta também se encontra balanceada em termos do número total de átomos de cada tipo, em cada lado.

(*b*) Qual é a reação balanceada para a oxidação de H_2S a SO_4^{2-}, com Fe^{3+} como aceptor de elétrons? Acabamos de verificar que a oxidação de H_2S a SO_4^{2-} envolve a transferência de oito elétrons. Como a redução de Fe^{3+} e Fe^{2+} envolve a transferência de um elétron, serão necessários 8 Fe^{3+}. Neste momento, a reação pode ser descrita como

$$H_2S + 8\,Fe^{3+} \rightarrow 8\,Fe^{2+} + SO_4^{2-} \text{ (não balanceada)}$$

Podemos observar que o balanço iônico está incorreto. Temos 24 cargas positivas à esquerda e 14 cargas positivas à direita (16+ do Fe, 2– do sulfato). Para igualar as cargas, devemos adicionar 10 H^+ na equação da direita. Agora, nossa equação pode ser descrita como

$$H_2S + 8\,Fe^{3+} \rightarrow 8\,Fe^{2+} + 10\,H^+ + SO_4^{2-} \text{ (não balanceada)}$$

Para fornecer os hidrogênios necessários ao H^+ e o oxigênio necessário ao sulfato, devemos adicionar 4 H_2O à equação da esquerda, que ficará balanceada:

$$H_2S + 4\,H_2O + 8\,Fe^{3+} \rightarrow 8\,Fe^{2+} + 10\,H^+ + SO_4^{2-} \text{ (balanceada)}$$

Geralmente, nas reações microbiológicas, o balanço iônico pode ser obtido pela adição de H^+ ou OH^- às equações da esquerda ou da direita e, como todas as reações ocorrem em um ambiente aquoso, moléculas de H_2O podem ser adicionadas quando necessário. A adição de H^+ ou OH^- depende se as reações estão ocorrendo em condições ácidas ou alcalinas.
3. *Cálculo da liberação de energia em equações balanceadas, a partir das energias livres de formação.* Uma vez que uma equação tenha sido balanceada, a energia livre liberada pode ser calculada a partir da inserção dos valores de energia livre de formação de cada reagente e produto, obtidos da Tabela A1.1 empregando-se a fórmu-

la descrita no item 2 da primeira seção deste apêndice. Por exemplo, na equação

$$H_2S + 2\ O_2 \rightarrow SO_4^{2-} + 2\ H^+$$

Valores de $G'_f \rightarrow$ (– 27,87) + (0) (–744,6) + 2(–29,83) (assumindo pH 7)

$$\Delta G^{0\prime} = -796{,}39\ kJ/rx$$

Os valores de G'_f para os produtos (equação à direita) são somados e subtraídos dos valores de G'_f para os reagentes (equação à esquerda), tendo-se o cuidado de garantir que os sinais aritméticos estejam corretos. A partir dos dados da Tabela A1.1, pode-se calcular uma grande variedade de liberações de energia livre de reações de interesse microbiológico.

Cálculo da liberação de energia livre a partir do potencial de redução

Os potenciais de redução de alguns importantes pares redox são fornecidos na Tabela A1.2. A quantidade de energia que pode ser liberada pelas duas semi-reações pode ser calculada a partir das diferenças nos potenciais de redução das duas reações e pelo número de elétrons transferidos. Quanto maior a distância entre as duas semi-reações e maior o número de elétrons transferidos, maior a quantidade de energia liberada. A conversão de diferença de potencial em energia livre é realizada pela fórmula $\Delta G^{0\prime} = -nFDE_0'$, onde n corresponde ao número de elétrons, F, à constante de Faraday (96,48 kJ/V), e $\Delta E_0'$, à diferença de potenciais. Assim, o par $2H^+/H_2$ tem um potencial de –0,41 V e o par $\frac{1}{2}\ O_2/H_2O$ tem um potencial de +0,82 V, sendo a diferença de potenciais igual a 1,23, a qual (uma vez que envolve dois elétrons) é equivalente a uma liberação de energia livre (ΔG^0) de –237,34 kJ. Por outro lado, a diferença de potencial entre as reações de $2H^+/H_2$ e NO_3^-/NO_2^- é menor, 0.84 V, equivalente a uma liberação de energia de –163,08 kJ.

Como muitas reações correspondem à transferência de dois elétrons, geralmente é útil se expressarem as liberações de energia como reações envolvendo dois elétrons, mesmo que um número maior de elétrons esteja envolvido. Assim, o par redox SO_4^{2-}/H_2 envolve oito elétrons, e a redução completa SO_4^{2-} com H_2 requer 4 H_2 (equivalente a oito elétrons). A partir da diferença no potencial de redução entre 2 H^+/H_2 e SO_4^{2-}/H_2S (0,19 V), uma liberação de energia livre de –146,64 kJ é calculada, ou –36,66 kJ por dois elétrons. Por convenção, os potenciais de redução são dados para condições nas quais estão presentes concentrações iguais das formas oxidada e reduzida. Na prática, as concentrações dessas duas formas podem ser bastante diferentes. Como discutido anteriormente neste apêndice (item 9, primeira seção), é possível acoplar semi-reações mesmo que a diferença de potencial seja desfavorável, se as concentrações das espécies reativas forem apropriadas.

Tabela A1.2 Potenciais de redução importantes em microbiologia[a]

Par redox	E_0' (V)
SO_4^{2-}/HSO_3^-	–0,52
CO2/formato	–0,43
$2H^+/H_2$	–0,41
$S_2O_3^{2-}/HS^- + HSO_3^-$	–0,40
Ferredoxina ox/red	–0,39
Flavodoxina ox/red[b]	–0,37
$NAD^+/NADH$	–0,32
Citocromo c_3 ox/red	–0,29
CO_2/acetato$^-$	–0,29
S^0/HS^-	–0,27
CO_2/CH_4	–0,24
FAD/FADH	–0,22
SO_4^{2-}/HS^-	0,217
Acetaldeído/etanol	–0,197
Piruvato$^-$/lactato$^-$	–0,19
FMN/FMNH	–0,19
Diidroxiacetona fosfato/glicerolfosfato	0,19
$HSO_3^-/S_3O_6^{2-}$	–0,17
Flavodoxina ox/red[b]	–0,12
HSO_3^-/HS^-	–0,116
Menaquinona ox/red	–0,075
APS/AMP + HSO_3^-	–0,060
Rubredoxina ox/red	–0,057
Acrilil-CoA/propionil-CoA	–0,015
Glicina/acetato$^-$ + NH_4^+	–0,010
$S4O_6^{2-}/S_2O_3^{2-}$	+0,024
Fumarato^{2-}/succinato^{2-}	+0,033
Citocromo b ox/red	+0,035
Ubiquinona ox/red	+0,113
AsO_4^{3-}/AsO_3^{3-}	+0,139
Dimetil sulfóxido (DMSO)/dimetilsulfeto (DMS)	+0,16
$Fe(OH)_3 + HCO_3^-/FeCO_3$	+0,20
$S_3O_6^{2-}/S_2O_3^{2-} + HSO_3^-$	+0,225
Citocromo c_1 ox/red	+0,23
NO_2^-/NO	+0,36
Citocromo a_3 ox/red	+0,385
Clorobenzoato$^-$/benzoato$^-$ + HCl	+0,297
NO_3^-/NO_2^-	+0,43
SeO_4^{2-}/SeO_3^{2-}	+0,475
Fe^{3+}/Fe^{2+}	+0,77
Mn^{4+}/Mn^{2+}	+0,798
O_2/H_2O	+0,82
ClO_3^-/Cl^-	+1,03
NO/N_2O	+1,18
N_2O/N_2	+1,36

a Dados de Thauer, R. K., Jungermann, K. e Decker, H. Energy conservation in anaerobic chemotrophic bacteria. *Bacteriol. Rev. 41*:100-180, 1977.

b Potenciais separados são dados para cada transferência de elétrons, nesta transferência potencial de dois elétrons.

Apêndice 2 Manual de Bergey de Bacteriologia Sistemática, Segunda Edição

VOLUME 1

As *Archaea*, cianobactérias, fototróficos e gêneros de *Bacteria* de ramificação precoce

AS *ARCHAEA*

Filo I: *Crenarchaeota*
SEÇÃO I Os termoproteus, sulfolobus e barófilos
Classe I: *Thermoprotei*
Ordem I: *Thermoproteales*
Família I: *Thermoproteaceae*
Pyrobaculum 3 sp.
Sulfophobococcus 1 sp.
Thermocladium 1 sp.
Thermoproteus 2 sp.
Família II: *Thermofilaceae*
Thermofilum 1 sp.
Ordem II: *Desulfurococcales*
Família I: *Deslfurococcaceae*
Aeropyrum 1 sp.
Desulfurococcus 2 sp.
Igniococcus 1 sp.
Staphylothermus 1 sp.
Stetteria 1 sp.
Sulfophobococcus 1 sp.
Thermodiscus 1 sp.
Thermosphaera 1 sp.
Família II: *Pyrodictiaceae*
Hyperthermus 1 sp.
Pyrodictium 3 sp.
Pyrolobus 1 sp.
Ordem III: *Sulfolobales*
Família I:*Sulfolobaceae*
Acidianus 3 sp.
Metallosphaera 2 sp.
Stygiolobus 1 sp.
Sulfolobus 6 sp.
Sulfurisphaera 1 sp.
Sulfurococcus 2 sp.
SEÇÃO II Os metanogênicos
Filo II *Euryarchaeota*
Classe I: *Methanobacteria*
Ordem I: *Methanobacteriales*
Família I: *Methanobacteriaceae*
Methanobacterium 19 sp.
Methanobrevibacter 7 sp.
Methanosphaera 2 sp.
Methanothermus 2 sp.
Classe II: *Methanococci*
Ordem I: *Methanococcales*
Família I: *Methanococcaceae*
Methanococcus 11 sp.
Methanothermococcus 1 sp.
Família II: *Methanocaldococcaceae*
Methanocaldococcus 4 sp.
Methanotorris 1 sp.
Ordem II: *Methanomicrobiales*
Família I: *Methanomicrobiaceae*
Methanoculleus 6 sp.
Methanogenium 11 sp.
Methanolacinia 1 sp.
Methanomicrobium 2 sp.
Methanoplanus 3 sp.
Methanofollis 2 sp.
Família II: *Methanocorpusculaceae*
Methanocorpusculum 4 sp.
Ordem III: Methanosarcinales
Família I: *Methanosarcinaceae*
Methanococcoides 2 sp.
Methanohalobium 1 sp.
Methanohalophilus 5 sp.
Methanolobus 5 sp.
Methanosarcina 8 sp.
Methanosalsum 1 sp.
Família II: Methanosaetaceae
Methanosaeta 2 sp.
SEÇÃO III As halobactérias
Classe I: *Halobacteria*
Ordem I: *Halobacteriales*
Família I: *Halobacteriaceae*
Haloarcula 10 sp.
Halobacterium 1 sp.
Halobaculum 1 sp.
Halococcus 3 sp.
Haloferax 4 sp.
Halogeometricum 1 sp.
Halorubrum 7 sp.
Haloterrigena 1 sp.
Natrialba 2 sp.
Natrinema 2 sp.
Natronobacterium 1 sp.
Natronococcus 2 sp.
Natronomonas 1 sp.
Natronorubrum 2 sp.
SEÇÃO IV Os termoplasmas
Classe I: *'Thermoplasma' '*
Ordem I: *Thermoplasmatales*
Família I: *Thermoplasmataceae*
Thermoplasma 2 sp.

* A lista dos gêneros e táxons hierarquicamente superiores aqui apresentada corresponde aos organismos atualmente reconhecidos, com os números ao lado de cada gênero indicando o número de espécies reconhecidas em 2001. Os gêneros ou táxons hierarquicamente superiores entre aspas ou grafados em romano em vez de itálico correspondem aos táxons reconhecidos, cujos nomes ainda não foram validados. Como a taxonomia bacteriana corresponde a um trabalho em progresso, podem ocorrer atualizações na lista aqui apresentada, à medida que novos gêneros e espécies são descritos e à medida que novos dados sustentam novos arranjos taxonômicos.

Família II: *Picrophilaceae*
Picrophilus 2 sp.
SEÇÃO V Os termococos
Classe I: *Thermococci*
Ordem I: *Archaeoglobales*
Família I: *Archaeoglobaceae*
Archaeoglobus 3 sp.
Ferroglobus 1 sp.
Ordem II: *Thermococcales*
Família I: *Thermococcaceae*
Pyrococcus 2 sp.
Thermococcus 12 sp.
Classe II: *Methanopyri*
Ordem I: *Methanopyrales*
Família I: *Methanopyraceae*
Methanopyrus 1 sp.

OS GÊNEROS DE *BACTERIA* DE RAMIFICAÇÃO PRECOCE

SEÇÃO VI *Aquifex* e relacionados
Classe I: *Aquificae*
Ordem I: *Aquificales*
Família I: *'Aquificaceae'*
Aquifex 2 sp.
Calderobacterium 1 sp.
Hydrogenobacter 2 sp.
Thermocrinus 1 sp.
SEÇÃO VII Termotogas e geotogas
Classe I: *Thermotogae*
Ordem I: *Thermotogales*
Família I: *Thermotogaceae*
Fervidobacterium 4 sp.
Geotoga 2 sp.
Petrotoga 2 sp.
Thermosipho 2 sp.
Thermotoga 5 sp.
Classe II: *Thermodesulfobacteria*
Ordem I: *Thermodesulfobacteriales*
Família I: *Thermodesulfobacteriaceae*
Thermodesulfobacterium 2 sp.
SEÇÃO VIII Os deinococos
Classe I: *Deinococci*
Ordem I: *Deinococcales*
Família I: *Deinococcaceae*
Deinococcus 8 sp.
SEÇÃO IX *Thermus* e relacionados
Classe I: *Thermi*
Ordem I: *Thermales*
Família I: *Thermaceae*
Meiothermus 4 sp.
Thermus 6 sp.
SEÇÃO X Crisiogenes
Classe I: *Chrysiogenetes*
Ordem I: *Chrysiogenales*
Família I: *Chrysiogenaceae*
Chrysiogenes 1 sp.
SEÇÃO XI Os Cloroflexus e Herpetosifons
Classe I: *'Chloroflexi'*
Ordem I: *'Chloroflexales'*
Família I: *'Chloroflexaceae'*
Chloroflexus 2 sp.
Chloronema 1 sp.
Heliothrix 1 sp.
Oscillochloris 2 sp.
Ordem II: *'Herpetosiphonales'*
Família I: *'Herpetosiphonaceae'*
Herpetosiphon 5 sp.
SEÇÃO XII Termomicróbios
Classe I: *'Thermomicrobia'*
Ordem I: *'Thermomicrobiales'*
Família I: *'Thermomicrobiaceae'*
Thermomicrobium 2 sp.
SEÇÃO XIII *Nitrospira* e relacionados
Classe I: *'Nitrospira'*
Ordem I: *Nitrospirales*
Família I: *Nitrospiralaceae*
Nitrospira 1 sp.
Thermodesulfovibrio 1 sp.
'Leptospirillum' 1 sp.
'Magnetobacterium' 1 sp.
SEÇÃO XIV *Deferribacter* e relacionados
Classe I: *Deferribacteraceae*
Ordem I: *Defferibacterales*
Família I: *Defferibacteraceae*
Defferibacter 1 sp.
Flexistipes 1 sp.
Geovibrio 1 sp.
Synergistes 1 sp.
SEÇÃO XV As cianobactérias
Classe I: *'Prochlorophyta'*
Ordem I: *'Chroococcales'*
Família I:
'Chamaesiphon' 2 sp.
'Chroococcus' 1 sp.
'Cyanobacterium' 1 sp.
'Cyanothece' 1 sp.
'Dactylococcopsis (Myxobaktron)' 1 sp.
'Gloeobacter' 1 sp.
'Gloeocapsa' 1sp.
'Gloeothece' l sp.
'Microcystis' 0 sp.
'Prochlorococcus' 1 sp.
Prochloron 1 sp.
'Synechococcus' 3 sp.
'Synechocystis' 1 sp.
Ordem II: 'Pleurocapsales'
Família I:
'Chroococcidiopsis' 2 sp.
'Cyanocystis' 1 sp.
'Dermocarpa' 1 sp.
'Dermocarpella' 1 sp.
'Hyella' 1 sp.
'Myxosarcina' 1 sp.
'Pleurocapsa' 1 sp.
'Stanieria' 1 sp.
'Xenococcus' 1 sp.
Ordem III; *'Oscillatoriales'*

Família I:
- 'Arthrospira' 2 sp.
- 'Borzia' 1 sp.
- 'Crinalium' 1 sp.
- 'Geitlerinema' 1 sp.
- 'Hormoscilla' 1 sp.
- 'Isocystis' 1 sp.
- 'Limnothrix' 1 sp.
- 'Lyngbya' 1 sp.
- 'Microcoleus' 2 sp.
- 'Oscillatoria' 6 sp.
- 'Planktothrix' 1 sp.
- *Prochlorothrix* 1 sp.
- 'Pseudoanabaena' 1 sp.
- 'Spirulina' 1 sp.
- 'Starria' 1 sp.
- 'Symploca' 1 sp.
- 'Trichodesmium' 1 sp.
- 'Tychonema' 1 sp.

Ordem IV: *'Nostocales'*

Família I: *'Nostocaceae'*
- 'Anabaena' 1 sp.
- 'Anabaenopsis' 1 sp.
- 'Aphanizomenon' 1 sp.
- 'Cyanospira' 1 sp.
- 'Cylindrospermum' 2 sp.
- 'Microchaete' 1 sp.
- 'Nodularia' 1 sp.
- 'Nostoc' 4 sp.

Família II: *'Scytonemataceae'*
- 'Scytonema' 1 sp.
- 'Tolypothrix' 2 sp.

Família III: *'Rivulariaceae'*
- 'Calothrix' 1 sp.
- 'Rivularia' 1 sp.

Ordem V: *'Stigonematales'*

Família I:
- 'Chlorogloeopsis' 1 sp.
- 'Fischerella' 1 sp.
- 'Geitleria' 1 sp.
- 'Hapalosiphon' 1 sp.
- 'Loriella' 1 sp.
- 'Mastigocladus' 1 sp.
- 'Mastigocoleus' 1 sp.
- 'Matteia' 1 sp.
- 'Nostochopsis' 1 sp.
- 'Stigonema' 1 sp.

SEÇÃO XVI
Clorobios e outros fototróficos anoxigênicos de coloração verde

Classe I: *'Chlorobia'*

Ordem I: *Chlorobiales*

Família I *Chlorobiaceae*
- *Ancalochloris* 1 sp.
- *Chlorobium* 7 sp.
- *Chloroherpeton* 1 sp.
- *Pelodictyon* 4 sp.
- *Prosthecochloris* 1 sp.

Classe II: *'Clostridia'*

Ordem I: *Clostridiales*

Família I: *Heliobacteriaceae*
- *Heliobacterium* 3 sp.
- *Heliobacillus* 1 sp.
- *Heliophilum* 1 sp.
- *Heliorestis* 1 sp.

VOLUME 2
As proteobactérias

AS BACTÉRIAS

Filo VII: *'Proteobacteria'*

SEÇÃO XVII As *α-Proteobacteria*

Classe I: *'Rhodospirilli'*

Ordem I: *Rhodospirillales*

Família I: *'Rhodospirillaceae'*
- *Azospirillum* 7 sp.
- *Magnetospirillum* 2 sp.
- *Phaeospirillum* 2 sp.
- *Rhodocista* 1 sp.
- *Rhodospira* 1 sp.
- *Rhodospirillum* 9 sp.
- *Rhodothalassium* 1 sp.
- *Rhodovibrio* 2 sp.
- *Roseospira* 1 sp.

Família II: *Acetobacteraceae*
- *Acetobacter* 20 sp.
- *Acidiphilium* 8 sp.
- *Acidocella* 2 sp.
- *Acidomonas* 1 sp.
- *Craurococcus* 1 sp.
- *Frateuria* 1 sp.
- *Gluconacetobacter* 6 sp.
- *Gluconobacter* 8 sp.
- *Paracraurococcus* 1 sp.
- *Rhodopila* 1 sp.
- *Roseococcus* 1 sp.
- *Stella* 2 sp.
- *Zavarzinia* 1 sp.

Ordem II: Rickettsiales

Família I: *Rickettsiaceae*
- *Orientia* 1 sp.
- *Rickettsia* 22 sp.

Família II: *Ehrlichiaceae*
- *Aegyptianella* 1 sp.
- *Anaplasma* 4 sp.
- *Cowdria* 1 sp.
- *Ehrlichia* 8 sp.
- *Eperythrozoon* 5 sp.
- *Haemobartonella* 3 sp.
- *Neorickettsia* 1 sp.

Família III: *'Holosporaceae'*
- *Caedibacter* 5 sp.
- *Holospora* 4 sp.
- *Lyticum* 2 sp.
- *Polynucleobacter* 1 sp.
- *Pseudocaedibacter* 3 sp.

Symbiotes 1 sp.
Tectibacter 1 sp.
Ordem III: *'Rhodobacterales'*
Família I *'Rhodobacteraceae'*
Amaricoccus 4 sp.
Antarctobacter 1 sp.
Gemmobacter 1 sp.
Hirschia 1 sp.
Hyphomonas 5 sp.
Octadecabacter 2 sp.
Paracoccus 13 sp.
Rhodobacter 8 sp.
Rhodovulum 4 sp.
Roseobacter 4 sp.
Sagittula 1 sp.
Sulfitobacter 1 sp.
Ahrensia 1 sp.
Roseovarius 1 sp.
Rubrimonas 1 sp.
Ruegeria 3 sp.
Stappia 2 sp.
Ordem IV: *'Sphingomonadales'*
Família I: *'Sphingomonadaceae'*
Blastomonas 1 sp.
Erythrobacter 2 sp.
Erythromicrobium 1 sp.
Erythromonas 1 sp.
Porphyrobacter 2 sp.
Rhizomonas 1 sp.
Sandaracinobacter 1 sp.
Sphingomonas 19 sp.
Zymomonas 2 sp.
Rhodanobacter 1 sp.
Ordem V: *Caulobacterales*
Família I: *Caulobacteraceae*
Asticcacaulis 2 sp.
Brevundimonas 2 sp.
Caulobacter 11 sp.
Ordem VI: *'Rhizobiales'*
Família I: *Rhizobiaceae*
Agrobacterium 10 sp.
Carbophilus 1 sp.
Chelatobacter 1 sp.
Ensifer 1 sp.
Rhizobium 20 sp.
Sinorhizobium 6 sp.
Família II: *Bartonellaceae*
Bartonella 14 sp.
Família III: *Brucellaceae*
Brucella 6 sp.
Mycoplana 4 sp.
Ochrobactrum 2 sp.
Família IV: *'Phyllobacteriaceae'*
Mesorhizobium 7 sp.
Phyllobacterium 2 sp.
Família V: *'Methylocystaceae'*
Methylocystis 2 sp.
Methylosinus 2 sp.
Família VI: *'Beijerinckiaceae'*
Beijerinckia 6 sp.
Chelatococcus 1 sp.
Derxia 1 sp.
Família VII: *'Bradyrhizobiaceae'*
Afipia 3 sp.
Blastobacter 5 sp.
Bosea 1 sp.
Bradyrhizobium 3 sp.
Nitrobacter 1 sp.
Nitrococcus 1 sp.
Nítrospina 1 sp.
Oligotropha 1 sp.
Rhodopseudomonas 15 sp.
Família VIII: *Hyphomicrobiaceae*
Ancalomicrobium 1 sp.
Ancylobacter 1 sp.
Angulomicrobium 1 sp.
Aquabacter 1 sp.
Azorhizobium 1 sp.
Blastochloris 2 sp.
Devosia 1 sp.
Dichotomicrobium 1 sp.
Filomicrobium 1 sp.
Gemmiger 1 sp.
Hyphomicrobium 12 sp.
Labrys 1 sp.
Nevskia 1 sp.
Pedomicrobium 4 sp.
Prosthecomicrobium 4 sp.
Rhodomicrobium 1 sp.
Rhodoplanes 2 sp.
Seliberia 1 sp.
Xanthobacter 4 sp.
Família IX: *Methylobacteriacea*
Methylorhabdus 1 sp.
Protomonas 1 sp.
Roseomonas 3 sp.
Família X: *'Rhodobiaceae'*
Rhodobium 2 sp.
SEÇÃO XVIII As *β-Proteobacteria*
Classe I: *'Neisseriae'*
Ordem I: *'Neisseriales'*
Família I: *Neisseriaceae*
Alysiella 1 sp.
Aquaspirillum 21 sp.
Catenococcus 1 sp.
Chromobacterium 2 sp.
Eikenella 1 sp.
Iodobacter 1 sp.
Kingella 4 sp.
Microvirgula 1 sp.
Neisseria 24 sp.
Prolinoborus 1 sp.
Simonsiella 3 sp.
Vogesella 1 sp.
Ordem II: *'Burkholderiales'*
Família I: *'Burkholderiaceae'*
Burkholderia 20 sp.
Cupriavidus 1 sp.

Ralstonia	3 sp.
Thermothrix	2 sp.
Família II: *'Oxalobacteraceae'*	
Duganella	1 sp.
Janthinobacterium	1 sp.
Lautropia	1 sp.
Oxalobacter	2 sp.
Telluria	2 sp.
Família III: *Alcaligenaceae*	
Achromobacter	4 sp.
Alcaligenes	16 sp.
Bordetella	7 sp.
Pelistega	1 sp.
Sutterella	1 sp.
Taylorella	1 sp.
Família VI: *Comamonadaceae*	
Acidovorax	7 sp.
Brachymonas	1 sp.
Comamonas	3 sp.
Herbaspirillum	2 sp.
Hydrogenophaga	4 sp.
Ideonella	1 sp.
Leptothrix	5 sp.
Polaromonas	1 sp.
Rhodoferax	1 sp.
Rubrivivax	1 sp.
Sphaerotilus	1 sp.
Thiomonas	4 sp.
Variovorax	1 sp.
Ordem III: *'Rhodocyclales'*	
Família I: *'Rhodocyclaceae'*	
Azoarcus	5 sp.
Rhodocyclus	3 sp.
Thauera	4 sp.
Zoogloea	1 sp.
Ordem IV: *'Nitrosomonadales'*	
Família I: *'Nitrosomonadaceae'*	
Nitrosomonas	1 sp.
Nitrosospira	3 sp.
Família II: *Spirillaceae*	
Spirillum	1 sp.
Thiobacillus	21 sp.
Família III: *Gallionellacea*	
Gallionella	1 sp.
Ordem V: 'Methylophilales'	
Família I: *'Methylophilaceae'*	
Methylobacillus	2 sp.
Methylophaga	3 sp.
Methylophilus	1 sp.
Methylovorus	1 sp.
SEÇÃO XIX As γ-Proteobacteria	
Classe I: *'Zymobacteria'*	
Ordem I: *'Chromatiales'*	
Família I: *Chromatiaceae*	
Allochromatium	3 sp.
Amoebobacter	4 sp.
Chromatium	13 sp.
Halochromatium	2 sp.
Isochromatium	1 sp.
Lamprobacter	1 sp.
Lamprocystis	1 sp.
Marichromatium	2 sp.
Nitrosococcus	2 sp.
Rhabdochromatium	1 sp.
Thermochromatium	1 sp.
Thiocapsa	5 sp.
Thiococcus	1 sp.
Thiocystis	4 sp.
Thiodictyon	2 sp.
Thiohalocapsa	1 sp.
Thiolamprovum	1 sp.
Thiopedia	1 sp.
Thiorhodococcus	1 sp.
Thiorhodovibrio	1 sp.
Thiospirillum	1 sp.
Família II: *Ectothiorhodospiraceae*	
Arhodomonas	1 sp.
Ectothiorhodospira	9 sp.
Halorhodospira	3 sp.
Ordem II: *'Xanthomonadales'*	
Família I: *'Xanthomonadaceae'*	
Stenotrophomonas	2 sp.
Xanthomonas	24 sp.
Xylella	1 sp.
Ordem III: *'Cardiobacteriales'*	
Família I: *Cardiobacteriaceae*	
Cardiobacterium	1 sp.
Dichelobacter	1 sp.
Suttonella	1 sp.
Ordem IV: *'Thiotrichales'*	
Família I: *'Thiotrichaceae'*	
Achromatium	1 sp.
Beggiatoa	1 sp.
Leucothrix	1 sp.
Macromonas	2 sp.
Thiobacterium	1 sp.
Thioploca	4 sp.
Thiospira	1 sp.
Thiothrix	1 sp.
Vitreoscilla	3 sp.
Família II: *Piscirickettsiaceae*	
Cycloclasticus	1 sp.
Hydrogenovibrio	1 sp.
Piscirickettsia	1 sp.
Thiomicrospira	4 sp.
Família III: *'Francisellaceae'*	
Francisella	5 sp.
Ordem V: *'Legionellales'*	
Família I: *Legionellaceae*	
Legionella	44 sp.
Família II: *'Coxiellaceae'*	
Coxiella	1 sp.
Rickettsiella	4 sp.
Ordem VI: 'Methylococcales'	
Família I: *Methylococcaceae*	
Methylobacter	6 sp.
Methylobacterium	9 sp.
Methylocaldum	3 sp.

Methylococcus 8 sp.
Methylomicrobium 3 sp.
Methylomonas 4 sp.
Methylosphaera 1 sp.
Ordem VII: *'Oceanospirillales'*
Família I: *'Oceanospirillaceae'*
Balneatrix 1 sp.
Marinomonas 2 sp.
Marinospirilium 2 sp.
Oceanospirillum 16 sp.
Família II: *Halomonadaceae*
Alcanivorax 1 sp.
Carnimonas 1 sp.
Chromohalobacter 1 sp.
Deleya 8 sp.
Halomonas 19 sp.
Zymobacter 1 sp.
Ordem VIII: *Pseudomonadales*
Família I: *Pseudomonadaceae*
Agromonas 1 sp.
Aminobacter 3 sp.
Azomonas 3 sp.
Azotobacter 19 sp.
Cellvibrio 2 sp.
Chryseomonas 2 sp.
Flavimonas 1 sp.
Lampropedia 1 sp.
Lysobacter 5 sp.
Mesophilobacter 1 sp.
Morococcus 1 sp.
Oligella 2 sp.
Phenylobacterium 1 sp.
Pseudomonas 117 sp.
Rhizobacter 1 sp.
Rugamonas 1 sp.
Serpens 1 sp.
Thermoleophilum 2 sp.
Xylophilus 1 sp.
Família II: *Moraxellaceae*
Acinetobacter 7 sp.
Moraxella 8 sp.
Moraxella (Branhamella) 4 sp.
Moraxelia (Moraxella) 6 sp.
Psychrobacter 5 sp.
Ordem IX: *'Alteromonadales'*
Família I: *'Alteromonadaceae'*
Alteromonas 21 sp.
Colwellia 7 sp.
Ferrimonas 1 sp.
Marinobacter 1 sp.
Marinobacterium 1 sp.
Microbulbifer 1 sp.
Pseudoalteromonas 17 sp.
Shewanella 10 sp.
Ordem X: *'Vibrionales'*
Família I: *Vibrionaceae*
Allomonas 1 sp.
Enhydrobacter 1 sp.
Listonella 3 sp.
Photobacterium 10 sp.
Salinivibrio 1 sp.
Vibrio 46 sp.
Ordem XI: *'Aeromonadales'*
Família I: *Aeromonadaceae*
Aeromonas 23 sp.
Ruminobacter 1 sp.
Tolumonas 1 sp.
Ordem XII: *'Enterobacteriales'*
Família I: *Enterobacteriaceae*
Arsenophonus 1 sp.
Buchnera 1 sp.
Budvicia 1 sp.
Buttiauxella 7 sp.
Calymmatobacterium 1 sp.
Cedecea 3 sp.
Citrobacter 10 sp.
Edwardsiella 4 sp.
Enterobacter 15 sp.
Erwinia 30 sp.
Escherichia 6 sp.
Ewingella 1 sp.
Hafnia 1 sp.
Klebsiella 11 sp.
Kluyvera 4 sp.
Leclercia 1 sp.
Leminorella 2 sp.
Moellerella 1 sp.
Morganella 2 sp.
Obesumbacterium 1 sp.
Pantoea 8 sp.
Photorhabdus 1 sp.
Plesiomonas 1 sp.
Pragia 1 sp.
Proteus 7 sp.
Providencia 6 sp.
Rahnella 1 sp.
Saccharobacter 1 sp.
Salmonella 12 sp.
Serratia 12 sp.
Shigella 4 sp.
Tatumella 1 sp.
Trabulsiella 1 sp.
Wigglesworthia 1 sp.
Xenorhabdus 9 sp.
Yersinia 12 sp.
Yokenella 1 sp.
Brenneria 6 sp.
Pectobacterium 11 sp.
Sodalis 1 sp.
Ordem XIII: *'Pasteurellales'*
Família I: *Pasteurellaceae*
Actinobacillus 17 sp.
Haemophilus 20 sp.
Lonepinella 1 sp.
Pasteurella 23 sp.
Mannheimia 5 sp.
SEÇÃO XX As *δ-Proteobacteria*
Classe I: *'Predibacteria'*

Ordem I: *'Desulfovibrionales'*
Família I: *'Desulfovibrionaceae'*
Bilophila 1 sp.
Desulfomicrobium 4 sp.
Desulfomonas 1 sp.
Desulfonatronovibrio 1 sp.
Desulfovibrio 29 sp.
Lawsonia 1 sp.
Família II: *'Desulfurellaceae'*
Desulfurella 4 sp.
Família III: *'Desulfobacteraceae'*
Desulfobacter 6 sp.
Desulfobacterium 7 sp.
Desulfococcus 2 sp.
Desulfosarcina 1 sp.
Desulfospira 1 sp.
Desulfocella 1 sp.
Família IV: *'Desulfobulbaceae'*
Desulfacinum 1 sp.
Desulfobulbus 3 sp.
Desulfocapsa 1 sp.
Desulfofustis 1 sp.
Desulfomonile 1 sp.
Desulforhabdus 1 sp.
Syntrophobacter 3 sp.
Thermodesulforhabdus 1 sp.
Família V: *'Geobacteraceae'*
Desulfohalobium 1 sp.
Desulfonema 2 sp.
Desulfuromonas 4 sp.
Desulfuromusa 3 sp.
Geobacter 2 sp.
Pelobacter 6 sp.
Família VI: *'Bdellovibrionaceae'*
Bdellovibrio 3 sp.
Micavibrio 1 sp.
Vampirovibrio 1 sp.
Ordem II: *Myxococcales*
Família I: *Myxococcaceae*
Angiococcus 1 sp.
Myxococcus 8 sp.
Família II: *Archangiaceae*
Archangium 1 sp.
Família III: *Cystobacteraccae*
Cystobacter 3 sp.
Melittangium 3 sp.
Stigmatella 2 sp.
Família IV: *Polyangiaceae*
Chondromyces 5 sp.
Nannocystis 1 sp.
Polyangium 10 sp.
SEÇÃO XXI As *ε-Proteobacteria*
Classe I: *'Campylobacteres'*
Ordem I: *'Campylobacterales'*
Família I: *Campylobacteraceae*
Arcobacter 4 sp.
Campylobacter 28 sp.
Sulfurospirillum 2 sp.
Thiovulum 1 sp.
Família II: *'Helicobacteraceae'*
Helicobacter 18 sp.
Wolinella 3 sp.

VOLUME 3

Bacteria gram-positivas de baixo G + C

AS BACTÉRIAS

Filo VIII: *'Firmicutes'*
SEÇÃO XXII Os Clostrídios e relacionados
Classe I: *'Clostridia'*
Ordem I: *Clostridiales*
Família I: *Clostridiaceae*
Anaerobacter 1 sp.
Anaerofilum 2 sp.
Caloramator 3 sp.
Clostridium 146 sp.
Ilyobacter 3 sp.
Oxobacter 1 sp.
Sarcina 2 sp.
Sporobacter 1 sp.
Thermobrachium 1 sp.
Família II: *'Peptostreptococcace'*
Filifactor 1 sp.
Peptostreptococcus 18 sp.
Tissierella 3 sp.
Família III: *'Eubacteriacea'*
Eubacterium 52 sp.
Helcococcus 1 sp.
Pseudoramibacter 1 sp.
Família IV: *'Lachnospiraceae'*
Acetitomaculum 1 sp.
Butyrivibrio 2 sp.
Catonella 1 sp.
Coprococcus 3 sp.
Johnsonella 1 sp.
Lachnospira 2 sp.
Pseudobutyrivibrio 1 sp.
Roseburia 1 sp.
Ruminococcus 14 sp.
Família V: *Peptococcaceae*
Acetonema 1 sp.
Acidaminococcus 1 sp.
Ammonifex 1 sp.
Desulfitobacterium 3 sp.
Desulfosporosinus 1 sp.
Desulfotomaculum 18 sp.
Dialister 1 sp.
Heliobacillus 1 sp.
Heliobacterium 3 sp.
Heliophilum 1 sp.
Megasphaera 2 sp.
Mitsuokella 2 sp.
Pectinatus 2 sp.
Peptococcus 8 sp.
Phascolarctobacterium 1 sp.
Propionispira 1 sp.

Quinella	1 sp.
Schwartzia	1 sp.
Selenomonas	11 sp.
Sporomusa	7 sp.
Succiniclasticum	1 sp.
Succinivibrio	1 sp.
Syntrophobotulus	1 sp.
Thermoterrabacterium	1 sp.
Veillonella	14 sp.
Zymophilus	2 sp.
Família VI: *Syntrophomonadaceae*	
Acetogenium	1 sp.
Anaerobaculum	1 sp,
Anaerobranca	1 sp.
Caldicellulosiruptor	3 sp.
Dethiosulfovibrio	1 sp.
Moorella	3 sp.
Sporotomaculum	1 sp.
Syntrophomonas	3 sp.
Syntrophospora	1 sp.
Thermoanaerobacter	13 sp.
Thermoanaerobacterium	5 sp.
Thermoanaerobium	2 sp.
Thermohydrogenium	1 sp.
Thermosyntropha	1 sp.
Ordem II; *Haloanaerobiales*	
Família I: *Haloanaerobiaceae*	
Haloanaerobium	8 sp.
Halocella	1 sp.
Halothermothrix	1 sp.
Natroniella	1 sp.
Família II: *Halobacteroidaceae*	
Acetohalobium	1 sp.
Haloanaerobacter	3 sp.
Halobacteroides	4 sp.
Orenia	1 sp.
Sporohalobacter	2 sp.
SEÇÃO XXIII Os molicutes	
Classe I: *Mollicutes*	
Ordem I: *Mycoplasmatales*	
Família I: *Mycoplasmataceae*	
Mycoplasma	110 sp.
Ureaplasma	6 sp.
Família II: 'Grupo Spiroplasma'	
Entomoplasma	6 sp.
Mesoplasma	12 sp.
Spiroplasma	33 sp.
Família III: *Acholeplasmataceae*	
Acholeplasma	16 sp.
Anaeroplasma	4 sp.
Família IV: *'Asteroleplasmataceae'*	
Asteroleplasma	1 sp.
Família V: *'Erysipelothrichaeceae'*	
Erysipelothrix	2 sp.
Holdemania	1 sp.
SEÇÃO XXIV Os bacilos e lactobacilos	
Classe I: *'Bacilli'*	
Ordem I: *Bacillales*	
Família I: *Bacillaceae*	
Ammoniphilus	2 sp.
Aneurinibacillus	3 sp.
Bacillus	114 sp.
Brevibacillus	10 sp.
Exiguobacterium	2 sp.
Halobacillus	3 sp.
Oxalophagus	1 sp.
Saccharococcus	1 sp.
Virgibacillus	1 sp.
Família II: *Planococcaceae*	
Filibacter	1 sp.
Kurthia	3 sp.
Planococcus	5 sp.
Sporosarcina	2 sp.
Família III: *Caryophanaceae*	
Caryophanon	2 sp.
Família IV: *'Sporolactobacillaceae'*	
Marinococcus	3 sp.
Sporolactobacillus	6 sp.
Família V: *'Paenibacillaceae'*	
Paenibacillus	27sp.
Família VI: *'Alicyclobacillaceae'*	
Alicyclobacillus	3 sp.
Sulfobacillus	3 sp.
Família VII: *'Thermoactinomycetaceae'*	
Thermoactinomyces	8 sp.
Ordem II: *'Lactobacillales'*	
Família I: *Lactobacillaceae*	
Lactobacillus	100 sp.
Família II: *'Leuconostocaceae'*	
Leuconostoc	15 sp.
Oenococcus	1 sp.
Weissella	7 sp.
Família III: *Streptococcaceae*	
Lactococcus	7 sp.
Pediococcus	8 sp.
Streptococcus	68 sp.
Família IV: *'Enterococcaceae'*	
Enterococcus	20 sp.
Melissococcus	1 sp.
Vagococcus	2 sp.
Família V: *'Carnobacteriaceae'*	
Agitococcus	1 sp.
Alloiococcus	1 sp.
Carnobacterium	6 sp.
Dolosigran lum	1 sp.
Lactosphaera	1 sp.
Desemzia	1 sp.
Família VI: *'Aerococcacea'*	
Abiotrophia	3 sp.
Aerococcus	2 sp.
Facklamia	2 sp.
Globicatella	1 sp.
Tetragenococcus	2 sp.
Ignavigranum	1 sp.
Família VII: *'Listeriaceae'*	
Brochothrix	2 sp.
Listeria	9 sp.
Família VIII: *'Staphylococcaceae'*	

Gemella 4 sp.
Macrococcus 4 sp.
Salinicoccus 2 sp.
Staphylococcus 47sp.
Família IX: 'Genera incertae sedis'
Acetoahaerobium 1 sp.
Acetobacterium 7 sp.
Amphibacillus 1 sp.
Oscillospira 1 sp.
Pasteuria 4 sp.
Syntrophococcus 1 sp.
Trichococcus 1 sp.

VOLUME 4

Bacteria gram-positivas com alto G + C

AS BACTÉRIAS

SEÇÃO XXV As actinobactérias
Classe I: *Actinobacteria*
Subclasse I: *Acidimicrobidae*
Ordem I: *Acidimicrobiales*
Subordem I: *Acidimicrobidae*
Família I: *Acidimicrobiaceae*
Acidimicrobium 1 sp.
Subclasse II: *Rubrobacteridae*
Ordem II: *Rubrobacterales*
Subordem I: *Rubrobacteridae*
Família I: *Rubrobacteraceae*
Rubrobacter 2 sp.
Subclasse III: *Coriobacteridae*
Ordem III: *Coriobacteriales*
Subordem I: *Coriobacteridae*
Família I: *Coriobacteriaceae*
Atopobium 3 sp.
Coriobacterium 1 sp.
Subclasse IV: *Sphaerobacteridae*
Ordem IV: *'Sphaerobacterales'*
Subordem I: *Sphaerobacteridae*
Família I: *Sphaerobacteraceae*
Sphaerobacter 1 sp.
Subclasse V: *Actinobacteridae*
Ordem V: *Actinomycetales*
Subordem I: *Actinomycineae*
Família I: *Actinomycetaceae*
Actinobaculum 2 sp.
Actinomyces 23 sp.
Arcanobacterium 4 sp.
Mobiluncs 3 sp.
Subordem II: *Micrococcineae*
Família II: *Micrococcaceae*
Arthrobacter 32 sp.
Bogoriella 1 sp.
Demetria 1 sp.
Kocuria 6 sp.
Leucobacter 1 sp.
Micrococcus 9 sp.
Nesterenkonia 1 sp.
Renibacterium 1 sp.
Rothia 1 sp.
Stomatococcus 1 sp.
Terracoccus 1 sp.
Família III: *'Brevibacteraceae'*
Brevibacterium 26 sp.
Família IV: *Cellulomonadaceae*
Cellulomonas 11 sp.
Oerskovia 2 sp.
Rarobacter 2 sp.
Família V: *Dermabacteraceae*
Brachybacterium 7 sp.
Dermabacter 1 sp.
Família VI: *Dermatophilaceae*
Dermacoccus 1 sp.
Dermatophilus 2 sp.
Kytococcus 1 sp.
Família VII: *Intrasporangiaceae*
Intrasporangium 1 sp.
Janibacter 1 sp.
Sanguibacter 3 sp.
Terrabacter 1 sp.
Família VIII: *Jonesiaceae*
Jonesia 1 sp.
Família IX: *Microbacteriaceae*
Agrococcus 1 sp.
Agromyces 6 sp.
Aureobacterium 14 sp.
Clavibacter 11 sp.
Cryobacterium 1 sp.
C rtobacterium 8 sp.
Microbacterium 27 sp.
Rathayibacter 4 sp.
Família X: *Promicromonosporaceae*
Promicromonospora 3 sp.
Subordem III: *Corynebacterineae*
Família I *Corynebacteriaceae*
Corynebacterium 67 sp.
Família II: *Dietziaceae*
Dietzia 2 sp.
Família III: *Gordoniaceae*
Gordonia 9 sp.
Skermania 1 sp.
Família IV: *Mycobacteriaceae*
Mycobacterium 85 sp.
Família V: *Nocardiaccae*
Micropolyspora 5 sp.
Nocardia 29 sp.
Rhodococcus 25 sp.
Família VI: *Tsukamurellaceae*
Tsukamurella 5 sp.
Subordem IV: *Micromonosporaceae*
Família I: *Micromonosporaceae*
Actinoplanes 23 sp.
Catellatospora 5 sp.
Catenuloplanes 6 sp.
Couchioplanes 2 sp.
Dactylosporangium 6 sp.
Micromonospora 19 sp.

Pilimelia 4 sp.
Spirilliplanes 1 sp.
Verrucosispora 1 sp.
Subordem VI: *Propionibacterineae*
Família I: *Propionibacteriaceae*
Luteococcus 1 sp.
Microlunatus 1 sp.
Propionibacterium 12 sp.
Propioniferax 1 sp.
Família II: *Nocardioidaceae*
Aeromicrobium 2 sp.
Friedmanniella 1 sp.
Nocardioides 7 sp.
Subordem VII: *Pseudonocardineae*
Família I: *Pseudonocardiaceae*
Actinopolyspora 3 sp.
Actinosynnema 3 sp.
Amycolatopsis 11 sp.
Kibdelosporangium 4 sp.
Kutzneria 3 sp.
Lentzea 1 sp.
Micropolyspora 5 sp.
Pseudonocardia 12 sp.
Saccharomonospora 5 sp.
Saccharopolyspora 10 sp.
Saccharothrix 15 sp.
Streptoalloteichus 1 sp.
Thermobispora 1 sp.
Thermocrispum 2 sp.
Subordem VIII: *Streptomycineae*
Família I: *Streptomycetaceae*
Streptomyces 509 sp.
Subordem IX: *Streptosporangineae*
Família I: *Streptosporangiaceae*
Herbidospora 1 sp.
Microbispora 15 sp.
Micropolyspora 5 sp.
Microtetraspora 20 sp.
Nonomuria 15 sp.
Planobispora 2 sp.
Planomonospora 5 sp.
Planopolyspora 1 sp.
Planotetraspora 1 sp.
Streptosporangium 19 sp.
Família II: *Nocardiopsaceae*
Nocardiopsis 17 sp.
Thermobifida 2 sp.
Família III: *Thermomonosporaceae*
Actinomadura 51 sp.
Spirillospora 2 sp.
Thermomonospora 7 sp.
Subordem X: *Frankineae*
Família I: *Frankiaceae*
Frankia 1 sp.
Família II: *Geodermatophilaceae*
Blastococcus 1 sp.
Geodermatophilus 1 sp.
Família III: *Microsphaeraceae*
Microsphaera 1 sp.
Família IV: *Sporichthyaceae*
Sporichthya 1 sp.
Família V: *Acidothermaceae*
Acidothermus 1 sp.
Família VI: 'Incertae sedis'
Cryptosporangium 2 sp.
Kineococcus 1 sp.
Kineosporia 5 sp.
Subordem XI: *Glycomycineae*
Família I: *Glycomycetaceae*
Glycomyces 3 sp.
Ordem VI: *Bifidobacteriales*
Família I: *Bifidobacteriaceae*
Bifidobacterium 33 sp.
Falcivibrio 2 sp.
Gardnerella 1 sp.
Família II: 'Filiação desconhecida'
Actinobispora 1 sp.
Actinocorallia 1 sp.
Actinokineospora 5 sp.
Excellospora 1 sp.
Pelczaria 1 sp.
Turicella 1 sp.

VOLUME 5

Os planctomicetos, espiroquetas, fibrobácteres, bacteróides e fusobactérias

AS BACTÉRIAS

Filo IX: 'Formas Desprovidas de Paredes'
SEÇÃO XXVI Os planctomicetos e clamídias
Classe I: *'Planctomycetacia'*
Ordem I: *Planctomycetales*
Família I: *Planctomycetaceae*
Gemmata 1 sp.
Isosphaera 1 sp.
Pirellula 2 sp.
Planctomyces 6 sp.
Ordem II: *Chlamydiales*
Família I: *Chlamydiaceae*
Chlamydia 4 sp.
SEÇÃO XXVII Os espiroquetas
Filo X: *'Spirochaetes'*
Classe I: *'Spirochaetes'*
Ordem I: *'Spirochaetales'*
Família I: *Spirochaetaceae*
Borrelia 30 sp.
Brevinema 1 sp.
Clevelandina 1 sp.
Cristispira 1 sp.
Diplocalyx 1 sp.
Hollandina 1 sp.
Pillotina 1 sp.
Spirochaeta 14 sp.
Treponema 18 sp.

Família II: *Serpulinaceae*	
Brachyspira	5 sp.
Serpulina	6 sp.
Família III: *Leptospiraceae*	
Leptonema	1 sp.
Leptospira	12 sp.
SEÇÃO XXVIII Os fibrobácteres	
Filo XI: *'Fibrobacter'*	
Classe I: *'Fibrobacteres'*	
Ordem I: *'Fibrobacterales'*	
Família I: *'Fibrobacteraceae'*	
Fibrobacter	3 sp.
Família II: *'Acidobacteriaceae'*	
Acidobacterium	1 sp.
Holophaga	1 sp.
SEÇÃO XXIX Os bacteróides	
Filo XII: *'Bacteroides'*	
Classe I: *'Bacteroides'*	
Ordem I: *'Bacteroidales'*	
Família I: *Bacteroidaceae*	
Acetivibrio	4 sp.
Acetofilamentum	1 sp.
Acetomicrobium	2 sp.
Acetothermus	1 sp.
Acidaminobacter	1 sp.
Anaerobiospirillum	2 sp.
Anaerorhabdus	1 sp.
Anaerovibrio	3 sp.
Bacteroides	65 sp.
Centipeda	1 sp.
Formivibrio	1 sp.
Malonomonas	1 sp.
Megamonas	1 sp.
Propionivibrio	1 sp.
Succinimonas	1 sp.
Syntrophus	2 sp.
Família II: *'Rikenellaceae'*	
Marinilabilia	2 sp.
Rikenella	1 sp.
Família III: *'Porphyromonadaceae'*	
Porphyromonas	13 sp.
Família IV: *Prevotellaceae*	
Prevotella	26 sp.
SEÇÃO XXX As flavobactérias	
Filo XIII: *'Flavobacteria'*	
Classe I: *'Flavobacteria'*	
Ordem I: *'Flavobacteriales'*	
Família I: *Flavobacteriaceae*	
Bergeyella	1 sp.
Capnocytophaga	7 sp.
Chryseobacterium	6 sp.
Empedobacter	1 sp.
Flavobacterium	40 sp.
Gelidibacter	1 sp.
Ornithobacterium	1 sp.
Polaribacter	4 sp.
Psychroserpens	1 sp.
Riemerella	2 sp.
Weeksella	2 sp.
Psychroflexus	2 sp.
Família II: *'Myroideaceae'*	
Myroides	2 sp.
Psychromonas	1 sp.
Família III: *'Blattabacteriaceae'*	
Blattabacterium	1 sp.
SEÇÃO XXXI As esfingobactérias	
Filo XIV: *'Sphingobacteria'*	
Classe I: *'Sphingobacteria'*	
Ordem I: *'Sphingobacteriales'*	
Família I: *Sphingobacteriaceae*	
Pedobacter	4 sp.
Sphingobacterium	8 sp.
Família II: *'Saprospiraceae'*	
Haliscomenobacter	1 sp.
Lewinella	3 sp.
Saprospira	1 sp.
Família III: *'Flexibacteraceae'*	
Cyclobacterium	1 sp.
Cytophaga	23 sp.
Flectobacillus	3 sp.
Flexibacter	17 sp.
Meniscus	1 sp.
Microscilla	1 sp.
Runella	1 sp.
Spirosoma	1 sp.
Sporocytophaga	1 sp.
Família IV: *'Flammeovirgaceae'*	
Flammeovirga	1 sp.
Persicobacter	1 sp.
Thermonema	2 sp.
Família V: *'Crenothrichaeceae'*	
Chitinophaga	1 sp.
Crenothrix	1 sp.
Flexithrix	1 sp.
Rhodothermus	2 sp.
Toxothrix	1 sp.
SEÇÃO XXXII Os fusiformes	
Filo XV: *'Fusobacteria'*	
Classe I: *'Fusobacteria'*	
Ordem I: *'Fusobacteriales'*	
Família I: *'Fusobacteriaceae'*	
Fusobacterium	23 sp.
Leptotrichia	1 sp.
Propionigenium	2 sp.
Sebaldella	1 sp.
Streptobacillus	1 sp.
Família II: 'Genera incertae sedis'	
Cetobacterium	1 sp.
SEÇÃO XXXIII Verrucomicrobium e relacionados	
Filo XVI: *'Verrucomicrobia'*	
Classe I: *Verrucomicrobiae*	
Ordem I: *Verrucomicrobiales*	
Família I: *Verrucomicrobiaceae*	
Prosthecobacter	4 sp.
Verrucomicrobium	1 sp.

Glossário

Somente os principais termos e conceitos foram incluídos. Caso o termo não seja encontrado, consultar o índice.

A montante Termo usado para seqüências situadas na porção 5′ de um determinado sítio em uma molécula de DNA ou RNA. Comparar com *A jusante*.

Abscesso Infecção localizada, caracterizada pela produção de pus.

Aceptor de elétrons Substância que recebe elétrons durante uma reação de oxidação-redução.

Acetotrófico Clivagem do acetato em CH_4 e CO_2, realizada por certos metanogênicos.

Ácido desoxirribonucléico (DNA) Polímero de nucleotídeos conectados por um esqueleto de grupamentos fosfato associados a desoxirriboses, correspondendo ao material genético das células e de alguns vírus.

Ácido nucléico Polímero de nucleotídeos. Ver *Ácido desoxirribonucléico* e *ácido ribonucléico*.

Ácido resistência Propriedade tintorial apresentada por espécies de *Mycobacterium*, em que células coradas com fucsina ácida a quente não são descoradas pelo tratamento com álcool-ácido.

Ácido ribonucléico (RNA) Polímero de nucleotídeos unidos por um esqueleto de ribose-fosfato; envolvido na síntese de proteínas ou como material genético de alguns vírus.

Acidófilo Organismo que cresce melhor em pH ácido.

Aderência Propriedade apresentada por certos microrganismos, tornando-os capazes de se fixar a diferentes superfícies.

Aeróbio Organismo que cresce na presença de O_2; pode ser facultativo, estrito ou microaerófilo.

Aerossol Suspensão de partículas na forma de gotículas de água, dispersas pelo ar.

Aerotolerante Anaeróbio que não é inibido pelo O_2.

Agente antimicrobiano Composto químico que mata ou inibe o crescimento de microrganismos.

Agente fungicida Agente capaz de matar fungos.

Agente fungistático Agente que inibe o crescimento fúngico.

Agente mutagênico Agente que induz mutações, tais como radiações ou certos compostos químicos.

Agente quimioterápico Agente antimicrobiano que pode ser de uso interno.

Agente viricida Agente que interrompe a replicação e a atividade viral.

Agente viristático Agente que inibe a replicação viral.

Aglutinação Reação entre anticorpos e antígenos ligados a partículas, resultando na agregação das partículas.

Agretopo A porção de um antígeno processado que é reconhecida pelas proteínas de histocompatibilidade (MHC).

Água tratada Água liberada pelo sistema de distribuição, após tratamento.

Agudo Termo relativo às infecções de progresso rápido, normalmente caracterizadas por um início dramático, com rápida recuperação.

Alcalífilo Um organismo que cresce melhor em pH elevado.

Alergia Reação imune prejudicial, geralmente provocada por um antígeno exógeno presente em alimentos, pólen ou produtos químicos; hipersensibilidade do tipo imediata ou do tipo tardia.

Alga Microrganismo eucariótico fototrófico.

ALH (HLA, do inglês *Human Leucocitary Antigen*) Antígeno leucocitário humano, equivalente ao principal complexo de histocompatibilidade.

Alimentos não perecíveis (estáveis) Alimentos contendo baixa atividade de água, apresentando grande vida útil, resistentes à decomposição pelos microrganismos.

Alimentos perecíveis Alimentos contendo alta atividade de água, de pequena vida útil, devido ao potencial de decomposição decorrente do crescimento de microrganismos.

Alimentos semiperecíveis Alimentos com atividade de água intermediária, exibindo vida útil limitada, devido ao potencial de decomposição pelos microrganismos.

Alteração da fase de leitura Ver *Alteração de fase*.

Alteração de fase Um tipo de mutação. Uma vez que no código genético a informação é transmitida pela leitura consecutiva de três nucleotídeos, se esta for realizada a partir da segunda ou terceira base haverá a síntese de uma proteína diferente.

Aminoacil tRNA-sintetase Enzima que catalisa a ligação do aminoácido correto ao tRNA correto.

Aminoglicosídeo Antibiótico, como a estreptomicina, que consiste em aminoaçúcares unidos por ligações glicosídicas.

Anabolismo Processos bioquímicos envolvidos na síntese dos componentes celulares a partir de moléculas mais simples, geralmente requerendo energia.

Anaeróbio Organismo que cresce na ausência de O_2; alguns podem até ser mortos pelo O_2.

Anafilatoxinas As frações C3a e C5a do sistema complemento, que atuam mimetizando algumas das reações de anafilaxia.

Anafilaxia (choque anafilático) Violenta reação alérgica provocada por uma interação antígeno-anticorpo.

Análogo de fator de crescimento Agente químico, semelhante a um fator de crescimento e que atua bloqueando a captação ou utilização deste.

Anamox Termo que descreve a oxidação anóxica da amônia

Anemia falciforme Característica genética que confere resistência à malária, mas que provoca uma redução no número e na eficiência das hemácias.

Anergia Incapacidade de produzir uma resposta imune a antígenos específicos, devido à neutralização das células efetoras.

Ânion superóxido (O_2^-) Derivado do O_2, com capacidade de destruir oxidativamente componentes celulares.

Anóxico Relativo à ausência de oxigênio. Termo geralmente empregado em relação a um hábitat microbiano.

Antibiograma Teste laboratorial que indica a sensibilidade de isolados clínicos de microrganismos aos antibióticos de uso corrente.

Antibiótico de amplo espectro Antibiótico que age em organismos gram-positivos e gram-negativos do domínio *Bacteria*.

Antibiótico Agente químico produzido por um organismo, que é prejudicial a outros organismos.

Anticódon Seqüência de três nucleotídeos presentes no RNA transportador que se pareiam com o códon, presente no RNA mensageiro, durante a síntese protéica.

Anticorpo fluorescente Molécula de imunoglobulina que foi acoplada a uma molécula fluorescente, de modo a emitir fluorescência.

Anticorpo monoclonal Anticorpo produzido a partir de células oriundas de um clone. Este anticorpo apresenta estrutura e especificidade uniformes.

Anticorpo Proteína presente no soro ou em outros fluidos corpóreos que interage especificamente com o antígeno. Uma imunoglobulina.

Anticorpos policlonais Mistura de anticorpos, sintetizados por muitos clones diferentes de células B.

Antígeno homólogo Antígeno que reage com o anticorpo que ele induziu.

Antígeno Substância que interage com um receptor de célula T (linfócito) ou com uma imunoglobulina.

Antimicrobiano substância nociva aos microrganismos, seja causando sua morte, seja inibindo seu crescimento.

Antiparalelo Relativo à dupla fita de DNA, onde uma fita está no sentido 5′ → 3′, e a outra, no sentido 3′ → 5′.

Anti-séptico Agente que mata ou inibe o crescimento de microrganismos, mas que não é danoso aos tecidos vivos.

Anti-soro policlonal Mistura de anticorpos dirigidos contra uma variedade de antígenos ou contra uma variedade de determinantes presentes em um único antígeno.

Anti-soro Soro contendo anticorpos.

Antitoxina Anticorpo que interage especificamente com uma toxina, neutralizando-a.

Apolar Possuidor de características hidrofóbicas (repulsão a água) e de baixa solubilidade em soluções aquosas.

Apoptose Morte celular programada.

Archaea Domínio filogenético de procariotos, composto por metanogênicas, os mais extremos halófilos e hipertermófilos e o gênero *Thermoplasma*.

Associação Grupo de organismos metabolicamente relacionados.

Atenuação Seleção de linhagens avirulentas de um patógeno, ainda com capacidade imunizante. Também se refere a um mecanismo de regulação da expressão gênica. Tipicamente, há a terminação da transcrição após sua iniciação, antes da síntese de um RNA mensageiro completo.

Atividade de água (a_w) Expressão que reflete a disponibilidade relativa de água em uma substância. A água pura apresenta uma a_w de 1,000.

ATP Adenosina trifosfato, o principal carreador de energia da célula.

Auto-anticorpo Um anticorpo que reage com antígenos próprios do corpo.

Autoclave Equipamento esterilizante, que destrói os microrganismos pela ação de alta temperatura, utilizando vapor sob pressão.

Autoimunidade Reações imunes de um hospedeiro contra seus próprios antígenos.

Autólise Lise celular decorrente de atividades da própria célula.

Auto-radiografia Detecção de radioatividade em uma amostra, por exemplo, uma célula ou um gel, pelo contato com um filme radiográfico.

Autotrófico Organismo capaz de utilizar o CO_2 como única fonte de carbono.

Auxotrófico Organismo que desenvolveu uma necessidade nutricional a partir de uma mutação. Diferenciar de *Fototrófico*.

Bacteremia Aparecimento transiente de bactérias no sangue.

Bacteria Todos os procariotos que não pertencem ao domínio *Archaea*.

Bactericida Capaz de matar bactérias.

Bacteriocinas Compostos produzidos por certas bactérias que inibem ou matam espécies bacterianas estreitamente relacionadas.

Bacteriófago Vírus que infecta células procarióticas.

Bacteriorodopsina Proteína contendo retinal, encontrada na membrana de certas *Archaea* halófilas extremas, envolvida na síntese de ATP mediada pela luz.

Bacteriostático Capaz de inibir o crescimento bacteriano, sem matar as células.

Bacteróide Célula inchada ou deformada de *Rhizobium*, encontrada no nódulo radicular, capaz de fixar nitrogênio.

Barófilo Organismo que vive em condições ótimas sob altas pressões hidrostáticas.

Barotolerante Organismo capaz de tolerar alta pressão hidrostática, embora apresentando melhor crescimento a 1 atm.

Beta-lactâmico Antibiótico que contém em sua estrutura um anel beta-lactâmico heterocíclico (exemplo, penicilina).

Biblioteca de DNA Um conjunto de fragmentos de DNA clonados, que em seu total contém todos os genes de um organismo; também denominada *biblioteca genômica*.

Biblioteca genômica Um conjunto de fragmentos clonados de DNA, que contém toda a informação genética de um organismo em particular.

Biocatálise Uso de microrganismos para sintetizar um produto ou realizar uma transformação química específica.

Bioconversão Em microbiologia industrial refere-se à utilização de microrganismos para a conversão de uma substância em uma forma quimicamente modificada.

Biofilme Colônias microbianas envoltas por um material adesivo, geralmente de natureza polissacarídica, aderidas a uma superfície.

Biogeoquímica Estudo de transformações químicas de interesse geoquímico, mediadas por microrganismos, por exemplo o ciclo do nitrogênio ou do enxofre.

Bioinformática Uso de programas computacionais para a análise, armazenagem e acesso a seqüências de DNA ou de proteínas.

Biorremediação Uso de microrganismos na remoção ou detoxificação de compostos químicos tóxicos ou indesejáveis de um ambiente.

Biossíntese Produção de constituintes celulares necessários, a partir de moléculas precursoras, geralmente mais simples.

Biotecnologia Utilização de organismos vivos para a realização de processos químicos definidos, visando a aplicação industrial.

Bolores limosos Microrganismos eucarióticos não fototróficos que não apresentam parede celular e que se agregam formando estruturas de frutificação (células de bolores limosos) ou massas simples de protoplasma (bolores limosos acelulares).

Bolores Fungos filamentosos.

Botulismo Intoxicação alimentar devido à ingestão de alimentos contaminados com a toxina botulínica, produzida por *Clostridium botulinum*.

Camada limosa Massa difusa de fibras poliméricas que envolve as células, com aspecto frouxo, fracamente associada à célula.

Camada S Revestimento paracristalino observado externamente à parede, composto por proteínas ou glicoproteínas, encontrado em muitos procariotos.

Capsídeo Revestimento protéico de um vírus.

Capsômero Cada subunidade protéica que compõe o capsídeo viral.

Cápsula Camada densa, bem definida, de natureza polissacarídica ou protéica, que envolve a célula.

Carboxissomos Inclusões celulares poliédricas, compostas de ribulose bifosfato carboxilase (RubisCO), enzima-chave do ciclo de Calvin.

Carcinogênico Qualquer substância que promove a iniciação da formação de um tumor. Freqüentemente é um agente mutagênico.

Carga viral Número de cópias de um genoma viral presente em um tecido infectado; permite uma avaliação quantitativa do número de vírus presentes em um hospedeiro.

Cárie dental Destruição dental resultante de uma infecção bacteriana.

Catabolismo Processos bioquímicos envolvidos na degradação de compostos orgânicos ou inorgânicos, geralmente levando à produção de energia.

Catalisador Substância que promove a ocorrência de uma reação química, sem sofrer modificações ao final do processo.

Catálise Aumento na velocidade de uma reação química.

Célula apresentadora de antígeno (APC, do inglês *Antigen Presenting Cell*) Célula que processa e apresenta o antígeno para os linfócitos T.

Célula de memória Linfócito B diferencial, capaz de rápida conversão a plasmócito secretor de anticorpos quando estimulada por um antígeno.

Célula gram-negativa Célula procariótica, cuja parede celular contém uma pequena quantidade de peptideoglicano, mas que apresenta uma membrana externa composta por lipopolissacarídeo, lipoproteínas e outras macromoléculas complexas.

Célula gram-positiva Célula procariótica, cuja parede celular é essencialmente composta por peptideoglicano, não apresentando uma membrana externa, como as células gram-negativas.

Célula *natural killer* (NK) Linfócito especializado que reconhece e destrói células exógenas ou células do hospedeiro infectadas, de maneira inespecífica.

Célula T Linfócito responsável por interações celulares do tipo antígeno-específicas. As células T podem ser divididas em subconjuntos funcionais incluindo as células T do tipo T_C (citotóxicas) e T_A (auxiliadoras). As células T_A são ainda subdivididas em T_A1 (inflamatórias) e T_A2 (células auxiliadoras), que auxiliam as células B na formação dos anticorpos.

Célula A unidade fundamental da vida.

Células CD4 Células T auxiliadoras (*helper*). Estas células são infectadas pelo HIV.

Centro de reação Complexo fotossintético contendo clorofila (ou bacterioclorofila) e outros componentes, em cujo interior ocorrem as reações iniciais de transferência de elétrons, na fotofosforilação.

Chaperona molecular Proteína que auxilia no dobramento ou redobramento correto de proteínas.

Cianobactéria Organismo procariótico fototrófico, oxigênico, contendo clorofila *a* e ficobilinas.

Ciclo de Calvin Via bioquímica de fixação de CO_2, realizada por vários organismos autotróficos.

Ciclo do ácido cítrico Série cíclica de reações que resultam na conversão do acetato a CO_2 e NADH. Também denominado *ciclo dos ácidos tricarboxílicos* ou *ciclo de Krebs*.

Ciclo lisogênico Série de etapas em que, após uma infecção viral, chega-se a um estado genético (lisogenia) onde o genoma viral é replicado, como um profago, juntamente com o genoma da célula hospedeira.

Ciclo lítico Série de etapas em que, após a infecção, o vírus sofre replicação e a célula hospedeira é destruída (lisada).

Cida Sufixo que indica ser letal, que mata.

Cílios Estruturas curtas, filamentosas, que quando batem em conjunto promovem o deslocamento celular.

Cirrose Destruição da arquitetura normal do fígado, resultando em fibrose.

Cisto Forma de latência desenvolvida por algumas bactérias e protozoários, onde a célula toda é revestida por uma camada protetora; diferente de esporo.

Citocina Modulador solúvel de resposta imune produzido por células, geralmente células fagocitárias, diferentes de linfócitos.

Citocromo Porfirina contendo ferro, complexada a proteínas, atuando como carreador de elétrons no sistema de transporte de elétrons.

Citoesqueleto arcabouço celular, onde os microfilamentos definem a forma das células eucarióticas.

Citoplasma Conteúdo celular localizado internamente à membrana citoplasmática, excetuando-se o núcleo.

Clarificador (tanque de coagulação) Reservatório onde as partículas sólidas presentes na água bruta são coaguladas e removidas.

Clonagem genética Ver *Clonagem molecular*.

Clonagem molecular Isolamento e incorporação de um fragmento de DNA em um vetor, onde este possa ser replicado.

Clone População de células que descendem de uma única célula. Também se refere a cópias de fragmentos de DNA, obtidos após sua inserção e replicação em um plasmídeo ou um fago.

Cloração Procedimento de desinfecção extremamente eficiente no tratamento de águas para consumo humano, pela utilização de cloro gasoso ou de outros compostos contendo cloro como desinfetante.

Cloramina Composto químico utilizado no tratamento de águas, produzido pela combinação de cloro e amônia em proporções precisas.

Cloro Elemento químico utilizado no estado gasoso para a desinfecção de água. Um nível residual é mantido ao longo do sistema de abastecimento.

Clorofila e Bacterioclorofila Pigmentos de organismos fototróficos, consistindo em tetrapirróis de magnésio sensíveis à luz.

Cloroplasto Organela contendo clorofila, presente em eucariotos fototróficos.

Clorossomos Estruturas cilíndricas, envoltas por uma camada membranosa, contendo a bacterioclorofila coletora de luz (c, c_s, d ou e), presentes em bactérias sulfurosas verdes e em *Chloroflexus*.

CMI Concentração mínima inibitória — a menor concentração de uma substância necessária para impedir o crescimento microbiano.

Coagulação Formação de grandes partículas insolúveis, a partir de partículas coloidais muito menores, pela adição de sulfato de alumínio ou polímeros aniônicos.

Coco Bactéria esférica.

Cocóide Com forma de esfera.

Códon Seqüência de três nucleotídeos, encontrados no RNA mensageiro, que codificam um aminoácido específico.

Coenzima Molécula de pequena massa molecular que participa de uma reação enzimática, recebendo ou doando elétrons ou grupos funcionais. Exemplos: NAD^+, FAD.

Cogumelos Fungos filamentosos que produzem estruturas macroscópicas, geralmente comestíveis, denominadas corpos de frutificação.

Coliformes Grupo de bacilos gram-negativos, não formadores de esporos, anaeróbios facultativos que, quando incubados a 35°C por 48 horas, fermentam a lactose, produzindo gás.

Colônia População de células macroscopicamente visível, crescendo em um meio sólido, originada a partir de uma única célula.

Colonização Multiplicação de um microrganismo após sua adesão aos tecidos do hospedeiro ou a outras superfícies.

Cometabolismo Transformação metabólica de uma substância, enquanto uma segunda substância atua como fonte primária de energia ou de carbono.

Competência Capacidade de captar DNA e sofrer uma transformação genética.

Complementar Seqüências de ácidos nucléicos que podem formar pares de bases entre si.

Complexo principal de histocompatibilidade (MHC) Conjunto de genes que codificam proteínas de superfície importantes na apresentação de antígenos às células T, na resposta imune.

Composição de bases Referente aos ácidos nucléicos, corresponde à proporção total de bases, consistindo na soma dos pares de bases de guanina mais citosina ou timina mais adenina. Geralmente é expressa em termos da quantidade de guanina + citosina (G+C), por exemplo, 60% de G+C.

Compostos químicos de conveniência Produtos químicos como o etanol, que apresentam baixo valor econômico, sendo comercializados predominantemente em grandes quantidades.

Concatâmero Molécula de DNA consistindo em duas ou mais moléculas individuais, ligadas a partir de suas extremidades, originando uma estrutura linear longa.

Conduto de infecção Tubo celulósico através do qual células de *Rhizobium* migram, para infectar células radiculares, durante a formação dos nódulos radiculares.

Conjugação Processo de transferência de genes de uma célula procariótica para outra, por um mecanismo que envolve o contato físico entre os participantes.

Consórcio Cultura contendo dois (ou mais) membros bacterianos (ou originada naturalmente), onde cada microrganismo se beneficia dos demais.

Contagem de viáveis Medida da concentração de células vivas em uma população microbiana.

Contagioso Transmissível.

Conteúdo de bases G + C No DNA (ou RNA) de qualquer organismo, a porcentagem de ácido nucléico total que consiste em bases de guanina mais citosina (expresso na forma de mol % GC).

Corpo de frutificação Estrutura reprodutiva macroscópica, produzida por alguns fungos (por exemplo, cogumelos) e por alguns membros do domínio *Bacteria* (por exemplo mixobactérias), sendo muito variáveis quanto à forma, tamanho e coloração.

Córtex Região localizada internamente à capa de um esporo, ao redor do cerne.

Crescimento exponencial Crescimento de microrganismos, no qual o número de células é duplicado em um período fixo de tempo.

Crescimento Em microbiologia, refere-se ao aumento do número de células.

Crista Membrana mitocondrial interna, sítio da respiração.

Cromogênico Produtor de cor; uma colônia cromogênica é uma colônia pigmentada.

Cromossomo Elemento genético que contém os genes essenciais às funções celulares. Os procariotos tipicamente apresentam apenas um único cromossomo, correspondendo a uma molécula circular de DNA. Os eucariotos tipicamente apresentam vários cromossomos, consistindo em longas moléculas lineares de DNA.

Cromossomos artificiais Vetores de clonagem que podem conter grandes insertos de DNA exógeno e permanecer em uma célula de modo similar a um cromossomo normal. Os mais utilizados são os Cromossomos Bacterianos Artificiais e os Cromossomos Artificiais de Levedura.

Crônico Que dura por longos períodos de tempo.

Cultura de enriquecimento Utilização de meios de cultura seletivos e de condições de incubação específicas, para o isolamento de microrganismos de amostras naturais.

Cultura em batelada Cultura microbiana em um sistema fechado, com um volume fixo.

Cultura pura Cultura contendo um único tipo de microrganismo.

Cultura Linhagem ou tipo particular de um organismo crescendo em um meio de cultura.

Cutâneo Relativo à pele.

Decloração redutora Remoção de Cl na forma de íons Cl^- de um composto orgânico, através da redução do átomo de carbono de C–Cl a C–H.

Degeneração Relacionado ao código genético, corresponde ao fato de mais de um códon codificar o mesmo aminoácido.

Deleção clonal Processo importante na seleção de células T no timo, envolvendo a morte de células sem função ou auto-reativas.

Deleção Remoção de parte de um gene.

Demanda bioquímica de oxigênio (DBO) Quantidade de oxigênio dissolvido consumido por um microrganismo, necessária à oxidação completa de um material orgânico ou inorgânico, em uma amostra aquosa.

Denitrificação Conversão do nitrato em nitrogênio gasoso, sob condições anóxicas.

Descontaminação Tratamento que torna um objeto ou superfície inanimada seguros de serem manuseados.

Desinfecção Processo em que praticamente todos os microrganismos patogênicos, mas não todos os microrganismos, são eliminados de objetos ou superfícies.

Desinfetante Agente que mata os microrganismos, mas que pode também ser prejudicial aos tecidos humanos.

Desnaturação Destruição irreversível de uma macromolécula, como, por exemplo, a destruição de uma proteína pelo calor.

Desproporcionação Clivagem de um composto químico em dois novos compostos, sendo um mais oxidado e outro mais reduzido que o composto original.

Dessecação Perda de água.

Desvio antigênico Grandes mudanças nas proteínas (antígenos) do vírus da gripe, devido a um rearranjo gênico.

Desvio de enriquecimento Distorção em culturas de enriquecimento que resulta no favorecimento de espécies indesejáveis.

Deterioração alimentar Qualquer alteração no alimento que o torne inaceitável para o consumo.

Determinante antigênico Porção de um antígeno que interage com uma imunoglobulina ou um receptor de célula T. Também denominado *epítopo*.

Dideoxinucleotídeo Nucleotídeo que não apresenta o grupamento hidroxila associado ao Carbono 3′ da desoxirribose. Utilizado na técnica de seqüenciamento pela metodologia descrita por Sanger.

Diferenciação Modificação de uma célula em termos de estrutura e/ou função, que ocorre ao longo de seu desenvolvimento.

Diplóide Em eucariotos, refere-se a um organismo ou célula contendo um par de cromossomos, sendo cada um derivado de cada gameta haplóide.

Distância evolutiva Em árvores filogenéticas, a soma das distâncias físicas de organismos separados em uma árvore; esta distância é inversamente proporcional à relação evolutiva.

DNA Fingerprinting Utilização de engenharia genética na determinação da origem do DNA em uma amostra de tecido.

DNA girase Enzima encontrada na maioria dos procariotos, responsável pela formação do enovelamento negativo no DNA.

DNA polimerase Enzima que sintetiza uma nova fita de DNA, no sentido 5′ → 3′, utilizando a fita antiparalela de DNA como molde.

DNA recombinante Molécula de DNA contendo DNA originado de duas ou mais fontes.

DNA sintético Molécula de DNA que foi sintetizada a partir de um processo químico, em laboratório.

Doador de elétrons Composto que doa elétrons durante uma reação de oxidação-redução.

Doença de Lyme Doença emergente, transmitida por carrapatos, causada pelo espiroqueta *Borrelia burgdorferi.*

Doença sexualmente transmitida (DST) Doença cuja forma usual de transmissão se dá pelo contato sexual.

Doença Dano a um hospedeiro, prejudicando suas funções.

Domínio Nível mais elevado na classificação biológica. Os três domínios de classificação dos seres vivos são *Bacteria, Archaea* e *Eukarya.* Termo também utilizado para descrever uma região de uma proteína que apresenta uma função distinta.

Drenado ácido de mina Água ácida, contendo H_2SO_4, proveniente da oxidação microbiana de minerais contendo sulfeto de ferro.

Ecologia Área da biologia que estuda as inter-relações entre os organismos e seus ambientes.

Ecossistema Comunidade de organismos e seu meio ambiente natural.

Ecotipo População de células geneticamente idênticas, que partilham um recurso particular, em um nicho ecológico.

Editoração de RNA Modificação de um mRNA, a partir de um processo diferente do "splicing", originando uma molécula de RNA com as propriedades codificantes requeridas.

Ehrlichiose Doença emergente, transmitida por carrapatos, causada por uma riquétsia do gênero *Ehrlichia.*

Elemento transponível Elemento genético que tem a capacidade de se mover (transposição) de um sítio no cromossomo para outro.

Eletroforese desnaturante em gel com gradiente (EDGG) Técnica de eletroforese que permite resolver fragmentos de ácidos nucléicos com mesmo tamanho mas de seqüências nucleotídicas diferentes.

Eletroforese Separação de moléculas carregadas em um campo elétrico.

Eletroporação Utilização de uma descarga elétrica para introduzir DNA em células.

ELISA (*Enzyme-linked immunosorbent assay.*) Ensaio de imunoabsorção associado a enzimas. Imunoensaio que emprega anticorpos específicos para a detecção de antígenos ou anticorpos em secreções corpóreas. Os complexos contendo anticorpos são visualizados devido ao acoplamento de enzimas aos anticorpos. A adição do substrato enzimático ao complexo enzima-anticorpo-antígeno resulta em um produto colorido.

Enantiômero Forma de uma molécula que corresponde à imagem especular de outra forma da mesma molécula.

Endêmica Doença que está constantemente presente, em baixos números, em uma população. Comparar com *Epidêmica.*

Endocitose Processo pelo qual uma partícula, tal como um vírus, é captada de forma intacta por uma célula animal. A fagocitose e a pinocitose correspondem a dois tipos de endocitose.

Endonucleases de restrição (enzimas de restrição) Enzimas que reconhecem e clivam seqüências específicas de DNA, gerando extremidades abruptas (fita dupla), ou extremidades (coesivas) de fita simples.

Endosporo Célula diferenciada, formada no interior das células de algumas bactérias gram-positivas, apresentando grande resistência ao calor e a outros agentes danosos.

Endossimbiose A hipótese que as mitocôndrias, cloroplastos e hidrogenossomas sejam descendentes de organismos procarióticos remotos, pertencentes ao domínio *Bacteria.*

Endotoxina Toxina não secretada pela célula; encontrando-se ligada à superfície celular, ou intracelularmente. Comparar com *Exotoxina.*

Energia de ativação Energia necessária para tornar as moléculas de substrato mais reativas; as enzimas atuam diminuindo a energia de ativação.

Energia livre Energia disponível para a realização de trabalho.

Engenharia genética Uso de técnicas *in vitro,* que permitem o isolamento, manipulação, recombinação e expressão de DNA, e o desenvolvimento de organismos geneticamente modificados (OGM).

Enlatamento Processo em que alimentos são acondicionados em recipiente selados que são posteriormente aquecidos, para promover a destruição dos organismos vivos.

Ensaio de redução de acetileno Método para medir a atividade de nitrogenase, substituindo-se o acetileno pelo substrato natural da enzima, N_2. O acetileno é reduzido a etileno ou etano.

Entérico Intestinal.

Enterotoxina Toxina que afeta o intestino.

Entropia Medida do grau de desordem em um sistema; a entropia sempre aumenta em um sistema fechado.

Enzima alostérica Enzima que apresenta dois sítios: o sítio ativo (onde o substrato se liga) e o sítio alostérico (onde há a ligação de um efetor alostérico).

Enzima imobilizada Enzima que se encontra ligada a um suporte sólido, sobre o qual o substrato é passado e convertido em produto.

Enzima indutível Enzima que é sujeita à indução.

Enzima Catalisador biológico, geralmente de natureza protéica, que promove reações ou grupos de reações específicas.

Epidemia de fonte comum Epidemia resultante da infecção de um grande número de pessoas, a partir de uma única fonte de contaminação.

Epidemia inter-hospedeiros Epidemia resultante do contato interpessoal, caracterizada por um aumento e redução graduais em sua incidência.

Epidêmica Doença que ocorre em um grande número de indivíduos simultaneamente, em uma população. Comparar com *Endêmica.*

Epidemiologia Estudo da incidência e prevalência de doenças em uma população.

Epítopo Determinante antigênico.

Escalonamento Industrial Conversão de um processo industrial realizado laboratorialmente, ajustando-o para uma escala de fermentação comercial.

Escarlatina Doença caracterizada por febre alta e eritema, resultante da ação de uma exotoxina produzida por *Streptococcus pyogenes.*

***Escherichia coli* O157:H7** Linhagem enterotoxigênica emergente de E. coli, disseminada pela contaminação de alimentos ou água com material fecal de origem animal ou humana.

Esferoplasto Célula esférica, osmoticamente sensível, derivada de uma bactéria que perdeu parte da parede celular. quando toda a parede celular é perdida, a estrutura resultante é denominada *Protoplasto.*

Espaço periplasmático Região compreendida entre a membrana citoplasmática e a membrana externa, em gram-negativos.

Espécie Em procariotos, corresponde a um conjunto de linhagens estreitamente relacionadas (>97% de homologia nas seqüências de rRNA 16S e >70% de hibridização genômica), apresentando diferenças suficientes com outras linhagens, de modo a ser reconhecido como uma unidade distinta.

Especificidade Capacidade da resposta imune interagir com antígenos individuais.

Esporo Termo genérico dado às estruturas de dormência, resistentes, formadas por muitos procariotos e fungos.

Esporozoários Protozoários parasíticos imóveis.

Estereoisômeros Duas moléculas que apresentam a mesma fórmula molecular e estrutural, onde uma corresponde à imagem especular da outra.

Estéril Isento de organismos vivos e vírus.

Esterilização Processo que promove a remoção ou morte de todos os organismos vivos (incluindo vírus) de um meio de cultura, objeto, ou ambiente.

Esteróis Estruturas hidrofóbicas, apresentando vários anéis, que conferem maior rigidez à membrana citoplasmática de células eucariótica e de alguns procariotos.

Estrito Adjetivo qualificativo que se refere a uma condição ambiental sempre exigida para o crescimento (por exemplo, "anaeróbio estrito").

Estromatólitos Massas microbianas laminares, tipicamente formadas por camadas de microrganismos filamentosos e de outros tipos que se tornaram fossilizados.

Estrutura primária Seqüência precisa de unidades monoméricas de uma molécula informacional, tal como um polipeptídeo ou um ácido nucléico.

Estrutura quaternária Nas proteínas, refere-se ao número e arranjo das cadeias polipeptídicas individuais que compõem a molécula protéica final.

Estrutura secundária Padrão inicial de dobramento de uma proteína ou de um polinucleotídeo, geralmente resultante das interações mediadas por pontes de hidrogênio.

Estrutura terciária Estrutura final de um polipeptídeo dobrado, que previamente assumiu sua estrutura secundária.

Eucarioto Célula ou organismo que apresenta um núcleo envolto por membrana (verdadeiro) e que geralmente apresenta outras organelas.

Eukarya Domínio filogenético que agrupa todos os organismos eucarióticos.

Evolução Alteração na linha de descendência ao longo do tempo, levando à produção de novas espécies ou variedades, em uma espécie.

Éxons Seqüências codificantes em um gene interrompido. Comparar com *Íntrons*, as seqüências não codificantes, que se intercalam aos éxons.

Exotoxina Toxina secretada para o meio extracelular. Comparar com *Endotoxina*.

Expressão Capacidade de um gene funcionar na célula, de maneira a originar seu produto.

Extremófilo Organismo que apresenta ótimo de crescimento em condições físicas ou químicas extremas, tais como temperatura e pH altos ou baixos.

Facultativo Adjetivo qualificativo que indica que um organismo é capaz de crescer tanto na presença como na ausência de um determinado fator ambiental (por exemplo, "aeróbio facultativo").

Fago Ver *Bacteriófago*.

Fagócito Célula capaz de ingerir e digerir partículas exógenas.

Fagocitose Ingestão de material particulado, como bactérias, por protozoários e células fagocíticas de organismos superiores.

Fagomídeo Vetor de clonagem que pode se replicar tanto como um plasmídeo ou como um fago.

Família gênica Genes cujas seqüências estão relacionadas a outros genes, em um organismo.

Fase estacionária Período do crescimento celular, no qual o crescimento líquido de uma população microbiana é igual a zero.

Fase exponencial Período ao longo do qual o ciclo de crescimento de uma população aumenta de maneira exponencial.

Febre maculosa das Montanhas Rochosas Doença causada por *Rickettsia rickettsii*, transmitida por carrapatos, caracterizada por febre, cefaléia, urticária e sintomas gastrointestinais.

Febre reumática Doença inflamatória auto-imune, desencadeada por uma resposta imune a uma infecção por *Streptococcus pyogenes*.

Febre Aumento da temperatura corpórea acima dos valores normais.

Fendas hidrotermais Aberturas que emitem água quente ou morna, associadas a centros crostais de disseminação localizados no fundo do mar.

Fenótipo Características observáveis de um organismo. Comparar com *Genótipo*.

Fermentação (industrial) Processo microbiano em larga escala.

Fermentação Reações catabólicas de produção de ATP, onde compostos orgânicos atuam tanto como doadores iniciais de elétrons quanto como aceptores finais de elétrons, sendo o ATP produzido pela fosforilação em nível de substrato.

Fermentador (industrial) Reservatório normalmente muito grande, utilizado para o crescimento de microrganismos, visando a produção de algum composto de interesse econômico.

Fermentador Organismo que realiza o processo de fermentação.

Ferredoxina Transportador de elétrons com baixo potencial de redução; pequena proteína contendo grupamentos de ferro-enxofre.

Filamentoso Em forma de longos bastonetes, com comprimento muitas vezes maior que a largura.

Filogenia Ordenação das espécies em categorias taxonômicas superiores e a construção de árvores evolutivas com base nas relações evolutivas (naturais).

Filtração Remoção de partículas em suspensão na água, pela sua passagem através de uma ou mais membranas ou meios permeáveis, tais como areia, antracito, ou terra de diatomáceas.

Fímbria Estrutura curta, fina, presente na superfície de células bacterianas; embora semelhante estruturalmente a um flagelo, geralmente é encontrada em várias cópias, não estando envolvida na motilidade. Desempenha papel na aderência a superfícies e na formação de películas. Ver também *Pilus*.

Fita menos (negativa) de ácido nucléico Fita de RNA ou DNA que tem sentido contrário (que seria complementar) ao mRNA de um vírus.

Fita positiva de ácido nucléico Fita de DNA ou RNA que apresenta o mesmo sentido que o mRNA de um vírus.

Fitanil Hidrocarboneto de cadeia ramificada, contendo 20 átomos de carbono, comumente encontrado nos lipídeos de *Archaea*.

Fixação do complemento Utilização do sistema complemento em uma reação antígeno-anticorpo.

Fixação do nitrogênio Redução do nitrogênio gasoso à amônia, catalisada pela enzima nitrogenase.

Flagelação peritríquia Condição onde o microrganismo apresenta flagelos distribuídos em toda a superfície celular.

Flagelação polar Condição onde um organismo apresenta flagelos situados em uma ou em ambas as extremidades da célula.

Flagelo Estrutura filamentosa e delgada responsável pela motilidade em procariotos, devido a seu movimento rotacional.

Flavoproteína Proteína contendo um derivado de riboflavina, que atua como transportadora de elétrons no sistema de transporte de elétrons.

Floculação Processo de tratamento de águas realizado após a coagulação, mediante o emprego de agitação suave, fazendo com que partículas suspensas se associem, originando massas (flocos).

Fluorescente Composto que exibe a capacidade de emitir luz de um certo comprimento de onda, quando ativado por uma luz de outro comprimento de onda.

Flutuação antigênica Pequenas mudanças nas proteínas (antígenos) do vírus da gripe, devido a mutações gênicas.

Fômites Objetos inanimados que quando contaminados com um patógeno viável podem transmiti-lo a um hospedeiro.

Força próton motiva Estado energizado da membrana, criado pela formação de um gradiente de prótons, normalmente originado pela atividade de uma cadeia de transporte de elétrons. Ver também *Quimiosmose.*

Forma de vida de RNA Forma de vida ancestral, hipotética, que não apresentava DNA e proteínas, tendo somente RNA, com funções codificante e catalítica.

Forma replicativa Molécula de DNA de fita dupla, que corresponde a uma forma intermediária na replicação de vírus contendo DNA de fita simples em seu genoma.

Fosfolipídeo Lipídeo contendo um grupamento fosfato e duas cadeias de ácido graxo ligados a uma molécula de glicerol.

Fosforilação em nível de substrato Síntese de ligações fosfato ricas em energia pela reação de fosfato inorgânico com um substrato orgânico ativado.

Fosforilação oxidativa (transporte de elétrons) Produção não fototrófica de ATP, às custas de uma força próton motiva, gerada pelo transporte de elétrons.

Fosforilação por transporte de elétrons Síntese de ATP, envolvendo uma cadeia de transporte de elétrons associada à membrana, com a criação de uma força prótons motiva. Também denominada *Fosforilação oxidativa.* Ver também *Quimiosmose.*

Fotoautotrófico Organismo capaz de utilizar a energia luminosa como única fonte de energia e o CO_2 como única fonte de carbono.

Fotofosforilação Síntese de ligações fosfato ricas em energia, tal como no ATP, a partir da utilização de energia luminosa.

Fotoheterotrófico Organismo que utiliza a energia luminosa como fonte de energia e compostos orgânicos como fonte de carbono.

Fotossíntese anoxigênica Utilização de energia luminosa para a síntese de ATP, pela fotofosforilação cíclica, sem a produção de O_2.

Fotossíntese oxigênica Utilização da energia luminosa na síntese de ATP e NADPH pela fotofosforilação acíclica, com a produção de O_2 a partir da água.

Fotossíntese Utilização da energia luminosa para dirigir a incorporação de CO_2 em material celular. Ver também *Fotossíntese anoxigênica* e *Fotossíntese oxigênica.*

Fototaxia Movimentação em direção à luz.

Fototrófico Organismo que obtém energia a partir da luz.

Fumarola negra Fenda vulcânica hidrotermal encontrada no fundo do mar, que emite água e minerais em temperaturas muito elevadas (250 a 400°C).

Fungos Microrganismos eucarióticos não fototróficos, que apresentam parede celular rígida.

Gametas Em eucariotos, correspondem às células germinativas haplóides, resultantes da meiose.

Gel Polímero inerte, geralmente confeccionado a partir de agarose ou poliacrilaminda, utilizado na separação de macromoléculas tais como ácidos nucléicos e proteínas, por eletroforese.

Gene repórter Gene incorporado em um vetor, porque codifica um produto de fácil detecção.

Gene Unidade de hereditariedade; um segmento de DNA que especifica uma proteína, ou cadeia polipeptídica, um tRNA ou rRNA.

Gênero Grupo taxonômico de espécies relacionadas.

Genética Hereditariedade e variação dos organismos.

Genoma Conjunto completo dos genes presentes em um organismo.

Genômica Disciplina envolvendo o mapeamento, seqüenciamento e análise de genomas.

Genótipo A constituição genética precisa de um organismo. Comparar com *Fenótipo.*

Geração espontânea Hipótese de que os organismos vivos poderiam ser originados a partir de matéria inanimada.

Germicida Qualquer substância que inibe o crescimento ou mata microrganismos.

Glicocálice Termo que descreve os componentes de natureza polissacarídica encontrados externamente à parede celular bacteriana; geralmente se apresenta como uma rede frouxa de fibras de polímeros que se projetam para fora da célula.

Glicólise Reações da via de Embdem-Meyerhof, onde a glicose é convertida a piruvato.

Gonococo *Neisseria gonorrhoeae,* diplococo gram-negativo, agente etiológico da gonorréia.

Grupo prostético Porção não protéica de uma enzima, fortemente associada a esta, diferente de *Coenzima.*

Guerra biológica Uso de agentes biológicos para matar ou incapacitar uma população.

Hábitat Local onde um organismo vive, na natureza.

Halófilo extremo Organismo cujo crescimento é dependente de altas concentrações de NaCl (geralmente >10%).

Halófilo Organismo que requer sal (NaCl) para seu crescimento.

Halotolerante Organismo que não requer NaCl para seu crescimento, mas que é capaz de crescer em sua presença.

Haplóide Organismo ou célula que contém apenas um conjunto de cromossomos.

Hapteno Substância de pequena massa molecular que não induz a formação de anticorpos, mas que é capaz de se combinar a anticorpos específicos.

Haste Estrutura alongada, de natureza celular ou de material secretado, que ancora uma célula a uma superfície.

Hélice Estrutura em forma de uma espiral, encontrada em macromoléculas que apresentam um padrão repetitivo.

Hemaglutinação Aglutinação de hemácias.

Hemólise Lise de hemácias.

Hemolisinas Toxinas bacterianas com capacidade de lisar hemácias.

Hepatite Inflamação do fígado, geralmente causada por um agente infeccioso.

Heterocisto Célula diferenciada de cianobactérias, que realiza a fixação de nitrogênio.

Heterodúplex Molécula de DNA de fita dupla, onde uma das fitas é sintetizada a partir de uma fonte e a segunda fita, sintetizada a partir de outra fonte, normalmente relacionada.

Heterofermentação Fermentação de glicose, ou outro açúcar, originando uma mistura de produtos reduzidos.

Heterotrófico Quimiorganotrófico.

HFIS Hibridização fluorescente *in situ*; um processo onde células tornam-se fluorescentes em decorrência de sua associação a uma sonda específica de ácido nucléico, acoplada a um corante fluorescente.

Hibridização Formação natural ou artificial de um dúplex de ácido nucléico, pelo pareamento de bases complementares de duas fitas de ácido nucléico provenientes de diferentes origens.

Hibridoma Fusão de uma célula imortal (tumor) com um linfócito, para a produção de linfócitos imortais.

Hidrogenossoma Organela de origem endossimbiôntica, presente no citoplasma de certos eucariotos anaeróbios, que oxida o piruvato a H_2 + CO_2 + acetato.

Hidrólise Clivagem de um polímero em unidades menores, geralmente monômeros, a partir da adição de água; digestão.

Hipersensibilidade Reação imunológica, geralmente prejudicial ao animal, causada por interações antígeno-anticorpo, ou por processos envolvendo a resposta imune do tipo celular. Ver *Alergia*.

Hipertermófilo Procarioto que apresenta um ótimo de temperatura de 80°C ou superior.

Homoacetogênicos Grupo de membros do domínio *Bacteria*, que produzem acetato como produto único da fermentação de açúcares, ou de H_2 + CO_2.

Homofermentação Fermentação de glicose ou outro açúcar, levando à formação de um único produto, o ácido lático.

Hospedeiro Organismo capaz de permitir o crescimento de um vírus ou outro parasita.

Icosaedro Forma geométrica apresentada por várias partículas virais, apresentando 20 faces triangulares e 12 vértices.

Icterícia Produção e liberação de um excesso de bilirrubina no fígado, devido à destruição de hepatócitos, resultando no aparecimento de coloração amarela na pele e esclerótica.

Imune Capaz de resistir a uma doença infecciosa.

Imunidade ativa Estado imune alcançado pela produção endógena de anticorpos. Comparar com *Imunidade passiva*.

Imunidade coletiva Resistência que um grupo apresenta contra um patógeno, devido à imunidade de uma grande parte deste grupo ao patógeno.

Imunidade humoral Resposta imune envolvendo a participação de anticorpos.

Imunidade mediada por anticorpos Imunidade resultante da interação direta com os anticorpos, também denominada imunidade humoral.

Imunidade mediada por células Resposta imune gerada pela atividade de células não produtoras de anticorpos, tais como as células T. Comparar com *Imunidade humoral*.

Imunidade passiva Imunidade resultante da transferência de anticorpos ou células imunes para um indivíduo não imune.

Imunidade Capacidade de um organismo resistir à infecção.

Imunização Indução de imunidade específica pela injeção de antígenos, anticorpos, ou células imunes em um animal.

***Imunoblot* (*Western blot*)** Técnica de detecção de proteínas imobilizadas em uma membrana, a partir da interação com anticorpos específicos. Comparar com *Southern blot* e *Northern blot*.

Imunodeficiência Quando o sistema imunológico encontra-se parcialmente ou totalmente não funcional.

Imunógeno Antígeno capaz de induzir uma resposta imune.

Imunoglobulina (Ig) Anticorpo.

In silica Utilização de computadores para a realização de análises complexas e sofisticadas.

In vitro Realizado fora do organismo; no latim, "em vidro".

In vivo Realizado em um organismo vivo.

Incidência Referente à transmissão de uma doença, ao número de casos da doença em um subconjunto específico da população.

Indução Processo pelo qual uma enzima é sintetizada em resposta à presença de uma substância externa, o indutor.

Infecção alimentar Infecção microbiana, resultante da ingestão de alimentos contaminados.

Infecção emergente Doença infecciosa cuja incidência aumentou nos últimos 20 anos, ou que possa aumentar no futuro.

Infecção nosocomial Infecção adquirida no ambiente hospitalar.

Infecção Crescimento de um organismo no corpo.

Infecções re-emergentes Doenças infecciosas, anteriormente consideradas sob controle, que produzem novas epidemias.

Inflamação Reação característica desenvolvida em resposta a partículas e outros estímulos danosos, resultando em vermelhidão da pele (eritema), inchaço (edema), calor e dor.

Inibição por retroalimentação Diminuição na atividade da primeira enzima de uma via metabólica em conseqüência da síntese do produto final da via.

Inibição Redução do crescimento microbiano devido a um decréscimo do número de microrganismos presentes ou a alterações no meio ambiente.

Inibidor de protease Composto que inibe a ação de proteases, ligando-se diretamente ao sítio catalítico.

Inibidor não nucleosídico de transcriptase reversa (INNTR) Composto não nucleosídico que inibe a atividade da transcriptase reversa retroviral, ligando-se diretamente ao sítio catalítico da enzima.

Inibidor nucleosídico de transcriptase reversa (INTR) Composto análogo a um nucleosídeo que inibe a ação da transcriptase reversa viral, pela competição com nucleosídeos.

Iniciador Molécula (geralmente polinucleotídica) à qual a DNA polimerase adiciona o primeiro desoxirribonucleotídeo, durante a replicação de DNA.

Inóculo Material utilizado para iniciar uma cultura microbiana.

Inserção Fenômeno genético em que um fragmento de DNA é inserido no meio de um gene.

Integração Processo pelo qual moléculas de DNA se incorporam a outro genoma.

Interações hidrofóbicas Forças atrativas entre moléculas, devido ao posicionamento próximo das regiões não hidrofílicas dessas moléculas.

Interferons Proteínas antivirais hospedeiro-específicas, produzidas por células infectadas por vírus, que impedem a infecção viral de células vizinhas.

Interleucina (IL) Mediador solúvel de citocina, secretado por leucócitos.

Intoxicação alimentar Doença resultante da ingestão de alimentos contaminados com uma toxina microbiana.

Íntrons Seqüências não codificantes intercaladas em um gene interrompido. Diferenciar de *Éxons*, as seqüências codificantes.

Invasividade Grau com que um organismo é capaz de se disseminar pelo corpo, a partir de um foco de infecção.

Ionóforo Composto que promove a perda de íons através da membrana.

Irradiação Na microbiologia de alimentos, refere-se à exposição dos alimentos à radiação ionizante, visando inibir os microrganismos e insetos ou retardar o amadurecimento.

Isótopos Diferentes formas de um mesmo elemento, contendo o mesmo número de prótons e elétrons, mas diferindo no número de nêutrons.

Joule (J) Unidade energia correspondente a 10^7 ergs; 1000 Joules equivalem a 1 kilojoule (kJ).

Kilobase Fragmento de ácido nucléico contendo 1.000 bases.

Leucocidina Substância capaz de destruir fagócitos

Leucócito polimorfonuclear (PMN) Glóbulo branco móvel contendo muitos lisossomos e especializado na fagocitose. Caracterizado por um núcleo segmentado. É também um neutrófilo.

Leucócito Célula sangüínea, glóbulo branco.

Leveduras Fungos unicelulares.

Ligação covalente Ligação química não iônica, originada pelo partilhamento de elétrons entre dois átomos.

Ligação fosfodiéster Tipo de ligação covalente que une os nucleotídeos, originando um polinucleotídeo.

Ligação glicosídica um tipo de ligação covalente, que conecta unidades de açúcar em um polissacarídeo.

Ligação peptídica Tipo de ligação covalente que une os aminoácidos em um polipeptídeo.

Linfa Fluido claro, amarelado, encontrado nos vasos linfáticos que transportam vários leucócitos (mas não hemácias).

Linfócito B Célula do sistema imune que se diferencia em uma célula produtora de imunoglobulinas.

Linfócito Leucócito envolvido na formação de anticorpos ou na resposta imune.

Linhagem População de células de uma única espécie, onde todos são descendentes de uma única célula; um clone.

Liofilização Processo de remoção total de água de uma amostra congelada, realizado sob vácuo.

Lipídeo Molécula orgânica insolúvel em água, importante componente estrutural da membrana citoplasmática e da parede celular (de alguns organismos). Ver também *Fosfolipídeo.*

Lipopolissacarídeo (LPS) Estrutura lipídica complexa, contendo açúcares e ácidos graxos pouco usuais, encontrada na maioria das bactérias gram-negativas, compondo a membrana externa.

Líquen Associação simbiótica entre um fungo e uma alga (ou cianobactéria).

Lise Ruptura celular, resultando na perda do conteúdo intracelular.

Lisina anticorpo que induz a lise; nome de um aminoácido.

Lisógeno Procarioto albergando um profago. Ver também *Vírus temperado.*

Lisossomo Organela celular que contém diversas enzimas digestivas.

Listeriose Infecção gastrointestinal de origem alimentar, causada por *Listeria monocytogenes*, que pode levar a uma bacteremia ou à meningite.

Lixiviação Extração de metais com valor econômico, a partir de minerais, pela ação de microrganismos.

Lofotríquio Aquele que apresenta um tufo de flagelos polares.

Luminescência Produção de luz.

Macrófago Célula fagocítica grande, não circulante, envolvida na fagocitose e no processo de produção de anticorpos.

Macromolécula Uma grande molécula (polímero) formada pela união de várias moléculas pequenas (monômeros).

Magnetossomos Pequenas partículas de Fe_3O_4, presentes em células que exibem magnetotaxia (bactérias magnéticas).

Magnetotaxia Movimentação de células bacterianas dirigida por um campo magnético.

Malária Doença transmitida por inseto, caracterizada por episódios recorrentes de febre e anemia, causada pelo protozoário *Plasmodium* spp., tendo como vetor o mosquito *Anopheles.*

Maligno Referente a um tumor, um crescimento metastático infiltrante sem controle normal de crescimento.

Mapa genético Corresponde ao arranjo dos genes em um cromossomo.

Mastócitos Células teciduais, situadas adjacentes aos vasos sangüíneos, que apresentam grânulos contendo mediadores inflamatórios.

MEAG Metil éster de ácido graxo.

Megabase (Mb) Um milhão de nucleotídeos.

Meio de cultura Solução aquosa contendo diferentes nutrientes, adequados ao crescimento de microrganismos.

Meio Em microbiologia, refere-se a uma solução nutriente utilizada para o cultivo de microrganismos.

Meios complexos Meios de cultura cuja composição química precisa é indeterminada. São também denominados *Meios indefinidos.*

Meios de uso geral Meios que permitem o crescimento da maioria dos organismos aeróbios e aeróbios facultativos.

Meios definidos Meios de cultura cuja composição química exata é conhecida. Comparar com *Meios complexos.*

Meios diferenciais Meios de cultura que permitem a identificação dos organismos a partir de seu aspecto.

Meios enriquecidos Meios que possibilitam o crescimento de organismos fastidiosos, devido à adição de fatores de crescimento específicos.

Meios seletivos Meios que, simultaneamente, favorecem o crescimento de certos organismos e inibem o crescimento de outros, devido à adição de determinados componentes.

Meiose divisão reducional em eucariotos; processo pelo qual há a alteração de um estado diplóide para um haplóide.

Membrana citoplasmática Barreira de permeabilidade da célula, separando o citoplasma do meio externo.

Membrana Qualquer camada fina. Ver especialmente *Membrana citoplasmática.*

Membranas mucosas Camadas de células epiteliais que interagem com o ambiente externo.

Memória imunológica Capacidade de produzir rapidamente grandes quantidades de células imunes específicas, após a re-exposição a um antígeno previamente encontrado.

Meningite Inflamação das meninges (tecido cerebral), algumas vezes causada por *Neisseria meningitidis*, caracterizada pela instalação rápida de um quadro de cefaléia, vômitos e rigidez no pescoço, muita vezes progredindo para o coma em horas.

Meningococcemia Doença fulminante causada por *Neisseria meningitidis*, sendo caracterizada por septicemia, coagulação intravascular e choque.

Meningoencefalite Invasão, inflamação e destruição do tecido cerebral pela ameba *Naegleria fowlerii*, ou por vários outros patógenos.

Mesófilo Organismo que vive em uma faixa de temperatura próxima àquela observada nos animais de sangue quente e que normalmente apresenta um ótimo de temperatura variando entre 25 e 40°C.

Metabolismo Conjunto de todas as reações bioquímicas de uma célula, tanto anabólicas como catabólicas.

Metabólito primário Metabólito excretado durante a fase exponencial de crescimento.

Metabólito secundário Produto excretado por um microrganismo que se encontra no final da fase exponencial de crescimento, ou durante a fase estacionária de crescimento.

Metanogênese Produção biológica de metano (CH_4).

Metanogênico Procarioto produtor de metano; membro do domínio *Archaea*.

Metanotrófico Organismo capaz de oxidar metano.

Metazoários Organismos multicelulares.

Metilotrófico Organismo capaz de oxidar compostos orgânicos que não apresentam ligações carbono-carbono; se este for capaz de oxidar CH4 é também considerado metanogênico.

Micorriza Associação simbiótica entre um fungo e as raízes de uma planta.

Micoses Infecções causadas por fungos.

Microaerófilo Organismo que requer O_2, em tensões inferiores que a tensão atmosférica.

Microambiente Região física e química encontrada imediatamente adjacente a um microrganismo.

Microbiota normal Microrganismos que geralmente estão associados aos tecidos saudáveis.

Micrômetro Unidade de medida correspondente a um milionésimo do metro, ou 10^{-6} m (abreviação μm); unidade empregada na mensuração de microrganismos.

Microrganismo Organismo microscópico, consistindo em uma única célula, ou grupo de células, incluindo também os vírus.

Microtúbulos Tubos correspondendo à unidade estrutural dos flagelos eucarióticos, desempenhando papel na manutenção da forma celular e atuando como componentes das fibras do fuso mitótico.

Mieloma Tumor maligno de plasmócitos (células produtoras de anticorpos).

Mitocôndria Organela eucariótica responsável pela respiração e pelo transporte de elétrons durante a fosforilação oxidativa.

Mitose Processo altamente ordenado de eucariotos, no qual o núcleo se divide.

Mixotrófico Organismo capaz de assimilar compostos orgânicos como fonte de carbono, utilizando compostos inorgânicos como doadores de elétrons no metabolismo de energia.

Molécula Associação de dois ou mais átomos quimicamente ligados entre si.

Monócitos Leucócitos circulantes que contêm muitos lisossomos e que podem se diferenciar em macrófagos.

Monômero Subunidade formadora de um polímero.

Monotríquio Organismo que apresenta um único flagelo polar.

Morbidade Incidência de uma doença em uma população, incluindo casos fatais e não fatais.

Mortalidade Incidência de mortes em uma população.

Motilidade Capacidade que uma célula tem de se movimentar por sua conta.

Motivo Seqüência conservada de aminoácidos, encontrada em todos antígenos peptídicos que se ligam a uma determinada proteína CPH.

Movimento amebóide Tipo de motilidade onde a corrente citoplasmática desloca o organismo para frente.

Muco Glicoproteínas solúveis, secretadas por células epiteliais, que revestem as membranas mucosas.

Mutação pontual Mutação que envolve um ou poucos pares de bases.

Mutação sem sentido Mutação que altera um códon, originando outro, que não codifica qualquer aminoácido.

Mutação Alteração herdável na seqüência de nucleotídeos do genoma de um organismo.

Mutagênese por transposon Processo em que um transposon é inserido em um gene, inativando-o, originando um fenótipo mutante, conferindo também um fenótipo associado ao gene presente no transposon.

Mutagênese sítio dirigida Técnica em que se pode construir, *in vitro*, um gene com uma mutação específica.

Mutante Linhagem que difere da parental em decorrência de uma mutação.

Neutralização Interação de anticorpos com antígenos, reduzindo ou bloqueando a atividade biológica do antígeno.

Neutrofílico Organismo que cresce em ambiente com pH próximo a 7.

Neutrófilo Leucócito polimorfonuclear.

Nitrificação Conversão microbiana de amônia a nitrato.

Nódulo radicular Crescimento com aspecto de tumor, observado em certas plantas que apresentam bactérias simbiônticas fixadoras de nitrogênio.

Nódulo Estrutura semelhante a um tumor, produzida pelas raízes de plantas simbióticas, fixadoras de nitrogênio. Contém como simbionte o microrganismo fixador de nitrogênio.

Northern blot Hibridização de uma única fita de ácido nucléico (DNA ou RNA) com fragmentos de RNA imobilizados em uma membrana. Comparar com *Southern blot* e *Western blot*.

Núcleo Estrutura eucariótica envolta por membrana, que contém o material genético (DNA) organizado em cromossomos.

Nucleóide Massa de DNA que corresponde ao cromossomo de células procarióticas.

Nucleosídeo Nucleotídeo não contendo o grupamento fosfato.

Nucleotídeo Unidade monomérica de um ácido nucléico, consistindo de um açúcar, uma base nitrogenada e um grupamento fosfato.

Número mais provável (NMP) Diluição seriada de uma amostra natural para a determinação da maior diluição onde ocorre crescimento.

Nutriente Substância captada por uma célula a partir do ambiente, sendo utilizada em reações anabólicas ou catabólicas.

Oligonucleotídeo Pequena molécula de ácido nucléico obtida a partir de um organismo ou sintetizada quimicamente.

Oligotrófico Ambiente onde os nutrientes estão em pequenas quantidades.

Oncogene Gene cuja expressão leva à formação de um tumor.

Operador Região específica no DNA, localizada na extremidade inicial de um gene, onde uma proteína repressora se liga e bloqueia a síntese de mRNA.

Operon Conjunto de genes cuja expressão é controlada por um único operador. Típico de células procarióticas.

Opsonização Efeito de promoção da fagocitose por um anticorpo específico, em combinação com o sistema complemento.

Organela Estrutura envolta por membrana, encontrada em células eucarióticas.

Organismo geneticamente modificado (OGM) Organismo cujo genoma foi alterado a partir da utilização de técnicas de engenharia genética. Esta abreviação é também utilizada para alimentos GM e plantas GM.

Organismos transgênicos Plantas ou animais que transmitem de maneira estável um DNA clonado, inserido em suas células.

Ortólogos Genes encontrados em um organismo que são similares àqueles encontrados em outro organismo entretanto, apresentando diferenças devido à especiação. Ver *Parálogos*.

Oscilação Em relação à leitura do código genético, refere-se ao conceito da ocorrência de pareamento não perfeito entre o anticódon e a terceira posição do códon.

Osmose Processo de difusão de água através de uma membrana, a partir de uma região com baixa concentração de soluto, para uma região de maior concentração deste soluto.

Óxico Contendo oxigênio; aeróbio. Termo geralmente usado em relação a um hábitat microbiano.

Oxidação Processo pelo qual um composto doa elétrons (ou átomos de H), tornando-se oxidado.

Palíndromo Seqüência de nuleotídeos presente de forma idêntica nas duas fitas de DNA, em sentidos opostos.

Pandemia Epidemia mundial.

Parálogos Genes encontrados em um organismo, cuja similaridade é resultante da duplicação gênica ocorrida em algum momento da evolução deste organismo. Ver também *Ortólogos.*

Parasita Organismo capaz de viver em um hospedeiro, causando danos a este.

Pasteurização Destruição, geralmente realizada pelo tratamento térmico, de organismos patogênicos, reduzindo também o número de microrganismos decompostitores.

Patogenicidade Capacidade de um parasita promover dano em um hospedeiro.

Patógeno Organismo capaz de promover dano em um hospedeiro.

Penicilina biossintética Forma particular de penicilina, obtida a partir do fornecimento dos precursores de cadeias laterais específicas aos microrganismos produtores.

Penicilina semi-sintética Penicilina natural que foi quimicamente alterada.

Peptideoglicano Componente da parede celular rígida de membros do domínio *Bacteria;* camada delgada, composta por N-acetilglicosamina, ácido N-acetilmurâmico e alguns aminoácidos. Também denominado *Mureína.*

Peste Doença endêmica em roedores, causada por *Yersinia pestis,* podendo eventualmente ser transmitida ao homem pela picada de pulgas.

Pilus Estrutura semelhante a uma fímbria, presente em células férteis, tanto as Hfr como as F+, envolvida na transferência de DNA durante a conjugação. Às vezes tem a denominação *pilus sexual*. Ver também *Fímbria.*

Pinça *laser* Dispositivo utilizado na obtenção de culturas puras, onde uma única célula é opticamente capturada com um raio laser, separada dos organismos contaminantes, sendo transferida para um meio de cultura estéril.

Pinocitose Fagocitose de moléculas solúveis, por células eucarióticas.

Piogênico Formador de pus; causador de abscessos.

Pirita Minério de Ferro comum, FeS_2.

Pirogênico Indutor de febre.

Placa dental Células bacterianas envoltas por uma matriz de polímeros extracelulares, encontradas nos dentes.

Placa Zona de lise ou de inibição do crescimento celular decorrente da infecção viral de células com crescimento confluente.

Plaqueta Estrutura em forma de disco, acelular, contendo protoplasma, encontrada em grandes quantidades no sangue, desempenhando papel na coagulação sanguínea.

Plasma Fração acelular do sangue.

Plasmídeo Ti Plasmídeo conjugativo presente na bactéria *Agrobacterium tumefaciens*, que é capaz de transferir genes para plantas.

Plasmídeo Elemento genético extra-cromossomal que não é essencial ao crescimento e não é encontrado na forma extracelular.

Plasmócito Linfócito B diferenciado, grande, de vida curta, especializado na produção abundante (e de curta duração) de anticorpos.

Polar Que possui características hidrofílicas, sendo geralmente solúvel em água.

Polímero Molécula grande, formada a partir da polimerização de unidades monoméricas.

Polimorfismo Ocorrência de alelos múltiplos em um lócus, em freqüências que não podem ser explicadas como resultado de recentes mutações aleatórias.

Polinucleotídeo Polímero de nucleotídeos unidos entre si por ligações fosfodiéster.

Polipeptídeo Polímero de aminoácidos unidos entre si por ligações peptídicas.

Polissacarídeo Longa cadeia de monossacarídeos (açúcares), unidos entre si por ligações glicosídicas.

Poli-β-hidroxibutirato (PHB) Composto comumente armazenado por células procarióticas, consistindo em um polímero de β-hidroxibutirato ou outros ácidos β-alcanóicos (PHA).

Ponte de hidrogênio Ligação química fraca entre um átomo de hidrogênio e um elemento mais eletronegativo, geralmente um átomo de oxigênio ou nitrogênio.

Porinas Proteínas formadoras de canais, presentes na membrana externa de bactérias gram-negativas, através dos quais moléculas pequenas e médias podem passar.

Portador assintomático Indivíduo que alberga organismos infecciosos, mas que não apresenta sintomas da doença.

Portadores Sufixo associado a proteínas de membrana, que atuam transportando substâncias para dentro e para fora da célula.

Posicionamento a jusante Refere-se a seqüências de ácido nucléicos localizados na região 3′ de um determinado sítio de uma molécula de DNA ou RNA. Comparar com *Posicionamento a montante.*

Potencial de redução (E_0') Tendência inerente, medida em volts, do composto oxidado no par redox se tornar reduzido.

Precipitação Reação entre anticorpos e antígenos solúveis, resultando na formação de complexos visíveis.

Prevalência *Proporção* de indivíduos que apresentam uma doença, em uma população.

Pribnow box Corresponde à seqüência consenso TATAAT, localizada aproximadamente a 10 pares de bases a montante do sítio de iniciação da transcrição. Sítio de ligação da RNA polimerase.

Príon Agente infeccioso cuja forma extracelular pode não conter ácido nucléico.

Procarioto Célula ou organismo que não apresenta núcleo e outras organelas envoltas por membrana, geralmente apresentando o DNA na forma de uma única molécula circular.

Processamento de RNA Conversão da molécula precursora de RNA para a sua forma madura.

Proclorófito Procarioto fototrófico oxigênico que contém clorofilas *a* e *b*, mas não contém ficobilinas.

Produtor primário Organismo que utiliza a energia luminosa ou compostos inorgânicos para sintetizar nova matéria orgânica, a partir de CO_2.

Profago Estado do genoma de um vírus temperado, que se replica em sincronia com a replicação de DNA da célula hospedeira; geralmente se encontra integrado ao genoma da célula hospedeira.

Profilático Tratamento, geralmente imunológico ou quimioterápico, visando proteger um indivíduo de um futuro ataque por um patógeno.

Promotor Sítio no DNA onde a RNA polimerase se liga, iniciando a transcrição.

Prosteca Extrusão citoplasmática de uma célula, originando um brotamento, hifa ou pedestal.

Proteína ativadora Proteína regulatória que se liga a sítios específicos no DNA, ativando a transcrição; envolvida no controle positivo.

Proteína de célula única Proteína derivada de células microbianas, utilizada como alimento ou suplemento alimentar.

Proteína de fusão Resultado da tradução de dois ou mais genes ligados de tal maneira que mantenham suas fases de leitura corretas, originando uma única proteína.

Proteína reguladora de resposta Corresponde a um dos membros do sistema regulatório de dois componentes; proteína regulatória que é fosforilada por uma proteína sensora (ver *Proteína sensora*).

Proteína repressora Proteína regulatória que se liga a sítios específicos no DNA, bloqueando a transcrição; envolvida no controle negativo.

Proteína sensora Um dos membros do sistema regulatório de dois componentes; corresponde a uma quinase encontrada na membrana citoplasmática, que se autofosforila em resposta a um sinal externo e então transfere o grupamento fosforil para a proteína reguladora de resposta (ver *Proteína reguladora de resposta*).

Proteína tardia Proteínas sintetizadas nas etapas finais de uma infecção viral.

Proteína Molécula polimérica composta por um ou mais polipeptídeos.

Proteínas do complexo principal de histocompatibilidade de classe I (MHC I, do inglês *Major Histocompatibility Complex*) Moléculas apresentadoras de antígeno, encontradas em todas as células nucleadas de vertebrados.

Proteínas do complexo principal de histocompatibilidade de classe II (MHC II, do inglês *Major Histocompatibility Complex*) Moléculas apresentadoras de antígeno, encontradas primariamente presentes em macrófagos e linfócitos B, em vertebrados.

Proteínas precoces Proteínas sintetizadas logo após a infecção viral.

Proteoma Conjunto total de proteínas presentes em uma célula, tecido ou organismo a qualquer momento.

Proteômica Estudo em larga escala, ou em escala genômica, da estrutura, função e regulação das proteínas de um organismo.

Proteorodopsina Proteína sensível à luz, contendo retinal, encontrada em alguns membros marinhos do domínio *Bacteria*, que catalisa a formação de ATP.

Protoplasma Conteúdo celular completo, incluindo membrana citoplasmática, citoplasma e núcleo/nucleóide.

Protoplasto Nome dado à célula da qual a parede celular foi retirada.

Prototrófico Linhagem parental da qual um mutante auxotrófico se origina. Comparar com *Auxotrófico*.

Protozoário Microrganismo eucariótico, unicelular, que não apresenta parede celular.

Provírus Ver *Profago*.

Psicrófilo Organismo capaz de crescer em temperaturas baixas, exibindo um ótimo de temperatura <15°C.

Psicrotolerante Organismo capaz de crescer em baixas temperaturas, apresentando uma temperatura ótima de crescimento <15°C.

Quadro de leitura aberta (ORF, do inglês *Open Reading Frame*) Seqüência de DNA que, se transcrita, pode ser traduzida, originando uma proteína de composição e tamanho conhecidos. Uma ORF funcional corresponde a uma seqüência que realmente codifica uma proteína na célula.

Quarentena Limitação da liberdade de movimentos de um indivíduo infectado, visando impedir a disseminação da doença para outros membros de uma população.

Quimiocina Proteína solúvel, de pequena massa molecular, produzida por uma variedade de células, moduladora da resposta imune.

Quimiolitotrófico Organismo que obtém energia a partir da oxidação de compostos inorgânicos.

Quimiorganotrófico Organismo que obtém energia a partir da oxidação de compostos orgânicos.

Quimiosmose Uso de gradientes iônicos, especialmente de prótons, ao longo da membrana para gerar ATP. Ver também *Força próton motiva.*

Quimiostato Equipamento utilizado para a realização de culturas contínuas, controlado pela concentração de um nutriente limitante e pela taxa de diluição.

Quimiotaxia Movimento em direção ou contra um composto químico.

Quimioterapia Tratamento de doenças infecciosas com compostos químicos ou antibióticos.

Quinase Enzima que adiciona um grupo fosforil, geralmente oriundo do ATP, a um composto.

Quinolonas Compostos antibacterianos sintéticos que interagem com a DNA girase, impedindo o enovelamento do DNA bacteriano.

Radioimunoensaio Ensaio imunológico, empregando anticorpos ou antígenos marcados radioativamente, para a detecção de um antígeno ou a ligação de um determinado anticorpo.

Radioisótopo Isótopo de um elemento que sofre decaimento espontâneo, liberando partículas radioativas.

Raiva Doença neurológica, geralmente fatal, causada pelo vírus da raiva, que normalmente é transmitido pela mordida ou saliva de um animal carnívoro infectado.

Reação de óxido-redução (redox) Um par de reações onde um composto é oxidado enquanto o outro é reduzido, a partir da captação dos elétrons liberados na reação de oxidação.

Reação de polimerização em cadeia (PCR) Método utilizado para amplificar seqüências específicas de DNA *in vitro*, a partir de repetição de ciclos envolvendo a síntese de DNA, empregando iniciadores específicos e DNA polimerase.

Reação endergônica Reação química que requer o fornecimento de energia para que ocorra.

Reação exergônica Reação química que ocorre com a liberação de energia.

Recalcitrante Resistente ao ataque microbiano.

Receptor de célula T Receptor antígeno específico, presente na superfície de linfócitos T.

Recombinação Processo pelo qual elementos genéticos de dois genomas distintos se combinam, originando uma unidade.

Redox Ver *Reação de oxidação-redução.*

Redução Processo em que um composto recebe elétrons e se torna reduzido.

Regiões determinantes de complementaridade (RDC) Variações na seqüência de aminoácidos que ocorrem nos domínios variáveis de imunoglobulinas ou de receptores de células T, que realizam a maioria dos contatos moleculares com o antígeno (também conhecidas como *Regiões hipervariáveis*).

Regiões hipervariáveis Variações na seqüência de aminoácidos que ocorrem nos domínios variáveis de Ig ou de RCT, envolvidos na maioria dos contatos moleculares com o antígeno (também conhecidas como *regiões determinantes de complementariedade*).

Regulação Processos que controlam as taxas de síntese de proteínas. A indução e a repressão são exemplos de mecanismos de regulação.

Regulon Conjunto de operons onde todos são controlados pela mesma proteína regulatória (repressora ou ativadora).

Replicação semiconservativa Processo de síntese de DNA, originando duas novas duplas hélices, onde cada uma é composta por uma fita parental e outra recém-sintetizada.

Replicação Processo de síntese de DNA a partir da utilização de uma fita de DNA como molde.

Repressão catabólica Repressão de uma variedade de enzimas não relacionadas, quando células crescem em um meio contendo glicose.

Repressão Processo onde a síntese de uma enzima é inibida pela presença de uma substância externa, o repressor.

Reservatório Em epidemiologia, refere-se a um organismo ou ambiente que normalmente alberga um patógeno.

Resistência a antibióticos Capacidade adquirida por um microrganismo de crescer na presença de um antibiótico ao qual este é geralmente sensível.

Resistência a drogas antimicrobianas Capacidade adquirida por um microrganismo de crescer na presença de uma droga antimicrobiana à qual este é normalmente sensível.

Respiração anaeróbia Processo de oxidação envolvendo o transporte de elétrons, tendo como aceptor final um composto diferente do O_2, originando uma força próton motiva.

Respiração Conjunto de reações catabólicas produtoras de ATP, onde compostos orgânicos ou inorgânicos atuam como doadores iniciais de elétrons e compostos orgânicos ou inorgânicos atuam como aceptores finais de elétrons.

Resposta primária Anticorpos sintetizados em resposta a um primeiro contato com um antígeno, sendo, em sua maioria, da classe IgM.

Resposta secundária Anticorpos sintetizados a partir de uma segunda (subseqüente) exposição a um antígeno; geralmente a maioria dos anticorpos pertence à classe IgG.

Retículo endoplasmático Extenso complexo membranoso, presente no interior de células eucarióticas.

Retrovírus Vírus contendo RNA de fita simples como material genético, o qual produz DNA complementar (cDNA) pela ação da enzima transcriptase reversa.

Ribossomo Partícula citoplasmática, composta por rRNA e proteínas, compondo parte da maquinaria de síntese protéica de uma célula.

Ribozima Molécula de RNA que catalisa uma reação química.

Riquetsias Parasitas intracelulares obrigatórios que causam uma série de doenças, incluindo tifo, febre maculosa das Montanhas Rochosas e ehrlichiose.

Rizosfera Região localizada imediatamente adjacente às raízes de uma planta.

RNA mensageiro (mRNA) Molécula de RNA transcrita a partir do DNA, contendo a informação genética necessária para codificar uma proteína particular.

RNA polimerase Enzima que promove a síntese de RNA, no sentido $5' \rightarrow 3'$, utilizando como molde uma fita antiparalela de DNA, no sentido $3' \rightarrow 5'$.

RNA ribossomal (rRNA) Tipo de RNA encontrado nos ribossomos; alguns rRNAs participam ativamente no processo de síntese protéica.

RNA transportador (tRNA) Tipo de RNA que leva os aminoácidos ao ribossomo durante a tradução; molécula que contém o anticódon.

rRNA 16S Polinucleotídeo extenso (~ 1500 bases) integrante da subunidade menor do ribossomo de procariotos (*Bacteria* e *Archaea*); a partir de sua seqüência podem-se estabelecer relações evolutivas; eucariotos, apresentam como equivalente o rRNA 18S.

Rúmen Um dos compartimentos do estômago de animais ruminantes, onde ocorre a digestão da celulose.

Ruptura gênica Uso de técnicas genéticas para inativar um gene pela inserção de um fragmento de DNA, contendo uma marca de fácil seleção. O fragmento inserido é denominado *cassete*, e o processo de inserção, *mutagênese por inserção de um cassete.*

Salmonelose Enterocolite causada por um dos 1.400 sorotipos de *Salmonella.*

Saúde pública A saúde de uma população considerada como um todo.

Seleção clonal Teoria que postula que cada linfócito B ou T, quando estimulado por um antígeno, divide-se originando um clone.

Seleção negativa Na seleção de células T, são aquelas que interagem com antígenos próprios no timo e são deletadas. Ver *Deleção clonal.*

Seleção positiva Na seleção de células T, são aquelas células T que interagem com proteínas próprias do MHC no timo, sendo estimuladas a crescer e se desenvolver.

Seleção Procedimento em que os microrganismos são submetidos a condições que favorecem o crescimento daqueles apresentando um determinado genótipo.

Selvagem Linhagem de microrganismo isolada na natureza. Corresponde à forma nativa ou usual de um gene ou organismo.

Sensibilidade No diagnóstico imunológico, corresponde à menor quantidade de antígeno que pode ser detectada em um ensaio imunológico.

Sensor de quorum Vias regulatórias presentes em procariotos, que respondem à densidade populacional.

Septicemia Infecção da corrente circulatória por microrganismos.

Seqüência assinatura Pequenos oligonucleotídeos de seqüência única, encontrados no RNA ribossomal 16S de um grupo particular de procariotos.

Seqüência consenso Seqüência de ácido nucléico onde a localização dos nucleotídeos corresponde àquela observada na maioria das demais seqüências, experimentalmente determinadas.

Seqüência de inserção (Elementos IS) Tipo mais simples de elemento genético transponível. Apresenta somente os genes envolvidos na transposição.

Seqüência de Shine-Dalgarno Pequeno segmento nucleotídico encontrado no mRNA de células procarióticas, situado acima do sítio de iniciação da tradução, no qual o RNA ribossomal se liga, posicionando o ribossomo no códon de iniciação.

Seqüência sinal Pequena seqüência de aminoácidos, encontrada no início de proteínas destinadas à secreção. A seqüência sinal normalmente é rica em aminoácidos hidrofóbicos, os quais auxiliam o transporte do polipeptídeo através da membrana.

Sideróforo Composto com capacidade de quelar ferro presente em baixas concentrações.

Sífilis congênita Sífilis contraída por um bebê durante o nascimento.

Simbiose Relação entre dois organismos.

Síndrome do choque tóxico Quadro de choque sistêmico agudo resultante da reação de um hospedeiro a uma exotoxina produzida por *Staphylococcus aureus.*

Síndrome pulmonar por hantavírus Doença viral aguda emergente, caracterizada por pneumonia, adquirida pela transmissão de hantavírus a partir de roedores.

Sintrofia Situação nutricional em que dois ou mais organismos combinam suas capacidades metabólicas, para catabolizar uma substância que não é degrada por nenhum destes, isoladamente.

Sistema binomial Sistema de nomenclatura dos organismos no qual se dá um nome de gênero e um epíteto de espécie ao organismo.

Sistema complemento Complexo protéico do soro que interage seqüencialmente com complexos antígeno-anticorpo específicos.

Sistema de distribuição Tubulações de água, reservatórios de armazenagem, tanques e outras formas empregadas para a distribuição, ou armazenagem, de água potável aos consumidores.

Sistema de dois componentes Sistema regulatório que consiste em uma proteína sensora e uma proteína reguladora de resposta (ver *Proteína sensora* e *Proteína reguladora de resposta*).

Sistêmico Caráter de uma infecção disseminada por todo o organismo.

Sítio ativo Região de uma enzima que está diretamente envolvida na ligação ao(s) substrato(s).

Solfatara Ambiente quente, rico em enxofre, ácido, comumente habitado por membros do domínio *Archaea.*

Solutos compatíveis Compostos orgânicos que atuam como solutos citoplasmáticos para equilibrar as relações aquosas em células crescendo em ambientes ricos em sais ou açúcares.

Sonda de ácido nucléico Uma fita de ácido nucléico que é marcada e utilizada na hibridização com uma molécula complementar, presente em uma mistura de outros ácidos nucléicos. Na microbiologia clínica ou na ecologia microbiana, corresponde a seqüências únicas de oligonucleotídeos utilizadas como sondas para a identificação de patógenos ou de outros microrganismos de interesse.

Sonda Ver *Sonda de ácido nucléico.*

Soro Porção fluida do sangue que resta após a remoção das células sangüíneas e dos fatores envolvidos na coagulação.

Sorologia Estudo das reações antígeno-anticorpo *in vitro.*

Southern blot Hibridização de uma fita de ácido nucléico (DNA ou RNA) com fragmentos de DNA imobilizados em uma membrana. Comparar com *Northern blot* e *Western blot.*

Splicing Etapa de processamento do RNA onde os íntrons são removidos, e os éxons, unidos.

Stático Sufixo que indica Inibidor.

Substrato Molécula que sofre uma reação específica, mediada pela ação de uma enzima.

Superfamília de genes de imunoglobulinas Família gênica evolutiva, estrutural e funcionalmente relacionada às imunoglobulinas.

Super-hélice Forma extremamente enovelada de uma molécula circular de DNA.

Supressor Mutação que restaura um fenótipo selvagem, sem alterar a mutação original, geralmente decorrente de uma mutação em outro gene.

Surto Ocorrência de um grande número de casos de uma doença, em um pequeno intervalo de tempo.

Talassemia Característica genética que confere resistência à malária, mas que promove uma redução na eficiência das hemácias, devido à alteração de uma enzima destas células.

Taxa de crescimento A proporção com que o crescimento ocorre, geralmente expressa na forma de tempo de geração.

Taxia Movimento em direção ou contra um determinado estímulo.

Taxonomia Estudo da classificação científica e nomenclatura dos organismos.

T-DNA Segmento do plasmídeo Ti de *Agrobacterium*, que é transferido para as células das plantas.

Técnica asséptica Manipulação de instrumentos ou meios de cultura estéreis, de maneira a manter sua esterilidade.

Tempo de duplicação Tempo necessário para que uma população se duplique. Ver também *Tempo de geração.*

Tempo de geração Tempo necessário para que uma população duplique seu número. Ver também *Tempo de duplicação.*

Terapia gênica Tratamento de doenças decorrentes da presença de um gene não funcional, a partir da introdução de uma cópia funcional deste gene.

Termóclina Zona de água em um lago estratificado, onde a temperatura e a concentração de oxigênio decrescem rapidamente com a profundidade.

Termófilo Organismo que apresenta um ótimo de temperatura de crescimento variando de 45 a 80°C.

Teste de tuberculina Teste para verificar se um indivíduo teve uma infecção prévia por *Mycobacterium tuberculosis*, que se manifesta com uma resposta imune inflamatória, mediada por células.

Tétano Doença que resulta em uma paralisia rígida da musculatura voluntária, causada pela exotoxina produzida por *Clostridium tetani.*

Tetraciclina Membro da classe de antibióticos contendo um anel naftaceno.

Tifo Doença causada por *Rickettsia prowazekii*, transmitida por piolhos, que provoca febre, cefaléia, fraqueza, urticária e danos ao sistema nervoso central e órgãos internos.

Tilacóides Complexo membranoso contendo os pigmentos fotossintéticos, presente em cloroplastos e cianobactérias.

Título Medida da quantidade de anticorpos.

Tolerância Incapacidade de produzir resposta imune a um antígeno específico.

Toxicidade Grau de patogenicidade causada por toxinas produzidas por um patógeno.

Toxigenicidade Potencial que um organismo apresenta de elicitar sintomas tóxicos.

Toxina Substância capaz de causar dano a um hospedeiro.

Toxóide Toxina modificada de maneira a perder a toxicidade, mas ainda capaz de induzir a formação de anticorpos.

Tradução reversa Processo mental onde, a partir de uma tabela contendo os códons e de uma seqüência de aminoácidos de uma proteína, é possível se obter uma provável seqüência de mRNA ou do gene que codifica tal proteína.

Tradução Síntese de proteínas, utilizando como molde a informação genética contida no mRNA.

Transcrição reversa Processo de reprodução da informação encontrada no RNA em DNA (Síntese de DNA a partir de um molde de RNA).

Transcrição Processo de síntese de uma molécula de RNA, complementar a uma das fitas de uma molécula de DNA.

Transcrito primário Molécula não processada de mRNA, correspondendo ao produto direto da transcrição.

Transdução Transferência de genes de um hospedeiro para uma outra célula, mediada por um vírus.

Transfecção Transformação de uma célula procariótica por DNA ou RNA de origem viral. Termo também utilizado para descrever o processo de transformação genética de células eucarióticas.

Transferência horizontal (lateral) de genes Processo onde um organismo transfere genes para outro organismo.

Transferência interespécies de hidrogênio Processo pelo qual a matéria orgânica é degradada a partir da interação de vários grupos de microrganismos, onde há o acoplamento estreito entre a produção e o consumo de H_2.

Transformação Transferência de informação genética a partir de moléculas de DNA livres. Também corresponde a um processo, algumas vezes iniciado pela infecção com certos vírus, em que uma célula animal normal se torna uma célula cancerosa.

Transpeptidação Formação de ligações peptídicas entre os pequenos peptídeos presentes no peptideoglicano que compõe a parede celular.

Transportador ABC Sistema de transporte localizado na membrana citoplasmática consistindo de três proteínas; uma delas hidrolisa ATP, outra se liga ao substrato e a terceira forma um canal de transporte através da membrana.

Transporte ativo Processo de transporte de substâncias para dentro ou para fora da célula que depende de energia, em que as substâncias transportadas não são alteradas quimicamente.

Transporte reverso de elétrons Movimento de elétrons dependente de energia, no sentido contrário ao gradiente termodinâmico, originando um doador de elétrons forte a partir de um doador de elétrons fraco.

Transposon Tipo de elemento transponível que apresenta, além dos genes envolvidos na transposição, outros genes, muitas vezes conferindo fenótipos selecionáveis como a resistência aos antibióticos.

Tratamento secundário No tratamento de esgotos, corresponde à decomposição aeróbica ou anaeróbica do esgoto, após a remoção de objetos não degradáveis pelo tratamento primário.

Trato respiratório inferior Traquéia, brônquios e pulmões.

Trato respiratório superior Nasofaringe, cavidade oral e garganta.

Vacina Material utilizado para induzir uma imunidade específica contra um patógeno.

Vacinação Inoculação de patógenos inativados, mortos ou atenuados, ou ainda de produtos de um patógeno em um hospedeiro, visando estimular uma resposta imune protetora.

Vacúolo Pequeno espaço envolto por membrana, presente em uma célula, podendo conter fluidos. Contrariamente a uma vesícula, o vacúolo não é rígido.

Varredura Qualquer procedimento que possibilite o rastreamento de organismos, a partir de seu fenótipo ou genótipo, permitindo o crescimento de alguns tipos, mas não de todos.

Veículo Fonte inanimada de patógenos que infectam um grande número de indivíduos; a água e os alimentos são considerados veículos comuns.

Vesícula de gás Estrutura revestida por proteínas e preenchida por gás, conferindo à célula a capacidade de flutuar.

Vetor bifuncional Vetor de clonagem capaz de se replicar em dois organismos distintos; utilizado para transportar DNA entre organismos não relacionados.

Vetor de expressão Um vetor de clonagem que contém as seqüências regulatórias necessárias à transcrição e tradução de um ou mais genes clonados.

Vetor de secreção Vetor de DNA onde o produto protéico é expresso e secretado (excretado) pela célula.

Vetor de substituição Vetor de clonagem, como um bacteriófago, onde parte do DNA do vetor pode ser substituída por um DNA exógeno.

Vetor integrativo Vetor de clonagem que se integra ao cromossomo da célula hospedeira.

Vetor Agente, geralmente inseto ou outro animal, capaz de transmitir patógenos de um hospedeiro para outro. Também se refere a um elemento genético capaz de incorporar DNA e ser replicado em outra célula.

Vetores de clonagem Elementos genéticos nos quais genes podem sofrer recombinação ou replicação.

Via do Acetil-CoA (Ljungdahl-Wood) Via de fixação autotrófica de CO_2, amplamente encontrada em bactérias anaeróbias estritas, incluindo metanogênicas, homoacetogênicas e redutoras de sulfato.

Viável Capaz de se reproduzir.

Vigilância Observação, reconhecimento e relato de doenças, à medida que estas ocorrem.

Vírion Outro nome dado a uma partícula viral; corresponde ao ácido nucléico viral envolto por um capsídeo protéico e, em alguns casos, outros materiais.

Viróide Pequena molécula de RNA com propriedades semelhantes às dos vírus.

Virulência Grau de patogenicidade exibido por um parasita.

Vírus latente Vírus presente em uma célula, sem causar qualquer efeito detectável.

Vírus temperado Vírus que quando infecta um hospedeiro não obrigatoriamente provoca a lise celular, pois seu genoma pode se replicar em sincronia com o genoma da célula hospedeira. Ver *Lisógeno*.

Vírus Elemento genético contendo DNA ou RNA, que se replica no interior de células, mas que é caracterizado por apresentar de um estado extracelular.

Western blot Ver *Imunoblot*.

Xenobiótico Composto químico totalmente sintético que não ocorre naturalmente na Terra.

Xerófilo Organismo adaptado a crescer em condições de potenciais de água muito baixos.

Zigoto Em eucariotos, corresponde a uma única célula diplóide, resultante da união de dois gametas haplóides.

Zoonoses Doenças normalmente de animais, que ocasionalmente são transmitidas ao homem.

Índice